地基处理手册

（第三版）

《地基处理手册》（第三版）编写委员会
龚晓南 主编

中国建筑工业出版社

图书在版编目（CIP）数据

地基处理手册/《地基处理手册》(第三版)编写委员会；
龚晓南主编. —3版. —北京：中国建筑工业出版社，2008(2025.6重印)
ISBN 978-7-112-09101-0

Ⅰ. 地… Ⅱ. ①地…②龚… Ⅲ. 地基处理-技术手册
Ⅳ. TU47-62

中国版本图书馆CIP数据核字(2008)第011010号

《地基处理手册》(第三版)较系统、全面介绍了在我国土木工程建设中应用的各种地基处理方法的加固原理、适用范围、设计计算方法、施工工艺和质量检测，同时附有许多工程实例。《手册》基本上反映了我国地基处理技术发展水平。

《手册》(第三版)共分十八章，包括：总论，复合地基理论概要，换填法，排水固结法，土桩、灰土桩挤密法，沉管挤密砂石桩法，振冲法，强夯法和强夯置换法，灌浆法，高压喷射注浆技术，水泥土搅拌法，石灰桩法，低强度桩复合地基技术，冻结法，锚固法，土的加筋法，特殊土地基处理概论，托换技术和纠倾技术。《手册》第三版中独立章目比第二版的章目增加了复合地基概论、低强度桩复合地基技术、冻结法、特殊土地基处理概论等四章。

本《手册》可供从事土木工程地基处理的设计和施工人员应用，亦可供工程勘察、结构工程技术人员和大专院校有关专业师生参考。

* * *

责任编辑：石振华
责任设计：董建平
责任校对：兰曼利 陈晶晶

地 基 处 理 手 册
(第三版)
《地基处理手册》(第三版)编写委员会
龚晓南 主编
*
中国建筑工业出版社出版、发行(北京西郊百万庄)
各地新华书店、建筑书店经销
北京红光制版公司制版
北京中科印刷有限公司印刷
*
开本：787×1092毫米 1/16 印张：68¼ 字数：1704千字
2008年6月第三版 2025年6月第三十六次印刷
定价：**148.00**元
ISBN 978-7-112-09101-0
(15765)

《地基处理手册》（第三版）编写委员会

顾问　曾国熙　卢肇钧　蒋国澄　冯国栋　周　镜

主编　龚晓南

编委　马华明　王正宏　王吉望　石振华　叶书麟　刘国楠

杨鸿贵　邹　敏　张永钧　张作瑂　岳丰田　周国钧

袁内镇　龚晓南　盛崇文　童小东　潘秋元

（以姓氏笔画为序）

各章编写人名单

第 1 章　总论
　　编写人　龚晓南
第 2 章　复合地基理论概要
　　编写人　龚晓南
第 3 章　换填法
　　编写人　马华明　张觉生
第 4 章　排水固结法
　　编写人　潘秋元　朱向荣
　　　　　　应宏伟　杨国强
第 5 章　土桩、灰土桩挤密法
　　编写人　杨鸿贵　刘存利
第 6 章　沉管挤密砂石桩法
　　编写人　邹　敏　王秀格　王亚凌
第 7 章　振冲法
　　编写人　盛崇文　陈振建
第 8 章　强夯法和强夯置换法
　　编写人　张永钧　史美筠
第 9 章　灌浆法
　　编写人　张作瑂
第 10 章　高压喷射注浆技术
　　编写人　王吉望
第 11 章　水泥土搅拌法
　　编写人　周国钧　叶观宝
第 12 章　石灰桩法
　　编写人　袁内镇　王伟堂
第 13 章　低强度桩复合地基技术
　　编写人　龚晓南
第 14 章　冻结法
　　编写人　岳丰田　张　勇
第 15 章　锚固法
　　编写人　刘国楠　吴肖茗
　　　　　　王步云　李象范
第 16 章　土的加筋法
　　编写人　王正宏　李海芳
第 17 章　特殊土地基处理概论
　　编写人　童小东
第 18 章　托换技术与纠倾技术
　　编写人　叶书麟
词条释义　龚晓南　叶书麟等
索引　石振华

第 三 版 序

改革开放以来我国土木工程建设持续快速发展，各种地基处理技术得到非常广泛的应用。为适应工程建设需要，《地基处理手册》第一版和第二版分别于1988年和2000年出版发行，得到广大读者的欢迎和好评。《地基处理手册》为我国地基处理技术的提高和普及起了很好的作用，经济效益和社会效益明显。

我国幅员辽阔，岩土工程条件复杂，各类工程对地基的要求也存在很大差异，近年来，已有的地基处理工法在设计计算、施工设备、施工工艺和质量检测方面都有较大的改进，各地还发展了许多新的地基处理工法。为了及时总结经验，更好地为工程建设服务，促进地基处理设计和施工水平的不断提高，《手册》编委会在第一版和第二版的基础上编写了第三版。《手册》第三版内容有较大增补，不仅对原有章节的内容进行了新的审视和补充，还增加了冻结法等4个独立章目。应该说，《手册》第三版基本上反映了我国在地基处理领域取得的新进展。

在看到我国地基处理技术巨大进步的同时，也应该清醒地认识到，在地基处理的实践中，目前还不同程度地存在着理论研究、设计与施工方法滞后于工程需求的现象，要求我国的岩土工程工作者进一步重视因地制宜，加强多种地基处理技术综合应用研究，做到优化设计，精心施工，严格检测，确保工程质量。希望《地基处理手册》第三版成为工程师们手中的有效工具，进一步推动我国地基处理技术的不断进步。

中国土木工程学会土力学及岩土工程分会理事长
中　国　工　程　院　院　士

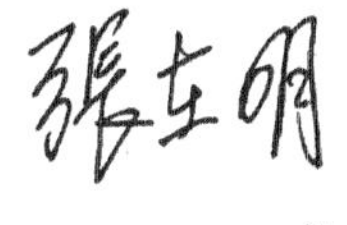

2007年5月

第 二 版 序

由中国土木工程学会土力学及基础工程学会地基处理学术委员会和《地基处理手册》编写委员会组织编写的《地基处理手册》自1988年由中国建筑工业出版社出版以来受到了广大读者的欢迎，对我国地基处理技术的普及和提高起了积极的推进作用。

近十年来，我国地基处理技术发展很快。各地发展了不少地基处理新工法和新工艺，许多新材料在地基处理中得到应用；广大工程技术人员在工程实践中积累了丰富的经验，也有一些教训；地基处理计算理论也有长足的发展。为了更好地总结新鲜经验，促进地基处理技术进一步提高以适应工程建设的需要，地基处理学术委员会组织《地基处理手册》（第二版）编写委员会，在第一版的基础上编写《地基处理手册》（第二版），内容有较大增补和修订。

我国地域辽阔，软弱地基种类多、分布范围广。土是自然历史的产物，区域性很强。在地基处理中希望能重视《手册》中强调的坚持因地制宜的原则，采用合理的地基处理规划程序，进行多种地基处理方案的比较，不断探索和创新，做到精心设计和精心施工。希望《地基处理手册》（第二版）的出版能进一步推动我国地基处理技术的进步，也希望读者能对《手册》中的不足和错误之处提出建议和批评，以便再版时增补、订正。

中国土木工程学会土力学及
基础工程学会理事长　周镜
中国工程院院士

1999年1月

第 一 版 序

近年来，为了满足在土建、交通、水利等方面工程建设中提出的地基处理要求，我国引进、发展了各种地基处理技术，积累了相当丰富的经验，地基处理水平得到了很大提高。为了交流、总结、普及和提高各种地基处理技术，中国土木工程学会土力学及基础工程学会成立了地基处理学术委员会，其重要任务之一是组织全国各部门地基处理专家编写一本《地基处理手册》，总结国内外先进经验，以国内为主，供从事地基处理的设计、施工和测试人员、工程勘察、建筑结构设计人员以及大专院校有关专业师生应用参考。

《手册》编写工作是在地基处理学术委员会和《手册》编委会组织下进行的。在土力学及基础工程学会第二届理事会成立大会期间，《手册》编委会及各章编写人曾向全体理事作了汇报，听取了理事们的意见。在广泛征求意见的基础上，各章均几易其稿。在各部门地基处理同行的大力支持下，完成了《手册》编写工作。它反映了我国目前地基处理的先进水平，希望《地基处理手册》的出版能推动我国地基处理工作进一步发展，并希望对《手册》中的不足乃至错误之处能提出批评，以便再版时增补订正。

中国土木工程学会土力学及基础工程学会理事长
中国科学院学部委员（中国科学院院士） 卢肇钧

1988 年

前　言

《地基处理手册》第一版于1988年8月，第二版于2000年8月由中国建筑工业出版社出版。《手册》的出版、再版得到广大读者的欢迎。《手册》前后已印刷十多次，发行量逾十万册，已成为土木工程师常用的参考书。自改革开放以来，我国土木工程建设得到持续快速的发展。为了满足民富国强的需要，我国土木工程建设还将持续快速发展。土木工程建设持续快速的发展促进了我国地基处理技术不断发展和提高。为了更好地总结、交流地基处理领域的新鲜经验，普及地基处理新技术，提高地基处理设计、施工和管理水平，适应土木工程建设发展的需要，在《手册》第一版和第二版的基础上编写第三版。

《手册》读者对象以从事土木工程地基处理的设计和施工人员为主，亦可供工程勘察、结构工程技术人员和大专院校有关专业师生参考。《手册》内容的选编以建筑工程地基处理为主，兼顾交通工程、水利工程、市政工程等领域的地基处理问题。

《手册》（第三版）共分十八章，包括：总论，复合地基概论，换填法，排水固结法，土桩、灰土桩挤密法，沉管挤密砂石桩法，振冲法，强夯法和强夯置换法，灌浆法，高压喷射注浆技术，深层搅拌法，石灰桩法，低强度桩复合地基技术，冻结法，锚固法，土的加筋法，特殊土地基处理概论，托换技术和纠倾技术。《手册》（第三版）中独立章目比第二版的章目增加了复合地基概论、低强度桩复合地基技术、冻结法、特殊土地基处理概论等四章。

《手册》力求体例统一，繁简一致，图文并茂，文字通顺，图表清晰，数据可靠，注意科学性、可靠性和先进性。《手册》力求能反映国内外地基处理的发展水平，以国内为主，兼蓄国外先进经验。《手册》强调可靠性和实用性，介绍已在工程中得到成功应用的地基处理技术和方法。对尚不成熟的地基处理方法一般不予介绍。对有争论的问题，《手册》中力求介绍各派观点，供读者使用时参考。

《手册》（第三版）编委会在《手册》（第二版）编委会基础上组成。由《手册》（第二版）编委会推选的《手册》（第三版）各章第一编写人，组成《手册》（第三版）编委会，由浙江大学龚晓南担任编委会主任。参加《手册》（第三版）编写工作的有：浙江大学龚晓南、潘秋元、朱向荣、应宏伟，上海市工程建设咨询监理有限公司马华明，上海市基础工程公司张觉生，陕西省建科所杨鸿贵、刘存利，中国化学工程重型机械化公司邹敏，中化岩土工程有限公司王秀格、王亚凌，福建省建筑科学研究院陈振建，南京水科院盛崇文，中国建筑科学研究院地基所张永钧，太原理工大学史美筠，中国水利水电科学研究院张作瑂，冶金建筑研究总院地基所王吉望、周国钧，湖北省建筑科学研究设计院袁内镇，浙江科技学院王伟堂，中国矿业大学岳丰田、张勇，铁道科学研究院吴肖茗，铁道科学研究院深圳研究设计院刘国楠，太原煤矿设计研究院王步云，同济大学叶书麟、叶观宝、李象范，北京工业大学王正宏，中国水利水电科学研究院李海芳，东南大学童小东，中国建筑工业出版社石振华等。《手册》编委会聘请浙江大学曾国熙，铁道科学研究院卢肇钧、周镜，中国水利水电科学研究院蒋国澄，武汉大学冯国栋担任顾问。中国土木工程学会土力学及岩土工程分会理事长，中国工程院院士张在明为《手册》（第三版）作序。参加《手册》（第三版）各章审阅工作的有彭大用，曾国熙，上海港湾工程研究院叶柏荣，中国水利水电科学研究院蒋国澄，龚晓南，东北大学杜嘉鸿，冶金建筑研究总院地基所刘波，西北综合勘察设计研究院林在贯，南京水利科学研究院方永凯，中国矿业大学翁家杰，陕西省建筑科学研究设计院罗宇生，铁道科学研究院史存林等。

手册编写工作得到全国各地有关专家大力支持，提供了大量资料，《手册》（第三版）是第一版和第二版工作的继续，编者在此向所有为《手册》（第三版）作出贡献的同志致以衷心感谢。

《手册》中如有错误和不当之处，敬请读者批评指正。为便于再次印刷和再版时增补订正，来函请寄 310027 浙江杭州浙江大学土木工程学系龚晓南（Email：xngong@hzcnc.com）。

龚晓南

2007 年 5 月 25 日

目　录

主 要 符 号

A——面积

——振幅

A_g——受拉钢筋截面积

A_p——桩体截面面积

A_s——桩间土的面积

A_{sp}——复合地基面积

A_0——地表振源处的振幅

a——压缩系数

——力臂

——基础底面长度

a_0——桩土的应力置换率

a_w——固化剂(水泥或石灰)掺入比

$a_{1\text{-}2}$——法向压力为 100～200Pa 时的压缩系数

B——地基加固区宽度

b——基础底面宽度，缝隙宽度

——塑料排水板宽度

——承压板宽度

——拉筋宽度

——温度补偿系数

——力臂

C——地基土的刚度系数

——地基土平均附加压力系数

C_C——地基土的压缩指数

C_h——径向(水平向)排水固结系数

C_s——回弹指数

C_v——竖向排水固结系数

C_x——地基土的抗剪刚度系数

C_z——地基土的抗压刚度系数

C_φ——地基土的抗弯刚度系数

c——黏聚力(内聚力)

c_u——土的不排水抗剪强度

c_{sp}——复合地基的黏聚力

D——桩的直径，压板直径

——有效加固深度

——基础埋置深度

——阻尼比

D_e——等效影响圆直径

D_r——相对密实度

D_y——压实系数

d——桩的直径或边长，锚拉杆直径

——冻土允许残留厚度

d_e——砂井有效直径

d_w——砂井直径

E——弹性模量

——单位面积夯击能

E'——沉降模量

E_A——主动土压力

E_c——复合模量

E_{cs}——复合压缩模量

E_0——水泥土的压缩模量

——变形模量

——冲击能量

E_M——旁压模量

E_p——被动土压力

——桩体模量

E_s——压缩模量

——桩间土模量

$E_{01\text{-}2}$——法向压力为 100～200kPa 时的变形模量

E_{50}——当水泥土的应力达到破坏值的 50%时的变形模量

e——孔隙比

——质量偏心距

——旋喷桩的交圈厚度

e_p——桩体的孔隙比

F——面积

——静力触探试验摩阻比

F_s——单位长度平均灌砂量

——假想实体基础的侧表面积

f——容许摩擦力

——桩周摩阻力极限值

——频率

f'——拉筋与土之间的摩擦系数

f_s——静力触探试验侧壁摩阻力

G——剪变模量

——假想实体基础自重

——桩、土自重

g——重力加速度

H——土层厚度

——加固影响厚度

——排水距离

——高度

——夯锤落距

——压力水头

H_0——喷嘴出口的压力水头

h——落距

——复合地基加固区厚度

——灌浆段深度

——压力水头

——挤密后地面隆起量或下沉量

——锚固段以上的地层覆盖厚度

h_A——主动土压力 E_A 对墙趾的力臂

h_p——被动土压力 E_A 对墙趾的力臂

h_0——天然土样的原始高度

I——基础底面抗弯惯性矩

I_E——基础对底面中心轴的质量惯性矩

I_L——液性指数

I_p——塑性指数

I_h——水头比降

I_r——土体刚度指标

I_{rr}——修正刚度指标

$I_{\sigma z}$——竖向应力影响系数

$I_{\sigma 1}$——最大主应力影响系数

$I_{\sigma 3}$——最小主应力影响系数

J——水力比降

K——强度安全系数

——十字板板头常数

——地基刚度系数

——树根桩的托换安全系数

K_h——抗滑稳定安全系数

K_p——桩体材料被动土压力系数

K_{ps}——桩周土被动土压力系数

K_q——抗倾覆稳定安全系数

K_s——桩间土的被动土压力系数

K_x——抗剪地基刚度

K_z——抗压地基刚度

K_w——抗弯地基刚度

K_0——土的静止土压力系数

k_1——复合地基中桩体实际承载力修正系数

k_2——复合地基中桩间土实际承载力修正系数

k——渗透系数

——损耗系数

——弹簧系数

L——桩的长度

——电极间距

——地基的加固长度

——锚杆长度

L_e——有效锚固长度

L_R——瑞雷波波长

l——砂井间距，旋喷桩桩孔间距，桩的间距
——旁压仪测量腔长度
——基础长度
——灌浆体长度

M——落锤质量
——力矩
——水玻璃的模数
m——复合地基置换率
m_D——考虑基础埋深的承载力修正系数
m_e——激振器偏心块质量
m_v——体积压缩系数

N——上部结构荷载
——功率
——标准贯入试验锤击数
N_y——强夯最佳夯实击数
N_{10}——轻型动力触探试验锤击数
$N_{(63,5)}$——重型(z)动力触探试验锤击数
N_{120}——超重型动力触探试验锤击数
n——井径比
——桩、土应力比
——孔隙率
——桩数
——土的阻尼特征系数

O_l——土工合成材料的当量孔径

P——总荷重，荷载
P——外扰力幅值
P_a——单桩容许承载力
P_u——极限荷载
P_0——比例界限荷载
——地基的初始水平应力
——喷嘴出口压力
——桩群底面土的附加压力
p——单位面积荷载，压力
——渗透压力
——有效灌压力
——喷嘴入口压力
p_a——大气压力
p_c——前期固结压力
p_{cf}——复合地基极限承载力
p_{cz}——自重压力
p_f——准弹性阶段的临塑压力
p_c——桩尖持力层处的荷载
p_e——灌浆压力
$[p_e]$——允许灌浆压力
p_m——喷射动压力
p_{pf}——桩体极限承载力
p_s——静力触探试验比贯入阻力
p_{sf}——天然地基极限承载力
p_w——静水压力
p_z——附加压力

Q——流量，注浆量，地层总吸水量
——吊车起重量
Q_u——桩群总承载力
q——桩体极限抗压强度
——荷载的加荷速率
q_c——静力触探试验锥尖阻力
q_d——动贯入阻力
q_u——无侧限抗压强度
q_0——基础埋置深度以上的上覆压力

R——修正后的地基容许承载力
——半径
——阻尼常数
——电阻值
$[R]$——地基的容许承载力
R_0——受拉钢筋的设计强度
R_p——塑性区半径
R_s——旁压器长径比
R_{sp}——复合地基的容许承载力
R_u——地基的极限承载力
r——径向坐标，径向距离
——半径

S_1——复合地基加固区压缩量
S_2——复合地基下卧层压缩量
S_a——桩的周长
$\dot{S}$——沉降速率
S_T——岩石的抗拉强度
S_r——饱和度
S_t——灵敏度
S_p——桩体的抗剪强度
S_{sp}——复合地基的抗剪强度
S_v——十字板抗剪强度
s——地基的沉降量，位移量，变形量
——土体抗剪强度
——地基土的抗剪强度
——标准离差
s_c——最终固结沉降量
s_d——瞬时沉降量
s_w——纠倾或超纠倾沉降量

T——时间因数
——加荷终止时间
——土工合成材料的拉力、张应力
——温度
T_u——锚杆的极限抗拔力
T_v——竖向固结时间因数
T_0——锚杆设计拉力
t——时间

U——地基土固结度
$\overline{U}$——地基土平均固结度
u——孔隙水压力
——沉降(表面变位)
——砂浆对钢筋的平均握裹应力
——喷射体流速
u_0——起始孔隙水压力

V——电压
V——体积、总填料量
V_p——每米桩体的填料量
v——速度
v_p——压缩波波速
v_s——剪切波波速
——应力波作用下的土颗粒速度
v_R——瑞雷波波速

W——需用水量
——单位吸水量
——浆液水灰比
——土、挡墙、井柱自重
w——含水量
——地层的单位吸水量
w_L——液限含水量
w_p——塑限含水量
w_y——最优含水量

X——水平坐标
x——水平距离
x_B——回转转动时基础顶面水平振幅
x_b——回转转动时基础底面端边水平振幅
x_h——回转转动时基础底面中心水平振幅

Z——竖向坐标
——深度，垫层厚度
——垂直向振动位移
$\dot{Z}$——垂直向振动速度
$\ddot{Z}$——垂直向振动加速度
Z_n——地基压缩层厚度
Z_0——标准冻深
z——垂直距离
——压缩层厚度

α——坡角
——流变因数
——十字板刃角

——探杆校正系数
——液化度

β——沉降折减系数
——地基形状系数

γ——地基土的重度
γ_d——地基土的干重度
γ_w——水的重度
γ_p——基底以上地基土的加权平均重度

Δs——相邻柱基的沉降差
Δ——塑性区平均体积应变
Δ_s——位移增量
——分级湿陷量
Δ_u——孔隙水压力增量
Δ_{zs}——自重湿陷量
$\Delta\sigma$——应力增量
$\Delta\sigma'$——有效应力增量
$\Delta\sigma_1$——最大主应力增量
$\Delta\sigma_3$——最小主应力增量

δ——塑料排水板厚度
——滑动面与水平面夹角
δ_s——湿陷系数
δ_{zs}——自重湿陷系数

ε——延伸率
——应变
——精度
ε_H——迟滞误差
ε_{LH}——非线性误差
ε_r——重复性误差
ε_v——垂直应变

ξ——面积系数

η——强度折减系数
——效率系数
——浆液黏度
——水的运动黏滞系数
——冻胀率
η_m——坝体抗滑力矩折减系数
η_p——塑性黏度
η_0——水的黏度

θ——垫层压力扩散角
——倾角

λ——基础形状系数
——电阻灵敏系数
λ_1——桩体极限强度发挥度
λ_2——桩间土极限强度发挥度

μ——泊松比
——流量系数
μ_p——应力集中系数
μ_s——应力减少系数

ρ——密度
——曲率半径

σ——应力，总应力，法向应力
——标准子样偏差
σ'——有效应力
σ_c——自重应力
σ'_h——有效水平应力
σ_l——应力弹性极限值
σ_p——桩上接触应力
σ_{ru}——桩周土能提供的侧向极限应力
σ_s——桩间土接触应力
——桩周土表面荷载
——钢筋的极限拉应力
σ_t——水泥土的抗拉强度
σ'_v——有效竖向应力
σ_z——附加应力
——竖向应力
σ_0——竖向初始应力

σ_1——最大主应力

σ_3——最小主应力

τ——剪应力

——抗剪强度

τ_f——破坏时的剪应力

τ_{sp}——复合地基抗剪强度

τ_0——屈服强度

Φ——基础回转振动时的角位移

φ——内摩擦角

φ'——有效内摩擦角

φ_p——桩材的内摩擦角

φ_{ps}——桩间土的内摩擦角

φ_{sp}——复合地基的内摩擦角

ω——角频率(圆频率)

第1章　总　　论

龚晓南　（浙江大学土木工程学系）

1.1　地基处理的目的和意义

改革开放促进了我国国民经济的飞速发展，自20世纪90年代以来，我国土木工程建设发展很快。土木工程功能化、城市建设立体化、交通运输高速化，以及改善综合居住条件已成为我国现代土木工程建设的特征。各类土木工程建设项目对地基提出了更高的要求。

各种建筑物和构筑物对地基的要求主要包括下述三个方面：

（1）稳定问题

稳定问题是指在建（构）筑物荷载（包括静、动荷载的各种组合）作用下，地基土体能否保持稳定。地基稳定问题有时也称为承载力问题，但两者并不完全相同。地基承载力概念在建筑领域用得较多，有时也根据变形控制。若地基稳定性不能满足要求，地基在建（构）筑物荷载作用下将会产生局部或整体剪切破坏，将影响建（构）筑物的安全与正常使用，严重的可能引起建（构）筑物的破坏。地基的稳定性，或地基承载力大小，主要与地基土体的抗剪强度有关，也与基础型式、大小和埋深等影响因素有关。

（2）变形问题

变形问题是指在建（构）筑物的荷载（包括静、动荷载的各种组合）作用下，地基土体产生的变形（包括沉降，或水平位移，或不均匀沉降）是否超过相应的允许值。若地基变形超过允许值，将会影响建（构）筑物的安全与正常使用，严重的可能引起建（构）筑物的破坏。地基变形主要与荷载大小和地基土体的变形特性有关，也与基础型式、基础尺寸大小等影响因素有关。

（3）渗透问题

渗透问题主要有两类：一类是蓄水构筑物地基渗流量是否超过其允许值。如：水库坝基渗流量超过其允许值的后果是造成较大水量损失，甚至导致蓄水失败；另一类是地基中水力比降是否超过其允许值。地基中水力比降超过其允许值时，地基土会因潜蚀和管涌产生稳定性破坏，进而导致建（构）筑物破坏。地基渗透问题主要与地基中水力比降大小和土体的渗透性高低有关。

当天然地基不能满足建（构）筑物在上述三个方面的要求时，需要对天然地基进行地基处理。天然地基通过地基处理形成人工地基，从而满足建（构）筑物对地基的各种要求。

随着土木工程建设规模的扩大和要求的提高，需要对天然地基进行地基处理的工程日益增多。

天然地基是自然、历史的产物。形成年代、形成环境和形成条件等地基性状有较大影响，天然地基不仅区域性强，而且个体之间差异性大。土是多相体，一般由固相、液相和气相三相组成。土中水的存在形态很复杂。以黏性土中的水为例，土中水有自由水、弱结合水、强结合水、结晶水等不同形态。黏性土中这些不同形态的水很难定量测定和区分，而且随着条件的变化土中不同形态的水相互之间可以产生转化。土中固相一般为无机物，但有的还含有有机质。土中有机质的种类、成分和含量对土的工程性质也有较大影响。

土体的强度特性、变形特性和渗透特性需要通过试验测定。在室内试验中，原状土样的代表性、取样和制作试样过程中的对土样的扰动、室内试验边界条件与现场边界条件的不同等客观原因，使通过土工室内试验测定的土性指标与地基中土体实际性状产生差异，而且这种差异难以定量估计。在原位测试中，现场测点的代表性、埋设测试元件过程中对土体的扰动、以及测试方法的可靠性等所带来的误差也难以定量估计。

各类土体的应力应变关系都很复杂，而且相互之间差异也很大。同一土体的应力应变关系与土体中的应力水平、边界排水条件、应力路径等都有关系。

上述分析说明天然地基性状的复杂性，常见软弱土和不良土将在1.3节中介绍。

地基处理方法很多，各类地基处理方法的加固机理和适用范围将在1.4节介绍。根据具体工程条件，合理选用地基处理方法非常重要。不仅影响地基处理效果，而且影响工程投资的大小。

在土木工程建设领域中，与上部结构比较，地基领域中不确定的因素多、问题复杂、难度大。地基问题处理不好，后果严重。据调查统计，在世界各国发生的土木工程建设中的工程事故，源自地基问题的工程事故占多数。因此，处理好地基问题，不仅关系所建工程是否安全可靠，而且关系所建工程投资大小。处理好地基问题具有较好的社会和经济效益。

需求促进发展、实践发展理论。在工程建设的推动下，近些年来我国地基处理技术发展很快，地基处理水平不断提高，地基处理已成为活跃的土木工程领域中的一个热点。学习、总结国内外地基处理方面的经验教训，掌握各种地基处理技术，对于土木工程师，特别是对从事岩土工程的土木工程师特别重要。提高地基处理水平对保证工程质量、加快工程建设速度、节省工程建设投资具有特别重要的意义。

1.2 地基处理技术发展概况

地基处理技术在我国的发展可以追溯到很早以前，我们的祖先第一次使用灰土垫层的日期估计已难以考证。在人类历史发展过程中，随着土木工程的发展，地基处理技术也在不断发展。工程建设的需要促进了地基处理技术的发展，现代地基处理技术是伴随现代化建设发展而发展的。1976年粉碎“四人帮”后，我国各项工作拨乱反正，迎来了春天。改革开放以后，我国土木工程建设得到了飞速发展，地基处理技术也相应得到很快发展。表1-1为部分地基处理方法在我国得到应用的最早年份。从表中可以看出我国大部分地基处理技术是改革开放后发展或引进的。为了适应工程建设发展的需要，高压喷射注浆法、振冲法、强夯法、深层搅拌法、土工合成材料、强夯置换法、EPS超轻质填料法等许多地基处理技术从国外引进，并在实践中发展；许多已经在我国得到应用的地基处理技术，如排水固结法、土桩和灰土桩法、砂桩法等也得到不断发展、提高；近20年在工程实践中还发展了许多新的地基处理技术，如真空预压法、锚杆静压桩法、孔内夯扩碎石桩法、低强度桩复合地基法、刚性桩复合地基法等。

部分地基处理方法在我国应用最早年份 **表 1-1**

地基处理方法	普通砂井法	真空预压法	袋装砂井法	塑料排水带法	砂桩法	土桩法	灰土桩	振冲法	强夯法	高压喷射注浆法	浆液深层搅拌法	粉体深层搅拌法	土工合成材料	强夯置换法	EPS超轻质填料法	低强度桩复合地基法	刚性桩复合地基法	锚杆静压桩法	掏土纠倾法	顶升纠倾法	树根桩法	沉管碎石桩法	石灰桩法
年份	二十世纪五十年代	一九八零年	二十世纪七十年代	一九八一年	二十世纪五十年代	二十世纪五十年代中	二十世纪六十年代中	一九七七年	一九七八年	一九七二年	一九七七年	一九八三年	二十世纪七十年代末	一九八八年	一九九五年	一九九零年	一九八一年	一九八二年	二十世纪六十年代初	一九八六年	一九八一年	一九八七年	一九五三年

*表中资料引自《地基处理》，第 11 卷，第 1 期，4。

改革开放以来，我国地基处理技术发展很快。举两件事来说明：由中国土木工程学会土力学及基础工程学会地基处理学术委员会组织编写的《地基处理手册》（中国建筑工业出版社，1988）发行达 12 万册以上；1992 年秦皇岛市召开的第三届全国地基处理学术讨论会有 300 多人参加，大大超过预定人数，会议论文集发行 2000 册。它们说明当时工程建设多么迫切需要普及、推广地基处理技术。

为了适应工程建设对地基处理技术发展的需要，1983 年在武汉召开的第四届全国土力学及基础工程学术会议上，中国土木工程学会土力学及基础工程分会决定成立地基处理学术委员会。经半年左右的筹备，中国土木工程学会土力学及基础工程分会地基处理学术委员会于 1984 年在杭州成立。地基处理学术委员会于 1986 年在上海宝钢召开了我国第一届地基处理学术讨论会。该系列会议至今已组织 9 次：上海，1986；烟台，1989；秦皇岛，1992；肇庆，1995；武夷山，1997；温州，2000；兰州，2002；长沙，2004；太原，2006。2008 年计划在南京召开第十届地基处理学术讨论会。地基处理学术委员会还根据工程建设需要组织一系列专题学术讨论会，如：1993 年在杭州召开深层搅拌设计与施工学术讨论会；1996 年召开复合地基理论与实践学术讨论会；1998 年在无锡召开全国高速公路软弱地基处理学术讨论会；2005 年在广州召开高等级公路地基处理学术讨论会。学术委员会组织全国专家编写出版《地基处理手册》（中国建筑工业出版社，1988），2000 年出版发行《地基处理手册》第二版。学术委员会还于 1990 年与浙江大学合作出版《地基处理》杂志。

近 20 多年来，各地区、各行业、各部门以地基处理作为专题的学术讨论会、研讨会、学习班举办非常频繁，地基处理领域的专著、报告、论文大量出版，许多全国的、行业的、地区的研究成果通过鉴定，许多有关地基处理的技术专利获得批准，许多相关规程和规范出台，地基处理技术在我国得到很大普及和提高。

地基处理最新发展反映在地基处理机械、材料、地基处理设计计算理论、施工工艺、现场监测技术，以及地基处理新方法的不断发展和多种地基处理方法综合应用等各个方面。

为了满足日益发展的地基处理工程的需要，近几年来地基处理机械发展很快。例如，我国强夯机械向系列化、标准化发展。单击夯击能有了很大提高。深层搅拌机型号增加，除前几年生产的单轴深层搅拌和固定双轴深层搅拌机，浆液喷射和粉体喷射深层搅拌机外，近年来研制成功四轴深层搅拌机，搅拌深度和成桩直径也在扩大，海上深层搅拌机也已投入使用。高压喷射注浆机械发展也很快，出现了不少新的高压喷射设备，如井口传动由液压代替机械，改进了气、水、浆液的输送装置，提高了喷射压力，增加了对地层的冲切搅拌能力。水平旋喷机械的成功，使高压喷射注浆法进一步扩大了应用范围。近年还发展了将深层搅拌和喷射注浆混合溶于一机，形成桩内圈为机械搅拌、外圈为喷射注浆形成的水泥土桩。注浆机械也在发展。应用于排水固结法的塑料排水带插带机的出现大大提高了工作效率。塑料排水带插带深度已超过 30m。排水带施工长度自动记录仪的配置使插带质量得到控制。振冲器的生产也已走向系列化、标准化。振冲器最大功率已达 135kW，振密砂层达 26m。地基处理机械的发展使地基处理能力得到较大的提高。

地基处理材料的发展促进了地基处理水平的提高。新材料的应用，使地基处理效能提高，并产生了一些新的地基处理方法。土工合成材料在地基处理领域得到愈来愈多的应用。土工合成加筋材料的发展促进了加筋土法的发展。轻质土工合成材料 EPS 作为填土材料形成 EPS 轻量填土法在高速公路路堤中得到应用。三维植被网的生产使土坡加固和绿化有机结合起来，它的应用已取得良好的经济与社会效益。塑料排水带的应用提高了排水固结法施工质量和工效，且便于施工管理。灌浆材料如超细水泥、粉煤灰水泥浆材、硅粉水泥浆材等水泥系浆材和化学浆材在品种上质量上发展都很快。化学浆材的研究重视降低浆材毒性和对环境的污染。灌浆材料的发展有效的扩大了灌浆法的应用范围，满足了工程需要。在地基处理材料应用方面还值得一提的是近年来重视将地基处理同工业废渣的利用结合起来。粉煤灰垫层、粉煤灰石灰二灰桩复合地基、钢渣桩复合地基、渣土桩复合地基等应用取得了较好的社会经济效益。

地基处理的工程实践促进了地基处理计算理论的发展。随着地基处理技术的发展和各种地基处理方法的推广使用，复合地基概念在土木工程中得到愈来愈多的应用，复合地基理论得到发展，逐步形成复合地基承载力和沉降计算理论。另外，在强夯法加固机理、加固深度、砂井法非理想井计算理论、真空预压法计算理论方面近年来都有不少新的研究成果。地基处理理论的发展又反过来推动地基处理技术新的进步。

各项地基处理方法的施工工艺近年来也得到不断改进和提高，不仅有效的保证和提高了施工质量，提高了工效，而且扩大了应用范围。真空预压法施工工艺的改进使这项技术应用得到推广，高压喷射注浆法施工工艺的改进使之可用于第四纪覆盖层的防渗。石灰桩施工工艺的改进使石灰桩法走向成熟。边填碎石（块石或其他材料）边强夯工艺扩大了强夯法的应用范围。可以说，每一项地基处理方法的施工工艺都在不断提高。

地基处理的监测日益得到人们的重视。在地基处理施工过程中和施工后进行监测，用以指导施工、检查处理效果、检验设计参数。检测手段愈来愈多，检测精度日益提高。地基处理逐步实行信息化施工，有效地保证了施工质量，取得了较好的经济效益。

近年来，各地因地制宜发展了许多新的地基处理方法。例如：将强夯法用以较软弱土层，边填边夯，形成强夯碎石桩复合地基以提高地基承载力、减少沉降。在适合强夯法处理的地基，由于施工机械能力达不到要求或环保要求受到限制时，可先用碎石桩法处理深层地基，建立排水通道提高基层承载力（碎石桩可以只填料到距地面 4～5m 处），浅层用低能级强夯处理，根据工程实例其效果可达 120kPa 以上，这是一种深浅结合，扬长避短，值得推广的地基处理方法。采用沉管法在软土地基中设置由碎石、粉煤灰、水泥或由砂石、水泥搅拌形成的低强度等级混凝土桩，与桩间土形成复合地基。这种桩比碎石桩具有较大的刚性比灌注桩节省费用，形成复合地基可较好发挥桩间土的作用，因此具有较好的经济效益。疏桩基础、或称复合桩基也可认为是地基处理方法的发展。这种方法利用复合地基的思路，充分发挥桩间土的效用，减少用桩数量，可取得较好的经济效益。新的地基处理方法的不断发展提高了地基处理的整体水平和能力。

地基处理技术的发展还表现在多种地基处理方法综合应用水平的提高。例如：真空预压法和堆载预压法的综合应用可克服真空预压法预压荷载小于 80kPa 的缺点，扩大了它的应用范围。真空预压法与高压喷射注浆法结合可使真空预压法应用于水平渗透性较大的土层。高压喷射注浆法与灌浆法相结合可提高灌浆法的纠倾加固效果。土工织物垫层与砂井法结合可有效地提高地基的稳定性。锚杆静压法与掏土法结合、锚杆静压法与顶升法结合使纠倾加固技术提高到一个新的水平。近年还有将井点降水与强夯法相结合，将电渗法和强夯法相结合形成许多新工艺、新方法。在澳门机场人工岛建设中综合应用挖淤置换、冲填、塑料排水带堆载预压、振冲密实、振动碾压等方法取得了很好的效果，重视多种地基处理方法的综合应用可取得较好的社会经济效益。

1.3 常见软弱土和不良土

判别天然地基是否属于软弱地基或不良地基没有明确的界限，工程师们常常将不能满足建（构）筑物对地基要求的天然地基称为软弱地基或不良地基。因此，天然地基是否属于软弱地基或不良地基也可以说是相对的，并无严格的标准。

在土木工程建设中常常将下述地基土称为软弱土和不良土，主要包括：软黏土、人工填土、部分砂土和粉土、湿陷性土、有机质土和泥炭土、膨胀土、盐渍土、垃圾土、多年冻土、岩溶、土洞和山区地基等。下面分别加以简略介绍。

（1）软黏土

软黏土是软弱黏性土的简称。它是第四纪后期形成的海相、泻湖相、三角洲相、溺谷相和湖泊相的黏性土沉积物或河流冲积物。有的软黏土属于新近淤积物。软黏土大部分处于饱和状态，其天然含水量大于液限，孔隙比大于 1.0。当天然孔隙比大于 1.5 时，称为淤泥；当天然孔隙比大于 1.0 而小于 1.5 时，称为淤泥质土。软黏土的特点是天然含水量高，天然孔隙比大，抗剪强度低，压缩系数高，渗透系数小。在荷载作用下，软黏土地基承载力低，地基沉降变形大，可能产生的不均匀沉降也大，而且沉降稳定历时比较长，一般需要几年，甚至几十年。软黏土地基是在工程建设中遇到最多需要进行地基处理的软弱地基，它广泛地分布在我国沿海以及内地河流两岸和湖泊地区。例如：天津、连云港、上海、杭州、宁波、台州、温州、福州、厦门、湛江、广州、深圳、珠海等沿海地区，以及昆明、武汉、南京、马鞍山等内陆地区。

(2) 人工填土

人工填土按照物质组成和堆填方式可以分为素填土、杂填土和冲填土三类。

素填土是由碎石、砂或粉土、黏性土等一种或几种组成的填土，其中不含杂质或含杂质较少。若经分层压实后则称为压实填土。近年开山填沟筑地，围海筑地工程较多，填土常用开山石料，大小不一，有的直径达数米，填筑厚度有的达数十米，极不均匀。人工填土地基性质取决于填土性质、压实程度以及堆填时间。

杂填土是人类活动形成的无规则堆积物，其成分复杂，性质也不相同，且无规律性。在大多数情况下，杂填土是比较疏松和不均匀的。在同一场地的不同位置，地基承载力和压缩性也可能有较大的差异。

冲填土是由水力冲填泥砂形成的填土。在围海筑地中常采用冲填土。冲填土的性质与所冲填泥砂的来源及冲填时的水力条件有密切关系。含黏土颗粒较多的冲填土往往是欠固结的，其强度和压缩性指标都比同类天然沉积土差。以粉细砂为主的冲填土，其性质基本上和粉细砂相同。

(3) 部分砂土和粉土

主要指饱和粉砂土、饱和细砂土和砂质粉土。粒径大于 0.25mm 的颗粒不超过全重的 50%，粒径大于 0.075mm 的颗粒超过全重的 85%的称为细砂土。粒径大于 0.075mm 的颗粒不超过全重的 85%，但超过 50%称为粉砂土。粒径大于 0.075mm 的颗粒不超过全重的 50%，而粒径小于 0.005mm 的颗粒含量不超过全重的 10%，塑性指数 I_p 小于或等于 10 的称为砂质粉土。处于饱和状态的细砂土、粉砂土和砂质粉土在静载作用下虽然具有较高的强度，但在机器振动、车辆荷载、波浪或地震力的反复作用下有可能产生液化或产生较大的震陷变形。地基会因地基土体液化而丧失承载能力。如需要承担动力荷载，这类地基也需要进行地基处理。

(4) 湿陷性土

湿陷性土包括湿陷性黄土，粉砂土和干旱、半干旱地区具有崩解性的碎石土等。是否属湿陷性土可根据野外浸水载荷试验确定。当在 200kPa 压力作用下附加变形量与载荷板宽之比大于 0.015 时称为湿陷性土。在工程建设中遇到较多的是湿陷性黄土。

湿陷性黄土是指在覆盖土层的自重应力或自重应力和建筑物附加应力综合作用下，受水浸湿后，土的结构迅速破坏，并发生显著的附加沉降，其强度也迅速降低的黄土。黄土在我国特别发育，地层多、厚度大，广泛分布在甘肃、陕西、山西大部分地区，以及河南、河北、山东、宁夏、辽宁、新疆等部分地区。当黄土作为建筑物地基时，首先要判断它是否具有湿陷性，然后才考虑是否需要地基处理以及如何处理。

(5) 有机质土和泥炭土

土中有机质含量大于 5%时称为有机质土，大于 60%时称为泥炭土。

土中有机质含量高，强度往往降低，压缩性增大，特别是泥炭土，其含水量极高，有时可达 200%以上，压缩性很大，且不均匀，一般不宜作为建筑物地基，如用作建筑物地基需要进行地基处理。

(6) 垃圾土

城市废弃的工业垃圾和生活垃圾形成的地基土。垃圾土的性质很大程度上取决于废弃垃圾的类别和堆积时间。垃圾土的性质十分复杂，垃圾土成分不仅具有区域性，而且与堆积的季节性有关。生活垃圾比工业垃圾更为复杂。

垃圾堆场的地基处理也已成为岩土工程师的工作内容，不仅要保持垃圾土地基稳定，而且要解决好防止垃圾污染地下水源等环境保护问题。垃圾堆场的再利用也已引起人们的重视。

（7）膨胀土

膨胀土是指黏粒成分主要由亲水性黏土矿物组成的黏性土。膨胀土在环境的温度和湿度变化时会产生强烈的胀缩变形。利用膨胀土作为建（构）筑物地基时，如果没有采取必要的地基处理措施，膨胀土饱水膨胀、失水收缩常会给建（构）筑物造成危害。膨胀土在我国分布范围很广，根据现有的资料，广西、云南、湖北、河南、安徽、四川、河北、山东、陕西、江苏、内蒙古、贵州和广东等地均有不同范围的分布。

（8）盐渍土

土中含盐量超过一定数量的土称为盐渍土。盐渍土地基浸水后，土中盐溶解可能产生地基溶陷，某些盐渍土（如含硫酸钠的土）在环境温度和湿度变化时，可能产生土体体积膨胀。除此外，盐渍土中的盐溶液还会导致建筑物材料和市政设施材料的腐蚀，造成建筑物或市政设施的破坏。

盐渍土主要分布在西北干旱地区的地势低洼的盆地和平原中，盐渍土在我国滨海地区也有分布。

（9）多年冻土

多年冻土是指温度连续三年或三年以上保持在摄氏零度或零度以下，并含有冰的土层。多年冻土的强度和变形有许多特殊性。例如，冻土中因有冰和未冰水存在，故在长期荷载作用下有强烈的流变性。多年冻土在人类活动影响下，可能产生融化。因此多年冻土作为建筑物地基需慎重考虑，需要采取必要的地基处理措施。

（10）岩溶、土洞和山区地基

岩溶或称“喀斯特”，它是石灰岩、白云岩、泥灰岩、大理石、岩盐、石膏等可溶性岩层受水的化学和机械作用而形成的溶洞、溶沟、裂隙，以及由于溶洞的顶板塌落使地表产生陷穴、洼地等现象和作用的总称。

土洞是岩溶地区上覆土层被地下水冲蚀或被地下水潜蚀所形成的洞穴。

岩溶和土洞对建（构）筑物的影响很大，可能造成地面变形，地基陷落，发生水的渗漏和涌水现象。在岩溶地区修建建筑物时要特别重视岩溶和土洞的影响。

山区地基地质条件比较复杂，主要表现在地基的不均匀性和场地的稳定性两方面。山区基岩表面起伏大，且可能有大块孤石，这些因素常会导致建筑物基础产生不均匀沉降。另外，在山区常有可能遇到滑坡、崩塌和泥石流等不良地质现象，给建（构）筑物造成直接的或潜在的威胁。在山区修建建（构）筑物时要重视地基的稳定性和避免过大的不均匀沉降，必要时需进行地基处理。

1.4 地基处理方法分类及适用范围

对地基处理方法进行严格的统一分类是很困难的。地基处理方法分类的原则也很多。事实上，根据同一原则进行分类，不同的专家也有不同的方法。不少地基处理方法具有多种效用，例如土桩和灰土桩既有挤密作用又有置换作用。另外，还有一些地基处理方法的加固机理以及计算方法目前还不是十分明确，尚需进一步探讨。而且，地基处理方法也在不断发展，功能不断扩大，也使地基处理方法分类变得更加困难。还有地基处理方法分类也不宜太细，类别太多。

下面根据地基处理的加固原理，将地基处理方法分为六类，再加上已有建筑物地基加固、纠倾和迁移，共八类，作一介绍：

（1）置换

置换是指用物理力学性质较好的岩土材料置换天然地基中部分或全部软弱土体，以形成双层地基或复合地基，达到提高地基承载力、减小沉降的目的。

加固原理主要属于置换的地基处理方法有：换土垫层法、挤淤置换法、褥垫法、砂石桩置换法、强夯置换法等地基处理方法。采用石灰桩法加固地基具有多种效用，其中也有置换效用，故也将它包括在这一部分。另外，气泡混合轻质料填土法和EPS超轻质料填土法一般不是用于置换，主要用于填方。采用轻质填料代替比较重的填料。为了叙述方便，将气泡混合轻质料填土法和EPS超轻质料填土法也包括在这一部分。

（2）排水固结

排水固结是指土体在一定荷载作用下排水固结，孔隙比减小，抗剪强度提高，以达到提高地基承载力，减少工后沉降的目的。

加固原理主要属于排水固结的地基处理方法按预压加载方法可分为：加载预压法、超载预压法、真空预压法、真空预压与堆载预压联合作用法、电渗法，以及降低地下水位法等。属于排水固结的地基处理方法按在地基中设置竖向排水系统可分为：普通砂井法、袋装砂井法和塑料排水带法等。

（3）灌入固化物

灌入固化物是指向土体中灌入或拌入水泥，或石灰，或其他化学固化浆材，在地基中形成增强体，以达到地基处理的目的。

加固原理主要属于灌入固化物的地基处理方法有：深层搅拌法、高压喷射注浆法、渗入性灌浆法、劈裂灌浆法、挤密灌浆法等。

（4）振密、挤密

振密、挤密是指采用振动或挤密的方法使地基土体密实以达到提高地基承载力和减少沉降的目的。

加固原理主要属于振密、挤密的地基处理方法有：表层原位压实法、强夯法、振冲密实法、挤密砂石桩法、爆破挤密法、土桩和灰土桩法、夯实水泥土桩法、柱锤冲扩桩法、孔内夯扩法等。

（5）加筋

加筋是在地基中设置强度高、模量大的筋材，如：土工格栅、土工织物等，以达到提高地基承载力、减少沉降的目的。

加固原理主要属于加筋的地基处理方法有：加筋土垫层法、加筋土挡墙法和土钉墙法等。为了叙述方便，将锚杆支护法、锚定板挡土结构、树根桩法、低强度混凝土桩复合地基和钢筋混凝土桩复合地基法等加固方法也包括在这一部分。

（6）冷热处理

冷热处理是通过冻结地基土体，或焙烧、加热地基土体以改变土体物理力学性质达到地基处理的目的。

加固原理主要属于冷热处理的地基处理方法有：冻结法和烧结法两种。

(7) 托换

托换是指对已有建筑物地基和基础进行处理和加固。

托换技术有：基础加宽技术、桩式托换技术、地基加固技术以及综合加固技术等。

(8) 纠倾和迁移

纠倾是指对由于沉降不均匀造成倾斜的建筑物进行矫正。

纠倾技术有：加载纠倾法、掏土纠倾技术、顶升纠倾技术和综合纠倾技术等。

迁移是将已有建筑物从原来的位置移到新的位置。

各类地基处理方法的简要原理和适用范围如表 1-2 所列。

地基处理方法除了根据地基处理的加固原理分类以外，还可将地基处理方法分为浅层处理技术和深层处理技术两大类；也可将地基处理方法分为物理的地基处理方法、化学的地基处理方法，以及生物的地基处理方法等类别。

地基处理方法分类及其适用范围 **表 1-2**

类 别	方 法	简 要 原 理	适 用 范 围
置 换	换土垫层法	将软弱土或不良土开挖至一定深度，回填抗剪强度较高、压缩性较小的岩土材料，如砂、砾、石渣等，并分层夯实，形成双层地基。垫层能有效扩散基底压力，可提高地基承载力、减小沉降	各种软弱土地基
	挤淤置换法	通过抛石或夯击回填碎石置换淤泥达到加固地基的目的，也有采用爆破挤淤置换	淤泥或淤泥质黏土地基
	褥垫法	当建（构）筑物的地基一部分压缩性较小，而另一部分压缩性较大时，为了避免不均匀沉降，在压缩性较小的区域，通过换填法铺设一定厚度可压缩性的土料形成褥垫，以减少沉降差	建（构）筑物部分坐落在基岩上，部分坐落在土上，以及类似情况
	砂石桩置换法	利用振冲法、或沉管法，或其他方法在饱和黏性土地基中成孔，在孔内填入砂石料，形成砂石桩。砂石桩置换部分地基土体，形成复合地基，以提高承载力，减小沉降	黏性土地基，因承载力提高幅度小，工后沉降大，已很少应用
	强夯置换法	采用边填碎石边强夯的方法在地基中形成碎石墩体，由碎石墩、墩间土以及碎石垫层形成复合地基，以提高承载力，减小沉降	粉砂土和软黏土地基等
	石灰桩法	通过机械或人工成孔，在软弱地基中填入生石灰块或生石灰块加其他掺合料，通过石灰的吸水膨胀、放热以及离子交换作用改善桩同土的物理力学性质，并形成石灰桩复合地基，可提高地基承载力，减小沉降	杂填土、软黏土地基

续表

类别	方法	简要原理	适用范围
置换	气泡混合轻质料填土法	气泡混合轻质料的重度为5～12kN/m³，具有较好的强度和压缩性能，用作路堤填料可有效减小作用在地基上的荷载，也可减小作用在挡土结构上的侧压力	软弱地基上的填方工程
	EPS超轻质料填土法	发泡聚苯乙烯（EPS）重度只有土的$\frac{1}{100}\sim\frac{1}{50}$，并具有较好的强度和压缩性能，用作填料，可有效减小作用在地基上的荷载，减小作用在挡土结构上的侧压力，需要时也可置换部分地基土，以达到更好的效果	软弱地基上的填方工程
排水固结	堆载预压法	在地基中设置排水通道—砂垫层和竖向排水系统（竖向排水系统通常有普通砂井、袋装砂井、塑料排水带等），以缩小土体固结排水距离，地基在预压荷载作用下排水固结，地基产生变形，地基土强度提高。卸去预压荷载后再建造建（构）筑物，地基承载力提高，工后沉降小	软黏土、杂填土、泥炭土地基等
	超载预压法	原理基本上与堆载预压法相同，不同之处是其预压荷载大于设计使用荷载。超载预压不仅可减少工后固结沉降，还可消除部分工后次固结沉降	同上
	真空预压法	在软黏土地基中设置排水体系（同加载预压法），然后在上面形成一不透气层（覆盖不透气密封膜，或其他措施）通过对排水体系进行长时间不断抽气抽水，在地基中形成负压区，而使软黏土地基产生排水固结，达到提高地基承载力，减小工后沉降的目的	软黏土地基
	真空预压法与堆载联合作用	当真空预压法达不到设计要求时，可与堆载预压联合使用，两者的加固效果可叠加	同上
	电渗法	在地基中形成直流电场，在电场作用下，地基土体产生排水固结，达到提高地基承载力，减小工后沉降的目的	同上
	降低地下水位法	通过降低地下水位，改变地基土受力状态，其效果如堆载预压，使地基土产生排水固结，达到加固目的	砂性土或透水性较好的软黏土层
灌入固化物	深层搅拌法	利用深层搅拌机将水泥浆或水泥粉和地基土原位搅拌形成圆柱状、格栅状或连续墙水泥土增强体，形成复合地基以提高地基承载力，减小沉降。也常用它形成水泥土防渗帷幕。深层搅拌法分喷浆搅拌法和喷粉搅拌法两种	淤泥、淤泥质土、黏性土和粉土等软土地基，有机质含量较高时应通过试验确定适用性

续表

类 别	方 法	简 要 原 理	适 用 范 围
灌入固化物	高压喷射注浆法	利用高压喷射专用机械，在地基中通过高压喷射流冲切土体，用浆液置换部分土体，形成水泥土增强体。按喷射流组成形式，高压喷射注浆法有单管法、二重管法、三重管法。按施工工艺可形成定喷、摆喷和旋喷。高压喷射注浆法可形成复合地基以提高承载力，减少沉降，也常用它形成水泥土防渗帷幕	淤泥、淤泥质土、黏性土、粉土、黄土、砂土、人工填土和碎石土等地基，当含有较多的大块石，或地下水流速较快，或有机质含量较高时应通过试验确定适用性
	渗入性灌浆法	在灌浆压力作用下，将浆液灌入地基中以填充原有孔隙，改善土体的物理力学性质	中砂、粗砂、砾石地基
	劈裂灌浆法	在灌浆压力作用下，浆液克服地基土中初始应力和土的抗拉强度，使地基中原有的孔隙或裂隙扩张，用浆液填充新形成的裂缝和孔隙，改善土体的物理力学性质	岩基或砂、砂砾石、黏性土地基
	挤密灌浆法	在灌浆压力作用下，向土层中压入浓浆液，在地基形成浆泡，挤压周围土体。通过压密和置换改善地基性能。在灌浆过程中因浆液的挤压作用可产生辐射状上抬力，引起地面隆起	常用于可压缩性地基，排水条件较好的黏性土地基
振密、挤密	表层原位压实法	采用人工或机械夯实、碾压或振动，使土体密实。密实范围较浅，常用于分层填筑	杂填土、疏松无黏性土、非饱和黏性土、湿陷性黄土等地基的浅层处理
	强夯法	采用重量为10～40t的夯锤从高处自由落下，地基土体在强夯的冲击力和振动力作用下密实，可提高地基承载力，减小沉降	碎石土、砂土、低饱和度的粉土与黏性土，湿陷性黄土、杂填土和素填土等地基
	振冲密实法	一方面依靠振冲器的振动使饱和砂层发生液化，砂颗粒重新排列孔隙减小，另一方面依靠振冲器的水平振动力，加回填料使砂层挤密，从而达到提高地基承载力，减小沉降，并提高地基土体抗液化能力。振冲密实法可加回填料也可不加回填料。加回填料，又称为振冲挤密碎石桩法	黏粒含量小于10%的疏松砂性土地基
	挤密砂石桩法	采用振动沉管法等在地基中设置碎石桩，在制桩过程中对周围土层产生挤密作用。被挤密的桩间土和密实的砂石桩形成砂石桩复合地基，达到提高地基承载力，减小沉降的目的	砂土地基、非饱和黏性土地基
	爆破挤密法	利用在地基中爆破产生的挤压力和振动力使地基土密实以提高土体的抗剪强度，提高地基承载力和减小沉降	饱和净砂、非饱和但经灌水饱和的砂、粉土、湿陷性黄土地基
	土桩、灰土桩法	采用沉管法、爆扩法和冲击法在地基中设置土桩或灰土桩，在成桩过程中挤密桩间土，由挤密的桩间土和密实的土桩或灰土桩形成土桩复合地基或灰土桩复合地基，以提高地基承载力和减小沉降，有时为了消除湿陷性黄土的湿陷性	地下水位以上的湿陷性黄土、杂填土、素填土等地基

续表

类别	方法	简要原理	适用范围
振密、挤密	夯实水泥土桩法	在地基中人工挖孔，然后填入水泥与土的混合物，分层夯实，形成水泥土桩复合地基，提高地基承载力和减小沉降	同上
	柱锤冲扩桩法	在地基中采用直径300～500mm、长2～5m、质量1～8t的柱状锤，将地基土层冲击成孔，然后将拌合好的填料分层填入桩孔夯实，形成柱锤冲扩桩复合地基，以提高地基承载力和减小沉降	同上
	孔内夯扩法	根据工程地质条件，采用人工挖孔，螺旋钻成孔，或振动沉管法成孔等方法在地基成孔，回填灰土、水泥土、矿渣土、碎石等填料，在孔内夯实填料并挤密桩间土，由挤密的桩间土和夯实的填料桩形成复合地基，达到提高地基承载力，减小沉降的目的	同上
加筋	加筋土垫层法	在地基中铺设加筋材料（如土工织物、土工格栅等、金属板条等）形成加筋土垫层，以增大压力扩散角，提高地基稳定性	筋条间用无黏性土，加筋土垫层可适用各种软弱地基
	加筋土挡墙法	利用在填土中分层铺设加筋材料以提高填土的稳定性，形成加筋土挡墙。挡墙外侧可采用侧面板形式，也可采用加筋材料包裹形式	应用于填土挡土结构
	土钉墙法	通常采用钻孔、插筋、注浆在土层中设置土钉，也可直接将杆件插入土层中，通过土钉和土形成加筋土挡墙以维持和提高土坡稳定性	在软黏土地基极限支护高度5m左右，砂性土地基应配以降水措施。极限支护高度与土体抗剪强度和边坡坡度有关
	锚杆支护法	锚杆通常由锚固段，非锚固段和锚头三部分组成。锚固段处于稳定土层，可对锚杆施加预应力。用于维持边坡稳定	软黏土地基中应慎用
	锚定板挡土结构	由墙面，钢拉杆和锚定板和填土组成。锚定板处在填土层，可提供较大的锚固力。锚定板挡土结构用于填土支挡结构	应用于填土挡土结构
	树根桩法	在地基中设置如树根状的微型灌注桩（直径70～250mm），提高地基承载力或土坡的稳定性	各类地基
	低强度混凝土桩复合地基法	在地基中设置低强度混凝土桩，与桩间土形成复合地基，提高地基承载力，减小沉降	各类深厚软弱地基
	钢筋混凝土桩复合地基法	在地基中设置钢筋混凝土桩，与桩间土形成复合地基，提高地基承载力，减小沉降	各类深厚软弱地基
	长短桩复合地基	由长桩和短桩与桩间土形成复合地基，提高地基承载力减小沉降。长桩和短桩可采用同一桩型，也可采用两种桩型。通常长桩采用刚度较大的桩型，短桩采用柔性桩，或散体材料桩	深厚软弱地基

续表

类别	方法	简要原理	适用范围
冷热处理	冻结法	冻结土体，改善地基土截水性能，提高土体抗剪强度形成挡土结构或止水帷幕	饱和砂土或软黏土，作施工临时措施
	烧结法	钻孔加热或焙烧，减少土体含水量，减小压缩性，提高土体强度，达到地基处理目的	软黏土、湿陷性黄土，适用于有富余热源的地区
托换	基础加宽法	通过加大原建筑物基础底面积减小基底接触压力，使原地基承载力满足要求，达到加固目的	原建筑物地基承载力不满足要求，但原天然地基承载力较高
	桩式托换法	在原建筑物基础下设置钢筋混凝土桩以提高承载力、减小沉降，达到加固目的。按设置桩的方法分静压桩法、树根桩法和其他桩式托换法。静压桩法又可分为锚杆静压桩法和坑式静压桩法等	原建筑物地基承载力不满足要求，但原天然地基承载力也较低
	地基加固法	通过采用高压喷射注浆法、渗入性灌浆法、劈裂灌浆法、挤密灌浆法、石灰桩法等地基加固技术，使原建筑物地基承载力满足要求，达到加固目的	原建筑物地基承载力不满足要求，但原天然地基承载力也较低
	综合托换法	将两种或两种以托换方法综合应用达到加固目的	原建筑物地基承载力不满足要求，但原天然地基承载力也较低
纠倾与迁移	加载纠倾法	通过堆载或其他加载形式使沉降较小的一侧产生沉降使不均匀沉降减小，达到纠倾目的	对深厚软土地基较适用
	掏土纠倾法	在建筑物沉降较少的部位以下的地基中或在其附近的外侧地基中掏取部分土体，迫使沉降较少的部分进一步产生沉降以达到纠倾的目的	各类不良地基
	顶升纠倾法	在墙体中设置顶升梁，通过千斤顶顶升整幢建筑物，不仅可以调整不均匀沉降，并可整体顶升至要求标高	同上
	综合纠倾法	将加固地基与纠倾结合，或将几种方法综合应用。如综合应用静压锚杆法和顶升法，静压锚杆法和掏土法	同上
	迁移	将整幢建筑物与原地基基础分离，通过顶推或牵拉，移到新的位置	需要迁移的建筑物

1.5 地基处理需用材料与机械

几种常用的地基处理方法所需主要材料和机械设备如表1-3中所示。

常用地基处理方法需用材料和机械设备一览表 **表1-3**

地基处理方法	主要材料	主要机械设备
换填法	砂、砾石、粉煤灰、矿渣等	人工挖土或机械挖土、垫层材料运输、压实或夯实机械
重锤夯实法		夯锤、起重设备

续表

地基处理方法	主 要 材 料	主要机械设备
振冲置换法	碎石、砾石	振冲器，起重机或施工专用平台和水泵
强夯置换法	碎石，矿渣等	夯锤、起重设备、脱钩装置及运输装卸机械
砂石桩（置换）法	砂或碎石、砾石	打桩机
石灰桩法	生石灰	打桩机或洛阳铲成孔
堆载预压法	堆载用料：可用土石方或其他材料 垫层材料：渗透系数$>10^{-3}$cm/s，含泥量$<3\%$，级配较好的中粗砂 竖向排水通道用料：砂井法需用同垫层材料要求相同的砂。袋装砂井法还需聚丙烯机织土工织物。塑料排水带法需塑料排水带	堆载用料的运输，装卸机械，也可用人工运输 静压沉管机械、锤击沉管机械，动力螺旋钻机 袋装砂井专用打设机 塑料排水带插板机
超载预压法	同上	同上
真空预压法	垫层材料和竖向排水通道材料同堆载预压法，不透气密封膜材料：聚氯乙烯薄膜或线性聚乙烯薄膜	设置竖向排水通道机械同堆载预压法，另外还需用真空泵、滤水管、集水管等
深层搅拌法	水泥	深层搅拌机，按搅拌轴分有单轴和双轴两种，按喷射形式可分为浆液喷射和粉体喷射两种。配套设备：浆液喷射主要有灰浆搅拌机，灰浆泵，粉体喷射主要有粉体发送器，空气压缩机以及计量器等
高压喷射注浆法	水泥	钻机、高压泵、泥浆泵、空气压缩机、注浆管、喷嘴、流量计、输浆管、制浆机等
渗入性灌浆法	水泥基材料和化学灌浆材料	中、低压灌浆泵
劈裂灌浆法	水泥基材料	高、中压灌浆泵
挤密灌浆法	水泥基材料	高、中压灌浆泵
电动化学灌浆法	化学灌浆材料	低压灌浆泵和直流电
强夯法		夯锤、起重设备、脱钩装置
振冲密实法	若加回填料，则需砂或碎石	振冲器、起重机，或施工专用平台，水泵
挤密砂石桩法	砂、或碎石、砾石	打桩机
土桩和灰土桩法	土、石灰、粉煤灰等	柴油打桩机、覆带式起重机和夯实机
加筋法	各种筋材，土工合成材料，如土工格栅、土工织物等	
锚固法	钢拉杆（粗钢筋、钢丝束、钢绞线等）、砂浆	钻机
冻结法	氟利昂、干冰、液氮等冷媒	冷冻机、冻结管

1.6 地基处理方法选用原则和规划程序

地基处理工程要做到确保工程质量、经济合理和技术先进。

我国地域辽阔，工程地质条件千变万化，各地施工机械条件、技术水平、经验积累，以及建筑材料品种、价格差异很大，在选用地基处理方法时一定要因地制宜，具体工程具体分析，要充分发挥地方优势，利用地方资源。地基处理方法很多，每种处理方法都有一定的适用范围、局限性和优缺点。没有一种地基处理方法是万能的。要根据具体工程情况，因地制宜确定合适的地基处理方法。在引用外地或外单位某一方法时应该克服盲目性，注意地区特点。因地制宜是选用地基处理方法的一项重要的选用原则。

地基处理规划程序建议按图 1-1 所示的程序进行。在介绍地基处理规划程序时，进一步说明地基处理方法的选用原则。

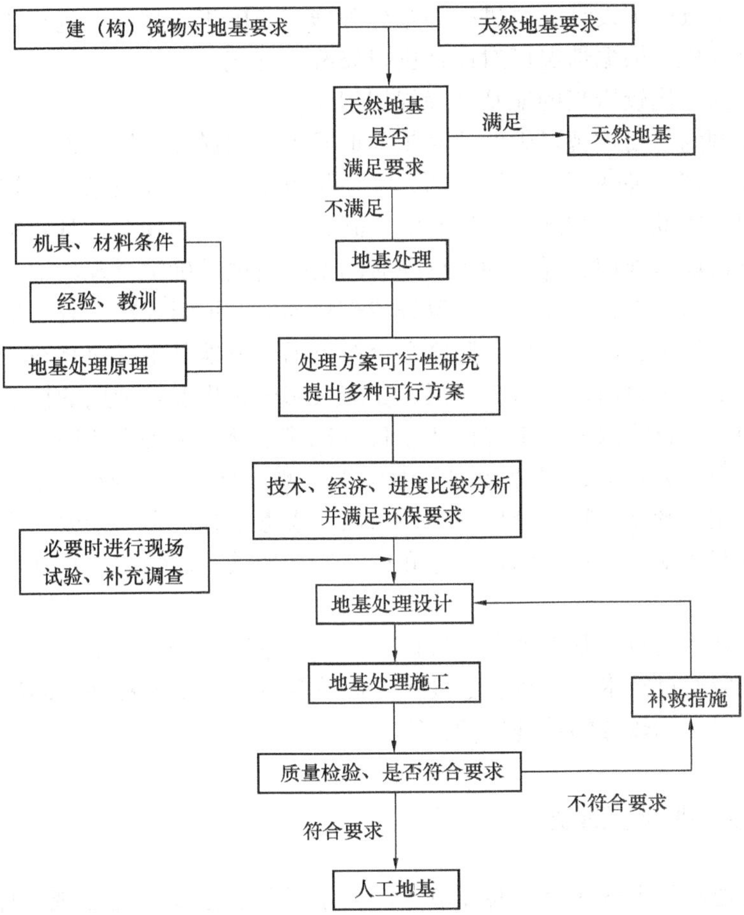

图 1-1 地基处理规划程序

首先，根据建（构）筑物对地基的各种要求和天然地基条件确定地基是否需要处理。若天然地基能够满足建（构）筑物对地基的要求时，应尽量采用天然地基。若天然地基不能满足建（构）筑物对地基的要求，则需要确定进行地基处理的天然地层的范围以及地基处理的要求。

当天然地基不能满足建（构）筑物对地基要求时，应将上部结构、基础和地基统一考虑。在考虑地基处理方案时，应重视上部结构、基础和地基的共同作用。不能只考虑加固地基，应同时考虑上部结构体型是否合理，整体刚度是否足够等。在确定地基处理方案时，应同时考虑只对地基进行处理的方案，或选用加强上部结构刚度和地基处理相结合的方案。否则不仅会造成不必要的浪费且可能带来不良后果。

在具体确定地基处理方案前，应根据天然地层的条件、地基处理方法的原理、过去应用的经验和机具设备、材料条件，进行地基处理方案的可行性研究，提出多种技术上可行的方案；

然后，对提出的多种方案进行技术、经济、进度等方面的比较分析，并重视考虑环境保护要求，确定采用一种或几种地基处理方法。这也是地基处理方案的优化过程。

最后，可根据初步确定的地基处理方案，根据需要决定是否进行小型现场试验或进行补充调查。然后进行施工设计，再进行地基处理施工。施工过程中要进行监测、检测，如需要还要进行反分析，根据情况可对设计进行修改、补充。

实践表明，这是比较恰当的地基处理规划程序。

这里需要强调的是要重视对天然地基工程地质条件的详细了解。许多由地基问题造成的工程事故，或地基处理达不到预期目的，往往是由于对工程地质条件了解不够全面造成的。详细的工程地质勘察是判断天然地基能否满足建（构）筑物对地基要求的重要依据之一。如果需要进行地基处理，详细的工程地质勘察资料也是确定合理的地基处理方法的主要基本资料之一。通过工程地质勘察，调查建筑物场地的地形地貌，查明地质条件：包括岩土的性质、成因类型、地质年代、厚度和分布范围。对地基中是否存在明浜、暗浜、古河道、古井、古墓要了解清楚。对于岩层，还应查明风化程度及地层的接触关系，调查天然地层的地质构造，查明水文及工程地质条件，确定有无不良地质现象：如滑坡，崩塌、岩溶、土洞、冲沟、泥石流、岸边冲刷及地震等。测定地基土的物理力学性质指标，包括：天然重度、相对密度、颗粒分析、塑性指数、渗透系数、压缩系数、压缩模量、抗剪强度等。最后按照要求，对场地的稳定性和适宜性，地基的均匀性、承载力和变形特性等进行评价。

另外，需要强调进行地基处理多方案比较。对一具体工程，技术上可行的地基处理方案往往有几个，应通过技术、经济、进度等方面综合分析，以及对环境的影响，进行地基处理方案优化，以得到较好的地基处理方案。

1.7 地基处理监测方法

监测工作是地基处理的一个重要环节，需要予以足够重视。通过现场监测指导施工，检验设计参数和处理效果。如达不到设计要求，应检查原因，采取必要措施，或修改设计。只有做好地基处理施工中和施工后的监测工作，才能保证地基处理工程质量。也可通过监测积累资料，为理论研究服务。

现场监测主要测试内容通常为地面沉降和深层沉降，地面水平位移和深层土体侧向位移，地基土强度，地基土中孔隙水压力等。对某一具体工程，需要周密计划，根据监测目的，合理确定测试项目和监测点的数量，满足信息化施工的要求。

表 1-4 所示常用现场测试方法的适用范围可作参考。

常用现场测试方法的适用范围　　表 1-4

现场测试方法 / 地基处理方法	平板载荷试验	沉降观测	水平位移观测	十字板剪切试验	静力触探	动力触探	标准贯入试验	孔隙水压力测试	桩载荷试验	旁压试验	桩基动力测试	波速法	螺旋压板试验
换填法	○	○	×	×	○	○	○	×	×	△	×	○	△
振冲碎石桩法	○	○	×	×	○	△	○	○	△	△	×	○	×
强夯置换法	○	○	△	×	×	○	○	△	×	×	×	×	×
砂石桩（置换）法	○	○	×	△	○	△	△	○	×	△	×	○	×
石灰桩法	○	○	△	△	○	△	△	×	△	△	×	○	△
堆载预压法	○	○	△	△	○	△	○	△	×	△	×	○	○
超载预压法	○	○	△	△	○	△	○	△	×	△	×	○	○
真空预压法	○	○	△	○	○	△	○	○	×	○	×	○	○
深层搅拌法	○	○	×	○	×	×	×	×	△	△	△	○	△
高压喷射注浆法	○	○	×	×	×	×	×	×	×	△	△	△	×
灌浆法	○	○	×	×	×	×	×	×	×	△	×	△	×
强夯法	○	○	○	×	○	△	○	○	×	○	×	○	△
表层夯实法	○	○	△	×	○	△	○	×	×	×	×	○	○
振冲密实法	○	○	△	×	○	△	○	○	△	△	×	○	×
挤密砂石桩法	○	○	△	△	○	△	○	○	△	△	×	○	×
土桩、灰土桩法	○	○	△	×	△	△	△	×	×	△	×	×	×
加筋土法	○	○	○	△	△	×	△	×	×	△	×	△	△
冻结法		○	○		△	△						○	

* ○——一般适用；△——有时适用；×——不适用。

1.8　地基处理与环境保护

随着工业的发展，环境污染问题日益严重，公民的环境保护意识也逐渐提高，在进行地基处理设计和施工中一定要注意环境保护，处理好地基处理与环境保护的关系。

与某些地基处理方法有关的环境污染问题主要是噪声、地下水质污染、地面位移、振动、大气污染以及施工场地泥浆污水排放等。几种主要地基处理方法可能产生的环境影响问题如表 1-4 所示。事实上，一种地基处理方法对环境的影响还受施工工艺的影响，改进施工工艺可以减少甚至消除对周围环境的不良影响。因此，表 1-5 只能反映一般情况，仅供参考。在确定地基处理方案时，尚需结合具体情况，进一步研究分析。环保问题政策性地区性很强，一定要了解、研究、熟悉施工现场所在地环境保护的有关法令和规定，施工现场周围条件，以及了解施工工艺才能正确选用合适的地基处理方法。例如在高精密度仪器楼的周围不宜采用强夯法，市区对噪声的控制要求要比郊区高，在市区处理废泥浆要比在郊区费用高得多。

几种主要的地基处理方法可能对环境产生的影响 **表1-5**

可能的环境污染 / 地基处理方法	噪 声	水质污染	振动	大气污染	地面水泥污染	地面位移	备 注
换填法							
振冲碎石桩法	△		△		○		
强夯置换法	○		○			△	
砂石桩（置换）法	△		△				
石灰桩法	△		△	△			
堆载预压法							
超载预压法							
真空预压法							
喷浆深层搅拌法							
喷粉深层搅拌法				△			
高压喷射注浆法					△		
灌浆法							
强夯法	○		○			△	
表层夯实法	△		△				
振冲密实法	△		△				
挤密砂石桩法	△		△				
土桩、灰土桩法	○		△				
加筋土法							
冻结法						○	

* ○——影响较大；△——影响较小；空格表示没有影响。

1.9 地基处理发展展望

近20多年来，我国地基处理技术和复合地基理论发展很快，表现在各种地基处理方法得到应用和普及，地基处理队伍的不断扩大，我国地基处理理论发展也很快。在探讨加固机理、改进施工机械和施工工艺、发展检验手段、提高处理效果、改进设计方法等方面，每一种地基处理方法都取得不少进展。

随着地基处理技术的发展，复合地基技术在我国各地得到广泛应用，发展也很快。复合地基概念从狭义复合地基发展到广义复合地基，形成了较系统的广义复合地基理论。

如何展望地基处理和复合地基技术的发展，笔者认为应重视普及基础上的进一步提高，重视下述几个方面工作。

(1) 研制和引进地基处理新机械，提高各种工法的施工能力

在土木工程建设中，与国外差距较大的是施工机械能力。在地基处理领域情况也是如

此。在深层搅拌法、高压喷射注浆法、振冲法等工法的施工机械能力上都有较大差距。随着综合国力提高，地基处理施工机械将会有较大的发展。不仅要重视引进国外先进施工机械，也要重视研制国产先进施工机械。只有各种工法的施工机械能力有了较大提高，地基处理水平才能有较大提高。

（2）加强理论研究，提高设计水平

加强地基处理和复合地基理论研究，如复合地基计算理论，优化设计理论，按沉降控制设计理论等，也要加强各种工法加固地基的机理以及设计计算理论研究。

这里特别要强调优化设计理论研究。地基处理优化设计包括两个层面：一是地基处理方法的合理选用；二是某一方法的优化设计。目前在这二个层面都存在较大的差距，发展空间很大。

（3）发展新技术

发展地基处理新方法和复合地基新技术，还包括发展地基处理新材料，如深层搅拌专用固化剂等。

（4）发展测试技术

测试技术包括各种地基处理工法本身的质量检验，以及采用地基处理加固效果的评价。

地基处理和复合地基领域是土木工程中非常活跃的领域，也是非常有挑战性的领域。挑战与机遇并存，可以相信在不远的将来，地基处理和复合地基技术会在普及的基础上得到较大的提高，发展到一个新的水平。

1.10 关于地基承载力表达形式的说明

我国在不同时期、不同行业的规范中对地基承载力的表达采用了不同的形式和不同的测定方法。因此，在已发表的论文、工程案例、出版的著作和已完成的设计文件中对地基承载力也采用了多种不同的形式表达。对地基承载力的表达形式主要有下述几种：地基极限承载力、地基容许承载力、地基承载力特征值、地基承载力标准值、地基承载力基本值以及地基承载力设计值等等。在介绍上述不同表述的地基承载力概念前，先介绍土塑性力学中关于条形基础 Prandtl 极限承载力解的基本概念。

条形基础 Prandtl 极限承载力解的极限状态示意图如图 1-2 所示。

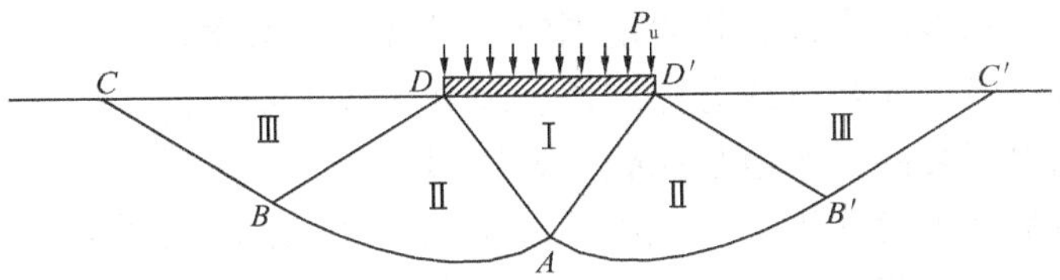

图 1-2　Prandtl 解示意图

设条形基础作用在地基上的压力为均匀分布，基础底面光滑。地基为半无限体，土体服从刚塑性假设，即土体中应力小于屈服应力时，土体表现为刚体，不产生变形，当土中应力达到屈服应力时，土体处塑性流动状态。土体的抗剪强度指标为 c、φ。在求解中不考虑土体的自重。根据土塑性理论，当条形基础上荷载处于极限状态时，地基中产生的塑性流动区如图1-2中所示。图中Ⅰ和Ⅲ区为等腰三角形，Ⅱ区为楔形，其中AB和AB'为对数螺线。图1-2中$\angle ADD'$和$\angle AD'D$为$\frac{\pi}{4}+\frac{\varphi}{2}$，$\angle BCD$和$B'C'D'$为$\frac{\pi}{4}-\frac{\varphi}{2}$，$\angle ADB$和$\angle AD'B'$为$\frac{\pi}{2}$。

根据极限分析理论或滑移线理论，可得到条形基础极限荷载表达式为：

$$P_u = c\cot\varphi\left[\frac{1+\sin\varphi}{1-\sin\varphi}\exp(\pi\tan\varphi)-1\right] \tag{1-1}$$

式中 c——土体黏聚力；

φ——内摩擦角。

当$\varphi=0$时，式（1-1）蜕化成

$$P_u = (2+\pi)c \tag{1-2}$$

土力学及基础工程中的太沙基地基承载力解等表达形式均源自该Prandtl解，可根据一定的条件，通过对式（1-1）进行修正获得。

地基极限承载力是地基处于极限状态时所能承担的最大荷载，或者说地基产生失稳破坏前所能承担的最大荷载。

地基极限承载力也可通过荷载试验确定。在荷载试验过程中，通常取地基处于失稳破坏前所能承担的最大荷载为极限承载力值。

对某一地基而言，一般说来其地基极限承载力值是惟一的。或者说对某一地基，其地基极限承载力值是一确定值。

地基容许承载力是通过地基极限承载力除以安全系数得到的。影响安全系数取值的因素很多，如安全系数取值大小与建筑物的重要性、建筑物的基础类型、采用的设计计算方法以及设计计算水平等因素有关，还与国家的综合实力、生活水平以及建设业主的实力等因素有关。

因此，一般说来对某一地基而言其地基容许承载力值不是惟一的。

在工程设计中安全系数取值不同，地基容许承载力值也就不同。安全系数取值大，工程安全储备也大；安全系数取值小，工程安全储备也小。

在工程设计中，地基容许承载力是设计人员能利用的最大地基承载力值，或者说地基承载力设计取值不能容许超过地基容许承载力值。

地基极限承载力和地基容许承载力是国内外最常用的概念。

地基承载力特征值、地基承载力标准值、地基承载力基本值、地基承载力设计值等都是与相应的规范规程配套使用的地基承载力表达形式。

现行《建筑地基基础设计规范》（GB 50007—2002）采用的地基承载力表达形式是地基承载力特征值，对应的荷载效应为标准组合。在条文说明中对地基承载力特征值的解释为“用以表示正常使用极限状态计算时采用的地基承载力值，其涵义即为在发挥正常使用功能时所允许采用的抗力设计值”。规范中还对地基承载力特征值的试验测定作出了具体规定。

《建筑地基基础设计规范》（GBJ 7—89）采用地基承载力标准值、地基承载力基本值和地基承载力设计值等表达形式。地基承载力标准值是按该规范规定的标准试验方法经规

范规定的方法统计处理后确定的地基承载力值。也可以根据土的物理和力学性质指标，根据规范提供的表确定地基承载力基本值，再经规范规定的方法进行折算后得到地基承载力标准值。对地基承载力标准值，经规范规定的方法进行基础深度、宽度等修正后可得到地基承载力设计值，对应的荷载效应为基本组合。这里的地基承载力设计值应理解为工程设计时可利用的最大地基承载力取值。

在某种意义上可以将上述规范中所述的地基承载力特征值和地基承载力设计值理解为地基容许承载力值，而地基承载力标准值和地基承载力基本值是为了获得上述地基承载力设计值的中间过程取值。

笔者认为掌握了地基极限承载力、地基容许承载力以及安全系数这些最基本的概念，就不难在此基础上理解各行业现行及各个时期的规范内容，并能够使用现行规范进行工程设计。

因此，本手册以采用地基承载力特征值的概念为主，有时也采用极限承载力和容许承载力等其他承载力的概念，特别在以往工程实例的分析中。

参 考 文 献

[1] 曾国熙，卢肇钧，蒋国澄，叶政青主编. 地基处理手册[M]. 北京：中国建筑工业出版社，1988
[2] 龚晓南. 复合地基[M]. 杭州：浙江大学出版社，1992
[3] 龚晓南. 地基处理新技术[M]. 西安：陕西科学技术出版社，1997
[4] 龚晓南主编. 地基处理手册(第二版)[M]. 北京：中国建筑工业出版社，2000
[5] 龚晓南. 复合地基理论及工程应用[M]. 北京：中国建筑工业出版社，2002
[6] 龚晓南主编. 地基处理技术发展展望[M]. 北京：中国水利水电出版社，2004
[7] 龚晓南主编. 高等级公路地基处理设计指南[M]. 北京：人民交通出版社，2005

第 2 章　复合地基理论概要

龚晓南　（浙江大学土木工程学系）

2.1　概述

20 世纪 60 年代国外采用碎石桩加固地基，并将加固后的地基称为复合地基。复合地基是一个新概念。改革开放以后我国引进碎石桩等许多地基处理新技术，同时也引进了复合地基概念。

复合地基最初是指采用碎石桩加固后形成的人工地基。随着复合地基技术在我国土木工程建设中的推广应用，复合地基概念和复合地基理论得到了很大的发展。随着深层搅拌桩加固技术在工程中的应用，发展了水泥土桩复合地基的概念。碎石桩是散体材料桩，水泥搅拌桩是粘结材料桩。在荷载作用下，由碎石桩和水泥搅拌桩形成的两类人工地基的性状有较大的区别。水泥土桩复合地基的应用促进了复合地基理论的发展，由散体材料桩复合地基扩展到柔性桩复合地基。随着低强度桩复合地基和长短桩复合地基等新技术的应用，复合地基概念得到了进一步的发展，形成刚性桩复合地基概念。如果将由碎石桩等散体材料桩形成的人工地基称为狭义复合地基概念，则可将包括散体材料桩、各种刚度的粘结材料桩形成的人工地基、以及各种形式的长短桩复合地基称为广义复合地基概念。本章是基于广义复合地基理论介绍的。

复合地基概念引进我国后得到工程界和学术界的重视是与我国工程建设对它的需求分不开的。我国地域辽阔，工程地质条件复杂，改革开放后工程建设规模大，我国是发展中国家，建设资金短缺，这给复合地基理论和实践的发展提供了很好的机遇。20 多年来复合地基理论和实践在我国得到了很大的发展。1990 年在河北承德，中国建筑学会地基基础专业委员会在黄熙龄院士主持下召开了我国第一次以复合地基为专题的学术讨论会。会上交流、总结了复合地基技术在我国的应用情况，有力地促进了复合地基理论和实践在我国的发展。笔者在复合地基引论（地基处理，1991～1992）和《复合地基》（1992，浙江大学出版社）中较系统总结了国内外复合地基理论和实践方面的研究成果，提出了基于广义复合地基概念的复合地基定义和复合地基理论框架，总结了复合地基承载力和沉降计算思路和方法。1996 年中国土木工程学会土力学及基础工程学会地基处理学术委员会在浙江大学召开了全国复合地基理论和实践学术讨论会，并出版了论文集，总结成绩、交流经验，共同探讨发展中的问题，促进了复合地基理论和实践水平的进一步提高。近年来复合地基理论研究和工程实践日益得到重视，复合地基技术在我国各地得到广泛应用，复合地基在我国已成为一种常用的地基基础型式。

目前在我国应用的复合地基类型主要有：由多种施工方法形成的各类砂石桩复合地基、水泥土桩复合地基、低强度桩复合地基、土桩、灰土桩复合地基、钢筋混凝土桩复合地基、薄壁筒桩复合地基、加筋土地基等。目前复合地基技术在房屋建筑（包括高层建筑）、高等级公路、铁路、堆场、机场、堤坝等土木工程建设中得到广泛应用。复合地基技术的推广应用产生了良好的社会效益和经济效益。

2.2　复合地基定义、分类和本质

复合地基是指天然地基在地基处理过程中部分土体得到增强，或被置换，或在天然地基中设置加筋材料，加固区是由基体（天然地基土体）和增强体两部分组成的人工地基（龚晓南，1992）。

根据地基中增强体的方向复合地基可分为竖向增强体复合地基和水平向增强体复合地基两大类。竖向增强体复合地基习惯上称为桩体复合地基。根据桩体材料性质桩体复合地基又可分为散体材料桩复合地基和粘结材料桩复合地基两类，粘结材料桩复合地基根据桩体刚度大小又可分为柔性桩复合地基和刚性桩复合地基两类。

复合地基分类如下述所示：

- 复合地基
  - 竖向增强体复合地基
    - 散体材料桩复合地基
    - 粘结材料桩复合地基
      - 柔性桩复合地基
      - 刚性桩复合地基
  - 水平向增强体复合地基

下面通过分析浅基础、桩基础和复合地基在荷载作用下的荷载传递路线来认识复合地基的本质，并讨论浅基础、桩基础和复合地基三者之间的关系。

对浅基础，荷载通过基础直接传递给地基土体，如图 2-1 所示。桩基础可分为摩擦桩基础和端承桩基础两大类。对摩擦桩基础，荷载通过基础传递给桩体，桩体主要通过桩侧摩阻力将荷载传递给地基土体；对端承桩基础，荷载通过基础传递给桩体，桩体主要通过桩端端承力将荷载传递给地基土体。因此可以说，对桩基础，荷载通过基础先传递给桩体，再通过桩体传递给地基土体，如图 2-2 所示。对桩体复合地基，荷载通过基础将一部分荷载直接传递给地基土体，另一部分通过桩体传递给地基土体，如图 2-3 所示。由上面分析可以看出，浅基础、桩基础和复合地基三者的荷载传递路线是不同的。从荷载传递路线看，复合地基的本质是桩和桩间土共同直接承担荷载。这也是复合地基与浅基础和桩基础之间的主要区别。

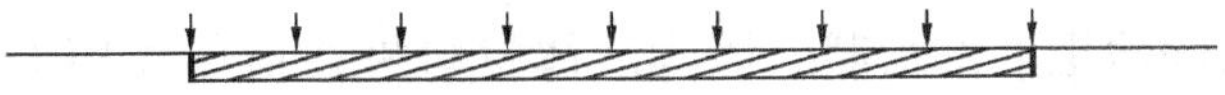

图 2-1　浅基础

可以用图 2-4 来表示浅基础（shallow foundation），复合地基（composite foundation）和桩基础（pile foundation）三者之间的关系。从工程应用看，复合地基已与浅基础和桩基础成为土木工程建设中常用的三种地基基础型式。浅基础、复合地基和桩基础三者间并没有严格的界限。如采用土挤密

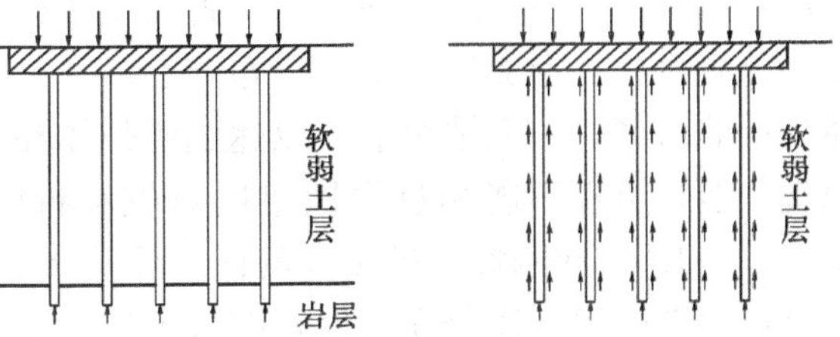

(a)　　图 2-2　桩基础　　(b)

(a) 端承桩基础；(b) 摩擦桩基础

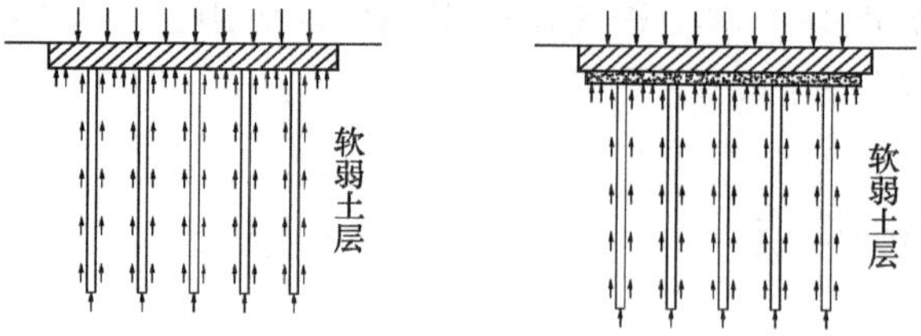

图 2-3 桩体复合地基

桩复合地基加固地基，当桩土应力比等于 1 时，也可视为浅基础，刚好处在图 2-4 中浅基础和复合地基的交点上。又如考虑桩土共同作用的摩擦桩基，既可认为是桩基础，也可视为刚性桩复合地基，刚好处在图 2-4 中复合地基和桩基础的交点上。

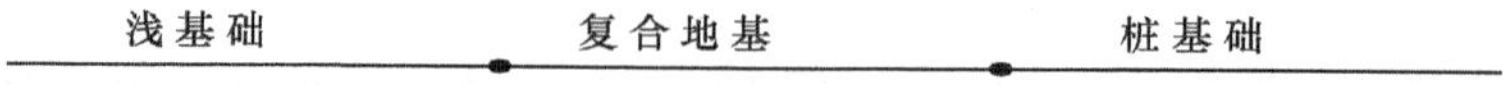

图 2-4 浅基础，复合地基和桩基础的关系

2.3 复合地基的形成条件

前面已经谈到，在荷载作用下，增强体和地基土体共同直接承担上部结构传来的荷载是复合地基的本质。在荷载作用下，增强体和地基土体是否能够共同直接承担上部结构传来的荷载是有条件的，并不是在天然地基中设置增强体就能保证增强体与天然地基土体共同直接承担上部结构传来的荷载的。也就是说在地基中设置增强体能否与地基土体共同形成复合地基是有条件的。

在荷载作用下，增强体与天然地基土体通过变形协调共同直接承担荷载作用是形成复合地基的基本条件。在图 2-5（*a*）和（*b*）中，$E_p > E_{s1}$，$E_p > E_{s2}$。其中 E_p 为桩体模量，E_{s1} 为桩间土模量，图 2-5（*a*）中 E_{s2} 为加固区下卧层土体模量，图 2-5（*b*）中为加固区垫层土体模量。当增强体为散体材料桩时，图 2-5（*a*）、（*b*）、（*c*）和（*d*）中各种情况均可满足增强体和土体共同承担上部荷载。因为散体材料桩在荷载作用下产生侧向鼓胀变形，能够保证增强体和地基土体共同直接承担上部结构传来的荷载。当增强体为粘结材料桩时情况就不同了。在图 2-5（*a*）中，在荷载作用下，刚性基础下的桩和桩间土沉降量相同，这可保证桩和土共同直接承担荷载。在图 2-5（*b*）中，在刚性基础下设置一定厚度的柔性垫层，在荷载作用下，通过刚性基础下柔性垫层的协调，也可保证桩和桩间土共同承担荷载。但需要考虑柔性垫层对桩和桩间土的差异变形的协调能力和桩和桩间土间可能产生最大差异变形的关系。如果桩和桩间土间可能产生最大差异变形超过柔性垫层对桩和桩间土的差异变形的协调能力，则虽在刚性基础下设置了一定厚度的柔性垫层，在荷载作用下，也不能保证桩和桩间土始终能够共同直接承担荷载。因此在图 2-5（*a*）中，在刚性基础传递的荷载作用下，通过增强体和桩间土体变形协调可以达到增强体和桩间土体共同直接承担荷载作用，形成复合地基。在图 2-5（*b*）中，在刚性基础传递的荷载作用下，通过柔性垫层的协调，一般情况下可以达到增强体和桩间土体共同直接承担荷载作用，形成复合地基。但要重视不能超过柔性垫层对桩和桩间土的差异变形的协调能力。在图 2-5（*c*）中，$E_p > E_{s1}$。在刚性基础传递的荷载作用下，开始增强体和桩间土体中竖向应力大小大致上按两者的模量比分配，但是随着土体产生蠕变，土中应力不断减小，而增强体中应力逐渐增大，荷载向增强体上转移。若 $E_p \gg E_{s1}$，桩间土承担的荷载比例极小，特别是若遇地下水位下降等因素，桩间土体进一步压缩，桩间土可能不再承担荷载。在这种情况下增强体与桩间土体难以始终共同直接承担荷载作用，也就是说桩和桩间土不能形成复合地基以共同承担上部荷载。在工程实用上，为了有效减小沉降，复合地基中增强体设置一般都穿透最薄弱土层，落在相对好的土层上，如图 2-5（*d*）所示。在这种情况下，如何保证增强体与桩间土体形成复合地基共同直接承担上部荷载是设计工程师应该注意的。图 2-5（*d*）中，$E_p>E_{s1}$，$E_{s2}>E_{s1}$。设计工程师应重视 E_p、E_{s1} 和 E_{s2} 之间的关系，以保证在荷载作用下通过桩体和桩间土变形协调来保证桩和桩间土共同承担荷载。因此采用粘结材料桩，特别是采用刚性桩形成复合地基需要重视复合地基的形成条件。

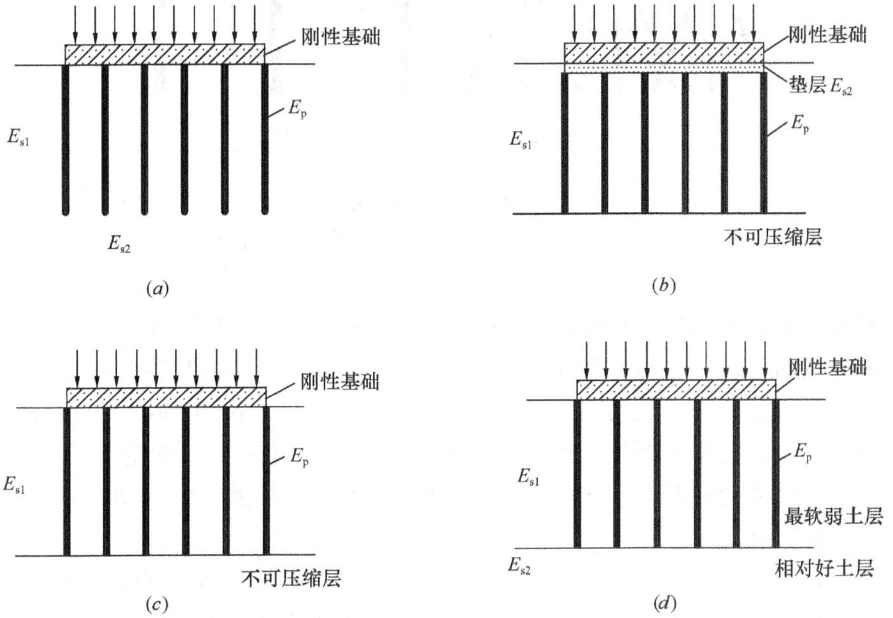

图 2-5 复合地基形成条件示意图

在实际工程中设置的增强体和桩间土体不能满足形成复合地基的条件，而以复合地基进行设计是不安全的。在设计中把不能直接承担荷载的桩间土承载力计算在内，高估了复合地基的承载能力，降低了复合地基的安全度，可能造成工程事故，应引起设计人员的充分重视。

2.4 复合地基常用型式分类

目前在我国工程建设中应用的复合地基型式很多，可以从下述四个方面来分类：(1) 增强体设置方向；(2) 增强体材料；(3) 基础刚度以及是否设置垫层；(4) 增强体长度。

复合地基中增强体除竖向设置（图 2-6*a*）和水平向设置（图 2-6*b*）外，还可斜向设置（图 2-6*c*），如树根桩复合地基。在形成桩体复合地基中，竖向增强体可以采用同一长度，也可采用不同长度，采用长短桩复合地基型式（图 2-6*d*）。长短桩复合地基中的长桩和短桩可采用同一材料制桩，也可采用不同材料制桩。例如短桩采用散体材料桩或柔性桩，长桩采用钢筋混凝土桩或低强度混凝土桩等。

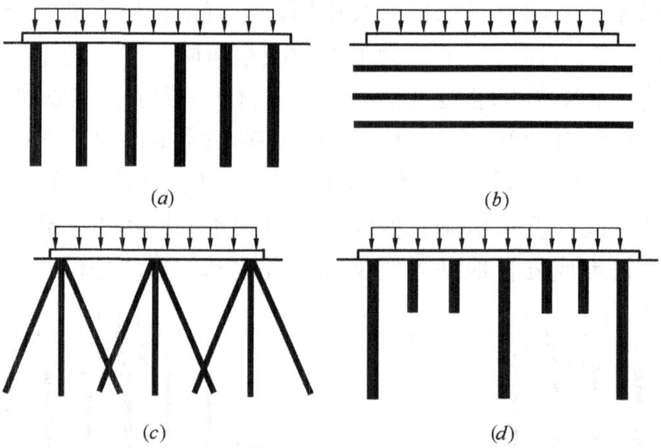

图 2-6　复合地基型式示意图
(a) 竖向增强体复合地基；(b) 水平向增强体复合地基；
(c) 斜向增强体复合地基；(d) 长短桩复合地基

长短桩复合地基中长桩和短桩可相间布置，如图 2-7 (c) 中所示。长短桩复合地基中长桩和短桩除相间布置外也可采用中间长四周短或四周长中间短两种型式布置，如图 2-7 中 (a) 和 (b) 所示。研究表明（龚晓南，陈明中，2001），刚性基础下复合地基的总沉降四周长中间短的布置型式要比中间长四周短的布置型式小一点，而上部结构中的弯矩则要大不少。长短桩复合地基中长桩和短桩布置型式在工程实践中究竟取哪一种型式较合适，应视具体情况确定。

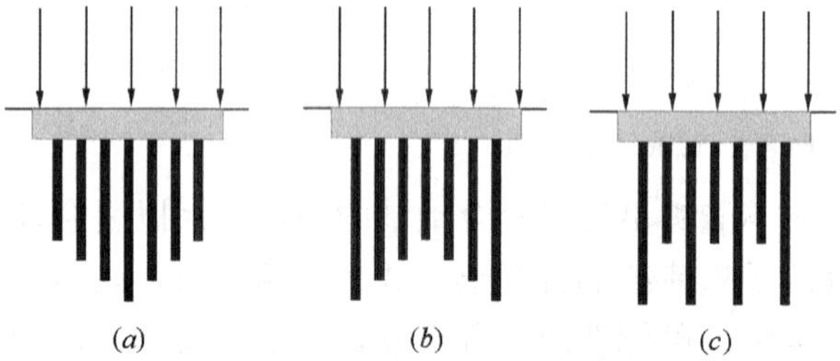

图 2-7　长短桩复合地基布桩型式
(a) 外短内长布置；(b) 外长内短布置；
(c) 长短桩相间布置

对增强体材料，水平向增强体多采用土工合成材料，如土工格栅、土工布等；竖向增强体可采用砂石桩、水泥土桩、低强度混凝土桩、薄壁筒桩、土桩与灰土桩、渣土桩、钢筋混凝土桩等。

在建筑工程中桩体复合地基承担的荷载通常通过钢筋混凝土基础或筏板传递，而在路堤工程中，荷载是由刚度比钢筋混凝土板小得多的路堤直接传递给桩体复合地基。前者基础刚度比增强体刚度大，而后者路堤材料刚度往往比增强体材料刚度小。理论研究和现场实测表明，刚性基础下和路堤下复合地基性状具有较大的差异。基础刚度对复合地基性状的影响将在 2.9 节中作简要介绍。为叙述方便，将填土路堤下复合地基称为柔性基础下复合地基。柔性基础下复合地基的沉降量远比刚性基础下复合地基的沉降大。为了减小柔性基础复合地基的沉降，应在桩体复合地基加固区上面设置一层刚度较大的“垫层”，防止桩体刺入上层土体，并充分发挥桩体的承载作用。对刚性基础下的桩体复合地基有时需设置一层柔性垫层以改善复合地基受力状态。

综上所述，复合地基常用型式可从下述四个方面分类如下：

1. 按增强体设置方向分类

根据增强体方向可分为 3 类：

(1) 竖向；

(2) 水平向；

(3) 竖向和斜向结合，如树根状。

2. 按增强体材料分类

根据增强体采用的材料可分为 4 大类：

(1) 土工合成材料，如土工格栅、土工布等；

(2) 砂石桩；

(3) 水泥土桩，土桩、灰土桩、渣土桩等；

(4) 各类低强度混凝土桩和钢筋混凝土桩等。

第 (1) 类主要用于水平向增强体复合地基，第 (2) 类主要形成散体材料桩复合地基，第 (3) 类主要形成柔性桩复合地基，第 (4) 类主要形成刚性桩复合地基。

3. 按基础刚度和垫层设置分类

根据基础刚度和垫层设置情况可分为 4 种情况：

(1) 刚性基础，设垫层；

(2) 刚性基础，不设垫层；

(3) 柔性基础，设垫层；

(4) 柔性基础，不设垫层；

4. 按增强体长度分类

根据增强体长度设置可分为 2 类：

(1) 等长度；

(2) 不等长度（长短桩复合地基）。

长短桩复合地基中长桩和短桩布置可采用三种型式：长短桩相间布置，外长中短布置和外短中长布置。

从增强体设置方向、增强体的材料组成，基础刚度以及垫层情况，增强体长度等方面的分析基本上可对目前应用的各种复合地基情况有个全面的了解。不难发现在工程中得到应用的复合地基具有很多种类型，要建立可适用于各种类型复合地基承载力和沉降计算的统一公式是困难的，或者说是不可能的。在进行复合地基设计时一定要因地制宜，不能盲目套用一般理论，应该以一般理论作指导，结合具体工程进行精心设计。

2.5 桩体复合地基承载力

2.5.1 桩体复合地基承载力计算式

桩体复合地基承载力的计算思路通常是先分别确定桩体的承载力和桩间土的承载力，然后根据一定的原则叠加这两部分承载力得到复合地基的承载力。复合地基的极限承载力 p_{cf} 可用下式表示：

$$p_{cf}=k_1\lambda_1 m p_{pf}+k_2\lambda_2(1-m)p_{sf} \tag{2-1}$$

式中 p_{pf}——单桩极限承载力（kPa）；

p_{sf}——天然地基极限承载力（kPa）；

k_1——反映复合地基中桩体实际极限承载力与单桩极限承载力不同的修正系数；

k_2——反映复合地基中桩间土实际极限承载力与天然地基极限承载力不同的修正系数；

λ_1——复合地基破坏时，桩体发挥其极限强度的比例，称为桩体极限强度发挥度；

λ_2——复合地基破坏时，桩间土发挥其极限强度的比例，称为桩间土极限强度发挥度；

m——复合地基置换率，$m=\dfrac{A_p}{A}$，其中 A_p 为桩体面积，A 为对应的加固面积。

复合地基的容许承载力 p_{cc} 计算式为

$$p_{cc}=\frac{p_{cf}}{K} \tag{2-2}$$

式中　K——安全系数。

当复合地基加固区下卧层为软弱土层时，按复合地基加固区容许承载力计算基础的底面尺寸后，尚需对下卧层承载力进行验算。要求作用在下卧层顶面处附加应力 p_o 和自重应力 σ_r 之和 p 不超过下卧层土的容许承载力［R］，即

$$p=p_o+\sigma_r\leqslant[R] \tag{2-3}$$

为了简化起见，实用上附加应力 p_o 可以采用压力扩散法计算。

桩体复合地基承载力也可采用特征值形式表示。桩体复合地基承载力特征值表达式可用下式表示

$$f_{spk}=K_1\lambda_1 m f_{pk}+K_2\lambda_2(1-m)f_{sk} \tag{2-4}$$

式中　f_{spk}——复合地基承载力特征值（kPa）；

f_{pk}——桩体承载力特征值（kPa）；

f_{sk}——天然地基承载力特征值（kPa）；

K_1——反映复合地基中桩体实际的承载力特征值与单桩承载力特征值不同的修正系数；

K_2——反映复合地基中桩间土实际的承载力特征值与天然地基承载力特征值不同的修正系数；

λ_1——复合地基达到承载力特征值时，桩体实际承担荷载与桩体承载力特征值的比例；

λ_2——复合地基达到承载力特征值时，桩间土实际承担荷载与桩间土承载力特征值的比例；

m——复合地基置换率。

注意式（2-4）中 K_1、K_2 和 λ_1、λ_2 的取值与式（2-1）是不相同的。

对长短桩复合地基，复合地基承载力由长桩、短桩和桩间土三部分所提供的承载力组成。长短桩复合地基承载力的极限承载力 p_{cf} 可用下式表示：

$$p_{cf}=k_{11}\lambda_{11}m_1 p_{p1f}+k_{12}\lambda_{12}m_2 p_{p2f}+k_2\lambda_2(1-m_1-m_2)p_{sf} \tag{2-5}$$

式中　p_{p1f}——长桩极限承载力（kPa）；

p_{p2f}——短桩极限承载力（kPa）；

p_{sf}——天然地基极限承载力（kPa）；

k_{11}——反映复合地基中长桩实际极限承载力与单桩极限承载力不同的修正系数；

k_{12}——反映复合地基中短桩实际极限承载力与单桩极限承载力不同的修正系数；

k_2——反映复合地基中桩间土实际极限承载力与天然地基极限承载力不同的修正系数；

λ_{11}——复合地基破坏时，长桩发挥其极限强度的比例，称为长桩极限强度发挥度；

λ_{12}——复合地基破坏时，短桩发挥其极限强度的比例，称为短桩极限强度发挥度；

λ_2——复合地基破坏时，桩间土发挥其极限强度的比例，称为桩间土极限强度发挥度；

m_1——长桩的面积置换率；

m_2——短桩的面积置换率。

类似可得到长短桩复合地基容许承载力表达式和长短桩复合地基承载力特征值表达式。

2.5.2 粘结材料桩桩体承载力

桩体极限承载力可通过现场试验确定。如无试验资料，对刚性桩和柔性桩的桩体极限承载力也可采用类似摩擦桩极限承载力计算式估算，其表达式为

$$p_{pf}=[\sum fS_aL_i+A_pR]/A_p \tag{2-6}$$

式中 f——桩周土的极限摩擦力；

S_a——桩身周边长度；

L_i——按土层划分的各段桩长，对柔性桩，桩长大于有效桩长时，计算桩长应取有效桩长值；

R——桩端土极限承载力；

A_p——桩身横断面积。

按式（2-6）计算桩体极限承载力外，尚需计算桩身材料强度允许的单桩极限承载力，即

$$p_{pf}=q \tag{2-7}$$

式中 q——桩体极限抗压强度。

由式（2-6）和式（2-7）计算所得的二者中取较小值为桩体的极限承载力。

类似可得到桩体承载力特征值表达式。

2.5.3 散体材料桩桩体承载力

散体材料桩桩体极限承载力主要取决于桩侧土体所能提供的最大侧限力。

散体材料桩在荷载作用下，桩体发生鼓胀，桩周土进入塑性状态，可通过计算桩间土侧向极限应力计算单桩极限承载力。其一般表达式可用下式表示：

$$p_{pf}=\sigma_{ru}K_p \tag{2-8}$$

式中 σ_{ru}——桩侧土体所能提供的最大侧限力（kPa）；

K_p——桩体材料的被动土压力系数。

计算桩侧土体所能提供的最大侧向极限力常用方法有 Brauns（1978）计算式，圆筒

形孔扩张理论计算式等，这里只介绍 Brauns（1978）计算式。

Brauns（1978）计算式是为计算碎石桩承载力提出的，其原理及计算式也适用于一般散体材料桩情况。Brauns 认为，在荷载作用下，桩体产生鼓胀变形。桩体的鼓胀变形使桩周土进入被动极限平衡状态，桩周土极限平衡区如图 2-8（*a*）所示。在计算中，Brauns 作了下述几条假设：

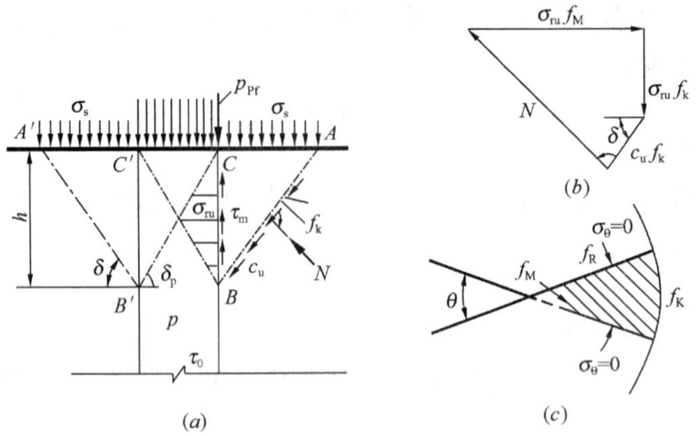

图 2-8 Brauns（1978）计算图式

（1）桩周土极限平衡区位于桩顶附近，滑动面成漏斗形，桩体鼓胀破坏段长度等于 $2r_o\tan\delta_p$，其中 r_o 为桩体半径，$\delta_p=45°+\varphi_p/2$，φ_p 为散体材料桩桩体材料的内摩擦角；

（2）桩周土与桩体间摩擦力 $\tau_M=0$，极限平衡土体中，环向应力 $\sigma_\theta=0$；

（3）不计地基土和桩体的自重。

在上述假设的基础上，作用在图 2-8（*c*）中阴影部分土体上力的多边形如图 2-8（*b*）所示。图中 f_M、f_K 和 f_R 分别表示阴影部分所示的平衡土体的桩周界面、滑动面和地表面的面积。根据力的平衡，可得到在极限荷载作用下，桩周土上的极限应力 σ_{ru} 为

$$\sigma_{ru}=\left(\sigma_s+\frac{2c_u}{\sin2\delta}\right)\left(\frac{\tan\delta_p}{\tan\delta}+1\right) \tag{2-9}$$

式中 c_u——桩间土不排水抗剪强度；

δ——滑动面与水平面夹角；

σ_s——桩周土表面荷载，如图 2-7（*a*）所示；

δ_p——桩体材料内摩擦角。

将式（2-9）代入式（2-8）可得到桩体极限承载力为

$$p_{pf}=\sigma_{ru}\tan^2\delta_p=\left(\sigma_s+\frac{2c_u}{\sin2\delta}\right)\left(\frac{\tan\delta_p}{\tan\delta}+1\right)\tan^2\delta_p \tag{2-10}$$

滑动面与水平面的夹角 δ 要按下式用试算法求出

$$\frac{\sigma_s}{2c_u}\tan\delta_p=-\frac{\tan\delta}{\tan2\delta}-\frac{\tan\delta_p}{\tan2\delta}-\frac{\tan\delta_p}{\sin2\delta} \tag{2-11}$$

当 $\sigma_s=0$ 时，式（2-10）可改写为

$$p_{pf}=\frac{2c_u}{\sin2\delta}\left(\frac{\tan\delta_p}{\tan\delta}+1\right)\tan^2\delta_p \tag{2-12}$$

夹角 δ 要按下式用试算法求得

$$\tan\delta_p=\frac{1}{2}\tan\delta(\tan^2\delta-1) \tag{2-13}$$

设桩体材料内摩擦角 $\varphi_p=38°$（碎石内摩擦角常取为 38°），则 $\delta_p=64°$。由式（2-13）试算得 $\delta=61°$，代入式（2-10）可得 $P_{pf}=20.8c_u$。这就是计算碎石桩承载力的 Brauns 理论简化计算式。

2.5.4 天然地基承载力

复合地基承载力计算式中的天然地基极限承载力、或天然地基承载力特征值等可通过载荷试验确定，也可根据土工试验资料和相应规范确定。

天然地基极限承载力常采用 Skempton 极限承载力公式进行计算。Skempton 极限承载力公式为

$$p_{sf}=c_uN_c\left(1+0.2\frac{B}{L}\right)\left(1+0.2\frac{D}{L}\right)+\gamma D \tag{2-14}$$

式中 D——基础埋深；

c_u——不排水抗剪强度；

N_c——承载力系数，当 $\varphi=0$ 时，$N_c=5.14$；

B——基础宽度；

L——基础长度。

2.6 水平向增强体复合地基承载力

水平向增强体复合地基主要包括在地基中铺设各种加筋材料，如土工织物、土工格栅等形成的复合地基。加筋土地基是最常用的形式。加筋土地基工作性状与加筋体长度、强度，加筋层数，以及加筋体与土体间的黏聚力和摩擦系数等因素有关。水平向增强体复合地基破坏可具有多种形式，影响因素也很多。到目前为止，许多问题尚未完全搞清楚，水平向增强体复合地基的计算理论尚不成熟。这里只介绍 Florkiewicz（1990）承载力公式，以供借鉴。

图 2-9 表示一水平向增强体复合地基上的条形基础。刚性条形基础宽度为 B，下卧层为厚度为 z_0 的加筋复合土层，其视黏聚力为 c_r 和内摩擦角为 φ_0，复合土层下的天然土层黏聚力为 c，内摩擦角为 φ。Florkiewicz 认为基础的极限荷载 q_fB 是无加筋体（$c_r=0$）的双层土体系的常规承载力 q_0B 和由加筋引起的承载力提高值 Δq_fB 之和，即

$$q_f=q_0+\Delta q_f \tag{2-15}$$

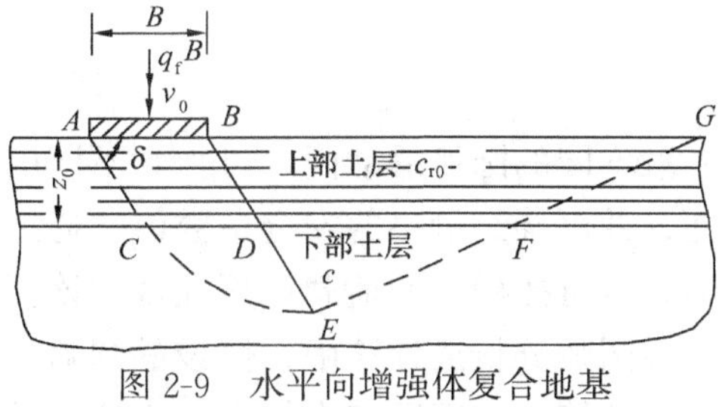

图 2-9 水平向增强体复合地基基础上的条形基础

复合土层中各点的视黏聚力 c_r 值取决于所考虑的方向，其表达式为（Schlosser 和 Long，

1974)

$$c_r = \sigma_o \frac{\sin\delta\cos(\delta - \varphi_o)}{\cos\varphi_o} \tag{2-16}$$

式中 δ——考虑的方向与加筋体方向的倾斜角；

σ_o——加筋体材料的纵向抗拉强度。

采用极限分析法分析，地基土体滑动模式取 Prandtl 滑移面模式，当加筋复合土层中加筋体沿滑移面 AC 断裂时，地基破坏，此时刚性基础速度为 v_0，加筋体沿 AC 面断裂引起的能量消散率增量为

$$D = AC \cdot c_r v_0 \frac{\cos\varphi_0}{\sin(\delta - \varphi_o)} = \sigma_0 v_0 Z_0 \cot(\delta - \varphi_0) \tag{2-17}$$

忽略了 ABCD 区和 BGFD 区中由于加筋体存在（$c_r \neq 0$）能量消耗率增量的增加。根据上限定理，可得到承载力提高值表示式如下：

$$\Delta q_f = \frac{D}{v_0 B} = \frac{z_0}{B}\sigma_0 \cot(\delta - \varphi_0) \tag{2-18}$$

式中 δ 值根据 Prandtl 的破坏模式确定。

2.7 复合地基稳定分析

在复合地基设计时有时需要进行稳定分析。如：路堤下复合地基不仅要验算承载力，还需要验算稳定性。稳定性分析方法很多，一般可采用圆弧分析法计算。

圆弧分析法计算原理如图 2-10 所示。在圆弧分析法中，假设地基土的滑动面呈圆弧形。在圆弧滑动面上，总剪切力记为 T，总抗剪切力记为 S，则沿该圆弧滑动面发生滑动破坏的安全系数 K 为

$$K = \frac{S}{T} \tag{2-19}$$

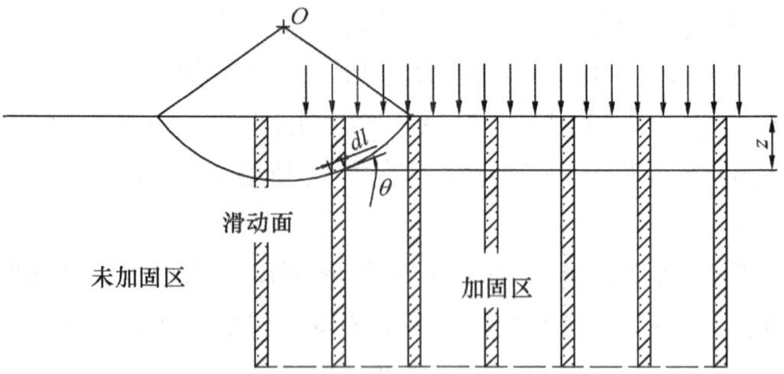

图 2-10 圆弧分析法

取不同的圆弧滑动面，可得到不同的安全系数值，通过试算可以找到最危险的圆弧滑动面，并可确定最小的安全系数值。通过圆弧分析法即可根据要求的安全系数计算地基承载力，也可按确定的荷载计算地基在该荷载作用下的安全系数。

在圆弧分析法计算中，假设的圆弧滑动面往往经过加固区和未加固区。地基土的强度应分区计算，加固区和未加固区土体应采用不同的强度指标。未加固区采用天然地基土体

强度指标。加固区土体强度指标要采用复合土体综合强度指标，也可分别采用桩体和桩间土的强度指标计算。

复合地基加固区复合土体的抗剪强度 τ_c 可用下式表示：

$$\begin{aligned}\tau_c &= (1-m)\tau_s + m\tau_p \\ &= (1-m)[c + (\mu_s P_c + \gamma_s z)\cos^2\theta\tan\varphi_s] \\ &\quad + m[c_p + (\mu_p P_c + \gamma_p z)\cos^2\theta\tan\varphi_p]\end{aligned} \tag{2-20}$$

式中 τ_s——桩间土抗剪强度；

τ_p——桩体抗剪强度；

m——复合地基置换率；

c——桩间土内聚力；

c_p——桩体内聚力；

p_c——复合地基上作用荷载；

μ_s——应力降低系数，$\mu_s = 1/[1+(n-1)m]$；

μ_p——应力集中系数，$\mu_p = n/[1+(n-1)m]$；

n——桩土应力比；

γ_s，γ_p——分别为桩间土体和桩体的重度；

φ_s，φ_p——分别为桩间土体和桩体的内摩擦角；

θ——滑弧在地基某深度处剪切面与水平面的夹角，如图 2-9 所示；

z——分析中所取单元弧段的深度。

若 $\varphi_s=0$，则式（2-20）可改写为

$$\tau_c = (1-m)c + m(\mu_p p_c + \gamma_p z)\cos^2\theta\tan\varphi_p + mc_p \tag{2-21}$$

复合土体综合强度指标可采用面积比法计算。复合土体内聚力 c_c 和内摩擦角 φ_c 表达式可用下述两式表示：

$$c_c = c_s(1-m) + mc_p \tag{2-22}$$

$$\tan\varphi_c = \tan\varphi_s(1-m) + m\tan\varphi_p \tag{2-23}$$

式中 c_s 和 c_p 分别为桩间土和桩体的内聚力；其余符号同式（2-20）。

2.8 复合地基位移场特点

地基土体在力的作用下产生位移，因此在分析位移场特性之前，先分析应力场特性。应力场采用有限元分析，图 2-11（*a*）为均质地基，图 2-11（*b*）为复合地基。将复合地基加固区视为一复合土体。设荷载作用面和复合地基加固区范围相同，作用荷载为 1kN。复合地基加固区为宽度 4.0m，深度 9.0m，加固区复合模量为 60MPa，地基中土体模量为 2MPa。在荷载作用下均质地基和复合地基中应力泡分别如图 2-11（*a*）和（*b*）所示。应力泡从内到外依次为 900N，700N，500N，300N，100N。比较分析图 2-11（*a*）和（*b*）可知，与均质地基相比，复合地基中高应力区往下移，而且高应力值减小，附加应力影响范围加深。桩体复合地基中的桩体的存在使浅层地基土中附加应力减小，而使深层地基土中附加应力增大，附加应力影响深度加深。这一应力场特性决定了复合地基的位移场特性。

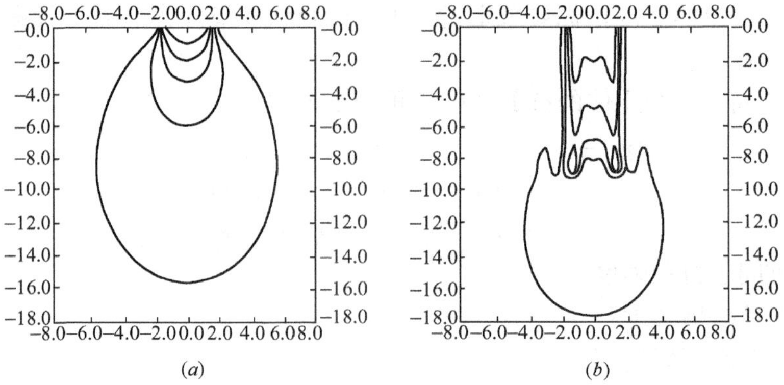

图 2-11　复合地基中应力泡

(a) 均质地基；(b) 复合地基

曾小强（1993）比较分析了宁波一工程采用浅基础和采用搅拌桩复合地基两种情况下地基沉降情况。

场地位于宁波甬江南岸，属全新世晚期海冲积平原，地势平坦，大多为耕地，土层自上而下分布如下：Ⅰ2 层为黏土，层厚为 1.00～1.20m；Ⅰ3 层为淤泥质粉质黏土，层厚为 1.4～2.0m；Ⅱ1—2 层为淤泥，层厚为 12.62～15.2m；Ⅱ2 层为淤泥质黏土，层厚为12.1～25m；

采用水泥搅拌桩复合地基加固，设计参数为：水泥掺入量 15%，搅拌桩直径 500mm，桩长 15.0m，复合地基置换率为 18.0%，桩体模量为 120MPa。

图 2-12 表示采用有限元分析得到的水泥土桩复合地基的沉降情况和相应的天然地基的沉降情况。图中 1′、2′、3′分别表示水泥土桩复合地基加固区的压缩量、复合地基加固区下卧层的压缩量和复合地基的总沉降量。图中 1，2，3 分别表示相应的天然地基（地基不加固）与复合地基加固区、复合地基加固区下卧层和整个复合地基对应的土层的压缩量。

由图 2-12 中可以看出，经水泥土加固后加固区土层压缩量大幅度减小（1′<1），而复合地基加固区下卧层的土层由于加固区存在其压缩量比天然地基中相应的土层压缩量要大不少（2′>2）。这与复合地基加固区的存在使地基中附加应力影响范围向下移是一致的。复合地基沉降量（3′=1′+2′）比浅基础沉降量（3=1+2）明显减小，这说明采用复合地基加固对减小沉降是非常有效的。可以说图2-11反映了均质地基中采用复合地基加固的位移场特性。由于附加应力影响范围加深，较深处土层压缩量增大。

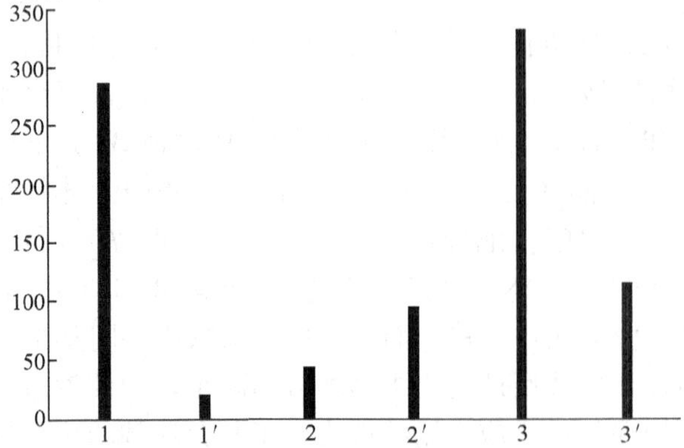

图 2-12　加固效果比较图

图 2-12 表明，依靠提高复合地基置换率、或提高桩体模量，增大复合地基加固区的复合土体模量，可以进一步减小复合地基加固区压缩量 1′，

但其潜力很小，因为本身数值不大。提高复合地基置换率、或提高桩体模量，增大复合地基加固区的复合土体模量，还会使复合地基加固区下卧层土体中附加应力增大，增加加固区下卧层土体的压缩量。进一步减小复合地基的沉降量的关键是减小复合地基加固区下卧层的压缩量。减小复合地基加固区下卧层部分的压缩量最有效的办法是增加加固区的厚度，减小加固区下卧层中软弱土层的厚度。

对深厚软弱地基，减小复合地基加固区下卧层的压缩量是减少复合地基沉降的主要途径。而减少复合地基加固区下卧层压缩量的最有效方法是增加桩长。这一结论为复合地基优化设计指明了方向。

2.9　复合地基沉降计算

2.9.1　复合地基沉降计算方法

在各类实用计算方法中，通常把复合地基沉降量分为二部分，复合地基加固区压缩量和下卧层压缩量，如图 2-13 所示。图中 h 为复合地基加固区厚度，Z 为荷载作用下地基压缩层厚度。复合地基加固区的压缩量记为 s_1，地基压缩层厚度内加固区下卧层厚度为 $(Z\text{-}h)$，其压缩量记为 s_2。于是，在荷载作用下复合地基的总沉降量 S 可表示为这二部分之和，即

$$s = s_1 + s_2 \qquad (2\text{-}24)$$

若复合地基设置有垫层，通常认为垫层压缩量很小，且在施工过程中已基本完成，故可以忽略不计。

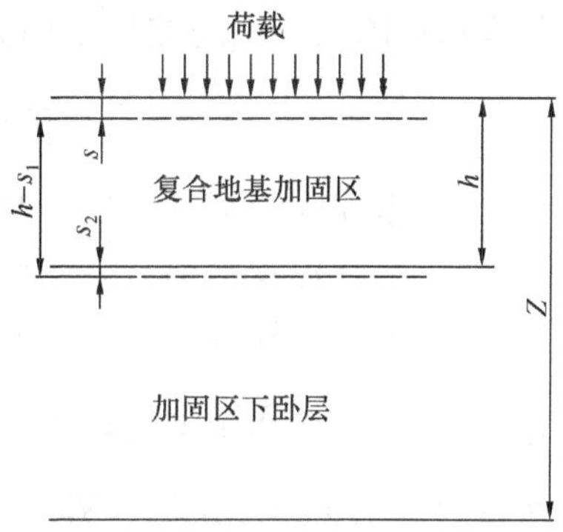

图 2-13　复合地基沉降

至今提出的复合地基沉降实用计算方法中，对下卧层压缩量 s_2 大都采用分层总和法计算，而对加固区范围内土层的压缩量 s_1 则针对各类复合地基的特点采用一种或几种计算方法计算。

2.9.2　加固区土层压缩量 s_1 的计算方法

加固区土层压缩量 s_1 的计算方法主要有下述几种：

（1）复合模量法（E_c 法）

将复合地基加固区中增强体和基体两部分视为一复合土体，采用复合压缩模量 E_{cs} 来评价复合土体的压缩性，并采用分层总和法计算加固区土层压缩量。在复合模量法中，将加固区土层分成 n 层，每层复合土体的复合压缩模量为 E_{csi}，加固区土层压缩量 s_1 的表达式为

$$s_1 = \sum_{1}^{n} \frac{\Delta p_i}{E_{csi}} H_i \qquad (2\text{-}25)$$

式中　Δp_i ——第 i 层复合土上附加应力增量；

H_i ——第 i 层复合土层的厚度。

竖向增强体复合地基复合土压缩模量 E_{cs} 通常采用面积加权平均法计算，即

$$E_{cs} = mE_{ps} + (1-m)E_{ss} \qquad (2\text{-}26)$$

式中 E_{ps}——桩体压缩模量；

E_{ss}——桩间土压缩模量；

m——复合地基置换率。

（2）应力修正法（E_s法）

在竖向增强体复合地基中，增强体的存在使作用在桩间土上的荷载密度比作用在复合地基上的平均荷载密度要小。在采用应力修正法计算压缩量时，根据桩间土分担的荷载，按照桩间土的压缩模量，采用分层总和法计算加固区土层的压缩量。在计算分析中忽略增强体的存在。

竖向增强体复合地基中桩间土分担的荷载为

$$p_s = \frac{p}{1+m(n-1)} = \mu_s p \tag{2-27}$$

式中 p——复合地基上平均荷载密度；

μ_s——应力减小系数或称应力修正系数；

n 和 m——分别为复合地基桩土应力比和复合地基置换率。

复合地基加固区土层压缩量采用分层总和法计算，其表达式为

$$s_1 = \sum_{i=1}^{n} \frac{\Delta p_{si}}{E_{si}} H_i = \mu_s \sum_{i=1}^{n} \frac{\Delta p_i}{E_{si}} H_i = \mu_s s_{1s} \tag{2-28}$$

式中 Δp_i——未加固地基（天然地基）在荷载 p 作用下第 i 层土上的附加应力增量；

Δp_{si}——复合地基中第 i 层桩间土的附加应力增量；

s_{1s}——未加固地基（天然地基）在荷载 p 作用下相应厚度内的压缩量；

μ_s——应力修正系数，$\mu_s = \frac{1}{1+m(n-1)}$。

研究表明采用应力修正法计算存在下述问题：

式（2-28）形式很简单，但在设计计算中应力修正系数 μ_s 是较难合理确定的。复合地基置换率 m 值是要由设计人员确定的，应该说是明确的。但桩土应力比 n 值影响因素较多，桩土相对刚度，荷载水平，荷载作用时间，置换率等都有影响，特别是当桩土相对刚度较大时，其变化范围较大，设计人员很难选用合理值。

另外在设计计算中忽略增强体的存在将使计算值大于实际压缩量。采用该法计算加固区压缩量往往偏大。

（3）桩身压缩量法（E_p法）

在荷载作用下复合地基加固区的压缩量也可通过计算桩体压缩量来得到。设桩底端刺入下卧层的沉降变形量为 Δ，则相应加固区土层的压缩量 s_1 的计算式为

$$s_1 = s_p + \Delta \tag{2-29}$$

式中 s_p——桩身压缩量。

在桩身压缩量法中，根据作用在桩体上的荷载和桩体变形模量计算桩身压缩量。竖向增强体复合地基中桩体分担的荷载为

$$p_p = \frac{np}{1+m(n-1)} = \mu_p p \tag{2-30}$$

式中 p——复合地基上平均荷载密度；

μ_{p}——应力集中系数，$\mu_{\mathrm{p}}=\dfrac{n}{1+m(n-1)}$；

n 和 m ——分别为桩土应力比和复合地基置换率。

若桩侧摩阻力为平均分布，桩底端承力密度为 p_{bo}，则桩体压缩量为

$$s_{\mathrm{p}}=\frac{(\mu_{\mathrm{p}}p+p_{\mathrm{bo}})}{2E_{\mathrm{p}}}l \tag{2-31}$$

式中 l——桩身长度，也等于加固区厚度 h；

E_{p}——桩身材料变形模量。

若桩侧摩阻力分布不是均匀分布，则需先计算桩身应力沿深度 z 的变化情况，再进行积分，可得到桩身压缩量。计算时，也可考虑桩身变形模量沿桩长方向的变化。压缩量 s_1 的表达式为

$$s_1=s_{\mathrm{p}}+\Delta=\int_{0}^{l}\frac{p_{\mathrm{p}}(z)}{E_{\mathrm{p}}(z,p)}\mathrm{d}z+\Delta \tag{2-32}$$

式中 $p_{\mathrm{p}}(z)$——桩身应力沿深度 z 变化的表达式；

$E_{\mathrm{p}}(z,p)$——桩身变形模量，可以是深度 z 和桩身应力 p 的函数。

研究表明应用桩身压缩量法计算会遇到下述困难：同应力修正法一样，对设计人员，置换率 m 是明确的，桩土应力比 n 值影响因素多，很难选用合理值；在应力修正法中，桩体刺入下卧层土中的刺入量也很难计算；另外桩底端端承力的估计可能误差也会较大。

前面介绍了复合地基加固区压缩量的三种算法，相比较而言复合模量法使用比较方便，特别是对于散体材料桩复合地基和柔性桩复合地基。总的说来，复合地基加固区压缩量数值不是很大，特别是在深厚软土地基中应用复合地基技术，加固区压缩量占复合地基沉降总量的比例较小。因此，可以认为加固区压缩量采用上述方法计算带来的误差对工程设计影响不会很大。

2.9.3 下卧层土层压缩量 s_2 的计算方法

下卧层土层压缩量 s_2 的计算常采用分层总和法，即

$$s_2=\sum_{i=1}^{n}\frac{e_{1i}-e_{2i}}{1+e_{1i}}H_i=\sum_{i=1}^{n}\frac{a_i(p_{2i}-p_{1i})}{(1+e_i)}H_i=\sum_{i=1}^{n}\frac{\Delta p_i}{E_{si}}H_i \tag{2-33}$$

式中 e_{1i}——根据第 i 分层的自重应力平均值 $\dfrac{\sigma_{ci}+\sigma_{c(i-1)}}{2}$（即 p_{1i}）从土的压缩曲线上得到的相应的孔隙比；

σ_{ci}、$\sigma_{c(i-1)}$——分别为第 i 分层土层底面处和顶面处的自重应力；

e_{2i}——根据第 i 分层自重应力平均值 $\dfrac{\sigma_{ci}+\sigma_{c(i-1)}}{2}$ 与附加应力平均值 $\dfrac{\sigma_{zi}+\sigma_{z(i-1)}}{2}$ 之和（即 p_{2i}），从土的压缩曲线上得到相应的孔隙比；

σ_{zi}、$\sigma_{z(i-1)}$——分别为第 i 分层土层底面处和顶面处的附加应力；

H_i——第 i 分层土的厚度；

a_i——第 i 分层土的压缩系数；

E_{si}——第 i 分层土的压缩模量。

在计算下卧层压缩量 s_2 时，作用在下卧层上的荷载是比较难以精确计算的。目前在工程应用上，常采用下述几种方法计算。

(1) 压力扩散法

若复合地基上作用荷载为 p，复合地基加固区压力扩散角为 β，则作用在下卧土层上的荷载 p_b 可用下式计算（图 2-14）：

$$p_b = \frac{BDp}{(B + 2h\tan\beta)(D + 2h\tan\beta)} \tag{2-34}$$

式中 B——复合地基上荷载作用宽度；

D——复合地基上荷载作用长度；

h——复合地基加固区厚度。

对平面应变情况，式（2-34）可改写为

$$p_b = \frac{Bp}{(B + 2h\tan\beta)} \tag{2-35}$$

研究表明：虽然式（2-34）和式（2-35）同双层地基中压力扩散法计算第二层土上的附加荷载计算式形式相同，但复合地基中压力扩散角与双层地基中压力扩散角数值是不相同的（龚晓南，2002）。

(2) 等效实体法

将复合地基加固区视为一等效实体，作用在下卧层上的荷载作用面与作用在复合地基上的相同，如图 2-15 所示。在等效实体四周作用有侧摩阻力，设其密度为 f，则复合地基加固区下卧层上荷载密度 p_b 可用下式计算：

$$p_b = \frac{BDp - (2B + 2D)hf}{BD} \tag{2-36}$$

式中 B、D——分别为荷载作用面宽度和长度；

h——加固区厚度。

对平面应变情况，式（2-36）可改写为

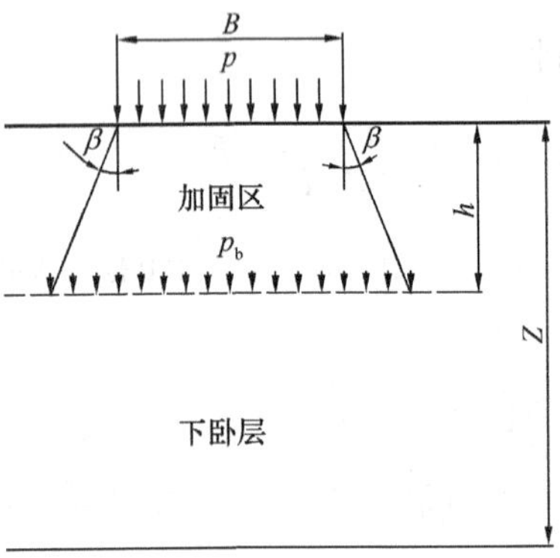

图 2-14 压力扩散法

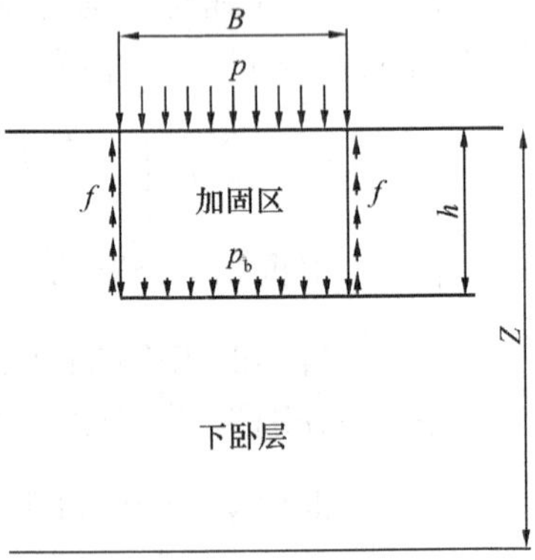

图 2-15 等效实体法

$$p_b = p - \frac{2h}{B}f \tag{2-37}$$

研究表明：应用等效实体法的计算误差主要来自对侧摩阻力 f 值的合理选用。当桩土相对刚度较大时，选用误差可能较小。当桩土相对刚度较小时，f 值选用比较困难。桩土相对刚度较小时，侧摩阻力变化范围很大，很难合理估计。事实上，将加固体作为一分离体，两侧面上剪应力分布是非常复杂的。采用侧摩阻力的概念是一种近似，对该法适用性应加强研究。

(3) 改进 Geddes 法

黄绍铭等（1991）建议采用下述方法计算复合地基土层中应力。复合地基总荷载为 P，桩体承担 P_p，桩间土承担 $P_s=P-P_p$。桩间土承担荷载 P_s在地基中所产生的竖向应力 $\sigma_{z,Ps}$，其计算方法和天然地基中应力计算方法相同，可应用布辛奈斯克解。桩体承担的荷载 P_p在地基中所产生的竖向应力采用 Geddes 法计算。然后叠加两部分应力得到地基中总的竖向应力。再采用分层总和法计算复合地基加固区下卧层压缩量 s_2。

S. D. Geddes（1966）认为长度为 L 的单桩在荷载 Q 作用下对地基土产生的作用力，可近似视作如图 2-16 所示的桩端集中力 Q_p，桩侧均匀分布的摩阻力 Q_r和桩侧随深度线性增长的分布摩阻力 Q_t等三种形式荷载的组合。S. D. Geddes 根据弹性理论半无限体中作用一集中力的 Mindlin 应力解积分，导出了单桩的上述三种形式荷载在地基中产生的应力计算公式。地基中的竖向应力 $\sigma_{z,Q}$可按下式计算，

$$\sigma_{z,Q}=\sigma_{z,Qp}+\sigma_{z,Qr}+\sigma_{z,Qt}=Q_pK_p/L^2+Q_rK_r/L^2+Q_tK_t/L^2 \tag{2-38}$$

式中，K_p，K_r和 K_t为竖向应力系数，其表达式较繁冗，详见文献（Geddes，1966）。

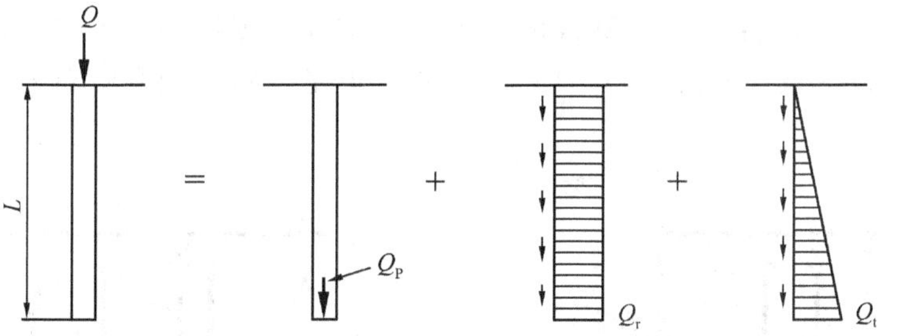

图 2-16 单桩荷载分解为三种型式荷载的组合

对于由 n 根桩组成的桩群，地基中竖向应力可对这 n 个根桩逐根采用式（2-38）计算后叠加求得。

由桩体荷载 P_p和桩间土荷载 P_s共同产生的地基中竖向应力表达式为

$$\sigma_z=\sum_{i=1}^{n}(\sigma_{z,Q_p^i}+\sigma_{z,Q_r^i}+\sigma_{z,Q_t^i})+\sigma_{z,P_s} \tag{2-39}$$

根据式（2-39）计算地基土中附加应力，采用分层总和法可计算复合地基沉降。

采用改进 Geddes 法计算需要确定荷载分担比，另外需假定桩侧摩阻力分布，上述两项估计将给计算带来误差。特别是后者，桩土相对刚度对其影响很大，建议进一步开展研究。

复合地基在荷载作用下沉降计算也可采用有限单元法。在几何模型处理上大致上可以分为二类：一类在单元划分上把单元分为二类，增强体单元和土体单元，增强体单元如桩体单元、土工织物单元等，并根据需要在增强体单元和土体单元之间设置或不设置界面单元。另一类是在单元划分上把单元分为加固区复合土体单元和非加固区土体单元，复合土体单元采用复合体材料参数。

2.10 基础刚度和垫层对桩体复合地基性状影响

2.10.1 基础刚度对桩体复合地基性状影响

早期复合地基多用于建筑工程，无论是条形基础还是筏板基础都有较大的刚度。在荷载作用下，条形基础或筏板基础下复合地基中的桩体和桩间土的沉降量是相等的。早期关于复合地基承载力和变形计算理论的研究大都是针对刚性基础下复合地基的。一些关于复合地基的设计计算方法和相应的计算参数都是基于对刚性基础下复合地基性状的研究得出的。

随着高等级公路建设中复合地基技术的应用，人们将刚性基础下复合地基承载力和沉降计算方法应用到填土路堤下复合地基承载力和沉降计算。工程实践表明，这样得到的计算值与实测值相差较大，而且是偏不安全的，这一现象引起人们的重视。

为了探讨基础刚度对复合地基性状的影响，吴慧明（2001）采用现场试验研究和数值分析方法对基础刚度对复合地基性状影响作了分析。图2-17为在宁波大学校园中所做现场模型试验的示意图。图2-17（a）为刚性基础下复合地基荷载试验示意图，图2-17（b）为柔性基础下复合地基荷载试验示意图。试验内容包括：1）原状土承载力试验；2）单桩竖向承载力试验；3）刚性基础下复合地基承载力试验（置换率$m=15\%$）；4）柔性基础下复合地基承载力试验（置换率$m=15\%$）。试验研究表明基础刚度对复合地基性状影响明显。

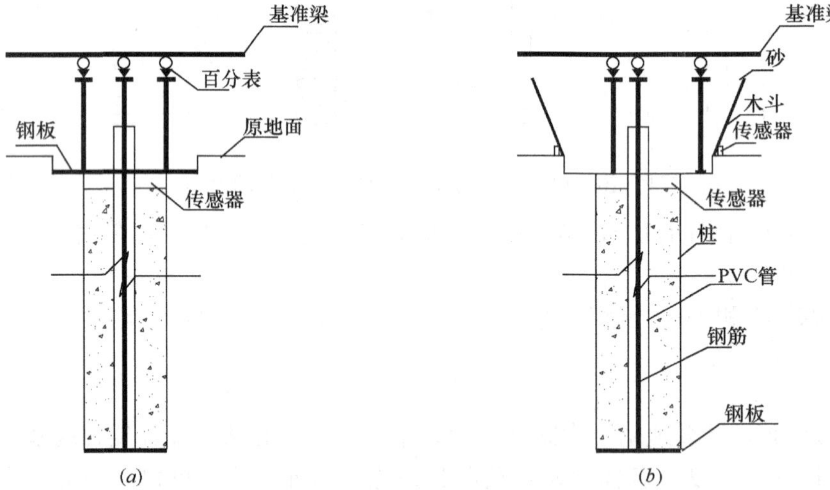

图2-17 现场模型试验的示意图

（a）刚性基础试验示意图；（b）柔性基础试验示意图

在荷载作用下，柔性基础下桩体复合地基和刚性基础下桩体复合地基破坏模式不同。当荷载不断增大时，柔性基础下桩体复合地基中土体先产生破坏，然后产生复合地基破坏；而刚性基础下桩体复合地基中桩体先产生破坏，然后产生复合地基破坏。

桩体复合地基极限承载力大小与基础刚度有关。在其他条件相同情况下，刚性基础下复合地基极限承载力比柔性基础下复合地基的极限承载力要大。在应用式（2-1）计算复合地基极限承载力时，对刚性基础下复合地基，桩体的强度发挥度可取 $\lambda_1=1.0$，而桩间土的强度发挥度 λ_2 取值应小于 1.0；而对柔性桩基础下复合地基，桩间土的强度发挥度可取 $\lambda_2=1.0$，而桩体的强度发挥度 λ_1 取值应小于 1.0。两者刚好相反。

试验研究成果还表明：在相同的条件下，柔性基础下复合地基的沉降比刚性基础下复合地基沉降要大。柔性基础下桩体复合地基沉降较大的原因有二个方面：一是土中应力大，二是桩会向上刺入像土堤这样的柔性基础。

当复合地基各种参数都相同的情况下，在荷载作用下，柔性基础下复合地基的桩土荷载分担比要比刚性基础下复合地基的桩土荷载分担比小，也就是说刚性基础下复合地基中桩体承担的荷载要比柔性基础下复合地基桩体承担的大。

为了提高柔性基础下复合地基桩土荷载分担比，减小复合地基沉降，可在复合地基和柔性基础之间设置刚度较大的垫层，如灰土垫层，土工格栅碎石垫层等。不设较大刚度的垫层的柔性基础下桩体复合地基应慎用。

2.10.2 垫层对桩体复合地基性状影响

为了改善刚性基础下复合地基性状，常在复合地基和刚性基础之间设置柔性垫层；为了改善柔性基础下复合地基性状，常在复合地基和柔性基础之间设置刚度较大的垫层。下面首先分析刚性基础下设置柔性垫层对刚性基础下复合地基性状的影响，然后分析柔性基础下设置刚度较大的垫层对柔性基础下复合地基性状的影响。

图 2-18（*a*）和（*b*）分别为刚性基础下复合地基设置垫层和不设置垫层两种情况的示意图。刚性基础下复合地基中柔性垫层一般为砂石垫层。由于砂垫层的存在，使图 2-18（*a*）中桩间土单元 A1 中的附加应力比图 2-18（*b*）中相应的桩间土单元 A2 中的要大，而图 2-18（*a*）中桩体单元 B1 中的竖向应力比图 2-18（*b*）中相应的桩体单元 B2 中的要小。也就是说设置柔性垫层可减小桩土荷载分担比。另外还应看到，由于砂垫层的存在，使图 2-18（*a*）中桩间土单元 A1 中的水平向应力比图 2-18（*b*）中相应的桩间土单元 A2 中的要大，图 2-18（*a*）中桩体单元 B1 中的水平向应力比图 2-18（*b*）中相应的桩体单元 B2 也要大。由此可得出：由于砂垫层的存在，使图 2-18（*a*）中桩体单元 A1 中的最大剪应力比图 2-18（*b*）中相应的桩体单元 A2 中的要小得多。换句话说，柔性垫层的存在使桩体上端部分中竖向应力减小，水平向应力增大，造成该部分桩体中剪应力减小，这对改善低强度桩的桩体受力状态是非常有利的。

从上面分析可以看到，刚性基础下复合地基设置柔性垫层，一方面可增加桩间土承担

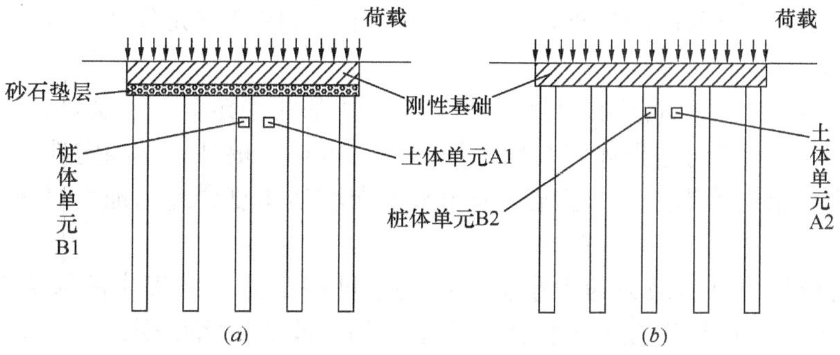

图 2-18 刚性基础下复合地基示意图

（*a*）设置垫层情况；（*b*）无垫层情况

荷载的比例，较充分利用桩间土的承载潜能；另方面可改善桩体上端的受力状态，这对低强度桩复合地基是很有意义的。

刚性基础下设置柔性垫层对刚性基础下复合地基性状的影响程度与柔性垫层厚度有关。以桩土荷载分担比为例，垫层厚度愈厚，桩土荷载分担比愈小。但当垫层厚度达到一定数值后，继续增加垫层厚度，桩土荷载分担比并不会继续减小。在实际工程中，还需考虑工程费用。综合考虑，通常采用 300～500mm 厚度的砂石垫层。

图 2-19（*a*）和（*b*）分别为路堤下复合地基设置垫层和不设置垫层两种情况的示意图。路堤下复合地基常设置刚度较大的垫层，如灰土垫层，土工格栅加筋垫层。与刚性基础下设置砂石柔性垫层作用相反，在路堤下复合地基中设置刚度较大的垫层是为了增大桩体承担荷载的比例，较充分利用桩体的承载潜能。比较图 2-19（*a*）和图 2-19（*b*）在荷载作用下的性状，不难理解在路堤下复合地基中设置刚度较大的垫层，可有效增加桩体承担荷载的比例，发挥桩的承载能力，有效减小复合地基的沉降。

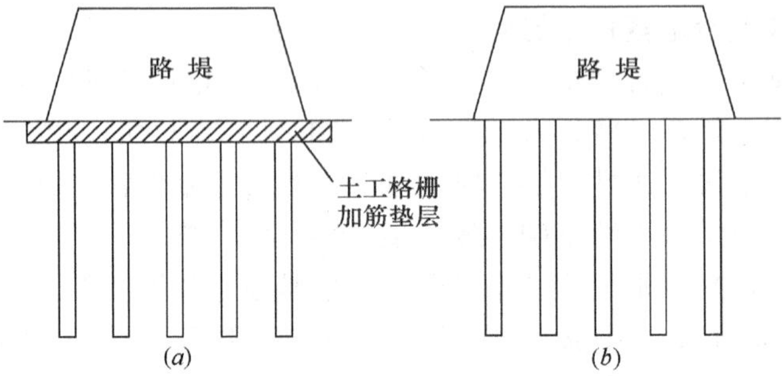

图 2-19 路堤下复合地基示意图
（*a*）设置垫层情况；（*b*）无垫层情况

2.11 复合地基型式合理选用原则与优化设计思路

2.11.1 复合地基型式合理选用原则

复合地基常用型式很多，合理选用复合地基型式可以取得较好的社会效益和经济效益。现提出下述选用原则，供读者参考。

1. 坚持具体工程具体分析和因地制宜的选用原则。根据场地工程地质条件，所建工程类型，荷载水平，以及使用要求，进行综合分析，还应考虑充分利用地方材料，合理选用复合地基型式的目的。

2. 水平向增强体复合地基的效用主要是提高地基的稳定性。在高压缩性土层不是很厚的情况下，采用水平向增强体复合地基加固不仅可有效提高地基稳定性，还可有效减小沉降。对于高压缩性土层较厚的情况，采用水平向增强体复合地基加固对减小总沉降效果不明显。

3. 散体材料桩单桩承载力的大小主要取决于桩周土体所能提供的最大侧限力。散体材料桩复合地基主要适用于在设置桩体过程中桩间土能够振密挤密，桩间土的强度能得到较大提高的砂性土地基。对饱和软黏土地基，采用散体材料桩复合地基加固，加固后承载力提高幅度不大，而且可能产生较大的工后沉降，应慎用。

4. 对深厚软土地基，为了减小复合地基的沉降量，应采用较长的桩体，尽量减小加固区下卧层土层的压缩量。若软土层较厚，可采用刚度较大的桩体形成复合地基，也可采用长短桩复合地基。

5. 采用刚性基础下粘结材料桩复合地基型式时，视桩土相对刚度大小决定在刚性基础下是否设置柔性垫层。桩土相对刚度较大，而且桩体强度较小时，应设置柔性垫层。通过设置柔性垫层可有效减小桩土应力比，改善接近桩顶部分桩体的受力状态。刚性基础下粘结材料桩复合地基桩土相对刚度较小，或桩体强度足够时，也可不设置柔性垫层。

6. 填土路堤下采用粘结材料桩复合地基时，应在桩体复合地基上铺设刚度较好的垫层，如土工格栅加筋垫层，灰土垫层等。垫层的铺设可防止桩体向上刺入，增加桩土应力比，充分利用桩体的承载潜能，减小沉降。不设垫层的粘结材料桩体复合地基，特别是不设垫层的桩土相对刚度较大的复合地基在填土路堤下应慎用。

2.11.2 复合地基优化设计思路

在进行复合地基设计时，首先要搞清楚采用复合地基加固地基的目的。采用复合地基加固地基的主要目的可以分三种情况：一是提高地基承载力；二是减小沉降量；三是两者兼而有之。对上述不同情况，复合地基优化设计的思路是不同的，下面分别加以讨论。

对沉降量大小控制要求不是很严，主要要求保证地基稳定的工程属于上述第一种情况，主要解决地基承载力不足。若软弱土层不厚，整个软弱土层都得到加固，也属于这种情况。由桩体复合地基承载力公式可知，提高桩的承载力和提高复合地基置换率均可有效提高复合地基承载力。

如何提高桩的承载力？不同类型的桩机理是不相同的。

对散体材料桩，桩的极限承载力主要取决于桩周土对它的极限侧限力。由式（2-8）等可知，饱和黏性土地基中的散体材料桩桩体承载力基本上由地基土的不排水抗剪强度确定的。对某一饱和黏性土地基，设置在地基中的散体材料桩的桩体承载力基本是定值。提高散体材料桩复合地基的承载力只有依靠增加置换率。在砂性土等可挤密性地基中设置散体材料桩，在设置桩的过程中桩间土得到振密挤密，桩间土抗剪强度得到提高，相应散体材料挤密桩的承载力也得到提高。

对粘结材料桩，桩的承载力主要取决于桩侧摩阻力和端阻力之和，以及桩体的材料强度。刚性桩的承载力主要取决于桩侧摩阻力和端阻力之和，因此增加桩长可有效提高桩的承载力。柔性桩的承载力往往制约于桩身强度，有时还与有效桩长有关，因此有时增加桩长不一定能有效提高桩的承载力。对上述粘结材料桩，特别是刚性桩，如能使由摩阻力和端阻力之和确定的承载力和由桩身强度确定的承载力两者比较接近则可取得较好的经济效益。基于这一思路，近年来各种类型的低强度桩复合地基得到推广应用。对低强度桩，由桩侧摩阻力和端阻力之和确定的承载力和由桩身强度确定的承载力两者比较靠近，也就是说较好的发挥了桩体材料的承载潜能。

对采用复合地基主要是解决地基承载力不足的情况，在设计中首先要充分利用天然地基的承载力，然后通过协调提高桩体承载力和增大置换率来达到既满足承载力要求，又比较经济的目的。在设计中应根据不同的工程地质条件和不同类型的复合地基采取不同的措施提高桩体承载力。

为采用复合地基加固地基的主要目的是减小沉降量时，复合地基优化设计显得更为重要。从复合地基位移场特性可知，复合地基加固区的存在使地基中附加应力高应力区向下伸展，附加应力影响深度变深。从深厚软黏土地基上复合地基加固区和下卧层压缩量分析可知，当软弱下卧层较厚时，下卧层土体压缩量占复合地基总沉降量的比例较大。因此，为了有效减小复合地基的沉降量最有效的方法是减小软弱下卧层的压缩量。减小软弱下卧层压缩量的最有效方法是加深复合地基的加固区深度，减小软弱下卧层的厚度。增加复合地基置换率和增加桩体刚度可以使复合地基加固区的压缩量进一步减小。但因其本身压缩量已较小，特别是它占总沉降量的比例较小时，通过进一步减小复合地基加固区的压缩量来进一步减小复合地基的沉降量的潜力不大。而且增加复合地基置换率和增加桩体刚度两项措施，可使加固区下卧层土体中附加应力值增大，其后果是增加加固区下卧层土体的压缩量。

通过上述分析可以得到下述复合地基优化设计思路：根据场地工程地质条件和荷载情况，在设计中采用的复合地基加固区范围、置换率和桩体强度要满足复合地基承载力的设计要求。在满足复合地基承载力设计要求的前提下，增加复合地基加固区深度可有效减小地基沉降。在已经满足复合地基承载力设计前提下，继续增大复合地基置换率和增大桩体刚度，对减小复合地基沉降效果不明显，有时复合地基沉降量反而会增大。考虑到在荷载作用下复合地基中附加应力分布情况，复合地基加固区按深度最好采用变刚度分布，不仅可有效减小压缩量，而且可减小工程投资，取得较好的经济效益。复合地基加固区按深度变刚度分布可采用二个措施：一是桩体采用变刚度设计，浅部采用较大刚度，深部采用较小刚度。例如采用深层搅拌法设置水泥土桩，浅部采用较高的水泥掺和量，深部采用较低的水泥掺和量；或水泥土桩浅部采用较大的直径，深部采用较小的直径。二是沿深度采用不同的置换率。例如由一部分长桩与一部分短桩相结合组成的长短桩复合地基。减小复合地基沉降量最有效的方法是增大增强体长度，有效减少软弱下卧层厚度。

对采用复合地基加固地基的目的既为了提高地基承载力又为了减小地基沉降量时，则首先要考虑满足地基承载力的要求，然后再考虑满足减小地基沉降量的要求，其优化设计思路应综合前面讨论的两种情况。

参 考 文 献

[1] 龚晓南. 复合地基引论(一)、(二)、(三)、(四)，地基处理，1991—1992，第2卷第3期至第3卷第2期

[2] 王启铜. 柔性桩的沉降(位移)特性及荷载传递规律，浙江大学博士学位论文，1991

[3] 张土乔. 水泥土的应力应变关系及搅拌桩破坏特性研究，浙江大学博士学位论文，1992

[4] 张龙海. 圆形水池结构与复合地基共同作用分析，浙江大学硕士学位论文，1992

[5] 龚晓南. 复合地基，杭州：浙江大学出版社，1992

[6] 曾小强. 水泥土力学特性和复合地基变形计算研究，浙江大学硕士学位论文，1993

[7] 段继伟. 柔性桩复合地基的数值分析，浙江大学博士学位论文，1993

[8] 尚亨林. 二灰混凝土桩复合地基性状试验研究，浙江大学硕士学位论文，1995

[9] 刘吉福. 高填路堤复合地基稳定性分析，浙江大学硕士学位论文，1996

[10] 龚晓南. 形成竖向增强体复合地基的条件，地基处理，1995，第6卷，第3期，48

[11] 龚晓南主编. 复合地基理论与实践，杭州：浙江大学出版社，1996

[12] 毛前，龚晓南. 桩体复合地基柔性垫层的效用研究，岩土力学，1998，19卷，第2期，67
[13] 杨慧. 双层地基和复合地基压力扩散角比较分析，浙江大学硕士学位论文，2000
[14] 龚晓南，陈明中. 桩筏基础设计方案优化若干问题，土木工程学报，2001，第34卷，第4期，107
[15] 阎明礼、张东刚. CFG桩复合地基技术及工程实践，北京：中国水利水电出版社，2001
[16] 吴慧明，龚晓南. 刚性基础与柔性基础下复合地基模型试验对比研究，土木工程学报，2001，第34卷，第5期，81
[17] 杨军龙. 长短桩复合地基沉降计算，浙江大学硕士学位论文，2002
[18] 龚晓南. 复合地基理论及工程应用，北京：中国建筑工业出版社，2002
[19] 龚晓南，褚航. 基础刚度对复合地基性状的影响，工程力学，2003，第20卷，第4期，67
[20] 龚晓南主编. 复合地基设计和施工指南，北京：人民交通出版社，2003
[21] 李海芳. 路堤荷载下复合地基沉降计算方法研究，浙江大学博士学位论文，2004
[22] 邢皓枫. 复合地基固结分析，浙江大学博士学位论文，2006

第3章 换 填 法

马华明 （上海市工程建设咨询监理有限公司）
张觉生 （上海市基础工程公司）

3.1 概述

在规划和设计一般工业与民用建筑时，常可按照地基土的不同物理力学特性和上部建筑物的荷载大小，设计成各种不同形式的基础：如独立基础、条形基础、十字交叉条形基础、筏形基础或箱形基础等，并直接埋置在经过适量开挖而不作任何处理的天然地层上，这种地基称为天然地基。在满足地基容许承载力和建筑物容许变形条件下，应尽量采用天然地基，因为它不但经济，而且施工简便，工期较短。随着人们对建筑物使用需求的发展和建筑技术的进步，重型工业建筑、多层、高层以及超高层民用与公共建筑日趋增多，且建筑物的荷载越来越大，当天然地基已不能满足支承上部荷载和控制建筑物变形时，必须对地基进行加固，也就是把建筑物支承在经过人工处理过的地基上，这种地基称为人工地基。人工地基从处理深度上又可分为浅层处理和深层处理。地基处理尤其是深层处理，往往施工工艺技术较复杂，工期较长，处理费用在建筑工程投资中占有相当可观的比例。因此，建筑工程总是优先考虑采用天然地基或者争取只对地基进行浅层处理。只有在浅层处理不能满足要求时，才采取深层加固的处理方法。

地基深层处理方法将在本书以后章节中介绍，本章仅限于论述应用于地基浅层处理的换填法。浅层处理和深层处理很难明确划分界限，一般可认为地基浅层处理的范围大致在地面以下 5m 深度以内。浅层人工地基的采用不仅取决于建筑物荷载量值的大小，而且在更大程度上与地基土的物理力学性质有关。地基浅层处理与深层处理相比，一般使用比较简便的工艺技术和施工设备，耗费较少量的材料，如本章所述换填法就是量大、面广，简单、快速和经济的处理方法。

3.2 换填法的原理及适用范围

换填法就是将基础底面以下不太深的一定范围内的软弱土层挖去，然后以质地坚硬、强度较高、性能稳定、具有抗侵蚀性的砂、碎石、卵石、素土、灰土、粉煤灰、矿渣等材料以及土工合成材料分层充填，并同时以人工或机械方法分层压、夯、振动，使之达到要求的密实度，成为良好的人工地基。当地基软弱土层较薄，而且上部荷载不大时，也可直接以人工或机械方法（填料或不填料）进行表层压、夯、振动等密实处理，同样可取得换填加固地基的效果。

经过换填法处理的人工地基或垫层，可以把上部荷载扩散传至下面的下卧层，以满足上部建筑所需的地基承载力和减少沉降量的要求。当垫层下面有较软土层时，也可以加速软弱土层的排水固结和强度的提高。

换填法适用于浅层地基处理，包括淤泥、淤泥质土、松散素填土、杂填土、已完成自重固结的吹填土等地基处理以及暗塘、暗浜、暗沟等浅层处理和低洼区域的填筑。换填法还适用于一些地域性特殊土的处理：用于膨胀土地基可消除地基上的胀缩作用，用于湿陷性黄土地基可消除黄土的湿陷性，用于山区地基可用于处理岩面倾斜、破碎、高低差，软硬不匀以及岩溶与土洞等，用于季节性冻土地基可消除冻胀力和防止冻胀损坏等。

当采用换填法进行地基处理时，应根据建筑体型、结构特点、荷载性质和量级、场地工程地质资料及环境条件并结合施工机械设备与当地材料来源等进行综合分析，合理进行换填设计，选择换填材料和相应的施工方法。

3.3 表层原位压实法

地基浅层处理的最简易做法是表层加固。当需要处理的地基软弱土位于表层，厚度不大，或上部荷载较小时，采用表层压实法，可以取得较好的技术经济效果。地基表层压实法一般常应用于道路、堆场等，有时也可适用于轻型建筑物。

经过表层原位压实法加固的地基，同样可用取土样进行土工试验、荷载板试验等检测手段进行验证和质量控制。

表层原位压实法可以减少建筑材料的耗用量，施工简便、成本低、工期短，但必须预先正确查明地基的土性状况。当软弱表土层较厚或上部荷载量级较大时，尤应慎重选用。特别要查明加固表层下面的下卧层的特性，以防出现工程事故。

表层原位压实法根据不同的施工机械设备和工艺，一般可分为碾压法、振动压实法及重锤夯实法，现分述如下。

3.3.1 碾压法

碾压法是用压路机、推土机、平碾、羊足碾或其他碾压机械在地基表面来回开动，利用机械自重把松散土地基压实加固。这种方法常用于地下水位以上大面积填土的压实以及一般非饱和黏性土和杂填土地基的浅层处理。

原位分层填土压密一般不需要其他建筑材料，但需较好的土料和土源场地。有时也可适量添加石灰、水泥、碎砖、碎石等，以提高地基强度。

碾压法施工时应根据压实机械的压实能量、控制碾压土的含水量符合最优百分比；选择适当的碾压分层厚度和碾压的遍数。对于一般黏性土，通常用 8～10t 的平碾或 12t 的羊足碾，每层铺土厚度 30cm 左右，碾压 8～12 遍。对饱和性黏土进行表面压实，要考虑适当的排水措施以加快土体的固结。对于淤泥及淤泥质土，一般应予挖除或者结合碾压进行挤淤充填，先在土面上堆土、块石、片石等，然后用机械压入以置换和挤出淤泥，堆积碾压分层进行，直到把淤泥全部挤出、置换完毕为止。

碾压法对表层地基加固的深度一般可达 2～3m。

碾压的质量标准，以分层压实土的干密度和含水量来控制，如控制干密度为 ρ_d，最大干密度为 ρ_{dmax}（由试验确定），则 ρ_d 与 ρ_{dmax} 的比值 λ_c 称为压实系数，压实系数和现场含水量的控制值应符合表 3-1 的规定。一般黏性土经表层压实处理，其地基承载力可达80～100kN/m^2。

填土地基质量控制值　　　　　　**表 3-1**

结构类型	填土部位	压实系数 λ_c	控制含水量（%）
砌体承重结构和框架结构	在地基主要受力层范围内	≥0.97	$w_y \pm 2$
	在地基主要受力层范围以下	≥0.95	
排架结构	在地基主要受力层范围内	≥0.96	
	在地基主要受力层范围以下	≥0.94	

注：1. w_y为最优含水量；

2. 地坪垫层以下及基础底面标高以上的压实填土，压实系数不应小于0.94。

杂填土的碾压，可先将建筑范围的设计加固深度内的杂填土挖出，开挖平面从基础纵向放出3m左右，横向放出1.5m左右，然后将槽底碾压2～3遍，再将原土分层回填碾压，每层土虚铺厚度30cm左右。

由于杂填土的性质比较复杂，碾压后的地基承载力差别较大，根据一些地区的经验，用8～12t压路机碾压后的杂填土地基，承载力约为100～120kN/m²。

3.3.2　振动压实法

振动压实法是用振动压实机械在地基表面施加振动力以振实浅层松散土的地基处理方法。地基土的颗粒受振动而发生相对运动，移动至稳固位置，减小土的孔隙而压实。实践证明：用振动压实法处理砂土地基以及碎石、炉渣等渗透性较好无黏土为主的松散填土地基效果良好。振密后的地基是有较强的抗震能力。

振动压实的效果与填土成分、机械功率及振动时间等因素有关。振动压实用的机械，有手用的振动压实机，一般工作原理是由电动机带动两个偏心块以相同速度反向转动，以产生振动力。振动机的频率为1160～1180r/min，振幅3.5mm，振动机自重约为2.0t，振动力为50～100kN。对主要由炉渣、碎砖、瓦块组成的建筑垃圾，振实时间大于1min。对含炉灰等细颗粒的填土，振实时间约为3～5min，有效振实深度1.2～1.5m。

也有一些非手用振动压实机，如利用振动沉桩机的底部装一传振钢板作为振动压实机使用。

振实范围应从基础边缘放出0.6m左右，先振基槽两边，再振中间，振实标准是以振动机原地振实不再继续下沉为合格，一般杂填土地基经过振实处理后，地基承载力可达100～150kN/m²。

地下水位过高会影响振实效果，当地下水位距振实面小于60cm时，应降低地下水位。另外，施振前应对工程场地周围环境进行调查。一般情况下，振源与邻近建筑物，地下管线或其他设施的距离应大于3m。如有危房和重要地下管线，应事先进行加固处理。

3.3.3　重锤夯实法

一、原理

重锤夯实法是利用起重机械将重锤提到一定高度，自由落下，以重锤自由下落的冲击能来夯实浅层地基。经过多次重复提起、落下，使地基表面形成一层较为均匀密实的硬壳层，从而提高了地基强度。

二、机具设备

（一）夯锤：其形状宜采用截头圆锥体，可用C20以上钢筋混凝土制作，其底板可填充废铁并设置钢底板使重心降低。夯锤的自重不宜小于1.5t，锤底面静压力可控制在15～20kPa。夯锤形状见图3-1，锥底直径D一般为0.7～1.5m。

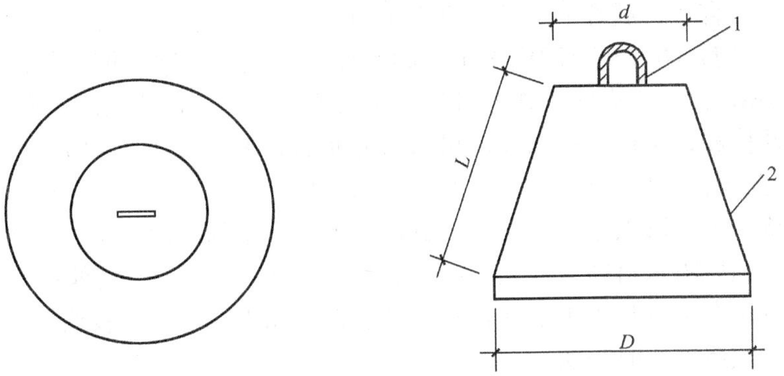

图 3-1 夯锤

1—吊环；2—钢板

（二）起重设备：宜用带有摩擦式卷扬机的起重机。

三、适用范围及加固效果

（一）适用于处理离地下水位 0. 8m 高度以上稍湿的杂填土、黏性土、砂性土、湿陷性黄土和分层填土等地基，但在有效夯实深度内存在软黏土层时不宜采用。因为饱和土在瞬间冲击力作用下水不易排出，很难夯实。

（二）重锤夯实的影响深度及加固效果与锤重、锤底直径、落距、夯打遍数及土质条件等因素有关。重锤夯实的锤重、锤底直径、落距和夯打遍数一般需要通过现场试夯来确定。根据一些地区的经验，常用锤重为 1.5～3.2t，落距为 2.5～4.5m，夯打遍数一般取 6～10遍。重锤夯实的影响深度大致相当于锤底直径。对于湿和稍湿，密度为稍密～中密状态的建筑垃圾杂填土，夯实时如用重 1.5t，底面直径为 1.15m 的夯锤，落距 3～4m 左右，其有效夯实深度约为 1.1～1.2m（相当锤底直径），在湿陷性黄土地区，当设计有效夯实深度为 1m 时，宜用重为 1.8～2.5t，底面直径为 1.1～1.3m 的夯锤，当设计有效夯实深度为 1.5m 时，宜用重为 2. 5～3.2t，底面直径为 1.5m 的重锤。

（三）夯实效果与土的含水量关系十分密切，只有在土处于最佳含水量的条件下，才能得到最好的夯实效果。如含水量很大，夯击时会出现橡皮土等不良现象。此外，施工宜尽量避免在雨季进行。

（四）试夯及停夯标准：工程开工前应先通过试夯以确定施工方案。一般试夯约 6～10 遍，正式施工时可适当增加 1～2 遍。当试夯结果达不到设计的密实度和夯实深度要求，应适当提高落距，增加夯击遍数。必要时，可增加锤重，再行试夯。关于停夯标准，随着夯打遍数的增加，土的每遍夯沉量逐渐减小，当夯打到一定程度后，继续夯打的效果就不明显了。因此，夯击时应尽量取用保证夯实的最少夯打遍数，当最后二遍的平均夯沉量对于黏性土及湿陷性黄土一般不大于 1.0～2.0cm，对于砂性土不大于 0.5～1.0cm 时即可停夯。如继续夯打，能量消耗多，密实度增加有限，经济效益不高。

（五）经过重锤夯实的地基承载力可通过静荷载试验确定，一般可达 100～150kN/m^2。

四、施工要点

（一）采用重锤夯实分层填土地基时，每层的虚铺厚度应通过试夯确定。每层虚铺厚度一般相当于锤底直径，试夯的层数不宜少于两层。

（二）基坑（槽）的夯实范围应大于基础底面。开挖时，坑（槽）每边比设计宽度加宽不宜小于0.3m，以便于夯实工作的进行。坑（槽）边坡应适当放缓。夯实前，坑（槽）底面应高出设计标高，预留土层的厚度可为试夯时的总下沉量加5～10cm。

（三）夯实前应检查坑（槽）中土的含水量，并根据试夯结果决定是否需要加水。如欲加水，则需待水全部渗人土中一昼夜后方可夯击。若土的表面含水量过大，夯击成软塑状态时，可采取铺撒吸水材料（干土、碎砖、生石灰等）、换土或其他有效措施处理。分层填土时，应取用含水量相当于最优含水量的土料。如土料含水量较低，宜加水至最优含水量。每层土铺填后应及时夯实。

（四）在基坑（槽）的周边应作好排水设施，防止向坑（槽）灌水。

（五）在条形基槽和大面积基坑内夯击时，宜先按一夯挨一夯顺序进行。在独立柱基基坑内夯击时，一般采用先周边后中间或先外后里的方法进行。

（六）冬季施工时，必须保证地基在不冻的状态下进行夯击。

（七）重锤夯实地基的质量验收，除符合试夯最后下沉量的规定要求外，同时还要求基坑（槽）表面的总下沉量不小于试夯总下沉量的90%为合格。检查后，如质量不合格，应进行补夯，直至合格为止。

3.4 换土垫层法

3.4.1 原理及适用范围

当软弱土地基的承载力和变形满足不了建筑物的要求，而软弱土层的厚度又不很大时，采用换土垫层法能取得较好的效果。

目前，在软弱土地区经常采用的是换土垫层法，简称垫层法或换土法，如砂垫层、砂卵石垫层、碎石垫层、灰土或素土垫层、粉煤灰垫层、矿渣垫层以及用其他性能稳定、无侵蚀性的材料做的垫层等。虽然材料不同的垫层，其应力分布有所差异，但从试验结果分析，其极限承载力还是比较接近，通过沉降观测资料，发现不同材料垫层上的建筑物沉降的特点也基本相似，所以各种材料的垫层都可近似地按砂垫层的计算方法进行计算。不同材料的垫层，其主要作用也与砂垫层相同，即：

（一）提高地基承载力

众所周知，浅基础的地基承载力与基础下土层的抗剪强度有关。如果以抗剪强度较高的砂或其他填筑材料代替较软弱的土，可提高地基的承载力，避免地基破坏。

（二）减少沉降量

一般地基浅层部分的沉降量在总沉降量中所占的比例是比较大的。以条形基础为例，在相当于基础宽度的深度范围内的沉降量约占总沉降量的50%左右。如以密实砂或其他填筑材料代替上部软弱土层，就可以减少这部分的沉降量。由于砂垫层或其他垫层对应力的扩散作用，使作用在下卧层土上的压力较小，这样也会相应减少下卧层土的沉降量。

（三）加速软弱土层的排水固结

建筑物的不透水基础直接与软弱土层相接触时，在荷载的作用下，软弱土地基中的水被迫绕基础两侧排出，因而使基底下的软弱土不易固结，形成较大的孔隙水压力，还可能导致由于地基强度降低而产生塑性破坏的危险。砂垫层和砂石垫层等垫层材料透水性大，软弱土层受压后，垫层可作为良好的排水面，可以使基础下面的孔隙水压力迅速消散，加速垫层下软弱土层的固结和提高其强度，避免地基土塑性破坏。

（四）防止冻胀

因为粗颗粒的垫层材料孔隙大，不易产生毛细管现象，因此可以防止寒冷地区土中结冰所造成的冻胀。这时，砂垫层的底面应满足当地冻结深度的要求。

（五）消除膨胀土的胀缩作用

在各类工程中，垫层所起的主要作用有时也是不同的，如房屋建筑物基础下的砂垫层主要起换土的作用；而在路堤及土坝等工程，主要是利用砂垫层起排水固结作用。

至于一般在钢筋混凝土基础下采用10～30cm厚的混凝土垫层，主要是用作基础的找平和隔离层，并为基础绑扎钢筋和建立木模等工序施工操作提供方便。仅是施工措施，不属于地基处理范畴。

换土垫层法适用于淤泥、淤泥质土、湿陷性黄土、杂填土地基及暗沟、暗浜（塘）及山地不良地基等的浅层处理。

3.4.2 设计计算

垫层的设计

垫层的设计不但要求满足建筑物对地基变形及稳定的要求，而且也应符合经济合理性原则。

垫层设计的主要内容是确定断面的合理厚度和宽度。对于垫层，既要求有足够的厚度来置换可能被剪切破坏的软弱土层，又要有足够的宽度以防止垫层向两侧挤出。对于排水垫层来说，除要求有一定的厚度和密度满足上述要求外，还要求形成一个排水面，促进软弱土层的固结，提高其强度，以满足上部荷载的要求。

（一）垫层厚度的确定

垫层的厚度一般根据垫层底面处土的自重应力与附加应力之和不大于同一标高处软土层的容许承载力，如图3-2所示。其表达式为

$$p_z + p_{cz} \leqslant f_z \tag{3-1}$$

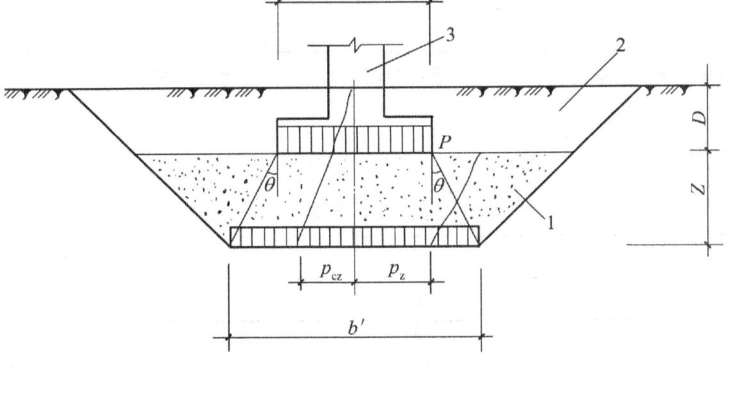

图3-2 垫层内压力的分布

1—垫层；2—回填土；3—基础

式中 f_z——垫层底面处土层的地基承载力（kPa）；

p_{cz}——垫层底面处土的自重压力（kPa）；

p_z——垫层底面处土的附加压力（kPa）。

具体计算时，一般可根据垫层的容许承载力确定出基础宽度，再根据下卧土层的承载力确定出垫层的厚度。垫层的容许承载力要合理拟定，如定的过高，则换土厚度将很深，对施工不利，也不经济。根据载荷试验资料表明：当下卧层软弱土的容许承载力为60～80kPa，压缩模量为3MPa左右。换土厚度为0.5～1.0倍基础宽度时，垫层地基的容许承载力大约为100～200kPa，平均变形模量大约为14MPa。一般是先根据初步拟定的垫层厚度，再用式（3-1）复核。垫层厚度一般不宜大于3m。太厚施工较困难，太薄（<0.5m）则换土垫层的作用不显著。

垫层面处的附加压力，可分别按式（3-2a）和式（3-2b）式简化计算：

条形基础

$$p_z = \frac{b(p - p_c)}{b + 2Z\tan\theta} \tag{3-2a}$$

矩形基础

$$p_z = \frac{bl(p - p_c)}{(b + 2Z\tan\theta)(l + 2Z\tan\theta)} \tag{3-2b}$$

式中 p——基础底面压力（kPa）；

p_c——基础底面处土的自重压力（kPa）；

l、b——基础底面的长度和宽度（m）；

Z——垫层的厚度（m）；

θ——垫层的压力扩散角，根据工程情况按下列各表选。

① 建筑地基处理技术规范（JGJ 79—2002）规定见表3-2：

压力扩散角θ（°） **表3-2**

Z/b \ 换填材料	中砂、粗砂、砾砂、圆砾、角砾、石屑、卵石、矿渣	粉质黏土、粉煤灰	灰 土
0.25	20	6	28
≥0.50	30	23	

注：1. 当Z/b<0.25时，除灰土仍取$\theta=28°$外，其余材料均取$\theta=0°$，必要时，宜由试验确定；
2. 当0.25<Z/b<0.5时，θ值可内插求得。

② 建筑地基基础设计规范（GB 50007—2002）规定见表3-3：

地基压力扩散角θ **表3-3**

E_{S1}/E_{S2}	Z/b		E_{S1}/E_{S2}	Z/b	
	0.25	0.50		0.25	0.50
3	6°	23°	10	20°	30°
5	10°	25°			

注：1. E_{s1}为上层土压缩模量；E_{s2}为下层土压缩模量；
2. Z/b<0.25时，取$\theta=0°$，必要时，宜由试验确定；
Z/b>0.5时，θ值不变。

（二）垫层宽度的决定

垫层的宽度应满足基础底面应力扩散的要求，可按下式计算或根据当地经验确定。

$$b' \geqslant b + 2Z\tan\theta \tag{3-3}$$

式中 b'——垫层底面宽度；

θ——垫层压力的扩散角，可按表 3-2、表 3-3 采用；

b——基础底面的宽度（m）；

Z——垫层的厚度（m）。

整片垫层的宽度可根据施工的要求适当加宽。

垫层顶面每边宜超出基础底边不小于 300mm，或从垫层底面两侧向上按当地开挖基坑经验的要求放坡。

3.4.3 施工工艺

一、砂和砂石垫层

砂和砂石垫层，适用于除湿陷性黄土地基以外的各类软弱土地基的处理。

（一）对材料的要求

砂、砂石垫层的材料，宜采用级配良好，质地坚硬的粒料，其颗粒的不均匀系数最好不能小于 10，以中、粗砂为好，可掺入一定数量的碎（卵）石，但要分布均匀。细砂也可作为垫层材料，但不易压实，而且强度也不高，使用时也宜掺入一定数量的碎卵石。砂垫层的用料虽然不是很严格，但含泥量不应超过 5%，也不得含有草根、垃圾等有机杂物。如用作排水固结地基的砂、石材料，含泥量不宜超过 3%，并且不应夹有过大的石块或碎石，因为碎石过大会导致垫层本身的不均匀压缩，一般要求碎卵石最大粒径不宜大于 50mm。

（二）施工要点

（1）砂垫层施工中的关键是将砂加密到设计要求的密实度。加密的方法常用的有振动法（包括平振、插振、夯实）、水撼法、碾压法等，如表 3-4 所示。这些方法要求在基坑内分层铺砂，然后逐层振密或压实，分层的厚度视振动力的大小而定，一般为 15～20cm。每层铺筑厚度不宜超过表 3-4 所规定的数值。分层厚度可用样桩控制。施工时下层的密实度经检验合格后，方可进行上层施工。

砂和砂石垫层每层铺筑厚度及最优含水量 **表 3-4**

项次	捣实方法	每层铺盖厚度（mm）	施工时的最优含水量（%）	施工说明	备注
1	平振法	200～250	15～20	用平板式振捣器往复振捣	
2	插振法	振动器插入深度	饱和	1. 用插入式振动器。 2. 插入间距可根据机械振幅大小决定。 3. 不应插至下卧层黏性土层。 4. 插入振动器完毕后所留的空洞，应用砂填实	不宜使用于细砂或含泥量较大的砂所铺筑的砂垫层
3	水撼法	250	饱和	1. 注水高度应超过每次铺筑面。 2. 钢叉摇撼捣实，插入点间距为 100mm。 3. 钢叉分四齿，齿的间距 80mm，长 300mm，木柄长 90m，重 4kg	湿陷性黄土，膨胀土地区不得使用

续表

项次	捣实方法	每层铺盖厚度（mm）	施工时的最优含水量（%）	施工说明	备　注
4	夯实法	150～200	8～12	1. 木夯或机械夯。 2. 木夯重 40kg，落距 400～500mm。 3. 一夯压半夯，全面夯实	
5	碾压法	250～350	8～12	60～100kN 压路机往复碾压	1. 适用于大面积砂垫层 2. 不宜用地下水以下的砂垫层

注：在地下水位以下的垫层其最下层的铺筑厚度可比上表增加 50mm。

(2) 铺筑前，应先行验槽。浮土应清除，边坡必须稳定，防止塌土。基坑（槽）两侧附近如有低于地基的孔洞、沟、井和墓穴等，应在未做垫层前加以填实。

(3) 开挖基坑铺设砂垫层时，必须避免扰动软弱土层的表面，否则坑底土的结构在施工时遭到破坏后，其强度就会显著降低，以致在建筑物荷重的作用下，将产生很大的附加沉降。因此，基坑开挖后应及时回填，不应暴露过久或浸水，并防止践踏坑底。

(4) 砂、砂石垫层底面应铺设在同一标高上，如深度不同时，基坑地基土面应挖成踏步或斜坡搭接，各分层搭接位置应错开 0.5～1.0m 距离，搭接处应注意捣实，施工应按先深后浅的顺序进行。

(5) 人工级配的砂石垫层，应将砂石拌和均匀后，再进行铺填捣实。

(6) 捣实砂石垫层时，应注意不要破坏基坑底面和侧面土的强度。因此，对基坑下灵敏度大的地基上，在垫层最下一层宜先铺设一层 15～20cm 的松砂，只用木夯夯实，不得使用振动器，以免破坏基底土的结构。

(7) 采用细砂作为垫层的填料时，应注意地下水的影响，且不宜使用平振法、插振法和水撼法。

(8) 水撼法施工时，在基槽两侧设置样桩，控制铺砂厚度，每层为 25cm。铺砂后，灌水与砂面齐平，然后用钢叉插入砂中摇撼十几次，如砂已沉实，便将钢叉拔出，在相距 10cm 处重新插入摇撼，直至这一层全部结束，经验查合格后铺第二层（不合格时需再插撼）。每铺一次，灌水一次进行摇撼，直至达到设计标高为止。

二、灰土垫层

灰土是一种我国传统的建筑用料。用灰土作为垫层，在我国已有千余年历史，全国各地都积累了丰富的经验。如北京城墙的地基、苏州古塔的地基、陕西三原县清龙桥护堤的地基等都是用灰土建造。这些灰土迄今还很坚硬，强度较大。目前，国内采用灰土垫层作为地基的多层建筑已高达六、七层。

灰土垫层是将基础底面下一定范围内的软弱土层挖去，用按一定体积比配合的灰土在最优含水量情况下分层回填夯实或压实。适用于处理 1～4m 厚的软弱土层。

灰土的原材料是石灰和土，虽然材料普通，但其作用原理却较为复杂，现仅对灰土垫层的设计、原材料的要求、硬化原理以及影响灰土强度的主要因素分述如下：

（一）垫层设计

（1）承载力的确定

经过人工压实（或夯实）的 3∶7 灰土垫层，当压实系数控制在 0.97 及干土重度不小于 14.5～15.0kN/m^3，其容许承载力可达 300kPa 以上。

对于 2∶8 的灰土，当压实系数控制在 0.95～0.97 及干土重度不小于 14.8～15.5kN/m^3时，其容许承载力可达 300kPa。

（2）垫层厚度的确定

计算方法见第 3.4.2 节。

（3）垫层宽度的确定

灰土垫层的宽度一般为灰土顶面基础砌体宽度加 2.5 倍灰土厚度之和。

（二）灰土的材料

（1）石灰

石灰是一种无机的（矿物的）胶结材料，它不但能在空气中硬化，而且还能更好地在水中硬化。

在施工现场用作灰土的熟石灰应予过筛，其粒径不得大于 5mm。熟石灰中不得夹有未熟化的生石灰块，也不得含有过多的水分。

石灰的性质决定于其活性物质的含量，即 CaO 与 MgO 的含量百分率，含量越高，则活性越大，胶结力越强。一般常用的熟石灰粉末其质量应符合“Ⅲ”级以上的标准，活性 CaO+MgO 含量不低于 50%，如要拌制强度较高的灰土，宜选用Ⅰ或Ⅱ级石灰。当活性氧化物含量不高时，应相应增加石灰的用量。石灰的贮存时间不宜超过三个月，长期存放将会使其活性降低。

（2）土料

灰土中的土不仅作为填料，而且参与化学作用，尤其是土中的黏粒（<0.005mm）或胶粒（<0.002mm），具有一定活性和胶结性，含量越多（即土的塑性指数越高），则灰土的强度也越高。

在施工现场常采用就地基坑（槽）中挖出的黏性土（塑性指数大于 4 的）拌制灰土。淤泥、耕土、冻土、膨胀土以及有机物含量超过 8%的土料，都不得使用。土料应予过筛，其粒径不得大于 15mm。

（3）石灰用量对灰土强度的影响

灰土中石灰的用量在一定范围内，其强度随用灰量的增大而提高，但当超过一定限值后，则强度增加很小，并有逐渐减小的趋势。如 1∶9 的灰土，强度很低，只能改善土的压实性能；2∶8 和 3∶7 的灰土，一般作为最佳含灰率，但与石灰的等级有关，通常应以 CaO+MgO 所含总量达到 8%左右为佳。

石灰应以生石灰块消解（闷透）3～4d 后过筛使用。

（4）采用石灰、粉煤灰按适当比例加水拌合，分层夯实的垫层，称“二灰垫层”。它和灰土垫层相似，但强度较灰土垫层高，见表 3-5，最优含水量较灰土大，干土重度较灰土小。压实系数在 0.94～0.97 时，干土重度为 9.4～9.7kN/m^3，施工最优含水量 50%左右，石灰掺入量以 15%～20%为宜。

二灰垫层试件的抗压强度（kPa） 表 3-5

配合比石灰∶粉煤灰（重度比）	干土重度 γ（kN/m^3）	土养(d)			水养(d)		
		0	30	365	0	30	365
20∶80	10	372	1432	5793	1924	4367	7575
15∶85	11	449	1323	3335	1652	3734	6777

（三）灰土垫层施工要点

（1）灰土垫层施工前必须验槽，如发现坑（槽）内有局部软弱土层或孔穴，应挖出后用素土或灰土分层填实。

（2）施工时，应将灰土拌和均匀，控制含水量，如土料水分过多或不足时，应晾干或洒水润湿，一般可按经验在现场直接判断，其方法为手握灰土成团，两指轻捏即碎。这时，灰土基本上接近最优含水量。

（3）分段施工时，不得在墙角、柱基及承重窗间墙下接缝。上下两层灰土的接缝距离不得小于 500mm。接缝处的灰土应夯实。

（4）掌握分层虚铺厚度，必须按所使用夯实机具来确定，参见表 3-6。每层灰土的夯打遍数应根据设计要求的干土重度在现场试验确定。

灰土最大虚铺厚度 表 3-6

夯实机具种类	重量(kg)	虚铺厚度(mm)	备 注
石夯、木夯	4～8	200～250	人力送夯、落距 400～500mm、一夯压半夯
轻型夯实机械	—	200～250	蛙式打夯机、柴油打夯机
压路机	60～1000	200～300	双 轮

（5）在地下水位以下的基坑（槽）内施工时，应采取排水措施。夯实后的灰土，在 3d 内不得受水浸泡。

（6）灰土垫层筑完后，应及时修建基础和回填基坑，或作临时遮盖，防止日晒雨淋。刚筑完毕或尚未夯实的灰土如遭受雨淋浸泡，则应将积水及松软灰土除去并补填夯实，受浸湿的灰土，应在晾干后再夯打密实。

三、素土垫层

素土垫层是先挖去基坑下的部分或全部的软弱土，然后回填土分层夯实而成。素土垫层常用于处理湿陷性黄土和杂填土地基。

（一）垫层设计

（1）垫层厚度的确定

素土垫层厚度的计算方法见第 3.4.2 节

（2）垫层宽度的确定

①当素土垫层厚度小于 2m 时，基础外沿至垫层边沿不小于厚度的 1/3，且不小于 300mm；当素土垫层厚度大于 2m 时，可适当加宽且不小于 700mm。

②整片素土垫层超出基础外缘的宽度不得小于 1.5m。当垫层厚度大于 2m 时，宜适当加宽。

（二）垫层施工

素土垫层的土料一般以黏性土为宜。填土必须在无水的基坑（槽）中进行。夯（压）

实施工时，应使土的含水量接近于最优含水量，最优含水量应通过室内击实试验确定，也可以采用 $w_y \pm 2\%$ 作为土的施工控制含水量（w_y 为土的最优含水量）。

填土的夯（压）实应分层进行，每层的虚铺厚度参见表 3-6。填土夯（压）实后达到的干土重度可按室内击实试验和现场测得的最大干土重度进行控制。

四、碎石和矿渣垫层

采用碎石或矿渣作垫层来处理软弱地基是目前国内常用的一种地基加固方法。实践证明，碎石和矿渣有足够的强度，变形模量大，稳定性好；而且垫层本身还可以起排水层的作用，并加速下部软弱土层的固结。垫层使用的矿渣是指高炉重矿渣，可分为分级矿渣、混合矿渣及原状矿渣。矿渣垫层主要用于堆场、道路和地坪，也可用于小型建筑、构筑物地基。

（一）对材料及垫层构造的要求

碎石垫层用的碎石粒径，一般为 5～40mm 的自然级配碎石，含泥量不大于 5%。矿渣垫层，选用矿渣的松散重度不小于 $11kN/m^3$，有机质及含泥量不超过 5%。当大面积铺填时，多采用高炉混合渣（即破碎后不经筛分的不分级矿渣），粒径最大不超过 200mm；小面积垫层用粒径 20～60mm 的分级渣。在碎石和矿渣垫层的底部，为防止基坑表层软弱土发生局部破坏而使建筑物基础产生附加沉降，一般应设置一层 15～30mm 厚的砂垫层，砂料应采用中、粗砂，然后再铺筑碎石或矿渣垫层，见图 3-3（*a*）。当软弱土层厚度不同时，垫层应做成阶梯形，见图 3-3（*b*），但两层垫层的高差不得大于 1m，同时阶梯需符合 $b>2h$ 的要求。

当采用矿渣垫层时，需要特别指出的是设计、施工前必须对选用的矿渣化学成分、物理力学性质进行试验，在确认其性能稳定并符合安全规定后方可使用。作为建筑物垫层的

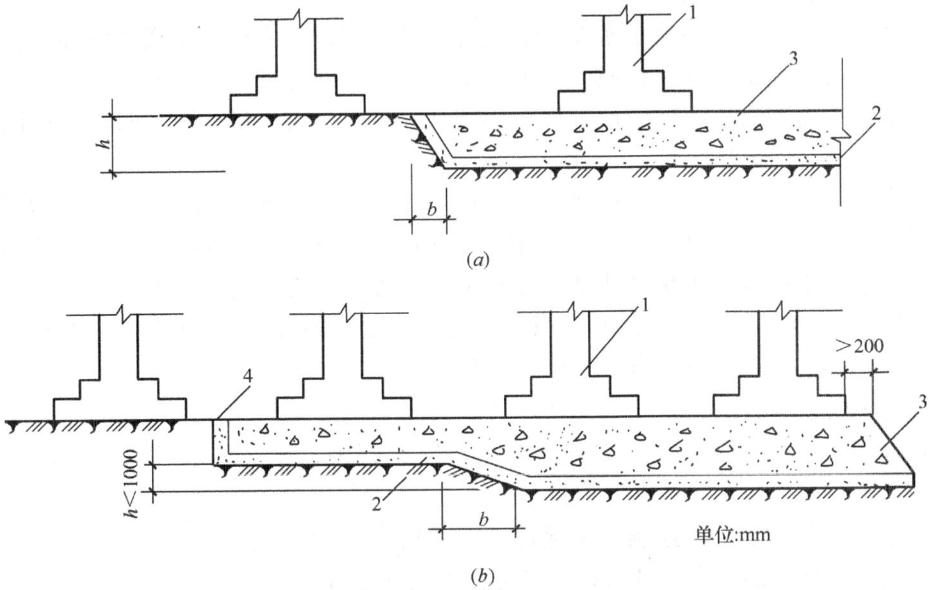

图 3-3 碎石或矿渣垫层

（*a*）碎石或矿渣垫层；（*b*）阶梯式碎石或矿渣垫层

1—基础；2—砂垫层；3—碎石或矿渣垫层；4—砂或混凝土挡墙

矿渣应符合对放射性安全标准的要求。易受酸、碱影响的基础或地下管网不得采用矿渣垫层。大量填筑矿渣时，应考虑对地下水和土壤的环境影响。

其他工业废渣在有可靠试验结果或成功工程经验时，对质地坚硬、性能稳定、无腐蚀性和放射性危害的工业废渣等均可用于填筑换填垫层。被选用工业废渣的粒径、级配和施工工艺等应通过试验确定。

（二）施工要点

碎石或矿渣垫层施工，一般是将软弱土层挖至需要深度，先作砂垫层，用平板式振捣器振实。然后再将碎石或矿渣分层铺设和压实。压实方法可用碾压法或平振法。碾压法系采用重 6～10t 压路机或拖拉机牵引重 50kN 平碾分层碾压。每层铺设厚度为 30cm，用人工或推土机推平后，往返碾压 4 遍以上。每次碾压均与前次碾压轮迹宽度重合一半。碾压时宜浇水湿润以利密实。平振法适用于小面积的施工，系用功率大于 1.5kW，频率为 2000r/min 以上的平板式振捣器往复振捣，每次铺设厚度为 20～25cm，振捣时间不少于 60s，振捣遍数由试验确定，一般振 3～4 遍、作到交叉、错开、重叠。施工时，按铺设面积大小以总的振捣时间来控制碎石或矿渣分层捣实的质量。

五、粉煤灰垫层

粉煤灰垫层可用于道路、堆场和小型建筑、构筑物等的换填垫层。

（一）垫层设计

垫层的厚度和宽度设计计算方法见第 3.4.2 节。

（二）垫层施工要点

（1）粉煤灰垫层可采用分层压实法，压实可用平板振动器、蛙式打夯机、压路机和振动压路机等。机具选用应按工程性质、设计要求和工程地质条件等确定。粉煤灰垫层不应采用水沉法和浸水饱和施工。

（2）施工压实参数（最大干密度、最优含水量）可由室内轻型击实试验确定。压实系数根据工程性质、施工机具、地质条件等因素选定，一般可取 0.90～0.95。

（3）虚铺厚度和碾压遍数应通过现场小型试验确定。若无试验资料时，可选用铺筑厚度 200～300mm，压实厚度 150～200mm。

（4）小型工程可采用人工分层摊铺，在整平后用平板振动器或蛙式打夯机进行压实。施工时须一板压 1/2～1/3 板往复压实，由外围向中间进行，直至达到设计密实度要求。

（5）大中型工程可采用机械摊铺，在整平后用履带式机具初压二遍，然后用中、重型压路机碾压。施工时须一轮压 1/2～1/3 轮往复碾压，后轮必须超过两施工段的接缝。碾压一般为 4～6 遍，碾压至达到设计密实度要求。

（6）施工时宜当天铺筑，当天压实。若压实时呈松散状，则应洒水湿润后再压实，洒水的水质应不含油，pH＝6～9；若出现“橡皮”土现象，则应采取开槽、翻开晾晒或换灰等方法处理。

（7）施工压实含水量应控制在最优含水量区间 $w_{op}\pm4\%$范围内。

（8）施工最低气温不得低于 0℃，以防粉煤灰含水冻胀。

（9）每一层粉煤灰垫层验收合格后，应及时铺筑上层或采用封层，以防干燥松散起尘污染环境，并禁止车辆在其上行驶通行。

（10）作为建筑物垫层的粉煤灰应符合有关放射性安全标准的要求。粉煤灰垫层中的金属构件、管网宜采取适当防腐措施。大量填筑粉煤灰时，应考虑对地下水和土壤的环境影响。

六、加筋土垫层

用于换填垫层的土工合成材料，在垫层中主要起加筋作用，以提高地基土的抗拉和抗剪强度，防止垫层被拉断裂和剪切破坏，保持垫层的完整性，提高垫层的抗弯刚度。因此利用土工合成材料和加筋垫层可有效地改变天然地基的性状，增大压力扩散角，降低下卧天然地基表面的压力，约束地基侧向变形，及调整地基不均匀变形，增大地基的稳定性并提高地基的承载力。

所以，近年来加筋土垫层在软弱黏性土、泥炭、沼泽地区修建道路、堆场等取得了较广泛的应用和较好的成效，同时在部分建筑、构筑物中得到了应用。加筋土垫层的设计与施工详见本书第 16 章有关内容。

3.4.4 质量检验

一、垫层质量检验包括：分层施工质量检查和工程质量验收。

二、分层施工的质量和质量标准应使垫层达到设计要求的密实度，各类垫层压实标准见表 3-7：

各种垫层的压实标准 **表 3-7**

施 工 方 法	换填材料类别	压实系数 λ_c
碾压、振密或夯实	碎石、卵石	0.94～0.97
	砂夹石(其中碎石、卵石占全重的 30%～50%)	
	土夹石(其中碎石、卵石占全重的 30%～50%)	
	中砂、粗砂、砾砂、角砾、圆砾、石屑	
	粉质黏土	
	灰 土	0.95
	粉煤灰	0.90～0.95

注：1. 压实系数 λ_c 为土的控制干密度 ρ_d 与最大干密度 ρ_{dmax} 的比值；土的最大干密度宜采用击实试验确定，碎石或卵石的最大干密度可取 2.0～2.2t/m^3；

2. 当采用轻型击实试验时，压实系数 λ_c 宜取高值，采用重型击实试验时，压实系数 λ_c 可取低值；

3. 矿渣垫层的压实系数为最后二遍压实的压陷差小于 2mm。

三、对于工程量较大的换填垫层，应按所选用的施工机械、换填材料及场地的土质条件进行现场试验，以确定压实效果。

四、对粉质黏土、灰土、粉煤灰和砂石垫层的施工质量检验可用环刀法、贯入仪、静力触探、轻型动力触探或标准贯入试验检验；对砂石、矿渣垫层可用重型动力触探检验。并均应通过现场试验以设计压实系数所对应的贯入度为标准检验垫层的施工质量。压实系数也可采用环刀法、灌砂法、灌水法或其他方法检验。

五、垫层的施工质量检验必须分层进行。应在每层的压实系数符合设计要求后铺填上层土。

六、采用环刀法检验垫层的施工质量时，取样点应位于每层厚度的 2/3 深度处。检验点数量，对大基坑每 50～100m^2 不应少于 1 个检验点；对基槽每 10～20m 不应少于一个点；每个独立柱基不应少于一个点。采用贯入仪或动力触探检验垫层的施工质量时，每分层检验点的间距应小于4m。

七、竣工验收采用载荷试验检验垫层承载力时，每个单体工程不宜少于3点；对于大型工程则应按单位工程数量或工程的面积确定检验点数。

八、当有成熟试验表明通过分层施工质量检查能满足工程要求时，经现场设计、监理、业主同意，也可不进行工程质量的整体验收。

3.4.5 工程实例

【实例 3-1】 采用砂垫层置换暗浜内部分冲填土

【3.1.1】 工程概况

上海理工大学动力馆乙段系三层混合结构，建在冲填土的暗浜范围内，经砂垫层换土处理，建成后40余年来，使用情况良好。基础和上部建筑概况见图3-4及图3-5。

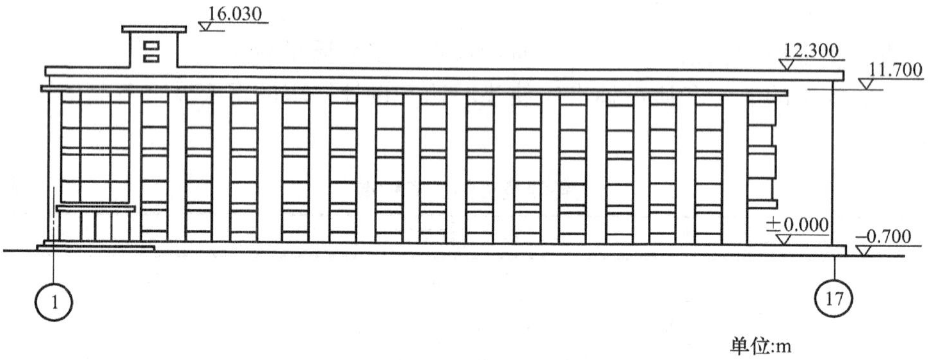

图3-4 立面图

【3.1.2】 工程地质概况

建筑场地由于浜底淤泥未挖除，地下水位较高，致使冲填龄期达40余年的土仍不能充分固结，经勘察证实土质软弱且不均匀，见表3-8。并在基础平面外的灰色冲填土层上进行了2个载荷试验，荷载值为50kPa及70kPa，此值代表$N_{63.5}>3$的较好地段，它比基础平面内的地基土承载力要大，故不宜作为天然地基持力层。

地基土分层及主要物理力学指标 **表3-8**

土层名称	土层厚度(m)	层底标高(m)	w (%)	γ (kN/m³)	I_p	e	c (kPa)	φ (°)	a_{1-2} (kPa⁻¹)	$N_{63.5}$	[R] (kPa)
褐黄色冲填土	1.0	+3.38									
灰色冲填土	2.3	+1.08	35.6	17.74	11.3	1.04	8.8	22.5	0.029	<2	
塘底淤泥	0.5	+0.58	43.9	16.95	14.5	1.30	8.8	16	0.061	≈0	
淤泥质亚黏土	7	-6.42	34.2	18.23	11.3	1.00	8.8	21	0.043		98
淤泥质黏土	未穿		53	16.66	20	1.47	8.8	11.5	0.013		58.8

注：灰色冲填土及浜底淤泥在轻微振动下常产生触变液化现象，其数据一般偏好(土样运回实验室做)。灰色冲填土经颗分得知，黏粒(<0.005mm)含量小于10%，粉粒(0.05～0.005mm)加砂粒(0.01～0.05mm)含量大于90%属于粉性土。

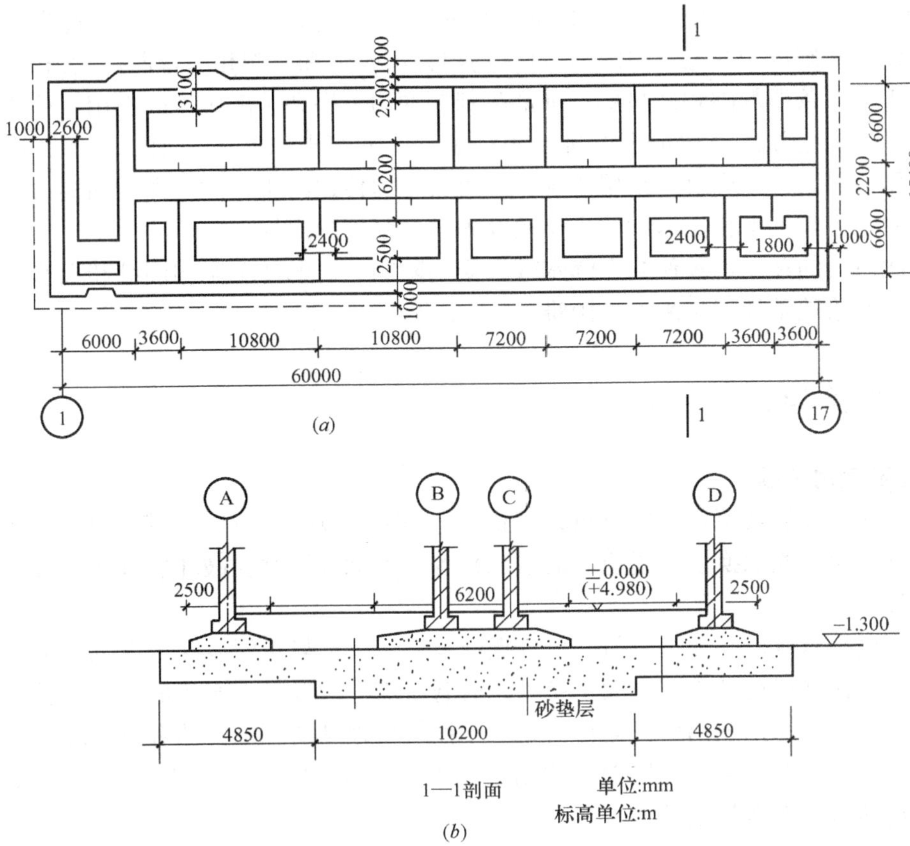

图 3-5 平面图与剖面图

(a) 平面；(b) 剖面

【3.1.3】 设计与施工概况

(一) 设计方案比较

(1) 如落深基础至淤泥质亚黏土层内，需挖土 4m，因地下水位高，且浜底淤泥渗透性差，采用井点降水效果不佳，施工困难。

(2) 不挖土，打 20cm×20cm 的钢筋混凝土短桩，桩长 5～8m，单桩承载力只有 50～80kN。冲填土尚未完全固结，需做架空室内地板，增加了造价。

(3) 如采用表面压实法处理，可使地下水位高的砂性冲填土发生液化。

(4) 用砂垫层置换部分冲填土，辅以井点降水，并适当降低基底压力。

最后设计采用第 (4) 种方案，并控制基底压力为 74kPa。

(二) 施工情况

(1) 砂垫层材料为中砂，用平板式振捣器分层捣实，控制土的干重度大于 $16kN/m^3$。

(2) 沿建筑物四周布置井点，井管滤头进入淤泥质亚黏土层内，但因浜底淤泥的渗透性差，降水效果不好，补打井点，将滤头提高至填土层底。

(3) 吊装三层楼板时停止井点抽水。

(三) 效果及评价

(1) 建筑物变形

建成20余年后，实测沉降量约20cm，纵向相对弯曲值0.0008，均未超过当时现行的《上海市地基基础设计规范》(1975) 规定的容许沉降量和实测相对弯曲最大值。

(2) 由于十字条形基础和砂垫层处理都起到了均匀传递和扩散压力的作用，还改善了暗浜（浜底淤泥未挖除）内冲填土的排水固结条件。冲填土和淤泥在承受上部结构荷载后，孔隙水压力增大，并通过砂垫层排水，同时将应力传递给土粒。当颗粒间应力大于土的抗剪强度时，土粒发生相对运动，土层逐渐固结，强度随之提高。

(3) 浜底淤泥的存在，致使井点降水效果受到限制，影响冲填土的固结和天然地基承载力的提高，并给地基处理带来不少困难。

3.5 挤淤置换法

3.5.1 原理及适用范围

挤淤置换法是依靠换填材料的自重以及借助于其他外力，诸如：压载、振动、爆炸、强夯或卸荷（即及时挖除换填体周边处的淤泥）等，使软弱层遭受破坏后被强制挤出而进行的换填处理。

换填的宽度、深度以及换填材料，可根据计算确定。但换填深度除考虑沉降和滑移稳定以外，还应置换到使地基承载力大于换填体荷载所需的深度——至较好的持力层。强制挤淤换填，往往不可能把软弱层完全挤出，对于换填后地基的沉降必须有所考虑。

根据目前工程实践，挤淤置换地基适用于厚度在10m以内的流动性大，基本无硬壳层的大面积流塑状淤泥地基处理。

3.5.2 施工工艺

挤淤置换地基常采用的挤淤方法有以下几种：

(一) 压载法：

采用这种方法挤淤的堆石高度必须大于淤泥的堆石极限高度。可按下式计算（见图3-6）：

$$H=\frac{(2+\pi)c_u+2\gamma_s\cdot D}{\gamma}+\frac{(4c_u+2\gamma_sD)\cdot D}{\gamma\cdot B}+\frac{2\gamma_s\cdot D^3}{3\gamma\cdot B^2}\tag{3-4}$$

式中　c_u——淤泥挡板抗剪强度（kPa）；

γ_s、γ——分别为淤泥及换填堆石重度（kN/m^3）；

B——换填体的宽度（m）；

D——换填体在淤泥中下沉深度（m）。

换填体高出淤泥面的高度：

$$h=H-D\tag{3-5}$$

在施工中，为使挤淤换填达到设计深度，必须尽可能的高速、连续、全断面堆高块石挤淤体，填料应级配良好。

(二) 振动挤淤

采用具有足够激振力的振动器及振动碾在挤淤换填体上振动挤淤下沉。目前由于设备条件限制，一般仅用于表面平整及压实填料。

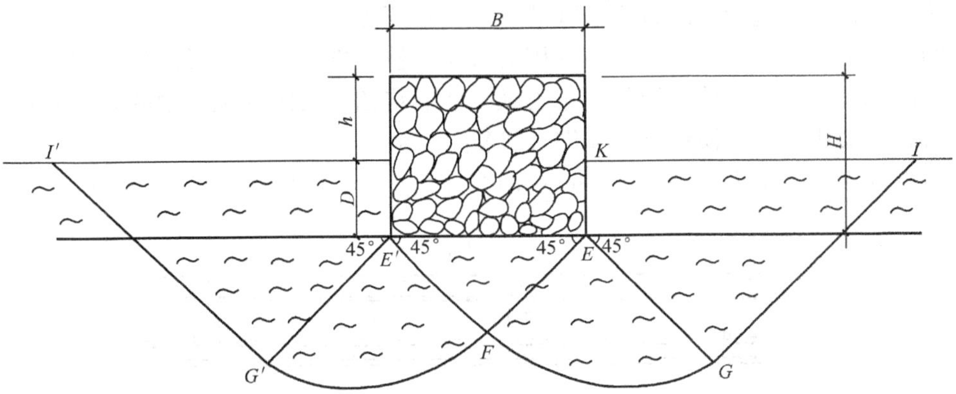

图 3-6 压载挤淤计算简图

（三）强夯挤淤

采用强夯法使换填体挤淤下沉，可按下式计算：

$$H = 0.4\sqrt{\frac{W \cdot h_s}{10}} \tag{3-6}$$

式中 H——换填体挤淤深度（m）；

W——锤重（kg）；

h_s——落距（m）。

工程实践表明，采用强夯挤淤换填效果显著。

一般可采用 $W \geqslant 1600$kg；$h_s = 15 \sim 19$m。

（四）爆破挤淤

当挤淤深度超过 7m 时，采用爆破挤淤效果显著。但需注意由于爆破挤淤会使换填体突然下沉，因此爆破前需将换填体加至高出淤泥面 3m 以上。

（五）卸荷挤淤

此法主要采用吸泥泵等设备及时挖除换填体周围的淤泥，可加大换填土下沉速度及深度。

在卸荷挤淤过程中，应严格控制换填体两侧淤泥面的高差 ΔH（m），以利下沉位置符合要求。

$$\Delta H \leqslant \sqrt{\frac{2c_u \cdot B}{k \cdot \gamma_s \cdot S_e}} \tag{3-7}$$

式中 S_e——淤泥灵敏度；

k——安全系数，取 1.5～2.0；

c_u、B、γ_s——意义同前。

当采用挤淤置换法时，应根据实际情况综合运用压载、振动、强夯、爆破及卸荷等措施，使换填体穿过淤泥层沉至设计的持力层上。

3.5.3 工程实例

深圳机场飞行区总面积达 180 万 m²，全部位于海积淤泥上，淤泥层平均厚 5.5m，最大厚度 9m，天然含水量 82.1%～86.8%，孔隙比 2.253%～2.369%，允许承载力为 30kPa。该机场飞行区中的跑道、滑行道、联络道共计 44 万 m² 淤泥地基处理，即采用挤淤换填法设置拦淤坝进行封闭置换处理的。该方法要点是：

将跑道、滑行道及联络道地基四周用端进抛石挤淤方法，以大量的块石构成顶部高出淤泥面，底部沉至亚黏土持力层的拦淤围坝，然后将四周封闭的围坝中的淤泥清除，分层回填石渣料，形成人工置换地基（见图 3-7 及图 3-8）。

拦淤围坝填料：干重度≥19kN/m³；内摩擦角>30°；块石最大粒径 80cm。

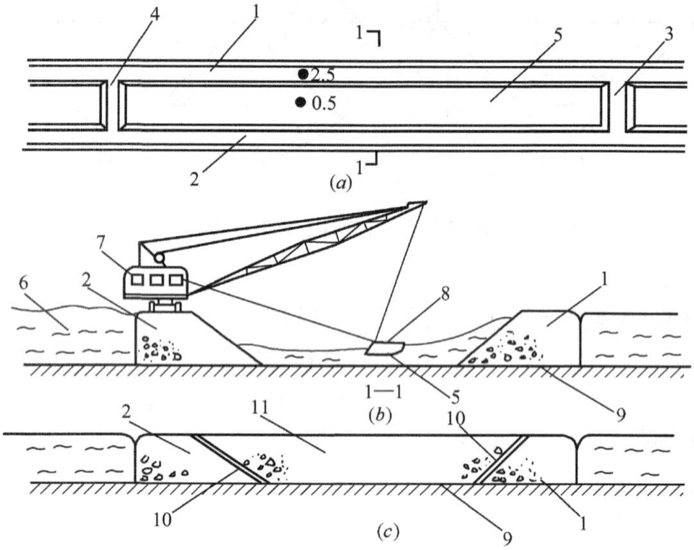

图 3-7 拦淤堤封闭式置换地基施工程序图

（a）先填筑四周拦淤堤；（b）索铲位于拦淤堤上挖淤泥；（c）填筑置换地基

1—东拦淤堤；2—西拦淤堤；3—南拦淤堤；4—北拦淤堤；5 拦淤堤形成的封闭基坑；6—淤泥堆存区；7—4m³ 索铲；8—挖泥索斗；9—粉质黏土层；10—过渡料；11—置换地基回填料

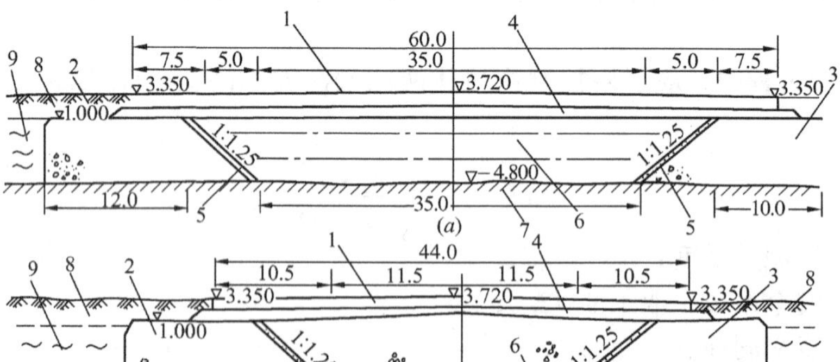

图 3-8 拦淤堤布置及置换地基结构

（a）跑道置换地基；（b）滑行道、联络道置换地基

1—道面；2—西拦淤堤；3—东拦淤堤；4—底基层；5—过渡料；6—置换地基回填料；7—粉质黏土层；8—飞行区土面；9—飞行区淤泥

3.6 褥垫法

褥垫法是我国近年来在处理山区不均匀的岩土地基中常采用的简便易行而又较为可靠的方法，它主要用来处理有局部岩层出露而又部分为土层的地基，一般对条形基础效果较好。

3.6.1 原理及构造

（一）采用褥垫法改造压缩性较低的地基，使它与压缩性较高的地基相适应。作到调整岩土交界部位地基的相对变形，避免由于该处应力集中而使墙体出现裂缝。

对于大块孤石或石芽周围土层的容许承载力大于150kPa，房屋为单层排架结构或一、二层砖石承重结构时，宜在基础与岩石接触的部位，将大块孤石或石芽顶部削低，作厚度0.3～0.5m的褥垫，其构造见图3-9。多层砖石承重结构，应根据土质情况结合结构措施综合处理。

（二）在山区或丘陵地带进行建设，由于地形高差起伏较大，在平整场地时，为了使挖方与填方尽可能平衡，常会出现较厚的填土层。为了充分利用场地面积，有些建筑物往往局部或全部建造在填土上，因此，处理填土地基也是山区建设中一个普遍性的问题，图3-10是山区半挖半填地基的典型。在工程实际中，由于填土处理不好，房屋和地坪开裂事故不少；但也有填土地基处理恰当，建成了一些较大型工程，效果较好，为国家节省了大量建设资金。

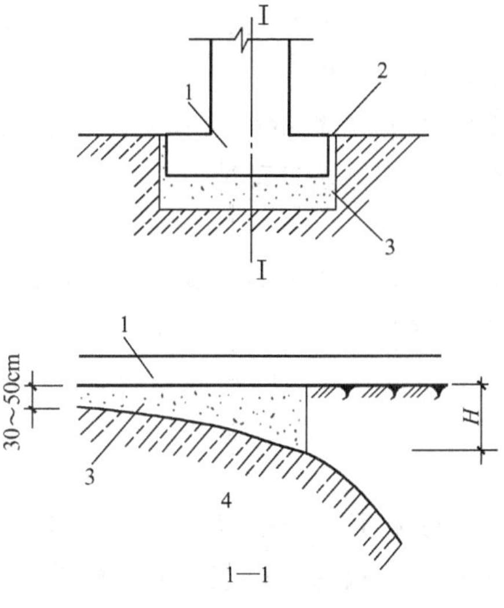

图3-9 褥垫构造图

1—基础；2—沥青层；3—褥垫；4—基岩

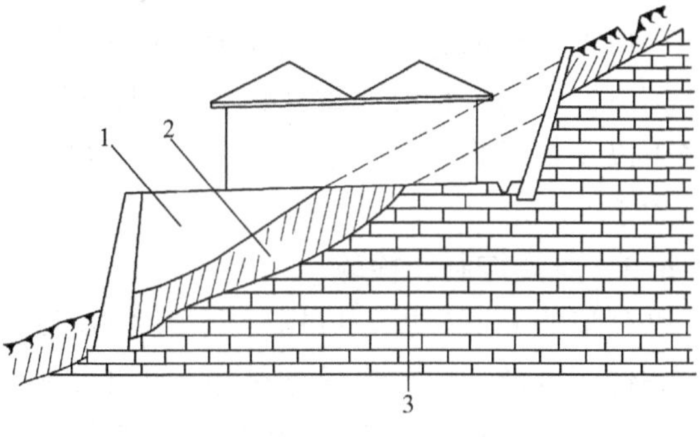

图3-10 山区地基半挖半填示意图

1—填土；2—土层；3—岩石

3.6.2 施工及注意事项

（一）褥垫法

如前所述，褥垫的作用在于合理地调整地基的压缩性，具体方法的选用，应从建筑要求、工期、施工条件和经济比较等各方面综合考虑后决定，即在保证建筑物安全可靠和正常使用的前提下，尽量减少处理范围，以降低造价，缩短工期。其施工的一般方法和要求是：

（1）挖出露在基底的岩石凿去一定的厚度，基岩应凿成斜面，基槽要稍大于基础宽度，并在基础周围与岩石之间涂上沥青。

(2) 回填可压缩性的材料，并分层夯实。褥垫材料一般采用粗砂、中砂、土灰碎石(碎石含量占 20%～30%)、炉渣和黏性土等。但应注意：利用炉渣（颗粒级配和相当于角砾时）作褥垫调整沉降幅度较大，而且不受水的影响，性质比较稳定，所以效果最好；利用黏性土作褥垫，调整沉降虽然灵活性较大，但应采取防止水分渗入的措施，以免影响褥垫的质量；如采用松散材料做褥垫，浇筑混凝土基础时，应防止水泥渗入胶结，以免褥垫失去作用。

(3) 褥垫的厚度视需调整的沉降量而定、一般不进行计算，可采用 30～50cm，但须注意地基的过大变形。

（二）山区地基换填

在山区利用填土作为建筑物地基，必须同时考虑地基的稳定、变形、强度三方面的问题。只有在作为建筑物地基的填土层在其本身自重和建筑物重量的作用下，不致产生滑动的条件下，才能在填土层上作浅基础，这取决于建筑场地的工程地质条件。其次是变形问题，应从两方面考虑：一是预估填土地基可能产生的绝对沉降值，这主要取决于填土的压实程度，也与下卧层上的压缩性有关，另一方面是同一建筑物范围内填土地基与原状土地基的差异沉降是否会超过该类建筑物的容许值，这与地基持力层内两类土的变形模量的比值和荷载条件有关。第三是强度问题，这一方面要看作为建筑物地基的填土本身是否具有足够的强度，又取决于填土的压实程度。另一方面是下卧层土的强度，它与其性质有关。总之，在不丧失稳定的条件下，填料的性质压实程度是决定能否做浅基础的关键。填土的压实方法可采用机械碾压压实和重锤夯实法，近年来不少工程还采用了强夯法，效果较好。采用机械压实的填土地基，应尽可能在土方工程动工之前，根据建筑物的结构类型、填料性质和现场条件提出对填土地基的质量要求，用分层压实方法处理填方。未经检验以及不符合质量要求的填土，不得作为建筑物地基。

填土土料的选择，应以就地取材为原则，如碎石、砂夹石、土夹石和黏性土都是良好的填料，但前三种要注意其颗粒级配，而后者则要注意其含水量。淤泥、耕土、冻土、膨胀土以及有机物含量大于 8%的土都不得作为填料。当填料含有碎石时，碎石粒径一般不宜大于 20cm。

3.6.3 质量控制和检验

褥垫的夯实程度，可用夯填密度 D_n 控制施工质量。夯实密度是指褥垫夯实后的厚度与虚铺厚度的比值，应根据试验或当地经验确定。当无试验资料时，可按下列指标控制施工质量：对粗砂和中砂、可取 D_n 值为 0.87，即虚铺 25cm 夯至 22cm；对于土夹石为 0.70；对于煤炉渣为 0.65，夯至 16.5cm 为合格。

压实填土的质量以压实系数 λ_c 控制，填土地基的质量要求（即压实系数 λ_c 和控制含水量 w）与建筑物的结构类型和填土的受力部位有关，可按表 3-1 采用。

压实填土地基在施工前要清除基底杂草、耕土和软弱土层。填土要在最优含水量时压实，以期得到良好效果。如填料的天然含水量与最优含水量有差别，应挖土晾干或加水，使之达到最优含水量。加水可在碾压现场或在取土地点进行。加水应力求均匀，水量按下式计算：

$$W_y = \frac{W}{1+0.01}(0.01w_y - 0.01w) \tag{3-8}$$

式中 W_y——使填料达到最优含水量时所需的用水量（t）；

W——填料的湿重（t）；

w——填料的天然含水量（%）；

w_y——土的最优含水量，必要时应估计蒸发量（%）。

填土的压实设备种类繁多，各种设备都有它的适用范围。羊足碾压机对黏土压实效果好，重型胶轮碾压机和平板振动压实机适用于砂土，而振动碾压机对泥夹石和砂石类土较有效。

在填料和压实机械已定的条件下，保证压实填土地基质量的三个关键因素是：控制合适的含水量、虚铺厚度和碾压遍数。每层虚铺厚度和压实遍数与压实机械功能的大小有关，一般应在现场通过试验确定，当无试验资料时，可参考表 3-9。

各种压实机械的控制土厚度和压实遍数　　表 3-9

设备类型	适用范围	铺土厚度(cm)	压实遍数	设备类型	适用范围	铺土厚度(cm)	压实遍数
光轮碾压机	黏性土	20～30	4～6	平板振动压实机	砂　土	20～30	3～4
羊足碾压机	黏性土	15～20	6～8	振动碾压机	砂石土	100～200	8～10
胶轮碾压机	砂　土	20～30	4～6	蛙式夯	黏性土	25	3～4

施工时，将接近最优含水量的填料，按规定的虚铺厚度铺平，随后进行碾压，碾压应按顺序进行，避免漏压，机械压不到的地方应用人工补夯。

填土地基的质量检验，一般是在施工过程中分层测定干土重度，并与控制干土重度比较，或采用静力、动力触探法检验，也可两者同时采用。用触探法时，宜预先通过碾压试验在触探指标（P_s或 $N_{63.5}$）与干土重度之间建立对应关系。施工时所用填料、施工机械和工艺，应与试验时相同。根据工程需要，每 100～500m^2应有一个检验点。经检验未达到设计要求的填土，应增加碾压遍数或重新碾压。

压实填土地基的承载力与填料性质、施工机具和施工方法有关，一般宜采用原位测试方法确定。当无试验资料时，可参考表 3-10。

压实填土地基的容许承载力　　表 3-10

填 土 类 别	压实系数 λ_c	容许承载力[R](kN/m^2)
碎石、卵石	0.94～0.97	200～300
砂夹石(其中碎石、卵石占全重的 30%～50%)		200～250
土夹石(其中碎石、卵石占全重的 30%～50%)		150～200
黏性土(8<I_p<14)		130～180

参 考 文 献

[1] 建筑地基处理技术规范(JGJ 79—2002)(2002). 北京：中国建筑工业出版社

[2] 地基处理技术规范(DBJ 08-40-94)(1994). 上海：上海市建设工程标准定额管理总站

[3] 建筑地基基础设计规范(GB 50007—2002)(2002). 北京：中国建筑工业出版社

[4] 建筑地基基础工程质量验收规范(GB 50202—2002)(2002). 北京：中国建筑工业出版社
[5] 地基基础设计规范(DGJ 08-11-1999)(1999). 上海：上海市工程建设标准化办公室
[6] 地基处理手册(第二版)(2000). 北京：中国建筑工业出版社
[7] 地基与基础译文集(5)(1979). 北京：中国建筑工业出版社
[8] 简明施工手册(1978). 北京：中国建筑工业出版社
[9] 孙更生、郑大同(1985). 软土地基与地下工程。北京：中国建筑工业出版社
[10] 天津大学，西安冶金建筑学院，哈尔滨建筑工程学院，重庆建筑工程学院合编(1978). 地基与基础. 北京中国建筑工业出版
[11] 温特科恩 H. F. 方晓阳著. 钱鸿缙、叶书麟等译(1983). 基础工程手册. 北京：中国建筑工业出版社
[12] 干峻松(1984). 岩溶地区地基基础处理. 贵阳铝镁设计院
[13] 胡瑞清、李来宝，吹填土地基的利用与处理(调查报告). 1982年天然地基设计与计算学术会议论文选集
[14] Foudation for Canada's North Arctic Foundation of Canada Inc.
[15] Terzaghi，K and R. B. Peck，Soil Mechanics in Engineering Plactice，2nd ed. New York. John Wiley and Sons. Inc. 1967.
[16] Palka. J，Naborczyk. J.，Bealing Capacity of the 9th Inter. Conf. Soil Mech. Found. Engrg.，1977，1.
[17] 杨光煦(1989). 拦淤堤封闭式置换地基原理与实践. 第二届全国地基处理学术研讨会论文集
[18] 卢肇钧、曾国熙、叶政青、蒋国澄(1989). 地基处理新技术. 北京：中国建筑工业出版社

本章审阅人：彭大用（上海市工程建设咨询监理有限公司）

第4章 排水固结法

潘秋元 朱向荣、应宏伟（浙江大学）
杨国强（天津港湾工程研究所）

4.1 概述

我国东南沿海和内陆广泛分布着海相、湖相以及河相沉积的软弱黏性土层。这种土的特点是含水量大、压缩性高、强度低、透水性差且不少情况埋藏深厚。由于其压缩性高、透水性差，在建筑物荷载作用下会产生相当大的沉降和沉降差，而且沉降的延续时间很长，有可能影响建筑物的正常使用。另外，由于其强度低，地基承载力和稳定性往往不能满足工程要求。因此，这种地基通常需要采取处理措施，排水固结法就是处理软黏土地基的有效方法之一。该法是对天然地基，或先在地基中设置砂井、塑料排水带等竖向排水井，然后利用建筑物本身重量分级逐渐加载，或是在建筑物建造以前，在场地先行加载预压，使土体中的孔隙水排出，逐渐固结，地基发生沉降，同时强度逐步提高的方法。

按照使用目的，排水固结法可以解决以下两个问题。

1. 沉降问题。使地基的沉降在加载预压期间大部或基本完成，使建筑物在使用期间不致产生不利的沉降和沉降差。

2. 稳定问题。加速地基土的抗剪强度的增长，从而提高地基的承载力和稳定性。

对沉降要求较高的建筑物，如冷藏库、机场跑道等，常采用超载预压法处理地基。待预压期间的沉降达到设计要求后，移去预压荷载再建造建筑物。对于主要应用排水固结法来加速地基土抗剪强度的增长、缩短工期的工程，如路堤、土坝等，则可利用其本身的重量分级逐渐施加，使地基土强度的提高适应上部荷载的增加，最后达到设计荷载。

排水固结法是由排水系统和加压系统两部分共同组合而成的。

- 排水固结法
  - 排水系统
    - 竖向排水井
      - 普通砂井
      - 袋装砂井
      - 塑料排水带
    - 水平排水层——砂垫层
  - 加压系统
    - 堆载法
    - 真空法
    - 降低地下水位法
    - 联合法

排水系统。设置排水系统主要在于改变地基原有的排水边界条件，增加孔隙水排出的通路，缩短排水距离。该系统是由竖向排水井和水平排水垫层构成的。当软土层较薄，或土的渗透性较好而施工期较长时，可仅在地面铺设一定厚度的排水垫层，然后加载，土层中的孔隙水竖向流入垫层而排出。当工程上遇到深厚的、透水性很差的软黏土层时，可在地基中设置砂井或塑料排水带等竖向排水井，地面连以排水砂垫层，构成排水系统。

加压系统，即是施加起固结作用的荷载。它使土中的孔隙水产生压差而渗流使土固结。

排水系统是一种手段，如没有加压系统，孔隙中的水没有压力差，水不会自然排出，地基也就得不到加固。如果只施加固结压力，不缩短土层的排水距离，则不能在预压期间尽快地完成设计所要求的沉降量，土的强度不能及时提高，各级加载也就不能顺利进行。所以上述两个系统，在设计时总是联系起来考虑的。

在地基中设置竖向排水井，常用的是砂井。普通砂井一般采用套管法施工。近年来袋装砂井和塑料排水带在我国得到越来越广泛的应用。

工程上广泛使用的，行之有效的增加固结压力的方法有堆载法，真空预压法，此外还有降水预压法及几种方法兼用的联合法等。

排水固结法的设计，主要是根据设计荷载的大小、地基土的性质以及工期要求等，选择竖向排水井的类型，确定其直径、间距、深度和排列方式，确定预压荷载的范围、大小和预压时间，使地基通过一定时间的预压能满足建筑物对变形和稳定性的要求。

通过工程实践和专门的试验研究，在我国已发展了较为实用的竖向排水井地基设计计算理论，如逐渐加荷条件下固结度的计算；地基土强度增长的预计，沉降计算与沉降随时间发展的推算以及根据现场观测资料反算土的性质指标等。

排水固结法的施工工艺和技术随着该法的广泛使用而得到了发展。真空预压的真空度可稳定地达到 600mm 汞柱以上，我国自己生产的塑料排水带已在工程中得到广泛的应用，有的单位研制了轻型、高效的打设塑料排水带和袋装砂井的设备。

实践经验告诉我们，排水固结法周密的设计计算和精心地施工是必要的，但是另一方面，由于受到理论发展水平的限制、复杂地质条件、施工以及自然界的变化因素的影响，计算结果和实际不一致的情况经常发生。因此，对重要工程，应进行现场试验，埋设必要的观测设备，按一定指标来控制加荷速率、评价加固效果，对设计进行调整和修正、并指导正式施工，同时观测资料为理论分析提供重要的依据。

作为综合处理的手段，排水固结法可和其他地基加固方法结合起来使用。如美国横跨旧金山湾南端的 Dumbarton 桥东侧引道路堤场地，该路堤下淤泥的抗剪强度小于 5kPa，其固结时间将需要 30～40 年。为了支承路堤和加速所预计的 2m 沉降，采用了如下解决方案：(1) 采用土工织物以分布路堤荷载和减小不均匀沉降；(2) 使用轻质填料以减小荷载；(3) 采用竖向排水井使固结时间缩短到 1 年以内；(4) 设置土工织物滤网以防排水层发生污染等（Mitchell，1981）。

4.2 排水固结法的原理

饱和软黏土地基在荷载作用下，孔隙中的水被慢慢排出，孔隙体积慢慢地减小，地基发生固结变形，同时，随着超静水压力逐渐消散，有效应力逐渐提高，地基土的强度逐渐增长。现以图 4-1 为例作一说明。当土样的天然固结压力为 σ'_0时，其孔隙比为 e_0，在 $e\sim\sigma'_c$ 坐标上其相应的点为 a 点，当压力增加 $\Delta\sigma'$，固结终了时，变为 c 点，孔隙比减小 Δe，曲线$\widehat{abc}$称为压缩曲线。与此同时，抗剪强度与固结压力成比例地由 a 点提高到 c 点。所以，土体在受压固结时，一方面孔隙比减小产生压缩，一方面抗剪强度也得到提高。如从 c 点卸除压力 $\Delta\sigma'$，则土样发生膨胀，图中$\widehat{cef}$为卸荷膨胀曲线，如从 f 点再加压 $\Delta\sigma'$，土样发生再压缩，沿虚线变化到 c'，其相应的强度包线如下图所示。从再压曲线$\widehat{fgc'}$可清楚地看出，固结压力同样从 σ_0' 增加 $\Delta\sigma'$，而孔隙比减小值为 $\Delta e'$，$\Delta e'$ 比 Δe 小得多。这说明，如果在建筑场地先加一个和上部建筑物相同的压力进行预压，使土层固结（相当于压缩曲线上从 a 点变化到 c 点）然后卸除荷载（相当于在膨胀曲线上由 c 点变化到 f 点）再建造建筑物（相当于再压曲线上从 f 点变化到 c' 点），这样，建筑物所引起的沉降即可大大减小。如果预压荷载大于建筑物荷载，即所谓超载预压，则效果更好，因为，经过超载预压，当土层的固结压力大于使用荷载下的固结压力时，原来的正常固结黏土层将处于超固结状态，而使土层在使用荷载下的变形大为减小。

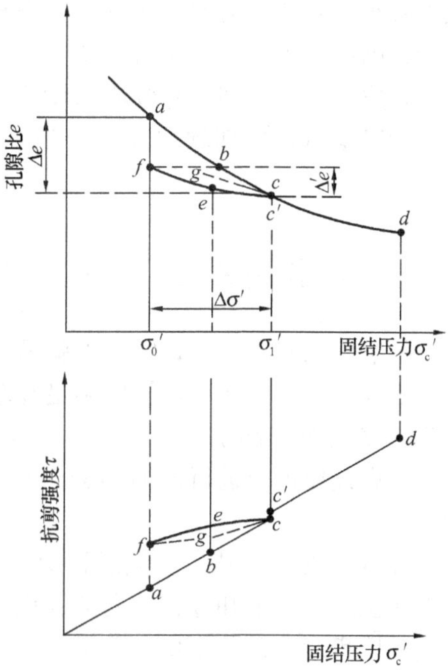

图 4-1 排水固结法增大地基土密度的原理

土层的排水固结效果和它的排水边界条件有关。如图 4-2（a）所示的排水边界条件，即土层厚度相对荷载宽度（或直径）来说比较小，这时土层中的孔隙水向上下面透水层排出而使土层发生固结，这称为竖向排水固结。根据固结理论，黏性土固结所需的时间和排水距离的平方成正比，土层越厚，固结延续的时间越长。为了加速土层的固结，最有效的方法是增加土层的排水途径，缩短排水距离。砂井、塑料排水带等竖向排水井就是为此目的而设置的。如图 4-2（b）所示。这时土层中的孔隙水主要从水平向通过砂井和部分从竖向排出。砂井缩短了排水距离，因而大大加速了地基的固结速率（或沉降速率），这一点无论从理论上还是工程实践上都得到了证实。

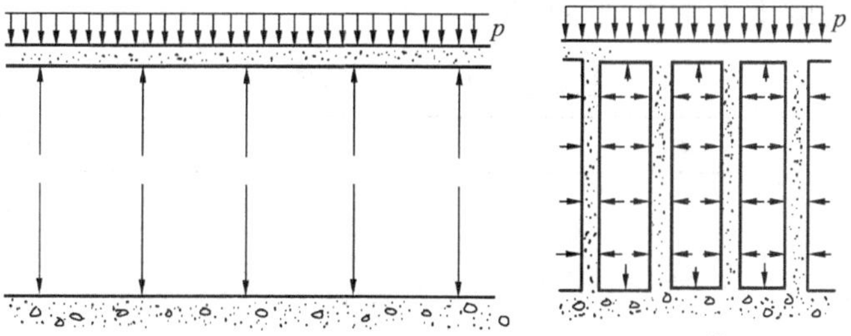

图 4-2 排水法的原理

（a）竖向排水情况；（b）砂井地基排水情况

在荷载作用下，土层的固结过程就是超静孔隙水压力（简称孔隙水压力）消散和有效应力增加的过程。如地基内某点的总应力增量为 $\Delta\sigma$，有效应力增量为 $\Delta\sigma'$，孔隙水压力增量为 Δu，则三者满足以下关系：

$$\Delta\sigma' = \Delta\sigma - \Delta u \tag{4-1}$$

用填土等外加荷载对地基进行预压，是通过增加总应力 $\Delta\sigma$ 并使孔隙水压力 Δu 消散而增加有效应力 $\Delta\sigma'$ 的方法。真空预压法是在预压地基内总应力不变的条件下，使土中孔隙水压力减小，有效应力增加的方法。降水预压法是土层在降水范围内土的浸水重度变为饱和重度，因而产生了附加压力，使土层固结，有效应力增加。

真空预压，地基土有效应力增量是各向相等的，在预压过程中土体不会发生剪切破坏，所以很适合特别软弱黏性土地基的加固。降水预压，地基土基本上是在 k_0 条件下固结。

4.3 排水固结法的设计与计算

排水固结法的设计，实质上就是进行排水系统和加压系统的设计，使地基在受压过程中排水固结、强度相应增加以满足逐渐加荷条件下地基稳定性的要求，并加速地基的固结沉降，缩短预压的时间。

在设计以前应进行详细的勘探和土工试验以取得必要的设计资料，主要的设计资料如下。

1. 土层分布及成因。通过钻探了解土层的分布，天然沉积土层通常都是成层分布的，应查明土层在水平和竖直方向的变化。通过必要的钻孔连续取样及试验以确定土的种类、土的成层程度。黏性土层中常分布有薄砂层或粉砂夹层，它们对土的固结速率有很大影响。通过钻探确定透水层的位置，地下水位深度及地下水的承压与补给情况等。

2. 固结试验。通过试验取得：固结压力 σ'_c 与孔隙比 e 的关系（e-σ'_c或 e-$\log\sigma'_c$关系曲线)；土的先期固结压力；不同固结压力下土的竖向及水平向固结系数（包括一部分重塑土固结系数)。

3. 土的抗剪强度指标及不排水强度沿深度的变化。

4. 砂井及砂垫层所用砂料的颗粒分布、渗透系数。

5. 塑料排水带在不同侧压力和弯曲条件下的通水量。

对软黏土，常规的土工试验项目如表 4-1 所示。

软黏土常规土工试验项目 表 4-1

试验目的	试验	试验项目
土体基本性质的掌握	物理性试验	含水量（w），密度（ρ），孔隙比（e） 塑限（w_p），液限（w_L）， 塑性指数（I_p），液性指数（I_L） 饱和度（S_r）、土颗粒比重（d_s）
固结沉降量 固结速率的推定	固结试验	先期固结压力（σ'_p），压缩指数（C_c） 固结系数（C_v，C_h），e-σ'_c 或 e-$\log\sigma'_c$曲线，渗透系数（k）
地基承载力及 稳定性分析	三轴试验 直剪试验 无侧限抗压、十字板剪切试验	三轴固结不排水试验 c'，φ' 三轴或直剪试验 { 不固结不排水试验 c_u，φ_u；固结不排水试验 c_{cu}，φ_{cu}和 c、φ_c } 不排水抗剪强度

4.3.1 竖井排水法

软黏土的结构状态为蜂窝状或絮状，一般在固体颗粒周围吸附较厚的薄膜水，并且孔隙中充满水，当受到应力作用时，土体中孔隙水慢慢排出而发生体积压缩。由于黏土的孔隙本身非常小，水在其中的流动是很缓慢的，为了和透水性好的砂性土的压缩相区别，特称之为固结。衡量土的透水性的指标是渗透系数，砂的渗透系数大部分界于$10^{-2}\sim10^{-3}$cm/s，而黏土则是$10^{-7}\sim10^{-9}$cm/s，相差很大，可见，黏土孔隙中水的渗流是很费时的，因此当工程上遇到的黏土层厚度很大时，如不改变黏土层的排水边界条件，仅采用预压法则黏土层固结十分缓慢，地基土的强度增长太慢而不能快速堆载，使预压时间延长，或者在一定时间内所需的超载过大而难以实施。这时可在地基内设置砂井等竖向排水井（简称竖井），以缩短排水距离，加速土层的固结，这是因为固结时间与排水距离的平方成正比，并且多数土在水平向的渗透性比垂直向要好（含粉砂薄层的成层土，其水平向固结系数C_h约为垂直向固结系数C_v的2～5倍）。典型的砂井地基剖面见图4-3。

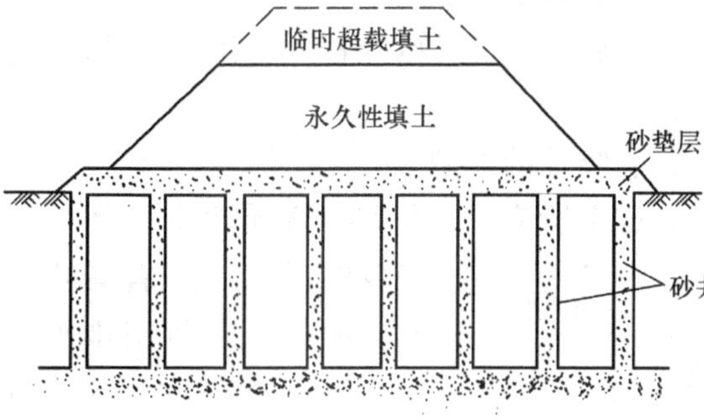

图4-3 典型的砂井地基工程剖面图

除了典型的单向压缩情况外，软黏土地基在建筑物荷载作用下，不仅产生固结沉降，而且剪切变形也引起相当一部分沉降，特别是当荷载比较大时。采用竖井排水的地基和天然地基相比，由于其排水固结、强度提高快，对减小由于剪切变形而产生的沉降是有利的。

竖井排水对土的次固结速率没有直接影响，但由于设置了竖井，主固结沉降可在较短时间内完成，使次固结沉降较早发生，通过超载预压可减小使用荷载下的次固结沉降。

竖井地基的设计工作包括竖井类型的选择；确定竖井的直径、间距、深度及平面布置，然后进行竖井地基固结度的计算，通常竖井直径、间距、深度的选择应满足在预压过程中，在不太长的时间内，地基能达到80%以上的平均固结度。

一、竖井的适用性

竖井的适用性在很大程度上取决于土的成因和性质，特别重要的是土层的渗透性、固结系数。近代沉积的黏土层往往成层分布并常夹有透水性良好的砂层或薄粉砂层。土层的水平层理性使得土的水平向固结系数比竖向固结系数大。当土层具有连续分布的薄粉砂夹层时（即“千层饼”状土层），其本身具有良好的透水性，因此往往不需要设置竖向排水井。当地基中存在透水性好的透镜体时，竖向排水井打至或穿过该层，将提高排水井的效率。

对饱和的软黏土层，在采用竖井预压时，有两个很重要的因素需要考虑：

(1) 有效土自重应力和预压荷载引起的附加应力之和必须明显大于土的先期固结压力。对正常固结黏土层，竖井预压法通常都有很好的效果，而对超固结土层，其效果视附加应力和土的先期固结压力的相对大小而定。

(2) 预压荷载下土层的主固结沉降量s_c与次固结沉降量s_s的比值应比较大。Bjerrum

(1972) 提出用效率系数 ρ 来表示竖向排水井的效果：

$$\rho=\frac{s_c}{s_c+s_s} \tag{4-2}$$

他根据 5 个工程的经验提出 ρ 值最好取 0.6～0.8。因此，对于次固结沉降占很大比例的土类如泥炭土、有机质土等，竖井效果不大。

此外，竖井的效率还取决于井本身的特性及施工有关因素，其中主要有：

(1) 排水井对渗流水的阻力将影响土层的固结速率。当排水井纵向通水量较小，长径比较大时影响更大。

(2) 施工引起井壁涂抹和周围土的扰动将降低土的渗透系数和不排水强度、增加超静水压力。

二、竖井的类型

工程上所应用的竖井有普通砂井、袋装砂井及塑料排水带等如下所示：

- 竖井
  - 砂井
    - 普通砂井
    - 袋装砂井
  - 塑料排水带

1. 普通砂井

利用排水井作深层排水以加速软土固结的方法早在1832年已开始在法国拜杨籆地基工程中应用。1925年Moran提出用砂井排水法加固深层土，1934年美国加利福尼亚公路局在Moran的建议下采用砂井排水法加固了旧金山-奥克兰海湾大桥公路软土路基。我国于 1953 年第一次在某造船厂应用砂井预压法。其后砂井排水法在铁路路堤、土坝、大型贮油罐、堆场、机场、高速公路等工程中得到了广泛的应用。

普通砂井的施工通常采用管端封闭的套管法，射水法及螺旋钻法等。采用管端封闭的套管法施工时产生挤土效应，扰动周围土的结构，降低了土的渗透性和强度，并增加了沉降量。射水法是以一定压力的水冲切土体排土成孔，然后灌砂形成砂井，射水法有使用敞口套管和不使用套管两种，这种方法在欧洲各国用得较多。螺旋钻法是采用敞口套管，用螺旋钻将管内土取出，然后灌砂拔管，这种方法施工对周围土的扰动极小，但孔壁的涂抹问题依然存在，施工过程中要排出废土。处理废土很费事，如不采用套管则容易造成缩孔或坍孔等。

2. 袋装砂井

袋装砂井是一种预制的小直径砂井。袋子材料采用聚丙烯编织布。内灌满砂制成细长砂袋，然后用闭口套管法成孔，放入砂袋，拔出套管即成袋装砂井。首次使用袋装砂井的是印度的 Dastidar 等 (1969)。我国于 1977 年由交通部第二航务工程局引进该项技术，并结合 711 工程进行了现场试验研究。与普通砂井相比，袋装砂井用料省、施工简便、进度快能适应地基变形等优点，但由于直径小 (我国工程上一般采用 7cm 直径)，长径比大，井对渗流水的阻力即井阻影响较大，为了减小井阻影响，要求砂料有更高的渗透系数，并适当增大袋装砂井直径。

3. 塑料排水带

塑料排水带是由纸带发展而来的一种竖向排水井。纸带排水法是 1936 年由瑞典 kjell-man 等人发明的，其断面尺寸为 3.5mm×100mm，中有 10 条排水沟槽。纸带强度特别是湿润强度较低，耐久性差、透水性比砂低得多，厚纸带本身的渗透系数为 $10^{-4}\sim10^{-5}$cm/s，纸带纵向因有透水孔，渗透系数为 $10^{-1}\sim10^{-2}$cm/s，但纸带因侧向土压力作用、纸带变形等影响，渗透系数可降低至 $10^{-3}\sim10^{-4}$cm/s。由于存在以上缺点，纸带已逐步被塑料排水带所代替。我国于 1981 年由河海大学等单位与南京塑料研制厂合作生产出第一代产品 SPB-I 型塑料排水带，并于 1982 年至 1984 年在天津塘沽新港进行了塑料排水带堆载预压的试验研究。与砂井相比，塑料排水带由于是工厂制作，具有质量指标较稳定、重量轻运输方便、连续性好，施工简便效率高等优点。但施工时对周围土的扰动，以及塑料排水带的井阻影响依然存在。

塑料排水带的品种多达数十种，尽管其材料、制作方法不同，性能指标不尽相同，但基本上可分为两大类即多孔单质结构型和复合结构型。

(1) 多孔单质结构型。所用材料为聚氯乙烯树脂或聚乙烯等。这种塑料排水带因在两片透水带之间仅有若干点以凸椽相接触，其间留有许多微孔，所以透水性很好，而且还有耐酸碱、在土中不膨胀、不变质，带中的沟槽基本上不会被堵塞等优点。

属于单一结构型的还有纤维质无纺布（如 Colbond 等）和软质多孔质材料。但这些材料在土压力作用下，其通水量将显著减小。

(2) 复合结构型。它是由带有沟槽或凸椽的芯带和包在芯带外面的滤膜套组合而成。芯带系由硬质聚氯乙烯树脂或聚乙烯烃类树脂等制成，滤膜套为丙烯类合成纤维无纺布，有的无纺布中掺有尼龙类化学纤维。国外的 Geodrain、Mebra、Aldrain、Castle Boand、大林式以及我国生产的各种型号塑料排水带都属于复合结构型。瑞典有一种产品，其特点是在芯部周围用袋状滤水纸缠绕，芯部与滤膜之间不固定，可以产生相对滑动。

塑料排水带性能指标，包括：纵向通水量、复合体抗拉强度与延伸率、滤膜抗拉强度与延伸率、滤膜渗透系数、滤膜等效孔径等。其各项技术要求见表 4-2。

塑料排水带的基本技术要求 **表 4-2**

项目		型号规格				
		SPB-A	SPB-A_0	SPB-B	SPB-B_0	SPB-C
材质	芯带	高密度聚乙烯、聚丙烯等				
	滤膜	材料为涤纶、丙纶等无纺织物；单位面积质量宜大于 85g/m²				
复合体	抗拉强度（干态），kN/10cm（延伸率为 10%的强度）	>1.0	>1.0	>1.2	>1.2	>1.5
	延伸率（%）	>4				
纵向通水量 q_w，cm³/s（侧压力为 350kPa）		≥25	≥25	≥30	≥30	≥40
滤膜的拉伸强度，kN/m	干拉强度	1.5	1.5	2.5	2.5	3.0
	湿拉强度	1.0	1.0	2.0	2.0	2.5
芯板压屈强度（kPa）		>250			>350	
滤膜渗透反滤特性	渗透系数（cm/s）	$k_g\geqslant5\times10^{-4}$，$k_g\geqslant10k_s$				
	等效孔径 O_{95}（mm）	<0.075				

注：1. k_g—滤膜的渗透系数；k_s—地基土的渗透系数；

2. 塑料排水带滤膜干拉强度为延伸率 10%的纵向抗拉强度，湿拉强度为浸泡 24h 后，延伸率 15%的横向抗拉强度。

引自中华人民共和国交通行业标准 JT/T 521—2004。

塑料排水带纵向通水量 q_w 取决于以下因素：

（1）芯带的过水断面；

（2）侧向土压力对通水量的影响；

（3）施工或地基变形引起塑料排水带的弯曲、扭、折等对通水量的影响；

（4）细颗粒土可能堵塞滤膜的部分孔隙。

图4-4为某些产品室内通水量试验的结果，从中可看出，随侧压力增大，通水量减小，其原因是侧压力作用使滤膜嵌入芯带槽中，使过水断面减小。通水量随侧压力减小可用指标衰减率 J（$J=\Delta q_w/\Delta\sigma_h$，$\sigma_h$——侧压力）来衡量。$J$ 越小表示排水带受压变形和蠕变越小。排水带弯曲时的通水量比平直时减小。排水带的弯曲、扭、折使水流阻力增大。

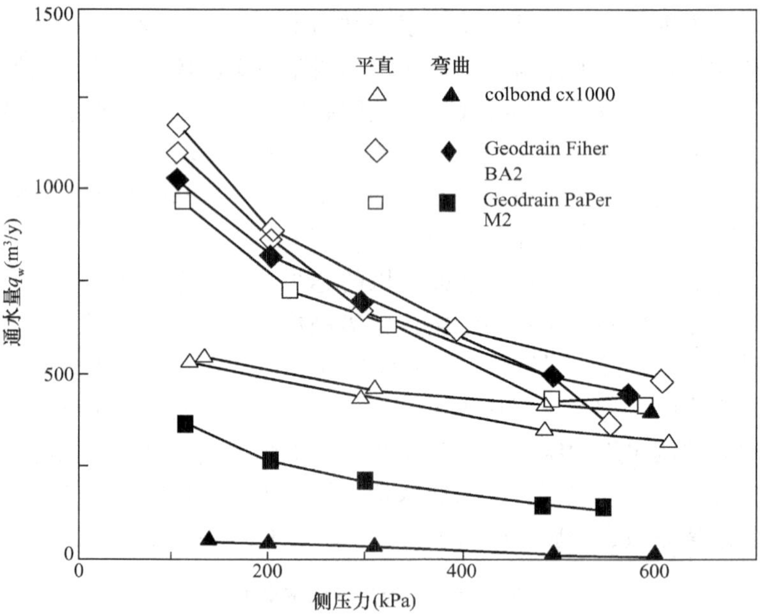

图4-4 平直和弯曲排水带通水量随侧压力的变化（R. D. Holts）

在塑料排水带使用之前，应对产品进行通水量测定。通常，试验时，排水带外包乳胶膜，在设定的侧压力和常水头作用下进行试验，测定其流量，然后计算其通水量。试验测定的排水带通水量与诸多因素有关。它随侧压力增大而减小；在一定侧压力下，通水量随时间而降低，逐渐达到稳定值；通水量随试验所设定的水头梯度而变化等。因此，试验时应选择标准的侧压力大小、稳定时间及水头梯度等。由试验得出的通水量，考虑到排水带在地基中的长期作用，滤膜逐渐压进芯带沟槽内，芯带的弹性压缩及蠕变；土颗粒以及地下水的生物与化学作用引起的淤堵；施工过程中排水带的扭曲、损伤；在荷载作用下地基变形引起排水带的弯曲等都将使排水带通水能力降低。因此，实际工作状态下排水带的通水量并非试验条件产品的通水量。设计时应将试验所得通水量打一安全系数作为设计容许通水量。

对滤膜，要求有足够的抗拉强度和良好的韧性，防止在土压力作用下滤膜过多地嵌入芯带槽内。滤膜应有良好的反滤性。防止土颗粒过多地堵塞孔隙。滤膜尚应有良好的渗透性。但也不必要求过高。因为滤膜很薄，水流的渗径很短。

三、竖向排水井的尺寸和布置

（一）竖井的直径和间距

砂井直径和间距，主要取决于黏性土层的固结特性和工期要求。分析砂井直径和间距对加速土层固结的作用后，可以看出，为了加速土层的固结，缩小井距要比增大砂井直径效果好得多。所以原则上以采用“细而密”的方案为好。另一方面，砂井直径还与施工方法有关。采用套管法施工时，砂井直径不宜过小，否则容易造成灌砂率不足、缩颈或砂井不连续等质量问题。工程上常用的普通砂井直径为 30～50cm。

砂井间距的选择不仅和土的固结特性有关，还和黏土的灵敏度、上部荷载的大小以及工期等有关。固然，在一定荷载下，井距越小，固结越快，井距越大，固结越慢。但井距过小，施工时，砂井周围土受到扰动，地基土强度受到一定程度的削弱，并增加一定数量的沉降，而且还会使土的固结系数降低（Johnson，1970）。因此，一般情况下，如荷载大，土的固结系数小，工期较短时，可取较小的砂井间距，反之，则采用较大的间距。设计时，可先假定井距，再计算地基固结度，若不能满足要求，则可缩小井距或延长施工期。对于普通大直径砂井，工程上常用的间距一般为砂井直径的 6～8 倍。

袋装砂井直径通常为 7～12cm。我国常用的直径为 7cm，日本常用的直径为 12cm。井距一般为 1.0～1.5m，对 7cm 直径袋装砂井，相当于井径比 15～22.5（等边三角形布置）。

塑料排水带的作用原理和设计计算方法和砂井相同，设计计算时，把塑料排水带换算成圆柱体，对截面宽度为 b，厚度为 δ 的塑料排水带，其当量换算直径 D_p 可按下式计算

$$D_p = \alpha \frac{2(b+\delta)}{\pi} \tag{4-3}$$

式中 α 为换算系数，通过试验求得。有关资料提供的 α 值如表 4-3：

α 值 **表 4-3**

α 值	资料来源	备注
0.6～0.9 一般 0.75	松尾新一郎	《土质加固方法手册》
0.75	卡尔斯坦尼	福冈正已：《最新软弱地基处理方法》
1	Hansbo 等	“Consolidation by vertical drains”
1	Mitchell and Katti	第十届国际土力学及基础工程会议水平报告

因此，设计时 α 可在 0.75 至 1.0 范围取值。对当量换算直径，Rixner 等（1986）曾提出算式 $D_p=(b+\delta)/2$ 和 $D_p=\left[\frac{4\ (b\delta)}{\pi}\right]^{0.5}$，后一式计算结果偏小。Long Richard 等（1994）得到的算式 $D_p=0.5b+0.7\delta$ 与 Suits 等人（1986）的试验结果接近。有了换算直径，其井径比可参照袋装砂井选用。

（二）竖井的深度

竖井深度的选择和土层分布、地基中附加应力大小，建筑物对地基变形和稳定性的要求以及工期等因素有关。当软黏土层不厚时，排水井应贯穿黏土层，黏土层较厚但间有砂层或砂透镜体时，排水井应尽可能打至砂层或砂透镜体。当黏土层很厚又无砂透水层时可

按建筑物对地基变形及稳定性要求来决定。对于以沉降控制的工程，如受压层厚度不很大（例如小于20m）时，可打穿受压层以减小预压荷载或缩短预压时间。当受压层厚度很大时，因至深度较大处，一方面由于附加应力与土自重应力相比已很小，其下土层的压缩量占总沉降的比例较小，另一方面，特别对于袋装砂井、塑料排水带等长径比很大的竖向排水井，由于井阻影响，土层径向排水平均固结度随深度而减小，所以竖向排水井也不一定要打穿整个受压层。对于对沉降要求很高的建筑物，如不允许建筑物使用期间产生主固结沉降，则竖井应尽可能打穿受压土层，并采用超载预压的方法，使预压荷载下地基中的有效应力大于建筑物荷载下总的附加应力。当采用真空预压法时，竖井不应与有水源或大气补给的透水层或透气层相连通。设计时，一般可先选定某一排水井深度、直径和间距，通过固结度和沉降计算，预计经过一段时间预压后可能剩留的沉降量，如这一沉降量不能满足建筑物的要求，则另行选择排水井尺寸重新试算，直至满足要求为止。对于以地基的稳定性控制的工程，如路堤、堆场、土坝等，以滑弧稳定分析来确定排水井深度，排水井深度以超过最危险滑弧深度为好。

（三）竖井的排列

图4-5（*a*）与（*b*）为排水井平面布置的两种形式：等边三角形和正方形。当排水井为正方形排列时，排水井的有效排水范围为正方形；而等边三角形排列时则为正六边形，如图中虚线所示，并认为在该有效范围内的水系通过位于其中的排水井排出。在实际进行固结计算时，用上述多边形的边界条件求解很困难，Barron 建议将每个排水井的影响范围化作一个等面积的圆来求解，等效圆的直径 d_e，与排水井间距 l 的关系如下：

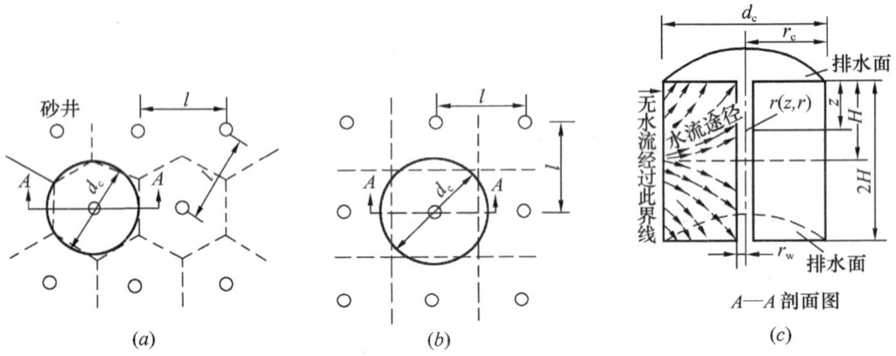

图4-5 排水井平面布置及影响范围土柱体剖面

（a）一等边三角形排列；（b）一正方形排列；（c）剖面图

等边三角形排列时： $$d_e=\sqrt{\frac{2\sqrt{3}}{\pi}}l=1.050l$$

正方形排列时： $$d_e=\sqrt{\frac{4}{\pi}}l=1.128l$$

显然，等边三角形的排列比较紧凑，实际工程中较常采用。

竖井的布置范围，一般比建筑物基础范围稍大为好，这是因为基础以外一定范围内地基中仍然产生由于建筑物荷载而引起的压应力和剪应力。基础外的地基土如能加速其固结对提高地基的稳定性和减小侧向变形以及由此引起的沉降是有好处的。

四、排水砂垫层

在竖井顶面应铺设一定厚度的排水砂垫层以连通竖井，引出从土层排入井中的渗流水。砂垫层应有足够的厚度和良好的透水性，以减小对水流的阻力，这一点往往被忽视。砂垫层的厚度一般为0.4m左右（水下砂垫层厚度为1.0m左右）。当砂垫层面积较大时，应在砂垫层底部设置纵横向排水盲沟，使渗流水尽快排出预压区外。

五、竖井地基固结度的计算

固结度的计算是竖井地基设计中一个很重要的内容。因为知道各级荷载下不同时间的固结度，就可推算地基土强度的增长，从而可进行各级荷载下地基的稳定性分析，并确定相应的加载计划。已知固结度，就可推算加荷预压期间地基的沉降量，以便确定预压的期限。

竖井地基的固结理论都是假设荷载是瞬时施加的，所以首先介绍瞬间加荷条件下固结度的计算，然后根据实际加荷过程进行修正计算。

（一）瞬间加荷条件下竖井地基固结度的计算

1. 理想井排水条件固结度的计算

前已述及，当竖井为等边三角形排列时，一个井的有效排水范围为正六边形柱体，正方形排列时为正方形柱体。为简化起见，上述土柱体可用等面积的圆柱体来代替。图4-5c表示直径为d_e，高度为$2H$的圆柱体黏土层，中间是直径为d_w的竖井，黏土层上、下面均为排水面，在一定压力下，土层中的固结渗流水沿径向和竖向流动。如以圆柱坐标表示，设任意点（r，z）处的孔隙水压力为u，则固结微分方程为：

$$\frac{\partial u}{\partial t}=C_v\left(\frac{\partial^2 u}{\partial r^2}+\frac{1}{r}\cdot\frac{\partial u}{\partial r}+\frac{\partial^2 u}{\partial z^2}\right) \tag{4-4}$$

当水平向渗透系数k_h和竖向渗透系数k_v不等时，则上式应改写为：

$$\frac{\partial u}{\partial t}=C_v\frac{\partial^2 u}{\partial z^2}+C_h\left(\frac{\partial^2 u}{\partial r^2}+\frac{1}{r}\frac{\partial u}{\partial r}\right) \tag{4-5}$$

式中 t——时间；

C_v——竖向固结系数；

C_h——径向固结系数（或称水平向固结系数）。

竖井固结理论中有如下假设条件：

（1）每个井的有效影响范围为一圆柱体；

（2）在影响范围水平面积上的荷载是瞬间施加且是均布的；

（3）土体仅有竖向压密变形，土的压缩系数和渗透系数是常数；

（4）土体完全饱和，加荷开始时，荷载所引起的全部应力由孔隙水承担。

根据边界条件，直接对式（4-5）求解，在数学上是困难的。A. B. Newman（1931）和N. Garrillo（1942）已证明式（4-5）可用分离变量法求解，即式（4-5）可分解为

$$\frac{\partial u_z}{\partial t}=C_v\frac{\partial^2 u_z}{\partial z^2} \tag{4-6a}$$

$$\frac{\partial u_r}{\partial t}=C_h\left(\frac{\partial^2 u_r}{\partial r^2}+\frac{1}{r}\frac{\partial u_r}{\partial r}\right) \tag{4-6b}$$

亦即分为竖向固结和径向固结两个微分方程。根据边界条件对上两式分别求解，算出竖向

排水平均固结度和径向排水平均固结度，最后再求出竖向和径向排水联合作用时整个竖井影响范围内土柱体的平均总固结度。

（1）竖向排水平均固结度

对于土层为双面排水条件或土层中的附加压力为均匀分布时，某一时间竖向固结度的计算公式为：

$$\overline{U}_z = 1 - \frac{8}{\pi^2}\sum_{m=1,3\cdots}^{m=\infty}\frac{1}{m^2}e^{-\frac{m^2\pi^2}{4}T_v} \tag{4-7}$$

$$T_v = \frac{c_v t}{H^2} \tag{4-8}$$

式中 m——正奇整数（1，3，5……）。

当$\overline{U}_z$>30%时，可采用下式计算：

$$\overline{U}_z = 1 - \frac{8}{\pi^2}e^{-\frac{\pi^2 T_v}{4}} \tag{4-9}$$

式中 $\overline{U}_z$——竖向排水平均固结度（%）；

e——自然对数底，自然数，可取 e=2.718；

T_v——竖向固结时间因数（无因次）；

t——固结时间（s）；

H——土层的竖向排水距离（cm），双面排水时 H 为土层厚度的一半，单面排水时 H 为土层厚度。

为了便于计算，把式（4-9）绘制成 $\overline{U}_z$-T_v关系曲线。图4-6为双面排水或附加压力为矩形的单面排水之 $\overline{U}_z$-T_v 关系曲线。对于附加压力为非矩形的单面排水情况，$\overline{U}_z$ 与 T_v 的关系如图4-7所示。

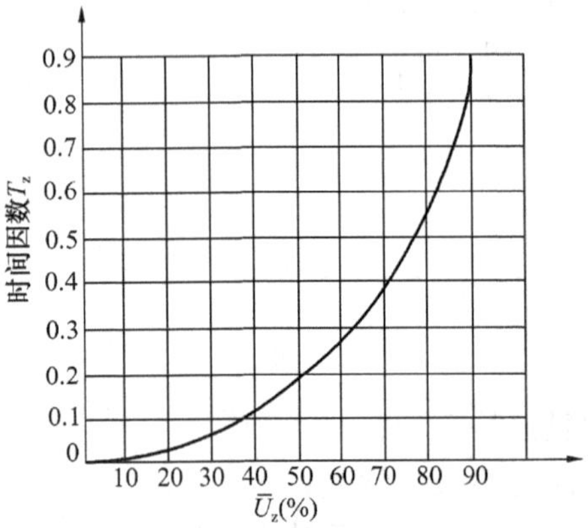

图4-6 双面排水条件下竖向固结度 $\overline{U}_z$ 与时间因数 T_v 关系曲线

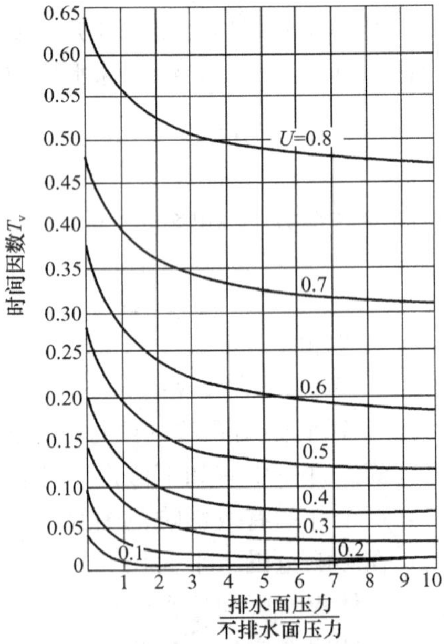

图4-7 各种边界条件下竖向固结度 U_z 与时间因数 T_v 的关系

严格来说，只有当荷载面积的宽度比压缩土层的厚度大得多的情况，才和理论公式建立中所假设的单向渗流和单向压缩的条件比较一致，否则，理论计算结果和实际存在差距是可以预料的。如果软黏土层中含有薄粉砂等透水夹层，水平向渗流将比较显著，实际的固结速率要比理论计算的快，因此，常常需要结合现场的实测结果，才能准确确定实际的固结度。

(2) 径向排水固结度

求解径向固结微分方程式(4-6b),Barron(1944—1948)曾采用两种假设条件:

(A) 自由应变。即假设作用于地基表面的荷载是完全柔性、均布的。因此,每个竖井影响范围内圆柱土体中各点的竖向变形是自由的。实际上由于竖井附近土的固结要比远离竖井的点固结快,各点固结速率不同,就会产生不均匀沉降,并产生剪切变形,自由应变条件就是假设这些因素不影响应力的分布及固结速率。

(B) 等应变。即作用于地基表面的荷载是完全刚性的。这时,各点的竖向变形相同,无不均匀沉降发生,这也势必导致基底应力分布不相等。

自由应变条件的公式及计算比等应变条件的繁而难,而且实际情况是介于上述两种条件之间,又经 Richart(1957)的计算比较,当井径比 n ($n=d_e/d_w$) 大于 5 时,两种条件所得到的地基平均固结度很接近。因此,工程上一般都应用等应变条件的公式,作为竖井地基径向固结度的依据。

下面介绍等应变条件下,竖井径向固结微分方程式(4-6b)的解。

距竖井轴线 r 距离处,任意时间 t 的孔隙水压力为,

$$u_r = \frac{4u_{av}}{d_e^2 F(n)}\left[r_e^2 \ln\left(\frac{r}{r_w}\right) - \frac{r^2 - r_w^2}{2}\right] \tag{4-10}$$

$$u_{av} = u_i e^{\lambda} \tag{4-11}$$

式中 d_e、r_e——竖井影响范围的直径和半径;

r_w——竖井半径;

u_{av}——时间 t 时,土层的孔隙水压力平均值;

u_i——起始孔隙水压力平均值。

$$\lambda = \frac{-8T_h}{F(n)} \tag{4-12}$$

$$T_h = \frac{C_h}{d_e^2}t \tag{4-13}$$

$$F(n) = \frac{n^2}{n^2-1}\ln(n) - \frac{3n^2-1}{4n^2} \tag{4-14}$$

式中 C_h——径向固结系数;

t——时间;

n——井径比 ($n=d_e/d_w$)。

井径比 n 与 F (n) 的关系如表 4-4。

不同井径比 n 与 F (n) 值 **表 4-4**

n	4	5	6	7	8	9	10	12	14	16
F (n)	0.741	0.940	1.097	1.240	1.364	1.468	1.572	1.752	1.904	2.034
n	18	20	22	24	26	28	30	40	50	
F (n)	2.150	2.254	2.348	2.434	2.513	2.587	2.655	2.941	3.164	

由式（4-11）和式（4-12），

$$\ln\left(\frac{u_{av}}{u_i}\right)=-\frac{8}{F(n)}T_h$$

亦即

$$\ln(1-\overline{U}_r)=-\frac{8}{F(n)}T_h \tag{4-15a}$$

或

$$\overline{U}_r=1-e^{-\frac{8}{F(n)}T_h} \tag{4-15b}$$

径向平均固结度 $\overline{U}_r$ 与 T_h 及 n 的关系如图 4-9 所示。计算时，只要知道径向固结系数 C_h、固结时间 t 以及竖井的直径 d_w 和间距 l（注意将竖井间距换算成有效排水直径 d_e），就可计算出时间因数 T_h 和井径比 n，据此，从图 4-8 可查得相应的径向平均固结度 $\overline{U}_r$。

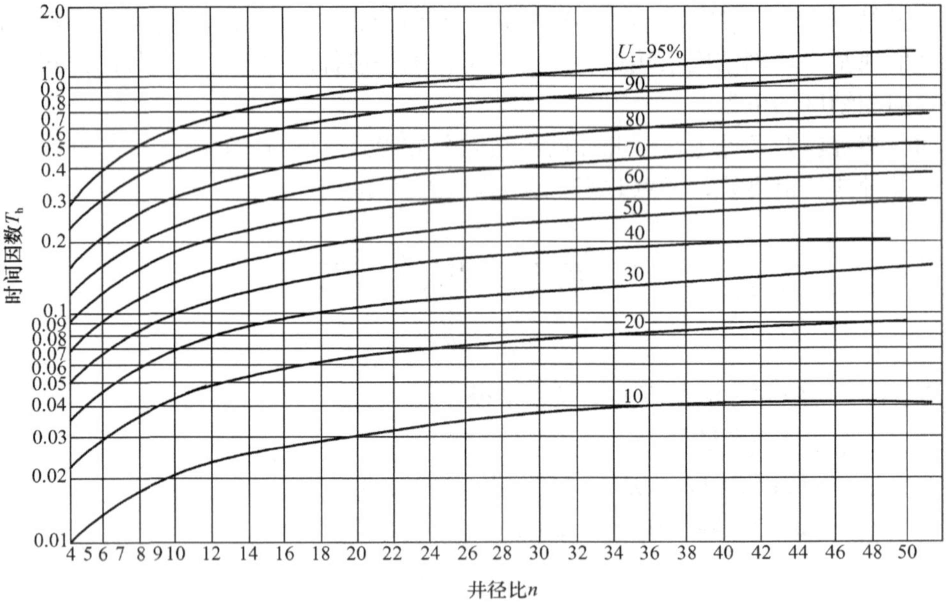

图 4-8 径向固结度 $\overline{U}_r$ 与时间因数 T_h 及井径比 n 的关系

利用式（4-13）、式（4-14）和式（4-15b）便可确定竖井的间距。但利用图 4-9，更为方便。

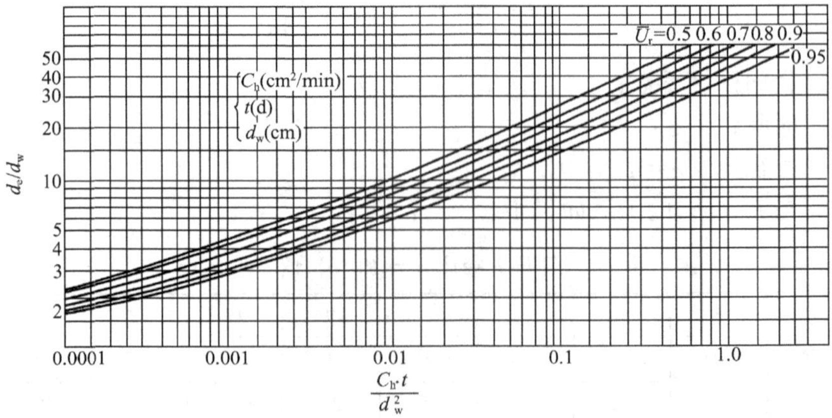

图 4-9 竖井设计计算曲线（据中濑）

(3) 总固结度

竖井地基总的平均固结度$\overline{U}_{rz}$，是由竖向排水和径向排水所引起的。总的平均固结度由下式计算：

$$\overline{U}_{rz} = 1-(1-\overline{U}_z)(1-\overline{U}_r) \tag{4-16}$$

其中竖向排水平均固结度$\overline{U}_z$由式（4-9）计算，径向排水平均固结度$\overline{U}_r$由式（4-15b）计算。

在实际工程中，一般软黏土层的厚度比排水井的间距大得多，故经常忽略竖向固结。

2. 非理想井排水条件固结度的计算

饱和软黏土层固结渗流水流向竖井，再通过竖井流向砂垫层而排出预压区。由于井对渗流的阻力，这将影响土层的固结速率，这一现象称为井阻效应。此外，竖井施工时对周围土产生涂抹和扰动作用，扰动区土的渗透系数将减小。Barron（1948）首次建立了等应变和自由应变条件下考虑涂抹作用以及在等应变条件下考虑井阻作用的竖井理论。1974年，日本的Yoshikuni等人建立了更为严密的自由应变条件下考虑井阻作用的竖井理论。1981年Hansbo得到了等应变条件下考虑井阻和涂抹作用的竖井地基固结理论解。1987年谢康和鉴于固结理论解析解存在的一些缺陷，提出了等应变条件下考虑井阻和涂抹作用的竖井地基固结问题的精确解以及简便实用的径向平均固结度的计算式。

Hansbo所得出的考虑井阻和涂抹作用的饱和软黏土地基深度z之径向排水平均固结度的表达式如下：

$$U_r = 1-e^{-\frac{8T_h}{F}} \tag{4-17}$$

式中　F是一个综合参数，它是由三部分组成、表示为：

$$F = F_n + F_s + F_r \tag{4-18}$$

其中　F_n反映了井径比n的影响。当井径比$n \geqslant 20$时，F_n可简化为：

$$F_n = \ln n - \frac{3}{4} \tag{4-19}$$

F_s反映了涂抹扰动影响，按下式计算

$$F_s = \left(\frac{K_h}{K_s}-1\right)\ln S \tag{4-20}$$

$$S = d_s/d_w \tag{4-21}$$

式中K_h、K_s分别为原状土和涂抹区土的渗透系数；d_w为竖井直径；d_s为涂抹区直径，它和土的灵敏度有关，对中等灵敏的黏土，可取$d_s=2d_0$（d_0为成孔直径）。对高灵敏黏土，涂抹区范围则更大。Jamikowski（1981）曾建议取$d_s=(2.5\sim3.0)d_0$。

F_r反映井阻影响，由下式计算：

$$F_r = \pi z(2L-z)\frac{K_h}{q_w} \tag{4-22}$$

$$q_w = K_w A_w = K_w \cdot \pi d_w^2/4 \tag{4-23}$$

式中L为排水井贯穿受压土层之最大竖向排水距离。K_w为竖井渗透系数。q_w反映竖井纵向通水量的大小。由式（4-22）可见，随深度增加，井阻参数F_r随之增大，平均固结度随深度减小。Hansbo公式计算的是某一深度的平均固结度，因而可很方便地用来计算该深度土体因固结而增长的强度。

谢康和（1993）导出了等应变条件下考虑井阻作用、涂抹作用（包括涂抹区渗透性和压缩性两方面影响）的竖井排水固结精确解。竖井地基任意时刻 t，深度 z 之固结度 U_{rz} 及整个土层之平均固结度 $\overline{U}_{rz}$ 为：

$$U_{rz}=1-\sum_{m=1}^{\infty}\frac{2}{M}\sin\frac{M}{H}z\,e^{-\beta_m t} \tag{4-24}$$

$$\overline{U}_{rz}=1-\sum_{m=1}^{\infty}\frac{2}{M^2}e^{-\beta_m t} \tag{4-25}$$

式中

$$\beta_m=\left[\frac{M^2C_v}{H^2}+\frac{8C_h}{(F_a+D)d_e^2}\right]\alpha_E;\quad D=\frac{8G(n^2-1)}{M^2n^2};$$

$$\alpha_E=\frac{n^2-S^2}{n^2-1}+\frac{S^2-1}{n^2-1}\cdot\frac{E'_s}{E_s};\quad M=\frac{2m-1}{2}\pi, m=1,2,3,\cdots$$

$$F_a=\left(\ln\frac{n}{S}+\frac{K_h}{K_s}\ln S-\frac{3}{4}\right)\frac{n^2}{n^2-1}+\frac{S^2}{n^2-1}\left(1-\frac{K_h}{K_s}\right)\left(1-\frac{S^2}{4n^2}\right)$$
$$+\frac{1}{n^2-1}\left(1-\frac{1}{4n^2}\right)\frac{K_h}{K_s}$$

$$G=\frac{K_h}{K_w}\left(\frac{H}{d_w}\right)^2,\text{井阻因子};\quad n=\frac{d_e}{d_w},\text{井径比};\quad S=\frac{d_s}{d_w}$$

H 为打穿竖井地基竖向排水距离；K_h、E_s 为地基原状土水平向渗透系数和压缩模量；K_s、E'_s 为涂抹区内土体的水平向渗透系数和压缩模量；d_s 为涂抹区直径；d_w 为排水井直径。

当不考虑涂抹区土体与原状土压缩性的差别（即认为 $E'_s=E_s$，$\alpha_E=1$），且略去竖向渗流的影响，式（4-25）即转化为：

$$\overline{U}_r=1-\sum_{m=1}^{\infty}\frac{2}{M^2}e^{-\beta_r t} \tag{4-26}$$

此即仅考虑径向渗流时，竖井地基平均固结度 $\overline{U}_r$ 的计算式。式中 $\beta_r=\dfrac{8C_h}{(F_a+D)\ d_e^2}$。

当不考虑井阻和涂抹作用时（即 $G=0$，$S=1$ 或 $\dfrac{K_h}{K_s}=1$），则上式与 Barron（1948）给出的理想井地基平均固结度计算式一致。

计算表明，在实用范围内与式（4-25）相对误差小于10%的竖井地基平均固结度近似计算式为：

$$\overline{U}_{rz}=1-\alpha e^{-\beta_{rz}t} \tag{4-27}$$

式中，$\alpha=\dfrac{8}{\pi^2}$；$\beta_{rz}=\beta_z+\beta_r$；$\beta_z=\dfrac{\pi^2C_v}{4H^2}$；$\beta_r=\dfrac{8C_h}{(F_n+N_w)\ d_e^2}$；$F_n=\dfrac{n^2}{n^2-1}\ln n-\dfrac{3n^2-1}{4n^2}\approx\ln n-\dfrac{3}{4}$；$N_w=F_s+F_r{}'=\left(\dfrac{K_h}{K_s}-1\right)\ln S+\pi\dfrac{K_h}{K_w}\left(\dfrac{H}{d_w}\right)^2$ 称为竖井的非理想数。

当实际工程中软土层较厚时，尚可略去竖向排水固结部分而仅计算地基的径向排水平均固结度 $\overline{U}_r$，即：

$$\overline{U}_r=1-e^{\frac{-8T_h}{F_n+N_w}} \tag{4-28}$$

式中 $T_h=\frac{C_h t}{d_e^2}$。以上土层平均固结度的公式可用于计算预压期间地基的固结沉降量。但在进行地基稳定性分析时，由于地基不同深度点的固结度和应力是不同的，因而因固结而增长的强度也不同，特别是浅层土的强度值对稳定分析尤为重要。此时，浅层土由于距地表排水垫层较近，其竖向排水引起的固结度不可忽略、且应计算不同深度的固结度。

3. 竖井未打穿受压土层之平均固结度的计算

从加速土层的固结来看，竖井如能打穿整个受压土层当然是很有利的，但如土层很厚，要打穿整个压缩土层实际上是有困难的，而且对有的工程也不一定需要。

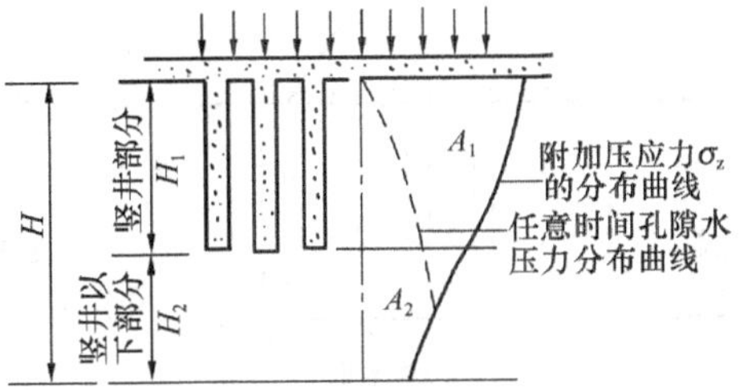

图 4-10 竖井未打穿受压土层的情况

当竖井未打穿整个压缩土层时，如图 4-10。整个压缩土层的平均固结度按下式计算：

$$\overline{U}=Q\overline{U}_{rz}+(1-Q)\overline{U}_z' \tag{4-29}$$

式中 $\overline{U}_{rz}$——竖井部分土层的平均固结度。按式（4-16）计算；

$\overline{U}_z'$——竖井以下部分土层的平均固结度，按单向固结理论计算（式 4-9）。

$$Q=\frac{A_1}{A_1+A_2} \tag{4-30}$$

式中 A_1——竖井部分土层起始孔隙水压力分布曲线所包围的面积（取附加应力 σ_z 分布曲线包围的面积）；

A_2——竖井以下土层起始孔隙水压力分布曲线包围的面积（取 σ_z 分布曲线包围的面积）。

如果像推导固结理论公式那样假设起始孔隙水压力不随深度而变化，则 Q 可简化为：

$$Q=\frac{H_1}{H_1+H_2} \tag{4-31}$$

式中 H_1——竖井部分土层厚度；

H_2——竖井以下压缩层范围内土层厚度。

对 $\overline{U}_{rz}$和 $\overline{U}_z'$两项的定义及计算方法国内外并非完全相同。在我国，$\overline{U}_{rz}$通常定义为竖井深度范围内土层的平均固结度，取竖井的长度作为竖向排水距离。$\overline{U}_z'$定义为竖井底面以下受压土层的平均固结度，取竖井底面为排水面，按单向固结理论计算。而 Hart 等人（1958）的文章，在计算 $\overline{U}_{rz}$和 $\overline{U}_z'$时竖向排水距离一律取用受压层的竖向排水距离 H。当 $0<Q<1$ 时，按我国常用方法计算的 $\overline{U}$ 比按 Hart 方法计算的大。显然，由于打设竖井，竖井底面以下土层的排水条件将得到改善，竖向排水距离将小于 H。因此，按 Hart 等人的方法计算结果是偏小的，而按我国习常采用的方法，计算结果则偏大。尤其不合理的是，当$(1-\sqrt{\beta_z/\beta_{rz}})<Q<1$，按国内法所得的未打穿竖井地基平均固结度将大于按式(4-27)算得的打穿竖井地基的平均固结度。根据以上情况，谢康和（1987）提出了一个改进法。其中 $\overline{U}_{rz}$的计算与 Hart 等人的方法相同，但计算 $\overline{U}'_z$ 时，取竖向排水距离为

$$H'=(1-aQ)H \tag{4-32}$$

式中　$a=1-\sqrt{\dfrac{\beta_z}{\beta_r+\beta_z}}$；$\beta_r=\dfrac{8C_h}{Fd_e^2}$；$\beta_z=\dfrac{\pi^2C_v}{4H^2}$；$F=F_n+F_s+F'_r$；如不考虑井阻和涂抹影响，则 $F=F_n$。改进法考虑了竖井底面以下土层的排水条件得到了改善，改善的程度取决于参数 β_r 和 β_z 的大小。当竖井排水能力很大（即 β_r 远大于 β_z），$a=1, H'=(1-Q)H$，竖井底面即为其下土层的排水面。反之，当 β_r 很小（如井阻、涂抹影响很大），则 $a=0$，$H'=H$，竖井以下土层的排水面为竖井顶面。一般，$0<a<1, (1-Q)H<H'<H$，竖井以下土层的排水面介于竖井底面与顶面之间。

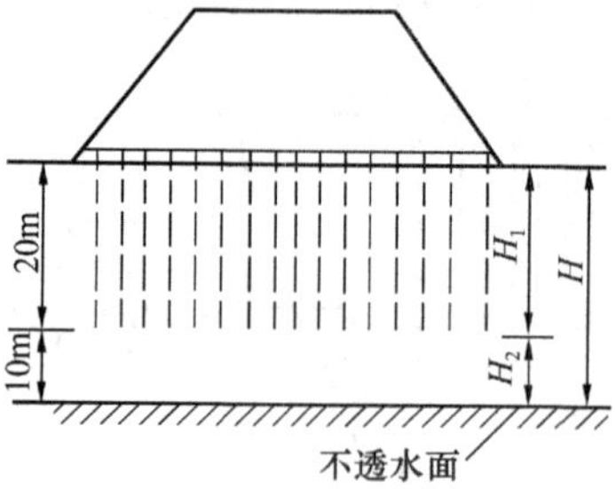

【算例 1】 某路堤下软黏土地基采用袋装砂井处理。受压土层厚 30m，土的固结系数

$$C_v=C_h=1.8\times10^{-3}\text{cm}^2/\text{s}$$

袋装砂井直径 $d_w=7$cm，砂井间距 $l=1.4$m，砂井深度 $H_1=20$m，砂井平面布置：等边三角形排列。

求：瞬时加荷后 $t=120$ 天时受压土层的平均固结度（不考虑井阻和涂抹影响）

计算：砂井未打穿受压土层地基平均固结度的计算式为：

$$\overline{U}_t=Q\overline{U}_{rz}+(1-Q)\overline{U}'_z$$

先计算砂井范围土层的平均固结度：$\overline{U}_{rz}=1-(1-\overline{U}_r)(1-\overline{U}_z)$

$$d_e=1.05l=1.05\times1.4=1.47\text{m}$$

$$n=\frac{d_e}{d_w}=\frac{147}{7}=21$$

$$T_h=\frac{C_ht}{d_e^2}=\frac{1.8\times10^{-3}\times120\times24\times60\times60}{147^2}=0.86$$

$$F_n=\frac{n^2}{n^2-1}\ln(n)-\frac{3n^2-1}{4n^2}=\frac{21^2}{21^2-1}\ln21-\frac{3\times21^2-1}{4\times21^2}=2.3$$

$$T_v=\frac{C_v}{H^2}t=\frac{1.8\times10^{-3}\times120\times24\times60\times60}{3000^2}=0.0021$$

$$\overline{U}_r=1-e^{-\frac{8}{F_n}T_h}=1-e^{-\frac{8}{2.3}\times0.86}=0.95$$

$$\overline{U}_z=1-\frac{8}{\pi^2}e^{-\frac{\pi^2}{4}T_v}=1-\frac{8}{3.14^2}e^{-\frac{3.14^2}{4}\times0.0021}=0.19$$

$$\therefore\quad \overline{U}_{rz}=1-(1-0.95)(1-0.19)=0.96$$

砂井以下土层的平均固结度计算：

排水距离　$H'=(1-aQ)H, Q=\dfrac{H_1}{H_1+H_2}=\dfrac{20}{30}=0.67$

$$\beta_r=\frac{8C_h}{F_nd_e^2}=\frac{8\times1.8\times10^{-3}}{2.3\times147^2}=2.90\times10^{-7}\,1/\text{s};$$

$$\beta_z=\frac{\pi^2 C_v}{4H^2}=\frac{3.14^2\times 1.8\times 10^{-3}}{4\times 3000^2}=4.93\times 10^{-10}\ 1/s$$

$$a=1-\sqrt{\beta_z/(\beta_r+\beta_z)}=0.96;H'=(1-0.96\times 0.67)\times 30=10.7m$$

$$T_v=\frac{C_h t}{H'^2}=\frac{1.8\times 10^{-3}\times 120\times 24\times 60\times 60}{1070^2}=0.016;$$

$$\overline{U}'_z=1-\frac{8}{\pi^2}e^{-\frac{\pi^2}{4}T_v}=1-\frac{8}{3.14^2}e^{-\frac{3.14^2}{4}\times 0.016}=0.22$$

$$\therefore\quad \overline{U}_t=Q\overline{U}_{rz}+(1-Q)\overline{U}'_z=0.67\times 0.96+(1-0.67)\times 0.22=0.72$$

4. 固结度理论公式的应用

(1) 固结度的一个普遍表达式

综观上述不同排水条件平均固结度的计算公式，可看出它们在形式上有共同之处，可用以下一个普遍表达式概括起来（曾国熙，1959）：

$$\overline{U}=1-\alpha e^{-\beta t} \tag{4-33}$$

参数 α、β 视不同排水条件而异，汇总于表 4-5 中

参数 α、β 表 4-5

序号	条件		平均固结度计算公式	α	β	备注
1	普遍表达式		$\overline{U}=1-\alpha e^{-\beta t}$			曾国熙
2	竖向排水固结 ($\overline{U}_z>30\%$)		$\overline{U}_z=1-\frac{8}{\pi^2}e^{-\frac{\pi^2 C_v}{4H^2}t}$	$\frac{8}{\pi^2}$	$\frac{\pi^2 C_v}{4H^2}$	Terzaghi 解
3	向内径向排水固结	理想井	$\overline{U}_r=1-e^{-\frac{8C_h}{F_n d_e^2}t}$	1	$\frac{8C_h}{F_n d_e^2}$	Barron 解
		非理想井	$\overline{U}_r=1-e^{-\frac{8C_h}{F d_e^2}t}$	1	$\frac{8C_h}{F d_e^2}$	谢康和解：$F=F_n+N_w=F_n+F_s+F'_r$
4	竖井地基固结	理想井	$\overline{U}_{rz}=1-(1-\overline{U}_r)(1-\overline{U}_z)$ $=1-\frac{8}{\pi^2}e^{-\left(\frac{8C_h}{F_n d_e^2}+\frac{\pi^2 C_v}{4H^2}\right)t}$	$\frac{8}{\pi^2}$	$\frac{8C_h}{F_n d_e^2}+\frac{\pi^2 C_v}{4H^2}$	
		非理想井	$\overline{U}_{rz}=1-\frac{8}{\pi^2}e^{-\left(\frac{8C_h}{F d_e^2}+\frac{\pi^2 C_v}{4H^2}\right)t}$	$\frac{8}{\pi^2}$	$\frac{8C_h}{F d_e^2}+\frac{\pi^2 C_v}{4H^2}$	$F=F_n+N_w=F_n+F_s+F'_r$ 谢康和解

普遍表达式（4-33）在实际应用上有显著的优越性，主要有以下各方面：

(a) 用以导出考虑逐渐加荷条件下固结度的计算公式；

(b) 用以配合现场实测沉降-时间曲线，推算最终沉降、瞬时沉降及参数 β 值（由此可得土的固结系数）；

(c) 配合现场实测孔隙水压力-时间曲线，推算 β 值及固结系数；

(d) 配合室内试样三轴向外径向排水固结试验，求得水平向固结系数 C_h。

(2) 竖井的井阻作用

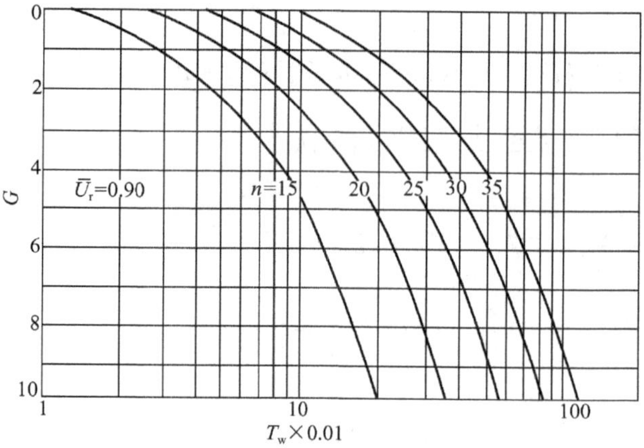

图 4-11　G-T_w 关系曲线 ($\overline{U}_r=0.90$)

由公式 (4-25) 可看出，竖井的井阻大小反映在井阻因子 G 上。分析表明，当 $G>0.07$，考虑和不考虑井阻作用得到的平均径向固结度相差 10%以上。另一方面，因 G 的大小取决于竖井的长度及比值 $\frac{k_h}{q_w}$ 的大小，因此竖井长度一旦确定，土的渗透系数 k_h 一定，则井阻大小就取决于竖井的通水量 q_w，而通水量则与排水井的渗透性及过水断面有关。图 4-11 为不考虑涂抹影响时，竖井地基平均固结度达 $\overline{U}_r=0.90$ 时，井阻因子 G，时间因子 $T_w\left(T_w=\frac{C_h t}{d_w^2}\right)$ 与井径比 n 之理论关系曲线。由该理论曲线可得图 4-12的关系曲线，其中 T_w $(G>0)$ 为考虑井阻影响的时间因子，T_w $(G=0)$ 为理想井条件之时间因子。可见考虑井阻影响，径向排水固结速率不仅与 C_h 及 d_e 有关，而且与比值 q_w/K_h 和井长有关，由图可清楚地看出，当排水井很长（如 $l=20$m），而 q_w/K_h 小于 500m² 时，达到 $\overline{U}_r=0.90$ 固结度所需的时间比理想井条件要增加很多，并且井阻对固结速率的影响随排水井长度增加而增大，如图4-13所示。

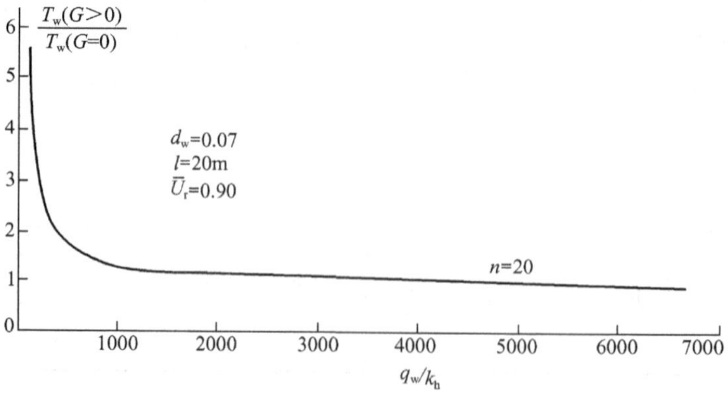

图 4-12　通水量大小对固结速率的影响

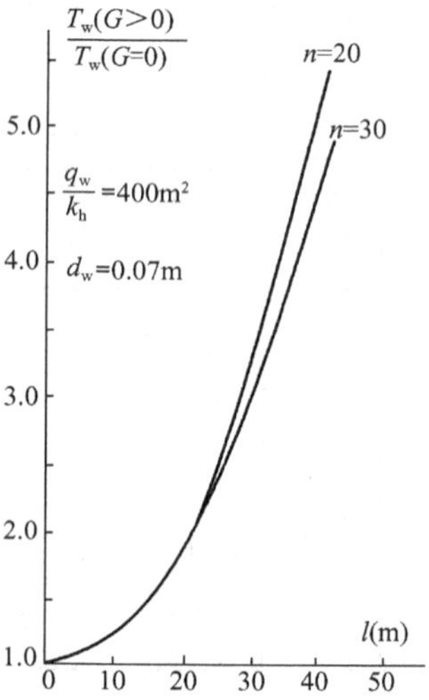

图 4-13　井阻影响随排水井长度增加而增大

在实际工程中，为了保证塑料排水带的排水功能，又尽可能地降低造价，塑料排水带的选择就成为设计人员的一项重要工作。根据竖井地基径向排水平均固结度理论公式（式 4-28），如以竖井地基径向固结度达到 $\overline{U}_r=0.9$ 为标准，则可求得不同竖井深度 L，不同

井径比 n 和不同 q_w/k_h（q_w 为通水量，k_h 为未扰动土水平向渗透系数）比值时，考虑井阻影响（不考虑涂抹作用）和理想井条件（不考虑井阻和涂抹作用）固结时间因子 $T_{h90(r)}$ 和 $T_{h90(i)}$。比值 $T_{h90(r)}/T_{h90(i)}$ 与 q_w/k_h 的关系曲线见图 4-14。由图 4-14 可知，对不同深度的竖井地基，如以 $T_{h90(r)}/T_{h90(i)}\leqslant 1.1$ 作为可不考虑井阻影响的标准，则可得到相应的 q_w/k_h 值，因而可得到竖井所需要的通水量 q_w 理论值，即竖井在实际工作状态下应具有的纵向通水量值，对塑料排水带来说，它不同于实验室按一定标准测定的通水量值，同样是实验室测定，试验条件不同，结果也会有差别。如排水带外包乳胶膜测定的通水量和排水带在土样中测定的结果就不相同，根据 Jun-chun chai 等（1999 年）的试验结果，黏土样中的排水带一星期（短期）的纵向通水量仅为外包乳胶膜排水带通水量的 20%左右。按工程上常用的外包乳胶膜测定的产品通水量应比排水带在实际工作状态下的通水量要高得多。如何选用产品的通水量是一个很复杂的问题，排水带室内试验条件与现场条件的差别（如水力梯度不同等）、排水带的深度、施工对土体的扰动影响、塑料排水带的变形以及工期要求等，这些因素都会影响对产品通水量的选择。此外，在预压过程中土层的固结速率也是不同的，预压初期固结较快，需要通过塑料排水带排出的水量较大。

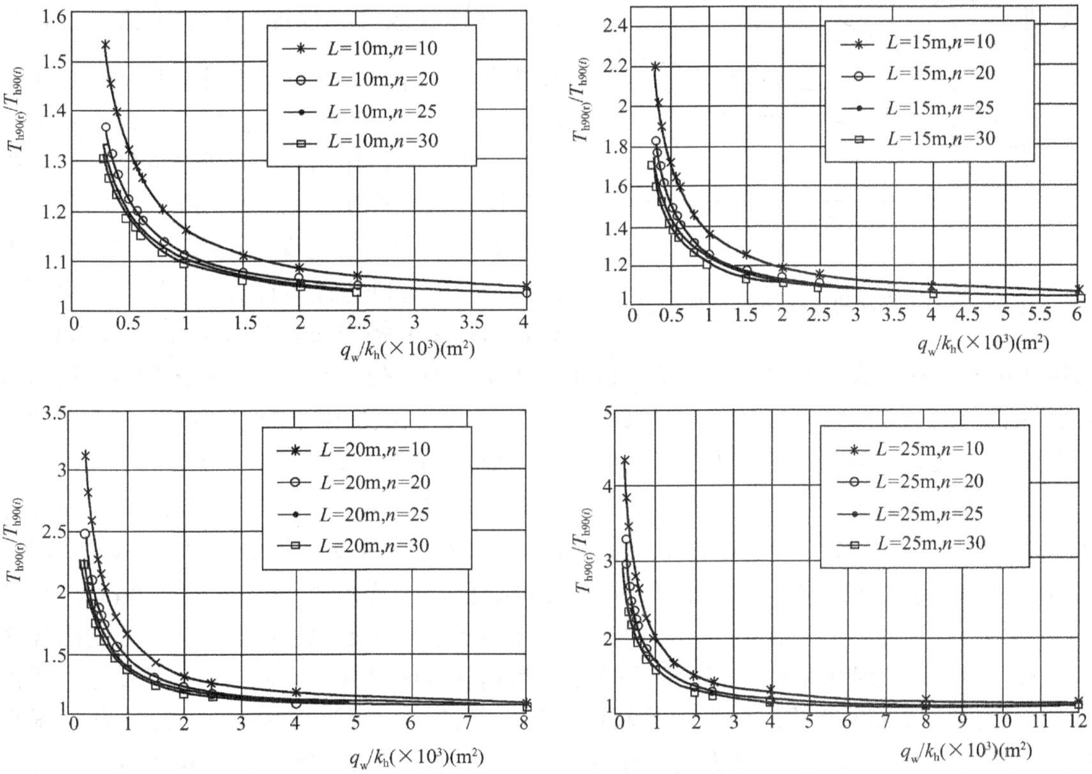

图 4-14 井阻对土层固结速率的影响

T. Akagi（1994 年）提出实际通水量 $q'_w=\dfrac{1}{F_s}q_w$，式中：q_w 为排水带产品通水量；F_s 为折减系数。考虑各种影响因素，F_s 值约为 1.5～9。Mesri 等（1993 年）通过四座堤坝的反分析，塑料排水带在原位条件的通水量为初始值的 1/10～1/3。中国土工合成材料工程协会的塑料排水板设计规程中建议采用 $F_s=4$～6。

对于袋装砂井，其直径工程上通常采用7cm，如原状土的渗透系数$k_h=2.1\times10^{-7}$cm/s，若以$\frac{q_w}{k_h}=500m^2$作为设计要求达到的标准，则要求砂料渗透系数应达到$k_w=2.7\times10^{-2}$ cm/s，若砂料渗透系数$k_w=1\times10^{-2}$cm/s，则$q_w/k_h=181m^2$，则井阻增大，达到$\overline{U}_r=0.9$的时间加长，为了减少井阻影响，可加大袋装砂井直径，如选用$d_w=12$cm，则可满足$\frac{q_w}{k_h}=500m^2$的要求。

（3）涂抹影响

当采用端部封闭的套管以挤土方式打设竖井时，井壁土受到涂抹，井周土受到扰动，由此在井周形成环柱状涂抹区。该区内土渗透性减低，压缩性增大，从而影响地基固结。土的扰动程度取决于套管大小和形状、土的微观结构及施工程序等。

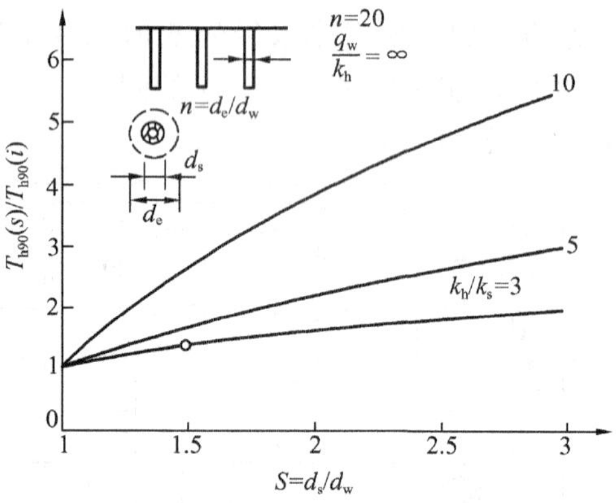

图4-15 涂抹扰动对固结速率的影响

（A）涂抹区渗透性减低对固结的影响

由式（4-20）可知，涂抹区土渗透性减低对竖井地基固结的影响由参数$F_s=\left(\frac{k_h}{k_s}-1\right)\ln S$表征，也即取决于涂抹区直径与竖井直径之比$S$及原状土与涂抹区土渗透系数之比$k_h/k_s$。$S$和$K_h/K_s$愈大，$F_s$愈大，地基固结愈慢。涂抹作用对竖井地基固结时间的影响见图4-15。图中T_{h90}（S）和T_{h90}（i）分别为竖井地基径向平均固结度$\overline{U}_r=0.90$时，考虑涂抹影响和理想井条件之时间因子。由图可见，涂抹影响将增加达到该固结度的时间，其影响程度与涂抹区大小及原状土与涂抹区土渗透系数的比值大小有关。具体计算时可假定涂抹区直径为竖井成孔直径的2～3倍即$d_s=(2\sim3)d_m$。涂抹区土的渗透系数k_s介于原状土与重塑土之间，可采用重塑土的试验结果，由此得到的计算值偏于保守方面。

涂抹影响取决于涂抹区直径与竖井直径之比s及未扰动土水平向渗透系数k_h与涂抹区土水平向渗透系数k_s之比k_h/k_s的大小。s和k_h/k_s越大，土层固结速率越缓慢。B. Indraratna等（1998年）应用大尺寸三轴固结仪，土样尺寸为，直径450mm，高度950mm，土样中心砂井直径50mm，通过在砂井周围取样测定渗透系数变化以确定涂抹区大小和性质。试验结果表明，靠近砂井水平向渗透系数明显减小，而竖向渗透系数几乎没有什么变化。涂抹区半径预计为砂井制作套管半径的4～5倍。Hansbo（1987年）根据Holtz和Holm（1973年）的研究，建议取$s=2$，他于1997年的报告中取1.5～3.0。Akagi（1976年）提出涂抹区直径为2倍套管当量直径。Jamiolkowski等（1981年）提出涂抹区直径$d_s=(2.5\sim3.0)d_m$（d_m为套管当量直径）。

另一影响固结速率的参数为比值k_h/k_s，不少学者对该比值提出了研究结果。Jamiolkowski等（1985年）根据某试验堤沉降资料，提出k_h/k_s比值范围为1.5～2.0。Bergado等（1991年）根据实验研究提出k_h/k_s比值为1.5～2.0，取平均值1.7。Hansbo（1997年）对瑞典Ska-Eda堤取$s=2$，$k_h/k_s=4$对意大利Porto Tolle场地取$s=2$，k_h/k_s

=2。Indraratna 和 Redana（1997 年）报告 k_h/k_s 比值高达 2～3 个数量级。

从以上研究结果来看，涂抹区大小和渗透系数的确定是很困难的，因为土的扰动程度取决于多种因素如土的初始状态、黏性土的灵敏度、地下水压力、施工所用套管形状、大小和设置方式等，而且涂抹区内土的扰动程度也不同，Onoue 等（1991 年）根据量测的孔隙比资料建议分两个扰动区（区Ⅱ和区Ⅲ）区Ⅱ为部分重塑区，竖井设置引起该区孔隙比减小因而导致渗透性降低，区Ⅲ为完全重塑区。Bo Myint Win 等（1998 年）在现场进行了竖井套管贯入前后不同标高土的渗透试验（渗透仪直径 30mm，长度 40mm）结果表明，距贯入点 300mm 处，渗透系数减小显著，距贯入点 500mm 处稍有减小，而在 1000mm 处没有减小，由此得到 s=2.5～4.2。在贯入点处黏土的渗透系数减小到接近于重塑土的渗透系数。根据该场地取土在室内做固结试验得到的渗透系数比（k_h/k_s）达 9.0。根据作者应用平均 C_v 值 $1m^2/a$ 和 C_h 值 $2m^2/a$，涂抹区比（s）2.5 以及渗透系数比（k_h/k_s）4.0，所预计的固结度-时间曲线与现场实测曲线拟合得较好。

涂抹作用对竖井地基固结速率影响比较大，从现场距套管贯入点不同距离的原位渗透性试验和取土做室内渗透试验是研究该问题的基本方法，此外，尚可根据现场固结度-时间曲线进行反分析取得涂抹区参数。

(B) 涂抹区土压缩性增大对固结的影响

根据前述解，涂抹区土压缩性增大对地基固结速率的影响由参数 $\alpha_E=\dfrac{n^2-S^2}{n^2-1}+\dfrac{S^2-1}{n^2-1}\cdot\dfrac{E'_s}{E_s}$ 表征，其结果是使竖井地基固结速率变为原来的 α_E 倍。一般，$E'_s<E_s$。α_E 的变化范围为 $\dfrac{n^2-S^2}{n^2-1}<\alpha_E<1$。若按袋装砂井或塑料排水带的一般情况（$n\approx15$，$S\approx3$）计算，有 $0.96<\alpha_E<1$，故涂抹区压缩性增大至多使竖井地基固结速率降为原来的 96%。这与涂抹区土渗透性降低对固结速率的影响相比，可以略去不计。

(4) 由设计曲线确定塑料排水带的间距

塑料排水带在工程上的应用越来越广泛，在塑料排水带的型式、尺寸选好以后，设计的主要任务是确定排水带的设置深度、间距和排列。排水带的深度取决于所需要处理的深度以及土层在剖面上的分布，而间距和排列则是根据一定工期内地基所应达到的平均固结度来确定的。三角形排列比之正方形排列在工程上较常采用。排水带的间距往往要通过多次试算才能确定，造成诸多不便。为了设计时能一次选定间距，Albert J. Yeung（1997）提出了一种以塑料排水带当量井径作为独立变量通过设计曲线来得到井距的方法。该方法考虑了排水带施工所造成的涂抹作用而忽略井阻影响。因为当通水量大于 $100m^3/Y$ 时，井阻对固结速率的影响可以忽略（Hansbo，1993），而大部分塑料排水带在正常运作条件下，其通水量都大于 $100m^3/Y$。

径向排水平均固结度 U_r 由下式计算：

$$U_r=1-e^{-\frac{8T_r}{\alpha}} \tag{4-34}$$

和

$$\alpha=\frac{n^2}{n^2-S^2}\ln\left(\frac{n}{S}\right)-\frac{3n^2-S^2}{4n^2}+\frac{k_h}{k_s}\left(\frac{n^2-S^2}{n^2}\right)\ln S \tag{4-35}$$

其中，α 为反映塑料排水带几何尺寸和井周涂抹影响的综合参数；$n=d_e/d_w$，d_w 为塑料排水带当量直径，可取 $2(a+b)/\pi$，其中 a 和 b 分别为排水带的宽度和厚度。$S=d_s/d_w$，d_s 为涂抹区直径。

将式（4-34）作如下整理，可得到以 d_w 为独立变量的表达式

$$U_r=1-e^{\left(-\frac{8C_h t}{d_w^2}\frac{d_w^2}{d_e^2\alpha}\right)}=1-e^{\left(-\frac{8T'_r}{\alpha'}\right)} \tag{4-36}$$

$$\alpha'=n^2\alpha=\frac{n^4}{n^2-S^2}\ln\left(\frac{n}{S}\right)-\frac{3n^2-S^2}{4}+\frac{k_h}{k_s}(n^2-S^2)\ln S \tag{4-37}$$

其中 $T'_r=C_h t/d_w^2$

由式（4-36）可得

$$T'_r=-\frac{\alpha'}{8}\ln(1-U_r) \tag{4-38}$$

从式（4-38）可见，对任何给定的固结度 U_r，T'_r 与 α' 成正比。

对任何给定的 α'，选择径向排水过程任意两个不同阶段 a 和 b 的径向排水无因次时间因数 $(T'_r)_a$ 和 $(T'_r)_b$，有

$$\frac{(T'_r)_a}{(T'_r)_b}=\frac{\ln[1-(U_r)_a]}{\ln[1-(U_r)_b]} \tag{3-39}$$

由式（4-39）可见，两个径向排水无因次时间因数仅仅是 $(U_r)_a$ 和 $(U_r)_b$ 的函数而与 α' 无关。这样，对不同 α' 值，平均固结度 U_r 和对数时间因数 T'_r 的关系曲线是互相平行的如图 4-16 所示。随着 α' 值的增大，曲线往右移，表明达到同样的径向平均固结度需要更多的时间。因此，这一系列的平行曲线可以用 α' 来归一化成惟一一条曲线，如图 4-17 所示。其中 $(T'_r)_1$ 为 $\alpha'=1$ 时之 T'_r 的值或者是不同平均固结度时之 T'_r/α' 值。由于 U_r 与

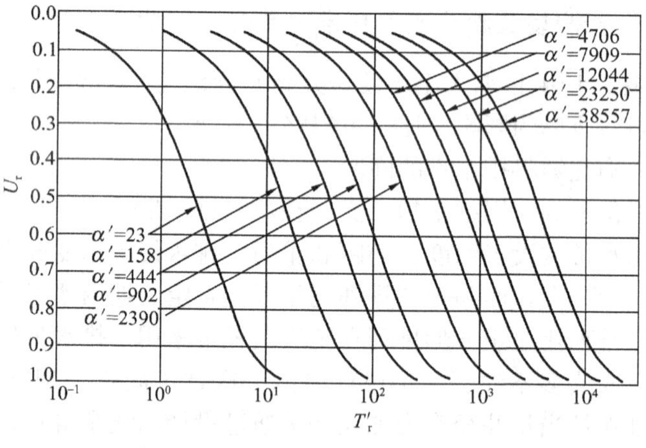

图 4-16　平均固结度 U_r 与时间因子 T'_r 的关系

$(T'_r)_1$ 的关系是惟一的，一旦径向平均固结度已知，则 $(T'_r)_1$ 的值可惟一地由图 4-17 的曲线得到或由下式计算确立：

$$(T'_r)_1=\frac{-\ln(1-U_r)}{8} \tag{4-40}$$

由式（4-38）可知，对任何给定的 U_r 值，T'_r 与 α' 成线性关系。由 T'_r 与 $(T'_r)_1$ 的比值可得到 α'。一旦 α' 已知则根据涂抹区直径和渗透系数大小由式（4-37）解得井径比 n 值，由此，在排水带当量换算直径 d_w 已知的情况下，可以得到竖井影响区直径 d_e，因而可根据

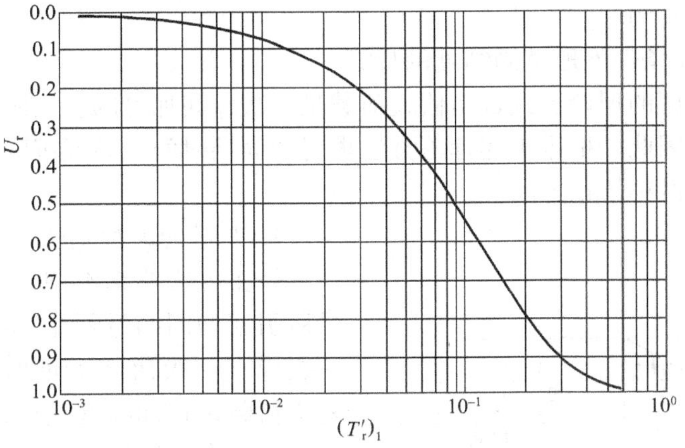

图 4-17 平均固结度 U_r 与归一化时间因子（T'_r）$_1$ 的关系

排水带的平面布置形式得到井距 d。

最后作者对塑料排水带排水的设计步骤归纳如下：

(a) 完成详细的地基勘探和室内土工试验，以确定原位土层的排水条件，取得压缩土层相关的岩土性质指标；

(b) 确定所要求达到的平均固结度 U 和固结历时 t；

(c) 确定该固结历时之竖向排水平均固结度 U_v；

(d) 计算该固结历时之径向排水平均固结度 $U_r = (U-U_v)/(1-U_v)$；

(e) 选择合适的塑料排水带，并计算当量井径 $d_w=2(a+b)/\pi$；

(f) 对于所要求达到的径向平均固结度 U_r 由式（4-40）或图 4-17 曲线确定（T'_r）$_1$；

(g) 计算 $T'_r=C_h t/d_w^2$；

(h) 计算 $\alpha' = T'_r/(T'_r)_1$；

(i) 根据套管截面形状、大小、施工方法以及土的性质来预计涂抹区直径 d_s 和渗透系数 k_s；

(j) 应用公式（4-37）由 α'确定 n 值；

(k) 确定竖井影响区直径 $d_e=nd_w$；

(l) 选择竖井的平面布置并计算井距 d，对三角形布置 $d=d_e/1.05$，正方形布置 $d=d_e/1.128$。

以上提出的设计曲线和设计步骤，可避免多次重复试算的麻烦和内插带来的误差，因而使塑料排水带排水设计更有效更精确。

(5) 排水垫层

排水垫层应具有良好的透水性和足够厚度，以使排水畅通。Jun-chun chai 等（1999）对砂垫层的影响做了研究，砂垫层的渗透系数假定从 10^{-6}m/s 到 10^{-4}m/s 变化来探讨它对改良土性质的影响。结果表明，当砂垫层的渗透系数小于 10^{-4}m/s 时，它将影响到改良土的性质。砂垫层渗透系数达到 10^{-4}m/s，足以发挥其自由排水通道的功能。

为了发挥砂垫层自由排水的功能，其渗透系数不宜小于 10^{-4}m/s，厚度不宜小于 0.5m，材料选用中粗砂或级配良好的砂砾石。当排水量大和水流渗径长时，需增加垫层厚度，某些情况下需在垫层内设置排水盲沟或排水管道，以减小水头损失，在坡脚处设置纵向排水沟或集水管沟。

（二）逐渐加荷条件下地基固结度的计算

以上计算固结度的理论公式都是假设荷载是一次瞬间加足的。实际工程中，荷载总是分级逐渐施加的，因此，根据上述理论方法求得的固结时间关系或沉降时间关系都必须加以修正。下面介绍两种修正方法。

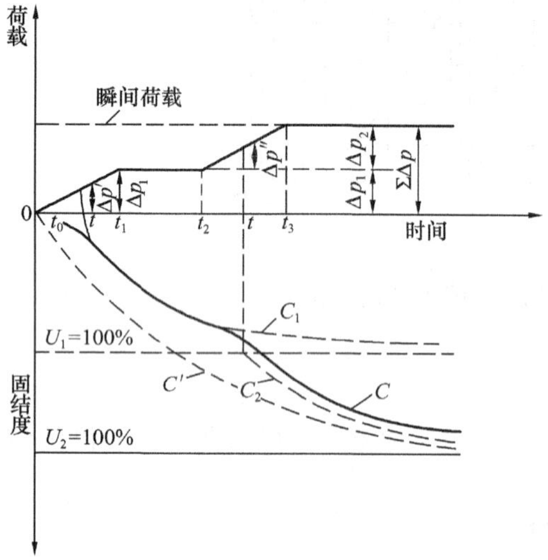

图 4-18 两级等速加荷固结度修正法示意图

1. 改进的太沙基法

修正方法的基本假定是：每一级荷载增量所引起的固结过程是单独地进行的，和上一级或下一级荷载增量所引起的固结无关；每级荷载是在加荷起讫时间的中点一次瞬时加足的；在每级荷载 Δp_n 加荷起讫时间 t_{n-1} 和 t_n 以内任意时间 t 时的固结状态与 t 时相应的荷载增量（如图 4-18 中的 $\Delta p''$）瞬间作用下经过时间$\frac{t-t_{n-1}}{2}$的固结状态相同，时间 t 大于 t_n 时的固结状态与荷载 Δp_n 在加荷期间（t_n-t_{n-1}）的中点瞬间施加的情况一样；某一时间 t 时总平均固结度等于该时各级荷载作用下固结度的叠加。

对于两级等速加荷的情况，如图 4-18 所示，每级荷载单独作用所产生的固结度与时间关系曲线为 C_1，C_2，根据上述假定按下式可计算出修正后的总固结度与时间的关系曲线 C。

当
$$\left.\begin{aligned} t_0<t<t_1 \quad \overline{U}'_t=\overline{U}_{rz\left(t-\frac{t+t_0}{2}\right)}\frac{\Delta p'}{\Sigma\Delta p} \\ t_1<t<t_2 \quad \overline{U}'_t=\overline{U}_{rz\left(t-\frac{t_1+t_0}{2}\right)}\frac{\Delta p_1}{\Sigma\Delta p} \end{aligned}\right\} \tag{4-41a}$$

$$\left.\begin{aligned} t_2<t<t_3 \quad \overline{U}'_t=\overline{U}_{rz\left(t-\frac{t_1+t_0}{2}\right)}\frac{\Delta p_1}{\Sigma\Delta p}+\overline{U}_{rz\left(t-\frac{t+t_2}{2}\right)}\frac{\Delta p''}{\Sigma\Delta p} \\ t_3<t \quad \overline{U}'_t=\overline{U}_{tz\left(t-\frac{t_1+t_0}{2}\right)}\frac{\Delta p_1}{\Sigma\Delta p}+\overline{U}_{rz\left(t-\frac{t_2+t_3}{2}\right)}\frac{\Delta p_2}{\Sigma\Delta p} \end{aligned}\right\} \tag{4-41b}$$

多级等速加荷可以依此类推，并归纳为以下通式：

$$\overline{U}'_t=\sum_{1}^{n}\overline{U}_{rz\left(t-\frac{t_n+t_{n-1}}{2}\right)}\frac{\Delta p_n}{\Sigma\Delta p} \tag{4-41c}$$

式中 $\overline{U}'_t$——多级等速加荷，t 时刻修正后的平均固结度；

$\overline{U}_{rz}$——瞬间加荷条件的平均固结度；

t_{n-1}，t_n——分别为每级等速加荷的起点和终点时间（从时间 0 点起算），当计算某一级荷载加荷期间 t 时刻的固结度时，则 t_n 改为 t；

Δp_n——第 n 级荷载增量，如计算加荷过程中某一时刻 t 的固结度时，则用该时刻相对应的荷载增量。

2. 改进的高木俊介法

日本高木俊介（1955）提出，对于任意变速加荷情况，如图 4-19，设 $\dot{q}_\tau$ 为任意时刻 τ 时的加荷速率，$\dot{q}_\tau d\tau$ 即为时间间隔 $d\tau$ 内的荷载增量 dp，t 时刻的固结度为 t 时以前各荷载增量 dp 对 t 时固结度之和除以 t 时的荷载 p（p 就是 t 时刻以前各荷载增量之和），即

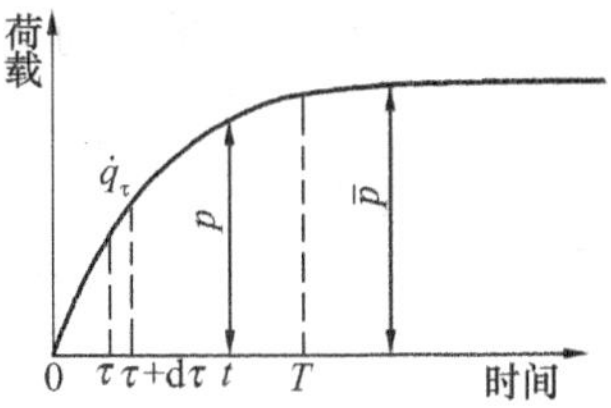

图 4-19 荷载-时间曲线

当 $0<t<T$ 时，对 p 而言的固结度为

$$\overline{U}_t' = \frac{1}{p}\int_0^t \overline{U}_{(t-\tau)}\dot{q}_\tau d\tau \tag{4-42}$$

当 $t>T$ 时，对 $\overline{p}$ 而言的固结度为

$$\overline{U}'_t = \frac{1}{\overline{p}}\int_0^T \overline{U}_{(t-\tau)}\dot{q}_\tau d\tau \tag{4-43}$$

式中 $\overline{U}_{(t-\tau)}$——瞬间加荷固结度理论解；

T——加荷终点时间。

以上两式实质上就是对一次瞬间加荷的固结度理论解作了变速加荷的修正。高木俊介的公式仅考虑砂井的径向排水固结，忽略了竖向排水固结。$\overline{U}_{(t-\tau)}$ 系引用 Barron 的“等应变”理论解 $\overline{U}_r$。曾国熙（1975）对高木俊介方法作了改进，考虑了竖向排水固结度 $\overline{U}_z$，把 $\overline{U}_r$ 和 $\overline{U}_z$ 两者联合起来得出 $\overline{U}_{rz}$，并且固结度理论解用以下的普遍式来表示

$$\overline{U} = 1-\alpha e^{-\beta t} \tag{4-44}$$

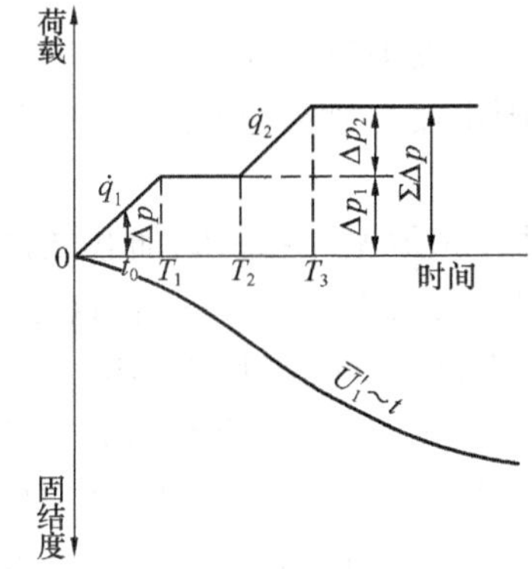

图 4-20 两级等速加荷情况下固结度修正法示意图

改进的高木俊介法对于仅竖向排水固结或竖向排水与径向排水联合作用的固结都可适用。对于不同的排水条件都可用以上普遍式表达，所不同的在于 α 与 β 两个参数。把式（4-42）和式（4-43）中的 $\overline{U}_{(t-\tau)}$ 用普遍式（4-44）代替，然后进行积分即可求得变速加荷条件下的固结度计算式。

兹以图 4-20 两级等速加荷为例，图中 $\dot{q}_1$ 和 $\dot{q}_2$ 分别为两级等速加荷的速率，都是常数，根据式（4-42）和（4-43）可得：

当 $0<t<T_1$ 时，对 Δp 而言的固结度

$$\overline{U}'_t = \frac{1}{t}\left[t-\frac{\alpha}{\beta}(1-e^{-\beta t})\right] \tag{4-45}$$

对 Δp_1 而言的固结度

$$\overline{U}_t' = \frac{1}{T_1}\left[t-\frac{\alpha}{\beta}(1-e^{-\beta t})\right] \tag{4-46}$$

对 $\sum\Delta p$ 而言的固结度

$$\overline{U}'_t = \frac{\Delta p_1}{T_1\sum\Delta p}\left[t-\frac{\alpha}{\beta}(1-e^{-\beta t})\right] \tag{4-47}$$

当 $T_1<t<T_2$ 时，对 Δp_1 而言的固结度

$$\overline{U}'_t = 1+\frac{\alpha}{\beta T_1}\left[e^{-\beta t}-e^{-\beta(t-T_1)}\right] \tag{4-48}$$

对 $\sum\Delta p$ 而言的固结度

$$\overline{U}'_t = \frac{\Delta p_1}{\sum\Delta p}\left\{1+\frac{\alpha}{\beta T_1}\left[e^{-\beta t}-e^{-\beta(t-T_1)}\right]\right\} \tag{4-49}$$

当 $T_2<t<T_3$ 时，对$\sum\Delta p$ 而言的固结度

$$\overline{U}'_{\mathrm{t}}=\frac{\dot{q}_1}{\sum\Delta p}\left\{T_1+\frac{\alpha}{\beta}\left[\mathrm{e}^{-\beta t}-\mathrm{e}^{-\beta(t-T_1)}\right]\right\}$$

$$+\frac{\dot{q}_2}{\sum\Delta p}\left\{(t-T_2)-\frac{\alpha}{\beta}\left[1-\mathrm{e}^{-\beta(t-T_2)}\right]\right\} \tag{4-50}$$

当 $t>T_3$ 时，对$\sum p$ 而言的固结度

$$\overline{U}'_{\mathrm{t}}=\frac{\dot{q}_1}{\sum\Delta p}\left\{T_1+\frac{\alpha}{\beta}\left[\mathrm{e}^{-\beta t}-\mathrm{e}^{-\beta(t-T_1)}\right]\right\}$$

$$+\frac{\dot{q}_2}{\sum\Delta p}\left\{(T_3-T_2)+\frac{\alpha}{\beta}\left[\mathrm{e}^{-\beta(t-T_2)}-\mathrm{e}^{-\beta(t-T_3)}\right]\right\} \tag{4-51}$$

多级等速加荷条件下对$\sum\Delta p$ 而言的固结度可依次类推并归纳为下式：

$$\overline{U}'_{\mathrm{t}}=\sum_{i=1}^{n}\frac{\dot{q}_i}{\sum\Delta p}\left[(T_{\mathrm{m}}-T_{\mathrm{m-1}})-\frac{\alpha}{\beta}\mathrm{e}^{-\beta t}\left(\mathrm{e}^{\beta T_{\mathrm{m}}}-\mathrm{e}^{\beta T_{\mathrm{m-1}}}\right)\right] \tag{4-52}$$

式中 $\overline{U}'_{\mathrm{t}}$——$t$ 时刻多级等速加荷修正后的地基平均固结度；

$\dot{q}_i$——第 i 级荷载的加载速率；

$\sum\Delta p$——各级荷载的累加值；

$T_{\mathrm{m-1}}$、T_{m}——分别为第 i 级荷载加载的起始和终止时间（从零点起算），当计算第 i 级荷载加载过程中某时间 t 的固结度时，T_{m} 改为 t；

α、β——参数。对于不同排水固结条件，其含义不同，根据表 4-5 选用。

上式是对总荷载$\sum\Delta p$ 而言的固结度，如求对其他荷载而言的固结度，则可参照式（4-45）和式（4-46）而改变。

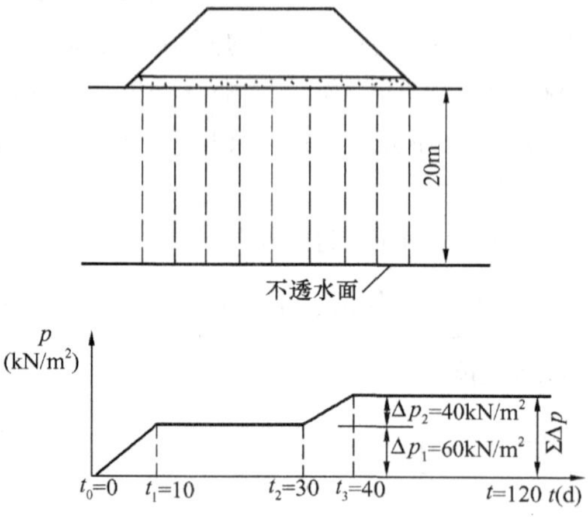

此法的特点是，无须先计算瞬间加载条件下的固结度，再根据逐渐加荷条件进行修正，而是两者合并计算出修正后的平均固结度。

对竖井未打穿受压土层之平均固结度，可按式（4-29）计算，式中之 $\overline{U}_{\mathrm{rz}}$ 及 $\overline{U}'_{\mathrm{z}}$ 项按式(4-52)计算，其中参数 α、β 根据竖井范围土层及竖井以下受压土层的排水条件按表4-5选用。

【算例 2】 一路堤软基采用袋装砂井处理，土层厚 20m，土的固结系数 $C_{\mathrm{h}}=C_{\mathrm{v}}=1.8\times10^{-3}\mathrm{cm}^2/\mathrm{s}$。砂料渗透系数 $k_{\mathrm{w}}=2\times10^{-2}\mathrm{cm/s}$，土层水平向渗透系数 $k_{\mathrm{h}}=1\times10^{-7}\mathrm{cm/s}$，涂抹区土的渗透系数 $k_{\mathrm{s}}=\frac{1}{5}k_{\mathrm{h}}=0.2\times10^{-7}\mathrm{cm/s}$，取 $S=2$。

袋装砂井直径 $d_{\mathrm{w}}=7\mathrm{cm}$，砂井间距 $l=1.4\mathrm{m}$，砂井深度 $H=20\mathrm{m}$。砂井平面为等边三角形排列。

路堤荷载为二级等速加载，如图示。

求 $t=120\mathrm{d}$ 时，土层之平均固结度（考虑井阻和涂抹影响）

计算：

袋装砂井纵向通水量 $q_w = k_w \times \pi d_w^2/4 = 2\times10^{-2}\times3.14\times7^2/4 = 0.769\text{cm}^3/\text{s}$

井径比 $n = d_e/d_w = 1.05\times1.4/0.07 = 21$

$$F_n = \ln(n) - \frac{3}{4} = \ln 21 - \frac{3}{4} = 2.29$$

$$F_r = \frac{\pi^2 H^2}{4}\frac{k_h}{q_w} = \frac{3.14^2\times2000^2}{4}\times\frac{1\times10^{-7}}{0.769} = 1.28$$

$$F_s = \left(\frac{k_h}{k_s}-1\right)\ln s = \left(\frac{1\times10^{-7}}{0.2\times10^{-7}}-1\right)\ln 2 = 2.77$$

$$F = F_n + F_r + F_s = 2.29 + 1.28 + 2.77 = 6.34$$

$$\alpha = \frac{8}{\pi^2} = 0.81$$

$$\beta = \frac{8C_h}{Fd_e^2} + \frac{\pi^2 C_v}{4H^2}$$

$$= \frac{8\times1.8\times10^{-3}}{6.34\times147^2} + \frac{3.14^2\times1.8\times10^{-3}}{4\times2000^2}$$

$$= 1.06\times10^{-7}(1/\text{s}) = 0.0092(1/\text{d})$$

$$\dot{q}_1 = \frac{60}{10} = 6\text{kN/m}^2/\text{d}$$

$$\dot{q}_2 = \frac{40}{(40-30)} = 4\text{kN/m}^2/\text{d}$$

$$\overline{U}_t = \frac{\dot{q}_1}{\sum\Delta P}\left[(t_1-t_0)-\frac{\alpha}{\beta}e^{-\beta t}(e^{\beta t_1}-e^{\beta t_0})\right]+\frac{\dot{q}_2}{\sum\Delta p}\left[(t_3-t_2)-\frac{\alpha}{\beta}e^{-\beta t}(e^{\beta t_3}-e^{\beta t_2})\right]$$

$$=\frac{6}{100}\left[(10-0)-\frac{0.81}{0.0092}e^{-0.0092\times120}(e^{0.0092\times10}-e^{0})\right]$$

$$+\frac{4}{100}\left[(40-30)-\frac{0.81}{0.0092}e^{-0.0092\times120}(e^{0.0092\times40}-e^{0.0092\times30})\right]=0.68$$

4.3.2 预压法

预压法即是在建筑物建造以前，在建筑场地进行加载预压，使地基的固结沉降基本完成和提高地基土强度的方法。

对于在持续荷载下体积会发生很大的压缩和强度会增长的土，而又有足够时间进行压缩时，这种方法特别适用。为了加速压缩过程，可采用比建筑物重量为大的所谓超载进行预压。当预计的压缩时间过长时，可在地基中设置砂井、塑料排水带等竖向排水井以加速土层的固结，缩短预压时间。适合于采用预压法处理的土是：饱和软黏土、可压缩粉土、有机质黏土和泥炭土等。无机质黏土的次固结沉降一般很小，这种土的地基采用竖向排水井预压很有效。预压法已成功地应用于码头、堆场、道路、机场跑道、油罐、桥台等对沉降和稳定性要求比较高的建筑物地基。

预压法的类型有堆载预压、真空预压、降水预压、真空联合堆载预压法等。

一、堆载预压

堆载预压是工程上广泛使用，行之有效的方法。堆载一般用填土、砂石等散粒材料，油罐通常用充水对地基进行预压。对堤坝、堆场等工程，则以其本身的重量有控制地分级逐渐加载，直至设计标高。

通常堆载预压有两种情况：(1) 在建筑物建造以前，在场地先进行堆载预压，待建筑物施工时再移去预压荷载。堆载预压减小建筑物沉降的原理如图 (4-21) 所示。由图可见，如不先经预压直接在场地建造建筑物，则沉降-时间曲线如曲线①所示，其最终沉降量为 s'_f，经过堆载预压，建筑物使用期间的沉降-时间曲线如曲线②所示，其最终沉降量为 s_f，可见，通过预压，建筑物使用期间的沉降大大减小。(2) 超载预压。对机场场道、高速公路或铁路路堤等建筑物，在预压过程中，将一超过使用荷载 P_f 的超载 P_s 先加上去，待沉降满足要求后，将超载移去，再建造道面或铺设轨道，此后，建筑物的工后沉降 s_f 将很小。其原理如图 4-22 所示。

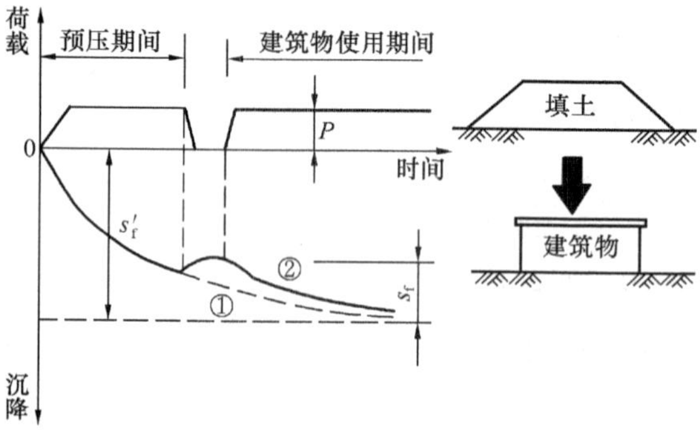

图 4-21 预压法

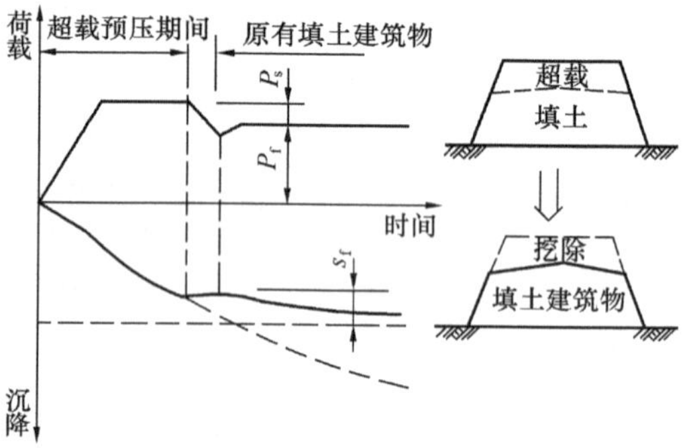

图 4-22 超载预压法

对路堤、土坝、贮油罐等荷载比较大的建筑物，荷载往往需分级逐渐施加。待前期荷载下地基土强度提高，然后加下一级荷载。因此需对地基土因固结而提高的强度进行估算、并对各级荷载下地基的稳定性进行分析。同时，对堆载预压工程，还必须对预压荷载和建筑物荷载下的沉降量进行估算，以便能控制建筑物使用期间的沉降和不均匀沉降。

(一) 地基土抗剪强度增长的预计

如果利用地基土的天然抗剪强度不能满足稳定性要求时，则利用土体因固结而增长的抗剪强度是解决问题的途径之一，就是利用先期荷载使地基土排水固结，从而使土的抗剪强度提高以适应下一级加载，同时，随着荷载的增加地基中剪应力也在增大，在一定条件下，由于剪切蠕动还有可能导致强度的衰减，因此，地基中某一点在某一时间的抗剪强度 τ_f 可表示为 (曾国熙 1975—1981)

$$\tau_f = \tau_{f0} + \Delta\tau_{fc} - \Delta\tau_{f\tau} \tag{4-53}$$

式中 τ_{f0}——地基中某点在加荷之前的天然抗剪强度；

$\Delta\tau_{fc}$——由于固结而增长的抗剪强度增量；

$\Delta\tau_{f\tau}$——由于剪切蠕动而引起的抗剪强度衰减量。

根据上式的基本概念，目前常用的预计抗剪强度增长的方法有如下几种。

1. 有效应力法

式 (4-53) 中由于剪切蠕动所引起强度衰减部分 $\Delta\tau_{f\tau}$ 目前尚难计算，为了考虑 $\Delta\tau_{f\tau}$ 的效应，比较理论计算与实测结果，并进一步为了实用上提供关于地基强度的合理预计方法，可把上式改写为

$$\tau_f = \eta(\tau_{f0} + \Delta\tau_{fc}) \tag{4-54}$$

式中 η——考虑剪切蠕动及其他因素对强度影响的折减系数；

τ_{f0}——天然压力下由有效应力指标求得的天然抗剪强度。

正常固结饱和软黏土的抗剪强度可用下式表示

$$\tau_f=\sigma'\tan\varphi' \tag{4-55}$$

式中 φ'——土的有效内摩擦角；

σ'——剪切面上的法向有效压应力。

因此，由于地基土固结而增长的强度为

$$\Delta\tau_{fc}=\Delta\sigma'\tan\varphi'=(\Delta\sigma-\Delta u)\tan\varphi' \tag{4-56}$$

式中 $\Delta\sigma$——给定点由外荷载引起的法向压应力增量；

Δu——相应点的孔隙水压力增量。

式（4-56）可近似表示为

$$\Delta\tau_{fc}=\Delta\sigma\cdot U_t\tan\varphi' \tag{4-57}$$

式中 U_t——给定时间，给定点的固结度，可取土层的平均固结度。

则

$$\tau_f=\eta(\tau_{f0}+\Delta\sigma\cdot U_t\tan\varphi') \tag{4-58a}$$

或

$$\tau_f=\eta[\tau_{f0}+(\Delta\sigma-\Delta u)\tan\varphi'] \tag{4-58b}$$

图 4-23 为浙江省杜湖水库土坝砂井地基从 1970 年至 1980 年十年时间内连续六次原位十字板剪切试验结果，由图可看出各阶段地基强度都有明显的提高。

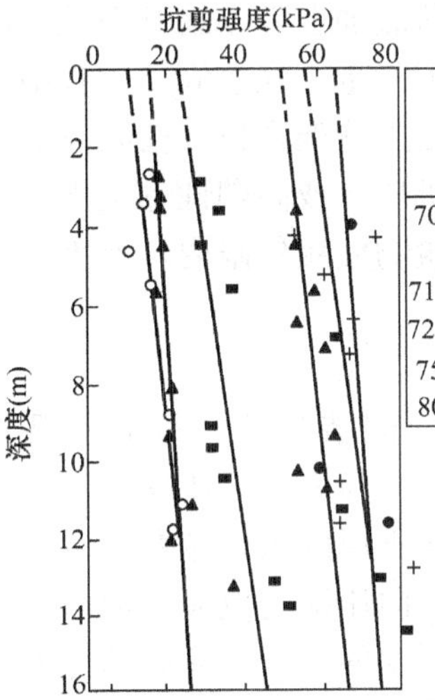

日期	填土高度(m)	符号	抗剪强度(kPa) $\tau_f=\tau_0+\lambda z$ τ_0	λ
70年4月	0	○	10.4	0.96
	2.50	▲	17.3	0.51
71年10月	7.20	■	23.1	1.48
72年12月	14.26	△	49.5	0.93
75年4月	15.85	●	56.0	1.16
80年4月	17.50	+	64.6	0.58

图 4-23 1970～1980 年杜湖土坝地基用十字板试验测定的强度

2. 有效固结压力法（赵令炜、沈珠江，1962）

土体的实际受力情况和排水条件是很复杂的，不可能在实验室试验中完全得到模拟。该法是采用只模拟压力作用下的排水固结过程，不模拟剪力作用下的附加压缩的方法，这对于荷载面积相对于土层厚度比较大的预压工程，这样的模拟大致是合理的。这样，土的强度变化可以通过剪切前的有效固结压力σ_c'来表示。对于正常固结饱和软黏土，其强度变化为

$$\tau_f=\sigma'_c\tan\varphi_c \tag{4-59}$$

式中 φ_c——内摩擦角。由直剪固结不排水试验测定。也可根据天然地基十字板剪力试验

值和测定点土自重压力的比值决定。

因而由于固结而增长的强度可按下式计算

$$\Delta\tau_{fc}=\Delta\sigma'_{c}\tan\varphi_{c}=\Delta\sigma_{c}U\tan\varphi_{c} \tag{4-60}$$

这一方法的试验和计算都较简便，而且也模拟了实际工程中的一般情况，工程上已得到广泛的应用。它和第一个方法一样，可以直接用十字板剪力试验，无侧限抗压或三轴不排水剪试验测定任何时间土的强度，并校核计算结果的正确性。

（二）沉降计算

对于以沉降为控制条件需进行预压处理的工程，沉降计算的目的在于估算堆载预压期间沉降的发展情况、预压时间、超载大小以及卸载后所剩留的沉降量，以便调整排水系统和加压系统的设计。对于以稳定为控制的工程，通过沉降计算，可以估计施工期间因地基沉降而增加的土石方量，估计工程完工后尚未完成的沉降量，以便确定预留高度。

1. 实用沉降计算方法

建筑物地基某时间的总沉降 s_t 可表示为

$$s_t=s_d+s_c+s_s \tag{4-61}$$

式中 s_d——瞬时沉降量；

s_c——固结沉降量；

s_s——次固结沉降量。

瞬时沉降是在荷载施加后立即发生的那部分沉降量，它是由剪切变形引起的。相对于土层厚度，建筑物的荷载面积一般都是有限的，当荷载加上后，地基中就会产生剪切变形。固结沉降指的是那部分主要由于主固结而引起的沉降量，在主固结过程中，沉降速率是由水从孔隙中排出的速率所控制的，而次固结沉降是土骨架在持续荷载下发生蠕变所引起的。

次固结大小和土的性质有关。泥炭土、有机质土或高塑性黏土土层，次固结沉降占很可观的部分，而其他土则所占比例不大。在建筑物使用年限内，次固结沉降经判断可以忽略的话，则最终总沉降 s_∞ 可按下式计算

$$s_\infty=s_d+s_c \tag{4-62}$$

软黏土的瞬时沉降 s_d 一般按弹性理论公式计算。固结沉降 s_c 目前工程上通常采用单向压缩分层总和法计算，这只有当荷载面积的宽度或直径大于可压缩土层厚度或当可压缩土层位于两层较坚硬的土层（它们的存在将减小压缩土层的水平应变）之间时，单向压缩才可能发生，否则应对沉降计算值进行修正以考虑三向压缩的效应。但研究结果表明，对于正常固结或稍超固结土地基，三向修正通常是不重要的，对于超固结比大的土层，则三向修正与基础宽度与压缩土层厚度之比有关（Winterkorn，Hsal-Yang Fang，1975）。

（1）单向压缩固结沉降 s_c 的计算

应用一般单向压缩分层总和法，将地基分成若干薄层，如分为 n 层，其中第 i 层的压缩量为

$$\Delta s_i=\frac{e_{0i}-e_{1i}}{1+e_{0i}}\Delta h_i \tag{4-63}$$

总压缩量为

$$s_c=\sum_{i=1}^{n}\Delta s_i \tag{4-64}$$

式中 e_{0i}——第 i 层中点之土自重应力所对应的孔隙比；

e_{1i}——第 i 层中点之土自重应力和附加应力之和相对应的孔隙比；

Δh_i——第 i 层厚度。

e_{0i} 和 e_{1i} 从室内固结试验所得的 e-σ'_c 曲线上查得。

（2）最终沉降 s_∞ 的计算

瞬时沉降 s_d，虽然有一些公式可以进行计算，但由于其中的弹性模量和泊松比不易准确地测定，因此影响计算结果的精度。根据国内外一些建筑物实测沉降资料的分析结果，可将式（4-62）改写为

$$s_\infty = ms_c \tag{4-65}$$

式中 m 为考虑地基剪切变形及其他影响因素的综合性经验系数，它与地基土的变形特性、荷载条件、加荷速率等因素有关。对于正常固结或稍超固结土，通常取 m=1.1～1.4。经验系数 m 可以从下面两个方法中得到：（1）s_c 按公式计算，而 s_∞ 根据实测值推算；（2）从沉降-时间关系曲线推算出最终沉降 s_∞ 和 s_d，再按以下两式分别算出 s_c 和 m 值：

$$s_c = s_\infty - s_d \tag{4-66}$$

$$m = s_\infty / s_c \tag{4-67}$$

这两种方法得出的结果可以互相校核，国内外几个实际工程的 m 值见表 4-7。

在荷载作用下地基的沉降随时间的发展可用式（4-68）计算：

$$s_t = s_d + \overline{U}_t s_c \tag{4-68}$$

式中 s_t——t 时间地基的沉降量；

$\overline{U}_t$——t 时间地基的平均固结度。

对于一次瞬间加荷或一次等速加荷结束后任何时间的地基沉降量，可将上式改写为

$$s_t = (m - 1 + \overline{U}_t)s_c \tag{4-69}$$

对于多级等速加荷情况，应对 s_d 值作加荷修正，使其与修正的固结度 $\overline{U}_t$ 相适应，上式可写为

$$s_t = \left[(m-1)\frac{p_t}{\sum\Delta p} + \overline{U}_t\right]s_c \tag{4-70}$$

式中 p_t——t 时间的累计荷载；

$\sum\Delta P$——总的累计荷载。

2. 应用实测的沉降-时间曲线推算沉降量

（1）指数曲线配合法

此法于 1959 年由曾国熙提出。各种排水条件下土层平均固结度的理论解可以归纳为下面一个普遍的表达式（式（4-33））

$$\overline{U} = 1 - \alpha e^{-\beta t}$$

不同排水条件之 α 及 β 值参见表 4-5。如果作为实测的沉降-时间曲线配合法，α 为理论值而 β 则为待定的参数。

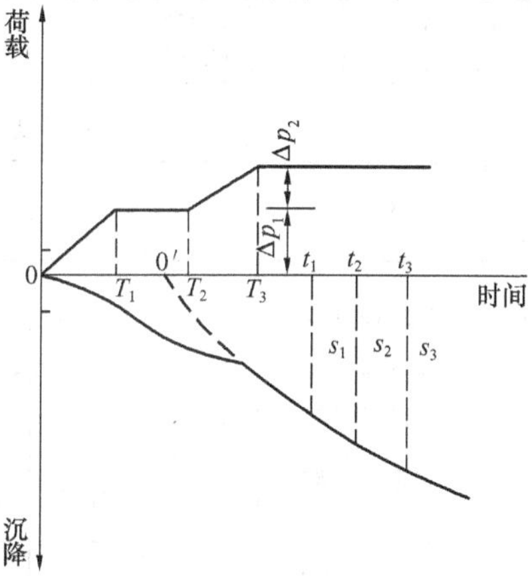

图 4-24 两级等速加荷情况的沉降与时间曲线以及修正零点

从实测的沉降-时间（即 s-t）曲线（图 4-24）上选择荷载停止后任意三个时间 t_1、t_2 和 t_3 并使 $t_3 - t_2 = t_2 - t_1$。根据式（4-33）可写出三个方程，联立求得

$$\frac{1-\overline{U}_1}{1-\overline{U}_2} = e^{\beta(t_2-t_1)} \tag{4-71}$$

$$\frac{1-\overline{U}_2}{1-\overline{U}_3}=\mathrm{e}^{\beta(t_3-t_2)} \tag{4-72}$$

又根据固结度的定义

$$\overline{U}=\frac{s_{\mathrm{t}}-s_{\mathrm{d}}}{s_{\infty}-s_{\mathrm{d}}} \tag{4-73}$$

可解得

$$\mathrm{e}^{\beta(t_2-t_1)}=\frac{s_2-s_1}{s_3-s_2}\text{（由此式解出 }\beta\text{）} \tag{4-74}$$

$$s_{\infty}=\frac{s_3(s_2-s_1)-s_2(s_3-s_2)}{(s_2-s_1)-(s_3-s_2)} \tag{4-75}$$

$$s_{\mathrm{d}}=\frac{s_{\mathrm{t}}-s_{\infty}(1-\alpha\mathrm{e}^{-\beta t})}{\alpha\mathrm{e}^{-\beta t}} \tag{4-76}$$

式中 α——系数。用理论值，见表 4-5。

s_{t}——从 s-t 曲线上选取任意时间 t 时的沉降。在按式（4-74）和式（4-75）推算 β 和 s_{∞} 时，和时间起点无关，但当应用式（4-76）计算 s_{d} 时，其中 t 应从修正零时点 O' 算起。例如对两级等速加荷情况（图 4-24）O' 按下式确定

$$\overline{OO'}=\frac{\Delta p_1(T_1/2)+\Delta p_2(T_2+T_3)/2}{(\Delta p_1+\Delta p_2)} \tag{4-77}$$

在从 s-t 曲线推算 β 和 s_{∞} 时，为了减小误差，一般需选取三组不同的（t，s）值，再取平均值，选取（t_2-t_1）尽可能大些，此外，连接 s-t 曲线时，应力求使曲线光滑，成为规律性较好的曲线，再在曲线上选点。国内外几个工程从实测 s-t 曲线推算得的 s_{d}，s_{∞} 值列于表 4-7。

从实测 s-t 曲线推算的 β 值 **表 4-6**

工 程	上海炼油厂油罐	上海金山石油化工厂油罐	台州电厂煤场
β (1/d)	0.0248	0.0173	0.0207
备 注	天然地基	天然地基	砂井地基

从实测 s-t 曲线推算沉降和实测沉降值 **表 4-7**

编号	工程名称		s_{d} (cm)	s_{c} (cm)	s_{f} (cm)	$s_{\mathrm{d}}/s_{\mathrm{f}}$	$s_{\mathrm{c}}/s_{\mathrm{f}}$	$m=s_{\mathrm{f}}/s_{\mathrm{c}}$	备 注
1	宁波试验路堤		59.0	150.2	209.2	0.28	0.72	1.38	砂井地基，路堤高 9.0m，软土层厚约 60m，s_{f} 和 s_{d} 均由实测 s-t 曲线推算
2	舟山冷库		27.2	104.8	132.0	0.21	0.79	1.32	砂井预压，底压力为=110kPa。软土层厚约 60m
3	广东某铁路线路堤		15.5	97.5	113.0	0.14	0.86	1.16	
4	上海金山油罐	罐中心	38.4	100.5	138.9	0.276	0.724	1.38	油罐直径 31.4m，容量 1 万 m^3，基底压力为 164.3kPa。软土层厚约 30m，罐边缘沉降为 16 个测点的平均值。s_{f} 和 s_{d} 均由实测 s-t 曲线推算
		罐边缘	25.2	65.8	91.0	0.277	0.723	1.38	
5	上海油罐	罐中心	34.81	76.31	111.12	0.313	0.687	1.456	油罐直径 40.63m，容量 2 万 m^3，基底压力为 210kPa，软土层厚约 60m，罐边缘沉降为 12 个测点的平均值，s_{f} 和 s_{d} 均由实测 s-t 曲线推算
		罐边缘	13.27	62.99	76.26	0.174	0.826	1.211	

续表

编号	工程名称	s_d (cm)	s_c (cm)	s_f (cm)	s_d/s_f	s_c/s_f	$m=s_f/s_c$	备注
6	帕斯科克拉炼油厂油罐	6.1	18.3	24.4	0.25	0.75	1.33	油罐直径 24.4m，基底压力为 140kPa，软土层厚约 4.9m，其上层为粉质砂土，其下为坚硬砂质黏土，s_f 为实测，s_d 由测斜仪测出的侧向位移推算
7	格兰岛油罐	5.1	48.3	53.4	0.095	0.905	1.10	s_c、s_f、s_d 均系实测值
			47.0	53.4		0.88	1.13	
8	芝加哥马逊尼克教堂		22.9	25.4		0.89	1.10	s_f 为实测，s_c 利用固结仪测定的压缩曲线计算得到
9	温州机场	1.3	126.9	128.2	0.01	0.99	1.01	袋装砂井地基，堆载高 4.3m，井深 20m，s_f 和 s_d 均由实测 s-t 曲线推算
10	舟山机场	7.4	143.2	150.6	0.05	0.95	1.05	袋装砂井地基，堆载高 5.6m，井深 20m，s_f 和 s_d 均由实测 s-t 曲线推算

从以上方法推算得的β值直接反映了地基固结的快慢，因为从β的物理意义可知，它不但包括固结系数，而且包括排水距离，各地区的β值积累多了，它本身就是一个具有实用意义的经验指标，可以简便地用来估算该地区地基的固结度。以式（4-33）为理论依据而建立推算最终沉降的方法的优越性之一就在于它和固结度理论解可以密切联系起来，β值具有明确的物理意义。表 4-6 为三个工程推算所得的β值。浙江省台州电厂煤场为深厚的淤泥质黏性土层、土质均匀，采用袋装砂井处理，砂井直径 7cm，间距 1.2m。上海两个不同地区的油罐地基，均为含薄层粉砂的黏性土地基，地基本身具有良好透水性，反映出β值较高。

（2）沉降曲线图解法（Asaoka 法）

Asaoka（1978）提出了一种从一定时间过程所得的沉降观测资料来预计最终沉降量和沉降速率的方法。

由 Mikasa（1963）导出的以垂直（体积）应变表示的固结偏微分方程为

$$c_v \frac{\partial^2 \varepsilon_v}{\partial z^2} = \frac{\partial \varepsilon_v}{\partial t} \tag{4-78}$$

该方程可近似地用一个以级数形式微分方程表示：

$$s + a_1 \frac{ds}{dt} + a_2 \frac{d^2 s}{dt^2} + \cdots + a_n \frac{d^n s}{dt^n} + \cdots = b \tag{4-79}$$

式中 s 为固结沉降量，a_1，a_2，…，a_n 和 b 是取决于固结系数和土层边界条件的常数。沉降-时间曲线 $s(t)$ 可分离成：$t_j = j \cdot \Delta t$，$j=1$，2，3…，且 Δt 为常数，s_j 为时间 t_j 时的沉降量。式（4-79）可用 n 阶递推关系表示如下：

$$s_j = \beta_0 + \sum_{i=1}^{n} \beta_i s_{j-i} \tag{4-80}$$

对大多数实际情况，通常第一阶近似（$n=1$）就已足够，因此式（4-80）可简化为：

$$s_j = \beta_0 + \beta_1 s_{j-1} \tag{4-81}$$

根据实测沉降资料，作图可确定待定参数 β_0、β_1 和最终沉降。其步骤如下（参见图4-25）：

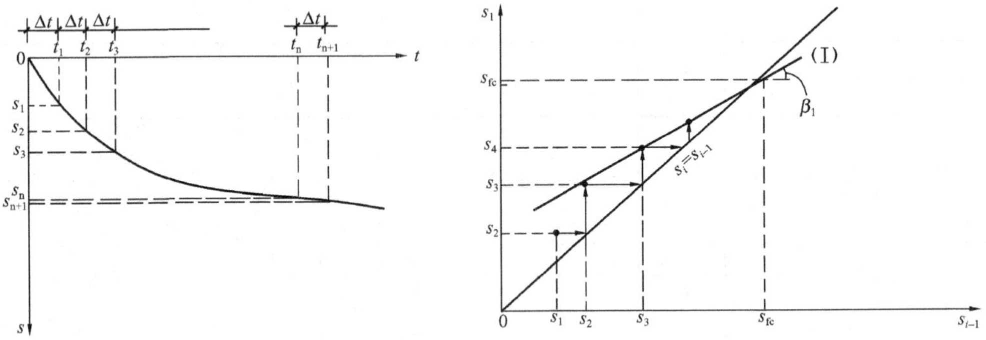

图 4-25　Asaoka 法应用图例

a. 将沉降-时间曲线划分成相等的时间段 Δt。读出相应于时间 t_1，t_2…时的沉降量 s_1，s_2…

b. 在以轴 s_{i-1} 和 s_i 的坐标系中将沉降值 s_1、s_2…以点（s_{i-1}，s_i）画出，同时作出 $s_i=s_{i-1}$ 的 45°直线。

c. 作直线（I）使之尽量与这些点吻合，这条直线与 45°线相交的点就给出了最终固结沉降量 s_{fc}。

在某些情况中图中显示出两条直线与数据点相吻合的情况。第二条直线相当于沉降曲线的尾部，因而表示的是次固结沉降。如图 4-26 为舟山冷库实测沉降-时间曲线，图 4-27 系用图解法得到的测点 8 的最终主固结沉降 s_{fc} 和最终沉降量 s_f（包括主固结沉降和次固结沉降）。

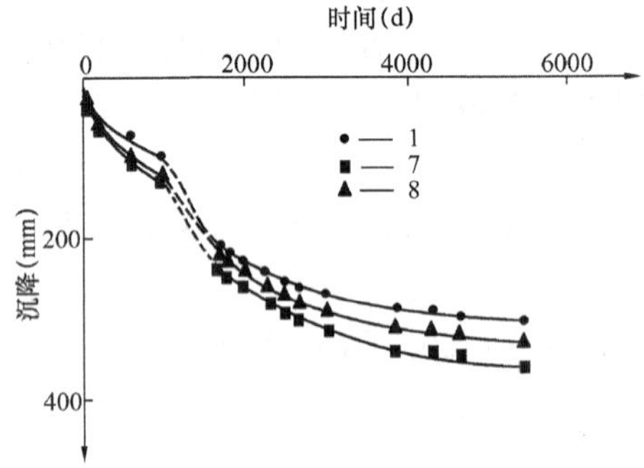

图 4-26　舟山冷库实测沉降-时间曲线

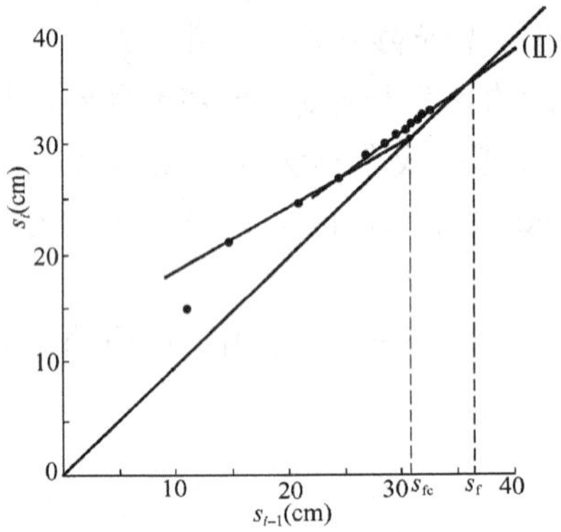

图 4-27　图解法推算的主固结沉降和次固结沉降

由于天然土层具有一定的层理性，由室内小试样固结试验测得的固结系数比原位土层固结系数要小得多。对于实际预压工程，往往通过试验段实测的沉降或孔隙水压力-时间关系曲线来推算土层的固结系数并以此来计算其后工程地基的固结速率。Almeida 等（2000）介绍了经 Magnan 和 Deroy（1980）修正的 Asaoka（1978）方法来推算 C_h，其计算式如式（4-82）：

$$C_h=-\frac{\dfrac{\ln(\beta_1)}{\Delta t}}{\dfrac{8}{d_e^2F_s(n)}+\dfrac{\pi^2}{4H_d^2r}} \tag{4-83}$$

其中　$r=C_h/C_v$

式中，β_1 为 ASaoka 图中直线的坡度；H_d 为竖向排水距离。

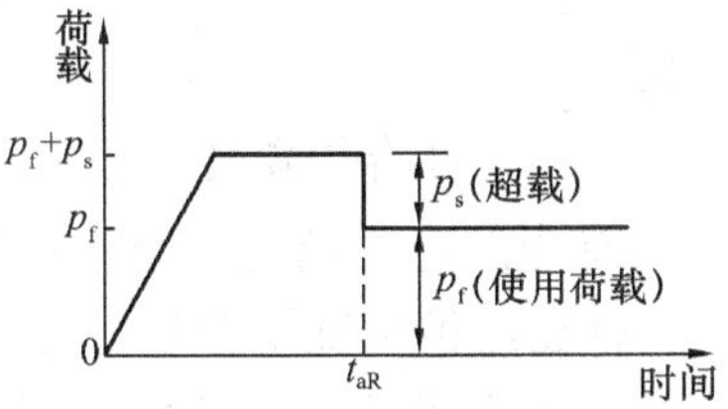

图 4-28 预压荷载与预压时间关系

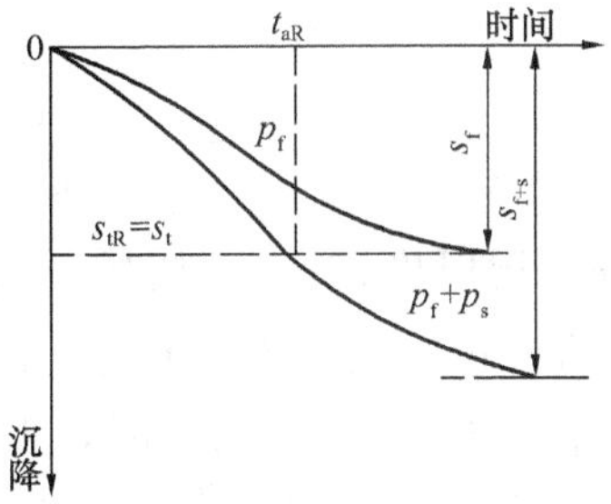

图 4-29 超载预压荷载-沉降-时间曲线

当忽略井阻只考虑涂抹影响时，根据 Hansbo（1981）：

$$F_s(n) = \ln\left(\frac{n}{s}\right) - 0.75 + \left(\frac{k_h}{k_s}\right)\ln s$$

其中

$$S = d_s/d_w$$

式中，d_s 为涂抹区直径，d_w 为砂井直径或塑料排水带当量换算直径。

Asaoka 法的一个重要特点是，它可以分别确定固结系数及最终沉降量。在常规方法中，最终沉降量和固结系数都必须配合理论曲线和实测曲线而进行估计，而且如果没有固结开始的沉降记录，就不能准确地确定最终沉降量。对于绝大多数沉降观测资料，急剧拐弯点发生在 90% 主固结附近，采用 Asaoka 法时一般固结度达到 60% 以后，就往往能得到较好的预计结果（Magnan 和 Deroy，1980）。

（三）堆载预压设计中的若干问题

堆载预压期间所能完成的沉降大小和预压荷载的宽度（或面积）、预压荷载的大小以及预压时间等有关（图 4-28）。

预压荷载的顶宽或顶面积应大于建筑物的宽度或面积。预压荷载的大小取决于设计要求。如果允许建筑物在使用期间有部分沉降发生，则预压荷载可等于或小于建筑物使用荷载。如果建筑物对沉降要求很严格，使用期间不允许再产生主固结沉降甚至需减小一部分次固结沉降，则预压荷载应大于建筑物使用荷载即所谓超载预压。增大预压荷载实质上是增加总的固结沉降量。当地基达到的固结度一定，则预压荷载越大，完成的主固结沉降量也越大，因此，超载预压可加速固结沉降的过程，此外超载预压尚可减小次固结沉降量并使次固结沉降发生的时间推迟。

1. 超载预压消除使用荷载下的主固结沉降

图 4-29 为一单向压缩土层之预压荷载-沉降-时间曲线。图中 p_f 为使用荷载，p_s 为超载。使用荷载下地基的沉降-时间曲线如图上面一条曲线所示。下一条曲线为 p_f+p_s 荷载下之沉降-时间曲线。s_{f+s} 为使用荷载和超载共同作用下之最终主固结沉降。为了消除使用荷载下之最终主固结沉降。只要将超载保留到时间 t_{sR}，此时 $s_{tR}=s_f$，而 $s_{tR}=\overline{U}_{sR}\cdot s_{f+s}$，则可求得超载预压需达到的平均固结度为

$$\overline{U}_{sR} = s_f/s_{f+s} \tag{4-83}$$

s_f、s_{f+s} 及 $\overline{U}_{sR}$ 相应的计算式为：

$$s_f = \frac{H}{1+e_0}c_c\log\left(\frac{\sigma_0{}' + p_f}{\sigma_0{}'}\right) \tag{4-84}$$

$$s_{f+s} = \frac{H}{1+e_0}c_c\log\left(\frac{\sigma_0{}' + p_f + p_s}{\sigma_0{}'}\right) \tag{4-85}$$

$$\overline{U}_{SR}=\frac{\log\left(1+\frac{p_f}{\sigma_0}\right)}{\log\left[1+\left(\frac{p_f}{\sigma'_0}\right)\left(1+\frac{p_s}{p_f}\right)\right]} \tag{4-86}$$

式中 H 为压缩土层厚度；σ'_0 为初始垂直有效应力；e_0 为土的初始孔隙比；c_c 为压缩指数。超载卸除的时间 t_{sR} 可由 $\overline{U}_{sR}$ 求得。必须强调的是，只有当总压力超过土的先期固结压力 σ'_p，亦即（$p_f+p_s+\sigma'_0$）$>\sigma'_p$ 时，上式才适用，也只有在这种情况下预压才有效。

对于竖井打穿受压土层的情况，即可用式（4-86）来计算超载预压需达到的固结度，并求得超载卸除的时间。

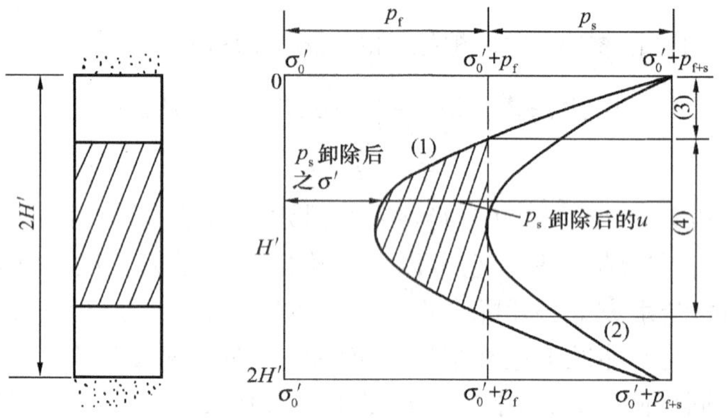

图 4-30　在时间 t_{sR} 卸除超载后的孔隙水压力分布；

（1）与 $\overline{U}_{sR}$ 相应的 t_{sR} 时的孔隙水压力分布；

（2）在 p_s 卸除后为防止进一步沉降所需的孔隙水压力分布；

（3）p_s 卸除后超固结；（4）p_s 卸除后欠固结

对于竖井未打穿受压土层的情况，竖井以下受压土层其排水井底面为一排水面，若受压土层底面亦为排水面，对如图 4-30 所示的双面排水的单向压缩土层，在 p_s+p_f 作用下，虽然土层的平均固结度达到 $\overline{U}_{SR}$，即

$$\overline{U}_{sR}=\frac{有效应力面积}{总应力面积}=\frac{p_f}{p_f+p_s} \tag{4-87}$$

由图孔压分布曲线（1）可看出，土层中间部位一定厚度土层的超静水压力在预压期间还没有足够的消散，超载卸除后，在使用荷载下，这部分土层将继续发生主固结沉降。为了消除主固结沉降，超载应维持到土层中间点的固结度 $(U_z)_{f+s}$ 达到下式要求：

$$(U_z)_{f+s}=\frac{p_f}{p_f+p_s} \tag{4-88}$$

如图中曲线（2）所示，它要求在超载预压期间，土层中所有点的有效应力大于等于使用荷载下的总应力，超载卸除后这时土层绝大部分均处于超固结状态，土体发生膨胀。以上所预估的 P_s 值或超载时间均大于实际所需的值，这可能是一个偏保守的方法。实际上，超载卸除时土层中产生相应的负孔压增量，因此在使用荷载下，实际孔压没有图中表示的那么大。

综上所述，为了在超载预压期间完全消除使用荷载下的主固结沉降，应满足以下两个条件：

（1）预压荷载所引起的压缩层深度应等于或大于使用荷载下的压缩层深度。

（2）预压荷载下压缩层深度范围内各点的有效应力应等于或大于使用荷载下的总应力。

2. 超载预压消除使用荷载下的主固结沉降和次固结沉降

（1）超载对次固结的影响

图 4-31 为某机场地基土三个饱和软黏土试样的固结试验结果，由图可见，卸载时间相同，卸除超载将使土的次固结系数 C_α 减小，且卸载越大，C_α 减小越大，发生次固结的时间越推迟。图 4-32 表示超载大小相同，卸载时间不同的试验结果。结果表明，超载作用时间越长，卸载后 C_α 减小越大，发生次固结的时间越推迟。

以上试验结果实质上反映了卸载前土样中有效应力大小对卸载后土样次固结变形的影响，卸载后如果土样的超固结比越大，则 C_α 越小。同时也说明了超载预压对减小使用荷载下的次固结沉降有肯定的效果。

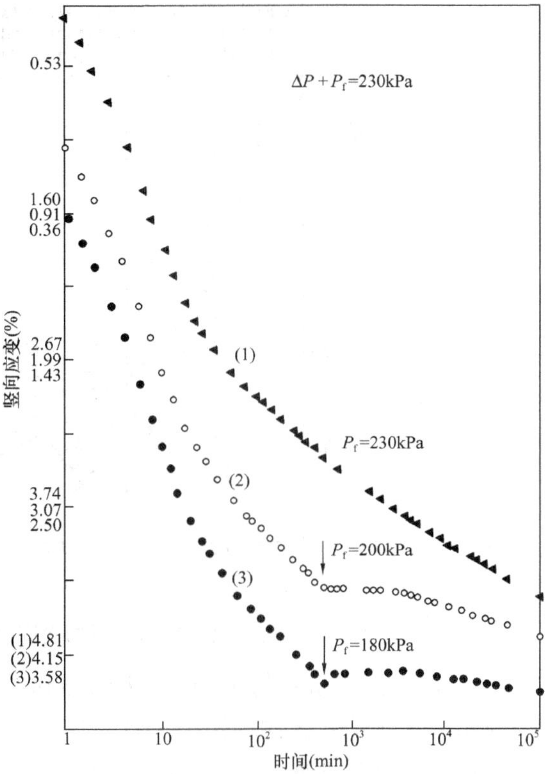

图 4-31　卸载大小不同的试验结果

E. E. Alonso 等（2000），报道某预压工程，预压荷载 80kPa 持续 2 年，后卸截至 50kPa，从变形与时间观测资料所得到的次固结系数 C_α 反映，卸载后，所有在卸载前比较大的次固结系数值都消失了，各土层的次固结系数变得比较均匀。次固结系数 C_α 与超固结比的关系如图 4-33 所示。由图可见，次固结系数 c_α 随超固结比的增加而明显减小。

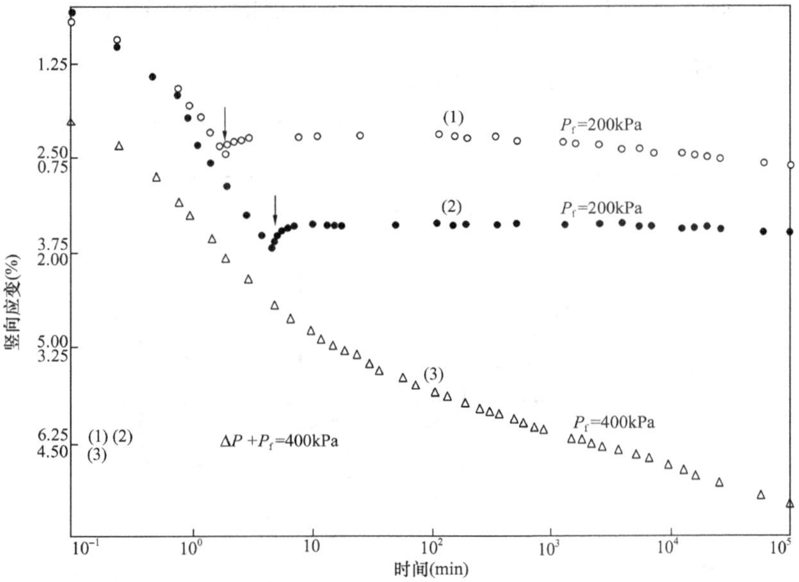

图 4-32　卸载时间不同的试验结果

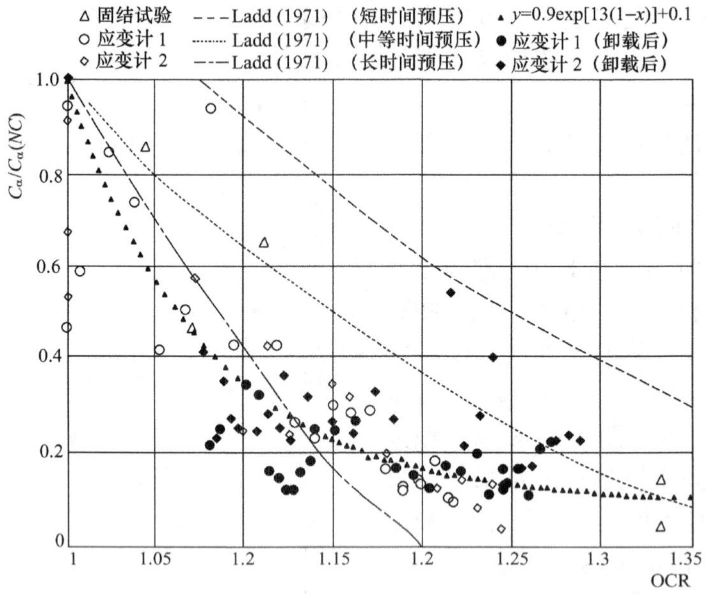

图 4-33 现场观测得到的次固结系数随超固结比减小之关系

（2）超载预压消除使用荷载下主固结和次固结沉降的计算

与超载预压消除主固结沉降一样，超载预压对正常固结土的次固结作用可根据以下两个假设近似地进行计算（Johnson，1970）：

a）使用荷载 P_f 作用下主固结沉降 s_f 在时间 t_p 内完成；

b）主固结沉降完成后，在时间 t_s 内产生的次固结沉降 s_s 按下式计算：

$$s_s = C_\alpha H_p \log \frac{t_s}{t_p} \tag{4-89}$$

式中 H_p 为时间 t_p 时的受压土层厚度，C_α 为次固结系数，典型的 C_α 值参见表 4-8（Lee etc，1983）。参照图 4-34，为了消除使用荷载 P_f 下土层的主固结沉降和次固结沉降，必

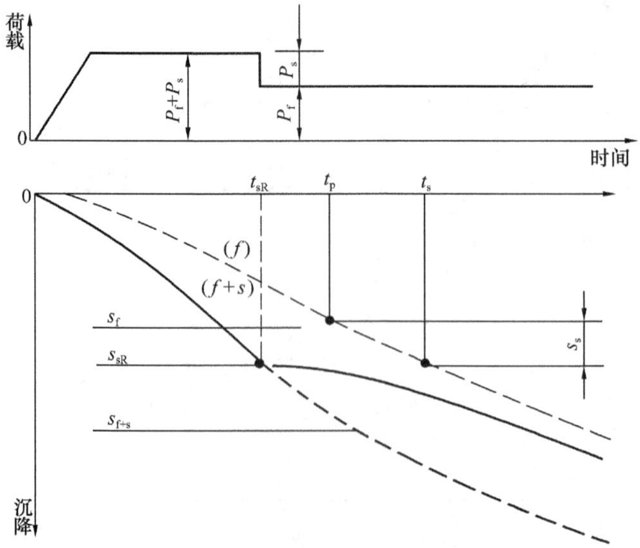

图 4-34 消除使用荷载下主、次固结沉降所需预压时间的确定方法

须将荷载 P_f+P_s 保持到时间 t_{sR}，这时沉降 s_{sR} 为

$$s_{sR}=s_f+s_s \tag{4-90}$$

式中

$$s_f=\frac{H}{1+e_0}C_c\log\left(\frac{\sigma'_0+P_f}{\sigma'_0}\right)$$

$$s_s=(H-s_f)C_\alpha\log\frac{t_s}{t_p}$$

另有关系：

$$s_{sR}=U_{f+s}\cdot S_{f+s} \tag{4-91}$$

式中 s_{f+s} 为荷载 P_f+P_s 作用下土层之最终主固结沉降，由式（4-85）计算。因此超载卸除时土层要求达到的固结度 U_{f+s} 可由式（4-91）计算。经整理后得：

$$U_{f+s}=\frac{(1-C_\alpha)\log\frac{t_s}{t_p}\log\left(1+\frac{P_f}{\sigma'_0}\right)+\frac{C_\alpha}{C_c}(1+e_0)\log\frac{t_s}{t_p}}{\log\left[1+\left(\frac{P_f}{\sigma'_0}\right)\left(1+\frac{P_s}{P_f}\right)\right]} \tag{4-92}$$

C_α 参考值　　**表 4-8**

土　类	C_α	参考文献	土　类	C_α	参考文献
正常固结黏土	0.005～0.02	Ladd，1967	正常固结冲积黏土①		Matsuo 和 Kamon，1975
正常固结黏土			1%有机质含量	0.003	
0%有机质含量	0.004	Yamanouchi 等，1978	5%有机质含量	0.001	
9%有机质含量	0.008		超固结黏土(OCR>2)	<0.001	Ladd，1967
17%有机质含量	0.02		泥　炭	0.02～0.10	Yasuhara 和 Takenaka，1977

① 固结压力为 800kPa 和 1600kPa。

由该固结度即可求出超载作用的时间 t_{sR}。次固结时间 t_s 的选择可由建筑物的使用年限决定或给定一个预定的次固结沉降量所需要的时间来决定。

满足上式要求并不能保证建筑物使用期间不会再发生次固结沉降，因为超载预压所计划消除的次固结沉降量，实际上是增加超载所完成的主固结沉降量，超载预压虽然能使次固结沉降减小，但超载卸除后是否还会继续发生次固结沉降是难以确定的。

文献（朱向荣，1988）对超载卸除后地基的残余变形进行了研究，结果表明，超载卸除后土层的残余应变与卸载时土层的平均固结度及超载大小有关，如图 4-35 所示。当固结度相同时，土层的残余应变随卸载量的增大而减小。当卸载量一定时，土层的残余应变随平均固结度的提高而减小。图 4-36 为使用年限 20 年时土层的残余应变与有效应力面积

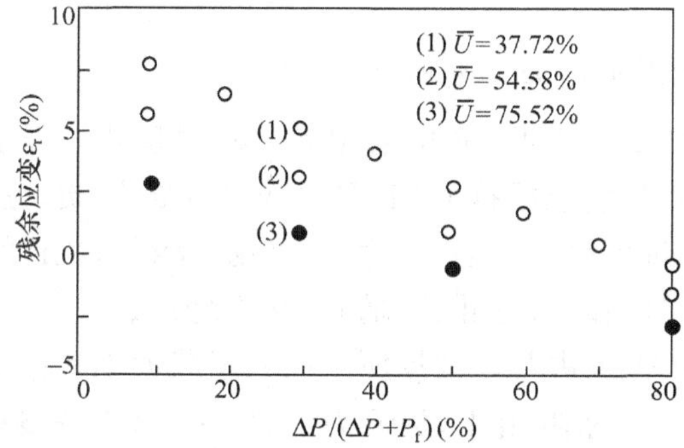

图 4-35　土层残余应变与固结度、超载量的关系

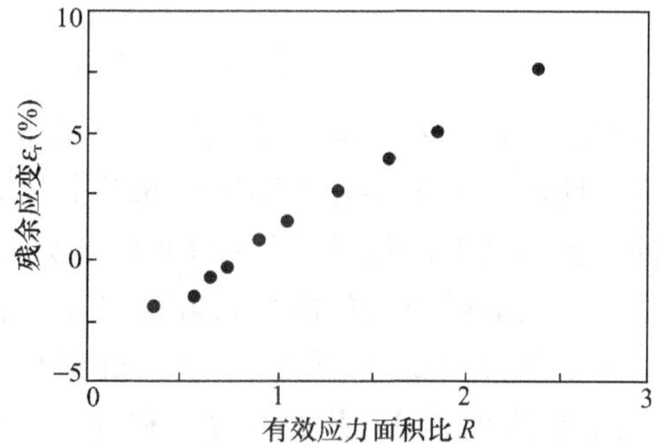

图 4-36　ε_r-R 关系

比 R 的关系，有效应力面积比定义为：使用荷载下受压土层的总应力面积与卸载时受压土层的有效应力面积之比，它综合反映了固结度和超载大小对残余应变的影响。由图可见，当 R 约小于 0.75 时，土层主要是回胀变形。用有效应力面积比来进行超载设计和卸载控制概念比较清楚，在实际工程中可以积累这方面的资料。

超载相同，土样在达到不同固结度后卸载将具有不同的有效应力值，这一性质能通过引进一个所谓“超荷载比（OLR)”的参数来更好地加以说明（A chacko，M. A. 等 1998)。超荷载比（OLR）定义为，超载卸除时的有效应力与最终有效应力之差对最终有效应力的比值。图 4-37 表示对经受相同 OLR 的土样在超载卸除以后的典型的位移与时间（δ-log$t$）关系曲线。由图可见，OLR 相同，虽然经历不同的应力路径，其预压土的性质是相同的。超载卸除导致土样的回弹，而后又以缓慢的速率沉降。该部分 δ-log$t$ 曲线的斜率用 C'_{OCE} 表示。回弹量和回弹期限等在预计土的工后性质方面是非常重要的。由曲线可见，回弹量和回弹期限随 OLR 而增加。对相同的 OLR，C'_{OCE} 几乎是相同的。同样可观察到，由于超载作用而引起的沉降减少百分比对于某一特定的 OLR 是几乎相同的。在 10000min 期限以后，沉降减小百分比的变化示于图 4-38。由图可见，沉降减小百分比随 OLR 而增加，在 OLR 达到 1.0 以后，不再有可察觉到的变化。

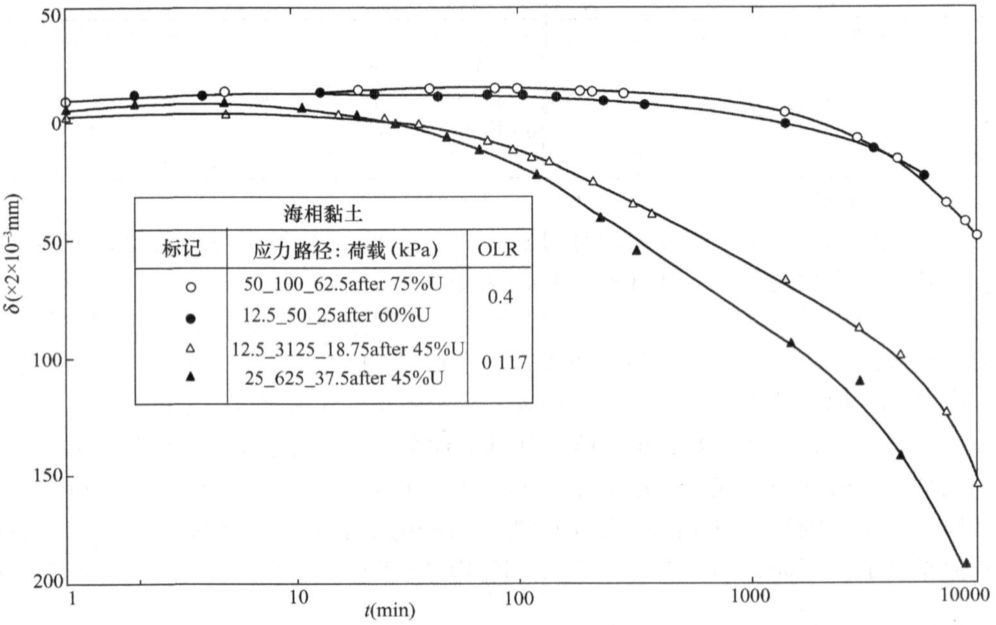

图 4-37　OLR 相同时不同试样的 δ-log$t$ 关系曲线

综上所述，不管应力路径如何，预压土的性质可根据 OLR 来预计。根据超载的强度和作用期限，土体将经历不同的超荷载比，如果我们能根据 OLR 预计预压土的性质，这将简化预压体系的设计。不同 OLR 值的 δ-log$t$ 曲线示于图 4-39。由图可见，随着 OLR 的增加，超载卸除以后的净变形随之减小，而回弹量和回弹期限则随 OLR 而增加。

为了预计预压土的性质，作者建议按以下步骤来进行，根据所采用的超载大小和作用期限以及其他已知值 P_0、P_s 和 P_f（P_0——土的初始上覆压力；P_f——永久荷载；P_s——超载）找出 OLR 值，然后对代表性土样采用相同的 OLR 值做室内试验，得到

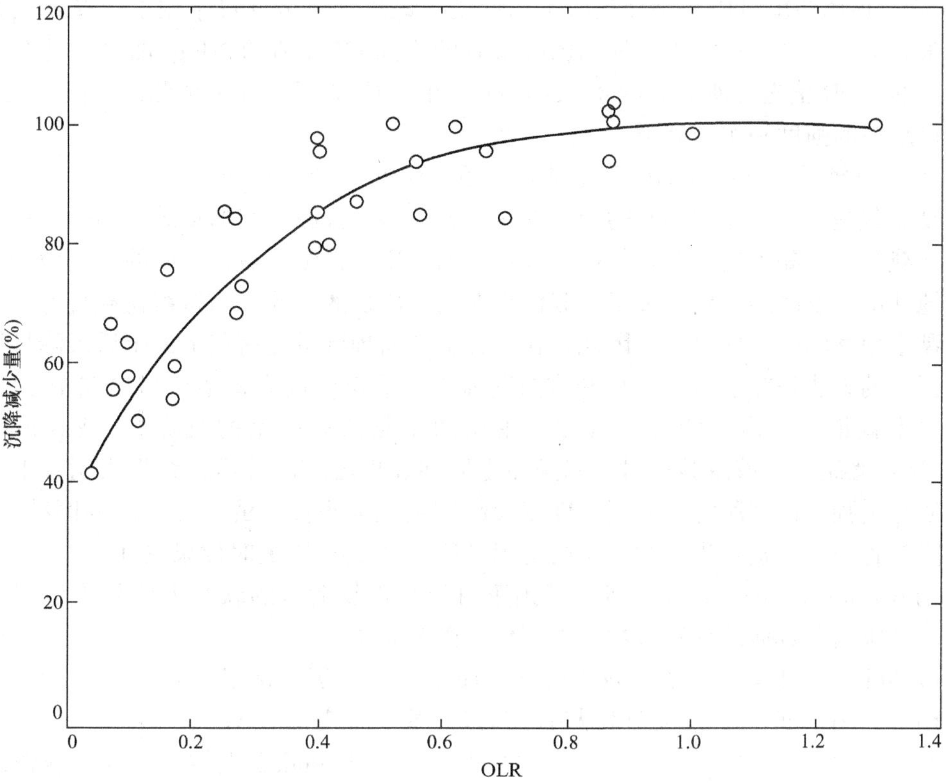

图 4-38 沉降减小比随 OLR 的变化

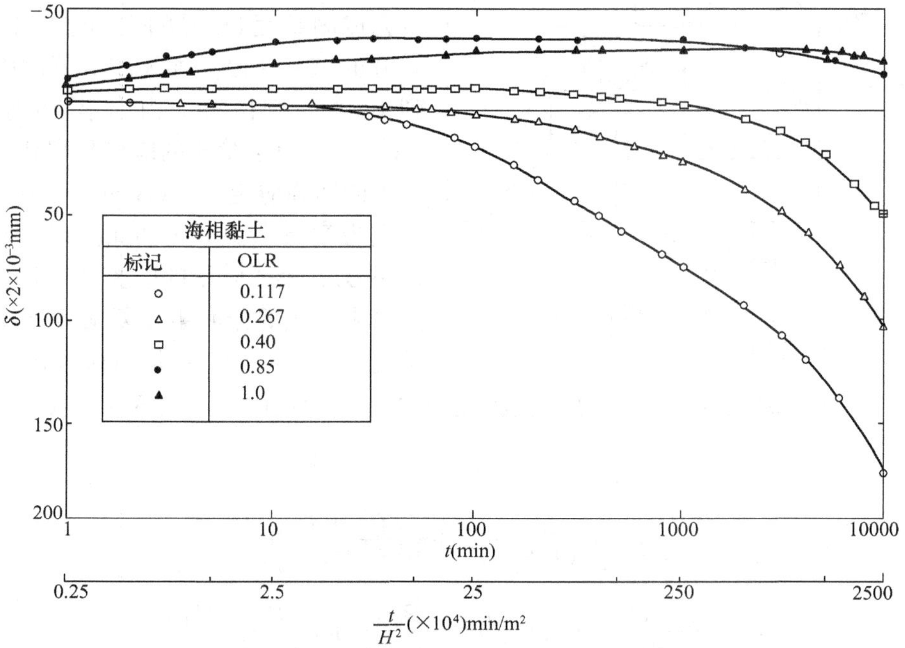

图 4-39 不同 OLR 值的 δ-log$t$ 曲线

δ-log$t$曲线，该曲线就可用来预计预压土的性质。该过程也可反过来用于选择超载大小和作用期限，即对于某一特定土，根据已准备好的不同 OLR 值的 δ-log$t$ 曲线，针对特定情况和相应的 OLR 值选择所需要的 δ-log$t$ 曲线，并根据选定的 OLR 值和已知值 P_f/P_0，就可以选择超载的强度和作用期限。

3. 预压对经受重复荷载的软黏土地基工后固结沉降的影响

重复荷载是工程上经常遇到的荷载形式，如铁路、公路的交通荷载、油罐、料仓的重复加、卸载等。软黏土地基在重复荷载作用下的性质与持续荷载是不同的。这两种荷载形式引起地基沉降方面的差异是由于荷载作用期间次压缩的不同。与持续荷载相比，重复荷载下软黏土地基的压缩性更大。因此，在工程上如何预计重复荷载下的工后沉降显得非常必要。预压的方法是减小重复荷载和维持荷载下工后沉降的有效措施。早在 1969 年 watanabe 等人就指出，预压的方法可减小由交通重复荷载产生的沉降量。Yasuhara etal (1981) 通过固结和直剪试验探讨了海洋黏土回弹和再压缩的性质，结果表明，土样回弹后的性质是由预压荷载所完成的固结度以及超固结比大小控制的。卸载前的固结度越大，工后沉降就越小，特别是当超载下土层的固结度达到 90%以上时效果更好。

Harlio Fujiwara 等 (1990) 研究了预压对经受重复荷载的软黏土地基工后固结沉降的影响，并提出了具体的计算方法。以下作一简要介绍。

超载卸除后，试样在重复荷载作用下的应变受几个因素的综合影响，如超载量 P'_s，超载作用下的固结度 U_ε，永久荷载大小 P'_1 以及重复荷载大小 $\Delta P'$。

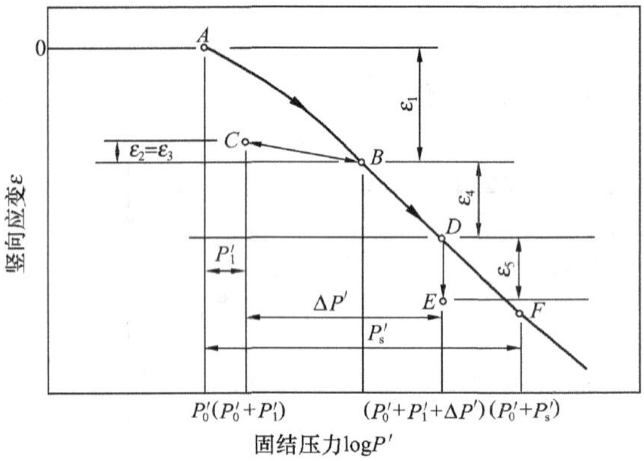

图 4-40 超载、永久荷载和重复荷载下的 ε-log$P$ 关系

超载卸除后土体在重复荷载作用下总的竖向应变 ε_t 由以下五个阶段的应变组成：第 1 阶段的应变是由超载作用期限内所完成固结度 U_ε 时的主固结应变 ε_1 如图 4-40 的 $A\to B$ 段。如果超载下的固结度达到 100%，则位置应由 A 点移动到 F 点 ($A\to F$)；第 2 阶段的应变是超载卸除后所产生的回弹应变 ε_2，($B\to C$)；第 3 阶段的应变为重复荷载所产生的可恢复应变 ε_3 ($C\to B$)；第 4 阶段的应变是超载作用期间固结未完成部分而由重复荷载产生的主固结应变 ε_4 ($B\to D$)；最后阶段的应变则是重复荷载下主固结完成后的次压缩应变 ε_5 ($D\to E$)。各阶段的应变按下列各式计算：

$$\varepsilon_t = \varepsilon_1 + \varepsilon_2 + \varepsilon_3 + \varepsilon_4 + \varepsilon_5 \tag{4-93}$$

$$\varepsilon_1 = \frac{C_c}{(1+e_0)} U_\varepsilon \log\left(\frac{P'_0 + P'_s}{P'_0}\right) \tag{4-94a}$$

$$\varepsilon_2 = \frac{-C_s}{(1+e_1)}\left[U_\varepsilon \log\left(\frac{P'_0 + P'_s}{P'_0}\right) - \log\left(\frac{P'_0 + P'_1}{P'_0}\right)\right] \tag{4-94b}$$

$$\varepsilon_3 = \frac{C_r}{(1+e_1)}\left[U_\varepsilon \log\left(\frac{P'_0 + P'_s}{P'_0}\right) - \log\left(\frac{P'_0 + P'_1}{P'_0}\right)\right] \tag{4-94c}$$

$$\varepsilon_4=\frac{C_c}{(1+e_1)}\left[\log\left(\frac{P'_0+P'_1+\Delta P'}{P'_0}\right)-U_\varepsilon\log\left(\frac{P'_0+P'_s}{P'_0}\right)\right] \tag{4-94d}$$

$$\varepsilon_5=\frac{C_\alpha}{(1+e_2)}\log\left(\frac{t_s}{t_0}\right)^{R/(1-\lambda)} \tag{4-94e}$$

其中 C_c、C_s、C_r 和 C_α 分别为压缩指数、膨胀指数、再压缩指数和次压缩系数；P'_0、P'_s、P'_1 和 $\Delta P'$分别为上覆自重荷载、超载、永久荷载和重复荷载；e_0、e_1、e_2 分别为初始孔隙比，超载卸除时之孔隙比和重复荷载作用时之孔隙比；t_0、t_s 分别为主固结终了时之时间和次压缩期间之时间；U_ε 为超载所完成的固结度（由应变确定的固结度）；R 和 λ 分别为比值 C_α/C_c 和 C_s/C_c。

因此，超载卸除后由重复荷载所产生的应变为（$\varepsilon_3+\varepsilon_4+\varepsilon_5$）。在超载作用下的固结应变与永久荷载和重复荷载下达 100%主固结时之应变相等的情况下，超载卸除后，土体由于重复荷载所引起的应变变成（$\varepsilon_3+\varepsilon_5$）。

当采用超载卸除并且在重复荷载下主固结可忽略情况下的软黏土的固结度时，必须使相应于超载卸除时超载所要求达到的固结应变与在永久荷载和重复荷载下固结度达到 100%时的应变相等。在该情况下，由重复荷载产生的主固结应变 ε_4 等于零，也即点 B 等于点 D。因此，为了消除重复荷载下的主固结，超载作用所要求达到的固结度 $U_{\varepsilon s}$可用式（4-95）表示：

$$U_{\varepsilon s}=\log\left(\frac{P'_0+P'_1+\Delta P'}{P'_0}\right)/\log\left(\frac{P'_0+P'_s}{P'_0}\right) \tag{4-95}$$

所计算的$U_{\varepsilon s}$与 P'_s/P'_1 的关系通过参数 $\Delta P'/P'_0$ 汇总于图 4-41 中。对正常固结土，超载下软黏土所要求达到的固结度可由图 4-41 得到。当对于某一假定的超载比 P'_s/P'_1，软黏土要求达到的固结度 $U_{\varepsilon s}$已知并且已知永久荷载比值 P'_1/P'_0，通过某一假定的重复荷载

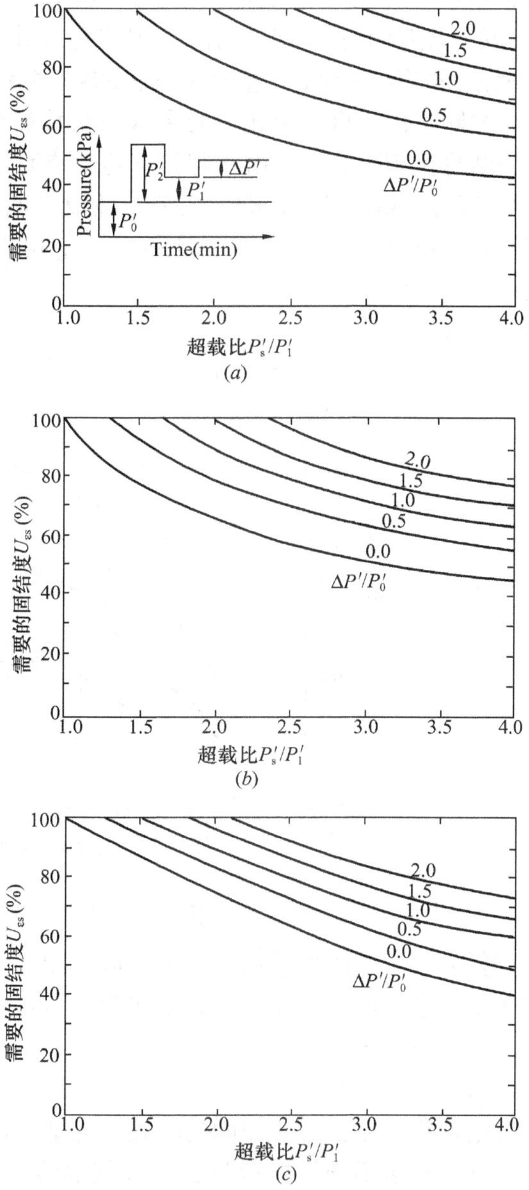

图 4-41 超载作用下要求消除主固结所要求达到的固结度
(a) $P'_1=P'_0$；(b) $P'_1=1.5P'_0$
(c) $P'_1=2.0P'_0$

比值 $\Delta P'/P'_0$，即可用通常的方法由式 $t = T_v H^2 / C_v$ 计算出超载卸除的时间。在许多情况下，超载卸除的时间是预先确定了的，如果重复荷载的强度和超载卸载的时间已定，我们就可以计算出要求的超载比 P'_s/P'_1。因此，图4-41的曲线可以很方便地应用于现场预压方法的设计，以确定有效的超载预压时间。应变可以用通常的方法进行预计，但超载卸除后的沉降多半是次压缩引起的。

关于超载卸除后重复荷载作用下的次压缩问题，根据作者的研究结果表明，超载作用下的固结度越大，则次压缩系数减小越明显。在超载下固结度达到 55%的情况下，重复荷载下的主固结仍可明显观测到，而当超载下的固结度达到 100%时，重复荷载作用以后由重复荷载产生的主固结就没有再观测到。重复荷载下的次压缩系数 C_α 比持续荷载下的要大。

超载卸除以后重复荷载下的次压缩系数值可由图 4-42 来说明。当超载在经历较短的先期固结阶段卸除以后，由于超载下的固结度较小，土体的次压缩系数较大。在超载作用下固结度超过 85%以后，则次压缩系数没有明显的差别。因此，当我们希望减小残余的次压缩时，所要求的超载作用时间应大于相应于超载下消除主固结所需要的固结度的时间。

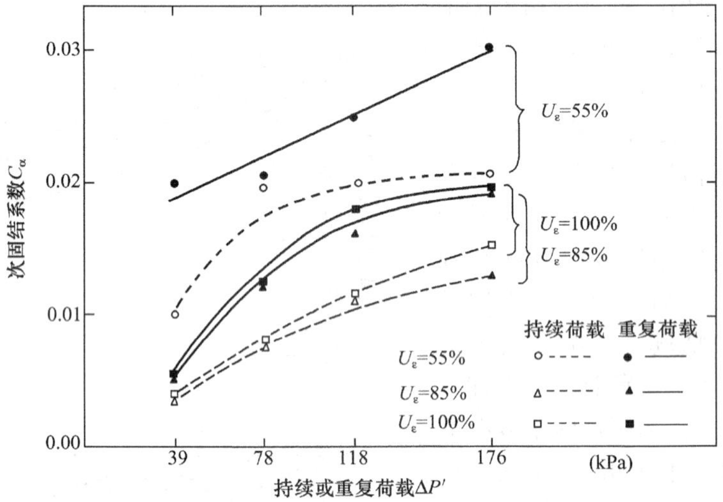

图 4-42 次固结系数与持续荷载或重复荷载大小的关系

重复荷载下次压缩系数值与持续荷载相比大约增加 50%。由图 4-42 可见，重复荷载下的次压缩系数值与重复荷载大小和荷载形式（持续荷载或重复荷载）有关。

二、真空预压

（一）基本原理

真空预压法是在需要加固的软黏土地基内设置砂井或塑料排水带，然后在地面铺设砂垫层，其上覆盖不透气的密封膜与大气隔绝，通过埋设于砂垫层中带有滤水孔的分布管道，用真空装置进行抽气，因而在膜内外形成大气压差，由于砂垫层和竖向排水井与地基土界面存在这一压差，土中的孔隙水发生向竖井的渗流，使孔隙水压力不断降低，有效应力不断提高，而使土逐渐固结。真空预压增加有效应力的原理如图 4-43 所示。在抽真空前，地基处于天然固结状态，对正常固结黏土层，其总应力为土的自重应力，孔隙水压力为地下水位以下之静水压力，膜内外的气体压力均为大气压力 P_a。抽气后，膜内压力从大气压力 P_a 降低至 P_v 形成压差 $\Delta P=P_a-P_v$。此压差，工程上称为“真空度”，该真空度通过砂垫层和竖井作用于地基土，从而引起土中孔隙水向排水井和砂垫层的渗流，孔隙水压力逐渐降低，有效应力不断提高。因此真空预压加固地基的过程是在总应力不变的条件下，孔隙水压力降低、有效应力增加的过程。

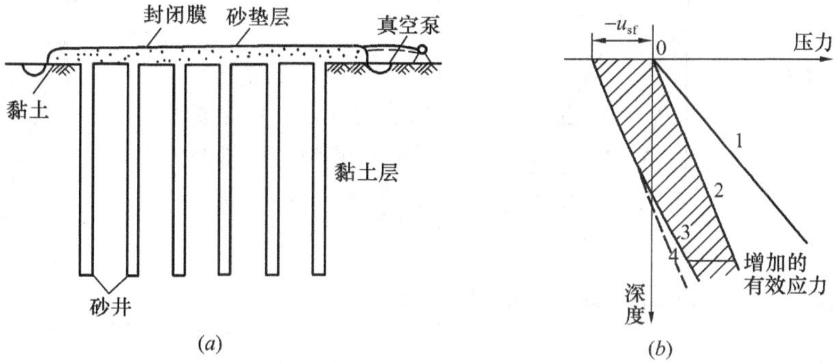

图 4-43 真空预压法的原理

1—总应力线；2—原来的水压线；3—降低后的水压线；

4—不考虑排水井内水头损失时的水压力线

(a) 真空法；(b) 用真空法增加的有效应力

真空预压地基的固结是在负压条件下进行的，工程经验和室内试验及理论分析均表明，真空预压法加固软土地基同堆载预压法除侧向变形方向不同外，地基土体固结特性无明显差异，固结过程符合负压下固结理论。因此真空联合堆载预压加固中竖向排水体间距、排列方式、深度的确定，土体固结沉降的计算，一般可采用与堆载预压基本相同的方法进行。

真空预压法最早是瑞典皇家地质学院 kjellmen 于 1952 年提出的。他在论文中提出了真空预压的理论解释并报导了他们所做的五组现场试验结果。1958 年美国费城国际机场曾用真空深井降水和砂井排水相结合的方法解决跑道的扩建工程（Halton，1965）真空度仅达 380mm 汞柱。1982 年日本在大阪南港采用真空井点降低水位的方法加固大面积吹填土，最大管内真空度达 630mm 汞柱，取得了很好效果（三竺正人等，1985）。我国早在 20 世纪 50 年代末就开展了对真空预压的研究，1958 年天津大学就开始进行真空排水固结的室内试验研究。以后国内一些单位虽进行过小型的现场试验，但由于工艺上存在问题，真空度达不到要求，因而未能在工程中应用。直到 20 世纪 80 年代，交通部一航局、天津大学和南京水利科学研究院等单位对这项技术进行室内和现场的试验研究，取得了成功的经验，膜下真空度达到 600mm 汞柱以上。并成功地将这项技术应用于天津新港软基加固工程中。现在真空预压法已在工程中得到了推广应用。

（二）真空预压与堆载预压的比较

真空预压和堆载预压虽然都是通过孔隙水压力减小而使有效应力增加，但它们的加固机理并不完全相同，由此而引起的地基变形、强度增长的特性也不尽相同，现列表对它们的主要不同点作一比较（表4-9）。

堆载预压和真空预压的比较 **表4-9**

堆载预压	真空预压
1. 根据有效应力原理，增加总应力，孔隙水压力消散而使有效应力增加 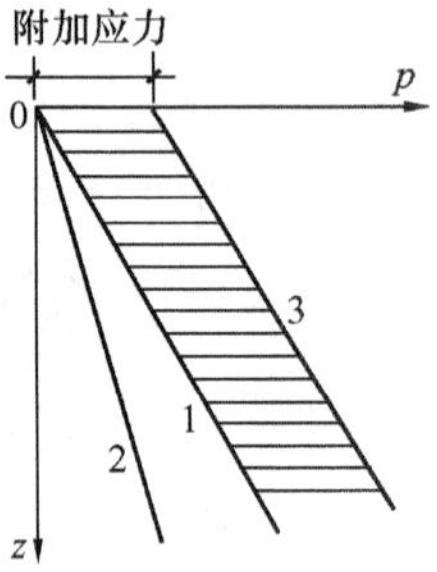 （注：3—附加应力线；1—原地基总应力线；2—地下水压力线）	1. 根据有效应力原理，总应力不变，孔隙水压力减小而使有效应力增加 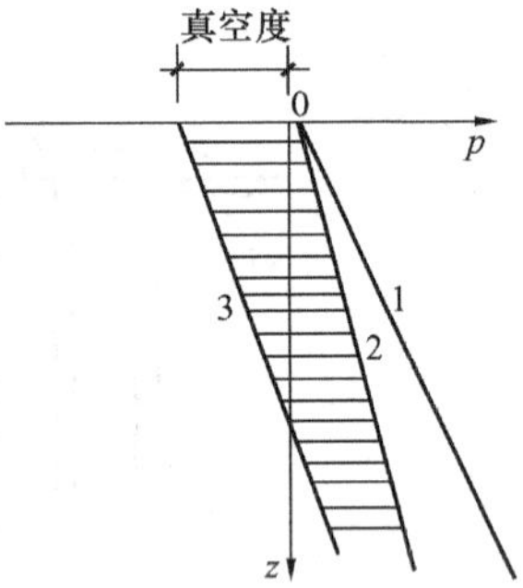 （注：1—原地基总应力线；2—原水压力线；3—降低后的水压力线）
2. 加载预压过程中，一方面土体强度在提高，另一方面剪应力也在增大。当剪应力达到土的抗剪强度时，土体发生破坏如图中的a点 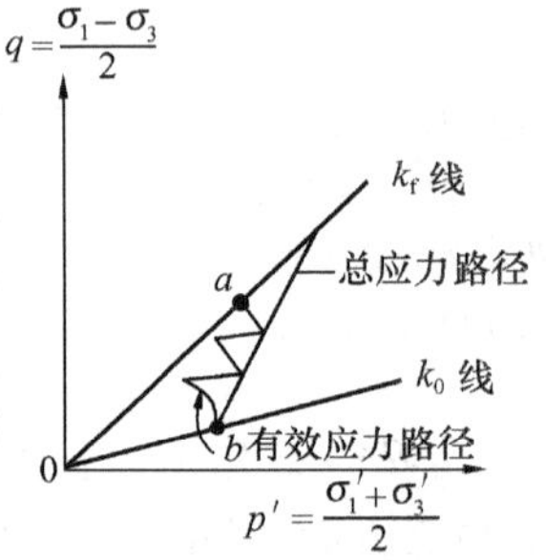	2. 预压过程中，有效应力增量是各向相等的，剪应力不增加，不会引起土体的剪切破坏，在p'-q平面上，有效应力路径从k_0线上的b点出发，平行于p'轴向右移动 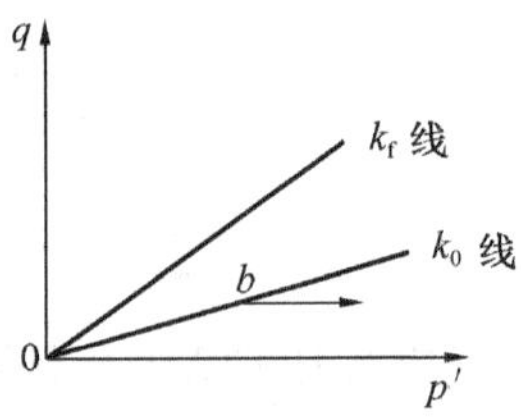
3. 由于第（2）点原因，堆载过程中需控制加载速率	3. 不必控制加载速率，可连续抽真空至最大真空度，因而可缩短预压时间
4. 预压过程中，预压区周围土产生向外的侧向变形	4. 预压过程中，预压区周围土产生指向预压区的侧向变形
5. 非等向应力增量下固结而获得强度增长	5. 等向应力增量下固结而使土的强度增长
6. 有效影响深度较大有效影响深度取决于附加应力的大小和分布	6. 真空度往下传递有一定衰减［实测真空度沿深度的衰减每延米（0.8～2.0）kPa］

（三）真空预压的设计

1. 膜内真空度。真空预压效果与密封膜内所能达到的真空度大小关系极大。根据国内一些工程的经验，当采用合理的施工工艺和设备，膜内真空度一般可维持在600mm汞柱以上，相当于80kPa的真空压力，此值可作为最低膜内设计真空度。

2. 加固区要求达到的平均固结度。一般可采用80%的固结度。如工期许可，也可采用更大一些的固结度作为设计要求达到的固结度。

3. 竖向排水井的尺寸。天津新港的现场试验表明，沉降大部分发生在上部砂井范围内，说明砂井的作用是很明显的。在透水性很小的软黏土中，真空预压必须和竖井相结合才能取得良好的加固效果，如不设置竖井则效果不大。竖井可采用袋装砂井或塑料排水带也可采用普通砂井。排水井的间距直接关系到地基的固结度和预压时间，应根据土的性质、上部结构要求和工期通过计算确定。对塑料排水带或 7cm 直径的袋装砂井，间距一般可在 1.00～1.50m 范围内选用。竖井深度应根据软土层厚度，设计要求在预压期间完成的沉降量和拟建建筑物地基稳定性的要求，通过计算确定。排水井尽量选用单孔截面大排水阻力较小的塑料排水带。当采用袋装砂井时对砂井砂料的渗透性要有要求，尤其当采用小直径袋装砂井的情况。理论计算表明，对于袋装砂井直径为 7cm，长 10m，间距 1.30m，土层的固结系数为 $1\times10^{-3}cm^2/s$ 这种工程上常遇到的情况，当砂井渗透系数小于 $5\times10^{-2}cm/s$ 时，就应该考虑砂井阻力的影响（陈环，1986）。因此，有条件时应尽量选用渗透系数大的砂料作排水材料，或采用较大直径的竖向排水井。

4. 沉降计算。先计算加固前建筑物荷载下天然地基的沉降量，然后计算真空预压期间所能完成的沉降量，两者之差即为预压后在建筑物使用荷载下可能发生的沉降。预压期间的固结沉降可根据设计所要求达到的固结度推算加固区所增加的平均有效应力，从 e-σ'_c 曲线上查出相应的孔隙比进行计算。

和堆载预压不同，由于真空预压周围土产生指向预压区的侧向变形，因此，按单向压缩分层总和法计算所得的固结沉降应乘上一个小于 1 的经验系数方可得到最终的沉降值。该经验系数可取 0.8～0.9，对真空—堆载联合预压以真空预压为主时，可取 0.9。经验系数还有待在实际工程中积累更多的资料。

5. 强度增长。真空预压加固地基，土体在等向应力增量下固结，强度提高，土体中不会产生因预压荷载而引起的剪应力增量，根据有的实测资料（薛红波，1988），地基中某一点某一时间的实测十字板剪切强度 τ_{ft} 与天然强度 τ_{fo} 及固结强度增量 $\Delta\tau_{fc}$ 之和的比值 $\tau_{ft}/(\tau_{fo}+\Delta\tau_{fc})$ 大于 1，其中 $\Delta\tau_{fc}$ 按有效固结压力法计算。

6. 预压区面积和形状影响。真空预压效果与预压区面积大小及长宽比等有关。实测资料表明，预压区面积越大，加固效果越明显。表 4-10 为天津新港现场预压试验的实测结果（叶柏荣，1985）。

预压区面积大小对沉降的影响　　表 4-10

预压区面积（m^2）	264	1250	3000
中心点沉降量（cm）	50	57	74～80

预压区平面形状对加固效果也有影响，它可以通过形状系数 β 来反映，如预压区面积为 S，长宽比为 $n=A/B$，则 $\beta=S/n$。表 4-11 为连云港某厂三个形状不同的预压区预压效果的比较（薛红波，1988）。三个预压区的膜下真空度、平均膜面沉降都基本相等，面积也接近，由于各区的长宽比和形状系数不同，预压后强度增长也不同，β 大则强度增长也大。所以预压区形状应尽可能接近正方形，预压区面积应尽可能大。

预压区形状对强度增长的影响　　表 4-11

预压区	预压面积 S（m^2）	长宽比 $n=A/B$	β（m^2）	预压天数（d）	预压区平均沉降（mm）	预压区平均强度增量（kPa）
D	5033.85	3.677	1369.0	122	655	9.0
E	6570	1.233	5328.5	103	650	13.3
F	6298.6	1.062	5930.9	109	652	15.7

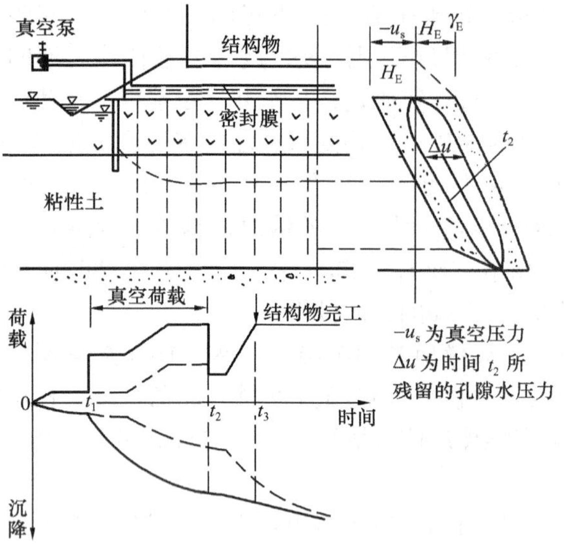

图 4-44　真空和堆载预压（引自稻田倍穗）

7. 真空预压的范围。实测资料表明，预压区中心和边缘的真空度相近（叶柏荣，1983），这为预压区获得较均匀的加固效果打下了基础。某工程实测边缘沉降与中心沉降之比为（85～90)%，预压区外还有一定的沉降量。预压区的大小需根据工程的要求确定，一般应大于建筑物基础外缘所包围的范围，以保证基础范围土的强度增量相差不大，沉降比较均匀，减小建筑物使用期间的不均匀沉降。

8. 真空预压联合堆载预压。工程上真空预压尚可和其他加固方法联合使用。真空预压联合堆载预压就是其中的一种。目前我国工程上真空预压可达到80kPa左右的真空压力，对于一般工程已能满足设计要求，但对于荷载较大，对承载力和沉降要求较高的建筑物，则可采用真空联合堆载预压加固软黏土地基。两种预压效果是可以叠加的，其作用原理如图4-44所示。图4-45为天津新港现场试验所得到的压力-沉降-时间关系曲线，从曲线可看出真空和堆载预压效果是可以叠加的，但真空和堆载必须同时作用（交通部第一航务工程局等，1986）。

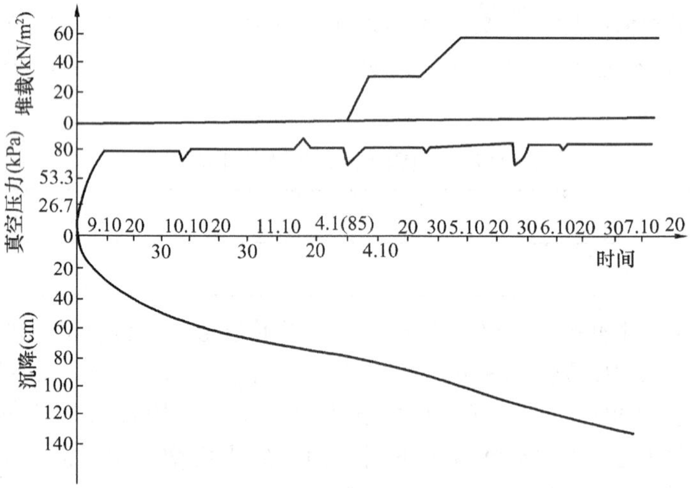

图 4-45　真空联合堆载加固沉降过程线

采用真空联合堆载法，施加堆载时应注意以下事宜：(1) 对真空密封膜上下应进行保护，防止堆载过程刺破；(2) 当真空预压地基固结度达30%～50%后开始堆载效果较好；(3) 施加每级荷载前，均应进行固结度、强度增长和稳定性验算，满足要求后方可施加下一级荷载。

此外，真空尚可与降水预压法联合使用，这是深层抽真空的一种工艺，对深层软土具有良好的加固效果。

三、降低地下水位预压法

降低地下水位预压法，是通过降低地下水位，使降低地下水范围内土的浸水重度变为饱和重度，因而产生了附加荷载，使土层固结、沉降、土的性质得到改善。

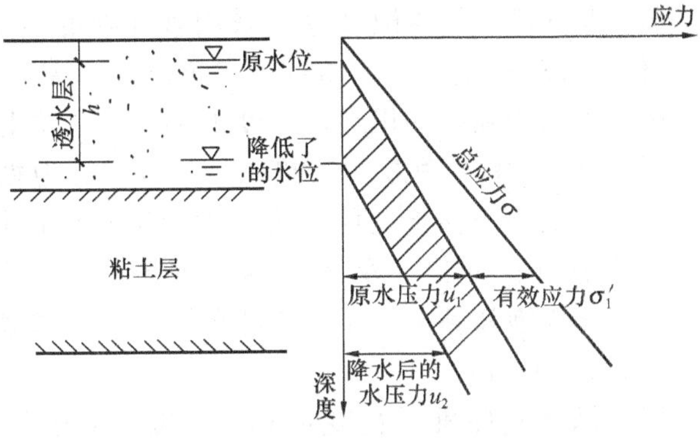

图 4-46 降低地下水位和增加有效应力

降低地下水位预压法作为加固软黏土层的一种方法它适合于黏土层和透水层相连的情况，通过降低透水层中的地下水位或水压，黏土层中的孔隙水压力也随之开始降低，在土层总应力不变的条件下，有效应力相应提高。图 4-46 中阴线部分为降低透水层中地下水位后，土层最终所增加的有效应力。图4-54说明黏土层下部透水层中存在承压水时，通过水压力的降低而使黏土层有效应力增加。

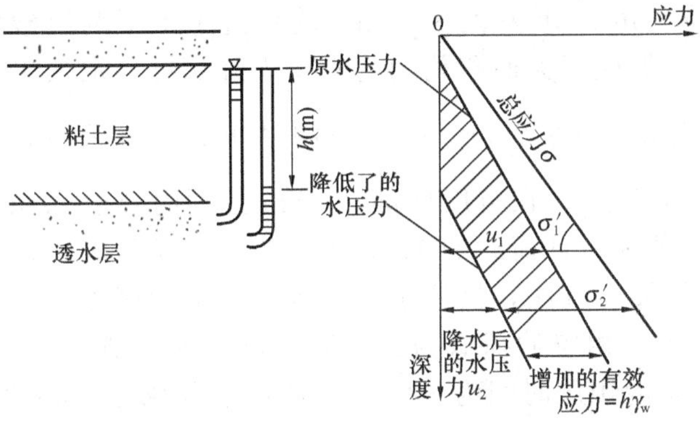

图 4-47 降低承压地下水的水位和增加有效应力

由于黏土层的渗透性很小，降低地下水位后黏土层中孔隙水压力降低缓慢，为加速黏土层的固结过程，可在黏土层中设置排水竖井。

降低地下水位预压法可以和真空法或堆载预压法联合使用。降低水位联合堆载预压法加固地基的原理如图 4-48 所示。该法已成功地在一些工程中应用。对于随着填土荷载增高，地基有可能破坏时，限制堆载高度，采用降低地下水位联合堆载预压法优越性更为显著。以下介绍两个工程实例。

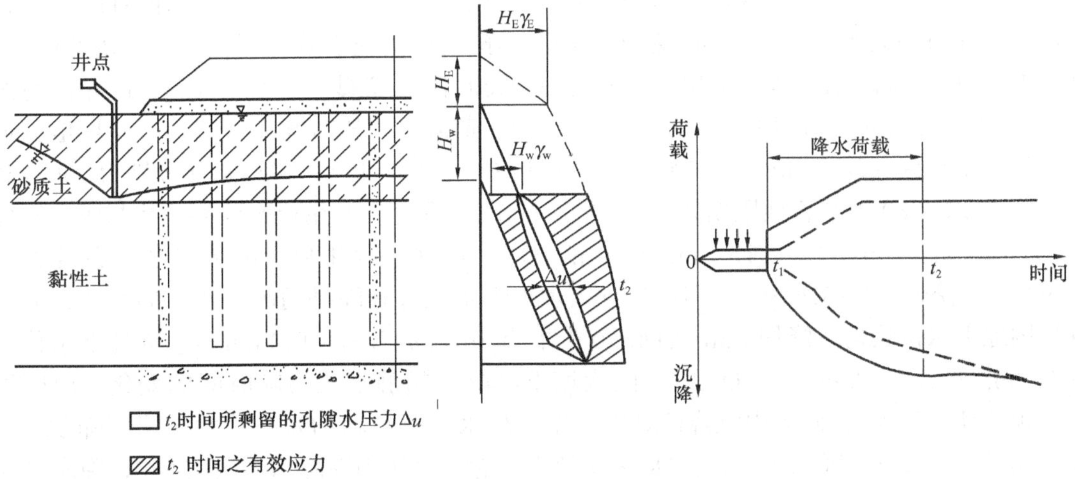

图 4-48 降低地下水位和堆载联合加固法

河北某化肥厂尿素散装仓库采用砂井降低地下水位和堆土预压处理，取得良好效果（常忠仁，1980；盛崇文，1984）。该库场地土层属第四纪全新统地层，按其成因可分三大层：第一大层为陆相冲积层，厚度4～7m，系黏土和亚黏土交互层，软塑～流塑状态；第二大层为陆相沼泽沉积层，厚度12～15m，亦为黏土和粉质黏土交互层，其中有一层厚约0.4～1.5m的砂质粉土夹层；第三大层为陆相冲积层，厚度很大，硬塑～可塑状态。此外，自然地面下约11m及24m深度埋藏有厚度为0.4～0.8m的砂质粉土层，透水性良好，它们作为饱和黏土层固结的排水层，又是降水竖井的地下水汇集层。厂区地下水位埋藏深度0.3～1.4m。

尿素散装仓库堆料宽度46m，长度130m，最大荷载105kN/m²，计算的地基最大沉降量约60cm，屋盖承重结构基础沉降14cm，差异沉降达0.33%。为了使沉降预先完成，决定采用砂井降低地下水位和堆载预压处理。砂井直径42cm，砂井间距考虑到中间荷载较大，采用3.2m，两边砂井间距3.6m，砂井深度18m，达到第三大层顶面。降低水位设计是根据单井抽水试验，按叠加原理绘制井群抽水水位下降曲线来决定竖井的布置，并根据计算，采用10口竖井沿纵向布置成两行，行距26m，每行5口竖井，井距26m左右。竖井内径0.45m，井深22～26m，均穿过了上下两层砂质粉土层，因而增加了竖井的水流渠道，保证了大面积均匀的水位下降深度。水泵采用JQB-1$\frac{1}{2}$-6型潜水泵，其流量为15m³/h，扬程25m，10口井同时抽水，13天后，水位下降达6m，为使预压荷载达到105kN/m²，在宽度中部20.5m范围内堆土2.5m，相当45kN/m²堆土荷载，总的预压荷载为设计荷载的1.23倍。为缩短预压时间，采用地下水位降低、回升、再降低的反复加荷方法，具体预压荷载的施加顺序为：降水→回升→中段堆土→降水→回升→降水。相应的荷载为：60kN/m²→0→45kN/m²→105kN/m²→45kN/m²→105kN/m²。总的预压时间为121天。从位于预压区中心的8号测点看，每次降水都产生新的沉降量，但逐次减小，该点累计沉降42cm。平均固结度达67.5%。

日本一堆载联合降低地下水位预压试验工程（T. Matsui等，1990），其土层分布：表层为非常软弱的吹填土（粉土质）厚6m。（以F_c表示），其下为9m厚松海砂（A_s），37m厚海相沉积软黏土（A_c）和洪积土（DC），预压法实施步骤如下：第一步用20天时间在吹填土顶面铺1m厚砂垫层，然后用30天时间设置砂井，砂井直径50cm，间距3.5m，砂垫层上再加3m厚砂，4m厚砂作为预压荷载，预压时间120天，试验场地分成降低地下水位区（D_1）和两个非降水区（D_2和D_3），D_2和D_3区距D_1区分别为150m和130m，在以后80天堆载预压期间，在D_1区打12个深井，井用透水混凝土管制成，管外径40cm，壁厚5cm，每段1m，井深21m。D_1区深井、砂井和量测装置平面布置如图4-49所示。降低水位持续80天，图4-50表示地下水位分布随时间的变化。抽水3天后深井周围地下水位均匀下降约6m，抽水10天下降8m，距D_1区130m的D_3区地下水位下降约2m。图4-51表示D_1、D_2、D_3区吹填土沉降与超静水压力随时间的变化。由图可见，预压荷载施加后80天内沉降已基本稳定，降水80天以后D_1区吹填土层沉降22cm，D_3区沉降7cm，D_2区沉降2cm。D_1区吹填土层超静水压力在降水开始前为0，降水开始后10天超静水压力很快减小到−37kPa。D_1区降水结束后，无侧限抗压强度达到76kPa，

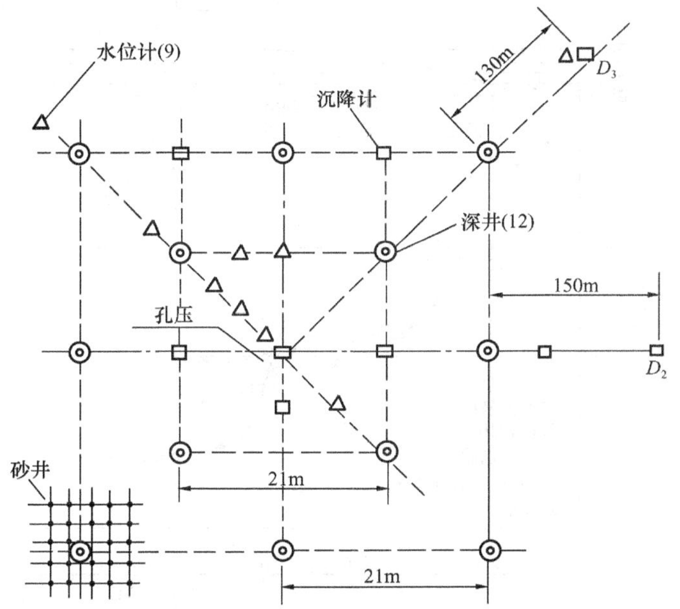

图 4-49 D_1 区深井、砂井、量测装置布置图

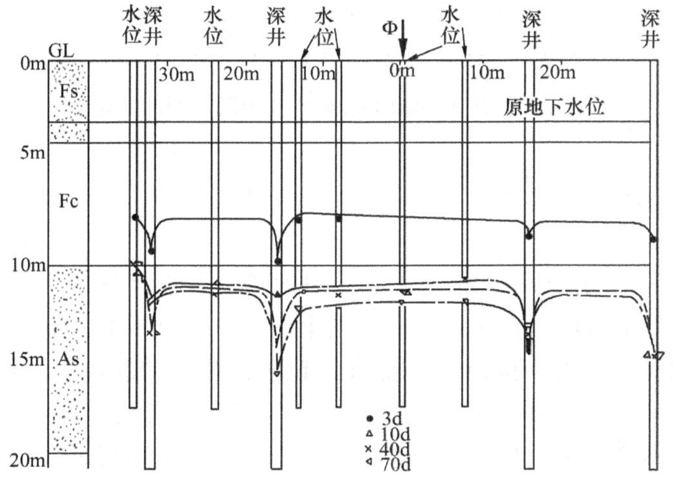

图 4-50 地下水位分布随时间的变化

为预压前的 2 倍，平均含水量从 96%变到 65%，平均密度从 1.48gf/cm³ 增加到 1.59gf/cm³。加固效果显著。

降低地下水位预压法最适用软基上部为易于降低地下水位的砂或砂质土，不适宜在渗透性比较小的软基中采用，当应用真空装置降水时，地下水位大约能降低 6m 左右。需要更深的降水时，则需用高扬程的井点法。

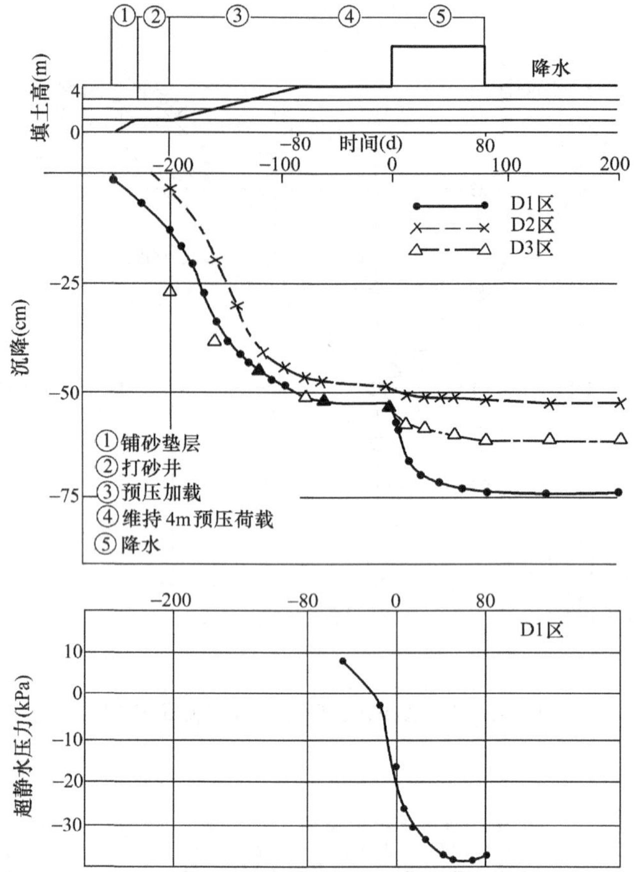

图 4-51 F_c 层沉降和孔隙水压力随时间的变化

4.4 施工工艺

应用预压排水固结法加固软黏土地基是一种改善软黏土自身特性、提高自身抵抗能力比较成熟、应用广泛的方法。该法以改善软黏土地基排水边界条件为主、以设定的衡定荷载先行预压排水固结、改善为满足设计要求的超压密状态的黏性土。从工程施工角度分析，要保证排水固结法的加固效果，主要做好三个环节，首先按设计做好排水系统的施工、即铺设水平排水砂垫层、打设竖向排水井，第二严格做好施加预压荷载的施工、确保在预压加固全过程均匀稳定，第三做好对工程施工起控制作用的监测和加固效果检验、每个环节所用材料，施工工艺及传感元件，仪器等、都必须符合技术要求，它关系到用该法加固软黏土地基的成败。应严格控制，精心施工。

4.4.1 水平排水砂垫层的施工工艺

排水砂垫层在预压排水固结法工程施工中是一项承上起下的工艺环节。

对于堆载预压加固工程施工，砂垫层起着聚积各竖向排水井所排出的水、再通过外排水工艺排出加固范围、应做到与固结沉降同步排水、使堆载材料处于水面以上的作用。

对于真空预压加固工程施工，排水砂垫层不仅起到聚水作用、更重要的对真空预压荷载起着分布和传递作用、即将真空预压荷载通过排水砂垫层传递到软基加固的任何点，边，角、再通过排水砂垫层与竖向排水井的连接点分布到各竖向排水井、并传递到设计加固深度。

一、排水垫层材料的选择

排水垫层材料，一般采用透水性好的中粗砂，其渗透系数一般不低于 2×10^{-2} cm/s 能起到一定的反滤作用，避免土颗粒渗入垫层的孔隙中阻塞排水通道，减小垫层的渗透性。为了保证垫层的渗透性，一般采用级配良好的中粗砂其粒度分布范围如图 4-52 所示，并且要求含泥量不超过 5%，无杂物和有机质混入。粉、细砂一般不宜采用。若理想的砂料来源困难时，也可因地制宜地选用符合要求的其他材料，或采用连通砂井的砂沟来代替整片砂垫层。其构造形式如图 4-53。

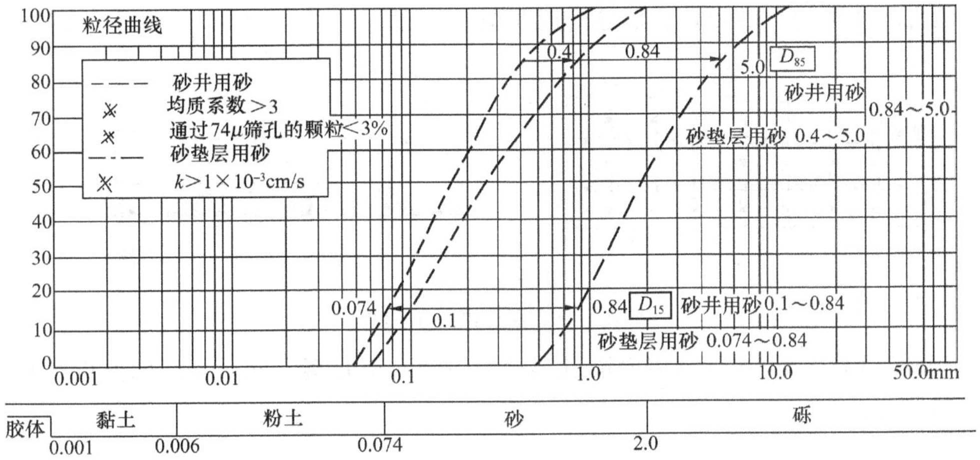

图 4-52 排水砂井及砂垫层所用砂的粒度分布图

二、排水垫层的厚度

排水垫层的厚度首先要满足从土层渗入垫层的渗流水能及时地排出去，另一方面能起持力层的作用。根据需要和工程实践，其厚度按软基所处条件确定：

（一）对陆上一般软土地基排水垫层，厚度一般为 30～50cm。

（二）对于所吹填或新近淤积的超软土，需铺设超厚砂垫层或混合垫层，其厚度根据承载力计算或有关规定确定。

（三）当表层所吹填的砂类土时、可根据砂类上的性能确定排水砂垫层的结构和厚度。

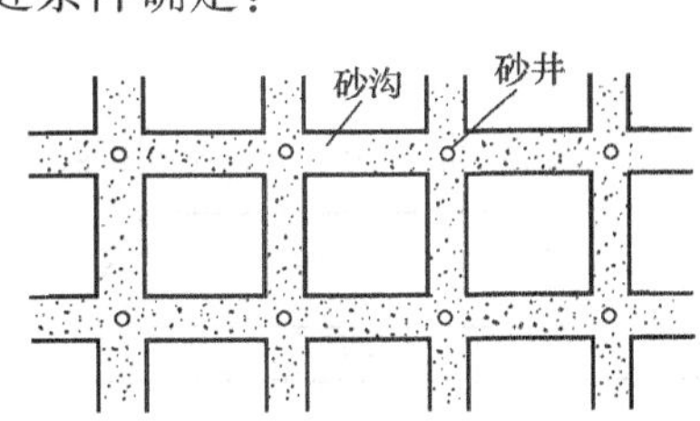

图 4-53 砂沟排水构造

（四）对于潮间带的软基加固工程，排水砂垫层的厚度根据表层软黏土的性能参照陆上规定确定，要做好垫层的封围。

（五）对于水下软基施工条件，砂垫层厚度>100cm。

至于采用那一种垫层，要根据被加固地基表层土的性质及砂井施工机械的性能具体确定。当表层有一定厚度的硬壳层，能承受施工机械的重量时，可按标准排水砂垫层的要求铺设。对于新吹填或最新沉积的超软土地基，应采用刚度较大的荆笆或竹笆与砂垫层复合垫层。

三、排水垫层的施工

排水砂垫层施工方法：

（一）当地基表层具有一定厚度的硬壳层，有一定承载能力，能上一般轻型运输机械时，一般采用机械分堆摊铺法，即先堆成若干砂堆，然后用机械或人工摊平。

（二）当硬壳层承载力不足时，一般采用顺序推进摊铺法。

（三）当软土地基为新沉积或新吹填不久的超软地基，首先要改善地基表面的持力条件，使其能上施工人员和轻型运输工具。工程上常采用如下措施：

1. 软基表面铺荆笆。搭接处用铅丝绑扎，以承受垫层等荷载引起的拉力，搭接长度取决于地基土的性质，一般搭接长20cm。当采用两层荆笆时，应将搭接处错开，错开距离以搭缝之间间距的一半为宜。荆笆搭接如图4-54所示。

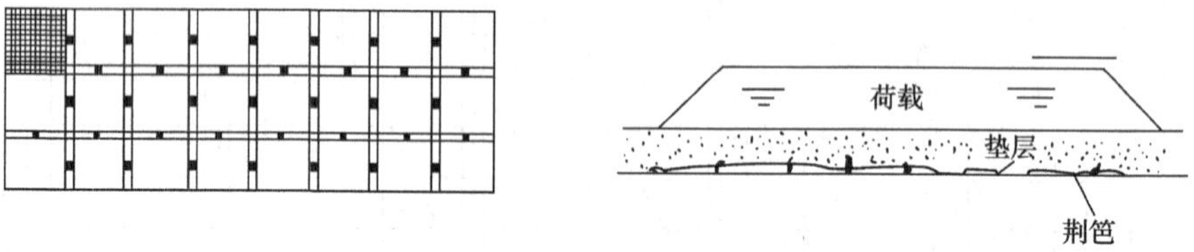

图4-54　荆笆铺设示意图

2. 当软基稍好，可在软基表面铺设塑料编织网或尼龙编织网，编织网上再做砂垫层，如图4-55所示。

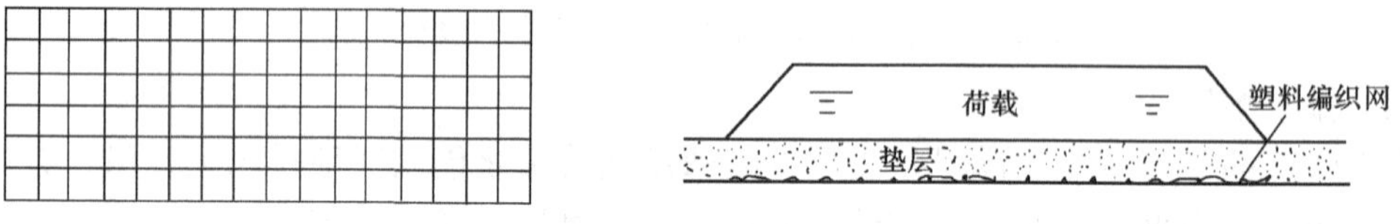

图4-55　塑料编织网

3. 表面铺设土工合成材料，土工合成材料上再铺排水垫层，如图4-56所示。

图4-56　土工合成材料铺设示意图

以上为目前超软地基上施工常用的方法，它们可单一使用，也可混合使用。还可根据当地材料来源，选择具有一定抗拉强度，断面小的材料，应用时考虑软基翻浆特性要求，但所用材料还应满足：

（1）饱水后的材料要有足够的抗拉强度；

（2）当被加固地基处在边坡位置或将来有水平力作用时，要注意由于材料腐烂而形成软弱夹层，给加固后地基的稳定性带来潜在的影响。

4. 尽管对超软地基表面采取了加强措施，但持力条件仍然很差，一般轻型机械上不去，在这种情况下，通常采用人工或轻便机械顺序推进铺设，常用的有以下四种：

（1）用人力手推车运砂铺设；

（2）用轻型小翻斗车铺垫或由轻型汽车改装的专用运砂翻斗车；

(3) 用轻型皮带输送机推进铺设，砂堆不应过大，应及时整平，如图 4-57 示；

(4) 用小型水力泵输砂铺垫。该法系水力冲填，垫层铺设质量好，但要求有充足的水源，砂料需进行二次搬运。

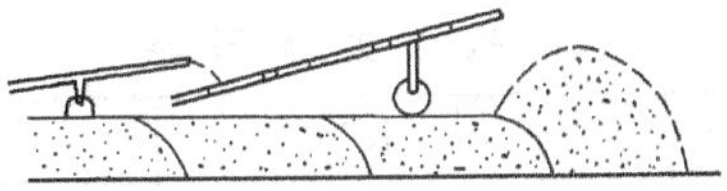

图 4-57 轻型皮带机推进回填

无论采用何种施工方法，在排水垫层的施工过程中都应避免对软土表层的过大扰动和挤出隆起，以免造成砂垫层与软黏土混合或砂垫层被切断，影响垫层的连续性和整体排水效果。另一值得重视的问题是，当采用先打砂井，后铺砂垫层工艺时在铺设砂垫层之前，应清除干净砂井顶面的淤泥或其他杂物，使砂井，排水砂垫层两种原材料结合，以利排水系统整体畅通。

4.4.2 竖向排水井的施工

根据我国应用排水固结法加固软土地基多年实践经验，以及国内外技术发展，竖向排水井随着工程不断扩大应用及科研技术的发展，先后应用过：200mm～500mm 直径的普通砂井；70mm～120mm 直径的袋装砂井；100mm×4mm 塑料排水带。可看出，竖向排水井有个逐步由粗到细，由散装到袋装、由天然材料的砂井到塑料带工厂化生产这个发展过程减少了材料用量，提高了加固效果，简化了施工工艺，提高了加固效果，加快了施工进度，同时与竖向排水井相适应的施工机械和施工工艺都得到相应的发展。

一、砂井的施工工艺

砂井施工工艺直接影响到砂井的施工效率及排水效果，施工一般采用导管法，只是沉管工艺不同、下竖向排水井的方式及底部密封工艺不同。选择工艺时主要从以下三个方面考虑：

(1) 保证砂井连续、密实，并且不出现颈缩现象；

(2) 施工时尽量减小对周围土的扰动；

(3) 施工后砂井的长度、直径和间距应满足设计要求。

砂井施工，我国、日本以及欧美等国家通常采用以下几种方法：

1. 套管法。该法是将带有活瓣管尖或套有混凝土端靴的套管沉到预定深度，然后在管内灌砂、拔出套管形成砂井。根据沉管工艺的不同，又分为静压沉管法；锤击沉管法；锤击、静压联合沉管法；震动沉管法等。通常采用的为后两种沉管方法。

(1) 静压、锤击联合沉管法。用该法施工，往往提管时，由于砂的拱作用及与管壁的摩阻力，将管内砂柱带上来，使砂井断开或缩颈，影响砂井排水效果。为了不使套管内的砂带上来，保证砂井的连续性，一般辅以饱水气压法（称为气压法）的施工工艺。

在使用气压法施工时，要严格按照工艺要求进行，在解决好套管的气密性后，所施加气压的大小，应根据套管管径，砂井长度，及所用材料性质，通过试验具体确定。一般情况下，气压控制在 400～600kPa，当管底提升到距地面 5m 时，应及时降低压力，以免压力过大，气压外翻、冲扰表层土及砂井顶部的砂。由于气压法施工工艺比较复杂，目前工程上应用尚不普遍。

(2) 振动沉管法。以振动锤为动力，将套管沉入到预定深度，灌砂后振动提管形成砂井。采用该法施工不仅避免了管内砂随管带上，保证砂井的连续性，同时砂受到振密，砂井质量好。

激振力参考表 表4-12

套管直径（cm）	长度（m）	参考激震力(kN)
20	4～10	80～120
30	5～15	100～250
40	10～25	200～400

应用振动沉管工艺时，激振力与套管的直径，长度的关系，可参照表4-12选用。

采用沉管法砂井施工，工程上所关心的问题是，沉管过程对周围土体震动挤压扰动及管壁与土体的剪切作用而对软土强度以及涂抹作用对土的渗透性的影响。由于沉管过程中的体积挤压置换作用对土结构的扰动，使土的强度降低，但经过一段时间以后，由于土的结构强度恢复以及挤压引起的孔隙水的消散产生一定的压密，中下层土体的强度逐渐得到恢复和提高。因此，只要在砂井施工结束，停歇一段时间进行加载，中下层土体就不致对工程造成不利影响。但对于表层土体，由于其自重压力小，仅1m砂垫层覆盖压力不足以阻止由于体积置换引起的膨胀隆起，造成土体的密度减小、强度降低、而且无挤密作用。当上部施加荷载时，必需严格控制加荷速率，以避免产生过大的剪切位移，对工程结构造成影响。

涂抹系光滑的套管与土体接触面处相对运动的剪切作用，使土颗粒位移重新排列引起的，涂抹对土体渗透性的影响、取决于土体的结构特性，对黏粒含量比较高的均匀饱和软粘上影响比较小，而对黏土与砂交互薄层的带状结构，有可能黏土颗粒薄膜遮住粉砂薄层，由于涂抹层很薄及排水初期较高超静水压力的作用，对排水效果的影响会减弱。尽管涂抹作用、在一定程度上会影响土层的固结速率、其影响程度和土层结构特性、竖向排水井施工工艺、成孔直径大小等有关、应根据具体情况分析确定。

2. 水冲成孔法。该法是通过专用喷头，在水压力射流，冲击作用下成孔，成孔后经清孔，再向孔内灌砂成形。采用该法施工时，有两个环节需特别注意，一是成孔工艺难度较大，如：配置好喷射嘴的大小和方向及冲孔时水压力大小和冲水时间。这和土层性质有关，在对孔深度范围内各土层的性质不同而用相同水压时，会出现成孔直径不同的现象；再则水冲成孔后，孔壁侧压力的变化，对软黏土地基会出现缩孔、塌孔等现象，在成孔过程中、必须控制好孔内泥浆的浓度。二是孔内灌砂质量。孔内泥浆总会存在的，在灌砂过程中砂与泥浆易混合、使砂中含泥量增加，会使砂井渗透系数降低，这对土层的排水固结是不利的，并且若泥浆排放疏导不好，也会对水平排水垫层带来不利影响。

水冲成孔工艺，对土质较好且均匀的黏性土地基是较适用的，但对土质很软的淤泥，因成孔和灌砂过程中，容易缩孔，很难保证砂井的直径和连续性。对于夹有粉砂薄层的软土地基，若压力控制不严，易在冲水成孔时出现串孔，对地基扰动较大，应引起注意。

水冲成孔法设备比较简单，对土的扰动相对较小，但在泥浆排放、塌孔、缩颈、串孔、灌砂等方面都还存在一定的问题。

3. 螺旋钻成孔工艺。该法以动力螺旋钻钻孔，属干钻法施工，提钻后孔内灌砂成形。此法适用于陆上工程、砂井长度在10m以内，土质较好，不会出现缩颈、塌孔现象的软弱地基。此法在美国应用较广泛，该工艺所用设备简单而机动，成孔比较规整，但灌砂质量较难掌握，对很软弱的地基也不太适用。

以上砂井施工，各种方法都有其自身的特点、适用范围和存在问题，因此在选用砂井施工工艺时，应根据待加固软土地基的特性和施工环境以及本地区的经验，在确保砂井质量的前提下，全面分析，审慎确定。

二、袋装砂井施工

1. 袋装砂井的发展与应用

袋装砂井是在探讨、改进砂井存在的问题而发展起来的，工程实践经验表明，大直径砂井的施工存在以下普遍性的问题：

(1) 砂井不连续或缩颈现象很难完全避免；

(2) 所用设备相对比较笨重，不便于在很软弱的地基上进行大面积施工；

(3) 从排水要求分析，不需要普通砂井这样大的断面，这完全是砂井施工的需要，因此，这种砂井材料消耗大；

(4) 造价相对比较高。

袋装砂井在工程中的应用，基本上解决了大直径砂井所存在的问题，使砂井的设计和施工更加科学化。它保证了砂井的连续性；打设设备实现了轻型化，比较适应在软弱地基上施工；砂用量大大减少；施工速度加快、工程造价降低，更重要的是排水距离缩短具有优越的排水固结条件是一种比较理想的竖向排水体。我国于 1977 年首先由交通部第二航务工程局科研所引进这项技术，并结合 711 工程进行了试验研究，取得了成功的经验，以后在天津新港地区、台州电厂煤场等工程都采用了袋装砂井处理软黏土地基，取得良好效果。

2. 袋装砂井直径

袋装砂井直径是根据所承担的排水量和施工工艺要求决定的，一般采用 7～12cm 的直径。

3. 袋子材料的选择

根据排水要求，袋装砂井的编织袋应具有良好的透水性，袋内砂不易漏失，袋子材料应有足够的抗拉强度，使能承受袋内砂自重及弯曲所产生的拉力，要有一定的抗老化性能和耐环境水腐蚀的性能，同时又要便于加工制作、价格低廉。目前国内普遍采用的袋子材料是聚丙烯编织布。该材料的特点是，具有足够抗拉强度，耐腐蚀，便于制作，对人员无害，价格低廉，但其抗老化性能较差，只要袋装后即时使用，避免紫外线直接照射，它仍是一种比较理想的袋子材料。

4. 袋装砂井施工

由于袋装砂井断面小，重量轻，减轻了施工设备重量，简化了施工，提高了打设效率。现在国内外均有专用的施工设备，一般为导管式的震动打设机械，只是在行进方式上有差异。我国较普遍采用的打设机械有轨道门架式，履带臂架式，步履臂架式，吊机导架式等。

袋装砂井的施工程序包括立位、整理桩尖（有的是与导管相连的活瓣桩尖，有的是分离式的混凝土预制桩尖），振动沉管、将砂袋放入导管，往管内灌水（减少砂袋与管壁的摩擦力）、振动拔管等。为确保质量，在袋装砂井施工中，应注意以下几个问题：

(1) 定位要准确，砂井垂直度要好，这样就可确保排水距离和理论计算一致。

(2) 砂料含泥量要小，这对于小断面的砂井尤为重要，因为直径小，长细比大的砂井，井阻效应较为显著，一般含泥量要求小于 3%。

(3) 袋中砂宜用风干砂，不宜采用潮湿砂，以免袋内砂干燥后，体积减小，严重者断层，造成袋装砂井缩短与排水垫层不搭接或缩颈、断颈等质量事故。

（4）袋中灌砂长度，要考虑饱水沉实量。

（5）下袋时要慢，与袋中砂饱水速度相适应，以免出现断颈和缩颈。

（6）聚丙烯编织袋，在施工时应避免太阳光长时间直接照射 。

（7）砂袋入口处的导管口应装设滚轮，避免砂袋被挂破漏砂。

（8）施工中要经常检查桩尖与导管口的密封情况，避免导管内进泥过多，将袋装砂井上带，影响加固深度；

（9）确定袋装砂井施工长度时，应考虑袋内砂体积减小，因饱水沉实而减小，袋装砂井在孔内的弯曲、超深以及伸入水平排水垫层内的长度等因素，避免砂井全部深入孔内，造成与砂垫层不连接。

三、塑料排水带的施工

塑料带排水法是在纸板排水法基础上发展而来的。是对袋装砂井排水阻力的改进，纸板排水法是由瑞典皇家土质研究所研究发明的。塑料带排水法的应用弥补了纸板在饱水强度、耐久性、透水性等方面的不足。塑料带排水法的研究与应用在日本发展很快。我国引进后，于1983年由华东水利学院（现河海大学）、交通部第一航务工程局科研所（现天津港湾工程研究所）、天津港务局等单位在天津新港进行了现场对比试验，试验结果表明：塑料排水带、排水阻力小、连续性好、完全避免了断颈和缩颈，确保了预压排水固结法加固软基技术效果。1984～1985年开始大面积在软基和超软基加固中应用，由于其单孔排水截面在以 $2\times2=4mm^2$ 计，为0.5mm均质颗粒，矩形排列单孔隙面积 $0.054mm^2$ 的70倍以上，且为直孔通道、孔壁光滑，排水阻力小，而且质量轻，强度高，便于搬运连续施工条件好，打设效果高，施工质量便于控制等优点，很快在大面积软基或超软基加固工程中应用，在国家“七五”科技发展规划期间，真空预压加固软基技术为重点推广项目，先后于1987年已在天津港东突堤陆域软基加固48万 m^2 国际招标工程及码头后方软基加固国际招标工程，济南遥墙国际机场主跑道深层软基加固工程，该两项重点工程应用，均取得完全成功的加固效果，通过了国家验收。相继在宁波机场工程、京津塘高速公路工程，连云港碱厂工程，沪-宁高速公路，深圳盐田、皇岗等工程软基加固工程中应用，都取得了良好效果，塑料排水带已取代袋装砂井在我国软基或超软基加固工程中得到广泛应用。

1. 塑料排水带的性能及规格

（1）塑料排水带的性能

塑料排水带的特点是，单孔过水断面大，排水畅通、排水阻力小质量轻、强度高、耐久性好，是一种较理想的竖向排水体。

塑料排水带由芯板和滤膜组成，芯板由聚丙烯和聚乙烯塑料加工而成两面有间隔沟槽的板体，滤膜由化纤材料，无纺胶黏而成，土层中的固结渗流水通过滤膜渗入到芯板沟槽内，并通过沟槽沿深度向上排入砂垫层中，再汇集于真空分布管由射流泵抽出。根据塑料排水带的结构，要求滤膜渗透性好，与黏性土接触后，其渗透系数不低于中粗砂，排水沟槽输水畅通，此外，塑料带排水沟槽断面不因受土压力作用而大幅减小，这是塑料带在水平力作用下保持正常排水作用至关重要的问题。因此，在选用塑料带时，应着重于带芯材料特性、滤膜质量、单孔排水截面大小，塑料带的芯板与滤膜的相对变形等因素综合考虑。

（2）塑料排水带的结构

塑料排水带由于所用材料不同，结构也各异。国内外工程上所应用的塑料带结构，主要有图 4-58 所示几种。

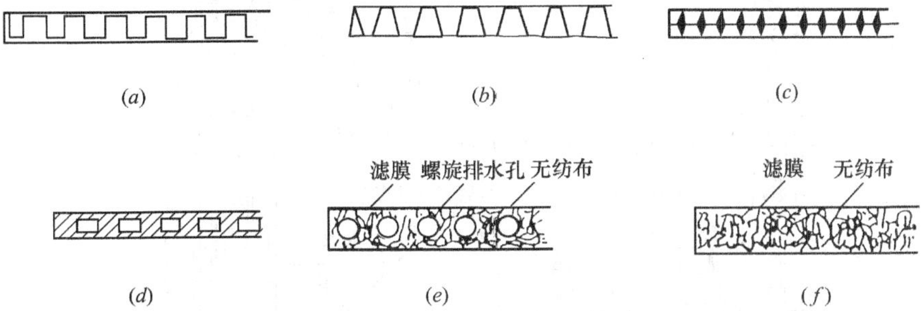

图 4-58 塑料排水带的结构

(*a*) Ⅱ槽塑料带；(*b*) 梯形槽塑料带；(*c*) △槽塑料带；

(*d*) 硬透水膜塑料带；(*e*) 无纺布螺旋孔排水带；(*f*) 无纺布柔性排水带

(3) 塑料排水带材料

①板芯材料。沟槽型排水带，如图 (4-58) (*a*) 至 (*c*)，考虑到在土体侧压力作用下不产生压缩变形国内外多采用聚丙烯或聚乙烯及聚氯乙烯塑料带芯，因聚氯乙烯材料质软、延伸率高，易在侧压力作用下变形使过水断面大幅度减小。对排水效果影响较大，不宜采用多孔型带芯，一般采用耐腐蚀的涤纶丝无纺织布，如图 4-58 (*e*) 和 (*f*)。从变形，排水阻力两方面分析：不宜采用。滤膜、芯板为整体结构的排水带，如图 4-58 (*d*)，该类型排水带，在结构方面比较好，其对材料及生产工艺要求比较高，而且成本高，大面积应用难以实现。

②滤膜材料。一般采用耐腐蚀的涤纶衬布，涤纶布不低于 60#，含胶量适当，以保证涤纶布滤膜饱水后的强度及拉伸变形满足要求，为此，胶黏剂必须有非常好的水稳性，遇水不溶解、不软化，而且有较好的透水性，芯板材料中不宜掺入有机混合料。

目前我国生产塑料排水带厂家比较多，结构型式基本为两种，即图 4-58 (*b*)、(*c*)。

2. 塑料带排水法的施工工艺

(1) 塑料排水带插板机

塑料带排水法的施工机械，基本上可与袋装砂井打设机械共用，可用圆形导管或矩形导管。插带机如图 4-59 所示。日本使用一种专门插带机。其机械化和自动化程度较高。

根据我国软基加固工程施工经验，以轻型门架型为主体，其他机型只要软基承载能力满足施工机械要求可兼用。竖向排水带施工机械应具有以下特点：整机重量轻适应软基承载能力低的特点，机构简单、移动方便、定位快、施工效率高，施工质量易控制且稳定。

振动锤激振力参考值　　表 4-13

长度 (m)	导管直径 (mm)	震动锤击振力 (kN)	
		单 管	双 管
<10	130～146	8～12	
10～20	130～146	14～18	
>20		>20	

采用振动打设工艺，一般采用单管打设机械，振动锤激振力大小，可根据导管截面大小、加固深度、土层结构、表面硬壳层的性质具体确定。一般参照表 4-13 选用。

(2) 塑料排水带导管靴与桩尖

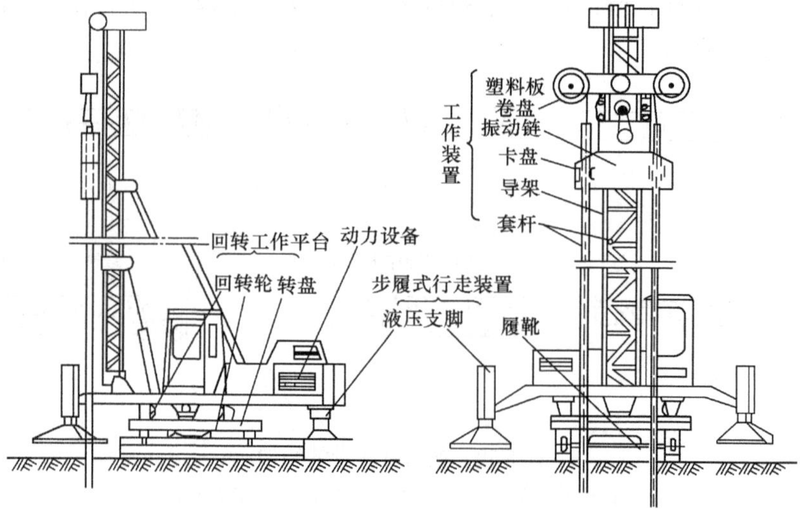

图 4-59 IJB-16 型步履式插板机

打设塑料带的导管我国通常采用棱形或圆形导管加矩形管靴，均为开口与活动桩类组合型，由于矩型管靴断面不同，所用桩尖各异，桩尖主要作用是在打设塑料带过程中对塑料带起锚定作用，将排水带带到预定深度，而且防止淤泥进入导管内，增加管靴内壁与塑料带的摩阻力，提管时将塑料带带出。

通常采用的桩尖形式为：

①连续使用型活动桩尖。

该类型桩尖是我国天津交一航四公司在施工中创造性的发明，简化了施工，节省了桩尖费用。但这种活动连续型桩尖与桩靴加工配合要求比较高，成无间隙配合，要有效的阻止流动性淤泥进入导管。连续活动桩尖由小断面的钢环链或细钢丝绳连接，可多次反复使用。连续活动桩尖结构与排水带连接形式，分为外绕挂带型和内挂型两种。连续活动型桩尖在软基加固工程施工中应用，是一项技术创造和发展。已得到广泛应用。

②倒梯形绑扎连接固定型桩尖。此桩尖配矩形管靴，一般为塑料制品，薄金属板也可，该类型桩尖每根排水带一个，桩尖形状如图 4-60 所示。

③倒梯形楔挤压连接固定型桩尖。此配矩形管靴，该桩尖固定塑料带比较简单，一般为塑料制品，也可采用薄金属板，该类型桩尖每根排水带一个桩尖形状如图 4-61 所示。

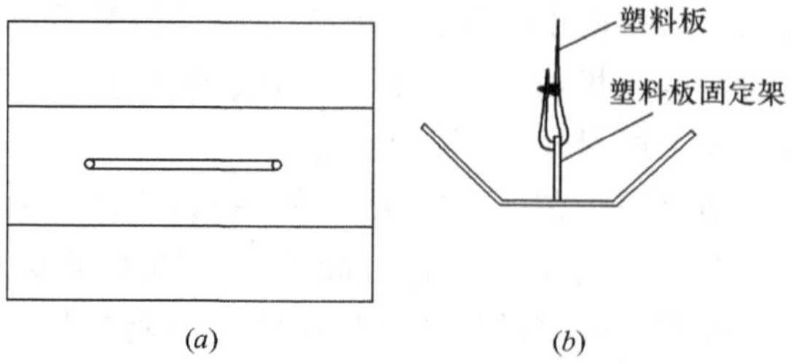

图 4-60 倒梯形桩尖

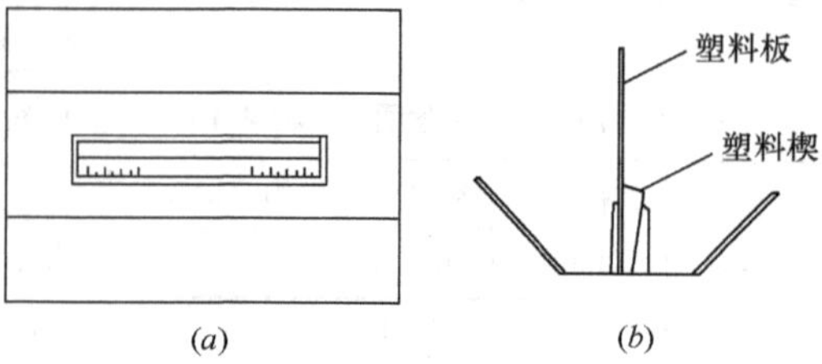

图 4-61 楔型固定桩尖

(3) 塑料排水带的施工工艺

塑料排水带打设工艺为：

① 将配备好的竖向排水带施工机械就位；

② 定位：在排水砂垫层表面，做好桩位标记；

③ 穿板：将竖向排水带经导管内穿出管靴，与桩尖连接后拉紧，使桩尖与管靴贴紧；

④ 沉管；将导管沉入桩位，校准导管垂直度后随绳下沉，后再开振动锤沉入设计深度；

⑤ 拔管：首先将导管内排水带放松，使其在导管内自然下垂，边振动边拔管，当塑料排水带与软黏土黏结锚固形成后，无可能上带时，停止振动静拔至地面；

⑥ 在砂垫层上预留 20～30 厘米剪断塑料排水带，并检查管靴内是否进入淤泥，而后再将排水带与桩尖连接、拉紧，移向下一桩位；

⑦ 重复③～⑥。

塑料排水带在施工过程中应注意以下几点：

① 排水带滤膜在搬运、开包和打设过程中避免损坏，防止淤泥进入带芯堵塞输水孔影响塑料排水带的排水效果；

② 塑料排水带与桩尖连接要牢固，避免提管时脱开，将塑料排水带带出；

③ 桩尖平端与导管靴间配合要好，避免不平错缝使淤泥在打设过程中进入导管抱带，增大对塑料排水带的阻力，将塑料排水带带出，当塑料排水带带上 1m 以上时应及时查找原因、采取措施并同时补打；

④ 定位沉管时宜拉绳下沉，避免导管弯曲影响径向距离；

⑤ 在塑料排水带需要接长连接时，应采用滤膜开口相对内插平搭接的连接方法，搭接长度应超过 20cm 以上连接方法如图 4-62 所示。

⑥ 塑料排水带打设后，首先清理干净排水砂垫层内塑料排水带周围的淤泥，使排水及真空，传递压力连接通道畅通，同时认真检查塑料排水带导孔收缩恢复情况，凡未完全收缩恢复的必须用砂填满捣实，避免在施加真空预压荷载时成洞吸破密封膜，影响真空密封及真空预压荷载的施加；

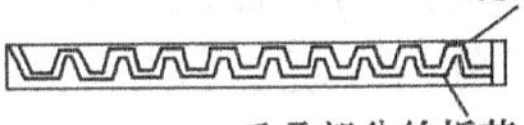

图 4-62 塑料带接头断面示意

⑦ 将塑料排水带板头埋入排水砂垫层中。

4.4.3 预压荷载

排水固结法加固软土地基是由在软土地基内设置竖向排水井，铺设水平排水垫层和对地基施加固结压力来实现的。施加固结压力的荷载，依据施加工艺的不同一般分为三大类；一是在被加固软基表面施加实体荷载或以建筑物自身的重量做为预压荷载称为堆载预压加固法；其二是对被加固软基体积抽真空形成的大气压差做为预压荷载称为真空预压加固法；三是对被加固软基范围降低地下水位以降水范围内的重度差做为预压荷载称为降水预压加固法；由于施加预压荷载工艺和性质不同，以及预压荷载向深度传递方式不同，其对任一点附加应力、软基加固工程施工工艺及加固效果的影响各异。

一、堆载预压加固法的预压荷载施加

(一) 堆加实体荷载施工

堆加预压荷载是在被加固软基面积范围内，预先堆筑等于或大于设计荷载的实体材料，使软基在实体荷载的作用下排水固结，消除沉降，提高地基强度，以满足设计要求的预压排水固结法。

堆载预压的材料一般以散料为主，如石料、砂、砖土及用分层施加等，大面积施工时通常采用自卸汽车与推土机联合作业。对超软地基的堆载预压，第一级荷载宜用轻型机械施工，当机械堆载施工工艺不能满足软基整体稳定要求时可采用人工作业，必要时采取补强措施。

堆载预压法施工时应注意如下问题：

1. 单元堆载面积要足够大。以保证深层软基加固效果，堆载的顶面积不小于建筑物底面积。当软基比较深厚时，考虑荷载的边界作用应适当扩大堆载的底面积，以保证建筑物范围内的地基得到均匀加固。

2. 堆载要严格控制加荷速率、分级荷载大小要适宜，保证在各级荷下地基的稳定性，堆载时宜边堆边摊平，避免部分堆载过高而引起地基的局部破坏。

3. 对超软黏性土地基，首先应设计好持力垫层，对其分级荷载大小、施工工艺更要精心设计以避免对土的扰动和破坏。

4. 堆载预压荷载是根据堆载材料的特性计算的，当预压固结沉降较大时，堆载材料已浸入水位以下时，应增加堆料荷载以弥补堆载材料浸入水中的荷载损失。

（二）利用建筑物自重做为预压荷载

利用建筑物本身的重量对地基加压是一种经济而有效的方法，国内外都有广泛的应用。该法的特点是，利用建筑工程自身荷载、无需施加实体堆载材料，在建筑工程施工过程中即预压荷载施加过程，地基在建筑荷载作用下排水固结逐渐消除沉降。此法一般应用于以地基的稳定性为控制条件，能适应较大变形的建筑物如高路堤、土石坝，油罐等。此法的缺点是，施加预压时间较长，工期紧迫时很难实施。因此在确定采用此预压荷载方式时，应全面的对建筑工程特点、基底软基结构特性、厚度、埋藏深度、荷载大小及使用方式进行分析，堤、坝填土质量很难符合工程主体质量要求，及建筑工程建成后使用留下了诸多不利因素，对活荷载反复作用振动频率较大，而且对沉降差有严格要求的建筑物不适宜。

对于油罐、水池等建筑物，在管道连接前通常先进行充水预压，这样一方面可检验罐体本身是否有渗漏现象，同时，更重要的是，这类建筑物使用荷载都比较大，如一万至三万 m^3 的油罐，最大基底压力达 $p=160\sim230kN/m^2$，天然地基承载力不足，必须通过分级逐渐充水预压，使地基土强度提高以满足稳定性要求。并且为保证建筑物正常使用，对差异沉降有严格要求的建筑工程，特别是对浮顶罐，如油罐中心与边缘沉降差，直径两端的沉降差；沿圆周方向的沉降差等都有一定要求，设计时应得到满足。同时尚应计算油罐地基的总沉降量，以便确定基础的预留高度。但充水预压后，罐底应仍成为倒锅底形，以避免存油，减少维修时事故。

对于路堤、土石坝等建筑物，由于填土高、荷载大，地基的强度不能满足快速填筑的要求，工程上都采用严格控制加荷速率，逐层填筑的方法，使软基在填筑荷载作用下，排水固结度达一定程度，强度得到相应提高，地基的整体稳定性基本得到保证，但有害沉降并未完全消除，而且建筑工程轮廓荷载边界条件所限，特别是堤、坝的顶边缘和边坡下，由于荷载小，对软土地基加固效果差，特别是深层软基更差。在活荷载和震动的双重反复作用，变形长时间的连续发生累计变形较大时，不得不多次进行调整维护，严重时丧失了使用条件，这种工程实例是比较多的。应引起重视。

二、真空预压加固法的预压荷载施加

真空预压荷载施加，是在被加固软基表面和深度范围内完全密封抽真空特定条件下，被加固软基内外形成大气压差，并以此做为预压荷载，当设计荷载超过 80～90kPa 时可与堆载联合使用，称真空联合堆载预压排水固结法。

真空预压法和真空联合堆载预压法在新港取得大面积工程应用效果后，已完成天津新港、济南国际机场、连云港碱厂等多项重点工程大面积软基加固工程达 200 万 m^2，至此广东、广西、福建、浙江、江苏等省均已推广应用（目前正向其他省扩大应用）。该法适用于渗透性比较小的饱和软黏土地基，特别是超软地基，对于表层一定深度范围内有透水层存在时，可采取改进密封措施后进行真空预压加固软基工程施工，该改进密封措施、由交通部一航局港研所土工研究室在“七五”重点项目推广的济南遥墙国际机场跑道软基加固工程创造性的应用、并取得成功。为真空预压法加固软基工程施工扩大应用领域打下坚实的基础。

在真空预压过程中，加固体内外大气压差，孔隙水的渗透方向，渗流力引起的附加应力、剪应力等均指向被加固土体，所引起的侧向变形，指向被加固土体，因此，80kPa 预压荷载可一次施加。被加固软基不会出现堆载预压那样的剪切破坏。

真空预压法还适用于无法堆载的倾斜地面和施工场地狭窄的地基处理。

真空预压法所用的设备和施工工艺均比较简单，无需大量的大型设备，便于大面积施工。

（一）真空预压荷载工艺设计与工艺

在完成排水系统设计与施工后，为了保证地基在较短的时间内均匀的施加完预压荷载达到满足设计要求的加固效果，必须将抽真空和竖向排水体这个整体工艺、同步的分布和传递作用，采用先进的抽真空设备和真空预压荷载施加工艺，为确保各环节的施工质量，采用如下工艺流程：

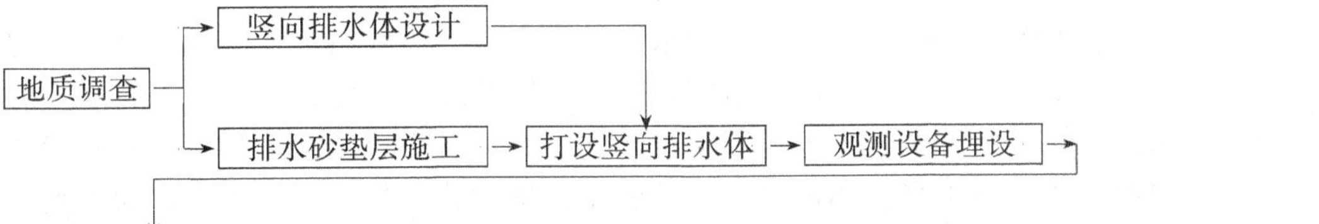

1. 真空分布滤管的布设。真空分布管埋于排水砂垫层中，其主要作用是：做为泵与竖向排水带排的连接点及减小排水砂垫层排水及真空预压荷载传递阻力作用，在抽真空预压过程中不仅将各竖向排水带排入砂垫层内的水汇集于分布管抽出加固体外，更重要的使真空预压荷载通过真空分布管均匀传递到排水砂垫层的每一点，再通过排水砂垫层与竖向排水带的连接点传递到每根排水带的预定深度，所以真空分布管及已施工完成的排水系统，在真空预压排水固结法加固软基工程施工中起着排水和传递真空预压荷载的双重作用。真空分布滤管根据一般采用条形或鱼刺形两种排列方法，如图 4-63 和图 4-64 所示。

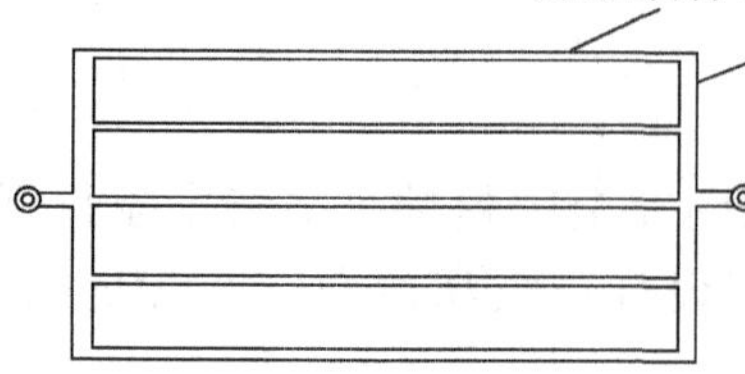

图 4-63 真空分布管条形排列示意图

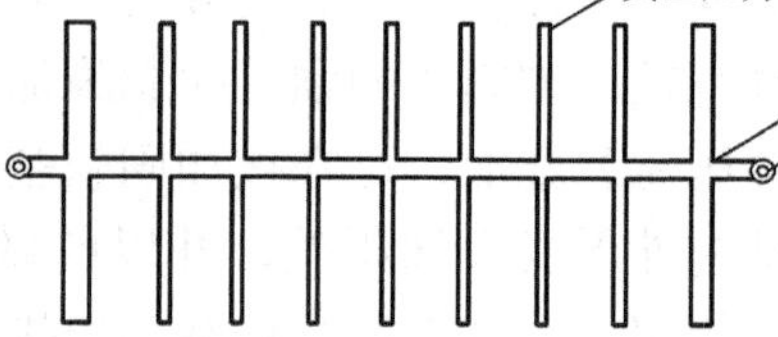

图 4-64 真空分布管鱼刺形排列示意图

通过多项工程施工实践和技术经验，采用周边为封闭环形的格状真空分布管工艺结构比较理想，如图 4-63，在正常情况下使真空压力分布均匀，一但在加固单元体中局部出现非正常情况时，可通过纵横连通的真空分布管相互平衡取得弥补，以及时采取补救措施，确保了真空预压加固全过程真空压力均匀分布。

在施工中采用何种排列形式，以及滤水管长度和间距，根据排水砂垫层材料的性质及施工特点具体确定。在一般情况下，当单元加固面积较大时，以采用封闭环行格状结构为宜，如遇有特殊的不规则地形时，则应因地制宜地进行真空分布管布设工艺设计。

真空分布管的埋深，根据排水砂垫层厚度具体确定，一般设在排水砂垫层中部，当排水砂垫层较厚时，一般在滤水管上有 10～20cm 砂覆盖层为宜，但应防止尖锐物露出砂面刺穿密封膜。

真空分布管根据其作用及排出水质特性选用塑料管材为宜。要求真空分布管在预压过程中能适应地基的变形差，能承受足够的径向压力，而不出现径向变形。

真空分布管的滤水孔，一般采用 ϕ8～10mm，间距 5cm，三角形排列，如图 4-65 示。也可采用其他滤水结构的真空分布管。

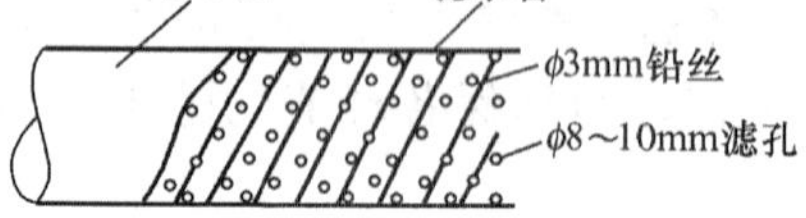

图 4-65 滤水管结构图

为确保真空分布管滤水效果，应采取扩大滤水面的措施，一般在滤水管上绕 3mm 铅丝，螺距 5cm，外包尼龙窗纱布 1～2 层。也可采用波纹管结构的真空分布管

滤水层是防止水平排水垫层砂料进入滤水管的一项措施，一般采用棕皮或其他孔隙小、渗透性好的材料，如编织布或无纺织土工聚合物等。不论选用何种材料做为滤水层，都要确保其渗透系数与排水垫层的渗透系数相当。亦可采用带孔的塑料螺纹管，外包竖向排水带的滤膜，用薄膜绳孔紧，工程实践表明使用效果满足排水及传递真空压力要求。

真空分布管直径根据加固软基的固结排水量大小及射流真空泵的特性选用，一般情况下选用 ϕ50mm 即可，因 ϕ50mm 管的流水能力远大于加固软基的固结排出的水量，不致对真空预压荷载造成任何影响。

2. 真空密封系统施工。真空密封的施工，真空密封是真空预压加固软基工程成败的关键，由其真空预压荷载施加特点是通过真空效率高、真空压力损失小的专用射流真空泵对被加固土体抽真空。降低加固土体内的大气压力，使被加固土体内外形成稳定的大气压差，即真空预压荷载的作用在完成“六五”攻关“七五”重点项目推广中密封膜下真空压力已稳定达 80kPa 以上，自 93 年以后通过总结和对真空射流泵及真空密封工艺的改进，真空预压荷载已稳定的均匀的达 90kPa 以上，这样的真空压力必须有高质量的密封条件做保证，为此，真空预压加固软基工程施工必须清楚的掌握被加固土体的结构特征软基各土层的特性，必须科学的进行真空密封工艺设计，严格的真空密封工艺施工才能确保真空预压结构软基工程施工的质量。

密封膜的施工是真空预压加固法成败的关键问题之一，要严格地按要求进行。

（1）对结构软基周边及底部密封：

真空预压加固软基工程施工的真空密封工艺表明，被加固软基周边的密封应远大于表面真空密封膜的密封面积，表 4-14 所示。

软基周边的密封与表面真空密封膜面积之比 **表 4-14**

加固面积 m^2	长（m）	宽（m）	表面积：周边面积
20000	200	100	1∶1.6
10000	100	100	1∶1.8
10000	200	50	1∶2.0
10000	500	20	1∶3.08
10000	1000	10	1∶5.04

表列结果表明，掌握清楚被加固软基土层结构及土的性质，透水性很好的砂类土层，或其他透水层结构，分析确定被加固软基周边真空密封是否满足真空预压加固软基工程施工要求，真空预压加固软基技术和工程施工的基础是被加固软土层真空密封能较好的满足要求，施工的重点是严格的、科学的做好表面密封的施工。当被加固软基某结构层为砂层或渗透性很好的带状黏土层，其真空密封不能满足要求，应采取措施根据土的特征组成，均匀程度与渗透性的关系自然混合土的特性，采取砂类土中掺入黏土搅拌均匀，使其改性，渗透性大幅降低，达到了真空预压加固软基工程施工对真空密封的要求。

（2）表层密封：

表层密封是指被加固软基与大气层直接接触表面，以塑料薄膜为主体的真空密封工艺以及泵，观测设备通过密封相关与被加固软基连接的密封件组成，应按真空密封要求严格施工。

① 密封膜材料。要求气密性好，抗老化能力强，韧性好，抗穿刺能力强，并且来源容易，价格便宜。根据经验，采用材料来源充足的气密性好的聚氯乙烯薄膜即可，如能采用抗老化、抗穿刺能力强的线性聚乙烯等专用薄膜更好。

② 密封膜的热合与粘结。密封膜均为一定密封的宽幅，需采用热合工艺将宽幅连接成满足设计宽厚度垫层密封膜，热合时以平搭接，两条热合缝为好，一般搭接 1.5～2cm。在热合时应根据密封膜材料、厚度，选择合适的热合温度，刀的压力和热合时间，使热合缝粘结牢而不熔。另方面密封膜拉伸性能及热合冷却的收缩性，在热合连接过程中会影响密封膜长度变化，在设定长度时考虑此因素。

③密封膜的铺设。按技术规律规定采用三层密封结构，由于密封膜系大面积铺设施工，一般预压面积在 500～5000m^2，加工成这样大的面积，有可能出现局部热合不好，搭接不够或运输过程损坏等问题，影响膜的密封性，补铺一层，必须进行全面的仔细检查，发现问题及时弥补，然后再铺下一层。由于密封膜在阳光直接的连续照射下，抗老化性能

还存在一定问题，应避免在抽真空前各环节下的太阳光线的直接照射。以确保在真空预压全过程的密封性，一般采用2～3层膜，按先后顺序同时铺设。

当真空预压面积超过5000m² 时，由于密封膜整块热合，铺设难以保证密封膜的质量，铺设也很困难，可化整为零，分块热合、铺设，块与块相交处搭接最小距离2～4m，并交叉铺设，表层接缝处以压膜埝镇压。

由于真空预压加固软基工程施工技术和经验的提高，单元加固面积可达2万～3万平方米。

④真空密封膜的周边密封工艺：

在确保真空密封膜本身密封质量条件下，膜的四周密封，也是关键的一环，（通常采用挖治理密封工艺）在四周密封施工中，要掌握好两个环节：一是密封膜的边缘埋入真空密封条件好的原状土层中且埋入深度不小于1.5m；二是膜在泥底用黏性土埝底需标准压膜沟两个透气水的边界，同时增加密封膜的覆盖压力，真空密封效果其结构如图4-66示。高度不低于1m的压膜埝。与软土接触要有足够的长度，保证足够长的渗距，因此在铺膜时，一般采用挖沟折铺方法，如图4-66所示，也可采用在软土表面长距离平铺方法，如图4-67所示，当两块加固单元相邻时，因不可能同时进行抽真空进行真空预压荷载施加，为减小竖向带水带通过串层渗漏影响真空密封，两相邻区边缘排水带距离1.2～1.5d，同时采用竖向排水带边缘埋入工艺，埋入深度控制在30厘米以上，至于采用何种铺设方法，根据施工环境和土质条件具体确定。其三是膜周边密封处应有一定的压力，保证膜与软土紧密接触，使膜周边有良好的气密性，压边材料以黏土和粉质黏土为宜，在对膜增压的同时，也起到气密覆盖作用。

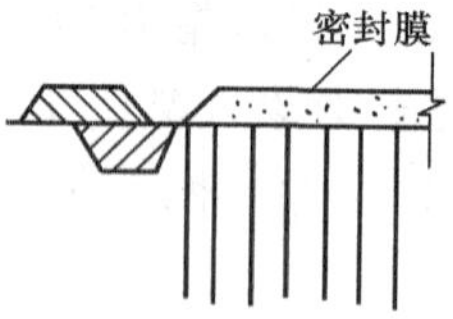

图4-66　挖沟折铺膜情况

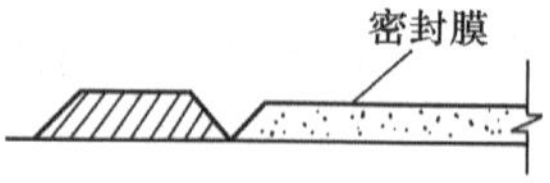

图4-67　长距离平铺膜情况

⑤严禁密封膜周边10m内设沟，深度与埋膜相当，因为海相沉积软土一般为成层结构，而且又处于高真空条件下易出现由于打散压力平衡路径不够而影响密封膜。

⑥选用密封效果好的通过密封膜的密封件：

在真空预压排水固结加固软基工程施工中，尽量减少通过密封膜的连接点真空射流泵的真空吸水口（平均1个点/1000m²）密封膜下真空压力观测点，可通过真空密封件实现全密封条件下的外连接，外测量，不会影响工程施工中的真空密封。而加固效果监测系多次反复观测应设计成基本密封条件下的连接，避免开敞型的观测连接点，以确保真空预压荷载的稳定性。

⑦膜周边密封辅助措施。由于被加固的软土地基，多数为不均匀土，有的在加固范围内，还存在透水性较好的夹层，尽管在膜周边采取了上述措施，但仍在加固范围内存在不密封因素，应采取必要的辅助密封措施，国内外所采取的措施有，封闭式板桩土墙加沟内复水及围埝内复水等，如见图4-68～图4-70，根据实践经验，以压膜埝加全面覆水较好（图4-70），既保证了整个加固区的密封性又能减缓膜的老化作用。但应注意的是，当真

空压力小于 60kPa 时，密封膜上不应覆水，以免出现循环水封的假象。

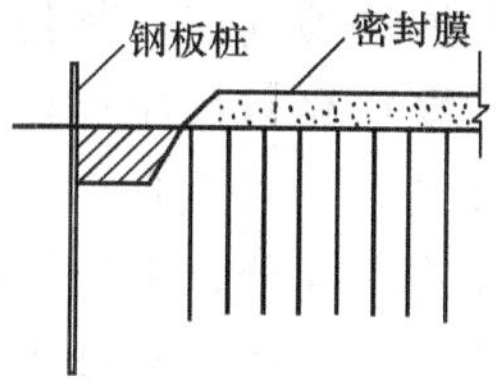

图 4-68 板桩密封方法

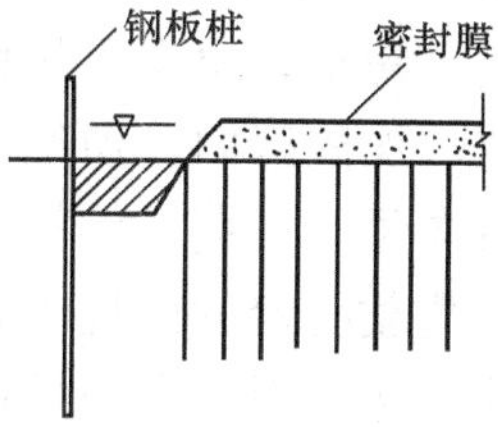

图 4-69 板桩加覆水密封方法

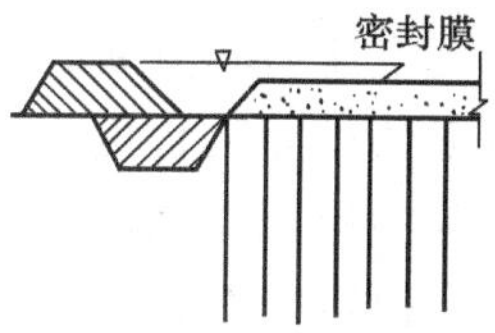

图 4-70 围埝内全面覆水密封方法

3. 真空设备及施工工艺

真空预压荷载施加是应用专用射流真空泵对处于密封状态下的被加固软基土体抽真空，使被加固主体内，真空压力不断增加，大气压力随之减小，被加固土体内外大气压差不断增加直到达到设计压力为止，即预压荷载达到满载，预压荷载在预压加固全过程一直保持稳定而且分布均匀。

在施加预压荷载施工中，真空预压荷载施加系统是由真空泵、真空连接管，止回阀、截门与串膜装置连接形成。真空设备效率真空压力损失小，效率高，连续运转性能好，结构简单，重量轻，便于安装维修等，选择真空泵的综合条件及科学的真空泵设置工艺两部分组成，根据较长时间工程应用实践经验，射流泵是一种适宜的泵型，它真空效率高，连续运转性能好，而真空泵的设置工艺，以边缘的薄弱点设泵，通过真空分布管向内部传递，而通过被加固上层的水平渗透向外扩散，当加固土体边缘达到设计预压荷载，由外压力平衡而且分布均匀时，即为施加于被加固土体的预压荷载。

(1) 真空泵

根据国内外工程实践，一般采用普通真空泵或射流真空泵。我国工程应用实践经验，以采用射流真空泵为宜。常用的射流真空泵是由射流箱及离心泵或射流箱与潜水泵所组成，射流箱主要由射流器与循环水箱组成，离心泵与射流口连接形成高压，高速射流使真空泵形成很高的真空压力，通过真空口，真空管与被加固软基出膜口连接，再通过密封膜以下的真空分布系统，使真空预压荷载传递到被加固软基的任何一点，在选择射流真空泵时，除真空效率高，连续运转性能好外，更重要的在抽真空排水过程中真空压力损失小，射流真空泵真空压力损失由两部分组成，一是射流器装配工艺及射流压力阻力损失造成的，可通过泵的检验解决；二是在真空吸水过程中由于水的压力引起的真空压力损失，需降低射流真空泵的真空口，将射流器循环箱真空口、真空连接管及出膜口真空吸水管的最大高度不大于 1m，≥90kPa，预压荷载不大于 0.3m。各设备性能如表 4-15 示。

在进行真空预压加固软基工程施工期间，要随时注意泵的运转情况及其真空效率，当泵的真空度小于 95kPa 时，应进行检查和维修，在一般情况下，主要检查离心泵射水量是否充足，射流器是否损坏，循环箱内水温是否升高及采用密封膜是否密封状态。

射流箱、离心泵规格　　表 4-15

设备名称	型　号	规　格	效　率
射流箱 离心泵	3BA-9	$\phi 46$ $\phi 50$	＞96kPa

射流真空泵的设置，可根据周边土层密封特性，加固面积大小及宽度大小，真空泵效率及工程经验确定。为缩短施加真空预压

荷载时间确保分布均匀和连续预压，以每个加固区设置两台泵为宜，当加固面积超过 $2000m^2$ 时，且加固深度≤20m，软黏土按每台射流真空泵承担 $1000m^2$ 的加固面积的真空体积，对于有较厚粉砂夹层结构土层及粉土，单泵承担面积可根据经验确定，其目的是抽真空后，真空压力上升快，而且稳定，加固区内，所用射流真空泵在真空预压过程中是否同步运转视预压固结程度而定。一般在预压初期，因排水和排气量大，射流真空泵同时运转，在预压中后期，在确保真空预压荷载稳定的前提下，可间隔停一部分，但不影响布泵的均匀性，也可采取各泵交替运转的方法，但要严格控制真空预压荷载在工程施工期间一直保持大于设计荷载。

(2) 真空管路。加固区与射流真空泵间连接的管路，它不仅向膜内传递真空压力，而且是排水的主要通道。因此，要求真空管路应具有满足总排水量需要的过水断面；能承受抽真空过程的径向压力；真空管路间的各连接点需严格进行密封处理，以保证真空度在管内传递不受损失，并使排水畅通。还要注意在高真空作用下真空管内层脱胶堵塞孔道，应及时发现并更换。

由于射流真空泵的结构特点，射流真空泵经真空管进入出膜口密封膜内，形成连接密封，但呈敞开状态，而且通过砂垫层中的真空分布管各泵均连通，真空泵工作时，在原密封状态下膜内真空度很高，一旦处于停电各种原因，射流真空泵全部停止工作，膜内真空度随之全部卸除，而且射流箱内水吸入砂垫层内，而且吸入大量空气，这将直接影响设备运转，真空效率及软基加固效果，并延长预压时间，为避免膜内真空度在停泵后很快降低，一般在出膜口处设置止回阀和截门，其连接方式如图 4-71 所示。当出现停泵时应及时处理，并预报停泵时间超过 24h，关闭阀门。所用止回阀及截门都应符合密封要求。

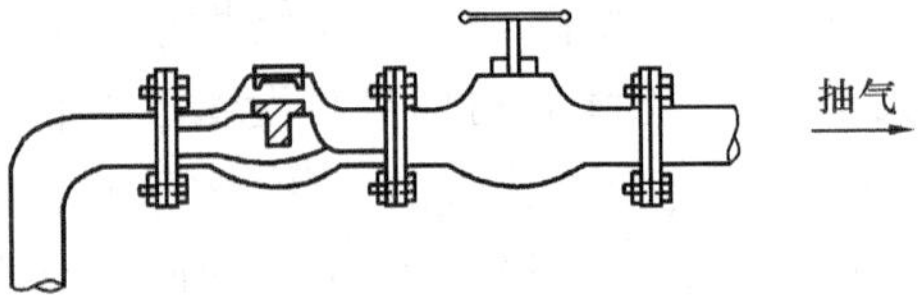

图 4-71 止回阀、截门连接图

(二) 真空预压荷载施加步骤：

在比较深入掌握真空预压加固软基特点的基础上，并以完成排水及真空压力传递系统、真空密封系统及真空预压荷载工艺设计后按以下步骤进行真空预压荷载施加施工：

1. 安装出膜装置：真空密封膜是被加固土体与大气隔绝的有效措施，其加固为加压法兰结构，两块比法兰直径大 2cm 的橡胶板夹住塑料密封膜，通过螺栓加压形成一组优良的密闭系统，每一个出膜就是一个通道，必须严格进行真空密封处理，使其满足高真空条件下的密封要求，除以下四点必设外，其他均不再增设。

(1) 射流真空泵出膜装置：该装置是射流真空泵与真空分布管的某一连接点，此连接点是真空分布管的角管，T 字管，十字管。

(2) 膜下真空压力量测出膜装置：

该装置是真空预压加固软基工程施工过程中对排水砂垫层中的真空预压荷载大小，分布均匀程度的直接观测点，是保证真空预压加固软基效果重要分析数据。

(3) 监测传感元件出膜装置：由于真空预压加固软基效果检验的需要，在施加真空预压全过程，对土体中超静压力消散规律及沉降规律进行全程监测，为此，被加固软基中埋设必要的传感元件或者主导管，而量测则在密封膜外进行，以适应多次反复测量，确保在量测过程中无真空泄漏出现。

①孔隙水压力监测出膜装置，在加压法兰结构基础上突出的是法兰中间设置了分线密封结构，密封方法以胶粘密封为主。

②深层沉降仪出膜装置，一般采用磁环式深层沉降仪，传感元件为安装，在可伸缩的蛇皮导管出膜部分及排水砂垫层内的蛇皮导管进行严格密封处理。由于可伸缩蛇皮管不是密闭的在测量过程中，通过蛇皮导管连接缝与被结构土体连通，因此应尽量缩短每次量测时间。

③与提高真空预压加固软基技术有关的其他监测项目所必要的出膜装置。

由于科研的需要如测量加固体内真空预压加固工程施工过程水位变化及分布，新的区域软基土层结构比较复杂需测真空压力沿深度变化时以及需探讨的技术问题，必须提出出膜结构及真空密封措施，在软基加固工程技术、质量负责人审核标准，一般不再增加，因为多一个出膜口就多增加一个泄漏点。

2. 按已设定的出膜装置，安装好射流真空泵、真空管、离心泵与射流泵连接管路，该真空压力表及监测传感器的膜上真空密封。

3. 接好泵、真空管及膜内真空压力传感器，并测记初读数。

4. 连接好真空管，采用的连接管及排水管，并在射流箱内注满水。

5. 在加固范围内按设计要求在密封膜上布设沉降观测点，在布设过程中对密封膜采用保护措施，压好座底，防止倾倒刺破密封膜。

6. 开动离心泵进行真空抽气，膜内真空压力逐渐提高，由于被加固的土层，在预压初期排水量较大，并且砂垫层中空气体积大，因此，抽真空初期以排气为主，真空度提高较慢，随着砂垫层中空气排出及土层开始排水固结程度的提高，膜内真空度逐渐稳定在80kPa以上，这个过程一般需要3～10d时间。当达到预定真空度以后，为节约能源，可根据经验可采用自动控制，间隔抽真空措施。

在抽真空过程中，特别是初期，由于砂垫层和持力垫层及土体中气体排出，体积增大，使射流箱内循环水减少，由于射流摩擦使水温升高，水的密度发生变化，直接影响射流真空泵的真空效果，所以应采取连续补水措施，在抽真空过程中保持水箱满、温度正常。

7. 在距加固边缘大于50m以外的区域，有效视距范围内选取测量点及临时后视点，(对临时后视点每月校核一次)。

4.5　效果检验及加荷速率的控制

软黏土地基工程的理论与实践、室内试验研究和现场观测是三个不可缺少的技术工作。特别是通过现场原型观测资料，分析软基在预压加固过程中和预压后的固结程度，强度增量和沉降的变化规律，评价处理效果同时观测资料也是完善设计和指导施工的依据，并可完全避免意外工程事故。

软土地基的稳定性与施工时的加荷速率有密切关系。加荷过程中，一方面地基强度因排水固结而提高，另一方面由于外荷作用，地基剪应力也在增大，为了保证地基的稳定性、减小侧向变形引起的附加沉降，必须科学地进行分级加载设计，严格控制加荷速率，使强度的提高与地基中剪应力的增长相适应。

预压排水固结法加固软基属隐蔽工程范畴，必须通过加固上体内部变化规律分析，才能更好的评定软基加固效果，工程施工现场监测和检验是理论分析的基础。为此，对各监测项目的手段，测量仪器，传感元件，力求先进、稳定，实测结果充分反应软基特性及客观规律，通过分析以指导软基加固工程施工。软基工程中行之有效的观测项目有以下几种：

4.5.1 孔隙水压力观测

地基中孔隙水压力是指在预压荷载（附加应力）作用下的孔隙水压力增量——超静水压力，其增长与消散规律，反应了软基的排水固结特性及有效应力变化规律。因此，孔隙水压力现场观测资料不论对理论性研究，或者作为加荷速率的控制都具有重要意义。根据测点孔隙水压力-时间变化曲线，即可反算土的固结系数，也可推算该点不同时间的固结度，从而推算强度增长，并确定下一级施加荷载的大小。进行孔隙水压力观测，是控制加荷速率的重要手段。

图 4-72 为上海金山石油化工总厂一万 m^3 油罐软黏土地基各级荷载下孔隙水压力随时间的变化曲线。

一、利用孔隙水压力观测资料反算固结系数——指数函数配合法（曾国熙，1975）

利用加荷停歇期间的孔隙水压力 u 和时间 t 的关系曲线，如图 4-73 所示的 bc 段，可反算土的固结系数。前已指出，根据式（4-44）任意时间 t_1 和 t_2，土层的固结度分别为

$$\left.\begin{aligned}\overline{U}_1 &= 1-\alpha\ e^{-\beta t_1}\\ \overline{U}_2 &= 1-\alpha\ e^{-\beta t_2}\end{aligned}\right\} \tag{4-96}$$

从以上两式解得

$$\frac{1-\overline{U}_1}{1-\overline{U}_2} = e^{\beta(t_2-t_1)} \tag{4-97}$$

根据固结度的定义即可求得

$$\frac{u_1}{u_2} = e^{\beta(t_2-t_1)} \tag{4-98}$$

式中 u_1、u_2 为相应时间 t_1、t_2 的实测孔隙水压力值，由上式即可解出 β，对于砂井地基，

$$\beta = \frac{8}{F(n)}\frac{C_h}{d_e^2}+\frac{\pi^2}{4}\frac{C_v}{H^2} \tag{4-99}$$

按式（4-100）可求出径向固结系数 C_h：

$$C_h = \frac{\beta d_e^2}{\dfrac{8}{F(n)}+\dfrac{\pi^2}{4}\cdot\dfrac{C_v}{C_h}\dfrac{d_e^2}{H^2}} \tag{4-100}$$

在实用上，为方便起见，可假定 $C_h=C_v$。若 C_v 与 C_h 相差较大，可先假定 C_v/C_h 比值，或利用实验室试验的 C_v 值，然后按上式推算 C_h 值，因在砂井地基中主要是径向排水固结，故即使 C_v 值定得不太准确，对 C_h 值的影响不大。

二、利用孔隙水压力观测资料控制加荷速率

1. 荷载-孔隙水压力曲线转折点法

在土体屈服以前，孔隙水压力近似地和填土高度成比例增加，当土体达到屈服状态，孔隙水压力增加率将增大，出现明显的转折点。因此可根据曲线转折点来控制加荷速率。

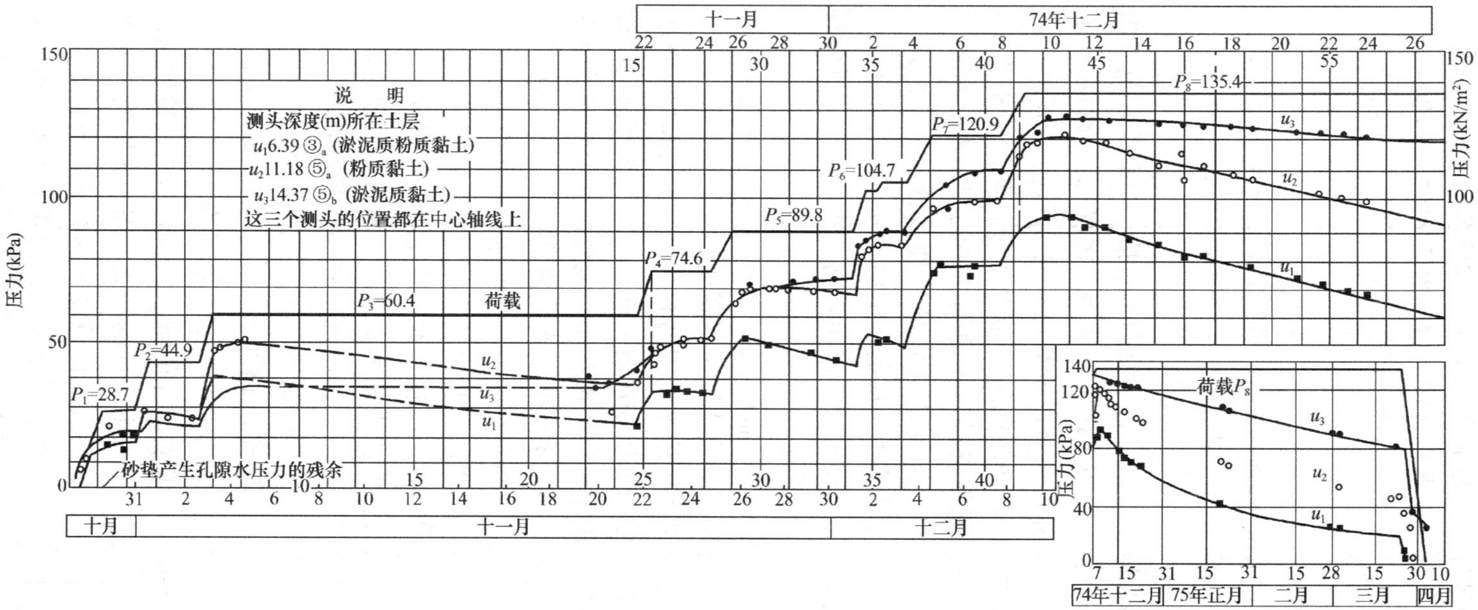

图 4-72 预压期间孔隙水压力过程线

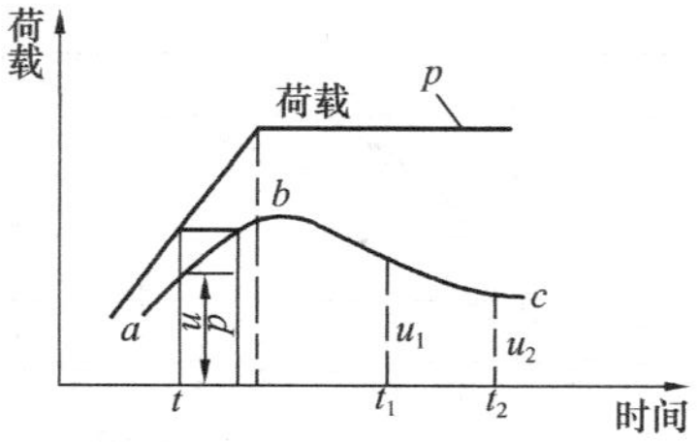

图 4-73 孔隙水压力-时间曲线

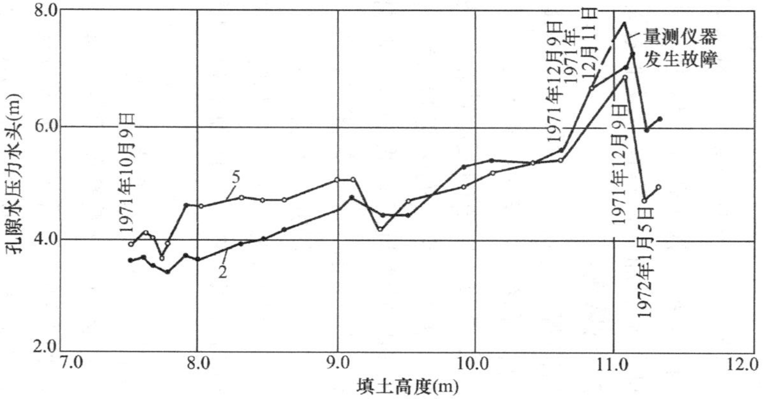

图 4-74 孔隙水压力与填土高度关系曲线

图 4-74 为浙江省杜湖水库土坝填土高度和孔隙水压力关系曲线，从图可看出，当填土高度达 10.6m，相当于土柱压力为 175kN/m² 时，孔隙水压力显著增加，这一现象反映了地基中在测点及其附近已开始发生局部剪切破坏。在绘制孔隙水压力和荷载关系曲线时，荷载是指计算时的总荷载，孔隙水压力最好用本级荷载以及前各级荷载下孔隙水压力增量之和，当每级荷载加荷时间很短即加荷期间的孔隙水压力消散可忽略的话（油罐充水预压即可做到），这样整理的结果就更具规律性。

2. 控制孔隙水压力 u 和荷载 p 的比值

国外某些工程实践经验认为，只要地基中孔隙水压力 u 和荷载 p 之比小于某一定值时，即可不断加载，不致造成地基失稳，所建议的控制指标为 $u/p<0.5\sim0.6$。

4.5.2 沉降观测

沉降观测是软基工程最基本最重要的观测项目之一，观测内容包括，荷载作用范围内地基的总沉降；荷载外地面沉降或隆起，分层沉降以及沉降速率等。沉降观测资料反映了地基土在荷载作用下的变形特性。利用实测沉降资料可以推算出最终沉降量 s_{∞} 和由于侧向变形（剪切变形）而引起的沉降 s_d，从而可求得固结沉降 s_c 以及沉降计算经验系数 m，为更精确的计算沉降积累经验。此外，可根据沉降资料计算地基的平均固结度；可由式（4-73）解出 β 值，然后按式（4-99）求出地基的平均固结系数 C_h。通过分层沉降的观测资料可以分析和研究各土层的压缩性；确定沉降计算中土层的压缩层深度。荷载外地面的沉降资料可用以分析沉降的影响范围以确定对邻近建筑物的可能影响。通过以上分析可看出，沉降观测资料是验证理论和发展理论的重要依据。

图 4-75、图 4-76、图 4-77、图 4-78 为上海金山石油化工总厂 10000m³ 油罐充水预压阶段沉降和时间的关系曲线，罐外地面的隆起和沉降曲线以及沉降速率变化曲线。

前已述及，在荷载作用下地基的沉降主要是由于地基的固结和侧向变形引起的，前者随时间而发展，后者是在加荷后立即发生的。并随剪切变形增大而发展，在快速加荷过程中，由于软黏土地基渗透性很小，加荷瞬间，固结沉降一般很小，而侧向变形引起的沉降是主要的。在加荷过程中，如果沉降速率突然增大，说明地基可能产生较大的塑性变形，连续几天出现大的沉降速率，而且基本为等速时，可能导致地基的整体破坏。因此，我们可以根据沉降速率来控制加荷速率。根据我国 14 座堤坝的统计，在填土过程中地基破坏前最大沉降速率每天平均为 15mm 至 20mm。但也有在沉降速率 100mm/d 左右破坏的例子。因此不能机械地搬用某一个工程的经验，因为影响沉降速率的因素是比较复杂的，它是随着土的压缩性、固结特性、荷载大小和加荷速率等而变化的，因此控制沉降速率的标准不应该是一个常数。一般沉降速率可控

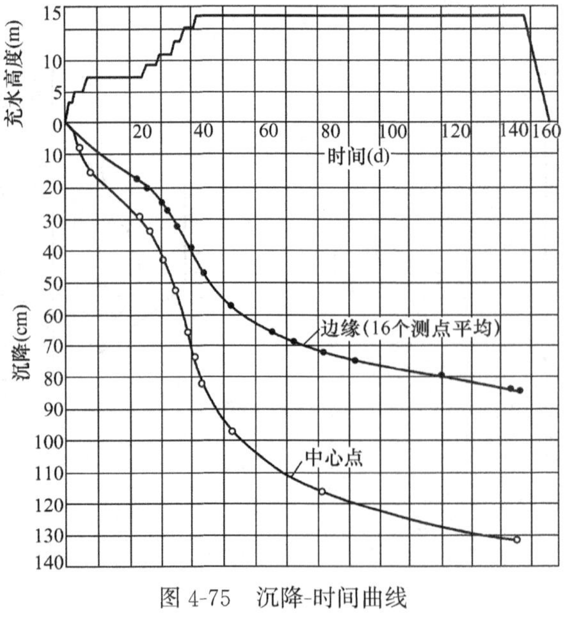

图 4-75 沉降-时间曲线

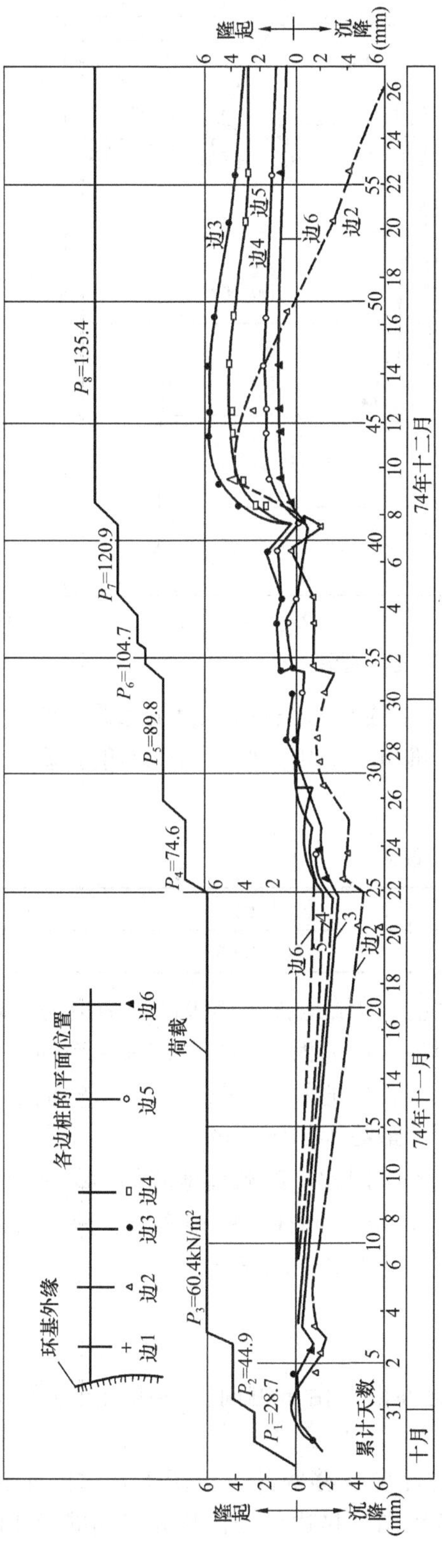

图 4-76 隆起-沉降曲线

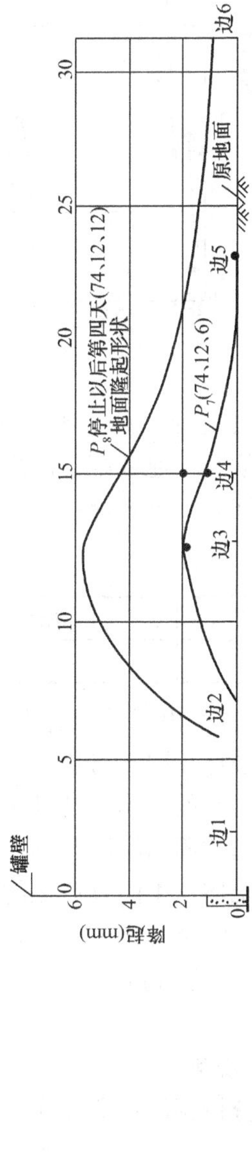

图 4-77 罐外原地面隆起的形状

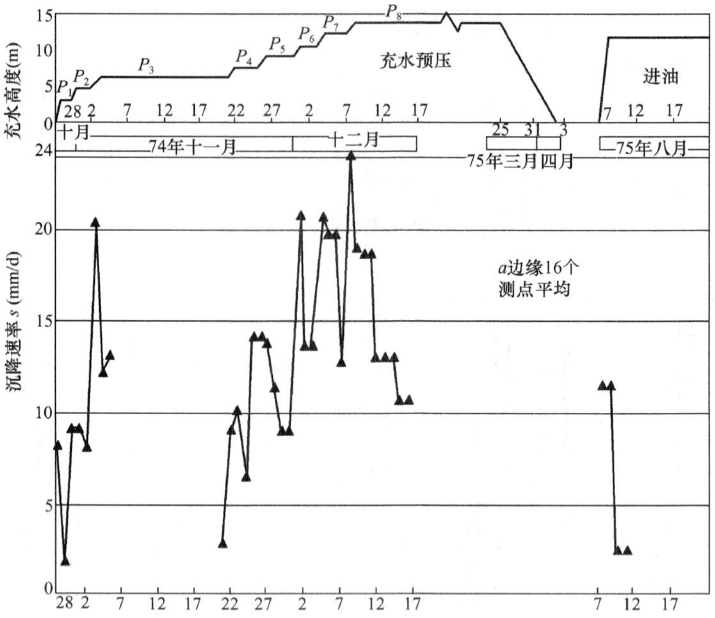

图 4-78 沉降速率

制在 10～20mm/d 范围。对于比较软弱的地基或排水条件较好的地基（如砂井地基，含较多薄透水层的软黏土地基等）沉降速率标准可以选用大些；对于不很软弱的土，而地基的排水条件又不好时则沉降速率取用较小值。

m_c 取值 **表 4-16**

土　层	黏性土	淤泥质土	淤　泥
m_c	1.00	1.00～1.05	1.05～1.20

对真空预压工程，由于预压过程中有效应力增量是各向相等的，剪应力不增加，不会引起土体的剪切破坏，因而可连续抽真空至最大压力而不必进行加荷速率的控制。工程上常用卸载前地基达到的平均固结度来评价真空预压的效果。按应变定义的地基的平均固结度是指卸载前地基的固结沉降与预压荷载下的最终固结沉降的比值。由于在真空预压过程中，预压区周边土体产生向预压区的侧向变形，因此，卸载前地基的固结沉降应是卸载前预压区实测地表沉降乘上大于 1.0 的经验系数 m_c。同样，根据实测沉降—时间曲线推算的最终沉降乘上 m_c 方可得到最终固结沉降。根据有的工程经验，m_c 的取值可按表4-16选用。

4.5.3 侧向位移观测

侧向位移是分析预压荷载下地基的稳定性以及由于侧向位移所引起沉降大小的重要依据。

侧向位移观测包括边桩位移和沿深度的侧向位移两部分。图 4-79、图 4-80 为浙江省台州电厂煤场袋装砂井地基预压工程沿堆载纵向一排边桩的位移和时间的变化曲线，以及坡脚处不同深度的侧向位移变化曲线。边桩沿纵向的间距为 20m。

在软黏土地基上修筑堤坝或进行堆载预压，由于填土荷载使地基产生水平位移，地表

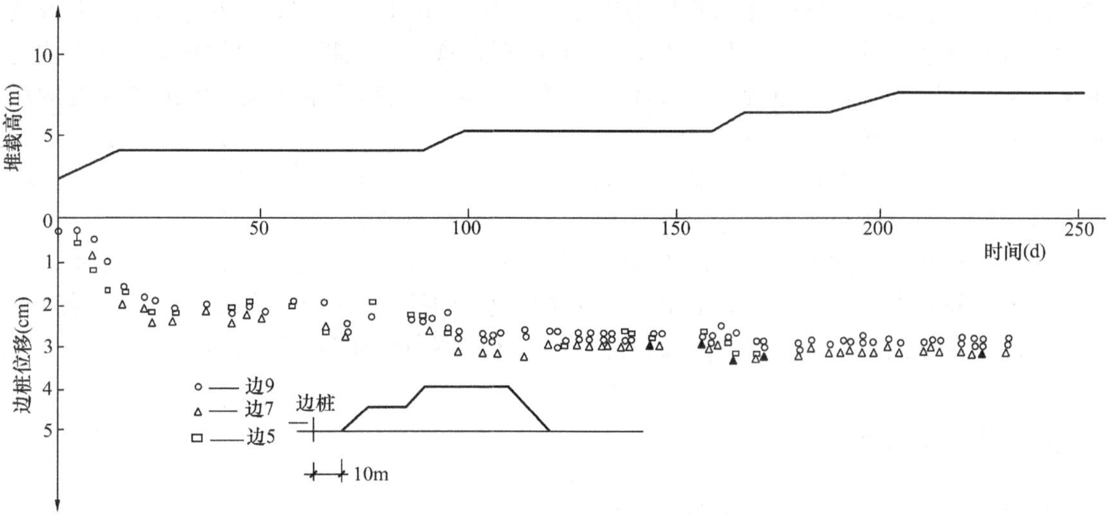

图 4-79 边桩位移

水平位移以坡脚附近最为灵敏。为了保证工程的安全，常常在坡脚处以及附近埋设深层位移专用导管或沿纵向设置 2～3 排边桩，观测其在施工过程中的侧向位移，并控制其不超过一定值来限制加荷速率，监视地基的稳定性。在填筑开始以后，随着荷载增加，侧向位移也缓慢增加，但每天的位移值不大，当荷载接近地基的极限荷载时，边桩位移就迅速增大。荷载外的地面发生隆起，这预示地基将发生破坏。这时应立即采取措施停止加荷，甚至卸除部分荷载待地基固结，各项控制指标恢复正常后再加载。边桩位移的控制指标和地基土的强度、地基处理方法，加荷速率等有关。对砂井地基预压工程，其控制标准是每天边桩位移不超过 4mm；对于砂垫层堆载预压工程，每天边桩位移控制在 4～6mm 范围。

深层侧向位移是通过测斜仪在预先埋设于地基中的测斜管内不同深度处量测可得到不同深度处位移值，以判定某深度处软基挤出变形发展规律，其变化规律对理论分析有重要意义，但作为施工控制的手段目前还没有总结出普遍的经验以控制加荷速率。

加荷速率的控制与地基土的性质、加荷方式以及地基处理方法等因素有关，因此很难订出一个统一的标准。工程实践经验表明，只有把孔隙水压力、沉降、深层侧向位移，边桩位移等项观测结果综合起来分析，并注意加荷结束后数天内的发展趋势，才能正确地判断地基是否处于危险状态。由图 4-78 可看出，当油罐充水到最后两级荷载，特别是最后一级荷载时，沉降速率最大达 $s=24.1$mm/d，第二天 s 虽有显著下降，但在 9 至 11 日三天内仍维持在较高值，仅这四天沉降约 8cm（属于因侧向变形而引起的）。

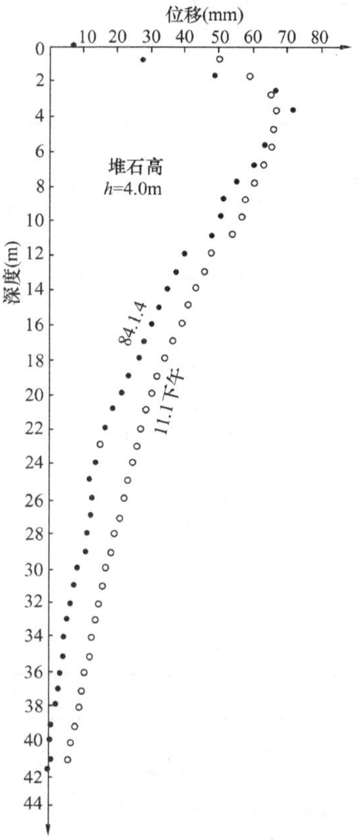

图 4-80 侧向位移

对照图4-72，在同一期间内孔隙水压力继续在增长，和图4-79，同一期间内地面在继续隆起，就明显地可看出地基已发生较大的剪切变形，这三项观测所反映的现象应该看成是地基有发生危险的趋势，但程度上还不算严重，且由于地基固结较快、促进了强度的增长，从而制止了塑性区的进一步发展。

综上所述，对于堆载预压工程，随着堆载增大，地基中的剪应力增加，控制不当，将产生较大的侧向位移和地表隆起，严重者将造成软基失稳破坏。

而对于真空预压排水固结法，地基侧向变形方向与堆载预压法相反，不会在施加预压荷载过程使软基出现失稳，因而不需要进行加荷速率的控制，沿不同深度的侧向位移观测资料可用于真空预压效果的评价以及分析向预压区内侧向位移对沉降的影响。

4.6　工程实例

【实例4-1】　浙江宁波机场跑道地基

【4.1.1】　**工程概况**

宁波机场位于宁波市西南的宁奉平原上，机场跑道宽45m，长2500m，设计要求在300m宽的跑道范围需不同程度的回填，其中跑道中心处填高1.70m。

场区土层，上部主要为全新世海相沉积层，从上至下依次为粉质黏土、淤泥质粉质黏土、淤泥质黏土层等，淤泥质黏土为正常固结土。从剖面图看，场道东部、中部软土层较薄，厚度变化较大，西部软土深厚，分布较均匀。主要土层的物理力学性质指标见表4-17。

试验区各土层物理力学性质指标　　　　**表4-17**

层序	土层名称	层厚(m)	含水量(%)	重度(kN/m^3)	孔隙比	液限(%)	塑性指数(%)	液性指数	压缩系数(MPa^{-1})	渗透系数$\times10^{-8}$(cm/s)		十字板强度(kN/m^2)	固结系数(cm^2/s)$\times10^{-3}$	
										水平	竖直		C_h	C_v
Ⅰ1a	黏土、粉质黏土	0.65	34.65	18.9	0.955	44.9	18.4	0.41		2.97	1.74	50		
Ⅰ1b	粉质黏土、黏土		32.05	19.1	0.882	41.6	16.3	0.36		3.10	2.42			
Ⅰ3	淤泥、淤泥质粉质黏土	2.80	52.8	17.2	1.447	45.0	17.5	1.38	1.14	10.3	7.52	24	1.63	1.73
Ⅱ3	淤泥质粉质黏土、淤泥质黏土	4.00	49.0	17.5	1.341	39.5	15.5	1.58	1.15	8.61	5.09	22	2.39	0.94
Ⅲ1	淤泥质粉质黏土、淤泥质黏土	22.2	48.95	17.4	1.352	40.9	16.9	1.44	1.08	9.88	7.18	30		0.72
Ⅲ2	轻粉质黏土、粉质黏土	2.20	35.75	18.9	1.022	33.6	11.5	0.90						
Ⅵ1	粉质黏土、黏土	2.00	33.75	18.9	0.942	39.6	15.8	0.56						

机场跑道对地基的沉降和不均匀沉降要求很高，为了减小机场使用期间的沉降和不均匀沉降，保证场道的正常使用，本工程采用袋装砂井超载预压对软土地基进行预处理。为检验这种方法的处理效果，并取得较符合现场实际的能指导全场设计和施工的参数，在场

计算固结沉降汇总表

单位：cm　**表 4-18**

孔　　号			试验区	G93	G99	G107	G118	G123	G148	G156	G166
位　　置			距西北端 425m	距西北端 600m	距跑道西北端 750m	距跑道西北端 950m	距西北端 1225m	西北：1350m 东南：1150m	距东南端 525m	距东南端 249.9m	距东南端 1.2m
软土层底埋深(m)			>30	33.0	15.1	17.3	22.7	12.77	24.2	11.1	9.3
荷载	设计断面	跑道中心点沉降 s_c 中	48.3	42.0	21.0	26.0	29.5	24.6	35.1	28.4	24.4
		跑道边点沉降 s_c 边	38.5	31.3	16.8	20.6	23.6	19.2	28.0	20.9	19.4
		横向沉降差 $\Delta s_c = s_{c中} - s_{c边}$	9.8	10.7	4.2	5.4	5.9	5.4	7.1	7.5	5.0
	预抬断面	$s_{c中}$	67.2	55.5	24.6	35.1	38.3	30.7	48.3	34.6	
		$s_{c边}$	59.5	39.1	18.6	23.7	27.6	22.2	34.2	24.2	
		Δs_c	7.7	16.4	6.0	11.4	10.7	8.5	14.1	10.7	
	设计堆载	$s_{c中}$	100.6	94.4	47.1	60.0	79.8	64.6	98.2	59.2	
		$s_{c边}$	85.9	86.3	43.7	56.9	74.8	61.9	92.0	56.9	
		Δs_c	14.7	8.1	3.4	3.1	5.0	2.7	6.2	2.3	

设计堆载指由浙江大学提供空后设计研究局绘制的堆载断面。其中试验区堆载 4.0m。

道西部选择面积 78×108m² 的试验区先行超载预压试验。试验区所选用袋装砂井直径为 7cm，入土深度由于受当时施工条件限制选用 20m，对中部和东部场道，该深度已贯穿整个软土层而西部场道砂井底面以下仍有 8m 左右的软土层未贯穿，砂井间距 1.4m 等边三角形排列，堆载高 4.0m。堆载于 1986 年 10 月下旬开始，1986 年 12 月 26 日堆载结束计 61 天。卸载自 1987 年 7 月 4 日开始至 8 月 22 日结束，中心卸去 1.6m 的超载，约占原来作用荷载的 37%。

【4.1.2】　设计计算

一、场道固结沉降计算

在场道大面积填土荷载作用下，地基的沉降是由竖向压缩引起的。对于试验区，其堆土范围达 78×108m²，与压缩层厚度（28m）相比，试验区中心部位的土层可视为单向压缩。固结沉降可按式（4-64）计算。表 4-18 给出了在永久荷载下对应跑道不同位置的固结沉降量。为了维持使用期间道面的设计标高，道面必须预抬高一定的高度以补偿相应的沉降量，预抬高后设计断面荷载下的沉降量也列于表 4-18 中，此沉降量即为须通过超载预压予以消除的固结沉降量。超载作用下各断面的固结沉降列于“设计堆载”一栏中，其中试验区设计堆载高 4.0m。

二、超载设计

超载大小根据所设计的砂井地基在工期内达到的平均固结度用试算法确定。表 4-19 为场道试验区超载设计计算的结果。从中可知，当堆载高度为 4m 时，完成永久荷载下固结沉降所对应的地基平均固结度为$\overline{U}_{SR}$=66.8%，经过计算，砂井地基经过 6～8 个月的预压，其平均固结度可达到这一要求。

超载设计计算结果汇总　　**表 4-19**

①	②	③	④=①/③	
*永久荷载下固结沉降（cm）	超载堆土高 H（m）	对应堆土 H 的计算沉降 s_c（cm）	完成永久荷载下沉降时地基的固结度（%）	
67.2	3.0	70.6	95.2	
	3.5	81.0	83.0	
	4.0	100.6	66.8	

*考虑预抬高后的永久荷载。

三、砂井地基固结度的计算

一级或多级等速加荷条件下，历时 t 对应于总荷载的地基平均固结度可按式 4-52 计算。对试验区，堆土为一级逐渐加载，如图 4-81 所示。对一级等速加载，加载结束后任意时间 t 砂井地基之平均固结度由式 4-101 可得：

$$\overline{U}_{rz} = 1 - \frac{\alpha}{\beta T_1} e^{-\beta t}\left(e^{\beta T_1} - 1\right) \tag{4-101}$$

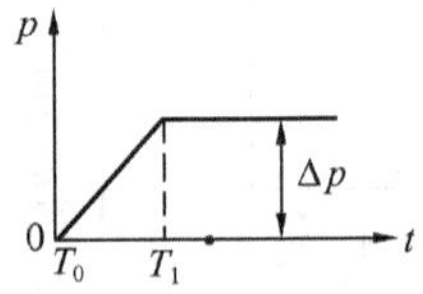

图 4-81　一级等速加荷示意图

式中 α 为理论值$\frac{8}{\pi^2}$；β——参数，砂井范围由于径向和竖向排水 $\beta=\frac{8C_h}{Fd_e^2}+\frac{\pi^2 C_v}{4H_1^2}$ 其中设计参数如下：砂井直径 d_w=7cm，间距 L=1.4m 砂井深度 H_1=20.0m；正三角形排列，d_e=1.05×L=1.47m；井径比 $n=d_e/d_w$=21 固结系数取实际压力范围的值并考虑土层的非均匀

性取 $C_v=C_h=1.67\times10^{-3}\text{cm}^2/\text{s}$；涂抹区直径与井径之比 $s=2$，天然土层与涂抹区土层水平向渗透系数的比值 $k_h/k_s=5$；天然土层水平向渗透系数 $k_h=1.0\times10^{-7}\text{cm/s}$ 砂料渗透系数 $k_w=2\times10^{-2}\text{cm/s}$；

经计算 $F_n=2.29$，$q_w=0.769\text{cm}^3/\text{s}$，$F_r=1.28$，$F_s=2.77$，$F=F_n+F_r+F_s=6.34$，$\beta=0.00851\ 1/\text{d}$

如不考虑井阻和涂抹影响（$F_r=0$，$F_s=0$）则 $\beta=0.023\ 1/\text{d}$

砂井底面以下压缩土层（厚度 $H_2=8\text{m}$）的平均固结度仍按式（4-101）计算

其中
$$\alpha=\frac{8}{\pi^2}=0.81$$

$$\beta=\frac{\pi^2 C_v}{4H_2^2}=\frac{3.14^2\times1.67\times10^{-3}}{4\times800^2}=0.64\times10^{-8}\ 1/\text{s}=0.00056\ 1/\text{d}$$

整个压缩土层之平均固结度按下式计算：

$$\overline{U}_t=\rho\overline{U}_{rz}+(1-\rho)\overline{U}_z$$

式中 $\rho=H_1/(H_1+H_2)$

不同预压时间 t 之地基平均固结度计算结果列于表 4-20。

平均固结度 $\overline{U}_t$ **表 4-20**

土层 \ 时间 t（d）		120	180	240	270	300	360
砂井范围土层	①考虑井阻涂抹作用	0.62	0.77	0.86	0.89	0.92	0.95
	②不考虑井阻、涂抹作用	0.89	0.97	0.99	1.00	1.00	1.00
砂井底面以下土层	③	0.23	0.26	0.28	0.29	0.30	0.33
整个压缩土层	①与③结合	0.51	0.62	0.69	0.72	0.74	0.77
	②与③结合	0.70	0.76	0.79	0.80	0.80	0.81

设计要求超载卸除前地基平均固结度达到 80%。由表可见，不考虑井阻和涂抹作用，经过不到 4 个月的预压，砂井范围的固结度就可达到 80%以上，而考虑井阻和涂抹作用后，达到 80%以上固结度，预压时间则需 6～8 个月。从表也可看出，砂井底面以下压缩土层由于仅发生竖向排水，固结非常缓慢，整个压缩土层要达到 80%以上固结度要 9 个月（不考虑井阻和涂抹作用）至 1 年以上的时间（考虑井阻和涂抹作用）。

在砂井直径、间距、深度等确定以后，影响土层固结速率的参数就是 β，β 综合反映了土的固结系数、排水距离、井阻、涂抹等影响，为了得到比较符合实际的 β 值，通过试验区的沉降和孔隙水压力观测资料来推算是一条可行的途径。

四、关于次压缩沉降

不少研究成果都表明，超载预压不仅能消除永久荷载下的固结沉降而且可减小永久荷载下的次压缩沉降，这正是采用这一方法处理机场场道地基的主要原因之一。

（一）室内试验结果

室内试验采用常规固结仪和经过改装的应力式三轴仪在几乎恒温恒湿的山洞中进行，试验土样取自机场试验区土层。

1. 正常固结土的次压缩变形特性

从固结试验得出不同荷载作用下土体的应变与时间对数关系可知，次压缩随时间发展基本上呈线性变化。由试验得到的几组次压缩系数 c_α 与压力 P 的关系曲线如图 4-82 所示。结果表明，有的土样 c_α 随 P 略有增大，有的则略有减小。总的来说，随固结压力变化 c_α 波动不大，对于正常固结的机场黏性土，从工程的观点看，可认为 c_α 不随固结压力而改变。在固结仪上进行了土样单面排水和双面排水的固结试验，其变形与时间关系如图 4-83 所示。由图可见，次固结系数不随排水距离而变化，说明可以将室内试验得到的结果用于现场的次压缩沉降分析中。

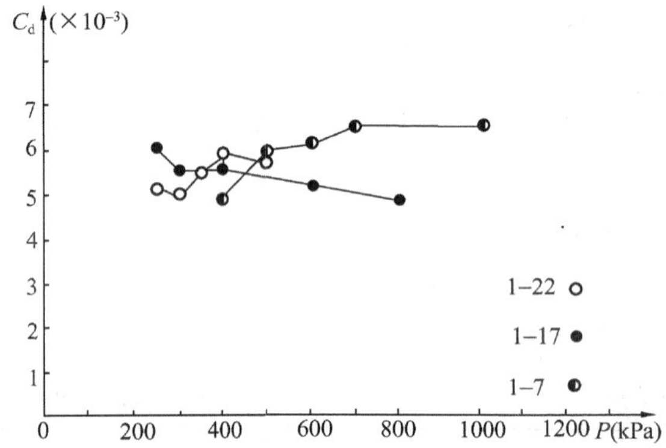

图 4-82 土体次固结系数与荷载关系

2. 卸载后土样的变形特性

(1) 卸载大小和卸载时间的影响

在固结仪上进行超载作用时间相同，卸载大小不同的次压缩试验，结果如图 4-31 所示。结果表明，卸除超载将使土的次压缩系数减小，且卸载越大，次压缩系数减小越显著，发生次压缩的时间越推迟。图 4-32 为对土样先加竖向压力 400kPa，然后分别在加压后 2min 和 5min 卸载至 200kPa 时之变形与时间关系。分析图 4-32 的结果可得，超载 50%，超载作用时间为 2min，次压缩系数减小了约$\frac{2}{3}$，超载作用时间 5min，则次压缩系数减小到原来的$\frac{1}{6}$左右，且超载作用时间越长，卸载后发生次压缩的时间越推迟。

图 4-81、图 4-82 揭示的试验规律，反应了有效应力控制卸载后残余变形的实质。超载大小一定，超载作用时间越长，则土体中有效应力越大，卸载后土体的超固结比 OCR

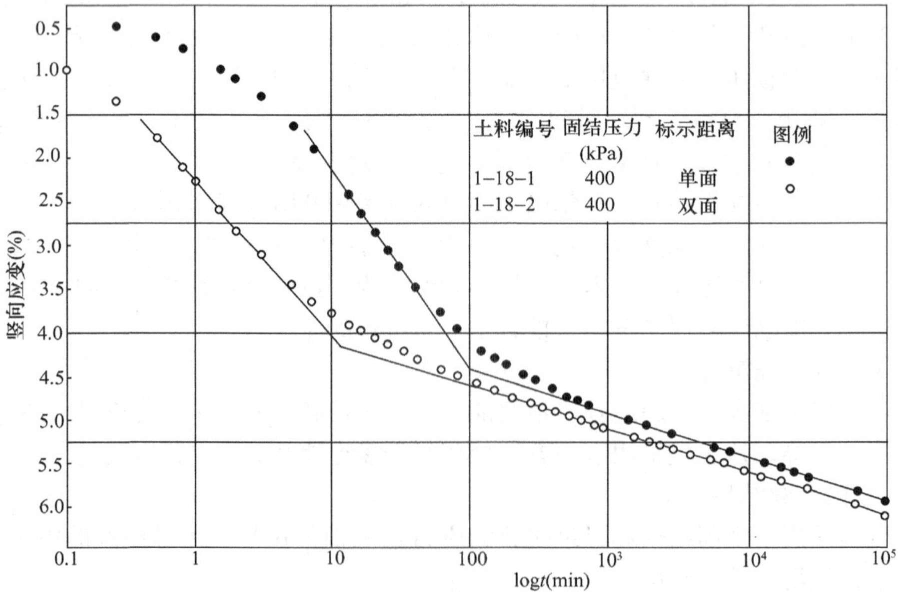

图 4-83 不同排水距离的试验结果

越大。超载作用时间一定，土体在超载作用下的有效应力一定，则卸载越大，卸载后土样的超固结比越大。超固结比越大，则次压缩系数越小，发生次压缩的时间越推迟。

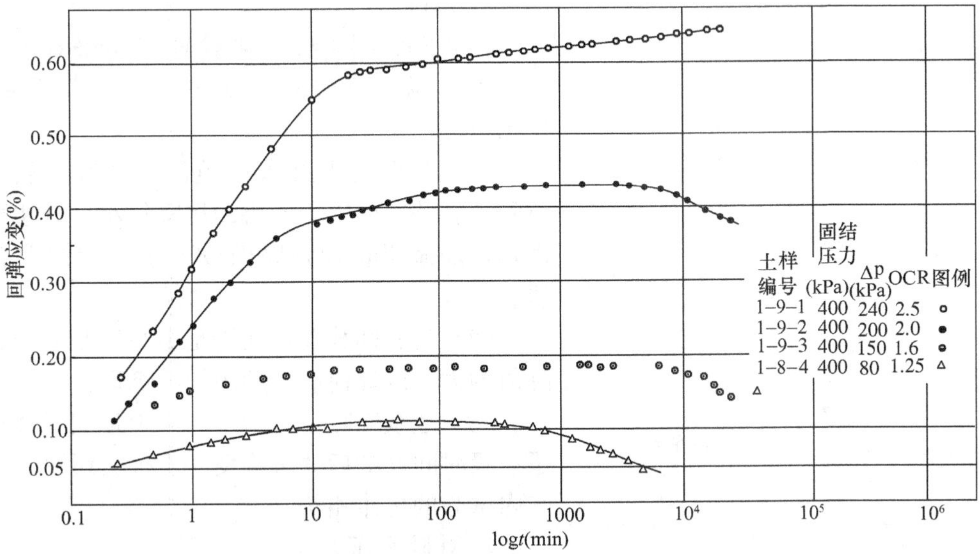

图 4-84 卸载后土体应变与时间关系

（2）超载卸除后土样的变形与时间的关系

图 4-84 为卸载后土体的变形与时间关系。由曲线可知，卸载之后土样产生回弹变形，卸载越大，回弹变形也越大。从分析曲线可知，变形有三个阶段，卸载瞬间，土样中产生负孔隙水压力，土体吸水产生膨胀变形；当负孔隙水压力基本消散后，土体仍将由于颗粒蠕动产生次回弹变形；当到达某一时间以后土体将继续发生次压缩变形。发生次压缩变形的时间随卸载的增大而推迟。

对以上试验结果进行整理，可得图 4-85 结果，结果表示随着卸载的增大，次回弹系数 $c_s\left(c_s=\dfrac{d\in_s}{d\log t}\right)$ 也增大，且 c_s 与超固结比几乎成线性关系。

（二）场道次压缩沉降的计算结果

土层的次压缩沉降按公式（4-89）计算，其中 t_p 取超载卸除前固结度达到 90% 的时间。表 4-21 为试验区段场道 20 年使用期次压缩沉降的计算结果。

试验区段场道使用期之次压缩沉降 **表 4-21**

土 层	层 厚 (m)	砂井地基（恒载）		砂井地基（模拟卸载）	
		c_α	Δs_s (cm)	c''_α	$\Delta s''_s$ (cm)
I_1	0.8	0.00286	0.277	0.00143	0.133
I_2	0.3	0.004	0.145	0.0022	0.0768
I_3	2.5	0.0048	1.461	0.00278	0.809
II_1	1.1	0.004	0.532	0.0023	0.295
II_3	2.6	0.00598	1.88	0.00359	1.087
III_1	12.7(砂井区)	0.0039	6.01	0.00235	3.475
	6.0(非砂井区)	0.0039	0.91	0.0039	0.91
Σ (cm)			11.22		6.79

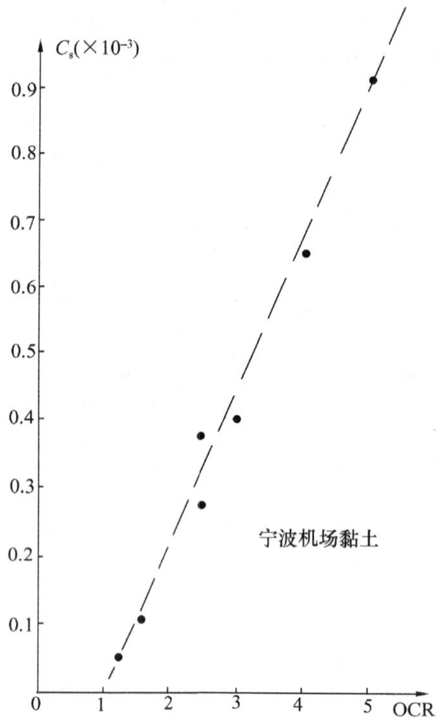

图 4-85 次回弹系数与超固结比关系

【4.1.3】 效果及评价

（一）观测结果

1. 沉降

图 4-86、图 4-87 为堆载 B—B 剖面中心点地表和砂井以下土层的实测沉降-时间关系曲线。由图可见：

（1）沉降主要由 20m 范围砂井区土层压缩所致，砂井底面以下土层的沉降很小，其主要原因是，加荷期间砂井底面以下土层固结非常缓慢。

（2）超载卸载前，无论是中心还是道边，沉降值均大于设计荷载下的固结沉降量；

（3）超载卸除后，地基产生少量回弹并持续了一段时间，随后的沉降发展也极其缓慢，这与室内试验的规律相符；

2. 孔隙水压力

图 4-88 为埋深 $D=15.10$m 测点的实测孔压-时间关系曲线，图中表示的孔压是包括静水压力和超孔隙水压力在内的总孔隙水压力。由图可见，加荷期间孔压逐渐增大，停荷期间孔压逐渐消散，卸载期间孔压急剧减小。说明砂井对加速孔压的消散、固结沉降速率的提高，效果是显著的。卸载结束后，大部分测点的孔压均减小到加荷前的数值附近，表明至少在这些测点所处的深度范围内，土体在永久荷载下不会再发生固结。

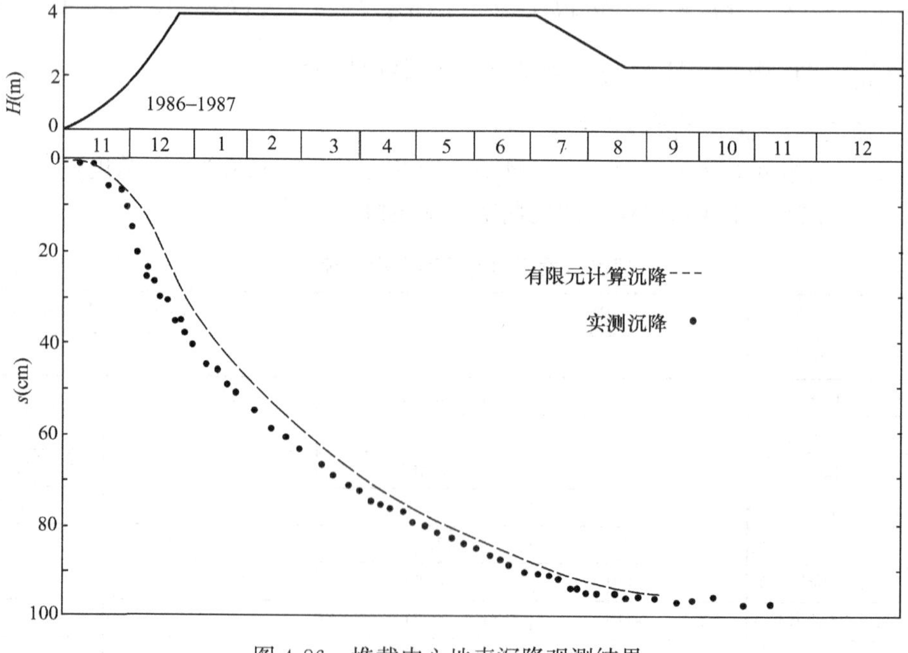

图 4-86 堆载中心地表沉降观测结果

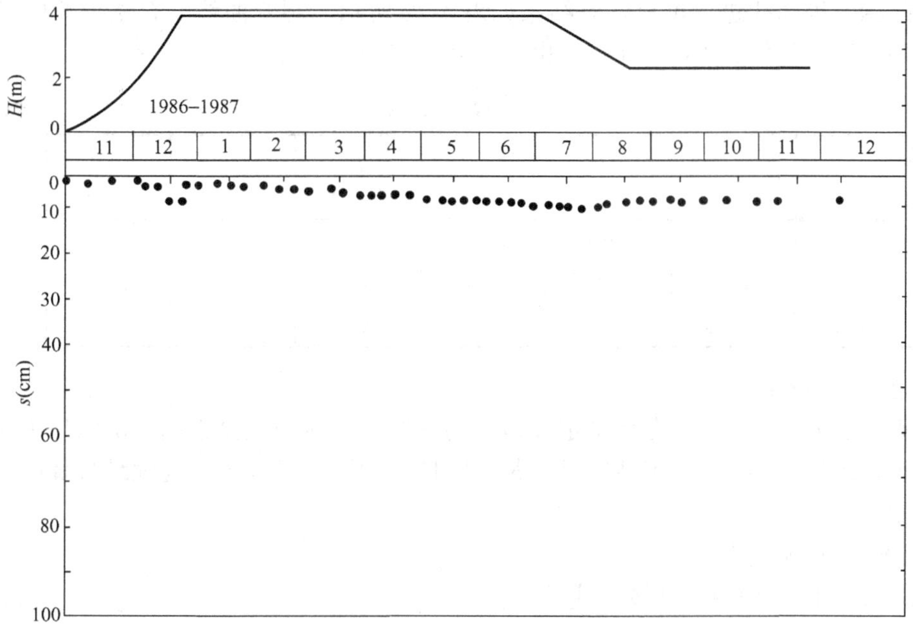

图 4-87 砂井底面以下土层沉降观测结果

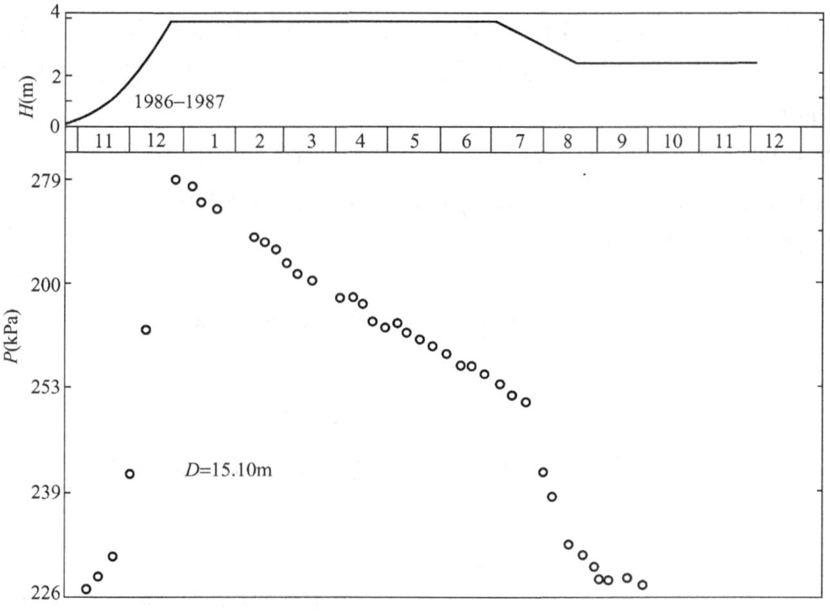

图 4-88 埋深 15.1m 处之实测孔压-时间关系

（二）推算结果及分析

1. 最终沉降 s_∞、参数 β、瞬时沉降 s_d 的推算

根据实测的沉降-时间关系，应用指数函数配合法可推算预压荷载下地基的最终沉降 s_∞、s_d 和 β 值，其计算公式见式（4-74）～式（4-76）其中 $\alpha=\frac{8}{\pi^2}$。

对图 4-86 等曲线进行推算，其结果如表 4-22 所示。用双曲线配合法推算的结果以及最终固结沉降的计算结果 s_c（计）等也一并列入表中。

推 算 结 果 **表 4-22**

位置 \ 项目	s_∞（cm）（指数法）	s_d（cm）	s_c（cm）	β（1/d）	s_∞（cm）（双曲线法）	s_c（计）（cm）	$m=\frac{s_\infty（指）}{s_c（计）}$
中心点	111.0	≈0.0	111.0	0.0070	118.4	102.9	1.08
道边点	95.2	3.9	91.3	0.0076	95.6	85.8	1.11
砂井区（中心）				0.0080			

2. 地基平均固结度

工程上常以应力法和应变法来定义地基的固结度。应力法是根据孔隙水压力来计算固结度，而应变法定义的平均固结度是指某时间地基的固结沉降与最终固结沉降的比值，两者所得到的平均固结度显然是不一致的。

（1）根据实测沉降计算

t 时间地基的平均固结度按下式计算：

$$\overline{U}_t=\frac{s_{ct}}{s_{c\infty}}$$

式中 s_{ct}——固结沉降量，计算时可取 $s_{ct}=s_t-s_d$（s_t—t 时间的实测沉降量）

$s_{c\infty}$——推算的最终固结沉降，可取 $s_{c\infty}=s_\infty-s_d$（s_∞ 和 s_d 由指数法推算得到）。

利用实测资料和表 4-22，可计算卸载前（1987 年 7 月 4 日）试验区中心和道边点的平均固结度如下：

中心：$s_t=90.4$cm，$s_\infty=111.0$cm，$s_d=0.0$cm 故 $\overline{U}_t=81.4\%$

道边：$s_t=78.8$cm，$s_\infty=95.2$cm，$s_d=3.9$cm 故 $\overline{U}_t=82.0\%$

（2）根据推算的 β 值计算

a. 太沙基法

对一级加荷，时刻 t 之平均固结度按下式计算（参照图 4-81）：

$$\overline{U}_t=\overline{U}_{rz\left(t-\frac{T_1+T_0}{2}\right)}\frac{\Delta P}{\Sigma\Delta P}$$

加载从 1986 年 10 月下旬开始，12 月 26 日结束计 61 天，卸载自 1987 年 7 月 4 日开始至 22 日结束。取 $T_1=61d$，$t=251d$

$$\overline{U}_{rz\left(t-\frac{T_1}{2}\right)}=1-\alpha e^{-\beta t}$$

$$\alpha=\frac{8}{\pi^2}$$

计算结果见表 4-23

卸载前地基的平均固结度（%） **表 4-23**

方法 \ 位置	中 心 点	道 边 点
β（1/d）	0.0070	0.0076
实测沉降计算	81.4	82.0
太沙基法	82.7	84.8
改进的高木俊介法	82.6	84.7

b. 改进的高木俊介法

一级加荷条件下时刻 t 之地基平均固结度为：

$$\overline{U}_t=1-\frac{\alpha}{\beta T_1}\left(e^{\beta T_1}-1\right)e^{-\beta t}$$

计算结果见表 4-23。

(3) 根据实测的孔压计算

根据加载结束后持荷阶段测点的孔压与时间关系曲线按下式可反算出 β 值：

$$\frac{u_1}{u_2}=e^{\beta(t_2-t_1)}$$

式中 u_1、u_2——相应于时间 t_1 和 t_2 的实测孔压值

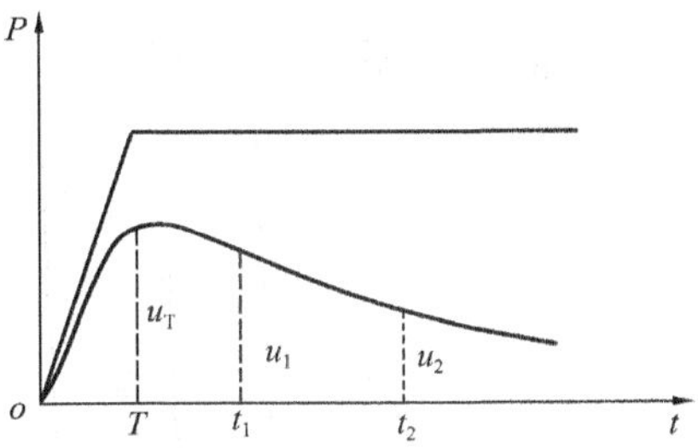

图 4-89 孔压与时间关系

各测点反算的 β 值如表 4-24 所示。各测点 β 值的平均值为 0.00739 $1/d$ 根据此平均 β 值按式 (4-101) 可算出卸载前砂井地基的平均固结度，如表 4-24 所示。

利用实测孔压反算固结度 表 4-24

测点编号	埋 深 (m)	β $(1/d)$	各测点平均 β $(1/d)$	平均固结度 U (%)
18	2.1	0.0123	0.00739	84
17	6.1	0.0070		
11	16.7	0.0039		
14	18.1	0.0064		

(三) 超载卸除后地基的残余沉降

1. 根据实测沉降推算

根据实测的沉降-时间曲线推算得到跑道中心点和道边点的沉降经验系数 m 分别为 1.08 和 1.11 (表 4-22)。据此，可得预抬高后跑道永久荷载下的最终沉降 s'_∞ ($s'_\infty=s'_d+s_c$) 为 (参见表 4-18)：

中心点：$s'_\infty=1.08\times67.2=72.6$cm

道边点：$s'_\infty=1.11\times59.5=66.0$cm

由于实测沉降-时间曲线尚在地基固结变形阶段，由沉降-时间曲线推算得到的 m 值并未包括次压缩的影响，20 年使用期的次压缩沉降计算结果见表 4-21。因此，总沉降 s 为：

跑道中心点：$s=72.6+11.22=83.82$cm

道边点：$s=66.0+11.22=77.22$cm

而卸除超载前 (87 年 7 月 4 日) 的实测沉降为：

跑道中心点：$s_t=90.4$cm

道边点：$s_t=77.8$cm

根据 1987 年 5 月 19 日实测孔压所得到土层中的有效竖向应力分布，已大于等于永久荷载下的总应力分布，见图 4-90。可认为永久荷载下砂井范围土层不会再产生固结沉降，而砂井以下土层仍会产生小量的固结沉降。此外，从以上沉降数值对比来看，试验区设计荷载下的次压缩沉降，在超载预压期间似乎已经消除，但实际上，超越卸除前的实测沉降是超载作用下的固结沉降，超载卸除后根据卸载后地基土层的超固结比大小仍可能有少量的次压缩沉降发生。

2. 有效应力面积比法

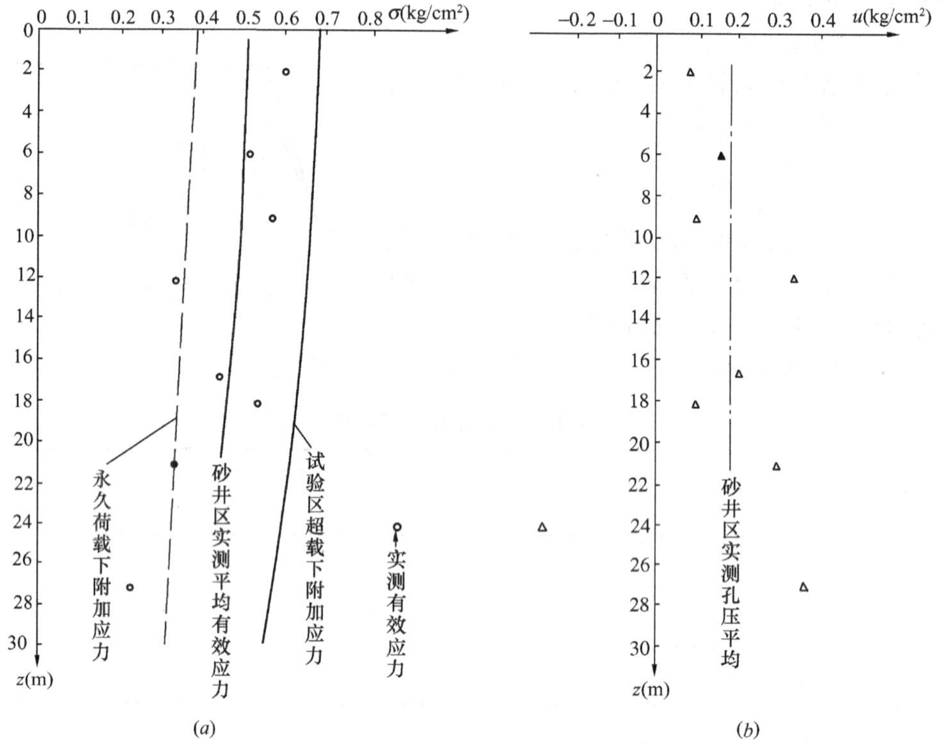

图 4-90 有效应力比较图

(a) 5 月 19 日有效应力比较；(b) 5 月 19 日实测孔隙水压力

前已述及，对宁波机场软土，经超载预压，当有效应力面积比 $R=0.75$ 时，卸载后 20 年内地基的残余沉降几乎不会再发生。对机场试验区，据推算卸载前地基的平均固结度达到 80%，卸除的超越约占总作用荷载的 37%，因此，其有效应力面积比 R 为 $\frac{p-\mathrm{d}p}{\overline{U}p}=\frac{0.63p}{0.8p}=0.78$（$P$——超载预压总荷载，$\mathrm{d}p$——超载）

稍大于 0.75，结合超载卸除后 4 个多月的观测，沉降发展极其平缓，可以推测，卸载后使用期内地基的残余沉降将很小。当然，由于理论的不完善，计算系数的不易确定，特别是飞机重复荷载的影响在设计中未予考虑，相对于场道永久荷载，飞机的重复荷载所占比例较大，重复荷载下地基土的次压缩沉降不可避免的会发生。因此，在使用期间场道仍会产生一定的沉降量。

【实例 4-2】 某煤码头牵出线软基加固

某煤码头牵出线软基加固工程，为典型的海相沉积软黏土，经吹填增高后作为该工程地基，土质极软，压缩性大，承载力低，为满足工程地基承载力和变形的要求，对该工程软基进行真空预压排水固结加固处理。

（一）软基结构及土质特征：

该工程软基系典型海相沉积软粘土，其土为吹填土增高，由于沉积和吹填时间较短，土质极软，为解决软基结构工程施工的持力作用，表层回填约 2m 的素土，该工程软基土层结构及土质特征如表所示。

各土层物理力学性质指标 表 4-25

土 层	土层名称	厚度（mm）	w（%）	γ（kN/m^3）	e	I_p	I_L
一	素填土	3.47	39.3	18.5	1.071	17.1	0.87
二	吹填土	4.48	61.1	16.2	1.725	25.9	1.29
三	带状黏土	4.00	39.9	18.2	1.146	15.0	1.21
四	均匀淤泥	40.5	58.8	17.0	1.558	25.5	1.35
五	淤质黏土	3.60	47.3	17.5	1.306	22.0	1.14
六	陆相层	－13.61m 以下	26.6	19.8	0.739	9.0	0.66

（二）真空预压排水固结法加固软基设计技术参数

1. 竖向排水带间距 1.1m×1.1m 正方形排列。
2. 加固深度 18.5m
3. 真空预压荷载 80kPa
4. 满载预压 150d
5. 预压加固固结度达 90%

（三）真空预压加固软基工程施工

1. 单元加固面积 241.5m×90m＝21735m^2。
2. 打设竖向排水通道 17958 根。
3. 真空分布管、射流真空泵、密封膜真空压力观测点平面布置如图 4-91 示。
4. 真空预压排水固结沉降测量由密封膜上设置的沉降标高程测量完成。

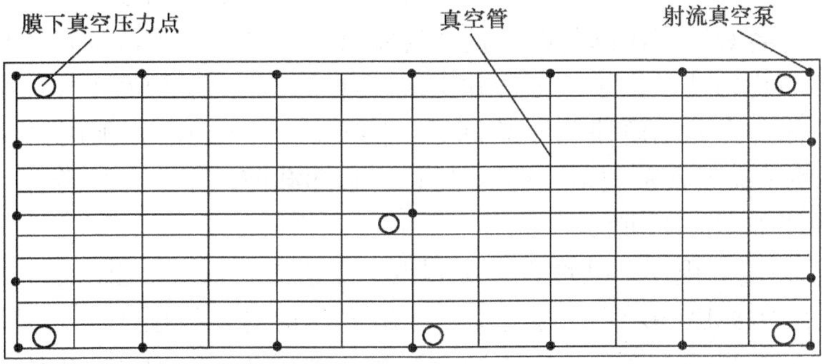

图 4-91 真空分布管、射流真空泵、膜下真空压力观测点平面布置图

5. 真空预压加固效果质量监测和检验

（1）工程施工加固效果监测。孔隙水压力、分层沉降、侧向位移、水位等监测项目布置如图 4-92 示。

（2）真空预压加固效果质量检验，进行加固前后现场十字板及取原状上进行室内试验。

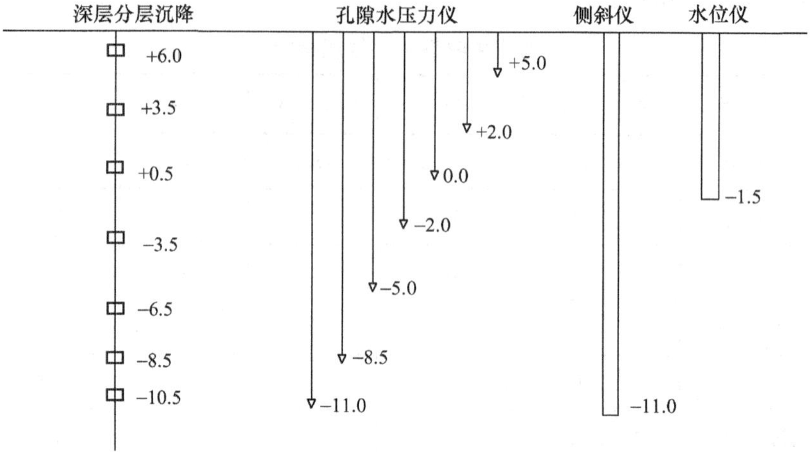

图 4-92 真空预压加固软基施工质量监测项目剖面图

6. 真空密封工艺按相关技术规范，如图 4-93 所示。

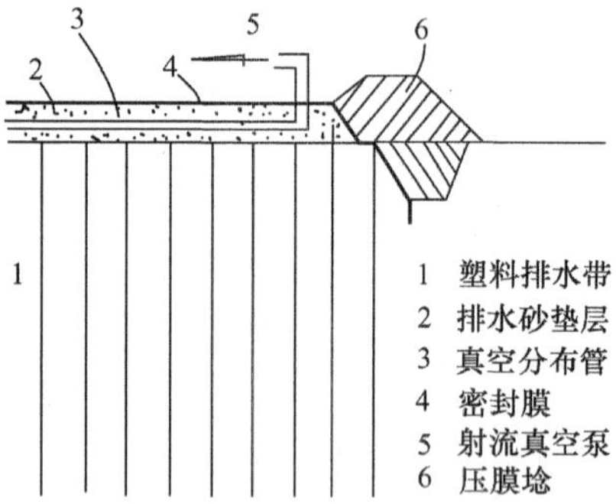

图 4-93 真空预压加固软基施工工艺图

（四）真空预压加固工程施工实测效果及各监测项目变化规律：

1. 真空预压荷载：在施工中按照相关技术规范及施工单位的技术优势，采用了严格的真空密封工艺及真空效率高，真空压力损失小的射流真空泵，自 90％的泵开启后，3 天密封膜下最小真空预压荷载达 80kPa，8 天达 90kPa 真空预压荷载稳定，分布均匀，其预压加固全过程真空预压荷载变化规律如图 4-94 所示。

2. 真空预压排水固结沉降量：在真空预压荷载稳定均匀作用下，各观测点沉降与时间规律性很好，从各观测点沉降量明显的显现出在加固单元吹填土的不均匀性。由于该工程软土沉积和吹填时间短均处于欠压密状态，在打设竖向排水带后，未完全固结阶段的平均固结沉降平均达 466mm，预压排水平均固结沉降 1407mm，真空预压加固软基固结度达 90％时停泵卸载前，平均总沉降为 1873mm，其沉降与时间变化规律如图 4-94 所示。

3. 超静水压力消散规律：共埋设 7 个测点，表层 1 个，吹填土层 2 个，带状黏土层 2 个，－2.0m 测点为海相沉积泥面为淤质黏土层内，均匀淤泥层 1 个，淤质黏土层 1 个，各测点实测结果的规律性，充分反应不同土层的渗透特性。施加真空预压荷载预压加固过程孔隙水压力变化规律如图 4-95 示。

4. 侧向位移：在施加真空预压荷载加固土体内外形成大气压差作用下，加固单元外部土体，向内部挤压位移，并同时排水固结压缩，其沿深度位移规律，如图 4-96 所示。

5. 加固体边缘地下水位：在加固体外边缘 2m 埋设一个水位观测点，在真空预压荷载所形成大气压差作用下水位变化规律如图 4-97 所示。

（五）加固效果分析：

1. 真空预压荷载：该工程设计预压荷载为 80kPa，施工单位根据其技术经验和能力，

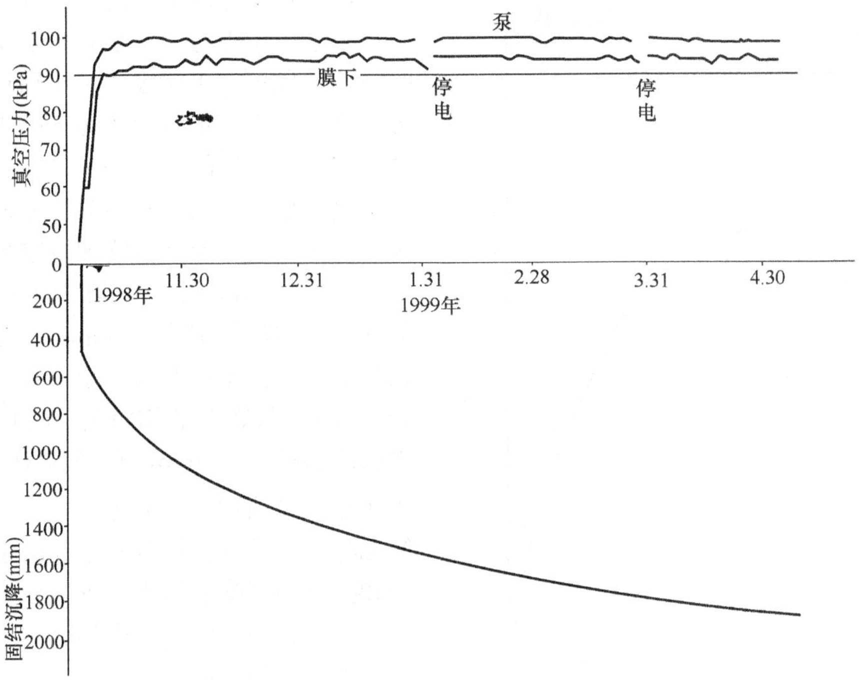

图 4-94 真空预压荷载、固结沉降、预压时间关系曲线

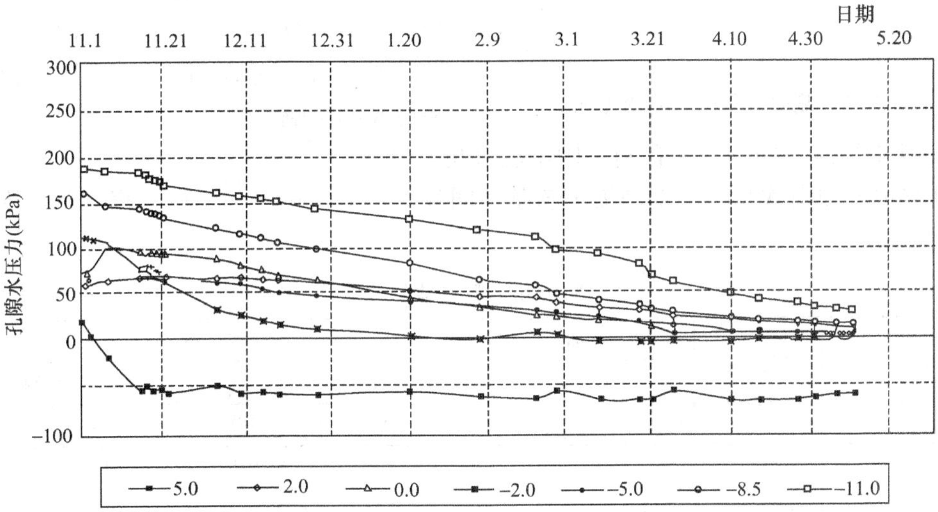

图 4-95 真空预压加固软基孔隙水压力与预压时间关系曲线

采用取得发明专利权的真空效率高、真空压力损失小的射流真空泵，及真空密封效果好的真空密封，软基加固施工按 90kPa 真空预压荷载施工工艺设计，软基加固工程施工取得明显效果。从实测值的规律性不难看出，加载时间短，真空预压荷载满载后稳定，分布均匀。在预压时间不变的条件下，缩短了满载预压加固时间，有效的提高了该工程软基加固效果，且节省能源，保证了设计要求的软基加固效果。

2. 真空预压加固软基消除沉降分析：

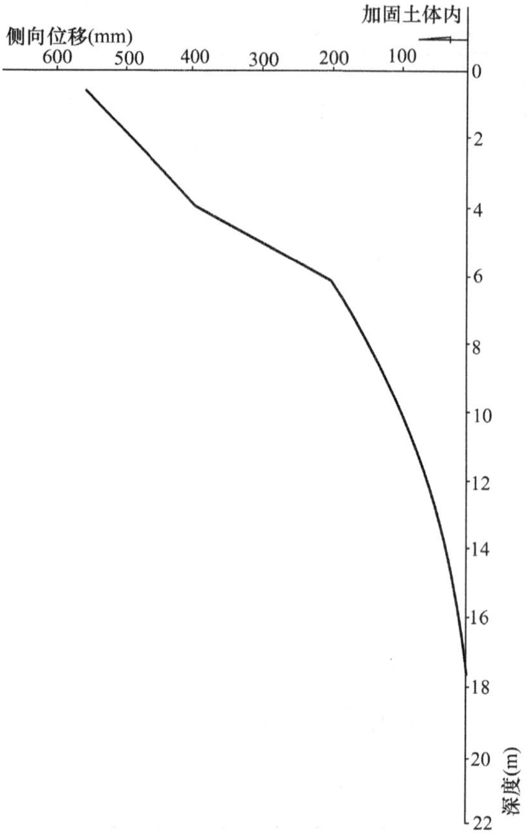

图4-96 侧向位移沿深度变化规律

(1) 预压加固消除沉降：

由于该工程海相沉积软土及吹填土形成时间均比较短，土质极软，压缩量大，而且渗透性差，在自重压力作用下处于未完全固结状态，为典型的欠压密土，在打设竖向排水通道工程中，因排水距离缩短，加速自重固结。在开泵、抽真空施加真空预压荷载前产生了466mm的平均沉降，施加真空预压荷载后平均消除沉降1390mm，总平均沉降1856mm，卸载后网格测量平均沉降为1345mm，总消除平均沉降1811mm，卸载膨胀的影响为34mm。理论计算最终沉降，用实测沉降曲线三点法和$s\sim\sqrt{t}$法推算的最终沉降，在满载预压时间不变的条件下，实测和推算的沉降值如表4-26示。

(2) 在加固区范围内消除不均匀沉降

中部平均沉降1905mm为100%，边部平均1844mm，占96.8%，角点平均沉降1719mm占90.3%，结果表明，真空预压荷载不但表面分布均匀，而且沿深度分布基本呈矩形分布，基本消除了真空预压荷载分布和边界的影响。

3. 真空预压加固软基工程施工固结度分析：

真空预压加固软基固结度是衡量软基加固效果重要指标之一。该工程软基加固施工达到的固结度为：

实测和推算的地基沉降 **表4-26**

沉降值(mm)	理论计算(mm)	实测曲线推算		实 测 沉 降			
		三点法	$s\sim\sqrt{t}$	沉降标		网格测量	
				平均	中部	平均	中部
s_t				1856	1910	1811	1876
s_∞	1968	1983	1970				
预压加固达到固结度(%)	平均 1974mm			94.0%	96.8%	91.7%	95.0%

(1) 在软基加固工程施工中，必须严格按设计排水间距、加固深度、预压荷载、满载预压时间等软基加固参数进行施工，及按质量和技术要求，进行加固效果监测和检验。因地基系非均质的，在加固单元范围内，各项目的实测值，由于被加固软基土层结构及土质特性的差异，会出现一定误差，需对真空预压加固软基设计和计算参数取值方法、真空预压加固软基施工工艺、加固效果监测和检验工艺等与实测值进行综合分析。

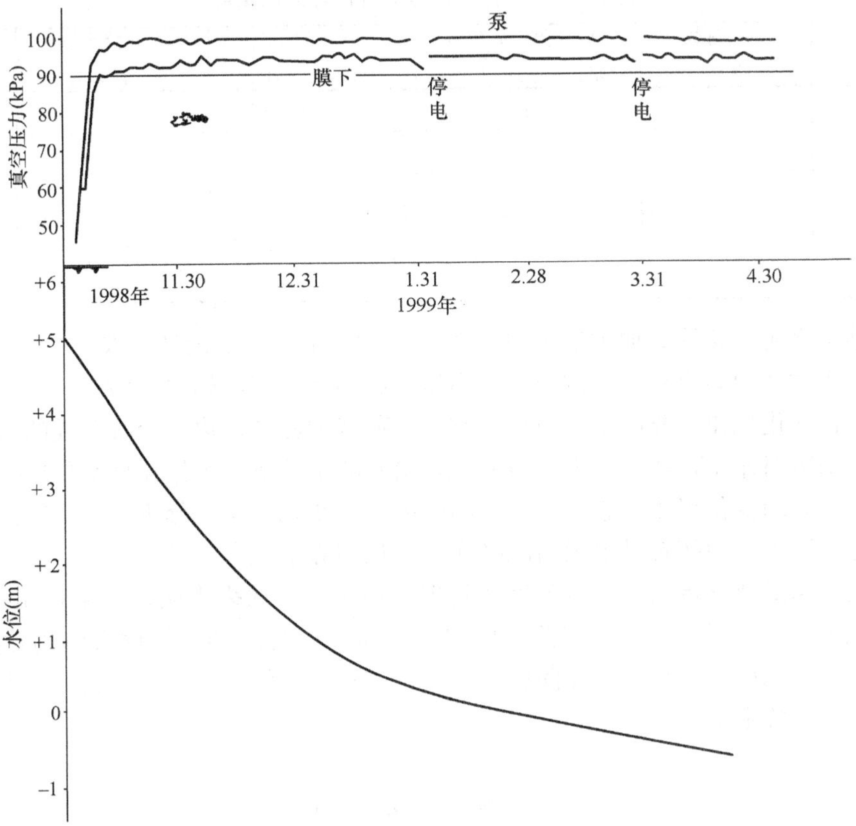

图 4-97 地下水位与真空预压时间关系曲线

（2）以预压加固消除总沉降量确定软基加固工程施工的固结度，是比较直接的综合的常用方法。如表 4-26 示内容，该工程卸载时加固深度内综合固结度，已达 94%，高于设计对软基加固应达到的固结度要求。从表 4-26 不难看出，理论计算最终沉降、用实测沉降曲线三点法和 $s\sim\sqrt{t}$法推算的最终沉降，非常接近，差额小于 5%。

（3）以超静孔压消散规律确定固结度，以排水固结消散的超静水压力与预压荷载之比表示，但因真空预压加固软基工程施工过程，被加固土体在全密封条件下，静水压力随着排水固结沉降而同时等量变化，是一个变量；饱和软黏土自重未完全固结，残余自重压力及埋设施工时挤压应力的消散残留（目前还难以分离），深层软基静水压力受底部透水层的影响，临海潮位的影响等，在整理分析超静水压力消散规律时考虑这些因素，分析不同土层的综合消散规律。

对于真空预压加固软基因被加固软基土体为被封闭状态，在打设竖向排水带施加真空预压荷载后，在大气压差（真空压力）的作用下，上中孔隙水在挤压和吸力（负压）双重作用下排出表面，并集中于密封膜上部，其静水压力随着预压固结沉降量而同步等量（不计孔隙水中的含气量）降低。

①该工程实测孔隙水压力与真空预压荷载的关系如图 4-95 示。预压排水固结超静水压力与计算的固结度如表 4-27 所示。

各土层实测的孔隙水压力及计算的固结度 表 4-27

土层名称	预压荷载 (kPa)	施加预压荷载前初始孔隙水压力（kPa）	卸载前孔隙水压力（kPa）	消散超静水压力 (kPa)	固结度 (%)
回填素土	90	31.3	−60.0	91.3	100
吹填淤泥	90	89.2	10.0	79.2	96.9
带状黏土	90	105.0	12.0	93.0	100
均匀淤泥	90	102.7	22.0	80.7	90.0
淤质黏土	90	137.9	33	89.6	99.6

表列结果表明，该软基加固工程固结度达 90%以上，满足设计要求。

②该工程软基加固边缘处水位与真空预压荷载的变化规律如图 4-97 示。

图中水位变化规律主要由于在施加真空预压荷载过程中，边缘处所形成的大气压差及加固区内真空吸附作用，使得与大气连通无补给水的条件下，水位在真空预压荷载作用下与真空预压时间的变化规律，它不反映加固体内水位变化规律，分析超静水压力消散规律时，只考虑加固土体中随着排水固结沉降同步变化的静水压力。

如上实测结果及分析表明，该工程软基真空预压加固效果表明，真空预压荷载大小、均匀性、稳定性，预压排水固结消除沉降量，预压加固达到的固结度等，均达到设计要求，各项指标的规律性，符合被加固软土特性，实际加固效果，充分反应了该工程软基加固设计和施工的技术水平。

参 考 文 献

[1] 交通部第二航务工程局科研所（1980）. 711 工程袋装砂井堆载预压试验研究.
[2] 刘家豪主编（1990）. 塑料板排水法加固软基技术研讨会论文集，黄山
[3] 曾国熙、杨锡令（1959）. 砂井地基沉陷分析. 浙江大学学报，第 3 期
[4] 曾国熙（1975）. 利用砂井处理土坝软黏土地基. 浙江大学学报，第 1 期
[5] 曾国熙、王铁儒、顾尧章（1981）. 砂井地基若干问题. 岩土工程学报，3 卷 3 期，曾国熙（1973），浙江大学土木系地基基础教研室编. 土力学. 教材
[6] 谢康和（1987）. 砂井地基固结理论、数值分析与优化设计. 浙江大学博士学位论文
[7] 潘秋元、朱向荣、谢康和（1992）. 竖向排水设计中井阻涂抹影响的考虑. 浙江省第五届土力学及基础工程学术讨论会论文集，杭州：浙江大学出版社
[8] 潘秋元、朱向荣、谢康和（1991）. 关于砂井地基超载预压的若干问题. 岩土工程学报，第 13 卷第 2 期
[9] 高木俊介（1955）. 为排水砂井工程制备的图表及其使用例. 南京水利科学研究所译自"土と基础" 3 卷 12 号
[10] 赵令炜、沈珠江（1962）. 排水砂井预压法的理论与实践. 土工研究 2，南京水利科学研究所
[11] 华东水利学院土力学教研室主编（1980）. 土工原理与计算上册. 北京：水利出版社
[12] 朱向荣（1988）. 堆载预压后的地基变形特性. 浙江大学硕士学位论文
[13] 朱向荣、潘秋元（1991）. 超载卸除后地基变形的研究. 浙江大学学报，第 2 期第 25 卷
[14] 陈环（1986）. 水下真空预压. 第一届全国地基处理学术讨论会，上海
[15] 交通部第一航务工程局、天津大学、南京水利科学研究所（1986）. 真空预压加固软土地基（论

文汇编）
[16] 天津港湾工程研究所．济南国际机场特种条件下软基真空预压．
[17] 杨国强（1989），真空预压法机理探讨．
[18] 南京水利科学研究院土工研究所（1988）．真空排水预压加固软土地基的理论与实践．
[19] 薛红波（1988）．砂井真空排水法加固饱和软土地基的强度特性．"真空排水预压加固软土地基的理论与实践"．南京水利科学研究院土工研究所
[20] 常忠仁（1980）．砂井降水预压法的理论与实践．
[21] 盛崇文（1984）．土的加固技术．水运工程，6
[22] 松尾新一郎编，孙明漳、梁清彦译（1983）．土质加固方法手册．北京：中国铁道出版社
[23] 中崛和英编．软土地基处理．北京：人民交通出版社
[24] E. W. Brand, R. P. Brenner 编著，叶书麟、宰金璋等译校(1991). 软黏土工程学. 北京：中国铁道出版社
[25] Aldrich, H. P(1965), Precompression for support of shallow foundations. J. Soil Mech. and Found. Div. ASCE, (91), SM2, 5-20.
[26] Barron, R. A. (1948), Consolidation of fine-grained soils by drain wells. Trans. ASCE, Vol. 113, 718-754.
[27] Carrillo, N(1942), Simple two and three dimensional cases in the theory of consolidation of soils. J. Math. and physics, vol. 21. NoI.
[28] Hansbo, S. (1981), Consolidation of fine-grained soils by Prefabricated drains. proc. 10 th Int. Conf. Soil Mech. and Found. Engg. (3)677-682, Stockholm.
[29] Holtz. R. D, Jamiokowski. M, Lancellotta. R., Pedroni. S. Behaviour of bent prefabricated vertical Drains.
[30] Johnson, S. J. (1970a), Precompression for Improving Foundation Soils. J. Soil Mech. and Found. Div. ASCE, (96), SMI, 111-144.
[31] Kamon. M., Bergado. D. T. Ground Improvement Techniques.
[32] Lee. I. K, white, W. & Ingles, O. G. (1983), Geotechnical Engineering. Pitman.
[33] Long. Richart. P. & Alvaro covo, Equivalent diameter of vertical drains with an oblong cross section, ASCE, vol, 120, NO. GT9, 1994.
[34] Matsui. T., Kotera. H, Sakemi. T. (1990), Behavior of Improved clay Ground by the Forced Dewatering Method. Tenth Southeast Asian Geotechnical conference, 16-20 April. Taipei.
[35] Mitchell. J. K, Katti. R. K, (1981). Soil Improvement-state-of-the-Art Report. Proc. 10th Int. conf. soil Mech. and Found. Engg, (4)509-566.
[36] Richart. F. E(1957), A Review of the Theories for snad Drains. ASCE proc, J, Soil Mech. and Found. Div, (83), SM3, 1301.
[37] K. H. Xie., X. R. Zhu., Q. Y. Pan., G. X. Zeng, Recent Studies on the Smear Action of Vertical Drains, Proceedings of International Conference on Geotechnical Engineering & Earthquake Resistant Technology In soft soil Areas. shenzhen. china, 1993.
[38] 稲田倍穗(昭和 56 年). 軟弱地盤における土質工学(調査から設計・施工まで). 鹿島出版会
[39] 浙江大学土木工程学系土工学教研室(1988). 宁波机场软土地基袋装砂井超载预压试验研究报告.
[40] 龚晓南主编(2004). 地基处理技术发展与展望．北京：中国水利水电出版社，知识产权出版社
[41] Albert T. Yeung(1998). Design curves for prefabricated vertical drains. J. of Geotechnical and Geoenvironmental Engineering. ASCE. Vol. 123. No. 8: 755-759
[42] Haruo Fujiwara, Shunji Ue(1990). Effect of preloading on post-construction consolidation settlement

of soft clay subjected to repeated loading. soils and Foundations. Vol. 30,No. 1:76-86

[43] Hansbo,S. Aspects of vertical drain design. Darcian or non-Darcian Flow. Geotechnique,1997,147(4)

本章审阅人：曾国熙（浙江大学）

叶柏荣（上海港湾工程研究所）

第5章　土桩、灰土桩挤密法

杨鸿贵（陕西省建筑科学研究院）
刘存利（陕西省建筑科学研究院）

5.1　概述

土桩、灰土桩挤密法是利用沉管、爆扩、冲击或钻孔夯扩等方法，在地基土中挤压成桩孔，迫使桩孔内土体侧（横）向挤出，从而使桩周土得到加密；随后向桩孔内分层填入素土或灰土等廉价填料夯实成桩，桩体填料也可采用水泥土、二灰（石灰、粉煤灰）或灰渣（石灰、矿渣）等具有一定胶凝强度的材料。土桩、灰土桩等挤密地基由桩体和桩间挤密土组成人工复合地基，共同承担上部荷载。土桩、灰土桩挤密法的主要特点是对桩间土的原位深层挤密，因此也可称为挤密桩法或深层挤密法，其优点是：原位处理、深层挤密、就地取材和以土治土，用于处理深厚的湿陷性黄土地基和非饱和欠压密的填土地基，可获得显著的技术、经济与社会效益，因此在我国西北和华北等地区已广泛应用。

湿陷性黄土地基的土桩挤密法由前苏联阿别列夫（Абелев）教授1934年所首创，至今仍为俄罗斯及东欧诸国处理湿陷性黄土地基的常用方法。其施工方法初期仅采用沉管法挤土成孔工艺，随后于1948年开始采用爆扩法挤土成孔工艺，自1963年又开始广泛采用冲击法挤土成孔和成桩施工工艺，所用锥形冲击锤重0.6～3.7t，冲锤直径0.34～0.43m，冲击形成的桩孔直径约0.50～0.60m，然后用同一设备和冲锤分层夯填素土成桩，处理深度可达20m以上。国外土桩的桩径一般为0.30～0.60m，桩距约为2倍的桩径，主要处理目的是消除黄土地基的湿陷性。

在我国自20世纪50年代中后期开始，不少单位在西北黄土地区多次进行过土桩挤密法的试验研究和试点应用，但囿于当时施工机械条件的限制，施工方法以沉管法居多，少数采用了爆扩法，而冲击法成孔仅有个别试验点，工程应用当时难以推广。1965年西安地区为改变杂填土和黄土地基处理大开挖的落后现状，在土桩挤密法的基础上，试验成功了具有中国特色的灰土桩挤密法，并自1972年起逐步推广应用。三十多年来，甘、陕、晋、豫及华北等黄土地区都先后开展了灰土桩和土桩挤密地基的试验研究和推广应用，获得了丰富的试验资料和实践经验，同时也取得显著的技术经济和社会效益。1985年陕西省率先编制了《灰土桩和土桩挤密地基设计施工及验收规程》DBJ 24-2-85，相关的国家标准和行业标准均先后将土桩、灰土桩挤密法专门列入其中，如《湿陷性黄土地区建筑规范》GB 50025，将“挤密法”作为湿陷性黄土地基的主要处理方法之一；《建筑地基处理技术规范》JGJ 79，专章列出“灰土桩挤密法和土桩挤密法”等。2006年，经修订后的陕西省工程建设标准《挤密桩法处理地基技术规程》DBJ 61-2-2006，已经批准实施。上述规范或规程，系统总结了我国已有的科研成果和工程经验，使土桩和灰土桩挤密法的设计、施工及质量检验规范化，同时也保证并促进了工程的应用与技术的发展和完善。

随着工程机械化水平的发展和各地区工程建设的需要，经验的积累与探索，桩孔填料不仅采用素土或灰土，也有利用工业废料作成二灰桩（石灰与粉煤灰）、灰渣桩（石灰与矿渣），以及水泥土桩或水泥灰土桩（灰土中掺入少量水泥）等，上述桩体材料均具有一定的胶凝强度，与灰土性质相近，在挤密桩复合地基中，亦具有柔性桩的特征。在施工工艺方面，除已往常用的沉管法外，小型冲击成孔挤密法已成功用于既有建筑地基的加固处理；预钻孔后用重锤冲击夯扩成桩，用于含水量偏高的黄土地基也较为有效，这种工法乃是冲击成孔与成桩法的发展，可简称为“钻孔夯扩桩挤密法”。有关桩间挤密效果的规律、合理的检测方法，以及挤密地基的作用机理与技术效果等理论问题，也有不少科技人员与学者进行试验分析和研究，并已取得较大进展。灰土桩挤密法已成功于60m以上高层建筑黄土地基的处理，处理后复合地基承载力特征值超过400kPa，其应用范围逐步拓展。

土桩、灰土桩等挤密法适用于处理非饱和欠压密的湿陷性黄土、杂填土和素填土等地基，处理厚度宜为3～15m，若利用冲击法或钻孔夯扩桩挤密法施工，处理厚度可增大至20m以上。当以消除地基土的湿陷性为主要目的时，宜选用土桩挤密法；当以提高地基的承载力及增强其水稳定性为主要目的时，宜选用灰土桩挤密法（或二灰、灰渣及水泥土桩等），若天然地基土的饱和度大于65%时，则不宜选用挤密法处理。当天然地基土的含水量低于12%时，宜进行予浸水增湿或通过现场试验确定其适用性。在缺乏经验的地区或重要的工程项目，应在施工前进行现场试验，确定合理的设计及工艺参数，必要时尚应进行载荷或浸水载荷试验，检验其技术效果，避免盲目性。

5.2 加固原理

湿陷性黄土属于非饱和的欠压密土，孔隙比较大而干密度小，为其主要特征，同时也是其产生浸水湿陷性的根本原因。试验研究与工程实践证明，当使黄土的干密度及其压实系数（挤密系数）达到某一标准时，即可消除其湿陷性，土桩、灰土桩挤密法正是利用这一原理，通过原位深层挤压成孔，使桩间土得到加密，并与分层夯实不同填料的桩体构成非湿陷性的承载力较高的人工复合地基。由于桩体材料性质的不同，素土桩与灰土桩（包括其他具有一定胶凝强度材料的桩）在挤密桩复合地基中的作用机理也不尽相同，现分述为下。

5.2.1 土的侧向挤密

桩周土的挤密过程可采用圆柱形孔扩张理论来描述。根据Vesic圆孔扩张理论（龚晓南，1990），极限平衡状态时，圆孔外存在一塑性区，塑性区外保持弹性状态，如图5-1所示。图中P_u为扩张应力，桩孔半径为R_u，塑性区半径R_p表达式为

$$R_p = R_u\sqrt{\frac{G}{c\cos\varphi + q\sin\varphi}} \tag{5-1}$$

式中 c、φ——土体的抗剪强度指标，即土的黏聚力和内摩擦角；

G——土体剪变模量$G=\dfrac{E}{2(1+\mu)}$；

E、μ——土体的弹性模量和泊松比；

q——地基中土的原始固结压力。

式 5-1 告诉我们，塑性区半径与桩孔半径成正比，并与土的剪变模量和抗剪强度有关。若将黄土的有关常见数值代入，可得到 $R_p=(1.43\sim1.90)d$，其中 d 为桩孔直径，它与试验实侧的挤密影响区的半径基本吻合。

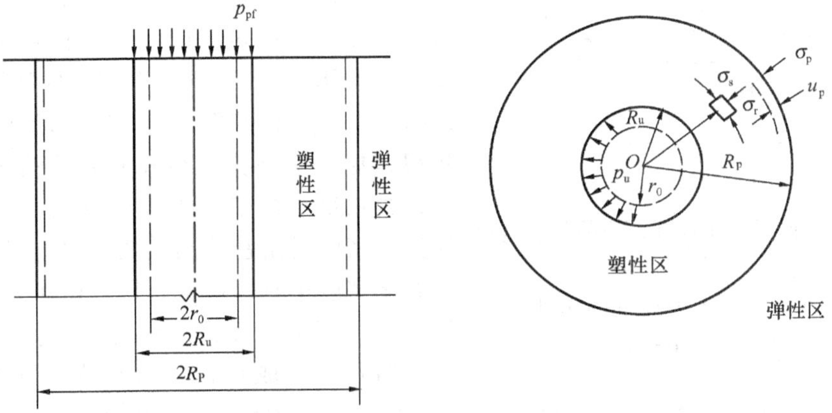

图 5-1 圆柱形孔扩张

图 5-2 表示现场试验测得的单桩挤密效果变化情况。在孔壁附近土的干密度（ρ_d）接近或超过其最大干密度 $\rho_{d\,max}$，挤密系数 $\eta_c\approx1.0$。依次向外，土的干密度和挤密系数逐渐减小，直至接近土的原始干密度 ρ_{do}。对应于 $\rho_d=\rho_{do}$ 的界限区内可称为"挤密影响区"，其半径常为(1.5～2.0)d。如为消除黄土的湿陷性，则常以 $\rho_d\geqslant1.5g/cm^3$ 或 $\eta_c\geqslant0.90$ 为界，确定出满足使用要求的"有效挤密区"。单个桩孔的"有效挤密区"半径一般为(1.0～1.5)d。相邻两桩或三桩成孔挤密后，在交界处将产生叠加作用，使桩间土干密度进一步增大，如图 5-3。另从图 5-2 可以看出，虽挤密变化整体近似于双曲线型，但在有效挤密区内，桩间土的挤密系数从桩边至两桩中点或三桩中心点逐渐减小，其间变化近于直线型，中心点处挤密效果最低。桩间土挤密系数的不均性是客观存在的，因此评价挤密效果应以平均挤密系数 $\bar{\eta}_c$ 为准。

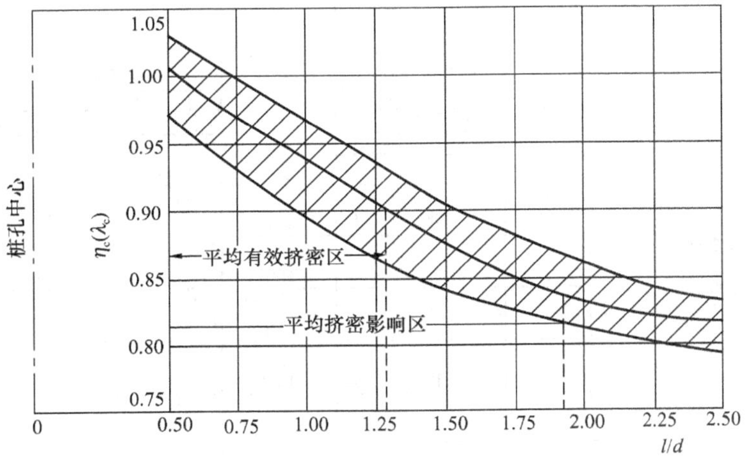

图 5-2 桩周土挤密系数 η_c 试验结果

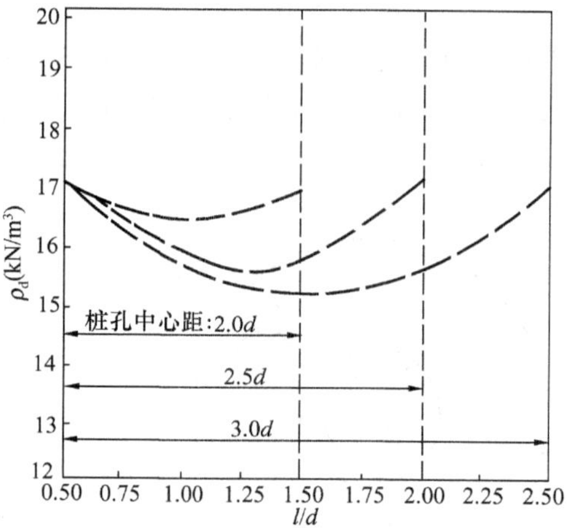

图 5-3 同一场地不同桩距挤密效果

$\rho_d=13kN/m^3$，$w=21\%$

当土的含水量接近其最佳含水量时，挤密效果最显著；当土的含水最偏小时，土呈坚硬或半固体状态，土体强度增大，不容易被挤压密实，且挤密有效半径明显减小，并给沉管、拔管和冲击成孔等施工造成困难；当土的含水量过高或饱和度过大时，由于挤密引起超孔隙水压力的影响，使土体只能向外围移动，而难以挤密，同时孔壁附近的土因扰动而强度降低，故很容易产生桩孔缩径和回淤等情况。由此可见，含水量对挤密效果影响很大。其次，土的原始干密度对挤密范围及效果也有显著的影响，原始干密度小时，挤密有效范围小，效果也差。原始干密度是设计桩间距的基本依据。综上所述可概括为：成孔挤密效果在于土的含水量，桩距大小决定于土的干密度。在多数情况下，凡湿陷性的黄土一般均可挤密成孔和有效。

5.2.2 土桩挤密地基

土桩挤密地基是由素土夯填的土桩和桩间挤密土体组合而成。桩孔内夯填的土料多为就近挖运的黄土类土，其土质及夯实的标准与桩间挤密土基本一致，因此它们的物理力学性质也无明显的差异，这已为大量的现场试验和工程检验所证实。

图 5-4 左侧所示，为土桩挤密地基上刚性矩形基础在均布荷载作用下，基底接触压力的实侧结果。土桩上的接触应力 σ_p 与桩间挤密土上的应力 σ_s 并无明显的变化，同一部位的桩土应力比 $\sigma_p/\sigma_s\approx1.0$，部分夯填质量较高的土桩，桩土应力比也仅达到 1.6～1.8。从测试结果可以看出，土桩挤密地基基础下接触压力的分布与土垫层的情况相似，在同一平面可作为均质地基考虑。不言而喻，土桩挤密地基的加固作用主要是增加土的密实度，降低土中孔隙率，从而达到消除地基湿陷性和提高水稳定性的工程效果。

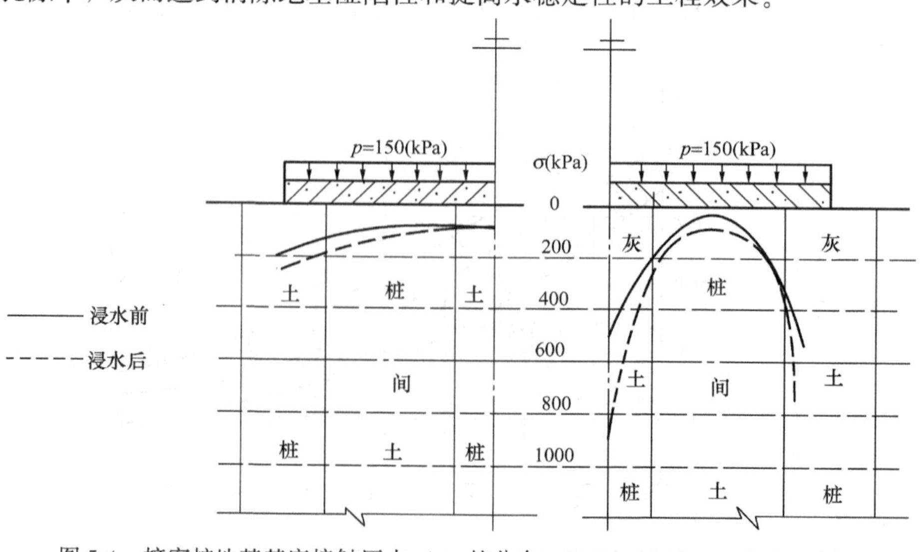

图 5-4 挤密桩地基基底接触压力（σ）的分布（陕西省建研院 1975 年实测资料）

国外早期曾称土桩挤密法为“加深捣实”法，即是明确了土桩具有深层加密黄土的特点。设计土桩挤密地基时，可以将其视为一个厚度较大的素土垫层，处理范围及承载力等的设计原则与土垫层相似。我国有关规范如《建筑地基处理技术规范》（JGJ 79）和《湿陷性黄土地区建筑规范》（GB 50025）中，关于土桩挤密地基设计计算的规定与土垫层的设计原则基本相同。

5.2.3 灰土桩挤密地基

一、灰土的硬化机理和力学性质

（一）灰土的硬化机理

众所周知，单纯的石灰属气硬性胶凝材料。但石灰与土掺和后，在一定条件下将发生复杂的物理化学反应，其主要反应和生成物如下：

1. 离子交换　石灰中的二价钙离子 Ca^{+} 和土粒表面吸附的一价金属阳离子 Na^{+}、Ka^{+} 发生离子交换作用，从而限制了粘土表面扩散层的厚度，并使土粒的吸水性能和膨胀性能大部分消失，大量的黏粒团粒化，增大了土粒的强度并使其黏性降低。这一反应在石灰与土拌和后即开始发生，并约在 48 小时内完成。灰土在较大的含水量（如 $w\geqslant 20\%$）条件下仍易于拌和而不发黏，以及在灰土桩周围出现的硬壳现象等，都是离子交换作用的结果。

2. 凝硬反应　石灰与土粒表面的胶质二氧化硅（SiO_2）及胶质氧化铝（Al_2O_3）发生复杂的反应并形成新的胶凝物，经岩相电子显微镜扫描和 X 探针衍射分析证实，新的生成物有硅酸钙水化物（$n CaO \cdot SiO_2 \cdot H_2O$）、铝酸钙水化物（$4CaO \cdot Al_2O_3 \cdot 13H_2O$）和硅铝酸钙水化物（$2CaO_2 \cdot Al_2O_3 \cdot SiO_2 \cdot 6H_2O$）等。常温条件下，灰土的凝硬反应比较缓慢，新生成物的数量较少，这是灰土后期强度增长和具有水稳定性的主要原因。在蒸汽养护的条件下，灰土的凝硬反应十分迅速，24h 的抗压强度即可达到 10MPa，并具有近似于水泥的水稳定性。由此可见，灰土已不单纯是气硬性材料，而具有一定的水硬性。

3. 石灰的碳化与结晶　多余的熟石灰 $Ca(OH)_2$ 可从空气或地下水中吸收 CO_2 而碳酸盐化，重新生成碳酸钙（$CaCO_3$），另一部分石灰则由于失水而结晶。灰土中石灰的碳化与结晶是由于石灰不可能全部与土粒表面接触或由于部分石灰颗粒较粗。碳酸钙的生成和石灰由胶体变为结晶体，都属气硬性反应，是灰土强度增长的一个重要因素。

4. 其他反应　采用生石灰粉（CaO）拌制灰土时，将发生吸水、发热和膨胀反应。每千克生石灰消解时约需 320g 水，释放出 1172.3 千卡热量，同时体积膨胀近一倍。这类反应有利于灰土的硬化，但因其反应速度很快，在灰土拌和过程中和随后短时间内即已完成。

各种附加剂不同掺量时灰土的强度（kPa）　　**表 5-1**

附加剂（料）	掺量（%）					
	0	0.5	1.0	2.0	3.0	4.0
NaOH	1300	1402	2100	2020	1905	1600
$CaSO_4 \cdot 0.5H_2O$	1300	—	1708	1209	—	1105
NaCl	1300	1408	1403	1308	1008	708
$CaCl_2$	1300	1308	1308	1305	1200	—
500# 硅酸盐水泥	1300	—	1703	2003	—	2400

注：灰土的强度为试件在饱水状态下 28d 时的无侧限抗压强度。

（二）灰土的力学性质

1. 灰土的强度 硬化后的灰土属脆性材料，强度指标常用28天的无侧限抗压强度表示，一般要求其无侧限抗压强度 q_u 不低于500kPa。灰土的强度决定于石灰的品质、土的类别、配合比、夯实质量及气温条件等因素，施工中应从严控制其配合比，拌和时要适当加水并搅拌均匀，夯填应达到设计的压实系数。为了提高灰土的强度，可掺入少量附加剂。表5-1为掺入几种附加剂后的试验结果，其中除水泥外，其他附加剂的掺量均不宜超过0.5%～1.0%，掺入水泥的灰土，其强度随掺入量的增加而相应提高。从技术和经济效果来看，水泥是比较理想的附加剂，料源也十分方便。

2. 灰土的变形模量 灰土的变形模量（E_n）随应力的大小而异，通常 E_n 值为40～200MPa。根据室内试验求得的灰土应力-应变关系曲线形态与混凝土相似，其变形模量可用下式表达：

$$E_n=\left(1+\sqrt{1-\frac{\sigma}{q_u}}\right)\frac{q_u}{\varepsilon_u} \tag{5-2}$$

式中 σ——灰土试件上的轴向应力；

q_u——灰土的无侧限抗压极限强度；

ε_u——灰土破坏时的临界应变。

σ/q_u 的比值可称为"相对应力"值，它表示着灰土实际应力在其应力-应变关系曲线上所处的阶段。根据室内外测试结果，在使用荷载作用下，灰土桩顶面的"相对应力" σ/q_u＝0.5～0.9，有时可达到1.0，这说明灰土桩顶部的应力常处于其应力-应变曲线的过渡阶段（塑性段），有时已达到了破坏阶段，而一般混凝土桩上的应力状态多数在弹性阶段范围内，它们之间的本质区别即在于此。从式（5-2）可知，σ/q_u 越高，灰土的变形模量值 E_n 越小，因此，在计算分析灰土桩的变形和研究灰土桩的工作机理时，应根据其实际应力和"相对应力"的大小，采用相应的变形模量值。

3. 灰土的水稳定性，灰土的水稳定性可以用其饱和状态下的抗压强度与普通潮湿状态下强度之比即软化系数表示。灰土的软化系数一般为0.54～0.90，平均约为0.70。由于灰土具有一定的水硬性，在高含水量的土中或处于地下水以下的灰土仍可以硬化和发展强度。决定灰土水稳定性高低的因素是灰土的质量和在土中的约束条件。试验表明，在空气中养护2～3d的灰土试件，拆模后放入水中而不会溃散；若灰土试件在周围约束条件下，压实成型后立即放入水中养护，其强度仍能增长而不溃散。为了提高灰土的水稳定性，除严格控制灰土的施工质量外，也可在灰土中掺入2%～4%的水泥，使其软化系数达到0.80以上，可保证灰土桩在水中的长期稳定性。

二、灰土桩的破坏特征及荷载传递规律

根据试验结果，在竖向荷载作用下，桩长超过6～10倍桩径的灰土桩，其变形、破坏特征及荷载传递规律有下述几点：

（一）灰土桩在竖向荷载作用下，桩顶的沉降主要是桩身的压缩变形，桩身变形为总沉降量的42%～93%，有的桩顶已被压裂，而桩底端仍未见下沉。在灰土桩的全部桩身压缩变形量中，桩顶(1.0～1.5)d 段内的变形占60%～85%。图5-5为土桩、灰土桩和混凝土桩分别在其极限荷载下分段沉降量的测试结果。土桩的沉降主要发生在(2～3)d 深度以上范围内，与天然地基或土垫层的情况相似。混凝土桩顶面与底端的沉降量相差很小，

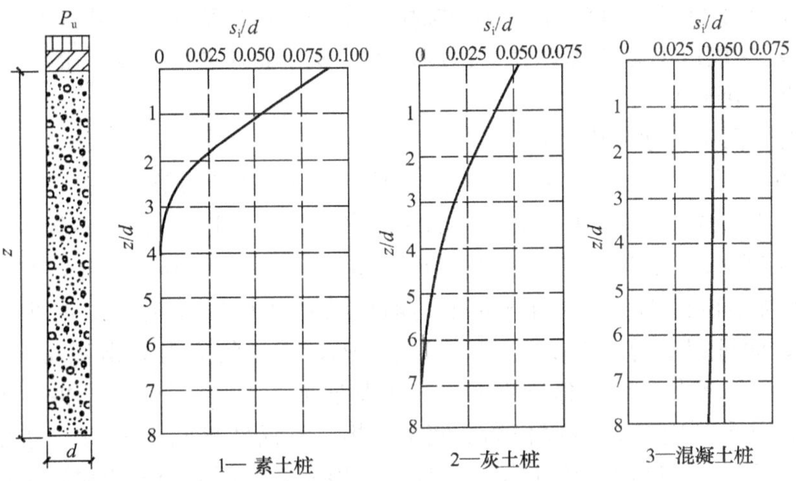

图 5-5 各类材料桩体在极限荷载下的分层沉降量（s_i/d）

说明其桩身的压缩变形是很小的。而灰土桩的情况介于二者之间，桩身压缩变形层的深度为 $6d$ 左右，又是引起桩顶沉降的主要原因。从桩顶相对沉降量看，灰土桩与混凝土接近，均约为 0.05，而土桩的沉降已接近 0.10。从分段变形特征看，灰土桩既不同于散体材料的土桩，也不同于刚性的混凝土桩，而属于一种具有一定胶凝强度的柔性桩。

（二）根据室内及现场载荷试验后开剖检查，在极限荷载作用下，灰土桩的破坏多数发生在桩顶$(1.0\sim1.5)d$ 的长度范围内，裂缝呈竖向或斜向，具有脆性破坏的特征。试验结果还表明，当部分桩顶被压裂后，它仍具有由块体间的咬合力及摩擦力构成的剩余强度，并能与桩间挤密土共同作用而保持整个地基的稳定性，但当荷载继续增加时，沉降将迅速增大。由此可见，灰土桩的承载力主要取决于桩身的强度，特别是上层灰土的质量和强度。

（三）灰土桩的荷载传递规律。灰土桩在竖向荷载作用后，桩身在一定深度内即产生压缩变形及侧向膨胀，其值上大下小，在$(6\sim10)d$ 深度以下趋近于零。灰土桩身的应力测试结果如图 5-6 所示，从中可以看出其荷载传递的规律是：1. 灰土桩顶受荷后，桩身应力及荷载将急剧衰减，在 $3d$ 深度处的桩身荷载仅为桩顶处的 1/6 左右，在$(6\sim10)d$ 深度以下桩身荷载已趋于零，同时桩身与桩周土中的应力亦趋于一致。显然，灰土桩荷载传递的深度是有限的，其有效传荷深度与桩径及灰土的强度成正比，而与桩周土的摩阻力成反比，一般约为

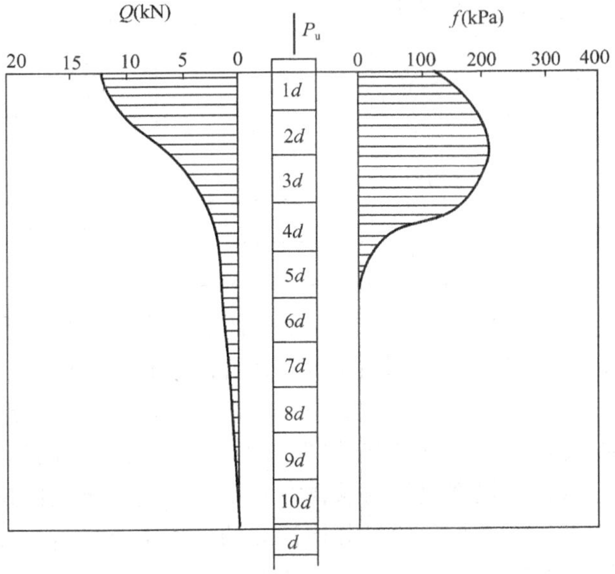

图 5-6 灰土桩桩身的分段荷载(σ)及桩周摩阻力(f)的分布

$(4\sim10)d$。2. 灰土桩身的荷载通过桩周摩阻力迅速向土中传递，摩阻力约在 $2d$ 深度处达到峰值，在 $6d$ 深度以下趋于零，在此深度以下的灰土桩不再承受较高的应力，桩身与桩周土的应力比接近于1.0。

三、灰土桩在挤密地基中的作用

（一）分担荷载，降低土中应力。灰土桩具有一定的胶凝强度，其变形模量超过桩间土10倍左右，因而在基底下灰土桩面上的应力高于桩间土近10倍，桩体承担着近一半荷载。图5-4右半侧表示了灰土挤密桩地基实测基底接触压力的分布情况，它与土桩挤密地基相比，具有显著的区别。当刚性压板上的均布压力为150kPa时，灰土桩上的应力 σ_p 已超过600kPa，而桩间土的应力 σ_s 为(50～100)kPa，两者的应力分担 $\sigma_p/\sigma_s=6\sim12$，浸水后应力比值进一步增大。计算分析表明，仅占基底面积约20%的灰土桩，承担着总荷载的50%左右；其余则由占80%面积的桩间土分担，从而使桩间土上的压力可降低33%～67%。在基底下一定深度内，由于灰土桩具有分担荷载和明显降低土中应力的作用，使持力层内地基土的压缩变形和湿陷变形量显著降低或消失。陕西张桥浸水载荷试验证明，在桩间土未能完全消除湿陷性的情况下，土桩挤密地基的浸水湿陷量仍超过了200mm，而灰土桩挤密地基在同一条件下的湿陷量则基本消除，表5-2所列为同类场地通过基底应力测试结果求得的灰土桩与素土桩挤密地基的桩土应力比与荷载分担百分率。由于灰土具有一定的胶凝强度和较高的变形模量，故灰土挤密地基浸水前后的桩土应力比 σ_p/σ_s 高达6.6～15.6，桩体分担荷载率 Q_p/Q 为39.2%～61.8%，即灰土桩体承担了一半左右的荷载，从而对桩间土具有卸荷减压作用；而素土桩挤密地基的桩土应力比 σ_p/σ_s 仅为1.3～2.4，其桩体分担荷载率 Q_p/Q 为12.4%～28.9%，近于或略高于其面积置换率。

灰土桩与素土桩挤密地基桩土应力比（σ_p/σ_s）及桩体分担荷载百分率（Q_p/Q%） 表5-2

桩体类别 ＼ 统计值 ＼ 测试条件		浸水前		浸水后	
		σ_p/σ_s	Q_p/Q（%）	σ_p/σ_s	Q_p/Q（%）
灰土桩	范围值	9.0～15.6	49.3～61.8	6.6～12.0	39.2～55.5
	平均值	10.7	58.7	8.6	49.5
素土桩	范围值	1.6～2.4	14.3～28.9	1.3～1.6	12.4～21.5
	平均值	1.8	20.8	1.4	16.4

（二）桩对土的侧向约束作用。具有一定抗弯和抗剪强度的灰土桩体，对桩间土具有侧向约束作用，阻止土的侧向位移。图5-7为几处工程桩间土载荷试验的结果，其压力高达300kPa时，p-s/B 关系仍呈直线，表明土体仅产生竖向压密变形。在可塑状态的黄土地基试验中，上述情况很少出现，在土桩挤密地基中，桩的侧限作用一般不明显。

（三）提高地基的承载力和变形模量。灰土桩挤密地基不同层位的桩土应力分布如图5-8所示，在桩顶段桩分担荷载的作用十分显著，$1.5d$ 深度以下桩身应力逐层降低，而土中应力相应增加，直到 $6d$ 深度以下，桩土应力基本均匀，但这时土中应力已因向外围扩散而逐步减小。下层灰土桩分担荷载的作用虽不明显，但它仍具有提高复合地基承载力和变形模量的显著效果。大量的现场载荷试验和工程经验证明，灰土桩挤密地基的承载力为天然地基的 1.5～2.5 倍，并比土桩挤密地基提高约 40%，其承载力特征值可达到 250～400kPa；灰土桩挤密地基的变形模量可达到 21～36MPa，从而大幅度减少地基的压缩沉降量。

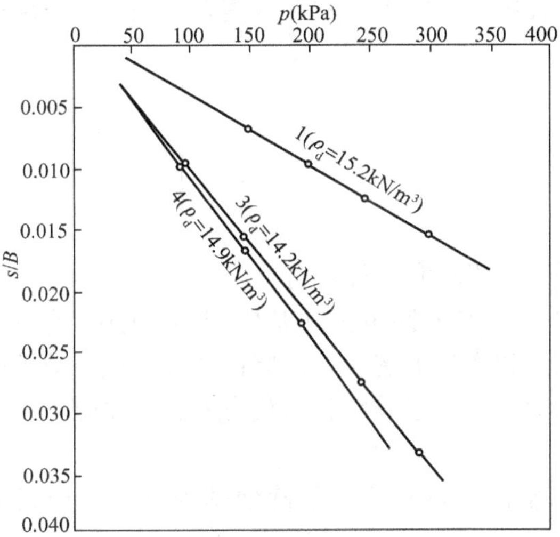

图 5-7 桩间土荷载试验 p-s/B 曲线

ρ_d—桩间土的干密度

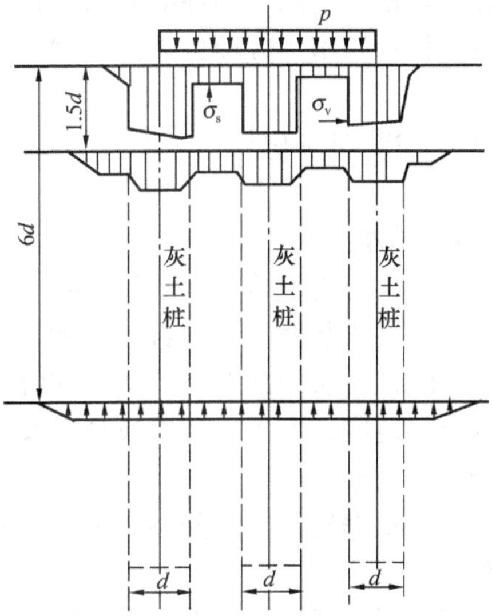

图 5-8 灰土桩挤密地基的分层应力分布图

从图 5-8 的应力分布情况看，灰土桩挤地基下层的应力分布与土桩挤密地基或土垫层的情况并无明显差异。

（四）增强消除湿陷性的效果。浸水载荷试验结果如表 5-3 所示，若以相对湿陷量 $s_w/d=0.015$ 判定处理地基是否湿陷时，对灰土桩挤密地基$\bar{\eta}_c \geqslant 0.90$ 即可消除地基的湿陷性，而素土桩挤密地基需$\bar{\eta}_c$ 大于 0.92 以上。结合试验结果与历年工程实践经验，对素土挤密地基平均挤密系数$\bar{\eta}_c$ 不宜小于 0.93；对灰土桩挤密地基上的丙类建筑$\bar{\eta}_c$ 不宜小于 0.90，而甲、乙类建筑$\bar{\eta}_c$ 仍不宜小于 0.93。显然，采用灰土桩挤密地基，增强了黄土或人工填土地基消除湿陷性的效果，可适当降低对桩间土挤密的要求。

灰土桩与素土桩挤密地基浸水载荷试验桩间土挤密系数平均值$\bar{\eta}_c$ 与相对湿陷量 s_w/d 的关系 **表 5-3**

工程地点	$\bar{\eta}_c$	s_w/d	
		灰土桩挤密地基	素土桩挤密地基
陕西渭北	0.86	0.0137	0.1783
甘肃庆阳	0.90	—	0.1310
陕西渭北	0.91	0.0023	0.0246
西安东郊	0.92	0.0131	0.0181
山西河津	0.92	0.0080*	—
西安东郊	0.92	0.0034	0.0042
山西侯马	0.92（灰土桩）0.94（素土桩）	0.0021	0.0033
甘肃天水	0.95	0.0046	0.0140

注：1. s_w 为在 200kPa 压力下浸水时的沉陷量；d 为压板的直径或短边宽度；

2. * 该次试验当压力加至 260kPa 时，$s_w/d=0.0111$；

3. 上述试验均未考虑三桩中心点土样的最小挤密系数 $\eta_{c\min}$ 及其湿陷系数。

表5-3同时也表明，只要桩间土平均挤密系数$\overline{\eta}_c$达到一定设计要求，则土桩、灰土桩挤密复合地基的湿陷性即可消除，至于桩间土存在个别点挤密系数偏低的情况，并不影响整体处理地基消除湿陷性的效果。在实际工程中，桩间土个别点挤密系数偏低的情况难以避免，设计与施工方面也无法控制。

5.3　设计计算

5.3.1　基本要求

土桩、灰土桩挤密地基设计时，应依据下列资料和条件进行：

一、搜集掌握场地的岩土工程勘察资料。对湿陷性黄土地基应查明湿陷的类型与等级、湿陷性土层的深度、地基土的含水量、饱和度与干密度等指标；对人工填土地基应查明其分布范围、深度、杂质成分以及填土的均匀性、湿陷性和承载力等。必要时，可提出进行补充勘察。

二、根据建筑物的分类、上部结构及基础设计资料等，明确地基处理的主要目的和要求。

三、了解建筑物场地以及周边环境和相邻建筑物的情况等。

四、当地施工机械的型号和性能，工程经验和同类场地的试验资料等。

挤密桩的桩孔填料、桩体直径及桩位布列需符合下列要求：

一、桩孔填料应根据地基处理的目的和工程要求，采用素土、灰土、二灰（粉煤灰与石灰）或水泥土等，不应选用透水性较强的粗粒材料。孔内填料均应分层回填夯实，填料的平均压实系数$\overline{\lambda}_c$不应低于0.97，其中压实系数最小值不应低于0.90。

二、挤密桩的桩体直径，宜为300～600mm。这一方面是考虑常用施工机具条件，另一方面也考虑到若桩孔过小时，桩的数量增多，施工繁琐费时；若桩径过大时，不仅处理地基均匀性较差，同时容易使桩周上层土因挤压上涌而变松，或使桩边土因过分挤压产生超孔隙水压力而形成橡皮土。由此可见过分增大桩径对桩间土的挤密效果与处理地基的技术效益并不理想，这已为部分工程试验所证明。

三、桩孔布置宜按等边三角形排列，三角形的边长为桩的间距s，三角形的高为桩的排距h，按等边三角形布桩，可使桩间土挤密效果及处理地基比较均匀；若基础平面范围有限时，也可采用等腰三角形布桩。基础下桩孔排数不宜少于3。

图5-9为任一三角形布桩的示意图，图（a）为直接挤密成孔，桩径为d，桩距为s，排距为h，桩距与桩径之比即桩距系数$\alpha=s/d$，排距与桩距之比即排距系数$n=h/s$，当为等边（正）三角形时$n=0.866$；图（b）为预钻孔重锤夯扩挤密成桩，钻孔直径为d_0，其余符号含义均相同。

从图5-9可以看出，单根桩的处理面积均为六边形所包络的范围，当为正三角形布桩时即为正六边形。若将图中相邻四根桩中心连接成一个四边形，其间夹角为360°即其中亦包含一根桩所处理的面积，由此，可计算出单桩的处理面积A_e、等效圆直径d_e及复合地基中桩体的面积置换率简称置换率m：

$$A_e=sh=ns^2=n(\alpha d)^2 \tag{5-3}$$

$$d_e=1.129\sqrt{n}s=1.129\sqrt{n}\alpha d \tag{5-4}$$

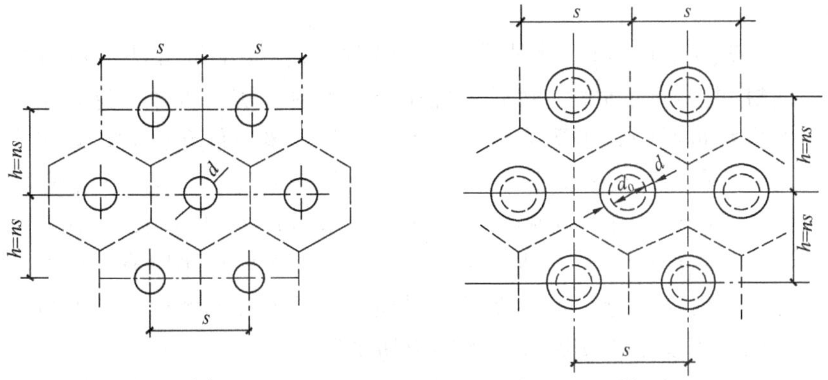

图 5-9 三角形布桩示意图

(*a*) 直接挤密成孔；(*b*) 钻孔夯扩成桩

$$m=\frac{\pi d^2/4}{n\ (\alpha d)^2}=\frac{0.785}{n\alpha^2} \tag{5-5}$$

当为正三角形布桩时，$n=0.866$，则：

$$m=\frac{0.907}{\alpha^2} \tag{5-5'}$$

显然，置换率 m 与桩径的大小无直接关系，而与桩距系数 α 的平方反比。置换率是复合地基中的一个重要技术参数，同时在挤密桩复合地基中它还决定着桩间土的挤密效果。若桩间土挤密前的平均干密度为$\bar{\rho}_d$，则挤密后为$\bar{\rho}_{dc}$，则$\bar{\rho}_{dc}$与 m 的关系为：

$$\bar{\rho}_{dc}=\frac{1-m_o}{1-m}\bar{\rho}_d \tag{5-6}$$

式中 m_o——钻孔部分的面积的置换率，它仅有置换作用而无挤密效果，当不钻孔而直接挤土成孔时，$m_o=0$，(5-6) 式即为

$$\bar{\rho}_{dc}=\frac{1}{1-m}\bar{\rho}_d \tag{5-6'}$$

挤密桩桩顶标高以上应设置 300～600mm 的 2∶8 或 3∶7 灰土垫层，垫层的宽度应不小于挤密桩处理的宽度。如对垫层承载力要求较高时，可在灰土中掺入水泥或采用水泥土垫层，其压实系数均不应小于 0.95。

挤密桩法处理地基的设计内容包括桩型选择、桩距计算、处理范围设计、承载力确定、变形计算和垫层设计等方面。

对现行国家标准《湿陷性黄土地区建筑规范》规定的甲、乙类建筑，以及成片的丙类建筑工程或在缺乏经验的地区，应按初步设计要求进行现场试验，确定其适用性、技术效果及相关的设计、施工技术参数。

对于现行国家标准《建筑地基基础设计规范》规定需要进行地基变形计算的建筑物，经地基处理后，应进行沉降观测。沉降观测应按现行行业标准《建筑变形测量规程》的要求进行。

5.3.2 桩型选择与桩距计算

一、桩型选择

挤密桩的桩型按成孔和成桩工艺的不同，分为直接挤密成孔和预钻孔重锤夯扩挤密成

桩两类桩型。

（一）直接挤密成孔（简称挤密成孔）是利用沉管、冲击等方法，对地基土深层挤压并形成桩孔，使桩间土得到挤密，然后将桩孔分层填料夯实成桩体。这是挤密桩的主要类型，当地基土的含水量适中，可形成稳定的桩孔，且环境条件允许时，应优先选用。

（二）预钻孔重锤夯扩挤密成桩可简称钻孔夯扩桩挤密法，是近几年应用的一类施工方法，其优点是施工噪声和振动影响较小，对土含水量较高的场地，钻孔夯扩不易出现缩孔、回淤等情况。但在湿陷性黄土地区应用时，因其夯扩桩径难以有效地控制与监测，同时又因钻孔而增大了置换率近一倍，无形中增加了地基处理的费用，并使桩间土的挤密效果不易保证，这已为不少工程实践和检测结果所证明。

钻孔夯扩桩挤密法设计时应明确提出对夯扩桩体直径的要求，设计要求夯扩成桩的直径不宜过大，如在陕西关中地区一般宜为550mm，并应说明在施工后必须检测实际桩体的直径。钻孔夯扩桩挤密法的适用范围如下：

1. 周边环境对沉管挤密造成的施工噪声或振动有限制的场地；

2. 地基土的含水量偏大，沉管、冲击成孔、挤密法桩孔质量不易保证的场地；

3. 处理厚度较大，直接采用沉管挤密法成孔难以满足深度要求，且沉管、拔管阻力较大而施工困难的场地。

4. 如采用直接成孔挤密已满足桩间土挤密效果的要求，而处理地基的承载力仍达不到设计要求时，可采用钻孔夯扩挤密法或沉管法挤土成孔后，采用1.5t以上夯锤二次扩径成桩，以提高复合地基中桩的面积置换率，也可采用水泥土桩或掺水泥的灰土桩，以提高桩体强度和承载力。

二、桩距计算

挤密桩的中心间距（简称桩距），应根据桩间土得到有效挤密的原则计算确定，桩距计算可依据成孔挤密的方法和桩孔的排列方式分别按下列公式进行计算。

当采用挤密成孔时：

$$s=\beta\sqrt{\frac{\overline{\rho}_{dc}}{\overline{\rho}_{dc}-\overline{\rho}_{d}}}d \tag{5-7}$$

当采用预钻桩孔重锤夯扩挤密成桩时：

$$s=\beta\sqrt{\frac{\overline{\rho}_{dc}-\overline{\rho}_{d}/k^2}{\overline{\rho}_{dc}-\overline{\rho}_{d}}}d \tag{5-8}$$

式中 s——桩的间距（m）；

d——桩体直径（m），（5-8）式中 $d=kd_0$，d_0 为钻孔直径；

β——等边三角形布桩时，$\beta=0.952$；其他方式布桩时，$\beta=0.886/\sqrt{n}$。n 为排距 h 与桩距 s 之比，$n=h/s$；

$\overline{\rho}_{d}$——处理前地基土的平均干密度（g/cm^3），宜取基础下主要受力层范围内，按各处理土层厚度加权计算的干密度平均值；

$\overline{\rho}_{dc}$——桩间土挤密后的平均干密度（g/cm^3），$\overline{\rho}_{dc}=\overline{\eta}_{c}\rho_{d\max}$

$\rho_{d\max}$——桩间土的最大干密度（g/cm^3），通过室内轻型击实试验确定；

$\overline{\eta}_{c}$——桩间土挤密后的平均挤密系数，对土桩挤密地基及甲、乙类建筑的灰土桩、水泥土桩及二灰桩等挤密地基不宜小于0.93，对丙类建筑的灰土桩挤密地基不宜小 0.90；

k——扩径系数即夯扩后成桩直径 d 与预钻桩孔直径 d_0 之比，$k=d/d_0$，k 值宜≥$\sqrt{1+\bar{\rho}_d/\bar{\rho}_{dc}}$。

上列两式均是根据桩间土挤密前后保持质量不变的原则导出的。式中 β 与根号的乘积即为桩距系数 $\alpha=s/d$，当采用挤土成孔并按正角形布桩时，$\beta=0.952$，桩距系数 α 可直接从表 5-4 查得，则桩距 $s=\alpha d$。

挤土成孔并按正三角形布桩时的桩距系数 α **表 5-4**

α \ $\bar{\rho}_d$ / $\bar{\rho}_{dc}$	1.150	1.200	1.250	1.300	1.350	1.400
1.550	1.87	2.00	2.16	2.37	2.65	3.06
1.575	1.83	1.95	2.10	2.28	2.52	2.86
1.600	1.80	1.90	2.04	2.20	2.41	2.69
1.625	1.79	1.86	1.98	2.13	2.31	2.56
1.650	1.73	1.82	1.93	2.07	2.23	2.45

注：$\bar{\rho}_d$、$\bar{\rho}_{dc}$的单位均为 g/cm³；$\bar{\rho}_{dc}=\bar{\eta}_c\rho_{d\,max}$

处理人工填土地基时，由于其中干密度值变动较大，一般不易按前面的公式计算桩孔间距。为此，可根据挤密前地基地的承载力特征值 $f_{s.k}$和挤密后处理地基要求达到的承载力特征值 $f_{s.k}$，利用下式计算桩孔间距

$$s=\beta\sqrt{\frac{f_{p.k}-f_{s.k}}{f_{sp.k}-f_{s.k}}}\,d \tag{5-9}$$

式中 $f_{p.k}$——灰土桩体的承载力特征值，宜取 $f_{p.k}=500\text{kPa}$；

$f_{s.k}$——挤密前，填土地基的承载力特征值，应通过现场勘察确定；

$f_{sp.k}$——处理后要求的地基承载力特征值。

其余符号同前式（5-7）、式（5-8）。

对重要的工程或缺乏经验的地区，在桩距计算后，尚应通过现场挤密效果试验，在初步计算桩距增减 20%范围内，选用 2～3 种不同桩距进行试验，并根据现场试验结果正式确定出设计的桩距。

5.3.3 处理范围设计

土桩、灰土桩挤密地基处理范围的设计，包括处理平面的宽度和基底以下处理土层的厚度。图 5-10 为处理范围的示意图，图中 b 为基础的宽度，z 为处理土层的厚度，d 为桩体直径，h 为桩的排距。b_s 表示平面处理范围每边超出基础边缘的宽度，b_s 自基础边缘至最外一排桩侧 $d/2$ 处；z 表示处理厚度，自基础底面起到 1/2 桩尖处，其中包括桩顶灰土垫层的厚度。

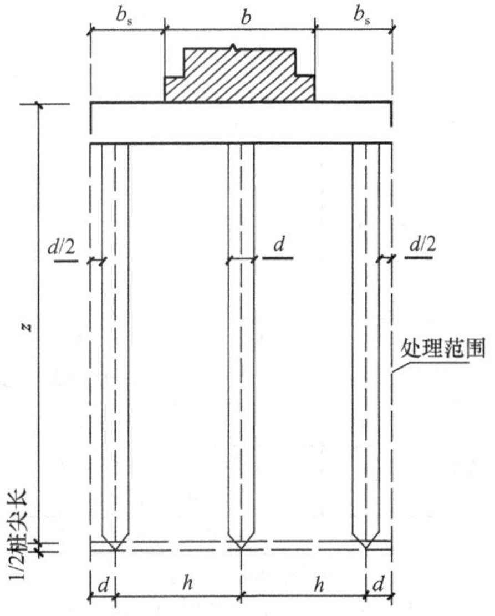

图 5-10 处理范围示意图

一、处理宽度

处理地基的平面面积，应大于基础的面积，平面处理范围每边超出基础边缘的宽度 b_s 应符合下列规定：

（一）当采用局部处理时，对非自重湿陷性黄土场地：b_s 应 $\geqslant b/4$，同时 b_s 应 $\geqslant$ 0.5m；对自重湿陷性黄土场地；b_s 应 $\geqslant 3b/4$，同时 b_s 应 $\geqslant$1.0m。在Ⅰ、Ⅱ级湿陷性黄土地基上的丙类建筑，且采用条形基础或柱下独立基础，为便于施工或处理地基的整体均匀性，而采用整片处理时，可仍按局部处理确定其外围基础边缘的处理宽度 b_s。

（二）采用整片处理宜用于消除部分湿陷量的Ⅲ级或Ⅳ级湿陷性黄土地基上的建筑，其处理宽度从建筑边墙基础外缘起，b_s 应 $\geqslant z/2$，同时 b_s 应 $\geqslant$2.0m。

关于处理宽度，根据黄土规范中对丙类建筑在Ⅲ～Ⅳ级湿陷性黄土地基上，若采用3.0～4.0m处理厚度，并控制其剩余湿陷量应≤200mm时，"宜采用整片处理"。但在工程应用中，往往为施工方便或为使处理地基具整体均匀性，对Ⅰ～Ⅱ级湿陷性黄土地基也采用了整片处理方法，从防水及维持地基侧向稳定考虑，处理宽度过大并不必要。故对Ⅰ～Ⅱ级湿陷性黄土地基上的丙类建筑采用整片处理，而基础为条形或柱下独立基础时，其外围处理宽度仍按局部处理确定。

二、处理厚度

挤密地基处理厚度（即从基础底面算起的处理深度），应根据场地工程地质情况、建筑要求和施工设备条件等因素综合确定，在湿陷黄土地区，处理厚度应不小于现行国家标准《《湿陷性黄土地区建筑规范》（GB 50025）》的相关规定，表5-5为GB 50025—2004关于地基处理厚度的规定要点。从表5-5可以看出，对甲类建筑要求达到消除地基的全部湿陷

GB 50025—2004规范关于湿陷性黄土地基处理厚度（z）的规定　　表5-5

<table>
<tr><th rowspan="2">建筑物分类</th><th rowspan="2">地基湿陷等级</th><th colspan="2">湿陷类型</th></tr>
<tr><th>非自重湿陷性场地</th><th>自重湿陷性场地</th></tr>
<tr><td rowspan="6">丙类建筑</td><td rowspan="2">Ⅰ</td><td>单层建筑：可不处理</td><td rowspan="2">—</td></tr>
<tr><td>多层建筑：z 应≥1.0m；下卧土层 P_{sh} 宜≥100kPa</td></tr>
<tr><td rowspan="2">Ⅱ</td><td>单层建筑：z 应≥1.0m；下卧土层 P_{sh} 宜≥80kPa</td><td rowspan="2">单层或多层建筑：
z 应≥2.5m；$s\Delta_s$ 应≤200mm</td></tr>
<tr><td>多层建筑：z 应≥2.0m；下卧土层 P_{sh} 宜≥100kPa</td></tr>
<tr><td>Ⅲ</td><td>—</td><td>对多层建筑 z 应≥3.0m，宜采用整片处理；同时对单层及多层建筑均应使 $s\Delta_s$ 应≤200mm</td></tr>
<tr><td>Ⅳ</td><td>—</td><td>对多层建筑 z 应≥4.0m，宜采用整片处理；同时对单层及多层建筑均应使 $s\Delta_s$ 应≤200mm</td></tr>
<tr><td rowspan="3">乙类建筑</td><td rowspan="3">Ⅰ～Ⅳ</td><td>z 应≥$2D_y/3$；且下卧土层 P_{sh} 应≥100kP</td><td>z 应≥$2D_s/3$；且 $s\Delta_s$ 应≤150mm</td></tr>
<tr><td colspan="2">当基础宽度大或湿陷性黄土厚度大，按以上规定处理确有困难时，应采用整片处理，其处理厚度为：</td></tr>
<tr><td>z 应≥4.0m；下卧土层 P_{sh} 宜≥100kPa</td><td>z 应≥6.0m；$s\Delta_s$ 宜≤150mm</td></tr>
<tr><td>甲类建筑</td><td>Ⅰ～Ⅳ</td><td>z 应为基底以下 $P_z+P_{cz}\geqslant P_{sh}$ 的所有土层，或 $z=D_y$—处理至压缩层深度止</td><td>$z=D_s$ 处理基底下全部湿陷性黄土层</td></tr>
</table>

注：D_s——湿陷性土层的厚度（m）；　P_{sh}——湿陷起始压力（kPa）；
$s\Delta_s$——剩余湿陷量（mm）；　D_y——地基压缩层的厚度（m）；
P_c——下卧层顶面的附加压力（kPa）；　z——处理土层的厚度（m）；
P_{cz}——下卧层顶面上的覆土饱和自重压力（kPa）；　d——基础埋置深度（m）。

量；而对乙、丙类建筑仅要求消除地基的部分湿陷量，而同时需采取相应的防水措施和结构措施。但应指出，挤密桩法为原位深层挤密地基的一种处理方法，挤密桩复合地基中桩体的面积置换率一般仅为 0.10～0.25，增加必要的处理厚度，不仅费用增幅有限，还可达到全部或基本消除地基的湿陷量，并减少了防水和结构措施，免除建筑物在长期使用过程中发生地基沉陷事故的后顾之忧，因此可取得更好的技术经济效果。

当以提高地基承载力为主要目的时，对基底下持力层范围内的低承载力和高压缩性（$a_{1\text{-}2} \geqslant 0.5\text{MPa}^{-1}$）土层应进行处理，并应通过下卧层承载力验算来确定地基的处理深度。验算时可按下式进行：

$$p_z + p_{cz} \leqslant f_a \tag{5-10}$$

或

$$p_z = 0.20 p_{cz} \tag{5-11}$$

式中 p_z——下卧层顶面处的附加应力；

p_{cz}——下卧层顶面处的土自重应力；

f_a——下卧层顶面处土层经深度修正后地基承载力。

土桩和灰土桩施工后，宜挖去表面松动层，并在桩顶面上设置厚度 0.3m 以上的灰土垫层。垫层厚度可计入处理厚度内。

对人工填土或新近堆积黄土地基，当其具有湿陷性时，应按湿陷性黄土地基的规定确定处理的厚度和宽度；当处理的主要目的为提高承载力时，挤密桩宜穿透全部的软弱人工填土或新近堆积黄土层，并验算下卧土层的承载力。

5.3.4 承载力确定

挤密桩复合地基承载力特征值，应通过现场单桩或多桩复合地基载荷试验确定。试验应选在现场有代表性的地点，载荷试验应按现行有关规范的规定进行，单项工程的试验数不应少于 3 点。若试验结果的压力(p)—沉降(s)曲线呈缓变型时，可按相对变形 s/d 值确定。其承载力特征值：当地基土的含水量在自然正常状态下，对土桩挤密地基，可取 s/d 等于 0.010～0.012 所对应的压力；对灰土桩挤密地基可取 s/d 等于 0.008 所对应的压力。若当试验前地基已因故浸水至饱和状态，则可取 s/d 等于 0.015 所对应的压力，其结果相当于挤密桩复合地基的湿陷起始压力。

按相对变形值确定的承载特征值不应大于试验最大加载压力的一半。

当确无条件进行现场载荷试验时，挤密桩复合地基的承载力特征值，可按当地工程经验确定，也可按经验公式 5-12 进行估算，但未经试验确定的灰土等挤密桩复合地基的承载力特征值，不宜大于处理前的 2.0 倍，并不宜大于 250kPa，素土挤密桩复合地基的承载力特征值，不宜大于处理前的 1.4 倍，并不宜大于 180kPa。

$$f_{spk} = m f_{pk} + (1 - m) f_{sk} \tag{5-12}$$

式中 f_{spk}——挤密桩复合地基承载力特征值（kPa）；

f_{pk}——桩体承载力特征值，对土桩取值不宜大于 250kPa，对灰土桩等桩体取值不宜大于 500kPa；

f_{sk}——桩间土承载力特征值，宜取原天然地基承载力特征值（kPa）；

m——置换率，按初步确定的桩径 d，桩距 s 及排距 h 进行计算，$m = 0.785d^2/sh$。

当采用小压板分别对桩体及桩间土进行载荷试验时，也可按（5-12）式计算 f_{spk}，f_{pk}、f_{sk}则取同一对变形 s/d 所对应的压力值。分别试验计算出的 f_{spk}，一般偏于安全，约为复合压板试验结果的 0.8 倍。

当基础宽度大于 3m 或埋置深度大于 1.5m 时，复合地基承载力特征值应进行修正，其中深度修正系数取 1.0，宽度修正系数取 0。

挤密地基下卧层的承载力进行验算时，对下卧土层修正后的承载力特征值，当下卧土层为黄土状土，按现行《湿陷性黄土地区建筑规范》的规定计算。对下卧层顶面附加压力，应按实际处理平面范围换算的压力扩散进行计算，但换算的压力扩散角在土桩挤密地基不应大于 23°、在灰土桩等挤密地基不应大于 28°。

当对挤密桩法处理后的地基按规定需进行变形验算时，其变形计算和变形允许值，应符合现行国家标准《建筑地基基础设计规范》(GB 50007) 有关规定。挤密桩复合地基的变形计算，包括挤密桩处理的复合层及其下卧土层的变形。其中复合土层的压缩模量 E_s，可采用复合地基载荷试验的变形模量 E_{sp}代替；下卧土层的压缩模量仍按常规取值。变形计算宜参照当地同类工程沉降观测资料进行修正。

5.4 施工工艺

5.4.1 程序和准备

一、工艺程序

土桩、灰土桩挤密法的桩孔填料不同，但二者施工工艺和程序是相同的。挤密桩法施工的主要工序为：施工准备、土中成孔、桩孔夯填以及垫层施工等项。各工序应规范运作，并应相互搭接与配合，其间还需进行相关的质量检测并作好记录。土桩、灰土桩挤密地基施工主要工艺程序可如图 5-11 所示。

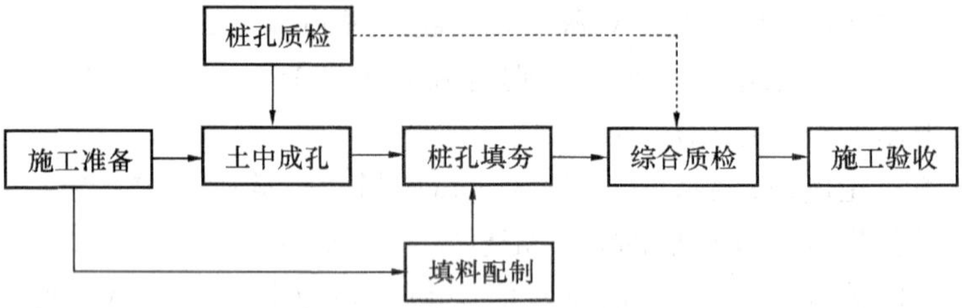

图 5-11 土桩、灰土桩挤密地基施工主要工艺程序

二、施工准备

施工前应掌握熟悉下列资料和情况：

（一）建筑场地的岩土工程勘察报告和普探资料，如发现场地土质或土的含水量变化较大时，宜进行补充勘察或成孔挤密试验，避免盲目进场施工；

（二）建筑物基础施工图、桩位布置图及设计要求；

（三）建筑场地及周边环境的调查资料。包括地上和地下管线、旧基础以及可能影响到的周边建筑物、设施等相关资料。

施工前应编制施工组织设计或施工方案，其主要内容包括：

（一）根据设计施工图，绘制施工桩位详图，标明桩位编号、桩距及施工顺序，注明孔径、桩顶标高、桩长、填料及有关质量要求；

（二）根据工期要求，编制施工进度、机械装备、材料供应及人员配备等计划；

（三）做好现场平面布置，规划好临时水、电线路、材料堆放和施工作业的场地；

（四）编制质量保证、安全生产、环境保护等技术措施。

施工前，应清除地面上下影响施工的管线、砌体、树根等所有障碍物；对有碍于机械运行、作业的松软地段及浅层洞穴要进行必要的处理，并将场地平整到预定标高。设计桩顶标高以上预留上覆土层的厚度，应根据具体的施工工艺加以确定：沉管成孔并用 0.3t 以下的夯锤夯填，应控制在 1.0m 以上；冲击法成孔、钻孔夯扩法成桩采用 1.0t 以上夯锤夯填，应控制在 1.5m 以上。其次对场地内外施工机械运行的道路，施工用水、用电，以及其他施工临时设施必须准备到位。土料、石灰或其他填料宜就近堆放，并防止日晒雨淋，并应采集有代表性的填料和场地土样，送试验室进行击实试验，确定填料及桩间土的最优含水量 w_{op} 和最大干密度 $\rho_{d\,max}$。

复核测量控制基准点，定出基础轴线控制桩和具体桩位中心点，报经监理或建设单位代表复核确认。

当地基土的含水量低于 12%，或土质坚硬成孔挤密困难、影响挤密效果时，可对处理范围内的土层进行预浸水增湿。当预浸水土层深度在 2.0m 以内时，可采用地表水畦（高 30～50cm，每畦范围不超过 $50m^2$）浸水的方法：浸水土层深度超过 2.0m 时，应采用地表水畦与深层浸水孔结合的方法。深层浸水孔可用洛阳铲挖孔或钻机钻孔，孔径 8cm 左右，孔内灌入砂砾，孔深宜为预计浸水深度的 2/3～3/4，孔距 1.0～2.0m，待土中水分布基本均匀（约 3～7d）后即可正式施工。预浸水的加水量可按下式估算：

$$Q=V\overline{\rho}_d\frac{(w_{op}-\overline{w})}{100}K_w \tag{5-13}$$

式中 Q——估算加水量（t）；

V——拟浸水土的总体积（m^3）；

$\overline{\rho}_d$——浸水前地基土按分层厚度加权的平均干密度（t/m^3）；

w_{op}——土的最优含水量（%），通过室内击实试验确定；

$\overline{w}$——处理前地基土按分层厚度加权的平均含水量（%）；

K_w——损耗系数，可取 1.05～1.15，夏季取高值。

5.4.2 土中成孔

土中成孔是挤密桩法能否应用和顺利施工的前提。土中成孔的施工方法有：沉管法、冲击法、爆扩法和钻孔法等，其中前三种均为直接挤土成孔法，而钻孔法为非挤土成孔法，故需通过孔内重锤夯扩桩径后才能达到桩间土挤密的作用。沉管法是国内最常用的挤密成孔方法；冲击法在国外应用已有四十余年，也是一种主要的成孔方法；爆扩法在缺乏施工机械条件的地区，不失为一种简易可行的工法，只要由专业爆破人员按章操作，可以保证施工安全，国内外均有相当成功的经验。近十余年，由于城区环境条件限制，或地基土含水量偏高等原因，钻孔夯扩法也已常被采用。

土中成孔施工的顺序宜间隔 1～2 个孔位进行，对大型工程则可分段施工；局部处理时，宜从外向内间隔成孔。在土质比较疏松的场地，桩端下存在较软弱土层时，施工后期有时会出现地面下沉和地面浅层发生裂缝的情况，其主要原因可能是多次沉管振动作用引起的振密沉陷，与施工顺序关系不大，同时对挤密地基的质量和环境亦无不良影响。

土中成孔后应即时检测桩孔质量，桩孔施工质量应符合有关规范和设计的要求，可参见表 5-9“挤密桩法处理地基质量检验及验收标准”。已成的桩孔应防止土块、杂物堕入，并应防止孔内灌水，所有桩孔均应尽快回填夯实成桩。有关各种土中成孔施工的工艺程序、机具设备和技术要点分述如下：

一、沉管法成孔

沉管法成孔是利用柴油或振动沉桩机，将带有通气桩尖的钢制桩管沉入土中直至设计深度，然后缓慢拔出桩管，即形成桩孔。桩管由无缝钢管制成，壁厚 10mm 以上，外径与桩孔直径相同，桩尖可做成活瓣式或活动锥尖式，以便拔管时通气。沉桩机的导向架安装在履带式起重机上，由起重机带动行走、起吊和定位沉桩。沉管法成孔挤密效果稳定，孔壁光滑规整，施工技术和质量都易于掌握和控制，是我国目前应用最广的一种成孔方法。沉管法成孔的深度由于受到桩架高度或桩锤能力的限制，一般不超过 7～9m。最近几年已有单位设法将桩架改进加高，使成孔深度可达到 14～17m，适用于处理大厚度的湿陷性黄土地基。

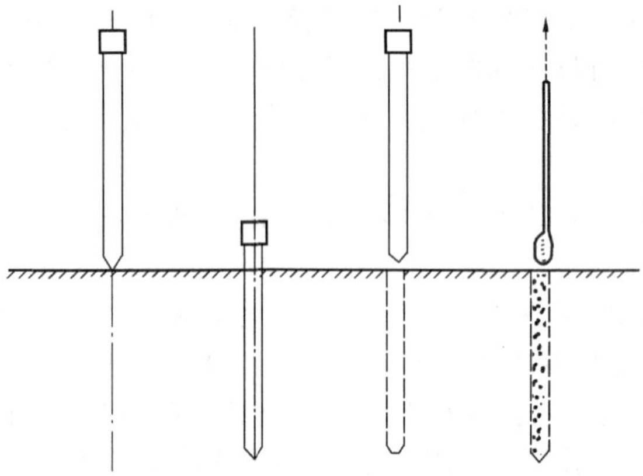

图 5-12　沉管法施工程序示意图

沉管法施工的工艺程序如图 5-12 所示，主要工序为：1. 桩管就位。2. 沉管挤土。3. 拔管成孔。4. 桩孔夯填。每个机组一台班可成孔约 30 个，顺利时可达到 50 个桩孔以上。

沉桩机的技术性能（如锤重、激振力等）应与桩管直径、长度、重量及土质的软硬条件相适应，锤重不宜小于桩管重量的 2 倍，桩孔越深，所需用的柴油锤重越大。常用柴油打桩机（锤）的技术性能及其适用条件列入表 5-6 中，可供参考。

柴油打桩机（锤）的技术性能及其适用条件　　**表 5-6**

分类	型　号	性能指标		适用条件	
		锤重(kN)	冲击能量(kN·m)	桩孔直径(cm)	最大孔深(m)
导杆式	D_1-6	6	9.3	30～35	5～6
	D_1-12	12	21.5	35～40	6～7
	D_1-18	18	37.8	40～50	6～8
	D_1-25	25	62.5	50～60	7～9
筒式	D_2-6	6	8.0	30～35	5～6
	D_2-12	12	30.0	40～45	6～8
	D_2-18	18	46.0	45～55	7～9
	D_2-25	25	62.5	50～60	8～10

注：1. 同一型号桩锤的适用条件还与土质有关，土质较松时，适用的桩径及深度可适当增大；
2. 经过改装的机架，大吨位桩锤成孔深度可达到 15m 上下。

沉管法成孔施工时，应注意下列几点：

（一）桩机就位要求准确平稳，桩管与桩孔应相互对中，在施工过程中桩架不应发生位移或倾斜。

（二）桩管上需设置醒目牢固的尺度标志（每 0.5m 一点），沉管过程中应注意观察桩管的垂直度和贯入速度，发现反常现象时应即刻分析原因并进行处理。

（三）沉管初始阶段，宜控制桩锤处于低锤轻击状态，待桩管入土深度超过 1m，能保证桩管垂直向下，方向稳定后再加大落距，直至桩管沉到设计深度为止。沉管过程中，应对相关锤击数或振动沉入时间进行观测和记录。每台机组的头三个孔、建筑物重要部位（如沉降缝、伸缩缝处）及土层有明显变化的地段以及施工出现异常的，应逐孔记录；其他部位正常情况下，每 5 个孔做一次记录。异常情况应记录出现的问题和处理的方法。

（四）桩管沉入设计深度后应及时拔出，不宜在土中搁置时间过长，以免摩阻力增大后拔管困难。拔管确实困难时，可采取管周浸水或设法转动桩管的方法减少土中阻力。

（五）拔管成孔后，应由专人检查桩孔的质量，观测孔径、深度是否符合要求。如发现缩径、回淤等情况，应作出记录并及时处治，并对桩孔进行保护，防止土、杂物和水进入桩孔。

沉管法成孔施工中出现反常现象的原因及其处理办法：

（一）桩锤回弹过高及桩管贯入度过小。产生的原因可能是土的含水量偏低、遇到坚实土层（礓结石层或砂砾夹层）或碰到砖渣堆积层等。对此，应先摸清地下情况，分别采取适量浸水、开挖排除或改用较大桩锤强制穿越等方法处治。如坚硬层面积较大且较厚时，应与建设和设计部门共同研究处理方案。

（二）桩锤回弹不起及桩管贯入度过大。产生的原因可能是土质松软或遇到地下墓穴等。如局部土的含水量偏大时，可采用小直径生石灰桩以吸收土中水分，也可利用午、晚休息时间将桩管沉入土中，待土中超孔隙水压力消散后再拔管。如遇到墓穴孔空洞时，可设法灌入干散砂土，然后再反复沉管成孔。若发现松软土层面积较大锤不能重复爆发工作时，说明所用桩锤不适用于该场地，宜改用小桩锤或加大桩管直径。桩管直径改变前应通过设计部门修改桩孔间距，以保证桩间土的挤密效果和施工顺利进行。

（三）桩孔缩径轻微时，可用长把洛阳铲削扩桩孔至设计直径；如缩径、回淤情况严重甚至无法成孔时，在局部地段可采用桩管内灌入砂砾或混凝土的方法成桩。若大面积均难以成孔，则说明该场地不宜于采用挤密桩法，可改变地基处理方法，如钻孔夯扩法等。

利用柴油沉桩机成孔时，其施工振动和噪声对环境的影响，已引起各方关注。但根据西安和甘肃庆阳等地对 18kN 柴油桩锤施工振动的测试结果，在距桩中心 5m 处的水平振动加速度为(0.06～0.07)g，水平振动最大速度为 0.974cm/s；在 10m 以外，振动的影响已很小。由此可知，在 5m 范围内，柴油锤施工振动可能有轻微的影响，但不会危及一般建筑物的安全，仅对一些破旧民房（如土坯房）可能产生落皮或轻微开裂的现象。在 10m 距离以外，对所有建筑物几乎已不存在振动的影响。相比之下，柴油锤的施工噪声在人口稠密区往往影响较大，容易引起周围居民的不满。因此，在闹市区使用柴油沉桩机施工已开始受到限制。

二、冲击法成孔

冲击法成孔　冲击法成孔是利用冲击钻机或其他起重设备将重 1.0t 以上的特制冲击锤头提升一定高度后自由下落，反复冲击在土中形成直径 0.4～0.6m 的桩孔，冲击法成孔的施工工艺程序如图 5-13 所示，主要工序为冲锤就位、冲击成孔和冲夯填孔。冲击法成孔的冲孔深度不受机架高度的限制，成孔深度可达 20m 以上，同时成孔与填孔机械相同，夯填质量高，因而它特别适用于处理厚度较大的自重湿陷性黄土地基，并有利于采用素土桩，降低工程造价。

图 5-14 为国外常用的冲击锤头型式，据资料介绍，采用抛物线旋转体的锥形锤头（图 5-14*b*），冲击成孔的效率较高；国内习惯采用长柱状冲锤，并按各地应用经验称为“柱锤冲扩法”或“孔内夯扩法”，陕西地区习惯称作孔内深层强夯法”（DDC 法），其工艺均大同小异。用于处理湿陷性黄土地基，冲击成孔法的首要目的是保证桩间土的挤密效果，消除地基土的湿陷性，采用柱状锤冲击成孔的施工效率，目前，尚未见到试验对比的资料。

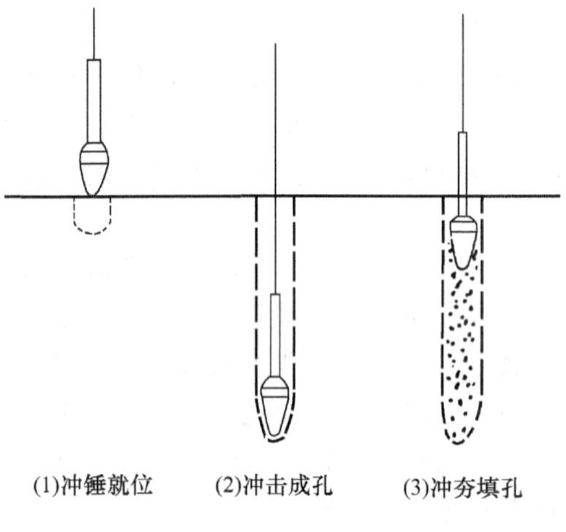

图 5-13　冲击法施工程序示意图

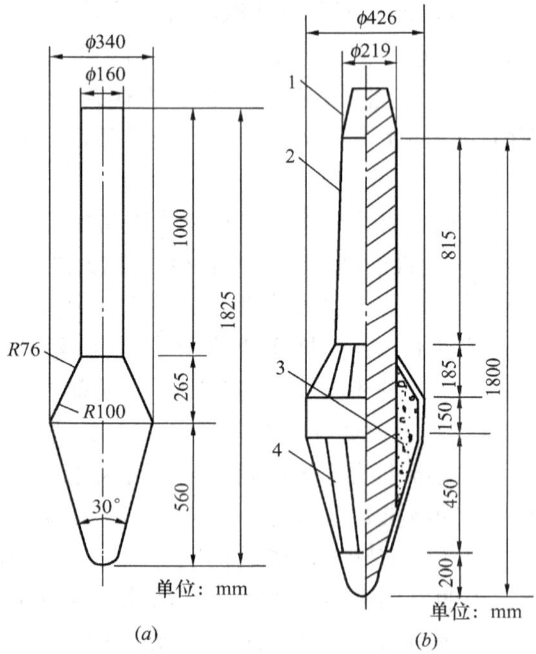

图 5-14　冲击成孔的锤头型式

（*a*）国外常用冲击锤头；（*b*）抛物线旋转体锥形锤头

1—连杆螺丝；2—锤杆；3—填充混凝土；4—外壳

常用冲击成孔机性能　　表 5-7

型　号	卷筒提升能力（kN）	锤头最大重量（t）	锤头冲击行程（m）	冲击次数（次/min）	冲击桩孔直径（cm）	冲击桩孔深度（m）	行走方式
УКС-20-2	12	1.0	0.3～0.75	56～58	40～50	＞10	胶带自行式
УКС-20	15	1.0	0.45～1.0	40，45，50	40～50	＞10	轮胎式
C Z-22	20	1.5	0.35～1.0	40，45，50	45～65	＞10	轮胎式
飞跃-22	20	1.5	0.5～1.0	40，45，50	45～55	＞10	轮胎式
YKC-30	30	2.5	0.5～1.0	40，45，50	50～60	＞15	轮胎式
简易冲击机	35	2.2	2.0～3.0	5～10	50～60	＞15	走管移动

常用的冲击成孔机械性能列入表 5-7 中，选用机型及锤重应与场地土质条件和桩孔直径相适应。冲击锤底部宜为圆锥形或抛物线旋转体形，顶部宜为倒锥台形，锤径一般为 300～450mm，锤重一般为 1.0～3.5t。冲击锤顶部应预设打捞钩或打捞套，以备卡锤或掉锤时助提或打捞使用。

冲击成孔设备的起重能力一般应控制在冲击锤重量的 1.20～1.59 倍。提锤钢丝绳的安全系数应不小于 12，其上应有深度标志，钢丝绳卡头的设置必须符合安全要求。

冲击法成孔施工时，应注意以下几点：

（一）冲击机就位应准确稳固，锤尖应与桩中心对正。为防止锤体振动，保证其准确冲入孔中，冲击成孔机应配装内径略大于锤径，厚 10mm 以上的钢管导向器，其长度可取 1.5m 左右。

（二）冲击成孔中，锤体的提升高度一般应控制在 0.5～3m。开始时应低锤勤击，等锤头入土 1m 以上，且进入的深度足以定向，可加大冲程，但冲程不可过大，以免引起塌孔或卡锤等事故。施工中遇到卡锤时，应交替紧绳、松绳，将锤体慢慢吊起，不得猛提猛拉，必要时可用打捞套、打捞钩借助于其它起重设备提起。

（三）施工中，操作人员必须及时准确地控制松绳长度。松绳过短会打空锤而将冲击力全部作用于起吊设备，不仅不能产生进尺，而且可能造成设备的非正常损坏；松绳过长，会因增加了夯后多余的紧绳时间而降低工效。

（四）施工中，操作人员还应定时检查提升钢丝绳的磨损和连接情况，不合乎安全要求的应及时更换或紧固，防止断绳掉锤。一旦发生掉锤事故，应采用上述的打捞机具及时组织打捞，否则塌孔缩径效应会导致打捞失败。

（五）冲击成孔中，如发现局部较严重缩径、回淤或塌孔时，可多次填入砖渣或生石灰块，边填边击将其挤入孔壁及孔底。

（六）冲击成孔时如发现桩孔明显偏斜，应停止冲击，分析原因并采取相应的纠偏措施：若因地下块石，砌体等障碍物所致，深度小于 2.0m，可清除后再行放工；如深度较大或因地层结构不均匀所致，可用碎石或砖碴回填到偏斜起点位置以上，并调整冲锤的落点中心，再重新冲击成孔。

（七）施工记录可参照沉管法中要求的部位、频次，记录的参数则为锤重、落距、冲击次数、孔深等项。冲成的桩孔要做好必要的防护，防止灌水和落入土块、杂物等。

三、爆扩法成孔

爆扩法系利用炸药在土中的爆孔原理，将一定量的炸药埋入土中引爆后挤压成孔，它无需打桩机械，工艺简便，特别适用于缺乏施工机械的地区和新建的工程场地。从 1948 年开始，爆扩法曾广泛应用于原苏联等国，我国也曾多次试验研究和应用，并在爆扩工艺方面有所改进和发展。

爆扩法成孔的施工工艺在国外，以在小钻孔内串联小药包色引爆扩孔法为主；国内常用的有药眼法和药管法，其工艺程序如图 5-15 所示，简述如下：

（一）药眼法　将 ϕ18～ϕ35mm 的钢钎打入土中预定深度，拔出钢钎后即在土中形成孔眼（药眼），然后向药眼内直接装入密度均匀的安全炸药和 1～2 个电雷管，引爆后即扩大成具有一定直径的桩孔，最后再将桩孔用素土或灰土回填夯实。药眼法在土中孔眼直接装填炸药，工艺十分简便，但当土的含水量超过 22%左右时则不适用。

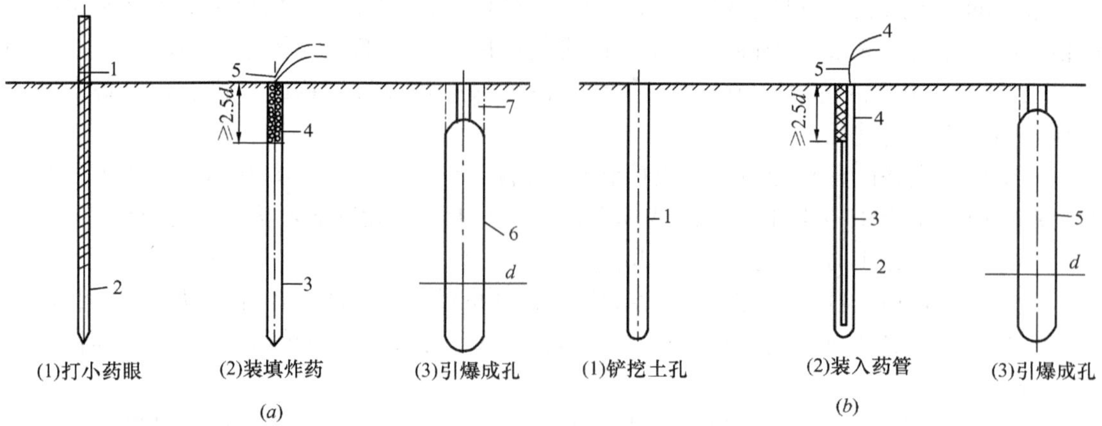

图 5-15　爆扩法成孔施工工艺程序

(*a*) 药眼法；(*b*) 药管法

（二）药管法　先用洛阳铲或带钢锥头的冲杆在土中造成 $\phi60\sim\phi80$mm 的药管孔，然后在孔内放入预制的 $\phi18\sim\phi35$mm 的炸药管和 1～2 个电雷管，引爆后即扩成桩孔。药管法的炸药装在封闭防潮的预制药管内，不与土层直接接触，因而适用于含水量较大的场地。

根据土中爆孔原理，爆扩孔的体积与炸药的用量成正比。如所用炸药的型号和装药密度一定时，则爆扩桩孔的直径与药眼（或药管）的直径亦成正比，其关系表达式为

$$d = k_b \cdot d_e \tag{5-14}$$

式中　d——爆扩桩孔的直径；

d_e——药眼（或药管）的直径；

k_b——爆扩系数，与土质有关，可通过试验确定，黄土类土 $k_b = 15\sim18$。

当使用 2# 岩石硝铵炸药，装药密度为（1.0±0.05）g/cm³ 时，可由表 5-8 查出爆扩不同桩孔直径（d）所需要的药眼或药管直径（d_e）。

药眼（或药管）直径 d_e 与爆扩后桩孔直径 d 的关系　　　　**表 5-8**

d_e（cm）	1.8	2.0	2.2	2.5	2.8	3.0	3.5
d（cm）	27～32	30～36	33～40	38～45	42～50	45～54	53～63

爆扩法成孔施工前，必须按照设计要求在现场进行爆扩成孔和挤密效果试验，求得适用的爆扩系数及合理的桩孔间距，同时摸清本场地爆扩成孔可能出现的问题和应采取的措施。爆扩施工应由正式的爆破工和经过专门培训的专职人员操作。炸药和雷管的运输、保管及爆破施工应严格执行有关的安全操作规程。引爆时所有人员均应撤至安全地带，只要严格遵守安全生产规程，专人专职操作，即可保证爆扩成孔施工的安全。

为了减少爆扩振动及噪声的影响，同时也为减轻爆扩对表层土的振动影响，可在桩孔上部(3～5)d 范围内不装炸药，待引爆下部成孔后，再将上部用人工洛阳铲或机械挖成桩孔。

四、钻孔法成孔

钻孔法成孔属非挤土成孔，为保证桩间的挤密效果，必须结合重锤夯扩成桩，并使桩

径达到设计要求。当场地环境对挤土成孔法的噪声及振动影响有限制时，或场地土的含水量偏大，无法直接挤土成孔时，可选用钻孔夯扩法。

钻孔法成孔可采用螺旋钻、机动洛阳铲、钻斗等多种类型的钻机，其技术性能应与设计要求的孔径、孔深以及场地土质条件相适应，钻杆上应有明显的深度标志。

钻孔法成孔施工应注意以下几点：

（一）钻机就位应准确稳固，机体作业基准面应调整水平，钻杆应保持铅直，钻尖应与孔心对正。施工中，如钻机发生移位或倾斜，应随时进行调整。开始钻进或穿过软硬土层交界处时，宜低速慢进，保持钻杆垂直。

（二）在含有石块的杂填土或含水量较大的软塑黏土层中钻进时，应尽量减少钻杆晃动，以免扩大孔径。当出现钻杆跳动、机架显著晃动或钻不进尺等异常情况，应立即停机，如遇到砌体、孤石等地下障碍物，应清除后再钻或改用其他方法成孔（如冲击法）。

（三）采用螺旋钻机钻孔到设计深度时，应保持在该深度处空转清土，然后停止回转，提升钻杆至孔外卸土；采用钻斗钻机钻至设计深度即可停钻，直接上提至孔外卸土。钻好的桩孔要做好必要的防护，避免灌水或落入土块、杂物。

（四）施工记录可参照沉管法中要求的部位、频次，记录的参数则为成孔时间、孔深等。

5.4.3 桩孔夯填

一、填料配制

桩孔填料的种类分为素土、灰土、二灰和水泥土等，施工应按设计要求配制。各种填料的材质及配合比应符合设计要求，且应拌和均匀，及时夯填。灰土、二灰拌和后堆放时间不宜超过 24 小时；水泥土拌和后不宜超过水泥的终凝时间。

各种填料事前均应通过击实试验求得其最大干密度 $\rho_{d\max}$ 和最优含水量 w_{op}。填夯时填料的含水量宜接近其最优值 $w_{op}\pm3\%$；夯实后的干密度 ρ_{dc} 应不低于其最大干密度与设计要求压实系数 λ_c 的乘积即 $\rho_{dc}\geqslant\lambda_c\cdot\rho_{d\max}$。

值得指出的是灰土的最优含水量一般为 21%～26%，而素土的最优含水量多数在 20%以下，两者相差悬殊。现场一般难以用含水量 21%～26%的土料拌制灰土，因为这时土将发黏结块，不易拌和。通常所用土料的含水量不超过 20%，因而只有在拌和灰土的过程中适量加水，才能使灰土接近其最优含水量，土料在掺入石灰后，因离子交换作用而使大部黏粒团粒化，所以灰土在含水量增大时不致发黏结块，并易于拌和。灰土在拌和过程中需要并可能加水，这在施工中往往被忽视，因而造成灰土的含水量普遍不足，不易达到要求的夯实标准。

填料中广泛采用的土料与石灰应符合下列要求：

（一）土料：宜选用粉质黏土，土料中的有机质含量不得超过 5%，不得含有冻土和碴土垃圾。用于灰土、二灰、水泥土中的土料，人工拌合时，宜过筛，粒径不应超过 15mm。

（二）石灰：可选用新鲜的消石灰或袋装生石灰粉，粒径不应大于 5mm，保存期不宜超过三个月。石灰的质量应达到国家标准“合格品”等级以上，有效 CaO+MgO 含量不低于 60%。

二、填料夯实

（一）夯实机具

夯锤基本要求：沉管法成孔，宜采用锤重0.2t以上的夯锤分层夯填桩孔，保证桩体压实系数达到设计要求；冲击法成孔，宜采用原成孔机具夯填桩孔；钻孔法成孔，应采用1.0t以上的夯锤夯填桩孔，通过夯填，不仅要保证桩体压实系数达到设计要求，而且还要保证夯扩后的桩径达到设计要求，夯锤直径宜小于桩孔直径9～12cm，锤重愈大愈好，锤底截面静压力以不小于30kPa为宜。夯锤重心应位于下部，以便自由下落时平稳。夯锤形状最好呈梨形或纺锤形，弧形的锤底在夯击时有侧向挤压作用。

夯实机械。桩孔填料的夯实机具目前尚无定型产品，多由施工单位自行设计加工而成，常用的夯实机有两种类型：

1. 偏心轮夹杆式夯实机　如图5-16所示，通常是安装在翻斗车或小型拖拉机上行走定位。夯锤重一般为1.0kN左右，较少超过1.5kN，落距0.6～1.0m，一般每分钟夯击40～50次。其优点是构造简单，便于操作；缺点是仅依靠偏心轮摩擦力提升夯锤，因而锤重受到限制并普遍偏小。施工时必须严格控制一次填料的数量，否则夯实质量难以保证。由于它所带动的夯锤重量偏小，将逐步被淘汰。

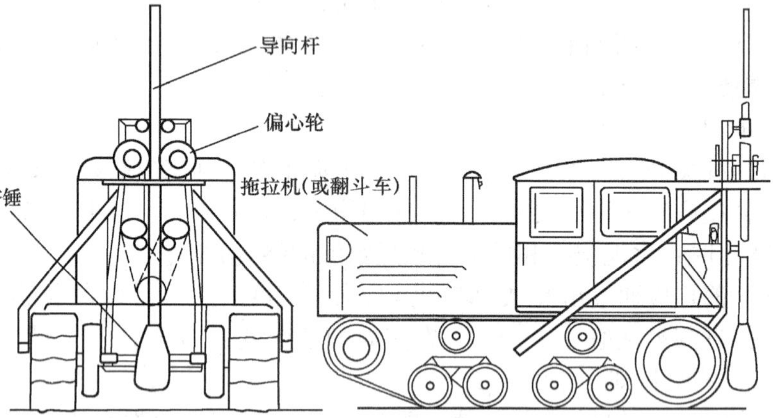

图5-16　偏心轮夹杆式夯实机

2. 卷扬机提升式夯实机　见图5-17，有自行设计机架的，也有安装在翻斗车架上行走定位的。锤重0.15～0.3t，卷扬机的提升力不宜小于锤重的1.5倍。夯锤落距1～2m。其优点是夯击能量较高，夯实效果较好并可一次填料较多；缺点是需人工操纵卷扬机，劳动强度大，需进一步改进和提高效率。

（二）夯填施工

现有的夯实机均由人工配合向桩孔内填料，机械匀速夯击，填进过快或不加控制时，势必影响桩体夯实的质量。因此在缺乏经验的地区和施工单位，应根据夯实机的性能，通过有代表性的现场夯填试验，确定特定锤重条件下，能保证夯实效果的分层填料量、夯锤提升高度、夯击次数等夯填施工工艺控制参数。

桩孔夯填施工应按下列要求进行：

1. 桩孔经检测符合设计要求后，应及时组织夯填，尤其是可能出现缩径、塌孔的桩孔，为避免二次处理的后患，应立即组织夯填；

2. 夯实机就位应准确稳固，夯锤应与桩孔对正，使夯锤自由下落；

3. 开始填料前，孔底应先夯实到发现清脆声音为止；

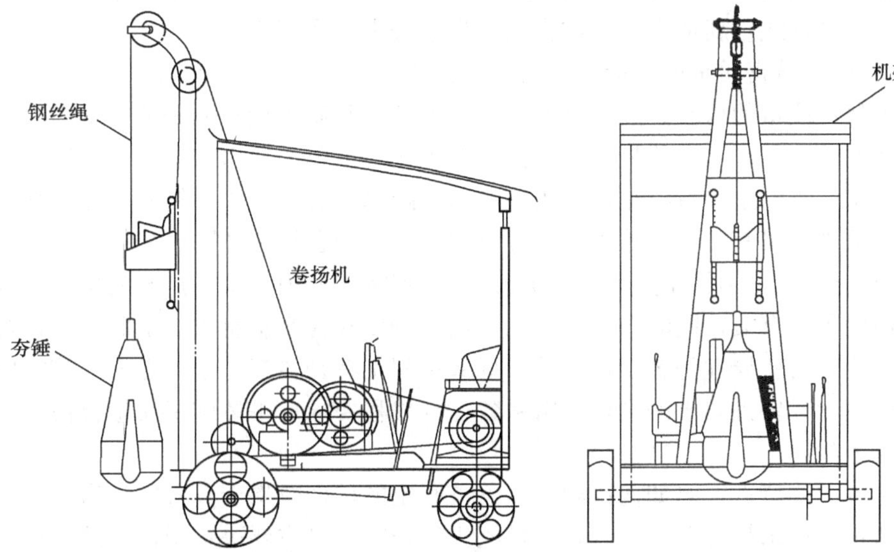

图 5-17 卷扬机提升式夯实机

4. 必须按试验确定的夯填施工控制参数进行施工。填料应严格按规定的数量对称均衡地填入桩孔，然后按规定的落距进行夯击，等夯击达到规定的次数后，方可进行下一层填料；

5. 桩孔夯填终止高度宜高于桩顶设计标高 500mm 以上，以上的剩余桩孔可用其他土料轻夯回填至地面；

6. 桩孔夯填施工中，每一根桩的填料数量、夯填时间均应进行记录。

5.4.4 垫层施工

桩顶灰土垫层施工前，应将桩顶设计标高以上部分连同桩间土一并清除，桩顶应基本水平。如发现该处理标高以下部分桩间土呈松软状态，应将其换填夯实，方可进行垫层施工。

灰土垫层的用料与配合比必须符合设计要求，且应拌合均匀，随拌随用（拌后堆放时间不超过 24h），混合料的含水量应控制在最佳含水量±3%以内。

灰土垫层应根据设计厚度和范围，分层铺填、压实，施工中应控制好虚铺厚度，保证垫层的顶面标高和压实系数都满足设计与规程要求。

5.4.5 质量检测与验收

一、质量检测

挤密桩法处理地基工程质量检测的内容包括：桩孔质量、桩间土挤密质量（效果）、桩孔夯填质量和处理地基综合质量检测等方面。质量检测应根据实际情况，在施工过程中或施工完成后分次进行，其中桩间土挤密效果的现场试验，尚宜在施工前或施工初期进行。

（一）桩孔质量检测

1. 桩位检测。根据设计图的基础轴线、高程和桩孔布置，检查桩孔的位置、间距及桩顶标高等是否与设计相符；同时检查有无漏桩、漏填等情况，并作出记录；

2. 桩孔直径、深度和垂直度是否符合设计与规范要求；

3. 桩孔内有无缩颈，坍土及回淤等，以及是否落入杂物或灌水等情况。如出现上述问题，应进行处理或重新成孔，并应在成孔记录表中如实记录。

（二）桩间土挤密质量的工前试验与工后检测

桩间土挤密质量的检验，无疑是挤密桩法处理地基质量检验的一项主要内容，而如何能合理简便的检测并正确评价桩间土的挤密效果尤为重要。挤密桩法是对桩周土体的深层原位横向加密，它的主要特点是：①当桩径与桩距确定后，在每一挤密单元内强制挤入定量土体；②桩周土挤密后，其挤密系数 η_c 或干密度 ρ_d 随距桩边距离而递减，靠近桩边处的挤密系数 $\eta_c \approx 1.0$，两桩中点处 $\eta_c \approx 0.9$；③在挤密单元内，某一点土的挤密系数不仅与该点距桩边的距离有关，同时与该点土的天然干密度和含水量有关。由此可见，桩间土挤密效果的不均匀与变异性是客观存在的，局部桩间土特别在三桩中心点土样挤密效果不佳难以完全避免。只要桩间土的平均挤密系数达到规程要求，桩体施工质量合格，处理地基湿陷性即可消除。

充分了解上述特点，对如何检测和评价桩间土的挤密效果十分必要。另一方面，若施工的桩径与桩距均未超过允许偏差，则桩间土的挤密质量主要决定于桩距的设计。设计人员在设计桩距时，不仅应通过计算确定，必要时还应提出事前进行现场挤密试验，及时修正设计的桩距。

桩间土挤密质量检验分施工前或施工初期进行的现场挤密质量试验，和施工后对挤密质量的抽样检测。试验与检测均以平均挤密系数是否达到设计及规范、规程要求为准，检验方法应在由相邻桩体构成的挤密单元内开挖深井，按每 1.0m 为一层，分点用 ϕ40mm×40mm 小环刀取出原状挤密土样，测试干密度并计算其挤密系数与各层挤密系数的平均值。分层取样点的数量与位置宜按下列要求确定：

1. 施工前或施工初期进行现场挤密质量试验，应由设计单位根据建筑物的重要性、场地条件与工程经验等情况，为使桩距设计切实合理而提出进行。挤密质量试验每层取样点可按 5-18*a* 所示，将挤密单元划分为边长 100～150mm 的方格，每方格中点各取一个土样，方格数目不宜少于 10；也可按图 5-18*b* 所示，将两桩间净距划分 10 等格，并画出三条 b、c、e 弧线，各弧线与各等分角线的交点即为取样点，共计 9 个取样点。按上述方法取样试验后计算出各点土样的挤密系数，再计算该层桩间土挤密系数的平均值。

2. 施工后挤密质量检测时，可在图 5-18*b* 中三条 *cc* 弧线中点，分别取 2 或 3 个土样进行试验，并计算出该层桩间土挤密系数平均值。若仍采用现行行业标准《建筑地基处理技术规范》提出的方法取样时，桩边 1 点宜位于桩边的 *b* 点（0.1 桩间净距处），另一点为两桩间的中点处即 *e* 点处。

各探井全处理厚度桩间土的平均挤密系数可按下式计算：

$$\bar{\eta}_c = \frac{\sum_{i=1}^{n} \eta_{ci}}{n} \tag{5-15}$$

式中 $\bar{\eta}_c$——全处理厚度桩间土的平均挤密系数；

η_{ci}——第 i 层桩间土挤密系数平均值；

n——试验及检测的层数，不宜少于 6 层。

单项工程同类土层场地桩间土挤密质量试验不应少于 2 组；施工后的挤密质量检测探

井数应不少于总桩数的 0.33%，且每项单体工程不得少于 3 口。

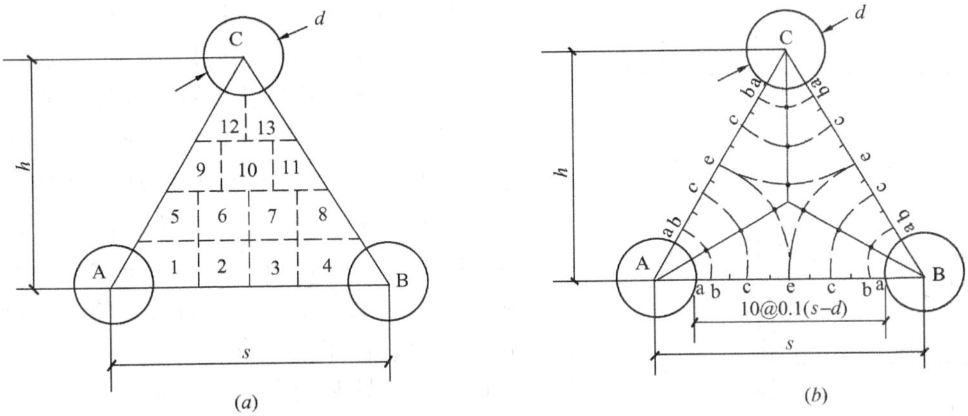

图 5-18 桩间土挤密质量检验

(*a*) 挤密试验分层取样点示意图；(*b*) 挤密质量试验、检验取样点示意图

（三）桩孔夯填质量检验。桩孔夯填质量检验应随机抽样检测，施工单位自检的抽样数量不得少于施工总桩数的 2%，且每日不得少于 1 根桩；质检部门抽检的数量不得少于总桩数 1.0%，且总计不得少于 9 根桩。每根桩均应按 1.0m 分层取样检测，检测的方法可根据情况和经验，选用下列几种方法之一：

1. 小环刀深层取样检验法。宜在夯填施工过程中在每 1.0m 深度用长把小环刀取样试验。长把小环刀的构造可参考图 5-19，取样时用穿心锤轻击环套，以保证试样不受挤压为度。本法宜用于施工自检时采用，对灰土等具有凝结强度的桩体，检验时间不宜超过成桩后 48h。

2. 轻型动力触探检验法。应首先通过夯填试验，求得锤击数 N_{10} 与夯实填料压实系数 λ_c 的关系曲线及合格的检定锤击数 $[N_{10}]$。施工检验时，以实际锤击数 $N_{10} \geqslant [N_{10}]$ 为合格，也可由 $N_{10} \sim \lambda_c$ 关系曲线，了解填料夯实后实际达到的压实系数 λ_c 参见图 5-20。轻型动力触探检验宜在夯填施工过程中自下而上每 1.0m 进行一次，也可在夯填成桩后用洛阳铲分段挖孔，自上而下每隔 1.0m 进行一次。本法宜于施工自检时采用，对灰土等具有凝结强度的桩体，检验时间不应超过 48h，并宜与夯填试验中进行检测的时间基本相符。

3. 开挖探井取样检验法。人工开挖探井（可与挤密效果检验探井合并进行），从桩顶设计标高起，沿桩长每 1.0m 在距桩孔中心 2/3 半径处，取两个试样，测定干密度并计算出本层填料的压实系数平均值，最

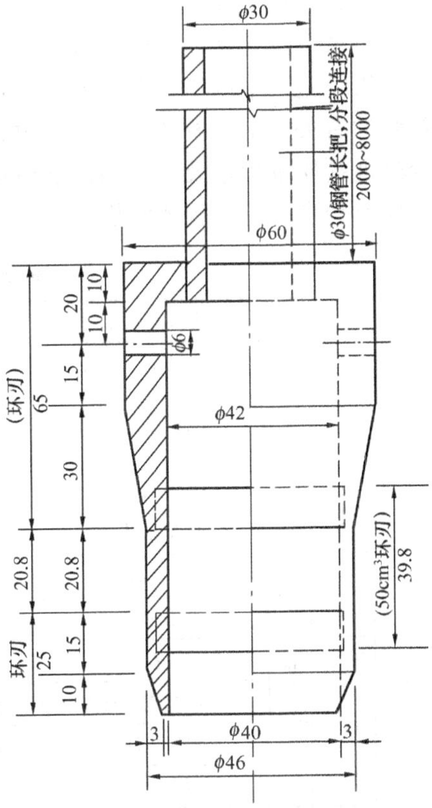

图 5-19 小环刀深层取样器简图

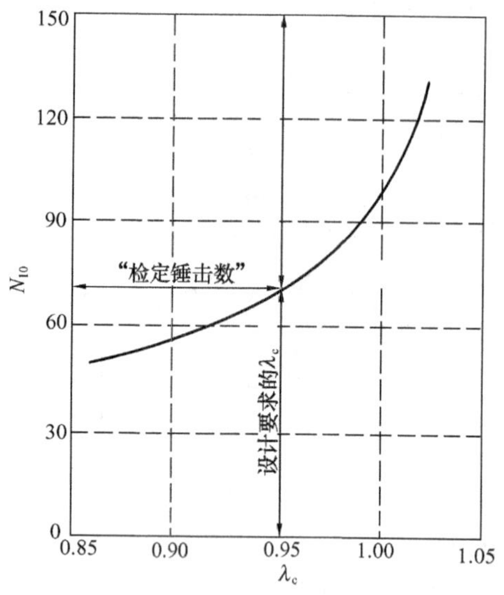

图 5-20 轻便触探柱体 N_{10}-λ_c 关系曲线

后再计算出全桩长的平均压实系数$\bar{\lambda}_c$。本法适于质检部门施工结束后检测时采用。

4. 其他检验法。采用非直观的检测方法，均应有可靠的对比试验资料后方可采用。

（四）挤密桩复合地基载荷试验检测。当设计对挤密桩复合地基承载力提出具体要求时，应在成桩后 7～14d（素土桩）；14～28d（灰土桩等），进行单桩或多桩复合地基载荷试验，以确定复合地基承载力特征值。若桩间土挤密效果、桩体质量检验不合格或存在问题较多时，以及地基受水浸湿可能性大的建筑物尚应进行现场浸水载荷试验，以判定处理后地基消除湿陷性的实际效果。试验方法可参照相关国家或行业标准进行。当试验在承载力特征值压力下进行浸水，则以浸水后压板的沉陷量（s_W）与其直径（d）或宽度（b）之比 0.015，作为判定处理地基是否消除湿陷的标准。载荷试验检测数量不应少于单项工程总桩数的 0.2%～0.5%，总桩数少时取高值，总桩数多时取低值，且每项单体工程不应少于 3 点。

二、工程验收

挤密桩法处理地基施工完成并经质量检验后，应由监理工程师（建设单位项目负责人）组织施工单位项目专业质量（技术）负责人等进行验收，确定其是否符合相关规范、规程的有关规定和设计要求，通过正式验收合格后，才能进行基础工程的施工。挤密桩法处理地基质量检验及验收的标准应符合表 5-9 的规定。其中桩顶灰土垫层的质量检验及验收应符合现行有关规范的规定。

挤密桩法处理地基质量检验及验收标准 **表 5-9**

项目	序号	检验项目		允许偏差或允许值	检验方法与说明
主控项目	1	桩间土挤密系数		设计要求及"规程"规定	现场取样检验
	2	桩体压实系数		设计要求及"规程"规定	现场取样检验。对灰土桩等必要时可加测试块浸水饱和状态下的无侧限抗压强度
	3	桩长		+500mm	测量桩管入土长度或测孔深
	4	地基承载力		设计要求	静载荷试验或浸水载荷试验
一般项目	1	桩位偏差		≤5%的桩距	现场用钢尺测量
	2	垂直度		≤1.5%	测桩管或桩孔垂直度
	3	桩径	沉管法	−20mm	用钢尺测量，负值指局部断面
			冲击法或钻孔夯扩法	−40mm	用钢尺测量，负值指局部断面
	4	土料有机质含量		≤5%	试验室焙烧法，纯净黄土可不测
	5	石灰粒径		≤5mm	筛分法，合格的袋装石灰粉可不测
	6	其他材料		设计要求	如水泥、粉煤灰等

上表主要依据国家标准《建筑地基基础工程施工质量验收规范》GB 50202—2002 的相关规定，其中桩位偏差，该规范系沿用桩基础的规定（满堂布桩：≤0.40*D*；条基布桩：≤0.25*D*,*D* 为桩径），而挤密桩的桩距多为 0.9m 左右，都比较小，0.40*D* 或 0.25*D* 的允许偏差则过大，故改定为：桩位偏差≤5%的桩距，与相关规程的已有规定基本相符。

工程验收时，应提交并检查下列资料：

1. 桩孔位置放线、竣工平面图；
2. 成孔及夯填施工记录（含质量自检）汇总表；
3. 桩间土挤密效果试验或施工自检记录汇总表及其结论；
4. 场地土及桩孔填料的击实试验报告；具有资质的专业检测单位的正式检测报告；
5. 设计变更通知书，事故处理记录等其他相关文件资料。

5.5 效果检验

5.5.1 挤密和消除湿陷性效果检验

一、挤密效果检验

土桩与灰土桩的共同特点是对桩间土需具有挤密作用，通过挤密达到消除地基土湿陷性和提高承载力的目的。挤密效果检验主要是通过现场试验性成孔，对不同桩间距的挤密土分层开剖取样，测试其干密度和压实系数，并以桩间土的平均压实系数 λ_c(或称挤密系数 η_c)作为评定挤密效果的指标。对湿陷性黄土，常以 $\bar{\lambda}_c \geqslant 0.93$ 为标准，按此要求即可达到消除湿陷的目的。

在表 5-10 中，列出陕、甘、晋、豫等省约 20 个场地，单桩挤密地基距桩中心不同距离处土的干密度 ρ_d 和压实系数 λ_c 的变化情况。各点位置以相对值表示，即该点距桩中心的距离（*L*）与桩径（*d*）之比（*L*/*d*—相对距离）；表中干密度及压实系数为各场地试验结果的平均值。实际上各个场地的土质条件、桩径和成孔方法是不同的，在同一相对距离处的挤密效果也不可能相同，例如在湿陷性黄土场地上，采用沉管法成孔挤密后，在相对距离 $L/d=1.0$ 处，土的干密度 $\rho_d=1.49\sim1.65\text{g/cm}^3$，平均为 1.58g/cm^3；压实系数 $\lambda_c=0.90\sim0.97$，平均为 0.94。从表列平均结果可以看出，在桩孔边缘($L/d=0.5$ 附近)土的压实系数在 1.0 上下，说明该处土的干密度已接近其最大干密度；大约在 $L/d=1.00\sim1.25$ 处，$\lambda_c\geqslant0.90$，距离越大，压实系数越小，直至 $L/d=2.25\sim2.50$ 处，土的干密度已接近其天然状态。显然，单个桩孔的有效挤密半径平均约为$(1.00\sim1.25)d$ 处(d—桩孔直径)；挤密影响半径约为$(2.25\sim2.50)d$ 处。

桩周挤密土的干密度（ρ_{dc}）压实系数（λ_c）随距桩心相对距离（*L*/*d*）的变化 表 5-10

土类	成孔方法	项目	L/d									天然土
			0.50	0.75	1.00	1.25	1.50	1.75	2.00	2.25	2.50	
黄土类粉质黏土	沉管	ρ_{dc} (g/cm³)	1.73	1.66	1.58	1.53	1.48	1.43	1.39	1.37	1.36	1.31
		λ_c	1.03	0.98	0.94	0.91	0.88	0.85	0.83	0.82	0.81	(0.77)
	爆扩	ρ_{dc} (g/cm³)	1.59	1.56	1.51	1.49	1.44	1.42	1.41	1.40	1.39	1.33
		λ_c	0.96	0.93	0.90	0.88	0.87	0.86	0.85	0.84	0.82	(0.78)
杂填土	沉管	ρ_{dc} (g/cm³)	1.66	1.58	1.53	1.48	1.44	1.39	1.36	1.33	—	1.35
		λ_c	1.01	0.96	0.92	0.88	0.86	0.84	0.83	0.82	—	(0.82)

注：1. 天然土的"λ_c"只表示其干密度与最大干密度之比；

2. 各试验场地内土的有关指标：$\rho_d=1.26\sim1.38\text{g/cm}^3$；$w=11.3\%\sim25.8\%$；$I_p=8\sim13.1$。

相邻桩在挤密时具有挤密效果的叠加效应，桩间土的干密度在交界处将明显增大，因此群桩的挤密效果高于单个桩。表 5-11 为多桩挤密后的试验结果，表中的干密度 $\overline{\rho}_{dc}$ 和压实系数 $\overline{\lambda}_c$ 的变化范围与平均值。从表中可知，当要求桩间土的平均压实系数 $\overline{\lambda}_c \geqslant 0.93$ 时，合理的桩孔间距范围在 $(2\sim3)d$ 之间。设计时，应通过试验或计算确定适合的桩间间距，而不应以表列多处场地的平均结果为依据。

桩间挤密土的平均压实系数 $\overline{\lambda}_c$ 及平均干密度 $\overline{\rho}_{dc}$　　**表 5-11**

土类	项目		桩孔间距		
			$2.0d$	$2.5d$	$3.0d$
黄土类粉质黏土	$\overline{\rho}_{dc}$ (g/cm³)	一般值	1.53～1.72	1.51～1.68	1.49～1.64
		平均值	1.65	1.61	1.57
	$\overline{\lambda}_c$	一般值	0.93～1.00	0.91～0.98	0.90～0.96
		平均值	0.97	0.95	0.93
杂填土	$\overline{\rho}_{dc}$ (g/cm³)	一般值	1.55～1.62	1.52～1.57	1.50～1.54
		平均值	1.59	1.55	1.52
	λ'_c	一般值	0.93～0.99	0.91～0.97	0.89～0.95
		平均值	0.96	0.94	0.91

注：本表中数值为多处场地试验结果的平均值，不宜作为设计桩孔间距的依据。

二、消除湿陷性效果检验

检验湿陷性消除的效果，可利用探井分层开剖取样，然后送试验室测定桩间土和桩孔夯实素土或灰土的湿陷系数 δ_s 值（也可一并测试其他物理力学性质指标），如 $\delta_s<0.015$，则可认为土的湿陷性已经消除；如 $\delta_s \geqslant 0.015$，则可与天然地基土的湿陷系数进行对比，从中了解湿陷性消除的程度。其次也可通过现场浸水载荷试验，观测在一定压力下浸水后处理地基的湿陷量（浸水下沉量）s_w 或相对湿陷量 s_w/b（b——压板直径或宽度），综合检验湿陷性消除的效果，如 $s_w/b<0.015$，可判定处理地基的湿陷性已经消除。

表 5-12 列出西安、天水、洛阳和闻喜等地采用沉管或爆破法成孔挤密前后土的物理力学性质指标，挤密土的湿陷系数除山西闻喜一处 $\delta_s>0.015$ 外，其余湿陷性均已消除，闻喜天然地基土的 $\delta_s=0.099$，属强湿陷性，挤密后 $\delta_s=0.016$，表明湿陷性已很轻微。与天然土对比，土的压缩系数 a_{1-2} 从 $0.33\sim0.61\text{MPa}^{-1}$，降低为 $0.09\sim0.29\text{MPa}^{-1}$，降低压缩性的效果也很显著。

挤密前后土的物理力学性质指标　　**表 5-12**

地点	土类	土样	成孔方法	w (%)	ρ_d (kN/m³)	λ_c	a_{1-2} (MPa⁻¹)	湿陷系数 (δ_s)
陕西西安	黄土类粉质黏土	挤密	沉管	19.7	1.67	0.98	0.093	0.0020
		天然	d=32.5	20.0	1.34	—	0.610	0.0420
	杂填土	挤密	沉管	22.6	1.54	0.91	0.285	0.0015
		天然	d=38	25.0	1.31	—	0.530	0.0390
甘肃天水	黄土类粉质黏土	挤密	沉管	16.0	1.55	0.91	0.130	0.0004
		天然	d=40	14.8	1.36	—	0.350	0.0960
	杂填土	挤密	爆扩	17.3	1.55	0.91	—	0.0005
		天然	d=50	15.0	1.32	—	0.50	0.1130
河南洛阳	黄土类粉质黏土	挤密	爆扩	21.5	1.62	0.94	0.180	0.0003
		天然	d=45	20.4	1.42	—	0.330	0.0369
山西闻喜	黄土类粉质黏土	挤密	爆扩	15.6	1.52	0.92	0.140	0.0160
		天然	d=30	10.1	1.30	—	0.490	0.0990

注：d——桩孔直径（cm）。

甘肃省建研所曾分别在两处场地进行挤密地基试验，对桩间挤密土及天然土测试在100～500kPa不同压力下的湿陷系数，其结果如表5-13所示。由此可见，天然土的湿陷系数为0.049～0.088，而桩间挤密土除个别值δ_s=0.015外，其余湿陷性已经消除。

不同压力下湿陷系数试验结果 表5-13

场地	土类 \ 压力(kPa)	100	200	300	400	500
A	桩间挤密土	0.002	0.009	0.011	0.015	0.013
	天然土	0.049	0.071	0.088	0.085	0.073
B	桩间挤密土	0.001	0.002	0.001	0.002	0.001
	天然土	—	0.059	—	—	—

注：桩间挤密土为三个桩间的挤密土。

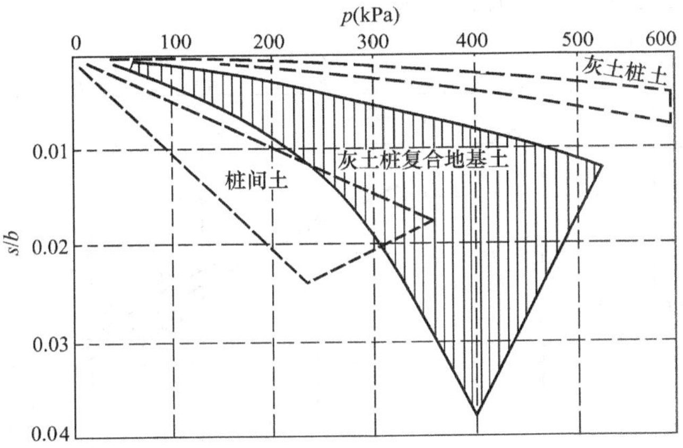

图5-21 灰土桩挤密地基不同承压情况时 p-s/b关系曲线范围对比

5.5.2 地基加固效果的综合检验

综合检验是通过现场载荷试验、浸水载荷试验或其他原位测试方法对地基的加固效果进行检测和评价，对重要或大型工程、缺乏经验的地区和当一般检测结果仍难以确定地基的加固效果时，宜进行浸水载荷试验。

一、载荷试验

现场载荷试验与地基实际受力情况基本相同，它所得出的压力（p）与沉降（s）关系直观可靠，由p-s曲线确定的承载力特征值和变形模量值是最主要的和最实用的岩土工程技术数据，其他原位测试方法如触探试验及旁压试验（PMT）等均以载荷试验结果为基本参照依据。因此，土桩或灰土桩挤密复合地基加固效果的综合检验或研究，目前仍以载荷试验为主要方法。复合地基的载荷试验应符合《建筑地基处理技术规范》（JGJ 79）附录一的有关规定。载荷压板的面积应与桩及其承担的处理面积相同，单桩或多桩均可。当按相对变形s/b确定复合地基的承载力特征值时，土桩挤密复合地基可取s/b=0.012所对应的荷载；灰土桩挤密复合地基，可取s/b=0.008所对应的荷载。上述规定是根据大量载荷试验和工程实践经验提出的。大量载荷试验 p-s/b 关系曲线的分析结果表明，挤密复合地基比例界限点的相对沉降为：土桩挤密地基的 s/b=0.0076～0.0138；灰土桩挤密地基的 s/b=0.0056～0.0086，规范提出的标准接近其平均值，经工程中应用证明比较合理安全。

图 5-21 所示分别在灰土桩、桩间土及桩复合地基上载荷试验 p-s/b 曲线的波动范围。由图可知，复合地基的 p-s/b 曲线介于桩与桩间土之间，土桩的情况与之相仿，但三者的差异不如灰土桩显著。桩体单独承压时的载荷试验结果（图 5-22 及图 5-23）表明，灰土桩的临界荷载为 500～600kPa；土桩为 250～300kPa，两者均高于桩间土临界荷载 120～200kPa。复合地基由桩体与桩间挤密土组合而成，因而其承载力取决于桩体和桩间土的承载能力，同时也与桩体在复合地基中所占的面积百分率即置换率 m 密切相关。桩间挤密土的承载力既决定于挤密达到的压实系数，同时也与原地基土的类别、性质和承载力有很大关系。在挤密地基中，桩间土的面积占 77%～90%，因而挤密复合地基的承载力与原地基土的承载力之间具有显著的相关关系。

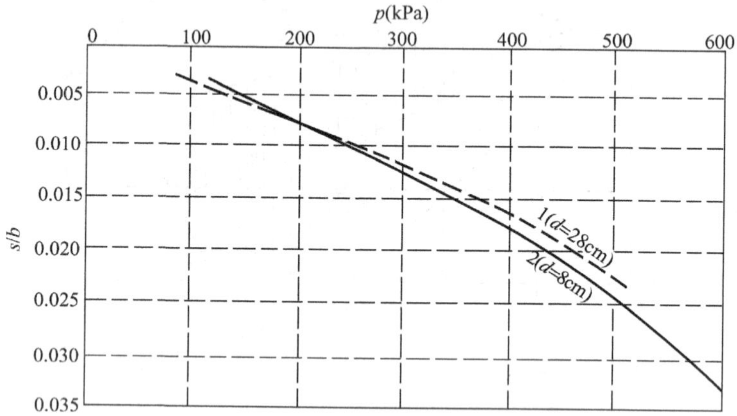

图 5-22 土桩体上单独承压时 p-s/b 关系曲线

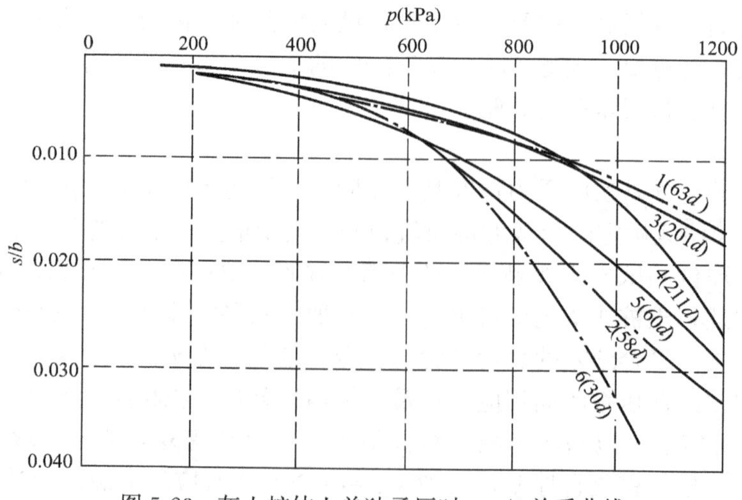

图 5-23 灰土桩体上单独承压时 p-s/b 关系曲线

在图 5-24 和图 5-25 中，实线 1、2 表示在湿陷性黄土场地上复合地基载荷试验的 p-s/b曲线上、下限；虚线 3、4 则表示在杂填土场地上的试验结果，各地不同场地载荷试验的 p-s/b 曲线一般介于图中上下限之间。p-s/b 曲线比例界限点所对应的相对沉降平均值为：土桩挤密地基 s/b=0.0121；灰土桩挤密地基 s/b=0.0070，其值与在相应桩体上单独承压时载荷试验的结果基本一致（见图 5-21 和图 5-22）。

土桩灰土桩挤密地基载荷试验 p-s/b 或 p-s 曲线具有以下特征：1. 直线段较短或没有明显的直线段；2. 没有明显的极限破坏征兆，有的试验也可能尚未达到极限破坏阶段，曲线形态较为平缓光滑。因此，在确定地基的承载力时，大多看不出明显拐点，一般取某一相对沉降量所对应的荷载作为复合地基承载力的基本值，并以同一场地各点平行试验的平均值作为复合地基承载力特征值 $f_{sp.k}$。

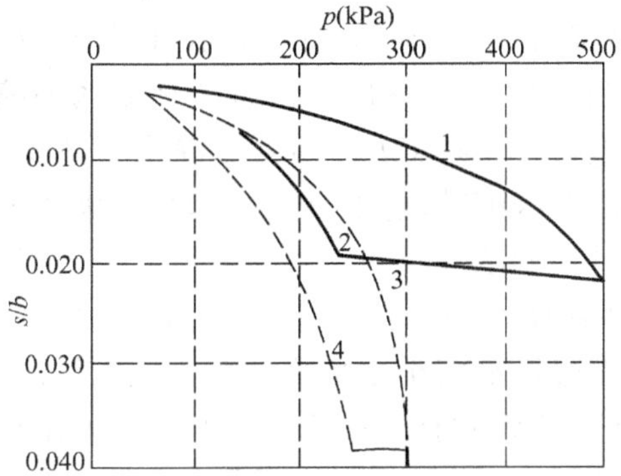

图 5-24　土桩挤密地基 p-s/b 关系曲线

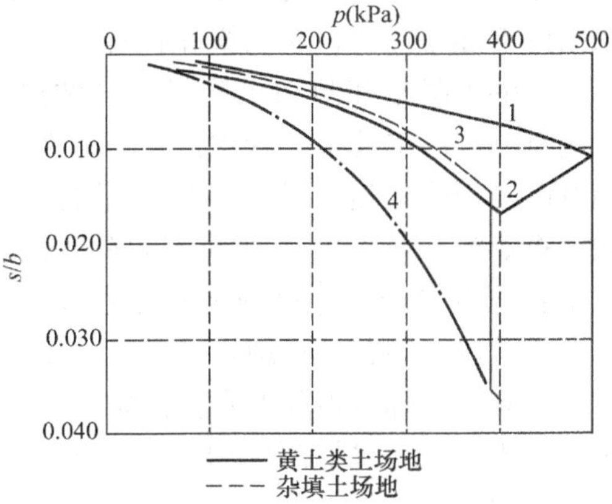

图 5-25　灰土桩挤密地基 p-s/b 关系曲线

表 5-14 为土桩和灰土桩挤密复合地基根据大量载荷试结果确定的承载力特征值 f_{spk} 和相应的变形模量 E_0，其取值标准为：土桩挤密地基取 s/b=0.01 所对应的荷载 $P_{0.01}$；灰土桩挤密地基取 s/b=0.006 所对应的荷载 $p_{0.006}$，并计算在此荷载下地基的变形模量 E_0。按上述 s/b 取值时，一般都不超过 p-s/b 曲线的比例界限点，并具有约一倍以上的安全储备，安全系数 $\kappa \approx 2$。

挤密地基的承载力特征值 f_{spk} 和变形模量 E_0　　**表 5-14**

桩孔填料	分　项	f_{spk} (kPa)		E_0 (MPa)	
		黄土类土	杂填土	黄土类土	杂填土
素　土	一般值	177～250	130～200	12.7～18.0	9.4～14.4
	平均值	215	148	15.0	10.5
灰　土	一般值	245～300	190～250	29.4～36.0	21.0～29.0
	平均值	268	218	32.2	25.4

根据同一场地上挤密地基与天然地基的载荷试验对比结果表明，土桩挤密地基比天然地基的承载力特征值提高 51%～71%；灰土桩挤密地基提高 54%～150%（平均约提高 1 倍）。因此有关规范规定，当缺乏试验条件时，土桩挤密地基的承载力特征值可按 1.4 倍天然地基承载力特征值确定；灰土桩挤密地基可按 2 倍天然地基承载力特征值确定。对一

般湿陷性黄土地基而言，这一规定是安全合理的。

试验结果同样表明，挤密地基的变形模量比天然地基增大 2～4 倍，浸水后两者差距更为突出。土桩挤密地基的变形模量一般为 9～18MPa，与压实土垫层地基接近；灰土桩挤密地基的变形模量高达 21～36MPa，且浸水后无明显下降。因此，采用灰土桩法处理的地基，沉降量大幅度减少，并能消除湿陷量。大多数建筑物的实侧沉降量不超过 80mm，最小者还不到 20mm。

二、浸水载荷试验和大试坑浸水试验

为综合判定处理地基消除外荷湿陷量和自重湿陷量的效果，可进行现场浸水载荷试验和大试坑浸水试验，两者可结合进行。浸水载荷试验可以先加荷到一定压力（一般可取基底设计压力）下浸水，观测浸水后的附加下沉量，需要或可能时再继续增加荷载；也可在浸水条件下逐级加荷，观测饱和状态下各级荷载压力下的下沉量。小试坑浸水只能观测外荷作用下的沉降量和附加沉降量，试坑尺寸与一般载荷试验相同，试坑边长不小于 $3b$，坑底应打深层渗水孔至处理深度以下。如附加下沉量 $s_w<0.015b$ 时，可判定地基的外荷湿陷量已经消除；当在浸水条件下进行分级加荷试验时，应取 P-s_w（s_w—浸水下沉量）曲线转折点或 $s_w=0.015b$ 所对应的荷载作为处理地基的湿陷起始压力 P_{sh}，如 P_{sh} 大于或等于基底压力 P 时，即可判定处理地基已经消除了外荷湿陷性。

在自重湿陷性黄土场地，如处理地层下仍有自重湿陷性土层存在时，可通过大试坑浸水试验，观测处理后地基的自重湿陷量。试坑直径或边长不应小于湿陷性黄土层的厚度，并不应小于 10m，试坑深度约为 50cm。如实测自重湿陷量小于或等于 7cm 时，可判定场地的自重湿陷性在处理地基后已经消除。在一般情况下处理地基以下如仍存在自重湿陷性土层时，则该层土的自重湿陷量仍然会发生，且可能稍有增大，因为处理地基土的自重压力较前约增大了 20%，这已为山西、甘肃等地的大试坑浸水试验结果所证实，但处理土层的湿陷量绝大多数已经消失。

表 5-15 为几处场地土桩、灰土桩挤密地基及天然地基现场浸水载荷试验的对比结果。表中天然地基的相对湿陷量 $s_w/b=0.105～0.466$，远大于 0.015，说明原天然地基具有湿陷性，有的还属强湿陷性地基。土桩挤密地基除西安杂填土一处外，s_w/b 均小于是 0.015，表明湿陷性已经消除；其中西安杂填土场地土桩挤密地基试验的基底压力为 200kPa，远超过了处理后地基的承载力特征值（130kPa），比天然地基的承载力特征值（70kPa）高出近三倍，因而湿陷变形增大，其中主要是超载引起的压缩变形，不能以此判定其湿陷性消除的效果。由此可见，浸水载荷试验的压力应根据浸水前地基的承载力特征值确定，不宜过大。灰土桩挤密地基西安市杂填土场地试验的基底压力为 300kPa，$s_w/b=0.015$，稍具湿陷性，其原因也是压力过大引起的；山西闻喜灰土桩挤密地基的试验采用大试坑浸水，引起下层未处理土的自重湿陷有所反映，因之灰土桩地基的相对湿陷量 $s_w/b=0.015$，其余灰土桩挤密地基的 s_w/b 仅为 0.004，效果良好。综上所述，土桩、灰土桩挤密地基消除湿陷性的效果是完全可以肯定的，至于下层未处理的自重湿陷问题，只能在设计处理范围时根据工程需要合理解决。

前面 5.2 加固原理表 5-3 中所列的浸水载荷试验结果亦表明：当桩间土的平均挤密系数 $\bar{\eta}_c$（或称压实系数）大于 0.92 时，土桩挤密地基的湿陷性即可消除；而当 $\bar{\eta}_c$ 大于 0.90 时，灰土桩挤密地基的湿陷性则已消除。由此可见，消除湿陷性的效果，不仅与桩间土的平均挤密系数有关，同时也与桩体材料的性质有关。

现场浸水载荷试验时湿陷量（s_w）和相对湿陷量（s_w/b）实测值　　表 5-15

土　类	试验地点	基底压力（kPa）	天然地基		土桩地基		灰土桩地基	
			s_w（cm）	s_w/b	s_w（cm）	s_w/b	s_w（cm）	s_w/b
黄土类土	山西闻喜	200	14.40	0.204	0.80	0.011	1.05	0.015
	陕西西安	200	13.24	0.176	1.03	0.010	0.57	0.004
	甘肃天水	200	60.60	0.466	0.60	0.005	0.50	0.004
杂填土	陕西西安	100	7.40	0.105	—	—	—	—
	陕西西安	200	—	—	3.23	0.030	—	—
	陕西西安	300	—	—	—	—	1.53	0.015

三、其他原位测试法

载荷试验切实可靠，但费工费时，一般工程往往因条件所限而无法进行。利用其他原位测试方法如静力触探试验（CPT）、标准贯入试验（SPT）、动力触探试验（DPT）和旁压试验（PMT）等对土桩、灰土桩挤密地基的加固效果进行综合检验是一种发展趋势，部分单位已进行的试验研究证明也是可行的。但是由于对比的试验资料较少，加之灰土具有一定的胶凝强度，致使原位测试受到一定的局限，目前仍处于摸索阶段。

（一）旁压试验　旁压试验的曲线形态与载荷试验曲线有很好的相似性，且代表着相同的物理意义，曲线各阶段所反映的土的变形形态，及其转折点所表示的力学概念基本一致，均具有相当的稳定性和准确性。通过大量天然地基及部分挤密地基载荷试验与旁压试验的对比结果证明，旁压试验的屈服压力 P_f 与载荷试验的临塑荷载压力 P_a 之间具有良好的线性关系。两种试验方法确定的地基承载力基本值十分接近。旁压试验在确定地基承载力基本值时可按其屈服压力（P_f）减去初始压力（P_0）取值，即 $f_k=p_f-p_0$。通过对比试验还可利用旁压试验的旁压系数 m 或旁压模量 E_m 确定挤密地基的变形模量 E_0 或压缩模量 E_s。

（二）标贯及触探试验　利用标准贯入试验、重型（二）动力触探试验或静力触探试验的参数 X（如 N、$N_{(63.5)}$ 及 P_s）与载荷试验或旁压试验确定的承载力基本值和变形模量 E_0 之间的相关关系建立相应的关系式，即可通过上述试验参数求得挤密地基的承载力基本值和变形模量。其一般关系式为：

$$f_k=aX+b;\quad E_0=cX+d \tag{5-16}$$

式中 a、b、c、d 为通过对比试验回归分析而得的系数；X 为原位试验求得的参数，如 N、$N_{(63.5)}$ 或 P_s 等。下表列出中国市政工程西北设计院根据陇西地区对比试验资料的回归分析所提的一组确定承载力的关系式，可供参考。

已知桩间土及灰土桩的承载力基本值 $f_{s.k}$、$f_{p.k}$（kPa），即可按式（5-12）计算灰土桩挤密复合地基的承载力计算值。但应指出，原位测试法具有较强的区域性，在应用时必须结合地区特点，土质条件等情况，通过积累对比试验资料，建立适合当地的经验公式和适用范围。

根据原位测试参数确定承载力基本值 f_k 的公式 **表 5-16**

土类	回归公式	统计组数 n	相关系数 r	适用条件	试验方式
桩间土	$f_{s.k}=20.59N_{(63.5)}+150$	26	0.75	$N_{(63.5)}=5\sim20$ 击	DPT
	$f_{s.k}=2.92P_s-75$	18	0.85	$P_s=80\sim160$ (100kPa)	CPT
	$f_{s.k}=19.02N+31$	17	0.91	$N=10\sim30$ 击	SPT
灰土桩体	$f_{p.k}=38.08N_{(63.5)}-80$	7	0.91	$N_{(63.5)}=10\sim20$ 击	DPT
	$f_{p.k}=4.15P_s+40$	5	0.92	$P_s=50\sim200$ (100kPa)	CPT
	$f_{p.k}=6.41N+300$	7	0.78	$N=20\sim60$ 击	SPT

5.6 工程实例

【实例 5-1】 陕西省农贸中心大楼自重湿陷性黄土地基灰土桩挤密法处理

【5.1.1】 工程概况

陕西省农牧产品贸易中心大楼（现名金龙大酒店）是一幢包括客房、办公、商贸和服务的综合性建筑，主楼地面以上 17 层，局部 19 层，高 59.7m；地下一层，平面尺寸 32.45m×22.9m。剪力墙结构，地下室顶板以上总重 1.85×10^5kN，基底压力 303kPa。主楼三面有 2～3 层的裙房，结构为大空间框架结构，柱距 4.80m 和 3.75m，主楼与裙房用沉降缝分开。主楼基础采用箱形基础，地基为Ⅱ～Ⅲ级自重湿陷性黄土，设计采用灰土桩挤密法处理地基，经认真的设计与施工，成功地解决了地基湿陷和承载力不足的问题。建成后沉降观测及使用情况表明，沉降量显著减小且基本均匀，至今使用已近二十年，一切正常。农贸中心主楼结构平面及剖面西如图 5-26 和图 5-27 所示。近年回访建设单位，认为该楼采用灰土桩挤密法处理地基，技术经济效果都十分满意。

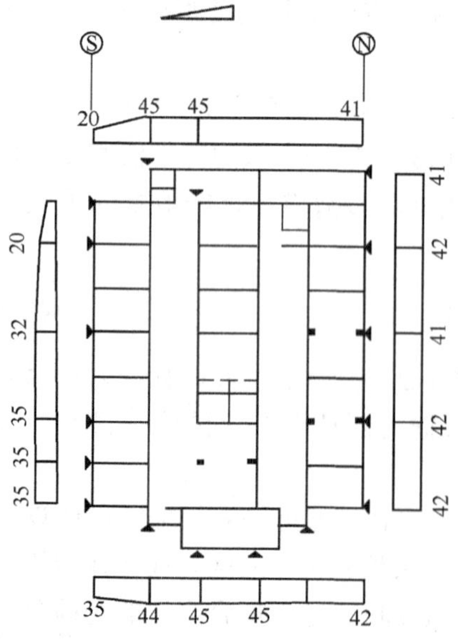

图 5-26 主楼平面及沉降展开图（沉降量 mm）

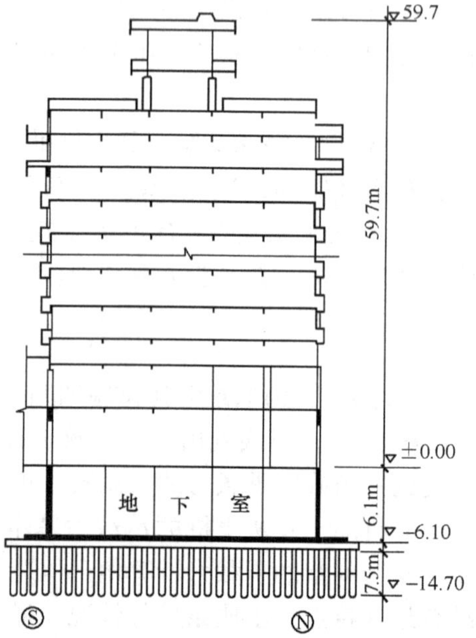

图 5-27 建筑与地基剖面图

【5.1.2】 工程地质条件

建筑场地位于西安市北关外龙首塬上，地下水位深约16.0m。地层构造自上而下分别为黄土状粉质黏土或粉土与古土壤层相间，黄土（4）以下为粉质黏土、粉土和中砂。勘察孔深到57m。基底以下主要土层及其主要工程性质指标列入表5-17中，再下面的土层的承载力 $f_k \geqslant 280kPa$，压缩模量 $E_s \geqslant 11.4MPa$，工程性质较好，故未列出。

场地内湿陷性黄土层10.6～12.0m，7.0m以上土的湿陷性较强，湿陷系数 $\delta_s = 0.040 \sim 0.124$；7.0m以下土的 $\sigma_s \leqslant 0.020$，湿陷性减弱。勘察分析判定，该场地属Ⅱ～Ⅲ级自重湿陷性黄土地基，消除地基土的湿陷性应是地基处理的首要目的，而提高地基土的承载力以满足高层建筑的需要，也是地基处理的另一个重要目的。

基底以下主要土层的工程性质指标　　表5-17

土层名称	层底深度 (m)	w (%)	f_k (kPa)	E_s (MPa)
黄土（1-1）	≤5.0	18.6	110	5.9
黄土（1-2）	6.8～9.5	18.6	150	5.9
黄土（1-3）	10.5～12.0	21.3	130	14.2
古土壤（1）	15.8～16.6	21.3	150	14.1
黄土（Ⅱ-1）	18.6～21.7	（水位以下）	120	5.9
黄土（Ⅱ-2）	23.0～24.6	（水位以下）	140	6.6
黄土（Ⅱ-3）	26.5～28.3	（水位以下）	180	8.6
古土壤（2）	27.7～28.3	（水位以下）	250	12.6

【5.1.3】 设计计算

（一）地基基础方案的确定

从工程地质条件分析，建筑场地具有较强的湿陷性和自重湿陷性，且在27m以上地基土的承载力偏低，压缩性较高，不能满足建筑的要求。在考虑地基基础设计方案时，曾拟采用双层箱基加深基础，穿越湿陷性土层，同时扩大基底面积的方案。但这种方案使裙房与主楼接合部的沉降差异加大，并使基础高低的衔接处理更加困难，且增加一层箱基在建筑功能上亦无此必要。另一种设想的方案是采用桩基础，由于没有较坚硬的桩端持力层，单桩承载力仅为750～800kN，桩的承载效率低，费用较高，且上部土层为自重湿陷性黄土，负摩阻力的问题也相当棘手。

经反复研究比较后，设计采用一层箱基和灰土桩挤密法处理地基的方案，具体做法是：

1. 将地下室层高从4.0m增大为5.4m，按箱基设计计算。

2. 箱基下地基采用灰土桩挤密法处理，它既可消除地基的全部湿陷量，又可提高地基的承载力，处理深度可满足需要。

3. 灰土桩顶面以上设1.1m厚的3∶7灰土垫层。整片的灰土垫层使灰土桩地基的受力趋于均匀，也可使箱基底面积适当扩大，同时可使处理地基的深度加大。

4. 对裙楼独立柱基也同样采用灰土桩挤密法处理，以减少其沉陷量；在施工顺序上采取先高层主楼后低层裙楼的作法，尽量降低高低层间的沉降差。

（二）灰土桩设计

按施工机具条件，确定桩孔直径 $d=0.46$m。

为了确定合理的桩间距 s，先在现场进行了成孔挤密试验。当桩距 s 为 1.10m，即桩距系数 $s/d=2.39$ 时，实测桩间土的平均压实系数 $\lambda_c<0.93$，未达到全部消除湿陷性的要求。后确定桩距系数 $s/d\approx2.20$，桩距 $s=1.00$m，通过验算，桩间土的平均干密度可达到 $\rho_d=1.6\text{g/cm}^3$，压实系数 $\lambda_c\geqslant0.93$。按正三角形布桩，排距 $t=0.87$m，桩面积置换率 $m=0.191$，按复合地基计算灰土桩挤密地基的承载力标准值 $f_{sp.k}=250$kPa。设计基底压力为 303kPa，扣除地基深度的增值后，要求地基的承载力标准值为 243kPa。由此可见，灰土桩挤密地基的承载力可满足设计的需要，同时也未超过有关规范的限定值。

桩长的确定。根据古土壤（1）以上的湿陷性黄土层需要处理，同时考虑施工机具条件，设计桩长为 7.50m，桩端标高在－13.70m 处。包括桩顶面以上 1.10m 厚的 3∶7 灰土垫层，地基处理层的合计厚度为 8.60m。

【5.1.4】 施工方法

灰土桩施工前，先将基坑开挖到接近设计桩顶以上标高处。灰土桩施工采用沉管法成孔挤密，成孔机械为 1.8t 的柴油沉桩锤，由 W1001 履带起重机带动。桩孔夯填用 2∶8 灰土，人工控制填料，电动夯实机连续夯击。

施工及建设单位对成孔及夯填施工进行了严格的监督和检验，除对桩位、孔径、桩身垂直度和桩身灰土的压实系数等逐项检查外，还对每根桩孔的灰土回填量和夯击次数作了记录，对发现的问题及时研究处理，确保灰土桩施工的质量达到设计要求。

灰土桩施工结束后，挖去设计桩顶以上的预留土层，其上再分层碾压作 3∶7 灰土垫层。

【5.1.5】 质量检验

现场质量监督和检验，施工及建设单位均由专人负责，日夜跟班抽检。成孔质量采用目测和尺量等方法及时检查。夯填质量采用深层环刀取样或开剖取样测试桩身灰土的干密度及其压实系数，检查结果均作好记录，出现的问题及时研究处理。

为了综合检验地基处理的效果，在建筑物上预埋了 17 个沉降观测点，分期进行沉降观测。到主体施工完成并砌完外围墙时，17 个观测点测得的最大沉降量为 45mm，最小沉降量 20mm（图 5-26），实测值不包括四层以前未观测到的沉降，预计建筑物主体完成时的最大沉降量为 64.5mm。估算地基中心的最终沉降量为 248.4mm（规范法）和 269.6mm（地基固结沉降法），实测值与计算基本一致。

按最后一次的沉降观测结果计算，主楼基础的倾斜为南北方向 0.00031，东西方向几乎无倾斜，西南角对东北角的倾斜最大，为 0.00063，均小于规范允许值 0.005。该建筑建成使用至今近 20 年，结构完好，无裂缝破损现象。

【5.1.6】 技术经济效果

农贸中心建筑在Ⅱ～Ⅲ级自重湿陷性黄土地上，采用灰土桩挤密法处理地基，既解决了湿陷问题，又提高了地基的承载力，满足了高层建筑的需要，技术效果十分显著。同时还节约了近一半费用和水泥、钢筋等材料，加快了工程进度，具有明显的经济效益，深得建设等单位的好评。

【实例 5-2】 兰州二电厂冷却塔挤密地基试验与工程实践

【5.2.1】 工程概况

兰州第二热电厂冷却塔，高 70m，直径 60m。所在场地为高湿陷、强敏感自重湿陷性黄土场地，湿陷性黄土层厚约 12m，最大湿陷系数 0.142，总湿陷量 140cm 左右，平均 12cm/m 以上；最大自重湿陷系数 0.113，计算自重湿陷量 70cm，平均 6cm/m 以上。按《湿陷性黄土地区建筑规范》(GB 50025—2004) 的规定，应判定为自重Ⅳ（很严重）级湿陷性黄土地基。消除如此严重的湿陷量，则是冷却塔地基处理的主要目的。

【5.2.2】 试验结果

为提供冷却塔地基的处理方案和有关设计、施工参数，建设单位委托甘肃省建研所结合工程进行了系统地土桩和灰土桩挤密地基试验研究，并将试验结果应用于工程中。试验的主要结果如下：

（一）桩间土的挤密效果 表 5-18 为不同桩距系数（$\alpha=s/d$）时桩间土的干密度 ρ_d 及压实系数 λ_c。表中列出的天然土干密度为 13.1～13.8kN/m^3，计算其压实系数相当于 0.75～0.79；桩间土挤密后的干密度增大到 14.3～16.6kN/m^3，压实系数为 0.82～0.95。显然，桩距愈小，土的干密度愈大，压实系数亦相应提高。甘肃省建研所根据当地大量试验结果提出：当桩间土的最小压实系数（原文称为最小挤密系数）$\lambda_{c\min}\geqslant 0.84$ 时，土的湿陷起始压力 $P_s\geqslant 200$kPa，湿陷性即已消除。按此标准分析，桩距 $s=2.5d$ 时，就可达到消除湿陷性的要求。另据室内湿陷试验表明，$s=2.5d$ 桩间土的湿陷起始压力 $P_s\geqslant$ 300kPa，而天然土的 $P_s=30$kPa，前者比后者提高 10 倍以上，同样也证明此时桩间土的湿陷性已经消除。

不同桩距系数（$\alpha=s/d$）时桩间土的干密度（ρ_d）及压实系数（λ_c） 表 5-18

地基土类别		ρ_d (kN/m^3)	λ_c
天然土		13.1～13.8	(0.75～0.79)
挤密土	$\alpha=3.0$	14.3～15.6	0.82～0.89
	$\alpha=2.5$	15.2～16.2	0.87～0.93
	$\alpha=2.0$	16.2～16.6	0.93～0.95

注：1. $\alpha=\frac{s}{d}$ 为桩距系数即桩间距与桩径之比值；

2. 土的最大干密度根据击实试验 $\rho_{d\max}=17.5$kN/m^3。

（二）浸水载荷试验及大面积试坑浸水试验在现场分别进行了天然地基、土桩挤密地基、灰土桩挤密地基和组合型（上 4m 为灰土，下 5m 夯填素土）桩挤密地基浸水状态下的载荷试验。最大荷载加至 600kPa，p-s 关系曲线如图 5-28 所示。图中显示，在 300kPa 的压力下，天然地基的沉陷量为 45cm，而各类挤密地基仅为其值的 2%～15%；所有挤密地基的 p-s 曲线在 600kPa 的压力以内仍未出现明显的转折点或破损征兆，表明处理后地基的湿陷起始压力 P_s 或在浸水条件下的承载力基本值将不低于 200～300kPa。大面积试坑浸水试验结果表明，天然地基浸水后的自重湿陷量为 67cm；而挤密地基仅有 7.2cm，且其中的 5cm 是处理层以下天然土层所发生的，9m 厚的处理土层的自重湿陷量仅为 2cm 左右，并主要发生于上部浅层中。推算挤密土层的平均自重湿陷系数约为 0.002，已不属于自重湿陷性地层。不言而喻，土桩、灰土桩或组合型桩挤密地基消除湿陷性的效果都十

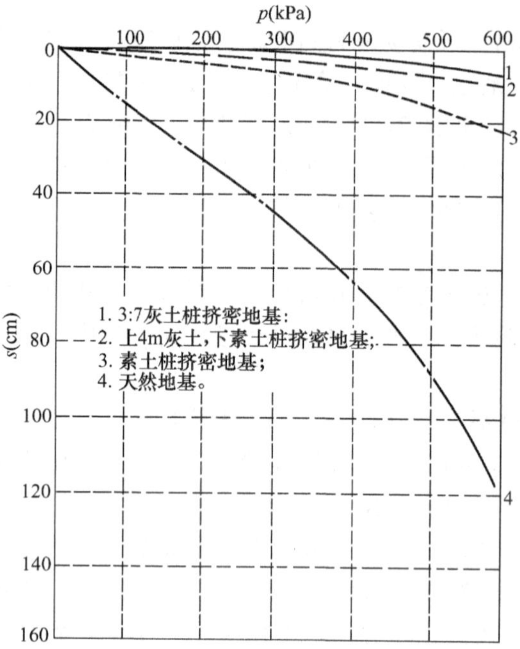

图 5-28 浸水载荷试验 p-s 曲线

分显著，从消除湿陷性的目的来看，土桩或灰土桩都可满足工程需要。

（三）其他试验成果 通过现场试验，还证明了挤密地基具有提高地基均匀性、减少差异沉降的显著效果。大面积试坑浸水时，天然地基产生的沉降差为 21cm，局部倾斜高达 25%，而挤密地基沉降差为 2cm，最大的局部倾斜仅 2‰已不会危及建筑物的安全。根据浸水后地面沉陷的情况及地面裂缝产生的范围，确定整片处理范围超出边墙基础边缘的宽度不宜小于处理层厚度的$\frac{1}{2}$。其次根据室内渗透试验及现场浸水观测结果，挤密地基具有良好的防渗隔水作用，挤密地的渗透速度只有天然地基的1/5～1/10。试验还表明土桩的渗透系数仅为灰土桩的13%～20%，其防渗效果更好，主要是因为土桩的密实度高于灰土桩。单从防渗效果看，无需强调采用灰土。

【5.2.3】 工程应用及效果

根据试验结果和工程情况，冷却塔地基采用土桩挤密法和垫层法相结合的处理方案。上部垫层为厚 2m 的整片灰土垫层；下部为厚 6～8m 的土桩挤密地基，处理范围超出基础边缘的尺寸大于环形基础宽度的 3/4，且不小于 7m。桩孔直径 d=0.4m，桩间距离 s=0.9m（2.25d），按等边三角形布桩。按计算桩间土干密度增大 22%，平均干密度$\overline{\rho_d}$=16.3kN/m^3，平均压实系数$\overline{\lambda}$=0.93，符合有关规范要求。施工采用沉管法成孔，要求预留 1m 厚的土层，待挤密桩施工完成后挖除，然后再作整片灰土垫层。处理地基的承载力计算值为 250kPa。

冷却塔地基处理施工早已完成，效果良好。挤密地基方案比桩基方案费用降低一半以上，并无需钢材和水泥，经济效益十分显著。

【实例 5-3】 灰土桩挤密法在洛阳某高层建筑地基中的应用

【5.3.1】 工程概况

河南省洛阳市某厂拟建一幢培训大楼，该楼平面呈“L”形布局，地上十六层，地下一层（人防用），高度为 58.20m，建筑面积 12000m^2。采用现浇钢筋混凝土剪力墙结构，柱距 7.0m，箱形基础，底板埋深－6.20m。室内地坪较自然地面高约 0.70m。建筑场地为非自重湿陷性黄土，为消除地基土的湿陷性，并提高其承载力，经分析比较后采用灰土桩挤密法处理地基，取得了满意的技术经济效益。

【5.3.2】 工程地质条件

建筑场地位于黄河Ⅱ级阶地上，地势平坦，地基土层有典型的二元结构，上部为冲洪积成因的黄土状粉质黏土及粉土，且自然地面下 11.0m 范围内地基土的结构强度较低，并具有湿陷性；下部卵石层埋深 22.5～23.0m。厚度大于 6.0m。地基土层分布稳定均匀，起伏较小。地下水稳定水位约 20.0m。各土层的主要物理性质指标列入表 5-19 中。

地基土层主要物理力学性质指标 **表 5-19**

层 序	含水量 w (%)	天然密度 ρ (t/m³)	干密度 ρ_d (t/m³)	孔隙比 e	饱和度 S_r (%)	液 限 w_L (%)	压缩系数 a_{1-2} (1/MPa)	压缩模量 E_{s1-2} (MPa)	锥尖阻力(最大值) q_c (kPa)	静探头侧壁摩擦力(最大值) f_s (kPa)	湿陷系数 δ_s	层底埋深平均值 (m)
(2) 黄土状粉质黏土及粉土	24.2	1.57	1.28	1.120	76	27.5	0.52	4.5	1200	40	0.024	4.0
(3) 黄土状粉质黏土及粉土	20.7	1.73	1.43	0.884	69	28.0	0.19	9.1	2600	100		5.0
(4) 黄土状粉质黏土及粉土	21.3	1.64	1.36	1.005	67	28.9	0.38	5.6	1800	70	0.046	10.7
(5) 黄土状粉黏土	20.5	1.79	1.48	0.827	79	30.5	0.14	14.4	2600	110	0.0096	16.1
(6) 黄土状粉质黏土及粉土	23.9	1.91	1.54	0.774	86	34.8	0.12	13.8	3500	120		18.3
(7) 黄土状粉土	22.1	1.90	1.55	0.731	81	26.2	0.14	11.9	4000	140		19.8
(8) 黄土状粉黏土	27.1	1.93	1.51	0.816	95	31.9	0.18	10.5				21.3
(9) 黄土状粉土	26.2	1.96	1.57	0.719	92	29.1	0.11	15.1				22.7

注：除已标明者外其余各项值均为探井中土层的平均值或标准值。

基础下的主要持力层为（4）、（5）两土层。其中，第（4）层黄土状粉质黏土及粉土呈湿、稍湿、可塑状态。该层土具湿陷性，湿陷等级为Ⅰ级（轻微）非自重湿陷性黄土，承载力标准值 f_k=150kPa，不能满足建筑结构的要求，必须进行处理。

【5.3.3】 设计计算

地基基础方案曾设想采用以卵石层为桩端持力层的大直径钻孔灌注桩基础、箱形基础加灌注桩基础（ϕ400mm，桩长 L=12.0m）和箱基与灰土桩人工复合地基三种方案。经技术经济分析比较后，决定采用第三种方案。

箱形基础下地基承载力设计值不超过 300kPa，采用灰土桩挤密法整片处理地基，要求处理后复合地基承载力标准值需达到 220kPa。设计桩径 d=0.40m，桩距按公式（5-7）计算求得 s=0.90m，桩距系数 s/d=2.25，按等边三角形布桩，排距即三角形的高 t=0.78m，灰土桩的面积置换率 m=0.179。按面积加权平均法预计复合地基承载力标准值为 230kPa。

按穿越全部湿陷性土层和下卧层强度验算要求，同时参考施工机具条件与经验，确定桩长 l=7.40m。处理平面范围超出基础外缘不小于 3.0m。对于最外围二排桩，为使其能起到防水帷幕作用，其排距缩小 0.20～0.40m，桩长增加到 8.50m。预留表面扰动层厚度 0.50m，灰土桩施工完成后，挖去扰动层，再在灰土桩复合地基上作 0.50m 厚的 3∶7 灰土垫层。

桩孔填料采用体积比 3∶7 的灰土，夯填灰土的压实系数要求不小于 0.95。

【5.3.4】 施工方法

成孔采用锤击沉管法挤密成孔；由波兰15t履带吊车带动上海产的2.5t导杆式柴油沉桩锤，桩架高16.0m。桩管为ϕ377mm无缝钢管制成，在桩头处加箍至ϕ440mm，长度为8.50m，桩尖带有活动桩尖，拔管时可透气。桩孔夯填采用夹杆式偏心轮夯实机，夯锤直径0.28m，锤重0.11t，落距0.80m，每分钟击夯次数约45击。

现场施工中应进行质量检查。对成孔的质量要求是：桩位误差不大于5cm；桩孔垂直度偏差小于2%；桩孔深度误差不大于10cm；每5个孔作一次成孔施工记录。夯填质量的要求是：回填用土及石灰均过筛，筛网直径分别为20mm和5mm，填料要求拌合均匀，含水量接近最优含水量，夯填灰土的压实系数$\lambda_c \geqslant 0.95$。

施工前，作了填料所用灰土的室内击实试验，求得其最大干密度（$\rho_{dmax}=1.51\sim1.54t/m^3$）和最优含水量（$w_{op}=22\%\sim19.5\%$）。同时在现场专门作了夯填试验，确定施工回填工艺参数为一锹三击，其夯击功能为628.6kJ/m^3，高于室内击实试验的标准击实功能。

根据场地情况，成孔采用隔排跳打方式进行，在整体上采用先外后内的施工顺序，即先打最外围的两排加长桩，再进行内部桩的施工。对个别桩孔垂直度偏差较大或桩孔缩径严重时，采用“复打”方式处理。施工后期由于“复打”缩孔现象较为严重，采用人工削孔并加大夯击能量方式进行处理。

桩孔夯填是施工的关键环节，土料加湿、灰土拌合及桩孔夯填均由专人负责，及时检查监督，每个桩孔回填夯实都必须做好记录。本工程是洛阳地区首次在高层建筑中采用灰土桩挤密法处理地基，故施工投入了较强的人力，领导负责，现场有技术人员和组队长组织施工，对保证工程质量起了促进作用。

【5.3.5】 质量检验

（一）桩身灰土质量检验

施工过程中及时取出桩身灰土原状试样，测试其干密度，并计算出压实系数，取样桩孔数为施工桩数的2%，试验结果说明，90%试样的干密度在1.45t/m^{3}以上，压实系数λ_c接近0.97，满足了设计要求。此外还作了桩身灰土的无侧限抗压强度（f_{cu}）试验，试验结果（表5-20）表明，桩身灰土$f_{cu,k}=500\sim1330$kPa，平均值为860kPa。

桩身灰土无侧限抗压强度 $f_{cu,k}$ 表5-20

试验桩号	1			2		3		
取样深度（m）	1.0	2.0	3.0	3.0	4.0	1.0	2.0	3.0
$f_{cu,k}$（kPa）	1000	1330	500	580	1123	1090	530	930

（二）桩间土挤密效果检验

在地基处理范围内控制性的布置了三个探井，开挖深度8.0m，每间隔1.0m取一件原状桩间土样，做土工的常规试验。桩间土挤密前后主要物理力学性质指标的变化情况如表5-21所示。

从表中可看出，地基土经灰土桩挤密后，干密度提高了9.4%～14.8%，其中，第(4)层土挤密后的干密度达到1.56t/m^3；土的孔隙以减少了19.0%～27.2%；压缩系数降低了9.9%～66.1%；地基土的湿陷性已全部消除。基底下第(4)层的物理力学性质改善特别明显，挤密效果符合设计要求。

桩间土挤密前后主要物理力学性质指标 表 5-21

层号	指 标	w (%)	ρ (t/m^3)	ρ_d (t/m^3)	e	a_{1-2} (1/MPa)	E_{s1-2} (MPa)	δ_s
(4)	挤密前	21.30	1.640	1.363	1.005	0.385	5.6	0.0363
	挤密后	18.64	1.854	1.564	0.731	0.130	13.4	0.0016
	增减率（%）	−12.5	13.05	14.70	−27.2	−66.1	139.4	−95.6
(5)	挤密前	20.50	1.790	1.485	0.827	0.135	14.4	0.0096
	挤密后	19.26	1.937	1.624	0.670	0.122	14.9	0.0009
	增减率（%）	−6.07	8.21	9.30	−19.0	−9.6	3.4	−90.39

（三）复合地基载荷试验

为确定灰土桩复合地基承载力，在现场进行了三台单桩复合地基载荷试验，压板面积为 0.702m^2（即一根桩及其挤密处理的面积）。静载试验采用堆载平台及千斤顶加载装置系数，试验方法按《建筑地基处理技术规范》(JGJ 79—91) 附录一的有关规定进行。

根据载荷试验结果绘制的荷载压力（p）与沉降量（s）关系曲线，如图 5-29 所示。p-s 曲线显示，三台试验均未达到极限破坏状态，但最大加荷已大于设计值的 2 倍。三台试验的比例界限点分别为：一、二两组 280kPa；第三组 320kPa，此后 p-s 曲线稍向下弯，地基进入弹塑性变形阶段。按《建筑地基处理技术规范》(JGJ 79—2002) 确定复合基地承载力的基本值 f_{sp} 分别为：第一组 f_{sp}=280kPa；第二组 f_{sp}=280kPa；第三组 f_{sp}=320kPa。三组试验结果的极差未超过平均值 (293kPa) 的 30%，故可根据《建筑地基处理技术规范》(JGJ 79—2002) 取三组试验的平均值为灰土桩复合地基承载力标准值，即 $f_{sp,k}$=293kPa。

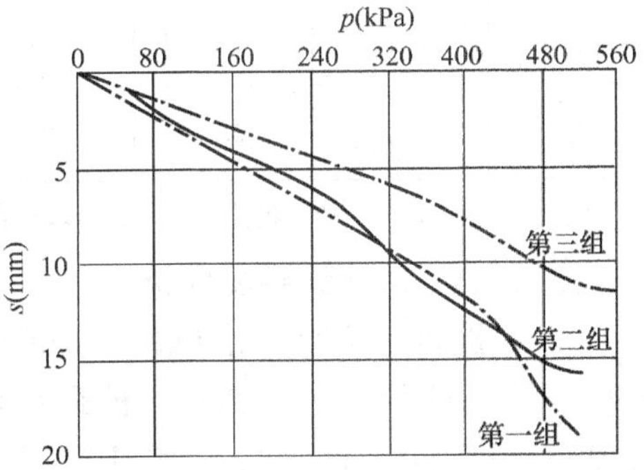

图 5-29 单桩复合地基载荷试验 p-s 曲线

另根据桩体及桩间土的试验结果，取灰土桩体的承载力标准值 $f_{p,k}$=600kPa，桩间挤密土的承载力标准值 $f_{s,k}$=220kPa，灰土桩的面积置换率 m=0.179，按面积加权平均原则计算复合地基承载力标准值 $f_{sp,k}$=286kPa，其结果与载荷试验结果基本一致，两者均大于设计要求的 220kPa。

【5.3.6】 技术经济效果

培训大楼属甲类高层建筑，位于湿陷性黄土地区。采用灰土桩挤密法整片处理地基，不仅消除了黄土的湿陷性，同时还使第（4）层土的承载力提高了 1.95 倍，满足了设计要求，地基处理是成功的。灰土桩法处理地基比桩基方案，费用可节约一半左右，且不用钢材和水泥，基本上是以土治土，就地取料。施工较为简便，且工期短。本工程能获得满意结果，与精心设计和精心组织施工密切相关，从而保证了工程质量，达到了预期的效果。

【实例 5-4】 青海民和 330kV 变电所灰土及素土桩挤密地基的试验和应用

【5.4.1】 工程概况与地质条件

青海省民和 330kV 变电所位于青海乐都县境内，地处湟水河南岸三级阶地。主要建筑包括主控通信楼、综合楼及 110 构架等。由于场地湿陷性黄土层厚约 17m，且承载力偏低，设计采用灰土桩及素土桩挤密法进行地基处理。施工前进行了系统地试验，并将试验成果用于工程中，收效显著。

根据工程地质勘察资料，场地为第四纪冲洪积物组成，土类属黄土状粉土和粉质黏土，具自重湿陷性，湿陷等级为自重Ⅱ、Ⅲ级。主要地基土层的物理力学性质指标见表 5-22。从表列指标可知，需要处理的土层为①-1、①-2 和第②层，最大深度 10m 左右。

地基土的主要物理力学性质指标 **表 5-22**

地层编号	土的名称	层厚 (m)	w (%)	ρ_d (kN/m³)	δ_{zs}	δ_s	E_s (MPa)	f_k (kPa)
①-1	黄土状粉土	3.6～6.9	17.9	13.9	0.030	0.054	4.83	120～140
①-2	黄土状粉土	≈4.0	18.2	14.5	0.024	0.040	9.33	165
②	黄土状粉质黏土	0.5～1.0	21.6	14.2	0.020	0.030	8.16	150
③	黄土状粉质黏土	5.0	21.0	14.9	0.022	0.023	10.87	175

注：③层以下各层土的工程性质尚好，地基承载力标准值 $f_k \geqslant 160$kPa，且已基本不具湿陷性，可不处理。

【5.4.2】 试验结果及分析

（一）桩间土挤密效果试验　试验桩孔直径 $d=0.40$m，按桩间土的压实系数 $\lambda_c=0.93$ 计算，桩距 $s=91.2$cm，桩距系数 $\alpha=s/d=2.28$。现场试验的桩距分别为 90cm（$2.25d$）和 95cm（$2.38d$），介于计算值左右。成孔挤密后，开剖取土试验，分别测试桩间土的平均及最小干密度 $\bar{\rho}_d$ 及 ρ_{dmin}、平均及最小压实系数 $\bar{\lambda}_c$ 及 λ_{cmin}、湿陷系数 δ_s 及自重湿陷系数 δ_{zs} 等指标，其结果列入表 5-23 中。

桩间挤密土的物理力学性质指标 **表 5-23**

土层 \ 项目 \ s (m)	0.90 (2.25d)			0.95 (2.38d)		
	$\bar{\rho}_d/\rho_{dmin}$ (kN/m³)	$\bar{\lambda}_c/\lambda_{cmin}$	δ_s/δ_{zs}	$\bar{\rho}_d/\rho_{dmin}$ (kN/m³)	$\bar{\lambda}_c/\lambda_{cmin}$	δ_s/δ_{zs}
①-1	16.9/16.0	0.93/0.88	0.003/0.002	16.5/16.0	0.91/0.88	0.002/0.004
①-2	16.9/16.1	0.93/0.88	0.003/0.002	16.3/—	0.90/—	0.001/0.006
②	16.6/16.2	0.91/0.89	0.004/0.005	16.0/—	0.88/—	0/0.004
③	17.0/16.5	0.93/0.91	0.003/0.001	16.0/—	0.88/—	0.001/0.004

注：1. 湿陷性试验土的干密度为最小干密度 ρ_{dmin} 的土样。

2. 桩间挤密土湿陷起始压力 $p_{sh}=244$～400kPa。

从表列试验结果看，桩间土的平均压实系数在 $s=90$cm 时可基本满足 $\bar{\lambda}_c \geqslant 0.93$；而桩距 $s=95$cm，$\bar{\lambda}_c$ 值偏小，但根据《湿陷性黄土地区建筑规范》GB 50025 中按最小压实（挤密）系数及土的湿陷性指标判定，95cm 及 90cm 两种桩间距均可达到消除湿陷性的要求。其次考虑到下层②土的含水量较大，过小的桩距容易引起缩孔，挤密效果也难以再提高。因此，决定设计桩间距 $s=95$cm，桩距系数 $\alpha=2.38$，略大于计算值。

（二）载荷及浸水载荷试验　载荷及浸水载荷试验分三组进行，桩距为 90cm、95cm 两种，桩长 9.5～10.0m，试验分别在桩体、桩间土及单桩复合地基上用不同面积的压板分级加荷。根据载荷试验结果，确定的土桩挤密地基和灰土桩挤密地基的承载力标准值 f_k 及变形模量 E_0 列入表 5-24 中。

挤密桩复合地基的承载力标准值 f_k 及变形模量 E_0　　**表 5-24**

组别 / 项目 / 土层号	1		2		3	
	素土桩 $s=90$cm		灰土桩 $s=95$cm		灰土桩 $s=90$cm	
	f_k (kPa)	E_0 (MPa)	f_k (kPa)	E_0 (MPa)	f_k (kPa)	E_0 (MPa)
①-1	190	11.8	220	13.4	226	15.1
①-2	190	11.8	220	13.4	226	11.8
②	191	16.2	208	15.7	214	10.1
③	202	19.0	208	15.7	217	10.8

试验结果表明，土桩挤密地基和灰土桩挤密地基的承载力及变形模量均比天然地基明显提高，按①-1 土层比较土桩地基承载力提高 46%；灰土桩地基提高 69%以上。

现场浸水载荷试验仅在灰土桩密地基上进行，用小试坑浸水，浸水时底板压力为 220kPa，然后分级加荷至 420kPa。试验结果表明，在小试坑浸水条件下，90cm 桩距的浸水湿陷量为 1.84mm。95cm 间距的湿陷量为 3.25mm，均小于地基湿陷的临界值，同时也说明两种桩间距挤密地基的湿陷量并无明显差别。

根据控制剩余湿陷量在 30cm 以内规定，并考虑②层土的含水量偏大，成孔挤密困难，桩长确定为 9.5m。

（三）其他试验结果

通过轻便触探试验与桩孔填夯试验对比，求得触探试验锤击数 N_{10} 与填料压实系数 λ_c 关系曲线，并由此确定出 2∶8 灰土桩的“检定锤击数”为 60 击；素土桩为 45 击。利用 N_{10}-λ_c 关系曲线和“检定锤击数”，在施工时可检查桩孔的填夯质量。此外，还通过轻便触探试验测试桩间土的挤密效果，了解挤密前后同一土层 N_{10} 的变化，并从中推测出桩间土挤密后的承载力。本次试验还进行了天然地基和桩间挤密土的静力触探试验，通过各土层的静探锥头阻力 q_c，可以了解挤密前后地基土承载力变化，分析各土层的挤密效果。

【5.4.3】　应用与施工

（一）主控通讯楼灰土桩挤密地基。主控通讯楼是变电所的主要建筑之一，地基采用 2∶8 灰土桩挤密法处理，桩径 0.40m、桩距 0.95m，按正三角形布桩，桩长 7.8m，共布桩 2288 个。施工用柴油打桩机两台，一台为 D1-12 型，另一台为 D1-25 型，卷扬式夯实机 6 台。施工有效工期 29d，日平均成桩 80 个以上。施工质量经检测均符合要求，灰土桩复合地基的承载力标准值达到250kPa。

（二）综合楼土桩挤密地基。综合楼地基采用土桩挤密法处理，桩距与灰土桩同，桩长7.0～7.5m，共成桩1319个。工期15d，日平均成桩87.5个。桩孔填夯质量经触探和取土样检测，轻便触探平均锤击数最小值为49.1击，大于素土桩的“检定锤击数”45击；桩身填土的干密度最小值为17.0kN/m³，压实系数$\lambda_c \geqslant 0.93$，满足设计要求。

（三）110构架土桩挤密地基。110构架地段基础共50组，分布面积较大。土桩共计2792个，桩长5.0～7.5m，桩距及桩径同前。施工日期共25d，日完成110个桩。桩孔填夯质量检查采用触探法和取样测试法，$N_{10}=44.7\sim78.4$击，$\lambda_c=0.9\sim10$，满足设计要求。

【实例5-5】 山西铝厂土桩、灰土桩挤密法处理湿陷性黄土地基的试验与实践

【5.5.1】 工程概况

山西铝厂位于晋西南河津县境内，地处黄河东岸阶地及坳谷区，场地属湿陷性黄土沉积层。如何消除黄土地基的湿陷性，是建筑地基处理的主要问题。铝厂生活区新建的住宅楼、公用建筑及部分工业厂房广泛采用了土桩及灰土桩挤密法处理地基，取得了良好的技术经济效益，累计处理面积近10万m²。事前在生活区两处场地分别进行了土桩及灰土桩的系统试验，取得了详实的设计、施工技术参数及处理效果的资料，然后才广泛应用于工程建设中。

【5.5.2】 工程地质条件

土桩挤密地基试验场地位于铝厂霞光居住区，地貌为黄河Ⅱ级阶地，地形平坦，湿陷性黄土层厚约12m，计算分级湿陷量为35.1cm，属Ⅱ级自重湿陷性场地。自地表耕土层下有2.3m厚的细砂层，其下为黄土状土层，各层土的主要物理、力学性质指标见表5-25。

山西铝厂霞光居住区土的主要物理力学性质指标 表5-25

取样深度(m)	含水量 w (%)	密度 ρ (t/m³)	ρ_d (t/m³)	相对密度	孔隙比 e	饱和度 S_r (%)	湿陷系数 δ_S	δ_{ZS}	压缩模量 E_o (MPa)	压缩系数 a_{1-2} (MPa⁻¹)
1.5	4.4	1.50	1.44	2.66	0.851	13.7	0.023		5.5	0.32
2.5	7.9	1.54	1.43	2.66	0.864	24.3	0.008		8.5	0.21
3.5	9.9	1.73	1.57	2.68	0.702	37.8	0.050		3.6	0.46
4.5	14.9	1.85	1.61	2.69	0.671	59.8	0.003		2.5	0.67
5.5	18.9	1.58	1.33	2.72	1.047	49.1	0.068	0.031	3.3	0.60
6.5	16.1	1.53	1.32	2.71	1.066	41.3	0.021	0.005	7.3	0.28
7.5	16.8	1.50	1.28	2.70	1.102	41.1	0.058	0.025	1.7	1.20
8.5	18.3	1.59	1.34	2.70	1.009	49.0	0.045	0.023	5.8	0.34
10.0	13.9	1.76	1.55	2.69	0.741	50.5	0.016	0.016	7.9	0.22
11.5	16.1	1.75	1.51	2.71	0.798	54.7	0.006	0.007	16.5	0.11

灰土桩挤密地基试验区位铝厂的清涧居住区，场地为Ⅱ～Ⅲ级非自重湿陷性黄土坳谷地段。地层上部为高压缩性的新近堆积黄土，湿陷性土层厚约7.0m。各层土的主要物理、力学性质指标见表5-26。

山西铝厂清涧居住区土的主要物理力学性质指标 **表5-26**

探井号	取土深度(m)	含水量 w(%)	密度 ρ (t/m³)	密度 ρ_d (t/m³)	相对密度	孔隙比 e	压缩系数 a_{1-2} (MPa^{-1})	压缩模量 E_0 (MPa)	湿陷系数 δ_s	土层分类
140	0.80～0.95	22	1.63	1.34	2.71	1.03	0.71	2.8	0.035	新近堆积粉质黏土
	1.90	19	1.61	1.35	2.72	1.01	0.64	3.1	0.061	新近堆积粉质黏土
	3.40	13	1.51	1.34	2.71	1.03	0.16	12.4	0.043	湿陷性土
	4.90	16	1.54	1.33	2.71	1.04	0.39	5.2	0.064	湿陷性土
	5.90	16	1.60	1.38	2.71	0.96	0.12	16.5	0.025	湿陷性土
	7.90	19	1.51	1.27	2.72	1.14	0.39	5.5	0.040	湿陷性土
136	1.10	21	1.80	1.49	2.71	0.82	0.11	16.5	0.002	新近堆积土
	2.10	22	1.60	1.31	2.72	1.07	0.93	2.1	0.053	新近堆积土
	3.60	20	1.56	1.30	2.72	1.09	0.79	3.6	0.066	湿陷性黄土
	5.10	20	1.58	1.32	2.71	1.06	0.30	6.8	0.041	湿陷性黄土
	6.10	13	1.60	1.42	2.70	0.91	0.14	13.3	0.026	湿陷性黄土
	7.60	25		1.39		0.95	0.15		0.004	非湿陷黄土
	8.60	23		1.38		0.97	0.17		0.006	非湿陷黄土

【5.5.3】 试验结果

（一）挤密效果试验

从表5-25可知，霞光区场地天然土的干密度除个别含砂砾较多的土样外，$\rho_d=1.28\sim1.44t/m^3$，平均干密度 $\overline{\rho}_d=1.36t/m^3$。土桩挤密试验桩孔直径 $d=0.40m$，按等边三角形布桩，桩孔间距 s 分别为：0.85m（2.13d）、1.05m（2.63d）和1.25m（3.13d），桩长约为10.0m，桩孔均用素土夯填。

成孔挤密后，在各种桩距挤密的三桩中心处开剖取样，测试桩间土的主要物理力学性质指标。图5-30绘出桩间挤密土及原天然土的干密度 ρ_d 及湿陷系数 δ_s 沿土层深度 H 的变化。由图可知，除桩距较大的（$s=3.13d$）一组部分测点外，桩间挤密土的 $\rho_d\geqslant1.50t/m^3$，均比天然土有明显提高；同时三种桩距挤密后土的湿陷系数 $\delta_s<0.015$，表明在桩长范围内土的湿陷性已全部消除，而挤密前天然土的湿陷系数 $\delta_s=0.016\sim0.068$，挤密效果显而易见。

为进一步检验挤密效果，对桩间土及桩身夯填土进行了动力触探试验，触探试验结果的击数 $N_{63.5}$ 见表5-27试验表明：天然土的平均锤击数 $\overline{N}_{63.5}\approx5.0$，土的承载力标准值 $f_{s,k}\leqslant120kPa$；桩间挤密土除桩距 $s=3.13d$ 的个别点外，$N_{63.5}=8.5\sim16.4$，其承载力标

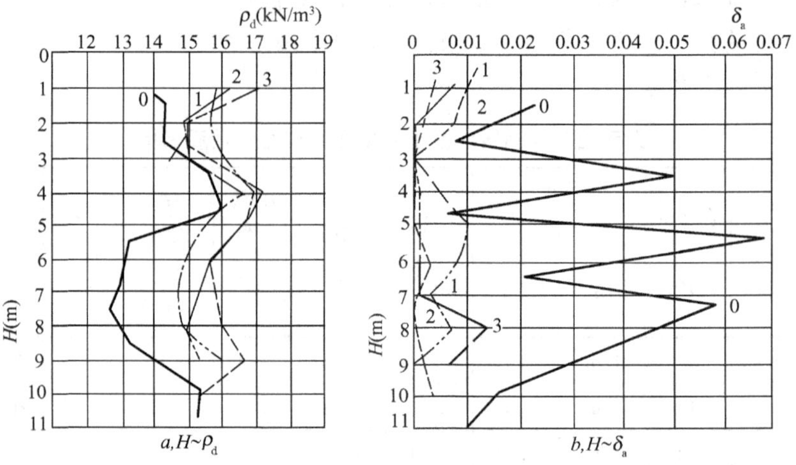

图 5-30 土桩挤密地基不同桩距（s）时的挤密效果

0—天然地基；1、2、3—挤密地基（s=3.13d、2.63d 和 2.13d）

准值 $f'_{s,k}\geqslant 200$kPa；相比之下，桩身夯填土的标贯锤击数略小于桩间土，但比天然土仍提高一倍，其平均击数 $\overline{N}_{63.5}\approx 10.4$。此外，桩间土的压缩模量 $E_s=10.1\sim 26.7$MPa，而天然土的 $E_s=1.7\sim 8.5$MPa，挤密后地基土已转变为中～低压缩性。

挤密前后动力触探试验的锤击数 $N_{63.5}$ 对比 **表 5-27**

土层厚度（m）	天然土锤击数（$N_{63.5}$）	桩间挤密土锤击数			桩孔夯填土锤击数（$N_{63.5}$）
		s=0.85cm（$N_{63.5}$）	s=1.05cm（$N_{63.5}$）	s=1.25cm（$N_{63.5}$）	
1～1.5	1.5～2.0	8.5	9～10	5.0	6～9.5
2.0～2.5	4.5～5.5	13	12～14	8.0	6.5～8.5
3.0～3.5	3.5～5.5	15.9	10.9～12.9	9.9	7.4～11.9
4.0～4.5	3.4～5.8	14.5	11.6～15.5	9.7	5.3～14.5
5.0～5.5	8～8.9	13.1	14.1～16	13.1	8.5～13
6.0～6.5	5.9～7.3	15.6	16.4	10.9	8.2～13
7.0～7.5	3.6～4.5	13.6	10.7～15.2	9.8	10.7～13.6

在清涧居住区试验场地，进行了灰土桩挤密地基试验，灰土桩直径 $d=0.45$m，桩距 $s=1.13$m（2.50d），桩长 8.3m，桩孔用 2∶8 灰土分层夯填，桩身灰土夯实后的干密度 $\rho_d\geqslant 1.55$t/m³。经开剖取样检验，桩间土的物理力学性质指标列如表 5-28。由表可看出，桩间挤密土的湿陷系数 $\delta_s<0.015$，表明土的湿陷性已经消除。同时挤密土的压缩系数 $a_{1-2}=0.11\sim 0.22$MPa^{-1}，孔隙比 $e=0.40\sim 0.79$，而天然土的 $a_{1-2}=0.11\sim 0.93$MPa^{-1}，$e=0.82\sim 1.14$，挤密效果十分明显。此外，桩身夯填灰土的干密度 $\rho_d=1.60\sim 1.72$t/m³，达到了预计要求。

根据上述挤密效果试验，桩间距宜定为 $s=2.5d$。

清涧区桩间挤密土及桩身灰土的物理、力学性质指标 表 5-28

取样深度 (m)	桩间挤密土						桩身灰土		
	w (%)	ρ (t/m³)	ρ_d (t/m³)	e	a_{1-2} (MPa⁻¹)	δ_s	w (%)	ρ (t/m³)	ρ_d (t/m³)
1	11.2	2.115	1.893	0.40	0.07	0.003	14.9	1.841	1.602
2.5	19.0	1.866	1.568	0.73	0.22	0.010	15.3	1.998	1.724
4	19.2	1.808	1.517	0.79	0.21	0.004	15.7	1.923	1.662
5.5	15.3	1.849	1.604	0.69	0.22	0.010	14.0	1.866	1.633
7	17.7	1.969	1.673	0.62	0.12	0.000	15.0	1.848	1.607
8.5	14.3	1.869	1.635	0.66	0.11	0.010	23.0	1.713	1.393

（二）施工工艺参数试验

施工工艺参数试验包括成孔与夯填施工两项。成孔施工采用 1.8t 柴油沉桩机，锤击沉管法成孔，桩孔直径 0.4m，孔深 9.4m。为了解地面下 2.3m 厚的细砂层能否挤压成孔，经试验成孔后，发现砂层内仅有局部轻微塌孔，证明该细砂层可以挤压成孔。为进一步摸清相邻桩孔施工对成孔质量的影响，在第一个已成桩孔的 1.05m（2.63d）处施工第 2 个桩孔，当沉入 2.0m 时，桩管严重倾斜，第一个桩孔严重坍塌，在砂层处两孔相通。为此采用间隔成孔施工，再未出现振塌情况，证明间隔沉管成孔的桩孔质量是可以保证的。

桩孔夯填采用偏心轮夹杆式夯实机，夯锤重 0.1t，锤头直径 ϕ280mm，落距 0.5m。填料为粉质黏土和粉土混砂，根据室内击实试验，其最大干密度 $P_{dmax}=1.90\text{t/m}^3$。最优含水量 $w_{op}=11.6\%$。夯填前土料过筛，洒水调整含水量到 $w=9\%\sim13\%$。填料由人工用铁铣定量填进，机械连续夯实。在三个试验桩孔内，按不同的填进土量和夯击次数进夯填，然后测试桩身填土的含水量、干密度和压实系数。素土桩夯填工艺试验结果列入表 5-29 中。由试验结果可知，当要求桩身填土的压实系数 $\lambda_c\geqslant0.93$ 时，除一锹一击试点外，其余均可满足要求。如要求 $\lambda_c\geqslant0.95$ 时，则一锹二击或二锹四击和三锹四击均可满足要求。

灰土桩的夯填试验结果可见表 5-28，其中灰土桩身土密度均大于 1.60g/cm³（其中 8.5m 位于桩端之下，试验结果除外），超过预计应达到的干密度 $\rho_d\geqslant1.55\text{g/cm}^3$。

桩孔夯填素土工艺试验结果 表 5-29

桩孔号	一次加土量（锹）	夯击次数	含水量（%）	干密度（g/m³）	压实系数
10	1	1	8.1	1.83	0.96
10	1	1	9.6	1.72	0.91
4	1	2	13.6	1.80	0.95
4	1	4	14.0	1.88	0.99
5	2	2	15.4	1.79	0.94
5	2	4	11.4	1.81	0.95
5	2	6	11.8	1.82	0.96
5	2	8	13.2	1.87	0.98
4	3	2	13.7	1.77	0.93
4	3	4	13.9	1.84	0.97

（三）灰土桩挤密地基载荷试验

灰土桩挤密地基载荷及浸水载荷试验在清涧居住区进行。灰土桩径 $d=0.45$m，桩距 $s=1.13$m（2.5d），桩面积置换率 $m-0.145$，桩长 8.3m，桩身用 2∶8 灰土夯填，灰土干密度要求 $\rho_d \geqslant 1.55g/cm^3$。载荷试验包括天然地基一台和灰土桩挤密地基二台，承压板采用 1.0m×1.0m 钢筋混凝土方板，压板下桩的面积占 15.9%，并分别压在三个灰土桩的局部顶面。载荷试验分别加荷到 200～260kPa，然后浸水至湿陷量稳定为止。试验结果汇总列入表 5-30 中。

灰土桩载荷试验结果汇总表　　**表 5-30**

类型 / s（mm） / 压力（kPa）	天然地基	灰土桩挤密地基（一）	灰土桩挤密地基（二）
50	1.23	0.85	3.01
100	6.92	10.00	7.04
150	22.02	12.45	12.17
200	30.63	16.34	17.05
260	—	—	23.30
浸水湿陷量（mm）	248.30	11.10	8.00
浸水时间（d）	17	15	18
浸水总量（t）	41.60	5.82	5.80

载荷试验结果表明，天然地基在 200kPa 压力下的沉降量 $s=30.63$mm，相对沉降量 $s/B=0.031$，而灰土桩挤密地基在同样压力下的沉降量 $s=16.34\sim17.05$mm，$s/B=0.016\sim0.017$，同时其中一台加荷到 260kPa 时，p-s 关系曲线仍呈直线型。当在 200kPa 或 260kPa 压力下进行浸水试验时，天然地基浸水湿陷量高达 248.3mm；而灰土桩挤密地基的湿陷量仅有 8.0～11.0mm，其相对湿陷量为 0.008～0.011，显然，处理后地基的湿陷性已经消除。此外，从实际浸水量看，虽三台试验浸水的时间相差不大（15～18d），而天然地基的耗水量达到 41.6t，平均日耗水量 2.45t；挤密地基的耗水量为 5.8t，平均日耗水仅 0.35t，相当于天然地基的 1/7。由此可见灰土桩挤密地基的透水性已显著降低，具有一定的隔水作用。

【5.5.4】　设计与施工

通过系统地现场试验，证明在山西铝厂建设工程中可以广泛应用土桩及灰土桩法处理地基，同时试验也为工程应用提供了切实可行的设计与施工技术参数。

根据场地的工程地质条件、建筑结构类型和施工装备情况，土桩或灰土桩的桩径采用 $d=0.30\sim0.45$m，桩距按 2.5d 设计，桩长 6～10m，桩孔穿越全部湿陷性土层，以保证地基的湿陷量能全部消除。应用的工程项目包括住宅楼、公用建筑及部分工业厂房。

施工采用柴油沉桩机沉管法成孔，间隔成孔挤密施工。桩孔夯填采用偏心轮夹杆式夯实机，人工定量填料，机械夯实。土料用就近挖取的黄土，灰土桩采用体积比 2∶8 灰土。通过系统的试验和大量的工程应用，积累了较丰富的土桩及灰土桩挤密地基工程应用的实践经验。

【5.5.5】 质量检验

为了检验大面积工程应用效果与质量，对已处理地基进行了两次开剖取样试验，测试桩间挤密土及桩身填料的干密度 1356 点次，平均干密度均可达到设计要求，其中桩间土挤密的合格率为 99.4%，桩身夯填质量的合格率为 93.9%，其结果与现场试验相符。对已建成的建筑物进行沉降观测，沉降量一般为 30～60mm，远低于容许值。在极个别工程中，由于地基浸水产生了不均匀下沉，墙体出现细微裂缝，基原因可能与桩孔夯填质量有关。个别房屋墙体出现的细微裂缝，尚未影响到建筑物的结构安全和正常使用。从整体效果看，山西铝厂大量应用土桩及灰土桩法处理湿陷性黄土地基，是相当成功的工程经验。

【5.5.6】 技术经济效果

综合分析技术和经济效果，土桩及灰土桩法是一种较理想的湿陷性黄土地基处理方法。对处理深度不超过 15m 的自重或非自重湿陷性黄土场地，基础底面压力不超过 200kPa（土桩）或 250kPa（灰土桩），以及存在高压缩性的新近堆积黄土或薄的细砂土层，均可采用土桩或灰土桩法。处理后地基土的湿陷性消除，承载力提高 1.4～2.0 倍。与换土垫层法比较，挖填土方量减少 80%，工期可缩短近一半，且较少受气候的影响，技术效果也更显著。与桩基方案对比，费用可大幅度降低，并可节约大量的水泥和钢材。

总之，在山西铝厂近八年的建设过程中，大量应用土桩及灰土桩法处理黄土地基，通过试验确定出合理的设计、施工技术参数，成绩突出，效果显著，同时也积累了宝贵的土桩及灰土桩工程实践经验，值得推广。

参 考 文 献

[1] 地基处理手册编委会（2000），地基处理手册（第二版），北京：中国建筑工业出版社

[2] 叶书麟主编（1998），地基处理工程实例应用手册，北京：中国建筑工业出版社

[3] 国家标准（2004），湿陷性黄土地区建筑规范（GB 50025—2004）北京：中国建筑工业出版社

[4] 行业标准（2002），建筑地基处理技术规范（JGJ 79—2002），北京：中国建筑工业出版社

[5] 陕西省标准（2006），挤密桩法处理地基技术规程（DBJ 61-2-2006），西安：陕西省建筑标准设计办公室

[6] 杨鸿贵（1980），灰土的力学性能及灰土桩墩的工作原理，1980 年全国地基处理学术讨论会论文选集

[7] 陆震亚等（1986），灰土桩复合地基。《建筑结构》1986.4.

[8] 汪国烈等（1989），高湿陷强敏感自重湿陷性黄土场地上冷却塔挤密地基的试验分析与工程实践，第二届全国地基处理研讨会论文集

[9] 山西省建一公司（1978），灰土挤密桩处理湿陷性黄土地基，专题资料，侯马

[10] 徐海仁（1983），爆扩挤密地基挤密效果的初步探讨，石油部第二炼油设计研究院，1983.6，洛阳

[11] 马东文等（1986），灰土挤密桩地基在高层建筑中的应用，陕西省高层建筑地基基础技术交流会议论文，西安

[12] 西北电力设计院（1992），青海民和 330kV 变电所工程挤密桩试验报告及挤密桩施工竣工报告，1992，西安

[13] 郭庚寅等（1990），灰土（土）桩挤密处理湿陷性黄土地基的试验及应用，中国建筑学会地基基础学术委员会复合地基学术会议论文集，1990

[14] 方向明等（1995），灰土挤密桩在黄土地区高层建筑地基中的应用，地基基础，第五卷第二期 1995

[15] Крутов. В. N（1974），Уплотнение Просадочных Грунтов. Стройиздат. Здат，Москва.

[16] Broms，B and Boman. P（1979），"Lime Columns——A New Foundation Method". Journal of the Geotechnical Engineering Division. Vol105，NoG74，ASCE.

本章审阅人：林在贯（西北综合勘察设计研究院）

第 6 章 沉管挤密砂石桩法

邹 敏（中国化学工程重型机械化公司）
王秀格、王亚凌（中化岩土工程有限公司）

6.1 概述

6.1.1 发展概况

沉管挤密砂石桩法是指利用振动或冲击沉管方式，在软弱地基中成孔后，填入砂、砾石、碎石等材料并将其挤压入孔中，形成较大直径的、由砂石构成的密实桩体的地基处理方法。主要包括砂桩（置换）法、挤密砂桩法和沉管碎石桩法等。

砂石桩最早于 1835 年由法国工程师设计，用于在海湾沉积软土上建造兵工厂的地基工程中。当时，设计桩长为 2m，直径只有 0.2m，每根桩承担荷载 10kN。成桩方法是在土中打入铁钎、拔出铁钎，然后在形成的孔中填入块状石灰石。此后，在很长时间内由于缺乏先进的施工工艺和施工设备，没有较实用的设计计算方法而发展缓慢。二次世界大战以后，这种方法在原苏联得到广泛应用并取得了较大成就。初期，砂石桩填料主要为砂、石，施工方法采用冲孔填砂捣实施工法，采用自动记录装置，以后又发展了振动水冲施工法，20 世纪 50 年代后期，出现了振动式和锤击式施工方法。1958 年日本开始采用振动重复压拔管挤密砂桩施工方法。这一方法的采用，使砂石桩地基处理技术发展到一个新的水平，使施工质量、施工效率和处理深度都有显著提高。

我国在 1959 年首次引入砂桩法处理地基，在上海重型机器厂采用锤击沉管挤密砂桩即是由失败走向成功的过程。上海重型机器厂铸钢车间荷重很大，对沉降和不均匀沉降要求较严格，根据苏联专家建议采用挤密砂桩进行地基加固，试验面积 12m×17m，采取复打方法使砂桩直径达到 60cm，桩距 110cm，加固深度 20m，共布置 202 根砂桩，铺设 50cm 厚的砂垫层。打设砂桩后，地基加固区域中心隆起最大值达 139cm，地基土遭到严重扰动。试验数据表明，地基土的强度和变形虽然得到一定的改善，但未能达到预期的效果，沉降量仍较大，最后否定了砂桩加固地基的方案。金工车间采用砂桩加固软土地基，吸取前苏联成功的经验，进行了与基础设计尺寸相同的 6m×9m 的大型砂桩复合地基静荷载试验，经过试验、分析，证明砂桩的地基加固效果是好的，试验取得成功。工程设计砂桩直径 600mm，桩长为 10m、8m、6m 3 种，桩间距 1.1m，等边三角形满堂布置。全车间包括大型设备基础位置，共打设桩长 10m 砂桩 3586 根，8m 桩长 2532 根，6m 桩长 298 根。建成投产后，使用正常。

1978 年在宝山钢铁厂采用振动重复压拔管砂桩施工法处理矿石原料堆场地基。矿石原料堆场位于长江口南岸，占地 800m×700m，堆料高度 12.4～13.0m，最大设计荷载达 325kPa。地基为饱和软塑-流塑状态的软弱黏性土，实测强度 41.5kPa，无法承受矿石荷载。为了取得设计数据，在面积为 50m×50m 范围进行堆载试验。试验分 2 个区：

密桩区，桩径700mm，间距1.65m；疏桩区，桩径500mm，间距3m。桩身形状上细下粗（上段5m桩径为400mm），桩长20m，共打入砂桩658根。打设砂桩后，在100m×40m范围内填砂1.8万m^3，堆高为10m，荷载160kPa，分24层堆载，分层碾压。1979年7月试验开始，历时近10个月。分别用壁厚1.5～2.0mm的薄壁取土器与壁厚4mm的厚壁取土器取土样，对比分析，无侧限抗压强度值提高1.43倍。挤密砂桩法施工时采用日本引进KM2－12000A型砂桩机，砂桩最大直径700mm，间距1.85m，桩长20m，共10.5万根，组成砂桩和黏土复合地基。在投产使用过程中，采取分级堆载预压固结，即三级堆矿石方案，地基强度提高了2.5倍，达到设计要求。施工时现场观察可看到软土地基中的孔隙水从邻近已完成的砂桩中流出地面。因砂桩成为良好的排水通道，不仅提高了地基承载力，而且加快了固结时间。矿石堆料场自建成以来已使用多年，情况良好。

这两项工程为我国在饱和软黏土中采用砂石桩特别是砂桩地基处理方法积累了一定的经验。1994年，宝钢三期工程新的矿石堆场继续采用砂桩加固地基。海上砂桩技术于2005年开始在上海洋山深水港建设中大规模应用，取得了显著效益。正如国外将砂石桩作为主要的地基处理手段已广泛用于工业建筑、油罐、堤防、码头、原料堆场、路堤等的地基加固一样，我国也将砂石桩广泛应用于各项工程建设中。

1937年德国人发明振冲法加固砂土地基，20世纪60年代初用碎石填料来加固黏性土地基，我国于1977年引进振冲法，80年代开始，产生多种施工工艺，如锤击法、振挤法、干挤法、干振法、沉管法、振动气冲法、袋装碎石法、强夯碎石桩置换法等等，均沿用碎石桩或砂石桩的名称。国外将碎石桩和砂桩合称粗粒土桩（granular pile）或者叫砾石桩（gravel pile）。本章主要讨论沉管法，包括锤击沉管和振动沉管。为区别于振动水冲施工法，沉管挤密砂石桩法也称作沉管干振碎（砂）石桩法、干振碎石桩法或者干法碎石桩法等。振动水冲施工法又称振冲法，将在本书第7章专门介绍。

6.1.2 应用范围

砂石桩开始时是用来处理松散砂土地基的，随着高效能施工机具的出现，应用范围已扩大到粉土、黏性土、素填土及杂填土地基。工程实践表明，砂石桩用于处理松散砂土和塑性指数不高的非饱和黏性土地基，其挤密或振密效果较好，不仅可以提高地基的承载力、减少地基的固结沉降，而且可以防止砂土由于振动或地震所产生的液化。

砂石桩处理可液化地基的有效性已经被国内外许多实际发生的地震和试验研究结果所证实。日本新潟1964年发生里氏7.7级地震，砂基发生大面积液化。现场调查结果发现，地基采用碎石桩处理的2万m^3油罐和厂房基本没有遭到破坏，基础均匀下沉20～30mm。而相邻的几个厂房基础采用桩长7m、直径30cm的钢筋混凝土摩擦桩，并进入$N=20$的持力层，却发生了明显的沉陷和倾斜。地基未处理的建筑物遭受的破坏更为严重。

砂石桩处理饱和软黏土地基时，主要是置换作用，可以提高地基承载力和减少沉降，同时，还起排水通道作用，能够加速地基土的固结。在软黏土地基上的应用既有成功的经验，也有失败的教训。因为软黏土含水量高、透水性差、灵敏度大，成桩过程中产生的超孔隙水压力不能迅速消散，挤密效果较差，而且因扰动而破坏了土的天然结构，降低了土的抗剪强度。根据国外的经验，在软黏土中形成砂石桩复合地基后，再对其进行加载预压，以提高地基强度和整体稳定性，并可减少工后沉降。国内的实践也表明，如不进行预压，砂石桩施工后的地基在荷载作用下仍有较大的沉降变形，对沉降要求较严格的建（构）筑物就难以满足其允许沉降的要求。因此，砂石桩处理饱和软黏土地基，应按建筑物结构的具体条件区别对待，必要时需通过现场试验来确定地基处理方法的适用性。

目前国内外沉管挤密砂石桩施工工艺有几种，见表 6-1。

沉管挤密砂石桩施工方法分类 表 6-1

分 类	成 桩 工 艺	适 用 土 类	作 用
挤密法	沉管成桩，振动或锤击密实填料成桩，挤密桩间土	砂性土、非饱和黏性土、杂填土、松散素填土	挤密、振密
置换法	沉管成桩，振动或锤击密实填料成桩	饱和黏性土	置换、排水

6.1.3 研究与应用趋势

挤密碎石桩地基处理技术的发展不仅反映在施工机械、材料、设计理论、施工工艺等方面，而且体现在与其他多种地基处理方法的综合应用方面。运用传统的土力学理论、数值分析等研究方法对砂石桩地基在各种荷载环境中的性状深入研究。如根据地基土液化理论发展和工程实践，认识到碎石桩复合地基抗液化的多重作用，提出碎石桩复合地基设计应对抗震液化和复合地基承载力进行综合优化设计的思路。

由于建筑物荷载较大，要求复合地基承载力较高，单一碎石桩复合地基不能满足设计要求时，可采用砂石桩与其它地基处理方法、柔性、刚性或半刚性桩基础联合形成多桩型复合地基。砂石桩主要用于加固桩间土、消除其液化，提高承载力，刚性桩能够较大幅度提高承载力。目前实际工程中已应用或开始试验研究的组合有砂石桩法-强夯法、砂石桩法-水泥土搅拌法、砂石桩法-夯实水泥土桩法、砂石桩法-钢管桩法、碎石桩法-低强度混凝土桩法如水泥粉煤灰碎石桩（CFG 桩）法、碎石桩法-土工格室碎石垫层法，以及上段灰土桩法-下段碎石桩法组合等等。实践证明多元组合复合地基法在工程中应用能较大幅度改善其承载特性，减小沉降，获得较好的技术效果和经济效益。

6.2 作用原理

地基土的土类不同，对砂石桩的作用原理也不尽相同。

6.2.1 在松散砂土和粉土地基中的作用

砂石桩在松散砂土和粉土地基中的作用包括挤密作用、振密作用和抗液化作用。

一、挤密作用

砂石桩在松散粉土、粉细砂、塑性指数较小密度不大的粉质黏土地基中的挤密作用效果较好；而在饱和软黏土、密度大的黏土、砂土地基中则挤密作用效果较差。

砂土和粉土属于单粒结构，其组成单元为松散粒状体，渗透系数大，一般大于 10^{-4} cm/s。单粒结构总处于松散—紧密状态。在松散状态时，颗粒的排列位置很不稳定，在动力和静力作用下会重新进行排列，趋于较稳定的状态。即使颗粒的排列接近较稳定的密实状态，在动力和静力作用下也将发生位移，改变其原来的排列位置。松散砂土在振动力作用下，其体积缩小可达 20%。

无论采用锤击法还是振动法在砂土和粉土中沉入桩管时，对其周围都产生很大的横向挤压力，桩管将地基中等于桩管体积的砂挤向桩管周围的土层，使其孔隙比减小，密度增加。此即砂石桩法的挤密作用。试验表明，振动沉管时，当桩尖超过检测点（压力盒）埋深0.0～1.0m时，桩管的侧向水平挤压力最大，成桩完成停止振动后，压力减为最大值的1/3左右，停止24h则回至零；而拔管与反插时的侧向压力值都低于沉管时的最大值。最大侧向水平挤压力随距离的变化趋势见图6-1。

根据圆柱形孔洞扩张理论，在土中沉管或沉桩时，桩管周围的土因受到挤压、扰动而发生变形和重塑，形成四个变形区域，如图6-2所示。Ⅰ区：紧贴于桩管表面的压实土膜；Ⅱ区：桩管侧塑性变形区和桩端塑性变形区；Ⅲ区：弹性变形区；Ⅳ区：未受影响区。

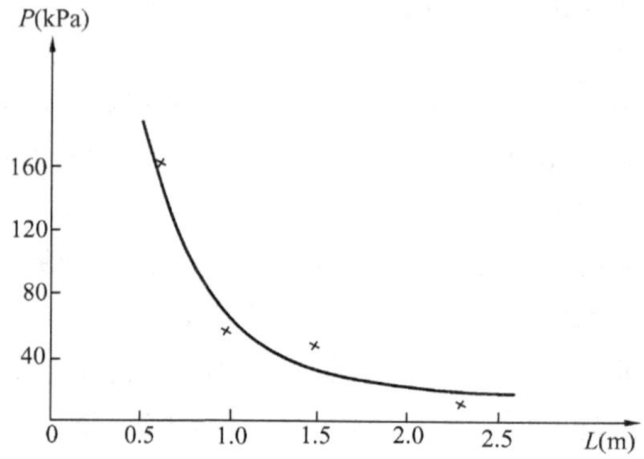

图6-1　最大侧向水平挤压力随距离的衰减曲线

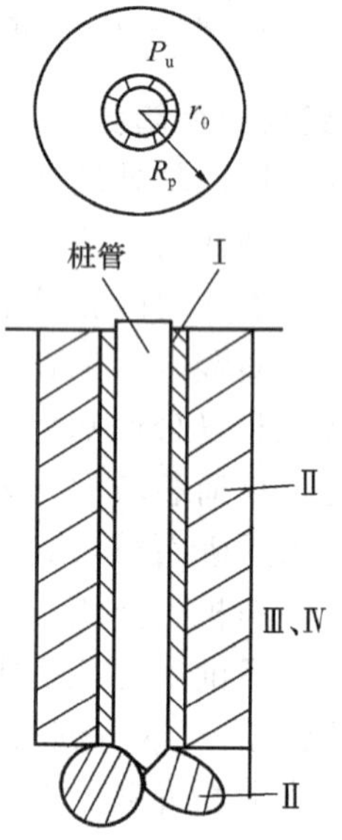

图6-2　桩孔扩张和桩周土分区

紧贴于桩管上的土膜（Ⅰ区），由于挤压，结构遭到完全破坏，牢固地黏贴在桩管表面随桩管同时移动。施工拔管时此层土膜有时被桩管带出地面。桩管周围塑性变形区（Ⅱ区），由于受到挤压应力和孔隙水压力的共同作用，其强度显著降低。根据圆柱形孔洞扩张理论，桩管周围塑性变形区半径 R_p 为：

$$R_p = r_0\sqrt{\frac{E_0}{2(1+\mu)S}} \tag{6-1}$$

式中　r_0——桩管半径；

E_0——土的变形模量；

μ——土的泊松比；

S——土的抗剪强度。

桩管周围最大径向挤压应力为：

$$P_u = S\left\{1+\ln\left[\frac{E_0}{2(1+\mu)S}\right]\right\} \tag{6-2}$$

由式（6-1）可知，塑性变形区域的大小与桩管半径 r_0、变形模量 E_0 成正比，与抗剪强度 S 成反比。由式（6-2）可知，挤压应力的大小与 r_0 无关，而与 E_0 和 S 有关。因此，从桩管表面到塑性变形区Ⅱ和弹性变形区Ⅲ在挤压应力作用下，土体受到不同程度的压密。受到严重扰动的塑性变形区土的强度会随休止期的增长而渐渐恢复，砂石桩成桩后，随着超孔隙水压的消散，应力的调整将加速其强度的恢复。

二、振密作用

沉管挤密砂石桩在施工时，桩管振动能量以波的形式在地基土中传播，引起地基土振动，产生振密作用。如地震震源的振动，以弹性波的形式传播。地震波由震源沿各个方向传播到地表各点，如图 6-3（*a*）所示。在传播过程中，震波的能量逐渐消耗，离震源越远，则振动越弱。地震波分以下两类：

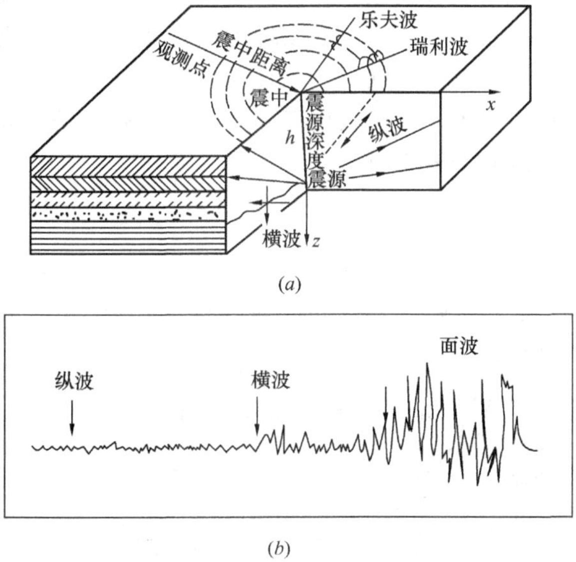

图 6-3 地震波运动示意图

（*a*）各种波的传播；（*b*）各种波的速度与振幅

（1）体波：是在地球体内传播的地震波，包括：①纵波：又称为压力波或 *P* 波，波的传播速度最快，约 5～6km/s，破坏力较小；②横波：又称为剪切波或 *S* 波，波的传播速度较小，约 3～4km/s，破坏力较大。

（2）面波：只限在地面附近传播。这种波的传播速度最慢，约 3km/s；但振幅很大，破坏力也最大。主要为：①瑞利波，又称 R（Rayleigh）波；②乐夫波，又称 *L*（Love）波。

由于各种地震波的传播速度快慢不同，地震记录图上最先测出纵波，其次为横波，最后为面波，如图 6-3（*b*）所示。

沉管挤密碎石桩施工因采用振动或冲击引起地基土的振动，主要有瞬时振动和稳态振动。振动在土体中产生体波（压缩波和剪切波）和表面波（主要是 *R* 波），波以振动的形式在土介质中传递能量，表面波所传递的能量超过总振动能量的 2/3。*R* 波使土体产生垂向振动和径向水平振动，在水平层状土介质中，横向水平振动主要是由表面波 *L* 波的传播引起的，国外学者 Martin 报道了由于土体和土层特性的各向异性，管桩施工中 *L* 波有时会加强地面的横向振动。沉管时产生的地面振动较显著，主要在距沉管点 10m 以内的范围。由于桩土之间的荷载传递是通过桩尖的集中荷载和沿桩身的分布荷载来实现的，一般说来，桩向土层传递的动力荷载应随桩长的增加而增加，但施工经验表明，土层振动的强度与桩长关系不大，有些情况下，主要取决于土层特性。成桩过程中施工能量与表面波的强度密切相关，通常随着能量的增加，土层振动的等级也会增加。

沉管特别是采用垂直振动的激振力沉管时，桩管四周的土体受到挤压，同时，桩管的振动能量以波的形式在土体中传播，引起桩四周土体的振动，在挤压和振动作用下，土的结构逐渐破坏，孔隙水压力逐渐增大。由于土结构的破坏，土颗粒重新进行排列，向具较低势能的位置移动，从而使土由较松散状态变为密实状态。随着孔隙水压力的进一步增大，达到大于主应力数值时，土体开始液化成流体状态，流体状态的土变密实的可能性较小，如果有排水通道（砂石桩），土体中的水此时就沿着排泄通道排出，施工中可见喷水冒砂现象，随着孔隙水压力的消散，土粒重新排列、固结，形成新的结构。由于孔隙水排出，土体的孔隙比降低，密实度得到提高。

在砂土和粉土中振密作用比挤密作用要显著，是振动沉管砂石桩法的主要加固作用之一。振密作用在宏观上表现为振密变形。振动成桩过程中，一般形成以桩管为中心的"沉降漏斗"，直径达(6～9)d(d 为桩直径)，并形成多条环状裂隙，上口宽度达 2.5cm 以上。一般情况下，整个场地加固处理完成后，场地面平均沉降量在 0.00～ 0.50m 范围内，个别达到 0.60m 以上。

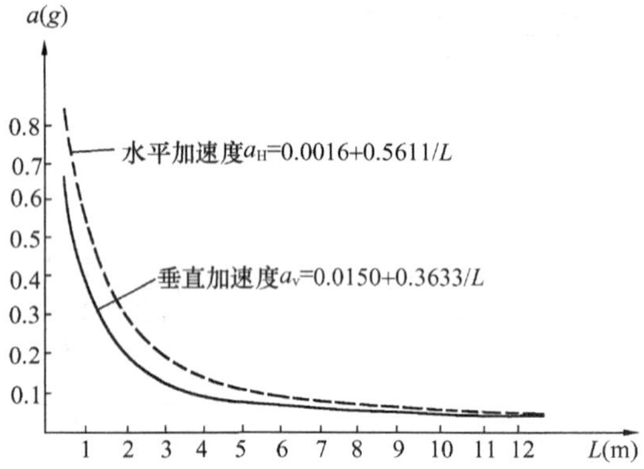

图 6-4 振动加速度 a 随水平距离 L 衰减曲线

工程实测结果表明：砂土受振动荷载作用后，土体的振动和速度与振中距是指数函数关系衰减。例如，图 6-4 表示了某粉土土体最大振动加速度与水平距离衰减的关系曲线。从图中可以看到，水平方向的加速度略大于垂直方向的，距桩管 1m 范围内较大。观测时还发现，加速度的最大值发生在桩管下沉深度与加速度传感器埋深相同的时候，以后则逐渐减小，拔管与反插时的加速度均远小于成孔时的值，约为其值 1/3～1/4。这主要是由于沉管时，桩尖端部位要克服砂土的天然结构强度，挤密和挤开土，故需要较大的能量，而拔管和反插时，振动介质为扰动的砂土或砂石，结构强度较低，抗剪强度较小，所需要的加速度也小。

振密作用的大小不仅与砂土的性质，如起始密度、湿度、颗粒大小、应力状态有关，还与振动成桩机械的性能，如振动力、振动频率、振动持续时间等有关。例如，砂土的起始密度越低，抗剪强度越小，破坏其结构强度所需要的能量就少，因此，振密作用影响范围越大，振密作用越显著。

三、抗液化作用

在地震或振动作用下，饱和砂土、粉土的结构受到破坏，土中的孔隙水压力升高，从而使土的抗剪强度降低。当土的抗剪强度完全丧失，或土的抗剪强度降低，使土不再能抵抗它原来所能安全承受的剪应力时，土体就发生液化流动破坏。此即砂土、粉土地基的振动液化破坏。由于砂土、粉土本身的特性，这种破坏宏观上表现为土体喷水冒砂，土体长距离的滑流，土体中建（构）筑物上浮和地表建（构）筑物的沉陷等现象。

砂石桩法形成的复合地基，其抗液化作用主要有以下几个方面：

1. 桩间可液化土层受到挤密和振密作用

碎（砂）石桩在成孔和挤密桩体碎石过程中，一方面，桩周土在水平和垂直振动力作用下产生径向和竖向位移，使桩周土体密实度增加；另一方面，土体在反复振动作用下，使土体振动产生液化，液化后的土颗粒在上覆土压力、重力和填料挤压力作用下，土颗粒重新排列、组合，形成更加密实的状态，从而提高了桩间土的抗剪强度和抗液化性能。

因此，桩间可液化土层受到挤密和振密作用后，结构强度得到提高，表现在土层标贯击数的增加，从而提高土层本身的抗液化能力。图 6-5 为某砂土、粉土互层场地不同桩距加固前后的标贯击数对比图。从图中可以看出，加固后桩间土的标贯击数由 10 击以下提高到 30 击左右，说明桩间土的密实度有很大改善。加固后可液化层的标贯击数均大于地震烈度为 9 度的标贯击数临界值，抗液化能力得到很大提高。

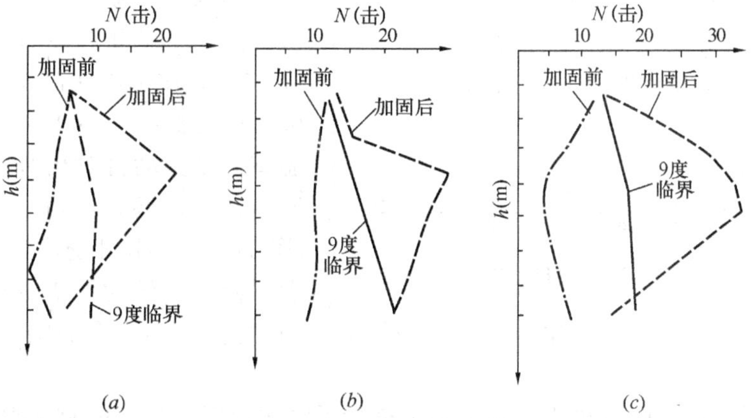

图 6-5 加固前后标贯击数对比图

(*a*) 1.0m 桩距；(*b*) 1.25m 桩距；(*c*) 1.35m 桩距

2. 抗震作用

抗震作用反映在砂石桩体减振作用和桩间土的预振作用两个方面。

(1) 砂石桩体减振作用

一般情况下，由于砂石桩的桩体强度远大于桩间土的强度，在荷载作用下应力向桩体集中，尤其在地震剪应力作用下，应力集中于桩体，减小了桩间土中的剪应力。

表 6-2 为第四纪全新世黄河三角洲新近沉积的黏性土和粉土地基的振动沉管碎石桩施工时振动加速度的实测数据，场地第 4 层饱和粉土层厚度 4.8m，在 8 度地震烈度下天然地基液化等级为严重液化（$I_{lE}=17.4$）。试验区碎石桩管径 325mm，桩长 8.0m，平面按正三角形布置，桩距 1.1m，成桩直径 0.38m。从表中可看出，经碎石桩处理后，桩间土地面振动加速度仅为未加固地基地面加速度的 30% 左右，也就是地面加速度降低了约 70%，即碎石桩对桩间土地震反应产生了减震效应。这是由于砂石桩复合地基中碎石桩和桩间土共同承担了抵抗地震剪应力的作用，而桩与土的刚度不同，剪应力在桩上出现了集中。

地面振动加速度 *a* **表 6-2**

距振源距离 (m)	*a* (*g*)		*a* 加固区桩间土/*a* 未加固区
	加固区桩间土	未加固区	
2.0	0.052	0.153	34%
3.0	0.041	0.140	29%

(2) 桩间土的预振作用

桩间土的液化特性与其振动应变史、相对密度有关。砂石桩在施工过程中由于地基土在往复振动作用下地基土局部可产生液化，达到了地基土的预振作用。

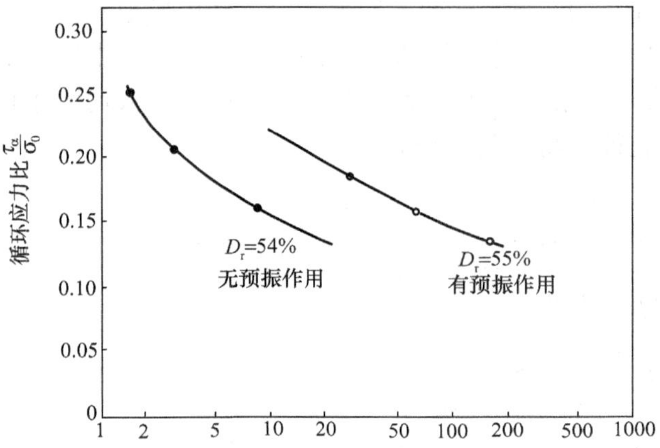

图 6-6 初始液化时循环数

国内外大量的不排水循环应力试验结果表明，预先受过适度水平的循环应力即预振的试样，将具有较大的抗液化强度。例如，历史上经过多次地震的天然原状土样，比同样密度的湿击法制备的重塑砂样的抗液化强度高45%，比干击法制备的重塑砂样高65%～112%。H·B·Seed等通过实验室大型振动台对相对密度为54%的砂样进行试验，经过5次模拟小地震影响后，其相对密度仅增至54.7%；但引起初始液化所需的应力循环周数却分别增加到8～10倍，抗液化强度提高到相当于相对密度为80%时的值，即增大了近50%，见图6-6。

因此，砂石桩振动成桩过程中对桩间土进行了多次预振，使其抗液化能力得到提高。

3. 砂石桩的排水通道作用

可液化地基土的液化特性不仅与振动应变史有关，还和排水体有关。砂和碎石都是透水材料，砂石桩为良好的排水通道，可以使由于挤压和振动作用产生的超孔隙水压力加速消散，使孔隙水压力的增长和消散同时发生，降低孔隙水压力上升的幅度，从而提高地基土的抗液化能力。

另一试验中，实测了加固区桩间土和非加固区天然土的超孔隙水压力值，见表6-3。从表中也可以看出，加固后桩间土的超孔隙水压力较加固区外天然土的孔隙水压力要小得多。因此砂石桩体能有效地消散振动引起的超孔隙水压力，提高桩间土的抗液化能力。

超孔隙水压力 Δμ 表 6-3

距振源距离（m）	Δμ（kPa）		Δμ加固区/Δμ非加固区
	加固后桩间土	非加固天然土	
2.0	6.9	14.7	47%
3.0	9.8	13.7	72%

室内和现场试验都表明，当地基土层中有排水体时，相应于某一振动加速度的抗液化临界相对密度有很大降低。日本柳堀羲彦等人的研究认为：当均质砂基同样在250gal的振动加速度作用下，如果没有排水桩，相对密度必须超过0.66才不发生液化；如果有排水桩，此值可降为0.46，约为没有排水桩时相对密度临界值的70%。

四、沉管干振碎石桩处理高速公路液化路基的试验和应用

连云港—徐州高速公路采用振动沉管挤密碎石桩处理液化路基，在徐州E-7标段开展了试验研究。试验时监测了碎石桩成桩过程中、后土中孔隙水压力的变化规律，分析对桩周土层的振动效应，证明碎石桩法的有效性，并在工程中大面积应用。

试验区土层剖面见图6-7，主要物理力学性质见表6-4，土层深度0～8.5m范围内地基土为中等～严重液化。碎石桩间距为1.4m和1.6m两种，桩径均为50mm，桩长

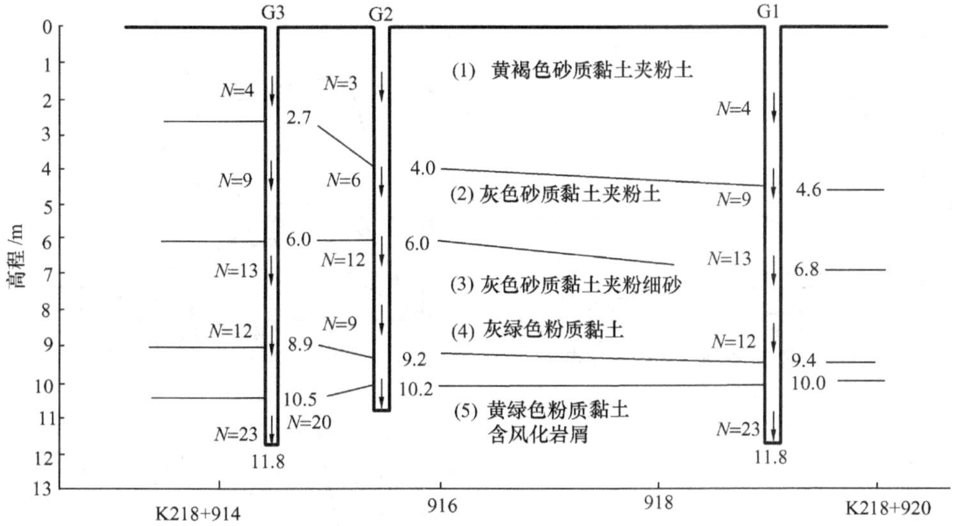

图 6-7 试验区工程地质剖面图

10m，正三角形布置，面积置换率分别为 12%和 9%。碎石采用 1～2～3cm 自然级配，每根桩碎石灌量充盈系数 1.1。采用平底活页式走管振动打桩机，振动锤 DZ-40 型，激振力 280kN，振动频率 950 次/min，锤重 36kN，桩管直径 377mm。

主要土层的物理力学性质 **表 6-4**

土样号	取土深度 (m)	天然含水率 w (%)	天然密度 ρ (g/cm³)	液限 w_L (%)	塑限 w_P (%)	塑性指数 I_P	天然孔隙比 e	土粒相对密度 d_s	直剪	
									c (kPa)	φ (度)
G1-1	1.5～1.8	28.3	1.95	27.5	20.5	7.0	0.737	2.64	21.0	25
G4-1	2.0～2.5	27.6	1.96	32.3	18.5	13.8	0.719	2.64	20.0	33
G7-1	2.8～3.1	21.7	1.94	33.0	23.5	9.5	0.656	2.64	24.0	31
G3-2	4.0～4.3	23.6	1.93	29.0	21.0	8.0		2.64	10.0	27
G7-2	5.0～5.3	22.5	1.92	30.0	20.0	10.0	0.684	2.64	11.0	28
G1-2	6.5～6.8	22.7	1.95	27.6	18.1	9.5	0.680	2.67	10.0	29
G4-3	8.0～8.3	22.8	1.94	30.0	21.0	9.0	0.671	2.64	12.5	30
G7-3	8.3～8.5	23.6	1.96	34.0	21.0	13.0	0.684	2.67	12.5	30
G1-4	9.0～9.3	24.2	1.90	39.0	20.0	19.0			30.0	7

1. 成桩过程中超孔隙水压力变化

图 6-8 (*a*) ～图 6-8 (*d*) 反映了碎石桩成桩过程中孔隙水压力变化规律：(1) 桩管下沉至桩底深度进行第一次投料时产生的超孔隙水压力较大。(2) 每次加料后的多次振动反插、留振使相应深度的孔隙水压力增大，反插工艺能够加强土层振密作用。(3) 随着碎石桩的形成，超孔隙水压力总体呈下降趋势，说明碎石桩开始发挥排水作用。(4) 若不考虑浅部 2m 深度范围因土层塑性指数较大（I_p = 13.8），振动产生的超孔隙水压力较大且难以消散外，成桩过程中，产生的超孔隙水压力比在 4～ 6m 深度处较大，即约为桩长的

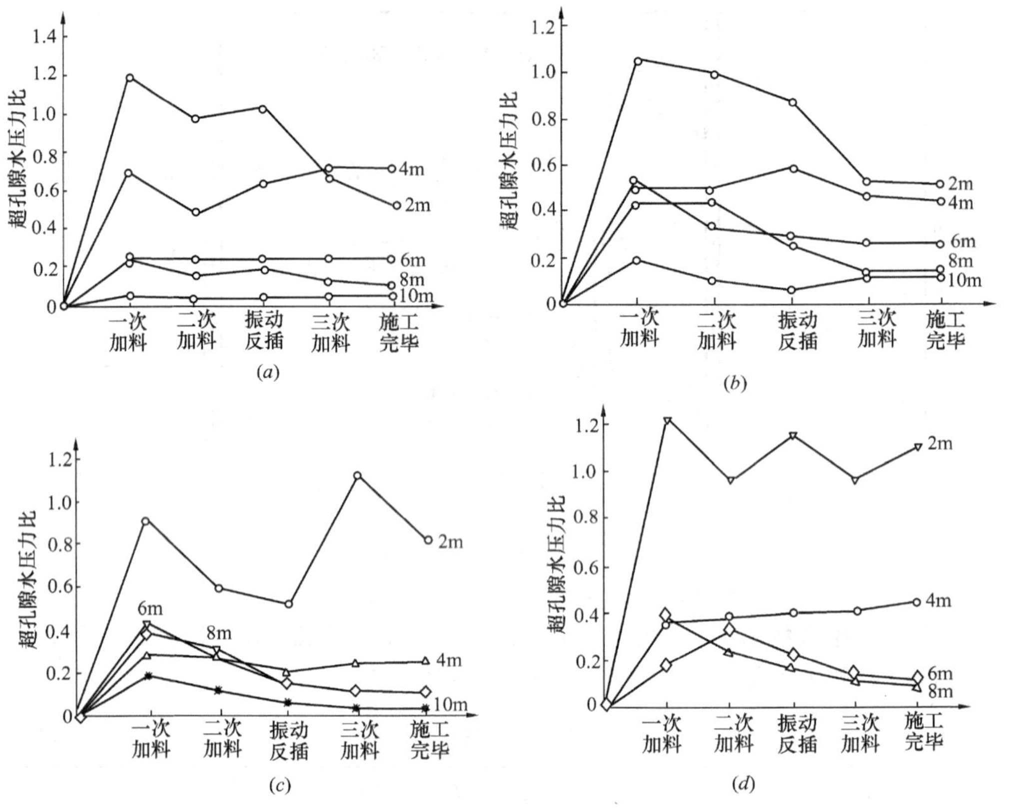

图 6-8 成桩过程中孔隙水压力变化

(a) 1.4m 桩距 5 号试桩；(b) 1.4m 桩距 14 号试桩；

(c) 1.6m 桩距 4 号试桩；(d) 1.6m 桩距 11 号试桩

1/2 深度，表明该深度处振动密实效果较好，而地表处加固效果稍差。(5) 碎石桩施工会对地表土层产生扰动，引起下沉或隆起，因此，施工时，桩顶压实和路基填筑前地表碾压并设置 20～30cm 透水垫层是必要的。

2. 超孔隙水压随振源距的变化规律和建构筑物的安全距离

根据弹性波理论，介质内部线振源引起的体波振幅与振源距离 r^{-1} 成正比，而在半空间表面的点振源引起的体波振幅与距离 r^{-2} 成正比，加速度随距振源距离衰减与此有类似关系（图 6-4）。

碎石桩施工时，振源介于点源与线源之间，所以体波振幅、加速度随距振源距离衰减关系为 $F(r) \propto r^{-\beta}$，β 与施工工艺、土性有关。振动时产生的孔压随振源距的衰减规律，若不考虑桩体排水影响，与加速度衰减规律相似，但若考虑成桩时的排水效应，振动时产生的孔压，在近桩体位置有所减小，随距离增加排水作用渐渐减小。

图 6-9 反映振动时产生的孔隙水压力随振源距的衰减规律：(1) 若不考虑桩体排水影响，将与加速度呈指数衰减的规律相似。若考虑桩体的排水效应，振动产生的孔压在近桩体位置稍小，说明振动的增压作用与桩体排水减压作用双重作用同时进行。随距离增加排水作用渐渐减小，一般距振源 2m 以后，孔压随距桩体距离增加而减小。(2) 施工过程

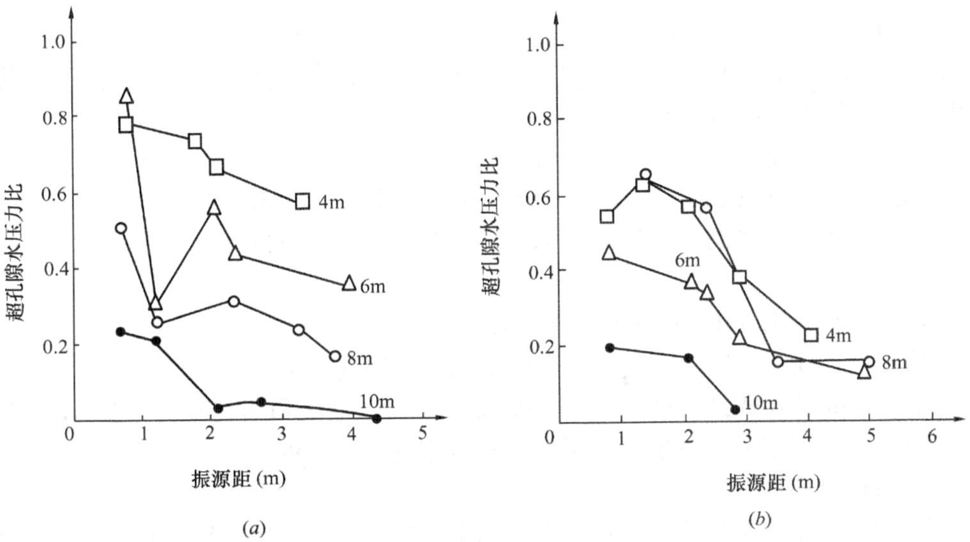

图 6-9 成桩后一次加料超孔隙水压力比随振源距变化曲线

(*a*) 1.4m 桩距；(*b*) 1.6m 桩距

中，4～8m 土层的超孔隙水压力比在距振源 5m 处，仍在 0.2 以上，说明成桩过程对土层振动影响范围可达 5m。孔隙水压力 Δu 随振源距的衰减基本符合 $F(r) \propto r^{-\beta}$ 的关系，实测 β 值约为 0.65。因此建构筑物离开碎石桩施工桩位的最小安全距离为 5m。

3. 超孔隙水压随时间的变化

图 6-10 反映孔隙水压力随时间的消散规律。(1) 施工产生的孔隙水压力消散较快，成桩过程中即有消散，成桩完后除施工叠加因素外，一般在 90min 内即消散了 90%，表明碎石桩具有明显的排水减压作用。(2) 桩顶部位孔隙水压力消散最快，主要是由于顶部砂层透水性好造成的。桩的深部、中部土层中孔隙水压力消散较慢，主要是排水路径原因

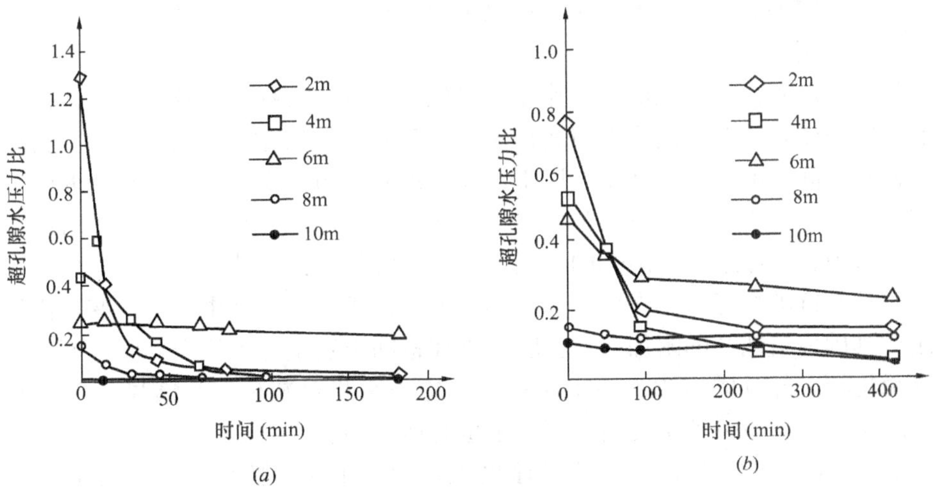

图 6-10 成桩后超孔隙水压力随时间变化曲线

(*a*) 1.4m 桩距 1 号桩；(*b*) 1.6m 桩距 9 号桩

造成的。

4. 其它成果

结合成桩完毕后采用静力触探试验（CPT）、标准贯入试验（SPT）和瑞利波法（SASW）进行检测，得到以下成果：

(1) 载荷试验结论表明，桩径为50cm时，1.4m和1.6m两种桩距处理后的复合地基承载力比处理前提高了1倍左右，均达到或超过了设计要求（150kPa）。

(2) 干振碎桩有效加固范围约为3～3.5d（d为桩径），试验桩距1.4m和1.6m加固效果相当。

(3) 设计荷载为150kPa时桩土应力比为2～3。

(4) 成桩后，地基强度随龄期有一定的增长，但幅度较小。

(5) 采用标准贯入试验（SPT）、静力触探试验（CPT）和瑞利波法（SASW）检验碎石桩地基加固效果，三种方法所得结果之间具有很好的一致性。

6.2.2 在黏性土地基中的作用

砂石桩对黏性土地基的主要作用是置换而不是挤密，这是因为饱和黏性土、密度大的黏土可挤密性较差。黏土颗粒之间存在着复杂的作用力，有引力，也有斥力，使黏土形成了蜂窝结构或絮状结构。这种结构的土，颗粒间存在大量微细孔隙，压缩性大、强度低、透水性弱，渗透系数一般小于10^{-4} cm/s。又因土粒间联结较弱且不甚稳定，在受力作用下（如施工扰动影响），土粒接触点可能脱离，部分结构遭受破坏，土的强度会迅速降低。而且，土粒之间的联结力（结构强度）往往由于长期的压密作用和胶结作用而得到加强。对于非饱和黏性土和塑性指数较小密度不大的粉质黏土，地基沉管时能产生一定的挤密作用。但对于饱和黏性土地基，由于沉管成桩过程中的挤压和振动等强烈的扰动，黏粒之间的结合力以及黏粒、离子、水分子所组成的平衡体系受到破坏，孔隙水压力急剧升高，土的强度降低，压缩性增大。砂石桩施工结束以后，在上覆土压力作用下，通过砂石桩的良好的排水作用，桩间黏性土发生排水固结，同时由于黏粒、水分子、离子之间重新形成新的稳定平衡体系，使土的结构强度得以恢复。因此，从砂石桩和土组成复合地基角度来看，砂石桩处理饱和软黏土地基，主要有以下两个作用。

一、置换作用

沉管砂石桩对黏性土地基的置换作用是将桩管位置的工程性能较差的土挤排至四周并换以性能较好的砂石，对桩间土的挤密作用弱。砂石桩在软黏土中成桩以后，就形成了一定桩径、桩长和间距的桩与桩间土共同组成复合地基，由密实的砂石桩桩体取代了与桩体体积相同的软弱土，因为砂石桩的强度和抗变形性能等均优于其周围的土，所以形成的复合地基的承载力就比原来天然地基的承载力大，沉降量也比天然地基小，从而提高了地基的整体稳定性和抗破坏能力。在外来荷载作用下，由于复合地基中桩体的变形模量和强度较大，刚性基础传给地基的附加应力会随着桩和桩间土发生等量的变形而逐渐集中到桩体上，使桩承担较大部分的应力，而土所负担的应力则相对减少。其结果，与天然地基相比，复合地基的承载力得到了提高，沉降量也有所减小。

由于砂石桩的刚度比桩间黏性土的刚度大，地基中应力按材料变形模量进行重新分配，大部分荷载将由砂石桩承担，桩体应力与桩间土应力之比值即桩土应力比n，其值一般为2～4。图6-11（a）中，随着荷载水平p的增大，应力向桩上集中，桩土应力比n增大。荷载继续增大时，应力向桩间土转移，应力比减小，但当随着荷载的继续增大至某一值后，往往桩体首先进入塑性状态，桩体变形加大，桩上应力就会逐渐向桩间土上转移，桩土应力比减小，直至桩和桩间土共同进入塑性状态，趋于某一值。图中无侧限的碎石桩 n 值变化为 1～4 之间，有侧限的袋装碎石中 n 则较大，为 7～8。图 6-11（b）中，为建筑物基础实测 n-t 曲线，碎石桩复合地基 n 变化范围基本上为 3～4 之间。

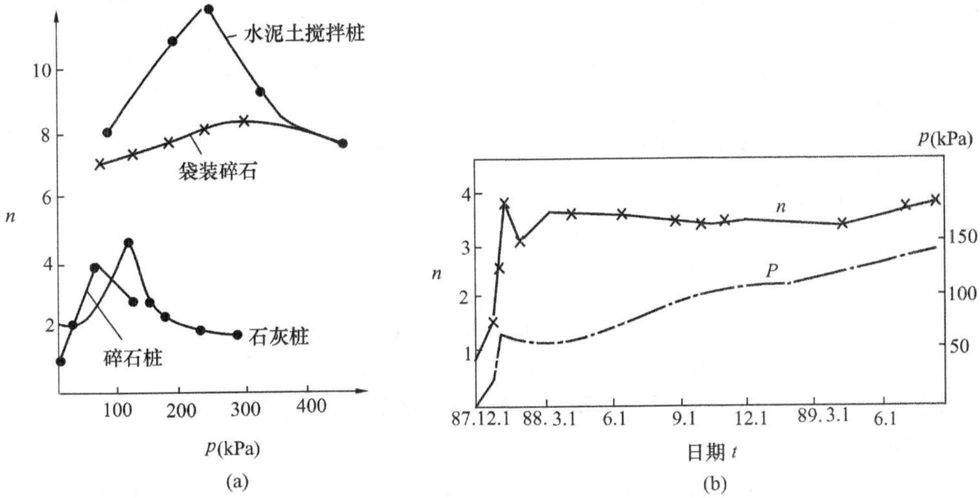

图 6-11 桩土应力比随荷载水平、时间变化曲线

（a）复合地基 p-n 曲线；（b）建筑物施工过程中 n-t、p-t 变化曲线

由于砂石桩桩体由散体材料构成，要依赖桩间土的侧向约束力使桩传递垂直荷载，桩体的模量较低，当桩长超过一定限度如 1.5～ 2.0 倍基础宽度时，即使桩下端接触相对硬层，应力向桩的集中程度并不比桩下端不接触相对硬层时大，桩的端承作用也很小，承载力提高不大。

复合地基与天然地基相比，地基承载力增大率与沉降量的减小率均和置换率成正比关系。置换率很大时，复合地基的作用主要起垫层的应力扩散和均布作用，从而提高地基承载力，减小沉降量。图 6-12（a）为国外学者关于碎石桩复合地基面积置换率 m 对 n 影响的研究成果，图中除 Priebe（1976 年）外，n 都随 m 的减小（即 $1/m$ 增大）而增大。韩杰等通过有限单元法得出的类似结果，如图 6-12（b）所示。

对饱和的软黏土，特别是灵敏度高的淤泥或淤泥质黏土，在成桩过程中，由于振动力和侧向挤压力的作用，产生剧烈的扰动，发生触变。如上覆硬土层较薄，则形成砂石桩后，会使地面隆起，而且由于桩间土的侧限作用较小，使桩体砂石不易密实。对此种地基应在施工工艺和施工设备上做些调整，例如采用较大直径的桩管，不宜用扩大直径的桩头，以减小扰动；采用隔行跳打施工顺序，或者增设土工格室、袋装砂石等，增大桩间土的约束力，以利于成桩和孔隙水压力消散；砂石料用含水量较小的干料等等，采取这些措施后仍然可以取得较好的效果。

但是，由于淤泥、淤泥质土强度很低，对桩的约束作用很差。工程实践表明，若桩间土密度不变，仅靠桩的置换作用，地基承载力提高的幅度一般为 20%～60%，并且处理

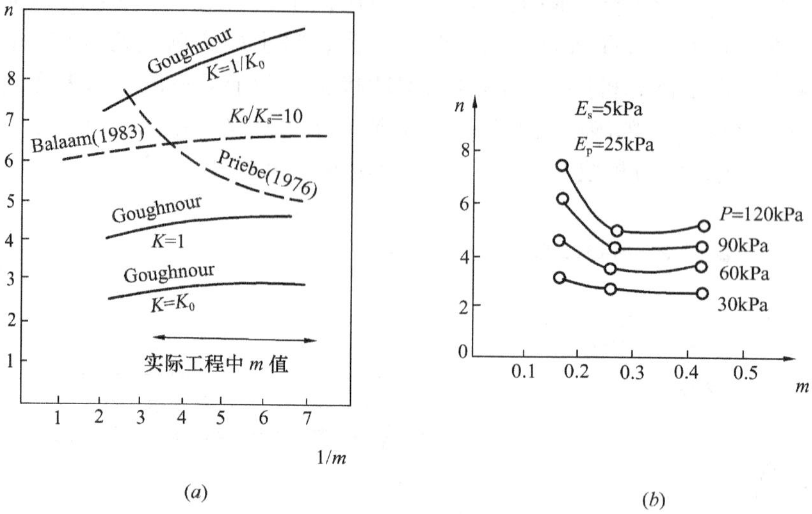

图 6-12 桩土应力比 n 与置换率 m 关系曲线

(a) 国外学者取得 n-m 曲线；(b) 有限元法得到 n-m 曲线

后的沉降仍然难以有效控制，对于沉降变形要求严格的工程应值得注意。

二、排水作用

砂石桩体不仅置换了土层，还形成良好的竖向排水通道。如果在选用砂石桩材料时考虑级配，砂石桩能起到排水砂井的作用。由于砂石桩缩短了排水距离，从而可以加快地基的固结速率。水是影响黏性土性质的主要因素之一，黏性土地基性质的改善很大程度上取决于其含水量的减小。砂石的渗透系数比黏土大 4～6 个数量级，能有效地加速荷载产生的超孔隙水压力的消散，缩短碎石桩复合地基承受荷载后的固结时间，可消散掉孔隙水压力约 80%。因此，在饱和黏性土地基中，砂石桩体的排水通道作用是砂石桩法处理饱和软黏土地基的主要作用之一，比之在砂土地基中的排水作用显著。

总之，由砂石桩和黏土组成的复合地基中，砂石桩起到了竖向增强体作用。一方面，砂石桩本身承担了部分荷载，将上部荷载通过桩体向地基深处传递；另一方面，挤压并置换了部分软土，改善了软土排水条件，提高了软土本身的物理力学性能，使得桩间土与碎石桩能够有效地协同工作，从而提高了地基承载力和抗变形能力。

6.3 设计、计算

沉管挤密砂石桩地基处理的设计、计算的内容主要包括：桩位、桩距、桩长、桩径、处理范围、填砂石量，以及承载力和变形验算等。因此，设计、施工时应掌握和了解场地的岩土工程勘察资料、施工机械性能、砂石料的性能和来源等情况。

6.3.1 设计

一、桩体材料

桩体材料的选择一般因地制宜，就地取材，可用碎石、卵石、角砾、圆砾、砾砂、粗砂、中砂或石屑等硬质材料，这些材料可单独使用，也可以粗、细粒料以一定的比例配合使用，改善级配，提高桩体的密实度。对于砂土地基，桩体用料要比原土层的砂质好，并易于施工即可。对于饱和黏性土，因为要构成复合地基，特别是当原地基土较软弱、侧限不大时，为了有利于成桩，宜选用级配好、强度高的砂砾混合料，或用含有棱角状碎石的混合料，以增大桩体材料的内摩擦角。

填料的颗粒尺寸与桩管的直径和桩尖构造有关，以施工时顺利出料为宜。砂石填料中最大粒径不应大于50mm。

考虑有利于排水，同时保证具有较高的强度，填料中含泥量，即粒径小于0.005mm的颗粒含量不得大于5%。

二、桩径

砂石桩的直径取决于施工设备的能力、处理的目的和地基土类型等因素。对饱和黏性土地基应采用较大的直径。目前，国内使用的砂石桩直径一般为300～800mm。

根据施工设备的桩管直径和地基土的情况来确定桩径。小直径桩的挤密效果均匀但施工效率较低，大直径桩的则需要较大的机械设备能力，效率较高，但桩间土挤密不易均匀。对于黏性土地基采用大直径桩可以提高置换率，并减小对地基土的扰动程度。一般成桩直径与桩管的直径比不宜大于1.5，以避免因扩径较大对地基土产生较大的扰动。

三、桩距

砂石桩的间距应通过现场试验确定。根据经验，桩距一般控制在3.0～4.5倍桩径以内。对粉土和砂土地基，不宜大于砂石桩直径的4.5倍；对黏性土地基不宜大于砂石桩直径的3倍。初步设计时，砂石桩间距的估算详见本章6.3.2节。

四、桩长

桩的长度主要取决于需加固处理的软土层的厚度，根据建筑物对地基的强度和变形条件等的设计要求及地质条件通过计算确定，砂土地基还应考虑抗液化的要求。桩长的确定应考虑以下几个主要因素：

(一) 根据松软土层厚度确定

1. 当地基中松软土层厚度不大时，桩的长度宜穿过松软土层。

2. 当地基中松软土层厚度较大时，应从以下两种情况考虑：

(1) 对按稳定性控制的工程，桩长应不小于最危险滑动面以下2m的深度，其长度可以通过复合地基的滑动计算来确定；

(2) 对于按沉降变形控制的工程，桩长应满足处理后复合地基沉降变形量不超过建筑物地基变形允许值并且满足软弱下卧层承载力的要求，并应通过复合地基沉降计算确定。

(二) 根据可液化层的厚度确定

对于可液化地基，应根据下面几种情况确定桩长：

(1) 当液化层较薄或上部建构筑物要求全部消除地基液化沉陷变形时，桩长应穿透液化层，达到液化深度的下界，且处理后桩间土的标准贯入锤击数的实测值 N（未经杆长修正）宜大于相应的液化判别的标准贯入锤击数临界值 N_{cr}；

(2) 当液化层厚度较大或上部建构筑物要求部分消除地基液化沉陷变形时，桩长的确定应符合下列两个要求：

① 处理深度应使处理后的地基液化指数 I_{lE} 减少，当判别深度为15m时，I_{lE} 的值不宜大于4，当判别深度为20m时，I_{lE} 的值不宜大于5；对独立基础与条形基础，尚不应小于基础底面下液化土特征深度 d_0 和基础宽度的较大值；d_0 值见表6-5。

② 处理深度范围内，桩间土的标准贯入锤击数实测值 N 不宜小于相应的液化判别临界值 N_{cr}。

液化土层特征深度 d_0（m）　　**表 6-5**

饱和土类别＼烈度	7 度	8 度	9 度
粉土	6	7	8
砂土	7	8	9

（三）有效桩长

砂石桩单桩荷载试验表明，砂石桩桩体在受荷过程中，自桩顶 4 倍桩径范围内将发生侧向膨胀，因此，设计桩长应大于主要受荷深度，即不宜小于 4m。

碎石桩桩体材料为散体，没有黏结强度，依靠桩周土的约束作用形成桩体，桩体传递竖向荷载的能力与桩周土约束能力密切相关，围压越大，桩体传递竖向荷载的能力越强。竖向荷载作用下，桩顶 2～$3d$ 范围为高应力区，$4d$ 范围内桩体产生较大的侧向压胀变形，因此，《建筑地基处理技术规范》JGJ 79—2002 规定实际工程中桩长不宜小于 4m。随着桩长增加，轴向应力沿桩身衰减迅速，当桩长大于 1.5～2.0 倍基础宽度时，桩体传递垂直荷载的能力和桩间土相差不大，增加桩长对提高地基承载力和减小变形效果并不明显，即砂石桩复合地基存在有效桩长。在青海钾肥厂同一场地进行了相同桩径、不同桩长的单桩、单桩复合地基载荷试验。地基土为粉质黏土、粉土互层，承载力为 80～160kPa，采用振动水冲法成桩，桩径为 1000mm，桩长分别为 6m、8m、10m 三种。试验结果表明，单桩承载力相同、单桩复合地基承载力相同、桩土应力比也基本一致。因此，碎石桩复合地基存在有效桩长，当桩长超过有效桩长时，通过增加桩长来提高复合地基承载力效果并不好。

（四）通过桩长调整差异沉降

因为建筑物基础的沉降存在一个沉降槽，差异沉降过大时会损坏建筑物，通过对基础所处不同地层区域设计不同的桩长来调整差异沉降。

五、桩的平面布置形式和平面加固范围

桩的平面布置形式要根据基础的形式确定。对于大面积满堂处理，桩位一般采用等边三角形布置，对于独立或条形基础宜采用正方形、矩形、等腰三角形布置，对于圆形、环形基础，如油罐基础宜用放射形布置，见图 6-13。

对于砂性土地基需通过砂石桩的挤密作用提高桩间土的密度，可采用三角形布桩。按

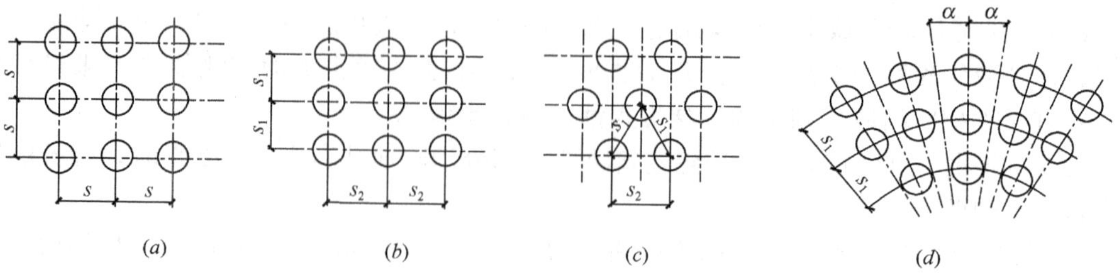

图 6-13　桩位布置图

（a）正方形；（b）矩形；（c）等腰三角形；（d）放射形

正三角形布置时，单桩分担的处理范围为正六边形，各桩间距相等，桩间土挤密效果和桩的作用较均匀。按正方形布置时，单桩分担的处理范围为正方形，布桩和施工较方便。对于黏性土地基主要依靠砂石桩的置换作用，可以根据置换率的要求选择任一种。有时，因为基础尺寸的限制或者为了布桩的方便，可采用等腰三角形或者矩形布置。无论采用正方形还是三角形布置，在任意相邻 4 个桩中心连线形成的四边形中，均包含 1 根桩体的（横截）面积，因此，1 根桩分担的地基处理面积等于四边形的面积。

桩的平面加固范围的确定，可以考虑上部结构的特征、基础尺寸的大小、基础的形式、荷载条件和工程地质条件。由于基础传递的压力向基础以外扩散，外围 2～3 排桩的挤密效果较差，所以处理范围应大于基底范围，处理宽度宜在基础外缘扩大 1～3 排桩。

对于可液化地基，在基础外缘扩大宽度不应小于可液化土层厚度的 1/2，并不宜小于 5m。

六、桩孔内砂石填料量

砂石桩桩孔内的填料量应通过现场试验确定，估算时可按设计桩孔体积乘以充盈系数 β 确定，β 可取 1.2～1.4。如施工中地面有下沉或隆起现象，则填料数量应根据现场具体情况予以增减。

每根桩应灌入砂石量 Q（kN），按下列公式计算：

$$Q=\beta(A_p\times l_p)\gamma$$

$$=\beta\frac{A_p l_p d_s}{1+e_1}(1+0.01w)\gamma_w$$

即

$$Q=\beta\frac{\pi d^2 l_p d_s}{1+e_1}(1+0.01w)\gamma_w \tag{6-3}$$

式中 β——充盈系数，β 可取 1.2～1.4；

A_p——砂石桩横截面积（m^2）；

l_p——砂石桩长度（m）；

d——砂石桩直径（m）；

e_1——处理后土体孔隙比；

γ——砂桩内砂石料重度（kN/m^3）；

γ_w——水的重度（kN/m^3）；

w——灌入砂石的含水量（%）；

d_s——砂石料相对密度。

单桩每 m 桩长的填料量 q 的计算公式：

$$q=\beta\frac{e_0-e_1}{1+e_0}A \tag{6-4}$$

式中 A——砂石桩分担的处理面积（m^2）；

e_0——处理前土体的孔隙比；

e_1——处理后土体的孔隙比。

由式（6-3）、式（6-4）计算所得灌砂量是理论计算值，施工中准备砂石料时应考虑各种可能损耗。

七、褥垫层

砂石桩施工之后，桩顶1.0m左右长度的桩体是松散的，密实度较小，此部分应当挖除，或者采取碾压或夯实等方法使之密实。然后再铺设褥垫层，垫层厚度300～500mm，不宜太厚。褥垫层的铺设应分层压实，褥垫层与桩顶互相贯通，以利排水。垫层材料可选用中、粗砂或砂与碎石的混合料，最大粒径不宜大于30mm。

褥垫层的作用是将上部基础传来的基底压力通过适当的变形以一定的比例分配给桩及桩间土，使二者共同受力。主要作用包括：(1) 保证桩与土共同承担荷载。基础传来的荷载，首先传给褥垫层，再通过褥垫层传给桩与桩间土。桩间土的刚度小于碎石桩的刚度，桩顶出现应力集中，当桩顶压力超过褥垫层局部（与桩顶接触部分）抗压强度时，褥垫层局部会产生压缩量，基础和褥垫层整体也会产生向下位移压缩桩间土。此时，桩间土承载力开始发挥作用，最终桩与桩间土共同发挥作用。(2) 调整桩与桩间土之间的荷载分担比例。当增加褥垫层的厚度时，能够提高了桩间土的荷载分担比例，若减小褥垫层的厚度时，则会提高桩的荷载分担比例。(3) 减少和减缓基础底面的应力集中。

八、对邻近建筑物的影响

成桩时，特别是采用振动沉管法成桩时，对邻近建筑物及其可液化地基的振陷均产生不同程度的影响。施工中应采取必要的措施，以减小因此造成的影响。一方面要对邻近建筑物进行沉降观测或加速度观测，使附加沉降、加速度反应都在规范规定的界限内。另一方面挖设减震沟或者与相邻建筑物相接合的部分采用其他处理方法，如用锤击法代替振动沉管法等。一些实测资料表明，振动沉管法施工距相邻建筑物的最小的安全距离约等于处理的深度，一般情况下，应保持8～10m的距离为宜。

例如，某一3层楼房场地位于永定河冲积形成的河漫滩上，其地基土12m以内为粉土。采用激振功率为30kW的振动沉管打桩机施工，为保证邻近已有建筑物的安全，与其靠近部分采用其他处理措施，使碎石桩施工距已有建筑物的距离达到8.5m。对已有建筑物的沉降观测表明，最大附加沉降5.44mm，平均沉降3.05mm，倾斜率为1.4/10000，比规范规定的允许值小的多，且未发现其他不利影响。又如，原轻工业部管理干部学院三期工程，地基为永定河河漫滩相沉积的粉土、粉质黏土。使用激振电机功率为90kW的振动沉管打桩机施工，因场地等条件限制，成桩点距已有住宅楼仅7.6m，根据实测地面加速度反应知，距离为7.6m时，地面竖向加速度为0.5Gal。为确保住宅楼的安全，在距住宅楼4m处挖一深2.0m（住宅楼基底埋深为1.8m），宽1.3m的减震沟，沟内填满炉渣。设沟后，沟外侧的地面加速度已减小为设沟前的1/5，楼房顶部的最大横向位移和最大纵向位移分别为0.0350mm和0.0287mm。成桩全部完成后，对房屋内部进行检查，也未见裂缝或其他破坏现象。

图6-14为干振碎石桩加固地基地面振动速度随距离的变化规律（吴廷杰，1992），图中表明：(1) 地面振动速度随振动距离衰减，距振源20m以外处基本趋于零。(2) 竖向速度比水平向衰减快。表6-6为连云港—徐州高速公路干振碎石桩加固地基实测地面振动速度，使用激振电机功率为37kW（DZ-40型桩锤）的振动沉管打桩机施工。由表中数据可知，在振源距为3～6m处，实测最大速度≤40mm/s、仅相当于6度地震时引起的地面振动速度。结合前述孔隙水压力随振源距的变化规律，综合分析，确定5m为高速公路中干振碎石桩施工时离构筑物的最小安全距离。

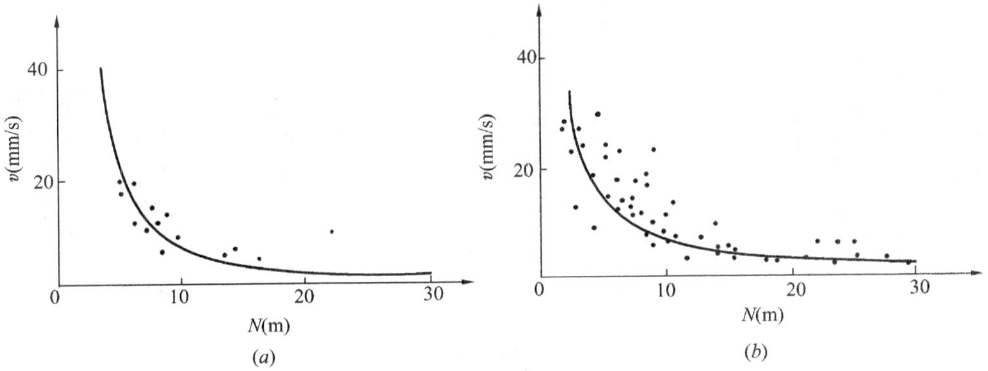

图 6-14 竖向、水平方向振动速度随距离变化曲线

(a) 竖向；(b) 水平方向

实测干振碎石桩加固地基不同振源距的最大速度与对应地震烈度 **表 6-6**

距离（m）	实测最大速度（mm/s）	烈 度
10～30	5～9	4
6～10	10～20	5
3～6	21～40	6
＜3	41～70	7

由上述几个实例说明，振动法施工的影响范围与振源的能量即桩锤电机的激振功率或激振力成正比关系，电机激振功率越大影响范围越广。国内外的经验和实测都表明，振动法施工时距已有建筑物保持 8～10m 的距离并采用适当的措施，振动对邻近建筑物的影响可以降至较小程度。

九、现场试验

对于重要建筑或缺乏经验的场地，选择邻近的或者有代表性的场地，分别以不同布桩形式、桩间距、桩长的几种组合，有条件时还可采取不同的施工工艺进行成桩试验，以获得较合理的设计参数、施工工艺参数和处理后复合地基的加固效果。即使一些有经验的地区，由于地层变化的复杂性，施工前也应进行成桩试验，桩数可选 7～9 根。正三角形布置至少要 7 个（即中间 1 个周围 6 个）；正方形布置至少要 9 个（即 3 排 3 列，每排每列各 3 个）。如处理效果达不到设计要求，应对有关的参数进行调整或改进施工工艺。

6.3.2 计算

一、桩间距的计算

由于砂石桩在松散砂土和粉土中与在黏性土中的作用机理不同，所以，桩间距的计算方法也随之有所不同。

（一）松散砂土和粉土地基

松散砂土和粉土地基考虑振密和挤密两种作用，可根据挤密后要求达到的孔隙比 e_1 来确定，平面布置为正三角形和正方形时，如图 6-15 所示。

对于正三角形布置，则 1 根桩所承担的处理范围为六边形（图中阴影部分），加固处理后的土体体积应变为 $\varepsilon_V=\dfrac{\Delta V}{V_0}=\dfrac{e_0-e_1}{1+e_0}$（式中 e_0 为天然孔隙比，e_1 为处理后要求的孔隙

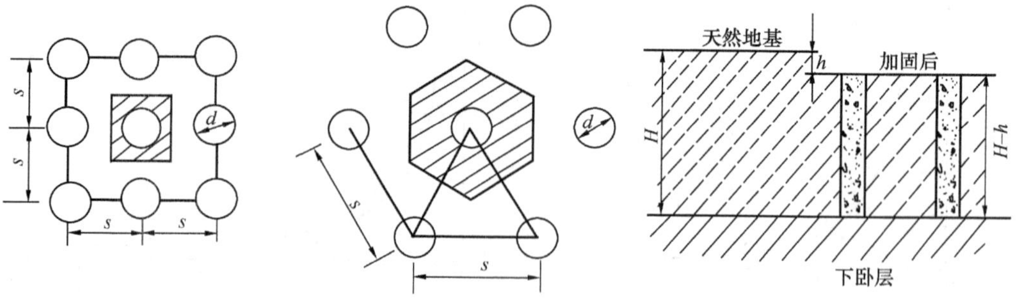

图 6-15 加密效果计算

比)。

因为1根桩所承担的处理范围：

$V_0=\frac{\sqrt{3}}{2}s^2\cdot H$（式中 s 为桩间距，H 为欲处理的天然土层厚度），所以

$$\Delta V=\varepsilon_V\cdot V_0=\frac{e_0-e_1}{1+e_0}\cdot\frac{\sqrt{3}}{2}\cdot s^2\cdot H \tag{6-5}$$

而实际上 ΔV 又等于砂石桩体向四周挤排土的挤密作用引起的体积减小和土体在振动作用下发生竖向的振密变形引起的体积减小之和，即

$$\Delta V=\frac{\pi}{4}\cdot d^2\cdot(H-h)+\frac{\sqrt{3}}{2}\cdot s^2\cdot h \tag{6-6}$$

式中 s——砂石桩间距（m）；

d——砂石桩直径（m）；

h——竖向变形（m），下降时，取正值；隆起时，取负值。

式（6-6）代入式（6-5）得：

$$\frac{e_0-e_1}{1+e_0}\cdot\frac{\sqrt{3}}{2}\cdot s^2\cdot H=\frac{\pi d^2}{4}\cdot(H-h)+\frac{\sqrt{3}}{2}\cdot s^2\cdot H$$

整理后得：

$$s=0.95d\cdot\sqrt{\frac{H-h}{\frac{e_0-e_1}{1+e_0}\cdot H-h}} \tag{6-7}$$

同理，正方形布桩时，

$$s=0.89d\cdot\sqrt{\frac{H-h}{\frac{e_0-e_1}{1+e_0}\cdot H-h}} \tag{6-8}$$

如不考虑振密作用即 $h=0$ 时，式（6-7）和式（6-8）可分别写成如下形式：

正三角形布置时，

$$s=0.95d\cdot\sqrt{\frac{1+e_0}{e_0-e_1}} \tag{6-9}$$

正方形布置时，

$$s=0.89d\cdot\sqrt{\frac{1+e_0}{e_0-e_1}} \tag{6-10}$$

引入修正系数 ξ 后，上述公式可归纳为，

正三角形布置时，

$$s = 0.95\xi d \cdot \sqrt{\frac{1+e_0}{e_0 - e_1}} \tag{6-11}$$

正方形布置时，

$$s = 0.89\xi d \cdot \sqrt{\frac{1+e_0}{e_0 - e_1}} \tag{6-12}$$

式中 ξ——修正系数，当考虑振动下沉密实作用时，可取 1.1～1.2；不考虑振动下沉密实作用时，可取 1.0；

设计时确定处理后土的孔隙比 e_1 可由下式求得：

$$e_1 = e_{\max} - D_{r1}(e_{\max} - e_{\min}) \tag{6-13}$$

$e_{\max}$——最大孔隙比，即砂土处于最松散状态的孔隙比；

$e_{\min}$——最小孔隙比，即砂土处于最密实状态的孔隙比；

$e_{\max}$ 和 $e_{\min}$ 两值可按国家标准《土工试验方法标准》GB/T 50123—1999 的有关规定，通过室内试验测得；

D_{r1}——地基挤密后要求砂土达到的相对密实度，一般取值为 0.70～0.85。

（二）黏性土地基

如图 6-15 所示，将 1 根桩承担的处理面积化为一个等面积的等效圆，即按正三角形和正方形布桩时，等效圆的面积 A_e 分别与正六边形和正方形的面积相等，即

正三角形布置

$$A_e = \frac{\sqrt{3}}{2}s^2$$

整理为：

$$s = \sqrt{\frac{2}{\sqrt{3}}A_e} = 1.08\sqrt{A_e} \tag{6-14}$$

正方形布置

$$A_e = s^2$$

即

$$s = \sqrt{A_e} \tag{6-15}$$

式中 A_e——1 根砂石桩承担的处理面积（m^2）；

$$A_e = \frac{A_p}{m} \tag{6-16}$$

$$m = \frac{d^2}{d_e^2} \tag{6-17}$$

式中 A_p——砂石桩的截面积（m^2）；

m——面积置换率，一般为 0.10～0.30。

d_e——1 根桩分担的处理地基面积的等效圆直径（m）；

等边三角形布桩时 $d_e = 1.05s$

正方形布桩时 $d_e = 1.13s$

矩形布桩时 $d_e = 1.13\sqrt{s_1 s_2}$

s、s_1、s_2分别为桩间距、纵向间距和横向间距。

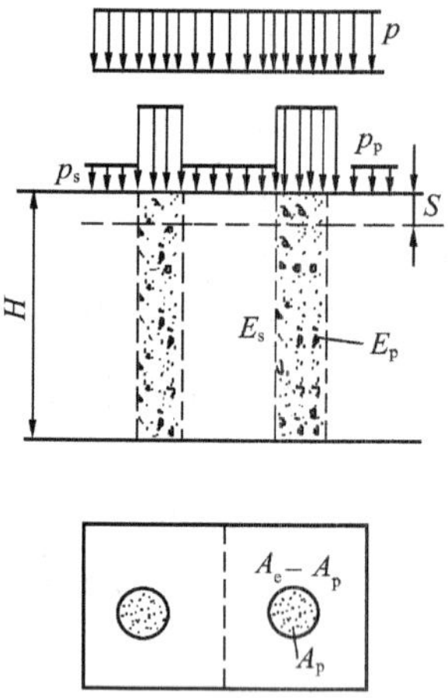

图 6-16 复合地基应力状态

对于软弱黏性土，常用较大的置换率，但桩径一定时，则造成桩距较小，增加了成桩的难度，此时常通过调整施工工艺如隔行跳打等方法施工。

桩间距与要求的复合地基承载力及桩和原地基土的承载力有关。如按要求的承载力计算出的置换率过高、桩间距过小不易施工时，则应考虑增大桩径和桩间距。在满足上述要求条件下，一般桩间距应适当大些，可避免施工对原地基土过大的扰动，影响处理效果。

二、复合地基承载力计算

砂石桩复合地基承载力可以根据本书第2章“复合地基概论”中介绍的方法进行计算，或者根据现场复合地基载荷试验确定。对小型工程的黏性土地基，如无现场载荷试验资料，初步设计时复合地基的承载力特征值也可按下述方法确定：

如图6-16所示，在复合地基上，作用荷载为 p，则作用于砂石桩的应力为 p_p，作用于桩间土的应力为 p_s。如果作用于砂石桩和桩间土各自面积内的应力不变时，根据力的平衡原理可得：

$$pA_e = p_p \cdot A_p + p_s(A_e - A_p) \tag{6-18}$$

整理后得：

$$p = [1 + m(n-1)]p_s \tag{6-19}$$

或

$$p = [1 + m(n-1)]\frac{1}{n}p_p \tag{6-20}$$

式中 n——桩土应力比，$n=p_p/p_s$，由实测获得；无实测值时，一般取2.0～4.0。原地基土强度低时取大值，原地基土强度高时取小值。

因此，复合地基承载力特征值应通过现场复合地基载荷试验确定。初步设计时可用单桩和处理后桩间土承载力特征值按下式估算：

$$f_{spk} = mf_{pk} + (1-m)f_{sk} \tag{6-21}$$

式中 f_{spk}——复合地基承载力特征值（kPa）；

f_{pk}——桩体地基承载力特征值（kPa），宜通过单桩载荷试验确定；

f_{sk}——处理后桩间土地基承载力特征值（kPa），宜按当地经验取值，如无经验时，可取天然地基承载力特征值。

对于小型工程的黏性土地基，没有现场载荷试验资料时，初步设计可按下式估算：

$$f_{spk} = [1 + m(n-1)]f_{sk} \tag{6-22}$$

由式（6-21）和式（6-22）可知，只要通过小型载荷试验测得桩间土的承载力特征值 f_{sk}或砂石桩的承载力特征值 f_{pk}，即可由上两式计算复合地基的承载力特征值 f_{spk}。

三、复合地基变形计算

复合地基变形计算可以采用本书第2章“复合地基概论”中介绍的方法，其中复合地基的压缩模量 E_{sp}的计算方法介绍如下：

如图 6-16 所示，复合地基的压缩模量 E_{sp}。可以通过碎石桩的压缩模量 E_p 和桩间土的压缩模量 E_s 在面积上进行加权平均的方法获得。

$$E_{sp}A_e = E_p \cdot A_p + E_s(A_e - A_p) \tag{6-23}$$

在作用于桩和桩间土上的应力不变时，

$$\frac{p_p}{p_s} = n = \frac{E_p}{E_s} \tag{6-24}$$

即
$$E_p = nE_s$$

代入式（6-23）得：

$$E_{sp} = [1 + m(n-1)]E_s \tag{6-25}$$

或

$$E_{sp} = [1 + m(n-1)]\frac{1}{n}E_p \tag{6-26}$$

式中 E_{sp}——复合土层压缩模量（MPa）；

E_s——桩间土压缩模量（MPa），宜按当地经验取值，如无经验时，可取天然地基压缩模量；

n——桩土应力比，在没有实测资料时，对黏性土可取 2.0～4.0，对粉土和砂土可取 1.5～3.0。原土强度低者则取大值，反之则取小值。

四、稳定性计算

如图 6-17，采用圆弧滑动面法对复合地基的稳定性进行验算时，滑动面上的抗剪强度 τ_{sp} 由砂石桩的抗剪强度 τ_p 和桩间土的抗剪强度 τ_s 两部分组成：

$$\tau_{sp} = \tau_s + \tau_p = m(\mu_p p + \gamma_p z)\text{tg}\varphi_p \cos^2\theta + (1-m)c$$

式中 μ_p——砂石桩应力集中系数，$\mu_p = \dfrac{n}{1+(n-1)m}$；

p——计算深度 z 处的平均应力（kPa）；

γ_p——桩体的重度（kN/m^3）；

z——计算深度（m）；

φ_p——桩的内摩擦角（度）；

θ——剪切滑动面与水平面的夹角（度）；

c——桩间土的黏聚力（kPa）。

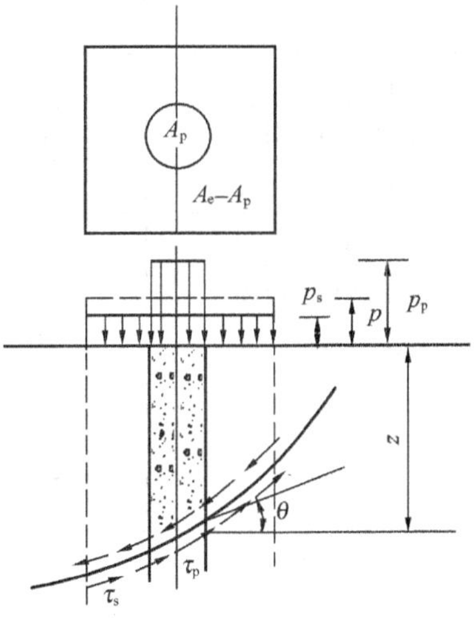

图 6-17 复合地基抗剪

其中，桩间土的强度 c，如不考虑荷载产生固结对桩间土强度的提高，则采用天然地基黏聚力 c_0；如考虑桩间土上作用垂直应力 $p_s=\mu_s p$ 产生固结，则桩间土强度得到提高：

$$c = c_0 + p_s U \text{tg}\varphi_{cU} = c_0 + \mu_s \cdot p \cdot U \cdot \text{tg}\varphi_{cU}$$

式中 μ_s——应力降低系数，$\mu_s = \dfrac{1}{1+(n-1)m}$；

U——固结度；

φ_{cU}——桩间土固结不排水剪内摩擦角（°）。

6.4 施工工艺

6.4.1 施工设备

一、根据地质条件选择施工方法

根据地质情况选择成桩方法和施工设备。对饱和松散的砂性土，一般选用振动成桩法，以便利用其对地基的振密、挤密作用；而对于软弱黏性土，则选用锤击成桩法，也可以采用振动成桩法。

二、振动成桩法施工设备

振动成桩法的主要设备有振动沉拔桩机、下端装有活瓣桩靴的桩管和加料设备。

（一）桩架

沉拔桩机由桩架、振动桩锤组成，桩架为步履式或座式，为提高桩机的移动灵活性，也可以用起重机代替进行改装。起重机一般根据桩管、桩长等情况选择具有150kN～500kN起重能力的履带起重机。表6-7、表6-8为国内生产桩架和桩机的主要技术参数。

JZB系列步履式多功能桩架主要技术参数 **表6-7**

项目 \ 型号	JZB90	JZB200	JZB240
立柱支承形成	三点支承式		
行走方式	步履式		
回转角度（°）	±180		
立柱倾斜范围（°）	前倾9、后倾5	前倾9、后倾3	前倾9、后倾5
桩架爬坡能力（°）	2		
立柱主高度（m）	26	29	39
行走速度（m/min）	3.38	4.2	4.5
回转速度（r/min）	0.32	0.25	
回转半径（mm）	3000	3800	
轮距（m）	4000	4600	4900
轨距（m）	4000	5200	4900
允许拔桩力（kN）	250	600	710
桩架总质量（t）	38	60	100
外形尺寸（mm）	11259×4698×26942	13298×5988×30805	12060×10000×41000

JZL系列履带式多功能桩机主要技术参数 **表6-8**

项目 \ 型号	JZL50	JZL75	JZL90A
桩架高度（m）	24.5	30	30
许用拔桩力（kN）	240	300	350
行走方式	电动履带式		

续表

项目 \ 型号		JZL50		JZL75	JZL90A
结构型式		三点支撑式			
回转角度（°）		±180			
立柱前后范围（°）		+9，−5			
立柱直径及高度（mm）		Φ500×6×23850		Φ600×6×29000	Φ600×8×23000
履带接地长度（mm）		3680		5000	4500
履带宽度（mm）		400		400	800
履带条数（条）		4		4	2
爬坡能力（°）		3			
立柱导向尺寸		330×Φ70		330×Φ70	600×Φ102
行走机构	行走速度（m/min）	4		3.5	1.48
	驱动电机功率（kW）	2×7.5		2×11	2×11
回转机构	电机功率（kW）	2.2		3	1.5
	回转速度（r/min）	0.4		0.3	0.32
（斜撑调整线速度 m/min）		0.8～1.6		0.6～1.2	0.355
主卷扬机	主卷扬	JK3		JK5	JK5
	副卷扬	JK1		JK1	JK1
液压系统	额定压力（MPa）	13		16	16
	电机功率（kW）	18.5		22	18.5
振动锤	型号	DZ55	DZ45	DZ90	DZ90/DZJ90
	沉桩深度（m）	17	20	25	25
接地比压	支腿（MPa）	0.38		0.4	0.89
	履带（MPa）	0.045		0.06	0.087
柴油锤		D19		D46	D50
整机质量（t）		27		40	50

（二）桩锤

振动桩锤有单电机、双电机两种。砂石桩施工时使用单电机功率一般为 30～90kW，双电机桩锤由两个电机组成，功率一般为(2×15～2×45)kW。

振动沉拔桩机的工作性能主要取决于振动桩锤，而振动桩锤主要参数的合理选择是提高其工作性能的关键。振动桩锤主要参数包括：振幅、激振频率、激振器偏心力矩、激振力、参振重量、振动功率和沉桩速度。其中，激振器的激振频率与振动系统的固有频率密切相关，当激振器激振频率接近振动系统的固有频率时，振动沉桩达到最大效果。而振动系统的固有频率不仅与振动桩锤的参数有关，而且与土壤的参数如自振频率有关。表 6-9 是根据经验得到的不同地层激振器最佳频率范围。目前国内生产的振动桩锤多采用电动机驱动，其转速多为 800～1500r/min，从振动桩锤和地层条件两方面考虑，激振频率为 80～160/s。实验表明提高激振频率不仅可以减少土壤对桩的侧面摩擦阻力，而且比提高振幅更能有效地提高桩的运动加速度，从而提高沉桩的速度。

激振频率参考表　　**表 6-9**

地层类型	最佳频率（1/s）	地层类型	最佳频率（1/s）
含饱和水的砂石土	100～200	含砾石的黏土	60～70
塑性黏土及含砂黏土	90～100	含砂的砾石土	50～60
坚实黏土	70～75		

表 6-10、表 6-11 为国内生产振动桩锤的主要技术参数。

DZ 系列抗振电机振动锤主要技术参数　　**表 6-10**

项目＼型号		DZ4	DZ15	DZ30	DZ40	DZ60	DZ22 KS	DZ22 KSA	DZ45 KS	DZ60 KS	DZ75 KS	DZ90 KS	DZ110 KS
电机功率（kW）		4	15	30	37	55	11×2	11×2	22×2	30×2	37×2	45×2	55×2
静偏心力矩（N·m）		19.37	70	170	190	300	120	120	238	310	370	430	510
振动频率（r/min）		1100	980	980	1050	1000	1000	1000	1020	1020	1000	1050	1020
激振力（kN）		26	75	180	230	335	134	134	277	360	414	530	593
空载振幅（mm）		6.1	6.8	8.4	10.3	10.5	8.26	8.26	8.3	10.4	11.3	10.5	10
允许加压力（kN）		—	60	100	100	120	—	—	200	200	200	200	240
允许拔桩力（kN）		20	60	100	100	160	50	50	200	200	200	200	240
外型尺寸	长（m）	0.87	0.9	1.34	1.34	1.42	1.19	1.67	1.9	2.18	2.1	2.5	2.39
	宽（m）	0.64	1.1	1.02	1.12	1.04	1.04	1.6	1.12	1.1	1.28	1.3	1.42
	高（m）	0.96	1.5	1.77	1.98	1.91	1.11	1.5	1.94	2.07	1.9	2.11	2.06
质量（kg）		580	1500	3130	3050	3920	1500	2020	3420	4500	4960	5860	6600

DZ 系列耐振电机振动桩锤主要技术参数　　**表 6-11**

<table>
<tr><th colspan="2" rowspan="2">项目＼型号</th><th rowspan="2">DZ 30A</th><th rowspan="2">DZ 45A</th><th colspan="2">DZ60A</th><th colspan="4">DZ90A</th><th colspan="3">DZ120A</th><th rowspan="2">DZ 150A</th><th rowspan="2">DZ 180SA</th><th rowspan="2">DZ 60KSA</th><th rowspan="2">DZ 90KSA</th><th rowspan="2">DZ 120KSA</th></tr>
<tr><th>Ⅰ</th><th>Ⅱ</th><th>Ⅰ</th><th>Ⅱ</th><th>Ⅲ</th><th>Ⅳ</th><th>Ⅰ</th><th>Ⅱ</th><th>Ⅲ</th></tr>
<tr><td colspan="2">电机功率（kW）</td><td>30</td><td>45</td><td colspan="2">60</td><td colspan="4">90</td><td colspan="3">120</td><td>150</td><td>90×2</td><td>30×2</td><td>45×2</td><td>60×2</td></tr>
<tr><td colspan="2">静偏心力矩（N·m）</td><td>192</td><td>245</td><td colspan="2">360</td><td colspan="2">460</td><td>460/368/276</td><td>635</td><td>700</td><td>600</td><td>600/700</td><td>1500/2000/2500</td><td>1260</td><td>370</td><td>460</td><td>700</td></tr>
<tr><td colspan="2">振动频率（r/min）</td><td>1050</td><td>1100</td><td colspan="2">1100</td><td colspan="3">1050</td><td>800</td><td colspan="3">1000</td><td>620/800</td><td>800</td><td>1050</td><td>1000</td><td>1000</td></tr>
<tr><td colspan="2">激振力（kN）</td><td>237</td><td>363</td><td colspan="2">486</td><td colspan="2">570</td><td>570/456/342</td><td>454</td><td>786</td><td>657</td><td>657/786</td><td>645/860/1075</td><td>901</td><td>460</td><td>514</td><td>786</td></tr>
<tr><td colspan="2">空载振幅（mm）</td><td>9.6</td><td>8.9</td><td>9.6</td><td>10</td><td colspan="2">10.3</td><td>10.3/8.24/6.18</td><td>14</td><td>12.2</td><td>10.5</td><td>10.5/12.2</td><td>17.6/23.5/29.4</td><td>15.4</td><td>10</td><td>8.3</td><td>8.3</td></tr>
<tr><td colspan="2">允许加压力（kN）</td><td>100</td><td>200</td><td>200</td><td>—</td><td>160</td><td>—</td><td>/</td><td>160</td><td>240</td><td>—</td><td>/</td><td>—</td><td>400</td><td>200</td><td>240</td><td>400</td></tr>
<tr><td colspan="2">允许拔桩力（kN）</td><td>100</td><td>200</td><td colspan="2">200</td><td colspan="4">240</td><td colspan="3">400</td><td>450/680</td><td>400</td><td>200</td><td>240</td><td>400</td></tr>
<tr><td rowspan="3">外型尺寸</td><td>长（m）</td><td>1.37</td><td>1.29</td><td colspan="2">1.21</td><td colspan="3">1.25</td><td>1.65</td><td colspan="3">1.72</td><td>5.615</td><td>1.35</td><td>2.1</td><td>2.5</td><td>2.1</td></tr>
<tr><td>宽（m）</td><td>1.08</td><td>1.23</td><td colspan="2">1.37</td><td colspan="3">1.5</td><td>1.1</td><td colspan="3">1.31</td><td>1.71</td><td>2.63</td><td>1.28</td><td>1.6</td><td>1.28</td></tr>
<tr><td>高（m）</td><td>1.88</td><td>2.12</td><td>2.24</td><td>2.4</td><td>2.33</td><td colspan="2">2.56</td><td>2.46</td><td>2.64</td><td colspan="2">2.84</td><td>1.43</td><td>2.8</td><td>1.91</td><td>2.21</td><td>1.91</td></tr>
<tr><td colspan="2">质量（kg）</td><td>2960</td><td>3820</td><td>5130</td><td>4320</td><td>6190</td><td colspan="2">5670</td><td>6720</td><td>7780</td><td>7400</td><td>7400/7460</td><td>10310</td><td>12050</td><td>5540</td><td>7580</td><td>11860</td></tr>
</table>

（三）桩管

桩管为无缝钢管，直径可以根据桩径选择，一般管径规格 325、375、425、525mm 等，桩管上端前侧设有投料口或焊有投料漏斗。桩管的长度根据桩长确定，并大于设计桩长 1～2m。

（四）桩靴

活瓣或活门桩靴见图 6-18，桩尖的锥形角一般为 60°。

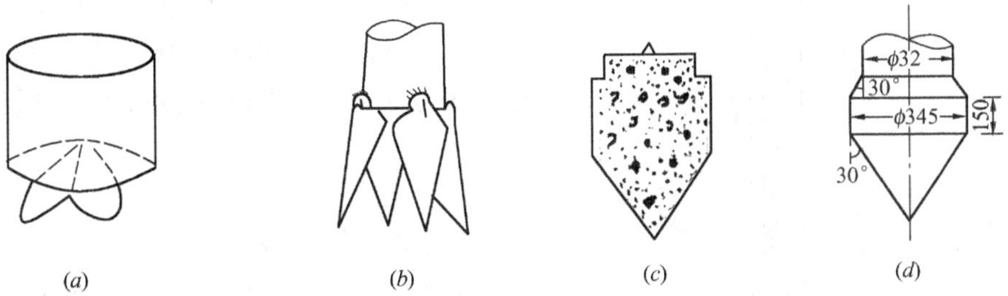

图 6-18 桩靴

(*a*) 活页桩靴；(*b*) 活瓣桩靴；(*c*) 预制混凝土桩靴；(*d*) 扩大头活瓣桩靴

图 6-18（*d*）是对普通活瓣桩尖改进后形成扩大头型活瓣桩尖。能够克服普通活瓣或活页很难打开，易造成桩身缩径、充盈系数小，桩体挤密不佳，反插效果不明显等缺点。与普通活瓣对比，加固效果较好。扩大头型桩尖较普通桩尖处理后，桩间土的天然含水量又降低 0.2%～0.8%，孔隙比减小 0.2～0.3，液性指数下降 0.2～0.3，压缩系数降低 0.1～0.2MPa^{-1}，压缩模量提高 0.3～0.9MPa，承载力增加 10～15kPa，扩大头型桩尖比普通桩尖加固效果较显著。地基加固前标贯试验锤击数及两种桩尖加固后桩间土标贯试验结果如图 6-19，采用扩大头型桩尖比普通桩尖的平均贯入击数提高较大。桩体密实度采用重（Ⅱ）型动探的击数表明使用扩大头型桩尖比普通桩尖施工动探击数平均高 3～5 击。静载荷试验碎石桩单桩承载力采用扩大头型桩尖较普通桩尖提高 21.2%、复合地基承载力提高 12%。

（五）加料设备

加料设备，一般使用装载机或手推车。

（六）控制台

控制操作台上装有开关、电流表和电压表等自动控制仪表装置，用于控制沉拔桩机的开关和挤密电流。

上海宝钢为加固原料堆放场曾从日本引进振动砂桩施工机械，主要由自行式桩架、振动锤、桩管、装砂机、空压机和控制记录仪器。该机能自动记录桩管贯入深度、管内砂面高

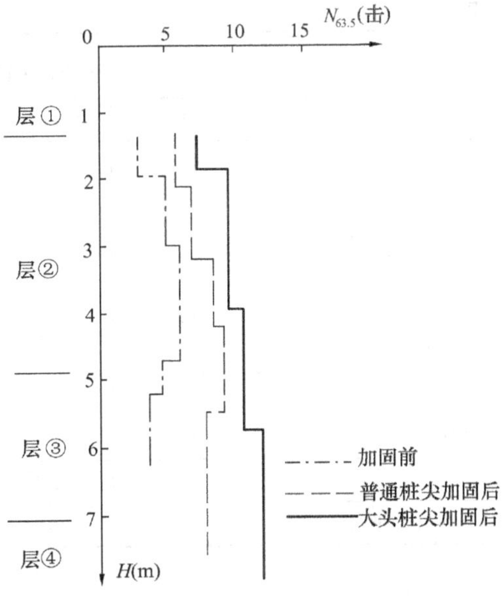

图 6-19 桩间土加固前后两种桩尖标贯击数对比曲线

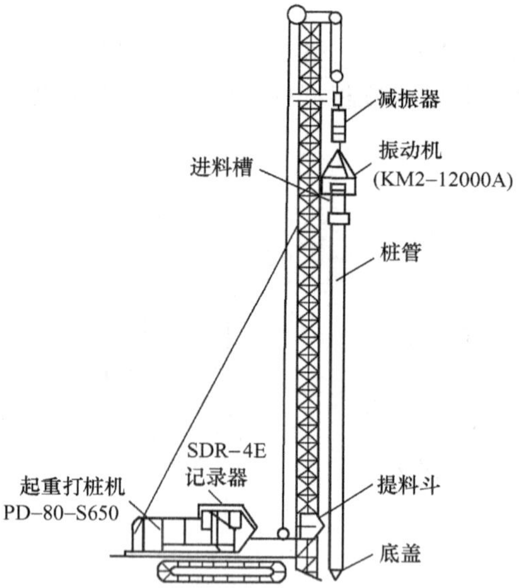

图 6-20 KM2-12000A 振动挤密砂桩机

度、加砂量和挤密电流等参数，为保证施工质量提供依据，见图 6-20。

三、锤击成桩法施工设备

锤击成桩法的主要设备有蒸汽打桩机或柴油打桩机、桩管、加料漏斗和加料设备。

（一）桩架

蒸汽打桩机或柴油打桩机由移动式桩架或起重机改成桩架与蒸汽桩锤或柴油桩锤组成，起重机为 150～400kN 起重能力的履带式起重机。

（二）桩锤

桩锤的重量一般为 1.2～2.5t，根据地层，桩管等情况选择桩锤的大小，且锤的重量不小于桩管重量的 2 倍。表 6-12 和表 6-13 国产柴油桩锤的主要技术参数。

筒式柴油锤主要技术参数 **表 6-12**

型号		柴油锤					
		20	25	35	45	60	72
动力性能	冲击部分重（t）	2.0	2.5	3.5	4.5	6.0	7.2
	总重（t）	4.5	6.5	7.2	9.6	15.0	18.0
	冲击力（kN）	2000	2000～2500	2500～4000	4000～5000	5000～7000	7000～10000
	常用冲程（m）	1.8～2.3					
桩管截面（直径）（cm）		40			60	90	90～100

导杆式柴油锤主要技术参数和性能 **表 6-13**

型号		DD2	DD4	DD6	DD12	DD18	DD25
桩最大长度（m）		5	6	8	10	12	16
桩最大直径（mm）		200	250	300	350	400	450
锤击部分质量（kg）		220	400	600	1200	1800	2500
锤击部分跳高（mm）		1300	1500	1800	2100	2100	2100
气缸孔径（mm）		120	200	200	250	290	370
最大锤击能量（kJ）		3	6	11	25	29.6	41.2
桩锤外形尺寸	长	460	560	750	750	850	970
	宽	460	600	680	750	800	960
	高	2080	2400	3300	4700	4740	4920
桩锤质量（kg）		7.4	9.2	11.4	15.0	17.5	21.9

（三）桩管

1. 双管成桩法

桩管采用壁厚大于 7mm 的无缝钢管，内配芯管，芯管直径比外管（桩管）直径小约

50mm。外管和内管长度相同。在外管的前侧间隔 2～3m 开有投料口，投料口高 250～300mm、宽 200～250mm，并装有活页式可灵活开关的门。外管上下两端均开口，上端设有供拔管和移位用的吊环。芯管下端用钢板封闭，上端用钢板封闭可与桩锤替打连接，锤击芯管时同时带动外管沉入土中。

2. 单管成桩法

桩管为壁厚 7mm 以上的无缝钢管，下端装有活瓣桩靴，或下端开口成桩时用预制钢筋混凝土锥形桩尖（此桩尖留在土中）。

（四）抽料、加料设备

投料漏斗，将其插入桩管上的投料口中，可将砂石料投入管中。

加料设备可用装载机或手推车。

6.4.2 施工要求

一、“三通一平”和标高

施工现场首先要做好“三通一平”工作，即保证路通、水通、电通和场地平整。场地平整时，一方面要注意平整地表、清除地上、地下的障碍物，另一方面，当地表土强度较低时，要铺设适当厚度的垫层，以利于重型施工机械的通行。

在接近地表一定深度内，土的自重压力小，桩周土对桩的径向约束力小，造成砂石桩桩体上部 1～2m 范围内密实度较差，这部分一般不能直接做地基，需进行碾压、夯实或挖除等处理。如双管锤击成桩法施工时，就要求桩顶标高以上须有 1～2m 的原土覆盖层，以保证桩顶端的密实。因此要根据不同成桩方法确定施工前场地的标高。另一方面，由于在饱和黏性土中施工，可能因挤压造成地面隆起变形，而在砂性土中进行振动法施工时，振动作用又可能产生振密沉降变形，所以施工前要根据试验或经验预估隆起或振密变形的高度，以确定施工前场地的标高，使处理后场地标高接近规定标高。

二、砂石料的含水量

施工时，砂石桩的含水量对桩的质量有很大的影响，一般情况下，不同成桩方法对砂石料含水量的要求也不相同。

单管锤击法或单管振动法一次拔管成桩或复打成桩时，砂石料含水量要达到饱和。

双管锤击法成桩或单管振动法重复压拔管成桩时，砂石料含水量为 7%～9%。在饱和土中施工时，可以用天然湿度或干的砂石料。

三、平面施工顺序

根据地层情况和处理目的来确定砂石桩的平面施工顺序：

砂土和粉土地基中以挤密为主的砂石桩施工时，先打周围 3～6 排桩，后打内部的桩，内部的桩间隔（跳打）施工，实际施工时因机械移动不便，内部的桩可以划分成小区然后逐排施工。

黏性土地基，砂石桩主要起置换作用，为保证设计的置换率，宜从中间向外围或隔排施工，同一排中也可以间隔施工。特别是置换率较大，桩距较小的饱和黏性土，更要注意间隔施工。

在既有建（构）筑物邻近施工时，为了减少对邻近既有建（构）筑物振动影响，应背离建（构）筑物方向施工。

四、成桩试验

为保证施工质量，施工前要进行成桩工艺和成桩挤密试验。当成桩质量不能满足设计要求时，应调整桩间距、填料量提升高度、挤密时间等施工参数，重新进行试验或改变设计。

6.4.3　成桩工艺和质量控制

一、振动成桩法

振动成桩法分为一次拔管法、逐步拔管法和重复压拔管法三种。

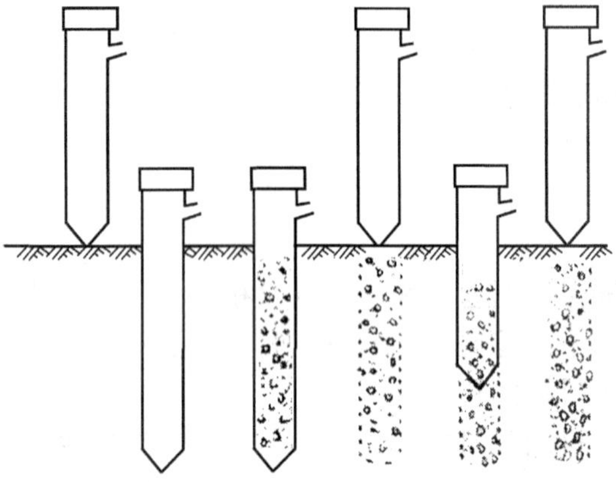

图 6-21　一次拔管和逐步拔管成桩工艺

（一）一次拔管法

1. 成桩工艺步骤，见图 6-21。

（1）移动装机及导向架，把桩管及桩尖垂直对准桩位，（活瓣桩靴闭合）；

（2）启动振动桩锤，将桩管振动沉入土中，达到设计深度，使桩管周围的土进行挤密或挤压；

（3）从桩管上端的投料漏斗加入砂石料，数量根据设计确定，为保证顺利下料，可加适量水；

（4）边振动边拔管直至拔出地面。

2. 质量控制

（1）桩身的连续性和密实度

通过拔管速度控成桩身的连续性和密实度。拔管速度应通过试验确定，一般地层情况，拔管速度为 1～2m/min。

（2）桩身直径

通过填砂石的数量来控成桩身直径。利用振动将桩靴充分打开，顺利下料。当砂石料量达不到设计要求时，要在原位再沉管投料一次或在旁边补打 1 根桩。

（二）逐步拔管法

1. 成桩工艺步骤，见图 6-22。

（1）～（3）与一次拔管法步骤相同；

（4）逐步拔管，边振动边拔管，每拔管 50cm，停止拔管而继续振动，停拔时间 10～20s，直至将桩管拔出地面。

2. 质量控制

（1）桩身的连续性和密实度，通过控制拔管的速度来保证桩身的连续性和密实度，不致断桩或缩径，拔管速度慢，可使砂石料有充分时间振密，从而保证桩身的密实度。

（2）桩的直径，要按设计要求数量

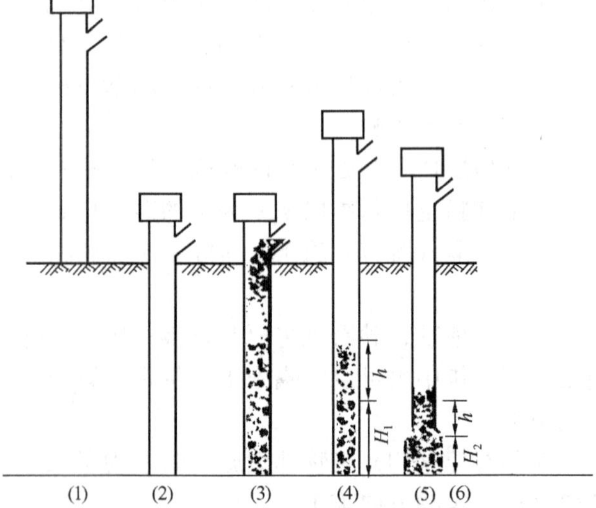

图 6-22　重复压拔管成桩工艺

投加砂石料。

（三）重复压拔管法

1. 成桩工艺步骤，见图 6-22。

（1）桩管垂直就位，闭合桩靴；

（2）将桩管沉入地基土中达到设计深度；

（3）按设计规定的砂石料量向桩管内投入砂石料；

（4）边振动边拔管，拔管高度根据设计确定；

（5）边振动边向下压管（沉管），下压的高度由设计和试验确定；

（6）停止拔管，继续振动，停拔时间长短按规定要求；

（7）重复步骤（3）～（6），直至桩管拔出地面。

2. 质量控制

（1）桩身的连续性

应通过适当的拔管速度、拔管高度和压管高度来控成桩身的连续性。拔管速度太快，砂石料不易排出，以及拔管高度较大而桩管高度又较小时，都容易造成桩身投料不连续。

（2）桩的直径

利用拔管速度和下压桩管的高度进行控制。拔管时使砂石料充分排出，压管高度较大时则形成的桩径也较大。

（3）桩体密实度

桩体的密实度，除了受压管高度大小影响外，还与桩管的留振时间有关。留振时间长，则桩身的密实度大。一般情况下，桩管每提高 100cm，下压 30cm，然后留振 10～20s。

二、锤击成桩法

锤击成桩法成桩工艺有单管成桩法和双管成桩法两种。

（一）单管成桩法

1. 成桩工艺步骤，见图 6-23。

（1）桩管垂直就位，下端为活瓣桩靴时则对准桩位，下端为开口的则对准已按桩位埋好的预制钢筋混凝土锥形桩尖；

（2）启动蒸汽桩锤或柴油桩锤将桩管打入土层至设计深度；

（3）从加料漏斗向桩管内灌入砂石料。当砂石量较大时，可分两次灌入，第一次灌总料量的 2/3 或灌满桩管，然后上拔桩管，当能容纳剩余的砂石料时再第二次加够所需砂石料；

（4）按规定的拔管速度，将桩管拔出。

2. 质量控制

（1）桩身连续性和密实度

桩身的连续性和密实度用拔管速度来控制。拔管速度根据试验确定。一般土质条件下，拔管速度为 1.5～3.0m/min。

（2）桩的直径

用灌砂石量来控成桩的直径。灌砂石量没有达到要求时，可在原位再沉入桩管投料（复打）一次，或在旁边沉管投料补打 1 根桩。

（二）双管成桩法

1. 成桩工艺步骤，见图6-24。

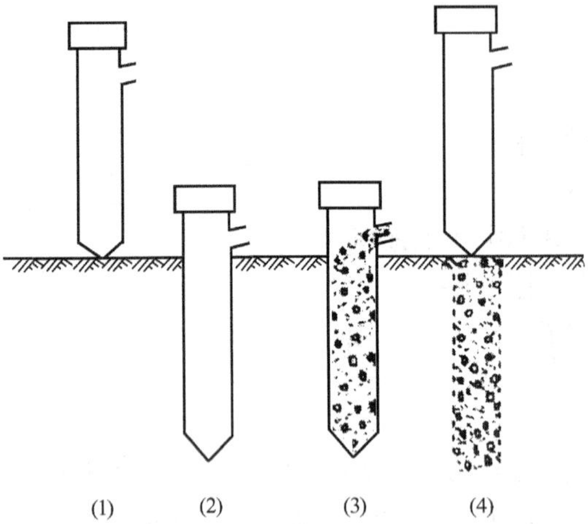

图6-23　单管锤击式成桩工艺

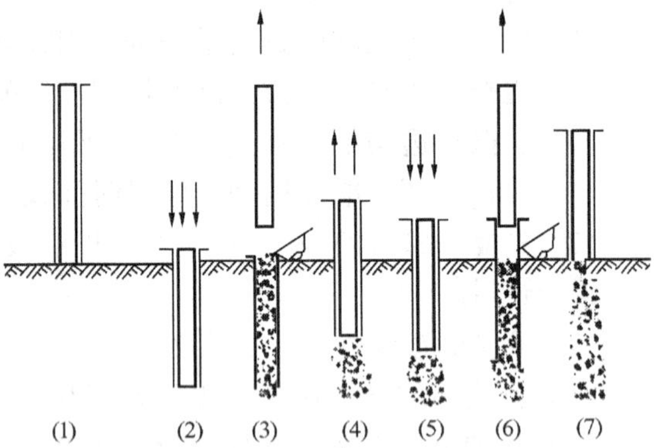

图6-24　双管锤击式成桩工艺

（1）将内外管垂直安放在预定的桩位上，将用作桩塞的砂石投入外管底部；

（2）以内管做锤冲击砂石塞靠摩擦力，将外管打入预定深度；

（3）固定外管将砂石塞压入土中；

（4）提内管并向外管内投入砂石料；

（5）边提外管边用内管将管内砂石料冲出挤压土层。

（6）重复步骤（4）～（5），直至拔管接近桩顶；

（7）待外管拔出地面，砂石桩完成。

2. 质量控制

（1）桩身连续性

拔管时如没有发生拔空管现象，一般可避免断桩。

（2）桩的直径和桩身密实度

用贯入度和填料量两项指标双重控制成桩的直径和密实度。对于以提高地基承载力为主要处理目的的非液化土层，以贯入度控制为主，填料量控制为辅；对于以消除砂土和粉土地震液化为主要处理目的的液化土层，则以填料量控制为主，以贯入度控制为辅。贯入度和填料量可通过试桩确定。

6.5　效果检验

地基处理效果的检验，是采用一种或多种检测方法对处理后形成的复合地基的性能进行测试，以验证复合地基各项性能满足设计要求的程度。当某些性能不能满足设计要求时，要从施工、设计等方面寻找原因，如果是施工没有按规定的要求进行，则要采取适当的补救措施加以弥补。从这个意义上说，检验也是对施工质量的检测。如果是设计方面的原因，使处理效果没有达到要求，则要对设计进行修改或变更。

6.5.1 检测方法、位置和数量

砂石桩的施工质量检验可采用单桩载荷试验，对桩体可采用动力触探试验检测，对桩间土可采用标准贯入试验、静力触探试验、动力触探试验或其他原位测试等方法进行检测。桩间土质量的检测位置应在等边三角形或正方形的中心，该处处理效果较差，只要该处处理结果达到要求，其他位置一般说来更易满足设计要求。该处的检测结果还可以判断桩间距的合理性。检测数量不应少于桩孔总数的2%。

砂石桩地基竣工验收时，承载力检验应采用复合地基载荷试验，其数量不应少于总桩数的0.5%，且每个单体建筑不应少于3点。

6.5.2 恢复期

由于成桩过程对地基土结构、构造的扰动，使其强度暂时有所降低，饱和土地基在桩周围一定范围内，还产生较高的超孔隙水压。因此，成桩结束后要静置一段时间，使强度恢复，超孔隙水压消散以后再进行载荷试验。恢复期的长短需根据土的性质而定，黏性土孔隙水压力消散的所需时间较长，砂性土中孔隙水压力消散较快。对饱和黏性土地基，恢复期不宜少于28d；对砂土、粉土和杂填土地基，不宜少于7d。非饱和土地基一般在砂石桩施工后3～5d。

6.5.3 复合地基载荷试验

一、试验类型

试验类型有单桩复合地基载荷试验和多桩复合地基载荷试验。

单桩复合地基载荷试验一般采用钢质或钢筋混凝土质压板，形状为圆形或方形，面积为1根桩所承担的地基处理面积即等效影响圆的面积。

多桩复合地基载荷试验的承压板可用正方形或矩形，其尺寸根据实际桩数所承担的地基处理面积确定，一般与桩间距和布桩形式有关。常用的有以2倍桩间距为正方形边长可覆盖4根桩所承担的处理面积的压板。

二、试验要点

1. 试验

(1) 承压板底面标高。承压板底面标高应与基础底面设计标高相同。承压板底面下铺设50～150mm厚的中、粗砂垫层，桩身强度高时宜取大值。试验标高处的试坑长度和宽度，应不小于承压板尺寸的3倍。基准梁的支点应设在试坑外。

(2) 加荷。最大加载压力不应少于设计要求压力值的2倍。荷载分级施加，级数可分为8～12级。

(3) 每加一级荷载前后均应读记承压板沉降量 s 一次，以后每隔0.5h读记一次。当1h内沉降量小于0.1mm时，就认为本级沉降已相对稳定，即可施加下一级荷载。

(4) 终止试验条件。试验过程中出现下列现象之一时，可终止试验：

①沉降急骤增大，土被挤出或承压板周围出现明显的隆起；

②承压板的累计沉降量已大于其宽度或直径的6%；

③最大加载压力已大于设计要求压力值的2倍。

(5) 卸载。卸载级数可为加载级数的一半，等量卸载，每卸一级，间隔0.5h，读记回弹量，待卸完全部荷载后间隔3h读记总回弹量。

2. 复合地基承载力特征值的确定

（1）当压力沉降关系（p-s）曲线极限荷载能确定，而其值不小于对应比例界限的2倍时，取此比例界限对应的荷载为承载力特征值；当其值小于对应比例界限的2倍时，可取极限荷载的一半值为承载力特征值。

（2）当压力-沉降关系曲线是平缓的光滑曲线时，可按相对变形值确定：

① 对以黏性土为主的地基，取s/b或$s/d=0.015$所对应的压力（s为载荷试验承压板的沉降量；b和d分别为承压板的宽度和直径，当其值大于2m时，按2m计算）为复合地基承载力特征值；

② 对以砂土或粉土为主的地基，取s/b或$s/d=0.01$所对应的荷载为复合地基承载力特征值。

按相对变形值确定的承载力特征值不应大于最大加载压力的一半。

试验点的数量不应少于3点，当满足其极差不超过平均值的30%时，可取其平均值为复合地基承载力特征值。

三、利用单桩和桩间土的试验资料计算复合地基承载力特征值

初步设计时，可用单桩载荷试验和桩间土载荷试验所得的承载力特征值，使用本章式（6-21）或式（6-22）估算复合地基承载力特征值。

6.5.4 室内土工试验

通过地基处理前、后桩间土的物理、力学性质指标的变化来验证处理的效果。试验项目有含水量、密度、孔隙比、压缩模量和抗剪强度指标c、φ值等。

6.5.5 静力触探和动力触探试验

静力触探和标准贯入试验，用于检验桩间土的加固效果，也可用于检验砂石桩桩身的施工质量。

用重型（Ⅱ）动力触探检验砂石桩的桩身密实度和桩长等。

6.5.6 波速试验

波在地基土中的传播速度反映了土的动力特性，波速的大小与土的埋藏条件和孔隙比等因素有关，因此通过测定土的波速可确定土的动弹性模量和动剪切模量。通过测定地基处理前、后波速的变化来判断处理的效果，还可以建立区域性的波速与标贯值或承载力的相关关系。

波速试验主要有跨孔法、单孔检波法、瞬态（或稳态）激振法等。

实例：瞬态瑞利波法（SASW）在高速公路液化地基处理质量检验中的应用。

瑞利面波相对于体波而言，其能量较强、速度较低、频率较低、容易分辩与采集，因此在揭示地下地层结构的物探方法中具有一定的优越性：

（1）在分层介质中，瑞利波具有频散特性；（2）瑞利波在勘察过程中波长不同，穿透深度也不相同；（3）瑞利面波的传播速度与土层介质的物理力学性质密切相关。研究表明，瑞利波能量约占整个地震波能量的67%，且主要集中在地表下一个波长范围内，而其传播速度代表着半个波长（$\lambda_R/2$）范围内介质震动的平均传播速度。因此一般认为瑞利波法的测试深度为半个波长的距离。瑞利波勘探按激震方式的不同可分为稳态法和瞬态法两种，目前实际工程中应用较多的是瞬态法。瞬态法是采用瞬时冲击力作为震源来产生波动，地表在此波动作用下激发一定频率范围的瑞利波，不同频率的瑞利波叠加在一起以脉冲的形式向前传播。一般土层中传播的瑞利波频率较低，可采用4Hz或10Hz以下的低频

检波器来拾取；在要求精度较高的浅地层探测工程中，则需采用频率为 28Hz 或 38Hz 的检波器来拾取。从瑞利波记录经处理得到频散曲线中可提取不同深度地层的面波速度，其大小间接的反映着不同深度地基的密实情况，必要时可将其换算成如横波速度等参量对地基质量进行分类评价。

1. 江苏省宿迁至淮安高速公路

工程用瑞利面波速度检测地基介质的密度，从而进一步计算动弹性模量等物理参数，对地基处理的效果进行综合检测与评价。用下列公式对相关物理量进行了计算：

$$v_s = v_R / 0.93 \quad (v_R > 250\text{m/s})$$

$$v_s = v_R / 0.94 \quad (150 < v_R < 250\text{m/s})$$

$$v_s = v_R / 0.95 \quad (v_R < 150\text{m/s})$$

$$K = [\log(v_s - 1.875)] / 0.398$$

$$P_y = [\log(v_s - 1.998)] / 0.51$$

$$Q = [\log(v_s - 2.127)] / 0.443$$

$$E_d = 2 \cdot \rho \cdot v_s^2 \cdot (1 + \mu)$$

式中 v_s——为横波速度（m/s）；

v_R——为瑞利波速度（m/s）；

K——静止土压系数；

P_y——固结屈服力（kgf/cm）；

Q——单轴压缩强度（kgf/cm）；

E_d——为动弹性模量（MPa）；当 v_R>250m/s 时，μ=0.32，当 v_R<250m/s 时，μ=0.38。

ρ——为介质密度；

μ——为泊松比。

根据上海地区工程实践，总结出如下以瞬态瑞利波计算变形模量 E_0 的经验公式：

$$E_0 = 9.43 \times 10^{-5} \cdot v_R^{2.284}$$

又因变形模量与压缩模量之间存在如下关系：

$$E_0 = \beta \times E_s$$

$$\beta = 1 - 2\mu^2 / (1 - \mu)$$

E_s——压缩模量（MPa）；

μ——泊松比。依经验取 0.25。

碎石桩长度最大仅有 5～8m，瑞利波检测采用 12 道检波器、道间距 1.0m、偏移距 5.0m、采样间隔 5ms、采样点数 1024 点、18 磅大锤敲击地面、拾震器为 5Hz 垂直检波器。从频散曲线中可得知 k123+58 号测点在 8m 深度范围以内经碎石桩加固处理前后的面波平均速度分别约为 140m/s 和 220m/s，从而可计算出碎石桩加固处理效果的评价参量（表 6-14）：

k123+58号测点碎石桩处理前后不同参量评价对比 **表 6-14**

质量评价类别	动弹性模量（MPa）	静止土压系数	固结屈服力（kgf/cm）	单轴压缩强度（kgf/cm）	压缩模量（MPa）
设计要求合格达标量	250				15
碎石桩地基加固处理前	137.9	5.4	4.2	4.9	6.4
碎石桩地基加固处理后	347.6	5.9	4.6	5.3	18.1

从表中可知该处地基在加固前是远不符合设计要求的，经碎石桩加固处理后动弹性模量与压缩模量大为提高，完全满足设计规定的达标要求。

2. 江苏省连云港—徐州高速公路

高速公路液化地基碎石桩处理质量检验采用以瞬态瑞利波法（SASW）法为主、标准贯入试验控制的方法进行，如对SASW法按每40m一点，路中心两侧交叉进行。

SASW法测试给出的剪切波速v_s与标准贯入试验（SPT）和静力触探试验（CPT）的成果相当吻合（见图6-25、图6-26），v_s与实测标准贯入击数N之间具有良好的相关性（见图6-27），即$v_s=30.2N^{0.92}$。

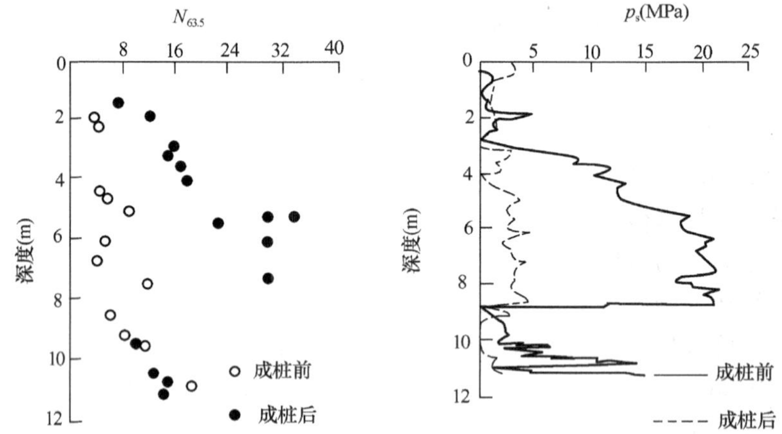

图6-25 碎石桩成桩前后桩间土标贯（SPT）和静力触探（CPT）测试结果

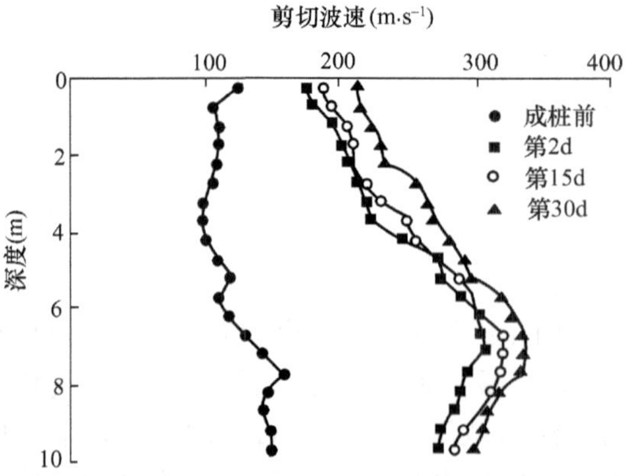

图6-26 碎石桩成桩前后剪切波速对比

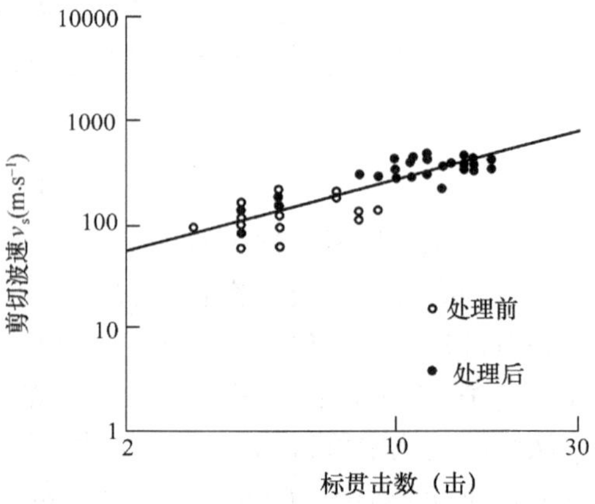

图6-27 标贯击数N与剪切波速相关关系

6.5.7 其他专门测试

对重要工程，为了给设计、施工或研究提供可靠数据，还要进行一些专业的测试。针对不同目的，分别有超孔隙水压、复合地基应力分布和桩土应力比等等。

6.6 工程实例

【实例 6-1】 徐州镀锌焊管厂扩建工程地基处理

【6.1.1】 工程概况

徐州镀锌焊管厂位于徐州市东郊，京杭大运河南约 2km 处。扩建工程主要有原料库主轧车间、精装车间、变电所和车间办公室等，其中主轧车间和精装车间长 216m，跨度分别为 24m 和 18m。原料库长 90m，跨度 21m，库内将有大面积地面堆载。车间为单层工业厂房，排架结构，柱距 6m。总建筑面积 10746m^2。由于场地位于古黄河泛滥区，地基土软弱并且存在振动液化，为了满足厂房设计要求，节省投资，通过对钢筋混凝土预制桩、灌注桩和挤密碎石桩几种地基基础方案的比较，采用了挤密碎石桩地基处理方案。

【6.1.2】 土层分布

场地地层自上而下依次分为 9 层，其物理力学性质见表 6-15。

①层：粉土，局部夹黏土，软塑、饱和厚度 2.0～2.6m：

②层：淤泥质粉质黏土，局部缺失，厚度 0.1～0.5m；流塑、很湿，高压缩性土。

③层：黏土夹粉土薄层（③$_a$），厚度 2.2～3.1m，软塑、很湿、高压缩性土；

④层：粉土，软塑、饱和，厚 2.5～2.8m；

⑤层：黏土，可塑、很湿，中—高压缩性土，厚 0.7～1.4m；

⑥层：黏土，可塑、很湿，厚 1.6～2.4m；

⑦层：细砂，饱和、中密，厚 1.1～2.7m；

⑧层：黏土，硬塑、很湿，黏性较强；

⑨层：粉质黏土，硬塑、很湿。

土的物理力学性质 **表 6-15**

土层编号	土层名称	天然含水率 w (%)	密度 ρ (g/cm^3)	天然孔隙比 e_0	塑性指数 I_P	液性指数 I_L	内摩擦角 φ (度)	黏聚力 c (kPa)	压缩系数 a_{1-2} (MPa^{-1})	压缩模量 E_s (MPa)	标贯击数 N (击)	静力触探锥尖阻力 q_c (kPa)	承载力基本值 f_{sk} (kPa)
①	粉土	26.2	1.91	0.77	8.9	0.50	19.0	23	0.14	7.0	3.6	1900	130
②	淤泥质粉质黏土	46.7	1.75	1.28	15.2	1.64	5.0	9	1.00	2.1			78
③	黏土	34.9	1.79	1.08	23.2	0.63	9.9	22	0.72	2.8		4100	98
③$_a$	粉土	28.8	1.89	0.83	7.6	0.85	17.4	17	0.25	2.9		2100	128
④	粉土	26.2	1.89	0.84	8.7	0.57			0.21	8.1	3.8	1700	114
⑤	黏土	31.4	1.79	1.06	22.7	0.35	8.8	27	0.60	3.0	6.0	1200	134
⑥	黏土	25.9	1.88	0.83	19.6	0.40	11.1	27	0.53	4.1	6.8		184
⑦	细砂										18.0		190
⑧	黏土	27.2	1.89	0.89	22	0.16	15.6	32	0.31	5.8	17.5		217
⑨	粉质黏土	39.8	1.73	1.28	18.1	0.58	18.3	22	0.39	5.4			161

场区地下水埋深0.2m，对混凝土有结晶性侵蚀。场地地震烈度7度，①层和④层粉土液化等级Ⅲ级。⑤层及其以上土层为第四纪新近沉积的软弱土，压缩性较高，其下则土的工程性质较好，因此，①～⑤层为砂石桩法地基处理主要对象，以便消除液化，提高地基强度。

【6.1.3】　施工概况

施工之前在原料库分两区（3号和4号）进行了试验，每区各布桩53根，分基桩和插桩两种。基桩按正方形布桩，间距1.5m，桩长9.0m，桩径0.5m。插桩布在4个基桩的正方形中心，桩长6m，桩径0.4m。成桩结束2周后开始静力触探、标准贯入试验和复合地基载荷试验，载荷试验压板为正方形，面积3m×3m。试验情况见图6-28、图6-29、图6-30和表6-16。

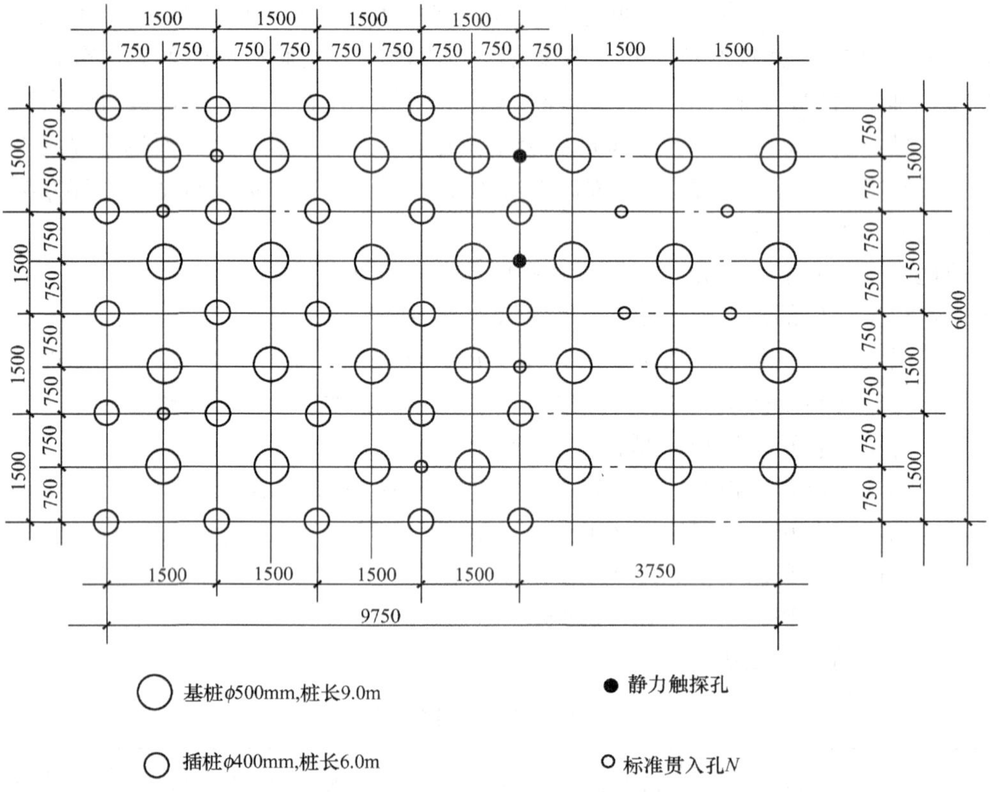

图6-28　3#、4#试验区干振碎石桩桩位及测试点平面布置图

检测结果表明，处理后地基土的性质得到显著改善。标贯击数 N 和静探锥尖阻力 q_c 均提高2倍以上，①层和④层土的地震液化已经消除。③层黏性土因成桩扰动后恢复期较短，性质变化不大，但成桩后随着时间的增长其强度会逐步提高，见图6-29。

载荷试验技术条件　　**表6-16**

试验位置	见图6-14	加荷方式	分8级加荷，每级50kPa
试验土层	粉土、黏土	观测仪器	位移传感器
试验深度	3号点，0.68m 4号点，0.85m	稳定标准	连续2h，每小时沉降量0.25mm
压板面积	3m×3m	试验日期	1988.11.27～1989.1.1
压板形状	正方形	地下水位	0.60m

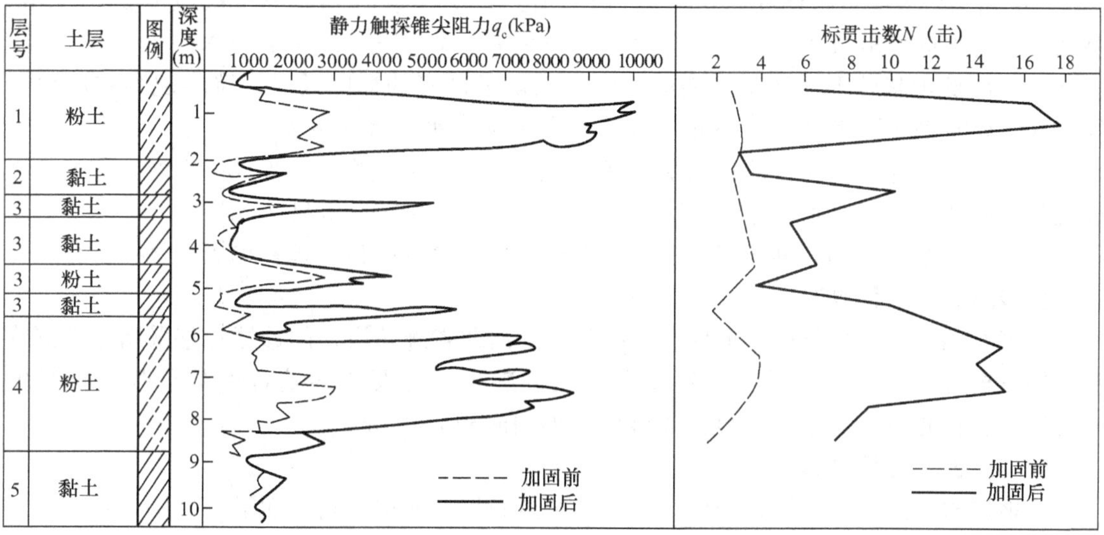

图 6-29 地基土加固前后静力触探和标贯曲线对比

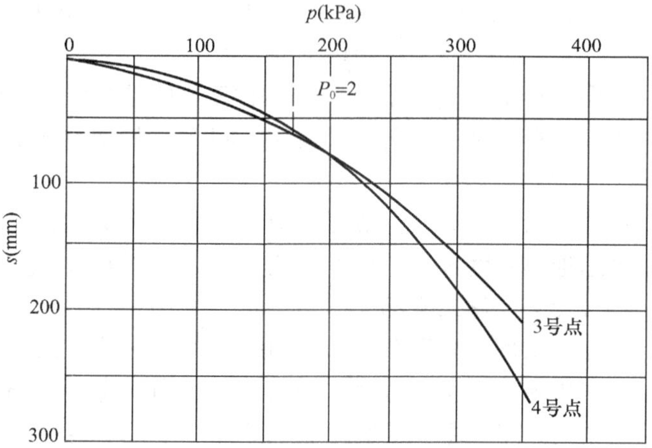

图 6-30 p-s 曲线

两组载荷试验分别加荷至 342～350kPa 时，地基未出现破坏现象，且未出现明显拐点和陡降段，p-s 曲线为一条完整连续的平缓光滑曲线较圆滑，无明显拐点，见图 6-30，依据《建筑地基处理技术规范》（JGJ 79—2002）中有关确定单桩复合地基承载力特征值的规定：取 $s/b=0.01$ 所对应的荷载为复合地基承载力特征值，且其不应大于最大加载压力的一半，即复合地基承载力特征值 171～175kPa，压缩模量 E_s 为 7.0MPa。

根据上述试验结果，大面积施工时，除将插桩桩径改为 0.5m 以增加黏性土的置换率外，其他参数与试验的相同，基础范围以外布置 2 排护桩，宽度 3m。

施工机械使用 DZ-30Y 型和 DZ-50Y 型振动沉拔桩机，电动机功率分别为 30kW 和 50kW。激振力分别为 180kN 和 230kN，静压力 100～150kN，桩管直径 377mm，长度 11m，活页式平底桩靴。成桩采用振动压拔管法，反复压拔以达到设计桩径，碎石桩的平均充盈系数为 1.28。施工中先打基桩，后打插桩，碎石为石灰岩，粒径配比为 1～4cm 占 65%～70%，0.5～1cm 占 30%～35%，含泥量<3%，施工完成基桩 2857 根，插桩 2510 根。地基处理后地面隆起约 0.20m。

【6.1.4】 效果与评价

施工结束 20 天后，对成桩质量和处理效果进行抽样检验，抽样数量为每 300 根桩抽

1 点。检测结果表明：桩体在粉土层段的动探击数 $N_{63.5}>15$ 击，黏土层段 $N_{63.5}>8$ 击。桩间土：粉土标贯击数 $N>8$ 击，静探锥尖阻力 $q_c>7000$kPa；黏土的 $N>2.5$ 击，$q_c>450$kPa，因此地基处理达到了预期的目的，取得了良好的加固效果。沉降观测在厂房主体工程结束时平均沉降量为 9.5mm，吊车安装完成后平均沉降量为 12mm。

采用振动沉管挤密碎石桩法地基处理方案还取得了显著的经济效益，比钢筋混凝土预成桩基方案节省费用约 40 万元，节省钢材 270t，水泥 795t 和木材 21m^3。

【实例 6-2】 中国石油天然气总公司管道局职工医院门诊楼地基加固

【6.2.1】 工程概况

中国石油天然气总公司管道局职工医院位于河北省廊坊市，门诊楼地基采用振动沉管挤密碎石桩加固处理，目的是提高地基强度，满足设计要求的复合地基承载力特征值 160kPa，消除地基中粉土的 8 度地震液化。加固面积 2307m^2。

【6.2.2】 土层分布

场地属永定河冲积平原，地层均为第四纪全新世冲积层，自上而下分 5 层：

①层：粉土，夹粉砂和粉质黏土薄层，局部有软弱夹层，中密，厚度 4.95～6.50m，标贯击数 $N=6.2$ 击，承载力标准值 $f_{sk}=140$kPa；

②层：粉质黏土，夹淤泥质黏土薄层，土质不均，可塑局部软塑，厚度 1.00～2.45m，$N=8.0$ 击，$f_{sk}=168$kPa；

③层：粉土夹粉质黏土薄层，中密，厚度 1.60～3.00m，$N=10.4$ 击，$f_{sk}=200$kPa；

④层：粉质黏土，夹粉土薄层，可塑，局部软塑，厚度 2.20～3.10m，$N=3.6$ 击，$f_{sk}=150$kPa；

⑤层：粉砂，夹粉土薄层，饱和，中密，$N=12.5$ 击，$f_{sk}=160$kPa。

场地地震烈度 8 度。地下水位埋深 1.20～1.30m。

【6.2.3】 施工概况

碎石桩采用正方形布桩，桩间距 1.1m，桩长 7.5m，桩径 0.40m。成桩采用重复压拔管法，拔管速度为 1m/min，每提升 1m 下压桩管 0.30m，留振 10～20s，使用 45kW 振动沉拔桩机时，密实电流控制为 55～60A。单桩增料量为 1.5m^3，以增大黏性土层的置换率和实际充盈系数、碎石为自然级配，粒径 2.0～4.0cm。

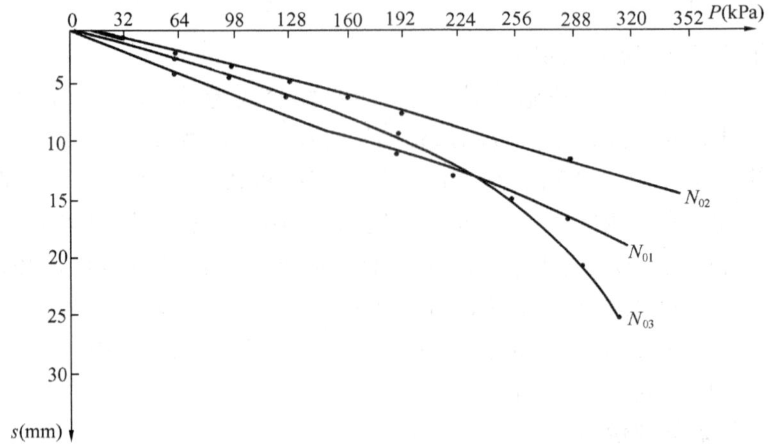

图 6-31 *p-s* 曲线

【6.2.4】 效果与评价

成桩结束后进行了效果检测，本项目采用的检测方法有载荷试验、标准贯入试验、重型（II）动力触探、室内土工试验等方法。瑞利波法结果表明：7.5m 深度内，复合地基承载力标准值平均为 218kPa，最大值为 300kPa，最小值为 170kPa；桩间土承载力标准值平均为 174kPa，最大值为 190kPa，最小值为 150kPa。载荷试验压板为圆形，直径 1.26m。复合地基载荷试验加载至 320～352kPa 时，地基均未出现破坏现象，且未出现明显拐点和陡降段，p-s 曲线为一条完整连续的平缓光滑曲线较圆滑，无明显拐点，见图 6-31。依据《建筑地基处理技术规范》（JGJ 79—2002）中有关确定单桩复合地基承载力特征值的规定：取 $s/b=0.01$ 所对应的荷载为复合地基承载力特征值，且其不应大于最大加载压力的一半，即复合地基承载力特征值 160～172kPa。采用重型（Ⅱ）动力触探对桩体的密实度进行检测，$N_{63.5}$ 最小值平均 9.2 击，最大值平均 30.3 击，见图 6-32。

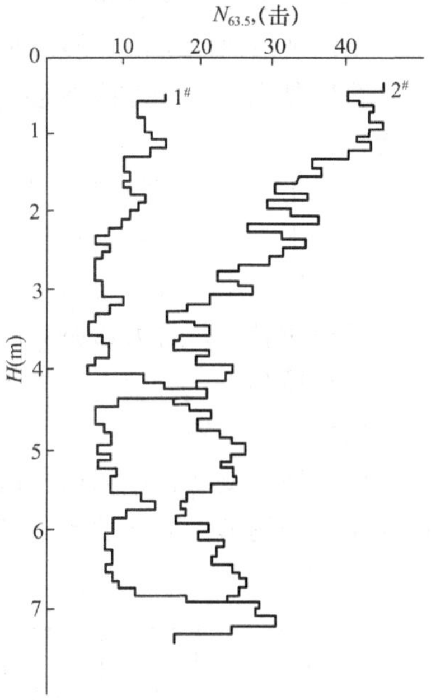

图 6-32 桩体重型（Ⅱ）动力触探 $N_{63.5}$ 曲线

根据《建筑抗震设计规范》GB 50011—2001，利用 N 对桩间可液化土进行判别，结果见表 6-17。由表中可知，已消除了地基土的 8 度地震液化。

本工程采用振动沉管挤密碎石桩加固地基，提高了地基承载力，消除了地震液化，达到设计要求的地基加固目的。

各土层液化判别结果表 **表 6-17**

钻孔号	层底深度(m)	地层岩性	实测 N（击）	临界 N（击）	是否液化
ZK1-ZK2	4.3	粉土	11.5	8.5	否
	7.3	粉质黏土	19.4	10.6	否
ZK3-ZK4	4.95	粉土	11.2	8.9	否
	6.95	粉质黏土	11.7	10.4	否
ZK5-ZK6	4.95	粉土	29.8	8.9	否
	6.95	粉质黏土	26.1	10.4	否

【实例 6-3】 中国轻工业管理干部学院三期扩建工程地基处理

【6.3.1】 工程概况

轻工业管理干部学院位于河北省固安县境内的永定河畔南岸，场地地震基本烈度 7 度。第三期扩建工程主要包括教学楼（高 6～7 层，框架结构）、礼堂（2 层，框架、排架结构），2 号、3 号家属宿舍（4 层，混合结构）、水塔和烟囱等。通过对预制桩、振冲碎石桩和振动沉管挤密碎石桩 3 种处理方法的经济技术比较，决定采用振动沉管挤密碎石桩法进行地基处理，以消除地基土的液化和提高地基承载力。

【6.3.2】 土层分布

场地地层属永定河河漫滩相第四纪新近沉积层。地层交错沉积，层理杂乱。主要为粉土、粉质黏土，部分地段有砂和黏土夹层，层厚不均，强度较低。自上而下土层主要分布为：

①粉土，局部有粉砂夹层，可塑，厚1.20～4.00m；

②粉土，含粉质黏土夹层，可塑-流塑，饱和，厚1.40～5.60m；

③粉质黏土，含粉土团块，局部为黏土，可塑-流塑，厚1.50～2.50m；

④粉质黏土，含大量淤泥质，局部夹粉土、黏土层，可塑，厚2.50～4.00m；

⑤粉质黏土，含粉土、黏土夹层，硬塑-流塑。I_p=6～33，厚4.80～8.65m；

⑥黏土，可塑；厚1.50m。

由于地层复杂，家属宿舍区（北区）和教学楼区（南区）就有很大的差异。北区和南区各层土的物理、力学性质分别见表6-18和表6-19。

北区地基土物理、力学性质表 表6-18

土层	天然含水率 w (%)	密度 ρ (g/cm³)	饱和度 S_r (%)	孔隙比 e_0	液限 w_L (%)	塑限 w_P (%)	塑性指数 I_p	液性指数 I_L	黏粒含量 (%)	压缩模量 E_s (MPa)	压缩系数 a_{1-2} (MPa⁻¹)	承载力标准值 f_{sk} (kPa)
①粉土	19.7	1.83	71	0.746	27.0	19.0	8.0	0.09	6	12.3	0.14	120
②$_1$粉土	28.2	1.92	95	0.791	27.9	20.0	7.9	1.03	6	12.6	0.16	100
②$_2$粉土	26.7	1.94	95	0.746	30.0	21.0	9.0	0.63	7	11.5	0.16	120
③$_1$粉土	25.9	1.99	96	0.662	26.0	18.0	8.0	0.74		9.6	0.17	120
④$_2$淤泥质粉质黏土	35.4	1.83	95	1.013	34.0	19.0	15.0	1.09		4.1	0.47	80
⑤$_2$粉土	29.6	1.90	96	0.828	30.0	21.0	9.0	0.96	10	8.2	0.20	130
⑥黏土	48.4	1.77	98	1.342	69.0	36.0	33.0	0.38		4	0.57	120
⑦粉质黏土	26.8	1.78	78	0.938	36.0	20.0	16.0	0.43		3.6	0.52	150

南区地基土物理、力学性质表 表6-19

土层	天然含水率 w (%)	密度 ρ (g/cm³)	饱和度 S_r (%)	孔隙比 e_0	液限 w_L (%)	塑限 w_P (%)	塑性指数 I_p	液性指数 I_L	黏粒含量 (%)	压缩模量 E_s (MPa)	压缩系数 a_{1-2} (MPa⁻¹)	承载力标准值 f_{sk} (kPa)
①粉土	22.9	1.80	74	0.840	28.0	21.0	7.0	0.35	5	13.4	0.16	80
①$_2$粉砂												60
②粉土	27.8	1.85	95	0.761	28.0	19.0	9.0	0.85	4	12.2	0.19	90
③粉质黏土	35.4	1.83	94	1.027	40.0	22.0	18.0	0.79		6.4	0.50	60
④$_1$粉砂												100
⑤粉质黏土	34.4	1.83	93	1.004	40.0	23.0	17.0	0.67		5.0	0.48	60

注：④$_2$淤泥质粉质黏土以上为新近沉积层Q_4^2，⑤粉质黏土以下为全新世沉积层Q_4^1。

根据《建筑抗震设计规范》对粉土和粉砂层进行了地震液化判别，结果表明：北区 4.21～11.40m 深度范围内的粉土为可液化土层，南区 2.50～11.48m 深度范围内的粉土、粉砂均为可液化土层。

【6.3.3】 试验

施工前，在北区和南区分别做了地基处理试验，并进行了大量测试工作。

北区，分 A 区和 B 区，桩长分别为 7m 和 8m，两区桩距均分别为 1.4m 和 1.6m 两种，施工使用 80kW 振动桩机。均进行了孔隙水压测试，其中 A 区 1.6m 桩距孔隙水压测试成果见图 6-33，由图中可知，加固前后孔压比的峰值增量 $\Delta\mu_{max}/\sigma'_v$ 随距离增大而衰减，加固前 $\Delta\mu_{max}/\sigma'_v$ 约为 0.8，加固后则降至 0.2 以下，说明加固后已有效地抑制了地基土孔隙水压力的增长。

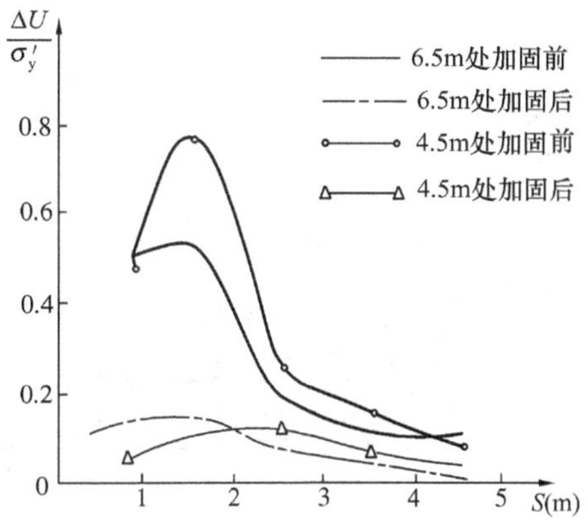

图 6-33 A 区 1.6m 桩距区最大孔压随激振距离变化曲线

成桩结束 70d 以后，在 B 区 1.4m 桩距对桩间土进行了标贯试验和波速试验，见图 6-34 和图 6-35。图 6-34 表明，加固前，7 度地震即发生液化，加固后则消除了液化；图 6-35 表明，加固后桩间土和复合地基的波速分别比天然地基提高 26% 和 34%。

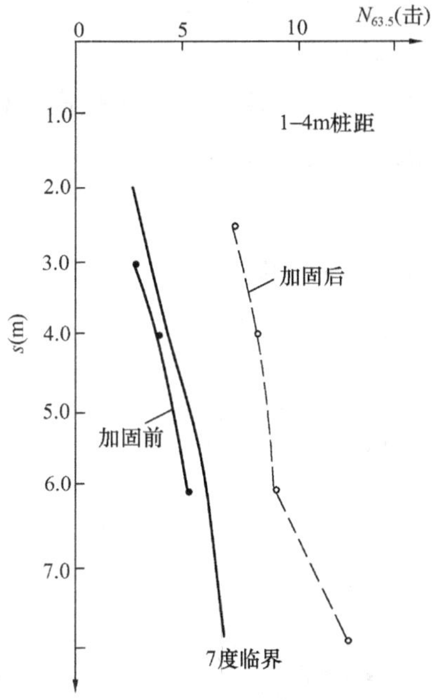

图 6-34 加固前后标贯击数及液化判别图

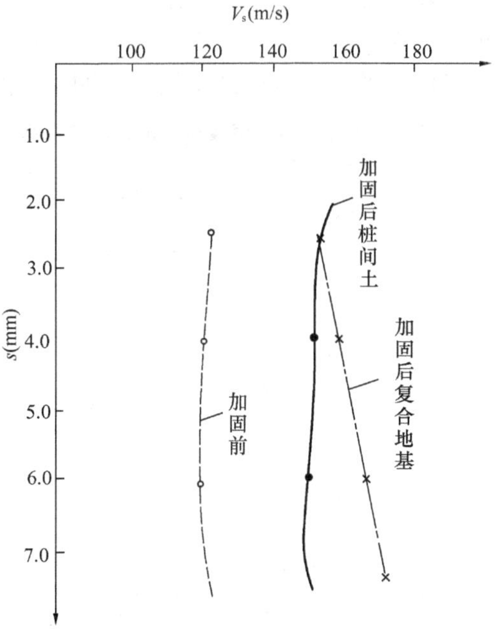

图 6-35 加固前后波速随深度变化曲线

为确保相邻已有建筑物的安全，在距建筑物 4m 处设置了防振沟并进行加速度测试，见图 6-36 和图 6-37。图中可知，如不设减震沟，楼外墙处的加速度最大值 $a_{max}=0.5g$，而设减沟后，其加速度 a_{max} 已减小到 0.1g，在楼房地坪实测加速度只有 0.024g。取得了很好的减震效果，在楼房不同标高处测得其位移反应（未考虑相位）横向位移最大为 0.0350mm，竖向位移最大为 0.0287mm。

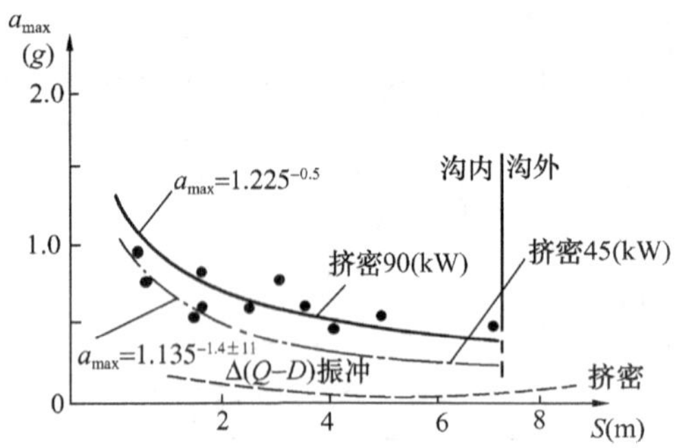

图 6-36　地面加速度 a 随距离 S 变化关系图

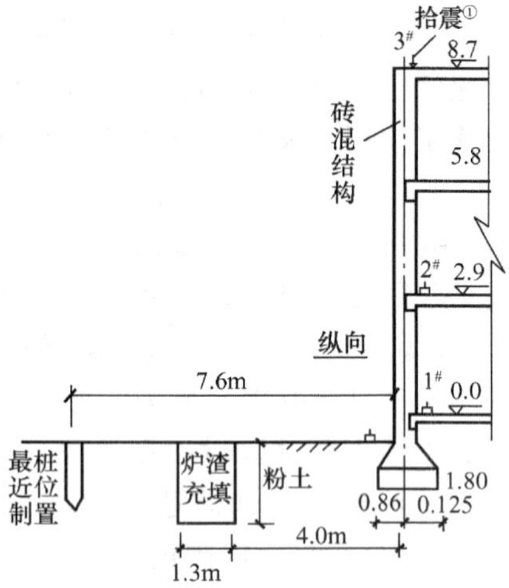

图 6-37　楼房测振示意图

南区选在地质条件较不利的地方，桩径 0.40m，桩长 8.0m，间距 1.1m。成桩用 45kW 动沉拔桩机。成桩过程中进行了加速度测试，其 1 号桩位测试结果见图 6-38，从图中可，振动加速度随距离的增加而呈负幂次函数关系衰减。水平径向和竖向的加速度大体相但均大于水平切向加速度，说明竖向振密和水平挤密作用很显著。

桩间土的静力触探试验结果表明，q_c 值提高了 1.1～1.4 倍，f_s 值也有较大提高。桩

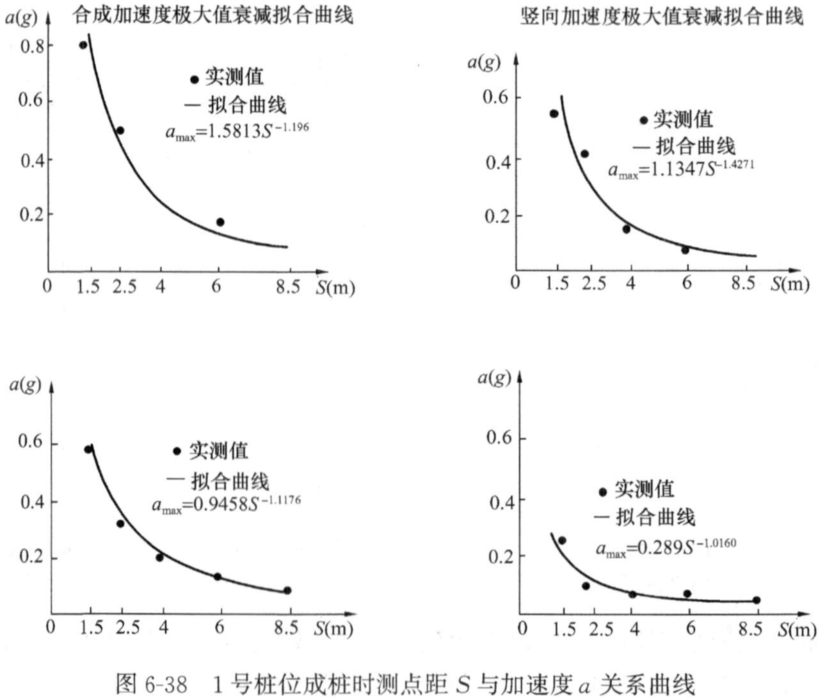

图 6-38　1 号桩位成桩时测点距 S 与加速度 a 关系曲线

间土标贯试验结果表明其标贯击数由加固前的1～12击提高到8～24击，见图6-39。桩体重型（2）动力触探试验在两根桩上进行，上下部击数 N 变化较大，小者为3～4击/10cm，大者为14～15击/10cm。

成桩结束后，进行了复合地基载荷试验试验，压板面积1.1m×2.2m，复合地基载荷试验加载至320kPa时，地基未出现破坏现象，且未出现明显拐点和陡降段，p-s 曲线为一条完整连续的平缓光滑曲线较圆滑，无明显拐点，（见图6-40），依据《建筑地基处理技术规范》（JGJ 79—2002）中有关确定单桩复合地基承载力特征值的规定：取 $s/b=0.01$ 所对应的荷载为复合地基承载力特征值，且其不应大于最大加载压力的一半，即复合地基承载力特征值160kPa。

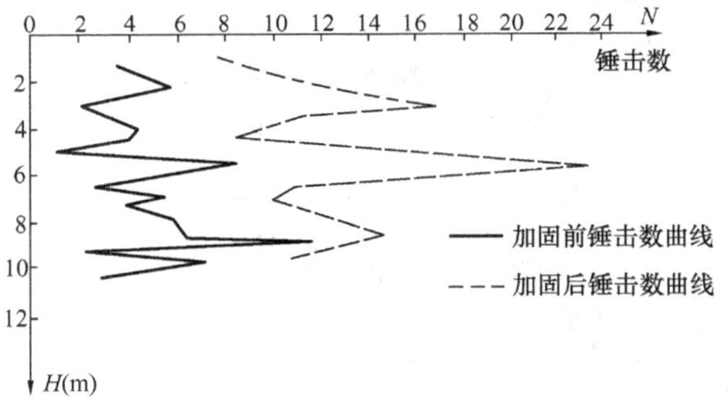

图6-39 加固前后标贯击数 N 对比曲线

注：加固前后锤击数均取所有标贯锤击数的平均值

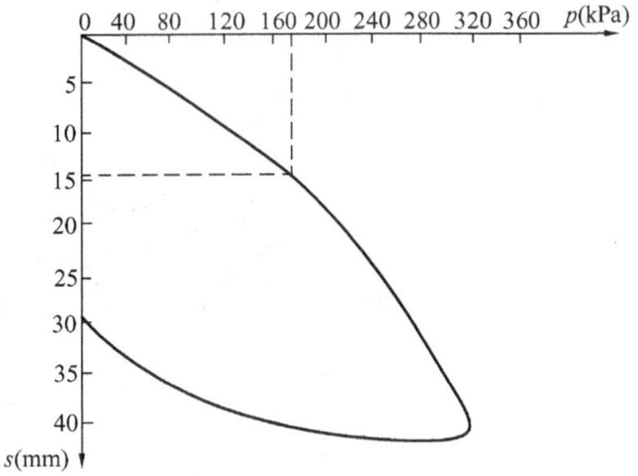

图6-40 复合地基 p-s 曲线

为了解复合地基桩土应力分布情况，在桩上、桩边和桩间土中埋设了压力盒，见图6-41，由图可知，在前3级荷载作用下，桩上的应力比土稍大，随着加荷级数增多，桩与桩周土应力之比增大，即桩负担的荷载趋于增大。计算可得，当加荷为0.175MPa，相当于复合地基容许承载力时，桩负担的荷载占总荷载的17.2%，桩间土占82.8%；当应力达到破坏时，桩占18.9%，桩间土占81.1%。说明对粉土形成的复合地基，桩间土起主要作用。

为观察成桩前后孔隙水压力的增长和消散情况，进行了孔隙水压测量。成桩造成的孔隙水压的增长绝大部分在一周内已消散，5d内消散约70%，12d则接近初始静水压。见图6-42，由此可为确定效果检测时间提供依据。

根据试验情况，施工机械使用45kW振动沉拔桩机，采用逐步拔管法，每提升桩管1m，留振10s，控制每延米的投料量。施工中采用碎石、卵砾石料粒径为2～4cm。

【6.3.4】 施工

2#、3#家属宿舍楼桩长7.5m，等腰三角形布桩，排距横向1.320m，纵向0.615m。礼堂的桩长为7.5m，方形或矩形布置，间距1.0m和1.2m。烟囱的桩长8m，同心环状布桩，环间距1.2m，每环上桩间距1.0～1.2m。水塔的桩长为8m，同心环状布桩，环间距1.1m，每环上桩距1.03～1.04m。教学楼有7m和8m两种桩长，桩距0.9、1.1、1.4m不等，长方形布桩。施工顺序对三角形、方形或矩形布桩的，逐排逐点成桩，环形布置的则先打外环桩后打内环桩。施工使用桩管直径为325mm，成桩直径实际为325～400mm，总计完成制桩6474根。

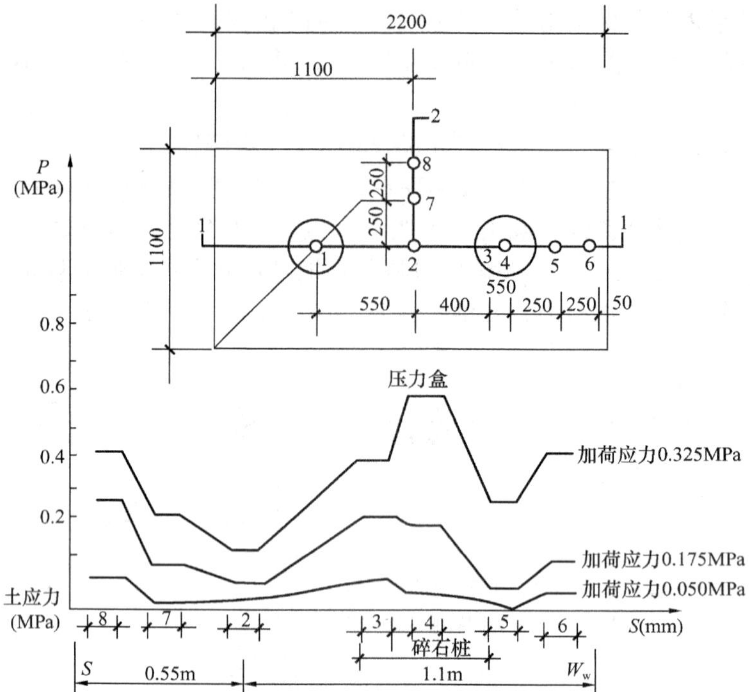

加荷等级	土应力(MPa) 压力盒 / 加荷应力(MPa)	8	7	2	3	4	5	6
1	0.050	0.10	0.01	0.02	0.09	0.04	0.00	0.04
4	0.175	0.35	0.14	0.08	0.29	0.26	0.05	0.14
10	0.325		0.30	0.19	0.46	0.67	0.33	0.48

图 6-41　载荷试验压力盒平面布置图

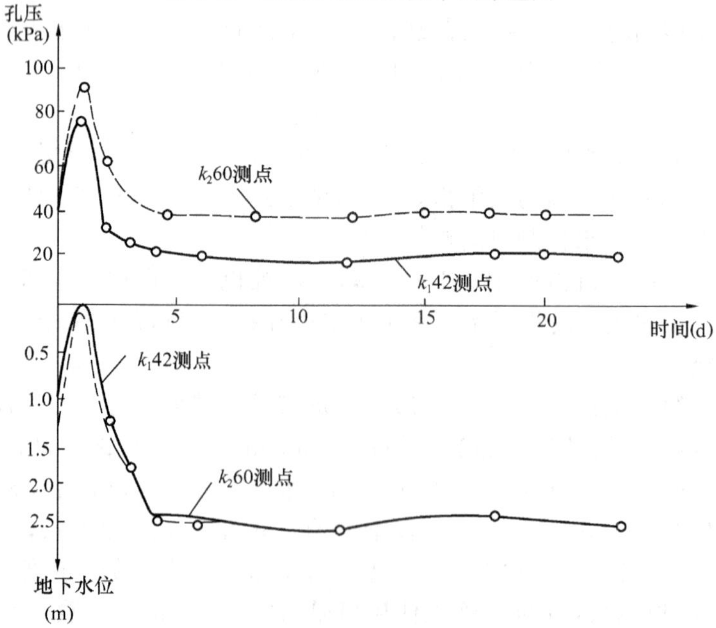

图 6-42　孔隙水压力消散及地下水变化时程曲线

【6.3.5】 效果与评价

大面积施工后进行了效果检验，加固前后地基土的物理性质指标对比见表 6-20，从表中可看出，除家属宿舍楼因加固前后试样分别为原状样和扰动样使试验结果不能真正反映加固效果外，其他地段加固后地基土的物理性质都有所改善，含水量和液性指数普遍降低。桩间土的标贯试验结果见表 6-21，由表可知，标贯击数平均提高 1～2 倍，最少提高约 30%，桩底以下因成桩扰动，土的强度有所降低。

地基土加固前后物理性质比较表 表 6-20

建筑物项目 / 地层特征值			教学楼、礼堂				2＃、3＃家属楼				水塔			
			含水率 w (%)	液限 w_L (%)	塑限 w_P (%)	液性指数 I_L	含水率 w (%)	液限 w_L (%)	塑限 w_P (%)	液性指数 I_L	含水率 w (%)	液限 w_L (%)	塑限 w_P (%)	液性指数 I_L
①粉土	平均值	加固前	28.5	30	22	0.81	25.4	28	19	0.57	29.1	31	22	0.79
		加固后	22.7	27	19	0.47	23.8	28	18	0.63	23.4	28	19	0.58
②粉土	平均值	加固前	31.3	34.5	19	1.08	22.9	26.0	17.0	0.41	25.9	27.0	19.0	0.86
		加固后	26.7	30	18	0.74	24.2	27.0	17.0	0.68	24.5	28.0	19.0	0.66
③粉土	平均值	加固前	32.3	34	22	0.87	26.4	26.0	19.0	0.69	28.5	29.0	20.0	0.95
		加固后	25.4	26	18	0.75	28.0	28.0	20.8	0.82	25.9	28.0	19.0	0.79

地基土加固前后标贯试验结果（N）平均值比较表 表 6-21

建筑物特征值 / 深度（m）	礼堂		教学楼		2＃、3＃家属楼		水塔	
	加固前	加固后	加固前	加固后	加固前	加固后	加固前	加固后
0.00～2.00	10	14	4	15	4	9	7	15
2.00～4.00	5	10	2	8	3	12	6	15
4.00～6.00	3	9	6	14	4	11	3	14
6.00～8.00	4	14	4	13	5	12	8	12
8.00～10.00	14	6	24	14	9	9	14	14
10.00～12.00	16		14		4		4	

根据《建筑抗震设计规范》（GB 50011—2001）对处理后的地基土进行地震液化判别，结果表明，经处理后消除了地基土的地震液化。检测结果表明，复合地基承载力特征值满足设计要求。

仅以教学楼为例，采用振动沉管挤密碎石桩法处理地基的单位面积造价仅为振冲法的 1/2，为预制桩基的 1/2.3，因此，取得了显著的经济效益。

参 考 文 献

[1] 叶书麟. 地基处理. 北京：中国建筑工业出版社，1988
[2] 韩杰. 碎石桩加固技术. 第三届地基处理学术讨论会论文集，杭州：浙江大学出版社，1992
[3] 中华人民共和国行业标准. 建筑地基处理技术规范（JGJ 79—2002）

[4] 中华人民共和国国家标准．建筑地基基础设计规范（GB 50007—2002）
[5] 中华人民共和国国家标准．建筑抗震设计规范（GB 50011—2001）
[6] 中华人民共和国行业标准《建筑地基处理技术规范》（JGJ 79—2002）
[7] 中华人民共和国行业标准《铁路工程地质原位测试规程》（TB 10041—2003 J 261—2003）
[8] 孙更生、郑大同．软土地基与地下工程．北京：中国建筑工业出版社，1984
[9] 唐业清．土力学基础工程新进展．铁道标准设计通讯专辑，1988
[10] 熊兴邦、祈希兴、邹秀兰．振动沉管挤密碎石桩处理可液化土的试验研究 某楼粉土地基的处理．地基处理，1993第2期
[11] 李雄、刘金砺．饱和软土中预成桩承载力时效的研究．岩土工程学报，1992第4期
[12] 陆新、许镇鸿．打入桩对周围土体的影响及消减措施，桩基新技术新进展学术讨论会论文集．岩土工程师编辑部等．1991
[13] 郑建国．振动挤密桩桩距对振密变形的影响．岩土工程学报，1992增刊
[14] 郑建国．碎石桩复合地基液化判别方法的探讨．工程勘察，1999第2期
[15] 王余庆、孙建生、韩仲卿、邹敏．挤密桩法在加固可液化地基中的应用．岩土工程学报，1989第2期
[16] 杨书涛．振动挤密碎石桩加固松软尾矿坝的体会．第三届地基处理学术讨论会论文集，杭州：浙江大学出版社，1992
[17] 谢定义．饱和砂土体液化的若干问题．岩土工程学报，1992第3期
[18] 张焕祥．复合地基设计中几个问题的讨论．岩土工程师，1992第4期
[19] 冶金工业部建筑研究总院主编．地基处理技术排水固结法与挤密法，北京：冶金工业出版社，1989
[20] 赵天库．瑞利面波技术在碎石桩地基加固处理中的应用．上海地质，2004第1期
[21] 佟建兴、闫明礼．碎石桩复合地基有效桩长试验研究．地基基础工程技术新进展．中国建筑学会地基基础分会2006年学术年会论文集．北京：知识产权出版社，2006
[22] 吴圣东、邹海波．碎石排水桩与强夯法组合地基处理原理及施工监理要点．地基基础工程技术新进展．中国建筑学会地基基础分会2006年学术年会论文集．北京：知识产权出版社，2006
[23] 徐志峰．徐州镀锌焊管厂扩建工程岩土工程实录．岩土工程实录集．第二届全国岩土工程实录交流会，1990
[24] 张朝峰、王跃伟、邓奇、孟德平．管道局职工医院门诊楼碎石桩复合地基检测报告
[25] 陈健、李正荣、林苋．挤密碎石桩处理可液化饱和轻亚黏土地基，1988
[26] 王余庆、孙建生．中国轻工业管理干部学院第三期扩建工程挤密碎石桩加固地基试验报告
[27] 建设部综合勘察研究院．中国轻工业管理干部学院第三期扩建工程地基加固效果检测报告
[28] 化学工业部化学矿山规划设计院．《青海钾肥厂二期工程干振碎石桩试验检测报告》
[29] 刘宝胜、徐志峰．干振碎石桩加固软土地基．岩土工程师，1992第2期
[30] 丁金粟、李锦坤、虞石民、王洪瑾．土力学及基础工程．北京：地震出版社，1992
[31] 郭传新、黄志明、叶阳春、李彦春．国内基础工程施工技术与设备的新进展．建筑机械，2006年第5期
[32] 郑俊杰、区剑华、吴世明、袁内镇．多元复合地基的理论与实践．岩土工程学报，2002第2期
[33] 陈艳平、赵明华、陈昌富、姚琪阳．土工格室碎石垫层—碎石桩复合地基相似模型试验．中国公路学报，2006第1期
[34] Barksdale，R. D. and Bachus，R. C. Design and Construction of Stone Columns，Volume2：Appendixes，Report No. FHWA/RD—83/027，1983
[35] 龚晓南．复合地基．杭州：浙江大学出版社，1992

[36] 郑刚、闫澍旺. 地基处理. 中国土木工程学会第九届土动力学及岩土工程学术会议论文集. 北京：清华大学出版社，2003
[37] 周健、贾敏才. 地基处理施工振动对环境的影响探讨. 环境岩土工程理论与实践. 上海：同济大学出版社，2002
[38] 陈希哲. 土力学地基基础（第4版）. 北京：清华大学出版社，2004
[39] 李广信. 高等土力学. 北京：清华大学出版社，2004
[40] 杨鸿贵. 复合地基中桩体间距的设计计算. 地基处理，2003第1期
[41] 李燕杰、牛志民. 碎石桩复合地基设计方法的探讨. 岩土工程技术，2006第1期
[42] 邱钰、刘松玉、黄卫. 沉管干振碎石桩对土层振动效应的试验研究. 中国公路学报，2001第4期
[43] 刘松玉、朱志铎、方磊、杜延军. 高速公路液化地基处理原则与方法. 岩土工程学报，2001第2期
[44] 邓跃光、黄荣. CFG桩复合地基的原理和设计. 地质灾害与环境保护，2002第3期
[45] 叶观宝. 地基加固新技术（第2版）. 北京：机械工业出版社，2002
[46] 叶观宝、高彦斌. 振冲法和砂石桩法加固地基. 北京：机械工业出版社，2005
[47] 上海市地方志办公室. 专业志 上海勘察设计志，www.shtong.gov.cn，2004
[48] 闫明礼. 复合地基设计桩型的合理选用，建筑结构，2006
[49] 上海地方标准. 地基处理技术规范（DBJ08—40—94），1994
[50] 韩杰、叶书麟. 复合地基应力特征分析，工程勘察，1993第5期
[51] 张雁、黄强. 半刚性桩复合地基性状分析，岩土工程学报，1993第2期
[52] 陈磊、闫明礼. 组合桩复合地基在工程中的应用，工程勘察，1999第1期
[53] 林鲁生. 岩土工程的研究与实践. 武汉：湖北科学技术出版社，2005
[54] 叶洪东、李世峰、要明伦、刘乃仲. 沉管碎石桩施工工艺改进实例. 工程勘察，1999第4期
[55] 霍晓强、周传立、柯瑾. 振动沉拔桩机振动桩锤主要参数的选择及计算. 筑路机械与施工机械化，2001第1期

第7章 振 冲 法

盛崇文（南京水利科学研究院）
陈振建（福建省建筑科学研究院）

利用振动和水冲加固土体的方法叫做振冲法（vibroflotation）。振冲法最早是用来振密松砂地基的，由德国人 S. Steuerman 在 1936 年提出。德国把这一方法称为“Rütteldruckverfahren”，意思是振动加压力水的处理方法。在英美称之为“vibroflotation”，中国称它为“振动水冲法”，简称“振冲法”。

后来开始将振冲法应用于黏性土地基，在黏性土中制造一群以石块、砂砾等散粒材料组成的桩体，这些桩与原地基土一起构成所谓复合地基，使承载力提高，沉降减少。为此，有人把这一方法称为“碎石桩法”（stone column method）或“散粒桩法”（granular column-method）。用桩体构成复合地基的加固方法是振冲法应用的一种扩大和创新。复合地基的加固机理和振冲加密砂基完全不同。简单说来，前者用振冲法在地基中以紧密的桩体材料置换一部分地基土，后者用振冲法使松砂变密。因此振冲法演变为两大分支，一支是适用于砂基的“振冲密实”（vibro compaction），另一支是主要适用于黏性土地基的“振冲置换”（vibro replacement）。为叙述方便起见，以下分振冲密实和振冲置换两部分介绍。

7.1 振冲密实

7.1.1 概述

为捣实大坝混凝土，发明了振捣器。后来在振捣器的基础上，Steuerman 构思了利用振动和压力水冲切原理的振冲器。1937 年，Steuerman 供职的一家名叫 Johann Keller 的德国施工公司首先制成了一台具有现代振冲器形式的雏形振冲器，用于处理柏林一幢建筑物的 7.5m 深的松砂地基，结果将砂基的承载力提高了一倍，相对密实度由原来的 45% 提高到 80%，取得了显著的加固效果（Greenwood，1976）。嗣后，Keller 公司大力推广这一方法，在国内外进行了一大批砂基挤密工程，取得了丰硕的实践经验。

1957 年，振冲法被引入英国。英国的工程师把电动振冲器改为用水力驱动，并用它加固垃圾、碎砖瓦和粉煤灰。日本在 20 世纪 50 年代引进振冲法后用它加固油罐的松砂地基，目的在提高砂基的抗液化能力。日本新潟于 1964 年发生 7.7 级强烈地震，十勝冲地区于 1968 年发生 7.8 级强烈地震，这两次震害调查都表明，经用振冲法处理过的砂基液化现象大为减弱，建筑物基本保持完好；而未经处理的砂基上的建筑物则受到严重破坏（渡辺隆，1965；土质工学会震害调查委员会，1968）。

我国应用振冲法始于 1977 年。由于大量工业民用建筑和水利、交通工程地基抗震加固的需要，这一方法得到迅速推广。例如，河北省怀来县官厅水库坝基松砂加密，河北省开滦煤矿钱家营矿区场地砂基加密等工程都取得了很好的处理效果和经济效益。后来，电力部北京勘测设计院研制了75kW大功率振冲器，1985年在四川省铜街子水电站工地用这一振冲器穿过厚达8m的漂卵石夹砂层对下面的细砂进行振密，取得了良好的效果（康景俊、尤立新，1985）。近年来，国内研制成功的振冲器最大功率已达180kW。用130～150kW振冲器处理的最大深度已达25.0m（楼永高，1995）。三峡大坝二期围堰风化砂砾采用75kW振冲器制作碎石桩深达30.0m，但仅在深度5～25m范围内取得预期效果（张辉杰、胡先举等，2002）。

虽然振冲密实法在应用方面积累了丰富的实践经验，但是在加密机理的认识和设计理论的开发方面还处在初级阶段，设计工作基本上是根据已有工程的成功经验或者正式施前的现场试验进行的。

7.1.2 原理

振冲密实法加固砂层的原理，简单说来是一方面依靠振冲器的强力振动使饱和砂层发生液化，砂颗粒重新排列，孔隙减少，另一方面依靠振冲器的水平振动力，在加回填料情况下还通过填料使砂层挤压加密，所以这一方法称为振冲密实法。

在振冲器的重复水平振动和侧向挤压作用下，砂土的结构逐渐破坏，孔隙水压力迅速增大。由于结构破坏，土粒有可能向低势能位置转移，这样土体由松变密。可是当孔隙水压力达到大主应力数值时，土体开始变为流体。土在流体状态时，土颗粒不时连接，这种连接又不时被破坏，因此土体变密的可能性将大大减少。研究指出，振动加速度达0.5g时，砂土结构开始破坏，1.0g～1.5g时，土体变为流体状态，超过3.0g，砂体发生剪胀，此时砂体不但不变密，反而由密变松。

实测数据表明，振动加速度随离振冲器距离的增大呈指数函数型衰减。从振冲器向外根据加速度大小可以顺次划分为紧靠侧壁的流态区、过渡区和挤密区，挤密区外是无挤密效果的弹性区（图7-1）。只有过渡区和挤密区才有显著的挤密效果。过渡区和挤密区的大小不仅取决于砂土的性质（诸如起始相对密实度，颗粒大小、形状和级配，土粒比重，地应力，渗透系数等），还取决于振冲器的性能（诸如振动力，振动频率，振幅，振动历时等）。例如，砂土的起始相对密实度越低，必然抗剪强度越小，则使砂土结构破坏所需的振动加速度越小，这样挤密区的范围就越大。由于饱和能降低砂土的抗剪强度，可见水冲不仅有助于振冲器在砂层中贯入，还能扩大挤密区。在实践中会遇到这样的情况，如果水冲的水量不足，振冲器难以进入砂层，其道理就在这里。

一般说来，振动力越大，影响距离就越大。但是过大的振动力，扩大的多半是流态区

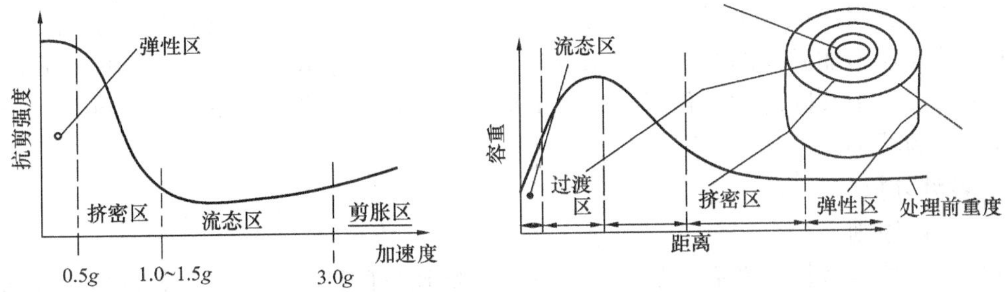

图7-1 砂土对振动的理想化反应

（引自Greenwood and Kirsch，1983）

而不是挤密区，因此挤密效果不一定成比例地增加。在振冲器一般常用的频率范围内，频率越高，产生的流态区越大。所以高频振冲器虽然容易在砂层中贯人，但挤密效果并不理想。

砂体颗粒越细，越容易产生宽广的流态区。由此可见，对粉土或含粉粒较多的粉质砂，振冲挤密的效果很差。缩小流态区的有效措施是向流态区灌入粗砂、砾或碎石等粗粒料。因此，对粉土或粉质砂地基不能用振冲密实法处理，但可用砂桩或碎石桩法处理（参见7.2节）。

砂体的渗透系数对挤密效果和贯入速率有影响。若渗透系数小于10^{-3}cm/s，不宜用振冲密实法；若大于1cm/s，施工时由于大量跑水，贯入速率十分缓慢。

振冲器的侧壁都装有一对翅片，翅片的作用是防止振冲器在土体中工作时发生转动。实践表明，在振动时翅片能强烈地冲击过渡区的侧面，从而可以增大挤密效果。当然增加翅片数量，挤密效果不会成比例地增加，它只能起扩大振冲器直径的作用。

群孔振冲比单孔振冲的挤密效果好。例如，用30kW振冲器单孔振冲，距离0.9m之外的松砂处理后的相对密实度不会超过0.7，但若群孔振冲，在2.5m以内的挤密效果可以迭加。表7-1所示的试验结果也证实了这点。群孔振冲挤密试验表明，松砂在处理后的相对密实度普遍在0.7以上，大部分在0.8以上。

细砂层用30kW振冲器处理后的标准贯入击数　　**表7-1**

情　况	单孔振冲 离冲点的距离（m）				群孔振冲
	0.85	1.2	1.7	2.2	孔距2m，排距1m，三孔之间
振冲前	6	8	5	8	6
振冲后	22	15	9	10	27
增加倍数	3.6	1.9	1.8	1.3	4.5

若在砂层中用碎石、卵石等透水性较强的填料制成一系列桩体，这种粗大的桩体具有排水功能，能有效地消散地震等震动引起的超静孔隙水压力，从而使液化现象大为减轻。室内和现场试验都表明，砂层中有排水桩体，相应于某一振动加速度的抗液化临界相对密实度有很大降低。例如，均质砂基同样在250Gal的振动加速度下，如果没有排水桩，相对密实度必须超过0.66才不发生液化，如果有排水桩，此值可降为0.46（柳堀羲彦等，1975）。

实测资料表明在地基中设置了碎石桩后，加固区内桩间土地面振动加速度明显比加固前减小，甚至仅为加固前的30%（郑建国等，1992）。这是由于碎石桩的刚度和强度均高于桩间土，当桩土共同协调工作时，地震剪应力按刚度分配集中到碎石桩上使桩间土承担的剪应力大为减小。

7.1.3　设计计算

一、一般原则

砂层经用填料造桩挤密后，桩的承载能力自然比桩间砂土大，但因桩间砂土经振冲挤密后承载能力也有很大提高，常常桩间砂土本身已能满足设计要求的容许承载力，这样似无必要将桩和桩间土分别取值再按复合地基理论计算地基的容许承载力和最终沉降量。只在覆盖面积广、荷重大的建筑物下的砂基（如坝基等），由于其影响深度较大需要进行这面的验算外，对一般建筑物因为荷载在地基中引起的附加应力不大并且这一附加应力随深度衰减很快，承载力和沉降一般不是设计的控制条件。对砂基，主要的设计项目是验算它的抗液化能力。所以对有抗震要求的松砂地基，要根据砂的颗粒组成、起始密实程度、地下水位、建筑物的抗震设防烈度，计算振冲处理深度、布孔形式、间距和挤密标准，其中处理深度往往是决定处理工作量、进度和费用的关键因素，需要根据有关抗震规范进行综合论证。

二、适用土质

适用本法的土质主要是砂类土，从粉细砂到含砾粗砂，只要小于 0.005mm 的黏粒含量不超过 10%，都可得到显著的挤密效果；若黏粒含量大于 30%，则挤密效果明显降低（Mitchell，1970）。适用于振冲挤密的颗粒级配曲线范围见图 7-2。图中将范围划为 A、B、C 三个区。被加固砂土的级配曲线全部位于 B 区，挤密效果最好；当然在砂层中夹有黏土薄层、含有机质或细粒较多，挤密效果将降低。级配曲线全部位于 C 区，用振冲密实法加固有困难；若曲线部分位于 C 区，主要部分位于 B 区，用振冲挤密法加固是可以的。

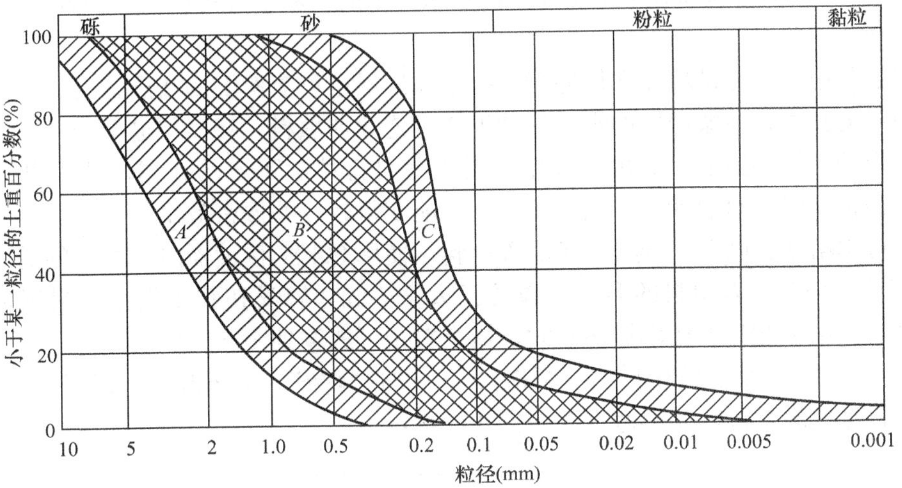

图 7-2 适用于振冲挤密的颗粒级配曲线范围

（引自 Mitchell，1970）

级配曲线位于 A 区的砾、紧砂、胶结砂或者地下水位过深，将大大降低振冲器的贯入速率，以致用振冲密实法加固在经济上是不合算的。

不加填料的振冲密实法仅适用于处理黏粒含量小于 10% 的粗砂、中砂地基。

三、处理范围

砂基振冲的范围如果没有抗液化要求，一般宜在基础外缘扩大 1～2 排桩；但在地震区有抗液化要求，应在基底外缘每边放宽不少于基底下可液化土层厚度的 1/2。

当可液化土层不厚时，振冲深度应穿透整个可液化土层；当可液化土层较厚时，振冲深度应按要求的抗震处理深度确定。

四、孔位布置和间距

振冲孔位布置常用等边三角形和正方形两种。在单独基础和条形基础下常用等腰三角形或矩形布置。对大面积挤密处理，用等边三角形布置比正方形布置可以得到更好的挤密效果。

振冲孔位的间距视砂土的颗粒组成、密实要求、振冲器功率而定。砂的粒径越细，密实要求越高，则间距应越小。使用30kW振冲器，间距一般为1.8～2.5m；使用75kW大型振冲器，间距可加大到2.5～3.5m。松砂地基用30kW和75kW两种振冲器进行的对比试验来看，对大面积处理，75kW振冲器的挤密影响范围更大，单孔控制面积较大，因而具有更高的经济效益。但是对同一功率的振冲器有试验表明存在最佳振冲孔位间距，并非间距越小加固效果越好（楼永高，1995）。

设计大面积砂层挤密处理时，振冲孔间距也可用下式估算：

$$d = \alpha\sqrt{V_P/V} \tag{7-1}$$

式中 d——振冲孔间距（m）；

α——系数，正方形布置为1，等边三角形布置为1.075；

V_P——单位桩长的平均填料量，一般为0.3～0.5m^3；

V——原地基为达到规定密实度单位体积所需的填料量，可按式（7-3）计算。

五、填料选择

填料的作用一方面是填充在振冲器上提后在砂层中可能留下的孔洞，另一方面是利用填料作为传力介质，在振冲器的水平振动下通过连续加填料，将砂层进一步挤压加密。

对中粗砂，振冲器上提后由于孔壁极易塌落自行填满下方的孔洞，从而可以不加填料，就地振密；但对粉细砂，必须加填料后才能获得较好的振密效果。

填料可用粗砂、砾石、碎石、矿渣等材料。使用30kW振冲器时，填料的最大粒径宜在5cm以内，因为如若填料的多数颗粒粒径大于5cm，容易在孔中发生卡料现象，影响施工进度。使用75kW大功率振冲器时，最大粒径可放宽到10～12cm。

Brown（1977）从实践中提出一个指标——“适宜数”（suitability number，S_n），据以判别填料级配的合适程度。适宜数按下式计算：

$$S_n = 1.7\sqrt{\frac{3}{(D_{50})^2} + \frac{1}{(D_{20})^2} + \frac{1}{(D_{10})^2}} \tag{7-2}$$

式中：D_{50}、D_{20}、D_{10}分别为颗粒大小分配曲线上对应于50%、20%、10%的颗粒直径（mm）。根据适宜数对填料级配的评价准则见表7-2。填料的适宜数小，则桩体的密实性高，振密速度快。

填料按 S_n 的评价 **表7-2**

S_n	0～10	10～20	20～30	30～50	>50
评价	很好	好	一般	不好	不适用

若用碎石做填料，宜选用质地坚硬的石料，不能用风化或半风化的石料，因为后者经振密后容易破碎，影响桩体的强度和透水性能。

砂基单位体积所需的填料量可按下式计算：

$$V=\frac{(1+e_{P})(e_0-e_1)}{(1+e_0)(1+e_1)} \tag{7-3}$$

式中 V——砂基单位体积所需的填料量；

e_0——振冲前砂层的原始孔隙比；

e_p——桩体的孔隙比；

e_1——振冲后要求达到的孔隙比。

7.1.4 施工工艺

一、施工机具

主要机具是振冲器、操作振冲器的吊机和水泵。振冲器的原理是利用电机旋转一组偏心块产生一定频率和振幅的水平向振力。压力水通过空心竖轴从振冲器下端喷口喷出。振冲器的构造见图 7-3，几种型号的技术参数见表 7-3-1 和表 7-3-2。

操作振冲器的起吊设备有履带吊、汽车吊、自行井架式专用平车等。水泵规格是出口水压 400～600kPa，流量 20～30m³/h。每台振冲器各配一台水泵。如果有数台振冲器同时施工，也可用集中供水的办法。

振冲器主要技术参数 **表 7-3-1**

型 号	电机功率(kW)	电机转速(r/min)	偏心力矩(N·m)	激振力(kN)	头部振幅(mm)	外形尺寸(mm)	质量(kg)
ZCQ13	13	1450	14.89	35	3	φ273×1965	540
ZCQ30	30	1450	38.5	90	4.2	φ351×2150	940
ZCQ55	55	1460	55.4	130	5.6	φ351×2790	1130
ZCQ75C	75	1460	68.3	160	6.5	φ426×3162	1800
ZCQ75Ⅱ	75	1460	68.3	160	7.5	φ402×3084	1600

大功率振冲器主要技术参数 **表 7-3-2**

型 号	电机功率(kW)	振动频率(Hz)	激振力(kN)	头部振幅(mm)	外形尺寸(mm)	质量(kg)
ZCQ100A 型	100	24.6	190	7	φ402×3215	1180
ZCQ125A 型	125	24.6	220	6	φ402×3850	2320
ZCQ180A 型	180	24.6	300	7	φ402×4470	2820

二、正式施工前现场试验

现场试验目的一方面是确定正式施工时采用的施工参数，如振冲孔间距、造孔制桩时间、控制电流，填料量等；另一方面是摸清处理效果，为加固设计提供可靠依据。土层常常不是均一的，砂层中时常分布有范围不同、厚度不等的黏性土或淤泥质土夹层，在这些软土夹层处极易发生缩孔卡料现象。在粉细砂层中有时夹有厚层粗砂，这经常引起造孔困难。以上这些问题只有通过现场试验才能发现和找到解决办法。在试验中很重要的两个问题是选择控制电流值和确定振冲孔间距。对大面积振冲施工的情况，应尽可能采用较高的控制电流值和较大的间距，以减少孔数，加速施工进度。对 30kW 振冲器，一般可用 55～60A；对 75kW 振冲器可用 110～140A。规定了控制电流值后，进行不同间距的振冲密

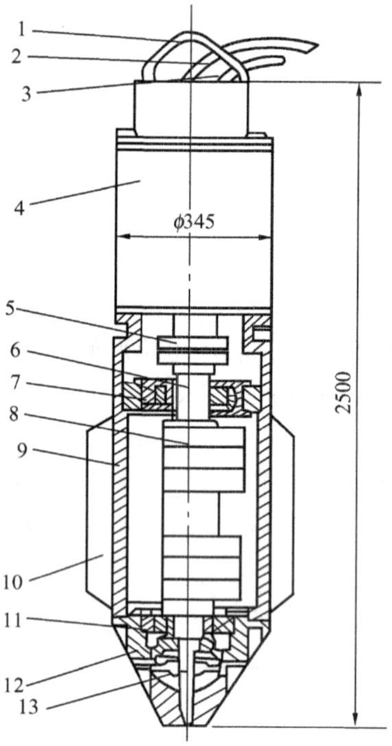

单位：mm

图 7-3 振冲器的构造示意图
1—吊具；2—水管；3—电缆；4—电机；5—联轴器；6—轴；7—轴承；8—偏心块；9—壳体；10—翅片；11—轴承；12—头部；13—水管

实试验，测定各方案的加密效果，再从加密效果均满足设计要求的那些方案中选出最佳的间距。

三、振密工艺

对粉细砂地基，宜采用加填料的振密工艺；对中粗砂地基可用不加填料就地振密的方法。在粉细砂层中振冲，造孔时水压和水量都不必很大，因为这种砂层的漏水量不大。水量过大或压力太高必然会使孔口回水量增大流速增高，从而将带出大量细颗粒使地面淤高，其结果只是增加了填料量，并不能真正收到挤密的效果。水压一般采用400～600kPa，供水量一般采用200～400L/min。在疏松粉细砂层中造孔比较容易，一般不会发生塌孔；虽然如此，造孔速率也不宜过快，一般控制造孔速率约每分钟1～2m，使孔周砂土有足够的振密时间。在施工过程中应根据具体情况及时调节水压和水量。此外，务使振冲器自由悬垂，使造成的孔尽可能垂直。孔底达设计深度后，将水压和水量减少至维持孔口有一定量回水但没有大量细颗粒带走的程度。此时用装载机等运料工具将填料堆放在孔口振冲器周围。填料在水平振动力作用下依靠自重沿孔壁下沉至孔底。这种造孔后不提出振冲器，在孔口投料的方法称为连续下料法。填料后借振冲器的水平振动力将填料挤入周围土中，从而使砂层挤密。由于砂层逐渐变密，砂层抗挤入的阻力亦不断增大，这迫使振冲器输出更大的功率，引起电机电流值升高。当电流升高到规定的控制值时，将振冲器上提一段距离，继续进行投料挤密，如此逐段进行直至孔口。上提距离约为振冲器锥头的长度，即30～50cm。上提距离不宜过大，过大则容易发生振密不充分，甚至漏振。

另一种填料方法是造孔后将振冲器提出孔口，直接往孔内倒入一批填料，再将振冲器下降至孔底进行振密，如此反复进行直至全孔完成。这种施工方法称为间断下料法。比较说来，连续下料法制成的桩体的密实度较均匀；间断下料法的施工速率较快。但是，间断下料法施工中如控制不好，比如振冲器未能沉到原来提起的深度，则容易发生漏振，造成桩体密实度的不均匀。这对采用功率较小的振冲器时应格外注意。若用大功率振冲器，孔内填料后振冲器仍能顺利沉至原深度，这样间断下料法是可以采用的，不过，即使在这样的条件下，每次加填料不宜超过1～2m桩长的设计用料量。

在整个制桩过程中，始终要及时均匀供料。否则，不仅将延长制桩时间，并且回水将带出更多的细颗粒，致使孔径变大，用料量增多，造成浪费。

在中粗砂层中振冲，可以用不加填料就地振密的工艺，即利用中粗砂的自行塌落代替外加填料。这一方法特别适用于振密人工回填或吹填的大片砂层。由于振密厚度一次可达十几米，其工效远胜于其他如夯实或碾压的方法。使用这种方法振密水下回填料已成为一种新的筑坝工艺。

在中粗砂层中施工时经常遭到的困难是振冲器不易贯入。可采取如下两个措施：一个是加大水量；另一个是加快造孔速度。这些措施能否奏效，应通过正式施工前的现场试验加以仔细验证。

施工中应严格控制质量，不漏孔，不漏振，确保加固效果。必须强调指出，如在施工中发生底部漏振或电流未能达到控制值从而造成质量事故，在施工后很难采取补救措施，这是因为上部砂层已经振密，再用振冲补孔十分困难。

7.1.5 效果检验

关于密实效果的检验，通常采用现场开挖取样，直接测定和计算挤密后砂层的容重、孔隙比、相对密度等指标。也可用标准贯入试验、动力触探试验或旁（横）压试验间接推求 砂层的密实程度。对比振前振后的数据，明确处理效果。必要时也可用载荷试验检验砂基在挤密后的容许承载力，检验方法参见 7.2.5 节。

大面积砂基经振冲挤密后的平均孔隙比可按下式估算

$$e' = \frac{\zeta d^2(H \pm h)}{\dfrac{\zeta d^2 H}{1+e_0} + \dfrac{V_p}{1+e_p}} - 1 \tag{7-4}$$

式中 e'——砂层在挤密后的平均孔隙比；

ζ——面积系数，正方形布置时为 1，等边三角形布置时为 0.866；

d——振冲孔间距；

H——砂层厚度；

h——振密后地面隆起量（取“+”号）或下沉量（取“－”号）；

V_p——每根振冲桩的填料量；

e_0——砂层的原有孔隙比；

e_p——桩体的孔隙比。

7.1.6 工程实例

【实例 7-1】 703 楼房砂基处理

【7.1.1】 工程概况

本工程为某计算中心的两幢大楼，位于河北省石家庄北部滹沱河河漫滩上。场地属 7 度烈度地震区。根据勘探和试验结果，判别地基砂层为可液化土，为此需进行处理。设计要求地基容许承载力从原有的 120kPa 提高至 180kPa。选用加填料的振冲密实法加固。共完成振冲孔 1212 孔，总进尺 6257.2m，用去卵、碎石填料 3125.8m^3。振冲施工于 1980 年 2 月 11 日开始至同年 5 月 1 日结束，历时 81 天。

【7.1.2】 土层分布

地表以下顺次为第一层厚 2.5～3.5m 粉细砂，D_{10}、D_{50}、D_{60} 分别为 0.09、0.22 和 0.25mm，天然孔隙比 0.84，标贯击数 4～13 击；第二层厚 0.4～2m 中砂，标贯击数 3～13 击；第三层厚 1.1～3.5m 中密细砂，标贯击数 6～24 击；第四层厚 0.5～1.0m 粉质黏土；第五层稍密至中密的中砂，厚度不详，标贯击数 7～19 击。地下水位在－3.2～－3.6m处，平均－3.4m，但在上游水库放水时，上升幅度很大。

【7.1.3】 施工概况

施工前在甲楼区进行了试验。通过试验选定孔距2m、排距1m的等腰三角形布置。加固深度穿过第三层，约6m左右。用ZCQ-30型振冲器施工，规定密实电流为55～60A，水压450kPa。填料为粒径0.5～10cm的碎石和0.5～5cm的卵石。

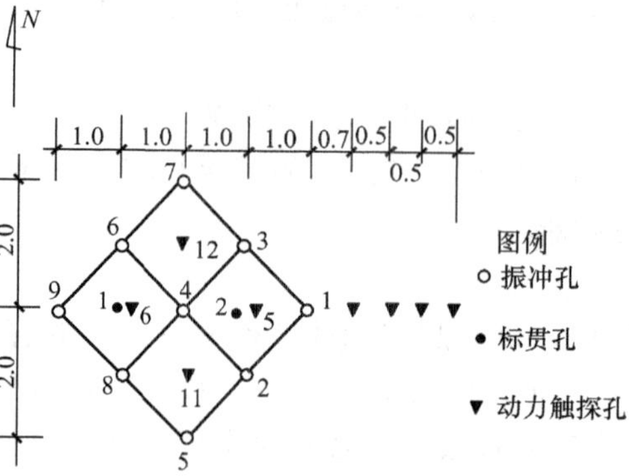

图7-4　振冲孔和试验孔的布置

试验区布置9个振冲孔。振冲前后用标准贯入和动力触探两种试验检验振密效果。振冲孔和试验孔的布置见图7-4，施工情况统计见表7-4。振冲前后标贯击数变化示于图7-5中。此外，在桩间砂和碎石桩顶面上还进行了载荷试验，圆形压板，直径0.7m，压板底面位于原地面以下1.5m处。压力沉降关系线见图7-6。荷载加到700kPa碎石桩和桩间砂均未达到极限状态。由图7-6可见经振冲密实后，地基承载力有明显提高，例如压力200kPa以下，未经处理的砂层沉降量为1.86cm，而在

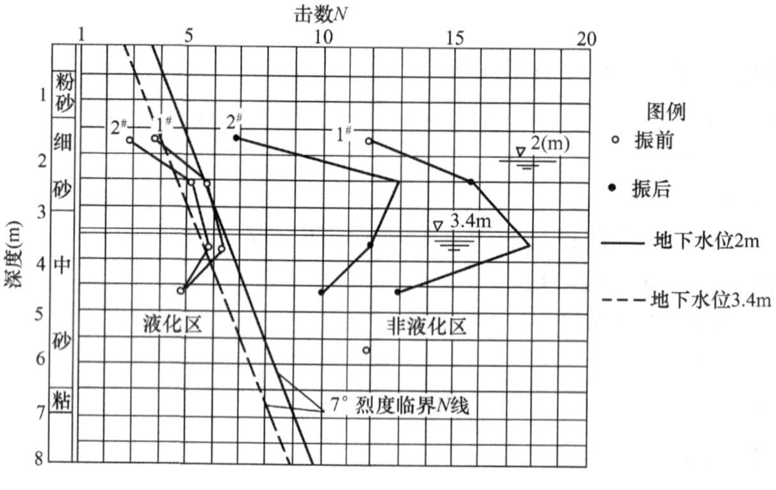

图7-5　振冲前后标贯击数

处理后碎石桩和桩间砂的对应沉降量分别为0.09和0.33cm。在进行载荷试验的同时，还取样测定了砂层的容重和孔隙比，测定结果见表7-5。从该表可见处理后的细砂孔隙比均

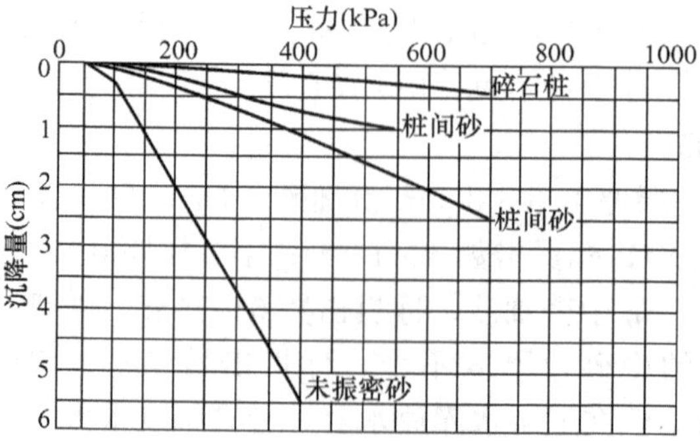

图7-6　压力-沉降关系线

小于0.70，已属密实状态。

振冲孔施工情况统计 表7-4

孔号	孔深（m）	造孔时间（min）	制桩时间（min）	填料量（m^3）	每米桩长填料量（m^3/m）
1	5.0	23	17	3.6	0.72
2	4.9	16	15	3.6	0.73
3	5.0	22	12	3.6	0.72
4	5.2	9	9	2.6	0.50
5	5.0	9	12	2.9	0.58
6	4.9	10	13	2.4	0.49
7	4.9	8	10	2.4	0.49
8	5.0	8	13	2.6	0.52
9	5.3	7	12	2.4	0.45

注：孔号1～3表层有0.5m冻土，水压250kPa；孔号4～9表层有0.5m冻土，水压450kPa。

细砂的干重度和孔隙比 表7-5

试坑编号	Ⅰ	Ⅱ	Ⅲ	Ⅳ
土样来源	桩间细砂	桩侧细砂	未处理细砂	桩间细砂
干重度（kN/m^3）	15.9	16.9	14.5	16.0
孔隙比	0.679	0.599	0.841	0.669

【7.1.4】 效果及评价

施工检验结果表明振密后标贯击数在各深度上的平均值最小9.5击，最大15击，均超过《工业与民用建筑抗震设计规（TJ 11—74）》关于七度地震烈度时所要求的临界击数（康景俊，1980）。

【实例7-2】 龙口电厂场地地基抗液化处理

【7.2.1】 工程概况

龙口电厂位于山东省黄县北部，地处渤海南岸砂滩。主厂房建筑面积107m×105.45m，框架结构；钢筋混凝土烟囱高180m，出口直径4.5m；贮煤筒仓高36.74m，内径15m，钢筋混凝土结构，还有其他各种附属建筑物。设计要求主厂房、烟囱和贮煤筒仓区的地基容许承载力分别为250、300、350kPa。由于场地被判定为7度烈度地震区，故设计要求消除地基在7度烈度下发生液化的可能性。

该工程于1982年开始地基处理，于1984年建成。经方案比较后采用制造碎石桩体的振冲密实法。

【7.2.2】 土层分布

厂区地貌开阔、平坦、系海相沉积。土层自地面以下分别为A层中粗砂夹砾砂，厚5.5～6.0m；B层黏质砂土，中粗砂粒占54.1%，粉粒和黏粒占45.1%（其中黏粒占6%～14%），经判别属可液化层，厚约3m；C_1层中粗砂，厚约2.5m；C_2层含砂夹层的粉质黏土和黏土，厚30m以上；再下面是基岩。重点处理对象是B层。地下水位 −2.5m左右。各土层的物理力学性质见表 7-6。

土层的物理力学参数 表 7-6

物理力学指标	A	B	C1	C2
天然含水量（%）	18.0	17.2	18.0	—
天然重度（kN/m^3）	19.2	17.7～19.1	19.6	19.4～19.6
天然孔隙比	0.5	0.65～0.85	0.5	0.60～0.61
标准贯入击数	22	3～5	22	11～15
比贯入阻力（kPa）	11767	1961	11767	1961～2942
压缩模量（MPa）	20	4～7	20	10～13

【7.2.3】 施工概况

碎石桩满堂等边三角形或正方形布置，间距 1.6m 和 2.0m，桩长平均 7m，桩直径平均 80cm，每米桩长填料量平均 0.6m^3。共制桩 11628 根，其中主厂房区 5542 根。加固施工自 1982 年 9 月开始至 1983 年 4 月结束。

成孔水压采用 500～800kPa，成桩水压 400～500kPa，密实电流规定为 40～50A（A 层中为 45～50A，B 层中 40A），制桩时间平均为 20min。

【7.2.4】 效果及评价

加固前后的标贯击数 表 7-7

土层	统计量	加固前	加固后		提高量（%）
			d=2m	d=1.6m	
A_1（含砾）	最大	29	37	41	50.8
	最小	19	26	20	68.1
	平均	21.6	32.5	36.3	
A_2（不含砾）	最大	34	57	49	67.1
	最小	12	21	21	117
	平均	17.3	28.9	37.1	

土层	统计量	加固前	加固后		提高量（%）
			d=2m	d=1.6m	
B	最大 最小 平均	5 1.8 2.9	5.8 2.7 4.0	9.7 4.5 6.2	37.9 114

加固后进行了标准贯入和静力触探试验，还进行了跨孔法剪切波速测定和大型载荷试验。制桩后 40d，测得标贯击数见表 7-7，比加固前平均提高 40%～120%。

在 B 层中，当桩间距 2.0m 时，剪切波速可提高 115%，最大动剪切模量增加 140%，动应变为原有值的 70%；当桩间距 1.6m 时，剪切波速可提高 130%，最大动剪切模量增加 180%，动应变为原有值的 40%。

进行了两组大型载荷试验，压板尺寸为 3.2m×3.2m，覆盖四根碎石桩。两组试验表明，在最大荷载 8500kN（830kPa）下，压板的沉降量分别为 65mm 和 71mm。

各主要建筑物竣工后立即布置了沉降观测点。自 1983 年 6 月 11 日开始观测，至 1984 年 9 月（发电后一个月）主厂房基础沉降情况见表 7-8。同一时期烟囱与煤仓基础的最大沉降量分别为 10mm 和 14mm。以上结果表明采用加填料的振冲密实法处理地基效果十分显著（李宏琇，1985）。

主厂房基础沉降 表 7-8

观测阶段	基础最大沉降量（mm）				相邻基础最大差异沉降量（mm）		
	J_A①	J_B	J_C	J_R	J_A	J_B	J_C
设备安装前	18	29	19	19	14	9	9
试运行发电前	31	37	39	—	15	15	10
发电后一个月	30	38	40	—	14	11	10

①表示柱基编号。

【实例 7-3】 厦门东渡港驳船码头基槽填砂水下振密处理

【7.3.1】 工程概况

厦门东渡港区第二期扩建工程中的驳船码头基槽，面积为 210m×31m，其上 6m 厚水下回填松砂按设计要求应加密至标贯击数大于或等于 15 击，相对密度在 60%以上。经方案论证后选用不加填料的振冲密实法处理。

【7.3.2】 填砂性状

码头基槽挖成后，先抛一层块石，然后抛填 6m 厚的中粗砂。砂的含泥量小于 1%，个别地点达 1.6%。经测试，填砂未振密前的比贯入阻力为 0.3MPa 左右，标贯击数多数为 2 击，下部可达 7 击。

【7.3.3】 施工概况

正式施工前，先进行了面积为 300m² 的确定施工工艺的试验。有二种施工工艺。一种是按振冲器提升高度和上下速度控制施工质量。称之为“工艺一”；另一种是按密实电流控制施工质量，称之为“工艺二”。用 ZCQ-30 型振冲器进行振密。标准贯入试验的结果表明，工艺二比工艺一效果更佳（图 7-7）。

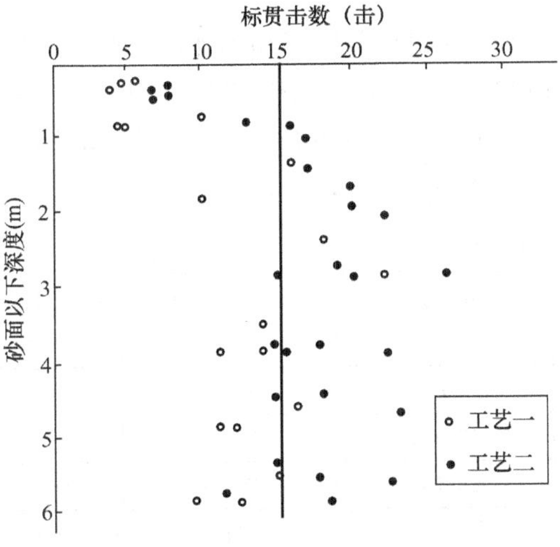

图 7-7 两种工艺振密效果比较

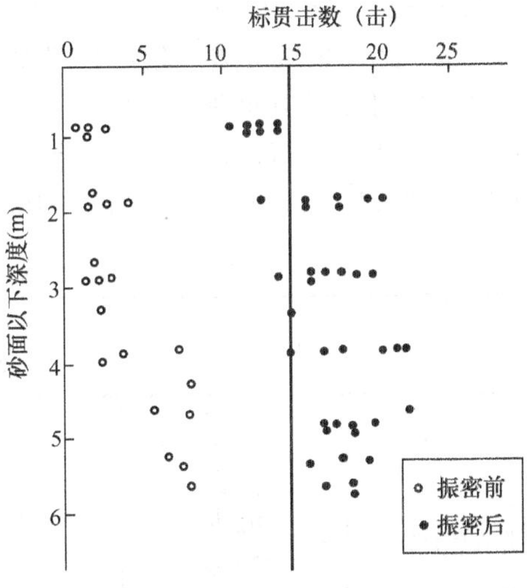

图 7-8 振密前后的标贯击数比较

施工工艺确定后，振密点按正方形布置，间距 1.5m，用 ZCQ-30 型振冲器又进行了振密效果试验。标准贯入试验的结果表明。除表层 1m 击数为 11～14 击外，余均在 15 击以上，平均为18击。与振密前的击数比较，增加了4～6倍（图7-8）。

接着开始正式施工。施工中要求填砂顶面宜在设计高程以上0.5～0.8m，振密点正方形布置，间距1.5m，用ZCQ-30型振冲器按工艺二控制施工质量。共实施振密点2257个。加固施工于1989年12月开始至1990年5月结束，历时不到6个月。

【7.3.4】 效果及评价

振密施工结束后，进行了标准贯入试验。试验结果表明，除表层1m范围内有个别测点为13或14击外，其余各深度上的标贯击数都在15击以上，满足了设计要点（郑培成等，1992）。

【实例7-4】 福建省某采石坑回填砂振密处理

【7.4.1】 工程概况

国电东南沿海某电厂位于福建省中部海滨。场地为滨海侵蚀低丘地貌，地表覆盖2～4m的残积土，以下为花岗岩岩体。原场地内分布众多采石坑，采石坑面积900～5000m^{2}不等，坑底标高为−0.8～−34.10m。部分采石坑采用海砂回填之后进行振冲地基处理。为验证方案的可行性在工程施工前进行了试验性施工。

试验施工的采石坑，深度约18m，坑口长约58m，宽约32m；面积约1600m^2；坑口标高3.0m，坑底标高−14.6～−11.5m。

设计要求经处理后的地基，标贯击数≥15击。振冲挤密砂桩要求承载力特征值$f_{ak}\geqslant$150kPa，压缩模量$E_s\geqslant$12MPa；振冲碎石桩要求复合地基承载力特征值$f_{ak}\geqslant$250kPa，压缩模量$E_s\geqslant$18MPa。

【7.4.2】 填砂性状

采石坑用中、粗海砂回填，要求含泥量≤5%，贝壳含量≤5%。由于坑深较大施工时分两层回填和振密。第一层填砂厚9m，第二层填砂厚7m。挤密前回填砂的标贯击数小于3。

【7.4.3】 施工概况

试验性施工采用等边三角形布置振冲孔位，并进行加碎石振密和不加填料就地振密试验。加填料时振冲孔间距分为1.8m和2.2m两种，不加填料的振冲孔间距是1.8m和2.0m。振冲器功率55kW，碎石填料粒径30～70mm，碎石桩桩径0.8m。第二层回填砂加固深度进入第一层回填砂1.0m。历时一个半月，施工完成情况见表7-9：

试验施工情况 表7-9

桩型		总桩数（根）	总延长（m）	填料总用量（m^3）	每米填料用量（m^3/m）
振冲砂桩	第一层	121	831.2	407.5	0.49
	第二层	250	1857.1	852.3	0.46
振冲碎石桩	第一层	183	1557.3	768.2	0.49
	第二层	203	1431.1	702.0	0.49

【7.4.4】 效果及评价

在第一层施工完成后采用标准贯入试验对施工情况进行了检验。第二层施工完成后采用标准贯入试验、单桩静载荷试验及单桩复合地基静载荷试验对施工效果进行了全面检验。检验结果表明：通过振冲处理，地基土的标贯击数提高了 7.3～9.7 倍，平均值基本达到 20 击以上。经过处理的场地和桩间砂土的密实度均达到中密。

振冲前后各试验区标贯击数 **表 7-10**

试验阶段	标贯击数（击）				
	振冲前	振冲后			
	全场地	振冲碎石桩 d_e=1.8m	振冲碎石桩 d_e=2.2m	振冲砂桩 d_e=1.8m	振冲砂桩 d_e=2.0m
第二阶段	2.15	20.79	20.22	20.56	20.17
第一阶段	2.73	20.78	20.10	20.15	19.99

注：表中试验后数据不包括地表至 2m 深度内的数据。

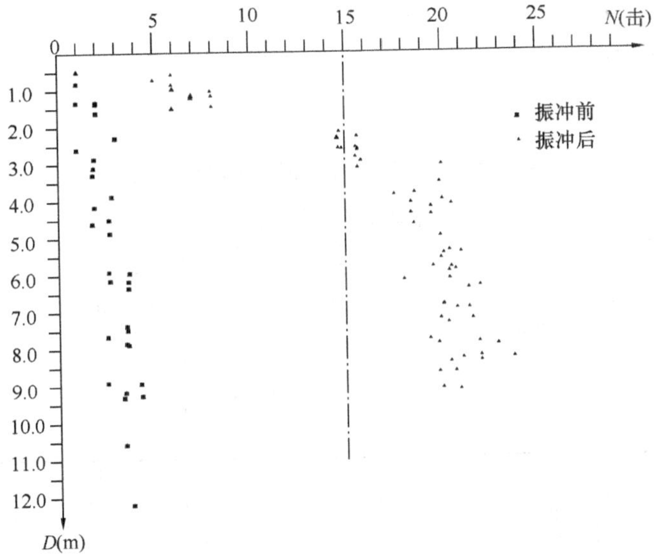

图 7-9 第一层振冲后标贯击数分布图

对振冲碎石桩进行了单桩静载荷试验，各试桩静载荷试验结果见表 7-11：

各单桩竖向抗压静载荷试验结果 **表 7-11**

试验区	桩 号	最大试验荷载（kN）	最大试验荷载下桩顶沉降量（mm）	按 DL/T 5101—1999 确定承载力特征值（kN）	按 JGJ 79—2002，J 220—2002 确定的承载力特征值（kN）	备 注
Ⅰ-Ⅰ	88#	600	35.50	422	323	d_e=1800
	133#	600	27.66	333	248	d_e=1800
	135#	600	23.53	390	288	d_e=1800
Ⅰ-Ⅱ	123#	600	42.46	290	234	d_e=2200
	150#	600	41.22	294	271	d_e=2200
	151#	600	42.21	328	258	d_e=2200

施工结束后对各试验桩进行了复合地基静载荷试验，试验结果见表 7-12。

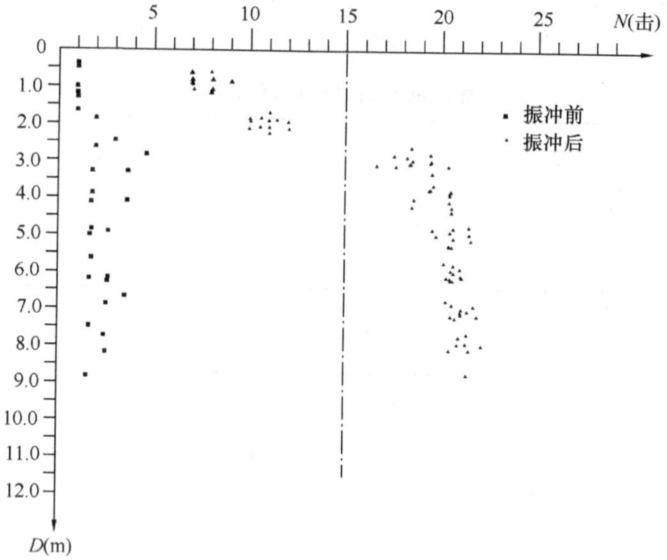

图7-10　第二层振冲后标贯击数分布图

复合地基承载力特征值　　**表 7-12**

试验区	点（桩号）	最大试验荷载（kN）	载荷板尺寸（mm×mm）	按DL/T 5101—1999确定的承载力特征值		按JGJ 79—2002，J220—2002确定的承载力特征值				备注
						取 $s=0.01b$ 相应荷载		取最大加载量的一半		
				（kN）	（kPa）	（kN）	（kPa）	（kN）	（kPa）	
Ⅰ-Ⅰ	43#	2600	1680×1680	>2600	>921	2050	727	1300	460	碎石桩
	106#	2600	1680×1680	2553	905	1941	688	1300	460	
	163#	2600	1680×1680	2420	857	1813	642	1300	460	
	180#	2600	1680×1680	2342	830	1797	637	1300	460	
Ⅰ-Ⅱ	37#	3200	2050×2050	>3200	>761	2468	587	1600	380	
	39#	3200	2050×2050	>3200	>761	2701	643	1600	380	
	101#	3200	2050×2050	3036	723	2249	535	1600	380	
	183#	3200	2050×2050	3014	717	2019	480	1600	380	
Ⅱ-Ⅰ	57#	1500	1680×1680	>1500	>531	1350	478	750	265	砂桩
	133#	1500	1680×1680	>1500	>531	1427	506	750	265	
	175#	1500	1680×1680	>1500	>531	1260	446	750	265	
	230#	1500	1680×1680	>1500	>531	482	525	750	265	
Ⅱ-Ⅱ	51#	1800	1860×1860	>1800	>520	1342	388	900	260	
	133#	1800	1860×1860	>1800	>520	1613	466	900	260	
	201#	1800	1860×1860	1757	508	1434	414	900	260	
	217#	1800	1860×1860	>1800	>520	1666	482	900	260	

由复合地基静载荷试验得到的复合地基变形模量和压缩模量列于表7-13中。单桩静载荷试验及单桩复合地基静载荷试验结果表明承载力特征值、压缩模量均超过试验技术条件书和施工设计要求的数值。工程按试验取得的工艺及材料数据进行设计并施工取得了很好的技术及经济效果。投入使用后地基未发现任何问题。

复合地基的压缩模量 **表7-13**

试验区	点号（桩号）	各荷载阶段的变形模量和压缩模量			
		按设计荷载计算所得结果		按沉降量为0.01b计算所得结果	
		变形模量 E_0（MPa）	压缩模量 E_s（MPa）	变形模量 E_0（MPa）	压缩模量 E_s（MPa）
Ⅰ-Ⅰ	43#	157.42	211.88	58.22	78.36
	106#	96.16	129.41	55.10	74.15
	163#	74.57	100.36	51.41	69.19
	180#	73.09	98.37	51.01	68.66
Ⅰ-Ⅱ	37#	81.77	110.06	48.18	64.85
	39#	89.63	120.63	52.78	71.03
	101#	54.19	72.94	43.91	59.10
	183#	43.77	58.91	39.40	53.03
Ⅱ-Ⅰ	57#	90.02	121.16	38.28	51.52
	133#	66.33	89.28	40.52	54.54
	175#	52.17	70.22	35.72	48.07
	230#	135.02	181.72	42.04	56.58
Ⅱ-Ⅱ	51#	33.71	45.37	31.07	41.82
	133#	48.62	65.43	37.32	50.23
	201#	48.82	65.71	33.15	44.62
	217#	59.71	79.64	38.60	51.95

7.2 振冲置换

7.2.1 概述

利用振冲器边振边冲在软弱黏性土地基中成孔，再在孔内分批填入碎石等坚硬材料制成一根根桩体，桩体和原来的黏性土构成所谓复合地基。比起原地基来，复合地基的承载力高、压缩性小。这种加固技术叫做振冲置换法或碎石桩法。

在20世纪50年代末、60年代初，前联邦德国和英国相继把原先只适用于挤密砂体的振冲技术用来处理黏性土地基。例如，1959年联邦德国Johann Keller地基公司在Nuremberg的一项地基工程中用振冲器在黏性土中造2m深的孔，填入块石，再用振冲器使块石密实，经这样处理后，地基承载力有很大提高（Greenwood，1976）。1960年，英国Cementation地基工程公司在尼日利亚首都拉各斯建造一幢六层房屋。在开挖基槽时意外地发现地基中有一层厚2m的有机粉土，强度很低。最后采用振冲造孔，回填碎石的办法处理，效果很好。后来，这两家公司有意识地把这一办法用于加固软弱黏土地基，逐渐演变出一种新的加固方法——振冲置换法。

我国应用振冲置换法始于1977年。首次应用的工程是南京船舶修造厂船体车间软土地基加固（盛崇文，1977）。

振冲置换法主要适用于黏性土、粉土、饱和黄土、人工填土等地基的处理，有时还可用来处理粉煤灰。当然，在砂土中也能制造碎石桩，但此时挤密作用的重要性远大于置换作用。

在制桩过程中，填料在振冲器的水平向振动力作用下挤向孔壁的软土中，从而桩体直径扩大。当这一挤入力与土的约束力平衡时，桩径不再扩大。显然，原土强度越低，也就是抵抗填料挤入的约束力越小，造成的桩体就越粗。如果原土的强度过于低弱（例如刚吹填的软土），以致土的约束力始终不能平衡使填料挤入孔壁的力，那就始终不能形成桩体，这样本法不再适用。土的强度至少要有多少才能成桩，各家说法不一。日本新见吉和和英国 S. Thorburn 都提出地基土的强度不得低于20kPa（新见吉和，1972；Thorburn，1976）。1979年2月在南京召开的振冲法加固技术鉴定会上提出，用振冲置换法加固软基时要求地基土的不排水抗剪强度大于19.6kPa（$2t/m^2$）。1980年天津塘沽长芦盐场第二化工厂厂房软基，十字板抗剪强度的小值平均值16.1kPa，用碎石桩加固虽然获得成功，但已感觉制桩难度较大（方永凯，1983）。前联邦德国 Kirsch 指出振冲置换法只适用于不排水抗剪强度15～50kPa的软黏土（Greenwood and Kirsch，1983）。近年来在珠江三角洲地区十字板抗剪强度小于10kPa软土中制作大粒径填料（粒径达200mm）的桩体取得良好的效果。（王保国，王盛源，1995；王盛源，关锦荷，1999）

碎石桩复合地基的主要用途是提高地基的承载力，减少地基的沉降量和差异沉降量。碎石桩还可用来提高土坡的抗滑稳定性，或者提高土体的抗剪强度。

7.2.2 原理

按照一定间距和分布打设了许多桩体的土层叫做“复合土层”，由复合土层组成的地基叫做“复合地基”。如果软弱层不太厚，桩体可以贯穿整个软弱土层，直达相对硬层。如果软弱土层比较厚，桩体也可以不贯穿整个软弱土层，这样，软弱土层只有部分厚度转变为复合土层，其余部分仍处于天然状态。对桩体打到相对硬层，亦即复合土层与相对硬层接触的情况，复合土层中的桩体在荷载作用下主要起应力集中的作用。由于桩体的压缩模量远比软弱土大，故而通过基础传给复合地基的外加压力随着桩、土的等量变形会逐渐集中到桩上去，从而使软土负担的压力相应减少。结果，与原地基相比，复合地基的承载力有所增高，压缩性也有所减少。这就是应力集中作用。就这点来说，复合地基有如钢筋混凝土，地基中的桩体有如混凝土中的钢筋。对桩体不打到相对硬层，亦即复合土层与相对硬层不接触的情况，复合土层主要起垫层的作用。垫层能将荷载引起的应力向周围横向扩散。使应力分布趋于均匀，从而可提高地基整体的承载力，减少沉降量。这就是垫层的应力扩散和均布的作用。

复合土层之所以能改善原地基土的力学性质，主要是因为在地基土中打设了众多的密实桩体。那么桩与桩之间的土的性质在制桩前后有无变化呢？过去有人担心在软黏土中用振冲法制造桩体会使原土的强度降低。诚然，在制桩过程中由于振动、挤压、扰动等原因，地基土中会出现较大的附加孔隙水压力，从而使原土的强度降低。但在复合地基完成之后，一方面随时间的推移原地基土的结构强度有一定程度的恢复，另一方面孔隙水压力向桩体 转移消散，结果是有效应力增大，强度提高。表 7-14 表示有三项工程地基土的十字板抗剪强 度在制桩前后变化的实测资料。由该表可见，在制桩后一个短时间内原土的天然强度的确 有所削弱，大约降低 10%～30%，但经过一段时间的休置，不仅强度会恢复至原来值，而且还略有增加。在国外也有人测得类似的资料。例如，日本 Aboshi 等人在现场实测得，桩体刚制成时，桩间土的不排水抗剪强度比原有值降低 10%～40%，但经过 30 天后，不排水抗剪强度提高到原有强度的一倍半（Aboshi et al，1979）。

制桩前后的十字板抗剪强度变化 **表 7-14**

工程名称	十字板抗剪强度（kPa）				文献
	制桩前	制桩后			
浙江炼油厂 G233 罐	18.2	16.3（15）①	20.6（21）	18.9（52）	盛崇文，1980a
天津大港电厂大水箱	25.5～36.3	20.6～32.4（25）	23.5～39.2（115）		张志良，1983
塘沽长芦盐场第二化工厂	20.0	18.7（0）	23.3（80）		方永凯等，1983

①括号内的数字表示制桩后经过的天数。

段光贤和甘德福曾对黏土、粉质黏土和黏质粉土的结构在振冲制桩前后的变化进行了电镜摄片观察。他们发现振冲前这些土的集粒或颗粒连接以（点-点）接触为主；振冲后不稳定的（点-点）接触遭到破坏，形成比较稳定的（点-面）和（面-面）接触，孔隙减少，孔洞明显变小或消失，颗粒变细，级配变佳，并且新形成的孔隙有明显的规律性和方向性。由于这些原因，土的结构趋于致密，稳定性增大。这里从微观角度证实了黏性土的强度在制桩后是会恢复并且增大的。

由此可见桩体在一定程度上也有像砂井那样的排水作用。总之，复合地基中的桩体有应力集中和砂井排水两重作用；复合土层还起垫层的作用。

振冲置换桩有时也用来提高土坡的抗滑能力。这时桩体的作用像一般阻滑桩那样是提高土体的抗剪强度，迫使滑动面向远离坡面、向深处转移。

作用于桩顶的荷载如果足够大，桩体发生破坏。可能出现的桩体破坏形式有三种：鼓出破坏、刺入破坏和剪切破坏（图 7-11）。只要桩长大于临界长度（约为桩直径的 4 倍），

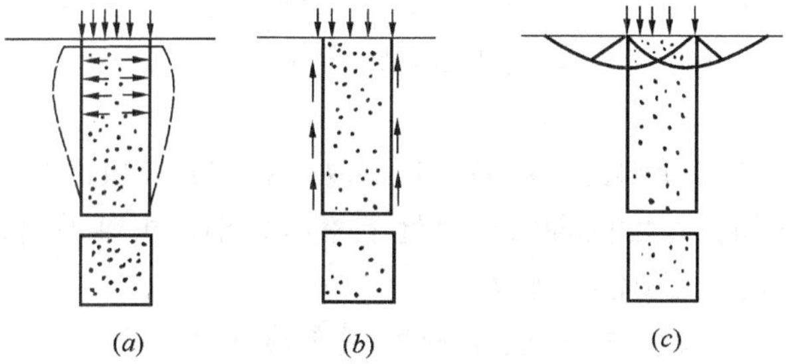

图 7-11 桩体破坏形式

（a）鼓出破坏；（b）刺入破坏；（c）剪切破坏

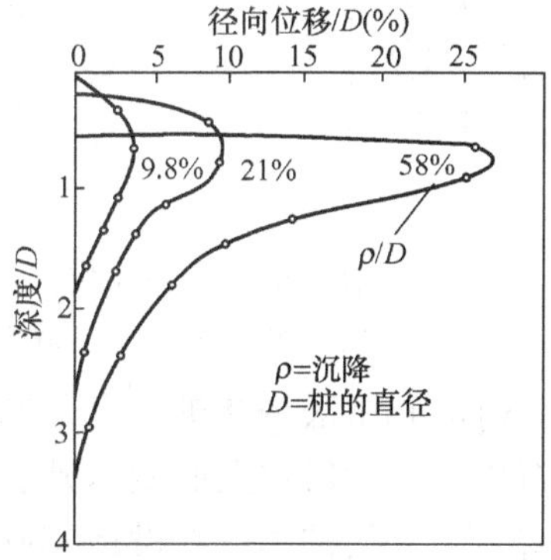

图 7-12 桩侧径向位移与深度的关系

（引自 Hughes and Withers，1974）

就不会发生刺入破坏。除那些不打到相对硬层而长度又很短的桩体外，一般可不考虑刺入破坏形式。关于剪切破坏形式，只要基础底面不太小或者桩周围的土面上有足够大的边载，便不会发生这种形式的破坏。因此，桩体绝大多数发生鼓出破坏。一方面由于组成桩体的材料是无黏性的，桩体本身强度随深度而增大，故而随深度增大产生塑性鼓出的可能性变小；另一方面由于桩间土抵抗桩体鼓出的阻力亦随深度而增大，可见最易产生鼓出破坏的部位是在桩的上端。Hughes 和 Withers（1974）指出，深度为两个桩径范围内的径向位移比较大，深度超过二至三个桩径，径向位移几乎可以忽略不计（图 7-12）。所以，现有的设计理论都以鼓出破坏形式为基础。

7.2.3 设计计算

一、一般原则

振冲置换加固设计目前还处在半理论半经验状态，这是因为一些计算方法，如复合地基容许承载力计算方法、最终沉降量计算方法等都还不够成熟；某些设计参数也只能凭经验选定。因此，对重要工程或复杂的土质情况，必须在现场进行制桩试验。根据现场试验取得的资料修改设计，制订施工要求。

（一）加固范围

加固范围依基础形式而定，一般可参见表 7-15。

加固范围 表 7-15

基础形式	加固范围文献
单独	不超出基底面积
条形	不超出或适当超出基底面积
板式、十字交叉、浮筏、柔性基础	建筑物平面外轮廓线范围内满堂加固，轮廓线外加 2～3 排保护桩

（二）桩位布置和间距

桩位布置有两种：等边三角形布置和正方形或矩形布置（图 7-13）。前者主要用于大面积满堂加固，后者主要用于单独基础、条形基础等小面积加固。

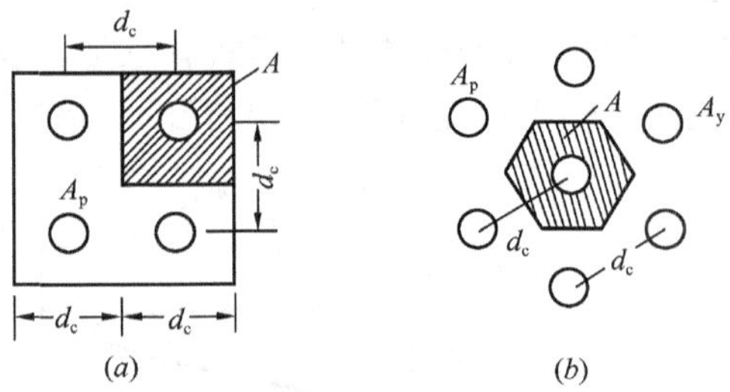

图 7-13 桩位布置

(a) 正方形布置；(b) 等边三角形布置

桩中心间距的确定应考虑荷载大小、原土的抗剪强度。荷载大，间距应小；原土强度低，间距亦应小。特别在深厚软基中打不到相对硬层的短桩，桩的间距应更小。采用 30kW 振冲器间距宜为 1.3～2.0m，55kW 振冲器间距宜为 1.4～2.5m，75kW 振冲器间距宜为 1.5～3.0m。

（三）桩长

通常的做法是在桩体全部制成后，将桩体顶部 1m 左右一段挖去，铺 30～50cm 厚的碎石垫层，然后在上面做基础。挖除桩顶部分长度的理由是该处上覆压力小，很难做出符合密实要求的桩体。在设计基础底部高程时应考虑这一情况。

桩长指桩在垫层底面以下的实有长度。如果相对硬层的埋藏深度不大，比如小于 10m，宜将桩伸至相对硬层。如果软弱土层厚度很大，只能做贯穿部分软弱土层的桩。在此情况下，桩长的确定取决于设计建筑物所容许的沉降量；桩愈短，留下未加固软弱土层的厚度愈大，自然，地基因加固而减少的沉降量就愈少。一般桩长不宜短于 4m；但当桩长大于 7m 时，制桩工效将显著降低。据统计，对一根 9m 长的碎石桩，制造 7～9m 这段桩体所需的时间约占总制桩时间的 39%（张志良，1983）。

（四）桩体材料

桩体材料可以就地取材，凡举碎石、卵石、含石砾砂、矿渣等材料都能利用。桩体材料的容许最大粒径与振冲器的外径和功率有关，一般不大于 8cm。对碎石，常用的粒径为 2～8cm，但在强度很低的软土中采用大粒径（最大粒径超过 200mm）填料效果更好。填料应有适当级配，含泥量不宜太大。

桩的直径与地基土的强度有关；强度愈低，桩的直径愈大。对一般软黏土地基，采用 30kW 振冲器制桩，每米桩长约需 0.6～0.8m^3碎石。

（五）振动影响

用振冲法加固地基时，由振冲器在土中振动产生的振动波向四周传布，对周围的建筑物，特别是不太牢固的陈旧建筑物可能造成某些振害。为此，在设计中应该考虑施工的安全距离，或者事先采取适当的防振措施。

根据在江苏省南通天生港电厂地基加固中进行的测振试验结果，离振冲器中心的距离超过 1m 后，最大振动速度小于 1cm/s。实践表明，新建厂房地基加固点离开老厂房外墙的最短距离只有 2.4m，老厂房及其厂房内正在运行的机组在加固施工中均未出现任何不良影响（盛崇文等，1983）。1980 年用振冲置换法加固安徽省安庆市一幢六层宿舍楼。施工场地狭窄，周围均有房屋，特别在北面有一道破旧砖墙，高 3.5m，墙外紧接旧民房。地基土质为 5～7m 厚的软黏土。用 ZCQ-30 型振冲器施工，加固点离开砖墙的最短距离只有 2m，施工后经检查，砖墙未出现任何裂缝（方永凯，1983）。国外也有类似经验，附近建筑物较坚实，条形基础，黏性土地基，离建筑物 1m 处进行振冲施工，建筑物安全无恙，当然在建筑物内的人有较强的振感（Greenwood and Kirsch，1983）。由此可见距振冲孔中心 2～3m 以外时，振动对周围建筑物的影响十分轻微。

（六）现场制桩试验

成功的设计有赖于事先详尽的勘探。不仅如此，由于土层的变异性很大，加上施工质量方面不可避免的差异，要在设计中预估这些因素的各个方面目前还有困难。因此，对重要的大型工程宜在现场进行制桩试验和必要的测试工作，载荷试验、桩顶与土面的应力测定等，收集设计施工所需的各项参数值，以便改进设计，制定出比较符合实际的加固施工方案。

常有人强调工期紧迫，不愿做现场制桩试验，殊不知制桩试验不一定会拖长工期，有时通过试验摸清了情况，使设计更加可靠合理，对正式施工时可能出现的各种困难做到心中有数，从而使加固工作得以顺利展开，总的施工工期不仅不拉长还可能缩短。而且，通过试验改进了设计。由此产生的经济效益往往远大于进行试验所花去的费用。

二、计算用的基本参数

（一）不排水抗剪强度

不排水抗剪强度 c_u 这个指标不仅可用来判断本加固方法能否适用，还可用来初步选定桩的间距，预估施工的难易程度以及加固后可能达到的承载力。有条件时，宜用十字板剪切试验测定不排水抗剪强度，其值以 S_v 表示。

（二）原土的沉降模量

对重要工程，有可能通过载荷试验确定地基土的变形模量。据弹性理论，位于各向同性半无限均质弹性体面上的刚性圆板在荷重作用下的沉降量为

$$S=\frac{P(1-\mu^2)}{dE} \tag{7-5}$$

式中 S——圆板的沉降；

P——作用于圆板上的总荷重；

d——圆板直径；

E——弹性模量；

μ——泊松比。

一般载荷试验常用方形承压板。对方板，还需引入一个形状系数 λ_B，于是上式变为

$$S=\frac{P(1-\mu^2)}{\lambda_B bE} \tag{7-6}$$

上式中 b 此时指方板宽度。用 $P=pb^2$（p 为单位面积荷重）代入上式，经整理后得

$$\frac{\lambda_B E}{(1-\mu^2)}=\frac{p}{\frac{S}{b}} \tag{7-7}$$

将等号左侧比值定义为沉降模量，用 E' 表示，桩或原土的沉降模量分别用 E'_p、E'_s 表示；比值 S/b 为沉降比，用 ρ_R 表示。于是

$$E'=p/\rho_R \tag{7-8}$$

将载荷试验资料整理成 p-ρ_R 曲线，从中确定 E' 值。由于土不是真正的弹性材料，因此沉降模量不是一个常量，它与应力或应变水平有关。

若没有地基土的载荷试验资料，对大面积加固情况，也可用室内常规压缩试验测定。

（三）桩的直径

桩的直径与土类及其强度、桩材粒径、振冲器类型、施工质量关系密切。如果是不均质地基土层，在强度较弱的土层中桩体直径较大；反之，在强度较高的土层中桩体直径必然较小。不言而喻，振冲器的振动力愈大，桩体直径愈粗。如果施工质量控制不好，很容易制成上粗下细的“胡萝卜”形。因此，桩体远不是想象中那样的圆柱体。所谓桩的直径是指按每根桩的用料量估算的平均理论直径，用 D 表示。一般 $D=0.8\sim1.2$m。Besancon 等三人（1984）统计的桩体理论直径资料见图 7-14，该图可供初步设计选定桩体直径之用。

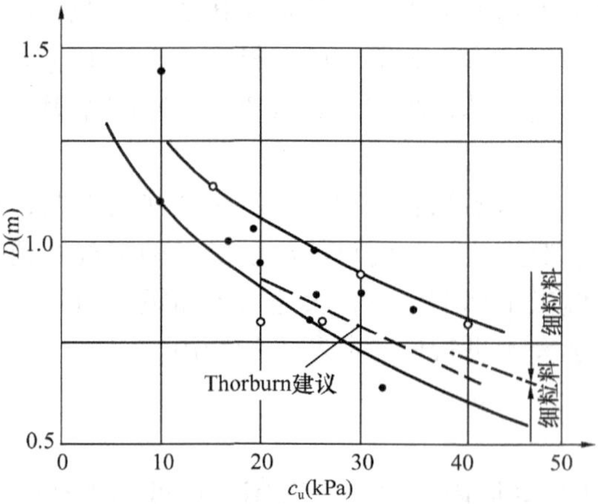

图 7-14 桩的平均理论直径

（引自 Besancon 等，1984）

（四）桩材内摩擦角

用碎石做桩体，碎石的内摩擦角 φ_p 一般采用 35°～45°，多数采用 38°；但前联邦德国的一些著名施工单位也有采用高达 42°的（Besancon 等，1984）。一般不考虑黏聚力。笔者认为对粒径较小（≤50mm）的碎

石并且原土为黏性土，φ_p 可采用 38°；对粒径较大（最大为 100mm）的碎石并且原土为粉质土，φ_p 可采用 42°。对卵石或砂卵石可采用 38°。

（五）面积置换率

面积置换率是桩的截面积 A_P 与其影响面积 A（参见图 7-13）之比，用 m 表示。m 是表征桩间距的一个指标，m 越大，桩的间距越小。习惯上把桩的影响面积化为与桩同轴的等效影响圆，其直径为 D_e。D_e的计算如下：

对等边三角形布置　　$D_e=1.05d$

对正方形布置　　$D_e=1.13d$

对矩形布置　　$D_e=1.13\sqrt{d_1 d_2}$

以上 d、d_1、d_2 分别为桩的间距、纵向间距和横向间距。已知 D_e后，面积置换率为

$$m=\frac{D^2}{D_e^2} \tag{7-9}$$

一般采用 $m=0.25\sim0.4$，假定 $D=1.0$m，对等边三角形布置，上述 m 值相当于桩的间距 1.5～1.9m。

（六）桩土应力比

由于应力集中作用，在基础荷载作用下，桩上承受的应力 σ_P 大于桩周围土上承受的应力 σ_S，比值 σ_P/σ_S 称为桩土应力比，用 n 表示。n 值与桩体材料、地基土性、桩位布置和间距、施工质量等因素有关。桩土应力比不是一个常量，它与应力或应变水平有关。表 7-16 示有国内外一些工程的桩土应力比实测值。由该表可见桩土应力比最大为 6，最小只有 1.44，多数为 2～5。

实测桩土应力比　　**表 7-16**

序号	工 程 项 目	范 围	均 值	文 献
1	江苏省连云港临洪东排涝站		2.5	盛崇文，1983a
2	天津市塘沽长芦盐场第二化工厂	1.59～3.83	2.83	盛崇文，1983a
3	浙江省台州电厂	max3、3.5		盛崇文，1983a
4	山西省太原环保研究所		2	盛崇文，1983a
5	江苏省南通天生港电厂		2.0，2.4	盛崇文，1983a
6	上海市江桥车站附近路堤	1.44～2.39		盛崇文，1983a
7	宁夏大武口电厂	2.54，3.11		盛崇文，1983a
8	Hampton（I64）路堤	2.6～3		Besancon et al，1984
9	New Orleans 试验堤	4～5		Munfakh et al，1983
10	New Orleans 码头后方	5～6		Castelli et al，1983
11	Ile Lacroix 路堤	2～4	2.8	Besancon et al，1984

陈振建、盛崇文（1987）给出光滑刚性基础下满堂加固碎石桩地基桩土应力比。定义桩侧压力比 K 为桩土接触面上桩体垂直应力与径向应力之比，则

$$K=\frac{1+\mu_p+2(B_p-1)\mu_p^2}{\mu_p B_p}$$

式中符号稍后说明。记 $\alpha=45°+\varphi_p/2$，这里 φ_p 为桩体的内摩擦角。根据 K 的大小可知刚

性基础下满堂加固碎石桩复合地基存在两种不同的破坏形式。

1. 破坏 A

这时 $K<\tan^2\alpha$，在弹性状态下桩间土可以提供足够大的侧向约束，或者是桩体强度足够大，能使桩体维持弹性变形。地基承受的荷载达到极限时，桩间土先进入极限状态。弹性解适用于破坏 A。

2. 破坏 B

这时 $K\geqslant\tan^2\alpha$，桩间土在弹性变形时所产生的径向应力太小；不足以使桩体维持在弹性变形状态。荷载作用过程中桩体始终处于极限平衡状态。荷载较小时桩间土弹性变形；荷载较大时桩间土进入极限状态，地基承载力也就达到极限。假定桩体是理想弹塑性体的解答可用于破坏 B。

两种破坏形式下的桩土应力比 n 分别为：

破坏 A

$$n=\frac{1-\mu_s}{1-\mu_p}\cdot\frac{1-\mu_p+2(B_p-1)\mu_p^2}{1-\mu_s+2(B_s-1)\mu_s^2}f \tag{7-10}$$

破坏 B

$$n=N\cdot\tan^2\alpha \tag{7-11}$$

$$N=\frac{1+m-2\mu_s}{2(1-m-\mu_s+2m\mu_s)+M\left(1+m-2\mu_s-\dfrac{2m\mu_s^2}{1-\mu_s}\right)}$$

上列各式中

$$B_s=1+\frac{F_1m}{F_2}$$

$$B_p=1-\frac{F_1(1-m)\mu_s}{F_2\mu_p}$$

$$f=\frac{E'_p}{E'_s}$$

$$F_1=\frac{\mu_p(1-\mu_s)}{\mu_s(1-\mu_p)}f-1$$

$$F_2=\frac{(1-\mu_s)(1-m)f}{1-\mu_p}+1+m-2\mu_s$$

$$M=\frac{1-\mu_p}{1+\mu_p}\cdot\frac{2+\tan^2\alpha}{f}$$

以上各式中，μ_p、μ_s、E'_p、E'_s 分别为桩、桩间土的泊松比及其变形模量。

从桩土应力比的表达式来看，破坏 B 时 n 不仅与桩和桩间土的变形参数有关，而且还和桩的内摩擦角有关；破坏 A 时，n 与桩的内摩擦角无关。这点正表明了两种破坏形式的本质区别。n 值随着 f 的增大而增大，其增长速率随 f 增大而减小，最后趋于一个由桩体强度控制的极限值。令 $f\rightarrow\infty$，可得

$$N_{max}=\frac{1+m-2m\mu_s}{2(1-m-\mu_s+2m\mu_s)}$$

即有 $n_{max}=N_{max}\cdot\tan^2\alpha$ 。当 $m\leqslant0.35$ 时，n 一般不会超过$\tan^2\alpha$。图 7-15 是桩土应力比 n 与桩土压缩模量比 f 的关系曲线。从中可以看出公式（7-11）求得的桩土应力比与已积累的实测值范围重合。

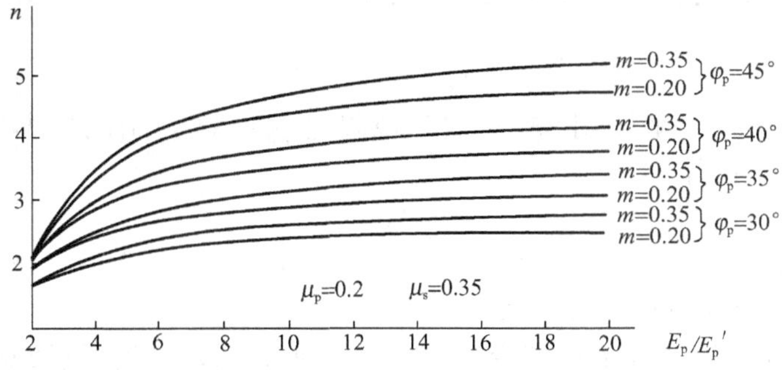

图 7-15　桩土应力比

三、承载力计算

（一）单桩

1. Hughes-Withers 计算式

Hughes 和 Withers（1974）建议按下式计算单桩的极限承载力 q_{fP}

$$q_{fP}=(p'_0+u_0+4C_u)\tan^2\left(45°+\frac{\varphi_P}{2}\right) \tag{7-12}$$

式中 p'_0、u_0分别为原土的起始有效压力和孔隙水压力。他们从原型观测数据中得到信息认为 $p'_0+u_0=2C_u$，于是

$$q_{fP}=(6C_u)\tan^2\left(45°+\frac{\varphi_P}{2}\right) \tag{7-13}$$

令 $\varphi_p=38°$，则上式可简化为

$$q_{fP}=25.2C_u \tag{7-14}$$

上式就是 Thorburn（1976）建议的经验式。求桩的容许承载力时，安全系数用 3。

2. Brauns 计算式

Brauns（1978）假设（1）极限平衡区位于桩顶附近，滑面形成漏斗形，桩的破坏长度 $h=2r_0\tan\delta_p$，（2）$\tau_M=0$，$\sigma_\theta=0$，（3）不计地基土和桩体的自重。其中 r_0 为桩的半径，$\delta_p=45°+\frac{\varphi_P}{2}$，其余符号意义见图 7-16。在这些前提下，他推导得单桩极限承载力为

$$q_{fP}=\tan^2\delta_p\frac{2c_u}{\sin2\delta}\left(\frac{\tan\delta_P}{\tan\delta}+1\right) \tag{7-15}$$

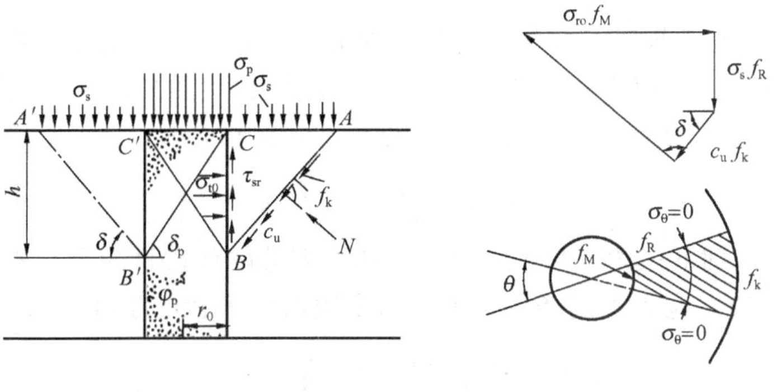

图 7-16　Brauns 的计算图式

式中 δ 为滑面与水平面的夹角，可按下式用试算法求得

$$\tan\delta_p = \frac{1}{2}\tan\delta(\tan^2\delta - 1) \tag{7-16}$$

碎石的内摩擦角 φ_p 一般采用 35°～45°。现假定 $\varphi_p = 38°$，用试算法解式（7-16）得 $\delta = 61°$，代入式（7-15）得

$$q_{fP} = 20.8c_u \tag{7-17}$$

（二）复合地基

1. 基于 Brauns 理论的改进计算式

盛崇文（1980b）曾将 Brauns 理论推广到复合地基以及各种群桩情况。对满堂碎石桩情况，他推导得桩的极限垂直应力 $[\sigma_{Pl}]_{max}$ 为

$$\frac{[\sigma_{Pl}]_{max}}{c_u} = \frac{(\lambda+1)}{2}\left(\frac{\sigma_s}{c_u} + \frac{\lambda-1}{2\tan\delta_P} + \frac{2\tan\delta_P}{\lambda-1}\right)\tan^2\delta_p = \xi_1 \tag{7-18}$$

式中 $\lambda = \left(\frac{1}{m}\right)^{\frac{1}{2}}$。根据力的平衡原理，满堂加固情况复合地基的极限承载力为

$$q_f = m[\sigma_{Pl}]_{max} + (1-m)\sigma_s \tag{7-19}$$

或

$$\frac{q_f}{c_u} = m\xi_1 + (1-m)\frac{\sigma_s}{c_u} \tag{7-20}$$

上式中可取 $\sigma_s =$（2～3）c_u，具体取用值视建筑物的容许变形而定，容许变形小，取低值，否则取高值。

对各种群桩布置情况，可作如下处理。改写式（7-15），

$$\frac{q_{fp}}{c_u} = \frac{2\tan^2\delta_P}{\sin2\delta}\left(\frac{\tan\delta_P}{\tan\delta} + 1\right) = \xi_0 \tag{7-21}$$

ξ_0 代表单桩情况，即桩的四周没有其他碎石桩；ξ_1 代表满堂碎石桩情况，即每根桩的四周都有其他的碎石桩。ξ_0、ξ_1 都是极端情况。对图 7-17 所示的三种情况，可按下法计算相应的 ξ 值。

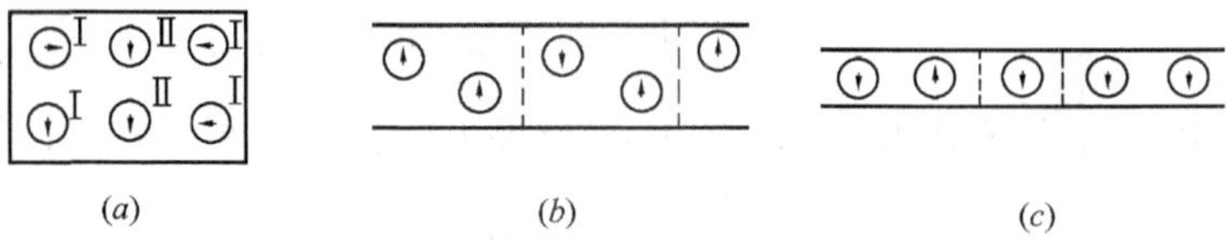

图 7-17 各种群桩布置

情况 a　基础下有六根桩，每根桩有东南西北四个边界，共有二十四个边界。四个角上的Ⅰ号桩，各有二边对应于 ξ_0 的条件，另外二边对应于 ξ_1 的条件。Ⅱ号桩，各有一边对应于 ξ_0 的条件，另外三边对应于 ξ_1 的条件。这样按比例得，

$$\xi = \left(\frac{10}{24}\right)\xi_0 + \left(\frac{14}{24}\right)\xi_1 \tag{7-22}$$

情况 b　条形基础下三角形布置两排桩。虚线划分的代表性单元中有两根桩，共有八个边界。其中两个边对应于 ξ_0 的条件，另外六个边对应于 ξ_1 的条件。故按比例得

$$\xi = \left(\frac{2}{8}\right)\xi_0 + \left(\frac{6}{8}\right)\xi_1 \tag{7-23}$$

情况 c　条形基础下有一排桩。虚线划分的代表性单元中只有一根桩，共有四个边

界。其中二个边对应于 ξ_0 的条件，另外二个边对应于 ξ_1 的条件。故按比例得

$$\xi=\left(\frac{2}{4}\right)\xi_0+\left(\frac{2}{4}\right)\xi_1 \tag{7-24}$$

其他各种情况都可按同一原则处理。已知 ξ 后，用它代替式（7-20）中的 ξ_1，即可计算复合地基的极限承载力 q_f。

求复合地基的容许承载力时，安全系数用 2～3。

2. 南京水科院经验式

南京水利科学研究院根据多年的实践于 1983 年总结出估算复合地基容许承载力 R_{sp} 的经验式如下，

$$R_{sp}=[1+m(n-1)]R_s \tag{7-25}$$

$$R_{sp}=[1+m(n-1)](3S_v) \tag{7-26}$$

式中 R_s 为原地基土的容许承载力，S_v 为原地基土的十字板抗剪强度。R_s 或 S_v 指主要加固土层的平均值。桩土应力比 n 可用 3～5，具体取用值视建筑物的容许变形而定，容许变形小，取低值，否则取高值。

四、沉降计算

（一）Priebe 方法

Priebe（1976）提出一个计算复合地基在垂直荷载作用下产生的最终沉降量的方法。他假设 1. 地基土为各向同性；2. 刚性基础；3. 桩体长度已达有支承能力的硬土层。在这些假设下，Priebe 根据半无限弹性体中圆柱孔横向变形理论推导得一个沉降折减系数的表达式如下，

$$\frac{1}{\beta}=1+m\left[\frac{\frac{1}{2}+f(\mu,m)}{\tan^2\left(45^\circ-\frac{\varphi_p}{2}\right)f(\mu,m)}-1\right] \tag{7-27}$$

$$f(\mu,m)=\frac{1-\mu^2}{1-\mu-2\mu^2}\cdot\frac{(1-2\mu)(1-m)}{1-2\mu+m} \tag{7-28}$$

式中 μ 为地基土的泊松比，其余符号意义同前。所谓沉降折减系数是指地基用振冲置换桩加固情况下的最终沉降量与不加固情况下的最终沉降量之比。于是，复合地基的最终沉降量 s_{sp} 为

$$s_{sp}=\beta s_s \tag{7-29}$$

式中，s_s 为不加固情况下的地基最终沉降量。

Priebe 还推导得桩土应力比 n 为

$$n=\frac{\frac{1}{2}+f(\mu,m)}{\tan^2\left(45^\circ-\frac{\varphi_p}{2}\right)f(\mu,m)} \tag{7-30}$$

将上式代入式（7-27）得

$$\beta=\frac{1}{1+m(n-1)} \tag{7-31}$$

式（7-31）与日本工程师在计算挤实砂桩复合地基的沉降折减系数的表达式完全相同（松尾新一郎，1972；Fudo Construction Co.，1974）。

（二）沉降模量法

根据已有大型载荷试验资料的分析，用碎石桩加固的复合地基的沉降模量 E'_{sp} 可按下式计算

$$E'_{sp}=E'_{P}m+(1-m)E'_{s} \tag{7-32}$$

式中 E'_{P}、E'_{s} 可分别按在现场进行的单桩和桩间土的作用压力和沉降比的关系线确定。对刚性基础，由于桩顶和桩间土顶面的沉降相等，故有 $E'_{P}=nE'_{s}$，将此式代入式（7-32）得

$$E'_{sp}=[1+m(n-1)]E'_{s} \tag{7-33}$$

因此，只要有地基土的沉降模量 E'_{s}，根据初步选定的面积置换率 m 和估计的桩土应力比 n，代入上式就可计算出复合地基的沉降模量。例如，在江苏省南通天生港电厂场地上进行的 两组压板尺寸为 3m×3m、板下有四根直径为 0.8m 砂桩和碎石桩的大型载荷试验表明，压力 120～250kPa、相应的沉降比 0.5%～1.0% 时，E'_{sp} 分别为 13300kPa 和 15900kPa。通过载荷试验求得 E'_{s}=11250kPa，根据 m=0.22 和实测得的对应于同一压力范围的 n 均值（分别为 2.0 和 2.2），按式（7-33）计算得 E'_{sp} 为 13700kPa 和 14200kPa，可见与观测值相当接近（盛崇文等，1983）。

已知复合地基的沉降模量后，可按常用的分层总和法计算地基的最终沉降量 $[s_{sp}]_{\infty}$。对没有打到相对硬层的情况，

$$[s_{sp}]_{\infty}=\sum_{i=1}^{n_L}\frac{p_0}{[E'_{sp}]_i}(Z_iC_i-Z_{i-1}C_{i-1})+\sum_{i=n_L+1}^{n}\frac{p_0}{[E'_{s}]_i}(Z_iC_i-Z_{i-1}C_{i-1}) \tag{7-34}$$

式中 p_0——基础底面处的附加压力；

$[E'_{sp}]_i$——基础底面下第 i 层复合土的沉降模量；

$[E'_{s}]_i$——基础底面下第 i 层地基土的沉降模量；

Z_i、Z_{i-1}——分别为基础底面至第 i 层和第 $i-1$ 层底面的距离；

C_i、C_{i-1}——分别为基础底面计算点至第 i 层和第 $i-1$ 层底面范围内平均附加压力系数，可按《建筑地基基础设计规范（GB 50007—2002）》附录 K 采用；

n、n_L——地基压缩层范围内所划分的土层数，其中 1～n_L 位于复合土层内，（n_L+1）～n 位于没有桩体的天然地基内。

上式等号右侧由两部分组成：第一部分代表设有桩体的复合土层的最终沉降量；第二部分代表没有桩体的天然土层的最终沉降量。

对桩体打到硬层、原土为均质土层的复合地基，最终沉降量为

$$[s_{sp}]_{\infty}=\frac{p_0}{E'_{sp}}\left[\sum_{i=1}^{n}(Z_iC_i-Z_{i-1}C_{i-1})\right] \tag{7-35}$$

地基在加固前的最终沉降量 $[s_s]_{\infty}$ 为

$$[s_s]_{\infty}=\frac{p_0}{E'_{s}}\left[\sum_{i=1}^{n}(Z_iC_i-Z_{i-1}C_{i-1})\right] \tag{7-36}$$

于是沉降折减系数为

$$\beta=\frac{[S_{sp}]_{\infty}}{[S_s]_{\infty}}=\frac{E'_{s}}{E'_{sp}} \tag{7-37}$$

将式（7-33）代入上式得

$$\beta = \frac{1}{1 + m(n-1)}$$

这就是式（7-31）。可见 Priebe 建议的方法只不过是本法的一种特殊情况（盛崇文，1986）。

在初步设计时，如果缺少天然地基的载荷试验数据，对大面积加固情况，也可用从压缩试验测得的压缩模量 E_s 按下式估算 E'_s，

$$E = \frac{(1-2\mu)(1+\mu)}{(1-\mu)} E_s \tag{7-38}$$

$$E'_s = \frac{E}{1-\mu^2} = \frac{1-2\mu}{(1-\mu)^2} E_s \tag{7-39}$$

上式中的泊松比 μ，对可塑、软塑黏性土，μ=0.30～0.35；对流塑黏性土，μ=0.40～0.45。关于桩土应力比 n 可用 3～5，原土强度低取低值，否则取高值（盛崇文，1986）。

碎石桩或砂桩能加速地基土的沉降过程的工程实例比比皆是（Castelli，et al.，1983；Bhandari，1983；盛崇文，1980a；郑培成，1979；张志良，1983；姜伴露，1982。）这是因为桩体是易透水的，与常用的砂井比较，桩体的直径较大而间距较小。因此，一般情况下可以不验算沉降速率。如果需要验算，可按第四章中的砂井沉降过程计算理论进行（Mitchell 和 Katti，1981）。根据 Balaam 和 Poulos（1983）用有限元法研究的结果，比值 E_P/E_s 对沉降速率影响甚微，在计算中不妨假定 $E_P = E_s$。

五、抗滑稳定计算

（一）Aboshi 等方法

振冲置换桩也可用来提高黏性土坡的抗滑稳定性。在这种情况下进行稳定分析需采用复合土层的抗剪强度 S_{sp}。复合土层抗剪强度分别由桩体和原土产生的两部分强度组成。Aboshi 等四人（1979）提出按平面面积加权计算的方法，

$$S_{sp} = (1-m)c_u + mS_p\cos\alpha \tag{7-40}$$

式中 S_p 为桩体的抗剪强度；α 为滑弧切线与水平线的夹角（图 7-18）。

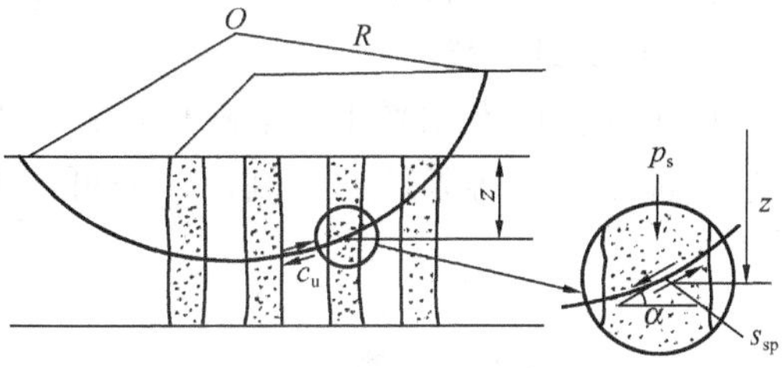

图 7-18 用于提高土坡稳定的桩体

桩体抗剪强度 S_p 为

$$S_p = p_z \tan\varphi_P \cos\alpha \tag{7-41}$$

式中 p_z 为作用于滑面的垂直应力，可按下式计算

$$p_z = \gamma'_P z + \mu_p \sigma_z \tag{7-42}$$

其中

$$\mu_p = \frac{n}{1 + (n-1)m} \tag{7-43}$$

式中 γ'_P——桩体容重，水位以下用浮容重；

z——桩顶至滑弧上计算点的垂直距离；

σ_z——桩顶平面上作用荷载引起的附加应力，可按一般弹性理论计算；

μ_p——应力集中系数。

上式中 $\gamma'_{P}z$ 为桩体自重引起的有效应力，$\mu_{p}\sigma_{z}$ 为作用荷载引起的附加应力。已知 S_{sp}后，可用常规稳定分析方法计算抗滑安全系数。

（二）Priebe 方法

设原土的抗剪强度指标为 c_s、φ_s，桩体的抗剪强度指标为 $c_p=0$、φ_p。Priebe（1978）提出复合土层的抗剪强度指标 c_{sp}、φ_{sp}可按下式计算

$$c_{sp}=(1-\omega)c_s \tag{7-44}$$

$$\tan\varphi_{sp}=\omega\tan\varphi_p+(1-\omega)\tan\varphi_s \tag{7-45}$$

式中 ω 为参数，与桩土应力比、面积置换率有关，它的定义如下：

$$\omega=m\frac{\sigma_P}{\sigma_Z}=m\mu_P \tag{7-46}$$

一般 ω=0.4～0.6。同样，已知 c_{sp}、φ_{sp}后，可用常规稳定分析方法计算抗滑安全系数或者根据要求的安全系数，反求需要的 ω 或 m 值。

7.2.4 施工工艺

一、施工机具

（一）机具

主要机具是振冲器、吊机或施工专用平车和水泵。对于软土地基，振冲碎石桩施工一般使用低功率振冲器，即 30kW 或 55kW 振冲器。水泵的规格是出口水压 400～600kPa，流量 20～30m^3/h。每台振冲器配一台水泵。如果工地有数台振冲器同时施工，也可用集中供水的办法。

其他设备有运料工具（手推车、装载机或皮带运输机）、泥浆泵、配电板等。

（二）机具数量

施工所需的专用平车台数随桩数、工期而定，有时还受到场地大小、交叉施工、电水供应、泥水处理等条件的限制，一般可按下式估算，

$$Y=\frac{\alpha N t_P}{T_c T_w} \tag{7-47}$$

式中 Y——施工车台数；

N——桩数；

t_P——制一根桩所需的平均时间，对黏土地基、10m 桩长，t_P=1～1.8h；

T_c——工期；

T_w——每台施工车每天的工作时间；

α——考虑移位、施工故障、检修等因素的系数，可取 α=1.1。

施工车台数确定后，还得核算施工用电量和用水量有无超过最大供应量。如果超过，要是不能增加供应量，就只有减少施工车台数，延长工作时间或者放宽工期。

二、填料

制作桩体的填料宜就地取材，举凡碎石、卵石、砂砾、矿渣等都可使用，但风化石块不宜采用。各类填料的含泥量均不得大于 10%。填料应有适当的颗粒级配。填料的最大粒径依所用振冲器功率而定，振冲器功率较大时可用大粒径填料。对于 30kW 振冲器，填料粒径一般不大于 8cm。粒径太大不仅容易卡孔，而且能使振冲器外壳强烈磨损。但在很软的土层中制作大粒径碎石桩时可根据需要选取填料粒径。

整个工程需要的总填料量为

$$V = \mu N V_P L \tag{7-48}$$

式中 L——桩长；

V_P——每米桩体所需的填料量；

μ——富余系数，一般 μ=1.1～1.2。

V_P与地基土的抗剪强度和振冲器的振力大小有关。对软黏土地基，采用 30kW 振冲器制桩，V_P=0.6～0.8m^3，这里指的是虚方。

三、桩的定位

平整场地后，测量地面高程。加固区的高程宜为设计桩顶高程以上 1m。如果这一高程低于地下水位，需配备降水设施或者适当提高地面高程。最后按桩位设计图在现场用小木桩标出桩位，桩位偏差不得大于 3cm。

四、振冲置换桩的制作

（一）填料方式

在地基内成孔后，接着要往孔内加填料。过去有三种加料方式。第一种是把振冲器提出孔口，往孔内倒入约 1m 堆高的填料，然后下降振冲器使填料振实。每次加料都这样做。第二种是振冲器不提出孔口，只是向上提升约 1m 左右，然后向孔口倒料，再下降振冲器使填料振实。第三种是边把振冲器缓慢向上提升，边在孔口连续加料。就黏性土地基来说，多数采用第一种加料方式，因为后两种方式，桩体质量不易保证。

对较软的土层，宜采用“先护壁，后制桩”的办法施工（郑培成，1983）。即成孔时，不要一下达到设计深度，而是先达到软层上部一、二米范围内，将振冲器提出孔口加一批填料，下降振冲器使这批填料挤入孔壁，把这段孔壁加强以防塌孔。然后使振冲器下降至下一段软土中，用同样方法加料护壁。如此重复进行，直达设计深度。孔壁护好后，就可按常规步骤制桩了。

（二）桩的施工顺序

桩的施工顺序一般采用“由里向外”（图 7-19*a*）或“一边推向另一边”（图 7-19*b*）的方式，因为这种方式有利于挤走部分软土。如果“由外向里”制桩，中心区的桩很难做好。对抗剪强度很低的软黏土地基，为减少制桩时对原土的扰动，宜用间隔跳打的方式施工（图 7-19*c*）。当加固区毗邻其他建筑物时，为减少对建筑物的振动影响，宜按图 7-19*d* 所示的顺序进行施工。必要时可用振力较小的振冲器（如 13kW）制 A 排桩。

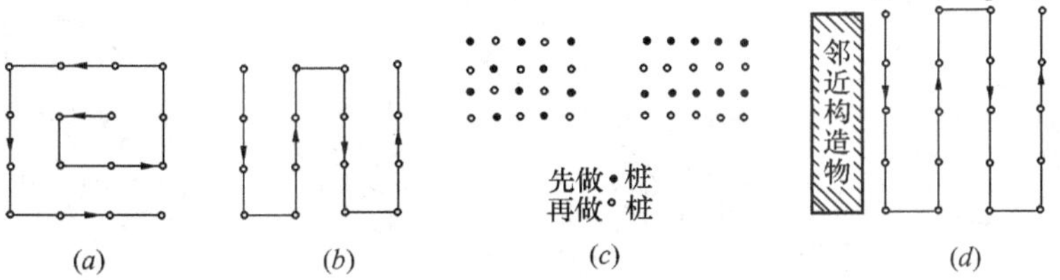

图 7-19 桩的施工顺序

（*a*）由里向外方式；（*b*）一边推向另一边方式；（*c*）间隔跳打方式；

（*d*）减小对临近建筑物振动影响的施工顺序

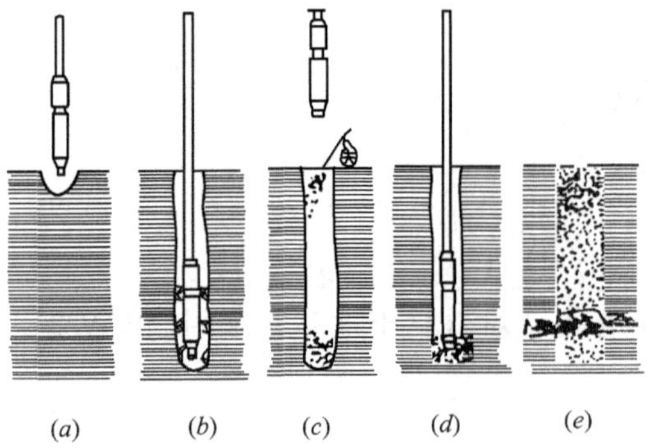

图 7-20 制桩步骤

（三）制桩操作步骤

1. 将振冲器对准桩位，开水开电。检查水压、电压和振冲器的空载电流值是否正常。

2. 启动施工车或吊机的卷扬机，使振冲器以1～2m/min的速度在土层中徐徐下沉（图7-20*a*）。注意振冲器在下沉过程中的电流值不得超过电机的额定值。万一超过，必须减速下沉，或者暂停下沉，或者向上提升一段距离，借助高压水冲松土层后再继续下沉。在开孔过程中，要记录振冲器经各深度的电流值和时间。电流值的变化定性地反映出土的强度变化。

3. 当振冲器达到设计加固深度以上30～50cm时，开始将振冲器往上提，直至孔口。提升速率可增至5～6m/min。

4. 重复步骤2、3一至二次。如果孔口有泥块堵住，应把它挖去。最后，将振冲器停留在设计加固深度以上30～50cm处，借循环水使孔内泥浆变稀，这一步骤叫清孔（图7-20*b*）。清孔时间1～2min，然后将振冲器提出孔口，准备加填料。

5. 往孔内倒0.15～0.5m^3填料（图7-20*c*）。将振冲器沉至填料中进行振实（图7-20*d*）。这时，振冲器料不仅使填料振密，并且使填料挤入孔壁的土中，从而使桩径扩大。由于填料的不断挤入，孔壁土的约束力逐渐增大，一旦约束力与振冲器产生的振力相等，桩径不再扩大，这时振冲器电机的电流值迅速增大。当电流达到规定值时，认为该深度的桩体已经振密。如果电流达不到规定值，则需提起振冲器继续往孔内倒一批填料，然后再下降振冲器继续进行振密。如此重复操作，直至该深度的电流达到规定值为止。每倒一批填料进行振密，都必须记录深度、填料量、振密时间和电流量。电流的规定值称为密实电流。密实电流由现场制桩试验确定或根据经验选定。将振冲器提出孔口，准备做上一深度的桩体。

6. 重复上一步骤，自下而上地制作桩体，直至孔口。这样一根桩就做成了（图7-20*e*）。

7. 关振冲器，关水，移位。

（四）记录

振冲置换桩的施工记录格式见表7-17。每天施工完毕要及时填写“制桩统计图”

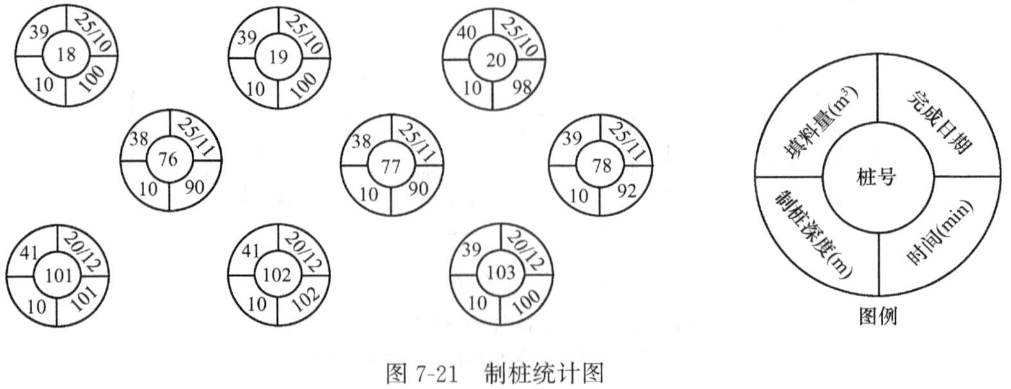

图 7-21 制桩统计图

（图 7-21）。填写内容有：桩号、制桩深度、填料量、时间和完成日期。

83401 工程振冲置换桩施工记录 **表 7-17**

桩号 7 天气 晴 日期 83/6/20 作业时间 o (h) 27 (min)

空载电流15 (A) 施工电压 400 (V) 总填料量 37 车① (m^3)

时间		深度	电流	填料①		备注	时间		深度	电流	填料①		备注
h	min	m	A	m^3	累计		h	min	m	A	m^3	累计	
8	0	0	15					14	6.3	60	2	14	
	1	3	35					15	5.9	65	2	16	
	2	6	35					16	5.4	60	2	18	
	3	7.5	40			提拉		17	5.0	65	2	20	
	4	7.5	35	1	1			18	4.5	60	2	22	
	5	7.5	30	1	2			19	4.0	65	2	24	
	6	7.5	35	1	3			20	3.5	70	2	26	
	7	7.5	40	1	4			21	3.0	75	2	28	
	8	7.5	40	1	5			22	2.5	65	2	30	
	9	7.5	45	1	6			23	2.0	60	2	32	
	10	7.5	45	1	7			24	1.5	65	2	34	
	11	7.5	50	1	8			25	1.0	60	2	36	
	12	7.1	60	2	10			26	0.7	60	1	37	
	13	6.7	65	2	12			27	0.4	65	—	37	

班长：丁建均 开机：顾桂荣 记录：孙亚萍

① 填料量用车数表示。

（五）表层处理

桩顶部约 1m 范围内，由于该处地基土的上覆压力小，施工时桩体的密实程度很难达到要求，为此必须另行处理。处理的办法或者将该段桩体挖去，或者用振动碾使之压实。如果采用挖除的办法，施工前的地面高程和桩顶高程要事先计划好。

一般，经过表层处理后的复合地基上面要铺一层厚 30～50cm 的碎石垫层。垫层本身也要压实。垫层上面再做基础。

五、施工质量控制

振冲置换桩的施工质量控制实质上就是对施工中所用的水、电、料三者的控制。如何控制？控制的标准又是什么？这些都与工程的地基土质的具体条件、建筑物的具体设计要求有关，具体应用时，还得靠实践经验。因此，对大型重要工程，现场制桩试验几乎是必不可少的。一些重要的设计参数的确定，一些施工控制标准的制定都得靠现场试验。以下只能介绍主要控制原则。

振冲施工中水是很重要的。关于水，要控制的一个是水量，另一个是水压。水量要充足，使孔内充满着水，这样可防止塌孔，使制桩工作得以顺利进行。反之，水量亦不宜过多，过多时易把填料回出流走。关于水压，视土质及其强度而定。一般说，对强度较低的软土，水压要小些；对强度较高的土，水压宜大。成孔过程中，水压和水量要尽可能大；

当接近设计加固深度时，要降低水压，以免破坏桩底以下的土。加料振密过程中，水压和水量均宜小。

关于电，主要控制加料振密过程中的密实电流。密实电流规定值根据现场制桩试验定出，一般为振冲器潜水电动机的空载电流加上 10～15A。在制桩时，值得注意的是不能把振冲器刚接触填料的一瞬间的电流值作为密实电流。瞬时电流值有时可高达 100～120A，但只要把振冲器停住不下降，电流值立即变小。可见瞬时电流并不真正反映填料的密实程度。只有振冲器在固定深度上振动一定时间（称为留振时间）而电流稳定在某一数值，这一稳定电流才能代表填料的密实程度。要求稳定电流值超过规定的密实电流值，该段桩体才算制作完毕。对黏性土地基，留振时间一般为 10～20s。

关于料，要注意加填料不宜过猛，原则上要"少吃多餐"，即要勤加料，但每批不宜加得太多。值得注意的是在制作最深处桩体时，为达到规定密实电流所需的填料远比制作其他部分桩体多。有时这段桩体的填料量可占整根桩总填料量的四分之一到二分之一。这是因为开始阶段加的料有相当一部分从孔口向孔底下落过程中被粘留在各深度的孔壁上，只有少量能落到孔底。另一个原因是如果控制不当，压力水有可能造成超深，从而使孔底填料数量剧增。第三个原因是孔底附近遇到了事先不知的局部软弱土层，这也能使填料数量超过正常用量。

归纳起来说，所谓施工质量控制就是要谨慎地掌握好填料量、密实电流和留振时间这三个施工质量要素，要使每段桩体在这三方面都达到规定值。可以说某些工程的加固效果不能令人满意，主要原因在于没有全面贯彻质量三要素的各项要求。一般说来，在粉性较重的地基中制桩，密实电流容易达到规定值，这时要注意把好留振时间和填料量两道关。反之，在软黏土地基中制桩，填料量和留振时间容易达到规定值，这时还要注意把好密实电流这道关。由此可见，施工质量三要素虽然需要同时满足要求，但联系到具体情况，一定要根据地基土质条件，抓住主导的要素，只有这样才能造出高质量的桩体来。

7.2.5 效果检验

一、概述

检验目的有二。一个是检查桩体质量是否符合规定。如果不符合规定，就得研究采取什么补救措施。这叫施工质量检验。另一个是桩体质量全部符合规定，而要验证复合地基的力学性能是否全部满足设计方面提出的各项要求，例如容许承载力、沉降量、差异沉降量、抗剪强度指标等是否达到规定值。这叫加固效果检验。对土质条件比较简单的中小型地基工程，不一定需要进行加固效果检验；但施工质量检验总是要进行的。

关于施工质量检验，常用的方法有单桩载荷试验和动力触探试验。关于加固效果检验，常用的方法有单桩复合地基载荷试验和多桩复合地基大型载荷试验；对土坡抗滑问题有原位大型剪切试验。也有采用动力触探检测桩身密实度或面波法检测复合地基性能的。无论施工质量检验还是加固效果检验，不可能每根桩都进行，而是要用随机抽样的办法确定哪些桩应该进行检验。例如，宁夏回族自治区石嘴山市大武口电厂主厂房地基采用碎石桩加固，制桩总数 8000 根。按每 500 根桩随机抽一根进行施工质量检验，共检查了 17 根。规定不合格率约占 5%，即 17 根中至多有一根属不合格。检查结果 17 根单桩载荷试验全部合格。一般要求每 300～500 根桩随机抽取一根进行检验。但至少要有一根。

二、载荷试验

试验类型有单桩载荷试验、单桩复合地基载荷试验和多桩复合地基载荷试验，试验按相关规范进行。有时为比较地基在制桩前后的压力与沉降比关系线的变化，还要在天然地基上进行载荷试验。

单桩载荷试验（图 7-22*a*）和单桩复合地基载荷试验（图 7-22*b*）多数采用钢筋混凝土或钢质圆形压板。前者压板直径与桩径相等；后者压板直径与等效影响圆直径相等。有时还用同一尺寸的压板在天然地基上或者桩间土上进行载荷试验（图 7-22*c*）。

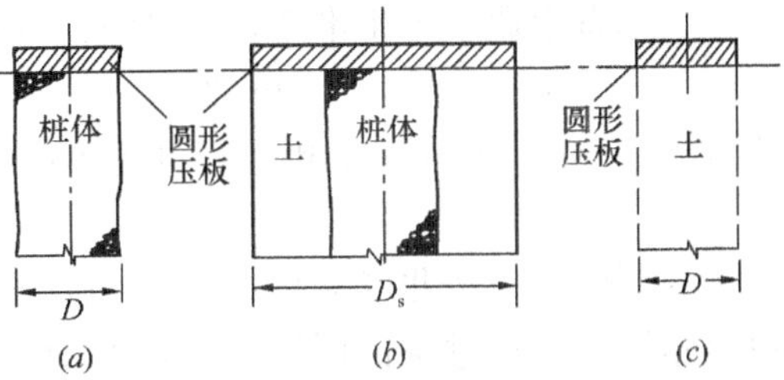

图 7-22 载荷板示意

多桩复合地基载荷试验多数采用钢筋混凝土或钢质方形或矩形压板。压板尺寸取决于桩的布置和间距（图 7-23）。其中最常用的为两倍桩间距见方、覆盖四根桩的压板，若间距 1.5m，正方形布置，则压板尺寸为 3m×3m。有时为比较也用同一尺寸的压板在天然地基上进行载荷试验。

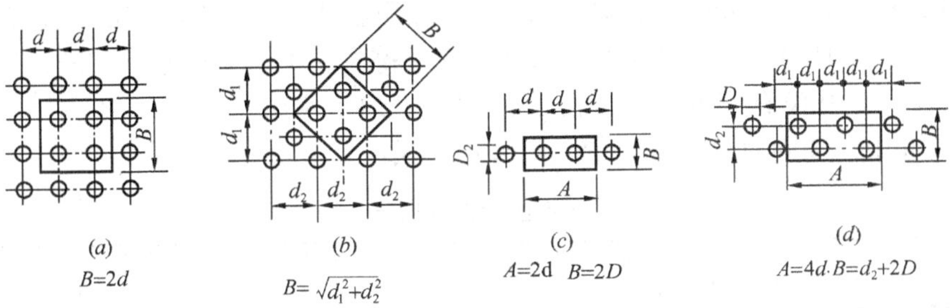

图 7-23 多桩复合地基载荷试验压板尺寸

(*a*) 满堂桩正方形布置；(*b*) 满堂桩三角形布置；
(*c*) 条形基础单排桩；(*d*) 条形基础双排桩

三、动力触探

湖北省综合勘察院提出用标准贯入试验设备在碎石桩轴心处进行动力触探以检验桩的密实程度，采用的判别准则如表 7-18 所示（钟才庚，1983）。并且规定连续出现下沉量大于 7cm 的桩长达 0.5m，或间断出现大于 7cm 下沉量的累计桩长在 1m 以上的桩，应采取补强措施。

碎石桩密实程度判别准则 **表 7-18**

连续 5 击下沉量（cm）	密实程度	连续 5 击下沉量（cm）	密实程度
<7	密实	10～13	不密实
7～10	不够密实	>13	松散

四、大型原位剪切试验

对于抗滑稳定问题，有条件时可在现场选有代表性的桩体进行大型剪切试验。一般采用单桩剪切试验和单桩复合土剪切试验两种。前者环刀中只有一根桩体，即环刀直径与桩的直径相等；后者环刀中除有一根桩体外，还有原土，即环刀直径与等效影响圆直径相等。Engelhardt 和 Golding（1975）详细描述了进行该项试验所用的设备和操作方法。

7.2.6 工程实例

【实例 7-5】 南通天生港电厂扩建工程地基处理

【7.5.1】 工程概况

江苏省南通市天生港电厂于1978年起扩建两台125000kW发电机组及配套工程。新建主厂房位于老厂房东侧9m处。新厂房占地面积80m×81.5m。厂房为钢筋混凝土框架结构，三跨，纵向分十排，每排柱距8m。烟囱为钢筋混凝土结构，高150m，出口直径5m。

电厂位于长江北岸冲积层上，地基土质松软，承载力不满足设计要求的250kPa，压缩性亦较大。经过论证用振冲置换法加固地基比用钢筋混凝土预制打入桩不仅投资省，而且工期短。通过试验，证实用碎石桩加固能使地基承载力提高到250kPa以上，故决定采用碎石桩方案。加固施工于1978年5月开始至同年11月结束，历时七个月。加固面积9900m^2，共打碎石桩4575根。在当时，这是我国采用碎石桩加固的最大工程。

【7.5.2】 土层分布

厂区土层属第四纪长江冲积层。典型土层分布见图7-24。土层自上而下为：1. 填土(大部分为煤渣)，厚0.5～3m，平均1.8m；2. 黏质粉土，平均厚2.5m；3. 粉砂，夹薄层粉质黏土，平均厚4m；4. 细砂，下部夹有薄层粉质黏土，平均厚21.5m；以下为较密实的粉质黏土，钻孔没有穿透，厚度在12m以上。地下水位－1.7m。各土层的物理性指标示于表7-19中。加固对象主要是第二层和第三层。

土层的物理性指标　　表 7-19

编号	土层	天然含水量(%)	天然重力密度(kN/m^3)	液限(%)	塑限(%)	塑性指数(%)	天然孔隙比	标准贯入深度
2	粉质黏土	34.0	18.1	34.9	30.0	4.9	1.0	
3	粉砂	30.0	18.5				0.91	8
4a	细砂（上）	29.6	19.0				0.84	20
4b	细砂（下）	31.1	18.9				0.86	25

【7.5.3】 施工概况

正式施工前，在拟建厂房区北端做了加固试验。共做四组试验桩，每组制桩16根，正方形布置，间距都是1.5m，目的是了解不同桩材和桩长对容许承载力的影响。各组情况见图7-24和表7-20，四组试验的编号为L1～L4。制桩后，将地基土面挖至设计基底标高进行大型载荷试验，压板尺寸为3m×3m。为了比较，在另外地点做了一组压板尺寸相同的天然地基载荷试验，编号为L0。此外，在L3、L4的压板范围内，各埋设了九只土压力计，其中四只放在四根桩的桩顶上，五只放在土面上（参见图7-24），用以测定在加荷过程中的桩应力和土应力的变化，目的是研究桩土应力比。另外，制桩前和制桩后在桩间土中还进行了标准贯入试验，目的是了解桩间土的标贯击数在制桩前后的变化情况。

试验组参数　　表 7-20

编号	桩身材料	有效桩长（m）	填料用量（m^3/m）
L1	砂	7	0.38
L2	砂	4	0.46
L3	砂	7	0.40
L4	碎石	4	0.42

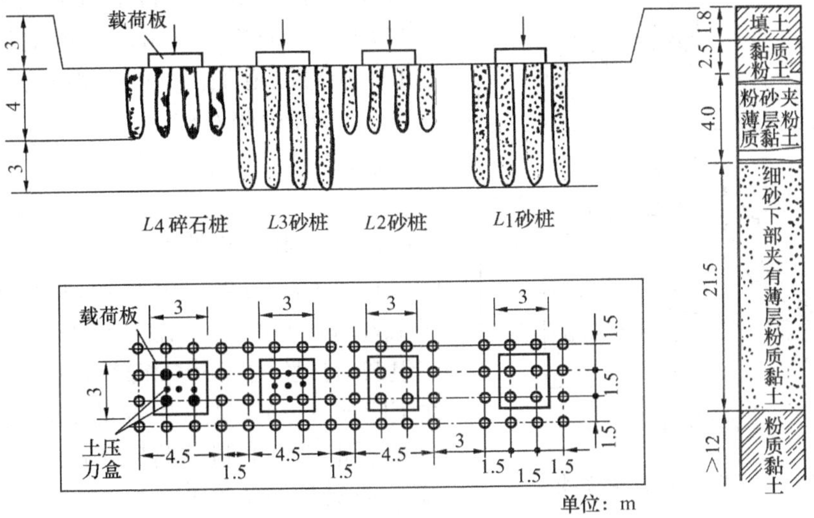

图 7-24 试验区布置和典型土层分布

四组复合地基和一组天然地基的压力-沉降比关系线示于图 7-25 中。从该图可见，对本 工程设计中采用的压力范围 120～250kPa，相应的沉降比范围为 0.5%～1.0%，完全符合设计要求。对应于同一沉降比范围的沉降模量列于表 7-21 中。桩土应力比的测定结果示于表 7-22 中。标贯击数 N 值变化见表 7-23。

沉 降 模 量 **表 7-21**

试验编号	L0	L1	L2	L3	L4	L5	L6	L7
E'（kPa）	500	1430	1520	1330	1590	2000	2030	2240
$\frac{Li}{Lo}$	1.00	2.86	3.04	2.66	3.18	4.00	4.06	4.48

桩 土 应 力 比 **表 7-22**

荷载板上压力（kPa）		80	12	16	20	24	26	280	300
n	L3	4.31	2.71	2.51	2.15	1.92	1.89	1.88	1.78
	L4	0.81	1.39	1.45	2.29	2.49	2.51	2.56	2.84

N 值的变化 **表 7-23**

统计参数	试验区		施工场地		
	制桩前	制桩后	制桩前	制桩后	
				主厂房区	烟囱区
频数	35	45	31	104	33
均值，$\overline{N}$	10.0	22.5	13.2	27.2	27.6
标准差，σ_N	4.6	9.7	7.5	13.9	14.2
变异系数，V_N	0.46	0.43	0.57	0.51	0.51

根据试验结果，决定采用混有少量砂、直径 2～5cm 的碎石做填料。碎石桩满堂三角

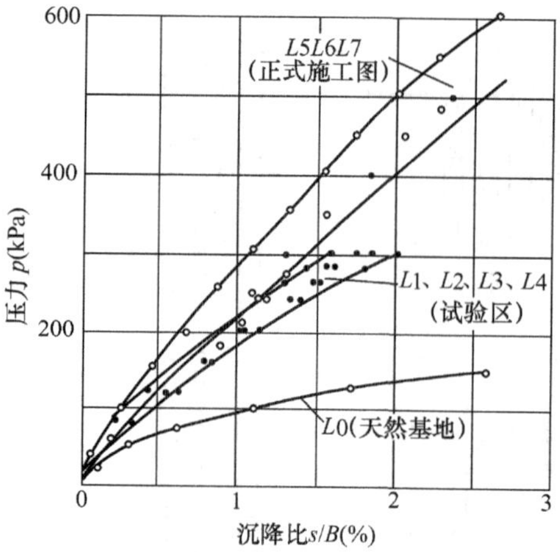

图 7-25　压力-沉降比关系线

形布置，排距 1m，每排上桩的间距 2m。主厂房和烟囱区的桩长 9m，其余地区 7.5m。用 30kW 振冲器施工，桩的平均直径 80cm 左右。共设置 4575 根碎石桩。

【7.5.4】　效果及评价

正式大面积施工后，在土质条件较差的地点进行了三组检验性的大型载荷试验，编号为 L5、L6、L7。压板尺寸也是 3m×3m。其中 L7 的压力达到 600kPa，地基仍处于稳定状态。这三组载荷试验的压力与沉降比关系线见图 7-25，在沉降比 0.5%～1.0% 时的沉降模量示于表 7-21 中。正式施工制桩前后还进行了标准贯入试验，试验结果综合于表 7-23 中。从该表可见，不仅标贯击数的均值增大了（平均增加 106% 和 110%），并且变异系数亦有所降低（平均降低 11%）。这表明具有砂性的地基用碎石桩加固后，桩间土的强度有显著提高，并且强度还变得稍为均匀些。

在各建筑物和发电设备基础完成后，立即进行了沉降观测。共设置地表观测点 75 个。到 1981 年 9 月 27 日，主厂房、烟囱、汽轮机机座、锅炉基础的平均沉降量示于表 7-24 中。按双曲线实验式推算的最终沉降量亦示于表 7-24 中。由该表可见，平均固结度除主厂房外都在 80%以上。所有建筑物外观正常，发电设备运行良好。烟囱的最大差异沉降为 14.9mm，对应的相对倾斜只有 1.1‰（盛崇文等，1983）。

各建筑物的实测沉降量　　　　表 7-24

序　号	建筑物	观测日期		沉降量（mm）		平均固结度（%）	备注
		开　始	最后一次	平均值	推算最终值		
1	8 号汽轮机机座	1979.2.20	81.9.27	71.7	87.0	82	
2	9 号汽轮机机座	1980.5.9	81.9.27	25.7	—	—	观测时间太短
3	8 号锅炉基础	1979.2.20	81.9.27	88.1	108.4	81	
4	9 号锅炉基础	1980.5.9	81.9.27	39.8	—	—	
5	厂　房	1979.2.19	81.9.27	101.1	141.7	71	观测时间太短
6	烟　囱	1979.2.19	81.9.27	61.1	71.2	86	

【实例 7-6】　南京船舶修造厂船体车间地基处理

【7.6.1】　工程概况

南京船舶修造厂位于南京市北部长江南岸。该厂于 1977 年起新建一座船体车间。船体车间为单层钢筋混凝土排架结构，跨度 24m，单独基础，柱距 6m。中柱基础底面尺寸 4.7m×3.7m，竖向负荷 1350kN；边柱基础底面尺寸 4.3m×3.1m，竖向负荷 770kN。由于地基土质为淤泥质粉质黏土，天然强度低，压缩性高，不满足厂房对承载力和沉降的要求，故采用振冲置换法加固。这是我国应用振冲置换法的首项工程。

【7.6.2】　土层分布

工程场地为长江下游的深厚冲积层，土层分布见图 7-26。地表为吹填粉细砂，平均厚 3m。以下为粉质黏土，属可塑、饱和状态，层厚一般为 1.5m，这层就是所谓天然硬壳层。再下面为灰色淤泥质粉质黏土，属流塑、饱和状态，层厚 18m 左右，这层上面 10m 左右特别软弱，十字板抗剪强度平均为 24kPa，下面 8m 左右含粉砂薄层较多，十字板抗剪强度 40kPa 左右。接着是粉砂层，中密状态，厚度较大。

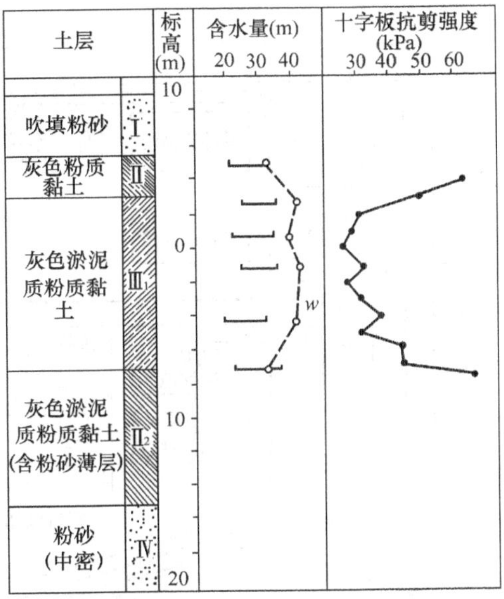

图 7-26 曲型土层剖面和土性指标（第 11 孔）

【7.6.3】 施工概况

每个中柱基础下矩形布置六根桩，每个边柱基础下梅花形布置五根桩，桩长有 13、15、17m 三种，离岸愈近桩愈长，均穿透最软弱的那部分淤泥质粉质黏土层。

用 ZCQ-13 型振冲器制桩。水压 30kPa。用碎石做填料，碎石粒径 2～5cm。共制桩 426 根，总进尺 6400m。每米桩长的碎石用量平均为 0.5m^3，桩的直径约为 75cm。加固施工于 1977 年 7 月开始至 9 月结束。

【7.6.4】 效果及评价

为检验加固效果，进行了一根单桩载荷试验，两组同时压四根桩的群桩载荷试验和一组复合地基大型载荷试验。后一试验采用的压板尺寸为 3.15m×3.46m，面积为 10.9m^2，压板下有四根桩体。堆载物用钢板和型钢。单桩和群桩载荷试验结果表明单桩的容许承载力为 170kN，与桩长无关。由于条件限制，复合地基载荷试验未进行到发生破坏，但最后一级压力已达 117kPa，大大超过设计要求的承载力。

厂房已于 1978 年建成。至今，实测沉降很小（盛崇文，1977）。

【实例 7-7】 南京上元门水厂第二期工程地基处理

对深厚软土层可用不打到相对硬层的短碎石桩减少地基的沉降量和差异沉降量。

【7.7.1】 工程概况

南京自来水公司上元门水厂位于城北偏西长江南岸。该厂第一期工程兴建于 1972 年，日生产能力 10 万 t。为适应南京市供水需要，于 1979 年开始兴建第二期工程，日生产能力也是 10 万 t。第二期工程的主要构筑物有两个日生产能力 5 万 t 的斜管沉淀池，一个日生产能力 10 万 t 的双阀快滤池，一个清水池和一个水塔（图 7-27）。

第一期工程中的沉淀池地基未经处理，建成投产后发生了很大的沉降和差异沉降，最大差异沉降已在 38cm 以上，致使池壁出现严重开裂，影响生产能力的正常发挥。为避免第二期工程中的构筑物再出现类似情况，建设单位提出要进行地基加固。经过方案比较，决定采用振冲置换法加固快滤池地基。

快滤池分甲乙两种开间（图 7-28）。甲开间尺寸 10.35m×15.96m，共四间；乙开间尺寸 7.98m×10.35m，共二间，对称布置，钢筋混凝土结构。池子埋深 1.6m，基底压力为 60kPa，如果加上 1.4m 厚的碎石垫层，作用于复合土层上的压力为 86.6kPa。

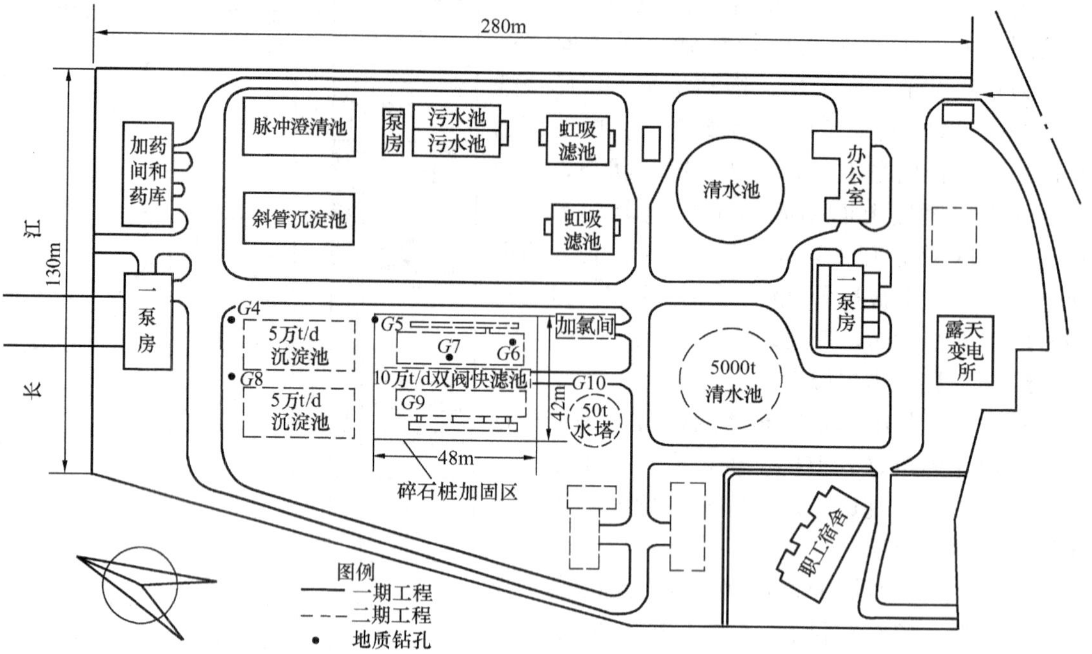

图 7-27 南京上元门第二期工程平面布置和碎石桩加固区

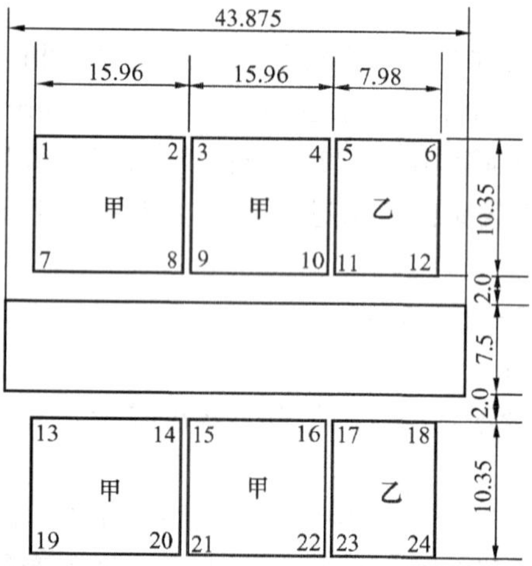

图 7-28 快滤池开间和沉降观测点布置

加固施工于 1979 年 3 月 27 日开始到同年 9 月 7 日结束，历时约 5 个月。整个工程于 1980 年 6 月竣工投产。

【7.7.2】 土层分布

钻探结果表明，建筑场地地基土自上而下可分为：1. 素填土，由粉质黏土和黏土组成，可塑或软塑状态，土中杂有石子，天然含水量 30% 左右，孔隙比 0.8，天然容重 18.4kN/m^3，厚 2.4～3.6m；2. 粉质黏土或黏土，可塑或软塑状态，天然含水量 35.5%，孔隙比 0.99，天然重力密度 18.4kN/m^3，厚约 2m；3. 淤泥质粉质黏土，夹薄层砂，流塑或软塑状态，天然含水量 40%，孔隙比 1.0，天然重力密度 18.4kN/m^3，钻探未穿透该层，估计厚度在 15m 以上，该层上部 5m 强度很低，十字板抗剪强度最小为 26kPa，平均为 33kPa，以下强度稍大，并且强度随深度而增大，该层为主要加固对象。

【7.7.3】 施工概况

为了减少地基的沉降量，原设计碎石桩长 11m，要求桩底穿过第三层上部最软弱的 5m。但在正式制桩时，发现由于填土中含有较多的石块，制桩时间很长。建设单位唯恐工期拖长，影响工程的投产日期，为此要求缩短桩长。经研究将桩长缩短为 6m，等边三角形布置，桩间距 1.5m。用 ZCQ-30 型振冲器制桩，密实电流控制在空载电流以上 10～

15A。填料为2～5cm粒径的碎石，每米桩长的填料量在0.5m³以上。加固面积48m×42m，共制碎石桩819根。

【7.7.4】 效果及评价

快滤池完成后立即在各开间的四角布置了沉降观测点，共24点（见图7-28）。于1980年6月28日开始读数，至1983年4月6日实测沉降量23.7～34.0cm，平均30.2cm；相对倾斜0.01%～0.51%，平均0.17%。快滤池四壁完好无缝，运行正常（方永凯，1981）。

【实例7-8】 福州市马尾交通路工业区厂房建筑群地基处理

【7.8.1】 工程概况

福州经济技术开发区交通路工业区建筑群由6座通用厂房、7座连接体组成（图7-29），建设面积38000m²。厂房有进深18m和24m两种，最长132m，4或5层，钢筋混凝土框架结构。本工程位于马尾地区近代冲积的砂和淤泥的交互层上，属7度烈度地震区，其间砂层有液化问题，而淤泥层强度低、压缩性高。经地基处理方案比较后，最后采用振冲置换法加固，并且与减少填土荷载，采用薄壁高梁整体架空的基础，藉以提高上部结构刚度，减少厂房的弯曲变形。

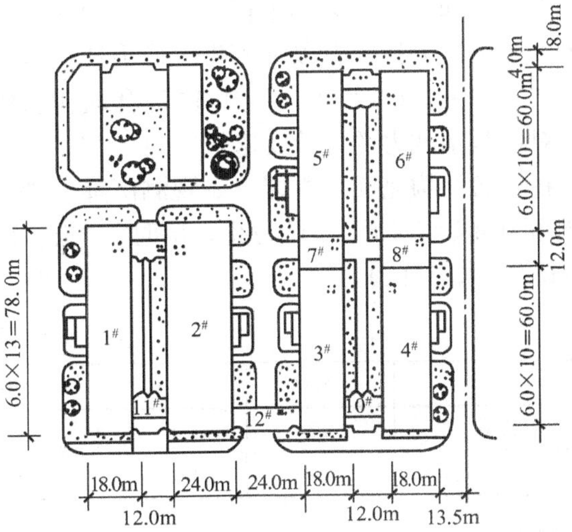

图7-29 交通小区总平面图

设计要求地基承载力由原来的50～60kPa提高到95kPa以上；总沉降量不超过30cm，倾斜小于3‰。

加固施工于1990年2月开始至同年5月结束，历时三个月。加固面积13000m²，共打碎石桩4983根。这是福州地区首次采用振冲置换法的大型工程。

【7.8.2】 土层分布

厂区地面以下为砂和淤泥的交互层，厚约15m。其中淤泥厚2～4m，天然含水量平均为56.2%，十字板抗剪强度17.4～31.6kPa；夹砂层与饱和细砂，松散状态，标准贯入击数5～9击，比贯入阻力3.2～4.1MPa，经判别在7度烈度下属可液化。其下为淤泥层，平均天然含水量57.5%，厚22～45m。该层土的先期固结压力随深度而增大：深16m处，先期固结压力173.6kPa；深35m处，449.1kPa。加固对象主要是上部15m砂和淤泥互层，并使经加固形成的复合土层传到下面淤泥层的附加应力小于土层的先期固结压力，籍以减少总沉降量。

【7.8.3】 施工概况

碎石桩在建筑物基底范围内按三角形满堂布置，间距1.64～1.70m。桩长13.3m有4203根，保护桩长10m有780根，总共打设碎石桩4983根。用ZCQ-30型振冲器制桩；填料为2～8cm粒径的碎石。碎石桩桩径在砂层和淤泥层中是不一样的。根据不同深度的填料量来推算，在砂层内桩径约为80cm，在淤泥层内约为100cm。碎石桩施工完成后，挖去顶端0.8～1.0m，再用25t振动碾碾压多遍，直至桩顶填料质量达到密实为止。

【7.8.4】 效果及评价

为检验加固效果，在砂土层中进行了标准贯入试验和静力触探试验，在淤泥层中进行了十字板剪切试验。比较加固前后的试验数据表明，砂土层中的标贯击数提高 1.33～1.92 倍，比贯入阻力提高 1.45～1.88 倍，满足了抗液化的要求；淤泥层中的十字板抗剪强度从原先的平均值 24.7kPa 提高到 45.3kPa（制桩后一个月测定结果），增加了 83%。

在 2 号和 4 号厂区还进行了覆盖三根桩的复合地基载荷试验各一组，在桩上和土上分别埋设了土压力计，藉以估算桩土应力比。试验得出：2 号厂区复合地基承载力标准值为 133kPa，n 为 2.0～2.3；4 号厂区复合地基承载力标准值为 96.6kPa，n 为 3.7～3.8，满足了对地基承载力的设计要求。

在厂房结构完成后立即开始观测沉降，观测点共设 76 个。观测从 1990 年 4 月 23 日开 始至 1991 年 7 月 24 日为止，历时共 458 天，此时六座厂房的平均沉降量见表 7-25 所示（陈忠等，1992）。

厂 房 沉 降 量 表 7-25

	1 号楼	2 号楼	3 号楼	4 号楼	5 号楼	6 号楼
测点数	10	8	10	8	5	9
平均沉降量（mm）	165.6	154.6	130.9	185.7	173.8	159.6

【实例 7-9】 广东新会天马港码头边坡加固

【7.9.1】 工程概况

广东新会天马港拟建万吨级码头港区位于深厚淤泥层地区，码头处淤泥厚达 21m，后方最厚达 30m。初步设计码头边坡采 1∶6，码头面宽 30m。为此建设部门要求加固，将岸坡改为 1∶3，相应的码头面宽缩小至 20m。根据本地区以往工程和美国新奥尔良港的地基加固经验，决定采用近年在珠江三角洲一带使用的大粒径碎石桩对码头边坡进行加固处理。

【7.9.2】 土层分布

本工程场地处于珠江三角洲第四系河流冲积区，土质情况见表 7-26 如下：第一层为耕植土，厚约 1.0m；第二层为高含水量、高压缩性、低强度、高黏粒含量的超软弱淤泥，厚 8.6m；第三层为 1.0m 厚的贝壳粉砂组成的透水层；第四层淤泥质土，含水量高达 84.6%，土中黏粒含量更高，压缩性和透水性比第二层更差；第五层为黏土夹粉砂；；第六层是标贯击数大于 19 击的含砾砂层。显然工程需要加固的是第二和第四这两层土，含水量均大于 84%，十字板抗剪强度小于 9kPa，压缩系数大于 $3MPa^{-1}$，快剪 φ 角接近零度，塑性指数大于 20。在如此软弱的地基上再沿用过去的碎石粒径 2～7cm 的常规振冲置换法是无法加固的。

【7.9.3】 施工概况

为确保工程成功并为设计提供依据，先做了大型现场综合加固试验，内容有：直径 100cm 碎石桩和直径 150cm 复合体直剪试验；单桩、复合地基及天然地基载荷试验；现场滑坡试验。其中滑坡试验做法是：开挖边坡 1∶2.7，基坑深 3m，坡顶上堆载 60kPa（码头设计为 40kPa）。试验区总面积为 40m×30m，分成两块：一块为振冲置换加固，其中设有 80 根大粒径碎石桩，桩直径为 1m，间距 1.5m，桩长有 21m 和 10m 两种，分别为

16 根和 64 根。另一块为滑坡试验区，边坡上设 5m 长碎石桩 3 根，坡顶为加荷区地基，由长 10.0m 和 21.0m 的碎石桩加固以模拟未来的岸坡。边坡上设置 9 根监测表面位移的木桩，坡脚和坡中设三根 10m 深的测斜管，监测加载过程中边坡侧向位移和稳定情况。

土层分布和物理力学指标 表 7-26

土质描述	深度(m)	含水量(%)	细颗粒含量(%)		压缩系数 $(MPa)^{-1}$	固结系数 $(10^{-3}cm^2/s)$	十字板强度(kPa)	无侧限强度(kPa)	快剪强度	
			<0.005	<0.005					c (kPa)	φ (°)
耕植土	0～1			10.5						
深灰色淤泥,流塑状	1～9.6	85.7	47.5	39	3.1	0.56	5.8	14.2	14.2	0.5
贝壳、砂、粉砂	9.6～10.6				17					
深灰色淤泥质土、流塑状	10.6～18.0	84.6	57	30	4.1	0.12	8.25	38.7	10.7	1
黏土夹粉砂	18.0～21.0									

制作碎石桩所用碎石粒径为 100～200mm。制桩工艺如下：

(1) 低水压振冲成孔，振冲器自上而下再从下至上往复两次（两次均达设计孔深）；

(2) 每次投料均将振冲器提出孔口后，在三个互成 120°方向上同时向孔内倒石料，每车石料平均 0.071m³，然后边振边冲下降振冲器；

(3) 最底部制桩将振冲器下降至离孔底 20cm 为止，然后每次上提 50cm，每个制桩深度停止下料上提振冲器的标准是：密实电流达到 50A 且留振时间不小于 2s。

这样制作 10.0m 长碎石桩平均耗时 2.5～3.0h，21.0m 长桩平均耗时 8～8.5h。全部碎石桩制作完成后开挖 0.5～0.8m 深，测得桩径为 1.05～1.1m，桩体较密实。

六组大型直剪试验分为三组直径 1m 的碎石桩；三组直径 1.5m 的复合体。试验得碎石桩抗剪强度指标为 c=28kPa，φ=47°；复合体的 c=10kPa 和 φ=42°。所有资料汇集于表 7-27 中。

剪切试验结果统计表 表 7-27

类别	桩体直径(cm)	垂直应力(kPa)	极限剪切应力(kPa)	内摩擦角(°)	抗剪强度指标	
					c (kPa)	φ (°)
单桩	100	75.4	114.7	56.3	28	47
		127.3	165.6	52.4		
		178.3	217.7	50.7		
复合体	150	50.9	55.9	47.7	10	42
		76.4	84.6	46.9		
		101.9	93.4	42.5		

五组载荷试验结果见表7-28。计算地基变形模量时泊松比，碎石取0.25，黏土取0.35，复合土取0.31。

载荷试验结果汇总表 表7-28

组别	类别	桩长(m)	载荷板面(m^2)	容许承载力（kPa）		变形模量（kPa）	
				0.02B	0.03B	0.02B①	0.03B
Ⅰ	天然地基		2.25	58.7	69.3	2.170	1.821
Ⅱ	单桩	10	1.0	150	174	6.070	4.695
Ⅲ	单桩	21	1.0	190	226	7.689	6.097
Ⅳ	复合地基	10	2.25	117	147	4.735	3.966
Ⅴ	复合地基	21	2.25	200	222	8.094	5.990

① B为荷载板宽度。

滑坡试验堆载区的地基由长10.0m和21.0m碎石桩加固，监测仪器为位移桩和测斜仪。试验结果如下：在加载至30kPa时边坡表面最大位移量为1.89cm，深度至6m时为零；加载至60kPa时，表面最大位移量为3.1cm，随深度衰减至10m时为零。可以看出经碎石桩加固后，荷载60kPa时1∶2.7的边坡是稳定的。可见新会天马港码头设计荷重40kPa，边坡采用1∶3是稳定的。

根据试验结果，在260.0m长的码头上按等腰三角形布置了8排碎石桩，桩间距1.5m，桩长21m，共计2133根碎石桩，约315万方石料。

【7.9.4】 效果及评价

本工程地基加固处理于1995年3月开工，碎石桩施工完后，码头边坡断面从原设计的1∶6改为1∶3，码头面宽由原来的30.0m缩小为19.0m。按修改设计削坡，同时后方打砂井，填砂至设计标高，再开始前方打桩做码头，至1996年全部竣工。加固断面见图7-30。整个施工过程岸坡处于稳定状态。工程完工投入使用后，情况良好（王盛源、关锦荷，1999）。

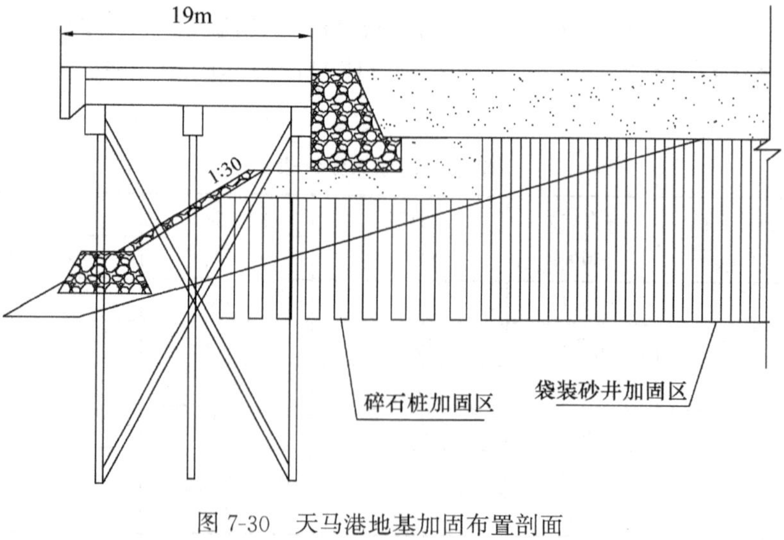

图7-30 天马港地基加固布置剖面

参 考 文 献

[1] 方永凯(1981)，用短碎石桩减少黏性土地基的差异沉降一南京上元门水厂的工程实践。南京水利科学研究院报告。

[2] 方永凯(1983)，碎石桩法加固黏性土地基。南京水利科学研究院报告。

[3] 方永凯、张鲁年、孟广训、郑培成(1983)，振冲法加固塘沽软黏土地基试验研究。南京水利科学研究院报告。

[4] 李宏琇(1985)，采用碎石桩加固龙口电厂地基。岩土工程学报(7)，4，12—23。

[5] 张志良(1983)，振动水冲法加固天津大港软土地基。水电部地质勘探基础处理公司。

[6] 张鲁年、孟广训(1984)，粉砂地基振冲后的大型载荷试验分析。南京水利科学研究院报告。

[7] 孟广训(1983a)，振冲加固时复合地基载荷试验。南京水利科学研究院报告。

[8] 孟广训(1983b)，复合地基大型载荷试验与单桩载荷试验 p-s 曲线相互关系的探讨。南京水利科学研究院报告。

[9] 郑培成(1979)，振动水冲法在浙江炼油厂软基处理中的应用。南京水利科学研究院报告。

[10] 郑培成(1983)，振动水冲法施工技术。南京水利科学研究院报告。

[11] 郑培成、王盛源(1986)，云南白药厂碎石桩地基试验。水利水运科学研究，第 1 期。

[12] 钟才庚(1983)，水冲振动碎石桩加固软弱黏性土地基施工质量控制要求及其检验标准。湖北省综合勘察院。

[13] 姜伴露(1982)，振动水冲法加固饱和软黏土地基试验报告。浙江省电力设计院。

[14] 盛崇文(1977)，振动水冲法在软基中的应用。南京水利科学研究院报告。

[15] 盛崇文(1980a)，碎石桩在软基加固中的应用。软土地基学术讨论会论文选集，水利出版社，242—248。

[16] 盛崇文(1980b)，软土地基用碎石桩加固后的极限承载力计算。水利水运科学研究院，2，1—9。

[17] 盛崇文(1983a)，振动水冲加固法总报告。振冲加固法经验交流学术讨论会，江苏无锡。

[18] 盛崇文(1983b)，振动水冲加固技术综论与展望。南京水利科学研究院报告。

[19] 盛崇文(1986)，碎石桩复合地基的沉降计算。土木工程学报，1，72—80。

[20] 盛崇文、王盛源、方永凯、郑培成(1983)，南通天生港电厂地基用碎石桩加固及其观测。岩土工程学报，(5)，1，43—50。

[21] 康景俊(1980)，石家庄 703 工程地基振冲加固施工总结。水电部北京勘测设计院。

[22] 康景俊(1983)，拉格都堆石坝坝基回填松砂和软土层振冲加固处理。水利学报，10，43—50。

[23] 康景俊等(1983)，振冲法在官厅坝基砂层处理中的应用。水电部北京勘测设计院。

[24] 康景俊、尤立新(1985)，75 千瓦振冲器在砂层加密工程中的应用。水利水电技术，12，23—26。

[25] 陈振建，盛崇文(1987)，满堂加固碎石桩地基承载力。水利水运科学研究，第 3 期。

[26] 郑建国等(1992)，振动挤密碎石桩加固粉土地基试验研究。第三届地基处理学术讨论会论文集，杭州：浙江大学出版社，367-374。

[27] 楼永高(1995)，25m 深振冲挤密砂基加固跑道地基的施工与试验。水运工程，第 9 期。

[28] 王保田，王盛源(1995)，碎石桩复合地基现场大型直剪试验设计。大坝观测与土工测试，第 19 卷，第 2 期。

[29] 王盛源，关锦荷(1999)，天马港岸坡加固及碎石桩现场综合试验。广东公路交通，总第 61 期。

[30] 张辉杰等(2002)，三峡围堰风化砂砾振冲加固检测成果分析。长江科学院院报，第 19 卷，第 4 期。

[31] Aboshi, H. , Ichimoto, E. , Harada, K. and Emoki, M. (1979), The compozer: a method to improve characteristics of soft clays by inclusion of large diameter sand columns . Colloque International sur le Renforcement des Sols, ENPC—LCPC, Paris, 211—216。

[32] Balaam, N. P. and Poulos, H . G. (1983). The behaviour of foundations suppo-rted by clay stabilised by stone columns. 8ECSMFE, Helsinki, Finland, (1), 199—204。

[33] Besancon, G. , Iorio, J. P. and Soyez, B. (1984), Analyse des paramétres de ca-lcul intervenant dans le dimensionnement des colonnes ballaste'es. Colloque International sur le Renforcement en place Sols et des Roches, ENPC—LSU, Paris, 119—126。

[34] Bhandari, R. K. M. (1983), Behaviour of a tank founded on soil reinforced wi -th stone columns, 8ECSMFE, Helsinki, Finland, (1), 209—212。

[35] Brauns, J. (1978), Die Anfangstraglast von Schottersäulen im bindigen Untergrund. Die Bautechnik, 8, 263—271。

[36] Brown, R. E. (1977), Vibroflotation compaction of cohesionless soil. J. of Geotechnical Engineering Division, ASCE, GT12。

[37] Castelli, R. J, Sarkar, S. K. and Munfakh, G. A . (1983), Ground treatment in the design and construction of a wharf structure. Symp. on Advances in Piling and Ground Treatment for Foundations, Inst. of Civ. Engrs. , London, 209—215.

[38] Engelhardt, K. and Golding, H. C. (1975), Field testing to evaluate stone column performance in a seismic area. Geotechnique, (25), 1, 61—69.

[39] Fudo Construction Co. , Ltd. , Research Laboratory(1974), Design manual for compozer system.

[40] Goughnour, R. R. (1983), Settlement of vertically loaded stone columns in soft ground. Proc. of 8ECSMFE, (1), 235—240.

[41] Greenwood, D. A. (1965), Strengthening sand. The Consulting Engineer, 10. Greenwood, D. A. (1976), Discussion on vibroflotation compaction in noncohesive soil. Ground Treatment by Deep Compaction ICE, London.

[42] Greenwood, D. A. and Kirsch, K. (1983), Specialist ground treatment by vibratory and dynamic methods——State of the Art. Advances in Piling and Ground Treatment for Foundation, ICE, London, 17—45.

[43] Grimes, A. S. and Cantlay, W. G. (1965), A twenty-storey office block in Nigeria founded on loose sand. The structural Engineer, (43), 2.

[44] Hughes, J. M. O . and Withers, N. J. (1974), Reinforcing soft cohesive soils with stone columns. Ground Engineering, (7), 3.

[45] Mitchell, J. K. (1970), In-place treatment of foundation soils. J. of S. M. and F. D. , ASCE, SM1.

[46] Mitchell, J. K. and Katti, R. K. (1981), soil improvement——State-of-the-Art report(preliminary). 10th ICSMFE, 261—317

[47] Munfakh, G. A. , Sarkar, S. K. and Castelli, R. J. (1983), Performance of a test embankment founded on stone columns. Symp. on Advance in Piling and Ground Treatment for Foundations, ICE, London, 193—199.

[48] Priebe, H. (1976), Abschätzung des setzungsverhaltens eines durch Stopfverdichtung verbesserten Baugrundes. Die Bautechnik, Mai, 160—162.

[49] Priebe, H. (1978), Abschätzung des Scherwiderstandes eines durch Stopfverdichtung verbesserten Baugrundes. Die Bautechnik, (55), 8, 281—284.

[50] Thorburn, S. (1976), Building structures supported by stabilized ground.

[51]　Ground Treatment by Deep Compaction，ICE，London .
[52]　Wong，H. Y .(1975)，Vibroflotation—its effect on weak cohesive soils. Civil Engineering，4，44.
[53]　土質工學會震害調查委員會(1968)，1968年十勝沖地震によゐ地質震害調查概報。土と基礎 9。
[54]　松尾新一郎編(1972)，土質安定工法便覽。日刊工業新聞社 . 142。
[55]　柳堀義彥、落合真、半沢秀郎、宏獺誠(1975)，水門置換砂の液狀化予測と對策。土と基礎，(23)，6，11～16.
[56]　渡辺隆(1965)，新瀉地震にゎけゐバロフロヘテチ—シコソの效果。土と基礎，2。
[57]　新見吉和(1972)，制鐵所にゎけゐ軟弱黏土の地盤改良。土と基礎，(20)，8，55.

本章审阅人：方永凯(南京水利科学研究院)

第 8 章 强夯法和强夯置换法

张永钧（中国建筑科学研究院）
史美筠（太原理工大学）

8.1 概述

强夯法在国际上称动力压实法（Dynamic Compaction Method）或称动力固结法（Dynamic Consolidation Method），这种方法是反复将夯锤提到高处使其自由落下，给地基以冲击和振动能量，将地基土夯实，从而提高地基的承载力，降低其压缩性，改善地基性能。

强夯法处理地基是 20 世纪 60 年代末由法国梅那（Menard）技术公司首先创用的。第一个工程是用于处理滨海填土地基，该场地表层为新近填筑的约 9m 厚的碎石填土，其下是 12m 厚疏松的砂质粉土。场地上要求建造 20 栋 8 层居住建筑。由于碎石填土是新近填筑的，如采用桩基，负摩擦力将占单桩承载力的 60%～70%，十分不经济。经研究采用堆载预压法处理地基，堆土高度 5m，历时 3 个月，只沉降 200mm。最后改用强夯法处理，单位夯击能为 1200kN·m/m^2，只夯击一遍，整个场地平均夯沉量达 500mm。建造的 8 层居住建筑竣工后，其平均沉降仅为 13mm。强夯法由于具有加固效果显著、适用土类广、设备简单、施工方便、节省劳力、施工期短、节约材料、施工文明和施工费用低等优点，很快就传播到世界各地。

我国于 1978 年开始先后在天津新港、河北廊坊、山西白羊墅、河北秦皇岛等地进行强夯法的试验研究和工程实践，取得了较好的加固效果，接着强夯法迅速在全国各地推广应用。

强夯法适用于处理碎石土、砂土、低饱和度的粉土与黏性土、湿陷性黄土、素填土和杂填土等地基。经过处理后的地基既提高了地基土的强度、又降低其压缩性，同时还能改善其抗振动液化的能力，所以这种处理方法还常用于处理可液化砂土地基等。

我国沿海地区人口稠密，人均耕地面积甚少，随着改革开放的不断深化，沿海地区建设规模迅速扩大，建设用地紧缺，若大量占用农田，必将严重影响农业生产。要解决此矛盾，惟一出路是向海要地，即“填海造地”。目前国内“填海造地”常采用开山填海的方法，即将开山所得的石块抛入海中堆积而成，但由此堆填起来的场地不仅非常疏松，而且极不均匀，如不作处理，就不能作为建设场地。采用常用方法处理这种地基不仅造价昂贵，而且效果差。因此，填海地基的处理就成为沿海地区建设中的难题。20 世纪 80 年代中国建筑科学研究院和石化北京设计院等采用强夯法处理填海地基建造重要工业建筑获得成功，并在沿海地区推广应用，为我国广大沿海地区进行大规模“填海造地”工程提供了经济有效的地基处理方法和经验，并解决了建设与农业争地问题，具有重大的经济效益和社会效益。

对于工业废渣来说，采用强夯法处理的效果也是理想的。我国冶金、化学和电力等工业排放大量废渣，堆积如山，不仅占用大量土地，而且造成环境污染。工程实践证明，将质地坚硬、性能稳定和无侵蚀性的工业废渣作为地基或填料，采用强夯法处理，能取得较好的效果，从而解决了长期存在的废渣占地和环境污染问题，同时还为废渣利用开辟了新的途径。

必须指出，对饱和度较高的粉土和黏性土地基，一般来说，强夯法处理效果不显著，应慎用。

至今采用强夯法处理地基的工程范围是很广的，有各类工业与民用建筑、油罐、仓库、储仓、飞机场跑道、铁路和公路路基及码头堆场等。

我国引入强夯法至今 20 多年来已进行了上千项工程的强夯施工，工程数量之多，居世界第一。实践证明，绝大多数工程采用强夯法处理地基均获得了成功，不仅处理效果明显，而且取得了显著的经济效益和社会效益。总之，强夯法在某种程度上比其他处理方法应用得更为广泛，更为有效和更为经济，已成为我国最常用的地基处理方法之一。

强夯法施工中的振动和噪声会对环境造成一定的影响。对振动有特殊要求的建筑物，或精密仪器设备等，当强夯施工振动有可能对其产生有害影响时，应采取隔振或防振措施。

强夯置换法（Dynamic Replacement Method）是 20 世纪 80 年代后期开发的方法，适用于处理高饱和度的粉土与软塑～流塑的黏性土等地基，这种方法是将夯锤提到高处使其自由落下形成夯坑，并不断夯击坑内回填的砂石等粗颗粒材料，使其形成连续的密实的强夯置换墩与周围混有砂石的夯间土形成复合地基，经强夯置换法处理的地基，既提高了地基承载力，又改善了排水条件，有利于软土的固结。

新加坡、南非和中东等地曾利用此法处理泥炭、有机质粉土和粉质黏性土等地基，均取得良好效果。

在我国，太原工业大学曾于 1984 年采用在夯坑中填砂石的办法处理新近堆积软土。该场地原为稻田，土质为软塑～流塑的粉质黏土，承载力 60～70kPa。采用 1600kN・m 的强夯边夯边填，夯后形成深度为 4m 的砂石墩，复合地基承载力 200kPa。1987 年冶金建筑研究总院和山西机械施工公司等在武汉钢铁公司的龙角湖沼泽地试验强夯置换加固取得成功。1991 年深圳市建筑科学中心等用强夯置换碎石桩和强夯置换挤淤沉堤两种方法分别用于建筑物地基处理和飞机场跑道、滑行道的拦淤堤施工，为深圳地区围海造地发展海滩地建设解决了一个复杂的地基处理难题。

强夯置换法具有加固效果显著、施工期短、施工费用低等优点，目前已用于堆场、公路、机场、房屋建筑、油罐等工程。

8.2 加固原理

强夯法处理地基是利用夯锤自由落下产生的冲击波使地基密实。这种由冲击引起的振动在土中是以波的形式向地下传播的。这种振动波可分为体波和面波两大类。体波包括压缩波和剪切波，面波如瑞利波、乐夫波等。

如果将地基视为弹性半空间体，则夯锤自由下落过程，也就是势能转换为动能的过

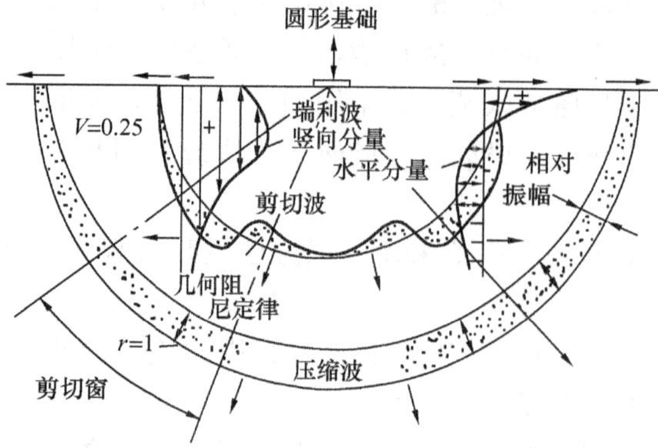

图8-1　重锤夯击在弹性半空间地基中产生的波场
［引自 Woods. 1968］

程，即随着夯锤下落，势能越来越小，动能越来越大，在落到地面以前的瞬间，势能的极大部分都转换成动能，夯锤夯击地面时，这部分动能除一部分以声波形式向四周传播，一部分由于夯锤和土体摩擦而变成热能外，其余的大部分冲击动能则使土体产生自由振动，并以压缩波（亦称纵波、P波）、剪切波（横波、S波）和瑞利波（表面波、R波）的波体系联合在地基内传播，在地基中产生一个波场。离开振源（夯锤）一定距离处的波场如图8-1所示。

根据Miller等（1955）的研究，以上三种波占总输入能量的百分比分别为R波占67.3%，S波占25.8%，P波占6.9%。

关于土中弹性波的研究，国内外不少学者作了较为系统的论述，这些研究均认为P波和S波在强夯过程中起夯实加固作用，且认为P波的作用是最重要的。

对R波作用的研究则出现两种几乎完全相反的结论，一种观点认为R波在强夯过程中不但起不到加密作用，反而使地基表面松动，为无用波或有害波；另一种观点则认为R波不但不是无用波而且在强夯加固地基中的作用是不可忽视的，是有一定贡献的。在对R波作用研究中浙江大学陈云敏等（1991）通过对夯锤的振动特性及强夯加固的有效波型的研究得出结论：当夯锤质量面积比$\frac{m}{A}$为一定时，瑞利波的影响深度与$\sqrt{mgh}$成正比。这与Menerd关于强夯加固深度的公式一致。太原理工大学牛志荣（2003）在博士生论文中探讨强夯时R波对土体的作用分两方面：一方面是其影响深度，另一方面是计算R波所引起的位移或体积变化。在探讨影响深度时对成层土强夯后R波的影响深度进行近似估算，结果说明R波所能传递的深度并非是在地表面十分接近的土层，而是约一个波长的深度，这个深度与实测的强夯有效加固深度相近。在计算R波所引起的位移或体积变化结果，得出R波在垂直方向上的作用对夯坑下的土起到体积压缩即土体加密作用，传播随深度的增加而衰减，而在夯坑以外的水平方向以sin波的形式向远方传播，对这个传播区域的土体起到松散作用，是导致坑侧土隆起的原因之一。

8.2.1　加固非饱和土的原理

采用强夯法加固非饱和土是基于动力压密的概念，即用冲击型动力荷载，使土体中的孔隙体积减小，土体变得更为密实，从而提高其强度。非饱和土的固相是由大小不等的颗粒组成，按其粒径大小可分为砂粒、粉粒和黏粒。砂粒（粒径为0.074～2mm）的形状可能是圆的（河砂），也可能是棱角的（山砂）；粉粒（粒径为0.005～0.074mm）则大部分是由石英和结晶硅酸盐细屑组成，它们的形状接近球形；非饱和土类中的黏粒（粒径小于0.005mm）含量不大于20%。在土体形成的漫长历史年代中，由于各种非常复杂的风化过程，各种土颗粒的表面通常包裹着一层矿物和有机物的多种新化合物或胶体物质的凝胶，使土颗粒形成一定大小的团粒，这种团粒具有相对的水稳定性和一定的强度。而土颗粒周围的孔隙被空气和液体（例如水）所充满，即土体是由固相、液相和气相三部分组成。在压缩波能量的作用下，土颗粒互相靠拢，因为气相的压缩性比固相和液相的压缩性大得多，所以气体部分首先被排出，颗粒进行重新排列，由天然的紊乱状态进入稳定状态，孔隙大为减小。就是这种体积变化和塑性变化使土体在外荷作用下达到新的稳定状态。当然，在波动能量作用下，土颗粒和其间的液体也受力而可能变形，但这些变形相对颗粒间的移动、孔隙减少来说是较小的，这样我们可以认为对非饱和土的夯实变形主要是由于颗粒的相对位移而引起。因此亦可以说，非饱和土的夯实过程，就是土中的气相被挤出的过程。

从黄土强夯前后的微观分析，见表 8-1，亦说明了强夯产生的冲击波作用破坏了土的原有结构，改变了土体中各类孔隙的分布状态，以及它们之间的相对含量。特别是上层新近堆积黄土，夯后特大孔隙及大孔隙完全消除，微孔隙显著增加，土体由松散到密实。

当土体达到最密实时，据测定，孔隙体积可减少 60%左右，土体接近二相状态，即饱和状态。而这些变化又直接和强夯参数，如单击夯击能、夯击次数、夯点间距等密切相关。

潞城黄土强夯前后各类孔隙的相对数量 表 8-1

孔隙种类			特大孔隙 >500μm		大孔隙 50～500μm		小孔隙 5～50μm		微孔隙 <5μm	
地层	深度	时间	水平	垂直	水平	垂直	水平	垂直	水平	垂直
Q_4^2	2～3m	夯前	3	6	80	90	625	800	1300	3300
	2～3m	夯后	0	0	0	0	100	50	11000	1000
Q_4^1	5～6m	夯前	2	1	40	30	450	400	7000	5000
	5～6m	夯后	0	0	10	10	300	200	8000	9000

8.2.2 加固饱和土的原理

传统的固结理论认为，饱和软土在快速加荷条件下，由于孔隙水无法瞬时排出，所以是不可压缩的，因此用一个充满不可压缩液体的圆筒，一个用弹簧支承着活塞和供排出孔隙水的小孔所组成的模型来表示。L·梅那则根据饱和土在强夯后瞬时能产生数十厘米的压缩这一事实，提出了新的模型，这两种模型的不同点如图 8-2 所示。

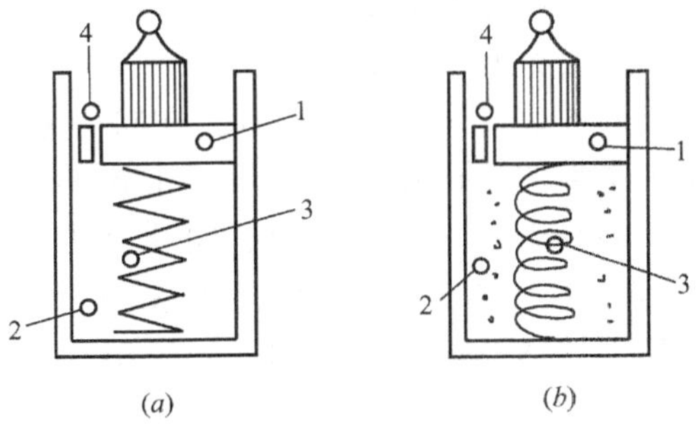

图 8-2 太沙基模型与梅那模型对比

(a) 太沙基模型

1. 无摩擦的活塞；2. 不可压缩的液体；3. 均质弹簧；4. 固定直径的孔眼，受压液体排出通路。

(b) 梅那模型

1. 有摩擦的活塞；2. 有气泡的可压缩液体；3. 非均质弹簧；4. 可变直径的孔眼，受压液体排出通路。

根据梅那提出的模式，饱和土强夯加固的机理可概述为：

一、渗透系数随时间变化

在强夯过程中，土体有效应力的变化十分显著，且主要为垂直应力的变化，由垂直向总应力保持不变，超孔隙水压力逐渐增长且不能迅速消散，则有效应力减小，因此在强夯饱和土地基中产生很大的拉应力。水平拉应力使土体产生一系列的竖向裂缝，使孔隙水从裂缝中排出，土体的渗透系数增大，加速饱和土体的固结，当土中的超孔隙水压力很快消散，水平拉应力小于周围压力时，这些裂缝又复闭合土体的渗透性又减小。

此外，由于饱和土中仍含有1%～4%的封闭气体和溶解在液相中的气体，当落锤反复夯击土层表面时，在地基中产生极大冲击能，形成很大的动应力，同时在夯锤下落过程中会和夯坑土壁发生摩擦，土颗粒在移动过程中也会摩擦生热，即部分冲击能转化成热能。这些热量传入饱和土中后，就会使封闭气泡移动，而且加速可溶性气体从土中释放出来。由于饱和土体中的气相体积增加，并吸收夯击动能后具有较大的活性，这些气体就能从土面逸出，使土体积进一步减少，并且又可减少孔隙水移动时的阻力，增大了土体的渗透性能，加速土体固结。

二、饱和土的可压缩性

对于理论上的二相饱和土，由于水的压缩系数$\beta=5\times10^{-4}\text{MPa}^{-1}$，土颗粒本身的压缩性更小，约为$6\times10^{-5}\text{MPa}^{-1}$。因此当土中水未排出时，可以认为饱和土是不可压缩的。但对于含有微量气体的水则不然，如无气水的压缩系数为β_0，水在压力p时的含气量为x，此时的压缩系数为β，则二者之间的关系为：

$$x=\frac{\beta-\beta_0}{\frac{1}{p}-\beta_0}$$

假定$p=1$以及$x=1\%$（即含气量为1%），则此含气水的压缩系数$\beta=\left(\frac{1}{p}-\beta_0\right)x+\beta_0=0.100495\text{MPa}^{-1}$。也就是说含气量为1%的水的压缩系数比无气水的压缩系数要增大200倍左右，即水的压缩性要增大200倍。因此含有少量气体的饱和土是具有一定的可压缩性的。在强夯能量的作用下，气体体积先压缩，部分封闭气泡被排出，孔隙水压增大，随后气体有所膨胀，孔隙水排出，超孔隙水压力减少。在此过程中，土中的固相体积是不变的，这样每夯一遍液相体积就减小，气相体积也减少，也就是说在重锤的夯击作用下会瞬时发生有效的压缩变形。

三、饱和土的局部液化

在夯锤反复作用下，饱和土中将引起很大的超孔隙水压力致使土中有效应力减小，当土中某点的超孔隙水压力等于上覆的土压力（对于饱和粉细砂）或等于上覆土压力加上土的黏聚力（对于粉土、粉质黏土）时，土中的有效应力完全消失，土的抗剪强度降为零，土颗粒将处于悬浮状态——达到局部液化。当液化度达到100%，土体的结耕破坏，渗透系数大大增加，处于很大水力梯度作用下的孔隙水迅速排出，加速了饱和土体的固结。

土中渗透系数随孔隙水压力Δu与总应力为σ之比（液化度）而变化的情况如图8-3所示。

四、饱和土的触变恢复

饱和土在强夯冲击波的作用下，土中原来相对平衡状态的颗粒、阳离子、定向水分子受到破坏，水分子定向排列被打乱，颗粒结构从原先的絮凝结构变成一定程度的分散结构，粒间联系削弱，强度降低，经过强夯后一般时间的休置期后，土骨架中细小颗粒——

胶体颗粒的水分子膜重新逐渐联结，恢复其原有的稠度和结构，与自由水又粘结在一起，形成一种新的空间结构，于是土体又恢复并达到新的更高强度，这一过程即为饱和软土的触变特性。

据实测饱和细粒土夯后6个月的平均抗剪强度能增加20%～30%，变形模量可提高30%～60%，需要说明的是触变恢复期饱和细粒土对振动极为敏感，因此其后续施工工艺和检测评价方法均避免振动。

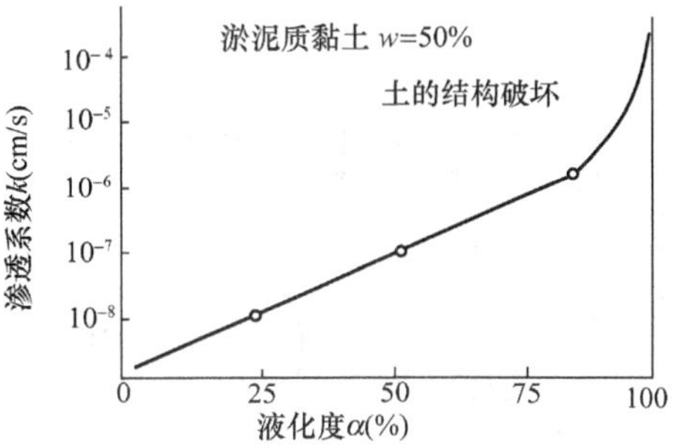

图 8-3 土的渗透系数与液化度关系曲线

8.2.3 强夯置换原理

实践证明，强夯法用于加固处理碎石土、砂土、粉土、非饱和的黏性土、湿陷性黄土和人工填土等地基，其效果十分明显。但对于软塑、流塑状态的黏性土，以及饱和的淤泥、淤泥质土，由于土颗粒细和其孔隙间饱含的水分不易排出而处理效果不明显，有时还适得其反。为此，国内外专家学者研究在强夯形成的深坑内填入块石、碎石、砂、钢渣、矿渣、建筑垃圾或其他硬质的粗颗粒材料，采用不断夯击和不断填料的方法使形成一个柱形状的置换体。

强夯置换法加固地基的机理与强夯法是截然不同的。强夯法是通过巨大的夯击能改变被加固土体的本身性质，主要是提高密度，从而改善其工程力学性质，处理后的地基独立发挥地基的持力作用。而强夯置换法是通过夯击和填料形成置换体，使置换体和原地基土构成复合地基来共同承受荷载。其加固机理如图8-4所示：

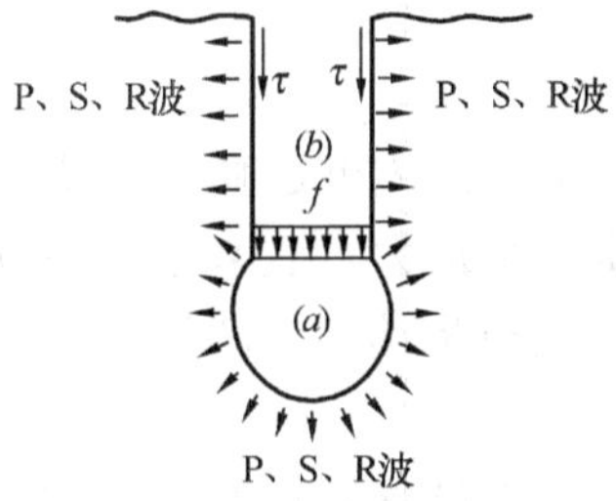

图 8-4 置换原理图

当圆柱体形的重锤自高空落下，接触地面的瞬间夯锤刺入并深陷于土中，此时释放出来的大量能量，对被加固土体产生的作用主要有三个方面：①直接位于锤底面下的土，承受到锤底的巨大冲击压力，使土体积压缩并急速地向下推移，在夯坑底面以下形成一个压密体（图中（a）区域）其密度大为提高；②位于锤体侧边的土，瞬息间受到锤底边缘的巨大冲切力而发生竖向的剪切破坏，形成一个近乎直壁的圆柱形深坑（图中（b）区域）③锤体下落冲压和冲切土体形成夯坑的同时，还产生强烈震动，以三种震波的形式（P波、S波、R波）向土体深处传播，基于多种机理（震动液化、排水固结和震动挤密等）的联合作用，使置换体周围的土体也得到加固。

张咏梅等（2004）通过一系列室内模型试验及野外原位测试，得出在高饱和度黏性填土上置换体的典型剖面如图8-5所示。图中d为夯坑的直径；h为每次置换的夯坑深度；D_p为置换碎（块）石墩体的直径；H_p为置换体的深度；D_C、H_C、S_C分别为置换体下方冠形挤密区的直径、深度和底部厚度。

置换体的形状、尺寸与施工工艺有密切关系：

（1）置换体呈碗底形的圆柱体形，其直径、深度与夯击能量直接相关。要求置换深度大，必须提高夯击能，有效地增加每次的置换深度，并增加置换次数。

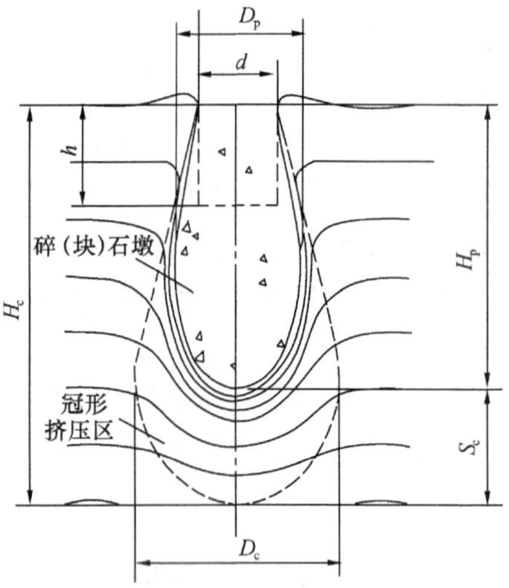

图 8-5 置换体的典型剖面

（2）要求置换体的直径小，深径比大，除了采用小直径夯锤外，还必须提高单击夯能，有效地增加每一锤的贯入深度。置换体的直径一般为1.5～1.8倍锤径，依单击能量的大小、被置换土体和置换材料的性质而定。

（3）置换填料的性质对置换体的形状有很大影响，碎（块）石等粗粒材料的置换效果良好，置换体的轮廓清晰，当被置换土层为饱和的软土时，不适宜用砂、砾、山皮土作置换料。

（4）被置换土体紧紧地被压缩在置换体下方形成一个冠形挤密区。其轮廓范围十分清晰。

（5）置换地面的隆起量可以反映置换的效果和被置换土体的挤密情况。地面隆起量愈大，说明原土被挤密的程度愈差，愈接近于单纯的挤出置换过程。图8-5所示置换体下方存在着很宽厚的冠形挤密区，表明置换对原土有很好的挤密加固作用。当被置换土体为不易挤密的饱和软土或原土已经达到不可再挤密的程度时，地面就会发生隆起。

8.3 设计

强夯法已在工程中得到广泛的应用。有关强夯机理的研究，虽然国内外已做了不少工作，但至今未取得满意的结果。其主要原因是各类地基土的性质差别很大，看来很难建立适用于各类土的强夯加固理论。有必要按不同土类分别研究强夯机理及其相应的设计计算方法。

由于目前强夯法和强夯置换法尚无成熟的设计计算方法，主要设计参数如有效加固深度、夯击能、夯击次数、夯击遍数、间隔时间、夯击点布置和处理范围等都是根据规范或工程经验初步选定，其中有些参数还应通过试夯或试验性施工进行验证，并经必要的修改调整，最后确定适合现场土质条件的设计参数。

8.3.1 强夯法的主要设计参数

一、有效加固深度

强夯地基的加固深度常用有效加固深度来表示，对强夯法处理地基设计来说，主要是根据工程要求的加固深度和加固后要求达到的主要技术指标来确定有效加固深度，所以有效加固深度是选择强夯施工采用的夯击能的主要依据，也是反映处理效果的重要参数。

强夯法创始人梅那（Menard）提出了用下列公式来估算影响深度 H：

$$H \approx \sqrt{Mh}\ (\mathrm{m}) \tag{8-1}$$

式中 M——夯锤重（t）；

h——落距（m）。

从上述梅那公式中可以看出，其影响深度仅与夯锤重与落距有关，而实际上影响有效加固深度的因素很多，除了夯锤重和落距以外，夯击次数、锤底单位压力、地基土性质、不同土层的厚度和埋藏顺序以及地下水位等都与加固深度有着密切的关系。强夯法引入我国后，在大量的试验研究和工程实测中发现采用上述梅那公式估算有效加固深度得出的值均偏大，因此，自 1980 年开始，国内和国外学者从不同理论出发对确定有效加固深度提出了各种方法或建议，其中较多的学者是建议对梅那公式计算结果乘以小于 1 的修正系数，如 Leonards etal（1980）建议对砂土地基乘以 0.5 的修正系数，Gambin（1984）认为修正系数的值为 0.5～1.0，Mayne etal（1984）建议修正系数为 0.33～1.0，范维垣等（1985）建议对不同土类采用不同修正系数，范围为 0.34～0.80，王成华（1991）建议修正系数为 0.4～0.95，王铁宏等（2005）建议修正系数范围值为 0.2～0.65。还有一些学者根据能量守恒原理提出了一些方法，如坂口旭等（1979）、王锺琦等（1983）、左名麒等（1980）、王盛源（1989）等。此外，还有许多学者从不同角度对有效加固深度问题进行了探讨。

鉴于有效加固深度问题的复杂性，以及目前尚无适用的计算方法，所以我国《建筑地基处理技术规范》JGJ 79—2002 规定强夯法的有效加固深度应根据现场试夯或当地经验确定，但考虑到初步设计时选择地基处理方法的需要，有必要提出有效加固深度的预估方法。根据大量工程实测资料的归纳和工程经验的总结，《建筑地基处理技术规范》JGJ 79—2002将地基土分成碎石土、砂土等粗颗粒土和粉土、黏性土、湿陷性黄土等细颗粒土两类，分别列出在不同单击夯击能夯击下其有效加固深度的预估值，如表 8-2 所示。

强夯法的有效加固深度（m） **表 8-2**

单击夯击能（kN·m）	碎石土、砂土等粗颗粒土	粉土、黏性土、湿陷性黄土等细颗粒土
1000	5.0～6.0	4.0～5.0
2000	6.0～7.0	5.0～6.0
3000	7.0～8.0	6.0～7.0
4000	8.0～9.0	7.0～8.0
5000	9.0～9.5	8.0～8.5
6000	9.5～10.0	8.5～9.0
8000	10.0～10.5	9.0～9.5

注：强夯法的有效加固深度应从最初起夯面算起。

前述经过修正后的梅那公式虽具有简单、使用方便的特点。但是大量工程实践表明，对于同一类土，采用不同能量夯击时，其修正系数亦不相同，单击夯击能越大时，修正系数越小，如将表 8-2 中所列的有效加固深度的预估值，取其平均值反算上述梅那公式的修正系数，则可得到对于粗颗粒土，当单击夯击能为 1000kN·m 和 8000kN·m 时，修正系数分别为 0.55 和 0.36；对于细颗粒土，当单击夯击能为 1000kN·m 和 8000kN·m 时，修正系数分别为 0.45 和 0.33，两者差别均不小，这表明对于同一类土，采用一个修正系数，并不能得到满意的结果。

二、夯击能

夯击能分为单击夯击能和单位夯击能

1. 单击夯击能

单击夯击能（即夯锤重和落距的乘积）一般根据工程要求的加固深度来确定。我国初期采用的单击夯击能大多为1000kN·m，随着起重机械工业的发展，目前采用的最大单击能为15000kN·m。国际上曾经采用的最大单击能为50000kN·m，设计加固深度达40m。

2. 单位夯击能

单位夯击能指施工场地单位面积上所施加的总夯击能，单位夯击能的大小与地基土的类别有关，在相同条件下细颗粒土的单位夯击能要比粗颗粒土适当大些。此外，结构类型、荷载大小和要求处理的深度也是选择单位夯击能的重要因素。单位夯击能过小，难于达到预期加固效果，单位夯击能过大，不仅浪费能源，对饱和黏性土来说，强度反而会降低。日本土谷尚根据日本现有工程实例，提出了单位夯击能为：碎石和砂砾2000～4000kN·m/m^2，砂质土1000～3000kN·m/m^2，黏性土5000kN·m/m^{2}左右，泥炭3000～5000kN·m/m^2，垃圾土2000～4000kN·m/m^2。根据目前我国工程实践，在一般情况下，对于粗颗粒土单位夯击能可取1000～3000kN·m/m^2，细颗粒土为1500～4000kN·m/m^2。

三、夯击次数

夯点的夯击次数是强夯设计中的一个重要参数。夯击次数一般通过现场试夯确定，常以夯坑的压缩量最大、夯坑周围隆起量最小为确定的原则。目前常通过现场试夯得到的夯击次数与夯沉量的关系曲线确定。

对于碎石土、砂土、低饱和度的湿陷性黄土和填土等地基，夯击时夯坑周围往往没有隆起或虽有隆起但其量很小，在这种情况下，应尽量增多夯击次数，以减少夯击遍数。但对于饱和度较高的黏性土地基，随着夯击次数的增加，土的孔隙体积因压缩而逐渐减小，但因这类土的渗透性较差，故孔隙水压力将逐渐增长，并促使夯坑下的地基土产生较大的侧向挤出，而引起夯坑周围地面的明显隆起，此时如继续夯击，并不能使地基土得到有效的夯实，而造成浪费。

张永钧等（1981）曾提出有效夯实系数的概念，并以此来确定夯击次数。若以a表示有效夯实系数，则有：

$$a=\frac{V-V'}{V}=\frac{V_0}{V} \tag{8-2}$$

式中　V——夯坑体积（m^3）；

V'——夯坑周围地面隆起的体积（m^3）；

V_0——压缩体积（m^3）。

有效夯实系数表示地基土在某种夯击能作用下的夯实效率，有效夯实系数高，说明夯实效果好，反之，有效夯实系数低，说明夯实效果差。图8-6所示为唐山、廊坊和沈阳等地砂土、粉土和黏土地基上夯击次数与压缩量、隆起量的关系。如图中可见，随着夯击次数的增加，夯坑体积V也随之增加，而隆起体积V'则随土性而异。唐山砂土地基随着夯击次数的增加隆起体积 V' 值很小，而且保持不变；廊坊粉土地基的隆起体积 V' 值，开始时有所增加，随后保持不变；而沈阳黏土地基的隆起体积 V' 值，随着夯击次数的增加而增大。由此可以看出，砂土和粉土地基的夯实效果要比黏土地基为好。

图 8-7 为上述各工程的有效夯实系数与夯击次数的关系，从图中可见，唐山砂土的有效夯实系数很高，而且随着夯击次数的增加，不仅没有降低，反而略有提高，因此对于这种地基，可以采用增加夯击次数的方法来提高夯击效率，但沈阳黏土的有效夯实数并不高，而且当夯击次数超过 7 次后，有效夯实系数基本保持不变，此时如继续增加夯击次数，夯实效果就不再增加。

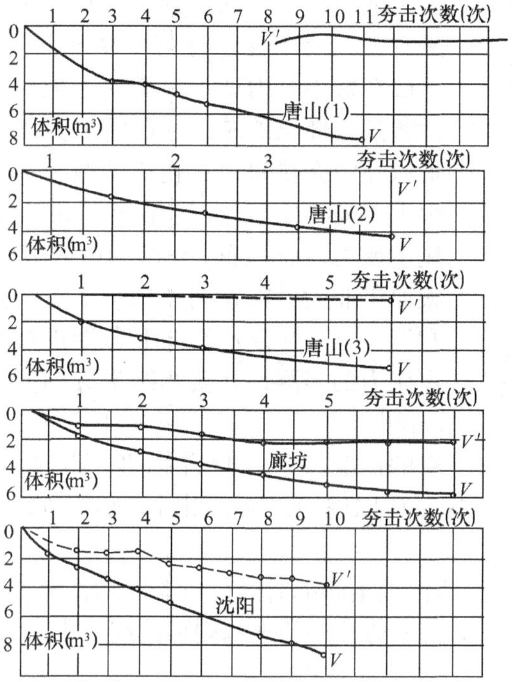

图 8-6 夯击次数与压缩量、隆起量的关系

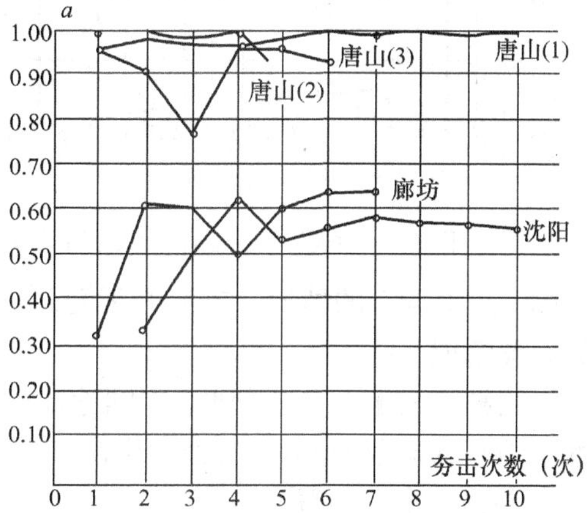

图 8-7 有效夯实系数与夯击次数的关系

目前，在工程实践中，除了按现场试夯得到的夯击次数和夯沉量关系曲线确定夯击次数外，同时要满足最后两击的平均夯沉量不大于下列数值：当单击夯击能小于 4000kN·m 时为 50mm；当单击夯击能为 4000～6000kN·m 时为 100mm；当单击夯击能大于 6000kN·m 时为 200mm。除此之外，夯坑周围地面不应发生过大的隆起。还要考虑施工方便，不能因夯坑过深而发生起锤困难的情况。

四、夯击遍数

夯击遍数应根据地基土的性质确定。一般来说，由粗颗粒土组成的渗透性强的地基，夯击遍数可少些。反之，由细颗粒土组成的渗透性低的地基，夯击遍数要求多些。

根据日本资料报导，对于碎石、砂砾、砂质土和垃圾土，夯击遍数为 2～3 遍；粉性土为 3～8 遍；泥炭为 3～5 遍。最后再对全部场地进行轻量级夯击，使表层 1～2m 范围内的土层得以夯实。

根据我国工程实践，对于大多数工程，采用点夯遍数 2～3 遍，最后再以低能量满夯 2 遍，满夯可采用轻锤或低落距锤多次夯击锤印搭接。对于渗透性弱的细颗粒土地基，必要时夯击遍数可适当增加。

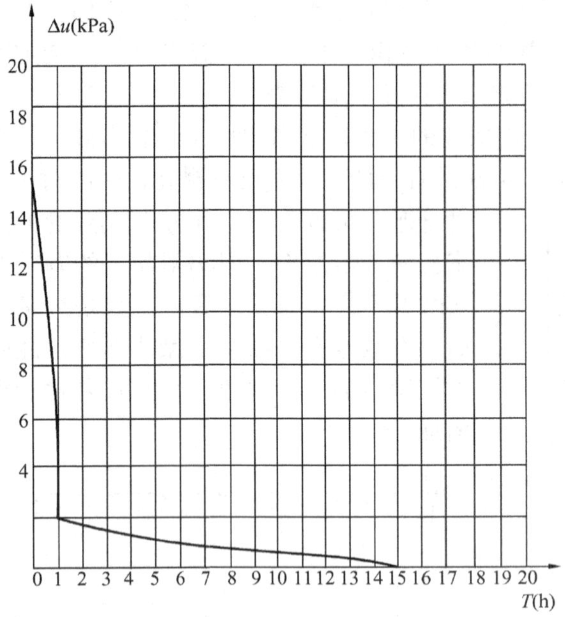

图 8-8 单点夯孔压消散与时间关系

五、间隔时间

两遍夯击之间应有一定的时间间隔，以利于土中超静孔隙水压力的消散。所以间隔时间取决于超静孔隙水压力的消散时间。但土中超静孔隙水压力的消散速率与土的类别、夯点间距等因素有关。对于渗透性好的砂土地基等，一般在数小时内即可消散完。但对渗透性差的黏性土地基，一般需要数周才能消散完。夯点间距对孔压消散速率也有很大的影响，夯点间距小，孔压消散慢。反之，夯点间距大，孔压消散快。太原工业大学曾在同一场地上对单点夯和群夯（5 点夯）条件下分别进行孔隙水压力的实测，其实测结果分别如图 8-8 和图 8-9 所示。从图 8-8 中可见，单点夯的情况，夯后 14 小时孔压就消散完。而图 8-9 中群夯的情况，夯后 8 天孔压尚未消散完。所以进行孔压实测时，必须考虑夯点的布置情况。

当缺少实测孔压资料时，可根据地基土的渗透性确定间隔时间，对于渗透性较差的黏性土地基的间隔时间，一般应不小于 3～4 周；对于渗透性好的地基则可连续夯击。

六、夯击点布置

夯击点布置是否合理与夯实效果和施工费用有直接关系。

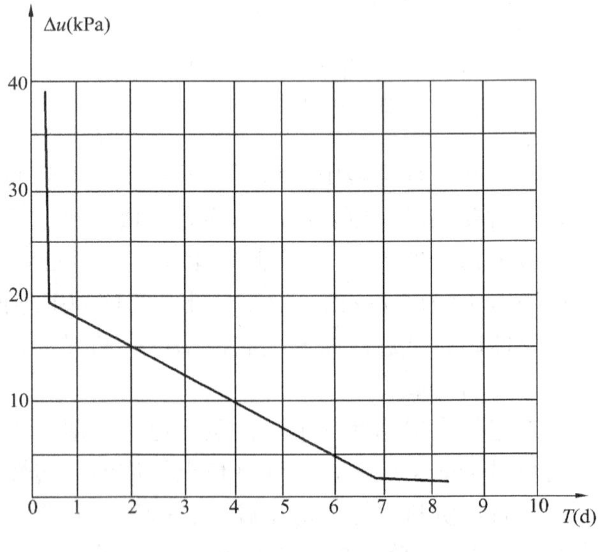

图 8-9 群夯孔压消散与时间关系

夯击点位置可根据建筑结构类型进行布置，一般采用等边三角形、等腰三角形或正方形布点。对于某些基础面积较大的建筑物或构筑物（如油罐、筒仓等）为便于施工，可按等边三角形或正方形布置夯点；对于办公楼和住宅建筑来说，则根据承重墙的位置布置夯点更合适些。如图 8-10 所示的某住宅工程的夯点布置采用了等腰三角形布点，这样保证了横向承重墙以及纵墙和横墙交接处墙基下均有夯击点；对单层工业厂房来说，可按柱网来设置夯击点。因此，夯击点的布置应视建筑结构类型、荷载大小、地基条件等具体情况，区别对待。

夯击点间距的确定，一般根据地基土的性质和要求加固的深度而定。对于细颗粒土，

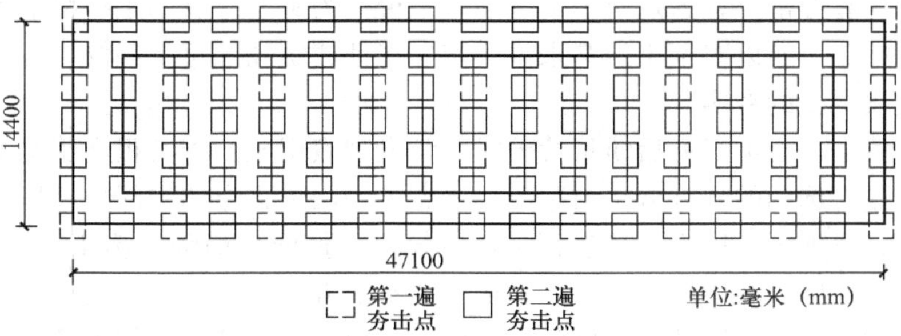

图 8-10 某住宅工程夯点布置

为便于超静孔隙水压力的消散，夯点间距不宜过小。当要求加固深度较大时，第一遍的夯点间距更不宜过小，以免夯击时在浅层形成密实层而影响夯击能往深层传递。此外，还必须强调指出：若各夯点之间的距离太小，在夯击时上部土体易向侧向已夯成的夯坑中挤出，从而造成坑壁坍塌，夯锤歪斜或倾倒，而影响夯实效果。有些工程采用连夯的方法，即一个夯坑紧接另一个夯坑的夯击方法，已被实践所证实，其夯击效果较差。当然，夯点间距过大，也会影响夯实效果。根据国内经验，第一遍夯击点间距可取夯锤直径的 2.5～3.5 倍，每二遍夯击点可位于第一遍夯击点之间。以后各遍夯击点间距可适当减小。对要求加固深度较深，或单击夯击能较大的工程，第一遍夯击点间距宜适当增大。

七、处理范围

由于基础的应力扩散作用，强夯处理范围应大于建筑物基础范围，具体放大范围可根据建筑结构类型和重要性等因素考虑确定。根据工程经验，对于一般建筑物，每边超出基础外缘的宽度宜为设计处理深度的 1/2～2/3，并不宜小于 3m。

8.3.2 强夯法设计中应注意的几点

一、采用强夯法与其他地基处理方法相结合的综合处理方案

当岩土工程条件较为复杂或建筑物对地基要求较高时，采用单一的地基处理方法处理地基，往往满足不了设计要求或处理费用较高。在这种情况下由两种或多种地基处理措施组成的综合处理方法很可能是最佳选择。很多工程实例证明，采用了综合处理方法取得了很好的技术经济效果。

由于强夯法处理地基的主要优点是处理效果显著、适用土类广和施工费用低。所以在选择地基处理方案时，考虑选用强夯法与其他地基处理方法相结合的综合处理方案。将会有较多的选择性和较优的经济性。值得在工程中推广应用。

二、认真对待现场试夯

根据设计初步确定的强夯参数，提出强夯试验方案进行现场试夯，这是必不可少的重要环节，必须认真对待。根据不同土质条件待试夯结束一至数周后，对试夯场地进行检测，与夯前测试数据进行对比，检验强夯效果，并确定工程采用的各项强夯参数，若不符合设计要求，则应改变设计参数。在进行试夯时也可采用不同设计参数的方案进行比较，择优选用。

三、周密布置夯击点

布置夯击点是强夯法设计中的重要内容，如夯击点布置欠妥，不仅将会影响夯实效果，甚至发生工程事故。上部结构基础的平面布置，是布置夯击点的主要依据。要做到承

重结构基础下均有夯击点，这点对于填土地基来说尤为重要。有的工程出了事故，正是由于没有注意这一点，所以对填土地基来说一定要保证建筑场地每一部位均有夯击点。

四、重视表层土的夯实

在工程实践中，当进行夯后质量检验时，常发现表层土的密实程度要比下层土差，究其原因，主要是与选用的满夯方法与遍数不当有关。因为强夯的加固顺序是先深后浅，即先加固深层土，再加固中层土，最后再加固表层土。按照目前强夯施工工艺是先用2～3遍点夯分别加固深层土和中层土，最后采用低能量满夯加固表层土。当点夯完成后，常用推土机将夯坑回填推平，因此夯坑底面标高以上的填土比较疏松，加上强夯产生的强大振动，亦会使周围已经夯实的表层土可能有一定程度的振松，所以通过满夯来将表层土夯实。但是目前大部分工程的低能量满夯是采用点夯的夯锤，低落距夯击，由于点夯的夯锤较重，而表层土因无上覆压力，侧向约束小，所以夯击时土体侧向变形大，对于碎石、砂土等粗颗粒松散体来说，侧向变形就更大，更不易夯实。由于表层土是基础的持力层，如处理不好将会降低地基承载力和增大建筑物的沉降和不均匀沉降，因此必须高度重视表层土的夯实。建议在进行低能量满夯时，采用质量较小的夯锤，多次夯击，锤印搭接。低能量满夯的遍数不宜少于2遍。

8.3.3 强夯置换法的设计要点

一、强夯置换墩的深度由土质条件决定，一般深度不宜超过7m。对淤泥、泥炭等黏性软弱土层，置换墩应穿透软土层，着底在较好土层上，以免产生较多下沉。对深厚饱和粉土、粉砂，墩身可不穿透该层，因墩下土在施工中密度变大，强度提高有保证，故可允许不穿透该层。

二、强夯置换法的单击夯击能应根据现场试验确定。

三、墩体材料可采用级配良好的块石、碎石、矿渣、建筑垃圾等坚硬粗颗粒材料，粒径大于300mm的颗粒含量不宜超过全重的30%，因为墩体材料级配不良或块石过多过大，均易在墩中留下大孔，在后续墩施工或建筑物使用过程中使墩间土挤入孔隙，下沉增加。

四、夯点的夯击次数应通过现场试夯确定，同时应满足下列条件：

1. 墩底穿透软弱土层，且达到设计墩长；

2. 累计夯沉量（指夯点在每一击下夯沉量的总和）为设计墩长的1.5～2.0倍；

3. 最后两击的平均夯沉量不宜大于下列数值：当单击夯击能小于4000kN·m时为50mm；当单击夯击能为4000～6000kN·m时为100mm；当单击夯击能大于6000kN·m时为200mm。

五、墩体布置宜采用等边三角形或正方形。对独立基础或条形基础可根据基础形状与宽度相应布置。

六、墩间距应根据荷载大小和原土的承载力选定。当满堂布置时可取夯锤直径的2～3倍。对独立基础或条形基础可取夯锤直径的1.5～2.0倍。墩的计算直径可取夯锤直径的1.1～1.2倍 。

七、当墩间净距较大时，应适当提高上部结构和基础的刚度。保证基础的刚度与墩间距相匹配，应使基底标高处的置换墩与墩间土下沉一致。

八、强夯置换处理范围应大于建筑物基础范围，每边超出基础外缘的宽度宜为基底下设计处理深度的1/2至2/3，并不宜小于3m。

九、墩顶应铺设一层厚度不小于500mm的压实垫层，垫层材料可与墩体材料相同，粒径不宜大于100mm。

十、强夯置换设计时，应预估地面抬高值，并在试夯时校正。因为强夯置换时地面不可避免要抬高，特别在饱和黏性土中，隆起的体积是很可观的，应在试夯时仔细记录，做出合理的估计。

十一、根据初步确定的强夯置换参数，提出强夯置换试验方案，进行现场试夯，并根据不同土质条件待试夯结束一至数周后，对试夯场地进行检测。检测项目除进行现场载荷试验检测承载力和变形模量外，尚应采用超重型或重型动力触探等方法，检查置换墩着底情况及承载力与密度随深度的变化。

十二、确定软黏性土中强夯置换墩地基承载力特征值时，可只考虑墩体，不考虑墩间土的作用，其承载力应通过现场单墩载荷试验确定，对饱和粉土地基可按复合地基考虑，其承载力可通过现场单墩复合地基载荷试验确定。

8.4 施工

8.4.1 施工机具

一、起重机械

随着强夯技术的不断发展，起重机械也由初期的小型履带式起重机，逐步发展到大能量的专用设备。如法国已开发出用液压驱动的专用三角架，能将质量40t夯锤提升到40m的高度。又如法国尼斯机场扩建跑道，要求加固深度达40m，为此特制了一台起重量为200t，提升高度25m，具有186个轮胎的超级起重台车，这是迄今为止世界上最大的强夯施工设备。

我国在70年代末引进强夯技术的初期，普遍采用起重量为15t左右的履带式起重机作为强夯起重机械。在装备动滑轮组和脱钩装置，并配有推土机等辅助设备以防止机架倾覆的前提下，最大起重量10t，最高落距10m，最大单击夯击能为1000kN·m。之后，随着起重机械的发展，多数施工企业配备了50t履带式起重机作为强夯机械，在不需推土机等辅助设备的情况下可进行单击夯击能为3000kN·m的强夯施工。至20世纪80年代中山西省省建二公司和省机械施工公司进行了重要的技术革新，在起重机臂杆端部增设辅助门架，使履带式起重机的起重能力有了大幅度的提高，一般可以进行单击夯击能为4000～6000kN·m的强夯施工，从而使我国强夯施工由过去只能从事低能量夯击提高到能进行中等能量级夯击的水平。至今我国陕西、深圳、河南、山西、广东、河北、贵州、湖南、辽宁、广西、山东、浙江、重庆等地已从事过单击夯击能为8000kN·m的强夯施工。2006年中化岩土工程有限公司在大连进行了15000kN·m的强夯施工。

如何选择强夯起重机械是强夯施工的首要问题。一般遵循的原则是既要满足工程要求，又要降低工程费用。首先从满足工程要求来分析，即根据设计要求达到的地基处理深度来确定单击夯击能，并选择相应的起重机械。根据表8-2对于碎石土、砂土等地基，单击夯击能从1000kN·m到8000kN·m，增加了7倍，而相应的有效加固深度从5.5m到10.25m，仅增加了86%，因此，要增加有效加固深度必须大幅度提高单击夯击能。其次，从降低工程费用来分析，强夯法处理地基的施工费用随单击夯击能大小而定。据某施工企业的报价，单击夯击能为2000、3000、4000、5000kN・m的施工单价（元/m^2）分别为1000kN・m的施工单价的1.33、1.66、2.92和3.75倍。由此说明当单击夯击能超过3000kN・m时，施工费用大幅度上升。由于强夯法处理地基一般不消耗材料，使用劳动力也较少，施工费用主要用于机械台班费，所以选择台班费较低的起重机械是降低施工费用的主要环节。由上述两方面分析结果，可以认为从目前我国强夯施工现状出发，选用单击夯击能不超过3000kN・m将是最经济的。此外，从强夯法的工程实践来看，除了某些对加固深度要求较深的工程外，对大多数工程来说，采用3000kN・m的单击夯击能一般均能满足工程要求。因此，从目前我国大多数施工企业现状出发，并考虑"一机多用"的原则，选择配有辅助门架的履带式起重机作为强夯起重机械将是适宜的。

二、夯锤

夯锤选用是否恰当，对夯击效果也有重要的影响。我国在应用强夯法的初期大多采用钢筋混凝土夯锤，即用钢板焊成开口外壳，内灌混凝土，锤底尺寸为2m×2m，锤高约1m，质量为10t。我国至今采用的最大夯锤质量为46t，常用的为10t～25t。在不断实践过程中，夯锤的平面形状、所用材料，开孔大小等方面都有了不同程度的改进。

1. 夯锤平面形状，我国初期采用的大都是底面为正方形的夯锤，正方形锤具有制作简单的优点，但在使用过程中发现存在一些缺点，主要是起吊时由于夯锤在空中旋转，不能保证前后几次夯击的夯坑重合，故常出现锤角与夯坑侧壁相接触的现象，因而使一部分夯击能消耗在坑壁上，影响了夯击效果。目前大多数施工企业已采用圆形锤，方形锤已逐渐淘汰。

2. 夯锤材料

随着采用的单击夯击能的提高，目前对于15t以上的夯锤大多采用铸钢来代替钢筋混凝土。但质量为10t左右的夯锤大多仍用钢筋混凝土制作。为便于使用和运输，也有将铸钢锤做成组合式的。可根据需要选择2～3个单件组合而成。

3. 夯锤开孔

为了提高夯击效果，夯锤底面必须对称设置若干个与其顶面贯通的排气孔，以利于夯锤着地时坑底空气迅速排出和起锤时减小坑底的吸力。以前大多数夯锤常因留孔过小，土团堵塞而失去作用。根据经验，排气孔的直径一般为250～300mm。

4. 夯锤底面积

一般根据土的性质选择锤底面积，对于细颗粒土宜选择较大的锤底面积，粗颗粒土宜选较小的面积。但尚应与锤重有关，所以工程上常用锤底静接地压力来表示。为探索锤底接地静压力对夯击效果的影响，中国建筑科学研究院曾在唐山某工地做过对比试验，试验采用两个质量均为10t的夯锤，其底面积分别为$2m^2$和$4m^2$，两者单击夯击能相同，锤底静接地压力相差一倍，现场对比试验结果表明，锤底静接地压力较大者的夯击效果较锤底静接地压力较小者为好。夯锤底静接地压力值一般可取25～40kPa，对于细颗粒土宜取较小值。强夯置换锤底静接地压力值可取100～200kPa。

三、脱钩装置

脱钩装置是强夯施工的重要机具。国外采用履带式起重机作为强夯起重机械时，常采用单根钢丝绳提升夯锤，夯锤下落时钢丝绳也随着下落，所以夯击效率较高。当夯锤质量超过 15t 时，一般要选用起重量超过 100t 的起重机。而我国常以小吨位起重机吊重锤，这样不得不通过动滑轮组以脱钩装置来起落夯锤。操作时将夯锤挂在脱钩装置上，为便于夯锤脱钩，将系在脱钩装置手柄上的钢丝绳的另一端，直接固定在起重机臂杆根部的上横轴上，当夯锤起吊至预定高度时，钢丝绳随即拉紧而使脱钩装置开启，这样既保证了每次夯击的落距相同，又做到自动脱钩，提高了工效。目前国外强夯施工机械也有配置液压挂钩和自动脱钩装置的，这样施工过程中不需人员进入夯击区，既提高了施工效率，又保证了人身安全。因此，研制新型的挂钩和脱钩装置，将是强夯机具革新的重要内容。

综上所述，目前我国常用的强夯施工机械与国外施工机械相比较，我们的差距主要表现在两方面：一是我国强夯施工机械的单击夯击能较小；二是机械的施工效率较低。要缩小与国外的差距，宜从下列两方面加以改进：

（1）研制高能量的强夯机械，以满足处理深厚松软地基和复杂岩土工程条件的需要，这方面可以适当吸取国外机械的先进经验，但也要结合我国的国情，走自己的路，尽量做到“一机多用”和适用于不同能量的夯击，以提高机械的利用率和降低施工费用。

（2）改造现有强夯施工机械。目前常用的以履带式起重机为主机的强夯施工机械的特点是制造成本较低、设备轻便灵活、施工费用低和“一机多用”。根据我国国情，近期仍应以履带式起重机和辅助门架组合的机械为我国强夯机械的主要机型。但由于这种机械施工时需通过脱钩装置和动滑轮组起锤和落锤，施工效率较低，且不安全。所以，改造现有强夯施工机械首先应从此着手。在适当选用大起重量履带式起重机的前提下，采用单缆提锤，逐步淘汰动滑轮组和脱钩装置。与此同时，研制新型挂钩和脱钩装置。这样既提高施工效率，又增加施工安全性。

8.4.2 施工要点

一、试夯或试验性施工

强夯法或强夯置换法施工前，应根据初步确定的强夯参数，在施工现场有代表性的场地上选取一个或几个试验区进行试夯或试验性施工。并通过测试，检验强夯或强夯置换效果，以便最后确定工程采用的各项参数。

二、平整场地

预先估计强夯或强夯置换后可能产生的平均地面变形，并以此确定夯前地面高程，然后用推土机平整。同时，应认真查明场地范围内的地下构筑物和各种地下管线的位置及标高等，尽量避开在其上进行强夯施工，否则应根据强夯或强夯置换的影响深度，估计可能产生的危害，必要时应采取措施，以免强夯或强夯置换施工而造成损坏。

三、降低地下水位或铺垫层

当场地表土软弱或地下水位高的情况，宜采用降低地下水位，或在表层铺填一定厚度的松散性材料。这样做的目的是在地表形成硬层，可以用以支承起重设备，确保机械设备通行和施工，又可加大地下水和地表面的距离，防止夯击时夯坑积水。

四、当强夯法或强夯置换法施工所产生的振动对邻近建筑物或设备产生有害的影响时，应设置监测点，并采取挖隔振沟等隔振或防振措施。

五、强夯法施工步骤：

1. 清理并平整施工场地；

2. 标出第一遍夯点位置，并测量场地高程；

3. 起重机就位，夯锤置于夯点位置；

4. 测量夯前锤顶高程；

5. 将夯锤起吊到预定高度，开启脱钩装置，待夯锤自由下落后，放下吊钩，测量锤顶高程，若发现因坑底倾斜而造成夯锤歪斜时，应及时将坑底整平；

6. 重复步骤 5，按设计规定的夯击次数及控制标准，完成一个夯点的夯击；

7. 换夯点，重复步骤 3 至 6，完成第一遍全部夯点的夯击；

8. 用推土机将夯坑填平，并测量场地高程；

9. 在规定的间隔时间后，按上述步骤逐次完成全部夯击遍数，最后用低能量满夯，将场地表层松土夯实，并测量夯后场地高程。

六、强夯置换法施工步骤：

1. 清理并平整施工现场；

2. 标出夯点位置，并测量场地高程；

3. 起重机就位，夯锤置于夯点位置；

4. 测量夯前锤顶高程；

5. 夯击并逐击记录夯坑深度。当夯坑过深而发生起锤困难时停夯，向坑内填料直至与坑顶平，记录填料数量，如此重复直至满足规定的夯击次数及控制标准完成一个墩体的夯击。当夯点周围软土挤出影响施工时，可随时清理并在夯点周围铺垫碎石，继续施工；

6. 按由内而外，隔行跳打原则完成全部夯点的施工；

7. 推平场地，用低能量满夯，将场地表层松土夯实，并测量夯后场地高程；

8. 铺设垫层，并分层碾压密实。

七、施工监测

施工监测对于强夯法和强夯置换法施工来说非常重要，因为施工中所采用的各项参数和施工步骤是否符合设计要求，在施工结束后往往很难进行检查，所以施工过程中应有专人负责监测工作：

1. 开夯前应检查夯锤质量和落距，以确保单击夯击能量符合设计要求，因为若夯锤使用过久，往往因底面磨损而使质量减少。落距未达设计要求的情况，在施工中也常发生，这些都将减少单击夯击能。

2. 在每一遍夯击前，应对夯点放线进行复核，夯完后检查夯坑位置，发现偏差或漏夯应及时纠正。

3. 施工过程中应按设计要求检查每个夯点的夯击次数和每击的夯沉量。对强夯置换尚应检查置换深度。

4. 施工过程中应对各项参数和施工情况进行详细记录。

8.4.3 信息化施工管理

随着工程建设中重型、大型工程的增多，对地基处理要求越来越高，但按照目前勘察布孔的要求对建筑场地进行勘察时，只能大致了解场地的不均匀程度，整个场地的最弱部位不一定能查明。而设计人员在进行强夯设计时，往往根据勘察资料提供的参数进行设计。这样虽经强夯处理，有的仍不能满足设计要求，有的又因施工过多的夯击能而造成浪费。日本鸣海直信等（1982）建议的信息化施工方法可克服上述缺点。这种方法在强夯施工中的具体做法是：当按相同夯击次数夯完第一遍全部夯点后，测量各夯坑体积，并对整个场地进行标贯等一系列测试，将实测结果利用计算机进行信息处理，对地基处理效果作出定量评价，然后反馈回来修改原设计，提出第二遍夯击时各部位的夯击次数，并按此设计进行第二遍的强夯施工，如此进行，直至达到预定目标。强夯法信息化施工程序框图如图 8-11 所示。

信息化施工的主要优点是能保证施工后场地的均匀性，同时由于质量检验是在施工过程中进行，起到了指导施工的作用，从而达到保证工程质量，降低工程造价的目的。

信息化施工是一项先进的施工方法，但根据我国强夯施工的现状，要做到在施工过程中对夯击效果进行检测，并进行信息处理，目前推广尚有一定困难。为此根据我国实际情况，张永钧等(1994)提出了控制变形的信息化施工方法，该方法考虑到不均匀沉降是引起建筑物裂缝或损坏的主要原因，因此，认为信息化施工的主要目的是保证强夯施工结束后场地变形的均匀性。该方法的主要优点在于控制场地的不均匀变形，从而消除了造成建筑物开裂损坏的主要因素，同时使用该方法时，在施工过程中除了对夯点的夯沉量进行测定外（我国《建筑地基处理技术规范》(JGJ 79—2002）规定了强夯施工过程中应测定每个夯点的夯沉量)，不需要测量夯坑体积，不需要对场地进行标贯等测试，因而不增加工作量，不增加费用，不影响工期，而且信息处理简单，便于推广应用。

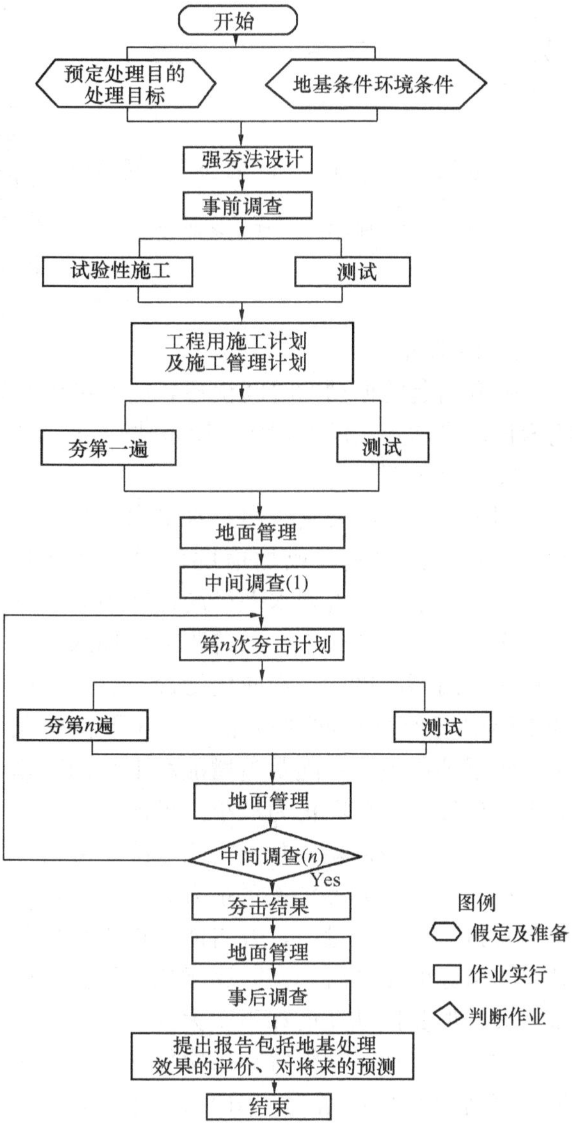

图 8-11　强夯法信息化施工程序框图

8.4.4　强夯施工振动影响

强夯施工过程中，在夯锤落地的瞬间，一部分动能转换为冲击波，从夯点以波的形式向外传播，并引起地表震动。当夯点周围一定范围内的地表震动强度达到一定数值时，会引起地表和建筑物、构筑物不同程度的损伤和破坏，并产生振动和噪声等公害。随着强夯加固技术的推广和应用，上述影响已引起人们的关注。从而有必要对强夯引起的地面运动变化规律及其振动强度对建筑物、构筑物、设施、设备和环境的影响进行研究。

一、强夯引起振动规律

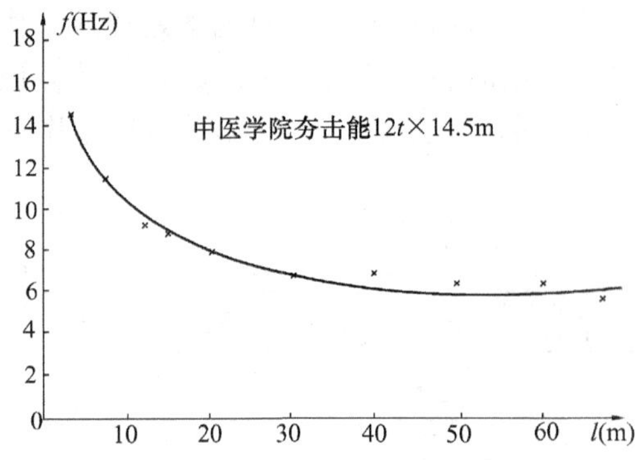

图 8-12 频率与距离关系曲线

太原工业大学根据十几项工程的测振资料，得出如下规律：

1. 振动周期

强夯引起地面运动的周期，随土质不同其变化范围为 0.04～0.20s，其中常见的周期为 0.08～0.12s，土质松软的周期较长，而较好的土则周期较短，同一场地且地质较均匀则随着距振源的距离加大而周期加长，其规律和爆破振动距离与周期的公式 $T=A\log l$ 基本一致。图 8-12 是山西中医学院测振的结果，由实测得出的关系公式为：

$$T=0.1\log l \tag{8-3}$$

2. 振动时间

强夯引起的振动的时间很短，离夯击中心较近处只有 0.2～0.4s，随距离增加振动时间增长，可达 1～2s（见图 8-13），图 8-13 是山西大学测振资料。

3. 振动速度

测试不同距离处垂直向、水平向（分径向和环向）的振动速度或加速度可得出如下规律：在松软土层中近处水平径向速度最大，垂直其次，水平环向最小；随着距离增加水平径向和垂直向渐趋接近，环向仍为最小。在较硬的土层中近处垂直向速度最大，水平径向其次，水平环向最小；随距离增加水平径向和垂直向渐趋接近，环向仍为最小。见图 8-14。

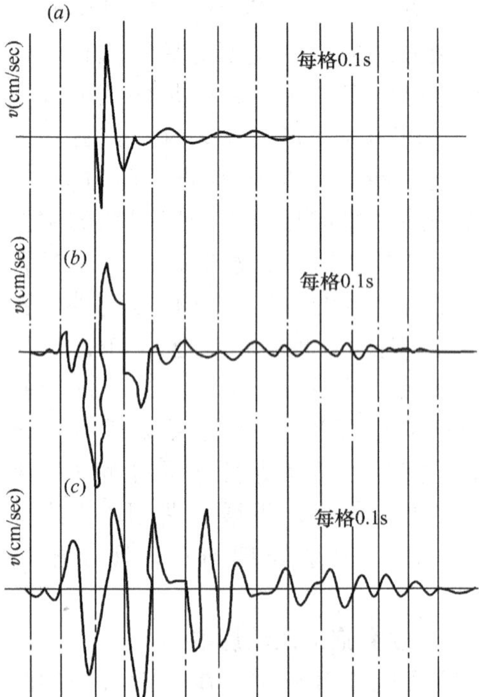

图 8-13 振动速度随时间衰减曲线

(*a*) 距夯击中心 3m；(*b*) 距夯击中心 18m；(*c*) 距夯击中心 50m

强夯引起的振动，并不完全取决于夯击能的大小。它与土的类别关系很大，如土质松软则因每锤夯击下沉量大，夯击能消耗于变形能就多，引起的振动就小，如潞城化肥厂强夯能量很大，但其振动速度却不太大。

在同一场地，则随着夯击次数和遍数的增加，振动的影响也增大。图 8-15 是太原建材公司强夯测振的结果。

4. 振动随距离的衰减

为研究强夯引起振动的衰减规律，曾将工程实测结果与下列几个公式进行了比较。

(1) “动力机器基础设计规范”中的地面振动衰减公式：

$$A_{ij}=A_0\beta_0\frac{r_d}{r_j}\sqrt{\left[1-\xi_d\left(1-\frac{r_d}{r_j}\right)\right]}\times e^{-f_0a_0(r_j-r_d)} \tag{8-4}$$

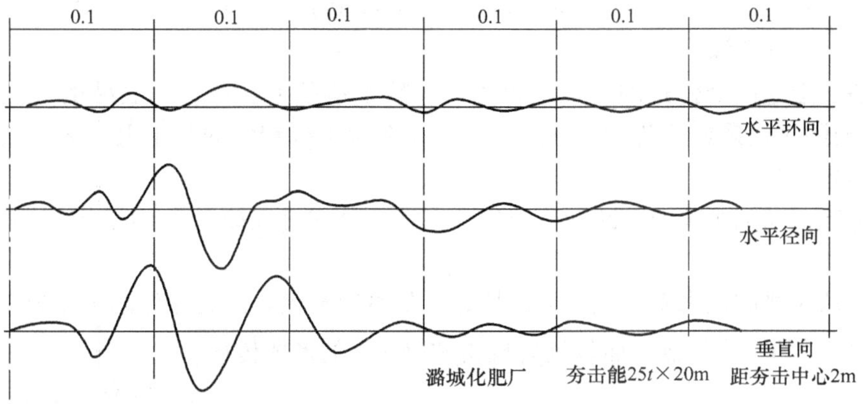

图 8-14 强夯时垂直向水平向振动曲线

式中 A_{ij}——距振动基础中心 r_j 处地面上的振幅；

A_0——振动基础的振幅；

f_0——基础上机器的扰力频率，对于冲击机器基础可采用基础的自振频率；

r_d——圆形基础半径（m），矩形及正方形基础的 r_d 可取当量半径。

$$r_d = \mu_1 \frac{F}{\pi}$$

μ_1——动力影响系数；

β_0——荷载影响系数；

ξ_d——无量纲系数；

α_0——地基土能量吸收系数。

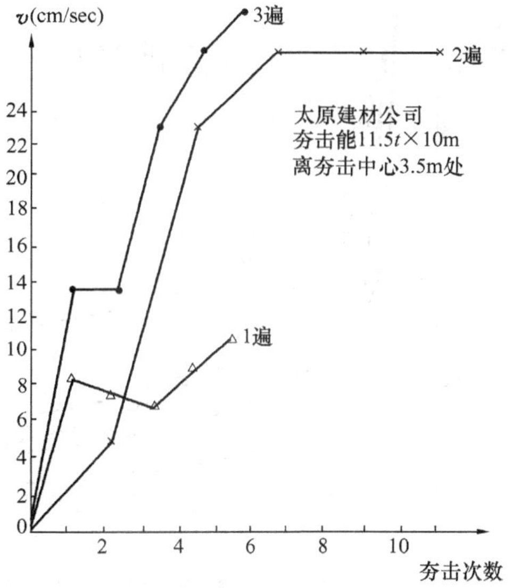

图 8-15 振动速度与夯击遍数、夯击次数关系

（2）前苏联 1970 年规范公式：

$$A_{ij} = A_o\left[\sqrt{\frac{r_d}{r_j}} - 0.4\left(\frac{r_d}{r_j} - \frac{r_d^2}{r_j^2}\right)\right] \quad (8\text{-}5)$$

式中符号同式（8-4）

（3）高里茨公式

$$A_{ij} = A_o\sqrt{\frac{r_d}{r_j}e^{-k(r_j - r_d)}} \quad (8\text{-}6)$$

式中 k 为衰减系数（V/m），其他符号同式（8-4）

（4）《振动计算与隔振设计》公式：

当 $r_j \leqslant r_R$ 时
$$A_{ij} = A_o \frac{r_d^2}{r_j^2} e^{-f_0 k(r_j - r_d)} \quad (8\text{-}7a)$$

当 $r_j > r_R$ 时
$$A_{ij} = A_R \frac{r_R}{r} e^{-f_0 k(r_j - r_R)} \quad (8\text{-}7b)$$

式中 r_R——瑞雷波占主要成分处距振源的距离。

$$r_R = r_0 + (2h \sim 3h)$$

h——基础埋深

实测值和上述四个公式的比较结果为：在软土地基上强夯振动衰减的规律比较接近《振动计算与隔振设计》的公式，见图 8-16，而在含水量较低的黄土上其振动衰减的规律比较接近高里茨公式。

强夯引起振动随距离而衰减的规律仅和上述两公式比较接近，但实测值均较此两公式值低。

总之，从实测曲线来看，近处衰减快，远处衰减较慢，因为振源附近主要为纵波、横波、它们以 r^{-2} 的形式传播，而较远处瑞雷波以 $r^{-\frac{1}{2}}$ 的形式传播。

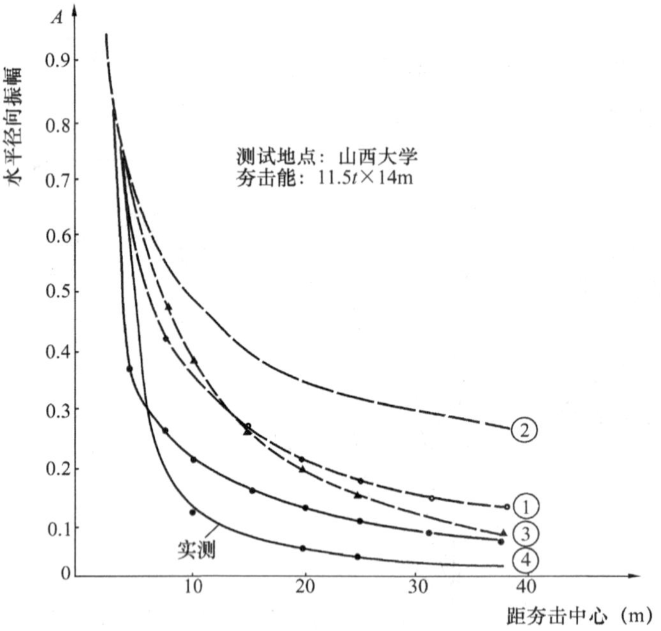

图 8-16 振动随距离衰减曲线

①按公式 8-4 计算的；②按公式 8-5 计算的；③按公式 8-6 计算的；④按公式 8-7 计算的

二、强夯引起振动对建筑物的影响

从城市建设的观点出发，人们关心的环境问题是在强夯点附近的地面振动是否会对现有的建筑产生影响。

对振动引起建筑物破坏的判据，目前有两种。

1. 以地面振动速度作为判据

根据美国的杜瓦尔和福格尔森研究爆破振动引起住宅结构破坏的判据时认为："地面速度与破坏程度关系最为密切，而且在地面速度峰值为 5.4 英寸/s（13.72cm/s）时，总的说来只能观察到轻微破坏，主要破坏发生在 7.6 英寸/s（19.3cm/s)。"他们考虑到数据的离散，认为："速度峰值超过 2 英寸/s（5.08cm/s）使结构产生破坏的几率相当大，而小于 2 英寸/s 则引起结构破坏的几率则很小"。所以建议采用 2 英寸/s 作为破坏界限。法国梅那公司认为：当强夯引起的地面速度小于 2 英寸/s 时，建筑物就不会损坏。

太原工业大学根据十几项工程的强夯振动测试结果（夯击能由 680kN・m 至 6250kN・m）汇总于表 8-3 及对十几项工程的监测结果，见表 8-4。参照上述标准，得出距夯击点的最小安全距离 x_s 为 15m。

不同距离的振动速度范围 **表 8-3**

项目 \ 距离（m）	3.5～5	7.5～10	15	17.5～20	25～30	50	100
地面速度（cm/s）	3.15～32.1	0.704～11	0.48～4.5	0.2～1.14	0.06～1.5	0.06～0.5	0.03～0.32

强夯振动对建筑物影响的监测结果　　表 8-4

工程名称	单锤夯击能 (kN·m)	建筑物附近地面速度 v_{maz} (cm/s)	距离 (m)	被影响建筑物观察结果
山西省档案馆工地	115×15	0.95	8	建筑物没有问题，六层顶部掉下灰皮一块
太原电解铜厂影剧院	115×5	7.74	2.5	三层建筑物原来因湿陷有不少裂缝，夯后未发现新裂缝
太原电解铜厂影剧院	115×5	12.34	1.8	建筑物发现有新裂缝，位置在纵横墙联接的横墙上
太原建材公司住宅楼	115×10	6.53	7.8	四层建筑物没有发现问题
铁三局宿舍工地	100×9.5	2.87	7.0	一层建筑物没有发现问题
太原面粉二厂	115×14	4.0	9.0	简易小房没有发现问题
太原面粉二厂	115×14	1.0	15	小麦砖筒仓没有发现问题
晋机厂宿舍	100×10		3	汽车库建筑物完好，但散水裂缝，相距 1m 外围墙倾斜
山西大同市			6	印刷厂有大量裂缝，夯后未增加和变宽
山西省化轻公司供应站	115×13.5	0.43	25	五层宿舍没有发现问题
山西省化轻公司供应站	115×13.5	2.32	13.5	平房没有发现问题

2. 以地面振动加速度作为判据。冶金工业部建筑研究总院（1989）建议将强夯振动影响划分为三个区域，按建（构）筑物破坏标准或人体对振动的允许标准确定强夯施工的安全距离如下：

（1）振动破坏区：一般距离夯点 10m 以内，该区域内的地面振动加速度大于 0.5g，速度大于 5cm/s，振幅大于 1.0mm。这样的振动对一般建（构）筑物会造成一定的破坏。

（2）振动损坏区：距离夯点 10～30m。该区域内的地面振动加速度为（0.1～0.5)g，振动速度 1～5cm/s，振幅 0.2～1.0mm。这种振动对一般单层房屋和临时建筑不会产生破坏，但对正在施工的多层房屋或墙体砌体强度尚未达到设计要求的建（构）筑物可能有一定的损伤。

（3）相对安全区：距离夯点 30m 以外。此处的振动加速度区小于 0.1g，振动速度小于 1cm/s，振幅小于 0.2mm。这种振动对于精密仪器、仪表、机械、电子计算机的房屋会有一定的影响，而对一般的建（构）筑物不会造成损坏。

由于目前强夯施工能量越来越高，8000kN·m 能量强夯已很普遍，高能级强夯振动的影响显然与低能级强夯振动的影响不同，对此尚待进一步研究。

三、隔振沟的作用

隔振沟有两类：主动隔振（在振源处隔离）采用靠近或围绕振源的沟，以减少从振源向外辐射的能量；被动隔振是靠近要减振的对象旁边挖沟。

图 8-17 所示是在振源附近挖了一条深约 2m，宽不足 1m 的沟进行实地测试的结果，从图中可看出沟两边的反应不同，其效果是距离近明显，随着夯击点的距离增大而显著下降。

如在山西纺织设计院工地，距夯点 7.5m 处挖一个深 1.8m 宽 0.6m 的隔振沟，测试沟两边的振动波速比为 1.91/5.4＝0.35，即有了隔振沟，相隔 0.6m，振动速度即减弱为原来的 0.35。

因此遇到对振动有特殊要求的建筑物，或精密仪器设备等，当强夯振动有可能对其产生有害影响时，应采取隔振或防振措施。

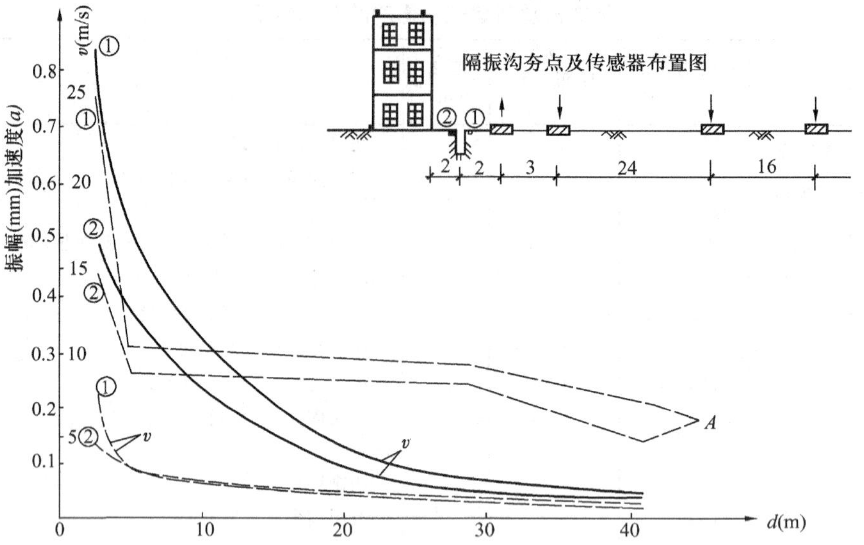

图8-17　隔振沟两侧地表土的振动差异
（a—加速度；A—振幅；v—速度）

8.5　效果检验

8.5.1　检验要求

一、检验时间

强夯施工结束后应间隔一定时间方能对地基质量进行检验。对于碎石土和砂土地基，其间隔时间可取1～2周，低饱和度的粉土和黏性土地基可取2～4周。

二、质量检验的方法，宜根据土性选用原位测试和室内土工试验。对于一般工程应采用两种或两种以上的方法进行检验；对于重要工程应增加检验项目，也可做现场大压板载荷试验。

三、质量检验的数量，应根据场地复杂程度和建筑物的重要性确定。对于简单场地上的一般建筑物，每个建筑物地基的检验点不应少于3处。对于复杂场地或重要建筑物地基应增加检验点数。检验深度应不小于设计处理的深度。

8.5.2　现场试验

一、触探法：包括静力触探和动力触探。

1. 静力触探：有单桥探头和双桥探头，用以查明加固后土在水平方向和垂直方向的变化，确定加固后地基土承载力和变形模量。

2. 动力触探：常用的有四种类型，其适用范围为：

轻型动力触探：用于贯入深度小于4m的一般黏性土和黏性素填土。

重型动力触探：用于砂土和碎石土。

超重型动力触探：用于加固后密实的碎石或埋深较大、厚度较大的碎石土。

标准贯入试验：用于砂土、粉土和黏性土，并用以检验加固后液化消除情况。

二、载荷试验：适用于测定地基土的承载力和变形特性。

三、旁压试验：有预钻式旁压试验和自钻式旁压试验。预钻式适用于可塑以上的黏性土、粉土、中密以上的砂土、碎石土。自钻式适用于黏性土、粉土、砂土和饱和软土。

四、十字板剪切试验：对于不易取得原状土样的饱和黏性土可用十字板剪切试验以求得试验深度处的不排水剪抗剪强度。

五、波速法试验：主要用于测定加固后土的动力参数，以及通过加固前后波速对比看加固效果。

8.5.3 室内试验

一、黏性土：天然重度、天然含水量、比重、液塑限、压缩试验和抗剪强度试验。对黄土应做湿陷性试验、检验加固后湿陷性消除情况。

二、砂土：颗粒分析、天然重度、天然含水量及比重试验。

三、碎石土：在现场进行大体积的容重试验、颗粒分析、对含黏性土较多的碎石土可测定黏性土的天然含水量和可塑性试验。

8.5.4 强夯置换工程质量检验

为保证强夯置换工程质量，在强夯置换施工完成后应进行必要的抽样检测。常见的检测项目主要为强夯置换碎（块）石墩体形和深度、强夯置换碎（块）石墩承载力、以及强夯置换复合地基的承载力和变形模量等。

一、强夯置换碎（块）石墩的体形和深度检测

目前强夯置换碎（块）石墩的体形和深度常用检测方法主要有开挖、钻孔、重型动力触探、探地雷达和瑞雷波法等。开挖检验比较直观、结果可靠，但费用高、实施难度较大，对一般工程应用较少，仅在重大型工程中采用。由于一般工程地质钻机难以在强夯置换碎（块）石墩体上成孔，所以钻孔法检测一般采用斜钻的方法探求墩体的外形。目前虽常采用探地雷达和瑞利波检测置换碎（块）石墩的体形和深度。但这毕竟属于一种间接的检验方法，存在一定的误差，运用时需与其他方法进行比较。

二、强夯置换碎（块）石墩承载力检测

强夯置换碎（块）石墩承载力检测常采用载荷试验的方法，载荷试验的承压板采用与墩顶面积相同的圆形压板。

三、强夯置换复合地基的承载力和变形模量检测

目前强夯置换复合地基的承载力检测常用复合地基载荷试验或采用单墩和墩间土分别进行载荷试验的方法，对于墩间土还有采用其他的多种原位测试和钻孔取样土工分析以及瑞雷波检测方法。

由于强夯置换碎（块）石墩直径较大，单墩所控制的加固面积较大，因此强夯置换复合地基的承载力检验常采用单墩复合地基载荷试验。

8.6 工程实例

【实例 8-1】 贵州某机场山区大块石高填方地基强夯处理

贵州某机场为贵州省“八五”重点建设工程项目。机场占地面积约 236 万 m^2，主要由飞行区、航站区以及其它附属配套设施组成。飞行区场地顶面平整宽度 420m，长度为 3840m；挖填土石方 4800 万 m^3，强夯地基处理面积 260 万 m^2；大块石高填方填筑地基采

用分层强夯法处理。设计和试验及检测由中国建筑科学研究院地基基础研究所承担；参加试验工作的尚有：贵州省建筑工程勘察院、中国民航机场设计院等。施工由贵州省机械化施工公司、中建八局和甘肃省机械化施工公司承担。

设计要求大块石高填方填筑地基，经强夯处理后达到稳定、均匀和密实。变形指标要求地基不均匀沉降按 1∶1000 控制，即弯沉盆半径大于 50m，盆底与盆顶沉降量之差小于 50mm。经过一个自然周期（即过一个雨季），其地基最终沉降量小于 40mm。大块石填筑地基变形模量大于 25MPa；加固后道面下不同深度的大块石填筑地基土的干密度要求见表 8-5。

加固后道面下不同深度的大块石填筑地基土的干密度　　表 8-5

分层深度（m）	0～1	1～3	3～8	8m 以下至基岩
干密度 ρ_d（g/cm^3）	2.15～2.20	2.15～2.20	2.05～2.10	1.95～2.00

【8.1.1】　场地条件

场地地形起伏较大，北部和东西部为缓丘洼地，山丘平缓，南部为峰丛谷地，山峰兀立。设计飞行区的最大削方高度为 114.67 m，最大填方厚度为 54m 左右；场道区挖填方区的平面如图 8-18 所示。

在进行大块石填筑前，对基岩面自然坡度>10%的地段，按高宽比为 1∶2 开挖成台阶处理。场区分层填筑强夯剖面见图 8-19。

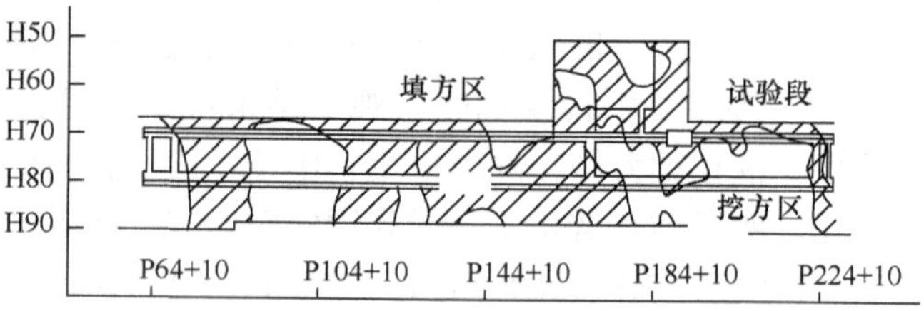

图 8-18　场道工程挖填方区平面示意图

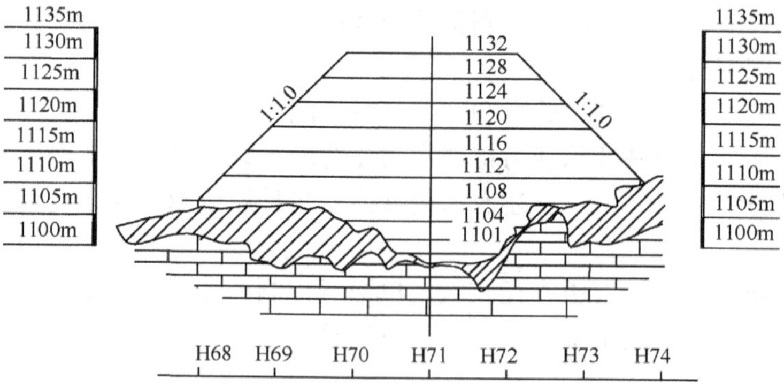

图 8-19　分层填筑强夯剖面图

该场地全部位于岩溶地区。场区岩石为石灰岩和白云岩，整体结构较好，岩层产状平缓。基岩面上覆盖土层为第四系沉积物，成因类型为坡残积的红黏土，主要分布于缓坡及洼地沟谷带，土层厚度变化较大，一般为 2.5～9.6m，最大厚度达 16m，整个场区无活动断裂，山体边坡稳定。场区地下水为地表水系，补给来源主要靠大气降水。

【8.1.2】 高填方工程原地面的土基强夯处理

为保证高填方填筑体的稳定和减小上覆土层的沉降，达到基底覆盖土层处理的技术要求，在飞行区域内上覆土层虽经机械和人工挖除，但在道面宽度及按 1∶1.5 放坡的填筑体范围内，尚残留 2～5m 的红黏土，以及可能存在浅埋的土洞、顶板较薄的溶洞和一些不稳定的石芽等。对基岩上覆盖土层进行了强夯置换处理。

一、强夯置换处理设计

1. 施工参数：根据基岩面上覆盖土层厚度分别选用 1000kN·m（土层厚＜2m）和 3000kN·m（土层厚＜4m）夯击能量的强夯置换处理。强夯置换施工参数见表 8-6。

覆盖土层强夯置换施工参数 表 8-6

覆盖土层厚度（m）			＜2.0	＜4.0
＜40cm 粒径碎石填筑厚度（m）			≤1.0	≤1.5
强夯参数	夯点间距（m）		2.2	4.5
	夯击遍数（遍）		1	2
	单击夯击能量（kN·m）	点夯	1000	3000
		满夯		1000
	最后两击平均夯沉量或夯击次数	点夯	＜5cm	
		满夯		夯击 3 次

2. 填料要求：最大粒径小于 40cm，不均匀系数大于 10，曲率系数大于 1。

二、地基加固效果

上覆土层经强夯置换处理后，其力学性质指标测试结果见表 8-7，夯后载荷试验 p-s 关系见图 8-20。

覆盖土层（红黏土）强夯前后力学性质指标 表 8-7

取样位置	取土深度（m）	内摩擦角 φ（°）		内聚力 c（kPa）		压缩系数 a_{1-2}（1/MPa）		压缩模量 E_s（MPa）		承载力 f_{ak}（kPa）	
		夯前	夯后	夯前	夯后	夯前	夯后	夯前	夯后	夯前	夯后
1-1-4	3.60	6.0	11.3	54	61	0.26	0.23	8.3	9.2	211	282
	4.08	6.5	9.0	41	42	0.41	0.37	5.8	6.2	168	187

【8.1.3】 大块石填料及分层填筑强夯

为探讨大块石高填方地基强夯法处理效果，在夯前分别进行了填料、填筑施工方法、强夯参数试验，以及夯前夯后的各种原位测试，以确定其加固效果。

一、填料的粒径级配及分层填筑方法

1. 填料的粒径及级配

大块石填筑地基填料颗粒分析试验结果见表 8-8。

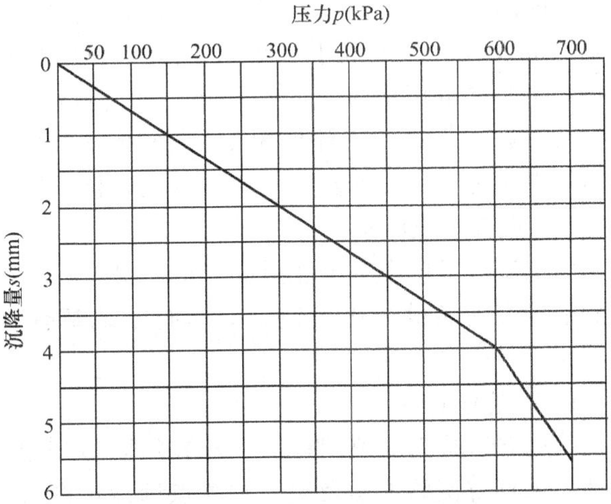

图 8-20 夯后载荷试验 p-s 关系

由表 8-8 可见：大块石填料的不均匀系数、曲率系数均能满足设计要求，爆破后填料的级配良好；并具有各粒组成分中小于 5mm 的细颗粒和大于 200mm 的粗颗粒含量均小于 20%，d_{50}平均值为 68mm，表明中等粒度（5～200mm）颗粒在整个填筑料中占主体地位。

大块石填料颗粒分析试验结果 **表 8-8**

粒 径（mm）	小于该粒径的土重百分数（%）							强夯后	
	01	02	101	$I_{1-}k_1$	$I_{1-}k_2$	$I_{1-}k_3$	$I_{1-}k_4$	抛 填	堆 填
800	97.1	100	95.6	100	100	100	100	—	—
600	92.0	94.8	91.0	88.9	92.7	90.5	92.2	100	100
400	74.2	92.3	74.3	77.9	80.9	87.1	88.4	72.1	94.6
200	46.9	86.0	53.1	64.4	69.4	76.1	69.0	36.1	75.7
100	39.4	71.5	46.6	54.9	51.4	61.0	48.9	27.4	70.4
80	30.3	47.2	37.2	49.6	45.3	55.3	41.9	23.4	61.5
60	22.0	39.5	30.0	43.5	38.3	48.4	34.8	17.8	52.3
40	14.5	31.2	19.1	34.1	28.2	37.2	25.6	11.1	36.2
20	9.6	19.1	11.5	20.2	15.0	22.5	13.7	8.4	24.0
10	7.2	14.2	5.9	10.5	7.0	12.9	6.4	7.0	16.3
<5	4.5	9.6	0	4.7	3.0	7.8	3.3	3.3	0.2
不均匀系数 C_u	13.4	14.5	14.3	14.6	10.8	13.6	9.8	5.3	32.1
曲率系数 C_c	2.3	2.4	1.5	1.76	1.02	1.35	1.12	1.64	2.78

2. 分层填筑施工方法

在场地填方区，选用级配良好的大块石填料，分层填筑厚度为 4m，采用堆填和抛填两种不同的填筑施工方法；经单击夯击能量 3000kN・m，夯点间距 4.5m，夯击 16 次后，对大块石填筑地基进行了颗粒分析试验。从表 8-8 可以看出：抛填而成的大块石填筑层，在同一填筑层的竖向上，颗粒组成是上细（0～1.0m）下粗（3.0～4.0m），从可比的参数平均粒径 d_{50}看，填筑层的层底粒径比层面的粒径大 2.5 倍，粗粒组（块石）含量，层底较层面高 9.3 倍，而细粒组（<20mm）的含量层底较层面少 69.5%；反映颗粒组成的不均匀系数 C_u，层面高于层底 2.2 倍。相比之下，堆填而成的大块石填筑层层面与层底的各粒组的含量相差均小于 17.3%，平均粒径 d_{50}相差 24.5%；由此可见在填筑厚度和填筑粒料相近的条件下，用堆填法填筑而成的大块石填筑地基，无论颗粒组成的级配、地基加固效果还是填筑体的整体均匀性都明显优于抛填法。

二、强夯参数试验

分别进行了单击夯击能量为 1000、3000、4000、6000 kN・m的单点夯击试验；同时选取中等夯击能量 3000kN・m，进行了地基有效加固深度和不同夯击次数的加固效果对比试验。

1. 单点夯试验

单点夯试验为堆填(厚度为 4m)场地，夯击能量为 1000、3000、4000、6000kN・m,共夯 20 击，单点夯试验地面及地下观测点埋设见图 8-21,试验结果如图 8-22,图 8-23 和图 8-24 所示。

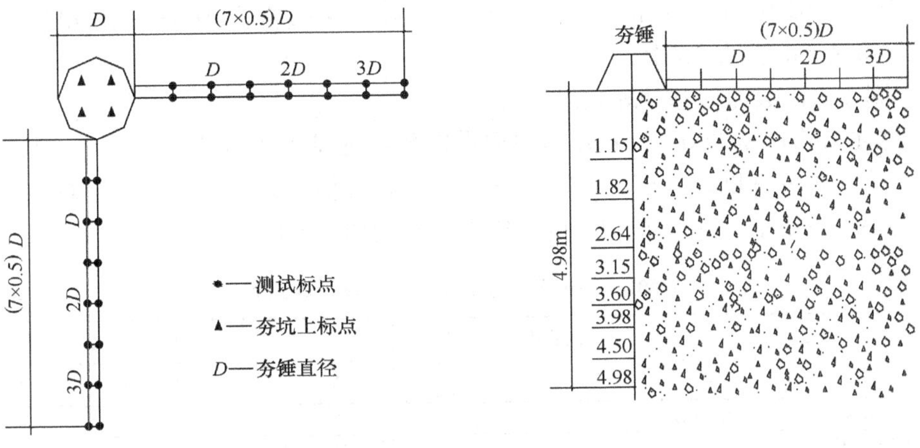

图 8-21 单点夯试验地面及地下观测点埋没

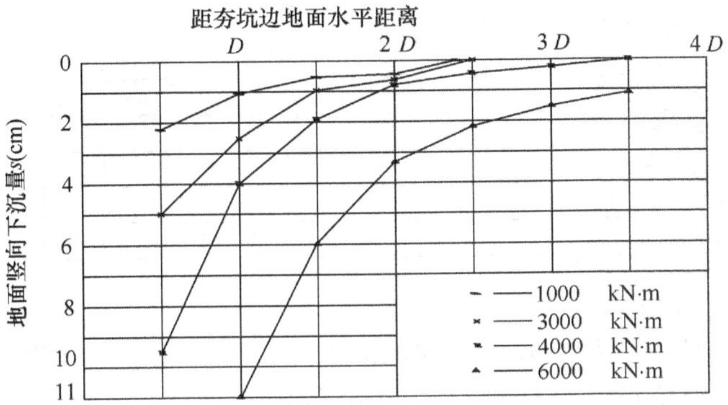

图 8-22 不同能量夯坑周围下沉量

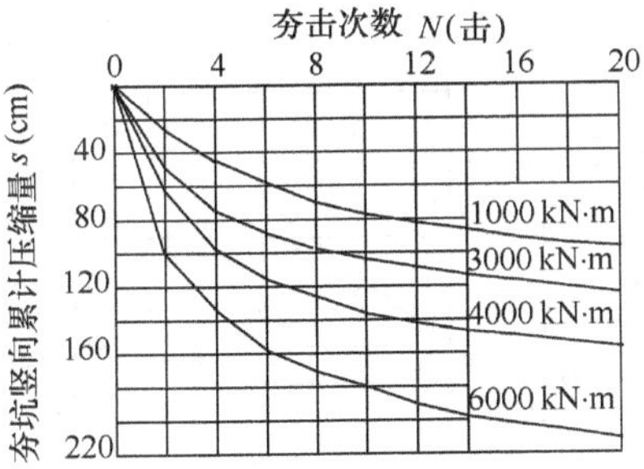

图 8-23 不同能量夯击击数与夯沉量的关系

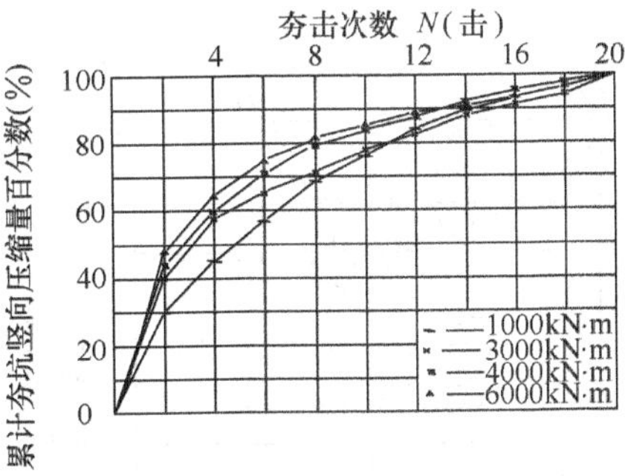

图 8-24 不同能量夯沉量与累计夯沉量百分数的关系

(1) 夯击点间距：从图 8-22 中可以看出：若以地面竖向下沉量累计 10mm 视作有效影响距离，则单击夯击能量为 1000kN・m，其夯点有效影响距离为 1.0～1.5D（夯锤直径 D），3000kN・m 为 1.5～2.0D，4000kN・m 为 2.0～2.5D，6000kN・m 为 3.5～4.0D。

(2) 夯击次数：由图 8-23，图 8-24 可见：取累计竖向压缩量达到总压缩量 90%的夯击次数为最佳，则 1000kN·m，夯击 15 次，3000kN·m 夯击 16 次，4000kN·m 夯击 14 次，6000kN·m 夯击 13 次。

2. 不同夯击次数的地基处理效果试验

采用单击夯击能量 3000kN·m 不同夯击次数的地基处理效果见表 8-9；强夯层厚度为 4.0m；有效加固深度以干密度 $\rho_d \geqslant 2.0g/cm^3$ 为目标值，处理前场地大块石地基土的干密度 $\rho_d = 1.87g/cm^3$；强夯后地基土的干密度及有效加固深度见表 8-9。

3000kN·m 不同夯击次数的地基处理效果　　　　**表 8-9**

指标	试验小区	试验小区				
		A	E	B	C	D
点夯	单击夯击能量（kN·m）	3000				
	夯击次数（击）	18	16	12	7	3
	夯击点间距（m）	4.5				
	夯点布置	正方形				
满夯	单击夯击能量（kN·m）	1000				
	夯击次数（击）	2	2	2	2	2
	夯击点间距（m）	锤印搭接				
加固效果	夯前地基土平均干密度 $\rho(g/cm^3)$	1.870				
	夯后地基土平均干密度 $\rho(g/cm^3)$	2.165	2.143	2.128	2.055	1.982
	地基土干密度夯后比夯前增长幅度(%)	15.8	14.6	13.8	9.9	6.0
	地基有效加固深度(m)	>4.0	>4.0	>4.0	3.0	<2.5

3. 地基有效加固深度试验

为确定大块石高填方地基强夯法有效加固深度，夯前在虚铺厚度为 6m 的填筑层中，按竖向每隔 50cm 分别埋设测量标点（$\phi = 5cm$ 的钢球）见图 8-21，并测量其埋设标高，选用夯击能量为 3000kN·m 夯击 16 次，测得夯坑下各标点的竖向位移量见图 8-25，分层标点埋设深度与各标点的竖向位移量和地基土干密度的关系直方图见图 8-26。

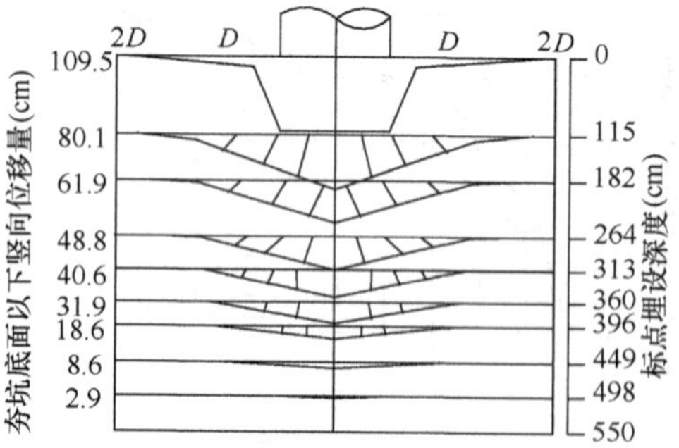

图 8-25　夯坑下分层的竖向位移量

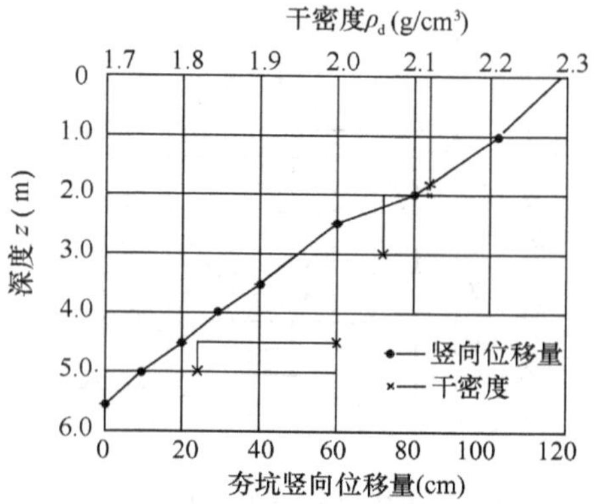

图 8-26　不同深度的干密度及竖向位移量

4. 强夯参数

依据单点夯击试验结果，结合该机场大块石高填方工程特点，采用中等夯击能量 3000kN·m 处理分层填筑的大块石地基，通过试验和工程实践证明，具有地基加固效果明显、施工机械简单、爆破及地基处理施工费用经济等优点。强夯施工参数如下：

（1）夯锤：宜用铸铁或铸钢的圆台形锤，锤底面直径 $D = 2.2 \sim 2.6m$，锤重 15～25t，锤底静压力可取 40～50kPa。

（2）夯击次数：试验结果表明，在填筑粒料级配良好（C_u>10）时，夯击次数可取 12～14，级配一般（5<C_u<10）时，夯击次数可取 14～16。对填筑层底层若有厚度<2m 的黏性土，宜按最后夯击 2 次的平均夯沉量<5cm 控制夯击次数。

（3）夯击点间距及夯击遍数：对分层填筑厚度<5m，可采用单遍夯，夯击点间距可选用 1.5～2D（4.0～4.5m）。在填筑层的顶面，考虑主夯后的夯坑是用推土机整平，一般可采用低能级的单击夯击能量 500～1000kN·m 满夯一遍，夯击次数可取 2～4 击；

（4）地基有效加固深度：根据不同夯击次数的试验，单击夯击能量 3000kNm，夯击 12～16 次，地基（ρ_d大于 2.0g/cm^3）有效加固深度为 4.0～4.2m。

【8.1.4】 地基加固效果检测

选用级配良好的大块石填料，分层堆填厚度 4m，采用单击夯击能量 3000kN·m，夯点间距 4.5m，夯击 14 次，加固后地基承载力标准值 f_{ak}> 350kPa，地基回弹模量 E=400～500MPa，地基变形模量 E_o>400MPa，，地基累计变形量 s<20mm，地基差异变形量 s<2.0mm；地面平均夯沉量为 50～60cm，松填系数为 1.15～1.20。

加固后地基土的干密度统计，标准差 σ＝0.090～0.096，变异系数 δ＝0.042～0.0465；不同填筑施工方法强夯后地基土的干密度指标统计结果见表 8-10；强夯后不同检测位置地基土的干密度指标统计结果见表 8-11；强夯后水平向及竖向地基土的干密度指标统计结果见表 8-12；不同时间的地基变形量见表 8-13；地基土的回弹试验检测结果见表 8-14。

不同填筑施工方法强夯后地基土的干密度指标统计结果　　表 8-10

填筑方法		抛填				堆填			
深度（m）		0～1	1～2	2～3	3～4	0～1	1～2	2～3	3～4
取样数（n）		4	4	4	4	4	4	4	2
ρ_d（g/cm^3）	最大值	2.26	2.36	2.19	1.96	2.30	2.30	2.27	2.25
	最小值	2.13	2.07	1.71	1.63	2.02	2.12	2.04	2.18
	平均值	2.19	2.15	1.97	1.87	2.17	2.21	2.20	2.20
标准差 σ		0.05	0.12	0.18	0.12	0.10	0.07	0.09	0.04
变异系数 δ		0.023	0.056	0.091	0.066	0.046	0.032	0.041	0.018

强夯后不同检测位置地基土的干密度指标统计结果　　表 8-11

检测点位置		夯击点下				两夯击点间				四夯击点间			
深度（m）		0～1	1～2	2～3	3～4	0～1	1～2	2～3	3～4	0～1	1～2	2～3	3～4
采集数据（n）		4	4	4	4	20	20	17	9	16	15	10	5
ρ_d（g/cm^3）	最大值	2.31	2.38	2.31	2.18	2.28	2.26	2.27	2.25	2.29	2.22	2.20	2.08
	最小值	2.16	2.30	2.19	1.96	1.99	1.94	1.95	1.93	1.93	1.98	1.93	1.91
	平均值	2.24	2.35	2.24	2.10	2.13	2.10	2.096	2.03	2.15	2.07	2.06	2.00
标准差 σ		0.066	0.029	0.045	0.086	0.088	0.089	0.098	0.095	0.090	0.071	0.081	0.066
变异系数 δ		0.029	0.012	0.020	0.041	0.041	0.042	0.047	0.048	0.042	0.034	0.033	0.033

强夯后水平向及竖向地基土的干密度指标统计结果 表 8-12

检测方向		水平向				竖向			
深度（m）		0～1	1～2	2～3	3～4	0～1	1～2	2～3	3～4
采集数据（n）		40	39	31	18	40	79	110	128
ρ_d（g/cm³）	最大值	2.31	2.38	2.31	2.25	2.31	2.38	2.38	2.38
	最小值	1.93	1.94	1.95	1.91	1.93	1.93	1.93	1.91
	平均值	2.15	2.12	2.108	2.05	2.15	2.116	2.11	2.10
标准差 σ		0.094	0.092	0.098	0.094	0.094	0.090	0.0926	0.096
变异系数 δ		0.044	0.042	0.046	0.046	0.044	0.042	0.044	0.046

不同时间的地基变形量 表 8-13

变形观测时间（d）		7	21	50	114	142	252
累计变形量 s（mm）	1号点	0.06	0.62	0.73	0.91	0.91	0.91
	2号点	1.10	1.12	1.13	1.18	1.18	1.18

不同加固层的地基回弹变形量及回弹模量 表 8-14

试验编号	1-1 (1108)	1-2 (1108)	2-1 (1108)	2-2 (1108)	A1-1 (1112)	A1-2 (1112)	1-1 (1132)	1-2 (1132)
回弹变形量 L（mm）	1.640	1.775	1.877	1.288	1.800	1.865	1.220	1.770
回弹模量 E（MPa）	426.7	394.2	372.8	543.3	387.1	374.2	570.5	443.3

【8.1.5】 结语

通过贵州某山区机场工程，利用强夯法处理大块石高填方地基的试验研究及工程实践证明，采用强夯法处理大块石高填方地基，具有地基加固效果显著、设备简单、技术可行、经济合理、施工快捷等优点。该项工程所取得的试验研究成果及工程实践经验，为今后类似场地的地基处理提供了有效的方法和经验。

（本文由甘厚义、陈耀光执笔，摘自王铁宏主编，全国重大工程项目地基处理工程实录，中国建筑工业出版社，1998）

【实例 8-2】 华德石化原油库及配套设施项目非均匀回填地基强夯与10000kN·m强夯试验研究

【8.2.1】 试验概述

本次进行的系列试验项目包括3000 kN·m、6000 kN·m、8000 kN·m、10000 kN·m能级强夯试验。其中，前3个能级不但进行了强夯试验，还完成了大面积的施工和检测。各能级试验区与大面积施工区的地质条件基本相似，能级选择依上部结构荷载大小、类型、对变形的敏感程度和需要处理的深度而不同。如上部拟建构筑物为容积100000m³的油罐，罐直径80m，荷重大，故采用8000kN.m能级强夯；对上部结构为综合楼、钢结构泵棚、输油管道等的地基根据需要处理深度、填土厚度和建（构）筑物及配套设施的重要性，分别采用6000kN·m和3000kN·m能级的强夯进行施工。下文的论述以10000kN·m能级强夯试验为主，在相应项目对不同能级试验和工程检测结果进行对比分析。

【8.2.2】 工程概况

惠州市大亚湾华德石化有限公司增建原油库及配套设施项目由10座10万m³原油储

罐及输油管线、消防通道、消防站、防火墙、事故池和办公区组成，总占地面积 360536m^2。

场地主要由低山残丘和山前冲积平原两个地貌单元组成，场地北部、东部为低山残丘地貌，中部、南部为山前冲积平原地貌。区内最大标高 54.9m，最低标高 2.0m，地形起伏较大，当爆破挖填达到 13.0m 的设计标高时，最大填土厚度为 11～14m，且填方区冲积平原地貌浅层的人工填土层、耕植土层、海陆交互相沉积层等软土层厚度达 5.0m 以上，当清去表层耕植土和淤泥质土后，填方区需要加固处理的最大厚度达 17m。不同深度夹有较多大块开山石，最大粒径在 50cm 以上，个别达 1.2～2.0m。

【8.2.3】 地质概况

10000kN·m 试验区通过夯前和夯后探验揭露，地层分布大致分为五层，详见图 8-27。

钻孔柱状图

工程名称：大亚湾华德石化有限公司增建原油库及配套项目工程　　钻孔编号：T2　　钻孔座标A：279

孔口高程：+12.97　　钻孔座标B：155

钻探日期：2003.3.31　　钻孔深度：17.2　　图幅号：第1幅（共1幅）

层次	地质时代	成因类型	岩土名称	地层描述	密实度	湿度	柱状图	厚度(m)	深度(m)	层底标高(m)	地下水位(m)	备注
1			素填土	黄、红褐色，块石大小不一，钻进困难，为人工回填，较密实。			$N>50$ $N=25$ $N=30$	8.20	8.20	+4.77		
2			粉土	上部为黄褐色，含少量中粗砂、砾砂，中塑性。下部为黑灰色，含大量腐植物。			$N=4$	2.60	11.0	+1.97		
3			粉质黏土	黄褐色，含少量中粗砂、砾砂，中塑性			$N=20$	2.00	13.0	−0.03		
4			粉质黏土	红褐色，含少量中粗砂、砾砂，中塑性			$N=28$	2.30	15.3	−2.03		
5			强风化岩	红褐色，为强风化砂砾岩。			$N>50$	1.90	17.2	−4.23		

图 8-27 地层综合柱状示意图

【8.2.4】 技术要求和施工工艺

一、施工参数

3000kN·m 能级，锤重 18t，落距 16.7m；6000kN·m 能级，锤重 40t，落距 15m；

8000kN·m 能级，锤重 40t，落距 20m；10000kN·m 能级，锤重 40t，落距 25m。其中，40t 夯锤采用 18t 和 22t 的组合锤，使用自行改装的杭重 W200A 型履带式起重机，臂杆高度加长至 31.2m，门架高度加长至 33.5m。

根据经验，取 3000kN·m 能级时的夯点间距为 5m，6000kN·m 能级时的夯点间距为 7m，8000kN·m 能级时的夯点间距为 9m，10000kN·m 能级时的夯点间距为 10m。

二、技术要求

1. 试验区面积 20m×20m，进行单点夯试验，主夯击能为 10000kN·m。

2. 10000kN·m 能级第一遍、第二遍夯点间距 10m×10m，正方形布置，停夯标准为最后 2 击的平均夯沉量不大于 10cm，夯击次数约为 16 击；然后采用 3000kN·m 能级强夯一遍，停夯标准为最后 2 击的平均夯沉量不大于 5cm，夯击次数 8 击左右，3000kN·m 夯点布置是在第一、二遍相邻两个主夯点中间插点，其中第一、二遍夯点亦是 3000kN·m 夯点；满夯 1000kN·m，夯击次数 2 击，要求夯印彼此搭接 1/3，夯点布置见图 8-28。

3. 小区单点夯与遍夯相结合，跟踪监测。

4. 夯坑周围不应有明显或过大隆起。

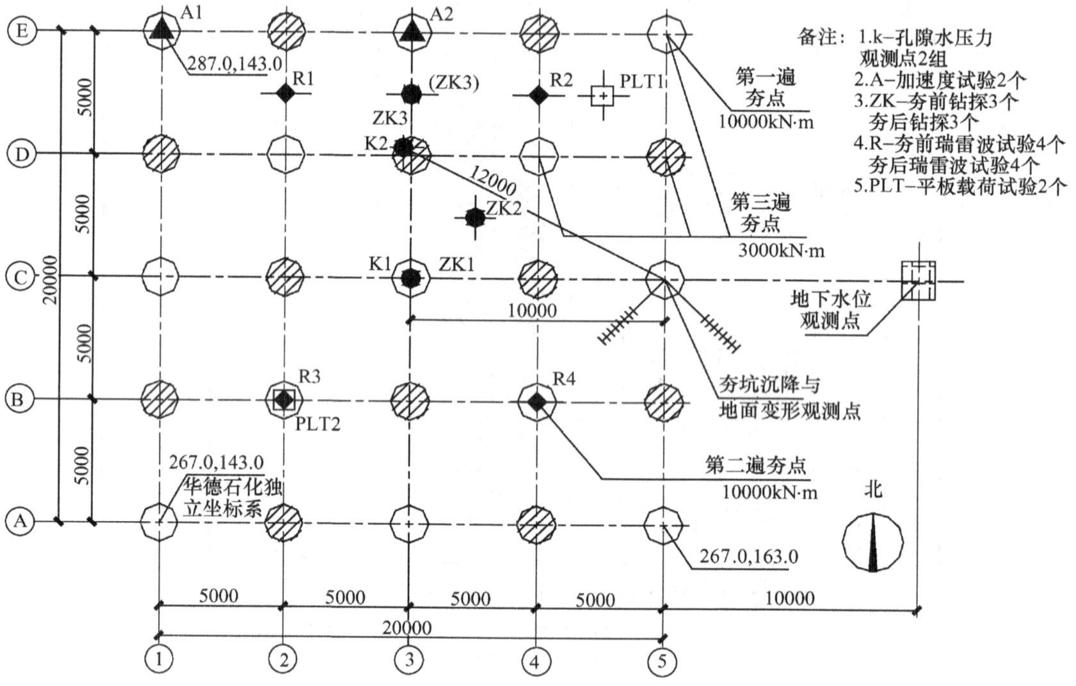

图 8-28 10000kN·m 夯点位置及监测与检测点布置图（单位：mm）

三、施工工艺

测放试验区位置→地面测量→施放 10000 kN·m 点夯位置→10000 kN·m 点夯开始→夯坑填平→测放 10000 kN·m 一遍夯夯点位置→10000 kN·m 一遍夯→推平场地（夯坑填料）→间歇消散、地面测量→测放 10000 kN·m 二遍夯夯点→10000 kN·m 二遍夯→推平场地（夯坑填料）→间歇消散、地面测量→3000 kN·m 夯→推平场地（夯坑填料）→间歇消散、地面测量→满夯→夯后地面测量→夯后检测。

【8.2.5】 单点夯试验

选1个试夯点（夯点号C5），采用夯击能为10000 kN·m，试夯时间为2003年4月2日，进行了沉降量及孔压观测。10000 kN·m试夯点的夯沉量与夯击击数关系曲线见图8-29。

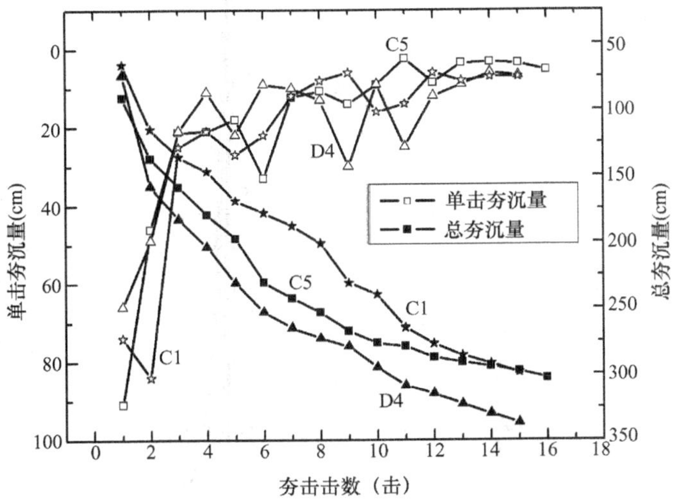

图8-29 C5、D4和C1夯点夯沉量与击数关系曲线

单点夯进行中每夯一击测夯沉量，同时对夯坑周边进行地面凹陷与隆起的变化测量工作，其结果见图8-30，可清楚看出10000 kN·m强夯夯击过程中未发生隆起。

对比图8-30中3000kN·m和10000 kN·m周边地表的变形图，可以看出在相似地质条件下，低能级（3000kN·m）的夯击会造成地表的隆起变形，降低了夯击效率；高能级（10000kN·m）夯击过程中未发生隆起，夯击能量的利用率很高，有效夯实系数较大，夯坑下沉体积是低能级的3倍，夯坑深度是低能级的2倍。

【8.2.6】 遍夯（群夯）孔隙水压力监测结果

10000kN·m试验区埋设2组孔隙水压力观测孔，编号分别为K1、K2。2组孔隙水位置距夯点C5的距离分别为10m、12m。在10000 kN·m夯击能下，所测的孔压增量表明，在强大的夯击作用下，孔压迅速增高，增长幅度随夯点间距增加而减小。增长幅度随夯点间距增加而减小。因此，从孔压增量与夯点距离的变化能够反映出夯击能的影响半径。

图8-31所示为距离K2组孔压测点12.0m的C5夯点夯击时三个不同深度（9.3m、10.3m、11.8m）处孔压增量和击数的关系图。

若比较11.8m深度处的第三层（粉质黏土层）在各夯点15击时K2－3的孔压增量可以发现，11.8m处的第三层（粉质黏土层）的孔压增量显著，10000kN·m能级强夯的有效加固深度超过了11.8m；10000kN·m能级强夯在11.8m深度处的影响半径在11.2～13.5m之间，所以夯点间距宜为12～13.5m，试验采用的10m间距偏小。

在强大夯击能的作用下，不同深度的孔压测头所测的孔隙水压力也逐渐增大，但一定击数后，孔压增幅明显减小，说明此时孔压已接近峰值，这时所对应的夯击击数为最佳夯击击数。不同深度孔隙水压力测头明显地反映出了很强的规律性，13～15击后曲线走势

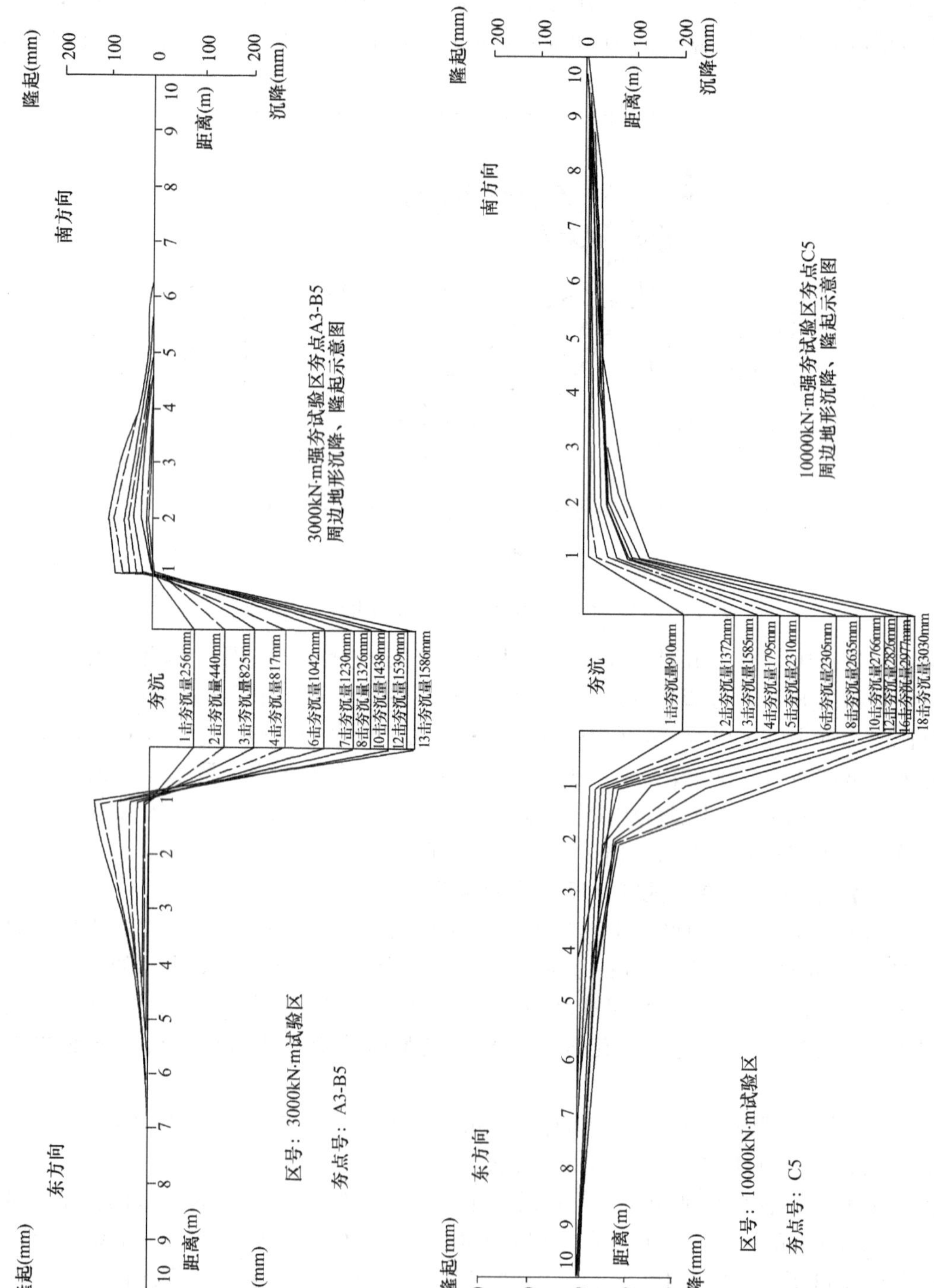

图 8-30　3000kN·m 和 10000kN·m 典型夯点的周边地形沉降隆起示意图

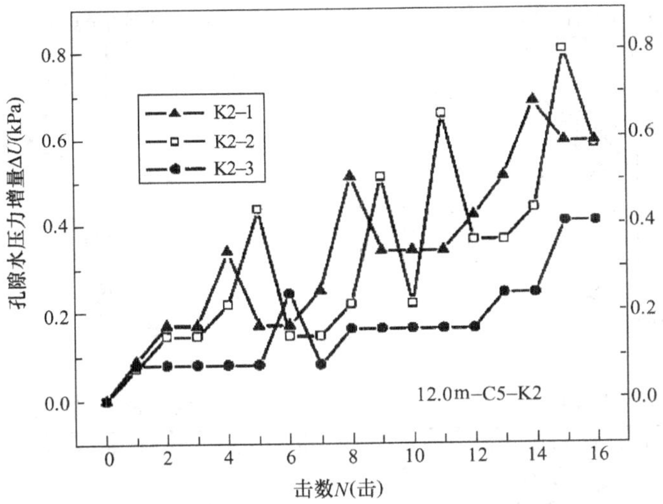

图 8-31 C5 夯点夯击时 K2 组孔压增量与击数关系

非常平缓，由此可以判定试验区在 10000 kN·m 夯击能的作用下，遍夯最佳夯击击数为 13～15 击。

强夯施工过程中，在夯击后提锤时，测得孔隙水压力消散较快，综合分析，本场地各遍夯合理间歇时间为：一、二遍点夯间歇为约 4d，二、三遍点夯间歇为约 7d。

【8.2.7】 标准贯入试验

整个强夯试验区夯前布置标贯孔 3 个，编号为 T1、T2、T3；夯后布置标贯孔 3 个，编号为 H1、H2、H3，其中 H1 布置在夯点上，H2、H3 布置在夯间上，根据夯前、夯后标贯值绘出了标贯击数对比曲线，详见图 8-32。

工程设计要求回填碎石土层底部 $f_{ak}\geqslant 150$kPa，$E_s\geqslant 15$MPa，由夯前资料，此类土层的标贯击数增量大于 0.8 击的深度可判定为有效加固深度。以上述标准 3000 kN·m 的有效加固深度为 7.5m，影响深度为 8.5m；6000 kN·m 的有效加固深度为 9.5m，影响深度 10.7m；8000kN·m 的有效加固深度为 11m，影响深度 13.9m。

10000kN·m 试验区在强夯前后各进行了 3 组标贯试验，从图上分析，HT3 孔的有效加固深度为 12m，由于场地条件所限，14.5～15.5m 以下为强风化砂砾岩，HT1 和 HT2 孔的加固深度已达到了砂砾岩层表面，故由 3 个孔的六次试验数据，10000kN·m 的有效加固深度达 15m。

由图 8-32 还可以看出，强夯能级在 3000kN·m～8000 kN·m 时，加固深度和加固程度大致呈线形增长；当能级达到 10000kN·m 时，加固深度出现较大增长，比 8000kN·m 增长了 4m，增长幅度达到 36.4%；比 6000kN·m 增长了 5.5m，增长幅度达到 58%。由于 10000kN·m 能级的夯坑较深，深层加固效果优于中低能级，浅层的加固程度低于其他能级。如在 10m 以上，加固程度略低于 8000kN·m，在 4.2m 以上略低于 6000kN·m。

【8.2.8】 平板载荷试验

各能级的试验结果见表 8-15。如果对不同能级的试验区和（或）施工区载荷试验结果取平均值，可以发现 3000kN·m 区的承载力特征值为 240kPa；6000kN·m 区的承载

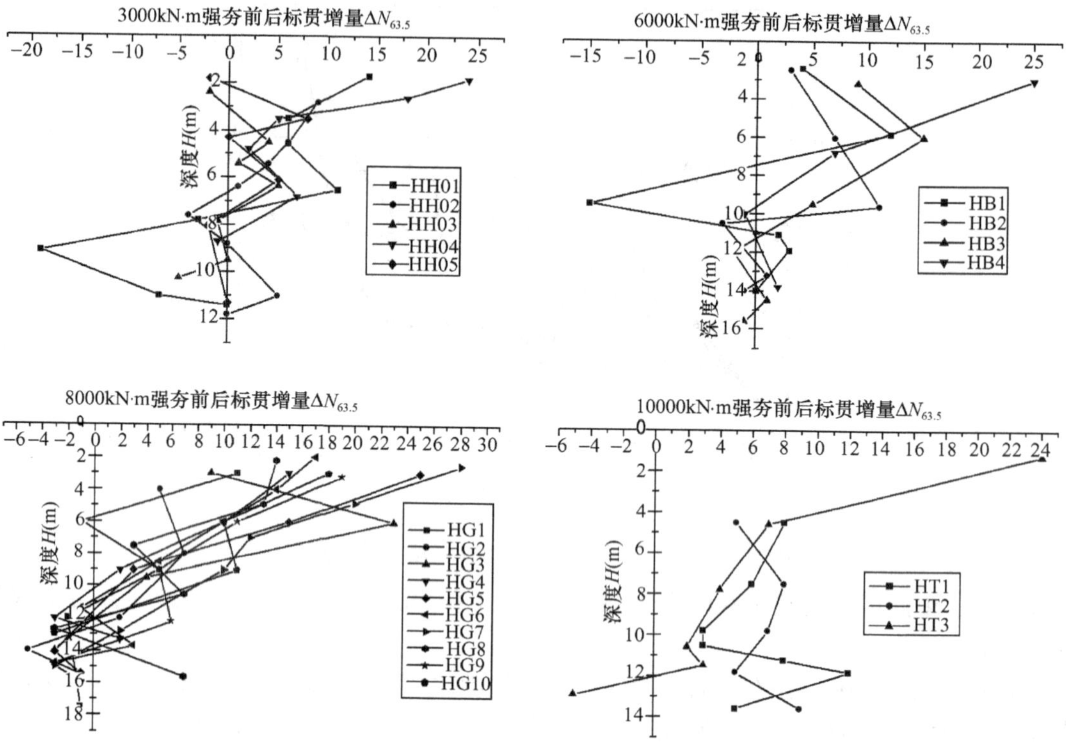

图 8-32 3000kN·m、6000kN·m、8000kN·m、10000kN·m
能级强夯前后标贯击数增量对比图

力特征值也为 240kPa；8000kN·m 区的承载力特征值为 284kPa；10000kN·m 区只有两个试验点，数量较少，平均的承载力特征值较高，达到了 375kPa。

载荷试验成果表 **表 8-15**

项目 \ 能级 kN·m	Z1 (10000)	Z2 (10000)	Z1 (3000)	Z2 (3000)	P1 (3000)	P2 (3000)	P3 (3000)	Z1 (6000)	Z2 (6000)
试验点高程(m)	13.42	13.53	3.59	3.79	4.86	3.95	6.85	12.11	12.02
载荷板边长(m)	1.5	1.5	1.5	1.5	1.5	1.5	1.5	1.5	1.5
承载力特征值 f_{ak}(kPa)	350	400	240	180	280	250	240	250	240
变形模量 E_0(MPa)	36.2	39.44	55.8	20.2	68.2	41.1	82.9	65.4	43.9

项目 \ 能级 kN·m	P1 (8000)	P2 (8000)	P3 (8000)	P4 (8000)	P5 (8000)	P6 (8000)	P7 (8000)	P8 (8000)	P9 (3000)	P11 (6000)
试验点高程(m)	13.2	12.9	13.3	13.2	13.5	13.2	13.5	13.2	13.6	12.98

【8.2.9】 瑞雷波检测

平板载荷试验虽然可靠，但影响深度不大，深部土层性质还必须通过瑞雷波等其他方法测试。强夯前后面波的检测结果见表 8-16。

10000kN·m试验区强夯前后面波检测结果表 **表 8-16**

检测点号	岩土层名称	土层厚度（m）		实测瑞雷波波速反演的等效剪切波速度 v_s（m/s）			推荐承载力特征值 f_{ak}（kPa）		
		夯前	夯后	夯前	夯后	提高/%	夯前	夯后	提高/%
1	回填土	9.0	10.6	185	227	22.7	150	260	73.3
2	回填土	8.10	10.3	190	230	21.1	163	280	71.8
3	回填土	9.30	10.4	175	254	45.1	126	300	138.1
4	回填土	8.50	11.0	185	215	16.2	150	260	73.3

【8.2.10】 结论

一、10000kN·m高能级强夯施工参数

1. 夯点间距：10000kN·m的夯击能下，1～2遍主夯夯点间距10m是适宜的。

2. 有效加固深度：从孔隙水压力观测资料、标准贯入对比曲线、钻探结果以及瑞雷波检测结果上反映出，以10000kN·m夯击能进行强夯施工有效加固深度为12.5m，影响深度可达14.0m。

3. 最佳夯击击数：1遍夯、2遍夯最佳夯击数为14～16击。

4. 遍夯间歇时间：1遍夯间歇时间为4d，2遍夯间歇时间为7d。

5. 强夯机具参数：夯锤400kN，直径2.5m，落距25m，门架高度33.5m，使用改装的杭重W200A型履带式起重机，本能级已达到该型号起重机的极限工作能力。

二、试验结果

1. 根据单点夯试验，10000kN·m能级主夯夯坑的累计夯沉量在2.44～3.37m之间，夯击过程中未发生隆起。

2. 根据遍夯地表地形测量，该场地经过2遍10000kN·m主夯、1遍3000kN·m加固夯和1000kN.m满夯的强夯施工使试验区场地填土压密，地表平均下沉了3.4m。

3. 根据对孔隙水压力的测试分析，得到了10000kN·m夯击时不同深度不同距离处的孔压大小及其增长与消散情况。

4. 经过对该场地上不同能级试验区和大面积施工区标贯试验结果的分析，碎石土回填地基上3000kN·m能级强夯的有效加固深度为7.5m，6000kN·m能级强夯的有效加固深度为9.5m，8000kN·m能级强夯的有效加固深度为11m，10000kN·m能级强夯的有效加固深度为15m，比8000kN·m增长了36.4%。

5. 对10000kN·m的有效加固深度，若用Menard公式计算，其修正系数为0.36，若用于规范表格，建议对碎石土、砂土等粗粒土取13～16m。

6. 根据不同能级试验区和(或)施工区的平板载荷试验，3000kN·m区和6000kN·m区平均的承载力特征值为240kPa，8000kN·m区的平均承载力特征值为284kPa，10000kN·m区的平均承载力特征值 $f_{ak} \geqslant 300$kPa，承载力比8000kN·m提高6%以上。

7. 由瑞雷波试验结果反演的等效剪切波速度较夯前平均提高了26.3%，承载力特征值平均为275kPa，较夯前平均提高了89.1%。

8. 本次试验所采用的施工方案、测试手段等可供沿海碎石土回填地基、山区回填地基和大厚度的湿陷性黄土地基，华北、东北的粉土、砂土地基，以及经过预处理形成排水通道适宜强夯的淤泥质土等地基强夯施工与检测参考。

（本文由水伟厚执笔，摘自王铁宏主编，新编全国重大工程项目地基处理工程实录，

中国建筑工业出版社，2005)

【实例 8-3】 北京乙烯工程 23 万 m^2液化地基的强夯处理

【8.3.1】 工程地质概况

北京乙烯工程是国家“八五”计划重点工程，主要设备及装置从国外引进，对地基承载力和变形等综合指标要求严格。

根据工程地质勘察报告，北京乙烯工程东方化工厂分指挥部项目的乙烯主装置区、循环水场区、罐区、EO/EG 装置区、火炬区地面以下第①、②、③、④、⑤层粉土～砂层（至−8.0m）为可液化层，地基须经处理后才可作天然地基使用。

场地属海河流域北运河水系一级冲积阶地，地势较平坦，地面自然标高约在 19.5m。

场地表层一般有厚度约为 1m 填土，以不均匀的松散粉砂为主，局部含建筑垃圾。其下②～⑥层 30m 深度范围内以第四纪冲积（Q^{al}）的粉土和砂土为主，其中第②层粉砂风积而成，第③层为高压缩性粉质黏土，该层仅在乙烯装置区存在，第④～⑥层均为中等压缩性粉土和粉砂。场地地层 7m 范围内，岩性变化比较复杂（图 8-33）。

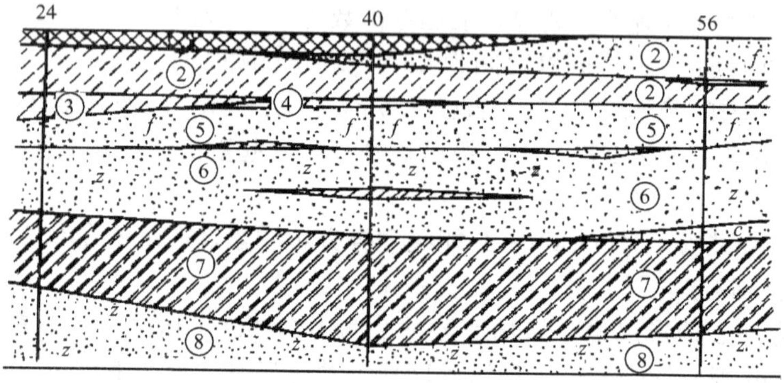

图 8-33 场地地质剖面示意

地下水埋深约 4.5m 左右，水位以下②、④、⑤及⑥层局部为可液化层，经北京地区 8 度地震烈度下的液化判断，土层深度 8～10m 以内均为液化层，液化等级一般为中等，局部为严重液化或轻微液化。第②～⑤层不宜作为持力层，其承载力标准值小于 110kPa，且均匀可液化层，对于这样的地基，如果简单采用桩基，打入第⑥层中砂内，仅能作为端承桩，势必会造成不必要的浪费。因此，首先采用强夯工艺消除地基液化，才是最合理的方案。

【8.3.2】 强夯试验

一、单点夯试验

单点夯试验是为了确定夯击后夯坑及夯坑周围地面变形，计算有效夯实系数（α 值），以选择最佳夯击能量，夯击锤数（N 夯）及夯坑间距（l）。强夯试验参照《建筑地基处理技术规范》JGJ 79—91（现为 JGJ 79—2002）设计与执行。

强夯施工设备为中国化学工程总公司北京重型机械化施工公司的 70tp&HKOBE 汽车吊，夯锤底面 2.2～2.6m，锤重 17t，静压强 26.3kPa。

单点夯测试仪器为：水平仪及测试木桩若干。当夯坑压缩体积为 V，夯坑周围地面隆起体积为 V'，则有效夯实系数按下式计算：

$$\alpha=(V-V')/V$$

能量 3000kN・m（实际 2750kN・m）时，单点夯有效夯实系数 α 结果如图 8-34 所示。

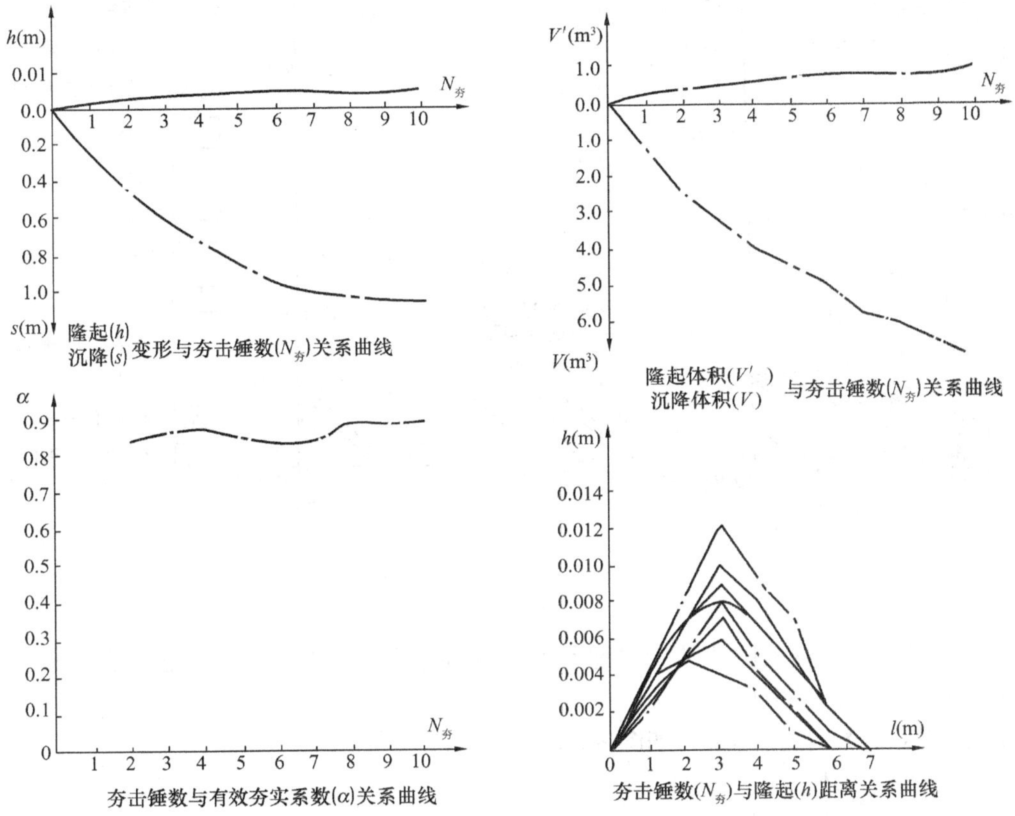

图 8-34　单点夯试验结果（3000kN・m）

试验结果表明，2000kN・m 的有效夯实系数 α=0.822，最佳击数 9 击，2750kN・m 的有效夯实系数 α=0.849，最佳击数 8 击。

二、粉土～砂土地基群夯试验（B 区）

B 区强夯试验面积 20m×20m。该区土层情况如图 8-35（*b*）所示，不含黏土夹层。这类土层地基占整个乙烯装置区的 70%。

三、含黏土夹层地基群夯试验（A 区）

面积 20m×20m。该区土层情况如图 8-35（*a*）所示，含黏土夹层 1.3～2.0m，布置孔压仪器钻孔勘察表明，实际黏土夹层最厚达 2.2m，位于−5.5～−3.3m 处。这类土层地基占整个乙烯装置区的 30%。

A 区强夯试验土层含黏土夹层位于−5.3～−3.3m 处，如若强夯能量不能穿透该黏土夹层，则下部仍有 2～3m 厚液化土层，因此，选择现有 A 区作为含黏土夹层地基群夯试验场地更有代表性，也更为适宜。可以推断，只要 A 区强夯消除液化效果好，则整个乙烯装置区均可采用强夯消除液化方法。

四、孔隙水压力测试

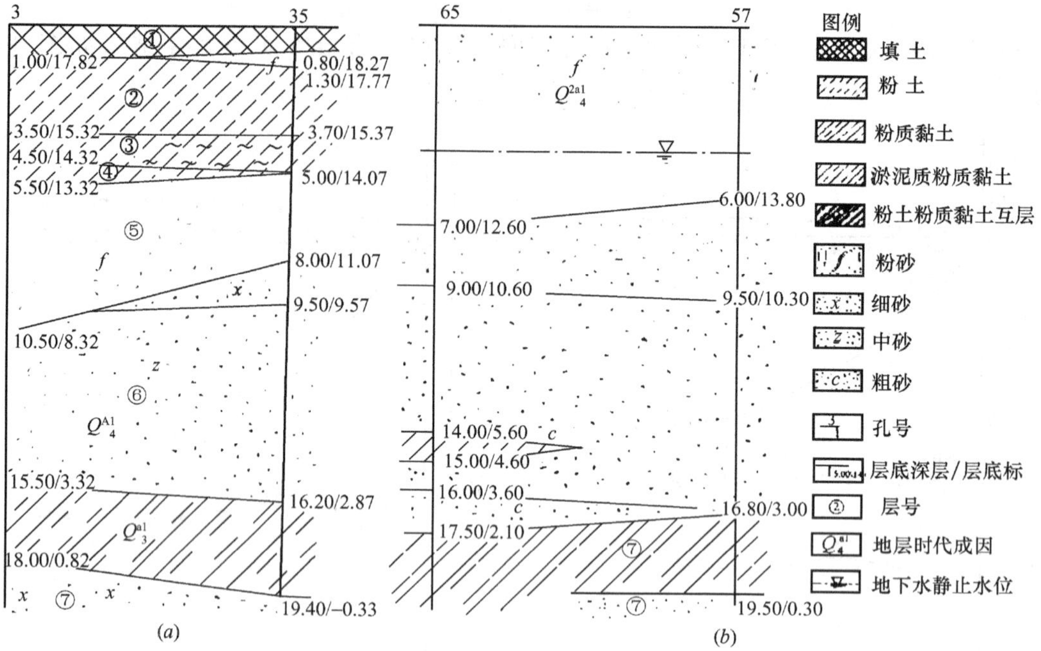

图 8-35　天然地基地质剖面图

（a）A 区；（b）B 区

本项试验研究中的孔隙水压力试验是测试孔隙水压力（$P_{孔压}$）的消散时间（t）目的是确定每遍夯击的间隔时间。

孔隙水压力与消散时间关系如图 8-36 所示。

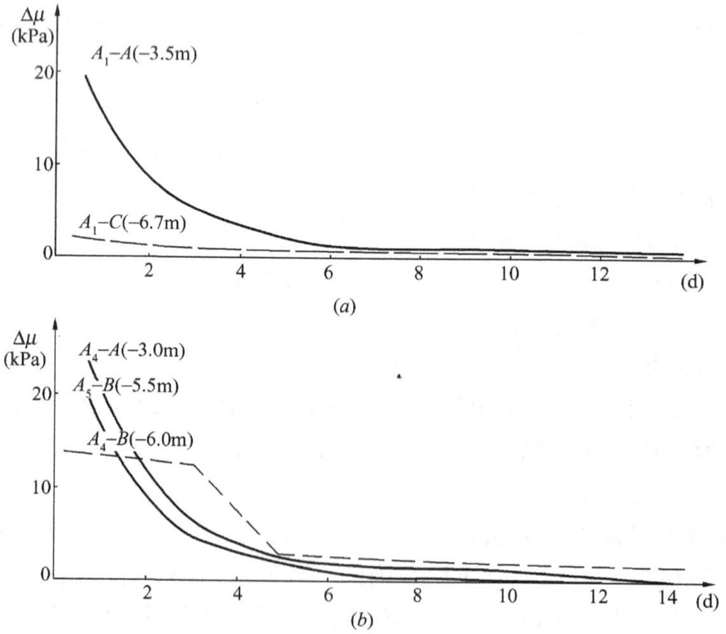

图 8-36　孔隙水压与时间的关系曲线

（a）A_1 孔；（b）A_4 和 A_5 孔

根据 A_1，A_4，A_5 孔压测孔孔隙水压力测试结果，本项试验研究中强夯试验间隔时间分别为：

	第一遍后	第二遍后	满拍后
A 区	10d	8d	4d
B 区	14d	7d	14d

五、载荷试验

载荷试验采用堆载法，试验采用 0.7m×0.7m 压板。

试验深度－1.50m。

A 区载荷试验 3 台，B 区载荷试验 2 台，分别作用在群夯区的夯点和夯间，夯点 3 台，夯间 2 台。

根据载荷试验的测试结果，经强夯处理后，－1.5m 深度地基承载力标准值 $P_{0.01}$ 由天然地基的 110kPa（A 区和 B 区）均提高到 260kPa，提高 136％，其中夯点土 285kPa，夯间土 215kPa。这说明采用强夯法处理后地基承载力大大提高，且沉降量非常微小，对应于该 P 值，沉降量小于 7mm。可直接作为普遍建筑物和构筑物的天然地基。

六、标准贯入试验

标准贯入试验的目的是判断强夯法提高地基承载力和消除地基液化的效果。

B 区 8 孔标准贯入试验结果证明，强夯法对粉土～砂土地基（B 区）有明显的消除地基液化效果，有效影响深度达 9～10m，是这类地基的最佳处理方法。

A 区标准贯入试验结果及原勘察报告试验结果得出同样证明，A 区－10m 以内已基本消除液化。

七、静力触探试验

静力触探试验的目的亦是判断强夯法提高地基承载力和消除地基液化效果，作为对标准贯入试验结果的对照。

试验测试深度－10.0m，A 区静力触探试验 6 孔，B 区 6 个。

A 区静力触探试验结果表明，A 区经强夯法处理消除了地基液化，仅－5.0m 附近处于临界，有待孔压消散后再作最终判断。

B 区静力触探试验结果表明，B 区经强夯法处理后已经完全消除了地基液化，效果非常理想。

八、波速试验

波速试验的目的也是判断强夯法消除地基液化效果，亦作为对标准贯入试验结果的对照。

波速试验结果表明，A 区经强夯处理后，消除液化。

九、加速度测试结果及强夯影响范围

加速度测试目的是确定强夯法处理地基的影响范围及评价强夯法对周围环境的影响和隔振沟的作用。

本项试验研究中的加速测试布置方案为：A 区布置 8 个点，有隔振沟和无隔振沟各 4 个点，测试范围从 17.5～60.0m，B 区布置 8 个点，有隔振沟和无隔振沟各 4 个点，测试范围从 10.0～25.0m。

隔振沟 40m×1.5m×2.5m。

A区无隔振沟加速度测试结果，30m处的三维（纵、垂、横向），最大加速度分别为0.0622g，0.0739g和0.0215g，而60m处的三维最大加速度分别为0.0321g，0.0368g和0.0148g，30m处的加速度测试结果表明，加速度远远小于0.2g，对建筑物不会产生危害，60m处加速度较30m处加速度减弱近50%。

A区有隔振沟加速度测试结果，隔振沟里侧17.5m处的三维最大加速度高达0.241g，0.125g和0.055g，而隔振沟外侧仅隔10m（27.5m处）的三维最大加速度为0.0583g，0.078g和0.028g，加速度减弱达75%，说明隔振沟减弱强夯振动的影响非常明显。另外17.5m处与30m处无隔振沟的加速度测试结果表明，强夯位置宜距建筑物30m以外，如果在20～30m范围内设置隔振沟，效果更为理想。

综上所述，建议采用强夯法处理地基工艺施工时，强夯位置宜距建筑物30m以外，宜介于40～50m之间，若生产装置有特殊要求，可根据测试结果选择距离（见图8-37）。

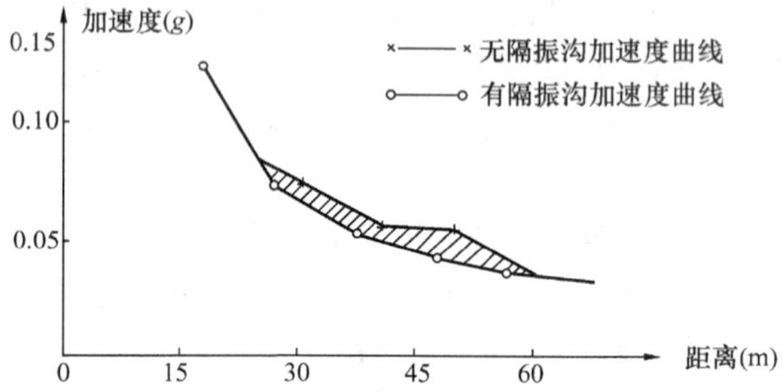

图 8-37 加速度测试结果

【8.3.3】 施工工艺和施工概况

1. 施工工艺

主要技术参数如下：

（1）单点夯击能量（2750～3000）kN·m，夯锤直径2.2～2.6m，静压强（27～30）kPa；

（2）采用跳夯法施工，第一、二遍点夯，能量（2750～3000）kN·m，每点8击；第三遍满夯一击，能量1000kN·m；

（3）第二遍与第一遍之间的间隔时间不少于15d，第三遍与第二遍之间的间隔时间不少于10d。

地基经强夯加固后需达到下列要求：

（1）消除10m深度范围内的地基砂土液化；

（2）各土层承载力达到如表8-17要求：

各土层承载力 **表 8-17**

层号	地层名称	承载力特征值（kPa）	层号	地层名称	承载力特征值（kPa）
2	粉土	220	4	粉土	180
3	淤泥质粉质黏土	110	5	粉砂	150

2. 施工概况

本工程强夯处理总面积约23万m^2，由中国化学工程北京重型机械化施工公司（简称“北京重机公司”）和中国建筑一局机械化公司（简称“中建一局机械化公司”）施工，强夯施工周期从1992年4月至1992年7月。

【8.3.4】 检测内容及试验方法（略）

【8.3.5】 检测结果综合分析

一、乙烯装置区

本区域强夯面积约 4.1 万 m^2，由中国化学工程北京重机公司施工。施工结束后，对强夯地基进行了全面检测。

图 8-38 为乙烯装置区强夯地基静载试验 P-s 曲线及标贯试验曲线。

乙烯主装置区地基经强夯处理后加固效果显著，基本满足设计要求。

二、循环水场区

本区域强夯面积约 7000m^2，由中国化学工程北京重机公司施工。

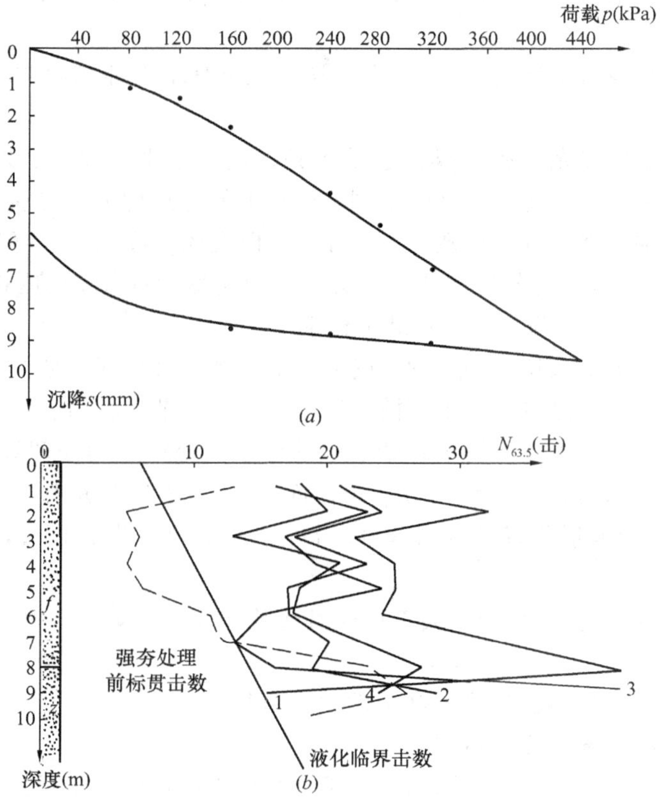

图 8-38 北京乙烯工程液化地基试验曲线

(*a*) 乙烯装置区强夯地基静载试验 *p*-*s* 曲线 (No.1)；

(*b*) 乙烯装置区强夯地基标贯击数与深度的关系

本区地基加固效果明显，完全消除液化，承载力特征值 f_{ak} 提高。可满足设计要求。

三、罐区

本区域强夯面积约 14.9 万 m^2，由中国建筑一局施工（其中东南角约 20000m^2 由化工部重机公司施工）。

考虑到强液化区液化下限深达 12m，故夯击能量采用约 3400kN·m。根据试验结果，本场区东侧地基经强夯处理后，上部仍较软，不能满足设计要求。

对于在东部地基较软的部分，设计采用了补夯 1000kN·m 两遍与油罐充水预压的方案。满夯后，又对地基进行了检测。

罐区场地面积大，地层条件复杂，经强夯处理后加固效果明显。

四、EO/EG 装置区

本区域强夯面积约 2.9 万 m^2，由中国化学工程北京重型机械化公司施工。

本区地基加固效果明显，完全消除液化，承载力标准值 f_k 提高，可满足设计要求。

【8.3.6】　结语

（1）北京乙烯工程是国家重点工程，乙烯装置区、循环水场区、罐区、EO/ED 区等约 23 万 m^2 强夯地基加固效果显著，经济和社会效益十分突出，属国内大型工程地基处理的成功项目之一。

（2）强夯地基承载力特征值 f_{ak}，一般可取为 220kPa，基本消除砂土液化，加固深度 9～10m。

（3）由于地层条件复杂，施工操作水平不齐，造成个别处地基个别地层局部轻微液化，对整个场地影响不大。建议对这些个别处地基上的建筑物进行类别分析，基础及上部结构予以调整。个别处强夯地基承载力对应 1%压板直径（边长）沉降量（约 7mm），不足 220kPa 时，建议进行综合分析和调整，必要时也可取对应 1.5%压板直径（边长）沉降量（约 11mm）的承载力作为地基承载力标准值。

（4）对有水平抗力要求建、构筑物，尚应考虑其他基础形式，如桩基。

（5）强夯法具有设备简单、施工便捷、适用范围广、节省材料、工期短等优点，本项工程实例证明，强夯法用于加固粉土和砂土地基可以取得很好的处理效果。本工程 23 万 m^2 地基采用强夯处理，价格仅为 24 元/m^2，而其他方法处理最便宜者也需 200～300 元/ m^2，仅此项即可为国家节省投资逾 3000 万元，经济效益十分显著，并且可缩短施工周期。

（引自王铁宏主编，新编全国重大工程项目地基处理工程实录，中国建筑工业出版社，2005）

【实例 8-4】　强夯置换法处理饱和黏性填土地基

【8.4.1】　工程概况和场地特点

半岛花园工程位于深圳市布吉镇附近，是一个由山沟填土后形成的住宅小区，占地 6 万多 m^2，总建筑面积 14 万 m^2，以 8 层框架结构住宅为主，场地内填土都是近期形成的松填黏性类土，厚度很不均匀，最大填土厚 10m 左右，土质以粉质黏土为主，局部不均匀分布有大块石，填土结构松散，未经碾压。部分填土下有鱼塘和有机质粉土软弱下卧层，厚 2～3m。场地的典型工程地质剖面见图 8-39，土壤特性见表 8-18。场地内地下水主要由大气降水补给，由于山沟填土后将地表水位抬高，填土含水呈饱和状态，饱和度达 95%左右。由于场地内大面积填土厚度大，分布不均匀，结构松软，因此不仅建筑物的地基需要处理，而且小区内道路、管沟、广场等地基也必须作适当处理，否则均将遭受填土不均匀沉降的危害。

【8.4.2】　地基处理方案的确定

根据上述情况，对大面积填土的处理，仅以压路机作表面辗压，影响深度太浅，不能满足工程要求，应作一般低能量满夯处理，对此，各方面的认识较为一致，但对建筑物的地基也用强夯处理，有较多争议。

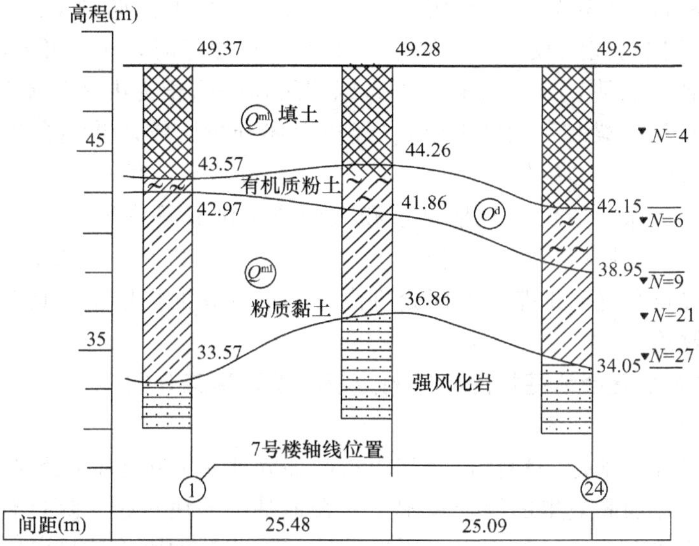

图 8-39 工程地质剖面

土层物理力学性质统计表 **表 8-18**

地层代号	土层名称	指标名称 / 统计值	天然含水量 w (%)	天然容重 ρ (g/cm³)	饱和度 S_r (%)	孔隙比 e	塑性指数 I_p	液性指数 I_L	变形模量 E_0 (MPa)	压缩模量 E_s (MPa)	标贯 N (击数)	承载力 f_k	附注
Q_{ml}	填土	统计件数	10	11	8	11	12	7			11		填土厚6～11.2m结构松
		范围值	24.7～38.5	1.83～1.97	87.9～99.9	0.588～1.011	6.8～13.3	0.24～0.70			2～7		
		平均值	28.8	1.9	94.5	0.792	10.5	0.46	4.0	3.0	4	60	
Q_{nl}	含有机质粉土	统计件数	5	5		5	5				8		层厚0.5～5.0m
		范围值	16.5～28.1	1.86～2.08		0.428～0.846	5.2～10.2	0.4～0.84			2～16		
		平均值	21.1	2.04		0.588	7.32	0.67	7.0	4.5	7	140	
Q_{el}	粉质黏土	统计件数	20	20		20	20				32		层厚1.1～9.4m
		范围值	18.4～41.2	1.74～2.04		0.544～1.126	5.5～12.1	0.16～1.09			10～29		
		平均值	28.3	1.9		0.80	10.3	0.507	14.0	7.0	20	220	

主要疑问有下述几点：1. 填土为饱和状态的黏性土，强夯效果不会理想，质量难于保证。2. 填土厚度大，最厚处达 10m 左右，而且填土下还有一层有机质粉土软弱下卧层，强夯的影响深度难于达到。3. 深圳地区的雨季长，雨量大，强夯的作业时间少，而粘性土内超静孔隙水压力的消散又需要较长时间，因此工期难于满足业主要求。但如果用桩基处理，也存在一些难于解决的问题，主要也有下述几点：1. 因填土时未对土料成分进行控制，填土内含有不均匀分布的大块石，采用打入式桩时，施工会遇到困难，工期和费用难于控制。2. 如采用振冲碎石桩或水泥搅拌桩复合地基处理方案，因填土松散，尚未完

成自重固结，需要的置换率较高、费用也高，而且施工时也会遇到填土内大块石的干扰。3. 本住宅工程框架柱的柱网较密，如采用人工挖孔桩方案时，桩的承载力利用率低、造价偏高。4. 统计比较表明：本工程条件下，以建筑物底面积为准的桩基造价均在500元/m^2左右（不包括桩顶拉梁和承台的造价）。经过上述分析比较，并结合当地开山石容易取得、费用较低（送至工地的单价为30～40元/m^3）的情况，我们提出了强夯块石墩复合地基的处理方案，其综合造价（包括排水和大型荷载试验等内容）不会超过200元m^2，可为业主节省较多地基处理费用，在技术上，经过分析和以往的经验，感到也可以放心。实践表明，强夯块石墩复合地基方案对处理高含水量的黏性类填土，具有较好的适应性和显著的技术经济效益。

【8.4.3】 块石墩复合地基加固机理的分析和设计施工介绍

一、加固机理

强夯块石墩复合地基是一种将强夯和块石墩加固地基的技术有机地综合在一起，互相补充，从而取得更好加固效果的综合技术。复合地基中的块石墩，除具有直接置换加固的作用外，还具有传递夯击力、扩大强夯影响深度和加速被加固土体排水固结的作用，而获得有效加固的墩间土又约束了块石墩的侧向变形，提高了块石墩的承载能力，形成了具有良好承载性能的复合地基。一般黏性土强夯时，当孔隙水压力超过上覆土壤的自重压力时土壤就隆起，产生橡皮土现象，使夯击能大部消耗在浅层土体的隆起运动上，土体得不到有效加固、强夯的作用难以发挥。而由大粒径块石（本工程块石最大粒径达700mm左右）形成的块石墩是一种半刚性材料，传力性能较好，容易将强夯的冲击力向填土的深部传递。一般块石墩的底面较深、墩底标高以上覆土的压力较大，墩间的土就难于隆起，从而可迫使夯击能向土壤的深部传递，使强夯的有效加固深度得以提高，并在土体内建立了较高的孔隙水压力，相当于墩低附近土体获得了较高的固结压力，十分有利于土体的固结。块石墩强夯时的传力关系如图8-40所示。墩间土的加固是通过墩的侧向挤压，满夯时的顶面夯击和土体内孔隙水有较好的渗排通路等综合因素而获得的。强夯块石墩复合地基的均匀性问题，可通过夯击遍数、夯墩深度、收锤时夯沉量大小等调控而得到解决。上述分析表时：用强夯块石墩工法处理含水量大、层厚大的黏性填土，有着明确的、良好的加固机理，定会收到良好的加固效果。

二、块石墩复合地基的设计

地基强夯处理时的有关参数在《建筑地基处理技术规范》JGJ 79—91和《深圳地区地基处理技术规范》SJG 04—96中已有明确规定，但强夯处理后地基能达到的承载能力和变形性能如何定，尚缺乏成熟的理论和方法，目前主要依靠经验和夯后的检测、静载试验等手段来解决夯后地基的承载能力问题。本次设计时参照规范中对黏性类土的要求，取单击夯击能M=3000kN·m/击，单位面积夯能Q=4000～4500kN·m/m^2，各夯击点夯能要求按土层厚薄、松软程度、夯沉量大小不同而作适当调控，以取得较为均匀的地基刚度，夯点按3.5×4m的网格布置。有效加固深度h的预估，考虑了半刚性块石墩容易将冲击力向深部传递特点，取Menard公式中的修正系数$K=0.5\sim0.6$，则$h=8.7\sim10.4$m。估计局部填土下的有机质粉土也能获得一定程度的加固。夯后检测表明，强夯影响深度确实达到了预期要求。

本工程上部结构对地基承载力要求为$R\geqslant180$kPa，强夯块石墩复合地基的承载力$f_{sp.k}$

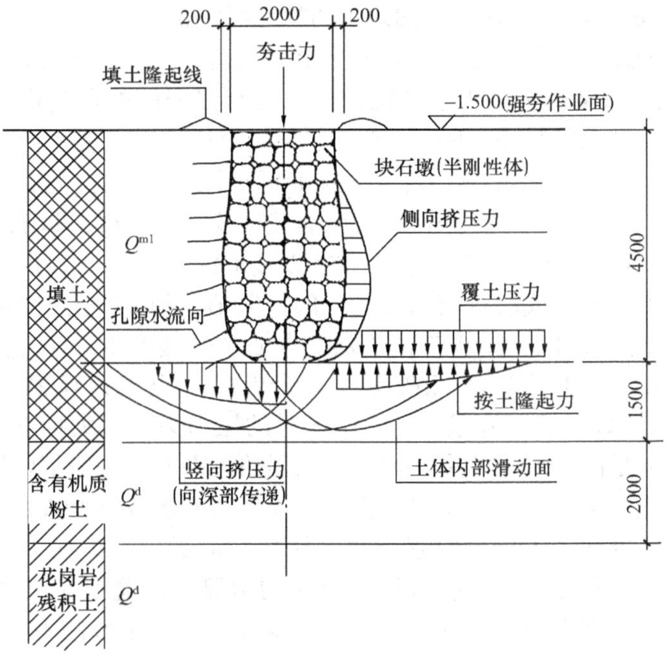

图 8-40 强夯块石墩受力机理示意

按《深圳地区地基处理技术规范》SJG 04—96 中的公式确定，取墩间土承载力标准值 $f_{s.k}$=150kPa，墩体承载力标准值 $f_{p.k}$=300kPa，面积置换率 m=0.25，则

$$f_{sp.k} = 187.5\text{kPa} > 180\text{kPa}$$

满足了上部结构要求，但夯后必须经土样检测和大面积荷载试验验证。

三、块石墩复合地基的施工

施工按设计要求的参数进行控制，开工前作试夯。夯锤重 16t，落高约 18m，单击夯能 3000kN·m，夯锤直径 2m，夯点按 3.5×4m 网格布置，单点夯击 18～24 击不等，一般分三阵进行，每阵 6 击左右，每阵完后向夯坑内填石，夯坑深一般为 1.5m 左右，夯坑过深时提锤有困难，夯坑填石后继续夯击，直至满足收锤标准为上。为了增加强夯的影响深度，第一遍按跳格夯进行，第二遍即完成全部夯点，对夯沉量大的点，根据情况再作第三遍夯击。地基的均匀性是通过制订统一的收锤标准和适当调整夯击遍数而实现的。本工程实践发现，规范中要求的最后两击平均夯沉量不大于 10cm 这一点难于达到，最后作了适当放宽。本工程各夯点夯坑的累计坑深约 4～5m 不等，凡填土层厚度大、原始填土松软，累计坑深就大一些。由各夯点累计坑深统计的块石消耗量和现场实际发生的块石用量相比较，得出的块石墩平均入土深度为 4.5m 左右，如再计入强夯作业面在自然地表下 1.5m 后，块石墩底面标高的平均值已在原地面下 6m 左右，接近场地填土层的平均厚度。由夯击面标高变化和块石夯墩置换填土体积等参数测算到的填土强夯压缩量为 18%左右，可见本工程强夯的效果是明显的。由于业主要求的工期紧，也考虑到块石墩的排水条件好，分遍夯击之间基本上是连续进行的，如能多留些间歇时间，强夯效果会更好些。施工过程中夯墩内有较多渗水流出，说明填土内孔隙水的渗排路径畅通。点夯完成后，将地面推平再作 2 遍满夯，每点 2 击，夯印搭接 30cm 左右。

【8.4.4】 强夯块石墩复合地基加固效果的检测与评价

因工期紧，强夯效果检测是在强夯完成后 10 天左右进宪的，检测工作采用三种手段。1. 钻探取土，对土样作常规物理力学性能分析，并与强夯前的资料进行对比，每幢楼的取土点不少于 3 处，沿深度每 2m 取一个土样，分析对比结果见表 8-19。2. 标贯试验，各取土点沿深度每 m 试一次，并重新评价地基土的承载能力。3. 作静载试验。为正确把握强夯效果，分别作了 $1m^2$、$3\ m^2$、$4\ m^2$的大型静载试验，每幢楼的试点不少于 3 处，4 幢楼共做了 12 个静载试验，部分试验的 *p-s* 曲线见图 8-41 和图 8-42。由于受工期和费用限制，加载试验未达到地基土或块石墩承载能力的极限值，但 12 个点的荷载试验表明，承载能力 f_k均已大于设计要求的 200kPa，个别试点如 7 号楼的 J_{10}，J_{12}达到 400kPa，J_{11}达到 340kPa，8 号楼的 J_7，J_9达到 273kPa 以上，最低的 J_8点也达到 210kPa，详见图 8-41 和图8-42的 *p-s* 曲线（以压板沉降量 $s=0.015b$ 时的压力为承载力标准值 f_k）。复合地基的承载能力，实际上是由变形条件决定的，而工程的沉降变形一般都要经历较长时间才能稳定，因此不宜仅凭短期且小面积荷载试验的结果将地基承载能力值取得过高。小尺寸板的荷载试验，影响深度浅，不能反映强夯地基深部加固的情况，所以本工程采用 $3m^2$ 和 $4m^2$板的荷载试验，并采用多种手段对深部土层的检测，以避免过高估计强夯效果的偏差。从夯前夯后土的物理力学指标及标准贯入试验来看，填土层的力学指标有明显改善，沿竖向及水平向，填土的均匀性较好，重新评价夯后承载能力，均达到设计要求。填土层下部的

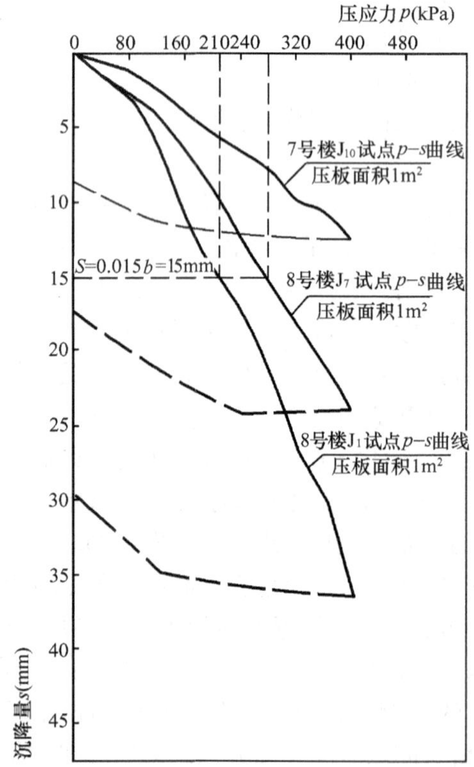

图 8-41　墩间土 *p-s* 曲线

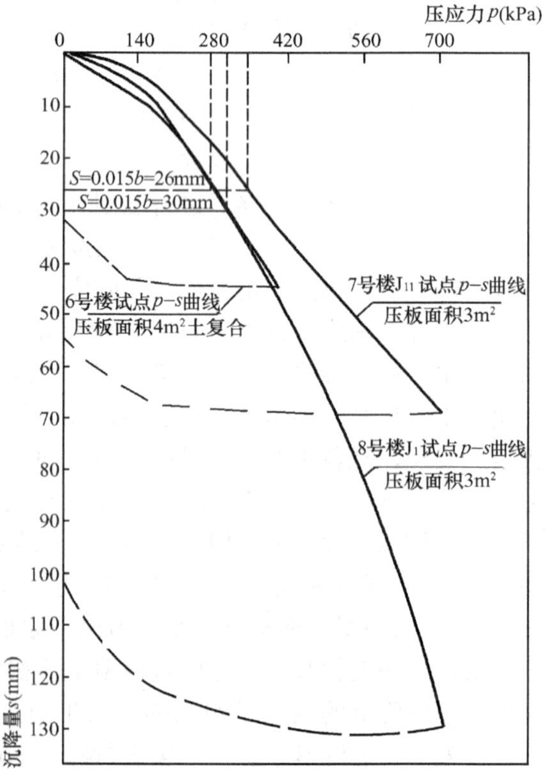

图 8-42　块石墩 *p-s* 曲线

软弱层有机质粉土的标贯击数有明显改善，但含水量及孔隙比未见改善，详见表 8-19，这可能和固结时间短和取样受到扰动等因素有关，经过一段时间的恢复，其力学性能一定会得到进一步改善。按规范计算的建筑物最终沉降量为 65mm 左右，反推的复合地基变形模量约为 10MPa 左右，这比荷载试验提供的复合地基变形模量为 17MPa 要小很多，说明荷载试验板的面积还不够大，加荷的时间也太短，不能用荷载试验的结果，直接用于工程设计。工程建成后的沉降观测，是对强夯块石墩复合地基效果的最终考核。本工程 7#楼，8 号楼是二幢填土最厚，且存在有机质粉土软层的二幢楼，经过近一年左右沉降观测的资料见表 8-20，7 号楼的工程地质剖面见图 8-39。沉降观测测点位置见图 8-43。由沉降观测可知，沉降量和不均匀沉降量均比较正常，而且沉降值正在逐渐收敛，建筑物墙体也未发现任何开裂情况，说明强夯块石墩复合地基的工程效果良好。

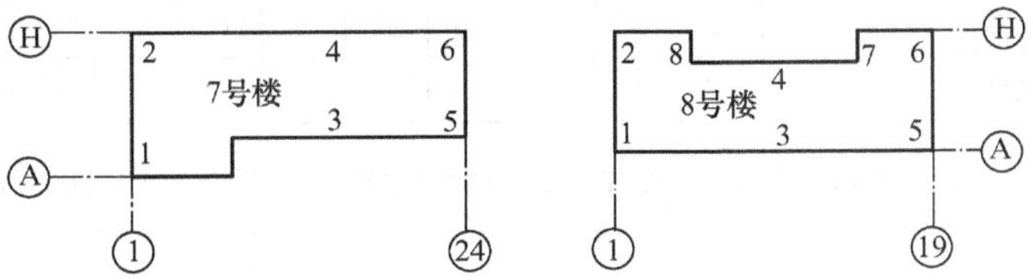

图 8-43 沉降观测测点位置

夯前、夯后土物理力学指标比较 **表 8-19**

土物理指标 \ 土层名称		素填土 夯前	素填土 夯后	含有机质粉土 夯前	含有机质粉土 夯后
6#楼	含水量 w（%）	28.8	21.43	21.10	24.0
	孔隙比 e	0.792	0.711	0.588	0.544
	压缩模量 E_s（MPa）	3.0	7.85	4.50	4.40
	标准贯入击数 N	4	9	7	7
	承载力 f_k^1（kPa）	60	291	140	220
	承载力 f_k^2（kPa）	60	244	140	209
	承载力 f_k^3（kPa）	—	>200		
7#楼	w（%）	28.8	22.30	21.1	24.1
	e	0.792	0.78	0.588	—
	E_s（MPa）	3.0	6.38	4.5	7.08
	N	4	10	7	10
	f_k^1（kPa）	60	254	140	250
	f_k^2（kPa）	60	207.4	140	230
	f_k^3（kPa）	—	>200		
8#楼	w（%）	28.8	25.2	21.1	24.1
	e	0.792	0.776	0.588	0.689
	E_s（MPa）	3.0	5.35	4.5	5.93
	N	4	10	7	8
	f_k^1（kPa）	60	257.5	140	300
	f_k^2（kPa）	60	192.2	140	202
	f_k^3（kPa）	—	>200		

注：f_k^1：由土壤物理指标确定的承载力标准值（按广东省标准 DBJ—3—91）

f_k^2：由标贯确定的承载力标准值

f_k^3：由荷载试验确定的承载力标准值

建筑物沉降观测表（单位 mm） 表 8-20

观测日期	楼号 / 荷载 \ 测点	7号楼						8号楼							
		1	2	3	4	5	6	1	2	3	4	5	6	7	8
97.12.26	三层完	0	0	0	0	0	0	0	0	0	0	0	0	0	0
98.1.8	五层完	8	2	2	7	2	1	3	3	6	7	8	5	5	3
98.1.23	八层完	12	8	5	17	8	6	7	4	14	14	14	9	6	5
98.2.18	墙体三层	20	14	9	26	17	11	14	12	24	23	23	15	19	12
98.3.7	墙体完	25	21	17	33	24	17	14	12	31	26	33	26	27	13
98.4.7	满载	32	27	22	39	33	23	16	12	37	35	44	37	38	17
98.5.11	满载	37	32	27	46	38	26	17	14	40	40	49	45	40	18
98.8.9	满载	38	33	32	49	43	29								

（摘自姚裕昌、万超、欧阳、陈松，强夯块石墩复合地基的实践与研究，地基处理，2000.12）

参 考 文 献

[1] 陈云敏、冯卫(1991)，对强夯理论的新探讨，第六届全国土力学及基础工程学术会议论文集，上海：同济大学出版社，中国建筑工业出版社

[2] 范维垣、史美筠、裘以惠(1980)，关于强夯法加固地基的几个问题，1980年地基处理学术会议论文选集，中国建筑学会地基基础学术委员会

[3] 范维垣(1983)，强夯法机理——宏观与微观的研究现状与发展方向，第四届全国土力学及基础工程学术会议论文.

[4] 建筑地基处理技术规范 JGJ 79—2002，北京：中国建筑工业出版社，2002

[5] 刘惠珊、陈克景(1990)，强夯加固软土的新发展——强夯置换，工业建筑，7

[6] 潘千里(1978)，国外一种新的地基加固方法——强夯法，建筑结构，6

[7] 潘千里、蔡梓林、忽延泰(1981)，强夯法处理液化地基的试验与应用，施工技术，№22

[8] 钱征、李广武、王文奎(1980)。强夯法加固松软地基，岩土工程学报，$V_0$1.2，№21

[9] 钱征、李广武(1980)，强夯法加固秦皇岛煤码头堆场细砂地基，1980年地基处理学术会议论文选集，中国建筑学会地基基础学术委员会.

[10] 太原工学院、化工部第二设计院、化工部第二化建公司(1983)，高能量强夯法加固湿陷性黄土地基，第四届全国土力学及基础工程学术讨论会论文.

[11] 太原工业大学等(1985)，夯坑中填砂石强夯法处理软土地基，勘察科学技术，5

[12] 太原工业大学(1985)，强夯法加固地基的原理和应用.

[13] 太原理工大学牛志荣博士学位论文“土体动力压密问题及其工程应用”2003.9

[14] 王成华(1991)，强夯地基加固深度估算方法述评，地基处理，第二卷第1期，1991年3月

[15] 王盛源(1989)，强夯法加固深度计算理论，港口工程，1989年第6期

[16] 王铁宏主编，新编全国重大工程项目地基处理工程实录，中国建筑工业出版社，2005

[17] 王铁宏、水伟厚、王亚凌、吴延炜(2005)，强夯法有效加固深度的确定方法与判定标准，工程建设标准化，2005.3

[18] 王亚凌、吴延炜、水伟厚、王铁宏(2003)，高能级强夯工程实践与推广应用，地基处理，2003年9月

［19］ 王锺琦、邓祥林(1983)，强夯机理及环境影响，第四届全国土力学及基础工程学术会议论文选集，北京：中国建筑工业出版社

［20］ 姚裕昌、万超、欧阳、陈松(2000)，强夯块石墩复合地基的实践与研究，地基处理，2000年12月

［21］ 冶金工业部建筑研究总院(1989)，地基处理技术(1)，北京：冶金工业出版社

［22］ 叶书麟编著(1988)，地基处理，北京：中国建筑工业出版社

［23］ 张永钧、蔡梓林、钟亮、吕仁义(1981)，强夯法加固地基中几个问题的探讨，施工技术，№2

［24］ 张永钧、杨广鉴、蔡梓林(1984)，强夯法处理可液化砂土地基的试验研究，中国建筑科学研究院建筑科学研究报告，№2-2

［25］ 张永钧(1988)。"围海造地"地基的强夯处理，施工技术，№4

［26］ 张永钧、平湧潮、孔繁峰、张峰(1992)，强夯法处理大块抛石地基的试验研究，第三届全国地基处理学术讨论会论文集.

［27］ 张永钧(1993)，强夯法的发展和推广的几点建议，施工技术，№9

［28］ 张永钧、丁玉琴(1994)，强夯法信息化施工，施工技术，1994年第9期

［29］ 张咏梅、常璐(2004)，强夯置换技术，龚晓南主编，地基处理技术发展与展望，北京：中国水利水电出版社

［30］ 张咏梅、史光金(1991)，强夯置换方法的应用与研究，第六届全国土力学及基础工程学术会议论文集。上海：同济大学出版社、中国建筑工业出版社

［31］ 左名麒、朱树森(1980)，用强夯法处理弃渣填石地基，1980年地基处理学术会议论文选集，中国建筑学会地基基础学术委员会.

［32］ Fan Weiyuan etal(1986), Study of Microstructures of Loses Deposit under Dynamic Consolidation, International Symposium on Environmental Geotechnology Vol I pp669-679. 1986.

［33］ Gambin, M. P. (1984), Ten Years of Dynamic Consolidation . Proceedings of the Eighth Reginal Conference for African on Soil Mechanics and Foundation Engineering, PP. 363-370. 1984.

［34］ Jessberger , H. L. and Go decke , H . J. (1977), Theoretical Concept of Saturation of Cohecive Soils by Dynamic Consolidation, Proceedings 9th International Conference of Soil Mechanics and Foundation Engineering (ICSMFE) PP449-451 , Tokyo. 1977.

［35］ Leonands, G . A . etal (1980), Dynamic Compaction of Granular Soils, Journal of the Geotechnical Engineering Division ASCE. Vol . 106. NO . G . T . 1Proc、paper 15144. Jan. 1980.

［36］ Mayne, P. W. , Jones, J. S. and Dumas, J. C(1984), Ground Response to Dynamic Compaction, Journal of Geotechnical Engineering, ASCE, Vol . 110(6).

［37］ Menard , L . and Broise , Y. (1975), Theoretical and Practical Aspects of Dynamic Consolidation. Geotechnigue , Vol . 25 . NO . 1. 1975 . pp3-18

［38］ Miller, G. F and Pursey, H. (1955), On the Partition of Energy Between Elastic Waves in a Semi—infinite Solid, Proc. Royal . Society, London. A Vol, 223, 1955

［39］ Osipov , V . I . etal (1984), Microstructural Change Associated with Thixotropic Pheonomena in Clay Soils . Geotechnique Vol. 34 No 2. 1984 . pp293-303.

［40］ Shi meiyun etal (1989), The Rule of Vibration Induced by Dynamic Consolidation and its Effects to Buildings . 2nd International Symposium on Environmental Geotechnology Vol . 1. 1989 pp535-544.

［41］ Zhang Yong-jun , Ping Yong-chao, Kong Fan-feng , Zhang Feng (1993), Treatment of Reclamation Ground by Dynamic Compaction , Proceedings of International Conference on Geotechnical Engineering & Earthquake Resistant Technology in Soft Soil Areas (ICGE). 1993.

［42］ 坂口旭、西海宏、服部正夫、位吉征信(1979)，动压密工法にタニク基础工事，土と基础 Vol . 27,

No. 9，1979

［43］ 福冈正巳编，丁玉琴译(1988)，最新软弱地基处理方法，北京：中国铁道出版社

［44］ 鸣海直信、野村敦雄、大仓卓美(1982)，动压密工法にちる情报化施工例，土と基础 V_0l.30，№7，1982

［45］ 波林格著(1975)，爆炸振动分析，北京：科学出版社

本章审阅人：罗宇生(陕西省建筑科学研究设计院)

第9章 灌 浆 法

张作瑁（中国水利水电科学研究院）

9.1 概述

9.1.1 定义

灌浆法的实质是用气压、液压或电化学原理，把某些能固化的浆液注入天然的和人为的裂缝或孔隙，以改善各种介质的物理力学性质。

9.1.2 目的

灌浆的主要目的如下：

一、防渗：降低渗透性，减少渗流量，提高抗渗能力，降低孔隙压力。

二、堵漏：封填孔洞，堵截流水。

三、加固：提高岩土的力学强度和变形模量，恢复混凝土结构及圬工建筑物的整体性。

四、纠正建筑物倾斜：使已发生不均匀沉降的建筑物恢复原位或减少其倾斜度。

9.1.3 对象

灌浆的对象很多，本章主要阐述由下述几类材料组成的地基灌浆问题：

一、砂、砂砾石及粉细砂。

二、软黏土、杂填土及淤泥。

三、裂隙和破碎岩石。

四、岩石中的大型洞穴如岩溶洞穴等。

9.1.4 应用范围

灌浆法适用于土木工程中的各个领域，例如：

一、坝基：砂基、砂砾石地基、喀斯特溶洞及断层软弱夹层等。

二、楼基：一般地基及振动基础等，包括对已有建筑物的修补。

三、道路基础：公路、铁道和飞机场跑道等。

四、地下建筑：输水隧洞、矿井巷道、地下铁道和地下厂房等。

五、其他：预填骨料灌浆、后拉锚杆灌浆及灌注桩后灌浆等。

9.1.5 近期发展

一、灌浆法的应用领域越来越扩大，除坝基防渗加固外，在其他土木工程如道桥、矿井、文物、市政、地铁和地下厂房等，灌浆法也占有相当重要的地位。

二、浆材品种越来越多，浆材性能和应用问题的研究更加系统和深入，各具特色的浆材已能充分满足各类建筑工程和不同地基条件的需要。

三、劈裂灌浆技术已取得明显的发展，尤其在软弱地基中，这种技术被越来越多地用作提高地基承载力和消除建筑物沉降的手段。

四、我国和一些比较发达的国家，电子计算机监测系统已较普遍地在灌浆施工中用来收集和处理诸如灌浆压力、浆液稠度和耗浆量等重要参数，这不仅可使工作效率大大提高，还能更好地控制灌浆工序和了解灌浆过程本身，提高灌浆技术水平。

9.2 灌浆材料

9.2.1 分类及评价

灌浆工程中所用的浆液是由主剂、溶剂及各种附加剂混合而成，通常所说的灌浆材料，是指浆液中所用的主剂。

灌浆材料按其形态可分为颗粒型浆材、溶液型浆材和混合型浆材三个系统。颗粒型浆材是以水泥为主剂，故多称其为水泥系浆材；溶液型浆材是由两种或多种化学材料配制，故通称其为化学浆材；混合型浆材则由上述两类浆材按不同比例混合而成。

在国内外灌浆工程中，水泥一直是用途最广和用量最大的浆材，其主要特点为结石力学强度高，耐久性较好且无毒，料源广且价格较低；但普通水泥浆因容易沉淀析水而稳定性较差，硬化时伴有体积收缩，对细裂隙而言颗粒较粗，对大规模灌浆工程则水泥耗量过大。为克服上述缺点，国内外常采取下述几种措施：

一、在水泥浆中掺入黏土、砂和粉煤灰等廉价材料。

二、用各种方法提高水泥颗粒细度。

三、掺入各种附加剂以改善水泥浆液性质。

化学浆材的品种很多，包括环氧树脂类、甲基丙烯酸酯类、丙烯酰胺类、木质素类和硅酸盐类等。化学浆材的最大特点为浆液属于真溶液，初始粘度大都较小，故可用来灌注细小的裂缝或孔隙，解决水泥系浆材难于解决的复杂地质问题。化学浆材的主要缺点是造价较高和存在污染环境问题，使这类浆材的推广应用受到较大的局限，尤其是日本，在1974年发生污染环境的福岗事件之后，建设省下令在化灌方面只允许使用水玻璃系浆材。在我国，随着现代大工业的迅猛发展，化学灌浆包括新化灌浆材的开发应用、降低浆材毒性和环境的污染，以及降低浆材成本等方面，也得到迅速的发展，例如酸性水玻璃、无毒丙凝、改性环氧树脂和单宁浆材等，都达到了相当高的水平。

混合型浆材包括聚合物水玻璃浆材、聚合物水泥浆材和水泥水玻璃浆材等几类。此类浆材包含了上述各类浆材的性质，或者用来降低浆材成本，或用来满足单一材料不能实现的性能。尤其是水玻璃水泥浆材，由于成本较低和具有速凝的特点，现已被广泛地用来加固软弱土层和解决地基中的特殊工程问题。

9.2.2 水泥系浆材

一、基本材料。这里主要叙述纯水泥浆、黏土水泥浆及粉煤灰水泥浆的组成材料。

（一）水泥。灌浆工程中应用最广的是普通硅酸盐水泥，某些特殊条件下还采用矿渣水泥、火山灰水泥和抗硫酸盐水泥等。

1. 普通硅酸盐水泥。是把石灰石和黏土等生料烧制成熟料，并加入石膏后磨细而成的水硬性胶结材料，其矿物成分主要有四种，见表9-1。

表中所列举的各种矿物成分具有十分不同的性质。C_3A是快凝物质，能放出较大的热量。C_4AF的凝结速度也较快，但释放的热量比C_3A少。C_3A几乎在7天龄期内就能得

水泥的矿物成分　　表 9-1

矿物成分	化学式	
	分子式	简式
硅酸三钙	$3CaO \cdot SiO_2$	C_3S
硅酸二钙	$2CaO \cdot SiO_2$	C_2S
铝酸三钙	$3CaO \cdot Al_2O_3$	C_3A
铁铝酸四钙	$4CaO \cdot Al_2O_3 \cdot Fe_2O_3$	C_4AF

到全部强度。C_2S 的凝结速度则极慢，释放的热量很低。

水泥浆和结石的主要性质，基本上就取决于上述几种矿物成分的特性和它们在熟料组成中的相对含量。

2. 矿渣水泥。是在硅酸盐水泥熟料中加入占水泥重 20％～85％的粒状高炉矿渣，并加入适量石膏后磨细而成的水硬性胶结材料。矿渣中的主要成分与硅酸盐水泥熟料甚为相近，仅 CaO 含量比水泥熟料略少。

3. 火山灰水泥。是由 50％～80％的硅酸盐水泥熟料、20％～50％火山灰质混合材料（火山灰、凝灰岩、硅藻土等）和适量石膏共同磨细而成的水硬性胶结材料，其矿物成分多为硅酸盐。

火山灰与高炉矿渣一样，其本身只有很小的或者没有胶凝性质，但在细分散状态下，却能与水泥浆中的游离石灰起化学作用，生成一种稳定的能产生强度的新化合物，如式（9-1）方程所示：

$$Ca(OH)_2+SiO_2+(n-1)H_2O \longrightarrow CaO \cdot SiO_2 \cdot nH_2O \tag{9-1}$$

4. 抗硫酸盐水泥。C_3A 含量少的水泥为抗硫酸盐水泥，因为 C_3A 越少，水泥与硫酸盐反应生成有害的硫铝酸钙的可能性就越小。

（二）黏土。即使在低浓度下，黏土都具有吸收水分和形成胶凝结构的能力，故常被用来提高水泥浆液的稳定性，防止沉淀和析水。

黏土是含水的铝硅酸盐，其矿物分为高岭石、蒙脱石及伊里石三种基本组分。以蒙脱石为主的土叫膨润土，这种土尤其是钠膨润土对制备优质浆液最为有利，因为蒙脱石晶胞由两层硅氧四面体和一层铝氧八面体组成（图 9-1），晶胞之间都是 O-O 联结，处于相互排斥状态，结晶格架比较松散，水和其他极性分子容易进入晶层间使之膨胀分裂。因此，膨润土是一种水化能力极强、膨胀性大和分散性很高的活性粘土，在灌浆工程中被广泛用于制备稳定浆液。

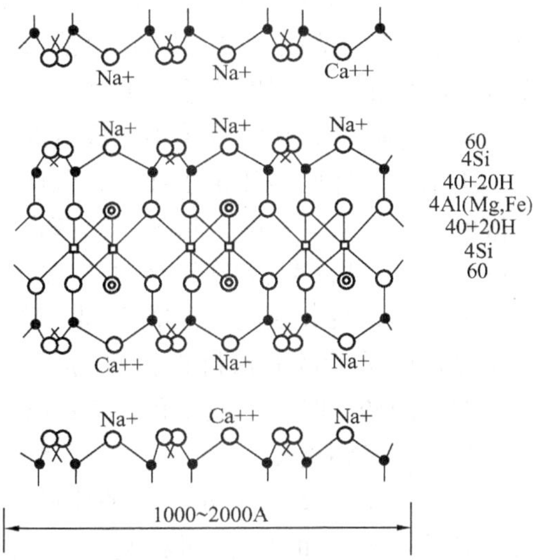

图 9-1　蒙脱石的结晶结构

（三）粉煤灰。是电厂燃煤废渣，其成分和性能与燃煤品种、矿物成分、细度、燃烧条件及收尘排放方式等诸因素有关，粉煤灰掺入水泥中的作用在于节约水泥、降低成本和消化三废材料，具有较大的经济效益和社会意义。近几年这类浆材已在国内一些大型工程中获得了成功的应用。此外由于粉煤灰成分中含有约 70％～90％活性氧化物（SiO_2 和 Al_2O_3 等），它们在常温下能与水泥水化析出的部分氢氧化钙发生二次反应而生成水化硅酸钙和水化铝酸钙等较稳定的低钙水化物，见式（9-2）及式（9-3），从而使结石强度增长、耐久性提高。

$$x\mathrm{Ca(OH)_2} + \mathrm{SiO_2} + m\mathrm{H_2O} \longrightarrow x\mathrm{CaO} \cdot \mathrm{SiO_2} \cdot n\mathrm{H_2O} \tag{9-2}$$

$$y\mathrm{Ca(OH)_2} + \mathrm{Al_2O_3} + m\mathrm{H_2O} \longrightarrow y\mathrm{CaO} \cdot \mathrm{Al_2O_3} \cdot n\mathrm{H_2O} \tag{9-3}$$

（四）水的作用和要求。水的作用有二：一为把固态水泥变成悬浮液，以供灌注；二为对水泥颗粒水解和水化，使化合物形成晶体并相互结合成网状结构，从而把水泥浆逐渐形成具有一定力学强度的结石。

一般来说，凡能饮用而不含细菌的水，都能用来制备水泥浆液，但水中不应含过量的硫酸盐（>0.1%）和氯化物（>0.5%）。水中若含有糖、悬浮物质（如海藻）和碱类等，从技术上说也是有害的。当建筑物不含结构钢时，例如在近海混凝土平台基底灌浆时，可采用海水制浆。

二、浆材的主要性质

（一）材料的分散度。是影响可灌性的主要因素，一般分散度越高，可灌性就越好。分散度还将影响浆液的一系列物理力学性质。

根据液体比重计测得的一些资料，国内外常用水泥的最大颗粒多变化在60～100μm之间，使水泥浆液难于进入渗透系数低于5×10^{-2}cm/s的砂土或宽度小于200μm的裂隙。

黏土是高分散性材料，许多工地附近都能找到符合灌浆要求的黏土。实践经验证明，水泥和黏土粗粒部分的含量差不多，但细粒部分却是黏土占优势，表9-2为根据6个灌浆工程中所用黏土得出的有关这一问题的资料。这就说明，在水泥浆中加入黏土以后，将有利于改善浆液的可灌性。

水泥和黏土细粒部分的含量　　表9-2

材料	各种颗粒尺寸（mm）的含量（%）		
	<0.04	<0.02	<0.01
水　泥	72.5	52.5	31.0
黏　土	76.3	67.5	55.3

（二）沉淀析水性。在浆液搅拌过程中，水泥颗粒处于分散和悬浮于水中的状态，但当浆液制成和停止搅拌时，除非浆液极为浓稠，否则水泥颗粒将在重力作用下沉淀，并使水向浆液顶端上升。矿渣水泥因其组成成分比重不同，而使离析的趋势增加。

沉淀析水性是影响灌浆质量的有害因素。在灌浆过程中，颗粒的沉淀分层将引起机具管路和地层孔隙的堵塞，严重时还可能造成灌浆过程的过早结束。在灌浆结束后，颗粒的沉淀分层将使浆液的密度在垂直方向上发生变化，从而使灌浆体的均匀性降低；浆液的析水将使结石率降低，在灌浆体中形成空隙。

黏土由于分散度高和亲水性好，因而沉淀析水性较小，在水泥悬液中加入黏土后，将使浆液的稳定性大大提高。掺加粉煤灰也有利于改善水泥浆的稳定性。

（三）凝结性。浆液的凝结过程常被分为两个阶段：初期阶段，浆液的流动性减少到不可泵送的程度；第二阶段，凝结后的浆液随时间而逐渐变硬。研究证明，水泥浆的初凝时间一般变化在2～4h，黏土水泥浆和粉煤灰水泥浆则更慢。

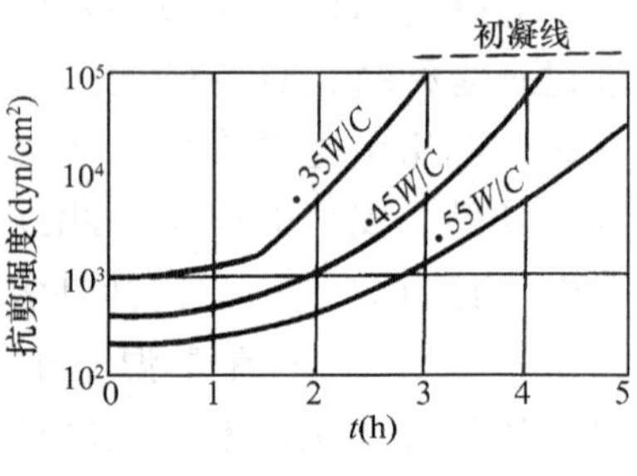

图9-2　水灰比对凝结的影响

浆液的凝结性受一系列因素的影响，例如浆液的水灰比越大，颗粒的比表面积越小，凝结时间越长（图9-2，表9-3）。因此，任何浆液都不能定出所谓的标准凝固时间，而必须根据具体情况通过试验来确定。

（四）收缩性。浆液及结石的收缩性主要受环境条件的影响。潮湿养护的浆液只要长期维持其潮湿条件，不仅不会收缩还可能随时间而略有膨胀。反之，干燥养护的浆液或潮湿养护后又处于干燥环境中，就可能发生收缩。一旦发生收缩，就将在灌浆体中形成微细裂隙、使灌浆效果降低，因而在灌浆设计中应采取防御措施。

比表面积对凝结的影响　表 9-3

比表面积（cm^2/g）	初凝时间（min）
1320	36
797	63
594	180
270	315

（五）浆液的黏度。黏度是量度流体黏滞性大小的物理量，也是浆液的一个重要参数，它取决于浆液的浓度、温度、材料的细度和品种等许多因素。一般浆液水灰比越大，黏度就越小；材料的细度越高，黏度就越大。

测量黏度的方法较多，其中以马什漏斗黏度计最为简便实用。此法是用一定浆量从漏斗中流出的时间长短（s），以表示浆液黏度的大小。

（六）强度和渗透性。影响结石强度的因素主要包括：浆液的起始水灰比、结石孔隙率、水泥的品种及掺合料等，其中以浆液浓度最为重要。当水泥浆中掺入黏土或粉煤灰时，其强度将大大降低。结石的渗透性也与浆液起始水灰比、水泥含量及养护龄期等一系列因素有关。从表 9-4 及其他一些资料可以看出，不管是纯水泥浆还是黏土水泥浆和粉煤灰水泥浆，结石的渗透性都很小。

粉煤灰对抗压强度及渗透性的影响　表 9-4

试 样 编 号	1	2	3	4	5	6
粉煤灰/水泥	0	1	0	1	0	1
水/固体	0.6	0.6	1	1	2	2
28d 抗压强度（MPa）	41.4	13.1	36.0	6.1	31.5	2.6
28d 渗透系数（cm/s）	2.3×10^{-9}	2.6×10^{-9}	6.8×10^{-10}	3.6×10^{-9}	9.0×10^{-10}	4.4×10^{-9}

9.2.3 常用化学浆材

一、丙烯酰胺类

这类浆材国外多叫 AM-9，国内则多称“丙凝”，由下述几种材料组成：

（一）主剂丙烯酰胺。它是白色结晶粉状物质，比重为 1.12，极易溶于水，易聚合，只在 30℃以下的温度及干燥环境中可以长期保存。

丙烯酰胺是一种具有酰胺基和活泼双键的水溶性乙烯基类化合物，在适当条件下易生成水溶性的线性聚合物。这种聚合物作为灌浆材料是不适宜的，因而常加入交联剂 *N-N′*-甲撑双丙烯酰胺，使聚合物成为不溶于水的三向网状结构凝胶。

（二）引发剂过硫酸铵，简称 AP。属于强氧化剂，亦为水溶性粉末状材料，比重为 1.98，它在某些还原剂的作用下能生成游离基，使丙烯酰胺聚合。

（三）促进剂 β-二甲氨基丙腈，简称 DAP。为淡褐色液体，微带碱性，在 0～40℃时的比重为 0.86。DAP 和 AP 都属于催化剂，它们的掺用量是决定丙凝浆液凝结时间的重要因素，对浆液的黏度和稳定性也有不小的影响。

（四）缓凝剂铁氰化钾，简称 KFe。是赤色水溶性粉状物质，用以延缓浆液的凝结时间。试验证明，土和水中的亚铁离子和亚铜离子倾向于加速浆液的凝结时间，加入 KFe

后即可消除这种不良影响。

当主剂浓度（即主剂重量占水重的百分数）为2%～3%时，即能在其他试剂作用下聚合，但浓度较低时的聚合物不够稳定。根据试验研究和应用经验，目前国内外均以10%作为丙凝的标准浓度，其他成分的浓度也很小，见表9-5。

丙凝浆液的标准配方 **表9-5**

试剂名称	代号	作用	浓度（重量百分比）	试剂名称	代号	作用	浓度（重量百分比）
丙烯酰胺	A	主剂	9.5%	β-二甲氨基丙腈	DAP	促进剂	0.4%
N-*N*′-甲撑双丙烯酰胺	M	交联剂	0.5%	铁氰化钾	KFe	缓凝剂	0.01%
过硫酸铵	AP	引发剂	0.5%				

丙凝浆液及凝固体的主要特点为：

（一）浆液属于真溶液。在20℃温度及标准浓度下，其黏度仅为1.2×10^{-3}Pa・s，与水甚接近，其可灌性远比目前所有的灌浆材料都好。

（二）浆液从制备到凝结所需的时间，可以在几秒钟到几小时内精确的加以控制，而且其凝结过程不受水（有些高分子浆材不能与潮湿介质粘结）和空气（有些浆材遇空气会降低胶结强度）的干扰或很少干扰。

（三）浆液的黏度在凝结前维持不变，这就能使浆液在灌浆过程中维持同样的渗入性。而且浆液的凝结是立即发生的，凝结后的几分钟内就能达到极限强度，这对加快施工进度和提高灌浆质量都是有利的。

（四）浆液凝固后，凝胶本身基本上不透水（渗透系数约为10^{-9}cm/s），耐久性和稳定性都好，可用于永久性灌浆工程。

（五）丙凝浆液能在很低的浓度下凝结，例如目前采用的标准浓度为10%，其中有90%是水。而且浆液凝固后不致发生和粒状浆材一样的析水现象，即每一份浆液就能填塞一份土的孔隙。因此，丙凝灌浆的成本是相对较低的。

（六）丙凝浆液能用一次注入法灌浆，因而施工操作比较简单。

丙烯酰胺类浆材也有一些缺点，例如：

（一）凝胶的力学强度较低。在标准浓度（10%）下，固砂体的无侧限抗压强度一般不大于5×10^{5}Pa。因此，这类浆材只适用于防渗灌浆，而且在粗裂隙内易为高压水挤出。

（二）在干燥条件下，凝胶将产生不同程度的收缩。虽然干缩后再浸水又会使凝胶膨胀，但在体积变化过程中可能在凝胶体内产生裂缝，因此，这类浆材不宜在干燥环境中应用。

（三）用无侧限方法进行长时间压缩试验时，灌浆体有明显的蠕变现象，以致采用远小于由短时间试验得出的极限压力，就能使加固体破坏。

（四）浆材有一定的毒性。反复和丙烯酰胺粉末接触会影响中枢神经系统。过硫酸胺是强氧化剂，有可能破坏衣服和皮肤，施工人员须戴防护工具。

二、聚氨酯聚氨酯

聚氨酯是采用多异氰酸酯和聚醚树脂等作为主要原料，再掺入各种外加剂配制而成。浆液灌入地层后，遇水即反应生成聚氨酯泡沫体，起加固地基和防渗堵漏等作用。

聚氨酯浆材又分为水溶性与非水溶性两类。

水溶性聚氨酯能与水以各种比例混溶，并与水反应成含水胶凝体；非水溶性聚氨酯只能溶于有机溶剂。

聚氨酯浆液具如下一些特点：

（一）浆液黏度低，可灌性好，结石有较高的强度，可与水泥灌浆相结合，建立高标准防渗帷幕；

（二）浆液遇水即反应，可用于动水条件下堵漏，封堵各种形式的地下、地面及管道漏水，封堵牢固，止水见效快；

（三）安全可靠，不污染环境；

（四）耐久性好；

（五）操作简便，经济效益高。

目前在土木工程中用得比较广泛的是非水溶性聚氨酯，其中又以“二步法”的制浆法最好。所谓“二步法”又称预聚法，是把主剂先合成为聚氨酯的低聚物（预聚体），然后再把预聚体和外加剂按需要配成浆液。预聚体已在天津、常州和上海等地厂家成批生产。

外加剂包括下列几种：

（一）增塑剂。用以降低大分子之间的相互作用力，提高材料的韧性，常用的有邻苯二甲酸二丁酯等。

（二）稀释剂。用以降低预聚体或浆液的黏度，提高浆液的可灌性。常用的有丙酮和二甲苯等，其中以丙酮的稀释效果最好。

（三）表面活性剂。用以提高泡沫的稳定性和改善泡沫的结构，一般采用吐温和硅油等。

（四）催化剂。用以加速浆液与水的反应速度和控制发泡时间，常用的有三乙醇胺和三乙胺等。

经过多年的研究和实践，得出了几种比较有效的浆材配方，如表 9-6。

常用的聚氨酯配方 **表 9-6**

编号	预聚体类型	材料重量比					
		预聚体	二丁酯（增塑剂）	丙酮（稀释剂）	吐温、硅油（表面活性剂）	催化剂	
						三乙醇胺	三乙胺
SK-1	PT-10	100	10～30	10～30	0.5～0.75	0.5～2	—
SK-3	TT-1/TM-1	100	10	10	0.5～0.75	—	0.2～4
SK-4	TT-1/TP-2	100	10	10	0.5～0.75	—	0.2～4

各配方的主要性能指标见表 9-7，其中固砂体试件是在 9.8×10^4 Pa 盖重条件下成型的。

聚氨酯浆液性能指标 **表 9-7**

编号	游离［NCO］含量%	比重	黏度（Pa·s）	固砂体		抗渗标号
				屈服抗压强度（9.8×10^4Pa）	弹模（9.8×10^4Pa）	
SK-1	21.2	1.12	2×10^{-2}	160	4550	$>B_{20}$
SK-3	18.1	1.14	1.6×10^{-1}	100	2870	$>B_{10}$
SK-4	18.3	1.15	1.7×10^{-1}	100	2962	$>B_{10}$

从上述两表可看出，SK-1 浆液的黏度较低，固砂体的强度较高，抗渗性较好，并有

良好的二次扩散性能，适用于砂层及软弱夹层的防渗和加固处理；SK-3及SK-4浆液的特点是弹性较好，对于变形具有较好的适应性。上述浆液遇水后黏度迅速增长，不会被水稀释和冲走，故特别适用于动水条件下的防水堵漏。

三、硅酸盐类

硅酸盐(水玻璃)灌浆开始于1887年，是一种最古老的灌浆技术，它具有价格低廉、渗入性较高和无毒等优点，国内外至今仍广泛应用于地基、大坝、隧道、桥墩、矿井等建筑工程。

硅酸盐浆材以含水硅酸钠（又称水玻璃）为主剂，另加入胶凝剂以形成凝胶。今以氯化钙及乙二醛两种胶凝剂为例，其反应方程分别为：

$$(1)\ Na_2O\cdot nSiO_2 + CaCl_2 + mH_2O \longrightarrow nSiO_2\cdot(m-1)H_2O + Ca(OH)_2 + 2NaCl \qquad (9\text{-}4)$$

$$(2)\ Na_2O\cdot nSiO_2 + 2\begin{array}{c}CHO\\ |\\ CHO\end{array} + H_2O \longrightarrow 2\begin{array}{c}CH_2OH\\ |\\ COONa\end{array} + nSiO_2 \qquad (9\text{-}5)$$

胶凝剂的品种较多，大体可分为盐、酸和有机物等几类。有些胶凝剂与硅酸盐的反应速度很快，例如氯化钙、磷酸和硫酸铝等，它们和主剂必须在不同的灌浆管或不同的时间内分别灌注，故被称为双液注浆法；另一些胶凝剂如盐酸、碳酸氢钠和铝酸钠等与硅酸钠的反应速度则较缓慢，因而主剂与胶凝剂能在注浆前预先混合起来注入同一钻孔中，故被称为单液注浆法或一步法。

双液法中两种化学剂的反应几乎是立即发生的，而单液法中浆液的凝结时间则较长，黏度增长速度较慢，故单液法的有效扩散半径比双液法大，但单液法的凝胶强度一般比双液法低。为克服单液法的这一缺点，近十多年来用有机物作为胶凝剂的研究和应用迅速发展，这些有机剂包括乙二醛、醋酸乙酯、甲酰胺等。

硅酸盐凝胶的耐久性是另一个重要问题。试验研究证明，硅凝胶即便在潮湿状态下，也会发生一定的收缩。但这种收缩不属于干缩，也不是水或有害化学剂对硅胶的溶蚀，而是由于硅胶中的硅离子发生缩聚作用而把自由水从硅胶中挤出的结果，这种作用被称为脱水收缩，其结果将使灌浆效果降低。

试验资料表明，只要灌浆体不暴露在干燥空气中和浸泡在溶蚀性水中，而且灌浆设计和施工技术比较合理，有些胶凝剂（例如铝酸钠）的耐久性将不会有多大问题。

表9-8列出了由几种胶凝剂制成的浆液的主要性质，供参考。

硅酸盐浆材的主要性能 **表9-8**

胶凝剂名称	浆液黏度 (10^{-3}Pa·s)	胶凝时间	固砂体抗压强度 (9.8×10^4Pa)	灌浆方法
氯化钙	100	瞬时	<30	双液
铝酸钠	5~10	数分~几十分钟	<30	单液
碳酸氢钠	2~5	数秒~几十分钟	3~5	单液
磷酸	3~5	数秒~几十分钟	3~5	单液
氟硅酸	3~5	几秒~几十分钟	20~40	单液或双液
乙二醛	2~4	几秒~几十分钟	<20	单液或双液
高锰酸钾	2~3	几秒~几小时	2~3	单液或双液

9.2.4 几种改性浆材

一、超细水泥

常用的水泥由于颗粒较粗，一般只能灌注砾石或直径大于 0.2～0.3mm 的孔隙。为提高水泥的可灌性，日本率先用干磨法制成 d_{50} 为 4μm、比表面积约 8000cm²/g 的 MC 超细水泥（见图 9-3），可灌入渗透系数为 10^{-3} cm/s 的中细砂层。后由北京水科院研制出水平相近的 SK 超细水泥，并在二滩水电站坝基中试用成功。近期由浙江大学等单位研制出更细（d_{50} 为 3～4μm）的 CX 型超细水泥，已在新安江大坝等灌浆工程中成功应用。此外，日本后来又用湿磨法制成 d_{50} 为 3μm 的超细水泥。最近则用去除水泥中较大颗粒的办法制成颗粒小于 10μm 的“微溶胶”浆液，解决了一些工程难题。

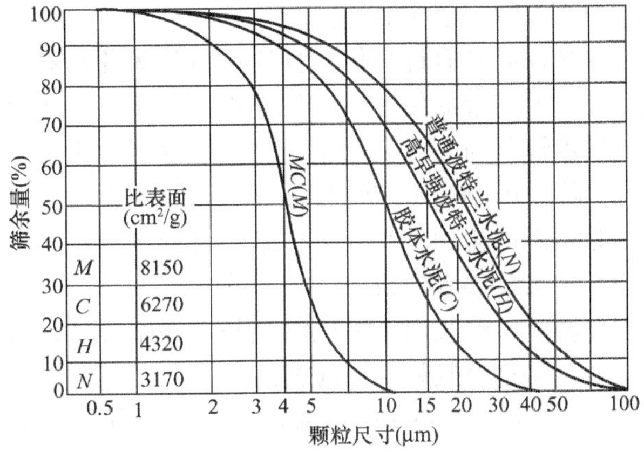

图 9-3 几种水泥的级配曲线

二、无毒丙凝

丙凝 AM-9 虽可灌性很高，但对神经系统有毒害，对空气和地下水有污染。1980 年，美国研制成一种名为 AC-400 的浆材（典型配方见表 9-9），1982 年中国水科院亦研制成类似的浆材 AC-MS。这类浆材的毒性仅为 AM-9 的 1%，但其特性和功能却与 AM-9 极相似：浆液的黏度仅为 2×10^{-3} Pa·s，凝结前黏度不随时间而改变（见图 9-4），凝结后聚合物的渗透性仅为 10^{-8}～10^{-9} cm/s，是一种更理想的防渗浆材。

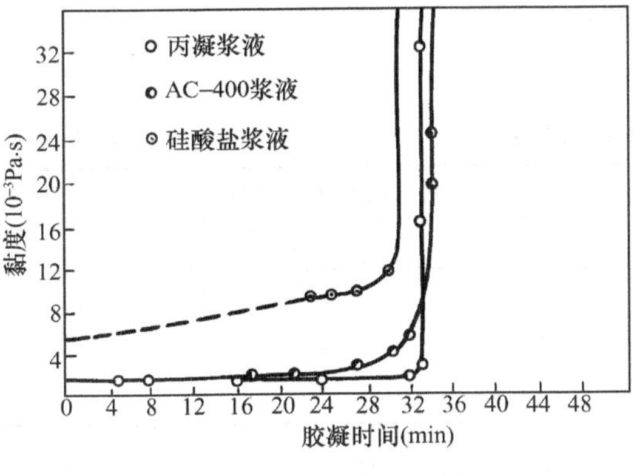

图 9-4 浆液黏度随时间变化曲线

三、酸性水玻璃

为克服碱性水玻璃的缺点，国内外从 20 世纪 70 年代后期开始开展了酸性水玻璃的研究，这种水玻璃能在中性区域内胶凝，凝胶体没有碱溶出，在潮湿地层中可看作是永久性浆材。

AC-400 浆液的典型配方 表 9-9

成 分	AC-400（40%）	三乙醇胺（85%）	水	过硫酸铵	总 量
重量百分数	25.0	1.0	73.0	1.0	100.0

酸性水玻璃的制备有酸化法和离子交换脱钠法两类。离子交换法因操作较困难，工程中一般不采用；酸化法又分直接法和间接法两种，前者是把酸性材料直接用作水玻璃的胶凝剂，后者是用酸性材料先把水玻璃酸化，然后再用碱性胶凝剂使之在酸性或中性范围内发生胶凝。据研究，酸性水玻璃浆液的起始黏度仅为 $1.5\sim2.5\times10^{-3}$ Pa·s，胶凝时间可

以从瞬间到几十分钟内调整，胶凝体的渗透系数约为 10^{-8}～10^{-10}cm/s，固砂体的抗压强度变化在0.2～0.5MPa之间。

四、改性环氧树脂

环氧树脂具有许多优良性质，例如固化后抗压和抗拉强度高，粘结力强，收缩性小，能抗酸、碱溶液的侵蚀等；但它作为灌浆材料则存在一些弱点，例如浆液黏度大、可灌性小，憎水性强与潮湿裂隙粘结能力差等。近十多年来，国内一些单位为克服上述缺点，用掺入糠醛、丙酮和水溶性甘油环氧树脂等办法，已逐渐形成一套具有低黏度、高亲水性并能在低温下固化的改性环氧树脂浆材。

五、水玻璃水泥浆

水玻璃水泥浆由水玻璃溶液与水泥浆混合而成，水玻璃与水泥水解产物 $Ca(OH)_2$ 迅速化合，是这类浆材的反应机理：

$$Na_2O \cdot nSiO_2 + Ca(OH)_2 + mH_2O \longrightarrow CaO \cdot nSiO_2 \cdot mH_2O + 2NaOH \quad (9\text{-}6)$$

水玻璃水泥浆具有如下一些特点：

（一）浆液的凝结时间可在几秒钟到几十分钟内准确地控制，其主要规律是：水泥浆越浓、水玻璃与水泥浆的比例越大和温度越高，浆液凝结时间就越短，反之则长。为了加快或延缓凝结时间，可在浆中加入适量的速凝剂或缓凝剂。在同一条件下，水泥中含硅酸三钙越多，胶凝时间就越快，因而普通硅酸盐水泥比矿渣硅酸盐水泥及火山灰水泥凝结快。

（二）凝固后的结石率高，可达98%～100%。

（三）结石的抗压强度较高，见表9-10。

水玻璃水泥浆结石强度 **表9-10**

水玻璃浓度 (Be′)	水玻璃浆与水泥浆体积比	水泥浆浓度（水灰比）	抗压强度（9.8×10^4Pa）		
			7d	14d	28d
40	1∶1	0.5∶1	204	244	248
		0.75∶1	116	177	185
		1∶1	44	106	113

表中资料说明，水泥浆的浓度仍然是决定强度大小的关键因素。龄期虽也有影响，但14天以后的变化已不明显。

（四）水玻璃是促使水泥浆早凝的因素，但并不是所用水玻璃越多，浆液就凝结越快，在某些情况下却呈现相反的规律，如图9-5所示。试验用水泥为500# 普通硅酸盐水泥。

（五）水玻璃对强度的影响呈现一个峰值，超过此峰值后结石强度随 S 值而降低，见图9-6。

9.2.5 水泥浆附加剂

为了改善水泥浆液的性质，以适应不同的灌浆目的和自然条件，可在水泥浆中掺入不同的附加剂。常用的附加剂如表9-11所示。

此外，由于膨润土是一种水化能力极强和分散性很高的活性黏土，在国外灌浆工程中被广泛地用作水泥浆的附加剂，它可使浆液黏度增大，稳定性提高、结石率增加。据研究，当膨润土掺量不超过水泥重量的3%～5%时，浆液结石的抗压强度不会降低。

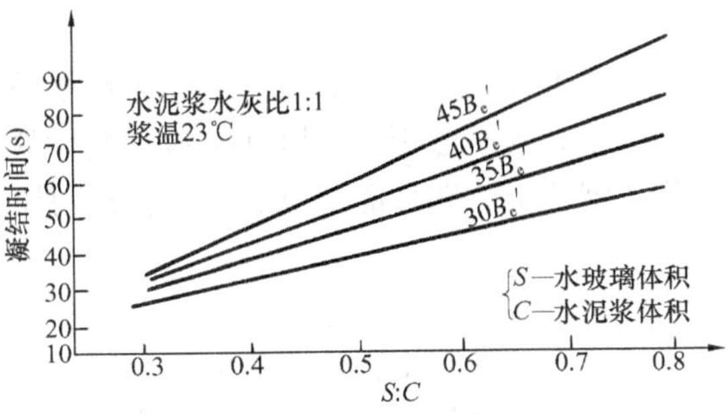

图 9-5 S∶C 对凝结时间的影响

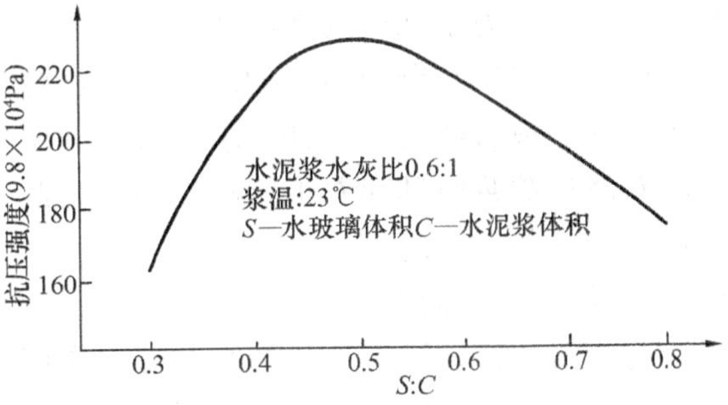

图 9-6 S∶C 对结石强度的影响

水泥浆的附加剂及掺量 **表 9-11**

名 称	试 剂	用量（占水泥重），%	说 明
速凝剂	氯化钙	1～2	加速凝结和硬化
	硅酸钠	0.5～3	加速凝结
	铝酸钠		
缓凝剂	木质磺酸钙	0.2～0.5	亦增加流动性
	酒石酸	0.1～0.5	
	磷酸氢二钠	0.5～2	

名 称	试 剂	用量（占水泥重），%	说 明
流动剂	木质磺酸钙	0.2～0.3	
	去垢剂	0.05	产生空气
加气剂	松香树脂	0.1～0.2	产生约 10%的空气
膨胀剂	铝粉	0.005～0.02	约膨胀 15%
	饱和盐水	30～60	约膨胀 1%
防析水剂	纤维素	0.2～0.3	
	硫酸铝	约 20	产生空气

9.3 灌浆原理

在地基处理中，灌浆工艺所依据的理论主要可归纳为下列四类：

1. 渗入性灌浆。在灌浆压力作用下，浆液克服各种阻力而渗入孔隙和裂隙，压力越大，吸浆量及浆液扩散距离就越大。这种理论假定，在灌浆过程中地层结构不受扰动和破坏，所用的灌浆压力相对较小。

2. 劈裂灌浆。在灌浆压力作用下，浆液克服地层的初始应力和抗拉强度，引起岩石或土体结构的破坏和扰动，使地层中原有的孔隙或裂隙扩张，或形成新的裂缝或孔隙，从而使低透水性地层的可灌性和浆液扩散距离增大。这种灌浆法所用的灌浆压力相对较高。

3. 压密灌浆。通过钻孔向土层中压入浓浆，随着土体的压密和浆液的挤入，将在压浆点周围形成灯泡形空间，并因浆液的挤压作用而产生辐射状上抬力，从而引起地层局部隆起，许多工程利用这一原理纠正了地面建筑物的不均匀沉降。

上述压密灌浆是在土体内部的某点施压，使土体产生自下而上的应力扩散，故称为土内压密，另一种是在建筑物底板下面的土层表面进行压浆，在底板基本不发生上抬变形的条件下，使土体发生自上而下的固结沉降，故称为表面压密，因沉降而在底板与土面之间形成的空隙则将被凝固后的浆液牢固地充填。

4. 电动化学灌浆。当在粘性土中插入金属电极并通以直流电后，就在土中引起电渗、电泳和离子交换等作用，促使在通电区域中的含水量显著降低，从而在土内形成渗浆“通道”。若在通电的同时向土中灌注硅酸盐浆液，就能在“通道”上形成硅胶，并与土粒胶结成具有一定力学强度的加固体。

渗入性灌浆与劈裂灌浆的理论基础虽然不同，但两者都是要把类似的浆液注入地基内的天然孔隙或人造裂隙，并力求在较小的压力下达到较大的扩散距离，因而浆液流变性的好坏对所述灌浆原理起着重要的作用。为此，本节在阐述上述四种灌浆机制之前，还对浆液的流变性作简要的叙述。

9.3.1 浆液的流变性

对浆液而言，流变性是指它在外力作用下的流动性。在灌浆工程中，一般要求浆液具有较好的流动性，因为流动性越好，浆液流动时的压力损失就越小，因而能自灌浆点向外扩散越远；但在某些情况下例如孔隙较粗和地下水流速较大时，反而要求浆液具有较小的流动性，以便控制浆液的扩散和降低浆液的消耗。

一般认为，浆液在土孔隙中流动时，其雷诺数不会超过临界值，因而浆液的流变性可用层流条件下的流变参数来表达，即：

一、牛顿体。如图 9-7 及式（9-7）所示，剪切率$\left(\frac{dv}{dr}\right)$与剪应力（$\tau$）成正比关系：

$$\tau = \eta \frac{dv}{dr} \tag{9-7}$$

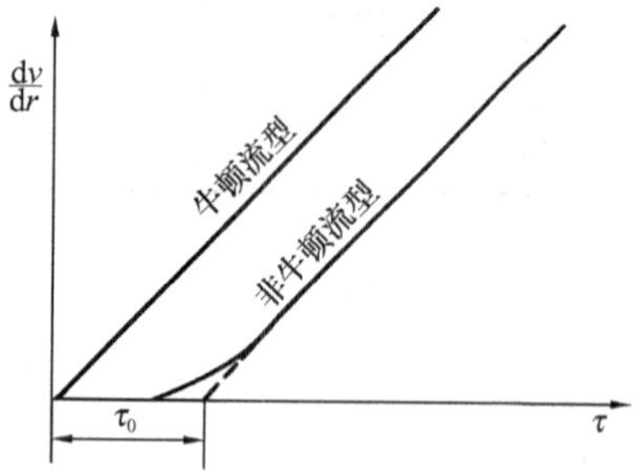

图 9-7 浆液的流变曲线

式中 η 为浆液的黏度，在浆温和压力不变时为常数，单位为 Pa · s。

二、非牛顿体。其中最重要的一种叫宾汉流体，其剪切率不与剪应力成正比，并且只当剪应力超过屈服值 τ_0 后浆液才开始流动，如式(9-8)及图 9-7 所示：

$$(\tau - \tau_0) = \eta_p \frac{dv}{dr} \tag{9-8}$$

式中 η_p 为塑性黏度。

从式（9-7）可见，牛顿型浆液的流动性主要受黏滞性控制。当灌浆压力一定时，浆液在均质土层中的流动速度将随扩散半径 r 而线性地减小。今以单个圆形毛细管为例，浆液在管内的流动速度可用伯塑尼（Poissuille）方程表示：

$$Q = \frac{\pi R^4}{8\eta} \cdot \frac{\Delta p}{r} \tag{9-9}$$

式（9-8）则表明，黏滞性和切应力都对浆体的流动性施加影响。在整个圆形毛细管中，只当式（9-10）的条件满足时，浆液才能开始流动，因而其流动方程改用式（9-11）表示：

$$\Delta p \geqslant \frac{2\tau_0 r}{R} \tag{9-10}$$

$$Q = \frac{\pi R^4}{8\eta_p}\left(\frac{\Delta p}{r} - \frac{2\tau_0}{R}\right) \tag{9-11}$$

式中 Q——单位时间的流量；
R——毛细管的半径；
Δp——有效灌浆压力；
r——浆液在毛细管中的流动距离。

比较式(9-9)及式(9-11)可知，在灌注塑性浆液时，一部分有效灌浆压力将消耗在克服由剪应力产生的阻力上面，因而必须采用较高的灌浆压力才能使浆液渗入细小孔隙和扩散至较远的距离。但在另一方面，因塑性体一般都存在触变现象，所以它又具备一些牛顿体所没有的优点，例如能防止浆液中的粗颗粒沉淀分层和有利于在大孔洞或动水条件下灌注等。

浆液的流动性受浓度影响最大（一般流动性随水灰比增大而提高），此外如材料颗粒的比表面积（流动性随比表面积增大而降低）、颗粒形状（带角颗粒将增加流动阻力）、絮凝程度或内质点的吸力（絮凝性降低流动性）等也是重要的影响因素。

一般认为，水泥浆较稀时为牛顿体，但当水灰比降低到某值后则变为塑性体。水泥浆由牛顿体变为塑性体的临界水灰比取决于水泥的类型和浆液的搅拌程度等因素。某些试验资料表明，当水灰比 $W<0.8\sim1.0$ 后粘度和抗剪强度都迅速增加，成为典型的塑性体。另外一些资料则指出，水泥浆的水灰比高达10～20 时仍具有一定的抗剪强度。

黏土、膨润土和黏土水泥浆等则为塑性体，在这些浆液中，水和黏土的含量对流动性影响最大，掺土越多和含水量越小，浆液的黏度就越大。

丙凝、AC-MS、硅酸盐和大多数化学浆液都属于牛顿体，然而除丙凝等少数浆液外，多数浆液的黏度都随时间而增加，化学浆液的这一性质比粒状浆液更为突出。图 9-8 即为几种浆液的典型实例。

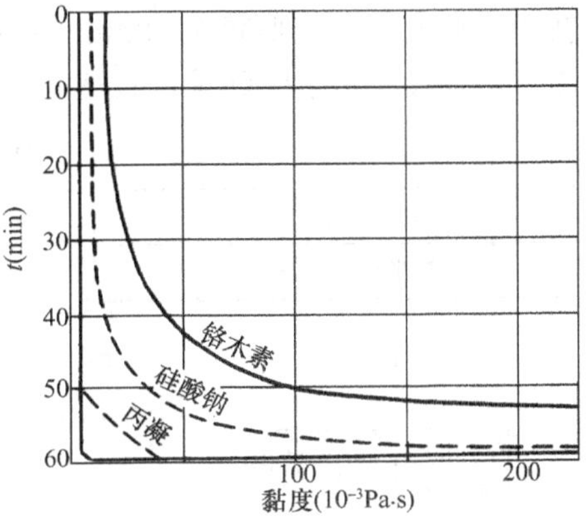

图 9-8 浆液黏度随时间变化

9.3.2 渗入性灌浆

近六十多年来，各国学者对砂及砂砾石的灌浆进行了研究，发展了一些渗入性灌浆理论，下面为几个具有代表性的典型情况。

一、球形扩散

Maag（1938）首先推导出浆液在砂层中的渗透公式（式 9-12，9-13），它至今仍被广泛采用。在推导公式时，Maag 作了下述一些简化计算模式的假定：

1. 被灌砂土为均质的和各向同性的；
2. 浆液为牛顿体；
3. 采用填压法灌浆，浆液从灌浆管底端注入地层；
4. 浆液在地层中呈球状扩散。

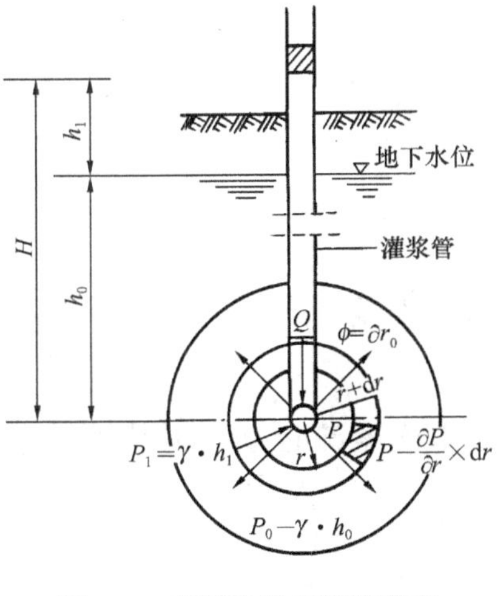

图 9-9 底端注浆球形扩散图

浆液扩散的理论模型如图 9-9。h_0 为注浆点以上地下水压头，H 为地下水压头和灌浆压力之和（cm），该理论的灌浆时间 t 和浆液扩散半径 r_1 表达式如下：

$$t=\frac{r_1^3\beta n}{3kh_1 r} \tag{9-12}$$

$$r_1 = \sqrt[3]{\frac{3kh_1r_0t}{\beta \cdot n}} \tag{9-13}$$

上式中 k——砂土的渗透系数（cm/s）；

β——浆液粘度对水的黏度比；

h_1——灌浆压力，cm 水头；

r_0——灌浆管半径（cm）；

n——砂土的孔隙率。

Maag 公式比较简单，对黏度随时间变化不大的浆液能给出渗入性的初步轮廓。例如用某种硅酸盐浆液灌浆，灌浆压力为 70m 水头，灌浆管半径为 2.5cm，土的孔隙率为 0.3，浆液黏度对水的黏度比等于 3，浆液凝结时间为 35min，试验证明在 20min 内浆液的黏度基本上不变，则灌注 20min 后浆液在各种土中的渗入半径见表 9-12，表中数字大体说明，该浆液用于中砂是比较适宜的。

浆液的扩散半径 **表 9-12**

砂土的渗透系数 k（cm/s）	10^{-1}	10^{-2}	10^{-3}	10^{-4}
扩散半径 r_1（cm）	4000	400	40	4

除 Maag 公式外，常见的还有 Karol 和 Raffle 公式等；

Karol 公式

$$t = \frac{n\beta}{3kh_1}r_1^2 \tag{9-14}$$

Raffle 公式

$$t = \frac{nr_0^2}{kh_1}\left[\frac{\beta}{3}\left(\frac{r_1^3}{r_0^3}-1\right)-\frac{\beta-1}{2}\left(\frac{r_1^2}{r_0^2}-1\right)\right] \tag{9-15}$$

二、柱形扩散理论

当牛顿体作柱形扩散时，可按图 9-10 理论模型进行计算，得出下述两个公式：

$$t = \frac{n\beta r_1^2 \ln\frac{r_1}{r_0}}{2kh_1} \tag{9-16}$$

$$r_1 = \sqrt{\frac{2kh_1t}{n\beta\ln\frac{r_1}{r_0}}} \tag{9-17}$$

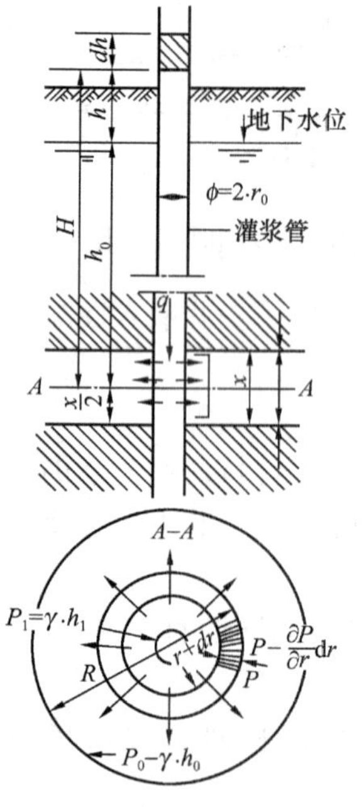

图 9-10 浆液柱状扩散图

三、袖阀管法理论计算

根据第五节图 9-25 理论模型，假定浆液在砂砾石中作紊流运动，则其扩散半径 r_1 为：

$$r_1 = 2\sqrt{\frac{t}{n}\sqrt{\frac{k\nu h_1 r_0}{d_e}}} \tag{9-18}$$

上式中 d_e 为被灌土体的有效粒径，ν 为浆液的运动黏滞系数，其余符号同 Maag 球状公式。

今设 $t=60\text{s}$，$n=0.3$，$k=0.1\text{cm/s}$，$\nu=4\times10^{-6}\text{m}^2/\text{s}$，$h_1=200\text{m}$，$r_0=1.5\text{cm}$，$d_e=0.2\text{cm}$，代入式（9-18）得：

$$r_1=2\times\sqrt{\frac{60}{0.3}\sqrt{\frac{0.1\times20000\times4\times1.5}{0.2}}}=442\text{cm}$$

9.3.3 劈裂灌浆

在灌浆压力作用下，向钻孔泵送不同类型的流体，以克服地层的初始应力和抗拉强度，使其沿垂直于小主应力的平面上发生劈裂，从而使低透水性地基的可灌性大大提高。

一、岩基

在岩基中，水力劈裂的开始颇大程度上取决于岩石的抗拉强度（S_T）、泊松比（μ）、侧压力系数（K_0）以及孔隙率（n）、透水性（k）和浆液的黏度等。若用参数 N 综合地表示 K 和 n，则在钻孔井壁处开始发生垂直劈裂的条件为：

$$\frac{p_0}{\gamma h}=\left(\frac{1-\mu}{1-N\mu}\right)\left(2K_0+\frac{S_T}{\gamma h}\right) \tag{9-19}$$

式中 p_0 为灌浆压力，γ 为岩石的重度，h 为灌浆段深度。

水平劈裂的开始条件为：

$$\frac{p_0}{\gamma h}=\left(\frac{1-\mu}{\mu(1-N)}\right)\left(1+\frac{S_T}{\gamma h}\right) \tag{9-20}$$

对于含节理裂隙的岩层，水力劈裂应包括原有裂隙的扩张和新鲜岩体的破裂。根据弹性理论计算，目前国内灌浆工程所用的灌浆压力，尚不能使新鲜岩体发生破裂，但仅用较小的灌浆压力就足以引起岩石现有裂隙的类弹性扩张。

二、砂和砂砾石

对砂及砂砾石层，可按照有效应力的库伦-莫尔破坏标准进行计算。在各向同性地层中，材料的应力状态与式（9-21）相符时即将发生破坏：

$$\frac{\sigma'_1+\sigma'_3}{2}\cdot\sin\varphi'=\frac{\sigma'_1-\sigma'_3}{2}-\cos\varphi'\cdot c' \tag{9-21}$$

式中 σ'_1——有效大主应力；

σ'_3——有效小主应力；

φ'——有效内摩擦角；

c'——有效黏聚力。

地层中由于灌浆压力的作用，将使砂砾石土的有效应力减小。当灌浆压力 P_c 达到式（9-22）的标准时，就会导致地层的破坏：

$$P_c=\frac{(\gamma h-\gamma_w h_w)(1+K)}{2}-\frac{(\gamma h-\gamma_w h_w)(1-K)}{2\sin\varphi'}+c'\cdot\cot\varphi' \tag{9-22}$$

式中 γ——砂或砂砾石的重度；

γ_w——水的重度；

h——灌浆段深度；

h_w——地下水位高度；

K——主应力比。

上述公式所代表的破坏机理可用图9-11的莫尔包线来解释，图中随着孔隙压力的增加，有效应力就逐渐减少而至与破坏包线相切，表明砂砾土已开始劈裂。

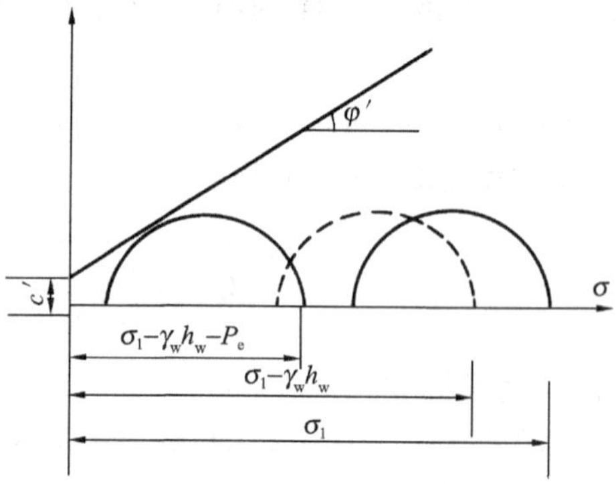

图9-11 假想的水力破坏机理

三、黏性土

在黏性土中，水力劈裂将引起土体固结及挤出等现象，从化学角度出发还包括水泥微粒对黏土的钙化作用。

在仅有固结作用的条件下，可用公式(9-23)及（9-24）计算注入浆液的体积V及单位土体所需的浆液量Q：

$$V = \int_0^r (P_0 - u) m_V \cdot 4\pi r^2 \mathrm{d}r \tag{9-23}$$

$$Q = P \cdot m_V \tag{9-24}$$

式中 r——浆液的扩散半径；

P_0——灌浆压力；

u——孔隙水压力；

m_V——土的压缩系数；

P——有效灌浆压力。

在存在多种劈裂现象的条件下，则可用式（9-25）确定土层被固结的程度C：

$$C = \frac{(1-V)(n_0 - n_1)}{(1-n_0)} \times 100\% \tag{9-25}$$

式中 V——灌入土中的水泥结石总体积；

n_0——土的天然孔隙率；

n_1——灌浆后土的孔隙率。

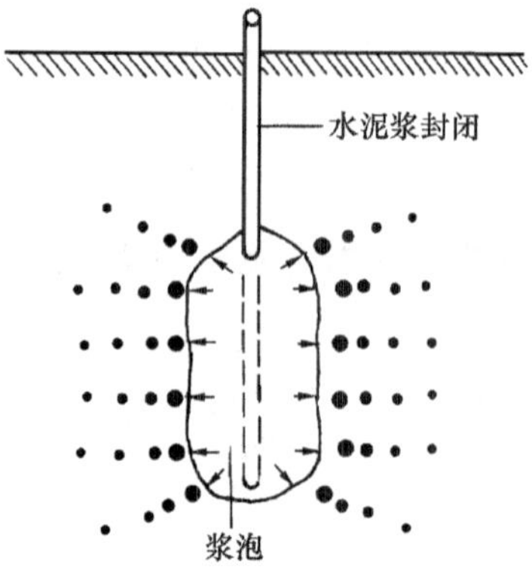

图9-12 压密灌浆原理示意图

9.3.4 压密灌浆

一、土内压密

通过钻孔在土中灌入浓浆，在注浆点使土体压密而形成浆泡，如图9-12所示。当浆泡的直径较小时，灌浆压力基本上沿钻孔的径向即水平向扩展。随着浆泡尺寸的逐渐增大，便产生较大的上抬力而使地面抬动，当合理的使用灌浆压力并造成适宜的上抬力时，能使下沉的建筑物回升到相当精确的范围。简单地说，压密灌浆是用浓浆置换和压密土的过程。

压密灌浆的主要特点之一，是它在较软弱的土体中具有较好的效果。此法最常用于中砂地基，粘土地基中若有适宜的排水条件也可采用，若因排水不畅而可能在土体中引起高孔隙水压力时，就必须采用很低的注浆速率。

研究证明，向外扩张的浆泡将在土体中引起复杂的径向和切向应力体系。紧靠浆泡处的土体将遭受严重破坏和剪切，并形成塑性变形区，在此区内土体的密度可能因扰动而减小；离浆泡较远的土则基本上发生弹性变形，因而土的密度有明显的增加。

浆泡的形状一般为球形或圆柱形。在均匀土中浆泡的形状相当规则，非均质土中则很不规则。浆泡的最后尺寸受许多因素的影响，如土的密度、湿度、力学性质、地表约束条件、灌浆压力和注浆速率等。浆泡的横截面直径可达到 1m 或更大。实践证明，离浆泡界面 0.3～2.0m 以内的土体都能受到明显的加密。

二、表面压密

与土内压密相反，表面压密是通过地层上面的盖板钻孔，向土体表面灌入高强度浆液使土体表面和盖板底部都受到人工施加的浆压（图 9-13），盖板由于具有足够的重量和刚性而不会发生有害的变形和上抬，而土体则发生自上而下的应力扩散和沉降，底板下面因土层沉降而形成的空隙则被坚硬的浆液结石紧密地充填。

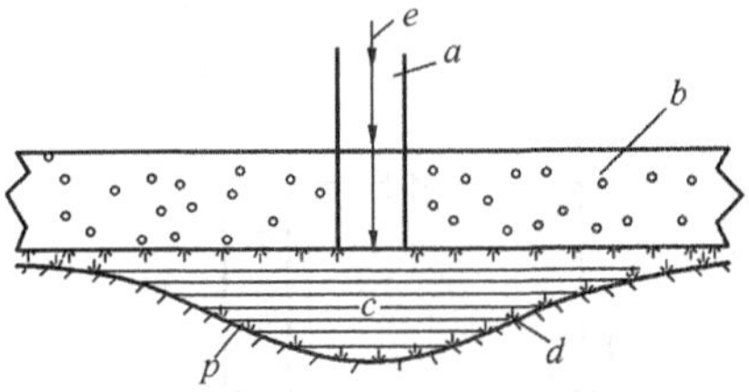

图 9-13 表面压密灌浆示意图
a—钻孔；*b*—盖板；*c*—浆液结石；*d*—土体；*e*—进浆口；*p*—灌浆压力

显然，表面压密灌浆的目的主要不在纠正建筑物的不均匀沉降，而是用来预先消除或减少建筑物的有害沉陷。这种灌浆方法往往能解决某些特殊的工程问题，收到加快工程进度和节约工程造价等良好效果。

实践证明，土的沉降量取决于灌浆压力、土的种类和性质，以及土体周围的排水条件等一些因素。灌浆压力越大，对土的固结作用就越好，但灌浆压力又不能使上部结构发生有害的变位。在对高层建筑物实施表面压密灌浆时，一般上部结构和底板的面积都较大，而钻孔灌浆则可采用单孔进行，浆液沿灌浆孔四周径向扩散的范围较小，所产生的上托力通常都远小于上部结构的重量，故灌浆压力较易控制在安全而有效的范围内。

9.3.5 电动化学灌浆

根据达西定律，在水压力作用下流体通过多孔介质的平均速度为：

$$v_{\mathrm{h}} = k_{\mathrm{h}} \cdot I_{\mathrm{h}} = k_{\mathrm{h}} \cdot \frac{h}{L} \tag{9-26}$$

式中 v_{h}——水在土中的渗透速度；
k_{h}——水的渗透系数；
I_{h}——水力比降；
h——水头高度；
L——土样长度。

今用相同的土样，按图 9-14 方式进行电渗试验，发现由电渗引起的水流从正极流向负极的速度与达西定律颇相似，如式（9-27）所示：

$$v_{\mathrm{e}} = k_{\mathrm{c}} I_{\mathrm{e}} = k_{\mathrm{e}} \frac{V}{L} \tag{9-27}$$

式中 v_e——电渗速度；

k_e——土的电渗系数；

I_e——电压比降；

V——直流电压；

L——两电极的距离。

试验还发现，k_e 并不是一个常数，它不仅与流体中的离子浓度有关，在一定程度上还将随电场强度的增大而提高，土的 k_h 越小，k_e 提高越显著，如图9-15所示。图中 N 为离子的浓度。这种情况表明，在黏土中即便不采用灌浆压力，也能靠直流电压把浆液注入土中，或者在进行压力灌浆后再在土中通以直流电，就能使土中的浆液扩散得更加均匀，使灌浆效果进一步提高。

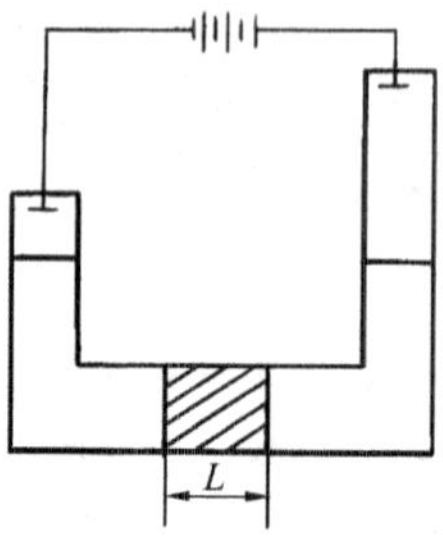

图 9-14 电渗试验草图

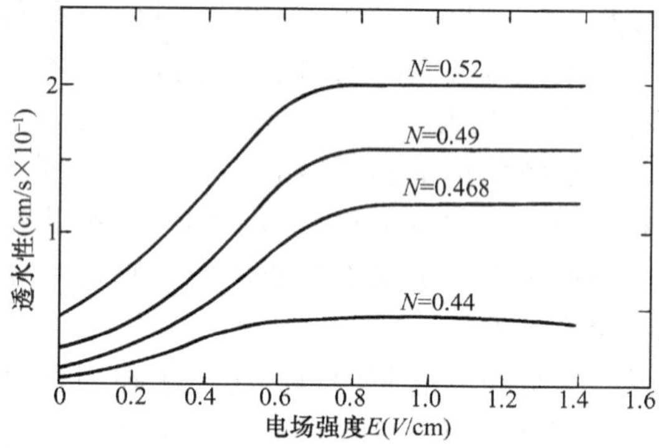

图 9-15 电场强度与透水性关系

9.4 灌浆设计

9.4.1 工程调查

在进行地基灌浆设计前应详细调查下述工程情况：

一、工程类别及主要特点；

二、灌浆的缘由和基本要求；

三、施工现场的地形和地质条件；

四、地下水质及水力特性；

五、周围环境及原地下构筑物情况；

六、浆材的产地及价格。

上述情况对灌浆方案的选择、灌浆参数的确定、施工措施的制订以及工程的进度和造价都有重要的影响。例如在重要建筑下面灌浆时要严防对上部建筑物造成上抬和破坏；在埋有管道和电缆等物的地层中灌浆则应防止浆液把这些设施堵塞；在临近边坡处不宜施加较大的压力；在软黏土中灌浆应采用劈裂灌浆；在高流速地下水中灌浆宜采用速凝措施；对永久性重要工程应提高灌浆标准等等。

9.4.2 方案选择

这是设计者首先要面对的问题，但其具体内容并无严格规定，一般都只把灌浆方法和灌浆材料的选择放在首要位置。

灌浆方法和灌浆材料的选择与一系列因素有关，主要的有下述几方面：

一、灌浆目的：是为了加固地基还是为了防渗？加固的目的是提高地基承载能力、抗滑稳定性还是降低地基变形量？

二、地质条件：包括地层构造、土的类型和性质、地下水位、水的化学成分、灌浆施工期间的地下水流速及地震级别等。

三、工程性质：是永久性工程还是临时工程？是重要建筑物还是一般建筑物？是否振动基础以及地基将要承受多大的附加荷载等。

涉及这方面的问题较多，而且因国情行业性质等的差异，不易归纳出一套规律性很强的准则。下面提出两种（表 9-13 及表 9-14）经验法则，可供选择灌浆方案时参考。

根据不同对象和目的选择灌浆方案　　表 9-13

编号	灌浆对象	适用的灌浆原理	适用的灌浆方法	常用灌浆材料	
				防渗灌浆	加固灌浆
1	卵砾石	渗入性灌浆	袖阀管法最好。也可用自上而下分段钻灌法	黏土水泥浆或粉煤灰水泥浆	水泥浆或硅粉水泥浆
2	砂及粉细砂	渗入性灌浆 劈裂灌浆	同上	酸性水玻璃、丙凝、单宁水泥系浆材	酸性水玻璃、单宁水泥浆或硅粉水泥浆
3	黏性土	劈裂灌浆 压密灌浆	同上	水泥黏土浆或粉煤灰水泥浆	水泥浆、硅粉水泥浆、水玻璃水泥浆
4	岩层	渗入性或劈裂灌浆	小口径孔口封闭自上而下分段钻灌法	水泥浆或粉煤灰水泥浆	水泥浆或硅粉水泥浆
5	断层破碎带	渗入性或劈裂灌浆	同上	水泥浆或先灌水泥浆后灌化学浆液	水泥浆或先灌水泥浆后灌改性环氧树脂或聚氨酯浆
6	混凝土内微细裂缝	渗入性灌浆	同上	改性环氧树脂或聚氨酯浆材	改性环氧树酯浆材
7	动水封堵		采用水泥水玻璃等快凝材料，必要时在浆中掺入砂等粗料。在流速特大的情况下尚可采取特殊措施，例如在水中预填石块或级配砂石后再灌浆		

各种浆材的适用范围　　表 9-14

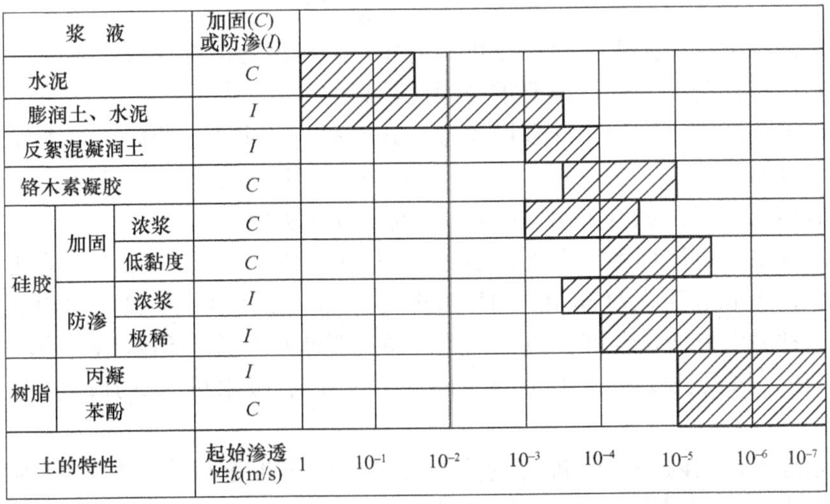

在国内外工程实践中，常采用联合灌浆工艺，包括不同浆材及不同灌浆方法的联合，以适应某些特殊地质条件和专门灌浆目的需要，下面是一些工程中采用过的实例：

（一）开挖隧洞过程中因流砂而造成大规模塌方，需采用灌浆方法在砂层中形成较高的力学强度才能恢复开挖工作，为此先用低压或中压灌注含有机固化剂的硅酸盐浆液，然后再用高压劈裂法灌注水泥浆。

（二）在砂砾石地层中当含有可灌性较差的中细砂夹层时，先用浓度较大和稳定性较好的粘土水泥浆封闭卵砾石中的较大孔隙，再用低强度硅酸盐浆液灌注砂中的较小孔隙。

（三）开挖竖井时为防止流砂涌入开挖面，先在地面钻孔至砂层，用较低压力灌注硅酸盐浆液，再通过灌浆管向灌浆区内引入直流电，依靠电渗原理使硅酸盐浆液扩散更均匀。

（四）为了加固岩基中的断层破碎带和软弱夹泥层，先用高压劈裂法灌注纯水泥浆，以封闭较宽裂隙和在软泥中形成水泥石网格，然后用中压灌注高强度环氧树脂浆液，用以封闭水泥颗粒不能进入的微小裂隙。

（五）为在裂隙岩层中建造较高标准的防渗帷幕，先灌注纯水泥浆以封闭较粗的裂隙，后灌注强度较低但稳定性较好的化学浆液，例如丙凝和 AC-MS，以封闭残余的微细裂隙。

在选择灌浆方案时，必须把技术上的可行性和经济上的合理性综合起来考虑。前者还包括浆材对人体的伤害和对环境的污染，这个问题已越来越引起工程界的重视，尤其在国外往往成为方案取舍的决定因素；后者则包括浆材是否容易取得和工期是否有保证等，在某些特殊条件下，例如由于工期过于紧迫或因运输条件较差而使计划采用的浆材难于解决时，往往不得不把经济问题放在次要的地位。

9.4.3 防渗标准

是指渗透性的大小。防渗标准越高，表明灌浆后地基的渗透性越低，灌浆质量也就越好，这不仅体现在地基渗量的减少，而且因为渗透性越小，地下水在介质中的流速也越低，地基土发生管涌破坏的可能性就越小。

但是，防渗标准越高，灌浆技术的难度就越大，一般灌浆工程量及造价也越高。因此，防渗标准不应是绝对的，每个灌浆工程都应根据自己的特点，通过技术经济比较确定一个相对合理的指标。原则上，对比较重要的建筑、对渗透破坏比较敏感的地基，以及地基渗漏量必须严格控制的工程，都要求采用比较高的标准。

在砂或砂砾石层中，防渗标准多用渗透系数表示。对比较重要的防渗工程，多要求把地基渗透系数降低至 $10^{-4}\sim10^{-5}$cm/s 以下。对临时性工程或允许出现较大渗漏量而又不致发生渗透破坏的地层，也有采用 10^{-3}cm/s 数量级的实例。

在岩石地基中，防渗标准国内外都多用 Lu 作为评价的准则。Lu 的概念为：在 1MPa 水压力作用下，每 min 压入每 m 孔段 1L 水即为 1Lu，压入 3L 为 3Lu。实际上它是岩石透水率的另一种表示方法，与我国过去沿用的单位吸水率数值上相差 100 倍，例如压水时采用压力 1MPa，试段长度 5m，压水延续时间 5min，总吸水量 100 升，求得 Lu 值为 4，ω 则为 0.04。

从总的趋势看，国内外灌浆帷幕的防渗标准倾向于逐渐放宽。根据我国 DL 5108—1999《混凝土重力坝设计规范》的规定；坝高大于 100m 时，防渗标准取 1-3Lu；坝高

100～50m 时取 3～5Lu；坝高 50m 以下取 5Lu。SL 274—2001《碾压式土石坝设计规范》则规定：1 级、2 级坝及高坝灌浆后岩基的透水率宜为 3～5Lu；3 级及其以下的坝则为 5～10Lu。

国外岩基防渗标准有好几种，其中一种把水的价值和岩层抵抗管涌的能力放在首要的地位，并结合坝型和帷幕厚度选定标准，例如当水库水的价值很高时，不管坝型、坝高和坝基岩性如何，都以 1Lu 为标准；水的价值较高时为 2～3Lu；当水的价值可以忽略不计时，防渗标准随坝的形式和地质条件而异，变化在 3～10Lu 之间。

9.4.4 浆材及配方设计原则

地基灌浆工程对浆材的技术要求较多，现概述比较重要的几个方面：

（一）对渗入性灌浆工艺，浆液必须能渗入土的孔隙，即所用浆液必须是可灌的，这是一项最基本的技术要求，不满足它就谈不上灌浆；但若采用劈裂灌浆工艺，则浆液不是向天然孔隙，而是向被较高灌浆压力扩大了的孔隙渗入，因而对可灌性要求就不如渗入性灌浆严格；

（二）一般情况下浆液应具有良好的流动性和流动性维持能力，以便在不太高的灌浆压力下获得尽可能大的扩散距离；但在某些地质条件下，例如地下水的流速较高和土的孔隙尺寸较大时，往往要采用流动性较小和触变性较大的浆液以免浆液扩散至不必要的距离和防止地下水对浆液的稀释及冲刷；

（三）浆液的析水性要小，稳定性要高，以防在灌浆过程中或灌浆结束后发生颗粒沉淀和分离，并导致浆液的可泵性、可灌性和灌浆体的均匀性大大降低；

（四）对防渗灌浆而言，要求浆液结石具有较高的不透水性和抗渗稳定性；若灌浆目的是加固地基，则结石应具有较高的力学强度和较小的变形性。与永久性灌浆工程相比，临时性工程对所述要求较低；

（五）制备浆液所用原材料及凝固体都不应具有毒性，或者毒性尽可能小，以免伤害皮肤、刺激神经和污染环境。某些碱性物质虽然没有毒性，但若流失在地下水中，也会造成环境污染，故应尽量避免这种现象。对此问题，要从三方面来考虑：

1. 原材料：粉状有毒物质比液体更易污染空气和刺激神经；

2. 浆液：灌浆前对人体有不同程度的侵害，灌浆时则可能受地下水的稀释或因配方不准确而使部分浆液不能充分反应聚合，从而导致对地下水的污染；

3. 凝胶：地下水可能带出凝胶中有毒物质。

鉴于上述原因，目前国内外的趋势是尽量避免采用毒性较大的浆材。

（六）有时浆液尚应具有某些特殊的性质，如微膨胀性、高亲水性、高抗冻性和低温固化性等，以适应特殊环境和专门工程的需要。

（七）不论何种灌浆工程，所用原材料都应能就近取材，而且价格尽可能低，以降低工程造价。但在核算工程成本时，应把耗费量与总体效果综合起来考虑，例如有些化学浆材虽然单价较高，却因其强度较高和稳定性较好，常可把灌浆体做得更薄或更浅。

（八）浆液的凝结时间变幅变大，例如化学浆液的凝结时间可在几秒钟到几小时之间调整，水泥浆一般为 3～4 小时，黏土水泥浆则更慢，可根据灌浆土层的体积、渗透性、孔隙尺寸和孔隙率、浆液的流变性和地下水流速等实际情况决定。

总的来说，浆液的凝结时间应足够长，以使计划注浆量能渗入到预定的影响半径内。

当在地下水中灌浆时，除应控制注浆速率以防浆液被过分稀释或被冲走外，还应设法使浆液能在灌注过程中凝结。

9.4.5 粒状材料的可灌性

在砂砾石层中灌浆时，由于纯水泥浆稳定性较差，化灌材料又较昂贵，故大多数工程都采用黏土水泥混合物作为基本灌浆材料，这就出现了黏土水泥材料对砂砾石土的可灌性问题，需在进行灌浆设计时首先加以解决。

原则上，只当灌浆材料颗粒尺寸 d 小于地层的有效孔隙或裂隙尺寸 D_P，即式（9-28）的“净空比”R 大于1时，浆液才是可灌的：

$$R=\frac{D_p}{d} \tag{9-28}$$

但在灌浆过程中，尤其当浆液的浓度较大时，材料往往以两粒或多粒的形式同时进入孔隙或裂隙，故而导致渗浆通道的堵塞。因此，仅满足 $R>1$ 的条件是不够的，还必须考虑由群粒堵塞作用带来的附加影响。

此外，多数地基都不是均质体，都含有大小不等的孔隙，灌浆材料的颗粒尺寸也很不均匀。如 D_p 采用土层中的最小孔隙以及 d 采用灌浆材料的最大颗粒，理论上就能把所有孔隙封闭，但这样做就要采用分散性很高的灌浆材料，从而造成技术和经济的困难；相反，若选用的 D_p 偏大和 d 值偏小，就可能使过多的孔隙不能接受灌浆，使灌浆效果降低甚至无效。

因此，在设计灌浆材料时，除应满足 R 值要求外，还必须根据建筑物和地基的具体条件，规定应把地层孔隙尺寸降低到何种程度，即确定一个相对合理的灌浆标准。可是，当前的技术条件还难于准确地测出砂砾石的天然孔隙尺寸，所以在确定砂砾石可灌性时作了下述三点假定：

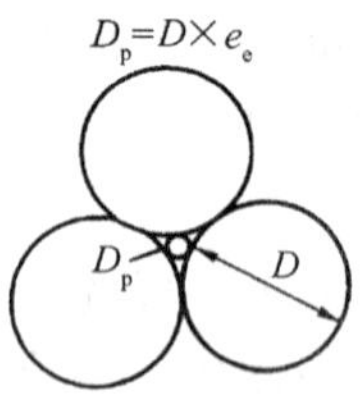

图 9-16 D_p 与 D 的关系

1. 当“净空比”R 等于或大于 2～3 时，可以防止群粒的堵塞；

2. 砂砾石土的有效孔隙尺寸 D_p 与颗粒直径 D 的关系如图 9-16 所示，图中 e_e 为有效孔隙比。试验证明，砂砾石的 e_e 值多变化在0.195～0.215之间，计算时可取0.2。将此 R 及 e_e 值代入式（9-28）可得：

$$\frac{D}{d}\geqslant 10\sim 15 \tag{9-29}$$

3. 以 D_{15} 代替 D，d_{85} 代替 d，可得：

$$N=\frac{D_{15}}{D_{85}}\geqslant 10\sim 15 \tag{9-30}$$

式 9-30 即为评价砂砾石可灌性的简化公式，被国内外广泛采用。式中 N 称为可灌比值，D_{15} 为砂砾土中含量为15%的颗粒尺寸，d_{85} 为灌浆材料中含量为85%的颗粒尺寸。式（9-30）的基本概念为，只要 N 值大于10～15，就将有85%的灌浆材料充填大部分砂砾石孔隙。实践经验证明，所用灌浆材料满足式（9-30）条件时，一般可使砂砾土的渗透系数降低至 10^{-4}～10^{-5}cm/s 的水平。

除可灌比值外，尚可用砂砾石的渗透性间接地说明可灌性，因为土粒的孔隙尺寸与其渗透性密切相关。比较成功的经验为：

1. 当砂砾石的渗透系数大于$(2\sim3)\times10^{-1}$cm/s 时，可采用水泥灌浆；
2. 当渗透系数大于$(5\sim6)\times10^{-2}$cm/s 时，可采用黏土水泥浆。

9.4.6 浆液扩散半径的确定

浆液扩散半径 r 是一个重要的参数，它对灌浆工程量及造价具有重要的影响，如果选用的 r 值不符合实际情况，还将降低灌浆效果甚至导致灌浆失败。

r 值可按第三节的理论公式估算，如选用的参数接近实际条件，则计算值具有参考价值。当地基条件较复杂或计算参数不易选准时，就应通过现场灌浆试验来确定。

问题在于，地基土的构造和渗透性多数是不均匀的，尤其在深度方向上，因而不论是理论计算还是现场灌浆试验，都难求得一个适用于整个地层的具有代表性的 r 值。然而由于某些原因，实际工程中又往往只能采用均匀布孔的方法，这是理论和实际的矛盾，为了克服这一矛盾，设计时应注意以下几点：

1. 在进行现场灌浆试验时，要选择不同特点的地基，最好用不同的方法灌浆，以求得不同条件下浆液的 r 值。

2. 所谓扩散半径，并非最远距离，而是符合设计要求的扩散距离。

3. 在确定设计扩散半径时，要择取多数条件下可以达到的数值，而不取平均值。

4. 当有些地层因渗透性较小而不能达到设计 r 值时，可提高灌浆压力或浆液的流动性，必要时还可在局部地区增加钻孔以缩小孔距。

9.4.7 灌浆孔布置

一、单排孔

假定浆液扩散半径为已知，浆液呈圆球状扩散，则两圆必须相交才能形成一定的厚度 b，如图 9-17 所示。

图中 l 为灌浆孔距。当 r 为已知时，灌浆体的厚度 b 取决于 l 的大小，如式（9-31）。

$$b=2\sqrt{r^2-\left[(l-r)+\frac{r-(l-r)}{2}\right]^2}$$

$$=2\sqrt{r^2-\frac{l^2}{4}} \tag{9-31}$$

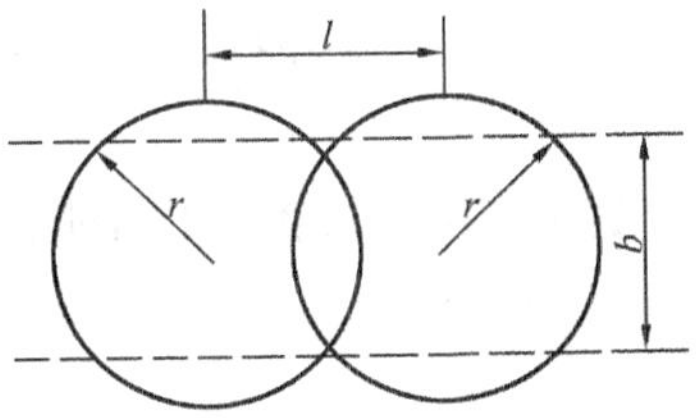

图 9-17 单排孔的布置

从式（9-31）可看出，l 值越小，b 值越大，而当 $l=0$ 时，$b=2r$，这是 b 的最大值，但 $l=0$ 的情况没有意义；反之 l 值越大，b 值越小，当 $l=2r$ 时，两圆两切，b 值为 0。因此，孔距 l 必须在 r 与 $2r$ 之间选择。

今设灌浆体的设计厚度为 T，则灌浆孔距可按式（9-32）计算：

$$l=2\cdot\sqrt{r^2-\frac{T^2}{4}} \tag{9-32}$$

在按上式进行孔距设计时，可能出现下述几种情况：

1. 当 l 值接近零，b 值仍不能满足设计厚度（即 $b<T$）时，应考虑采用多排灌浆孔；

2. 虽然单排孔能满足设计要求，但若孔距太小，钻孔数太多，就应进行两排孔的方案比较 。如施工场地允许钻两排孔，且钻孔数反而比单排少，则采用两排孔较为有利；

3. 当 l 值较大而设计 T 值较小时，对减少钻孔数是有利的，但因 l 值越大，可能造成的浆液浪费量也越大，故设计时应对钻孔费和浆液费用进行比较。

二、多排孔

多排孔设计的基本原则，是要充分发挥灌浆孔的潜力，以获得最大的灌浆体厚度，然而不同的设计方法，将得出不同的结果：

1. 排距 R 大于（$r+\frac{b}{2}$）。两排孔不能紧密搭接，将在灌浆体中留下“窗口”（图 9-18a）。

2. 排距 R 小于（$r+\frac{b}{2}$）。两排孔搭接过多，将造成一定的浪费（图 9-18b）。

3. 排距 R 等于（$r+\frac{b}{2}$）。两排孔正好紧密搭接，最大限度发挥了各灌浆孔的作用，是一种最优的设计，见图（9-19）。

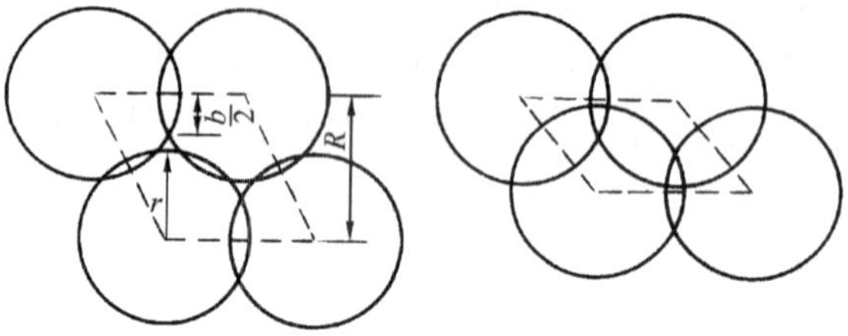

(a) (b)

图 9-18 两排孔设计图

（a）孔排间搭接不紧密；（b）搭接过多

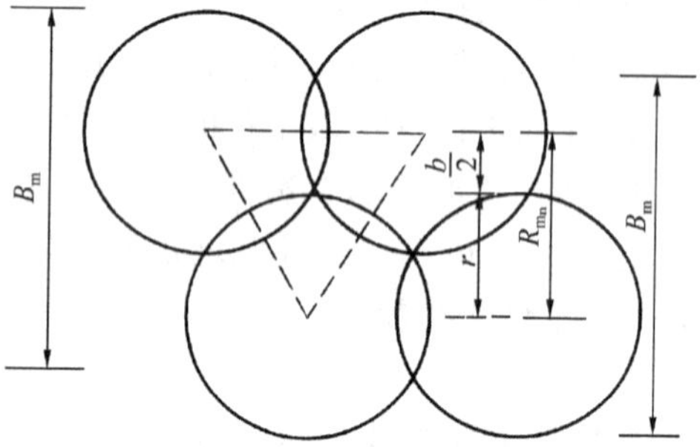

图 9-19 孔排间的最优搭接

根据上述分析，可推导出最优排距 R_m 和最大灌浆有效厚度 B_m 的计算式：

1. 两排孔：

$$R_m = r+\frac{b}{2} = r+\sqrt{r^2-\frac{l^2}{4}} \tag{9-33}$$

$$B_m = 2r+b = 2\left(r+\sqrt{r^2-\frac{l^2}{4}}\right) \tag{9-34}$$

2. 三排孔：

R_m 与式(9-33) 同；

$$\begin{aligned} B_m &= 2r+2b \\ &= 2\left(r+2\sqrt{r^2-\frac{l^2}{4}}\right) \end{aligned} \tag{9-35}$$

3. 五排孔：

R_m 与式(9-33) 同；

$$\begin{aligned} B_m &= 4r+3b \\ &= 4\left(r+1.5\sqrt{r^2-\frac{l^2}{4}}\right) \end{aligned} \tag{9-36}$$

综上所述，可得出多排孔的最优排距为式（9-33），最优厚度则为：

奇数排：

$$B_m=(n-1)\left[r+\frac{(n+1)}{(n-1)}\cdot\frac{b}{2}\right]$$

$$=(n-1)\left[r+\frac{(n+1)}{(n-1)}\sqrt{r^2-\frac{l^2}{4}}\right] \tag{9-37}$$

偶数排：

$$B_m=n\left(r+\frac{b}{2}\right)$$

$$=n\left(r+\sqrt{r^2-\frac{l^2}{4}}\right) \tag{9-38}$$

上式中 n 为灌浆孔排数。

在设计工作中，常遇到 n 排孔厚度不够，但（$n+1$）排孔厚度又偏大的情况，如有必要，可用放大孔距的办法来调整，但也应对钻孔费和浆材费进行比较，以确定合理的孔距。

9.4.8 容许灌浆压力的确定

由于浆液的扩散能力与灌浆压力的大小密切相关，所以不少人倾向于采用较高的灌浆压力，在保证灌浆质量的前提下，使钻孔数尽可能减少。高灌浆压力还能使一些微细孔隙张开，有助于提高可灌性。当孔隙中被某种软弱材料充填时，高灌浆压力能在充填物中造成劈裂灌注，使软弱材料的密度、强度和不透水性得到改善。此外，高灌浆压力还有助于挤出浆液中的多余水分，使浆液结石的强度提高。

但是，当灌浆压力超过地层的压重和强度时，将有可能导致地基及其上部结构的破坏。因此，一般都以不使地层结构破坏或仅发生局部的和少量的破坏，作为确定地基允许灌浆压力的基本原则。

容许灌浆压力值与一系列因素有关，例如地层土的密度、强度和初始应力；钻孔深度、位置及灌浆次序等，而这些因素又难于准确的预知，因而宜通过现场试验来确定。

进行灌浆试验时，一般是用逐步提高压力的办法，求得注浆压力与注浆量关系曲线，如图 9-20。当压力升至某一数值（图中的 P_f 点），而注浆量突然增大时，表明地层结构发生破坏或孔隙尺寸已被扩大，因而可把此时的压力值作为确定容许灌浆压力的依据。

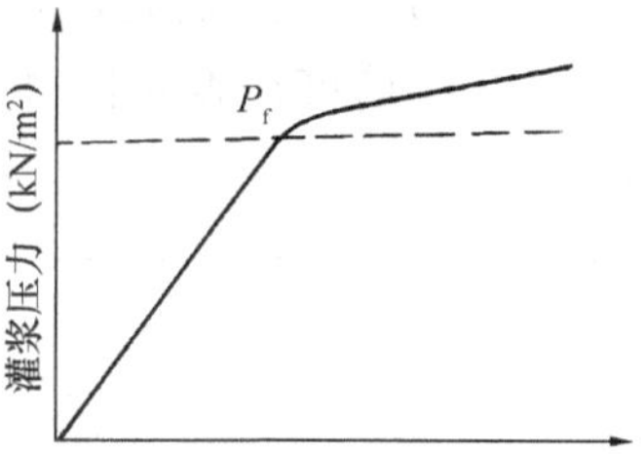

图 9-20 灌浆压力与注浆量关系曲线

当缺乏试验资料，或在进行现场灌浆试验前需预定一个试验压力时，可用理论公式或经验数值确定容许压力，然后在灌浆过程中根据具体情况再作适当的调整。下面列举几个典型的情况：

一、砂砾地基灌浆

容许灌浆压力可采用下列二个式子计算：

$$[p_e]=c(0.75T+K\lambda h) \tag{9-39}$$

或

$$[p_e]=\beta\cdot\gamma T+cK\lambda h \tag{9-40}$$

式中 $[p_e]$ ——容许灌浆压力（10^5Pa）；

c——与灌浆期次有关的系数。第一序孔 $c=1$，第二序孔 $c=1.25$，第三序孔$c=1.5$；

T——地基覆盖层厚度（m）；

K——与灌浆方式有关的系数，自上而下灌浆时 $K=0.8$，自下而上则 $K=0.6$；

λ——与地层性质有关的系数，可在 0.5～1.5 之间选择。结构疏松、渗透性强的地层取低值；结构紧密、渗透性弱的地层取高值；

h——地面至灌浆段的深度（m）；

β——系数，在 1～3 范围内选择；

γ——地表面以上覆盖层的重度（kN/m^3）。

二、岩石地基灌浆

1. 以灌浆段深度为依据的经验式（见图 9-21）。

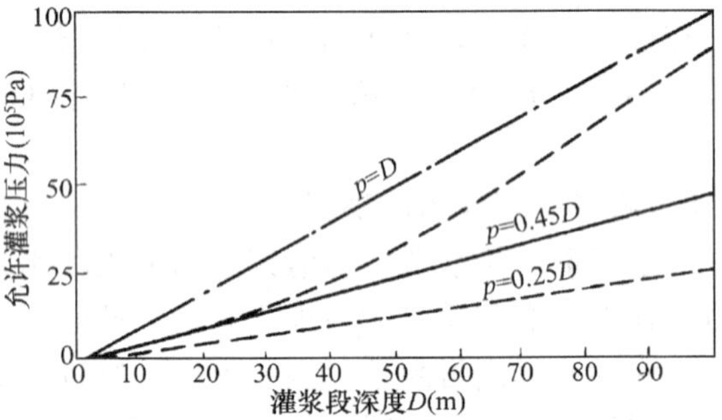

图 9-21 容许灌浆压力与灌浆深度关系曲线

2. 考虑灌浆方法和地质条件的经验公式

$$[p_e]=p_0+mD \qquad (9\text{-}41)$$

式中 $[p_e]$——容许灌浆压力（10^5Pa）；

p_0——表面段容许灌浆压力（10^5Pa）；

m——灌浆段每加深 1m 容许增加的压力，（10^5Pa）；

D——灌浆段深度（m）。

p_0 及 m 值可在表 9-15 查得。

p_0及 m 值选用表 **表 9-15**

岩石分类	岩性	p_0 (10^5Pa)	m (10^5Pa) 灌浆方法 自上而下	自下而上	灌浆次序 1	2	3
Ⅰ	裂隙少而小，结构密实	1.5～3.0	2.0	1.0～1.2	1.0	1.0～1.25	1.0～1.5
Ⅱ	略受风化的裂隙岩石，无大裂隙，但其中有层理的沉积岩	0.5～1.5	1.0	0.5～0.6	1.0	1.0～1.25	1.0～1.5
Ⅲ	严重风化的裂隙岩，有水平或接近水平层理的沉积岩	0.25～0.5	0.5	0.25～0.30	1.0	1.0～1.25	1.0～1.5

为防止过大的灌浆压力使地基及相关建筑物出现有害的变形，许多国家在坝基灌浆中规定了许可变形量，一般变化在 0.2～0.5mm，也有超过 1mm 的实例。乌江渡等电站的实际变形量比上述数字要大一些，但经过几年蓄水后坝体和基础都未出现什么异常情况，这可能是因为地基变形量并未达到危险的程度，或因变形而产生的新裂隙已被水泥浆填满和胶结。但在目前条件下还是以不产生过大的变形量为宜，一定要根据需要和可能确定最大灌浆压力，把变形量控制在合理的范围内。

9.4.9 灌浆效果检查

灌浆效果与灌浆质量的概念不完全相同。灌浆质量一般是指灌浆施工是否严格按设计和施工规范进行，例如灌浆材料的品种规格、浆液的性能、钻孔角度、灌浆压力等，都要符合规范要求，如果不合，则应根据具体情况采取适当的补充措施；灌浆效果则指灌浆后能把地层的物理力学性质改善到什么程度。

对地基灌浆而言，最重要的效果检查方法是在灌浆体内钻孔，并通过钻孔进行不同的测试工作：

一、灌浆施工结束后，通过灌浆体内钻孔，用压水、注水或抽水等办法测定地基的流量及渗透系数，不合格者需进行补充灌浆。检查孔的数目约为总灌浆孔数的 5.0%～10.0%。布孔的重点是地质条件不好的地段以及灌浆质量较差或有疑问的部位。

二、通过钻孔，从灌浆体内取出原状样品，送实验室进行必要的试验研究。

实践经验证明，通过这类检测可得出下述几项重要的物理力学性指标，据此能对灌浆效果作出比较确切的评价：

1. 样品的密度；
2. 结石的性质；
3. 浆液充填率及剩余孔隙率；
4. 无侧限抗压强度及抗剪强度；
5. 渗透性及长期渗流稳定性；
6. 变形模量和蠕变性。

三、建筑物投入运行后，通过钻孔网观测灌浆体上下游的水位和渗流量，并用式(9-42)及（9-43）表达防渗效果：

$$E_{\mathrm{H}} = \frac{\Delta H}{H} \tag{9-42}$$

$$E_{\mathrm{Q}} = 1 - \frac{Q}{Q_0} \tag{9-43}$$

式中 E_{H}——按水头损失计算的灌浆效果；

ΔH——灌浆体上下游水头差；

H——上下游总水头差；

E_{Q}——按渗流量计算的灌浆效果；

Q_0——灌浆前地基的渗流量；

Q——穿过灌浆体的渗流量。

式（9-42）中的符号见图 9-22。

一般水压力比渗流量容易测量，故式（9-42）是评价防渗效果较好的方法。

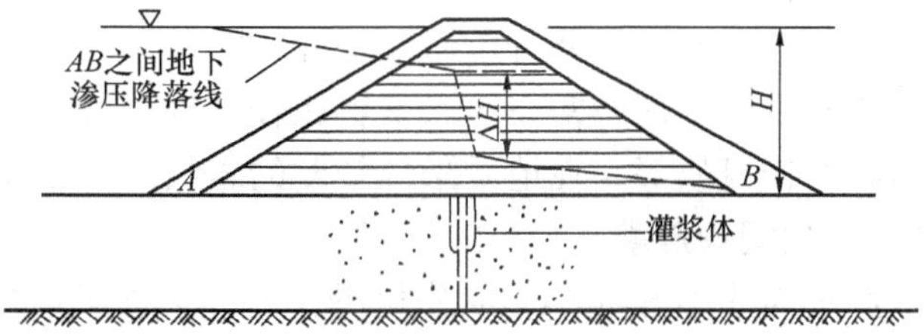

图 9-22 灌浆体前后的水头损失

四、分析地层的耗浆量情况，也有助于对灌浆效果作出判断；

五、除上述方法外，还常用现场测得的弹性纵波速度和动弹性模量来确定加固灌浆的效果。

9.5　灌浆工艺

9.5.1　钻孔

通过各种钻机在不同岩土中造孔，将其孔隙和裂隙尽量暴露出来，再用灌浆机械把浆液压入地层中。钻孔是浆液进入岩土缝隙的必经之道，是实现各种灌浆的先决条件。

钻孔方法主要有冲击钻、回转钻及冲击回转钻三种。前者多用于砂砾石等比较松软的地层，钻进时使用泥浆护壁可防止孔壁坍塌，节省套管；回转钻多用于岩石地层，可取岩芯。此法又可按所用钻头的不同而分为钻粒钻孔、硬质合金钻孔和金刚石钻孔，后者在灌浆工程中正被逐步推广；冲击回转钻钻孔速度快，钻孔费较低，但钻出的岩粉较多，堵塞岩缝的可能性较大。

地基灌浆一般都钻垂直孔，但在岩层中若遇到倾角较大的裂缝而不得不采用斜孔时，也应采取必要的弥补措施，以确保灌浆体形成一个完整的平面。

钻孔直径大小关系着灌浆质量和效率：较大的直径可能截取较多的孔隙和裂隙，但钻速较慢，材料消耗较多。近代的灌浆技术是逐渐向小口径方向发展，例如自从乌江渡水电站岩溶地基灌浆成功地采用（48～55）mm 钻头以来，我国一些工程也都相继采用这种小口径钻头。

9.5.2　裂隙岩石灌浆

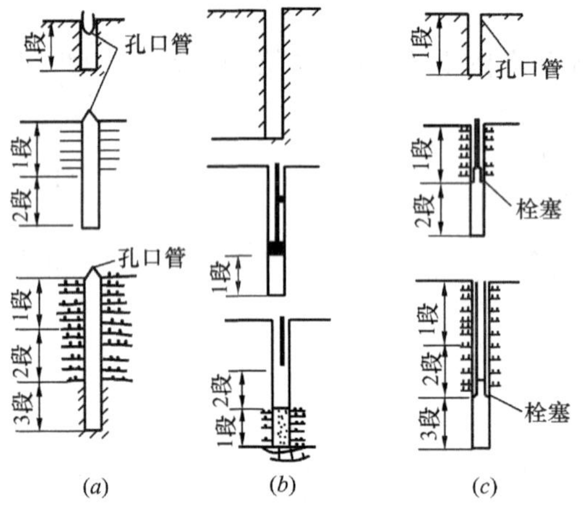

图 9-23　岩石灌浆方法

岩石灌浆多采用下述三种方法：

一、自上而下孔口封闭分段灌浆法(图 9-23*a*)

此法的重要优点为：全部孔段均能自行复灌，利于加固上部比较软弱的岩层，而且免去了起下栓塞的工序，节省时间。

二、自下而上栓塞分段灌浆法(图9-23*b*)

此法虽然工序简单，工效较高，但缺点较多，例如灌浆前的压水资料不精确，在裂隙发育和较软弱的岩层中容易造成串浆、冒浆和岩石上抬等事故，因而此法仅适用于裂隙不很发育和比较坚硬的岩层中。

三、自上而下栓塞分段灌浆法(图 9-23*c*)

栓塞易于堵塞严密，压水资料比较准确，并能自上而下逐段加固岩石和减少浆液串冒和岩石上抬事故等，在地质条件较差的岩层中多采用此法。

9.5.3　袖阀管法灌浆

此法为法国 Soletanche 公司所首创（又称索列丹斯法），于 20 世纪 50 年代开始广泛用于国际土木工程界，用来解决砂砾石及黏性土的灌浆问题。这一灌浆方法的主要设备及钻孔构造如图 9-24 所示。

一、施工程序

主要包括钻孔等四个步骤，见图 9-25。

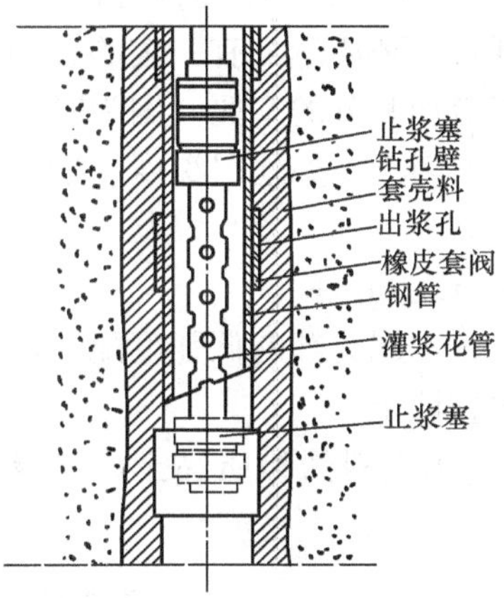

图 9-24 袖阀管法的设备和构造

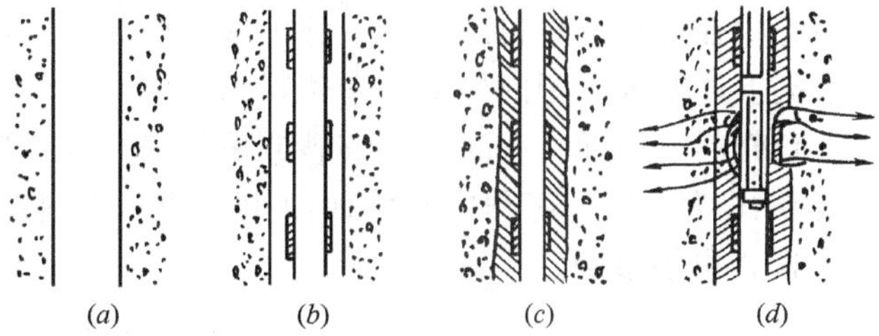

图 9-25 袖阀管法施工程序

1. 钻孔。通常都用优质泥浆例如膨润土浆进行固壁（图 9-25*a*），很少用套管护壁；

2. 插入袖阀管。为使套壳料的厚度均匀，应设法使袖阀管位于钻孔的中心（图 9-25*b*）；

3. 浇注套壳料。用套壳料置换孔内泥浆（图 9-25*c*），浇注时应避免套壳料进入袖阀管内，并严防孔内泥浆混入套壳料中；

4. 灌浆。待套壳料具有一定强度后，在袖阀管内放入双塞的灌浆管进行灌浆（图9-25*d*）；

袖阀管法的主要优点为：

1. 可根据需要灌注任何一个灌浆段，还可以进行重复灌浆；

2. 可使用较高的灌浆压力，灌浆时冒浆和串浆的可能性小；

3. 钻孔和灌浆作业可以分开，使钻孔设备的利用率提高。

这一施工方法的缺点主要有二：一为袖阀管被具有一定强度的套壳料胶结，难于拔出重复使用，耗费管材较多；另一为每个灌浆段长度固定为 33～50cm，不能根据地层的实际情况调整灌浆段长度。

二、套壳料的功能和配方

套壳料的基本功能为：封闭袖阀管与钻孔壁之间的环状空间，防止灌浆时浆液到处流窜，在橡皮袖阀和止浆塞的配合下，逼使浆液只在一个灌段范围内开环（即挤破套壳料）而进入地层。套壳料的破碎程度越高，注浆率一般就越大，所需注浆压力也较小。

要想比较满意地完成上述使命，主要需做好两方面的工作：第一，选择适宜的套壳料配方；第二，采取正确的施工技术。

对于套壳料，大体应具备下述几项物理力学性质：

1. 适宜的力学强度，包括抗压、抗剪和抗拉等。高强度套壳料对防止浆液串冒是有利的，但却不利于开环；低强度套壳虽有利于开环，却容易使浆液向上串冒。因此，套壳料的强度必须兼顾开环和防止串浆的需要；

2. 收缩性要小，凝固后不致和袖阀管脱开；

3. 脆性较高，以增加开环后的破碎程度；

4. 当力学强度以7天龄期为准时，要求早期强度增加较快，后期强度缓慢增加；

5. 在向灌浆孔中浇注套壳料时，要求套壳料的黏度较低，析水率较小和稳定性较高。后两项性质的好坏关系着套壳料的均匀程度，对其力学强度及开环质量都有一定的影响。

上述基本要求大部都比较容易满足，唯独强度指标难于恰如其分的掌握，因为除了套壳料的强度外，开环压力的大小和开环质量的好坏尚与一系列因素例如地层深度、砂砾石的颗粒级配和孔隙尺寸、套壳料的龄期以及地下水压力等有关。

因此，在确定套壳料配方时，除了室内研究外，尚应进行现场试验。

根据上述要求，国内外所用套壳料都采用以黏性土为主、水泥为辅的低强度配方，为了提高套壳料的脆性，有时掺入细砂或采用粉粒含量较高的黏性土。

表9-16为我国某工程中有效地使用过的套壳料配方，所用土料为粉质黏土，其级配见表9-17，可供参考。

套壳料配方及特性 **表9-16**

配方号	材料重量比			套壳浇筑时的			7天龄期抗压强度
	水泥	土	水	黏度（s）	稳定性	析水率（%）	(N/cm^2)
1	1	1.53	1.94	26	0.007	9	10～20
2	1	1.50	1.88	—	0.035	1	10～20

土料的颗粒级配 **表9-17**

颗粒组成（%）			土粒比重	塑性指数
2～0.05mm	0.05～0.005mm	<0.005mm		
16	52	32	2.71	11.0

三、袖阀管结构

袖阀管是浆液进入地层的通道，主要由花管及橡皮套两部分构件组成，如图9-26所示。花管可用钢管或塑料管，前者比较坚实，后者货源充足，价格较低，国外已普遍采用，我国也已有成功应用的工程实例。

为了进行灌浆，管子每隔一定距离需钻一组小直径射浆孔，按照国外惯例，每组小孔的间距为33～50cm，即每米管长钻2组到3组射浆孔。每组孔的纵向长度为10～12cm。花管的内径约50～60mm。

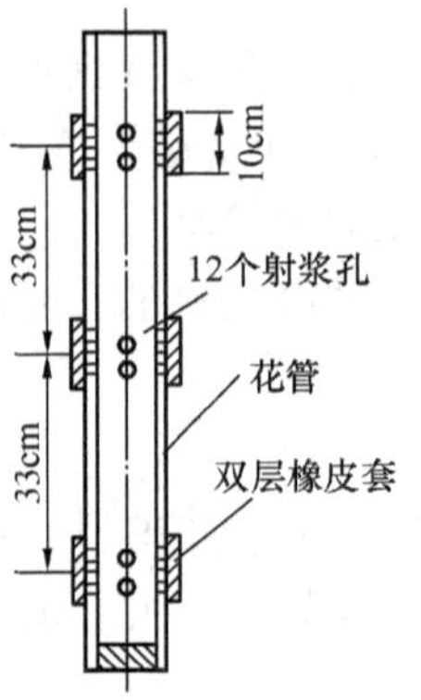

图9-26 袖阀管结构示意图

如花管采用塑料管，则管子应能承受足够的内压力。为了保险，在管子下入钻孔前需抽样进行耐压试验，以免灌浆时出现破裂。

每组射浆孔的外部都要包裹1～2层橡皮套。在把袖阀管放入钻孔时，橡皮套的作用是防止泥浆或套壳料进入管内；灌浆时，橡皮套被灌浆压力冲开，使浆液穿过套壳料进入地层，而当停止灌浆时橡皮套又弹回并压紧袖阀管，防止地层中的流体进入管内。因此，橡皮套在钻孔灌浆过程中起到逆止阀门的作用。

为了防止橡皮套上下错位，在橡皮套的两边还焊以定位环圈，其直径约5mm左右。

图 9-27 为某工程中所用的袖阀管，花管是由聚氯乙烯塑料管做成，可供参考。

图 9-27 塑料袖阀管照片

四、套壳料浇筑

可采用下述方法浇筑套壳料及埋设袖阀管，见图 9-28：

1. 首先用泥浆护壁钻孔，直至预定的深度（图 9-28*a*）；

2. 在孔中插入无孔眼的钢管，并通过此管压入套壳料，直至孔内泥浆完全被顶出孔外为止（图 9-28*b*）；

3. 把浇注套壳料的钢管拔出（图 9-28*c*）；

4. 把底端封闭的袖阀管压入孔内（图 9-28*d*）。

五、开环和灌浆

所谓开环，是待套壳料养护 5～7 天具有一定的强度后，通过灌浆泵施加压力把套壳压裂，为浆液进入地层打开通路。

如前所述，套壳能在规定的灌浆段范围内受到均匀和充分的破碎，就算达到了好的开环质量，如图 9-29 所示。

然而由于种种原因，实际工程中可能出现下述几种不理想的开环情况：

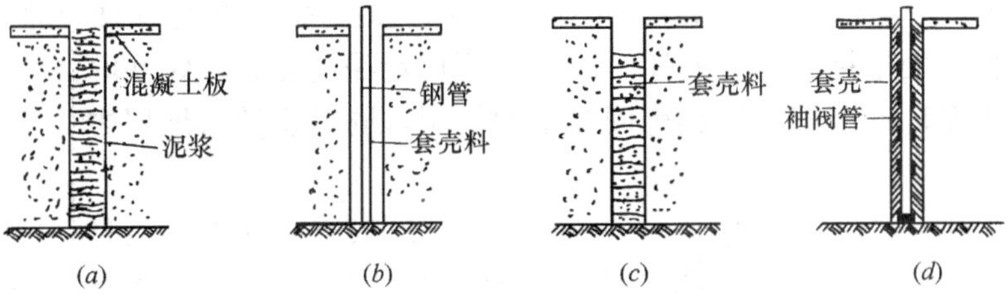

图 9-28 套壳料浇筑程序

1. 形成纵向贯穿裂缝，使浆液不能沿预定的路线扩散；

2. 只产生局部的开环，使地层得不到充分的灌注；

图 9-29 均匀而破碎的开环

3. 套壳不能在现有的设备条件下开环，这是经常发生的一种最不利的情况。

实践证明，开环方法对开环质量也颇有影响，下面叙述几种行之有效开环方法：

1. 慢速法。用清水或浆液开环，泵压由小到大逐级施加，每级压力须稳定 2～3min，并测读每级压力相应的吸水量，直至套壳开始吸水和压力表压力有所下降时，即为临界开环压力。

2. 快速开环。采用较大的起始泵压、较短的升压间隔时间和较大的压力增值进行开环。开环的标志与慢速法同。

如前所述，套壳的厚度在同一断面上不一定是均匀的，慢速法很可能首先在套壳最薄弱处破坏，导致不均匀的或局部破坏；快速法可在一定程度上克服所述缺点，使套壳的破裂程度和均匀性提高。

3. 隔环法。按 $n+2$ 的次序开环和灌浆，其中 n 为环数。例如当灌完 18 环后，不是马上灌 19 环，而是第 20 环。这种开环法可降低中间环（如上例的 19 环）的开环压力，对处理开环压力特别大的灌段是颇为有效的。

4. 间歇法。当采用较大压力仍不能开环时，可在间歇一定时间后再用同样的压力重复开环，一般重复 2～3 次后即可收效，甚至能用比第 1 次开环时更小的压力达到良好的开环。

实践经验证明，采用上述开环法后，可使不开环率大大降低，甚至达到 100%的开环，而且开环质量也较好。以往有的灌浆工程遇到不开环情况时，就采取爆炸方法开环，这种方法存在一些问题，是不太可取的。

采用袖阀管法时，袖阀管上每隔 33～50cm 钻一环灌浆孔，一环孔即为一个灌浆段，止浆塞必须采用双塞系统，而且一套塞子只能包含一环灌浆孔。

多排灌浆孔时，不论灌注何种浆液，边排孔以限制注浆量为宜，中排孔则灌至不吃浆为止。所谓不吃浆则有其相对意义，一般是在达到设计灌浆压力后，地层的吃浆量小于每分钟 1～2L 时，即可结束灌浆工作。

袖阀管法的优点之一，是可以重复灌浆，某些灌浆段甚至可重复 3～4 次，使土体得到更均匀和饱满的灌注。

9.5.4 循环钻灌法

如图（9-30）所示，本法仅在地表设孔壁管和混凝土块以防止地面冒浆，而无需在孔中打入套管，自上而下钻完一段灌注一段，直至预定深度为止。钻孔时需用泥浆或较稀的水泥黏土浆作为循环冲洗液，既起稳固孔壁的作用，同时也灌入地层中一些浆液，起部分灌浆的作用。

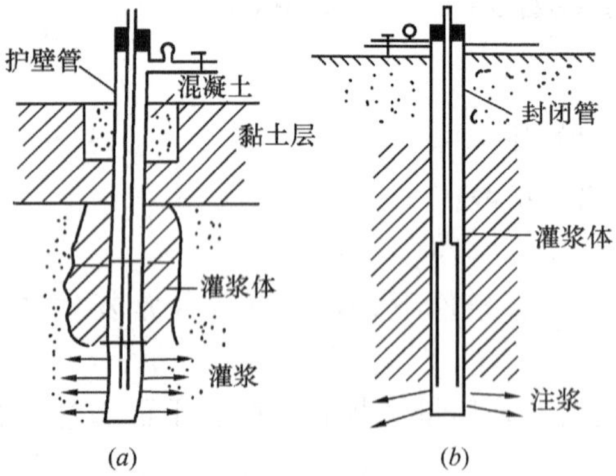

图 9-30 循环钻灌法孔口装置

当地表有黏性土覆盖时，护壁管可埋设在土层中（图 9-30*a*），如无黏土层则可埋设在砂砾石层中（图 9-30*b*），但后一种情况将使部分受灌体得不到适宜的灌注。

循环钻灌是砂砾石地基及黏性土层灌浆的一种比较简便的方法，它的主要优点为：

1. 无需在整个灌浆孔中埋设护壁管，节约管材且工作效率高。

2. 钻与灌两个工序紧密连接，操作简化，节省时间。

3. 自上而下分段灌浆，全孔同时受压，对各灌浆段都起到多次复灌作用，有利于排除灌浆体内的多余水分，提高浆液结石的密实度。

9.5.5 孔排灌浆次序

裂隙岩石、砂砾石及黏性土灌浆都要遵守分序逐渐加密的原则，把一排中的灌浆孔分成若干次序，按先疏后密、中间插孔的方法进行钻孔灌浆。加密次数取决于地质条件及施工期限等因素。

对于任一排孔，加密次序如图 9-31 所示，图中 d_0 为起始孔距，d 为最终孔距，数字 1、2、3、4 代表第 n 序孔。今令 n 为加密次数，则起始孔距与最终孔距的关系见式(9-44)：

$$d_0 = 2^n d \quad (9\text{-}44)$$

对于多排孔，各排孔除应遵守上述关系外，也要遵循逐渐加密的原则，一般情况是先灌边排后灌中间排。当只有两排孔，且地层中有地下水流动或有水头压力的情况下，最好先灌下游排后灌上游排。

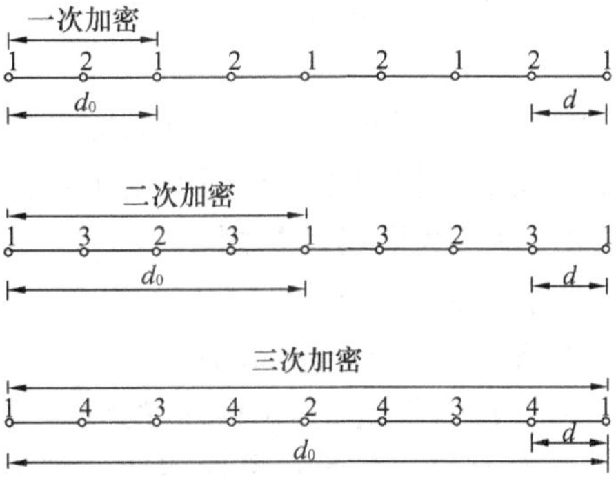

图 9-31 浆孔加密次序

9.5.6 浆液浓度

岩石中一般都存在由大小不等宽度组成的裂隙系统，为兼顾细裂隙灌浆的需要，国内外几乎都采用浓度很低的水泥浆开始灌注，例如我国现行规范规定开灌水灰比（重量比）可采用 5∶1，而后根据具体情况逐步变浓浆液至 0.5∶1（最后一级）。

近十几年来，上述传统施工方法遭到越来越多的质疑，他们认为，稀浆虽然流动性较大和渗入性较好，但浆中的水量远大于正常水泥结石所需的数量，这些多余水不像所说的能从钻孔周围的裂隙中排走，而大部分都将残留在灌浆体内，使灌浆质量大受影响。

在由稀浆开灌的一些工程中，我们的确在裂隙中看到过用手指就能捏碎的低强度浆液结石，但也看到过强度很高的结石，尤其在乌江渡及龙羊峡几个大口径岩芯及孔壁上，不管是水平节理还是垂直裂隙，只要有水泥浆渗入，都充填得饱满和结实，看不到水泥石中有空囊和连续通道，这两个工程的主要特点是采用高压灌浆和孔口封闭自上而下分段灌浆。

许多事实都表明，除浆液的浓度外，还有其他一些因素如灌浆压力大小、施工方法和程序、裂隙系统的排水条件、浆液搅拌方法、搅拌时间的长短等等，都会影响灌浆体的质量，因此在评价浓浆和稀浆的优缺点时，一定要综合各种因素进行全面的分析，才能作出较符合实际的情况。目前的情况是：上述两种不同的灌浆方法仍在国内外继续进行讨论，但用稀浆开灌的措施仍被广泛地采用。

在砂砾石地基中，浆液浓度不是由稀变浓，而是一开始就采用设计浓度。边排孔一般采用浓浆和限制用量的办法，而不是灌到不吃浆为止。

9.5.7 压力和浓度的调控

设计的灌浆压力和浆液浓度仅是初步的，常常不能充分反映地层的实际需要，多数灌浆工程都要在施工过程中对它们进行适当的调整。

一、如前所述，在裂隙岩石中灌注水泥浆时，迄今仍普遍以低压力和低浓度浆液开灌，而后根据岩层吃浆率情况逐步变换为高压力和高浓度结束：

1. 当吃浆率一开始就低于设计数值时，宜提高灌浆压力。

2. 当吃浆率随时间而下降并低于设计值时，说明裂隙已被逐步封填，可考虑提高灌浆压力。

3. 当吃浆率大于规定值且随时间没有明显减少时，则宜提高浆液的浓度。

二、在吃浆量特别大的地层中，为避免浆液浪费和缩短工期，宜采用低压高浓度浆液灌注，必要时还可逐步提高灌浆压力。

三、在软弱破碎地层和靠近地表的岩层中灌浆时，由于极限灌浆压力较小，在低压范围内改变浓度和压力操作比较困难，可考虑一开始就采用设计灌浆压力和低浓度浆液灌注。

总之，稀浆开灌有利于细裂隙充填；由小到大施压便于控制地层的变形；遂次提高浆液浓度能加快粗裂隙的充填而使工期缩短。

9.5.8 地下大洞防渗加固

一、大洞主要特点

在各类土木工程建筑中，常遇到一些不同形式的地下大洞而必须加以妥善处理，否则将给邻近建筑物造成不同程度的危害。

处理大洞的办法有多种多样，其中压力灌浆往往是不可或缺的手段。但是，由于大洞常常存在一些特殊的情况，使灌浆方法变得非常复杂，不论灌浆设计和施工技术都受上述情况的制约而多变，例如：

1. 洞径较大，洞底很深，灌浆工作量特别大。

2. 洞内常被高塑性黏土及粉细砂充填。

3. 洞内常有流速较大的地下水活动，特别是遇到地下暗河时。

4. 灌浆材料消耗特别大，工程造价很高。

二、工程要求

洞内填土的渗透性较低，工程中不存在渗漏问题，但是，填土的物理力学性质较差，抗渗稳定性较低，许多工程都要求通过灌浆解决这些问题。

洞内填砂、砂砾石及洞顶回填材料的灌浆，则要同时满足减少渗漏、提高抗渗稳定性和改善受灌体物理力学性质的要求。

三、灌浆机理和效果

如前所述，由于洞内黏性土和粉细砂的孔隙微小，灌注水泥浆时必须采用劈裂灌浆机理才能使浆液进入受灌的土体。

研究证明，浆液在较高的灌浆压力作用进入土体后，将同时发生劈裂、挤出、固结和化学加固等作用，使土的抗渗性、抗水性、变形性和力学强度都得到不同程度的改善，能够满足工程的需要。例如，将乌江渡电站填泥溶洞高压水泥灌浆样品进行试验研究表明，在400～700水力梯度作用下，样品未发生管涌、隆起和挤出等任何破坏现象，抗压强度则平均提高到22.4kg/cm^2。

四、灌浆工艺

1. 如前所述，在黏性土、砂和砂砾石地层中灌浆时，袖阀管法和循环钻灌法都是可行的，施工时可根据自己的实际条件选用何种灌浆工艺。

2. 当采用劈裂灌浆工艺时，应把灌浆压力划分为临界压力 p_0（主体劈裂和开始吃浆）、最大灌浆压力 p_m 和有效灌浆压力 p_e 三类，其关系如式（9-45）所示：

$$p_e = p_m - p_0 \tag{9-45}$$

3. 洞内填上的渗透性很小，非但自身难于排水固结，也不利于浆液的排水变浓，故灌浆时浆液不必遵守由稀变浓的原则，应在一开始就采用较浓的浆液。

4. 研究证明，只有水泥浆才能在灌浆体内形成刚硬的网格结构，故劈裂灌浆应以纯水泥浆为主。当所用灌浆压力较大而使浆液扩散过远或在有较强地下水活动的地层中，可在浆中掺入适当的外加剂以减缓浆液的流速和加快浆液的凝固。当局部地段需提高灌浆体的强度和密度时，也可补灌一些无毒的化学浆液。

9.5.9 桩基础后灌浆工艺

所谓后灌浆，就是在地基内打设钢筋混凝土桩后，用适宜的灌浆工艺对桩底及桩侧进行压力灌浆，以提高桩的承载力。

灌浆方法主要有三种，如图 9-32 所示。

1. 把灌浆管绑在钢筋笼上，随钢筋笼一起浇筑在混凝土桩中。为防止混凝土进入灌浆管堵塞注浆通道，每个灌浆管底部都必须在沉放钢筋笼前加以封堵，灌浆时再把它顶开（图 9-32*a*）。

2. 在桩的外侧埋设袖阀管（图 9-32*b*），待桩体具有一定强度后，通过袖阀管进行压力灌浆。这种灌浆工法比图 9-32*a* 所示方法复杂一些，但灌浆质量较好，必要时还可进行复灌，这是 *a* 法难于做到的。

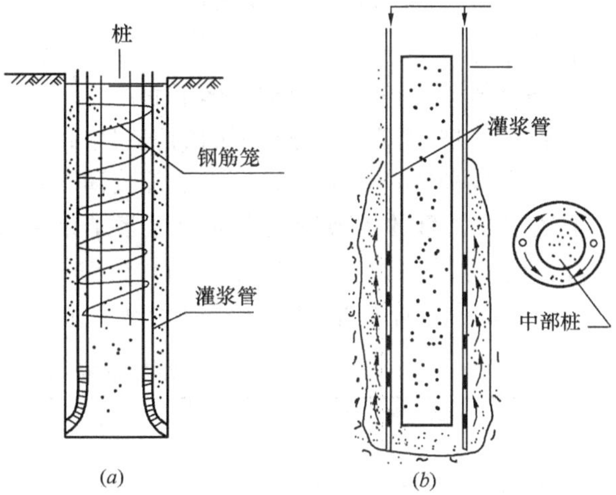

图 9-32 后灌浆技术示意图

3. 从桩的顶部向下钻孔，主要对地基土进行压力灌浆。灌浆施工可采用袖阀管法，也可采用孔口封闭循环钻灌法，而且两法都能进行复灌，质量容易控制。主要问题是在桩体混凝土中钻孔可能难度和造价较高，尤其是桩的长度较大时。

有几个问题要给予特别注意：1. 袖阀管必须专门埋设，不能被埋死在桩体混凝土中；2. 灌浆管数量要结合桩径的大小和对灌浆质量要求来考虑；3. 桩侧面与土体接触面是一个薄弱环节，在压力作用下浆液容易上串至地面而使灌浆工作无法再进行下去，因此最好采用浓稠水泥浆并控制注浆速率不宜太大。

通过上述工艺灌浆后，土与桩侧的结合力增强，桩底软土及桩侧四周的土体也得到不同程度的加固，从而提高桩的承载力。

9.6 工程实例

【实例 9-1】 砂砾石地基灌浆

【9-1-1】 袖阀管法

成功的实例很多，今列举国内外三个工程：

1. 法国谢尔庞桑坝。高 120m，修建在厚为 110m 的砂砾地基上。灌浆材料主要用磨细矿渣水泥及磨细黏土，并掺入 2%～3%的苛性钠作为助凝剂；此外还用磨细黏土并掺入适量的水玻璃，用以填塞第一种浆液无法灌注的微小孔隙。

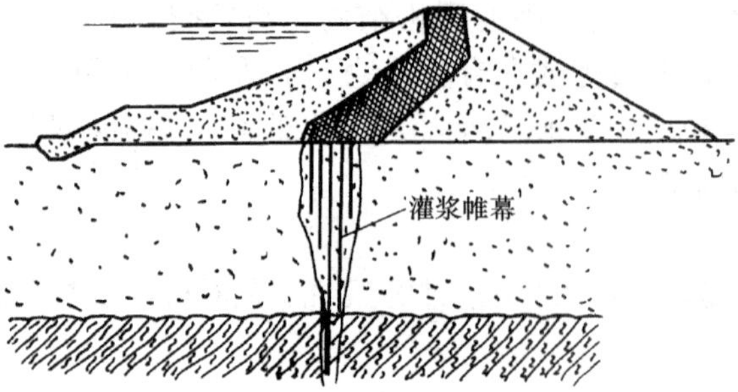

图 9-33 坝基砂砾石灌浆帷幕

2. 德国西尔文斯坦坝。高 41m，坝基砂砾石层厚 75m，灌浆材料用黏土水泥，还用水玻璃浆液处理地基中的砂夹层。

3. 我国密云水库白河主坝。高 66m，坝基砂砾层厚 44m，灌浆材料采用粉质黏土及 400# 普通水泥，地基中的砂夹层未作专门处理。

图 9-33 为灌浆帷幕结构的简化图，从图中可看出：

1. 灌浆帷幕都位于大坝防渗体下面；
2. 帷幕一般都深入砂砾石下面的岩层中；
3. 帷幕厚薄不一：上部较厚、下部较薄，因为上部帷幕所受水压力最大，底部最小。

上述三个帷幕的各项特性指标及灌浆结果见表 9-18 可以看出，谢尔庞桑坝的灌浆结果最好，密云坝第三，但都满足了设计规定的灌浆标准。效果的差别除与可灌比值大小有关外，还与前面两座坝采用的化学剂处理中细砂夹层有关。

各项特性指标及灌浆结果 表 9-18

坝 名	砂砾土的平均 D_{15} (mm)	灌浆材料的平均 d_{85} (mm)	$N=\frac{D_{15}}{d_{85}}$	灌浆帷幕的渗透系数 (cm/s)	灌浆帷幕厚度 (m)	灌浆帷幕的设计比降
谢尔庞桑	1.0	0.03	33	3×10^{-5}	32.0	2.9
西尔文斯坦	0.9	0.06	15	1×10^{-4}	21.0	1.8
密云水库	1.0	0.08	12.5	3×10^{-4}	10.5	6.0

【9-1-2】 循环钻灌法

河北岳城水库大坝是均质土坝、坝高 51.5m，坝基由厚约 10m 的第三纪和第四纪砂砾石组成，灌浆帷幕深度 12～15m，灌浆材料为水泥黏土浆，施工方法采用孔口封闭自上而下循环钻灌工艺，孔口管结构如图 9-34 所示。

灌浆结束后，专门在帷幕线上进行了钻孔压水试验，其渗透系数较灌浆前明显降低（见表 9-19），大坝蓄水后经过多年运行，坝基渗漏量基本上没有变化。

灌浆效果 表 9-19

检查孔号	渗透系数 (m/d)		渗透系数
	灌浆前	灌浆后	降低倍数
1	20	0.32	63
2	44	1.09	40
3	6～28	0.08	75～350

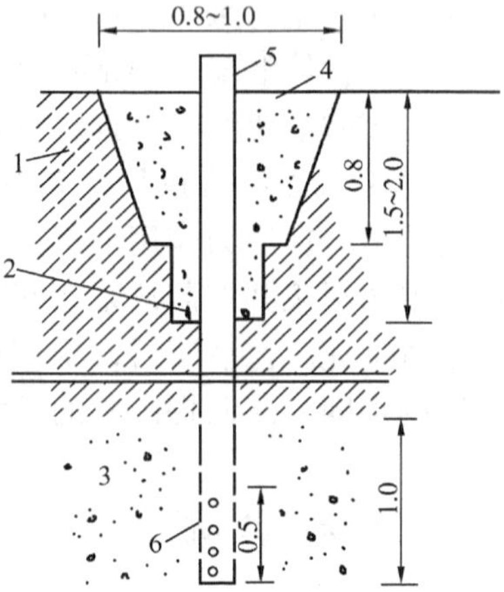

图 9-34 孔口管镶铸示意图
（长度单位：m）
1—土层；2—防浆环；3—砂砾石层；4—浅坑中回填的混凝土；5—孔口管；6—花管

【实例 9-2】 地下隧道细粒土及软土灌浆

【9-2-1】 巴黎地铁隧道灌浆

隧道穿过复杂的地层，而且隧道直径较大（见图 9-35），需要进行灌浆加固的地层包括泥灰土、冲积层、石灰岩、砂和粉砂等 5 种，使站孔和灌浆的难度都大大增加，最后根据不同的地质条件采用了下述相宜的灌浆工艺和材料。

1. 钻孔灌浆采用袖阀管法。
2. 厚为 2m 的泥灰土采用劈裂灌浆法，其他地层则采用渗入灌浆法。
3. 冲积层和石灰岩的孔隙和裂隙较粗，故采用膨润土(*B*)水泥(*C*)浆和硅酸盐(胶)浆。
4. 砂层的孔隙较细，故只采用硅酸盐浆。
5. 粉砂层的孔隙比砂层更细，硅酸盐浆液也不能适应，因而改用树脂浆液。

【9-2-2】 东京深井灌浆

为了在地下 40m 处修建一条直径约 12m 的隧道，事先开挖了几个内径为 28.2m 的工作竖井，该竖井由厚为 1.2m、深 98.0m 的混凝土墙保护（见图 9-36）。地层主要由粉细砂及黏性土交互组成，地层中有承压水。

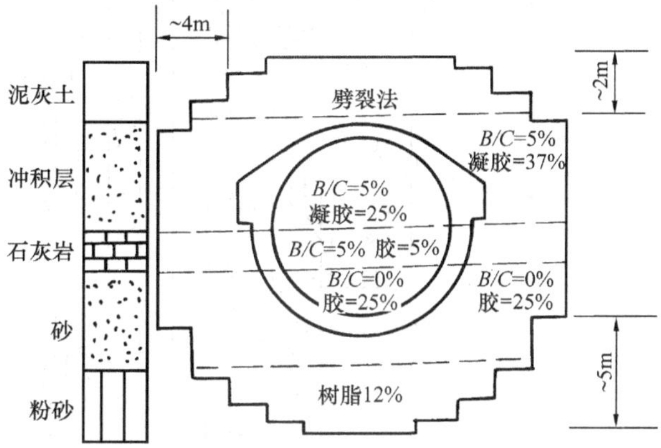

图 9-35 复杂地质条件下的灌浆措施

为预防底部土翻浆或隆起，在－34m的工作平面上对开挖底面以下的土层进行了压力灌浆，以便在－98.0m 处形成 5m 厚的防渗抗压区。

灌浆施工采用袖阀管法，首先用水泥～膨润土泥合浆液封堵地层中较大的孔隙，然后对－98.0～93.0m 深的地层用酸性水玻璃进行复灌。

经检查，灌浆后的砂层渗透系数已下降到 10^{-6} cm/s 数量级。灌浆后进行竖井开挖时，尽管井内外的水力梯度高达 7.3，工程各方面的工作都很顺利。

【实例 9-3】 细裂隙岩石灌浆

【9-3-1】 CX 型超细水泥灌浆

CX 型超细水泥最大颗粒粒径为 20μm，平均粒径 d_{50} 小于 4μm，比表面积为 1000～1300m^3/kg，可灌入细砂及宽为 0.1～0.05mm 的细裂隙，其可灌性已接近某些化学浆材。

在我国新安江大坝坝基加固及黄山毛坦电站大坝坝体防渗处理中，都曾试用和应用此类超细水泥。表 9-20 为新安江坝基灌浆的水泥消耗量统计数字。可以看出，在岩层（页岩）单位吸水率 ω 已经很小的情况下，超细水泥的平均单耗量仍达到 10.17kg/m，为 525 号普通水泥的 3 倍，证明前者可灌性大大优于后者。

坝基灌浆水泥单耗量对比表 **表 9-20**

灌浆材料	钻灌段数	岩层 $\omega\leqslant$0.005 的		灌浆段总长 (m)	水泥平均单耗量 (kg/m)
		段数	%		
普通 525 号	16	15	93.8	64.72	3.4
CX 超细水泥	15	14	93.3	77.18	10.17

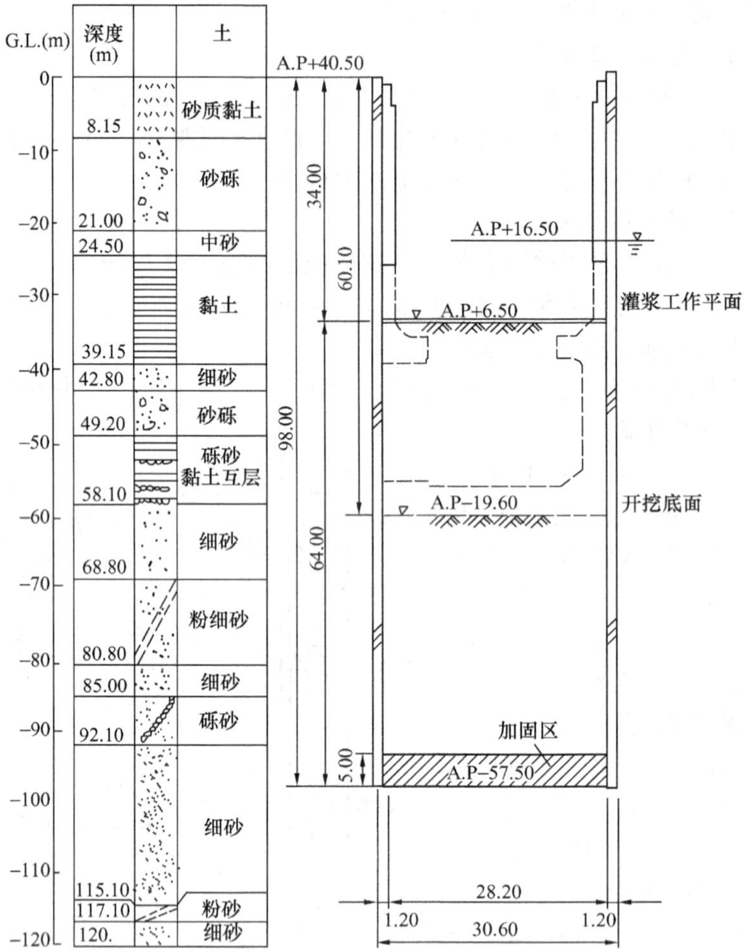

图 9-36　竖井剖面

灌浆所用的浆液水灰比 W/C=2.0，灌浆压力为 1.0～2.0MPa，灌浆后测得的岩层 ω=0.00053，比原有单位吸水率减小了 10 倍。在黄山毛坦电站坝体中在 525 号水泥不能实施灌浆的情况下，采用 CX 型超细水泥也获得良好的灌浆效果。

【9-3-2】 改性环氧浆液灌浆

青海龙羊峡水电站高为 177m 的混凝土重力拱坝，建基于致密坚硬的花岗闪长岩上。岩石因受断层等构造断裂的切割，在坝基和坝肩形成了多组软弱破碎带。水库蓄水后，坝肩岩体将承受巨大的推力，其抗滑稳定和压缩变形成为坝基突出的工程地质问题。

解决上述问题的措施之一，是用高压劈裂灌浆加固断层中的破碎带及软弱夹泥层。首先用(60～80)×10^5Pa 的高压灌注水泥浆，然后用(15～35)×10^5Pa 的中压灌注高强度环氧树脂浆液。

灌浆后，岩层的变形模量普遍提高，除个别情况外，其余均大于(5～7)×10^9Pa，如表9-21 所示。

灌浆前后软弱破碎带变形模量（$E_b \times 10^9$ Pa） 表 9-21

孔深 (m)	F_{18}				F_{120}			
	平行断层		垂直断层		平行断层		垂直断层	
	灌 前	灌 后	灌 前	灌 后	灌 前	灌 后	灌 前	灌 后
9	2.6	6.9	4.9	16.0	1.6	4.9	2.1	6.0
13	4.2	8.0	4.2	16.0	3.2	6.0	2.9	8.9
17	3.9	8.0	6.9	20.3	3.8	6.9	1.5	8.5
21	6.1	10.1	10.9	30.0	3.7	16.0	1.0	8.0
25	18.1	16.0	9.0	9.0	6.9	11.8	2.4	6.9
平均	6.98	9.8	7.18	18.3	5.84	9.12	1.98	7.66

【实例 9-4】 楼基压密灌浆

【9-4-1】 土内压密灌浆

官厅西变电所是丰台—沙城—大同电气化铁路线的动力电源之一，对该线的安全运行和经济效益具有重大的影响。

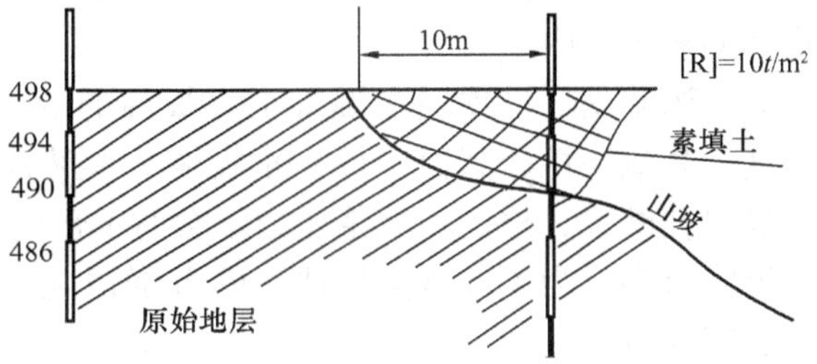

图 9-37 地质剖面图

变电所主控楼为一长 30m、宽 9m，高约 10m 的两层砖混结构，楼的西北部基础置于压缩性较大的素填土上（图 9-37），建筑物在运行期间发生了较大的不均匀沉降，导致墙体及圈梁产生纵向贯穿裂缝，危及变电所和铁路的安全运行，需在不停电情况下对主控楼及其地基进行加固，大量工作需在室内进行，为此采取了如下加固措施，使问题得到了妥善的解决：

1. 穿透钢筋混凝土条形基础，在有素填土的范围内打设 ϕ150mm 的树根桩。

2. 在填土中用高强度和高浓度水泥浆液进行压密灌浆和回填灌浆，使土体沉降基本消失，建筑物有所回升。

3. 钻孔时不使用循环水，避免填土在处理过程中浸水湿陷。

4. 用高强度水泥浆和改性环氧树脂封填墙体中的裂缝，以恢复建筑物的整体性。

【9-4-2】 土表面压密灌浆

一、工程概况

北京万通发展大厦由 A 座及 B 座楼相连组成，原设计 A 座地上 21 层，B 座地上 16 层，中间由狭窄的 13 层过街楼相连。地下全部为三层地下室，采用天然地基，对厚约 7m 的表层粉土和黏性土不作任何处理。基础为有柱帽的筏板基础，底板连成一体无沉降缝，仅过街楼中部留有一后浇带。

出于某些原因，建设方要求将 A 座加高至 29 层，B 座则降低到 12 层，而此时地下室已全部施工完毕。根据变形电算资料，当 A 座增加至 29 层后地基的最大沉降量为 27.23cm，B 座的最大沉降量为 15.07cm，平均 11.05cm，总沉降量超过了有关规范的规定，因而必须对地基进行补充加固处理。

二、地基加固要求

1. 地基加固后，A、B两楼的最终沉降量均不得大于12cm。

2. 建筑物封顶后一个月，A、B座的沉降值不得大于5cm±10%。

3. 在施工和使用过程中，A、B两座之间及本栋楼内任意两点之间的倾斜度均不得大于0.0015。

4. 地基补充加固工作必须与上部建筑物施工同步进行。

三、加固方法

当时建筑物地下三层已经完成，地下部分的后浇带也已浇整，正准备进行上部结构的施工，补充加固工作的难度是可想而知的。北京大兴地基工程公司经过反复研究后，采用了“土表面压密灌浆”方案，即在建筑上升过程中，经常在筏板下面的某些部位进行水泥灌浆，注入筏板底面与土表面之间的浆液一方面使地基发生固结沉降，浆液凝固后又顶托基础底板使之不随土层的固结而发生沉降变形，从而把地基的总沉降量和沉降差调控到有关规范的规定之内。

钻孔灌浆是通过预埋在混凝土底板内的ϕ60mm铁管进行。浆液采用四高（高浓度、高强度、高流动性、高稳定性）水泥浆。灌浆压力控制在1.5～2.0倍筏板以上的压强，由于是单孔灌浆，故这种灌浆压力不会对上部建筑物产生有害的影响，而只对下部土层的固结沉降有利。为了严密监控地基的沉降情况，专门在基础底板和外墙上面埋设了近50个沉降观测点。此外，还在不同部位布设了5个分层沉降观测孔，用电磁式分层沉降仪监测地基各层土体固结变化情况。

四、效果评价

1. 在整个灌浆过程中及上部建筑物封顶后的半年内，基础不但没有下沉，反而有微量的回升。

2. 钻孔取样查明，整个底板下面都布满了高强度水泥结石（其厚度变化在7～15cm之间）这说明在灌浆压力作用下，地基土发生了约7～15cm的不均匀沉降。

3. 基础底板的倾斜度极小，变化在0.00029～0.000011之间（见表9-22），几乎处于水平状态。

4. 灌浆前底板多被地下水渗湿，灌浆后则全面变干，说明地下水已被底板下的水泥石隔断。

典型测点倾斜度 **表9-22**

测　　点	两点间距（m）	第5次测量		第19次测量	
		变形差（mm）	两点倾斜度	变形差（mm）	两点倾斜度
A21-B10	34.0	1.1	0.000032	5.6	0.00016
A3-B5	80.0	2.2	0.000028	9.2	0.00011
A3-A6	9.5	0.1	0.000011	2.8	0.00029
A3-A7	35.0	0.7	0.00002	5.7	0.00016
A3-A2	8.0	0.8	0.00001	0.4	0.00005
A10-A23	10.0	0.5	0.00005	2.4	0.00024
A23-B5	37.0	0.8	0.00002	3.7	0.0001

【实例9-5】 用后灌浆法提高桩的承载力

【9-5-1】 桩底灌浆

某建筑物地基由三部分组成：上部3m为含少量粉土的砾质粗砂，中间为4～4.5m的极软砂质淤泥，其下为内摩擦角 $\varphi=35°$的较密实粗砂。

桩的直径为 96～120cm，深 11m，设计工作荷载为 5800kN。设计书规定，在 150％工作荷载作用下，桩的沉降量不得超过 80mm。

桩的施工方法为：先用振动锤打钢套管至预定深度，把管内积土挖除干净后，浇筑钢筋混凝土。

初步的荷载试验结果表明，主要是由于施工时土受到较大的扰动，使桩体在荷载作用下产生了较大的沉降，例如 214 号桩当荷载为 4000kN 时的沉降量为 100mm。

在这种条件下，一般的做法是减少工作荷载或把钻孔桩的深度增加至 20～30m，然而该工程没有这样做，而是采用化学灌浆加固法。

灌浆方法采用袖阀管法，从钻孔桩的中部钻孔至软弱土层，进行分段灌浆，如图 9-38 所示。

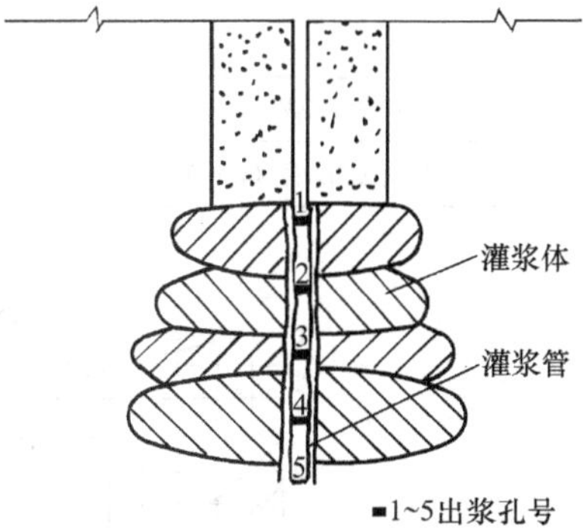

图 9-38 袖阀管灌浆法示意图

套壳料采用低强度膨润土水泥浆，灌浆分次序进行：首先灌注低部，然后灌注紧靠桩底的上部，最后灌注中部进行加密，为防止钻孔桩被上抬并限制注浆量不致太大，最大灌浆压力定为 500kN/m^2。

灌浆材料采用间苯二酚甲醛树脂，这种浆液的起始黏度为 1.5×10^{-3} Pa·s，而且在 50％～75％的胶凝时间内黏度维持不变。浆材的基本配方及其他物理力学性质见表 9-23。

全部工程共有 349 个钻孔桩进行了化学灌浆，总耗浆量为 338500L，平均每个钻孔桩耗浆 970L。

浆材配方及性质 **表 9-23**

名称	单位	配方 A	配方 B	配方 C	名称	单位	配方 A	配方 B	配方 C
水	L	31.5	42.0	52.5	胶凝时间（在 15℃）	min	45	120	190
树脂 MQ-14	L	18.0	18.0	18.0	粉质砂灌浆样品无侧限抗压强度（7d）	kN/m^2	—	660	490
固化剂 MQ-42	L	12.0	12.0	12.0					
胶凝时间（在 28℃）	min	22	51	105	浆液单价系数		1.34	1.15	1.00

灌浆后又进行了荷载试验，图 9-39 为典型试验结果，这些结果足以证明，采用灌浆方法能在粉质砂中有效而经济地使浅钻孔桩获得足够的承载能力。

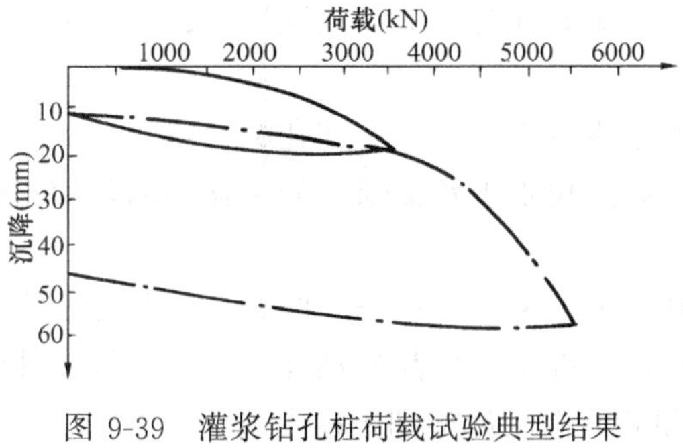

图 9-39 灌浆钻孔桩荷载试验典型结果

【9-5-2】 桩侧灌浆

深圳蛇口码头需建造四个容量为 65 万吨的圆形散桩水泥库，由于地基内含有较厚的软弱土层，地基承载力不足，原设计每个水泥库都要打设 57 根直径为 1.0～1.2m、最大长度为 48m 的端承桩，相应的工程造价为人民币 1450 万元，工期约需 4 个月。

北京大兴地基工程公司大胆地采用中国水科院研究的“后灌浆桩”新技术，在每根桩的侧面灌注水泥浆，使桩与土之间的摩擦力提高，从而使桩的直径减小到0.8～1.0m，桩长缩短至30m（平均），工程造价降低30%，工期缩短25%。

施工全部结束后，由监理机构会同设计和建设单位，挑选5个有代表性的后灌浆桩，用两倍设计荷载对其进行现场荷载试验。结果表明，受试验的5根桩不但没有破坏，而且变形量相当小，如表9-24及图9-40所示。

五根桩的平均变形量 **表9-24**

压桩荷载（t）	450（设计值）	900
平均变形量（mm）	4.30	14.90

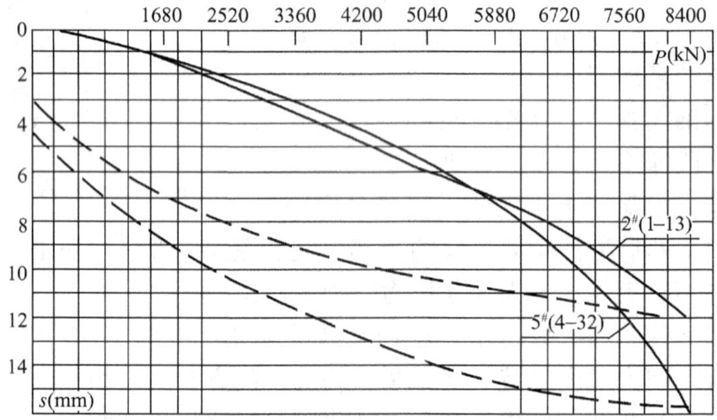

图9-40 试桩的荷载-沉降曲线

【实例9-6】 地下大洞灌浆

【9-6-1】 填泥和填砂溶洞灌浆

高为165m的贵州乌江渡水电站拱型重力坝，坐落在岩溶发育的石灰岩地基上，岩层中溶洞较多，且洞内多为抗渗稳定性很差的软黏土或中细砂充填。根据渗入性灌浆原理，上述不稳定性填料是不能用粒状浆材灌注的，但却用水力劈裂原理成功的灌注了水泥浆，使该坝复杂的地基渗漏问题获得了圆满的解决。

灌浆帷幕由2～3排孔组成，孔径为53mm，孔距变化在1.5～2.0m之间，用无栓塞孔口封闭法进行自上而下灌浆，最大灌浆压力变化在30～60×10^5Pa，灌浆材料采用525号普通硅酸盐水泥，浆液水灰比由8∶1稀浆开始，然后根据具体情况逐渐变浓至1∶0.8～1∶0.5。

在上述较高灌浆压力作用下，不管溶洞泥、溶洞砂还是一般裂隙性岩石，都发生了水力劈裂，如图9-41所示。

研究还证明，除水泥浆脉切割土体外，还有不少钙离子渗入土的孔隙。

由于土体中不同程度地充填着网格式水泥结石，再加上水泥对土的钙化作用，使松软土体的物理力学性质得到较大的改善，例如：

（一）把从现场取出的黏土灌浆样品，切割成4cm×4cm×4cm的试块，进行无侧限压缩试验及无正应力抗切试验，还用声波法和静力法探测了样品的动弹性模量和静弹性模量，结果见表9-25，可知灌浆后溶洞泥的强度和变形性质都得到了很大改善。

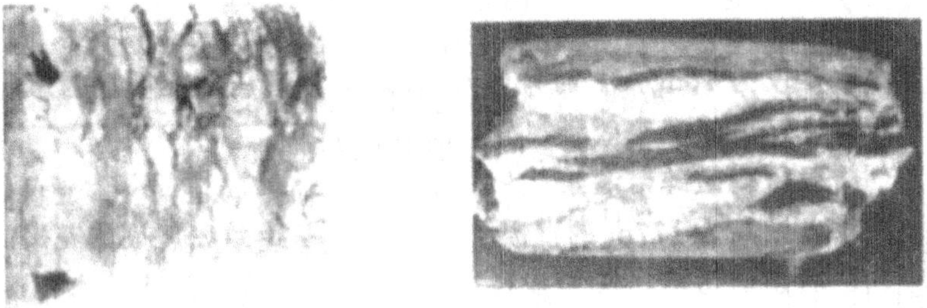

(a) (b)

图 9-41 土体被水泥浆劈裂

(a) 溶洞泥；(b) 溶洞砂

溶洞泥灌浆样品力学性质 **表 9-25**

项目	试样号 1	试样号 2	试样号 3	平均	项目	试样号 1	试样号 2	试样号 3	平均
无侧限抗压强度（10^5Pa）	32.0	19.7	12.0	21.2	动弹性模量（10^9Pa）	5.0	5.6	3.6	4.7
无正应力抗切强度（10^5Pa）	22.0	8.6	14.0	14.7	静弹性模量（10^9Pa）	3.0	2.0	1.9	2.5

（二）钙化砂土虽不含水泥结石，却被加工成圆形或方形块体，说明在高压作用下已有水泥微粒进入砂土并使之胶结。用这种样品进行室内试验所得的主要结果为：

1. 极限抗压强度变化在 1.86～6.84×10^5Pa 之间，而在灌浆前则为零。

2. 用静力法测得的弹性模量为 250～500×10^5Pa。

3. 灌浆样品的初始渗透系数约为 4×10^{-5}cm/s，在水力比降 80 下连续进行 100 天渗透试验，结果渗透系数反而下降至 1×10^{-5}cm/s。

1982 年入汛以后，先后在库水位上升到接近正常水位时进行了两次水库及枢纽监测，所得的坝基总渗水量仅为 16m^3/d，而且库水位的升降对渗透压力无明显的影响，测压水位一直处于尾水位以下，说明灌浆效果很好。

【9-6-2】 无充填物大洞灌浆

龙塘大坝因清基不彻底而出现大量漏水，坝底出现大量溶洞，大者达到 1.0m 左右，且无充填物，曾用纯水泥灌浆而未能堵住渗漏；后改用掺有水玻璃的高浓度水泥黏土膏浆而使堵漏获得成功，而且工期较短，造价较低。

广西拔贡水电站岩溶坝基由于多年的渗漏，使溶洞及断层中的充填物被掏空，岩体孔隙度增大，反复变化的渗透压力威胁着大坝的安全。中国水科院受托对这种无充填物含有大流速的大洞进行防渗处理。主要方法为：除采用快凝水泥浆和高浓度膏浆等浆材外，还采用了织物灌浆模袋（专利技术），使坝基渗漏量降低了 70%以上。

【实例 9-7】 灌浆法在复合地基中的应用

在复合地基中应用灌浆技术（简称 PPC 工法）是北京大兴地基工程公司新近发展起来的软基加固方法，1995 年首次在北京芍药居的两座高楼（24 层）中应用成功，由于它具有工程造价低和加固效果好等优点，几年来陆续在北京、南京及天津等地区推广使用。

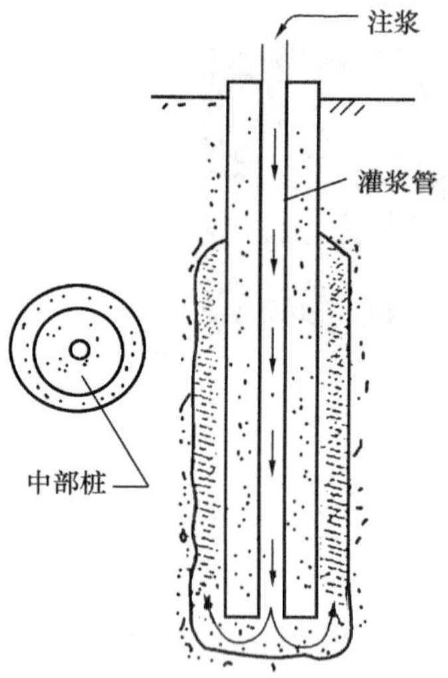

图 9-42 预埋灌浆孔

一、PPC 工法的技术要点

主要靠下述几种措施，大大提高桩及桩土复合地基的承载力，降低地基的沉降变形。

1. 首先在地基内打钻孔灌注桩，桩经常采用 ϕ300～400mm，桩深通过计算确定（一般不超过 15m），桩体则用压力注浆形成，桩体凝固后的强度大于 C_0。

2. 在注浆成桩之前，先在钻孔内埋设一根 ϕ60～70mm 铁管（见图 9-42），在桩体具有一定强度后，通过此预埋管对桩底及桩侧进行水泥灌浆，强迫浆液进入桩底及桩侧土体中。

3. 最后通过预埋在基础底板内的 ϕ60mm 铁管，对表土层进行接触灌浆和压密灌浆。

二、灌浆所起的作用

1. 桩体由浓稠水泥浆组成，强度较高，且桩体内含有铁管，刚性较大，故桩体属于微变形刚性桩。

2. 通过桩侧灌浆，可以大大改善桩体与其周围土体的结合状态。根据在深圳、北京和南京等地区的实践经验，桩侧灌浆使桩土摩擦力提高了 50%～80%。

3. 高强度桩体加上桩侧摩擦力的提高，为增加桩土应力比创造了条件，使桩在复合地基中的作用大大提高。

4. 表土压密灌浆能使地基土体的强度和密度增加，并加强基础底板与土层表面的结合，使复合地基一开始就处于有利的协调受力状态。

5. 具有重要意义的是，桩侧灌浆、桩底灌浆和表面压密灌浆等，能使复合地基范围内及其周边的土体得到不同程度的灌注，从而使复合地基的整体稳定性大大提高。

三、工程实例

（一）北京芍药居工程

1995 年，拟建的建筑物为两栋 24 层住宅楼，地下室两层，现浇剪力墙结构，每栋楼的底面积为 870m^2，上部建筑的附加荷载为 380kPa。地层土质自上而下主要由人工杂填土层、砂质黏土层、粉质黏土层和中细砂层等组成，这些土层承载力都不能满足设计荷载的要求，尤其是上部杂填土层厚度变化较大（2.8～13.2m），组成比较复杂、（含石料、生活垃圾、腐殖质等），这些杂填土又不能全部挖除，对建筑物的安全稳定甚为不利，必须采取有效的加固措施。

原计划采用钻孔灌注桩进行加固，但造价太高且桩孔难于合理布置。经反复研究后，建设方选用了我们提出的“PPC”方案，此方案的主要措施为：

1. 桩的直径为 300mm，深度 15m，距离 1.6m。

2. 用专门配制的水泥浆液充填桩孔，凝固后形成强度为 C_{15}～C_{20} 的无筋桩体。

3. 通过一根预埋在桩孔中心的铁管（ϕ60mm），对桩底及桩侧进行压力灌浆，灌浆压力一般为 1.5～2.0MP。

4. 最后还要通过预埋在混凝土底板内铁管（ϕ60mm）对表土（包括人工杂填土）进行压密灌浆及接触灌浆，一方面使表土的密度和强度增加，另外还能使底板与表土结合得更加紧密。

5. 造桩所用浆液都要采用“四高”配方，即高流动性、高力学强度、高浓度、以及高稳定性。

6. 后灌浆桩孔及底板预埋灌浆孔的平面布置见图 9-43。

现场进行了两组复合地基静载试验，其中一个试点布置在含有人工垃圾的地区（1# 地区），另一试点选择在基本上不含垃圾的部位（2# 地区），最大试验荷载采用 2200kN（稍大于 2.2 设计荷载），试验结果如图 9-44 所示。结果表明，复合地基不但满足了设计荷载要求，而且还具有相当的潜力，与原设计的桩基方案相比，工程造价节约了 40%～50%。

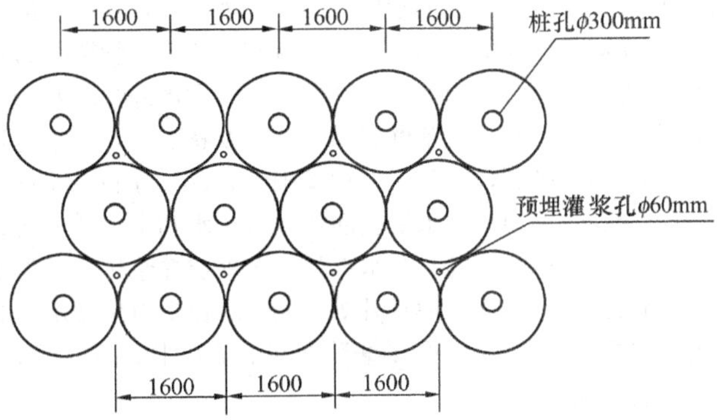

图 9-43 后灌浆桩孔及预埋灌浆孔平面布置

此外，还在 A、B 两座楼各设 6 个沉降观察点，连续对建筑物 6 个月的沉降观测，结果为：A 座的实际沉降量变化在 1.6～2.2cm，平均 1.8cm；B 座变化在 1.2～2.1cm、平均 1.7cm。8 年之后，我们会同设计单位等对这两高层住宅楼进行了实地考察，未发现任何异常情况。

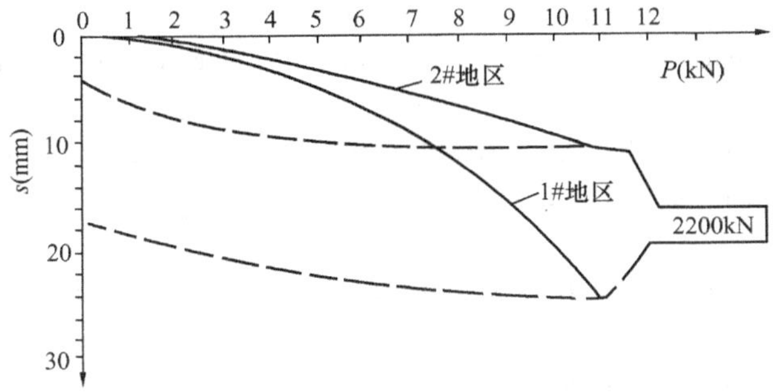

图 9-44 复合地基静载试验结果

（二）北京望京新城工程

本工程位于北京朝阳区望京小区，建筑物地上 22 层，地下两层、基础面积约 950m²，基底设计荷载为 420kPa。

基础底板坐落在厚为 6～8m 的弃土坑上，坑内杂填土主要由承载力很低的生活垃圾（含塑料袋、编织物、木片、灰渣、砖块和腐烂有机物等）和粉质黏土组成。经反复研讨后，地基加固方法采用了我们提出的“PPC”工法，此工法的设计要点为：

1. 桩径 400mm，桩深 16m，桩距 1.45m。

2. 灌浆后，桩侧阻力取 30kPa，桩间土承载力取 100kPa。

3. 单桩承载力为 72t/根，桩数总共 457 根。

4. 混凝土板压密灌浆孔距为 2m，预埋管径 50mm。

桩侧灌浆结束后，由甲方委托专门机构对各楼层进行了近 200 天的沉降观测，结果表明，封顶后一个月各观测点的最大沉降量仅为 29.2mm，最小为 14.88mm。这样小的沉降量使许多有关方面都感到满意和意外，因为在条件基本相同的情况下，采用其他工法的沉降量比“PPC”工法大很多。

参 考 文 献

[1] 张作瑂、何品寿(1982). 填泥溶洞水泥灌浆研究. 水利水电科学研究院论文集第8集.

[2] 张作瑂、(1983). 论砂砾石土的可灌性. 水利学报第10期

[3] 张作瑂、何品寿(1983). 乌江渡坝基填砂溶洞水泥灌浆效果研究. 水利水电科学研究院论文集第20集.

[4] 张作瑂(1984). 国外岩基灌浆近况及发展趋势. 水利水电技术. 第2，3期

[5] 张作瑂(1988). 岩基劈裂灌浆的主要特点. 水利水电科学研究院论文集第30集

[6] 李茂芳、孙钊(1987). 大坝基础灌浆(第二版). 北京：水利电力出版社

[7] 刘嘉材(1964). 水工地基灌浆技术. 水利水电科学研究院论文集第6集(土工).

[8] 王志仁(1979). 乌江渡水电站岩溶地层灌浆试验. 岩土工程学报，创刊号，1979

[9] 冯善彪、刘元津、谭日升等(1980). 化学灌浆技术. 北京：水利出版社

[10] 鲶亮三、(1994). 化学灌浆在地下工程中的新进展. 国际岩土锚固与灌浆新进展. 北京：中国建筑工业出版社.

[11] 张作瑂、(1998). 新技术在加固工程中的应用. 混凝土建筑物修补通讯，1998年第1期.

[12] 张作瑂、(2001). 一种后灌浆桩复合地基的施工方法(专利说明书. 专利号ZL95108866.1)北京：知识产权出版社

[13] 杨晓东、张金接、符平(2004). 大坝地基处理技术. 地基处理技术发展与展望. 北京；中国水利水电出版社、知识产权出版社

[14] 孙钊(2004)，大坝基岩灌浆，北京：中国水利水电出版社.

[15] Cambefort, H. (1977), Principles et Applications de Injection. Annales de L'institut Technique de Batement et des Travaux Puplacs. No. 353, September.

[16] Cambefort, H. (1964), Injection des Sols. TomeI.

[17] Little, G. S. et al(1982), Design of Cement based Grouts. Proc. of the Conference on Grouting in Geotechnical Engineering.

[18] Raffle, J. F. (1961), The Relation between the Rheologycal Characteristics of Grouts and their Capacity to Permeate Soil. Comptes Rendus du 5'Congre's International de Me'canique des Sols et Das Tauvaux de Fondations.

[19] Shiroda, M and Ohmori, H. (1982), Ultra fine Grouting Material. Proc. of the Conference on Grouting in Geotechnical Engineering.

[20] Wang, H. Y. and Farmer, l. W. (1973), Hydrofracture Mechanisms in Rock during Pressure Grouting, Rock Mechanics.

[21] Clarke, W. J. (1982), Performance Characteristics of Acrylate Polymer Grout, Proc. of the Conference on Grouting in Geotechnical Engineering. ASCE.

[22] Bustamante. M. Gouvenot. D. (1983), Grouting: A Method Improving the Bearing Capacity of Deep Foundation. Proc. of the Eighth European Conference on Soil Mechanics and Foundation Engineering.

[23] Little, J. F. (1983), Improvement in Base Resistance of Large Diameter Piles Foundation in Silty Sand. Proc. of the Eighth European Conference on Soil Mechanics and Foundation Engineering.

[24] Stocker, M. (1983), The Influence of Post—Grouting on the Load—Bearing. Capacity. Proc. of the Eighth European Conference on Soil Mechanics and Foundation Engineering.

本章审阅人：蒋国澄(中国水利水电科学研究院)

第10章 高压喷射注浆技术

王吉望 （冶金建筑研究总院）

10.1 概述

喷射注浆法又称旋喷法，是从20世纪70年代初期最先由日本开发的地基加固技术。传统的注浆方法是在浆液的压力作用下通过对土体的劈裂、渗透、压实达到注浆加固的目的，并已有悠久的历史以及广泛的用途。但是对于细颗粒砂性土及黏性土通过劈裂难以达到一些工程的要求（难以形成较好质量的加固体，包括均匀性强度和渗透性）。喷射注浆法是通过高速喷射用切割土体并使水泥与土搅拌混合，形成水泥土体加固的做法，恰好弥补上述的不足。同时，由于用喷射流形成的加固体形状灵活，适用多种加固要求，因此当这种方法开发成功后，也就是自20世纪70年代中期以后，在世界范围内得到很快的传播。我国自70年代末起在建筑物基础托换，工业建筑的基坑工程以及水利建设工程得到应用。90年代起随着我国大规模建设工程的发展，在上海、广州、北京等大城市的地下工程建设中以及长江三峡等重大水利工程中的应用，使这种技术在我国的应用范围有了迅速扩大，成为世界上喷射注浆法应用工程量最大的国家之一。在施工机具方面，由于我国工程机械制造水平的限制，长期以来应用最多的是三管法，自90年代后期，双管法的应用得到发展。配套机械的性能也有所提高。现在，喷射注浆法已列入国家行业规范建筑地基处理技术规范。

在国外除日本以外，欧洲、美国、东南亚、中东以及中国台湾和香港特别行政区均有大量工程应用的实例。日本在原有的单管法、双管法和三管法的基础上后来又开发了一系列新的工法，例如多管法、超级旋喷法、双高压法以及和深层搅拌法相结合的多种喷射搅拌法。欧洲在引进日本喷射工法的技术后，在施工机械方面有其自身的特点，例如在隧道工程中有不少采用水平旋喷加固的工程实例，在欧洲也已形成了喷射注浆技术标准。东南亚的泰国和新加坡都是喷射注浆在地下工程中应用较多的国家。在中东，埃及开罗的地铁建设中大量使用喷射注浆加固法，成为世界上单项工程中使用喷射注浆加固工程量最大的项目之一。美国从日本引进喷射注浆技术之后，也有一个发展的过程，自20世纪90年代引进超级旋喷工法之后，应用范围有进一步的扩大。喷射注浆法在美国基础托换工程，隧道工程，水利工程中均有应用，而且有的单项工程中使用的规模很大。

喷射注浆法加固地基的主要优点可综述如下：

(1) 受土层、土的粒度、土的密度、硬化剂黏性、硬化剂硬化时间的影响较小，可广泛适用于淤泥、软弱黏性土、砂土甚至砂卵石等多种土质。

(2) 可采用价格便宜的水泥作为主要硬化剂，加固体的强度较高，根据土质不同，加固桩体的强度可为0.5～10.0MPa。

（3）可以有计划地在预定的范围内注入必要的浆液，形成一定间距的桩，或连成一片桩或薄的帷幕墙；加固深度可自由调节，连续或分段均可。

（4）采用相应的钻机，不仅可以形成垂直的桩，也可形成水平的或倾斜的桩。

（5）可以作为施工中的临时措施，也可作为永久建筑物的地基加固，尤其是在对已有建筑物地基补强和基坑开挖中需要对坑底或侧壁加固，侧壁挡水，对邻近地铁及旧建筑物需加以保护时，这种方法能发挥其特殊作用。

10.2　基本概念

10.2.1　加固原理和加固方法

一、加固原理

喷射注浆法加固地基通常分成两个阶段。第一阶段为成孔阶段，即采用普通的（或专用的）钻机预成孔或者驱动密封良好的喷射管和带有一个或两个横向喷嘴的特制喷射头进行成孔。成孔时采用钻孔的方法，使喷射头达到预定的深度（图10-1）。

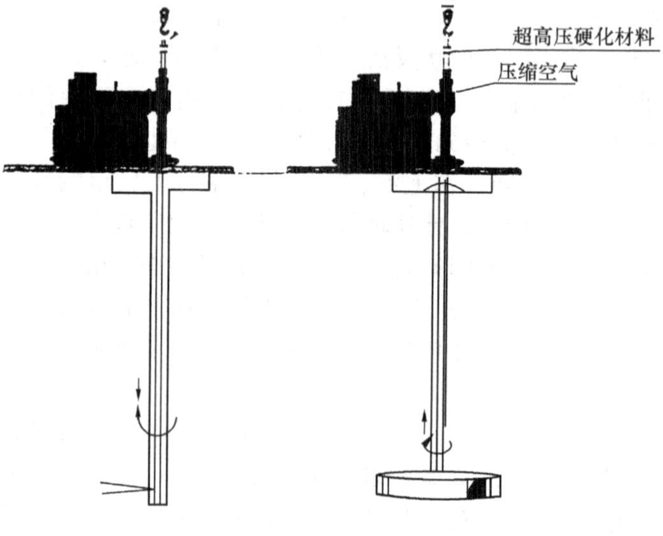

图10-1　旋喷桩施工方法

第二阶段为喷射加固阶段，即用高压水泥浆（或其他硬化剂），以通常为15MPa以上的压力，通过喷射管由喷射头上的直径约为2mm的横向喷嘴向土中喷射。与此同时，钻杆一边旋转，一边向上提升。由于高压细喷射流有强大切削能力，因此喷射的水泥浆一边切削四周土体，一边与之搅拌混合，形成圆柱状的水泥与土混合的加固体，即是目前通常所说的“旋喷桩”（图10-1）。

有时，根据工程需要，也可形成“片状”加固体，例如隔水帷幕。此时，只要在喷射高压水泥浆时，钻杆只提升，而不旋转，即所谓定向喷射。这种情况下，常常采用一个喷嘴或两个喷嘴进行喷射。

此外，也可只在一个限定的角度范围内（如120°）往复喷射，即所谓“摆喷”。

喷射注浆法的加固半径R_a和许多因素有关，其中包括喷射压力P、提升速度S、现场土的剪切强度τ、喷嘴直径d和浆液稠度B等。

$$R_a = f(P, S, \tau, d, B\cdots\cdots)$$

加固范围与喷射压力P、喷嘴直径d成正比，而与提升速度S、土的剪切强度τ和浆液稠度B成反比。

加固强度与单位加固体中的水泥含量、水泥浆稠度和土质有关。单位加固体中的水泥浆含量愈高，喷射的浆液愈稠，则加固强度愈高。此外，在砂性土中的加固强度显然比在软弱黏性土中的加固强度高。

喷射注浆加固是在地基中进行的，四周介质是水和土，因此，虽然钻机喷嘴处具有很大的喷射压力，衰减仍然很快，切削范围较小。为了扩大喷射注浆的加固范围，又开发了一种将水泥浆与压缩空气同时喷射的方法。即在喷射液体的喷嘴周围，形成一个环状的气体喷射环，当两者同时喷射时，在液体喷射流的周围就形成空气的保护膜。这种喷射方法用在土或液体介质中喷射时，可减少喷射压力的衰减，使之尽可能接近在空气中喷射时的压力衰减率，从而扩大喷射半径。

但是，喷射注浆尚存在着一些有待改进的问题：

(1) 施工质量控制受人为的因素较多，尤其在我国质量控制尚不能全部用仪表控制。

(2) 设计计算不确定的因素较多，需要设计，施工人员有经验才能取得较好的结果。

(3) 质量检验方法有待进一步完善。

此外，由于这种方法适用的范围和用途十分广泛，例如它可以作为提高建筑物地基承载力，又可用于基坑工程土质加固，减小基坑位移，防止涌土或隔水，还可以用于地下管线保护和水利工程中防止管涌等，在土质方面它既可适用于粗颗粒砂砾性土，还可使用于黏性土等各种土质。此外，喷射注浆法本身又可根据工艺的不同分为单管、双管和三管法。由于上述的原因，使得喷射注浆法工程应用表现出很强的“个性”，也就是说尽管有许多工程应用，但是因具体条件、目标各异，并常遇到新的问题。

同时，喷射注浆法由于它自身的特性，与桩基或一些其他的加固方法不同的是，加固的效果常常难以准确的检验和评价。

上述诸多因素，就使得在喷射注浆加固中，工程经验显得十分突出，也就是说，喷射注浆法成功的应用，除了要依赖人们对这项技术（包括工艺、材料）准确的掌握之外，还要依赖其工程经验，这种工程经验既包括自身的，也包括国内外他人经验的收集、分析。

二、加固方法

1. 单管法、二重管法和三重管法

单管法、二重管法和三重管法是目前使用最多的方法。其加固原理基本是一致的，施工工艺流程概括图 10-2 所示。

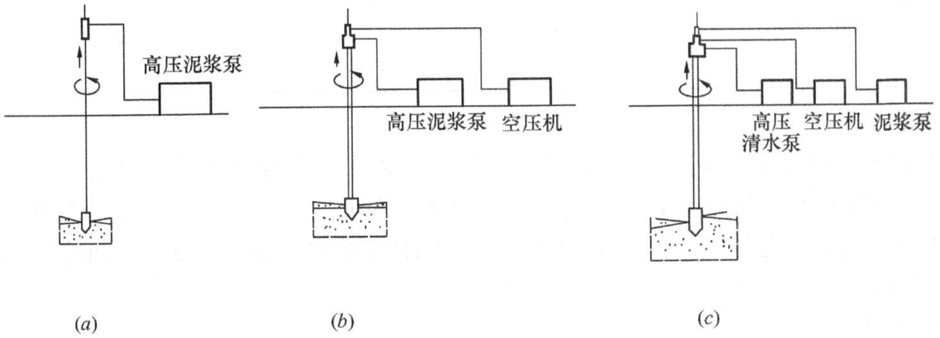

图 10-2 喷射注浆法施工工艺流程

(a) 单管法；(b) 二重管法；(c) 三重管法

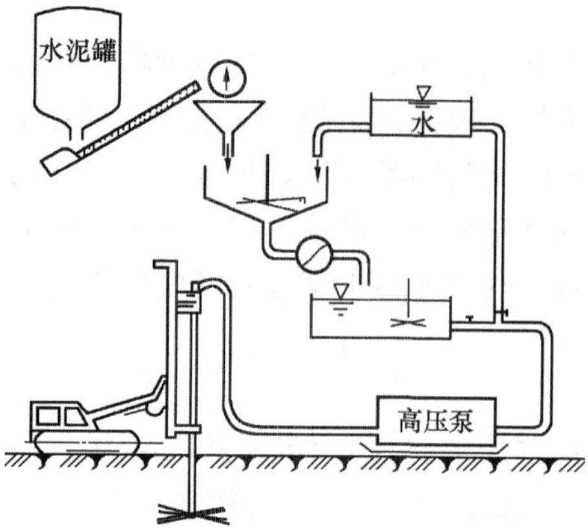

图 10-3　单管法施工

单管法和二重管法中的喷射管较细，因此，当第一阶段贯入土中时，可借助喷射管本身的喷射，只是在必要时，才在地基中预先成孔（孔径为 ϕ6～10cm），然后放入喷射管进行喷射加固。采用三重管法时，喷射管直径通常是 7～9cm，结构复杂，因此有时需要预先钻一个直径为 15cm 的孔，然后置入三重喷射管进行加固。成孔可以采用一般钻探机械，也可采用振动机械等。

各种加固法，均可根据具体条件，采用不同类型的机具和仪表。

单管法施工的一种工艺布置如图 10-3 所示。其中，水泥、水和膨润土采用称量系统，并二次进行搅拌、混合，然后输入到高压泵。

三种方法的常用施工参数如表 10-1 所示。

喷射注浆法分类　　**表 10-1**

分类方法	单管法	二重管法	三重管法	
喷射方法	浆液喷射	浆液、空气喷射	水、空气喷射、浆液注入	
硬化剂	水泥浆	水泥浆	水泥浆	
常用压力（MPa）	15.0～20.0	15.0～20.0	高压	低压
			20.0～40.0	0.5～3.0
喷射量（L/min）	60～70	60～70	60～70	80～150
压缩空气（kPa）	不使用	500～700	500～700	
旋转速度（rpm）	16～20	5～16	5～16	
桩径（cm）	30～60	60～150	80～200	
提升速度（cm/min）	15～25	7～20	5～20	

2. RJP 工法

RJP 工法全称为 Rodin Jet Pile 工法，是在三重管工法基础上开发出来的。它仍使用三重管，分别输送水、气、浆，与原三重管工法不同的地方是，水泥浆用高压喷射，并在其外围环绕空气流，进行第二次冲击切削土体。RJP 工法固结体直径大于三重管工法。该工法的示意图如图 10-4 所示。

3. SSS-MAN 工法

SSS-MAN 工法需要先打入一个导孔置入多重管，利用压力大于或等于 40MPa 的高压水射流，旋转运动切削破坏土体，被冲下来的土、砂和砾石等，立即用真空泵从管中抽出到地面，如此反复冲切土体和抽泥，并以自身的泥浆护壁，便在土中冲出一个较大的空洞，依靠土中自身的泥浆的重力和喷射余压使空洞不坍塌。装在喷头上的超声波传感器，及时测出空洞的直径和形状，由电脑绘出空洞图形。当空洞的形状、大小和高低符合设计要求后，立即通过多重管充填穴洞。填充的材料根据工程需要随意选用，水泥浆、水泥砂浆、混凝土等均可。本工法提升速度很慢，固结体的直径大，在砂层中可达 $\phi4.0$m，并做到信息化管理，施工人员可掌握固结体的直径和质量。

4. MJS 工法

MJS 工法是一种多孔管的工法，以高压水泥浆加四周环绕空气流的复合喷射流，冲击切削破坏土体，并从管中抽出泥浆，固结体的直径较大。浆液凝固时间的长短可通过速凝剂喷嘴注入速凝液量调控，最短凝固时间可做到瞬时凝固。施工时根据地压的变化，调整喷射压力、喷射量、空气压力和空气量，就可增大固结效果和减小对周边的影响。固结体的形状不但可做成圆形，还可作成半圆形。水平施工示意见图 10-5。

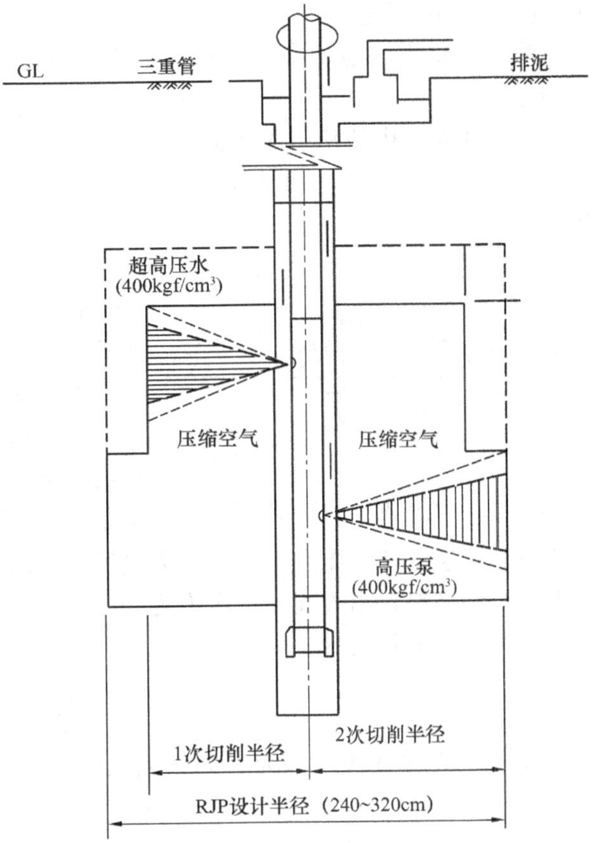

图 10-4 RJP 工法示意图

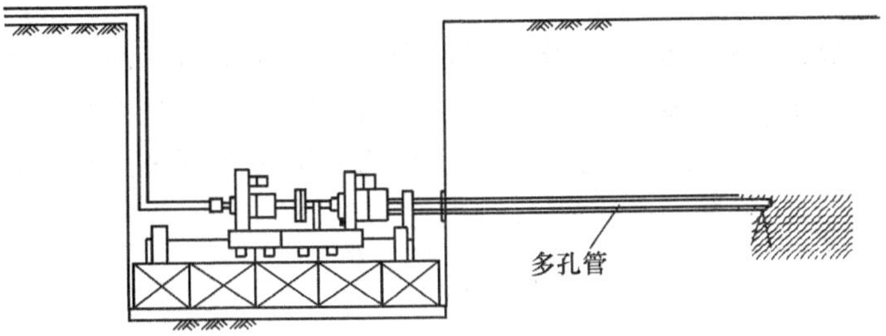

图 10-5 MJS 工法的施工概要图（水平施工）

10.2.2 喷射流的特性

喷射流是指加固过程中由小直径喷嘴喷出的水流或水泥浆射流。如日常消防用的喷射水和冲洗洗车用的喷射水均为喷射流。当输送水流的泵压力加大时，喷射的速度也随之增加。当在一个密封的容器中施加的压力为 P 时，射出水流的喷射速度 v 和压力 P 关系为

$$v=\sqrt{\frac{2P}{\rho}} \tag{10-1}$$

式中　ρ——水的密度。

在喷射注浆加固地基中，通常采用的压力 P 为15.0～40.0MPa，其喷射速度为100cm/s以上。

一、气体及水中的喷射流构造

在空气中喷射水时，随着流速的增加，水流的性质按水滴→层流→絮流→喷雾流变化。

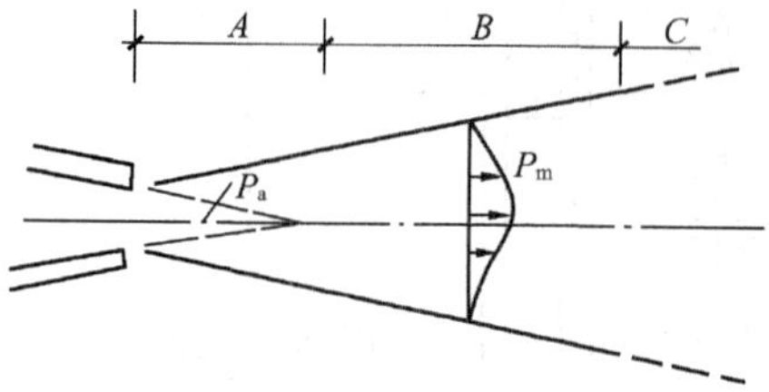

图10-6　喷射流压力变化特性

在空气中高压喷射水时，其射流构造如图10-6所示。在喷嘴的中心轴线上，可以区分为初期区 A 段、主要区 B 段和终期区 C 段。

初期区 A 段为保持出口处压力 P_0 不变的区域，主要区 B 段为主要发挥喷射流切削、冲击作用的区域，C 段成为不连续的喷射流，切削效果不能很好发挥。也就是说，在一定射程内，喷射流可保持很高的速度和动压力，而随着离喷嘴距离的增加，速度和压力将逐渐降低。

根据试验结果，当喷嘴出口压力为10.0～30.0MPa时，在喷嘴轴线上离喷嘴不同位置的压力水头用下列表示：

$$H_L = 8.3d^{\frac{1}{2}} \frac{H_0}{L^{0.4}} \tag{10-2}$$

式中　H_L——距离喷嘴出口为 L 时的轴流压力水头（m）；

H_0——喷嘴出口的压力水头（m）；

d——喷嘴直径；

L——离喷嘴出口的距离（m）。

当在水中喷射时，其压力就迅速衰减：

$$H_l = 0.016d^{\frac{1}{2}} \frac{H_0}{L^{0.4}} \tag{10-3}$$

高压水喷射流是通过高压发生设备，使它获得巨大能量后，从一定形状的喷嘴，用一种特定的流体运动方式，以很高的速度连续喷射出来的、能量高度集中的一股液流。

从流体力学知道，高压水连续射流的速度和功率可按下列公式计算：

$$v_0 = \varphi\sqrt{2g\frac{p}{\gamma v}} \tag{10-4}$$

经换算得

$$\varphi^2 p = \frac{\gamma v_0^2}{2g} = p_0 \tag{10-5}$$

式中　v_0——喷嘴出口流速（m/s）；

p——喷嘴入口压力（Pa）；

p_0——喷嘴出口压力（Pa）；

γ——水的重度（N/m^3）；

g——重力加速度（$9.81m/s^2$）；

φ——喷嘴流速系数，良好的圆锥形喷嘴 $\varphi \approx 0.97$。

高压水喷流的流量计算公式为：

已知 $Q=F_0v_0$，根据公式（10-4）得：

$$Q=\mu\cdot F_0\varphi\sqrt{2g\frac{p}{\gamma}} \tag{10-6}$$

式中 Q——流量（m^3/s）；

μ——流量系数，圆锥形喷嘴 $\mu=0.95$；

F_0——喷嘴出口面积（m^2）；

p——喷嘴入口压力（Pa）；

γ——水的重度（N/m^3）；

g——重力加速度（$9.81m/s^2$）。

在高压高速的条件下，喷射流具有很大的功率，即在单位时间内从喷嘴中射出的喷射流具有很大的能量。若某个力在时间 t 内做的功是 A，则它的功率 N 为：

$$N=A/t \tag{10-7}$$

喷射压力所做的功 A，表示作用在活塞上的总压力 $P=PF$（F 为活塞承压面积）推动活塞移距离 1。即 $A=Pl=pFl=pW$，喷射流的功率为

$$N=A/t=pW/t=pQ \tag{10-8}$$

将式（10-6）代入式（10-8），并按 1kW≈1000Nm/s（102kgm/s×9.80665N），整理得出喷射率功率计算式：

$$N=3p^{3/2}d_0^2\times10^{-9} \tag{10-9}$$

式中 N——喷射流的功率（kW）；

d_0——喷嘴的直径（cm）；

p——泵压（Pa）。

如果喷射流的压力分别为 10×10^6、20×10^6、30×10^6、40×10^6、和 50×10^6 Pa，当喷嘴孔径为 3mm 时，由于喷射压力为 10、20、30、40 和 50MPa，它们是以 136、192、243、280 和 313m/s 的速度连续不断地从喷嘴中喷射出来，它们携带了 8.5、24、44、68 和 95kW 的巨大能量。

二、气膜保护下的水中喷射时的喷射流性质

如前所述，喷射流在水中喷射与空气中喷射相比，其喷射速度或动力衰减程度要大得多，因此在地基中喷射时，喷射能量的迅速降低是必然的。

为此，日本八寻辉夫等人研究了一种在喷射水流孔的周围采用同心环状喷嘴同时喷射水和空气的方法。在不同条件下喷射时的试验表明，在水中喷射与空气中喷射相比，喷射距离显著减小，而采用水、气同轴在水中喷射时的喷射距离为两者之间。

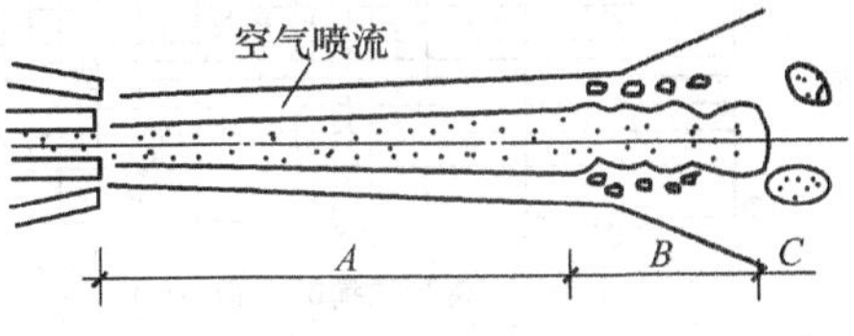

图 10-7 水、气同轴喷射流特性

水与压缩空气在水中同轴喷射时的射流构造如图 10-7 所示。初期区 A 段的水射流是在空气射流的约束下进行的，这个区段的压力基本上保持不变。在这以后，由于喷射水流和压缩空气的

互相干扰，水流宽度就增加，导致喷射水流与空气混合而进入主要区 B 段。此后，空气和喷射水流进一步与周围液体混合，速度进一步衰减，而进入终期区 C 段。此时的初期区 A 段，大于同样喷射条件下水喷射的初期阶段。

$$X_0 \approx 0.048 v_0 \tag{10-10}$$

式中 X_0——初期区域长度（m）；

v_0——初期流速（m/s）。

旋喷时，若高压水喷射流的初期速度为 20.0m/s，则其初期区域长度 X_0 为 0.10m，而以高压水喷射流单独喷射时，X_0 仅为 0.015m，水气同轴喷射的初期区域长度 X_0 增加了近 7 倍。

三、空气喷流帷幕的作用分析

在水气同轴喷射中，空气喷流帷幕的作用是保护水流喷射，使其减缓衰减程度。

1. 空气喷射流速度的影响

用绝热能量守恒，一维气体动力学公式来说明气流速度的作用。

根据连续方程 $$P \cdot v \cdot A = 常数 \tag{10-11}$$

取对数、微分，再根据伯努利方程得

$$\frac{\mathrm{d}v}{v} = \frac{\dfrac{\mathrm{d}A}{A}}{(1-M^2)} \tag{10-12}$$

式中 v——气流的速度；

A——喷嘴横断面积；

M——马赫数，为气流速度与音速之比。

在实际施工中，气体的速度难于达到 $M>1$ 或 $M=0$，一般在 0～1 之间。实践证明，气体流速愈大愈好，但若能达到 $M=0.5$，即为音速的一半时，高压喷射流速度衰减较小，可对土体获得较好的破碎效果。

2. 空气喷射流流量的影响

水汽同轴喷射时，除了空气喷射流的速度和方向对高压喷射流的影响很大以外，空气喷射流的流量大小对高压喷射流也有较大的影响。

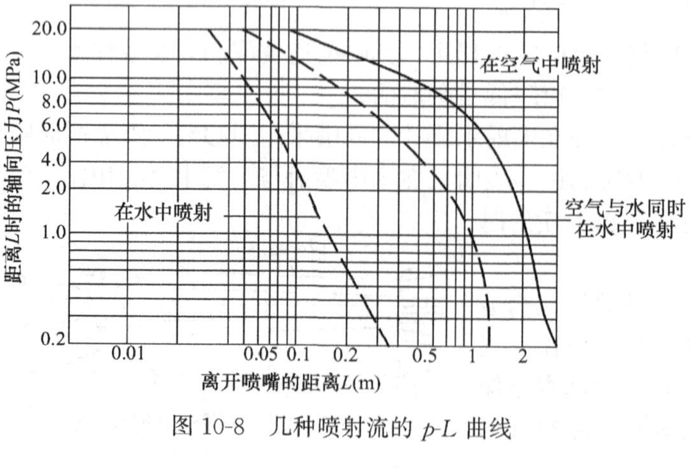

图 10-8 几种喷射流的 p-L 曲线

以浆气同轴喷射的二重管旋喷试验为例，以孔径为 2mm 的喷嘴喷射，变化其喷射压力和空气流量，当喷射压力为 20MPa 时，空气流量为 0.4 和 0.8m³/min 与压力空气流量为 0 相比，喷射长度分别增加到 2.5 倍和 4 倍。

图 10-8 所示在喷射出口压力为 40.0MPa、喷嘴直径为 2mm 条件下，通过实验获

得的压力与距离的关系。图中三根曲线分别表示在空气中、在水中和水、气同轴在水中喷射时的 p-L 关系曲线。如图所示，当在水中喷射时，压力衰减十分显著；当空气与水在水中同轴喷射时，则压力衰减降低，喷射距离加大。这也就是采用二重管法和三重管法加固直径增加的原因所在。

四、喷射流的初速与流量

从喷嘴喷出的喷射流初速根据所施加的水压力确定。圆形喷嘴的出口压力为 P_0，流速为 v_1，则喷射速度 v 用下式表示：

$$v = C_v\sqrt{2g\frac{P_0}{\gamma}+v_1^2} \tag{10-13}$$

式中 C_v为射流体阻力产生的速度减少比例系数，$C_v=0.96\sim0.98$，即

$$v = K\sqrt{\frac{2gP_0}{\gamma}} \tag{10-14}$$

式中 γ——流体重度；

K——流量系数，当喷嘴直径为 2mm，压力为 40.0MPa 时，$K=0.92$。

喷嘴喷射的流量为

$$Q = \frac{\pi d^2}{4}\times 0.92\sqrt{\frac{2gP_0}{\gamma}} \tag{10-15}$$

当喷射的流体为清水时，则

$$Q = 60.7\sqrt{P_0}\cdot d^2 \tag{10-16}$$

图 10-9 所示为压力与速度的关系曲线。随着压力增长，喷嘴出口速度明显增长。

图 10-10 所示为不同喷嘴直径在不同喷射压力下的流量。例如在喷嘴直径为 2mm、压力为 40.0MPa 时，流量则为 49L/min；但当喷嘴直径为 2.8mm 时，在相同压力下的流量就增加到 95L/min。

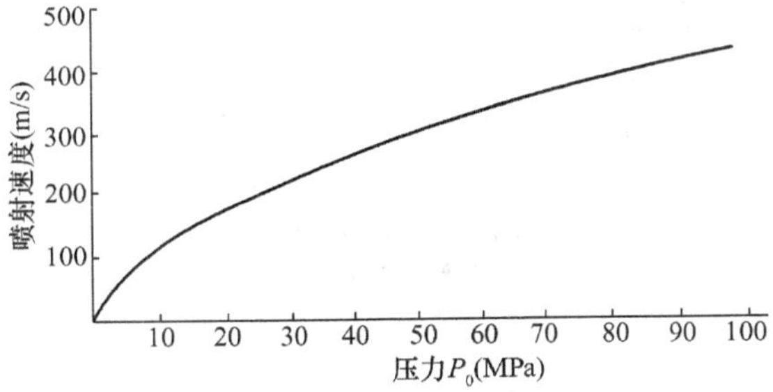

图 10-9 喷射压力与喷射速度关系

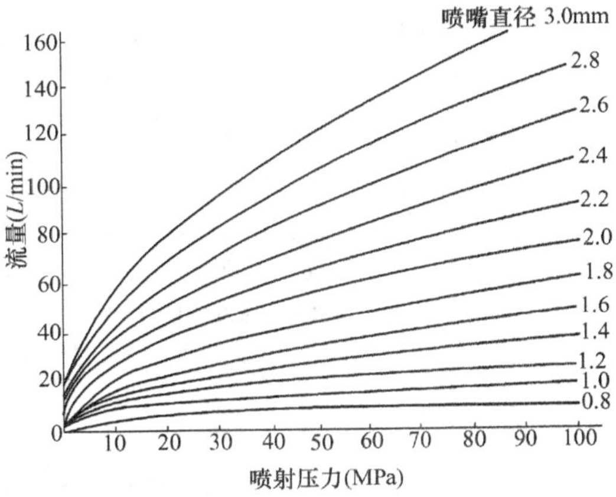

图 10-10 喷嘴直径与流量的关系

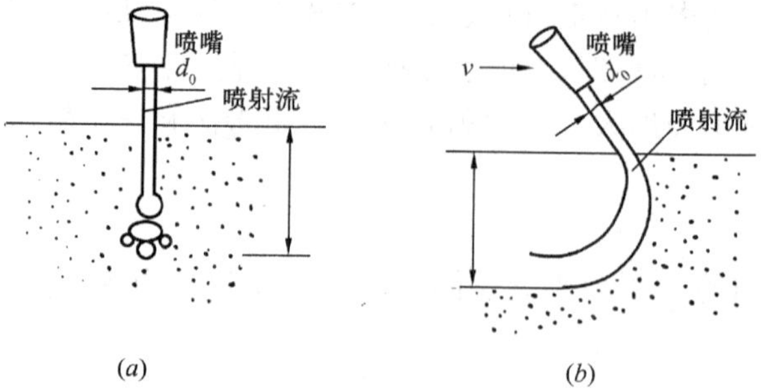

图 10-11　喷射切削类型

(a) 穿孔形式；(b) 切削形式

10.2.3　影响加固效果的因素

高速喷射流切削破坏土体或岩石，通常有两种形式，即穿孔形式和切削形式（图10-11）

穿孔形式是将喷嘴固定在一定的位置上喷射，形成一个孔洞。而切削形式是逐渐移动喷嘴的位置和方向，达到较大面积切削土体的目的。喷射加固地基采用切削形式。

喷射流对土体的切削作用是一个复杂的过程。通常认为其主要作用包括射流的动压力作用，射流的脉冲压力、水滴的冲击力以及“水楔”效应等。所谓水楔效应，是指射流的作用力使垂直于喷流轴线方向的土体向两侧挤开，如同“楔子”贯入土中一样。

上述这些作用，只能定性地说明射流导致土体被切削、破坏的几种因素。它们不一定同时发生，也难以定量地确定其大小，因为这些作用的发生及其影响大小与喷射的压力、流量、喷嘴形式均有复杂的关系。

切削效果的影响因素更是多方面的。根据目前已有的研究成果，主要影响因素包括下列几个方面：

(1) 喷射流的喷射压力；(2) 喷嘴的直径；(3) 喷嘴的形状；(4) 喷嘴的移动速度；(5) 土体（或岩体）的特性；(6) 喷射口处的静水压力；(7) 喷射口与土体的距离。

高速喷射流用于切削岩石时，其最大的压力可高达 500MPa，而切削比较软弱的土时，则使用的压力也有达到 70MPa 的。一般，随着喷射压力的提高，在相同喷射条件下的切削深度也随之增加。图 10-12 所示在不同压力下切削不同岩石（砂岩、花岗岩等）及

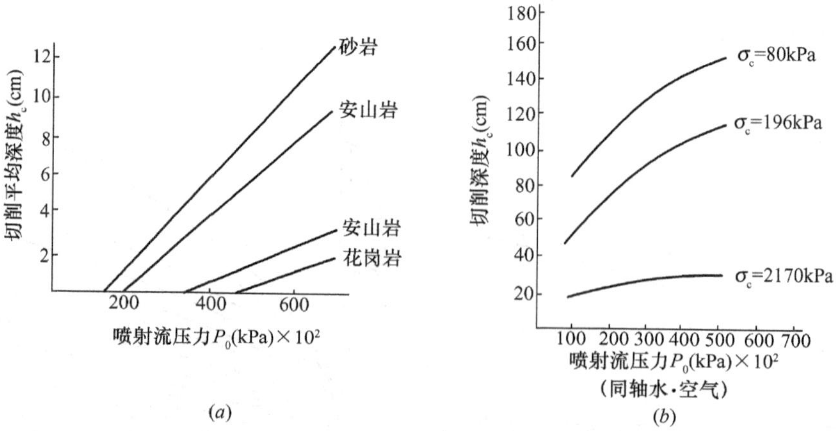

图 10-12　喷射流压力与切削速度关系

(a) 切削岩石；(b) 切削土及软岩

σ_c—为土与软岩的抗压强度

土和软岩中的沟槽深度。在上述切削过程中，喷嘴与试样的距离、喷嘴直径、喷嘴移动的速度和往返的次数都保持不变。在岩石中切削的速度与压力呈线性关系，而在土和软岩中两者呈指数关系。

如果其他喷射条件相同，而仅仅改变喷嘴直径，切削深度随着喷嘴直径的增加而增加（图 10-13）。

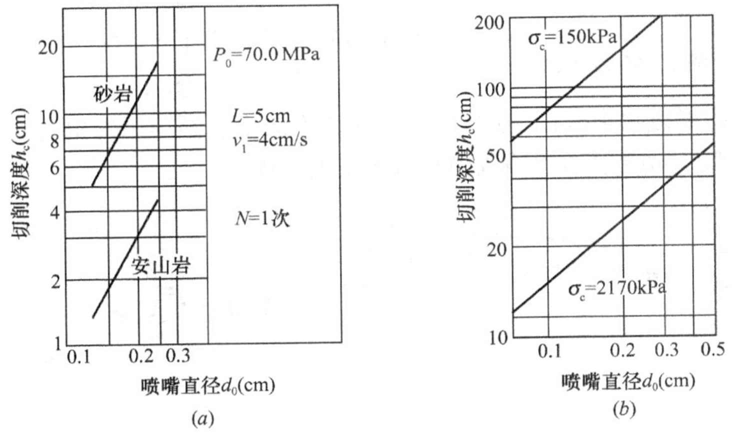

图 10-13 喷嘴直径与切削深度的关系

（a）切削岩石；（b）切削土及软岩

如果喷嘴直径和压力不变，而只改变喷嘴移动的速度，则切削深度随着移动速度的提高逐渐降低（图 10-14）。如果将移动速度 v_t 和切削深度 h_0 的积定义为沟槽形成的特征值 F_0，则

$$F_0 = v_t h_0 \tag{10-17}$$

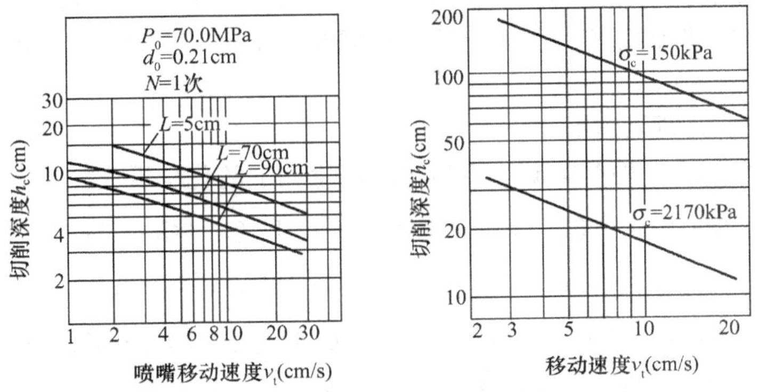

图 10-14 喷嘴移动速度与切削深度的关系

根据实验结果，即可得到 F_0 与 v_t 的关系曲线，这根曲线的最大值应被认为是“最佳速度”。由于使用中的切削对象多种多样，以及其他许多条件的限制，因此，实际应用中并不能够选用“最佳速度”。

喷嘴形状对喷射效果的影响，已有不少试验结果。图 10-15 所示为一种比较好的喷嘴

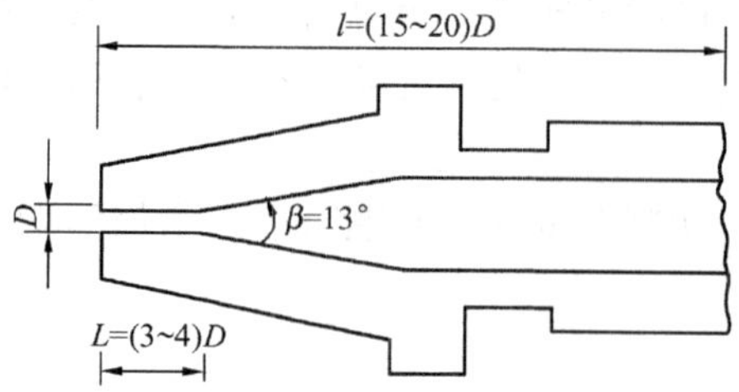

图 10-15 喷嘴的合理形状

构造。喷嘴的直线部分 L 和喷嘴的总长度 1 均可按喷嘴直径的比例确定。如果长度不足，则形成紊流。

此外，喷嘴的角度和加工精度，对喷射流的特性均有显著影响。

图 10-16 所示为两种加工质量不同的喷嘴，在相同的喷射压力下形成行程不同射流。当喷嘴加工质量良好时（图 10-16*a*），可以形成良好的水束，反之则不能形成水束（图 10-16*b*），土体切削效果也不理想。由此可见，形状合理、加工精密优质喷嘴，对喷射加固的范围有着重要的影响。

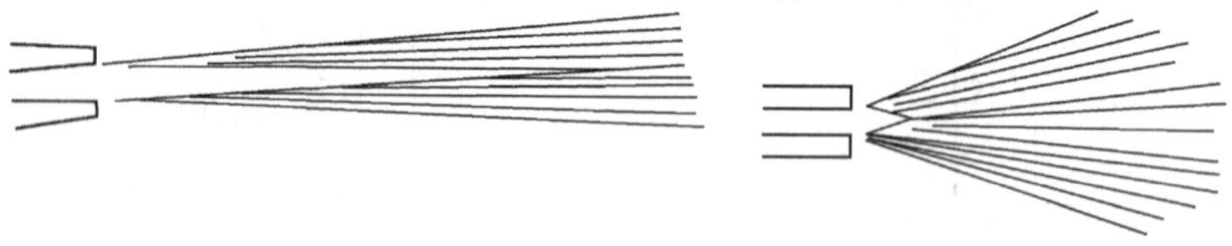

图 10-16 喷嘴加工质量对喷射流的影响

（*a*）喷嘴良好；（*b*）喷嘴不良

10.3 旋喷桩及复合地基的特性

10.3.1 水泥土强度形成机理及增长规律

喷射注浆法加固土质所采用的硬化剂，我国目前主要用水泥浆，并有时增添防止沉淀或加速凝结的外加剂。当地基为砂质土时，用水泥浆与砂混合显然可以得到较高的强度，在理论和实践上均已得到证实。但当土质为软弱黏性土时，水泥浆与土混合后强度形成的特性则有所不同。

（一）水泥的水泥硬化作用

众所周知，水泥的 4 种基本矿物熟料与水产生如下的化学反应：

$$2Ca_3SiO_5+6H_2O \longrightarrow Ca_3Si_2O_7 \cdot 3H_2O+3Ca(OH)_2$$

$$2Ca_2SiO_4+4H_2O \longrightarrow Ca_3Si_2O_7 \cdot 3H_2O+Ca(OH)_2$$

$$3CaO \cdot Al_2O_3+6H_2O \longrightarrow 3Ca(OH)_2+Al_2O_3 \cdot 3H_2O$$

$$4CaO \cdot Al_2O_3 \cdot Fe_2O_3+2Ca(OH)_2+10H_2O \longrightarrow$$

$$3CaOAl_2O_3 \cdot 6H_2O+3CaO \cdot Fe_2O_3 \cdot 6H_2O$$

另外在水泥熟料中加入 $CaSO_4$，与 C_3A 水化时的反映如下：

$$3CaSO_4+3CaOAl_2O_3+32H_2O \longrightarrow 3CaOAl_2O_3 \cdot CaSO_4 \cdot 32H_2O$$

上述反应产生一系列结晶，既有水泥水化产生的结晶物，也有水泥水化物与土体中 SiO_2 Al_2O_3 发生二次反应所生成的结晶物，因此，它既是水泥石强度的主要来源，也是高压喷射法加固土体强度的主要组成部分。

（二）水泥-土空间结构的形成

在高压喷射过程中，水泥和土混合在一起，水泥水化后形成的各种水化物在土颗粒周围结晶出来。

图 10-17 为一组淤泥质黏性土以及喷射加护体的扫描电镜照片。图 10-17*a* 为纯土的照片，颗粒间只有原生矿物的几何堆积，而没有牢固的连系。图 10-17*b*～图 10-17*e* 为加固后土-水泥混合体不同龄期时的照片。可以看出，水泥的加入已从根本上改变了土体结构，水泥包裹着土颗粒并把它们粘接在一起形成一个整体。

7d 龄期的土颗粒周围充满了水泥的胶凝体，并能发现少量的水化物结晶；14d 龄期时，结晶生长、延伸并填充土体的空隙；28d 龄期时，土体已完全被水化物及其与土体间的化合物所包围，形成密簇构造；两个月龄期的照片放大了 10000 倍，可清楚地显示出这种构造中的一些细节，其中大块的土体，空隙中长满了水化物及其与土体反应的结晶。特别是钙矾石针状结晶很快生长，并交织在一起，形成空间网络结构。土体被包围在水泥构成的网络之中，形成一种特殊的水泥-土骨架结构，从而大大改善了土体的强度。从某种意义上来说，可以把喷射加固体中水泥与土的关系视为混凝土中水泥与砂、石的关系。

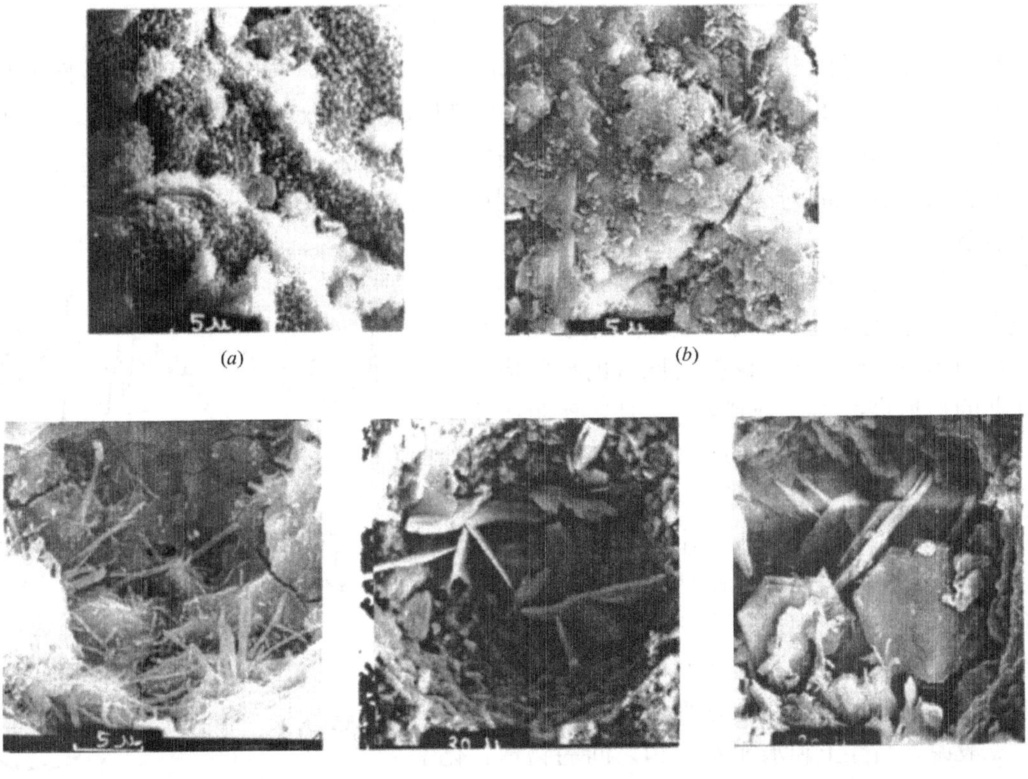

(*a*) (*b*) (*c*) (*d*) (*e*)

图 10-17 土加固前后的电镜照片

(*a*) 纯土样；(*b*) 水泥土（7d）；(*c*) 水泥土（14d）；(*d*) 水泥土（28d）；(*e*) 水泥土（2 个月）

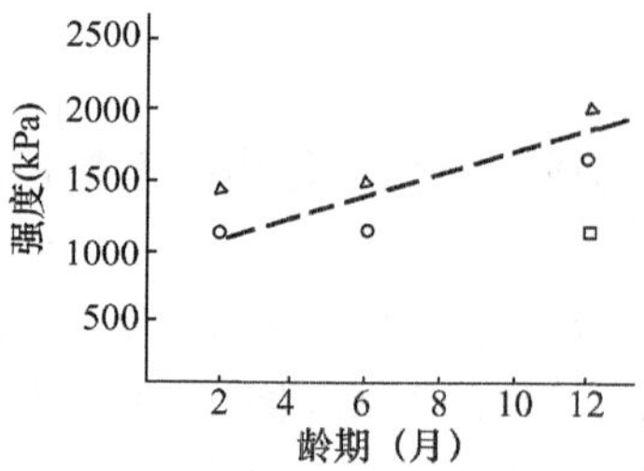

图 10-18　喷射加固体强度随龄期增长的情况

（三）水泥与土之间的长期物理、化学变化

砂性土与黏性土中的喷射加固体，在强度增长方面有所不同。前者与砂浆、混凝土强度增长规律相似，后者的强度增长延续时间明显增加。

试验表明，喷射加固体强度在两个月至一年的期间仍然有所增长（图 10-18）。由于单纯的水泥水化硬化过程并不具有这种特征，因此这种增长还必然包括着其他构成强度增长的物理和化学反应过程。这种变化与土体的矿物成分、置换能力以及水泥的矿物成分等有关。淤泥质黏性土及所采用水泥的矿物成分如表 10-2 所示。

化学成分表　　**表 10-2**

名　　称	SiO_2	Fe_2O_3	Al_2O_3	CaO	MgO	K_2O	Na_2O	TiO_2
土	65.85	4.42	7.94	3.99	2.87	2.16	3.46	0.33
水泥	20.50	3.70	3.38	61.23	3.34	—	—	0.23

岩相及 X 衍射分析的结果表明，土的主要成分为石英、高岭石、钙长石、云母、白垩和绿泥石。

利用 JURM-62X 衍射仪对不同龄期的加固体（土、水泥），其中包括采用砂性土和黏性土两种土，分别按照喷射加固的实际比例制作试样进行分析，同时也对纯水泥、纯土进行了分析。图 10-19 所示为纯水泥、纯淤泥质黏性土以及两者按喷射加固一定比例混合的水泥土加固体的 X 衍射谱图。

对比几根 X 衍射谱图曲线可以看出，土与水泥本身包含着一系列矿物，如高岭石、云母等，混合之后，加固体中起初仍然只保持着原有的矿物成分（即在初期的衍射谱线上无新矿物），但是龄期达几个月时，在加固体中出现了新的矿物衍射峰角 6.75°处的 $C_3ACaCO_312H_2O$（Tetracalciu-maluminata Carbonate 12-bydrate）。与此同时，对于水泥与砂土混合的 X 衍射谱（图 10-20），即使龄期很长也没有发现有新的矿物成分存在。从而进一步证明了在喷射注浆加固地基中，采用水泥浆作为硬化剂，在黏性土与砂性土中强度形成的机理和特性是有所区别的。

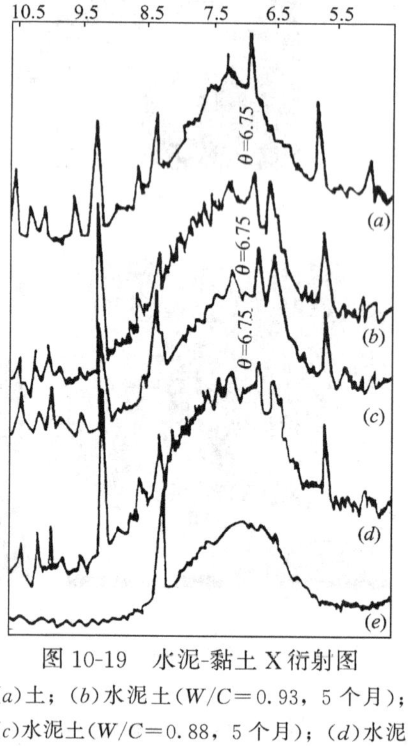

图 10-19　水泥-黏土 X 衍射图

(a)土；(b)水泥土(W/C=0.93，5 个月)；(c)水泥土(W/C=0.88，5 个月)；(d)水泥土(W/C=0.88，8 个月)；(e)纯水泥

一般说，黏性土和水泥水化物之间的物理、化学反应是以吸附和化学附着的相互作用形式产生的，并且是不可逆地吸收水泥水化作用的个别产物。水泥水化后产生的氢氧化钙，使游离着的水分带有碱性，这种碱性的水溶液促使土体的碳酸钙、二氧化硅、三氧

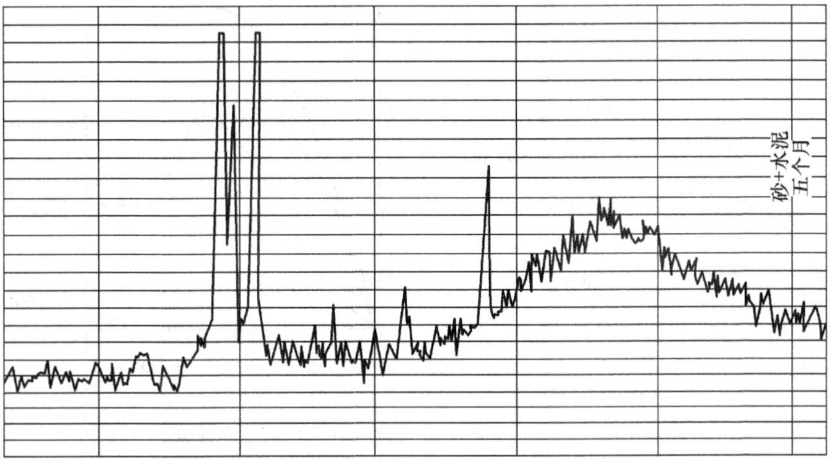

图 10-20 水泥-砂土 X 衍射图

化二铝、三氧化二铁的某些成分溶解并与氢氧化钙发生反应。通过上述试验获得的新矿物结晶证明了这类反应的存在：

$$4Ca(OH)_2+CO_2+Al_2O_3+8H_2O \rightarrow C_3ACaCO_3 \cdot 12H_2O$$

除此以外，水泥水化后氢氧化钙溶液中 Ca^{2+} 和土体表面水膜中低价阳离子的置换作用以及碳酸化作用，均在一定程度上促进了加固体强度的形成和发展。

上述反应过程较缓慢，因此在黏性土中旋喷桩的强度发展过程中就出现了后期强度较长时间持续上升的特征。

10.3.2 水泥土的应力-应变特性

在以往的桩基工程中，混凝土被视为弹性体。这是因为混凝土的弹性模量与土体的压缩模量相差悬殊，这样的假定是合理的。但是，对于由土和水泥组成的加固体，强度通常比混凝土低很多，其应力-应变特性需要进行进一步的研究。

通过试验表明，水泥土的应力-应变关系接近于双曲线，即呈现出明显的非线性关系。图 10-21 所示为在不同水泥含量、不同围压 σ_3 条件下，水泥土三轴试验结果。

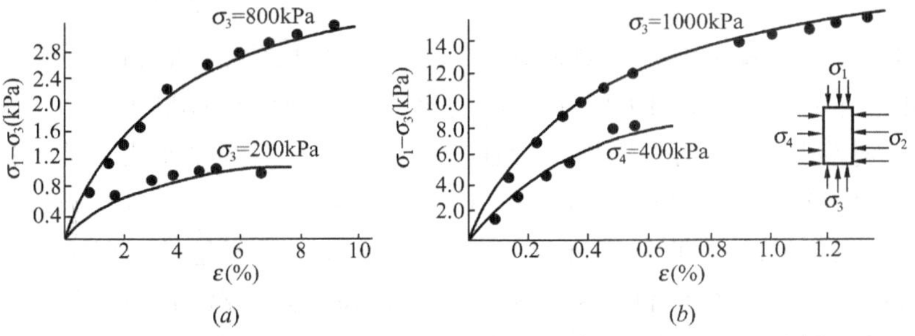

图 10-21 水泥土的应力-应变关系

(*a*) 水泥含量 5%；(*b*) 水泥含量 15%

喷射注浆加固体的强度变化幅度是很大的，可由 0.5MPa 直到约 10MPa。应力-应变特性也存在差别。图 10-22 中，水泥含量低（5%）的情况下，试样达到很大应变值之后

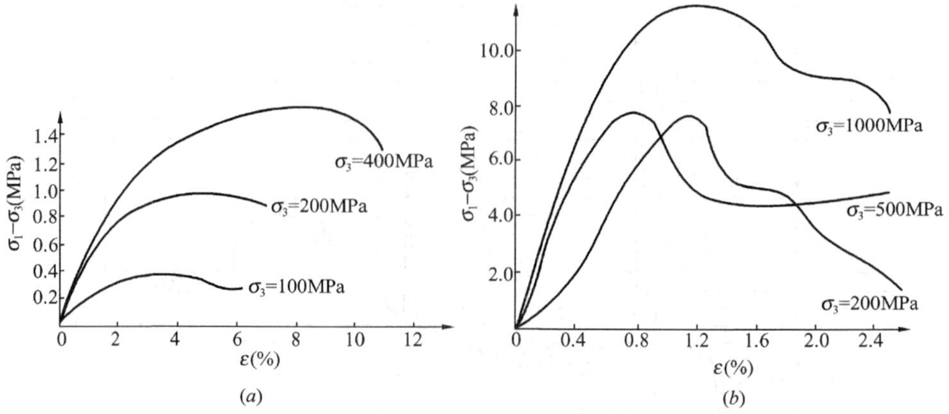

图 10-22 不同水泥含量水泥土的应力-应变关系

（a）水泥含量为 5%；（b）水泥含量为 25%

才出现破坏强度的峰值，而且曲线比较平缓；反之，当水泥含量较高（25%）时，试样应变在很小的情况下，强度就达到峰值，并且曲线骤然下降，呈现“脆性”特性的明显增长。

10.3.3 复合地基破坏特性及荷载分担比

对复合地基的破坏特性通过模型试验进行了研究。模型试验在 1.7m×1.1m×0.8m 的砂箱内进行。土样为干粉砂，分层夯实，夯实后的干密度达到 1.5～1.55g/cm³，相对密度为 0.7～0.78，变形模量为 3～4.5MPa，模型桩的直径为 5cm，桩长为 40～60cm，承台板面积为 14cm×14cm。采用千斤顶加压。

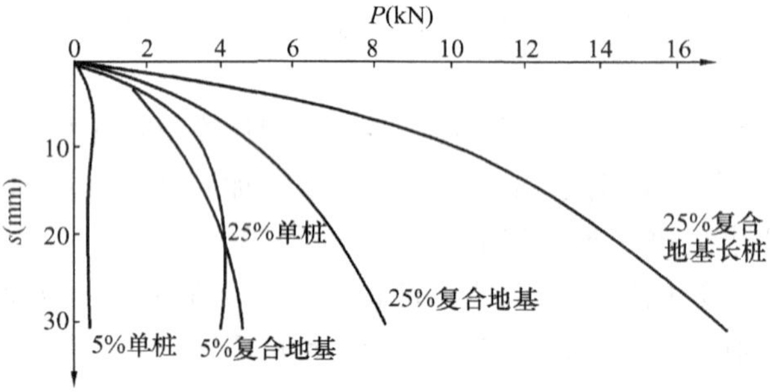

图 10-23 复合地基荷载试验曲线

试验结果表明（图 10-23）：旋喷桩的承载力取决于桩体的强度和地基土对桩的承载力。因此，桩的破坏形式可以划分成两种类型，即桩身破坏和桩土体系的破坏。如前所述，钢筋混凝土桩的强度通常要比旋喷桩强度高得多，在钢筋混凝土桩中，桩体破坏的情况是很少的，只是在支承在岩石上的支承桩等少数情况下，才能出现桩身强度成为控制桩承载力的因素。但在旋喷桩中，桩身强度常常就成为决定桩承载力的决定因素。水泥含量分别为 5%、10%、15%、25%和 35%。试验结果表明，在模型试验的条件下，水泥含量低（即 5%、10%、15%）的桩的强度是桩承载力的控制条件，而水泥含量高（25%和 35%）的桩，由于桩体强度较高，其承载力是由桩-土体系的强度决定的，即取决于桩侧摩擦力和桩尖反力，受力状态与刚性桩相一致。

根据邓肯-张（Duncan-Chang）的双曲线弹性模型，在三向应力作用下，土的切线弹性模量与应力关系用下式表示：

$$E_t = E_i\left[1-\frac{R_f(1-\sin\varphi)(\sigma_1-\sigma_3)}{(2c\cos\varphi+2\sigma^3\sin\varphi)}\right]^2 \tag{10-18}$$

式中 E_t——任一点的切线弹性模量；

E_i——初始切线模量；

R_f——破坏比；

σ_1——垂直主应力；

σ_3——水平主应力；

c——黏聚力；

φ——土的内摩擦角。

理论计算值与实测值是十分接近的。尤其是强度较低的桩，在很低的压力下，即呈现出明显的非线性特性。这在研究旋喷桩加固地基中应予注意。

旋喷桩的桩身易于破坏的原因，除了主要是桩身强度低之外，桩身强度不均也是一个主要因素。在加载过程中，局部应力超过桩体剪切强度或抗压强度，开始导致破坏，进而逐步扩大。根据模型试验和有限元分析，桩头的剪切破坏区在桩头的 3 倍直径范围内，因此保证这个范围内桩的强度及其均匀性，对桩的承载力影响是很大的。

当桩身强度是承载力的决定因素时，增加桩的长度并不能提高承载力；反之，当桩身强度较高时，增加桩的长度，就能显著提高桩的承载力。

复合地基（即有承台的桩）与没有承台的单桩相比，复合地基的承载力有明显的提高。在相同荷载条件下，复合地基的沉降量低于单桩的沉降量。同样，桩强度较高时，增加桩的长度，将提高复合地基的承载力；反之，当桩身强度是承载力控制因素时，增加桩长对桩的承载力影响就不大。

复合地基承载力高于单桩承载力，这是因为在垂直荷载作用下，承台随着沉降量的增长，逐步参加了共同工作。复合地基中承台承受的荷载与总荷载之比，称为荷载分担比：

$$\lambda = P_c / P_T \times 100\% \qquad (10\text{-}19)$$

式中 P_c——某级荷载下承台所分担的荷载；

P_T——某级荷载总值。

模型试验中实测的荷载分担比如图 10-24 所示。桩的分担荷载比取决于桩、土和承台的特性。桩的条件包括桩的强度、桩径、桩距和桩的类型。承台的条件则与其强度和刚度有关。土的条件则与土的强度及固结条件有关。

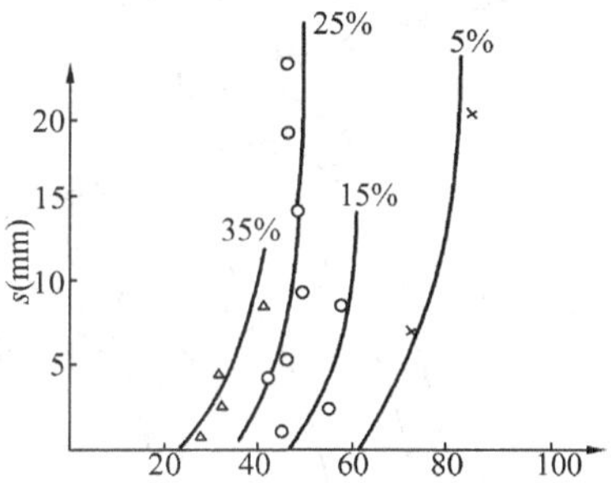

图 10-24 荷载分担比

如图 10-24 所示，当桩的强度较低时，承台分担的荷载较高；反之，当桩的强度较高时，在外荷作用下桩的变形小，承台的沉降也小，因而承台下土分担的荷载也小。同样的原因，在钢筋混凝土桩基础中，荷载集中于桩上，而承台只承担较小的荷载。

上述规律系在土处于线性变形的阶段。如果随着荷载的增加，土体中出现较大的非线性变形，则荷载的分配将在更大程度上取决于地基变形的数值。

综上所述，在喷射加固地基中，采用复合地基的计算模型，即考虑承台的分担作用，在满足变形要求的前提下，技术、经济上均较为合理。但在桩的设计中，应特别注意桩长与桩身强度的合理选择。

10.3.4　复合地基桩身应力分布及位移场

过去，许多作者已就钢筋混凝土桩或钢管桩在荷载作用下沿桩身应力的传递规律进行了研究。但是对水泥-土桩的荷载传递特性，却没有进行研究。冶金建筑研究总院通过室内模型试验对水泥-土桩应力及位移进行了实测，并第一次用近景摄影技术获得了复合地基位移场图形。

一般来说，水泥-土桩沿轴线和桩侧的摩阻力分布规律与钢筋混凝土桩是相似的。但是在旋喷桩复合地基中，由于承台可能承受较大的荷载和发生较大的变形，因此明显地改变了地基中位移的分布。

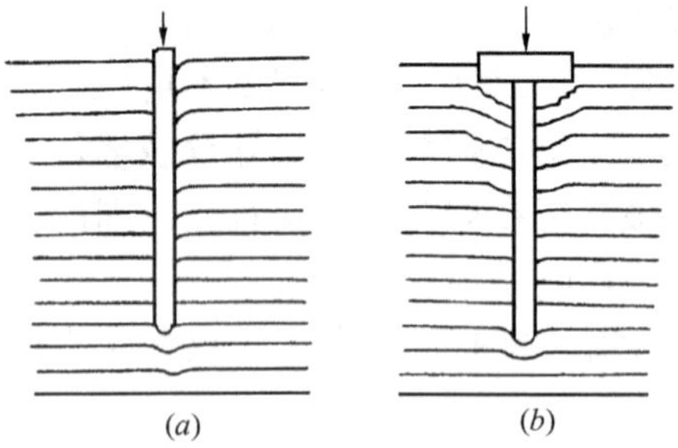

图 10-25　单桩与带承台桩位移场特性
（*a*）单桩；（*b*）带承台桩

图 10-25 所示为单桩和复合地基位移变化的图形。在复合地基中接近承台相当于承台宽度的深度范围内，其位移场与单桩有显著不同，出现了承台与桩同时沉降时组合的位移场。这种位移的变化，必然影响桩侧摩阻力和桩轴向应力的变化。由于地基的压缩，桩与土的相对位移在一定范围内有减少的趋势，即侧向摩阻力有所降低。实测的桩侧摩阻力证实了这种现象的存在（图 10-26）。

值得提出的是，实测的轴向应力在承台下一定范围内也存在略有降低的趋势（图 10-27）。这种情况的发生，与承台下一定范围内土体被明显压实，从而分担部分桩荷载有关。

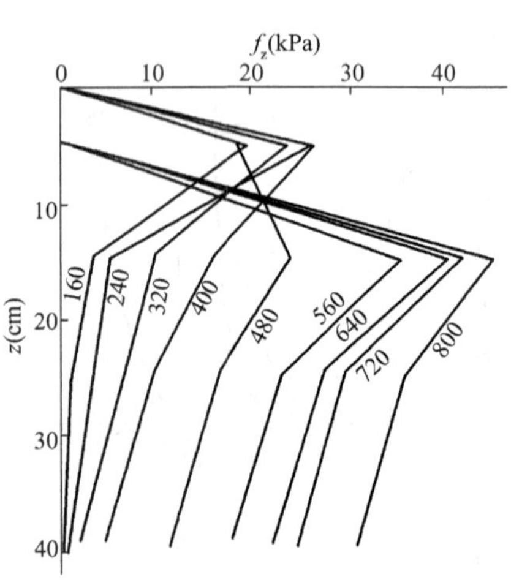

图 10-26　桩侧摩阻力分布

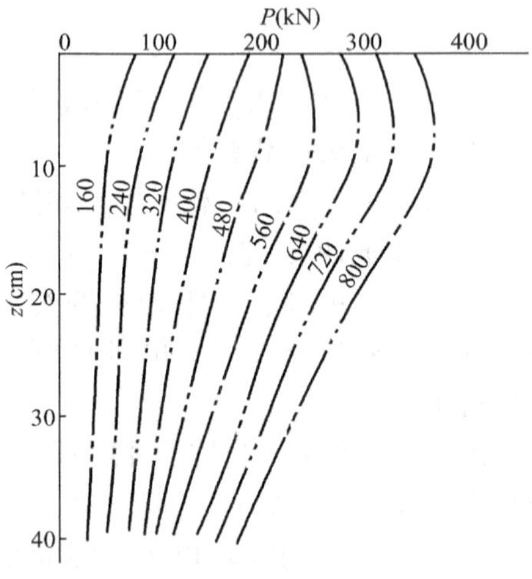

图 10-27　桩轴向应力分布

注：曲线上的数字表示对应外荷载值（kg）

10.4　现场及室内试验方法

喷射注浆法的加固范围和效果与土质情况、施工中采用的技术参数均有密切关系。目前，虽然已经积累了相当数量的试验和应用经验，但是要较准确地用理论计算方法确定设计、施工方法还是较困难的，在有些情况下，还是需要通过现场和室内试验来确定旋喷桩的强度、直径以及连续性、止水效果等。因此试验的手段，尤其是现场试验的方法在当前喷射注浆法设计与施工中占有重要地位。

现场试验的目的主要是确定成桩的直径或定向喷射时的喷射距离、喷射的技术参数（喷嘴直径、提升和旋转速度等）以及加固体的强度或透水性等，而室内试验主要进行不同硬化剂的配方和配合比、不同龄期强度以及化学分析、电镜、X衍射等微观分析，以补充现场试验的不足。

10.4.1 现场试验

现场试验基本上可概括为两个部分。第一部分为成桩试验，包括桩径或定向喷射距离的试验，通过试验确定喷射参数。第二部分是在第一部分成桩试验的基础上进行加固体各部分的物理、力学性能试验，包括加固体的承载力、透水性的试验。试验的方法可以采用多种手段，其中包括开挖、钻孔取样、荷载试验、现场透水试验等。

（一）喷射参数的试验

喷射参数是指喷射时所用的喷嘴直径、提升速度、旋转速度、喷射压力、流量等。

喷射参数的确定往往需要通过现场试验，这是因为迄今实际工程经验的积累还不足以针对不同的具体条件来确定技术参数，另外，土质条件的复杂性也难以完全用理论计算来确定。

为了选择适当的喷射参数，通常先选择几种参数加以变换进行现场加固体的成桩试验。为了减少试验工作量，应参照同类工程使用过的经验，选择尽可能少的几个参数加以变化。

三重管法施工条件比较复杂，影响因素较多。表10-3所示为一个大型现场试验所采用的变换参数。

试验变换参数 **表10-3**

变动因素	钻机		高压泵	
	提升速度（cm/min）	转速（r/min）	喷嘴直径（mm）	压力（MPa）
变动范围	7～14	11～18	2～4	20.0～30.0
变动因素	泥浆泵		空压机	
	压力（MPa）	排量（L/min）	压力（MPa）	风量（m^3/min）
变动范围	1.0～3.0	60～150	0.5～0.7	0.5～1.5

试验中采用了上述不同参数进行成桩试验，然后开挖，实测桩径、桩身强度等。试验结果表明，加固的直径与土质、喷嘴直径和形状、压力以及是否同时喷射压缩空气等有密切关系，在表10-3的变动范围内桩径为1.35～1.70m。

在压力同是20.0MPa以及同是喷射压缩空气的条件下，喷嘴直径由2.5mm增大到3.0mm时，桩径可由1.55m提高到1.7m；当在相同的喷嘴直径（2.5mm）条件下，喷射压力由20.0MPa提高到30.0MPa时，桩径可提高到约2.0m。但是应注意到，提高泵压相应地也要提高高压系统的机械、软管的密封性能，否则就不能达到预期的目的。通过试验，根据实测的桩径、桩身强度以及施工机具条件进行综合考虑，最后选用了如表10-4所示的施工参数。

施工参数　　表10-4

编号	机械名称	喷嘴直径（mm）	平均压力（MPa）	流量（L/min）
1	高压泵	2.5	20.0～25.0	70～75
2	泥浆泵	8～9	1.8～2.0	140～150
3	空压机	1～3（环状）	0.4～0.55	风量40～80（m^3/h）

此外，由于在工程中需要地基的整片加固，故采用桩距小于桩径的组合形式进行试验。开挖后的情况表明，桩间没有明显的分界线，有良好的整体性。

在另一个工程中，采用三重管法作定向喷射时采用了如下的变化参数（表10-5）。

定向喷射变化参数　　表10-5

变化因素	喷射方式	喷嘴直径(mm)	提升速度(cm/min)	水压力及空气压力	导孔间距(cm)
变化范围	单向喷射	2.2～3	5～21	基本不变	200～300
	双向喷射	2×2			或无导孔

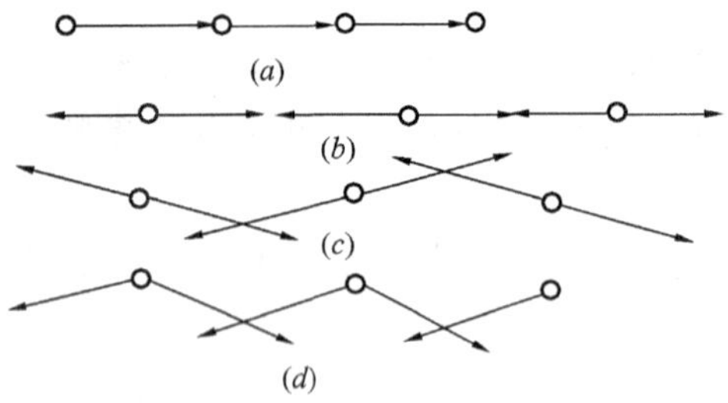

图10-28　定向喷射的形式

由于定向喷射的目的是为了形成连续的地下板墙用以防水，因此加固体的连续性是十分重要的。为了试验定向喷射板墙互相连接的效果，采用了直线和折线等不同形式的试验（图10-28）。同时，也对有导孔（图10-28*a*）和无导孔（图10-28*b*）的喷射情况进行了对比。

试验结果表明，在有效长度内板墙首尾相连，直线分布可以最大限度地利用定向喷射的有效长度，喷孔的间距可以最大，但是不易控制喷射过程中的喷射方向，容易脱开。而折线的喷射就可以克服这一缺点，并可增加板墙的刚度。

关于导孔的设置问题，一般比较广泛采用有导孔形式，但有些国家的试验结果表明，不设置导孔的定向喷射比有导孔的效果更好。

当然，并不要求所有的工程都要进行如上述的多种参数的试验，在取得较多的经验之后，试验工作量则可以逐步减小。

(二) 强度及承载力试验

现场强度试验可以采用不同方法进行，主要采用载荷试验。

载荷试验系指在加固后的地基上，用压板直接加荷，根据变性和荷载的关系，得到地基的承载能力、变形模量等数据。这是判断加固效果最好的方法之一。

但是，由于加固后的地基强度比通常天然地基的土体强度要高得多，因此，往往需要加荷至比天然地基大几倍以上。有时将喷射注浆法形成的加固体作为独立的桩来使用，为此需要进行旋喷桩的承载力试验，但为了防止在试验过程中桩头因加荷引起局部应力集中而损坏，需要试桩的桩头采取加固保护措施。

当旋喷桩用于已有建筑物基础的加固时，考虑技术、经济上的合理性，有时将上部荷载由旋喷桩和基础共同承受。在这种情况下，旋喷桩与基础荷载的分担比是个复杂的问题，要从计算理论上做出判断，困难就比较大。因此，此时可进行"复合地基"的承载力试验，即在桩头上做一个具有一定面积的承台，使桩和承台同时承受荷载。承台的大小，将按加固设计中桩与基础面积相近的比例考虑。

复合地基荷载试验分作单桩复合地基载荷试验和多桩复合地基载荷试验。复合地基载荷试验用于测定承压板下应力主要影响范围内复合土层的承载力和变形参数。复合地基载荷试验承压板应具有足够刚度。单桩复合地基载荷试验的承压板可用圆形或方形，面积为一根桩承担的处理面积；多桩复合地基载荷试验的承压板可用方形或矩形，其尺寸按实际桩数所承担的处理面积确定。桩的中心（或形心）应与承压板中心保持一致，并与荷载作用点相重合。承压板底面标高应与桩顶设计标高相适应。承压板底面下宜铺设粗砂或中砂垫层，垫层厚度取 50～150mm，桩身强度高时宜取大值。试验标高处的试坑长度和宽度，应不小于承压板尺寸的 3 倍。基准梁的支点应设在试坑之外。加载等级可分为 8～12 级。最大加载压力不应小于设计要求压力值的 2 倍。当出现下列现象之一时可终止试验：

1. 沉降急剧增大，土被挤出或承压板周围出现明显的隆起；
2. 承压板的累计沉降量已大于其宽度或直径的 6%；
3. 当达不到极限荷载，而最大加载压力已大于设计要求压力值的 2 倍。

复合地基承载力特征值的确定：

1. 当压力-沉降曲线上极限荷载能确定，而其值不小于对应比例界限的 2 倍时，可取比例界限；当其值小于对应比例界限的 2 倍时，可取极限荷载的一半；

2. 当压力-沉降曲线是平缓的光滑曲线时，可按相对变形值确定；可取 s/b 或 s/d 等于 0.006 所对应的压力，对有经验的地区也可按当地经验确定相对变形值，但按相对变形值确定的承载力特征值不应大于最大加载压力的一半。

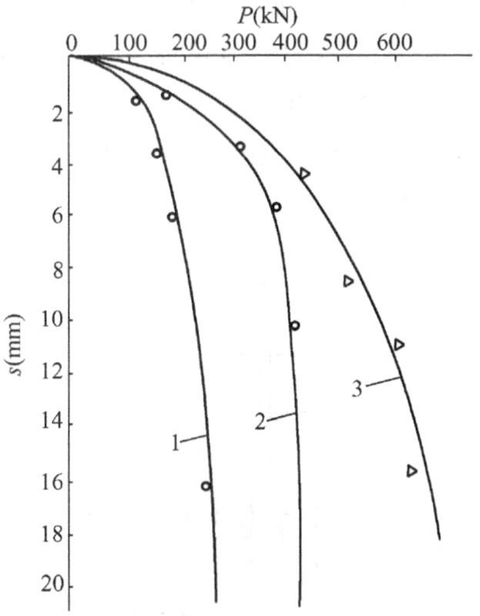

图 10-29 现场荷载试验的沉降-荷载曲线
1——一次喷射单桩；2—复喷的单桩；
3—复合地基

图 10-29 所示为某试验所得的沉降-荷载曲线。一次喷射桩的单桩承载力为 300kN，复喷的单桩承载力为 400kN，提高了 30%，复合地基（桩为旋喷桩）的极限承载力为 650kN，即由于承台的作用，提高了承载力 250kN，相当于提高 62%。

（三）透水性试验

现场透水性试验可以采用抽水和孔内压力送水两种方法。

现场抽水法试验可以在防水帷幕的两侧进行（图 10-30），即在帷幕的一侧设置抽水井，并同时观察在帷幕前、后的观测孔的水位。显然，这种试验方法要求帷幕应有足够的长度，不致使水流由帷幕的侧面大量地绕流过来。也可以采用"围井"的方法进行试验，如图（10-31）所示。为检验定向喷射帷幕的防水性能，用定向喷射的方法形成四周密封的“围井”，试验时抽水，并观测围井内的水位变化，计算板墙的渗透系数。如某围井水位降低，其总渗透流量为 0.67m^3/h，则通过计算得出加固体的渗透系数。

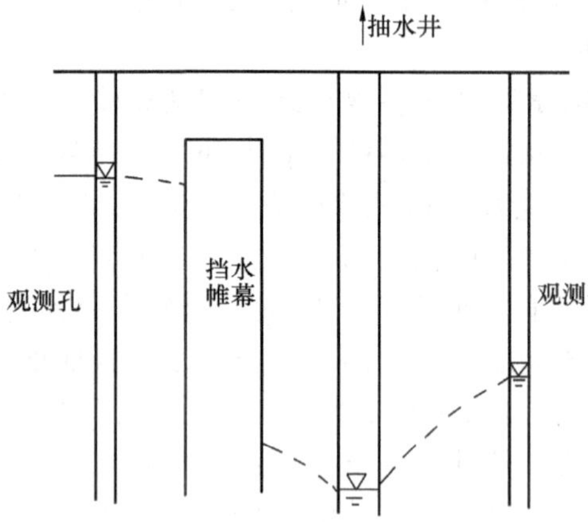

图 10-30 抽水试验

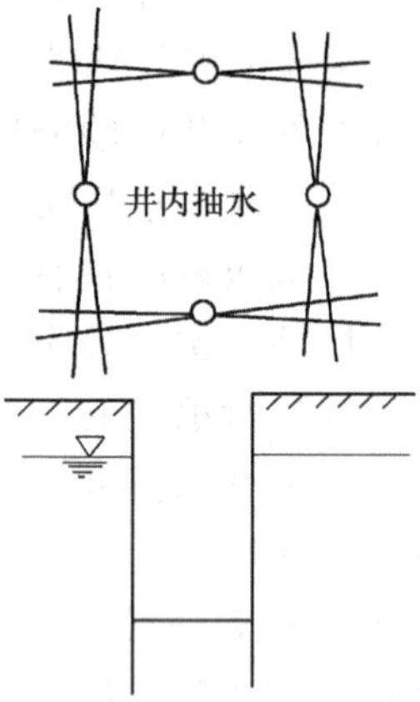

图 10-31 围井试验

孔内压力送水试验是在桩体形成的帷幕中间钻孔压水（图 10-32）。这个方法比较简单实用，并且可以沿深度方向的不同区域任意变换位置。

10.4.2 室内试验

室内试验是喷射注浆法主要组成部分之一，其主要试验内容包括加固体的强度试验、浆液配方试验、化学分析、岩相及电镜分析。其中通常以强度试验和浆液配方试验为主，其他的室内试验则根据土质的特点和工程需要进行。

（一）室内强度试验

旋喷桩体的强度试验包括立方体强度试验和三轴、单轴试验。

立方体强度试验采用 7cm×7cm×7cm 的立方体试块，用材料压力机进行。图 10-33 所示在试验室按照喷射注浆施工参数和土质条件制作的试块，在不同水泥含量时的各龄期的强度变化。

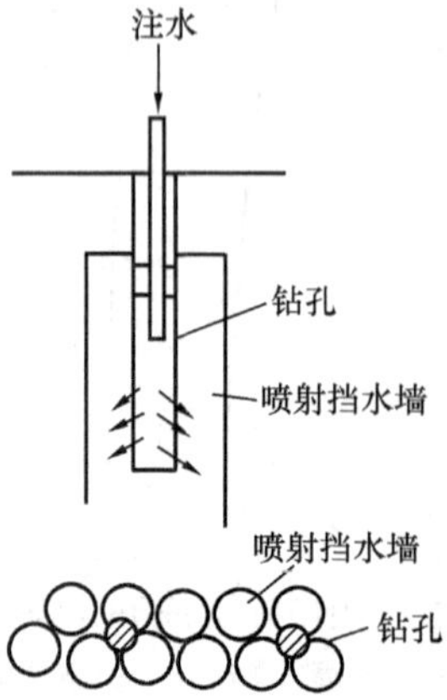

图 10-32 钻孔注水试验

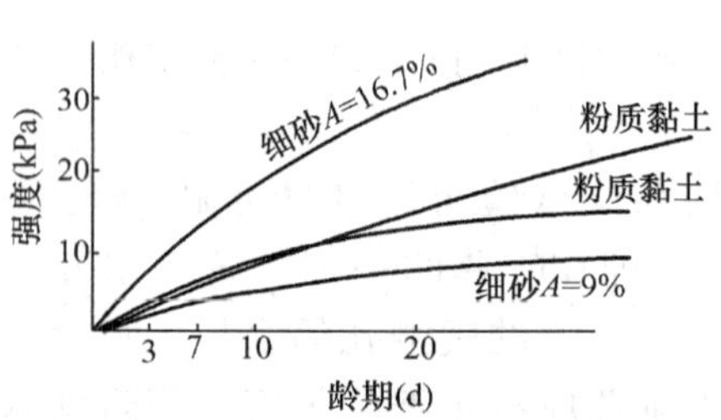

图 10-33 龄期与强度试验曲线

由实际施工的桩体取样切割成 7cm×7cm×7cm 的试块的强度曲线与室内取样试验的结果对比表明，现场取样试验结果的离散性比室内制样试验的离散性大，这主要是因为两者搅拌均匀程度等有所不同。室内与现场试验结果的相互关系可近似地用下式表示：

$$R = aR_1 \tag{10-20}$$

式中 R——现场桩体强度；

R_1——室内制样的桩体强度；

a——折减系数，a=0.5～0.9。

室内三轴试验和单轴试验也可以由现场取样或者在试验室按旋喷桩的实际配合比制样。但钻探取样须用与试样直径相同的取样器，以便取得的试样可直接进行试验。否则，则需要将取得的试样加以整修，这样就比较麻烦。通过单轴和三轴试验，可以得到桩体的无侧限抗压强度的 c、φ 等值。

在实验室内配制试样时，其配合比必须与实际旋喷桩的配合比相符。因此，需要根据实际采用的喷射参数计算出单位深度中水泥浆的用量及水的用量，并根据桩径计算出单位体积中各种成分即水泥（硬化剂）、干土和水的比例。各种成分含量计算如下。

1. 干土重（G_1）

$$G_1 = \gamma_0 \tag{10-21}$$

式中 γ_0——土的干重度。

2. 水泥重（G_2）

$$G_2 = q_1 tA/V \tag{10-22}$$

式中 q_1——单位时间水泥浆喷射量；

t——提升 1m 所需的时间；

A——单位体积水泥浆中水泥用量，水泥浆的水灰比为 1∶1 时，A=750kg/m^3；水泥浆的水灰比为 1.5∶1 时，A=550kg/m^3；

V——每延米旋喷桩的体积。

3. 水量（G_3）

$$G_3 = G_{3a} + G_{3b} + G_{3c} \tag{10-23}$$

式中 G_{3a}——水泥浆中水的含量，$G_{3a}=q_1tB/V$；

G_{3b}——单位体积天然土中水的含量；

G_{3c}——高压泵流量，$G_{3c}=q_2t/V$；

B——单位体积水泥浆中水的含量，当水灰比为 1∶1 时，B=750kg/m^3；水灰比为 1.5∶1 时，B=550kg/m^3；

q_2——三重管法的高压泵排量（L/min）。

上述计算的基本出发点是喷射的硬化剂和土体均匀结合，也即认为桩身和由地面冒出的浆液成分是相同或相近的。试验结果表明，在单管法中，桩身水泥含量与冒浆的水泥含量是相近的，三重管法中，冒浆的水泥含量和强度低于桩身的水泥含量和强度。上述假定与三重管法的施工条件就不完全相符，应乘以适当的修正系数。

此外，在试块配制中还应添加与工程实际应用中相一致的其他外加剂掺量。

室内制作的每一种试块，其配合比都相当于某一种特定的旋喷注浆施工条件，用这样的方法就可以判断不同旋喷条件下的加固强度，以及选用适当的参数，以满足预期的设计要求。

（二）浆液配方试验

浆液配方试验包括不同性质硬化剂的试验，即水泥系、水玻璃系以及其他防沉淀剂、速凝剂等外加剂的试验。

对于不同的土质和不同的加固目的，采用不同的硬化剂可以取得较好的效果。例如在透水条件良好的条件下，用作防水帷幕的浆液要求有速凝的特性，而用作永久性建筑物的加固，则要求浆液有可靠的耐久性。浆液配方试验需要在试验室的条件下进行。

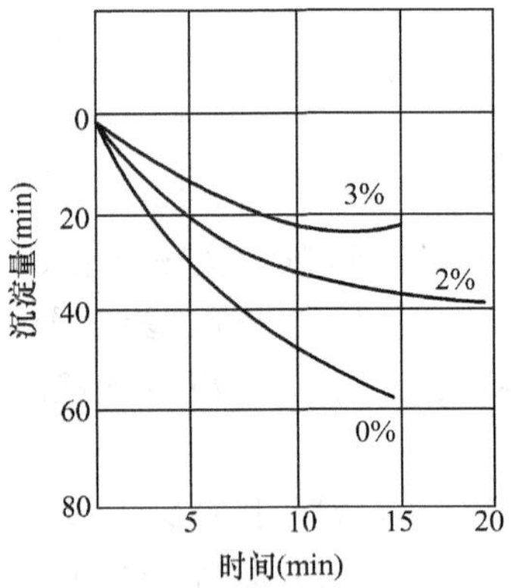

图10-34　不同掺量外加剂时的沉淀曲线

浆液配方试验中的另一项是掺加防沉淀的试验。纯水泥浆在制作过程中易于沉淀，不仅易堵塞泵体、管道，同时还将明显地影响实际喷射的水泥浆水灰比。图10-34所示为添加防沉淀外加剂（陶土）后减少沉淀的效果。试验结果表明，当防沉淀外加剂含量为水泥量的3%左右时，沉淀显著减少，过高的外加剂含量将使浆液的稠度增大。

（三）化学分析

由于高压喷射法工艺上的特点，桩体中的水泥含量是不均匀的。在施工中尚不能准确控制水泥量的情况下，测定桩体水泥含量是检验桩体强度及其均匀性的重要手段之一。水泥含量是从实际的桩体上取样，通过化学分析测定的。

由于水泥浆中的主要成分是二氧化硅、氧化钙、氧化镁等，故应分别测定水泥和土的二氧化硅、氧化钙、氧化镁含量，以其所占的百分数表示，再与室内已知百分含量的水泥土分析结果对照。例如用氧化钙的百分数来计算，即为

$$\text{水泥含量}(\%)=\frac{\text{水泥土中 CaO}(\%)-\text{土体中 CaO}(\%)}{\text{水泥中 CaO}(\%)-\text{土体中 CaO}(\%)} \tag{10-24}$$

$$\text{氧化钙含量}(\%)=\frac{T_{cao}\times V\times 5}{C\times 100}\times 100 \tag{10-25}$$

式中　T_{cao}——每毫升EDTA相当于氧化钙毫克数；

V——消耗EDTA的毫升数。

正如前面所述，根据实测结果，单管法中（也包括二重管法）的桩体强度和钻孔中冒浆硬化后的强度是相近的。因此，在这种情况下，可以根据冒浆取样来确定其强度和水泥含量。这种取样十分方便，是一种实用的辅助方法。

10.5　旋喷桩计算

旋喷注浆法的计算理论仍然是以土力学的基本理论为基础的，但是，具体应用时必须将喷射注浆法加固地基的特点和土力学的基本理论结合起来。同时，由于形成“复合地基”产生的强度和变形问题，这种计算方法区别于传统的钢筋混凝土桩基础的规律，对此，则需要进行新的探索，以便逐渐完善。

10.5.1　桩的承载力

桩的承载力取决于土的阻力和桩体强度两部分。由于旋喷桩的桩身强度通常比钢筋混凝土桩低，因此在计算桩的承载力时必须验算桩身强度，并应注意防止因桩身强度过低，

致使与土体阻力构成的桩的承载力相差太大，土体的承载力不能充分发挥。

单桩竖向承载力特征值可通过现场单桩载荷试验确定。也可按式（10-26）和（10-27）估算，取其中较小值：

$$R_a = \eta f_{cu} A_p \tag{10-26}$$

$$R_a = u_p \sum q_{si} l_i + q_p A_p \tag{10-27}$$

式中 f_{cu}——与旋喷桩桩身水泥土配比相同的室内加固土试块（边长为70.7mm的立方体）在标准养护条件下28d龄期的立方体抗压强度平均值（kPa）；

η——桩身强度折减系数，可取0.33；

n——桩长范围内所划分的土层数；

l_i——桩周第i层土的厚度（m）；

q_{si}——桩周第i层土的侧阻力特征值（kPa），可按现行国家标准《建筑地基基础设计规范》GB 50007有关规定或地区经验确定。

q_p——桩端地基土未经修正的承载力特征值（kPa），可按现行国家标准《建筑地基基础设计规范》GB 50007有关规定或地区经验确定。

静载荷试验采用接近于桩的实际工作条件，以确定单桩轴向受压承载力，是一种比较可靠的确定承载力的方法。鉴于目前旋喷桩的理论计算尚待进一步研究，因此，通过静载荷试验来确定承载力对于旋喷桩，有着更重要的作用。

10.5.2 复合地基承载力

"复合地基"是泛指在通过某些方法加固地基后形成的一种特殊形式的地基，如砂桩、石灰桩、碎石桩、搅拌桩、旋喷桩等。这类地基的特点，既不同于完全没有处理的天然地基，也不同于刚性很大的钢筋混凝土桩，前者的荷载由天然土质承受，而后者的荷载主要由钢筋混凝土桩承受，不考虑土的作用。而"复合地基"则是考虑将外部荷载由加固体和土体共同承担。

众所周知，当荷载是通过作用在复合地基上的基础传递时，按变形协调条件，桩与承台下桩间土的沉降值相等，但因桩与承台下桩间土的压缩性不同，故桩所承受的荷载σ_p通常大于桩间土的承受的荷载σ_s，这一点已被许多试验所证明。两者的比例，与桩与土的相对刚度以及荷载大小有关。

桩土应力集中比

桩土应力集中比系指桩顶承受的荷载σ_p与承台下桩间土承受的荷载σ_s之比。

$$n = \sigma_p / \sigma_s \tag{10-28}$$

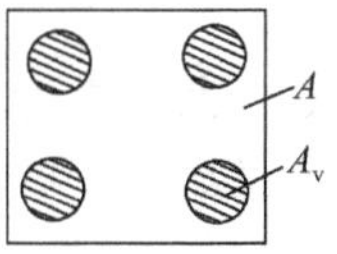

图10-35 面积置换率

n值的大小与桩数、桩距、桩与土的相对刚度、荷载大小、桩的面积置换率有关。面积置换率a_s为单位面积内桩体面积所占的百分比（图10-35）：

$$a_s = \sum A_{pi} / A \tag{10-29}$$

式中 $\sum A_{pi}$——桩的总横截面面积；

A——承台的底面积。

根据一些测试，在旋喷桩中，n为5～20。根据n、a_s即可求得σ_s。

$$\sigma_s = \sigma / [1 + (n-1) a_s] = \mu_s \sigma \tag{10-30}$$

$$\sigma_p = n\sigma / [1 + (n-1) a_s] = \mu_p \sigma \tag{10-31}$$

式中　σ——平均荷载。

竖向承载旋喷桩复合地基承载力特征值应通过现场复合地基载荷试验确定。初步设计时，也可按公式估算。

$$f_{spk}=m\frac{R_a}{A_p}+\beta(1-m)f_{sk} \tag{10-32}$$

式中　f_{spk}——复合地基承载力特征值（kPa）；

m——面积置换率；

R_a——单桩竖向承载力特征值（kN）；

A_p——桩的截面积（m^2）；

β——桩间土承载力折减系数，宜按地区经验取值，如无经验时可取0～0.5，天然地基承载力较低时取低值；

f_{sk}——处理后桩间土承载力特征值（kPa），宜按当地经验取值，如无经验时，可取天然地基承载力特征值。

地基处理后的变形计算应按现行国家标准《建筑地基基础设计规范》GB 50007有关规定执行。复合土层的分层与天然地基相同，各复合土层的压缩模量等于该层天然地基压缩模量的ζ倍，ζ值可按下式确定：

$$\zeta=f_{spk}/f_{ak} \tag{10-33}$$

式中　f_{ak}——基础底面下天然地基承载力特征值（kPa）。

变形计算经验系数ψ_s根据当地沉降观测资料及经验取定，也可采用表10-6数值。

变形计算经验系数 ψ_s　　**表 10-6**

$\overline{E}_s$（MPa）	2.5	4.0	7.0	15.0	20.0
ψ_s	1.1	1.0	0.7	0.4	0.2

注：$\overline{E}_s$为变形计算范围内压缩模量的当量值，应按下式计算：

$$\overline{E}_s=\frac{\Sigma A_i}{\Sigma\frac{A_i}{E_{si}}} \tag{10-34}$$

式中　A_i——第i层土附加应力系数沿土层厚度的积分值；

E_{si}——基础底面下第i层土的压缩模量值（MPa），桩长范围内的复合土层按复合土层的压缩模量取值。

10.5.3　土压力计算

在深基坑开挖确定板桩及地下连续壁打入深度，以及用加固的方法减少对邻近已有建筑物的土压力时，通常需要进行土压力计算。土压力的计算采用朗肯（Rankine）理论。

主动土压力　$P_a=(q_1+\gamma t H)\tan^2(45°-\varphi/2)-2\cot(45°-\varphi/2)$　　(10-35)

被动土压力　$P_p=(q_2+\gamma t)\tan^2(45°+\varphi/2)+2\cot(45°+\varphi/2)$　　(10-36)

式中　P_a——主动土压力；

P_p——被动土压力；

H——主动土压力一侧基坑底面至地基表面的距离；

γ——土的重度；

q_1——主动土压力一侧的地面单位面积上荷载；

q_2——被动土压力一侧的地面单位面积上荷载；

t——被动土压力一侧基坑底面至地基表面的距离；

c——土的黏聚力；

φ——土的内摩擦角。

地基进行喷射注浆加固后，土的强度增大，即主动土压力减少，被动土压力增大。

图 10-36 所示为一个深基坑，其基坑底部进行喷射注浆加固，根据土压力的平衡条件，计算板桩的插入深度 x。

土的物理及力学性质指标及基坑最下一道支撑位置如图 10-36 所示。加固体的黏聚力 c=300kPa，无侧限抗压强度 q_u = 1000kPa。计算得到：

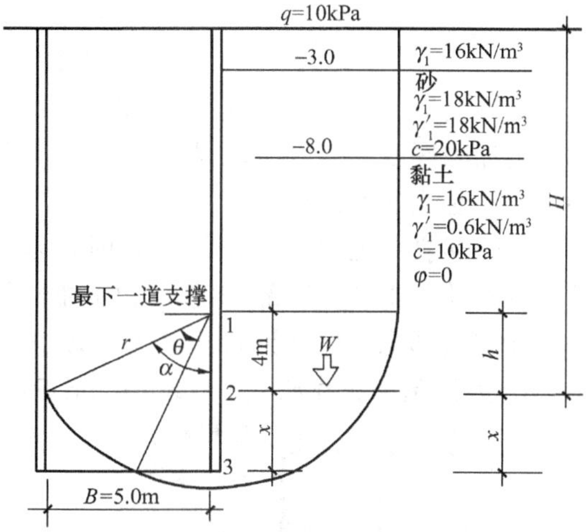

图 10-36 深基坑底部的旋喷加固

土压系数 $K_a = \tan^2(45° - \varphi/2) = 1$

$K_p = \tan^2(45° + \varphi/2) = 1$

主动土压力(图 10-37) $P_{a1} = \sum\gamma_t H - 2c = 116\text{kPa}$

$P_{a2} = 140\text{kPa}$

$P_{a3} = 0.6x + 140\text{kPa}$

水压力 $P_{w1} = 130\text{kPa}$

$P_{w2} = 170\text{kPa}$

$P_{w3} = 0$

被动土压力 $P_{p1} = 2c = 600\text{kPa}$

$P_{p1} = 0.6x + 600\text{kPa}$

以最下一道支撑为支点计算弯矩：

主动弯矩（按图中①～④块计算）

M_a① = 1928kN·m

M_a② = 334kN·m

M_a③ = $0.3x^3 + 9.4x^2 + 56x$

M_a④ = $0.1x^3 + 4x^2 + 34x$

$\sum M_a = 0.4x^3 + 13.4x^2 + 90x + 230.9$

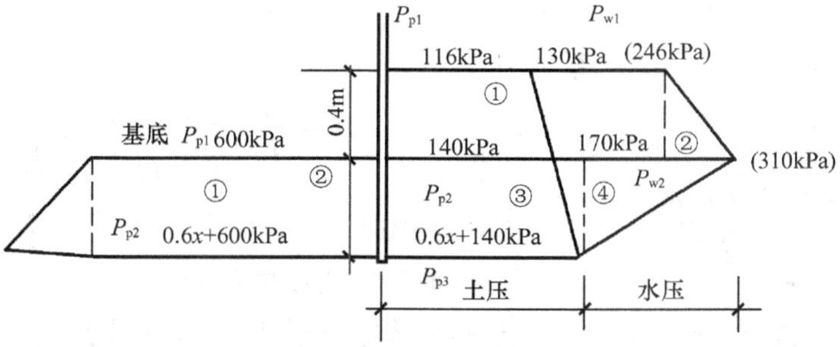

图 10-37 加固范围的土压力计算

被动弯矩

$$M_p①=30x^2+240x$$

$$M_p②=0.2x^3+1.2x^2$$

$$\sum M_p=0.2x^3+31.2x^2+240x$$

根据$\sum M_a=\sum M_p$，求解 x，得 $x=1.33$m。

则加固厚度 $t=1.33$K，若 K 取 1.5，则 $t\approx2.0$m。

10.5.4　基坑涌土计算

在软弱黏性土层中开挖深基坑时，基坑底部将产生涌土现象（图 10-38），即基坑底部产生滑动。将基坑底部一定厚度内的土质加固，即可防止这种滑动现象产生。

基坑底部稳定性计算有几种不同方法，实际工作中需对不同计算结果进行综合考虑。

1. 太沙基和派克法（Terzaghi and Peck）（图 10-39）

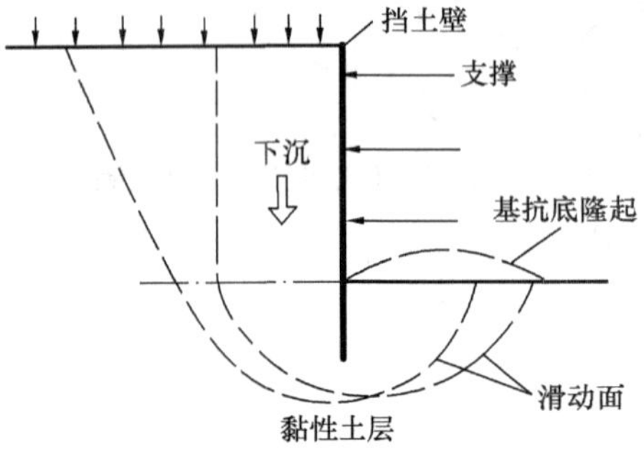

图 10-38　基坑底部涌土

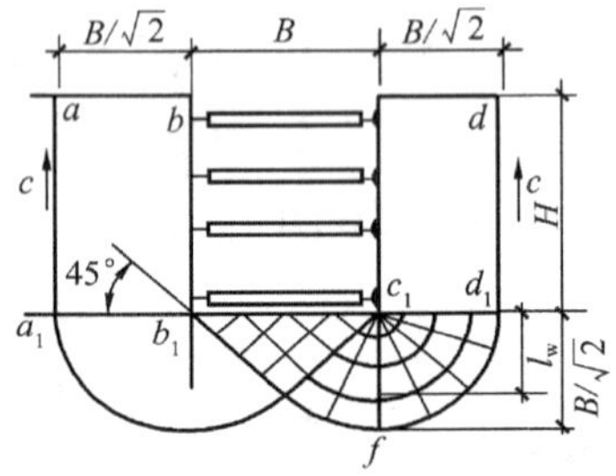

图 10-39　基坑滑动计算（太沙基法）

设黏性土的内摩擦角 $\varphi=0$，则在 c_1d_1 面上总荷载为

$$P=\frac{B}{\sqrt{2}}\gamma_t H-cH \tag{10-37}$$

式中　γ_t——土的天然重度；

c——土的黏聚力；

B——基坑的宽度；

H——基坑的深度。

则作用在 c_1d_1 面上的荷载强度为

$$P_v=\gamma_t H-\frac{\sqrt{2}cH}{B} \tag{10-38}$$

根据太沙基强度理论，黏聚力为 c 的黏性土的地基（$\varphi\approx0$）的极限承载力 $q_u=5.7c$，则基坑抗涌土的安全系数 F 为

$$F=\frac{q_u}{P_v}=\frac{5.7c}{\gamma_t H-\dfrac{\sqrt{2}cH}{B}} \tag{10-39}$$

太沙基建议 $F\geqslant1.5$。

2. 日本建筑法规推荐的方法

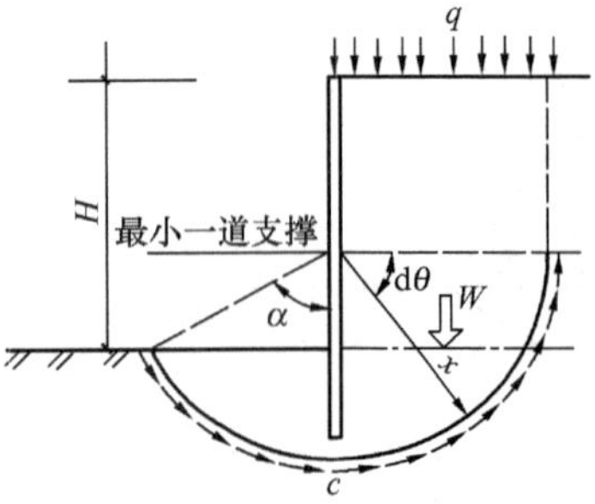

图 10-40　基坑滑动计算（日本建筑法规）

破坏图形是以最下一道支撑点为中心的圆滑动面（图 10-40）。安全系数为：

$$F=\frac{M_t}{M_d}=\frac{x\int_0^{\frac{\pi}{2}+\alpha}c_u x\mathrm{d}\theta}{W\cdot\frac{x^2}{2}}\left(\alpha<\frac{\pi}{2}\right) \tag{10-40}$$

式中 F——安全系数，建议取 1.2 以上；

M_t——抵抗力距；

M_d——转动力距；

c_u——基坑底面以下土的不排水抗剪强度；

W——土重。

在均质的土层中，上式可以写成

$$F=\frac{M_t}{M_d}=\frac{x\left(\frac{\pi}{2}+\alpha\right)xc_u}{(\gamma_t H+q)x\cdot\frac{x}{2}}=\frac{(\pi+2\alpha)c_u}{\gamma_t H+q} \tag{10-41}$$

3. 伯努姆-埃第（Bjerrumand Eide）方法

对于软弱及坚硬的黏土，由剪切强度控制的基坑底面的安全系数按下式计算（图10-41）。

$$F=\frac{N_c c_u}{\gamma H+q} \tag{10-42}$$

式中 c_u——基坑底面以下土的不排水剪切强度；

N_c——稳定系数,取决于基础的几何形状 B/L(图 10-42)。B 为基础宽度,L 为基础长度。

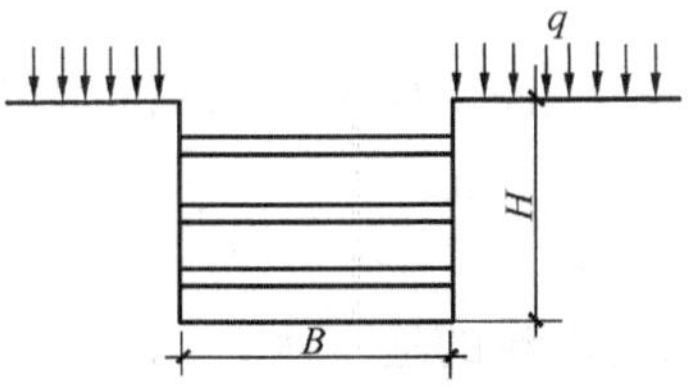

图 10-41 基坑滑动计算（伯努姆-埃第法）

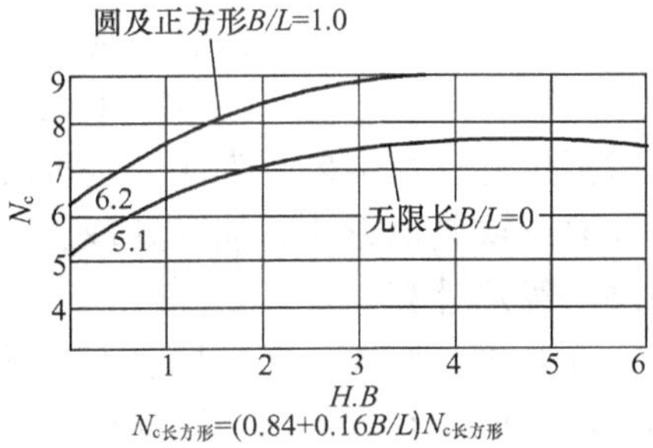

图 10-42 滑动计算的稳定系数

当基坑的安全系数减少时，则基坑的不稳定性增加。当基坑以下存在软弱土层时，更应减少地面荷载，以提高安全系数。

按上述计算不能满足稳定性要求时，则需要考虑地基的加固。

【例】 某基坑如图 10-43 所示，地基为软弱黏性土，基坑深度为 H=12m，基础宽 B=20m，长 L=30m，软土层的抗剪强度 c_u取 1/2 无侧限抗压强度 q_u。

（1）按太沙基和派克法计算

$$F=\frac{5.7c}{\gamma_t H+q-\frac{\sqrt{2}cH}{B}}=\frac{5.7\times2.5}{1.6\times12+1-\frac{\sqrt{2}\times2.5\times12}{20}}$$

$$=0.79<1.5$$

（2）按日本建筑法规推荐的方法计算，即按最下一道支点为中心计算弯矩的平衡(图 10-44)。

$$F=c_u(\pi+2\alpha)/(\gamma_t H+q)$$

若 x=20m，则 α=81.4°，即为 1.42rad

$$F=2.5\times(3.14+2\times1.42)/(1.6\times12+1.0)=0.74<1.2$$

若 $x=5\text{m}$，则 $\alpha=53.1°$，即为 0.92rad

$F=2.5\times(3.14+2\times0.92)/(1.6\times12+1.0)=0.62<1.2$

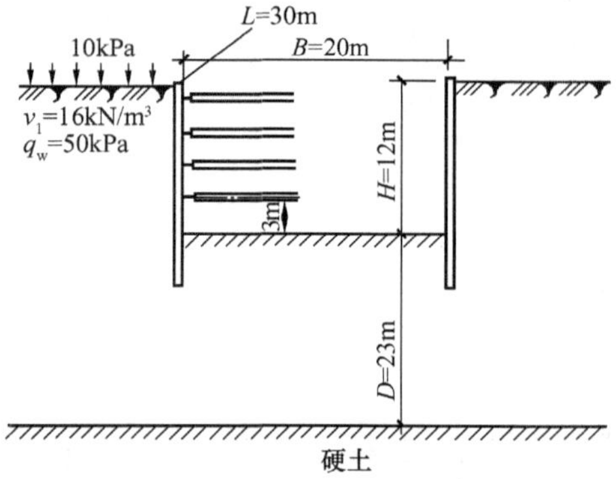

图 10-43　滑动计算举例

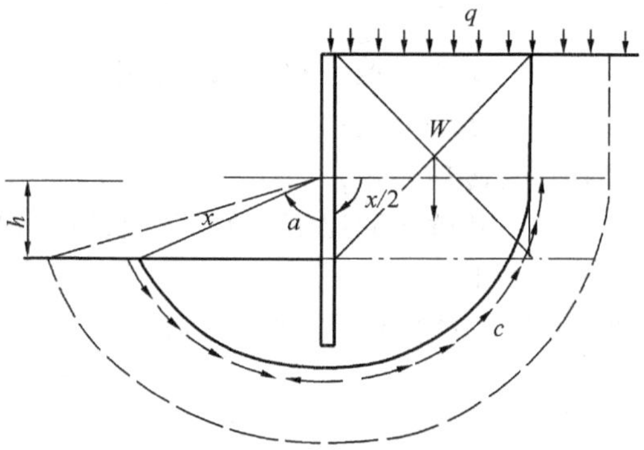

图 10-44　滑动计算举例按日本建筑法规法计算

（3）伯努姆-埃第法计算：根据基坑深度 H 和宽度 B 之比 H/B 以及基坑平面的宽长比 B/L 确定。在同样情况下，基坑愈狭窄，宽长比愈接近 1，则愈安全。

$$H/B=12/20=0.6 \qquad B/L=20/30=0.67$$

$$F=N_c c_u/(\gamma H+q)$$

N_c根据 $H/B=0.6$ 时，查得 N_c为 7.1。

$$N_{c长方形}=(0.84+0.16B/L)\ N_c=6.73$$

$$\therefore\quad F=6.73\times2.5/\ (1.6\times12+1)\ =0.83<1.2$$

根据上述计算结果，表明在基坑底部可能会丧失稳定，产生涌土现象，因此需要进行喷射注浆（或其他方法）加固处理。

10.5.5　管涌计算

在深基坑开挖中，当基坑底面有砂性土层，并存在着向上渗流的地下水，如果向上的渗透力超过砂的有效重量，则这种向上的水流可使砂土发生类似沸腾的现象，从而导致基坑底的破坏，这种现象称之为"管涌"。

在挡土壁前后存在较大的水头差时，就可能出现管涌（图 10-45）。除此之外，在黏性土下面埋置带有承压水头的砂层时，也可能产生管涌（图 10-46）。

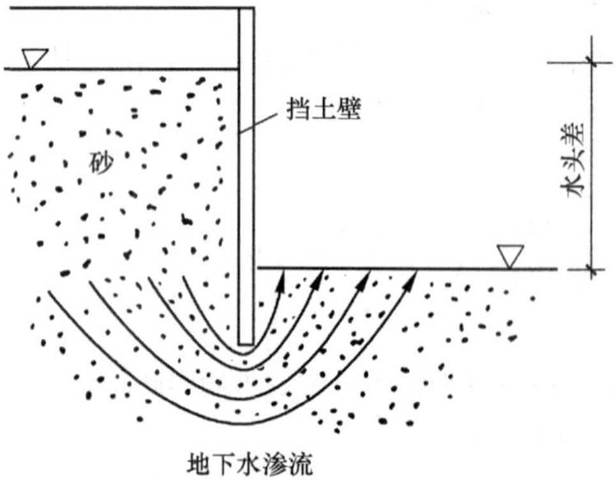

图 10-45　基坑管涌

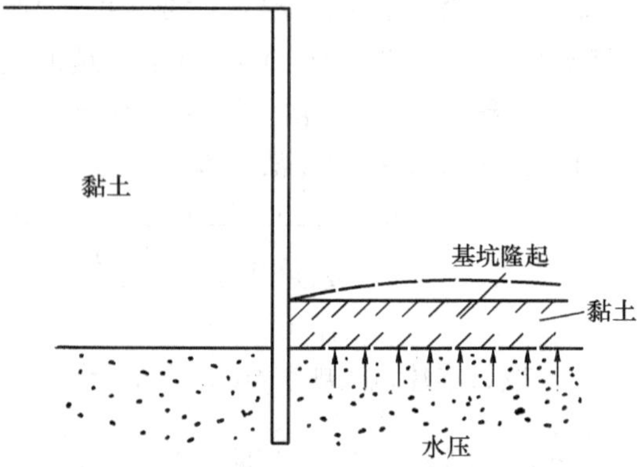

图 10-46　黏性土基坑隆起

因此，当在板桩附近存在上述含水的砂层时，就必须考虑相应措施，以降低水压力。

当开挖底面的土为松散砂质时，向上的渗透压力取决于动力水坡度。砂质地基的极限动力水坡度按下式计算：

$$i_e = (G_s - 1)/(1 + e) \qquad (10\text{-}43)$$

式中 i_e——极限动力水坡度；

G_s——土的比重；

e——土的孔隙比。

如果水力坡度大于此值，则砂粒处于悬浮状态，坑底就丧失稳定性。

【例】 如图 10-47 所示的深基坑的地下水位很高，坑底为较松的砂层，基坑深 14m，基坑以下地下水位为-0.5m，坑内用集水井抽水（－14m），故基坑内外水头差为 $h_w = 14 - 0.5 = 13.5$m。

管涌的极限动力水坡度为

$$i_e = (G_s - 1)/(1 + e) = (2.7 - 1)/(1 + 0.8) = 0.96$$

通常，当不绘制流网线时，采用近似方法验算极限动力水坡降。在本例题中，计算最短的流线长度 L 时，不考虑渗透系数很大的砂砾层长度，流线总长度 $L = 6.4 + 13.5 + 6.4 = 26.3$m，则 $L = 26.3 - 6.4 = 19.9$。这样，就可以近似地按下列方法计算动力水坡降。

板桩前后的水头差 $h_w = 13.5$m，产生水头损失的流线长度 $l = 19.9$m，动力水坡降为 $i = h_w/L = 13.5/19.9 = 0.68 < i_e = 0.96$

所以在基坑以下砂层中不会产生管涌。

当计算不能满足安全要求时，需要在基坑底部采集加固措施。加固厚度应根据地下水的上浮力计算。即地下水产生的上浮力应与加固体和板桩之间的摩擦力以及加固体重相平衡（图 10-48）：

$$F_s = (W + F/u), F = 2(a + b)zf \qquad (10\text{-}44)$$

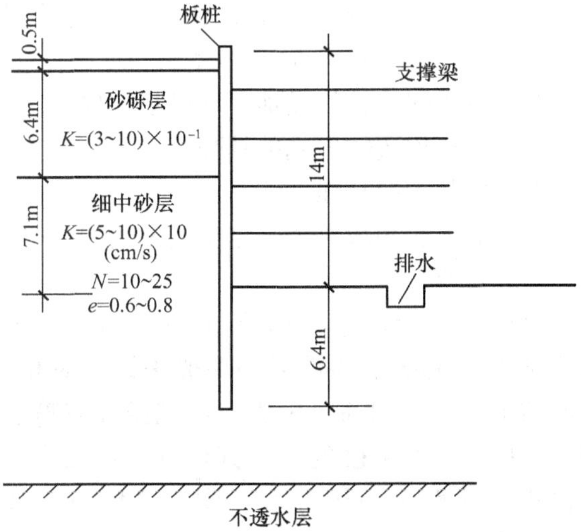

图 10-47 基坑管涌计算举例

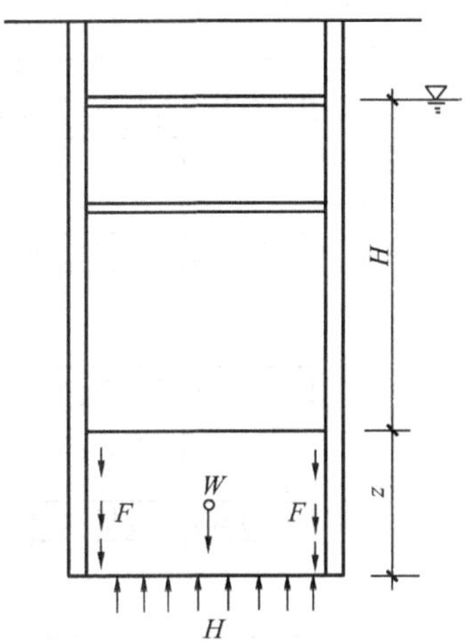

图 10-48 地下水上浮力计算

式中　W——加固体重；

F——板桩与加固体之间的摩擦力；

u——上浮力；

F_s——安全系数，$F_s=1.5$；

A——基坑底面积，$A=ab$；

f——加固体与钢板桩之间的摩擦系数，可采用 $f=c/3$。

当然，增加板桩的打入深度，以减少动力水坡降也是防止管涌的另一个途径。除此之外，加固厚度尚应满足抗弯和剪切强度的计算。

10.6　旋喷桩设计

10.6.1　概述

地基加固通常分为两种类型：结构物地基加固和施工期间地基加固。前者属永久性加固，后者是施工期间的临时加固。

地基加固按加固目的有下列不同特点：

(1) 强度特性的改良，即提高抗剪强度。通过土体强度的改良，以提高地基承载力，提高斜坡稳定性，防止基坑涌土。

(2) 降低土体压缩性。主要是减少土体压缩变形，或减少土体侧向位移引起的地基下沉。

(3) 改善透水性。通过加固减少土的透水性以形成防水帷幕，阻止渗水或防止流砂、管涌的发生。

(4) 改善动力特性。对松散砂进行地基加固，可防止地基液化，改善抵抗振动荷载的性能。

根据加固所起的作用旋喷桩设计可以分为下列不同的目的：

(1) 止水，形成防水帷幕，切断地下水的渗流。

(2) 防止坑底部软黏土失稳或砂性土管涌以及基坑被动土压力区的加固。

(3) 对相邻构筑物或地下埋设物的保护。

(4) 旧有构造物地基的补强。

(5) 桩基础的补强。

(6) 地下盾构法等顶管施工始末端的加固。

(7) 其他。

设计的一般程序参见图10-49。图中所示的地质条件，是指土的性质。一般来说，对松散、软弱的土层，其加固范围大，即桩径大或喷射距离长；反之，对坚硬的土层其切割的范围小，桩径也小。砂性土易于分散，故与硬化剂混合均匀、充分，而黏性土较难分离，则搅拌均匀程度较差。

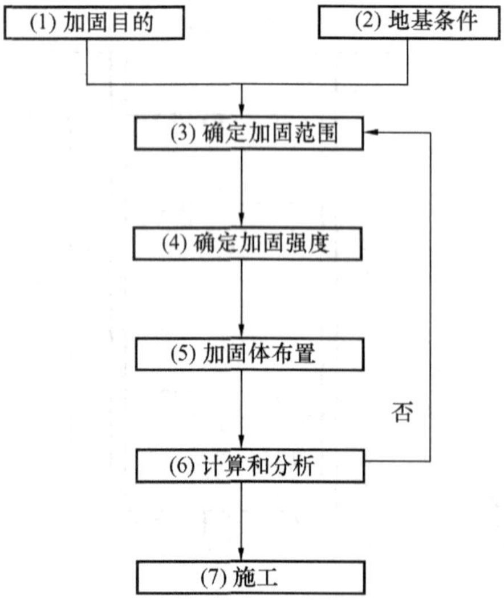

图10-49　喷射注浆法设计程序

一般来说，下列土质的加固效果较佳：

砂性土：$N<15$；

黏性土：$N<10$；

填土：不含或含少量砾石。

下列土质条件则需要慎重考虑：

坚硬土层：$N>50$ 的砂质土以及 $N>10$ 的黏性土；

人工填土层：建筑时间很短的人工填土，尤其是堆积松散。含有块石、存在大裂隙的人工填土；

砂砾层：含有卵石的砂砾层，因浆液喷射不到卵石后侧，故常需通过现场试验

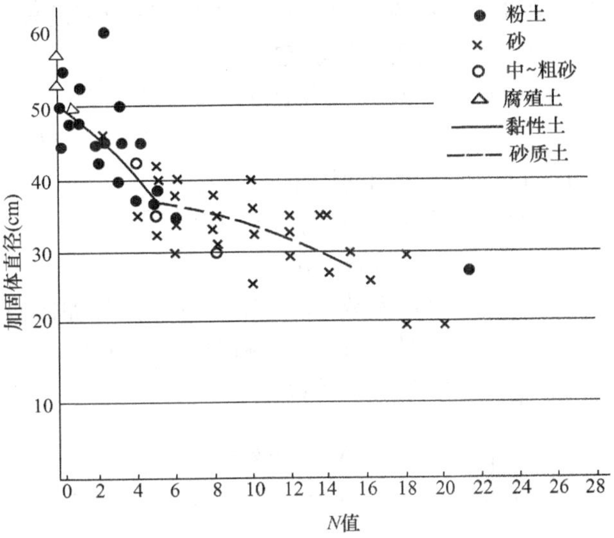

图 10-50　单管法桩径

10.6.2　加固体直径的设定

加固体的直径与土质、施工方法等有密切关系，主要根据以往的试验和工程实例加以确定。单管法的桩径如图 10-50 所示。

也可用下式近似计算：

黏性土
$$D=0.5-0.005N^2 \tag{10-45}$$

式中　N——黏性土的标贯击数值；

砂性土
$$D=0.001\ (350+10N-N^2)\quad 5\leqslant N<15 \tag{10-46}$$

二重管法的加固直径可参考表 10-7 选用。三重管法的加固直径可参考表 10-8 选用。

二重管法加固直径　　**表 10-7**

土名	土质条件	加固体直径（cm）
砂砾	$N<30$	80±20
砂质土	$N<10$　$10\leqslant N<20$　$20\leqslant N<30$　$30\leqslant N<50$	180±20　140±20　100±20　80±20
黏性土	$N<1$　$1\leqslant N<3$　$3\leqslant N<5$	160±20　130±20　100±20
有机质土		110±30

三重管法加固直径参考值　　**表 10-8**

		A	B	C	D	E
N 值	砂质土 黏性土	$N<30$	$30\leqslant N<5$ $N<5$	$50\leqslant N<100$ $5\leqslant N<7$	$150\leqslant N<175$ $7\leqslant N<9$	$200\leqslant N$ $N=10$
加固体直径（m）		2.0	2.0	1.8	1.4	1.0
提升速度	(m/min) (min/m)	0.0625 16	0.05 20	0.05 20	0.4 25	0.04 25
浆液量	喷射量（m^3/min） 总量（m^3/m）	0.18 3.7	0.18 3.7	0.18 3.7	0.12 3.7	0.10 2.6

需要指出，表中所列的数值系在一定的施工条件下获得的，即相应于一定的喷射压力、喷嘴直径和提升速度。当上述条件变化时，其值选用也应作相应的调整。

近年来在工程中已经获得应用的双高压 RJP 工法和超级旋喷法（Super Jet）在日本和美国桩径达到约 2～3.5m。这些工程应用的桩通常需要通过现场试验后确定桩径。

10.6.3　硬化剂用量的确定

硬化剂（浆液）的用量可以按下式计算

$$Q = 1/4\pi D^2 H \cdot \alpha(1+\beta) \tag{10-47}$$

式中　Q——硬化剂的用量（m^3）；

D——设计的加固直径（m）；

H——设计桩长（m）；

α——混合系数，$\alpha=0.6\sim1.8$；与加固直径和土质有关，单管法和二重管法的 α 分别如图 10-51 和图 10-52 所示；

β——作业损失系数。

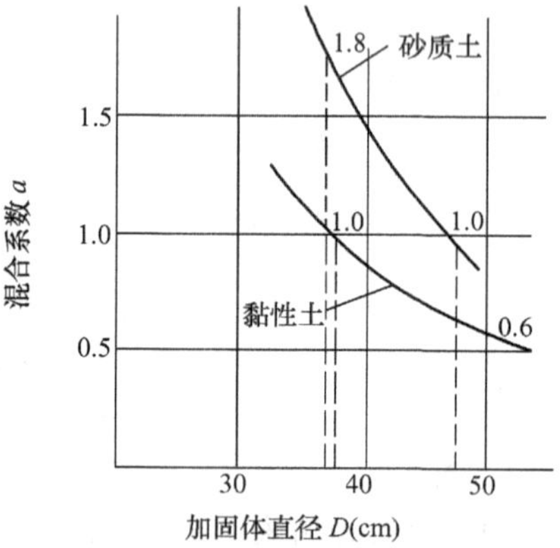

图 10-51　单管法桩径与混合系数

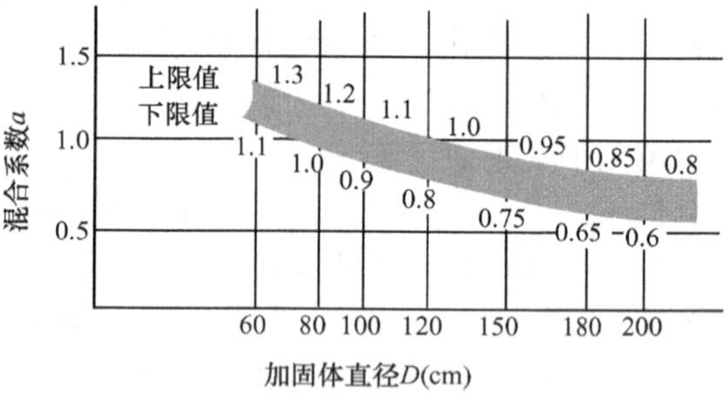

图 10-52　二重管法桩径与混合系数

根据一些工程的统计资料，单管法和二重管法的实际硬化剂用量分别如表 10-9、表 10-10所示。

单管法加固体直径、浆液量施工例　　　　**表 10-9**

土　名	土质条件	加固体直径（cm）	浆液量（L/m）
砾石层	$k\geqslant1\times10^{-2}$cm/s	50～60	150
砂粒层	$k\geqslant1\times10^{-3}$cm/s	35～45	130
有机土层	$w\geqslant150\%$	40～45	130

二重管法加固体直径、浆液量施工例　　　　**表 10-10**

加固体直径（cm）	浆液量（L/m）	加固体直径（cm）	浆液量（L/m）
60	340～400	150	1460～1850
80	550～660	180	1820～2380
100	780～950	200	2070～2750
120	990～1240		

此外，浆液的用量也可根据下式确定：

$$Q = qt(1+\beta) \tag{10-48}$$

式中 q——单位时间的喷射量；

t——每根桩的喷射时间；

β——损失系数，β=0.1～0.2。

10.6.4 加固体的强度

加固体的强度与土质和施工方法有着密切关系。施工工艺的不同和土质的多变，使加固体强度有很大的离散性。

单管法在砂质土中的加固体强度一般为2.0～7.0MPa，在黏性土中的加固体强度一般为1.5～5.0MPa，三重管法在砂质土中的加固体强度为2.0～15.0MPa，在黏性土中的加固体强度通常为0.8～5.0MPa。

在一定土质条件下，通过调节浆液的水灰比和单位时间的喷射量或改变提升速度等措施，可适当提高或降低加固体强度。

设计中对加固强度的确定需要根据土质条件和加固体所要求的强度综合考虑，并且还可以用调节加固范围的方法满足设计要求。

10.6.5 桩的平面布置

桩的平面布置需根据加固的目的给予具体考虑。作为独立承重的桩，其平面布置与钢筋混凝土桩的布置相似。作为桩群加固土体时，其平面布置也可有所不同，如图10-53所示。分离布置的单桩可用于基础的承重，排桩、板墙可用作防水帷幕，整体加固则常用于防止基坑底部的涌土或提高土体的稳定性，水平封闭桩可用于形成地基中的水平隔水层。

当采用整体加固或排桩形式时，桩的间距不仅取决于桩的直径，还取决于桩施工时的垂直度。

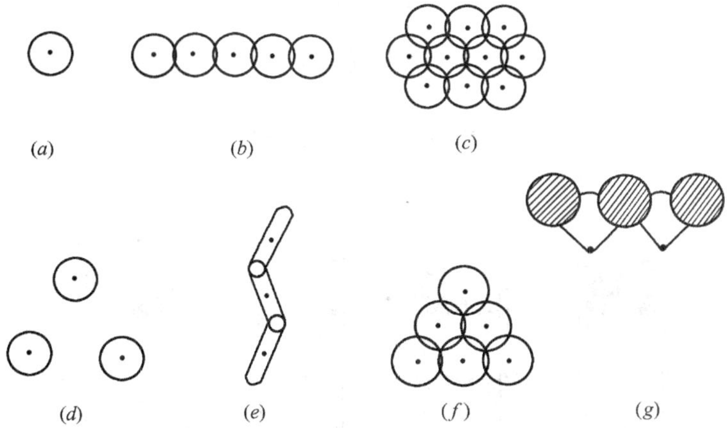

图10-53 桩的平面布置

(a) 单桩；(b) 排桩；(c) 整体加固；(d) 加固地基的分离桩；(e) 防渗板墙；(f) 水平封闭桩；(g) 摆喷作桩间防水

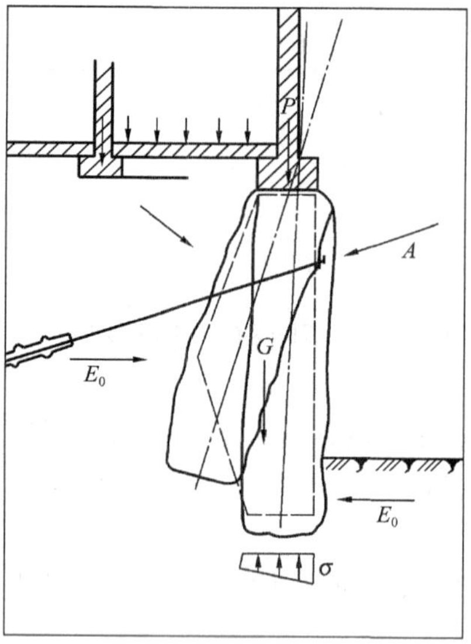

图10-54　加固基础实例

相邻桩的搭接应根据工程要求和条件确定，根据现行国家行业规范，相邻桩的搭接不应小于30cm，对于用作基坑挡水时，相互搭接应有更多的安全储备，为此有时需要采用双排甚至三排桩，而对基坑内部主要用作减少基坑变形的加固，相互搭接应可适当放宽。

图10-54和图10-55分别为两个布置实例。对旧有建筑基础的加固，桩可采用不同的方向，相邻桩较大范围内是重合的。

图10-55所示为一种拱形布置的方案，各个工程应根据土质条件和工程要求确定加固范围、布置的形式和范围。

图10-56所示为基坑工程中为了减小支护结构位移而采用的几种旋喷加固的布置方案。

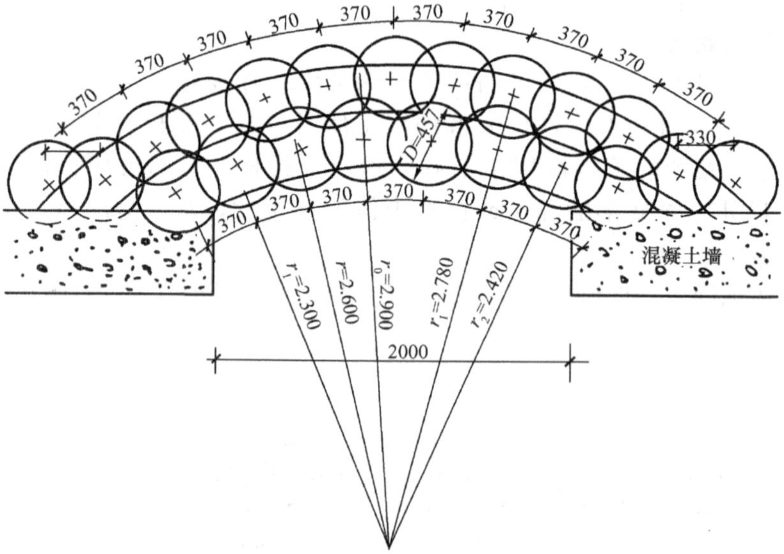

图10-55　桩布置实例

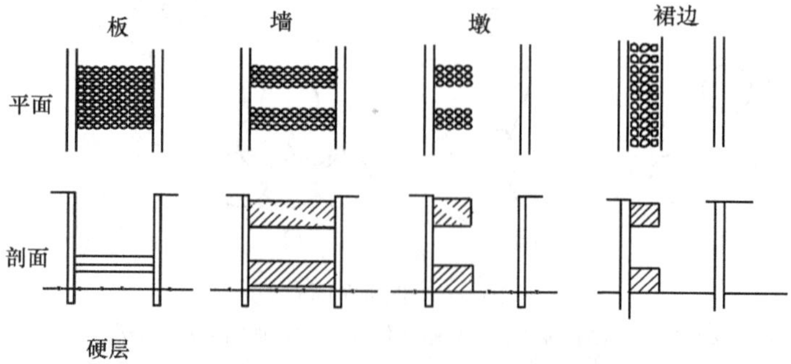

图10-56　基坑工程中旋喷加固布置方案

10.7 旋喷桩施工及其应用

10.7.1 单管法、二重管法、三重管法

如前所述，喷射注浆法施工可分为单管法、二重管法、三重管法，其加固原理基本是一致的。

单管法和二重管法中的喷射管较细，因此，当第一阶段贯入土中时，可借助喷射管本身的喷射或振动贯入，只是在必要时，才在地基中预先成孔（孔径为 ϕ6～10cm），然后放入喷射管进行喷射加固。采用三重管法时，喷射管直径通常为 7～9cm，结构复杂，因此有时需要预先钻一个直径为 15cm 的孔，然后置入三重管喷射进行加固。成孔可以采用一般钻探机械，也可采用振动机械等。

各种加固法，均可根据具体条件，采用不同类型的机具和仪表。

单管法施工，其中，水泥、水和膨润土采用称量系统，并二次进行搅拌、混合，然后输入到高压泵。水可输送到搅拌器与水泥混合，也可直接输送到高压泵（图 10-3）。二重管法施工，将水泥浆和压缩空气同时喷射（图 10-57）。

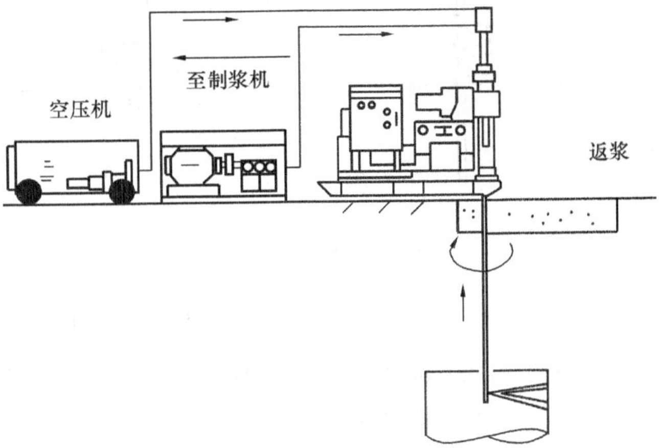

图 10-57 二重管法施工

三重管法施工中专门设置了水泥仓、水箱和称量系统。此外，在输送水泥浆、高压水、压缩空气的过程中，设置了监测装置，以保证施工质量。施工中冒浆可用污水泵及时吸收，并将其输送到场地以外（图 10-58）。

由于喷射注浆法尚没有系统的专用机具，因此施工机具需因地制宜地加以选择。

10.7.2 主要施工机具

喷射注浆法施工的主要机具有以下几种。

1. 高压泵

高压泵包括高压泥浆泵和高压清水泵。国内多用高压泥浆泵或柱塞泵（清水泵）。

高压泵的压力通常要求能在 15.0MPa 以上，有的泵压高达 40.0～60.0MPa。一个良好的高压泵应能在高压下持续工作，设备的主体结构和密封系统应有良好的耐久性。否则，高压泥浆泵输送水泥时，就会经常发生故障，给施工带来很大困难。除此之外，高压泵在流量和压力方面还应具有适当的调节范围，以利于施工中选用。

高压泵一般可分为柴油机和电动机带动两大类。前者不受电力的限制，但压力往往不很稳定；而后者的压力较稳定。仅用于喷射清水的高压柱塞泵，一般不像高压泥浆泵那样容易损坏。国产的这类泵已有系列产品，用户可以方便地选用。

2. 喷射机及钻机

喷射注浆法采用的喷射机，通常是专用特制的，有时，也可对一般勘探用钻机，根据

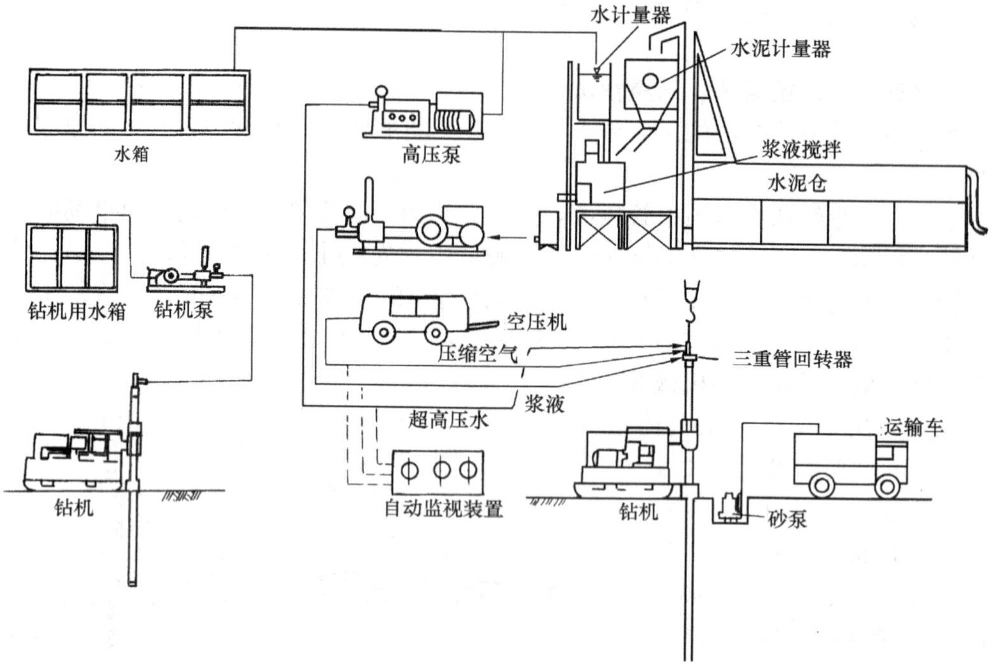

图 10-58　三重管法施工

喷射工艺的要求（提升速度和旋喷速度）加以适当改制。但机械的灵活性及功能对喷射注浆法的施工工艺起着重要作用。

日本、德国、意大利等国一些专业施工公司，均也开发采用各具特色的旋喷钻机。当在一些情况下需要形成水平的旋喷桩时，钻机和整个工艺系统均要作相应的调整。图10-59所示为一个地下隧洞进行水平旋喷桩施工的示意图。

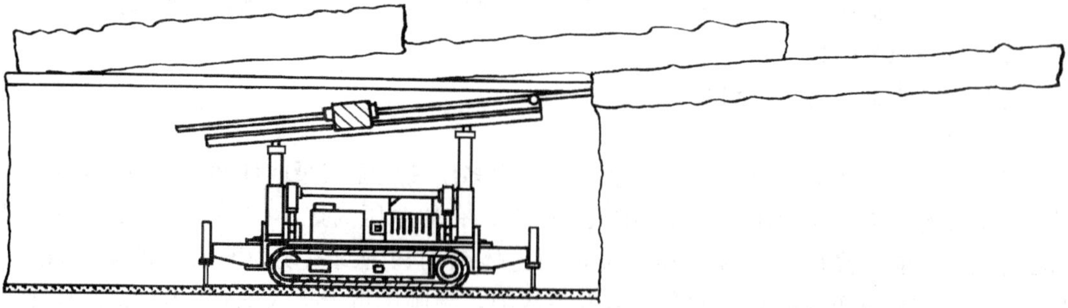

图 10-59　地下隧洞进行喷射注浆施工

在三重管施工中往往需要预先单独钻孔，此时通常采用普通的钻机。

3. 其他机具

(1) 喷射管：其构造根据所采用的单管法、二重管法和三重管法而有所不同。

单管法的喷射管仅喷射高压泥浆。而二重管法的喷射管则同时输送高压水泥浆和压缩空气，而压缩空气是通过围绕浆液喷嘴四周的环状喷嘴喷出的。三重管法的喷射管要同时输送水、压缩空气和水泥浆，而这三种介质均有不同的压力，因此，喷射管必须保持不漏、不串、不堵，加工精度严格，否则将难以保证施工质量。三重管法的喷射管可以由独立的三根构成，这种结构在加工制作上难度小。

1）单管

单管是实现单管喷射工艺的主要设备，其内部输送一种高压浆液。它由单管导流器、钻杆和喷头三部分组成。

a. 单管导流器

单管导流器是浆液进入单管的总进口，安装在钻杆的顶部。其作用是把静止的高压胶管和旋转的钻杆喷头连接起来，并且把高压浆液无渗漏地从胶管输送给钻杆、喷头。它在结构强度上，要能承受一定的拉力，又能承受下钻杆时的冲击力，同时能保持钻杆在转动过程中有良好的高压密封性。

常用的导流器见图 10-60。

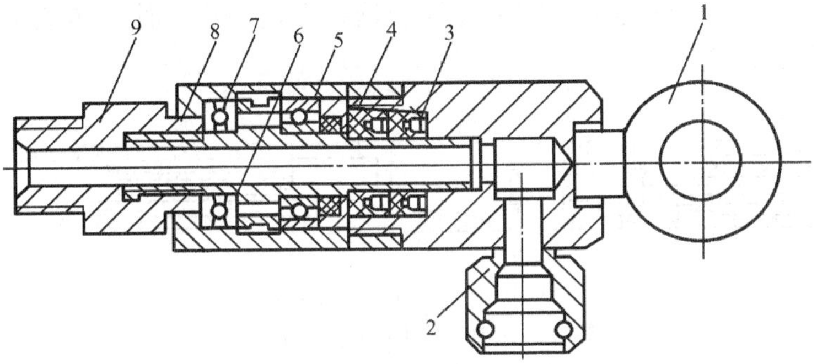

图 10-60 单旋喷管导流器结构图

1—提升环；2—卡口接头；3—上壳；4—密封圈；5—向心球轴承；
6—推力球轴承；7—下壳；8—毡封；9—活接头

b. 单管钻杆

单管钻杆一般是以普通 ϕ50mm 或 ϕ42mm 地质钻管代用。每根长 1.0～3.5m，钻杆的上下连接采用方扣螺纹。

c. 单管喷头

单管的喷头装在钻杆的最下端。喷头的顶端做成圆锥形。喷头上装有 2 个喷嘴，喷嘴装在喷头的两侧。使高压射流横向射入地层破坏土体。喷嘴的直径一般 2.0mm 左右。

2）二重管

二重管是由导流器、钻杆和喷头三部分组成。

a. 二重管导流器

二重管导流器的作用是将高压泥浆泵输送来的高压浆液和空气压缩机输送来的压缩空气从两个通道分别输送到钻杆内。导流器由外壳和芯管组成，全长 406mm。外壳上装有两个铠装可拆式卡口接头，通过橡胶软管分别与高压泥浆泵和空压机连接。旋喷作业时，外壳不动，芯管随钻杆转动（图 10-61）。

b. 二重钻杆

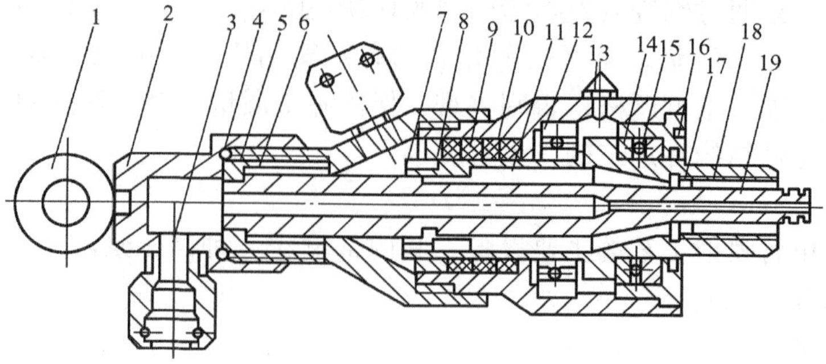

图 10-61　二重旋喷管导流器结构图

1—吊环；2—上壳；3—接头插座；4—“O”形密封圈；5—上压盖；6—“V”形密封圈；7—“O”形密封圈；8—中壳；9—“Y”形密封圈；10—“Y”形密封圈；11—下壳；12—向心轴承；13—黄油嘴；14—推力轴承；15—下盖；16—毡油封；17—定位环；18—外管；19—内管

二重钻杆是两种介质的通道，它上接导流器，下连喷头，使二重旋喷管组成一个整体。详细结构见图 10-62。

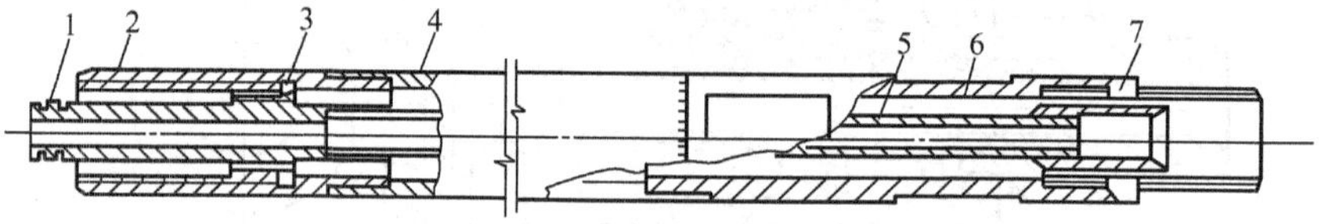

图 10-62　二重钻杆结构

1—“O”形橡胶管；2—外管母接头；3—定位圈；4—ϕ42 地质钻杆；5—内管；6—卡口管；7—外管公接头

在制造二重钻杆时，应特别注意内管和外管的同心度及橡胶密封圈接触面的光洁度。

c. 二重喷头

二重喷头是实现浆气同轴喷射和钻进的装置。在喷头的侧面设置一个或两个浆气同轴喷射的喷嘴，气的喷嘴成环状，套在高压浆液喷嘴外面（图 10-63）。

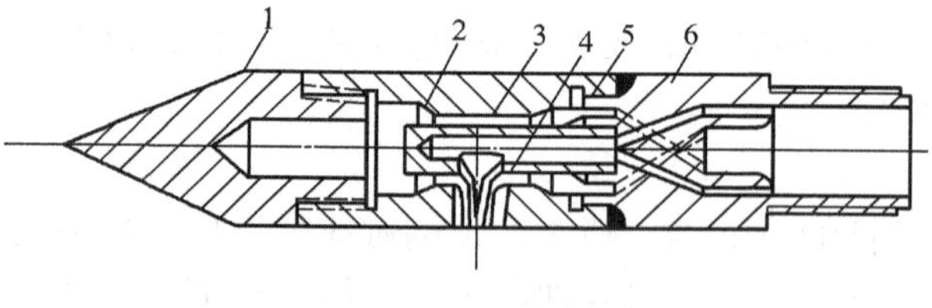

图 10-63　TY-201 型二重喷头结构

1—管尖；2—内管；3—内喷头；4—外喷头；5—外管；6—外管公接头

3）三重管

a. 三重管导流器

三重管导流器由外壳及芯管两部分组成。三重旋喷管导流器结构如图 10-64。

b. 三重钻杆

三重钻杆是由内、中、外管组成，三根管子按直径大小套在一起，轴线重合。其结构详见图 10-65。

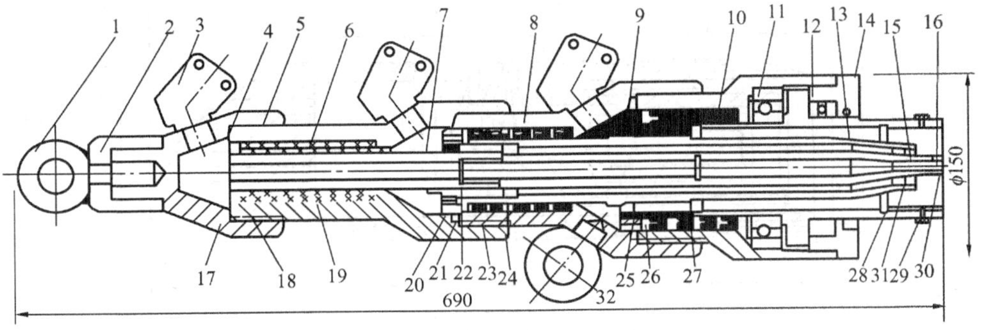

图 10-64 三重管导流器结构图

1—吊环；2—螺帽；3—卡口式接头；4—“O”形橡胶密封圈；5—上壳；6—中壳；7—内管；8—下壳；9—压紧螺母；10—底壳；11—向心球轴承；12—推力球轴承；13—毡封；14—底盖；15—ϕ19“O”形橡胶圈；16—ϕ38“O”形橡胶圈；17—压紧螺母；18—“V”形橡胶圈；19—支撑环；20—压紧螺母；21—“O”形橡胶圈；22—支撑环；23—“Y”形橡胶圈；24—固定环；25—“O”形橡胶圈；26—支撑环；27—“Y”形橡胶圈；28—定位器；29—挡圈；30—螺纹；31—挡圈；32—定位环

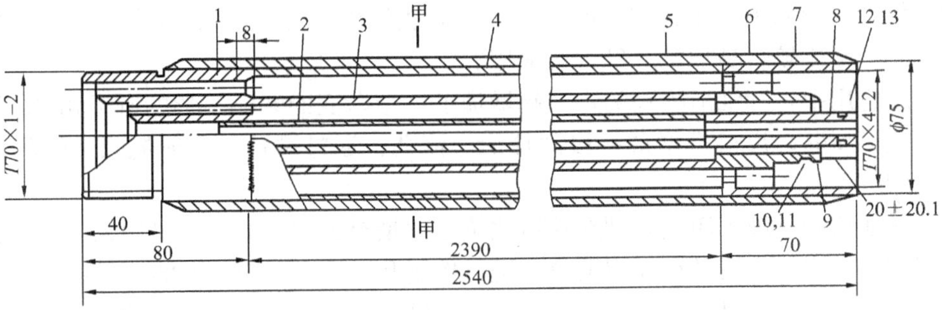

图 10-65 三重钻杆结构图

1—内母接头；2—内管；3—中管；4—外管；5—扁钢；6—内公接头；7—外管内接头；8—内管公接头；9—定位器；10—挡圈；11—“O”形密封圈；12—挡圈；13—“O”形密封圈

c. 三重喷头

三重喷头是实现水气同轴喷射和浆液注入的装置，上接三重钻杆，是三重旋喷管最底部的构件。三重喷头是由芯管、喷嘴和钻头组成。

4) 多重管

多重管的功能不但要输送高压水，而且还要同时将冲下来的土、石抽出地面。因此管子的外径较大，达到 ϕ300mm。它由导流器、钻杆和喷头组成。在喷嘴的上方设置了一个超声波传感器；电缆线装在多重管内。

(2) 喷嘴

喷嘴是将高压泵输送来的液体压能最大限度地转换成射流动能的装置，它安装在喷头侧面，其轴线与钻杆轴线成 90°或 120°角。喷嘴是直接影响射流质量的主要因素之一。根据流体力学的理论，射流破坏土体冲击力的大小与流速平方成正比，而流速的大小除和液体出喷嘴前的压力有关外，喷嘴的结构对射流特性值的影响是很大的。

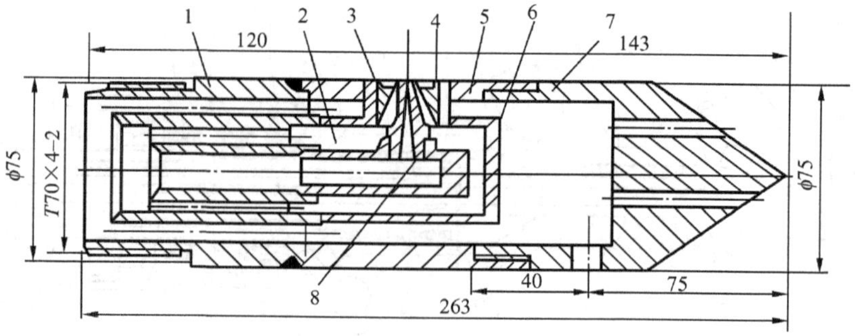

图 10-66　圆锥形喷头结构图

1—内母接头；2—内管总成；3—内管喷嘴；4—中管喷嘴；5—外管；
6—中管总成；7—尖锥钻头；8—内喷嘴座

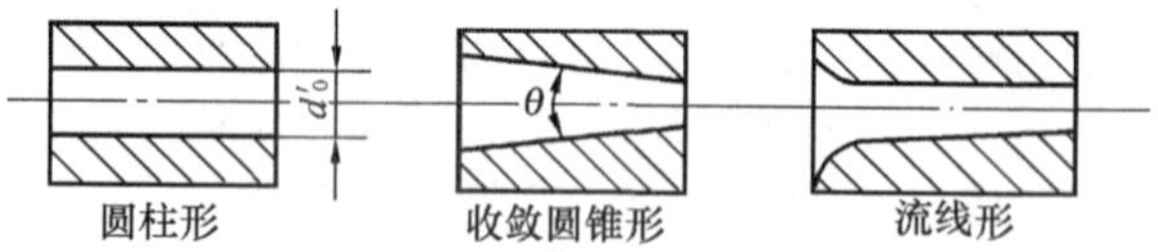

图 10-67　喷嘴形状图

高压液体射流喷嘴通常有圆柱形，收敛圆锥形和流线形三种，如图 10-67 所示。

试验结果表明，流线形喷嘴的射流特性最好，但这种喷嘴极难加工，在实际工作中很少采用。而收敛圆锥形喷嘴的流速系数 φ、流量系数 μ 和流线形喷嘴相比较所差无几，又比较容易加工，经常被采用。

在实际应用中，圆锥形喷嘴的进口端增加了一个渐变的喇叭口形的圆弧角 θ，使其更接近于流线形喷嘴，出口端增加一段圆柱形导流孔，通过试验，其射流收敛性较好（图 10-66、图 10-67）。

（3）其他仪表：施工质量管理在喷射注浆法中是至关重要的。多采用人工读数记录方法。工程实践表明，采用各种相应的仪表进行控制和记录是十分必要的。其中主要有记录泵的压力、流量和空压机的送风量，记录压缩空气量的用玻璃转子流量计。

应该指出，良好的机具系统必须要经常维护。为了保持喷射管管道的畅通，及时冲洗是十分必要的，绝对不能让水泥浆在管道中硬化。因此，每一节喷射管、每一个泵和接头的部位都要仔细冲洗干净。只有这样，才能保持施工机具连续正常使用。

10.7.3　检验及安全管理

旋喷固结体系在地层下直接形成，属于隐蔽工程，因而不能直接观察到旋喷桩体的质量。必须用比较切合实际的各种检查方法来鉴定其加固效果。限于目前我国技术条件喷射质量的检查有开挖检查、室内试验、钻孔检查、载荷试验。

一、开挖检查

旋喷完毕，待凝固具有一定强度后，即可开挖。这种检查方法，因开挖工作量很大，一般限于浅层。由于固结体完全暴露出来，因此能比较全面地检查喷射固结体质量，也是检查固结体垂直度和固结形状的良好方法，这是当前较好的一种检查质量方法。

二、室内试验

在设计过程中，先进行现场地质调查，并取得现场地基土，以标准稠度求得理论旋喷固结体的配合比，在室内制作标准试件，进行各种力学物理性的试验，以求得设计所需的理论配合比。施工时可依此作为浆液配方，先作现场旋喷试验，开挖观察并制作标准试件进行各种力学物理性试验，与理论配合比较，是否符合一致，它是现场实验的一种补充试验。

三、钻孔检查

（一）钻取旋喷加固体的岩芯

可在已旋喷好的加固体中钻取岩芯来观察判断其固结整体性，并将所取岩芯做成标准试件进行室内力学物理性试验，以求得其强度特性，鉴定其是否符合设计要求。取芯时的龄期根据具体情况确定，有时采用在未凝固的状态下“软取芯”。

（二）渗透试验

现场渗透试验，测定其抗渗能力一般有钻孔压力注水和抽水观测两种。

四、载荷试验

在对旋喷固结体进行载荷试验之前，应对固结体的加载部位，进行加强处理，以防加载时固结体受力不均匀而损坏。

喷射注浆法是在高压下进行的，存在着一定的危险性。因此，高压液体和压缩空气管道的耐久性以及管道连接的可靠性都是不可忽视的，否则，接头断开，软管破裂，将会导致浆液飞散、软管甩出等安全事故。

喷射浆自喷嘴喷出时，具有很高的能量，因此，人体与喷嘴之间的距离不应小于60cm，另外，在地基中喷射一般不会对喷嘴附近的管道产生破坏现象，但钻孔时应事先作好调查，以免地下埋设物受到损坏。

喷射注浆法的浆液，目前一般以采用水泥浆为主，但有时也采用其他化学添加剂。一般说，浆液硬化后对人畜均无害，但如果硬化前的液体进到眼睛里时，就必须进行充分清洗，并及时到医院治疗。

除此以外，用电的安全也是在喷射注浆法中必须予以重视，不得将电缆浸泡于水和泥浆中，防止漏电伤人。

10.8 工程实例

【实例 10-1】 上海地铁站（1）

该车站长 220.16m，宽 35.5m，深度比相邻运行中的站深 6.9m。

该工程旋喷加固分以下三个部分：

① 西端头井外盾构洞口旋喷加固。

② 东端头井外盾构洞口旋喷加固。

③ 车站东、西端头井坑内旋喷加固。

该工程位于交通繁忙地区，周围为商业聚集区，加固区施工范围内有电缆线、自来水管、排污管、煤气管等多条地下管线，增加了施工难度。

工程场地地势较为平坦，地面标高一般为 3.90m 左右。属滨海平原地貌类型。勘察所揭示的 80.45m 深度范围内土层按其成因类型分为 7 层，地层分布较稳定，约 17.00m 以上除表层①填土层、$⑤_1$褐黄～灰黄色粉质黏土层、$⑤_2$灰色黏质粉土层外，均为淤泥质黏性土。17.00m 以下为软塑状的灰色黏性土。第⑥层硬土层层面埋深约为 23.40～24.50m。第⑦层砂土层层面埋深约 28.5m。约 28.5m 以下直至终孔 80.45m 均为巨厚层第⑦、⑨层砂土层。缺失第⑧层软黏土层。

车站范围内年平均地下水位在地面以下0.5m左右。本车站所在地层含承压水，埋藏于⑦层砂质粉土～粉砂层中。承压水水位埋深为地面以下8.5m（标高−4.43m）。

基坑内旋喷加固区在西端头井近正在运营车站一侧土体加固是加固的重点部位，对保证基坑开挖过程中围护结构的稳定性，保证地铁二号线的正常运行起着关键作用，对这一部位的加固必须做到对二号线运营没有影响（图10-68）。

旋喷桩施工过程中加强了对运营中车站的监测，监测频率从每周两次提到每天一次，并根据监测数据不断调整施工顺序、参数，将旋喷桩施工对东方路车站的影响减小到最低，确保相邻车站的安全。

根据监测数据，除西端头井地下墙中的一个测点位移较大外（因西端头井已开挖至−8.0m），正常的旋喷进出洞加固对端头井地下墙影响很小。通过对1#线东方路站地下墙的监测，旋喷桩施工对原有东方路地下墙的影响也很小，仅2mm左右。

【实例10-2】　上海地铁站（2）

本车站主体结构为地下二层三跨结构，覆土厚度3.5m。

车站总长约301.7m，宽约21.6m，车站标准段基坑开挖深度约15.8m，端头井开挖深度约为17.6m。

本工程基坑深度范围内涉及土层属流塑～软塑状的淤泥质黏土和粉质黏土。加之本工程正好处于高架路下，基坑开挖过程中若导致围护结构产生较大变形，就有可能影响高架桥基础安全。

基坑工程施工范围的地层主要如下：

①杂填土：厚度2.5～2.7m，层底标高1.50～1.47m，上部含较多的碎石、砖块等杂质，下部以黏性土为主；

②粉质黏土：0.5～0.8m，层底标高1.00～0.67m，含氧化铁锈斑及铁锰结核，土质自上而下逐渐变软，可塑～软塑；

③淤泥质粉质黏土：厚度4.5～4.35m，层底标高−3.50～−3.68m，含云母、少量有机质，局部夹多量薄层粉砂，土质不均匀，流塑；

④淤泥质黏土：厚度9.5～10.0m，层底标高−13.00～−13.68m，含云母、有机质，夹少量薄层粉砂，底部夹多量贝壳碎屑，土质均匀，流塑；

⑤黏土：层厚度7.2～5.55m，层底标高−20.20～−19.23m，含云母、有机质，夹泥、钙质结核和半腐烂植物根茎，土质自上而下变好，软塑；

⑥粉质黏土：厚度8.8～7.5m，层底标高−29.00～−26.73m，含云母、有机质，夹少量和半腐烂植物根茎，局部夹薄层粉砂，土质较均，可塑～软塑；

⑦粉质黏土：本区范围缺失；

⑧粉质黏土：厚度2.5～2.95m，层低标高−31.50～−29.68m，含铁锰结核，土质均匀且致密，可塑～软塑；

⑨粉细砂：厚度未钻穿，层低标高未钻穿，颗粒成分以石英、长石、云母为主，土质较为均匀且致密。

车站位于上海市交通繁忙地段的老城区，旋喷桩加固区域处于内环线高架路下。

旋喷桩桩位布置见图10-69。

加固体强度指标：要求28d无侧限抗压强度 $q_u \geqslant 1.5$MPa。

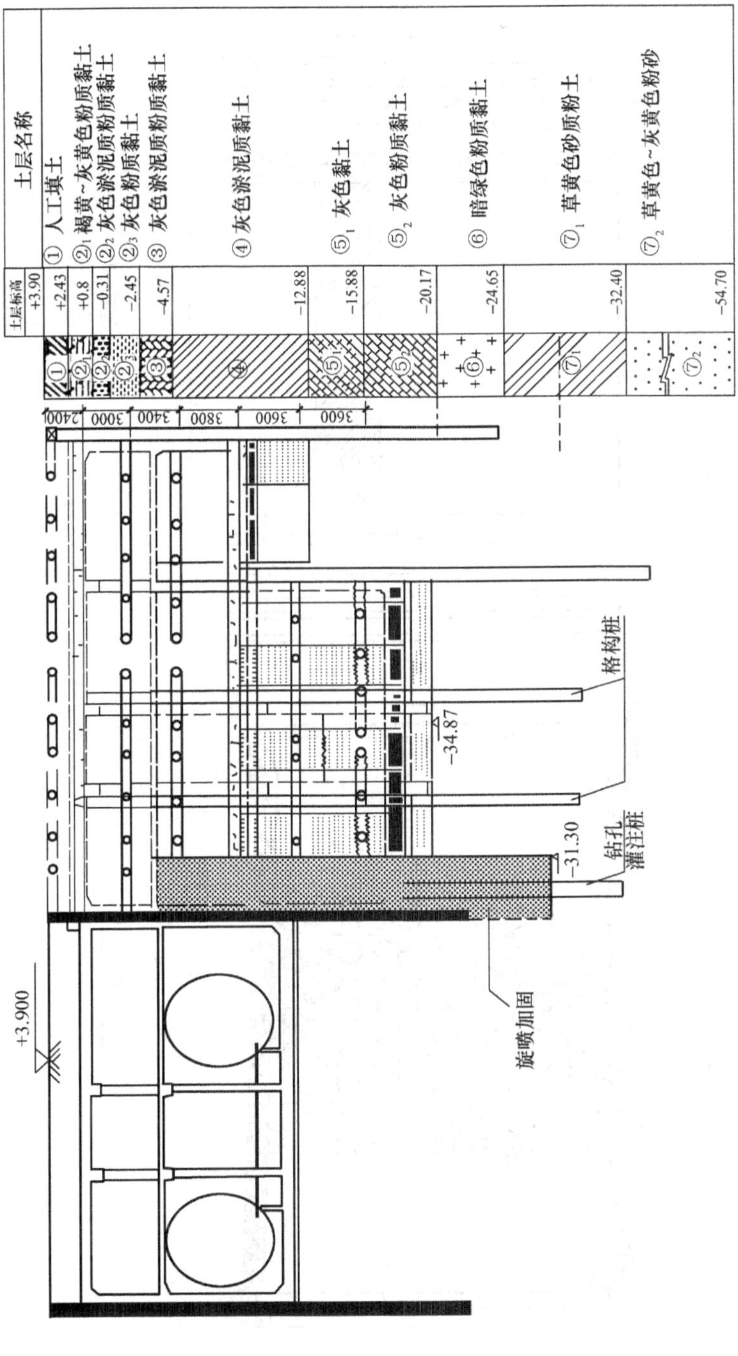

图 10-68 端头井内加固剖面图

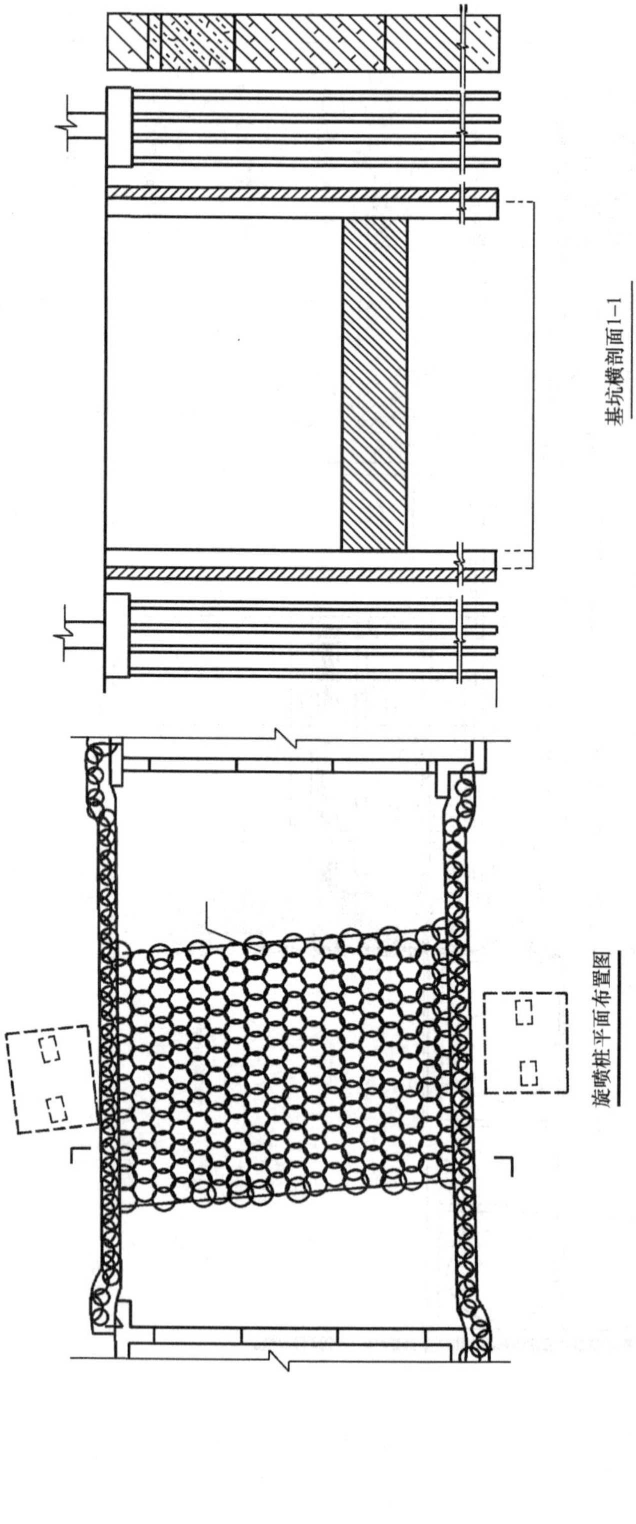

图 10-69　地基加固图

旋喷桩施工过程中，紧贴高架基础的旋喷桩施工也没有造成对附近高架承台造成影响。根据现场监测资料，施工期间，高架承台累计沉降量为1mm。

【实例 10-3】 上海越江隧道超深基坑

本工程建址处地质情况汇总表10-11如下：

表 10-11

层序	土层名称	层底埋深 (m)	层厚 (m)	含水量 (%)	孔隙比	压缩系数 $a_{v1\sim2}$ (MPa^{-1})	压缩模量 $E_{s1\sim2}$ (MPa)	快剪强度0.7值 黏聚力 c (kPa)	内摩擦角 φ (°)
①	人工填土	08～3.1	0.8～3.1						
$②_1$	褐黄色粉质黏土	2.0～5.0	0.0～2.1	30.7	0.87	0.41	4.37	13.5	14.0
$②_2$	灰黄色粉质黏土	2.9～4.5	0.0～1.5	35.1	0.97	0.49	3.78	13.0	10.0
$③_{2-1}$	灰色砂质粉土	6.4～10.4	2.1～8.4	29.6	0.84	0.21	8.61	3.7	25.0
$③_3$	灰色淤泥质粉质黏土	9.4～14.5	1.4～4.7	42.1	1.20	0.7	2.93	11.5	8.5
④	灰色淤泥质黏土	18.0～21.0	6.0～10.0	49.3	1.39	1.0	2.23	10.6	6.2
$⑤_1$	灰色黏土	22.6～26.5	2.9～6.3	40.0	1.18	0.7	2.98	13.1	8.4
$⑤_2$	灰色砂质粉土	26.5～31.0	2.0～6.5	30.5	0.90	0.19	9.31	4.6	22.7
$⑥_1$	暗绿色粉质黏土	28.5～30.8	0.0～6.0	24.8	0.71	0.23	7.20	32.0	14.8

本基坑工程基坑开挖深度约30m，宽度约50m，基坑东侧紧临黄浦江，加固区域南端距黄浦江仅几米之隔。该区域附近基坑采用ϕ1190的钢管桩作支护，钢管桩长40m；每根钢管桩标高－22.50m以下为灌注桩。钢管桩相邻锁口从上至下插入扣紧连接。钢管桩以下由灌注桩延长约10m，桩径1.1m，桩距1.47m，在沉管进出洞及基坑开挖过程中，为防止地下水的涌入，提高附近地基土的稳定性，在钢管桩和灌注桩外侧进行旋喷加固及防漏，以保证该基坑的顺利施工。

加固后土体的无侧限抗压强度大于1.5MPa。在该加固区域内布置旋喷桩图10-70。

在该基坑的施工过程中，未发生一次侧向漏水和坑底涌水，证明采用旋喷法挡水是成功的。

【实例 10-4】 大秦铁路军都山隧道坍方的整治

大（同）秦（皇岛）铁路军都山隧道（其跨度为12m），当掘进到刚过进口段不远附近时，发生了坍方冒顶，坍方发生在隧道拱顶刚出现砂层的地方，当时洞内正进行上半断面施工，坍方自开挖面向后延伸15m。隧道拱顶部约12m厚的黄土覆盖层坍塌下来，堆积在撑子面上，把已掘进完毕的断面上的两排工字钢拱及10排钢网构拱喷射混凝土支护全部压垮，地表形成了一个直径为15m，深为3m左右的陷坑，且不断继续塌陷，隧道的开挖工作受到了阻挡。

地表陷坑回填后，整个坍方段全部被坍体填死。在15m长的坍方段中，土体变成了松散体，土的竖向压力为$P=\gamma\cdot h=230kN/m^2$。

在军都山隧道进口端有600m长的浅埋黄土地段，土层属黄土砂黏土（Q_2^{al+pl}）呈坚硬～可塑性。在600m的黄土地段中，其中有150m，其拱部有1～2m处于砂层中，砂层为松散细砂，厚度不等，砂层中实、潮湿、自稳性差，工程地质纵剖面详见图10-71。

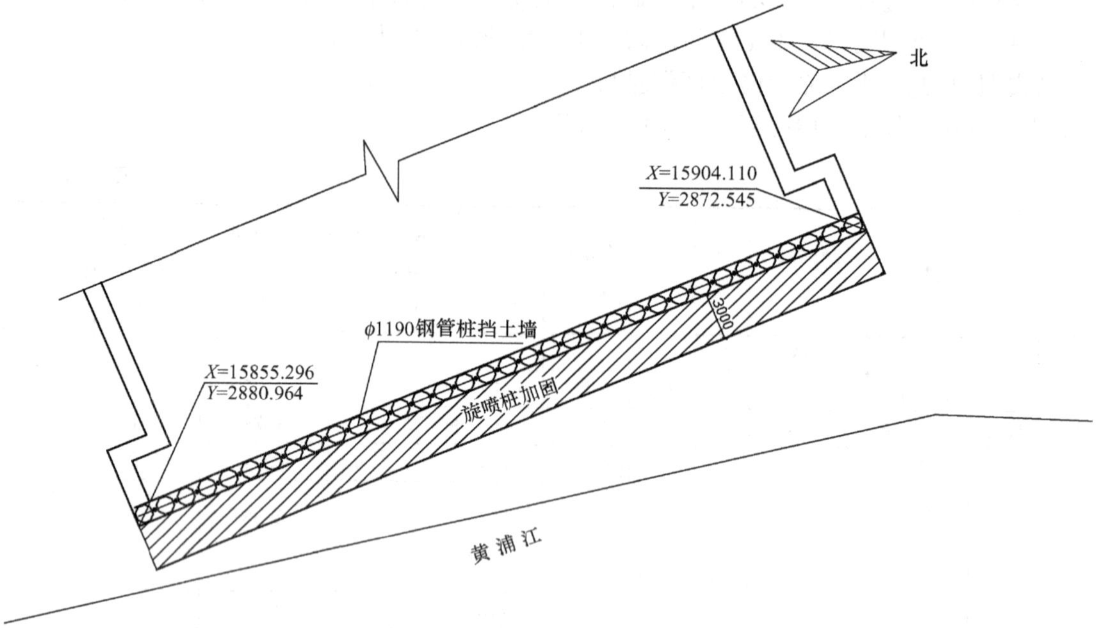

设计方案

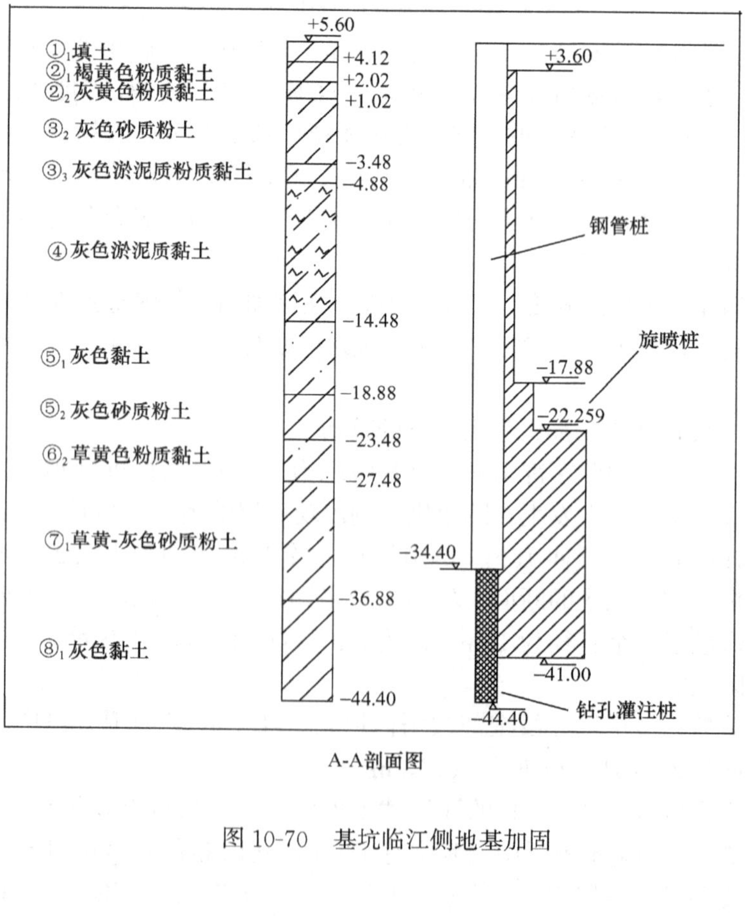

A-A剖面图

图 10-70　基坑临江侧地基加固

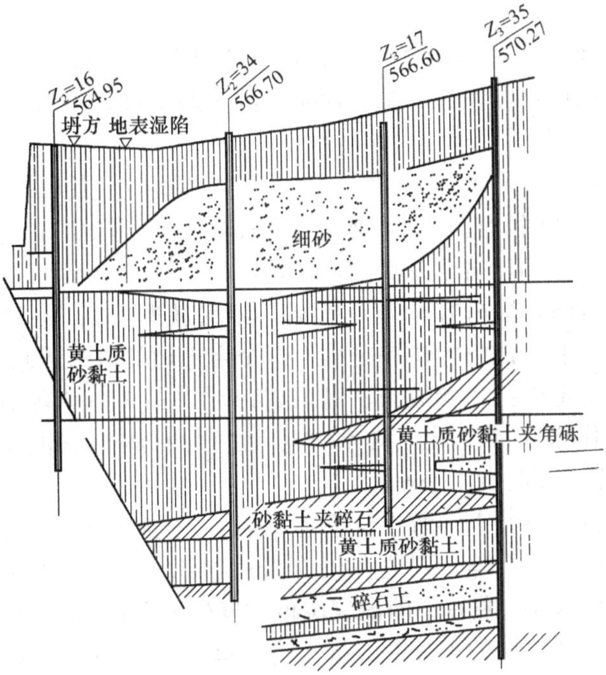

图 10-71 工程地质纵剖面图

1. 加固地层的方法

在隧道的设计开挖轮廓线之外，进行旋喷注浆。在拱部，旋喷桩连成整体，在开挖轮廓线之外就形成了拱，拱的厚度就是旋喷桩的长度 2～2.5m。要求拱体的单轴抗压强度为 5MPa。

在边墙部位，开挖轮廓线之外，两侧各喷一排旋喷桩，纵向连接成墙，横向与拱部旋喷桩连成一体，形成一层附加的“直墙式衬砌”，如图 10-72 所示。

2. 旋喷设计

（1）采用在地面垂直旋喷。旋喷直径 D 设计值为 1.0m。

（2）为使各旋喷桩造成一个整体，桩的布设形式如图 10-73 所示。

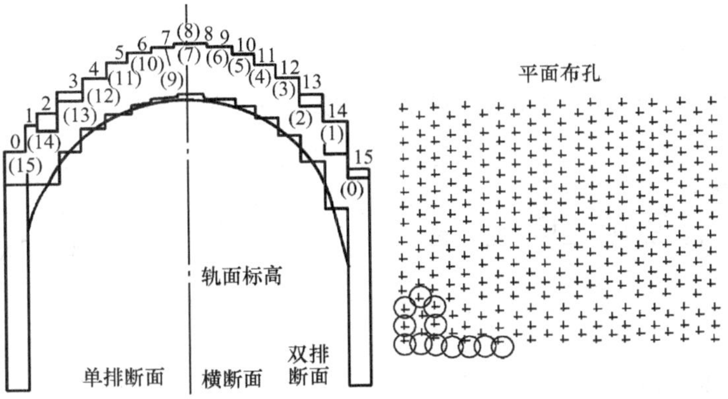

图 10-72 旋喷桩布孔图

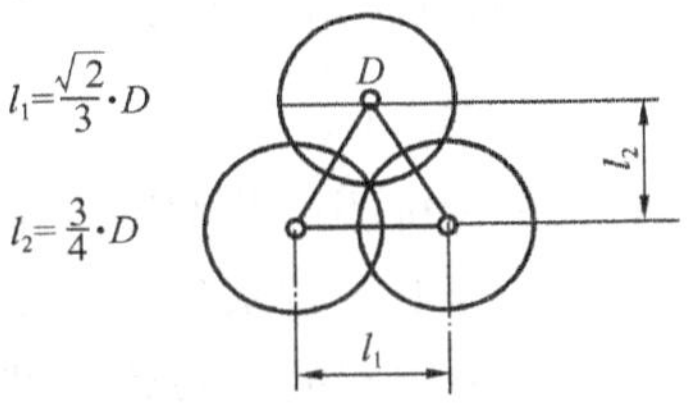

图 10-73 桩的布设形式

(3) 桩长

本设计拱体厚度为2.5m，边墙桩长10.5m，设计强度为5MPa。

在旋喷过程中，陷坑不断下沉，随着注浆量的不断增加，下沉量逐渐减小。施工10d后，地面基本停止下沉。

用旋喷法处理浅埋黄土隧道坍方是第一次，但效果很好。旋喷桩连成一体，在隧道轮廓线之外形成了良好的“附加直墙式衬砌”。使坍体开挖工作顺利进行。

【实例10-5】 辽阳沙河池排水站堤坝基础防渗

辽阳市沙河池排水站，装机容量为440kW，排水量为48m³/s。位于太子河冲积平原中游，站址在右岸河岸上。该站的任务是排除万余亩土地的内涝积水，河堤保证下游十万亩农田防洪安全。堤站主要技术参数为：堤顶高程21.5m（堤身高4～5m）；设计洪水位20.3m；前池最低工作水位14.1m；排水方形涵洞为有压钢筋混凝土结构，过水断面1.5m×2.5m（高×宽），洞长31.3m。

该站建成投入运行，泵站上下游水位差达3.5m，前池右侧挡土墙出现多处喷射状渗水和涌砂，翼墙边坡亦出现沉陷，塌坑直径约3m，深度约0.5。1984年泵站排水时，排水渠道与前池水位差仅为1m左右，前池翼墙再次发生夹砂渗流。通过检查，涵洞内无渗水裂缝，排除了由内向外渗漏的可能性，据运行期间的渗漏情况及对地下轮廓线的检验，该站渗漏的主要原因是方涵的渗漏，促成了方涵与坝体之间产生接触冲刷及流土等渗漏变形，而且已构成了较大的集体渗漏通道，同时还查明了堤内空隙裂缝比较严重。

为了弥补方涵渗径的不足，决定在其四周用高压喷射注浆法，加做一道防渗帷幕。

站址地基为达20余米的粉质细砂夹薄层粉质壤土地层，附近3000多米堤段，均由这种土筑成。

高压喷射注浆防渗帷幕深度计算按下式计算：

$$h=\frac{(\Delta H_x C_1)-L_{原有}}{2} \tag{10-49}$$

式中 h——帷幕深度（m）；

ΔH——上下游水位差（m）；

$L_{原有}$——原有的底板轮廓线长度（m）；

C_1——$k\dfrac{L_{原有}}{\Delta H}$；

k——对于粉细砂地层有反滤层$k=h\dfrac{1}{0.7}$。

经计算，取C_1为4.0，则$h=6.4$m。方涵底面高程为13.45m，则帷幕底部高程为7.05m。

方涵两侧帷幕宽度按下式计算：

$$b=\frac{(\Delta H\times C)-L_{原有}}{2} \tag{10-50}$$

式中 b——每侧帷幕宽度（m）；

ΔH——上下游水位差（m）；

$L_{原有}$——原有的底板轮廓线长度（m）；

C——系数，无反滤层$C=7$。

经计算，b=12.9m，每侧宽取 b=14m。

为同时解决方涵外壁、堤基和堤身的渗漏问题，在平行于堤轴线的方向上，喷射一道厚 7～9cm 的插入地基的防渗帷幕。据计算：帷幕顶部高程略高于设计洪水位，为 20.5m；在方涵轴线两侧 14m 左右的帷幕底部高程略低于方涵底板 6.4m；在 14m 以远部分底部高程为 4.5m，详见排水站剖面图 10-74。

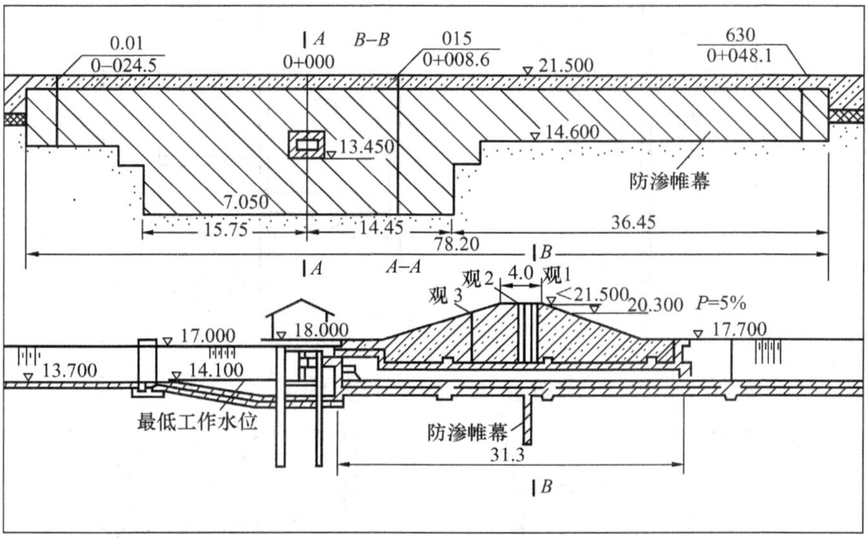

图 10-74 沙河池排水站剖面图

由于方涵断面尺寸较大，钻孔与喷射又只能在方涵两侧进行，因而孔距达 3.4m。为了保证帷幕与方涵四周有良好的结合，在邻近方涵左右两个孔中各作三次重复喷射，其中两次定向喷射，一次旋转喷射，以便在此处形成两道防渗墙，确保方涵与帷幕相连以及两孔喷射板连接的质量，并可使周围的缝隙得之充分填充。

本高压喷射注浆工程全部使用三重管，以定向喷射为主，个别部位采用旋转喷射。

旋转喷射及定向喷射后，帷幕上下游产生了明显的水位差，前池翼墙的渗漏现象消除。即使后来，在连日阴雨及数次台风的影响下，也没有发生任何渗漏现象，帷幕起到了防渗降压作用，见表 10-12。

排水站处理前后渗漏比较表 **表 10-12**

处理前后	上下游水位差（m）	高水头持续时间（d）	坝后渗漏情况
处理前	3.5	1	渗漏严重，呈喷射状涌砂
	1.0	0.6	挟砂渗漏
处理后	4.5	4	无渗漏现象

【实例 10-6】 国外工程应用实录

1. 开罗地铁 2#线

开罗地铁 2#线置于透水性很强的砂层中，旋喷加固由法国公司承包。加固工程量超过达 8 万 m^3，被称为世界上旋喷加固单项工程中工程量最大的。

该项目主要在三方面采用旋喷加固：盾构进出洞、连络通道和隧道施工中保护地面上建筑物。

盾构进出洞处承压水压力为几个巴，起初是在洞进出口外旋喷加固成块体，但洞打开后有局部漏水，在其中一个站（Masarra 站）突然涌入大量土和水，经抢救才制止。后来就在旋喷加固区四周加上一圈黏土墙，其底部还加上一个注浆形成的“塞子”（图10-75）。

连络通道的做法也一样（图 10-76）。

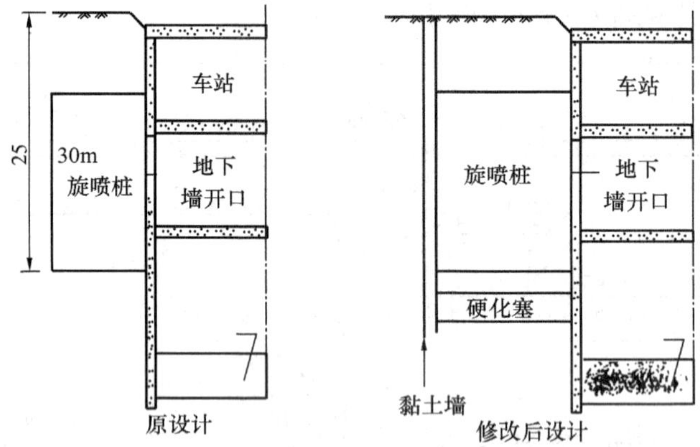

图 10-75 盾构进出洞

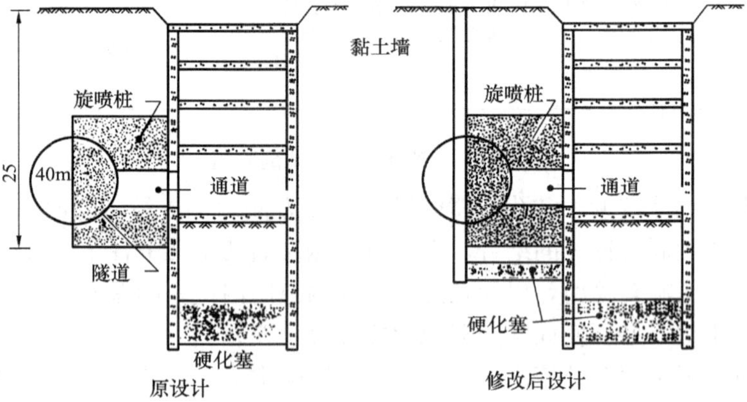

图 10-76 连络通道

另外一个车站（Mazallat）上有二幢多层住宅，不能采用连续墙明挖，因此做了一段旋喷加固和矿山法开挖（图 10-77），结果也获得成功。

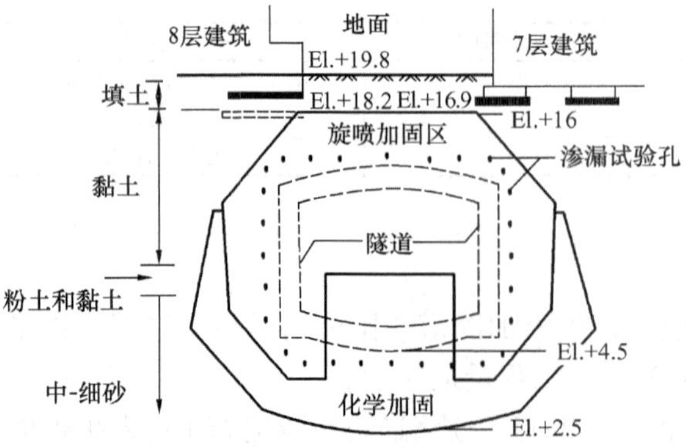

图 10-77 隧道基坑加固

2. 日本基坑抽条加固

日本在基坑工程中的旋喷加固应用很多，图 10-78 所示，深 21.5m 基坑，在砂土层中，采用分层抽条加固方案，桩径 2.0m，桩间距 1.41m，搭接约 60cm。

3. 西班牙 Las Arenas 地铁 1＃线

车站总长 1038m，在砂土地基上。基坑深度约 7m，基坑两侧为 0.6m 厚

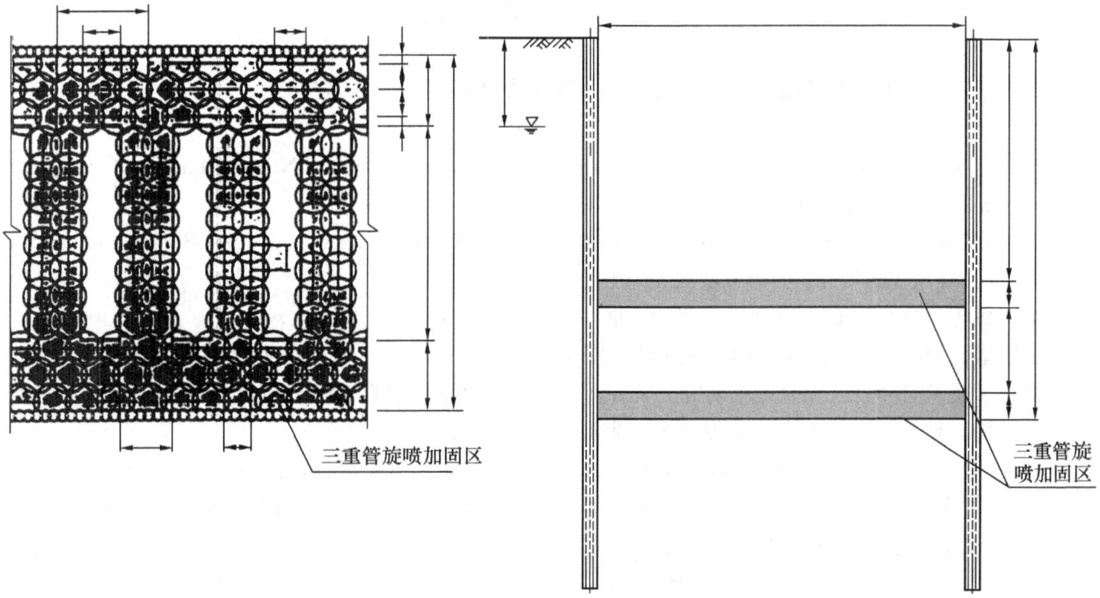

平面图　　剖面图

图 10-78　基坑加固

的地下墙，坑底用旋喷加固（图 10-79），封底加固的厚度为 2—3.5m，成拱形，加固后取芯强度很高，不少在 6MPa 以上，但开挖后多处位置漏水，在 250m 底板上有 27 处漏水，后来，调整并减小了桩距，不再产生漏水，从而以为，在正确确定旋喷桩的直径和长度条件下，在砂质地基上用旋喷桩封底是非常有效力的方法。由于工程中曾发生多处漏水，因而也认为钻孔深度超过 12m，并存在强透水层时，隔水曾出现漏水的风险明显增加。

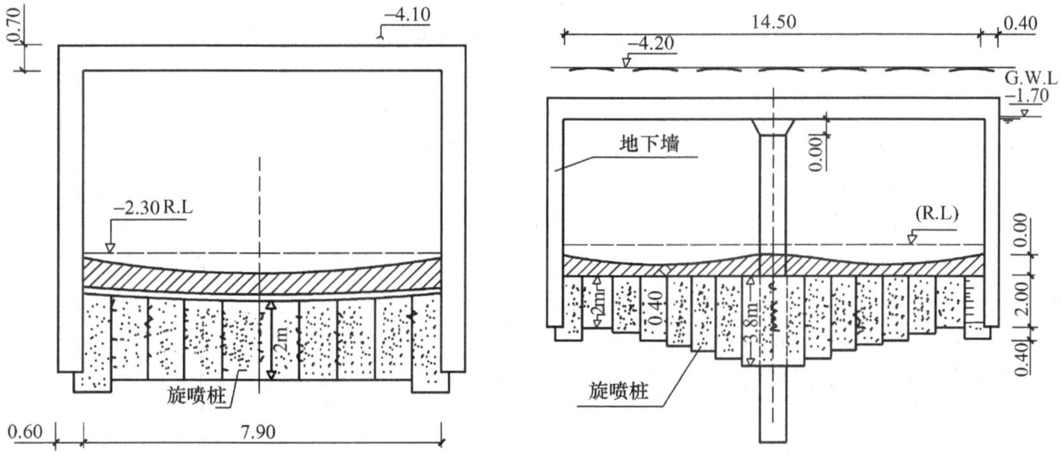

图 10-79　地铁车站基坑加固

参 考 文 献

[1] 王吉望、张毓敏．高压喷射桩加固土地基．建筑结构学报，Vol. 6，1981.
[2] 曾国熙等．地基处理手册．北京：中国建筑工业出版社，1988.
[3] Wang Jiwang、Niu Hong、Li Shuyan. High-Pressure Dry Soilcreting. A New Technology for Soil Improrement，The Xllth ICSMFE Proceeding，1989.
[4] Wang Jiwang. Research and Development of Composite Ground. Sino-Japan Joint Symposium on Improvement of Weak Ground Proceeding，1989.
[5] 朱庆林等．旋喷注浆加固地基技术．北京：中国铁道出版社，1984.
[6] 王吉望、周国均、胡同安．喷射注浆法与深层搅拌桩法．北京：冶金工业出版社，1989.
[7] 刘钟．旋喷桩特性及复合地基研究．北京：冶金工业部建筑研究总院，1985.
[8] 叶书麟．地基处理．北京：中国建筑工业出版社，1988.
[9] 孙更生、郑大同．软土地基及地下工程．北京：中国建筑工业出版社，1988.
[10] 八寻晖夫、吉田宏，西谦治．ウオ-タ-ジエットな利用した地下工法．鹿岛出版会，1984.
[11] 内藤和章．地盘改良工事．山海堂，1981.
[12] 三木五三郎．喷流せによぬ搅拌混合工法の施工と效果-グテテト．エァ-并用工法．第15回土质工学研究发表会，1980.
[13] 松尾新一郎．土质安定工法便览．日刊工业新闻社，1972.
[14] ПетросяЛ. Р. Прменение. Вносоком. Орных Гидроклическим Строительстве Основания Фундаменты Механика Грунтов，1979. 5.
[15] 王吉望等、旋喷桩在地基加固中的应用．冶金建筑．1978. 3.
[16] 杜嘉鸿、张士旭．中国高压喷射注浆技术的应用现状及新进展．国际岩土锚固与灌浆新进展(熊厚金主编)．北京：中国建筑工业出版社，1996.
[17] Moseley. M. P. Ground Improvement. Blackie Academic & Professional，1993.
[18] 龚晓南主编，地基处理手册(第二版)，中国建筑工业出版社，2000.
[19] J. W. Rodrigure Ortiz. "Problems structuraux et hydrauliques dams le raider d'un tunnel a ceil obvert construct par la menthode du jet-grouting". Proceedings of The FOURTEENTH INTERNATIONAL CONFERENCE ON SOIL MECHANICS AND FOUNDATION ENGINEERING. 1997.
[20] EUROPEAN STANDARD. "Execution of Special Geotechnical Works-Jet Groution". 2000.
[21] JACQUES MOREY. "JET GROUTING TECHNOLOGY FACES NEW CHALLENGES ON LINE 2 OF THE CAIRO METRO".
[22] Gary T. Brill："A Ten-Year Perspective of Jet Grouting：Advancements in Applications and Technology" Grouting and Ground Treatment Proceedings of the Third International Conference. 2003.
[23] Mitsuhiro Shibazaki："State of Practice of Jet Grouting". Grouting and Ground Treatment Proceedings of the Third International Conference. 2003.
[24] 中华人民共和国行业标准："建筑地基处理技术规范"(JGJ 79-2002)，2002.

本章审阅人：杜嘉鸿（东北大学）
刘波（中冶集团建筑研究总院）

第 11 章　水泥土搅拌法

周国钧　（原冶金部建筑研究总院）
叶观宝　（同济大学）

11.1　概述

我国地域广大，有各种成因的软土层，其分布范围广、土层厚度大。这类软土的特点是含水量高、孔隙比大、抗剪强度低、压缩性高、渗透性差、沉降稳定时间长。近年来根据工业布局或城市发展规划，经常需要在软土地基上进行建筑施工。由于软土地基不良的建筑性能，因此需要进行人工加固。常用的加固方法有排水、压密、加筋、固化等几类。

在软土地基中搅拌掺入各类固化剂，使软土固化是一种通用的地基加固方法。常用的固化剂有：

1. 水泥类：普通硅酸盐水泥、矿渣水泥、火山灰水泥；

2. 石灰类：生石灰、消石灰；

细心的读者可能发现在本《手册》第一版和第二版中与本章内容相近的章名为“深层搅拌法”，现改为水泥土搅拌法，这主要是和中华人民共国行业标准《建筑地基处理技术规范》JGJ 79—2002 有关章节名称相呼应。

由固化剂（水泥）与软土搅拌形成的固结体在我国称为水泥土搅拌桩。又由于历史上的原因和使用习惯，将用水泥浆与软土搅拌形成的柱状固结体称为深层搅拌桩；将用水泥粉体与软土搅拌形成的柱状固结体称为粉喷桩。在本章中则将这两种桩合称为水泥土搅拌桩（简称搅拌桩）。将这两类地基加固方法（即拌入泥浆的湿法和拌入水泥粉的干法）合称水泥土搅拌法（简称搅拌法）。

11.1.1　定义

水泥土搅拌法是加固饱和软黏土地基的一种成熟方法，它利用水泥、石灰等材料作为固化剂的主剂，通过特制的深层搅拌机械，在地基中就地将软土和固化剂（浆液状或粉体状）强制搅拌，利用固化剂和软土之间所产生的一系列物理-化学反应，使软土硬结成具有整体性、水稳定性和一定强度的优质地基。

所谓“深层”搅拌法是相对于“浅层”搅拌法而言的。20 世纪 20 年代，美国及西欧国家在软土地区修筑公路和堤坝时，经常采用一种“水泥稳定土（或石灰稳定土）”来作为路基或堤基。这种水泥土（或石灰土）是按地基加固需要的范围，从地表挖取 0.6～1.0m 厚的软土，在附近用机械或人工拌入水泥或石灰，然后填回原处压实，此即软土的浅层搅拌加固法。这种加固软土的方法的深度大多介于 1～2m，一般不超过 3m。

本章所介绍的水泥土搅拌法则是利用特制的机械在地基深处就地加固软土，而无需将土挖出。其加固深度通常超过 5m，根据目前的施工实绩看来，海上最大的加固深度已达 60m，陆上最大加固深度也达到 30m。

11.1.2 发展历史

采用石灰、水泥等固化剂加固软弱地基的历史是十分久长的。古埃及曾用石灰、烧石膏和砂子来加固大金字塔的地基和尼罗河河堤。古印度也早已用石灰和黏土来建造挡水坝体。而在古罗马帝国那坡里城的居民曾用当地大量堆积的火山灰掺入不同比例的生石灰制成一种称为罗马水泥的固化剂，是近年来大量使用的火山灰水泥的雏型。这种制造水泥的技术到18世纪为欧洲各国广泛采用。

我国在春秋战国以前就用石灰、黏土和砂子拌和成三合土修筑驿道。北京顺义发掘到的汉墓中的石灰纯度和煅烧程度与近代石灰相同。秦代修筑的万里长城和千里堤防都是采用经石灰加固的土料建造。

到近代，1824年英国人阿斯皮琴首先制造出硅酸盐水泥并取得专利。日本在1875年制造出火山灰水泥，1915年在长崎县松岛煤矿竖井开挖工程中采用了水泥灌浆进行止水。1917年美国开始用水泥拌合黏土作为道路的基层，1920年又将石灰拌入黏土作为路基，而建于1945年的得克萨斯高速公路基层的石灰土加固效果至今仍为人们所承认。

到了20世纪60年代日本和瑞典分别开发研究成功一种用于加固深层软土的方法—深层搅拌法。可以用于处理地下深部的河流冲积软土、湖沼及海底极软的沉积上、疏浚航道堆于两岸的超软吹填土、甚至新近沉积的淤泥等，它一般采用水泥或石灰作为固化剂。

一、石灰系深层搅拌法技术发展概况

1967年瑞典 Kjeld Paus 提出使用石灰搅拌桩加固15m深度范围内的软土地基的设想，并于1971年在现场制成一根用生石灰和软土拌制成的搅拌桩。次年在瑞典岩土工程研究所的试验场地进行了石灰搅拌桩的载荷试验。1974年在瑞典首都斯德哥尔摩以南约十公里处的呼定用石灰粉体搅拌桩作为路堤和深基坑边坡稳定措施。瑞典 Linden-Alimak 公司还制造出专用的粉体搅拌施工机械，桩径可达50cm，最大加固深度15m。目前瑞典所打设的石灰搅拌桩已达1200万延米。

在同一时期，日本于1967年由运输部港湾技术研究所开始研制石灰搅拌施工机械，1974年开始在软土地基加固工程中应用。并研制成两类石灰搅拌机械，形成两种施工方法。一类为使用颗粒状生石灰的深层石灰搅拌法（DLM法）；另一类为使用生石灰粉末的粉体喷射搅拌法（DJM法）。新西兰、加纳等国也使用本项技术加固当地的黄土和红土。

由于粉体喷射搅拌法采用石灰粉作为固化剂，拌入软土后能吸收周围的水分，因此加固体的初期强度高，对于含水量高的软土加效果良好。近十多年来，石灰粉体喷射搅拌法加固软上地基技术在瑞典、芬兰、挪威、法国、英国、德国、美国、加拿大等国家得到广泛应用。

国内由铁道部第四勘测设计院于1983年初开始石灰粉搅拌法加固软土的试验研究，并于1984年7月在广东云浮硫铁矿铁路专用线上单孔4.5m盖板箱涵软土地基加固工程中首次使用，打设8m长的石灰搅拌桩321根。1985年4月通过铁道部技术鉴定，建议逐步推广使用。后来相继在武昌和连云港用于下水道沟槽挡土墙和铁路涵洞软基加固，效果良好。但由于国内粉状石灰产量不多，加之运输、保管也较困难，因此近年来基本上均改用水泥粉作为固化剂进行搅拌加固施工，石灰粉体喷搅法已很少使用。

二、水泥系深层搅拌法发展概况

1. 喷浆型搅拌法：指以水泥浆状态拌入软土中的水泥土搅拌法。美国在第二次世界大战后曾研制开发成功一种就地搅拌桩——MIP 工法，即从不断回转的、中空轴的端部向周围已被搅松的土中喷出水泥浆，经翼片的搅拌而形成水泥土桩，桩径 0.3～0.4m，长度 10～12m。1953 年日本清水建设株式会社从美国引入这种施工方法。1967 年日本港湾技术研究所参照 MIP 工法的特点，开始研制石灰搅拌施工机械。1974 年由于大型软土地基加固工程的需要，由日本港湾技术研究所、川崎钢铁厂和不动建设株式会社等厂家对石灰搅拌机械进行改造，合作开发研制成功水泥搅拌固化法（CMC 法），用于加固钢铁厂矿石堆场软土地基，加固深度达 32m。接着日本各大施工企业接连开发研制加固原理、固化剂相近，但施工机械规格、施工效率各异的深层搅拌机械，形成了多种工法。例如竹中工务店（株）的 CDM 法，清水建设（株）的 DeMIC 法，东亚建设工业（株）的 DCCM 法等。这些深层搅拌机械一般具有偶数个搅拌轴（二根、四根或八根），单个搅拌翼片的直径最大可达 1.25m，一次加固的最大面积达到 9.5m^2，常在港工结构中的防波堤、码头岸壁及高速公路高填方下的深厚层软土地基加固工程中应用。

原苏联在 1970 年也研究成功一种淤泥水泥土桩（类似美国 MIP 法），用于港湾建设工程中。淤泥土的含水量虽高达 100%～120%，但掺入 15%的水泥以后，半年龄期强度可达 3MPa。成本分析表明采用这种淤泥水泥土桩比钢筋混凝土桩的造价要低 40%。

国内由原冶金部建筑研究总院地基所和交通部水运规划设计院于 1977 年 10 月开始进行深层搅拌法的室内试验和施工机械的研制工作。1978 年末制造出国内第一台 SJB-1 型双搅拌轴、中心管输浆、陆上型的深层搅拌机及其配套机械。1979 年在塘沽新港开始进行机械考核和搅拌工艺试验。1980 年在上海宝山钢铁总厂由第五冶金建设公司在三座卷管设备基础软土地基加固工程中正式采用深层搅拌法并获得成功。同年 11 月由冶金部基建局主持，通过"饱和软黏土深层搅拌加固技术"鉴定，认为今后可逐步推广使用。1982 年又在上海宝钢纬三路 P-5 号污水处理站基坑开挖中，国内第一次采用壁状深层搅拌水泥土桩作为护坡措施获得成功。1984 年国内已能批量生产 SJB 型成套深层搅拌机械，并组建专门的施工公司。

1980 年初天津市机械施工公司与交通部一航局科研所等单位合作，利用日本进口螺旋钻孔机械进行改装，制成单搅拌轴、翼片喷浆型深层搅拌机，1981 年在天津造纸厂蒸煮锅改造扩建工程中首次应用也获得成功。1983 年浙江大学土木系联合当地施工单位，也制造出 DSJ 型单轴喷浆陆上型水泥系深层搅拌机。1987 年交通部第一航务工程局在天津新港东突堤南侧码头接岸结构的软基处理工程中引入日本竹中工务店的 CDM 工法。1992 年 12 月国内第一艘深层搅拌船组在烟台港西港池二期工程中进行工程试点获得成功，从而结束了我国没有海上深层搅拌船的历史。另外，从 1991 年开始各地的机械制造厂又因地制宜制造出了双搅拌轴，翼片喷浆型和可变轴距的双轴搅拌机。1997 年由上海申元岩土工程有限公司和上海航天局 809 研究所联合研制出的"施工监控自动化—SJC 型水泥搅拌桩注浆量监测记录仪"得到了广泛的采用。它不仅是施工时测定水泥浆量的一种装置，而且可以控制并记录水泥浆量在桩身范围内分布的均匀程度，使施工质量得到可靠保证。

三十余年来，已在北京、天津、上海、江苏、浙江、福建、广东、广西、云南、湖南、湖北、河南、河北、安徽、山西、陕西、山东、辽宁等地的工业厂房、民用住宅、市政挡土设施、基坑支护等工程中打设搅拌桩逾一千万根，约1亿延米，均取得良好的技术经济效果。与以往钢筋混凝土桩基相比，节省了大量的钢材，降低了成本，缩短了工期。

2. 喷粉型搅拌法：通过专用的粉体搅拌机械，用压缩空气将水泥粉均匀地喷入所需加固的软土地基中，凭借钻头翼片的旋转搅拌使水泥粉和软土充分混合，形成水泥土搅拌桩。我国铁道部第四勘测设计院于1985年开发成功石灰粉体喷射搅拌法后，在1988年与上海探矿机械厂联合研制成功GPP-5型粉体喷射搅拌机，并通过铁道部和地矿部联合鉴定后投入批量生产。以后铁道部武汉工程机械研究所和上海华杰科技开发公司也先后制造出既能喷粉、又能喷浆，全液压步履式的PH-5和GPY-16型单轴粉喷桩机，使国内喷粉桩的施工长度达到20m。1999年由铁四院和武汉空军雷达学院研制成功GS-1型气固两相粉体流量计，从而使粉体搅拌技术的计量更趋完善。

1997年，杭州森宇电控机械有限公司生产出“FZ-1喷粉记录器”，它采用工业电脑，能自动显示出不同深度处喷入的水泥粉数量，对评价桩的质量提供了可靠的依据。

2000年4月作为浙江省地方计量检定规程的《粉喷桩计量装置》正式实施，为提高粉喷桩施工质量提供了一项技术保障。

杭州市温州路27号住宅楼改建工程和上海探矿机械厂铸钢车间厂房地基加固工程是国内采用水泥喷粉技术进行软基搅拌加固最早的两个实例。20世纪90年代以来这项新技术在铁路、公路、市政工程、工业与民用建筑的地基处理工程中取得了广泛的应用。

11.1.3 适用范围

一、适用土质

水泥土搅拌法最适宜于加固各种成因的饱和软黏土。国外使用深层搅拌法加固的土质有新吹填的超软土、沼泽地带的泥炭土、沉积的粉土和淤泥质土等。目前国内常用于加固淤泥、淤泥质土、粉土和含水量较高且地基承载能力标准值不大的黏性土等。《建筑地基处理技术规范》规定搅拌法适用于处理：正常固结的淤泥与淤泥质土、粉土、素填土、黏性土、饱和黄土以及无流动地下水的饱和松散砂土等地基。随着施工机械的改进，搅拌能力的提高，适用土质范围在扩大。

新增添的饱和黄土系指饱和度大于80%和湿陷性退化的黄土。它有两种类型：第Ⅰ类饱和黄土形成时间较久，经过较长时间和较大上覆土的压密作用，多属超固结土，工程性质较好，一般可不处理；第Ⅱ类则原为湿陷性较强的黄土，近期浸水饱和，因含水量增大而转化为高压缩性和低承载力的饱和黄土，其工程性质差，通常需要人工处理后才能用作建筑地基。表11-1列出第Ⅱ类饱和黄土的主要工程性质指标，同时还包括某些含水量偏高但饱和度尚未达到80%的黄土，它们均具有高压缩性和低承载力的性质。

第Ⅱ类饱和黄土的主要工程性质指标　　表11-1

项目	w (%)	ρ_d (kN/cm³)	e	S_r (%)	I_L	c (kPa)	φ (°)	a (MPa⁻¹)	f_k (kPa)
一般值	23.0～36.5	12.6～13.2	1.050～1.151	82～86	0.93～1.25	8～28	11.5～22.5	0.58～1.45	75～120
平均值	33.1	13.1	1.074	84	1.10	15	18.8	0.71	90

从表 11-1 可知，第Ⅱ类饱和黄土的压缩性和强度指标与软土接近，但其含水量很少超过 35%，孔隙比多在 1.0 左右，其颗粒组成仍以粉粒为主，塑性指数 $l_{\mathrm{p}}=8\sim13$，显然它又具有黄土的一些固有特征。这类地基在我国西部的大中城市分布广泛，处理也比较困难。常用的处理方法有振冲法、素混凝土挤密桩法和旋喷桩法等。与上述方法相比，水泥土搅拌法具有无振动、无污染、低噪声、技术效果好及费用低等方面的优势，因此已受到普遍的关注。

由于饱和黄土中的含水量不高，因此如果采用粉喷桩时，应特别注意黄土的天然含水量不宜低于 25%，否则土中的自由水较少，固化不完善，水泥土的强度很低，将影响水泥土搅拌桩的承载能力。

当岩土工程勘察报告提供的土样塑性指数 $I_{\mathrm{p}}>25$ 时，应特别注意采用搅拌法加固这种土的可行性。因为塑性指数大于 25 后，土的黏性很强，极易在水泥土搅拌机的搅拌头上形成一个大泥团，将严重影响水泥和土粒的均匀搅拌，也就无法提高这种土的强度。

当地下水或土样的 pH 值小于 4 时，土样呈酸性，将严重影响水泥水化反应的进行，水泥水化的不完善将阻碍水泥与土颗粒发生一系列的物理—化学反应，当然也就无法用水泥加固土。要加固这种土可在固化剂中掺加水泥用量 5%的石灰，就可使水泥周围的环境变成碱性，将大大利于水泥水化反应的进行。

根据室内试验，一般认为用水泥作固化剂，对含有高岭石、多水高岭石、蒙脱石等黏土矿物的软土加固效果较好；而对含有伊利石、氯化物和水铝石英矿物的黏性土以及有机质含量高、pH 值较低的黏性土加固效果较差。

而用搅拌法加固水下松散砂土应特别注意是否存在地下水径流和承压地下水，否则水泥拌入松砂中，水泥颗粒尚未初凝会被流水冲走将会造成严重事故。尤其是近年来在江河堤防工程中经常使用水泥土（砂）薄墙作为截渗技术，由于水流冲走水泥颗粒，将使墙身渗透破坏比降性能大大降低。

二、加固深度

深层搅拌法的加固深度取决于施工机械的功率。日本在海上搅拌加固软土的深度已达到 60m；国内目前在陆上的施工实例已达 27m（施工机械能力为 30m），而在海上的深层搅拌船的有效加固深度为 21.8m（含水深和软土层厚度）。

三、适用工程

目前搅拌法常用于下列加固工程中：

1. 组成水泥土（或石灰土）桩复合地基，提高地基承载力、增大变形模量、减少沉降量。将固化剂（水泥或石灰）与软上充分搅拌后形成水泥土（石灰土），其抗压强度比天然软土提高几十倍至数百倍，变形模量也增大数十到数百倍。因此由水泥土（石灰土）桩和周围天然土层组成的复合地基能较大的提高承载力、减少沉降量，所以可应用于：

（1）建（构）筑物的地基加固：如 6～12 层多层住宅，办公楼，单层或多层工业厂房，水池贮罐基础等；

（2）高速公路、铁道和机场场道以及高填方堤基等；

（3）大面积堆场地基，包括室内和露天；

2. 形成水泥土（石灰土）支挡结构物：软土层中的基坑开挖、管沟开挖或河道开挖的边帮支护和防止底部管涌、隆起。当采用多排水泥土桩形成挡墙时，常采用格栅状的布桩形式；

3. 形成防渗止水帷幕：由于水泥土结构致密，其渗透系数可小于 $1\times10^{-9}\sim1\times10^{-11}$ cm/s，因此可用于软土地基基坑开挖和其他水利工程的防渗帷幕；

4. 其他的应用：进行大面积加固后可防止码头岸壁的滑动；减少软土中的地下构筑物的沉降和振动下沉，防止地基液化；对桩侧或板桩背后软土的加固以增加侧向承载能力；对于较深的基坑开挖还可将钢筋混凝土桩和水泥土桩构成复合壁体共同承受水、土压力；用于地下盾构施工地段的软土加固以保证盾构的稳定掘进等。

11.1.4　对工程地质勘察的要求

对拟采用水泥土搅拌法的工程，除了常规的工程地质勘察要求外，尚应注意查明：

（1）填土层的厚度和组成，特别是大块物质（石块和树根等）的尺寸和含量。大块石对水泥土搅拌法施工速度有很大的影响，所以必须清除大块石等障碍物后再予施工。

（2）土的含水量：当水泥土配比相同时，其强度随土样的天然含水量的降低而增大。试验表明，当土的含水量在50%～85%之间变化时，含水量每降低10%，水泥土强度可提高30%。

（3）有机质含量：有机质含量较高会阻碍水泥水化反应，影响水泥土的强度增长。故对有机质含量较高的明、暗浜填土及吹填土应予慎重考虑。应从提高置换率和增加水泥掺入量的角度来保证浜域内的水泥土达到一定的桩身强度。对生活垃圾填土不应采用水泥土搅拌法加固。

（4）水质分析：对地下水的酸碱度（pH值）以及硫酸盐含量等进行分析，以判断对水泥侵蚀性的影响。

（5）塑性指数：当土的塑性指数 $I_P>25$ 时，固化剂和土不易搅拌均匀。

11.2　加固原理

11.2.1　水泥加固土的原理

深层搅拌加固的基本原理是基于水泥加固土（以下简称水泥土）的物理化学反应过程。它与混凝土的硬化机理不同。混凝土的硬化主要是水泥在粗填充料（即比表面积不大、活性很弱的介质）中进行水解和水化作用，所以凝结速度较快。而在水泥加固土中，由于水泥的掺量很小（仅占被加固土重的7%～20%），水泥水解和水化反应完全是在有一定活性的介质—土的围绕下进行，土质条件对于加固土质量的影响主要有二个方面，一是土体的物理力学性质对水泥土搅拌均匀性的影响；二是土体的物理化学性质对水泥土强度增加的影响。水泥土硬化速度缓慢且作用复杂，其强度增长的过程比混凝土缓慢。

一、水泥的水解和水化反应

普通硅酸盐水泥主要是由氧化钙、二氧化硅、三氧化二铝、三氧化二铁及三氧化硫等组成，由这些不同的氧化物分别组成了不同的水泥矿物：硅酸三钙、硅酸二钙、铝酸三钙、铁铝酸四钙、硫酸钙等。将水泥拌入软土后，水泥颗粒表面的矿物很快与软土中的水发生水解和水化反应，生成氢氧化钙、水化硅酸钙、水化铝酸钙及水化铁酸钙等化合物。各自的反应过程如下：

（1）硅酸三钙（$3CaO\cdot SiO_2$）：在水泥中含量最高（约占全重的50%左右），是决定强度的主要因素。

$$2(3CaO\cdot SiO_2)+6H_2O\longrightarrow 3CaO\cdot 2SiO_2\cdot 3H_2O+3Ca(OH)_2$$

（2）硅酸二钙（$2CaO\cdot SiO_2$）：在水泥中的含量较高（占 25%左右），它主要产生后期强度。

$$2(2CaO\cdot SiO_2)+4H_2O\longrightarrow 3CaO\cdot 2SiO_2\cdot 3H_2O+Ca(OH)_2$$

（3）铝酸三钙（$3CaO\cdot Al_2O_3$）：占水泥重量的 10%，水化速度最快，促进早凝。

$$3CaO\cdot Al_2O_3+6H_2O\longrightarrow 3CaO\cdot Al_2O_3\cdot 6H_2O$$

（4）铁铝酸四钙（$4CaO\cdot Al_2O_3\cdot Fe_2O_3$）：占水泥重量的 10%左右，能促进早期强度。

$$4CaO\cdot Al_2O_3\cdot Fe_2O_3+2Ca(OH)_2+10H_2O\longrightarrow 3CaO\cdot Al_2O_3\cdot 6H_2O+3CaO\cdot Fe_2O_3\cdot 6H_2O$$

在上述一系列的反应过程中所生成的氢氧化钙、水化硅酸钙能速导溶于水中，使水泥颗粒表面重新暴露出来，再与水发生反应，这样周围的水溶液就逐渐达到饱和，当溶液达到饱和后，水分子虽然继续深入颗粒内部，但新生成物已不能再溶解，只能以细分散状态的胶体析出，悬浮于溶液中，形成胶体。

水泥中四种主要矿物的水化速度如图 11-1 所示，水化强度如图 11-2 所示。

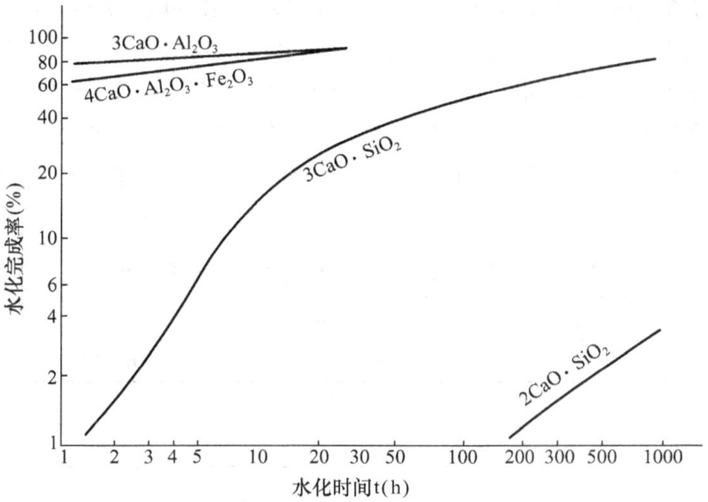

图 11-1 水化速度

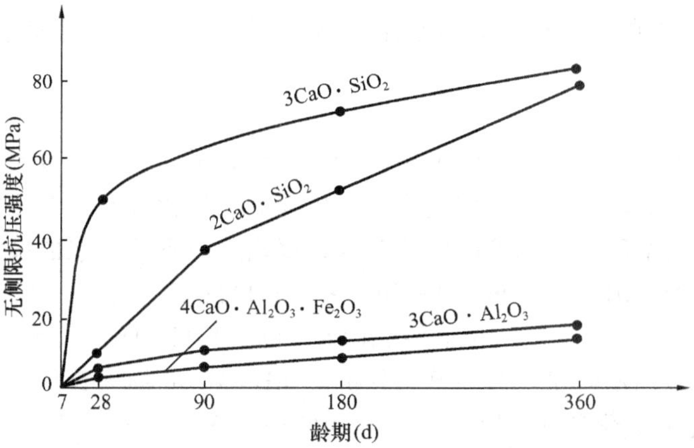

图 11-2 水化强度

(5) 硫酸钙 ($CaSO_4$)：虽然在水泥中的含量仅占3%，但它和铝酸三钙一起与水发生反应，生成一种被称为“水泥杆菌”的化合物：

$$3CaSO_4 + 3CaO \cdot Al_2O_3 + 32H_2O \rightarrow 3CaO \cdot Al_2O_3 \cdot 3CaSO_4 \cdot 32H_2O$$

根据电子显微镜的观察，水泥杆菌最初以针状结晶的形式在比较短的时间里析出，其生成量随着水泥掺入量的多寡和龄期的长短而异，由X射线衍射分析可知，这种反应迅速，反应结果把大量的自由水以结晶水的形式固定下来，这对于高含水量的软黏上的强度增长有特殊意义，使土中自由水的减少量约为水泥杆菌生成重量的46%。当然，硫酸钙的掺量不能过多，否则这种由32个水分子固化形成的水泥杆菌针状结晶会使水泥土发生膨胀而遭致破坏。所以如果使用得合适，在深层搅拌法这样一种特定的条件下可利用这种膨胀势来增加地基加固效果。

二、黏土颗粒与水泥水化物的作用

当水泥的各种水化物生成后，有的自身继续硬化，形成水泥石骨架；有的则与其周围具有一定活性的黏土颗粒发生反应。

1. 离子交换和团粒化作用

软土作为一个多相散布系，当它和水结合时就表现出一般的胶体特征，例如土中含量最多的二氧化硅遇水后，形成硅酸胶体微粒，其表面带有钠离子 Na^+ 或钾离子 K^+，它们能和水泥水化生成的钙离子 Ca^{++} 进行当量吸附交换，使较小的土颗粒形成较大的土团粒，从而使土体强度提高。例如某些膨润土的表面附有钠离子，将它浸泡在氢氧化钙溶液中时，钙离子便置换钠离子。浸泡前后土样的颗粒分析结果如表11-2所示，可以看到较大粒组的含量明显增加。

膨润土浸泡于氢氧化钙溶液前后颗粒分析结果 **表11-2**

土的状态	颗粒组（mm）含量以%计			
	>0.01	0.01～0.005	0.005～0.001	<0.001
天然膨润土样	2.6	11.7	38.1	47.6
浸泡于氢氧化钙溶液后	44.9	7.9	23.4	23.8

水泥水化生成的凝胶粒子的比表面积比原水泥颗粒大1000倍，因而产生很大的表面能，有强烈的吸附活性，能使较大的土团粒进一步结合起来，形成水泥土的团粒结构，并封闭各土团之间的空隙，形成坚固的联结。从宏观上来看也就是使水泥土的强度大大提高。

2. 凝硬反应

随着水泥水化反应的深入，溶液中析出大量的钙离子，当其数量超过上述离子交换的需要量后，则在碱性的环境中，能使组成黏土矿物的二氧化硅及三氧化二铝的一部分或大部分与钙离子进行化学反应。随着反应的深入，逐渐生成不溶于水的稳定的结晶化合物：

$$SiO_2 + Ca(OH)_2 + nH_2O \longrightarrow CaO \cdot SiO_2 \cdot (n+1)H_2O$$

$$(Al_2O_3) \qquad\qquad (CaO \cdot Al_2O_3 \cdot (n+1)H_2O)$$

根据电子显微镜、X射线衍射和差热分析得知这些结晶物大致是：

(1) 属于铝酸钙水化物的CAH系：如 $4CaO \cdot Al_2O_3 \cdot 13H_2O$、$3CaO \cdot Al_2O_3 \cdot 6H_2O$、$CaO \cdot Al_2O_3 \cdot 10H_2O$ 等

(2) 属于硅酸钙水化物的 CSH 系：如 $4CaO \cdot 5SiO_2 \cdot 5H_2O$

(3) 钙黄长石水化物：$2CaO \cdot Al_2O_3 \cdot SiO_2 \cdot 6H_2O$

这些新生成的化合物在水中和空气中逐渐硬化，增大了水泥土的强度。而且由于其结构比较致密，水分不易侵入，从而使水泥土具有足够的水稳定性。

从扫描电子显微镜的观察可见，天然软土的各种原生矿物颗粒间无任何有机的联系，且具有很多孔隙。拌入水泥 7d 后，土颗粒周围充满了水泥凝胶体，并有少量水泥水化物结晶的萌芽。一个月后，水泥土中生成大量纤维状结晶，并不断延伸充填到颗粒间的孔隙中，形成网状构造。到五个月时，纤维状结晶辐射向外伸展，产生分叉，并相互联结形成空间网状结构，充填于土颗粒周围，水泥的形状和土颗粒的形状已不能分辨出来。

通过 X 射线衍射试验，在比较 5 个月龄期的水泥土和天然软黏土的衍射图谱时，发现在 θ 角为 6.75°处出现一个新的波峰（图 11-3），由 d 值可以查出它是：$3CaO \cdot Al_2O_3 \cdot CaCO_3 \cdot 12H_2O$ 的特征峰。这也可定性说明水泥和土发生反应后生成了新的物质，增加了土的强度。

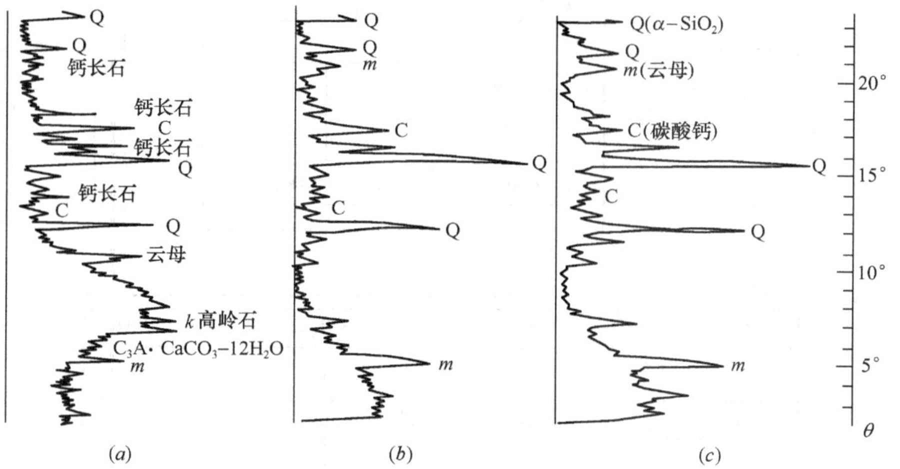

图 11-3 天然软土与水泥土 X 射线衍射试验结果分析

(a) 5 个月龄期水泥土；(b) 1 个月龄期水泥土；(c) 天然软土

m—云母；k—高岭石

三、碳酸化作用

水泥水化物中游离的氢氧化钙能吸收水中和空气中的二氧化碳，发生碳酸化反应，生成不溶于水的碳酸钙

$$Ca(OH)_2 + CO_2 \rightarrow CaCO_3 \downarrow + H_2O$$

这种反应也能使水泥土增加强度，但增长的速度较慢，幅度也较小。

通过上述分析可见：水泥上硬化反应的模式如图 11-4 所示。水泥与软土拌和后，水化生成 $Ca(OH)_2$ 和 CSH 等水化物，$Ca(OH)_2$ 随即被土质吸收，进行离子交换。在此状态下，如果水泥土液相仍处于 $Ca(OH)_2$ 过饱和状态，则 CSH 等水泥水化物将不受周围介质影响正常生成。且 $Ca(OH)_2$ 与土质中活性物质进行硬凝反应生成 CSH 等水化物，替代部分水泥的活性材料也能充分水化，产生 CSH 等水化物。在这种情况下水泥土可得到较高的强度。如若水泥土液相已不再为 $Ca(OH)_2$ 所饱和，则土质将吸收生成 CSH 所需的 Ca^{++}，OH^-，使水泥水化生成的 CSH 量大大减少；且土质中活性物质及加入的活性材料也因得不到足够的 $Ca(OH)_2$ 而不能发生凝硬反应，因而导致水泥土强度低下。

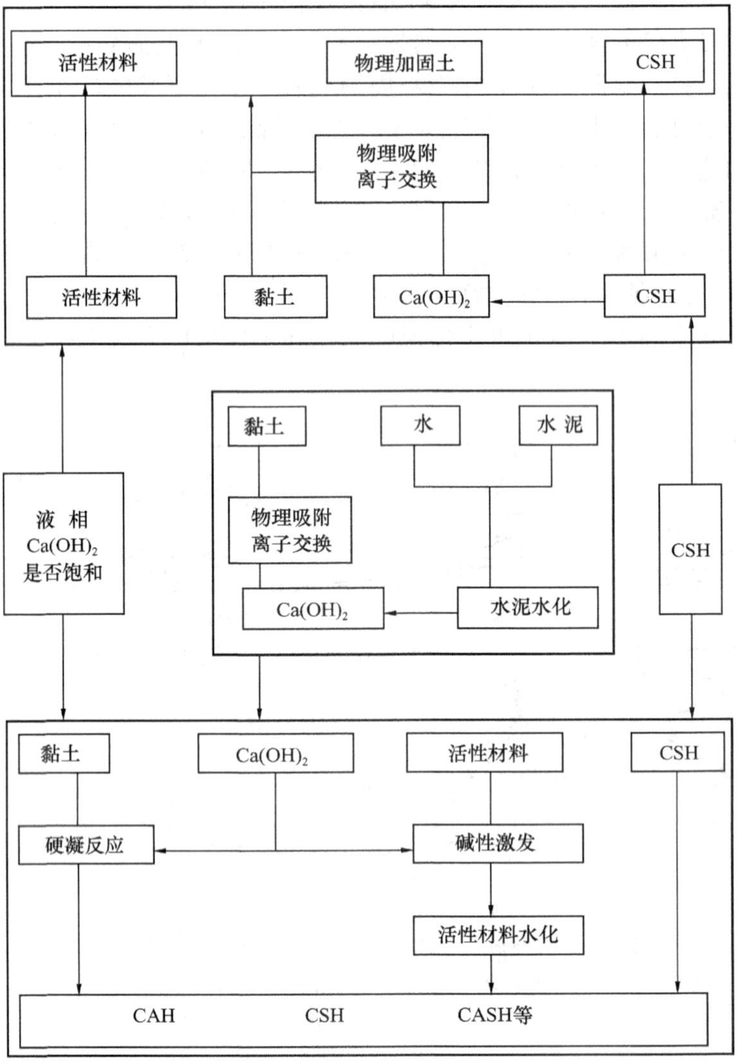

图 11-4　水泥土硬化反应模式示意图

从水泥加固土的机理分析可见，水泥加固土的强度主要来自水泥水化物的胶结作用，在水泥水化物中水化硅酸钙 CSH 对强度的贡献最大。另外对于软土地基深层搅拌加固技术来说，由于机械的切削搅拌作用，实际上不可避免地会留下一些未被粉碎的大小土团。在拌入水泥后将出现水泥浆包裹土团的现象，而土团之间的大孔隙基本上已被水泥颗粒填满。所以加固后的水泥土中形成一些水泥较多的微区，而在大小土团内部则没有水泥。只有经过较长的时间，土团内的土颗粒在水泥水解产物渗透作用下，才逐渐改变其性质。因此在水泥土中不可避免地会产生强度较大的和水稳定性较好的水泥石区和强度较低的土块区，两者在空间相互交替，从而形成一种独特的水泥土结构。因此可如得出如下的结论：

水泥和土之间的强制搅拌越充分，土块被粉碎得越小，水泥分布到土中越均匀，则水泥土的结构强度离散性越小，其宏观的总体强度也最高。

11.2.2 石灰加固土的原理

生石灰的主要成分是 CaO，其次是 MgO，当通过喷粉搅拌机械将生石灰粉拌入软土后，CaO 马上吸水消解生成 $Ca(OH)_2$ 即熟石灰。其反应如表 11-3 所示。

石灰与水的化学反应方程式 表 11-3

化学反应式	CaO	+	H_2O	⟶	$Ca(OH)_2$	+15.6 千卡/摩尔
分子量 质量比	56 1		18 0.32		74 1.32	
相对密度 体积比	3.37 1		1.0 1.08		2.24 1.99	

由表 11-3 可知，1kg 的 CaO 完全消解后的理论吸水量是 0.32kg，而且生成的 $Ca(OH)_2$ 不含水，因此继续可从四周的土中吸取水分而存贮于其孔隙中。同时石灰消解过程中还能产生大量热量，对于 1kg 的 CaO 消解可产生 280 千卡的热量，能促进土中水分的蒸发，又可进一步降低软土中的含水量。再者石灰消解过程中虽然体积将膨胀两倍，也能促进周围土体的固结，但是由于石灰掺量较少所以真正的膨胀力是很小的。另外，为了提高生石灰的加固效果，其中 CaO 的含量不能低于 80%。

生石灰完全消解后生成了 $Ca(OH)_2$，则可与黏土颗粒发生一系统的离子交换、硬凝反应和碳酸化反应。其详细过程可参见 11.2 节水泥加固土的机理，不再赘述。

11.3 试验研究

软土地基水泥土搅拌加固法是基于水泥对软土的加固作用，而目前这项新技术发展的时间还不长，无论从加固机理到设计计算方法或者施工工艺均有不完善的地方，有些还处于半理论半经验的状态，因此应该特别重视水泥土的室内外试验。

11.3.1 室内配合比试验

一、试验目的和方法

（一）试验目的

水泥土的室内试验主要是配合比试验，是为了了解：

1. 用水泥（或石灰）加固不同种类的软土的可能性；
2. 确定加固各种软土最合适的水泥品种；
3. 加固某种软土所用水泥的掺入量、水灰比和最佳的外掺剂；
4. 水泥土强度增长的规律，推求龄期与强度的关系。

通过这些试验可为深层搅拌法的设计计算和施工工艺提供可靠的参数。

（二）试验设备

目前水泥土的室内物理力学性质试验尚未制订出统一的操作规程，因此大都利用现有的土工试验仪器及砂浆混凝土试验仪器，参照土工或建筑材料的试验规程进行试验。

（三）土样制备

制备水泥土的土样通常有两种方法：

1. 风干土样：将现场采取的原状软土经过风干、碾碎、过筛制成；

2. 原状土样：将现挖掘的原状软土立即封装在双层厚型塑料袋内，基本保持天然含水量。

(四) 固化剂

制备水泥土的水泥可用不同的品种（普通硅酸盐水泥、矿渣水泥、火山灰水泥及其他特种水泥）、各种标号的水泥。水泥掺入比可根据要求选用7%～20%。水泥掺入比a_w是指水泥重量与被加固的软土重量之比，即

$$a_w(\%)=\frac{\text{掺加的水泥重量}}{\text{被加固软土的天然重量}}\times 100\%$$

(五) 外掺剂

为改善水泥土的性能和提高其强度，可选用木质素磺酸钙、天然石膏（二水石膏）、三乙醇胺、氯化钠、氯化钙、硫酸钠等外掺剂。结合工业废料处理，可掺入不同比例的粉煤灰，工业废石膏（例如磷石膏、排烟脱硫石膏、钛石膏），钢渣粉等。

(六) 试件的制作和养护

按照拟订的试验计划，根据配方分别秤量土、水泥、外掺剂和水，放在容器内搅拌均匀。然后在选定的试模内装入一半水泥土试料，放在振动台上振动1min。再装入其余的试料后，振动1min。最后将试件表面刮平，盖上塑料布防止水分挥发过快。

试件成型后，根据水泥土强度决定拆模时间，一般为1～2d。拆模后的试件放入标准养护室（箱）进行养护，保持恒定的湿度，达到规定龄期即可进行各种试验。

二、试验结果分析

(一) 水泥土的物理性质

1. 含水量：水泥土的含水量比原状土的含水量减少不超过5%，且随水泥掺入量的增加而逐渐降低，试验结果见表11-4。

水泥土的含水量 **表11-4**

原状土	在下列水泥掺入比（%）时水泥土的含水量（%）				
	5	7	10	12	15
50.0	49.6	48.9	47.7	46.9	46.1

2. 重度：由于拌入软土中的水泥浆的重度与软土的重度相近，所以水泥土的重度与天然软土的重度相近。表11-3为水泥土的重度试验结果。由表11-5可见，尽管水泥掺入比为25%，水泥土的重度也仅比天然软土增加3%。因此采用深层搅拌加固厚层软土地基时，其加固部分对于下部未加固部分不致产生过大的附加荷重，也不会发生较大的附加沉降。

水泥土的重度试验结果 **表11-5**

软土天然重度 γ_0（kN/m³）	水泥掺入比 a_w（%）	水泥土的重度 γ（kN/m³）	$\frac{\gamma-\gamma_0}{\gamma_0}\times 100\%$
17.1	5	17.3	1.1
	15	17.5	2.3
	25	17.6	2.9
17.5	7	17.6	0.6
	15	17.8	1.7
	20	17.8	1.7

3. 比重：由于水泥的比重为3.1，比一般软土的比重（2.65～2.75）大，所以水泥土的比重也比天然土稍大。当水泥掺入比为15%～20%时，水泥土的比重比软土约增加4%。

（二）水泥土的力学性质

1. 抗压强度及其影响因素

水泥土的无侧限抗压强度一般为0.5～4MPa，即比天然软土大几十倍至数百倍。图11-5是由水泥土无侧限压缩试验得到的应力-应变曲线。

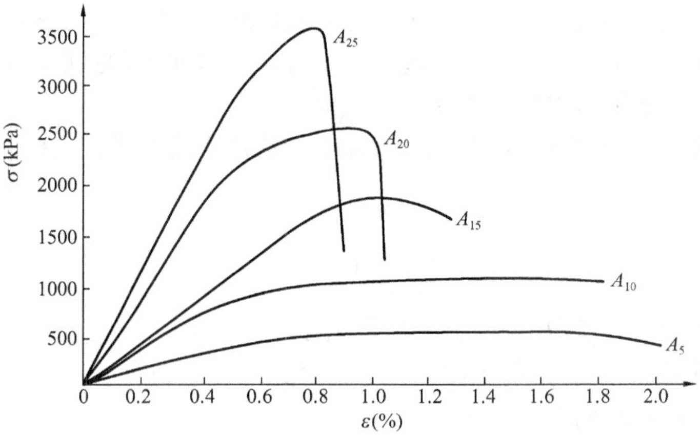

图11-5 水泥土的应力-应变曲线

A_5，A_{10}，A_{15}，A_{20}，A_{25}，表示水泥掺入比 a_w=5%，10%，15%，20%，25%

由图11-5可见，当水泥土强度较低时，其应力-应变曲线表现为塑性材料的性质，随着强度的提高，应力-应变曲线逐渐趋向于脆性材料的性质。

由于水泥土本身的不均质性，所以它不是纯弹性体，而是一种弹塑性体，其应力-应变之间的关系是非线性的。在加荷开始阶段，应力-应变大致呈直线关系；当应力达到某一数值时，应力-应变曲线开始弯曲，较小的应力增量即会产生较大的应变增量。如果把应力-应变曲线上开始弯曲这一点对应的应力定为水泥土的"比例极限"，则试验结果表明水泥土的比例极限是其极限强度的70%～90%。水泥土受压破坏时，轴向应变很小，一般仅为0.8%～1.2%。

影响水泥土抗压强度的因素很多，主要有：

(1) 水泥掺入比 a_w

水泥土的抗压强度随着水泥掺入比的增大而增大（见图11-6）。当 a_w<5%时，由于水泥与土的反应过弱，水泥土固化程度低，强度离散性也较大，故在水泥土搅拌法的实际施工中，水泥掺入比应大于5%。当 a_w>5%时，每增加单位水泥掺入比所引起的强度增量在不同龄期是不同的，在0～90d范围内，龄期越长这种增量越高。经大量试验数据的分类数理统计，水泥土的抗压强度与水泥掺入比呈幂函数关系，其表示式是：

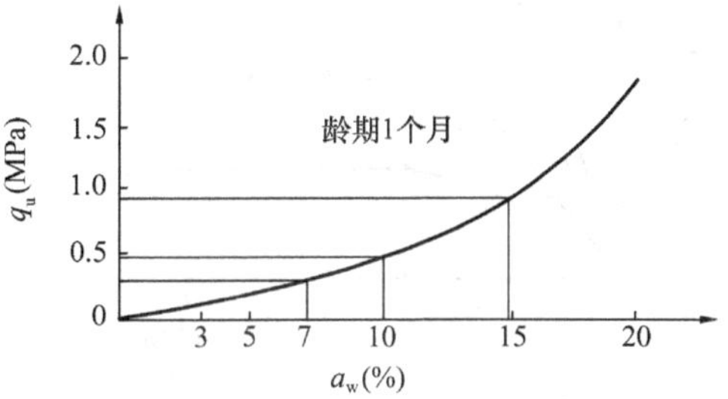

图11-6 水泥土抗压强度与水泥掺入比的关系

$$\frac{q_{u1}}{q_{u2}}=\left(\frac{a_{w1}}{a_{w2}}\right)^{1.6} \tag{11-1}$$

式中 q_{u1}——水泥掺入比为 a_{w1} 的水泥土抗压强度；

q_{u2}——水泥掺入比为 a_{w2} 的水泥土抗压强度；

上式成立条件是 $a_w=10\%\sim20\%$

(2) 龄期 T

水泥土强度随着龄期的增长而增大，一般在龄期超过 28d 后仍有明显的增加（见图 11-7），当水泥掺入比为 7%时，60d 的强度约为 28d 的 1.4 倍，当 $a_w=12\%$时，90d 的抗压强度约为 28d 强度的 1.6 倍，当龄期超过三个月后，水泥土的强度增长才减缓。另外水泥掺入比越大，水泥土抗压强度提高倍率也越大。

经大量试验数据的回归分析可发现：水泥土的抗压强度与龄期之间呈幂函数关系，其表达式为：

$$\frac{q_{u1}}{q_{u2}}=\left(\frac{T_1}{T_2}\right)^{0.4} \tag{11-2}$$

式中 q_{u1}——水泥掺入比为 T_1 的水泥土抗压强度；

q_{u2}——水泥掺入比为 T_2 的水泥土抗压强度；

上式成立的条件是龄期 $T=15\sim90$d；

据电子显微镜观察，水泥和土的一系列物理化学反应约需三个月才能充分完成，因此选用三个月龄期强度 R_{90} 作为水泥土的标准强度较为适宜。

对于龄期超过三个月的水泥土试块强度还会稍有增长。国内的试验表明：在淤泥质砂质黏土中掺加了 35%的水泥，其 3 个月龄期的强度为 14.1MPa，而标准养护 15 年后的强度尚达到 15.7MPa。

(3) 水泥标号对强度的影响

水泥土的抗压强度随水泥强度标号的提高而提高，有试验表明当水泥标号从 PO32.5 提高到 PO42.5，则水泥土的强度可以提高 30%～50%。

(4) 土样含水量对强度的影响

水泥土的抗压强度随着土样的含水量的增加而迅速降低如图 11-8 所示。由图 11-8 可

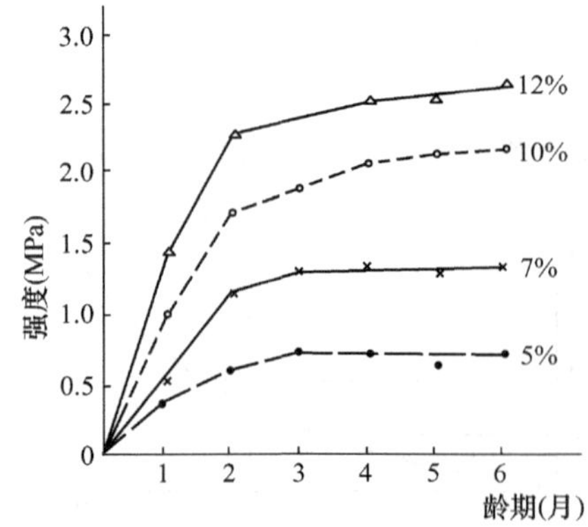

图 11-7 水泥土的抗压强度与龄期的关系

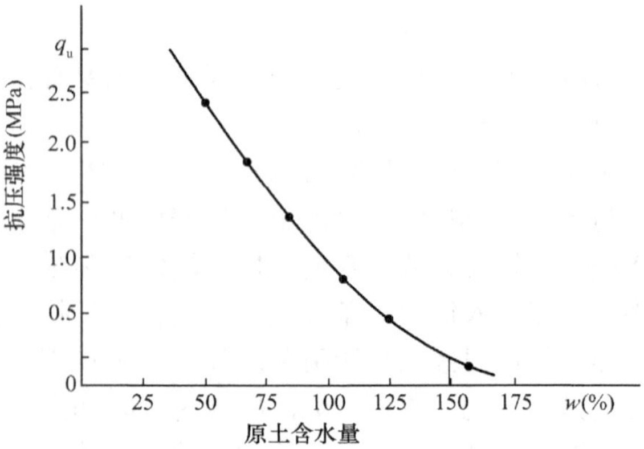

图 11-8 天津某土样含水量与抗压强度的关系

$a_w=10\%$ $T=28$d

见，土样含水量增加50%，水泥土的抗压强度约降低45%。

(5) 土质影响

不同的土样掺入等量水泥后，水泥土强度可相差近一倍，这就意味着土质对水泥的硬化过程是有影响的，试验实例如表11-6所示，由表11-6可见，在水泥土中液相$Ca(OH)_2$是不饱和的，各水泥土试样液相OH^-和CaO的浓度以及$(Ca^{++})(OH^-)^2$的数值呈如下的趋势：试样1<试样2<试样3<试样4；水泥土中水泥水化产物的数量和水泥土强度也呈同样趋势，各土样对OH^-和CaO吸收量则为：土样1>土样2>土样3>土样4。即水泥土液相CaO和OH^-高，则水泥水化产物生成量大，水泥土强度高；反之也然。

等量水泥掺入不同土质的土样后的抗压强度 **表11-6**

土样编号		1	2	3	4
土样名称		淤泥质黏土	淤泥质黏土	淤泥质黏土	淤泥质黏土
状态		流塑	流塑	流塑	流塑
重度 (kN/m³)		1.70	1.76	1.80	1.81
含水量 (%)		55	50	34	36
孔隙比 e		1.48	1.43	1.03	1.01
土样中掺入10%的水泥后，土样的吸收量 (mg/100g)	CaO	322.3	289.4	274.3	265.9
	OH—	520.9	481.7	471.4	458.2
水泥土抗压强度 (kPa)	15d	536	778	1254	1289
	30d	818	1038	1479	1574

(6) 土样中有机质含量的影响

图11-9为两种有机质含量不同的软土所配制的水泥土的强度曲线，这两种土样均为某地海相沉积的淤泥质土，Ⅰ#土有机质含量为1.3%，Ⅱ#土为10.01%。由图可见有机质含量少的水泥土强度比有机质含量高的水泥强度高得多。由于土样中有机质的主要为富里酸和胡敏酸。在富里酸、水和水泥体系中，富里酸首先呈水溶液形式存在，当水泥和富里酸溶液接触后由于二者形成的吸附层会延缓水泥水化的过程。

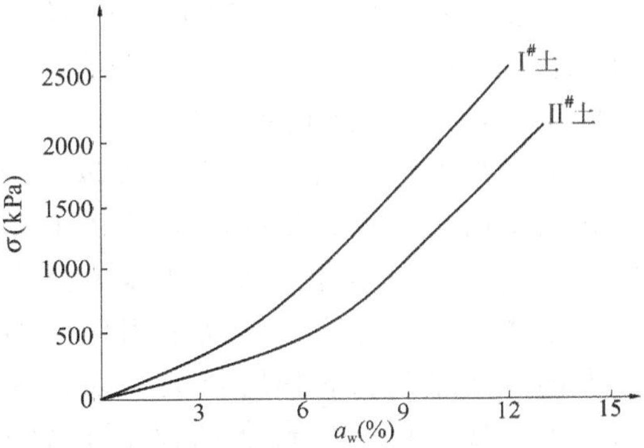

图11-9 有机质含量与水泥土强度关系曲线

其次水泥水化生成的水化铝酸钙、水化硫铝酸钙以及水化铁铝酸钙晶体中又由于富里酸的分解作用，使这些水化产物解体，破坏了水泥土结构形成，呈一种化学风化的特征。因此有机质使土样具有较大的水容量和塑性，较大的膨胀性和低渗透性，并使土样具有酸性，这些因素都阻碍水泥水化反应的进行。所以有机质含量高的软土，单纯用水泥加固的效果较差。对于这类土可再外掺生石膏（$CaSO_4 \cdot 2H_2O$），能增强加固效果。

（7）外掺剂对强度的影响

不同的外掺剂对水泥土强度有着不同的影响。例如木质素磺酸钙对水泥土强度增长影响不大，主要起减水作用。石膏、三乙醇胺对水泥土强度有增强作用，而其增强效果对不同土样和不同水泥掺入比又有所不同，所以选择合适的外掺剂可以提高水泥土强度或节省水泥用量。

利用工业废石膏和水泥复合加固软土则是近年来新开发的、极有应用前景的复合固化剂。所谓工业废石膏是指各工业行业生产主导产品的同时排弃的含有$CaSO_4$成分的废料，例如：磷肥厂、合成洗涤剂厂排弃的磷石膏；生产硼酸、氢氟酸排弃的硼石膏、氟石膏；生产钛白粉排弃的钛石膏、染化厂排弃的黄石膏以及火力发电厂实施排烟脱硫工艺后（以减少"酸雨"）需大量排弃的排烟脱硫石膏等，因为这些废石膏大多未得到合理利用，因此或弃于堆场需占用大量土地，或排放于河流造成环境污染。为了探索直接利用这类工业废石膏的可能性，采用废石膏与水泥按不同比例与软土拌和制成试块，进行了二千余组加固土试块的配方试验和强度试验。试验表明：各种废石膏虽然在加固效果上有所差别，但全都具有增强效应。就目前已取到的废石膏样品看来，废石膏中除有效成分外的杂质没有对加固效果带来明显的负面影响。

试验表明：废石膏增强效果开始是随废石膏掺量的增加而增大，当废石膏超过某掺量后，增强效果则随废石膏掺量增加而减小，废石膏的增强作用与废石膏掺入量关系密切，对于最佳增强效果时的废石膏掺量称为较佳掺量。不同废石膏对于不同软粘土、对于不同水泥掺入比，废石膏的较佳掺量范围有一定差别，一般为水泥用量的20%，也有低于20%和高于30%。当废石膏掺量在较佳范围时，对于一般软黏土加固的增强效果（即掺加废石膏的加固土强度与不掺废石膏的纯水泥加固土强度之比）可达1.3～3.5，相应可节约水泥20%～40%；对于泥炭、泥炭化土等特殊软黏土的增强效果可达3—7倍；相应节约水泥可达50%，另外，对养护期达到6年之久的废石膏—水泥复合加固土试块的测试，其体积和强度都能保持稳定。

对于工业废石膏-水泥复合加固软黏土的机理研究表明：天然软黏土均因其土颗粒间联结微弱，存在大量孔隙而导致土体强度低下。单纯使用水泥加固软黏土，其主要的水化产物为具有较强胶结能力的水化硅酸钙，虽然水化硅酸钙可将松散土体胶结成整体在一定程度上提高了固化土的强度，但是它填充孔隙的效率很低，未能弥补土体中孔隙造成的强度损失。因此限制了水泥土强度的进一步增长。如果此时又加入废石膏，其主要成分$CaSO_4$与水泥含铝相水化物发生反应，能生成大量钙矾石晶体，这些钙矾石晶体体积膨胀填充了加固土部分孔隙，使加固土孔隙量减少，同时其针刺状或柱状晶体在孔隙中相互交叉与水化硅酸钙一起形成空间结构，起到支撑孔隙、减小加固土孔隙平均孔径的作用。因此采用废石膏和水泥复合加固软土，既有胶结土粒的水化硅酸钙，又有高效率填孔的钙矾石，因此是一种理想的固化剂组合。

(8) 粉煤灰对强度的影响

粉煤灰是又一类工业废料，本身具有一定的活性，掺加粉煤灰的水泥土，其强度一般都比不掺粉煤灰的有所增长，如图 11-10 所示。不同水泥掺入比的水泥土，当掺入与水泥等量的粉煤灰后，强度均比不掺粉煤灰的提高 10%，因此采用深层搅拌法加固软土时掺入粉煤灰，不仅可消耗工业废料，还可稍微提高水泥土的强度。

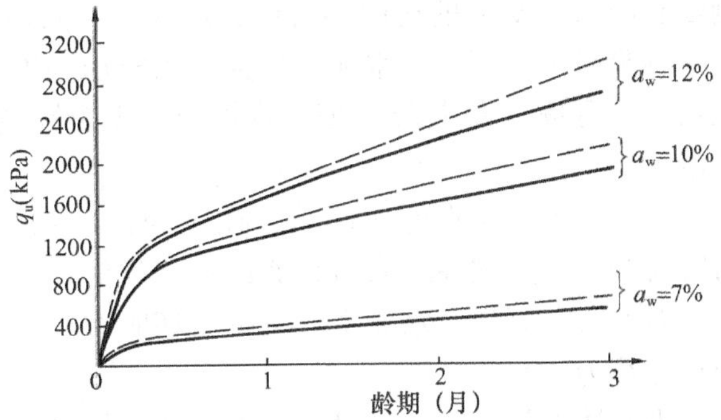

图 11-10 粉煤灰对强度的影响

——不掺粉煤灰的水泥土；－－－掺粉煤灰的水泥土

2. 抗拉强度

水泥土的抗拉强度采用劈裂法测定。试验结果表明：试件破坏形式为脆性破坏，破坏面微呈波状起伏；水泥土的抗拉强度随其抗压强度的增大而增大，但远较抗压强度低，部分试验结果如表 11-7 所示。抗拉强度约是抗压强度的 1/10～1/15，与混凝土的抗拉抗压强度性质很相近。

水泥土试验的抗压和抗拉强度　　表 11-7

试件编号	无侧限抗压强度 q_u（MPa）	抗拉强度 σ_t（MPa）	试件编号	无侧限抗压强度 q_u（MPa）	抗拉强度 σ_t（MPa）
1	0.500	0.046	4	1.285	0.107
2	0.742	0.061	5	1.790	0.122
3	1.096	0.084	6	3.485	0.222

3. 抗剪强度

水泥土的抗剪强度可采用直接快剪和三轴不排水剪切试验进行测定。

(1) 直接快剪试验：可在应变控制式直剪仪上进行，水泥土试件直径为 6.18cm，高为 2.5cm。试验结果见表 11-8。

水泥土直剪试验结果表　　表 11-8

试验编号	天然土样试验			水泥掺量 a_w（%）	水泥土龄期 T（d）	水泥土试验		
	无侧限抗压强度 q_u（MPa）	抗剪强度 黏聚力 c（MPa）	抗剪强度 内摩擦角 φ（MPa）			无侧限抗压强度 q_u（MPa）	抗剪强度 黏聚力 c（MPa）	抗剪强度 内摩擦角 φ（度）
1	0.037	0.014	14	10	28	0.633	0.161	26.5
2				10	90	1.124	0.271	31
3				15	28	1.315	0.289	32

由表 11-8 可见：水泥土较原天然土的黏聚力和内摩擦角大为增加，当水泥土的无侧限抗压强度 q_u 在 0.61～3MPa 的范围内，其黏聚力比天然土的大 10～20 倍，内摩擦角增加一倍左右。所以水泥土的抗剪强度随其无侧限抗压强度的增大而增加，其黏聚力 c 与无

侧限抗压力强度q_u的比值c/q_u=0.2～0.3；其内摩擦角变化在20°～30°之间。

试验结果表明，当水泥土的无侧限抗压强度q_u较高时，其抗剪强度τ_{fo}（法向应力$\sigma_N=0$之强度）可按$q_u/2$计算，但当水泥土的无侧限抗压强度比较低时，其抗剪强度低于$q_u/2$数值。

（2）三轴不排水剪切试验：在应变控制式三轴剪力仪上进行，试件直径为3.91cm，高度为8cm，其试验结果与直剪试验相类似，即水泥土的抗剪强度随其无侧限抗压强度的增大而增大。另外，水泥土受三轴剪切时有明显的破坏面，破坏面与最大主应力作用平面的夹角约为60°～70°。

当水泥土的强度很低时，三轴剪切破坏时的应力圆直径几乎不随围压的改变而变化，强度包线接近一条水平直线，与原软土的性质相似，当水泥土的强度较高时，破坏时的应力圆直径随着围压的增大而增大，强度包线成斜线，与原软土的性质完全不同。

4. 变形模量

表11-9为不同无侧限抗压强度的水泥土进行变形模量试验的结果，由表可见，当q_u=300～4000kPa时，其变形模量E_{50}=40～600MPa，一般为q_u的120～150倍，即$E_{50}=(120\sim150)q_u$。

水泥土的变形模量　　**表11-9**

试件编号	无侧限抗压强度 q_u(kPa)	破坏应变 ε_f(%)	变形模量 E_{50}(kPa)	E_{50}/q_u
1	274	0.80	37000	135
2	482	1.15	63400	131
3	524	0.95	74800	142
4	1093	0.90	165700	151
5	1554	1.00	191800	123
6	1651	0.90	223500	135
7	2008	1.15	285700	142
8	2392	1.20	291800	121
9	2513	1.20	330600	131
10	3036	0.90	474300	156
11	3450	1.00	420700	121
12	3518	0.80	541200	153

5. 压缩系数和压缩模量

水泥土的压缩试验结果表明，其压缩系数a_{1-4}随水泥掺量的增加而减小，约变化在$(2.0\sim3.5)\times10^{-5}(kPa)^{-1}$范围内；其相应的压缩模量$E_s$=60～100MPa。

6. 水泥土的抗渗性能

试样制备时将土、水泥掺和在一起，人工拌和均匀，加入所需用水量，按比例搅拌，试样制成后洒水养护至规定龄期进行试验。水泥土的渗透试验可采用南55型变水头试验仪，环刀尺寸为$A=30cm^2$，$h=4.0cm$。用环刀切取试样，并将两端削平，放入饱和器内抽气饱和后，按土工试验规范进行渗透试验，便可测定7d，28d，90d不同龄期水泥土的渗透系数。

试验表明：

（1）随着龄期的增加，水泥土的渗透系数会明显降低。

（2）随着水泥掺量的增加，水泥土的渗透系数也会降低；

（3）水泥土的渗透系数由原料土的渗透特性和水泥固化作用决定。

当天然土的渗透系数为 $n\times10^{-7}$ cm/s 时，随着水泥掺量的增大，水泥土的渗透系数可降低为 $n\times10^{-10}\sim10^{-11}$ cm/s，如图 11-11 所示。

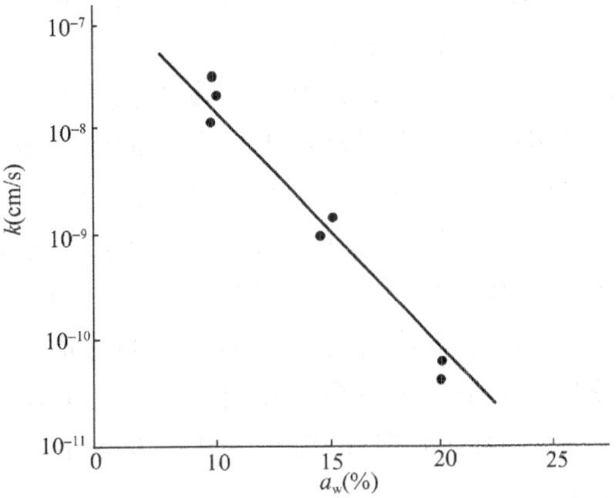

图 11-11 水泥土的渗透系数与水泥掺量的关系

（三）水泥土的抗冻和抗蚀性能

1. 水泥土的抗冻性

为探讨深层搅拌法在冬季的施工可能性，利用冬季负温条件对水泥土试块进行抗冻试验。其间最高温度为 10℃、最低温度为 −14℃，具有正负温度变化的有 34d。水泥土试块置于负温条件下共 55d。

（1）外观变化：水泥土试块经自然负温冰冻后，其外观无显著的变化，仅部分试块表面出现裂缝，有局部微膨胀或出现片状剥落及边角脱落。但深度及面积均不大，可见自然冰冻没有造成水泥土试块内部的结构破坏。

（2）强度数值：表 11-10 为三组水泥土试块的标准养护与负温冰冻对比试验数据。

试验表明：水泥土试块在自然冰冻 55d 后的强度和冻前相比几乎没有增长；恢复正温后，强度才继续提高，冻后正常养护 90d 的强度与标准养护强度非常接近，抗冻系数达 0.9 以上。

水泥土抗冻试验结果 **表 11-10**

土样编号	土样含水量 w（%）	水泥掺入比 a_w（%）	下列养护条件时的水泥土强度（kPa）						90d 龄期抗冻系数 $\frac{\bar{q}_u}{q_u}$
			标准养护 q_u			负温 55d 养护后、再标准养护 $\bar{q}_u$			
			7d	30d	90d	0d	30d	90d	
1	55	10	—	7.51	8.03	6.73	—	8.98	1.12
2	55	10	—	—	12.48	6.77	—	12.38	0.99
3	70	15	6.23	10.11	12.79	6.82	7.71	12.24	0.96

在自然温度不低于 −15℃的条件下，冻胀对水泥土结构损害甚微。在负温时，由于水泥与黏土之间的反应减弱，水泥土强度增长缓慢；恢复正温后，随着水泥水化等反应的继续深入，水泥土的强度可接近标准养护的强度。因此只要冬季地温不低于 −10℃，就可以进行深层搅拌法的施工。

2. 水泥土的抗蚀性能

水泥土是水泥和土体拌和均匀后的产物，现场深层搅拌施工工艺更使水泥土中存在大量孔隙，因此对于水泥有腐蚀性的土体（或土中的水）均会对水泥土形成腐蚀作用。主要分两大类：分解性腐蚀和结晶性腐蚀。

水泥水化产物——水化硅酸钙等都必须在一定的 CaO 浓度下才能得到平衡、稳定存在。分解性腐蚀的主要现象就是水泥土中 $Ca(OH)_2$。浓度不断下降，导致水化硅酸钙等水泥水化物分解，使水泥土逐步丧失强度。由于水泥土中水泥掺量一般不超过 25%，所以这种强度丧失对水泥土是具有彻底的破坏性。因此，对于勘察报告提及地下水有分解性腐蚀时，必须特别慎重，在具有充分的抗分解腐蚀试验数据才能应用于工程实践。

对于结晶性腐蚀，由于水泥土的某些特殊性，在一定条件下，水泥土具有一定的抗蚀能力。因为水泥水化生成的氢氧化钙与土中(水中)硫酸盐生成硫酸钙，它进而又可与水泥中的铝酸盐生成含有大量结晶水的硫铝酸钙晶体析出，体积增大。由于水泥土中水泥掺量较少，土中含水量高，黏土矿物对 $Ca(OH)_2$ 又有一定的吸收能力，因此使水泥土常常处于 $Ca(OH)_2$ 不饱和状态。加之水泥土的多孔隙性又可为硫铝酸钙充填，反而可提高其强度。

将用抗硫酸盐水泥、大坝水泥以及矿渣水泥拌和的水泥土试块浸泡在不同浓度的硫酸钠溶液或含有 Cl^-，HCO_3^-，SO_4^{2-} 等阴离子和 Mg^{++}，Na^+ 等阳离子的溶液中，在一定龄期后观察其外观变化和强度得出下述结论：

(1) 在溶液浓度较高（矿化度＞85000mg/L）时，浸泡 7d 的水泥土试块表面出现直径为 1mm 左右的白色结晶体。至 14d 时结晶已连成一片，试块表面出现一些裂缝、体积开始膨大。到 40d 时试块全部裂开分解成小块状。到 90d 时试块已分解成粉末状。

(2) 将水泥土试块浸泡在中等浓度（离子矿化度≈40000mg/L）的盐溶液中，28d 时试块表面出现直径 1.5～2.0mm 的白色结晶。在 70d 时结晶体表面连成一片，个别试块表面出现裂缝。大约经过 140d，试块已破裂成 3～4 块，以后又进一步解体成小块状。

(3) 将采用 425 号矿渣水泥拌制的水泥土试块，浸泡在较低浓度（硫酸根含量≈20000mg/L）的盐溶液中，试块均在 14d 以内崩解。如果在这些试块中掺入 70%～100% 的粉煤灰，则尽管在盐溶液中浸泡 90d 甚至 180d，其强度也仅比正常养护的水泥土强度降低 20%左右。

(4) 用氧化钙（CaO）、硅酸三钙（$3CaO \cdot SiO_2$）和铝酸三钙（$3CaO \cdot Al_2O_3$）含量较低的抗硫酸盐水泥和矿渣大坝水泥拌制的水泥土试块表现出较好的抗蚀性能。在较低浓度的硫酸盐溶液中浸泡最长达 720d，未发现开裂、膨松、变形等不良变化。而浸泡后的强度均比正常养护下同龄期水泥土强度反而提高 20%～50%。试验表明：水泥水化物受硫酸盐腐蚀产生膨胀，填充了水泥土中孔隙，但这种膨胀量又没有超过水泥土的孔隙体积，所产生的膨胀应力也未超过水泥土的抗拉强度，因此在一定条件下，硫酸盐侵蚀对试块非但没有产生破坏，反而起到增强作用。

由上分析可见水泥矿物成分含量不同，对水泥土抗结晶性腐蚀的能力影响极大。因此，在具有硫酸盐腐蚀的地区，为提高水泥土的抗蚀能力，应选用抗硫酸盐水泥或掺加适当的外掺剂，例如粉煤灰等。

但是要特别注意的是在地下水存在硫酸盐侵蚀时，常常还同时又有其他多种离子存在，例如镁盐（硫酸镁、氯化镁）、氯化盐等，从而使侵蚀的类型变得复杂。因此，凡遇到侵蚀问题都必须特别慎重，在有足够的抗腐蚀试验数据后才能应用于工程实践。

三、水泥土常用参数考经验值

在上节中，对水泥土室内试验所获得的众多物理力学指标进行了详细的分析，从中可见水泥土的物理、力学性质和固化剂的品种、强度标号、性状、水泥土的养护龄期、外掺剂的品种、掺量均有关。因此为了判断某一种土类用水泥加固的效果必须首先进行室内配比试验。作为先期的知识，或者在地基处理方案比较阶段，以下各种概念和经验数据可供参考。

（一）任何土类均可采用水泥作为固化剂（主剂）进行加固，只是加固效果不同。砂性土的加固效果要好于黏性土，而含有砂粒的黏土固化后，其强度又大于粉质黏土和淤泥质粉质黏土。并且随着水泥掺量的增加、养护龄期的增长、水泥土的强度也是会提高的。

（二）与天然土相比，在常用的水泥掺量范围内，水泥土的重度增加不大，含水量降低不多，但抗掺性能大大改善。

（三）天然软土中，当掺加普通硅酸盐水泥的强度为 PO32.5、掺量为 10%～15%，90d 标准龄期水泥土无侧限抗压强度可达到 0.80～2.0MPa。更长龄期强度试验表明，水泥土的强度还有一定的增加，尚未发现强度降低现象。

（四）可由短龄期（龄期超过 15d）的水泥土强度推求标准龄期（90d）时的水泥土无侧限抗压强度（见本章公式 11-2）。

（五）水泥土的抗拉强度约为抗压强度的 1/10～1/15。水泥土的变形模量数值约为抗压强度的 120～150 倍，压缩模量约变化在 60～100MPa 范围。水泥土破坏时的轴向应变很小，一般为 0.8%～1.5%，且呈脆性破坏。

（六）从现场实体水泥土桩身取样的试块强度约为室内水泥土试块强度的 1/3～1/5。

11.3.2 室内模型试验

一、垂直受压水泥土搅拌桩模型试验

（一）试验方案

采用单因素试验法，进行了下列三组搅拌桩模型试验（参见表 11-11）。

搅拌桩模型试验汇总表 **表 11-11**

试验编号	试验类型	桩长（cm）	桩径（cm）	桩距（cm）	桩数（根）	承台面积（cm^2）	置换率 %	测试仪器
1—单—1	单 桩	40	4					应变片
2—单—2	单 桩	24	4					应变片
3—天—1	天然地基					24×24		压力盒
4—天—2	天然地基					24×24		同 上
5—天—3	天然地基					15×15		同 上
6—大—1	复合地基	40	4	12	4	24×24	8.73	应变片、压力盒
7—大—2	同 上	40	4	10	6	24×24	13.09	同 上
8—大—3	同 上	24	4	12	4	24×24	8.73	同 上
9—大—4	同 上	24	4	10	6	24×24	13.09	同 上
10—小—1	同 上	40	4	6	5	15×15	27.93	应变片
11—小—2	同 上	40	4	8.5	4	15×15	22.34	同 上
12—饱—1	天然地基					24×24		压力盒
13—饱—2	复合地基	40	4	12	4	24×24	8.73	应变片、压力盒
14—饱—3	同 上	24	4	12	4	24×24	8.73	观测位移场

1. 地基土条件、承台条件和置换率不变，搅拌桩长度不相同时的复合地基载荷试验；

2. 地基土条件不变，不同置换率的复合地基载荷试验；

3. 饱和粉砂复合地基与天然地基（无桩模型地基）载荷试验。

除第（3）组试验外，各次试验均采用粒径比较均匀的干粉砂作为基土，其比重为2.72。试验前控制土料的干重度为16±1.0kN/m^3，相对密实度为0.85，变形模量由天然地基载荷试验确定为4.8MPa。重度用重量-体积法控制。

水泥土搅拌桩采用强度PO32.5级硅酸盐水泥制作，水泥掺量为25%，桩径均为4cm。其抗压强度大于6MPa，弹性模量为750MPa。承台用C40混凝土制作，搁置在地基土表面上，其刚度可视为无穷大。试桩未嵌入承台中。

（二）试验方法

1. 沉降稳定标准

加荷采用慢速维持荷载法，以每10min沉降增量不大于0.1mm，同时每级荷载持续时间不少于20min作为沉降稳定标准。

2. 终止加荷条件

桩顶累计沉降量大于30mm，或某级荷载作用下加荷延续时间超过80min尚未达到稳定标准。

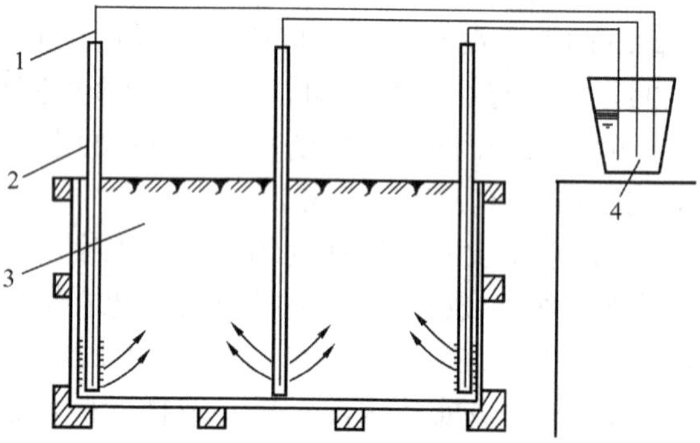

图11-12 模型地基饱和方法

1—虹吸管；2—反滤管；3—土样；4—水槽

3. 地基饱和方法

采用低水头反压渗透饱和法(图11-12)

4. 试验装置

模型试验砂箱尺寸94cm×65cm×73cm（长×宽×高）。反力系统采用组合式自平衡反力架，使用40kN手动液压千斤顶进行垂直加载，通过40kN荷重传感器和YJ-5电阻应变仪进行加载量控制。试验布置如图11-13所示。

5. 测试内容

承台下基土反力由埋设于承台下的BW-4型箔式微型压力盒测定；模型桩轴向力由粘贴在桩身上的电阻应变片测定；桩顶沉降由安装在承台顶部的4个机械式百分表测定；通过在土料中埋设薄纸条观测复合地基在荷载作用下的位移场。

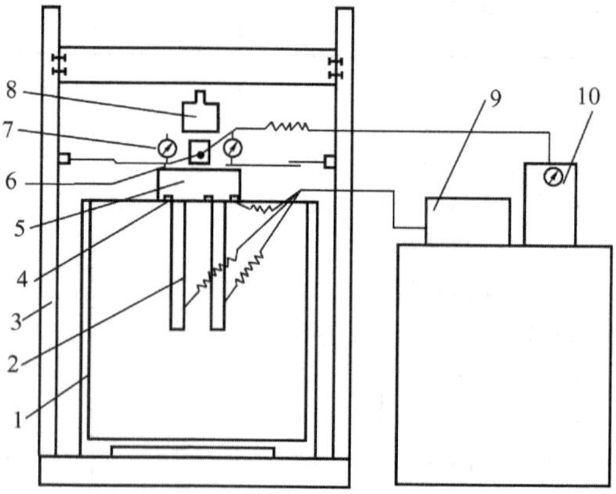

图11-13 模型试验装置图

1—模型试验箱；2—水泥土搅拌模型桩；3—组合式平衡反力架；4—土压力盒；5—承台；6—荷重传感器；7—百分表；8—液压千斤顶；9—数据记录器；10—YJ-5电阻应变仪

（三）试验结果分析

1. 复合地基基底应力分布特征

搅拌桩复合地基基底应力分布情况如图11-14所示。基底应力分布基本符合刚性基础-均质地基体系的应力分布特征。在低荷载阶段，基础下的接触应力为马鞍形分布；当荷载较大时，基础边缘部位的土中产生塑性变形区，边缘土应力不再增大，而中间部位土的应力继续增加，应力图形由马鞍形转变为抛物线形；当荷载接近地基的破坏荷载时，应力图形进一步由抛物线形转变为中部突出的钟形。

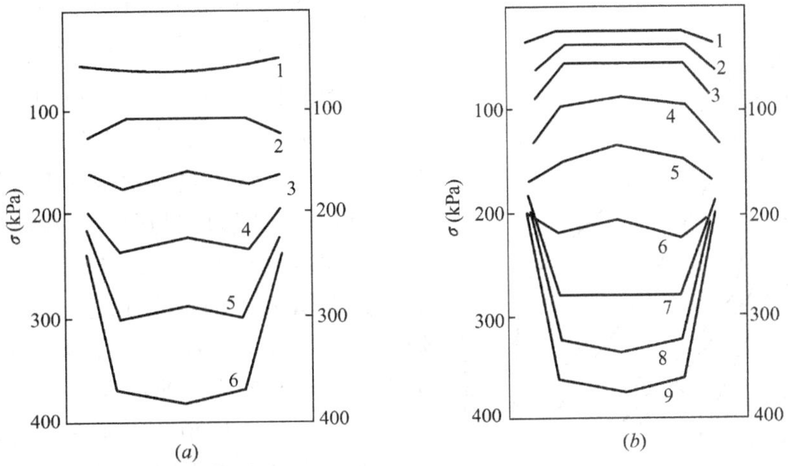

图 11-14 复合地基基底应力分布

(a) 天然地基；(b) 复合地基

搅拌桩复合地基基底应力分布与天然地基基底应力分布相比较，有以下几个特点：

(1) 天然地基在各级荷载作用下应力增加比较均匀。搅拌桩复合地基在低荷载阶段，荷载主要由桩体承担，基底应力增加比较缓慢；在荷载较高时，基底应力增加才比较显著。

(2) 在同样荷载条件作用下，搅拌桩复合地基的基底应力明显低于天然地基基底应力。

(3) 达到破坏荷载时，复合地基与天然地基基底应力分布形状基本一致。

2. 桩身应力及摩阻力分布

通过在桩身 3 个四分点上粘贴电阻应变片，测得桩身应力及摩阻力在各级荷载下的变化情况分别如图 11-15 和图 11-16 所示。

桩身应力分布比较均匀，随着荷载的增加变化也比较均匀。各组试验的最大桩身应力均为 2000～2400kPa，而 25%水泥掺量的水泥土桩其极限抗压强度大于 6MPa，可见当搅拌桩水泥掺量过高时，桩身强度往往不能充分发挥。

桩身摩阻力的变化比较复杂。在加荷初期，上部桩身的摩阻力首先发展，荷载增大后，下部桩身的摩阻力迅速发展，并大大超过上部桩身。当下部桩身的摩阻力达到一定值时，又向上发展。这说明承台限制了一定范围内的桩土相对位移，

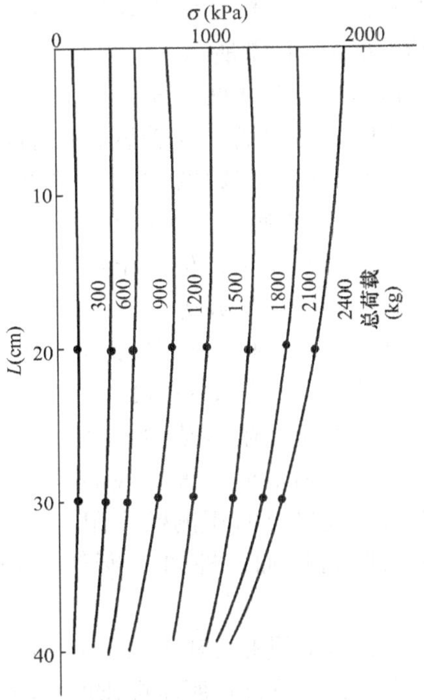

图 11-15 桩身应力随总荷载变化情况

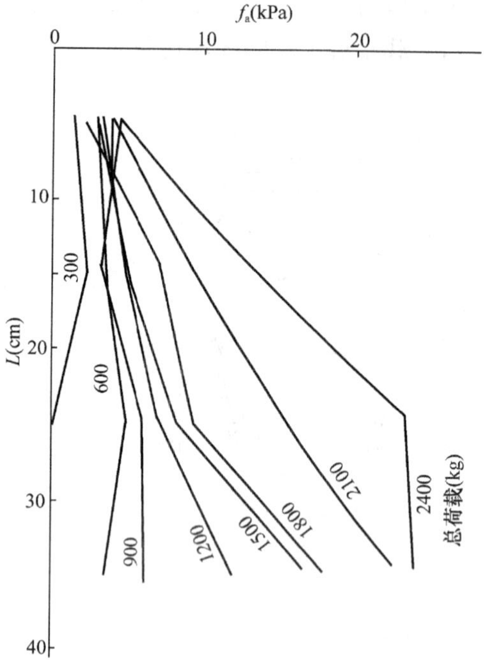

图 11-16　桩侧摩阻力随总荷载变化情况

单桩的桩土相对位移为自上向下逐渐减小，而在群桩复合地基中，为自下向上逐渐减少。

3. 桩土应力比

桩土应力比 n（桩上应力与桩间土应力之比）的大小和变化规律影响着复合地基的承载力和变形。桩土应力比与桩身材料、地基土的性质、桩的长短、间距和置换率等因素有关。桩土应力比反映了复合地基的工作性状。

（1）桩土应力比与荷载、沉降的关系。

在加荷的最初阶段，桩土应力比随着荷载的增大而增大，当荷载到达一定值后，应力比随荷载的增加而下降，并逐渐趋于定值。因此，桩土应力比和应力水平有关。

（2）桩长、桩距、水泥掺量的影响：

对水泥掺量相同的复合地基，桩土应力比随桩长的增加而增大，桩距小的桩土应力比较大。水泥掺合量对桩土应力比影响显著，掺合量越高，桩土应力比越大。

4. 置换率和桩长对复合地基承载力的影响

为了探讨置换率（搅拌桩截面面积的总和与承台面积之比）对复合地基承载力的影响，做了 $24\times24cm^2$ 方形承台下 4 桩和 6 桩、$15\times15cm^2$ 方形承台下 4 桩和 5 桩四种置换率的对比试验。桩身直径均为 4cm，置换率分别为 8.7%、13.1%，22.3%和 27.9%。试验结果如图 11-17 所示。

由图 11-17 可见，置换率的变化对承载力的影响非常显著。随着置换率的提高而增大，主要是通过桩数的增加（桩所承担的荷载增加）来实现。置换率不同的复合地基，在极限荷载状态下，桩间土应力及桩身应力所达到的数值均无明显差异。

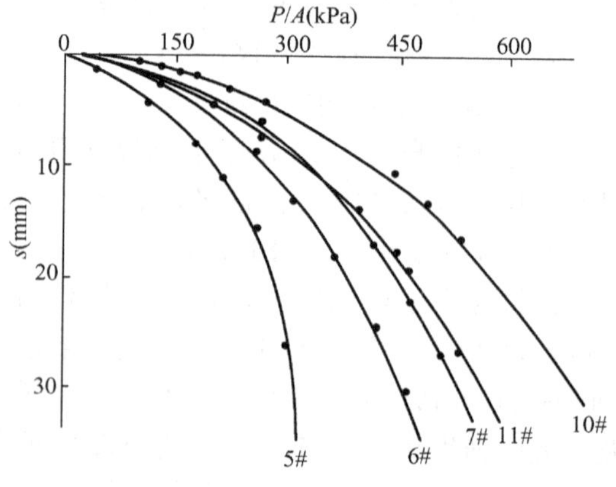

图 11-17　置换率与承载力的关系

桩长 24cm 和 40cm 的复合地基及无桩天然地基的 P-s 曲线如图 11-18 所示。增加桩长，复合地基极限承载力提高，但承载力的提高是通过两个途径来实现的：一是桩表面积增加，且单位面积侧壁摩阻力增加；二是桩间土应力增加，桩间土所能承担的荷载增加。

通过对不同桩长和不同置换率的复合地基加固效果比较，由表 11-12 可见：随着置换率的增加，单位桩长所能提供的承载力略有下降；随着桩长的增加，单位桩长所能提供的承载力有明显提高。所以就提高复合地基承载力而言，增加桩长要比提高置换率的经济效

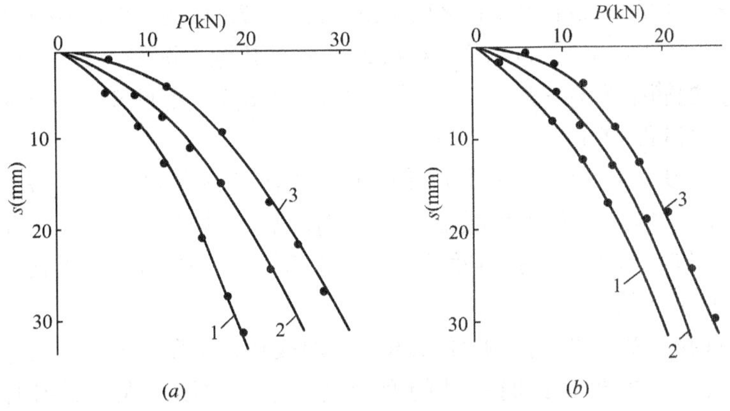

图 11-18 不同置换率时复合地基 P-s 曲线

(a) 置换率 13.1%；(b) 置换率 8.7%

1—天然地基；2—复合地基（桩长 24cm）；3—复合地基（桩长 40cm）

果好。

不同桩长、置换率时加固效果的比较 表 11-12

试验编号	6—大—小	7—大—2	8—大—3	9—大—4	10—小—1	11—小—2
承台面积（cm^2）	24×24	24×24	24×24	24×24	15×15	15×15
桩数（根）	4	6	4	6	5	4
桩长（cm）	40	40	24	24	40	40
极限承载力（kN）	16.25	18.00	13.00	15.00	9.00	7.50
平均应力（kPa）	282.1	312.5	225.7	260.4	400.0	333.3
承载力增量 Δp（kN）	5.298	7.571	2.048	3.001	5.757	4.005
ΔP/单桩（kN）	1.324	1.262	0.512	0.500	1.151	1.001
Δp/单位桩长（kN/cm）	3.311×10^{-2}	3.155×10^{-2}	2.133×10^{-2}	2.084×10^{-2}	2.878×10^{-2}	2.503×10^{-2}

5. 饱和砂复合地基的位移场

饱和砂复合地基试验是在其他条件（如土的容重、布桩情况、加载方式等）都与干砂复合地基相同的基础上进行的。模型试验箱中土料的含水量为 24.30%，饱和度为 94.2%。

在饱和砂复合地基试验中对地基位移场进行了观测，位移场的影响深度约为承台宽度的两倍。

二、加筋水泥土挡墙室内试验

由水泥土室内力学试验可见：水泥土试件在承受抗弯力矩时，抗弯强度很低，试件呈脆性破坏状态，类似于水泥砂浆。为了提高水泥土材料的抗弯性能，国内于 1988 年开始着手研究加筋水泥土的工程性能和进行各项室内外试验，探索水泥土加筋的可能性和具体方法、不同配筋量、不同配筋形式的影响。

（一）加筋水泥土材料性能试验

1. 抗折强度试验

加筋水泥土的抗折强度试验参照建筑材料试验中混凝土的抗折强度试验操作规程，试件尺寸 4cm×4cm×16cm、5cm×5cm×6.5cm、7cm×7cm×22.8cm 用于单点集中荷重装置；试件尺寸 10cm×10cm×50cm 用于双点集中荷重装置。配筋形式有光圆钢筋 $\phi5$、$\phi7$、$\phi10$ 以及竹条筋。配筋率为 0.8%，1.2%，1.6%，2.0%。配筋布置有单向、双向。钢筋保护层 8mm，每组试件为 6 块。

通过 5 组共 30 块试件的抗折强度及相应的无侧限抗压强度试验，发现水泥土的抗折强度仅为抗压强度的 40%。而在水泥土中加入钢筋后，其抗折强度可大幅度提高。加筋水泥土的抗折强度较纯水泥土抗折强度提高 2～3 倍，在高配筋率的情况下，其抗折强度可达到抗压强度的 1.2 倍。

纯水泥土试件抗折破坏形式为脆性破坏，当加载超过极限荷载时，试件突然折断，断面发生在试件长度的 1/2 处，此时试件的变形量很小。加筋水泥土的破坏形式为塑性破坏，当加载达到水泥土抗折强度相应的荷载时，试件中间受拉区出现一条细微裂缝，随着荷载的增加，裂缝不断开展，并发展成多条裂缝，主要裂缝从两个支座沿 45°角方向由受拉区逐渐发展到受压区。当加载继续并维持不变情况下，裂缝宽度发展，变形逐渐增大，并能维持一定时间，直至破坏。这说明加筋水泥上的弹性阶段变形和水泥土特性基本一致，在塑性阶段的变形和钢筋混凝土的受弯构件变形特性相类似，即加载到一定值时，试件受拉区的拉应力由水泥土转移到受拉区的钢筋上，钢筋能抵抗较大的外力，其强度与水泥土抗折强度相比，可成倍地提高。和钢筋混凝土构件所不同的是：水泥土的强度与钢筋的强度相差较大，加筋水泥土试件在塑性变形阶段，其应力主要由钢筋承担，当荷载较高时，裂缝发展到受压区，即水泥土的抗压强度也达到极限强度，而钢筋本身的挠度变形不大。

2. 抗拉强度试验

抗拉强度试验采用劈裂法测定，试件尺寸为 5cm×5cm×5cm、7cm×7cm×7cm、10cm×10cm×10cm。在试件两个受力面的中间加 2mm 方垫条，并与成型时的顶面垂直，以每秒增加 20～40kPa 的速度连续而均匀地加荷直至破坏。每组试件为 6 块。

试验结果表明：水泥土的抗拉强度与混凝土抗拉强度特性比较相似，即抗拉强度远远小于抗压强度，仅是抗压强度的 9%左右。试件的破坏形式为突发性脆性破坏，破坏时试件从中间劈开。在水泥土中配置不同形式的钢筋后，加筋水泥土的抗拉强度略有提高，但提高幅度不大，加筋水泥土的抗拉强度为抗压强度的 11%左右。

3. 水泥土和钢筋的握裹力试验

加筋水泥土中的钢筋和水泥土共同工作抵抗外力，主要是依靠钢筋与水泥土的握裹力。试验方法主要参照钢筋混凝土的抗拔试验，即顶出法试验。配筋形式有 $\phi16$ 光圆钢筋、$\phi5$、$\phi7$、$\phi14$ 螺纹钢筋。试件尺寸为 10cm×10cm×20cm。加荷时以均匀速度连续加载直至破坏。

试验结果表明：一般情况下螺纹钢筋与水泥土之间的握裹力是水泥土无侧限抗压强度的 20%～30%。随着螺纹钢筋直径增大，其握裹力强度也随之增加。

通过试验还发现，光圆钢筋与水泥土的接触面是较光滑的接触面，其破坏形式为塑性破坏，当荷载达到极限时，钢筋逐渐从水泥土试件中顶出，位移变形量较大，并能维持一定的时间。光圆钢筋的握裹力强度与螺纹钢筋的握裹力强度相比，相对较低，仅为抗压强度的 7%左右，破坏面发生在钢筋直径外周面与水泥土接触的界面上，此时水泥土试件完整。而螺纹钢筋与水泥土的接触面由凹凸不平的曲面组成，钢筋的螺距间由水泥土附着，它的破坏面较为复杂，破坏形式由钢筋的外周面与水泥土之间的剪坏和钢筋螺距间水泥土与外侧水泥土剪坏的两种形式所组成。螺纹钢筋的握裹力强度较光圆钢筋的握裹力强度可成倍地提高。当螺纹钢筋的直径较大时（例如为 $\phi 14$ 钢筋），其破坏模式是试件的水泥土从钢筋的接触面处整个劈开破坏，类似水泥土的剪切破坏，说明其握裹力已大于或等于水泥土抗剪强度值。

（二）加筋水泥土挡墙模型试验

国内外均有采用深层搅拌法制成的壁状水泥土作为基坑开挖的围护结构，但由于纯水泥土的抗弯强度较低，因此水泥土挡墙的应用范围较小。而加筋水泥土挡墙结构则应运而生。为了探索这种结构的变形性状和破坏模式，专门进行了室内模型试验。

加筋水泥土挡墙模型试验中试件尺寸为 40cm×9.5cm×4cm，配筋形式有 $\phi 5$、$\phi 8$ 螺纹钢筋、劲性材料有 T 型：H 型铝合金条。试验中用三角形荷载模拟挡墙背面的分布土压力。荷载根据预估的破坏荷载和载荷架所能承受的荷载分成 8～10 级施加。用 5cm 量程的百分表、按 5 种不同的高度量测加荷过程中桩身不同位置的位移情况、裂缝发展变化及最终破坏模式。

试验结果如下：

（1）纯水泥土试件所能承受的水平荷载很低，两组试件均在 140N 总荷载时破坏—突然脆断，相应的弯曲应力为 395kPa，相当于其无侧限抗压强度的 26%。而同样断面的加筋水泥土试件所能承受的水平荷载则大幅度提高。配有 2 根 $\phi 5$ 钢筋的试件，在水平荷载达到 740N 时发生破坏；配有 2 根 $\phi 8$ 钢筋的试件，在水平荷载达到 1060N 时，尚无破坏的迹象。

（2）受水平向三角形荷载作用的加筋水泥土试件的受力变形特性也类似于受垂直荷载作用的桩的变形，也就是试件顶部的水平位移在每一级荷载的作用下也都需要一定的时间来稳定，且荷载越大，稳定所需的时间越长。

（3）纯水泥土试件在承受水平力时呈脆性破坏，当加载超过极限荷载时，试件突然折断。但即使是脆性破坏，在水平力作用下也可以产生一定的变形，即试件顶部有一定量的水平位移，且破坏前有一定的征兆：位移增量增大、水平位移不易达到稳定。而加筋水泥土试件在水平荷载作用下，会产生较大的顶部位移。有多组试件的顶部位移都超过试件悬臂长度的 10%，仍未破坏。但实际工程中是不会允许出现如此大的位移的，因此对于加筋水泥土挡墙，其极限承载力的确定应以允许位移量来控制。

（4）在加筋水泥土试件中，由于水泥土的抗弯强度很低，在达到一定荷载值后，受拉区即开始出现裂缝，拉应力即转移到钢筋上，随着荷载的不断增加试件顶部位移增大，即试件的挠度增大，拉应力集中区的裂缝也逐渐增宽，有些裂缝宽达 1～2mm，但都没有出现水泥土与钢筋脱离的现象，这也进一步说明水泥土能与钢筋较好的共同工作。

（三）试验结论

通过加筋水泥土的室内力学试验和加筋水泥土挡墙的室内模型试验，可得出以下几点结论：

1. 纯水泥土的抗弯强度较低，最多达到抗压强度的 40%，所以能承受的水平荷载很低，最终发生脆性断裂的破坏形式；加筋水泥土的抗弯能力得到较大的提高，所能承受的水平荷载可以成倍地提高。

2. 加筋水泥土的抗弯强度与配筋形式、配筋量有密切关系，在适筋范围内（配筋率小于2%），配筋率越高，抗弯强度也随之提高。在超筋范围（配筋率大于2%），配筋量的增加，对提高抗弯强度的效果不大，且破坏裂缝发展到受压区。所以超筋试件的抗弯强度还取决于水泥土的抗压强度的大小。

3. 加筋水泥土在承受水平力后，可以在相当大的顶部水平位移情况下，不达到破坏。所以其所能承受的水平荷载应以允许位移为控制指标。

4. 加筋水泥土中，钢筋与水泥土之间有一定的粘结力。在水平荷载作用下，试件的水泥土将会出现裂缝，但水泥土与钢筋可以较好地共同工作。对于配置螺纹钢筋的加筋水泥土，这种共同工作的特性更为明显。

5. 水泥土与钢筋握裹力的大小，不但与配筋数量、配筋形式有关，还与水泥土的强度有关。当水泥土强度较低时，钢筋与水泥土间破坏，实质上是水泥土的剪切破坏。

11.3.3　现场载荷试验

一、试验目的

现场载荷试验的目的是：

（一）根据室内水泥土配合比试验求得最佳配方，进行现场成桩工艺试验；

（二）在相同的水泥掺入比条件下，推求室内试块与现场桩身强度的关系；

（三）比较不同桩长与不同桩身强度的水泥土桩单桩承载力；

（四）确定桩土共同作用的水泥土桩复合地基承载力。

二、试验方法

（一）在现场制作的水泥土搅拌桩桩身的不同部位切取试件，运回试验室内分割成与室内试块同样尺寸的现场试块，在相同龄期时比较室内外试块强度之间的关系。

（二）单桩与复合地基的承载力试验，一般可采用荷重平台、千斤顶分级加载，用百分表测量桩身沉降量。

（三）为了了解复合地基的反力分布、桩土应力分担比，可在荷载板下不同部位埋设土压力盒；在桩身埋设应变计。

三、试验结果分析

（一）水泥土搅拌桩的特点

现场水泥土搅拌桩是用水泥作为固化剂，通过深层搅拌机械将固化剂与软土地基强制搅拌，所形成的水泥土桩柱体。它是一种介于刚性桩和散体材料桩之间的一种可压缩桩。

一般软土采用深层搅拌加固时，常用的水泥掺入比为8%～20%，硬结而成的水泥土桩身强度可达1MPa，变形模量则可达到100～120MPa。因此水泥土搅拌桩的桩身强度和刚度远远高于散体材料桩（砂桩、碎石桩），但又不如刚性桩（钢筋混凝土桩、钢桩）。

水泥土搅拌桩在无侧限情况下，可保持桩体直立；在轴向力作用下有一定的压缩变形，其承载性状与刚性桩相类似，即土对桩的支承可由桩侧摩阻力和桩端阻力所组成。

在深厚的软土地区，从经济性角度、特别是从单位水泥用量所能提供的承载能力角度而言，水泥土搅拌桩甚至能获得比刚性桩更高的承载力。因为虽然刚性桩的桩身强度较高，但对位于深厚软土层的摩擦型刚性桩（例如ϕ300～500mm的就地灌注桩、400mm×400mm的钢筋混凝土预制桩），其桩身截面积仅0.1～0.2m^2，相应的侧表面积也较小，而软土所提供的摩擦力又很小，因此这类桩基虽具有很高的强度和刚度，却提供不了较高的承载力。而用同样水泥制作的水泥土搅拌桩的桩身截面积通常大于0.6m²，甚至达到2～3m²，所以搅拌桩的截面积比刚性桩大数倍、乃至数十倍。同样其桩侧面积也很大。因此搅拌的桩身强度虽不很高，但仍能提供较大的承载力。

水泥土搅拌桩的桩身强度可与桩的承载力相协调，桩身强度可充分发挥。而刚性桩桩身强度则远远超过承载力的要求，在达不到高承载力持力层的情况下，刚性桩桩身强度更不能发挥作用。水泥土搅拌桩桩身水泥土强度是与加固时所用的水泥掺量、水泥标号，被加固土的含水量、有机质含量以及养护龄期等众多因素相关，因此对于不同类型的搅拌桩可根据桩的受力特性和室内强度试验结果，选用满足承载力要求的配方，使桩身强度充分发挥作用。

水泥土搅拌桩作为结构物的地基时，与散粒桩相似，往往采用群桩型式。但又不像散粒桩那样在基础以外需要设置一定数量的保护桩，可仅在上部结构基础范围内布桩。当采用密集布置的摩擦型桩时，群桩中各搅拌桩的工作状态与单桩迥然不同，群桩的沉降也远远大于单桩，这时与刚性桩一样也存在群桩效应。

（二）单桩承载力

水泥土搅拌单桩的承载力取决于桩身水泥土强度和土对桩的支承力。

1. 桩身强度较大时：当搅拌桩的桩身强度较大时，单桩竖向极限承载力等于桩侧极限摩阻力和极限桩端阻力之和。

(1) 在深厚软黏土层中，当采用桩端仍位于软土层中的摩擦桩时，土对摩擦型桩的支承形式主要是桩侧摩阻力。表现在试桩的 *P-s* 曲线上的初始直线段坡度比较平缓（如图11-19中的 a_1、a_2桩）；当桩侧摩阻力接近极限值时，曲线变陡；当受压桩达到极限荷载后，曲线陡直下降，受压桩明显达到破坏。

(2) 当软土层不太厚或在地基浅部具有薄的硬土夹层的软土地区，常采用桩端支承于硬土层的摩擦支承桩。此时只要在水泥土搅拌桩的桩顶铺设一层粗粒状材料（碎石、粗砾砂），形成垫层，从而构成复合地基。在这种地质条件下，桩端阻力在土对桩体的支承力中占相当主要的地位。在图11-19中的 b_1 和 b_2 桩虽其桩长、截面积相同，仅 b_1 桩的桩端位于泥炭土中，而 b_2 桩的桩端支承于黏质粉土上，这层对于刚性桩来说不可能作为持力层的薄层黏质粉土，由于 b_2 桩的截面积达到0.71m²，因此仍为 b_2 桩提供了相当大的承载力。由图11-19可见：b_2 桩的承载力达到500kN，比 b_1 桩要大一倍。

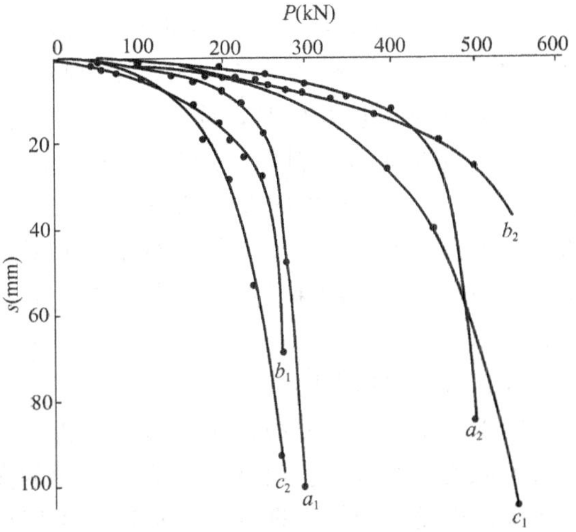

图 11-19　搅拌桩单桩载荷试验 *P-s* 曲线

2. 桩身强度较低时：当土对桩的支承力超过桩身承载力时，单桩极限承载力取决于桩身强度。

桩身强度较低的搅拌桩在承受垂直外荷载时，其 *P-s* 曲线的初始直线段坡度就较陡，在桩侧摩阻力远未达到极限时，桩身变形就较大。如图11-19中的 c_2 是与 c_1 桩的桩长和桩身截面均相同，而仅桩身强度较低，即 c_1 桩的桩身强度为 890kPa，而 c_2 桩仅为 270kPa，由于 c_2 桩的桩身强度过低，其承载力仅为 c_1 桩的一半。桩身强度接近土对桩支承力的桩 c_1 与桩身强度低的 c_2 桩，其 P-s 曲线外形也不同，c_1 桩的曲线坡度随着荷载增加而渐增，达到破坏荷载时，曲线无明显拐点；而 c_2 桩的 P-s 曲线随着荷载的增加、沉降陡增，极限荷载和破坏荷载相差不大。

（三）桩土应力比

在由水泥土深层搅拌桩和桩侧土层组成的复合地基中，在承受上部基础（承台）传递的均布荷载后，由于桩体和土体的强度和刚度有明显的差别，因此应力将重新分配，在桩体上产生应力集中而在桩间土体产生应力降低，桩体中应力与土体中应力的比值称为桩土应力分担比（简称应力比），用 n 表示。

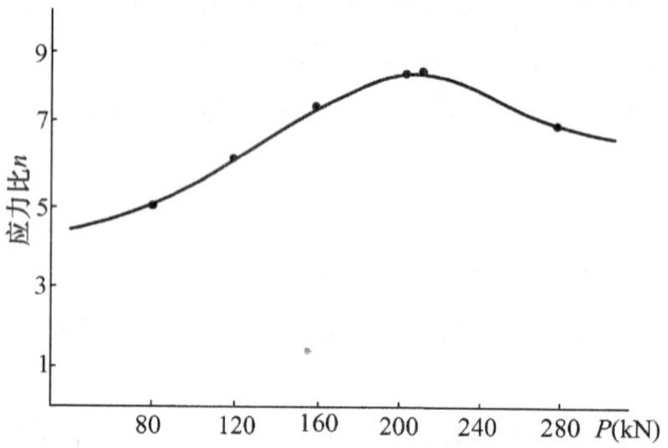

图 11-20　桩土应力比 n-荷载 P 关系

现场的搅拌桩-桩侧土体-桩顶垫层-承台基础共同组成的受力体系，在外荷载的作用下，共同产生变形。在加荷初期，荷载将通过垫层比较均匀地传递到桩顶和桩侧土，然后随着桩和桩侧土体变形的发展，土上的应力逐渐向桩上集中。当荷载增大，复合地基的变形也随之增大，桩上应力集中加剧，桩土应力比也随之增大。但当桩上应力超过桩身比例极限强度后，桩体进入塑性状态，桩体变形加大，桩上应力又逐渐向桩间土转移，桩土应力比减少，直至桩和土共同进入塑性状态，趋于某一数值。所以桩土应力比 n 和应力水平有关，在工程设计中应根据基底压力大小来选用 n 值。试验还表明：在各级荷载下 n 随时间的变化不大。图 11-20 表示了应力比 n 和荷载 p 的关系。

由图 11-20 也可见：n 值的范围约为 5～8，其峰值在 P-s 曲线上的比例极限荷载附近取得。影响应力比的因素较多，下列因素是主要的：

1. 桩侧土质相同时，在不发生刺人破坏的条件下，水泥掺量越大，搅拌桩体强度越高，现场桩体变形模量越高，应力比也越大。

2. 当桩体强度相同时，应力比则随桩侧土的强度提高而减小。

3. 当桩体强度、桩侧土质相同时，应力比随着桩长的增加而增大。但桩长达到某一数值后，n 值几乎不再增大。这样就存在一个有效桩长 L_e 的概念。即桩长 L 大于 L_e 后，n 值几乎不再增大。当然也不能笼统地将有效桩长视为搅拌桩加固深度的极限，这个长度只是表明桩顶应力的传递长度，当超过该长度后的桩的增长对于减少水泥土桩的沉降量仍是很有效的。

（四）荷载分担比

由水泥土复合地基载荷试验可知：桩土应力比不是常数，它随着荷载的增加而增大，到最大值后有所减少。出现最大应力比值的实质说明：此时桩承受的荷载占总荷载的百分比最大，也就是说桩发挥的效率最高，可以此来分析上部荷载的桩土分担。国内一些地区所进行的现场搅拌桩载荷试验结果分析如表 11-13 所示。

搅拌桩复合地基载荷试验荷载分担比分析 **表 11-13**

试验地点	试验类型	桩数（根）	承台面积（m^2）	允许承载力（kPa）	荷载分担百分比（%）	
					桩侧土	桩体
南京（Ⅰ）	双桩	2	2×2	600	22.52	77.48
连云港	双桩	2	1.8×1.8	124	20.84	79.16
南京（Ⅱ）	单桩	1	1.4×1.4	300	21.88	78.12
福州（Ⅰ）	单桩	1	1.0×1.0	131.25	22.05	77.95
	双桩	2	1.0×2.0	127.5	23.46	76.54
	四桩	4	2.0×2.0	126.65	23.65	76.35
福州（Ⅱ）	单桩	1	1.0×1.0	175	16.1	83.9
	双桩	2	2.0×1.0	140	20.1	79.9
昆明*	四桩	4	2.1×2.1	280	39.35	60.65

*该试验场地地表有厚度 2m、承载力为 130kPa 的可塑黏土。

由表 11-13 可见：当搅拌桩的水泥掺入量为 10%～20%，水泥土桩的置换率 20%～40%，桩长 7～15m，承台（基础）宽度 1～2m，桩侧土为软土或填土其承载力标准值低于 80kPa 时，桩侧土可分担总荷载的 16%～24%，桩体可分担总荷载的 76%～84%，一般可按 20%：80%来考虑，当桩周土质的承载力大于 120kPa 时，土体可分担的总荷载可达到 30%以上。

搅拌桩双桩载荷试验结果 **表 11-14**

试验编号	单桩截面积（m^2）	桩长（m）	承台面积（m^2）	桩的置换率（%）	双桩荷载试验				单桩荷载试验			
					极限承载力 R_u（kN）	对应沉降量 s_u（mm）	容许承载力 R_u（kN）	对应沉降量 s_a（mm）	极限承载力 p'_u（kN）	对应沉降量 s'_u（mm）	容许承载力 p'_a（kN）	对应沉降量 s'_a（mm）
1	0.71	7.0	1.8×1.8=3.24	44	800	139	400	7.5	450	22	225	3.5
2	0.71	3.0	1.35×1.35=2.50	57	450	95	250	18.0	250	50	125	10.0
3	0.71	4.5	1.5×1.7=2.55	56	660	31	330	4.3	500	26	250	6.1

（五）群桩的工作性能

在三个软土地区所进行的三组双桩载荷试验，其试桩参数与结果列于表 11-14，*P-s* 曲线见图 11-21。

由表 11-14 可见：双桩载荷试验承载力均小于两根单桩承载力之和。这是因为双桩的桩距较小，桩间土与桩体连成一个整体，桩间土层侧摩阻力不能充分发挥。

试桩③支承于薄层黏质粉土上，极限承载力为 660kN，与其相应的单桩极限承载力却达到 500kN，这是因为作为持力层的黏质粉土厚度约 1m，当双桩受压时，桩端应力影响到下卧软土层，以致双桩桩端阻力大为减小，双桩承载力大为降低。由此可见，双桩桩端影响深度大于单桩。此外，双桩的沉降均比单桩大，从而也说明双桩桩端压缩层厚度较大。

由图 11-21 可见：摩擦型的双桩载荷试验的 *P-s* 曲线似有两次屈服现象。对于试桩①

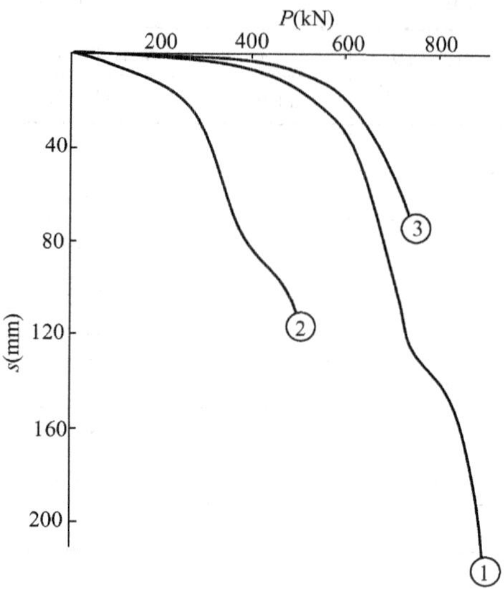

图 11-21 双桩载荷试验 P-s 曲线

和②，当试压荷载分别超过 600kN 和 300kN 时，沉降增长较快，曲线斜率变陡，似乎已趋近破坏，但当荷载分别超过 750kN 和 375kN 时，曲线复又平缓。直到试压荷载达到 800kN 和 450kN 以后，地基才真正达到极限状态。可以认为，双桩地基承载力应由桩侧摩阻力、桩端阻力和承台下软土承载力三部分组成。双桩连承台的载荷试验 P-s，曲线的两次屈服说明组成双桩地基承载力的各部分不是同步达到极限值，而是桩的侧摩阻力首先发挥作用，承台下软土承载力随着沉降量的增大逐渐发挥作用，桩端阻力最后发挥作用。

由双桩复合地基承载力的分析可见，水泥土搅拌群桩中的每根单桩一般都不能充分发挥其作用，这对摩擦型群桩而言尤其如此，因为摩擦型桩主要通过摩阻力把荷载传递到桩侧及桩端的土层中去，而搅拌桩的桩距通常都较小，必将产生应力重叠，而使群桩的承载力小于各单桩承载力之和，群桩的沉降大于每根单桩的沉降。

（六）搅拌桩的长期加固效果

为了检验水泥土加固软土地基的长期强度和稳定性，日本竹中土木研究所曾对已施工四年的水泥土搅拌桩进行开挖取样试验。

1. 长期强度：对挖出的深层搅拌桩身切取试块进行抗压试验的结果表明，四年龄期的桩身试块无侧限抗压强度均不低于 3 个月龄期室内试块的强度。

2. 稳定性：分析表明如果水泥加固土的长期稳定性受到破坏，意味着加固土中的钙化物被分解后会扩散到周围未加固土中，即含钙量从桩中心部位向周围部分逐渐减少，而周围未被加固土中的含钙量会增加。通过在桩身各部位钻取的试样进行含钙量分析表明，各试样的含钙量虽有微小的差异，但基本呈现相同的数量级，看不出含钙量明显减少的趋势；搅拌桩周围未加固土中的含钙量也大体和未加固前的软土中的含钙量相同。因此化学分析表明水泥加固土的长期稳定性也是可以肯定的。

11.4 设计计算

11.4.1 设计要求

一、资料收集

在进行搅拌桩的设计前，应收集到下列资料：

（一）拟建场地的工程地质、水文地质资料；

（二）上部结构和基础工程资料。

二、对工程地质勘察的特殊要求

进行深层搅拌法加固软土地基设计时，除了要求常规的工程地质勘察资料外，对以下各点应予以特别的注意。

（一）软土层的分布

由于深层搅拌法主要是用于加固软土，因此要特别搞清软土层在拟建场地中的平面分布范围、厚度；如有数层还应分别鉴别它们的成因，软土层之间是否有砂质土夹层。

池塘冲沟中沉积的软土，其平面分布通常复杂多变，缺乏规律，应有足够数量的浅孔予以查明，防止因钻孔少而漏判。

由于人类的建筑活动，通常在软土地表分布有一层厚薄不匀的人工填土，则应查明：

1. 填土层的物理成分和密实度；

2. 是否夹有大石块或大块建筑垃圾；

3. 是否用不同土质堆填、或为分期堆填，应尽可能分别圈定其范围。

（二）地下水调查

了解其埋深，当为承压水或局部承压时，还应了解其水头高低。

（三）土、水分析

与现场勘察相配合，室内的土、水分析应着重：

1. 黏土矿物成分分析：可采用简易定性法，即在拟鉴定的土样中加入氢氧化钠溶液，反复摇动，对浸出液观察其颜色，凡颜色越深，采用水泥加固的效果越差。

2. 有机质含量：可采用重铬酸法定量分析或烧失量法定性分析。有机质含量越高，用水泥加固的效果越差，甚至单用水泥无法对该种土样进行有效的加固

3. 塑性指数：当软土的塑性指数 I_P大于 25 时，容易在搅拌头叶片上形成泥团，无法将固化剂与水泥土充分拌和。

4. 水质分析

应对拟加固场地地下水的酸碱度（pH 值）、硫酸盐含量进行定量分析。pH 值高、硫酸盐含量高时，用水泥加固效果差。

三、室内水泥土配比试验

由于不同成因的软土，土类不同、含水量不同、有机质含量不同、水泥品种和掺量不同、龄期不同，水泥加固土的强度相差悬殊，因此在进行水泥土搅拌桩加固设计前，应进行水泥加固土的室内配合比试验。以期取得水泥掺量-龄期-加固土强度、外掺剂品种及用量等资料，为设计提供依据。

四、深层搅拌加固形式的选择

根据我国目前深层搅拌机械制造情况，大致可分为单搅拌轴和双搅拌轴二大类，因此制成的水泥土桩也有单柱型和双柱并联型两类。按地基加固的不同要求，可灵活地采用柱状、壁状、格栅状和块状等不同加固形式。

（一）柱状加固

在要求加固的地基范围内，每间隔一定距离布置一根水泥土桩，即为柱状加固（参见图 11-22*a*）。一般用于工业厂房独立柱基础、设备基础、独立构筑物基础；多层房屋条形基础下的地基加固；承受大面积地面荷载的地坪加固、机场跑道和高速公路的路基加固工程中经常采用柱状加固形式。它可充分发挥桩身强度与桩周侧阻力。

（二）壁状和格栅状加固

将相邻两根搅拌桩相互搭接一部分，以连结成壁状加固体，即为壁状加固（图 11-22*b*），将纵横两个方向的壁状加固体相互搭接成方格，即为格栅状加固（图 11-22*c*）。壁

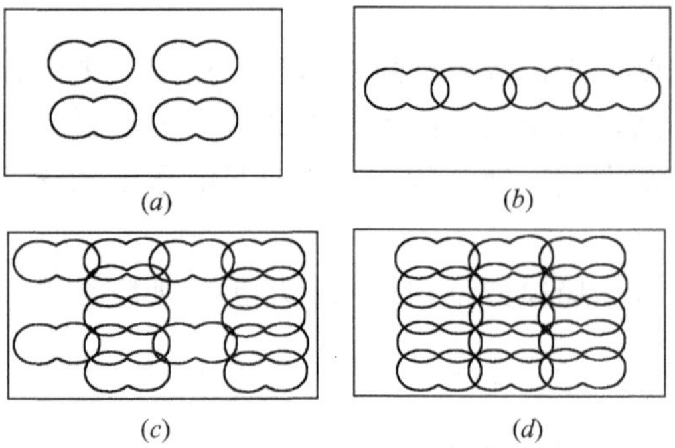

图 11-22　深层搅拌桩的加固形式
(a) 柱状加固；(b) 壁状加固；(c) 格栅状加固；(d) 块状加固

状加固和格栅状加固体可作为深基坑开挖时的挡土结构，也可用来防止边坡坍方和岸壁滑动。当位于软土地基上的多层建筑物的长度与高度的比值大于二，结构刚度较小、对不均匀沉降比较敏感时，可采用格栅状加固型式，使搅拌桩在地基中联成一个封闭的整体，从而提高建筑物的刚度，增加抵抗不均匀沉降的能力。

（三）块状加固

将纵横两个方向相邻的搅拌桩都搭接，形成大块整体，即为块状加固（图 11-22d）。对于上部结构单位面积荷载大，不均匀沉降控制严格的结构物地基，当其软土地基厚度小于 10m 时，可采用块状加固。此外在软土地区开挖深基坑时，为防止坑底隆起和阻断地下水的渗透，也可采用块状加固。

（四）长短桩相结合

当地质条件复杂，同一建筑物坐落在两类不同性质的地基土上时，可用 3m 左右的短桩将柱状加固的相邻长桩连成壁状或格栅状，藉以调整和减小不均匀沉降量。

五、加固范围

由于搅拌桩按其强度和刚度是介于刚性桩（钢筋混凝土预制桩、就地灌注桩）和散粒桩（砂桩、碎石桩）之间的一种桩型，其承载能力和变形性状又与刚性桩相似。因此在设计搅拌桩时，可仅在上部结构基础范围内布桩，不必像散粒桩那样在基础以外再设置保护桩。

11.4.2　复合地基的设计

水泥土搅拌单桩和周围土体构成复合地基，可以共同承受上部竖向荷载。

一、单桩承载力的计算

承受垂直荷载的深层搅拌水泥土桩，一般应使土对桩的支承力与桩身强度所确定的承载力相近，并使后者略大于前者最为经济。因此搅拌单桩的设计主要是确定桩长和选择水泥掺入比。

搅拌单桩的设计步骤一般可分为三种情况：

（一）当拟加固场地的土质条件、施工机械因素等限制搅拌桩打设深度时，应先确定桩长，根据桩长计算单桩容许承载力，然后再确定桩身强度，并根据水泥土室内强度试验资料，选择相应于所需桩身强度的水泥掺入比；

（二）当搅拌加固的深度不受限制时，可根据室内强度试验资料选择水泥掺入比，确定桩身强度，再根据选定的强度，计算单桩承载力，然后再求桩长；

（三）直接根据上部结构对地基的要求，先选定单桩承载力，即可求得桩长和桩身强度，然后再根据室内强度试验资料，选择相应于要求的桩身强度的水泥掺入比。

单桩竖向承载力特征值 R_a 可按下列两式计算，并取其中较小值：

$$R_a = U_p \sum_{i=1}^{n} q_{si} l_i + \alpha q_p A_P \tag{11-3a}$$

$$R_a = \eta f_{cu} A_P \tag{11-3b}$$

式中 f_{cu}——与搅拌桩桩身水泥土配比相同的室内加固土试块（边长为 70.7mm×70.7mm×70.7mm，也可采用边长为 50mm×50mm×50mm）在标准养护条件下 90d 龄期的立方体抗压强度平均值（kPa）；

η——桩身强度折减系数，干法（采用水泥粉状固化剂）可取 0.2～0.3，湿法（采用水泥浆状固化剂）可取 0.25～0.33；

A_p——桩的截面积（m^2）；

U_p——桩的周长（m）；

q_{si}——桩周第 i 层土的侧阻力特征值。对淤泥土可取 4～7kPa；对淤泥质土可取 6～12kPa；对软塑状态的黏性土可取 10～15kPa；对可塑状态的黏性土可以取 12～18kPa；

l_i——桩长范围内第 i 层土的厚度（m）；

q_p——桩端地基土未经修正的承载力特征值（kPa），可按现行国家标准《建筑地基基础设计规范》（GB 50007—2002）的有关规定确定；

α——桩端天然地基土的承载力折减系数，可取 0.4～0.6，承载力高时取低值。

二、搅拌桩复合地基承载力的计算

水泥土搅拌桩的承载力性状与刚性桩相似，设计时可仅在上部结构基础范围内布桩。但是，由于搅拌桩桩身强度较刚性桩为低，在垂直荷载作用下有一定的压缩变形，在桩身压缩变形的同时，其周围的软土也能分担一部分荷载。因此，当桩的间距较大时，水泥土搅拌桩又可与周围的软土组成柔性桩复合地基。搅拌桩复合地基的承载力标准值可按下式计算：

$$f_{spk} = m\frac{R_a}{A_p} + \beta(1-m)f_{sk} \tag{11-4}$$

式中 f_{spk}——复合地基承载力特征值（kPa）；

m——面积置换率；

R_a——单桩竖向承载力特征值（kN）；

β——桩间土承载力折减系数：

当桩端未经修正的承载力特征值大于桩周土的承载力特征值的平均值时，可取 0.1～0.4，差值大时取低值；

当桩端土未经修正的承载力特征值小于或等于桩周土的承载力特征值的平均值时，可取 0.5～0.9，差值大时或设置褥垫层时均取高值；

f_{sk}——桩间土承载力特征值（kPa）

三、置换率和桩数的计算

在通常的设计过程中，根据上部结构对地基要求达到的承载力 f_{spk} 和单桩设计的承载力 R_a，按下式即可求得所需的置换率：

$$m = \frac{f_{spk} - \beta f_{sk}}{\frac{R_a}{A_p} - \beta f_{sk}} \tag{11-5}$$

对于采用柱状加固时，可采用正方形或等边三角形布桩形式，其总桩数可按下式计算：

$$n = \frac{mA}{A_p} \tag{11-6}$$

式中 n——总桩数；

A——基础底面积；

四、桩位平面布置

水泥土搅拌桩的总桩数确定后，即可按选定的加固形式和上部荷载的分布进行布桩。桩状加固时，桩的平面布置以桩距最大（以利充分发挥桩侧摩阻力）和便于施工为原则。壁状加固和格栅状加固可根据上部荷载分布情况将搅拌桩布置成相互搭接的壁状体；当总桩数不足以形成壁状加固体时，可增添较短的连接桩，确保桩体连成壁状或格栅状。

五、下卧层地基强度的验算

当搅拌桩加固范围以下存在软弱下卧层时，应进行下卧层强度验算。可按《建筑地基基础设计规范》GB 50007—2002规定的方法进行计算。

计算中可将基础，搅拌桩体和桩周土视为一个复合土层，其压缩系数、压缩模量取桩和桩间土的复合指标，按应力扩散法进行验算（图11-23）

软弱下卧层的强度验算按下式进行：

$$P_z + P_{cz} \leqslant f_z \tag{11-7}$$

式中 P_z——软弱下卧层顶面处的附加压力值（kPa）；

P_{cz}——软弱下卧层顶面处，土的自重压力值（kPa）；

f_z——软弱下卧层顶面处经深度修正后的地基承载力特征值（kPa）；

对于条形基础和矩形基础，式（11-7）中的P_z值可按下列公式简化计算（图11-23）

条形基础
$$P_z = \frac{b(p_0 - p_c)}{b + 2h\tan\theta} \tag{11-8}$$

矩形基础
$$P_z = \frac{lb(p_0 - p_c)}{(b + 2h\tan\theta)(l + 2h\tan\theta)} \tag{11-9}$$

式中 P_0——基底平均压应力（kPa）；

b——矩形基础和条形基础底边的宽度（m）；

l——矩形基础底边的长度（m）；

p_c——基础底面处土的自重压力（kPa）；

h——基础底面至软弱下卧层顶面（搅拌桩底面）的距离（m）；

θ——地基压力扩散线与垂直线的夹角（°），可按表11-15采用。

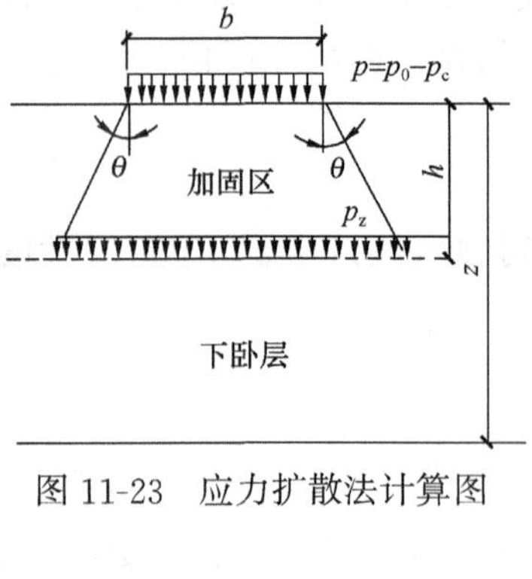

图11-23 应力扩散法计算图

地基压力扩散角 θ　　表11-15

E_{s1}/E_{s2}	z/b	
	0.25	0.50
3	6°	23°
5	10°	25°
10	20°	30°

注：1. E_{s1}为上层土压缩模量；E_{s2}为下层土压缩模量；

2. z/b<0.25时取$\theta=0°$，必要时，宜由试验确定；z/b>0.5时θ值不变。

当下卧层强度验算不能满足要求时，可重新设计单桩，直至满足要求。

六、沉降计算

当搅拌桩复合地基承受上部基础传递来的垂直荷载后，所产生的垂直沉降 S 包括桩土复合层本身的压缩变形 S_1 和桩土复合层底面以下天然地基土的沉降量 S_2，即 $S=S_1+S_2$。

（一）桩土复合层的压缩变形 S_1 可按下式进行验算

$$S_1=\frac{(P_Z+P_{ZL})L}{2E_{sp}} \tag{11-10}$$

式中 P_Z——桩土复合层顶面的平均压力（kPa）

$$P_Z=\frac{f_{spk}\cdot A-f_{sk}(A-F_1)}{F_1}$$

P_{ZL}——桩土复合层底面的附加压力（kPa）

$$P_{ZL}=R_b-\gamma_p L$$

γ_p——（桩土复合体的平均容重）

L——桩长（m）

E_{sp}——桩土复合体的变形模量（kPa）

$$E_{sp}=mE_P+(1-m)E_s$$

（式中 E_P 和 E_S 分别为桩身水泥土和桩间土的变形模量）E_P 按经验可取（100～120）f_{cu}。

式 11-10 是半理论，半经验的水泥土复合体压缩量计算公式，实际上是将搅拌桩连同桩间土视为一个整体，采用置换率加权作为复合模量，并以此作为计算参数，再用单向压缩的分层总和法求得 S_1 值。

根据大量水泥土单桩复合地基载荷试验资料，得到了在工作荷载下水泥土桩复合地基的复合模量，一般为 15～25MPa，其大小受面积置换率、桩间土质和桩身质量等因素的影响。且根据理论分析和实测结果，复合地基的复合模量总是大于由桩的模量和桩间土的模量的面积加权之和。大量的水泥土桩设计计算及实测结果表明，群桩体的压缩变形量仅变化在 10～50mm 间。

（二）桩土复合体底面以下未加固土体的压缩变形可按《建筑地基基础设计规范》GB 50007—2002 中规定的分层总和法进行计算。

七、设计参数的讨论

（一）桩侧土的摩阻力和桩端土的阻力

桩侧土的摩阻力和桩端土的阻力是搅拌桩单桩设计中的主要参数，通过搅拌桩工作机理的分析和现场不同类型桩的载荷试验实测资料表明，搅拌桩的桩侧摩阻力和桩端土的阻力比钻孔灌注桩的数值稍大。例如水泥土与淤泥的极限侧摩阻力约为 10～14kPa，与淤泥质土的极限侧摩阻力约为 14～24kPa；搅拌桩对深度 5～10m 的可塑砂质黏土的桩端阻力可达 400kPa，淤泥质土的桩端极限阻力约为 140～200kPa。因此对于无实测资料的地区或初次进行深层搅拌设计时，可参照同类土质条件下的钻孔灌注桩的桩侧摩阻力和桩端阻力的数据选择使用。

采用水泥作为固化剂材料，在其他条件相同时，在同一土层中水泥掺入比不同时，水泥土强度将不同，由于块状加固属于大体积处理，对于水泥土的强度要求不高，因此为了节约水泥，降低成本，可选用7%～12%的水泥掺量。当将水泥土复合地基作为建筑物、构筑物、路堤的基础时，水泥的掺入量宜为12%～20%。搅拌桩身的水泥土抗压强度 f_{cu} 主要根据室内强度试验确定，对于一般淤泥质土掺入12%～20%的水泥，其强度的标准值可达1MPa。但由于影响水泥土强度的因素比较复杂，被加固软土中的有机质、可溶盐含量，软土中水的酸碱度（pH值）和硫酸盐的含量都将影响水泥土的强度，因此搅拌桩设计前必须进行室内配比试验，选择合理的水泥品种、掺入比和适宜的外掺剂。

（二）桩间土承载力折减系数 β

桩间土承载力折减系数 β 是反映桩土共同作用的一个参数。如 $\beta=1$ 时，则表示桩与土共同承受荷载，由此得出与柔性桩复合地基相同的计算公式；如 $\beta=0$ 时，则表示桩间土不承受荷载，由此得出与一般刚性桩基相似的计算公式。

对比水泥土和天然土的应力-应变关系曲线及复合地基和天然地基的 P-s 曲线，可见，在发生与水泥土极限应力值相对应的应变值时，或在发生与复合地基承载力设计值相对应的沉降值时，天然地基所提供的应力或承载力小于其极限应力或承载力值。考虑水泥土桩复合地基的变形协调，引入折减系数 β，它的取值与桩间土和桩端土的性质，搅拌桩的桩身强度和承载力，养护龄期等因素有关。桩间土较好、桩端土较弱、桩身强度较低、养护龄期较短，则 β 值取高值；反之，则 β 值取低值。

另外基础刚度的不同也会明显影响桩间土承载力的发挥。对于水泥土搅拌桩顶有刚度较大的承台时，由于桩间土的变形模量远小于桩的变形模量，所以桩间土的强度得不到充分的发挥。而对路堤等土工构筑物，其上部结构的刚度相对较小，在荷载作用下，桩将向上部的垫层刺入即可使桩间土的强度得到充分发挥。所以在选取 β 值时，也应考虑上部结构的刚度因素。

确定 β 值还应根据建筑物对沉降要求有所不同。当建筑物对沉降要求控制较严时，即使桩端是软土，β 值也应取小值，这样较为安全；当建筑物对沉降要求控制较低时，即使桩端为硬土，β 值也可取大值，这样较为经济。

因此，对于桩端未达硬土的摩擦桩，一般取 $\beta=0.5$～0.9；对于桩端为硬土的摩擦支承桩则取 $\beta=0.1$～0.4。

（三）桩顶散粒垫层的铺设

根据搅拌桩复合地基的工作机理，应在搅拌桩顶和桩间土的顶部设置一层厚度为0.2～0.3m砂砾、碎石等组成的散粒垫层，以利将由上部结构基础传递下来的荷载均匀地分配到搅拌桩顶部和桩间土的面层，调整桩土荷载分担比，充分发挥桩间土的作用，也可以减少桩对基础底面的应力集中，防止桩对基础可能产生的冲切破坏。另外由于搅拌桩顶部强度较高，因此其顶面不易砍凿得十分平整，因此增添这样一层垫层也可改善基础和搅拌桩复合地基的接触条件，防止脱空现象。

散粒垫层所用材料可为中、粗砂、级配砂石，限制最大粒径一般不超过2cm，垫层的宽度应比基础略大，其宽出的尺寸不宜小于垫层的厚度。施工时应充分振捣、碾压密实。

（四）关于负摩擦力

工程中常见地表有回填土或新近沉积的欠固结土层。在搅拌桩复合地基受到上部荷载作用时，搅拌桩本身具有一定的压缩性，而且搅拌桩和桩间土能够同时下沉，不致于对桩周产生较大的负摩阻力。因此设计时可不考虑这部分土层固结所产生的负摩擦力，但同时也不考虑该土层提供的桩周摩阻力、桩间土地基承载力折减系数 β 可取为零。

（五）桩身全长水泥变掺量设计

设计者往往将水泥土桩理解为桩基，因此要求其像刚性桩那样，在桩长范围内强度一致，而且桩身强度越高越好。这是不符合复合地基基本假定的。根据室内模型试验和水泥土桩的加固机理分析，其桩身轴向应力自上而下逐渐减小，其最大轴力位于桩顶 3 倍桩径范围内。因此，在水泥土单桩设计中，为节省固化剂材料和提高施工效率，设计时可采用变掺量的施工工艺。现有工程实践证明，这种变强度的设计方法能获得良好的技术经济效果。因此，中华人发共和国行业标准《建筑地基处理技术规范》JGJ 79—2002 规定：

竖向承载搅拌桩复合地基中的桩长超过 10m 时，可采用变掺量设计。在全桩水泥总掺量不变的前提下，桩身上部三分之一桩长范围内可适当增加水泥掺量及搅拌次数；桩身下部三分之一桩长范围内可适当减少水泥掺量。

桩身强度亦不宜太高，应使桩身有一定的变形量，这样才能促使桩间土强度的发挥。否则就不存在复合地基，而成为桩基了。

固化剂与土的搅拌均匀程度对加固体的强度有较大的影响，实践证明采取复搅工艺对提高桩体强度有较好效果。

（六）关于单桩竖向承载力特征值 R_a 计算式中的 α 和 η

公式（11-3a）中桩端地基承载力折减系数 α 取值与施工时桩端施工质量及桩端土质等条件有关。当桩端为较硬土层时取高值。如果桩底施工质量不好，水泥土桩没能真正支承在硬土层上，桩端地基承载力不能充分发挥，这时取 $\alpha=0.4$。反之，当桩底质量可靠时取 $\alpha=0.6$，通常取 $\alpha=0.5$。

公式（11-3b）中的加固土强度折减数 η 是一个与工程经验以及拟建工程的性质密切相关的参数。工程经验包括对施工队伍素质、施工质量、室内强度试验与实际加固强度比值以及对实际工程加固效果等情况的掌握。拟建工程性质包括工程地质条件、上部结构对地基的要求以及工程的重要性等。目前在设计中一般对于干法取 $\eta=0.20\sim0.30$；对于湿法取 $\eta=0.25\sim0.33$。

对公式（11-3a）和式（11-3b）进行分析可以看出，当桩身实际强度大于（11-3b）式所提出的强度值时，相同桩长的承载力相近，而不同桩长的承载力明显不同。此时桩的承载力由桩侧土的抗力控制，增加桩长可提高桩的承载力。当桩身实际强度低于（11-3b）式所给值时，承载力受桩身强度控制。

（七）尽量避免采用"悬浮桩"设计

水泥土桩是介于刚性桩与柔性桩之间具有一定压缩性的半刚性桩，桩身强度越高，其特性越接近刚性桩；反之则接近柔性桩。桩越长，则对桩身强度要求越高。但过高的桩身强度对复合地基承载力的提高及桩间土承载力的发挥是不利的。为了充分发挥桩间土的承载力和复合地基的潜力，应使土对桩的支承力与桩身强度所确定的单桩承载力接近。通常使后者略大于前者较为安全和经济。

对软土地区，地基处理的任务主要是解决地基的变形问题，即地基是在满足强度的基础上以变形进行控制的，因此水泥土搅拌桩的桩长应通过变形计算来确定。对于变形来说，增加桩长，对减少沉降是有利的。实践证明，若水泥土搅拌桩能穿透软弱土层到达强度相对较高的持力层，则沉降量是可减少很多的。

对某一地区的水泥土桩，其桩身强度是有一定限制的，也就是说，水泥土桩从承载力角度，存在一有效桩长，单桩承载力在一定程度上并不随桩长的增加而增大。但当软弱土层较厚，从减少地基的变形量方面考虑，桩应设计得较长。原则上，桩长应穿透软弱土层到达下卧强度较高之土层，尽量在深厚软土层中避免采用“悬浮”桩型。

11.4.3 水泥土重力式挡墙的设计

水泥土搅拌桩最初是以垂直承载，以复合地基形式用于地基加固工程中的。嗣后，由于水泥土本身十分致密，具有良好的抗渗性能，其渗透系数可达 10^{-7}cm/s 数量级，即抗渗标号可达 B_6级；同时又具有一定的抗弯强度，可以承受一定的水平力。因此，近年来在软土地区被广泛用作开挖深度小于 6m 的基坑挡土、止水的围护措施，取得了较好的技术经济效果。但是搅拌桩终究是一种低强度的脆性材料，它的抗拉强度比抗压强度小得多，所以在围护结构中应该充分利用水泥土抗压强度较高的优点，尽量回避其抗拉强度较低的缺点。重力式挡墙结构就是充分利用结构本身的自重，而在墙体中拉应力控制得较小的一种结构形式。特别是将搅拌桩相互搭接，形成具有一定厚度的、封闭的格栅状水泥土挡墙，可将搅拌桩和桩间土视为一个可以共同作用的整体，就可以沿用重力式挡土结构进行计算，仅对其安全系数可视基坑工程的重要性而适当降低。

为了使柱状的水泥土单桩形成封闭状的格栅，相邻桩的桩位偏差不得大于 2cm，每根单桩的垂直度偏差不得大于 1.0%L（L——桩长），而相邻桩的搭接宽度不宜小于 20cm

一、断面设计

由深层搅拌单桩组成的格栅状或排桩块状水泥土挡墙的断面需要经过试算确定（参见图 11-24）。

初步确定水泥土挡墙的尺寸可按下列公式确定（对坑底土质较差者取高值）：

$$D=(0.8\sim1.2)h \quad (11\text{-}11a)$$

$$B=(0.6\sim0.8)h \quad (11\text{-}11b)$$

式中 D——水泥土挡墙埋入基坑底面以下的深度；

h——水泥土挡墙的挡土高度；

B——水泥土挡墙的底部宽度。

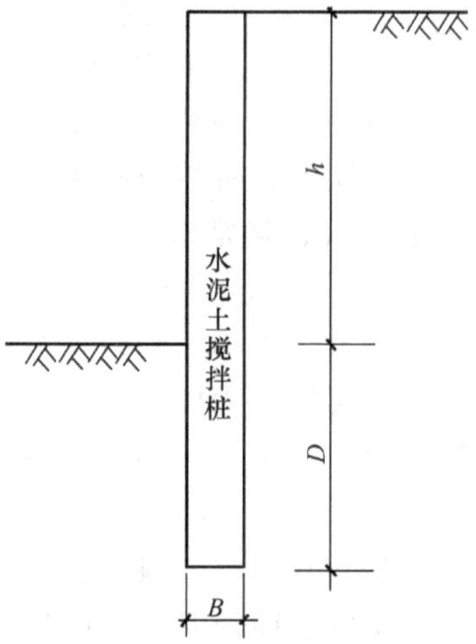

图 11-24 水泥土挡墙断面计算简图

当采用格栅状的水泥土挡墙型式时，水泥土桩的截面积应不小于整个挡墙截面积的 0.7；此时由水泥土桩体组成的临坑侧和临土侧纵向墙肢的净距离不宜大于 1.3m；而连接二道墙肢的横向墙肋的净距离则不宜大于 1.8m（图11-25）

当初步确定水泥土挡墙的尺寸后，需对此结构进行墙身强度验算、挡墙的抗倾覆、抗

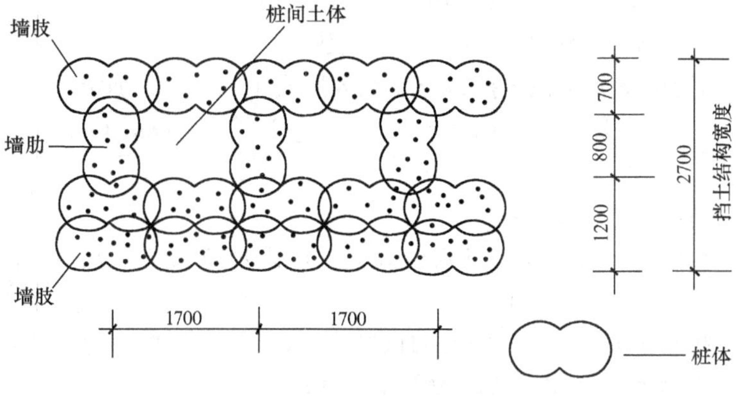

图 11-25 水泥土挡墙的形式

水平滑动、抗整体滑动等的结构整体稳定性验算、抗坑底部隆起和抗渗稳定验算。

二、结构整体稳定验算（图 11-26）

（1）抗倾覆稳定抗力分项系数按式（11-12）计算确定

$$\gamma_t = \frac{\Sigma M_{E_p} + G\dfrac{B}{2} - Ul_W}{\Sigma M_{E_a} + \Sigma M_W} \quad (11\text{-}12)$$

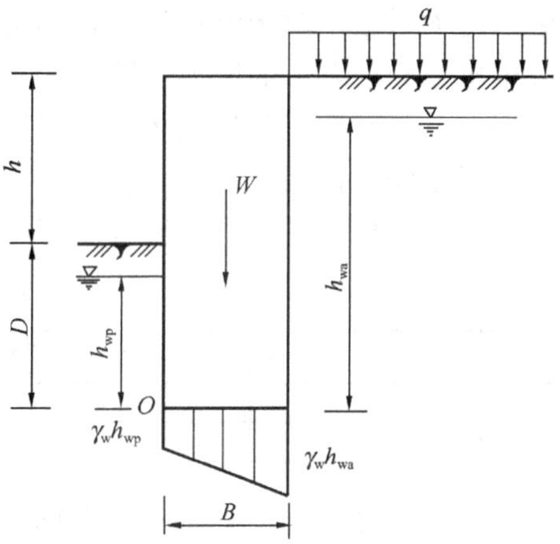

图 11-26 挡墙断面

式中 ΣM_{E_p}、ΣM_{E_a}——分别为被动土压力与主动土压力绕墙前趾 O 点的力矩和（kN·m/m）；

ΣM_W——墙前与墙后水压力对 O 点的力矩之和（kN·m/m）；

G——墙身重量（kN）；

B——墙身宽度（m）；

U——作用于墙底面上的水浮力，kPa；

$$U = \frac{\gamma_w (h_{wa} + h_{wp})}{2}$$

h_{wa}——主动侧地下水位至墙底的距离（m）；

h_{wp}——被动侧地下水位至墙底的距离（m）；

l_w——U 的合力作用点距 O 点的距离（m）；

γ_t——倾覆稳定抗力分项系数。

（2）水平滑动稳定抗力分项系数按式 11-13 计算确定。

$$\gamma_1 = \frac{\Sigma E_p + (G-U)\tan\varphi_{cu} + c_{cu}B}{\Sigma E_a + \Sigma E_W} \quad (11\text{-}13)$$

式中 ΣE_p、ΣE_a——分别为被动和主动土压力的合力（kN）；

ΣE_W——作用于墙前墙后水压力的合力（kN）；

φ_{cu}——墙底处土的固结快剪摩擦角（°）；

c_{cu}——墙底处土的固结快剪黏聚力（kPa）；

γ_1——水平滑动稳定抗力分项系数。

（3）圆弧滑动简单条分法稳定抗力分项系数按式 11-14 计算确定。

$$\gamma_s = \frac{\Sigma C_{cqi}L_i + \Sigma(q+\gamma_1 h_1 + \gamma'_2 h_2 + \gamma'_3 h_3)b\cos\alpha_i \tan\varphi_{cqi_i}}{\Sigma(q+\gamma_1 h_1 + \gamma_{2m} h_2 + \gamma_3 h_3)b\sin\alpha_i} \tag{11-14}$$

式中　q——地面荷载（kN/m^2）；

h_1，h_2，h_3——分别为计算土条坑外水位以上，坑内水位与坑外水位之间和坑内水位以下土条高度（m）；

γ_1、γ_2、γ_3——相对于 h_1，h_2，h_3 的土的重度（kN/m^3）带“′”者为浮重度，下角标 m 表示饱和重度；其余为天然重度；

α_i——每一分条滑弧中点至圆心连线和垂线的夹角（°）；

b——每分条宽度（m）；

γ_S——圆弧滑动稳定抗力系数。

（4）墙前后土压力宜用库仑公式计算，当用朗肯公式计算时得到的稳定抗力分项系数需乘以增大系数。对于倾覆稳定抗力分项系数的增大系数可取 1.20～1.40，对于水平滑动稳定抗力分项系数的增大系数可取 1.15～1.30，软土取低值，好土取高值。

（5）计算砂性土及粉土土压力采用水土分算。即水下土取浮重度，土压力与水压力共同作用于水泥土挡墙上。

（6）稳定抗力分项系数应大于表 11-16 规定的数值。

稳定抗力分项系数　　**表 11-16**

项　目	抗力分项系数	项　目	抗力分项系数
倾覆稳定 γ_T	1.0～1.1	圆弧滑动稳定 γ_s	1.2～1.3
水平滑动稳定 γ_1	1.1～1.2		

（7）对于黏性土，采用水土合算土压力时，倾覆稳定抗力分项系数 γ_S 应大于 1.5，水平滑动稳定抗力分项系数 γ_S 应大于 1.4。

（8）当基坑底面以下存在透水层时，稳定计算中应考虑透水层的不利作用。

三、基坑底抗隆起稳定性验算

当基坑底为软土时，应按以下两种条件验算坑底土涌起稳定性。

（1）因基坑外的荷载及由于土方开挖造成基坑内外的压差，使支护桩端以下土体向上涌土，可按式 11-15、图 11-27 验算。

$$\gamma_D = \frac{N_c \cdot \tau_0 + \gamma \cdot t}{\gamma(h+t)+q} \tag{11-15}$$

式中　N_c——承载力系数，N_c=5.14；

τ_0——由十字板试验确定的总强度（kPa）；

γ——土的重度（kN/m^3）；

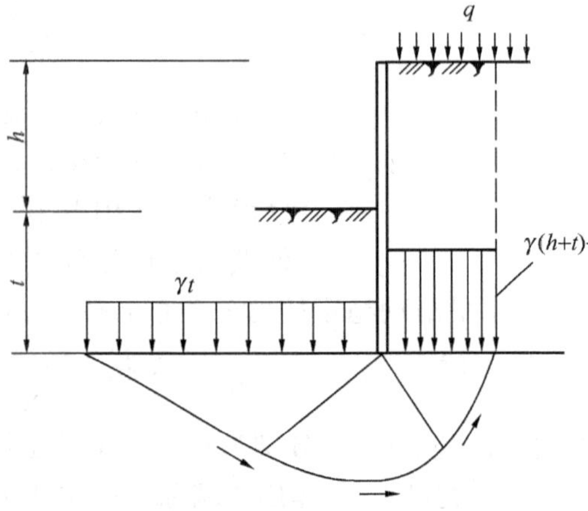

图 11-27　基坑底抗隆起稳定性验算

γ_D——入土深度底部土隆起抗力分项系数，$\gamma_D \geqslant 1.4$；

t——支护结构入土深度（m）；

h——基坑开挖深度（m）；

q——地面荷载（kPa）。

（2）考虑支护桩墙弯曲抗力作用的基坑底土体向上涌起，可按式 11-16、图 11-28 验算。

$$\gamma_h = \frac{M_p + \int_0^{\chi} \tau_0 (t\mathrm{d}\theta)}{(q + \gamma h)t^2/2} \tag{11-16}$$

式中　M_p——基坑底部处支护桩、墙横截面抗弯弯矩标准值（kN·m）；

γ_h——基坑底部处土隆起抗力分项系数，$\gamma_h \geqslant 1.3$

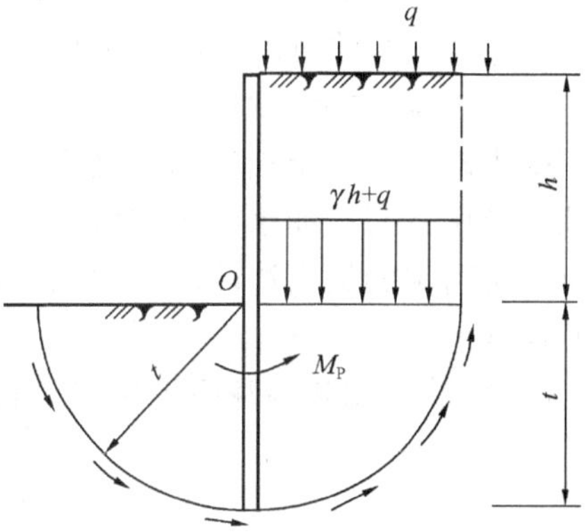

图 11-28　基坑底抗隆起稳定性验算

（3）提高基坑底面隆起稳定性的措施有：

①水泥土挡墙的墙底宜选择位于强度较高的土层中；

②尽可能降低墙后地面标高；

③基坑开挖施工过程中采用降水措施。

四、基坑底抗渗流稳定性验算

（1）当上部为不透水层，坑底下某深度处有承压水层时，按式（11-17）、图 11-29 验算渗流稳定。

$$\gamma_{Rw} = \frac{\gamma_m (D + \Delta D)}{P_w} \tag{11-17}$$

式中　γ_m——透水层以上土的饱和重度（kN/m^3）；

$D+\Delta D$——透水层顶面距基坑底面的深度（m）；

P_w——含水层水压力（kPa）；

γ_{Rw}——基坑底土层渗流稳定抗力分项系数（$\gamma_{Rw} \geqslant 1.2$）。

当由 11-17 式验算不满足要求时，应采取降水等措施。

（2）当坑底下某深度范围内，无承压水层时，可用式（11-18）、按图 11-30 验算渗流稳定。

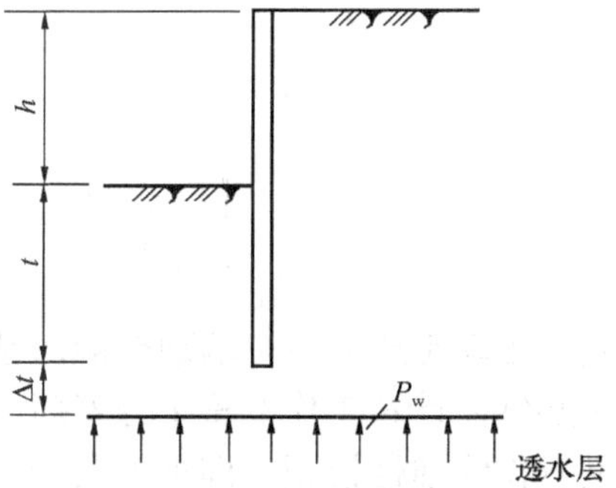

图 11-29　基坑底抗渗流稳定验算

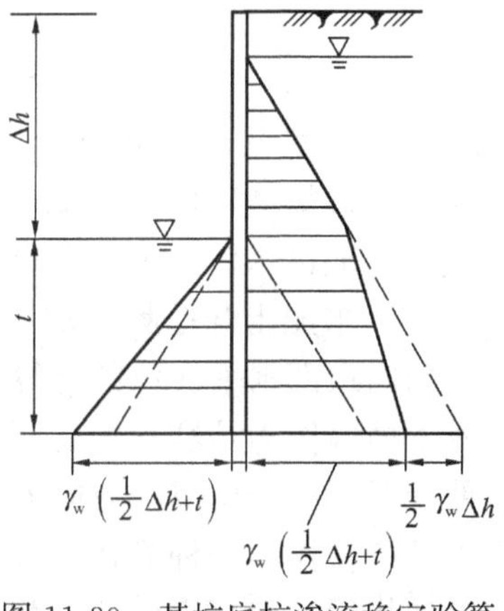

图 11-30　基坑底抗渗流稳定验算

$$\gamma_{Rw}=\frac{\gamma_m t}{\gamma_{w(\frac{1}{2}h'+t)}} \tag{11-18}$$

式中 γ_m——D 深度范围内土的饱和重度（kN/m³）；

h'——基坑内外地下水位的水头差（m）；

γ_{Rw}——基坑底土层渗流稳定抗力分项系数（$\gamma_{Rw}\geqslant 1.1$）；

γ_w——水的重度（kN/m³）。

五、挡墙结构强度核算

初步确定水泥土挡墙的厚度 B 后，由于侧向土压力对墙身将会产生弯矩，使墙体处于偏心受压状态，而水泥土挡墙墙身强度较低，因此应该限制在墙身任意截面上，由于偏心荷载所引起的最大边端压应力 σmax、最小边端压应力 σmin 和剪应力 τ 不得超过墙身允许的强度值。

（一）墙下端和墙身应力由式（11-19）确定

$$\sigma_{\min}^{\max}=\gamma_c z+q\pm\frac{M_y x}{I_y} \tag{11-19}$$

式中 $\sigma_{\min}^{\max}$——计算断面水泥土壁面的最大、最小正应力；

γ_c——土体与水泥土墙身的平均重度，可取 18～19kN/m³（水泥掺量高者取大值）；

z——自墙顶算起的计算断面深度（m）；

q——挡墙顶部的地面超载（kPa）；

M_y——计算断面墙身力矩（kN·m/m）；

I_y——计算断面的惯性矩（m⁴）；

x——由计算断面形心起算的最大水平距离（m）。

但是考虑到深层搅拌施工的不均匀性，因此应控制：

$$\sigma_{max}\leqslant 0.5f_{cu}$$

$$\sigma_{min}\leqslant 0.075f_{cu}$$

式中 f_{cu}——水泥土墙身抗压强度设计值；

（二）墙身剪应力

$$\tau=\frac{E_{ai}-G_i\lambda}{B}<0.15f_{cu} \tag{11-20}$$

式中 E_{ai}——验算截面以上的主动土压力（kN/m）；

G_i——验算截面以上的墙身重量（kN）；

λ——墙体水泥土的抗剪断系数取 0.4～0.5；

f_{cu}——水泥土开挖龄期抗压强度（kPa）。

六、挡墙顶部水平变位的计算

水泥土挡墙作为基坑开挖的围护结构，在承受侧向主动土压力后，墙顶会倾向基坑变位，这种变形可以采用空间有限元法进行分析，但是必然使计算工作变得十分繁琐，难以在工程中推广。作为一种简化的计算方法，可把地基看作线弹性模型，即把侧向受力的地基土用单独作用的弹簧来模拟，弹簧之间互不影响，弹簧受力与其位移成比例，引用水平

承载桩计算的 m 法计算位移。但是对计算结果影响颇大的弹簧系数，对不同土类的变化甚大，高低值可相差 2～3 倍，也就是水平位移的计算值可能相差较大。因此在目前缺少土工试验常规指标与土的弹簧常数之间的定量关系的情况下，可采用下式估算挡墙顶部的水平位移 Δ：

$$\Delta = \frac{h^2 L_{\max} \xi}{DB} \text{ (mm)} \tag{11-21}$$

式中 $L_{\max}$——基坑的最大边长（m）；

ξ——施工质量系数，可取 0.8～1.5（施工质量优者取低值）

为了减少墙顶水平变形，可在水泥土挡墙顶面设置一道钢筋混凝土圈梁，梁的宽度与挡墙顶宽一致，厚度 20cm，且可用插筋将圈梁和墙身连结起来，插筋深度不少于 1m，直径不小于 ϕ12mm，每根桩身一根。

11.4.4 劲性水泥土壁式挡墙（SMW 工法）的设计

上节所介绍的水泥土重力式挡墙，由于水泥土虽具有良好的抗渗性能，但是抗弯性能较差，因此所采用的水泥土挡墙厚度较大，占用空间较多，这在寸土寸金的城市中要扩大使用就比较困难。另外当基坑开挖深度大于 6m，采用水泥土重力式挡墙结构型式也不十分合理。日本成幸工业株式会社，在 20 世纪 80 年代中期，首先在现场的壁状水泥土中插入劲性型钢，并在计算中考虑型型钢主要承受基坑开挖过程的土压力和水压力，而水泥土排桩仅作为抗渗措施，因此水泥土墙的厚度可以大大减薄，从而形成一种新颖的劲性水泥土壁式挡墙，在日本称之为 SMW 工法。

虽然劲性水泥土壁式挡墙是一种具有承力和止水功能的复合结构，但在计算中基本上还是由劲性的型钢（H 型钢、厚壁钢管等）承受土压力和水压力，而水泥土墙的功能是止水。日本材料协会曾就 H 型钢和水泥土的共同作用进行过试验，发现水泥土壁式挡墙的抗弯刚度比单排型钢要高出 20%，特别是挠度的减少更加显著。但是考虑到水泥土墙体施工变化因素较多，其承载能力变化幅度较大，因此将这部份的承载力作为安全储备是合理的。

一、设计的一般规定

对于劲性水泥土壁式挡墙工程中的地基加固、基坑降水、内支撑体系与土石方开挖等相关分项工程的设计与施工应遵照《建筑基坑工程技术规范》YB 9258—97、《建筑地基基础设计规范》GB 50007—2002、《建筑地基处理技术规范》JGJ 79—2002、中有关规定进行。另外所用材料也应符合现行的国家行业或当地的有关规定。

关于这种新颖挡墙设计的一般规定为：

1. 劲性水泥土的壁式挡墙是在连续相割的三根水泥土搅拌桩中插入型钢（以工字钢为主），形成复合挡土止水结构。常用的三轴搅拌机叶片的直径有 650、850 和 1000mm 三种。

2. 水泥土桩应采用 PO32.5 级的普通硅酸盐水泥，其掺量应大于 20%拌制、水泥浆的水灰比可为 1.5～2.0，且在不妨碍型钢插入的前提下尽量用低值，以确保水泥土的标准强度不小于 1.0MPa；渗透系数不宜小于 1×10^{-7}cm/s。

3. 劲性水泥土壁式挡墙中插入型钢的间距应根据计算确定。常用的形式有全插和间

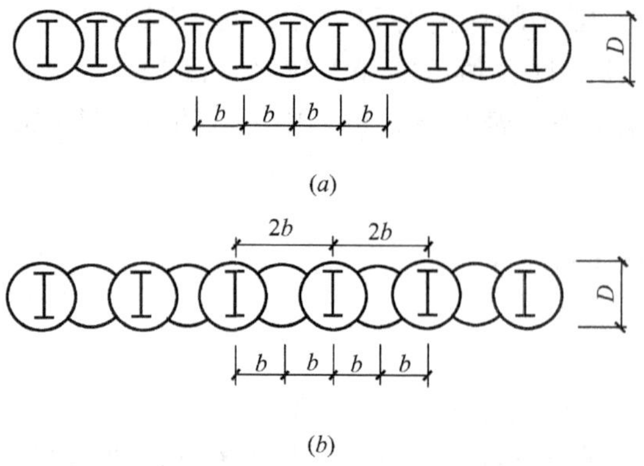

图 11-31 型钢插入的平面布置图
(a) 全插型；(b) 间插型

插两种。如图 11-31 所示。

4. 采用劲性水泥土壁式挡墙的基坑，其坑外地面超载不宜大于 20kPa。

5. 计算劲性水泥土壁式挡墙的抗弯刚度时，一般只考虑内插型钢的截面刚度。

6. 插入水泥土挡墙中的型钢，应预先采用可靠的减阻措施，以利基坑工程完成后，可将型钢拔出回收，从而降低基坑工程的造价。

二、设计计算

1. 劲性水泥土壁式挡墙内插型钢的入土深度应满足基坑抗降起、抗倾覆、整体稳定性和挡墙的内力、变形的计算要求，也应满足基坑抗渗流和抗管涌稳定性的要求。在进行挡墙内力和变形计算以及基坑上述各项稳定性分析时，墙深以内插型钢底端为准，不计算型钢底端以下水泥土墙体的作用。

2. 对于劲性水泥土壁式挡墙应验算型钢的抗弯强度；

$$f_{SM} \geqslant \frac{M}{W} \tag{11-22}$$

式中 f_{SM}——型钢的抗弯强度设计值（N/mm^2）；

M——挡墙的弯矩设计值（N・mm）可取计算得到的弯矩标准值再乘以 1.25；

W——型钢沿弯矩作用方向的截面模量（mm^3）。

3. 劲性水泥土挡墙的剪力也应全部由型钢承担，并按式（11-23）验算型钢的抗剪强度：

$$f_{SV} \geqslant \frac{QS}{Ih} \tag{11-23}$$

式中 f_{SV}——型钢的抗剪强度设计值（N/mm^2）；

Q——挡墙的剪力设计值（N），可取计算得到的剪力标准值再乘以 1.25；

S——计算剪应力处的面积矩（mm^3）；

I——型钢沿弯矩作用方向的截面惯性矩（mm^4）；

h——型钢腹板厚度（mm）。

4. 劲性水泥土壁式挡墙尚应验算水泥土搅拌桩身局部抗剪承载力，包括型钢与水泥

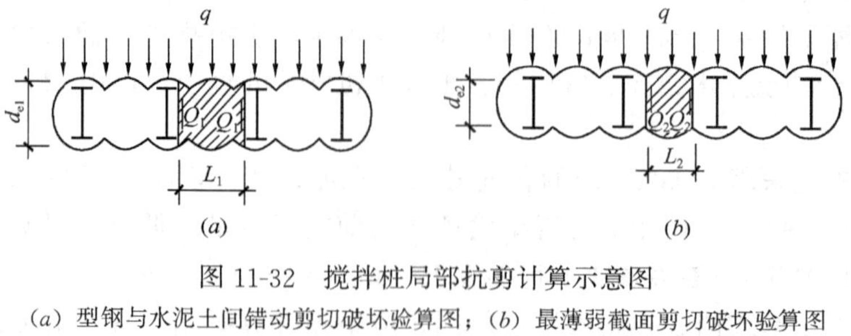

图 11-32 搅拌桩局部抗剪计算示意图
(a) 型钢与水泥土间错动剪切破坏验算图；(b) 最薄弱截面剪切破坏验算图

土之间的错动剪切和水泥土最薄弱截面处的局部剪切如图 11-32 所示。

(1) 型钢水泥土之间的错动剪切承载力应按下式验算：

$$\tau_1 = \frac{Q_1}{d_{e1}} \leqslant \tau_c/\eta_2 \tag{11-24}$$

$$Q_1 = \eta_1 q L_1/2 \tag{11-25}$$

式中 τ_1——型钢与水泥土之间的错动剪应力标准值（N/mm^2）；

Q_1——型钢与水泥土之间单位深度范围内的错动剪力标准值（N/mm）；

q——计算截面处作用的侧压力标准值（N/mm^2）；

L_1——型钢翼缘之间的净距（mm）；

d_{e1}——型钢翼缘处水泥土墙体的有效厚度（mm）；

τ_c——水泥土抗剪强度标准值(N/mm^2)，可取水泥土无侧限抗压强度标准值的$\frac{1}{15}$～$\frac{1}{10}$，对于淤泥或淤泥质土层，宜取低值；

η_1——剪力计算经验系数，可取 0.6；

η_2——水泥土抗剪强度调整系数，可取 1.6。

(2) 在型钢隔孔设置时，应对水泥土搅拌桩按下式进行最薄弱断面的局部抗剪验算：

$$\tau_2 = \frac{Q_2}{d_{e2}} \leqslant \tau_c/\eta_2 \tag{11-26}$$

$$Q_2 = \eta_1 q L_2/2 \tag{11-27}$$

式中 τ_2——水泥土最薄弱截面处的局部剪应力标准值（N/mm^2）；

Q_2——水泥土最薄弱截面处单位深度范围内的剪力标准值（N/mm）；

L_2——水泥土最薄弱截面的净距（mm）；

d_{e2}——水泥土最薄弱截面处墙体的有效厚度（mm）；

η_1，η_2——同前。

三、构造要求

1. 水泥土墙深应比型钢底端再加长 0.5～1.0m，以保护型钢不被锈蚀。

2. 劲性水泥土壁式挡墙中的型钢尺寸通常可取：

(1) 当墙厚为 650mm 时，型钢尺寸可取 H500×300

(2) 当墙厚为 850mm 时，型钢尺寸为 H700×300

(3) 当墙厚为 1000mm 时，型钢尺寸可为：H850×300

3. 挡墙的顶部，应设置一道闭合的钢筋混凝土圈梁，其高度应大于 600mm，宽度可比墙厚再增加 250mm。

11.5 施工技术

11.5.1 概要

我国于 1977 年从日本引入软土地基深层搅拌加固技术的思路，随即自行进行水泥土室内试验、研制开发施工机械和相应的施工工艺，并先于国外在陆上将深层搅拌法大量应用于工业建筑、民用房屋和市政工程的软基加固工程中。经过40年的先后发展，已形成喷浆和喷粉两大系列的深层搅拌施工技术。虽然这两大系列深层搅拌技术加固土的原理、室内试验内容、设计计算方法与顺序、固化剂材料及施工质量检验等方面均无明显的不同。但是，由于所使用的固化剂状态不同，即喷浆型深层搅拌法的固化剂的主剂剂型是水泥浆液；而喷粉搅拌法的固化剂是水泥干粉。因此两大系列深层搅拌法的施工机械与施工方法则有很大的不同。目前喷浆型湿法深层搅拌机械在国内已能批量生产出单、双搅拌轴两个品种，并且开始涉及三轴及多搅拌轴机型的研制、生产工作。喷粉搅拌机（干法）目前仅有单搅拌轴一种机型。

11.5.2　深层搅拌机械参数的确定

一、驱动功率估算和选用

无论干法还是湿法、无论单轴还是双轴的深层搅拌机械的搅拌头在软土中回转，必须克服三项阻力，其值分别按下式计算：

（一）土体对搅拌轴的附着阻力矩 T_1：

$$T_1=\frac{c\pi D_1^2 H}{2\alpha S} \tag{11-28}$$

式中　c——土质附着系数，可取4～6kPa；

D_1——搅拌轴外径（cm）；

H——搅拌轴长度（m）；

α——固化剂掺入系数，可取0.2～0.4；

S——土的灵敏系数，可取2～3。

（二）搅拌头叶片与土体摩擦阻力矩 T_2：

$$T_2=\frac{1}{3}f\cdot P\cdot D_2 \tag{11-29}$$

式中　f——搅拌叶片与土体摩擦阻力系数，可取0.2；

P——叶片推力，可取10kN；

D_2——搅拌叶片外径。

（三）搅拌叶片旋转切土时土体的阻力矩 T_3

深层搅拌机的搅拌头包括切削叶片和搅拌叶片两种叶片，在回转时均产生切土阻力：

1. 切削叶片切土阻力矩 T'_3：

$$T'_3=\frac{Z'\beta c_1 h_1 D_2^2\sqrt{\cos\theta}}{2\alpha S} \tag{11-30}$$

式中　Z'——切削叶片数量；

β——切土效率系数，$\beta=\frac{v}{3n}$；

v——深层搅拌机提升速度；

n——搅拌头的转速；

c_1——原状土的黏聚力；

h_1——切削叶片的高度；

θ——切削叶片的角度。

2. 搅拌叶片拌土阻力矩 T''_3：

$$T''_3 = \frac{Z''\beta c_2 h_2 D_2^2 \sqrt{\cos\theta}}{2\alpha S} \tag{11-31}$$

式中 Z''——搅拌叶片的数量；

c_2——扰动土体的黏聚力，可取 $c_2=\left(\frac{1}{3}\sim\frac{1}{4}\right)c_1$；

h_2——搅拌叶片的高度。

因此总阻力矩 T 为：

$$T = T_1 + T_2 + T'_3 + T''_3$$

所以驱动功率 N 为：

$$N = \frac{T \cdot n}{974\eta} \tag{11-32}$$

式中 η——机械传动效率，可取 0.6～0.7。

根据计算的驱动功率 N，再考虑一定的功率储备，即可选定驱动电机的功率。

二、搅拌轴回转速度的确定

深层搅拌的拌和效果通常由拌和次 G 来表示，土体中任一点经叶片搅拌的次数越多，土与水泥的拌和越均匀，水泥土的强度也越高。但是搅拌次数过多，所费工时较长，也并不经济。大量的室内试验表明：只要土体和水泥的拌和次数达到 20 次，水泥土的强度就能达到较高的恒定值。因此深层搅拌机械的搅拌轴每分钟的回转数 n，可按下式计算：

$$n = \frac{G \cdot v}{h \sum Z} \tag{11-33}$$

式中 h——叶片平均垂直高度；

$\sum Z$——叶片的总数。

由式（11-33）可见，搅拌回转速度约为 30～60 转/分（r/min），回转速度过快易在搅拌头上形成“土团”，将大大影响搅拌效果。

三、最大提升力的估算

深层搅拌机正常作业时，搅拌机先旋转切土下沉，当达到设计深度后，提升搅拌主机并泵出水泥，按要求的速度边提升边搅拌，此时的提升力称为工作提升力，约 30～50kN，但是在施工过程中，可能由于特殊情况使电机停止转动，而驱动电机的功率又不足于带负荷起动，因此就需要将深层搅拌机从地下深处直接提出地面，此时的提升力称为事故提升力。事故提升力可比工作提升力大数倍，所以在选用提升机械时应考虑这一工况，事故提升力包含以下几项阻力。

（一）深层搅拌机的自重 q_1；

（二）搅拌轴、中心管与土体的附着阻力 q_2；

$$q_2 = 3c\pi D_1 H \tag{11-34}$$

（三）叶片上部堆积的土重 q_3；

$$q_3 = \sum Z \cdot b(D_2 - D_1)\gamma H \tag{11-35}$$

式中　b——叶片的宽度；

γ——土的重度；

因此总提升阻力 $q=q_1+q_2+q_3$。所以深层搅拌机的最小提升能力应大于 q。

四、灰浆泵选择及输浆管路计算

深层搅拌法所用的固化剂是通过灰浆泵经输浆管路压入软土中的，所以灰浆泵是深层搅拌机械中重要设备之一。灰浆泵有定量泵和变量泵两种，定量泵的排浆量为一固定值，如建筑工程中常用的HB6-3型灰浆泵的排浆量为 $3m^3/h$。变量泵是通过变量油泵驱动柱塞作往复运动，由供油量的改变达到排浆量的改变。

要使水泥浆在管路中流动，其输送压力须大于水泥浆与管壁之间的摩擦力，该阻力与水泥浆的稠度、流速等因素有关。一般灰浆泵最佳的输送稠度为8～12cm，而水泥浆在管路中的平均流速为30m/min，因此输浆管路最小的内径 d 可按下式计算：

$$d = \sqrt{\frac{4Q}{\pi \bar{v}}} \tag{11-36}$$

式中　Q——灰浆泵的额定输浆量（m^3/h）；

$\bar{v}$——水泥浆在管路中的平均流速；

五、提升速度的计算

深层搅拌桩桩身水泥土的强度与水泥的掺入量有关，对于采用定量灰浆泵时，要改变水泥的掺量，主要靠改变深层搅拌机的提升速度来实现。对应某一水泥掺入比 a_w 所要求的提升速度 v 可由下式决定：

$$v = \frac{\gamma_d Q}{F\gamma a_w(1+\alpha_c)} \tag{11-37}$$

式中　γ_d，γ——分别为水泥浆和土的重度；

F——搅拌头一次切割土的截面积；

α_c——水泥浆的水灰比。

11.5.3　深层搅拌机械

一、喷浆型

喷浆形式的深层搅拌机是以水泥浆作为固化剂的主剂，通过搅拌头强制将软土和水泥浆拌合在一起。目前国外的深层搅拌主机大多具有偶数根搅拌轴（2、4、6或8根搅拌轴），也即一次可制作出2根、4根、6根或8根相互相割的搅拌桩，每根搅拌桩最大的直径可达1.25m，每组搅拌桩的截面积可达 $4\sim5m^2$，一次最大的加固面积可以达到 $9.6m^2$。国内则主要是双搅拌轴和单搅拌轴的喷浆型深层搅拌机。

（一）SJB型深层搅拌机

SJB型深层搅拌机是双搅拌轴型机，每施工一次可打设一根双联“8”字形的深层搅拌桩。该机由电机、减速机、搅拌轴、搅拌头、中心管、输浆管、单向球阀、横向系板等组成（图 11-33）。

1. 电机

电机是深层搅拌的动力源，目前常用的有二类：

（1）潜水电机：考虑到深层搅拌机除了进行陆上软土地基加固外，还能进行水下软基的加固，可以选用两台充油式潜水异步电机。

电机的定子和转子采用 JO_2 系列标准硅钢片，定子绕组用 NQ 型防水漆包线绕成。电机外壳用无缝钢管制造，外径 ϕ354mm。其内部充满 DB-25 号变压器油，以适应水下工作。电机输出功率为 30kW，额定转速 730r/min，空载电流 15A 左右。使用潜水电机的优点是水陆两用，而且潜水电机壳内充满变压器油所以过载能力强，当地基中具有局部硬物造成搅拌头停转时，在短时间内电机的温升不致过高，不易烧毁。但是这类电机在陆上施工时，另需配备一个密封的外水箱，由循环水进行电机冷却。使深层搅拌机动力部分结构变得复杂，增加维修难度。

（2）风冷立式电动机：针对仅在陆上施工的深层搅拌机可以采用风（空气）冷却型的立式电机，功率 37kW、55kW，转速 1460r/min。

2. 减速器

当选用潜水电机，为了缩小双轴型深层搅拌机动力部分的体积，对减速机可采用两级 2K-H 行星齿轮减速器。电机出轴通过一个浮动联轴器将动力传至第一级行星减速中心齿轮，带动三个行星齿轮自转，并绕固定齿轮公转，从而使行星架以较低的速度转动，第二级同理。使电动机的转速（例如 730r/min）通过两级减速能降到 45r/min。

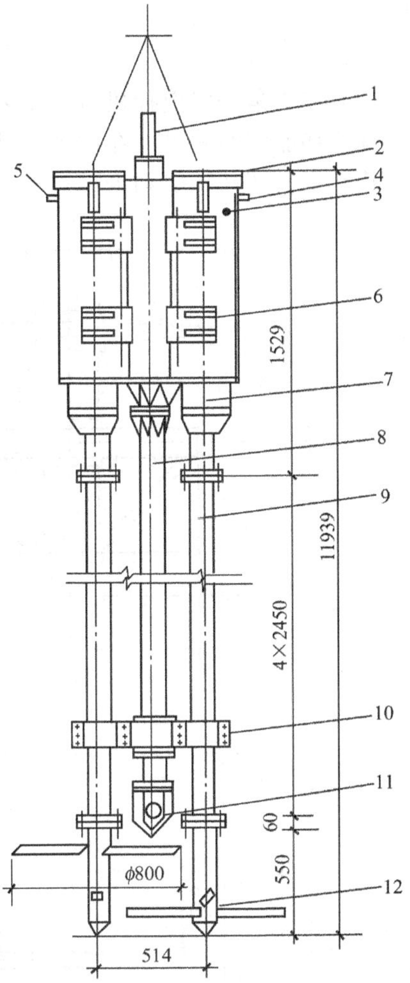

图 11-33 SJB 型深层搅拌主机
1—输浆管；2—外壳；3—电机；4—进水口；5—出水口；6—导向滑块；7—减速器；8—中心管；9—搅拌轴；10—横向系板；11—球阀；12—搅拌头

随着我国机械制造技术的发展，研制出了摆线针轮减速机，这类减速机的机械效率高于齿轮减速机，使用时的噪声也较低，而且由于配备有循环油装置，能够保证润滑状态和油面检查。近年出品的深层搅拌机大都选用这类减速机，常用的有 XLD30-9 型摆线针轮减速机。

3. 搅拌轴

用 ϕ127×10 无缝钢管制成，二端有法兰接头。其上端与减速器相连、下端与搅拌头相接，起承上启下传递扭矩的作用。在法兰连接处内部有六方体接头，以确保扭矩的传递。为适应不同加固深度和方便运输，搅拌轴每节长度为 2.5m。

采用法兰式连结的搅拌轴的机械加工简单，传递扭矩的可靠性高。但是法兰盘凸缘的外径大于搅拌轴的外径，增加了入土的阻力，特别是在水泥土中复搅下沉时的阻力增加较大，为了克服该缺点，可采用内接螺纹式连接，但搅拌轴的装拆需利用电机的正反转才能完成。

4. 搅拌头

搅拌头是深层搅拌机械的重要部件，它直接影响水泥浆和软黏土的拌和均匀程度，决定着地基加固的效果。在国外是技术专利。根据我国的技术经济条件，先后研制过笼形、三叶片式、两叶片式和带齿二叶片等几种搅拌头（参见图11-34）。

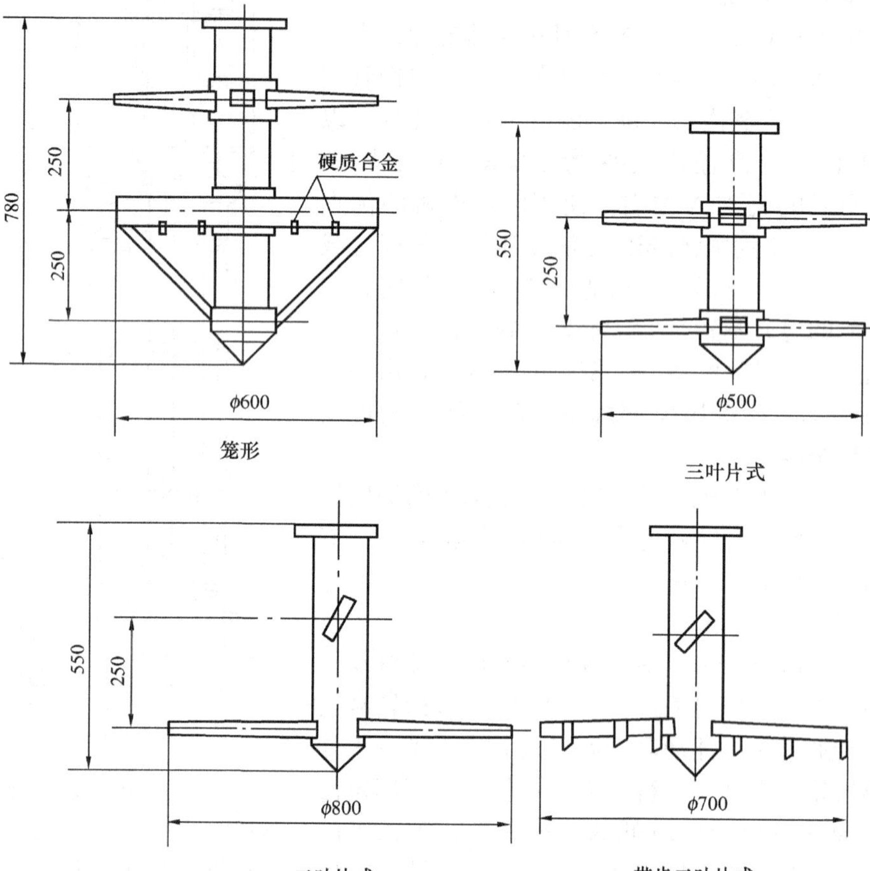

图11-34 几种搅拌头的外形

5. 中心管和输浆管

早期开发的深层搅拌机均采用中心管结构形式，中心管是整个机械的中心支柱，主要是支承左右两根搅拌轴。其上端与外筒法兰连接，下端通过横向系板将两轴一管连成整体。中心管用$\phi140\times10$无缝管制成，每节长度与搅拌轴相同，两端均带法兰。

输浆管是用：$2\frac{1}{2}$英寸镀锌铁管制成，插入中心管后，用法兰与外筒固定。

6. 单向球阀

深层搅拌机沉入土中时，为防止软黏土涌入输浆管，特在输浆管口设置单向球阀，这是SJB型深层搅拌机的一个特点。单向球阀球体用高密度聚乙烯制成，抗压强度达到100MPa，受力变形小，加工性能好，且比重为0.96。当搅拌机下沉时，球阀受水或土的上托力作用而堵住输浆管口；提升机械时，球体又能被水泥浆推开，起到单向阀门的作用。球阀支承架采用三爪外护罩。实践表明，这种形式的支承架能改善软黏土粘附现象，效果良好。

深层搅拌机械采用中心管和单向球阀的结构形式是基于水泥类固化剂中，除了主剂——水泥以外，另外可以掺入中粗砂、粉煤灰、矿渣等粗粒材料，以增加水泥土的强度，减少水泥用量。但是由于中心管的存在，增加了整机沉入土中的阻力，特别在水泥土中复搅下沉时的阻力。因此又开发出了双搅拌轴、无中心管、叶片排浆型深层搅拌机。由于出浆口的直径较小，因此所使用的水泥浆要仔细过滤，防止堵塞出浆口，而且固化剂中不能添加粗粒外掺剂。

7. 提升装置

深层搅拌机械需沿着导向架上下移动进行深层搅拌的各种工序施工过程。早期开发的深层搅拌机械是在轮胎式吊车上悬挂一副导向架，然后安装深层搅拌机，利用吊车的动力来提升、下降搅拌机。这种配置对于开发深层搅拌技术是简化了机械制造的部件，促使深层搅拌技术的及早定型。但是，对每一个施工单位都要固定一部吊车用于升降深层搅拌机无疑会增大施工成本。因此随后陆续制造出了单边立柱（刚架）走管式动力头型深层搅拌机、单边磨盘步履式深层搅拌机、中心塔架轨道型深层搅拌机等。这几种机型各自有优缺点：单边型机械由于搅拌机构偏于机架的一侧，所以能够紧靠邻近建（构）筑物进行施工；设备整体性能好，拆装简单，但需要另外有吊车配合作业。而且由于整套机械的重心偏于一侧，所以稳定性较差。特别当搅拌头遇到地表填土层中所含有的较大石块等障碍时，会使整机激烈晃动而有倾倒之虑。而中心塔架型机械，由于底盘跨度大，整座机械的重心位于底盘中部，所以整机稳定性好，特别适于软土层厚，填土厚度不均匀、且未充分压实的工程应用。

中心塔架型深层搅拌机的底盘宽度可达6m，因此一次加固宽度可超过5m。其纵横向移动常采用摆线针轮减速装置，通过链条控制走轮沿轻轨前后移动，行走中所产生的噪声较低。上部井字形的塔架嵌装在下部底盘的凹槽中，使整体连结性提高，增加施工中的安全性。

深层搅拌机的提升装置有两种形式：一是齿轮换挡式；一是无级调速式。前者具有操作方便，水泥掺量恒定可靠的优点；后者适合于变（水泥）掺量的施工工艺，当设计掺量较高时，也能采用一次喷浆、一次重复搅拌的工艺完成施工，从而避免了多次喷浆、多次搅拌施工工艺带来的重复下沉困难、桩身接头多、完整性差以及施工速度慢等弊端。

国产双轴深层搅拌机械参数见表11-17。

（二）DSJ 型单轴深层搅拌机

对于中小型的深层搅拌加固工程，其电容量供应一般较小。或者在软上分布特别深厚的地区，深层搅拌桩达不到地基中的相对硬层，而形成纯摩擦桩地基加固工程，可采用单搅拌轴制成的单根搅拌桩。

单轴深层搅拌机的组成，基本上和双轴机相似。由于只有一根搅拌轴机时无中心输浆管，因此单轴机的组成包括：电动机、减速器、旋转密封接头、搅拌轴和搅拌头等部件组成。

国产双轴深层搅拌机技术参数 表 11-17

型　号	SJB-Ⅰ	SJB-Ⅱ	T-600
电机功率	2×30kW	2×40kW	2×30kW
搅拌头直径	2×ϕ700	2×ϕ700	2×ϕ600
搅拌头数量	2	2	2
搅拌头转速	46r/min	46r/min	30～60r/min
额定扭矩	2×6.4kN·m	2×8.5kN·m	
搅拌头间距	514mm	514mm	600mm
一次加固面积	0.71m²	0.71m²	0.57m²
最大加固深度	12m	18m	15m
喷浆方式	中心管喷浆	中心管喷浆	叶片喷浆
电机减速装置	二级行星齿轮减速	二级行星齿轮减速	摆线针轮减速

国产单轴深层搅拌机的技术参数见表 11-18 典型机械外形如图 11-35 所示。

国产单轴深层搅拌机技术参数 表 11-18

型　号	DSJ22	DSJ30	DSJ37	DSJ-Ⅱ	DSJB-37D
钻机功率（kW）	22	30	37	30	37
一次加固面积（m^2）	0.2	0.28	0.5	0.2	0.384
最大加固深度（m）	15	15	15	22	18
最大钻杆扭矩（kN·m）	3.32	4.52	5.60	0.50	7.5
钻杆转速（r/min）	57	57	57	59	45
最小提速（m/min）	0.5	0.5	0.5	0.4	0.5
全机功率（kW）	33	41	46	41	46

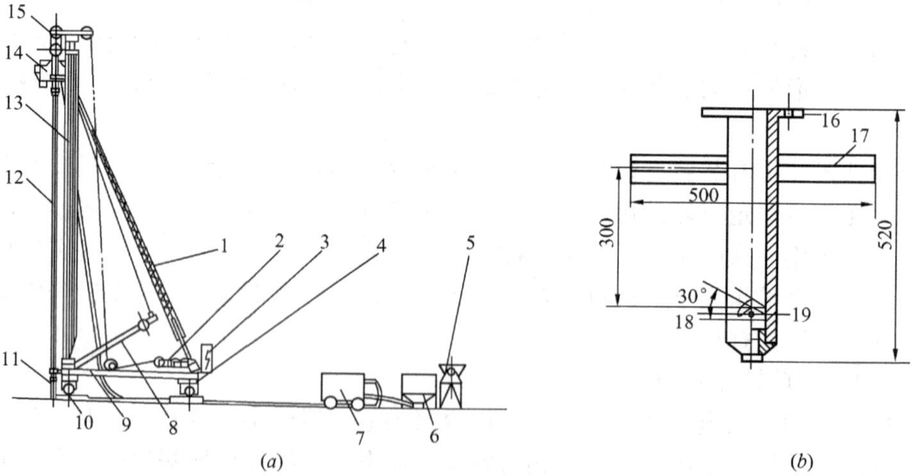

图 11-35 DSJ-Ⅱ型单轴深层搅拌机械

（a）DSJ-Ⅱ型单轴深层搅拌施工机械；（b）搅拌头结构图

1—斜撑杆；2—卷扬系统；3—控制台；4—走管装置；5—灰浆搅拌机；6—储浆罐；7—灰浆泵；8—平衡杆；9—底座平台；10—枕木垫；11—搅拌头；12—钻杆；13—塔杆；14—动力头；15—活轮组；16—连接法兰盘；17—搅拌叶片；18—切削叶片；19—喷浆口

（三）ZKD 型三轴深层搅拌机

上海探矿机械厂为适应水泥土地下连续墙的施工需要研制了三轴型的 ZKD 型深层搅拌机，外形如图 11-36 所示，基本技术参数见表 11-19。

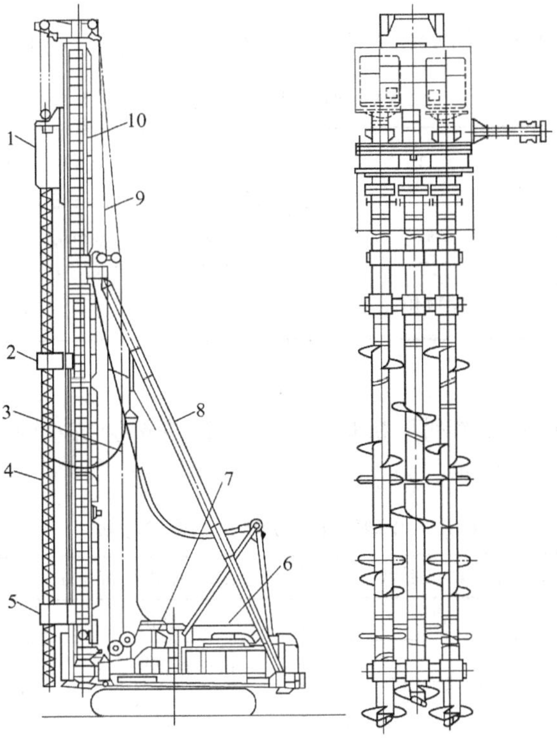

图 11-36 ZKD85-3 型深层三轴搅拌机
（单轴直径 ϕ850mm，钻孔深 27m）
1—动力头；2—中间支承；3—注浆管电线；4—钻杆；5—下部支承；
6—电气柜；7—操作盘；8—斜撑；9—钻机用钢丝绳；10—立柱

三轴型深层搅拌机技术参数 **表 11-19**

水泥浆喷深层搅拌机类型		ZKD65-3	ZKD85-3
深层搅拌机	搅拌轴数量（根）	3	3
	轴中心距（mm）	450	600
	搅拌叶片外径（mm）	650	850
	搅拌轴转速（r/min）	17.6	16.0
	电动功率（kW）	2×45	2×75
起吊设备	提升能力（kN）	250	
	提升高度（m）	>30	
技术指标	一次加固面积（m^2）	0.87	1.50
	最大加固深度（m）	30	27

（四）灰浆泵

灰浆泵是湿法作业深层搅拌机械的重要配套机械，国内常用的深层搅拌灰浆泵有下列几种。

1. 柱塞泵

代表性的柱塞泵为HB6-3型灰浆泵，其技术规格如表11-20所示。

HB6-3型灰浆泵技术规格 **表11-20**

输浆量（m^3/h）	3	电机功率（kW）	4
工作压力（MPa）	1.5	活塞往复次数（次/min）	150
垂直输浆距离（m）	40	排浆口内径（mm）	50
水平输浆距离（m）	150	最佳输浆稠度（cm）	8～12
电机转速（r/min）	1440		

2. 挤压泵

UBJ1.8型挤压式灰浆泵是利用机械式变换，输浆量为每小时0.3m^3～1.8m^3。该泵的主要技术参数如表11-21所示。

UBJ-1.8型挤压式灰浆泵的技术参数 **表11-21**

挤压胶管内径（mm）	最高垂直输浆距离（m）	最大水平输浆距离（m）	额定工作压力（MPa）
38	30	100	1.5
减速器变速位置	电机变换位置	挤压管挤压次数（次/min）	输浆量（m^3/hr）
A	0	10	0.3
	1	24	0.4
	2	36	0.6
B	0	51	0.9
	1	69	1.2
	2	105	1.8

3. 液压注浆泵

SYB-50/50 Ⅰ型液压注浆泵属于变量泵，其压力和流量可变，最高压力可设定。该泵的主要技术性能如表11-22所示。

SYB-50/50 Ⅰ型注浆泵技术性能 **表11-22**

柱塞直径（mm）	ϕ75	ϕ95
冲程（次/min）	50	50
流量（L/min）	35	50
压力（MPa）	0.5	0.32
外形尺寸（长mm×宽mm×高mm）	1340×370×900	
重　量（kN）	2600	

二、喷粉型

喷粉形式的深层搅拌机械是以水泥粉作为固化剂的主剂。水泥粉体搅拌技术是基于钻机钻孔时，回转转盘和加压机构通过钻杆向钻头施加作用力，钻头在轴压力和回转扭矩作用下切入土层并切碎土体到达设计深度后，然后反向旋转提升钻头，同时利用压缩空气输入水泥粉体，通过钻头的搅拌作用，使水泥粉和土体充分拌和，边提升钻头、边喷入水泥粉，边搅拌混合，直至钻头提出地面或设计顶标高完成一根搅拌桩的施工。

(一) 主机

粉体搅拌机的主机是一台能完成钻进及搅拌的钻机。由于喷粉搅拌的施工特点，如成桩速度快，又要求不同的提升和旋转速度来满足不同的桩身强度要求，因此对钻机移位的灵活性和速度可变性又有较高的要求，表 11-23 为国内外几种粉体搅拌主机的技术性能。

粉体搅拌机主要由步履底座、传动系统、加减压系统和液压系统、塔架、钻头等组成（参见图 11-37）。

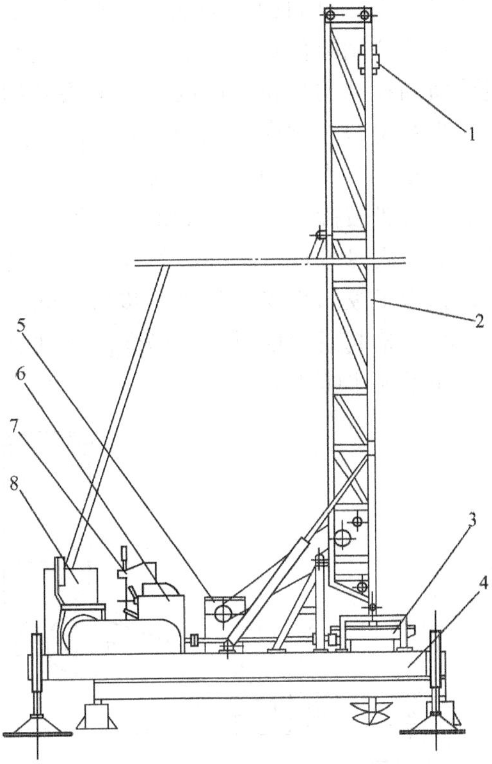

图 11-37 GPP16 型粉体搅拌机组成部分
1—水龙头及钻具；2—井架；3—转盘；4—步履底座；5—加减压系统；6—变速箱及其操纵系统；7—液压操纵台；8—电气系统

国内外几种常见的喷粉桩机技术性能 **表 11-23**

技术参数	单 位	日本产 DJM1037 型	日本产 DJM1070 型	瑞典产 LPS-4 型	中国产 GPP-16 型
加固深度	m	10	15	10	16
成桩直径	mm	800	1000	500	500
钻具转速	r/min	5～50	5～50	75	30、50、94
成桩速度	m/min	0～7	0～7	0～4	0.5、0.8、1.5
驱动方式	—	液压马达	液压马达	液压马达	电动机
行走方式	—	步履式	步履式	履带式	步履机
接地压力	kPa	22.6	23.5	62.0	35
主机重量	kN	90	220	100	100
外形尺寸	m	4.3×3.1×1.7	7.2×3.1×2.0	12.5×3.6×2.5	4.8×2.2×18.3

1. 底盘

是由型材焊接而成的框架结构，分为上、中、下三层。上层安装传动系统、塔架、加减压系统和操纵系统等。并于上层四角处分别装有能横向伸缩和垂直起落的四个支腿油缸，借以扩大底盘面积，增加整体稳定性。底盘中层上部装有两道纵向与上层接合的滑板，滑板两侧用限位板定位。上、中层之间装有能纵向伸缩的油缸。在中层的下部还装有四组可横向移动的滚轮。而底盘的下层结构实际上就是包括滚轮、导轨槽和横向油缸组成的两条步履组合。这样可以通过底盘的三层结构间的相互运动实现了喷粉搅拌机自行式移位。也就是：当支腿油缸顶出时，支腿将滑板抬高，下底盘则被悬空，令滑板油缸伸长，此时下层底盘被推出，便相对地表面移动一距离（纵向最大步距为1.2m）。然后收缩支腿油缸，下层底盘着地，缩回滑板油缸，此时滑板在底盘上滑动，整机即“走到”一个新的位置，完成了纵向步履。与纵向步履相同，底盘上装有两组横向步履油缸及滑槽。当支腿油缸使底盘抬起或着地时，令横向步履油缸伸缩，使滑板和下底盘相对移动，完成横向步履（横向最大步距为0.5m）。

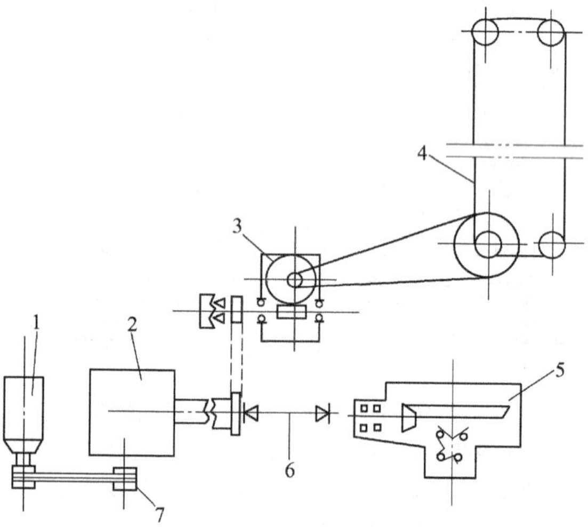

图11-38　喷粉搅拌机传动系统示意图

1—电动机；2—变速箱；3—蜗轮减速箱；4—导向加减压；5—转盘；6—万向轴；7—皮带传动

2. 传动系统

由一台37kW、1480r/min的Y225S-4型电动机提供整机的动力。通过皮带轮、摩擦离合器、变速换向器、万向轴和转盘带动钻具正、反向旋转，可以获得各三档转速。通过变速换向器输出轴上套装的皮带轮，由齿轮离合器结合可接通蜗轮减速机，传至链条加减压装置，使钻具获得给进或提升。（见图11-38）

3. 加减压系统

喷粉搅拌机的加减压系统为封闭式链条结构，并设有调节装置。它由上下链轮、同步轴、套筒滚子链条与水龙头、钻具组成。通过上塔链条输入动力，带动塔架中的加减压链条上下运动，实现钻具的上下起落。

4. 液压系统

喷粉搅拌机的液压系统为开式油路系统，以控制整体的移位、调平和起落塔架。它由油泵、多路阀组、油箱、管路附件和9只液压油缸等组成。

（二）粉体喷射机

喷粉搅拌机械中的一个重要辅助机械就是粉体喷射机，它是一台用压缩空气输送粉体的装置。目前国内外的粉体喷射机的结构主要有两种结构形式：叶轮式和转盘式。日本采用的是转盘式；瑞典、美国和国内生产的都是叶轮式的。它们都是通过一定速度、一定压力的气流将给料机提供的水泥粉（或石灰粉）输送到钻具中，最后从搅拌钻头的喷口喷出。

图11-39是国产YD-1A型粉体喷射机的流程图。

由图可见：由空压机输送来的压缩空气首先进入“气水分离器”，以减少压缩空气中的水分。比较干燥的空气在管路中分为两路。一路气体通过流量计调节风量的大小及压力后到达粉体给料机的喉管，与叶轮泵定量输出的粉体混合，成为“气固二相混合体”，通过钻杆、钻头输入地基深部。作为喷粉机的组成部分，尚需有一个可贮藏一定量水泥粉体的料斗，并且采用交流电磁调速电机转动料斗底部的叶轮泵，调节电机转速和空压机风量及风压，使加固用的粉体的喷出量符合设计要求。

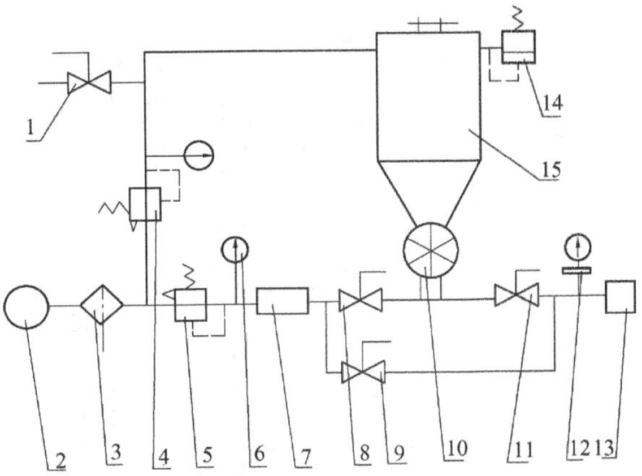

图 11-39 YP-1A 型粉体喷射机流程图

1—球阀；2—空压机；3—气水分离器；4—调压阀 1；5—调压阀 2；6—压力表；7—空气流量计；8—蝶阀 1；9—蝶阀 2；10—给料机；11—蝶阀 3；12—隔膜压力表；13—搅拌主机；14—安全阀；15—料斗

输送粉体的管路中的压力 p，应随钻头钻进土层中的深度、地层土质条件而变化。而叶轮泵的密封性较难提高，因此由图 11-39 可见，经过气水分离器的压缩空气的另一路需要通到贮粉料斗中，使料斗中的气压 P_2 大于管路中的气压 P_1，使粉体输出量比较稳定。

根据喷粉搅拌法施工技术的要求，粉体的发送应该严格做到定时、定量和均匀出料。而输送粉体的介质——空气，与喷浆深层搅拌法中的水有本质区别，即水泥浆是液态的，在管路输送过程中具有不可压缩性；而空气-水泥粉两相混合体中的空气体积可以被任意压缩，因此输粉量可能处于不稳定、不均匀状态。精确控制每单位打桩深度内的水泥掺入量正是粉体搅拌应用成功与否的关键技术，而目前国产的喷粉机械中，对于固化剂——水泥（或石灰）粉的计量又大都采用“体积法”，即仅计量每根桩的水泥总用量，而不进行施工过程中每单位深度水泥用量的计量，因此计量精度甚差。这是阻碍粉体喷射搅拌技术发展的一个弱点。近年有些研究单位和生产制造厂开始进行电子秤直接计量法、气固二相密度差异与差压信号等间接计量法的试验研究取得长足的进步，已开始装备在新型的喷粉型深层搅拌机中。

11.5.4 深层搅拌施工技术

具备一台套深层搅拌机械，为实现水泥土搅拌施工创造了一半的条件，另一半则依赖开发一套施工工艺来完成。喷浆和喷粉型的深层搅拌施工工艺有所不同。

一、喷浆型

（一）施工工艺

1. 施工顺序

喷浆型深层搅拌的施工顺序如图 11-40 所示。

（1）就位

吊车（或塔架）悬吊深层搅拌机到达指定桩位，使中心管（双搅拌轴机型）或钻头（单轴型）中心对准设计桩位。

（2）预搅下沉

待深层搅拌机的冷却水循环正常后（对于采用潜水电机机型，对空气冷却型电机无此内容），启动电机，放松起重机钢丝绳，使搅拌机沿导向架边搅拌、边切土下沉，下沉速度可由电机的电流监测表控制，工作电流不应大于 70A。

（3）制备水泥浆

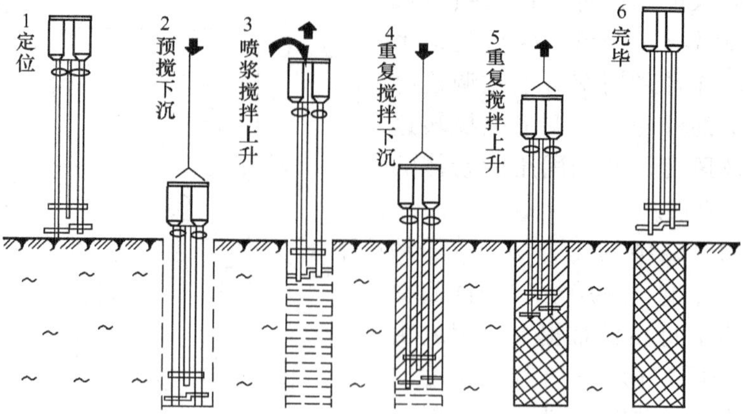

图 11-40 喷浆型深层搅拌施工顺序

待深层搅拌机下沉到一定深度时，即开始按设计确定的配合比拌制水泥浆，待压浆前将水泥浆倒入集料斗中。

（4）喷浆搅拌提升

深层搅拌机下沉到设计深度后，开启灰浆泵将水泥浆压入地基中，并且边喷浆、边旋转搅拌钻头，同时严格按照设计确定的提升速度提升深层搅拌机。

（5）重复搅拌下沉和提升

待深层搅拌机提升到设计加固范围的顶面标高时，集料斗中的水泥浆应正好排空。为使软上和水泥浆搅拌均匀，可再次将搅拌机边旋转边沉入土中，至设计加固深度后再将搅拌机提升出地面。

（6）清洗

向集料斗中注入适量的清水，开启灰浆泵，清洗全部管路中残余的水泥浆，直至基本干净。并将粘附在搅拌头上的软土清除干净。

（7）移位

将深层搅拌机移位，重复上述（1）～（6）步骤，进行下一根桩的施工。

对于单搅拌轴的深层搅拌施工中预搅下沉时也有采用喷浆切割土体、搅拌下沉的工艺，以防止出浆口在下沉过程中被土团所堵塞。

2. 开挖效果

将经过一个月自然养护后的柱状水泥土搅拌桩体进行开挖，观察搅拌加固效果。

（1）外形尺寸

只要是经过充分搅拌，水泥土桩体的轮廓尺寸和搅拌头的叶片直径相当，上下尺寸基本一致。

（2）相对强度

经深层搅拌法加固后形成桩体的周围软土的状态与天然软土相近，用铁锹轻挖即能掘起一大块。但掺入8％水泥的深层搅拌桩体却要用脚用力踩铁锹才能掘下一块。而掺入12％水泥的搅拌桩体须用镐才能刨动。

（3）断面情况

单根深层搅拌桩的横断面从整体而言基本均匀，但由于水泥浆的颜色和软土不同，所以在某些局部也能看到水泥富集的“结核区”，随着搅拌次数的增多，这些“结核”可大大减少，但相对的施工时间增长。根据开挖所见，确认搅拌两次（即喷浆搅拌一次，再重复上下搅拌一次）的工艺为好。

（4）强度对比

从搅拌桩身切取试块进行强度试验，与同龄期、同水泥掺量的室内试块强度比较，前者约为后者的1/3。

（二）施工组织

1. 施工准备

（1）依据工程地质勘察资料，进行室内配合比试验，结合设计要求，选择最佳水泥掺入比，确定搅拌施工工艺参数。

（2）依据设计图纸，编制深层搅拌桩施工方案，做好现场平面布置，安排好打桩施工流水。布置水泥浆制备系统和泵送系统，且考虑泵送距离不宜大于100m。

（3）清理施工现场的地下、地面及空中障碍，以利安全施工。场地低洼时应抽干积水和挖除表面淤泥。

国产水泥土搅拌机的搅拌头大都采用双层（或多层）十字杆形或叶片螺旋形。这类搅拌头切削和搅拌加固软土十分合适，但对块径大于100mm的石块、树根和建筑垃圾等大块物的切割能力较差，即使将搅拌头作了加强处理后已能穿过块石层，但施工效率较低，机械磨损严重。因此，施工时应将大块回填料予以挖除后再填素土为宜，增加的工程量不大，但施工效率却可大大提高。

（4）按设计要求，进行现场测量放线，定出每一个桩位，并打入小木桩。

2. 场地布置

拟建场地附近如已有建筑物，且相距较近；施工现场较为狭窄时，要因地制宜搭设安装灰浆拌制操作棚，面积宜大于$40m^2$。如果施工现场的表土较硬，需采用注水预搅施工时，现场四周应挖掘排水沟，并在沟的对角线上各挖一个集水井，其位置以不影响施工为原则。应经常清除井内沉淀物，保持沟内流水畅通。如施工现场为一很长的路段（例如超过500m），可考虑将灰浆制备系统装在一辆拖车上，随主机一起前进，以便流动供应水泥浆。

3. 劳动组织

每台班深层搅拌机械由7人组成：

班长：1名，负责深层搅拌施工指挥，协调各工序间的操作联系；

司机：1名，按照班长发出的信号，正确操纵搅拌机的下沉、提升、喷浆、停浆等；观察和检查搅拌机运转情况，做好维修保养工作；

司泵工：1名，负责指挥灰浆制备，泵送系统的正常运转，做好水泥浆制备设备保养，负责输浆管路的清洗；

记录：1名，依据设计要求，测定搅拌桩每延米的灌浆量；发现停浆时立即通知班长，采取补救措施；同时记录施工中的各种数据，复查桩位、水泥浆配比等；

拌浆工：2名，按设计配合比制备水泥浆固化剂，并按照司泵工的指挥，将水泥浆倒入集料斗；

供料工：1名，负责搬运水泥及外掺剂；负责散装水泥的过磅秤量，并装入临时备用的水泥袋；

另外每台套机械应配备一名机修工和一名电工，保证整套机械和现场施工的正常进行。

4. 正式施工前的工艺性试桩

工艺性试桩的目的是

(1) 确定满足设计固化剂掺入量的各种操作参数。

(2) 验证搅拌均匀程度及成桩直径。

(3) 了解下钻及提升的阻力情况，并采取相应的措施。

每一个水泥土搅拌桩的施工现场，由于土质有差异、水泥的品种和标号不同、因而搅拌加固质量有较大的差别。所以在正式搅拌桩施工前，均应按施工组织设计确定的搅拌施工工艺制数根试桩，再最后确定水泥浆的水灰比、泵送时间、搅拌机提升速度和复搅深度等参数。并使注浆泵出口压力保持在 0.5MPa 左右，且保证搅拌提升速度与输浆速度同步。

制桩质量的优劣直接关系到地基处理的效果。其中的关键是注浆量、水泥浆与软土搅拌的均匀程度。因此，施工中应严格控制喷浆提升速度 v_1，可按式（11-37）计算。

由于搅拌机械通常采用定量泵输送水泥浆，转速大多又是恒定的，因此灌入地基中的水泥量完全取决于搅拌机的提升速度和复搅次数，施工过程中不能随意变更，并应保证水泥浆能定量不间断供应。采用自动记录是为了最大程度的降低人为干扰施工质量，目前市售的记录仪必须有国家计量部门的认证。严禁采用由施工单位自制的记录仪。

由于固化剂从灰浆泵到达搅拌机械的出浆口需通过较长的输浆管，必须考虑水泥浆到达桩端的泵送时间。一般可通过试打桩确定其输送时间。

对于双轴型中心管喷浆型深层搅拌机的施工工艺为切土下沉——喷浆搅拌提升，因此为了确保搅拌桩底与土体能充分搅拌均匀，达到较高的强度，要求当水泥浆液到达出浆口后，尚应不提升搅拌机而喷浆搅拌 30s，在水泥浆与桩端土充分搅拌后，再开始提升搅拌头。

深层搅拌机预搅下沉时，当遇到较坚硬的表土层而使下沉速度过慢时，可适当加水下沉。试验表明，当土层的含水量增加，水泥土的强度会降低。但考虑到搅拌设计中一般是按下部最软的土层来确定水泥掺量的，因此只要表层的硬土经加水搅拌后的强度不低于下部软土加固后的强度，也是能满足设计要求的。

深层搅拌机施工时，搅拌次数越多，则拌和更为均匀，水泥土强度也越高，但施工效率就降低。试验证明，当加固范围内土体任一点的水泥土每遍经过 20 次的拌和，其强度即可达到较高值。每遍搅拌次数 N 由下式计算：

$$N = \frac{h\cos\beta\Sigma Z}{v}n \tag{11-38}$$

式中 h——搅拌叶片的宽度（m）；

β——搅拌叶片与搅拌轴的垂直夹角（°）；

ΣZ——搅拌叶片的总枚数；

n——搅拌头的回转数（r/min）；

v——搅拌头的提升速度（m/min）；

作为深层搅拌的施工单位、监理单位、在参与深层搅拌施工时，检查进场的深层搅拌机械能否符合设计要求的首要任务就是按实际机械参数，依照（11-33）公式计算出每遍喷浆搅拌次数，如少于20次，则应调整机械参数；如仍不合要求应该清退该台搅拌机械，严禁在深层搅拌施工中使用不合格的深层搅拌机械。

根据实际施工经验，搅拌法在施工到顶端0.3～0.5m范围时，因上覆土压力较小，搅拌质量较差。因此，其场地整平标高应比设计确定的桩顶标高再高出0.3～0.5m，桩制作时仍施工到地面。待开挖基坑时，再将上部0.3～0.5m的桩身质量较差的桩段挖去。根据现场实践表明，当搅拌桩作为承重桩进行基坑开挖时，桩身水泥土已有一定的强度，若用机械开挖基坑，往往容易碰撞损坏桩顶，因此基底标高以上0.3m宜采用人工开挖，以保护桩头质量。

5. 深层搅拌安全施工措施

（1）对于采用潜水电机型的深层搅拌机在陆上施工时，不允许中断冷却循环水，应经常检查进水、回水的温度，当回水温度达到烫手程度时，应加大进水量。

（2）当发现搅拌机的入土切削和提升搅拌负荷太大及电机工作电流超过额定值时，应减慢升降速度或补给清水；发生卡转、停转现象时，应切断电源，并将搅拌机强制提升出地面，然后再重新启动电机。

（3）当电网电压低于350V时，应暂停施工，以保护电机。

（4）泵送水泥浆前，管路应保持湿润，以利输浆。

（5）水泥浆内不得夹有硬结块，以免吸入泵内损坏缸体，可在集料斗上部装设细网进行过筛。

（6）输浆管路应保持干净，严防水泥浆结块，每日完工后应彻底清洗一次。喷浆搅拌施工过程中，如果发生事故而停机0.5h内，宜将搅拌机下沉至停浆点以下0.5m，待恢复供浆时再喷浆提升；如果停浆超过3h应先拆卸输浆管路，排除水泥结石，然后进行清洗。

（7）应定期拆卸清洗灰浆泵，注意保持齿轮减速箱内润滑油的数量和清洁。

二、喷粉型

（一）施工工艺

图11-41为喷粉深层搅拌法加固软土地基施工流程图。

1. 就位

移动钻机，使钻头对准桩位，校正井架的垂直度。

2. 钻进

启动钻机，使之处于正转给进状态。同时，启动空压机，通过送气管路向钻具内喷射压缩空气。一是防止钻头喷口堵塞，二是减少钻进阻力。钻至设计标高后停钻，关闭送气管路，打开送料管路和给料机开关。

3. 提升

操纵钻机，使之处于反转状态，确认水泥粉料到达钻头后开始提升。边旋转搅拌、边提升，使水泥粉和原位的软土充分拌和。

4. 成桩

当钻头提升至设计桩顶标高后，停止喷粉，形成桩体。继续提升钻头直至离开地面，

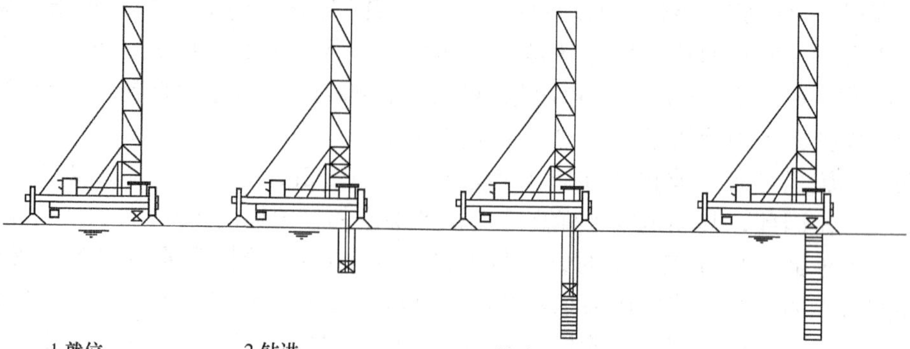

图 11-41 喷粉深层搅拌施工流程

移动钻机到下一个桩位。

（二）施工技术

喷粉搅拌施工过程中，其技术关键是根据设计要求喷灰量如何选择好有关施工参数，并在操作工艺上完全实现。

1. 钻机提升档数

钻机提升档数分三档，由于钻机设计中已考虑到提升速度与转盘转速的匹配，因此各档速度时的水泥粉和原位土的搅拌效果相同。施工中可以不改变其它操作参数，利用不同档次来达到桩长不同喷粉量的要求。这种方法比较简单，特别适用于地层变化较多，要求不同喷粉量的场合。由于机械上的特点，喷粉的速度在快档时稍有提高，这是因为提升和搅拌速度加快造成搅拌叶片的背侧会产生大量的空隙，形成较大的负压而使粉体易于排出。

2. 喷粉机叶轮转速和供料压差的控制

调节喷粉机叶轮的转速，可以得到不同的出粉量。供粉压差是指叶轮泵进料口和出料口的压差，也就是料斗内部与输送管道的压差。这是保证连续均匀出料的关键。实践证明，叶轮转速在 5～25r/min 范围内使用，可以达到喷粉量的要求。由于叶轮构造上的原因，当每分钟的转速超过 30 转时，反而不能出料。供料压差控制在 20kPa 以上即可顺利喷出水泥粉料。

3. 空压机的流量和压力

在气力输送过程中，粉料的运动状态主要受气流的支配，理想的运动状态为均匀悬浮状运动。因此，必须使空压机维持一定的流量，形成一定的气流速度，使粉料顺利输送。气流速度过低，容易造成粉料的不稳定移动，最终造成管道堵塞。所以喷粉搅拌施工前，应通过对加固料输送量及输送管道的要求，选取合适的混合比（单位时间内通过输料管道截面粉料的质量与所需空气的质量之比），从而计算出需要的空气流量，保证合适的气流速度。施工实践表明，由于喷粉搅拌桩的长度一般不超过 20m，不同地层对空气流量的需求差别不是很大，一般达到 $1m^3/min$ 左右就能使管道中保持一定的压力，以克服管道及喷粉口的阻力损失，使粉料在管道中顺利输送到搅拌钻头。

4. 搅拌钻头

喷粉量相同的情况下，相同土层中水泥土桩身强度及承载力的大小，取决于水泥粉与原位土体搅拌均匀程度。从搅拌加固过程分析，由于钻头叶片在切削土体时，受土料软硬不均的影响，会形成一些较大的土团，干粉就不易拌入，形成水泥土桩身的软弱夹层。现场的实际开挖也发现：在截面中心部分的强度较低，截面颜色的变化呈同心环状，剖面呈锅底状层理，即“千层饼”状结构。因此增加搅拌次数是克服喷粉搅拌桩桩身强度不均匀的关键。常用的钻头形式为双头短螺旋叶片形式。

5. 常见的机械故障和消除

喷粉搅拌加固软基施工中高压水泥粉体除了对发送管路系统磨损之外，也会对喷粉器叶轮泵叶片上密封橡胶垫产生磨损而漏灰，影响喷粉器调节灰量；更严重的是胶垫撕裂后随压缩空气吹入管路堵塞管道。还有水泥粉受潮在管壁、喷灰口孔壁凝结，缩小管径和孔壁等问题，施工中因这类故障造成的停机占 3/4。此外水泥粉体借助压缩空气无孔不入，使得压力仪表失灵，空气压缩机贮气罐进灰，阀门磨损漏气。

上述这些故障和问题的出现会给正常施工带来困难，随时都有可能影响桩体实际的掺粉量，因此保证不了施工质量和加固效果。所以在施工阶段，机械应维修保养好，并及时拆换易损件，经常清洁管路和喷灰口。

6. 硬地层中的喷粉搅拌施工

适于喷粉搅拌施工的软土层的地表，经常会分布着一层硬壳层，土质为黏土或粉质黏土，含水量较低，不易被切削粉碎，因此当搅拌头经过这种地层时，喷灰口喷出的高压水泥粉体因土体的吸附性差和沿地表垂直方向透气性强，而造成水泥粉混合高压空气沿钻杆向上喷粉，既造成环境污染，又使该土层中掺水泥不足。解决办法是在上提钻杆时充分注水，增加土层的含水量。

由于粉体喷射搅拌本身技术的不完善，加上一些施工单位的不精心施工，以致在我国某些城市中接连发生喷粉搅拌桩的施工质量事故，影响了该项新技术的推广应用。例如上海市建委规定从 1997 年 5 月 1 日起在上海市行政区域范围内的地基处理工程中暂停使用粉喷桩。天津市和南京市、珠海市建委也作出了类似的限制。但随着中华人民共和国行业标准《建筑地基处理技术规范》2002 版比 1991 版在水泥土搅拌法的内容上增加了喷粉搅拌的条款，并且对这种施工方法的机械设备和施工工艺作出了严格的规定，从而使粉体喷射搅拌技术又开始走上正规，并且正在逐步扩大应用范围。

下述数点则是粉体喷射搅拌施工的技术关键：

①由于干法喷粉搅拌是用可任意压缩的压缩空气输送水泥粉体的，因此送粉量不易严格控制，所以要认真操作粉体自动计量装置，严格控制固化剂的喷入量，满足设计要求。

②合格的粉喷桩机一般均已考虑提升速度与搅拌头转速的匹配，钻头均约每搅拌一圈提升 15mm，从而保证成桩搅拌的均匀性。但每次搅拌时。桩体将出现极薄软弱结构面，这对承受水平剪力是不利的。一般可通过复搅的方法来提高桩体的均匀性，消除软弱结构面，提高桩体抗剪强度。

③定时检查成桩直径及搅拌的均匀程度。粉喷桩桩长大于 10m 时，其底部喷粉阻力较大，应适当减慢钻机提升速度，以确保固化剂的设计喷入量。

④固化剂从料罐到喷灰口有一定的时间延迟，严禁在没有喷粉的情况下进行钻机提升作业。

11.6 施工质量控制和检验

11.6.1 施工质量控制

无论喷浆还是喷粉搅拌的施工质量控制的要求是一致的或相近的。

一、保证垂直度

为使搅拌桩基本垂直于地面，要特别注意深层搅拌机的平整度和导向架对地面的垂直度，应控制机械的垂直度偏斜不超过1%。

二、保证桩位准确度

布桩位置与设计误差不得大于2cm，而成桩桩位偏差不应超过5cm。

三、水泥应符合要求

对于喷浆搅拌工艺所使用的水泥浆要严格按设计的配合比拌制，制备好的水泥浆不得有离析现象，停置时间不宜过长。为防止水泥浆发生离析，应将水泥浆留在灰浆拌制机中进行不断搅动，直至送浆前才缓慢倒入集料斗中。对停置时间超过2h的水泥浆应降低标号使用。

对喷粉搅拌所使用的水泥粉要严格控制入储灰罐前的含水量，严禁受潮结块。不同水泥不得混用。

四、确保搅拌施工的均匀性

1. 搅拌机械预搅下沉时应使土体充分搅碎。对遇到硬土，搅拌机下沉速度过慢时，对于喷浆搅拌可采用冲水下沉，但在喷浆提升前必须将输浆管中的存水排净。

2. 严格按设计确定的参数控制水泥浆（粉）的喷出量和搅拌提升速度。水泥的供应量必须连续；一旦因故中断，必须将搅拌头下沉到停浆（粉）面以下0.5m处，待恢复供浆（粉）后再搅拌提升，以防断桩。

3. 应控制重复搅拌时的下沉和提升速度，以保证加固深度范围内每一深度均得到充分搅拌。

五、确保壁状加固体的连续性

对设计要求搭接成壁的桩应连续施工，相邻桩的施工间隔不得超过24h。相邻桩的重叠不得小于15cm。

六、施工记录应详尽完善

施工记录必须有专人负责，深度记录偏差不得大于5cm；时间记录误差不得大于2s。施工中发生的问题和处理情况，均应如实记录，以便汇总分析。

11.6.2 质量检验

一、材料质量检验

现场实际使用的固化剂和外掺剂必须按设计要求的配方通过现场加固土的强度试验，进行材料质量检验，合格后方可使用。

二、工程桩质量评定

及时检查施工记录，根据预定的施工工艺对工程桩进行质量评定。对于不合工艺要求的工程桩需根据其所在位置、数量等具体情况，通过质量分析，提出补桩或加强附近工程桩等措施。

三、钎探检验

在工程桩成桩后7d内，使用轻便触探仪（N_{10}）进行钎探，以判断桩身强度，同时检查搅拌均匀程度。检验的桩数一般应占工程桩的2%～5%。当桩身的N_{10}击数比原地基土的N_{10}击数增加1.5倍以上时，搅拌桩的桩身强度基本上能够达到设计要求。根据现有的检验资料，对于不同的土质、不同的水泥掺量时的搅拌桩身N_{10}击数与水泥土强度有下列对应关系：

N_{10}（击）	15	20～25	30～35	>40
q_u（kPa）	200	300	400	>500

轻便触探检验的深度一般不超过4m。为了加大钎探深度，可从桩顶到桩底，每延米桩身先钻孔0.7m，然后触探0.3m；再钻孔0.7m，再触探0.3m；如此重复可加大检验深度。触探杆宜用铝合金制造，可不考虑杆长修正。

四、取样检验

从开挖外露的桩体中凿取试块或采用岩芯钻孔取样，可采用双管单动取样器直接测定工程桩的桩身强度，观察搅拌均匀程度钻孔直径不宜小于108mm。

五、开挖检验

对桩体搭接或整体性要求严格的工程，可根据工程设计要求，在工程桩的养护达到一定龄期时，选取一定数量的桩体进行开挖，直接检验加固体的外观质量，搭接质量以及整体性、致密性等。

六、现场载荷试验

复合地基载荷试验和单桩载荷试验是检测水泥土搅拌桩加固效果最可靠的方法之一，一般宜在龄期28d后进行。一般仅进行单桩和单桩复合地基垂直载荷试验；对大型的工程也可宜选用2根以上带承台的群桩进行复合地基检验。

对于水泥土搅拌法的检测，目前应在使用自动计量装置进行施工全过程监控的前提下，采用单桩和复合地基载荷试验进行检验。

另外水泥土搅拌桩施工时，由于各种因素的影响，有可能不符合设计要求。只有基槽开挖后测放了建筑物轴线或基础轮廓线后，才能对偏位桩的数量、部位和程度进行分析和确定补救措施，因此水泥土搅拌法的施工验收工作宜在开挖基槽后进行。

11.6.3 关于用低应变动测法检测水泥土搅拌桩桩身完整性的探讨

近年来，国内有一些检测单位采用低应变动力试桩法用来检测水泥土搅拌桩的成桩质量，甚至据此用以测定水泥土搅拌桩的单桩承载力，笔者认为这种做法值得商榷。

低应变动力测桩法（反射波法）是一种桩基无损检测新技术，已在预制桩、混凝土灌注桩等刚性很大的桩的桩身质量检测中得到广泛应用。这类桩的施工特点是将强度高、变形模量大的混凝土或者钢筋混凝土“放入”强度低、变形模量小的土层中，因此这类桩的桩身弹性模量较之周围土的弹性模量要大几百倍，甚至数千倍。低应变动测混凝土桩身结构完整性正是建立在桩是一维弹性杆件的基础上，且桩身材料弹性性能良好，使瞬态作用在桩顶的激振所产生的弹性应力波只能在桩杆内传播。当桩身存在明显的波阻抗差异界面或桩身截面积变化部位，将产生反射波，经设置在桩顶的传感器接收放大、滤波和数据处理，识别来自桩身不同部位的反射信息，据此计算桩身波速，从而得到阻尼比和截面完整性系数。

水泥土搅拌桩则是将占土重12%～20%的水泥（浆液或粉体）拌入土中，硬凝后形成水泥土桩体。正因为该桩体中85%左右仍为软土，所以水泥土的强度比混凝土要低得多，其弹性模量也较混凝土要小得多，因此应力波在水泥土桩身中的传播速度很低，衰减也快，测试效果很差。

另外，对于大多数水泥土桩来说，由于施工中的各种因素，常会使桩体产生诸如局部强度低（水泥少或缺失）、局部强度高的现象；又因地层土质的不同，水泥土的固化程度不一致也会造成桩体强度沿桩长的不一致；这是水泥土桩施工常见的质量问题。而这些现象的发生都是以渐变的形式出现，加之桩身材料的强度本来就不高，使桩身波阻抗没有突然的改变截面，难以使应力波产生回波，即难以测出桩的长度。

从目前的测试资料来分析，对于桩身材料强度高，且桩身水泥土搅拌均匀，桩身长度和直径之比不太大时，低应变动测法也仅能测到桩身浅部的某些缺陷，很难测得桩身下部的缺陷。

鉴于用低应变动测法测混凝土桩的单桩承载力目前仍存在争议，所以新制定的中华人民共和国行业标准《建筑基桩检测技术规范》（JGJ 106—2002）中已不再提到用低应变动测法来测桩承载力；若再将此法应用于水泥土桩，其可靠性就更差了，因此笔者不建议用低应变法测水泥土桩的单桩承载力。而仅作为静载荷试验和其他检测方法的补助方法，也就是说尚不能用低应变动测法取代其他方法而单独进行水泥土搅拌桩成桩质量的评定。

11.7 工程实例

【实例 11-1】 粉喷桩在多层住宅地基加固中的应用

【11.1.1】 工程概要

上海平阳新村四街坊位于上海西南角，东邻南新泾港，西靠龙茗路，北起平阳路，南至古美路。占地15公顷，拟建44幢五～六层住宅，建筑面积13万平方米。场地内明、暗浜分布较多，采用粉喷桩对地基进行加固，从1996年4月18日至1997年4月23日历时370天共完成桩径为500mm，桩长4m～11m的粉喷桩23079根，总计220785.5延米。

【11.1.2】 工程地质条件

拟建场地在自然地面以下30m左右深度范围内的土层以第四系河口～滨海相、浅海相及湖滨相沉积的黏性土为主，局部夹薄层状粉性土。场地内分布有多条明浜和暗浜，其宽度和淤泥埋深均较大，暗浜的回填以建筑垃圾及杂物充填物为主，土质较杂，厚度不均，明、暗浜浜底均含较多黑色有机质和腐烂植物。地下水位深度为0.5m。各土层的物理力学性质指标见表11-24所示。

土层物理力学性质指标汇总表 **表 11-24**

层序	土层名称	土层厚度 (m)	重度 γ (kN/m³)	孔隙比 e	含水量 w (%)	塑性指数 I_p (%)	压缩系数 $a_{0.1-0.2}$ (MPa⁻¹)	压缩模量 E_s (MPa)	黏聚力 c (kPa)	内摩擦角 φ (°)	地基土承载力 (kPa)
①₁	填土	0.30～2.40									
①₂	浜土	0.60～3.50									

续表

层序	土层名称	土层厚度 (m)	重度 γ (kN/m^3)	孔隙比 e	含水量 w (%)	塑性指数 I_p (%)	压缩系数 $a_{0.1-0.2}$ (MPa^{-1})	压缩模量 E_s (MPa)	黏聚力 c (kPa)	内摩擦角 φ (°)	地基土承载力 (kPa)
②	黏土	0.30～2.70	18.8	0.87	31.0	19.2	0.37	5.39	19	12.3	100
③	淤泥质黏土夹淤泥质粉质黏土	1.50～4.30	17.0	1.40	51.0	20.7	1.20	2.38	9	10.0	70
④1	淤泥质黏土	1.70～4.50	16.7	1.49	54.0	20.5	1.34	1.93	9	7.2	65
④2	淤泥质粉质黏土	2.90～5.10	17.3	1.24	44.7	15.4	0.89	2.90	8	12.8	75
⑤1	淤泥质粉质黏土夹砂质粉土	3.60～10.20	17.7	1.10	39.2	14.2	0.59	3.78	8	16.0	85
⑤2	粉质黏土	0.90～6.80	18.2	0.99	35.3	14.2	0.43	5.01	11	15.4	90
⑥	粉质黏土	1.40～2.80	19.6	0.72	25.6	15.4	0.22	7.85	35	11.4	190
⑦	砂质粉土夹粉砂	未 穿	18.6	0.87	31.6		0.24	7.73	3	23.0	

【11.1.3】 设计计算

(一) 设计思路

软土地区的建筑物，都是以沉降进行控制的，故采用以下设计思路：

1. 根据地层结构采用适当的方法进行沉降计算，由建筑物对变形的要求确定加固深度，即选择施工桩长；

2. 根据土质条件、固化剂掺量、室内配比试验资料和现场工程经验选择桩身强度和水泥掺入量及有关施工参数。根据上海地区的工程经验，当水泥掺入比为12%左右时，桩身强度一般可达1.0～1.2MPa；

3. 根据桩身强度的大小及桩的断面尺寸，计算由桩身强度控制的单桩承载力；

4. 根据单桩承载力及土质条件，计算有效桩长；

5. 根据单桩承载力、有效桩长和上部结构要求达到的复合地基承载力，计算桩土面积置换率；

6. 根据桩土面积置换率和基础型式进行布桩，桩可只在基础平面范围内布置。

(二) 设计参数

根据以上设计思路，结合施工工期的要求，决定在四街坊分四个组团进行设计施工，并根据前一组团的试验测试情况对下一组团的粉喷桩设计进行及时修改，从某种程度上进行“信息化设计和施工”。

第一组团建筑物均为六层住宅，复合地基承载力要求为120kPa，粉喷桩的有效桩长取11.0m，桩径为500mm，设计置换率为16.3%（见图11-42），水泥掺入量为45kg/m，桩顶以下3m进行复搅。

第一组团施工后，进行了二根单桩和四组复合地基静载荷试验，测试结果很好。在此基础上，经几方协商，在二组团和三组团中，将粉喷桩长减少到10.0m，设计置换率和

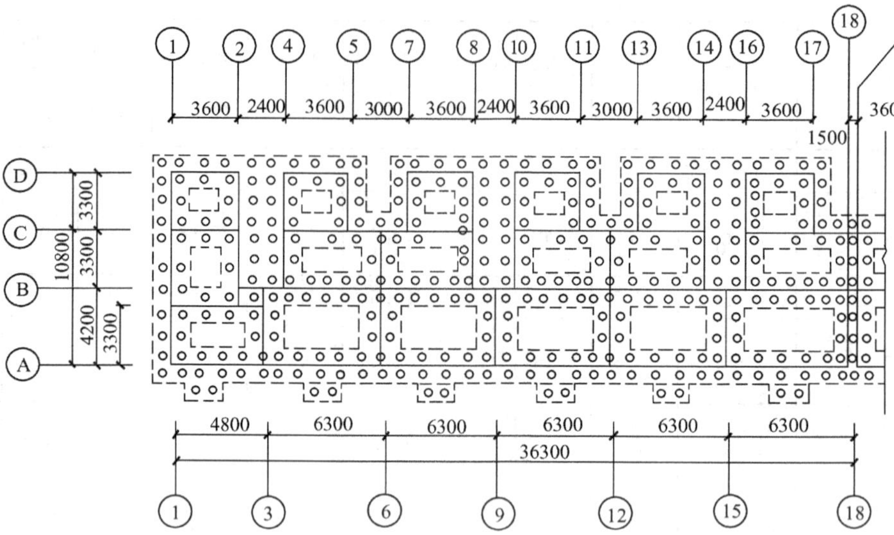

图 11-42 非浜区地基粉喷桩桩位布置示意图

水泥掺量不变。

在四组团中，建筑物基本上为五层住宅，复合地基承载力要求为 100kPa，粉喷桩的有效桩长为 8.0m～9.0m，其余参数不变。

（三）明、暗浜的处理

在四街坊的场地内，分布有许多明、暗浜，有些建筑物是一部分处在浜内、一部分处在好土上，或者建筑物整个坐落在浜内。以前的处理方法有的采用清淤后回填，经压路机分层压实后再进行粉喷桩施工；有的则不清淤直接在浜内进行粉喷桩施工，将浜域内的桩长加大。前者由于回填土的土质各异，加上压路机碾压后也很难保证回填土的密实度，则其复合地基承载力将比非浜区低；后者由于粉喷桩的上部(5～10)d 范围内受力最大，而对浜域内桩身不作特别处理，其桩身强度将很难满足荷载传递的要求。故两种方法均不能取得满意的效果。

此次在明、暗浜的处理方法上，采用提高浜域（指平面和深度上）内粉喷桩的设计置换率，即在浜的范围内长短桩相结合的方法。先按非浜进行常规设计，然后在四根长桩中间的空隙部分插一根短桩，短桩的桩长以超过浜底 0.5～1.0m 为宜（此次取为 4m）。根据浜的深度和分布范围，可采取每个空隙均加短桩或间隔加短桩的布桩方式（见图 11-43），这样，浜区部分的置换率加大，强度和沉降得到了控制。

此次实践证明，这样处理浜区的方法取得了较好的效果，不仅省却了清淤回填的繁琐工作，同时也节省了投资，这是一种值得推荐的处理明、暗浜的加固手段。

【11.1.4】 施工方法

施工采用上海探矿机械厂生产的 GPP-5 型和 GPP-7 型单轴粉体喷射搅拌机及配套设备，施工桩长 4.5m、9.5m、10.5m、11.5m。固化剂使用 425# 普通硅酸盐水泥，水泥掺入量为 45kg/m，桩顶 3m 左右进行复搅，浜内水泥用量增加到 60kg/m。实际水泥用量为理论用量的 1.05～1.15 倍。

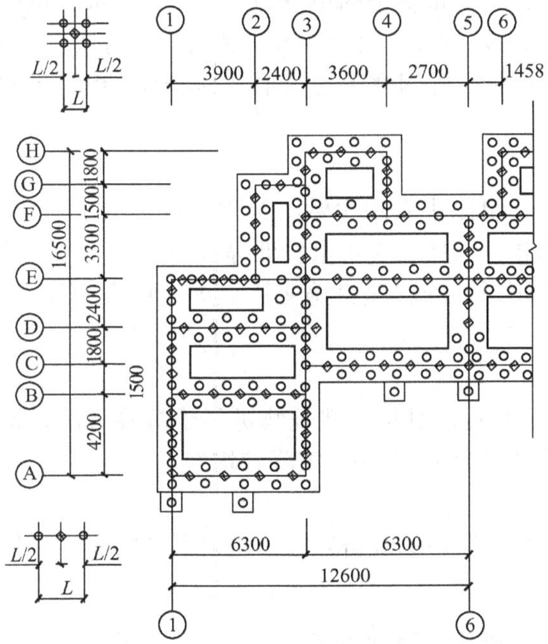

图 11-43 浜区内地基粉喷桩桩位布置示意图

为了保证粉喷桩的施工质量，根据场地情况、施工机具和水泥品种等的变化，进行工艺性施工，经开挖验查和轻便动力触探检验合格后方可大面积施工；在施工前用小螺钻摸清每一建筑物下浜的准确界限；基础开挖时严禁机械开挖，以保护桩头避免桩顶损伤。

【11.1.5】 质量检验

（一）静载荷试验

粉喷桩施工后，分别进行了长桩单桩（3 根）载荷试验、短桩单桩（3 根）载荷试验、非浜区复合地基（6 根）载荷试验、明暗浜区复合地基（4 根）载荷试验。

载荷试验采用堆重平台试验装置和地锚反力装置，用油压千斤顶加荷。单桩和复合地基试验结果分别见表 11-25 和表 11-26 所示。

单桩静载荷试验成果汇总表 **表 11-25**

试验点房号	承载力设计值(kN)	试验桩号	桩长(m)	养护龄期(d)	最大加载量(kN)	累计最大沉降量(mm)	$P_{0.01}$(kN)	单桩承载力建议值(kN)	备注
401	100	295	11.0	42	170	>70.0	90	100	1. 试验均进行至破坏； 2. 4.0m 长的桩为加固暗浜的短桩
403	100	168	11.0	40	150	>60.0	58	80	
418		531	4.0	80	55	>30	48	25	
		591		84	52	>50	32	24	
		66		87	55	>30	42	25	
424	100	448	8.0	23	120	>70.0	80	90	

复合地基静载荷试验成果汇总表 **表 11-26**

试验点房号	承载力设计值(kPa)	试验桩号	桩长(m)	荷载板尺寸(m^2)	养护龄期(d)	最大加载量(kPa)	累计最大沉降量(mm)	$p_{0.01}$(kPa)	承载力建议值(kPa)	备注
401	120	420	11.0	1.0×1.2	43	240	24.62	129	130	非暗浜区
403		296	11.0		42	200	>100.0	132	120	非暗浜区
408		139	11.0		40	330	13.21	308	>120	暗浜区，有四根短桩
408		118	11.0		43	350	71.03	180	180	暗浜区，有四根短桩
418		43	10.0	1.1×1.1	83	318.2	>80.0	190	145	暗浜区，有四根短桩
418		323	10.0		85	150	4.05	>150	>120	非暗浜区
418		413	10.0		88	150	8.58	>150	>120	暗浜区，有四根短桩
417		107	10.0		89	260.3	>80.0	145	120	非暗浜区
424		453	8.0	1.0×1.2	24	200	>100.0	115	125	非暗浜区
424		466	8.0		25	200	>100.0	126	130	非暗浜区

为了提供浜内短桩的设计参数，在浜内进行了3根短桩的单桩静载荷试验。根据试验结果，3根暗浜内短桩的单桩承载力分别为24kN、25kN和25kN，因此，该场地内4m短桩的单桩承载力标准值可取25kN，即浜土的平均桩侧摩阻力可取3.90kPa，相当于淤泥质土的一半。

（二）开挖验槽

基础开挖后，对每一粉喷桩进行检查，在一组团中发现少数桩桩顶水泥土成干粉状，只在桩四周胶结良好，估计与实际水泥用量偏高、天然土含水量较低等有关，水泥与土的化学反应所需水分不足。故建议适当降低水泥用量，或粉喷桩施工后立即在地表面浇水，以补充水泥水解水化反应的水分。

（三）沉降观测

平阳新村四街坊44幢住宅在上部结构施工期间，对每一建筑物进行了沉降观测，根据438个观测点的实测结果，建筑物的沉降量平均为10.9cm，沉降较均匀。

【11.1.6】　技术经济效果

粉喷桩处理技术在满足使用要求的前提下有较明显的经济效益。现以其中的435号住宅作如下对比（见表11-27）。

预制混凝土小桩与水泥粉喷桩处理地基造价比较表　　　　表11-27

桩　　型	预制混凝土小桩（桩长16m）	水泥粉喷桩
总造价	59万元（118%）	50万元（100%）
挖土土方	$1174m^3$	$1229m^3$
水泥用量	98t	356t
成型钢筋	21t	22.3t
工厂钢筋	25.4t	0

在工程分组团施工过程中，通过实测进行几次优化设计，桩长分别减少1～2m，共计节约水泥2171t，节约造价159.15万元。

【实例11-2】　超深水泥土搅拌桩处理大型油罐（5万m^3）深厚软土地基

【11.2.1】　工程概况

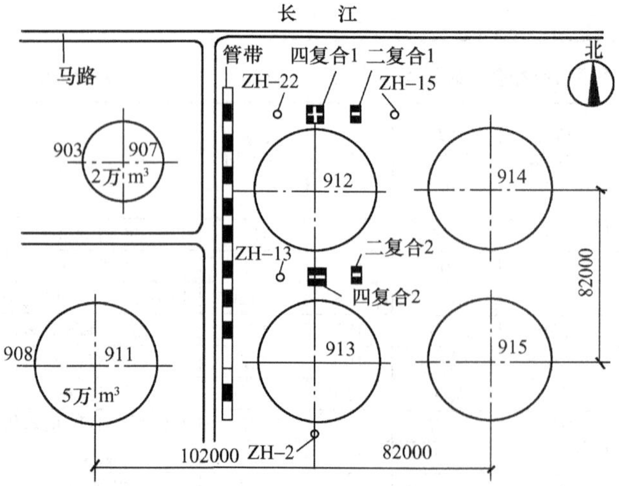

图11-44　扩建油罐（No. 912和No. 913）

金陵石化公司炼油厂石埠桥原油中转库在一期工程的基础上进行了二期工程的扩建，在油罐罐区的东部再建4台5万m^3大型油罐，位置见图11-44。新罐区所处场地地质情况复杂，在勘探深度50m范围内有8个土层，见图11-45剖面。其中，淤泥质黏土层（土层3）是本场地地基的中最软弱的土层，埋藏浅、厚度大（约20余米），是油罐地基的主要受压层。

这层饱和软黏土层的存在，构成了本场地地基最不利的工程地质条

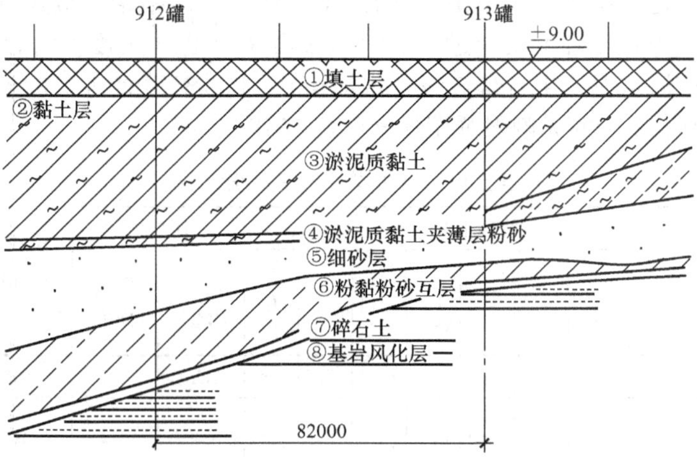

图 11-45 地层剖面图

件。细砂层面标高如图 11-46 所示。基岩倾斜度超过 10%。各土层的物理力学指标见表 11-28～表 11-31。由于大型油罐对地基沉降要求很严，沉降差不得超过 4‰（罐径 60m，沉降差容许值为 240mm)，所以该场地地基必须进行加固处理。根据目前掌握的资料适合本场地地基加固的方法主要有四种：①钢筋混凝土预制桩或钢筋混凝土钻孔灌注桩。②振冲碎石桩或挤密碎石桩。③堆土预压排水固结法。④水泥土搅拌桩复合地基。

对这四种方案按照符合场地实情，技术达标，造价经济，施工可行的要求，进行了对比。终因水泥土搅拌桩可充分利用原土自然性能，形成复合地基，桩长可随软土的深度而变化，能有效解决淤泥质黏土层的沉降及沉降差的问题，且造价适宜，故两台油罐（No. 912 和 No. 913）软基决定选用水泥土搅拌桩处理。整个工程从设计到竣工投入使用，历时 2 年半。

【11.2.2】 试验研究工作

针对油罐软基加固工程，进行了较全面的试验研究工作，它包括：

(1) 软土工程特性研究。

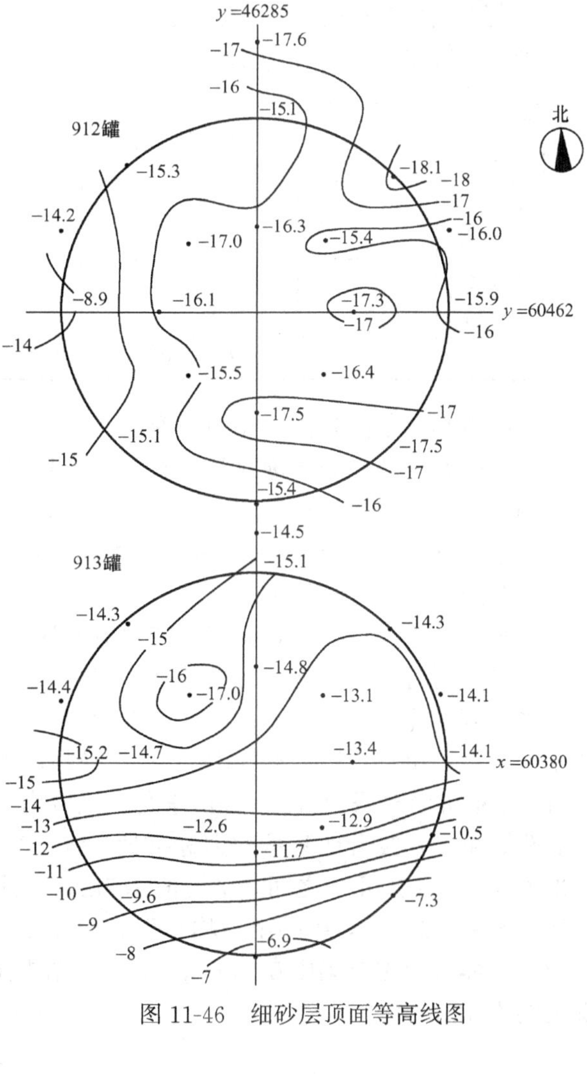

图 11-46 细砂层顶面等高线图

（2）水泥土优化配比试验经过 100d 的试验工作，得出结论：拟建场地用 525＃矿渣水泥加固土的无侧限抗压强度要超过 525#普通硅酸盐水泥土强度值的 30％。用水泥掺入比 15％的 525＃矿渣水泥、生石膏 2 ％（水泥重）、木质素磺酸钙 0.2 ％（水泥重）的配比方案，效果最佳，90d 的无侧限抗压强度可达 3MPa。

各土层物理力学性质指标统计表 **表 11-28**

土层号	土层名称	物理指标								压缩性		承载力标准值 f_k（kPa）	桩侧 q_{zj}	
		w（%）	γ（kN/m³）	S_r（%）	e	w_L（%）	w_P	I_p	I_L	a_{1-2}（MPa⁻¹）	E_{s1-2}（MPa）		夯矿灌注桩	预制桩
②	粘土	35.5	18.5	98	1.00	39.6	22.1	17.5	0.89	0.49	4.7	100	15	15
③	淤泥质黏土	47.3	17.2	96	1.34	43.6	25.6	18.0	1.27	0.83	2.8	70	10	10
④	淤泥质黏土夹粉砂	42.7	17.5	94	1.18	41.5	24.2	17.3	1.07	0.60	3.9	80	15	13
⑤	细砂	29.8	18.3		0.91						14.7	150	25	25
⑥－1	粉砂夹粉质黏土	34.1	18.1	93	1.00	34.1	23.6	10.5	1.01	0.29	6.9	100		20
⑥－2	粉质黏土夹粉砂	34.3	18.0	96	1.00	37.1	22.1	15.0	0.94	0.31	6.5	100		20
⑦－1	粉质黏土夹碎石	25.7	19.8	96	0.73	31.5	18.5	13.0	0.50	0.20	9.2	150		30
⑦－2	碎石夹粉质黏土											200		40
⑧	基岩	凝灰质含砾砂岩、凝灰质砂岩、中等风化											（强风化）40	

（3）用离心模型试验比较大型油罐下、深厚非均质软土不同处理方法的效果。试验结果表明，用碎石桩处理的油罐地基，罐中心沉降仍较大（1104mm）必须扩大加固区范围以抑制侧向变形引起的垂直沉降，地基沉降稳定时间是 500d。而用深层水泥搅拌桩形成的复合地基，罐中心沉降量 236mm，沉降对加固区以外邻近场地下的土体也没有大的影响，地基沉降稳定的时间是 150d。

（4）水泥土搅拌桩在垂直荷载下应力应变的现场试验研究。在现场进行了水泥土搅拌桩实体试验，同时也试验施工机具及施工工艺。在罐区现场共布置桩径 ϕ700mm、27 根试桩（其中，罐区北部四桩承台一组，二桩承台一组，单桩 7 根；罐区中部四桩承台一组，二桩承台一组，单桩 3 根；罐区南部单桩 5 根），桩长 21～27m，位置见图 11-44。罐中部 ZH－13 号单桩沿桩身每隔 2～3m 埋设一块应力计，以测定试桩时桩身各深度处的应力值。试验结果是：复合地基承载力标准值 214～240kPa 之间，平均为 231kPa；单桩承载力标准值在 250～300kN 之间，平均值 267kN，见图 11-47。在使用荷载 240kPa 时，桩土应力比在 6～8 之以下，摩擦阻力均小于 8kPa，且变化不大。桩体应力在深度方向呈非线性分布，桩体应力主要集中在 7m 以上部位，在接近极限荷载（600kN）时，桩体应力传递深度约为 12m。

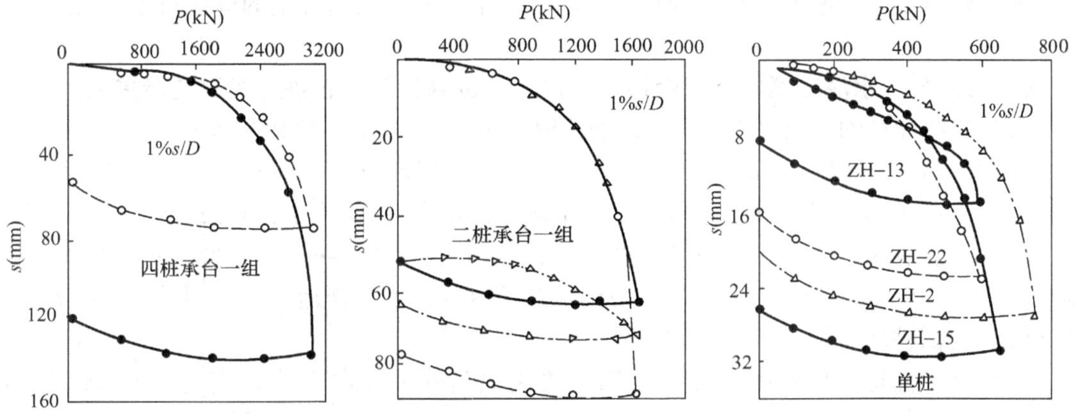

图 11-47 水泥土搅拌桩的静载荷试验结果（P-s 曲线）

固结系数（$\times 10^{-2}$ cm/s） **表 11-29**

土层号	土层名称	50kPa		100kPa		200kPa		400kPa	
		C_H	C_V	C_H	C_V	C_H	C_V	C_H	C_V
③	淤泥质黏土	3.1	2.4	1.8	1.5	1.2	0.8	0.9	0.7
⑦—1	粉质黏土夹碎石①			1.3	1.2	1.2	1.1	1.2	1.0

①为该层中黏土的参数。

抗剪强度统计表 **表 11-30**

土层号	土层名称	直接快剪		固结快剪		三轴 UU		三轴 CU				三轴 CD		无侧限	
		c_k (kPa)	φ_k (°)	c_k (kPa)	φ_k (°)	c_k (kPa)	φ_k (°)	c_k (kPa)	φ_k (°)	c_k (kPa)	φ_k (°)	c_k (kPa)	φ_k (°)	q_u	S_t
③	淤泥质黏土	11.0	15.3	13.0	18.3	13.0～28	3.9	27.0	14.4	11.0	33.6	21.0	32.0	40.3	3.2
⑥—1	粉砂夹粉质黏土	17.0	21.0	25.0	24.3										
⑥—2	粉质黏土夹粉砂	18.0	16.0	27.0	19.0										
⑦—1	粉质黏土夹碎石	21.0	20.5	30.0	25.0										

渗透系数统计表（$\times 10^{-1}$ cm/s） **表 11-31**

土层号	土层名称	0kPa		50kPa		100kPa		200kPa		400kPa	
		k_h	k_v	k_h	k_v	k_h	k_v	k_h	k_v	k_h	k_v
③	淤泥质黏土	4.00	1.47	1.48	1.31	0.85	0.60	0.45	0.31	0.30	0.23
⑤	细砂		5400								
⑦—1	粉质黏土夹碎石①					1.7	1.6	1.2	1.1	0.66	0.58

①为该层中黏土的参数。

试验研究工作积累了丰富的资料，对深厚软土地基中加固方案的选取有着重要的指导意义。

【11.2.3】 水泥土搅拌桩复合地基的设计、沉降计算、布桩形式及构造措施

（1）荷载计算油罐内径 $D=60\text{m}$，油罐壁高 $H=19.35\text{m}$，罐体自重 $Q=12000\text{kN}$，充水高度 $H=17.5\text{m}$，设计场地地面标高 10.50m，自然地面标高 9.0m。算得设计地面以上荷载 217kPa，自然地面（即搅拌桩顶面）标高 9.0m 处平均压力 244kPa。

（2）复合地基承载力计算桩径取 $\phi700\text{mm}$，桩中心距 1200mm，置换率 $m=0.267$。根据规范公式：$f_{\text{kp,k}}=mf_{\text{p,k}}+\beta(1-m)f_{\text{s,k}}$ 算得搅拌桩复合地基承载力标准值 $f_{\text{sp,k}}=236\text{kPa}$，与试桩所得的 231kPa 很接近。

（3）搅拌桩复合地基沉降计算根据《建筑地基处理技术规范》（JGJ 79—1991）规范第 9.2.5 条搅拌桩复合地基的变形包括复合土层的压缩变形 s_1 和桩端以下未处理土层的压缩变形（即 s_2，下卧层压缩变形）。搅拌桩压缩模量 E_{p} 取 $120f_{\text{cu,k}}$，群桩体顶面平均压力为 244kPa。附加压力的计算中，把搅拌桩与桩间土先假设为一实体深基础（不考虑沿桩身的压力扩散角），群桩体顶面平均压力减去实体深基础的周边摩擦阻力以及罐底处底面积与群桩体底面积之比引起压力差值后而算得。桩群体下卧层压缩变形 s_2 按《建筑地基基础设计规范》（GBJ 7—1989）规范 5.2.5 公式计算，最后结果如表 11-32 所示。

油罐沉降的计算值（mm） **表 11-32**

	No. 912 罐			No. 193 罐		
方位	s_1	s_2	s	s_1	s_2	s
东	58	166	224	54	19	73
南	57	131	188	38	43	81
西	54	169	233	56	21	77
北	57	144	201	56	61	117
中	60	281	341	53	83	136

（4）工程桩布置形式 有环形、正三角形及正方形等形式。考虑到施工方便、定位准确，选用方形布桩。油罐直径为 60m，沉降影响深度 30 多米，罐中心处和罐壁处应力相差 1 倍，地层剖面倾斜度大，若平面布桩全是单个地均匀布置，则加固后地基整体刚度差。为此在夹角 45°方向和沿半径为 3.6m、16.8m 及 30m 圆环上的桩间各加一根桩，形成三圆环壁，环墙下为双层壁，这样使整座罐基平面形成网络状（见图 11-48），大大加强了复合地基的整体刚度，把原先的软上层加固处理成一个刚度很大的封闭圆筒形实体。

（5）设计对施工的要求 根据第一次试桩的试验，规定搅拌电机功率必须是 55kW，搅拌轴转速不小于 60r/min，提升速度不大于 1m/min，搅拌叶片 3 层每层 2 片共 6 片，各层叶片径向水平投影夹角 60°，层距 300mm，每片叶片宽 100mm，水平夹角 30°，桩身内每点搅拌不少于 30 次。

【11.2.4】 水泥土搅拌桩桩身质量检测

用 $N_{63.5}$ 标贯检测法的击数判断桩身强度；通过取芯，直接观察到桩身搅拌均匀程度；同时将取出的芯样进行室内无侧限抗压强度试验，以了解实际桩体的强度值。图11-49*a*表示龄期10d时，不同深度处的标贯击数。图11-49*b*是桩的取芯强度随龄期的变化过程线，为便于比较，图中同时还列出了相同参数、相同龄期的室内试块强度。从图中可见：桩体取芯强度与室内试块强度随龄期的变化趋势是一致的。检测结果也证实，在淤泥质黏土中，150d桩体取芯强度已达2.5MPa。

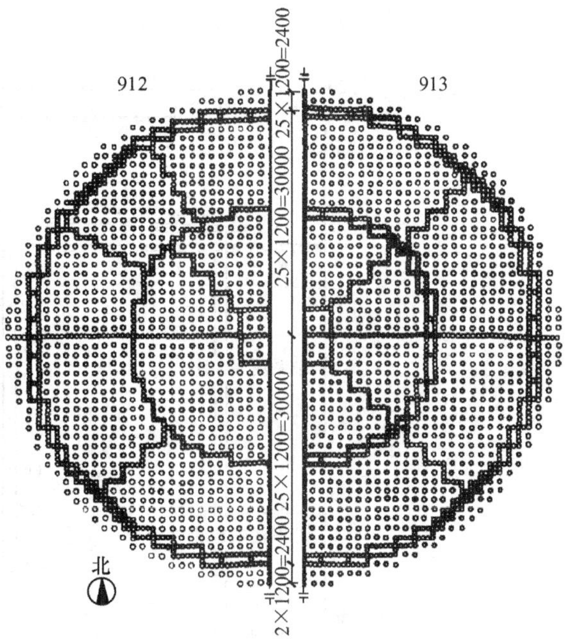

图11-48 水泥搅拌桩的平面布置图
(No.912罐3189根；No.913罐3079根桩)

【11.2.5】 油罐沉降的监测

对两台罐基都进行了环墙周边沉降、底板沉降、桩身应力、地基孔隙水压力、地基分层沉降、地基侧向变形等项目的测试。两罐基测试仪器的埋设见图11-50和图11-51，测试结果如下：

(1) 用水泥搅拌桩处理大型油罐深厚软基是成功的，其复合地基强度、沉降差异都达到设计要求。从表11-33实测沉降值可见，无论在竣工之时，还是在使用7个月后，油罐的差异沉降远小于规范限值4‰D（D为罐径）。油罐底板中心沉降都大于环墙处，No.912罐底板中部沉降187mm，No.913罐底板中部沉降150mm。环墙各点沉降如表11-35所示，罐底板荷载-沉降-时间关系，见图11-52和图11-53。

(2) 在受荷面积大的油罐地基中，桩身应力随深度衰减缓慢，在深度20m附近处，桩身应力值依然不小（见表11-34）。这是由于受荷面积愈大，应力影响深度愈深的缘故，

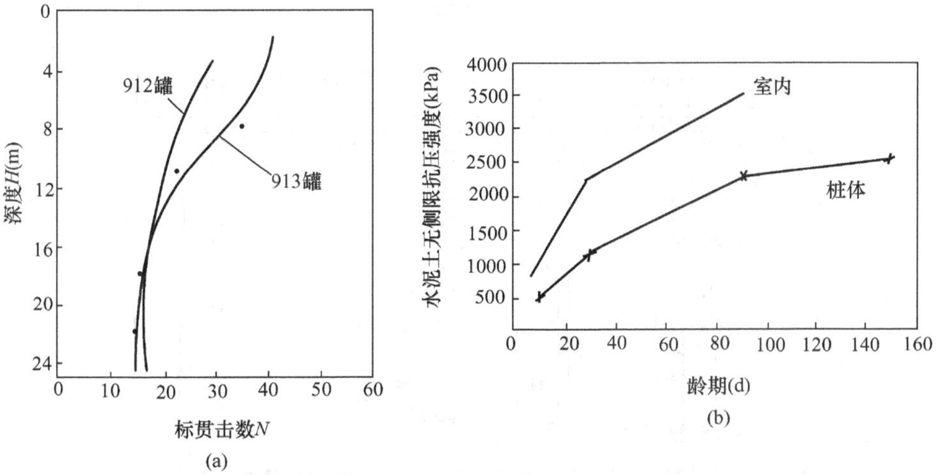

图11-49 水泥土搅拌桩桩身强度检测结果
(*a*) 龄期10d时，不同深度处的标贯击数；(*b*) 桩身取芯强度和室内试块强度

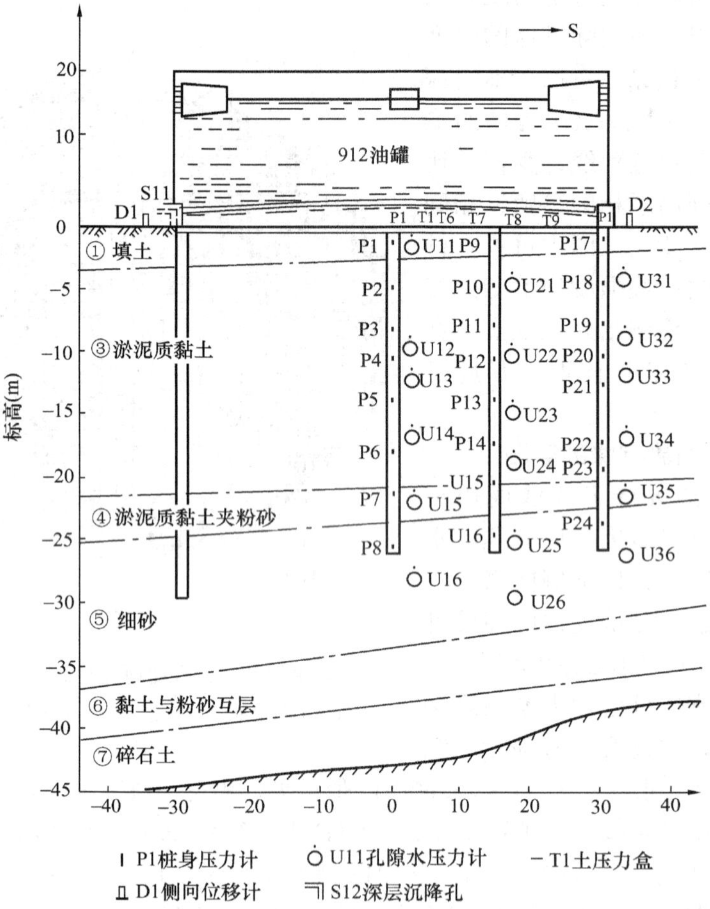

图 11-50 No. 912 罐原位观测仪器剖面布置

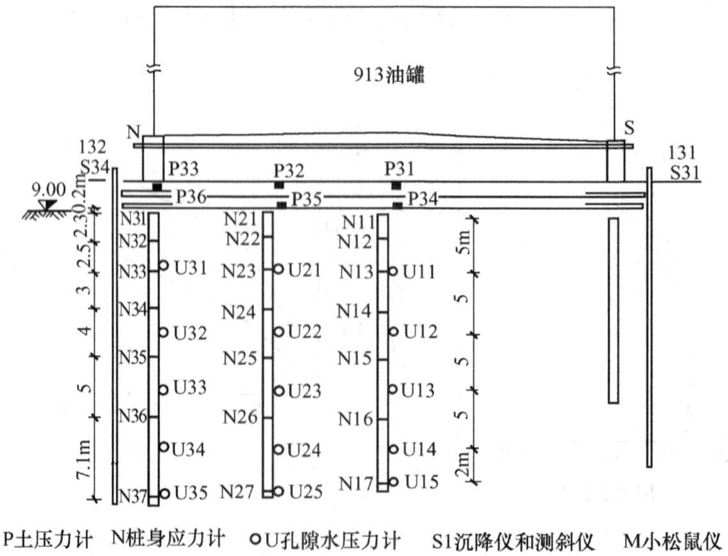

图 11-51 No. 913 罐原位观测仪器剖面布置

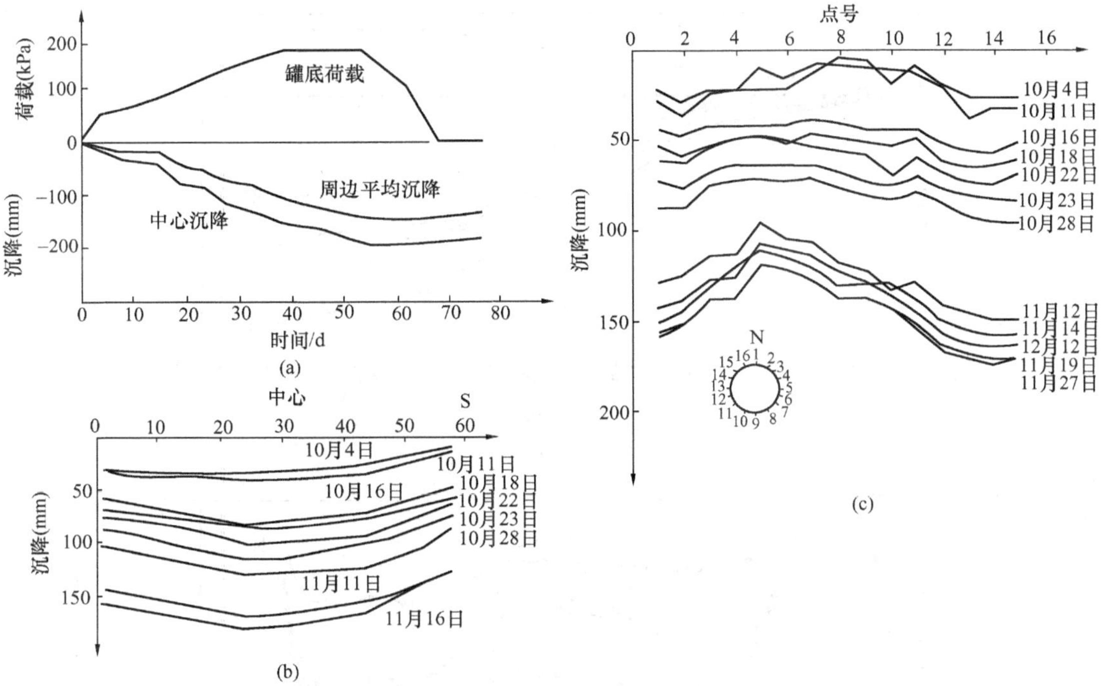

图 11-52 912 油罐实测沉降曲线

(*a*) 荷载-沉降-时间关系曲线；(*b*) 罐基沉降随时间的变化图；(*c*) 油罐环墙沉降随时间的变化图

把单根桩试验所测得传递深度和临界桩长的结果用在受荷面积大的油罐地基情况之中是不适合的。

(3) 复合地基的侧向变形实测结果表明，No.912 罐基北侧最大位移 8.2mm，南侧最大位移 19.8mm；No.913 罐基南侧最大位移 5mm，北侧最大位移 14mm。最大位移都是发生在桩深 15m 左右处。这说明环墙下采用二层圆环壁状的布桩形式非常成功地阻止了深厚淤泥质软土的侧向位移。

油罐沉降实测值 **表 11-33**

912 罐环墙沉降/mm				
方位 时间	东	南	西	北
罐体竣工充水 15d	104	140	149	152
使用 7 个月 1997.7.27	135	184	186	192

913 罐环墙沉降/mm				
方位 时间	东	南	西	北
罐体竣工充水 15d	33	30	45	67
使用 7 个月 1997.7.27	43	39	59	88

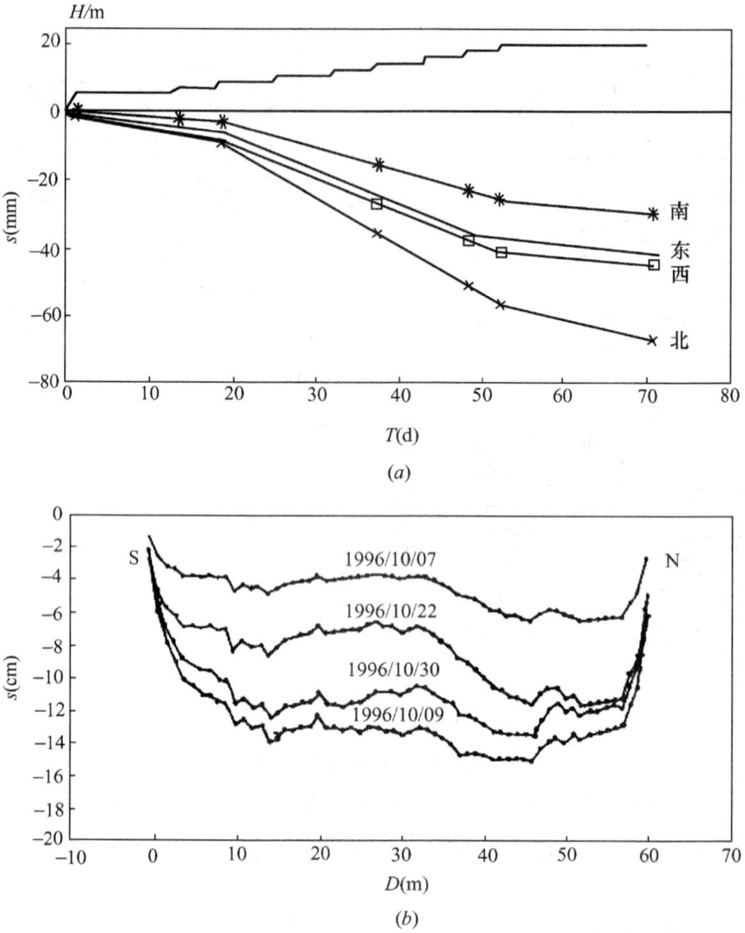

图 11-53 913 油罐实测沉降曲线

(*a*) 环梁沉降和充水高度 *H* 随时间变化图；(*b*) 油罐底板沉降图

桩 身 应 力 **表 11-34**

912 罐桩身应力（kPa）			913 罐桩身应力（kPa）		
桩位 / 桩深（m）	罐中心桩	罐壁桩	桩位 / 桩深（m）	罐中心桩	罐壁桩
2	370		0.2	603	304
5	412	230	2	530	260
8	435		4.5	408	205
11		188	8	312	166
14	138	106	12	223	135
18	105	87	17	130	96
22	102		22.6	13	29

【11.2.6】 技术经济效果

国内首次用水泥搅拌桩处理深达 27m、5 万 m^3 油罐软土地基获得成功，并取得了一系列水泥土搅拌桩的配方、设计、施工、检测方面的实践经验，证明了用水泥土搅拌桩处理深厚软弱地基是一种可靠的方法。只要设计合理，严格控制施工质量，完全可以达到预期的目的。加固的效果表现在：天然地基承载力标准值由 70kPa 提高到 240kPa，地基沉降消除 90%，加固后的沉降仅为 200mm 左右。另外，工期也比较短，正式施工每台罐基仅需 3 个多月。经决算工程造价：No. 912 罐基 501 万元、No. 913 罐基 430 万元（不含水泥差价）。水泥用量：No. 912 罐基 9300t、No. 913 罐基 8200t；水泥总差价约 350 万元。这样两罐基加固费用比钢筋混凝土桩基节省约 1000 万元。

参 考 文 献

[1] ROBERT J，Le COLMIX，Amelioration de Sol Par Colonnes Traitees in Situ Proc. 13th Soil Mech Found Eng，1994 Vol. 3 P. 1215

[2] TANAKA H，Base Failure of Braced Excavation Stabilized by DCM Method. Proc. 13th Int Conf Soil Mech Found Eng ，1994 Vol. 4 P. 1745

[3] WALKER A D，DCM Saves the Dam. Civ Eng A. S. C. E. 1994No. 12

[4] ONG S，Unconfined Compressive Strength of Various Cement-Stabilized Phosphogypsum Mixes. Transp Res Rec（USA），1993No. 1424

[5] YANG D S，Soil Mix Walls in Difficult Ground In Situ Deep Soil Improvement，1994，USA

[6] ALAMGIRM，Deformation Analysis of Soft Ground Reinforced by Columnar Inclusions. Compwt Geotech，1996No. 4

[7] 周国钧等. 喷射注浆法与深层搅拌法，《地基处理技术·第二册》北京：冶金工业出版社，1991，3

[8] 高潮. CMM 在天津港东突堤码头地基加固工程中的应用，《首届全国岩土力学与工程青年工作者学术讨论会文集》杭州 1992 年

[9] 韩选江等. 水泥搅拌桩原位取样的承载性状分析《第二届华东地区岩石力学学术讨论会论文集》杭州：浙江大学出版社，1992. 9

[10] 曹正康等. 水泥加固上海软土工程性能的试验研究.《第三届全国地基处理学术讨论会论文集》杭州：浙江大学出版社，1992 年

[11] 周国钧等. 水泥加固土硬化机理初探《地基处理与桩基础国际学术会议论文集》，1992. 3

[12] 浙江省建工勘察科技情报站等，深层水泥搅拌技术论文选集，1992. 12

[13] 龚晓南等. 深层搅拌法设计与施工.《深层搅拌法设计、施工经验交流会论文集》北京：中国铁道出版社，1993 年 10 月

[14] 郭忠新等. 深层搅拌，《岩土工程治理手册》沈阳：辽宁科学技术出版社，1993. 9.

[15] 白日升，有关粉体喷射搅拌桩的几个问题的探讨.《海峡两岸土力学及基础工程·地工技术学术研讨会论文集》西安，1994. 10

[16] 黄新等. 软土地基水泥系固化剂适用条件浅析.《第七届土力学及基础工程学术会议论文集》北京：中国建筑工业出版社，1994. 10

[17] 胡同安等. 工业废石膏在软黏土水泥加固中的增强效应，《第四届全国地基处理学术讨论会论文集》杭州：浙江大学出版社，1995. 12

[18] 陆瑞明. 水泥土挡墙的空间作用研究.《工程勘察》1996 年第 1 期

[19] 杨小刚. 超长深层搅拌桩在大型油罐地基中的应用。《冶金工业部建筑研究总院院刊》，1997 年第 2 期

[20] 姜洪伟等. 各向异性条件下软土深基坑抗隆起稳定性分析。《岩土工程学报》，1997 年第 1 期

[21] 叶观宝、刘静安、章关福、黄志群等，粉喷桩在多层住宅地基加固中的应用《基础工程 400 例》，北京：地震出版社，1999. 10：381～387

[22] 吴迈，水泥土组合桩单桩竖向承载力试验研究，[硕士学位论文]开津，河北工业大学，2001年。
[23] 叶观宝、赵建忠、徐超、高彦斌、白航，高速公路软基联合处理方法的初步研究。《地基处理》第14卷第2期，2003.6
[24] 曾森财，水泥土薄墙截渗技术在长江堤防中的应用，《西部探矿工程》2004年4期。
[25] 叶观宝、徐超、邹允祥、胡银宝等，水泥土搅拌桩处置连云港地区滨海相软土地基的工艺研究，第八届全国地基处理学术讨论会论文集，合肥：合肥工业大学出版社，2004.10
[26] 叶观宝、徐超、周启兆、姜竹生、王艳，长板-短桩工法处理深厚软基的理论与设计，全国高速公路地基处理学术研讨会论文集：高速公路地基处理理论与实践(2005.10)
[27] 黄新、宁建国等，固化土结构形成模型的试验验证，《工业建筑》2006年7月
[28] 宁建国、黄新，固化土结构形成及强度增长机理试验研究，北京航空航天大学学报2006(7—8)
[29] 杭州森宇电控机械有限公司，PJ-2全自动双控喷浆记录仪(产品说明书)
[30] 刘松玉等，钉形水泥土搅拌桩处理软土地基的试验研究，第九届全国地基处理学术讨论论文集，杭州：浙江大学出版社2006.8
[31] 刘晓红，复合土钉支护结构及其内部稳定性探讨，《西部探矿工程》2006年9期
[32] 吉田信夫等，地盤改良技術の展開，セメント・コンクリート，1989年№511
[33] 柴崎光弘，噴射・攪拌・混合處理工法の實績と適用上の留意點，基礎工，1989年№8
[34] 三苫寛，深層混合處理杭の室内強度と現場強度の比較，第14回土質工学会東北支部研究討論会講演会講演集，1994年P21
[35] 北づめ昌樹，深層混合処理工法にする改良地盤の安定に開する研究，港湾技研資料，1994年No.774
[36] 多田秀一，深層混合處理工法の強度評価に関する室内試験，北海道開發局開發土木研究所月報，1995年No.511.
[37] 広井惠二，多柱式復合地盤のせん断抵抗に関する研究，東急建設技術研究所報，1995年No.21
[38] 石井勉，セメント系材料を用いた地盤改良工法，化学工業，1995年No.7
[39] 須田晃夫，深層混合處理工法にちう改良地盤の変位預測法に関する一考察，第30回土質工学研究発表会発表講演集，1995年
[40] 吉田貴昭，深層混合處理工法—DCM，建設機械，1995年No.7
[41] 岩佐英昭等，燃料タンク基礎への深層混合處理工法の採用について，地盤工学会北海道支部技術報告集，1996年No. 36
[42] 鈴木吉夫，深層混合處理工法を用いた格子状地盤改良にする液狀化對策エ，土と基礎，1996年No.3
[43] 建山和由. 深層混合處理工法によける地盤評価とその自動化施工への応用、土木学会論文集，1996年No.535
[44] 罔林茂生ほか，セソント系固化材の固化特性とうの機構の檢討，宇部三菱セソント研究報告2001.1
[45] 川村政史ほか，性能を基盤とした深層混合處理工法の展望，土と基礎2001.5
[46] 川口正人ほか，セソント系固化材の反応原理，基礎工2001.9

本章审阅人：龚晓南(浙江大学)
本章资料其他提供者：黄新(北京航空航天大学土木系)
王恩远(河北工业大学)
李书伟(中冶集团建筑研究总院)

第12章 石 灰 桩 法

袁内镇(湖北省建筑科学研究设计院)
王伟堂(浙江科技学院)

12.1 概述

12.1.1 发展概况

石灰桩是指采用机械或人工方法在地基中成孔，然后灌入生石灰块或按一定比例加入粉煤灰、炉渣、火山灰等掺合料及少量外加剂进行振密或夯实而形成的桩体，石灰桩与经改良的桩周土共同组成石灰桩复合地基以支承上部建筑物。

据文献查阅，我国是研究应用石灰桩最早的国家。1929年在天津开业的德国工程师E. Hunke发表的述及中国灰土和石灰桩的文章是迄今为止有关生石灰桩的最早的记录。日本、美国和瑞典等国研究应用石灰桩是20世纪60年代以后的事。

我国研究和应用石灰桩可分为三个阶段。

第一阶段是1953年以前，它的施工方法是人工用短木桩在土里冲出孔洞，向土孔中投入生石灰块，稍加捣实就形成了石灰桩，这种石灰桩在天津的旧房基下经常可发现。解放初，在天津金钢桥修建公园时曾挖出清代道台衙门的旧址，建筑物下就有石灰桩。桩长30到50cm不等，形状上大下小，如钟形，桩中心的石灰仍然是软的膏状物，但桩周约2cm的土却形成了一层坚硬的外壳，颜色也和周围的土不同，近于陶土的色调。

第二阶段是1953年至1961年。当时，以天津大学范恩锟教授为首，组建了研究小组，并将石灰桩的研究正式列入国家建委的研究计划。先后进行了室内外的载荷试验，石灰和土的物理力学试验，实测了生石灰的吸水量、水化热和胀发力等基本参数。这项工作历时五年，为20世纪50年代石灰桩的研究和应用，以及后来的进一步研究和发展奠定了基础。1959年，由天津大学等单位共同编制了《石灰桩加固地基设计施工规程》(草案)，对石灰桩的适用范围、设计方法、承载力估计及施工方法等作了初步总结。限于当时的技术水平，石灰桩的应用仅限于2～3层建筑物。此后，我国石灰桩的研究和应用停顿了很长一段时间。恰恰在此期间，日本、美国和瑞典等国家开始进行石灰桩的研究和应用，并发展了石灰深层搅拌桩法。

我国石灰桩研究与应用的第三次高潮始于1975年，由北京铁路局勘测设计所等单位在天津塘沽对吹填软土路基进行石灰桩处理的试验研究。在120m×20m区段内采用了：换填土厚度为60cm，100cm；长砂井(长7m，直径30cm，间距80cm)；砂垫层；石灰桩；短密砂井(长3m，直径20cm，间距80cm)等六种方法，进行了对比试验，结果表明了石灰桩的加固效果最佳。

1980年，同济大学等单位在浙江湖州进行了天然地基、石灰桩、砂桩、碎石桩、混凝土灌注桩的静载荷试验。结果表明石灰桩处理效果最好。

1981～1982年，江苏省建筑设计院和浙江省建筑科学研究所等单位相继在南京和杭州正式列题，开始对石灰桩进行规模较大的研究试验和工程应用。1981年9月，用石灰桩加固处理暗塘淤泥的第一幢六层住宅建筑—江苏省歌舞团宿舍，在南京建成。1982年，浙江省建筑科学研究所等单位成功地将石灰桩应用于深厚软土地区的住宅地基处理中，在33m厚的淤泥质土地基上建成了三幢六层住宅建筑——杭州市纺织局宿舍和浙江省机电公司宿舍。

此后，石灰桩的研究工作很快在全国各地展开。湖北省建筑科学研究设计院、河海大学、天津大学、太原工业大学、浙江工学院、天津市建筑科学研究所等单位相继成立专题组，对石灰桩的加固机理、施工工艺、设计方法和质量检验方法等开展了全面地研究，并在全国范围内推广应用。许多单位进行了室内模型试验和现场试验，采用偏光显微镜、X线衍射法、电子显微镜、差热分析法等手段进行综合分析鉴定，对石灰加固土的微观结构有了全面的了解，通过现场载荷试验，应力分担比的测定，孔隙水压力量测，桩身材料强度试验和房屋长期沉降观测等，从宏观上对石灰桩的加固作用了有较深刻的认识。1985年，在第一届全国地基处理学术讨论会上，石灰桩正式作为会议的专门议题。1989年，在上海召开了石灰处理地基学术讨论会，并出版了会议论文集。1992年，由湖北省建筑科学研究设计院、中国建筑科学研究院地基所江苏省建筑设计院等单位完成的《石灰桩成桩工艺及设计计算的研究》课题，通过了建设部的技术鉴定，成果达国际先进水平，表明石灰桩的研究又发展到一个新的水平。

2002年石灰桩技术正式列入行业标准《建筑地基处理技术规范》JGJ 94—2002(J 220—2002),多年的研究和实践成果得到了肯定。

当前，石灰桩的研究工作还在进一步深入，研究的重点是各种施工工艺的完善和实测总结设计所需的各种计算参数，使设计施工更加科学化、规范化。与此同时，各地正努力扩大石灰桩的应用范围，以取得更好的社会经济效益。

12.1.2 适用范围

石灰桩法适用于加固杂填土、素填土、淤泥、淤泥质土和黏性土地基，对素填土、淤泥、淤泥质土的加固效果尤为显著。有经验时也可用于粉土地基。加固深度从几米到十几米。不适用于地下水下的砂类土。

石灰桩法可用于提高软土地基的承载力，减少沉降量，提高稳定性，适用于以下工程：

1 深厚软土地区七层以内、一般软土地区八层以内住宅建筑物或相当的其他多层工业与民用建筑物。

2 如配合箱基、筏基，在一些情况下，也可用于12层左右的高层建筑物。

3 适用于软土地区大面积堆载场地及地坪加固，有经验时也可用于大跨度工业与民用建筑独立柱基下的软弱地基加固。

4 石灰桩法也可用于设备基础和高层建筑深基开挖的支护结构中。

5 适用于公路、铁路路基软土加固，桥台背后填土加固（防止“跳车”)。

6 适用于危房地基加固。

12.1.3 工程应用概况

在国外，石灰桩主要用于路基加固，油罐地基处理，基坑开挖时的边坡稳定工程，需要减少主动土压力和增加被动土压力的工程等，房屋建筑地基加固中很少应用。

石灰桩在国内主要用于建筑物软弱地基加固，堆载场地及地坪加固，也少量用于危房加固，路基加固以及基坑开挖时的边坡加固工程。

20 世纪 50 年代，石灰桩主要在天津地区推广应用，有近百幢的 2～3 层建筑物采用石灰桩进行地基处理，使用效果良好。

80 年代以后，石灰桩主要在江苏、浙江、湖北、山西和天津等地区推广应用。

在南京采用管外投料工艺，已有二百余幢五～七层住宅采用石灰桩法加固地基，石灰桩长约 3～8m，加固对象主要是杂填土，淤泥和淤泥质土。

在浙江，石灰桩主要应用于深厚软土地区（软土厚度 20～35m）的 5～7 层住宅建筑中，加固对象主要是表层杂填土和高含水量（$w=40\%\sim60\%$）的淤泥质土，桩长一般 5～10m，房屋最终沉降量 5～20cm，沉降均匀。石灰桩也曾成功用于一万平方米的厂房独立柱基下的软土地基处理和大柱网尺寸（6.8m×8.7m），二至五层钢筋混凝土框架结构独立柱基下的软弱地基加固中。

湖北地区的石灰桩施工以人工洛阳铲成孔为主。在地处长江、汉江一级阶地的武汉、沙市、襄樊等地的软土带采用。已建成各种建（构）筑物五百余幢，包括 9～12 层综合楼，2～8 层民用建筑，24m 跨单层厂房，45m 烟囱，大荷载水泥筒仓及大柱网多层仓库等。还成功用于危房加固，锻锤基础，铁路、公路路基加固，无一发生事故。上述建筑物的基础大多采用条形基础和独立基础，极少数工程采用了片筏基础，显著降低了造价。建筑物场地地基多数情况是上部 3～6m 为承载力较低填土、黏性土、粉土、杂填土、淤泥和淤泥质土，承载力 50～90kPa，以下为粉砂或黏性土，承载力 100～120kPa。加固深度 3～6m，地下水位一般在地表以下 1～2m。

山西、河南、广东地区采用管外投料法及人工洛阳铲法已建成包括九层住宅在内的数以百幢计的建筑物。

近几年来由于其它地基处理手段的发展以及预应力管桩的大量推广，采用石灰桩处理的建筑地基呈减少趋势。目前主要用于地坪填土加固及道路路基的浅层加固。目前路基浅层软土处理大多采用换填的方法，改用石灰桩处理后显著降低了造价，有良好的发展前景。

12.2　石灰桩复合地基的工作机理

12.2.1　桩体材料及配合比

一、生石灰

石灰是用主要成分为 $CaCO_3$ 的石灰岩作原料，经过适当温度煅烧所得的一种胶凝材料，其主要成分为 CaO，也叫生石灰。

石灰外观具有细微裂缝，多孔，一般为呈乳白色的块状物，含杂质多的石灰往往呈灰色，淡黄色，过烧石灰则为灰黑色。

石灰块易碎，天然密度为 8～10kN/m³，过烧石灰的密度较大，可达 13～17kN/m³，硬度也大。

石灰有气硬性和水硬性两种，按 MgO 含量多少又可分为钙质石灰，镁质石灰。分类界限见表12-1。

对石灰质量的要求包括下述几方面：

（一）石灰活性

石灰桩要求石灰具有高活性。所谓活性是指石灰中活性氧化钙和氧化镁含量总和。活性氧化钙和氧化镁是指能与含硅材料发生化学反应产生胶凝物质的化合物，国家标准中称它为有效钙和氧化镁，并以符号A-CaO和A-MgO表示。生石灰品质是以活性高低划分等级的。生石灰指标见表12-2。

石灰分类界限 表12-1

品种	钙质石灰	镁质石灰
	MgO含量%	
生石灰	≤5	>5
消石灰	≤4	>4

生石灰的品质指标 表12-2

项目	钙质石灰			镁质石灰		
	一等	二等	三等	一等	二等	三等
A-CaO+A-MgO含量不小于(%)	85	80	70	80	75	65
未消耗残渣含量，5mm孔筛筛余量不大于(%)	7	11	17	10	14	20

工程及试验证明，表列三种钙质石灰均可使用。天津、武汉等地区规定CaO含量不小于80%，这个要求偏高，《建筑地基处理技术规范》JGJ 79—2002规定为不小于70%。表12-3列出了部分国内石灰桩所用生石灰的化学成分。

生石灰化学成分表 表12-3

应用地区项目	北京	南京	山西	天津	武汉	浙江诸暨	浙江湖州	上海奉贤
CaO(%)		70.73	92	47.77～88.02	83.3	73.8～76.62	76.87	76.68
MgO(%)	0.43	0.86	1.35		2.26	6.30～7.8	微	0
Fe_2O_3(%)		0.52	0.97		0.50	2.42	0.97	0.48
Al_2O_3(%)		1.15	0.65		0.78	0.42～2.76	0.077	0
SiO_2(%)		5.90	1.12		2.80	0.65～7.86	2.11	3.30
烧失量		19.79	2.64		8.50	5.51	19.40	17.36
A-CaO	75.54	54.54	90	36.92～78.35				
消化速度(min)			9					

（二）氧化镁含量

因为碳酸镁分解温度低（730～760℃），而碳酸钙分解温度较高（900℃）。石灰的煅烧温度常在1000～1200℃。因此，氧化镁常被煅烧成“死烧”状态，其结构致密，消化缓慢，如果用于硅酸盐制品及其他工程上，常常是后期才逐渐消化。此时体积膨胀，构件裂缝，强度下降，但作为石灰桩的原料，氧化镁的缓慢消化性质较有利于加固地基。浙江的试验说明含7.8%MgO的诸暨石灰比含微量MgO的上海奉贤石灰和浙江湖州石灰的效果要好。前苏联И·В·斯米尔诺夫在20世纪30年代的试验证明含MgO32%的生石灰制成的砂浆较含15.6%和12.2%MgO的生石灰制成的砂浆强度要高。特别是在水中养护时，28d强度高出1倍。

因此，表 12-2 所列的三种镁石灰均可用为石灰桩原料，不过在使用时不论是钙质或镁质石灰，粉末含量不宜超过 15%。同时在现场非密封条件下存放天数也不能过长。试验证明在 80%湿度条件下，生石灰的有效钙含量在 7d 内由 78.35%，减少到 36.89%。活性钙的减少不仅削弱了熟化中的膨胀力，还影响桩体材料之间的水化胶凝效果，不利于地基加固。

我国沿海地区用海岩生物牡蛎煅烧而成的石灰，比一般生石灰的 CaO 含量略少，但也是石灰桩的可用材料，宁波已有使用的经验。

过烧石灰水化速度慢，Π·Π 布得尼科夫用导电法研究证明，过烧石灰 24h 不能完全水化，而普通石灰在 5～10min 内即可全部水化。工程实践表明过烧石灰有利于安全施工，且有利于周围土的固结，前苏联的经验是转窑内长时间煅烧的石灰则消化平稳。因此，作为石灰桩的原料，生石灰的生产方法及流程等有待进一步研究。

小颗粒（粒径 2cm）石灰的加固效果优于块灰。模拟试验的结果证明小颗粒石灰桩承载力较块状石灰桩提高 108/76＝1.42 倍，见图 12-1。实际应用中，由于粉灰污染大，价格贵，其实用价值及施工工艺应进一步研究。但是在采用块灰的时候，应尽量将石灰块碎成小粒径，对加固效果肯定有利。

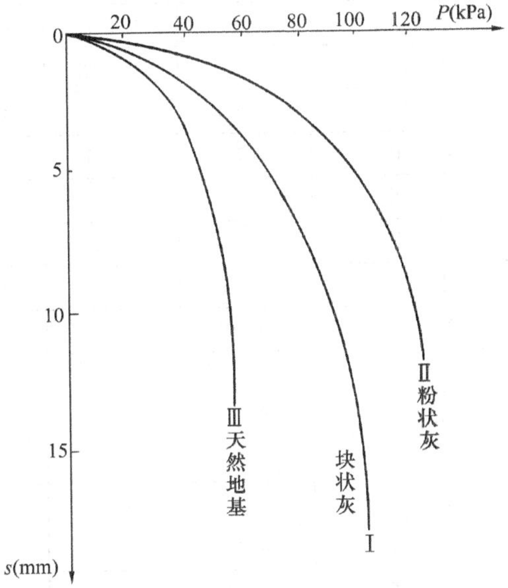

图 12-1 块灰与粉灰效果对比 P-s 曲线

二、掺合料

石灰桩桩距小，根数多，生石灰用量很大，由于石灰烧制需大量能源，生产 1kgCaO 需 759 千卡热量，理论上相当耗掉 108 克的标准煤。有些地区石灰单价较高，在应用中节约生石灰意义重大，同时，石灰桩身还需要一定的强度。据此，掺合料的选用原则为：

（一）就地取材，尽量采用工业废料；

（二）价格低廉；

（三）有利于提高桩身强度；

（四）方便拌合和施工。

在实际工程及试桩中，采用砂、石屑、粉煤灰、火山灰、煤渣、矿渣、黏性土、电石渣作主要掺合料，有时附加了少量石膏、水泥，其中以粉煤灭、火山灰应用最多，煤渣次之。

粉煤灰、矿渣、火山灰、黏性土为活性材料，这些材料中含有大量 SiO_2，Al_2O_3，可与 $Ca(OH)_2$ 反应生成具有水硬性的水化硅酸钙和水化铝酸钙。这些反应的原理早已为硅酸盐制品、黏土制品、无熟料水泥的生产所证明。粉煤灰是一种烧黏土质火山灰质料，是火力发电厂除尘器收集的烟道中的细灰，还包括炉底排出的少量烧结渣，是我国一种数量很大的工业废料。

粉煤灰为细粉状，呈灰色（含水时呈黑灰色），颗粒为比表面积大的多孔结构，对水的吸附能力很大，含水量达30%时仍呈松散状态，施工时天然含水量一般为30%～50%。粉煤灰相对密度2.0～2.4，松散干密度一般为5.5～6.5kN/m³，重者达8kN/m³，孔隙率达60%～75%，分为粗、中、细三种颗粒。具有400千卡～1000千卡的热值。我国部分地区电厂粉煤灰及其他掺合料的化学成分见表12-4和表12-5。

我国部分地区电厂粉煤灰的化学成分 **表12-4**

产地＼项目	烧失量	SiO_2	Al_2O_3	Fe_2O_3	CaO	MgO	SO_2
上海	3～5	46～54	29～38	4～7	2～7	0.5～1.5	0.1～0.2
淮南	1～5	49～52	30～32	5～12	3～6	<1	<1
大同	3～25	44～59	14～17	9～17	2～4	1～2	<1.5
唐山	7.73	42.71	38.05	4.13	3.94	1.52	0.28
兰州	3.02	51.50	24.98	7.63	6.00	3.57	0.22
洛阳	8.39	50.34	23.55	7.68	5.27	2.59	0.38
重庆	17.31	38.26	21.53	16.44	4.20	1.26	0.13
郑州	3.30	53.40	24.40	10.30	7.10	2.40	0.70
石景山	2.70	49.90	23.50	9.70	9.40	2.60	1.20
成都	6.50	54.20	14.10	5.40	3.60	2.20	0.10
南宁	5.10	46.90	40.30	5.20	1.60	0.20	1.00
太原	17.90	46.76	26.55	4.83	1.85	1.20	0.22
武汉	6.25	57.88	26.84	3.68	3.00	0.60	
南京	12.78	48.72	26.73	6.00	2.82	1.02	0.44
天津	10.74	46.20	32.30	5.40	3.20	6.62	0.20

其他掺合料化学成分表（%） **表12-5**

掺合料名称＼成分	SO_3	SiO_2	Al_2O_3	Fe_2O_3	CaO	MgO	烧损量	备注
煤渣		53.36	33.36	4.21	2.95	1.10		
矿渣		38.83	12.92	1.46	38.70	4.63		武钢
钢渣		14.61	5.89	2.30	42.53	4.51	5.67	武钢
砖渣		60.50	25.20	8.00	1.80	3.7		
磷渣	1.46	35.82	0.44	0.60	50.36	4.11	0.82	汉口
黏土		65.90	13.06	4.22	2.87	1.03	10.12	
石膏	54.13	6.50	0.23		27.61	4.58		
火山灰		74.46	15.54	1.74	0.7	0.25		南京

粉煤灰中SiO_2及Al_2O_3为主要成分，Al_2O_3含量高者将提高桩体强度，粉煤灰是当前石灰桩最理想的掺合料。

矿渣为炼铁的残渣，含有50%左右的SiO_2，Al_2O_3，但CaO含量多于粉煤灰，作为石灰桩掺合料时需要粉碎。

黏性土的SiO_2含量在60%左右，Al_2O_3的含量在10%～18%。

火山灰及黏性土的Al_2O_3含量小于粉煤灰及煤渣，因此石灰桩强度以掺粉煤灰及煤渣者高。

砂和石屑是惰性材料，不能与$Ca(OH)_2$发生化学反应，作为填充物可发挥作用，但桩体强度较低。

其他如钢渣，电石渣等都可以作为掺合料，但试验研究不够，在工程实用中，应进行当地掺和料的试验，不断深化研究。

上述掺合料的含水量对施工有一定影响，如用机械施工，则掺合料中含水量小者为佳。如人工施工，掺合料中含水量应在30%左右，太小难以击实，影响质量，同时又增加环境污染。

掺合料中加入生石灰用量的3%～10%的石膏及水泥均可提高桩体强度，但增加造价，同时又增加了施工难度，不易拌合均匀。其他掺合剂的研究也应进一步深化。

三、桩体材料配合比

为了节省石灰，提高桩体强度，保持对桩周土的加固效果，桩体材料的配合比至关重要。

为了充分发挥掺合料的填充作用，减少膨胀力的内耗，掺合料的数量至少应能充满生石灰的孔隙。经测定生石灰的天然孔隙比约为40%左右。

在上述测定的基础上，选择了掺合料用量为30%～70%（体积比）。对比试验在室外几种土中进行，有的在工程桩中采取试样，也曾在标准试模中做过配合比试验。因生石灰的膨胀，在试模内的成型、养护条件和土中差别很大，做出的结果偏高。有的单位曾在试模内做出14MPa强度的石灰粉煤灰试件，这样的强度在土中，特别是约束不大的软土中，不加特殊的掺合剂是根本办不到的。

桩体材料配比的效果与生石灰和掺合料的质量、桩距、周围土的强度、土的渗透系数、地下水状况、土的含水量、施工密实度等诸多因素密切相关。需要长期的试验、实践积累才能得出完整的结论。合理的配合比在满足经济和工程要求的前提下，首先要使桩体具有较高的强度。根据试验和工程实践的结果，在选择配合比时必须考虑以下因素：

（一）生石灰有效钙含量愈高，或同样的有效钙含量，但MgO含量高者，桩体强度有升高趋势，但不显著。

（二）掺合料中Al_2O_3含量高者，桩体强度高。关于SiO_2含量大小对桩体强度的影响尚不清楚，但必须有相当高的SiO_2含量。

（三）周围土的强度愈高，桩体强度有所增高。

（四）在地下水位以下，土的渗透系数越小，桩的强度相应增高。其原因是延长生石灰的消化时间，减少了生石灰猛烈消化时产生的土体隆起和裂纹而导致桩体密度降低。同时水流不致早期大量渗入桩内，有碍化学反应的进行，而使强度受到影响。

（五）地下水位以上，土的渗透系数大，孔隙比大对桩体强度的提高有利。如杂填土中的石灰桩即可利用气硬性的性质，使桩具有较高的强度。但早期土中需有一定的水供给石灰熟化凝固。

如土的含水量很小，桩体材料得不到水化时所需的水分，又无水源补充，养护条件干燥，此时桩体强度降低。挖出的地下水位以下两年龄期的桩，无侧限抗压强度平均值为

1.26MPa。而相似土质但无地下水且土含水量为20%的情况下，三年龄期的桩，无侧限抗压强度为1.05MPa（二者配比均为石灰：粉煤灰=1∶2）。有一些新填土工程，由于填土中含水量太小，以致四个月后挖出的桩为松散状态，化学凝结反应进行得很不充分。即使后期有水供应，桩体强度也要下降。

（六）施工密实度（干密实度）高者，桩体强度高。

以上六点因素中，尤以施工密实度的影响最大，是一个控制因素，密实度过低的桩体饱和时呈膏状。

上述衡量桩体配合比效果的指标是桩体强度，试验研究中直接从桩上采样在试验机上测定无侧限抗压强度。

实用中衡量桩体配合比效果的最终指标是复合地基整体的强度，桩强度高，复合地基强度不一定提高。如在深厚的软土中浅层加固时则应强调桩体材料对桩间土的加固效应。图12-2展示不同配合比的石灰桩，单桩复合地基，天然地基荷载试验结果。Ⅱ组与Ⅲ组桩体无侧限抗压强度相近，但Ⅱ组石灰用量大，对桩间土的加固效果较好，同时石灰量大，因膨胀导致Ⅱ组实际桩径大于Ⅲ组，因此Ⅱ组复合地基承载力较高。Ⅰ组、Ⅵ组石灰用量达70%，但复合地基承载力仅稍高于Ⅱ组。因此，经济效益不好，Ⅴ组为天然地基的P-s曲线。

在桩内加入生石灰用量5%左右的石膏，对桩体强度产生良好的影响。电镜分析显示了加入8%石膏的桩体，水化结晶物显著加强。一个月龄期的桩体无侧限抗压强度0.521MPa。

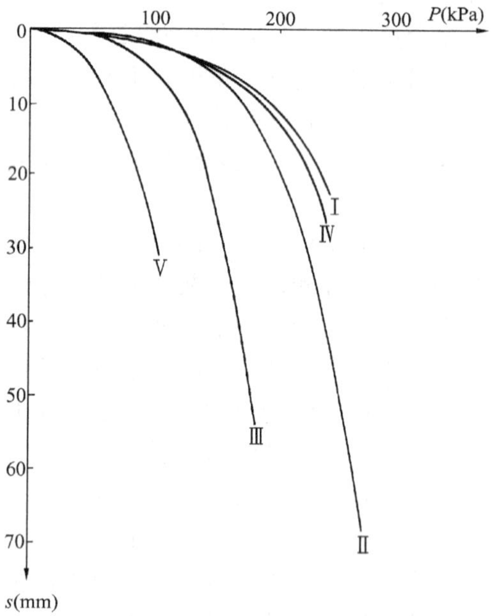

图12-2 不同配比载荷试验P-s曲线

综上所述，桩体配合比的研究工作量非常大，湖北省建研院等单位作了长期观察、试验、积累了大量的桩体静力触探P_s值数据。

归纳上述试验数据及过去研究和应用的成果，整理为下述规律：

（一）掺合料的重量在总材料重量的30%～70%之间较为适宜，采用体积比比较方便。

（二）在上述配合比的范围内，只要施工密实度有保证，使用各种常用的掺合料时，桩体均能达到0.20MPa以上无侧限抗压强度，能满足一般要求。掺合料中粉煤灰和煤渣效果好，土的效果较差。

（三）三种常用体积比如下：

生石灰∶掺合料=1∶2（甲），1∶1（乙），1.5∶1（丙），相应按粉煤灰或炉渣折合的重量比为

生石灰∶掺合料=4∶6（甲），6∶4（乙），7∶3（丙）

（四）配合比的选用可参考以下意见：

三种常用配合比适用条件如下：

甲种：适用于 $f_k>80kPa$ 的土，结构性强的土，封口深度小于 0.8m 时的桩顶部（防止隆起）。

乙种：适用于 $f_k=60\sim80kPa$ 的土，$f_k>80kPa$ 的土中桩体下部 0.5m 左右范围内（扩大桩尖，增加桩端土的加固效果）。

丙种：适用于 $f_k<80kPa$ 的淤泥、淤泥质土，素填土等饱和软土。

有时可采用特种配合比。特种配合比指在上述常用配合比的材料中再加入 5%～10%（石灰用量）的水泥或石膏等材料，此时的桩体强度可提高 30%～50%左右，主要适用于地下水渗透严重情况下桩的底部或为增强桩头抗压能力而在桩头部分加入。

（五）石灰用量超过 30%～40%时，一般情况下经测定桩体强度降低，但对土的挤压效果要好些。

（六）目前施工水平下桩体配合比在前述范围内，没有特殊添加剂加入时，桩体极限承载力一般可达到 250～500kPa。上述桩体承载力值可供设计参考。

12.2.2 加固机理

一、物理加固效应

（一）成桩中挤密桩间土

主要发生在不排土成桩工艺之中。对土的挤密效果随不排土工艺和成桩夯实桩料的情况，桩径和桩距不同而不同，挤密效果还与土质、上覆压力及地下水状况有密切关系，这个问题早在混凝土桩的研究中已经提出，看法也不尽相同。

在复合地基中，桩间土要直接承受荷载，其挤密效应的研究更加重要。研究和工程实践结果说明，对于灵敏度高的饱和软粘土（包括淤泥），成桩中不能挤密桩间土，而且还破坏了土的结构，强度下降。天津室内模拟试验测定石灰桩成桩后地面隆起占总灌灰体积的 70%～90%，如果加上侧面挤出，可以说明成桩对软黏土挤密作用很小。

由于石灰桩不仅有成孔、成桩挤密，而且还有材料膨胀挤密效应。单独研究成桩挤密，可以引用其他桩类似工艺的测试结果。

对于一般黏土和粉土，在碎石桩的研究中曾作了一些测试，结果有较大的离散性，但效果是肯定的。成孔及成桩的挤压可以提高一般黏性土和粉土的承载力，大体上为原土强度的 1.1～1.5 倍。对于杂填土，不排土的成孔工艺有显著的挤密效果。动探检验成桩后桩间土承载力为原土的 2 倍乃至 3 倍。

如上述，作为浅层加固的石灰桩，由于被加固土层的上覆压力不大，且有隆起现象，成桩过程中的挤密效应不大。对于一般黏性土，粉土，可考虑 1.1 左右的加强系数。而杂填土和含水量适当的素填土（砂）应根据现场测试结果确定。对饱和软黏土和淤泥则不考虑。

将山西、南京、浙江（不排土成孔）与湖北（排土成孔）的试验与工程实际相比较。得出结论是：除杂填土、素填土外，在地质条件、桩材、桩长、置换比相似的情况下，石灰桩复合地基承载力相近，在一般黏性土中，石灰桩复合地基承载力特征值大多在 140～180kPa 的范围内。说明成孔成桩挤压影响不大。

上述研究将对石灰桩施工工艺的选择有参考价值。

（二）生石灰吸水膨胀挤密桩间土

生石灰吸水，生成熟石灰 $Ca(OH)_2$ 的化学反应，如表 12-6 中所示。需要说明的是，式中的体积比表示 CaO 消化成 $Ca(OH)_2$ 理论上体积增大约 1 倍。

生石灰吸水反应 **表 12-6**

反应式	$CaO+H_2O \longrightarrow Ca(OH)_2+15.6KCal/mol$			反应式	$CaO+H_2O \longrightarrow Ca(OH)_2+15.6KCal/mol$		
分子量	56	18	74	比 重	3.37	1.0	2.24
重量比	1	0.32	1.32	体积比	1	1.08	1.99

关于生石灰吸水膨胀的原因及规律性，国内外建材方面的学者曾进行过许多研究工作。Б·В·奥新认为，生石灰体积膨胀的主要原因是固体崩解空隙体积增大，颗粒比表面积增大，附着物增多，使固相颗粒体积也增大。体积膨胀与生石灰磨细度、水灰比、熟化温度、有效钙含量和外部约束等有关。生石灰愈细、膨胀愈小，水灰比不同体胀率不同，熟化温度高时体胀也大，有效钙含量高的石灰体胀大，外部约束小时体胀大。这些研究成果促进了对石灰桩机理的认识。

由于 CaO 体积的膨胀主要来自孔隙体积增量，因此在无约束消化时，由于蒸汽的力量，空隙变得更大。测试结果，根据生石灰质量高低、在自然状态下熟化后其体积增到 1.5～3.5 倍。即体胀系数（不同于物理学中的定义）为 1.5～3.5 倍。质量好的一等钙石灰其体胀系数约为 3～3.5。

利用固结仪进行的不同压力（模拟不同约束）条件下，桩体材料膨胀量和吸水量的测试结果分别如表 12-7 和表 12-8 所示。

不同压力下桩材的体胀系数 **表 12-7**

材料 压力(MPa)	生石灰	粉煤灰：石灰		火山灰：石灰	
		2：8	3：7	2：8	3：7
50	1.49	1.40	1.34	1.35	1.26
100	1.37	1.33	1.28	1.28	1.19
150	1.29	1.26	1.22	1.21	1.12

不同压力下桩材的吸水量（%） **表 12-8**

材料 压力(MPa)	生石灰	粉煤灰：石灰		火山灰：石灰	
		2：8	3：7	2：8	3：7
0	140.0	132.0	121.0		96.0
25		89.5	78.8	77.0	66.0
50	83.0	77.2	71.0	67.5	60.0
100	69.7	69.0	66.5	69.0	54.0
150	57.0	64.5	62.5	53.0	49.0

石灰桩在土中，由于土的不同约束以及桩体材料的质量、配比、密实度不同，体胀率也不同。一般情况下，有掺合料的桩直径增大系数约为 1.1～1.2，相当于体胀系数约 1.2～1.4。对比表 12-7 数据，推论为桩体在软土中的约束一般小于 150kPa。研究石灰桩体的膨胀，具有实际意义的是外部约束条件及桩内材料密实度的问题。石灰桩同碎石桩相似，也需要桩周土的约束力。所不同的是碎石桩完全依靠成桩过程中的挤压，石灰桩在饱和软土中，更重要的是依靠成桩后的体胀以及自身的强度来保证桩间土的约束力。石灰桩在周围没有约束的条件下，桩体强度低下，但 $f_k=50kPa$ 的软土在加固过程中所提供的桩周约束力已能使

石灰桩具有足够强度和理想的复合地基承载力。这是优于碎石桩的一个特性。这个桩体强度首先来自于桩体材料必须的密实度，继而是桩体材料之间的化学凝结反应所致。

上述结果说明，石灰桩在饱和软土中体胀效应可以发挥，同时其桩体强度由于密实度达到了必须的但又不高的标准，也满足了需要。这个不高的标准是以桩材的干密度来控制的，不同配合比桩材有不同的标准。一般应达到最大干密度的 80%以上，满足上述要求后，继续增加桩身密实度，桩体强度仍有提高，但幅度下降。当然提高桩体密实度能增加桩体的体胀效应，有利于挤密桩间土，同时桩断面积增加可显著提高复合地基承载力。

关于石灰桩的体胀现象对桩周土的挤密效应，研究证明，石灰外观体积的增大恰恰和水化反应同时进行。生石灰消化完毕，体积膨胀也立即结束，此时，桩内的 $Ca(OH)_2$ 还将持续吸水。

经测定，正常温度煅烧的生石灰水化时间为 10min 左右（水能充分供应时），桩内掺合料中的水分迅速与生石灰水化后，不足部分由桩间土中水补充。水进入桩内有一个渗透过程，这个过程的长短与桩体材料的渗透系数 K_p 相关，当 $K_p > K_s$ 时，加上高温水分的蒸发，桩周土中的水来不及补充，在桩周围的不宽的环形内将出现脱水区，这是除桩周膨胀力大而使周围 10cm 左右范围内的土挤密效果较好的另一个主要原因。经测定石灰桩的渗透系数为 $10^{-3} \sim 10^{-5}$ cm/s 之间，相当于细砂，大于黏性土及粉土。因此，生石灰的膨胀对桩周饱和性土及粉土均有挤密效应，当 $K_p < K_s$ 时，一般为杂填土，中粗砂，这些土超孔隙水压力消散很快，也将显示膨胀挤密的效果。

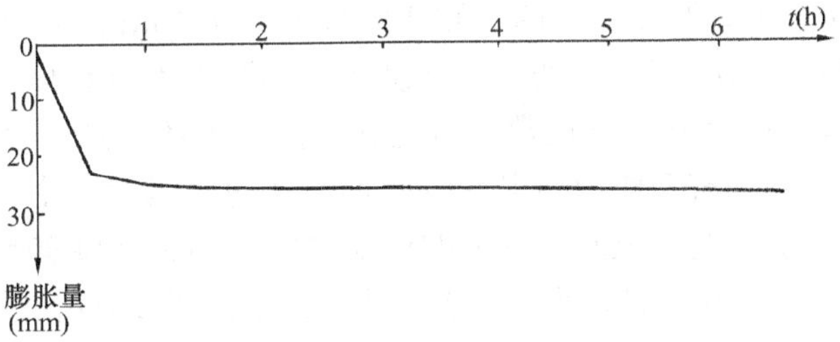

图 12-3 吸水膨胀与时间的关系

为了研究石灰桩的体胀对桩边土以外桩间土的挤密效果，在室内进行了膨胀与时间的关系试验，结果如图 12-3 所示。

成桩过程中孔隙水压力的测试结果见图 12-4。

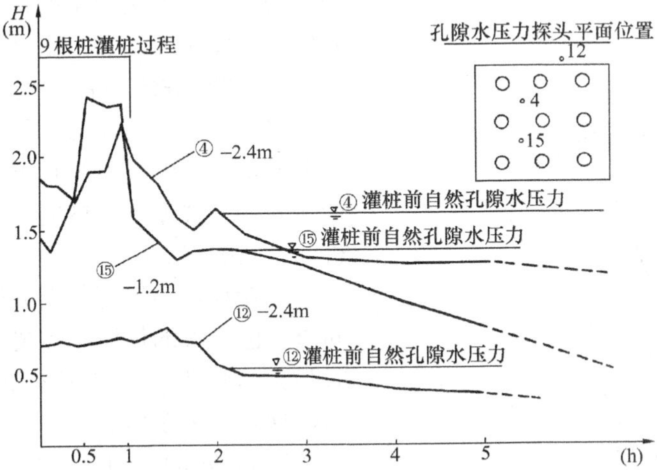

图 12-4 成桩过程中土中孔隙水压力变化曲线

从图12-3中可以看出石灰桩内生石灰消化和膨胀的高峰期是在成桩后的1h内，在这段时间内，图12-4中的超孔隙水压急骤升高也证实了这一点。但是膨胀高峰期与超孔隙水压急骤上升期的重合，却降低了挤密桩间土的效果，虽然超孔隙水压力消散很快，但此时生石灰已完成了消化反应，不再提供能量膨胀挤密桩间土了。问题在于消化时的膨胀使桩间土在短时间发生隆起，挤出及部分压缩，消耗了一部分能量，余下的膨胀力使桩间土总应力增加，随着孔隙水压力的消散，有效应力增大，能否使桩边土以外的桩间土继续产生固结？对于一般黏性土和粉土，土工试验及静力触探的结果都证明桩间土强度有提高，但不显著。

室内进行了侧压力的测定，当压力盒有侧限时，最大侧压力随桩径加大而显著增长，且随深度、距桩远近而变化。当桩径为150mm时，距桩中225mm（1.5d）及300mm（2d）处，膨胀产生的的侧压力最大值在16kPa～70kPa之间，当桩径为300mm时，距桩中心1.5d处及2d处不同深度各点侧胀力为60kPa～300kPa，上述侧胀力随时间推移而下降，24h后压力盒读数已接近膨胀前的读数。侧压力不能稳定在某一数值。

膨胀挤密作用的定量研究是困难的。因为这个问题与桩径、桩长、桩距、桩体材料、地下水状况、土质、打桩顺序诸多因素相关。事实上桩体膨胀不仅在径向挤压土，而且轴向也产生很大的膨胀力。这个膨胀力的方向以桩长的中点附近某一截面为界，分别向上或向下通过摩擦阻力传给土。因此，桩间土不同深度的每一点的应力方向和大小均不相同，这与打普通刚性桩时对土的挤压有明显区别。模型试验（d=15cm，L=1.8m，配合比石灰：煤灰=6：4），在成桩后桩间土变形情况为，桩顶平面平均隆起90mm，−1.2m处平均隆起2.2mm，仅桩底−1.8m处平均下降8mm。

图12-5为模型试验测得的桩轴向膨胀力。由于设计桩径为150mm（实际桩径200mm），因此，可知现场石灰桩的轴向膨胀力将更大。轴向膨胀力对桩顶以下某一范围的桩间土是有害的，特别是封口高度不足时更甚。

当生石灰用量过大时，多数情况下桩顶土面沿桩中心连线出现贯穿性裂缝，地面伴随隆起。裂缝深度有的超过1m，裂缝宽度可达2cm。这是由于桩体短时间产生强大的膨胀力使土发生剪切破坏的缘故。这种膨胀虽有挤密土的作用，但它使土的结构发生破坏，强度降低，还发生隆起和挤出（杂填土及松散砂类除外）。此时桩体的强度也相应降低。随着时间推移，由于自重应力以及由膨胀残留的有效应力增量的影响，裂缝自下而上闭合，桩间土产生固结。强度逐渐恢复，但不能大幅度提高桩间土的强度。

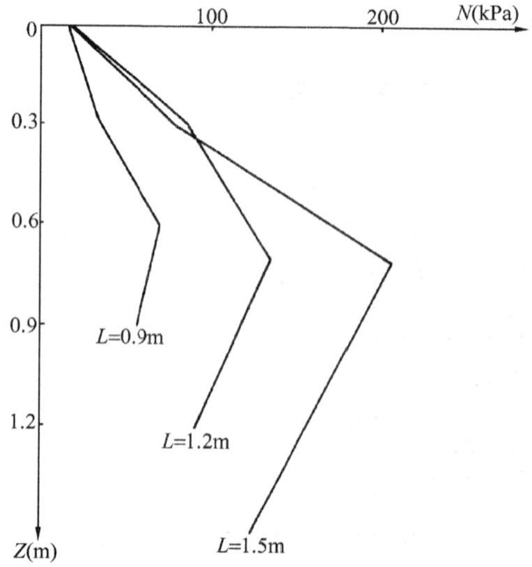

图12-5　轴向膨胀力与桩长关系

一般都希望桩有较大的体胀量以期挤密桩间土。但是大的体胀量需要过量的生石灰。这时强大的膨胀力又势必造成桩间土的剪切破坏，这是一个矛盾。

生石灰的膨胀力与用量成正比，在ϕ100mm封闭带孔的厚壁钢筒内侧得的生石灰近乎完全侧限的轴向膨胀力高达 11.3MP。实际工作中出现过石灰桩将周围的墙基推倒、推裂的现象，都说明了石灰桩的膨胀力足够大，重点是如何合理利用膨胀力。合理利用膨胀力的途径，第一，要根据土质不同，深度不同采用合理的配合比。第二，尽量采用细而密的布桩方式。第三，降低水渗入桩体速度，让膨胀力缓慢发挥作用。同时尽量减少掺合料的含水量（满足施工要求条件下）。第四，控制打桩顺序，间隔成桩。

在特软的淤泥中可以加大生石灰的用量的原因，不只是利用其体胀量的因素，主要是利用生石灰大量吸取桩间土的水分，降低桩区内的地下水位。而桩区以外的地下水，短期内补充不上，此时即使膨胀破坏了淤泥的结构，然而由于水位的降低，淤泥在自重和挤压的有效应力作用下产生固结，这种固结对于超软土是十分有利的，其强度的相对提高量是显著的。土工试验及载荷试验的结果都证明石灰桩对淤泥具有良好的加固效果。

总之，石灰桩的体胀对桩边土有着显著的挤密效果，对桩边土以外的桩间土的挤密效果，要具体分析。对于地下水位以上的大孔隙土以及饱和的超软土挤密（或固结）效果明显，在正常置换比下对于一般的饱和土和结构性强的土，基本不显示挤密效果。经测试统计，桩间土总体强度提高约 10%～20%。

（三）石灰桩水下硬化的机理

石灰桩在水下软化（糖心）的现象，曾经是石灰桩研究和应用中的重大障碍。引起对石灰桩怀疑的原因是石灰为气硬性材料，在水下不能硬化的旧观念所致。

针对石灰桩的特定环境，经过实践和试验，当前大家认为保持桩体密实度即可防止桩体软化，但对生石灰水下硬化的机理没有确切的全面认识。

实际上早在 20 世纪 30 年代，苏联的建材方面的专家和学者已进行了深入的研究工作。И·В·斯米尔诺夫因发现并证实生石灰水化硬固原理而获得斯大林奖金。研究结果证明，生石灰在水化过程中是可以迅速硬化的。但这种水化凝结需要四个条件，第一，要求生石灰有一定磨细度；第二，要求放出大量水化热；第三，要求一定的水灰比；第四，石灰和水作用到一定程度时，不能扰动石灰和水，如搅拌或扰动持续到整个消化期，则生石灰不能硬化。上述机理的发现，在建材工业中得到运用，许多情况下用生石灰代替消石灰或其他材料具有良好的效益。

生石灰水化硬固原理不能用消石灰的干燥和碳酸化来解释，这种反应是在“石灰—水—空气”三相系中发生的，生石灰的水化和水泥水化反应有许多相似之处，它是在“石灰—水”二相系中完成的，空气的影响很小，不予考虑。它的水化硬固分为以下四个过程。

1. 生石灰遇水后在石灰粒表面立刻开始化学反应：$CaO+H_2O=Ca(OH)_2$，反应所得 $Ca(OH)_2$可溶于水，同时分解为 Ca^{+2}和 $2OH^-$根离子，此过程一直进行到液体呈饱和状态为止。石灰在水内溶解度很小(1 升水大约 1.3g 的 CaO)，因此，石灰粒表面已溶于水，而内部未和水反应，这一过程称表面水化期。

2. 当溶液饱和，$Ca(OH)_2$不能继续溶解时，水对未消化的石灰的作用并未停止。但是反应的产物不能溶解，而直接以细碎状态的固体形式析出，形成与石膏硬化相类似的凝胶形式的胶凝体系，这个过程称胶体化期，此时温度上升，反应速度增长，表面积大增。换言之，细小的 $Ca(OH)_2$粒子是由水和 CaO 粒子直接结合而成，这样就发生了化学分散和吸附分散。胶化期内，石灰粒子吸附了 Ca^{+2}离子，因此，围绕着石灰粒子又聚集了一群 OH^-离子，它们保有很多水分。新表面具有亲水性，湿润时需要大量游离水。

3. 凝聚期，当石灰粒子表面层已经和水反应生成 $Ca(OH)_2$ 胶体层时，粒子的内层则刚刚从表面胶体层中吸入水进行化学反应。在内部吸水的同时，发生粒子紧密过程，粒子互相靠近，粒子间水夹层厚度减少，胶体扩散层发生了压缩。

4. 结晶期，由于胶体分散系的热力学不稳定性，最细的粒子具有巨大的自由表面能，开始自发的再结晶。按热力学第二定律所推断的那样，任何储有大量自由能的系统，都力求自发地具有最小自由能储量。因此，粗粒子将吃掉细粒子，同时 $Ca(OH)_2$ 晶体发生粘合和络合，处于不太稳定的更多溶解的细胶体凝聚状态变为比较稳定并更少溶解的大结晶状态。

上述过程是生石灰在四个条件限制下无约束硬化时的反应。石灰桩中的生石灰不具备一定的磨细度，但是由于土和水的导热系数是空气的 20～50 倍，可以放出大量水化热，能满足第二个条件。石灰桩内生石灰在消化过程中设有扰动，符合第四个条件。问题是第三个条件—要求一定的水灰比的研究。

地下水下桩体内的生石灰受到了掺合料及周围土体的约束，在这种特定条件下，对桩心的块状石灰作了化学分析。在成桩前生石灰有效氧化钙含量为 89%，桩内的块石灰已被水完全湿润，且呈饱和状态，但其氧化钙的含量仍有 66%左右。正如前述胶体化期那样，$Ca(OH)_2$ 粒子是由水和 CaO 粒子直接结合而成，这和空气中消化石灰所表现的情况不同。石灰在空气中消化时体积可以自由膨胀，体胀系数达 1.5～3.5，CaO 结构遭到完全破坏，此时的 $Ca(OH)_2$ 还可吸收大量水分，到饱和状态，便不能硬化。电镜照片揭露空气中消化的生石灰呈堆积状的松散结构，而桩内消化的石灰则呈细粒状结构，具有一定强度。

夯填在桩内的生石灰块，周围受到约束，体胀系数仅为 1.2～1.4，形状上仍保持着原来的块状外观，结构没有完全破坏，其吸水量也受到限制(参见表 1-8)。为了进一步证实桩内生石灰吸水量的限制，进行了空气中消化和石灰桩内消化后石灰含水量的试验，试验结果表明，干燥的熟石灰变成石灰膏需吸收相当于本身重量的水(换算为生石灰的吸水量，则为本身重量的 1.32 倍)，而在石灰桩内的熟石灰，饱和后仅能吸收相当于本身重量一半的水(换算为生石灰的吸水量，则为本身重量的 0.66 倍)，吸水量减少约一倍，因此，桩内的石灰达不到膏状的含水量，即是水灰比受到了限制，基本可以满足第三个条件。对照表 1-8 不同压力下生石灰吸水量的测试结果，可以看出土对桩的约束大体相当于 100kPa 左右。

由于石灰桩体采用了块状生石灰，不满足第一个条件磨细度的要求。因此，挖开的桩体内石灰内部仅保持了一定的机械强度，一经扰动即可成膏状。而已反应溶解的 $Ca(OH)_2$ 和粉状石灰与桩掺和料水化反应后生成了强度较高的水化物。

上述研究又一次说明，石灰桩中的石灰应采用小颗粒状，这样可以提高桩体强度。

(四) 桩和地基土的高温效应

1kg 的生石灰水化生成 $Ca(OH)_2$ 时，理论上放出 278 千卡的热量，经测定放热时间在水化充分进行时为 1h。因此，生石灰 CaO 成分越高，桩内生石灰用量越大时，升温越高。日本的纯生石灰桩测得的桩内温度最高达 400℃。我国加掺合料的石灰桩，桩内温度最高达 200～300℃。桩间土温度的升高滞后于桩体，在正常置换比的情况下，桩间土的温度最高可达 40～50℃，由于桩数多，桩区内温度消散很慢，在全部桩施工完毕后 15d，地温仍达25℃左右，完全恢复地温至少要20～30d甚至更长的时间。

关于温度变化对加固效果的影响，过去认为是高温促进了化学反应的进行。这种看法没有试验的根据。前苏联学者И·B·斯米尔诺夫的研究证明，高温仅促进了CaO的水化学反应，却破坏了CaO在消化过程中硬化的可能，放出蒸气还破坏了析晶构造。当水化温度小于100℃时，升温可以促进生石灰与粉煤灰等桩体掺合料的凝结反应。但高温的效果，尚未见到试验的结果。

但是高温引起土中水分的大量蒸发，对减少土的含水量促进桩周土的脱水起了积极的作用。

（五）置换作用

石灰桩是作为竖向增强体和天然地基土体（基体）组成复合地基的。使用中石灰桩和天然土共同工作，刚度较大的石灰桩体受到大的应力，从而分担了30%以上的荷载（正常置换比下）。通过桩、土分层沉降的观测，说明它的实质是桩体作用的发挥，在复合地基承载特性中起重要的作用。不过桩、土在不同深度的变形很接近，桩土变形谐调，可认同为局部换填的作用。

（六）排水固结作用

在所施工的石灰桩中，发现桩体中含水量很高。直观表现桩顶垫层上有明显的圆形湿痕，说明桩的含水量和渗透性均大于桩间土。桩体的渗透系数试验结果见表12-9。

石灰桩体渗透系数试验结果 **表12-9**

试件编号	取样部位	渗透系数值(cm/s)	试件编号	取样部位	渗透系数值(cm/s)
3c1	石灰桩心	6.13×10^{-5}	12c1	石灰桩心	7.58×10^{-5}
9c1	石灰桩心	4.07×10^{-3}	13c1	石灰桩心	6.53×10^{-5}
6c1	石灰桩心	1.29×10^{-3}	天1	石灰桩心	7.30×10^{-3}

由于上述桩体采用了不同的掺和料（粉煤灰、土），配合比也不同，测得的渗透系数在7.30×10^{-3}至6.13×10^{-5}之间，相当于粉砂，细砂的渗透能力，较一般黏性土的渗透系数大10～100倍。证明石灰桩体排水作用良好。经测定，石灰桩体具有1.3～1.7的大孔隙比，且组成颗粒大，从另一侧面证明了桩体具有大的渗透性。

在载荷试验中，发现石灰桩复合地基加荷稳定时间较天然地基快很多。

通过40栋建筑物沉降观测资料分析，采用石灰桩复合地基的建筑物，开始使用后沉降已基本完成，沉降速率都小于0.04mm/d。

石灰桩桩径ϕ300～400mm，小于碎石桩。桩数多，桩距小（$2d$～$3d$），水平向的排水路径短。比如常用设计桩径ϕ300mm，桩距$2.5d$按正方形布置，膨胀后实际桩径一般为340mm，其最大水平排水路径仅360mm，有利于桩间土的排水固结。

图12-4表明成桩后一小时桩间土的孔隙水压力迅速降至打桩前的水平，并继续下降，证明石灰桩体的排水固结作用是很显著的。

当桩体掺合料采用煤渣，矿渣、钢渣等粗颗粒料时，排水固结的作用更加显著。

（七）加固层的减载作用

由于石灰的密度为8kN/m³，掺合料的干密度6～8kN/m³，显著小于土的密度。即使桩体饱和后，其密度也小于土的天然密度。石灰桩的桩数较多，当采用排土成桩时，加固层的自重减轻，如果桩有一定长度时，作用在桩底平面的自重应力显著减少，即可减少桩底下卧层顶面的附加压力。如果下卧层强度低时，这种减载将有一定的作用。

表12-10中地基土的天然密度为19.5～20.5kN/m³，桩体为天然土密度的70%左右。当置换比为0.25时，每1m厚的加固层自重将减少(20～14)×0.25＝1.5kN/m³。

石灰桩桩体密度测定纪录　　　　**表12-10**

项目编号	配合比（体积比）	密度kN/m³		取材地点
		饱　和	干	
1 2 3 4 5 6 7 72 36 46 33 42 76 85	石灰：粉煤灰1：1 重量比6：4	13.63 14.44 14.16 14.42 14.37 13.70 14.02 14.10 14.90 15.30 14.40 14.30 15.20 14.40	9.08 9.72 9.55 9.68 9.62 9.08 9.33	北京室内模拟试验
52 53 55	石灰：粉煤灰1：2	13.40 14.10 13.80		襄樊5713厂住宅工程桩
平均		14.27	9.44	

如果桩长按5m计，则桩底部自重压力将减少7.5kN/m²，亦即下卧层顶面附加应力减少了7.5 kN/m²，这是一个很可观的数值。

如果一个3m×3m的独立基础，当基础中点桩底的附加应力为7.5 kN/m²时，基底的平均附加压力将为：

$$7.5\div(4\times0.038)=49.34\text{kN/m}^2$$

即相当于减少49.34×3×3＝444kN的荷载。

如果基础面积为5m×5m，则减少的基底平均附加压力为：

$$7.5\div(4\times0.084)=22.32\ \text{kN/m}^2$$

相当于减少了22.32×5×5＝558kN的荷载。

上述计算可以看出加固层重量的减少，对桩底部下卧层的影响是可见的，这也是在深厚的软土中石灰桩沉降量小于计算值的一个原因。

当采用不排土成孔时，对于杂填土，砂类土等，由于成孔挤密了桩间土，加固层的重量变化不大，对于饱和软黏土，成孔时土体将隆起或侧向挤出，加固层的减载作用仍可考虑。

二、化学加固效应

（一）桩体材料的胶凝反应

活性掺合料与生石灰在特定条件下的反应是很复杂的，国内外都进行了许多研究工作，但尚未见到突破性进展。总的看法是$Ca(OH)_2$与活性掺合料中的SiO_2、Al_2O_3反应生成硅酸钙及铝酸钙水化物。不少单位进行了桩体材料的电子显微镜扫描和 X 光衍射。结果是由生石灰和粉煤灰组成的桩体，反应后由六种化合物组成，其中以 $Ca_2SiO_2O_3$ 为主，其次为 $CaOSiO_2 \cdot H_2O$。新生成物不仅是单一硅酸盐类，还有复式盐及碳酸盐类。这些盐类不溶于水，在含水量很高的土中可以硬化。电子显微镜照片图 12-6 中揭示了水化物的针状晶体，定性地说明了石灰桩体硬化的原因。

图 12-6　桩体电镜照片

（二）石灰与桩周土的化学反应

生石灰熟化中的吸水、膨胀、发热等物理效应是在短期内完成的，一般约 4 周趋于稳定，称之为速效效应。这正是石灰桩能迅速取得改良软土效果的原因。下述的化学反应则要进行很长时间。

1. 离子化作用（熟石灰的吸水作用）

熟化生成的 $Ca(OH)_2$，处于绝对干燥状态，仍保持很高的吸水能力，它通过毛细管将继续吸取周围土中的水分。$Ca(OH)_2$ 是弱电解质，遇水电离产生 Ca^{2+} 和 $2(OH)^-$，$(OH)^-$ 离子的增加使土中 pH 值增高，交换阳离子 Ca^{2+} 增多，土中水呈碱性。这是发生下述化学反应的过渡阶段。

2. 离子交换—水胶连结作用

组成黏土的粘性矿物的板状、针状结晶，由 SiO_2 骨架组成。其表面带负电，颗粒表面吸附着水中的阳离子（交换性阳离子），水中的阴离子又经常吸附水分子，于是，土颗粒就被厚的弱结合水膜所包围，所以黏土塑性大，抗剪强度低。

$Ca(OH)_2$ 离子化产生的钙离子 Ca^{2+} 和黏土颗粒表面的阳离子进行交换并吸附在颗粒

表面，改变了黏土颗粒带电状态。使表面弱结合水膜减薄，土粒凝聚，团粒增大，塑性减小，抗剪强度增大，这种作用称为水胶连结。

3. 固结反应

离子交换对黏土的塑性减小有一定限度。当添加的石灰量超过固结值这个极限时，塑性就不再减小，但仍存在着钙离子 Ca^{2+} 与黏土中的 SiO_2、Al_2O_3 化合发生化学固结反应。同时在 pH 值增高的环境内，硅的溶解性提高，土中游离硅增多，未电离的 $Ca(OH)_2$ 和土中的胶态硅和胶态铝发生化学反应生成复杂的化合物，已发现的有硅酸钙化合物和铝酸钙水合物（$4CaO\cdot Al_2O_3\cdot 13H_2O$）及钙铝黄长石水合物（$2CaO\cdot Al_2O_3\cdot SiO_2\cdot 6H_2O$）等。

4. 石灰的碳酸化

$$Ca(OH)_2+CO_2\longrightarrow CaCO_3+H_2O$$

实践表明，碳酸化反应，必须有水的存在才能进行。当用干燥的 CO_2 作用于干燥的 $Ca(OH)_2$ 粉末时，反应几乎是完全停止。因此，反应式改写为以下形式是正确的。

$$Ca(OH)_2+nH_2O+CO_2=\!=\!=CaCO_3+(n+1)\ H_2O$$

空气中按体积计算仅有 0.03% 的 CO_2，因此碳酸化的反应很缓慢，只能作为一种长期的强度储备来考虑。

12.2.3　室内外试验结果

关于石灰桩处理软土地基的效果，国内外做了大量试验。鉴于成桩工艺、置换比、桩材、土质及地下水状况不同，成孔挤密和生石灰膨胀挤密桩间土的效果的检测数据离散性甚大，其一般规律见 12.2.2 节。

复合地基静载荷试验结果及桩体无侧限抗压强度测试结果较能说明问题。单桩静载荷试验得出的桩体比例界限值约为 1.3～1.4 倍桩体无侧限抗压强度值。

表 12-11 及表 12-12 分别收集列出了在实际工程及试验场地进行的石灰桩复合地基静载荷试验的结果及桩体无侧限抗压强度测试结果，可供应用时参考。

石灰桩复合地基静载试验试验结果　　　　**表 12-11**

序号	工　程　名　称	天然地基持力层土性	天然地基承载力（kPa）	复合地基承载力（kPa）
1	江苏歌舞团住宅	淤泥	62.5	115
2	江苏省烟酒公司住宅	生活垃圾及塘泥	45	140
3	050 部队住宅	填土	55	120
4	南京人民商场住宅	淤泥质土，软塑	75	180
5	南京方家营试验场	黏土	82	206
6	南京方家营试验场	黏土	82	170
7	天津青少年活动中心试验场	淤泥	40	70～120
8	上海勘察院试验场	淤泥质黏土，流塑	65	143
9	宁波大学试验场	杂填土	130	150～263
10	宁波大学结构试验室	淤泥质粉质黏土	70	130

续表

序号	工　程　名　称	天然地基持力层土性	天然地基承载力（kPa）	复合地基承载力（kPa）
11	广东虎门镇中心小学	淤泥	60	152
12	广东虎门中学住宅	老填土	140	250
13	浙江机电公司综合楼	杂填土	60	220
14	杭州棉纺局宿舍	耕土，粉土	145	166～185
15	杭州戒坛寺工地	杂填土	146	210～270
16	山西经营管理学院综合楼	粉土	85	150
17	太原车辆厂变压器车间	粉土	80	180
18	湖北云梦外贸大楼（11层）	粉质黏土	120	185
19	襄阳轴承厂住宅	填土	72	168
20	武汉蛋品厂车间	黏土	115	183
21	武汉模型试验	淤泥	60	145
22	湖北襄凡化纤厂 45m 烟囱	粉土	100	185
23	北京模型试验	粉土	120	170
24	襄樊 7442 所住宅	粉土	72	103
25	湖北建筑科研院试验场	淤泥质土	75	140

桩体配合比试验　　**表 12-12**

项目编号	取样深度（m）	取样地点	龄期（d）	配合比（体积比）石灰：粉煤灰：石膏（石灰：土：水泥）	无侧限抗压强度（MPa）	E_s（MPa）	天然土土性
1#	0.8	襄化纤厂	950	1：1.25：0	0.71，1.35 平均 1.03		w=12.6% I_p=9.6 e=0.997 γ=16.5kN/m^3 f_k=120kPa
2#	0.8	襄化纤厂	950	1：1.6：0	0.74，0.91，1.41 平均 0.91		
3#	0.8	襄化纤厂	950	1：1.24：0	1.29，1.02，1.27 平均 1.19		
4#	0.8	襄化纤厂	950	1：3.5：0	1.43 平均 1.43		
5#	0.8	襄化纤厂	950	1：8：0	0.43，0.68，0.62 平均 0.58		
6#	0.8	襄化纤厂	950	（1：1.25：0）	0.35，0.36 平均 0.355		
7#	0.8	襄化纤厂	950	（1：1.6：0）	0.33，0.21，0.25 平均 0.26		
8#	0.8	襄化纤厂	950	（1：24：0）	0.34，0.3，0.25 平均 0.30		
9#	0.8	襄化纤厂	950	（1：3.5：0）	0.45，0.76 平均 0.61		
10#	0.8	襄化纤厂	950	（1：8：0）	1.02，0.93，0.98 平均 0.98		

续表

项目编号	取样深度（m）	取样地点	龄期（d）	配合比（体积比）石灰：粉煤灰：石膏（石灰：土：水泥）	无侧限抗压强度（MPa）	E_s（MPa）	天然土土性
1#	0.3～0.4	襄樊5713厂	100	1：2：0	0.23，0.21 平均0.22		$w=35\%$ $I_p=12.9$ $e=1.125$ $\gamma=17.6kN/m^3$ $f_k=105kPa$ 大孔隙粉质黏土
2#	1.6～1.7	襄樊5713厂	100	1：2：0	0.43，0.40 平均0.415		
3#	2.9～3.0	襄樊5713厂	100	1：2：0	0.25，0.50 平均0.375		
4#	0.35	襄樊5713厂	200	1：2：0	0.32，0.3 平均0.31		
5#	1.75	襄樊5713厂	200	1：2：0	0.55，0.58 平均0.565		
6#	3.4	襄樊5713厂	200	1：2：0	0.8，0.3 平均0.55		
江-1	0.75	襄樊江华机械厂	30	1：1：0.05	0.521		$w=32\%$ $\gamma=19.8kN/m^3$ $e=1.016$ $I_p=13.6$
江-2	0.75	襄樊江华机械厂	30	（1：1：0.1）	0.625		
江-3	0.30	襄樊江华机械厂	90	1：1：0 （石灰：煤渣）	0.212		
江-4	0.30	襄樊江华机械厂	180	1：1：0	0.208		
江-5	0.75	襄樊江华机械厂	30	1：1：0	0.411		
江-6	0.75	襄樊江华机械厂	90	1：1：0	0.210		
江-7	0.75	襄樊江华机械厂	180	1：1：0	0.354		
试-1	2.0	院试验场	45	1.5：1：0	0.492		$w=38.7\%$ $\gamma=17.5kN/m^3$ $e=1.143$ 淤泥质粉质黏土
试-2	2.0	院试验场	45	1.5：1：0	0.475		
试-3	2.0	院试验场	45	1：2：0	0.695		
试-4	2.0	院试验场	45	（1.5：1：0）	0.315		
试-5	2.0	院试验场	45	（1.5：1：0）	0.357		
5#-1	1.0	北京室内试验大坑	45	1：1：0 重量比6：4：0	0.391	43.2	$w=20\%$ $\gamma=19.5kN/m^3$ $e=0.724$ $w_L=25.4$ $w_p=17.8$ $I_p=7.6$
5#-2	1.0	北京室内试验大坑	45	1：1：0 重量比6：4：0	0.379	41.9	
3#	1.0	北京室内试验大坑	45	1：1：0 重量比6：4：0	0.546	62.3	
1#	1.0	北京室内试验大坑	45	1：1：0 重量比6：4：0	0.419	48.7	
1#-2	0.4	北京室内试验大坑	45	1：1：0 重量比6：4：0	0.282	20.1	

续表

项目编号	取样深度(m)	取样地点	龄期(d)	配合比（体积比） 石灰：粉煤灰：石膏 （石灰：土：水泥）	无侧限抗压强度(MPa)	E_s(MPa)	天然土土性
3#	0.4	北京室内试验大坑	45	1：1：0 重量比 6：4：0	0.304	34.3	w=20% γ=19.5kN/m³ e=0.724 w_L=25.4 w_p=17.8 I_p=7.6
4#-1	1.2	北京室内试验大坑	45	1：1：0 重量比 6：4：0	0.436	50.2	
2#	0.4	北京室内试验大坑	45	1：1：0 重量比 6：4：0	0.321	38.4	
4#-2	0.4	北京室内试验大坑	45	1：1：0 重量比 6：4：0	0.231	17.7	
东C(2)	1.2	北京室内试验大坑	45	1：1：0 重量比 6：4：0	0.508	59.1	
东A上(1)	0.4	北京室内试验大坑	45	1：1：0 重量比 6：4：0	0.254	18.1	
东B中(2)	1.2	北京室内试验大坑	45	1：1：0 重量比 6：4：0	0.453	52.3	
东C下(1)	1.6	北京室内试验大坑	45	1：1：0 重量比 6：4：0	0.444	50.9	
东C下(2)	1.6	北京室内试验大坑	45	1：1：0 重量比 6：4：0	0.485	57.6	
西C下(1)	1.6	北京室内试验大坑	45	1：1：0 重量比 6：4：0	0.347	38.6	
东B中(1)	1.2	北京室内试验大坑	45	1：1：0 重量比 6：4：0	0.521	61.6	
新-1	0.3	汉口新华下路小区	90	(1：2)	0.6	37.5	w=73.1% e=2.104 I_p=36.7 I_l=1.01 P_s=0.35MPa E_s=1.2MPa 淤泥
新-2	0.3	汉口新华下路小区	90	(1：2)	0.32	22.9	
新-3	1.5	汉口新华下路小区	90	(1：2)	0.58	21.1	
新-4	1.5	汉口新华下路小区	90	(1：2)	0.40	22.2	
新-5	3.0	汉口新华下路小区	90	(1：2)	0.35	25.0	
浙-1		宁波某工程	365	1：2：0.15	0.77		
浙-2		宁波某工程	365	1：2.2	0.53		
浙-3		宁波某工程	175	1：2：0.15	0.79		
宁-4 共23组		宁波室内模型试验	75	1：2：0.15	0.42～1.77 平均 0.85		淤泥质黏土 w = 35%～38%

续表

项目编号	取样深度(m)	取样地点	龄期(d)	配合比（体积比）石灰∶粉煤灰∶石膏（石灰∶土∶水泥）	无侧限抗压强度(MPa)	E_s(MPa)	天然土土性
浙-5		宁波室内模型试验	60	1∶2∶0.15	0.69		淤泥质黏土 $w=43\%\sim54\%$
浙-6		宁波室内模型试验	60	1∶2∶0.15	1.02		
浙-7		宁波室内模型试验	60	1∶2∶0.15	0.87		
浙-8		宁波某工程	365	纯生石灰	0.17		
沪-1		康健新村	90	8∶2∶0	0.61		粉质黏土 $w=38.8\%$ $e=1.13$ $E_s=3.89$
沪-2		康健新村	90	6∶4∶0	0.66		
宁-1		南京人民商场	400	(石灰∶火山灰∶硫酸渣) 8∶1∶1	0.48		素填土 $w=28.7\%$ $e=0.83$
日-1		日本八日市	30	纯生石灰	0.485		$w=98\%$ $e=2.31$ $\gamma=14.2\text{kN/m}^3$ 腐殖土
日-2		日本八日市	30	纯生石灰	0.197		
日-3		日本八日市	30	纯生石灰	0.54		
日-4		日本八日市	30	纯生石灰	0.285		
日-5		日 本	30	纯生石灰	0.288	20.6	
日-6		日 本	30	纯生石灰	0.343	17.2	
日-7		日 本	30	纯生石灰	0.314	44.9	
日-8		日 本	30	纯生石灰	0.352	23.5	
日-9		日 本	30	纯生石灰	0.283	25.7	
日-10		日 本	30	纯生石灰	0.316	28.4	
日-11		日 本	90	纯生石灰	0.43	45	泥炭
日-12		日 本	1850	纯生石灰	0.83	176.0	
宁-2		南京室内	60	生石灰∶粉煤灰（火山灰）8∶2 7∶3	0.20—0.44		淤泥 $w=58\%$ $e=1.5$
津-1		天津室内	28	生石灰∶粉煤灰 95∶5	0.408		
津-2		天津室内	28	生石灰∶粉煤灰 85∶15	0.548		
晋-1		省二建试验室	120	生石灰∶粉煤灰 2∶1	1.38		
晋-2		省二建试验室	20	生石灰∶粉煤灰 3∶2	1.18		
晋-3		省二建试验室	120	生石灰∶黏土 1∶1	0.59		

12.3 设计计算

石灰桩可使桩间土得到挤密和固结，石灰桩身比桩间土有更高的强度和刚度，因此，石灰桩与桩间土共同形成承载力较高的复合地基。由于施工材料、施工工艺和被加固土类各地差异较大，设计计算所用参数应根据各地的工程经验或通过试验实测采用。

12.3.1 石灰桩设计一般原则

一、生石灰应新鲜，CaO 含量不宜低于 70%。含粉量不得超过 15%。

为提高桩身强度，可在石灰中掺加粉煤灰、火山灰、石膏、矿渣、炉渣、水泥等材料，掺料与石灰的比例无经验时或重要工程应通过试验确定。配合比试验应在现场地基土中进行。桩身材料的无侧限抗压强度根据土质及荷载要求，一般情况下为 0.3MPa～1.0MPa。

二、石灰桩的设计直径根据不同的施工工艺确定，一般采用 ϕ300～ϕ500mm，桩中心距宜为 2～3.5 倍成孔直径。桩位布置根据基础形式可采用正三角形、正方形或矩形排列。

三、石灰桩的加固深度，应满足桩底未经加固土层的承载力要求，当建筑物受地基变形控制时尚应满足地基变形容许值的要求。石灰桩桩端宜选在承载力较高的土层中。在深厚的软弱地基中采用悬浮桩时，应减少上部结构重心与基础形心的偏心，必要时宜加强上部结构重心与基础的刚度。在深厚的软土中采用悬浮桩时建筑物层数不应高于 5 层。

四、石灰桩的加固范围应根据土质和荷载情况决定。石灰桩可仅布置在基础底面下，当基底土承载力特征值小于 70kPa 时，宜在基础以外增设 1～2 排围护桩。在有经验时，也可不设围护桩，以降低造价。

五、洛阳铲成孔桩长不宜超过 6m；机械成孔管外投料时，桩长不宜超过 8m；螺旋钻成孔及管内投料时可适当加长。

六、当地基需要排水通道时，可在桩顶以上设 200～300mm 厚的砂石垫层。

七、石灰桩宜留 500mm 以上的空孔高度，并用含水量适当的土封口，封口材料必须夯实，封口标高应略高于原地面，防止孔口积水。石灰桩桩顶施工标高应高出设计桩顶标高 100mm 以上。

12.3.2 石灰桩复合地基计算

一、计算模型

（一）双层地基模型

将石灰桩加固层看作一层复合垫层，下卧层为另一层地基，在强度和变形计算时按一般双层地基进行计算（图 12-7）。

（二）群桩地基模型

在深厚软土地区，可按群桩地基模型计算（图 12-8）。这时，可将石灰桩群桩看成一个假想实体基础进行地基承载力和变形的验算。沉降观测表明，按群桩地基模型计算时，计算值往往大于实测值。

根据试验研究结果，计算模型宜采用双层地基模型，即将石灰桩加固层视为一层复合垫层。

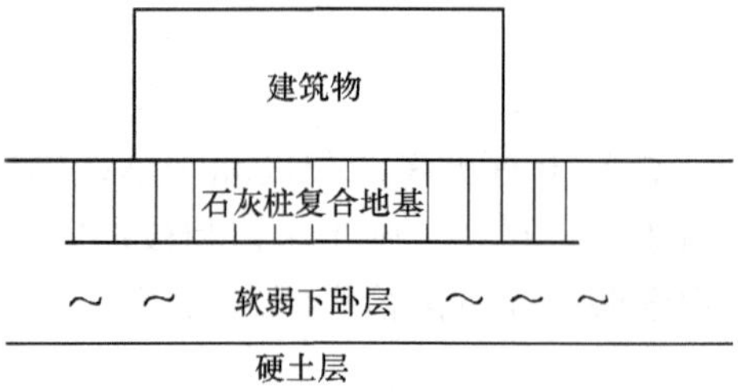

图 12-7　双层地基计算模型

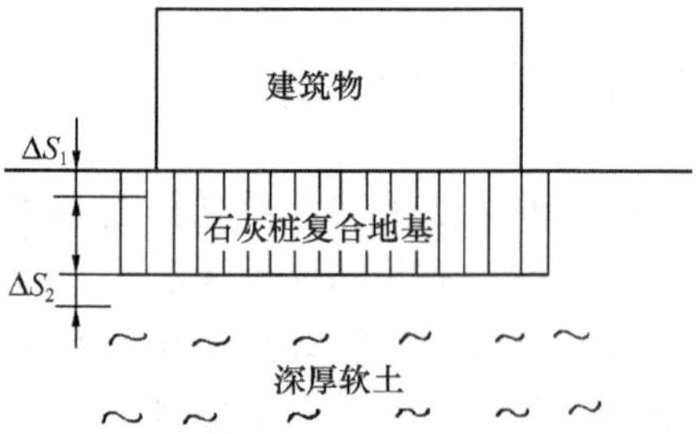

图 12-8　群桩地基计算模型

二、石灰桩复合地基的承载力特性及承载力计算

复合地基承载力计算中，国内外大多采用面积比公式、应力比公式及稳定分析法等，对柔性桩和土组成的复合地基荷载传递规律的研究不够深入，未揭示出其承载特性。因此，在应用上述方法计算复合地基承载力时，缺少科学依据。鉴于桩应力、土应力及桩土应力比受诸多因素影响，取值仍局限于一些经验数据上。根据现场测试及大型模拟试验结果，揭示石灰桩复合地基承载特性和变形规律，据此提出的承载力计算方法经实践证明较切合实际。

1. 石灰桩复合地基的承载特性

石灰桩复合地基与土的模量比一般均小于 10($E_P/E_s<10$)，具有共同工作的条件。室内及现场测试的 11 组载荷试验桩土应力比与荷载关系见图 12-9。载荷板底无砂垫层的 8、9 号试桩，应力首先向桩上集中，随荷载增加产生变形，桩土应力比陡降，应力向土转移，桩土共同处于弹性压缩状态。其他 9 组载荷试验均在压板底设有砂垫层(厚 10cm)，此时土承受的荷载比无垫层时大，随荷载增加，土的变形加大，荷载迅速向桩转移，桩土应力比陡增，继而桩发生变形，桩土应力比降低，桩土共同处于弹性压缩状态。以上为桩土变形调整阶段，由于这时基础与地基接触面不平整、垫层密实度差异等因素，使桩土应力比的变化较为剧烈。此阶段变形很小，见图 12-10 中 OA 段。

荷载继续增加，桩土应力比不断发生小的调整。桩土弹性变形不断增加，桩土应力比逐渐减小，直到复合地基荷载达到比例界限，此阶段为弹性压缩阶段，其终止荷载接近复

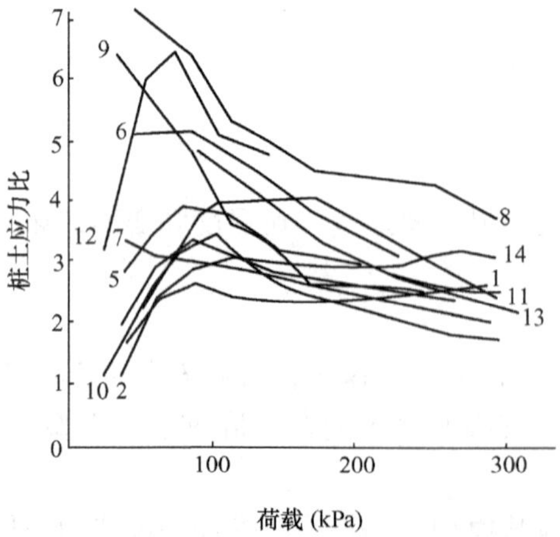

图 12-9　桩土应力比-荷载关系图

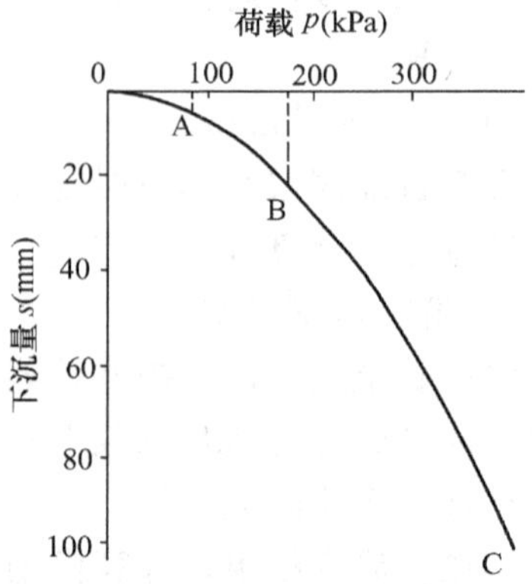

图 12-10　群桩 p-s 曲线

合地基承载力特征值。此阶段已产生可以容许的变形，如图 12-10 中 AB 段。

荷载继续增加，桩土应力比缓慢减小，接近某一定值。桩和土均产生塑性变形，基础周边发生局部剪切变形。由于桩体的作用，继续增加荷载时，基础下土体不会发生整体剪切破坏；由于土对桩的围护作用，桩不会发生脆性失稳破坏，基础下桩和土同时被压实，压板呈冲切形式，不断下沉而不破坏。安全系数大于 2，此阶段为塑性变形，如图 12-10 中 BC 段。

复合地基变形 3 个阶段中，桩顶应力呈线性增长，说明可压缩的石灰桩在土的围护下具有持续向下传递荷载的能力，此时桩体发生压缩及膨胀变形。经测试桩体应力达 0.65MPa 时，桩顶直径增加 2.5%。随荷载增加，桩的塑性区不断向下延伸，压板荷载达 370kPa 时，桩体压缩量为 68.58mm，为桩长的 4%，表明石灰桩的可压缩性。基础周围的土未发生显著隆起，表明桩土自上而下具有较天然地基明显的压密效果。

以上分析表明，石灰桩复合地基在整个受力阶段，其强度的实质是变形问题。桩土具有良好的协同工作特征，土的变形控制着复合地基的变形，所以复合地基容许变形的标准应与天然地基标准相一致。根据大量试验资料分析，石灰桩复合地基的比例界限多在 $0.015b$ 所对应的荷载附近。出于安全考虑，用沉降为 $0.012b$ 的标准控制石灰桩复合地基的承载力是适宜的。

表 12-13 为 10 组载荷试验的桩土荷载分担数值。可以看出，当复合地基荷载达到其承载力特征值时，土的接触压力高于天然土承载力，而略小于经加固的桩间土承载力。其原因是由于桩的存在，土中应力通过桩向下传递。虽然土的接触压力小于加固后的桩间土承载力，但土下部的应力仍略大于接触压力为桩间土承载力时在该处所产生的应力，表明经加固的桩间土能发挥其承载作用。

桩土荷载分担表 **表 12-13**

试验 编号	复合地基承载力特征值（kPa）	桩应力（kPa）	土应力（kPa）	桩分担荷载比（%）	天然地基承载力特征值（kPa）
1	170	504	109	46	105
2	170	360	135	33	105
3	167	440	112	41	105
4	170	322	134	36	105
5	170	354	125	38	105
6	137	327	98	37	105
7	110	345	67	47	55
8	164	351	83	59	70
9	175	500	147	36	130
10	150	426	98	49	70

图 12-11 及图 12-12 为两根石灰桩单桩载荷试验的 p-s 曲线和 s-lg$t$ 曲线，由图可知桩体比例界限荷载为 0.4MPa，结合表 12-12 桩应力的实测结果，表明当复合地基荷载达到其承载力特征值时，桩顶应力同时也达到比例界限。

表 12-12 还列出了实测桩土荷载分担比。在复合地基的使用阶段，土分担总荷载的 40%～65%。试验证明，当复合地基荷载达到其承载力特征值时，桩顶的倒向刺入达最大值，而桩底的刺入则刚进入斜率较大的线性变形阶段，底部刺入增长较快；顶部刺入开始减小，表明桩顶部分已开始发生塑性变形。

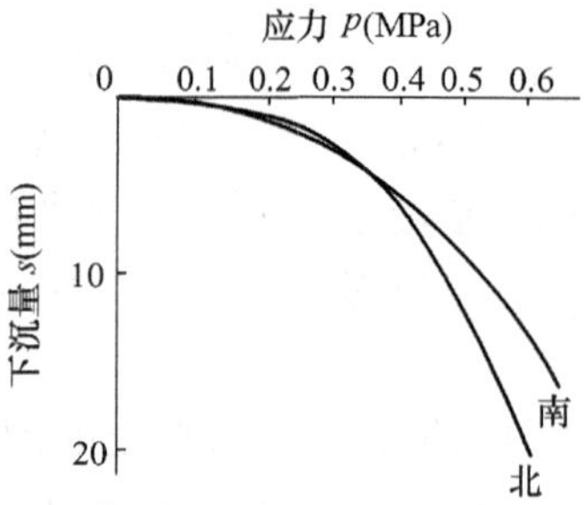

图 12-11 石灰桩单桩 p-s 曲线

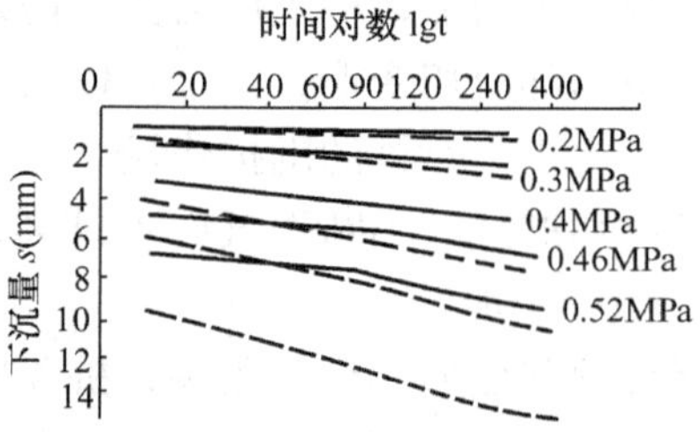

图 12-12 石灰桩单桩 s-lg$t$ 曲线

刚性压板下土的应力分布呈马鞍形。压板刚度稍差时，应力分布为中间大、两边小。使用阶段压板下土应力变化不大，从实测的中边桩与角桩分层沉降可看出，中边桩与角桩变形相差不大，因此压板下桩土的接触压力可按平均压力计算。

综上所述，当复合地基荷载达到其承载力特征值时，具有以下特征：①土的接触压力接近达到桩间土承载力的特征值；②桩顶接触压力达到桩体的比例界限；③桩顶倒向刺入达最大值，底部刺入开始加大，桩顶出现塑性变形；④桩土应力比趋于稳定，其值在 2.5～5.0 之间；⑤土分担了总荷载的 65％～40％；⑥桩、土的接触压力可采用平均压力进行计算。

2. 石灰桩复合地基承载力计算

根据静力平衡条件可得：

$$\sigma_c = \sigma_P \cdot m + \sigma_s \cdot (1 - m) \tag{12-1}$$

式中 σ_c——复合地基平均应力；

σ_P——桩顶平均接触应力；

σ_s——桩间土平均接触应力；

m——面积置换率。

当 σ_P 达到桩体比例极限 f_{Pk}时，σ_s 达到桩间土承载力特征值 f'_{sk}，σ_c 即达到复合地基承载力特征值 f_{ck}，因此式（12-1）可改定为：

$$f_{ck} = f_{Pk} m + f'_{sk} \cdot (1 - m) \tag{12-2}$$

式中，$m = \dfrac{\pi d_1^2}{4 s_1 \cdot s_2}$，$d_1 = (1.1 \sim 1.2)d$，（排土成孔时）土质软弱时取高值，$d_1$为实际桩径（不排土成孔时，实际桩径需实测）；$d$ 为设计成孔直径；s_1、s_2为布桩的行距和列距。

由式 12-2 可得：

$$m = \frac{f_{ck} - f'_{sk}}{f_{Pk} - f'_{sk}} \tag{12-3}$$

设计时可直接利用式 12-3 预估所需的置换比。f_{Pk}为桩体的比例界限，可通过单桩静载荷试验求得，或利用桩体静力触探 p_s值确定（经验值为 $f_{Pk} \approx 0.1 P_s$），也可取 $f_{Pk} = 300 \sim 450$kPa 进行初步设计。施工条件好、土质好时取高值；施工条件差、地下水渗透严重、土质差时取低值。

排土成孔时，桩周 10cm（约 0.3d）的桩边土具有明显的改良效果。经测试，桩边土强度约为天然地基土的 1.1～1.8 倍，平均 1.4 倍，使用中按 1.3～1.6 考虑，天然土强度高或为粉土时取小值。此系数 K_{ps} 为桩边土加强系数。在正常情况下，桩边土以外的桩间土基本不显示加固效果。

根据上述分析，计算桩间土的承载力，拟将桩周土分为桩边土（称加强区）及桩和桩边土以外的部分（称正常区）。加强区的范围为桩外 $0.25d_1$ 厚的圆环，其面积为：

$$A_g=\left[\frac{\pi}{4}(1.5d_1)^2-d_1^2\right]\approx d_1^2$$

正常区面积为：

$$A_z=A-(A_P+A_g)=S_1\cdot S_2-1.785d_1^2$$

因此，桩间土承载力为：

$$f'_{sk}=\frac{A_g\cdot K_{Ps}+A_z\cdot 1}{A-A_P}\cdot\mu_s\cdot f_{ck}=\left[\frac{(K_{Ps}-1)d_1^2}{A_s}+1\right]\cdot\mu_s\cdot f_{sk} \tag{12-4}$$

式 12-4 中，$K_{Ps}=1.3\sim1.6$，μ_s 为成桩中挤压系数。排土成孔时 $\mu_s=1$；f_{sk} 为天然地基土的承载力特征值。

在确定桩间土承载力时，不排土成孔比较复杂。经统计及载荷试验分析，当桩间土为淤泥及饱和软黏土时，不显示成桩挤密效果，$\mu_s=1$；当桩间土为一般黏土或粉土时，$\mu_s=1.05\sim1.10$；当桩间土为杂填土或大孔隙土时，需经原位测试决定，一般可考虑 $\mu_s=1.10\sim1.20$。

当桩间土为淤泥时，考虑石灰桩施工后，地下水位的降低会引起土的自重固结，f'_{sk} 应乘 1.10 左右的系数。

求得 f'_{sk} 后，即可按式 12-2、式 12-3 计算复合地基的置换比及承载力。

三、复合地基变形计算

建筑物基础的最终沉降值，可按分层总和法计算。在桩长范围内复合土的压缩模量按下式估算：

$$E_{sp}=E'_s[1+m(n-1)] \tag{12-5}$$

式中 E_{sp}——石灰桩复合土层压缩模量（MPa）；

E'_s——桩间土的压缩模量（MPa），由室内土工试验确定，可取（1.1～13）E_s，成孔对桩周土挤密效应好或置换率大时取高值；

n——桩土应力比，取 3～4，长桩取高值。

在施工质量有保证时，桩长范围内复合土层沉降量可按桩长的 0.5%～1%估算。正常情况下桩底下卧层的沉降为控制因素。

经实测统计，对于多层建筑物，在一般软土地区，下卧层承载力在 80kPa 以上时最终沉降量一般为 30～60mm；下卧层承载力低于 80kPa 时，最终沉降量一般为 50～100mm；在深厚软土地区，最终沉降一般为 100～200mm。

12.4 施工工艺

12.4.1 管外投料法

石灰桩体中含有大量掺合料，掺合料不可避免有一定含水量。当掺合料与生石灰拌合

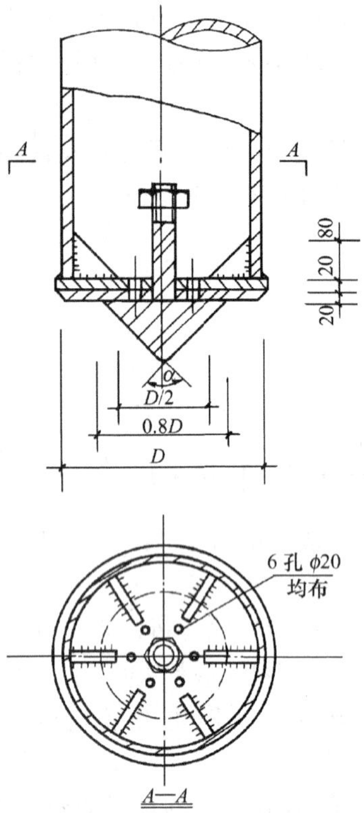

图 12-13 活动桩尖

后，生石灰和掺合料中的水分迅速发生反应，生石灰体积膨胀，极易发生堵管现象。

管外投料法避免了堵管，可以利用现有的混凝土灌注桩机施工，但又受到如下限制：首先，在软土中成孔，当拔管时容易发生塌孔或缩孔现象。第二，在软土中成孔深度不宜超过 6m。第三，桩径和桩长的保证率相对较低。

一、施工方法

采用多种打入、振入、压入的灌注桩机均可施工。由于石灰桩多用于 8m 以内的浅层加固，因此，桩机的高度不必过高。南京则自制了较轻便的桩机，利用激振力 200kN 左右的振动锤打击桩管。

桩管采用 ϕ200～ϕ325mm 无缝钢管。为防止拔管时孔内负压造成塌孔，桩尖采用活动式，拔管时桩尖靠自重落下，空气由桩管进入孔内，避免负压。如图 12-13。

桩尖角度 α 一般为 45°、60°、90°。土质较硬时用小值。

二、工艺流程

桩机定位——沉管——拔管——填料——压实——再拔管——再填料——再压实，这样反复几次，最后填土封口压实，一根桩即告完成，如图 12-14 所示。

三、施工控制

（一）灌料量控制

影响灌料量的因素很多。如桩周土强度、压实次数、设计桩径、桩管直径等等。控制灌料量的目的是保证桩径和桩长，同时要保证桩体密实度。根据室内外试验结果，当掺合料为粉煤灰及煤渣时，桩料干密度要求达到 1.00～1.10g/cm^3，即可保证桩体密实度。

在软土中施工，塌孔和缩孔不可避免，一根 6m 长的桩，往往需要填料压实反复四五次。即使如此，桩长和桩底直径尚无确切把握，而桩的中部、上部直径往往偏大。目前是采用桩管上做刻度记号，每次沉管压入的深度要经过现场试验后严格控制，确保质量。

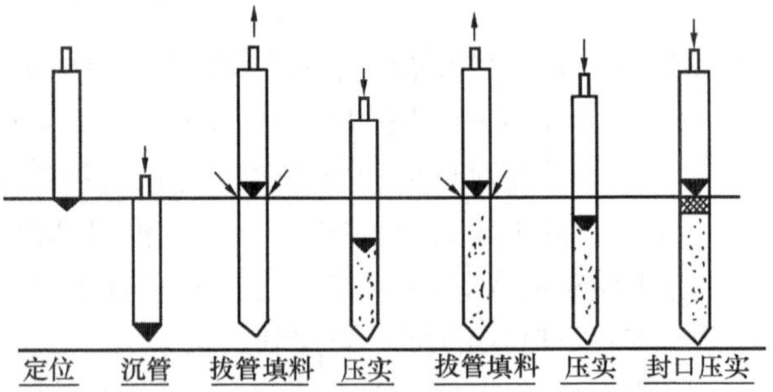

图 12-14 成桩工艺流程

确定灌料量时，首先根据设计桩径计算每延长米桩料体积，然后将计算值乘以 1.4 的压实系数作为每米灌料量。由于掺合料含水量变化很大，在工地宜采用体积控制。

关于桩管直径的选择，原则上应根据设计桩径确定，一般设计桩径为桩管直径的 1.3～1.5 倍。当桩管直径较大时，由于反插后拔管力较大，要注意是否会造成拔管困难。

（二）打桩顺序

应尽量采用封闭式，即从外圈向内圈施工。桩机宜采用前进式，即刚打完的桩处于桩机下方，以机身重量增加覆盖压力，减少地面隆起量。

为避免生石灰膨胀引起邻近孔塌孔，宜间隔施打。

（三）技术安全措施

1. 生石灰与掺合料拌合不宜过早，随灌随拌，以免生石灰遇水胀发影响质量。拌合过早容易引起冲孔“放炮”（即生石灰和掺合料冲出孔口）。

2. 冲孔的原因是桩料内含有过量空气，空气遇热膨胀，产生爆发力。因此，防止冲孔的主要措施是保证桩料填充的密实度。要求孔内不能大量进水，掺合料的含水量不宜大于 70%（指粉煤灰、炉渣）。

3. 做好施工准备，采取可靠的场地排水措施，保证施工顺利进行。

4. 石灰桩施打后，在地下水下，1～2d 时间即可完成吸水膨胀的过程，在含水量为 25%左右的土中，需要 3～5d；在含水量小于 20%的土中，当掺合料含水量也不大时，完成吸水膨胀需要较长时间，但后期膨胀量显著减小。经验证明，在石灰桩施打 5～7d 后，即可进行基坑开挖。

5. 孔口封顶宜用含水量适中的土，封口高度不宜小于 0.5m，孔口封土标高应高于地面，防止地面水早期浸泡桩顶。

6. 石灰桩容许偏差没有混凝土桩要求严格。遇有地下障碍物时，技术人员在现场可根据基础尺寸，荷载等因素变动桩位。正常情况下，桩位偏差不宜大于 10cm，倾斜度不大于 1.5%，桩径误差±3cm，桩长误差±15cm。

7. 大块生石灰必须破碎，粒径不大小 7cm。生石灰在现场露天堆放的时间视空气湿度及堆放条件确定，一般不长于 2～3d。

8、桩顶应高出基底标高 10cm 左右。

12.4.2 管内投料法

管内投料施工法适用于地下水位较高的软土地区，在浙江大量采用。

管内投料施工工艺与振动沉管灌注桩的工艺类似，详见图 12-15。

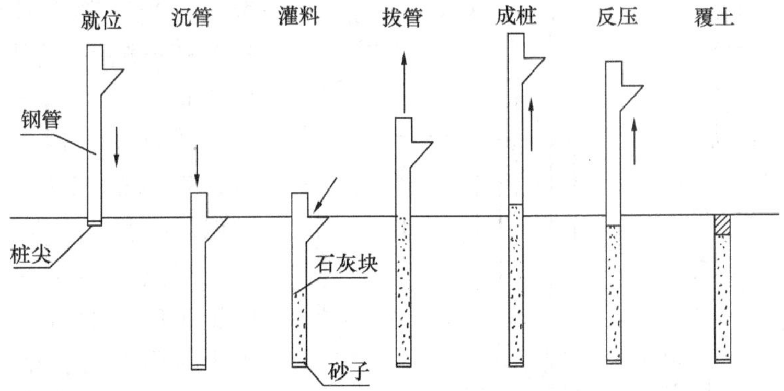

图 12-15 管内投料施工工艺

一、施工要点

（一）石灰及其他掺合料应符合设计要求，随时抽样检验。生石灰应新鲜，堆放时间不得超过 3d，做好石灰堆放的防水防火设施。

（二）石灰灌入量不应小于设计要求，拔出套管后，用盲板将套管底封住，将桩顶石灰压下约800mm，然后用黏土将桩孔填平夯实，以阻止石灰向上涨发，并对场地采取排水措施，防止地表水流入桩内。

（三）石灰桩容许偏差参见管外投料法。

（四）石灰桩施工应在有实践经验的技术人员指导下进行，并做好施工记录，按要求交付所有隐蔽工程验收竣工资料。

二、施工主要机具

（一）DZ-40Y振动打桩机

（二）ϕ377mm钢管和盲板

（三）小车及配套工具

12.4.3　挖孔投料法

利用特制的洛阳铲，人工挖孔、投料夯实，是湖北地区试验成功并广泛应用的一种施工方法。由于洛阳铲在切土、取土过程中对周围土体的扰动很小，在软土甚至淤泥中均可保护孔壁稳定。

这种简易的施工方法避免了振动和噪声，能在极狭窄的场地和室内作业，大量节约能源，特别是造价很低，工期短，质量可靠（看得见，摸得着），深受设计、建设及施工单位的欢迎。因此，适用的范围较大。

挖孔投料法主要受到深度的限制，一般情况下桩长不宜超过6m。穿过地下水下的砂类土及塑性指数小于10的饱和粉土则难以成孔。当在地下水下施工，穿过杂填土时需要熟练的工人操作。

一、施工方法

（一）挖孔

利用图12-16所示两种洛阳铲人工挖孔，孔径随意。挖孔时用图12-16示钢柄洛阳铲挖取3m以内的土，3m以下土则用图12-16所示竹（木）柄洛阳铲取土。当下部土较硬时，可用加长钢柄铲配10″管钳取土；当遇杂填土时，可用钢钎将杂物冲破，然后用洛阳铲取出；当孔内有水时，熟练的工人可在水下取土，并保证孔径的标准。

洛阳铲的尺寸可变，软土地区施工时用直径大者，杂填土及硬土时用直径小者。

取土时加力将洛阳铲刃口切入土中，然后摇动并用力拧旋铲柄，将土柱切断，拔出洛阳铲，铲内土柱被带出。利用孔口附近插入土中的退土钎（一般为ϕ20～ϕ25，$L=0.8\sim1.2$m钢筋），将铲

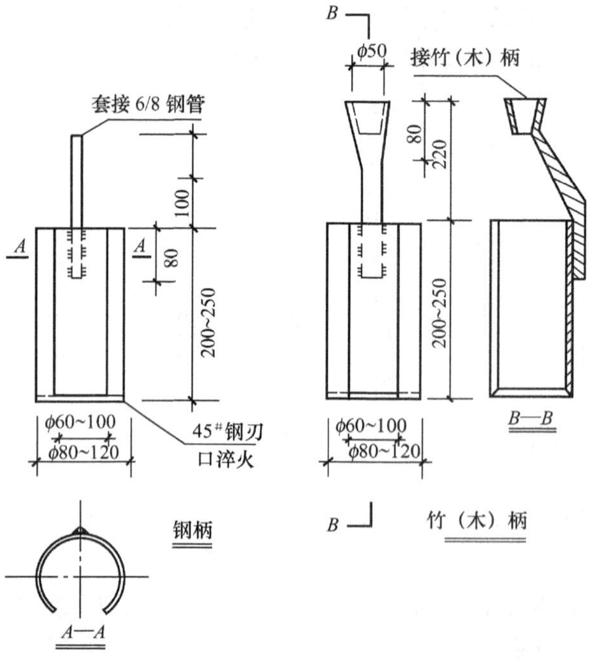

图12-16　洛阳铲构造

内土柱刮出。

（二）灌料夯实

已打成的桩孔经验收合格后，将生石灰和掺合料用斗车运至孔口分开堆放。在孔口置一块厚 1.5～2.5mm 铁板供拌合用。准备工作就绪后，用小型污水泵或软轴泵（功率 1.1kW～1.5kW，扬程 8～10m）将水排干。立即在铁板上按配合比拌合桩材，每次拌合的数量为 0.3～0.4m 的桩长的用料量，拌均匀后将拌合料用铁锹推入孔内，用图 12-17 所示之铁夯夯击密实。铁柄夯分为两种，长柄用于夯击孔下部桩材，上部改换为柄长为 3m 的夯。夯实时，三人持夯，加力下击，一般要求夯落距不小于 50cm。由于夯击力不仅依靠夯自重，主要还是三人向下加力。所以夯的重量一般在 30kg 左右即可保证夯击质量。夯过重则使用不便。

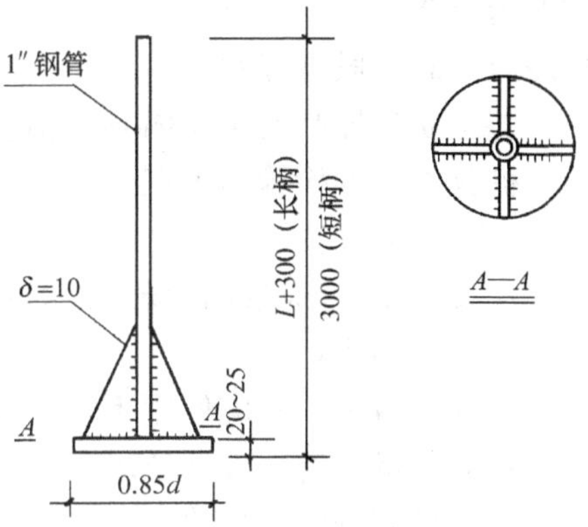

图 12-17　铁夯详图

二、工艺流程

定位——十字镐，钢钎或铁锹开口（深度 50cm 左右）——人工洛阳铲成孔——孔内抽水——孔口拌合桩料——下料——夯击——再下料——再夯实……封口填土——夯实。

三、技术安全措施

（一）在挖孔过程中一般不宜抽除孔内水，以免塌孔。

（二）每次人工夯击次数不少于 10 击，从夯击声音可判断是否夯实。

（三）每次下料厚度不得大于 40cm。

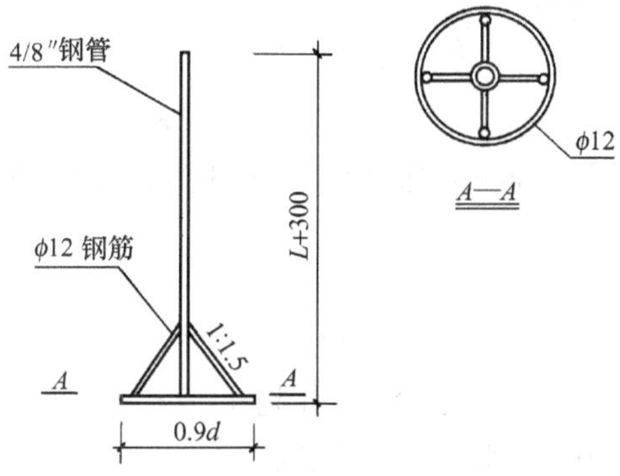

图 12-18　量孔器详图

（四）孔底浮泥必须清除，可采用长柄勺挖出，浮泥厚度不得大于 15cm。

（五）灌料前孔内水必须抽干。遇有孔口或上部往孔内流水时，应采取措施隔断水流，确保夯实质量。

（六）桩顶应高出基底标高 10cm 以上。

（七）为保证桩孔的标准，用图 12-18 所示的量孔器逐孔进行检查验收。量孔器柄上带有刻度，在检查孔径的同时检查孔深。

（八）掺和料应保持适当的含水量，使用粉煤灰或炉渣时含水量宜控制在 30％左右，必要时经过试验，使掺和料含水量有利于提高夯实的密实度。

（九）施工前应作好场地排水设施，防止场地积水。

（十）进入场地的生石灰应有防水、防雨、防风、防火措施，宜做到随进随用。

（十一）成桩顺序及安全措施参见管外投料法。

12.5　施工质量控制和效果检验

石灰桩施工质量的好坏直接关系到工程的成败，因此做好施工质量控制和效果检验工作尤为重要。

12.5.1　施工质量控制

施工质量控制的主要内容包括：桩点位置、材料质量、桩身密实度等，其中以材料质量和桩身密实度检验为重点。

一、桩点位置

检查施工基础轴线，场地标高及桩位是否与施工图相符。

二、材料质量

把好材料关，不应使用不符合质量要求的施工材料，配合比要准确，石灰块大小及每米桩长灌入量应符合设计要求。

三、桩身密实度检验

（一）轻便触探及静力触探检验

根据各地施工方法的差异情况，建立轻便触探锤击数 N_{10} 和填料压实系数 D_y 之间的关系。按设计要求的 D_y 值定出轻便触探检验的“检定锤击数”。杭州地区经验值 $N_{10}>30$ 击/30cm。静力触探的 P_s 值平均不应小于 2.5MPa（软土中）。

（二）取样检验

开挖基坑时，从桩体取出试样，经室内加工成立方试块后进行无侧限抗压强度试验。试块尺寸一般为 $15\times15\times15\text{cm}^3$，每项工程取样数量不宜少于 6 个。

如发现施工质量有问题时，应采取补救措施，或通过现场荷载试验或其他手段进行综合评定。

12.5.2　效果检验

通过加固前后土的物理力学性质变化来判断其加固效果。

一、室内试验

室内试验的项目主要有：

抗剪强度指标（c、φ 值）测定，含水量等的测定，通过加固前后这些指标变化的分析，确定加固后桩间土的承载力。

桩身材料强度由无侧限抗压试验确定。

二、现场试验

（一）石灰桩施工检测宜在施工 7～10d 后进行；竣工验收检测宜在施工 28d 后进行。

（二）石灰桩地基竣工验收时，承载力检验应采用复合地基荷载试验。

试验数量宜为地基处理面积每 200m^2 左右布置一点，且每一单体工程不应少于 3 点。

对于重要工程和尚无石灰桩加固经验的地区，宜采用多种试验方法，综合判定加固效果。对于一般工程和具有石灰桩应用经验的地区，可主要采用静力触探试验。

12.6　工程实例

【实例 12-1】 南京江苏省歌舞团住宅

【12.1.1】 工程概况

省歌舞团住宅为六层砖混结构，建筑物底面积 320m^2，采用钢筋混凝土条基。

【12.1.2】 工程地质情况

建筑物场地地势平坦，属古河漫滩地貌。历史上为水塘，后期用杂填土及风化块石填平。填土底部塘泥含水量高达81.9%（上部）～55.1%（下部）。以下老土为黄色软塑粉质黏土，$f_k=120kPa$，层厚2m左右。再往下为深厚的淤泥质粉质黏土，$f_k=90kPa$，孔深20m未钻穿。地质剖面图见图12-19。

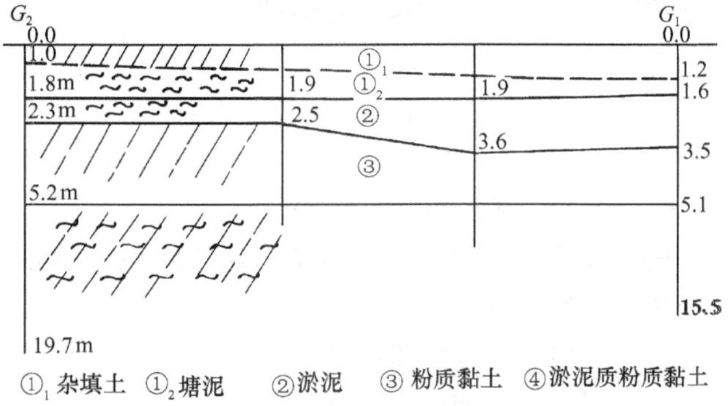

图12-19 地质剖面图

【12.1.3】 石灰桩设计

设计要求石灰桩复合地基承载力特征值为120kPa，满堂正方形布桩，桩距100cm，桩管直径ϕ325mm，桩长3.5m～4.0m，打入粉质黏土0.5m左右，总桩数420根。桩顶设30cm厚碎石垫层。经验算复合地基及下卧层符合强度及变形要求。

【12.1.4】 石灰桩施工

采用管外投料法，利用振动桩锤击入ϕ325mm桩管，拔出桩管，投入桩料，然后反插，如此反复3～5次，最后以土封口。

桩料采用纯生石灰，每米桩体生石灰用量100kg。1980年11月完成了石灰桩施工，1981年9月建筑物竣工交付使用。

石灰桩决算费用1.4万元。

【12.1.5】 加固效果

加固前后进行了土的物理力学性质测试，结果证明石灰桩对淤泥的加固效果显著。见表12-14。

加固前后物理力学指标 **表12-14**

土层	加固前后		日期（年．月）	土样数	w（%）	γ（kN/m³）	e	S_r（%）	I_p	I_L	E_s（MPa）	P_s（MPa）
杂填土	前		1981.5									1.0
	后		1981.11									1.5
塘泥	前		1981.5	2	81.9	15.2	2.32	96.5	23.1	2.20	1.61	0.3
	后	上	1981.11	2	36.6	17.4	1.15	87.0				1.1
		下	1981.11	2	52.0	16.6	1.50	93.5	23.6	0.94	2.34	
淤泥	前		1981.7	3	55.1	16.2	1.62	93.5	23.6	1.21	1.87	0.3
	后		1981.11	2	30.3	18.9	0.89	90.4		0.66	4.0	1.0

纯生石灰桩体的物理力学性质测试见表12-15。

纯生石灰桩体物理力学性质 **表12-15**

地 点	γ（kN/m³）	w（%）	e	S_r（%）	E（MPa）	c（kPa）	φ
省歌舞团	14.8	65.4	1.56	95	9.95	89	30°06′

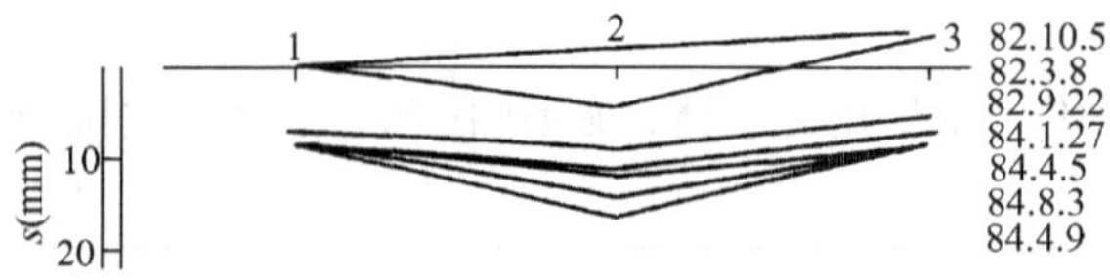

图 12-20 省歌舞团宿舍楼沉降观测资料

该建筑物建成后进行了长期的沉降观测，平均沉降量 9.8mm，最大沉降量 16mm。沉降观测结果见图 12-20。

【实例 12-2】 浙江省机电公司住宅楼

【12.2.1】 工程概况

该工程位于杭州市湖墅南路，建筑面积 2500m^2，六层，底层和二层为框架结构，以上为砖混结构。

【12.2.2】 工程地质条件

各土层主要物理力学指标见表 12-16。

各层土主要物理力学指标 表 12-16

层序	土层名称	层厚 (m)	含水量 w (%)	重度 γ (kN/m^3)	孔隙比 e	压缩系数 $a_{1\sim2}$ (MPa)$^{-1}$	直剪试验		地基承载力特征值 f_k(kPa)
							c (kPa)	φ (°)	
1-2	杂填土	3.1							
1-3	素填土和淤填土	2.2							
2	粉质黏土	1.2	33.2	18.8	0.94	0.37			110
3-1	淤泥质粉质黏土	3.75	42.4	17.8	1.19	1.00	7.0	8.0	70
3-2	淤泥质粉质黏土	5.50	36.6	18.1	1.04	0.53	0	26.0	100
3-3	淤泥质粉质黏土	4.15	43.0	17.6	1.24	0.85	10.0	14.0	70
3-4	淤泥质粉质黏土	6.20	42.2	17.8	1.19	0.65	4.2	19.0	80
4	淤泥质黏土	8.80	44.5	17.4	1.30	0.87	14.0	6.0	75
5	黏土	未钻穿							

由表可见，该场地上部有 5m 厚的人工填土层，以下有 28m 厚的淤泥质土，直至地表下 33m 处才有较坚硬的土层。

【12.2.3】 地基加固设计

（一）加固方案

这是杭州第一幢用石灰桩加固地基的试点工程，施工前进行了现场试验。

因场地表层有 5m 厚的杂填土和素填土，加固的主要对象是人工填土层，同时应对下卧软土层进行承载力和变形的验算。

石灰桩长 5m，桩径 ϕ325mm，桩距 1.2m，呈方形布置，生石灰桩置换率 $m=6\%$，$m'=9\%\sim11\%$。采用柱下条基，基底平均压力 120kPa。

（二）载荷试验

共进行三台 4 桩承台载荷板试验，试验结果见表 12-17，p-s 曲线见图 12-21。

浙江省机电公司地基承载力 **表 12-17**

地基类别	承载力特征值（kPa）	与天然地基比较（%）
天然地基	60	100
生石灰桩复合地基	220	367
灰土、生石灰桩复合地基	210	350

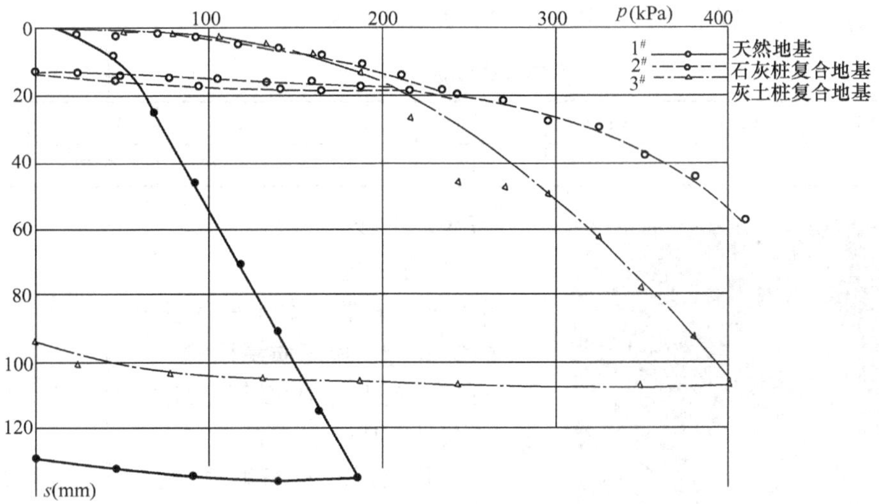

图 12-21 载荷试验 p-s 曲线

（三）地基计算

从试验可知，表层杂填土、素填土经石灰桩加固后，复合地基承载力完全能满足设计要求。所以，只需对下卧层进行强度和变形验算。

1. 下卧层承载力验算

下卧层顶面附加压力

$$p_z = \frac{b(p - p_c)}{b + 2Z\tan\theta} = \frac{2.1 \times 120}{2.1 + 2 \times 5 \times 0.42} = 40(\text{kPa})$$

下卧层顶面土的自重压力

$$p_{cz} = 3 \times 17 + 8 \times 3 = 75(\text{kPa})$$

下卧层顶面处经深度修正后的地基承载力特征值：

$$f_z = f_k + \eta_d \gamma_0 (d - 0.5) = 70 + 1.1 \times 9.7 \times 5.5 = 128.5(\text{kPa})$$

$$p_z + p_{cz} = 115(\text{kPa}) < f_z \text{ 满足要求。}$$

2. 沉降验算

变形模量

$$E_0 = \omega(1 - \mu^2)\frac{p_1 b}{s_1} = 0.88(1 - 0.25^2)\frac{360 \times 2}{0.04} = 14.9(\text{MPa})$$

复合地基变形量

$$s_1 = \frac{(p + p_0)(D - 0.5)}{2E_0} = \frac{(120 + 40)(5 - 0.5)}{2 \times 14.9} = 2.4\text{cm}$$

下卧层地基变形量 $s_2=6.3$（cm）

$$s=s_1+s_2=8.7(\text{cm})$$

【12.2.4】 施工

（一）施工机械

DZ-20Y 振动打桩机一台，翻斗车若干台及配套工具。

（二）材料配合比

石灰选用浙江诸暨生石灰，其化学成分如表12-18。

石灰化学成分（%）　　**表12-18**

石灰名称	CaO	MgO	Fe_2O_3	Al_2O_3	SiO_2	烧失量	备注
诸暨石灰	76.62	6.3	2.42	0.42	7.86	5.51	

图12-22　水下挖出的石灰柱

石灰：干砂=7∶3

（三）灌灰量

ϕ325mm 桩管，每米灌灰量 100～110（kg）。

【12.2.5】 施工质量检验

石灰桩施工自1982年2月15日开工，2月29日完工，共计完成363根桩。

基坑开挖后在桩身取试块进行立方抗压强度试验，抗压强度为1.75MPa，外观检查，石灰膨胀后直径为42cm左右，图12-22为开挖出的石灰桩。

【12.2.6】 房屋沉降观测结果

房屋平均沉降量38.86mm，沉降基本均匀，房屋各部位无结构性裂缝产生，该幢房屋至今已使用23年，情况良好。沉降观测结果详见表12-19。

沉降观测结果　　**表12-19**

观测点	第一次观测 82.5.12～84.7.26		第二次观测 84.57.26～11.22		第三次观测 84.11.22～85.1.11		第四次观测 85.1.11～85.10.86	
	沉降量 (mm)	沉降速率 (mm)/日	沉降量 (mm)	沉降速率 (mm)/日	沉降量 (mm)	沉降速率 (mm)/日	沉降量 (mm)	沉降速率 (mm)/日
1	12	0.014	3	0.025	6	0.120	0	0
3	13	0.016	9	0.076	9	0.180	1	0.003
5	11	0.013	9	0.076	7	0.140	4	0.015
7	19	0.024	18	0.153	11	0.220	1	0.003
9	20	0.025	17	0.144	9	0.180	2	0.006
11	22	0.027	18	0.153	12	0.240	0	0

【12.2.7】 社会经济效益

工期快，节省水泥、钢筋，地基基础总造价比混凝土灌注桩节约3.5万元(按1982年定额)。

【实例 12-3】 湖北襄阳轴承厂 12 街坊住宅

【12.3.1】 工程概况

襄阳轴承厂 12 街坊住宅为 7 幢 6 层砖混结构，四单元组合，长 48m 宽 10m；三单元组合，长 36m 宽 10m；总建筑面积 20000m^2；采用石灰桩复合地基。

【12.3.2】 地基条件

建筑场地原为一口面积为 2 万 m^2 的大鱼塘，水深 2m。准备将水抽干后挖除塘底淤泥，然后采用条基或筏基。水抽干后，发现塘泥深 1m，人不能下塘作业，同时周围鱼塘水不断渗入已抽干的塘内。要挖除近 2 万 m^2 的淤泥，施工十分困难，造价和工期均不能满足要求。决定采用先填土后处理的方案。填土过程中由于塘泥承载力极低，机械无法运行，因此一层填筑厚度达 2.5m，压实效果很差。

填土后用静力触探进行工程地质勘察，典型断面如图 12-23，第Ⅰ层新填土均匀性很差，第Ⅱ层淤泥经填土挤淤与土混合后 p_s 值 0.3MPa 左右，第Ⅲ层粉质黏土厚约 2m，p_s 值 0.8MPa，f_k=100kPa，E_s=4MPa，第Ⅳ层黏土，厚度 6m 以上，p_s 值 1.8MPa，f_k=180kPa，E_s=7.5MPa。

设计单位原准备采用沉管灌注桩，因造价高工期长，改用石灰桩方案。

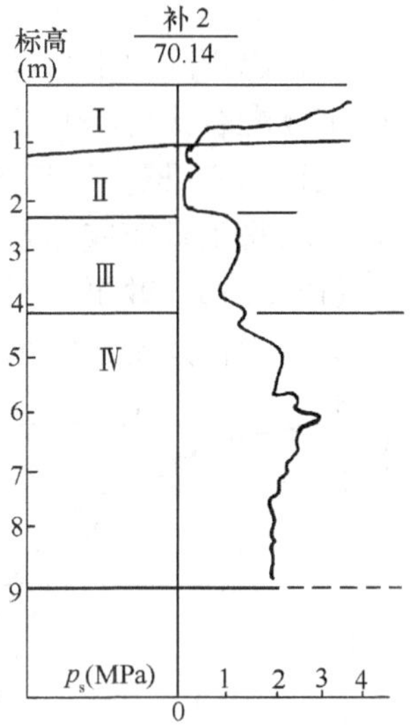

图 12-23 静力触探 P_s 值

【12.3.3】 石灰桩设计

由于在填土后立即进行石灰桩施工，石灰桩能否消除新填土自重固结，过去尚无经验。为了安全，采取了加大置换比，满堂加固的措施。设计桩径 ϕ350mm，桩距 700mm，正方形布置，复合地基承载力特征值 140kPa，桩长 2.8m，桩底坐落于第Ⅲ层粉质黏土顶面，经验算桩底下卧层满足承载力要求。为了降低造价，基础采用钢筋混凝土条基，基础浅埋，基底标高－1.4m。

设计验算如下：

设计桩径 d=350mm，膨胀后实际桩径 $d'=1.1\times d$=385mm，外加桩边 2cm 厚硬壳层，则 d'=425mm。桩中心行距 s_1=700mm，列距 s_2=700mm，正方形布桩。

置换率 $m'=\dfrac{0.785d_1^2}{s_1\cdot s_2}=0.29$。

天然地基承载力特征值 f_{sk}=70kPa。

加固后桩间土承载力

$$f'_{sk}=\left[\frac{d_1^2(k-1)}{s_1s_2-0.785d_1^2}+1\right]f_{sk}$$

式中 k——桩边土加强系数 1.4～1.8，取 1.6。

$$f'_{sk}=91.8\text{kPa}$$

复合地基承载力

$$f_{sPk}=f'_{sk}[1+m'(n-1)]$$

桩土应力比 n=3.5。

f_{sPk}=158.4kPa 满足设计要求。

桩底下卧层承载力满足要求(计算从略)。

【12.3.4】 石灰桩施工

采用人工洛阳铲成孔，成孔过程中地下水（填土内上层滞水及周围塘内渗水)渗水较大，采取建筑物周围加打一排围护桩的措施，围护桩间距 650mm，打完后，基础下工程桩孔内渗水明显减小。灌料前用软抽水泵排干孔内水，立即下料，每 30cm 人工夯实一次。由于填土面标高未填足，孔顶黏土封口高度仅 30cm，在施工基础前对基槽进行了表面夯实，以消除由于封口高度不足而引起的地面隆起。

桩体配合比(体积比)为生石灰：粉煤灰=1∶1(下部 1m)，1∶2(上部)。七幢住宅共打石灰桩 6820 根，工期 59d，除去雨雪天气，平均每天完成 120 根桩。共用工日 2412 个，平均每工日完成 2.8 根。

【12.3.5】 效果

为了确保建筑物安全，工程桩施工前，在建筑物场地选取了一个试验区，打石灰桩 20 根，混凝土桩一根。共做石灰桩单桩复合地基静载荷试验两台，天然地基静载荷试验一台，混凝土单桩复合地基静载荷试验一台，结果如图 12-24。

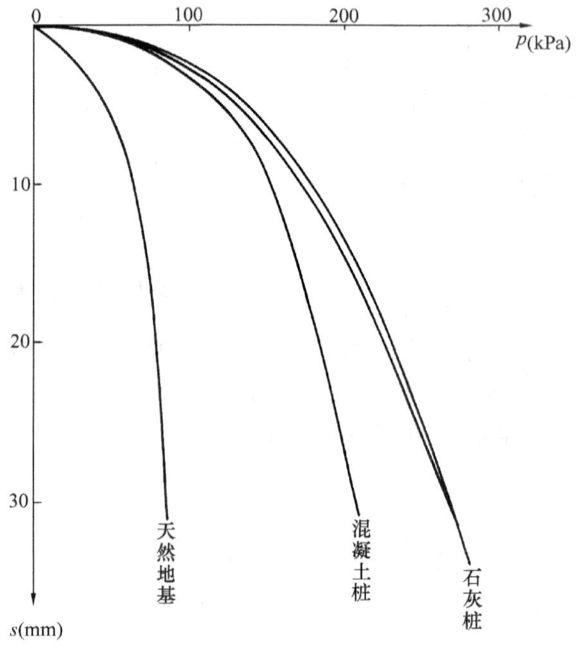

图 12-24 载荷试验 p-s 曲线

试验用压板尺寸 707mm × 707mm，等于单元体面积。设计桩径 ϕ350mm 桩中心距 700mm，桩长 2.6m。试验结果表明，天然地基承载力(当 s=0.02B 时)72kPa，石灰桩复合地基承载力(当 s=0.015B 时)平均为 168kPa，混凝土桩复合地基承载力(当 s=0.015B 时)为 150kPa。取样试验结果，桩体无侧限抗压强度平均值 0.51MPa，桩周边 10cm 左右厚度圆环区土的强度提高至原来强度的 1.6 倍，桩间土强度提高 21%。上述结果说明了石灰桩对新填土的显著的加固效果。试验结果与设计计算值基本相符。

在建筑物施工及使用过程中，进行了沉降观测。图 12-25 为其中一栋四单元建筑物的沉降一时间曲线。建筑物使用 1 年后总沉降平均值为 33mm，最大差异沉降 9mm。

根据上述情况，在 1991 年该厂再次兴建相同类型的 10 幢住宅时，石灰桩的桩距由 700mm 扩大到 750mm，而且取消了围护桩，再一次降低了造价。

该工程共 29 个单元，每个单元石灰桩合同价 1.1 万元，共计 31.9 万元，平均每平方米建筑面积造价 16 元，较混凝土灌注桩节约投资 50%以上，较深层搅拌及碎石桩的造价也低 30%左右，而且工期缩短。本工程是石灰桩应用成功的范例。

【实例 12-4】 浙江省萧山市农贸市场

【12.4.1】 工程概况

萧山市农贸市场位于萧山市西河路北端，南北长 92.4m，东西宽 45.5m，柱网尺寸 6.8×8.7m，中部设变形缝，预应力叠合板楼面，框架柱轴力一般为 1500～2200kN，楼面活荷载 4kN/m²，总建筑面积 8842m²。

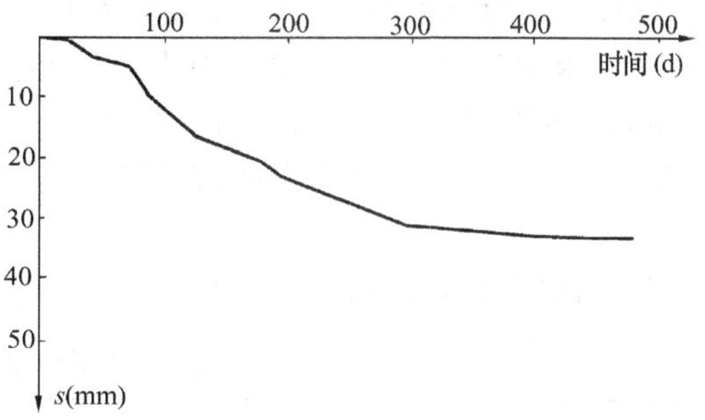

图 12-25 时间-沉降曲线

【12.4.2】 工程地质条件

地层可分为两个单元，第一单元为人工填土层，即上部为含瓦砾的杂填土层，下部为粉土伴有机质的素填土层；第二单元系古河道冲积层，上部为粉土，其下依次为 3～10m 厚的淤泥质粉土、淤泥质黏土、粉土和粉砂，各层土的物理指标见表 12-20。

地基土物理力学指标 **表 12-20**

分层代号	土层名称	含水量	天然容重	比重	孔隙比	塑限	液限	塑性指数	液性指数	固结快剪		压缩指标		标贯 $(I)N_{63.5}$
		w (%)	γ (g/cm³)	G (g/cm³)	e	w_P (%)	w_L (%)	I_P	I_L	c (kPa)	φ (°)	a_{1-2} (kPa⁻¹)	E_s (MPa)	平均击/30cm
1-1 1-2	杂填土 素填土※	38.3	1.75		1.16	22.6	37.4	14.0	1.06				3.0	
2-1	粉土夹粉质黏土	30.38	1.93	2.73	0.851	19.4	32.05	12.65	0.87			0.12	16.94	9
2-2	粉土	33.55	1.91	2.72	0.902	19.76	32.9	13.14	1.06			0.42	4.50	7
2-3	淤质粉土	37.08	1.83	2.70	1.019	19.35	31.87	12.52	1.43	11.99	30.37	0.29	7.33	5
2-4	粉土	33.00	1.90	2.72	0.908	18.8	30.5	11.7	1.24	8.05	31.8	0.23	8.46	6.5

【12.4.3】 地基加固设计

（一）加固方案

设计时进行了多方案的比较。详见表 12-21。

基础设计方案技术经济比较表 **表 12-21**

序号	方案名称	主要工程量	造价(万元)	比较及说明
1	换填法	挖填运土方 9100m³ 砂石垫层 5160m³	42.0	土方挖运量大，对市区交通影响，道路污染严重，回填质量控制难，部分浅层 2-3土未能加固
2	生石灰桩	石灰桩 1020m³ 挖填土方 1700m³	24.0	石灰可就地取材，价格低廉，土方工程量小，有熟练的石灰桩施工队伍，施工中须严格保证桩体石灰灌入量
3	混凝土灌注桩	混凝土灌注桩 960m³ 挖填土方 1200m³	35.0	常规施工 水泥用量较大

经比较后选用石灰桩法。这是首次采用石灰桩加固大跨度多层框架建筑物。由于柱网尺寸大，采用柱下独立基础，加固主要对象是表层人工填土和部分黏土层。石灰桩径 ϕ377mm，桩长 6.2m，桩距 1.1～1.2m，呈方形布置，设计要求石灰桩复合地基承载力达 150kPa，对变形的要求也比较严格。

（二）载荷试验

共进行四台载荷板试验，试验结果见表 12-22。

石灰桩复合地基静载荷试验结果 **表 12-22**

序号	土层名称	埋置深度(m)	载荷板尺寸(m)	加荷方法	最大加载值(kPa)	最终沉降量(mm)	地基承载力特征值(kPa)	与平均值比较(%)	桩距(m)	置换率(%)
1	杂填土	0.8	1.20×1.20	慢	312.5	31.04	167	−27.4	1.20×1.20	0.136
2	素填土	1.2	1.20×1.20	慢	312.5	22.71	256	+20.3	1.20×1.20	0.162
3	素填土	1.1	1.20×1.20	慢	312.5	23.33	220	+3.4	1.20×1.20	0.136
4	杂填土	1.4	1.20×1.20	慢	312.5	22.48	208	−2.2	1.20×1.20	0.136

（三）地基计算

由载荷试验可知，杂填土、素填土经石灰桩加固后，复合地基承载力已满足设计要求。因此，主要对淤泥质粉土层进行强度验算和地基变形的验算。

1. 下卧层承载力验算

最大柱荷载 $N=2500\text{kN}$，$M=110\text{kN}\cdot\text{m}$。

下卧层顶面附加压力

$$P_z=42.2\text{kPa}$$

下卧层顶面土的自重压力

$$P_{cz}=66\text{kPa}$$

下卧层顶面处经深度修正后的地基承载力特征值 $f_z=134.8\text{kPa}$

$$f_z>P_z+P_{cz}\text{满足要求}$$

2. 沉降计算

石灰桩复合地基压缩模量按下式计算

$$E_{sp}=E'_s[1+m'(n-1)]$$

式中各符号的物理意义见前节，n 取 5，基底以下各层土的复合地基压缩模量分别为 4.94MPa，14.8MPa，5.77MPa。按分层总和法计算的地基最终沉降量：

$$s=6.2\text{cm}$$

【12.4.4】 施工

（一）施工机械

DZ-30Y 振动打桩机一台，翻斗车若干台及配套工具。

（二）材料及配合比

选用浙江诸暨产的生石灰，材料的配合比为：石灰：干砂=7：3

（三）灌灰量

1# 载荷板下石灰桩填充密度＜11.5kN/m³，2#～4# 板下石灰桩填充密度＞11.5kN/m³，其承载力均比 1# 板高，说明桩料的填充密度对土的加固效果影响很大。因此，在施工时采用反插法施工以保证桩料的填充密度是有效的。

【12.4.5】 施工质量检验

基坑开挖后，对石灰桩的成形、密实度、均匀度进行外观检查，绝大部分桩体均能满足设计要求。在此基础上，对部分桩的桩间土进行取样试验，试验结果见图 12-26，说明施工质量是良好的。

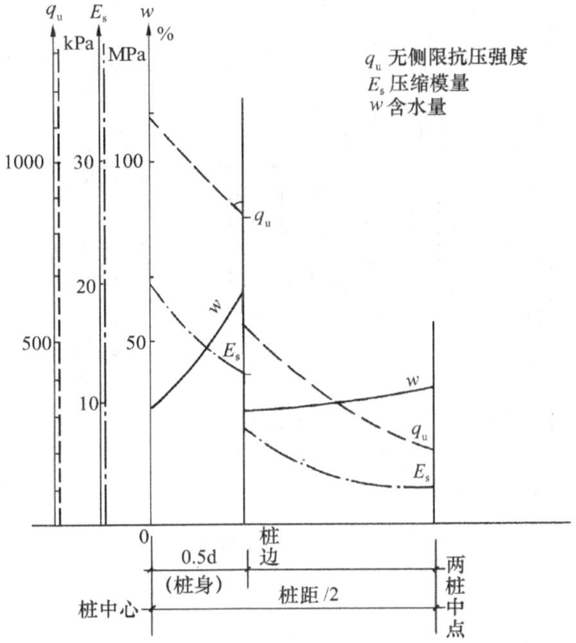

图 12-26 石灰桩身及桩间土的 w、q_u、E_s 值关系曲线图

【12.4.6】 房屋沉降观测结果

该工程自 1991 年 2 月开工，11 月主体完工，1992 年 3 月竣工验收。沉降观测表明，最大沉降量 39mm，最小 28mm，平均沉降量 33.25mm，沉降稳定较快。该工程至今已使用 15 年，用户反映良好。

【12.4.7】 社会经济效益

该工程采用石灰桩方案后，比换土垫层法节省造价 18 万元，工期缩短三分之一，比混凝土灌注桩节省造价 9 万元。

【实例 12-5】 中国人民解放军 5713 厂宿舍

【12.5.1】 工程概况

5713 厂女单身宿舍为一栋六层砖混结构建筑物，长 54m，宽 11.1m，三单元组合，建筑面积 3248m²，采用石灰桩复合地基。

【12.5.2】 地基条件

场地位于汉江左岸一级阶地，地势平坦。主要出露地层为第四系全新统（Q_4）冲洪积物，地下水埋深 5.6m。

地基土物理力学指标见表 12-23。

主要物理力学指标表 **表 12-23**

层号	厚　度 (m)	土　名	贯入阻力 p_s（MPa）	承载力 (kPa)	压缩模量 (MPa)	比　重 (g/cm³)	备　注
1	1.4	粉砂	1.1	96	4.6	1.78	疏松，稍湿
2	6.5～8	粉土	0.54	83	3.0	1.84	软—流塑
3	1.2～5.7	中细砂	4.4	162	10.4	1.95	中密
4	大于 2	砂卵石	13	＞300	20.0	2.00	中密

【12.5.3】 石灰桩设计

建筑物采用钢筋混凝土条形基础，要求石灰桩复合地基承载力 140kPa。

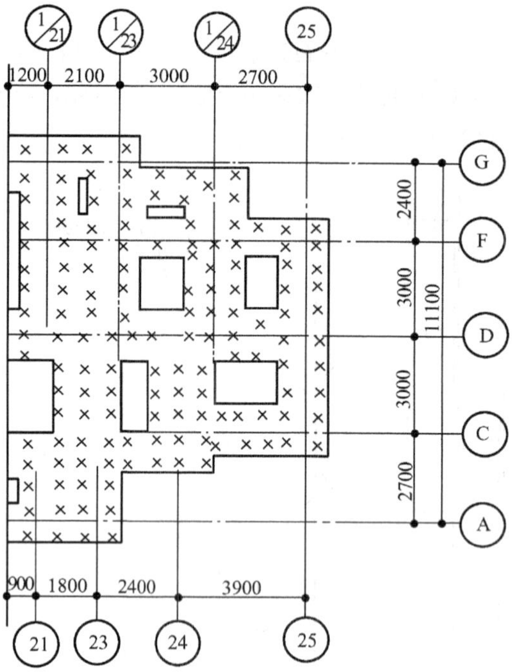

图 12-27 石灰桩平面布置

设计桩径 ϕ300mm，$s_1=750$mm，$s_2=750$mm，在条基下布桩，不设围护桩。见图 12-27。

桩长自基底算起 4.0m，悬浮于承载力 83kPa 的 2 层粉土中，下卧层承载力满足要求。

复合地基承载力验算如下：

膨胀后桩径 $d'_1=1.1\times d=330$mm，加上桩周边 2cm 厚硬壳层，$d_1=370$mm。

置换率 $m'=\dfrac{0.785d_1^2}{s_1\cdot s_2}=0.191$

天然地基承载力 $f_{sk}=83$kPa

加固后桩间土承载力

$$f'_{sk}=\left[\frac{d_1^2(K-1)}{s_1\cdot s_2-0.785d_1^2}+1\right]f_{sk}$$

式中 K——桩边土加强系数，取 1.6。

$$f'_{sk}=98\text{kPa}$$

复合地基承载力

$$f_{sPk}=f'_{sk}[1+m'(n-1)]$$

桩土应力比 n 取 3.5。

$f_{sPk}=144.8$kPa 满足要求。

施工后经实测桩体静力触探 P_s 平均值为 3.7MPa，桩间土静力触探 p_s 值为 0.71MPa，按湖北省建筑科学研究设计院提供的经验公式：

$$n=\frac{p_{sp}}{p'_{ss}}\times0.7$$

式中 p_{sp}——桩体静力触探 p_s 值；

p'_{ss}——桩间土静力触探 p_s 值。

$$n=\frac{3.7}{0.71}\times0.7=3.65$$

与原设计采用的 n 值相符。

【12.5.4】 石灰桩施工

共计 864 根桩，采用人工洛阳铲成孔，人工灌料分层夯实。桩体配合比（体积比）生石灰：粉煤灰=1∶1（下部 1m），1∶2（上部）。

因孔内大部分无水，施工难度小，进度很快。15 人的班组平均每天成桩 65 根。石灰桩施工自 1989 年 10 月 11 日开工，1989 年 10 月 26 日竣工，共用 14 天时间。

【12.5.5】 效果检验

施工完毕后利用静力触探检验桩体强度，共触探桩体 16 根，贯入阻力平均值 $p_{sp}=3.7$MPa，质量良好，满足设计采用的 $p_{sp}=3.5$MPa。

该工程石灰桩总长 3464m，每延米造价 10 元（含管理费、独立费等全部费用），工程合同价 34640 元。本工程由于施工单位竞争激烈，争相压价，给建设单位节约了投资。即使如此，在上述合同价的情况下，仍取得了 25%的利润。

上部工程施工及建筑使用中，进行了系统的沉降观测。观测结果见图 12-28，建筑物使用 1 年后平均总沉降为 41mm，最大差异沉降 10mm，效果良好。

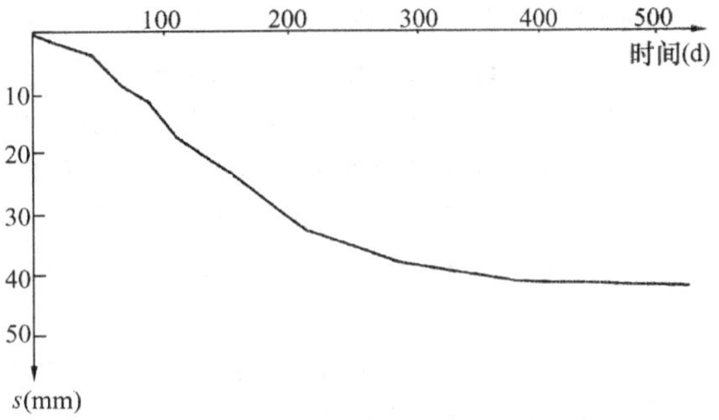

图 12-28　时间-沉降曲线图

参　考　文　献

[1] E・Hunke：Chinesische Grundungs Forohren，Bautechnik，1929

[2] 范恩锟・运用石灰桩加固软土地基的实际效果・天津大学地质地基教研室科学研究资料第十号，1957

[3] Brums，B：Stabilization of Soil with Lime Columns，Design Handbook，Third Edition，1984

[4] 北京铁路局勘测设计所，交通部第一公路工程局，铁道科学研究院，西南交通大学・塘沽软路基试验・1975 年 3 月

[5] 胡中雄等・石灰桩加固地基承载力试验研究・1981

[6] 江苏省建筑设计院・生石灰挤密桩加固软黏性土地基・1985 年 4 月

[7] 王伟堂・石灰桩加固软弱地基试验研究・岩土工程学报，1987 年第 1 期

[8] 袁内镇・石灰桩浅层加固的应用与发展・石灰处理地基学术会议论文集，1989

[9] 河海大学土力学教研室・石灰桩加固淤泥地基的室内试验研究・第一届全国地基处理学术讨论会论文，1986

[10] 天津大学土木钢木地基教研室・石灰桩加固软土地基的研究与应用・第一届全国地基处理学术讨论会论文，1986

[11] 陈环等・石灰桩加固软基的效果・第一届全国地基处理学术讨论会论文，1986

[12] 史美筠等・生石灰—粉煤灰桩加固软土地基试验研究・第二届全国地基处理学术讨论会论文，1986

[13] 邱良佐等・生石灰桩加固软土地基机理的探讨・第一届全国地基处理学术讨论会论文，1986

[14] 周家宝等・石灰粉煤灰桩加固软土地基试验研究・第一届全国地基处理学术讨论会论文，1986

[15] 盛崇文・振冲桩、挤密桩和石灰桩・第一届全国地基处理学术讨论会论文，1986

[16] 石灰加固软弱地基学术讨论会论文集，1989 年 3 月，上海

[17] 袁内镇等・石灰桩复合地基试验研究综合报告，1992

[18] 袁内镇等・XX 医院病房大楼加固工程・第三届全国地基处理学术会议论文集，1992

[19] 倪宗英等・石灰桩复合地基在多层框架建筑中的应用・浙江省第五届土力学与地基基础学术会议论文集，1992

[20] 王伟堂等・石灰桩加固大面积厂房软土地基・第二届全国地基处理学术讨论会论文，1989

[21] 王伟堂・石灰桩成桩工艺及设计计算的研究・浙江省建筑科学研究所科研报告，1992

[22] 袁内镇等·石灰桩加固软弱地基研究报告，湖北省建筑科学研究所，1987
[23] 韩选江等·石灰桩加固危险房屋地基的工程实例，第二届全国地基处理学术讨论会论文，1989
[24] 天津市工业与民用建筑地基基础设计规范(送审稿)，1987
[25] 浙江省标准《建筑软弱地基基础设计规范》(DBJ－10－1－90)，1990
[26] Б·В·ОСИН著·生石灰·王宝林译. 北京：建筑工程出版社，1959.8
[27] 崔竞立·《天津市建筑地基基础设计规范》中有关石灰桩章节介绍，石灰处理地基学术会议论文集，1989
[28] 孔清华等·牡蛎壳灰土桩处理软土地基的初步经验·石灰处理地基学术会议论文集，1989
[29] 时文·何添·怎样烧石灰·1983
[30] 袁内镇等·石灰桩加固软弱地基设计计算·湖北土建，1989年总51期
[31] 江苏省建筑设计研究院·关于生石灰桩加固软土地基的工作机理，1991
[32] 马海龙等·生石灰桩加固软弱地基微观分析研究，1986
[33] 《建筑地基处理技术规范》JGJ 79—2002 J 220—2002

第 13 章　低强度桩复合地基技术

龚晓南（浙江大学土木工程学系）

13.1　概述

竖向增强体是低强度桩的桩体复合地基称为低强度桩复合地基。低强度桩通常指用水泥、石子及其他掺合料（如砂、粉煤灰、石灰等）加水拌和，用各种成桩机械在地基中制成的强度等级为 C5～C25 的桩。低强度桩属于粘结材料桩。低强度桩桩身材料常采用当地材料配制而成。如中国建筑科学研究院地基所开发的水泥粉煤灰碎石桩（CFG 桩）、浙江省建筑科学研究所等单位开发的低强度水泥砂石桩、浙江大学岩土工程研究所开发的二灰混凝土桩等，均可称为低强度桩。目前在各地工程上应用的较多的低强度桩是素混凝土桩。

与常用桩基础相比，低强度桩复合地基一是考虑了桩土共同直接承担荷载，再是桩身强度较低。一般情况下，低强度桩复合地基具有工程造价较低的优点。与散体材料桩相比，低强度桩可以全桩长发挥桩的侧摩阻力，而且当桩端落在较好的土层上时，还具有较大的端承力。低强度桩可将荷载传递给较深的土层，而散体材料桩主要是靠桩周土的约束传递荷载，一般难以达到较深的土层。一般情况下，低强度桩复合地基具有承载力提高幅度大、沉降较小的优点。

低强度桩的施工多数采用沉管灌注桩施工工艺，工艺简单。可以通过调整桩长、桩径、桩身强度以及置换率，以适应工程需要。因此，低强度桩复合地基具有较好的适应性。通过合理设计，低强度桩复合地基技术可以充分发挥桩体材料的潜力，又可充分利用天然地基承载力，并能因地制宜，利用工业废料和当地材料，工程造价低廉，因此具有较好的经济效益和社会效益。近年来低强度桩复合地基得到学术界和工程界的重视，工程应用发展较快。

13.2　加固原理及适用范围

采用散体材料桩加固地基，当天然地基土体强度较低，且在散体材料桩设置过程中地基土体强度难以大幅提高时，形成的散体桩复合地基承载力提高幅度不大。散体材料桩的承载力主要依靠桩周土的约束力，通过低强度桩传递荷载，一般难以达到较深的土层。为了克服上述缺点，采用水泥、石灰等固化剂将散体材料桩粘结成低强度桩。

采用钢筋混凝土摩擦桩基础，当桩侧土体提供的摩阻力较小时，由桩侧摩阻力提供的单桩承载力和由桩身材料强度可能提供的单桩承载力两者相差较大时，人们很容易想到适当降低桩身强度以达到节省工程费用。由此思路发展了低强度桩的概念。

低强度桩是粘接材料桩，与常用的钢筋混凝土桩、钢管桩相比，低强度桩桩身强度较低。低强度桩桩身强度较低是相对的。重要的是在桩体复合地基设计时，尽量使由桩身材料强度提供的单桩承载力与由桩侧摩阻力和端承力提供的单桩承载力比较接近。

与水泥土桩等柔性桩相比较，低强度桩的桩身强度和刚度要比水泥土桩等柔性桩的大，桩长也可以长一些。与柔性桩复合地基相比，低强度桩复合地基桩土荷载分担比大，采用复合地基加固，承载力提高幅度大，沉降小。

在实际工程应用中，低强度桩的桩身强度和刚度一般较大，与刚性桩的界限较难确定。低强度桩复合地基与刚性桩复合地基的性状比较相似，可以全桩长利用桩的侧摩阻力，可以通过桩体将荷载传递给较深的土层，桩间土直接承担的荷载较小。

通过合理设计，低强度桩复合地基可以较好地发挥桩体和桩间土的承载效用，取得较好的经济效益。

综上所述，因为低强度桩桩身具有较高的强度和刚度，可以全桩长发挥桩的侧摩阻力，将荷载传递给较深的土层，所以采用低强度桩复合地基加固地基可以较大幅度地提高地基承载力，减小沉降。当天然地基承载力较低而上部荷载又较大时，采用散体材料桩复合地基和柔性桩复合地基一般难以满足设计要求，而采用低强度桩复合地基就比较容易满足设计要求。如果在设置低强度桩施工时对桩间土有挤密效用，则采用低强度桩复合地基加固，地基承载力提高幅度更大。

采用低强度桩复合地基加固可有效提高地基承载力，减小地基沉降。低强度桩复合地基适用性较好，只要能进行低强度桩施工的软弱地基均可以采用低强度桩复合地基加固。低强度桩复合地基常用加固黏性土、粉土、人工填土、淤泥质黏土和黄土等地基。近年来，低强度桩复合地基已广泛应用于一般民用住宅、高层建筑、堆场以及道路工程等地基加固处理中，具有良好的发展前景。

13.3 低强度桩复合地基承载力和沉降

13.3.1 低强度桩复合地基承载力

下面介绍低强度桩单桩承载力和低强度桩复合地基承载力的确定，以及复合地基加固区下卧层承载力验算。

1. 低强度桩单桩承载力

单桩承载力一般应通过现场载荷试验确定，无试验资料时可采用类似摩擦桩单桩承载力计算式计算。

根据桩侧摩阻力和桩底端承力计算单桩承载力特征值的计算式为：

$$R_a = u_p \sum_{i=1}^{n} q_{si} l_i + \alpha A_p q_p \tag{13-1}$$

式中 R_a——单桩承载力特征值（kN）；

q_{si}——按土层划分的各土层桩周土摩阻力特征值（kPa）；

u_p——桩身周边长度（m）；

l_i——按土层划分的各段桩长（m）；

α——桩端天然地基承载力折减系数；

A_p——桩的横截面积（m^2）；

q_p——桩端天然地基承载力特征值。

根据桩身材料强度确定单桩承载力特征值时，可采用下式计算：

$$R_a = \eta f_{cu} A_p \tag{13-2}$$

式中 η——折减系数；

f_{cu}——桩身材料立方体抗压强度（kPa）；

A_p——桩体横截面积（m^2）。

由式（13-1）和式（13-2）计算所得的二者中的较小值为低强度桩单桩竖向承载力特征值。

2. 低强度桩复合地基承载力特征值

低强度桩复合地基承载力特征值 f_{spk} 计算式如下式表示：

$$f_{spk} = m\frac{R_a}{A_p} + \lambda(1-m)f_{sk} \tag{13-3}$$

式中 f_{sk}——桩间土承载力特征值（kPa）；

m——复合地基置换率；

R_a——桩体竖向承载力特征值（kN）；

A_p——桩体横截面积（m^2）；

λ——桩间土承载力发挥度。

3. 复合地基加固区下卧层承载力验算

低强度桩复合地基中的桩一般穿透软弱土层。如复合地基加固区下卧层中不存在软弱土层，则无需进行复合地基加固区下卧层承载力验算。

当复合地基加固区下卧层为软弱土层时，尚需对下卧层土的承载力进行验算。验算方法参照第2章有关章节中的介绍。

13.3.2 低强度桩复合地基沉降

通常认为竖向荷载作用下低强度桩复合地基的沉降由下述三部分组成：1. 复合地基加固区的压缩量 s_1；2. 加固区下卧层土层的压缩量 s_2；3. 复合地基垫层的压缩量。复合地基垫层压缩量一般较小，且多发生在施工期，故一般可不予考虑。低强度桩复合地基沉降 s 可用下式表示，

$$s = s_1 + s_2 \tag{13-4}$$

下面介绍 s_1 和 s_2 的计算

(1) 加固区的变形量 s_1

复合地基加固区变形量 s_1 的计算方法主要有：复合模量法、应力修正法和桩身压缩量法，应用时需针对各类复合地基的特点，选用其中一种或几种方法计算。

对于低强度桩复合地基，加固区的变形量 s_1 可视为桩身压缩量 s_P 和桩端相对于土层的贯入变形量 Δ 两者之和，即

$$s_1 = s_p + \Delta \tag{13-5}$$

低强度桩桩身压缩量 s_p 可采用弹性理论中杆件压缩公式计算：

$$s_p = \xi\frac{q_p l_p}{E_p A_p} \tag{13-6}$$

式中 ξ——桩周摩阻力的分布系数，一般可取 1/2～1/3；

q_p——作用在桩顶的单桩竖向荷载（kN）；

l_p——桩长（m）；

E_p——桩体变形模量（kPa）；

A_p——桩体截面积（m^2）。

桩端的贯入变形量Δ，是桩端处桩周侧摩阻力达到极限值后出现的塑性滑移刺入变形。这是个较复杂的问题，在目前甚至还没有一个计算公式能全面地表述它的大小，但是分析和试验均表明，低强度桩复合地基中桩端的贯入变形是确实存在的，一般可取用单桩极限承载力所需的桩土间相对位移量，作为低强度桩复合地基中桩端的贯入变形量。

（2）下卧层土层的压缩量 s_2

下卧层土层的压缩量 s_2 的计算通常采用分层总和法，即

$$s_2 = \sum_{i=1}^{n} \frac{\Delta p_i}{E_{si}} H_i \tag{13-7}$$

式中 n——下卧层土层的分层总数；

Δp_i——下卧层第 i 分层土中的附加应力增量（kPa）；

E_{si}——下卧层第 i 分层土的压缩模量（kPa）；

H_i——下卧层第 i 分层土的厚度（m）。

在计算复合地基下卧层土层的压缩量时，作用在下卧层顶面上的附加应力是比较难以精确计算的。目前在工程应用上，常采用压力扩散法、等效实体法和改进的 Geddes 法等方法计算，可参阅第2章有关章节介绍。

综上所述，低强度桩复合地基总的沉降量 s 为

$$s = s_1 + s_2 = s_p + \Delta + s_2 \tag{13-8}$$

从上式可以看出，低强度桩复合地基总的沉降量可认为由桩身压缩量，桩相对于土的贯入量，以及复合地基加固区以下下卧层的压缩量等三部分组成。对具体工程可对这三部分进行计算、分析和评估，以便对低强度桩复合地基的总沉降量给出合理的判断。

13.4 设计

低强度桩复合地基设计一般需要确定采用的低强度桩类型、低强度桩桩体材料配方、采用的桩长，桩径、桩距或复合地基置换率，并提供复合地基承载力和沉降计算值。设计计算步骤如下：

1. 根据工程地质条件，初步确定低强度桩桩长。如能穿透较软弱土层，一般应穿透软弱土层，可进入较好土层1.0m左右。

2. 初步确定桩径和桩体强度。原则上使由桩体强度确定的单桩承载力和由桩侧摩阻力和端承力之和确定的单桩承载力两者比较接近。单桩承载力计算式见式（13-9）和式（13-10）。

3. 通过室内试验确定桩体材料的配合比以及有关施工参数。

4. 根据地基承载力要求，确定复合地基置换率

$$m=\frac{f_{\rm pk}-\lambda f_{\rm sk}}{f_{\rm spk}-\lambda f_{\rm sk}} \tag{13-9}$$

式中　$f_{\rm spk}$——复合地基承载力特征值（kPa）；

$f_{\rm sk}$——桩间土地基承载力特征值（kPa）；

$f_{\rm pk}$——桩体承载力特征值（kPa）；

λ——复合地基破坏时，桩间土强度发挥度。

5. 根据复合地基置换率确定布桩数，完成桩位布置设计。

以片筏基础为例，每平方米布桩数 n 为

$$n=\frac{m}{A_{\rm p}} \tag{13-10}$$

式中　$A_{\rm p}$——桩体横截面积（$\rm m^2$）。

根据布桩数，完成桩位布置设计。

根据具体情况确定是否需要进行复合地基加固区下卧层的承载力验算。

6. 垫层设计

为了改善低强度桩复合地基受力性状，通常需要在基础与复合地基加固区之间设置一垫层。对刚性基础设置柔性垫层，如砂石垫层。设置柔性垫层的作用可减小桩土荷载分担比，较好利用桩间土的承载能力，改善桩身顶端的受力状态。垫层厚度一般可取 30～50cm 厚。对填土路堤等柔性基础则应设置如土工格栅加筋垫层等刚度相对较大的垫层。设置刚度相对较大的垫层的作用可增大桩土荷载分担比，有效利用桩的承载力，减小桩顶刺入填土路堤的刺入量，有效减小沉降。

7. 验算复合地基沉降

根据上一节介绍计算低强度桩复合地基的沉降量。若设计的低强度桩复合地基沉降量超过允许值，可通过增加桩长等措施减小沉降，以满足设计要求。

13.5 施工

低强度桩复合地基施工包括低强度桩的设置和垫层的铺设。低强度桩的施工工艺采用灌注桩的施工工艺。对一般黏性土、粉土和素填土地基可采用振动沉管灌注成桩；对地下水位以上的黏性土、粉土、素填土等地基可采用长螺旋钻孔灌注成桩。关于振动沉管灌注桩的施工工艺和长螺旋钻孔灌注成桩的施工工艺这里不作进一步介绍，如需要请参阅桩基工程手册及其他相关资料的介绍。

各地因地制宜发展了多种低强度桩桩体材料配方。中国建筑科学研究院地基所开发的水泥粉煤灰碎石桩（CFG 桩）的桩体材料由水泥、碎石、粉煤灰、瓜子片或石屑，加水拌和而成。浙江省建筑科学研究所等单位开发的低强度水泥砂石桩的桩体材料由水泥、碎石和砂，加水拌和而成。浙江大学岩土工程研究所开发的二灰混凝土桩的桩体材料由水泥、石灰、粉煤灰、碎石和砂，加水拌和而成。低强度桩桩体材料配方在不断发展，在满足桩体强度要求的前提下，追求成本低和施工方便。

目前在工程中低强度素混凝土桩复合地基应用发展较快。

13.6 工程实例

【实例 13-1】 二灰混凝土桩复合地基在铜陵金隆铜业有限公司精矿库工程中的应用

1. 工程概况

铜陵金隆铜业有限公司精矿库平面长 300m，宽 33m，厂房采用桩基础。精矿库地面堆载 200kPa，原计划也采用桩基础。经浙江大学岩土工程研究所咨询，改用二灰混凝土桩复合地基加固。

精矿库厂房南部属长江右岸河漫滩，北部位于长江右岸的阶地与河漫滩接触处。场区地形比较平坦。通过钻孔揭露，场区内的地层自上而下分布如表 13-1 所示。场地内的地下水有潜水和上层滞水两种类型。潜水主要贮存于第四系全新统冲积黏性土层中；上层滞水主要贮存于第四系上更新统冲积粉质黏土层中，水量较小。场地内的地下水对混凝土无侵蚀性。地下水稳定水位标高一般在 12m 左右。整个场地软弱土层较厚，下伏硬土层呈北高南低，地层层位变化较为复杂，又跨两种不同地貌单元，属复杂场地。场地地基土的物理力学指标见表 13-2 所示。天然地基承载力设计值 100kPa 左右，远小于堆场所需承载力 200kPa。

场地土层分布情况 **表 13-1**

时代及成因	土的名称	密实度或状态	地层厚度（m）	层底标高（m）	地层描述
Q^{ml}	人工填土	松散	3.6	14.64 11.04	主要是由冶炼废粗、砾粒黑砂组成，强度较低
Q^{al}_{4-3}	粉质黏土	可塑	2.54	9.0	黄褐色～绿灰色，含氧化铁，间夹粉土
	黏土	可塑	1.46	7.04	黄褐色～灰色，含氧化铁
Q^{al}_{4-2}	黏土	软塑	1.80	5.24	灰色～褐灰色，含少量腐殖物
	粉质黏土	较塑	11.54	−6.3	灰色～褐灰色，含腐殖物及软化的灰白色钙质团块，间夹粉土
Q^{al}_{41}	粉质黏土	可塑	1.30	−7.6	灰色～绿灰色～黄褐色
	粉质黏土	硬塑	9.70	−17.3	灰色～灰绿色～黄褐色，含氧化铁、灰白色高岭土及腐殖物
Q^{tgl}_{2}	卵、碎石层	密实	2.5	−19.8	卵、碎石成分从石英砂岩为主

场地各土层物理力学指标 **表 13-2**

土的名称	含水量 w （%）	重度 γ （kN/m³）	孔隙比 e	液限 w_L （%）	塑限 w_P （%）	不排水 内摩擦角 φ_s （°）	不排水 黏聚力 c_u （kPa）	桩周土摩擦力标准值 q_s （MPa）	压缩模量 E_{s1-2} （Pa）	承载力标准值 f_k （kPa）
人工填土										
粉质黏土	27.3	19.6	0.76	33.9	20.2	1.40	39.6	30		180

续表

土的名称	含水量 w (%)	重度 γ (kN/m^3)	孔隙比 e	液限 w_L (%)	塑限 w_P (%)	不排水 内摩擦角 φ_s (°)	不排水 黏聚力 c_u (kPa)	桩周土摩擦力标准值 q_s (MPa)	压缩模量 E_{s1-2} (Pa)	承载力标准值 f_k (kPa)
黏土	28.7	19.1	0.83	43.1	22.5	3.6	67.2	35	6.9	170
黏土	39.0	18.0	1.09	40.3	21.8	1.68	37.3	20	4.31	95
粉质黏土	32.8	18.7	0.92	33.7	19.5	1.97	32.3	22	5.5	115
粉质黏土	27.8	19.2	0.78	32.6	18.3	5.69	53.3	28	7.84	190
粉质黏土	24.2	19.8	0.68	36.2	19.5			40	13.8	280
卵碎石层								60	32	550

为了提供设计参数，开展了二灰混凝土桩复合地基试验。根据试验成果，完成二灰混凝土桩复合地基设计，取得良好的经济和社会效益。

2. 加固机理

二灰混凝土由水泥、粉煤灰、石灰、砂、碎石与水拌和，经过一系列物理化学反应形成。在二灰混凝土中，砂石作为骨料，起骨架作用；水泥、石灰、粉煤灰和水形成浆体，包裹在骨料表面并填充孔隙。粉煤灰的掺入可以替代一部分水泥，起低标号水泥的作用，并且它可以增加混合体的后期强度。石灰的作用是形成浆液的同时，使粉煤灰在碱性环境下加快水化反应，起促进剂或激发剂的作用。在硬化前，浆体起滑润作用，增加混合体的和易性，便于施工。待硬化后，将骨料胶结成坚实的整体。

二灰混凝土桩是指二灰混凝土经振动沉管灌注法形成的一种低强度混凝土桩。与普通混凝土桩相比，二灰混凝土桩的桩体材料强度较低，一般设计桩体强度在6MPa～12MPa之间。二灰混凝土桩与桩间土形成二灰混凝土桩复合地基。

二灰混凝土桩的承载力一方面取决于二灰混凝土的强度、一方面取决于桩侧摩阻力和桩端阻力。在设计中，可使两者提供的桩体承载力接近，以充分利用桩体材料。

二灰混凝土桩采用振动沉管灌注法施工。在成桩过程中，对桩间土有挤压作用。对于砂性地基和非饱和土地基，挤压作用对桩间土有振密挤密作用，桩间土土体强度提高、压缩性减少。对饱和软黏土地基，挤压作用使桩间土中产生超孔隙水压力，并对桩间土有扰动作用。初期桩间土强度可能会有所降低，随着时间发展，扰动对土体结构破坏会得到恢复，超孔隙水压力消散，土体强度会有所提高。

3. 二灰混凝土配合比设计要点

由于二灰混凝土配合比试验资料较少，且其强度变化规律较为复杂，建议二灰混凝土配合比设计以普通混凝土配合比为基础，按等和易性、等强度原则，用等量取代法进行计算调整，其设计要点如下：

(1) 按照设计要求的混凝土强度等级，设计普通混凝土的配合比，作为基准混凝土（即不掺粉煤灰的水泥混凝土）配合比。其设计计算方法与普通混凝土配合比设计方法相同。得到水泥用量 C_0，用水量 W_0，砂率 s_{po}。然后假定混凝土容重为2350～2400kg/m^3，求得相应细骨料、粗骨粒用量 s_0 和 G_0。

(2) 确定 $F/(F+C)$ 的比值

控制粉煤灰掺量为基准混凝土总水泥用量的40%～50%之间，一般可取 $F/(F+C)=$

45%。

(3) 确定水泥 C，粉煤灰 F 用量

粉煤灰 $F=\dfrac{F}{F+C}\times C_0$

水泥用量 $C=C_0-F$

(4) 确定石灰掺量

石灰掺量为粉煤灰掺量的 20%～30%之间。

(5) 确定用水量 W

二灰混凝土的用水量，按基准混凝土配合比的用水量 W_0 取用。

(6) 二灰混凝土的细骨料，粗骨料用量

细骨粒和粗骨料用量按基准混凝土的相应值取用，即：$s=s_0$ 和 $G=G_0$。

(7) 适当掺加外加剂

如适当掺加减水剂等。

以后的配合比试配和调整过程与普通混凝土相同。

4. 现场试验

试验区位于整个场地的中央位置，长 23m，宽 16m，试验区土层分布见表 13-1 所示，地基土的物理力学指标见表 13-2 所示。在试验区内布置了三种不同桩距，分别为 1.2m、1.6m、1.8m，以得到不同置换率下复合地基承载力和变形特性。现场试验内容包括天然地基、桩间土、单桩、单桩带台复合地基的静载试验。具体试桩规格和内容见表 13-3。现场试验二灰混凝土桩，采用振动沉管法施工。桩身混凝土设计强度为 10MPa，计算桩径为 377mm，桩长为 15m。具体施工时沉管口套钢筋混凝土预制桩尖，沉管管径为 377mm。施工时先振动沉管到设计标高，随后往投料口按充盈系数 1.1～1.3 计算的混凝土量一次灌足，再先振动后拔管，边振边拔，并严格控制拔管速度。

试验内容表 **表 13-3**

项目	数量	桩径 (mm)	桩长 (m)	桩距 (m)	根数	置换率 m (%)	承压板尺寸 (m×m)	测试手段
天然地基 1、2	2						1.2×1.2	4 只百分表
桩间土 1、2	2	377	15	1.6			1.2×1.2	4 只百分表
复合地基 1	1	377	15	1.2	1	7.75	1.2×1.2	4 只百分表 4 只压力盒
复合地基 2	1	377	15	1.6	1	4.36	1.6×1.6	4 只百分表 4 只压力盒
复合地基 3	1	377	15	1.6	1	4.36	1.6×1.6	4 只百分表 4 只压力盒
复合地基 4	1	377	15	1.8	1	3.44	1.8×1.8	4 只百分表 4 只压力盒
单桩 1	1	377	15	1.6	1			2 只百分表
单桩 2	1	377	15	1.2	1			2 只百分表
单桩 3	1	377	15	1.6	1			2 只百分表

载荷试验采用堆载法，千斤顶反压加荷。沉降观测使用 2～4 个量程为 30mm 的机械式百分表，并在复合地基试验时采用钢弦式压力盒量测复合地基中桩和桩间土在整个加载过程中的压力变化。

现场试验的准备、加荷等级及沉降标准参照浙江省标准《建筑软弱地基基础设计规范》(DBJ 10—1—90) 和建设部标准《建筑地基处理技术规范》(JGJ 79—91) 有关规定进行。

现场试验结果汇总如表 13-4 所示。

试验结果汇总表 **表 13-4**

项　目	桩距 (m)	桩长 (m)	承压板尺寸 (m×m)	加载最大值 (kPa)	极限承载力值 (kPa)	容许承载力值 (kPa)	备注
天然地基 1			1.2×1.2	214.4	214.4	107.2	
天然地基 2			1.2×1.2	214.4	200	100	
桩间土 1	1.6		1.2×1.2	309.6	243	121.5	
桩间土 2	1.6		1.2×1.2	309.6	281.4	140.7	
单桩 1	1.6	15		654.4kN	654.4kN	327.2kN	
单桩 2	1.2	15		635.81kN	635.81kN	317.9kN	
单桩 3	1.6	15		869.2kN	721.2kN	360.6kN	
复合地基 1	1.2	15	1.2×1.2	473.0		321	
复合地基 2	1.6	15	1.6×1.6	348.1		278	
复合地基 3	1.6	15	1.6×1.6	384.3		272	
复合地基 4	1.8	15	1.8×1.8	349.4		195	

5. 理论计算和实测值比较

(1) 单桩承载力

根据桩身材料强度计算单桩极限承载力 p_{pf}，

$$p_{pf} = q_c \tag{13-11}$$

式中 q_c——桩体轴心抗压极限强度，$q_c = \mu q_{cu}$；

μ——轴心抗压系数；

q_{cu}——桩体立方体抗压强度。

单桩容许承载力 p_{pc} 计算式为：

$$p_{pc} = p_{pf}/K \tag{13-12}$$

式中 K——安全系数，一般可取 2.0。

根据桩周摩阻力和桩端阻力计算二灰混凝土桩单桩承载力的表达式为

$$p_{pf} = [\sum f_i S_a L_i + A_p R]/A_p \tag{13-13}$$

式中 p_{pf}——单桩极限承载力 (kPa)；

S_a——桩身周边长度 (m)；

f_i——按土层划分的各土层的桩周土的极限摩阻力（kPa）；

L_i——按土层划分的各段桩长（m）；

R——桩端土极限承载力（kPa）；

A_p——桩身横断面积（m^2）。

单桩容许承载力计算式为

$$p_{pc} = p_{pf}/K \tag{13-14}$$

式中 K——安全系数，一般可取 2.0；

p_{pc}——单桩容许承载力（kPa）。

根据桩身材料强度计算得到的承载力和根据桩周摩阻力和端阻力计算得到的承载力，二者中取较小值为二灰混凝土桩的承载力。

桩身二灰混凝土强度 10MPa，取轴心抗压折减系数 $\mu = 0.64$，$K = 2$。由式（13-12）得

$$R_{pc1} = \mu q_c/K = 357.2\text{kN}$$

由式（13-14），得

$$p_{pc2} = \Sigma f_i S_a L_i + A_p R = 399.9\text{kN}$$

所以单桩承载力 $R_{pc} = \min(R_{pc1}、R_{pc2}) = 339.3\text{kN}$

由试验实测承载力值：

单桩 1：327.2kN；单桩 2：317.9kN；单桩 3：360.6kN。

实测三根单桩承载力的平均值：335.2kN。

比较计算值和实测值，两者比较接近。可见，可以应用式（13-12）和式（13-14）计算二灰混凝土桩的承载力。

（2）复合地基承载力计算

二灰混凝土桩复合地基的极限承载力 p_{cf} 可用式（13-15）表示：

$$p_{cf} = K_1\lambda_1 m p_{pf} + K_2\lambda_2(1-m)p_{sf} \tag{13-15}$$

式中 p_{pf}——桩体极限承载力（kPa）；

p_{sf}——天然地基极限承载力（kPa）；

K_1——反映复合地基中桩体实际极限承载力的修正系数；

K_2——反映复合地基中桩间土实际极限承载力的修正系数 0；

λ_1——复合地基破坏时，桩体发挥其极限强度的比例，可称为桩体极限强度发挥度；

λ_2——复合地基破坏时，桩间土发挥其极限强度的比例，可称为桩间土极限强度发挥度；

m——复合地基置换率。

复合地基承载力由式（13-15）计算，结果见表 13-5。计算时单桩容许承载力 p_{pc} 取三组单桩承载力平均值；由于二灰混凝土桩对桩间土的挤密作用在不同桩距（1.2m、1.6m、1.8m）下差别不大，因而各桩距下桩间土容许承载力 p_{sc} 均取为两组桩距 1.6m 下

桩间土的承载力的均值；桩土应力比 n 值根据试验情况取 $n=20$；桩间土的发挥度 λ_2 依试验结果分析，在承载力时的荷载下 $\lambda_2=0.9$。

复合地基承载力计算表 **表 13-5**

项 目	桩距 (m)	置换率 m (%)	应力比 n	λ_2	p_{sc} (kPa)	P_{pc} (kN)	桩数 N	式 13-15	实测值 (kPa)	备 注
复合地基 1	1.2	7.75	20	0.9	131.1	335.2	1	341.6	321	
复合地基 2	1.6	4.36	20	0.9	131.1	335.2	1	243.8	278	
复合地基 3	1.6	4.36	20	0.9	131.1	335.2	1	243.8	272	
复合地基 4	1.8	3.45	20	0.9	131.1	335.2	1	217.2	195	

由表（13-5）中可知，应用式（13-15）计算单桩复合地基承载力是可行的。

6. 工程应用

铜陵金隆铜业有限公司精矿库平面长 300m，宽 33m。地面堆载要求 200kPa。二灰混凝土桩复合地基设计计算如下所示。

二灰混凝土村桩身采用 10MPa 二灰混凝土，采用配比如下（每立方米用量）：

水泥（425#） 145kg

水 190kg

石灰 25kg

粉煤灰 120kg

砂 660kg

碎石 1270kg

二灰混凝土桩采用振动沉管法施工，桩径 377mm，桩长取 15m。单桩承载力计算如下：

根据桩侧摩阻力和端承力计算，单桩承载力标准值，

$$p_p=[\sum f_i s_a L_i+A_p R]/A_p=3039.8\text{kPa}$$

根据桩身材料强度计算单桩承载力，

$$p_p=\mu q_c/K=3200\text{kPa}$$

二者中取小值，单桩承载力取 3040kPa。

现采用正方形布桩，桩中心距初选 1.5m。其复合地基置换率 $m=0.0496$。复合地基承载力为

$$\begin{aligned}p_c&=mp_p+\lambda_2(1-m)p_s\\&=262.0\text{kPa}\end{aligned}$$

符合要求。

原精矿库地基加固方案采用灌注桩方案，总造价估算为 560 万元，现采用二灰混凝土桩复合地基总造价为 300 万元，节省投资约 260 万元，取得了良好的经济效益。

【实例 13-2】 低强度混凝土桩复合地基在杭宁高速公路一通道地基中的应用

1. 工程概况

杭（杭州）宁（南京）高速公路浙江段北起浙苏两省交界父子岭，南至杭州市绕城公路北线和进出市区快速干道衢州路相连的南庄兜，全长 98.8 km。该段高速公路按平原微丘高速公路标准修建，中间设分隔带；路基宽度 34.5m，按 6 车道设计；设计行车速度

120km/h；设计车辆荷载：汽车—超 20 级，挂车—120 级；验算荷载：挂车—120 级。

杭宁高速公路浙江段跨越杭嘉湖平原，河流分布广泛，为平原、低丘陵地貌单元，地层岩性复杂，工程地质条件差异大，大部分地区为河相、湖相沉积，软土分布范围广，软土层厚度变化大。地表一般为 1～2m 左右的硬壳层，下卧层为淤泥质黏土，厚度 1.0～31.0 m，变化较大，具有含水量大、有机质含量高、抗剪强度低、压缩性高等不良特性。

除工程地质条件较差外，杭嘉湖平原，河流分布广泛，人口密集，高速公路桥涵多、人行通道也多。在高速公路建设中既要处理好地基稳定性问题、有效控制工后沉降和沉降差，还要尽量减小在施工期对当地群众交通影响问题。该路段一般线路多采用砂井堆载预压法处理。若一般涵洞和通道地基也采用砂井堆载预压法处理，不仅预压完成后再进行开挖费时间，而且堆载预压和再开挖工期长影响当地群众交通，给村民生产和生话造成困难。若一般涵洞和通道地基均采用桩基础，虽然缩短了施工周期，减小了在施工期对当地群众交通的影响，但工程费用大，而且在涵洞和通道与填土路堤联接处容易产生沉降差，形成“跳车”现象。

为了较好处理上述一般涵洞和通道地基的地基处理问题，浙江大学岩土工程研究所建议采用低强度混凝土桩复合地基处理该路段的一般涵洞和通道地基。根据杭宁高速公路管委会和余杭指挥部意见，杭宁高速公路 K101＋960 处的通道地基由原砂井堆载预压法处理改用低强度混凝土桩复合地基处理。

K101＋960 通道位于十三合同段软土地区，淤泥质黏土层厚 19.3m，该通道的基本情况见表 13-6。根据浙江省交通规划设计研究院提供的工程地质报告，通道场地地基土物理力学性质指标见表 13-7。下面对采用低强度混凝土桩复合地基处理 K101＋960 通道地基设计、施工、测试情况作简要介绍。杭宁高速公路已运营多年，实践证明采用低强度混凝土桩复合地基处理人口密集地区深厚软黏土地基上一般涵洞和通道地基具有良好的社会和经济效益。

K101＋960 通道基本情况一览表 单位：m **表 13-6**

箱涵尺寸	淤泥层深度范围	填土高度	超载高度	原软基处理方案
6×3.5	3.4～22.7	2.5	1.0	排水固结法，塑料排水板 H=23m，D=1.2m，预压 12 月

地基土物理力学性质指标 **表 13-7**

编号	土层名称	层厚 (m)	含水量 w (%)	重度 (kN/m³)	孔隙比	压缩模量 (MPa)	渗透系数 k_h (cm/s)	渗透系数 k_v (cm/s)	压缩指数
Ⅰ1	（亚）黏土	3.4	32.7	18.8	0.948	4.98	0.69E−7	1.10E−7	0.161
Ⅱ	淤泥质（亚）黏土	6.6	47.3	17.5	1.315	2.17	1.68E−7	1.29E−7	0.42
Ⅲ3	淤泥质亚黏土	12.7	42.4	17.8	1.192	2.77	2.29E−7	1.40E−7	0.41
Ⅳ1	亚黏土	13.1	28.3	19.4	0.794	8.42	1.02E−7	3.32E−8	0.18
Ⅴ2	亚黏土	12.4	25.6	19.8	0.734	8.65			
Ⅴ4	含砂亚黏土	3.3							

2. 设计

2.1 设计思路与步骤

低强度混凝土桩复合地基一般采用较大的桩距，以充分发挥桩间土的承载力。在路堤下通过设置土工格栅加筋垫层，保证和协调桩和土共同承担荷载。

采用低强度混凝土桩复合地基处理深厚软黏土地基上一般涵洞和通道地基的设计主要包括两部分：一是涵洞和通道地基下低强度混凝土桩复合地基设计；另一是涵洞和通道与相邻采用其他处理方法（如砂井堆载预压法处理）路段之间为减缓存在的沉降差异而设置的过渡段部分的低强度混凝土桩复合地基设计。

涵洞和通道等构筑物地基下低强度混凝土桩复合地基设计需要满足承载力及工后沉降的要求。过渡段低强度混凝土桩复合地基设计需要满足承载力要求，以及工后沉降满足纵坡率的要求。

高等级公路工程中路堤荷载作用下低强度混凝土桩复合地基的具体设计步骤如下：

(1) 设计前认真分析有关资料，全面了解和掌握设计要求、场地水文及工程地质条件、周围环境、构造物的设计、邻近路段的地基处理设计、施工条件以及材料、设备的供应情况等。

(2) 确定低强度混凝土桩桩身材料强度等级，以及桩径，确定施工设备和施工工艺。

(3) 构造物下复合地基的设计：

根据场地土层条件，复合地基承载力要求和控制工后沉降要求确定桩长和桩间距（置换率）。

(4) 根据构造物设计工后沉降量与相邻路段地基的工后沉降量，确定过渡段长度，以满足道路纵坡率的要求，并对过渡段提出设计控制的工后沉降曲线。

(5) 过渡段复合地基的设计：

根据场地土层条件，设计控制的过渡段工后沉降曲线，进行过渡段复合地基的设计。

采用变桩长和变置换率的复合地基设计，实现过渡段工后沉降由小到大的改变，实现平稳的过渡。

(6) 确定垫层的材料与厚度：

垫层常采用土工格栅加筋垫层，厚度常用 30 至 50cm 厚。

2.2 复合地基设计

根据设计要求通道下复合地基容许承载力需达到 100kPa 以上。低强度混凝土桩身材料设计采用 C10 低标号混凝土，桩径取 ϕ377mm，桩长取 18.0m，复合地基置换率取 0.028，经计算单桩容许承载力为 217.8kN，复合地基容许承载力为 108.9kPa，地基总沉降量为 14.5cm（加固区沉降量 3.0cm，下卧层沉降量 11.5cm），按预压 1 年后，工后沉降量为 9.2cm。

由于低强度混凝土桩复合地基沉降量较小，而与其接头的路段仍采用排水固结法处理，两交接处存在较大的沉降差。为减缓交接处沉降差异，在通道下复合地基处理和塑料排水板处理之间设置过渡段，以协调两者的沉降，起到调节过渡作用。过渡段仍采用低强度混凝土桩复合地基，通过改变桩长和置换率等参数来调整不同区域的工后沉降实现平稳过渡。

不同桩长条件下地基的总沉降量、工后沉降量　　　　表13-8

桩　长（m）	15	16	17	18	19	20
总沉降（cm）	19.5	17.7	15.9	14.1	12.3	10.5
工后沉降（cm）	13.2	11.8	10.3	8.9	7.4	6.0

根据计算，通道两侧的过渡段，不同桩长条件下地基的总沉降量、工后沉降量也不同，其结果如表13-8所示。

根据设计资料该通道两侧路线方向工后总沉降差不大于60mm，且要求纵坡率不大于0.4%，由此确定过渡段长度为15.0m。通过改变桩长和置换率等参数来调整过渡段不同区域的工后沉降实现平稳过渡。离通道越远，桩长越短，置换率越低，以使过渡段工后沉降差满足纵坡率的要求。试验段具体设计参数为：低强度混凝土桩桩身材料采用C10低标号混凝土，桩径ϕ377mm，桩长15.5～18.0m（通道桩长18.0m，过渡段桩长15.5～17.5m），桩间距2.0～2.5m（通道桩间距2.0.0m，过渡段桩间距2.0 m、2.5m），土工格栅加筋垫层为50cm厚碎石垫层，碎石粒径4～6cm。K101＋960通道及过渡段的桩长布置及工后沉降分布详见图13-1。

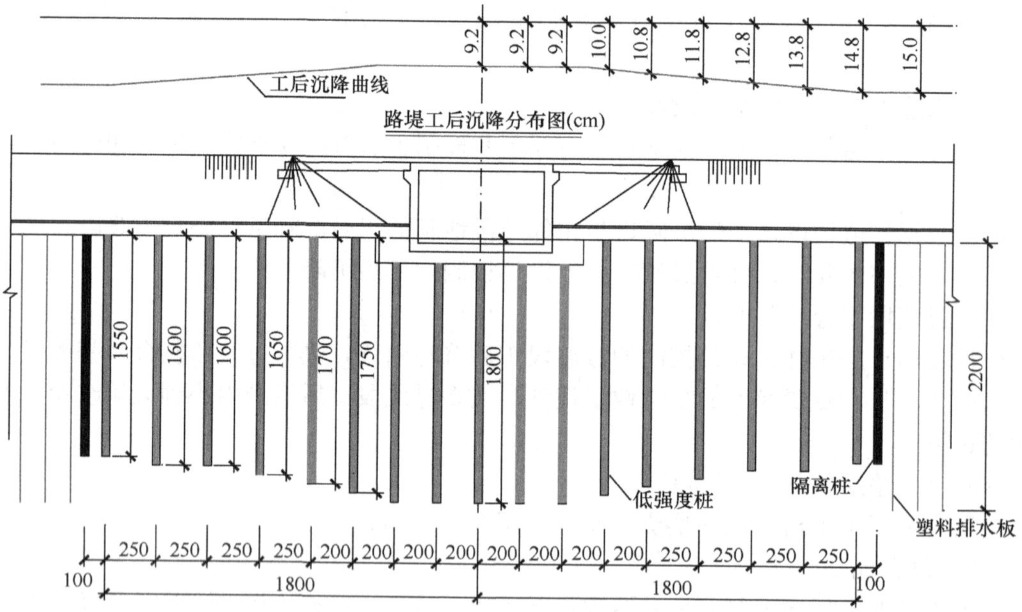

图13-1　过渡段的桩长、布置及工后沉降分布图（单位：cm）

3. 施工

该工程低强度混凝土桩采用振动沉管法成桩，其施工工艺简述如下：首先把预制好的水泥混凝土桩靴埋在预定的地表面，接着将打桩机移至桩靴上方，并将空心钢管桩套在桩靴上。钢管桩外、内套管的下端面与桩靴上的外、内支承面相接触，上部与压盖连接，并通过钢缆与打桩机相连。打桩时，打桩机上的卷扬机往下拉动钢缆，使钢管桩压迫桩靴尖头一起压入土层。在下沉到预定深度时，分批往钢管桩中灌注混凝土，一边振动，一边拔出钢管桩（留下桩靴），即成低强度混凝土桩。

在低强度混凝土桩施工前，要求对场地进行平整，并填筑 20cm 厚的砂砾垫层，然后按设计方案确定的设计参数进行低强度混凝土桩施工。施工的允许偏差为：桩径 −20mm；垂直度 1%；桩位 150mm。采用单打法成桩，纵向隔排跳打。混凝土的配合比按试验配合比要求进行配料，做好试块。混凝土的充盈系数及拔管速度都应满足设计要求。

桩基施工完成后，清理、平整原砂砾垫层，压实后，铺设土工格栅。通道处进行通道施工，再填筑路堤。

4. 测试

为了研究路堤荷载下低强度混凝土桩复合地基的性状，并为该技术在高速公路工程中的推广应用积累资料和经验，该工程开展了现场测试工作，选择 3 个横断面进行现场测试工作，下面介绍测试情况。

4.1 测试项目

现场测试项目包括：(1) 桩身和桩间土应力测试；(2) 桩顶沉降、地基土表面沉降与分层沉降测试；(3) 地基土侧向变形观测；(4) 桩身完整性和复合地基承载力检测。

4.2 测试仪器布置与测试

现场测试测点布置如图 13-2 所示。测试仪器主要采用土压力盒和压力计、深层沉降管及磁环、侧斜仪及侧斜管、沉降盘及标杆、水准仪、桩基检测仪、载荷试验仪等。

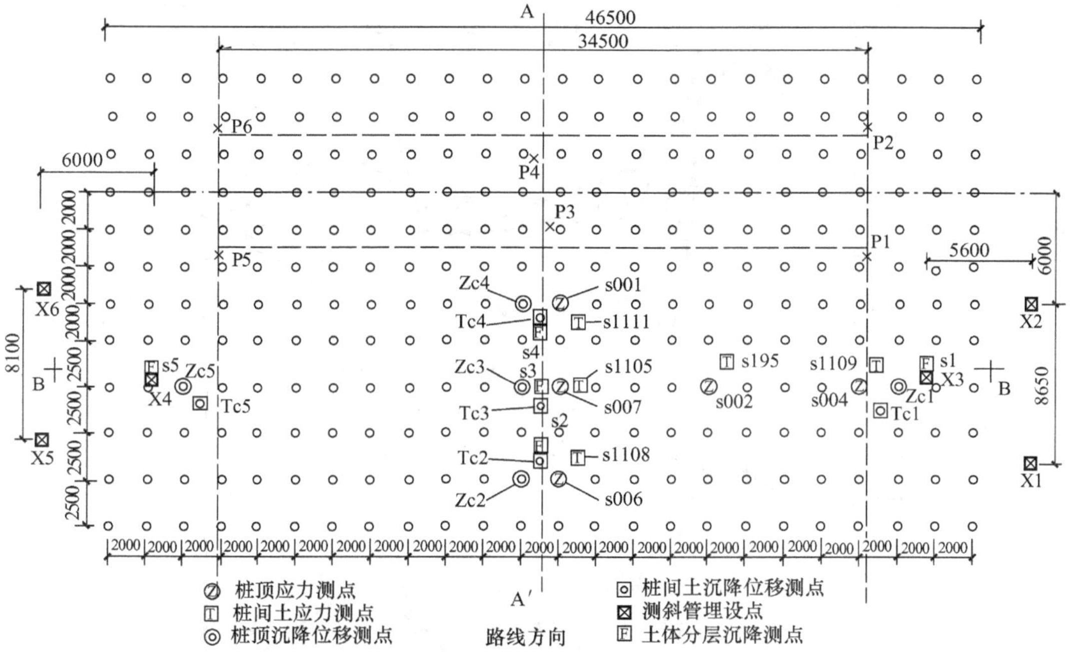

图 13-2 测试仪器平面布置图（单位：mm）

低强度混凝土桩施工从 2000 年 11 月 20 日开始，2000 年 12 月 30 日结束，历时共 41 天。2001 年 2 月 20 日完成桩身完整性检测，2001 年 2 月 27 日完成单桩静力载荷试验。2001 年 4 月 17 日至 4 月 27 日进行路堤填筑前的施工准备工作。4 月 29 日完成隔水土工膜敷设，5 月 2 日开始碎石垫层的铺设，7 月 8 日进行土工格栅的敷设。第一层岩渣填筑从2001年7月11日开始，7月27日试验段填筑工作完毕，从5月2日碎石垫层铺设算起，路堤填筑施工工期共为87天。

测试元件的埋设从2001年5月22日开始，6月2日全部埋设完毕。6月7日至7月16日观测两次以上，读取初始值。实际观测频率为路堤填筑期3～4天观测一次，填筑期结束后10～20天观测一次。

4.3　测试成果分析

1）桩土应力比与桩土荷载分担比

桩土应力比 n 值的大小反映了复合地基的受力工作状态。桩土应力比也可换算为桩土荷载分担比 N 来表示桩与土分担的荷载比例。图13-3表示桩土应力比和荷载分担比随加荷过程的变化情况。由图可见，加荷初期二者均较小，并随荷载增加有下降趋势；在加荷后期两者都快速增长，在恒载期间二者也有一定波动变化。几个测点所得的 n 值为9.87～15.47，荷载分担比 N 值为0.22～0.35。由此可知，绝大部分的荷载是由桩间土承担

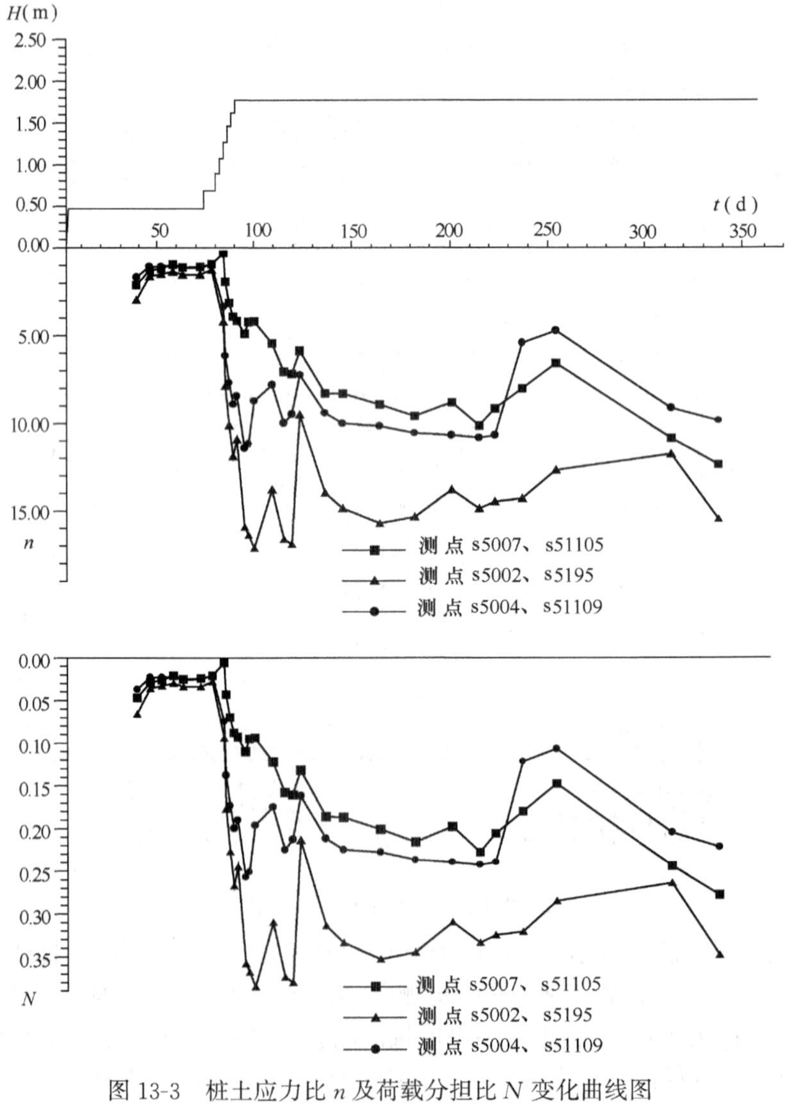

图13-3　桩土应力比 n 及荷载分担比 N 变化曲线图

的，低强度桩复合地基充分发挥了桩间土的承载能力。另外，现场测试结果还表明：桩土应力比和荷载分担比值随桩长的增加而有所增大。

2）桩及桩间土体表面沉降分析

图 13-4 为路中线处桩顶和桩间土沉降随时间的变化曲线。由图 13-4 可见，离通道越近的测点，桩顶沉降量和桩间土表面沉降量越小。因为离通道越近，复合地基中的桩较长，置换率较越高，所以桩顶和桩间土沉降较小。同时还发现：桩顶的最大沉降量为 6.3～14.1cm，桩间土最大表面沉降量为 10.5～23.8cm，相同监测部位的桩间土表面沉降比桩顶沉降大，说明桩顶产生了向上刺入，桩顶某一深度范围内存在一个负摩擦区。桩间土对桩壁产生的负摩擦力将使桩体承担的荷载增加，桩间土承担的荷载相应减少，这对减少加固区土的沉降会起到有利的作用，但同时也会增加桩底端的贯入变形量。

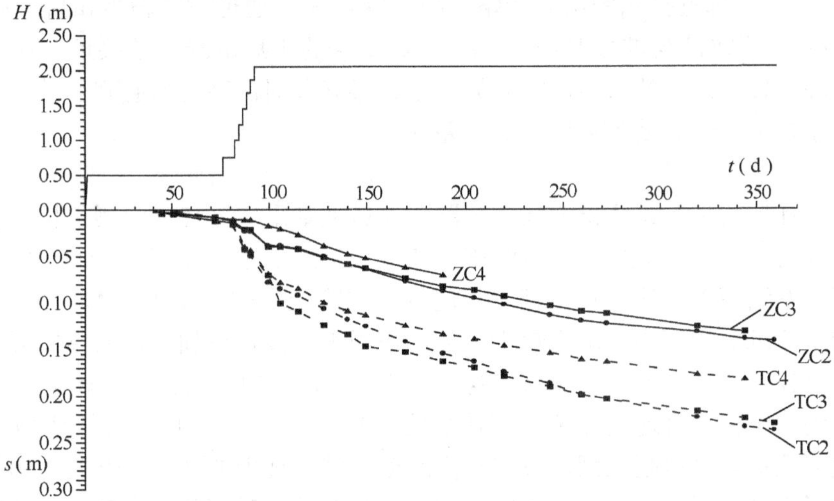

图 13-4 桩顶沉降与桩间土表面沉降

3）工后沉降分析

下面对路中线三测点 TC2、TC3 和 TC4 的进行分析。此三点的实测值、设计计算值及实测资料推算值汇于表 13-9。其中推算值采用双曲线法推算而得，推算时的相关系数在 0.987 以上。原设计计算方法参照刚性基础下复合地基沉降计算方法，加固区压缩量取为 3.0cm。

测点 TC2、TC3 和 TC4 的沉降比较 **表 13-9**

测点	桩长（m）	置换率（%）	当前实测值			设计计算值				推算值	
			地面总沉降（cm）	加固区压缩量（cm）	下卧层沉降量（cm）	总沉降（cm）	加固区压缩量（cm）	下卧层沉降量（cm）	工后沉降（cm）	最终沉降（cm）	工后沉降（cm）
TC2	16.0	2.2	23.8	15.0	8.8	20.3	3.0	17.3	13.8	39.5	15.7
TC3	16.5	2.2	23.0	14.7	7.0	17.8	3.0	14.8	11.8	31.7	8.6
TC4	17.5	2.8	18.2	12.4	5.3	15.5	3.0	12.5	10.0	23.9	5.8

由表 13-9 可知，设计计算的总沉降要小于由实测的资料推算的最终沉降值。不难看

出，其中的原因主要是加固区压缩量的计算值偏小，这是设计计算时所考虑的桩端贯入变形量仅为 3.0cm，而实测桩间土的压缩量为 12.4～15.0cm，比设计计算取用的桩端贯入变形量大，这就使得设计计算的总沉降较小。因此，计算加固区的压缩量时应在原来考虑的桩端贯入变形量基础上适当提高，如乘以一个扩大的倍数 k。

由表 13-6-2-4 还可看到，复合地基下卧层压缩量实测值为 5.3～8.8cm，比设计计算值 12.5～17.3cm 要小。另外，从实测的沉降资料分析，下卧层的沉降稳定较快。

表 13-6-2-4 中三个测点的工后沉降推算值均小于 20cm，符合高速公路的工后沉降标准，而且离通道越近，工后沉降值越小，这也与原设计意图一致。

根据相邻采用塑料排水板堆载预压处理路段的观测结果，桩号 K102＋085 测点沉降实测值为 1.730m。同样采用双曲线法推算，所得该测点的最终沉降为 1.897m，工后沉降为 16.7cm。显然，邻近排水固结处理路段的沉降远大于通道过渡段的沉降，但过渡段测点 TC2 推算的工后沉降与桩号 K102＋085 测点推算的工后沉降比较接近，这说明在两种不同处理路段拼接处产生的工后沉降差异较小，过渡段对沉降变形起到了较好的平稳过渡作用，缓解了这两种不同处理路段的沉降差异。

5. 结语

测试成果和运营情况说明杭宁高速公路一通道地基采用低强度混凝土桩复合地基加固是成功的，取得了较好的效果。该方法施工速度快，工期短，比原设计的塑料排水板＋超载预压处理方案缩短工期达一年，且无需进行二次开挖，解决了施工期村民的交通问题，处理后路基工后沉降和不均匀沉降较小。相比采用水泥搅拌桩加固，低强度混凝土桩桩身施工质量较易控制，处理深度较深（可达 20m 以上），处理费用较低等优点。

低强度混凝土桩复合地基在杭宁高速公路 K101＋960 通道地基加固中应用表明：采用低强度混凝土桩复合地基加固可较好解决通道地基处理中的“二次开挖”问题和公路两侧村民的交通问题；通过设置过渡段以及控制过渡段的工后沉降和合理的纵坡率，可以使采用塑料排水板堆载预压处理路段与通道之间的工后沉降得以平稳过渡，达到缓解“桥头跳车”的目的。

【实例 13-3】　低强度混凝土桩复合地基在北京慧忠北里 C 区高层住宅中的应用

一、工程概况

北京慧忠北里居住区 3 区 3 号、4 号、5 号塔楼为三栋剪力墙结构住宅。平面呈蝶形，地下 2 层，地上 25 层，局部 27 层，四坡屋顶。总高度 76.4m，总面积 67862m²。三塔之间夹有两栋商业楼，商业楼为地下一层地上两层的框架结构，面积 6264m²。高塔采用箱形基础，箱基高度 7.65m，埋深 5.85m。每栋塔楼的基底面积约 900m²。建筑平面如图 13-5 所示。

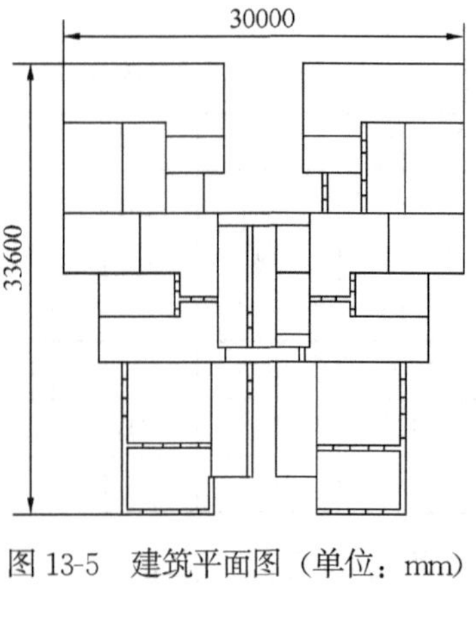

图 13-5　建筑平面图（单位：mm）

该工程位于亚运村以北的清华北路和安立路交汇处的西北角。场地地形平坦，属于永定河大型冲洪积扇的中下部。地下水位浅，约－1.4m，原中软场地，可不考虑地基液化。

根据地质勘察报告，箱基底板板底以下的土层的物理力学指标见表 13-10。

板底下土层的物理力学指标 表 13-10

土层及编号	层厚 (m)	f_k (kPa)	E_{s400} (MPa)	q_s (kPa)	q_p (kPa)
④粉质黏土	2.0	180	14.41	30	
⑤细中砂	4.0	210	32.00	40	
⑥粉质黏土	2.0	210	15.57	40	
⑦细中砂	0.7	220	35.00	45	
⑧粉质黏土	7.0	210	16.53	35	1800
⑨细中砂	0.7	220	35.50	30	2200
⑩粉质黏土	5.5	230	15.78		3200
⑪细中砂	3.0	240	26.82		
⑫细中砂	3.0	240	26.82		
⑬中粗砂	2.1	230	44.70		

二、方案选定

经计算，地基反力为 442kPa，最终沉降量为 450mm。按北京地区规范，本场地允许变形量不大于 100mm。显然，天然地基不能满足承载力及变形要求。勘察单位提出三种地基处理方案：预制打入桩；沉管灌注桩；钻孔灌注桩。经过分析，我们认为这三种方案均存在一定缺陷。由于第⑤层土为较密实的细中砂，预制打入桩很难穿越此层，而沉管灌注桩在细砂中成孔也有一定的困难。另外场地地下水位高，钻孔灌注桩施工时易造成塌孔、断桩，桩身质量不易保证。同时，这三种桩造价均较高。

综上所述，地质勘察单位建议的三种桩型均存在技术及经济上的不合理性。为了达到既满足设计要求，又经济可行的目的。我们又考虑了一种新的地基形式——多支盘桩。拟定桩径 ϕ650mm，四盘二支，盘径达 1400mm，桩长 22m。单桩承载力可达 3500kN，需 200 根，此桩有如下特点：①桩数少，与前述桩型相比较为经济，且可缩短工期；②承载力高，沉降量小；③桩体与桩周土紧密结合为一体，形成桩土共同作用；④成孔时不取土，可避免灌注桩易产生的缩孔、桩底浮土等问题，桩体质量容易保证。多支盘桩虽然具备以上优点，但由于本工程场地土多为较密实的粉质黏土和细中砂，施工中支盘撑开有一定难度，可能会出现工程进度慢的问题。另外，因荷载大、桩数多，需在板下布桩，底板较厚，工程造价相应提高。此方案造价约 200 万元。

上述几种方案均为桩基方案。桩基础中桩间土的承载力得不到充分发挥，易造成浪费。而低强度混凝土桩复合地基可充分发挥场地土的作用，尤其在北京地区场地土承载力较高的情况下，效果更为显著。所以我们选用了这种地基处理形式。

三、低强度混凝土桩复合地基的特点

低强度混凝土桩复合地基由低强度混凝土桩（以下简称“混凝土桩”）、桩间土及褥垫层组成。“混凝土桩”是由碎石、石屑、粉煤灰掺适量水泥加水拌合，用振动沉管打桩机或其他成桩机具制成的具有可变粘结强度的桩型。通过调整水泥掺量及配比，可使桩体强度在 C5～C20 之间变化。桩体骨料为碎石，石屑为中等颗径骨料，可使级配良好；粉煤灰具有细骨料和低标号水泥的作用。“混凝土桩”一般不配筋，“混凝土桩”的模量及变形特性具有刚性桩的性状，可全桩长发挥桩的侧阻。桩落在好土上具有明显的端承作用，桩的置换作用明显。通过调整桩距、桩长，可使复合地基承载力提高幅度有很大的可调性。

褥垫层由级配砂石、碎石或粗中砂等散体材料组成。褥垫层的设置是“混凝土桩”复合地基技术的关键所在，它在“混凝土桩”复合地基中有如下作用：

(1)“混凝土桩”复合地基通过褥垫层与基础联接，无论桩落在一般土层还是坚硬土层上，均可保证桩间土始终参与工作，桩、土共同承担荷载。

(2) 可减少基础底面的应力集中。

(3) 通过改变褥垫层的厚度，调整桩、土垂直荷载和水平荷载的分担。

“混凝土桩”复合地基通过褥垫层把桩和基础断开，改变了过分依赖桩承担垂直荷载和水平荷载的传统设计思想。由于“混凝土桩”复合地基置换率一般不大于10%，则有不低于90%的基底面积的桩间土承担了绝大部分水平荷载，而桩承担的水平荷载则占很小一部分。在承受垂直荷载时，首先利用土的承载能力，不足的部分再由“混凝土桩”承担。由于“混凝土桩”复合地基置换率不高，基础下桩间土的面积与使用的桩间土承载力之积是一个可观的数值，这样桩的数量可大大减少。

四、低强度混凝土桩复合地基的设计（以4号楼为例）

1.“混凝土桩”的设计

(1) 桩径 d。取 $\phi400$，可采用 $\phi377$ 振动沉管打桩机或其他成桩设备。

(2) 桩距 S。一般取 (3～6) d，本工程取 1.5m。

(3) 桩长 L：

$$f_{\mathrm{SPk}} = m\frac{R_{\mathrm{k}}}{A_{\mathrm{p}}} + \alpha\beta(1-m)f_{\mathrm{k}} \tag{13-16}$$

$$R_{\mathrm{k}} = [f_{\mathrm{SPk}} - \alpha\beta(1-m)f_{\mathrm{k}}]A_{\mathrm{p}}/m = (U_{\mathrm{p}}\Sigma q_{si}h_i + q_{\mathrm{p}}A_{\mathrm{p}})/K \tag{13-17}$$

以上两式中 f_{SPk}——复合地基承载力标准值，本设计要求≥450kPa；

m——面积置换率，本设计为5.6%；

R_{k}——自由单桩承载力；

A_{p}——桩的截面尺寸，$\pi/4\times0.4^2=0.1257\mathrm{m}^2$；

α——桩间土强度提高系数，本设计取1.0；

β——桩间土强度发挥度，本设计取0.85；

f_{k}——天然地基承载力标准值，本设计为180kPa；

U_{p}——桩的周长，$\pi D=\pi\times0.4=1.257\mathrm{m}$；

K——安全系数，本设计取1.7；

q_{si}——第 i 层土与土性和施工工艺有关的极限阻力，按建筑桩基技术规范有关规定取值；

h_i——第 i 层土厚度；

q_{p}——与土性和施工工艺有关的极限端阻力，按建筑桩基技术规范取值。

$$\begin{aligned}\Sigma q_{si}h_i &= 30\times2+40\times4+40\times2+45\times0.7+35\times7\\ &\quad+30\times0.7 = 597.5\mathrm{kPa\cdot m}\end{aligned}$$

$$R_k = (1.257 \times 597.5 + 3200 \times 0.1257)/1.7 = 678\text{kN}$$

$$m = (450 - 1 \times 0.85 \times 180)/(678/0.1257 - 1 \times 0.85 \times 180)$$
$$= 5.67\%$$

$$R_k = [450 - 1 \times 0.85(1 - 0.056) \times 180] \times 0.1257/0.056$$
$$= 686\text{kN}$$

又
$$R_k = (U_p \Sigma q_{si} h_i + q_p A_p)/K$$

$$\Sigma q_{si} h_i = (KR_R - q_p A_p)/U_p = (1.7 \times 686 - 3200 \times 0.1257)/1.257$$
$$= 607.8\text{kPa} \cdot \text{m}$$

设桩持力层为第⑩层土，可通过试算得到：

$$\Sigma q_{si} h_i = 30 \times 2 + 40 \times 4 + 40 \times 2 + 45 \times 0.7 + 35 \times 7$$
$$+ 30 \times 0.7 + 40h$$
$$= 597. + 40h = 607.8$$

h=0.26m，取 0.5m。

桩长 $L \geqslant 2+4+2+0.7+7+0.7+0.5=16.9$m，取 18m〔考虑建筑物对沉降变形要求以及复合地基受力的不均匀性等综合因素后取桩长 18m（扣除保护桩长)〕。

（4）桩体强度：

桩顶应力
$$\sigma_p = \frac{R_k}{A_p} = \frac{686}{0.1257} = 5.46\text{MPa}$$

桩体标号 $R_{28} \geqslant 3\sigma_p = 16.38$MPa，所以桩的设计抗压强度应不小于 C20。

（5）桩数。理论布桩数：

$$n_p = \frac{mA}{A_p}$$

式中，A 为基础面积，则

$$n_p = \frac{0.0567 \times 900}{0.1257} = 406\ 根$$

实际布桩数为 412 根。

（6）配料设计（单方用水 W、水泥 C、粉煤灰 F、石屑 G_1、碎石用量 G_2）。结果为：W=186kg；C=252.4kg；F=175kg；G_1=452kg；G_2=1135kg。

2. 褥垫层的设计（合理厚度为 10～30cm）。该工程褥垫层取 20cm 厚，采用 5～20mm 粒径的碎石。

3. 沉降计算（用复合模量法计算）.

总沉降量：

$$s = s_1 + s_2 = \psi\left(\sum_{i=1}^{n_1} \frac{\Delta p_{oi}}{\xi E_{si}} h_i + \sum_{i=n_1+1}^{n_2} \frac{\Delta p_{oi}}{E_{si}} h_i\right) = \psi s' \tag{13-18}$$

式中 s_1——加固区压缩量；

s_2——下卧层沉降量；

n_1——加固区的分层数；

n_2——总的分层数；

Δp_{oi}——荷载 p_o 在第 i 层土产生的平均附加应力，$p_o=344\text{kN/m}^2$；

h_i——第 i 层土的厚度；

E_{si}——第 i 层的压缩模量；

ξ——模量提高系数，$\xi=a[1+m(n-1)]$，n 为桩土应力比；

ψ——沉降计算经验公式，可按 GBJ 7—89《建筑地基设计规范》表 5.2.5 取值。

根据前面公式 $f_{spk}=[1+m(n-1)]\alpha\beta f_k$，得

$$n=\left(\frac{f_{spk}}{\alpha\beta f_k}-1\right)/m+1=35.2$$

$$\xi=2.94$$

按上式计算得，$s'=195.26\text{mm}$。

压缩模量当量 $\bar{E}_s=\dfrac{\Sigma A_i}{\Sigma\dfrac{A_i}{E_{si}}}=36.3\text{MPa}$。其中，$A_i$ 为第 i 层土附加应力系数沿土层厚度的积分值。

由 $\bar{E}_s$ 及 p_o 可查得 $\psi=0.2$。

所以 $s=\psi s'=0.2\times195.26=39\text{mm}<$设计要求 60mm。

五、检测及沉降观测结果

三塔 3 号、4 号、5 号楼低强度混凝土桩复合地基于 1996 年 3 月下旬开工，5 月中旬竣工。验槽时发现基础下天然地基承载力标准值仅为 130kPa，为保证复合地基承载力达到设计要求，在低强度混凝土桩之间补做了部分实水泥土桩约 1200 余根。全部工程造价（含水泥土桩）仅 316.8 万元，每栋为 105.6 万元，较桩基础方案共节约费用 403.2 万元。地基处理竣工后，由国家建筑工程质量检测中心做了静载试验，检测结果见表 13-11。

静载试验结果　　　　**表 13-11**

序号	单桩试验			单桩复合地基试验
	1	2	3	4
静力荷载试验总加压值（kN）	1540	1400	1400	2025（900kPa）
总沉降量（mm）	60.65	5.315	3.990	13.245

在结构施工过程中，施工单位对三栋楼进行了沉降观测，从首层开始每层结构完工后均进行观测，每楼在四角设观测点。表 13-12 摘录的为截止到 1997 年 4 月的记录。

沉降观测结果　　　　**表 13-12**

楼层＼数量	3号楼					4号楼					5号楼				
	观测时间	绝对沉降量（mm）				观测时间	绝对沉降量（mm）				观测时间	绝对沉降量（mm）			
		1号	2号	3号	4号		1号	2号	3号	4号		1号	2号	3号	4号
首层	1996.8.20	1	2	1	1	1996.8.5	2	3	4	2	1996.8.28	0	0	0	0
4层	1996.9.26	3	2	1	2	1996.9.6	2	3	4	2	1996.9.25	1	1	0	0
7层	1996.10.17	5	4	3	5	1996.10.2	3	5	6	3	1996.11.1	5	1	1	1
10层	1996.11.12	8	9	8	11	1996.10.22	5	7	8	3	1996.12.10	6	1	1	1

续表

数量 / 楼层	3号楼					4号楼					5号楼				
	观测时间	绝对沉降量（mm）				观测时间	绝对沉降量（mm）				观测时间	绝对沉降量（mm）			
		1号	2号	3号	4号		1号	2号	3号	4号		1号	2号	3号	4号
13层	1996.12.1	12	15	12	13	1996.11.15	9.5	13	16	9	1996.12.27	7	1	4	4
16层	1996.12.24	16	20	16	18	1996.12.15	12	16.5	20	13	1997.1.18	16	11	15	14
19层	1997.1.16	18	23	18	19	1997.1.5	14	22	24	14.5	1997.3.7	18	17	23	23
22层	1997.3.4	21	25	22	23	1997.3.5	15	23	25	16.5	1997.4.2	18	18	24	24
24层	1997.4.13	25	31	26	26	1997.3.19	16	26	26	20	1997.4.20	20	19	25	26

从观测沉降的资料可以看出，沉降量不大于31mm。估计最终沉降量能满足设计要求不大于60mm。

另外1996年开工的北京中纺里小区40号楼为地下3层、地上22层的在建剪力墙结构住宅，截止到1998年3月的沉降最大值为20.61mm（地上19层封顶）。

1997年开工的北京慧忠北里1区1号塔楼，为地下2层、地上25层的在建剪力墙结构住宅，截止到1998年4月，沉降最大值为20mm（地上23层封顶）。

六、结论

（1）低强度混凝土桩复合地基能很好地解决高层建筑地基变形问题。本工程加固后的土体复合变形模量提高明显，建筑物沉降量小，完全可以满足设计要求。

（2）可较大幅度提高地基承载力。该工程复合地基承载力为天然地基的2.5倍。在以往的工程中，复合地基承载力最高达到370kPa，而该工程处理后可达450kPa。

（3）由于设置了褥垫层，桩间土的承载力得到了充分发挥，桩数相应减少。

（4）低强度混凝土桩不需配筋，没有钢筋笼制作和安装工序，施工方便，节约时间。

（5）桩体利用工业废料粉煤灰和石屑做为掺加料，节约了水泥用量。

（6）该工程地基处理造价约为灌注桩造价的44%，其经济效益是显著的。

总之，低强度混凝土桩复合地基对场地较好的高层建筑是适用的，它在满足设计要求的同时，方便了施工，降低了造价，节约了资金和时间，是一种比较理想的地基处理形式。

低强度混凝土桩复合地基在本工程的成功使用，给北京慧忠北里其他工程提供了可借鉴的经验，先后有13栋高层建筑采用了低强度混凝土桩复合地基进行了地基处理，节约工程造价达1000多万元，其经济效益非常可观。

参 考 文 献

[1] 龚晓南，复合地基理论及工程应用，北京：中国建筑工业出版社，2002.

[2] 龚晓南，地基处理手册(第二版)，北京：中国建筑工业出版社，2002.

[3] 周建，俞建霖，龚晓南，高速公路软土地基低强度桩应用研究，地基处理，2002，第13卷，第2期，3.

[4] 龚晓南等，二灰混凝土桩复合地基技术研究(研究报告)，浙江大学岩土工程研究所，1995.
[5] 杭宁高速公路科研项目组，低强度混凝土桩复合地基处理通道地基试验(研究报告)，2002.
[6] 耿林、李辉，低强度混凝土桩复合地基在北京慧忠北里C区高层住宅中的应用，刊《地基处理工程实例》，殷宗泽、龚晓南主编，北京：中国水利水电出版社，2000.

第14章 冻 结 法

岳丰田 张 勇（中国矿业大学）

14.1 概述

人工冻结的应用和研究是以天然冻结条件下冻土的物理力学性质研究为基础，随着人工冻结凿井逐步发展起来的。冻结法是利用人工制冷技术，使地层中的水冻结，把天然岩土变成冻土，增加其强度和稳定性，隔绝地下水与地下工程的联系，以便在冻结壁的保护下进行隧道、立井和地下工程的开挖与衬砌施工技术。其实质是利用人工制冷技术临时改变岩土的状态以固结地层。人工土冻结应用开始于19世纪，已有130余年的历史。最初主要应用于矿山立井工程，是通过厚表土层建设深立井的主要工法。

1862年英国首次在南威尔士的建筑基坑中使用了冻结法加固土壤；随后，冻结法逐渐成为煤矿建井的传统方法。1872年德国首先应用于矿井建设。1880年，德国工程师F. H. Poetch在国际上首次提出并获得人工冻结法专利。1883年，在德国阿尔巴里煤矿中首先应用冻结法施工井筒，至1900年人工冻结技术用于矿山施工次数已达60次以上。1888年美国用于煤矿矿井开挖；1965年加拿大开挖1089m矿井，其冻结深度达684m；1952年至1981年间，北美用人工冻结技术凿井达29个。迄今为止，各国冻结井最大深度分别为：英国930m，美国915m，波兰860m，加拿大634m，比利时638m，前苏联620m，德国531m，法国550m，中国702m。

人工冻结技术在城市土木工程中的应用始于1886年瑞典24m长人行隧道建设工程。在此后的一个多世纪里，人工冻结技术在许多国家的煤矿、隧道、地铁、建筑基础、工程抢险和环境保护等领域中得到不断应用和发展，并且成为许多工程惟一可选的方法。

1979年美国采用冻结法施工了地下核电站基坑施工和直径40m、深6m的烟囱基础。英国伦敦市郊地下液态瓦斯库，采用冻结法围护施工直径40m、深度40m的基坑，由于基坑底部处于透水层中，在冻结施工时，在基坑内设置了20个冻结管进行基底局部冻结。

20世纪70～80年代，前苏联应用冻结法施工城市地铁、矿井和其他工业建筑的大型工程达200余项，包括莫斯科、圣彼得堡、基辅等城市地铁进站大厅35座、隧道工程35项，同时在高138.5m、重270000MN大楼基坑开挖支护中采用冻结法并获得成功。

日本从1962年开始在岩土工程中应用人工地层冻结技术，随后20年中约施工了250个冻结工程，其中通过河流、铁路、公路和其他构筑物下的隧道工程、支承明挖的墙体工程、与盾构施工有关的工程和其他工程分别占20.2%、9.8%、66.9%和3.1%。

从20世纪中叶起，波兰、德国、法国、比利时、意大利、奥地利、挪威、西班牙、芬兰、澳大利亚、法国、荷兰、加拿大等国家相继开展了人工冻结技术的应用研究，并日益受到重视。近年来，美国、日本、韩国等国正在研究将人工冻结技术用于核废料处理工程中，这对于防止核废料的环境污染具有重要意义。

我国于1955年首次在开滦林西风井使用盐溶液冻结法凿井并获得成功。之后经过40多年的实践，具有了一定技术水平的冻结凿井施工、设计队伍。20世纪60年代末，北京一期地铁大开挖工程中，曾试用冻结法作护坡工程，长度达90m，挖深20～22m。此后从20世纪80年代中期开始，随着我国地下工程的增多，逐渐由矿山工程，向城市各类工程推广应用，完成了几例基坑工程和北京、上海地铁的多项隧道水平冻结工程。1993年起在上海地铁旁通道施工的地层加固、上海大连路和复兴路越江隧道的进出洞、上海地铁体育馆段盾构出口撤除工程、上海长沙路泵战地下工程中采用了冻结法。其他工程如内蒙古海拉尔水泥厂地下卸矿室及皮带走廊工程、安徽凤台淮河大桥主桥墩基础工程、江西九江虎口大桥桥墩工程、广州丫髻沙大桥桩基处理工程等也采用了冻结法，在润扬长江公路大桥南岸悬索南锚锭基坑的施工中，也采用冻结施工法进行施工，其主要目的是在锚锭基坑的周围形成可靠的挡水墙，利用冻土墙止水的特点，确保基坑内施工的安全性。

人工土冻结法由于基本不受支护范围和支护深度的限制，以及能有效防止涌水以及控制城市挖掘、钻凿施工中相邻土体的变形而受到越来越多的重视，是岩土工程尤其是特殊地质和工程条件下工程施工的重要方法之一。国外许多国家如德国、法国、美国、加拿大、英国和俄罗斯等，研究和应用人工土冻结技术起步较早，积累了许多成功经验。现在许多较大规模的国际工程技术公司如 Freeze Wall Inc，Moretrench，RKK Soil Freeze Technologies 等，在地下工程建设中使用着人工土冻结支护方法，并且发展很快。国内外大量的冻结工程的实践表明，冻结法应用具有下述的优点：

（1）安全可靠性好。可有效的隔绝地下水。冻结施工使土体中的大部分水结冰，这不仅提高了土的强度，在－10℃时其瞬时强度可达到3MPa（黏土）～10MPa（砂土），而且其阻水效果是其他方法所无法比拟的。

（2）适应性面广。适用于任何含一定水量的松散岩土层，在复杂工程、水文地质如软土、含水不稳定层、流砂、高水压及高地压地层条件下冻结技术有效、可行。如我国北京地铁复-八线大北窑-热电厂区间有南北两条东西走向隧道，南隧道顶部有2m厚的粉细砂层，降低水位后开挖，引起地表塌陷，采用冻结法施工，成功的控制了地层位移。而注浆、地下连续墙等方法对地质条件的适应性差，而且其加固深度有一定的限制。

（3）灵活性好。可以人为地控制冻结体的形状和扩展范围，必要时可以绕过地下障碍物进行冻结。

（4）可控性较好。冻结加固土体均匀、完整。土层注浆和深层搅拌桩，只是对土体局部加固，加固范围不易控制、加固体强度不均匀；而冻结技术可以把设计的土体全部冻成冻土，冻结加固体均匀，整体性好，可形成地下工程施工帷幕。

（5）污染性小。冻结工程施工最大的污染是钻孔时的少量的泥浆排出，冻结过程不向地层注入任何有害物质，冻结工程完毕后，地层自然融化恢复原有状况，不会在地层留下有碍于其他工程施工的地下障碍物。作为一种“绿色”施工方法，符合环境岩土工程发展趋势。

（6）经济上合理。国内外的工程实例表明，复杂地层条件下冻结工程成本与其他施工法（如注浆法和旋喷桩）处于相同的数量级，而且随着加固深度的加大，冻结工法的经济性越来越明显。

14.2 冻结原理

14.2.1 冻结系统

根据使用冷媒的不同，制冷方式包括四种系统：氨（氟利昂）-盐水冻结系统；二氧化碳系统（干冰，CO_2）；液化气体系统（液氮）；混合冻结系统（盐水＋干冰；盐水＋液氮）。

氨（氟利昂）-盐水冻结制冷系统以氨（氟利昂）作为制冷工质。为了使氨由液态变为气态，由气态又变为液态，如此循环进行，整个制冷系统由三大循环构成：氨循环系统，盐水循环系统，冷却水循环系统。氨循环是指液氨变为饱和蒸气氨，再被氨压缩机压缩成过热蒸气进入冷凝器冷却，高压液氨从冷凝器经贮氨器，经节流阀流入蒸发器液氨在蒸发器中气化吸收周围盐水的热量；盐水循环指的是盐水吸收地层热量，在盐水箱内将热量传递给蒸发器中的液氨；冷却水循环是指冷却水在冷却水泵、冷凝器和管路中的循环叫冷却水循环。将地热和压缩机产生的热量传递给大气。这种制冷系统可获－35℃左右的低温盐水。

干冰是固态的二氧化碳（CO_2），它是一种良好的制冷剂，广泛应用于实验研究、食品工业、医疗、机械加工和焊接等方面。干冰的平均相对密度为 1.56，干冰在化学上稳定，对人无害。在大气压力下升华温度为－78.5℃，升华潜热为 573.6kJ/（kg·K）。

20 世纪 60 年代，由于钢铁工业的发展，制氧过程得到了大量的液氮副产品，液氮在一个标准大气压下的气化温度为－195.8℃。由于它的沸点低，通常处于猛烈的沸腾状态。一个大气压下气化潜热 197.6kJ/kg。氮的潜热为 1.05kJ/（kg·K）。因此作为一种廉价、低温、快速冻结技术—液氮冻结技术得到了迅速发展。它适用于冻土体积不大的地下工程或抢险堵水，或换支架和处理紧急事故或者冻土体积小于 200m^3 的地下工程。由于液氮冻结系统简单，具有冻结速度快、温度低，冻土强度高，特别适用于城市的地下工程建设。莫斯科和圣彼德堡的地下铁道建设工程多处使用液氮冻结技术。美国乔治亚州核电站利用液氮冻结加固大型起重机基础，既保证了施工进度又减小了反应堆外壳安装后的沉降量。许多欧洲国家将液氮用于桥涵和其他交通工程。在法兰克福至瑞士布鲁塞尔的一条铁路下，利用液氮冻结建造桥涵公路，施工冻结加固面平整，过往旅客未感震动。奥地利维也纳 U 线隧道亦采用液氮冻结，成功地通过著名的赫兹曼商厦下的第四纪松软砂土层，施工中冻胀仅 1mm，融降 1cm。日本东京新日光街道下工业用水隧道施工，东京煤气修建地下天然气储罐，大阪地铁 5 号线工程等都采用了液氮快速冻结，取得良好的技术和经济效益。

现在，美国和意大利还发展了将液氮作为积极冻结，传统的氨循环冻结作为消极冻结，构成混合冻结系统，达到快速和经济的施工效果。目前，大量使用的仍然是氨循环制冷技术。

传统的人工冻结是在开挖之前，用人工制冷的方法，将开挖空间周围含水地层冻结成一个封闭的不透水的帷幕—冻结壁，用以抵抗地压、水压，隔绝地下水。而后，在其保护下进行挖砌施工。为形成冻结壁，首先在欲开挖空间周围打一定数量的冻结孔，孔内安装冻结器。冻结站制出的低温盐水（－25℃～－35℃），经去路盐水干管，配液圈到供液管底部，沿冻结管和供液管之间的环形空间上升到回液管，集液圈，回路盐水干管至蒸发器（盐水箱），形成盐水循环。低温盐水在冻结器中流动，吸收周围地层之热量形成冻结圆柱，冻结圆柱逐渐扩大并连接成封闭的冻结壁，直至达到其设计厚度和强度为止。通常将冻结壁扩展到设计厚度所需要的时间称为积极冻结期，而将维护冻结壁的期间称为消极（或维护）冻结期。吸收了地层热量的盐水，在盐水箱内将热量传递给蒸发器中的液氨，使液氨变为饱和蒸气氨，再被氨压缩机压缩成过热蒸气进入冷凝器冷却，将地热和压缩机产生的热量传递给冷却水，最后这些热量传给大气。高压液氨从冷凝器经贮氨器，经节流阀流入蒸发器液氨在蒸发器中气化吸收周围盐水的热量，这一循环称为氨循环，是制冷的主体。冷却水在冷却水泵，冷凝器和管路中的循环叫冷却水循环。制冷三大循环系统构成热泵，其功能是将地层中的热量通过压缩机排到大气中去。

由于地热在热泵作用下传递给大气，使开挖地层降温，冻结形成冻结壁。人们在它的保护下进行挖砌施工，以便安全穿过含水层，这就是冻结法施工。

液氮冻结的工艺系统是液氮自地面槽车，储罐，经管路输送至工作面。液氮在冻结器内气化吸热后，气氮经管路排向地面，放入大气。液氮冻结无需建立冻结站和维护制冷工质的循环系统。随着空气分离技术的发展，大量的制氧副产品氮气经过液化得到的液氮以被利用到实用的工业领域和国民经济部门。液氮固有的物理化学性质，使之成为一种比较理想的制冷工质。液氮无色，透明，稍轻于水，其外貌酷似于水。它惰性很强，没有腐蚀性，对震动，热和电火花是稳定的，可能产生的危害是冻伤和窒息。

地下工程在形成冻土壁的积极冻结期内，液氮需不断灌注，气化活动连续不断，含水土层逐渐冷却以致冻结。冻结壁形成后在挖砌时的维护冻结期内，液氮可断续灌注。

四种系统的适用范围，设备容量和主要技术指标见表14-1。

不同系统情况汇总表　　　　**表14-1**

	盐水系统	液氮系统	干冰系统	混合系统
制冷温度	−10 ℃～−35 ℃	−60 ℃～−150 ℃	−20 ℃～−70 ℃	−40 ℃～−70 ℃
适用土层	任何含水地层	任何含水地层	任何含水地层	任何含水地层
地下水流速	$v \leqslant 2.3 * 10^{-5}$m/s	不限	不能有动水	少量动水
冷量估算	$Q=1.3.\pi.d.H.K$	460kg/ m^3	600kg/ m^3	$Q=1.3.\pi.d.H.K$
制冷效率	30%～50%	50%	70%	60%
冻土速度	2cm/d	20cm/d	10cm/d	3cm/d
备注		配备储气罐：大于5000L		盐水加入乙二醇

14.2.2　冻结法围护的工艺流程

（1）现场勘探：除常规项目外，应侧重了解：

含水层的层位、地下水流速及是否承压；黏土层分布、层厚及平面分布的连续性；气象及地温资料；土层含盐量和pH值；现场附近的地下埋设物、原有结构物的状况及位置。

（2）室内试验：

土的物理性质：颗粒级配、含水量、液限、塑限、密度及冻土中的未冻水含量和冻结温度。

水理热学性质：土的渗透系数，冻土和融土的比热、导热系数，冻胀和融沉特性。

力学性质：冻土的抗压、抗剪、抗拉和抗弯强度及蠕变特性。

(3) 设计：

力学设计：根据现场地温条件及室内参数测试，通过计算确定冻土墙的厚度和深度。

热工设计：根据现场地温条件及室内参数测试，通过计算确定冻结管的数量、布局；冻土墙的交圈时间、冷冻机组的装机容量及配置。

(4) 现场施工：冻结孔、测温孔和冻胀释放孔的钻进；冻结管测斜纠偏；冷冻设备及冻结管路系统（包括水、电）的连接安装和运营；地面管路系统、冻结管及冻结壁的保温。

(5) 现场监测：低温盐水温度和流量监测；冻土壁及外围地基土温度监测；土体水平、竖向位移和应力监测；地下水位监测等。

14.2.3 冻结法施工的阶段及工序

1. 冻结法施工可分为三个阶段：

(1) 积极冻结期。冻结壁首先从每个冻结管向外扩展，在每个冻结管周围形成冻结圆柱，当各冻结管的冻结圆柱连成一片时，随着冻结时间的延长，地层的平均温度逐渐降低，冻土墙的强度也逐渐增大。当地层温度达到设计温度时，该阶段结束。

(2) 维护冻结期。此阶段主要是补充地层的冷量损失，维持地层的温度稳定。

(3) 解冻（恢复）期。当地层开挖和永久结构施工完成，就可以解冻，拔除冻结管。

2. 冻结法施工的四大工序：

(1) 冻结站安装。冻结站由压缩机、冷凝器、蒸发器、节流阀、中间冷却器、盐水循环系统设备等组成。

(2) 冻结管的施工。钻冻结孔，在冻结孔内设置冻结器，将不同冻结孔内的冻结器连成一个系统，并与冻结站连接。

(3) 地层冻结。

(4) 地下工程掘进施工。

3. 冻结法围护适用的地基条件：

(1) 地基土宜为砂性土、黏性土（包括砂层、淤泥质土等）及强风化基岩，对于卵砾石地层，因成孔困难，应有相应的钻孔设备；

(2) 地基土的含水量>10%；

(3) 地下水的临界流速<2m/d。

以上条件并不是绝对的，在一些特殊条件下，可根据工程的具体特点和采用的冻结系统的不同灵活抉择。

14.3 冻土物理力学性质

14.3.1 冻土的形成

冻结法凿井中的冻土是泛指在含水的表土层或基岩，当温度降至结冰温度（一般为0℃）或更低时，使大部分水冻结，并胶结了固体颗粒，或充填岩层的裂隙。对这些被冻结了的土或岩石统称冻土。

(一) 地下水对冻土形成的影响

冻土形成的过程，实质上是土中水结冰并胶结固体颗粒的过程。土中水的冻结与普通净水的冻结有着一些不同的特点，诸如冻土中存在着未冻水，冻结后物理性质的变化等。

土颗粒表面带负电荷，当水和土粒接触时，就会在这种静电引力下发生极化作用，使靠近土粒表面的水分子失去自由活动的能力而整齐地、紧密地排列起来，如图 14-1。距土粒表面越近，静电引力强度越大，对水分子的吸附力也越大，而形成一层密度很大的水膜，叫作吸附水或强结合水。离土粒表面稍远，静电引力强度减小，水分子自由活动能力增大，这部分水叫薄膜水或弱结合水。再远则水分子主要已受重力作用控制，形成所谓毛细水（一般归属于弱结合水的范围）。更远的水只受重力的控制，叫重力水（自由水），就是普通的液态水。

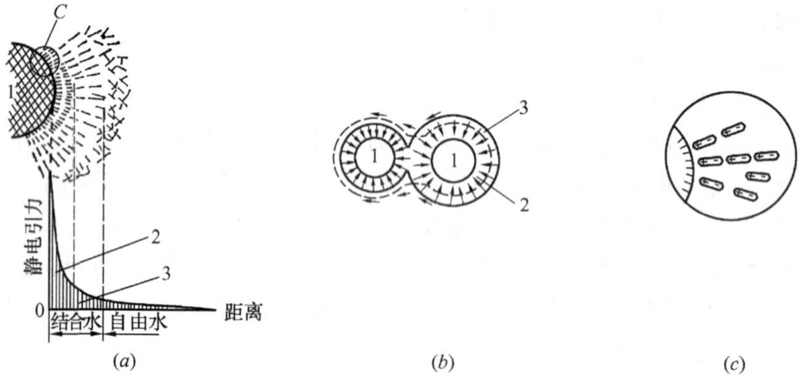

图 14-1　土粒和水相互作用示意图

（*a*）土粒周围静电引力强度的变化；（*b*）薄膜水由厚膜向薄膜移动；（*c*）水分子的双极构造

1—土粒；2—吸附水；3—薄膜水

综上所述，土中水一般可分为吸附水，薄膜水和自由水三种。吸附水和薄膜水组成结合水。结合水的密度增大，冰点降低。其中吸附水的厚度只有几十个水分子厚，相对密度为 1.2～1.4，最低冰点为－186℃，呈不流动状态，它在土层的总含水量中约为 0.2%～2%，薄膜水的相对密度也大于 1，冰点低于 0℃，一般在－20～－30℃时才全部冻结。在冻结法施工的条件下，大部分薄膜水被冻结。未被冻结的水称未冻水。薄膜水的显著特征是能直接从一个土粒表面迁移到另一个土粒表面，这种移动是缓慢的，而且只能从厚膜向薄膜移动（图 14-1*b*）。自由水存在于土壤或岩石的孔隙中，它与普通的水相同，服从重力定律，能传递静水压力，相对密度一般为 1。在一个大气压下其冰点为 0℃。冻结法施工时主要是冻结自由水，它在地层中含量的多少，直接影响着冷量的消耗、冻结速度和冻土强度。

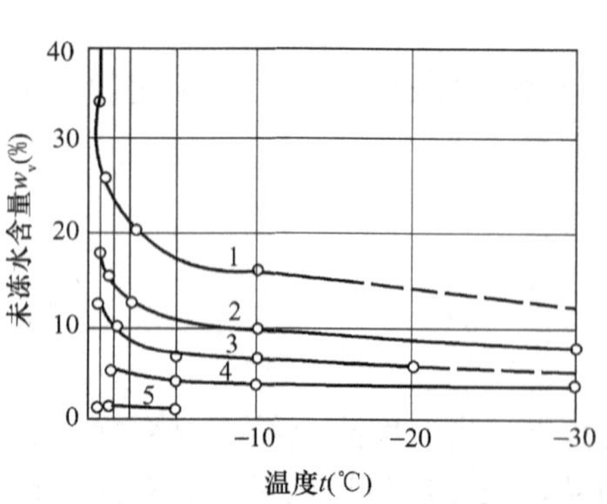

图 14-2　冻土中未冻水含量与温度的关系曲线

1—黏土；2—覆盖黏土；3—亚黏土；

4—亚砂土；5—砂土

黏土的颗粒小且成片状，其结合水的含量最多，而砂土次之，至于粗砂、砾石层或裂隙岩层则绝大部分为自由水，结合水可忽略不计。未冻水含量与温度、地下水 pH 值、压力有关（图 14-2）。

冻土中未冻水的存在对冻土的强度和热物理性质有着极大的影响。例如，在同样的负温和同样的含水量情况下，冻结砂砾的强度就要比冻结黏土的强度高。这是由于砂砾中的水几乎全部冻结成冰，把土粒牢固地胶结在一起；而在黏土中则存在着相当数量的未冻水，土粒被胶结的程度差，所以强度就低。

（二）冻土的形成过程

试验表明，土中水冻结过程曲线（土冻结时某一点的温度变化）如图 14-3 所示，大致可分为如下五个阶段：

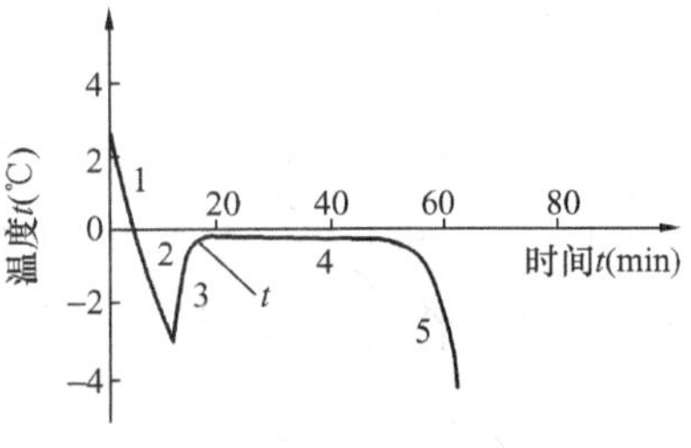

图 14-3 土中水冻结过程曲线

1—冷却段：向土层供给冷量后，在初期使土体（包括土粒、水和气）逐步降温以致达到水的冰点；

2—过冷段：土体降温至 0℃以下，但自由水仍不结冰，产生水的过冷现象；

3—温度突变段：水过冷以后，只要一开始结晶，就有结冰潜热放出，温度迅速上升；

4—冻结段：温度升至 0℃或其附近后稳定下来，土体孔隙中的水便发生结冰过程，使土胶结为冻土；

5—冻土继续冷却段：随着温度的降低，冻土强度逐渐增高。

在整个冻土形成过程中，水变成冰的冻结段是最重要的过程，它是使土的物理力学性质发生质变的过程，也是消耗冷量最多的过程。

开始冻结的温度（图 14-3 之 t）称为起始冻结温度，其值取决于水溶液的含盐浓度。含盐量越大时，起始冻结温度越低。一般在含水丰富的砂砾层起始冻结温度约为 0℃，在亚砂土和黏土约为－0.03～－0.2℃或更低。

在冻土的形成过程中，往往伴生着水的过冷现象和水分迁移。

在结冰之前，若水中没有结晶核，则水温低于 0℃仍不结晶，就产生过冷现象。过冷温度的数值取决于冷却情况。当温度梯度大时，仅在水结冰的初期才可能产生。开始结冰以后，这种现象就不再发生或很不明显了。

土层冻结时发生水分向冻结面转移的现象，即所谓水分迁移。如图 14-1b，由于土粒间彼此的距离很小，甚至互相接触，所以相邻两个土粒的薄膜水就汇合在一起形成公共水化膜。在冻结过程中，增长着的冰晶不断地从邻近的水化膜中夺走水分，造成水化膜的变薄。而相邻的厚膜中的水分子又不断地向薄膜补充。这样，依次传递就形成了冻结时水向冻结面的迁移。由于分子引力的作用，变薄了的水膜也要不断地从自由水中吸取水分，这就使冻土的水分增大。水变成冰时其体积要增大 9%，当这种体积膨胀足以引起土颗粒间的相对位移时，就形成冻土的冻胀，并随之产生极大的冻胀力。由于水分迁移，变成冰的那部分水量增大，土的冻胀量亦增大，水分迁移使冻土的冻胀加剧。

水分迁移和冻胀与土性，水补给条件和冻结温度等有密切关系。在细粒土中，特别是粉质亚黏土和粉质亚砂土中的水分迁移最强烈，冻胀最甚。黏土虽然颗粒很细，但其含水量小，其冻胀性稍次于粉质亚黏土和亚砂土。砂、砾由于颗粒粗，冻结时一般不发生水分迁移。外部水分补给条件是影响水分迁移和冻胀的重要因素之一。温度梯度越大，水分迁移和冻胀越小。

14.3.2 冻土强度

冻土属于流变体。冻土强度（包括抗压强度和抗剪强度）是由冰和土颗粒胶结后形成的粘结力和内摩擦力所组成，与冻土的生成环境和过程、外载大小和特征、温度、土的含水率、含盐量、土性和土颗粒组成等因素有关。其中，影响冻土强度的主要因素有：冻结温度，土的含水率、土的颗粒组成、荷载作用时间和冻结速度等。

1. 冻土的抗压强度

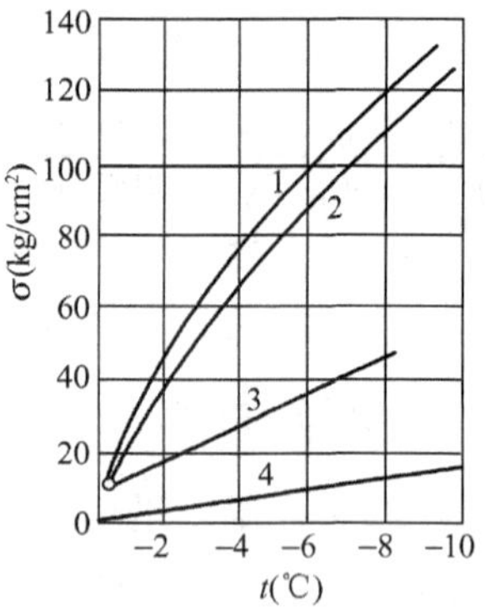

图 14-4　冻土强度与冻结温度的关系

1—冻结砂子；2—冻结砂土；3—冻结黏土；4—冰

(1) 温度对冻土强度的影响

试验表明，冻土强度随着冻结温度的降低而增大。这是因为随着温度降低，冰的强度和胶结能力增大，冰与土颗粒骨架之间的联结加强，同时使土中原来的一部分未冻水逐步冻结，而增加土中含冰量。

当负温不太大时，温度对强度的影响较明显，图 14-4。但是，随着负温的继续增加，强度的增长逐渐变慢，所以强度与温度的关系虽然密切，但却不是线性的。

前苏联学者根据研究结果曾建议用下列两个简单的经验公式之一来计算饱和砂的极限抗压强度：

$$\sigma_b = -0.0153|t|^2 + 1.1|t| + 2 \qquad (14\text{-}1)$$

$$\sigma_b = 0.8|t| + 2 \qquad (14\text{-}2)$$

式中　σ_b——冻土的极限抗压强度（MPa）；

t——冻土的温度（℃）。

这两个公式的计算结果相差较大，当冻结温度在－8～－12℃时，相差约为 12%～17%，但作为工程估算还是可以的。

前苏联科学院试验站（崔托维奇）认为：计算地面浅部土冻土的极限强度用式（14-1）为好；舒舍丽娜和维亚洛夫的研究表明：计算冻结凿井工程中的冻土强度，应采用式（14-2）。

我国冻土力学学者吴紫汪等研究了我国两淮矿区各类土的冻土强度所得出的成果为：

$$\sigma_b = c_1 + c_2|t| \qquad (14\text{-}3)$$

式中　c_1、c_2——实验系数，见表 14-2。

实验系数 c_1、c_2 值　　**表 14-2**

名　称	类　型			c_1	c_2	相关系数
	液　限	密　度	含水量			
冻结黏土	高	中	小	0.715	0.186	0.89
	高	大	中	0.882	0.274	0.95
	高	小	大	1.107	0.304	0.96
	中	中	中	1.627	0.216	0.90
	中	小	大	1.303	0.392	0.98
	低	大	大	2.215	0.402	0.97
	低	中	中	3.430	0.323	0.94
冻结砂土、砾石土	细砂、中砂			4.155	0.461	0.86
	含砾中砂、粗砂、砾砂			4.988	0.304	0.78
	中砂、细砂、砾砂			1.597	0.364	0.95

(2) 含水率对冻土强度的影响

试验表明，含水率是影响冻土强度的主要因素之一。在土中含水量未达到饱和时，冻土强度随着含水率的增加而提高，但当达到饱和后，含水量继续增加时冻土强度反而会降低。当含水量比饱和含水率大的很多时，冻土强度就降低到和冰的强度差不多了。

在未达到饱和含水率前，含水率 w 和冻土强度 σ 的关系如图 14-5 所示。冻土的瞬时和长时抗压强度与含水率和温度的关系见表 14-3。

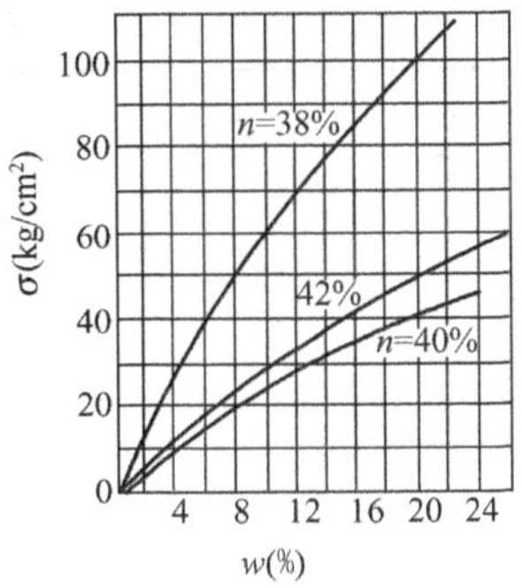

图 14-5 冻土强度与含水率的关系

注：①此图系在 $t=-8$℃的条件下作的；
②n 为砂土的孔隙率。

冻土的瞬时和常时抗压强度与含水率和温度的关系 表 14-3

土壤名称	孔隙率（%）	含水率（%）	饱和度	抗压强度（kg/cm^2）荷载作用时间为 30s 的强度	抗压强度（kg/cm^2）常时强度
中砂	38	10	0.44	$11.2+17.1\sqrt{t}$	$3.3+9.7\sqrt{t}$
		16.7	0.73	$21.9+21.5\sqrt{t}$	$5.3+13.2\sqrt{t}$
		22.5	0.97	$37.6+21.6\sqrt{t}$	$13.0+14.4\sqrt{t}$
粉砂	42	8.3	0.30	$5.1+2.26t$	$0.7+0.97t$
		15	0.56	$8.6+3.67t$	$2+1.6t$
		23	0.85	$11.5+5.2t$	$2.7+2.1t$
黏土	46	8	0.27	$5.9+1.96t$	$1.4+0.84t$
		14.7	0.49	$10.2+3.12t$	$2.8+1.14t$
		24	0.80	$15.7+3.5t$	$9.3+1.47t$

注：t 为冻土温度的绝对值，℃。

(3) 土的颗粒组成对冻土强度的影响

土颗粒成分和大小是影响冻土强度的一个重要因素。试验表明，在其他相同的条件下，土颗粒愈粗，冻土强度愈高，反之就低。这主要是由于不同的颗粒成分造成土中所含结合水的差异所引起的。例如，粗砂、砂砾和砾石的颗粒粗，其中几乎没有结合水，冻土中不存在未冻水，所以冻土强度高。相反，黏土类土颗粒很细，总的表面积很大，因而其表面能也大，在其中含有较多的吸附水和薄膜水，吸附水一般是完全不冻结的，薄膜水也只是部分冻结，因而在冻土中保存了较多的未冻水，使冻土的活动性和粘滞性增加，强度降低。另外，土颗粒的矿物成分和级配对强度也有一定的影响。

土的颗粒组成对冻土强度的影响可从图 14-4 和表 14-3 及表 14-4 看出。

不同颗粒组成的冻土强度　　表14-4

土壤名称	重量湿度（%）	试样温度（℃）	极限抗压强度（kg/cm²）
砂	18.1	−0.5	9
	17.0	−2.9	64
	17.2	−3.4	67
	16.8	−9.0	127
砂土	27.6	−0.5	9
	30.0	−1.8	35
	28.2	−5.1	78
	27.1	−10.3	128
黏土	55.2	−0.5	9
	54.0	−1.5	13
	53.7	−3.4	23
	54.6	−8.2	45

（4）荷载作用时间对冻土强度的影响

试验表明，由于冻土的流变性，其强度随着荷载作用时间的延长而降低（图14-6）。在实验室条件下，荷载作用时间少于1 h时的冻土强度称为瞬时强度，大于1h的强度称为长时强度。一般荷载作用200 h时的破坏应力称长时强度。所以冻土的瞬时强度比长时强度要大的多，而且冻结温度愈高，两者相差愈大。

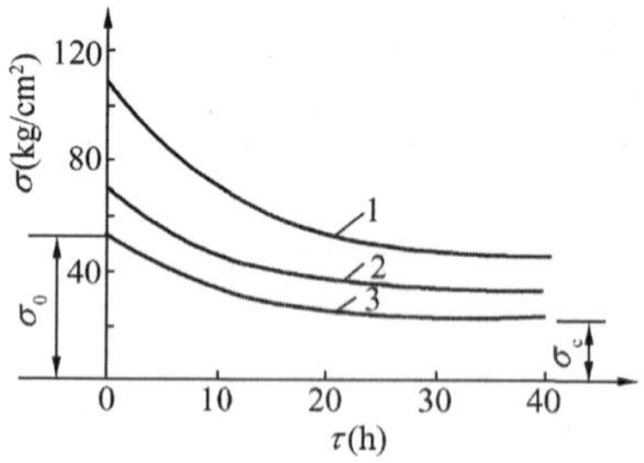

图14-6　冻土流变性曲线

当冻结温度在−4～−15℃时，冻土长时强度与瞬时强度的比值为：

（1）长时抗压强度约为瞬时抗压强度的1/2～1/2.5；

（2）长时粘结力约为瞬时粘结力的1/3；

（3）长时抗剪强度约为瞬时抗剪强度的1/1.8～1/2.5；

（4）长时抗拉强度约为瞬时抗拉强度的1/12～1/16。

冻结法凿井时所考虑的冻土强度一般都属长时强度。但冻结壁是在受外力作用的情况下形成的，因此冻结壁内的冻土强度比在实验室内不受外力的情况下形成的冻土强度要大。而且冻结壁一般是处在三向受力状态，其强度也要比试验时的单向受力强度为大。

由于冻结壁内温度分布是不均匀的，其各点的强度也是不均匀的，例如紧挨冻结管周围的冻土强度最大，靠边缘的强度最小，要用数理方法精确计算冻结壁的强度是困难的，所以一般都是用冻结壁的平均温度去计算其平均强度。

（5）冻结速度对冻土强度的影响

冻土形成的快慢速度直接影响到冰的结构。若冻结速度快，冻土中的细粒冰就多，冻土强度就高。相反，若冻结速度慢，冻土中的粗粒冰含量增多，冻土强度相应降低。所以，积极冻结期的冻结状况对冻结壁的形成有重要意义。为此必须尽量降低盐水的温度，这样不仅使冻土由于温度低而强度高，同时也因冻结速度快而进一步增加其强度。采用的液氮低温快速冻结新工艺便具有这方面的优点。

2. 冻土的抗剪强度

试验表明：当正应力小于 10 MPa 时，冻土的抗剪强度可用库仑表达式描述（见图 14-7）：

$$\tau_b = C_0 + \sigma \cdot \tan\varphi \tag{14-4}$$

式中 τ_b——冻土的抗剪强度（MPa）；

C_0——冻土的粘结力（MPa）；

σ——正应力（MPa）；

φ——冻土的内摩擦角（°）。

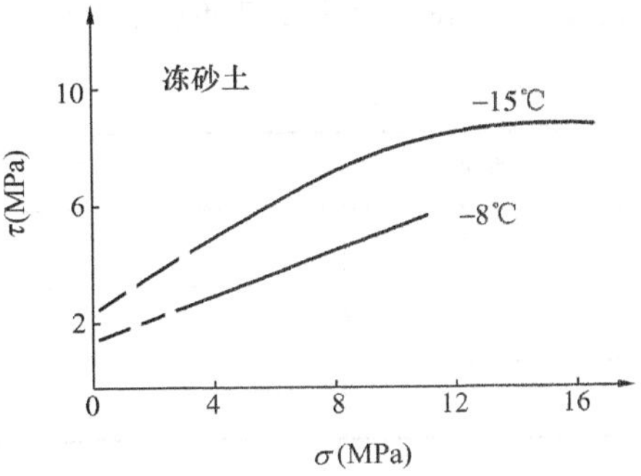

图 14-7 冻土的抗剪强度（细砂）

影响冻土抗剪强度的因素与冻土抗压强度的影响因素相同，仅在程度上有所区别。冻土长时粘结力约为瞬时粘结力的 1/3。（见表 14-5）

冻土的粘结力和内摩擦角 表 14-5

土壤名称	温度（℃）	含水量（%）	饱和度	瞬时 粘结力（MPa）	瞬时 内摩擦角	长时 粘结力（MPa）	长时 内摩擦角
中砂	−4～−14	6.5～23.0	0.25～0.98	0.82～4.05	21°0′～29°10′	0.37～2.10	20°30′～28°49′
粉砂	−4～−14	6.8～21.9	0.25～0.81	0.39～3.09	16°12′～20°30′	0.13～1.12	17°0′～29°20′
黏土	−4～−14	9.2～28.0	0.31～0.93	0.43～2.58	12°48′～29°12′	0.14～0.99	12°0′～23°36′

3. 冻土的流变性

由于冻土内存在固相水（冰）和少量液相水（未冻水），所以使其具有显著的流变性，即冻土在荷载作用下应力和应变将随时间而变化的特性。当外力恒定时，冻土的变形随着时间的延长而增大，且没有明显的破坏特征。

国内外许多学者对冻土的本构关系做了大量的试验研究。在实验的基础上，获得较公认的本构关系为：

$$\sigma = A(\tau)\varepsilon^{m} \tag{14-5}$$

式中 σ——应力（MPa）；

ε——应变，无量纲；

τ——随时间变化的变形模量（MPa）；

m——强化系数，无量纲。一般 $m<1$。当冻土温度在−5℃～−10℃范围内时，对于砂土 $m=0.3$，对于黏土 $m=0.34$。

据格奥列德基的试验研究，m 既与温度无关，也与荷载作用时间无关。

$A(\tau)$ 是时间和冻土温度的函数，在温度一定时可表示为：

$$A(\tau) = c_1\tau^{-c_2} \tag{14-6}$$

式中 τ——时间（min）；

c_1、c_2——试验系数，其值见表14-6。

c_1、c_2值 **表14-6**

冻土性质	砂土		黏土	
冻土温度（℃）	−5	−10	−5	−10
c_1	8.01	9.29	4.32	7.17
c_2	0.107	0.07	0.09	0.04

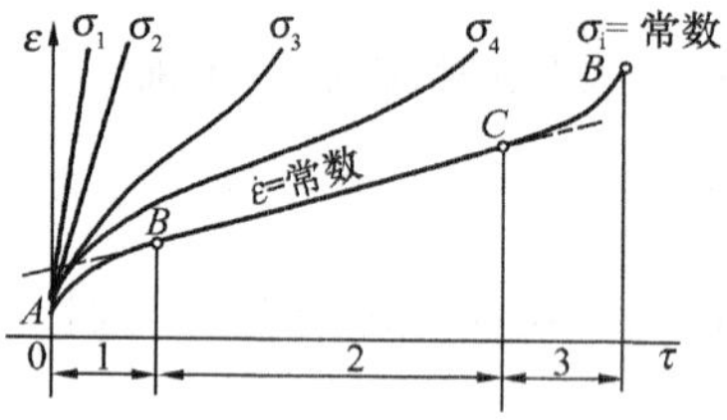

图14-8 单向受压时冻土的蠕变曲线

4. 冻土的蠕变性

当外力恒定时，冻土的变形随着时间的延长而增大。单向受压状态下冻土的蠕变（指应力不变时变形随时间变化的流变性质）变形规律如图14-8所示。

冻土受力后首先发生瞬时的弹性和塑性变形（0A段），其后进入蠕变变形时可分成下列几个阶段：

1—不稳定的蠕变或弹性蠕变阶段（AB段），其变形速度$\left(\dot{\varepsilon}=\dfrac{\mathrm{d}\varepsilon}{\mathrm{d}t}\right)$是逐渐衰减的；

2—稳定的黏塑性流动阶段（BC段），其变形速度是不变的（$\dot{\varepsilon}$=常数），

3—变形速度逐渐增长的流动强化阶段（CD段），直到最后脆性破坏（致密的砂类冻土）或塑性流动（黏土类冻土）。

冻土的蠕变性是在应力不变时，应变随时间变化的特性。根据研究成果，人工冻土的单轴蠕变方程一般表示为

$$\varepsilon=\frac{\sigma}{E_0(T)}+\frac{A_0}{(|T|+1)^{k}}\sigma^{B}t^{C} \tag{14-7}$$

式中 σ——应力（MPa）；

ε——应变；

$E_0(T)$——冻土单轴弹性模量（MPa）；

A_0——冻土蠕变试验常数，$(\mathrm{MPa})^{B}h^{C}$（℃）^{K}；

B——试验确定的应力无量纲常数；

C——试验确定的时间无量纲常数；

T——冻土的温度；

t——冻土蠕变时间。

若忽略弹性变形的影响，冻土的单轴蠕变方程简化为：

$$\varepsilon_c=\frac{A_0}{(|T|+1)^{k}}\sigma^{B}t^{C} \tag{14-8}$$

单轴蠕变速率方程简化为：

$$\dot{\varepsilon}_c=\frac{A_0C}{(|T|+1)^{k}}\sigma^{B}t^{C-1} \tag{14-9}$$

人工冻土蠕变应变表达式为：

$$\varphi_c(S_2)=f_t(J_2,T,I_1,t) \tag{14-10}$$

式中 I_1——应力张量第一不变量，$I_1=\sigma_1+\sigma_2+\sigma_3$；

J_2——应力偏量第二不变量，$J_2=\frac{1}{6}[(\sigma_1-\sigma_2)^2+(\sigma_2-\sigma_3)^2+(\sigma_3-\sigma_1)^2]$；

S_2——应变偏量第二不变量，$S_2=\frac{1}{6}[(\varepsilon_1-\varepsilon_2)^2+(\varepsilon_2-\varepsilon_3)^2+(\varepsilon_1-\varepsilon_3)^2]$。

根据弹塑性力学的基本理论，冻土蠕变剪切应变强度 $\bar{\varepsilon}$、剪应力强度 σ_c 分别与第二应变不变量、第二应力不变量的关系为：

$$\bar{\varepsilon}=\frac{2}{3}\sqrt{3S_2}$$

$$\sigma_c=\sqrt{3J_2}$$

由单轴蠕变方程的进一步推广，采用分离变量法，忽略平均法向应力和内摩擦角的影响因素，可得：

$$\varphi_c(S_2)=g(J_2)h(t)k(t)$$

式中，$\varphi_c(S_2)=2\sqrt{S_2}$；$g(J_2)=J_2^{B/2}$；$h(t)=A_0/(|T|+1)^K$；$k(t)=t^C$

即人工冻土蠕变的数学模型为：

$$2\sqrt{S_2}=A_0J_2^{B/2}t^C/(|T|+1)^K \tag{14-11}$$

将等效应力（σ_e）和等效应变（$\bar{\varepsilon}$）代入上式，得到用应力强度和应力强度表达的三轴蠕变方程：

$$\varepsilon=A\sigma_e^Bt^C \tag{14-12}$$

式中，$A=\dfrac{A_0}{\sqrt{3}^{B+1}(|T|+1)^K}$

对于三维蠕变问题，通常将塑性理论推广到蠕变情况，根据 Prundtl-Reus 塑性理论，用张量形式表示的塑性应变增量方程：

$$d\varepsilon_{ij}^p=\frac{3d\bar{\varepsilon}^p}{2\sigma_e}S_{ij} \tag{14-13}$$

再根据时间应化理论，$\dot{\varepsilon}_{ij}^{cr}=\lambda S_{ij}$

因而得到人工冻土三轴蠕变速率方程：

$$\dot{\varepsilon}_{ij}^{cr}=\frac{3}{2}ACS_{ij}\sigma_e^{B-1}t^{C-1} \tag{14-14}$$

对于图中的三个蠕变阶段的特征，则应变方程可按下式计算：

$$\dot{\varepsilon}=\bar{\varepsilon}_0\exp\left[k\left(\frac{t}{t_0}-\ln\frac{t}{t_0}-1\right)\right] \tag{14-15}$$

式中 $\dot{\varepsilon}$——冻土应变速率（1/s）；

$\bar{\varepsilon}_0$——冻土的起始应变速率，$\bar{\varepsilon}_0=\frac{d\varepsilon_0}{dt}(1/s)$；

k——蠕变参数，当 $\bar{\varepsilon}_0<10^{-5}$ 时，$k=1=\text{const}$；当 $\bar{\varepsilon}_0>10^{-5}$ 时，k 随 $\bar{\varepsilon}_0$ 的增大而增大；

t——蠕变时间（s）；

t_0——蠕变起始时间（s）。

在实际应用中，不稳定蠕变段时间很短，应把稳定蠕变段作为主要研究对象。特别是在冻结黏土中，只需计算稳定蠕变段的变形速率。冻土的流变性也主要是指稳定阶段的流变。其特征是：当应力 σ 小于某一起始应力值 σ_0 时，冻土流变速率 $\dot{\varepsilon}\to 0$，而当 $\sigma>\sigma_0$ 时，$\dot{\varepsilon}$ 为常数。可用下式表示：

$$\dot{\varepsilon}=\frac{1}{\mu}(\sigma-\sigma_0)^n \tag{14-16}$$

式中 μ——冻土的黏滞系数，由实验求得；

n——实验常数。

当冻土温度在−15℃时，冻结砂土：$\mu=5\times10^9$，$n=7.5$，$\sigma_0=1.56$MPa；冻结黏土：$\mu=(0.05\sim0.13)\times10^9$，$n=7\sim11$，$\sigma_0=1.8$MPa～2.5MPa。$\mu$、$n$、$\sigma_0$ 均与冻土类型及温度有关。

5. 冻土的强度松弛

冻土强度（破坏应力）随着荷载作用时间的延长而降低，称为冻土的强度松弛。荷载作用时间很短时（一般0.5～1.0h）的强度称为瞬时强度，大于1h的强度称为长时强度。实验室不可能施加过长的时间，一般将200h作用下的破坏应力称为长时强度。冻土强度松弛曲线规律可用松弛方程来描述。

$$\sigma_f=\frac{\sigma_{f_0}}{\left(\frac{t}{t_0}\right)^{\xi}} \tag{14-17}$$

式中 σ_f——冻土松弛强度（MPa）；

σ_{f0}——冻土瞬时强度（MPa）；

t_0——对应于瞬时强度，荷载作用的瞬时，取 $t_0=0.5\sim1$h

t——作用在冻土上的时间，通常取200h；

ξ——试验常数。随冻土性质及温度变化。

6. 冻土强度的取值

根据实验和工程经验，冻土长时抗压强度参考值见表14-7（沈季良等，1986）。

由于土赋存条件不同，土性、含水量和冻土温度均有差别，对于具体工程，宜采用原状土进行实验，获得强度值及有关参数。特别是城市地下工程方面，目前还没有相关冻土的参数，应用中取值均需要参考煤矿中的取值。

冻土长时抗压强度参考值 **表 14-7**

土层名称		中粒砂			粉 砂			软 泥		
孔隙率（%）		38			42			46		
含水率（%）		10.0	16.7	22.5	8.3	15.0	23.0	8.0	14.7	24.0
饱和度		0.44	0.73	0.97	0.30	0.56	0.85	0.27	0.49	0.80
荷载作用时间为72h时的冻土抗压强度（MPa）	−1℃	1.30	1.85	2.74	0.17	0.36	0.48	0.22	0.39	1.08
	2℃	1.70	2.39	3.33	0.26	0.52	0.69	0.31	0.51	1.22
	−3℃	2.00	2.81	3.79	0.36	0.68	0.90	0.39	0.62	1.37
	−4℃	2.27	3.17	4.18	0.46	0.84	1.11	0.48	0.74	1.52
	5℃	2.50	3.49	4.52	0.56	1.0	1.32	0.56	0.85	1.67
	−6℃	2.71	3.76	4.82	0.65	1.16	1.53	0.64	0.96	1.81
	7℃	2.91	4.03	5.12	0.75	1.32	1.74	0.73	1.08	1.96
	8℃	3.07	4.27	5.38	0.85	1.48	1.95	0.81	1.19	2.11
	9℃	3.24	4.49	5.62	0.94	1.64	2.16	0.90	1.31	2.28
	−10℃	3.40	4.70	5.88	1.04	1.80	2.37	0.98	1.42	2.40
	−11℃	3.55	4.91	6.07	1.15	1.94	2.58	1.06	1.53	2.55
	12℃	3.69	5.10	6.28	1.23	2.10	2.79	1.15	1.65	2.70
	13℃	3.83	5.28	6.43	1.33	2.26	3.00	1.23	1.76	2.84
	14℃	3.96	5.45	6.67	1.43	2.42	3.21	1.32	1.87	2.99
	15℃	4.08	5.61	6.86	1.53	2.58	3.42	1.40	1.99	3.14

14.3.3 冻土的热物理参数

冻土是由矿物颗粒、冰、未冻水和气体所组成的混合体，冻土和未冻土的物理性质有很大差别，是由于土中水处在不同相态时或者正在发生相变时的特性所决定的。由于冰的导热系数约为水的四倍，而冰的热容量约为水的二分之一，冻土中的含冰量愈大，其物理性能的差异也愈显著。

描述冻土物理性质的主要指标有比热、导热系数、导温系数和热容量。

1. 比热

单位质量的土体，温度改变1℃所需要吸收（或放出）的热量称作质量比热，按下式进行计算：

$$C_{du}=\frac{C_{su}+WC_w}{1+W} \tag{14-18}$$

$$C_{df}=\frac{C_{sf}+(W-W_u)C_i+W_uC_w}{1+W} \tag{14-19}$$

式中 C_{du}、C_{df}、C_{su}、C_{sf}、C_w、C_i——分别为融土、冻土、融土骨架、冻土骨架、水和冰的质量比热(J/(kg·℃))；

W、W_u——土中的总含水量和未冻水含量。

一般 C_w 和 C_i 可分别取为4182J/(kg·℃)和2090J/(kg·℃)。对不同土体，骨架比热

变化不大，可取 $C_{su}=850J/(kg \cdot ℃)$、$C_{sf}=778J/(kg \cdot ℃)$。计算中可近似认为 $W_u=0\%$。

2. 导热系数

在热流方向上，单位温度梯度 1℃/m(1m 长度上温度降低 1°C)作用下，单位时间内通过单位面积的热量称为导热系数(λ)，其单位为 W/(m·℃)，它是反映冻土传热难易的指标。

冻土的导热系数受土性、含水率和温度变化的影响。当土性相同时，含水率愈大，λ 值也愈大。工程中常采用平均导热系数，冻土与未冻土的导热系数范围为 0.9～3.9W/(m·℃)。

试验结果表明，导热系数与导热体所受外界压力无关，这是人工冻结工程测温孔在浅部测得的数据可应用于深部同类土的依据。

岩土体在未冻结状态下的导热系数和在冻结状态下导热系数不同，一般通过试验获得。有关资料说明温度的变化对导热系数等热力学参数的影响不是很大，在分析中可以只考虑分为未冻土和冻土两种状态，冻土融化后按照未冻土考虑。根据有关参考资料和淮南、淮北矿区以及巨野矿区深部土层的试验资料，土冻结后的导热系数约为冻结前的 1.20～1.60 倍，冻土导热系数可以取为 1.2 倍的未冻土导热系数。

3. 导温系数

反映在不稳定传热过程中温度变化速度的指标称为导温系数，冻土的导温系数 a 可用以下表达式：

$$a=\frac{\lambda}{C\gamma} \tag{14-20}$$

式中 a——冻土的导温系数（m^2/h）；

C——冻土的比热（J/kg·℃）；

γ——冻土的容重（重度）（kg/m^3）。

冻土的导温系数随含水量增大而增大，但到一定含水量后，增长率缓慢。

4. 热容量

在冻结过程中，土体从初始温度降到所需要的冻结温度时，每 $1m^3$ 土所放出的总热量称为土的热容量。

冻土的热容量 Q 可用下式计算：

$$Q=Q_1+Q_2+Q_3+Q_4 \tag{14-21}$$

式中 Q_1——$1m^3$ 土体中水由原始温度 t_0 将到结冰温度 t_b 时所放出的总热量：

$$Q_1=WC_s(t_0-t_b)\gamma_s$$

W——含水率（%）；

C_s——水的比热（J/kg·℃）；

γ_s——水的比重（kg/m^3）；

Q_2——土中水结冰时放出的潜热量：$Q_2=W\gamma_s q_q$；

q_q——1kg 水结冰时放出的潜热量，一般为 336kJ/kg；

Q_3——冻土中的冰由结冰温度将到所需要的冻结温度时所放出的热量：

$$Q_3=WC_b\gamma_b(t_b-t)$$

C_b——冰的潜热（kJ/kg·℃）；

γ_b——冰的比重（kg/m³）；

t——所需的冻土平均温度（℃）。

Q_4——土颗粒由原始温度降到设计的平均温度时所放出的热量：

$$Q_4 = (1-W)C_t\gamma_t(t_0-t)$$

5. 相变潜热

在一定温度下将水或某种水溶液由液态变成固态时所需放出的热量即相变潜热。

土体冻结时放出的结冰潜热与土体的未冰冻水含量关系可用下式表示：

$$\psi = L\rho_d(W-W_u) \tag{14-22}$$

式中 ψ——土的相变潜热（kJ/m³）；

L——水的结冰潜热（L=334.56kJ/kg）；

W_u——冻土中的未冻水含量（%）；

ρ_d——土的干密度（kg/m³），按下式计算

$$\rho_d = \rho/(1+W) \tag{14-23}$$

式中 ρ——土的密度（kg/m³）。

14.4 土体冻结基本理论

14.4.1 冻结温度场

冻结温度场是一个相变的、移动边界的和有内热源的、边值条件复杂的不稳定导热问题。掌握冻结温度场的目的在于：求冻结壁的平均温度，为确定冻土强度提供依据；确定冻结锋面的位置，用以计算冻结壁的厚度；确定冷量的消耗：了解了温度场，也就是掌握了冻土中温度分布情况，可以较准确的知道冷冻站供出的有效冷量，作为冻结方案比较的依据；确定冻结壁的扩展速度，为估算所需积极冻结时间提供参考。

14.4.1.1 温度场定义

在空间一切点瞬间温度值的总称叫温度场。

温度场分为稳定的温度场和不稳定的温度场。

稳定温度场：场内任何点的温度不随时间而改变的称为稳定温度场；

不稳定温度场：场内各点的温度不仅随空间发生变化，而且随时间的改变而改变的称为不稳定温度场。

在人工冻结法中，冻结温度场属于不稳定的温度场。

冻结壁中温度分布比较复杂。常用三个面来描述（图 14-9）

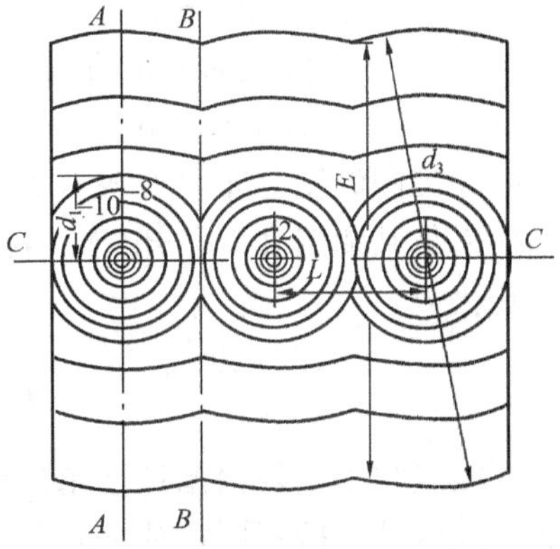

图 14-9 冻结壁中的等温线（平面图）

主面：通过冻结管中心和井筒中心的剖面叫主

面（图14-9之$A—A$剖面）。

界面：通过相邻冻结管中心连线的中点与井筒中心的剖面称为界面（图14-9之$B—B$剖面）。

轴面：通过各个冻结管中心所构成的圆形剖面称轴面。如图14-9之$C—C$剖面。

14.4.1.2 冻结温度场理论

冻结加固法的主要的理论依据是冻结温度场理论，分降温区理论和冰冻区理论。

在测温点温度为正值时，运用降温区理论，此时

$$t=\frac{2t_0}{\sqrt{\pi}}\int_0^{x/\sqrt{4a\tau}}\mathrm{e}^{-x2/4a\tau}\,\mathrm{d}(x/\sqrt{4a\tau}) \tag{14-24}$$

式中 x——测温点与冻土边缘的最小距离（m）；

t——测温点的土层温度（℃）；

t_0——土层的原始温度（℃）；

π——圆周率；

τ——冻结时间（h）；

a——冻结土层的导温系数（m^2/h）。

公式（14-24）$2t_0/\sqrt{\pi}\int_0^{x/\sqrt{4a\tau}}\mathrm{e}^{-x2/4a\tau}\,\mathrm{d}(x/\sqrt{4a\tau})$为高斯误差函数，可记作为erf（$x/\sqrt{4a\tau}$），公式（14-24）可简化为：

$$\frac{t}{t_0}=\mathrm{erf}\left(\frac{x}{\sqrt{4a\tau}}\right) \tag{14-25}$$

在测温点温度为负值时，适用冰冻区理论，此时

$$t=\frac{t_y\ln\dfrac{r_f}{r}}{\ln\dfrac{r_f}{r_\rho}} \tag{14-26}$$

式中 t——测温点处的冻土温度（℃）；

t_y——盐水温度（℃）；

r_f——冻土半径（m）；

r——冻土温度为t处的冻土半径（m）；

r_ρ——冻结管半径（m）。

冰冻区的温度分布自冷源（冻结管）至冻土边缘（0℃等温线）呈对数曲线变化。

如果从某测温孔（已知r），测得温度（已知t），求此时的冻土半径r_t，则公式（14-26）转化成：

$$r_t=\exp\left(\frac{t_y\ln r-t\ln r_\rho}{t_y-t}\right) \tag{14-27}$$

冻结过程中，每根循环盐水的冻结管与周围土体发生热交换，其周围土体受其影响而形成不同区域，按不同特征分别称为冻结区、降温区和常温区，如图14-9所示。

在冻结区，即$t\leqslant0$℃的区域内，土体温度呈对数分布，在降温区，即$0℃\leqslant t\leqslant t_0$的

区域内，土体温度服从高斯误差函数分布；在常温区，即 $t=t_0$ 的区域内，土体温度不随距离冻结管的远近而变化。其中 t 为区域内实测温度，t_0 为冻结前土体的原始温度。

$$\varepsilon_{max} \leqslant \frac{e}{1+e}\left(\frac{\delta_r}{0.9}-1\right) \tag{14-28}$$

式中 ε_{max}——冻胀变形最大值（%）；

e——土的孔隙比；

δ_r——土的饱和度（%）。

14.4.1.3 冻结壁导热方程

以圆形基坑为例，针对其冻结管布置特性，在土层中沿垂直深基坑轴线方向，取出一定厚度（1m）的薄片作为研究对象。认为在薄片范围内，研究对象是均质连续的土体，沿冻土墙纵向温度无梯度。因此，冻结温度场可简化为轴对称的平面问题，不考虑薄片垂直方向的热传导，其导热方程可写为

$$\frac{\partial t_n}{\partial \tau}=a_n\left(\frac{\partial^2 t_n}{\partial r^2}+\frac{1}{r}\frac{\partial t_n}{\partial r}\right) \qquad \tau>0;\ 0<r<\infty \tag{14-29}$$

在冻结开始前，岩土中具有均一的初始温度 t_0，有初始条件

$$t(r,\ 0)=t_0$$

在无限远处的温度不受冻结的影响，其温度为初始温度，因此有

$$t(\infty,\ t)=t_0$$

在冻结锋面，永远为冻结温度 t_d

$$t(\xi_N,\ \tau)=t_d$$

在冻结锋面上有热平衡方程

$$\lambda_2\frac{\partial t_2}{\partial r}\bigg|_{r=\xi_N}-\lambda_1\frac{\partial t_1}{\partial r}\bigg|_{r=\xi_N}=Q\frac{d\xi}{d\tau} \tag{14-30}$$

在冻结管布置圈径上，有

$$t(R_0,\ \tau)=t_y$$

式中 t_n——未冻土与冻土中 r 点温度，右下角标 $n=1$ 时为未冻土，$n=2$ 时为已冻土；

τ——时间；

a_n——导温系数；

r，φ——极坐标系下坐标；

λ_1，λ_2——未冻土与冻土的导热系数；

ξ_N——表示冻结锋面在 N 区域内的坐标（m）；当 $N=1$ 时，表示冻结锋面在冻结管布置圈以内；当 $N=2$ 时，表示冻结锋面在冻结管布置圈以外；

Q——单位土体冻结时放出的潜热量；

R_0——冻结管布置半径（m）；

t_0，t_y，t_d——分别为土体初始温度、盐水温度、冻结温度。

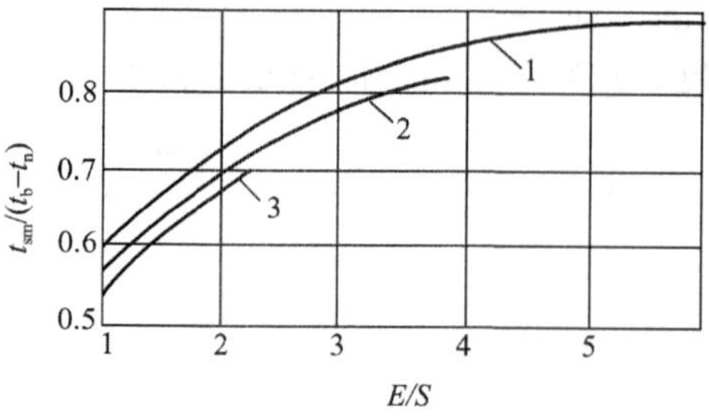

图 14-10 轴面平均温度的综合图
1—d/S=0.182；2—d/S=0.112；
3—d/S=0.073

14.4.1.4 平均温度的确定

冻结壁平均温度是确定冻土强度的基本依据，主要取决于冻结壁厚度、冻结盐水温度、冻结孔间距、井帮冻土温度诸因素。

1）按圆管稳定导热求解冻结壁平均温度

冻结壁交圈后，冻结锋面很快就发展为以基坑中心线为轴的圆柱面。当冻结壁达到设计厚度时，冻结壁的发展速度就很慢了。此时的冻结温度场可近似看作为稳定温度场，可将冻结管的布置圈视为一个热流源，其温度为轴面的平均温度。轴面平均温度 t_{zm} 可用依·姆·伺捷潘诺夫公式计算，或查图 14-10。其公式为：

$$t_{zm}=t_b\left(0.77+0.03\frac{S}{2R_0}-0.40\frac{S}{2R_2}+\frac{d}{S}+0.07\frac{E_1}{E_2}\right) \tag{14-31}$$

这样，冻结壁温度场就可看成是两个圆管的稳定导热问题。这两个圆管分别为：

（1）以冻结管布置圈面和外冻结锋面为内、外表面的圆管，其内表面的温度取为轴面平均温度 t_{zm} 外表面的温度为土层的冻结温度 t_d；

（2）以内冻结锋面（如冻土已扩展至井内，则为基坑掘进荒侧面）和冻结管布置圈面为内外表面的圆管，其内表面的温度为土层的冻结温度 t_d（如冻土已扩展至井内，则为井帮温度 t_n）。

根据圆管稳定导热问题的解（翁家杰，1991）可推导得：

$$t_{m1}=\frac{3t_i}{2}-\frac{t_{zm}}{2}-\frac{t_{zm}-t_i}{1-\left(1-\frac{E_1}{R_0}\right)^2}\ln\left(1-\frac{E_1}{R_0}\right) \tag{14-32}$$

$$t_{m2}=\frac{3t_{zm}}{2}-\frac{t_d}{2}-\frac{t_d-t_{zm}}{1-\left(\frac{R_0}{R_0+E_2}\right)^2}\ln\left(\frac{R_0}{R_0+E_2}\right) \tag{14-33}$$

$$t_m=\frac{E_1(2R_0-E_1)t_{m1}+E_2(2R_0+E_2)t_{m2}}{(2R_0+E_2-E_1)(E_2+E_1)} \tag{14-34}$$

式中 t_{m1}——冻结管布置圈内侧冻结壁的平均温度（℃）；

t_{m2}——冻结管布置圈外侧冻结壁的平均温度（℃）；

t_i——如冻土没有进入掘进荒径内，取为 t_d；如冻土已扩展入井内，则取为井帮温度 t_n；

t_m——冻结壁的平均温度（℃）。

有的学者在计算中，用冻结管外表面温度 t_b 甚至盐水温度 t_y 直接代替轴面平均温度 t_{zm}，这样给计算带来一定的方便，但算出的冻结壁平均温度略低点。

2）根据试验、实测、数值计算结果拟合得到的平均温度计算公式

鉴于冻结壁的厚度是以界面厚度为准的，故有时用界面平均温度表征整个冻结壁的平均温度。试验证明：界面平均温度 t_{jm} 可用下述波·夫·巴哈金公式计算，也可查图 14-11 求得。其公式为：

$$t_{jm}=0.5t_{k} \tag{14-35}$$

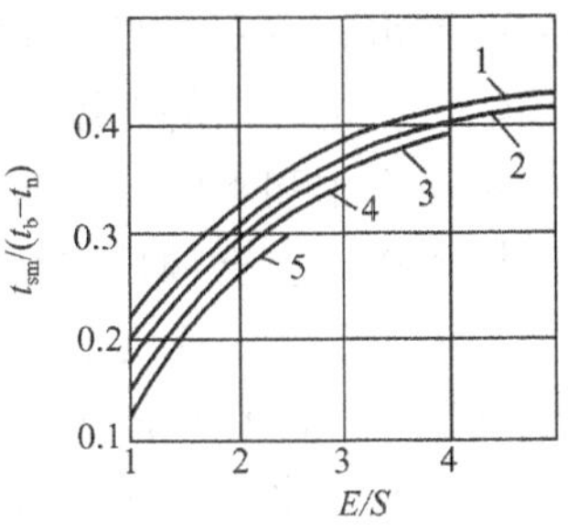

图 14-11 确定界面平均温度的综合图

1—d/S=0.182；2—d/S=0.146；3—d/S=0.112；4—d/S=0.091；5—d/S=0.073

前苏联用纳斯诺夫公式计算冻结壁的平均温度 t_m，

$$t_{m}=t_{y}\left(0.32+0.8\frac{d}{S}-0.20\frac{S}{E}\right) \tag{14-36}$$

波兰常用依·姆·伺捷潘诺夫公式计算冻结壁平均温度，

$$t_{m}=t_{b}\left(0.42+0.09\frac{S}{2R_{0}}-0.20\frac{S}{2E_{2}}+0.37\frac{d}{S}+0.01\frac{E_{1}}{E_{2}}\right) \tag{14-37}$$

中国计算冻结壁平均温度多用成冰公式，

$$t_{m}=t_{y}\left[1.135-0.352\sqrt{S}-0.785\frac{1}{\sqrt[3]{E}}+0.266\sqrt{\frac{S}{E}}\right]-0.466 \tag{14-38}$$

对于上式，当井帮温度低于 0℃时，冻结壁有效厚度中的平均温度 t'_m 为

$$t'_{m}=t_{m}+\omega t_{n} \tag{14-39}$$

式中 ω——经验系数，ω=0.25～0.30；

t_n——计算水平的井帮温度（℃）。

14.4.1.5 影响温度场的主要因素

1. 未冻水含量

当土体冻结时，特别是当细分散土（如黏性土）冻结时，在土的冻结温度下，远非所有的水都结成了冰，而只是其中的一部分变成了冰。当负温进一步下降时，继续发生水的相变，但总的温度减小了，而且，发生冻结的水的数量不仅将决定于负温度值（主要因素），而且决定于矿物颗粒的比表面积、吸附阳离子的成分、压力等。

土体中的未冻水含量多，土体冻结较慢，黏性土比砂土中含较多的未冻水，砂土就较容易冻结。土体中的未冻水含量直接影响到土体的相变潜热，进而影响土体温度的下降。

冻土中的未冻水含量不仅是计算相变潜热的必要指标，而且直接制约冻土的力学特性，其含量随土类、温度和外载而变，并与冻结负温值保持幂函数形式的动态平衡关系。

其数学表达式如下：

$$W_{u}=at^{b} \tag{14-40}$$

式中 W_u——无外载条件下的未冻水含量（%）；

t——冻土温度，取其绝对值（℃）；

a、b——由土质决定的常数，由试验确定。

2. 土的冻结温度

标准大气压下自由水的冻结温度（也称“冰点”）为 0℃，但处于矿物颗粒表面力场

中的孔隙水，特别是当其呈薄层（薄膜水）时，冻结温度更低，而土的冻结温度是指土体中孔隙水稳定冻结的温度，土体孔隙水的冻结有其自身特点，这是由于与土体矿物颗粒表面的相互作用和水中具有某种数量的盐分所决定的。孔隙水冻结的同时伴随着土体体积增大、析冰作用、土颗粒冻结。

土体中的水由于受土颗粒表面能的作用及溶质的存在和地压力的影响，其冻结温度均低于0℃，因而土体的冻结温度应试验测定。

在给定含水量及无外载条件下土体的冻结温度

$$t_f = -\exp\left(\frac{\ln a - \ln w_0}{b}\right) \tag{14-41}$$

式中 t_f——土体的冻结温度（℃）；

w_0——土体的含水量（%）；

a、b——由土质决定的常数，由试验确定。

在相同初始含水量的情况下，土颗粒细的，其冻结温度低；土颗粒粗的冻结温度高。一般情况下，当含水量为液限含水量时，黏性土类的冻结温度为−0.1～−0.3℃；砂和砂性土的为0.0～−0.2℃。

另外根据中国矿业大学的研究，承压土的冻结温度的计算公式为

$$t_d = t_s + \eta p \tag{14-42}$$

式中 t_s——无外载条件下含盐湿土的冻结温度（℃）；通常情况下，t_s=0～−6℃；

η——有载荷作用时，不含盐湿土冻结温度随外载的平均变化率，一般取为−0.075℃/MPa；

p——湿土所受外载荷（以压为正）（MPa），取为土的竖向地压

$$p_v = \gamma H \tag{14-43}$$

式中 p_v——竖向地压（MPa）；

γ——土体的湿容重，一般可取为0.0194～0.025MN/m^3；

H——土体的埋深（m）。

按上述常见参数取值范围，应有 t_d=0～ −8℃。

土的含盐量的大小也影响着它的冻结温度的高低，含盐量大，其冻结温度低，而含盐量又与水分有关，土的含水量大，土中盐稀释，冻结温度高；土的含水量小，盐的浓度增大，冻结温度就低。试验表明，当土的含水量不同时，冻结温度也不同，其规律是土的冻结温度随土的含水量的增加而升高。

14.4.2 冻胀融沉

冻胀融沉是人工冻结法不可避免的问题。

14.4.2.1 冻胀机理

含水土体的冻结伴随着复杂的物理、物理化学、物理力学过程。在含水土体的冻结过程中，除黏性细粒土中的原位水发生冻结外，还会发生未冻水向冻结锋面的迁移，从而引起土中水分重分布和析冰作用。

因此，冻胀可分为原位冻胀和分凝冻胀。孔隙水原位冻结造成体积增大约9%，但由

于外界水分补给并在土体迁移到某个冻结位置，体积增大会远大于9%，所以开放系统饱和土中分凝冻胀是构成土体冻胀的主要分量。一般说来，分凝冻胀的机理包括两个物理过程：水分迁移和成冰作用。因为原位水分冻结引起的冻胀量十分微小，从工程角度可以忽略，所以土体冻胀主要指水分迁移引起的分凝冻胀。

对冻土水分迁移机理及水-冰相转换的认识是从微观角度研究冻土物理力学性质、土体冻胀融沉规律的基点。正是冻土中冻结过程中的水分迁移，引起土中水分的重新分布和析冰作用，使土体的性质发生剧烈的跳跃式变化，如黏聚力增大、强度提高，体积大大增加。

基于土体冻结过程中水分迁移机理的重要性，研究工作者已经花费了很大精力集中于这一方面的研究。但是，由于水分迁移过程受到许多复杂因素的影响，并依水分的相转换及各种类型水的变化而变化，使这个问题的研究仍没有一个统一的、是否能完善的、并有定量依据的水分迁移理论，仍是一个激烈争论的问题。但是，已经通过室内试验，得到了正冻土由温度梯度引起的水分迁移的驱动力三要素：温度、未冻土含水量和土水势之间的经验关系。

对冻土中析冰作用，已经认识到，正冻土中的析冰作用与土体类型、含水量及水分分布、温度和荷载条件密切相关。

1. 水分迁移机理的基本观点

大量的研究可以归纳为以下几种观点：

（1）热量、流动动力观点

这种观点认为，在热力梯度的作用下，毛细孔隙胶体介质中会发生热量与物质的传递迁移，致使水分在土系中移动，称之为薄膜水迁移。

（2）抽吸力、结晶力观点

抽吸力观点认为，土体矿物骨架的吸力作用造成水膜外层压力亏损而引起水分迁移。水分迁移流量取决于土的吸力与外荷载，以及冰晶体增长所产生的压力差值。而结晶力观点认为，在冰-水系统中，冰晶作用所产生的压力梯度会引起水膜移动。也有人认为，水-冰边界上的吸力与水向冰晶生长方向迁移势取决于土体的孔隙尺寸，因而也就归结到抽吸力观点之中。事实上，抽吸力是一种综合力，它包括孔隙力，毛细作用力，结晶力等等。因此，抽吸力依土体埋藏条件、岩土的化学成分、孔隙率而变化。

（3）物理化学观点

这种观点认为矿物颗粒表面、同一相内离子交换、同相分界表面离子相吸附的薄膜水，或土体颗粒表面能等势差作用均是水分迁移的基本力。这种势差取决于土颗粒大小、土的吸水作用力大小等因素。

（4）构造形成观点

这种观点认为土粒的凝聚作用、分散作用、压缩沉陷等形成水分迁移和薄膜水结构特征，是水分迁移的动力。

总之，关于水分迁移的学说很多，但无论哪一种假说都未能全面地解释土体冻结过程中水分迁移的现象。所以，有些学者就用一种综合力来解释这种现象。即使如此，仍未能解释水分迁移的全面过程。

从以上各种观点可以得知，土体冻结过程中要使水分能在土中流动，就要有一个

"力"或"势"作为驱动。从现有的文献看，除现有特大孔隙率的土体冻结时，水分迁移以水蒸汽扩散地形式自地下水面向冻结锋面迁移为主外，其他土体的水分迁移是各种驱动力综合作用的结果，尤以薄膜-毛细作用迁移方式为主要。

2. 影响水分迁移量的主要因素

尽管水分迁移的机理十分复杂，目前还未能有十分全面的解释，但基于大量的研究，已有下面的一些共同认识：

（1）冻土中未冻水和冰的驱动力平衡原理

冻土中未冻水和冰的数量、成分及性质不是固定不变的，而是随外界热力作用的改变而处于动态平衡之中。换言之，土体的相态平衡是一种动态的平衡，外部热力作用如温度、压力等的不断变化，使得水分迁移现象在土体中不断地进行着。这种迁移现象不仅发生在迁移面，而且也发生在已经冻结的土体中。

（2）冻土温度及温度梯度对水分迁移的影响

黏性细粒土土体降温是水分迁移的基本外在因素。土体降温引起水结晶、冰分凝、土颗粒自由能量增长，使得冷源方向存在着各种分子力，引起土体内部液态水向冻结锋面不断迁移。

土体温度越低，土体中未冻水含量越少，含冰量越大。降低负温，不仅减少了土中未冻水含量，而且改变了未冻水的性质，如盐分浓度增大，黏度增大，冻结温度降低等。

冻土温度梯度决定着水分迁移的大小。在有外来水源补给的情况，土体冻结锋面上的冷却温度越高，时间越长，外部渗入水分在冻结面上形成的冰晶体、冰夹层的厚度也越厚。所以说，冻土的温度梯度越小，水分迁移量越大；温度梯度越大，水分迁移量越小。

在已冻土中，当冰面及土颗粒表面存在着未冻水时，在温度梯度的影响下，未冻水迁移也遵循正冻土中薄膜水的迁移的基本规律。

（3）荷载作用对水分迁移的影响

除冻土温度外，外荷载对未冻水含量的影响十分显著，外荷载越大，冻土中的未冻水含量越大，含冰量越小。这是由于在外部压力作用下，矿物颗粒的接触点上会产生巨大的接触应力，促使冻土中冰产生融解，因而使未冻水含量增加。

（4）土的粒度组成对水分迁移的影响

土颗粒越细，土颗粒比表面积越大，自由表面能越大，因而结合水的厚度也相应增加，在相应的负温度条件下未冻水含量也就越高，因此，冻融现象研究的主要对象是细粒土。

（5）水分迁移量的计算

水分迁移量的计算是计算冻胀融沉的基础，如能准确的计算冻结过程中水分迁移量，则冻胀和融沉的精确计算也就成为可能。但是水分迁移的复杂性，水分迁移量的准确估计目前还只能是通过实验、现场实测等方法给出经验数据，或进行理论研究。

（6）未冻水含量和含水量的计算

对于自然冻土，前苏联学者给出了一些经验及基于抽吸力迁移理论的水分迁移量计算公式，但参数多，有些参数难以确定，仅能做参考。

安德森等人给出了与冻结温度和比表面积有关的无盐土未冻水含量计算公式：

$$W_{\mathrm{u}} = \alpha t^{\beta} \tag{14-44}$$

根据安德森选用的11个有代表性的土（比表面积 S 为 0.02 至 $800m^2/g$）进行实验，系数 α 和 β 与冻土比表面积有关。用回归方程分析，得到概括性的水相组成的方程式：

$$\ln W_u = \alpha + b\ln S - cS^{-d\ln t} \tag{14-45}$$

根据试验资料，系数 $\alpha=0.2618$；$b=0.5519$；$c=1.449$；$d=0.264$。在无荷载作用条件下，当土的比表面积 S 值为已知或可估计时，便可用上述公式计算任意负温的无盐土未冻土的含水量。

3. 冻胀计算模型

冻胀计算的模型按照物理参数的选择方式可以分为确定型计算模型和随机型计算模型。确定型计算模型根据精确确定土的物理、力学、热学参数以及它们之间的数学关系计算冻胀；随机模型则是一个暗箱，综合考虑多种影响因素，借助模拟实验和统计规律来获得冻胀。

按照计算原理划分：冻胀模型又可以分为经验和半经验计算模型、流体模型、流体动力学计算模型、刚冰模型及热力耦合模型。

(1) 经验及半经验公式

经验及半经验公式是基于大量实验室和现场观察的结果。其中半经验公式是利用实验或观察获得的参数结合理论分析而得到的计算公式。

我国从20世纪70年代以来，设立了与冻胀有关的观测站20个以上，进行了大量的室外研究，同时，以中科院兰州冰川冻土研究所为首的一批科技工作者也进行了大量的室内研究，对各种影响因素与冻胀之间的关系总结了不少经验公式，并已提出了多种土的冻胀分类方案。

试验表明，粗颗粒土中粉黏颗粒含量对冻胀率有明显的影响。当粉黏颗粒含量小于12%时，即使在充分饱水条件下，冻胀率不大于2%。当粉黏颗粒含量大于12%后，冻胀率明显增大。

根据细砂在不同分散度时的室内冻胀试验资料，给出冻胀率与比表面积（S）间的经验公式：

$$\eta = 0.59\exp(1.7\alpha s) \tag{14-46}$$

式中，α 为比例系数，其数量级为 10^{-3}。

非饱和土中存在起始冻胀含水量，即当土体初始含水量小于起始冻胀含水量时，冻胀为零，冻胀率为零。黏性土的起始冻胀含水量 W_0 与塑性含水量 W_p 间有如下的关系：

$$W_0 = 0.48W_p \tag{14-47}$$

土的冻胀率与含水量的关系可用下式表示：

$$\eta = A(W-W_0)^B \tag{14-48}$$

粗颗粒土及含水量小于 $W_p+35\%$ 的黏性土的冻胀率与含水量的关系可以表达为：

$$\eta = A(W-W_0)K \tag{14-49}$$

式中，A、B、K 为与土的性质有关的系数。

一些试验观测结果表明，冻胀率随地下水位埋深增大而按指数规律衰减。

外界条件中土的热状况对冻胀的影响主要是冷却速度、冻结速度、温度和温度梯度等指标来衡量，黏性土中冻胀率随冻结速度（V_f）及优势阳离子在土中的原始量（C_0）增大而减小。

荷载（P）对冻土的冻胀起抑制作用：

$$\eta = \eta_0 \exp(-AP) \tag{14-50}$$

式中，η_0 为无荷载条件下土的冻胀率；A 为与土质有关的系数。

从工程实用目的出发，在室内外大量试验和观测资料统计的基础上，提出了各种冻胀量计算的经验公式。其中在工程实践中应用较广的以下几个：

对于地下水深埋的情况，即封闭体系的冻胀量按下式计算：

$$\eta = A(W - BW_{\mathrm{P}}) \tag{14-51}$$

对于地下水浅埋的情况，即开放体系的冻胀量按下式计算：

$$\eta = Ae^{BZ} \tag{14-52}$$

式中 A、B——与土质及与当地冻结条件有关的系数；

W——土层冻前含水量；

W_{p}——塑性含水量；

Z——地下水埋藏深度。

则冻胀量：

$$H = \eta H_{\mathrm{f}} \tag{14-53}$$

式中 H——冻胀量；

H_{f}——土层冻结深度。

（2）流体动力学模型

20 世纪 70 年代，由于计算机技术特别是计算机的发展，使得能够用数值方法求解复杂的微分方程。Harlan 在 1973 年提出了一个流体动力学冻胀模型。流体动力学模型是基于非饱和土中水的运动和正冻土中水的迁移的相似性并用热量关系建立的。此后基于这个模型，Sheppard（1978）、Janson（1978）、Fuda（1982）、Guymon（1993）等相继提出了一系列新的计算模型。其中用于解决季节性冻土层冻融问题，特别是季节冻土区道路的冻融分析。

提出的流体动力学模型可以解决包括冻融在内的冻土的各方面问题，但是这种模型没有描述冰晶的构造问题，也没有考虑上覆荷载的影响。

（3）刚冰模型

O'Neill 和 Miller1982 年提出的刚冰模型是基于 Miller1972 年提出的二次冻胀模型，即冰晶的生长是在冻结冰锋面后面一定距离，即在冰晶和冻结冷锋面之间是部分冻结，即这部分区域是由冰晶和水填充。

按照这一理论，新的冰晶是在冻结锋面处有效应力足以克服超荷载时开始生成。刚冰模型假设冻结边缘的冰与增长的冰晶是刚性连接、孔隙冰可以移动，因而称为刚冰模型。刚冰模型可以用于计算冻胀问题，但不能用于计算融沉。

在第一个刚冰模型之后，其他一些研究学者如 Holden（1983）、Ishizaki（1988）、Piper（1987）又相继提出并发展了刚冰模型。Sheng 1994 年提出了基于刚冰模型的新模型，可以用于处理现场条件如层状土层、非饱和土层问题，据介绍其计算值与现场观察值十分吻合。Sheng 和 Ladanyi（1987）在刚冰模型中考虑了应力和应变特性，但没有把他们和热-质传输方程联系起来。

Hopke 1980 年提出了与刚冰模型基本类似的模型，首次考虑了外力的作用。Gilpin

(1980)、Nixon (1991)、Padilla (1992) 等也相继提出了类似的模型。

(4) 水热耦合模型

水热力耦合模型是把冻土的力学特性和水—热传输一起考虑，即把水分场、温度场和应力场统一考虑。这种模型首先是由 Duquenoi 等于 1985 年，Fremond 和 Mikkola 于 1991 年提出的。模型基于质量、动量、能量守恒定律和熵不均等原则。在这一模型中，饱和水土被视作是由颗粒骨架、液体水、和冰三种介质组成。水热力耦合模型可以描述孔隙水的冻结、孔隙水和热的传输以及冻胀融沉。

4. 土体冻胀性分类

为工程目的，对土的冻胀性分类是十分必要的。最初进行分类主要是基于在永冻土或季节冻区每年发生的大量的道路破坏提出的 (Kuebler 1964，Dueker 1939)。如果一种土层经过一次或多次冻融循环后，与最初的土层性质相比超过了一定量的改变，那么就说这种土是冻结敏感的。这些土层性质主要是指体积的改变（冻结时的冻胀，融化时的沉降）和融化后的力学性质（抗剪强度，承载能力）。

最早对土层冻结敏感性的分类标准是依据确定颗粒粒径级配 (Casagrande 1931，Duecker 1939，Achaible 1957)。土层被简单的分成冻结敏感和冻结不敏感两种。随着人们研究的不段深入，提出了新的判定准则。对土的冻胀性的各种分类方法如表 14-8 所示。

对土层冻胀分类方法 **表 14-8**

判断标准	参考文献
毛细水上升高度	Scheiding (1934)，Beskow (1949)
土的液限	Rieke et al. (1983)
比表面积	Rieke et al. (1983)，Nieminen (1989)
冻胀速度	U. S. Army Corps of Engineers (1965)
弹性冻胀系数，即融化后的剩余冻胀量和 24h 最大冻胀量的比值	Dysli (1991)
吸水能力	Stepkowska/Skarzynska (1989)
试样的冻胀压力	Kujala (1993)
分凝势	Konrad/Morgenstern (1980)，Kujala (1991)
细度因子	Rieke et al. (1983)，Vinson et al. (1987)，Kujala (1991)

从上表可以看出，许多人把孔隙比和比表面积作为判定冻胀敏感性的依据，但同时也要考虑其他因素，如有同样比表面积的土层由于具有不同的强结合水和不同的金属离子，因而其冻胀量也不是完全一样的。

颗粒粒径级配虽然不是很好的判断准则，但结合其他因素综合考虑在国内外的实际工程中也得到应用。

英国“运输和道路研究实验室”把试样高度 152mm 时冻胀量 13mm 作为土层冻胀敏感性的判定准则。

美国“冻区和寒区工程实验室”的试验把特定试样按一定的冻结速率作为土层冻胀敏感性的判定准则。

使用分凝势 (SP) 进行土体冻胀性分类的方法使用的也多起来，所谓分凝势 SP

(mm²/s℃）是开敞系统冻结试验中水分迁移速度 V（mm/s）和冻结带内的温度梯度的比，即：

$$\mathrm{SP} = V/\mathrm{grad}\ T \quad (\mathrm{mm^2/s℃}) \tag{14-54}$$

SP 描述了时间、荷载和冻结条件有关的土层吸水性及冰晶形成的能力。SP 值越大表明土层的冻胀敏感性越强。假定所有吸收的水都转换成冰使体积增长 9%，那么由 SP 也可以算出冻胀速度：

$$h_{\mathrm{f}} = 1.09V = 1.09 \times \mathrm{SP} \times \mathrm{grad}T(\mathrm{mm/s}) \tag{14-55}$$

由于影响冻结敏感性的因素众多，可以说目前没有很理想的方法，而具体工程涉及的土层往往是很复杂的，对其冻胀敏感性的判断，要综合考虑各方面因素。

14.4.2.2 融沉机理

富冰冻土融化时，融化后的土体由于冰变成水体积减小产生融化性沉降，同时由于在融化区域发生排水固结，引起土层的压密沉降。融化沉降的沉降量与外压力无关，而压密沉降与正压力成正比。冻土的融化沉降量及随时间而发生的过程不仅取决于冻土的性质（冻土构造及冰包裹体的存在等）及作用荷载，而且还取决于融化过程中土的温度状况。此外，冻土还将在其自重作用下发生融化沉降，因为它在天然状态下是不够密实的（由于在冻结期间土将被松散化并且存在冰的结晶联结-胶结冰联结）。相应地，在工程上一般都是以融沉系数 A_{s} 来描述冻土的融化沉降，用压缩系数 A_{r} 来描述融土的压密沉降。

通常融沉要大于冻胀，有时候融沉会变为突陷。融沉的不均匀性及突陷往往会导致结构的破坏。

象冻胀一样，融沉也是与温度、温度梯度、上覆荷载以及土层的物理、力学及热学性质相关的。

冻结地层温度上升，冻土发生融化，冰晶和冰膜融化成水只要条件适宜，在重力和上覆荷载的作用下将发生排水，土层重新固结。土层发生固结造成的沉降与冻结过程中形成的土粒结构的稳定性、冰融化成水释放的自由孔隙空间以及上覆荷载的重量有关。

如果冰层融化的水大于土的排水能力，而土体又没有可供这部分水膨胀的空间，则会导致超孔隙水压力，这种超孔隙水压力会大大降低土层的强度。

对融土，特别是在冻结时形成层状和网状构造的融土，其抗剪强度将降低达 80%之多，而对于冻结形成整体状构造的冻土，融化后的土抗剪强度则可能不会降低。在任何情况下，冻土融化时黏聚力将急剧降低，而内摩擦角则可能无明显变化，特别是对粗骨架土和砂土。

按照 Kujala（1989）的说法，在融化过程中的绝对沉降量要比由于后加上覆荷载一起的固结沉降量大，如果在融化过程中已存在有上覆荷载，则这种情况下的最终沉降量要比同样的荷载在融化后立即加上去要大。这可以用在非饱和悬浮状态下土颗粒容易进行调整来解释。

20 世纪 30 年代，许多学者特别是前苏联的学者就已经开始研究冻土融化时的沉降，研制了专门的融沉测定仪，进行过一系列的现场实测，其后逐步深入。如拉普金根据诺里尔斯克的试验提出把冻土的融化沉降分成两部分："标准融化沉降"（它不仅包括因融化引起的沉降，而且还包括在一定的压力下恒定的压缩沉降部分）和与冻土上覆压力成比例增加的"可变压缩沉降"；戈里什腾（1942 年）研究了冻土加载及卸载时的压缩性；以及崔托维奇（1937—1939）研究了受荷载作用冻土的融化下沉。

1. 冻土的融化下沉性分类

为工程应用目的，通过实验和现场观察，对特定土体进行融沉分类，得出融沉系数，以方便进行经验估算或结合进行理论分析。如吴紫汪（1982）基于对青藏高原天然冻土的研究结果，将土的融沉性分为五类，对应的融沉系数 A_s 见表 14-9。

土的融沉分类 **表 14-9**

融沉分类	不融沉	弱融沉	融沉	强融沉	融陷
融沉系数	<1%	1%～5%	5%～10%	10%～25%	>25%

2. 冻土融化时的压缩

早在 20 世纪 30 年代就曾制订了冻土融化时的压缩试验方法（无侧向膨胀和均布荷载作用的压密）。崔托维奇提出了一种专门的仪器－隔热压缩仪，它能保证冻土试样通过来自具有过滤底板的加热器的热量随时间以平行平面融化，且试验既可以在土样无荷载情况下进行，也可以在对土样施加均布压密荷载达 0.7MPa～0.8MPa 下进行。

在冻土融化下沉同时压密并且遵循上述边界条件的情况下，这种沉降量完全符合普通土力学中熟知的一维课题的关系式：

$$s=\frac{h}{1+\varepsilon_0}(\Delta\varepsilon) \tag{14-56}$$

式中 h——整个试验土层总的融化深度（cm）；

ε_0——冻土的初始孔隙比；

$\Delta\varepsilon$——在均布压强 p（kg/cm^2）作用下孔隙比的变化。

试验土层完全融化以后 h 和 ε_0 便是常值；正融土的总稳定沉降决定于可变的（$\Delta\varepsilon$），它不仅是土的性质的因数，而且也是外压力 P 的函数。

另外，崔托维奇研究了正融土（砂土和黏土）沉降在达到稳定状态之前时间的增加过程。试验所获得的正冻（未冻）土和同一种土的冻结后又融化的土（冻土）均在 0.1MPa 荷载下压密（正融土和未冻土）的压缩曲线。

低透水性、饱和细粒土的冻土融化时在外部荷载和自重的作用产生压缩固结作用。正融土的压缩曲线如图 14-12

不论是砂或黏土的冻土融化压缩曲线可以划分为三个特征线段：

线段 1—2 表示土体冻结状态下因水分迁移及荷载作用，冻土流变等作用导致冻土压密；

线段 2—3 表示冻土在融化、荷载作用下压缩及水被渗流挤出过程中，土体构造的剧烈变化；

线段 3—4 表示融化后由于残余的渗透固结作用和融土矿物骨架的蠕变引起的附加压缩。

比较未冻结过的土和冻土融化时的压缩曲线可以明显地看出，在融化过程中孔隙比的变化最大，而决定正融土融沉量的值是融化过程中孔隙比的变化量 $\Delta\varepsilon$。

3. 冻土融化时细粒土结构破坏

图 14-13 是日本东京关于软弱 silt（粉砂、淤泥）的冻结和解冻试验曲线。细粒土在

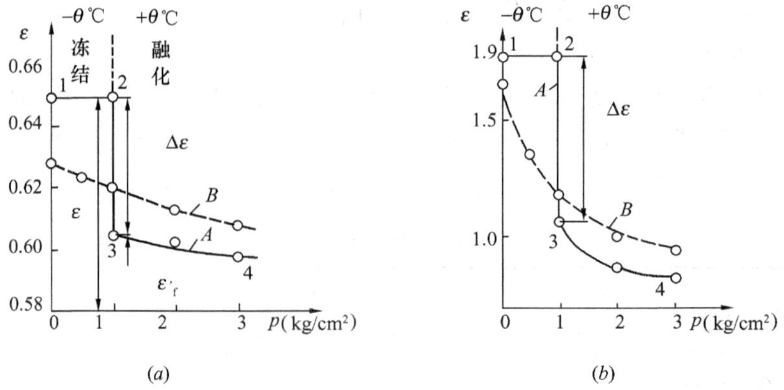

图 14-12 冻土融化压缩曲线

(a) 砂；(b) 黏土

A—冻土融化时；B—未冻土（正温下）

冻结的过程发生冻胀，解冻过程由于土体结构的破坏，发生急剧的沉降，以至于沉降量超过原土面的水平，其最终沉降量超过了冻胀量。上海大连路越江隧道联络通道施工土层粉细砂的融沉状况类似于图 14-13。

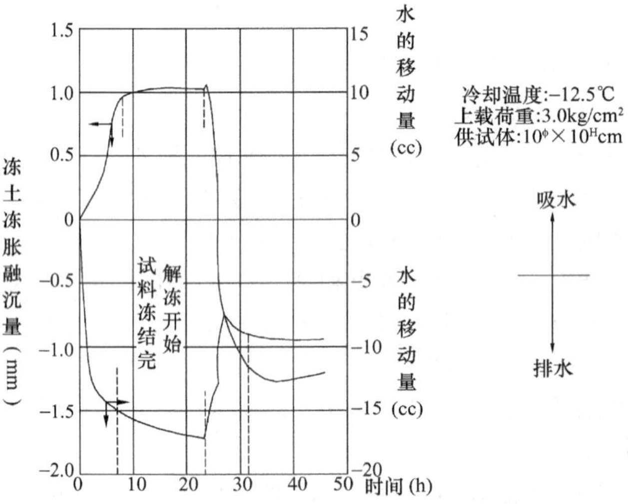

图 14-13 软弱 silt（粉砂、淤泥）冻结解冻试验（东京神田桥附近土样）

14.4.2.3 冻胀融沉的影响因素分析

土体的冻胀融沉与土体本身的性质和各种外部影响因素有关。土体本身的性质包括土的矿物成分、粒度组成、土体的含水量、土的结构、压缩系数以及土的热物理性质，土体本身的性质决定了土体冻胀融沉的机理。但是各种外部因素对冻胀融沉也有极大的影响，这些外部影响因素主要包括，上覆荷载、水源补给条件、冻结和融化温度、温度梯度等。

1. 土的矿物成分和结构对冻胀融沉的影响

土的矿物成分和颗粒组成决定了土的基本性质，矿物成分决定了它的比表面积，从而决定了与水的结合力，它的阴阳离子交换能力。土的结构主要是粒度组成及密度等影响到土的孔隙水离子含量、毛细作用、渗透性、膨胀性。

土的分类基于应用目的的不同，有不同的分类方法。从研究冻胀出发可以把土分为以下四类：

粒径＞2mm 的粗粒土

粒径为 2～0.05mm 的砂粒土

粒径为 0.05～0.005mm 的粉粒土

粒径＜0.005mm 的黏粒土

对于研究冻胀融沉有意义的主要是后面三种土。

与其他矿物种类和颗粒尺寸比，黏土的性质具有显著的特点，如比表面积大，电荷性质及引起的膨胀以及典型的塑性。黏土之所以具有这些特性主要是其矿物成分决定的。

许多试验表明，在三种细粒土中，其中粒径为 0.5～0.005mm 的粉粒土持水性强，其孔隙结构为水分迁移创造了最好的条件，即毛细作用强，因此是冻胀敏感性最强的土层。

随着土层固体颗粒的变细，土层的比表面积增大，自由表面能越大，颗粒与水交界面上发生物理化学作用的场所就越大，与水的作用越强，因而结合水的厚度也相应增加，在相应的负温条件下未冻水含量也越高。黏土矿物等细小颗粒矿物的比表面积很大，具有很大的表面能，有时含量不足百分之几，但足以改变土的性质。在一定含水量条件下，土体密度越大，土的冻胀性越强；在一定土体密度条件下，土体含水量达到初始冻胀含水量，随含水量增加，土的冻胀性增加。

2. 与温度的关系

土中温度降低是水分迁移的基本外在因素。土温降低引起水结晶、冰分凝、土粒自由能量增长，使得冷源方向存在各种分子力，引起土体内部液态水向冰锋面的不断迁移。

冻土土温越低，土体中未冻水含量越少，含冰量越大。降低负温，不仅减少了土中未冻水含量，且改变了未冻水的性质，如盐分浓度增大，黏度增大，冻结温度降低。

3. 与温度梯度关系

冻土的温度梯度决定着水分迁移量的大小。在有外来水源补给的条件下，土体冰锋面的冷却温度越高，时间越长，外部渗入水分在冰锋面上形成的冰晶体、冰夹层的厚度也越厚。所以说，冻土温度场梯度越小，水分迁移量越大，冻胀量越大；温度梯度越大，水分迁移量越小，冻胀量越小。冻土的温度梯度小，水分迁移量大，对土体的结构破坏大，含水量增加，相应的土体融化时的沉降量也要增大。

4. 与荷载的关系

除冻土温度外，外荷载对未冻水含量的影响十分显著，外荷载越大，冻土中的含水量越大，含冰量越小。这是由于在外部压力作用下，矿物颗粒的接触点会产生巨大的接触压力，促使冻土中冰产生融解，因而是未冻水含量增加。

荷载（P）对冻土的冻胀起抑制作用：

$$\eta = \eta_0 \exp(-AP) \tag{14-57}$$

式中，η_0 为无荷载条件下土的冻胀率；A 为与土质有关的系数。

5. 外界水源补给条件

水源补给条件土体冻胀性影响见图 14-14，由图可见，当无水源补给时，由于水分迁

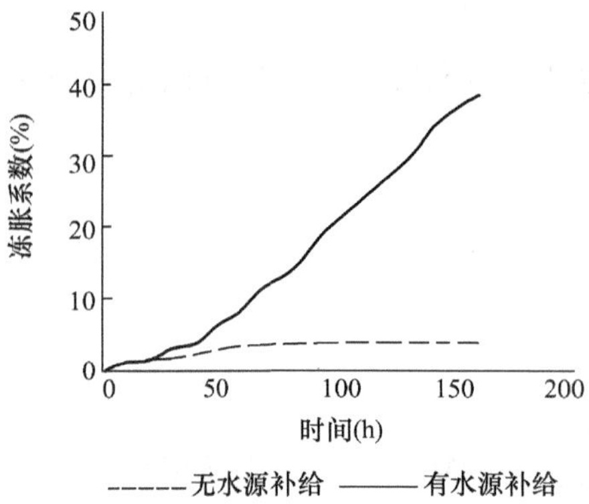

图 14-14 水源补给条件对土体冻胀性的影响

移受到限制，因此冻胀达到一定量时就不在增长。有水源补给时，水分迁移得到保证，只要其他适宜，冻胀就会持续增长，达到较大的数值。封闭系统土样的总冻胀量按 Terzaghi/Peck (1961) 只有大约 3%～5%，而开系统中，不同材料和温度条件下，冻胀量可以达到 100%甚至更大。

14.4.2.4 人工冻土冻胀融沉的特殊性分析

地层人工冻结是通过在含水不稳定土层中预先埋设冻结器，利用人工冻结技术，使地层中的水结冰，把天然岩土变成冻土，形成较高强度，不透水的临时支撑结构—冻结壁，用以抵抗地压、水压等外部荷载，隔绝地下水与地下工程的联系，以便在冻结壁的保护下进行地下工程的施工。人工冻结技术主要用于含水不稳定地层的施工，土体一般经历一次冻结和融化过程。

天然冻结土体的冻结主要受当地气候条件的影响，冬季季节随着气候的变化自上而下冻结，春暖季节随着气温升高，分别同时自上而下和自下而上融化。自然冻土中的季节冻土和永冻区的融化带要每年循环经历冻结和融化的过程。

由于人工冻土温度是根据工程的要求人为形成的，与自然冻土的边界条件存在着较大的差异，早在 1978 年的第一次国际地层冻结会议上就有学者进行过阐述，并指出了在人工冻结地层领域要重点研究的问题，其中主要包括冻结设计、冻土的力学性质研究、冻土的蠕变、土的冻胀融沉等。

人工冻土与自然冻土的冻融特征方面的主要差异见表 14-10。

自然冻结和人工冻结地层的差别 **表 14-10**

项目	自然冻结（永冻土）	人 工 冻 结
地层类型	任何含水量的土或岩土	通常是松散含水不稳定淤泥、砂、软弱黏土层
温 度	很少低于－15℃自然气候控制时间和空间上变化小	通常低于－20℃，用液氮冻结时低于－60℃要选择设计参数，变化大
冰封面扩展	一个向上或向下扩张的平面	采用垂直冻结管冻结时，冻结面是一个水平向扩展的不规则曲面
荷 载	一般长时荷载（冻土为永久结构）	大部分为短期或中期荷载（冻土为临时结构）
冰 晶	大部分呈水平状厚度和出现的频率随深度减少	近似平行于冻结管

14.5 设计计算

冻结法围护结构即为通常所说的冻土挡土墙及与其一齐起支撑作用的内称结构的总称。冻土挡土墙是介于悬臂式地下连续墙与重力式挡墙之间的一种特殊深基坑支护方式，其支护特点是以自身的重量和强度来抵抗外界作用于其上的荷载，而其内衬结构也在某种程度上起到挡土和隔水的作用。

14.5.1 冻土墙上荷载的确定

1. 作用在冻土墙上的主要荷载

在深基坑围护结构中，外界荷载由冻土墙和混凝土内衬共同来承担，但冻土墙对围护深基坑的稳定性及地下结构工程的施工安全性起到主导作用。因此，在进行深基坑围护结构设计之前，有必要清楚冻土墙承受的主要荷载情况，为设计出安全、可靠的深基坑围护结构提供可靠的依据。

(1) 侧土压力

作用在冻土墙上的土压力称为侧土压力，它分为静止土压力、主动土压力和被动土压力三种，其分布情况与大小不仅与地基土体的特性有关，而且在很大程度上还与支护结构本身的变形有关，它是作用在冻土墙上的最主要荷载。在侧土压力的计算中，最重要的是冻土墙给予土体的变形条件，作为临时性深基坑围护体系，根据基坑侧壁安全及重要性，一般允许基坑有不同程度的变形，因此冻土墙的侧土压力符合墙前被动土压力和墙后主动土压力的计算理论。在基坑开挖到基坑底后，在侧土压力作用下，冻土墙会产生横向位移和绕墙踵转动变形，冻土墙的可能位移和变形如图 14-15 所示，冻土墙由 ABC 位移到 A′B′C′，则冻土墙外侧承受主动土压力，而在基坑开挖侧冻土墙将从基坑底起承受被动土压力。

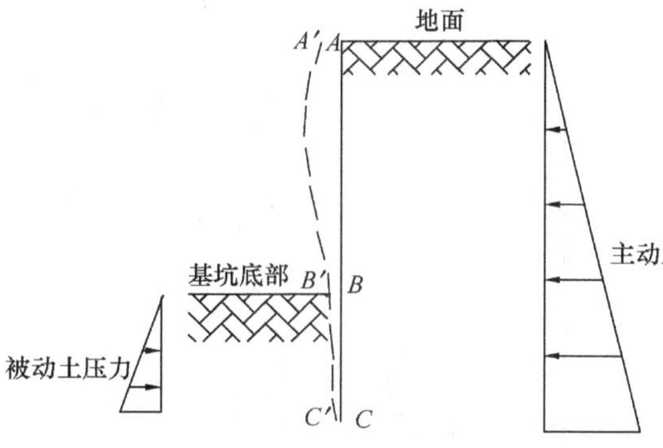

图 14-15 冻土墙所受侧土压力

(2) 冻土墙体的自重

在深基坑围护体系结构中，作为承担主要外界荷载的冻土墙，其自重在围护体系的设计和计算中是不容忽视的，这是由于一般冻土墙结构的体积较大，对其本身有较大的作用力。

(3) 温度荷载

冻土墙与板桩、重力式挡土墙、地下连续墙、土钉墙等支护方式所受荷载有一显著不同之处，即其在自身温度场作用下，要承受温度荷载。由于土体中的水在冻结温度下会凝固成冰，发生体积膨胀，因而在土体中产生冻胀力，这在冻结法施工工程中是不容忽视的。对于矿物颗粒的热胀冷缩，在冻土应力场的分析计算中一般给予忽视。

(4) 其他荷载

由于基坑施工现场周围不可避免地存在建筑物、大型管道等地下构筑物，所以这些设施和建筑物会产生永久荷载；同时，冻土墙周围道路上汽车的行驶会产生振动荷载；由于降水或地表雨水补给使地下水位受到影响，可能出现水位上升而引起土压力增加，或下降而增加附加应力；另外，现场施工设备的重量和工作会产生施工荷载。

2. 荷载的计算

在冻结法围护结构中，侧土压力是作用在冻土墙上的主要荷载，因而土压力的计算是围护结构设计计算的第一步也是关键的一步。

1）影响侧土压力的主要因素

a. 填土的性质：是指冻土墙背后填土的容重、含水量、内摩擦角和黏聚力的大小以及填土面的性状；

b. 冻土墙的性状、墙背的光滑程度和位移量；

c. 冻土墙的位移方向和位移量；

其中，冻土墙的位移方向和位移量是最主要的因素，因为它直接决定了是按主动土压力计算还是按被动土压力计算。

2）主动土压力与被动土压力的计算

冻土墙所受水、土压力如图 14-16 所示。土压力的计算，当不考虑地下水的存在时，比较简单。但是在地下水位以下，而且基坑内外存在较大的水位差的条件下，土压力应包括两部分，即水压力和有效土压力。目前，比较统一的认识是对于渗透性好的砂粉土或杂填土，同时考虑水压力，即进行水土压力分算法；对于透水性差的黏土，宜进行水土压力合算法。

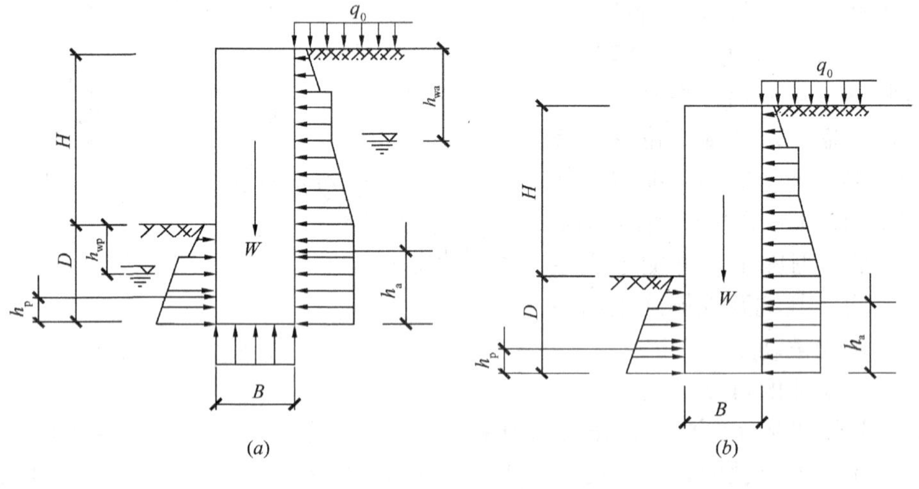

图 14-16 冻土墙受力图

（1）主动土压力计算

如图 14-16（a）所示，砂性土、粉土及透水性好的杂填土按水土压力分算原则确定主动土压力为：

$$e_{aik}=\sigma_{aik}K_{ai}-2c_i\sqrt{K_{ai}}+\gamma_w(z_i-h_{wa})(1-K_{ai}) \tag{14-58}$$

式中 e_{aik}——作用于冻土墙上的主动土压力（MPa）；

σ_{aik}——作用于深度 z_i 处不考虑水浮力的正压力的标准值（MPa）；

z_i——计算点深度（m）；

c_i——第 i 层的黏聚力，根据直剪试验确定（Pa）；

γ_w——水的重度（kN/m³）；

h_{wa}——基坑外侧水位深度（m）；

K_{ai}——第 i 层土的主动土压力系数；

$$K_{ai}=\mathrm{tg}^2\left(45°-\frac{\varphi_i}{2}\right)$$

φ_i——第 i 层土的内摩擦角。

如图 14-16（b）所示，对于黏性土根据水土合算的原则确定主动土压力为：

$$e_{aik}=\sigma_{aik}K_{ai}-2c_i\sqrt{K_{ai}} \tag{14-59}$$

根据多数基坑支护工程的实测资料证明主动土压力在基坑开挖深度以下与朗肯主动土压力有较大的差距。在基坑底以下主动土压力不再随深度呈线性增加。从另一角度分析，在按传统的计算重力式挡土墙的方法进行稳定性验算时，出现基坑底以下随着挡土墙深度的增加而降低的趋势。因此在计算主动土压力时，采用如下修正方法：计算点位于基坑开挖面以下时，可以取 $\sigma_{aik}=\gamma\cdot h$（其中 γ 指开挖面以上土层的加权平均值，h 指基坑开挖深度）。

（2）被动土压力的计算

对于砂性土、粉土及透水性好的杂填土采用水土分算原则计算被动土压力为：

$$e_{pjk}=\sigma_{pjk}K_{pj}+2c_j\sqrt{K_{pj}}+\gamma_w(z_j-h_{wp})(1-K_{pj}) \tag{14-60}$$

对于黏性土按水土分算的原则确定被动土压力为：

$$e_{pjk}=\sigma_{pjk}K_{pj}+2c_j\sqrt{K_{pj}} \tag{14-61}$$

式中 e_{pjk}——作用于冻土墙上的被动土压力，MPa；

K_{pj}——第 j 层土的被动土压力系数；

$$K_{pj}=\mathrm{tg}^2\left(45°-\frac{\varphi_j}{2}\right)$$

其他符号意义同前。

14.5.2 冻土墙墙体嵌固深度的确定

1. 按临时支护作用考虑

采用冻结法施工的工程，为确保施工阶段基坑的稳定性，必须将墙体深入到基坑底面以下某一深度；同时，为了降低工程造价，在确保安全的前提下，应尽量减少嵌固深度。

冻土墙的嵌固深度与基坑抗隆起稳定、挡墙抗滑动稳定、墙体整体稳定、管涌等因素有关。墙体嵌固深度主要取决于土的强度与墙体的稳定性，而不是变形的大小，即嵌固深度满足墙体稳定最小值要求的条件下，与变形量关系不大。因此，确定冻土墙嵌固深度时应通过稳定性验算取最不利条件下所需的嵌固深度。

1）按整体稳定计算嵌固深度

如图 14-17 所示，采用圆弧滑动简单条分法计算，则有：

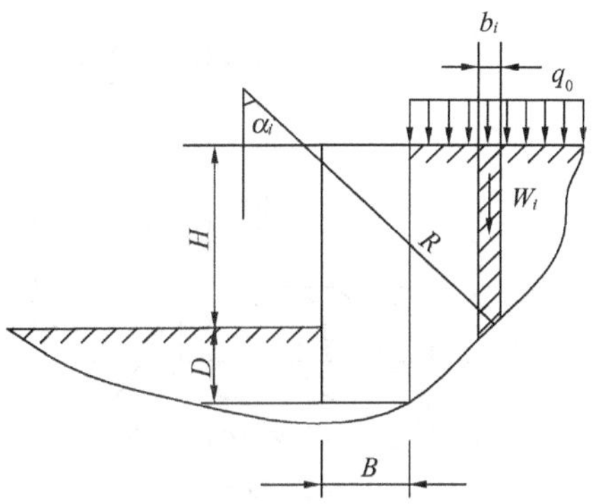

图 14-17 整体滑动计算图

$$K_s = \sum_{i=1}^{n} c_i l_i + \sum_{i=1}^{n} (q_i b_i + W_i)\cos\alpha_i \tan\varphi_i \Big/ \sum_{i=1}^{n} (q_i b_i + W_i)\sin\alpha_i \geqslant 1.0 \sim 1.25 \quad (14\text{-}62)$$

式中 c_i——最危险滑动面上第 i 土条滑动面上的黏聚力（Pa）；

φ_i——最危险滑动面上第 i 土条滑动面上的内摩擦角（°）；

l_i——第 i 土条的弧长（m）；

b_i——第 i 土条的宽度（m）；

W_i——第 i 土条的单位宽度的实际重量（N/m）；

α_i——第 i 土条弧线中点切线与水平线夹角（°）；

2）抗隆起稳定确定嵌固深度

抗隆起稳定采用极限承载力法来计算，它是将围护结构的底平面作为极限承载力的基准面，其滑动线如图 14-18。

根据极限承载力的平衡条件有（参照 Prandtl 承载力公式）：

$$K_s = \frac{\gamma D N_q + c N_c}{\gamma(H+D)+q_0} \quad 取\ K_s \geqslant 1.10 \sim 1.20$$

$$\frac{\gamma D \operatorname{tg}^2\left(45° + \dfrac{\varphi}{2}\right)e^{\pi \operatorname{tg}\varphi} + c\left[\operatorname{tg}^2\left(45° + \dfrac{\varphi}{2}\right)e^{\pi \operatorname{tg}\varphi} - 1\right]\dfrac{1}{\operatorname{tg}\varphi}}{\gamma(H+D)+q_0} \geqslant K_s$$

$$\operatorname{tg}^2\left(45° + \frac{\varphi}{2}\right) = k_p$$

整理得

$$D \geqslant \frac{K_s(H+q_0) - \dfrac{c}{\gamma}(k_p e^{\pi \operatorname{tg}\varphi} - 1)\dfrac{1}{\operatorname{tg}\varphi}}{k_p e^{\pi \operatorname{tg}\varphi} - K_s} \quad (14\text{-}63)$$

式中 γ——土层的平均重度（kN/m³）；

φ——土体的内摩擦角（°）；

c——土体的黏聚力（Pa）；

q_0——地面超载（kPa）；

3）按抗滑动稳定确定嵌固深度

此法认为开挖面以下墙体能起到抵抗基底土体隆起的作用，并假定土体沿墙体底面滑动，认为墙体底面以下的滑动面为一圆弧。如图 14-19 所示。将滑动力与抗滑动力分别对

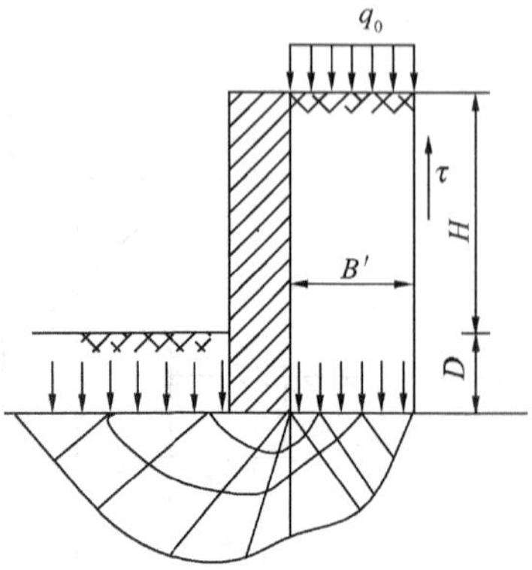

图 14-18 抗隆起稳定计算图

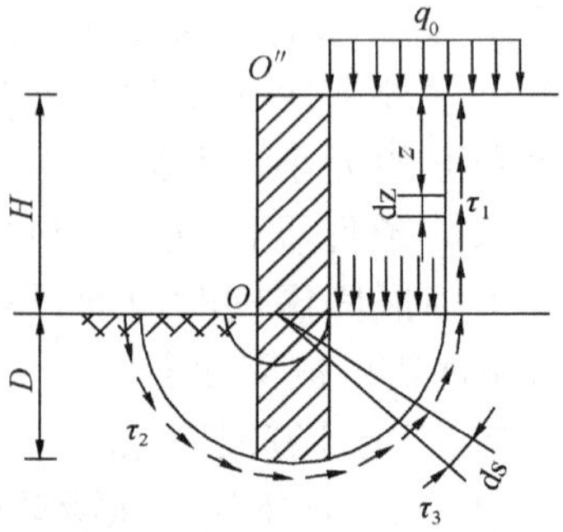

图 14-19 抗滑动稳定计算图

圆心取力矩，得：

滑动力矩 $$M_s = \frac{1}{2}(\gamma H + q_0)D^2$$

抗滑动力矩 $$M_T = \int_0^H \tau_1 \mathrm{d}z \cdot D + \int_0^{S_1} \tau_2 \mathrm{d}s \cdot D + \int_0^{S_2} \tau_3 \mathrm{d}s \cdot D + \frac{B}{2}W$$

$$M_T = k_a \mathrm{tg}\varphi[(\frac{\gamma H^2}{2} + q_0 H)D + \frac{1}{2}(\gamma H q_0)D^2]$$

$$+ \mathrm{tg}\varphi[\frac{\pi}{4}(\gamma H + q_0)D^2 + \frac{4}{3}\gamma D^3] + c(HD + \pi D^2) + \frac{B}{2}W$$

为保证抗隆起安全系数必须满足

$$K_s = \frac{M_T}{M_S} \geqslant 1.2 \sim 1.3 \tag{14-64}$$

即可从上式中求得最小嵌固深度 D。

2. 按止水作用考虑

冻土墙作为止水帷幕有两种作用，一种是防止流土出现；另一种是阻止或减少坑外地下水向坑内的渗流。

1）防止流土的嵌固深度验算

当地下水位较高且基坑底面以下为砂土、粉土地层时，冻土墙作为帷幕墙的插入深度应满足防止发生流土现象的要求。

如图 14-20 所示，离墙体距离为 B_w 的范围内单位宽度地下水上浮力为：$F = \gamma_w B_w h_w$，其中，h_w 为 B_w 范围内单位宽度地下水头平均高度，其按经验取 $h_w = H_w/2$，$B_w = D/2$。

离墙体距离为 B_w 的范围内墙底端高程以上土重为：$W = J_{cr}\gamma_w D B_w$，其中，J_{cr} 为临界水力坡度（$J_{cr} = (G_s - 1)(1-n)$，其中 G_s 为土的比重；n 为土的孔隙比）。

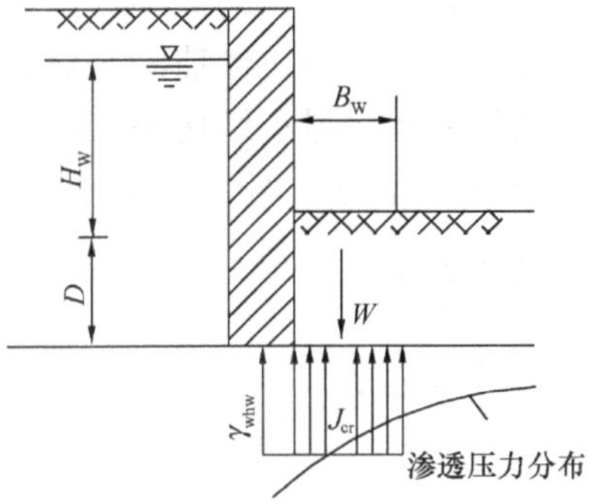

图 14-20 流土计算图

当 $W \geqslant F$ 时不会发生流土现象，则嵌固深度：

$$D \geqslant K_s \frac{H_w}{2J_{cr}} \tag{14-65}$$

其中，K_s 为抗流土安全系数，一般取 1.5～2.5。

2）阻止地下水渗流的冻土墙嵌固深度确定

为阻止或减少坑外地下水向坑内的渗流，冻土墙嵌固深度的确定常与土层的分布有关。坑底以下存在黏土层时，冻土墙仅需进入黏土层一定的深度；在深厚透水层中，冻土墙原则上，应穿透透水层。在这种情况下，随着冻土墙嵌固深度的增加，水土压力也增大，这样势必也要增大墙体的厚度，大大增加了工程的造价和施工的难度。这时可以考虑采用降水方案或在基坑开挖面以下形成冻土垫层与冻土墙相结合的方法。

通过以上按冻土墙的临时支护作用和止水作用所确定的最大嵌固深度即为所需的冻土

墙嵌固深度计算值。当引入地区性的安全系数和基坑安全等级进行修正后，即为嵌固深度的设计值，一般取计算值的 1.1～1.2 倍。

14.5.3 冻土墙墙体厚度的确定

冻土墙的厚度取决于外部压力的大小、冻土强度特性和变形特性、冻土墙暴露高度和时间、冻土和周围环境的温度状况以及其他因素，所以冻土墙厚度的计算是个复杂的热一力学问题，特别是当考虑空间影响、蠕变影响、非均质影响等因素后，要取得一般的显式简单解是极其困难的。因此在设计中进行如下的假定：①未冻土为线弹性体；②冻土为各向同性、均质的弹性体；③冻土墙墙体厚度为等厚体。

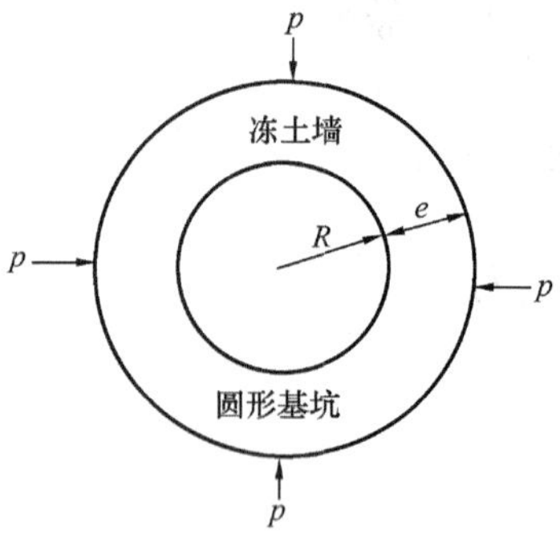

图 14-21 冻土墙厚度计算图

对于圆形基坑并假定计算图形如图 14-21 所示，则冻土墙的厚度可按下式计算：

$$e = R\left(\sqrt{\frac{\sigma}{\sigma - 2p}} - 1\right) \tag{14-66}$$

式中 e——冻结壁厚度（m）；

R——冻结壁内半径（m）；

σ——冻土极限抗压强度（已考虑安全系数），可用长时强度替代（MPa）；

p——地压（MPa）。

对于矩形基坑，可以按照下面的方法计算

1. 按抗倾覆稳定确定墙体的厚度

重力式围护结构的嵌固深度确定后，墙厚对抗倾覆稳定起控制作用。而在所确定的嵌固深度条件下，当抗倾覆满足后，抗滑动自然满足。因此按重力式围护结构的抗倾覆极限平衡条件来确定最小结构厚度，取单位长度（1m）墙体进行计算。

1）对砂性土、粉土及透水性好的杂填土（参见图 14-16（a））

倾覆力矩 $$M_s = \sum E_a h_a$$

抗倾覆力矩 $$M_T = \sum E_p h_p + \left[\gamma_D(H+D) - \frac{\gamma_w}{2}(H + 2D - h_{wa} - h_{wp})\right]\frac{B^2}{2}$$

满足 $$M_T \geqslant 1.5M_S$$

则求得冻土墙厚度 B：

$$B \geqslant \sqrt{2(1.5\sum E_a h_a - \sum E_p h_p)/[(\gamma_D - \gamma_w)(H+D) + \gamma_w(H + h_{wa} + h_{wp})/2]} \tag{14-67}$$

式中 $\sum E_a$——基坑主动侧水平力的总和（kN）；

$\sum E_p$——基坑被动侧水平力的总和（kN）；

h_a——基坑主动侧水平合力作用点距墙底部的距离（m）；

h_p——基坑被动侧水平合力作用点距墙底部的距离（m）；

h_{wa}——基坑外侧地下水位埋深（m）；

h_{wp}——基坑内侧地下水位埋深（m）。

2）对黏性土（参见图 14-16（*b*））

倾覆力矩 $$M_s=\sum E_a h_a$$

抗倾覆力矩 $$M_T=\sum E_p h_p+[\gamma_D(H+D)]\frac{B^2}{2}$$

满足 $$M_T\geqslant 1.5M_S$$

则求得冻土墙厚度 B：

$$B\geqslant\sqrt{2(1.5\sum E_a h_a-\sum E_p h_p)/[(\gamma_D-\gamma_w)(H+D)]} \tag{14-68}$$

2. 按变形条件确定墙体厚度

按变形条件确定冻土墙厚度，然后按强度条件来对墙身截面承载力及剪应力进行验算，且所求得的墙体厚度满足抗倾覆稳定，这样所求得的冻土墙厚度即为设计厚度。

作为深基坑支护结构，冻土墙和其他支护结构一样必须满足基坑支护结构位移的控制标准 δ；另外还应考虑到冻土是一种黏弹性体，它作为重力式挡土墙时表现出较大的转动变形 U_1 和弹性挠曲变形 U_2 以及蠕变变形 U_3。即使冻土墙在没有被破坏、没有丧失承载力之前，墙体的弹性挠曲变形 U_2 以及蠕变变形 U_3 可能导致冻结管断裂，引发工程事故。这时，应根据冻结管相对挠度不超过其允许值的原则来确定，即：$f\leqslant[f]$。冻结管的相对挠度 f 可表示为冻土墙的弹性变形 U_2 和蠕变变形 U_3 之和与冻结管长度 H_d 比值。综合以上两方面的变形要求，冻土墙的最大位移应满足：

$$\begin{cases}U_2+U_3\leqslant[f]\cdot H_d\\ U_1+U_2+U_3\leqslant\delta\end{cases} \tag{14-69}$$

1）冻土墙墙体变形的计算

（1）墙体的转动位移 U_1

假定墙体的刚度无限大，即不计及其本身挠曲变形的影响，挡墙在土、水压力作用下只产生转动，按极限平衡状态理论进行计算（取墙长 1m 为计算单元），如图 14-22 所示。下面对墙体两侧和底端进行受力分析。

① 墙体两侧

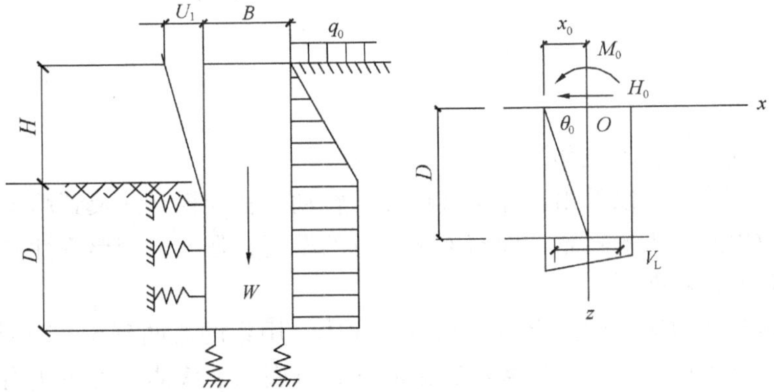

图 14-22 墙体转动位移计算简图

挡墙墙背侧土压力分布如图14-22所示，按式（14-58）或式（14-59）计算，将坑底以上墙背主动土压力等效到挡墙坑底截面处（为M_0，H_0）。

将墙前被动土体视为弹簧，土的弹簧系数随深度增加，用"m"法则有$k=mZ$，其中m为土的水平地基反力系数。

设坑底截面处的水平位移为X_0，墙体转角为θ_0，则坑底以下墙身任一点的水平位移为：

$$X=X_0-\theta_0 Z$$

则墙前被动土体的水平抗力为：

$$P_p=kX=mZ(X_0-\theta_0 Z) \tag{14-70}$$

② 墙体底端

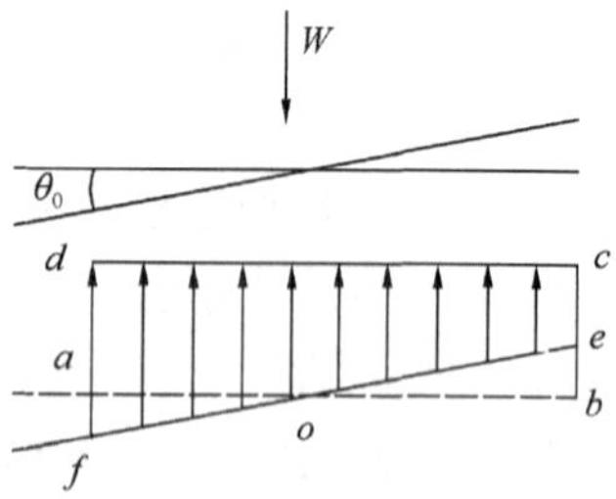

图14-23 墙底受力图

将墙底土体也等效为一组弹簧，则各点的弹簧系数为$k_v=m_v \cdot D$，其中为m_v为土的竖向地基反力系数，经过计算比较，m_v对X_0、θ_0影响很小，可近似取$m_v=m$。

在墙体的倾斜变形下，墙体将产生梯形分布的基底竖直反力，如图14-23所示。其反力可分解为由墙体竖向位移引起的矩形分布力和墙体转动在基底边缘产生位移引起三角形分布力。矩形分布力的合力与墙重W相平衡；三角形分布力对墙底产生力偶M_θ，其值为：

$$M_\theta=2\times\frac{1}{2}\times\frac{B}{2}\times m_v\times D\times\frac{B}{2}\times\tan\theta_0\times\frac{2}{3}\times\frac{B}{2}\approx m\cdot D\cdot I_B\cdot\theta_0 \tag{14-71}$$

另外，除了竖向受力外，墙体还受到水平方向的墙底与土层间的摩阻力S_L，可按下式计算：$S_L=c_uB$（c_u为墙底土的不排水抗剪强度）或$s_L=W\tan\varphi+cB$（c、φ为墙底土的固结快剪强度指标）。

取墙长1.0m为计算单元，根据平衡条件可以求得：

$$\Sigma F_X=0 \int_0^D P_p \mathrm{d}z=H_0+E_a-S_L$$

$$\Sigma M=0 \int_0^D P_p(D-z)\mathrm{d}z+M_W+M_\theta=M_0+E_ah_a+H_0D$$

则

$$\begin{cases} X_0=\dfrac{D(24M'-8H'D)}{mD^4+36mI_B}+\dfrac{2H'}{mD^2} \\ \theta_0=\dfrac{36M'-12H'D}{mD^4+36mI_B} \end{cases} \tag{14-72}$$

由上式可求出X_0和θ_0。

冻土墙墙体顶端的转动位移为：$U_1=X_0+H\theta_0$

由以上的计算公式可以看出，冻土墙墙体的转动位移计算只涉及到墙体的几何尺寸和土层的性质参数以及冻土的容重，而与冻土本身的温度、强度、变形等性质无关。

（2）墙体弹性挠曲变形U_2

采用弹性地基反力法，即假定地基土为弹性体，用梁的弯曲理论来求墙的水平抗力。将坑底以上的墙背土压力简化到挡墙坑底截面处，坑底以下墙体视为桩头有水平力H_0和力矩M_0共同作用的完全埋置桩，如图14-24所示，按"1m"可求得坑底处墙身的位移为：

$$\begin{cases} X_0 = \dfrac{1}{\alpha^2 EI}\left(\dfrac{H_0}{\alpha}Y_{OH} + M_0 Y_{OM}\right) \\ \varphi_0 = \dfrac{1}{\alpha EI}\left(\dfrac{H_0}{\alpha}\varphi_{OH} + M_0 \varphi_{OM}\right) \end{cases}$$

上式中 $\alpha=\sqrt[5]{\dfrac{mb_1}{EI}}$ 为挡墙截条的变形系数（b_1 为挡墙计算单元长度），Y_{OH}、Y_{OM}、φ_{OH}、φ_{OM}为 αD 的函数。

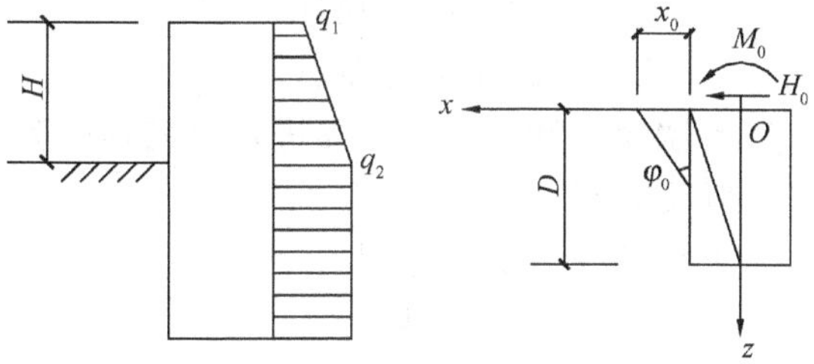

图 14-24 弹性变形计算简图（“m”法）

作用在坑底处挡墙截面上的力矩 M 包括坑底以上的墙背上压力产生的力矩 M_0 和坑底以上的墙体自重产生的力矩 M_{W1}，当 $M=M_0-M_{W1}<0$ 时，略去力矩对位移的影响。

取墙长 1.0m 为计算单元，可得墙顶最大挠曲变形：

$$U_2 = X_0 + \varphi_0 H + \frac{11q_1 + 4q_2}{120EI}H^4 \tag{14-73}$$

2）确定墙体厚度

冻土墙墙体的最大位移：$U=U_1+U_2$，根据所计算的位移可求得冻土墙的厚度 B。

3）按强度条件对墙身截面承载力及剪应力验算

以抗倾覆稳定和冻土墙变形要求所求得的冻土墙厚度和所设计平均温度为基础，进行墙体应力校核。

求得基坑底面处的最大弯矩 M_{max}，则该截面处所受到的最大压应力为：

$$\sigma_{max} = \gamma_D \cdot H + \frac{M_{max}}{W} \tag{14-74}$$

最大拉应力为：

$$\sigma_{min} = \left|\gamma_D \cdot H - \frac{M_{max}}{W}\right| \tag{14-75}$$

基坑底面处剪力最大，求得坑底截面最大剪应力为：

$$\tau_{max} = \frac{H_0}{1\times B} \tag{14-76}$$

对冻土墙抗压强度和抗剪强度进行校核：

$$\sigma_{max} \leqslant [\sigma] \tag{14-77}$$

$$\tau_{max} \leqslant [\tau] \tag{14-78}$$

其中，$[\sigma]$、$[\tau]$ 为冻土许用长时抗压强度和抗剪强度。

视平面冻土墙两端为铰支边，墙底和墙顶分别为固定边和自由边，按弹性理论的李兹方法得其自由边中点的位移为墙的最大位移公式（张乃柱等，1995）：

$$u_{max} = \frac{2pH^4}{3\pi D\left[2+\left(\dfrac{4}{3}-2\mu\right)\right]\dfrac{\pi H^4}{L}+\dfrac{1}{10}\left(\dfrac{\pi H}{L}\right)^4} \leqslant [u] \tag{14-79}$$

式中 $[u]$——平面冻土墙允许变形，邻近无建筑物时，由冻结管允许挠度确定，0.02H；

p——冻土墙所受土压力的等效均布值（MPa）；

H——冻土墙计算深度（m）；

D——冻土的抗弯刚度，$D=Ee^3/12\ (1-\mu^2)$（MN·m）；

E——长时弹模；

e——冻土壁厚度（m）；

μ——冻土的泊松比；

L——冻土墙跨距（m）。

冻土墙厚度计算后，尚需进行下列强度验算

抗倾覆验算

冻土墙的受力状态见图 14-25。

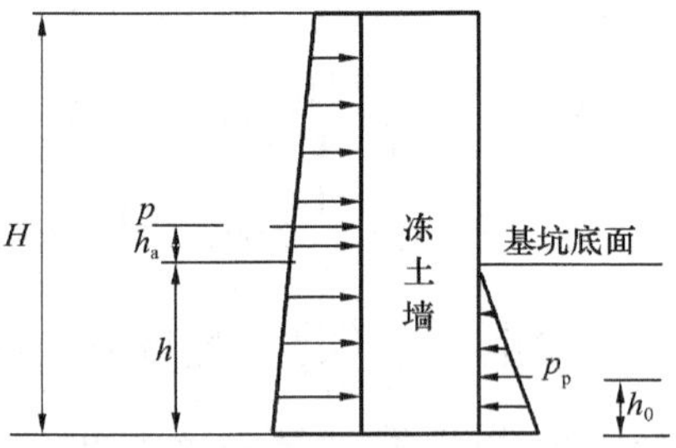

图 14-25 冻土墙的受力状态

$$K_g = \frac{\frac{Ge}{2}}{1p_a(h_a + h) - p_p h_p 1} \geqslant 1.5 \quad (14\text{-}80)$$

式中 K_g——抗倾覆系数；

$h_a + h$——主动土压力作用点距墙底的距离（m）；

G——每米长冻土墙自重，$G = 1 \times \rho_d eH$（kN）；

ρ——冻土密度（kN/m^3）；

p_a——冻土墙所受主动土压力（kN/m^2）；

h_p——被动土压力作用点距冻土墙底的距离（m）；

p_p——冻土墙在基底以下部分所受被动土压力（kN/m^2）。

抗剪切验算

$$K_j = \frac{1 \times e\tau}{p_a} \geqslant 1.5 \quad (14\text{-}81)$$

式中 K_j——抗剪系数；

τ——冻土的抗剪强度。

抗弯验算

$$\sigma_{max} = \frac{\frac{p_a h_a e}{2}}{I} = \frac{3 p_a h_a}{e^2} \leqslant [\sigma_e] \quad (14\text{-}82)$$

式中 σ_{max}——冻土最大拉应力，发生于冻土墙跨中的坑底处；

$[\sigma_e]$——冻土墙最大允许拉应力。

3. 冻土墙高度的确定

冻土墙高度（包括挡土部分高度和基坑底面下的入土深度）与基坑设计深度、土压力、墙体稳定系数关系密切。当基坑设计深度以下有含水层且其埋藏深度在基坑设计深度的 70%～80%范围内时，冻土墙高度应穿过含水层，坐落在隔水层中，并进行坑底抗隆起和抗管涌验算。

14.5.4 热工设计计算

1. 冻结负荷计算

1）冻结土方量

$$V = eDL \quad (14\text{-}83)$$

式中 V——冻结土方量（m^3）；

e——冻土墙厚度（m）；

D——冻土墙高度（m）；

L——冻土墙长度（m）。

2）墙体所需冻结负荷

降温耗热

$$Q_1 = C_V^+ \Delta\theta^+ = (C_S^+ + wC_W)\rho_d(\theta_o - \theta_f) \tag{14-84}$$

$$Q_2 = C_V^- \Delta\theta^- = [C_S^- + w_u C_W + (w - w_u)C_I]\rho_d(\theta_f - \theta_d) \tag{14-85}$$

相变耗热

$$Q_3 = q(w - w_u)\rho_d \tag{14-86}$$

式中 Q_1——未冻土降温耗热（kJ/m³）；

Q_2——冻土降温耗热（kJ/m³）；

Q_3——相变耗热（kJ/m³）；

C_S^+、C_S^-、C_w、C_I——分别为未冻和已冻土颗粒、水、冰的比热（kJ/kg·℃）；

ρ_d——土的干密度（kg/m³）；

q——冰的融化潜热（kJ/kg）；

w_u——冻土中未冻水含量（%）；

θ_o、θ_f、θ_d——分别为未冻土平均温度、土的起始冻结温度和冻土平均温度（°）。

单位体积冻土墙耗热量

$$Q_4 = Q_1 + Q_2 + Q_3 \tag{14-87}$$

冻结墙体总耗热量

$$Q_T = Q_4 V \tag{14-88}$$

考虑侧向散热的冻结墙体总耗热量

$$Q_S = 1.15 Q_T \tag{14-89}$$

2. 冻结管配置

根据所需冻土墙的壁厚和深度及地基土的条件和工期，配置冻结管。一般配置原则为：单排冻结管间距1.0～2.5m，双排或双排以上的辅助冻结管间距可放宽至3m左右。软弱地基、高含水量土层及地下水流速大且工期紧时，冻结管间距宜相应缩小；冻结管的排数视冻土墙的厚度而定：墙厚≤3m以单排为宜；>3m以双排为宜。排间冻结管布设以梅花状为宜。冻结管的插入深度与冻土墙的深度相同。

3. 冷冻机容量确定

地基冻结时，从地中渗入冻结管表面的总热量

$$Q = 1.15\pi d L q_d \tag{14-90}$$

式中 Q——冻结管的吸热总量（kJ/h）；

d——冻结管直径（m）；

L——冻结管总长度（m）；

q_d——冻结管的吸热系数（kJ/m²·h），一般可取690～920。

4. 冻结时间计算

1）冻土墙所需冻结时间

$$T_1 = \frac{Q_S}{24Q} \tag{14-91}$$

式中 T_1——构筑设计断面冻土墙所需冻结时间（d_0）。

2）平均冻结速度

可根据《建井工程手册》第四卷［参考文献6］冻结法部分选取或按下式计算

$$T=\frac{1.15Q_4\pi(R-r)^2DN}{24Q} \tag{14-92}$$

$$v_d=\frac{R}{T} \tag{14-93}$$

式中　T——冻结时间（d）；

R——冻结半径（m）；

r——冻结管半径（m）；

D——冻结管插入深度（m）；

N——冻结孔数；

v_d——平均冻结速度（m/d）。

当 Q、Q_4、r、D 和 N 等参数已给定，则可给出如图 14-26 所示冻结半径与冻结时间关系曲线和图 14-27 所示冻结速度与冻结时间关系曲线。

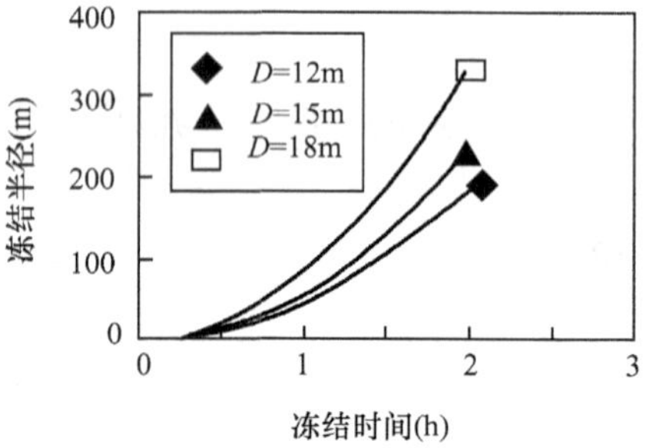

图 14-26　冻结半径与冻结时间关系曲线

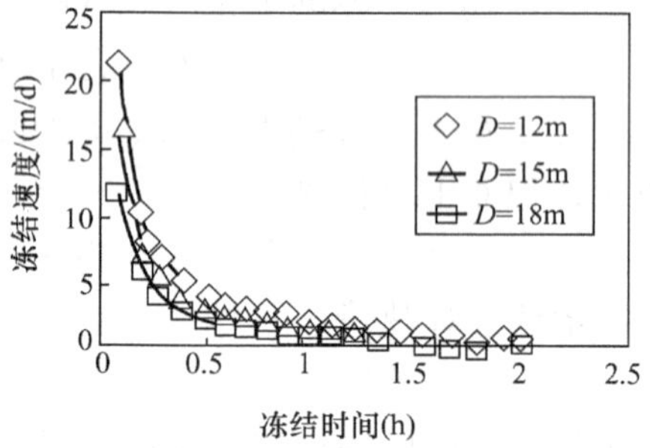

图 14-27　冻结速度与冻结时间关系曲线

3）冻结交圈时间

考虑到冻结管插人地中时会有一定倾斜，允许误差为 0.3%～0.5%。两冻结管间冻结交圈半径为：

$$R_g=a+2\varepsilon D \tag{14-94}$$

式中　R_g——冻结交圈半径（m）；

a——1/2 冻结孔间距（m）；

g——冻结管偏斜率。

将 R_g 替换式（14-92）中的 R 即得交圈时间。

4）冻结交排时间

在梅花状排列情况下，冻结交排半径为：

$$R_P=(a^2+b^2)^{\frac{1}{2}}+2\varepsilon H \tag{14-95}$$

式中　R_P——冻结交排半径（m）；

b——排间距（m）。

将 R_p 替换式（14-92）中的 R 即得交排时间。

5）开挖时间的确定

根据交圈和交排时间及基坑开挖工期和实测冻土墙的温度确定。一般原则为冻结交圈和交排已完成并预期在基坑开挖期内冻土培墙达设计厚度时即可开挖。

5. 冻结进程

冻结进程估算是基于假设冻结管表面散热量相同的条件下得到的。同一个基坑围护工程中，有时出现开挖深度不等的情况，因此，冻土墙的厚度和冻土墙高度也不同。不同厚度冻土墙所需冷量不等，交圈和交排时间均有差异，为便于掌握开挖时间，应制定冷冻液的配管计划（盐水管主干管和分干管直径和流量）。全面考虑冻结顺序、供液的不均匀性及控制的简便性。

6. 地面、开挖面保温及基坑积水处理

为减少施工期间冻结管的冷量损耗，除对输液管本身进行隔热处理外，应对冻土墙从地面和开挖侧面进行保温。采用聚酯泡沫塑料板镶嵌拼接保温，外加塑料薄膜覆盖或用聚氨基甲酸酯泡喷涂。

为防止基坑开挖期间雨水积聚对冻土墙的不利影响，应在基坑内适当位置设置排水井。

14.6 冻结法施工要点

14.6.1 冻结法施工阶段及各阶段的作业内容

冻结法施工按进度顺序可分为四个阶段：准备期、积极冻结期、维护冻结期和解冻期。积极冻结期指从低温盐水在冻结管内循环、地基土冻结开始至冻结壁达到设计厚度和强度的时间，维护冻结期指掘砌时间，在此期间内只需保持冻土墙不升温即可。

准备期间可进行冻结管、输液管、监测设备和冷冻机械安装平行作业。各阶段的作业内容见表 14-11。

冻结法施工各阶段作业内容 **表 14-11**

<table>
<tr><th colspan="2">准备期</th><th colspan="2">积极冻结期</th><th>冻结维护期</th><th>解冻期</th></tr>
<tr><td rowspan="6">冻结管及冷冻液配置</td><td>钻孔</td><td rowspan="12">冷冻液循环</td><td rowspan="6">冻土墙形成</td><td rowspan="2">开挖基坑</td><td rowspan="2">工程完成</td></tr>
<tr><td>插入冻结管</td></tr>
<tr><td>测定精度</td><td rowspan="2">冻土墙暴露面保温</td><td rowspan="2">停止机械运转</td></tr>
<tr><td>漏水试验</td></tr>
<tr><td>冷冻液配置</td><td rowspan="2">浇灌混凝土</td><td rowspan="2">自然解冻或强制解冻</td></tr>
<tr><td>配管隔热</td></tr>
<tr><td rowspan="6">监测仪器安装调试</td><td>钻孔</td><td colspan="2" rowspan="2">冷冻液温度、流量管理</td><td rowspan="3">起拔冻结管</td></tr>
<tr><td>地温</td></tr>
<tr><td>冻胀量</td><td colspan="2" rowspan="2">冻土墙的温度测定及监视</td></tr>
<tr><td>地下水位</td><td rowspan="3">孔内充填砂砾</td></tr>
<tr><td>冻土墙体变形</td><td colspan="2" rowspan="2">地面冻胀、冻土墙变形及地下水位测定及监视</td></tr>
<tr><td>精度检测</td></tr>
<tr><td rowspan="5">冷冻设备安装</td><td>冷冻机安装</td><td rowspan="5">开始运转</td><td colspan="2" rowspan="5">冷冻机运转管理</td><td rowspan="5">撤出基地</td></tr>
<tr><td>输电设备安装</td></tr>
<tr><td>供水设备安装</td></tr>
<tr><td>耐压漏水试验</td></tr>
<tr><td>设备组装调试</td></tr>
</table>

14.6.2 冻结法施工应注意的事项

(1) 做好现场监侧是冻结法施工成败的关键步骤之一。如上所述，冻土是对温度十分敏感且性质不稳定的土体，为了及时掌握施工质量、发现并堵绝事故的苗头。应定时重点检测循环盐水的温度和流量、冻土墙的温度、开挖期冻土墙体的变形量、地面冻胀和融沉量等。

(2) 地基土的冻结膨胀和解冻后的融沉及其对临近建筑物的影响

冻土墙形成过程中，由于水分迁移和冰分凝引起地基土冻结膨胀，是冻结法施工的最大弱点。由于土体冻胀，不但在垂直方向上，使地面向上隆起，形成以冻土墙为中心的草笠状，可能对冻胀范围内的临近建筑物构成威胁，而且在水平方向上，在把冻土墙外侧的未冻结地基侧向挤出的同时，增大了未冻地基对冻结挡墙的土压力。但对于软土地基，由于侧向变位较大，水平方向冻胀影响范围衰减较快，一般对冻土墙体外围5m以远的构筑物不会构成严重威胁。为减少冻胀影响，施工中应设置一定数量的减压孔。对于有2－3排冻结孔的情况，可采用不同时冻结的方法，避免封闭型冻结。在冻结维护期也可采用间歇冻结法。

为减缓开挖过程中侧向冻胀力的释放速度，基坑开挖宜由中心向边缘逐步推进。

为避免冻土墙解冻后地基土的融沉，应在起拔冻结管的同时，用砂砾充填，注意夯实。若遇有沉降收缩很大的地基时，应采用下列方法：设计的结构物具有一定柔性、冻结前在结构物下面设支承桩或灌注灰浆、药液增加地理承载力。

(3) 做好主体工程施工和冻结施工两者的密切配合是完成冻结法施工的必要条件，否则会造成人力、物力浪费，甚至于导致工程失败。为此，应组织设计、施工和监测人员组成的施工领导小组，统一协调施工。

14.7 工程实例

14.7.1 上海大连路越江隧道联络通道冻结工程

1. 工程概况

大连路越江隧道工程是上海市重点工程，两条隧道之间的连接通道均位于黄浦江底下，相距约400m，位于浦东岸边的连接通道（二），东西线隧道中心间距27.575m，隧道间高差0.345m，连接通道净距约17.175m，位于浦西岸边连接通道（一），东西线隧道中心间距35.705m，隧道间高差3.565m、，连接通道净距约25.665m。连接通道结构见图14-28。

2. 工程地质概况

连接通道所处地表为黄浦江江底，工程地段土层自上而下为：

$①_2$ 淤泥，含煤屑、石块等厚度约0.5～2.0m，层底标高－7.3～－10.60m。

$③_1$ 灰色淤泥质粉质黏土：厚约2.0m，层底标高约－12m，流塑、高压缩性。

④灰色淤泥质黏土：厚约4～6m，层底标高约－13.3m，流塑、偶见贝壳、高压缩性。

$⑤_{1-1}$灰色黏土：厚约1～5mm，层底标高－14.3～－17.10m，流塑～软塑，高压缩性。

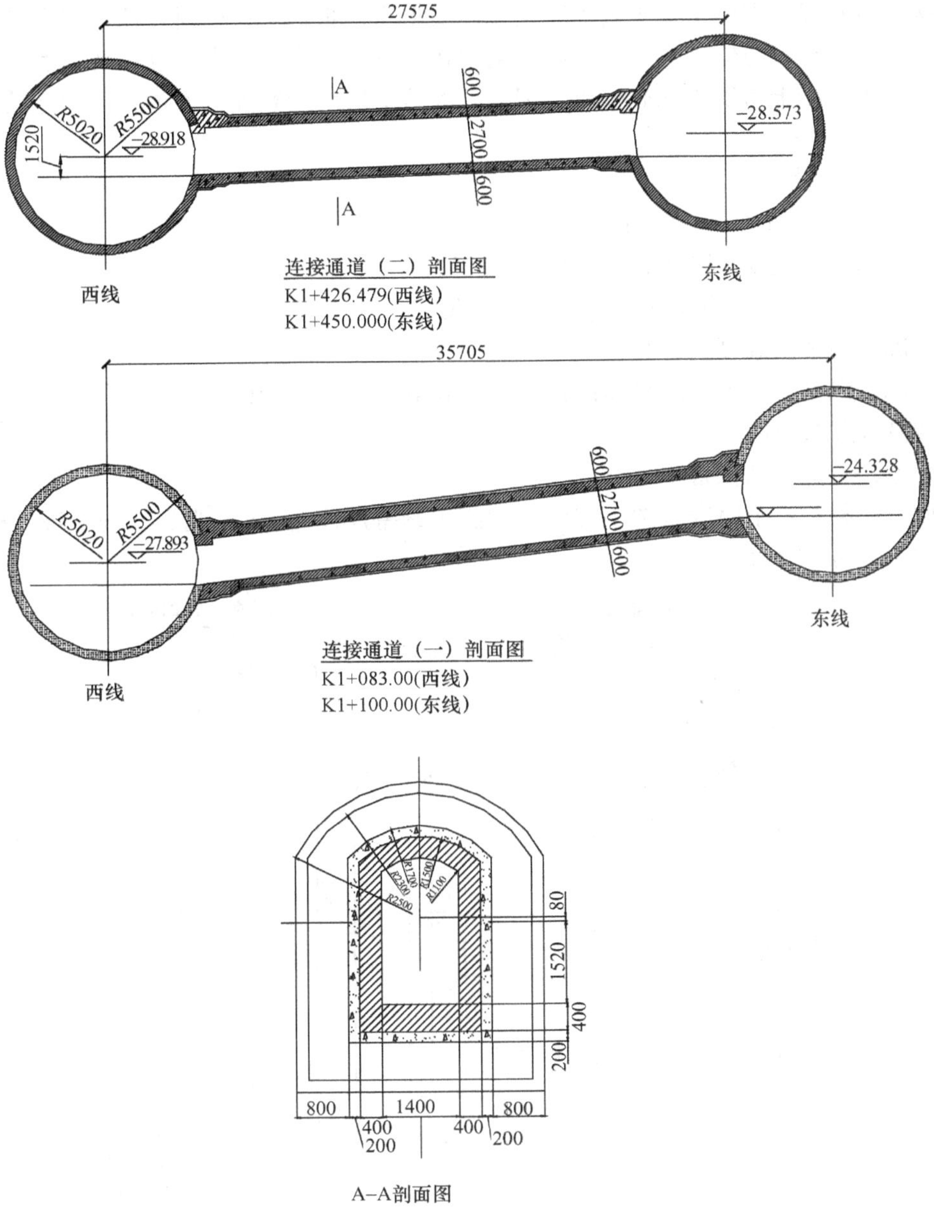

图 14-28 联络通道示意图

⑤$_{1-2}$灰色粉质黏土：厚约 2～4.5m，层底标高：－18.8～－19.10m，软塑～可塑，中压缩性。

⑥暗绿色～草黄色黏土，厚约 4.5～6.5m，层底标高－23.6～－25.3m，可塑～硬塑，中压缩性。

⑦$_{1-1}$草黄色砂质粉土，厚约 6～10m，层底标高－31.3～－33.6m，湿、中密、中压缩性。

⑦$_{1-2}$草黄色粉细砂，湿、密实、中压缩性。

连接通道施工范围内土层主要为草黄色砂质粉土。根据土层资料，该地层具有孔隙比大、含水丰富、承载力低、容易压缩和在动力作用下易流变的特点，开挖后天然土体本身难以自稳，砂质粉土易发生水砂突出。因此，在该地层内构筑连接通道，采用冻结法加固土体。

3. 冻结施工设计

1）冻结主要技术指标的确定

（1）冻结盐水温度：积极期：－30～－32℃

维护期：－22～－28℃

（2）冻土墙平均温度：－10℃

（3）冻土强度：$\sigma_{压}=4.5$MPa；$\sigma_{拉}=2.3$MPa；$\sigma_{剪}=1.9$MPa。

2）结壁厚度设计

（1）连接通道冻结帷幕

断面、荷载及冻土厚度（图14-29）。取冻土帷幕厚度为2m，则连接通道冻结帷幕结构荷载如图14-29所示。

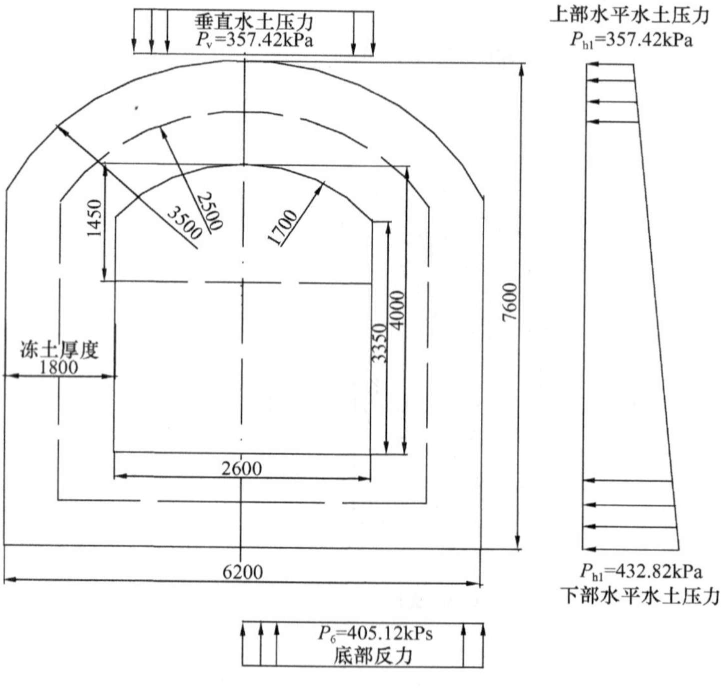

图14-29 连接通道中部冻土结构断面荷载及厚

连接通道中部冻土结构的弯矩及轴力如图14-30所示。

（2）喇叭口冻结帷幕

连接通道两端的喇叭口冻结帷幕断面形状与联络通道类似，经同样设计步骤，得到冻土结构的断面应力状况，在截面4和5处要求冻土厚度为2.0m。由于连接通道两端的喇叭口施工时开挖断面大，冻土厚度要加强，采用打双排孔进行加强。

（3）强度校验、安全度

强度校验结果列于表14-12。

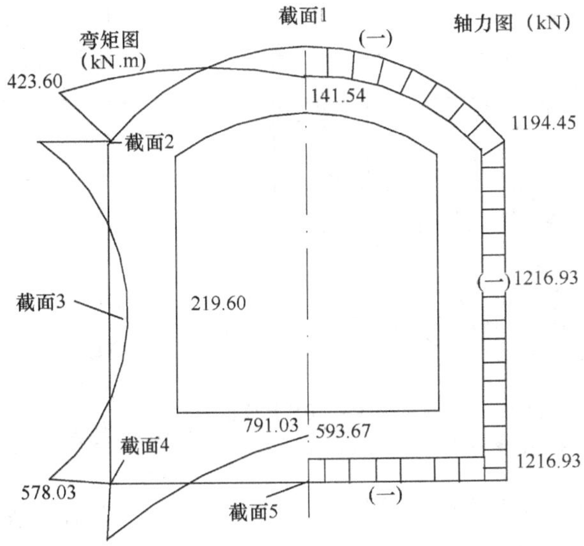

图 14-30 冻土结构各截面承受的弯矩及轴力

连接通道中部冻土结构各截面安全系数 **表 14-12**

截面	1	2			3	4				5	
应力	压	压	拉	剪	压	压	拉	剪	剪	压	拉
应力值 σ (MPa)	1.23	1.89	0.35	0.43	1.28	1.94	0.59	0.42	0.41	2.25	1.38
安全系数 K	3.65	2.38	6.57	4.42	3.52	2.32	3.90	4.52	4.63	2.00	1.67

表 14-12 中的安全系数 K 是由冻土强度与其相应的冻土结构相关位置的应力比值。由于连接通道断面的土层以砂质粉土为主，故冻土强度以冻土平均温度为－10℃时的该土层强度为准，$\sigma_{压}=4.5$MPa，$\sigma_{拉}=2.3$MPa，$\sigma_{剪}=1.9$MPa。从表 14-12 数据可见，各截面的压应力安全系数 K 在 2.32～3.65 之间，拉应力安全系数 K 在 1.67～6.57 之间，剪应力安全系数 K 在 4.42～4.63 之间，安全储备足够 。

14.7.2 上海轨道交通四号线上海体育场穿越段冻结工程

1. 工程概况

轨道交通 4 号线上海体育场站位于交通繁忙的漕溪北路、零陵路路口，为地下三层双柱三跨箱型结构，车站占地面积约 5200m^2，长 193m。轨道交通 4 号线上体场站与地铁 1 号线上体馆站平面呈“丁”字相交。其中，1 号线车站为地下二层箱型结构，与 4 号线车站共享地下一层站厅层，实现两线间的自由换乘。按使用功能要求，4 号线车站下三层必须从 1 号线车站底板下穿越，以保证轨道线路通畅。该点地处闹市中心，交通相当繁忙，地下管线密如蛛网，东有上海体育馆，西有华亭宾馆和 20 世纪 70 年代建成的漕溪北路高层住宅群，其净距仅有 25m。

工程位于极不稳定地层中，上体场穿越段主要土层是上海④－1 淤泥质黏土与④－2 饱和砂质粉土夹粉质黏土。④－1 土层孔隙比大、含水丰富、承载力低、容易压缩，在动力作用下易流变，开挖后天然土体本身难以自稳。尤其是④－2 饱和砂质粉土夹粉质黏

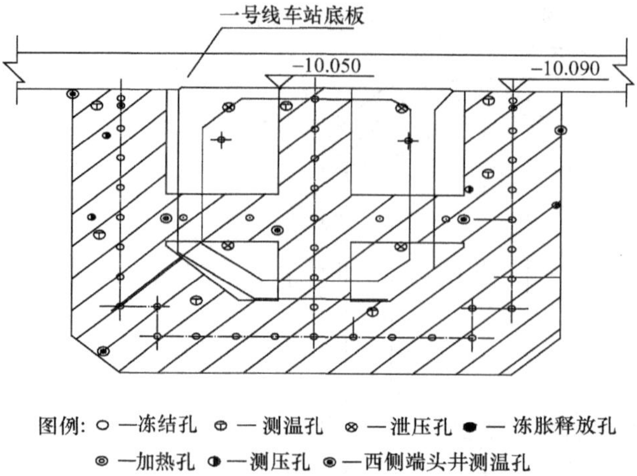

图 14-31 穿越段隧道冻结孔布置图

土，透水性很好，极易发生水砂突出。采用冻结法加固土体。

2. 冻土帷幕的设计

1）穿越段隧道冻结孔布置如图 14-31 所示。

2）冻土力学参数

淤泥质黏土设计冻结壁平均温度为 $-10℃$，冻土抗拉强度为 2.1 MPa。

淤泥质黏土 $-10℃$ 条件下的剪切强度为 1.5MPa。

3）设计荷载

冻结壁结构上作用的土压力计算采用静止土压力并考虑 $2.0t/m^2$ 的地面超载；

冻结壁底板反力主要受底板静水压力和穿越段开挖时因底板向上变形，下部土体的作用力。计算方法如下：

$$q=\gamma_w H+(1.3H-1.0H)\tan^2\left(45°-\frac{\varphi}{2}\right)$$

$$=\gamma_w H+0.3H\tan^2\left(45°-\frac{\varphi}{2}\right)$$

取 $\tan^2\left(45°-\frac{\varphi}{2}\right)=0.7$

式中 γ_w——水容重，1.0（t/m^3）；

H——计算深度，21.06m。

4）结构力学法计算模型及计算结果

冻土结构按弹性理论模型计算，冻结壁被假设为均匀的受力结构。分隧道开挖阶段和完成型钢支架支护两个阶段计算冻结壁结构受力。

a 隧道开挖阶段

隧道开挖阶段冻结壁结构计算模型如图 14-32 所示。

b 完成型钢支架支护阶段

冻结壁计算，如图 14-33、图 14-34 所示。

冻土开挖后，工作面立即进行型钢支架支承，支架间距为 0.6～0.8m，因此取开挖纵向方向单位宽度冻结壁作为计算模型，型钢支架作为冻结壁的支承，计算模型为多跨连续梁计算。模型如图 14-34 所示。

计算结果：

上述计算假设模型中，通过穿越段开

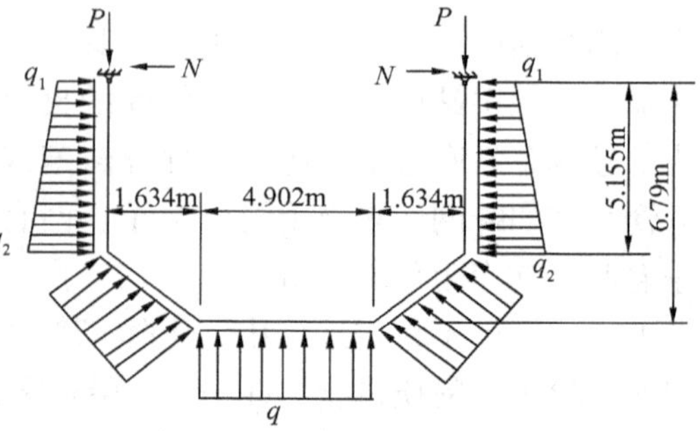

图 14-32 隧道开挖阶段冻结壁结构计算模型

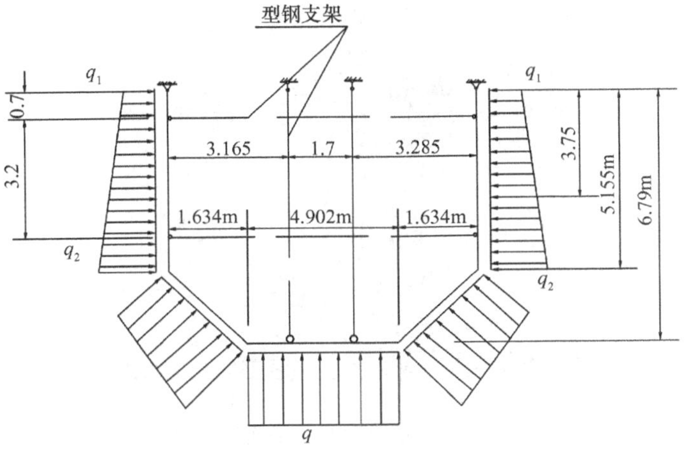

图 14-33 完成型钢支架支护阶段冻结壁计算模型

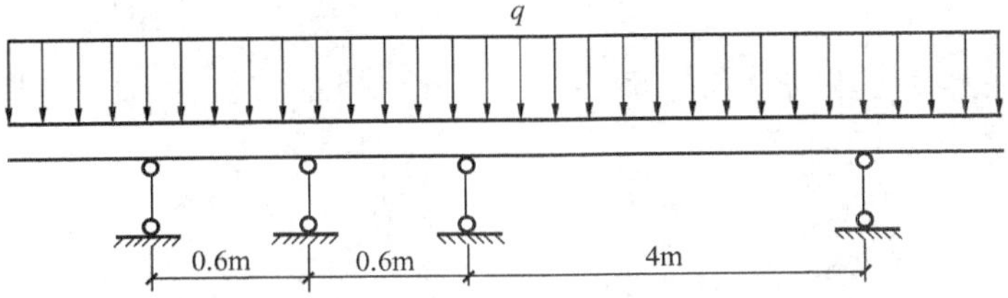

图 14-34 冻结壁纵向计算模型

挖和施工监测、监控结果表明，采用结构力学按弹性理论模型的计算方法在软土地层中计算的冻结壁结构抗压安全系数大于 2.5 时，抗拉安全系数大于 2.0 时，抗剪安全系数大于 2.0 时，可以满足冻结壁结构在开挖阶段和完成型钢支架支护阶段结构受力要求。

14.7.3 工程照片

1 上海大连路越江隧道联络（连接）通道冻结工程

图 14-35 冻结孔布置图

图 14-36 开挖过程

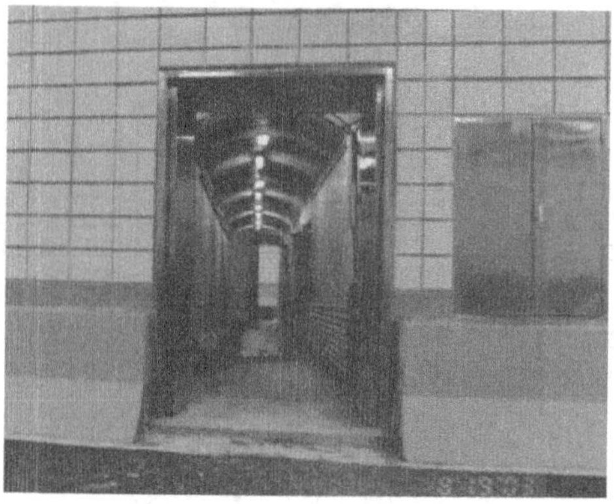

图 14-37 建成后的联络连接通道

2 上海轨道交通四号线上海体育场穿越冻结工程

图 14-38 开挖过程中的穿越段

图 14-39 穿越段临时支护

图 14-40 钢筋绑扎

图 14-41 建成后的穿越段

参 考 文 献

[1] Proceeding of the third international symposium on ground freezing, 1982
[2] Proceeding of the fourth international symposium on ground freezing, 1985

[3] Proceeding of the fifth international symposium on ground freezing，1985
[4] Proceeding of the sixth international symposium on ground freezing，1991
[5] Proceeding of the seventh international symposium on ground freezing，1994
[6] 沈季良等. 建井工程手册(第四卷). 北京：煤炭工业出版社，1986
[7] 翁家杰. 特殊凿井. 北京：煤炭工业出版社，1981
[8] 中科院兰州冰川冻土研究所，煤炭工业部特殊凿井公司冻土壁研究组. 冻结凿井冻土壁的工程性质. 兰州：兰州大学出版社，1988
[9] 翁家杰. 液氮冻结土层的理论与实践. 煤炭科学技术，1994，22(9)
[10] 翁家杰. 冻结法在盾构隧道工程中的应用. 中国地层冻结工程 40 年论文集. 北京：煤炭工业出版社，1995
[11] 龚晓南. 21 世纪岩土工程发展展望. 岩土工程学报，2000(2)
[12] 刘建航，侯学渊. 基坑工程手册. 北京：中国建筑工业出版社，1997
[13] 程国栋. 冻土力学与工程的国际研究新进展——2000 年国际地层冻结和土冻结作用会议综述. 地球科学进展，2000，16(3)
[14] 岳丰田等，隧道联络通道冻结位移场模型试验研究. 中国矿业大学学报，2005，34(2)
[15] 徐学祖，王家澄，张立新. 冻土物理学. 北京：科学出版社，2001
[16] 东兆星，崔广心. 深基坑支护中冻土墙力学特性研究综述. 岩土力学，2002，23(5)
[17] 杨平，平面冻土墙变形计算的理论分析，阜新矿业学院学报，1997，16(4)
[18] 张晶，杨更社. 深基坑维护中冻土墙厚度的计算. 岩石力学与工程学报，2000，19(6)
[19] 马巍，吴紫汪等. 深基坑围护中人工冻土墙厚度的计算. 中国科学院兰州冰川冻土研究所冻土工程国家重点实验室年报，1996
[20] John. S. Jones. State of the Art Report Engineering Practicl in Artificial Ground Freezing. Proceeding of 3rd International Symposium on Ground Freezing. 1979.
[21] 崔托维奇. H. A 等著. 郭文千，田玉瑞译. 冻土试验室研究资料(第一集). 北京：地质出版社. 1958.
[22] 崔托维奇. H. A 著. 张长庚，朱元林译. 冻土力学. 北京：科学出版社. 1985
[23] 吴紫汪. 马巍. 冻土强度与蠕变. 兰州：兰州大学出版社. 1994
[24] 翁家杰. 井巷特殊施工. 北京：煤炭工业出版社. 1991

本章审阅人：翁家杰（中国矿业大学北京校区）

第15章　锚　固　法

刘国楠（铁道科学研究院）
吴肖茗（铁道科学研究院）
王步云（太原煤矿设计研究院）
李象范（同济大学）

15.1　概述

将受拉杆件的一端固定于岩（土）体中，另一端与工程结构物相联结，以承受由于土压力、水压力或其他外力施加于结构物的推力或上举力，从而利用岩（土）体的内在抗力维持结构物的稳定。这种技术的设计和施工统称为锚固技术或锚固法。

20世纪50年代以前，锚固技术只作为施工过程中的一种临时措施，如临时的螺旋地锚以及采矿工业中的临时性木锚杆或钢锚杆等。50年代中期，在国外的隧道工程中开始广泛采用小型永久性灌浆锚杆和喷射混凝土代替以往的隧道衬砌结构。60年代以来，锚固技术得到迅速的发展，不仅在临时性的建（构）筑物基坑开挖中使用，亦在修建永久性建（构）筑物中得到较为广泛的应用。与此同时，可供锚固的地层不仅限于岩石，而且还在软岩、风化层以及砂卵石、软黏土等岩（土）层中取得锚固的经验。1969年在墨西哥召开的第七届国际土力学和基础工程会议上，曾有一个分组专门讨论了土层锚固技术问题；70年代以来召开过的多次地区性的国际会议上，均涉及锚固技术的经验与研究；瑞典、德国、法国、英国、美国、日本等国家中的土木建筑公司分别研制了多种不同类型的锚杆施工机具、锚头和专利的灌浆工艺。各国还各自制定了锚杆设计和施工的技术标准。

20世纪50年代，我国在矿山支护、加固隧洞洞顶等工程中应用锚固技术的例子已很多。1962年安徽梅山水库在修筑溢洪道消力池加固工程中采用了预应力灌浆锚杆；1972年在湘黔铁路凯里车站路堑边坡（强风化的软岩）中采用了锚杆挡墙和锚固桩综合治理滑坡；1976年北京修建地下铁道西直门车站时，首次采用土层锚杆与钢板桩相结合的支护结构代替钢横撑的施工方法，取得了良好的效果；80年代以来高层建筑建造迅速发展，要求开挖基础的深度加大；与此同时，高效锚杆钻机的引进和制造开发，使得锚固技术得到了广泛的应用。

锚固技术在我国基坑支护、边坡加固、滑坡治理、地下结构抗浮、挡土结构锚固和结构抗倾等工程中得到广泛应用，积累了丰富的工程经验，但由于锚杆（索）的作用多种多样，锚固的地层或岩层复杂多变，锚固技术中的许多问题有待于进一步研究，而且随着技术的发展，施工更简便、技术上更可靠的新型锚固技术也不断出现。

目前可以参照的锚固工程技术规范主要有：1)中国工程建设标准化协会标准：《土层锚杆设计与施工规范》(CECS 22：90)；2)中华人民共和国国家标准：《建筑边坡工程技术规范》(GB 50330—2002)；3)《锚杆喷射混凝土支护技术规范》(GB 50088—2001)；4)《水

工预应力锚固工程设计(施工)规范》(SL 212—98)；5)《铁路路基支挡结构设计规范》(TB 10025—2001)以及其他一些地方和行业规范等。

15.1.1　锚固技术在岩土工程中的应用

锚固技术在岩土工程中的应用范围很广，见图 15-1。目前除了基坑支护(图 15-1(*g*))等临时性锚杆外，还在许多工程中用作永久性的加固措施；如用以稳定高边坡(图 15-1(*c*))、防止坝体(图 15-1(*a*))、桥台(图 15-1(*e*)(*h*))和输电铁塔(图 15-1(*b*))的倾覆，烟囱及桥基(图 15-1(*f*))的加固，隧道衬砌加固(图 15-1(*i*))，抵抗船坞或地下室浮托力(图 15-1(*d*))，又如图 15-1(*l*)为加固德国奥勃特斯多夫地区滑雪跳台的基础，锚杆锚固于基岩，锚固深 13m，跳台高 60m；图 15-1(*m*)为慕尼黑飞机库的悬臂屋顶的特殊结构等等。

图 15-1(*o*)、(*p*)为用土钉加固稳定边坡的例子。土钉与灌浆锚杆相似，但它采用高密度的设置方式，将拉杆全长完全与土体粘结；图 15-1(*j*)、(*k*)为人工填土的多层锚定板挡土结构，它是我国铁路系统 20 世纪 70 年代开始研究采用的一种新型支挡结构型式。图 15-1(*n*)、(*q*)为加筋土挡墙，60 年代创始于法国，从表面上看，与土钉墙相似，拉筋一般采用带状镀锌扁钢，也采用其他钢带或土工合成材料。加筋土不同于一般的锚固技术，但在加固原理和所解决的问题两方面有相似之处。

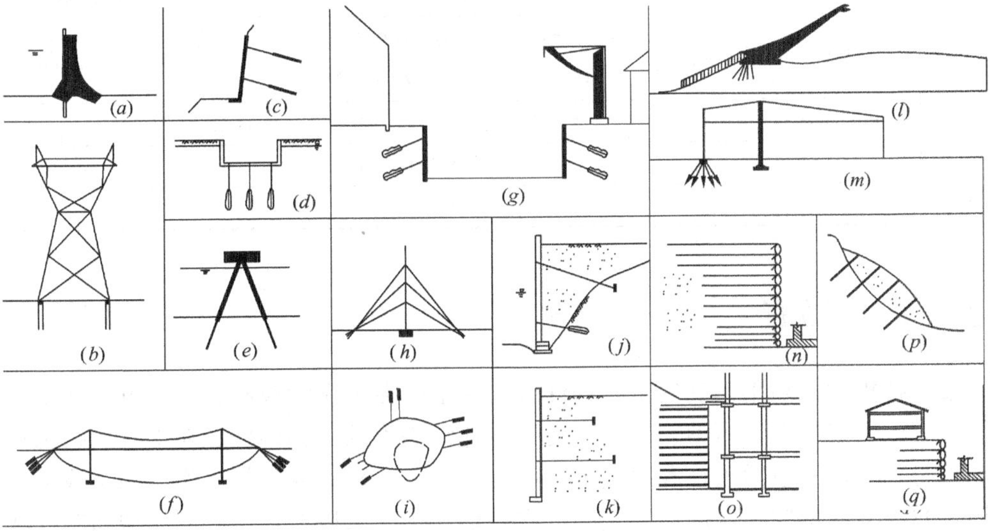

图 15-1　锚固技术的各种用途

15.1.2　锚固技术的种类和特点

当前锚固技术有多种不同的类型。在天然地层中的锚固方法多以钻孔灌浆为主，一般称为灌浆锚杆，它的受拉杆件有粗钢筋、高强钢丝、钢绞线等不同的类型，施工工艺有常压和高压灌浆、预压灌浆、化学灌浆以及许多用特殊的专利锚固灌浆技术。

土钉是 20 世纪 70 年代初期在稳定边坡、深基坑开挖支护中应用发展起来的一种锚固支护技术。土钉的长度比锚杆小，设置的密度大，单根土钉承受的承载能力小，但布置灵活。在土体自稳条件较好，开挖深度不大的支护工程上采用土钉为适宜。

在天然岩土层中采用灌浆锚杆或土钉的优点有：

(1) 施工机械及设备的作业空间不大，因此可为各种地形及场地所选用；

(2) 用锚杆（或土钉）代替钢横撑做侧壁支撑，不但可大量节省钢材，且能改善施工条件和缩短工期；

（3）拉杆的设计拉力可由抗拔试验来获得，因此保证了设计的安全度；

（4）施工时的噪声和震动均较小；

（5）灌浆锚杆（索）还可以施加预应力，以控制地面和支护结构的变形。

在人工填土中的锚固法有锚定板结构与加筋土两种形式。现将锚固法的分类列于表15-1。

本章将分别阐述在天然地层中的灌浆锚杆、土钉以及在人工填土中的锚定板挡土结构，由于篇幅所限，加筋土（用土工合成材料做拉筋）已在其他章节中论及，用带状扁钢作为拉筋的加筋土其基本原理相同（仅使用拉筋材料不同），本章也不再重述。

锚固法分类　　**表15-1**

		灌浆锚杆			土钉		
天然岩土层中锚固	拉杆材料	粗钢筋（精轧螺纹钢筋，高强钢筋45SiMnV等）、高强钢丝、钢绞线			钢筋、钢管		
	使用年限	临时性，永久性（使用年限2年以上）			临时性为主，在地下水位低的条件下，可以作为永久性支挡		
	控制变形和增大承载力	普通锚杆（加压或不加压灌浆） 预应力锚杆（一般采用压力灌浆）			大多为不加压灌浆型		
	施工方法（灌浆）	一次	二次	多次	注浆型	打入型	射入型
人工填土中锚固	锚定板挡土结构						
	加筋土						

15.2　灌浆锚杆

灌浆锚杆指的是利用钢筋等抗拉杆件的一端锚固在可靠的地层或岩层里，使得能提供可靠的拉力，用来平衡土压力、结构浮力等其他结构力的一种构件，在本章通指锚杆、锚索，简称为锚杆，不包括土钉和锚定板等拉锚形式。锚杆本身一般不作为挡土或抵挡外力的结构，而与其他结构联合使用。锚固的主要形式按照构造形式可以分为钢筋锚杆和钢绞线锚索两种；按受力特征分可以分为预应力和非预应力锚杆；按施工方式和特点可以分为自钻式、注浆式、高压注浆和分段高压注浆式锚杆等，按锚固段的受力特点可以分为拉力型、拉力分散型和压力型、压力分散型等。

灌浆锚杆的钻孔方向一般沿水平向下倾斜10°～45°，施工时钻孔的深度必须超过支挡构筑物背后的主动土压力区和已有的滑动面，并须在稳定的地层中达到足够的有效锚固长度（L_e），锚杆末端锚入山体内的有效锚固段能承受的最大拉力称为锚固段的极限抗拔力，见图15-2。从图中可见，锚杆主要由拉杆、锚固体、锚杆头部联接三部分组成。当工程决定要采用锚杆时，应对构筑物的受力情况以及锚固地层的性状、地下水等工程地质情况和整体稳定性进行全面调查比较后，再综合决定设计和施工方案。

15.2.1　灌浆锚杆的抗拔作用力机理

许多资料表明，锚杆孔壁周边的抗剪强度由于地层土质不同、埋深不同以及灌浆方法

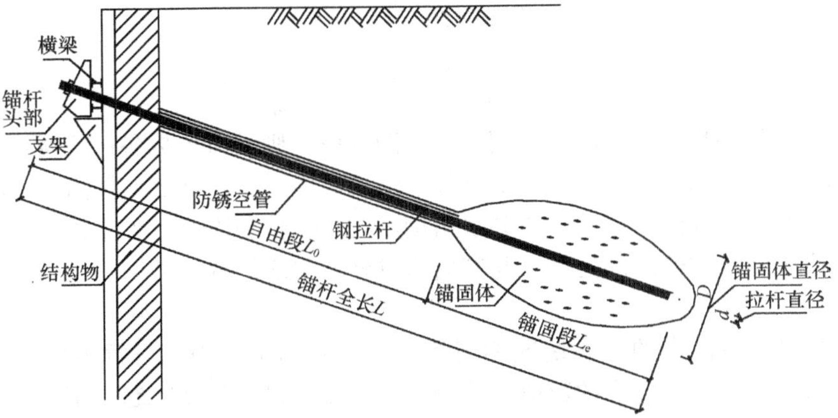

图 15-2 锚杆的组成

不同而有很大的变化和差异。对于锚杆的抗拔作用原理可从其受力状态进行分析。图 15-3 表示一个灌浆锚杆的砂浆锚固段，如将锚固段的砂浆作为自由体，其作用力受力机理为：

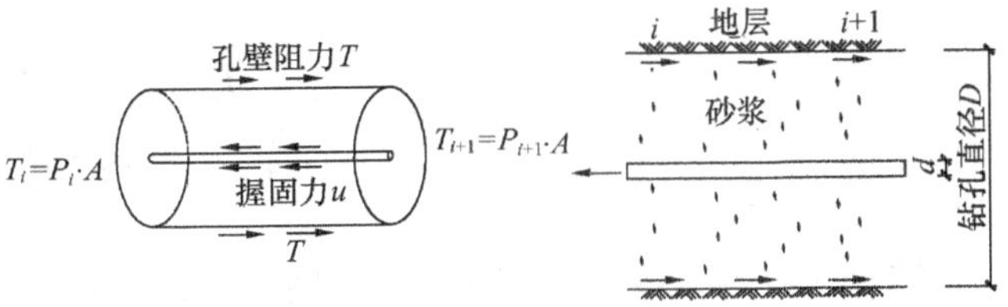

图 15-3 灌浆锚杆锚固段受力状态

当锚固段受力时，拉力 T_i 首先通过钢拉杆周边的握固力(u)传递到砂浆中，然后再通过锚固段钻孔周边的地层摩阻力(τ)传递到锚固的地层中。因此锚杆如受到拉力的作用，除了钢筋本身需要足够的截面积(A)承受拉力之外，即 $T_i=p_i \cdot A$(式中 p_i 为钢筋单位面积上的应力)，锚杆的抗拔作用还必须同时满足以下三个条件：

(1) 锚固段的砂浆对于钢拉杆的握固力需能承受极限拉力；

(2) 锚固段地层对于砂浆的摩擦力需能承受极限拉力；

(3) 锚固土体在最不利的条件下仍能保持整体稳定性。

以上第 (1) 和第 (2) 个条件是影响灌浆抗拔力的主要因素。

15.2.1.1 锚固段的砂浆对钢筋的握固力

在一般较完整的岩层中灌注钻孔时（灌注的水泥砂浆强度不低于 30MPa），如果按照规定的灌浆工艺施工，岩层孔壁的摩阻力一般大于砂浆的握固应力。因此岩层的锚杆的抗拔力和最小锚固段长度一般取决于砂浆的握固应力，为此：

$$T_{u岩} \leqslant \pi d L_e u \tag{15-1}$$

式中 $T_{u岩}$——岩层锚杆的极限抗拔力 (kN)；

d——钢拉杆的直径 (m)；

L_e——锚杆的有效锚固长度 (m)；

u——砂浆对于钢筋的平均握固应力 (kN/m^2)。

砂浆的平均握固应力 u 是一个关键的参数，假定图 15-3 中的 T_i 和 T_{i+1} 分别为钢筋在 i 截面上和 $i+1$ 截面上所受的拉力，p_i 为钢筋单位面积上的应力，若令 u_i 为这一段砂浆对于钢筋的单位面积握固力，则

$$T_i - T_{i+1} = u_i \pi d L_i \tag{15-2}$$

$$\therefore u_i = \frac{T_i - T_{i+1}}{\pi d L_i} = \frac{(p_i - p_{i+1})d}{4L_i} \tag{15-3}$$

由此可见，只要将孔口内的钢筋划分成不同区段，则就可根据各区段两端截面上的钢筋应力 p 的数值，按式（15-3）计算求得各个区段中砂浆对于钢筋的握固力（u），资料表明，砂浆对于钢筋的握固力，取决于砂浆与钢筋之间的抗剪强度。如果采用螺纹钢筋，这种握固力取决于螺纹凹槽内部的砂浆与其周边以外砂浆之间的抗剪力，也就是砂浆本身的抗剪强度。

锚杆孔内砂浆握固力的分布情况相当复杂，在实际工作中，可暂不探讨这些变化细节，而只需获得平均握固应力的数值，并研究其必需的锚固长度问题。某些钢筋混凝土试验资料建议钢筋与混凝土之间的粘着力大约为其标准抗压强度的10%～20%，如果按照这种方法去计算一根钢筋所需的最小锚固长度 L_{emin}，并令钢筋的极限拉应力 σ_{s}，则

$$\left(\frac{\pi d^2}{4}\right)\sigma_s = \pi d L_{\mathrm{emin}} u$$

$$L_{\mathrm{emin}} = \frac{\sigma_{\mathrm{s}} \cdot d}{4u} \tag{15-4}$$

按式（15-4）计算，在岩层中一般直径25mm的钢筋锚杆所需的锚固长度只需1～2m就够了，这已被铁道部科学研究院在多次岩层拉拔试验中得到证实。试验资料表明：当采用热轧螺纹钢筋作为拉杆时，在完整硬质岩层的锚孔中其应力传递深度不超过2m，在风化岩层中，应力传递深度达7～9m，影响岩层锚杆抗拔能力的主要因素是砂浆的握固能力。例如，当岩层锚固深度大于1.0m，采用Φ25的钢筋时，往往钢筋被拉断而锚固段不会从锚杆孔中拔出；Φ32的16Mn钢筋被拉到屈服点（290kN），以及2Φ32的20MnSi钢筋被拉到屈服点（550kN）都未发现岩层有较明显的变化；这表明一般锚杆在完整岩层中的锚固深度只要超过2m就足够了。但在使用中，为了保证岩质锚杆的可靠性，还必需事先判别锚固区山坡岩体有无坍塌和滑坡的可能，并需防止个别被节理分割的岩体承受拉力后发生松动。因此，建议灌浆锚固段达到岩层内部（除表面风化层外）的深度应不小于4m。

必须指出，上述的平均握固应力和最小锚固长度的估算只适用于锚固在岩层中的锚杆，如果灌浆锚杆在土层或风化岩中，则岩土层对于锚杆孔砂浆的单位摩阻力小于砂浆对钢筋的单位握固力，因此，土层锚杆的最小锚固长度将主要受岩土层性质的影响。

15.2.1.2　锚固段孔壁的抗剪强度

在风化岩层和土层中，锚杆的极限抗拔能力取决于锚固段地层对于锚固段砂浆所能产生的最大摩阻力，应写为：

$$T_{\text{u土}} \leqslant \pi D L_{\mathrm{e}} \tau \tag{15-5}$$

式中　$T_{\text{u土}}$——岩土层柱状锚体的极限抗拔力（kN）；

D——锚杆钻孔的直径（m）；

L_{e}——锚杆的有效锚固长度（m）；

τ——锚固段周边的抗剪强度（$\mathrm{kN/m^2}$）。

锚杆的钻孔直径 D，有效锚固长度 L_{e} 和砂浆与孔壁周边的抗剪强度 τ 是直接影响灌浆锚杆抗拔能力的几个因素。其中锚杆周边的抗剪强度 τ 的数值受地层性质，锚杆所处的

埋深，锚杆类型和施工灌浆工艺等许多复杂因素的影响。不仅在不同的地层中和不同深度处的锚杆周边抗剪强度τ值有很大差异，即使在相同地层和相同深度处，τ值也可能由于锚杆类型和施工灌浆条件的差别而有较大的变化。

锚杆孔壁与砂浆接触面的抗剪强度，可有三种不同的破坏情况：第一，砂浆接触面外围的岩层的剪切破坏，这只有当地层强度低于砂浆和接触面的强度时才发生；第二，沿着砂浆与孔壁的接触面剪切破坏，这只有当灌浆工艺不合要求以致砂浆与孔壁粘结不良时才会发生；第三，接触面砂浆的剪切破坏。

在较完整的岩层中，最危险的剪裂面往往不在孔壁附近，而是发生在沿钢筋周边的握固力作用面上，即岩层锚杆孔壁的摩阻力一般均大于砂浆对钢筋的握固力。土层的强度一般低于砂浆强度，因此，如果施工灌浆的工艺良好，土层锚杆孔壁对于砂浆的摩阻力应取决于沿接触面外围的土层抗剪强度。土层的抗剪强度的表达式为：

$$\left.\begin{aligned}\tau &= c+\sigma \mathrm{tg}\varphi \\ \text{或}\quad \tau &= c+K_0\gamma h\,\mathrm{tg}\varphi\end{aligned}\right\} \tag{15-6}$$

式中 c——锚固区土层的黏聚力（kPa）；

φ——土的内摩擦角（°）；

σ——孔壁周边法向压应力（kPa）；

h——锚固段以上的地层覆盖厚度（m）；

K_0——锚固段孔壁的土压系数，一般$K_0=1.0$。

如采用特殊的高压灌浆工艺。则孔壁土压系数K_0将大于1。其具体数值需根据地层和施工工艺的情况试验决定。但如果是在松软地层中进行高压灌浆，高压灌浆所产生的局部应力将逐渐扩散减小，因而K_0的增大也是有限度的。因此，在松软的地层往往采用扩大孔径的方法增大锚杆的抗拔能力。

15.2.2 锚杆的设计

灌浆锚杆的设计主要包括：锚杆的配置及其与结构物的相互关系，锚杆设计拉力的确定，锚杆的截面，锚头联结，锚杆的长度以及锚杆与结构物的整体性验算等。

锚杆的设计与其所联结的结构物密切相关，由于锚杆的应用十分广泛，其设计拉力和整体稳定性的计算方法对不同的结构物各不相同。本章只以最常用的锚杆挡墙和基坑锚杆护壁为例对锚杆设计要点做扼要介绍。

15.2.2.1 场地勘查要求

设计前必须调查以下几项：

（1）场区周边环境调查：附近建筑物(基础类型、埋置深度)；管线分布(上下水和煤气管道、动力和通讯电缆的埋深，管线材料和接头型式等)；地面上道路、交通、气象等情况。

（2）工程地质及水文地质调查：地质剖面、地层分布及厚度、土质性状；地下水位及水质对锚杆的侵蚀性影响；通过工程地质钻探及土质试验，掌握锚固层土的颗粒级配、抗剪强度和渗透系数等物理力学性能。必须指出，室内试验所提供的资料，必须与锚固段的工作状态一致，如基坑外是降水的，对于砂性土则可采用排水固结以后的土力学指标；基坑外不降水，则应采用不固结、不排水土力学指标。在基坑工程中，对于渗透性很小的软黏土，不论降水条件，均宜采用不固结、不排水强度指标。

锚固方案一旦决定，则要对施工实施进一步落实。为了确定实际承载力，需在具有与施工地段相同工程和水文地质的岩土层条件下，进行现场原型抗拔试验。根据实际加荷的结果提出极限抗拔力的修正值。与此同时，还必须对锚杆施工机械条件、施工能力以及拉杆材料等进行落实并编写报告书，只有技术上和经济上进行充分的比较之后，所采用的锚固技术才能显示出优越性。

15.2.2.2 锚固形式的选型

从锚杆的工作机理上看，锚杆是一种受拉结构体系，由拉杆、注浆锚固体、自由段和外锚头等主要部件组成。只有深刻认识各工作部件的工作机理和作用，才能够合理地选型。

（1）拉杆

拉杆是锚固的最基本构件，对材料的主要要求是高强度、耐腐蚀、易于加工和安装。拉杆所用的材料和主要特点介绍如下：

1）钢筋，一般采用二级钢以上的钢筋或精轧螺纹钢，具有施工安装简便、较抗腐蚀、取材容易、造价经济等特点，缺点是强度较低，而且普通钢筋的预应力锚头制作复杂等。钢筋拉杆一般用于非预应力锚杆。当采用高强钢筋时，钢筋锚杆吨位偏小的问题可以解决，若采用精轧螺纹钢等特种材料也能够作为预应力锚杆的拉杆，精轧螺纹钢有与之配套的螺纹套筒，可以方便地用来施加预应力并锁定。

2）钢绞线，具有强度高、易于施加预应力、造价经济等特点，缺点是易松弛、防腐问题比较突出等。钢绞线是国内目前应用最广泛的预应力锚索的拉杆材料。

3）非金属材料，为近年出现的新型材料，主要特点是强度高、耐腐蚀，目前应用的主要有碳纤维拉带和聚合物拉带等。由于国内应用还不普遍，而且应用时间较短，推广应用还有一个过程。表15-2所列，为几种常用钢筋和钢绞线的规格和强度标准值。

常用拉杆材料的规格和强度标准值（N/mm^2） **表15-2**

种类		f_{yk}或f_{pyk}或f_{ptk}
碳素钢丝	Φ4	1670
	Φ5	1570
刻痕钢丝	Φ5	1470
冷拔低碳钢丝	甲级：	Ⅰ组 Ⅱ组
	Φ4	700 650
	Φ5	650 600
	乙级： Φ3～Φ5	550
钢绞线	d=9.0（15Φ3）	1670
	d=12.0（15Φ4）	1570
	d=15.0（15Φ5）	1470
热轧钢筋	Ⅰ级（A_3、AY_3）	235
	Ⅱ级[20MnSi、20MnNb（b）]	
	$d \leqslant 25$	335
	d=28～40	315
	Ⅲ级（25MnSi）	570
	Ⅳ级（$40Si_2MnV$、45SiMnV、$45Si_2MnTi$）	540
冷拉钢筋	Ⅰ级（$d \leqslant 12$）	280
	Ⅱ级$d<25$	450
	d=28～40	430
	Ⅲ级	500
	Ⅳ级	700

续表

种类		f_{yk}或f_{pyk}或f_{ptk}
热处理钢筋	$40Si_2Mn$（$d=6$） $48Si_2Mn$（$d=8.2$） $45Si_2C_1$（$d=10$）	1470
精轧螺纹钢	JL540 JL785 JL930	540 785 930

注：碳素钢丝系指国家标准《预应力混凝土用钢丝》（GB 5223—85）中的矫直回火钢丝。

在实际工作中，一般拉筋的选型遵循以下原则：在设计大吨位抗拔力的锚杆时，优先考虑采用钢绞线，它的强度高，相同设计吨位的情况下，钢材用量少，重量轻，便于安装和运输，特别是设计吨位较高时，还可以减少钻孔数量，减轻安装和张拉工作量。当中等设计吨位（400kN左右）时，可以选精轧螺纹钢，它具有强度高、安装方便等优点。当设计吨位小于300kN且为非预应力锚杆时，可以优先考虑采用Ⅱ级或Ⅲ级钢筋。在工作环境恶劣，对锚杆的防腐蚀性能有特殊要求的情况下，可考虑聚合物材料或碳纤维等材料作为锚杆的拉杆。

（2）灌浆材料

水泥、水和骨料为组成锚固体浆液的基本材料，按GB 175—1999中规定的硅酸盐水泥或普通硅酸盐水泥，强度等级宜大于32.5MPa，视工程要求可适量掺入早强剂和减水剂等。

搅拌水泥浆用的水所含油、酸度、盐类、有机物等都会影响水泥砂浆的质量，因此必须控制在无害的范围之内。

水泥砂浆的骨料要求用中砂，并必须经过筛选和清洗，泥质和有机质等含量应在3%以下。

水泥砂浆具有结石收缩性小，强度较高等特点，在永久性工程中应优先考虑采用。实际工程中，较多采用水泥净浆，具有施工方便、可灌性好等特点。为了避免水泥净浆的结石收缩率大引起的不利影响，在锚杆的首次注浆时，往往采用较小的水灰比，为了改善可灌性，添加适量高效减水早强复合外加剂。一次性灌注的锚杆，或者防腐问题突出的永久锚杆，通常在注浆液中添加适量微膨胀剂，提高注浆固结体和岩土体的粘结强度，减少注浆体结石收缩裂隙。

多次注浆的锚杆，第二次以及以后的注浆液均采用水泥净浆，水灰比应适当大，以增加可灌性。

在地下水受某种化学物质污染，或者地层中有含腐殖酸的泥炭层时，一般的水泥浆凝结会受影响，应选用特种水泥，经试验后确定注浆水泥基材。

（3）锚固地层或岩层

锚杆的锚固段设置的地层或岩层简称为锚固地层或岩层。对于吨位较大的锚杆尤其是永久性锚杆（索），要求锚固地层或岩层自身稳定，能够提供较大的锚固力，注浆锚固体和周边围岩之间具有较小的蠕变特性等条件。工程实际中，选取合理可靠锚固地层或岩层一般遵循以下基本原则：

1）锚固地（岩）层应能自身稳定，不得在边坡或支挡结构后侧极限平衡状态的破裂面之内，不能设置在滑坡地段和有可能顺层滑动地段的潜在滑动面以内；

2）永久性锚杆的锚固段不应设置在未经处理的下列土层：

(i) 有机质土

(ii) 液限 $w_l>50\%$的土层

(iii) 相对密度 $D_r<0.3$ 的砂土层；

3）锚固段设置在岩层的锚杆，应尽量避开基岩的破碎带；

4）在有节理构造面存在的情况，应分析锚固受力之后对基岩稳定性的影响，有不利影响的情况，应予以避开。

5）对于永久性支挡结构的锚杆、地下室抗浮锚杆等对变形限制严格的锚杆，要注意锚固段的蠕变特性，尽量将锚固段避开软土层，设置在蠕变特性小的基岩层、密实的砂砾土层和硬黏土层。

(4) 锚杆的结构类型

锚杆一般由锚头、自由段和锚固段三部分组成，其中锚固段用水泥浆或水泥砂浆注浆，将杆体与土体或岩体粘结在一起，形成锚杆的锚固段。锚固段是锚杆的最重要组成部分，根据设置锚固段的岩土体的性质和工程特性与使用要求等，锚固段可以有多种形式，常用的有圆柱形、端部扩大形和分段扩大形等三种类型。图 15-4 为三种类型的锚杆结构的简图。

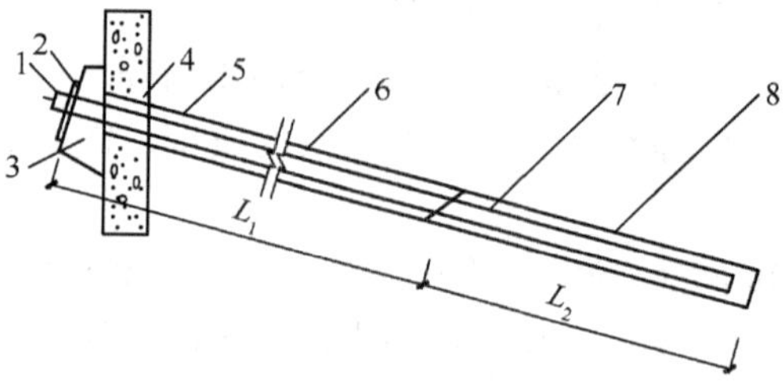

(i) 圆柱形锚杆体锚杆

1—锚具；2—承压板；3—台座；4—支挡结构；5—钻孔；6—注浆防护处理；7—预应力筋；8—圆柱形锚固体；L_1—自由段长度；L_2—锚固段长度

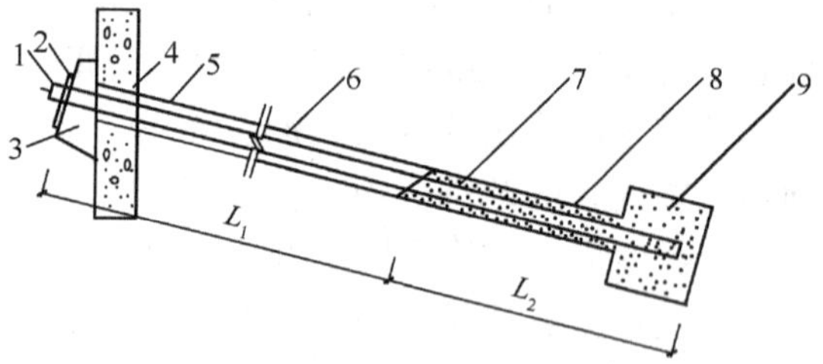

(ii) 端部扩大头形锚杆

1—锚具；2—承压板；3—台座；4—支挡结构；5—钻孔；6—注浆防护处理；7—预应力筋；8—圆柱形锚固体；9—端部扩头体；L_1—自由段长度；L_2—锚固段长度

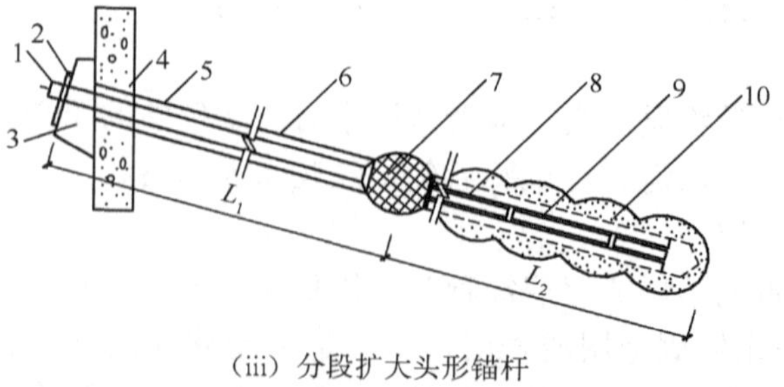

(iii) 分段扩大头形锚杆

1—锚具；2—承压板；3—台座；4—支挡结构；5—钻孔；6—塑料套管；7—止浆密封装置；8—预应力筋；9—注浆套管；10—异形扩头体；L_1—自由段长度；L_2—锚固段长度

图 15-4 锚杆（索）结构简图

图 15-5 表示的为两种类型锚杆的锚固体受力特点。对于圆柱形锚固体，有以下特点：

1）圆柱形锚固体前端的应力水平最大；

2）锚固力是由于锚固体和岩土层之间的相对变位而产生的，考虑到锚杆等拉杆杆体自身的应变，有效锚固长度受限制；

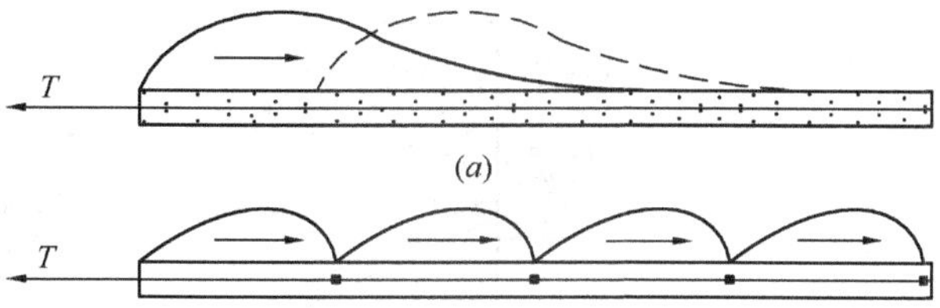

图 15-5 锚杆锚固体周边黏结摩阻应力分布形态
(a) 拉伸型；(b) 分散压缩型

3）当锚固段和土体之间的剪应力水平达到土体强度时，土体本身发生破坏，所以通常增加锚固长度不能比例增大锚固力，在要求锚杆有较高承载力的情况，就受限制；

4）在锚杆受力的情况下，圆柱形锚固体锚杆中的锚固段都处于受拉应变的状态，所以锚杆的注浆固结体容易产生张拉型裂隙，这对锚杆的防腐不利。

但是圆柱形锚固体锚杆的施工最简便，在完整性良好、强度较高的岩土层中通常也可以获得较大而且可靠的锚固力，所以这一类型的锚杆目前应用最为广泛。圆柱形锚杆的锚固段长度不宜大于 15m，一般选取 4～10m。

端部扩大形锚杆通过端部扩大，可以有效地增加锚固力，缩短锚杆的长度，同时锚固体内的受力状态为压缩型，避免了锚固体产生对锚杆防腐不利的张拉型裂缝的可能性。

分段扩大形锚杆改进了圆柱形锚杆锚固力受应力峰值限制的缺点，可以将锚固力分散在锚固段不同的位置，从而在不增加钻孔直径的前提下，增加了锚杆的锚固力，在较软弱的地层实现较大的锚杆承载力的要求。

在施工上，圆柱形锚固体锚杆，直接由钻孔注浆形成；端部扩大形锚杆采用机械扩孔；分段形锚杆可以采用分段高压注浆的方法形成，也可以采用分段机械扩孔的方法形成。由于岩层的锚固力大，锚固段设置在岩层的锚杆，优先选用圆柱形锚固体锚杆，施工时既方便，锚固力又可靠。对于锚固段设在硬黏土层并要求有较高锚固力时，宜选用端部扩大头形锚杆，通过扩大锚固端部，到达缩短锚固长度、减少注浆量而增加锚固力的目的。对于锚固段设置在黏性土和砂土层的情况，为了获得可靠的锚固力，宜采用分段式锚杆，一般通过高压注浆的方法，在设置的锚固段，按一定的间隔进行高压扩孔注浆，形成分段受力的锚固体形式。分段式锚固的优点还在于可以减少锚固长度，改善锚杆孔周边土层的力学性质，提供较大的单位长度抗拔力，同时可以有效地减小锚固段的应力水平，从而改善锚杆的蠕变性能。

（5）锚头构造

锚杆头部是构筑物与拉杆的联结部分，为了能够牢固地将来自结构物的力得到传递，一方面保证构件自身的材料有足够的强度，相互的构件能紧密固定；另一方面又必须将集中力分散开，为此锚杆头部需对台座承压板及紧固器三部分进行设计，见图 15-6。因实际现场施工条件不同，而设计拉力也不同，必须根据每个工点的不同情况进行个别设计。

1）台座

构筑物与拉杆方向不垂直时，需要设台座调整拉杆受力，并能固定拉杆位置，防止其横向滑动与有害的变位，台座用钢板或钢筋混凝土做成，如图 15-6 所示。

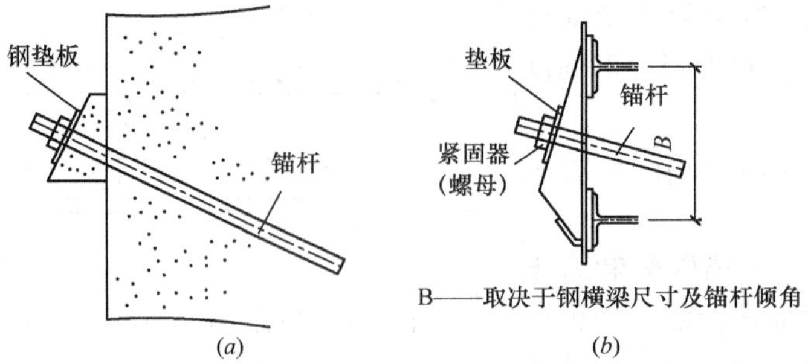

图 15-6 台座型式

(a) 钢筋混凝土；(b) 钢板

2) 承压垫板

为使拉杆的集中力分散传递，并使紧固器与台座的接触面保持平顺，拉杆（钢筋或钢绞线）必须与承压板正交，一般采用20～40mm厚的钢板。

3) 紧固器

拉杆通过紧固器的紧固作用将其与垫板、台座、构筑物紧贴并牢固联结。如拉杆采用粗钢筋，则用螺母或专用的联结器，配合焊接在锚杆端头的螺杆等。

拉杆采用钢丝或钢绞线时，采用专用锚具，应选用与设计锚索钢绞线根数一致的低松弛锚具。锚具由锚盘及锚片组成，锚盘的锚孔根据设计钢绞线的多少而定，也可采用公锥及锚梢等零件，见图15-7。

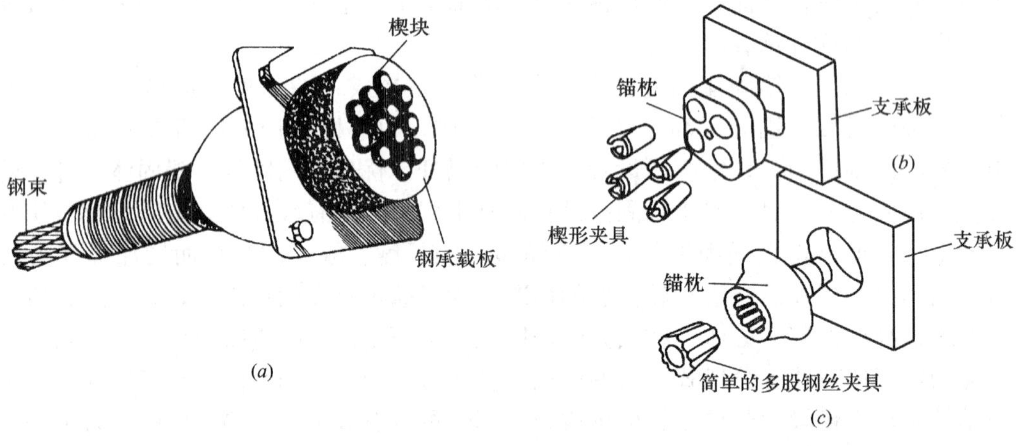

图 15-7 多根钢束锚杆装置

(a) 锚杆头；(b)、(c) 夹具

(6) 锚杆的布置

当锚杆的布置较密时，锚固段的受力类似于群桩效应会产生相互影响，称之为群锚效应。在锚杆设计时，从布置上应遵守一定的规则，避免或尽量减小群锚效应。在国内有关规范中未能提出考虑群锚效应的锚杆承载力计算方法，但对锚杆的布置作了规定。日本有关锚杆设计手册中介绍群锚效应可以采用简化的方法予以分析，参见图15-8。

对于锚杆（索）的布置，国内现行规范有如下规定：

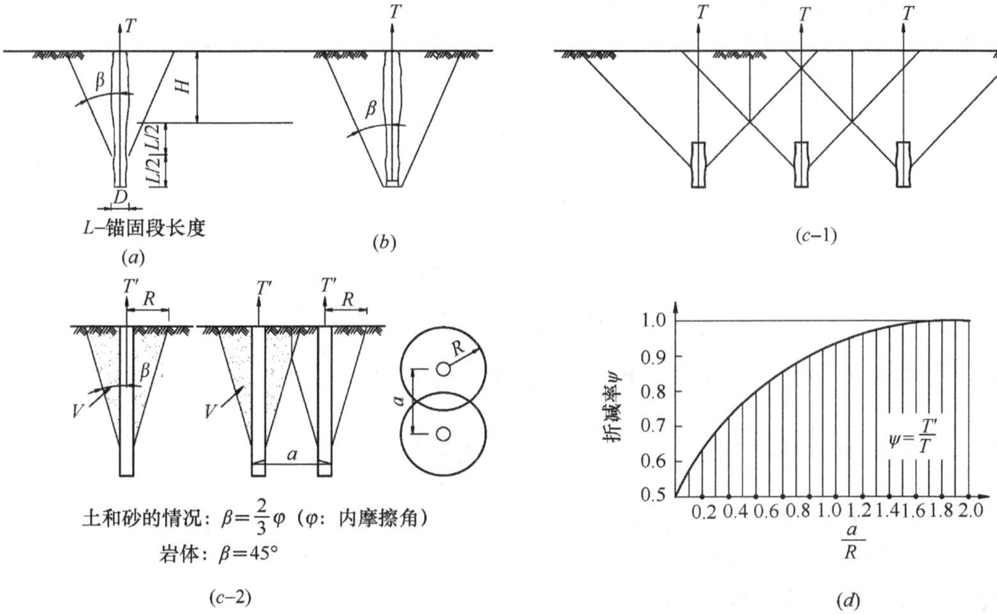

图 15-8　群锚效应分析简图

（a）拉伸型锚杆（索）；（b）压缩型锚杆（索）；（c）影响锥体的相互干涉；（d）群锚效应考虑锚杆间距的折减率

a. 锚杆的上下排间距不宜小于 2.5m；

b. 锚杆的水平间距不宜小于 2.0m；

c. 锚固体上覆土层的厚度不小于 5.0m；

d. 支挡结构的锚杆的水平倾角不应小于 13°，也不应大于 45°，以 15°～35°为宜，垂直布置的抗浮锚杆等不受此限制；

e. 土层锚杆的锚固段不应小于 4.0m，岩层锚杆不受此限制。

15.2.2.3　作用在支挡结构上的土压力

锚杆的作用有多种，限于篇幅，在本章仅讨论支挡结构锚杆设计荷载的确定问题。在支挡结构中，锚杆用来平衡全部或部分土压力，所以土压力荷载计算对于锚杆设计十分重要。

在基坑护壁及支档结构中，锚杆的作用主要表现是承受侧壁土压力、因而首先应计算作用在结构侧壁上的总土压力及其分布，然后才能确定锚杆的配置及其拉力。土压力的大小既取决于土的种类及其力学性质，又与挡土结构的刚度、位移、变形情况及施工方法等有密切关系。实际土压力的计算分析至今仍然是一个未能很好解决的难题。但是，工程一般采用极限状态土压力和经修正的土压力分布模式，实践证明能够较好地解决工程问题，具有实际工程意义，以下介绍工程上常用的单锚桩锚结构和多锚桩锚结构的土压力荷载计算方法。

桩锚结构属刚性或半刚性挡土结构，作用在结构物上的土压力分布比较复杂，不易确定，可按下述原则假设：如果墙身位移是使土体的侧向约束减小，作用于墙身的土压力按朗肯主动土压力 p_a 考虑；如果是挤压土体，作用于墙上的土压力将介于静止土压力 p_a 和

朗肯被动土压力 p_p之间，取决于位移程度，最大不超过 p_p。

朗肯土压力计算式（墙背直立，墙后土体为平面时）：

（1）无黏性土情况：

$$p_a = K_a \gamma' z \tag{15-7}$$

$$p_p = K_p \gamma' z \tag{15-8}$$

（2）黏性土情况：

$$p_a = K_a \gamma' z - 2c\sqrt{K_a} \tag{15-9}$$

$$p_p = K_p \gamma' z + 2c\sqrt{K_p} \tag{15-10}$$

式中 K_a——朗肯主动土压力系数，$K_a = \mathrm{tg}^2\left(45° - \dfrac{\varphi}{2}\right)$；

K_p——朗肯被动土压力系数，$K_p = \mathrm{tg}^2\left(45° + \dfrac{\varphi}{2}\right)$；

γ'——土的有效重度，(kN/m^3)；

c——土的黏聚力，(kN/m^2)；

z——锚杆的计算深度，(m)。

如果有水压力，则按静水压力叠加上去。

如图 15-9 中，在桩（墙）顶附近设置锚杆 T，以维持墙体的稳定。当埋深 t 较小时，墙的变形不出现反弯点，这时，可假定墙一侧为主动土压力 P_1，另一侧为被动土压力 P_2，但 P_2不得超过朗肯被动土压力的 1/2～1/3。通过试算，根据$\sum M_B = 0$和$\sum F_X = 0$，便可确定 t_1、M_{max}和 T。但当 t 较大时，墙下半部分可能出现反弯点，这时土压力分布和受力情况与图 15-9 不同，具体情况参考有关书籍及规范。

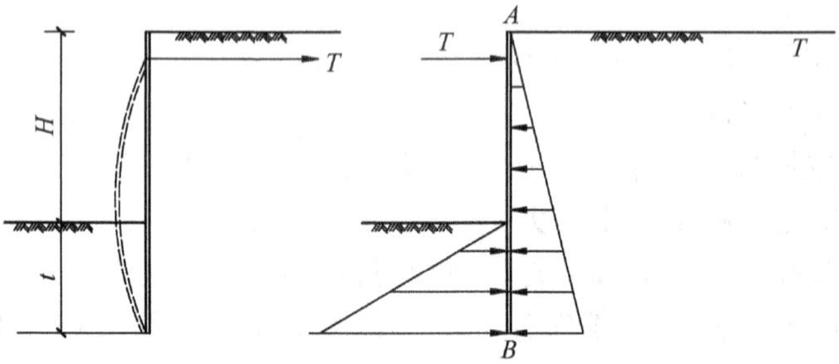

图 15-9 锚拉（板桩）墙的土压力计算

如果基坑桩锚结构或锚杆挡墙用多根锚杆，施工时一般是先设置排桩（或板桩）进入基坑底部的土层中，然后从地面向下开挖，每挖一定深度，及时安装锚杆并施加预张力，由于桩（墙）的变位在各锚杆的支点处受到不同程度的限制，墙的挠曲变形趋势如图 15-10 所示。在这种情况下，支挡结构上作用的土压力不再是三角形分布，也不能用朗肯或库伦土压力理论计算，因为墙后土体并不全部都达到极限平衡状态，而且在局部地方起“拱”的作用，使土压力发生重分布，有拱的中部（变位大的地方）转移一部分到拱的两端（变位小的地方）。这就使得基坑支护的土压力分布很不规律，见图 15-10（b），并在很大程度上取决于施工情况（如安装各锚杆的时间是否及时，预张力的大小等）。因此，对这种有多排支锚的支挡结构上的土压力分布只能凭经验估计。太沙基和派克根据实测资料和模型试验结果提出了经验计算图式，如图 15-10（c）所示。这组图式不代表土压力的真正分布规律，而是最大土压力的可能包线，可用于确定支锚荷载。

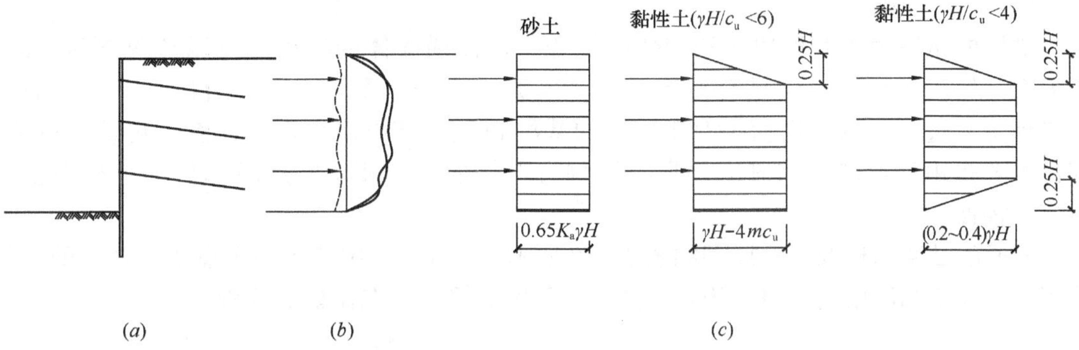

图 15-10　基坑支护的土压力计算

对于砂土，可按沿深度均匀分布考虑，土压力值为 $0.65K_a\gamma h$；K_a 为朗肯主动土压力系数，γ 为土的重度。对于黏性土，如果是 $\gamma H/c_u>6$ 的较软黏性土（c_u为不排水抗剪强度），最上面土压力为零，自 $0.25H$ 深度起为均匀分布，压力值为 $\gamma H-4mc_u$；其中系数 m 在一般情况下可用 1.0，如果基坑底面以下有深厚软土层，可能引起坑底隆起，板桩外软土向内挤动情况，则 m 值宜采用 0.4。对于 $\gamma H/c_u<4$ 的较硬黏土，可按中间深度 $0.5H$ 为均匀分布，最上面 $0.25H$ 和最下面 $0.25H$ 均为三角形分布考虑，最大压力值为 $0.2\sim0.4\gamma H$。对 $\gamma H/c_u=4\sim6$ 情况，则采用两者之间的过渡。

15.2.2.4　锚杆自由段长度设计

锚杆的锚固区应当设置在主动土压力楔形破裂面之外，见图 15-11。建筑基坑支护技术规程（JGJ 120—99）对于锚杆的自由段推荐下式计算：

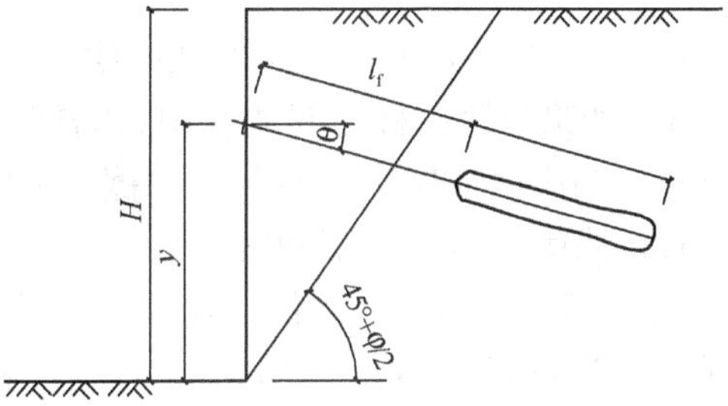

图 15-11　自由段简图

$$最小自由段\ l_f=\frac{y\cdot\sin\left(45^\circ+\frac{\varphi_k}{2}\right)}{\sin\left(45^\circ+\frac{\varphi_k}{2}+\theta\right)} \tag{15-11}$$

《铁路路基支挡结构设计规程》（TB 10025—2001）规定，自由段伸入滑动面或潜在的滑动面的长度不小于 1.0m。

美国联邦公路局运输处（U.S. Department of Transportation Federal Highway Administration）规定的锚杆自由段计算公式为：

$$最小自由段\quad l_f=\frac{y\cdot\sin\left(45^\circ-\frac{\varphi}{2}\right)}{\sin\left(45^\circ+\frac{\varphi}{2}+\theta\right)}+\frac{H}{5\sin\left(45^\circ+\frac{\varphi}{2}+\theta\right)} \tag{15-12}$$

在实际问题中，自由段长度的设定除了满足上述条件之外，还要根据地层条件来确定锚杆的埋入区，以保证锚杆在设计荷载下具备正常工作的条件，为此锚固段应设置在稳定的地层，确保有足够的锚固力。同时，在采用压力注浆的情况，锚固段应有足够的埋深，一般要求不小于5～6m，锚固区宜布置在离现有建筑物基础不小于5～6m的距离处。

15.2.2.5 锚杆锚固段长度设计

（1）设计原则

锚杆的承载力主要取决于锚固体的抗拔力，而锚固体的抗拔力可以从两方面考虑：一方面是锚固体抗拔力应具有一定的安全系数；另一方面是它在受力情况下发生的位移必须不超过一定的允许值。对于一般的基坑和支挡结构而言，允许有一定量的位移，因而主要是由稳定破坏控制。如果对结构有严格的变形要求，这时锚杆的承载力主要由变形控制。

普通的灌浆锚杆的工作原理如图15-12所示。图15-12中表示一个灌浆锚杆中的砂浆锚固段，如果锚固段的砂浆作为自由体，则可将其受力状态作如下分析：

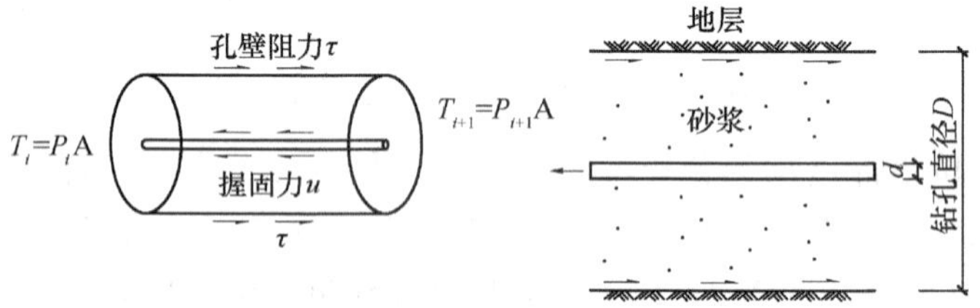

图15-12 灌浆锚杆锚固段受力状态

当锚固段受力时，拉力T_i首先钢拉杆周边的砂浆握固力（u）传递到砂浆中，然后再通过锚固段钻孔周边的地层摩阻力（τ）传递到地层中，因此锚杆的锚固体必须满足四个条件：

i）拉杆本身必须有足够的截面积；

ii）砂浆与钢拉杆之间的握固力需能承受极限拉力；

iii）锚固段地层对于砂浆的摩擦力需能承受极限拉力；

iv）锚固土体在最不利的条件下，但能保持整体稳定。

对于第2和第3个条件，需要作一些说明。在一般较完整的岩层中灌注锚杆时（砂浆或纯水泥浆的标号不小于M30），只要严格按照规定的灌浆工艺施工，岩层孔壁的摩阻力一般能大于砂浆的握固力，所以锚固长度实际上由锚固体本身的强度控制。如果锚孔在土层中灌浆，土层对于锚孔砂浆的单位摩阻力远小于砂浆对钢筋的握固力。因此，土层锚杆的最小锚固长度将受土层性质的影响，主要由土层的抗剪强度所控制。

（2）锚固段长度的确定

锚固段长度设计目前有两种方法：一种是为安全系数法，为1990年颁布的《土层锚杆设计施工规范》（CECSZZ：90）和铁路规范等行业规范所采用，国外的设计标准和设计指南大都采用安全系数法；另一种是极限状态设计法，不再采用统一安全系数“K”，而改为采用体现工程安全等级、支护结构工程重要性的数，轴向受力抗拉力分项系数的锚杆设计方法，该方法为国标《建筑基坑支护技术规程》（JGJ 20—99）、《建筑边坡工程技术规范》（GB 50330—2002）等采用。以下介绍锚杆锚固段的两种设计方法。

a. 极限状态法

按《建筑基坑支护技术规程》（JGJ 120—99），深基坑支护工程所用的锚杆，支锚点水平支点力和锚杆轴向受拉承载力设计值之间的关系为：

$$T_d = 1.25\gamma_0 \cdot T_c \tag{15-13}$$

$$N_u = \frac{T_d}{\cos\theta} \tag{15-14}$$

式中 T_d——锚杆水平拉力设计值；

T_c——支锚点的水平支点力计算值；

N_u——锚杆轴向受拉承载力设计值；

θ——锚杆的水平倾角；

γ_0——工程安全等级重要性系数，取值见表 15-3。

基坑安全等级重要性系数 **表 15-3**

安全等级	破 坏 后 果	γ_0
一级	支护结构破坏、土体失稳或过大变形对基坑周边环境及地下结构施工影响很严重	1.10
二级	支护结构破坏、土体失稳或过大变形对基坑周边环境及地下结构施工影响一般	1.0
三级	支护结构破坏、土体失稳或过大变形对基坑周边环境及地下结构施工影响不严重	0.9

锚杆的轴向受拉承载力设计值可按下式计算，并应按有关要求和规定进行锚杆验收试验：

$$N_u = \frac{\pi}{\gamma_s}[d \cdot \Sigma q_{sik} l_i + d_1 \Sigma q_{sjk} l_j + 2c_k(d_1^2 - d^2)] \tag{15-15}$$

式中 N_u——锚杆轴向受拉承载力设计值；

d_1——扩孔锚固体直径；

d——非扩孔锚杆或扩孔锚杆的直孔段锚固体直径；

l_i——第 i 层土中直孔部分锚固段长度；

l_j——第 j 层土中扩孔部分锚固段长度；

q_{sik}、q_{sjk}——土体与锚固体的极限摩阻力标准值，应根据当地经验取值，当无当地经验时可按表 15-4 取值。

c_k——扩孔部分土体黏聚力标准值；

γ_s——锚杆轴向受拉抗力分项系数，可取 1.3。

土体与锚固体极限摩阻力标准值 **表 15-4**

土 的 名 称	土 的 状 态	q_{sik}(kPa)
填土		16～20
淤泥		10～16
淤泥质土		16～20
黏性土	$I_l>1$	18～30
	$0.75<I_l\leqslant1$	30～40
	$0.50<I_l\leqslant0.75$	40～53
	$0.25<I_l\leqslant0.50$	53～65
	$0.0<I_l\leqslant0.25$	65～73
	$I_l\leqslant0$	73～80

续表

土 的 名 称	土 的 状 态	q_{sik}(kPa)
粉 土	$e>0.90$	22～44
	$0.75<e\leqslant 0.90$	44～64
	$e<0.75$	64～100
粉细砂	稍密	22～42
	中密	42～63
	密实	63～83
中砂	稍密	54～74
	中密	74～90
	密实	90～120
粗砂	稍密	90～130
	中密	130～170
	密实	170～220
砾砂	中密、密实	190～260

锚杆杆体截面积按下式计算：

$$A_s \geqslant \frac{T_d}{f_y \cos\theta} \tag{15-16}$$

$$A_p \geqslant \frac{T_d}{f_{py} \cos\theta} \tag{15-17}$$

式中 A_s——普通钢筋锚杆杆体截面面积；

A_p——预应力钢筋锚杆杆体截面面积；

f_y——钢筋抗拉强度设计值；

f_{py}——预应力钢筋抗拉强度设计值。

锚杆水平刚度系数 K_T 是一个重要的系数，可由锚杆基本试验确定，当无试验资料时，可借鉴相邻工程经验，也可按下式初步估算：

$$K_T = \frac{3AE_S E_C A_C}{(3L_f E_C A_C + E_S A L_a)\cos\theta} \tag{15-18}$$

式中 L_f——锚杆自由段长度；

L_a——锚杆锚固段长度；

E_S——杆体弹性模量；

A——杆体截面积；

A_C——锚固体截面积；

E_C——锚固体组合弹性模量：$E_C=\dfrac{AE_S+(A_C-A)E_m}{A_C}$；

E_m——注浆体弹性模量；

θ——锚杆的水平倾角。

按《建筑边坡工程技术规范》(GB 50330—2002) 的有关规定，锚杆的轴向拉力标准值和设计值计算如下：

$$N_{ak}=\frac{H_{tk}}{\cos\theta} \tag{15-19}$$

$$N_a=\gamma_Q N_{ak} \tag{15-20}$$

式中 N_{ak}——锚杆轴向拉力标准值；

H_{tk}——锚杆所受水平拉力标准值；

N_a——锚杆轴向拉力设计值；

θ——锚杆的水平倾角；

γ_Q——荷载分项系数，可取 1.30。

锚杆钢筋的截面积要求满足下式要求：

$$A_S\geqslant\frac{\gamma_0 N_a}{\xi_2 f_y} \tag{15-21}$$

$$A_p\geqslant\frac{\gamma_0 N_a}{\xi_2 f_y} \tag{15-22}$$

式中 ξ_2——钢筋抗拉工作条件系数，永久性锚杆取 0.69，临时性锚杆取 0.92。

在一次性常压注浆的条件下，该规范建议的锚固长度计算公式为：

$$l_a\geqslant\frac{N_{ak}}{\xi_1\pi D f_{rb}} \tag{15-23}$$

式中 l_a——锚固段的长度；

D——锚固体的直径；

f_{rb}——地层与锚固体粘结强度特征值，应通过试验确定，当无试验资料时。可按表 15-5 和表 15-6 选取。

ξ_1——锚固体与地层粘结工作条件系数，对永久锚杆取 1.00，对临时性锚杆取 1.33。

岩石与锚固体粘结强度特征值 **表 15-5**

岩石类别	f_{rb}(kPa)	岩石类别	f_{rb}(kPa)
极软岩	135～180	较硬岩	550～900
软岩	180～380	坚硬岩	900～1300
较软岩	380～550		

土体与锚固体粘结强度特征值 **表 15-6**

土 层 名 称	土的状态	f_{rb}(kPa)
黏性土	坚硬	32～40
	硬塑	25～32
	可塑	20～25
	软塑	15～20
砂土	松散	30～50
	稍密	50～70
	中密	70～105
	密实	105～140
碎石土	稍密	60～90
	中密	80～110
	密实	110～150

锚杆钢筋与锚固砂浆间的锚固长度应满足下式要求：

$$l_a \geqslant \frac{\gamma_0 N_a}{\xi_3 n \pi d f_b} \tag{15-24}$$

式中 l_a——锚杆钢筋与砂浆之间的锚固长度；

d——锚杆钢筋直径；

n——锚杆钢筋的根数；

γ_0——边坡工程重要性系数；

f_b——钢筋与锚固段砂浆间的粘结强度设计值，应由试验确定，当缺乏试验资料时可按表 15-7 取值；

ξ_3——钢筋与砂浆粘结强度工作条件系数，对永久性锚杆取 0.60，对临时性锚杆取 0.72。

锚杆与砂浆之间粘结强度设计值（MPa） **表 15-7**

锚杆类型	水泥浆或砂浆的强度等级		
	M25	M30	M35
水泥砂浆与螺纹钢筋间	2.10	2.40	2.70
水泥砂浆与钢绞线、高强钢丝间	2.75	2.95	3.40

b. 安全系数法

国内铁路规范、中国工程建设标准化协会标准《土层锚杆设计与施工规范》（CSCE22：90）以及国外多数锚杆设计标准和规范仍采用安全系数法。按《土层锚杆设计与施工规范》锚杆的设计规定如下：

使用年限在 2 年以上的锚杆，定性为永久性锚杆，2 年以内为临时性锚杆。锚杆的设计安全系数依据工程的重要性确定，如表 15-8 所列。

锚杆设计安全系数 **表 15-8**

锚杆破坏后危害程度	安 全 系 数	
	临 时 锚 杆	永 久 锚 杆
危害较微，不会构成公共安全问题	1.4	1.8
危害较大，但公共安全无问题	1.6	2.0
危害大，会出现公共安全问题	1.8	2.2

锚杆锚固段设计长度由下式确定：

1）黏性土中圆柱形锚杆

$$l_a = \frac{K N_t}{\pi d q_s} \tag{15-25}$$

式中 K——安全系数；

N_t——锚杆设计轴向拉力；

d——锚固体直径；

q_s——土层和锚固体的粘结强度。

2）黏性土中端部扩大头形锚杆

$$l_a = \frac{K}{\pi q_s} \cdot \left(\frac{N_t - R_t}{d}\right) \tag{15-26}$$

$$R_t = \frac{\pi}{4}(d_1^2 - d^2)\beta_c \cdot \tau \tag{15-27}$$

式中 R_t——单个扩大头承载力；

d_1——扩大头直径；

d——非扩大头端锚固体的直径；

β_c——扩大头承载力系数，取 9.0；

τ——土体不排水抗剪强度。

3）非黏性土圆柱形锚杆

$$l_a = \frac{KN_t}{\pi d(q + \sigma \mathrm{tg}\delta)} \tag{15-28}$$

式中 δ——土体与锚固体的摩擦角；

σ——锚固体剪切面上的法向应力。

锚杆的钢筋截面必须满足以下条件：

$$A = \frac{KN_t}{f_{ptk}} \tag{15-29}$$

式中 f_{ptk}——锚杆杆体的强度标准值。

该规范规定，一般通过试验确定土层和锚固体的粘结强度，也可按表 15-9 采用。

土层与锚固体粘结强度 **表 15-9**

土层种类	土的状态	q_s值（kPa）	土层种类	土的状态	q_s值（kPa）
淤泥质土		20～25	粉土	中密	100～150
黏性土	坚硬	60～70	砂土	松散	90～140
	硬塑	50～60		稍密	100～200
	可塑	40～50		中密	220～250
	软塑	30～40		密实	270～400

国家行业标准《铁路路基支挡结构设计规范》（TB 10025—2001）按安全系数法设计锚杆，荷载安全系数采用 2.0。有关设计计算和规定如下：

钢筋截面面积 A_s应按下式计算：

$$A_s = \frac{KN}{f_y} \tag{15-30}$$

式中 K——安全系数，取 2.0；

N——锚杆轴向拉力；

f_y——钢筋的设计长度。

锚固段长度在岩土层中不宜小于 4.0m，但也不宜大于 10.0m，且必须满足：

$$l \geqslant \frac{N}{\pi D[\tau]} \tag{15-31}$$

$$[\tau] = \frac{\tau}{K} \tag{15-32}$$

式中 l——锚杆有效锚固长度；

N——锚杆轴向拉力；

D——锚孔直径；

$[\tau]$——锚孔壁对砂浆的容许剪应力；

τ——锚孔壁对砂浆的极限剪应力；

K——安全系数，永久性工程取 2.5。临时性工程取 1.5。

按锚杆杆体和砂浆之间的握固力确定锚杆的长度，还应满足：

$$l \geqslant \frac{N}{n\pi d\beta[c]} \tag{15-33}$$

式中 n——钢筋或钢绞线的根数；

d——锚杆的钢筋或钢绞线的直径；

β——考虑成束钢筋系数，单根钢筋 $\beta=1.0$，二根 $\beta=0.85$，三根一束 $\beta=0.7$，钢绞线 $\beta=1.0$。

$[c]$——砂浆与锚杆间的容许粘结力：

$$[c]=\frac{\tau_u}{K}$$

τ_u——钢材与水泥砂浆的极限粘结力，按砂浆标准抗压强度 f_{ck} 的 10%取值，参见表 15-10；

K——安全系数，永久性工程取 2.5；临时性工程取 1.5。

铁路规范锚孔壁对水泥砂浆的极限剪应力 **表 15-10**

岩土种类	岩土状态	孔壁摩阻力（kPa）	岩土种类	岩土状态	孔壁摩阻力（kPa）
岩石	硬岩 软岩 泥岩	1200～2500 1000～1500 600～1200	粉土	中密	100～150
黏性土	软塑 硬塑 坚硬	30～40 50～60 60～70	砂土	松散 稍密 中密 密实	90～140 100～200 220～250 270～400

15.2.2.6 锚固设计参数

对于重要工程，应该通过现场锚杆张拉基本试验确定锚固段注浆固结体和岩土层的粘结系数，但是在设计的前期，往往没有条件进行锚杆基本试验，通常根据经验选取锚固粘结系数进行锚杆的方案设计或初步设计，待进行正式施工之前，进行锚杆基本试验，依据试验结果检验所选取粘结系数的合理性，必要时修改设计。在缺乏当地锚固工程经验的情况下，方案设计阶段或初步设计阶段可以根据规范推荐的锚固粘结系数取值。

由上述介绍的各种规范锚固段长度设计方法和推荐参数中可以看出，各种规范有相当大的差异，其中原因主要有二：其一是各种规范所采用的设计方法不尽相同，其二是各规范的锚固粘结力的代表值不相同。在设计工作时应依据所要求的设计规范，选用相应规范的锚固粘结力值，不得混用。为了说明不同规范设计方法和锚固参数的同异性，将有关规范关于锚杆设计的方法汇总如表 15-11 所列。

不同规范设计方法的汇总 表 15-11

规范名称	设计方法	锚固粘结力代表值
建筑基坑支护技术规范	极限状态法	粘结强度标准值
建筑边坡工程技术规范	极限状态法	粘结强度特征值
土层锚杆设计与施工规范	荷载安全系数法	粘结强度
铁路路基支挡结构设计规范	强度安全系数法	粘结强度（极限剪应力）

15.2.2.7 桩锚结构的整体稳定性分析

在利用锚杆技术的支护结构中，桩锚结构是最普遍的形式，在设计中除了按照规范的要求计算锚杆的受力、设计锚杆的强度和长度外，还应进行桩锚结构的整体稳定性分析。通常认为锚固段所需的长度是由于承载力的需要，而锚杆所需的总长度则取决于整体稳定的要求。稳定计算方法依结构的形状而定，对于桩锚支护结构，必须进行外部稳定和内部稳定两方面的计算。当锚杆的设置角度（与水平向的倾角）较大时，还应验算竖向稳定性。

（1）外部稳定计算

所谓外部稳定是指锚杆、支护桩（墙）系统和土体全部合在一起的整体稳定。由于边坡本身失稳或受荷载作用，从支护墙基础底部产生滑动而向外推移，整个体系沿滑动面向下滑动，土体从墙角外隆起，如图 15-13（*a*）所示，整个土锚均在土体的滑裂面范围之内，造成整体失稳。一般采用古典圆弧法具体试算边坡的整体稳定。土锚长度必须超过滑动面，要求稳定安全系数不小于 1.5。

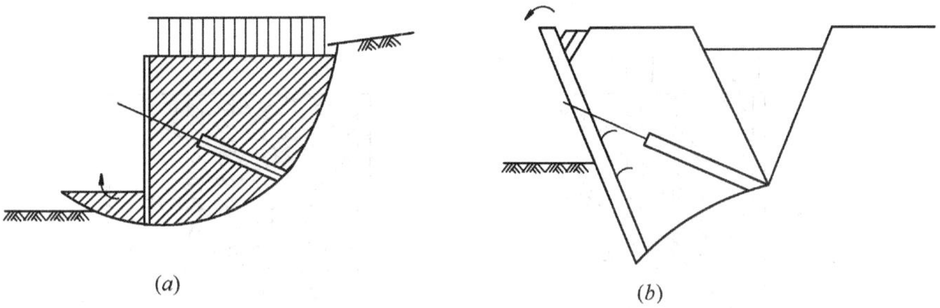

(*a*)　　(*b*)

图 15-13　锚杆的整体稳定

（*a*）土层深层滑动（外部稳定）；（*b*）内部稳定

（2）内部稳定计算

所谓内部稳定计算是指土锚与支护墙基础假想支点之间滑动面的稳定验算，如图 15-13（b）。内部稳定最常用的计算是采用 Kranz 稳定分析方法，德国 DIN 4125、日本 JSFD 1—77等规范采用此法。也有的国家如瑞典规范推荐用 Brows 对 Kranz 的修正方法。我国有些锚定式支挡工程设计中采用了 Kranz 方法，并对该法提出了一些修正。

（i）单层锚杆深部破裂面稳定性验算方法

从地基内取一平面楔体（包括桩、锚杆与土体）作为单元体，根据单元体的平衡状态用力多边形图解法对锚杆稳定性进行验算。其计算见图 15-14，即通过锚固体中心点 c 与基坑支护桩下端的假想支撑点 b 连一直线，并假定 bc 线为深部滑动线，再通过点 c 垂直

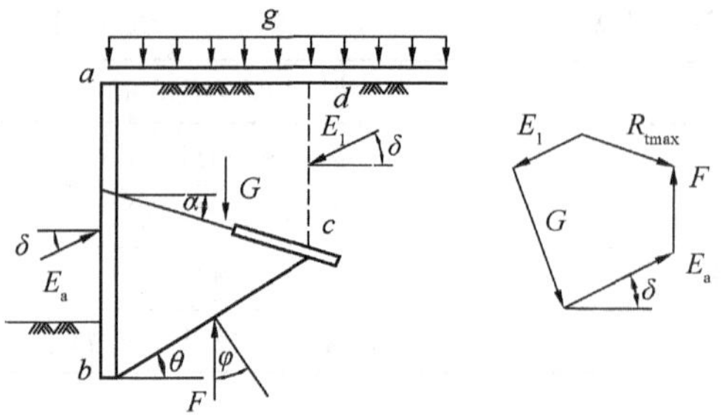

图 15-14　单层锚杆深部破裂的稳定性验算

G—深部破裂面范围内土体重量；E_a—作用在基坑支护上的主动土压力的反力；E_1—作用在 cd 面上的主动土压力；F—bc 面上的反力的合力；φ—土的内摩擦角；δ—基坑支护与土体间的摩擦角；θ—深部破裂面与水平的交角；α—锚杆倾角

向上作直线 cd，这样 $abcd$ 块体上除作用有自重 G 外，还作用有 E_a、F 和 E_1，当块体处于平衡状态时，即可利用力多边形求得锚杆承受的最大拉力 R_{tmax}。R_{Amax} 与锚杆设计轴向拉力 N_t 之比就是锚杆的稳定安全系数 K_s，一般取 1.5。即 $K_s=\dfrac{R_{tmax}}{N_t}\geqslant 1.5$。

(ii) 双排锚杆深部破裂面稳定性验算方法

双排锚杆深部破裂而稳定性验算的假设和计算方法与单排锚杆深部破裂面稳定性验算相同，其计算简图如图 15-15。在单元体内存在 bc、be、bec 三个滑动面，当其处于平衡状态时，即可利用多边形求得锚杆承受的最大拉力 $R_{t(bc)max}$、$R_{t(be)max}$ 和 $R_{t(bec)max}$，相应的稳定安全系数 $K_{s(dc)}$、$K_{s(de)}$ 和 $K_{s(dec)}$ 应不小于 1.5。

即：

$$K_{s(bc)}=\frac{R_{t(bc)max}}{N_t}\geqslant 1.5$$

$$K_{s(be)}=\frac{R_{t(be)max}}{N_t}\geqslant 1.5$$

$$K_{s(bec)}=\frac{R_{t(bec)max}}{N_t}\geqslant 1.5$$

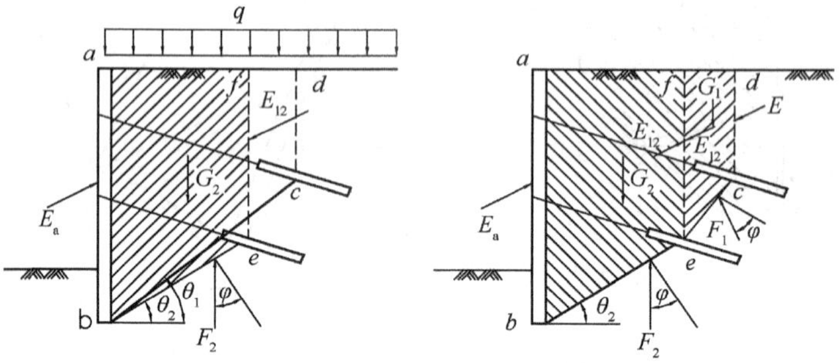

图 15-15　双层锚杆深部破裂面稳定验算

(3) 竖向稳定分析

由于锚杆的抗拔荷载一般斜向作用于支挡结构上，方向角为 α，则会产生一竖向分力，这一竖向力可能促使挡墙结构向下位移，引起土层锚杆松弛而失稳。见图 15-16。

挡墙结构向下位移的力有：锚杆拉力的竖向分力 $P_{\sin\alpha}$，墙体自重 Q；阻止挡墙结构向下位移的力有：墙体表面与土体的摩阻力 N，墙体趾部的端承反力 R，为此结构的竖向稳定性须满足：

$$\frac{P\sin\alpha+Q}{N+R}\geqslant 1.5 \tag{15-34}$$

这类破坏发生在土体特别松软，挡墙入土深度很浅以及地下连续墙在护壁泥浆施工时，泥浆的存在减小了墙表面与土体之间的摩阻力。因此 N、R 的取值与施工方法有密切的关系。特别对于地下连续墙，要考虑泥皮对 N 的减小和沉渣对 R 的减小。为安全计，也可忽略 R 值。当采用一定入土深度的桩或板桩时，只要桩（板）有一定嵌固深度，一般竖向稳定性能够满足要求。

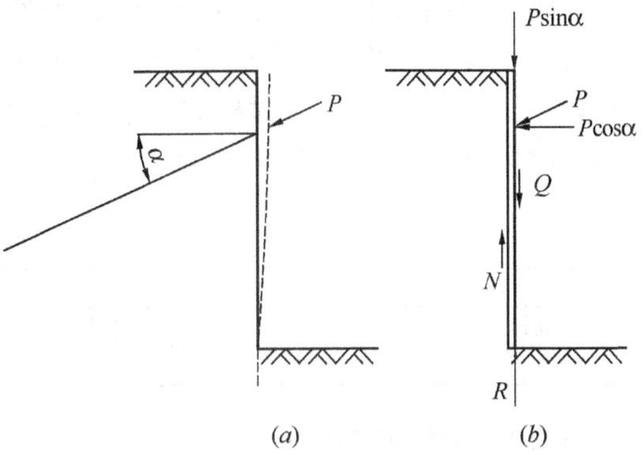

图 15-16　竖向稳定分析
(a) 竖向失稳；(b) 竖向荷载

15.2.2.8　锚杆支护系统的水平位移

按常规设计的锚杆支挡结构，当其周围环境要求严格控制位移时，还需进行位移量的估计。如总位移量可能超过挡墙位移的允许值时，可采取施加预应力的方法加以控制。

锚杆支护可能产生的位移来自（1）钢材的松弛（Δ_1）；（2）锚固体弹性变形（Δ_2）（混凝土的蠕变和干缩）；（3）锚固体周围土体剪切变形（Δ_3）。

其中（1）（2）两项比较容易计算，钢材的弹性伸长可按虎克定律计算得出；锚固体的弹性伸长是一个比较复杂的问题，它与拉力沿锚固段的分布有关，同时还取决于锚固段的开裂情况，如设段首拉力为 P，段尾为 0，平均拉力为 $P/2$，仍按处于弹性伸长阶段来计算：

$$\Delta_2 = \frac{1}{2}\frac{PL_e}{E_s F} \tag{15-35}$$

式中　P——锚杆设计时的使用荷载（kN）；

L_e——锚固段长度（m）；

E_s——锚固体的弹性模量（kPa）；

F——锚固段的截面积（m^2）。

而（3）项锚固段周围土体的剪切位移难以估算。所产生的锚头位移取决于土体的性质及影响距离。针对上海软土地基，曾采用统计方法估算其位移量。

锚杆总位移量　　$\Delta = \Delta_1 + \Delta_2 + \Delta_3$

15.2.2.9　安全系数

锚杆支护系统是由多个构件组成，每个构件的设计都必须有适量的安全储备。安全系数受多种因素影响：工程地质资料的可靠程度、计算依据及施工工艺水平、工程的重要程度等。

拉杆材料多为变形钢筋、高强度钢丝，材料比较均匀，因此拉杆强度可取较小的安全系数 $K_1 = 1.2$。

锚杆支护系统的整体稳定性及竖向稳定安全系数 $K_2 = 1.5$。

锚杆体的设计安全系数各国的规范中针对本国情况规定了相应的数值，可参见表15-12。

国外（地区）安全系数 K 取值规定　　**表 15-12**

国家（地区）/锚杆性质	德国	日本	法国	瑞士（SN 533—191）			香港标准			FIP（最小安全系数）		
	DIN 4125	(JSFD—77)	（欧洲）	次要	重要	最重要	次要	重要	最重要	次要	重要	最重要
临时锚杆	1.33	1.5	1.33	1.30	1.50	1.80	1.60	1.60	1.60	1.40	1.60	1.80
永久锚杆	1.50	2.5	1.67	1.60	1.80	2.00	1.80	2.00	2.00			

我国在锚固技术上已有不少经验，但使用上尚不统一。一般认为依现场抗拔试验的屈服拉力作为设计依据时，安全系数应不小于1.5；若依极限拉力作为设计依据，临时性锚杆$K=1.5\sim2.0$，永久性锚杆$K=2.0\sim2.5$。中国工程建设行业标准规范CECS22：90相对于土层锚杆的安全系数见表15-13。

锚杆安全系数K 表15-13

危害轻微，不会构成公共安全问题		危害较大，但公共安全无问题		危害大，会出现公共安全问题	
临时锚杆	永久锚杆	临时锚杆	永久锚杆	临时锚杆	永久锚杆
1.4	1.8	1.6	2.0	1.8	2.2

15.2.2.10 锚杆的蠕变

中国工程建设标准化协会标准《土层锚杆设计与施工规范》（CECS22：90）明确规定：在塑性指数大于17的地层中，应做锚杆的蠕变试验。这是因为在软粘土中由地层压缩产生的变形相当大，变形衰减速度十分缓慢。锚固在此类土体中的锚杆在较大荷载作用下，产生的蠕变现象不容忽视，它可能导致锚杆的预应力值明显下降，或者支护结构的变形随时间发展，进而危及工程的安全。

根据试验研究的结果，预应力锚杆在软黏土层中由于蠕变而产生的应力松弛与锚杆的锁定荷载与极限承载力的比值β有关。当β值越小时，锚杆的蠕变量也越小，因此有人建议将$\beta\leqslant0.55$作为控制软黏土地层中锚杆蠕变变形收敛的制约条件。

15.2.2.11 灌浆锚杆设计程序

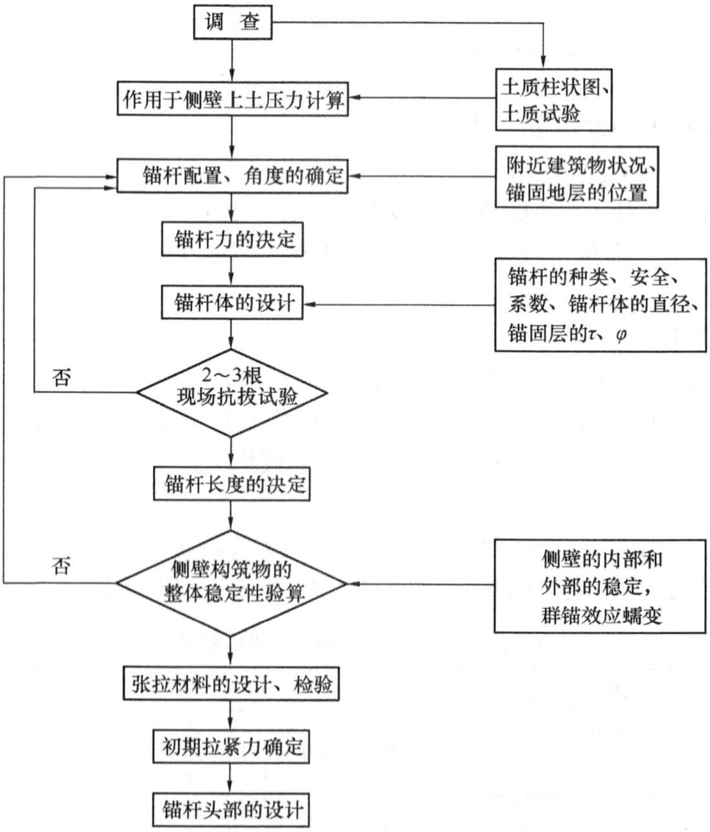

图15-17 灌浆锚杆设计程序框图

15.2.3 锚固的施工

锚杆作为一种新技术得到迅速的发展与大量新建工程的兴起有关，但主要还是由于各种高效率锚杆钻机的问世以及有了特殊的施工工艺与专利装置所促成。从安全和经济的角度而言，在各种不同的土质条件下，采用哪些施工方法，选用何种机械设备，这是锚杆施工中至关重要的环节。机械设备选择得当，施工工艺合理，锚杆技术才能发挥其应有的经济效益。与此同时，只有良好的施工质量，才能使锚杆技术的可靠性得到保证。

从安全和经济的角度而言，在各种不同的土质条件下采用那些施工方法，选用何种机械设备，这是锚杆施工中至关重要的环节。机械设备选用的合适，施工工艺采用得当，锚杆技术才能发挥其较大的经济效益。与此同时，只有良好的施工质量，才能使灌浆锚杆的可靠性得到保证。

15.2.3.1 施工计划与准备

为满足设计要求做成可靠的锚杆，必须综合对锚杆的使用目的、环境状况、施工工艺等等编制出施工计划书。锚杆一般设置在复杂的地基土内，是在不能直接观察的状态下进行施工的，因此在施工前必须实地了解和核实周围情况，安排有经验的技术人员担任负责人。根据详细观察地表可见到的种种现象去做出判断和决定。按设计要求选定施工方法、施工机械和材料，并在施工计划书中制定出施工工期、安全要求和防止公害措施等等。必须安排必要的管理体制，当出现与最初的预想、设计条件不一致的不测情况时，能够得到迅速和适当的处理。

施工的准备工作有：钻孔作业空间及场地平整，钻孔机械、张拉机具及其他机械等设备的选定，材料的准备与堆放，拉杆的制作，电力供应及给排水条件等。

灌浆锚杆一般的施工顺序如下：

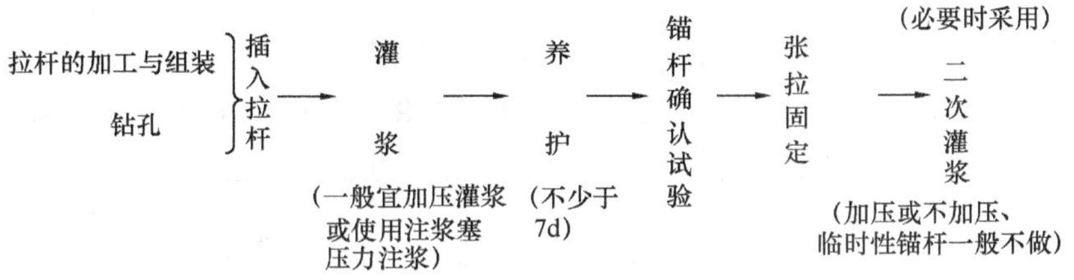

图 15-18 灌浆锚杆施工顺序图

15.2.3.2 钻进成孔工艺

由于岩层锚杆的施工机具和施工工艺都比较简单，在此不作特殊的介绍。对于土层锚杆，现有多种施工机械以及施工工艺，在此将介绍常见锚杆钻进机具和锚杆施工方法。

(1) 回旋式钻机

回旋式钻机为最常见的土锚施工机具，适用于黏性土及砂性土地基。钻孔装置在可自行的履带底盘上或固定在可移动的框架上，钻头安装在套管的底端，由钻机回转机构带动孔底钻头转动并以一定的压力。被切削的渣土，通过循环水流排出孔外而成孔。如在地下水位以下钻进，对土质松散的粉质黏土、粉细砂、砂卵石及软黏土等地层应有套管保护孔壁以避免坍孔。一般禁止使用泥浆护壁成孔。

(2) 螺旋钻

利用回旋的螺旋钻杆，在一定的钻压和钻速之下向土体钻进，同时将切削下来的松动土体顺螺杆排出孔外。螺旋钻法适宜在无地下水条件下的黏土、粉质黏土及较密实的砂层中成孔。根据不同的土质，需选用不同的回转速度和扭矩，为了施工方便，螺旋钻杆不宜太长，一般以 4～5m 为一节，并宜搭配一些短杆，目前 YTM87 型钻机是履带式全液压钻机，使用螺旋杆的干式钻进，钻孔深度可达到 32m。

（3）旋转冲击钻机

旋转冲击钻机又称为万能钻机，具有旋转、冲击和钻进三种功能同时作用的功能。在钻进的过程中，可以边钻进边下套管，因此特别适用于砾砂层，卵石层及涌水层地层。该种钻机也可根据地层的情况，分别使用旋转、冲击等钻进，并具有能迅速装卸、方便移动等功能。

锚杆常用施工设备 **表 15-14**

设备名称		技术性能	适用条件	生产厂家
钻孔设备	KRUPP 钻机	钻孔角度 0°～90°；钻孔直径 100～200mm，钻孔深度 60m；可带套管钻进	各种地层	
	Salggitter 或 UBW 钻机	全自动液压装置（旋转、冲击钻进及移动），可钻任何角度	各种地层	德国
	TK 或履带钻机（长螺旋式）	$D=220$mm，长 3.0m（每根），钻孔角度 0°～90°	砂质黏土、砂砾石层	日本
	YTM-87 钻机	$\theta=0°\sim90°$；$D=100\sim200$mm；$H=30\sim60$m；可带套管钻进	各种地层	冶金部建筑研究总院
	SGZ-Ⅱ钻机	$\theta=0°\sim360°$；$D=100\sim200$mm；$H=40$m；不能带套管钻进	不易坍孔层	杭州钻探设备厂
	工程地质钻机	$\theta=0°\sim90°$；$D=100\sim200$mm；$H=40$m；不能带套管钻进	不易坍孔的土层	
压浆设备	2TGZ-60H10 注浆泵	工作压力 6～21MPa；排量 60～16L/min	高压注浆	辽宁锦西注浆泵厂
	HB6-3 灰浆泵	工作压力 0～1.5MPa；排量 50L/min	普通注浆	济南山泉机械厂
	UBJ_2 挤压式灰浆泵	工作压力 0～1.5MPa；排量 30L/min	注水泥砂浆	杭州建筑机械厂
张拉设备	YC 系列千斤顶	张拉力 600、1200kN；张拉行程 150、350mm	配 MJ 锚具和螺母	柳州建筑机械厂
	YCQ 系列千斤顶	张拉力 1000、2000、5000kN；张拉行程 150、200mm	配 QM 锚具	柳州建筑机械厂
	ZB4-500 电动油泵	确定压力 50MPa；额定流量 4L/min	配 YC、YCQ 系列千斤顶	柳州建筑机械厂

15.2.3.3 锚杆制作与组装

(1) 拉杆的组装

用粗钢筋作拉杆时，根据承受荷载的要求，以不超过2根为宜，如必须更多时，则应按需要长度的拉杆点焊成束，间隔2～3m点焊一点。为了使拉杆钢筋能放置在钻孔的中心以便于插入，宜在拉杆下部焊船形支架(成120°分布)。同时为了插入钻孔时不致于经孔壁置带入大量的土体，必要时可在拉杆尾端放置圆形锚靴。

拉杆也可用钢束和钢绞线构成，一般锚索需要在工地现场装配。首先要决定锚索的总长，并将各锚索切断至该长度，每股长度误差不大于50mm。由于锚索通常是以涂油脂和包装物保护的形式运到现场，因此锚索切断后应清理有限锚固段的防护层(用溶剂或蒸汽清除防护油脂)。如锚索是由若干根钢束构成，则必须在锚固端沿锚索长度安装可靠的间隔块，以使各钢索保持平行，间隔块间距1.0～1.5m，使用的材料能经受住装卸和安装就位时的强度并能保证对锚索钢材无有害的影响。图15-19是多束钢绞线锚索的一般构造。

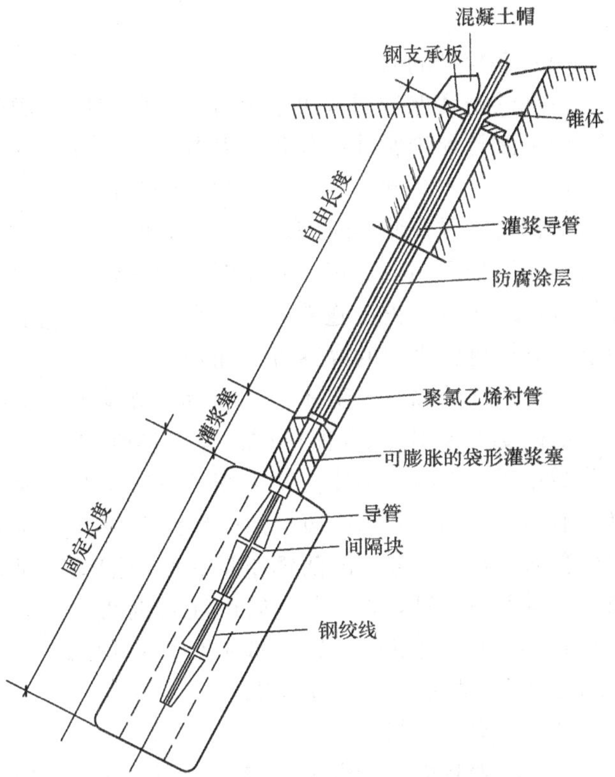

图15-19 多束钢绞线锚索的一般构造

锚拉杆加工和安装结束时，必须进行仔细的检验，如核对尺寸，检查间隔块和定位中心装置是否恰当，防护装置有否损坏等等。

(2) 拉杆焊接

粗钢筋长度不够时，拉杆焊接可采用对焊，亦可用电焊在工地用帮焊焊接。帮焊焊接可用E—55电焊条。帮焊长度按混凝土结构工程施工及验收规范GB 50204—92钢筋焊接技术要求，例如采用两条帮焊四条焊缝，帮条长不小于$4d$（d位锚杆钢筋直径），焊缝高一般不小于7～8mm，焊缝宽不小于16mm。

如采用精轧螺纹钢筋，如45SiMnV，出厂产品有配套的套管作联结，不用焊接，使用方便。

(3) 插入拉杆

在一般情况下，拉杆钢筋与灌浆管应同时插入钻孔底部，尤其对于土层锚杆，要求杆体插入孔内深度不宜小于杆体长度，退出钻杆立即将拉杆插入孔内，以免坍孔。插入时要将拉杆有支架的一段向下方，若钻孔时需要使用套管，则在插入拉杆灌浆后，逐段将套管拔出。

对长锚杆（或锚索）负载量较大时，要用起重设备。起吊的高度与锚杆钻孔的倾斜角度有关，目的是能顺着钻孔的斜度将拉杆送入孔内，避免由于人工搬运、插入引起拉杆的弯曲。

(4) 钢拉杆的防锈

拉杆的防锈保护层取决于锚杆使用的时间及周围介质对钢材腐蚀的影响程度。国内外迄今尚未制订评价腐蚀危险程度及其防治措施的标准。一般认为临时性的锚杆可以不作防锈保护层，而永久性锚杆必须有严格的防锈保护。

对临时性锚杆使用时间目前还没有明确的规定，从3个月到24个月，甚至更长，但一般情况下指不超过2年。必要时锚固体敷以水泥砂浆外，非锚固段涂防锈油漆或用聚氯乙烯套管，防锈保护措施视工地的环境条件（地下水及工业废水的侵蚀作用，土中含有的溶解盐对钢材、水泥的腐蚀等）而定。

对永久性的锚杆，防锈必须作为一个重要的问题来对待。设计时对地下水无腐蚀性时，钢材要求采用2mm保护层，有腐蚀性时应有3mm以上的保护层。对粗钢筋放入锚孔前要除锈，涂防锈油漆。常采用的方法是有效锚固段在钻孔内用水泥砂浆保护，保护层厚度不小于4cm，非锚固段在涂防锈漆后用被热沥青浸透过的玻璃纤维布两层缠裹，并特别注意锚杆孔及接缝处的防锈质量。使用钢丝绳时必须在其全长上进行预先的防锈处理，如在车间里加塑料套管，并向管内注入机油等。国外锚杆规范上，如欧洲各国FIP、德国DIN-4125、日本JSF-D177上都有较详细的规定。

15.2.3.4 锚杆的注浆施工工艺

(1) 砂浆的配制

为了使砂浆能在灌浆管中流动，并达到要求的强度，宜采用灰砂比1：1～1：0.5，水灰比0.4～0.45。砂宜选用中砂并过筛，通常使用不过期强度等级不低于32.5MPa的普通硅酸盐水泥。不得用硫酸盐含量超过0.1%，氯盐含量超过0.5%以及有大量悬浮物含有机质水。为避免大块浆液堵塞压浆泵，砂浆需经过滤网再注入压浆泵。当采用纯水泥浆灌注时，水灰比约为0.45。

为了增加水泥的早期强度、流动度和降低硬化后的收缩，可在水泥浆中加入外加剂，但应注意，外加剂不能对钢材有腐蚀作用。常用水泥外加剂的掺量见表15-15。

水泥浆用外加剂　　表15-15

外加剂种类	化学及矿物成分	宜掺量(占水泥重量%)	说明
早强剂	三乙醇胺	0.05	加速凝固和硬化
减水剂	LINF-S型	0.6	增强和减少收缩
膨胀剂	铝粉	0.005～0.02	膨胀量可达15%
缓凝剂	木质素磺酸钙	0.2～0.5	缓凝并增大流动性
复合早强减水剂	FDN-5	0.3～0.6	增加流动性，早强

水泥浆的强度（取立方试块）：7d强度不小于20MPa，28d强度不小于30MPa。

(2) 灌浆工艺

灌浆有常压和高压灌浆之分。

常压灌浆一般采用1根D25mm左右的钢管（或硬质尼龙管）作导管，一端与压浆泵连接，另一端用细铁丝捆扎在锚杆的钢筋上同时送入钻孔内，距孔底应预留0.5m的空隙。灌浆管如采用尼龙管，使用时应先用清水洗净内外管，然后再开动压浆泵将搅好的砂浆注入钻孔底部，自孔底向外灌注。随着砂浆的灌入应逐步地将灌浆管向外拔出直至孔口，但灌浆管管口必须低于浆液面，这样的灌浆法可将孔内的水和空气挤出孔外，以保证灌浆质量。灌浆完成后，应将灌浆管、压浆泵和搅拌机等用清水洗净。用压缩空气灌浆时，压力不宜过大，以免吹散砂浆，而且在地层中有时可能产生大的压力，因此必须控制灌浆压力，以避免损坏毗邻的各锚杆。

高压灌浆需要用密封圈或密封袋（注浆塞）等封闭灌浆段，高压灌浆才成为可能。灌浆时应当采用一根小直径的排气管将灌浆段内的空气排出钻孔。如有浆液从该管流出，则表明在这锚固段上已经填满水泥浆。在压力进一步增大时封住这根排气管。注浆塞与高压装置大多为专利产品，各公司出品均有所不同，日本在钻孔中用的注浆塞是在压力灌浆时将帆布塞膨胀起来，使膨胀体内的浆液出不来，保证了浆液的压力。还有用二次高压注浆的方法，如有在灌浆锚固体内留有一根灌浆管，在初凝 24 小时后，再灌一次浆液，即使原生的锚固体在压力灌注下产生劈裂缝并用浆液填充以提高灌浆的质量，一般冲开压力要大于 2.5MPa。见图 15-20，上海太平洋饭店基坑护坡工程采用高压注浆，锚杆承载力比一次常压注浆提高一倍以上。

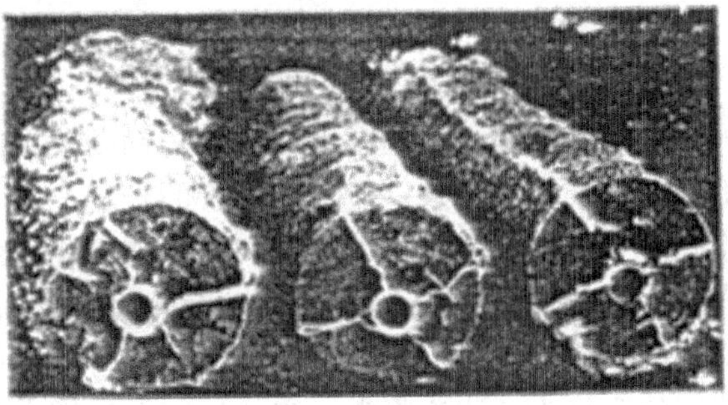

图 15-20 二次灌浆后的锚固体

在松软地层中法国用过重复灌浆的 I. R. P 锚杆以及 TPT 锚杆（Masfran fuono 和 Tomolo，1977）等。为了增大锚杆的抗拔力，还可以采用机械扩孔，压力喷射等专利装置方法，在高压作用下形成一个圆柱形扩大区。

（3）简易二次注浆施工工艺

为了增大锚杆的抗拔力，常见而且有效的方法就是对锚固段进行二次压力注浆，称为二次注浆工艺。锚杆锚固段的注浆分为二次，第一次在钢筋或钢绞线放入锚孔之后，进行全段注浆。在锚固体内预留一根二次注浆管，该注浆管间隔 0.3～0.5m，左右对穿钻孔，并用胶带包扎封住。待第一次注浆液达到初凝时，利用二次注浆管对锚固体进行二次劈裂压力注浆。该技术的关键在于掌握好第一次注浆体的初凝时间，把握第二次注浆的时机。在第一次注浆体达到初凝时，进行第二次注浆。在第一次注浆体未能初凝的情况下，第二次注浆有可能发生孔口冒浆达不到注浆压力，不能在锚固段产生扩孔、劈裂注浆等效应。当第一次注浆体完全凝固，第二次注浆就很难胀破一次注浆体达不到注浆的目的。

二次注浆增加锚杆承载力的机理可以解析如下：1）对于砂性土，通过二次注浆在锚固体和周边土层中产生裂缝，并由浆液填充，这样在土中就形成了较大的径向压力，同时由于裂缝内充填了浆液，使得锚固体获得了粗糙的表面在很大程度上增大了锚固体与土之间的摩擦力。在砂性土中二次压力灌浆后锚固体截面如图 15-21（*a*）所示。2）对较软的黏性土、回填土等软弱土层，二次注浆不仅有以上功效，还会由于二次注浆在锚固体形成类似于糖葫芦状的注浆扩大体，如图 15-21（*b*）所示，使得锚固体的直径加大，同时改善锚孔周边土层的性质，使得锚固大为增加。有统计资料表明，合理的二次注浆工艺，可以使得锚杆的极限抗拔承载力增加 50%～100%。

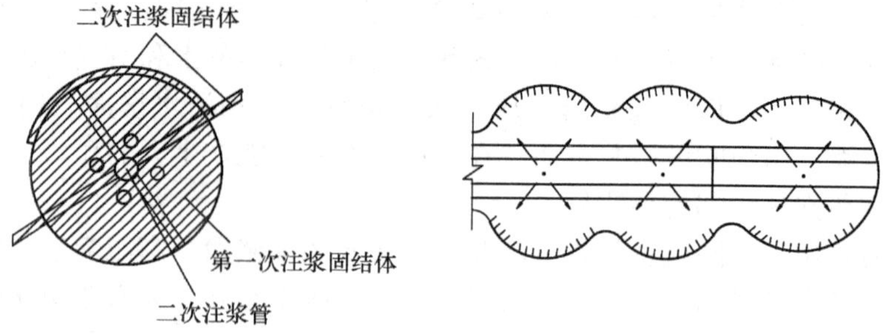

图 15-21 二次注浆的效果

(a) 砂性土二次注浆截面；(b) 软土层二次注浆的扩大作用

(4) 多次注浆锚杆施工工艺

与简易二次注浆的区别在于，与钢绞线一起放入锚孔的二次注浆管是一根弹性、强度很好的袖阀注浆管。一般该袖阀管的直径 50mm，在侧壁每隔 0.3～1.0m 对开 4 个小孔，小孔外侧用橡胶袖阀封盖。注浆时外侧的浆液由于袖阀的封盖不能进入注浆管，当注浆管内的注浆压力大于外侧第一次注浆体的强度时，就会产生劈裂到达注浆目的。当第一次注浆固结体初凝之后，就可利用袖阀管进行二次或多次重复注浆。二次或多次重复注浆采用特制的注浆头，该注浆头一定的长度上下端由皮碗封堵。对准需要注浆的孔位可实现定位注浆。注浆之后清洗注浆袖阀管，以备后用。通过这种多次反复注浆，可以使得锚固注浆的效果更好，而且可以有针对性地对软弱土层进行加固注浆，在使用一段时间后进行注浆，可以补救锚固力不足以及防止锚固段钢筋锈蚀。

(5) 压力注浆锚杆施工工艺

在许多土层和工程中，通过一次性压力注浆施工的锚杆也可获得较大的锚固力。该施工工艺简介如下：采用旋转或旋转冲击式钻机带套管钻进，在钻进的过程中用清水循环清孔，钻进到位后在套管内放入锚杆杆体，拔出套管时，利用套管将水泥浆在较高的压力下注入，一般上拔 0.5～1.0m 压浆一次直至锚固段全长，注浆压力根据地层情况控制在 1.0～1.5MPa。通过该种方法，在锚固段形成圆柱体注浆扩大区，达到增加抗拔力的目的。

15.2.3.5 锚杆的张拉与锁定

初期拉紧力指固定锚杆时所施加的拉力，也称为预应力或张拉锁定力。此拉力中，长期保留下来并能长期起作用的部分称为有效拉紧力，通常根据构筑物条件考虑需要多大有效拉紧力，再考虑由于构筑物变形等因素可能造成多少应力松弛，最后确定锚杆施工时应施加多大初期拉紧力。

有效拉紧力根据作用在构筑物上的荷载决定，除一般设计荷载外，还应当考虑荷载最小的情况，因为实际作用荷载较小时，锚杆拉紧力如果太大，作为反向荷载有可能造成事故，所以初期拉紧力大并不一定就好。此外，有效拉紧力取决于构筑物的允许变形量，因此必须对锚杆变形量和构筑物的允许变形量进行详尽的考虑。

用于基坑、边坡稳定的锚杆，张拉锁定力相当于设计荷载 50%～100%，一般取 70%，如果是多层锚杆，应与侧压力分布所需取得的平衡来决定各层锚杆的初期拉紧力。

锁定的形式主要有：螺帽（套筒）拧紧、专用锚具夹片锁定和锚头焊死等形式。精轧螺纹钢钢筋一般配套有专用的内螺纹套筒，用来锁定锚杆很方便；一般螺纹钢筋，吨位小时可以采用锚头焊接的方式固定，吨位较大时可以帮焊螺栓，张拉后采用螺帽拧紧固定；钢绞线作为杆体的预应力锚索，采用孔数和直径与钢绞线型号和根数匹配的专用锚具，张拉夹片自动锁紧。在特殊的情况下，锚杆或锚索要求分期张拉时，钢筋锚杆应考虑采用螺栓锚头，钢绞线采用工具锚，以方便二次张拉或多次张拉。

15.2.4 锚固试验与质量检验

(1) 试验的目的和种类

建立在破碎风化的软岩、粗粒土以及黏性土中的锚杆，由于介质条件变化，常会出现各种复杂性的问题；而且在地基中锚杆钻孔时，会引起土的应力释放及机械的扰动；向锚杆孔注浆，用增压装置、扩孔等都会出现不同的应力变化。这些复杂的影响因素都会影响锚杆的抗拔力，所以需结合具体的工程进行现场试验，而远非用标准的设计可解决。因此，各项锚杆工程（尤其是土锚）在施工前必须进行现场抗拔试验，目的是为了判明施工的锚杆能否达到设计要求的性能，若不能满足时应及时修改设计或采取补救措施，以保证锚杆工程的安全。另外采用新技术、新工艺的锚杆必须进行锚杆的抗拔试验。

锚固工程需要进行的试验有三类：

第一类：常规性试验与检验。

在施工情况已知的条件下，确定锚杆该如何可靠地建造且按预期的方式起作用，必须对所有的材料按国家标准进行检验。如钢材、锚头、张拉设备，防锈保护系统、拉杆的焊接、制造、装备、灌浆、砂浆强度、现场操作、机械设备等。这一系列试验实际上包括了工地所有施工应有的项目。这些常规性试验通常由承包施工锚杆的单位进行。

第二类：现场试验。

选择与施工锚杆相同的地层地段进行现场拉拔试验、锚杆群锚效果试验、长期蠕变性能、抗震耐力试验等。这些试验工作一般要求在锚杆工程施工前进行。

第三类：检验试验。

对已施工的锚杆进行确认检验。各种锚杆技术规程或规范中均有明确规定，是一种常规的验收要求。

(2) 极限抗拔力试验（又称基本试验）

为了验证设计所估算的锚固长度是否足够安全，则需测定锚体与地基土之间的极限抗拔力，用以检验所采用的锚杆参数是否合理。

极限抗拔力试验应于施工前在工地（与施工地段相同的地质条件）进行，一般做 2～3 根。如果施工地段很长，而且地层变化很大的地区还应根据具体情况增加试验的数量。如在临近有类似条件的试验资料可利用，亦可省略不做，参考使用锚固参数 τ 值。但设计者必须认识到：极限抗拔力不会与规范推荐的计算式相同。因为，锚杆的承载力除考虑土质以外，与施工方法、施工质量的好坏有很大关系，特别是地下水位高时，钻孔灌浆技术好坏影响更大。极限抗拔力也不会与锚杆体的直径或长度成正比。

极限抗拔力试验（又称基本试验）方法如下：

1) 试验方法和步骤

在现场钻孔、灌浆后的锚杆，待砂浆达到 70%以上的强度后才能进行拉拔试验。一般情况下对普通水泥必须养护 8d 左右，早强水泥 4d 左右。进行拉拔试验前应平整山坡，做好支座及千斤顶等的安装工作，试验开始时，每级荷载按事先预计极限荷载的 1/10 施加，最终按预计极限荷载的 1/15 施加直至破坏为止。

加载后每隔 5～10min 测读一次变位数值，每级加载阶段内记录数值不少于 3 次，每级荷载的稳定标准为连续 3 次百分表读数的累计变位量不超过 0.1mm。稳定后即可加下一级荷载。若变位量不断有所增加直至两小时后仍不能达到稳定者即认为该锚杆已达极限破坏。卸荷分级约为加荷的 2～4 倍，每级卸荷后隔 10～30min 记录一次变位量，荷载全部卸除后，再测读 2～3 次，即读完残余变位数值以后，试验结束。

锚杆张拉荷载分级及观测时间，可参见表 15-16 的规定。

锚杆张拉荷载分级及观测时间（min）　　　　**表 15-16**

张拉荷载分级	0.1N_t	0.25N_t	0.50N_t	0.75N_t	1.00N_t	1.10～1.20N_t	锁定
砂质土	5	5	5	5	5	10	10
黏性土	5	5	5	5	10	15	10

2）试验结果分析

a、绘制荷载-变位曲线，如图 15-22（*a*）所示。以明显的转折点作为屈服拉力或将 OA 延长交于 *E* 点，用 *E* 点的抗拔力作为锚杆的屈服应力。

b. 绘制变位量-稳定时间曲线，见图 15-22（*b*）

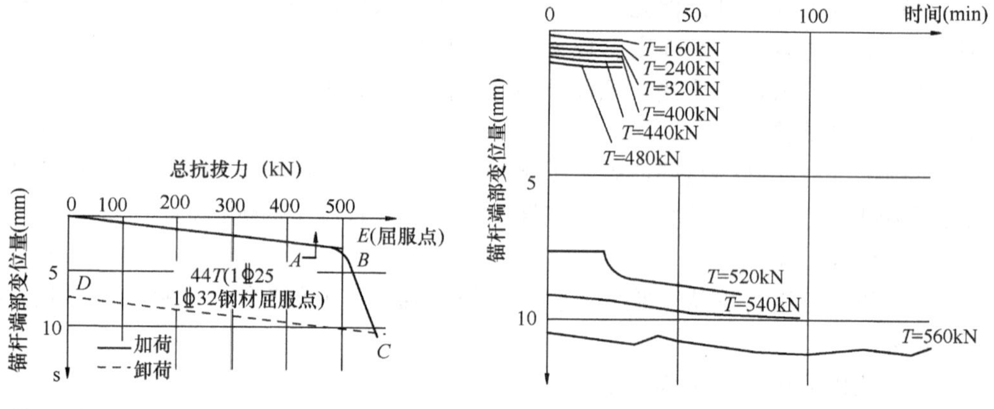

(*a*)　　　　(*b*)

图 15-22　拉力变位量-稳定时间曲线

（3）特殊试验

1）杆群拉张试验；由于情况不得已，锚杆间距必须很密（小于 10*D* 或 1.5m，*D* 为钻孔直径）时才需做此试验，以判明锚杆群的效果。

2）循环的拉张试验；承受风力、波浪或反复式等其他震动力的锚杆，需判断由于地基在重复荷载作用下的性状变化所引起的效果。

3）蠕变试验；为了判明永久性锚杆拉紧力的下降，蠕变可能来自锚固体与地基之间的蠕变特性，也可能来自锚杆区间的压密收缩，应在设计荷载下长期量测张拉力与变位量，以便于决定什么时候需要做再拉紧。

对于设置在岩层和粗粒土中的锚杆，没有蠕变问题。但对于设置在软土里的锚杆，必须做蠕变试验，判定可能发生的蠕变变形是否在容许范围内。

蠕变试验需用能自动调整压力的油泵系统，使用于锚杆上的荷载保持恒量，不因变形而降低，然后按一定时间间隔（1、2、3、4、5、40、15、20、25、30、45、60min）精确测读 1 小时变形值，在半对数坐标纸上绘制蠕变时间关系如图 15-23 所示。曲线（近似为直线）的斜率即锚杆的蠕变系数 K_s：

$$K_s=\frac{\Delta s}{\lg t_2-\lg t_1} \tag{15-36}$$

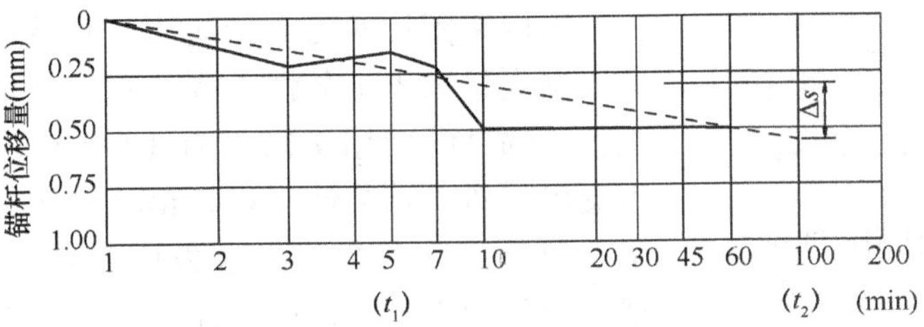

图 15-23　蠕变试验（时间与变位关系曲线）

Δs 及 t_1、t_2 如图 15-23 中所示。

一般认为，$K_s\leqslant 0.4$mm，锚杆是安全的；$K_s>0.4$mm 时，锚固体与土之间可能发生蠕变滑动，使锚杆丧失承载力。

（4）锚杆的检验试验

1）张拉试验

根据极限抗拔力试验确定的土层锚杆，当后来在施工工作面上作业后，仍需进一步核定该批施工锚杆是否已达到设计预定的承载能力，因此要在施工锚杆的工作面上做张拉试验。试验方法与拉拔试验相同，但张拉试验只做到 1.0～1.2T_0 为止（T_0 为设计荷载）。张拉试验的锚杆数量应做施工锚杆 3%～5%根，但不少于 3 根。这样做的目的是为了取得锚杆变位性状的数据，并可与极限抗拔力试验的成果对照核实。

2）确认试验

以张拉试验所获得的变位性状为依据，用简单的方法对未做张拉试验的锚杆进行试验，并与张拉试验资料相比较，确认设计荷重的安全性。确认试验以 0.8～1.0T_0 为张拉力，一次加荷，在所定的荷载时间内变位不见增加，如砂土 5min、黏性土 10min。以变形与张拉试验时大体相同或更小即认为合格。

确认试验中合格与否的判别方法，可以下列计算 P-δ 关系作为参考：

$$\delta=\Delta l_0=\frac{P-P_0}{AE}l_0 \tag{15-37}$$

$$\delta_{\min}=\Delta l_{0\min}=\Delta l_0\times 0.8$$

（考虑 0.2 的自由长度因施工漏浆而减少）

$$\delta_{\max}=\Delta l_{0\max}=\frac{P-P_0}{AE}\left(l_0+\frac{1}{2}l_e\right) \tag{15-38}$$

式中　l_0——拉杆的自由长度；

l_e——锚固体长度；

E——拉杆材料的弹性模量（kN/m^2）；

A——拉杆的断面面积；

P_0——设计荷载（kN）；

P——施加的荷载（kN）。

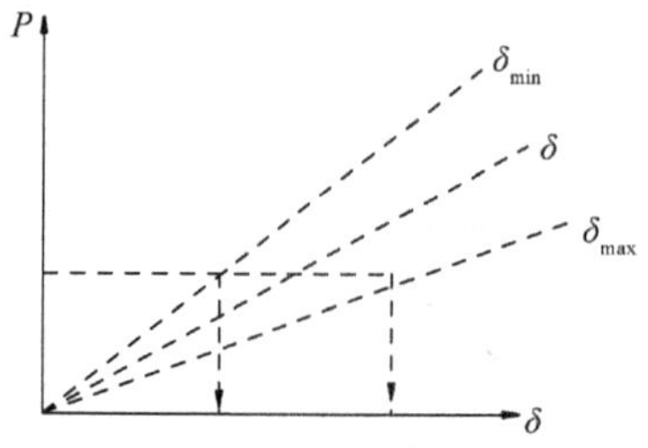

图 15-24 锚杆确认试验
（试验荷载的变位量关系）

只要实测的 δ 值落在 δ_{min} 与 δ_{max} 范围内即认为合格，见图 15-24。

15.2.5 锚杆的防腐

国内锚固技术已大量应用，开始用于临时工程，后来逐渐大量用于永久性工程。对于类似基坑支护等临时工程，锚杆的使用年限只有 1～2 年，锚杆的腐蚀问题不突出。对于永久性工程，锚杆的防腐问题就显得突出了。但是，目前在国内这方面工作还未引起足够的重视，现行的规范中，还未能强制性规定永久性锚杆采用防腐措施，锚杆防腐方面的技术创新也很少见到。在国外防腐问题一直给予高度重视，在受地下水影响的地层设置的永久性锚杆一般采用隔离式锚杆。在各种特殊环境下使用的锚杆均有严格的防腐技术要求。一般而言，使用期在 2 年以内的锚杆作为临时锚杆，超过 2 年按永久性锚杆。对于永久性锚杆，必须针对具体条件进行防腐设计对策。

防腐设计的目的是确保在工程有效服务年限内锚索不被腐蚀和破坏。锚索要在高应力状态下长时间工作，这些锚索所处的工作环境可能十分恶劣，在这样条件下锚索的腐蚀速率是十分惊人的。例如 Feld 和 White（1974）提供了一个有趣的工程案例：一个由单排预应力锚索加固的挡土墙，在工作了两年左右的时间内，先后有数根锚索断裂并像标枪一样越过工地飞走了。后来经过调查发现，是多年来烧煤的火车头煤烟中掉下来的煤渣形成了硫酸，导致地下水具有酸性而使锚索腐蚀破坏。目前关于对锚索的腐蚀与防腐研究还没有达到量化的程度，而只能针对地层对锚索的腐蚀程度采取相应的保护措施。

15.2.5.1 锚杆的腐蚀环境

对于锚索，锚索的寿命主要受构件腐蚀和锚固段蠕变的控制。地层对锚索的腐蚀是从锚索体表面开始，首先腐蚀金属表面的纯化层，继而腐蚀锚索体本身，腐蚀锚索体材料的速度决定于注浆体的质量、渗透性、注浆体是否开裂、裂缝宽度、锚索的工作环境和应力状态。例如，在海洋环境中，处于高应力状态工作的锚索、腐蚀性的地层中的锚索等都会加速腐蚀。通常埋入地下的金属构件主要由电化学反应引起腐蚀而破坏，其腐蚀的条件如下：

两种性质不同的金属材料在接触时形成电位差，活性差的金属起阴极作用，另一种金属起阳极作用，在适当条件下，阴极金属就会出现腐蚀；

金属表面存在不均匀性，在化学成分变化的局部区域产生电位差而开始腐蚀；

分子金属表面常存在一层防护氧化膜，当其处于氧化膜破坏时产生电位差而开始腐蚀；

金属处于离子浓度有变化的环境中形成电位差而腐蚀；

金属所处的环境条件（例如细菌、氧气、有害元素、湿度等）加速了腐蚀速度。

在研究锚固设计时，对以上腐蚀因素的了解和制定防腐对策是很有必要的。锚索周围被注浆体覆盖。一般而言，水泥质注浆体为锚索创造了有益的碱性（pH=11～12.5）工作环境，但在某些条件下，由于周围环境的影响其 pH 值可能会降低，这是因为注浆体在某种程度上都是可渗透的；另一方面，由于锚索在张拉时，自由段上的应力会传到锚固段上，其距离约为 0.3～0.6 倍的锚固段长度，在这一范围内，注浆体由于受拉而出现不同程度的裂缝，在腐蚀性环境中，开裂的注浆体几乎不起保护作用。所以，含有有害物质的地下水的渗透和锚固段注浆体的开裂都形成了锚索腐蚀的条件，对于锚索体的腐蚀速率，目前国内外尚无定量计算或定量评估的方法，防腐蚀的对策是采取不同级别的防护措施。

在进行锚固设计时，应根据对地层水土的测试和分析结果，划分地层对锚索体和地层对注浆体的腐蚀等级（见表 15-17）。一般而言，腐蚀等级按下列顺序减少：回填土-有机土-黏性土-粉土-砂-砾石。工作在下列地层环境中的锚索，应特别注意其防腐问题：

1）出露于海水、含有氯化物和硫酸盐环境中的锚索；
2）氧含量低而硫含量高的饱和黏土；
3）含有氧化物蒸发盐的环境中；
4）在有腐蚀性废水或腐蚀性气体污染的化工厂附近；
5）穿过地下水位起伏变化较大区域内的锚索；
6）穿过部分饱和土的锚索；
7）穿过化学组成特征不同、水或气体含量差异较大地层中的锚索；
8）锚索应力受到循环波动的环境。

地层对锚索体腐蚀等级 **表 15-17**

地层腐蚀等级		很 强	强	中 等	弱
地层有效电阻		<700	700～2000	2000～5000	>5000
氧化还原势(修正到 pH=7)正常氧电极(mV)		<100	100～200	200～400	>400
水的导电率(Ω/cm^2)		>430	430～200	200～100	<100
地层电流密度($\mu s/m^2$)		$>1\times10^{-1}$	$1\times10^{-1}\sim3\times10^{-5}$	$3\times10^{-5}\sim1\times10^{-4}$	$<1\times10^{-4}$
pH 值		<6.0	6.0～6.5	6.5～8.5	8.5～14
地层腐蚀物含量	总的 SO_3(%)	>0.3	0.2～0.3	0.1～0.2	<0.1
	Cl(%)	>0.1	0.1～0.05	0.05～0.02	<0.02
地下水腐蚀物含量	SO_3+Cl(mg/L)	>300	200～300	100～200	<100
	CO_2(mg/L)	5	5	0	0

注：当地层的实测值至少有两项与表中相符时，即可将地层划分为该腐蚀级别。

从地层腐蚀性出发，国际预应力协会（FIP1990）规定在下列地层中不宜设置永久性锚索，当条件限制不能避开时，应对锚固段采取特别防腐措施。

1）地下水 pH 值小于 6.5 的地层；
2）地下水中的 CaO 含量大于 30mg/L 的地层；
3）CO_2 含量大于 15mg/L 的地层；
4）NH^{+4} 含量大于 15mg/L 的地层；
5）Mg^{+2} 含量大于 100mg/L 的地层；
6）SO_4^{-2} 含量大于 200mg/L 的地层。

15.2.5.2 锚杆防腐

锚杆的防腐方法主要有碱性环境防护、物理防护和电防护等。碱性环境防护是依靠水泥注浆体对锚索提供碱性环境，达到对锚索保护的目的；物理防护是在锚索体材料上直接覆盖塑料等材料，从而阻止外部腐蚀性物质与锚索体的接触；电力防护是使锚索体形成一个电路，并使锚索体表面极化成阴极的保护方法，所以又称为阴极保护，通常是保护大批锚索而采用的一种方法。由于造价等方面的原因，目前的防腐主要是以水泥注浆体防护和物理防护方法为主。

为确定锚索防腐系统时，应重点考虑以下因素：

1）锚索服务年限；

2）地层腐蚀等级；

3）工程的重要性；

4）腐蚀破坏所产生的后果与施加防腐措施所增加费用的对比。

对于锚固力较低的锚杆，当处于非侵蚀性和低渗水性（$K<10$m/d）的地层中时，可仅使用水泥注浆体进行防护。地层对注浆体的腐蚀级别及使用水泥的建议见表15-18。锚固力较高的永久锚索，即使当锚索工作在低渗水性的地层中时，原则上是要进行物理防护。针对不同的腐蚀性地层，建议采用的锚杆防护系统见表15-19。

地层对注浆体的腐蚀级别及使用水泥的建议　　　　**表15-18**

级别	以SO_3表示的硫酸盐浓度			使用水泥的种类	最大水灰比 W/C
	土　层		地下水(g/L)		
	总的SO_3含量(%)	水∶土＝2∶1时提取的SO_3(g/L)			
1	<0.20	<1.00	<0.30	普通硅酸盐水泥 快硬硅酸盐水泥 矿渣硅酸盐水泥 粉煤灰水泥	0.6
2	0.20～0.50	1.00～1.90	0.30～1.20	普通硅酸盐水泥 矿渣硅酸盐水泥 抗硫酸盐水泥	0.55
3	0.50～1.00	1.90～3.10	1.20～2.50	抗硫酸盐水泥	0.5
4	1.00～2.00	3.10～5.60	2.50～5.00	抗硫酸盐水泥 高抗硫酸盐水泥	0.45
5	>2.00	>5.6	>5.00	高抗硫酸盐水泥	0.40

锚索防腐系统级别　　　　**表15-19**

锚索分类	腐蚀级别		建议的防腐系统(锚索类型)
	地层对注浆体	注浆体对锚索体	
临时锚索	弱	1～2级	二次注浆锚索和普通自由锚索
	中等～强	3～4级	二次注浆锚索和普通自由锚索，重要工程使用全长波纹管防护锚索
	很强	4～5级	使用全长波纹管防护锚索
永久锚索	弱	1～2级	二次注浆锚索和普通自由锚索，重要工程使用全长波纹管防护锚索
	中等～强	3～5级	使用全长波纹套管防护锚索和压力型锚索

（一）锚杆或锚索自由段隔离防腐

一般锚杆或锚索的自由段采用塑料套管隔离和防腐。一般宜选用聚氯乙稀或聚丙烯软塑料管分别对每一根钢绞线或钢筋进行防护。自由段防腐应遵守以下规定：

（1）自由段塑料套管宜选用聚氯乙烯或聚丙烯软塑料管，套管内所有空间应用油脂充填。临时锚索可用塑料带或油脂浸渍的高分子纤维织物取代塑料套管，在缠裹时，塑料带的搭接长度应大于带宽的50%，且塑料带应与锚索体紧密接触。

（2）在现场制作防腐涂层时，锚索体应用带锈防锈剂涂刷防锈层，防锈剂的使用方法及技术要求应符合生产厂家之规定。套管与锚索体之间的空隙应用油脂充填。

（3）自由段长度部分可用光面塑料管取代波纹管，但光面管应具有足够的抗变形性、韧性和抗渗透性，光面管与锚固段波纹管之间要有可靠的连接。

（4）自由段宜选用无接头的套管，当接头存在时，接头处搭接长度应大于50mm，并用胶带密封，若使用有溶解能力的粘结胶密封时，其搭接长度一般不小于20mm。

（二）锚杆或锚索的锚固段防腐

在锚固段进行防腐处理时，防腐系统应能够确保把锚杆或锚索内部的应力有效地传入地层，同时要确保防腐系统的有效性。锚固段防腐一般采用多次注浆、压力式或压力分散式锚杆和采用波纹管隔离等方法。对于防腐条件不利的情况，应考虑采用波纹管隔离等较为可靠的防腐措施。锚固段的波纹管防腐结果见图15-25。

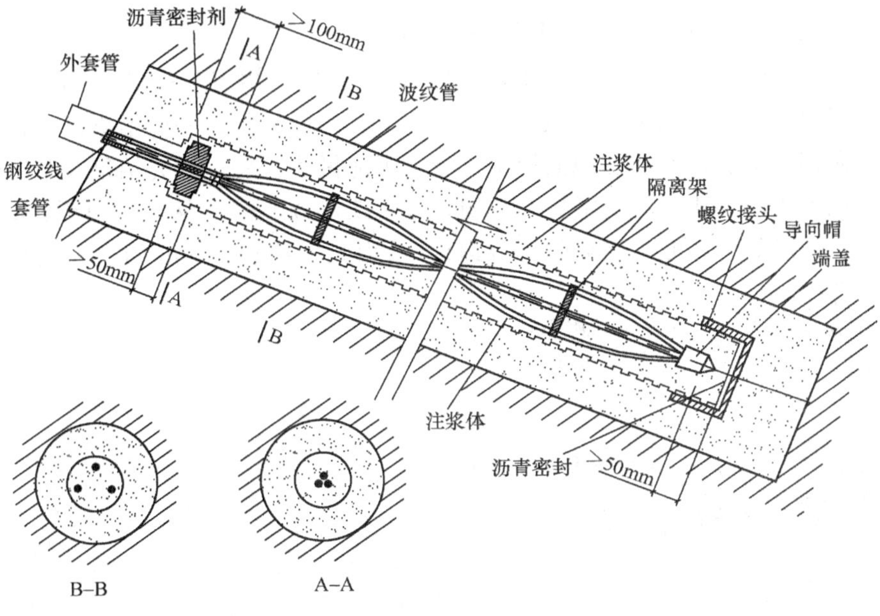

图15-25 波纹管防腐锚杆示意图

（三）锚头防腐

锚头防腐有垫板下部和上部两部分，上部是对外露部分进行防腐处理，下部是对由于注浆体收缩而形成的空洞进行处理。

垫板下部的防腐处理不应影响锚索的性能，对于锚索，防腐处理后的锚索体应能自由伸缩，所以对垫板下部要注油脂，且要求油脂充满整个空间（见图15-26）

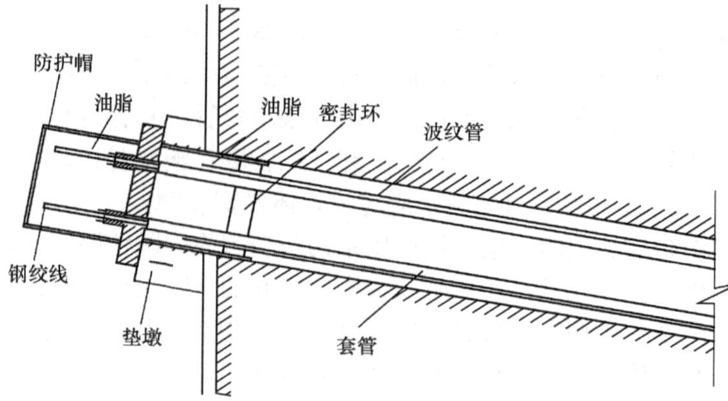

图 15-26 锚头防腐示意图

当锚索需要补偿张拉时，垫板上部的锚头部分必须使用可拆除式的防护帽进行防护，防护帽可使用金属或塑料制作，防护帽与垫板应有可靠的联结和密封，内部用油脂充填。当锚索不需要补偿张拉时，可使用混凝土进行防护处理，混凝土覆盖层厚度应不小于25mm，当锚头被混凝土结构覆盖且覆盖层厚度满足要求时，可不再进行防腐处理。

15.2.6 工程实例

【实例 15-1】 沈阳中山大厦深基础锚杆工程

沈阳中山大厦总面积 32000m²，主楼地面以上 24 层，裙房 5～6 层，全部 2～3 层地下室，主楼裙房基础挖土深 13m，该工程场地狭窄，两面临街，一面紧靠民房，基础不能放坡开挖，做挡土桩后，不能在地面拉锚，更不可能做悬臂桩，研究结果在基坑四周设置一道锚杆，该工程的土质情况及锚杆布置见图 15-27（*a*）（*b*），从图中可看出，地面 3m 以下有砂层，6m 以下为卵石，钢板桩无法打入，因此采用 ϕ800mm 的人工挖孔桩，护壁

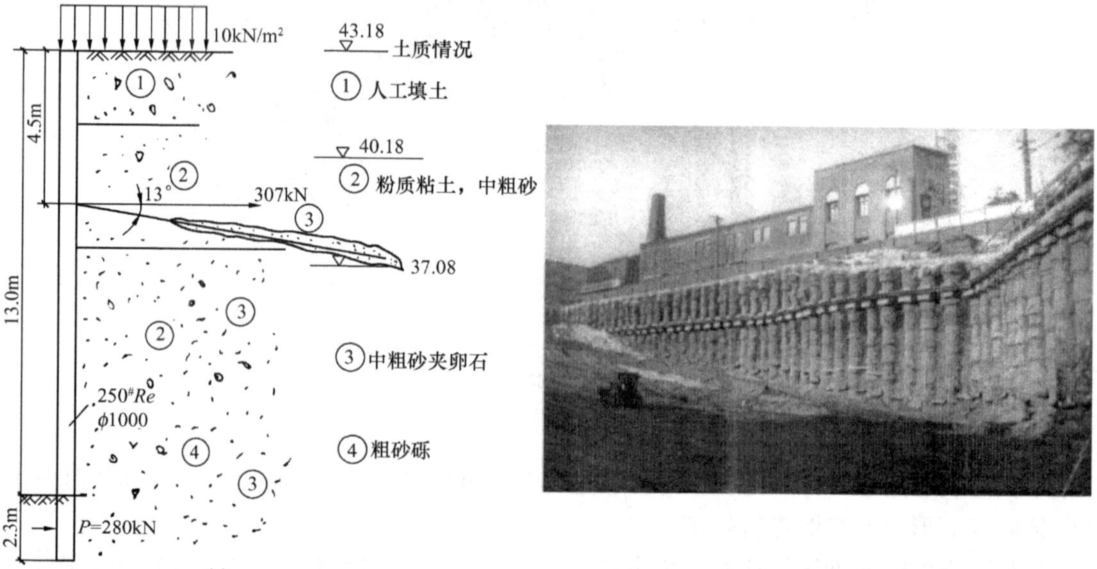

(*a*) (*b*)

图 15-27 中山大厦基坑挖孔桩与锚杆

外径为 ϕ1000～1200mm，间距 1.5～1.6m。

一、设计参数

1. 锚杆设置在地面下 4.5m 外，间距 1.5m；
2. 地面均布荷载按 10kN/m² 计算；
3. 设计时采用 γ＝19kN/m³，φ＝40°，c＝0；
4. 锚杆直径 ϕ＝140mm，倾角 α＝13°；
5. 地下水位标高在 25.22m 处，故可不考虑地下水的影响。

二、计算数值

1. 按有关资料求得挡土桩的埋入深度 t＝2.3m；
2. 计算锚杆所受水平力（按桩纵向单位长度计），见图 15-29 所示：

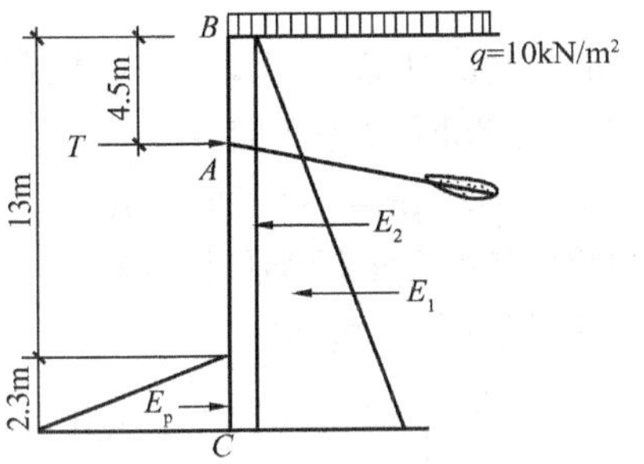

图 15-28 挡土桩上锚杆水平力计算示意图

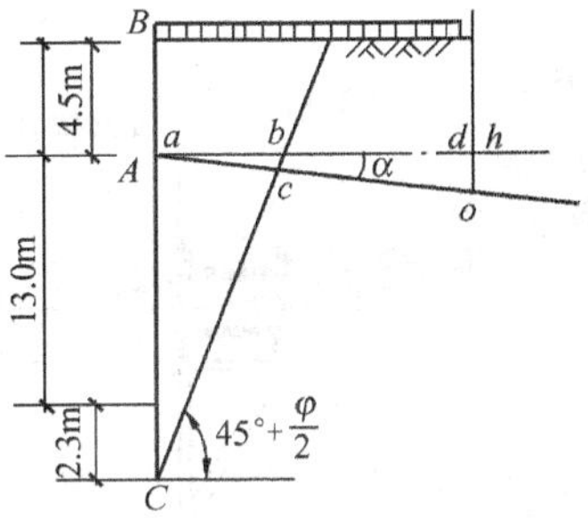

图 15-29 锚固段计算示意图

$$K_a = 0.217, K_p = 5.83$$

$$E_1 = 1/2\,(13+2.3)^2 \times 19 \times 0.217 = 482.5\text{kN}$$

$$E_2 = 10 \times 15.3 \times 0.217 = 332\text{kN}$$

$$E_p = 1/2 \times 2.3 \times 19 \times 5.83 = 301\text{kN}$$

$$\sum M = 0 \text{ 可求 } T$$

$$(13+2.3-4.5)T = \frac{15.3}{3}E_1 + \frac{15.3}{2}E_2 - \frac{2.3}{3}E_p$$

$$T = 229\text{kN}$$

锚杆间距为 1.5m，则水平力

$$T_{1.5} = 1.5 \times 229 = 344.8\text{kN}$$

3. 求非锚固段长度，见图 15-29 中的 ac。

$$ab = (13+2.3-4.5)\tan\left(45° - \frac{\varphi}{2}\right) = 10.8\tan 26.5° = 5.38\text{m}$$

在三角形 abc 中 $\angle abc$＝90°－26.5°＝63.5°

在三角形 abc 中 $\angle acb$＝180°－13°－63.5°＝103.5°

根据正弦定律 $$\frac{ab}{\sin acb} = \frac{ac}{\sin abc}$$

$$ac = \frac{ab\sin abc}{\sin acb} = 4.95\text{m}(\text{自由段长度})$$

4. 求锚固长度

在间距1.5m时受水平分力为344.8kN，则轴力为

$$344.8/\cos 13^\circ = 353.8\text{kN}$$

$$\tau = K_0 \gamma h \tan\varphi + c$$

式中假定 $K_0=1$，$\gamma=19.0\text{kN/m}^3$，$\varphi=37^\circ$（砂层③），$c=0$，

如图15-29，先假定锚固长度为10m，o 点为锚固段中心，则 $ao=ac+co=4.95+5=9.95\text{m}$

$$h = 4.5 + ao\sin 13^\circ = 6.74\text{m}$$

$$\tau = 1\times 19\times 6.74\times \tan 37^\circ = 96.5\text{kN/m}^2$$

对临时性锚杆取安全系数为1.5。

$$锚固长度 = \frac{353.8\times 1.5}{0.14\pi\times 96.5} = 12.5\text{m}$$

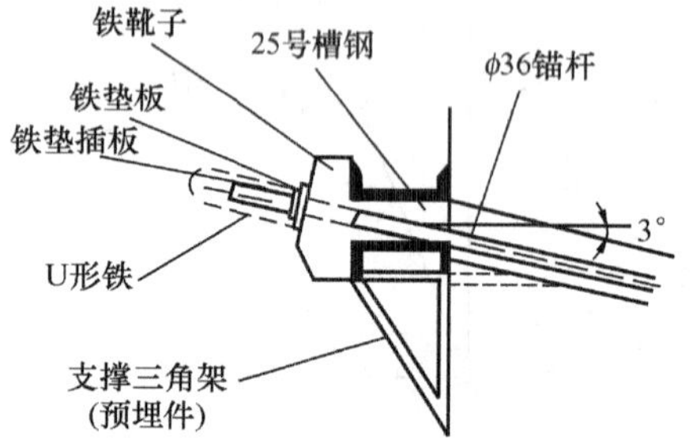

图15-30 锚杆与挡土桩联结构造

原假定10m长度应予以修正，经试算锚固长度应为12m，计算极限摩阻力每米应为：

$$10.05\times 0.14\pi = 44.2\text{kN/m}$$

5. 钢筋锚杆锁定及支承槽钢见图15-30。

锚杆杆体采用粗钢筋1Φ36

$$M = \frac{PL}{4} = \frac{353.8\times 1.5}{4} = 132.7\text{kN}\cdot\text{m}$$

选用2［25b，背靠背，

间距25mm；

$$\sigma = \frac{M}{W_y} = \frac{1327000}{887} = 15850\text{kN/cm}^2 < 17000\text{kN/cm}^2$$

∴ 可以用2［25b。

6. 锚杆整体稳定计算，如图15-31。

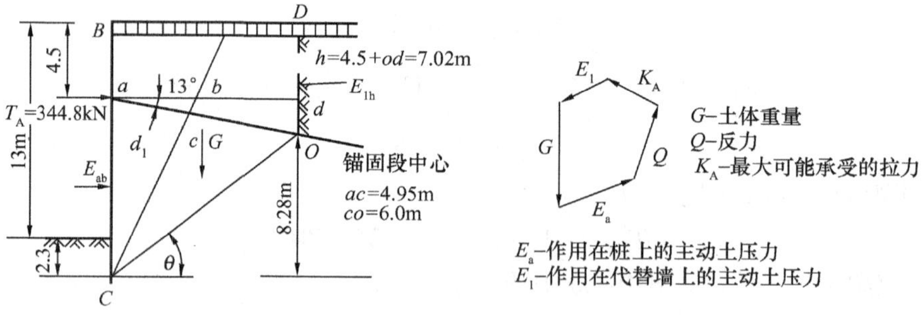

图15-31 用Kranz方法计算锚杆整体稳定

$$T_A = 344.8\text{kN}$$

$$\varphi = 37^\circ; \gamma = 19\text{kN/m}^3$$

OD 为代替墙，$\delta=0$，$\alpha=13^\circ$

$$ac=4.95\text{m},\ co=6.0\text{m},\ ao=10.95\text{m},\ h=OD=7.02\text{m}$$

锚杆间距 1.5m

从闭合的力多边形及其水平分力（注脚有 h 字样）得出如下计算：

(1) $\theta = \arctan\dfrac{15.3-7.02}{10.95\cos 13^\circ} = 37.8^\circ$

(2) $G=\dfrac{7.02+15.3}{2}\times10.67\times1.5\times19=3393.7\text{kN}$

(3) 挡土桩的主动土压力 E_{ab}，因 $\theta>\varphi$ 要考虑地面荷载，$E_{ab}=1/2\gamma H^2K_a\times1.5+qHK_a\times1.5=884.2\text{kN}$

(4) 代替墙的主动土压力

$$E_{1b}=1/2.19\times7.02^2\times0.248\times1.5=200.3\text{kN}$$

(5) 求 KA_n（最大与能承受的水平力）按下列计算式

$$KA_n=\frac{E_{ab}-E_{1b}+[G+E_{1b}\tan\delta-E_{ab}\tan\delta]\tan(\varphi-\theta)}{1+\tan\alpha\tan(\varphi-\theta)}=638.4\text{kN}$$

安全系数 $f=\dfrac{KA_h}{T_A}=\dfrac{638.4}{344.8}=1.85>1.5$ 锚杆整体稳定。

三、现场抗拔试验及锚杆检验

中山大厦锚杆抗拔试验和每根锚杆施加预拉应力由铁道部科学研究院铁建所主持。

(1) 抗拔试验　试验地点在大厦北侧，地层系砂层夹少许砾石，锚杆孔径 ϕ140mm，锚杆长 15m，锚固段长度 10m，抗拔锚杆共做四根，试验结果，极限抗拔力可定为 480～500kN。

按埋设在施工锚杆上的钢筋应力计量测（基坑挖至－13.5m，并已设置混凝土底板）结果的拉力为 145kN，尚不到设计拉力的 1/2，坑壁侧向位移为 2cm，地面周围没有发生开裂的现象。

(2) 锚杆施加预拉力　将每根锚杆先张拉 100～150kN，使锚头、腰梁、垫板之间相互贴紧受力，然后一次拉到 200kN，保持 10～30min，使变位达到稳定，并记录数据，然后再拉 30～50kN 拉力，加垫板塞紧，使锚杆与整个挡土结构共同受力。

153 根锚杆记录变位情况　　　**表 15-20**

变位量（mm）	根　数	百分数（%）
11≤S≤5	122	79.71
25≤S≤10	30	19.61
S 变位不稳	1	0.65
	153 根	100

按测试，钢筋测得拉力为 145kN，钢筋（自由段）伸长应为 2.8mm，扣除钢筋伸长，锚杆与土的位移为：没有发生位移的占 27%；位移 0～5mm 为 64.5%；位移 6～10mm 为 8.5%。

【实例 15-2】　上海太平洋饭店地下深基工程

太平洋饭店地下工程开挖面积约为 80m×120m，深 12.55～13.65m，由于大面积开挖难以采用支撑，采用了钢筋混凝土板桩挡土斜拉锚以抵抗土侧压及控制边坡位移。土锚打入地层 30～35m，倾角 30°～35°。

一、土质概况及拉锚布置

太平洋饭店位于上海虹桥开放区，为软土地基，土质条件差，见图 15-32。特别是第二层淤泥质粉质黏土、饱和流塑，$c_{uu}=16\sim17kN/m^2$，$\varphi_{uu}=0$，标准贯入度 $N=0\sim2$，总深度达－20m。

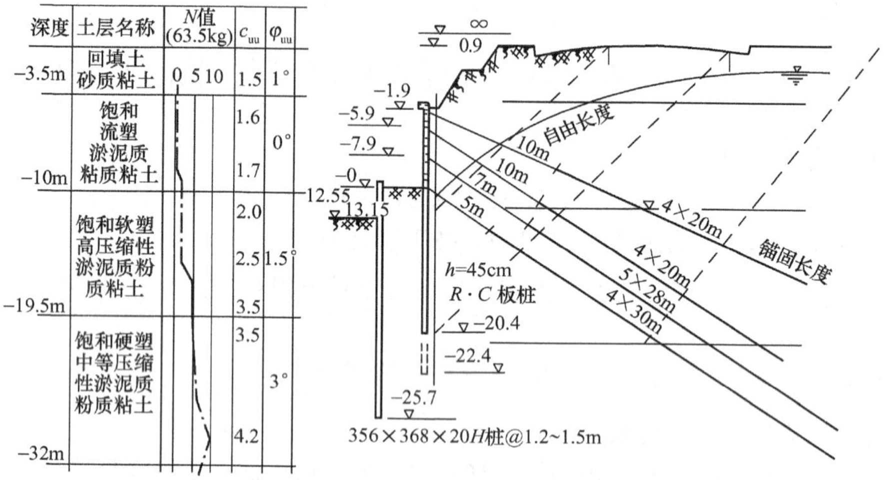

图 15-32 基坑剖面及锚杆布置

锚杆设置在淤泥质黏质粉土内，挡土板桩厚 45cm，共设四道锚杆，“0”道锚杆 4 索×30m，间距 5m，“1”道锚杆 4 索×30m，间距 2m，“2”道为 5 索×35m，间距 1.86m，“3”道 5 索×35m，间距亦为 1.86m，上下两道锚杆之间距离为 2m，为增强抗滑动能力，后又在混凝土板桩里侧打 356m×368m×20mmH 型钢一道，间距为 1.2～1.5m 的抗滑桩，基坑开挖及锚杆布置见图 15-32。

各道锚杆设计承受拉力用二种计算方法校核：一是按太沙基、派克的计算方法（即假定在软黏土中的板桩后侧压力按矩形分布）；二是按弹性地基梁 m 法电算分层挖掘时各阶段锚杆最大可能承力的包络图核对，实测锚杆承受拉力以前者较为符合。

二、锚杆施工

锚杆施工引进全套意大利“TENSACCIAI”公司技术。锚杆由专用钻机在套管内水力冲刷钻进，套管外径为 168mm，锚索由 7×5 高强钢绞线组成直径为 15.2mm，钢材屈服强度 1700MPa，四索钢绞线组成的锚杆允许拉力为 550kN（张拉控制应力为 800kN），五索锚杆允许拉力为 700kN（张拉控制应力为 1000kN）。

锚杆中间设塑料灌浆管，该管每隔 50cm 设置“Manchette”气门芯式橡皮套阀，见图15-33，纯水泥（水灰比 0.45 加减水剂）通过橡皮阀注入锚杆四周土体钻孔中，先进行一次注浆，常规压力为 0.6MPa，经一昼夜后进行二次劈裂注浆，亦即将第一次注浆后形成的水泥浆柱体劈裂，高压水泥浆即沿裂缝注入锚杆四周土体扩径。劈裂注浆时水泥浆压力可高达 6.0MPa，并维持 2～3min 尽可能使更多水泥浆注入锚杆四周土体，形成一个挤压区。试验证明同样长度的锚杆如采用一次注浆当拉至 420kN 时锚杆即拔出，而采用二次注浆的锚杆拉至 800～1000kN 也未破坏。一般 30m 长锚杆注入水泥浆的水泥约 60 袋，35m 长锚杆需 80～100 袋水泥。

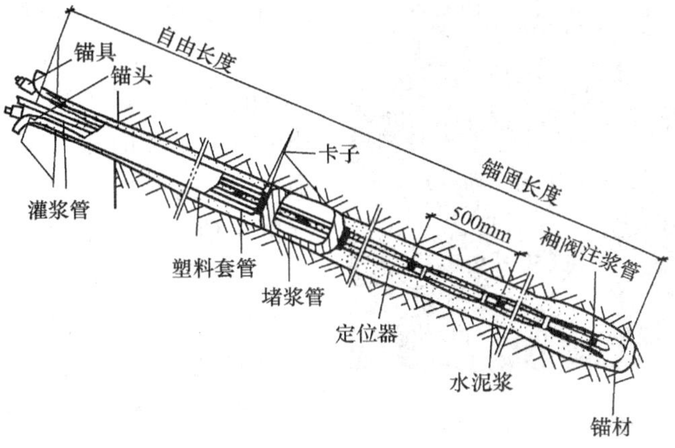

图 15-33　锚杆构造详图

锚杆在自由段与锚固段之间设土工织布做成的堵浆袋，此堵浆袋之作用是为了防止高压注浆时水泥浆从锚孔溢出。堵浆袋必须在二次注浆前先行注浆胀扩，使水泥浆凝固后方能起到注浆时堵漏的作用，同时也是保证自由段与锚固段分开的主要措施。

待整个锚杆水泥浆达到一定强度后，一般五天左右即可用千斤顶对锚杆钢索进行张拉预加应力，必要时还可隔 2～3 个月重复张拉一次，以消除应力松弛或蠕变损失。

三、锚杆试验

1. 锚杆的承载力

在宝钢长江边淤泥质土层里（淤泥层深达－40m），按分级加载卸载，其承载力达到 800～1000kN 时，曲线未出现拐点，最终卸载的残余变形约为 4cm。在太平洋饭店工地对第 51# 锚杆进行测试，其 Δ-P 曲线见图 15-34，在张拉至 750kN 时未出现拐点，残余变形为 4cm（锚杆长 30m，自由段长 7.3m，锚固段长 20m）。

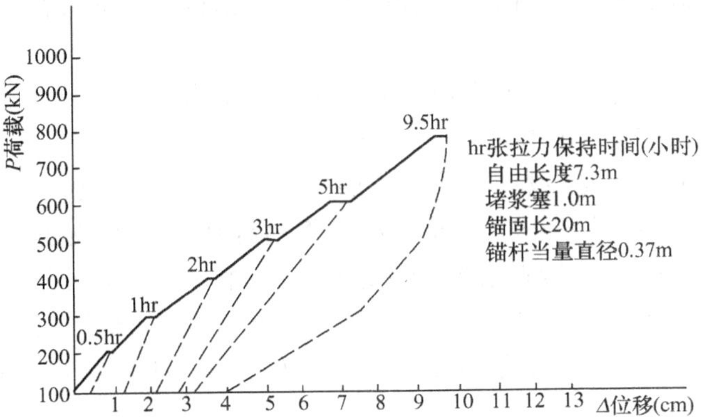

图 15-34　太平洋 51# 锚杆 Δ-P 曲线

锚杆在淤泥质软土中其承载力主要靠二次注浆扩径，以及在锚杆四周挤压土层，从而提高锚杆与土壤间抗剪与端承强度。二次灌浆比一次注浆承载力提高 50%。

2. 软土锚杆的蠕变特性

在软黏土中设置锚杆要特别注意其长期承载力即其蠕变特性。同济大学对上海软黏土

图 15-35 太平洋饭店软土斜地锚施工时一瞥

进行的试验获得的资料是：当实际的 τ 值小于 0.63～0.65τ_f（τ 的极限值）时，在 τ-s-t 曲线图上反映出 s 呈收敛趋势；反之，当 $\tau > \tau_f 0.65$ 时则呈发散趋势，所用 τ 值愈大，s 的发散趋向愈大。因此，认为实际的 τ 值要小于 0.63τ_f，则锚杆承载力的安全系数应定为 $K=1/0.63=1.55$。从太平洋工地锚杆实测应力变化资料分析，二个月的蠕变损失约为 10%～12%，如蠕变损失较大时，可再次张拉以消除其损失。

3. 基坑开挖与位移

在基坑分阶段开挖锚拉前，板桩土锚会发生位移直至锚杆张拉锁定后位移始趋稳定。根据太平洋工地施工速度平均每月位移量约为 5～6cm，亦即每开挖一次进行下一道锚拉工序，施工时与 5～6cm 的位移，开挖至－12.55m 深度时，累计位移量约为 15～20cm，直至底板混凝土浇灌结束，位移基本不再发生，因此缩短开挖后锚拉施工时间，至关重要。

15.3 土钉

15.3.1 加固原理

土钉是土体中原位加筋技术的一种，是由于水平或近水平设置于天然边坡或开挖形成的边坡中的加筋杆件及面层结构形成的挡土体系。用以改善原位土体的性能，并与原位土体共同工作，形成如同起重力式挡墙作用的轻型支挡结构，从而提高整个边坡的稳定性。见图 15-1（o）（p）

土钉是新奥法（20 世纪 60 年代初期的奥地利隧道施工法—利用粘结锚杆与表面的喷射混凝土相结合，为隧道开挖提供及时有效的稳定支护方法）的原理发展起来的。1972 年，在法国由 Bouygues 设计首次在土层中成功地应用了土钉技术。该铁路开挖边坡高 22m，坡角 70°，使用了 25000 根钻孔注浆锚杆作为临时支护。与此同时，德国、美国也都在临时性和永久性工程建筑上使用土钉加固技术。我国在 80 年代初开始发展应用了土钉。1984 年在巴黎的国际会议以及 1990 年在美国召开的挡土结构国际学术会议上，土钉曾作为一个独立的专题与锚杆挡墙并列之后，土钉技术得到了广泛的应用和不断的发展。

用以稳定边坡或基坑时，锚杆与土钉有许多相似之处。区别在于：土钉一般不施加（或施加很小的）预应力，因而要求产生有限的位移以使土钉发挥作用；土钉全长与土体完全接触，全长受力，沿杆件长度方向上的应力分布不同；由于土钉采取高密度设置方式（一般每 0.5m^2～5.0m^{2}设一根），靠土钉的相互作用形成复合的整体作用，因而即使一个单元失效其后果不太严重；施工时对其偏差没有灌浆锚杆的偏差要求高；单根土钉不需要很大的承载力，设置于喷射混凝土面层中的小尺寸钢垫板即可即可满足计算要求；土钉的长度较锚杆小，因而不需要大型施工机具。在国内通俗地将土钉称为小锚杆。

尽管土钉与加筋土在施工完成后看起来相似，但在施工程序上有根本的不同，土钉用于自上而下的阶段式开挖中，加筋土则与之相反，用于由下而上的填土中。土钉垂直于潜在滑裂面设置时将会充分地发挥其抗剪强度，因而通常应尽可能地垂直于潜在滑裂面，而加筋土则一般为水平设置。

土钉按其施工方法可分为三种类型：钻孔注浆型、打入型和射入型。应用最多的是钻孔注浆型土钉。

对于钻孔注浆型土钉，土层在分阶段开挖时应保持自立稳定。因此土钉适用于有一定凝结性的杂填土、黏性土、粉土、黄土类土、弱胶结的砂土边坡以及风化岩层。土钉法适用于地下水位低于土坡开挖段或经过降水使地下水位低于开挖层的情况。土钉法一般不适用于软土边坡，也不适用于侵蚀性土（如煤渣、煤层、矿渣、炉渣以及酸性矿物废料）中作为永久性支挡结构。土钉具有对场地周围相邻建筑影响小、施工机具简单、适用范围广和造价低等优点。以下介绍土钉加固的原理。

（1）土钉在原位土体中的作用

由于土体的抗剪强度较低，抗拉强度几乎可以忽略，因而自然土坡只能以较小的高度（即临界高度）直立存在。当土坡直立高度超过临界高度或坡顶有较大超载以及其他环境因素发生变化时（如土的含水量改变等），将引起土陡坡的失稳。为此常采用支挡结构承受侧压力并限制其侧向变形发展，这属于常规的被动制约机制的支挡结构。土钉则是在土体内增设一定长度与分布密度的锚固体，它与土体牢固结合而共同工作，以弥补土体自身强度的不足，增强土坡坡体自身的稳定性，它属于主动制约机制的支挡体系。

土钉对提高土体强度的作用，已为模拟试验所证实。试验是以土钉加强的边坡在超载作用下的承载力与素土边坡的承载力相比较来表示。该模拟试验土坡高 1.5m，坡角为 80°，边坡土体由粉质黏土构成，天然含水量 $w=20\%$，天然重度 $\gamma=19.0\text{kN/m}^3$，内摩擦角 $\varphi=28°$，黏聚力 $c=20\text{kPa}$，土钉直径 $d_h=6.5\text{cm}$，土钉长 $L=1.05\text{m}$（相当于土坡垂高的 0.7 倍），土钉设置密度分别为 3.3 根/m² 及 6.6 根/m²，加载面距距坡顶边缘 24cm。试验成果见表 15-21。

土钉墙模拟试验成果　　**表 15-21**

超载（kN/m²）＼土钉密度（根/m²） 最大水平位移(mm)	素土边坡 (1)	3.3 根/m² (2)	6.6 根/m² (3)	(2) / (1)	(3) / (1)
0.5	35	53	57	1.52	1.62
1.0	47	79	84	1.68	1.79
1.5	53	92	100	1.74	1.89
2.0	57	102	117	1.79	2.05

试验表明土钉（图 15-36（*b*））在其加强的复合土体中起着箍束骨架作用，提高了土坡的整体刚度与稳定性；土钉墙在超载作用下的变形特征表现为持续的渐进性破坏。即使在土体内已出现局部剪切面和张拉裂缝，并且随着超载程度的增加而扩展，但仍可维持很长时间不发生整体塌滑，表明其仍具有一定的承载力。素土边坡在坡顶超载作用下，当其产生的水平位移远低于土钉加固的土坡时，就出现快速的整体滑裂和塌落，如图 15-36

(*a*) 所示。

此外，在地层中常有裂隙发育，向土钉孔中进行压力注浆时，按照劈裂注浆原理，会使浆液顺着裂缝扩渗，形成网脉状胶结。如压力注浆时，对宽度为1～2mm的裂隙，注浆可扩成5mm的浆脉，如图15-37所示。它必然增强土钉与周围土体的粘结和整体作用。

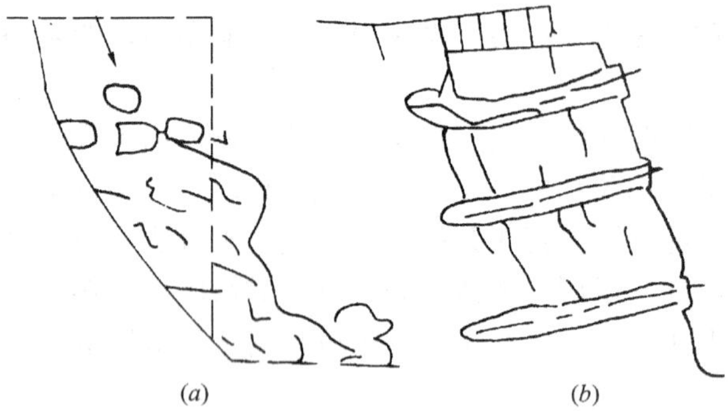

图15-36 素土边坡和土钉加筋边坡的破坏形式
(*a*) 素土边坡；(*b*) 土钉加筋边坡

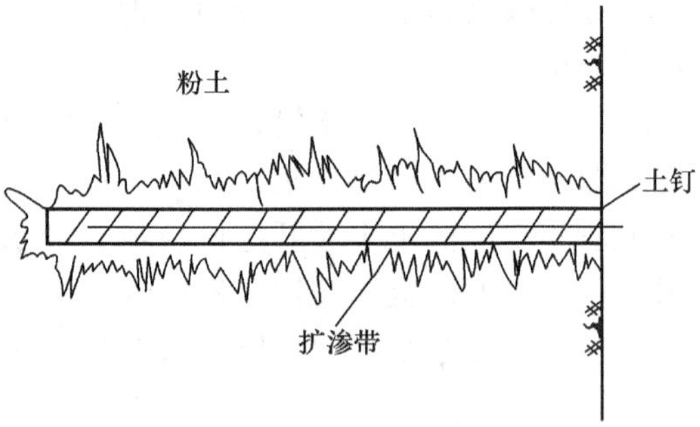

图15-37 土钉注浆液的扩渗

(2) 土-土钉相互作用

土钉与周围土体之间的极限界面摩阻力取决于土的类型和土钉的设置技术。

美国的Elias和Juran（1988）在试验室作了密砂中土钉的抗拔试验，得出加筋土与土钉由于施工过程的不同，其极限界面摩阻力也不相同。因此，加筋土的设计原则不能推算到土钉结构中，对土钉需作抗拔试验为施工图设计提供可靠的数据。土钉的极限界面摩阻力问题尚有待于进行深入的理论和试验研究。

根据实测资料统计，对于采用一次压力注浆的土钉，不同土层中的极限界面摩阻力τ值列于表15-22。

不同土质中的极限界面摩阻力τ值 **表15-22**

土类名称	τ（kPa）	土类名称	τ（kPa）
黏土	130～180	黄土类粉质土	52～55
弱胶结砂土	90～150	杂填土	35～40
粉质黏土	65～100		

(3) 面层土压力分布

面层不是土钉结构的主要受力构件，它是面层土压力传力体系的构件，同时起保证各土钉间土体的局部稳定性，防止场地土体被侵蚀风化的作用。由于它采用的是与常规支挡体系不同的施工程序，因而面层上的土压力分布与一般重力式挡墙不同。

太原煤矿设计研究院对山西JL-2黄土边坡土钉工程实测中获得土压力分布曲线如图15-38中的曲线①所示。该边坡高为10.2m，坡角60°，土质为黄土状粉质黏土，土质较均匀。土的天然重度$\gamma=17.6\text{kN/m}^3$，含水量$w=15\%$，孔隙比$e=1.01$，$I_p=11.7$。

综合分析后，将作用于土钉面层上的土压力简化为图15-38中曲线③所示的分布形式。计算公式为：

$$q = m_e \cdot K \cdot \gamma \cdot h \tag{15-39}$$

式中 H——土坡垂直高度（m）；

h——土压力作用点至坡顶的距离（m）；当 $h \leqslant H/2$ 时，h 取实际值，$h > H/2$ 时，h 取 $0.5H$；

γ——土的天然重度（kN/m^3）；

m_e——工作条件系数（对临时性支挡，$m_e = 1.10$，对永久性支挡 $m_e = 1.20$）；

K——土压力系数（$K = (K_0 + K_a)/2$，其中 K_0、K_a 分别为静止、主动土压力系数）；

q——作用于土钉面层上的土压力（kPa）。

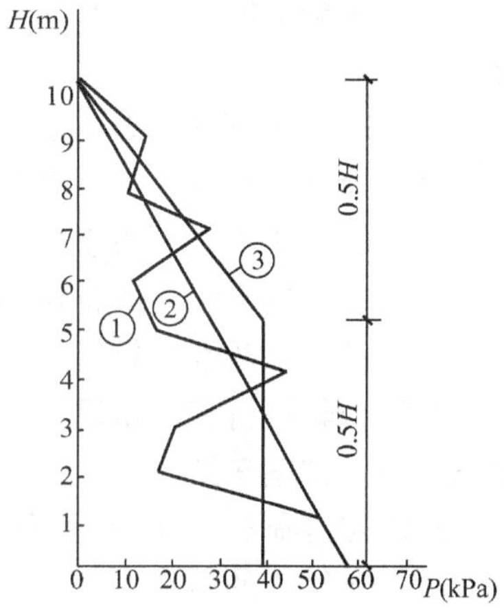

图 15-38 土钉面层上的土压力分布
①—实测土压力；②—主动土压力；
③—计算土压力

（4）潜在滑裂面的形式

对均质土陡坡，在无支挡条件下的破坏是沿着库伦破裂面发展的，这已为二维挡墙模型试验及实际工程监测所证实。对于原位加筋土钉复合体陡坡，其破坏形式采用足尺寸监测试验和结合理论分析方法确定，这样可全面反映复合体的结构特性、荷载边界条件和施工等多种因素的综合影响。

太原煤矿设计研究院岩土工程公司在黄土类粉土边坡中对此进行了原位试验。实测土钉复合体的破裂面如图 15-39 曲线③所示；用有限元法分析得出的破裂面如图中曲线②，而库仑破裂面则如图中曲线①。

由此建议土钉复合体的简化滑裂面如图 15-40 所示的形式，国外有采用对数螺旋线滑裂面进行计算的方法。

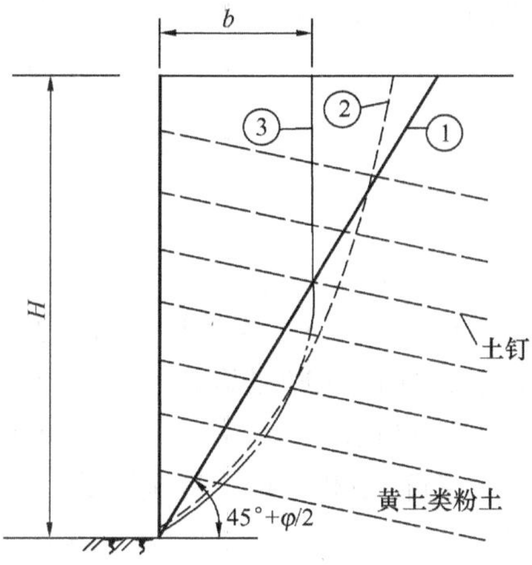

图 15-39 土钉复合体滑裂面
①—库仑破裂面；②—有限元法分析所得破裂面；
③—实测破裂面

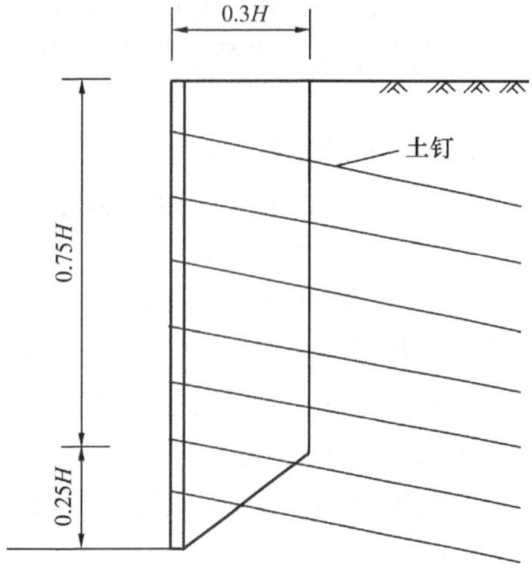

图 15-40 土钉复合体的简化滑裂面形式

15.3.2 设计计算

15.3.2.1 土钉支护设计步骤

土钉支挡体系的设计包括以下几个步骤：

(1) 根据土坡的土质条件，论证采用土钉支护的适用性；

(2) 根据土坡的几何尺寸（深度、切坡倾角）、土性和边界超载估算潜在滑裂面的位置；

(3) 选择土钉杆（型式、截面积、长度、设置倾角和间距）；

(4) 验算土钉的内、外部稳定性；

(5) 估算作用于面板上的土压力，并按照结构性能和耐久性要求设计面板；

(6) 根据地下水位的情况设计排水系统；

(7) 对于永久性土钉结构，选择与场地条件相适应的土钉防腐措施。

按此步骤进行多次试算，进行优化设计，选择一安全和经济的方案。

15.3.2.2 方案布置

土钉在静荷载的作用下可能引起以下几种破坏机制：

(1) 土钉杆的破坏，尤其是土钉端头锚固处；

(2) 土与浆液锚固体的粘结破坏；

(3) 土钉杆与注浆锚固体的粘结破坏。

在实际工程中，第三种破坏机制一般不会发生。

在初步设计阶段，首先应根据土坡的设计几何尺寸来作土钉的初步布置，在施工图设计阶段尚应验证土钉杆抗拉断裂和土钉锚固力的极限状态。根据国内外20余项工程资料（包括因施工质量因素引起支挡体系局部失稳的山西某土钉工程），统计分析提出如下确定土钉基本参数的方法。

（一）土钉长度 L

已有工程的土钉实际长度 L 均不超过土坡的垂直高度 H。抗拔试验表明，对高度小于12m的土坡采用相同的施工工艺，在同类土质条件下，当土钉长度达到 H 时，再增加土钉长度则对承载力提高不大。因此，可按下式初步选定土钉长度：

$$L = mH + S_0 \tag{15-40}$$

式中 m——经验系数，取0.7～1.0；

H——土坡的垂直高度（m）；

S_0——止浆器长度，一般为0.8～1.5m。

（二）土钉孔直径 d_h 及间距

首先根据成孔机械选定土钉孔孔径 d_h，一般取 d_h=80～120mm。常用的孔径为80～100mm。以 S_x、S_y 分别表示土钉的列距、行距。选定行和列距的原则是以每个土钉注浆时其周围土的影响区域与相邻孔的影响区域相重叠为准。应力分析表明，一次压力注浆可使孔外 $4d_h$ 的邻近范围内有应力变化。因此按（6～8）d_h 选定土钉行距和列距，且应满足：

$$S_x \times S_y = K_1 d_h \cdot L \tag{15-41}$$

式中 K_1——注浆工艺系数，对一次压力注浆工艺，取1.5～2.5。

对于永久性的土钉支护，按防腐要求，土钉孔直径 d_h 应大于加筋杆直径加60mm。一般土钉的排距和行距取1.0～2.0m。

（三）土钉加筋杆直径 d_b

为增强土钉中加筋杆与砂浆（注浆体）的握固力，用于土钉中的加筋宜选用变形钢筋。其抗拉强度标准值按我国《混凝土结构设计规范》（GBJ 10—89）规定采用，见表

15-2。

由于土钉外端头需进行固定，一般用高强变形钢筋作的加筋杆要求焊接高强螺丝端杆，但存在高强钢筋的可焊性差的问题。近年来，土钉工程中亦采用Ⅳ级 SiMnV 精轧螺纹钢筋，可在钢筋螺纹上直接配与钢筋配套的螺母，连接方便、可靠。

另外，也可以采用多根钢绞线组成的钢绞索作为加筋杆。由于多根钢绞索的组装、施工设置与定位以及端头锚固装置均较复杂，目前国内应用得尚不多，钢丝钢绞线抗拉强度的标准值按表 15-2 取值。

加筋杆直径 d_b 可按下式估算：

$$d_b = (20 \sim 25) \times 10^{-3} \times S_x \times S_y \tag{15-42}$$

15.3.2.3 施工图设计

（一）稳定分析

土钉的稳定分析是设计中极其重要的内容，它可以分析验证初步设计中所选择的参数合理与否，并可以确定土钉设置的安全性。

土钉的稳定分析，许多国家进行过大量的试验研究，提出的相应分析计算方法都是根据其不同的假设适用于不同的情况，目前应用的有法国方法、Bridle 法、德国法、Davis 法、有限元法、通用极限平衡法等，但还没有一个公认统一的计算法。现分别推荐太原煤矿设计研究院建议的方法和基坑规范建议的方法，简介如下：

（1）内部稳定分析

它是保证土钉体系自身稳定的分析。考虑了下列两项：

1）抗拉断裂极限状态

在面层土压力作用下，不使端部土钉产生过量的伸长或屈服，见图 15-41（*a*）。面层土压力按式（15-39）计算。土钉主筋的直径 d_b 应满足下式

$$\frac{\pi/4 \cdot d_b^2 \cdot f_y}{E_i} \geqslant 1.5 \tag{15-43}$$

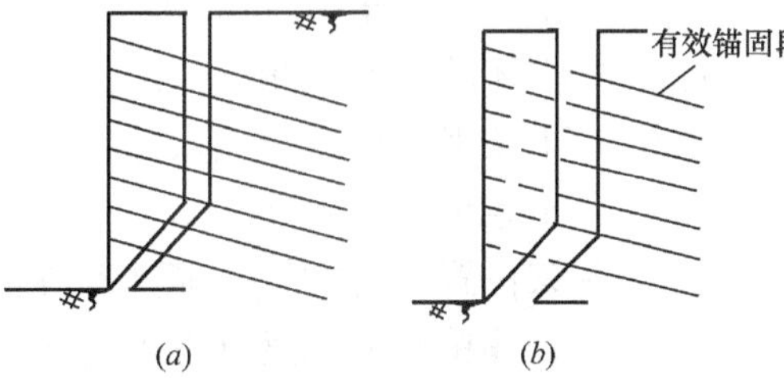

图 15-41　土钉的破坏
（*a*）拉力破坏；（*b*）锚固力破坏

式中　f_y——钢筋抗拉强度设计值（见表 15-2）；

E_i——第 i 列单根土钉支承范围内面层上的土压力，$E_i = q_i \cdot S_x \cdot S_y$（$q_i$ 为第 i 列土钉处的面层土压力）。

2）锚固力极限状态

在面层压力作用下，土钉内部潜在滑裂面后有效锚固段应具有足够的界面摩擦力而不被拔出，见图 15-41（*b*），应满足下式：

$$F_i / E_i \geqslant A \tag{15-44}$$

式中　F_i——第 i 列单根土钉的有效锚固力，$F_i = \tau \cdot \pi \cdot d_h \cdot L_{ei}$（$L_{ei}$ 为有效锚固长度）；

A——安全系数，取 1.3～2.0，对临时性土钉工程取小值，对永久性土钉工程取大值。

（2）整体稳定分析

建筑深基坑规范建议土钉墙的整体稳定性采用圆弧滑动条分法进行验算。在土钉墙施

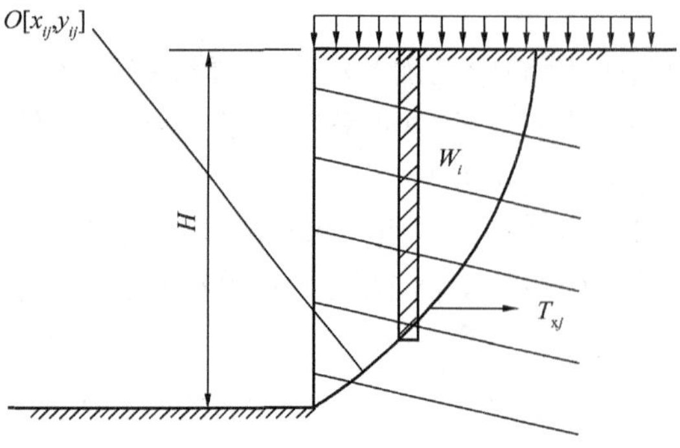

图 15-42 整体稳定条分法简图

工时，自上而下分层开挖施作土钉，在稳定性分析时，同样考虑施工的顺序。参照图15-42，对于施工时不同开挖高度和使用时不同位置，对应于每个圆心沿破裂面滑动的安全系数为滑裂面上抗滑力矩与下滑力矩之比。

(1) 当不考虑土钉作用时，其安全系数 k_{si} 计算为：

$$k_{si}=\frac{\sum c_i\cdot L_i+\sum W_i\cdot\cos\theta_i+\tan\varphi}{\sum W_i\cdot\sin\theta_i} \tag{15-45}$$

(2) 当考虑土钉作用时，其安全系数 k_{si} 计算为：

$$k_{pi}=\frac{\sum c_iL_iS+\sum W_i\cos\theta_i\tan\varphi_iS+\sum T_{xj}\cos(\theta_i+\alpha_j)+\sum T_{xj}\sin(\theta_i+\alpha_j)\cdot\tan\varphi_i}{\sum W_i\cdot\sin\theta_i\cdot S} \tag{15-46}$$

式中 k_{si}——不考虑土钉作用时安全系数；

k_{pi}——考虑土钉作用后的安全系数；

c_i——土体的黏聚力（kPa）；

φ_i——土体的内摩擦角（°）；

L_i——土条滑动面弧长（m）；

W_i——土条重量（kN）；

T_{xj}——某位置土钉的抗拔能力标准值（kN）；

S——计算单元的长度（一般与 S_x 相同）（m）；

θ_i——滑动面某处切线与水平面之间的夹角（°）；

α_i——某土钉与水平面之间的夹角（°）。

(3) 外部稳定分析

在原位土钉墙复合体自身稳定与粘结整体作用得到保证的条件下，它的作用就类似于重力式挡土墙。它必须能承受其后部土体的推力和上部传来的荷载。因此，应验算土钉支挡体系的抗倾覆稳定和抗滑稳定以及墙底部地基承载力。有关外部稳定性验算，可按《建筑地基基础设计规范》（GBJ 7—89）或其他部门有关的规范进行计算。

(二) 面层构造

土钉构造的面层应在每一阶开挖后立即设置，以限制原位土体的减压并阻止原土的力学性质特别是抗剪强度的降低。目前常采用的面层由端头螺栓、垫板、横向联系钢筋及喷射混凝土组成。典型的面层构造如图 15-43、图 15-44 所示。面层厚度，对用于临时性支挡结构中时为 50～150mm，用于永久性支挡结构时为 150～250mm。面层可以是一层、二层或者更多层分层做成。喷射混凝土的最大骨料尺寸为 10～15mm，常用外加剂来加速凝固。最好在进行下一步工作之前作 24h 养护，以避免表面龟裂。

挂钢筋网喷射混凝土面层结构相对简单和经济，施工上具有极大的便利性。但一般不能满足永久性结构的技术质量和审美的要求。特别是喷射混凝土面层的耐久性受地下水、

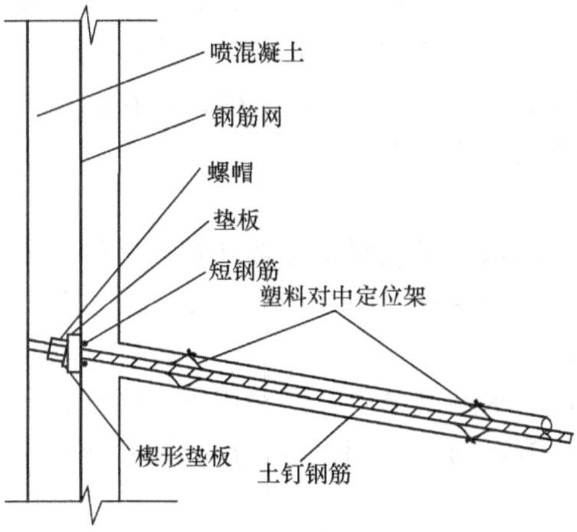

图 15-43　临时支护土钉的面层构造

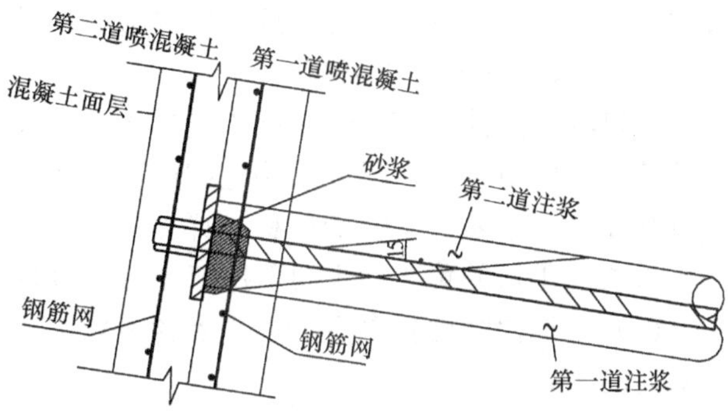

图 15-44　永久性土钉支护面层构造

渗流和气候变化等环境因素的影响，而且混凝土-土界面之间的有效排水是困难的。

永久性的土钉工程中已大量应用预制和现浇混凝土板、钢面板作为面层，为满足美观和耐久性的要求，并在面板后设置有效的排水系统。也有使用结构面层结合种植植物的方法，这种保护和美化环境的方法，有很大的发展潜力。铁道部科学研究院深圳研究设计院，在深圳兰溪谷住宅小区的边坡支护中采用了预制花槽式钢筋混凝土的挡土面板，配合土钉支护，取得很好的环境效果。见图 15-45。

图 15-45　深圳兰溪谷土钉支挡结构绿化效果

（三）排水

土钉工程必须有一个恰当的排水系统以避免产生作用于面板上过量的静水压力；另外亦起到面板免遭接触水（特别是喷射混凝土面层）的损害，避免土钉加固的土体出现饱和软化。这将显著的影响结构物在开挖工程中和开挖以后的位移。土钉通常采用浅层排水（塑料管，直径10cm，长度30～40cm）来保护面层。深层排水则可采用水平槽型塑料管（直径5cm，比土钉长，上倾5°～10°）。对于用预制面板的永久性土钉工程，可在面板后设置连续的排水系统。另外，施工时尚应做好坡顶和坡脚的排水。

（四）长期性能与防腐措施

土钉的长期性能依赖于防腐措施的效果以及整个体系中发生蠕变可能性有关。蠕变是在持续不变的荷载下由于土结构连续的重新排列而引起的随时间而增加的变形。通常只有设置在黏性土中才产生蠕变位移。详见本章有关内容。

永久性土钉的耐久性主要取决于土的侵蚀性、地下水的成分及其防腐措施等诸因素。

（1）场地侵蚀性：含有机质土和含有较大浓度可溶盐的土。如含硫酸盐、氯化物或碳酸氢盐的土；

（2）地下水成分：含酸、碱或盐溶液，有高的导电性，导致高的腐蚀速度；

（3）环境公害：包括大的温度变化、细菌等；

（4）在进入或接近地表处氧气含量高，场地的局部变化将导致金属杆件的电化腐蚀。

腐蚀可能有不同的机理，如均匀的表面腐蚀、局部的坑洼腐蚀和疲劳腐蚀等。腐蚀的类型将显著的影响土钉钢杆的损害速度防腐体系的效果。

对永久性土钉的防腐，沿整个土钉长度的最小保护层厚度应为4cm。在侵蚀环境中，建议采用完全的囊状保护层，即土体杆外套波纹塑料管，土钉杆与波纹管之间的间隙由含有外加剂的纯水泥浆填充，并用浆液包裹波纹管。

15.3.3 施工工艺

钻孔注浆型土钉的施工可以按以下步骤进行：

（1）土方开挖

土钉支护结构施工最大的特点就是土方开挖和土钉设置配合施工。要求土方分层开挖，开挖一层土方打设一排土钉，待挂网喷射混凝土护面形成一定时间（一般12～24小时）后，再开挖下层土方。每层土方的开挖深度以土坡自立稳定的能力有关，同时也考虑土钉的分层高度，以有利于土钉施作。在一般的黏性土、砂质粘土中每层开挖的深度为0.8m～2.0m；而在超固结土中或强风化基岩层中每次开挖的深度可以适当加大。边坡开挖工作面的长度根据一个台班可加固的面积而定，一般常用的切坡长为10～15m一段。在限定变形的地段，在顺边坡的纵向开挖面宜交替设置（码口开挖）。工作平台的大小由设置土钉的施工机具而定。

（2）成孔

根据地层条件、设计要求的平面位置、孔深、孔径、倾角等选择合理的土钉成孔方法以及相应的钻机和钻具。土钉的长度一般在6～15m，可以根据具体条件选用如冲击钻、螺旋钻、风枪和人工洛阳铲等成孔方法。国内较多采用多节螺纹钻头干法成孔，也可以采用YTN-87型土锚钻机。它以电动机为动力源，液压传动，轮胎式底盘可拖动。在粘性土土坡加固时，常用洛阳铲人工成孔，具有工作面易展开，施工进度快、成本低等特点。在用洛阳铲成孔时，要特别注意保证成孔的下倾角度。一般情况下，土钉成孔的直径80～100mm。当遇到砂质土、粉质土等土层，以及地下水位不能有效下降成孔困难的情况时，常常采用打入钢管注浆土钉，其作用和效果与成孔注浆土钉基本一致。

(3) 清孔

采用0.5～0.6MPa压力空气将孔内残留及松动的土屑清除干净。当孔内土层的湿度较低时，需采用润孔花管由孔底向孔口方向逐步湿润孔壁，润孔花管内喷出的水压不宜超过0.15MPa。

(4) 置筋

放置钢拉杆。一般采用Ⅱ级螺纹钢筋或Ⅵ级精轧螺纹钢筋，为确保钢筋置中，在钢筋上每隔1.5～2.0m焊置一个船形托架。

(5) 注浆

这是保证土钉与周围土体紧密粘合的关键步骤。为了保证良好的全段注浆效果，注浆管应随土钉插到孔底，然后压浆慢慢从孔口向外拔管，直至注满为止。一般土钉采用重力注浆，利用成孔的下倾角度，注浆液靠重力填满全孔。在一些土层（如松散的填土、软土等）当需要压力注浆时，要求在孔口设置注浆塞等装置。图15-46为一种形式的注浆塞，注浆时在孔口处设置止浆塞并旋紧，使其与孔避紧密贴合。由止浆塞上将注浆管插入注浆口，深入至孔底0.5～1.0m处。注浆管连接注浆泵，边注浆边，直至注满为止。应保证水泥砂浆的水灰比在0.4～0.5范围内，注浆压力保持在0.4～0.6MPa，当压力不足时从补压管口补充压力。简易的方法是在土钉杆体的孔口段设置一个注浆帆布袋，利用注浆后帆布袋涨开堵住孔口，实现一定的压力注浆。即使采用压力注浆，土层中设置的土钉注浆压力不宜过高，以免引起孔口土层破坏，一般采用0.2～0.5MPa。注浆液凝固之后，都会造成收缩，孔口一段应予以二次补浆。对于永久性土钉支护工程，二次补浆尤显重要。

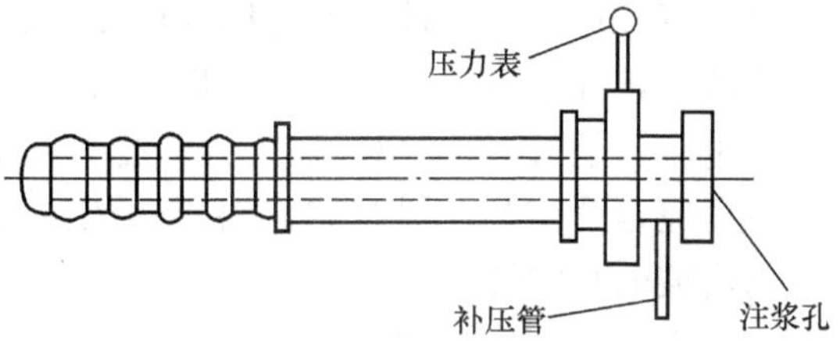

图15-46 止浆塞示意图

土钉的注浆液可以采用纯水泥浆，也可采用水泥砂浆，注浆固结体7d强度不小于20MPa，28d龄期抗压强度不小于30MPa。水泥砂浆的收缩较小，但纯水泥的可灌性较好，各有优缺点。当采用纯水泥浆时，水灰比0.4～0.5，加适量的减水和早强剂，必要时加适量的微膨胀剂，水泥的强度标号宜大于42.5MPa，应根据地层的条件选取合适的水泥类型，一般情况采用普通硅酸盐水泥。水泥浆注浆选用柱塞式注浆泵。

当采用水泥砂浆时，砂采用中细砂，含泥量应少于3%，灰砂比1∶0.5～1∶1，水灰比0.4～0.5。砂浆注浆选用挤压式灰浆泵。

土钉的注浆与注浆液的配置可以参考本书15.2节有关内容。

(6) 护面层

待水泥浆达到设计强度，即可施工面层结构。一般先在土面初喷混凝土3～5cm厚，绑扎钢筋网和锚头井字形加强筋，放置装垫板及土钉螺母，并用扭力扳手对土钉施加设计荷载10%～20%的预加应力。第二次喷射细石混凝土，一般厚度为5～10cm。

如面层设计厚度较大时，面层可以采用多次喷混凝土形成。喷射混凝土施工应遵守《锚杆喷射混凝土支护技术规范》(GBJ 86—85)。

15.3.4 土钉抗拔试验与现场监测

(一) 土钉抗拔试验

保证土钉整体性能十分必要。对每排土钉应根据需要选择进行抗拔试验以验证是否能够达到设计要求的抗拔力。建议在工程开始之前，根据场地的类别分别在每种土层中做3～4根短土钉的抗拔试验。得出单位锚固长度的极限抗拔力，作为校核设计、检验施工工艺的依据。土钉的抗拔力试验方法可以借鉴锚杆试验的有关规定。

（二）土钉支护工程的现场监测

一般工程条件下，土钉支护边坡在施工期对边坡整体稳定不利，其中在边坡开挖到底，进行最后一排土钉施工时，土钉墙整体稳定最为不利。所以很有必要在土钉支护施工期间，对边坡的变形进行监测。监测的主要内容和方法有：

（1）坡顶位移监测

主要在土钉支护的坡顶布置沉降、位移监测点（沉降和位移点可以合并为一），在土方开挖土钉施作期间，按一定时间间隔现场监测边坡坡顶的位移和沉降。坡顶位移是监测监控边坡稳定性最有效的参量。一般较好的土层，坡顶位移应控制在坡高的3‰以内，每天位移量应不超过5mm/d。在土方开挖和土钉施作期间，每天监测坡顶位移一次，施工完成后还应延续监测一段时间。对于永久性的高边坡，应设置永久性的监测点，以用于长期监测边坡的稳定性。

（2）土钉头部位移监测

土钉头部指的是面层上的土钉端头。当土钉的抗拔力不足时，土钉墙支护变形的特点是坡面鼓出，所以对应软弱土层，对土钉外露的头部进行位移监测也很有必要。一般情况下土钉头部的合理变形量应控制在坡高的3‰以内，变形速率应小于5mm/d。

（3）边坡深层测斜

深层测斜是监测监控边坡整体稳定性的监测方法。在重要的土钉加固工程和边坡中下部有较软弱土层时，宜在坡顶布置深层测斜孔，监测边坡深部位移。测斜管垂直边坡方向布置2～3孔，利用测斜结果可以查明边坡滑移的趋势和滑移线的位置，可为信息化施工和工程抢险提供依据。

（4）土钉的受力监测

一般在土钉的头部布置锚杆测力计，监测土钉杆体的受力，利用其结果可以计算面层承受的土压力。当需要了解或研究土钉杆体沿长度受力分布规律时，可在测试土钉杆体安装应变计，以量测不同深度土钉的受力和变化。

对土钉体系整体工作性能来说，最为重要和有意义的是在施工期间和建成后对土钉墙或边坡的变形进行量测。工程经验表明，边坡坡顶位移是土钉加固边坡工程最直接、简便、经济的监测项目。在深基坑和有邻近建（构）筑物的边坡采用土钉加固时，边坡坡顶外侧地面沉降和位移的控制也是工程控制的主要目标，应根据需要布置必要的沉降、位移监测点。

15.3.5 工程实例

【实例 15-3】 深圳市农林路竹园小学教学楼土钉支护工程［由铁道部科学研究院深圳分院提供］

深圳市新建道路在农林路竹园小学段，设计路面低于原路面2.5m，加上地下管线埋设的需要，实际开挖深度4.4m，在竹园小学区段（即道路西侧）原有砌石挡土墙，高2.0m，全长约150m，故这一段开挖后边坡支护高度为6.4m。初步设计时全长设计为重力式片石挡墙支护。

竹园小学教学楼距设计挡墙仅 1.5m，该建筑高 5 层，框架结构，独立柱基尺寸为 1.4m×1.4m，埋深 2.0m，设计荷载 220kPa，为了确保教学工作正常运行以及教学楼的绝对安全，经多次反复比较后在教学楼段的支护墙改为土钉支护工程，全长 27.0m。见图 15-47，为已建成的土钉支护墙，上方为竹园小学教学楼。采用土钉支护的主要优点在于：

图 15-47　竹园小学教学楼土钉支护工程

(1) 土钉可以自上而下开挖施工，以保证施工期建筑物的安全；

(2) 用土钉加筋后的复合土体托换原建筑物基础下的天然地基，以提高教学楼地基基础的安全。

该区段边坡的土质条件及土钉支护边坡的剖面见图 15-48。

土坡按 1∶0.25 的坡度开挖，土钉间距 1.0m(垂直)×1.2m(水平)，长度均为 10m，

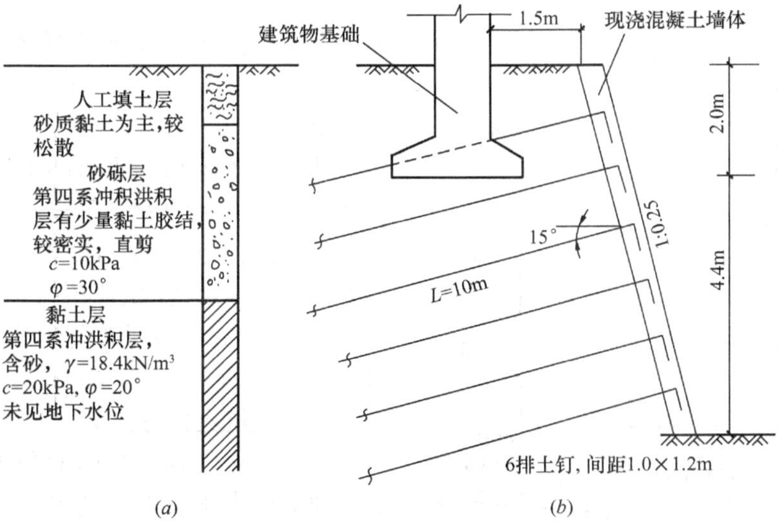

图 15-48　竹园小学教学楼土钉支护剖面

(a) 土质断面；(b) 土钉支护墙剖面

倾角 15°，土钉材料为 ϕ28mm 的Ⅱ级钢筋，土钉杆上每间距 1.5m 设定位器，以保证钢拉杆在钻孔内居中，钻孔直径 110mm。采用改进的潜孔钻挤压成孔和回旋钻高压风清渣法两种成孔方法。这两种方法可避免用水清渣对土层的软化和扰动，保证有较高的成孔质量，成孔速度快。

土钉全长用水泥砂浆灌注，灰砂比 1∶1，水灰比 0.45。初凝后有收缩的情况时，用 0.45 水灰比的水泥浆补浆，采用了 500kPa 加压灌浆。

施工时，每开挖 1.0～1.2m 边坡，做一排土钉施工，在坡面挂 ϕ6，200×200 的钢筋网，土钉头设横向联系钢筋并用套孔角钢压紧并焊接固定，坡面喷 8cm 厚 C20 细石混凝土作为临时护面。开挖到底后，由下而上立模现浇厚 32cm、C20 混凝土墙体，作为永久性的墙面。路面以上部分墙体设两排泄水管，以防墙背后产生静水压力。

施工期正逢雨季，而且要求开挖支护在一个月内完成，故施工风险大。为了确保安全，在施工期间对既有建筑进行了沉降和裂缝监测，施工全部完成后，建筑物的沉降为 3～9mm，相对沉降 6mm，建筑物原有的裂缝未见发展，也未见新的裂缝产生。该墙于 1995 年 8 月施工完毕，工程取得了预期的效果。

【实例 15-4】 深圳市福田商城基坑支护［铁道部科学研究院深圳研究设计院提供］

一、工程概况

深圳市福田商城位于深圳市福田繁华的商业区，由四幢 38 层楼高的高层建筑群和一体的裙房及地下室组成。其中地下室三层，平面面积约 10000m²，基坑开挖深度为 12.5m，建筑基础采用人工挖孔桩基础，基坑的暴露时间在一年以上。该工程由银鹏房地产公司投资，基坑支护工程由铁道部科学研究院深圳分院设计，由深圳盛涛工程公司施工。

二、工程地质条件及周围环境

拟建场地的原地貌为丘陵冲沟，后经整平回填成平地。基坑开挖深度范围的地质条件可简单分为两种类型。东、北两侧，自上而下依次为：人工填土 2.0m，冲洪积形成的粉质黏土层 4～6m，以下为残积层，土性为砂质黏土。基坑的南、西两侧，自上而下依次为：人工填土 2.0m，淤泥质粉土 4～6m，局部含 2.0m 泥炭层，粉细砂 2～3m，以下为残积土层。

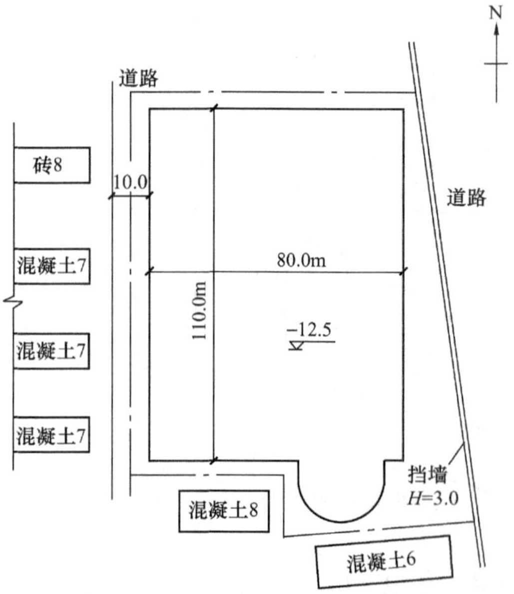

图 15-49 福田商城基坑平面图

基坑的周边东、北两侧除局部有临时建筑之外，地下室的外墙距离已有的建筑和道路 10m 以上；南、西两侧情况相对较复杂，其中南侧距 8 层砖混结构住宅约 8m，西侧距小区道路 6.0m，多层砖混建筑物 10.0m，见图 15-49。

三、基坑支护方案

因基坑深度和开挖的面积大，业主征集了多种基坑支护方案。其中方案可分为以下三种：

（1）基坑采用桩加锚杆支护；

（2）采用有限放坡，土钉支护；

（3）采用直立开挖土钉墙支护。

经比较认为，采用桩锚支护基坑边坡的安全性较好，坡顶变形较小，但是造价高，施工周期长。有限放坡土钉支护的方法经济性和工期均较为理想，但是受到施工场地和用地红线的限制。第三种方法是经济性、施工工期和用地等各方面最理想的方案。但是在深圳地区同类规模的基坑中未有经验。业主在比较了各种指标后，最终下定决心确定了第三种方案。同时向基坑支护设计人员提出了土钉墙支护的面直接作为地下室外墙模板的要求。

对于支护面直接作为外模，经济性是显著的，既可少开挖和回填土方，又可节省模板，但是给支护设计带来更复杂的问题，对于土钉墙支护结构不仅要考虑支护系统的稳定安全问题，而且要保证边坡开挖有一定的精确度，对边坡的变形作出合理的估计。

考虑基坑的周边条件、地质条件和限制基坑变形等特殊要求，设计上采用了两种土钉墙支护剖面形式。对于东、北两侧地质条件和周边条件相对较好，采用了图 15-50 的剖面形式。对于基坑南、西两侧，地质条件和周边条件相对较差，采用了图 15-51 的剖面形式，其中在边坡中上部按 1.5m 间距布置了两排预应力锚杆代替常规土钉，目的在于控制边坡的变形。土钉长度上部为 12m，下部为 8m，土钉间距 $S_x=1.5m$，$S_y=1.2m$，土钉钢筋为 $\phi28mm$，钻孔直径均为 $\phi100mm$。为保证开挖边坡的精度和规则的型状，沿开挖边线按 0.75m 间隔布置了一排直径 0.5m 的水泥搅拌桩，深度超过基坑开挖面 0.5m。在边坡的顶部，由于有 2.0m 厚的回填土，而且混有树根、石块及建筑废弃的基础等障碍，上部 2m 适度放坡并留有台阶。基坑在开挖之前，结合基础人工挖孔桩施工在基坑的四周进行场地大面积降水，降水井间距约 12m。

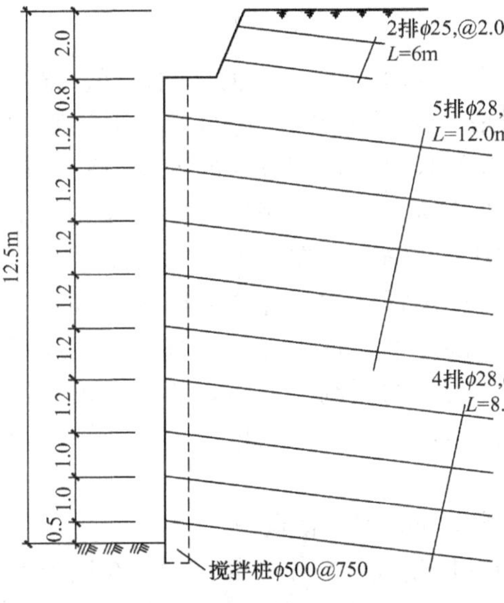

图 15-50　基坑东、北侧支护剖面图

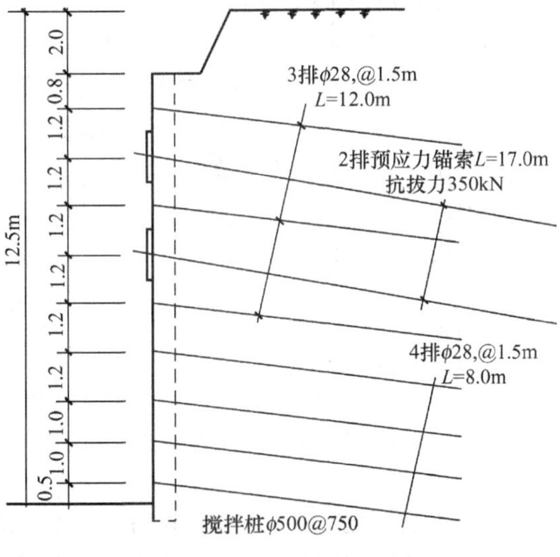

图 15-51　基坑南、西侧支护剖面图

对两种剖面的稳定性采用拟加筋土法进行计算。根据经验，土钉的单位允许抗拔力取值为 20kN/m，土钉墙的土压力平衡安全系数为 1.5，在最不利的情况下土钉加固土坡的整体稳定安全系数取1.4。经分析计算，两种土钉加固剖面的坡顶水平位移预计为40mm。考虑开挖的精度等其他因素，基坑开挖喷射混凝土面和地下室外墙面留70mm允许变形间隙。

四、施工监测

基坑土方开挖和基坑支护施工期正好在深圳地区的旱季，施工顺利，基坑支护和土方开挖同步进行，土钉墙支护和16万方土的挖运仅用了70d。在基坑开挖期间和地下室施工期间对边坡的变形和周边建筑物进行了严密的观测。其中东、北侧边坡的坡顶变形小于20mm，西、南侧边坡坡顶的变形大部小于40mm，个别位置为60mm。

五、技术经济效果

福田商城基坑土钉墙支护工程取得了成功，投资商的经济效益显著。从技术的角度分析该工程可以说明以下几点：

（1）在土质较好的条件下，土钉墙直立开挖支护的深度可以超过10m；

（2）对于土质较差的条件下，若采用土钉和预应力技术，也可保证基坑的安全和限制边坡的变形。

（3）直立开挖面布置深层水泥搅拌桩既可临时保持新开挖土体的稳定，也可保证基坑的开挖面有足够的精度，在本工程中起了很大的作用。

（4）从实测资料来看，土钉墙支护结构的变形不象人们直观想象的那么大，在本工程中的变形值小于许多相近深度采用桩锚支护结构的变形。

15.4　锚定板挡土结构

15.4.1　锚定板挡土结构的组成与作用原理

一、锚定板挡土结构的组成

锚定板结构是一种适用于在人工填土中的支挡结构。这种结构由墙面、钢拉杆、锚定板和填土共同组成，见图15-52。它的墙面用预制的钢筋混凝土肋柱和挡板拼装，钢拉杆的外端与肋柱连接，内端与锚定板连接。填土的侧压力通过墙面传至钢拉杆，钢拉杆则依靠锚定板在填土中的抗拔力而维持平衡。这种新型锚定板结构与过去港口板桩墙上半部所用锚定板的不同之处，在于它不受过去需将锚定板设定在被动土压力区的限制，因而它的拉杆较短且可设置多层，墙面不需要打入天然地层，完全靠锚定板维持稳定。

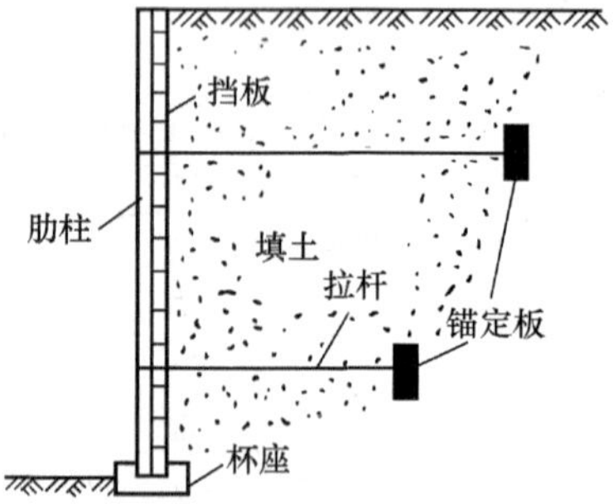

图15-52　锚定板挡土墙结构的组成

二、锚定板结构的原理与特点

锚定板结构是由墙面系、拉杆、锚定板和填土所共同组成的一个整体结构。在这个整体结构的内部，存在着作用在墙上的土压力、拉杆拉力以及锚定板抗拔力等互相作用的内力。这些内力必须互相平衡，才能保证结构内部的稳定。与此同时，在锚定板结构的周围边界上，还存在着从边界以外传来的土压力、活载重以及结构自重所产生的反作用力和摩擦力。这些边界上的作用力必须互相平衡，才能保证锚定板结构的整体稳定，防止发生滑动或蠕动变形。

锚定板挡土结构与加筋土挡墙都是用于填土中的轻型挡土结构。锚定板结构依靠填土与锚定板接触面上的侧向承载力以维持结构的平衡，不需利用钢拉杆与填土间的摩擦力。因此，锚定板结构钢拉杆的长度可以较短，钢拉杆的表面可用沥青玻璃布包扎防锈，所以填料不必限用摩擦力较大的砂性土。从防锈、节省钢材和能适应各种填料三个方面比较，锚定板具有一定的优越性，但施工程序较加筋土复杂些；与重力圬工挡土墙相比较，锚定板结构的特点是结构轻，可节省大量圬工和水泥材料；便于机械化施工和减轻繁重的体力劳动；并能适应承载力较低的地基；作为立交桥台，这种结构可使桥台背后的土压力改由埋在路基中的锚定板来承受，从而改善基础的受力状态。

锚定板结构可以用于桥台、挡土墙或港池护岸，亦可与锚杆联合应用，见图 15-53。

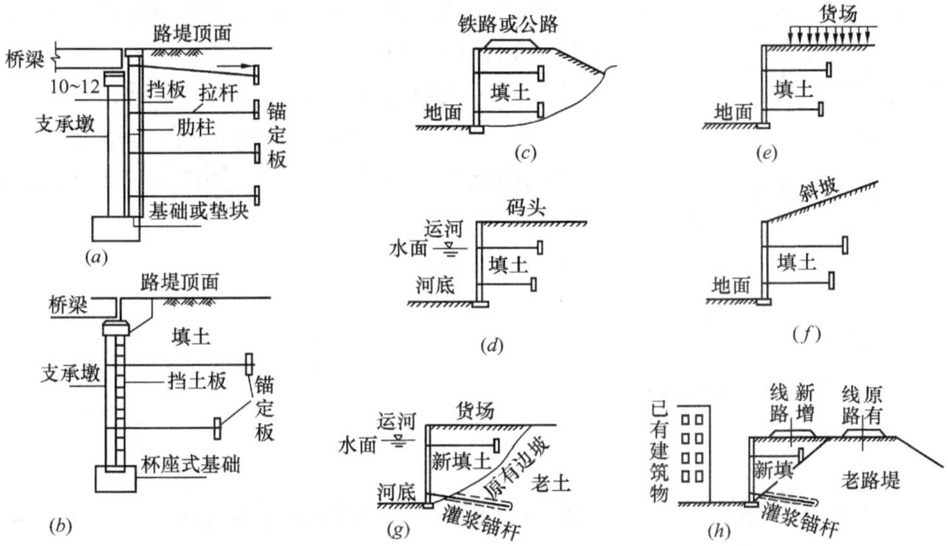

图 15-53 锚定板结构的用途

(*a*) 分开式桥台；(*b*) 结合式桥台；(*c*) 路肩墙；(*d*) 码头墙；(*e*) 货场墙；
(*f*) 坡脚墙；(*g*) 货场码头墙；(*h*) 某单线路堤改为双线的设计

锚定板结构的设计主要包括：墙面土压力，锚定板抗压力，整体稳定性，肋柱及各部分构件设计。我国于 1972 年首先由铁路系统开始发展研究了这种轻型挡土结构，《旱桥锚定板桥台设计原则》和《锚定板挡墙设计原则》已分别铁道部部级技术鉴定，并已纳入了铁道部路基设计规范（TBJ 25—90）和《铁路路基支挡结构设计规范》（TB 10025—2001，J 127—2001）可供设计人员参考。本节仅对锚定板结构作简略介绍。

15.4.2 设计原则与计算

一、锚定板结构的土压力

许多研究试验表明：挡土结构所受侧压力的总值随着结构物与土体的位移量而变化，侧压力分布图则随着结构物的柔性变形施工程序的不同而变化。

锚定板结构的墙面系，一般都是垂直或接近垂直的墙面，这一点与库伦理论的边界条件相符。土压力是介于墙面与锚定板之间的填土所产生的侧压力，由于这部分填土的侧向变形受到锚定板的限制，故墙面土压力超过库仑主动土压力。锚定板的结构形式不同，锚板大小，锚板位置的远近，均对墙面土压力产生影响。锚板的面积越大，位置距墙面越近，则墙面土压力超过库仑主动土压力越多。另外，锚定板挡墙由于锚定板配置的密度达到某一程度而形成所谓“群锚的问题”，使墙面体系与锚定板之间不能形成破裂面，而是墙面系和锚定板之间的填土借助拉杆形成整体墙。

从几十座已建成使用的锚定板桥台和挡土结构的实测土压力资料表明，实际土压力远比库仑理论所计算的土压力复杂。大多数实测的主动土压力，都比库仑主动土压力大，一般介于主动土压力和静止土压力之间。且各实测的土压力都不是三角形分布，而是上下小、中间大的曲线分布。土压合力的作用点不在 $H/3$ 点上，而在 $0.4H$ 高度附近。为了保证锚定板挡土结构安全可靠，又使计算不至于过于繁琐，对土压力的计算可采用如下方法：

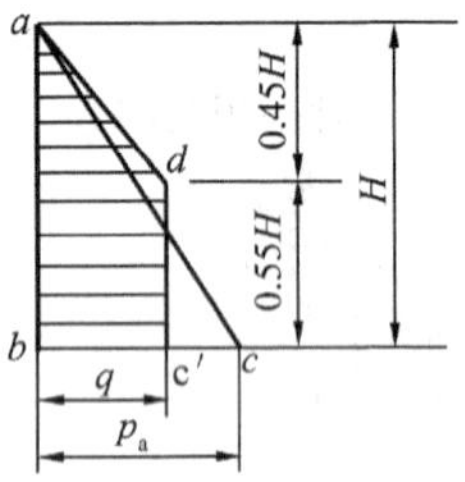

图 15-54　土压力计算图式

（一）土压力计算式仍以库仑主动土压力公式为基础，因其墙面边界条件符合库仑理论；

（二）将库仑公式所计算的主动土压力，乘以大于1的增大系数 m_e（1.05～1.40），以便使它与实际土压力相近；

（三）采用简化的土压力计算图式如图 15-54 所示，即按下式计算：

$$q = 0.65\gamma H\lambda m_e \tag{15-47}$$

式中　q——土压力强度值（kPa）；

H——墙高（m）；

γ——土的重度（kN/m^3）；

λ——主动土压力系数；

m_e——土压力增大系数。

实际挡墙的土压力还受许多其他因素的影响，如回填土的性质和施工方法、夯实密度等；完工后填土继续沉降的影响有可能增大侧压力。车辆动力和温度变化亦对土压力产生影响。一般当挡土墙的高度不大且填料为砂性土时，这些影响不致超出设计安全系数所容许的范围。但如果修建高挡墙而且用黏性土作为填料，则应该慎重并考虑更多的影响因素。

二、锚定板抗拔力

确定锚定板水平向抗拔力的原则与确定地基基础竖向承载力的原则基本相似，应同时从稳定性和变形量两个方面考虑其安全程度。

浅埋锚定板的极限抗拔力可用港工规范中的公式计算，见图 15-55，如锚定板为长条形，其高度为 B，埋置深度为 H；当 $H<4.5B$ 时，每一米宽度锚定板的极限抗拔力为：

$$T_u = \frac{1}{2}\gamma H^2(K_p - K_A) \tag{15-48}$$

式中　T_u——极限抗拔力（kPa）；

γ——土的重度（kN/m^3）；

K_P、K_A分别为被动土压力和主动土压力系数。

如果锚定板为方形，则需考虑被推动的土棱体每边扩大宽度 a，如图 15-56 所示。并假设 $a=0.75H\text{tg}\varphi$。扩大的抗滑土棱体比相当于板宽 B 的土棱体大 m 倍，因而浅埋方形锚定板的极限抗拔力为：

$$T_u = \frac{1}{2}\gamma H^2 (K_p - K_A) \cdot mB \tag{15-49}$$

$$m = 1 + \frac{2a}{3B} = 1 + \frac{H}{2B}\mathrm{tg}\varphi \tag{15-50}$$

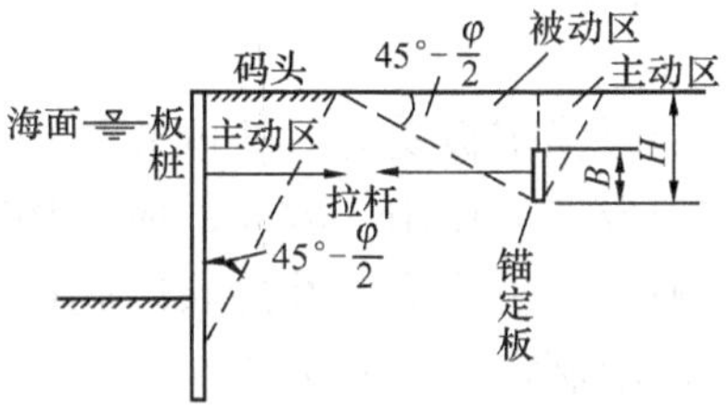

图 15-55 港口码头的浅埋锚定板

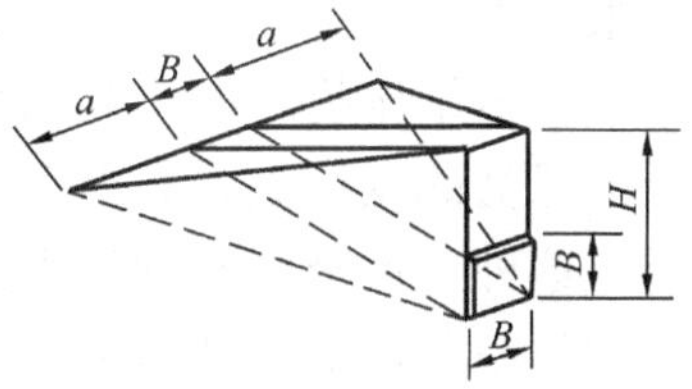

图 15-56 方形锚定板的被动土棱体

当锚定板的埋置深度超过 4.5B（B 为方形锚定板的边长）后，其周围土体的应力应变状态在接近极限抗拔力以前十分复杂，虽然有不少研究者从不同途径进行探索并提出不同的计算方法，但计算结果与现场原型试验结果有很大差异。铁道部科学研究院等单位曾在许多工程的现场进行了大量的原型锚定板抗拔试验并做了分析研究认为，将现场原型试验作为分析判断的最后依据是十分必要的。

为了从抗拔试验的曲线确定其抗拔力，需要对抗拔力的定义和标准有一基本的认识：

（一）容许抗拔力是锚定板设计抗拔力的最大容许值，一般应等于锚定板的极限抗拔力除以安全系数。而安全系数既考虑影响抗拔力的各种因素的复杂程度，也考虑工程的性质和重要程度。

（二）极限抗拔力有三种不同的定义，可分别称为：极限稳定抗拔力、局部破坏抗拔力和极限变形抗拔力，为了从现场的原型抗拔试验中确定合理的抗拔力，往往需要综合考虑。

(1) 极限稳定抗拔力

当锚定板所受的拉力超过一定的程度后，锚定板附近的土体中某一点的应力状态开始达到极限平衡，从而开始发生局部剪切作用和塑性区，此时的拉力被称为“临塑拉力”，如图 15-57 (*a*) 所示。如果拉力增大而塑性区继续发展，直到前后塑性区连成一片后，锚定板前方的土可能不断的被挤向板后，见图 15-57 (*b*)，此时锚定板在土体中的位置就不能保持局部稳定状态。因此，极限稳定抗拔力应当是指锚定板在土体中能保持局部稳定状态的最大抗拔力。

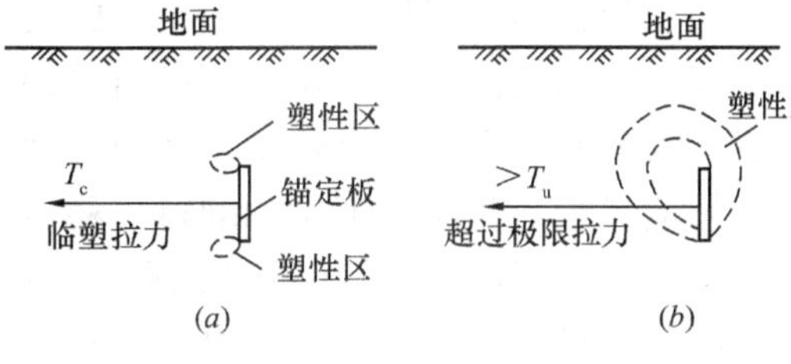

图 15-57 临塑拉力和极限位移

为了从现场原型试验中确定锚定板的极限稳定抗拔力，在试验方法中以位移速率作为判断“稳定”或“丧失稳定”的界限。由于现场试验不可能无限延长时间，所以只能规定当变位速率降至每半小时累计变位不超过 0.1mm 即作为稳定。如果在某一级荷载施加的拉力 3 小时后仍不能达到上述标准，即视为已丧失稳定。

在实际中往往抗拔试验直至做到试验设备的最大位移时，仍未能达到极限稳定。因此需要考虑第二和第三种标准。

（2）局部破坏抗拔力

基于抗拔试验所得到的拉力变位曲线的形状与地基荷载试验的 p-s 曲线相似的特点，利用地基局部破坏承载力的概念和确定方法，作为确定极限抗拔力的第二种标准。

（3）极限变形抗拔力

不同的锚定板结构物，有不同的变形控制要求。如果锚定板受力后的位移量超过了某种结构物所能忍受的变形极限，这个结构物就可能破裂或失去作用。因此，应当将锚定板位移量不超过这种变形极限时的最大抗拔力，称为极限变形抗拔力，并建议以此作为确定极限抗拔力的第三种标准。如对锚定板桥台，变形的极限制定为 100mm。

从原型试验的结果分析锚定板的极限抗拔力时，首先应采用第一种标准，如果第一种标准有困难时可采用第二种标准。但如果采用前面两种标准所得到的极限数值的变形量超过了第三种标准，则在锚定板尚未丧失稳定之前，结构物已不能承受，这是便应将第三种标准作为控制因素，用以决定极限抗拔力。

现场试验结果表明：埋置在填土中 3～10m 范围内的钢筋混泥土方形板，当变位量为100mm 时，其极限抗拔力约为 300～450kN/m^2，设计安全系数可取 3.0；为此对于埋置在3～5m范围内的锚定板，其容许抗拔力可采用 100～120kN/m^2；埋置深度在 5～10m 范围内的锚定板，其容许抗拔力可采用 120～150kN/m^2；如果埋置深度小于 3m，则按“港工规范”进行验算，计算式（15-49）。有关试验方法及试验数据参见参考文献［9］［27］。

三、锚定板结构的整体稳定性

锚定板挡土结构以介于墙面系与锚定板之间的填土重量代替重力式圬工挡土墙的墙身，为了保证每块锚定板的稳定性，必须对每块锚定板及其前方的填土进行抗滑验算。在保证了每块锚定板的抗滑稳定性之后，便不致发生倾覆破坏，因而锚定板结构一般不用进行抗倾覆验算。至于整体抗滑检算、基底应力检算、陡坡滑动检算以及深层滑弧检算等问题的必要性，则与重力式挡土墙的需要情况相同。

每块锚定板的局部稳定已在锚定板的抗拔力中提到，防止局部破坏的措施是加大锚定板的面积，从而使锚定板单位面积上所受的力不超过容许抗拔力。

锚定板与其前方土体沿着某个外部贯通的滑面发生整体滑动，产生这种破坏原因是由于拉杆长度过短。为了保证结构的整体稳定必须要计算所需的拉杆长度。常用的方法是克朗兹（Kranz）折线滑面分析法（见本章 15.2.2.7 节）。

中国铁道科学院用模型试验对锚定板结构整体稳定性进行分析，提出铁科院折线滑面分析法，认为锚定板结构的拉杆长度应满足每一块锚定板前方土体稳定性的要求，并以下列三个基本假定为出发点：

（1）下层锚定板前方土体的临界滑面通过墙面底端（图 15-58（a）（b）中的 B 点），这一假定与克朗兹（Kranz）方法相同。

（2）上层锚定板前方土体的临界滑面通过被分析锚定板以下的拉杆与墙面的交点，见图 15-58（c）中的 B_1 点。这一假定是铁科院方法与 Kranz 方法主要不同之处。

（3）每一层锚定板后方土体的应力状态均符合朗肯主动土压力的应力状态。这一假定使计算方法简化，并使计算结果偏于安全。

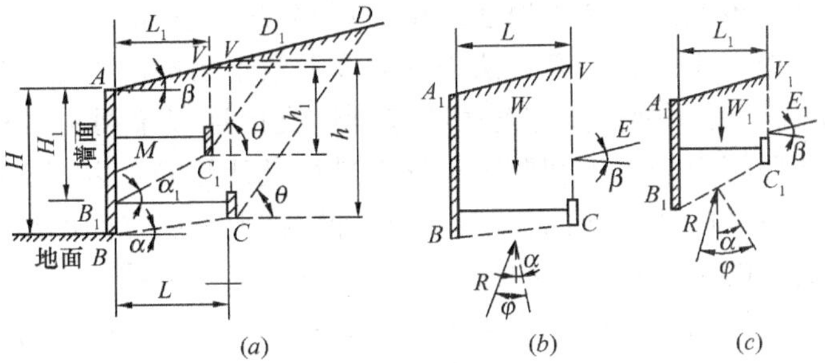

图 15-58 铁科院方法的分析图式

铁科院方法的分析图式见图 15-58 所示。其中 BCD 为下层锚定板的临界滑面，$B_1C_1D_1$ 为上层锚定板的临界滑面，B_1 为被分析的锚定板以下的拉杆与墙面的交点，CD、C_1D_1 均为朗肯土压滑裂面，E、E_1 分别为 CV 和 C_1V_1 竖直面上的主动土压力，R、R_1 分别为 BC 和 B_1C_1 滑面上的反作用力，W、W_1 分别为土体 $ABCV$ 和 $A_1B_1C_1V_1$ 的重量，α、α_1 分别为 BC 段和 B_1C_1 段的倾角，β 为填土坡面的倾角，ϕ 为填土的内摩擦角。H、H_1、h、h_1、L、L_1 为挡土结构的尺寸，如图 15-58 中所示。

根据静力平衡原理，W、E、R 应形成闭合的力三角形，由此可推导求得：

1）填土表面倾角为 β，表面无活荷载时，其主动土压力系数为：

$$K_a = \cos\beta \times \frac{\cos\beta - \sqrt{\cos\beta^2 - \cos\varphi^2}}{\cos\beta + \sqrt{\cos\beta^2 - \cos\varphi^2}} \tag{15-51}$$

下层锚定板的安全系数为：

$$F_s = \frac{L(H+h)}{K_a h^2} \times \frac{\mathrm{tg}\varphi \cdot \cos\alpha - \sin\alpha}{\cos(\beta-\alpha) - \mathrm{tg}\varphi \cdot \sin(\beta-\alpha)} \tag{15-52}$$

2）$\beta=0$，填土表面有相当于 h_0 土柱高度的均布活荷载时，下层锚定板的安全系数为

$$F_s = \frac{L(H+h)}{h(h+2h_0)} \times \frac{\mathrm{tg}(\varphi-\alpha)}{\mathrm{tg}^2\left(45^\circ - \frac{\varphi}{2}\right)} \tag{15-53}$$

3）当计算上层锚定板 C_1 的安全系数时，计算式 15-52、15-53 中的 H、h、α 应分别改为 H_1、h_1、α'。

4）用铁科院折线分析法时，对于重要的挡土结构安全系数 F_s 不小于 1.8，次要的不小于 1.5。

四、构件设计原则

锚定板结构的构件设计应包括肋柱、拉杆、锚定板、墙面板及基础的受力计算，并按各构件受力的大小进行断面选择和配筋。肋柱、墙面和锚定板均为钢筋混凝土构件，其具体设计应遵照有关钢筋混泥土结构设计原理及规范进行计算。本处仅阐明其中的一些计算特点。

（一）肋柱为受弯构件，主要承受由挡板传来的土压力，并以拉杆作为水平反力的支点。肋柱与拉杆的水平反力受锚定板在填土中的弹塑性变形的影响，为了减少肋柱计算中的复杂因素，不宜采用高次超静定结构。每级肋柱的高度可采用 3～5m，当填土较高，可设置多级肋柱以及多层锚定板。

严格而言，肋柱应该按照弹性支撑连续梁计算其各个支点的反力，各截面的弯矩和立柱底端的受力情况。但由于这种计算方法中的柔度系数不易准确确定，因此对多层拉杆的肋柱，《原则》规定需同时用弹性支撑连续梁和刚性支撑连续梁两种方法计算其可能发生的弯矩和反力，并按照算出的最不利弯矩和反力进行设计配筋。以图15-59为例：图中上下两层肋柱均为双层拉杆的锚定板挡土结构，这种肋柱上下层之间的摩擦力很小，可以忽略不计，因而上层肋柱的下端和下层肋柱的上端均可作为自由端。下层肋柱下端的作用可作为铰支端。因此，上层肋柱可按简支梁计算弯矩和反力。下层肋柱有三个支点，其各个部分的弯矩、剪力和反力建议既按弹性支撑连续梁计算，又按刚性支撑连续梁计算，然后取其包络图的弯矩和剪力值，以弥补现阶段由于对柔度系数缺乏经验所可能引起的计算误差。

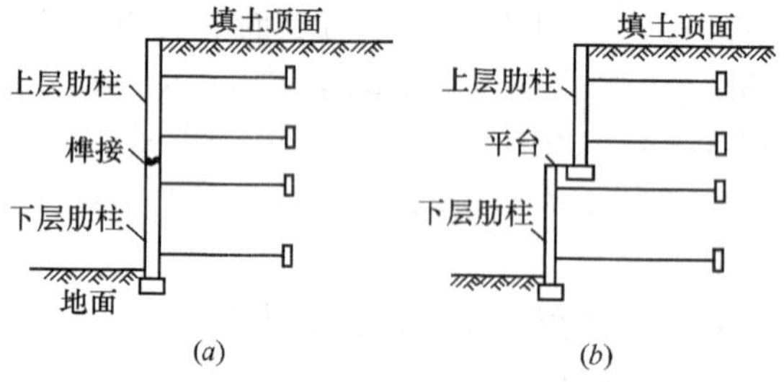

图15-59　双层锚定板结构

实践经验表明，如下拉杆位置尽量接近下层肋柱的下端，则下层肋柱的设计亦可简化为简支梁计算，而在肋柱下支点内外两侧均配置通长的受力主钢筋。如果单根肋柱有三层或大于三层的拉杆，则不能用简化的方法。为了减少计算中的复杂因素，也可将肋柱分割成许多小段，每段肋柱只用一根或两根拉杆维持平衡，如图15-59（*b*）所示。这样，全墙各段肋柱均可按简支梁计算。

肋柱的宽度应考虑支撑挡土板的需要，不宜小于24cm，其断面高度不宜小于30cm。

肋柱需预留传过拉杆的孔道。孔道直径需大于螺丝端杆的直径以便于填塞水泥砂浆作为防锈层。

（二）拉杆设计内容应包括：材质选择和断面设计、拉杆长度、拉杆连接和防锈措施。

拉杆长度按整体稳定要求决定，拉杆应采用延伸性和可焊性好的热轧钢筋及螺丝端杆组成，主墙部分直径不小于22mm，亦不大于32mm，一般拉杆用单根钢筋，如必要时，亦可用两根钢筋组成一组拉杆。拉杆直径和防锈措施与灌浆锚杆相同。螺丝端杆均应按照拉杆尺寸的等强度设计，螺丝端杆长度应大于（①肋柱厚度＋②螺母和钢垫板厚度＋③焊接需要长度）的对数值＋5cm，即：lg（①＋②＋③）＋5cm。

（三）锚定板面积应根据拉杆拉力及锚定板容许抗拔力决定。锚定板的厚度和钢筋（布置在竖直方向和水平方向）均应按中心有支点的单向受弯构件计算，同时应检算锚定板与垫板连接处混凝土局部承压与冲切强度的要求。

锚定板中心应预留超过拉杆的孔道，孔道直径需大于螺丝端杆的直径以便于填塞水泥砂浆作为防锈层。

（四）墙面采用钢筋混泥土槽型板或矩形板，可按受弯构件设计。其两端在肋柱上的搭接长度一般不小于10cm，有时亦可采用拱形板。

五、肋柱基础及填土设计

肋柱基础可采用条形或方形的混凝土基座，其厚度一般为50cm，基座面积应根据所承受的总荷载及地基上的容许承载力计算决定。基础与肋柱底端的接触点应做成铰支，因

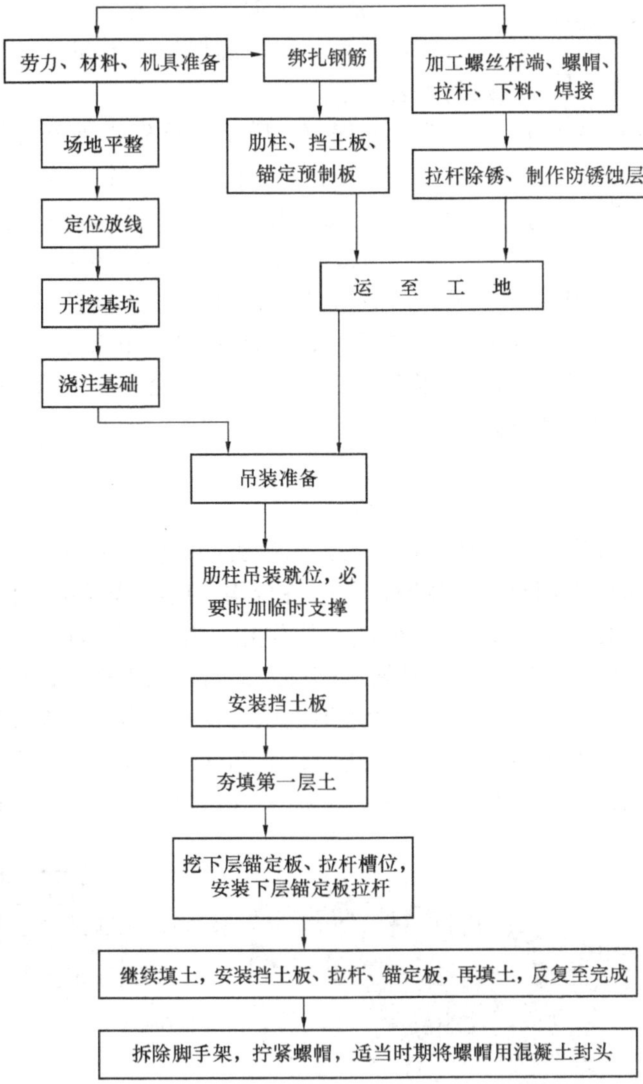

图 15-60 锚定板结构施工程序（框图）

而基础不受肋柱弯矩的影响。

锚定板结构的填土种类和压实密度必须遵照设计及施工规范中的有关规定，严禁采用有侵蚀作用的酸性土或有机质土。若墙后填料为黏性土，而且可能有水侵入墙背，则需在墙背设置渗水材料以利排水。

15.4.3 施工要点

锚定板挡土结构的施工方法，基本上与一般圬工结构的常规施工方法相同。但值得指出的是：锚定板结构的形式与设计计算中的图式，将直接影响施工的方法。因此，在设计文件中，对施工的要求，必须详细说明，以便施工中采取符合设计要求的相应措施。另外，锚定板结构的施工工序较多，容易发生各工序间的相互干扰而影响施工进度，因此必须合理安排施工程序。下列施工程序图可供参考。

锚定板所能提供的抗拔力大小，锚定板结构的整体稳定性，钢拉杆由于土体下沉所产

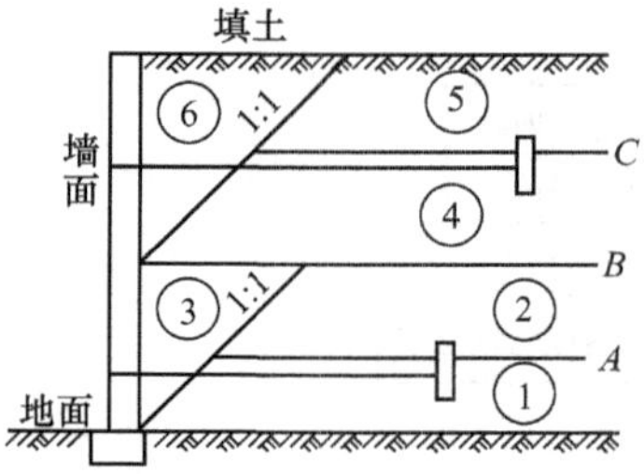

图15-61　填土施工顺序

生的次应力等诸因素，都直接与锚定板结构的填土夯实质量有密切关系。因此确保填土质量，是锚定板挡土结构成败的重要环节之一。

为了确保填土质量，首先必须处理好基底，并按规定的填土顺序进行，见图15-61。第①阶段，填土至下层拉杆以上0.2m，如图中*A*线处，然后挖槽埋置下层锚定板及拉杆；第②阶段，填土至下层锚定板以上1m左右，至图中*B*线处，然后安装肋柱并拧紧下拉杆螺帽；完成②阶段后，即可填顺序③；第④阶段，填至上层拉杆以上0.2m处，如图中*C*线，挖槽埋置上层锚定板及拉杆；第⑤阶段，填土至顶面并拧紧上拉杆螺帽；第⑥阶段填完顶部三角形部分。

15.4.4　工程实例

【实例15-5】　武豹公路跨铁路立交桥台

武豹公路跨越南环铁路立交桥，位于关山车站头部，桥下有五股道，公路桥选用25m＋13m两跨。中间桥墩采用重力式桥墩，两座桥台均采用结合式锚定板桥台，见图13-46(*a*)。桥台台身由四根肋柱和挡土板组成，其作用为墩身兼挡墙墙面（图15-62(*b*)、(*c*)）。四根肋柱柱顶用帽梁连接，基础做成杯口式，肋柱插入杯口，柱脚与基础连接。肋柱既要传递垂直荷载又要承受拱板传来的水平土压力并把它分配到钢拉杆上。考虑受力状态并便于安装挡土板，肋柱采用了T形断面，如图15-63所示。肋柱间距3.2m，柱高6.5m（不包括墩帽1.20m），设两层拉杆，分别为10m和15m，采用16Mn螺纹钢筋。

图15-62　武豹立交桥台

(*a*) 全貌；(*b*) 台身正面；(*c*) 台身侧面

挡土板采用素混凝土拱板断面尺寸为（50×16）cm²，锚定板用素混凝土块，断面尺寸为（140×140）cm²（本工程为节约钢材使用了素混凝土构件，但实践证明，挡土板和锚定板采用钢筋混泥土构件较好）。武豹锚定板立交桥台1978年施工，1979年通车运营。本工程在施工前进行了锚定板现场拉拔试验，并做了大量的现场测试工作。主要测定了拉杆拉力、肋柱侧向位移、台后填土侧压力和填土沉降量等。是第一个进行锚定板桥台设计并做了全面研究和总结的工程。

实测拉杆拉力及肋柱侧向位移的结构见图 15-64。实测位移量不大，根据实测最大值推算至台顶，约为 15mm 左右的位移量，自 1979 年运营至今，未出现任何异常现象。说明该桥台使用效果良好。

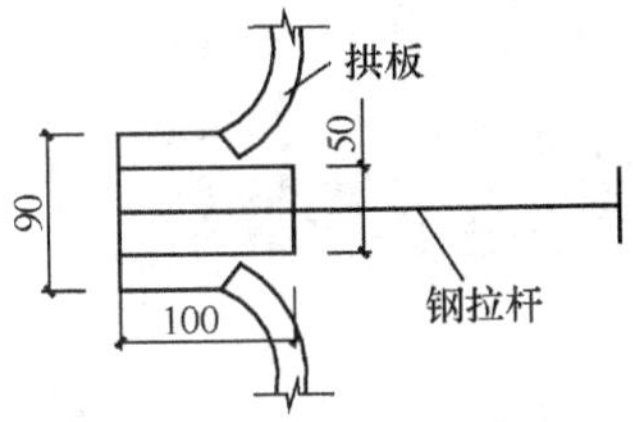

图 15-63 台身肋柱断面

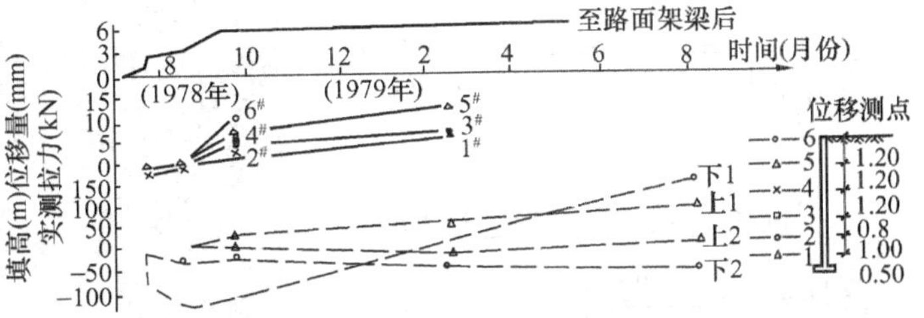

图 15-64 拉杆拉力及肋柱侧向位移实测值

武豹锚定板桥台与重力式桥台比较，节约圬工近 77%，节约投资达 48%，详见表15-23。

武豹锚定板桥台与重力式桥台工程数量比较 **表 15-23**

项目	单 位	重力式桥台方案	埋式桥台方案	锚定板桥台方案	锚定板桥台			
					比重力式省	%	比埋式省	%
圬工量	m^3	766	389	176	590	77	213	54.8
折合一级工	1/月	4175	3976	3891	284		(多 95)	
500#水泥	T	69	66	34	35		31	
木材	m^3	5.67	7.71	5.67	1		2.04	
钢材	T	0.1	8.0	4.9	(多 4.8)		3.1	
材料总量	T	2174	1009	441	1733		568	
造价	万元	4.85	3.86	2.52	2.33	48.0	1.34	34.7

注：表中数据为单位桥台的工程数量或造价，造价系按 1978 年单价计算。

【实例 15-6】 马营湾（峙峰山）煤矿采空区锚定板挡墙

为了扩大锚定板挡土墙的应用范围，1986 年煤炭部武汉设计院与铁科院合作，在马营湾煤矿采空区的峙峰山铁路线上建成了一座高填路堤锚定板挡墙。该工程于 1985 年 5 月开工，10 月底竣工，1986 年正式通车运营，1991 年荣获煤炭部工程勘测设计一等奖。

马营湾工点在山西省怀仁县峙峰山煤矿铁路专线上，该段线路穿越中、高山区，横坡陡峻，地质和地形条件复杂。距轨面标高 17m 的坡脚处为矿用公路，是年产 40 万 t 的峙峰山煤矿原煤外运的惟一山间通道，紧靠公路的是年产 10 万 t 的马营湾煤矿。

采用锚定板挡土结构不仅可以适应采空区地基承载力低的特点，还可以避免大填方、公路搬迁和厂房搬迁，直接经济效益 58.2 万元。

(1) 结构设计简介

马营湾工点全长 57m，高 10m；分上下两级，上墙高 4.5m，设两排拉杆，下墙高 5.5m，设三排拉杆，上下墙之间设 1m 宽平台，基础高 1.0m，墙顶之上为 1∶1.75 的斜坡，路基面高出柱顶 3.7～5.0m，见图 15-65。

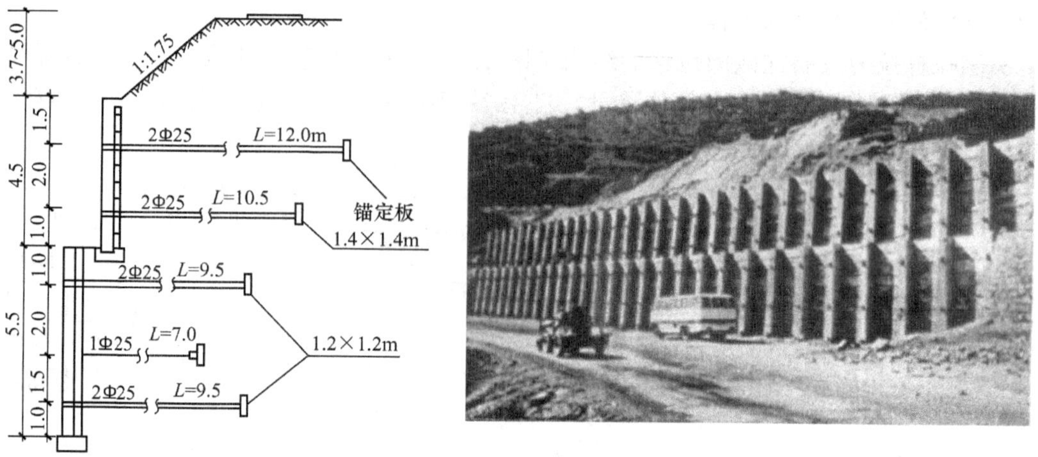

图 15-65　马营湾锚定板挡墙断面图和全貌

本挡墙是按照《旱桥锚定板桥台设计原则》（1984 年铁道部部级鉴定）进行设计的。肋柱截面尺寸为 45cm×55cm，间距 2.0m，上肋柱拉杆长分别为 12.0m 和 10.5m，下肋柱设三排拉杆，长度 9.5m、7.0m 和 9.5m。全部拉杆按水平设置。拉杆材料采用首钢产 45SiMnV 精轧螺纹钢筋，这种钢筋有配套的定型螺帽、钢垫板、联结器，钢筋接长，锚头联结都不必焊接，使用方便。

锚定板尺寸为 140cm×140cm×25cm 和 120cm×120cm×25cm 两种类型，挡土板尺寸为 192cm×49cm×17cm，以上构件全部在现场预制和拼装。

为简化受力状态和便于安装，肋柱浮搁在条形基础的浅底杯座内（杯口深 0.1m）。

（2）施工要点

1）锚定板结构主要是依靠锚定板前方回填土体的被动抗力来平衡墙面土压力和控制墙面位移，因此，严格控制填料种类和夯实质量十分关键。马营湾锚定板挡墙填料原设计为黄土状黏质粉土，为了保证建筑质量，在施工中加填了大小不同的块石，即将黏质粉土和块石分层填筑，人工夯实和机械碾压交替进行，保证了预期的夯实要求。

2）钢拉杆采用两层玻璃丝布并浸涂三道热沥青，在预制工厂缠裹包封密实，同时按设计要求将每一根钢拉杆直径增加 2mm 作为防锈安全储备。

3）回填土及煤矿采空区下沉是难以避免的，为了尽量减小回填土与肋柱或锚定板之间的沉降差异，在施工过程中将位于回填土中的锚定板较设计位置提高 3～5cm，而对位于开挖边坡体上的锚定板则仍维持原设计标高。并且使所有刚拉杆在安装就位时，均保持一定的预拱度，这样，既可以保证刚拉杆的柔性防腐材料不受损坏，又不致因为肋柱、锚定板、回填土及山坡原状土之间的不均匀下沉而使刚拉杆产生过大的次应力。

4）为避免刚拉杆和肋柱连接处由于不均匀下沉而产生过大的接触应力，肋柱在预制加工时预留了较大的矩形孔道（18cm×5cm），以便于刚拉杆就位、旋紧及填塞沥青砂浆。肋柱与基础采用铰支连接，在采空区段的钢筋混泥土地基梁以及其他区段的浆砌片石基础，均预留出 10cm 深的浅槽杯座，并在杯底铺设 5cm 厚沥青砂浆。肋柱吊装就位时，将肋柱放入杯座，然后用木撑固定，并用沥青砂浆填塞杯口缝隙。

5）为了防止墙面向外倾斜或避免由于视差而产生的不安全感，上下墙给肋柱在吊装就位时，均严格按照设计要求预留一定的后仰度，即肋柱向填土一侧仰斜5%的角度。

6）现场测试

为了探讨锚定板挡土结构在煤矿采空区的工作性状，验证铁路高填路堤侧向土压力大小及其分布规律，评估这种新型结构体系应用于采空区的可靠性等，结合本挡墙施工，选择沿线路方向受力最大的5＃和24＃肋柱作为主要测试断面，同时侧重墙面变形进行了原型现场试验工作。测试项目见图15-66，差动式钢筋计测定拉杆拉力；墙面土压力由安装在23＃柱及24＃肋柱之间的挡土板与肋柱搭接处的侧压力传感器测得；沉降杯是为了实测墙背回填土的沉降量；用经纬仪实测墙面侧向位移，用一定长度的锤悬线定期量测上下墙面、每一肋柱的倾斜变化。

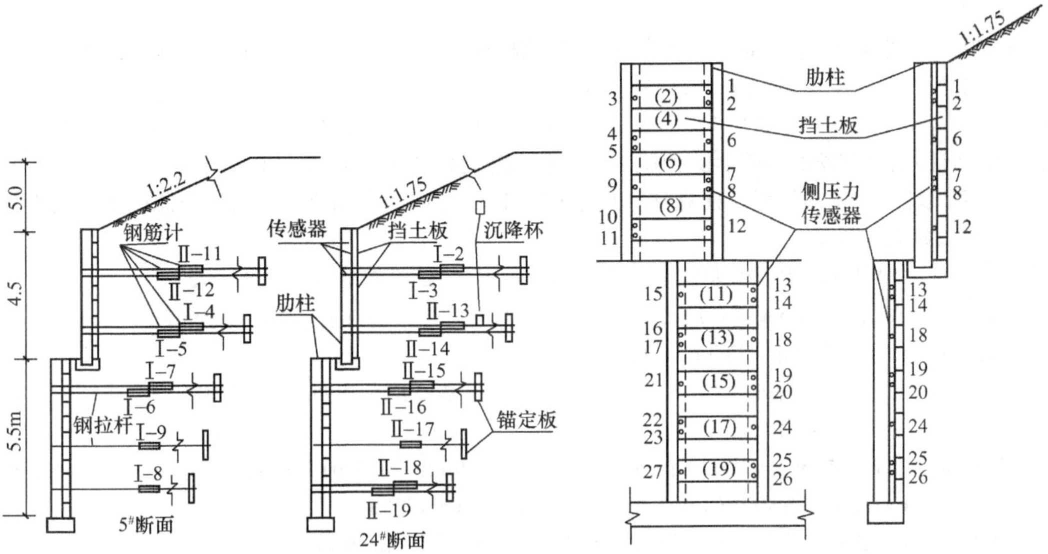

图15-66　测试（钢筋计、沉降杯、传感器）布置示意图

实测结果表明：实测拉力和实测墙面总土压力小于设计值，回填土最大下沉量为183mm，墙面肋柱最大下沉量150mm，最大侧向位移70mm。工程竣工半年后，虽变形有所增长，但很缓慢，已趋稳定。

本挡墙自1985年10月底竣工，1986年7月通车运营以来，全墙稳定良好，实测拉杆拉力，墙面土压力均小于设计计算值。墙面和肋柱无变形及开裂现象。十多年来使用安全可靠，并无特殊养护维修的要求。

实践证明，按有关单位共同制定的《设计原则》，现已纳入铁路路基支挡规范（TB 10025—2001），结构有足够的安全度，可以推广使用。马营湾锚定板挡墙工程成功的建造为采空区上修建支挡结构提供了一种新途径。

参　考　文　献

[1]　卢肇钧、吴肖茗、张肇伸.（1985）"锚杆技术及其应用". 铁道部铁道建筑研究所论文集，第一集

"路基土工"北京：中国铁道出版社，1985
[2] 吴肖茗、魏殿兴、黄尚燕.（1987)"锚杆技术及现场检测".《第五届全国土力学及基础工程会议论文选集》，北京：中国建筑工业出版社，1989
[3] 吴肖茗."挡土结构的土压力计算"《中国土木工程指南》第三篇第七节 P280～296. 北京：科学出版社，1993
[4] Hanna[英]T. H汉纳."锚固技术在岩土工程中的应用"胡定等译. 北京：中国建筑工业出版社，1987
[5] Schnable. H. "Tieback in foundation engineering and construction"1982
[6] "土层锚杆设计与施工规范"中国工程建设标准化协会标准 CECS22：90，1990
[7] 上海市标准《地基处理技术规范》(DBJ08—40—94). 1995. 4
[8] 李象范、肖昭然."上海地区软地层土锚发展和应用"《岩土工程中的锚固技术》. 北京：地震出版社，1991
[9] 陈仲颐、叶书麟主编."基础工程学"第九章"锚杆技术". 北京：中国建筑工业出版社，1990
[10] 吴肖茗."日本土层锚杆技术"(1982)铁道科技动态 1982. 1
[11] "ァヘス・マンカ・土质工学会，ァヘス・マンカ-设计施工基准-土质工学会"，日本，1970
[12] "国外土层锚杆"铁道部科学技术情报所专题情报资料，No. 73—58，1973
[13] "岩层与土体的锚固技术"(捷克)L. HOBST. J. ZAJIC 编。冶金部建筑研究总院施工技术、技术情报研究室翻译
[14] 施文华."锚杆在沈阳中山大厦深基础工中的应用"."建筑技术"1986. No. 12
[15] X.. M. WU. "Support for Deep Excavationin China"Proceeding of the International Conference on Deep Excavation VolⅡ，Beijing，1986
[16] 张惠甸."上海软土地基上太平洋饭店地下工程深基开挖及板桩斜土锚的施工及测试". 1990，"上海地下工程学会论文集"
[17] Nicholson. P. J，Wycliffe-jones，P. T，"Soil Nailing：An Earth Reinforcement System for Support of Excavition"I SSMFF Conference，Paris，France，1984
[18] 王步云，周龙翔."几种土钉支挡设计方法介绍"《中国工程勘察》1993. 2
[19] R.. J. Bridle，"Soil Nailing Analysis and Design"Ground Engineering，1989. 9
[20] D. A. Bruce and R. A. Jwell，"Soil Nailing：Application and Practice"-Part Ⅰ，Part Ⅱ，Ground Engineering，1986. 2，1987. 1
[21] 林宗元主编.《岩土工程治理手册》第 3. 8 王步云，周龙翔编写"土钉". 沈阳：辽宁科学技术出版社，1993
[22] 《旱桥锚定板桥台设计原则》. 铁道部锚定板结构研究组编订，1984
[23] 《锚定板挡土墙设计原则》. 铁道部锚定板结构研究组编订，1988
[24] "锚定板挡土墙群锚受力分析"，西南交通大学铁道系等单位科研报告资料，1978
[25] 卢肇钧、吴肖茗、张肇伸.（1983)"原型锚定板抗拔力的试验研究".《第四届全国土力学及基础工程会议论文选集》，北京：中国建筑工业出版社，1985
[26] 卢肇钧、吴肖茗、张肇伸.（1980)"锚定板挡土结构的研究".《土木工程学报》1980 年第一期
[27] 卢肇钧主编."锚定板挡土结构". 北京：中国铁道出版社，1989
[28] 卢肇钧、吴肖茗、孙葵英.（1982)"关于锚定板结构的整体稳定——铁科院方法与克朗兹方法的比较".《土木工程学报》1982 年第四期
[29] 汪惠祥、沈永良(1983)"锚定板桥台的设计与施工".《土木工程学报》1983 年第一期
[30] 张续萱、吴肖茗主编"锚定板挡土结构的理论与实践". 北京：中国铁道出版社，1996
[31] "铁路路基支挡结构设计规范"(TB10025—2001，J127—2001)，中华人民共和国铁道部发布，北

京：中国铁道出版社，2002 年
[32]　梁炯鋆主编《锚固技术与注浆技术手册》，北京：中国电力出版社，1999 年
[33]　程良奎、杨志银编著，《喷射混凝土与土钉墙》，北京：中国建筑工业出版社，1998 年
[34]　《建筑基坑支护技术规范》(JGJ 120—99)
[35]　《建筑边坡技术规范》(GB 50330—2002)
[36]　林宗元主编《岩土工程治理手册》，北京：中国建筑工业出版社，2005 年

第16章 土的加筋法

王正宏 （北京工业大学）
李海芳 （中国水利水电科学研究院）

16.1 综述

16.1.1 加筋法的发展历史

加筋法是在土中加入条带、成片纤维织物或网格片等抗拉材料，依靠它们限制土的侧移，改善土的力学性能，提高土的强度和稳定性的方法。

加筋法的概念早就存在，以天然植物作加筋已有几千年的历史。远在人类早期，先辈们就在泥中加筋。在我国陕西半坡村遗址，有很多简单房屋利用草泥修筑墙壁和屋顶，距今已有五、六千年。汉朝在玉门一带修建的长城（约在公元前二百年前）仍可见用砂、砾石、红柳和芦苇叠压而成的遗址。有许多历史记载说明在水利工程中，利用竹、木、植物加筋的历史也很悠久。

在国外，远在公元前三千多年，英国人曾在沼泽地用木排修筑道路。自公元前二千多年，许多地方利用土中加筋修筑古庙，如 Agar—Quf 古城的亚述古庙塔是分层用芦苇编织的席垫水平放在砂砾石上进行加固的，席垫的垂直间距 0.5～2m。芦苇还被用来编成 100mm 的绳子在结构中作加筋用，该塔原始高度达 80m 以上，距今已三千多年；古罗马曾用芦苇加固土体修筑河堤。从最近发现的 Londinium 港长 1500m 的码头工程，其垂直面系由埋在回填土中的木材加筋来固定的，这与现代加筋土技术很相似。到 19 世纪，加筋技术已在军事方面应用。英国 Col. Pasley 当时作了一系列尝试，指出如果回填土用树枝、木板或帆布加筋则作用在挡土墙上的侧向土压力就会明显减小。20 世纪初期，美国 Reed 主张对加利福尼亚的堆石坝下游用钢轨进行加固；20～30 年代美国还试用棉织品强化路面；第二次世界大战中美国曾在路基中铺放梢辊和帆布供装甲车通过。

古代在土坯砖中加草筋提高强度，用柴排铺在泥沼地带上填土，用砂袋或树枝加固堤岸至今仍在应用。

20 世纪六十年代初，法国工程师 Henri Vidal 把加筋技术从直观朴素的认识和经验提高到理论的新阶段。他用三轴试验证明，在砂土中加筋其强度提高了 4 倍多，同时开发了利用金属条带作筋材的加筋土系统。法国于 1965 年在 Prageres 首次用加筋土修建了一座挡土墙；1966～1968 年在法国-意大利的高速公路 Menten 地区修建了 7 处加筋土墙，墙高4～23m，长 10～200m；1972 年建成了一座高 14m 的加筋土桥台。法国道桥试验中心于 1967～1968 年完成了有关加筋土力学的基本研究及加筋土的计算，并在 1972 年与加筋土公司合作研究了金属条带埋入土中的寿命。截至 1978 年底法国加筋土工程达 910 处。

1967 年日本国铁进行了室内模型试验和现场原型试验，获得了一些新的发展，如把金属墙面板改用混凝土面板。

在美国，Vidal形式的加筋土法于1972年首次应用在California，处理一个滑坡。英国第一个加筋土工程是于1973年建成的。

20世纪七十年代以后发展了多种非金属筋材的加筋土结构。其中土工织物筋材始于1971年，土工格栅筋材始于1981年。

据法国加筋土协会统计，截至1978年，在五大洲28个国家已修建了2266座加筋土工程，墙面面积为135万m^2。在已建的加筋土工程中，公路、交通方面占80%以上，其余是工业构筑物、铁路、水利等方面的应用，在工艺技术上也有很大的提高，如巴基斯坦已建成了一高达43m的加筋土挡墙。至1987年在世界上15个国家内共建造了12000座加筋土支挡结构，墙面总面积达460万m^2，其中美国建造了4500座。

为交流加筋土技术，国际上曾召开过多次讨论会，如1978年在匹次堡召开了"加筋土摩擦系数研讨会"；在澳大利亚的悉尼召开了"土的加筋与稳定技术讨论会"；1977年在巴黎召开了"织物在工程中的应用"国际会议，这次会议被追认为国际土工合成材料学会（IGS）第一届国际会议；近些年在美国、日本等分别召开过多次加筋土技术研讨会。八届土工合成材料国际会议（1977，1982，1986，1990，1994，1998，2002，2006）中有关加筋土方面的论文都占有较大的数量。

我国20世纪80年代初开始进行加筋土的科研和探讨，随后在铁路、煤炭、公路、水利等部门相继修建了一些试验工程并不断取得设计和施工经验。据不完全统计，现已建成千余座加筋土工程，墙面面积约70余万m^2，遍及我国广大地区，并先后在武汉、太原、邯郸、北京、杭州和重庆召开了有关加筋土的学术讨论和经验交流会议。1984年至2004年，在我国曾先后召开过六届全国土工合成材料学术会议，各届会议中加筋土都是作为主要分组讨论内容之一。此外水利部、交通部和铁道部还分别编制了技术规范，其中包括加筋土的设计、施工内容。

上述情况表明，加筋法的技术尽管仍在不停地发展，但在实践中已达到了推广应用阶段。

16.1.2 加筋法的优点

加筋法的优点概括如下：

一、加筋法可以筑造较高的垂直面挡墙，当然根据工程的需要也可以是倾斜面的；可用于地基、边坡的加固和强化等；

二、可以建造陡坡，减少占地面积，特别是在不允许开挖的地区施工；

三、加筋的土体及结构属柔性的，对各种地基都有较好的适应性，因而对地基的要求比其他结构的建筑物为低。遇到较弱地基时，常不需采用深基础。如美国科罗拉多州一加筋土墙沉降达60cm，而仅在墙面上发生细小的裂纹；

四、加筋法的支挡和桥、台等结构，墙面的变化多样。可以根据需要设计面板进行美化，使之适用于城市道路工程，亦可采用表面植草，达到绿化的目的。

墙面板可就地预制，也可由工厂制造；

五、加筋土结构既适于机械化施工，也适于人力施工；施工设备简单，无需大型机械，更可以在狭窄场地条件下施工；施工管理简便，没有建筑公害，诸如噪声污染，施工垃圾的堆积等；

六、加筋土的抗震性能、耐寒性能良好；

七、造价较低。例如，根据国内部分工程的资料统计，加筋土挡墙的费用约为普通挡墙造价的40%～60%，并且墙愈高节省投资愈多。

加筋法也有一定的缺点。例如，采用金属筋材时，由于金属易锈蚀需要考虑防护措施；如采用聚合材料筋材，聚合物受紫外线照射会发生衰化以及材料的长期蠕变性能在设计中都需予以考虑。

16.1.3　加筋法的一般应用

加筋技术的应用范围及形式多种多样，包括加筋支挡结构（实践表明加筋法可以代替所有常规的钢筋混凝土和重力式支挡结构，也包括桥台、翼墙）、加筋土堤坝、加筋承载结构以及土坡原位加固强化（如土钉、土锚等）。下面介绍一些加筋法成功应用的示例。

一、用于挡墙

（一）混凝土面板加筋土挡墙（图16-1*a*）。

（二）包裹式墙面加筋土挡墙（图16-1*b*）。

（三）沿河及码头的加筋土挡墙（图16-1*c*，*d*）

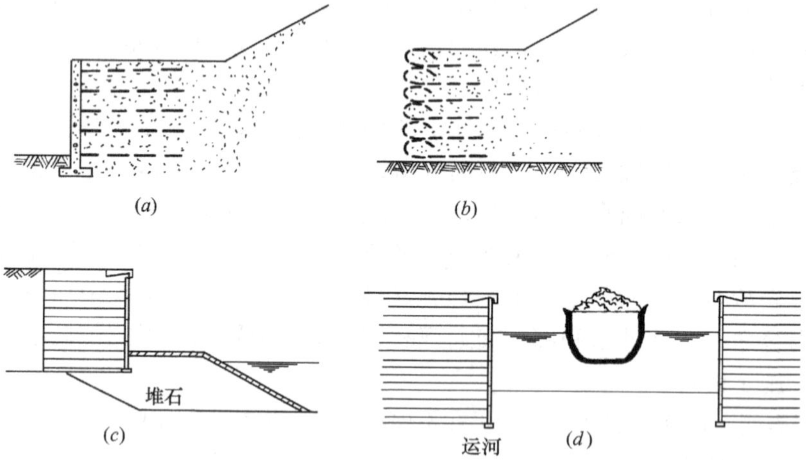

图16-1　加筋土挡墙

二、用于桥台

（一）一般的加筋土桥台（图16-2*a*）

（二）桥台与桥面支座支承（图16-2*b*）

（三）斜坡桥台（图16-2*c*）

（四）以加筋土堤取代旱桥（图16-2*d*）

三、用于堤坝

（一）加筋土堤。图16-3（*a*）为日本铁路的标准路堤，路堤边部的加筋有助于承受施工机械的荷载，提高填土质量，施工简单。

（二）加筋法填筑土坝。图16-3（*b*）为法国南部Congulac用钢筋混凝土护面与锚定板和混凝土保护筋材修筑的21m高的防洪坝，设计中特别注意坝体结构。这种梯形墙式坝能适应较大的沉降量。

（三）加筋土坝。图16-3（*c*）为一钢筋混凝土护面，金属条带加筋，适用于无黏性填土，设计时特别注意坝体结构。

（四）加高既有堤、坝（图16-3*d*）。

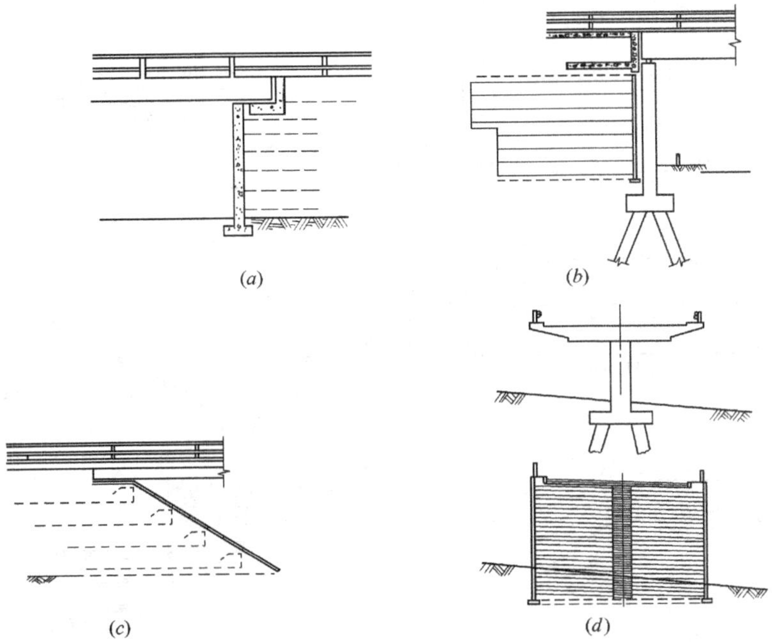

图 16-2　加筋土桥台

（五）台阶式公路加筋路堤结构（图 16-3*e*）。

（六）用于山区的加筋土路堤（图 16-3*f*）。

（七）台阶式加筋土路堤（图 16-3*g* 左）和土框护面式加筋土路堤（图 16-3*g* 右）。

四、用于边坡

（一）土质边坡（图 16-4*a*）。

（二）坍滑破坏边坡的修复（图 16-4*b*）。

（三）用轮胎与土工织物组合修复破坏边坡（图 16-4*c*）。

（四）用土钉在原位加固边坡（图 16-4*d*）。

五、用于强化公路基层和铁路轨道基础

（一）无铺面道路（图 16-5*a*）。

（二）道路路面及基层加筋（图 16-5*b*）。

（三）铁路轨道基础，基床内或表面加筋（图 16-5*c*）。

六、用于地基

（一）软土地基上铺设土工合成材料加筋筑堤（图 16-6*a* 上为铺设有纺土工织物或土工格栅等，图 16-6*a* 下为铺设土工格室作垫层）。

（二）土工格栅笼碎石柱处理地基（图 16-6*b*）。

（三）基础下的加筋垫层（图 16-6*c*）。

（四）储藏罐加筋垫层（图 16-6*d*）。

（五）施工承载加筋垫层（图 16-6*e*）。

（六）处理不均匀的软弱地基

(1) 在有洞穴或软基上筑堤（图 16-6*f*）。

(2) 通过洞穴或不均软基的道路基层（图 16-6*g*）。

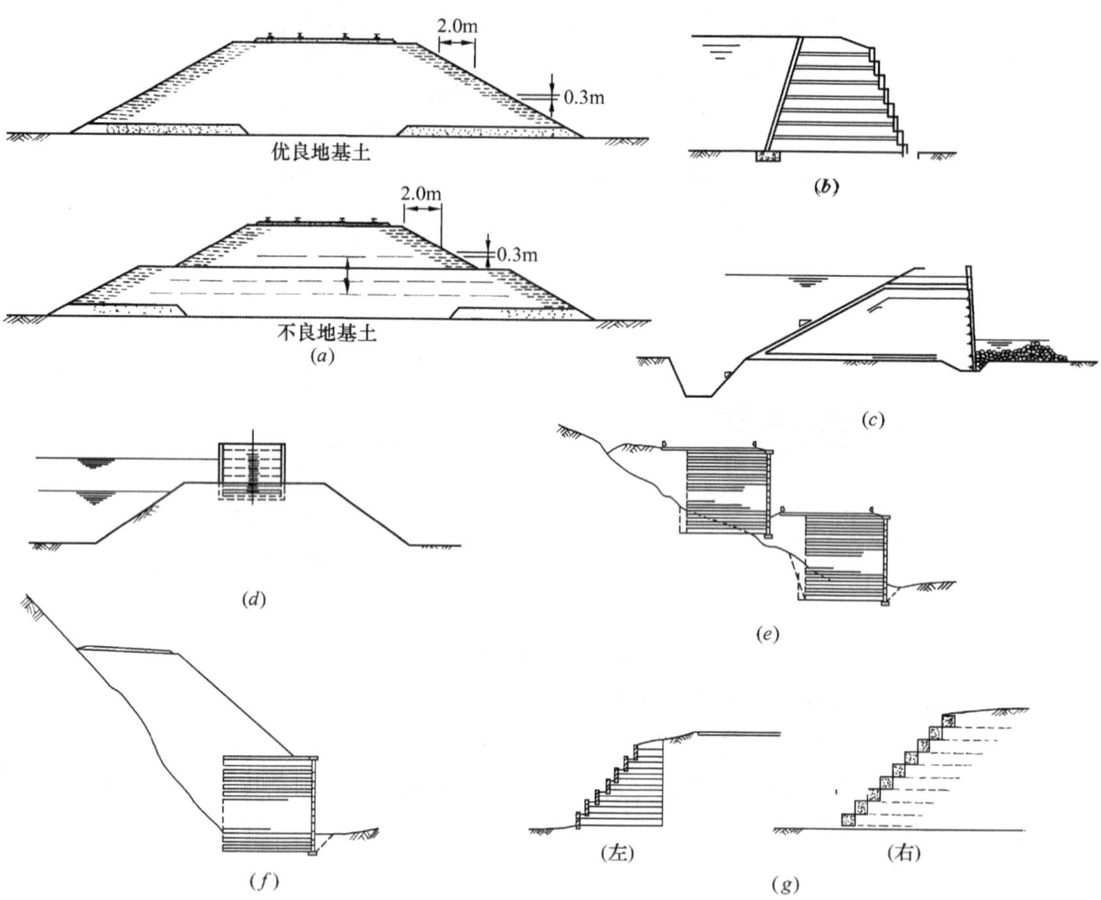

图 16-3 加筋技术在堤坝中的应用

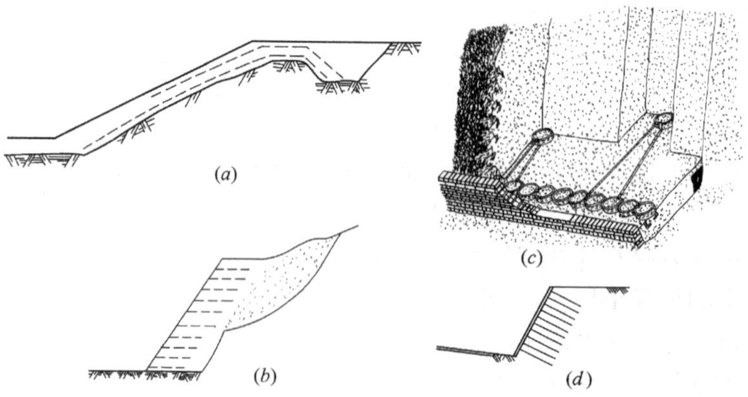

图 16-4 加筋土用于边坡

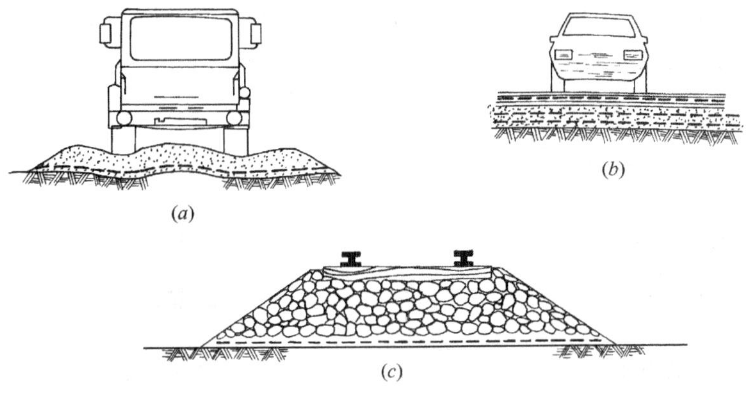

图 16-5　加筋法用于强化公路基层和铁路轨道基础

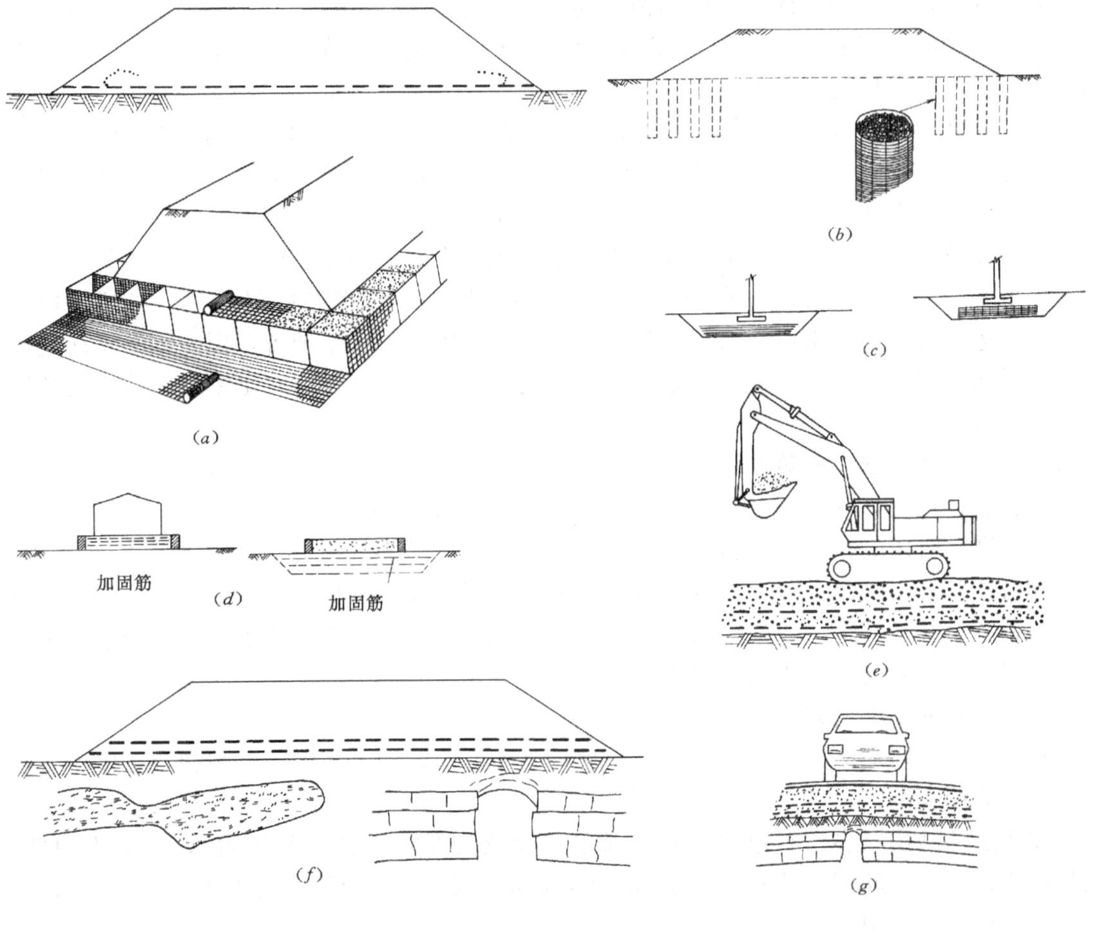

图 16-6　加筋法在地基处理中的应用

七、加筋土料仓（图 16-7）。

八、地下采矿的巷道顶板支柱，以格栅为筋材，填以废石料（图 16-8）。

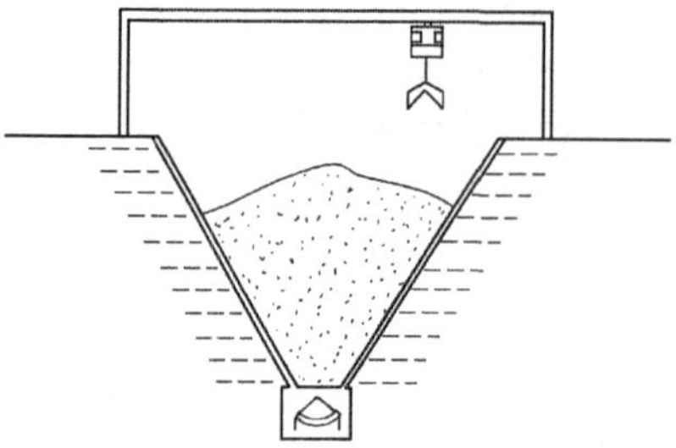

图 16-7 加筋土料仓

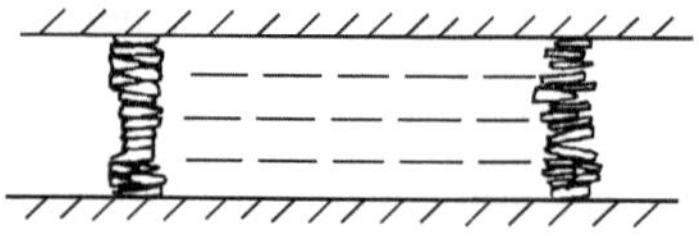

图 16-8 地下采矿巷道加筋充填柱

16.1.4 加筋法的结构类型

加筋结构可概括为加筋土结构、承载结构和原位加筋或锚结构。

一、加筋土结构包括边坡、墙、路堤和坝以及废物管理设施等。加筋土结构物一般不承受大的外荷，其主要设计考虑结构物在其自重下的稳定性。

某些不均质地基上的土结构，如通过喀斯特上的路堤，构成加筋土结构，其加筋或在结构之内，或在结构与不均匀软基之间。

二、承载加筋结构，包括桥台、柔性路面加筋、无铺砌道路和铁路基床加筋垫层、软土地基上筑堤在界面上铺设筋材的加筋结构物。这类结构在其自重下通常是稳定的，设计中主要考虑在容许变形之下能够承受附加荷载的能力。

三、原位加筋系统是用长金属杆插入原位不扰动土体的加筋法如锚杆、土钉等。锚杆设置于土中，由锚头、自由段和锚固段组成，由砂浆与地层粘结成锚固体，撑拉支挡结构，维护边坡的稳定。土钉系将一系列钢筋材或钢铰索近似水平地置于拟加固的土质边坡中注浆形成加固体或似重力式挡土结构保持边坡的稳定。此外还有在土中设置锚定板的轻型支挡结构。

16.1.5 选择加筋法的一般原则

加筋法的选用，一般要考虑多种因素，诸如地质和环境条件、结构特点和尺寸、美观、耐久性、可用的材料、经验、费用等。不同的加筋法各有其不同的形成和发展历史，有时要给予其合适的技术评价会有困难，需要掌握规程和最经济的对比方法。应特别注意不同的系统有其适用范围，例如某些系统可用于永久性结构，而某些系统只宜用于临时结构，如何选定将取决于具体的工程要求。

16.1.6 本章的主要内容

本章内容包括加筋法基本原理、工程材料及评价、设计、施工、监测和效果检验以及几个工程应用实例。

加筋法的结构众多，本章仅重点涉及加筋土支挡结构（挡墙和桥台），加筋土边坡，软基加筋，堤坝加筋等，即只包括加筋土结构和承载加筋结构。关于原位加筋系统如锚杆、土钉在另外章中介绍。

还应说明，广义的加筋法还包括在土中加入不连续筋材的结构，这种筋材包括聚合材料的丝及网片等，其主要作用是改变土体材料的特性，本章也不包括这种筋材的加筋结构。

16.2　加筋法的基本原理

16.2.1　概述

土的抗拉能力低，甚至为零，抗剪强度也有限。在土体中放置了筋材，构成了土-筋材的复合体，当受外力作用时，将会产生体变，引起筋材与其周围土之间的相对位移趋势。但两种材料界面上有摩擦阻力（和咬合力），限制了土的侧向位移，等效于给土体施加了一个侧压力增量，使土的强度和承载力均有提高。

16.2.2　筋材的应力传递

筋材一般被水平地铺在土中。当高抗拉强度、高抗拉模量的筋材和土的复合体在荷载下发生变形时，通过二者界面引起应力传递，主要传递方式有二（以格栅为例）：依靠表面摩擦和依靠筋材横杆的被动抗力。

一、依靠表面摩擦的应力传递

如图 16-9 所示，筋材相对于上下土料位移时（抗拔情况），其上下面的摩阻力 F_f 为：

$$F_f = 2bL\sigma_v\tan\varphi_{sg} \tag{16-1}$$

如筋材仅相对于上或下单界面位移时（剪切情况），则摩阻力 F_f 为：

$$F_f = bL\sigma_v\tan\varphi_{sg} \tag{16-2}$$

两式中　b、L——筋材的宽度与长度；

σ_v——作用于筋材上的法向应力；

φ_{sg}——土与筋材的摩擦角。抗拔的情况应通过拉拔试验求得；剪切的情况可通过直剪试验求得。

一般情况下，φ_{sg}是土的内摩擦角的 0.6～0.8 倍，即 $\varphi_{sg}=(0.6\sim0.8)\varphi_s$。

式（16-1）和式（16-2）表明，φ_{sg}、σ_v 愈大，能传递的 F_f 愈大，但它最大不能超过筋材的极限抗拉强度。筋材表面愈粗糙，周围土颗粒愈粗和带有棱角，则 φ_{sg} 愈高，即 F_f 还主要取决于筋材表面及周围土的性质。

二、依靠筋材横杆被动土抗力的应力传递

这种应力传递只出现于格栅类的筋材中，如由纵肋（rib）和横杆（bar）所构成的土工格栅。在土中铺设土工格栅筋材时，一般肋的方向和土所受大主应力方向一致，当格栅与土发生相对位移时，除格栅表面有摩擦抗力外，格栅横杆侧面上还受到与之垂直的被动土抗力，如示意图 16-10，这是因为格栅有一定厚度，在格栅的孔洞内有土、石料充填之故。

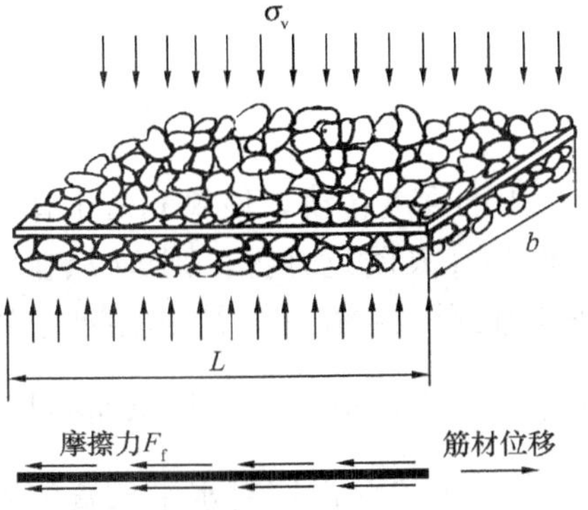

图 16-9　表面摩擦的应力传递

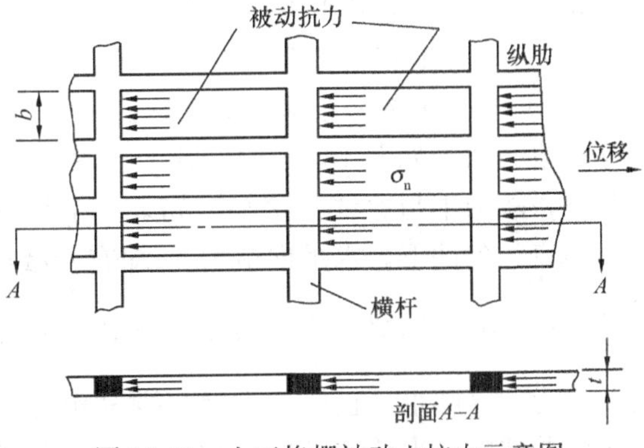

图 16-10　土工格栅被动土抗力示意图

被动抗力 F_p，可按下式估算：

$$F_p = ntb\sigma_h \tag{16-3}$$

式中 t、b——格栅厚度和孔洞的有效宽度；

n——单位宽度格栅的横杆数目；

σ_h——单位面积上的土被动抗力。

$$\sigma_h = N_b\sigma_v \tag{16-4}$$

式中 σ_v——作用于格栅的法向压力；

N_b——承载力因数。

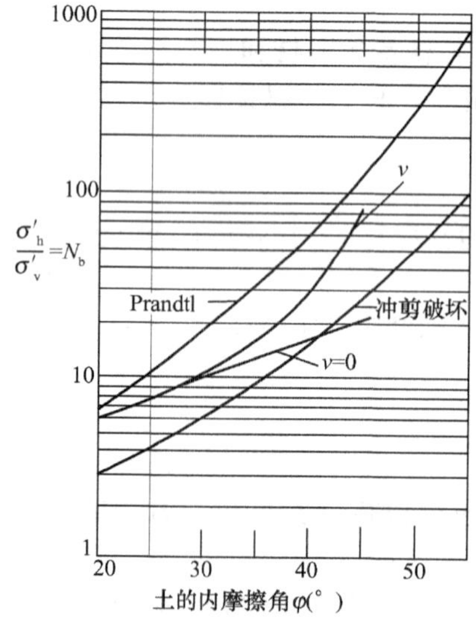

图 16-11 承载力因数 N_b 与 φ 的关系

N_b 值与土的强度和剪胀性有关，较少受筋材表面粗糙度的影响。Rowe 和 Davis 通过有限元计算，得到图 16-11 所示的 N_b 与 φ 的关系曲线，可供查取 N_b。图中纵坐标 $N_b=\frac{\sigma'_h}{\sigma'_v}$，$\sigma'_h$ 和 σ'_v 为有效应力。图中 $\upsilon=0$ 表示土无剪胀；υ 曲线表示有剪胀；上面的曲线为 Prandtl 的古典承载力解；下面的曲线为冲剪破坏。当然，上述被动抗力的发挥与土的位移大小有关，一般并不全部有效。

对于格栅，除了上述的摩擦力和被动抗力外，实际上处于孔格周围的土，其剪切面也担负应力传递的功能。式（16-3）只是理论分析，实际的格栅抗力皆是通过拉拔试验确定的。

16.2.3 加筋的作用机理

加筋土中的筋材通过与土的应力传递，使土体产生相应的力学效应，故可借助土力学原理来说明由此对土强度改善的机理。

一、侧压力增量理论

无黏性土地基中 z 深度处一个土单元体所受大、小主应力 σ_1、σ_3 为（见图 16-12）

$$\left.\begin{aligned}\sigma_1 &= \sigma_v = \gamma z\\ \sigma_3 &= \sigma_h = K_0\sigma_1\end{aligned}\right\} \tag{16-5}$$

$$K_0 = 1 - \sin\varphi' \tag{16-6}$$

式中 σ_v、σ_h——竖向和水平向应力；

γ、φ'——土容重和有效内摩擦角；

K_0——土的静止侧压力系数。

这一应力状态如图 16-12 中的圆Ⅰ。图中的直线 S 是土的强度包线，该单元处于弹性平衡状态，故圆Ⅰ与 S 线不接触。如果由于某种原因，例如在其附近开挖，则 M 点在竖向应力不变的条件下，水平向应力 σ_3 却有所减小，待其降低到 $\sigma_3=K_a\sigma_1$（K_a 为主动土压力系数，$K_a=\tan^2\left(45°-\frac{\varphi}{2}\right)$，$\varphi$ 为土的内摩擦角），M 点达到主动极限平衡状态而破坏，这时其应力圆（圆Ⅲ）正好与强度包线 S 相切。设想 M 点的土单元内埋有水平放置的筋材，则由前述的应力传递作用，M 点不可能因卸荷而自由侧胀，体变受到筋材约束，使筋材处于拉力状态，此时 M 点的侧压力 $\sigma_3=K\sigma_1$，而 $K_a<K<K$。即图 16-12 中圆Ⅱ反映的状态。从而可见，M 点在卸荷时免于破坏得益于加筋作用。从应力圆看，是因为筋材为土单元提供了一个侧压力增量 $\Delta\sigma_3$ 所致。

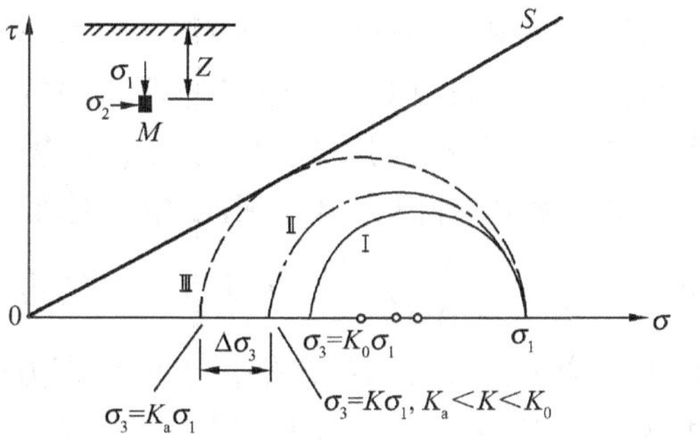

图 16-12 加筋土机理说明

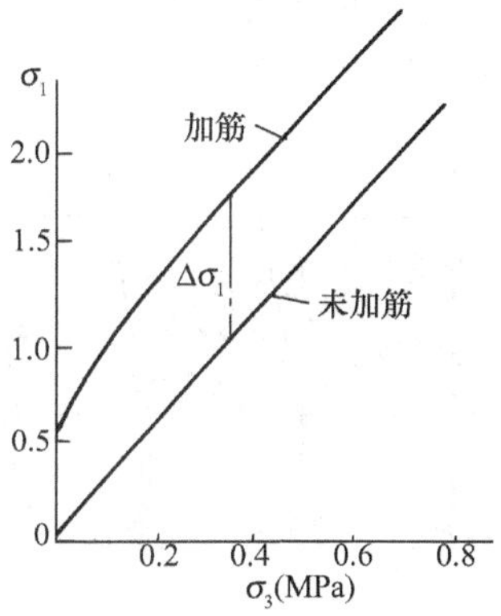

图 16-13 加筋与未加筋砂三轴试验结果

二、表观（视）黏聚力理论

有学者进行过两种砂样的三轴剪切试验成果的对比：两砂样为同一种砂，但一个是纯砂，另一个是在砂样中水平放置了土工织物，试验结果如图 16-13。该图表明当围压 σ_3 超过一定大小后，两种试样的 σ_1-σ_3 关系曲线基本平行，而放置了土工织物的试样，在相同的 σ_3 下其破坏的轴向压力较不放土工织物的有一个增量 $\Delta\sigma_1$。这意味着，土工织物为无黏性砂提供了一个表观黏聚力（φ 值不变）。

根据土的极限平衡条件，当土料具有黏聚力 c_R时，大、小主应力 σ_1 与 σ_3 符合以下关系：

$$\sigma_1=\sigma_3K_p+2c_R\sqrt{K_p} \tag{16-7}$$

业已证明，如果试样中水平设置的土工织物的垂直间距为 ΔH，则

$$c_R=\frac{R_t\sqrt{K_p}}{2\Delta H} \tag{16-8}$$

式中 R_t——土工织物筋材的抗拉强度；

K_p——土的被动土压力系数，$K_p=\tan^2(45+\varphi/2)$。

从前述侧压力增量理论看，筋材实质上是为试样提供了一个侧压力增量 $\Delta\sigma_3$，这时试样破坏的大主应力相应地增大为：

$$\sigma_1=(\sigma_3+\Delta\sigma_3)K_p \tag{16-9}$$

与式（16-7）比较得到：

$$c_R=\frac{\Delta\sigma_3}{2}\sqrt{K_p} \tag{16-10}$$

从式（16-8）和式（16-10），可得

$$\Delta\sigma_3=\frac{R_t}{\Delta H} \tag{16-11}$$

这表明加筋提供的侧压力增量来源于筋材的抗拉强度 R_t，其大小相当于将该强度平

均分配给高度为 ΔH 的试样侧面上的压力。显然如 R_t 很小或筋材失效（织物被拉断或被拔出），则侧压力增量将随之消失。

三、抗剪强度理论

也有人将聚合物纤维混入土中做成加筋土的，称作纤维土（texsol）。纤维土是用专用机械在现场直接将纤维和砂混合而成。

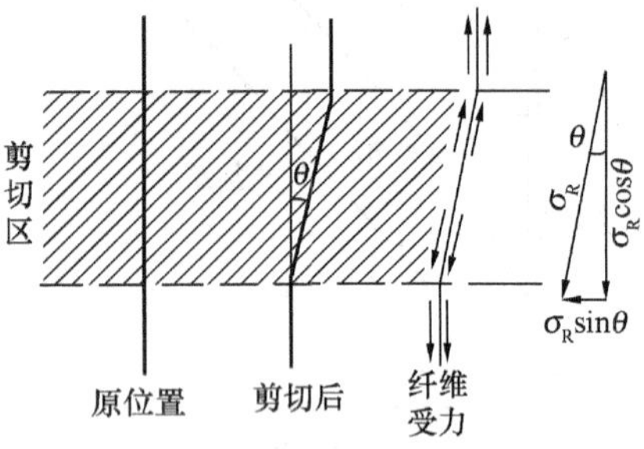

图 16-14 纤维加筋作用

先讨论纤维相互平行，并垂直于土体中剪切带的理想情况。参见图 16-14，原来是垂直向的纤维由于产生位变，纤维土中引起了拉力 σ_R。如剪切带面积为 A，纤维所占面积为 A_f，则单位土体面积内的纤维拉力为 $t_R=\left(\frac{A_f}{A}\right)\sigma_R$，它在垂直于剪切带方向的引起的压力增量为 $t_R\cos\theta$；在平行于剪切带方向上的分力使剪应力减少（即与作用剪应力的方向相反），相当于使土的抗剪强度增大 $t_R\sin\theta$。土的抗剪强度总增量为，

$$\Delta S_R = t_R(\cos\theta\tan\varphi+\sin\theta) \tag{16-12}$$

当纤维与剪切带倾斜时，可以得到同样效果。

实际情况中，纤维土内的纤维不可能有序地平行排列，而是随机定向的。但曾有学者作过统计分析，得出：砂土中随机分布优势方位是与剪切带呈 90°，而纤维土的直剪试验也证实了这一结论。

16.3 加筋土工程材料及评价

16.3.1 概述

任何加筋土结构都需要三种基本的材料，它们是：土或填料、筋材和墙面及护面（有必要时）。视工程用途，环境条件之不同，作相应的不同考虑。为了选材和工程设计的需要，做好土和场地的勘察十分重要。

16.3.2 土和场地勘察要点

成功地采用加筋结构，与工程场地的地貌、地质和土质条件密切相关。为此，要进行综合地基勘探，评价场地的稳定性、沉降和排水等，尤其是在处理坍滑边坡时，分析边坡破坏机理，评价加筋土是否可保证取得处理效果，提供施工所需要的空间，必须进行细致的勘察。

如果要涉及地基的承载力和支承土体的容许变形和稳定，必需提供分析所需的参数及数据。

加筋土的费用，很大程度上取决于回填材料的要求类型及判定当地材料的可用性。

一、现场勘察

初勘包括调查收集有关资料，提供：

（一）地貌横断面；

（二）工作和设备的道路条件；

（三）地面排水形式，渗流和植物特点；
（四）地质特征，地形和既有挖方的地质条件；
（五）不良地质和土质条件，基岩，地下水位；
（六）可用土地。

二、地基勘探

采用有效手段如触探、钻探取样、地震勘探、电探作出地质剖面。钻孔最大间距：
（一）沿结构纵向 30m；
（二）结构前、后方向各 45m。

钻孔深度同常规钻探，在遇到基岩时则需取 3m 长的岩芯，用以区分是岩体还是漂石，当遇到倾斜岩层时可能需取更长的岩芯。对于土地基剖面内，孔深至少要达到两倍加筋土结构底宽；如果此深度内发现数层土或承载力低的土，深度应达到适宜的土层为止。

（三）每一钻孔内按一定的深度（1.5m 左右）采取一土样。对于无黏性土可做标准贯入试验。在每一钻孔还要细致地观测地下水位，确定初现水位及稳定水位，必要时在某些钻孔中设置孔压计以观测长期水位。

（四）进行标准贯入试验和静力触探，了解土层变化，提供地层变化及强度和密度（无黏性土）的资料。

（五）提供可用填料及取土场资料。

三、按要求及规定进行必要的试验并提供选料、设计、施工所需的试验结果。

16.3.3 加筋土的填料

就理论而言，只要土的抗剪性能可得到改善，任何土都可用于加筋土结构，但实际上是有限制的，特别是对于垂直墙面的挡土结构。填料的选择取决于拟建结构的技术要求，也取决于设计方案和经济上的合理性。

虽然已有报导曾用纯黏性土成功地建造过长寿命的加筋土结构，但一般来讲，多数加筋土结构特别是永久性（使用期长的）结构要求良好级配的粗粒料或者良好的具有高黏聚力和摩擦角的填土。对填料的要求一般要根据设计准则或规范，对于永久性结构不但要求其稳定性，还要考虑其耐久性，相应要求高质量填土，土中不应有超限的黏粒含量。英国标准规定，小于 63μm 颗粒含量应不超过 10%；法国规定小于 15μm 粒径含量应低于 15%。

美国联邦公路管理局（FHWA）规定：在加筋范围内应选用粗粒料，禁用有机土及其他不良土，其级配等级应符合以下要求：

颗粒成分：<102mm	100%
<0.425mm	0～60%
<0.075mm	0～15%

塑性指数，$I_p \leqslant 6$

加筋土坡的填料质量可差一些，但填料的 φ 应大于 25°；塑性指数应小于 20。

通常，对于加筋土的回填料不可含有如石灰、煤炭等会造成严重腐蚀的物质。尤其是黏性土若含黄铁矿，氧化作用会使土的酸度增加，影响金属筋材的腐蚀，甚至土工合成材料筋材亦会受氧化发热之影响。

16.3.4 筋材

一般用于加筋土的筋材有非金属、金属及组合材料。金属材料应用已很少。非金属筋材以土工合成材料为主，其中较常用的有土工格栅、土工织物和土工带；此外尚有如钢筋混凝土网格、竹筋混凝土格栅等。

土工合成材料（Geosynthetics）是岩土工程应用的合成材料的总称。土工合成材料分类尚无统一的准则，且随着新材料和新技术的发展不断有所变化，目前暂分成四大类：即土工织物（透水材料）、土工膜（不透水材料）、复合土工合成材料和特种土工合成材料。目前作为加筋土筋材用的最多的是土工格栅和土工织物，国内也有采用土工带的。

有关土工合成材料及其原材料的一般特性和一般材料性能的试验方法请参阅《土工合成材料工程应用手册》(2000年，中国建筑工业出版社)。

土工合成材料的性质除受聚合物原材料性质影响外，尚与其制造方法及织构形态有关。在应用时，由于现场环境化学作用，还会造成其结构发生变化，影响其强度。土工合成材料抗酸、抗碱能力强，但抗紫外线能力较差，长期日光曝晒强度都会衰减。为此不少土工合成材料在制造时，添加抗氧化剂、日光安定剂或碳黑以提高抵抗受日光照射而老化的能力。应该注意到，大多数土工合成材料筋材是埋在土内，紫外线（UV）的影响一般只会发生在运输、存放及施工时。

土工合成材料筋材在长时间应力作用下多发生蠕变现象，使变形量加大，选材及设计需要加以考虑。

（一）土工织物筋材

土工织物是土工合成材料中最早用做加筋土的筋材。土工织物视制造方法之不同分为有纺型或机织型（woven）和无纺型或非织造型（nonwoven）产品。除非是应力水平甚低的土工结构，通常用于加筋的是有纺织物。

表征土工织物产品性能的指标包括：

（1）产品形态：材质及制造方法、宽度、每卷的直径、长度及质量；

（2）物理性质：主要有单位面积质量、厚度、开孔尺寸（等效孔径）、均匀性；

（3）力学性质：主要包括抗拉强度、破坏时的延伸率及拉力变形曲线、撕裂强度、刺破强度、顶破强度、蠕变性及表面摩擦系数；

（4）水力性质：水平向及垂直向渗透系数；

（5）耐久性，抗酸、碱、生物、细菌及紫外线的能力即抗老化能力。

常用的有纺织物产品的抗拉强度为20～50kN/m，高强度的为50～100kN/m。土工织物的渗透系数约为10^{-3}～100cm/s。

同一种土工织物在不同温度及应变速率下会呈现不同的应力与应变的关系。但在一定温度范围内其特性均较稳定。

抗拉强度是土工织物用作加筋材的最重要性质，设计一般要求以宽条（宽20cm）试样试验结果作为依据。从拉伸试验得到最大抗拉强度、破坏应变、抗拉模量即应力-应变曲线之斜率，以kN/m表示。几种不同类型土工织物的典型拉应力、应变曲线如图16-15所示。

应用中有几种模量选择确定方式。大多数土工织物材料应力-应变曲线的初始段为线性的，由此直线定出的模量称初始模量。针刺无纺织物的初始模量非常小，如图16-15中的曲线E，模量常由初始斜率后的线性曲线斜率定出，称为切线模量；如无法按前两种方法从应力-应变曲线上确定，则取原点至曲线上10%应变对应点连线的斜率定出，称为割线模量。

（二）土工格栅（Geogrid）

土工格栅是经过定向拉伸形成的具有方形或矩形开孔的格栅板材，相对于土工织物而言，具有较高的拉伸模量，由于开孔尺寸大，适用于较大颗粒填料之加筋土。

土工格栅的产品有多种，典型产品的塑料格栅制造是先在压制出的聚合物板材（原料多为高密度聚乙烯或聚丙烯和聚酯）上冲孔，孔的形状、大小及布置按规定要求；然后施行定向拉伸。单向拉伸格栅只沿板材长度方向拉伸制成；双向拉伸格栅是继续将单向拉伸格栅再在与其长度垂直的方向拉伸制成。常用的尚有以玻纤制成的延伸率低的经编格栅。

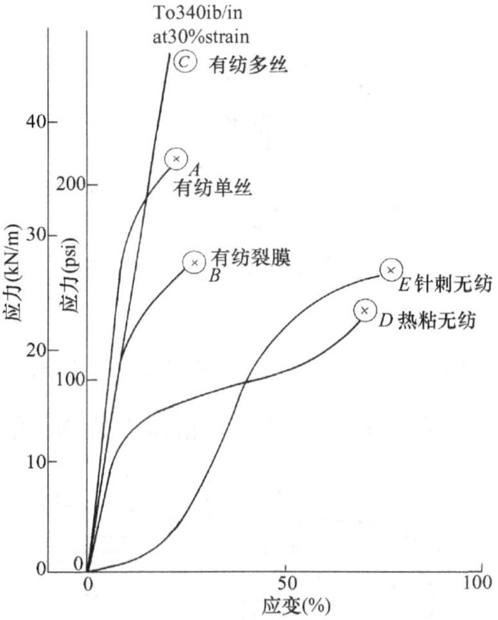

图 16-15 几种土工织物的典型拉应力-应变曲线

一种典型的土工格栅的形状及细部如图16-16所示。

土工格栅的力学性质包括抗拉强度、模量、结点强度、蠕变特性及摩擦特性等。

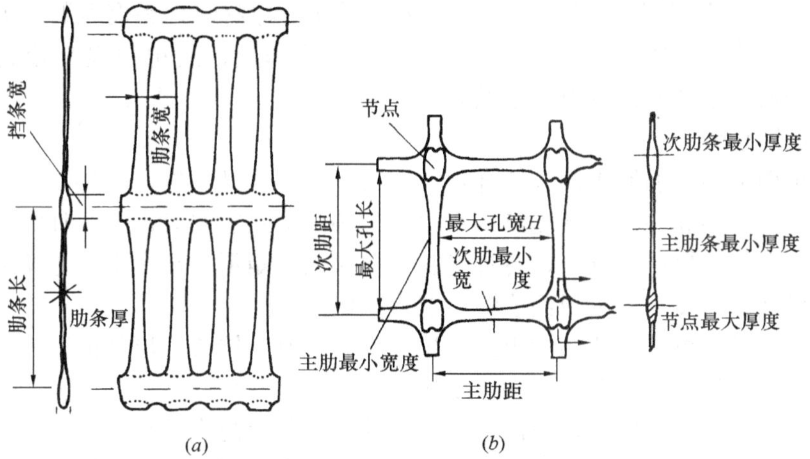

图 16-16 土工格栅的形状及细部

图16-17示出几种土工合成材料的拉伸、延伸率曲线，可以看出聚合物塑料格栅的抗拉强度已接近于软钢的抗拉强度。

土工格栅埋入土中的抗拔力由于格栅与土体之间的咬合力和横杆的被动阻力而显著增大。图16-18所示的一试验结果表明其抗拔力远超过钢带和土工织物。

土工格栅的拉拔试验表明，其纵肋与横杆交结点之强度对其拉拔性态有较大的影响。

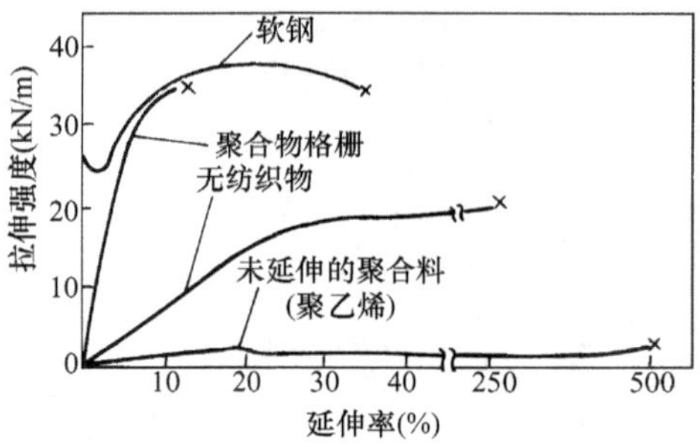

图 16-17 几种材料的拉伸强度、延伸率特性

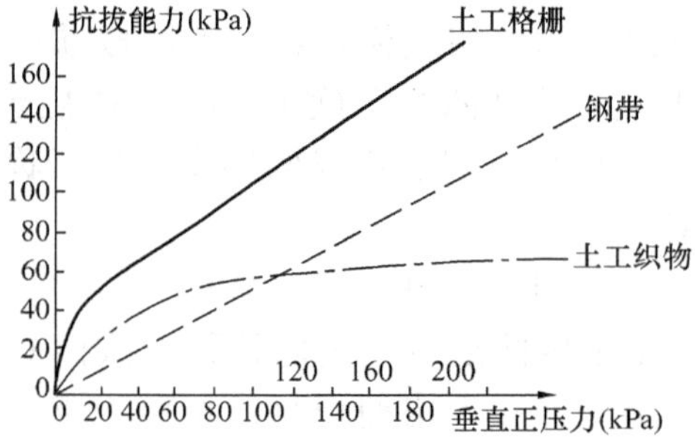

图 16-18 几种材料埋在土中的抗拔力

图 16-19 所示为土工格栅产品 SR_2 在不同拉力下的典型蠕变曲线。可以看出当应变低时，曲线近似直线，故在相应的荷载下不会发生长期蠕变破坏，在较大的荷载下应变大时会出现蠕变现象。专门的试验表明，运营年限为 120 年、温度为 20℃时 SR_2 格栅的蠕变极限荷载为 29kN/m。

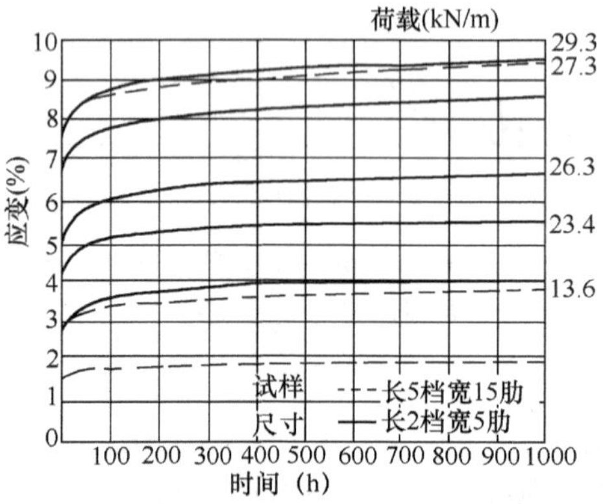

图 16-19 SR_2 型土工格栅的蠕变试验结果

土工格栅易于在现场裁剪，可用聚合材料绳或专用棒连接，也可重叠搭接，铺设简单。

（三）土工带（国内常称为工程塑料带），它是宽 10～25mm、厚 0.8～1.4mm 的表面具有凸凹形状的条带产品（与打包带在外形上相似），其主要原材料多为聚丙烯。由于生产过程中经受拉力作用，故抗拉强度较高，但其变形及蠕变性能较低。已开发出变形甚小的复合土工带。

16.3.5 墙面及护面

墙面及护面关系到加筋土结构的外观，因为它是整个结构惟一的外露部分，它需要同时防止回填土的外漏和冲蚀，并提供排水路径。墙面形式主要有以下几种类型：

一、预制混凝土拼装连续板，各种形状的模块板如矩形、十字形、六角形块；

二、现场浇制混凝土连续板面或喷射混凝土墙面；

三、焊接格网，可在墙前弯制也经常用于中间夹有岩层或土层的情况；

四、石笼墙面带加筋条带或格网、格栅；

五、包裹式土工织物墙面，但注意防止紫外线老化及防火问题；

六、塑料网格护面、植物可以从空格中生长，具有美观和防紫外线作用；

七、另外还有用 L 型（单层或多层）钢筋混凝土预制件墙面；倒 Y 形钢筋混凝土预制块墙面以及柱板式墙面等。

16.3.6 加筋材料选择

加筋材料应能确保其安全、正常工作，与周围土有良好的界面摩擦和在荷载长期作用下的低蠕变性和耐久性。要求通过试验或规定提供设计用参数。

一、筋、土的摩擦和抗拔特性

筋-土的摩擦和抗拔特性分别由直剪试验和抗拔试验确定。

（一）抗拔特性

抗拔力为筋材从土中拔出的最大拉力，应按下式计算，

$$P_r = F^* \cdot \alpha \cdot \sigma'_v \cdot L_e \cdot C \tag{16-13}$$

式中 P_r——单位宽度筋材的抗拔力；

α——尺寸效应修正系数；

σ'_v——筋土界面上有效垂直应力；

$L_e \times C$——破坏面后单位筋材宽度的总表面积，其中 L_e 为破坏面后的锚固长度，C 为有效周长，对于条带、格栅和片状筋材 $C=2$；

F^*——抗拔摩擦系数；

α——抗拔剪切面上平均剪应力与峰值剪应力之比值；对于不可拉伸性筋材 $\alpha=1$，对于可拉伸筋材 α 小于 1。α 由拉拔试验求出，当缺乏资料的情况下，α 一般取等于 0.6。

（二）摩擦特性

筋材与土或其他材料接触界面的摩擦系数和接触材料类别及性状有关，对于重大工程，筋-土的内摩擦系数应通过大型剪切试验并结合工程经验确定。对于试验条件不具备且缺乏当地经验时，我国《公路加筋土工程设计规范》提供的数据如表 16-1。

土与筋材的表观摩擦系数（摘自公路加筋土工程规范表 3.2.4） 表 16-1

填料类型	容重（kN/m^3）	填料计算内摩擦角（°）	筋-土表观摩擦系数
中低液限黏性土	18～21	25～40	0.25～0.40
砂性土	18～21	25	0.35～0.45
砾、碎石类土	19～22	35～40	0.40～0.50

注：黏性土计算内摩擦角为换算内摩擦角；
墙高大于 12m 的挡墙，计算内摩擦角和表观内摩擦角用低值。

二、加筋土筋材的容许抗拉强度和蠕变（极限）强度

（一）筋材的容许抗拉强度

土工合成材料不同于一般建筑材料，它在施工与长期工作期间，材料本身的强度会因施工损伤和老化等因素而衰减。为此，工程设计中采用的材料强度，或容许抗拉强度 T_a，应为工程使用寿命内能以确保的强度。故相关规范都规定，根据筋材实测的抗拉强度 T_u（试验室拉伸试验值）推算容许强度 T_a时，应考虑适当的强度折减系数，可理解为“材料安全系数”（以区别于一般工程设计中所用的“工程安全系数”）。我国对折减系数的研究很少，且不系统，故暂借用美国联邦公路管理局（FHWA）和美国州公路与运输管理人员协会（AASHTO）于 1998 年发表的《土工合成材料的折减因数》一文中的数据。按其规定，材料的容许抗拉强度应由下式确定：

$$T_a = \frac{T_u}{RF_{CR} \cdot RF_{ID} \cdot RF_D} = \frac{T_u}{RF} \tag{16-14}$$

式中 RF_{CR}——考虑材料因蠕变影响的强度折减系数；

RF_{ID}——考虑材料在施工过程中受损伤的强度折减系数；

RF_D——考虑材料长期老化的强度折减系数；

RF——综合强度折减系数。

以上强度折减系数应按具体工程采用的加筋材料类别、填土情况和工作环境等通过试验确定。通常可参考表16-2（1）至表16-2（3）合理取值。

蠕变折减系数 RF_{cR} **表16-2（1）**

加筋材料	折减系数 RF_{cR}	加筋材料	折减系数 RF_{cR}
PET土工格栅	3.0～2.5	PE土工格栅	5.0～2.5
PP土工格栅	5.0～4.0		

施工损伤折减系数 RF_{iD} **表16-2（2）**

加筋材料	填料最大粒径102mm 平均粒径 D_{50} 约为30mm	填料最大粒径20mm 平均粒径 D_{50} 约为0.7mm
HDPE单向土工格栅	1.20～1.45	1.10～1.20
PP双向土工格栅	1.20～1.45	1.10～1.20
PP、PET有纺土工织物	1.40～2.20	1.10～1.40
PP、PET无纺土工织物	1.40～2.50	1.10～1.40
PP裂膜丝有纺土工织物	1.60～3.00	1.20～2.00

注：1. 用于加筋的土工织物的单位面积质量不应低于270g/m²；

2. 单位面积质量低、抗拉强度低的加筋材料取用表列系数中的大值；

3. HDPE—高密度聚乙烯；PE—聚乙烯；PP—聚丙烯；PET—聚酯。

PET加筋材料的老化折减系数 RF_D **表16-2（3）**

加筋材料	5<pH<8	3<pH<5，8<pH<9
土工织物，Mn<20000，40<CEG<50	1.6	2.0
涂面土工格栅，Mn<25000，CEG<30	1.15	1.3

注：Mn—分子量；CEG—碳酰基；pH—酸碱度。

原材料为PET的加筋材料的老化折减系数 RF_D 见表16-2（3），PP与HDPE加筋材料制造时掺入了要求数量的抗老化、抗氧化剂，在温度20℃、设计寿命为100年时，老化折减系数可采用1.1。

式（16-14）中综合强度折减系数 RF 宜采用2.5～5.0。材料的撕裂强度、握持强度、胀破强度和顶破强度等也应符合式（16-14）的规定。

（二）蠕变极限强度

蠕变是固体材料在恒定荷载下变形随时间缓慢增长的现象。高分子聚合物的土工合成材料是一种黏弹性物质，蠕变性特别明显。材料的蠕变伴随其衰变过程，同时应力松弛使其设计要求的应力不能完全发挥，尤其是当土工合成材料用作受力构件时，此种情况直接影响结构的安全。为此，蠕变性大的材料不能用于永久性加筋工程。

材料蠕变性的大小受多种因素影响。首先是原材料的品种和结构。例如最常用的有高密度聚乙烯（HDPE）、聚丙烯（PP）和聚酯（PET）土工格栅；其次是材料的荷载水平（即材料单位宽度所受拉力与其抗拉强度的比值）；另外，还有材料的工作温度和工作时的侧限条件（即，是在空气中自由拉伸，还是被埋在土内拉伸）等。

以上已述及在确定材料的容许抗拉强度时，材料的蠕变是要考虑的一个重要因素。考虑的办法就是要确定一个计及蠕变影响的强度折减系数 RF_{CR}。从材料的抗拉强度 T_u 求取容许抗拉强度 T_a 时，要计及多种影响。如果仅考虑蠕变影响一项，则所得的强度称为蠕变（极限）强度 T_{CR}，故有：

$$T_{CR} = \frac{T_u}{RF_{CR}} \tag{16-15}$$

蠕变强度的物理意义可以理解为：材料在一定温度（例如 20℃）、工作一定时间（一般为 100 年）、应变不超过一定值（常取 10%）时能承受的恒定荷载值。蠕变强度由蠕变试验确定。

就加筋材料的格栅为例，生产厂家在制造时都有一个规定的强度指标，称为质控指标 T_{qc}，使得产品的实测抗拉强度 T_u要满足 $T_u \geqslant T_{qc}$，故 T_u是产品的出厂强度指标。值得注意的是，两种格栅尽管其抗拉强度 T_u相同或接近，却会由于二者的材质、配方和加工工艺不同，其蠕变强度会有较大的差别。因此在加筋工程中，选择材料不仅要注意其抗拉强度，还应该了解其蠕变强度 T_{CR}。

蠕变试验要求在恒温恒湿的试验室借专门装置进行。试验在于求得折减系数 RF_{CR}，具体方法请参阅有关文献。

三、施工对材料的要求

选用筋材除要满足设计的要求外，尚应能经受施工荷载和机械损伤，表 16-3 是施工条件对土工织物造成损坏的严峻程度分档，表 16-4 是对不同严峻程度档次对土工织物强度的最低要求。

道路施工要素对土工织物所施荷载严峻程度的分档 **表 16-3**

施工要素	严峻程度		
	低	中	高至极高
设　备	轻型推土机（压力 55kPa）	中等重量推土机、轻型轮行设备（压力 55～230kPa）	重型推土机、载重自卸卡车（压力大于 230kPa）
地基条件	清理过	部分清理过	未清理
填料	圆滑砂砾石	粗棱角砾石	卵石、爆破碎石
铺填层厚（cm）	45	30	15

土工织物在施工中的最低强度要求(1)

（AASHTO—AGC—ARTBA 联合委员会） **表 16-4**

对土工织物的要求	握持强度(2)（最低值）（N）	刺破强度(3)（N）	胀破强度(4)（kPa）	梯形撕裂强度(5)（N）	备注(6)（相应的严峻程度）
很高	1220	500	2925	340	（极高）
高	820	340	1970	225	（高）
中等	590	180	1430	180	（中）
低	410	135	985	135	（低）

（1）指一卷卷材的最低平均值，即一批材料中每卷都应满足或超过表列数值。
（2）ASTM D—4632。
（3）ASTM D—4833。
（4）ASTM D—3787。
（5）ASTM D—4535，两个主方向。
（6）编者附加。

四、关于填料的选用

加筋土填料的选用除参照 16.3.3 的经验和要求标准外，应着重考虑其压实性能，注意要能较容易地达到要求的压实度，同时注意首先选用当地可用的优质土料，以达到降低工程造价之目的。

16.4 设计考虑

16.4.1 概述

三、四十年来众多的工程实践已经证明加筋土结构是成功的，但设计方法却仍处于发展阶段，这是因为土与筋材相互作用机理的复杂，以及筋材形式的多样化。此外，对土工合成材料筋材性能准确评估也较为困难。现阶段基本上是采用简化设计方法，并且多数是应用经典土力学分析技术。简化方法一般偏于安全，但某些情况过于保守。

16.4.2 设计方法

加筋土结构设计，现有三类方法：工作应力分析法；极限平衡分析法；变形或位移反应分析法。

一、工作应力分析法

设计者首先选择加筋的位置，并校核在稳定土体中的应力要与土和筋材的性质相匹配；还要评估每一筋材的局部稳定性和预测逐渐破坏；同时估算垂直和水平位移。

二、极限平衡分析法

极限平衡分析包括：结构的外部稳定、内部稳定和组合稳定校核。

三、变形反应分析法

变形反应分析用以评估在预计的水平位移下结构的预期状态。之外还可估计筋材的类型和铺设密度变化对结构状态的影响。变形分析结果是三种分析中可靠性最差的一种。

有限单元法通过将连续体离散化为有限个单元，对这些单元分片插值可得到连续体内各点的应力、应变和位移的分布，从而对土体的稳定性和变形进行评价。有限单元法的优点是不仅可以提供受荷土体的应力场和位移场，而且能在计算中考虑土体的非均质性和非线性及其随时间的变化、施工程序和荷载的变化，从而反映从施工开始到运用期土体性状变化的全过程。但是由于计算参数不易准确确定，所以目前在设计中还应用得不多。

在以上所述的方法中，工程中现在广泛应用的设计方法是极限平衡分析法，具体内容如下：

- 结构的外部稳定性验算；
- 结构的内部稳定性验算；
- 排水系统等细部结构。

一、外部稳定

包括以下各项验算：

（一）抗平面滑移；

（二）抗深层滑移；

（三）加筋土体的抗倾覆；

（四）地基的承载力。

验算要求具有一定的安全储备，要求的安全系数可以参照下面16.5.2节。

二、内部稳定

内部破坏可能有两种形式：一是筋材承受拉力过大而断裂，导致位移过大和结构破坏，故要进行筋材的强度验算；另一种是筋材的拉力大于抗拔阻力，筋材从被动区土中拔出，从而导致大的位移或结构破坏，这种验算称为抗拔验算。两种验算要求的安全系数见16.5.2节。

16.4.3　复杂形状结构和其他情况

以下几节介绍的基本设计方法系考虑简单的具有等长全高水平布筋的加筋土结构，尽管多数情况均属于这种类型，但是某些情况会遇到较为复杂形状的结构，设计中应予以特殊考虑，将分别在16.5.2三、16.5.3至16.5.5各节介绍。

16.5　加筋土支挡结构（挡墙、桥台）

16.5.1　概述

一般把筋材的拉伸性分为两种典型类型，即不可拉伸性（刚性）筋材和可拉伸性（柔性）筋材。金属条带及金属或钢筋混凝土格网和高模量土工带属于不可拉伸筋材，这种筋材可在土体达到破坏状态之前而破坏，由它构成的加筋支挡结构，不易产生水平变形，其应力状态十分接近静止土压力状态，筋材最大拉力线（破坏线）将加筋土体分为主动区和阻抗区，结构上部土压力为静止土压力（K_0状态），下半部为主动土压力（K_a状态）。低模量的柔性筋材如土工织物和塑料土工格栅属于可拉伸筋材，这种筋材在破坏之前产生相当程度的变形，足以使土体达到主动极限平衡破坏状态，其最大拉力线与Rankine主动破坏面一致。其他筋材如较高模量的编织型土工织物等均介于两种典型筋材之间。

其他影响加筋土支挡结构状态的因素还有筋材布置的间距、墙面形式、筋材与墙面联接的刚度等。

地基的压缩性对筋材所受拉力及结构的水平变形有一定的影响。对不可拉伸筋材，压缩性地基使支挡结构下层的筋材拉力和墙面侧向位移有轻微的增大，只要沉降是均匀的，设计时可忽略不计，但对可拉伸筋材则会使下层筋材拉力及墙面连接处连接件的应力显著增大。

加筋土结构填土与被支挡的填土沉降差异会影响墙后推力的倾角；墙面与加筋土内填土的差异沉降将影响靠近墙面处筋材的应力，刚性连接时将会发生弯曲应力，需要考虑特别的柔性连接方法。

本节内容首先着重介绍墙面接近垂直的（70°～90°）加筋土支挡结构的一般简化设计方法，即我国国标法。然后简介复杂形状结构设计考虑的基本点。所述设计一般限用于高度不大于30m的不可拉伸筋材加筋土支挡结构或15m以内的可拉伸筋材的加筋土支挡结构。其次，再扼要述及国内也有采用的DIBt法（德国建筑研究院法）。另外，还就常会遇到的两种情况下的加筋土挡墙，即以低透水性土作填料的挡墙和模块式挡墙的设计要点加以论述。

16.5.2　加筋土挡墙国标设计法

以下针对墙面接近垂直的加筋土挡墙介绍我国国标设计方法。

一、设计步骤

第一步　确定基本资料（图16-20）

（一）墙高H；

（二）墙面倾角θ；

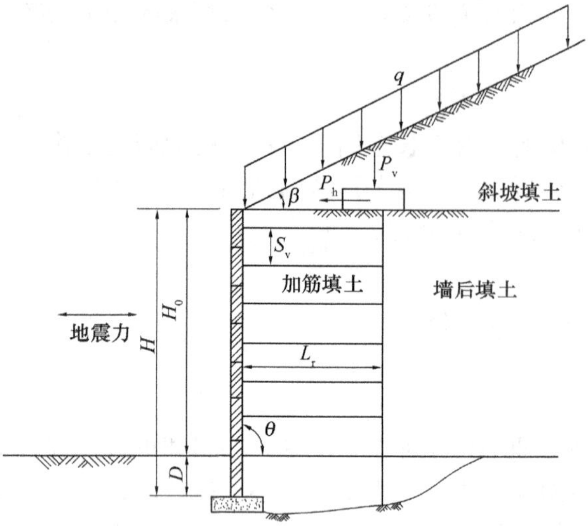

图 16-20 加筋土挡墙的荷载和几何特征示意图

（三）墙的总长和沿长度墙高的变化；

（四）顶部填土坡角 β；

（五）外部荷载和作用位置，如：

1. 均匀超荷载 q，集中荷载 P_v，P_h；

2. 临时活荷载，如车辆荷载 Δq 等；

3. 地震荷载 α_g。

（六）墙面及连接，如：

1. 端部包裹；

2. 模块混凝土（组合块体）；

3. 墙面全高混凝土板。

（七）初拟筋材垂直间距 S_v、水平间距 S_h（条带式筋材），考虑：

1. 与墙面联接位置控制；

2. 施工的要求，包括施工时的稳定性、分层填土高度、铺设条件等；

3. 筋材的强度。

（八）设计寿命（使用年限）；

（九）环境条件，诸如：冻结、排水、渗流、降雨、冲刷（对海、河岸挡墙），化学性质（pH 值，水解可能性，氯、硫化学溶剂及其他碳氢化合物等）等状况。

第二步 确定地基土的工程性质

（一）墙底以下的土层剖面，探深至少为墙底宽度的 2 倍或至硬层；

（二）各层地基土的强度参数（c_u、φ_u、c' 和 φ'），容重 γ 和固结参数（C_c、C_r，C_v 和先期固结压力 σ_p'）；

（三）地下水位、墙后和墙下所需的排水措施。

第三步 确定墙后及墙内填土的性质

（一）填土的含水率、级配、塑性、压实性能（最大干密度 γ_d 和最优含水率 w_{opt}）、压实系数或相对密实度 D_r。

（二）加筋填土的有效内摩擦角 φ_r'。

（三）pH 值，Cl^-、SO_4^{2-} 盐含量，及其他影响筋材的成分及含量。

第四步 确立安全系数和施工标准

推荐的安全系数最小值如下：

（一）外部稳定

1. 抗滑移 $F_s \geqslant 1.5$

2. 承载力 $F_s \geqslant 2.0$

3. 抗倾覆 $F_s \geqslant 2.0$

4. 整体稳定 $F_s \geqslant 1.5$

5. 沉降 容许最大值和差异沉降视工程类别而定。

6. 水平位移 视墙面倾度及施工要求而定（预制墙面板沿墙高的每米≤6.2mm。对于包裹式墙面每米≤16.5mm。

7. 对于动载　$F_s \geq 1.1$

（二）内部稳定

1. 破坏强度　确定筋材的容许拉力。

2. 抗拔力　$F_s \geq 1.5$（最短筋长度不小于0.9m）。

3. 抗震稳定　$F_s > 1.1$（抗拔出）。

第五步　确定加筋土墙结构的初选尺寸

（一）墙的埋深。

（二）初定筋材间距 S_v。

（三）初定筋长 L_r，可初定为墙高 H 的0.7倍，即 $0.7H$。

第六步　计算墙后（加筋区后）的土压力及基底的垂直应力

第七步　外部稳定性验算

第八步　挡墙的沉降分析

第九步　内部稳定性验算

（一）计算每层筋上的最大水平应力。

（二）校核筋材破坏的安全度。

1. 核算筋材强度要求 $(\sigma_h S_v S_h)/b = \sigma_h S_v R_c = T_{max}/R_c < T_a$，$R_c$ 为筋材的覆盖率，$R_c = b/S_h$。

2. 对于满堂铺筋材，如果 $T_a < T_{max}$，则可缩小 S_v，或增大 T_a（即选用较高抗拉强度的筋材）；对于格栅或条带筋材，如 $T_a < T_{max}/R_c$，则减小 S_v，减小 S_h，增大 b 或用更强的筋材以提高 T_a。

（三）校核墙面处的联接强度；对于包裹式墙面应确定回折长度 L_0，

$$L_0 = \frac{\sigma_h}{2\gamma Z F^* \tan\varphi_r} \cdot FS$$

L_0 不能小于1m。

（四）确定筋材长度

1. 确定主动区外（破坏面以外）抗拔要求的筋材长度（锚固长度），其最小长度不能小于1m；

2. 校核筋长，视其等于或小于外部稳定分析所需长度，如果大于，则增加加筋区的宽度。

（五）复核筋材强度，并改变筋材间距以达到经济设计。

第十步　校核内部抗震稳定

（一）计算墙内的最大加速度 $\alpha_m g$；

（二）确定阻力区的惯性力；

（三）计算每层筋的动力增量；

（四）校核抗断裂和抗拔出的安全性。

第十一步　预估侧向位移

二、具体计算

（一）墙的埋置深度 D

根据墙前地面坡度，考虑墙的最小埋深：

墙前地面坡度（垂直：水平）	最小埋深 D
水平地面（挡墙）	$H/20$（H 为墙高）
水平地面（桥台）	$H/10$
1∶3	$H/10$
1∶2	$H/7$
1∶1.5	$H/5$

考虑具体的冻结深度、地基土的胀缩、地震作用和冲刷，可能需要更大的埋深。所有情况下，最小埋深不宜小于0.45m。

（二）初定筋材的垂直间距

根据有关经验或预定的施工要求及面板联接间距、填土压实分层厚度等初定。对于满堂包裹式墙，垂直间距应为压实填土厚的倍数，一般压实分层为20～30cm，所以初选间距为40～60cm。

（三）土压力和垂直应力计算

1. 土压力

土压力是作用在挡土墙背上的外荷载，无论墙的外部稳定性或内部稳定性验算都要涉及土压力。挡墙设计中涉及的土压力为主动土压力，挡墙上某点所受侧向土压力 p_a 由下式计算：

$$p_a = K_a \sigma_v \tag{16-16}$$

式中 σ_v——某点处的垂直压力。

可见，计算土压力在于确定主动土压力系数 K_a，根据墙背倾角、光滑程度和墙顶地面情况的不同（图16-21），K_a 按下法计算：

（1）墙背垂直（$\theta=90°$）、墙顶地面水平（$\beta=0$）

$$K_a = \tan^2\left(45° - \frac{\varphi}{2}\right) \tag{16-17}$$

式中 φ——墙填土和墙后原位土二者内摩擦角中的较小者。

此外，假设 $\lambda=0$。

（2）墙背近于垂直（$\theta<100°$），地面倾斜角 β

$$K_a = \cos\beta \frac{\cos\beta - \sqrt{\cos^2\beta - \cos^2\varphi}}{\cos\beta + \sqrt{\cos^2\beta - \cos^2\varphi}} \tag{16-18}$$

土压力作用方向，$\lambda=\beta$。

（3）墙背后倾（$\theta>100°$），地面倾斜角 β

$$K_a = \frac{\sin^2(\theta+\varphi)}{\sin^2\theta\sin(\theta-\lambda)\left[1+\sqrt{\frac{\sin(\varphi+\lambda)\sin(\varphi-\beta)}{\sin(\theta-\lambda)\sin(\theta+\beta)}}\right]} \tag{16-19}$$

土压力作用方向，假设 $\lambda=\beta$。

要特别注意的是：(1) 无论是可拉伸或不可拉伸筋材的墙，在作墙外部稳定性分析时，均采用上述土压力；(2) 在作内部稳定性验算估算筋材中拉力时，上述土压力仅用于可拉伸筋材。对不可拉伸筋材，土压力系数应作调整，见图 16-28。

2. 墙底面的垂直应力 σ_v

采用 Meyerhof 法，把作用于墙底面的偏心合力转化为作用在折减面积上的等效均布力，即将墙底宽 L 转化为 $(L-2e)$。

$$\sigma_v = \frac{\gamma_r HL + W' + P_a \sin\lambda}{L - 2e}$$

式中 W'——墙顶斜坡三角形填土部分的自重；

e——作用于墙底合力的偏心距；

p_a——作用于墙背的主动土压力。

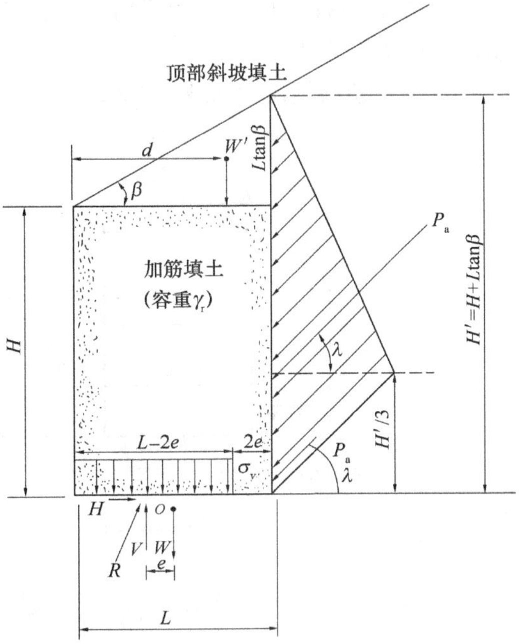

图 16-21 水平土压力和垂直应力计算图

p_a 与 e 分别按下式计算（图 16-21）

$$p_a = \frac{1}{2}\gamma H'^2 K_a \tag{16-20}$$

$$e = \frac{P_a \cdot \cos\lambda \cdot \frac{H'}{3} - P_a \cdot \sin\lambda \cdot \frac{L}{2} - W'\left(d - \frac{L}{2}\right)}{\gamma_r HL + W' + P_a \sin\lambda} \tag{16-21}$$

（四）外部稳定性验算

墙体外部失稳的四种可能破坏形式，如图 16-22。

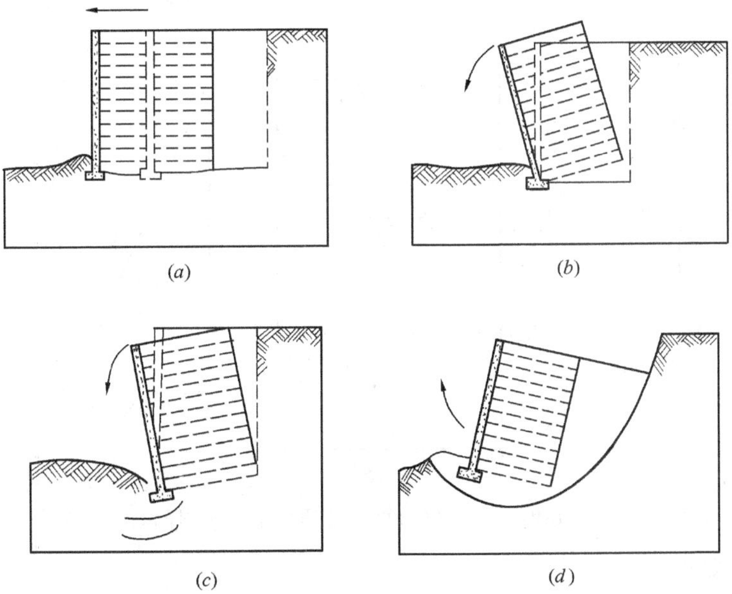

图 16-22 外部失稳的四种破坏形式

(a) 滑移；(b) 倾覆；(c) 承载力破坏；(d) 整体滑动

1. 抗平面滑移 抗水平滑移阻力为加筋土墙底或其下某一软土层的抗剪力，滑移力为墙背上推力的水平分力。

（1）均布超载情况（如图16-23）

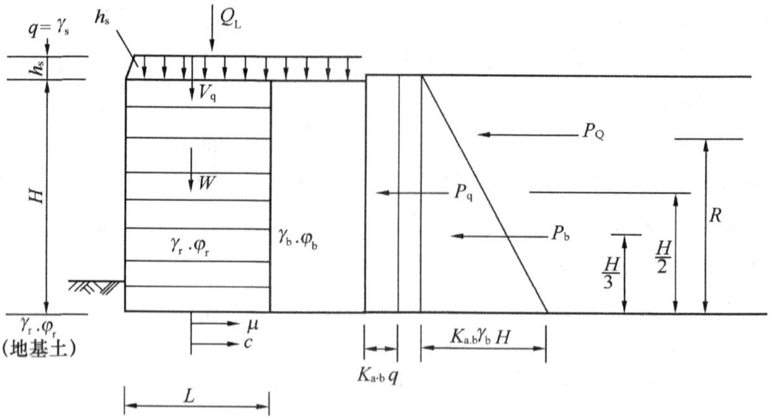

图16-23 抗水平滑移验算（均布超载）

抗滑移安全系数及要求

$$FS_s=\frac{(V_q+W)\mu+cL}{P_b+P_q+P_Q}=\frac{[(\gamma_s h_s+\gamma_r H)\mu+c]L}{K_a H(0.5\gamma_b H+\gamma_s h_s)+P_Q}\geqslant 1.5 \tag{16-22}$$

式中V_q为超载总和，W为加筋土墙重，P_b为水平土压力，P_q为超载引起的土压力，μ为墙底摩擦系数，取地基土、加筋墙填土、加筋墙填土与筋材三者摩擦系数中的最小值，c为地基土的黏聚力或地基土与筋材间的粘着力，P_Q为由Q_L引起的水平应力。

（2）墙顶填土为倾斜面情况（如图16-24）

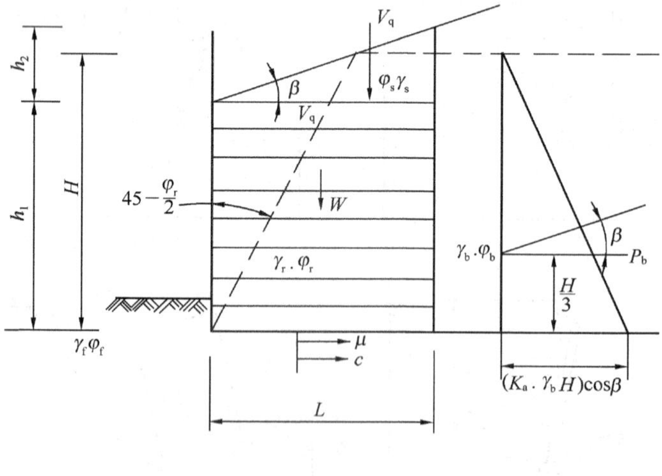

图16-24 抗滑移验算（墙顶填土为倾斜面）

安全系数及要求：

$$FS_s=\frac{(V_q+\overline{W})\mu+cL}{P_b}=\frac{[(\gamma_s h_2+2\gamma_r h_1)\mu+2c]L}{K_a\gamma_b H^2\cos\beta}\geqslant 1.5 \tag{16-23}$$

$V_q = \gamma_s h_2 L/2, \overline{W} = \gamma_r h_1 L, P_b = (0.5 K_a \gamma_b H^2)\cos\beta, K_a$ 见式（16-18）。对于可拉伸筋材 $\lambda_\beta = \beta$。

注意在设计中对于任何墙趾处的被动阻力均忽略不计，因为墙前地面可能受自然影响或人工活动而有所变更，另外，发挥被动土压力要求的位移远比主动土压力的要大。活荷载对抗滑移阻力的增加也不予考虑。

当计算的安全系数不能满足要求时，一般可增加筋长，重复计算达到满足为止。

2. 抗倾覆

抗倾覆安全系数 FS_0 以墙前趾为转动中心验算，要求

$$FS_0 = \frac{\text{抗倾覆力矩总和}}{\text{倾覆力矩总和}} \geqslant 2$$

（1）均布超载（见图 16-23）

$$FS_0 = \frac{(V_q + W)\dfrac{L}{2}}{P_b\left(\dfrac{H}{3}\right) + P_q\left(\dfrac{H}{2}\right) + P_Q R} = \frac{3L^2(\gamma_s h_s + \gamma_r H)}{K_a H^2(\gamma_b H + 3\gamma_s h_s) + 6P_Q R} \geqslant 2 \quad (16\text{-}24)$$

式中 R 为由 Q_L 引起的水平应力 P_Q 的倾覆力臂。

（2）墙顶填土为倾斜面（图 16-24）时，要求

$$FS_0 = \frac{V_q\left(\dfrac{2}{3}L\right) + W\left(\dfrac{L}{2}\right)}{P_b\left(\dfrac{H}{3}\right)} \geqslant 2.0 \quad (16\text{-}25)$$

如不能满足安全系数的要求，则可增加筋长或调整 β。不过，对于加筋土挡墙，因其为柔性体，一般不存在倾覆失稳，常不予验算。

3. 地基承载力

为防止承载力破坏，要求按 Meyerhof 法计算得到的墙底垂直应力 σ_v 使其不超过地基土容许承载力 q_a。容许承载力取等于极限承载力 q_u 的 1/2，即

$$\sigma_v \leqslant q_a = q_u/2 \quad (16\text{-}26)$$

σ_v 的计算步骤：

（1）计算作用于墙底面的垂直合力的偏心距 e，e 应小于或等于 $L/6$；

（2）按 Meyerhof 法计算 σ_v；

（3）按一般土力学方法确定 q_u。

如果 σ_v 超过地基容许承载力，则可调整筋长；如仍不能满足式（16-26），则可考虑处理地基提高其承载力。

4. 整体稳定（抗深层滑动）

视加筋土墙为一刚体，考虑整个墙体连同部分地基土的整体滑动。破坏面发生在加筋体外，整体滑动的稳定性可用条分法按式（16-27）计算其安全系数 FS_g，并要求：

$$FS_g = \frac{\sum (c_i x_i + W_i \cos\alpha_i \tan\varphi_i)}{\sum W_i \sin\alpha_i} \geqslant 1.25 \quad (16\text{-}27)$$

式中 c_i——第 i 条土体的黏聚力（kPa）；

x_i——第 i 条土体的底弧长（m）；

α_i——第 i 条土体的底弧线切线与水平线的夹角；

W_i——第 i 条土体的重量（kN）；

φ_i——第 i 条土体底弧处的内摩擦角（度）。

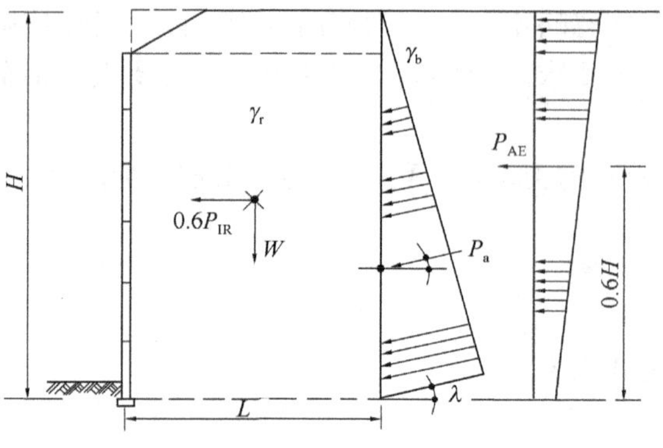

图 16-25 考虑地震力的分析

若抗滑动安全系数小于要求值，则应加长筋材，或必要时进行地基处理。

5. 地震荷载

地震区的加筋土支挡结构，对由于地震而产生动水平推力 P_{AE}，和加筋土体本身产生惯性力 P_{IR}，在外部稳定分析时均需要予以考虑（参见图 16-25）。

地面加速度 a_m 采用峰值地表加速度：

$$a_m = \alpha_m g \tag{16-28}$$

式中 α_m——加筋土墙重心处的最大加速度系数

$$P_{AE} = 0.375\alpha_m \gamma_b H^2 \tag{16-29}$$

$$P_{IR} = \alpha_m \gamma_r HL \tag{16-30}$$

考虑 P_{AE} 和 P_{IR} 不可能同时发生，故在稳定分析时将 P_{IR} 折减 50%。

6. 加筋土挡墙的沉降

按浅基础常规方法估算加筋土结构的总沉降和差异沉降，要求满足工程设计规定，如不能满足，应考虑采取地基处理。

（五）内部稳定性验算

加筋土体内筋材的最大拉力线（各层筋材最大拉力点连线，即假设的土体破坏线）如图 16-26。最大拉力线对于不可拉伸筋材为折线，墙上部的应力状态接近静止状态；对于可拉伸筋材，破坏面与库仑或朗肯主动破坏面一致。设计时要验算筋材的强度（抗断裂）和抗拔出的安全系数，并保证满足要求。

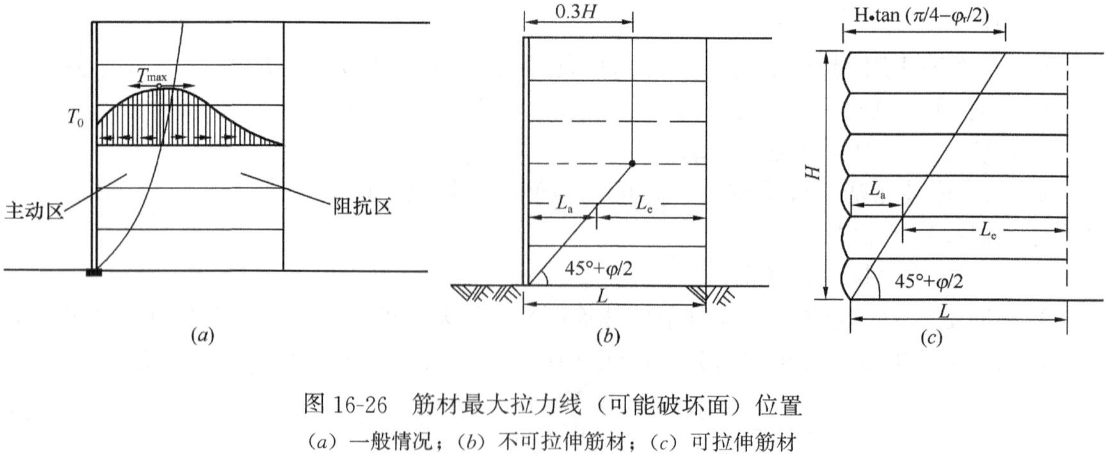

图 16-26 筋材最大拉力线（可能破坏面）位置

（a）一般情况；（b）不可拉伸筋材；（c）可拉伸筋材

1. 筋材的强度（抗断裂）验算

（1）确定各层筋材所承受的最大拉力 $T_{i\max}$（第 i 层筋承受的最大拉力）

$$T_{i\max} = S_v \cdot \sigma_h \tag{16-31}$$

式中 S_v——筋材层的垂直向间距，σ_h 为 i 层的水平应力。

$$\sigma_h = K(\gamma_r Z + q + \Delta\sigma_v) + \Delta\sigma_h \tag{16-32}$$

对于条形荷载为，$\Delta\sigma_v = \dfrac{P_v}{D_1}$；

对于独立基础为，$\Delta\sigma_v = \dfrac{P_v}{D_1(l+Z_1)}$

对于点荷载为，$\Delta\sigma_v = \dfrac{P'_v}{D_1^2}$；

式中 $\Delta\sigma_v$——由于集中和局部超载产生的垂直应力增量：

其中，D_1 为荷载扩散后的有效宽度；l 为基础长度；$D_1 = b_f + Z_1$；$D_2 = \dfrac{b_f + Z_2}{2} + d$，参见图（16-27*a*）

q——墙顶的均布超载；$\Delta\sigma_h$ 按图 16-27（*b*）的集中水平荷载的应力分布确定。图中 L_b 为水平荷载 P_H 的有效宽度。

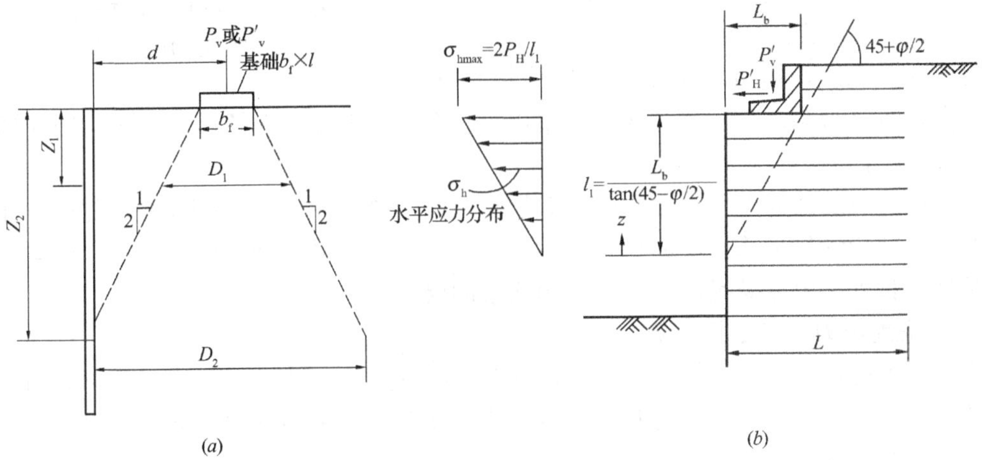

图 16-27 荷载扩散示意图

（*a*）集中和局部荷载；（*b*）水平荷载

对于有坡度的填土，其实际超载可代之以均匀的超载，$\sigma_v = 0.5\gamma h_s$，h_s 为筋材末端处填土的高度。

式（16-32）中的 K 为侧压力系数。对于可拉伸筋材 $K = K_a$，K_a 分别按式（16-17）和式（16-18）计算；若为不可拉伸筋材，则 K 值应按图 16-28 确定。

（2）筋材强度校核

筋材所承受的最大拉力应满足式（16-33）的要求，即

$$T_{\max} \leqslant T_a \cdot R_c \tag{16-33}$$

R_c——筋材覆盖面积比$=\dfrac{1}{S_h}$，S_h 为条带筋材水平间距；对于满堂铺的面形筋材，$R_c = 1$。

T_a——筋材容许抗拉强度。

2. 筋材抗拔校核

筋材抗拔稳定应满足式（16-34）的要求。

$$T_{\max} \leqslant \frac{1}{FS_{p}} 2(\sigma_{v} + \Delta\sigma_{v}) L_{e} \mu R_{c} \qquad (16\text{-}34)$$

式中 FS_p——抗拔安全系数，一般取等于1.5；

σ_v——某层筋材所受覆盖土层压力；

$\Delta\sigma_v$——超载引起的垂直附加压力；

L_e——破坏面外的锚固长度；

μ——筋材与土的摩擦系数。

按此，筋材锚固长度 L_e，按下式计算，

$$L_{e} \geqslant \frac{0.75 T_{\max}}{(\sigma_{v} + \Delta\sigma_{v}) \mu R_{c}} \qquad (16\text{-}35)$$

如果筋材不能满足上式 L_e，则需增加筋材长度，或改用具有更大抗拔阻力的筋材。

筋材总长 $L=L_a+L_e$，参见图16-26。

对于可拉伸和不可拉伸筋材，L_a 分别按图16-26中的（b）和（c）计算。

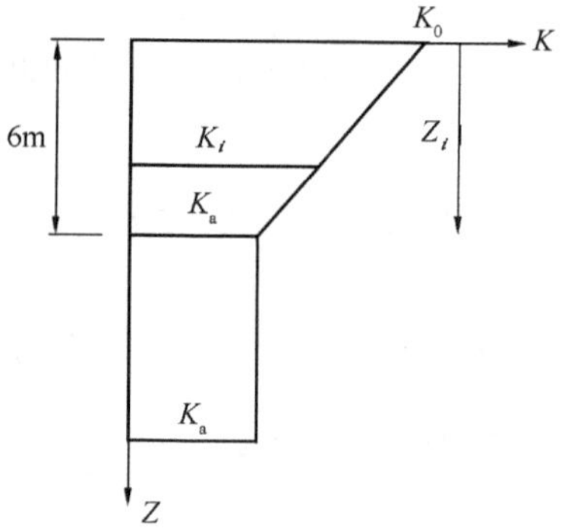

图16-28 不可拉伸筋材挡墙土压力系数

$$K_i = \begin{cases} K_0 - [(K_0 - K_a) z_i]/6 \\ (0 < z_i \leqslant 6\text{m}) \\ K_a \qquad (z_i > 6\text{m}) \end{cases}$$

K_a——主动土压力系数；

K_0——静止土压力系数。

为了便于施工，筋材通常采用各层等长布置。如果墙体较高，也可沿墙高分二或三区，各采用等长布置。但如此布置后，应按前法验算各层筋的内部稳定性。

至今已建成的加筋土挡墙要求的最短筋材长度为 $0.7H$。工程实际监测表明，可能用较短的筋长即能满足加筋挡墙的稳定性。但应注意筋长的最佳确定应全面考虑具体填土及地基条件，特别是要能满足对结构的使用状态的要求。

3. 考虑地震力的稳定性验算

在需要考虑地震力时，筋材强度及抗拔验算的 $T_{\max}$ 中。尚应计入主动区内惯性力 P_{IA} 引起的动力分量。但考虑地震力时，相应的稳定安全系数采用静力安全系数的75%。

（六）墙的侧向位移的评估

目前尚无评估加筋土墙总侧向位移的标准方法。影响加筋土墙侧向位移的主要因素包括填土施工碾压，筋材与土的相对刚度，筋长，筋材与墙面连结的松紧情况和方式以及墙面系统的变形、地基的变形性能等。对于稳固地基上的简单加筋土挡墙，若筋长取等于 $0.7H$，则施工期间墙顶的最大侧向位移 $\delta_{\max}$ 可按下面的经验式估计：

对于可拉伸筋材 $\delta_{\max}=0.4\%H$

对于不可拉伸筋材 $\delta_{\max}=0.12\%H$

式中：H 为墙高。

应该注意的是如果筋材短于 $0.7H$，则墙的位移会显著地增大。例如，采用筋长为 $0.6H$ 时，$\delta_{\max}$ 可能增大20%～50%；采筋长为 $0.5H$，则 $\delta_{\max}$ 将增大50%～100%。

对于永久性的加筋土结构应根据有关的具体条件进行侧向变形计算。

三、复杂形状结构

以上讲述了常见型式的加筋土挡墙结构，但有些挡墙却具有较复杂的形状，或需承载较大的外荷重，例如图16-29所示的桥台、阶梯式墙、多边形断面墙和背对背墙等。形状

与荷重的变化导致筋材最大拉力线位置和形状，因而即相应的墙内破坏面的改变。为此，在设计中只能针对具体情况，对破坏面作近似的假定，但这方面的经验毕竟有限。

此外，对于上述的一些复杂结构，由于临界滑动面可能既穿过结构的加筋，又跨越未加筋两个区，故很难像前面所说的在设计中分别进行内部稳定和外部稳定分析，而需要代之以综合分析。粗略的综合分析仍假定破坏面为平面。最佳方法当然是进行加筋土的计算机分析。

以上各节所述的设计方法仍然适用，但需作下列补充。

（一）桥台结构

加筋土桥台设计可能有两种方法：1. 桥面支撑梁直接放在加筋土体上的扩展基础上；2. 支撑梁放在较小的基脚上，后者又座落在穿过加筋土体的深基础上。

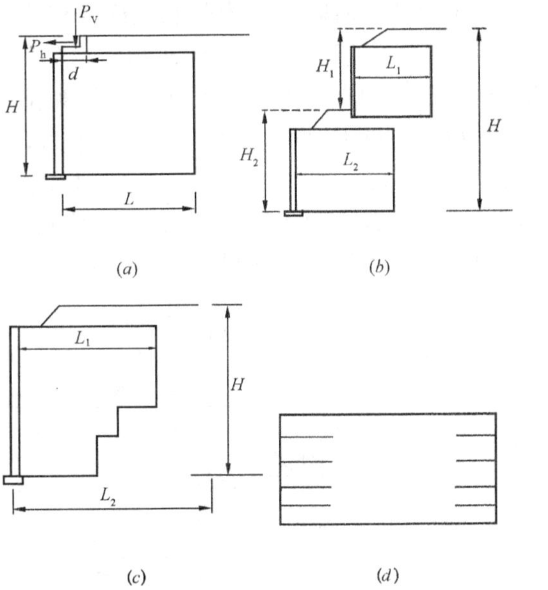

图 16-29 复杂断面加筋土挡墙举例

(a) 桥台；(b) 阶梯式墙；(c) 多边形断面墙；(d) 背对背墙

上述第 1 种方法较为经济。如果地基土和加筋土的沉降快速而量小，或在架梁之前已基本完成，则考虑此法最佳。根据观测研究，对跨度为 30m 的连续梁，容许沉降差为 60mm，对简支梁为 75mm。

1. 桥座放在扩展基础上

设计时将桥台视为具矩形断面，承受外部超载。作内部稳定性验算时，各层筋的水平应力仍按式（16-31）确定。如果扩展基础的宽度过大，超过了 $H/3$，应将破坏面延伸至基础的后缘，如图 16-30。由于要限制位移，桥座几乎都用不可拉伸筋材。同样，对于可拉伸筋材，如果基础较宽，致基础后缘与墙面间的距离超过了 $H\tan\left(45°+\dfrac{\varphi}{2}\right)$，破坏面也应该作这样的改变。

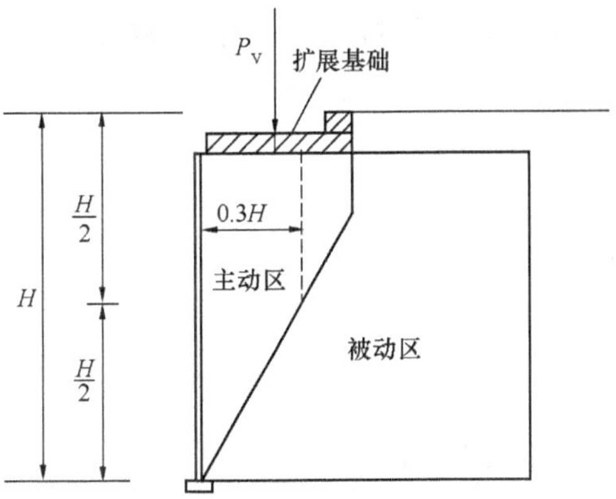

图 16-30 扩展基础的破坏面

此外，根据经验提出如下建议：(1) 墙面至荷载中心线的距离不小于 1m；(2) 墙背至基础前缘的净距不小于 150mm；(3) 预计当地冻深较大时，扩展基础下应有不小于 1m 厚的压实粗粒料层；(4) 作用在加筋土桥座上的压力不大于 200kPa；(5) 筋材深入翼墙的长度应达桥座墙高的 50%；(6) 考虑地震力时应计及来自桥梁的地震力。

2. 基脚荷载由深基础支承

因场地条件所限，或为限制上部结构变形而采用桩基础时，不考虑桥梁产生的垂直荷载，因为它们可以通过桩基传递给合适的持力层。深基础一般是钢桩，它们是预先打入的。根据桥台的支承方式，要注意由桥和桥台后墙传来的水平力。对于常规桥台，可以借延长筋材靠土-筋间的摩擦力来承受水平力，如图16-31。如为整体式桥台，水平力按桩的荷载-变形法（p-y 曲线）分布，在设计中按附加水平力处理。还应注意以下事项：（1）桩前缘与墙后背的距离留0.5m；（2）为桩提供一个穿过加筋土的套管，以消除预计的负摩擦力；（3）当设桩与筋材发生干扰时，则应按专门方法铺筋，不允许将筋材切断。

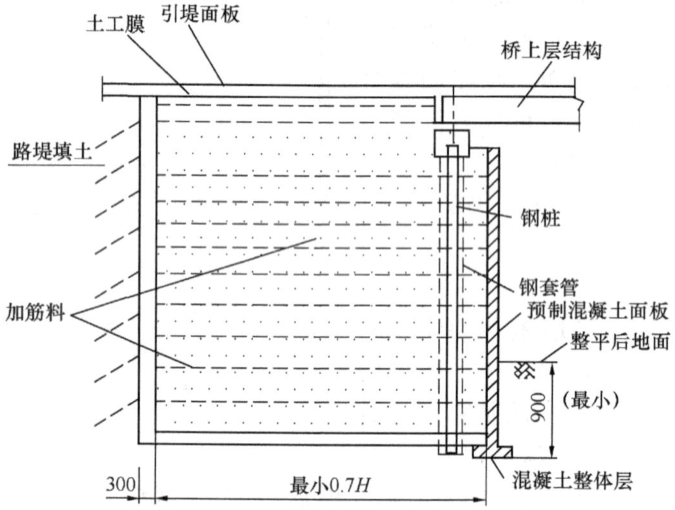

图16-31 桥梁荷载由桩基支承

（二）阶梯式墙

阶梯式墙外形如图16-29（b）。初步设计时，当阶梯平台 $D>\frac{1}{20}(H_1+H_2)$（见图16-32），上、下墙的筋材长度可取：

上墙：$L_1 \geqslant 0.7H_1$

下墙：$L_2 \geqslant 0.6H$

其中，H_1、H_2 和 $H=H_1+H_2$ 各为上墙、下墙和上下墙的高度。

阶梯式墙设计根据平台 D 的宽度而不同：

1. 当 $D \leqslant \frac{1}{20}(H_1+H_2)$

将上、下墙视为一整体进行验算，破坏面如图16-32A（a）。

2. 当 $D \geqslant H_2\tan(90°-\varphi_r)$

上、下墙的破坏面各自独立考虑，不管阶梯影响。内部稳定验算时，不考虑上墙。破坏面如图16-32A（c）。φ_r 为填土内摩擦角。

3. 当 $\frac{1}{20}(H_1+H_2)<D<H_2\tan(90°-\varphi_r)$

上墙按前述方法设计。设计下墙时，将上墙看作作用在它上面的超荷载。填土内的破坏面如图16-32A（b）。下墙的外部稳定性验算采用圆弧滑动的底弧法，要求安全系数为

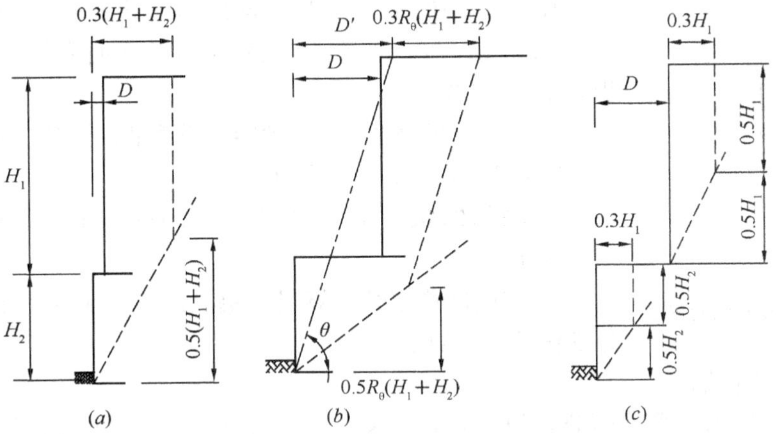

A 最大拉力线（破坏面）

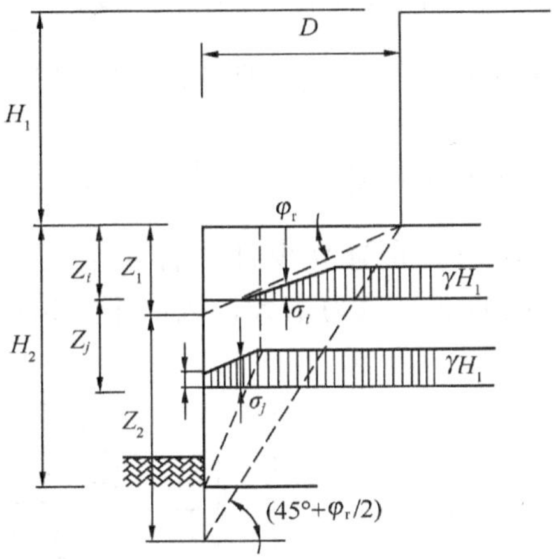

B下墙中的附加应力

图 16-32　阶梯式墙设计说明

$$(a)D\leqslant\frac{H_1+H_2}{20};(b)\ \frac{H_1+H_2}{20}<D\leqslant H_2\tan\left(45^\circ-\frac{\varphi_r}{2}\right);(c)D>H_2\tan\left(45^\circ-\frac{\varphi_r}{2}\right)$$

$$D'=2D\frac{H_1}{H_1+H_2}$$

$$R_\theta=\frac{\theta-\varphi_r}{90^\circ-\varphi_r}$$

1.5。作内部稳定性验算时，下墙中的内部垂直应力计算如图 16-32B，即区分为：情况 1，$D\leqslant H_2\tan\left(45^\circ-\dfrac{\varphi}{2}\right)$，$\sigma_i=\gamma H_1$；情况 3，$D>H_2\tan(90^\circ-\varphi_r)$，$\sigma_i=0$；情况 2，即中间情况，采用 $\sigma_{\rm f}=\dfrac{z_j-z_1}{z_2-z_1}\gamma H_1$。

（三）多边形断面挡墙

断面如图 16-29（c），这种墙仅用于岩石或坚固地基。

采用简化方法设计，现提下列建议：

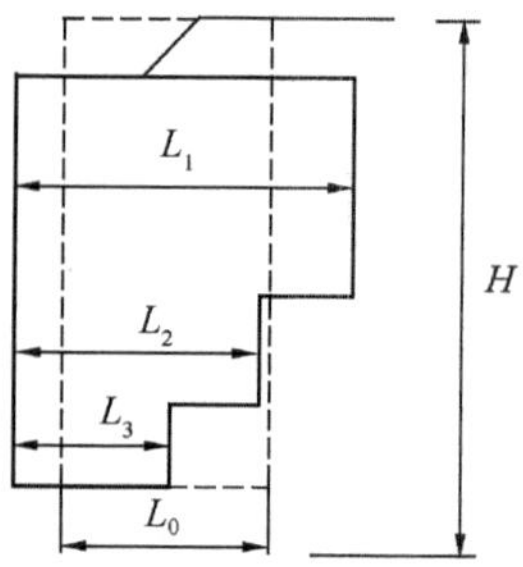

图 16-33　多边形墙简化断面

1. 作外部稳定计算时，将断面简化成一个矩形块，高度 H 为墙的原高度，宽度 L_0 使简化后的断面面积等于原断面面积，如图 16-33。

2. 填土内的破坏面如一般矩形断面墙，按筋材是可拉伸的或不可拉伸的，确定破坏面是单一平面，或两个平面构成的折面。

3. 底部的最小宽度为 $L_3 \geqslant 0.4H$，逐级宽度的增量小于 $0.15H$。

4. 作内部稳定性验算时，每层的矩形块（宽 L_1、L_2……）分别作抗拔计算。

（四）背对背挡墙

背对背挡墙指墙背平行而分开的双面墙。这样产生的土压力会有改变而影响墙的外部稳定性验算，可以按两种情况来分析（图 16-34）。

1. 两墙面间距较大，筋材不相互搭接，则可各自独立设计。

如果两墙之间距离 $D \leqslant H \cdot \tan\left(45^\circ + \dfrac{\varphi}{2}\right)$，则两者墙后面的主动楔体不能充分伸展，使侧向土压力减小。这时假定 $D > H \cdot \tan\left(45^\circ + \dfrac{\varphi}{2}\right)$ 是偏于安全的，如图 16-34（*a*）。

2. 两墙的筋材相互搭接，两墙可分别独立设计。有人企图采用两墙之间对拉筋，这样将导致筋材的应变全部改变，同时筋材拉力增大，因此不宜采用，如图 16-34（*b*）。

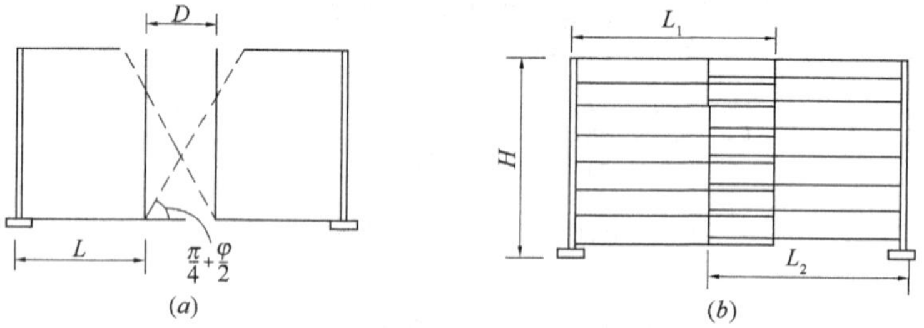

图 16-34　背对背双面墙

（*a*）两墙的筋材不相互搭接；（*b*）两墙的筋材相互搭接

16.5.3　加筋土挡墙设计的 DIBt 法

一、概述

我国加筋土挡墙设计国标沿用的是美国联邦公路局（FHWA）设计与施工导则中的方法。但目前部分采用国外加筋材料和按国外标准制造的国产材料的单位却按另一种方法进行设计，所指的即是德国建筑研究院法（DIBt 法）。

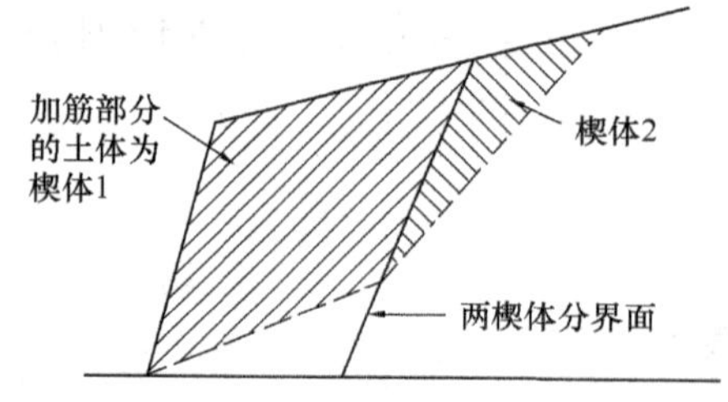

图 16-35　DIBt 法的双楔体

DIBt 法也是以极限平衡理论为基础的方法。它也被称为双楔体法，是将加筋部分的土体称为楔体 1，而按库仑土压力理论下滑的那部分称为楔体 2，如图 16-35 所示。该法与国标方法在外部稳定性验算方面基本上相同；而进行内部稳定性验算时，国标法是先将按土压力理论算得的力分配给了预设的各筋材，再复核其稳定性，而 DIBt 法却是通过稳定计算确定筋材受力，而不是预先给定。

二、验算的内容与假设

（一）外部稳定性验算

验算简图和作用力系如图 16-36。但设加筋区 w 区为刚体，验算沿墙底的抗滑稳定性和地基承载力，要求作用于墙底面的合力在其中间三分段之内。具体计算与一般加筋土挡墙相似。

（二）内部稳定性验算

与一般墙验算的最大不同是验算面众多，分三类情况：滑动面起点在墙面的不同高度处，从每个起点，每隔 3°即有一个验算面，如图 16-37；沿每层筋材面的验算面；沿相邻两层筋材间抗滑验算面。此外，还要验算面板的稳定性。

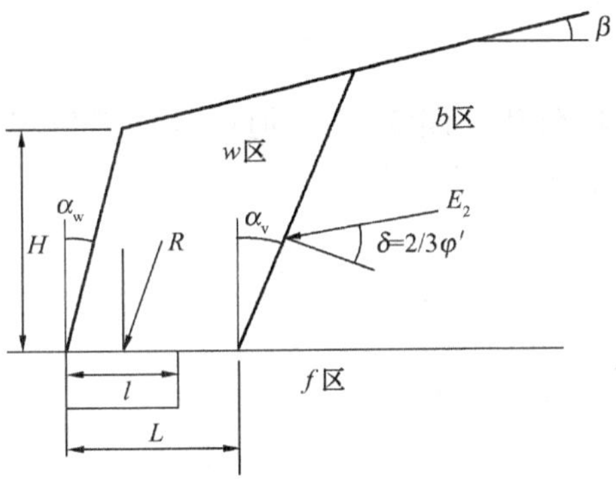

图 16-36　外部稳定性验算作用力系

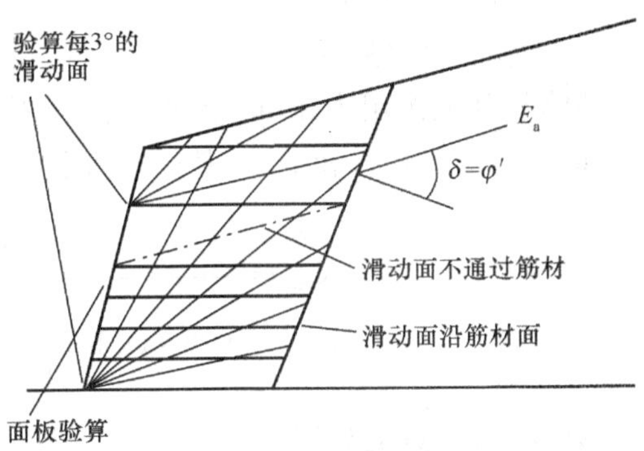

图 16-37　内部稳定性验算中的假设

（三）主要假设

（1）土压力按库仑土压力理论计算；

（2）核算地基承载力时，将偏心荷载转化为轴心荷载，即按 Meyerhof 方法进行。

（3）计算时，假设土的黏聚力 $c=0$；

（4）图 16-36 中的 w、b、f 分别表示墙体、原坡土和地基土区域。

（5）筋材的容许抗拉强度为：

$$T_a=\frac{P_C}{\text{损伤因数}\times\text{荷载因数}} \tag{16-36}$$

式中　P_C——极限抗拉强度；

荷载因数——采用 1.75；

损伤因数——由现场确定。

（6）最小筋材长度 $\frac{L}{H}>0.6$

（四）验算内容和采用指标

验算内容和采用指标见表 16-5。

验算内容和指标 表16-5

验算内容		墙摩擦角 δ	墙背土压力采用 φ	加筋土体上是否存在临时超载	说明
外部验算	抗水平滑动	$2\varphi/3$	φ_b	否	如果 φ_f 较小，用 φ_f
	地基承载力	$2\varphi/3$	φ_b	有	
	合力是否在基底面中间1/3内	$2\varphi/3$	φ_b	否	
内部验算	斜楔体	φ	φ_b	否/有	两种情况都验算，取危险情况
	沿筋材面	$2\varphi/3$	φ_b	否	
	沿最陡的加筋面	φ	φ_b	否/有	两种情况都验算，取危险情况
	墙面板	0	φ_W	否	

注意，上述所有计算都假设了为无黏性土（$c=0$），和不计水压力。如要计入c和水压力，可用迭代的库仑土压力楔体来求最大作用力。

三、外部稳定性验算

1. 抗水平滑动验算

挡墙与其上作用力系如图16-38。不考虑墙顶超荷载（偏安全），但计及墙后顶部的永久和临时超荷载 P_p 和 P_t。库仑主动土压力系数 K_{ah} 按下式计算：

$$K_{ah}=\frac{\cos^2(\varphi_b+\alpha_b)}{\cos^2\alpha_b\left[1+\sqrt{\frac{\sin(\varphi_b+\delta)\sin(\varphi_b-\beta)}{\cos(\delta-\alpha_b)\cos(\alpha_b+\beta)}}\right]^2} \tag{16-37}$$

图中各符号意义如下：

μ——墙底摩擦系数，$\mu=\alpha_s\tan[\min(\varphi_w,\varphi_f)]$；

α_s——修正系数，有筋时，取 $\alpha_s=0.8$，无筋时，$\alpha_s=1.0$；

G——加筋土体重量；

$E_{agh}=0.5K_{ah}\gamma_b h^2$——土压力的水平分量；

$E_{agv}=E_{agh}\tan(\delta-\alpha_b)$——土压力的垂直分量；

$E_{aph}=K_{ah}(p_p+p_t)h$——死、活超荷载引起土压力的水平分量；

$E_{apv}=E_{aph}\tan(\delta-\alpha_b)$——死、活超荷载引起土压力的垂直分量。

故抗水平滑动安全系数按下式计算：

$$FS_s=\frac{\mu(G+p_pL+E_{agv}+E_{apv})}{E_{agh}+E_{aph}}，要求 FS_s>1.5 \tag{16-38}$$

2. 地基承载力验算（按最大荷载）

（1）墙底合力计算

作用在墙上的荷载示意如图16-39。假设墙顶与墙后地面均有超荷载作用，将各土压力分量对墙趾O点取矩求和，得 $\sum M_o$ 如下：

$$\sum M_o=E_{agh}\frac{h}{3}+E_{aph}\frac{h}{2}-E_{agv}\left(B+\frac{h}{3}\tan\alpha_b\right)-E_{aph}\left(B+\frac{h}{2}\tan\alpha_b\right) \tag{16-39}$$

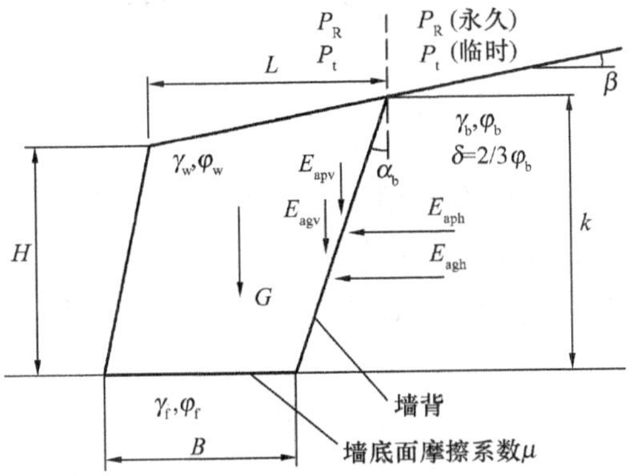

图 16-38 外部稳定性验算中的作用力系

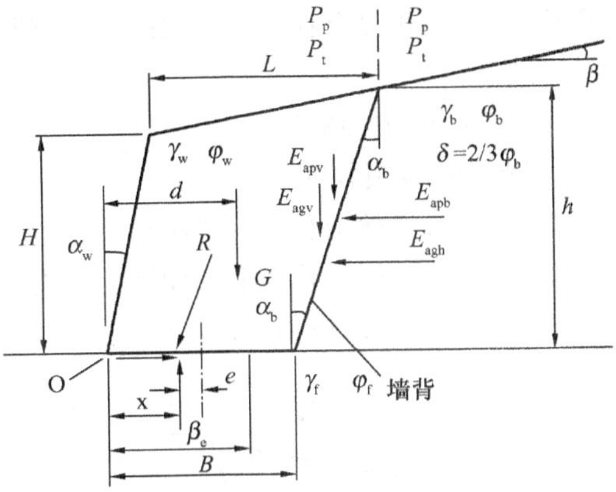

图 16-39 地基承载力验算图

合力作用点为：

$$x=\frac{Gd+(P_P+P_L)(H\tan\alpha_w+0.5L)L-\Sigma M_o}{G+(P_P+P_L)L+E_{agv}+E_{apv}} \tag{16-40}$$

偏心距
$$e=\frac{B}{2}-x$$

等效墙底宽度
$$B_e=B-2e$$

墙底接触压力

$$p=\frac{G+(P_P+P_L)L+E_{agv}+E_{apv}}{B_e} \tag{16-41}$$

(2) 基底极限承载力计算

按太沙基理论，极限承载力 σ_f 为

$$\sigma_f=\gamma_f B_e N_b x_b \tag{16-42}$$

式中 N_b ——承载力因数，由 φ_f 查用，如表 16-6；

x_b——荷载倾斜因数，$x_b=(1-\frac{H_b}{V_b})^3$；

H_b、V_b ——分别为作用于墙底合力的水平、垂直极限荷载分量。

承载力因数 N_b **表 16-6**

φ_f	N_b	φ_f	N_b
20°	2.0	32.5°	15
22.5°	3.0	35°	23
25°	4.5	37.5°	34
27.5°	7	40°	53
30°	10	42.5°	83

(3) 承载力验算

承载力安全系数为：

$$FS_b=\frac{\sigma_f}{p} \tag{16-43}$$

要求 $Fs_b \geqslant 2$，并要求在不考虑临时超荷载时，合力 R 的着力点位于中间三分段内，如图16-40。

四、内部稳定性验算

1. 滑动面为倾斜面

如图16-41，研究楔体沿斜面AB下滑的稳定性。可将作用于楔体上的力分解，绘制成力多边形图16-42。由楔体中埋设筋材提供的阻滑力Z可计算如下：

$$Z=(G+P+E_{agv}+E_{apv})\tan(\theta_i-\varphi_w)+E_{agh}+E_{aph} \tag{16-44}$$

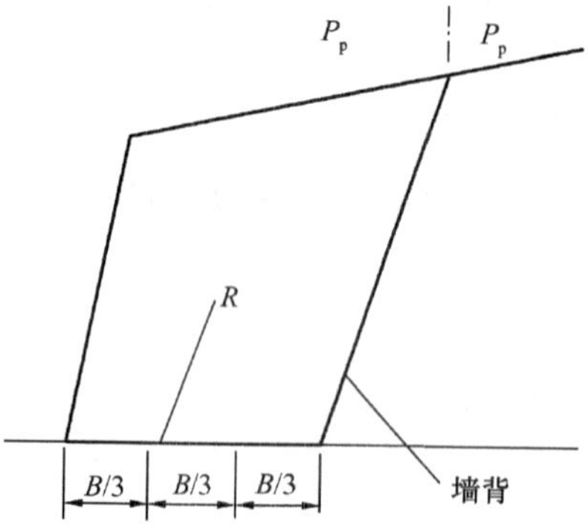

图16-40　校核临时超荷载时合力

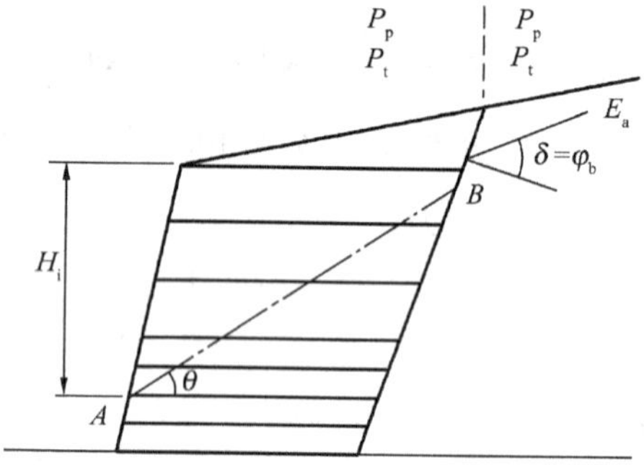

图16-41　验算沿斜面的抗滑稳定

而某 i 筋材的抗拔力(不计临时超荷载)按下式计算(图16-43)

$$T_{ai}=\frac{2L_{ai}h_i\gamma_w\tan\varphi_w\alpha_p}{F_{sp}} \tag{16-45}$$

式中　γ_w——墙内填土容重；

α_p——修正系数，$\alpha_p=0.8\sim1.0$；

F_{sp}——抗拔安全系数，要求 $F_{sp}\geqslant 2$。

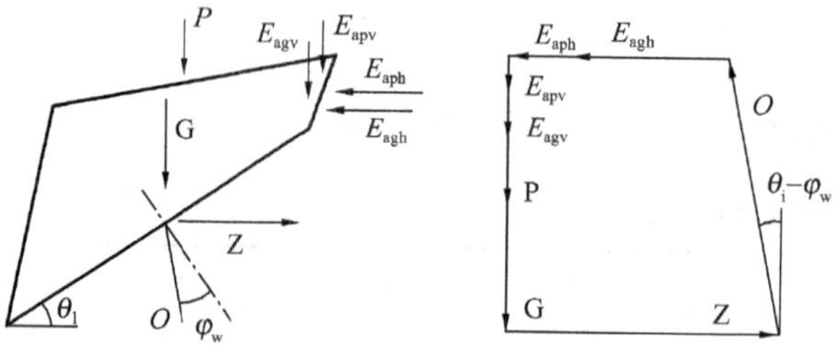

图16-42　验算沿斜面抗滑时的作用力系

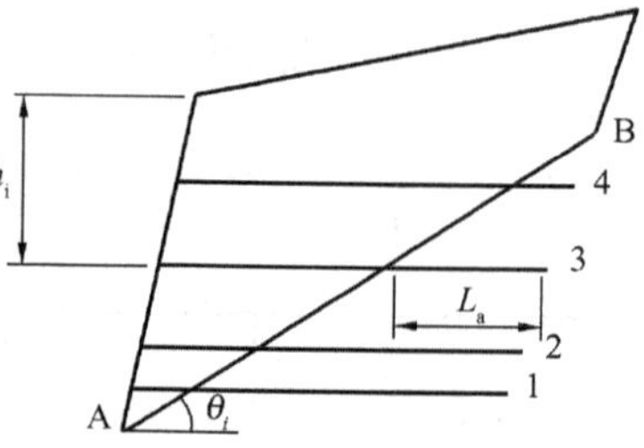

图16-43　铺设于滑动楔体中的加筋材

而抗拔力应为 T_{ai} 和 T_{amax}（最大容许抗拉强度）中的较小者，故应满足：

$$R=\Sigma(\min T_{ai},\ T_{amax})>Z \tag{16-46}$$

以上是未考虑临时超荷载的情况（计算 T_{ai} 时未计及临时性超荷载）。

在不计黏聚力 c 和不考虑水作用的简单情况，如果 $\theta_i>\varphi_w$，考虑临时超荷载属临界状况；如 $\theta_i<\varphi_w$，则可以不考虑。

此种验算应从最低筋材端开始，且每隔3°计算一次，每层筋材都得照样计算。

2. 滑动面沿筋材面

如图 16-44，设滑动沿 AB 面发生，则抗滑安全系数 F_{ss} 按下式计算：

$$F_{ss}=\frac{\mu(G+P_{p}l+E_{agv}+E_{apv})}{E_{agh}+E_{aph}} \tag{16-47}$$

式中 F_{ss}——抗滑安全系数，要求 $F_{ss}>1.5$；

μ——AB 面的摩擦系数，$\mu=\alpha_{s}\tan\varphi_{w}$ $\alpha_{s}=0.8$；

G——滑动体重量；

$E_{agh}=0.5k_{ah}\gamma_{b}h_{i}^{2}$；

$E_{agv}=E_{agh}\tan(\delta-\alpha_{w})$；

$E_{aph}=k_{ah}(P_{p}+P_{t})h_{i}$；

$E_{apv}=E_{aph}\tan(\delta-\alpha_{w})$

3. 滑动面在二相邻筋层间

如图 16-45，设滑动沿 CD 面发生，该面斜角为 θ_{u}，抗滑安全系数 F_{ss} 按下式计算：

$$F_{ss}=\frac{(1-R_{f}\tan\theta_{u})\tan\varphi_{w}}{R_{f}+\tan\theta_{u}} \tag{16-48}$$

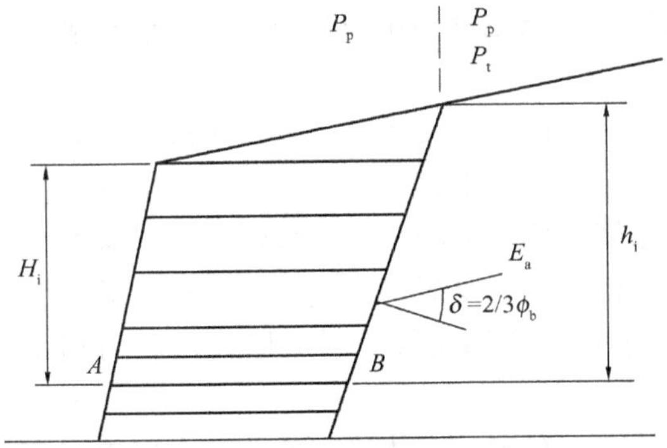

图 16-44 验算沿加筋层面的抗滑稳定

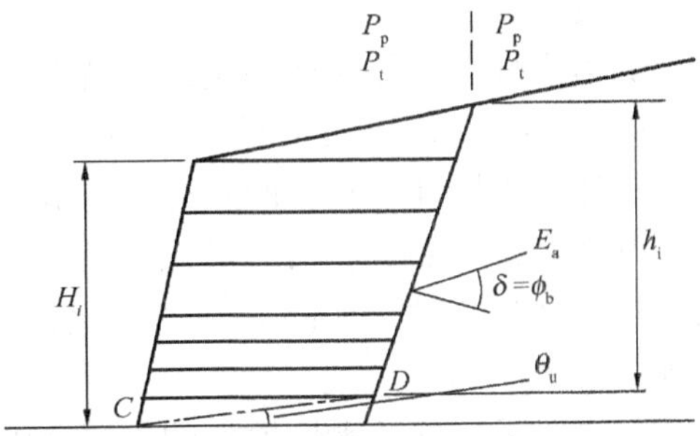

图 16-45 验算筋材之间最陡面的抗滑稳定

式中 $R_{f}=\frac{\Sigma H}{\Sigma V}$；

ΣH——水平力之和，$\Sigma H=E_{ah}$；

ΣV——垂直力之和，$\Sigma V=G+P+E_{av}$。

在计算抗滑安全系数时，墙后有临时超荷载作用属危险情况。墙顶上的超荷载是否要考虑，原则上是：$\theta_{u}>\varphi_{w}$，应给予注意；$\theta_{u}<\varphi_{w}$，可不考虑。

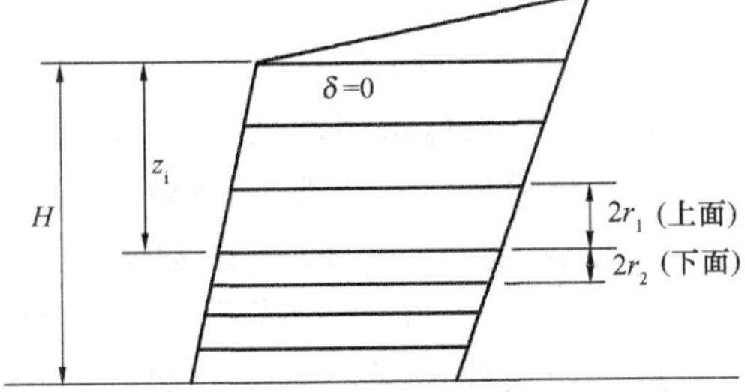

图 16-46 验算墙面稳定性

4. 墙面稳定性

如图 16-46，验算墙面稳定性，在于校核深度 z_{i} 处的土压力 E_{zi} 是否超过了包裹式土工织物包裹端的抗拔力，或超过用 Bodkin 连接杆连接的土工格栅的蠕变强度。

深度 z_{i} 处筋材所受的土压力 E_{zi} 按下式计算：

$$E_{zi}=e_{ah}(r_{1}+r_{2}) \tag{16-49}$$

式中 r_1、r_2——z_i 处筋材与上、下层筋材距离的一半；

e_{ah}——z_i 处的土压力。

e_{ah} 按库仑土压力理论求取主动土压力系数（假设外摩擦 $\delta=0$）k_{ah}，再由下式计算：

$$e_{ah}=k_{ah}(\gamma z_i+p) \tag{16-50}$$

式中 p——墙顶超荷载，不考虑临时性超荷载。

16.5.4 用低透水性填料建造加筋土挡墙

一、低透水性填料引起的问题

近代最早的加筋材是金属条带。由于金属材料不透水，与土的界面摩擦力低，以及长期埋于土内容易锈蚀，故在1977年于巴黎召开的“织物在岩土工程中的应用国际会议”以后，土工合成材料逐渐取代了当初的金属材料，迄今用于加筋的是土工格栅、土工织物和土工加筋带等，几乎不见了金属条带踪影。除了土工织物外，上述各种材料几乎均不能排水。另一方面，为使发挥加筋效果，要求加筋土主体填料应采用透水粒料，如砂砾料，借其良好的透水性，使充分排水，提高筋-土界面摩擦，防止长期浸水导致土料强度弱化和避免渗流引起复合土体失稳。但是采用透水材料往往难以如愿，例如因工程现场缺乏砂砾料，而运进客料费用过高，不能为工程所接受。如能充分利用当地土料，却能显著节约工程投资。

低透水性土料并无严格定义，若考虑与砂砾料对比，如渗透系数低二个或二个以上量级，则 $k<10^{-5}$cm/s 的土料可列为低透水性土，如常见的淤泥、残积土及红土等。低透水性土如不谨慎计及其负面效应，可能会造成加筋土挡墙失稳。低透水性填料带来的负面效应可举例说明如下：(1) 填筑质量难以掌握；(2) 施工受天气影响；(3) 墙体后期沉降大，且沉降延续时间长；(4) 土中孔隙水压力影响墙体稳定性；增大墙背土压力和水压力等。

总之，采用低透水性填料的最不利因素是其衍生有害于墙体稳定的孔隙水压力。有效的改善措施，是尽量消除或减小孔隙水压力。

二、排水加筋材料

排水加筋材料是兼排水功能和加筋功能于一体的复合材料。国内外均有此种产品，生产厂家如我国常州宏发土工复合材料工程有限公司和马来西亚伯利福（Polyfelt）公司等。现举试验资料较多的 Polyfelt PEC 产品说明。PEC 材料是由聚丙烯（PP）无纺土工织物和聚酯（PET）高韧度网以机械方法复合而成，该材料的力学特性如图16-47。材料的渗透系数：垂直向（压力2kPa）$k_v=(1\sim2)\times10^{-3}$ cm/s，水平向（20kPa）$k_h=1\times10^{-2}$ cm/s；其蠕变性比聚乙烯（PE）格栅、聚丙烯（PP）格栅和PP有纺土工织物低得多，见图16-47(*b*)。

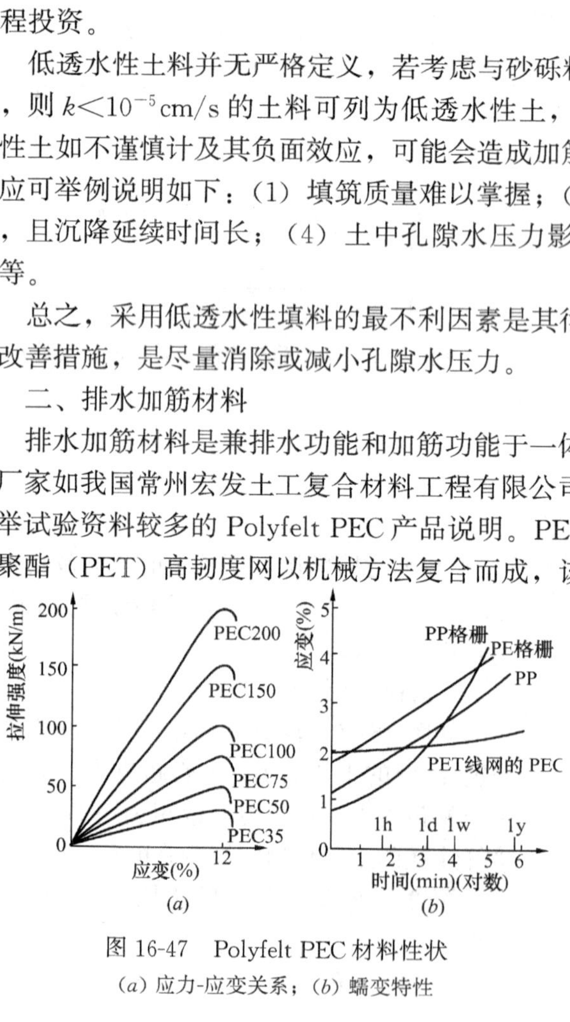

图16-47 Polyfelt PEC材料性状

(*a*) 应力-应变关系；(*b*) 蠕变特性

有学者曾在大型试验箱中填以塑性指数 $I_p=41$，渗透系数低至 $k=1.61\times10^{-7}$ cm/s 的残积土作固结试验，分三种情况：箱中为纯土、土中埋排水加筋材料和土中埋土工格栅，

由传感器 M_2 实测的归一化孔压 u_t/u_0 如图 16-48。图示结果表明：(1)土中铺排水加筋材料时(曲线①)，孔压消散速率比铺土工格栅(曲线②)和纯土时(③)的都要快得多；(2)铺格栅时(②)和纯土时(③)几乎一致，证明土工格栅对排水未作贡献，即格栅为不排水材料。

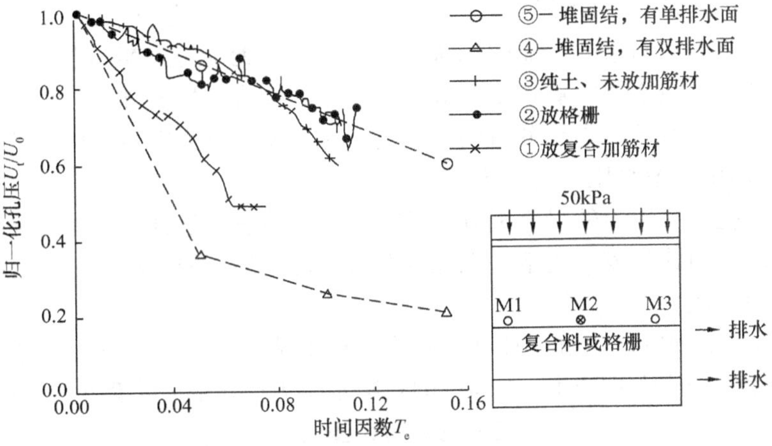

图 16-48 排水固结试验中孔隙压力随时间变化情况(传感器 M_2)

三、设计方法讨论

加筋土挡墙采用排水加筋材料带来些新问题，特别是当低透水填料的含水率较高时，这里需要考虑的有三个方面为：排水、变形与稳定。

(一)排水问题

为了保证加筋材料排水，应注意排水材料的选择和做好墙体内部和外部排水。

排水加筋复合材料中的排水材料应有足够排水能力。应检验材料的平面排水能力，要求：

$$\theta_r \geqslant F_s\theta_a \tag{16-51}$$

式中 θ_a——材料在实际荷载下具有的导水率；

θ_r——满足排水要求的导水率；

F_s——安全系数，要求 2～3。

上述 θ_a、θ_r 按下式计算：

$$\theta_a = k_h\delta \tag{16-52}$$

$$\theta_r = \frac{q}{i} \tag{16-53}$$

式中 k_h——土工织物的水平渗透系数；

δ——织物厚度；

q——单位宽度、单位时间的来水量；

i——织物中水流的水力梯度。

再应做好墙体内和墙顶地面的排水。

(二)变形问题

低透水性填料，尤其是当填筑含水率较高时，挡墙工后沉降可能较大，且持续时间较长，应予估算。可按一维固结与压缩理论进行。

(三)稳定问题

采用排水加筋材料可供填土排水，促进土中孔隙压力消散，对于挡墙的不同运行阶段会对其稳定性有不同影响，为此稳定分析时涉及分析方法和强度指标的合理选用。

一般的加筋土挡墙采用的是不排水筋材，稳定分析习惯按总应力分析法，强度指标取土料填筑状态时的总应力指标。而改用排水加筋材时，无论施工期和继后运行期，都涉及孔隙水压力的消散，故土体的剪切受有效强度控制。按有效抗剪强度分析土体稳定性的方法称有效应力法。用有效应力法分析墙体稳定性时，需要首先求得土体中的孔隙压力。

(1)饱和土体中孔隙水压力的确定

确定土体中孔隙水压力的最直观方法是在现场试验填筑过程中直接施测，或在试验室模拟试验中量测，但此举较为复杂，也耗资费时。通用的简便方法是通过室内三轴试验确定土的孔隙压力系数。

根据 Skempton 研究，饱和土体在不排水条件下承受各向等值围压力增量 $\Delta\sigma_3$ 和偏压力增量 $(\Delta\sigma_1-\Delta\sigma_3)$ 同时作用时，土体中的孔隙水压力增量 Δu 可借下式求得：

$$\Delta u = B[\Delta\sigma_3 + A(\Delta\sigma_1 - \Delta\sigma_3)] \tag{16-54}$$

式中 A、B——孔隙压力系数，可由三轴固结不排水剪切试验(CU)测定。对于饱和土，$B=1$，故上式可改写为：

$$\Delta u/\Delta\sigma_1 = \overline{B} = B\left[A + (1-A)\frac{\Delta\sigma_3}{\Delta\sigma_1}\right] \tag{16-55}$$

或

$$\Delta u = \overline{B}\Delta\sigma_1 \tag{16-56}$$

故在测得全孔隙压力系数 $\overline{B}$ 后，即可按土体中一点的实际大主应力增量 $\Delta\sigma_1$ 来估计孔隙压力增量 Δu。测量 $\overline{B}$ 的土试样应与实际工程中的土体相同。由于挡墙的变形近似于一维压缩，故试验时控制的 $\left(\frac{\Delta\sigma_3}{\Delta\sigma_1}\right)$ 近似于常量，该比值可粗略取土的侧压力系数。

(2)挡墙稳定性分析

稳定性分析按挡墙可能存在的工况进行。建议分析方法与强度指标见表 16-7。

加筋排水筋材加筋土挡墙建议稳定分析法 **表 16-7**

<table>
<tr><th rowspan="2">分析情况</th><th colspan="3">稳 定 分 析</th><th rowspan="2">说 明</th></tr>
<tr><th>方 法</th><th>强度指标</th><th>安全系数</th></tr>
<tr><td rowspan="2">施工期</td><td rowspan="2">总应力法</td><td rowspan="2">三轴不排水剪 UU</td><td>内部稳定 1.1</td><td>时间短，二层筋间来不及排水，分析偏于保守</td></tr>
<tr><td>外部稳定
抗平面滑动，1.5；
抗深层滑动，1.3</td><td>筋材区以外不排水属正常情况</td></tr>
<tr><td rowspan="3">稳定渗流期</td><td rowspan="3">总应力法和有效应力法，取二者中的危险结果</td><td>内部
总应力法——三轴固结不排水剪 CU</td><td>1.1</td><td>暴雨、地下水位高形成，假设不排水偏保守</td></tr>
<tr><td>有效应力法——三轴 CU 测孔压，得有效应力指标</td><td>平面 1.5
深层 1.3</td><td></td></tr>
<tr><td>外部</td><td>同施工期</td><td></td></tr>
</table>

续表

分析情况	稳定分析			说明
	方法	强度指标	安全系数	
填料含水量过低	按两种总应力条件校核，取二者中的危险结果 总应力法Ⅰ 总应力法Ⅱ	用饱和试样测三轴 CU 强度	1.1	填筑含水率过低，会引起浸水下沉，强度降低。 不计筋材排水，偏保守
		用可能的最高含水率制备试样，测三轴 CU 或三轴固结排水剪 CD	1.3	考虑筋材排水，土体处于非饱和状态，为正常情况。 由于有负孔压存在，有可能强度 CU>CD

16.5.5 模块式加筋土挡墙设计

一、模块式挡墙特点

一般加筋土挡墙的面板为连续形全高板块。从 20 世纪 80 年代中期，北美国家开始改变连续板结构，以大小不等、形状各异的独立预制板块代替，美国国家混凝土圬工协会(NCMA)称其为模块式加筋土挡墙(reinforced soil segmental retaining wall，SRW)。改变面板结构的目的，是为美化建筑外观，甚至配以颜色，达到景观协调，环境友好，并收到搬运方便，施工简单之效。我国江苏扬州运河驳岸工程和北京顺义五里仓立交桥等皆是此类挡土墙的实例。

混凝土模块的形状、大小和饰面造型选型以及色彩等均可按业主喜爱立模预制，如图 16-49 举例。常见模块尺寸：高度 80～600mm，宽度(前至后)150～800mm，长度 150～1800mm。每块重量为 30～50kg，以一人搬动为宜。块体可以是实心的或空心的(腔内填土)。为增加块与块间的抗滑力，其表面常制成键槽或插销孔等。它们尚可用于控制墙面斜度。典型的以模块叠堆干砌成的墙体如图 16-50。

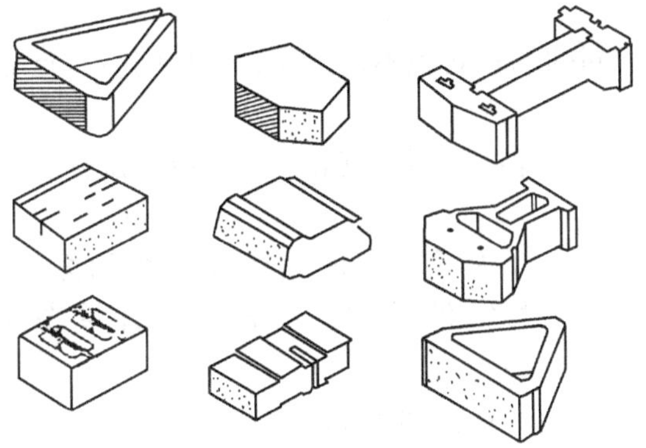

图 16-49 加筋土挡墙模块举例

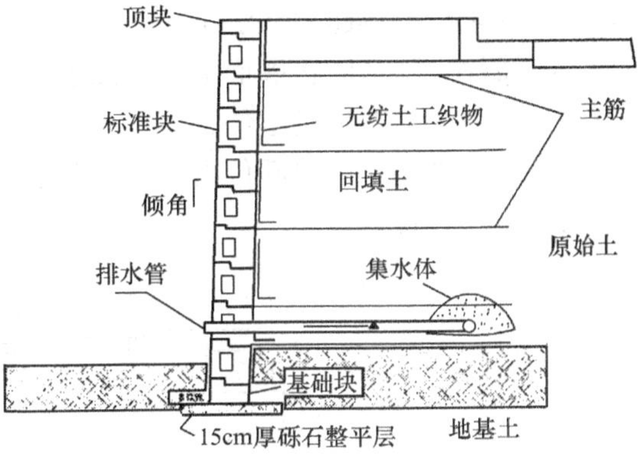

图 16-50 模块式挡墙典型断面

模块式挡墙毕竟是加筋土挡墙的形式之一，故其设计理念与一般加筋土挡墙的基本雷同。只是因其面板系由众多的独立块而非全高连续板形成，使其稳定性和局部传力方式有所改变，在设计时要求额外注意。

二、模块式挡墙的破坏型式

根据模块式挡墙的构造特点，其可能破坏型式可归纳如下：

1. 外部(总体)失稳

具体破坏形式如图 16-51 中的(a)、(b)、(c)。其失稳形式类似于一般挡墙，是挡墙

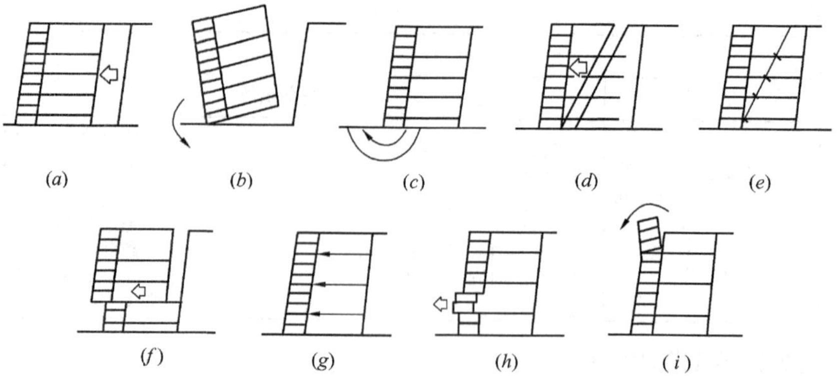

图 16-51 模块加筋土挡墙可能破坏模式

(a)水平滑动；(b)倾覆；(c)承载力不足；(d)筋材拔出；(e)筋材拉断；
(f)层间滑动；(g)连接破坏；(h)鼓胀；(i)顶部失稳

在墙面、加筋土体及其上超荷载以及墙后主动土压力共同作用下出现的失稳现象。通过稳定性验算，可以确定筋材所需的最小长度。

2. 内部失稳

具体破坏形式如图 16-51 中的(d)、(e)、(f)。验算在于判别筋材能否将其与被加筋土结合为一整体。通过验算，确定筋材的合理强度、要求筋材层数和层间间距。

3. 局部失稳

具体破坏形式如图 16-51 中的(g)、(h)、(i)。

——连接破坏　验算筋材与面板的连接强度是否足够，以保证筋-土复合体的整体性，要求接头的位移不得超过 20mm。

——模块鼓胀　防止墙面局部鼓胀要求筋材间的垂直间距不得过大，模块间应有足够摩阻力，以免块间发生过量位移。

——顶部失稳　墙顶部位有一段不加筋高度，应保证其不倾倒和不发生侧向位移。

三、设计准备

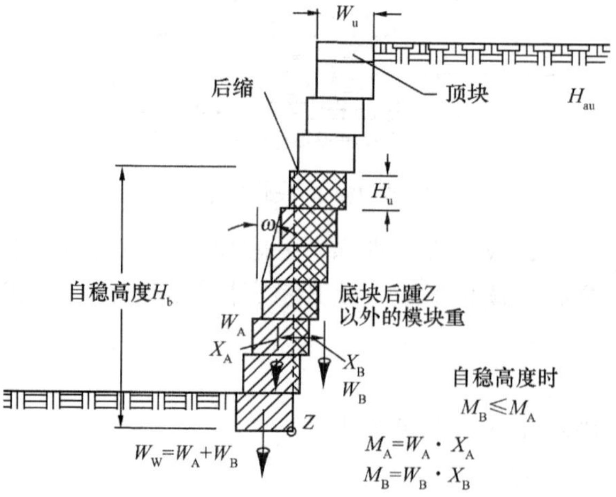

图 16-52 自稳高度

为了以下说明设计方法的方便，现将需涉及的一些概念和计算提前介绍。

1. 墙面自稳高度

模块式加筋土挡墙的墙面系由许多预制独立块叠堆干砌而成，具有柔性，但无抗弯能力。为计及该特点，出现了“自稳高度”概念。NCMA 称其为“铰接高度”（hinge height）。当墙面具有倾斜角 ω 时，自稳高度 H_h 指干砌模块柱体在无旁侧支承（土体）条件下能独立站立不倒的最大高度。该高度的物理意义可借图 16-52 说明。

在达到墙面的自稳高度时，下列表达式成立：

$$M_B \leqslant M_A \tag{16-57}$$

式中 M_B、M_A 分别为底部模块踵点 Z 右侧和左侧块柱重对 Z 点的力矩。式中采用不等号是因为计算时模块数目应按整数考虑。当 $\omega>0$，自稳高度 H_h 借对踵点 Z 求矩可得：

$$H_h = \frac{2(W_u - G_u)}{\tan\omega} \tag{16-58}$$

式中 W_u——模块宽度，指单一块体从前到后的距离；

G_u——从模块柱前面至其重心（包括模块空腔内填土）的距离。

当为垂直墙面（$\omega=0$），或计算得到的 H_h 大于墙高 H 时，取 $H_h=H$。

在自稳高度内，块柱的全部重量都作用在最低块的底面上。验算各块的连接强度和块间抗滑稳定时，都应符合这一概念。

2. 墙体的几何尺寸

墙体的典型断面如图 16-53。模块柱体下设以透水材料建成的整平层，它与柱背后厚约 30cm 的竖向排水体连接。墙前埋深 H_{emb}（$=H-H'$）对墙前为水平地面时取 $\frac{H'}{20}$，墙前为 1∶2 坡时取 $\frac{H'}{7}$，但最小为 15cm。当地下水位低于墙底 $\frac{2H}{3}$ 以上，H_{emb}不一定要求达到当地冻深。

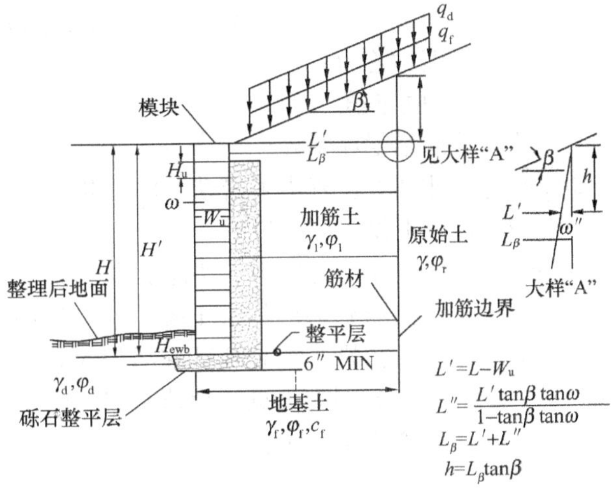

图 16-53 模块加筋土挡墙的组成

墙体底部筋材要求的长度 L 由外部稳定性分析和承载力验算确定。计算墙顶往下的筋长一般会有变化，但均不得小于上述 L，且最短不得小于 $0.6H$。整个加筋土范围由水平线 L 和平行于墙面（倾角 ω）的直线（加筋边界）所限制，如图 16-53。墙顶附近潜在滑动面离墙面较远，为锚固要求的锚材较长，由此增加的长度不计入加筋范围之内。

图 16-53 右侧给出了各尺寸间的几何关系。

3. 土压力计算

NCMA 推荐用库仑土压力理论计算主动土压力。主动土压力系数 k_a 按下式计算：

$$k_a = \frac{\cos^2(\varphi+\omega)}{\cos^2\omega\cos(\omega-\delta)\left[1+\sqrt{\frac{\sin(\varphi+\delta)\sin(\varphi-\beta)}{\cos(\omega-\delta)\cos(\omega+\beta)}}\right]^2} \tag{16-59}$$

式中各符号意义见图 16-54。φ 为墙面后$\frac{H}{2}$范围内土的内摩擦角；δ 为外摩擦角：作内部稳定性计算时，$\delta_i=\frac{2}{3}\varphi$；作外部稳定性计算时，取 $\delta_e=\varphi$（填土与加筋区后面原位土两者中 φ 的较小值）。

填土中潜在破坏面与水平面的交角 α 由下式计算：

$$\tan(\alpha-\varphi)=\frac{-\tan(\varphi-\beta)+\sqrt{\tan(\varphi-\beta)\{\tan(\varphi-\beta)+\cot(\varphi+\omega)[1+\tan(\delta-\omega)\cot(\varphi+\omega)]\}}}{1+\tan(\delta-\omega)[\tan(\varphi-\beta)+\cot(\varphi+\omega)]} \tag{16-60}$$

式（16-60）可用于计算内部和外部破坏面角 α_i 和 α_e。

当 $\beta=0$，$\delta=0$ 和 $\omega=0$，式（16-60）简化为 Rankine 破裂角：

$$\alpha=45^\circ+\frac{\varphi}{2} \tag{16-61}$$

4. 模块间抗剪强度和接头强度

模块间抗剪强度与块面状况、结构和所受法向压力等有关。一般应借类似于土工直剪仪的专门设备测定。块间界面强度 s_{su} 亦可以库仑方程表达：

$$s_{su}=c_{su}+N_n\tan\delta_{su} \tag{16-62}$$

式中　c_{su}——界面粘着力；

δ_{su}——界面摩擦角。

四、挡墙外部稳定性验算

如前所述，外部失稳有水平滑动、倾覆和地基承载力不足等三种情况，验算方法同一般加筋土挡墙，以下仅作简要说明。

供外部稳定性验算用的作用于墙体的力系如图16-55：

$W_{r(i)}$、$W_{r(\beta)}$——分别为墙体（土容重 γ_i）和墙顶坡土重；

q_d、q_l——分别为死超荷载和活超荷载；

P_s、P_q——分别为土重和超荷载引起的主动土压力；

（H）——水平分量。

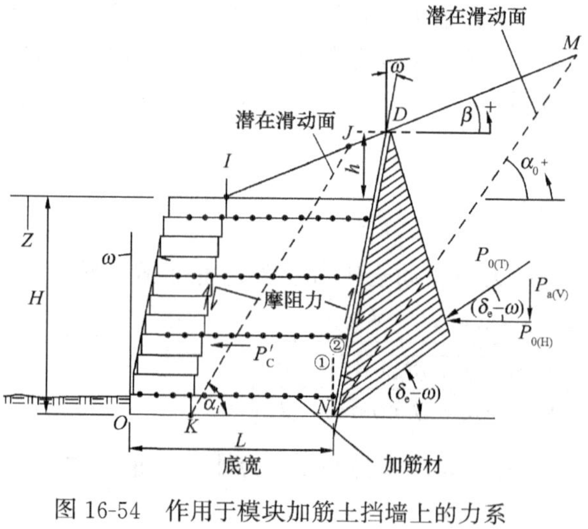

图16-54　作用于模块加筋土挡墙上的力系

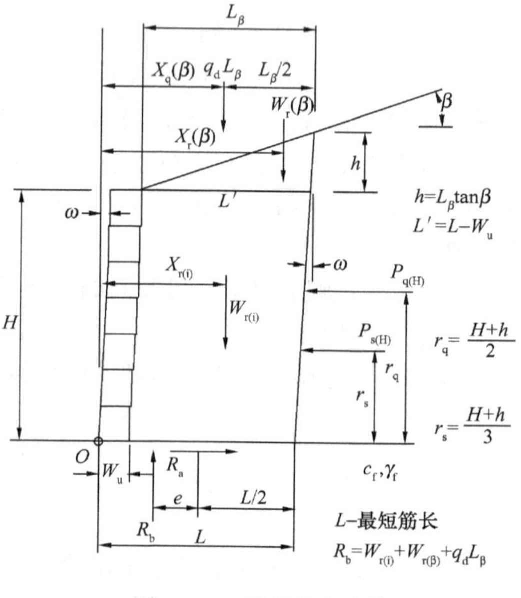

图16-55　外部稳定验算

（一）抗水平滑动验算

按下式计算抗滑安全系数 FS_{SL}，要求 $FS_{SL}\geqslant1.5$：

$$FS_{SL}=\frac{R_S}{P_{a(H)}} \tag{16-63}$$

式中 $P_{a(H)}=P_{S(H)}+P_{q(H)}$ ——土压力水平分量之和；

R_S——抗滑力；

R_S 按下式计算：

$$R_S=C_{ds}(q_d L_\beta+W_{r(i)}+W_{r(\beta)})\tan\varphi \tag{16-64}$$

式中 φ——填土、排水时填土和地基土三者摩擦角中的最小值。

C_{ds}——抗滑力修正系数：墙顶无筋，取 $C_{ds}=1.0$；有筋时，予以降低，如无实测资料，取 $C_{ds}=0.65$。

（二）抗倾覆验算

加筋土为柔性结构，一般无倾覆之虞。可以不加验算。

（三）地基承载力验算

参考图 16-55，承载力安全系数 FS_{bc}如下，要求 $FS_{bc}\geqslant 2$：

$$FS_{bc}=\frac{Q_u}{Q_a} \tag{16-65}$$

式中 Q_u、Q_a ——分别为地基的极限承载力和接触压力。

Q_u、Q_a 均按基础的等效宽度 B 计算，该宽度为按 Meyerhof 方法确定的宽度。

$$Q_a=[W_{r(i)}+W_{r(\beta)}+(q_d+q_l)L_\beta]/B \tag{16-66}$$

$$Q_u=C_f N_c+\frac{1}{2}\gamma_f B N_\beta+\gamma_f H_{emb} N_q \tag{16-67}$$

式中 N_c、N_γ、N_q——承载力因素，可由一般手册查用。

五、挡墙内部稳定性验算

供内部稳定性验算的作用力系见图 16-56 与图 16-57。

（一）主动土压力

主动土压力的水平分量按墙高 H 计算，见图 16-56。

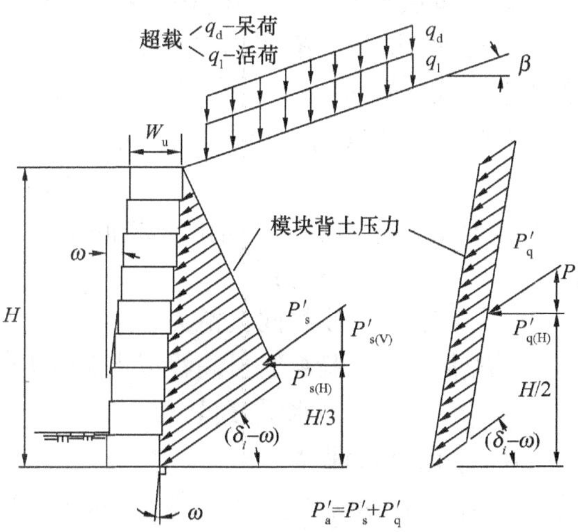

图 16-56 内部稳定验算

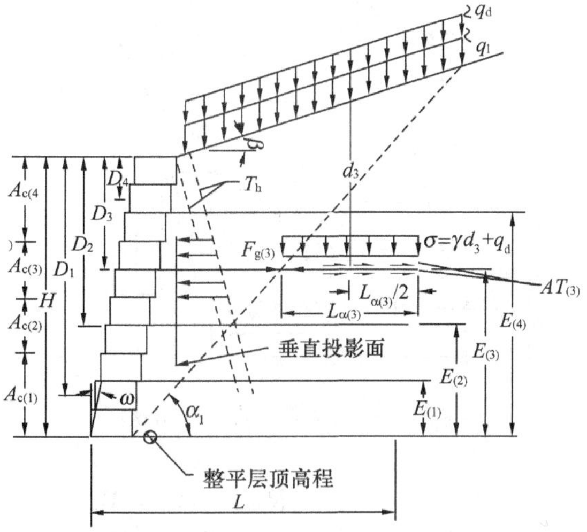

图 16-57 内部稳定验算时的力与应力

$$P'_{S(H)}=\frac{1}{2}k_a\gamma_i H^2\cos(\delta_i-\omega)$$

$$P'_{q(H)}=(q_d+q_l)k_a H\cos(\delta_i-\omega)$$

$$P_{a(H)}=P'_{s(H)}+P'_{q(H)} \tag{16-68}$$

（二）筋材中拉力

第 n 层筋材拉力 $F_{g(n)}$ 不得大于其容许拉力 $T_{a(n)}$：

$$F_{g(n)}\leqslant T_{a(n)} \tag{16-69}$$

$$F_{g(n)}=(\gamma_i D_n+q_d+q_l)k_a A_{C(n)}\cos(\delta_i-\omega) \tag{16-70}$$

式中　$A_{C(n)}$——筋材受力垂直面积，见图16-57；

D_n——受力垂直面积中心处深度。

（三）筋材抗拔出验算

1. 抗拔安全系数，要求 $FS_{pu}\geqslant 1.5$：

$$FS_{pu}=\frac{A_{r(n)}}{F_{g(n)}} \tag{16-71}$$

式中　$A_{r(n)}$——拉拔强度。

$A_{r(n)}$ 按下式计算：

$$A_{r(n)}=2L_{a(n)}C_i(d_n\gamma_i+q_d)\tan\varphi_i \tag{16-72}$$

式中　C_i——抗拔系数，一般取0.7；

d_n——筋材上覆盖土层深度。

如果安全系数不足，可加长筋材长度 L。若所用筋材不只一种，将较强者放在下部。

2. 锚固长度

加筋土（φ_i）内的筋材锚固长度按下式计算：

$$L_{a(n)}=L-W_u-E_{(n)}\tan(90°-\alpha_i)+E_{(n)}\tan\omega \tag{16-73}$$

式中　$E_{(n)}$——筋材距墙底高度，见图16-57。

（四）模块间抗滑验算

针对每层筋材应校核模块的抗滑稳定性。参考图16-58，第（n）层的抗滑安全系数按下式计算：

$$FS_{SL(n)}=[R'_{s(n)}+\nabla_{u(n)}]/P_{a(H,n)} \tag{16-74}$$

式中　$R'_{S(n)}$——筋材与周围土之间的抗滑力；

∇_u——模块间抗滑力；

$P_{a(H,n)}$——验算筋材高程以上的土压力水平分量。

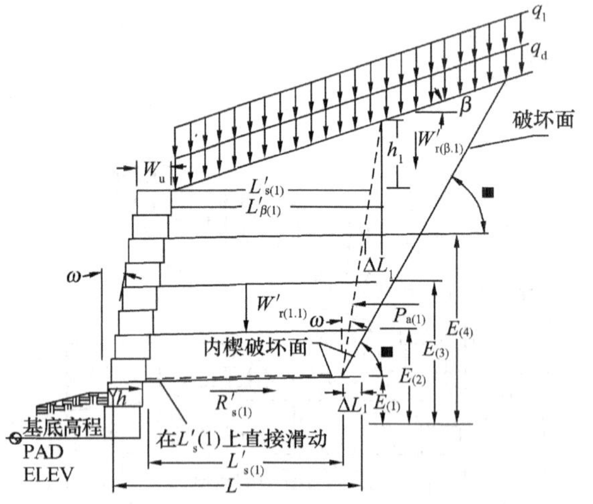

图16-58　内部滑动分析示意图

$R'_{S(n)}$ 按下式计算：

$$R'_{S(n)}=C_{dS}[W'_{r(i,n)}+W'_{r(\beta,n)}+q_d L_{\beta(n)}]\tan\varphi_i \tag{16-75}$$

式中　$W'_{r(i,n)}$、$W'_{r(\beta,n)}$——分别为第（n）层筋材以上墙体和墙顶坡土的重量。

$\nabla_{u(n)}$ 按下式计算：

$$\nabla_{u(n)} = a_u + W_{W(n)} \tan \lambda_u \tag{16-76}$$

按极限状态或工作强度计算时，上式中的参数分别用（a_u, λ_u）和（a'_u, λ'_u）。W_w 为作用在模块上的压力，按下式计算：

$$W_{w(n)} = H_h \gamma_u W_u \tag{16-77}$$

式中　H_h——自稳高度；

W_u, γ_u——模块厚度和模块材料容重。

六、局部稳定性验算

验算情况见图 16-51 中的（*g*）、（*h*）、（*i*）。

a. 连接强度验算

模块与筋材连接处不得发生断裂或滑移。接头设计按极限强度或工作强度（限制变形）。不论按何种准则，皆需满足长期强度和容许变形要求。

按极限强度准则，应符合下列条件：

$$T_{c(n)} = T_{ultc(n)} / FS_{CS} \leqslant T_{a(n)} \tag{16-78}$$

按工作强度准则，应符合下列条件：

$$T_{CS(n)} = T_{C(n)@\frac{3}{4}} \leqslant T_{a(n)} \tag{16-79}$$

式中　$T_{C(n)}$、$T_{CS(n)}$——分别为长期容许强度和计及变形的长期容许强度；

$T_{ultC(n)}$、$T_{C(n)@\frac{3}{4}}$——分别为连接极限强度和拉伸变形为 20mm$\left(\frac{3}{4}\text{英寸}\right)$时的连接极限强度。以上二者均应由专门试验测定。

FS_{CS}——安全系数，$FS_{CS} \geqslant 1.5$

上述强度 $T_{ultc(n)}$ 和 $T_{C(n)@\frac{3}{4}}$ 均可用类似于式（16-76）的库仑表达式表示，故均与模块柱体重 $W_{W(n)}$ 有关，见式（16-77）。

b. 墙面抗鼓胀验算

某层模块向外鼓胀反映了该模块在其上、下层压力下失去了保持相对位置的能力。抗鼓胀力由所施加压力、筋材垂直间距和块间抗剪力控制。

验算时，假设干砌水平模块层为一连续梁，承受水平向连续分布荷载（土压力）。按此，可以计算并绘制该梁的剪力图，为图 16-59。可以看出，最大剪力出现在筋材所在的高程处。

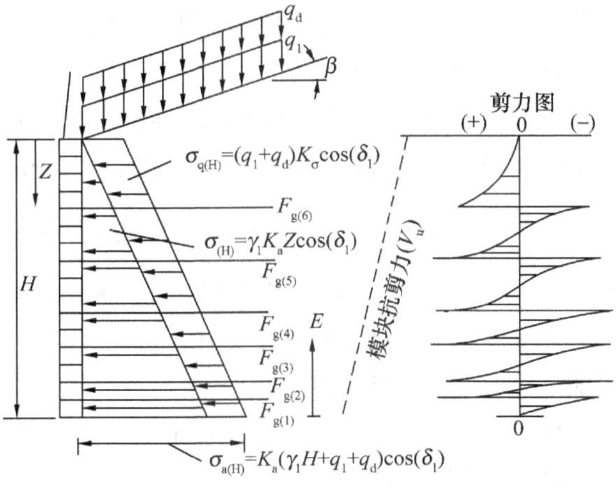

土压力视为作用在梁上的连续分布荷载

图 16-59　验算墙鼓胀的剪力图

绘制剪力图是将某层 $E_{(n)}$ 以上从墙顶开始的不平衡力逐一往下叠加而得。某层面处的最大不平衡力等于该层以上的水平土压力与现有筋材拉力之差。

任一层面的抗剪力按式（16-76）计算。

某层筋材的最大作用力按式（16-70）计算。

某层以上总水平土压力 $P'_{a(H)}$ 按式（16-68）确定，但应将该式中的 H 换成筋材以上高度。

故抗鼓胀安全系数 $FS_{SC(n)}$ 按下式计算，要求 $FS_{SC(n)} \geqslant 1.5$：

$$FS_{SC(n)} = \nabla_{u(n)} / [P'_{a(H,n)} - (F_{g(n+1)} + F_{g(n+2)} + \cdots)] \tag{16-80}$$

以上是按极限强度进行的验算。尚应按变形准则的工作应力验算，对每层筋材均应按此校核。

以上安全系数可借改变筋材垂直间距，或增减筋材层数来调整。

c. 顶部失稳验算

位于最高筋材以上的未加筋模块柱应验算其能否保持自立稳定。其可能失稳模式为滑动和倾覆，可参照前述相应方法验算，使满足最低安全系数要求。

16.6 边坡加筋法

16.6.1 概述

边坡加筋是为了修建比常规坡度要陡的土坡，但仍具有要求的安全系数，以便节约占地和减少填筑土方量，边坡加筋可使坡度达 1∶1 或更陡，这样必然导致地基承受的应力增大。因此，修建陡坡的地基要好，其承载力的安全系数应不低于 1.2。

边坡加筋还可以用来改善靠近坡缘部分的填土压实条件。通常在修建土堤时，机械在碾压靠近坡缘部分的填土时容易失稳，运行不宜过分靠近坡肩，需要辅以人工夯实或超填修坡，浪费工时且不易保证质量。如果在靠坡肩部分按一定间距水平辅设筋材，靠筋材与填土的相互作用提高承载力，使机械能有效地进行碾压作业，则坡肩部分的填筑质量可以得到保证。

关于加筋陡坡的设计，一般仍采用传统的土坡稳定分析法。认为边坡的破坏类型可能有两种：一种是部分坡土沿某圆弧发生转动式下滑；另一种是部分坡土以楔体形式沿某一组合平面产生移动式位移。

传统的土坡稳定分析是分别求出由滑动土体的重量对滑动圆心产生的总滑动力矩 M_D 和由于滑动面上土体抗剪强度对同一圆心产生的总抗滑力矩 M_R，然后求出安全系数，即 $F_s = \dfrac{M_R}{M_D}$。对于加筋土坡，在即将失稳时，因筋材中的拉力而产生附加的抗滑力矩 ΔM_R。因此，以 $(M_R + \Delta M_R)$ 代替非加筋土坡分析中的 M_R，稳定安全系数得到相应提高。

移动式失稳的加筋土坡的稳定分析可遵循土力学中楔体分析法，同样由筋材拉力引起的附加抗力增加土坡稳定性。

同样地，边坡加筋法不但要保证土坡的整体即外部稳定，而且要求筋材发挥其加筋的作用，即满足以下要求。

一、筋材有足够的抗拉强度，不会在承受的拉力下断裂。

二、筋材与周围土间有足够的摩阻力（握固力），不会因所承受的拉力而被拔出。

关于土坡加筋法的填料和筋材的一般要求，可参阅本章第 16.3 节。

16.6.2 设计所需基本资料

进行加筋土坡设计，应具备下列资料

一、设计断面，见图 16-60。

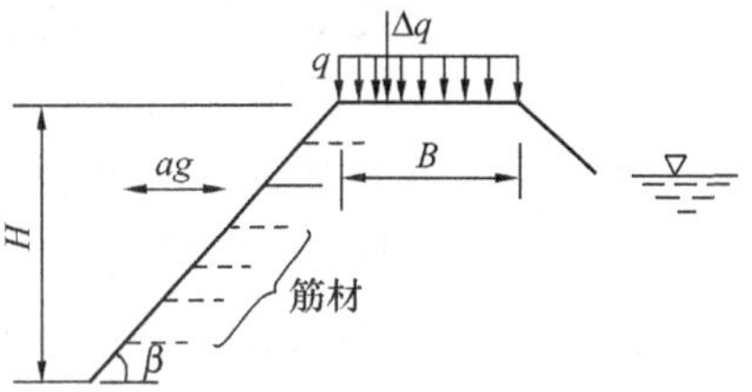

图 16-60 设计断面示意图

填土高度 H；

坡顶宽度 B；

坡角 β

地下水位

二、荷载

除填土自重外，尚有：

坡顶超载 q

临时活荷载 Δq

地震荷载（系数 α_g）

碾压机械等

三、地基土和填料特性参数

状态参数：土的容重 γ、含水率 w、比重 G_s、最大干容重 γ_{max}、最优含水率 w_{opt}。

强度参数：内摩擦角 φ、黏聚力 c。

变形参数：压缩系数 a_v、体积压缩系数 m_v、压缩指数 C_c、固结系数 C_v、压缩曲线。

四、筋材的有关特性参数

五、安全系数要求

16.6.3 实用设计

一、加筋陡堤

（一）设计步骤

基本步骤包括：首先按不加筋情况核算土坡的稳定安全系数，如不能满足规定要求，则考虑按加筋土坡设计；继而，估算为满足稳定要求筋材需要提供的拉力；确定筋材的布置和数量；校核土坡的内部稳定和外部稳定；最后定出筋材的铺设长度。在有必要时还要核算加筋坡的局部稳定。

（二）未加筋土坡的稳定分析

按传统的稳定分析方法计算安全系数 F_s

$$F_s=\frac{R\Sigma[c_i l_i+(W_i-u_i b_i)\cos\alpha_i\tan\varphi_i]}{R\Sigma W_i\sin\alpha_i} \tag{16-81}$$

式中 c_i，φ_i——土的黏聚力和内摩擦角；

b_i，l_i——土条的宽度和底弧长度；

α_i——土条中点与圆心连线的竖角；

W_i，u_i——土条重与底弧上的孔隙水压力。

假设不同滑动圆心与不同半径，按式（16-81）进行试算，求出最小安全系数，要求其满足规定数值，方认为稳定。

（三）加筋土坡的设计

1. 计算方法

加筋土坡稳定系数按式（16-82）计算，

$$F_s=\frac{M_R+\Delta M_R}{M_D}=\frac{M_R+\Sigma R\cdot T_i}{M_D} \tag{16-82}$$

式中 M_R——土坡未加筋时的抗滑力矩即式（16-81）中的分子；

M_D——土坡未加筋时的滑动力矩，即式（16-81）中的分母；

ΔM_R——由筋材拉力产生的附加抗滑力矩；

T_i——筋材 i 中的拉力。

要指出的是，考虑筋材力作用的方向有不同方式，式（16-82）的 $\Delta M_R=\Sigma RT_i$ 对应的情况如图 16-61，即认为坡内铺设的水平筋材在可能的滑动面处产生折曲，转向与圆弧相切。此外，许多人认为原来平铺的筋材在要滑坡时仍保持水平方向不变，因而只是筋材的切向分力 $T_i\cos\alpha_i$ 才产生抗滑力矩，如图 16-62。这样，稳定安全系数 F_s 成为，

$$F_s=\frac{M_R+R\Sigma T_i\cos\alpha_i}{M_D} \tag{16-83}$$

通常按式（16-83）计算得到的 F_s 要比式（16-82）算出的为小，即不考虑筋材的折曲可能更偏于安全。

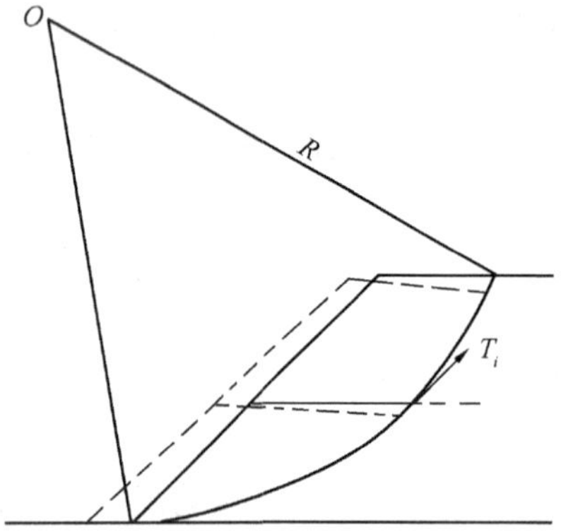

图 16-61 筋材产生折曲时的拉力 T_i

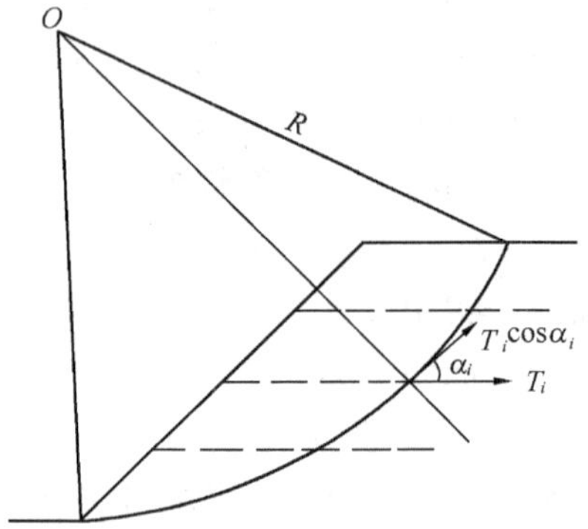

图 16-62 筋材仍保持水平位置时的拉力

2. 最危险滑动面

加筋陡坡应按最危险滑动圆弧面设计。最危险滑动面情况指所需的筋材拉力总和 ΣT_i 为最大。据前面所述，如按式（16-82）求 ΣT_i，则

$$\Sigma T_i=\frac{F_s\cdot M_D-M_R}{R} \tag{16-84}$$

确定了最危险滑动面的位置，即可据以布置筋材。

3. 筋材间距

加筋材间距即相邻两层间垂直距离，一般为了施工方便应取等于填土压实层厚的倍数。通常采用等间距。间距的大小初步可按以下建议确定。

填土高度低于 8m，筋材最大间距应不大于 2m，且不少于 2 层；

填土高度大于 8m，最大间距不大于 2.5m。

间距不宜过大，过大虽然可用高强度筋材，但不利于复合土体的形成，且端部的土体易发生外鼓，也不利于筋材强度的充分发挥。较佳方案是，筋材强度适中，间距适当，能保证加筋土体的整体性。

4. 筋材选择

按式（16-85）推算保证加筋堤坡满足规定安全系数所需的最大筋材拉力总和 ΣT_r，

$$\sum T_r = (\sum T_i)_{max} = \left[\frac{F_s M_D - M_R}{R}\right]_{max} \tag{16-85}$$

假设各层筋材发挥的拉力都相同，且共有 N 层，则每层的拉力 T_r 为

$$T_r = \frac{\sum T_r}{N} \tag{16-86}$$

选用筋材的容许抗拉强度 T_a 应满足，

$$T_a \geqslant T_r \tag{16-87}$$

5. 筋材的铺设长度

(1) 按计算确定

锚定长度 L_e 应提供足够的抗拔力，防止筋材拔出。

$$L_e = \frac{F_s \cdot T_r}{2(c_d + \sigma_v \tan\varphi_d)} \tag{16-88}$$

式中 c_d，φ_d——加筋材与填土界面的粘着力和界面摩擦角；

σ_v——筋材上的覆盖压力。

如果界面强度（c，φ）系由直剪摩擦试验测得，则相应的 L_e 计算式为

$$L_e = \frac{F_s \cdot T_r}{2(\alpha_1 c + \alpha_2 \sigma_v \tan\varphi)} \tag{16-89}$$

式中 α_1，α_2 为界面强度修正系数，见表 16-8

界面强度修正系数 **表 16-8**

土 类	α_1	α_2	试验条件
砂或砂性土（细粒含量<30%）	0	1.0	慢剪，固结快剪
砂性土及黏性土（细粒含量>30%）	0.5	1.0	快剪

确定筋材的铺设长度后，按式（16-82）重新验算土坡的稳定性，计算中 T_i 应取设计强度 T_a 和抗拔强度 T_p 二者中的较小者，即：

$$T_i = \min(T_a, T_p)$$

抗拔强度 T_p 的计算：

按拉拔试验测得的强度指标 c_d，φ_d，

$$T_p = \frac{2(c_d + \sigma_v \tan\varphi_d) L_e}{F_s} \tag{16-90}$$

按直剪试验测得的强度指标 c，φ，

$$T_p = \frac{2(\alpha_1 c + \alpha_2 \sigma_v \tan\varphi) L_e}{F_s} \tag{16-91}$$

强度指标最好用拉拔试验测定。

(2) 根据经验确定

如果堤坡高度不大，例如低于 8m，可根据经验取筋材长度，超出最危险滑动圆弧外不小于 2m，而且各层筋材取相等长度，如图 16-63。

6. 局部稳定性校核

当筋材间距过大，相邻两层筋材间的坡土有可能向外凸出而失稳。如果该局部土坡的坡度又很陡，则危险性更大，需要校核其稳定性。验算可按图16-64进行。假设可能失稳的土楔块为$ABECD$，其中$ABCD$为主动块，BCE为产生抗力的被动块，认为BC为支挡墙背，分析BCE的稳定性以评价局部外凸的可能性。

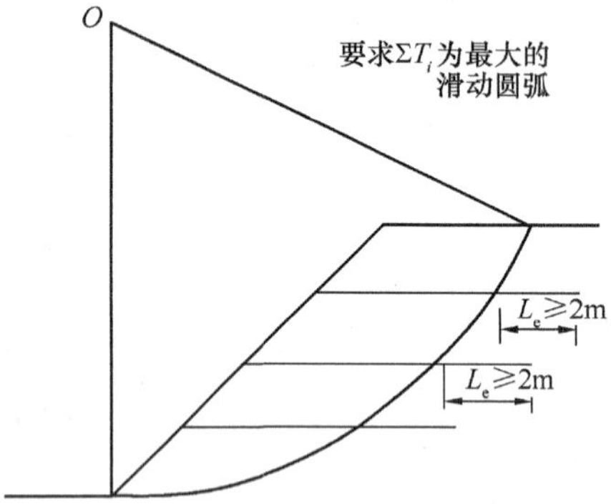

图16-63　筋材长度确定示意（经验法）

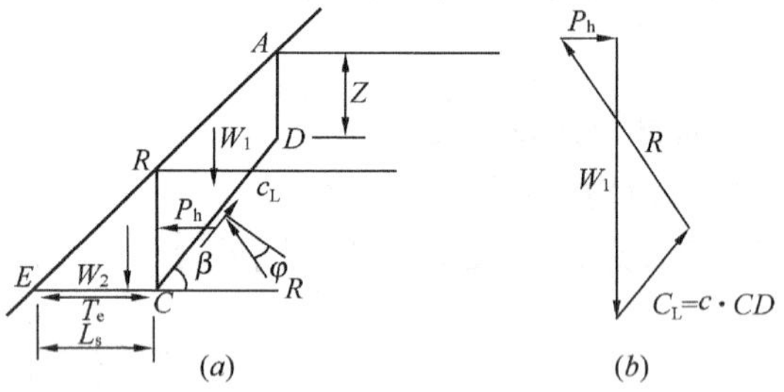

图16-64　坡面局部外凸校核

(a) 可能失稳的土楔块$ABECD$的受力分析；

(b) 主动块$ABCD$的力多边形

为了分析BCE楔体的稳定性，首先要确定BC面上的水平推力P_h，该推力为$ABCD$主动块给予的反力。由于作用在$ABCD$块的重力W_1、黏聚力C_L和假定P_h的作用方向为水平以及CD面上的反力R的方向也已知，故易于绘制处平衡状态的力多边形，如图16-64(b)，由此可以求得P_h。应该假定不同的CD面，以求得最大推力P_h。

再由式（16-92）计算EC面上的抗滑力T_F，

$$T_F=(\alpha_1 cL_s+\alpha_2 W_2\tan\varphi)/F_s \tag{16-92}$$

式中　F_s——要求的安全系数，一般取1.2；

　　L_s——被动块底长EC。

按下式对外凸可能性作评价：

$$T_F \geqslant P_h \quad \text{不发生外凸；}$$
$$T_F < P_h \quad \text{发生外凸。} \tag{16-93}$$

当局部坡面有被挤凸可能时，则需要局部调整，如增加筋材，即减小间距或在主筋之间插入次筋。补充的筋材同样要有足够的强度和长度。

筋材的铺设长度$L=L_s+L_e$

二、改善路堤堤肩压实加筋设计

（一）计算步骤

计算简图见图16-65。

假设在碾压层顶面靠路堤边缘通过的机械重量为W_L，验算土楔体$OABC$会不会在机械重及楔体自重联合作用下沿AB与BC面滑动。为此取OBC为分析对象，评价在下列诸力作用下的稳定条件：OB面上的水平推力P_h，底面BC上的抗滑力和筋材EF的抗拔力T_P。

（二）计算推力P_h

取图16-65中的OAB为脱离体，假定填料为无黏性土，脱离体上的作用力有（W_L+

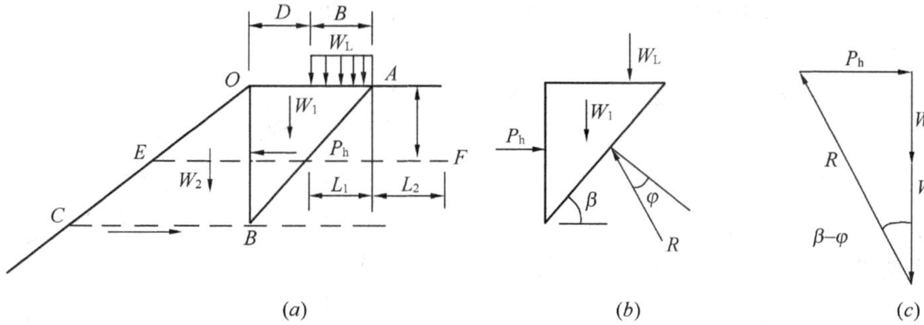

图 16-65 计算简图

(a) 土楔体 OABC 的受力分析；(b) 土楔体 OAB 的受力分析；

(c) 土楔体 OBC 的力多边形

W_1)、滑面上的反力 R 和 OB 面上的推力 P_h（假设作用方向水平），从力平衡三角形可得到：

$$P_h = (W_L + W_1)\tan(\beta - \varphi) \tag{16-94}$$

式中 W_L——碾压机械的轮载或单侧履带荷载；

W_1——脱离体土体重量；

β——滑动面 AB 的倾角；

φ——填土的内摩擦角。

（三）筋材的抗拔力 T_p'

筋材 EF 的抗拔段由 L_1 与 L_2 组成，L_1 为机械荷载下的部分，T_p' 按下式计算：

$$T_p' = 2\alpha_2[(W_L + \gamma H_1 L_1) + \gamma H_1 L_2]\tan\varphi \tag{16-95}$$

式中 γ——填土容重；

L_2——延伸超过 L_1 的筋长。

实际采用的抗拔力 T_P，应取筋材的设计强度和计算的抗拔力 T_p' 二者中的较小者，即

$$T_p = \min(T_a, T_p') \tag{16-96}$$

（四）稳定安全系数 F_s

$$F_s = \frac{T_F + T_p}{P_h} \tag{16-97}$$

一般要求 $F_s \geqslant 1.1$

16.6.4 工程算例

一、基本资料

（一）设计要求

土堤高 7m，边坡 1∶1.2，断面如图 16-66。

（二）填料　容重 $\gamma = 19\text{kN/m}^3$，黏聚力 $c = 0$　内摩擦角 $\varphi = 35°$

（三）要求安全系数

抗圆弧滑动稳定性	$F_s = 1.2$
抗拔	$F_s = 2.0$
防止坡面局部挤凸	$F_s = 1.2$

材料的综合强度折减系数：　$RF=RF_{CR}\cdot R_{iD}\cdot RF_{D}=3.2$

（四）施工要求

碾压每层填土压实后厚度，30cm。压实度：90%

二、未加筋时土坡的稳定分析

如图 16-67，按圆弧滑动法计算，求得最小安全系数为 $F_s=0.895$，故需要加筋。

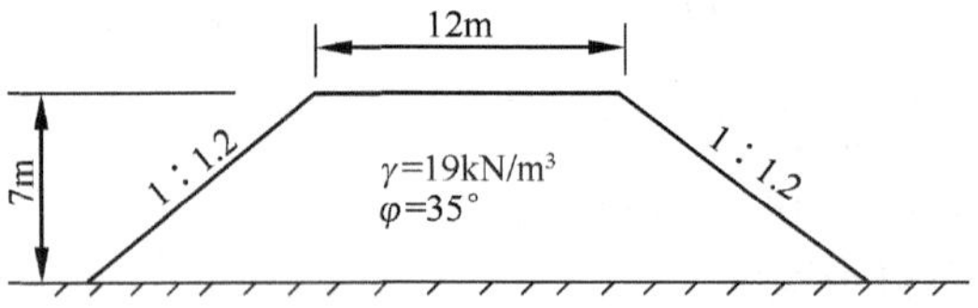

图 16-66　土堤设计断面图

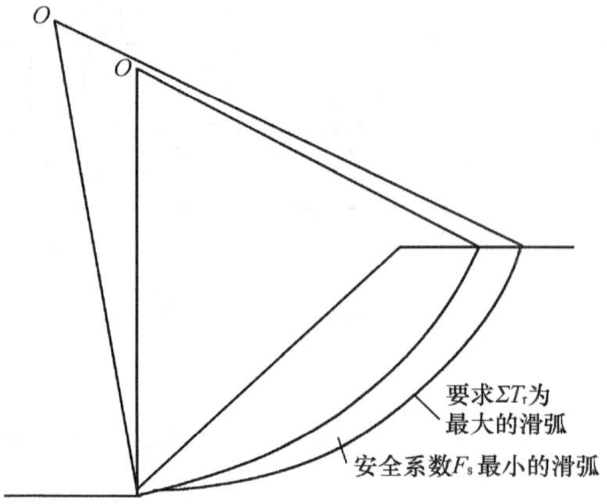

图 16-67　最危险滑动圆弧的确定

三、最危险滑动面

最危险滑动面指为达到要求的安全系数，筋材拉力总和为最大的那个圆弧，见图 16-67，按式（16-92）计算。这里有：

$$M_R=1556\text{kN}\cdot\text{m}$$

$$M_D=1659\text{kN}\cdot\text{m}$$

$$R=11.1\text{m}$$

$$F_s=1.2$$

故需要抗滑力距增量 ΔM_R 为

$$\Delta M_R=F_s\cdot M_d-M_R=1.2\times1659-1556=434.8\text{kN}\cdot\text{m}$$

要求的最大拉力总和为

$$\Sigma T_r=\frac{F_s\cdot M_D-M_R}{R}=39.2\text{kN/m}$$

四、筋材间距设定

假设每填筑 3 层铺设一层筋材，初设间距为 3×0.30=0.9m

五、筋材选定

堤高 7m，间距 0.90m，筋材共需铺 7 层，每层要求的抗拉力为

$$T_r=\frac{\Sigma T_r}{N}=\frac{39.2}{7}=5.6\text{kN/m}$$

现有一种编织土工织物，其极限抗拉强度 $T_u=18\text{kN/m}$，设计强度 T_a

$$T_a=\frac{T_u}{F_{CR}\times F_{iD}\times F_D}=\frac{T_u}{RF}=\frac{18}{3.2}=5.63\text{kN/m}>T_r=5.6\text{kN/m}$$

据以评定此材料可用。

六、筋材铺设长度

土堤高度小于 8m，按前述经验法，采取筋材超出最危险滑弧外的长度不小于 2m。确定设计长度为 5m，如图 16-68。

七、局部稳定性校核

校核局部挤凸的可能性，见图 16-69。

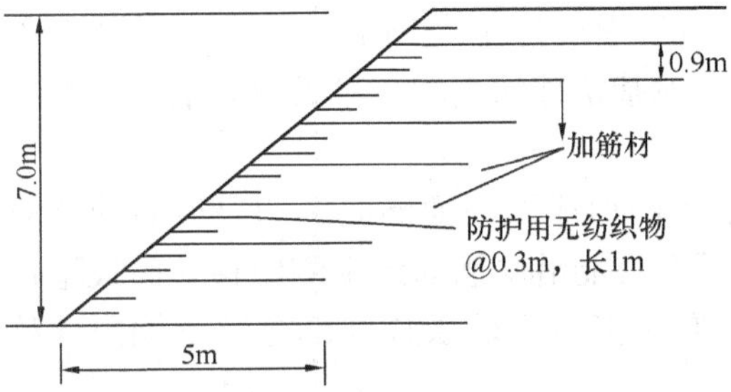

图 16-68　筋材布置图

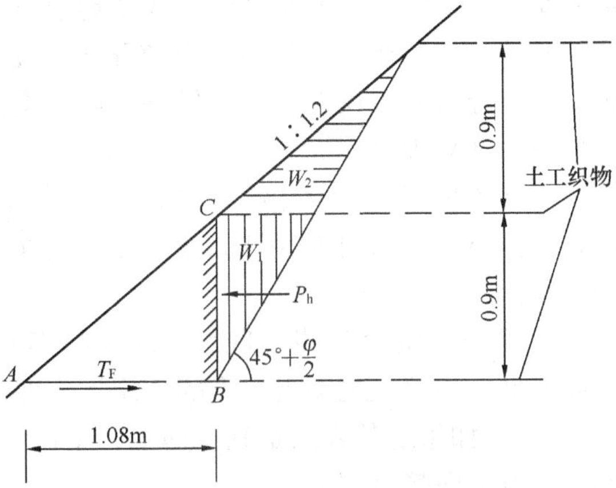

图 16-69　土坡局部凸出核算

假想的墙背所受推力 P_h 为

$$P_h = (W_1 + W_2)\tan(\beta - \varphi) = 4\text{kN/m}$$

被动楔体底面 AB 上的抗力 T_F 为

$$T_F = 1/2 \times 1.08 \times 0.9 \times 19\tan 35°/F_s = 5.4\text{kN/m}$$

$T_F > P_h$，故无凸出的可能。

八、坡面防护

本工程为较陡的砂土坡，应作坡面防护如植草护坡，但为了保护草种未长出前边坡不受冲刷，可以在边坡端部沿坡高铺 1m 宽、间距为 30cm 的无纺土工织物，见图（16-68），或在坡面铺设土工网格，或植生土工垫。

16.7　软弱地基和道路路面加筋法

16.7.1　软弱地基加筋

实际工程中常会遇到强度很低，压缩性高的软弱地基，在其上建造堤坝有时不能安全地填筑到要求的高度。解决这一难题的传统方法因地而异，包括多种措施如：缓慢填筑；分期施工；填轻质填料；堤坝两侧增筑反压护道，即提供抗滑平衡重；地基换土，或在地基中设置排水砂井或塑料排水板等。这些方法虽然在一定情况下也能奏效，但常会出现不尽如意的问题如：拖长工期，增加工程占地，或额外要求专用设备等。采用土工合成材料加筋法具有省工、省时、省地和省钱的优点。

地基加筋法就是在填筑堤坝之前先在软弱地基表面铺设砂层，在砂垫层间平铺一层或多层土工合成材料如土工织物、土工格栅，或为增大垫层刚度铺设土工格室等。土工合成材料既与砂层共同提供了软土排水面，又使填土保持整体性，均化应力，提高地基承载力，增大填筑高度，且施工简便。加筋法有时可与其他措施如碎石桩或垂直排水法等结合应用。

国内外已有大量工程成功地应用了地基加筋法。例如我国铁路三茂线上最早采用了这种方法；再如我国秦山核电站的护厂海堤，全长 1.8km，高 9m，地基为厚 15～30m 的高灵敏度、高压缩性的饱和软黏土，地表 2m 土的不排水强度 C_u 只有 20～30kPa，采用聚丙烯有纺土工织物结合反压平台，成功地建成了防浪堤。

此外，本节还简单介绍目前道路工程中采用较多的另一类的防止路面反射裂缝的措施，该措施可延缓反射裂缝的发展，增加道路的使用寿命。

一、计算理论

在软弱地基上铺设底筋，再在其上填筑堤坝的工程设计至今仍基本上沿用极限平衡法，计算模式根据堤坝的可能破坏形式建立。不同地基条件的堤坝失稳可以归纳为以下几种情况：

（一）由于地表铺设了底筋，底筋与其上填土界面形成了一薄弱面。如果界面的抗剪强度不足，在填土主动土压力的作用下，部分堤坝有可能沿底筋面产生侧向移动而失稳；

（二）如果地基表层是软土薄层，下卧硬层，则可能发生软层连同部分堤土侧向外移或软土被侧向挤出；

（三）当地基为厚软弱土时，可能发生部分堤体连同地基的转动式滑动破坏。一种情况是由于筋材强度不足，在滑动面处被拉断；另一种情况是土体中的筋材因其与土间的握固力不足被拔出，致使加筋失效；

（四）高压缩性软土地基还会由于强度低，承载力不足，造成底筋及其上堤体作为整体产生过度下沉而破坏。

以上各种可能破坏形式为建立计算理论提供了相应依据。

二、设计要求

（一）基本资料

1. 堤或坝尺寸：高度、长度、顶宽及边坡等；

2. 荷载：超载、交通荷载和可能的动荷载；

3. 地基土的工程性质：土层剖面、各层土的容重、含水率、排水与不排水强度、固结参数以及地下水位和变幅；

4. 堤坝填土性质：级配、击实曲线及抗剪强度；

5. 地基土和填土的化学成分。

（二）安全系数

1. 地基承载力 $F_s \geqslant 2$；

2. 竣工时的抗深层滑动 $F_s \geqslant 1.2$；

3. 长期稳定 $F_s \geqslant 1.5$；

4. 有动载作用时 $F_s \geqslant 1.1$；

5. 竣工后的最大容许沉降，根据工程要求规定。

（三）加筋材料

可选用有纺土工织物、土工格栅，必要时采用土工格室，根据设计和施工条件确定。软土地基土体强度随着工程竣工后逐渐增长，稳定安全系数也不断提高，所以筋材的蠕变性及持久性并不十分重要。

三、设计方法

由于地基土层的情况不一，软基上堤坝失稳的可能方式也会不同，下面分别加以说明。

（一）《规范》分析法

我国水利水电和公路交通行业规范基本上采用传统的圆弧滑动法和楔体滑动法进行软基加筋的效果分析。

1. 深厚均质软基上的堤坝

深厚软基上堤坝底部铺设了底筋，如果地基土强度不足，可能因深层滑动而失稳。因此，应采用传统的圆弧滑动法分析其稳定性，或根据要求的安全系数，推算筋材应具有的强度。采用简化的毕肖普条分法可以得到加筋堤坝的安全系数 F_s 的表达式为（图 16-70）：

$$F_s=\frac{\sum\left[c'b_i+(W_i-u_ib_i)\tan\varphi'/m_{\alpha i}\right]+\sum T_i\cos\alpha_i/F_d}{\sum W_i\sin\alpha_i} \tag{16-98}$$

上式中如去掉分子上第二项，$\sum T_i\cos\alpha_i/F_d$，即为众所周知的毕肖普公式。

式中 c'，φ'——堤坝填土的有效黏聚力和内摩擦角；

b_i——第 i 土条的宽度；

W_i——第 i 土条的重量；

u_i——作用在第 i 土条底弧中点处的孔隙水压力；

α_i——通过滑动圆心的垂线与土分条底弧中点和滑动圆心连线的夹角；

$$m_{\alpha i}=\cos\alpha_i+\frac{\sin\alpha_i\tan\varphi'}{F_s}$$

从图 16-70 可看到，底筋在地基变形时筋材将产生拉力，它对滑弧圆心的抗滑力矩将提高堤坝的稳定性。不过，由于地基土和筋材的性质有不同情况，在滑动时原来平铺的筋材，可能处于不同的方位：

（1）仍保持水平位置，图 16-71(*a*)；

（2）高压缩性地基土和延伸率大的筋材在滑弧处筋材折曲与滑弧相切，图 16-71(*b*)；

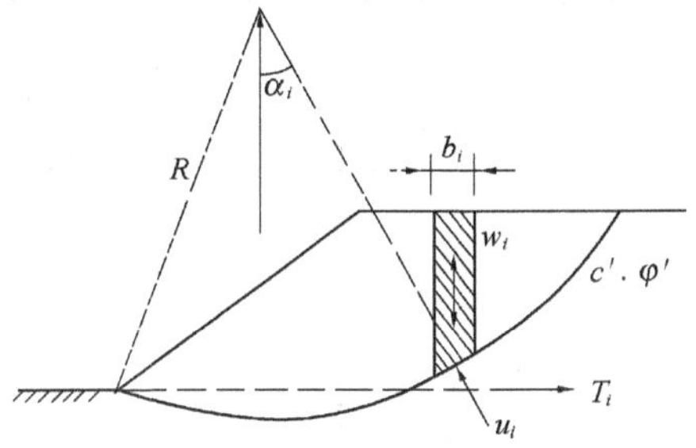

图 16-70 加筋堤坝稳定性核算示意

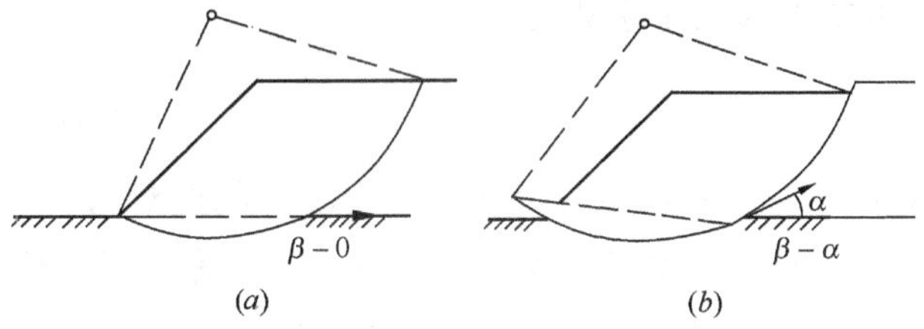

图 16-71 加筋堤坝深层滑动时筋材可能的方位

(*a*) 筋材保持水平；(*b*) 在滑弧处筋材折曲与滑弧相切

（3）另有可能筋材方位介于上述二者之间，即 $0<\beta<\alpha$。

当筋材保持水平时，各层筋材产生的抗滑力矩之和为：$\Delta M_{r1}=\sum T_i\cos\alpha_i R$；对于筋材与滑弧相切的情况则 $\Delta M_{r2}=\sum T_i R$。显然 $\Delta M_{r1}<\Delta M_{r2}$。为安全计，设计时一般假设筋材始终保持原铺设的水平方位。这就是式（16-98）表达的形式。该式中的 F_d 是设计筋材抗拉强度的安全储备，常取等于 1.5。

筋材需要的强度按下法计算：事实上，式（16-98）可改写成下式，其中的 F'_s 为未加筋求得堤坝的最小安全系数：

$$\Delta F_s=F_s-F'_s=\frac{\sum T_i\cos\alpha_i/F_d}{\sum W_i\sin\alpha_i} \tag{16-99}$$

上式中的 T_i 为要求筋材提供的强度。为了保证筋材发挥作用，要求满足以下条件。

a. 筋材拉力 T_i 不得超过材料的容许拉力 T_a，即 $T_i \leqslant T_a$，以免筋材断裂破坏；

b. 筋材不得被拔出，即滑弧外筋材应有足够的锚固长度 L_e。

为符合条件 a，可由式（16-107）先反算 $\sum T_i$，该式中的 ΔF_s、F_d、$\sum W_i \sin\alpha_i$ 均已知，如果再设定筋材的位置，则 $\cos\alpha_i$ 的数值即可确定。若 $\sum T_i$ 尚不超过筋材的容许拉力，则筋材可用，否则应采用 $N(=\sum T_i/T_a)$ 层筋材，但这时各层筋材之间应铺一定厚度的砂层。为符合条件 b，应确定 L_e，同时每层筋材的握固力应不低于筋材的容许抗拉强度并有一定的安全系数 F_d 即，

$$F_d \cdot T_a = 2\sigma_{vi} \cdot f \cdot L_e$$

从而得出，

$$L_e = \frac{F_d T_a}{2\sigma_{vi} f} \tag{16-100}$$

式中　σ_{vi}——第 i 层筋材上的法向压力；

f——筋材与土之间的摩擦系数，一般可取等于土的摩擦系数的 0.8 倍，即 $f=0.8\tan\varphi$；φ 为土的内摩擦角。

如采用多于一层筋材，则在布置好筋材后，应再按式(16-99) 进行校核。

2. 浅薄软基上的堤坝

当为浅薄软土地基时，堤坝连同地基失稳，其破坏面不会切入下卧硬层。但会出现沿底筋顶面的滑移，在铺设底筋后，有以下几种可能的破坏型式：

(1)沿筋材顶面滑动

如图 16-72，堤坝在土压力 P_A 作用下，可能产生位移，堤坝发生破坏，堤坝沿底筋顶面的抗滑移安全系数为

$$F_s = \frac{F_{sg}}{P_a} \tag{16-101}$$

式中　F_{sg}——筋材与堤底土界面发挥的抗滑力；

P_a——坡土产生的主动土压力，假设水平作用。

F_{sg} 与 P_a 按下式计算(参见图 16-72)：

填土为无黏性土，　$$F_{sg} = \left(\frac{1}{2}L_s + L_c\right)\gamma H \tan\varphi_{sg} \tag{16-102}$$

填土为黏性土，　$$F_{sg} = (L_s + L_c)c_d$$

主动土压力，　$$P_a = \frac{1}{2}\gamma H^2 \tan^2\left(45° - \frac{\varphi}{2}\right) \tag{16-103}$$

为避免堤坝填土因侧向位移过量而开裂，筋材强度发挥时的应变应加限制，故上式中的 F_{sg} 应为不超过下列应变时的筋材拉力：对于压实黏性土堤坝，应变 $\varepsilon=5\%\sim10\%$，对于无黏性土及少黏性土 $\varepsilon \leqslant 2\%$。

(2) 沿下卧硬层顶面滑动

此情况的安全系数按下式计算，见图 16-73。

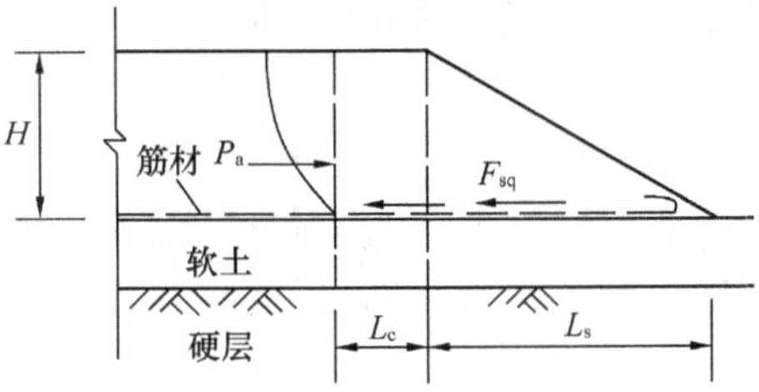

图 16-72 沿筋材顶面抗滑核算

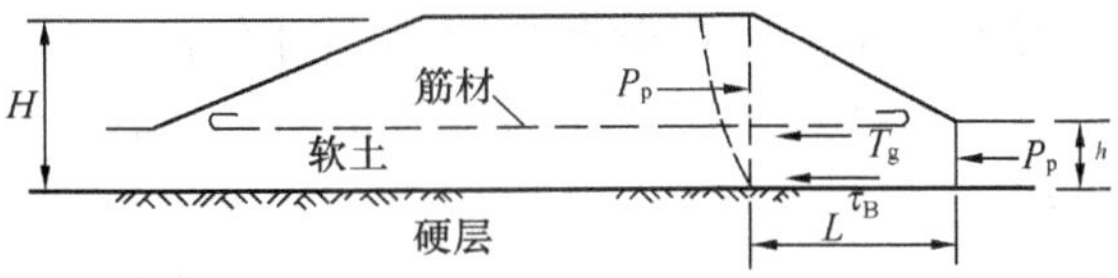

图 16-73 沿硬层顶面抗滑核算

$$F_s = \frac{P_p + T_g + \tau_B}{P_a} \tag{16-104}$$

式中 P_p——地基土的被动抗力，即被动土压力。由于产生被动土压力要求的位移比产生主动土压力的要大得多，一般不能充分发挥，计算中应乘以折减系数，例如 0.8 或更小；

T_g——筋材拉力，一般采用其容许抗拉强度；

τ_B——硬层顶的抗滑力；$\tau_B = L \cdot \tau$，τ 为硬层顶土的抗剪强度。

主动土压力和被动土压力分别为：

$$\left.\begin{aligned} p_a &= \frac{1}{2}\bar{\gamma} H^2 \tan^2\left(45° - \frac{\bar{\varphi}}{2}\right) \\ p_p &= \frac{1}{2}\gamma_f h^2 \tan^2\left(45° + \frac{\varphi_f}{2}\right) \end{aligned}\right\} \tag{16-105}$$

式中 $\bar{\gamma}$——堤坝和地基土容重的平均值；

$\bar{\varphi}$——堤坝和地基土内摩擦角平均值；

γ_f——地基土的容重；

H、h——高度，见图 16-73。

（3）薄软土层被挤出

假设地基中部分软弱土被侧向挤出，见图 16-74，其安全系数为：

$$F_s = \frac{P_p + \tau_B + \tau_T}{P_a} \tag{16-106}$$

式中 τ_B、τ_T——分别为被挤出土体底面和顶面的抗滑力；

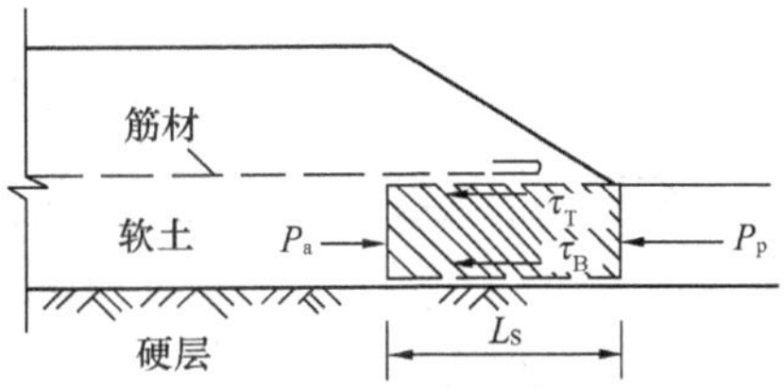

图 16-74 地基土抗挤出验算

$$\tau_B = L_s(c + \sigma_{v1}\tan\varphi) \tag{16-107}$$

$$\tau_T = L_s(c_g + \sigma_{v2}\tan\varphi_{sg}) \tag{16-108}$$

式中 c、c_g——分别为软土与硬土、软土与筋材间的粘着力；

φ、φ_{sg}——分别为软土与硬土、软土与筋材间的摩擦角；

σ_{v1}、σ_{v2}——分别为作用在硬层顶面和筋材面上的正应力。

（二）吉威尔（Jewell）分析法

图 16-75 是 Jewell 法的示意图。该法仍按传统的圆弧滑动法的概念，求取为维持堤坝达到要求的安全系数 F_s 时底筋各点需承受的拉力 T_m，再求各点能提供的抗拉力 T_r。如

$T_m > T_r$，则认为该点是稳定的，如果各点均能满足，则整个堤坝是稳定的。

该法的具体步骤：

1. 确定筋材中的拉力 T_m

假设若干个试算滑动圆圆心，再在底筋上选择许多个试算点，假定各试算点以上的裂缝贯通堤坝全高，即认为堤坝重量为外荷载。针对每个圆心，通过筋材上的各点作一系列滑动弧。

根据安全系数的定义，由图 16-76 可得：

$$F_s = \frac{M_R + \Delta M_R}{M_D} \tag{16-109}$$

式中 M_R、M_D——未加筋堤坝的抗滑力矩和滑动力矩；

ΔM_R——由筋材提供的抗滑力矩增量。

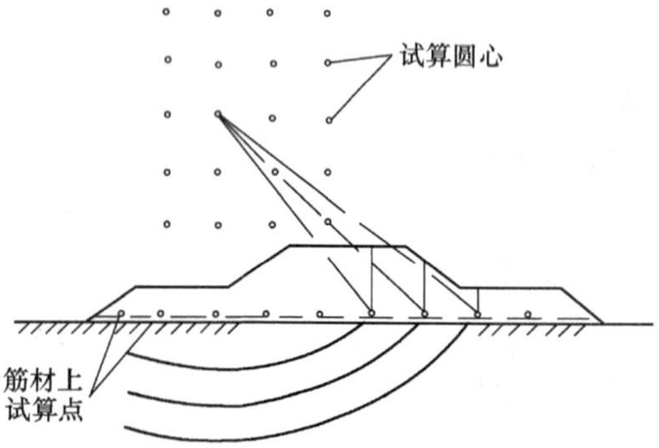

图 16-75 吉威尔法示意图

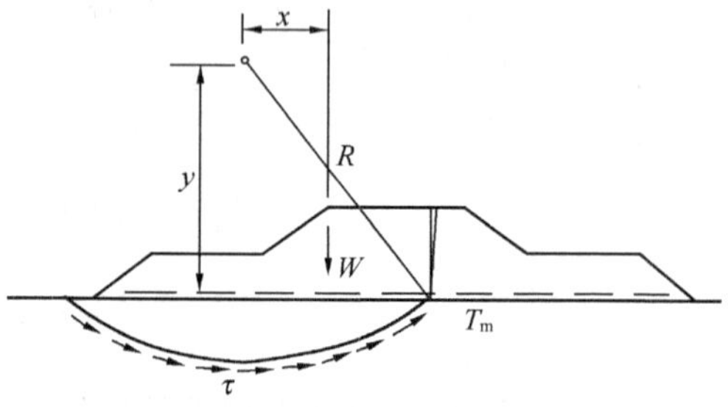

图 16-76 圆弧滑动分析

$$\Delta M_R = T_m \times y \tag{16-110}$$

由式（16-109）和式（16-110）得到筋材上一点针对一个圆弧的 T_m

$$T_m = (F_s \cdot M_D - M_R)/y \tag{16-111}$$

需通过重复计算，求得若干圆弧通过该点时诸 T_m 中的最大值作为该点所需的拉力。将筋材上各点所需最大拉力绘成轨迹线如图 16-77(*b*)。

2. 确定抗拉力 T_r

抗拉力由滑弧以外筋材的握固力提供。故可针对最大的 T_r 滑动弧和所布置的底筋长度，得到相应的滑弧外的筋材长度 L_e。则 T_r 按下式计算，

$$T_r = 2\sigma_v \cdot L_e \cdot f \tag{16-112}$$

式中 σ_v——筋材上面的垂直压力即单位长度的填土重；

f——筋材与土之间的摩擦系数。但抗拉力不能超过筋材的容许拉力 T_a，各点的抗拉力分布如图 16-77(*c*)。

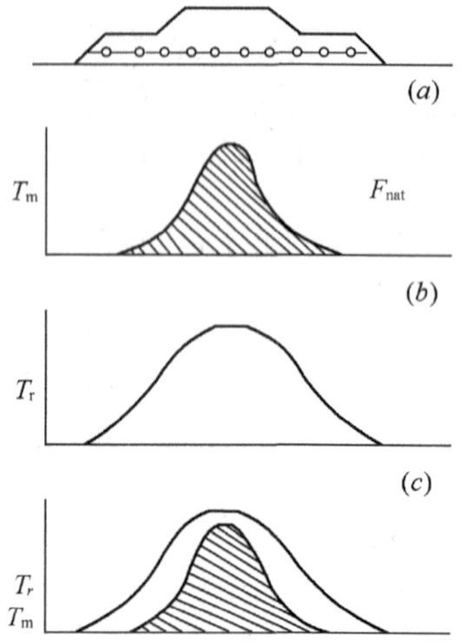

图 16-77 稳定性评价

3. 稳定性评价

将图 16-77 的(*b*)和(*c*)套绘成图 16-77(*d*)。可以看

出，当 T_r 均大于 T_m，则堤坝是稳定的，否则为不稳定，应增加抗拔段的长度。

4. 补充校核

还应该针对其他形式的破坏进行验算，如沿筋材表面的水平滑移。

16.7.2 道路反射裂缝防治

一、反射裂缝的生成

道路基层由于某种原因先出现裂缝，经过一定的运行期，由于其与面层间有较强的结合力，通过二者的结合面，拉应力传递至路面，形成路面的反射裂缝。研究表明，基层裂缝的产生可能有两方面的原因：一是由于负温或干缩，可称为温度裂缝；二是由于基层受过载作用，可称为荷载裂缝。据报道，广东某公路沥青路面厚 6～7cm，曾测得该层底面处的应力高达 0.9MPa 以上。

二、防治反射裂缝的措施

土工合成材料用于路面的研究始于 20 世纪 80 年代初期，尽管发表了许多防治或减缓路面裂缝、减少车辙和延长道路使用年限的文章，但理论成果并不成熟，迄今尚无公认的设计方法。但取得的共识是：

1. 在道路间层与基层之间铺设土工合成材料，二者界面处的拉应力传递可以明显减缓。例如广东与江苏高速公路试验段测得 7～12cm 沥青层底部在设置土工合成材料后，拉应力较不设间层处的减少约 20%。

2. 间层材料可以是无纺土工织物，其防裂效果可能是由于拉应力传递至间层时，受力宽度增大，缓冲了应力集中，和部分拉应力消耗于织物的拉伸变形，即织物吸收了部分拉伸能量。作者暂称其为“以柔克刚”的方法。

3. 间层材料也可以是延伸性低的材料，例如玻纤格栅。当拉应力传递至该间层时，玻纤的高模量足以承担应力，而隔断拉应力向上传递。作者暂称其为“以刚克刚”的措施。

4. 人们还普遍认可，采用上述方法，特别是以无纺土工织物作间层，可以取得附加的良好作用：(1) 因为间层为沥青所饱和，形成良好的隔渗层，保持基层处于正常工作状态；(2) 间层起保温作用。为此，土工织物间层可视为应力吸收防水薄膜。

三、材料与施工

(一) 材料要求

我国土工合成材料国家标准 GB 50290—98 和公路行业相应标准 JTJ/T 019—98 对用于防治道路裂缝的材料均有技术要求，见表 16-9 与表 16-10。

无纺土工织物要求技术指标 **表 16-9**

材料指标	要　求	说　明
抗拉强度 (kN/m)	≥8	
单位面积质量 (g/m^2)	≤200	
耐温性 (℃)	>170	

玻纤网材料要求技术指标 **表 16-10**

材料指标	要 求	说 明
抗拉强度（kN/m）	≥50	
最大负荷延伸率（%）	≤3	
网孔尺寸（mm×mm）	12×12～20×20	宜为其上沥青层最大粒径的0.5～1.0倍
网孔形状	矩 形	

（二）施工要点

1. 整平路面 将旧路面清扫干净，将凹坑填平。

2. 张拉材料 铺土工合成材料时，将其一端先固定，然后以人工或机械拉伸约1.0%～1.5%。将此端也固定。固定器可用水泥钉、膨胀螺钉等，钉长8cm～10cm。

3. 材料搭接与固定 土工织物纵横向搭接宽度应达到4cm～5cm，横向搭接应采用固定钉，纵向搭接可用粘层油粘结。玻纤网的横向搭接宽度为8cm～10cm，搭接用固定钉固定；纵向搭接5cm～8cm，搭接处用尼龙绳或铅丝扎紧，间距不超过1.5m。

4. 布洒粘层油 采用无纺土工织物时，先在地表洒热粘层油，用量约0.3～0.4kg/m^2。铺上土工织物，再洒粘层油，用量约0.4～0.6kg/m^2，使织物吸油饱和为度。采用玻纤网时，先铺网，然后再洒热沥青粘层油，用量约0.4～0.6kg/m^2。

5. 铺沥青面层 施工方法与一般沥青路面相同，需注意施工机械不得在土工织物表面转弯。如果摊铺沥青混凝土时，摊铺机轮有打滑现象，可在粘层油表面洒石屑，石屑用量约为$3m^3$～$5m^3$/$1000m^2$。

16.7.3 纤维土加筋

一、纤维土及其加筋机理

纤维土（texsol）是利用专门的机具将聚合物的连续长纤维、有一定长度的短纤维或是网片等均匀掺入砂土中的加筋土体。该加筋法于20世纪70年代中期首先由法国巴黎道桥中心研究所倡议，随之在法国采用该法修建了几处纤维土边坡和挡墙。与其同时，英国Netlon公司研究了网片加固土体的技术。

纤维土明显的特性，是不像前述加筋土那样将筋材层层置于土中，因而导致复合土体具有明显的各向异性。相反，纤维土中纤维或网片系随机均匀分布，故几乎是各向同性体；其次，由于纤维的掺入量按重量计仅为千分之一、二，故加筋后土体容重可认为不变，同时土的渗透性也没有改变。

土中掺入纤维或网片何以使土体得到加固，现有的研究认为，可以用两种机理来解释：弯曲机理和交织机理。

（一）弯曲机理

假设土中的每根纤维都成弯曲形，当土体受到外力而引起拉力时，纤维的凹侧将对土颗粒产生压力和摩擦力，从而提高土体的整体性。

（二）交织机理

认为众多纤维在土中相互交错，相互连接，交织成三维网络结构，当其中的某段纤维受到拉力时，必会牵扯到其他纤维的运动，起到相互制约和阻碍作用。

二、纤维土特性的部分研究成果

国内外学者对纤维土的研究大多数集中于砂土，黏性土的成果很少。为了对我国南水北调工程中线的膨胀岩渠段渠坡问题进行多方案优选，长江科学院从2005年开始对纤维土改性膨胀岩的有效性和可行性进行了大量的、系统的研究。

（一）前人研究成果摘要

1. 法国道桥中心研究所

以纯砂制成不同配合比的纤维土作室内试验，得到：

(1) 相对于纯砂，掺入纤维1‰，CBR提高1.76倍；掺入纤维3.5‰，CBR提高2.7倍。

(2) 三轴试验，掺入纤维1‰，平均视黏聚力c达104～166kPa，内摩擦角φ与纯土比基本不变。

2. 英国布拉德福德大学

土工格栅和细聚酯纤维加筋砂挡墙模型试验对比：

(1) 纤维直径0.2mm、配合比2‰的纤维土的挡墙，其最大沉降仅为未加筋土的11%～21%。

(2) 格栅加筋墙的竖向变形比纤维土的高2倍。

(3) 采用纤维土时可减少墙背横向力50～70%，优于土工格栅。

3. 英国R. B. Weerasinghe和A. F. L. Hyde

聚酯纤维土，不同纤维配合比，排水三轴试验：

(1) 配合比2‰，峰值强度提高60%。

(2) 纤维土的残余强度高于未加筋土，即使破坏后，纤维土仍能承受一定的拉伸荷载。

(3) 纤维加筋后，松土和紧土的内摩擦角分别提高7°和5°。

4. 华北水利水电学院北京研究生部

聚丙烯网片纤维黏土的三轴试验和模型试验

(1) 与未加筋土比，加筋土的黏聚力c明显增加，内摩擦角变化不大；掺量愈大，c值增大愈多；

(2) 网片加筋土的韧性提高；

(3) 砂土中掺入2‰和6‰的网片，模型基础的承载力分别提高到纯砂的1.41和3.30倍，且约束了水平位移，沉降趋于均匀。

5. 清华大学

以纤维加筋黏性土，对其进行了系统的力学性试验：

(1) 改善了土的抗水力劈裂性能；

(2) 复合土有一定的自愈能力，当发生水力劈裂时，土体结构不破坏，能承受更大水压力。

（二）长江科学院的试验研究成果

1. 膨胀率试验

采用涤纶长纤维、短纤维、聚丙烯网片、改性聚丙烯单丝、改性聚丙烯网状纤维、棉纤维、棕丝、竹签等11种纤维料，制备不同含水率、不同压实度、不同纤维配比（5‰或3‰）试样作试验：

（1）添加纤维后，绝大部分的加荷和不加荷下的膨胀率均有较大的增加；

（2）不同纤维、不同配比时，不加荷膨胀率约为15%～18%；有荷（50kPa）膨胀率基本上为1.5%～2.5%；

（3）网片或改性聚丙烯单丝加筋土的膨胀率略小于其他纤维。

2. 渗透试验

添加与不添加纤维膨胀岩的渗透性差别不大，基本上是10^{-4}cm/s～10^{-3}cm/s。

3. 无侧限抗压强度试验

采用天然含水率制样，改性聚丙烯单丝和网片为加筋料：

（1）无侧限抗压强度均比素土的要高；

（2）配合比愈高，强度愈高。但配合比为0.5‰时，加筋效果差；3‰时效果明显；

（3）含水率增高，效果明显降低；

（4）添加纤维后，土体的韧性明显改善，尤以添加3‰改性聚丙烯效果最佳。

三、工程实例与施工

1. 法国Caudebec-en-Caux边坡修复

该工程位于白垩岩坡边缘，因受渗水作用，高12m的边坡发生滑坍。如以钢筋混凝土挡墙修复，费用昂贵，且占地多。最终方案是加固下部原有挡墙，在其上建6m高的纤维土陡坡路堤，如图16-78。路堤顶宽2m，长十余米，边坡角60°，土方量约$100m^3$。

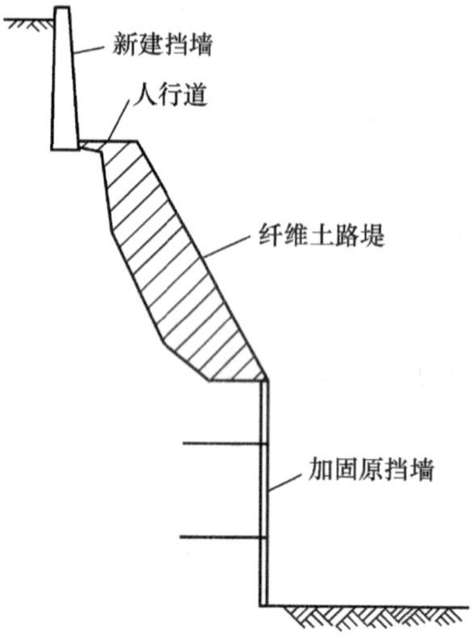

图16-78 Caudebec-en-Caux修建的挡墙工程断面图

采用的砂料粒径0～5mm，聚酯丝的纤度为330分特，即1000m丝重33g，由60股细纤维拧成，每股5.5分特，纤维掺入量为2.3‰。

砂土靠传送带送到作业面，其高度可随时调整。而纤维丝系绕在卷筒上，并放在一个特制密闭箱内。箱上有十多个喷嘴，每嘴可同时喷射4股丝。喷丝靠压力水，喷射水流的质量为纤维质量的1/10，这样可使砂的密实度达到普氏击实密度的100%。喷丝与撒砂同时进行，喷射速度每秒为20m。控制撒砂量和喷丝水流量可达到要求的土、丝配合比。为了形成规定边坡，坡边应设挡板，并且在下面的1.5m高度内，以振动板分层夯实，上面不加压实。

竣工后两个月内曾刮过暴风雪，坡面被冲走5～10mm，部分纤维外露，正有利于抗冲刷。坡面未出现雨淋沟，情况良好。随之在坡面种植草皮，美化了环境。

2. 法国A7高速公路纤维土工程

法国里昂至瓦朗斯的高速公路为了拓宽车道，需要开挖路侧山坡脚。决定将一侧的挖坡以纤维土挡墙支承，如图16-79。该工程于1984～1986年分两期施工，建成两处边坡工程，土方量2万m^3。纤维土挡墙的规格为：外坡角60°，深入水沟底面下0.5m，墙高3～7m，墙顶宽0.55m。

采用Bishop圆弧滑动法验算墙的整体稳定性，如图16-80。要求安全系数不小于

1.5。原位土为粉质砂，$c=0$，$\varphi=35°$。纤维为167分特（10000m长，质量167g）30股的聚酯丝，丝、土掺合比为1.5‰。研究成果表明，纤维土的内摩擦角φ几乎与纯土料的相同，而因受到各向等值周压力获得黏聚力增量。

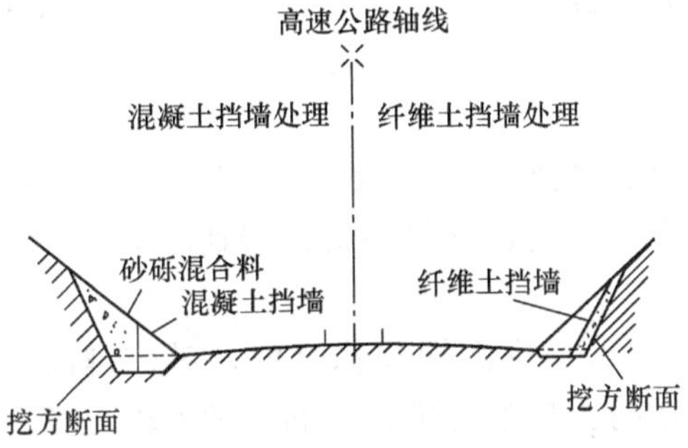

图16-79　挖方加宽高速公路路面（传统技术与纤维土技术比较）

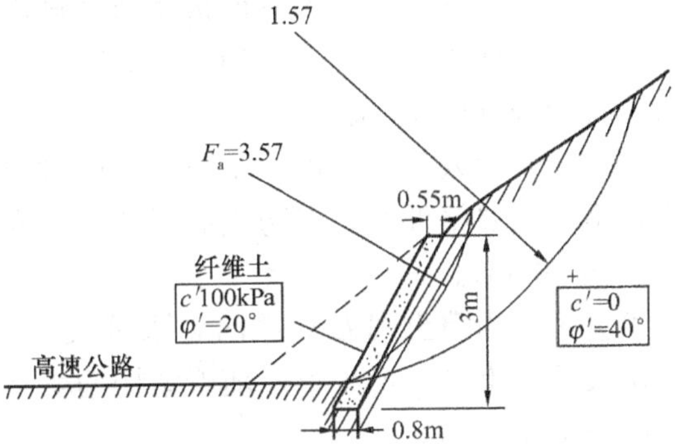

图16-80　边坡稳定分析

16.8　施工

16.8.1　概述

所有工程施工的基本原则是：体现设计意图，保证工程质量；确保施工安全；因地制宜，简化施工，以加快施工进度和节省工程造价。简化施工的技术包括尽量利用天然土层和天然排水条件，使用现成的和便于应用的材料，基础的外形和结构应当简单，施工时尽量使机械设备位于原地面，等等。

工程施工牵涉面广，施工前应做好计划，计划内容包括：工程用料的规格、数量和来源；施工机械设备；施工队伍；施工进度。此外，一些辅助设施也应予以考虑，如施工便道，施工队伍的临时住所，等等。

一般来说，加筋土的施工较为简便、快捷，施工工序主要包括基层处理、筋材的铺放和相应的面层系统设置、填土、压实。不需要专门的机械设备和技术，当地劳力即可施工。

加筋法施工涉及到具体的工程对象、现场及环境条件、具体的设计要求和应用的筋材类别及性能以及施工机具等难以采用统一的施工方法，本节仅介绍几种常用的施工要点供作参考。

16.8.2　带混凝土面板的加筋土挡墙或桥台的施工

一、基层处理及面板基垫的设置

（一）清除加筋土结构范围内的障碍物及杂草，对不良地基土应清除或者换填。底层应开挖到设计标高，并整平。

（二）设置面板的混凝土基垫，可现场浇注或预制。基垫的尺寸一般为宽0.3m，厚0.15m，其主要作用是便于立面板，而不是面板的支撑基础。

二、面板的设置

目前常用的面板是预制混凝土面板，有分块模块式和整体连续全高式两种。分块式面板一般厚 15～25cm，每块的长和宽在 50～100cm 之间，适合人力拼装；分块式面板的形状多种多样，图 16-81 中的十字形和 T 形是其中的两种，详见 16.5.5 节。

（一）模块式面板的施工

第一步：在地基表面设置面板基垫和排水管；竖立半嵌板；竖立全嵌板并在嵌板间固定临时楔，使嵌板间预留一定的水平间隙；对相邻嵌板用夹板加以固定，并从面板前方支撑第一排面板（图 16-82）。

第二步：填入和压实填料至第一层筋材位置 *A-A* 线处；在面板拼装高度不足 2m 的范围内，填土时要格外小心以防止面板发生畸变。布置筋材，并将筋材连接到面板上。继续填土（图 16-83）。

第三步：当填土到 *B-B* 线时，去掉夹板。安放另一排面板和临时楔，对该排面板安装固定夹板。重复以上步骤。随着结构的增高，按时去掉临时楔，使面板随着填土产生垂直沉降（图 16-84）。

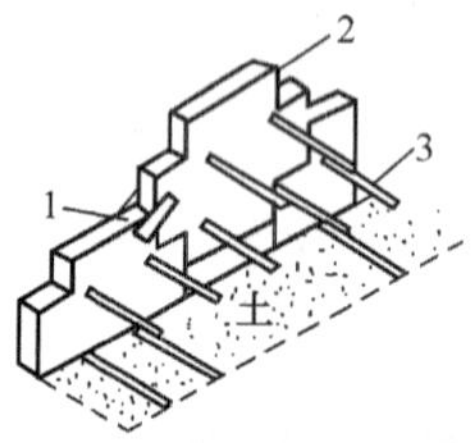

图 16-81 模块式面板

1—临时性夹板；2—面板；3—加固筋

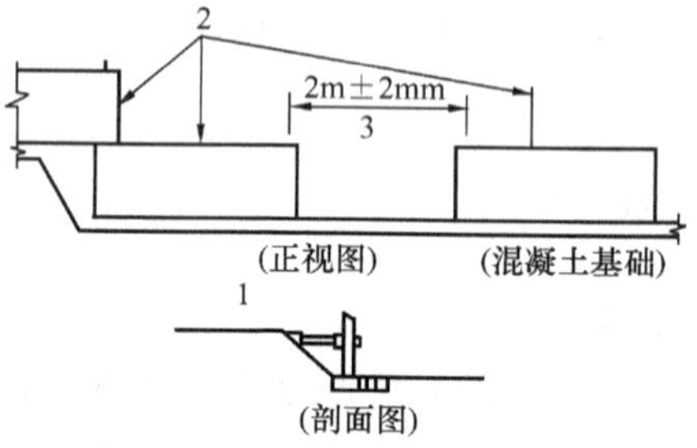

图 16-82 施工顺序——第一步

1—外部支撑；2—半嵌板

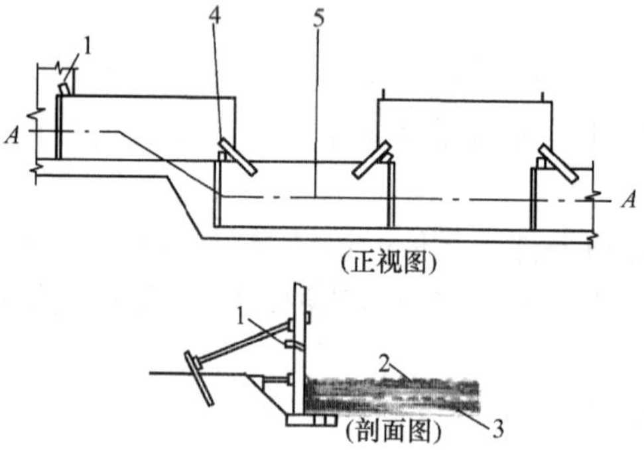

图 16-83 施工顺序——第二步

1—临时楔；2—第一层加筋材料；3—压实填土；4—校直（定线）夹板；5—护面板后填土表面

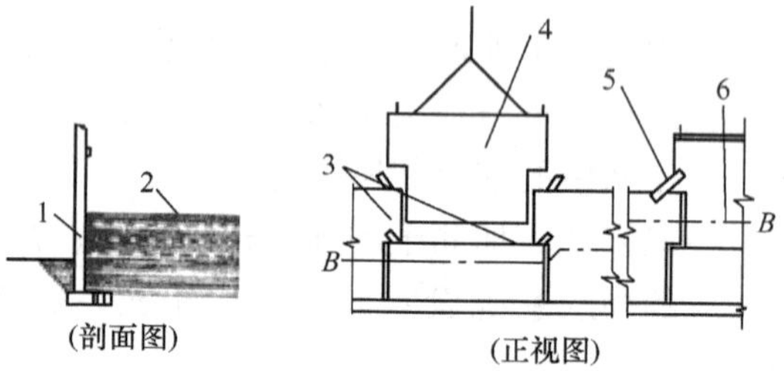

图 16-84 施工顺序——第三步

1—斜支撑；2—第二层加筋材料；3—安装下一排面板时应去掉的夹板；4—标准部件（面板）；5—校直（定线）夹板；6—面板填土表面

注：①当使用伸缩性加筋材料时，填土前需要加一定程度的预拉应力；

②如果筋材与面板之间为滑移连接方式，则面板间可以不设置临时楔，因为加筋土结构中填土与面板的 差异沉降可通过筋材相对于面板的滑移进行调节。

（二）连续全高整体式面板的设置

第一阶段：设置基础，竖立并支撑面板，如图 16-85(*a*) 所示。

第二阶段：安装排水管；填土并压实；当填土到第一排筋材的设计位置时，布置筋材，筋材与面板间应为滑移连接，以调节填土与面板之间的差异沉降；继续填土；当填土完成后，或者当填土达到一定厚度足以使面板稳定时，撤掉支撑和折叠楔（图16-85*b*）。

三、面板与筋材的连接方式

面板与筋材的连接方式有定位连接和滑移连接两种。在定位连接方式中，为了减轻面板和填土的差异沉降，避免筋材被拉断，常在分块式面板之间垫上临时软楔，给各层面板预留一定的沉降余地。定位连接方式不宜用于整体式面板的结构中。

（一）定位连接方式

1. 条带状筋材与面板的连接：面板内侧预埋钢筋拉环，条带状筋材穿过拉环折回布置，如图16-86所示。

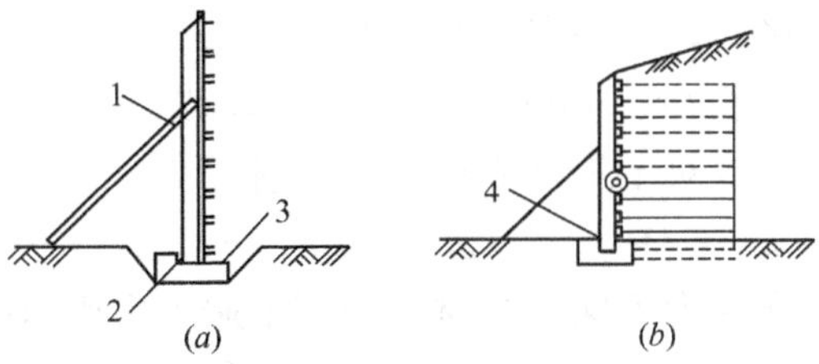

图16-85　连续全高整体式面板施工

（*a*）第一阶段；（*b*）第二阶段

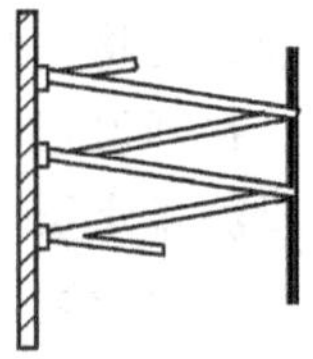

图16-86　复折法布筋示意图

2. 土工格栅筋材与面板的连接：面板内侧预埋拉钩，将土工格栅套在钩上即可（图16-87）。

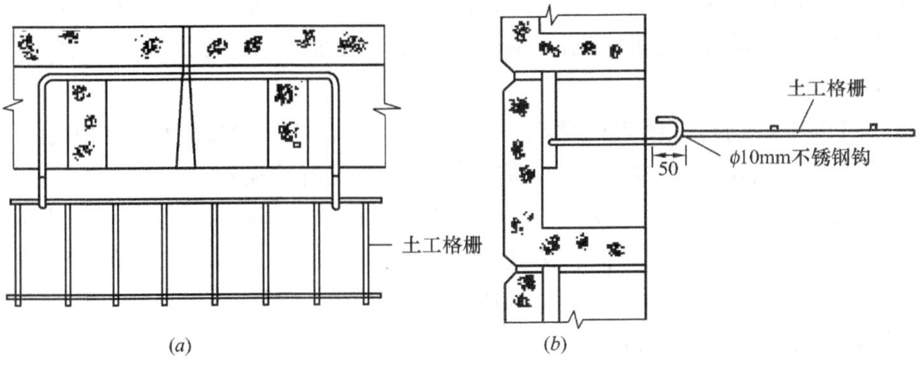

图16-87　土工格栅筋材与面板的连接

（*a*）平面图；（*b*）断面图

（二）滑移连接方式

1. 带状加筋材料与面板的连接：面板内侧固定有连接耳，将筋材与连接耳上的螺栓或插销连接，并保证筋材能沿着螺栓或插销上下滑动；在筋材接头下面铺上软垫，如泡沫橡胶块，使筋材能与填土一起沉降（图16-88）。

2. 土工格栅与面板的滑移连接：面板内侧固定有凹槽，凹槽内垫上海绵块，将土工格栅的一端与ϕ16的钢筋连接，然后套在凹槽上（图16-89）。

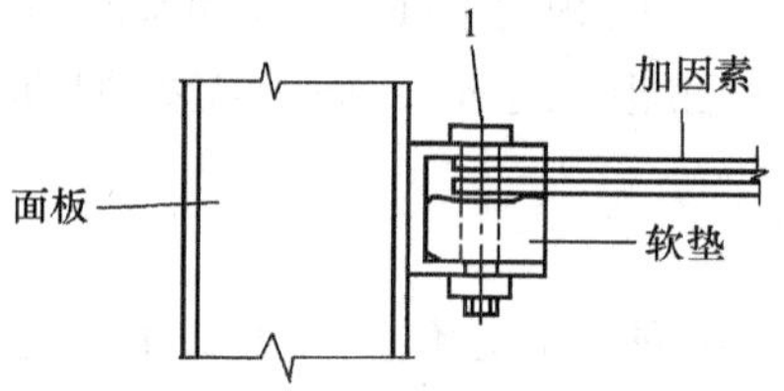

图16-88　带状筋材与面板的滑移连接
1—长120mm的M24黑铁螺栓

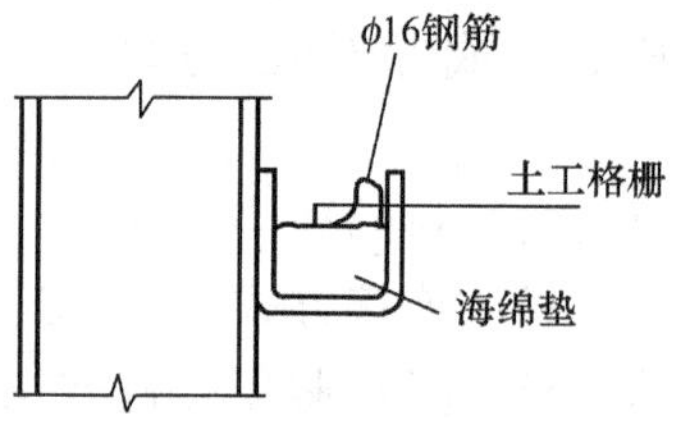

图16-89　土工格栅与面板的滑移连接

四、加筋材料的布置

当填土到每层筋材的设计位置时，开始布置该层的筋材，并使之与面板连接。筋材的主强度方向要与墙面垂直。对于单向土工格栅，这一点尤其重要。

填土前，要将筋材拉紧；筋上覆盖土厚至少150mm，才允许机械设备在其上运行操作。此外，在铺设过程中，应尽量避免紫外线对土工合成材料的照射。

五、反滤排水层

在面板与填土之间，应设置反滤排水层。为了保护筋材，应尽量避免采用角砾料，可采用砂和厚的无纺布或土工排水材。

六、填土压实

加筋土结构中的填土必须压实，通过压实可以提高土体的强度，增大结构的效应。良好的压实可以降低土体内部的不均匀沉降，而均匀压实能够提供良好的环境条件，这一点对耐久性很重要。选用合适的压实机械；压实机械沿着与墙面平行的方向压实。

一般的压实机械都可以用于加筋土结构的施工。压实机械的选择取决于所用填土的性质。对于黏性填料，要求含水率控制在最佳含水率的±2%，压实度至少为95%。压实中还应注意以下事项：

1. 压实过程中，筋材上覆盖的填土厚至少为150mm，以避免筋材受到损伤；

2. 在筋材上填土和压实的时候，应防止筋材折叠或者移动；

3. 对于模块式面板，在距面板一定距离如0.90m的范围内，应采用小型压实机械，以防止面板发生畸变和筋材与面板连接处应力集中。在该范围内，如果条件允许，应尽量采用高质量的填料，以利于以低压实能量达到预期的压实效果。

16.8.3　包裹式加筋土挡墙的施工

一、墙基平整

墙基范围内的地面应按设计要求开挖平整，开挖范围宜超出墙范围0.3m～0.5m。而后全面检查，将不稳定的土体清除；对于软弱土则需压实或者换填合适的土料。将整个场地全面压实至要求标准。

二、铺设筋材

1. 加筋材料强度高的方向（主方向）应垂直于墙面。筋材应铺放平整，并且拉紧，保证在填土压实过程中不卷曲、滑动。

2. 沿着挡墙的长度方向，两幅筋材之间的搭接宽度至少0.15m。

3. 如果地基沉降量大，筋材的搭接部分可能会被拉开。在这种情况下，对于土工织物，应将相邻部分缝接在一起；对于土工网或土工格栅，可用绳子绑扎牢固。缝接用的线和绑扎用的绳子宜采用强度较高的合成材料。

4. 为保证筋材在垂直于墙面方向上的抗拉强度，筋材应一次铺设足够的长度，不宜缝接或搭接。

5. 对于土工织物，应避免与角砾填料直接接触，防止在压实过程中受到损伤。

三、填土压实和墙面处筋材的包裹

1. 填土压实和墙面包裹的施工方法和过程如图 16-90 所示。

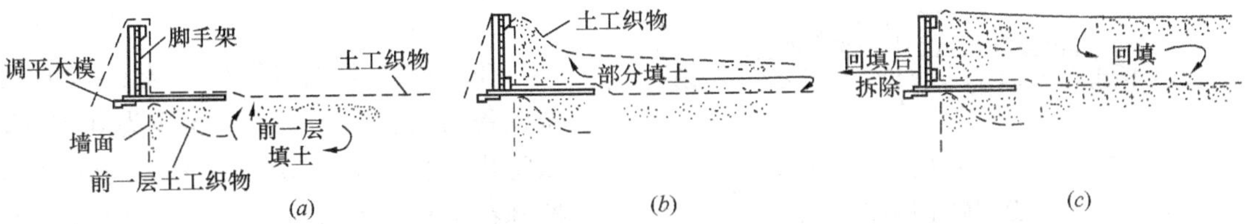

图 16-90　包裹式加筋土挡墙填土及包裹施工程序示意图

(*a*) 在前一层上放脚手架和土工织物；(*b*) 填、压部分填土，回包土工织物；(*c*) 填、压余下的回填土

2. 为便于填土压实，临时脚手架沿水平方向每隔 1m 左右应设置固定支撑。

3. 如采用土工格栅作筋材，则在墙面处土工格栅内侧垫一层土工织物将墙面包裹起来，以防止填土漏失，如图 16-91 所示。

4. 压实要求

(1) 回填土铺在筋材上，分层进行压实，压实后厚度一般约为 0.2m～0.25m，或由施工试验或工程师决定。填土压实度应不低于设计要求，并且至少达到标准击实最大干密度的 90%以上。填土的含水率等于或略小于最佳含水率。

(2) 铺土与压密时，勿使筋材卷褶或移动；任何时候，碾压机械轮胎与筋材之间的土层厚不得小于 0.15m，以免造成筋材损伤。

(3) 在压实距墙面 0.5～0.6m 范围内的土时，需要使用手提式振动压实机械或其他小型压实机械；禁止长久地或者过重地压实，以免墙面发生过大的变形。

四、永久性结构的墙面保护

对于永久性结构，应根据设计要求在包裹墙面上挂网喷浆，以防止土工合成材料受到紫外线辐射或者人为破坏。(图 16-92)

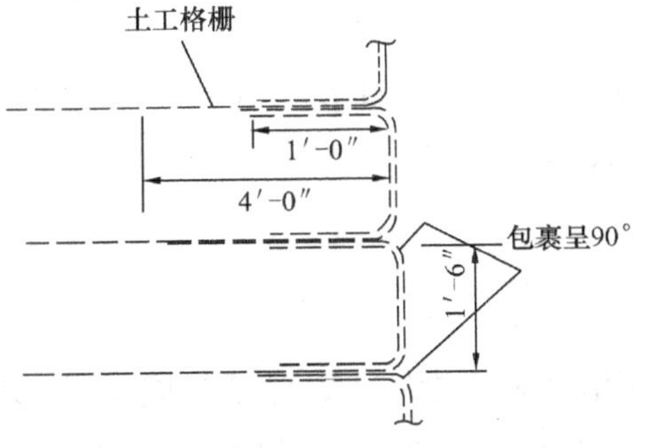

图 16-91　土工格栅加筋土挡墙的墙面构造

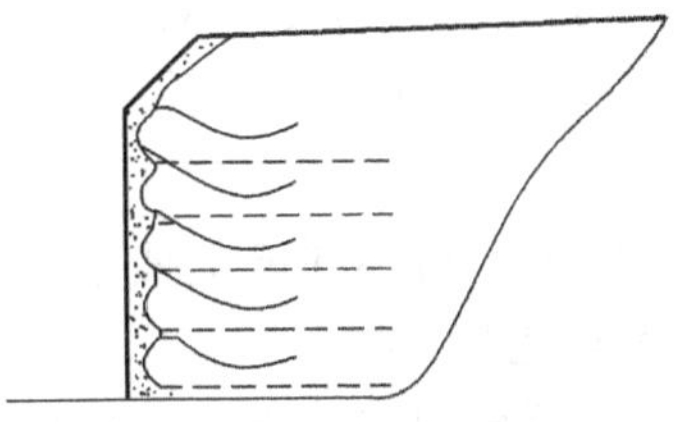

图 16-92　永久性结构墙面

将金属网固定在倒钩上，网面到墙面的距离为 25～40mm。先将包裹墙面用水洒湿，

然后从下往上均匀连续地喷射砂浆。喷枪与墙面保持一定的距离，并且近似垂直于墙面，这样是为了增大喷射压力和减小从墙面上反弹回来砂浆。喷浆完毕后，根据要求在混凝土墙面上作美化处理。

16.8.4　加筋土边坡的施工要点

一、平整坡底和铺设筋材请参见16.8.3的有关部分。

二、填土压实与坡面包裹

1. 填土压实与坡面包裹的施工程序如图16-93所示。

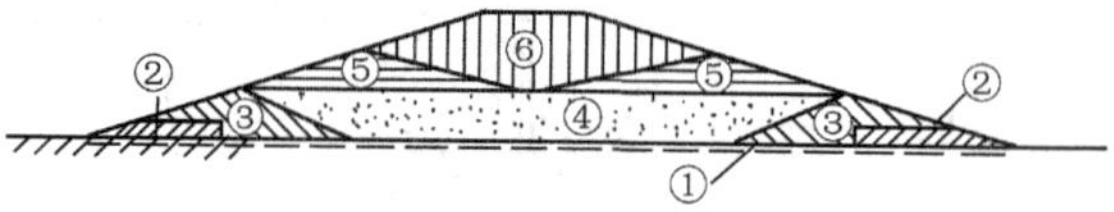

图16-93　在极软地基上填筑加筋土堤坝施工顺序示意图

①横向铺土工织物，将织物缝接；②后卸式卡车卸土筑交通道（戗台）；③填两侧土，将织物锚定；④填内部土；⑤填中间土，使织物被拉紧；⑥填最后的中心部分

极软地基 CBR<1

2. 填土压实

在筋材上按规定层厚铺土；施工机械设备与筋材间的填土厚至少为0.15m，以防止筋材受到损伤；将填料的含水率控制在最佳含水率 $w_{op}\pm2\%$，要求达到的压实度至少为最大干密度的95%；在靠近坡面处应使用轻型压实机械，以保持坡面平整。

3. 坡面处理

为防止坡面受冲刷或者陡坡边缘填土漏失，可根据要求将坡面做成包裹式的，即把土工织物回包，回包长度至少1m。

若为陡坡，可能需用模板支撑坡面；如筋材为土工格栅，为防止漏土可能要内衬细网材或土工织物回包，施工方法参见16.8.3有关部分。

16.8.5　地基加筋施工要点

施工程序对软弱地基上加筋效果十分关键，工序不当，会使筋材破坏，引起地基不均匀沉降，甚至造成堤坝失事。施工应注意下列各点。

一、准备场地：应砍除树木，整平地面

二、铺设筋材

（一）筋材要求幅宽尽量大，长度要能满足大于堤底宽加上回折长，且无接缝；

（二）筋材强度大的方向应垂直于堤坝轴线，铺设时卷材垂直于堤坝轴线，平顺展铺；拉紧勿使皱褶，常需在其上及时压重或设固定钉，防止筋材被风吹掀起。

（三）筋材铺好后，尽快填土，例如不超过48h。填土前检查有无损伤如孔洞、撕裂等情况，如有损伤应及时补救。

（四）筋材补救方法，对大面积破坏应割除裂缝，另铺新材（但要注意是否满足受力要求），小裂缝、孔洞则缝补上一块新材，破坏面积边长为15～20cm时，可在其上搭接新材，各边不小于1m。

三、填土：对不同地基要求不同。

1. 极软地基

（1）采用轻型施工机械，以后卸式卡车沿筋材边缘卸土，先填筑堤坡两侧坡趾处的戗台和交通道，如图16-93，旨在拉紧筋材。注意卸土应卸在前已铺好的土面上，土堆高不得超过1m，用轻型推土机或前端装载机散土。

（2）筑好戗台后，往两戗台间填土，应平行于堤坝轴线对称地进行，由外向中心推进，并且平面上始终保持中凹形，如图16-94。

(3) 第一层填土施工机械只允许顺堤坝轴线方向运行，不得回折。施工机械形成的车辙不要超过7～8cm。第一层压实仅能靠推土机或前端装载机等轻型机械。当填土厚0.6～0.7m后才能用平碾等压实。填土应控制施工填土的含水率，碾压到设计规定的密实度。

2. 一般地基

(1) 铺设筋材不得有皱褶，并要拉紧。

(2) 填土从中心向外侧对称进行，平面上使其呈中凸形，如图16-95。使筋材一直受拉，填铺土厚不能过高，防止局部下陷。

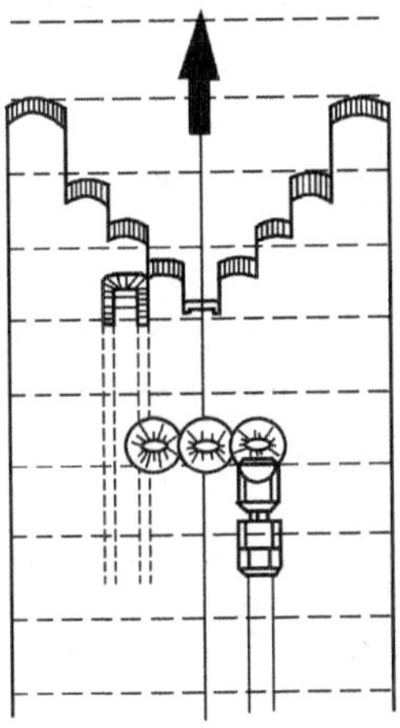

图16-94 两戗台间填土的顺序示意图

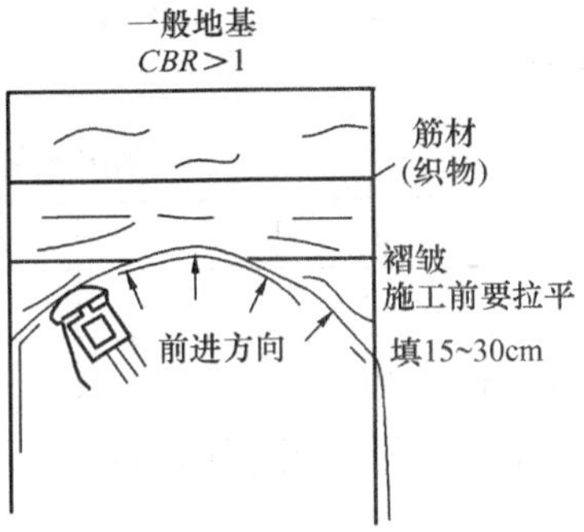

图16-95 一般地基土上填土使筋材内产生拉力示意图

(3) 施工机械的选择应不使车辙超过7～8cm。

(4) 第一层即可用平碾及汽胎碾，不要过压。

16.9 施工质量控制及监测

16.9.1 概述

施工质量控制及监测是施工中的一个重要环节，它具有以下作用

(1) 保证施工质量和施工安全；

(2) 作为变更设计和改进施工方法的重要依据，以确保施工安全，并且节省工程造价；

(3) 控制施工定额；

(4) 在监测中取得第一手资料，增加对加筋土性状的了解，供将来改进设计方法参考；

(5) 通过长期监测，有利于制定合理的养护措施。

本节包括施工质量控制，施工监测内容、方法及适当的仪器设备。重点针对加筋支挡结构，也可供一般加筋土结构参考。

16.9.2　施工质量控制

一、材料质量

加筋土工程涉及的材料包括加筋材料、填料、面板、面板基垫等。这里着重介绍加筋材料的质量检测，包括以下主要步骤：

（一）浏览说明书，确认是否有产品性能说明及质量合格证；

（二）检查材料的产品类型、性能是否符合设计要求；

（三）将厂家提供的产品性能指标与出版的有关文献资料进行比较；同时，在购买的材料中随机取样送质量检测中心检测；对于不同批量生产的同一种产品，应分别检验。

（四）对于有接缝要求的工程，应检验接缝强度；

（五）检查运送的材料数量是否与说明书相符；材料要妥善保存，防止紫外线辐射；另外，在堆放过程中也尽量避免损伤。

二、施工容许误差

在施工中，面板安装、筋材布置、填土高度可能与设计要求不完全符合，容许的误差限值列于表16-11。

加筋土施工中的容许误差限　　　　**表16-11**

部位	项目		误差限	备注
基础	基础开挖深度		±75mm	
填土	每层填土压实后厚度			每层填土厚度由0.25m和单层面板高度中的较小值控制
	填土高度（距离墙面1m的范围内）		±25mm	铺设筋材前，填土高度由该层筋材的设计位置控制
筋材	筋材竖向间距		±25mm	
	筋材搭接宽度		±25mm	要求的搭接宽度不小于200mm
预制混凝土墙面	沿着竖直方向的面板安装错位		±6mm/3m	
	沿着水平方向的面板安装错位		±12mm/3m	
	面板倾斜		±12mm/3m	
包裹式墙面	永久性结构	墙身外边缘位置	±50mm	
		水平、竖向错位	±75mm/3m	
		墙面凸鼓	100mm	
		竖向总错位	±50mm×H/3	H为挡墙总高度，单位为米
	临时性结构	墙身外边缘位置	±50mm	
		水平、竖向错位	±120mm/3m	
		墙面凸鼓	150mm	
		竖向总错位	±50mm×H/3	H为挡墙总高度，单位为米

16.9.3　施工监测

一、监测计划

监测前要做好充分的准备，制定监测计划，其主要内容包括：

（1）监测目的；

（2）选择监测对象、观测方法和所需仪器设备，布置测点，并与施工单位协调；

(3) 数据采集、整理，并提交监测报告；

(4) 对于与工程质量、施工安全密切相关的参数，要制定报警限值；

(5) 预算；

(6) 合同书。

二、选择监测对象

负责监测项目的工程师必须彻底了解工程概况，包括加筋材料的布置、面板设置、地基地质条件和施工方法。对于影响工程及量测的环境条件也必须予以考虑。这些环境因素包括降雨、大气压、气温等。

要正确、合理地选择监测对象。首先要了解加筋土结构的性状及其主要影响因素，如地基、填料、筋材、墙面等，必须在制定监测计划之前予以评定。地基的沉降将影响加筋土结构内的应力分布。加筋土体内的侧向应力水平与筋材的刚度有关，一般认为，筋材刚度较小时，接近主动土压力状态 K_a，反之，则接近于静止土压力状态 K_0。此外，面板刚度对侧向土压力状态也有影响，一般情况下，刚性墙面上的土压力比柔性墙面的大。

表征加筋上性状的主要指标包括筋材上的拉力分布、筋材与墙面的连接拉力、面板上的侧压力、地基竖向应力分布、墙面位移、墙顶填土沉降、地基沉降，等等。在选择监测对象时应予以充分考虑。另外，对于筋材的松弛、蠕变、老化和地基沉降等参数，必要时应作长期监测。监测对象的选择及所需仪器设备可参照表 16-12。

三、观测方法及仪器设备

观测方法及仪器设备的选择一般要遵循方便、可靠、经济的原则。另外，还要考虑到所监测参数的可能变化范围，以便选择相应的仪器量程，提高量测精度。

监测人员必须熟悉仪器的使用、精度和可靠度，并且了解环境对仪器工作状态的影响和仪器的防护要求。此外，仪器的安装要达到要求，使之处于良好的工作状态。

监测中使用的大多数仪器都是常规的，仪器的选择可参考表 16-12。

监测对象及仪器选择 **表 16-12**

监测对象		主要影响因素	仪器选择	备注
应力	筋材内拉应力及其分布 筋材与面板的连接应力	填土高度、超载、地基沉降、面板水平位移、筋材松弛、蠕变、老化	电阻应变型、感应线圈式、水力应变式、钢弦应变式应变计	在高应力区加密测点布置，以获得各层筋材内的最大拉应力及其位置
	面板后侧压力及其分布	填土高度、超载、面板水平位移	压力盒	也可根据筋材与面板连接处的拉应力来推算
	面板基底竖向应力加筋土基底竖向应力及其分布 加筋土内竖向应力及其分布	填土高度、超载	压力盒	
位移	面板（墙面）水平位移		肉眼观察、测量法、水平控制站	
	墙顶竖向位移	地基沉降超载	肉眼观察、测量法、水准点	
	加筋土结构内的水平位移		经纬仪、水平控制站、伸长仪测头、固定伸长计（路堤）、测斜仪	
	加筋土结构内的竖向位移	地基沉降、超载	测量法、水准点、伸长计、沉降仪	

续表

监测对象		主要影响因素	仪器选择	备注
孔隙水压力（结构下）			水压管、气压孔压计、振弦孔压计	
回填土排水			出水点观察、测水位管	
面板局部破坏			肉眼观察、裂缝计	
环境因素	温度 冻结		热电偶型测温计、电阻式温度仪、冻胀计	
	降雨		降雨计	
	气压		气压计	

四、测点布置

测点应布置在主断面上。主断面是指能代表总体的典型断面、或者是最危险的断面。要求选定至少两个主断面。另外，在次要断面上布置少数测点，以便与主断面进行对比。

测点的布置最好能提供不同量测方法上的校核。例如，点伸长计布置在筋材上可量测总应变，而应变计测量的是个别点上的应力和应变，如果将应变计布置在两个相邻伸长计的中点，那么就可以比较两种方法的量测结果。

多数仪器量测的是个别点上的数值，但是许多情况下，需要得到某个参数在整个断面上的分布规律，这就要求合理布置测点。例如，要得到筋材上的拉应力分布及最大拉力点位置，测点布置少了，会影响数据内插精度；布置多了，又会增加监测的工作量。根据以往的实践经验，在临界区测点的布置间距可取300mm。

五、影响实测数据的异常因素

在量测过程中，有些异常因素有可能影响到实测结果，这些因素包括：仪器的工作状态、施工过程（特别是延迟）、在测点附近活动、结构非正常性状的表观观察，环境因素（如温度、降雨等）。在记录量测数据时，应同时记下这些影响因素。

16.10 工程实例

【实例16-1】 陕西故邑公路加筋土挡墙

【16.1.1】 工程概况

黄陵故邑加筋土挡墙，位于轩辕黄帝陵南10km的西包公路176k+400处，属湿陷性黄土工程地质分区第二区。年平均气温9℃，年降雨量717mm，降水多集中在夏季，占年降雨量的50%左右。西包公路在该段的交通量为4000～4500车次/昼夜，是西安通往陕北老区、内蒙古的主要干线。

在黄土高原，土桥是跨越黄土冲沟的一种特殊高填土构造物。1983年10月13日，土桥边坡失稳塌垮，塌垮面大约长40m、高30m。为了维持通车，当时用15m高的多层草袋装土护脚，反压加固，以单车道勉强解决冬季临时通车问题，次年四月架设战备钢桥保证交通，直至11月15日，加筋土高挡墙完成后钢桥拆除。

对设计方案，由于是国道，西安、延安按二级标准予以改造提高，而故邑段尚未改造，干、纵、横指标都低，远不能适应增长了的交通量的要求。鉴于上述情况，经几种方案比较，认为加筋土结构适应性强，能经受不同环境、不同气候等因素的影响，技术处理有较大的优越性，且经济效益高。经比较决定采用以黄土为填料的加筋土挡墙，按标准修复。

【16.1.2】 工程设计

（一）设计资料

挡墙由墙面板、筋带、填料和锚杆组成，墙高 35.5m。面板为 40cm×150cm、40cm×100cm 的槽形板，钢筋混凝土标号 200 级；筋材采用聚丙烯条带，其极限抗拉强度为 4.0kN/根，设计容许变形为 2%，相应的设计容许拉力为 0.75kN/根；填料为黄土，设计的夯实填土综合内摩擦角为 40°，填料与筋带间的摩擦系数为 $f=0.4$；地基设计容许承载力$[\sigma_0]=600$kPa；设计荷载按 JTJ－81《公路工程技术标准》规定，取汽－20 级挂－100 荷载标准。

（二）设计

1. 内部稳定

（1）加筋带强度验算

先计算筋带上承受的荷载。挡墙背面作用土压力按朗肯理论计算，筋带在土内为水平布置，其垂直和水平间距分别为 S_v、S_h，筋带所承受的拉力 T_i 为

$$T_i = K_a(h)\gamma h_i S_v S_h \tag{16-113}$$

式中 $K_a(h)$—— 随土面以下深度无变化的主动土压力系数；

γ——填土容重。

为保证筋带不被拉断，取

$$T_i \leqslant \sigma_t btn\frac{1}{F_{st}} \tag{16-114}$$

式中 σ_t——筋带的抗拉强度；

b、t——分别为筋带的宽度与厚度；

n——筋带的根数；

F_{st}——筋带抗拉安全系数。

式中的 $\sigma_t btn\frac{1}{F_{st}}$为一根筋带的容许拉力即 T_a，则第 i 层需要配置的筋数 n，

$$n=\frac{T_i}{T_a}$$

（2）筋带抗拔出验算

如图 16-96，锚固力 T_r的计算为

$$T_r=(\gamma h_i+\Delta\sigma)\cdot f\cdot 2bL_e$$

$$L_e=\frac{K_a F_{sp}\cdot\gamma h_i S_v S_h}{2(\gamma h_i+\Delta\sigma_i)f\cdot b} \tag{16-115}$$

式中 F_{sp}——筋带抗拔出安全系数。

根据计算决定了加筋长的长度 L 即 $L=L_i+L_e$。具体筋材布置如图 16-97 所示。

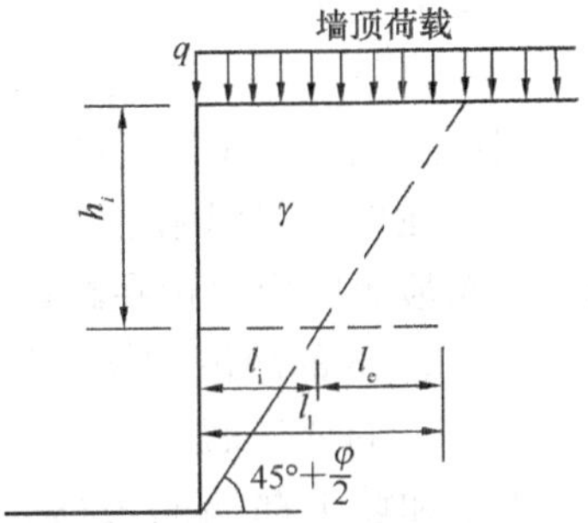

图 16-96 拔出验算示意

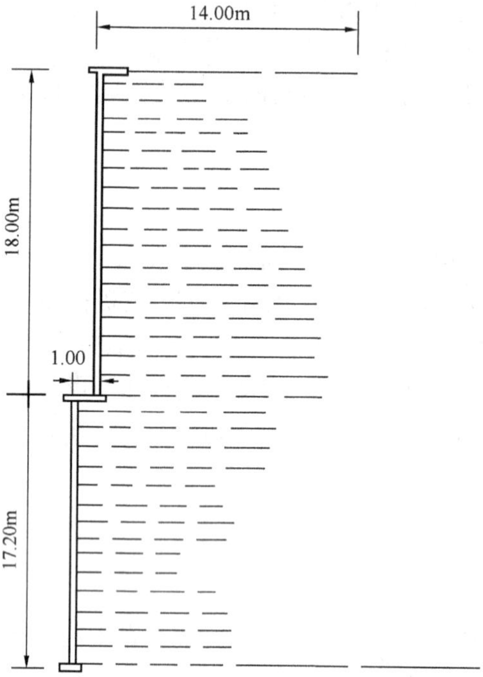

图16-97 故邑加筋土挡墙断面中的筋材布置

另外还应验算局部稳定性。应用楔体平面破坏面沿墙高验算了局部滑出的可能性。根据具体特点在施工中除了在断面上作分级台阶处理外，还设置了二层锚杆，将加筋土体锚固于稳定的老土层中。

2. 外部稳定

(1) 抗倾覆稳定

假定挡墙绕墙趾转动，把加筋土挡墙视为一般重力式墙，计算得到的抗倾覆安全系数为 $F_s=8.76$，满足稳定要求。

(2) 地基承载力

由于地表水的渗入，地基长期处于软塑状态，承载力低。为此，该墙基础采用三排桩，4.5m长，梅花形布置处理地基，并挖除地表以下1.5m深的淤泥，用3∶7的灰土回填。计算得到的地基容许承载力为 $[P_y]=705$kPa，可以满足要求。

【16.1.3】 施工要点

（一）基础处理完后，检查基础强度，复查是否符合设计标高，然后安装混凝土预制块基础，再逐层砌筑面板、布置拉筋，并逐层检查。

（二）聚丙烯塑料筋带平放铺设拉紧，按设计的间距由墙面向填土内以辐射状均匀放置，先用少量土固定筋带，再进行回填。聚丙烯筋带是柔性材料，受力后有一个初始伸长的特点，面板砌筑时按1∶0.01的比例将上端内收，以抵消初始伸长度，从而避免墙体外倾。

（三）填土压实度严格控制达到设计的压实指标。碾压顺序应从筋带中部开始，然后向筋带尾部，最后再返回墙面板部位，在靠近面板不小于1.0m范围内，由小型压实机器压实。

【16.1.4】 原位测试及工程效果

根据观测得到的数据，随着填土高度的增加，墙面均有不同程度的向外水平位移，施工时位移的大小没有一定的规律。墙的上部位移量大于下部位移量，最大值出现在距墙顶下约1/2墙高处。墙背土压力在无荷载时其变化规律呈三角形分布，与传统的挡墙相似，但实测值远比静止土压力 $K_0\gamma H$ 小；当荷载作用于墙顶时，附加应力对墙的上部影响较为显著。在外荷载作用下，筋带应力沿筋带向加筋土体内部递减，筋带与面板连接处应力较大，而最大应力出现在距面板2.0～2.5m左右处。

高35.2m的故邑加筋土挡墙总投资为43.8万元，其中基础工程占14.8%，上部工程占76.7%，排水工程占5.1%，其他占3.4%。

由于加筋土挡墙面板薄，基础尺寸小，与重力式挡墙相比可节省圬工数量95%～97%，造价降低20%～60%。并且推断墙越高经济效益越显著。

【实例 16-2】 北京安慧立交桥加筋土桥台

【16.2.1】 工程概况

安慧立交桥位于北京安立路与北四环路交汇处，为第十一届亚运会北郊亚运城中心的主要交通枢纽，是一座机动车与非机动车分行的三层菱形苜蓿叶式立交桥。包括 1 座主桥、16 座斜弯异形匝道桥和 2 座非机动车下穿的四环路桥，共计 19 座桥。其中机动车右转弯匝道与非机动车道交叉处的 8 座弯匝道桥（如图 16-98）上部结构均为单孔简支 T 型梁，桥位处在道路曲线段内，两端台身宽度各不相同，部分台身过长，圬工数量较大，加之地下水位高，地基承载力低，如按常规设计重力式台，需要深挖，井点降水；施工难，费用高。经分析比较，8 座弯桥的 16 个桥台均采用了土工合成材料分离式加筋土桥台。

【16.2.2】 地层及土质

地面以下 0～2m 为人工粉质黏土、房渣土和杂填土，2m 以下为砂质粉土和黏质粉土层；地基容许承载力 σ_0＝180kPa；地下水位 1～4m。

【16.2.3】 工程设计

（一）桥台断面与材料

分离式桥台由墙板、基础、加筋土体、台帽、雉墙及锚定板六部分组成（如图16-99）。

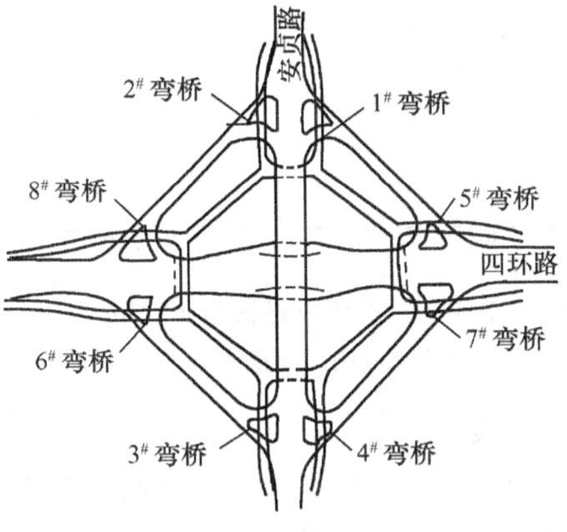

图 16-98 安慧立交桥平面图

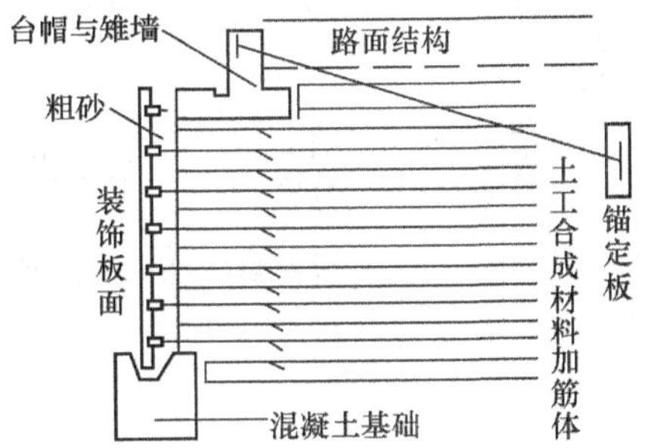

图 16-99 土工合成材料加筋土桥台断面图

加筋土的承重主体由青岛国营麻纺厂的有纺土工织物与黏质粉土组成。薄型预制钢筋混凝土装饰面板用天津塑料 22 厂的土工拉带与加筋土体连结。在墙面板与加筋土体之间回填 25cm 厚的松散粗砂。同时，为缩短梁长并解决台帽基础偏心受力，在雉墙部分附加了锚定板。

（二）设计资料

1. 桥及地基

（1）设计荷载：按《公路桥涵设计规范》JTJ 021—85，采用汽车－20 级，挂车－100 荷载标准。

（2）桥梁跨度：简支曲线钢筋混凝土 T 型梁，梁长 12.5～14m。

（3）桥宽：车行道净宽 7.5m，全宽 9.5m。

（4）桥下净空：高 2.5～3.0m。

（5）抗震烈度：8 度设防。

（6）地基容许承载力：$\sigma_0 = 180\text{kPa}$。

2. 回填土的物理力学性质指标列于表 16-13 中。

回填土物理力学特性试验结果　　　　**表 16-13**

土　名	黏质粉土	最佳含水率	14.5%
土粒比重	2.72	最大干容重	18kN/m^3
液　限	22%	内摩擦角	30°
塑　限	12.7%	黏聚力	20kPa

3. 加筋材料本身的性能、加筋材料与填土之间的力学特性由试验测定，如图 16-100～图 16-102 所示。

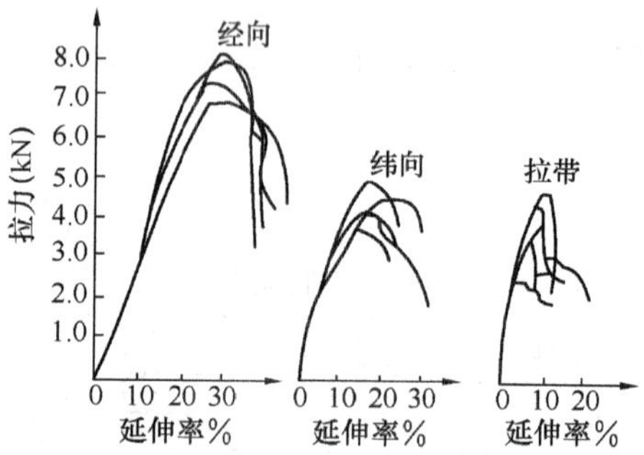

图 16-100　土工合成材料拉伸试验曲线

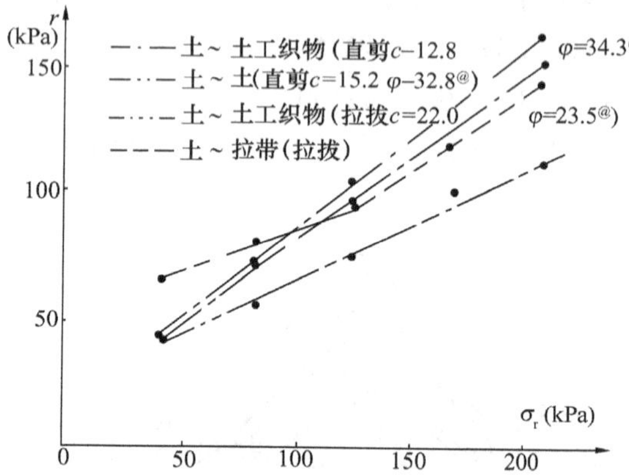

图 16-101　土工合成材料与土之间力学特性试验曲线

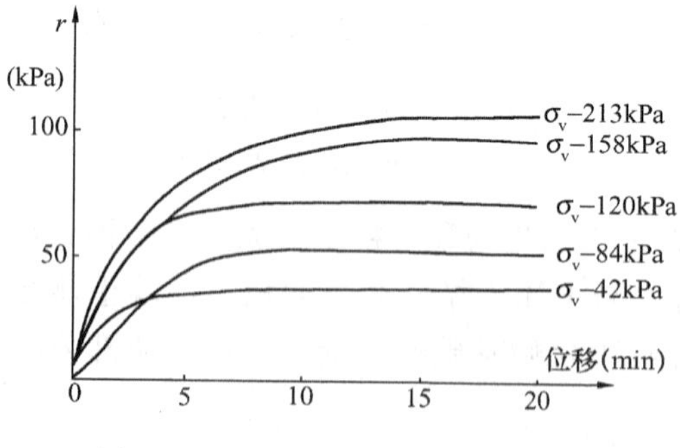

图 16-102　土工织物抗拔试验曲线

（三）设计计算

根据有关的资料并参考室内试验结果，编制了专用的计算机程序。依据筋材及填土的强度指标确定筋材的布置、长度，并进行稳定性分析。在加筋土体的内部稳定计算中，分别对库仑及朗肯两种土压力假定进行了计算；在外部稳定计算中，考虑回填土与天然地基的不同力学指标 c、φ 进行圆弧滑动分析，同时按连结拉带承受 1/5 土压力来验算其强度、锚定长度以及墙面板的配筋。

在加筋土桥台中，由于加筋土体的承载能力较混凝土低，且桥台端部回填土在施工中不可能得到充分碾压，因此在设计中一般均采用延长梁长的方案。根据安慧桥的设计荷载条件以及加筋土体承载能力的试验结果，采用加筋土桥台时，梁长需比重力式桥台延长 2.0m 方可满足要求。

考虑安慧桥诸多因素的限制，在设计中采用了增加 1.0m 梁长并在雉墙附加锚定板的方案。实践证明，该方案不仅可以比延长梁的方案节省工程造价 13%，而且由于锚定板在回填土中提供的抗拔力，有效地解决了台帽偏心受力的问题。

【16.2.4】 施工及工程质量控制

施工程序如图 16-103 和图 16-104 所示。施工中采取分层回填、碾压，并用核子湿度/密度仪和 K30 承载板试验对回填土的压实质量进行分层检测和控制（K30 为用 30cm 直径承载板检测的地基系数）。8 座桥的 16 个桥台共进行了 1296 个测点及数十次 K30 试验。典型的 K30 试验结果如图 16-105 所示。通过对加筋土主体压缩变形的长期观测可知，桥台沉降量小于全高的 0.5%，侧向变位 4.3mm（参见图 16-106），满足设计要求。

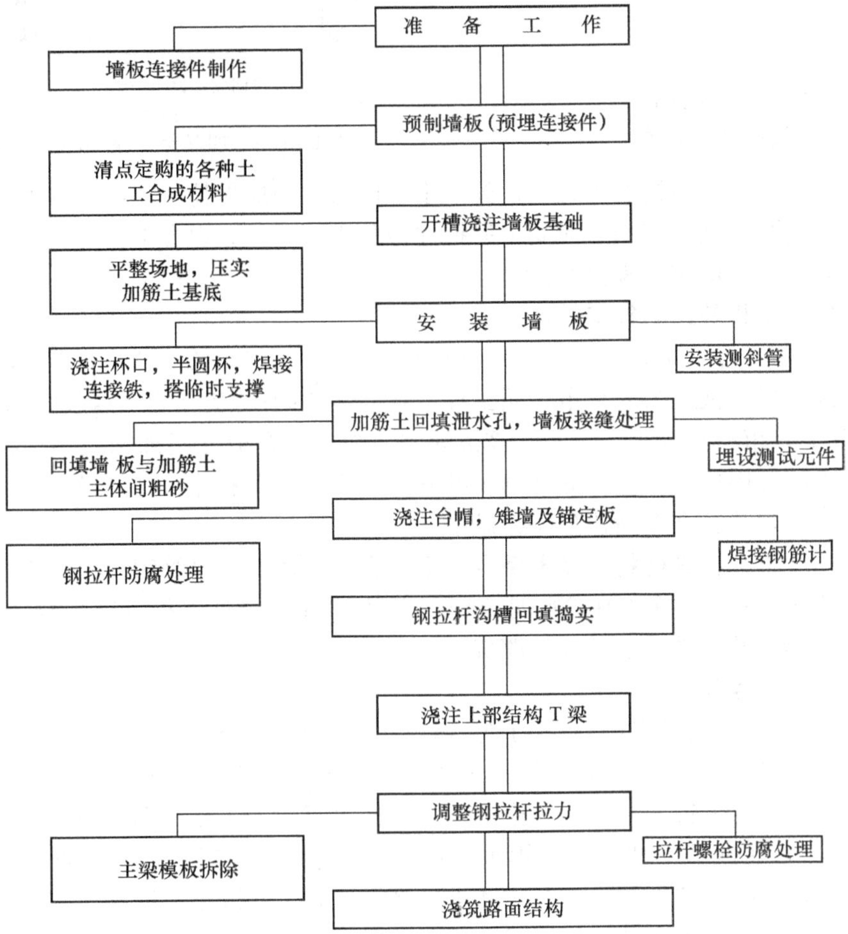

图 16-103 施工工艺程序

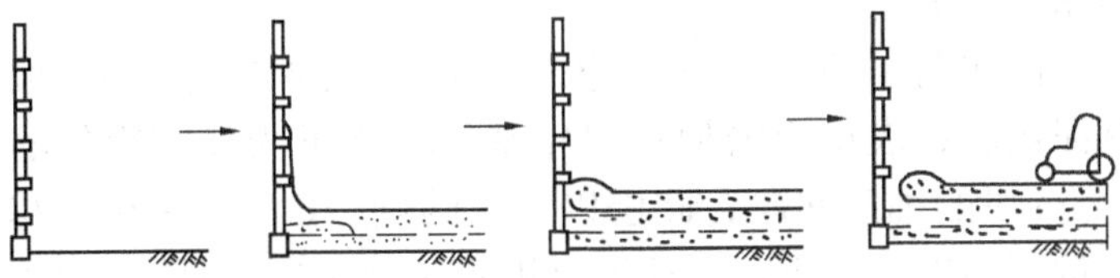

图 16-104 加筋土桥台施工程序图

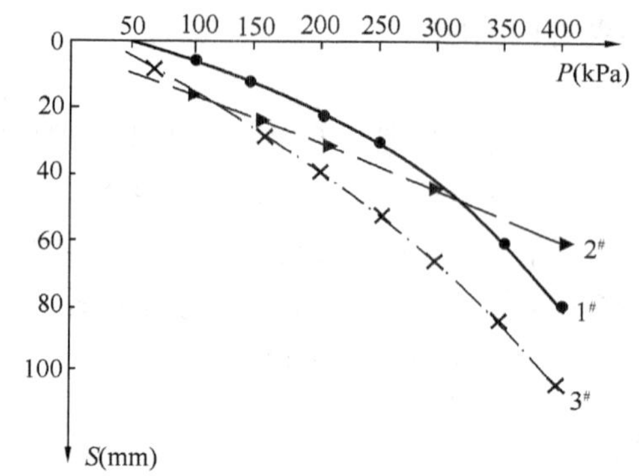

图16-105　加筋土表面荷载试验（K30）

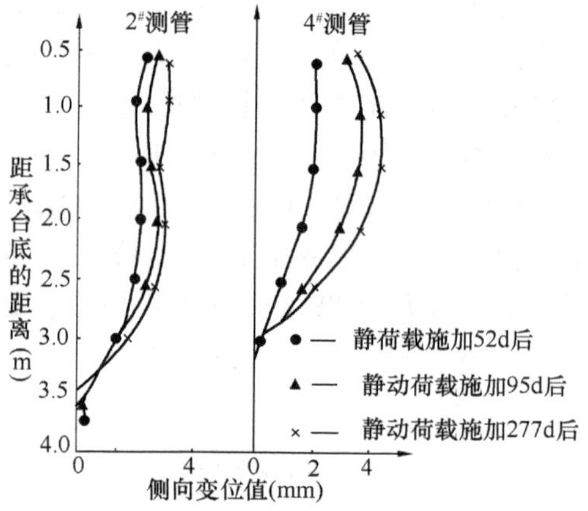

图16-106　加筋土主体侧向变位实测值

为保证桥台外装饰面板的垂直度，施工中立墙板时，应保持一定的后仰度，并使土工拉带具有一定的张紧度。加筋土体完工后抽样检验表明，95%以上的土工拉带处于张紧状态，墙板垂直度达到优质工程标准。

【16.2.5】　工程效果与经济效益

该桥1988年5月开工，同年11月建成通车。经过几年来的运营与长期观测证实，该结构使用情况良好，被评为北京市优质工程，获“迎建国40周年百项科技贡献”优秀奖，并获1989年北京市科技进步二等奖。该桥的成功为土工合成材料加筋土结构在北京市市政工程建设中的应用奠定了良好的基础。继安慧桥后，该项技术又于1989年、1990年先后成功地应用于京开、京石高速公路建设中。

由于采用了土工合成材料加筋土桥台，不仅为安慧桥的建设缩短了施工工期，而且与重力式桥台相比，8座弯桥共节省水泥700t，木材60m^3，降低工程造价22万元。

【实例16-3】　软土地基上的加筋路堤

【16.3.1】　工程概况

在英国Norfork，应用Tensar SS1与SS2土工格栅修建路堤，总高度为7.5或8.0m，线路所经之处地势很低，有一片沼泽。过去在此修建的铁路，曾遇到地基破坏，长期停工，预计建堤后会发生较大沉降与失稳。为此，这次新建考虑了几种加固方案：（一）对路堤加筋；（二）在地基中埋设塑料排水带；（三）路堤上加超载预压。通过建试验路堤段，改变了设计思路，即采用土工织物和土工格栅加筋，并以土工格栅为主。

将加筋材料放在路堤底部，包裹粗砂砾层，形成一个自由排水加筋垫层，以提高路堤底部刚度，减少侧向位移和控制竣工后地基的不均匀沉降。

【16.3.2】　地基土层简述

沿线路的土层剖面如图16-107所示。整个软弱层厚约22m，为软或很软的有机黏土和淤泥，其中夹有泥炭层；表层土或原铁路路基填土之下为软与很软的深灰色黏土和淤泥，有许多仅0.5mm厚的细砂间层；此层以下大约到7m深处为硬深棕色泥炭；再往下为极软的有机质含量高的黑灰黏土，愈往下有机质含量愈少，而粉粒含量则愈多；沉积层底部是紧密的冰碛砂砾。

【16.3.3】　设计与布置（见图16-108）

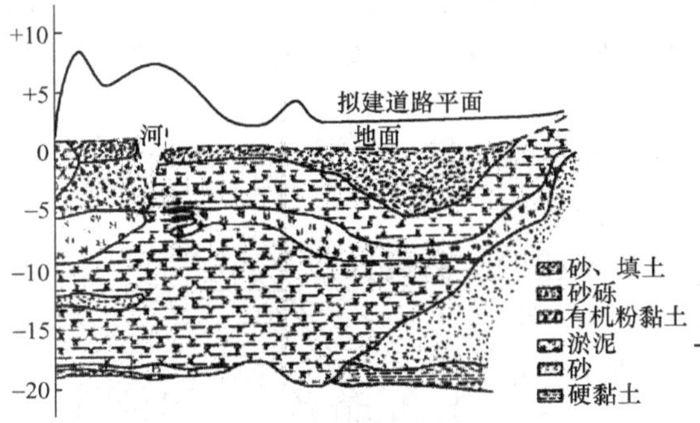

图 16-107 地基剖面

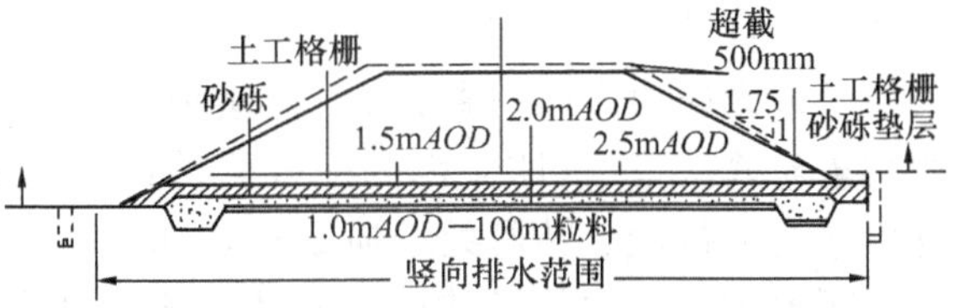

图 16-108 土工格栅在路堤剖面内铺设位置

该工程中对于较高的路堤铺设三层 Tensar SS1 土工格栅，对于较低的路堤则铺设二层，土工格栅的性质见表 16-14。另外，在地基中还设置了竖向塑料排水带，以加速地基的固结。

土工格栅的性质 **表 16-14**

材 料	Tensar SS1	Tensar SS2
横向抗拉强度（kN/m）①	聚丙烯 20.9	聚丙烯 36.2
纵向抗拉强度（kN/m）①	12.6	17.0
宽 度（m）	3.0	3.0
长 度（m）	50.0	50.0
每卷重（kN）	0.3	0.47

① 试件规格：3 开孔长，1 开孔宽，拉伸应变率 50mm/min，温度 20±1℃。

施工时，先清理场地，然后铺 0.3m 厚的粗砂砾工作层。为改善地基土质条件和限制其侧向位移，填土两侧挖了深为 1m 的坡趾沟，沟内铺格栅衬，填充粒料土，在两沟之间设置最下面的土工格栅。在最底层的土工格栅上填粒料土 500mm 厚，再铺设第二层土工格栅，并且在路堤两侧，将两层格栅连接起来。对于需铺设第三层土工格栅的路段，第二、三层的竖向间距设为 1m，其间为路基填土，第三层土工格栅与其下面二层不相连。

由于格栅的横向强度比纵向的高得多，因此，铺设时应使其最大强度方向与承受最大拉应力方向相一致。路堤底部的拉应力发生在边坡下面与最危险滑动圆弧相交处。为发挥格栅最大强度，应采取纵向铺设，接头处承受较大的拉应力，要求该处的强度与格栅的标定强度相匹配。

接头要求可靠或采用搭接。从接头强度的试验研究得出，搭接摩擦系数（由 300mm×300mm 直剪仪测定）对于 Tensar SS1 为 0.83，对于 SS2 为 0.78。由此推算，搭接宽要求 250～500mm，很不经济。为节约材料，采用交织的高强聚丙烯带（抗拉强度 12kN），将所有的缝进行缝接，并研究了缝接方法。

【16.3.4】 粒料土底部垫层的施工

先用轨行挖沟机开挖两侧沟槽，沟内衬以土工格栅，再填粒状土，沟两侧的格栅预留露头。两沟之间纵向铺格栅，使与沟内侧格栅缝接，此即第一层格栅，其上填 500mm 厚的粒料土，接着铺设第二层格栅，其边缘与沟外侧露出的格栅缝接，缝接前将格栅尽量拉紧，这样就形成了底部透水垫层。然后从侧沟部位开始向中间填土，压实。从第二层格栅往上填土高达1m时，铺设第三层格栅。往后填土按每周1m的速度上升，只有当孔隙水压力达临界值时，才中途停歇。

在接头处（垫层宽度有变化）和转弯处，均特别考虑了格栅的合理布置。包括注意：（一）使格栅最大强度方向与受最大应力方向一致；（二）避免浪费；（三）格栅的切割量与缝接量；（四）沟内曲线处铺设的困难；（五）现场检查的可行性。转弯处的典型布置如图16-109所示。虽为照顾主应力方向，搭接面积很大，但为保持连续，该处仍需缝接，弯曲处简化为8个，在线段铺设转弯接头处采用强度较高的土工格栅。

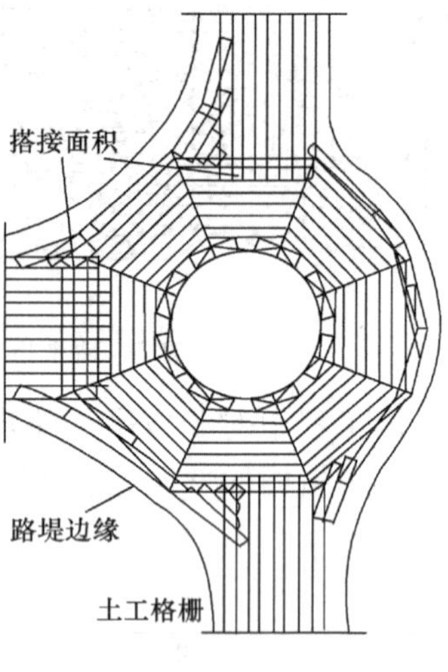

图16-109 转弯处的格栅布置

为控制施工速率和评价工程质量，埋设了测压管、测斜仪、磁性沉降计、杆式沉降计和地下水位量测仪等。

整个工程采用了绑结法以节省材料，共用土工格栅23万m^2。如果采用不同接合方法，格栅用量的增加分别为：搭接法增加15%；缝接法增加2%；过多的绑结增加7%。寒季施工时，土工格栅变硬，易割手擦膝，工效降低；须克服铺设时的褶皱；提高缝接速度亦很重要。

【16.3.5】 工程初步效果

该工程1983年7月完工，已初步看出土工格栅加固效果十分明显，车辙深度已从以往的200～300mm减少到小于50mm。有一处在铺格栅以前，地基不能承受轨行起重机，铺格栅填土后即能安全承载。路堤在填土时的沉降量小于预计值，长期变形尚待分析。

【实例16-4】 加筋垫层处理油罐软基

【16.4.1】 工程概况

金陵石油化工公司炼油厂石埠桥码头油罐区中5#原油罐，容量为20000m^3浮顶式（钢制）贮罐，内径为40.50m，高15.8m，设计要求的环墙基础高度为2.5m，并在原场地上填土4m后建造。油罐充水后，包括填土和基础荷载共计为288kPa。工程座落于南京栖霞山北麓，长江岸边河滩软土地基上。

根据油罐工程的特点，油罐对地基的要求为：

（1）承受288kPa的荷载；

（2）油罐容许整体倾斜$\Delta s/D \leqslant (4\sim5)\times10^{-3}$，沿周边沉降差$\Delta s/l \leqslant 0.22\times10^{-2}$，中心与周边沉降差为$\Delta s \leqslant \left(\frac{1}{90}\sim\frac{1}{100}\right)D$，其中，$D$为油罐直径（m），$l$为周边两点间距（m）；

（3）控制沉降不超过预留高度。

【16.4.2】 地基土层

地基土层如图16-110所示。表层为厚约18m的淤泥质黏土（表层有约1m厚的硬壳），天然含水率平均为$w=46\%$；天然孔隙比$e_0=1.32$；天然容重为$\gamma=17.5\text{kN/m}^3$。该土层的抗剪强度见表16-15；现场十字板强度随深度Z（m）的变化表达式为

$$s_{+} = 12.8 + 1.2Z\ (\text{kPa}) \tag{16-116}$$

抗剪强度指标值　　表 16-15

试验方法			c (kPa)	φ (°)
直剪	快剪		6.0	18
	固结快剪		10.0	22.5
三轴剪切	不固结不排水剪		12～47	0～1
	固结不排水剪	总应力法	21	15
		有效应力法	0	30～32

试验得到，大部分土层均存在轻微的超固结，固结系数 $C_v=4.8\times10^{-3}\text{cm}^2/\text{s}$，$C_h=6\times10^{-3}\text{cm}^2/\text{s}$，压缩指数按 $C_c=1.146(W_L-0.13)$ 式估定。在淤泥质土层之下为淤泥质黏土夹粉砂、细砂、硝石夹黏土等。

【16.4.3】 地基处理方案

地基土软弱，采用天然地基难以满足工程要求，经过对多种地基处理方案的比较分析后，选用了土工织物加筋垫层和排水固结联合处理方案，如图 16-111 所示。利用 4m 厚的填土作为加筋垫层，它由二层碎石袋组成。

柱状	土层号及名称	层 厚(m)	岩性描述
	(1)表层土	0.30 ~0.50	含杂草芦苇根系，沉积的淤泥质土
	(2)黏土	1.30 ~2.30	可塑~软塑，湿~很湿
	(3)淤泥质黏土	12.00~ 18.00	灰色流塑下部略带褐色，土层中含有植物根茎和木质类腐殖物，含少量云母片，土层中存在着很多1~2mm 厚的薄粉砂夹层，水平层发育，为“千层状”结构，该层厚度由西向东，即由1# 罐往5# 罐逐渐加厚，其厚度递增率约为2.30%
	(4)淤泥质粘土与粉砂层	2.20~0.30	灰色，流塑，含少量腐殖物，水平层理发育，互层结构变化较大，“层状”与“千层状”结构都有出现
	(5)细砂	6.10 ~11.50	饱和，稍密~中密，分选性良好，该层顶层埋深由西向东，即 由1#罐向5#罐渐增
	(6)淤泥质粉质黏土与粉砂	16.20 ~28.30	流塑，稍密，饱和，水平层理发育，该层可分为两个亚层
	(7)碎石土夹黏土	5.70 ~0.50	为侏罗系下统象山组石英砂岩，表面 0.60~0.70m 厚强风化层，埋深45~60m
	(8)基岩		

图 16-110 地基土层柱状图

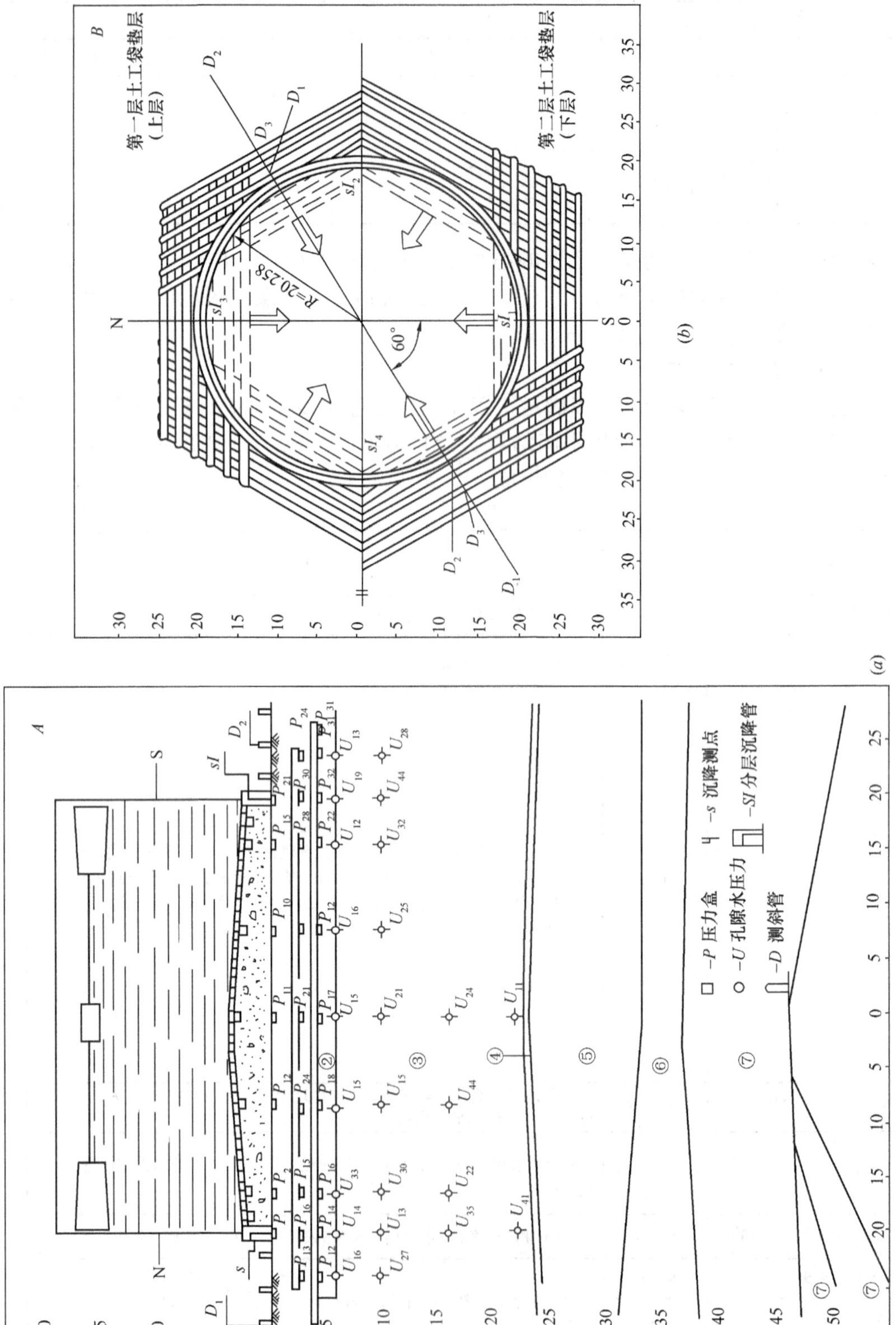

图 16-111 土工织物垫层示意图

(*a*) 土工织物垫层地基剖面及测试件埋设布置图；(*b*) 土工织物袋垫层平面图

为了保证地基的工程质量和在预压过程中地基的安全稳定，正确指导施工过程，并使工程顺利投产、安全运转，同时为探讨土工织物袋垫层和排水固结联合处理油罐软基的作用机理和效果等，在该油罐工程中埋设了沉降计、测斜管、分层沉降管、压力盒及孔隙水压力测头等观测设施（图 16-112～图 16-114），以测量地基及基础的变形、基底及垫层底的压力和地基土的孔隙水压力。

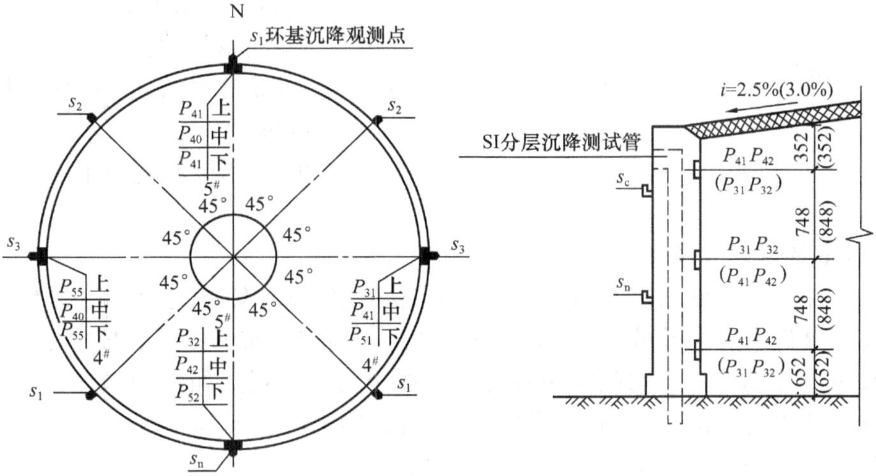

图 16-112　油罐环基沉降观测点及环内壁侧压力盒埋设布置

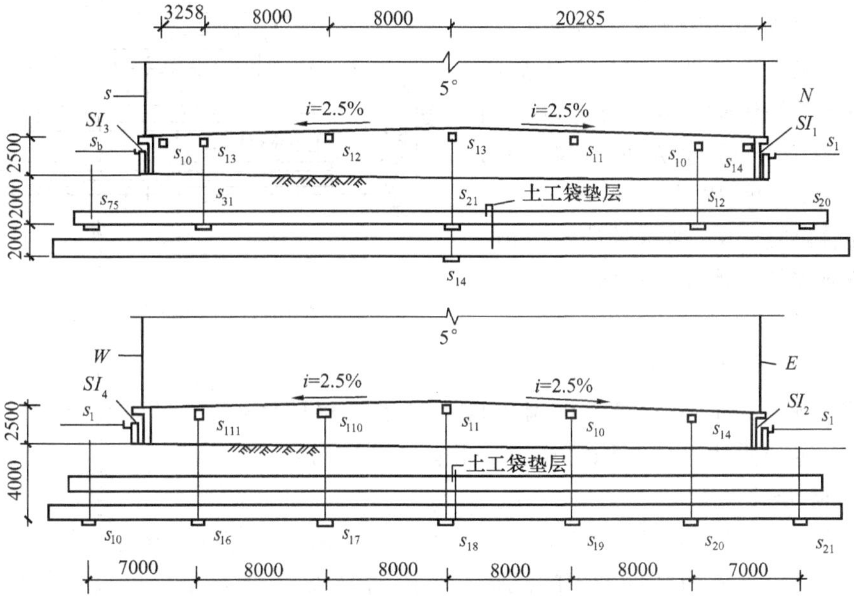

图 16-113　沉降板及溢流式沉降计布置

【16.4.4】　加筋垫层设计

（一）设计要求

设计的加筋垫层必须满足如下要求：

1. 确定柔性加筋的布置方向和构造。

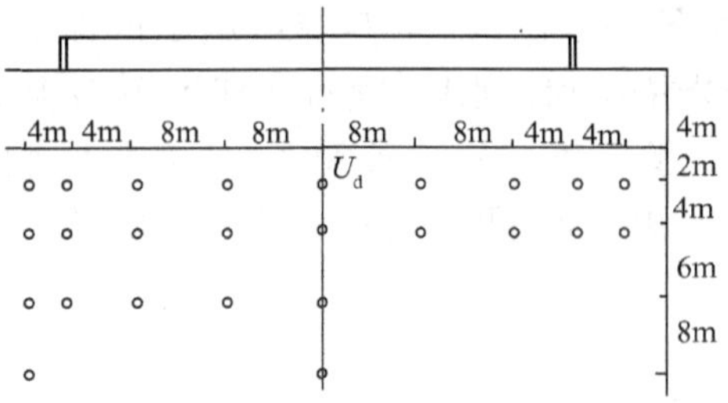

图 16-114 油罐地基孔隙水压力测点布置

2. 根据建筑荷载和沉降的要求及下卧软土层的性质，确定垫层必要的厚度和宽度。

3. 保证加筋垫层内加筋材料不被拉断或拔出，防止垫层的断裂，保持垫层的完整性，即要求

$$T_D < \min(T_p, T_a) \tag{16-117}$$

式中 T_D——加筋材料承受的拉力（kN/m）；

T_p——加筋材料在土体中的抗拔阻力（kN/m）；

T_a——加筋材料的允许抗拉强度（kN/m）。

（二）加筋垫层尺寸及布置

筋材沿油罐基础底面水平方向布置。为了更好地发挥加筋的约束作用和垫层的刚度，特别设计了袋装碎石袋，并按 60°交错铺设，形成一均匀分布的垫层。根据 J. Binquent 和沈志刚的研究，加筋按一定的间距布置为好，故分两层布置，如图 16-115 所示。碎石袋垫层与填土总厚度为 4m。第一碎石袋层厚 0.9m，距基础底面为 1.1m，宽 50.5m；第二碎石袋层厚 0.9m，宽 54.5m，两层间距为 1.0m。

（三）加筋材料的选择

加筋材料垫层主要是用作加筋的抗拉构件，希望其强度和摩擦力愈高愈好。根据国产土工编织物的特性，选用了青岛麻纺厂的聚丙烯有纺织物，即 2000*d* 60×51 型编织物，其抗拉强度为 2.5kN/5cm，延伸率为 38%，弹性模量为 97060kPa。

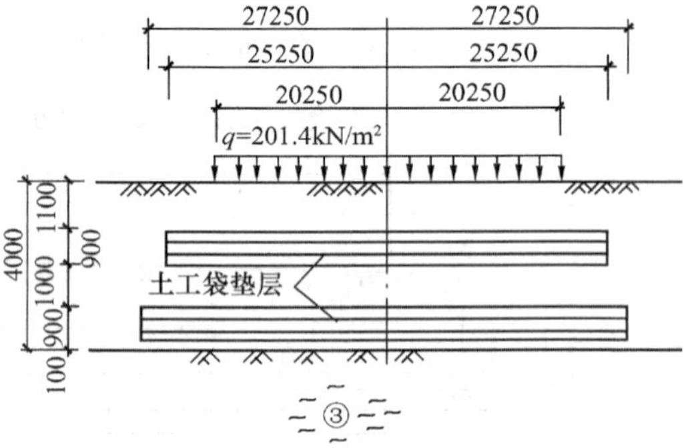

图 16-115 加筋垫层设计图

（四）油罐加筋垫层地基的稳定分析

有加筋垫层的油罐地基稳定分析，可分为两种情况：

1. 垫层破坏的稳定验算；

2. 垫层不破坏的稳定验算，即考虑应力扩散至垫层底部，然后验算地基的稳定性。按油罐地基稳定分析法进行，稳定分析结果安全系数为 1.27。

（五）沉降分析

沉降分析系按常用的分层总和法计算。不同之处系考虑基础荷载通过垫层后，产生应力扩散，按扩散后的应力计算油罐的沉降。扩散角取 37°，计算结果见表 16-16。

沉降计算结果 **表 16-16**

罐 号	最终沉降（mm）					中边沉降差（mm）	周边沉降差（mm）	中边沉降差比（%）	周边沉降差比（%）
	C中	E东	S南	W西	N北				
5	1973	1698	1817	1756	1576	156～399	243	0.77～1.97	0.60
6	2061	1550	1523	1660	1631	401～538	137	1.98～2.66	0.34

计算结果表明，通过土工织物加筋垫层扩散应力后，沉降差有所调整，并基本上满足设计要求。

【16.4.5】 加筋垫层的效果

（一）工程实践和观测结果证明：采用土工织物加筋垫层和排水固结联合作用处理油罐软基，有效地调整了油罐基础及底板的不均匀沉降和提高地基的承载能力，满足油罐荷载对地基稳定和变形的要求，油罐充油运用两年沉降很小。

（二）土工织物加筋垫层改善了垫层下浅层地基的位移场，缩小塑性开展区的范围，相应提高了地基的承载力。

（三）实测结果证明：加筋垫层的厚度对其作用效果的影响最为显著；复合模量含垫层材料和加筋材料的强度、模量和加筋层数等，也明显影响其作用效果；加筋层数和锚固措施影响各向异性因子的变化，也影响其作用效果。垫层的宽度在一定范围内影响其作用效果的变化，但不显著，超过基础宽度半倍时影响显著减弱。必须指出：若在基础下只布置一、二层土工织物，又不注意在构造上采取措施，形成具有一定厚度和整体性的垫层，其作用效果将很差，甚至无效。

按照油罐地基的条件和垫层材料，利用离心模型试验，分别模拟有无土工织物垫层两种情况进行试验。试验结果表明，有土工织物的垫层比无土工织物垫层油罐中心和边缘沉降均减少30%左右，这说明土工织物加筋是有效的。

【实例16-5】 路基边坡防护

【16.5.1】 工点概况

试点位于大同县车站附近大秦线DK36＋500～DK36＋540，全长40m。

大秦线大同至阳原为东西长130km的盆地。地表为Q_3新黄土，其下为Q_1湖积地层黏性土，其性质类似裂土，属C级填料。按《大秦线重载铁路路基设计原则及标准》规定：C级填料须采取加强压实或其他措施后，方可用于填筑基床底层及路堤下部。由于线路穿越地带Q_1层多直接裸露地表，是路堤填料的主要来源。为探索解决路堤边坡的稳定性，采用了土工网对路堤加筋防护的试验。

【16.5.2】 工程设计及施工要求

路基边坡加筋防护，是在路堤分层夯填过程中，在夯实后的层面上铺设一层塑料网格，利用网格与土体间的摩阻力加强路堤边坡的稳定性。有关这一技术已定为日本国铁新的路基设计标准。具体计算方法可参见《标准设计通讯》1983.8。

试验段的横断面如图16-116所示。

加筋材为高密度聚乙烯的土工网（图16-117），其网眼为六角形，网丝丝径3.2mm，幅宽1.07m。（利用土工格栅效果会更好，但当时无产品供应）

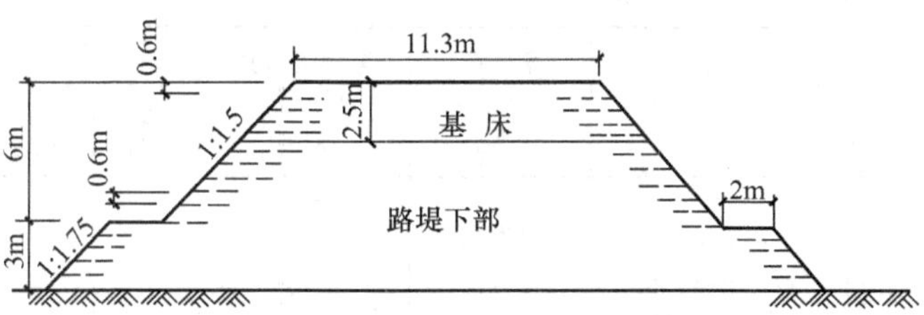

图16-116 加筋边坡设计断面图

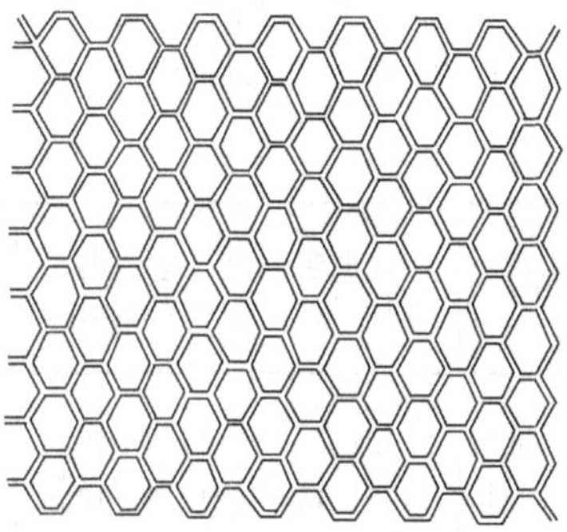

图16-117 六角形网眼的网格

铺设时，横断面上两幅搭接0.2m，采用高密度聚乙烯绳捆扎。实际加筋长度为1.94m(1.07m×2−0.2m=1.94m)。

土工网沿线路纵向搭接0.3m，且要求各层土工网的纵向搭接不得在同一横断面上，每层要错开3m以上。

相邻加筋层的垂直间距为0.6m，层间填料根据大秦线的要求，路基基面下0.6～2.5m，压实度为95%，其余路堤部分为90%。

【16.5.3】 工程效果与效益分析

（一）试验段于1984年9月～11月完成，1985年、1986年两年雨季时分别做了回访调查，发现加筋防护区段的边坡完整，植被良好，而未采用加筋防护的区段植被部分破坏严重，而且边坡上已有明显的雨水冲沟。

（二）采用的土工网当年单价为3.93元/kg。计人工、料等费用后，该试验段加筋防护费用为129元/延米。与干砌片石防护相比可节省费用3.5～6.3倍。

【实例16-6】 有纺土工织物与砂井综合处理软土地基

【16.6.1】 工程概况

1983年6月决定三（水）茂（名）铁路年底铺轨到北江，但二段在软土地基上的高路堤，成为后期铺轨的控制工程。按原设计，用护道、砂井综合处理方案，在填土下的固结时间需6个月方能稳定，不能满足工期要求。经采用土工织物与砂井结合的方法，成功地增大地基稳定性，大大加速施工进度和节约工程造价。其中1#工点用了54d填至设计高度8.8m；2#工点只用了43d填至设计高度9.2m。后来还分别加高1.5m，相当于每延米约10m^{3}的填土，模拟列车重，作为预压荷载。通车证明，两工点都是稳定的。本实例介绍2#工点的设计、施工和观测结果。

【16.6.2】 土层和各土层的物理力学性质

试验段位于丘间谷地，谷地宽约200m，地势平坦，皆为水田，两侧谷坡平缓，植被稀少，多为旱地。谷地上部为第四纪近代冲积物，下伏第三纪紫红色砂岩和砂砾岩互层。地下水位接近地表。

（一）工点地层

1. 褐黄色黏砂土，中细砂、砾砂互层，厚1～3m；

2. 夹有大量朽木的泥炭土和淤泥质黏土互层，软塑～流动（上部朽木含量较多，下部灰色淤泥质黏土较多，就钻探情况估计，朽木根、茎、叶的含量约40%），厚5～7m；

3. 粗砾砂夹卵石层，厚1～3m；

4. 砂岩夹砂砾岩互层，上部1～2m为强风化带。

（二）土的物理力学性质指标，见表16-17。

物理力学性质指标 **表16-17**

地层	含水率 w (%)	重度 γ (kN/m^3)	孔隙比 e	液限 w_L (%)	塑限 w_p (%)	无侧限抗压强度 q (kPa)	不排水抗剪强度	
							φ (°)	c_u (kPa)
砂黏土	24.7	17.2～18.6	0.97	25.4	12.8	46		
泥炭土	103～430	10.9～13.8	3.25～5.14	106.2～153.5	41.2～63.5	9～14	0	5～14

【16.6.3】 设计

（一）方案选择

原设计方案为砂井、护道综合处理。因路堤高，且地基较差，即使在两侧各设置宽15m、高4m的护道，同时以砂井加固地基，按施工时间（固结时间）为1年进行验算，其安全系数也仅为1.2。

采用有纺土工织物方案，利用其能承受的拉力，增加稳定力矩，提高软土抗滑稳定性，则填土速度可大为加快。增加的预压填土又使地基能提早在较大压力下固结，提高地基土的抗剪强度。为充分发挥土工织物的作用，决定取消两侧护道，从而节约可观的土方量，还减少了砂井的数量。

（二）选用的土工织物及其铺放位置

土工织物铺设在排水砂井上部的砂垫层内，砂垫层保护织物免遭顶破，同时也增加织物的摩擦系数。根据验算，铺二层织物，两端回折2.5m作锚固端，外面以干砌片石保护（设计断面见图16-118）

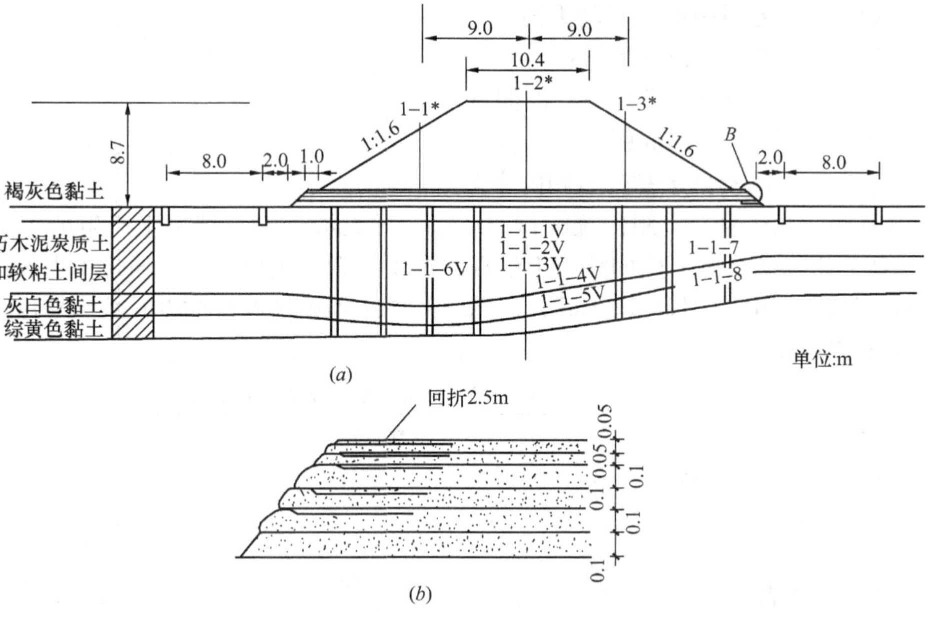

图16-118 设计断面及端部锚固

（*a*）设计断面；（*b*）土工织物锚固端B大样图

采用的有纺土工织物是青岛麻纺厂生产的聚丙烯（2000旦）叠丝编织物，宽0.98m，性能如下：

径向抗拉强度　　50kN/m；

纬向抗拉强度　　36kN/m；

延伸率　　20%。

为现场施工方便，在厂内预缝成3.6m宽（由4幅拼缝而成），长度为路堤底宽加回折5m的总长。铺设时沿线路方向延伸，两相邻幅搭接长度为0.5m。

（三）稳定性验算

本工点对稳定性验算采用了“荷兰法”和“瑞典法”。

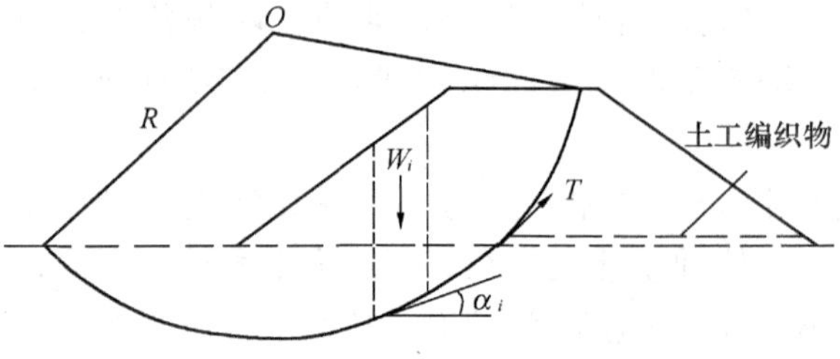

图 16-119 荷兰法稳定分析

1. 荷兰法 计算采用不铺织物垫层时的常用圆弧滑动法。加铺织物垫层后，织物变形时发挥的拉力 T 将能提供一个抗滑力矩增量 ΔM_r，它起着提高稳定安全系数的作用。在分析时，假设与滑动圆弧相交处的织物将发生转折，因而其中产生的拉力方向应与圆弧相切，如图 16-119。安全系数 F_s 按下式计算：

$$F_s = \frac{M_r + \Delta M_r}{M_0} = \frac{\Sigma(c_{ui} l_i + W_i \cos\alpha_i \tan\varphi_{ui}) + T}{\Sigma W_i \sin\alpha_i} \tag{16-118}$$

式中 M_r——由土的抗剪强度产生的抗滑力矩；

ΔM_r——由土工织物拉力提供的附加抗滑力矩，$\Delta M_r = TR$（R 为滑动圆半径）；

M_0——由土重引起的滑动力矩；

W_i——第 i 土分条的重量；

α_i——第 i 分条底弧中点处的仰角；

l_i——第 i 分条的底弧长；

c_{ui}，φ_{ui}——土的不排水黏聚力和内摩擦角。

2. 瑞典法 此法也是采用传统圆弧滑动法。假设滑动时，填土中产生的垂直裂缝贯穿全高。认为织物垫层中产生的拉力不仅直接提供抗滑力矩增量，还通过垂直裂缝中的摩阻力又增加抗滑力矩。与荷兰法不同，计算时假设织物始终保持铺设时的水平位置。安全系数 F_s 按下式计算

$$F_s = \frac{M_r + \Delta M_r}{M_0} = \frac{\Sigma(c_{ui} l_i + W_i \cos\alpha_i \tan\varphi_{ui})R + T(a + b\tan\varphi)}{\Sigma W_i \sin\alpha_i \cdot R} \tag{16-119}$$

式中 ΔM_r——由土工织物拉力提供的附加抗滑力矩，$\Delta M_r = T \cdot a + T\tan\varphi \cdot b = T(a + b\tan\varphi)$

a，b——力臂，见图 16-120；

φ——填土的内摩擦角；

R——滑动圆半径。

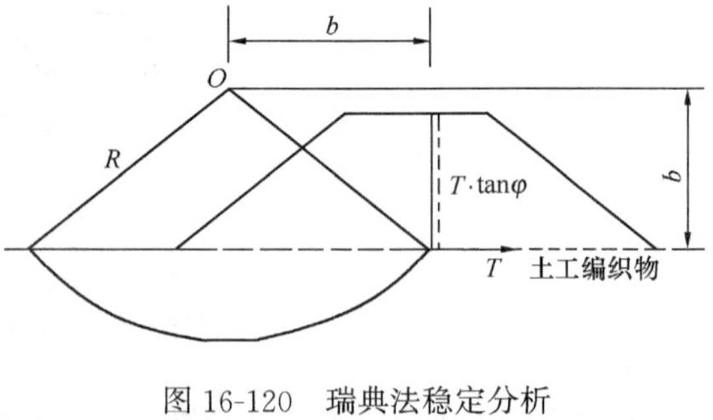

图 16-120 瑞典法稳定分析

其他符号意义同前。采用以上两种方法验算时，都需要针对不同圆心和不同半径，进行多次重复计算，直至求得最小安全系数 K_{min}，且该值不小于要求的数值，否则要采用更高强度的织物，或多层织物。

【16.6.4】 施工和观测

（一）施工概况

施工时采用路堤旁的水平位移观测桩控制进度。为争取填土时间和加大固结荷载，大胆尝试，尽可能提高了水平位移控制值。7 月份进行砂井施工（用射水法设井），深度均

达到砾卵石层。8 月上旬铺设土工织物。中旬开始填筑路堤，用七台 CT6A 型铲运机、三台 NH-200 型推土机分层填筑，以观测数据控制填速。至 9 月 2 日路堤填高至 5m；9 月 12 日至 9 月 15 日填高至 7m；9 月 20 日填至 8.3m；9 月 27 日至 28 日填到了设计高度 9.2m。10 月 19 日至 23 日加填 1.5m 高预压土。填筑到设计高仅用了 43d，超过临界高度后，填土速率仍然很快。从 5m 到 9.2m 只用了 16d 时间。在软土地基上填筑路堤，这样快的速度过去是少见的。

施工过程中，9 月 20 日一天就填高 1.3m，荷载增加过快，所以观测桩最大水平位移量达 0.405m/d，路堤下沉量达 0.419m/d。结果路堤和两侧地表曾出现裂缝。通过对裂缝产生原因的分析，认为其中有一段长 40m 靠左侧的路堤预留作车道，在横断面上两边路堤高度相差 1.5m，荷载不同，两边下沉不一，使填土相对错动，产生裂缝。另一段由于加荷太快，地基产生塑性变形，超过极限状态，因此在地基较差的 80m 的一段，尤其是左侧产生挤压裂缝，地面有隆起现象。根据以往筑堤经验，此工点为不铺土工织物就会产生滑动破坏。由于铺了织物，地基虽达到极限状态，产生了大变形，但仅停止填土 6d，地基就恢复到稳定状态，9 月 27 日又开始继续填土。

路堤坡脚正是路堤下地基下沉后与路堤以外地面隆起区的交界处，由于加荷太快，坡脚产生了张开裂缝，但它们不影响路堤稳定。

（二）变形和固结度观测结果

为了指导施工和收集资料，埋设了一些孔隙压力和变形仪器进行系统观测。

1. 地基变形

实测沉降过程见表 16-18 及图 16-121。

实 测 沉 降 量 **表 16-18**

观测时间	9 月 2 日	9 月 15 日	9 月 20 日	9 月 28 日	10 月 23 日	11 月 10 日
中心地面沉降（m）	0.497	0.568	1.094	1.116	1.473	1.551
距中心 10m 处沉降（m）	0.494	0.538	1.008	1.040	1.228	1.328
荷载增量 Δp（kN/d）	5.35	6.00	23.66	8.19	5.46	5.46
沉降增量 Δh（m/d）	0.149	0.115	0.419	0.224	0.055	−0.037
沉降率 $\Delta h/\Delta p$（m/kN）	2.49	0.0192	0.0177	0.0274	0.0101	0.0008

沉降增量随荷载增量而变化，当填土荷载增量未超过 10kN/d 时，它们呈直线关系；超过该值后，沉降增快，不再呈直线关系，并产生局部破坏。填土的平均沉降率为 0.0199m/kN，卸荷的回弹率为 0.0068m/kN，即可恢复的变形约为总沉降量的 30%。

从分层沉降观测资料得出，上部硬壳（即 0～3.18m）的压缩量仅占总沉降量的 1/5，下部泥炭土和淤泥质黏土的压缩量大。

路堤下地基下沉，而路堤外两侧地面向上隆起，一般隆起量为 0.3m 左右，个别观测桩超过 0.6m。

通过观测桩测水平位移，以控制填土速率。过去常用的位移限制值很小，铺织物后，适当放宽了限值，并未出现意外的滑动。

实测资料说明，当荷载增量小于 10kN/d，水平位移增量 ΔS 在 0.1m/d 以内，不出现问题。超过这一范围，地基将因变形过大而产生局部破坏。本工点填土过程中，当观测

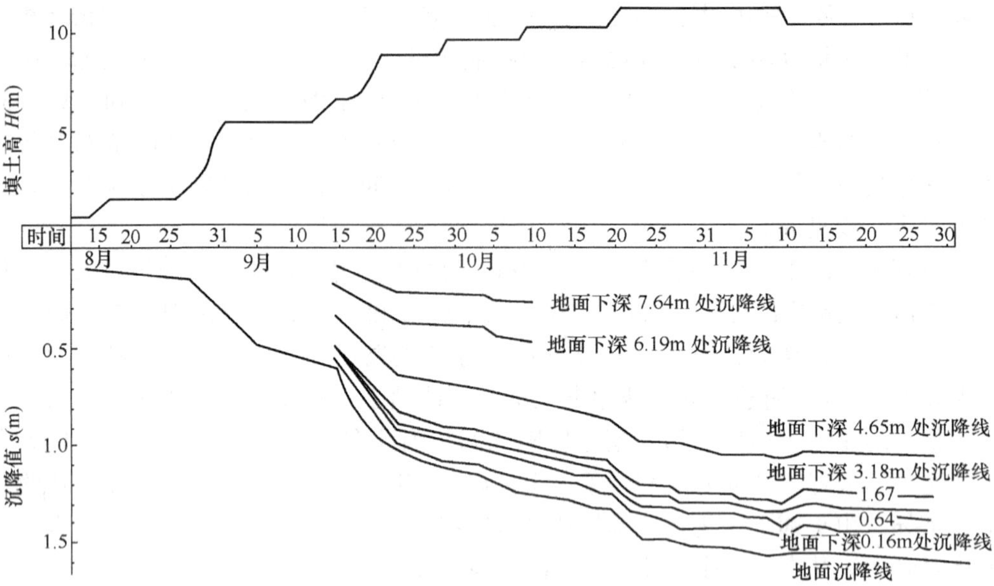

图 16-121 路堤中心沉降曲线

桩水平位移达 15mm/d 时，即需减缓填土速度；当位移达 25mm/d，就必须停止填土，这较以往规定的 10mm/d 有了较大突破。为保证避免发生破坏，对填土施工进行了严密监测。为充分了解织物发挥的作用，在可能情况下尽量多填，即总是在地基达到极限状态时才停止填土，结果观测桩位移大大超过了预定值，却仍保证了稳定，而加快了施工速度。仅用了 43 天，填土即达到设计标高。这不仅保证了通车期限，而且为今后类似工程提供了极限水平位移的参考数据。

2. 固结度估计和土工织物拉力

随着填土时间的延续，地基中的孔隙水压力逐渐消散。

从实测沉降和实测孔隙水压力计算的地基平均固结度列于表 16-19。

地基平均固结度 **表 16-19**

时间		9月5日	9月24日	10月1日	10月21日	11月12日
填土高度（m）		5.4	8.8	9.5	11.2	10.3
平均固结度 U（%）	按沉降计算		34	42		68
	按孔隙水压力计算	20	22	28		

实际的即观测到的固结速率远大于按室内试验参数计算的理论值。地基中未炭化植物及树叶的渗透性远较淤泥质黏土的渗透性大，故固结度的实测值大于计算值，是可以预计的。

用自行设计的柔性传感器测得织物的实际拉力为：填土高达 8.8m 时，第一层拉力为 17.5kN/m，第二层为 35kN/m。从横断面看，拉力最大值出现在路堤中间区段，路堤两端为 0，说明织物中的拉力分布与填土荷载大小相似。实测是初步尝试，发现传感器的埋设条件尚有待改进。

【16.6.5】 效果及评价

（一）本工点在短期内填筑成功，归功于以下三方面：

1. 地层中夹有大量未炭化树干、树枝，约占25％～40％。由于它们的强度较高，大大提高了整个地基的承载力，使实际的填筑临界高度从3.9m提高到5.5m。

2. 路堤在控制速率下填筑，每到临界状态，都待变形趋于稳定，才恢复填土。尤其是在填到8.3m出现较大变形后，更注意到这一点。这样就争取了时间和较大固结荷载，促使固结加快，相应地提高地基强度，同时又使地基处于临界状态，保证了路堤的稳定性。因此，后来填到9.2m，继而又加预压土，填土和地基始终保持稳定。

3. 以土工织物作垫层，近似柔性柴排或筏基，能调整和扩散由上部填土荷载引起的应力，并保证了填土的整体性，减少地基因局部应力大而破坏的可能性。另外，扩散后的应力趋均匀，地基沉降也变均匀。例如路堤填成后11月10日的实测沉降，路堤中心及距中心10m处的分别为1.551m和1.328m。

填土后织物中的拉力在整个断面内大小不一，且随上部荷载而变化。在横断面上、中部拉伸大，坡脚处拉伸小。织物中的拉力增加抗滑力矩，提高路堤稳定性。

织物与砂的摩擦系数约为0.5，说明靠摩擦锚固是可能的。本工点织物在坡脚处只回折了3m作锚固端，从铺设开始到路堤填成，锚固端的位移为零或很小，证明这种简单锚固办法是可行的。

由于有织物承受拉力，填土整体性好，可承受较大的瞬时荷载增量，从而可放宽填土的许可变位，加速填土进程。像9月20日的那次大变形，导致了裂缝，说明地基已产生局部破坏，但织物起到保持整体性的作用；织物还使地基应力得到调整，故地基从临界状态慢慢恢复到稳定状态。实践证明，由于织物的良好作用，使加荷速率能较常规的快许多，仅用了43天时间，就安全稳定地完成路堤填土。

对聚丙烯织物的抗老化性能进行了测试，但具体到软土地基加固，看来是不成问题的。由于地基排水固结，强度提高，待织物老化，地基已有足够强度，织物早已完成其历史使命。何况织物是埋在土中，有着较长的使用寿命。

（二）评价

工点建成通车运行至今，其沉降与其他工点相比不但小而且均匀。这次实践说明，以土工合成材料加固软土地基这一方法，不仅提高稳定性，对沉降也有改善；不仅可以单独用于处理较低路堤的地基，也可以与砂井等其他方法结合使用。对加速地基固结，争取工期都有成效。可以认为，采用土工合成材料施工简便，可降低整个工程费用，提高施工进度，效果较好。确信它是一项有着发展前途的加固软基的新技术。

参 考 文 献

[1] 全国土工合成材料技术协作网(1992) 土工合成材料工程应用百例 水利部科教司、国家防汛办公室联合出版

[2] 土工合成材料工程应用手册编委会(2000) 《土工合成材料工程应用手册》，第二版 北京：中国建筑工业出版社

[3] 王铁儒等(1990) 《土工织物加筋垫层和排水固结联合作用处理油罐软基的设计与研究》研究报告 金陵石油化工公司，浙江大学

[4] 中国土工合成材料工程协会，第四届(1996)，第五届(2000)，第六届(2004)全国第四届土工合成材料学术会议论文集

[5] 王钊主编(2002)，国外土工合成材料的应用研究，现代知识出版社。

[6] National Concrete Masonry Association(1997), Design Manual for Segmental Retaining Walls.

[7] Broms, B. B. (1988) Fabric Reinforced Reaining Wall, Theory and Practice of Earth Reinforcement, Japan.

[8] Gourc, J. P., Ratel, A., Delmas, P. (1986) Design of Fabric Retaining Walls, the Displacement Method, Proc. Of 3rd Int. conf. on Geotexti1es and Geomembranes, Vienna.

[9] Holtz, R. D., Christopher, B. R., Berg, R. R. (1995) Geosynthetics Design and Construction Guideline, Participant, Notebook, U. S. Dept. of Transportation publication No. FHWA HI-95-038. U. S. A.

[10] Jewell, R. A., (1985) Limit Equilibrium Analysis of Reinforced Soil Walls. XI ICSMFE, Vol. 3, San Francisco.

[11] Proceedings of the International Symposium on Earth Reinforcement, 1996, Fukuoka, Japan. Edited By Hidetoshi Ochiai, A. A. Balkema/Rotterdam/Brookfield, 1997.

[12] US Department of Transportation, FHA(1993) Guidelines for Design Specification and Contracting of Geosynthetic Mechanically Stabilized Earth Slopes on Firm Foundation Publication. No. FHWA-SA-93-025.

本章审阅人：史存林（铁道科学研究院）

本章资料其他提供者：乔正寿（铁道部第四勘测设计院）

王铁儒（浙江大学）

第17章 特殊土地基处理概论

童小东（东南大学土木工程学院）

17.1 概述

在建造结构物时，合理的地基处理方法和工艺技术的选用必须根据所需加固地基的工程地质和水文地质条件、结构物上部荷载的大小与分布情况，以及结构物周边的环境影响和建筑材料供应的地区条件等因素进行综合分析，而地基土体的特性及其对加固方法的适应性则应是有效、合理地选择加固方法的决定性因素。

我国地域广阔，地质条件较为复杂，分布的土类繁多，不同土类的工程性质各异。由于地理位置、气候条件、地质成因、物质成分及次生变化等原因，导致了一些土具有与一般土显著不同的特殊工程性质。当将其作为结构物地基时，必须根据其独特的性质采取相应的设计和施工措施，否则就有可能酿成工程事故。

《岩土工程勘察规范》（GB 50021）和《建筑地基基础设计规范》（GB 50007）对建筑地基土首先考虑了按沉积年代和地质成因来进行分类，同时将某些在特殊条件下形成、具有特殊工程性质的区域性特殊土与一般土区别开来。上述规范将具有一定的分布区域或工程意义，并/或具有特殊成分、状态和结构特征的土称为特殊土，并将其分为湿陷性土、红黏土、软土、混合土、填土、多年冻土、膨胀土、盐渍土、残积土以及污染土。

对特殊土地基的处理，除了一些通用的加固方法外，目前已产生和形成了一些适合处理特殊土地基特性的各种专门技术和方法，以及各自的地基处理设计与施工规范、规程、检测技术以及验收评定标准。

本章将按照不同的土性论述几种具有代表性的特殊土，介绍其工程特性以及适用的地基处理方法。本章所涉及到的各种专门的地基处理方法和工艺技术，可参见本手册其他章节的相关内容。

17.2 湿陷性土地基处理技术

湿陷性土是指在一定压力作用下受水浸湿时，因其结构迅速破坏而发生显著附加竖向变形的非饱和的、结构不稳定的土。湿陷性土可分为自重湿陷性土和非自重湿陷性土。凡在上覆土的自重应力作用下受水浸湿发生湿陷的，称为自重湿陷性土；凡在上覆土的自重应力作用下受水浸湿不发生湿陷的，称为非自重湿陷性土，这种土必须在上覆土的自重应力和由外荷所引起的附加应力的共同作用下受水浸湿才会发生湿陷。

地球上的大多数地区都存在湿陷性土，主要为风积的砂与黄土、疏松的填土和冲积土以及由花岗岩与其他酸性岩浆岩风化而成的残积土，此外，还有火山灰沉积物、石膏质土、由可溶盐胶结的松砂、分散性黏土以及某些盐渍土等。湿陷性土在我国分布广泛，除湿陷性黄土外，在干旱或半干旱地区，特别是在山前洪（坡）积扇中常遇到湿陷性的碎石类土和砂类土，它们在一定压力下浸水后表现出强烈的湿陷性。

湿陷性土不论作为结构物的地基、建筑材料或地下结构的周围介质，若在设计和施工中没有认真考虑到土的湿陷性这一特性并采取相应的措施，则湿陷性土一旦浸水，均会产生沉陷，从而影响到结构物的安全可靠和正常使用；反之，若采取的措施过于保守，则又将增加工程的投资，造成浪费。

由于在湿陷性土中湿陷性黄土的分布面积最为广泛，本节将主要介绍湿陷性黄土，但其基本概念和设计、施工措施也适用于其他湿陷性土。

17.2.1 湿陷性黄土概述

黄土古称"黄壤"，本源于土地之色，是一种第四纪沉积物，具有一系列内部物质成分和外部形态特征，不同于同期的其他沉积物，在地理分布上也有一定的规律性。地球上的黄土主要分布在中纬度干旱和半干旱地区的大陆内部、温带荒漠和半荒漠地区的外缘，或分布于第四纪冰川地区的外缘，面积达1300万km^2，约占陆地总面积的9.3%。在北美的美国密西西比河上游、墨西哥北部；南美的阿根廷草原区；欧洲中部的法国、德国，欧洲东部的乌克兰、波兰、罗马尼亚、保加利亚；亚洲俄罗斯的南高加索、南西伯利亚，乌兹别克斯坦等地区均有分布。

黄土在我国的分布也很广，其面积约为64万km^2（占全世界黄土分布总面积的4.9%，占我国陆地总面积的6.6%）。我国黄土的分布区域南始于甘肃南部的岷山、陕西的秦岭、河南的熊耳山、伏牛山；北以陕西的白于山、河北的燕山为界，与北方的沙漠、戈壁相连，自北而南呈戈壁、沙漠、黄土逐渐过渡；西起祁连山，东至太行山，包括黄河中、下游的环形地带。这种横贯我国北方、呈东西走向、带状分布的特征，明显地受到我国北部山脉和地形的影响，反映出我国黄土的形成与地理位置和气候条件的关系。在这些地区，一般气候较为干燥，降水量少，蒸发量大。黄土分布地区的年平均降水量多为250～500mm。在年平均降水量小于250mm的地区，很少会出现黄土，主要为沙漠和戈壁；在年平均降水量大于750mm的地区，也基本上没有黄土分布。

黄土的沉积具有沉积分选作用，因此根据黄土沉积的特点，我国黄土分布自西而东则有：①西北干燥内陆盆地；②中部黄土高原；③东部山前丘陵及平原三个大区，各区在地理分布和时间演化上各有不同特点。

1. 西北干燥内陆盆地区

该区包括新疆的准噶尔盆地、塔里木盆地、青海的柴达木盆地和甘肃的河西走廊。这些盆地的四周有近东西走向的山脉，自然环境特点是高山终年积雪，盆地中心是无垠沙漠，黄土覆于山前地带，气候异常干旱、雨量稀少、地面辐射强烈、温差大、风力强烈，黄土基本上处于风扬带内，受风力、冰川再搬运的作用很大，形成各种类型的黄土状土，原生黄土很少见。

2. 中部黄土高原区

由龙羊峡至三门峡的黄河中游区，是我国黄土分布的中心。四周山脉环绕，西有贺兰山，北有阴山，东有太行山，南为秦岭，该区黄土厚度大，地层完整，除少数山口高出黄土线外，黄土基本上是连续覆盖于第三系或其他古老岩层之上，形成塬、梁、峁特殊的黄土地貌，黄土分布面积占全国黄土面积72%以上，区域内若干近似南北走向的山脉，把黄土分割成三个不同亚区：

1）乌鞘岭与六盘山之间为西部亚区，黄土下伏的基底层主要是第三纪的甘肃群，黄土分布于山地斜坡、山间盆地及河谷高阶地上，黄土堆积仍基本反映出基底地形的起伏；

2）六盘山与吕梁山之间为中部亚区，黄土基本成为一个连续覆盖层，上覆于第三纪或古老岩层上，还填平了一些原始河谷与湖沼盆地，在深切河谷底部，基岩出露。黄土层厚度达百余米，地层完整。不同时代黄土平行接触、古土壤与黄土交替叠覆，是这个亚区的主要特征；

3）吕梁山与太行山之间为东部亚区，黄土分布于盆地边缘及河流阶地之上，下伏上新世地层。

上述三个亚区的自然景观各具特征，但黄土层结构却十分相似，它们都保留有从早更新世到晚更新世的黄土堆积，部分地区在晚更新世黄土之上还覆有薄层的全新世黄土。这个区黄土剖面以陕西洛川剖面最为典型。

3. 东部山前丘陵及平原区

该区以平原为主，我国最大的平原（华北平原）和松辽平原都分布于这一地区。自第四纪以来，平原区经受了很厚的黄土状土堆积，并与河湖相砂砾石和黏土构成间互层，典型黄土仅分布于该区边缘山前和丘陵地带等。

世界上黄土堆积的厚度以我国为最大。欧洲中部、北美和南美黄土的厚度一般为几米到几十米。而据中国科学院地质研究所调查，我国黄土的厚度以黄河中游的黄土塬为最大，其厚度中心在洛河和泾河流域的中下游地区，最大厚度达180～200m。由此向东、西两个方向，黄土的厚度逐渐减薄。

黄土的典型特征为：

1. 颜色多呈黄色、淡灰黄色或褐黄色；

2. 颗粒组成以粉粒（粒径为0.05～0.005mm）为主（约占50%～75%），其次为砂粒（粒径大于0.05mm，约占10%～30%），黏粒（粒径小于0.005mm）含量少（约占10%～20%）；

3. 富含碳酸盐、硫酸盐及少量易溶盐；

4. 含水量低（一般仅为5%～20%）；

5. 孔隙比大（一般在1.0左右）；

6. 往往具有肉眼可见的大孔隙，并常有由于生物作用所形成的竖向管状孔隙；

7. 垂直节理发育，常呈现直立的天然边坡。

黄土按其成因可分为原生黄土和次生黄土。一般认为，具有上述典型特征，没有层理的风成黄土为原生黄土。原生黄土经过水流冲刷、搬运和重新沉积而形成的为次生黄土。次生黄土有坡积、洪积、冲积、坡积－洪积、冲积－洪积及冰水沉积等多种类型。次生黄土一般不完全具备上述黄土特征，具有层理，并含有较多的砂粒甚至细砾，故也称为黄土状土。

黄土和黄土状土（以下统称黄土）在天然含水量情况下一般呈坚硬或硬塑状态，具有较高的强度和较低的压缩性。但遇水浸湿后，有的黄土即使在自重作用下也会发生剧烈的沉陷（称为湿陷性），强度也随之迅速降低；而有些黄土却并不发生湿陷。可见，同样是黄土，但遇水浸湿后的反应却有很大的区别。因此，分析、判别黄土是否具有湿陷性、其湿陷性的强弱程度以及黄土地基的湿陷类型和湿陷等级，是在黄土地区建造结构物前必须首先明确的核心问题。

在我国的黄土当中约有60%左右的为湿陷性黄土，其分布遍及甘肃、陕西、山西省的大部分地区以及河南、宁夏和河北等省（自治区）的部分地区。此外，新疆、山东和辽宁等地也有局部分布。由于各地的地理、地质和气候条件的差别，湿陷性黄土的组成成分、分布地带、沉积厚度、湿陷特征和物理力学性质也因地而异。此外，由于黄土形成的地质年代和所处自然地理环境的不同，其外貌特征和工程特性又有明显的差异。

我国黄土按形成年代的早晚，有老黄土和新黄土之分。黄土形成年代愈久，由于盐分的溶滤较为充分，其固结成岩的程度较高，大孔结构退化，土质愈趋密实，强度高而压缩性低，湿陷性减弱甚至不具湿陷性。反之，形成年代愈短，其工程特性则愈差。

17.2.2 湿陷性黄土地基的评价

凡在上覆土的自重应力作用下，或在上覆土的自重应力与外荷引起的附加应力的共同作用下，受水浸湿后土的结构迅速破坏，并产生显著附加下沉的天然黄土，称为湿陷性黄土。否则，就称为非湿陷性黄土。湿陷性黄土在其上覆土的自重应力作用下不发生湿陷的，称为非自重湿陷性黄土；在上覆土的自重应力的作用下发生湿陷的则称为自重湿陷性黄土。非湿陷性黄土的工程性质接近于一般黏性土，故当非湿陷性黄土作为结构物地基时可按一般黏性土进行设计与施工。

黄土湿陷的发生往往是由于管道（或水池）漏水、地面积水、生产和生活用水等渗入地下，或由于降水量较大，灌溉渠和水库的渗漏、回水使地下水位上升而引起的。然而受水浸湿只不过是湿陷发生所必需的外界条件。研究表明，黄土的多孔隙结构特征和胶结物质成分（碳酸盐类）的水理特性是产生湿陷性的内在原因。

黄土的湿陷性主要与其特有的组构（即微结构、颗粒组成、矿物成分等）有关，这也是各地区黄土湿陷性不同的主要原因。在同一地区，土的湿陷性又主要与其天然孔隙比和天然含水量有关。此外，压力也是一个外界影响因素。

黄土的湿陷性评价包括以下3个方面的内容：

1. 判定黄土是湿陷性的还是非湿陷性的；

2. 如果是湿陷性的，还要进一步判定湿陷性黄土场地的湿陷类型（是自重湿陷性的还是非自重湿陷性的）；

3. 判定湿陷性黄土地基的湿陷等级。

如果对湿陷性黄土的湿陷性评价不当，就会造成技术和经济上的不合理，导致大量的浪费或造成湿陷事故。

一、黄土湿陷性的判定

黄土的湿陷性可由黄土的湿陷变形特征指标来判定，反映黄土湿陷变形特征的主要指标有湿陷系数、湿陷起始压力等，其中以湿陷系数最为重要。

1. 湿陷系数

黄土是否具有湿陷性，以及湿陷性的强弱程度如何，应按原状试样在某一给定的压力作用下土体浸水后的湿陷系数 δ_s 来衡量。湿陷系数可通过在现场采取原状土样，然后在室内利用固结仪在一定的压力下进行浸水试验测定得到。具体的试验内容详见《土工试验方法标准》(GB/T 50123)。

湿陷系数 δ_s 应按下式计算

$$\delta_s = \frac{h_p - h'_p}{h_0} \tag{17-1}$$

式中 h_p——保持天然湿度和结构的试样，分级加荷至一定压力时，下沉稳定后的高度；

h'_p——上述加压稳定后的试样，在浸水（饱和）作用下，附加下沉稳定后的高度；

h_0——试样的原始高度。

测定湿陷系数 δ_s 的试验压力，应自基础底面算起（如基底标高不确定时，自地面以下 1.5m 算起），基底之下 10m 以内的土层，压力取 200kPa；10m 以下至非湿陷性黄土层顶面，取其上覆土的饱和自重应力（当饱和自重应力大于 300kPa 时，仍取用 300kPa）。当基底压力大于 300kPa 时（或有特殊要求的结构物），宜用实际压力。对压缩性较高的新近堆积黄土，基底之下 5m 以内的土层宜用 100～150kPa 的压力，5～10m 的土层应用 200kPa 的压力，10m 以下至非湿陷性黄土层顶面，应用其上覆土的饱和自重应力。

当 δ_s<0.015 时，应定为非湿陷性黄土；当 δ_s≥0.015 时，应定为湿陷性黄土。一般说来，δ_s 值愈大，其湿陷性就愈强烈。按 δ_s 值的大小可将湿陷性黄土分为 3 类：

0.015≤δ_s≤0.03，轻微湿陷性；

0.03<δ_s≤0.07，中等湿陷性；

δ_s>0.07，强烈湿陷性。

2. 湿陷起始压力

湿陷起始压力是指黄土在受水浸湿后开始产生沉陷时的相应压力。

湿陷起始压力可利用各级压力下的湿陷系数与相应压力的关系曲线求得。以压力为横坐标，以湿陷系数为纵坐标，绘制压力与湿陷系数的关系曲线（见图 17-1），湿陷系数为 0.015 所对应的压力即为湿陷起始压力。

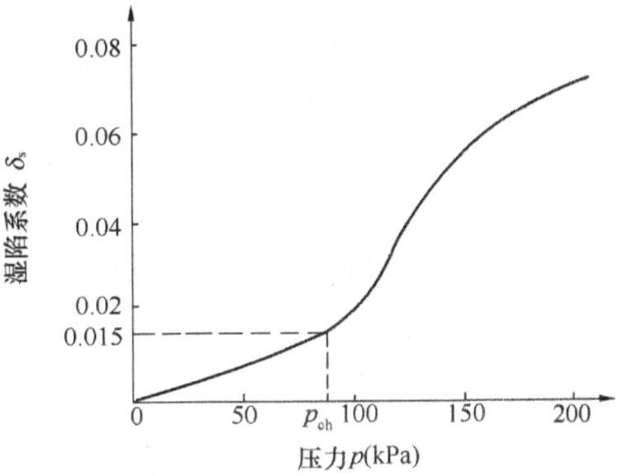

图 17-1 湿陷系数与压力关系曲线

湿陷起始压力不但是反映黄土湿陷性的一个重要特征指标，在非自重湿陷性黄土地基设计中还具有重要的实际意义：

1）对于荷载较小的结构物，设计时如使基底压力小于或等于土的湿陷起始压力，就可以根除湿陷的发生，按一般黏性土地基来考虑；

2）用来确定地基处理（如换填垫层）的厚度，即将地基处理深度底面标高处土的自重应力与附加应力之和控制在该处土的湿陷起始压力以内；

3）用来判定湿陷性黄土场地的湿陷类型，当基础底面下各土层的湿陷起始压力都大于其上覆土的饱和自重应力时，即为非自重湿陷性黄土场地；否则，为自重湿陷性黄土场地。

二、湿陷性黄土场地的湿陷类型

如前所述，湿陷性黄土可分为非自重湿陷性和自重湿陷性两种，且在自重湿陷性黄土场地建造结构物，必须采取比非自重湿陷性黄土场地要求更高的措施，才能确保结构物的安全和正常使用。所以必须区分湿陷性黄土场地的湿陷类型是非自重湿陷性的还是自重湿陷性的。

划分非自重湿陷性或自重湿陷性黄土应按室内压缩试验，对原状试样施加饱和自重应力（当饱和自重应力不大于 50kPa 时，可一次性施加；当饱和自重应力大于 50kPa 时，应分级施加，每级压力不大于 50kPa，每级压力施加的时间不少于 15min，如此连续加至饱和自重应力）测定其自重湿陷性系数 δ_{zs} 来进行判定，自重湿陷系数 δ_{zs} 应按下式计算

$$\delta_{zs}=\frac{h_z-h'_z}{h_0} \tag{17-2}$$

式中 h_z——保持天然湿度和结构的试样，加压至该试样上覆土的饱和自重应力时，下沉稳定后的高度；

h'_z——上述加压稳定后的试样，在浸水（饱和）作用下，附加下沉稳定后的高度；

h_0——试样的原始高度。

测定自重湿陷系数的压力应取自天然地面算起（当挖、填方厚度和面积较大时，自设计地面算起），直至该试样顶面为止的上覆土的饱和自重应力（当大于 300kPa 时，仍取 300kPa）。

建筑场地的湿陷类型可根据自重湿陷量的计算值 Δ_{zs} 来判定，Δ_{zs} 应按下式计算

$$\Delta_{zs}=\beta_0\sum_{i=1}^{n}\delta_{zsi}h_i \tag{17-3}$$

式中 δ_{zsi}——第 i 层土的自重湿陷系数；

h_i——第 i 层土的厚度（mm）；

β_0——因地区土质而异的修正系数。在缺乏实测资料时，可按下列规定取值：1）陇西地区取 1.50；2）陇东—陕北—晋西地区取 1.20；3）关中地区取 0.90；4）其他地区取 0.50；

n——计算厚度内土层的数目。

上式中的计算厚度应从天然地面算起（当挖、填方的厚度和面积较大时，应自设计地面算起），直至其下非湿陷性黄土层的顶面为止。其中不计 $\delta_{zs}<0.015$ 的土层。

当 $\Delta_{zs}\leqslant 70$mm 时，一般定为非自重湿陷性黄土场地；当 $\Delta_{zs}>70$mm 时，定为自重湿陷性黄土场地。

对特殊要求的结构物，应在原位进行试坑浸水试验，用实测自重湿陷量来判定湿陷类型。建筑实践证明，按实测自重湿陷量划分场地湿陷类型，比按计算自重湿陷量划分准确可靠。

三、湿陷性黄土地基的湿陷等级

湿陷性黄土地基的湿陷等级应按湿陷量的计算值 Δ_s 划分，Δ_s 应按下式计算

$$\Delta_s=\sum_{i=1}^{n}\beta\delta_{si}h_i \tag{17-4}$$

式中 δ_{si}——第 i 层土的湿陷系数；

h_i——第 i 层土的厚度，mm；

β——考虑基底下地基土的受水浸湿可能性和侧向挤出等因素的修正系数。在缺乏实测资料时，可按以下规定取值：基底之下 0～5m 深度内，取 $\beta=1.5$；基

底之下 5～10m 深度内，取 $\beta=1.0$；基底之下 10m 以下至非湿陷性黄土层顶面，在自重湿陷性黄土场地，可取工程所在地区的 β_0 值。

湿陷量计算值 Δ_s 的计算深度，应自基础底面算起（如基底标高不确定时，自地面以下 1.5m 算起），对非自重湿陷性黄土场地，累计至基底以下 10m（或地基压缩层）深度为止；对自重湿陷性黄土场地，累计至非湿陷性黄土层的顶面为止。其中不包括湿陷系数 δ_s（10m 以下为 δ_{zs}）小于 0.015 的土层的厚度。

划分湿陷性黄土地基的湿陷等级，应遵守表 17-1 的规定。

湿陷性黄土地基的湿陷等级 **表 17-1**

湿陷类型 / Δ_{zs}，(mm) / Δ_s，(mm)	非自重湿陷性场地	自重湿陷性场地	
	$\Delta_{zs}\leqslant70$	$70<\Delta_{zs}\leqslant350$	$\Delta_{zs}>350$
$\Delta_s\leqslant300$	Ⅰ(轻微)	Ⅱ(中等)	—
$300<\Delta_s\leqslant700$	Ⅱ(中等)	Ⅱ(中等)或Ⅲ(严重)*	Ⅲ(严重)
$\Delta_s>700$	Ⅱ(中等)	Ⅲ(严重)	Ⅳ(很严重)

* 注：当湿陷量的计算值 $\Delta_s>600$mm、自重湿陷量的计算值 $\Delta_{zs}>300$mm 时，可判为Ⅲ级，其他情况可判为Ⅱ级。

17.2.3 湿陷性黄土地基上结构物的设计、施工措施

湿陷性黄土地基上结构物的设计和施工，必须紧密围绕着黄土的湿陷性特点和结构物的具体情况，根据建筑类型、场地湿陷类型、地基湿陷等级、地基处理后的剩余沉陷量，并结合当地的建筑经验和施工条件等因素采取合理、有效的设计措施，以保证结构物的安全可靠和正常使用。

如前所述，湿陷性黄土地基发生湿陷的内因是土的大孔性和多孔性，结构疏松；而水则是发生湿陷的主要外因之一。所以，要防止结构物地基发生湿陷，要么是消除内因，要么是改变外因。要消除内因，就必须进行地基处理，预先破坏黄土的大孔结构；要改变外因，就应采取必要的防水措施并控制基底压力。

防止或减小湿陷性黄土地基浸水湿陷的设计措施可分为地基处理措施、防水措施和结构措施三种。

地基处理措施在于全部或部分消除结构物地基的湿陷性，或采用桩基础穿越全部湿陷性黄土层，或将基础设置于非湿陷性黄土层之上，是防止或减轻湿陷、保证结构物安全的可靠措施。

防水措施是指在总平面、建筑、给排水、供热与通风等方面防止地基浸水以避免发生湿陷的重要措施。防水措施按其内容的多少及标准的高低可分为基本防水措施、检漏防水措施和严格防水措施。基本防水措施是在湿陷性黄土地基上建造结构物的基本要求，除非消除了地基的全部湿陷量，否则都需要采用。主要是指在结构物布置、场地排水、屋面排水、地面防水、散水、排水沟、管道敷设、管道材料和接口等方面，应采取措施防止雨水或生产、生活用水的下渗；检漏防水措施是在基本防水措施的基础上，对防护范围内的地下管道增设检漏管沟或检漏井，以便检查管道漏水情况，防止水渗漏入地基；严格防水措施是在检漏防水措施的基础上，提高防水地面、排水沟、检漏管沟和检漏井等设施的设计

标准（如增设可靠的防水层、采用钢筋混凝土排水沟等），是严格防止地基受水浸湿的可靠措施。

结构措施是减小或调整结构物的不均匀沉降（差异沉降），或使结构物适应地基湿陷变形的结构处理措施（以避免或减轻不均匀沉降所造成的危害），可对地基处理和防水措施起到补充作用。

一般情况下，应结合结构物的类别、湿陷性黄土的特性、当地的建筑经验、施工条件等因素综合考虑，确定采取上述3种中的一种或几种相结合的设计措施。

一、地基处理措施

在设计措施中具有重要意义的是地基处理措施。它是解决湿陷对结构物危害的最根本措施，可获得较好的效果。

对湿陷性黄土地基的处理范围和处理厚度应做出合理的选择。一般来说，处理范围和处理厚度应根据地基土的湿陷类型、湿陷等级和结构物类别等具体情况来确定。

湿陷性黄土地基处理宽度的大小一般可从控制侧向变形、扩散附加压力和防水要求等方面来考虑，具体的处理宽度因不同的地基处理方法而异。湿陷性黄土地基的平面处理范围，应符合下列规定：

1. 当为局部处理时，其处理范围应大于基础底面的面积。在非自重湿陷性黄土场地，每边应超出基础底面宽度的1/4，并不应小于0.5m；在自重湿陷性黄土场地，每边应超出基础底面宽度的3/4，并不应小于1.0m；

2. 当为整片处理时，其处理范围应大于结构物底层平面的面积。超出结构物外墙基础边缘的宽度，每边不宜小于处理土层厚度的1/2，并不应小于2.0m。

对自重湿陷性黄土地基及Ⅲ级非自重湿陷性黄土地基，当需要消除地基的部分湿陷量时，可采用对上部土层整片处理的方法。整片处理的厚度对非自重湿陷性黄土地基可取1.5～2.0m；对自重湿陷性黄土地基，可取1.0～3.0m。

当需要消除地基的全部湿陷性时，一般可采用换填垫层、重锤夯实等方法。对非自重湿陷性黄土地基，如基础下的地基处理厚度达到了压缩层下限，或达到饱和土的自重应力与附加应力之和等于或小于该标高处土的湿陷起始压力，就可以认为地基的湿陷性已全部消除。当采用桩基础时，则应将桩穿越全部湿陷性土层。也可采用加大基础底面积的方法，以减小基底压力，使之小于基底土的湿陷起始压力。对自重湿陷性黄土地基，由于地基的湿陷量与自重湿陷性土层的厚度、浸水面积有关，而与压缩层厚度无关，所以要全部消除地基的湿陷性，就必须处理基础底面以下的全部湿陷性黄土层。

部分消除地基的湿陷性时，也常用换填垫层、重锤夯实等施工方法。在非自重湿陷性黄土地基上，对于Ⅰ级，一般不需要处理；对于Ⅱ级，处理厚度应为1.0～1.5m，因为当处理厚度小于1.0m时，湿陷仍会危及结构物；对于Ⅲ级，处理厚度应为1.5～2.0m，才能起到防止湿陷危害的作用。在自重湿陷性黄土地基上，对于Ⅰ级，处理厚度应为1.0～1.5m；对于Ⅱ级，应为1.5～2.0m；对于Ⅲ级，应为2.0～3.0m。此外，尚应根据土层湿陷系数的分布情况、湿陷性黄土层的厚度及结构物的具体情况，适当增大或减小处理厚度。

二、防水措施

防水措施是防止或减小结构物和管道地基受水浸湿而引起的湿陷以保证结构物和管道

安全使用的重要措施。地基浸水的原因不外乎是自上而下的浸水和地下水位的上升，前者是由于建筑场地积水、给排水和采暖设备的渗水、漏水等（其中又以给水设备的渗水、漏水对结构物的危害最大）和施工临时积水等原因造成的。此处主要讨论防止或减小自上而下浸水引发地基湿陷的措施。

防水措施的主要内容有：（1）做好总体的平面和竖向设计，保证整个场地的排水畅通；（2）做好防洪设施；（3）保证水池类构筑物或管道与结构物的间距符合防护距离的规定；（4）保证管网和水池类构筑物的工程质量，防止漏水；（5）做好排除屋面雨水和房屋内地面防水的措施。

三、结构措施

采取结构措施的目的在于使结构物能适应或减小因地基局部浸水所引起的差异沉降而不致遭受严重破坏，并能继续保持其整体稳定性和正常使用。在选择结构措施时，应考虑地基处理后的剩余湿陷量。

主要的结构措施包括以下几个方面：

1. 选择能适应差异沉降的结构体系和适宜的基础形式

这方面的措施有：（1）选择合适的结构形式，如对单层工业厂房（包括山墙处）宜选用铰接排架；围护墙下宜采用钢筋混凝土基础梁；当不处理地基时，对多层厂房和空旷的多层民用建筑宜选用钢筋混凝土框架结构和钢筋混凝土条形或筏形基础；（2）建筑体型应力求简单等。

2. 加强结构物的整体刚度

这方面的措施有：（1）对多层砌体结构房屋宜控制其长高比，一般不大于3；（2）设置沉降缝；（3）增设横墙；（4）设置钢筋混凝土圈梁；（5）增大基础刚度等。

此外，构件还应有足够的支承长度，并应在相应部位预留适应沉降的净空。

在上述3种措施中，地基处理是主要的工程措施。防水措施和结构措施应根据地基处理的程度不同而进行选择。当采取地基处理措施消除了地基土的全部湿陷性，就不必再考虑其他措施；若地基处理只消除了地基土的部分湿陷性，为了避免湿陷对结构物产生危害，还应辅以防水和结构措施。

除了以上的设计措施外，还可结合施工措施来保证结构物的安全可靠和正常使用。湿陷性黄土地基上结构物的施工措施主要有：

1. 合理安排施工顺序，先做好防洪、排水设施，再安排主要结构物的施工；先施工地下工程，后实施地上工程；对体型复杂的结构物，先施工深、重、高的部分，后施工浅、轻、低的部分；敷设管道时先施工防洪、排水管道，并保证其畅通；

2. 临时防洪沟、水池、洗料场等应距结构物外墙不小于12m（在自重湿陷性黄土场地不宜小于25m），严防地面水流入基坑或基槽内；

3. 基础施工完毕，应用素土在基础周围分层回填夯实至散水垫层底面或室内地坪垫层底面之上，其压实系数不得小于0.9；

4. 屋面施工完毕，应及时安装天沟、落水管和雨水管道等，将雨水引至室外排水系统。

17.2.4 湿陷性黄土地基的处理方法

如前所述，湿陷性黄土地基的变形包括压缩变形和湿陷变形两种。压缩变形是在土的天然含水量下由结构物的荷载所引起，它随着时间的增长而逐渐衰减，并很快趋于稳定。当基底压力不超过地基的容许承载力时，地基的压缩变形通常很小，大都在其上部结构的容许变形值范围以内，不会影响结构物的安全和正常使用。湿陷变形是由于地基被水浸湿所引起的一种附加变形，往往是局部的、突然发生的，而且有可能很不均匀，对结构物的破坏较大，危害性较为严重。因此，为了确保湿陷性黄土地基上结构物的安全和正常使用，在绝大多数情况下都必须进行地基处理。

我国湿陷性黄土分布很广，各地区黄土的差别很大，地基处理时应区别对待，并结合以下因素选择适当的地基处理方法：

1. 湿陷性黄土的地区差别，如湿陷性和湿陷敏感性的强弱，承载能力及压缩性的大小以及不均匀性的程度等；

2. 结构物的使用特点，如用水量大小，地基浸水的可能性；

3. 结构物的重要性及其使用上对限制不均匀沉降的严格程度，结构物对不均匀沉降的适应性；

4. 材料及施工条件，以及当地的建筑经验。

应当指出，对湿陷性黄土地基的处理在大多数情况下的主要目的不是为了提高地基承载力，而是为了消除黄土的湿陷性，但往往同时也提高了黄土地基的承载力。常用的地基处理方法有垫层法、土桩或灰土桩法、强夯法、重锤夯实法、桩基础法、预浸水法等，各种处理方法都应结合结构物的类别、黄土特性、施工条件等因素，通过技术经济比较后合理地选用。湿陷性黄土地基常用的具体地基处理方法列于表17-2中，其设计与施工可参考国家现行的相关规范、规程。

湿陷性黄土地基的常用地基处理方法 **表17-2**

方法名称	适用范围
砂石垫层法	处理厚度小于2m，要求下卧土质良好，水位以下施工时应先降水，局部或整片处理
灰土垫层法	处理厚度小于3m，要求下卧土质较好，必要时下设素土垫层，局部或整片处理
强夯法	厚度3～12m的湿陷性黄土，人工填土或液化砂土，环境许可，局部或整片处理
挤密桩法	厚度5～15m湿陷性黄土或人工填土，地下水位以上，局部或整片处理
预浸水法	湿陷程度严重的自重湿陷性黄土，可消除距地面6m以下土的湿陷性，对距地面6m以内的土还应采用垫层等方法处理
振冲碎石桩或深层水泥搅拌桩法	厚度5～15m的饱和黄土或人工填土，局部或整片处理
单液硅化或碱液加固法	一般用于加固地面以下10m范围内地下水位以上的已有结构物地基，单液硅化法加固深度可达20m，适用于局部处理
旋喷桩法	一般用于加固地面以下20m范围内已有结构物地基，适用于局部处理
桩基础法	厚度5～30m的饱和黄土或人工填土

一、垫层法

垫层法适用于地下水位以上的湿陷性黄土地基的处理。

垫层法可根据所采用的垫层材料分为砂石垫层法、黏性土垫层法和灰土垫层法。

当仅要求消除基底之下1～3m厚湿陷性黄土的湿陷量时，宜采用局部（或整片）土垫层进行处理；当同时要求提高垫层的承载力及增强水稳定性时，宜采用整片砂石（或灰土）垫层进行处理。

砂石垫层本身的承载力较高，变形模量也大，施工质量易控制，不受气候和环境的影响，近年来发展较快。其主要缺点为造价高，还应该注意它不适用于下卧土层为高压缩性、低承载力的地基。砂石垫层厚度一般为2m。

砂石垫层以碎石或卵石为主料，中粗砂为辅料。砂石填料要求级配良好，其不均匀系数 $C_u>5$，含泥量<5%。

黏性土垫层法是最为常用的地基处理方法，具体做法是将基础下的湿陷性土层全部或部分挖出，再将基坑用就地挖出的黏性土分层回填夯实。工程实践表明，采用整片土垫层法处理湿陷性黄土地基，施工工艺简单，处理效果好，机械作业工期短。

灰土垫层法是将石灰与处理范围内的湿陷性黄土按照一定的体积比例（一般取灰土比为2∶8或3∶7）混合均匀，然后分层铺设、夯实成为灰土垫层。由于加入了无机胶结材料，垫层土料的力学指标和不透水性均比原湿陷性黄土有了大幅度的提高，它具有强度高、隔水性强、不湿化的特点。此法施工时不受机械设备的限制，大、小型机械、人工夯实均可，而且工程造价较低，质量指标容易控制。灰土垫层造价比较低，缺点为施工受气候影响大。

黏性土或灰土垫层法是消除地基土的部分湿陷性最为常用的地基处理措施，一般适用于消除1～3m厚土层的湿陷性。试验研究表明：在附加压力作用下，土层浸水后的最大湿陷变形发生在约1.0b（b为基础的宽度）的深度内。因此，如用垫层置换基础以下适当范围内的湿陷性土层后，就可取得减小湿陷量的效果。此外，还可将垫层作为地基的防水层，以减小下卧天然黄土层的浸水几率。

垫层地基的湿陷变形与垫层的宽度和厚度有着密切的关系。在确定垫层的宽度和厚度时，应根据地基的湿陷等级、结构物类别、基础面积、基底压力等因素综合考虑。

在同一场地上，当基础型式、埋深、面积和压力相同，垫层厚度相同而宽度不同时，浸水后的湿陷量也不同，垫层宽度大的，湿陷量小；反之，则湿陷量大。

垫层底面的宽度 B 可按下式计算确定

$$B=b+2z\tan\theta+c \tag{17-5}$$

式中 b——基础的宽度；

z——基础底面至垫层底面的距离；

θ——地基压力扩散线与竖直线的夹角，一般为22°～30°，对素土宜取小值，对灰土宜取大值；

c——考虑施工机具影响而增设的附加宽度，一般为0.2m。

如采用整片垫层，每边超出结构物外墙基础外缘的宽度不应小于处理土层厚度的1/2，并不应小于2m。

在湿陷性黄土地基上，垫层还应具有一定的厚度，在其置换及扩散压力作用下可使浸水后地基的湿陷量减小。在消除湿陷性黄土地基的部分湿陷性时，对矩形基础，垫层的厚度可采用(1.0～1.5)b(b为基础的宽度)；对条形基础，可采用(1.5～2.0)b。当垫层的其他条件都相同而仅厚度不同时，厚度大的湿陷量小，反之，则湿陷量大。

垫层施工时，应先将处理范围内的湿陷性黄土全部挖出，并打底夯（或压实），然后将就地挖出的黏性土配成处于最优含水量附近的土料或适当含水量的灰土料，根据选用的夯（压）实机具，按一定厚度分层铺土，分层夯（压）实，直到设计标高为止。在大面积范围内，可采取分段开挖，分段、分层回填夯（压）实，上、下两层应避免竖向接缝，其错开距离应不小于0.5m。在施工缝两侧0.5m范围内，应增加夯（压）实遍数。

垫层的质量控制，如只采用土的干重度指标，有时仍不能满足防止湿陷和渗透的要求，因此，除有建筑经验的地区可采用土的干重度指标控制垫层的质量外，其余地区则应采用压实系数指标来控制垫层的质量，控制要求如下：

1）当垫层厚度不大于3.0m时，其压实系数不应小于0.95；

2）当垫层厚度大于3.0m时，其超过3.0m部分的压实系数不应小于0.97。

二、土桩或灰土桩法

用机械、人力或爆扩成孔后，填以最优含水量的素土或灰土并分层夯实成桩的方法称为土桩或灰土桩法。在成孔和夯实过程中，使距桩周一定距离内的天然土得到挤密，从而消除桩间土的湿陷性并提高承载力。该法的处理深度一般为5～15m。

土桩或灰土桩法适用于地下水位以上且土的饱和度 $S_r<65\%$ 的湿陷性黄土地基。

土桩适用于以消除地基土的湿陷性为主要目的的湿陷性黄土地基，而灰土桩则适用于以提高地基承载力为主要目的的人工填土地基的处理。

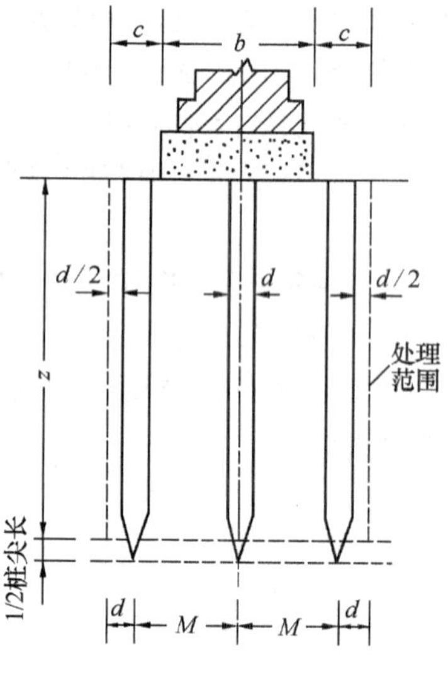

图17-2　采用土桩或灰土桩法的地基处理范围

采用土桩或灰土桩来挤密地基土体，一般桩孔的直径（d）以300～600mm，桩孔的布置以等边三角形排列为宜。其处理范围见图17-2所示。

对非自重湿陷性黄土地基，一般合适的处理深度为5～15m，其处理范围应为每边至少超出基础边缘0.25b（b为基础宽度），并不应小于0.5m。

对自重湿陷性黄土地基，其处理范围宜取每边超出基础边缘0.75b，并不应小于1.0m。

土桩或灰土桩的施工程序可分为：（1）桩孔定位、（2）桩孔成型和（3）桩孔夯填。桩孔成型可采用沉管、爆扩和冲击成孔3种方法。

对桩孔夯填质量应进行随机抽样检查，抽样检查的数量不得少于桩孔总数的2%。检查方法可根据经验和条件，采用小环刀深层取样、轻便触探或开剖取样检验以及几种方法的结合，但开剖取样检验只有在十分必要时才采用。当对灰土桩采用前两种方法检验时，应在桩孔夯填后48h以内进行，否则将由于灰土胶凝强度的提高而造成无法检验。

三、强夯法

强夯法是将80～400kN重（最重可达2000kN）的重锤起吊到10～20m（最高可达40m）高处而后自由下落，对土进行反复强力夯实，以提高其强度，降低其压缩性和消除其湿陷性。强夯对湿陷性黄土湿陷性的消除效果明显，一般的处理深度可达8～10m。

强夯法适用于土的饱和度 $S_r<60\%$ 的湿陷性黄土地基的处理。

强夯法的影响深度可按修正的梅纳公式进行估算：

$$H=\alpha\sqrt{Wh/10} \tag{17-6}$$

式中 H——影响深度（m）；

W——锤重（kN）；

h——落距（m）；

α——根据不同条件（如地质条件、土的物理力学性质等）可取 0.3～0.7。

在湿陷性黄土地基上采用强夯法，应正确选择强夯参数。强夯的单位夯击能应根据施工设备、黄土地层的年代、湿陷性黄土层的厚度和要求消除黄土层湿陷性的有效深度等因素确定，一般可取 1000～4000kN·m/m²。夯锤底面宜为圆形，锤底的静压力宜为 25～60kPa，锤底面积不宜小于 3.0m²，最好在 4.5m² 以上。

强夯法的处理范围应大于结构物的基础范围，拓宽的宽度可从基础外缘起增加拟加固深度的 1/3～1/2 倍，并不小于 3m。

由于湿陷性黄土一般都处于非饱和状态（S_r<60%），土中基本上不存在或只有极少量的自由水，因此在强夯过程中不涉及到孔隙水压力的消散和排水固结等一系列问题，这就为简化施工顺序提供了有利条件。夯击点一般可按正方形或梅花形网格布设，其间距通常为 5～15m。一般可以在一个夯击点上一遍连续夯到所需的总击数，然后再移到下一个夯击点上，逐点一遍夯成。最后，再降低落距，搭夯一遍将坑底夯平。湿陷性黄土场地各夯击点的总击数可按最后一击夯沉量等于 30～60mm 来确定，一般为 6～9 击。同样，在平面上的夯位排列也无需像夯实饱和土那样采用较大距离的跳点夯，而可按纵横方格网点排列方式，一个夯位紧接着一个夯位进行夯击，从而大大减少了夯锤在平面上移动所耗费的工时，可有效地提高施工效率。

对湿陷性黄土地基进行强夯时，所有的测试工作除孔隙水压力可以不量测外，其他项目的量测都应按实际需要进行。

强夯法的优点是施工简单、效率高、工期短，对黄土湿陷性消除的深度较大，其缺点是振动和噪声较大。

四、重锤夯实法

重锤夯实法是将 20～30kN 重的夯锤以 4.0～6.0m 的落距对天然地基表面进行反复夯击，在夯实层的范围内，土中孔隙减少，其物理、力学性质获得显著改善（如干重度明显增大；压缩性降低；湿陷性消除；透水性减弱等），并使得地基承载力得到提高。采用重锤夯实法一般可消除 1.0～2.0m 深度内黄土的湿陷性。适用于地下水位以上、饱和度 S_r<60%的湿陷性黄土地基的处理。

五、钻孔夯扩桩挤密法

钻孔夯扩桩挤密法又称为孔内强夯法、渣土桩法、深层孔内夯扩桩法。它是先成孔（一般采用螺旋钻成孔，孔径一般为 0.4m），再向孔内分层回填建筑垃圾、渣土、素土或灰土，然后利用尖底或弧形底锤以较高的落距向孔内夯击，锤底以辐射状近似半椭圆球形分布的动应力冲击挤压土体，从而加强土体，在消除土体湿陷性的同时提高地基的承载力。其挤密的影响范围，与夯锤的夯击能量有关。夯锤的重量一般为 20～30kN。

钻孔夯扩桩挤密地基与土（或灰土）桩挤密地基相似，所不同的是土（或灰土）桩法主要是在成孔过程中对桩间土进行挤密，而钻孔夯扩桩法则主要是在孔内充填土料的过程中对桩间土进行挤密。其对地基的处理深度较深，可达20m左右，且无地下水位的限制。

由于该法可将地基处理与消纳建筑垃圾（或渣土）相结合，因而是一种经济、有效、环保的地基处理方法。

六、夯坑基础法

夯坑基础法是将与基础形状相同的重锤沿导向架提升到3～8m的高度，然后自动脱钩下落锤击地基，形成深度为0.6～3.0m的锤形夯坑，再在坑内布置钢筋、浇筑混凝土，形成夯坑基础的一种方法。为了增强夯坑基础法的处理效果，可在夯坑内加填碎石等骨料并夯入地基内。由于这种施工工艺在处理地基的同时形成了基坑，省却了开挖基坑和立模板的工序和材料，故省工、省时、省料。

七、预浸水法

预浸水法是利用黄土浸水后产生自重湿陷的特性，在施工前挖坑进行大面积的浸水，使土体预先产生自重湿陷，以消除全部黄土层的自重湿陷性和深层土层的外荷湿陷性，它适用于处理厚度大、自重湿陷性强烈的黄土地基，是一种比较经济有效的处理方法。

预浸水法浸水坑的边长不得小于湿陷性土层的厚度。当浸水坑的面积较大时，可分段进行浸水。浸水坑内的水头高度不应小于0.3m，连续浸水时间以湿陷变形达到稳定为控制标准。湿陷变形的稳定标准为最后5d的平均湿陷量小于1mm/d。地基预浸水结束后，在基础施工前应进行补充勘察工作，重新评定地基的湿陷性，并应采用垫层法或强夯法等处理上部湿陷性土层。

预浸水法适用于处理地基湿陷等级为Ⅲ级或Ⅳ级的自重湿陷性黄土场地，可消除地表之下6m以内自重湿陷性黄土层的全部自重湿陷性。但是经过这种方法处理的地基的上部土层（一般为地表以下4～5m范围内）仍具有外荷湿陷性，因此该法尚应与垫层法或其他地基处理方法相结合使用。

浸水前宜通过现场试坑浸水试验确定浸水时间、耗水量和湿陷量等。

由于浸水时会造成场地周围地表的下沉开裂，所以预浸水法适用于空旷的新建地区。若在周边有结构物的场地采用该法，浸水场地与周围已有结构物之间应留有足够的安全距离。当地基存在隔水层时，其净距应不小于湿陷性黄土层厚度的3.0倍；当不存在隔水层时，其净距应不小于湿陷性黄土层厚度的1.5倍。一般情况下，浸水坑边缘至既有结构物的距离不宜小于50m，并应防止浸水对附近结构物和场地边坡稳定性产生的不利影响。

预浸水法用水量大，工期长（约3～6个月），一般应比正式工程至少提前半年到一年进行，且应有充足的水源保证。

八、化学加固法

1. 单液硅化法

单液硅化是将相对密度为1.13～1.15的硅酸钠溶液利用带孔眼的管注入土中，使溶液中的钠离子与土中水溶性盐类中的钙离子产生离子交换反应，在土颗粒表面形成硅酸凝胶薄膜，从而增强土粒间的连结，填塞粒间孔隙，使土体具有抗水性、稳固性、不湿陷性和不透水性的特征。

在离子交换反应初期，硅酸凝胶薄膜的厚度很小，只有几微米，因而它不妨碍后压入溶液的渗透流动，但相隔几小时后，由于凝胶大量生成，土中孔隙被硅酸凝胶充填，毛细管通道被堵塞，使土的透水性降低。尽管硅酸凝胶薄膜的厚度很小，但是它有足够的强度，能使土在溶液饱和的初期，不会因外荷作用而产生过大的附加下沉。随着硅酸凝胶薄膜逐渐加厚和硬化，土的强度也随着时间而增长。在加固后前半个月，土的强度增长速率最大，而且在一年以后仍有所增长，当土样在水中浸泡时，仍可观察到黄土在继续硬化。在硅化加固中，为了提高加固土体的早期强度，以减小加固过程中产生的土体附加下沉，可采用加气硅化法，加气硅化通常采用 CO_2 和氨气，一般情况下 CO_2 使用较多。即首先在地基土中注入 CO_2 气体，然后灌入水玻璃溶液，再注入 CO_2，由于碱性水玻璃强烈吸收 CO_2，形成自真空作用，促进浆液均匀分布于土中，并渗透到土的微孔内，可使95%～97%的孔隙被浆液充填，加固土体的透水性大大降低，地基经过加固后，浸水后的附加下沉量极其微小，湿陷性已完全消除，与天然地基相比，变形模量及地基承载力均大大提高。

单液硅化加固时，灌注孔宜按三角形布置。若采用压力灌注时，灌注孔的间距宜为 0.8～1.2m；若采用渗透灌注时，灌注孔的间距宜为 0.4～0.6m。

对已有结构物地基进行加固时，在非自重湿陷性场地宜采用压力自上向下分层灌注溶液。在自重湿陷性黄土场地上，应采用渗透灌注的方法，不宜采用加压措施。

加固湿陷性黄土的溶液用量可按下式计算：

$$X = \pi r^2 h \bar{n} d_N \alpha \tag{17-7}$$

式中 X——硅酸钠溶液的用量（t）；

r——溶液扩散半径（m）；

h——自基础底面算起的加固土深度（m）；

$\bar{n}$——地基加固前土的平均孔隙率（%）；

d_N——压力灌注或渗透灌注时硅酸钠溶液的相对密度；

α——溶液填充孔隙的系数，可取 0.6～0.8。

硅酸钠的模数宜选用 2.5～3.3，其杂质含量不应大于 2%。

2. 碱液加固法

碱液（NaOH 溶液）加固法，可用于加固非自重湿陷性土场地上的已有结构物地基。它是将浓度为 100g/L 的 NaOH 溶液通过灌注孔注入土内。每个灌注孔的加固半径为 0.3～0.4m。

NaOH 溶液注入黄土后，首先与土中可溶性和交换性碱土金属阳离子发生置换反应，反应结果使土颗粒表面生成碱土金属氢氧化物，这种反应是在溶液注入土中瞬间完成的，它所消耗的 NaOH 仅占一小部分。

土中呈游离状态的 SiO_2 和 Al_2O_3 以及微细颗粒（铝硅酸盐类）与 NaOH 作用后产生溶液状态的钠硅酸盐和钠铝酸盐，在 NaOH 溶液作用下，土颗粒表面会逐渐发生膨胀和软化，相邻土粒在这一过程中更紧密地相互接触，并发生表面的相互溶合。但仅有 NaOH 的作用，土粒之间的这种溶合胶结（钠铝硅酸盐类胶结）是非水稳性的，只有在土颗粒周围存在 $Ca(OH)_2$ 的条件下，才能使这种胶结物生成为强度高且具有水硬性的钙铝硅酸盐的络合物。这些混合物的生成，可使土颗粒相互牢固胶结在一起，强度大大提高，并且有充分的水稳性。上述反应在常温下反应速率较慢，提高温度则能大大加快反应速率，因此可将碱液加热到 80～100℃后再注入土内。

当土中可溶性和交换性钙、镁离子含量较高时，注入 NaOH 溶液即可得到满意的加固效果，如土中这类离子的含量较少，为了取得有效的加固效果，可以采用双液法，即在注入 NaOH 溶液后，再注入 $CaCl_2$ 溶液。这时，后者与土中部分 NaOH 发生作用，生成 $Ca(OH)_2$，部分 $CaCl_2$ 也直接与钠铝硅酸盐络合物生成水硬性的胶结物。经技术经济比较，也可采用碱液与生石灰桩的混合加固方法。

自重湿陷性黄土地基能否采用碱液加固，取决于其对湿陷的敏感性。自重湿陷敏感性强的地基不宜采用碱液加固。对自重湿陷不敏感的黄土地基经过试验认可并拟采用碱液加固时，应采取卸荷或其他措施以减小灌液时可能引起的较大附加下沉。

对下列情况不宜采用碱液加固：

1）地下水位以下或饱和度大于 80%的黄土地基；

2）酸性土及已渗入沥青、油脂和其他石油化合物的黄土地基。

采用单液硅化法和碱液加固法加固湿陷性黄土地基，应于施工前在拟加固的结构物附近进行单孔或多孔灌注溶液试验，以确定灌注溶液的速率、时间、数量及压力等参数。

灌注溶液试验结束后 7～10d，应在试验范围的加固深度内量测加固土的半径，并取土样进行室内试验，以测定加固土的压缩性和湿陷性等指标。必要时，应进行浸水载荷试验或其他原位测试，以确定加固效果。

九、桩基础法

桩基础法是采用一定长度的桩穿越湿陷性黄土层，使上部结构的荷载通过桩尖传到下面坚实的非湿陷性土层中去，这样即使地基受水浸湿，也可以完全避免湿陷的危害。

在湿陷性黄土场地，对符合下列中的任一款，均宜采用桩基础法：

1. 采用地基处理措施不能满足设计要求的结构物；
2. 对整体倾斜有严格限制的高耸结构物；
3. 对不均匀沉降有严格限制的结构物和设备基础；
4. 主要承受水平荷载和上拔力的结构物或基础；
5. 经技术经济综合分析比较，不宜采用地基处理措施的结构物。

在湿陷性黄土地区采用的桩基础按施工方法可分为静压或打入式钢筋混凝土预制桩、就地灌注桩，后者又可分为钻孔桩、人工挖孔桩、挤土成孔桩和爆扩桩等。爆扩桩施工简便、工效较高，不需打桩设备，但深度受到限制，一般不宜超过 10m，且不适用于水下，在城市中也不宜采用。人工挖孔的大直径灌注桩适用于地下水位埋藏较深的自重湿陷性黄土地基，一般以卵石层或含碳质结核较多的土层作为持力层，深度可达 15～25m，其直径一般为 0.8～1.0m，为提高单桩承载力，底部可进行扩大。在湿陷性黄土地区采用打入式预制桩时，一定要选择可靠的持力层，而且要考虑黄土在天然含水量时对沉桩的摩阻力较大，尤其当黄土中含有一定数量的钙质结核时，沉桩较为困难，甚至打不到预定标高。

湿陷性黄土地基中的桩基础，桩周地基土的竖向变形常大于桩的竖向变形，会在桩周表面产生向下的负摩阻力，使作用于桩的荷载增大，从而造成桩基础事故。

当地基浸水或其他原因，使得桩土之间发生相对位移时，相对位移为零处称为中性点，它是作用在桩身上的负摩阻力和正摩阻力的分界点。随着时间的延续，中性点逐渐稳

定在一定深度处，其深度 L_n 一般由下式确定

$$L_n = \beta L \tag{17-8}$$

式中 L——桩长范围的自重湿陷土层厚度（m）；

β——中性点的相对深度系数，其值因桩端持力层土的性质而异。当桩穿过自重湿陷性黄土，桩端设置在非湿陷性黄土层中时，β=0.88～0.90；桩端设置在卵石层、岩石中时，β=1.00。

在自重湿陷性黄土地基中，负摩阻力的发生有一些特殊性，负摩阻力极限值既与累计相对湿陷量有关，又受地基浸水范围和浸水方式的影响。

自重湿陷性黄土浸水后湿陷强烈，速度快，负摩阻力发展快，很快就达峰值。

湿陷性黄土地区的桩基本上都属于端承桩，因为自重湿陷性黄土地基浸水后，不但正摩阻力完全消失，还要产生负摩阻力，外荷及负摩阻力全部要由桩尖土承担。即使是非自重湿陷性黄土地基，浸水后桩周虽仍有一定正摩阻力存在，但由于土体饱和，摩擦作用大大减小，基本上仍是以端承为主。

单桩承载力原则上应通过现场浸水静载荷试验确定，其试验方法及要求应按现行《湿陷性黄土地区建筑规范》（GB 50025）的规定进行。有建筑经验的地区也可按当地建筑经验确定。

在估算非自重湿陷性场地的单桩承载力时，桩端土的承载力 q_p 和桩周土的摩擦力 q_s 均应按饱和状态下的土性指标确定。

在确定自重湿陷性土场地的单桩承载力时，除不计湿陷性土层范围内的桩周正摩阻力外，尚应扣除桩周的负摩阻力。正、负摩阻力数值宜通过现场试验确定。桩周负摩阻力的计算深度，应自桩的承台底面算起，至其下非湿陷性土层顶面为止。

对桩侧负摩阻力进行现场试验确有困难时，可按表 17-3 中的数值估算：

桩侧平均负摩阻力（kPa）　　**表 17-3**

自重湿陷量（mm）	挖、钻孔灌注桩	预 制 桩
70～200	10	15
>200	15	20

桩基础施工时，预制桩的入土深度和贯入度均应严格遵循设计要求；灌注桩成孔后，必须将孔底浮土清理干净。

桩基础虽然耗用钢材、水泥较多，造价较高，但安全可靠，施工速度较快，能确保地基浸水时不发生湿陷事故。因此，对于上部结构荷载大或地基浸水可能性大的重要结构物，当地基有可靠持力层时，采用桩基础是合理的。

除了上述 9 种方法之外，对湿陷性黄土地基还可采用热加固法、水下爆破法、电火花加固法、高压喷射注浆法、CFG 桩法、深层搅拌法等地基处理方法。其加固机理可参见本手册中的相关章节及其他文献。

17.2.5 工程应用实例

强夯法处理湿陷性黄土地基

1）工程概况

国道 312 线柳忠高速公路是甘肃第一条利用世界银行贷款的高速公路建设项目。该公

路大部分路段位于黄土丘壑区或其边缘，地形、地貌条件复杂，高填、深挖频繁交错，沿线湿陷性黄土、液化砂土、素填土、冲填土、杂填土、暗穴采空区等多种不良地基情况较多，给设计和施工带来了很大困难。建设过程中针对沿线的湿陷性黄土地基，采用了强夯处理方法。

选择 K29＋055～K29＋120 路段为强夯试验段，该段场地属填挖参半，填方处为素填土，挖方处为黄土状粉质黏土，其下为第三系桔红色砂砾岩。岩性分述如下：

（1）素填土：厚 0.00～13.20m，淡黄色，以黄土状粉质黏土为主，土质较均匀，含少量砂砾，大孔隙，土质疏松，稍湿。湿陷系数 δ_s＝0.069～0.202，自重湿陷系数 δ_{zs}＝0.029～0.091。总湿陷量 Δ_s＝939.0mm，自重湿陷量 Δ_{zs}＝303.0mm，属Ⅳ级自重湿陷性土。

（2）黄土状粉质黏土：厚 0.40～10.20m，淡黄色，土质较均匀，含少量砂砾，有孔隙，虫孔，含少量白色网状条纹及钙质小结核，夹有薄层条带红黏土，干到稍湿。湿陷系数 δ_s＝0.024～0.170，自重湿陷系数 δ_{zs}＝0.017～0.083，总湿陷量 Δ_s＝216.0～1059.0mm，自重湿陷量 Δ_{zs}＝229.5～477.0mm，属Ⅳ级自重湿陷性土，压缩系数 a_{1-2}＝0.11～0.56MPa^{-1}，为中高压缩性土。

（3）在勘探深度内未见地下水。

2）强夯试验方案

（1）强夯设备

夯锤用钢板焊制外壳，内部焊接钢筋架后，浇筑 C30 混凝土制成。其重量分别为 157kN、190kN、446kN，夯锤底面为圆形，直径分别为 2.4m、2.5m、3.2m，锤底静压力为 35～55kPa。夯锤均匀设置 4 个贯通的排气孔，孔径为 200～300mm。夯锤顶面中心设置牢固吊环以便起吊，起重设备采用 15～50t 履带式吊车及自动脱钩装置。

（2）试夯方法

试验区夯击点按正方形网格布置，夯痕边至边的距离为 0.6～0.7m，约为 1/4 夯锤直径。试夯分别取 6000kN・m、3000kN・m 和 2000kN・m 三组能级，采用间隔跳打法，分两遍夯击完成。单点夯击时每点不小于 18 击，最后两击夯沉量按 50mm 控制。

（3）技术要求

开夯前先对夯位标志线、夯锤重量、夯锤面积及落距进行核查，并测试土体含水量，分层强夯应严格控制回填土含水量，含水量过高或过低时应采取减湿或增湿措施。

施工中对每一夯位、每一次夯击后的夯沉量应进行观测，并做好记录，每遍夯完后推平，并测量场地高程。夯后场地表面用压路机碾压时应做专门记录，试夯区高程测点不少于 9 点。

（4）工艺参数

采用三个不同能级进行试夯，测定其单点单击夯沉量和累计夯沉量（见表 17-4）。结果表明：单点单击夯沉量随夯击数的增加而衰减，第一击夯沉量最大，以后各击夯沉量迅速减小，累计夯沉量随夯击次数的增加不断增大，并逐渐趋于平缓；夯击能级越大，单点单击夯沉量和总夯沉量亦越大，随夯击能级的减小，第一击夯沉量占总夯沉量的比例逐渐降低；不论能级如何，第一遍夯沉量总大于第二遍夯沉量，第一遍第一击的夯沉量也大于第二遍第一击的夯沉量。

夯沉量与夯击能级 **表 17-4**

夯击遍数	夯击能级 (kN·m)	夯沉量 (mm)		
		第一击夯沉量 (*A*)	总夯沉量 (*B*)	*A*/*B* (%)
第一遍夯	6000	2282	4295	53.1
	3000	530	1910	27.7
	2000	340	1850	18.4
第二遍夯	6000	1760	3150	55.9
	3000	150	1370	10.9
	2000	260	1430	18.2

相邻两击夯沉差随夯击次数的增加迅速衰减并逐渐趋于零，表明在一定夯实击数后再次夯击土体时夯沉量变化很小，对土体的夯实效果已不明显。各能级下初始 3 击的相邻两击夯沉差变化较大，夯击能量越大其差值也越大，夯击能量小则反之。统计结果表明，第一遍夯三组能级 6000kN·m、3000kN·m 和 2000kN·m 分别在第 9 击、第 7 击和第 5 击后相邻两击夯沉差已小于 50mm，第二遍夯各能级均在第 5 击后相邻两击夯沉差达到 20mm 以内。

在地下水位埋藏较深的湿陷性黄土地区，施工时无需采用间歇、多遍的夯击方式，可在一个夯位上连续夯到所需击数，然后移到下一夯位。

3）处理效果分析

图 17-3 示出了夯前与夯后地基土的湿陷系数对比情况，图 17-4 与图 17-5 则是部分静力触探与标准贯入试验结果。试验检测结果表明：2000kN·m 强夯能级的处理深度约为 5m，3000kN·m 能级的处理深度约为 7m，6000kN·m 能级的处理深度可达 9m 左右。强夯处理后地基土的物理力学性质得到很大改善，土的湿陷性基本消除，地基土强度的提高也十分明显，说明地基经强夯处理后达到预期目的，强夯法加固大面积湿陷性黄土是可行的。

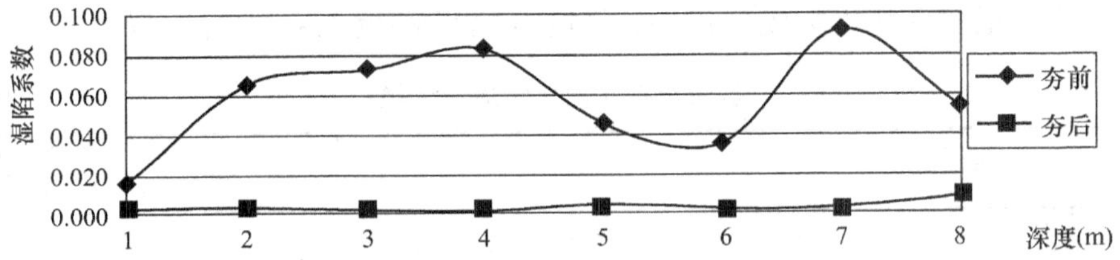

图 17-3 夯前与夯后土的湿陷系数对比

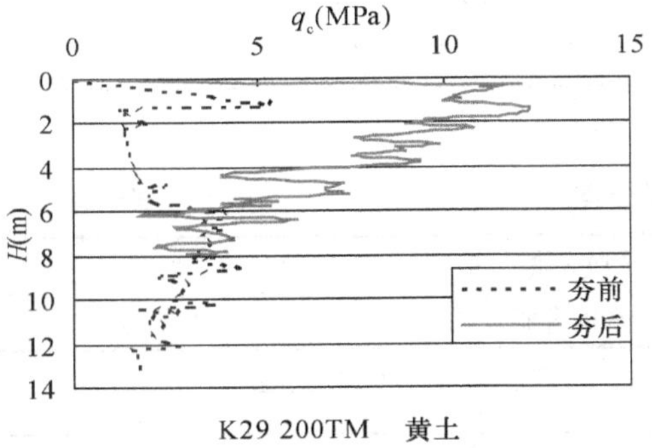

图 17-4 夯前与夯后地基土静力触探试验结果

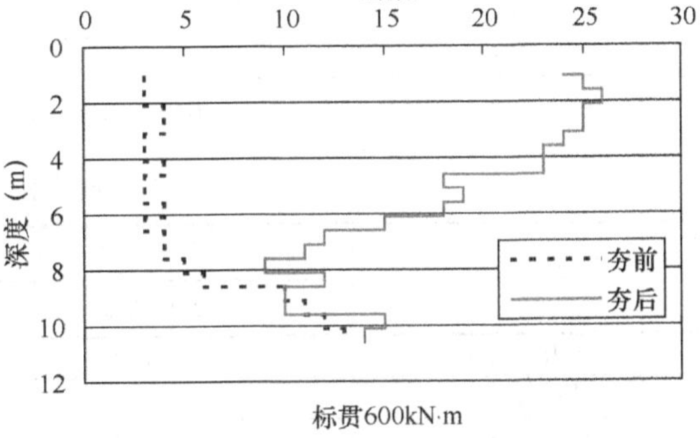

图 17-5 夯前与夯后地基土标准贯入试验结果

17.3 盐渍土地基处理技术

17.3.1 盐渍土概述

当土中的易溶盐含量大于0.3%，并具有溶陷、盐胀、腐蚀等工程特性时，应判定为盐渍土。

盐渍土在法国、西班牙、意大利等欧洲国家，美国、加拿大、墨西哥等美洲国家，蒙古、印度等亚洲国家以及非洲的许多国家和地区均有分布。

按照地理分布，我国盐渍土可分为两个大区，即内陆盐渍土区和滨海盐渍土区。在我国西北干旱地区的新疆、青海、甘肃、宁夏和内蒙古等地势低洼的盆地和平原中分布有大面积的内陆盐渍土，在华北平原、松辽平原和大同盆地也有分布。而在滨海地区的辽东湾、渤海湾、莱州湾、海州湾、杭州湾以及台湾在内的诸海岛沿岸等地则分布有相当面积的滨海盐渍土。

盐渍土的三相组成与一般土有所不同，其液相中含有盐溶液，固相中除土粒外，还含有较稳定的难溶结晶盐和不稳定的易溶结晶盐。在温度变化和有足够多的水浸入盐渍土的条件下，其中的易溶结晶盐将会被溶解，气体孔隙也将被水填充。此时，盐渍土由三相体转变成二相体。在盐渍土由三相体转变成二相体的过程中，通常伴随着土体结构的破坏和土体的变形（通常表现为溶陷）。而当自然条件变化时，盐渍土的二相体也会转化为三相体，此时土体也会产生体积变化（通常表现为盐胀）。因此，盐渍土中组成成分相态的变化可对盐渍土的大部分物理和力学性质指标产生影响，并可能对工程造成严重的危害。

盐渍土在工程上的危害较为广泛，可以概括为3个方面：溶陷性、盐胀性和腐蚀性。滨海盐渍土因常年处于饱和状态，其溶陷性和盐胀性不明显，主要是腐蚀方面的危害；内陆盐渍土则三种危害兼而有之，且较为严重。

对盐渍土可根据含盐化学成分和含盐量按表17-5和表17-6进行分类。

盐渍土按含盐化学成分分类 **表17-5**

盐渍土名称	$\frac{c(Cl^-)}{2c(SO_4^{2-})}$	$\frac{2c(CO_3^{2-})+c(HCO_3^-)}{c(Cl^-)+2c(SO_4^{2-})}$
氯盐渍土	>2.0	—
亚氯盐渍土	1.0~2.0	—
亚硫酸盐渍土	0.3~1.0	—
硫酸盐渍土	<0.3	—
碱性盐渍土	—	>0.3

注：表中 $c(Cl^-)$ 为氯离子在100g土中所含的毫摩数，其他离子同。

盐渍土按含盐量分类 **表17-6**

盐渍土名称	平均含盐量（%）		
	氯及亚氯盐	硫酸及亚硫酸盐	碱性盐
弱盐渍土	0.3~1.0	—	—
中盐渍土	1.0~5.0	0.3~2.0	0.3~1.0
强盐渍土	5.0~8.0	2.0~5.0	1.0~2.0
超盐渍土	>8.0	>5.0	>2.0

一、盐渍土的物理指标

对于非盐渍土来说，其三相体是由固相（土颗粒）、液相（土中水）和气相（土中气）组成。盐渍土的三相组成虽然也可以用固相、液相和气相来表示，但其液相实际上不是水而是盐溶液，其固相除土颗粒外，还有不稳定的易溶盐结晶的存在，也就是说，盐渍土的液相与固相会因外界条件的变化而相互转化，因此测定非盐渍土物理性质指标的常规土工试验方法对盐渍土并不完全适用。

1. 盐渍土的土粒比重

盐渍土的土粒比重一般有以下三种：

1）纯土颗粒的比重（即去除土中所有盐后的土粒比重）；

2）含难溶盐时的土粒比重（即去除土中易溶盐后的土粒比重）；

3）含所有盐时的土粒比重 G_{sc} ［即天然状态下盐渍土固体颗粒（包括结晶盐粒和土颗粒）的比重］。其表达式为

$$G_{sc}=\frac{m_s+m_c}{(V_s+V_c)\rho_{iT}} \tag{17-9}$$

式中　m_s——土颗粒和难溶结晶盐（在105℃下烘干后）的质量（g）；

m_c——易溶结晶盐的质量（g）；

V_s——土粒和难溶结晶盐的体积（cm^3）；

V_c——易溶结晶盐的体积（cm^3）；

ρ_{iT}——T℃时纯水或中性液体的密度（g/cm^3）。

在实际工程中，盐渍土地基可能会被水浸，而一旦被水浸，则土中的易溶盐则有可能溶解流失，此时，固体颗粒中就不含易溶盐结晶颗粒。因此，为满足实际工程的需要，最好应分别测定上述2）、3）两种情况下的土粒比重值。

2. 天然含水量与含液量

目前，测定盐渍土中的含水量通常采用下式

$$w'=\frac{m_w}{m_s+m_c}\times 100\% \tag{17-10}$$

式中　w'——将易溶结晶盐当作土骨架的一部分时的含水量（可用烘干法求得）（%）；

m_w——土样中所含水的质量（g）。

其余符号同前。

当将易溶结晶盐作为土骨架的一部分时，易溶结晶盐的含量 c 可按下式计算

$$c=\frac{m_c}{m_s+m_c}\times 100\% \tag{17-11}$$

将上式代入式（17-10），可得

$$w'=w(1-c) \tag{17-12}$$

式中　w——对一般土定义的含水量，即 m_w/m_s（%）。

由上式可知，w' 与一般土定义的含水量 w 相比偏小，且随着易溶结晶盐含量的增加而减小。所以，若用它来计算其他物理指标，会得出偏于不安全的结果。

另外，盐渍土三相体中的液体，实际上并不是水（强结合水除外），而是水将部分或全部易溶盐溶解而形成的一种盐溶液，也就是说，对于盐渍土，用含液（盐水）量来替代

含水量这个指标，才能正确反映盐渍土的基本性质（液相与固相的关系）。

盐渍土中的含液量 w_B 由下式定义

$$w_B = \frac{\text{土样中含盐水的质量}}{\text{土样中土颗粒和难溶盐的总质量}} \times 100\% \tag{17-13}$$

不考虑强结合水，则有

$$w_B = \frac{m_w + m_c}{m_s} \tag{17-14}$$

定义土中水溶解的盐的含量 B，B 可按下式确定

$$B = \frac{m_c}{m_w} = \frac{c}{w'} \tag{17-15}$$

当 B 的计算值大于盐的溶解度时，取该盐的溶解度；当计算值小于盐的溶解度时，取计算值。

将式（17-15）带入式（17-14），可得

$$w_B = \frac{m_w + Bm_w}{m_s} \times 100\% = w(1+B) \tag{17-16}$$

将式（17-12）变换后代入上式，可得

$$w_B = \frac{w'}{1-c}(1+B) \tag{17-17}$$

求得盐渍土的含液量 w_B 后，用其替代与其他物理指标换算关系式中的含水量 w，就可得到能正确反映盐渍土基本性质的其他物理指标。

3. 天然密度

盐渍土的天然密度与一般土的定义相同，即等于土的三相物质总质量与其总体积之比，即

$$\rho = \frac{m}{V} \tag{17-18}$$

二、盐渍土的压缩性

我国的内陆盐渍土，大多数均处于极干燥状态，且由于盐的胶结作用，其天然条件下的压缩性都比较低。但是，如果盐渍土地基一旦浸水，地基土体中的可溶盐类就会被溶解，从而变成一种压缩性极大的软弱地基。

三、盐渍土的溶陷性

天然状态下的盐渍土，在土的自重应力或附加压力作用下受水浸湿时产生的变形称为盐渍土的溶陷变形。大量的研究表明，干燥和稍湿的盐渍土才具有溶陷性。

盐渍土的溶陷性可用溶陷系数 δ 作为评定的指标。溶陷系数可由室内压缩试验或现场浸水载荷试验分别按式（17-19）或式（17-20）确定。

1. 室内压缩试验

$$\delta = \frac{h_p - h'_p}{h_0} \tag{17-19}$$

式中 h_p——对原状土试样加压至 p 时，其变形稳定后的高度；

h'_p——在上述压力 p 作用下稳定后的土试样，经浸水溶滤，变形稳定后的高度；

h_0——原状土试样的原始高度。

2. 现场浸水载荷试验

该试验设备与一般的载荷试验设备相同。承压板的面积一般为 0.25m²（对浸水后软化的盐渍土，不应小于 0.50m²）。试验基坑宽度要求不小于承压板宽度的 5 倍。在基坑底应铺设 50～100mm 厚的砾砂层。试坑深度通常为基础埋深。

按载荷试验方法逐级加荷至预定压力 p。每级加荷后，按规定时间进行观测，待沉降稳定后测定承压板的沉降量。然后向基坑内均匀注水，保持水头高为 0.3m，浸水时间根据土的渗透性确定（一般应为 5～12d）。观测承压板的沉降，直到沉降稳定，并测定相应的沉降值。

试验土层的平均溶陷系数 δ 为

$$\delta = \frac{\Delta s}{h} \tag{17-20}$$

式中 Δs——承压板压力为 p 时，浸水下沉稳定后测得的试验土层的溶陷量；

h——承压板下盐渍土层的湿润深度，可通过钻探取样与试验前的含水量进行对比确定，也可用瑞利波速法测定。

式（17-19）和（17-20）中所采用的压力 p，一般应按试验土层实际的设计平均压力取值，有时也常取为 200kPa。

当 $\delta<0.01$ 时，为非溶陷性盐渍土；当 $\delta\geqslant0.01$ 时，则为溶陷性盐渍土。

盐渍土地基的溶陷等级，可按分级溶陷量 Δ 进行确定。分级溶陷量可按下式计算

$$\Delta = \sum_{i=1}^{n} \delta_i h_i \tag{17-21}$$

式中 δ_i——第 i 层土的溶陷系数；

h_i——第 i 层土的厚度（mm）；

n——基础底面（若为初步勘察，则取地面以下 1.5m 处）以下 10m 深度内全部溶陷性盐渍土的层数。

盐渍土地基的溶陷等级，可按表 17-7 划分确定。

盐渍土地基的溶陷等级　　表 17-7

溶陷等级	分级溶陷量 Δ（mm）
Ⅰ	$70<\Delta\leqslant150$
Ⅱ	$150<\Delta\leqslant400$
Ⅲ	$\Delta>400$

注：当 Δ 值小于 70mm 时，可按非溶陷性地基考虑。

盐渍土地基一旦浸水后，由于土中可溶盐（尤其是易溶盐）的溶解，将造成土体结构强度的丧失，导致地基承载力降低并往往会产生很大的沉陷，使得其上的结构物发生较大的沉降。此外，由于浸水通常是不均匀的，造成了结构物的沉降也是不均匀的，从而导致结构物的开裂和破坏。

四、盐渍土的盐胀性

盐渍土在温度或含水量发生变化时，土体产生体积膨胀的现象称为盐渍土的盐胀。处于饱和状态的盐渍土（如滨海盐渍土）不会发生盐胀现象，只有含水量较低的内陆盐渍土，当温度或含水量发生改变时，土体才会发生膨胀。

盐渍土地基的盐胀一般可分为结晶膨胀和非结晶膨胀两类。结晶膨胀是指盐渍土因温度降低或失去水分后，溶于土体孔隙中的盐分浓缩并析出结晶所产生的体积膨胀，具有代表性的是硫酸盐渍土；非结晶膨胀是指由于盐渍土中存在着大量的吸附性阳离子，具有较

强的亲水性，遇水后很快地与胶体颗粒相互作用，在胶体颗粒和黏土颗粒的周围形成稳固的结合水膜，从而减小了固体颗粒之间的黏聚力，使之相互分离，引起土体膨胀，具有代表性的是碱性盐渍土（碳酸盐渍土）。

尽管有碱性盐渍土的吸水膨胀，但更多的却主要是因失水或因温度降低而导致的盐类结晶膨胀（如硫酸盐渍土），且后者的危害一般比较大。因此，本节着重讨论硫酸盐渍土的盐胀（因硫酸钠吸水结晶后的体积膨胀量很大，因此，硫酸盐渍土的盐胀实质上是由于土中的硫酸钠吸水晶胀造成的）。

当温度低于 32.4℃时，硫酸钠的溶解度随温度升高而增大的现象很明显。因此，对日温差较大的地区，在一天之内土壤会产生“膨胀”和“收缩”的变化。因为在夜间温度较低时硫酸钠的溶解度较小，极易形成过饱和溶液，这时盐分从溶液中析出成为 $Na_2SO_4 \cdot 10H_2O$结晶，体积增大约 3.1 倍，土体即发生膨胀。而在昼间温度升高时，硫酸钠的溶解度增大，$Na_2SO_4 \cdot 10H_2O$ 又会溶于溶液中，使得土体积缩小。如此反复胀缩，可使土体结构遭到破坏。当然，这种危害的程度会随含盐量的增加而加剧。

与由日温差所引起的上述胀缩破坏不同，年温差可导致地基土体产生膨胀破坏。在我国西北地区，年降雨量很小，天然地基常处于干燥状态，在夏季高温的作用下，土中的水分还会不断蒸发，使得在土中较浅部位的结晶 $Na_2SO_4 \cdot 10H_2O$ 往往失水而变成无水芒硝。一旦在这种地基上进行建筑，因施工等原因导致水不断地渗入地下，或由于地下水位变化及地表径流的影响，改变了原处于干燥状态的土中的含水量。待秋后地温降低，就会形成 $Na_2SO_4 \cdot 10H_2O$ 结晶，使土体产生体积膨胀。因这种盐胀常发生在结构物基础以下，故可导致结构物的破坏。

盐渍土地基危害的调查资料表明，盐胀主要在地面以下一定深度范围内发生，所以只对基础埋深较浅的结构物构成威胁，基础埋深大于 1.2m 的结构物，尚未发现因盐胀而引起的破坏。

五、盐渍土的腐蚀性

盐渍土对基础或地下设施的腐蚀，一般来说属于结晶性质的腐蚀。可分为物理侵蚀和化学腐蚀两种，在地下水位埋藏深或地下水位变化幅度大的地区，物理侵蚀作用相对显著，而在地下水位埋藏浅、变化幅度小的地区，化学腐蚀作用相对显著。

1. 物理侵蚀

含于土中的易溶盐类，在潮湿情况下呈溶液状态，可通过毛细作用侵入结构物基础或墙体。在结构物表面，由于水分蒸发，盐类便结晶析出。而盐类在结晶时因体积膨胀会产生很大的内应力，所以，使结构物由表及里逐渐疏松剥落。在结构物经常处于干湿交替或温度变化较大的部位，由于晶体不断增加，其侵蚀作用相对明显。

2. 化学腐蚀

化学腐蚀分为两种情况，其一是溶于水中的 Na_2SO_4 与水泥水化后生成的游离 $Ca(OH)_2$反应，生成 $NaOH$ 和 $CaSO_4$，$NaOH$ 易溶于水，其水溶液通过毛细作用到达结构物表面，与空气中的 CO_2 接触，生成 Na_2CO_3，其反应式为：

$$Na_2SO_4 + Ca(OH)_2 \longrightarrow 2NaOH + CaSO_4$$

$$2NaOH + CO_2 \longrightarrow Na_2CO_3 + H_2O$$

Na_2CO_3 结晶时体积膨胀，使结构物表皮形成麻面并变得疏松。这种腐蚀多见于对水泥砂浆的破坏。

化学腐蚀的第二种方式是处于地下水或低洼处积水中的混凝土基础或其他地下设施，当水中硫酸根含量超过一定限量时，它与混凝土中的碱性固态游离石灰和水泥中的水化铝酸钙相化合，生成硫铝酸钙结晶或石膏结晶。此类结晶体形成时体积会增大，从而产生膨胀压力，使混凝土受内应力作用而破坏。其化学反应方程式如下：

$$4CaO \cdot Al_2O_3 \cdot 12H_2O + 2Ca(OH)_2 + 3Na_2SO_4 + 20H_2O$$
$$\longrightarrow 3CaO \cdot Al_2O_3 \cdot 3CaSO_4 \cdot 31H_2O + 6NaOH$$
$$Ca(OH)_2 + Na_2SO_4 + 2H_2O \longrightarrow CaSO_4 \cdot 2H_2O + 2NaOH$$

对于钢筋混凝土基础或构件，一旦混凝土遭到破坏产生裂纹，则构件中的钢筋就会很快锈蚀。因此，在腐蚀严重的盐渍土地区，浇捣钢筋混凝土基础或构件时，应加入适量的钢筋防锈剂。

17.3.2 盐渍土地基上结构物的设计原则及设计、施工措施

由于盐的胶结作用，盐渍土在含水量较低的状态下，通常较为坚硬。因此，天然状态下盐渍土地基的承载力一般都比较高，可作为结构物的良好地基。但是，一旦浸水，地基土体中的易溶盐类被溶解，使得土体结构破坏，抗剪强度降低，造成地基承载力的降低。浸水后盐渍土地基承载力降低的幅度，取决于土的类别、含易溶盐的性质和数量。

盐渍土地基在浸水后不仅土体的强度降低，而且伴随着土体结构的破坏，将产生较大的溶陷变形，其变形速率一般也比黄土的湿陷变形速率快，所以危害更大。

盐渍土地基上结构物的设计，应满足下列基本原则：

1. 应选择含盐量较低、类型单一的土层作为持力层，应尽量根据盐渍土的工程特性和结构物周围的环境条件合理地进行结构物的平面布置；

2. 做好竖向设计，防止大气降水、地表水体、工业及生活用水浸入地基及结构物周围的场地；

3. 对湿作业厂房应设防渗层，室外散水应适当加宽，绿化带与结构物距离应适当放大；

4. 各类基础应采取防腐蚀措施，结构物之下及其周围的地下管道应设置具有一定坡度的管沟并采取防腐及防渗漏措施；

5. 在基础及室内地面以下铺设一定厚度的粗颗粒土（如砂卵石）作为基底垫层，以隔断有害毛细水的上升，还可在一定程度上提高地基的承载力。

盐渍土地基上结构物的设计措施可分为防水措施、防腐措施、防盐胀措施和地基处理措施 4 种。

1. 防水措施

1）做好场地的竖向设计，避免大气降水、洪水、工业及生活用水、施工用水浸入地基或其附近场地；防止土中含水量的过大变化及土中盐分的有害运移，从而造成建筑材料的腐蚀及盐胀；

2）对湿润性生产厂房应设置防渗层；室外散水应适当加宽，一般不宜小于 1.5m，散水下部应做厚度不小于 150mm 的沥青砂或厚度不小于 300mm 的灰土垫层，防止下渗水流溶解土中的可溶盐而造成地基的溶陷；

3）绿化带与结构物距离应加宽，严格控制绿化用水，严禁大水漫灌。

2. 防腐措施

1）采用耐腐蚀的建筑材料，并保证施工质量，一般不宜用盐渍土本身作防护层；在弱、中盐渍土地区不得采用砖砌基础，管沟、踏步等应采用毛石或混凝土基础；在强盐渍土地区，室外地面以上1.2m的墙体亦应采用浆砌毛石；

2）隔断盐分与建筑材料接触的途径。对基础及墙的干湿交替区，可视情况分别采用常规防水、沥青类防水涂层、沥青或树脂防腐层做外部防护措施；

3）在强和超强盐渍土地区，基础防腐应在卵石垫层上浇100mm厚沥青混凝土。

3. 防盐胀措施

1）清除地基表层松散土层及含盐量超过规定的土层，使基础埋于盐渍土层以下，或采用含盐类型单一和含盐量低的土层作为基础持力层或清除含盐量高的表层盐渍土而代之以非盐渍土类的粗颗粒土层（碎石类土或砂土垫层），隔断有害毛细水的上升；

2）铺设隔绝层或隔离层，以防止盐分向上运移；

3）采取降排水措施，防止水分在土表层的聚集，以避免土层中盐分含量的变化而引起盐胀。

4. 地基处理措施

详见17.3.3节。

除了以上4种设计措施外，还可结合施工措施来保证结构物的安全可靠和正常使用。盐渍土地基上结构物的施工措施主要有：

1）做好现场的排水、防洪等措施，防止施工用水、雨水浸入地基或基础周围，各用水点均应与基础保持10m以上距离；防止施工排水及突发性山洪浸入地基；

2）先施工埋置较深、荷载较大或需采取地基处理措施的基础。基坑开挖至设计标高后应及时进行基础施工，然后及时回填，认真夯实填土；

3）先施工排水管道，并保证其畅通，防止管道漏水；

4）换土地基应清除含盐的松散表层，应采用不含有盐晶、盐块或含盐植物根茎的土料分层夯实，并控制其夯实后的干重度不小于15.5～16.5kN/m^3（对黏土、粉土、粉质黏土、粉砂和细砂取低值，对中砂、粗砂、砾石和卵石取高值）；

5）配制混凝土、砂浆应采用防腐蚀性较好的火山灰水泥、矿渣水泥或抗硫酸盐水泥；不应使用pH≤4的酸性水和硫酸盐含量（按SO_4^{2-}计）超过1.0%的水；在强腐蚀的盐渍土地基中，应选用不含氯盐和硫酸盐的外加剂。

17.3.3 盐渍土地基的处理方法

盐渍土地基处理的目的，主要在于改善盐渍土的力学性质，消除或降低地基的溶陷性或盐胀性等。与一般土地基不同的是，盐渍土地基处理的范围和厚度应根据其含盐类型、含盐量、盐渍土的物理和力学性质、溶陷等级、盐胀特性以及结构物类型等因素确定。

1. 消除或降低盐渍土地基溶陷性的处理方法

大量的工程实践和试验表明，由于盐的胶结作用，盐渍土在天然状态下的强度一般都较高，因此盐渍土地基可作为结构物的良好地基。但当盐渍土地基浸水后，土中易溶盐被溶解，导致地基变成软弱地基，承载力显著下降，溶陷迅速发生。降低盐渍土地基溶陷性的处理方法主要有：

1）浸水预溶法

该法是对拟建的结构物地基预先浸水，使土中的易溶盐溶解，并渗入到较深的土层中。易溶盐的溶解破坏了土颗粒之间的原有结构，使其在自重应力下压密。由于地基土预先浸水后已产生溶陷，所以建筑在该场地上的结构物即使再遇水，其溶陷变形也要小得多。因此，这实际上相当于一种简易的“原位换土法”，即通过预浸水洗去土中的盐分，把盐渍土改良为非盐渍土。

浸水预溶法一般适用于厚度较大、渗透性较好的砂、砾石土、粉土和黏性土类盐渍土。对于渗透性较差的黏性土不宜采用浸水预溶法。浸水预溶法用水量大，场地要有充足的水源。此外，最好在空旷的新建场地中使用，如需在已建场地附近应用时，在浸水场地与已建场地之间要保证有足够的安全距离。

采用浸水预溶法处理盐渍土地基时，浸水场地面积应根据结构物的平面尺寸和溶陷土层的厚度确定，浸水场地平面尺寸每边应超过拟建结构物边缘不小于 2.5m，预浸深度应达到或超过地基溶陷性土层厚度或预计可能的浸水深度。浸水水头高度不宜低于 0.3m，浸水时间一般为 2～3 个月，浸水量一般可根据盐渍土类型、含盐量、土层厚度以及浸水时的气温等因素确定。

2）强夯法

有些盐渍土的结构松散，具有大孔隙的结构特征，土体密度很低，抗剪强度不高。对于含结晶盐不多、非饱和的低塑性盐渍土，采用强夯法是降低地基溶陷性的一种有效方法。

3）浸水预溶＋强夯法

浸水预溶＋强夯法是将浸水预溶法与强夯法相结合，可应用于含结晶盐较多的砂石类土中。这种方法通过先浸水后强夯，可进一步增大地基土体的密实性，降低其浸水溶陷性。但如果在使用中结构物地基的浸水深度超过有效处理深度，地基显然还要发生溶陷，所以在地基处理时应使预浸水深度和强夯的有效处理深度均达到设计要求（在砂石类土中一般为 6～12m）。

4）换土垫层法

换土垫层法适用于溶陷性较高、厚度不大的盐渍土层的处理。将基础之下一定深度范围内的盐渍土挖除，然后回填不含盐的砂石、灰土等，再分层压实。以换土垫层作为结构物基础的持力层，可部分或完全消除盐渍土的溶陷性，减小地基的变形，提高地基的承载力。

5）盐化处理方法

对于干旱地区含盐量较多、盐渍土层很厚的地基土，可采用盐化处理方法，即所谓的“以盐治盐”法。该方法是在结构物地基中注入饱和或过饱和的盐溶液，形成一定厚度的盐饱和土层，从而使地基土体发生下列变化：（1）饱和盐溶液注入地基后随着水分的蒸发，盐结晶析出，填充了原来土体中的孔隙并起到土粒骨架的作用；（2）饱和盐溶液注入地基并析出盐结晶后，土体的孔隙比变小，使盐渍土渗透性降低。

地基土体经盐化处理后，由于土体的密实性提高及渗透性降低，既保持或提高了土体的结构强度，又使地基受到水浸时也不会发生较大的溶陷。在地下水位较低、气候干旱的地区，可将这种方法与地基防水措施结合使用。

6）桩基础法

当盐渍土层较厚、含盐量较高时，可考虑采用桩基础。但与一般土地基不同，在盐渍土地基中采用桩基础时，必须考虑在浸水条件下桩的工作状况，即考虑桩周盐渍土浸水溶陷后会对桩产生负摩阻力而造成桩承载力的降低。桩的埋入深度应大于松胀性盐渍土的松胀临界深度。

2. 消除或降低盐渍土地基盐胀性的处理方法

盐渍土的盐胀包括碱性盐渍土的盐胀和硫酸盐渍土的盐胀。前者在我国的分布面积较小，危害程度较低，而后者的分布面积较广，对工程造成的危害也较大。针对硫酸盐渍土的盐胀，主要有下述处理方法：

1）化学方法

化学方法的处理机理是：(1) 用掺入氯盐的方法来抑制硫酸盐渍土的膨胀；(2) 通过离子交换，使不稳定的硫酸盐转化成稳定的硫酸盐。研究表明，Na_2SO_4 在氯盐中的溶解度随着氯盐浓度的增大而减小，当使得Cl^-/SO_4^{2-} 的数值增大到 6 倍以上时，对盐胀的抑制效果最为显著。因此，在处理硫酸盐渍土的盐胀时，可采取在土中灌入 $CaCl_2$ 溶液的办法。这是因为 $CaCl_2$ 溶液在土中可起到双重效果：一是可降低 Na_2SO_4 的溶解度，二是通过化学反应生成的 $CaSO_4$ 微溶于水且性质稳定，其反应方程式为

$$Na_2SO_4+CaCl_2 \longrightarrow 2NaCl+CaSO_4$$

因此，运用离子交换法处理盐胀时还可选用石灰做原料，其反应方程式为

$$Na_2SO_4+Ca(OH)_2 \longrightarrow 2NaOH+CaSO_4$$

上述反应生成的$CaSO_4$（熟石膏）为难溶盐类，不会发生盐胀，从而可达到增强地基稳定性、消除盐胀的目的。

2）设置变形缓冲层法

该法是在地坪下设置一层一定厚度（约 200mm）的不含砂的大粒径卵石（小头朝下立栽于地），使盐胀变形得到缓冲。

3）换土垫层法

可采用此方法处理硫酸盐渍土层厚度不大的情况。当硫酸盐渍土层的厚度较大，但只有表层土的温度和湿度变化较大时，可不必将全部硫酸盐渍土层都挖除，而只需将有效盐胀区范围内的盐渍土挖掉，换填非盐渍土即可。

4）设置地面隔热层法

盐渍土地基盐胀量的大小，除与硫酸盐含量有关外，还主要取决于土的温度和湿度的变化。如在地面设置一隔热层，就能有效避免盐渍土层顶面的温度发生较大变化，从而能达到消除盐胀的目的。同时为保持隔热材料的持久性，通常在其顶面铺设一防水层，以防大气或地面水渗入隔热层。

5）隔断法

所谓隔断法，是指在地基一定深度内设置隔断层，以阻断水分和盐分向上迁移，防止地基产生盐胀、翻浆及湿陷的一种地基处理方法。

隔断层按其材料的透水性可分为透水隔断层与不透水隔断层。透水隔断层材料有砾（碎）石、砂砾、砂等；不透水隔断层材料有土工合成材料（复合土工膜、土工膜）、沥青砂等。

(1) 砾（碎）石隔断层

砾（碎）石隔断层适用于地下水位埋藏较浅或降水较多的强盐渍土地区，隔断层厚度一般为0.3～0.4m，上下设反滤层，两侧用砾石土包边。砾（碎）石隔断层下承层双向外倾设有不小于1.5%的横坡。砾（碎）石隔断层材料的最大粒径为50mm，小于0.5mm的细颗粒含量不大于5%。反滤层可采用砂砾或中、粗砂，小于0.15mm的颗粒含量不大于5%，厚度为0.10～0.15m。

（2）砂砾隔断层

砂砾隔断层适用于地下水埋藏较深，隔断层以下填料毛细水上升不是很剧烈以及地基土含盐量不是很高的地段。砂砾隔断层厚度不宜小于0.9m，隔断层材料的最大粒径为100mm，粉黏粒含量应小于5%，总盐含量小于0.3%。

（3）砂隔断层

砂（主要指风积砂或河砂）隔断层适用于地下水位较高且风积砂或河砂来源较近而砂砾料运距较远的地段。用作地基隔断层的风积砂或河砂，其粉黏粒含量应小于5%，总盐含量应小于0.3%，腐殖质含量小于1%。砂隔断层厚度一般不小于0.5m。上面应铺土工布及设置不小于0.2m的砂砾填料。隔断层两侧应设砾（碎）石类土包边，包边顶面宽度不小于0.5m。填筑施工时应先将两侧包边填筑压实后再进行砂隔断层的填筑。当砂层厚度≤0.5m时，可一次性全厚度填筑；当厚度大于0.5m时，应分层填筑，每层摊铺厚度宜取0.3～0.4m。砂隔断层可采用洒水碾压，当取水不便时，亦可采用振动干压实，压实度应达到95%。砂隔断层的施工工艺流程如图17-6。

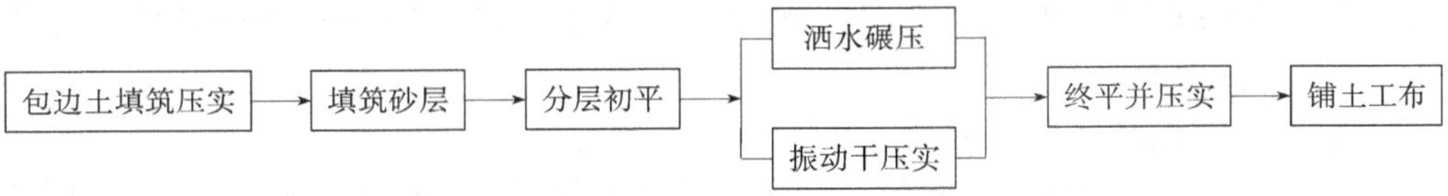

图17-6 砂隔断层填筑施工工艺

（4）土工布隔断层

由于土工布具有较好的隔水、隔气性和耐久性且施工简便，因此对中、强盐渍土地区的地基宜采用土工布作隔断层。用作隔断层的土工布通常采用复合土工膜和土工膜，其性能指标见表17-8。对于砾石土地基，复合土工膜可直接设置在地基一定深度，无需设保护层。为防止土工膜被顶破，在其上、下应设置80～100mm的砂土保护层，砂土的粉黏粒含量应不大于15%。当土工布隔断层设置于细粒土地基中时，应在复合土工膜上、下应设置不小于200mm的砂砾排水层，排水层材料的最大粒径为60mm，粉黏粒含量不大于15%，下排水层底部埋置深度应大于当地最大冻深。对于土工膜，保护层可作为排水层，厚度不小于200mm。

用于隔断层的土工合成材料物理力学性能指标表　　表17-8

技术指标	渗水性土工织物	复合土工膜（二布一膜）	复合土工膜（一布一膜）	土工膜	聚乙烯防渗薄膜	聚丙烯淋膜编织布
膜厚(mm)		≥0.3	≥0.3	≥0.3	0.18～0.2	0.34
单位面积质量(g/m^2)	≥300	≥600	≥450	≥300		≥150

续表

技术指标	渗水性土工织物	复合土工膜（二布一膜）	复合土工膜（一布一膜）	土工膜	聚乙烯防渗薄膜	聚丙烯淋膜编织布
渗透率	透水 Q_{95} ≤0.25mm	耐静水压 ≥0.6MPa	耐静水压 ≥0.6MPa	耐静水压 ≥0.6MPa	（不渗水）	（不渗水）
断裂强度	≥9.5kN/m	≥10kN/m	≥7.5kN/m	≥12MPa	≥10MPa	11.5(纵)/9.25(横)MPa
顶破强度（N）				≥250	≥50	≥665
CBR顶破强度（kN）	≥1.5	≥1.9	≥1.5			
撕裂强度	≥0.24kN（梯形）	≥0.32kN（梯形）	≥0.24kN	≥40N/mm（直角）	≥40N/mm（直角）	430N/cm^2
断裂伸长率（%）	≥30	≥30	≥30	≥30	≥250	15～20
剥离强度（N/cm）		>6				2.5

土工布隔断层的埋置深度一般应≥1.5m，并大于当地的最大冻深。

（5）沥青砂隔断层

沥青砂隔断层的做法相当于公路路面中面层常采用的单层沥青表面处治，厚15～20mm，其设置深度同土工布隔断层。

3. 盐渍土地基的防腐处理原则

由于盐渍土具有明显的腐蚀特性，盐渍土地基中的基础和地下设施，大多需要可靠的防腐处理，以满足使用安全和耐久性的要求。在判明腐蚀等级的基础上，应按下列原则考虑制定防腐蚀方案：

1）用作基础或其他设施的材料应具有较好的抗腐蚀能力，或通过一定工艺条件的改变，提高基础材料的抗腐蚀能力；

2）在基础材料尚不能满足抗腐蚀要求时，应考虑采取表面防护措施，如涂覆防腐层、隔离层等以隔绝盐分的渗入；

3）盐渍土中基础及其他设施，应重点防护的部位是经常处于干、湿交替的区段，如地下水位变化区及具有蒸发面的区域，对受冻融影响的区段也应加强防护。

17.3.4 工程实例

G314线K587盐渍土路基处理

1）工程概况

国道314线策大雅路段（K573～K593）是20世纪70年代初修建的一条穿过中-强盐渍土地区的干线公路，由于当时对盐胀病害认识不足，在设计，施工中没有采取必要的防治措施，加之施工质量也存在一些问题，导致该路段在路基盐胀作用下有相当一部分路面发生严重变形和开裂破坏，对行车产生了严重影响，远远不能适应交通运输发展的需要。为此1986年对该路段按二级公路进行改造设计，其中在K586前后的改线路段安排了300m的防治新建道路盐胀病害试验路段。依据已有的经验及研究成果，对改线路段采取了根治措施。整个改造工程于 1986 年底开工，1988 年秋完工，经过多年的运行证明，治理效果显著。

2）沿线自然地理及道路工程地质概况

该路段位于塔里木盆地北缘、天山南坡洪积扇下缘，年平均气温约 11℃，年气温差达 65℃；年均降水量仅 43mm，而蒸发量高达 2137mm，为降水量的 50 倍；平均冻深 0.8m。

改线路段沿线工程地质状况如表 17-9。

沿线工程地质概况 **表 17-9**

土质条件						水文地质条件	
液限（%）	塑性指数（%）	土粒比重	总含盐量（%）	Na_2SO_4 含量（%）	土质分类	地下水位（m）	矿化度（mg/L）
34～39	13～17	2.6～2.7	4～11	1.5～3.0	粉性盐渍土	−2.5	10000～30000

由表 17-9 可以看出，沿线土质属粉性土，土中 Na_2SO_4 含量较高，地下水位较浅且矿化度较高，这些资料都表明该地基具有较强的盐胀性。

3）防治措施及路基、路面结构设计

根据对大量盐渍土病害道路的调查可知，只要盐胀路基上部非盐胀覆盖层厚度>1.0m，盐胀对路面的危害程度将大大降低，为此本试验路段采取了在盐渍土路基上部回填 0.8m 厚的非盐胀性土（Na_2SO_4 含量≤0.5%）的方法，这样再加上 0.6m 厚的路面，上覆层厚度达 1.4m，有较大的安全度。为了防止上覆土层的次生盐渍化及地下水对其产生影响，在两层的界面上铺设了一层聚丙烯淋膜编织布作为永久性隔断层，这种布具有较好的耐酸碱性能及时间稳定性，其力学性质见表 17-10。

淋膜编织布的力学性质 **表 17-10**

土工布名称	最大拉力（N）	延伸率（%）	尺寸（mm）	备注
编织丝材料	35	—	丝宽 2	采用单丝试验
淋膜编织布	3500	15.0	厚度 0.5～0.8	采用 20×20cm

采用上述方法处理，路基仍可能出现较小的盐胀量，这需要通过提高路面强度加以克服。相比之下，采用半刚性基层路段的病害要轻的多，从而设计了如图 17-7 所示的路基路面结构。

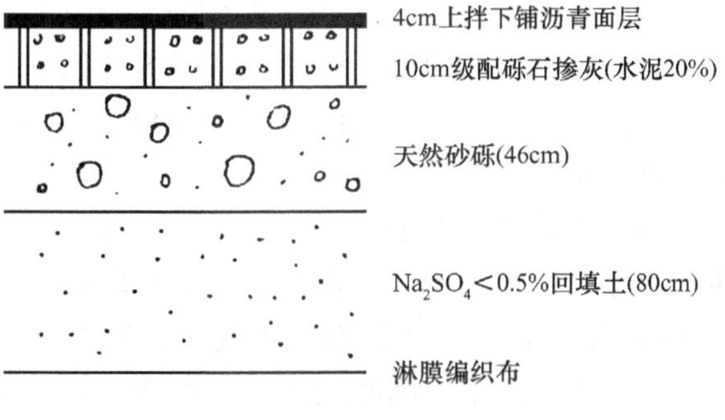

图 17-7 试验路段采用的路基路面结构示意图

4）施工工艺简介

先填筑路基下层，压实后全断面铺筑聚丙烯淋膜编织布（幅与幅之间的搭接宽度为 150～200mm）并保证 3%的横坡以利排水。将 Na_2SO_4 含量小于 0.5%的非盐胀性土回填到铺好的编织布上。路基顶面到纺织布之间的填土压实厚度为 0.8m。

最后按有关施工规范铺筑路面。

5）处理效果

通过对使用多年的试验路段进行的观测表明，整个路面平整完好，行车平稳，没有出现任何由路基盐胀引起的开裂和变形等病害现象（以往大量的观测表明，对于治理不好的路段，通常在竣工后的第二年即出现纵向开裂，三年后则表现出明显的盐胀病害特征，并对行车产生程度不同的影响），从而表明该处治方法是成功的。

此外，对改线路段的平整度（采用连续式平整度仪测定）、强度（弯沉值）进行了测试，结果见表17-11。为便于对比，将在不同程度盐胀病害路段所测得的上述两项指标也列于表17-11。

改线路段及不同程度盐胀路段平整度、弯沉值测试结果　　表17-11

路　段	策大雅改线路段	轻盐胀路段	中盐胀路段	重盐胀路段
平整度（mm）	4.38	4.53～6.61	7.56～9.38	>9.04
弯沉值（mm）	0.42	0.20～1.20	0.64～1.30	0.56～1.06

由表17-11可以看出，改线路段的平整度比允许值小20%，表明路面平整；弯沉值比允许值小40%，表明强度较高。相比之下，有盐胀病害路段的平整度明显变差，且盐胀越严重，平整度越差，变形越厉害。

从试验结果看，采用路基隔断的方法能有效地阻止盐分向上聚集，进而达到治理盐胀病害的目的。利用回填非盐胀土的方法，可增加上覆层的厚度，提高抑制盐胀的能力。

17.4 膨胀土地基处理技术

17.4.1 膨胀土概述

膨胀土是指黏粒成分主要由亲水性矿物组成，同时具有显著的吸水膨胀和失水收缩两种变形特性的黏性土。

膨胀土是一类结构性不稳定的高塑性黏土，也是典型的非饱和土，它在世界范围内分布极广，迄今发现存在膨胀土的国家达40多个，主要分布在美国、澳大利亚、加拿大、印度、以色列、墨西哥、西班牙、委内瑞拉、中国以及南非、摩洛哥等非洲国家的热带和温带气候区的半干旱地区内（其地理位置大致在北纬60°到南纬50°之间，这些地区的年蒸发量均超过了年降水量）。

膨胀土在我国广泛分布于广西、云南、湖北、河南、安徽、四川、陕西、河北、江西、江苏、山东、山西、贵州、广东、新疆、海南等二十几个省（自治区），其总面积约在10万km^2以上，成因以残积或残坡积为主。

在天然状态下，膨胀土的工程性质较好，强度较高，压缩性较低，因而在过去膨胀土地基常被看做是一种较好的天然地基。但在经过了大量的工程实践后，人们才开始认识到它具有吸水膨胀、失水收缩并可往复变形的特性（亦称为膨胀与收缩的可逆性）。当它作为结构物地基时，如未经处理或处理不当，往往会造成不均匀的胀缩变形，导致轻型建筑、路基路面、边坡、地下建筑等的开裂和破坏，且不易修复，危害较大。

膨胀土常呈灰白、灰绿、灰黄、棕红或褐黄等色，以黏土为主，结构致密，多呈硬塑或坚硬状态。裂隙较发育，有竖向、斜交和水平裂隙3种。竖向裂隙有时出露地表，裂隙宽度上大下小，并向下逐渐减小直至消失。裂隙面光滑，呈油脂或蜡状光泽，有些裂隙面上有擦痕或水渍以及铁、锰氧化物薄膜，裂隙中常充填有灰绿、灰白色黏土。在大气影响深度范围内或不透水界面处附近常有水平裂隙。在邻近边坡处，裂隙往往构成滑坡的滑动面。我国各地膨胀土的含水量会随着季节的变化而变化，但总的说来，含水量大体在塑限左右变动，所以膨胀土多呈坚硬或硬塑状态。

膨胀土地区的地下水多为上层滞水或裂隙水，水位变化大，随季节而异。

按黏土矿物成分对膨胀土进行划分，可将其大致归纳为两大类，一类是以蒙脱石为主，另一类是以伊利石为主。蒙脱石的亲水性强，遇水浸湿时，膨胀强烈，对土建工程危害较大；伊利石则次之。云南蒙自、广西宁明、河北邯郸、河南平顶山等地的膨胀土多属第一类，安徽合肥、四川成都、湖北郧县、山东临沂等地的膨胀土多属第二类。

膨胀土的物理力学性质具有以下特点：

1. 粒径小于0.002mm的黏粒含量高，超过20%；
2. 天然含水量w接近于塑限w_p，饱和度S_r一般大于85%；
3. 塑性指数I_P一般大于17，多数在22～35之间；
4. 液性指数I_L小，在天然状态呈硬塑或坚硬状态；
5. 缩限w_s一般大于11%，但红黏土类型膨胀土的缩限偏大；
6. 土的压缩性小，多属低压缩性土；
7. c、φ值在浸水前后相差较大，尤其是c值可下降2～3倍以上。

膨胀土的主要工程特性指标有自由膨胀率、一定压力下的膨胀率、收缩系数和膨胀力。

自由膨胀率δ_{ef}应按下式计算（准确至1.0%）：

$$\delta_{ef}=\frac{V_{we}-V_0}{V_0}\times 100(\%) \tag{17-22}$$

式中 V_{we}——试样在水中膨胀稳定后的体积（mL）；

V_0——试样初始体积（等于10mL）。

具有下列特征的土可初判为膨胀土：

1. 分布在二级或二级以上阶地、山前丘陵和盆地边缘，地形平缓，无明显自然陡坎；
2. 常见浅层滑坡、地裂，新开挖的路堑、边坡、基槽易发生坍塌；
3. 裂隙发育，方向不规则，常有光滑面和擦痕，裂缝中常充填灰白、灰绿色黏土；
4. 自然条件下呈坚硬或硬塑状态，干燥时坚硬，遇水则软化；
5. 自由膨胀率一般大于40%；
6. 地基未经处理的结构物往往呈成群破坏，低层较多层严重，刚性结构较柔性结构严重；
7. 结构物开裂多发生在旱季，裂缝宽度随季节变化。

对初判为膨胀土的地区，应计算土的膨胀变形量、收缩变形量和胀缩变形量，并划分胀缩等级。计算和划分方法应符合现行国家标准《膨胀土地区建筑技术规范》(GBJ 112)的规定。有地区经验时，亦可根据地区经验分级。

当拟建场地或其邻近有膨胀土损坏的工程时，应判定为膨胀土，并进行详细调查，分析膨胀土对工程的破坏机制，估计膨胀力的大小和胀缩等级。

17.4.2 膨胀土地基上结构物的设计原则和设计、施工措施

膨胀土具有胀缩性的内因主要为亲水性矿物、以 SiO_2、Al_2O_3 和 Fe_2O_3 为主的化学成分、黏粒含量、孔隙比、含水量、微结构和结构强度；外因是气候条件如降雨及蒸发、作用压力、地形地貌以及绿化、日照和室温。其中，膨胀土的水分转移与含水量变化是其产生胀缩的关键因素。

膨胀土地基的处理总体原则应根据当地的气候条件、土质特性与胀缩等级、场地的工程地质及水文地质情况和结构物结构类型等，结合当地经验和施工条件，通过综合技术经济比较，确定适宜的处理措施。

按场地的地形地貌条件，可将膨胀土建筑场地分为两类：

1. 平坦场地：地形坡度小于 5°；地形坡度大于 5°小于 14°且距坡肩水平距离大于 10.0m 的坡顶地带；

2. 坡地场地：地形坡度大于或等于 5°；地形坡度小于 5°，但同一座结构物范围内局部地形高差大于 1.0m。

膨胀土地基上结构物的设计原则，应从上部结构与地基基础两方面着手，设计中除应着重抓住控制膨胀土胀缩性这一主要矛盾选择合理的地基处理方法外，还需考虑加强上部结构的整体性与抗变形能力。

根据上述指导思想，膨胀土地基上结构物设计的基本原则为：

1. 位于平坦场地上的结构物，按变形控制设计，并考虑气候条件，充分估计季节循环中地基在很长时间（如 10 年后）可能发生的最大变形量及变形特征；

2. 位于坡地场地上的结构物，由于有顺层滑坡的可能性，所以除按变形控制设计外，还应验算地基的稳定性，结合排水系统、坡面防护和设置支挡结构物综合防治。

膨胀土地基上结构物的设计措施如下：

1. 建筑措施

1）场地选择：建筑场地应尽量选在地形条件比较简单、土质比较均匀、胀缩性较弱、便于排水且地面坡度小于 14°的地段；应尽量避开地形复杂、地裂、陡坎、可能发生浅层滑坡以及地下水位变化剧烈等地段。

2）总平面设计：同一结构物地基土的分级变形量之差不宜大于 35mm，对变形有严格要求的结构物应布置在膨胀土埋藏较深、胀缩等级较低或地形较平坦的地段；竖向设计宜保持自然地形，并按等高线布置，避免大挖大填；所有排水系统都应采取防渗措施，并远离结构物。

3）建筑设计：用于软弱地基上的各种结构物措施仍然适用，如结构物的体型力求简单，避免凹凸曲折及高低不一，在山梁处、结构物平面转折部位和高度（荷载）有显著差异部位、建筑结构类型（或基础）不同部位以及挖方与填方交界处或地基土显著不均匀处，宜适当设置沉降缝，以降低膨胀的不均匀性对结构物可能造成的危害。

4）房屋四周场地种植草皮及蒸发量小的树种、花种，以减少水分蒸发。较大树种宜远离结构物 8.0m 以外，以避免水的集中。

2. 结构措施

1）适当增大基础埋置深度（>1.0m）或设置地下室，以减小膨胀土层的厚度并增大基础自重。

2）采用对变形不敏感的结构，加强上部结构的刚度（如设置地梁、圈梁，在角端和内外墙连接处设置水平钢筋加强连结、承重砌体可采用拉结较好的实心砖墙等）。

3. 防水保湿措施

1）在结构物周围做好地表防水、排水设施，如渗、排水沟等，沟底应做防水处理，以防下渗，尽量避免挖土，明沟散水坡适当加宽，其下设置砂或炉渣垫层，并设隔水层，防止地表水向地基渗入；

2）对室内炉、窑、暖气沟等采取隔热措施（如设置 300mm 厚的炉渣垫层），防止地基水分过多散失；

3）管道距结构物外墙基础外缘距离不小于 3.0m，同时严防埋设的管道漏水，使地基尽量保持原有天然湿度；

4）屋面排水宜采用外排水。排水量较大时，应采用雨水明沟或管道排水。

4. 地基处理措施

详见 17.4.3 节。

除了以上设计措施外，还可结合施工措施来保证结构物的安全可靠和正常使用。膨胀土地基上结构物的施工措施主要有：

1）合理安排施工顺序，先施工室外道路、排水沟、防洪沟、截水沟等工程，疏通现场排水，避免结构物附近场地积水；

2）施工临时用水点应距离结构物 5m 以上，水池、淋灰池、洗料场应距离结构物 10m 以上，加强施工用水管理，做好现场临时排水，防止管网漏水；

3）基坑开挖采取分段连续快速作业，开挖到设计标高后立即施工基础，及时回填夯实，避免基槽泡水或曝晒。填土料不宜用膨胀土，也可掺入一定非膨胀性土料混合使用；

4）混凝土砌体养护宜用湿草袋覆盖，浇水次数宜多，水量宜少。

17.4.3 膨胀土地基的处理方法

1. 换填法

换填法是将膨胀土全部或部分挖掉，换填非膨胀黏性土、砂、砂砾土、碎石或灰土，以消除或减小地基胀缩变形的一种方法。其本质是回避膨胀土的不良工程特性，从源头上改善地基土的胀缩性，是膨胀土地基处理方法中最简单、有效的方法。

膨胀土地基的换填厚度由胀缩变形计算确定，将剩余部分土的胀缩变形量控制在允许范围内。由于各地区的气候不同，在一定深度以下膨胀土含水量基本不受外界气候影响的临界深度和临界含水量有所不同，因此换填厚度应根据膨胀土的膨胀性强弱及当地的气候特点确定，一般可采用 1.0～2.0m，强膨胀土地基的换填厚度可取 2.0m，中膨胀土地基可取 1.0～1.5m，但具体换填厚度要根据调查后的临界深度来确定，最大厚度不宜超过 3.0m。在基础之下膨胀土层较薄的情况下，该法比较可靠，且能彻底根治膨胀土的危害。换填法主要适用于路床基底、渠道、膨胀性土层出露较浅的建筑场地或对不均匀变形有严格要求的结构物地基。

换填法施工工艺简单，采用人工或机械挖除基底下一定深度的膨胀土并铺设非膨胀土或粗粒土并碾压，其换填效果与填料的含水量、干重度、土料土块尺寸、铺土厚度与碾压的质量等因素密切相关，如换填质量符合各项技术指标要求，并结合一些辅助措施，就能从根本上消除膨胀土的灾害。如湖北省襄十高速公路弱膨胀土路基，其填方基床与挖方路床均超挖0.3～0.6m，采用6%石灰土换填，松铺厚度在250mm左右，采用重型碾压机械碾压4～5遍，平均承载力与压实度分别达到179kPa和91.3%，均超过设计和规范要求；宁夏某泵站膨胀土地基采用灰土换填处理，换填厚度为2.5m，效果良好；河南南阳灌渠北干1#跃水闸下游渠段换填厚度为1.5m，断面坡度1.0∶2.0，运行20余年，渠坡未发生破坏迹象。

若膨胀土厚度较薄，可将其全部挖除置换；若膨胀土厚度较厚，则只能部分挖除，回填砂、碎石类土，形成垫层。采用垫层处理方法时，垫层的厚度一般不应小于300mm，垫层宽度应大于基础的宽度，并做好防水处理。

垫层材料宜采用级配良好且质地坚硬的粒料，砂以中粗砂为好，碎石最大粒径不宜大于50mm，砂石含泥量不应超过5%。保证垫层压实质量的关键是将砂石夯实至设计要求密实度，施工时应控制以最优含水量分层铺设，逐层振实或夯实，分层厚度一般为150～200mm，一般在基底两侧各拓宽0.2m，基础两侧宜用与垫层相同的材料回填夯实，并做好防水处理，使雨水不灌入砂石层内。

2. 土性改良法

1）压实法

在压实功能的作用下，膨胀土的干密度增大而含水量减小，导致其内摩擦角和黏聚力增大，使地基承载力得到提高。但压实后膨胀土的胀缩性并没有受到抑制，因此压实法只适用于弱膨胀性土。压实后膨胀土强度的提高，补偿了膨胀土的胀缩变形对强度的影响。压实法的适用范围有限，但费用很低。

国内外在确定膨胀土的压实标准时，综合考虑到膨胀土的初期强度、长期强度以及强度衰减、胀缩变形、施工工艺等因素，认为只有控制合理的含水量和干密度指标，压实膨胀土才可能达到提高强度和降低胀缩性的目的。最新的研究成果表明，对弱膨胀土采用较最优含水量稍大而略低于塑限的压实含水量并控制好压实功能，既可获得较高的压实度与初期强度，又具有较低的胀缩性、较好的抗渗透性及较低的压缩性。因此，压实含水量与碾压或夯实功能的科学控制是压实控制法处理弱膨胀土的关键。

2）掺合料法

在膨胀土中掺入一定比例的掺合料（如石灰、粉煤灰、矿渣、砂砾石和水泥等无机材料或有机化学添加剂），分层夯实，或通过设置石灰砂桩、压力注入石灰浆液，使得膨胀土的亲水性降低，稳定性增强，从而可以消除或减小地基土体的胀缩变形。

按加固机理的不同可将掺合料法划分为物理改良法、化学改良法与综合改良法。

（1）物理改良法

物理改良法是在膨胀土中添加其他非膨胀性固体材料，通过改变膨胀土原有的土颗粒组成及级配，从而减弱膨胀土的胀缩性，达到改善其工程特性的目的，常见的掺合料有风积土、砂砾石、粉煤灰与矿渣等。

现有的研究表明，对于某中等膨胀土掺入40%的风积土，虽可明显改善膨胀土的收缩性，但其膨胀率仍很大；掺入粉煤灰和风积土各 20%，膨胀土的收缩性有明显的改善，但无荷载膨胀率仍较大，而在一定荷载作用下，其膨胀率就迅速下降。

事实上，由于粉煤灰颗粒的平均粒径大于膨胀土颗粒的平均粒径，又无胀缩性，在膨胀土中掺加粉煤灰，随着混合土中粉煤灰剂量的增加，掺合土中无胀缩性骨架颗粒含量增多，致使其胀缩性减弱或消除，可提高土的强度。但掺入量较小时，对膨胀土的胀缩性没有很明显的改良效果；掺入量较大时，由于粉煤灰从灰场运到施工场地时，含水量很高，而膨胀土本身又为过湿土，实际施工时难以满足对含水量的控制要求。因此，单纯用粉煤灰改良膨胀土的实际工程鲜有成功的报道，一般都需结合化学改良法才有良好的效果，如掺石灰与粉煤灰进行膨胀土土性改良。至于砂砾石等其他掺合料也较少单独应用，在通常情况下均与石灰等化学改良添加剂按一定比例混合使用。比如向膨胀土中掺入 10%的石灰和 30%的风积土后，其膨胀性和收缩性都大大降低，改良后的膨胀土几乎可当成普通土看待，混合土的工程性质很好，这些都证实如单纯用物理改良法处理膨胀土，其应用范围是有限的，实际效果并不十分理想。

由于物理改良法并没有从本质上改变膨胀土的特性，因此该法主要适用于弱膨胀土的改良，实际选用时，需慎重考虑。

(2) 化学改良法

化学改良法是在膨胀土中掺入一定添加材料，利用添加材料与膨胀土中的黏土颗粒之间的化学反应，以达到降低膨胀土膨胀潜势、提高其强度和水稳定性的目的。该种处理方法的最大优点在于能从本质上改善膨胀土的工程性质，在理论上可以根本消除膨胀土的胀缩性，是国内外膨胀土工程处理技术中的研究热点。

当前，应用化学改良法加固膨胀土的添加材料种类较多，既有固体添加剂，也有液体添加剂，按其化学成分还可划分为无机添加剂和有机添加剂，现按添加剂的种类作简要概述。

①无机添加剂

a. 石灰

石灰改良膨胀土的主要作用是使膨胀土的液限、膨胀性降低，显著提高土的塑限与强度，从本质上改善膨胀土的工程特性。由于石灰能有效抑制膨胀土的胀缩潜势，又具有经济与实施方便的优点，在工程界应用十分普遍。

石灰这种气硬性无机胶凝材料改性膨胀土的机理，一般可归纳为生石灰消化放热、碳酸化、离子交换与胶凝反应四种作用。其中，第 1 种作用主要是促进化学改性进程；第 3 种作用十分有限，因为膨胀土中的阳离子绝大部分为 Ca^{2+}、Mg^{2+}，与石灰中的 Ca^{2+} 交换并无多大实际意义，除非膨胀土中的交换性阳离子 Na^{+}、K^{+} 占有相当大的比例。因此，石灰改性的主要作用为碳酸化作用和胶凝反应，这两种作用都发生了实质性的化学反应，即土中的 SiO_2、Al_2O_3 与石灰中游离出来的 Ca^{2+} 形成水化硅酸钙、水化铝酸钙胶体等新矿物，硬化后将土颗粒联结在一起，起到良好的胶结作用。

改性土的物理、力学指标随石灰含量的变化有两种关系，一种是指标随石灰掺量的增加呈单调增加或减少，如抗压强度、塑限、pH 值等；另一种是随石灰掺量的增加，指标有最低值或最高值，如膨胀率、膨胀压力、塑性指数等。从膨胀土的改良目的出发，一方面要求土具有低膨胀性和高强度，另一方面要求经济可行。根据国内外资料，从降低膨胀土的膨胀性来看，一般掺入 2%～4%的石灰就能使其膨胀率和膨胀压力降到很低，而从提高土的强度角度考虑，在一定范围内石灰掺量越高，改良土的强度就越高，而当石灰掺量超过一定限度后，改良土的强度会随石灰含量的增加而降低。考虑到在现场实际施工过程中，石灰与膨胀土掺合的均匀性会比室内试验的要差，一般掺入 6%左右的石灰，至于具体的最佳石灰掺量值，应根据膨胀土的胀缩等级通过试验确定，总的原则是改性土的技术指标应处于非膨胀土的范畴，如自由膨胀率小于 20%，胀缩总率小于 0.7 等，实际工程常用的石灰掺量为 4%～10%。

采用石灰处理膨胀土时，应避免在雨季施工，保证施工连续与有效衔接，注意严格控制石灰掺量、石灰的均匀性、填料粒径、松铺厚度、拌合均匀程度与碾压遍数等影响工程质量的要素，并加强排水措施的实施和检测工作，以确保工程质量。

此外，掺拌石灰施工时易扬尘（尤其是掺生石灰），会造成一定环境污染，且易使灰土出现龟裂现象，需要对其施工工艺进行改进并采用保湿措施。在膨胀土的化学改良法中，应用最广泛、最有效的还是掺石灰法，且积累的施工经验也最丰富。因此，采用石灰改良膨胀土不失为一种较好且较成熟的处理技术。

b. 水泥

作为一种水硬性胶凝材料，水泥与石灰的改性机理类似，主要在于钙酸盐和铝酸盐的水化物与土颗粒相互间的胶结作用，胶结物逐渐脱水和新生矿物的结晶作用，可降低其液限，提高其缩限和抗剪强度，从而明显提高膨胀土的水稳定性与抗渗能力。

水泥土与石灰土的不同之处在于，前者的早期效应比后者明显，且水泥的凝聚作用更为显著，使黏土颗粒之间的胶结力增大，从而使水泥土的强度和耐久性比石灰土更高，但就消除膨胀性而言，石灰则是更好的稳定添加剂。水泥用于加固膨胀土的掺入量一般为 4%～6%。

在工程实际应用中，常利用石灰与水泥的混合添加剂改良膨胀土，充分发挥石灰显著降低土的膨胀性和水泥显著提高土强度的优势，二者的比例可视改良土要求而定。

c. NCS 固化剂

NCS 固化剂是一种新型复合黏性土固化材料的简称，由石灰、水泥与合成的“SCA”添加剂改性而成。NCS 固化剂除具有石灰、水泥对土的改性作用外，它还进一步使土粒和 NCS 发生一系列物理化学反应，使膨胀土颗粒，彼此聚集成土团，形成团粒化和砂质化结构，增强了土的可压实性；同时，膨胀土颗粒在 NCS 水化反应中生成新的水化硅酸钙和水化铝酸钙，提高了土体的强度和稳定性。

将 NCS 固化剂掺入土中经拌和后，在初期主要表现为土的结团、塑性降低等，后期变化主要表现为结晶结构的形成。NCS 固化剂改性膨胀土的机理主要可归纳为离子交换、碳酸化与胶凝三种作用。其中，生石灰所起的作用是吸水和使黏土砂质化，以及与土粒发生胶凝反应提供后期强度；水泥熟料的作用是提供强度和增强土团粒之间的联结；“SCA”提供早期强度，起强烈吸水、促进土粒砂化并生成针状矿物，具有“微型加筋”功能。

施工实践表明，NCS 固化剂具有较强的吸水性和显著提高土体强度的作用，以及固化土具有较好的水稳定性和冻融稳定性，在天然含水量较高的地区，采用 6%～10%的 NCS 固化剂处理膨胀土，其收缩性小于石灰土，与采用石灰土处理土基及用石灰土作底基层相比，提高了路基、路面的整体强度，且在工程的管理、运输使用和配制混合料等方面都比常用的消石灰或生石灰方法简便，可以明显提高工程质量和加快施工进度，并易于控制密实度及均匀性，环境污染很小，值得推广应用。

②有机添加剂

有机添加剂主要有以 Arguard 2HT、4-三氟丁基焦儿苯酚、烷基苄基吡啶为主要成分的水溶液、多羟基多氮原子聚合物为主要成分的水溶液以及命名为 705、706 和 707 的专利溶液等。用这些溶液处理膨胀土，其共同的加固机理在于有机化合物添加剂中的有机阳离子与蒙脱石类（包括混层矿物）矿物晶层间阳离子的交换反应，即以有机阳离子取代原晶层间的无机阳离子。由于有机阳离子除了具有带正电荷的无机阳离子的功能外，还通过其碳、氢等与晶层底面氧产生氢键等作用，从而对带负电的晶层具有更强大的吸引力，使晶层间距变得比较稳定而不易受孔隙液体性质变化的影响，土中蒙脱石类胀缩性矿物晶体不会发生明显的胀缩变化，从而减弱了膨胀土的胀缩性，并可提高膨胀土的抗剪强度。

虽然有机化合物添加剂是一种无毒、无味、无嗅的液体，化学溶液一旦被土吸附后，就会被牢牢吸附，不会流失，且具有清洁无污染等多重优点，但该技术目前仍处于经验积累阶段，应慎重采用。

(3) 综合改良法

所谓综合改良法，是利用物理改良法与化学改良法的加固机理，既改变膨胀土的物质组成结构，又改变其物理力学性质，集成化学改良土水稳定性较好、有较高的凝聚力和物理改良土有较高内摩擦角及无胀缩性的优势，达到强化膨胀土的土质改良效果。由于该法常充分利用了一些固体废弃物与价格低廉的材料，如粉煤灰、矿渣与砂砾石等，有利于环境保护，改良质量又好，得到了工程界的普遍重视。当前在膨胀土工程建设中应用较多的有二灰复合料、石灰砂砾料与矿渣复合料等。

二灰复合料是石灰与粉煤灰的混合添加剂，由于石灰和粉煤灰之间的化学反应，有效地激发了粉煤灰的活性，生成较多的水化硅酸钙、水化铝酸钙和水化硅铝酸钙等胶结物质，使其与膨胀土混合料的强度大幅度提高，胀缩性大幅度下降，具有良好的水稳定性能和抗冻性能，且整体性强，施工方便，造价较为经济，常用于结构物地基或路基处理。

石灰砂砾料是在石灰土的基础上，掺入一定量的砂砾石来改良膨胀土，综合了石灰土水稳定性较好、有较高的凝聚力和砂砾料有较高的内摩擦角及无胀缩性的优势，处治效果良好。

矿渣复合料由膨胀土、矿渣、水泥、砂等组成。矿渣和水泥水化后生成 $Ca(OH)_2$，在膨胀矿物表面形成固化层，可增强膨胀土的稳定性，提高膨胀土地基的承载力。矿渣复合料养护 28d 的抗压强度为 5.0～8.0MPa，抗折强度为 1.5～2.0MPa。此外，矿渣复合料还可完全消除膨胀土的遇水膨胀特性。矿渣复合料具有广阔的应用前景，造价低，施工方便。

需要说明的是，在处理膨胀土的各种掺合料法中，如何均匀、有效地改良膨胀土，以及如何科学合理地确定质量控制指标与快速准确地计量掺入料是在施工中普遍存在的难题。因此，除需继续研究各种改良新方法外，加强其施工工艺的研究也十分必要。

3. 保湿法

保湿法的原理：保持膨胀土中的含水量不变，从而防止地基的胀缩变形。

①暗沟保湿法

暗沟保湿法的原理：膨胀土地基如充分浸水至膨胀稳定含水量（即胀限），并维持在胀限含水量，则地基既不会产生膨胀变形，也不会产生收缩变形，从而保证结构物不致因地基胀缩变形而导致破坏。暗沟保湿法适用于有经常水源的三层以下房屋的处理，对于无经常水源的房屋、强膨胀土地基和长期干旱地区不得采用。

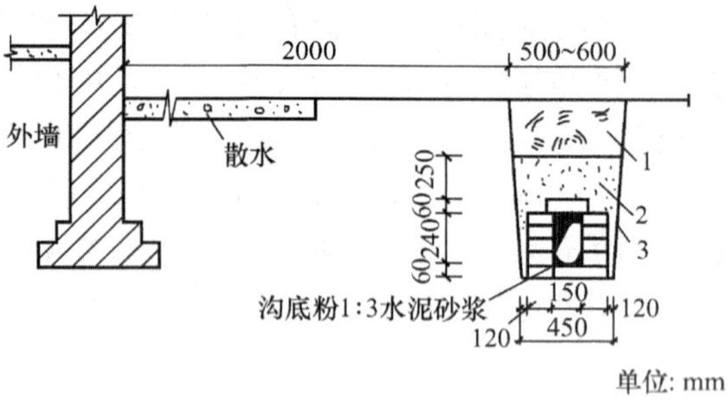

图 17-8　暗沟保湿构造
1—素土夯实；2—砂；3—沟壁

暗沟保湿法的具体做法是：施工前预先在基槽中浸水，使地基在整个施工过程中不产生胀缩变形。结构物施工结束后即在其地基外侧修建保湿暗沟（干砌砖石沟或接头不密封的水泥管沟，保湿暗沟的构造见图 17-8），定期向暗沟内供水，暗沟中的水即会向地基中渗透，以保证在结构物使用过程中地基不产生膨胀变形。

②地基预浸水法

地基预浸水法是在施工前用人工方法增大地基土的含水量，使膨胀土层全部或部分膨胀，并维持其高含水量，从而消除或减小地基的膨胀变形量，因此将不会引起结构物的破坏。

但在气候差异大的地区，膨胀土地基在预浸水后往往难以保持土中的高含水量而使土体积不发生变化，使得常在干旱季节产生更大的收缩变形，从而导致结构物的破坏，因此，在膨胀土地区建造房屋基础时，地基预浸水法能否作为一种有效的地基处理技术，目前国内外均持怀疑态度。

预浸水法只有对基底压力不大且能保持地基土体现有含水量的少数结构物可以采用，如蓄水池、冷却塔等。其最常用的施工方法是在场地上挖一系列深 0.8m 深的明沟，设置几排调整含水量的竖井，沟底铺 250mm 厚的熟石灰再填满石子，沟内充水约 1 个月，直到周围的土都已湿润为止。

③帷幕保湿法

将用不透水材料做成的帷幕设置于结构物周围，阻止地基土体中的水分与外界的交换，以保持地基土体的湿度维持相对稳定，从而达到减小地基胀缩变形的目的。

帷幕形式有砂帷幕、填砂的塑料薄膜帷幕、填土的塑料薄膜帷幕、沥青油毡帷幕以及塑料薄膜灰土帷幕等。

帷幕埋深应由场地条件和当地大气影响急剧层深度来确定，可根据地基土层水分变化情况，在房屋四周分别采取不同帷幕深度以截断侧向土层水分的转移。若以帷幕结合 1.5m 宽散水进行地基处理，其效果更为明显（尤其当膨胀土地基上部覆盖层为卵石、砂质土等透水层时，采用该法防止侧向渗水浸入地基，可取得良好效果）。

帷幕保湿法既可用于新建结构物，也可用于已损坏结构物的修缮处理，前者通常是在建结构物的同时建造帷幕。

建造帷幕时，帷幕深度应不小于基础的最小埋深；不透水材料可用油毡，但一般应选用较厚的聚乙烯薄膜，一般宜用两层，铺设时搭接部分不应少于 100mm，并应用热合处理；塑料薄膜如有撕裂等损坏情况时，应按搭接处理；隔水壁宜采用 2∶8 或 3∶7 灰土回填，在塑料薄膜失效时，灰土仍可起防水作用；散水宽度一般不小于 1.5m，但必须覆盖帷幕，其作法应严格遵守规范规定。塑料薄膜帷幕的构造如图 17-9 所示。

④全封闭法

由于全封闭法在膨胀土路堤中应用较多，所以又称为包盖法或包边路堤法。在膨胀土广泛分布的地区，当出于经济上的考虑以及受填料条件所限，不得不采用弱膨胀土和中膨胀土填筑路堤时，可直接用接近最优含水量的中、弱膨胀土填筑路堤堤心部位，用普通黏土或改性土作为路堤两边边坡与基底及顶面的封层，从而形成包心填方，让膨胀土永久地封存于非膨胀土之中，避免膨胀土与外界大气直接接触，可保持膨胀土含水量的相对稳定，使其失去胀缩性，从而保证路堤避免胀缩破坏。全封闭法填筑路基的示意可见如图 17-10。

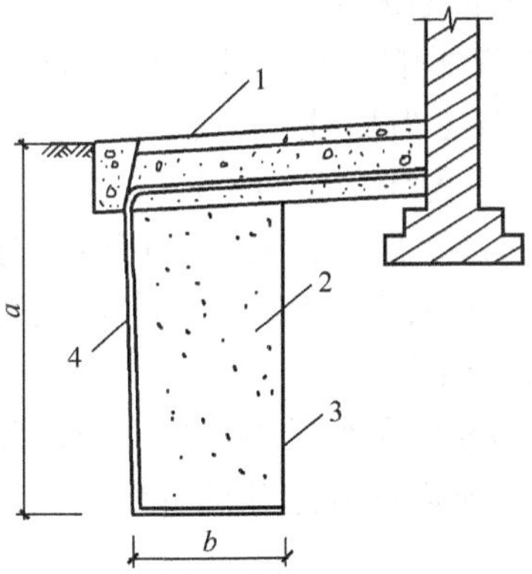

图 17-9 塑料薄膜帷幕构造

1—散水；2—灰土；3—沟壁；4—塑料薄膜帷幕；
a—合理的帷幕深度；b—能施工的最小宽度

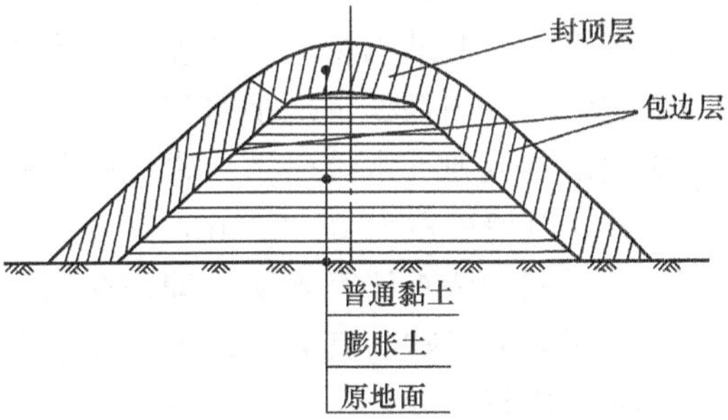

图 17-10 全封闭包边路堤示意

在通常情况下，全封闭法仅适用于非浸水路堤。

为了能确保封闭效果，有效地限制堤内膨胀土的湿度变化，封层应有相当的厚度，边坡处往往是施工碾压的薄弱部位，如果封闭土层与路堤土一道分层填筑压实，并达到同样的压实度，则处理效果会更好。为此，在用膨胀土填筑路基时，每一层松铺厚度宜控制在 300mm 以内，先用普通黏土填包边层，之后再填筑膨胀土夹心层，包边层和夹心层同时碾压，压实后必须形成 4%的人字形路拱并形成平整坡面；封顶层用普通黏土填筑，厚度一般不应小于 1.5m，表面用光碾压路机碾压平整；边坡包边宽度不小于 2.0m，并按设计要求做好梯形路拱，每一段路堤按标准施工完毕后，人工修好边坡，并拍打光实、平整；施工应选在非雨水季节与旱季。

我国曾在南昆铁路建设中，成功地将弱膨胀土很好地封闭在普通黏土之中，获得了良好效果；而在湖北省襄荆高速公路膨胀土地段，采用了用石灰改性土包边法处理中等膨胀土的方案，取得了显著的经济社会效益。

综上所述，保湿法是处治膨胀土的一种好方法，尤其当强膨胀性土层较厚时，具有较好的经济性。但迄今为止，人们对蒸发与降雨条件下膨胀土的水分迁移规律与力学效应还未取得足够清晰的认识，因此，对采用保湿法处理膨胀土地基的设计理论还需作大量的研究，并在工程实践中不断完善。

4. 砂包基础法

砂包基础法是将基础置于砂层包围中，砂层选用砂、碎石、灰土等材料，厚度宜采用基础宽度的 1.5 倍，宽度宜采用基础宽度的 1.8～2.5 倍，砂层不能采用水振法施工。对中等胀缩性膨胀土地基，将砂包基础、地梁、油毡滑动层以及散水坡等措施相结合，可取得明显效果。如广西武宜县从 1974 年以来，采用上述方法处理开裂的房屋，效果显著。

5. 增大基础埋深法

在季节分明的湿润区和亚湿润区，地基胀缩等级属中等或中等偏弱的平坦地区，由于这些地区的大气影响深度较深，增大基础埋深可以作为防治房屋产生过大不均匀沉降变形的一项长期处理措施，该种方法在美国、加拿大等国家被普遍采用。

影响基础有效埋深的外界因素主要有 2 个：地表大气影响和地下水。由于地表以下 1.0m 内土体中的含水量受人为活动和大气影响最大，因此当场地平坦且地下水位较深时，膨胀土地基上结构物基础的埋深应大于或等于 1.0m，通常取 1.0～1.5m；如果常年地下水位较高，则在稳定地下水位以上 3.0m 以内土体的含水量变化较小，可将基础埋置于该深度范围或地下水位以下。常用的基础形式为砂垫层上的条形基础，垫层材料可采用中、粗砂，其厚度取 0.3～0.5m，在含水量约为 10%时分层夯实。

实际观测和调查研究表明，即使在同一地区，因地形地貌条件的差异以及土层胀缩性的差异等因素的影响，其大气影响急剧层的深度也不同，所以在确定基础有效埋深时，应重视当地的建筑经验。

对于低层房屋，若以增大基础埋深为主要防治措施可能会增加造价，因此通常都采用宽散水的措施。当以宽散水为主要防治措施时，基础埋深可为 1.0m。

在亚干旱区，由于大气影响急剧层深度一般为 2.5m，若遇复杂场地条件，还要再增大基础埋深（有时可达 5.0m 或者更深），这时采用增大基础埋深法已不经济，宜采用墩式基础或桩基础。

6. 桩基础法

如果大气影响深度和地下水位均较深，选用其他地基处理方法有困难或不经济时，则可采用桩基础，基桩应支承在胀缩变形较稳定的土层或非膨胀性土层上。目前国内以灌注桩基础较为常用，在个别地区也有采用钢管桩、扩底桩等桩基础形式。

膨胀土地区桩基础的工作状态较为复杂，土体膨胀时，在桩侧与土之间会产生胀切力；土体收缩时，在桩侧与土之间会产生负摩阻力。因此，膨胀土中的桩基础设计除应符合现行规范的有关规定外，还应满足下列条件：

1）土体膨胀时，胀切力与桩顶轴力之差小于桩侧摩阻力；土体收缩时，大气影响急剧层内桩土脱开，桩顶轴力与端阻力之差小于扣除脱开部分后的桩侧摩阻力；桩尖伸入长度应按上述两个条件分别计算后取大值，并应大于大气影响急剧层深度的 1.6 倍，且不得小于 4.0m；

2）由于桩在膨胀土地基中的升降位移量随桩径的增大而呈线性上升，所以宜采用较小的桩径，一般可为 0.25～0.35m；单桩的承载力应通过现场浸水静载试验（或根据当地建筑经验）确定；

3）在桩承台梁与土体之间应预留孔隙，其值应大于土层浸水后的最大膨胀量，且不小于 0.1m；在承台梁两侧应采取措施，防止孔隙堵塞；当桩身承受胀切力时，还应验算桩身材料的抗拉强度，并采取通长配筋，其最小配筋率应按受拉构件配置；

4）在斜坡场地选用桩基础时，桩长应适当增长，桩尖应支承在坡脚以下大于 1.0m 的深度处。

当前，许多高层建筑、桥梁、公路和铁路均在膨胀土地区营建，如何选用与确定膨胀土湿度变化条件下的桩侧摩阻力及桩端阻力计算参数，如何分析计算单桩及群桩与膨胀土的相互作用，以及如何建立其相应的桩-土-承台共同作用的力学模型等，都是修正与完善膨胀土桩基础工程设计的重要理论依据，需要引起足够的重视。

7. 土工合成材料加固法

由于土工合成材料具有加筋、隔离、防护、防渗、过滤和排水等多种功能，因此将土工合成材料应用于处治膨胀土（尤其是用于膨胀土路基工程）已十分普遍。

针对膨胀土基床，主要利用土工膜与复合土工膜的隔水防渗作用，防止其翻浆冒泥；土工格室则对防治基床下沉外挤十分有效，原因在于格室的侧向限制作用使之与土体形成一个整体，从而提高了土体的刚度和强度；而将复合土工膜（二布一膜）铺设在基床表层，除能起到隔离（隔水、隔浆、隔渣）、排水、反滤作用外，还具有分散基床应力、减小路堤填筑后的不均匀沉降、有效提高基床刚度的作用。

施工时，土工膜和土工格室采用人工自一端向另一端铺设，复合土工膜铺设于基床表层，材料上下均铺设砂垫层（上 150mm、下 50mm），垫层底面设置不小于 4%的横向排水坡，施工作业时应确保不损伤已铺土工膜，相邻复合土工膜的搭接宽度不小于 0.5m，保证接头处不渗漏。

为了控制膨胀土路堤边坡的施工质量并提高边坡稳定性，可通过在膨胀土路堤施工中分层水平铺设土工格栅作为路堤的包边加强层，充分利用土工格栅与填土间的摩擦力和咬合力，从而提高了整体抗剪强度，起到固结边坡土体、加筋补强和防止边坡浅层溜塌、塌滑的效果。

铺设土工格栅时，应拉紧展开，相邻土工格栅采用“U”形铁卡固定于土层表面，铺设完毕后不允许车辆碾压，为避免因土方的填筑而使土工格栅产生移位、隆起和变形，其上的松铺填土厚度宜大于 0.4m；按设计坡率进行刷坡时，应刷除施工填筑加宽部分，使边坡加筋土工格栅与坡面平齐，确保格栅不受损坏。

将土工网垫铺设于路堤边坡表面，能起到先期保土和固定草种及防止表水冲刷、分解雨水集中的作用，土工网垫与植物根系、泥土牢固地结合在一起，可形成一层牢固的绿色保护层，防止雨水冲蚀、边坡溜坍和滑坡。土工网垫通常沿边坡自上而下铺设，坡面网垫幅间搭接 50mm，采用竹节钉或“U”形铁丝钉固定，幅内采用固定钉钉固，间距不大于 1.0m，施工中坡面要平整密实，且使网垫平顺并密贴坡面，否则植草难于在坡面生根成长。

应用土工合成材料处理膨胀土路基，由于其施工简单，不需要特殊的施工机械和专业技术人员，且有利于环保，技术和经济效果均较好，是一种值得采用和推广的方法。但目前对土工合成材料与土体相互作用的分析方法，尤其是其相互作用对土工合成材料变形影响的研究还有待深入，此外，对土工合成材料长期使用性能与效果的合理评估也值得进一步的研究。

总之，膨胀土地基的处理技术还在不断发展之中，除上述介绍的方法外，还有一些其他方法亦取得了较好的应用效果，如水泥土搅拌法、石灰桩法、砂石桩法与土钉法等。在实际工程应用中，究竟是采用单一方法或是组合方法，还应根据工程地区的实际情况而定，总的原则依然应是安全、经济、可行、方便。

17.5 山区地基处理技术

17.5.1 岩溶

1. 概述

岩溶又名喀斯特（Karst），它是指可溶性岩石在地下水和地表水的溶蚀作用和机械破坏作用下所形成的各种地质作用、形态和现象的总称。可溶性岩石包括碳酸盐类岩石以及石膏、岩盐、芒硝等岩石。

岩溶主要有地下与地表两种形态。地表岩溶主要包括溶沟、石芽、漏斗、竖井、落水洞、溶蚀洼地、干谷、盲谷、孤峰和峰林等，而地下岩溶主要包括溶隙、溶沟、溶槽、天生桥、溶洞和暗河等。

岩溶作为一种不良工程地质现象，其分布极为广泛，岩溶地区占地球大陆面积约15%，主要分布于中国西南部、地中海沿岸、欧洲东部、东南亚和美国东南部等地区。我国是世界上岩溶发育最广泛的国家之一，贵州、广西、云南、四川、湖南、湖北、山西、山东等 21 个省、自治区内均有较大面积岩溶出露，分布面积高达 130 万 km^2。

2. 岩溶形态与岩溶类型

根据岩溶发育的出露情况，岩溶地貌可分为裸露式、半隐蔽式和隐蔽式三种：

1）裸露式：岩溶岩层裸露地表，具有溶沟、漏斗等岩溶形态；

2）半隐蔽式：岩溶被残积层所覆盖，地表多被腐殖土和植物覆盖，有漏斗、洼地、干谷、塌陷及流量很大的岩溶泉分布，如广西西部的岩溶；

3）隐蔽式：可溶性岩层被非可溶性沉积岩所覆盖，大气降水不易渗透，岩溶作用微弱，有时出现很浅的漏斗，如华北奥陶系和湘东寒武系石灰岩的岩溶。

常见的岩溶形态主要有如下几种形式：

1）溶沟与溶槽：为可溶性岩石中的裂隙在地表水的机械作用和化学作用下形成的小型沟槽，一般深达数十毫米至 1.0m 左右，长 2.0～5.0m。若溶蚀作用进一步发展，沟槽之间的石脊被切割破碎，残留的顶部尖下部粗的锥状柱体，称为石芽；

2）漏斗：漏斗是最常见的地表岩溶形态之一，在地表水的溶蚀作用并伴随塌陷作用下形成。呈碟状或倒锥状，平面上呈圆形或椭圆形，直径和深度一般由数米至数十米，可分为溶蚀漏斗和塌陷漏斗，均由被溶蚀的开口岩溶形态上覆土层塌陷形成，前者底部堆积物较少，后者较多；

3）落水洞或竖井：沿垂直方向发展的洞穴，垂直或陡斜曲折，宽度约数十毫米至十余米，深度可达数百米。其中，有地表水流入的称落水洞，无地表水流入的称竖井；

4）溶洞：沿水平方向发展的洞穴，蜿蜒曲折，支洞很多，断面形态多样，洞内常有钟乳石、石笋和石柱。溶洞中有经常性水流，其中流量较大（大于50L/s）的称暗河；

5）地下湖：逢枯水季节，地下水位下降后，在暗河中的个别地段形成的湖泊状水潭称地下湖；

6）溶蚀洼地：许多相邻漏斗经流水溶蚀不断扩大汇合而成溶蚀洼地。平面上呈圆形或椭圆形，但规模比漏斗更大，直径由数百米至数千米。溶蚀洼地周围有溶蚀残丘或峰丛和峰林，底部常有落水洞和漏斗；

7）坡立谷和溶蚀平原：溶蚀洼地充分发育，相邻洼地彼此连通，便发展成为坡立谷。坡立谷是一种大型的封闭洼地，宽数百米至数千米，长数百米至数十千米，四周山坡陡峻，谷底宽平，覆盖着溶蚀残余的黄色、棕色和红色的黏性土，有时还有河流冲积层。常有河流纵贯坡立谷，河水从一端流出，于另一端则为落水洞吸收，转入地下成暗河。有些坡立谷中还耸立有孤峰；坡立谷进一步发展即形成开阔宽广的溶蚀平原，溶蚀平原上还有许多其他岩溶形态；

8）暗河和天生桥：暗河是地下岩溶水汇集、排泄的主要通道，在岩溶发育地区，地下大都有暗河存在。其中部分暗河常与地面的槽谷伴随存在，通过槽谷底部的一系列漏斗、落水洞使两者互相连通，故可根据地表岩溶形态的分布位置概略地估计暗河在地下的发展方向；

9）土洞：在槽谷、坡立谷底部和溶蚀平原上，可溶性岩层常被第四纪松散土层覆盖，由于地下水位降低或动力条件改变，在岩溶水的淋滤、潜蚀和搬运作用下，使岩面以上的土体下落、流失或坍塌，形成大小不一、形态不同的土中洞穴。如广西、贵州和粤北等地土层覆盖的岩溶地区，常因人为抽水和排水引起地下水位变化而形成土洞，直接危害结构物地基基础的稳定。

3. 岩溶对工程的不良影响

岩溶对工程的不良影响主要表现在以下几个方面：

1）岩溶岩面起伏，导致其上覆土质地基压缩变形不均；

2）岩体洞穴顶板变形、塌落导致地基失稳；

3）岩溶水的动态变化给施工和结构物使用造成不良影响；

4）土洞坍落形成地表塌陷。

4. 岩溶区结构物的设计原则

岩溶区结构物的设计原则应遵循以下几点：

1）场地上主要结构物的位置应尽量避开岩溶强烈发育地段，宜选择在非（弱）可溶岩分布的地段上；

2）从岩溶会对建筑的稳定性和适宜性产生影响的角度考虑，在总平面布局上使各类安全等级的结构物的布置与岩溶发育程度分区相适应；

3）当地形条件受限或生产工艺流程必须在稳定性条件较差的地段布置结构物时，宜使其长轴方向与岩溶发育带方向垂直或斜交，以减少工程处理工作面；

4）场地地坪设计标高的确定，有条件时宜使结构物基底与某一水平岩溶洞隙带之间保持一定距离，或使其能在土石方整平时被开挖揭露；

5）避开岩溶水位高且集中流动的地带，避免基础及地下构筑物拦堵地下水的正常流泄，尤其是场地为狭长的沟谷和近似封闭的洼地时，更要充分估计水的季节性动态变化的不良影响。

5. 岩溶的地基处理方法

1）不均匀地基的处理

参见17.5.2节红黏土地基处理有关部分的叙述。

2）洞体塌滑不稳定的处理

处理方法如下：

（1）对岩溶洞体进行稳定性分析与评价，在洞体稳定性满足要求的前提下，尽量采用浅基础，充分利用上覆性能较好的土层作为持力层或使基底与洞体间保留相当厚度的完好岩体；

（2）对外露的浅埋洞体，可将其挖填置换，清理洞体后以块石、碎石、灰土或混凝土分层填实；对有地下水活动的洞体，应回填反滤层并留有排泄水流通道；

（3）当洞体的顶板薄、跨度大时，可在洞底设置附加支撑以减小洞跨，也可加固洞顶，用浆砌块石嵌补洞顶岩体及洞隙边坡；

（4）当洞体开口较小，开挖清理困难时，可采用注浆法向洞内灌水泥砂浆或低强度混凝土将其填塞；

（5）对埋藏深、洞径大的土洞，可采用灌砂法进行处理。在洞体范围内的顶板地面上打两个或更多的钻孔，其中直径较小的孔（直径为50mm）作排气用，直径较大的孔（直径大于100mm）作灌砂用。灌砂时，同时进行冲水，待小孔中冒出砂时为止。当洞内有水，灌注困难时，可用细石混凝土、水泥、砾石等进行灌注；

（6）对个别跨度不大，洞壁坚固、完整，强度较高的裂隙状深溶洞，可在顶部做钢筋混凝土梁板跨越，将结构置于梁板上；或采取调整柱距的办法避开溶洞；

（7）在洞体部位对基础进行局部加深，可通过钻孔灌注桩或墩穿越单个洞体，使基础荷载传递到下部完好的岩体上。

由于难以准确掌握岩溶的发育规律，尽管在设计中采取了一些措施，但经过一定时间后又可能发生若干变化，因而尚应在结构物使用期间加强检查养护。

3）岩溶地区桩基础的处治原则

岩溶地区桩基础的设计须结合岩溶工程地质特点，根据具体情况制定处治方案，以达到安全、经济、合理的目的，可参照如下原则进行处治：

①首先须对岩溶区桥梁桩基进行稳定性分析与评价，确定处治范围；

②若岩溶非常发育，可对基桩承载力或长期稳定性构成危害者，需依具体情况采取满堂注浆处理；

③基桩未直接穿越溶洞，但在距桩周一定区域内存在溶洞且对基桩摩阻力有影响者，应采取注浆处理；

④基桩上部穿越溶洞时，应对溶洞视具体情况采用注浆、充填片石、碎石和砂等（洞室较大且无充填物时）措施；

⑤基桩下部有溶洞时，可分两种情况处理：a. 溶洞顶板较薄时，可注浆处理；b. 溶洞顶板较厚，经验算顶板能承受基桩传来的荷载时，可酌情改变桩基设计，将桩端置于顶板上，对溶洞不作处理或进行注浆；

⑥若挖孔桩因抽水引起周围地表下沉时，可酌情用片石、砂浆等充填后改用钻孔施工工艺，或在孔周注浆形成帷幕后继续挖孔；若钻孔遇大溶洞时，可用片石加砂浆充填后，采用大比重泥浆施工；

⑦若溶洞顶板很薄，洞底很深，且洞内填充土较为密实，具有足够强度时，桩尖可穿过溶洞顶板置于溶洞内的填充土层内，按摩擦桩进行设计；

⑧当基桩穿越多层岩溶层支承于坚固岩层时，不宜计入多层岩溶层对桩侧的摩阻力；

⑨若将桩端支承于溶洞中填充土层时，可考虑溶洞中填充土层对桩侧的摩阻力，但在顶面岩溶层与桩之间应采取隔离措施，不得考虑桩身与岩溶之间的摩阻力。

4）桩侧存在岩溶洞穴时的施工措施

当桩侧存在岩溶洞穴时，在施工中可采取下述措施：

（1）人工挖孔桩施工

岩溶区一般富水性强，若岩溶地下水为承压水，当人工挖孔桩穿越溶洞时将突然涌水，轻则导致施工停顿，重则可能导致施工人员伤亡；当岩溶区场地内地下水位较高时，岩溶水易与地面径流、湖和塘水连通，若大量抽水，将导致地面大范围沉降或无法降低孔内水位，施工难以继续。为保证人工挖孔的顺利进行，可采取如下措施：

①钢套筒护壁穿越：当人工挖孔接近溶洞顶板时，根据探明的桩孔范围内溶洞分布情况，依洞高制作钢套筒，并将其锤击冲破溶洞顶板，进入溶洞底板基岩，再人工挖除套筒内溶洞充填物至设计标高。由于岩溶空间形态的复杂性，可能造成钢套筒的长度较难准确确定，且当溶洞顶板或底板倾斜过大时易于失效；

②高压注浆帷幕法止水穿越：桩孔因涌水或抽水，将导致附近地面及结构物沉降而无法施工。为清除孔内涌水，或堵住向桩孔涌水的通道，可采用高压注浆法形成止水帷幕。但该法在工程应用中应先进行试验，取得合理施工参数后施行；

③异型板或斜管节支挡穿越：若基桩穿越较大溶洞的尖灭处，可采用钢筋混凝土异型板或斜管节封堵溶洞尖灭处，防止混凝土进入溶洞而出现大量流失，但此时尚需考虑异形板的受力情况。

（2）冲（钻）成孔桩施工

采用冲（钻）成孔穿越溶洞时，应根据溶洞大小准备好黄泥包、片石及充足泥浆，以便在漏浆时可及时有效地进行处治。当冲孔至溶洞位置时，若发现孔内泥浆液面迅速下降，应立即用大片石和泥包回填桩孔，并从储浆池向孔内补浆至孔内泥浆面稳定后再继续冲孔，并保证黄泥、片石能封堵溶洞，防止漏浆及混凝土流失。若溶洞规模较大，可采用C20混凝土或水泥砂浆封堵（加速凝剂）。在岩溶地层中钻进尚应注意下列事项：

①冲击钻头操作要平稳，尽可能少碰撞孔壁；

②选用圆形钻头钻进，冲程宜小不宜大，加大钻头重量，悬距不宜过大；

③当孔内泥浆发生遇裂隙漏失时，可投入黏土，冲击数次后，再边投黏土边冲击，直

至穿过裂隙；

④遇溶洞时应减小冲程和悬距，慢慢穿越，必要时可边冲边向孔内投放小片石或碎石，将其冲挤至溶洞充填物中形成骨架，从而达到稳定充填物的目的；

⑤遇到无充填物的小溶洞时，若施工需要，可投入黏土加石块，形成人造孔壁；

⑥遇到起伏不平的岩面和溶洞底板时，宜投入黏土加石块，将孔底填平，采用十字形钻头小冲程反复冲捣，慢慢穿越，待穿越该层后，逐渐增大冲程和冲击频率，形成一定深度的桩孔后，再进行正常冲击。

（3）坍塌、孤石等问题的处治措施

①坍塌处治：对易出现孔壁坍塌的地层应事先估计，预备好供加长用的钢护筒，必要时采用双护筒，第一套护筒外径比桩径大0.2～0.3m、壁厚10～12mm，下至黏土层内，筒底部周围用水泥砂浆固结止水；第二套护筒外径比桩径大50mm，下至岩溶裂隙强发育带中较完整的基岩上，防止孔壁坍塌。

若已发生坍孔，应迅速拔出护筒，移走钻机，向孔口抛填片石、泥包混合料，随后可现场加工一个4.5m高，直径大于桩径0.2～0.3m的钢筋笼，将加工好的钢筋笼置于坍陷的孔口，四周用袋装黏土堆砌，堆砌时四周均匀升高，恢复桩孔，再将井口四周土填平，冲击钻继续冲孔。

②孤石处治：若冲击成孔过程中遇到孤石，可抛填硬度相近的片石或卵石，将钻机稍稍移向孤石一侧，然后用高冲程冲击，或高低冲程交替冲击，将大孤石击碎挤入孔壁。

若孤石非常坚硬，也可采用孔内爆破法。一般可采用孤石表面爆破和定向聚能爆破两种方法。遇一般性孤石，将炸药包吊放在孤石表面引爆，震裂孤石，以利钻进；遇坚硬孤石，采用定向聚能爆破的方式，根据孤石的大小及坚硬程度确定用药量，只要药量控制适当，不会影响孔壁及施工平台的安全。

此外，若桩侧溶洞存在地下水且采用人工挖孔方法施工，为了防止岩溶水对桩基混凝土的腐蚀作用，应采取疏导、堵塞措施，排出溶洞中的水，以达到施工设计要求；若基桩穿越溶洞，为防止上层溶洞对基桩产生摩阻力致使桩身局部应力集中而导致桩的局部失稳，对上部溶洞与桩身应采取隔离措施。

5）岩溶水的处治措施

对岩溶水的处理应贯彻宜疏勿堵的原则，对地表水做好有组织的排水，对地下水以疏导为主，即使堵也应留有出路，设置反滤层以减少掏蚀。

岩溶水具有与一般水流不同的特点，很难确切地掌握其水量及变化规律。因此对岩溶水水量的估计宁大勿小，相应的排水结构物也应宁宽勿窄，具体处理上疏导比堵塞好，桥梁比涵洞好，其措施可归纳为以下几类：

（1）截流

为达到截断岩溶水的渗入或疏干某一范围的目的，一般在与水流方向垂直的方向设置截流措施，常用的有截流盲沟、截水墙、截水洞等。

①截流盲沟：适用于水量小而分散的岩溶水，为疏导或降低地下水位而设，盲沟应设置反滤层。

②截水墙：为防止水流冲击和渗入而设，其方向与水流方向垂直。

③截水洞：为保持结构物干燥或疏干某范围而设，当岩溶水大而集中时，常采用在垂直于地下水流向的一侧设置截水洞，其标高应低于需要疏干的结构物。

（2）疏导

对常流或间歇性岩溶水（尤其当流量、流速较大时），或直接影响当地农田灌溉的岩溶水都应采取排泄处治措施。排水结构物所设方向常与水流方向相一致，使排水更为有效。常用的措施有泄水洞、管道、桥涵及明沟排水等。

①泄水洞：用以排除洼地或基底积水，或降低结构物基础水位使其干燥。

②排水管：水量集中的岩溶水都可用各种材料的管道引排。根据出水部位或设于隧道衬砌断面以内或以外，或设于路基下以引出上升的泉水，带孔的管道还可引排分散的水流。

③排水桥涵：图 17-11 为某干谷，枯季无径流，沟中有几股间歇性泉水，原设计利用两端挖方弃碴作填石路堤，下设涵洞，大雨时流量增大几十倍，且多处涌水淹没涵洞，冲毁已筑的部分路堤，后改建桥梁跨越。

④排水沟：为免除封闭洼地积水或改变暗河水流方向，既可作泄水洞，也可开挖明沟引排。

（3）围堰

为保持岩溶泉正常出水、消水洞消水或防止消水以提高水位引出它用，均可采用围堰围拦，其材料有混凝土圆柱管、干砌片石或钢筋网等，图 17-12 为某工程围堰处理方案。

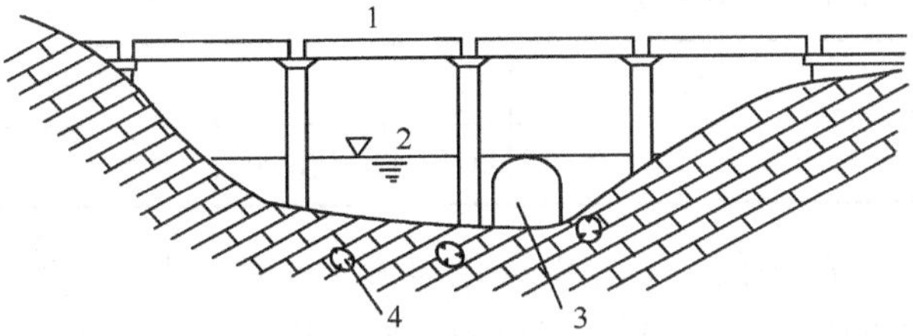

图 17-11　某干谷桥涵排水示意

1—新建桥；2—大雨时的水位；3—原建涵洞；4—岩溶泉

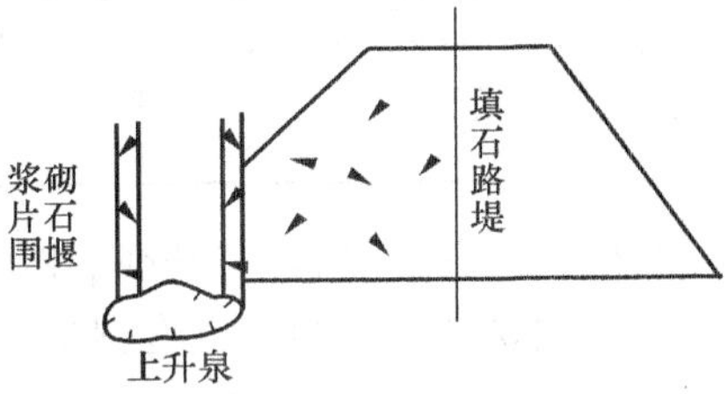

图 17-12　某工程岩溶泉围堰

（4）堵塞

若地下水量小而分散时，可用砂浆、黏土及砌片石等予以堵塞。隧道工程中常用压浆堵水，为防止渗水也常采用压浆帷幕等措施。通常，地下水宜疏不宜堵，因此，对大而集中的岩溶水，尤其当水压力大时，堵塞措施应谨慎采用。

17.5.2　红黏土

1. 概述

红黏土是指出露地表的碳酸盐系岩石（如石灰岩、泥灰岩、白云岩等），在热带、亚热带的湿热气候条件下经风化、淋滤和红土化作用而形成并覆盖于基岩上的一种棕红或褐红或褐黄色的高塑性黏土。由于在红土化过程中土中大部分种类的阳离子被带走，使得铁、铝元素相对集中而造成其色相带红。红黏土主要为第四系的残积、坡积类型，其中以残积为主。若为液限 $w_L \geqslant 50\%$ 的高塑性黏土称为原生红黏土，而原生红黏土经搬运、沉积后仍保留其基本特征，且其液限 $w_L > 45\%$ 的则称为次生红黏土。由于红黏土具有独特的物理力学性质，且其在分布上的厚度变化较大，因而它属于一种区域性的特殊土。

在我国，红黏土主要分布于黄河、秦岭以南，青藏高原以东的地区。集中分布在北纬33°以南的广西、贵州、云南、四川东部、湖南西部等地区。

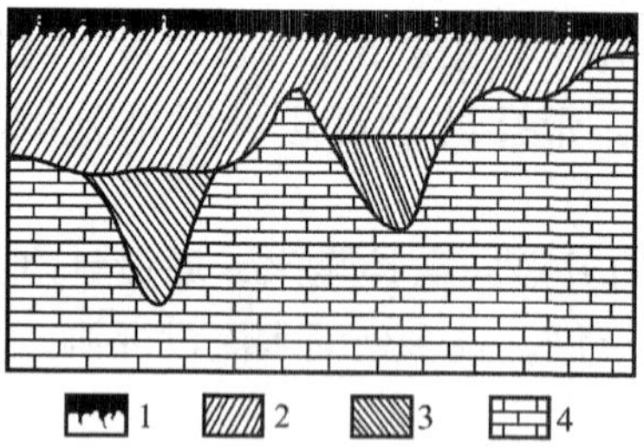

图 17-13　红黏土层的剖面示意
1—耕土；2—硬塑红黏土；
3—软塑红黏土；4—石灰岩

红黏土一般分布在盆地、洼地、山麓、山坡、谷地或丘陵等地区，形成缓坡、陡坎、坡积裙等微地貌。有的地区，地表存在着因塌陷而形成的土坑、碟形洼地。

红黏土湿度状态的主要特征为从地表向下土体有逐渐变软的规律。地层上部的红黏土呈坚硬或硬塑状态。硬塑状态的土占红黏土层的大部分，构成有一定厚度的基础持力层。向下逐渐变软过渡为可塑、软塑状态，这些土多埋藏在溶沟或溶槽的底部（见图17-13）。这种由上至下状态变化的原因，一方面系地表水往下渗滤过程中，靠近地表部分的水易于蒸发，愈往深部则水愈易聚集保存下来，另一方面也可能是直接由下卧基岩裂隙水的补给和毛细作用所致。

红黏土可按湿度状态（即含水比 $a_w = w/w_L$）进行分类，详见表17-12。

红黏土按湿度状态分类　　　　**表 17-12**

湿度状态	坚　硬	硬　塑	可　塑	软　塑	流　塑
含水比 a_w	$\leqslant 0.55$	$0.55 < a_w \leqslant 0.70$	$0.70 < a_w \leqslant 0.85$	$0.85 < a_w \leqslant 1.00$	>1.00

红黏土因受基岩起伏的影响和风化深度的不同，其厚度变化很大。红黏土中的裂隙普遍发育，主要是竖向的，也有斜交和水平的。它是在湿热交替的气候环境中，由于土的干缩而形成的。裂隙破坏了土体的完整性，将土体切割成块状，水沿裂隙活动，对红黏土的工程性质非常不利。斜坡或陡坎上的竖向裂隙为土体中的软弱结构面，沿此面可形成崩塌或滑坡。此外，红黏土层中还可能存在由地下水或地表水形成的土洞。

红黏土的物理力学性质指标因地区的不同而有所差异，但概括起来其物理力学性质具有下述特点：

1）天然含水量的分布范围大（$w = 20\% \sim 75\%$）而液性指数小（$I_L = 0.1 \sim 0.4$），说明天然状态下红黏土中的水以结合水为主，而自由水较少；

2）饱和度较大（一般有 $S_r > 85\%$），常处于饱和状态；

3）天然孔隙比大（$e = 1.1 \sim 1.7$），密度小；

4）塑性指数高；

5）颗粒细而均匀，黏粒含量高（$c < 0.005$mm 的颗粒含量达 55%～70%），具高分散性；

6）抗剪强度较高，压缩性较低；

7）收缩性明显，失水后强烈收缩，原状土体的线缩率一般为2.5%～8.0%，最大可达14.0%。浸水后多数膨胀性轻微（膨胀率一般仅为0.1%～2.0%），但也有个别例外；

8）除少数的红黏土具有湿陷性外，一般不具湿陷性。

2. 红黏土地区结构物的设计原则

1）在一般情况下，表层红黏土的压缩性较低且强度较高，属于较好的地基土。因此当采用天然地基，基础持力层和下卧层均满足承载力和变形的要求时，基础宜尽量浅埋，但应避免结构物跨越地裂密集带或深长地裂地段；

2）当基础浅埋，外侧地面倾斜或有临空面，或承受较大水平荷载等情况时，应考虑土体结构及裂隙的存在对地基承载力的影响；

3）对热工基础，以及气温高、旱期长、雨量集中地区的低层轻型结构物，必须考虑地基土的收缩对结构物的影响。当地基土的收缩变形量超过容许值时，或在结构物场地的挖方地段以及房屋转角处应采取相应的防护措施。对胀缩明显的土层应决定是否按膨胀土考虑；

4）红黏土一般分布在岩溶化的地层上部，可能有土洞发育，对结构物的稳定不利，应对其采取相应措施处理。

5）在一般情况下，可不考虑红黏土层中地下水对混凝土的腐蚀性，只有在腐蚀性水源补给或其他污染源影响的情况下，才应采取地下水试样进行水质分析，评价其腐蚀性。因此，在评价地下水时，应着重研究地下水的埋藏、运动条件与土体裂隙特征的关系以及与地表水、上层滞水、岩溶水之间的连通性，根据赋存于土中宽大裂隙的地下水流分布的不均性、季节性评价其对结构物的影响。

设计和施工中应注意以下问题：

1）充分考虑红黏土上硬下软的竖向分布特征，基础应尽量浅埋，利用具有较高承载力的表面坚硬或硬塑土层作为基础持力层；

2）如土层下部有软弱下卧层存在，在设计时，应注意验算地基变形值（如沉降量、沉降差等），确定其是否合乎要求；

3）红黏土有干缩的特点，在施工时，若基槽（坑）开挖后长时间不砌基础，基土遭受日晒、风干，就会产生干缩。如雨水下渗，土被软化，强度也会降低。因此，在开挖基槽（坑）后，应及时砌筑基础。不能做到时，最好留一定厚度的土层待基础施工时挖除，或用覆盖物保护开挖的基槽（坑），防止基土干缩和湿化；

4）在红黏土分布的斜坡地带，施工中必须注意斜坡和坑壁的崩滑现象。由于红黏土具有胀缩特征，在反复干、湿的条件下会产生裂隙，雨水等沿裂隙渗入，导致坑壁容易崩塌，斜坡也容易出现滑坡，应予以重视；

5）不均匀地基是丘陵山地中红黏土地基普遍存在的情况。对不均匀地基，应确立以地基处理为主的原则，对以下几种情况相应的地基处理原则和方法是：

①石芽密布，不宽的溶槽中有红黏土。若溶槽中红黏土的厚度 h 满足 $h<h_1$（对于独立基础 $h_1=1.1$m；对于条形基础 $h_1=1.2$m）时可不必处理而将基础直接坐落于其上；当条件不符时，可全部或部分挖除溶槽中的土，使其满足 h_1 的要求；当槽宽较大时，可将基底做成台阶状，保持相邻点上可压缩土层厚度呈渐变过渡，也可在溶槽中布设若干短桩

(墩)，使基底荷载传至基岩上；

②石芽零星出露，周围为厚度不等的红黏土。单独的石芽出露于结构物地基的中部，比同时分布于结构物地基的两端危害性要大，位于中部的石芽相当于简支梁上的支点，而两端呈悬臂状态，使得结构物顶部受拉，从而造成结构物产生开裂。在这种情况下，可打掉一定厚度的石芽，铺以 300～500mm 厚水稳定性好的褥垫材料，如煤渣、中细砂等；

③对基底下有一定厚度，但厚度变化较大的红黏土地基，由于红黏土层的厚薄不均易导致结构物出现不均匀沉降。此时的地基处理措施应主要用于调整沉降差，常用的措施有：挖除土层较厚端的部分土，把基底做成阶梯状，使相邻点可压缩层厚度相对一致或呈渐变状态。如遇挖除一定厚度土层后，造成下部可塑土层更加接近基底，无论承载力和变形检验都难以满足要求，此时可在挖除后做置换处理。换土应选用压缩性低的材料，在纵断面上铺垫做成阶梯状过渡，其顶应与基底齐平。

总之，在选择不均匀地基的处理措施时，一般的原则是：在以硬为主的地段（岩石外露处）处理软的（指土层）；在以软为主的地段，则处理硬的，以减少处理工作面。处理中应以调整应力状态与调整变形并重，选用的措施要施工简单，质量易于控制。

6）若基岩面起伏较大、岩质较硬，可采用穿越红黏土层的大直径嵌岩桩基或墩基；

7）若使用红黏土作为填筑土时，应控制其干重度为 14～15kN/m^3，使其含水量接近塑限；

8）强夯置换法

采用强夯的夯击能将级配良好、力学性质优良的填筑材料夯入地基中，对红黏土进行置换。

17.5.3 工程实例

湖南某高速公路岩溶区路面连续配筋混凝土板跨越路面补强处治

湖南某高速公路有多处经过岩溶及采空区，溶洞或采空洞对路基的稳定性构成严重威胁，必须进行处治。溶洞与采空洞采用浅层开挖静压注浆处理，路面采用连续配筋混凝土板进行跨越。共有 K21＋600～K22＋200 段、K32＋800～K33＋030 段、K35＋120～K35＋200 段直接使用连续配筋混凝土路面进行补强，其连续配筋混凝土路面板具体设计见图 17-14～图 17-16。

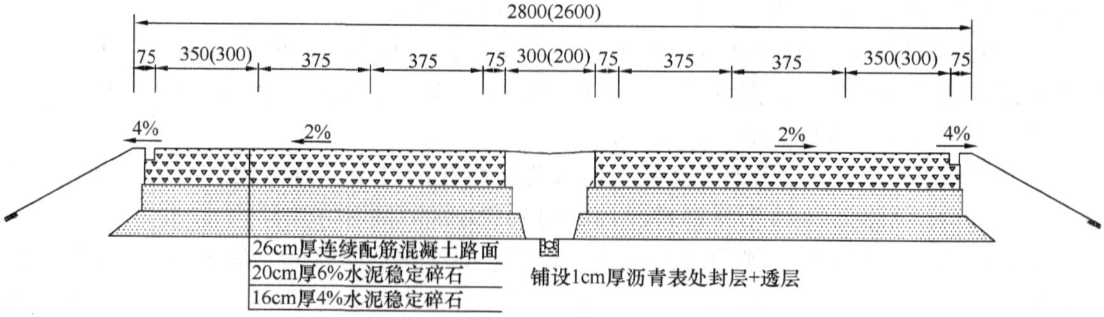

图 17-14 路面构造

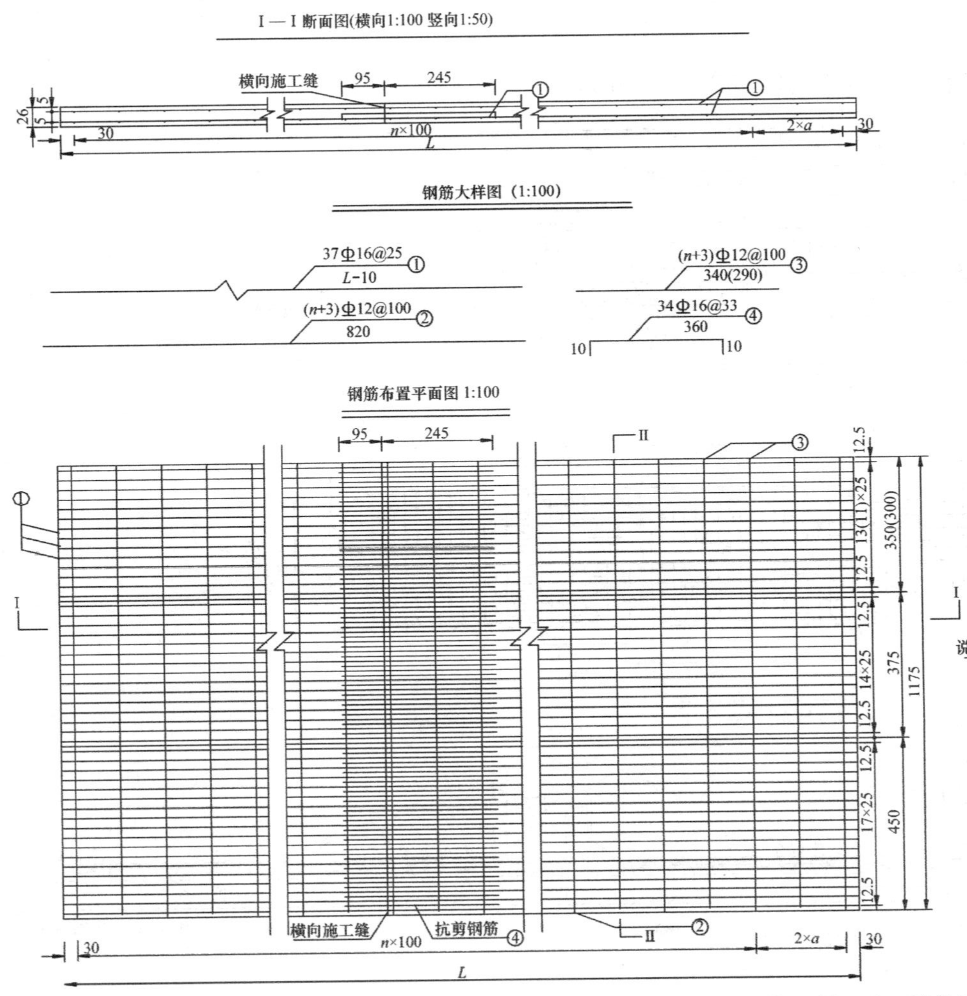

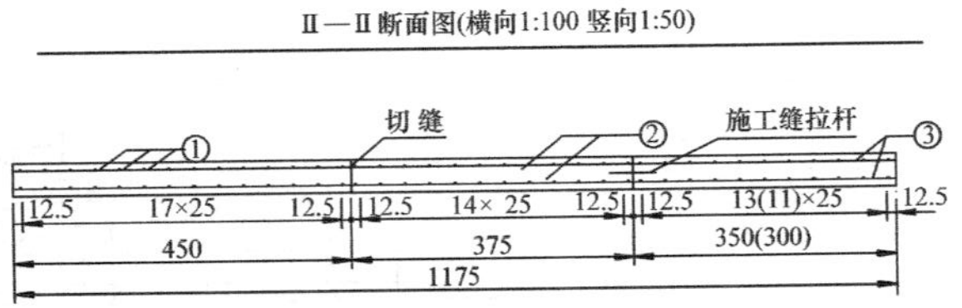

钢筋明细表（每100m长路面）

钢筋编号	直径(mm)	每根长(cm)	间距(cm)	根数(根)	共长(m)	总重(kg)	半幅合计(kg)
①	Φ16	10000	25	94(90)	9400 (9000)	14739.2 (14112.0)	17311.5 (16572.7)
②	Φ12	820	100	202	1656.4	1460.9	
③	Φ12	345(295)	100	202	696.9 (595.9)	614.7 (525.6)	
④	Φ16	360	25	88(84)	316.8 (302.4)	496.7 (474.2)	

说明:

1. 本图尺寸除钢筋直径以mm计外，其余均以cm计。
2. 纵向钢筋设2层，分别在距离路面顶面5cm和15cm处，横向钢筋位于纵向钢筋之下，横向钢筋间距取1m。
3. 行车道板（3.75m板）与超车道板（4.50m板）的钢筋网按一个钢筋网扎制；行车道板（3.75m板）与硬路肩（3.50m板）之间设纵向施工缝，两者之间设拉杆，拉杆设于连续配筋混凝土结构的中面，拉杆设置的其他情况参见相应的设计图。如果半幅路面采取一次性摊铺的方式进行摊铺，那么横向钢筋必须贯通两条纵缝，纵缝均不再另设拉杆。
4. 横向施工缝宜尽量少设。施工中断设置施工缝时可采用平缝，纵向钢筋应保持连续，穿过接缝，并在每相邻两根纵向钢筋之间增设与纵向钢筋同直径的抗剪钢筋。抗剪钢筋在施工缝两侧的长度分别为95cm（先施工的一侧）与245cm（后施工的一侧）。
5. 端部处理所设置的钢筋，本图未画出,参见有关端部矩形地锚钢筋构造图。
6. 37.5cm<a≤80cm。
7. 端部胀缝传力杆本图未画出，参见相应设计图。
8. 括号内数据用于路幅宽度为26m的路段。
9. L为连续配筋混凝土路面长度。

图 17-15 连续配筋混凝土路面结构设计图

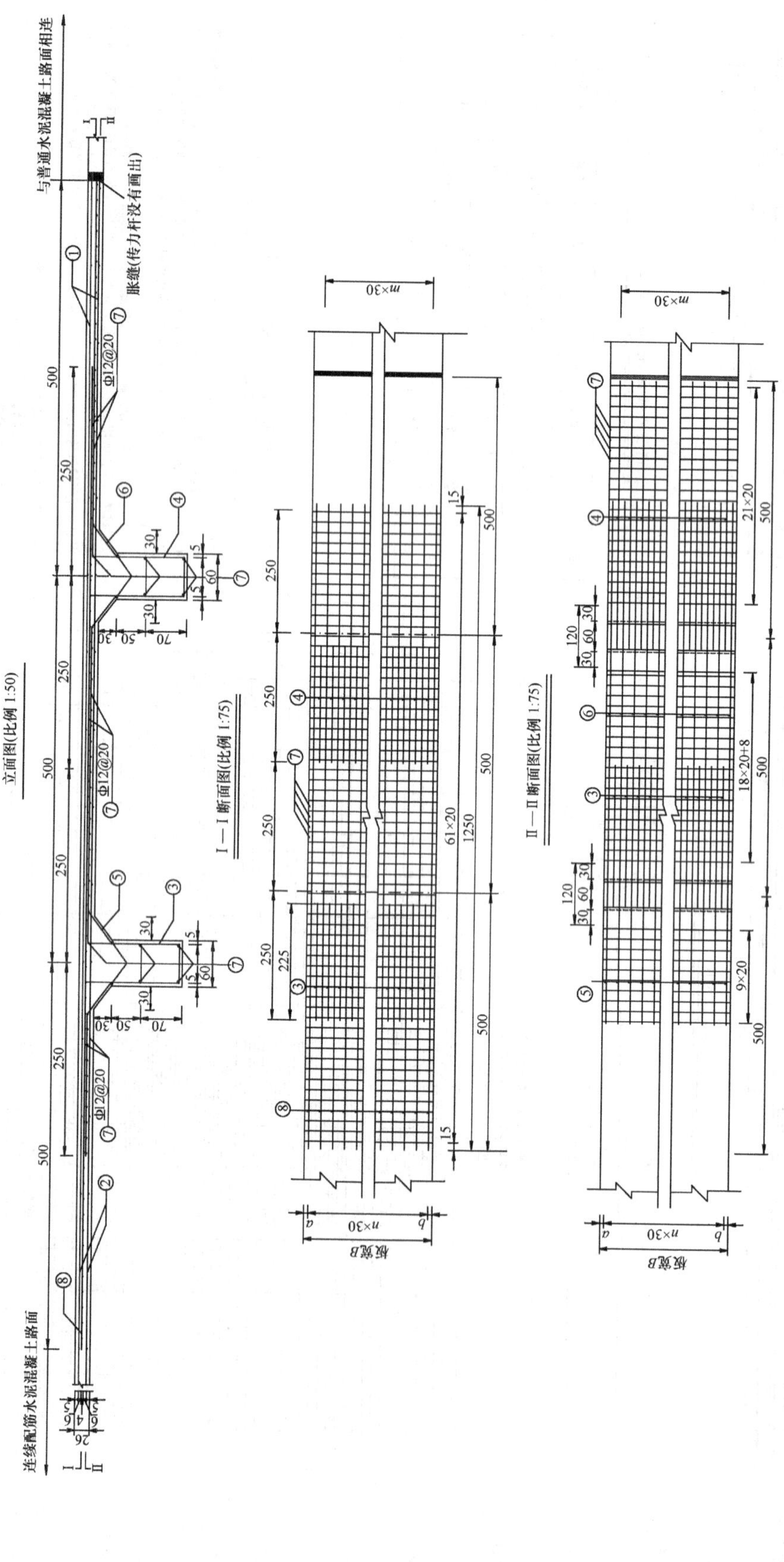

图 17-16 连续配筋混凝土路面地锚钢筋构造图

17.6 冻土地基处理技术

冻土是指温度等于或低于0℃，含有固态水（冰）的各类土。冻土按其保持冻结状态的时间长短可分为3类：1. 瞬时冻土，冻结时间小于1个月，一般为数天或数小时（夜间冻结），冻结深度从数毫米至数十毫米；2. 季节冻土，冻结时间等于或大于1个月，冻结深度从数十毫米至1～2m，为每年冬季冻结、夏季全部融化的周期性冻土；3. 多年冻土，冻结状态持续2年或2年以上。

17.6.1 概述

在中国，季节冻土遍布全国各地，而多年冻土则主要分布在青藏高原、帕米尔及西部高山区——天山、阿尔泰山和祁连山等地区，在东北大、小兴安岭和其他高山的顶部也有零星分布。其总面积约为215万km^2（占我国总面积的22.3%，约占世界多年冻土面积的10%），全世界多年冻土的面积约占陆地总面积的25%。

多年冻土地基的表层常覆盖有季节冻土（或称融冻层）。在多年冻土上建造结构物后，由于结构物传到地基中的热量改变了多年冻土的地温状态，使冻土逐年融化而强度显著降低，压缩性明显增高，从而导致上部结构破坏或妨碍正常使用。多年冻土与季节冻土不同，埋藏深而厚度大，设计中很难处理，因此有必要作为特殊土地基来考虑。

多年冻土按其发展趋势，可分为发展的和退化的。如土层每年的散热比吸热多，多年冻土逐渐变厚，即为发展的多年冻土；如土层每年吸热比散热多，地温逐渐升高，多年冻土层逐渐融化变薄以致消失，即为退化的多年冻土。当然，在自然条件下，不论是发展还是退化都是十分缓慢的过程。但了解其发展趋势及应采取的设计原则是十分重要的，因为可以能动地顺应自然和改造自然，视工程要求加速或延缓其变化。如清除地表草皮等覆盖，可加速多年冻土的退化；而采用厚填土则可加速多年冻土的发展，使其上限上升。

多年冻土的融沉性是评价其工程性质的重要指标。冻土的融沉性可由试验测定出的融化下沉系数表示，根据融化下沉系数δ_0的大小，多年冻土可分为不融沉、弱融沉、融沉、强融沉和融陷五级（见表17-13）。冻土的平均融化下沉系数δ_0可按下式计算：

$$\delta_0=\frac{h_1-h_2}{h_1}=\frac{e_1-e_2}{1+e_1}\times100(\%) \tag{17-23}$$

式中 h_1、e_1——分别为冻土试样融化前的高度（mm）和孔隙比；

h_2、e_2——分别为冻土试样融化后的高度（mm）和孔隙比。

多年冻土的融沉性分类 **表17-13**

土的名称	总含水量 w（%）	平均融沉系数 δ_0	融沉等级	融沉类别	冻土类型
碎（卵）石，砾、粗、中砂（粒径小于0.074mm的颗粒含量不大于15%）	$w<10$	$\delta_0\leqslant1$	Ⅰ	不融沉	少冰冻土
	$w\geqslant10$	$1<\delta_0\leqslant3$	Ⅱ	弱融沉	多冰冻土

续表

土的名称	总含水量 w（%）	平均融沉系数 δ_0	融沉等级	融沉类别	冻土类型
碎（卵）石，砾、粗、中砂（粒径小于0.074mm的颗粒含量大于15%）	$w<12$	$\delta_0\leqslant1$	Ⅰ	不融沉	少冰冻土
	$12\leqslant w<15$	$1<\delta_0\leqslant3$	Ⅱ	弱融沉	多冰冻土
	$15\leqslant w<25$	$3<\delta_0\leqslant10$	Ⅲ	融沉	富冰冻土
	$w\geqslant25$	$10<\delta_0\leqslant25$	Ⅳ	强融沉	饱冰冻土
粉、细砂	$w<14$	$\delta_0\leqslant1$	Ⅰ	不融沉	少冰冻土
	$14\leqslant w<18$	$1<\delta_0\leqslant3$	Ⅱ	弱融沉	多冰冻土
	$18\leqslant w<28$	$3<\delta_0\leqslant10$	Ⅲ	融沉	富冰冻土
	$w\geqslant28$	$10<\delta_0\leqslant25$	Ⅳ	强融沉	饱冰冻土
粉　土	$w<17$	$\delta_0\leqslant1$	Ⅰ	不融沉	少冰冻土
	$17\leqslant w<21$	$1<\delta_0\leqslant3$	Ⅱ	弱融沉	多冰冻土
	$21\leqslant w<32$	$3<\delta_0\leqslant10$	Ⅲ	融沉	富冰冻土
	$w\geqslant32$	$10<\delta_0\leqslant25$	Ⅳ	强融沉	饱冰冻土
黏性土	$w<w_P$	$\delta_0\leqslant1$	Ⅰ	不融沉	少冰冻土
	$w_P\leqslant w<w_P+4$	$1<\delta_0\leqslant3$	Ⅱ	弱融沉	多冰冻土
	$w_P+4\leqslant w<w_P+15$	$3<\delta_0\leqslant10$	Ⅲ	融沉	富冰冻土
	$w_P+15\leqslant w<w_P+35$	$10<\delta_0\leqslant25$	Ⅳ	强融沉	饱冰冻土
含土冰层	$w\geqslant w_P+35$	$\delta_0>25$	Ⅴ	融　陷	含土冰层

注：1. 总含水量 w 包括冰和未冻水；

2. 本表不包括盐渍化冻土、冻结泥炭化土、腐殖土、高塑性黏土。

土冻结时，不仅其温度处于0℃以下，更重要的是土体中出现冰晶体，逐步将原来矿物颗粒间的水分连结为冰晶胶结，使土体具有特殊的性质：具有很高的抗压强度；压缩性显著减小；增大了土体的导热系数和电阻率；较其融化状态时具有更大的流变性等。

由于水在冻结为冰时，其体积将增加约9%。因此土的冻胀是指土在冻结过程中，土中水分（包括外界向冻结锋面迁移的水分及土体孔隙中原有的部分水分）冻结成冰，并形成冰层、冰透镜体、多晶体冰晶等形式的冰侵入体，引起土颗粒之间产生相对位移，使土体体积产生的不同程度的扩胀现象。

随着土质、土中含水量及冻结条件、附加荷载等条件的不同，土体可产生不同程度的冻胀，在其融化后又会产生不均匀下沉现象。

当土体的温度发生变化时，由土中水分冻结与融化所引起的物态的变化，严重地影响着土的性质，进而影响着结构物地基的稳定性。多年冻土地区中每年融化季节所能影响到冻土的最大融化深度，称为季节融化层。它将随着季节变化而产生冻胀和融陷，使结构物地基丧失稳定性或产生强度破坏。

工程结构物的修建和运营对多年冻土地基将产生热变迁作用，使得原有的热平衡条件发生变化，导致多年冻土的上限下降，出现融化下沉。

在多年冻土地区修建的结构物，有可能因冻害而受到损害。引起结构物受损的原因主要有：

1. 冻胀引起的破坏

冻胀的外观表现是土表层不均匀的升高，冻胀变形常常可以形成冻胀丘及隆起等一些地形外貌。

当地基土的冻结线侵入到基础的埋置深度范围内时，将会引起基础产生冻胀。当基础底面置于季节冻结线之下时，基础侧表面将受到地基土切向冻胀力的作用；当基础底面置于季节冻结线之上时，基础将受到地基土切向冻胀力及法向冻胀力的作用。在上述冻胀力作用下，结构物基础将明显地表现出随季节而上抬和下落变化。当这种冻融变形超过结构物所允许的变形值时，便会产生各种形式的裂缝和破坏。

2. 融沉引起的破坏

融沉又称热融沉陷，指冻土融化时发生的下沉现象。它包括与外荷载无关的融化沉降和与外荷载直接相关的压密沉降。一般是由于自然（气候转暖）或人为因素（如砍伐与焚烧树木、房屋采暖）改变了地面的温度状况，引起季节融化层深度加大，使地下冰或多年冻土层发生局部融化所造成的。在天然情况下发生的融沉往往表现为热融凹地、热融湖沼和热融阶地等，这些都是不利于工程建筑物安全和正常运营的条件。

融沉是多年冻土地区引起结构物破坏的主要原因。结构物基础热融沉陷主要是由于施工和运营的影响，改变了原自然条件的水热平衡状态，使多年冻土的上限下降。具体原因可能有：a. 施工期造成热平衡条件破坏；b. 地面水渗入；c. 结构物采暖散热使多年冻土融化。

在冻土地区修建结构物，除了要满足非冻土区结构物所要满足的强度与变形条件外，还要考虑以冻土作为结构物地基时，其强度随温度和时间而变化的情况。所以采取什么样的防冻胀和融沉措施来保证冻土区结构物地基的稳定，是关系到冻土区工程建设成败的关键所在。

17.6.2 多年冻土地基的设计原则

在广阔的多年冻土地区蕴藏着丰富的矿藏、森林和土地资源，由于资源开发的需要，多年冻土区已成为人类生产和生活的场所。由于冻土中冰的存在决定了寒区工程建设独有的特点，如不采取与一般条件不同的特殊措施和方法，则既可能引起多年冻土区工程结构物运行遭受冻害威胁，也可能造成严重的经济浪费。

在我国多年冻土地区，多年冻土的连续性不是很高，所以结构物的平面布置具有一定的灵活性。通常情况下，应尽量选择不融沉区或以粗颗粒的不融沉性土作地基，上述条件无法满足时，可利用多年冻土作为地基，但一定要考虑到土在冻结与融化两种不同状态下，其力学性质、强度指标、变形特点、热稳定性等物理力学特征相差悬殊的特点。所以，在这种情况下首先应根据冻土的冻结与融化状态，确定多年冻土地基的设计状态。

多年冻土地基的设计，可以采取两种不同的设计原则：1. 保持冻结状态；2. 允许融化状态。

保持冻结状态即指在结构物施工和使用期间，地基土始终保持冻结状态。

允许融化状态又可以根据具体条件分为两种：逐渐融化状态（即指在结构物施工和使用期间，地基土处于逐渐融化状态）和预先融化状态（即在结构物施工之前，使地基融化至计算深度或全部融化)。

一般说来，当冻土厚度较大，土温比较稳定，或者融沉性很大时，采取保持冻结状态的设计原则比较合理，特别是对那些不采暖房屋和带不采暖地下室的采暖结构物最为适宜。对于塑性冻土或采暖结构物，如能采取措施，保证冻土地基的温度不比天然状态高时，也可按保持冻结状态法进行设计。

当符合以下条件之一时，采取允许融化状态的设计原则较为合理：冻土是退化的，厚度不大；基岩或不融沉的高承载力土层埋藏较浅；不连续分布的小块岛状冻土或融沉量不大的冻土层。特别是对上部结构刚度较高或对差异沉降不敏感的结构物、大量散热的结构物（如高温车间、浴室等）且不允许采用通风地下室或其他保持地基冻结状态的方法时，更应该按允许融化的原则进行设计。当预估融沉量超过地基容许变形值时，也可采取人工预融法将冻土融化后再建基础，或者适当加固地基（如换填融沉性不大的土等)。

17.6.3　多年冻土地基的处理方法

为控制地基土的变形，可根据需要采用不同的地基处理措施和结构设计方法。以多年冻土区地基设计原则为出发点，表 17-14 对各种方法的加固原理及其适用范围进行了比较。为保持地基土的冻结状态，可根据地基土和结构物的具体形式选择使用架空通风基础、填土通风管基础、用粗颗粒土垫高地基、热管基础、保温隔热地板以及把基础底板延伸至计算的最大融化深度之下等措施。当采用逐渐融化状态进行设计时，以加大基础埋深、采用隔热地板、设置地面排水系统等设计措施来减小地基的变形。假如按预先融化状态设计，且融化深度范围内地基的变形量超过结构物的允许值时，可采取下列措施之一来达到减小变形量的目的：用粗颗粒土置换细颗粒土或预压加密、保持基础底面之下多年冻土的人为上限不变、加大基础埋深等。

冻土区地基处理方法分类及其适用范围　　　　表 17-14

设计原则	方　法	使用原理	适用范围
保持冻结状态的设计原则	架空通风基础法	这种基础型式一般是在桩顶部设置混凝土圈梁，圈梁与地面间有一定空间，以防土体冻胀时把圈梁抬起。还可以使房屋架空，让空气自由地沿地面与房屋底面板间的空间流通，将室内散发的热量带走，以保持地基土处于冻结状态	稳定的多年冻土区、且热源较大地质条件较差（如含冰量大的强融沉性土）的房屋建筑
	填土通风管基础法	将通风管埋入非冻胀性填土中，利用通风管自然通风带走结构物的附加热量，以保持结构物地基的天然上限不变，保持地基的冻结状态	多用于多年冻土区不采暖的结构物，如油罐基础、公路或铁路路堤等
	垫层法	主要是利用卵石、砂砾石等粗颗粒材料的较大孔隙和较强的空气自由对流特性。这样做不仅可以保证冻结过程中不产生水分迁移和聚冰现象且在冻结过程中水分从冻结锋面的高压端向非冻结面压出；而且还使得冬夏冷热空气由于空气密度等差异而不断发生冷量交换和热量屏蔽，其结果有利于保护多年冻土	多用于卵石、砂砾石较多的多年冻土区

续表

设计原则	方法	使用原理	适用范围
保持冻结状态的设计原则	热管基础法	利用热桩、热棒基础内部的热虹吸将地基土中的热量传至上部散入大气中，来达到冷确地基的效果	热桩适用于多年冻土的边缘地带，在遇到高温冻土时，重要建筑与结构物下面的基础可用热桩隔开。而热棒是作为已有结构物在使用过程中遇到基础下冻土温度升高、变形加大等不利现象时的有效加固手段
	保温隔热地板法	在结构物基础底部或四周设置隔热层，增大热阻，以推迟地基土的融化，降低土中温度，减少融化深度，进而达到防冻胀的目的	多用于多年冻土地区的采暖结构物
	桩基础法	当基础底面延伸至计算的最大融化深度以下时，可以消除地基土在冻结过程中法向冻胀力对基础底部的作用，同时也可以消除融沉的影响	多适用于多年冻土区的桩、柱和墩基等基础的埋置
	人工冻结法	冻土只能在负温下存在，且温度越低，冻土强度越大	只有保护冻土才能保持结构物的稳定，但以上措施都无法使用时，可考虑采用人工冻结法
逐渐融化状态的设计原则	加大基础埋深	加大基础埋深，并使基底之下的融化土层变薄，以控制地基土逐渐融化后，其下沉量不超过允许变形值	当持力层范围内的地基土在塑性冻结状态，或室温较高，宽度较大的结构物以及热管道及给排水系统穿过地基时，难以保持土的冻结状态
	选择低压缩性土为持力层	地基土的压缩性低时，其变形量也小	
	设置地面排水系统	降低地下水位及冻结层范围内土体的含水量，隔断外水补给来源并排除地表水以防止地基土过于潮湿	
	采用保温隔热板或架空热管道及给排水系统	防止室温、热管道及给排水系统向地基传热，达到人为控制地基土融化深度的目的	适用于工业与民用建筑，热水管道以及给排水系统的铺设工程
	加强结构的整体性与空间刚度	可抵御一部分不均匀变形，防止结构裂缝	适用于允许有大的不均匀冻胀变形的结构物，但为防止有不均匀冻胀变形而导致某一部分结构产生强度破坏，应采取措施增大基础或上部结构的刚度或整体性
	增加结构的柔性	适应地基土逐渐融化后的不均匀变形	适用于寒冷地区的公路、铁路和渠道衬砌工程中，以及在地下水位较高的强冻胀土地段工程中
预先融化状态的设计原则	用粗颗粒土置换细颗粒土或预压加密土层	利用粗颗粒材料较大的孔隙和较强的空气自由对流特性，降低土的冻胀对地基变形的影响	
	保持多年冻土人为上限相同	具有相同多年冻土上限值，可消除结构物地基冻胀量和不均匀沉降量的相对变化	
	预压加密土层	预压加密后可减小地基的变形量	适用于压缩性较大的土
	加大基础埋深	加大基础埋深，并使基底之下的融化土层变薄，以控制地基土逐渐融化后，其下沉量不超过允许变形值	
	结构措施	增强结构物的整体刚度或增加其柔性，适应地基变形要求	适用于工业与民用建筑等整体性较强的结构物

对地基处理方法的选用要力求做到安全适用、确保质量、经济合理、技术先进。我国地域辽阔，多年冻土区的工程地质和水文地质条件千差万别，各地的施工机械条件、技术水平、经验积累都不尽相同，所以在选用地基处理方法时一定要因地制宜，充分发挥各地的优势，有效地利用当地条件。对每种处理方法要有明确的认识，分清它的适用范围、局限性和优缺点。对每一具体工程应从地基条件、处理要求、工程费用以及材料等各方面进行具体细致的分析，因地制宜地确定合适的地基处理方法。

1. 按“保持冻结状态”的原则进行地基处理

以多年冻土作为地基的寒区结构物的破坏主要来自结构物使用中对冻土地基放热而引起的冻土地基融化下沉，按“保持冻结状态”原则来修建多年冻土区结构物便是寒区工程特殊措施中应用最为广泛的一个方法。依照此原则，不但可以克服冻土的融化下沉，还可利用冻土材料强度高于融土的特性。按这种原则进行的地基处理主要有以下几种方法：

1）桩基础法

在进行桩基础设计时，应考虑季节融化层的切向冻胀力。法向冻胀力的影响，且最好做成架空通风基础。

2）垫层法

为保持地基土体的冻结状态，保证多年冻土上限不下降，还可采用卵石、砂砾石等作为垫层材料，设计足够厚度的垫层，然后在其上建造结构物。

3）通风基础法、通风路堤法

通风基础包括架空通风基础和管道通风基础两种形式。架空通风基础系指天然地面与结构物一层地板底面保持一定通风高度的下部结构。对于大多数结构物，架空净空距离应不小于0.6m，而对于大型结构物，架空空间应适当加大。这样，在夏季，地基土层由于上部结构物的遮阴作用不易融化，而在冬季，通过寒冷空气在架空空间内的流通，可进一步冷冻地基土层；管道通风基础是在结构物地板下用非冻胀性的砂砾料垫高，并在其中埋设通风管道（通风管道应与当地风向的主导方向一致），它可以利用冬季自然通风使地基土体保持冻结状态；在夏季，可将通风管道口堵塞，阻止热空气的进入，达到保温的目的。

在多年冻土区的铁路路基施工中，采用抛石护坡路堤和粗、细颗粒土互层路堤也是保护冻土有效的方法之一。块石层在寒季的当量导热系数是暖季的5～10倍甚至更多。因此，块石层可有效地提高路堤下地基的蓄冷量，从而对多年冻土地基进行保护，效果明显优于导热系数不随温度变化的各类保温材料。从理论上讲，抛石护坡和粗、细颗粒土互层路堤由于其孔隙较大，空气可在其中自由流动或受迫流动。当暖季受热后，热空气上升，块石中仍能维持较低的温度。因此，传入地中的热量较少。寒季时，冷空气沿块石之间的孔隙下降，较多的冷量可以传入地基中。块石的热传导量在寒季和暖季可能大体相等，但导热在整个热传输过程中占的比重较小，所以块石护坡的综合效果是冷量输入大于热量输入。另一方面，抛石堆体内以其较大的孔隙和较强的自由对流使得冬、夏季的冷、热空气由于空气密度等差异而不断发生冷量交换和热量屏蔽。以上特点均可维持冻土上限的热平衡，保持路基下冻土上限的位置或促使上限上升，其结果有利于保护多年冻土。而且抛石护坡、碎块石互层通风路堤还具有价格低廉的优点。

4）热管基础法

热管是一种汽液两相对流循环的热导系统，它实际上是一根密封并抽真空的管，内有毛细多孔管芯或螺旋线和一定量的工作液体（亦称为工质，如氨、氟利昂、丙酮等）。热管的地面以上部分为冷凝段（由散热片组成），插入地面以下的部分为蒸发段（见图 17-17）。当地温大于气温（即蒸发段的温度高于冷凝段的温度）时，蒸发段毛细孔中的液体工质吸收热量，蒸发成汽体工质，在压差作用下，蒸汽上升至冷凝段，放出汽化潜热，再通过冷凝段的散热片散出。同时蒸汽工质遇冷冷却成液体，在重力作用下，液体沿管壁回流至蒸发段，如此往复循环，将热量传出，吸收冷量。上述汽液两相对流循环过程是连续的，只有当蒸发段的温度低于冷凝段的温度（如夏季）时，这种对流循环过程才停止，热管也就停止工作。因此，热管可以将冷量有效地传递贮存于地下，又可有效地阻止热量向下传递，是一种可控制热量传递的高效热导装置。图 17-18 所示为在某桩两侧安装了氨热管前后桩底土体温度的变化情况。热管可用于冷却地基土体、防止融沉冻胀等冻害问题（见图 17-19）。

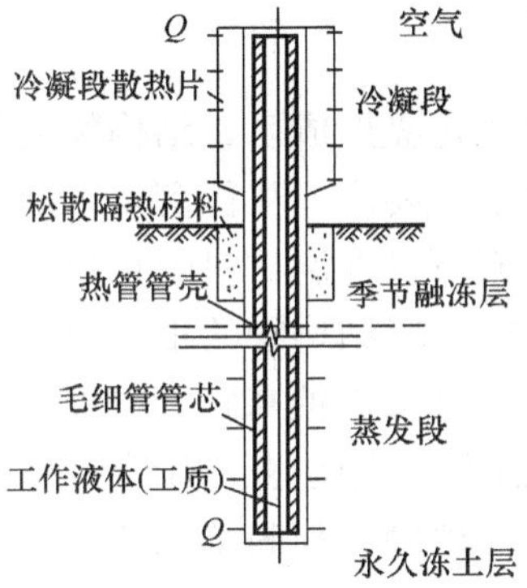

图 17-17 热管结构示意图

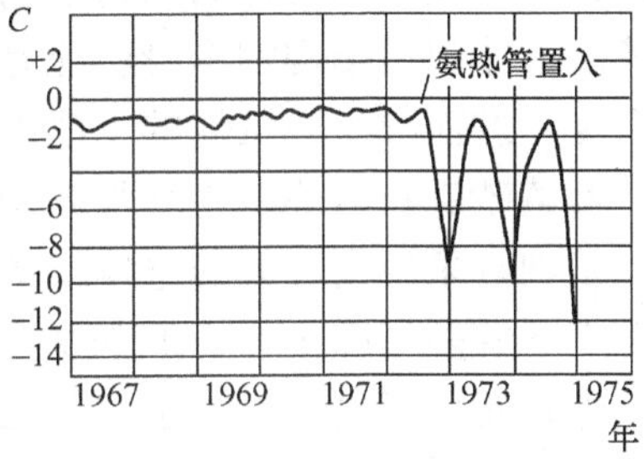

图 17-18 安装氨热管前后某桩桩底土体温度的变化

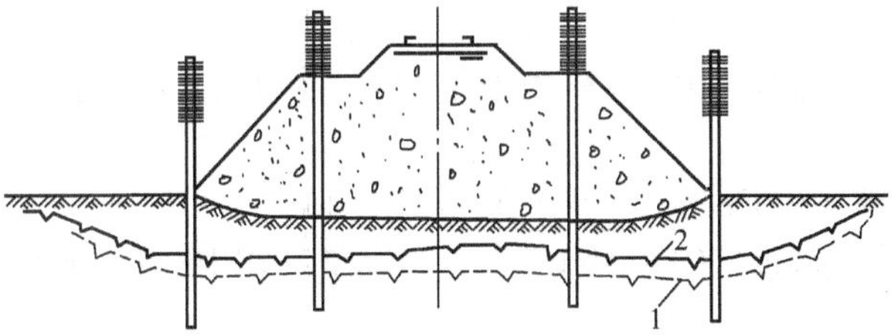

图 17-19 热管用于冷却冻土路基示意图
1—原冻土上限；2—热管应用后冻土上限上升

上述热管的主要优点是：无须外加能源即可自行工作，传热有明显的方向性，冻结时间长。

综上所述，热管在处理多年冻土地基的稳定性方面具有很高的应用价值，在技术上和理论上都是可行的。它不但可以降低地基土体的温度，提高冻土地基的承载力，而且可以有效地防止冻胀和融化下沉。

热管在工程实用中又可分为热桩和热棒。它们之间的区别在于，热桩是桩基础，它不仅可将地基土中的热量散发于大气中，而且可以将上部荷载传递至地基土层中；而热棒只起散热作用，本身不具备承载能力。

尽管热管是冷能综合利用的重要手段之一，但热管本身的应用有一定的局限性，其性能取决于气候条件（如气温、风速等），同时也受热管周围土体重度和含水量的影响，低于冻结温度的冻结期的长短和冷凝循环从基础中排出热量的速度都是决定热管周围土体冻结半径的直接因素。

一般而言，热管的冻结半径是随冻结指数的增大而增大。在热管设计中，冻结半径是一个重要的设计依据，因而可将冻结指数作为一个衡量热管应用限制的指标，在冻结指数大于500℃·d的地区，热管具有良好的应用前景。

5）遮阳棚法

采用遮阳棚遮挡路堤，可以显著地减少太阳对路堤的有效辐射，降低路面及路堤的温度，对减少冻土的融沉量起到重要的作用，从而能够有效地保护和加强路基、路堤，提高道路的安全性。

6）人工冻结法

人工冻结法是将冻结管插入土体中，利用人工冷液在冻结管中循环，使土层冻结。冷液可以选用盐水，也可采用液氮。此方法的原理类似于热管，不同的是一个是人工制冷，一个是利用自然冷能。人工冻结法已广泛应用于凿井和基坑支护方面，其优点是可以快速地使地基回冻，从而使冻土地基保持稳定，缺点是造价偏高。

2. 按"允许融化"的原则进行地基处理

按允许融化原则设计的结构物基础，当基底以下的稳定融化盘形成后，结构物的总沉陷变形值不能超过结构物本身所能允许的变形值。为了满足上述要求，往往需要采取减小融化深度，进而减少融沉量的一些工程措施，如在结构物地面下设保温材料阻止热量向下传导，换填砂砾石料等。为增强结构物结构适应变形的能力或减轻结构物的重量以减小沉降量，基础宜采用刚度大的整体式基础和轻型的上部结构。也可采用桩基础，以最大融化盘深度之下的多年冻土作为其持力层，从而减轻融化盘范围内冻土的融沉对结构物的影响。此外，还可通过剥离土层或其他工业融化方法对冻土进行预融、预固结，从而达到减少工后融沉量的目的。

参 考 文 献

[1] 顾晓鲁、钱鸿缙、刘惠珊、汪时敏主编. 地基与基础(第三版). 北京：中国建筑工业出版社，2003

[2] 《地基处理手册》编写委员会. 地基处理手册. 北京：中国建筑工业出版社，1988

[3] 中华人民共和国建设部主编.《岩土工程勘察规范》(GB 50021—2001). 北京：中国建筑工业出版社，2002

[4] 中华人民共和国建设部主编.《建筑地基基础设计规范》(GB 50007—2002). 北京：中国建筑工业出版社，2002

[5] 中华人民共和国水利部主编.《土工试验方法标准》(GB/T 50123—1999). 北京：中国计划出版社，1999

[6] 中华人民共和国行业标准.《冻土地区建筑地基基础设计规范》(JGJ 118—98). 北京：中国建筑工业出版社，1998

[7] 钱鸿缙，王继唐等编. 湿陷性黄土地基. 北京：中国建筑工业出版社，1985

[8] 裴章勤，刘卫东编著. 湿陷性黄土地基处理. 北京：中国铁道出版社，1992

[9] 童长江，管枫年. 土的冻胀与建筑物冻害防治. 北京：水利电力出版社，1985

[10] 陈孚华著，石油化学工业部化工设计院等译. 膨胀土上的基础. 北京：中国建筑工业出版

社，1979

［11］ E. A. 索洛昌著，徐祖森等译. 膨胀土上建筑物的设计与施工. 北京：中国建筑工业出版社，1982

［12］ 龚裕祥，张三川. 论膨胀土地基处理. 西部探矿工程. 2002年第4期. 19-20

［13］ 叶照桂. 关于特殊地质条件地基的几个基本问题. 广东土木与建筑. 2003年第3期. 36-39

［14］ 马巍，程国栋，吴青柏. 多年冻土地区主动冷却地基方法研究. 冰川冻土. 2002年第5期. 579-587

［15］ 谢鸣. 国外加固多年冻土地基的新方法——热管技术的应用. 施工技术. 1994年第6期. 51-53

［16］ 朱卫东，雷华阳. 青藏高原冻土地区岩土工程研究进展与思考. 岩土工程技术. 2003年第1期. 19-23

［17］ 龚晓南. 地基处理新技术. 西安：陕西科学技术出版社. 1997

［18］ 林宗元主编. 简明岩土工程勘察设计手册(上册). 北京：中国建筑工业出版社，2003

［19］ 陕西省计划委员会主编.《湿陷性黄土地区建筑规范》(GB 50025—2004). 北京：中国建筑工业出版社，2004

［20］ 高大钊主编. 岩土工程的回顾与前瞻. 北京：人民交通出版社，2001

［21］ 叶书麟，叶观宝编. 地基处理. 北京：中国建筑工业出版社，1997

［22］《岩土工程手册》编写委员会. 岩土工程手册. 北京：中国建筑工业出版社，1994

［23］ 徐攸在等编著. 盐渍土地基. 北京：中国建筑工业出版社，1993

［24］ 东南大学，浙江大学，湖南大学，苏州科技学院编. 土力学(第二版). 北京：中国建筑工业出版社，2005

［25］ 江正荣主编. 建筑地基与基础施工手册. 北京：中国建筑工业出版社，2005

［26］ 郑俊杰. 地基处理技术. 武汉：华中科技大学出版社，2004

［27］《岩土工程师实务手册》编写组. 岩土工程师实务手册. 北京：机械工业出版社，2006

［28］ 龚晓南主编. 地基处理技术发展与展望. 北京：中国水利水电出版社，2004

［29］ 龚晓南主编. 高等级公路地基处理设计指南. 北京：人民交通出版社，2005

第18章　托换技术和纠倾技术

同济大学　叶书麟

18.1　概述

托换技术（亦称既有建筑地基基础加固，国外称 Underpinning）是指解决对既有建筑物的地基需要处理、基础需要加固、既有建筑物的改建、增层、纠倾（纠偏）和移位（迁移）；或解决对既有建筑物基础下需要修建地下工程，其中包括地下铁道要穿越既有建筑物（Undercrossing）；或解决既有建筑物因邻近需要新建工程而影响到既有建筑物的安全等问题的技术加固总称，凡进行托换技术的工程总称为托换工程。

托换技术的范围极广，但目前国内最为常用的是纠倾技术，所以本章章名“托换技术和纠倾技术”，主要是突出纠倾部分内容。

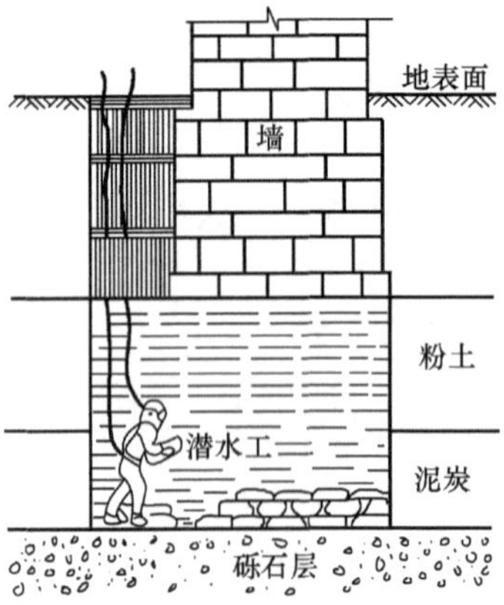

图 18-1　英国 Winchester 大教堂的托换工程

古代许多大型建筑物虽然地基或基础存在各种各样的病害，但由于当时缺乏对托换技术的知识，因此许多建造在中世纪的著名大教堂，如英国的 Ely 大教堂和法国的 Bauvais 大教堂等为此而倒塌。最早的大型托换工程之一是英国的 Winchester 大教堂（图 18-1），此托换工程加固前已沉降了有 900 年之久，在 20 世纪才开始进行托换加固，当时由一个潜水工在水下挖坑，穿过粉土和泥炭到达砾石层，并用混凝土包填实而进行托换操作，该教堂至今还有他业绩的纪念碑。

18.1.1　托换技术分类

托换技术可根据托换的原理、性质、时间和方法进行如下分类：

一、按托换的原理分类

（一）补救性托换

补救性托换（Remedial Underpinning）是指既有建筑物的地基基础因不符合设计要求而产生病害，需对其进行托换加固的技术，它是在托换领域中占有很大比重的和量大面广的托换技术。补救性托换不限于扩大原有基底面积或加深原有基础的托换措施，而桩式托换和灌浆托换都属这类托换。

（二）保护性托换

保护性（或预防性）托换（Precautionary Underpinning）是指既有建筑物的地基土是满足地基承载力和变形要求的，但由于其邻近需要修建地下铁道、深基坑开挖等原因，而需对既有建筑物进行保护性的托换技术。其托换措施之一，也可采用在平行于既有建筑物而修筑比较深的墙体者（图 18-38），国外亦称侧向托换（Lateral Underpinning）。

（三）预留性托换

预留性托换（Maintenance Underpinning）是指在新建的建筑物基础上设计时预先设置好顶升的措施（预留好安放千斤顶位置）。以便适应今后地基变形超过地基允许变形值时进行调整变形的托换技术（图 18-114a）。

二、按托换的性质分类

（一）既有建筑物的地基基础加固；

（二）既有建筑物的增层；

（三）既有建筑物的纠倾；

（四）既有建筑物的移位。

三、按托换的时间分类

（一）临时性托换；

（二）永久性托换。

四、按托换的方法分类（表 18-1）

加固托换的方法分类　　表 18-1

<table>
<tr><th>分　类</th><th colspan="2">方法名称</th><th>分　类</th><th colspan="2">方法名称</th></tr>
<tr><td rowspan="3">基础托换</td><td colspan="2">基础灌（注）浆加固法</td><td rowspan="2">增　层</td><td colspan="2">直接增层法</td></tr>
<tr><td colspan="2">加大基础底面积法</td><td colspan="2">外套结构增层法</td></tr>
<tr><td colspan="2">基础加深法</td><td rowspan="10">纠　倾</td><td rowspan="7">迫降纠倾</td><td>基底掏土纠倾法</td></tr>
<tr><td rowspan="7">桩式托换</td><td rowspan="4">静压桩法</td><td>锚杆静压桩法</td><td>钻孔取土纠倾法</td></tr>
<tr><td>坑式静压桩法</td><td>井式纠倾法</td></tr>
<tr><td>预压桩法</td><td>人工降水纠倾法</td></tr>
<tr><td>自承静压桩法</td><td>地基部分加固纠倾法</td></tr>
<tr><td colspan="2">灌注桩法</td><td>浸水纠倾法</td></tr>
<tr><td colspan="2">树根桩法</td><td>堆载纠倾法</td></tr>
<tr><td colspan="2">石灰（灰土）桩法</td><td colspan="2" rowspan="3">顶升纠倾</td></tr>
<tr><td rowspan="4">注浆托换</td><td colspan="2">水泥注浆法</td></tr>
<tr><td colspan="2">碱液法</td></tr>
<tr><td colspan="2">高压喷射注浆法</td><td rowspan="2">移　位</td><td colspan="2" rowspan="2">移位（建筑物整体迁移）</td></tr>
<tr><td colspan="2">硅化注浆法</td></tr>
</table>

18.1.2　托换前地基基础的鉴定

既有建筑地基基础加固托换前必须进行鉴定，然后才可进行托换技术的设计和施工。

一、地基鉴定

（一）搜集场地岩土工程勘察资料、既有建筑物的地基基础设计和施工资料。

（二）应重点分析：地基土层的分布及其均匀性、查清持力层、下卧层和基岩的性状和埋深、地基土的物理力学性质、特殊土及沟、塘、古河道、墓穴、岩溶、土洞等特性；地下水的水位变化、补给及其腐蚀性；砂土和粉土的液化性和软土的震陷性；场地的稳定性。如原有地质勘察资料不能满足要求时，还需对地基进行复查和补勘。

（三）调查建筑物的现状、实际使用荷载的大小及分布、上部结构的刚度和整体性、沉降量、沉降差、沉降速率、倾斜、扭曲和裂损等情况和原因分析。

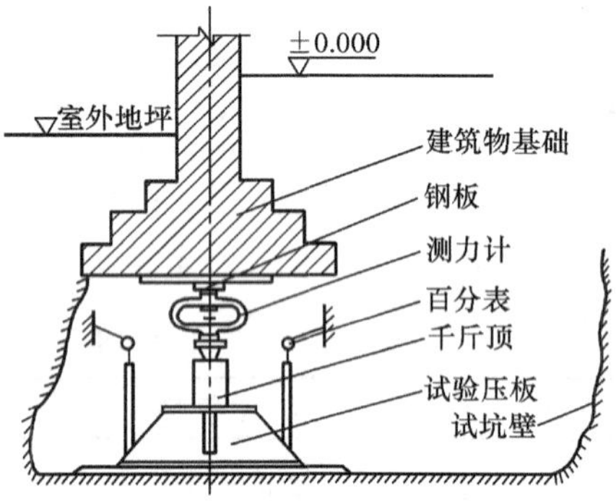

图 18-2 载荷试验示意图

（四）调查邻近建筑、地下工程和管线等周边环境情况。

（五）对补充勘探孔或原位测试孔时，孔位应靠近基础；对重要增层建筑，宜在基础下取原状土进行室内的物理力学性质试验或基础下的载荷试验（图 18-2）。

（六）根据地基检验结果，提出地基的综合评价、加固的必要性和建议的加固方法。

二、基础鉴定

（一）通过开挖探坑验证基础类型、材料、尺寸及埋置深度，检查基础裂损、腐蚀或损伤程度，用非破损法判定基础材料的强度等级，或用钻芯法测定混凝土强度等级；对桩基应查明其桩长、桩身质量和持力层情况。

（二）目测基础的外观质量；用手锤等工具初步检查基础的质量；检查钢筋的直径、数量、位置和锈蚀情况。

（三）根据上述资料，评价基础的完整性程度，确定基础加固的必要性和提出加固方法的建议。

综合上述地基和基础的监测成果，按照现行规范对既有建筑物的现状，提出是否需要补强加固的建议，并作为下一步地基基础加固、增层、纠倾和移位等工程方案论证时的依据。

18.1.3 既有建筑地基计算

既有建筑在增层或增加荷载前，必须验算地基基础是否满足新增荷载的要求，当地基或基础不能满足设计要求时则需进行地基基础加固（见第 18.2 节）。

一、地基承载力计算

（一）当轴心荷载作用时

$$p_k \leqslant f_a \tag{18-1}$$

式中 p_k——基础加固或增加荷载后相应于荷载效应标准组合时，基础底面处的平均压力值；

f_a——修正后的地基承载力特征值。对于需要加固的地基应在加固后通过检测确定地基承载力特征值；对于增加荷载的地基应在增加荷载前通过地基检验确定地基承载力特征值。

（二）当偏心荷载作用时，除应符合式（18-1）要求外，尚应符合下式要求：

$$p_{kmax} \leqslant 1.2f_a \tag{18-2}$$

式中　p_{kmax}——基础加固或增加荷载后，相应于荷载效应标准组合时，基础底面边缘的最大压力值。

（三）基础加固或增加荷载后基础底面的压力可按下式确定：

1. 当轴心荷载作用时，

$$p_k = \frac{F_k + G_k}{A} \tag{18-3}$$

式中　F_k——基础加固或增加荷载后，相应于荷载效应标准组合时，上部结构传至基础顶面的竖向力值；

G_k——基础自重和基础上的土重，可按平均重度 $20kN/m^3$ 计算，在地下水位以下部分应扣去浮力，取 $10kN/m^3$；

A——基础底面面积。

2. 当偏心荷载作用时，

$$p_{kmax} = \frac{F_k + G_k}{A} + \frac{M_k}{W} \tag{18-4}$$

$$p_{kmin} = \frac{F_k + G_k}{A} - \frac{M_k}{W} \tag{18-5}$$

式中　M_k——基础加固或增加荷载后，相应于荷载效应标准组合时，作用于基础底面力矩值；

W——基础加固或增加荷载后基础底面的抵抗矩；

p_{kmin}——基础加固或增加荷载后，相应于荷载效应标准组合时，基础底面边缘的最小压力值。

另外，当地基受力层范围内有软弱下卧层时，尚应进行软弱下卧层地基承载力的验算；对建造在斜坡上或毗邻深基坑的既有建筑，应验算地基稳定性。

二、地基变形计算

既有建筑的地基变形计算可分两种情况：

（一）对于沉降已经稳定的既有建筑，其基础最终沉降量 s 包括已完成的沉降量 s_0（可由沉降观测资料确定或根据当地经验估算）和地基基础加固后或增加荷载后产生的沉降量 s_1。

$$s = s_0 + s_1 \tag{18-6}$$

对估算 s_1，当对地基基础加固时，可采用地基基础加固后经检测得到的压缩模量通过计算确定；当增加荷载时，可采用增加荷载前经检验得到的压缩模量通过计算确定。

（二）对于沉降尚未稳定的既有建筑，其基础最终沉降量 s 除包括上述两项沉降量外，尚应包括原建筑荷载作用下尚未完成的基础沉降量 s_2（可由沉降观测资料推算或根据当地经验估算）。

$$s = s_0 + s_1 + s_2 \tag{18-7}$$

既有建筑基础沉降量的计算（对应于荷载效应准永久组合）可按国家标准《建筑地基基础设计规范》GB 50007—2000 的有关规定进行。

既有建筑地基基础加固或增加荷载后的基础最终沉降量，不得大于上述规范规定的地基变形允许值。

18.1.4 托换工程框图程序和实施要点

一般托换工程需按照以下框图程序进行工作。

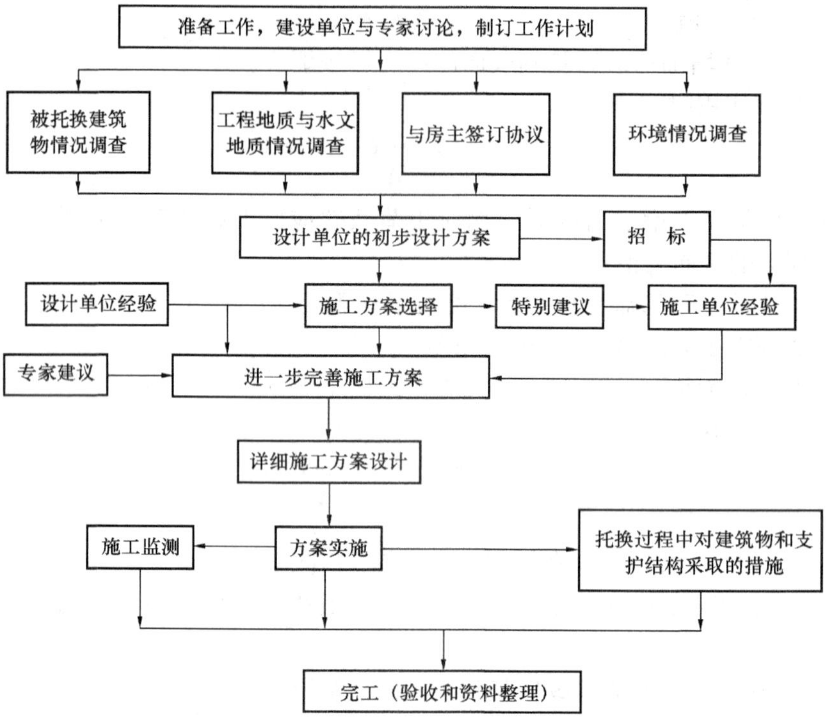

托换工程的实施要点是：

一、根据需要，对建筑物进行加固；

二、如有必要，对建筑物基础全部或部分支托住；

三、当建筑物基础下有新建地下工程时，宜将荷载传递到新建的地下工程上；

四、任何情况下，托换工程都是一部分被托换后，才可开始另一部分的托换工作，否则，就难以保证质量，所以托换范围往往由小到大，逐步扩大。

18.1.5 托换工程监测

托换施工前，先要对被托换建筑物的安全予以论证，因而要对既有建筑物包括其地基基础要进行鉴定。还要求对被托换的建筑物所产生的沉降、水平位移或倾斜、沉降速率、裂缝的大小和扩展情况、以及建筑物的损坏程度，用图表和照片正确记录下来，藉以判定建筑物的安全状态。如果裂缝扩展和延续不止并产生错位，就要引起重视，及时采取补救措施。另外，在托换施工过程中必须进行监测，进行信息化施工，以便确保安全和质量。

一、监测内容

对被托换或被穿越的建筑物及其邻近建筑物的沉降监测，是通过沉降观测点的高程测量来实施的。这些沉降观测点的布置应根据建筑物的体型、结构条件和工程地质条件等因素综合考虑，并要求观测点便于监测和不易遭到损坏。

观测点一般可设在下列各处：

（一）建筑物四周的角点、中点及转角处、建筑物周边每隔10～20m设一点；

（二）沉降缝、新老建筑物连接处的两侧，伸缩缝的任意一侧；

（三）宽度大于 15m 的建筑物内部承重墙（柱）上，并宜设在纵横轴线上；

（四）基础下有暗浜或软弱夹层处；

（五）建筑物基础类型、埋深和荷载有明显不同处的两侧；

（六）重型设备基础和动力基础的四角；

（七）有相邻荷载影响处；

（八）箱形基础底板的四角及中部；

（九）相邻建筑物和相邻地下管线处。

水准点一般不宜少于两个，以便于校核。水准点的位置要根据托换工程的范围、穿越建筑物的地铁线路与埋深而确定，要求距被托换建筑物一定距离和避开穿越引起的地面沉降槽，一般为 30～80m。水准测量的读数精度要求 0.1mm，水准闭合差（mm）对重要建筑物应小于$\pm 0.5\sqrt{N}$；对一般建筑物应小于$\pm 1.0\sqrt{N}$（N 为测站数）。

对特别重要或危险的建筑物，还要求水平位移观测；根据需要还可埋设分层沉降标，进行地面以下不同深度的沉降观测；还可布置测斜仪观测土体位移；对部分建筑物还可进行结构的应力测量。

二、监测要求

除要求测定各测点的绝对沉降量外，还要求有：

（一）确定托换或穿越的每个施工步骤对沉降所产生的影响；

（二）对托换或穿越过程所引起的各个监测点的运动状况，整理出沉降（或其他观测量）与时间的关系曲线，并应用外推法预测最终沉降量；

（三）根据沉降曲线，预估被托换建筑物的安全度，以及针对现状采取相应的措施，如增加安全支护或改变施工方法；

（四）在采取相应补救措施时，应通过监测用以指导补救措施的实施。

监测期限和测量频度的要求取决于施工过程，特别是在荷载转移阶段每天都要求观测，危险程度越大，则观测应越频繁。当直接的托换或穿越过程完成后，监测过程尚需持续到稳定为止，沉降稳定标准可采用半年沉降量不超过 2mm 为依据。

18.1.6　托换技术的现状与发展

托换技术是一种建筑技术难度较大、费用较贵、工期较长和风险性较强的特殊施工方法。建筑物的增层工程应按新建工程申报、设计、审批程序办理；对纠倾、移位等工程应按大修工程申报、设计、审批程序办理；对工程设计和施工方案应进行充分的论证，宜组织有经验的专家进行评审。

值得注意的是，由于大型建筑物的托换工程规模较大，施工人员一般都比较认真细致。相反，对小型托换工程可能存在草率从事的疏忽，而在托换工程的失败事例中，大多正是由于这个原因所引起的。

一个优秀的结构工程师虽然具有很好的专业知识和实践经验，但未必能提供对建筑物托换加固的保证；同样，即使是一个著名的岩土工程师，如果不谙熟结构设计，面对危险建筑物也将束手无策。没有“结构工程”和“岩土工程”知识两者密切的结合，就不能胜任这种特殊的托换技术；而施工工程师在托换工程中占有一定重要的地位，多数情况下，他也是一个设计者。

鉴于托换工程是一项高度综合性技术，因此最好由同时具备丰富的勘察、设计、施工和监测方面有经验的一体化专业单位来承担这一项业务，这样可易于保证质量、积累经验和发展提高。承担托换工程的设计和施工单位，应具有相应的资质，而国外多数是由托换工程的专业公司来总承包的。

托换工程必须精心设计和施工，疏忽大意就会导致灾难性的后果，它会危及生命和财产安全，因而收取设计和施工的工程费用高于一般收费标准是理所当然的。施工的全过程应根据具体情况对被托换的建筑物及周围邻近建筑物和管线进行监测，实行信息化施工。

值得注意的是，不是所有的既有建筑物都能进行托换工程（尤其是纠倾加固和移位），除了在技术上可行性外，还必须进行残值估算。所谓残值估算是指建筑物在已发生裂损、倾斜或功能降低的情况下，按可比的价格计算出该建筑物的现存价值，只有托换工程的费用不超过固定残值的50%时，才可认为经济上是合理的。为此，对托换工程应根据现行有关规范进行安全监测和可靠性鉴定。

托换技术需要应用各种地基处理技术，因而国内外都将托换技术列入“地基处理”的内容范畴。同时，一个优秀的托换工程也是一个善于巧妙和灵活地综合选用各种地基处理方法的工程。

托换技术的起源可追溯到古代，但是托换技术直到20世纪30年代兴建美国纽约市的地下铁道时才得到迅速发展。由于在早期地下铁道的穿越工程中，需要托换加固的工程是大量的、多种类型的和规模巨大的建筑物，而在此之前，支撑技术已取得了很大的进展，从而使被托换的工程在技术上就成为可能了，在工程实践中又进一步推动了托换技术的发展和提高。当前，世界上大型深埋的结构物和地下铁道的大量施工；国内外古建筑的基础需要加固数量增多；有时还需对既有建筑物进行加固、加层、纠倾、移位时，都要采用托换技术。尤其是德国在第二次世界大战后，在许多城市进行扩建改造和修建地下铁道工程中，大量地采用了多种托换方法的综合托换技术，并已将托换技术编入了德国工业标准（DIN）。

我国的托换技术虽然起步较晚，但随着近年来大规模建设事业的发展，托换技术进展较快，如锚杆静压桩、基础减压和加强刚度法、碱液加固、浸水纠倾、掏土纠倾、千斤顶整体顶升等托换方法都有很大的创新和特色；我国在总结经验上升为理论的基础上颁布了《既有建筑地基基础加固技术规范》JGJ 123—2000；并由多名专家编写了《既有建筑地基基础加固工程实例应用手册》作为配套工具书，使托换技术得到进一步推广应用和蓬勃发展。

18.2 既有建筑地基基础加固方法

既有建筑地基基础加固方法可按托换的原理、时间、性质和方法进行分类，作者认为以方法分类（表18-1）便于了解各种托换加固技术的适用范围、设计、施工和质量检验。以下分别进行各种加固方法的阐述。

18.2.1 基础灌（注）浆加固和加大基底面积法

有许多既有建筑物或改建增层工程，常因基础底面积不足而使地基承载力或变形不满足规范要求，从而导致既有建筑物开裂或倾斜；或由于基础材料老化、浸水、地震或施工质量等因素的影响，既有建筑地基基础已显然不再适用，此时除有时需对地基处理外，还应对基础进行加固，以增大基础支承面积、加强基础刚度或增大基础的埋置深度等方法。

对于沉降稳定的既有建筑物基础验算时，凡具有5年以上而经检查其基础无不符合规定的缺陷（如不均匀沉降、倾斜、位移或开裂）时，可认为该地基土在建筑物基底压力下已经压实。当旧房增层改造时，可将地基承载力予以提高。若当地有成熟经验时，可按当地经验确定；如当地无成熟经验时，必要时应采用既有建筑物基础下的载荷试验（图18-2）；开挖或钻探等方法取土试验分析后，确定其地基承载力的提高值。如能满足增层要求，则应充分利用其原有建筑物的地基和基础，而不再进行地基处理和基础加固。

一、基础灌（注）浆加固法

当基础由于机械损伤、不均匀沉降或冻胀等原因引起开裂或损坏时，可采用灌（注）浆法加固基础。

灌（注）浆施工（图18-3）时，先在原基础裂损处钻孔，钻孔与水平面的倾角不应小于30°，孔径应比注浆管的直径大2～3mm。在孔内放置直径ϕ25mm的注浆管，孔距可取0.5～1m。对单独基础每边打孔不应少于2个，浆液可由水泥浆或环氧树脂等制成，注浆压力可取0.2～0.6MPa，当15min内水泥浆未被吸收则应停止注浆，注浆的有效直径通常为0.6～1.2m。对条形基础施工应沿基础纵向分段进行，每段长度可取1.5～2.0m。

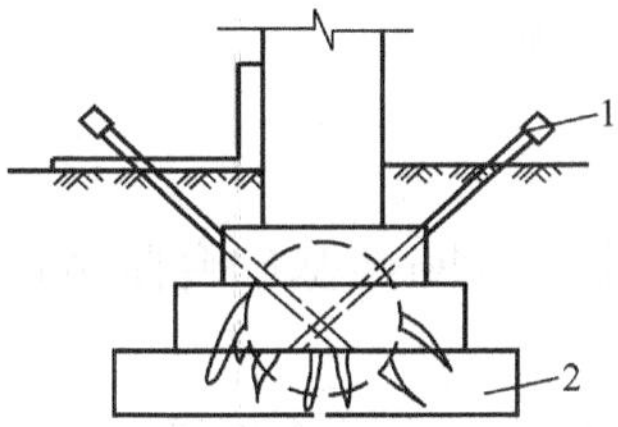

图18-3　基础灌浆加固
1—注浆管；2—加固的基础

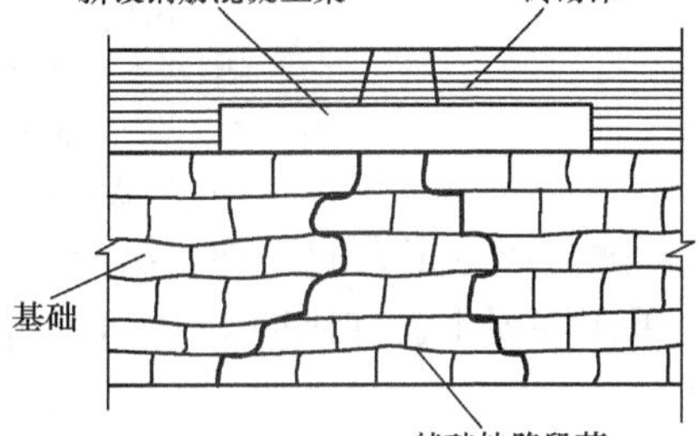

图18-4　用钢筋混凝土梁跨越缺陷段基础加固示意图

对有局部开裂的砖基础，当然也可采用钢筋混凝土梁跨越加固（图18-4）。

二、加大基础底面积法

当既有建筑物的基础产生裂缝或基底面积不足时，可用混凝土套或钢筋混凝土套加大基础（图18-5）。

当原条形基础承受中心荷载时，可采用双面加宽；对单独柱基础加固可沿基础底面四边扩大加固；当原基础承受偏心荷载时、或受相邻建筑条件限制、或为沉降缝处的基础、或为不影响正常使用时，可采用单面加宽基础。

当采用混凝土套或钢筋混凝土套时，设计和施工应符合以下要求：

1. 为使新旧基础牢固连接，在灌注混凝土前应将原基础凿毛并刷洗干净，再涂一层高等级水泥砂浆，沿基础高度每隔一定距离应设置锚固钢筋；也可在墙脚或圈梁处钻孔穿钢筋，再用环氧树脂填满，穿孔钢筋须与加固筋焊牢。

2. 对加套的混凝土或钢筋混凝土的加宽部分，其地基上应铺设的垫料及其厚度，应与原基础垫层的材料及厚度相同，使加套后的基础与原基础的基底标高和应力扩散条件相同，两者变形协调。

3. 对条形基础应按长度1.5～2.0m划分成许多单独区段，分别进行分批、分段、间隔施工，决不能在基础全长挖成连续的坑槽使全长上地基暴露过久，以免导致土浸泡软

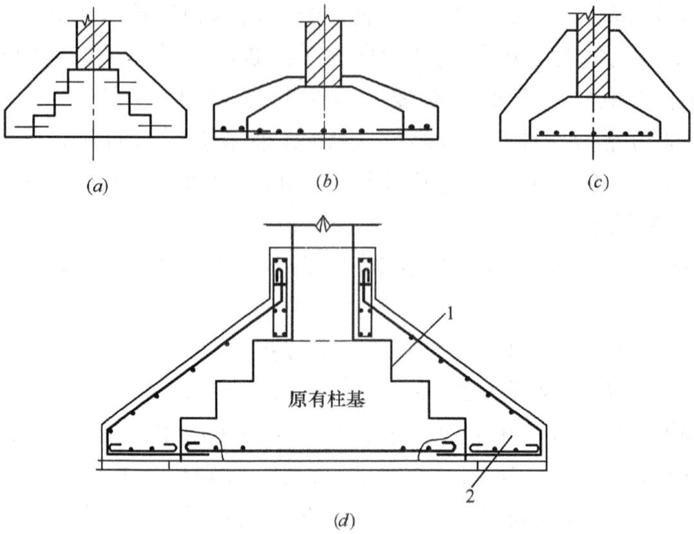

图 18-5　加大基础底面积法

(a) 刚性条形基础加宽；(b) 柔性条形基础加宽；

(c) 柔性基础加宽改为刚性基础；(d) 柱基加宽

1—凿毛刷洗干净；2—基础加宽部分

化，使基础随之产生很大的不均匀沉降。

4. 当采用混凝土套加固时，基础每边加宽的宽度，应符合刚性基础台阶宽高比允许值的规定。

当采用钢筋混凝土套加固时，加宽部分的主筋应与原基础内主筋相焊接。

5. 当采用混凝土套或钢筋混凝土套加大基础底面积尚不能满足地基承载力和变形等设计要求时，可将原单独基础改成条形基础；或将原条形基础改成十字交叉条形基础、片筏基础、箱形基础，这样不但能扩大基础底面积，用以满足地基承载力和变形的设计要求，另外由于加强了基础的刚度也可借以减少地基的不均匀变形。

以下是有关柱基础改为条形基础、条形基础改为片筏基础的示例图（图 18-6～图18-11）

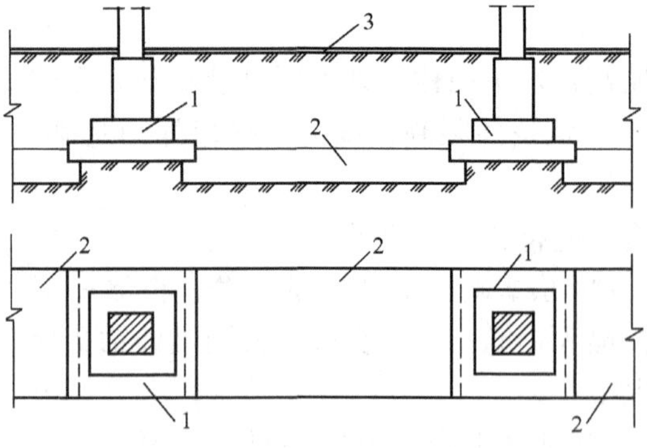

图 18-6　在原柱基础下方设置基础梁示意图

1—原有的柱基础；2—钢筋混凝土基础梁；3—地板表面

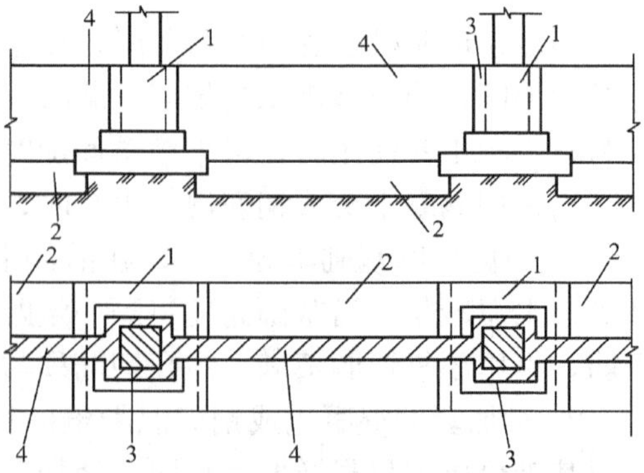

图 18-7　在原柱基础下方设置基础梁、加劲隔板和杯口周围加套示意图

1—原有基础；2—钢筋混凝土基础梁；3—钢筋混凝土围套；4—加劲隔板

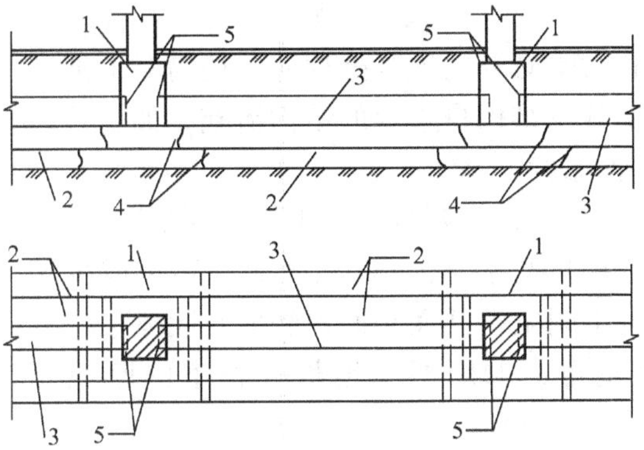

图 18-8　在基础底板标高处设置带加劲隔板的基础梁示意图

1—原有柱基础；2—钢筋混凝土基础梁；3—加劲隔板；4—在基础底板台阶处被敲掉的混凝土；5—为设置键销而在基础杯口部分开的槽

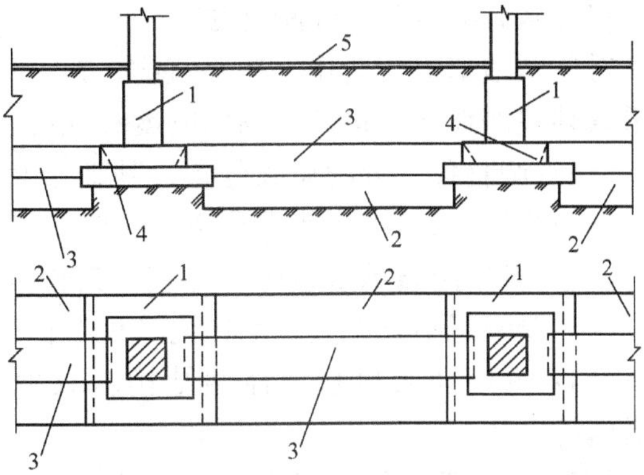

图 18-9　在基础底板下方设置基础梁，同时设置加劲隔板示意图

1—原有柱基础；2—钢筋混凝土基础梁；3—加劲隔板；4—在基础平板部分被敲掉的混凝土；5—地表面

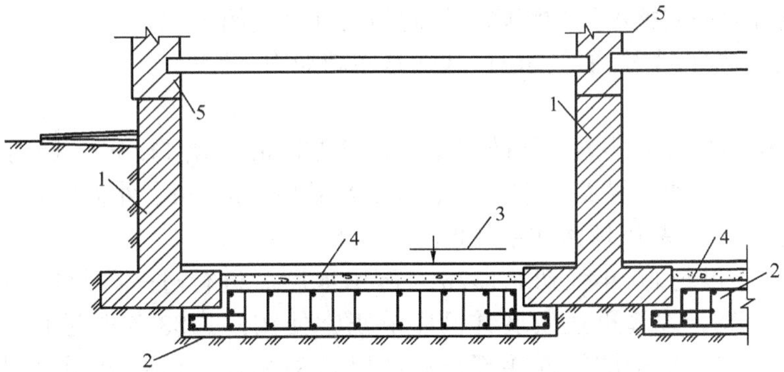

图 18-10　在条形基础下方设置片筏基础示意图

1—原有条形基础；2—新设置的片筏基础；3—地下室地面标高；4—夯实的粗砂；5—砖墙

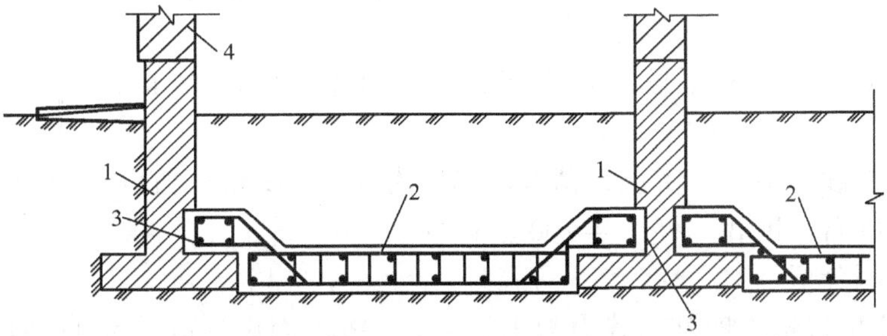

图 18-11　在条形基础上设置有键销的片筏基础示意图

1—原有基础；2—新设置的片筏基础；3—浇筑在基础内的混凝土键销；4—砖砌体

三、基础减压和加强刚度法

对软弱地基上建造建（构）筑物，在设计时有时除必要的地基处理外，还需对上部结构采取某些加强建（构）筑物的刚度和强度，以及减少结构自重等的结构措施，如：

（一）调整各部分的荷载分布、基础宽度或埋置深度；

（二）对不均匀沉降要求严格或重要的建（构）筑物，必要时可选用较小的基底压力；

（三）对于砖石承重结构的建筑，其长宽比宜小于或等于 2.5，纵墙应不转折或少转折，内横墙间距不宜过大，墙体内宜设置钢筋混凝土圈梁，并在平面内联成封闭体系；

（四）选用轻质材料、轻型结构、减少墙体重量、采用架空地板代替室内厚填土等措施；

（五）对设置地下室或半地下室时，采用覆土少和自重轻的箱形基础（见实例 18-2）。

当既有建筑物由于地基强度和变形不满足设计规范要求时，同样可采取以上措施来调整变形、控制沉降和制止倾斜。

大型结构物一般应具有足够的结构刚度，但当其结构产生一定倾斜时，为改善结构条件计，可增设结构的连接体而形成组合结构。不论增设的连接体或组合结构都应具有较大的刚度，因为刚度很小的连接体，缺乏传递分散荷载的能力，难以改变基底与土中原有压力分布状况，也就无法调整不均匀沉降来控制倾斜（见实例 18-3）。

【实例 18-1】 中央党校自习楼墙体和地基基础加固

一、工程概况

中央党校数栋学员自习楼为三层砖混结构，长 58.8m，宽 11.6m，层高 3.6m，钢筋混凝土预制楼板，木屋架，纵墙承重，三七灰土基础厚 450mm，外纵墙基础底宽 1.1m，内纵墙基础底宽 1.4m，基础埋深在室外地坪下 1.0～1.5m。

自习楼建于 20 世纪 60 年代初，1976 年唐山地震后进行过一次抗震加固，1978 年后陆续发现墙体开裂，裂缝迅速发展并已影响正常使用。1983 年曾进行补强加固，但未能控制墙体的开裂，槽钢圈梁连接部位有的已松动脱开。1986 年重新进行修复加固设计。

二、工程地质条件

根据工程兴建时地质钻探报告，持力层的地基承载力为 150～200kPa。为找出开裂原因，制定治理方案，决定重新进行勘探，其勘探结果如下：

第一层为杂填土，褐黄色、松软，主要为黏质粉土，并混有碎砖、白灰、煤渣和树根等，厚度为 1.0～1.2m，$[R]=100$kPa；

第二层为粉质黏土和黏质粉土，褐黄色，湿可塑，厚度为 1.0～5.95m，$[R]=$ 100～120kPa；

第三层为粉细砂和中砂，黄色，稍湿，厚度为 0.3～4.3m，$[R]=160$kPa；

第四层为砂砾石，饱和，$[R]=200$kPa。

三、开裂原因分析

（一）原地质报告给出地基承载力为 150～200kPa，而设计取值为 180kPa，而根据补勘结果，实际地基承载力只有 100～120kPa，可见原勘探结果有误；

（二）从野外和室内试验分析，建造后地基土的天然含水量加大，呈现软-可塑状态，轻便触探的贯入击数较低。究其原因是自习楼上下水渗漏严重，地基土常年浸泡在水中必然导致地基土软化，从而造成地基承载力下降；

（三）原建筑物上部横墙较少，又未设圈梁和构造柱，因而整体刚度较差，当地基出现不均匀下沉时，上部结构自身调整能力较差，导致墙体和楼盖严重开裂，每栋楼都有十几条至几十条大小不等的裂缝，最大缝宽已达10mm，墙体内外裂缝已贯通。

四、加固治理措施

根据开裂原因分析，制定了综合治理的加固措施：

（一）增大基底面积

为满足地基承载力要求，将内外纵墙基底宽由1.1m和1.4m分别加宽为1.4m和1.7m，并配置ϕ8通长钢筋形成阶梯状地梁，并沿纵向基础砖墙设置截面为180mm×180mm、间距为1m的钢筋混凝土小连梁，其一端伸入墙体深200mm，另一端与加固的基础地梁相连，将纵墙与新旧基础牢固地连为一整体，共同将上部荷载传给地基（图18-12）。

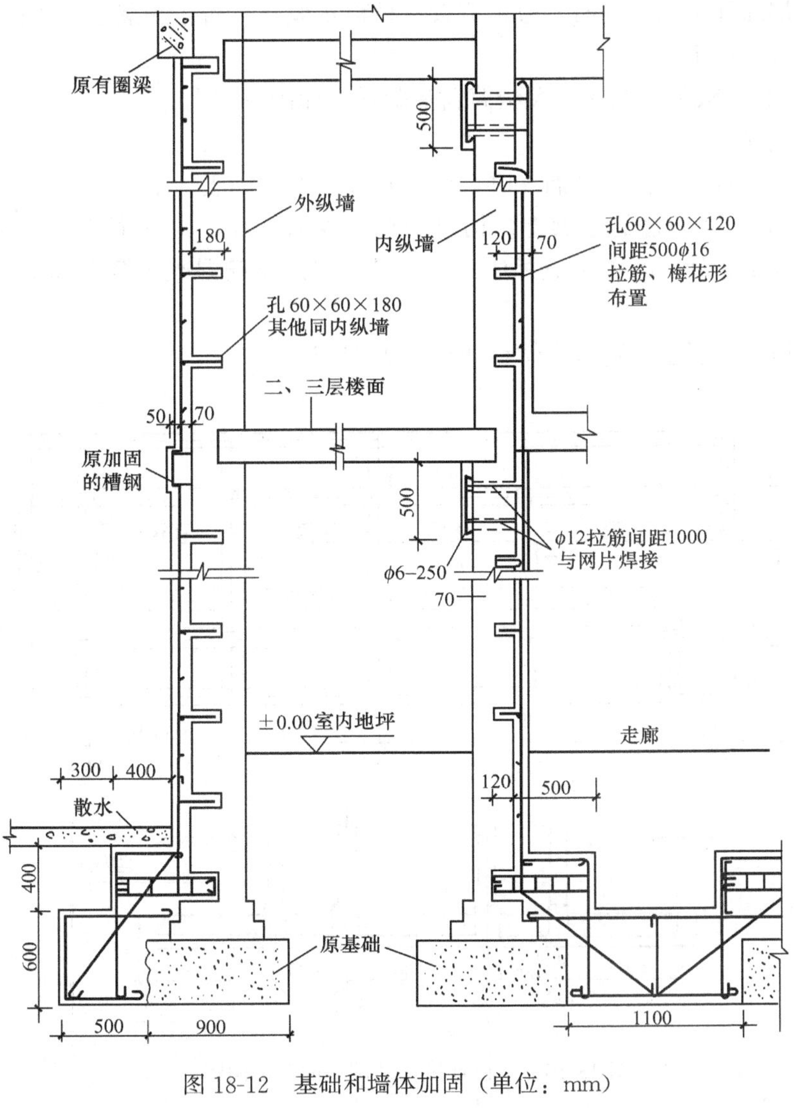

图18-12 基础和墙体加固（单位：mm）

（二）墙体裂缝补强加固

在墙体严重开裂的部位，将原砖墙凿毛后设置ϕ6、网格为250mm×250mm的钢筋网，钢筋网上喷射70mm厚C20细石混凝土加固，ϕ6钢筋网上部与原抗震加固设置的槽钢圈梁及本次加固的钢筋网喷射混凝土板带式圈梁钢筋焊牢；钢筋网的下端直接伸入加固的基础而设置的地梁内，为使喷射混凝土层与原砖墙牢固的连成一体，而采用ϕ12间距500mm的短拉结筋，一端伸入砖墙内120mm，另一端与ϕ6的钢筋网焊牢。

（三）增加建筑物整体刚度

在外墙和楼梯间加设钢筋混凝土构造柱，并与原抗震加固时设置的槽钢圈梁连接。内纵墙两侧的每层楼板底增加一道喷射70mm钢筋混凝土板带，并用ϕ12间距1m的拉结筋将墙体两侧板带连为一体。

（四）采取防渗堵漏措施

为消除造成地基软化的渗漏水源，在加固前，对原上下水管、暖气管沟等部位普遍进行检修。并在加固外纵墙的同时，改造完善室外散水设置，防止渗漏水直接侵入墙基，确保地基土含水量的稳定。

【实例18-2】　软黏土地基上大型筒仓基础托换加固

一、工程概况

上海电化厂二号盐仓位于黄浦江畔，建造在深厚的软黏土地基上，该构筑物坐落在经砂垫层（厚2.5m）处理过的暗浜上。构筑物总高度为33m，由五个直径为8m，高度为25m，盐容量的重量为800t的筒仓所组成，原基础采用钢筋混凝土筏板基础，如图18-13所示。

该场地的地基土层主要物理力学性质列于表18-2。

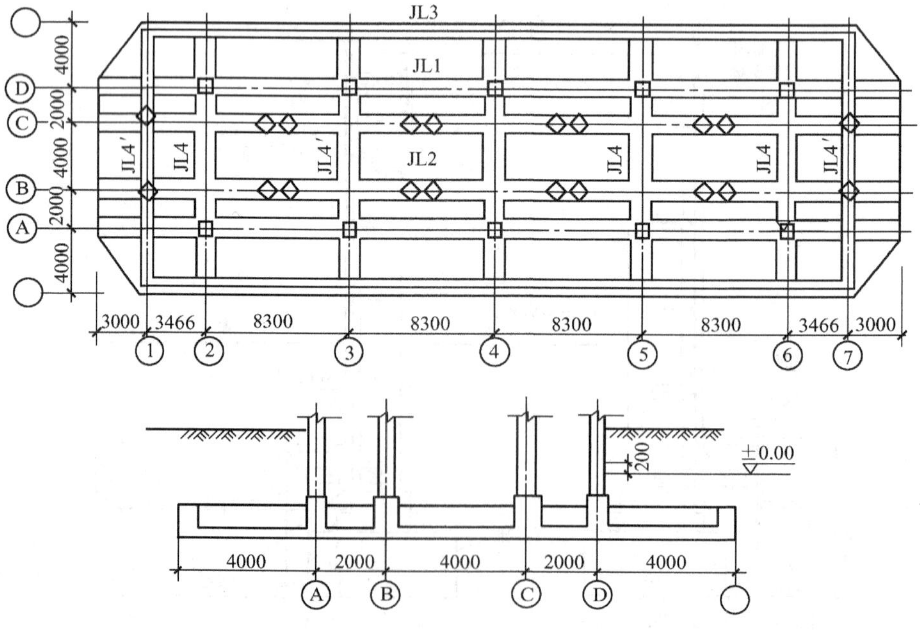

图18-13　原设计筏板基础平面及剖面图

地基土层主要物理力学性质指标 表 18-2

土层及描述	厚度 (m)	w (%)	γ (kN/m³)	e	a_{1-2} (MPa^{-1})	E_{1-2} (MPa)	φ		c (kPa)
							(°)	(′)	
褐黄色黏土、稍湿、可塑	1.5～1.7	29.9	19.1	0.864	0.36	5.00	15	00	24
灰色淤泥质粉质黏土、很湿、软可塑	2.9～3.8	41.2	17.8	1.158	0.70	2.90	16	30	8
灰色淤泥质黏土、很湿、软可塑	7.0	48.9	17.2	1.380	1.10	2.04	10	00	9
灰色淤泥质粉质黏土、很湿、软可塑	3.5～5.5	39.5	18.0	1.116	0.58	3.41	17	00	8
灰色黏土、湿、软可塑	7.8～8.2	39.0	18.0	1.116	0.65	3.08	16	15	12
暗绿色黏土、稍湿、硬可塑	未穿	25.0	19.6	0.754	0.31	5.50			

原设计是在以前建成的一号盐仓图纸的基础上修改而成。原设计意图是为了减少基底压力，而将基础底板加宽（外挑 4m），使基底压力由 144kPa 降低为 129kPa。

盐仓在 1972 年 6 月建成投产后沉降日趋增大，在纵、横向都有显著的不均匀沉降，最后导致盐仓下部围护结构的砖墙严重开裂；柱子发生不同程度的开裂和倾斜；更为严重的是标高 6.5m 平台板沿横梁拉开，该仓向东北倾斜，室内地坪也相应开裂，迫使该仓（5 号仓）于 1981 年 4 月停止使用。

1983 年 12 月，由同济大学接受该盐仓的加固任务，将整个盐仓室内外填土挖除后，发现基础横向已呈“碗形”；基础梁 JL4 与 JL1 交接处顶面钢筋外露并向上弯折，整个梁断面断裂；沿 JL1 梁处室外基础底板也相应开裂，地下水不断向上冒水。

二、事故原因分析

据 1969 年 4 月到 1980 年 9 月，推算盐仓总绝对沉降量约为 97cm。从 1980 年 6 月重新设立沉降观测点到 1983 年 2 月间，经 13 次沉降观测资料得出，最大沉降量为 65mm，最小沉降量为 26mm，最大沉降速率为 0.069mm/d，纵向沉降差达 0.015l，横向沉降差达 0.0448l，因此都超出了地基规范的容许变形值的指标，可见地基不均匀沉降是造成盐仓发生严重开裂的主要原因。

原设计基础底板外挑过大，基底压力选用也大，并超过灰色淤泥质黏土层的容许承载力，这也加剧了沉降和不均匀沉降。

盐仓投产后，随着时间的增长，沉降也随之增加，为了保持室内外标高一致，室外挑出底板上填土相应填高，因而基底压力随之增加，这又进一步促进沉降量增大，形成荷载与沉降间恶性循环，所以室外填土是使盐仓增加沉降量的重要因素之一。

原设计柱子未考虑风荷载和外界其他不利因素（如不均匀装卸盐量和基础不均匀沉降等）所造成的偏心荷载，如按偏心受压柱计算，则柱子配筋量显属不够，因而导致目前柱子发生不同程度的开裂和倾斜；另外，又误将基础梁 JL3 作为梁 JL4 支座，即将悬臂梁当作简支梁计算，以致造成 JL4 梁严重破损；当时对处理暗浜要求挖到老土，回填砂垫层需分层夯实等要求，而施工质量都未能妥善得到保证，这也促使地基持力层存在隐患。

三、基础加固方案确定

综上所述，根据盐仓的实际情况，曾对基础加固提出下列两个方案。

（一）桩式托换法

桩式托换是将托换工程所需要的桩打到地基土中达到设计标高后，就可用搁置在桩上的托梁系统来支承，其荷载的传递是靠楔或千斤顶来转移，这种桩在国外都采用桩端开口的钢管桩，以便使桩周的土尽可能不挤出和扰动。

结合盐仓加固，又曾设想采用打入预制桩、钻孔灌注桩或静力压桩三种方案。前两者都遇到一个施工上室内净空高度受限制的问题，后者会遇到一个选择千斤顶反力支座无法解决的问题，而且不论上述何种桩式托换，都要使基础底板遭到削弱，地基土会有一定程度的结构破坏，技术上难度大，施工费用贵，并带来一定的风险性，最后决定放弃桩式托换方案。

（二）基础减压和加强刚度法

本方案主要是卸去室内外回填土，借以降低基底压力，满足地基土的强度要求；同时增加纵、横向基础梁的空间刚度，以减少地基不均匀沉降。

从基底压力计算表明，加固前盐仓的回填土约为 3000t，占盐仓总重的 27.6%。根据当时沉降观测资料分析，个别盐仓卸空后，地基土有回弹现象，这说明采用卸载措施具有实际意义；同时，加厚基础底板和增大基础梁，形成近似一个箱形基础，使基础刚度大大加强。这样既不改变原结构受力体系，又不破坏原基础底板和扰动地基土结构，施工方便，费用减少，方案稳妥安全，经深入研究讨论后，最后通过此方案。

四、基础加固设计

（一）基底反力确定

原设计盐仓的基底反力是按平均分布计算，鉴于上海某高层建筑的箱形基础基底反力实测资料证明是中间大而两边小。为了简化起见，采用边跨基底反力为平均反力的 0.8 倍，中跨基底为平均反力的 1.2 倍。

（二）处理基础梁 JL4 开裂问题

曾产生过三个方案：

1. 在基础梁两侧增设两根梁，以代替 JL4 梁的作用；

2. 在两根 JL4 梁间的外挑基础板上增设一根梁；

3. 在原有基础外挑板上增设新的底板，基底反力通过悬臂板而直接传到纵向 JL1 上，此时 JL4 梁可不予考虑受力，最后决定采用这个力的传递系统。

（三）支座反力与柱压力不符的问题

确定盐仓基底压力后，一般以柱子为支柱，地基的净反力为荷载，按普通的平面楼盖进行计算。这种反力与柱压力往往存在不相等的矛盾。究其原因，一方面是反力按直线分布及视柱子为不动支座都可能与实际情况不符；另一方面，柱压力数值本身亦未必可靠，因为在确定这些柱压力值时，并未考虑盐仓（包括基础）的整体刚度和地基变形对荷载在上部结构中传递和分配所起的共同工作。因而应着重于结合实际情况，可在配筋和构造上作某些必要的措施，力求合理可靠。

（四）构造措施

在盐仓基础底板、梁和柱的加固中，都要涉及新旧混凝土结合连成整体起共同工作的问题。

在基础底板加固方面，由于板接触面大，对旧混凝土板面可稍加凿毛即可新旧板面结合连成整体起共同工作。

基础梁的顶面与两侧面都要求粗凿毛，并在梁的两侧面每隔 750mm 凿一条竖向齿槽（宽 50mm，深 10～15mm），在梁中凿一条水平齿槽。另外，在梁面每隔 400mm 凿出原有主筋与钢箍，增加 $\phi 14$ 的 U 形钢筋与原有主筋焊接。

对柱子的加固，要求将开裂处混凝土和被盐水腐蚀的混凝土全部凿掉，其他部位要求粗凿毛。同时，对已发生倾斜的柱子采用外包混凝土的不同厚度来加以校正，力求使其连成整体共同工作。

原盐仓下部围护结构几乎全部开裂，要求全部拆除。为了加强下部结构的刚度，除将砖柱改为钢筋混凝土柱外，并增设角柱与圈梁和过梁连成整体。同时，为了减轻自重，将窗户扩大，并将新填充墙改用大孔砖砌置。

盐仓基础加固后的剖面图如图 18-14 所示。

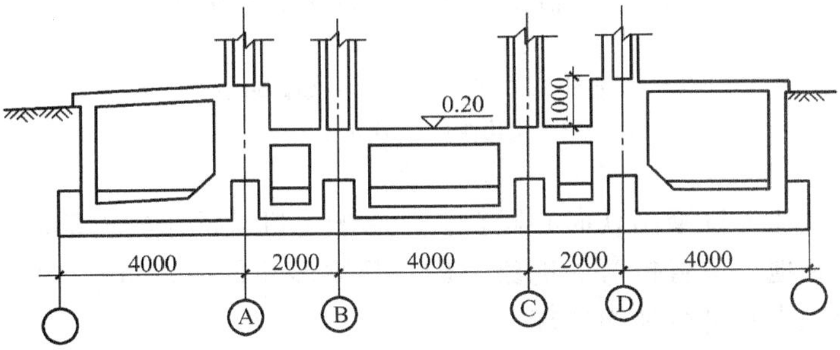

图 18-14 盐仓基础加固后的剖面图

五、效果与评价

盐仓基础加固工程于 1985 年 3 月全部完成，7 月开始加载试压，加载时采用分仓分级、对称、均匀的措施，荷载由少到多，到达一定数量级时再卸载，继后又逐步加载。经四个月来试压结果，其全部满仓的最大沉降量为 27mm，最小沉降量为 7mm。从试压沉降曲线分析，沉降大致趋于均匀，在结构上未发现有任何开裂现象。实践证明，盐仓基础经加固后，可起到预期减少沉降和调整不均匀沉降的作用；基础结构可靠，沉降日趋稳定，确已达到加固的预期目的。

加固费用共 17 万元，如用静力压桩方案估计需要 60 万元，节约造价 43 万元。盐为电化厂生产主要原料，加固前该仓面临全面停产，加固后盐仓重新投入生产，每年可减少盐损失 7600t，以每吨 200 元计，每年可为国家节省 152 万元。

【实例 18-3】 浙江省杭州丝绸印染联合厂生化池托换加固

一、工程概况

浙江省杭州丝绸印染联合厂由于生产中经常排除大量工业废水，为了保护环境，兴建了污水处理站。该工程于 1978 年建成，其中主要结构物为四座大型生化曝气池，如图18-15所示，为了绿化，又在池间填土 4m 多高，并砌筑挡土墙和女儿墙相围。

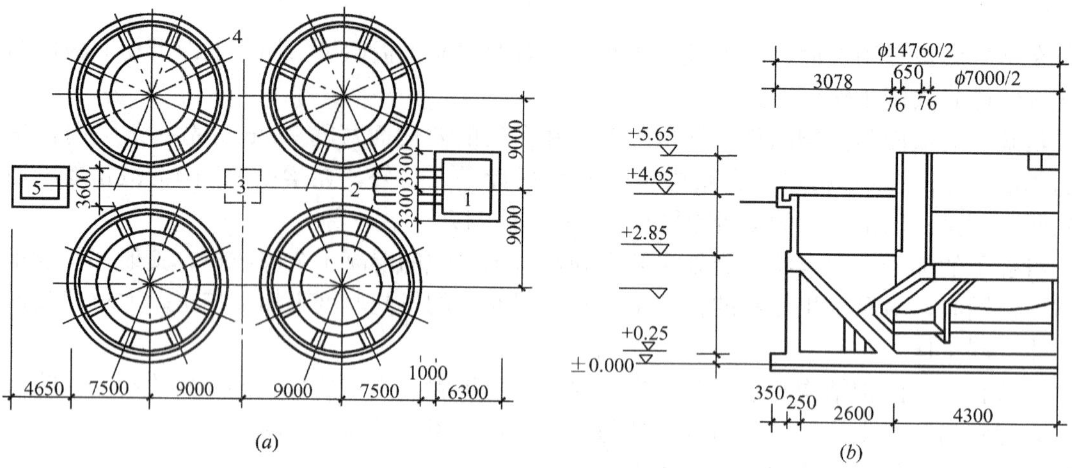

图 18-15　杭州丝绸印染联合厂四座生化池

(a) 平面；(b) 剖面

1—进水池；2—进水渠道；3—支架基础；

4—生化池；5—出水池

投产使用后，生化池逐渐出现向心倾斜，并影响了机械操作的正常运行，在倾斜的同时出现了地面开裂和地下埋管折弯等现象，最后只得停止使用，直至 1983～1984 年才正式委托武汉地基处理中心进行加固处理。

二、工程地质条件

经地质补勘得知，表层土为填土，厚度 1m，含碎砖石杂物，密实性差；以下为淤泥质粉质黏土，层厚 18.6～24.3m，青灰色，软塑至流塑，含云母碎屑，并夹有黏质粉土薄层和粉细砂薄层。土的主要物理力学指标为：γ＝17.1～18.0kN/m^3；d_s＝2.70～2.73；w＝32.1%～51.8%；e＝1.031～1.311；I_P＝10.6～14.7；I_L＝0.82～2.76；a_{1-2}＝0.56～1.22MPa^{-1}；E_s＝1.89～3.79MPa，[R]＝85kPa。

三、原结构设计

四座钢筋混凝土圆形生化池对称布置，中心距 18m，每座生化池底板外径 15.0m，池壁内径 13.8m，池高 4.95m，底板埋深 0.1m，每池结构加水重约 900t，基底压力为 60.6kPa，另附设有进出水池、进出水渠道、操作室、排污水管、天桥过道、梯子平台等。

四、沉降观测和事故原因分析

按照托换工作需要，于 1983 年至 1985 年进行了实际观测，每座生化池沿池圈布置 8 个测点。由于实测工作是在发生工程事故问题后进行的，这期间最大总沉降量为 340.5mm，最大沉降差为 168mm。实测沉降表明，生化池不均匀沉降引起池身的显著倾斜，其特点是 4 座生化池向中心区相对倾斜。

按已知条件和数据对原工程进行核算，其计算结果列于下表 18-3。

土中附加压力分布、计算沉降量与倾斜值 **表 18-3**

土层计算面标高（m）	基底下深度（m）	生化池作用下土中附加压力（kPa）			池间填土作用下土中附加压力（kPa）			有填土时计算沉降量（cm）			无填土时计算沉降量（cm）			池身倾斜（AB）	备注
		A	B	O	A	B	O	A	B	O	A	B	O		
6.60−0.45=6.15	0	60.6	30.3	0 单池/四池	0	41.0	81.9	$\sum s=$ 33.55+5.47=39.02	$\sum s=$ 30.32+21.42=51.74	$\sum s=$ 21.82+33.90=55.70	$s=33.55$	$s=30.32$	$s=21.82$	maxtgAB ±17‰	1. 计算简图 $R=7.5$m 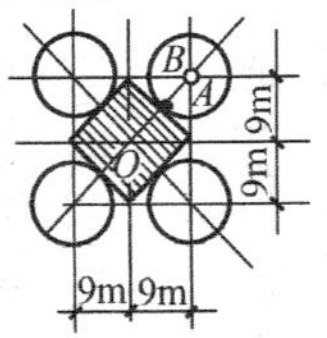 2. 生化池基底压力按（4.6+0.45）×12=60.6kPa 填土荷载按 4.55×18=81.9kN/m^2 3. 沉降计算中，m_s 取 1，E_s 取 2500kPa
3.15	3	57.9	29.1	1.2/4.8	1.6	39.3	73.7								
0.15	6	47.6	29.7	4.0/16	3.2	31.1	49.1								
−2.85	9	36.4	30.8	5.8/23.2	4.8	24.6	36.0								
−5.85	12	27.8	29.8	6.4/25.6	6.4	18.0	24.6								
−8.85	15	21.8	27.5	6.2/24.8	6.4	13.1	18.0								
−11.85	18	17.4	24.6	5.8/23.2	6.4	9.8	13.1								
−14.85	21	14.2	21.4	5.2/20.8	4.8	8.2	9.8								
−17.85	24	11.8	19.3	4.7/18.8	4.8	6.6	8.2								
−20.85	27	10.0	17.1	4.1/16.4	4.8	4.9	6.6								
−23.85	30	8.7	15.0	3.6/14.4	4.8	4.9	4.9								

以上计算表明，生化池荷载对周围土中压力的影响以对称中心区最为集中，为单池同等条件下影响压力的 4 倍。此处填土荷载与生化池荷载之和，在 9m 深度内为 59.2～81.9kPa，因地基土质软弱，该值已接近或超过地基容许承载力而产生较大的沉降和沉降差。由此可见，生化池的倾斜是结构物附加压力集中，填土荷载大和地基土质差等情况所造成。

五、工程处理方案

根据该工程事故原因分析，采取以下处理方法：

（一）挖去四池中间所堆的填土，减少附加压力；

（二）由于倾斜已产生，而且已建部分尚需增添荷载，为了控制继续倾斜和满足工艺要求，采用刚性连接结构，将四座生化池组合成一具有足够刚度的整体，如图18-16所示。

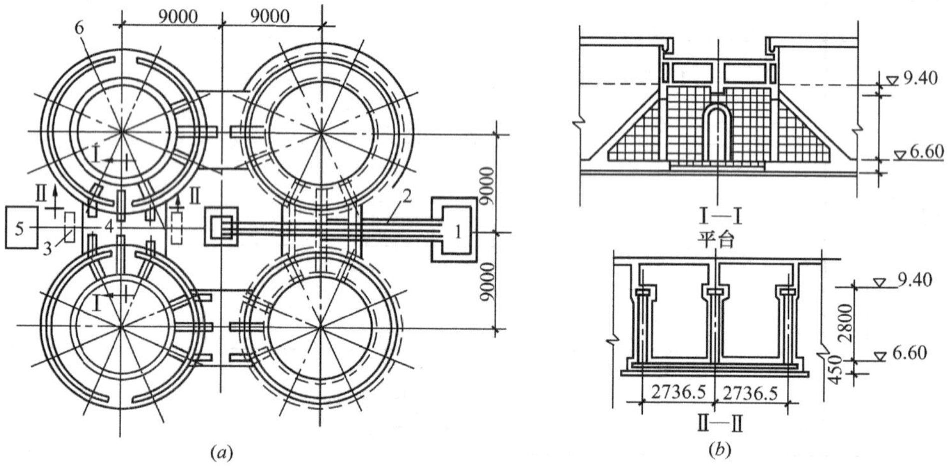

图 18-16　生化池托换工程方案

(*a*) 平面；(*b*) 剖面

1—进水池；2—进水渠；3—单支架；4—门洞；5—出水池；6—生化池

（三）按生产需要找平和找齐池壁、水槽、平台标高，续建进出水道和池周操作平台，校正操作设备，恢复生产使用。

六、技术经济效果

该工程经处理后，沉降即趋稳定，倾斜受到制止。满足了生产工艺的需要，处理工程费用仅 3 万元，避免拆除和重建费用，又避免重建期间影响生产造成的损失，并改善了环境污染，可见处理方案技术合理，经济效益显著。

【实例 18-4】　南昌市八一大桥桥墩基础套筒法加固

一、工程概况

江西省南昌市八一大桥，该桥横跨赣江，全长 1200m，原桥建于 1937 年，桥墩水下部分为四柱式劲性钢筋混凝土柱基础。出水部分为带斜腹杆框架式墩台。上部结构为钢桁梁和混凝土桥面。于 1961 年潜水检查，发现河水冲刷严重，嵌固墩柱的下部覆盖层日趋减薄或将使墩柱全部外露，甚至腰箍脱落，失去正常嵌固受力的作用，每逢汛期受竹木排筏水平撞击的危险，因而急需基础加固。

八一大桥是当时沟通赣江南北的惟一要道，因而基础加固方案的选择必须确保桥面正常交通和不封堵赣江航运。最后由上海基础工程公司与修桥主管部门制订了套筒加固方案，加固后效果良好。

二、套筒法施工

套筒法是指在原桥梁的桥墩水下部分的若干钢筋混凝土柱基础外包以套筒（实际上是一沉井结构），再在套筒内灌筑混凝土，从而将分散的若干钢筋混凝土柱基础形成一个重力式的桥墩。其施工步骤如下（图 18-17）：

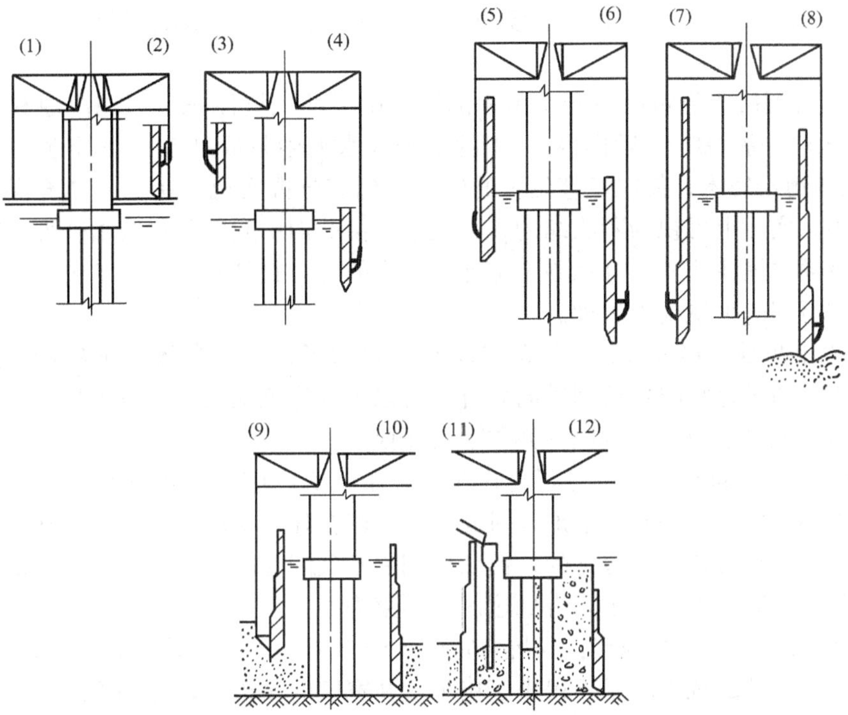

图 18-17 套筒法加固施工顺序

（1）在原桥钢桁架及墩顶设置新的桁梁，并在桁梁上悬挂固定的钢托架；

（2）在托架上制作沉井；

（3）待混凝土养护达到要求强度后，将设置在钢梁上的起重装置起吊沉井，使其与托架分离，然后在水上拆除托架；

（4）接着将沉井向水中沉放至要求标高，而沉井顶面必须露出水面；

（5）接高钢筋混凝土井壁；

（6）第二次沉放沉井；

（7）再次接高钢筋混凝土井壁；

（8）第三次沉放沉井至河床；

（9）沉井内吸泥下沉，清除覆盖层；

（10）最后沉井下沉到基岩，清基及刃脚塞缝；

（11）灌筑水下混凝土，将原墩柱围护在内；

（12）完成加固基础工作，形成一个重力式桥墩。

18.2.2 基础加深法

当既有建筑经验算原地基承载力和变形不能满足规范要求时，除了可用上节加大基础底面积法外，尚可采用将既有建筑基础落深在较好的新持力层上的托换加固方法。

一、基础加深法设计和施工要点：

1. 先在贴近既有建筑的一侧分批、分段、间隔开挖长约1.2m，宽约0.9m的竖向导坑，对坑壁不能直立的砂土或软弱地基要进行坑壁支护，竖坑底面可较原基础底面深1.5m。

2. 再将竖向导坑朝横向扩展到直接的基础下面，并继续在基础下面开挖到所要求的持力层标高。

3. 采用现浇混凝土浇筑已被开挖出来的原基础下的挖坑体积。但在离原有基础底面8cm处停止浇筑，待养护1d后再将1：1的干硬性水泥砂浆放进8cm的空隙内（国外称干填），用铁锤锤击短木，使在填塞位置的砂浆得到充分捣实成为密实的填充层，由于这一层厚度很小，实际上可视为不收缩的，因此不会由此而引起的附加收缩变形，有时也可使用液态砂浆通过漏斗注入，并在砂浆上保持一定的压力直到砂浆凝固结硬为止。如采用早强水泥，则可同时加快施工进度。

4. 重复以上步骤，再分段、分批的挖坑和修筑墩子，直至全部托换基础工作完成为止。由于施工是通过挖竖向导坑到横向导坑，所以国外称坑式托换；也因最后由基础将力传递给新浇筑的混凝土墩子，故国外亦称墩式托换。

5. 对许多大型建筑物的基础进行托换时，由于墙身内应力的重分布，在基础下直接开挖小坑，而不需要在原有基础下加临时支撑，亦即在托换支承构件前，局部基础短时间内没有地基土的支承可认为是容许的，但切忌相邻基础同时施工。另外，凡开挖区段托换一经开始，就要不间断进行施工，直到这区段结束为止。

德国工业标准DIN4123规定：当坑井宽度小于1.25m，坑井深度小于5m，建筑物高度不大于6层，开挖的坑井间距不得小于单个坑井宽度的3倍时，允许不经力学验算就可在基础下直接开挖小坑。

6. 在开挖过程中由于土的拱作用，使作用在坑内挡板上的荷载大为减少，且土压力将不随深度而增加，故所有坑壁都可用50mm×200mm的横向挡板，并可边挖边建立支撑，横向挡板间还可相互顶紧，再在坑角处用50mm×100mm的嵌条钉牢。

7. 在墩式基础施工时，基础内外两侧土体高差形成的土压力可足以使基础产生位移，故需提供类似挖土时的横撑、对角撑或锚杆。因为墩式基础不能承受水平荷载，侧向位移将会导致建筑物的严重开裂。

8. 进行间断的墩式托换应满足建筑物荷载条件对坑底土层的地基承载力要求，不然则可设置连续墩式基础。对连续墩式基础施工时，应首先设置间断墩以提供临时支承。当开挖间断墩间的土时，可先将坑的侧板拆除，再在挖除墩间土的坑内灌注混凝土，同样再进行干填砂浆后就形成了连续的混凝土墩式基础。由于拆除了坑侧板后，坑的侧面很粗糙而可起键的作用，故在坑间不需另作楔键。

9. 如发现原有基础的结构构件的抗弯强度不足以在间断墩间跨越，则有必要在坑间设置过梁以支承基础。此时，在间隔墩的坑边作一凹槽，作为过梁的支座，并在原来的基础底面下进行干填。

10. 国外对大的柱基用坑式托换时，可将柱基面积划分成几个单元进行逐坑托换的方法。单坑尺寸视基础尺寸大小而异，但对托换柱子而不加临时支撑的情况下，通常一次托换不宜超过基础支承面积的20%。由于柱子的中心处荷载最为集中，所以首先应从角端处开挖托换的墩。

二、基础加深法的适用范围和优缺点

基础加深法适用于土层易于开挖；开挖深度范围内地下水位较低，或虽有地下水但采用降低地下水位措施较为方便，因为这种加固方法难以解决在地下水位以下开挖后会产生土的流失问题，所以该法托换深度不大且浅层有较好的土层作为持力层；另外，既有建筑的基础最好是条形基础，亦即该种基础可在纵向对荷载进行调整起梁的作用。

基础加深法的优点是施工简便、费用低，由于托换工作大部分是在建筑物的外部进行，所以在施工期间仍可使用建筑物。该法缺点是工期较长；由于既有建筑物的荷重被置换到新的地基土上，将会产生一定的附加新沉降，这是相同于其他托换方法而不能完全避免的。

【实例 18-5】 陕西省泾阳县冶金建材厂浴室墩式托换加固

一、工程概况

陕西省泾阳县冶金建材厂浴室位于Ⅲ级自重湿陷性黄土地基上，1987年初建成后仅一个月，由于管道漏水造成大范围湿陷，使建筑物严重开裂，浴室无法使用。

二、托换设计和施工

由于该场地黄土湿陷性强，湿陷性土层又厚达10～11m。托换方案可有石灰桩加固、碱液加固、墩式托换三种，最终厂方决定以造价较高，但加固效果较好的墩式托换处理。

设计墩身直径0.8m，墩端部直径扩大到1.4m，扩大部分高度为1m，扩大头锥体坡度为0.3∶1，以湿陷性土层下部的红色古土壤层作为持力层，扩大端以进入古土壤层不少于0.3m。墩身混凝土强度为C15级，坍落度为80～100mm。混凝土墩平面布置如图18-18所示。

施工前在屋面大梁下设木柱支撑以卸荷，施工时先在基础一侧开挖竖向导坑，再挖除灰土基础和砖砌大放脚，横坑宽约1m，然后直接在地梁下挖墩孔，达设计深度后再进行扩孔，最后浇筑混凝土。当墩身混凝土浇筑到离地梁底60～80mm时即停止，经一昼夜凝固硬化后，再用1∶1干硬性水泥砂浆填塞缝隙，并在水平方向用棒捣实，以保证基底与混凝土间紧密接触。

由于各墩间间距较大，原有的高180mm按构造配筋的地圈梁抗弯能力不够，因而设计时在原地圈梁下增设高240mm的钢筋混凝土地梁，混凝土强度等级为C20，截面尺寸及配筋如图18-18所示。施工混凝土墩时，在墩上部预留水平钢筋，然后分段拆除原地圈梁下的砖砌体（仅四皮砖）。为了防止地圈梁在施工时下沉，在梁下每隔0.9～1.1m加设100×100×240mm预制块作原地圈梁临时支托，再绑扎地梁钢筋和浇捣混凝土，使上部荷载通过新地梁传到混凝土墩上，并再传到下部非湿陷性土层上，从而制止了基础的继续下沉。

三、技术经济效果

该浴室建筑面积为294m^2，共浇筑混凝土墩30个，耗用混凝土165m^3，地基托换部分费用约2万元，加固后浴室恢复正常使用，托换效果良好。

【实例 18-6】 呼和浩特市市政公司1号住宅楼基础加深加固

一、工程概况

呼和浩特市市政公司1号住宅楼，建筑面积为2500m^2，四层砖混结构，毛石基础。1983年进行设计和施工，由于设计前没有进行勘察，只是根据附近资料将表层粉土

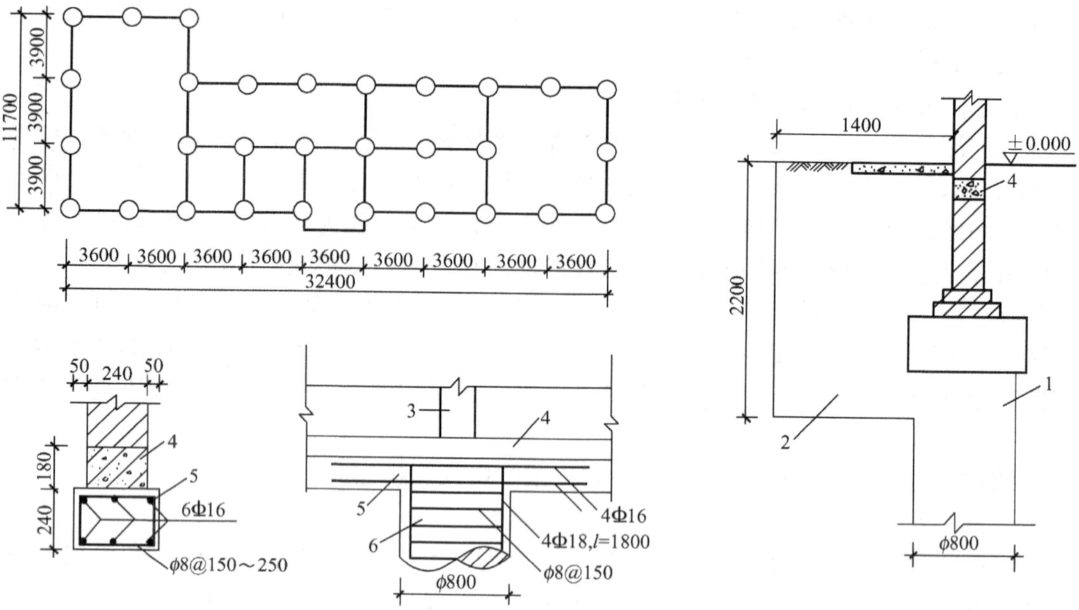

图 18-18　泾阳县冶金建材厂浴室墩式托换

1—自地梁以下拆除1m宽；2—导坑；3—构造柱或砖墙；4—原地圈梁；5—新增地梁；6—托换墩

作持力层和4m以下是粗砾砂层进行设计。

当宿舍楼施工到二层时才得知西邻的粮食机械厂多数房屋地基土存在淤泥层，该厂房屋都经地基处理后才砌筑基础，有的建筑物基础还采用了桩基础。为此，施工到二层时停工后补做勘察工作。勘察结果查清了4个单元中西边两个单元持力层位置含有0.8～1.2m的淤泥透镜体，埋藏深度在毛石基础底面下0.5m处（图18-19），经设计和施工单位共商研究后决定，将条形基础底面下的淤泥挖除，再将原基础加深，加深部分用C20素混凝土回填（图18-20）。

二、施工方法

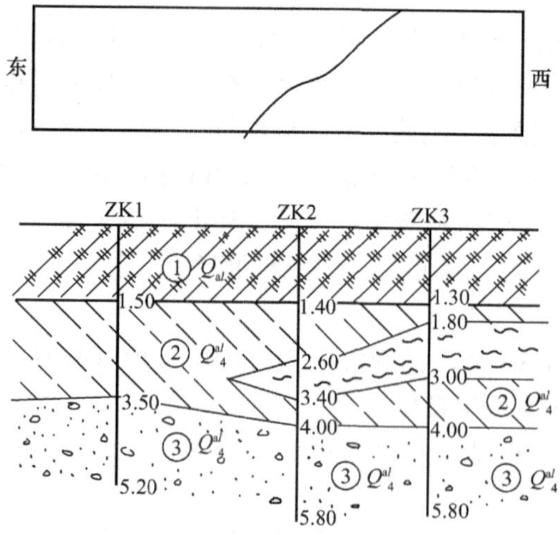

图 18-19　地质剖面图

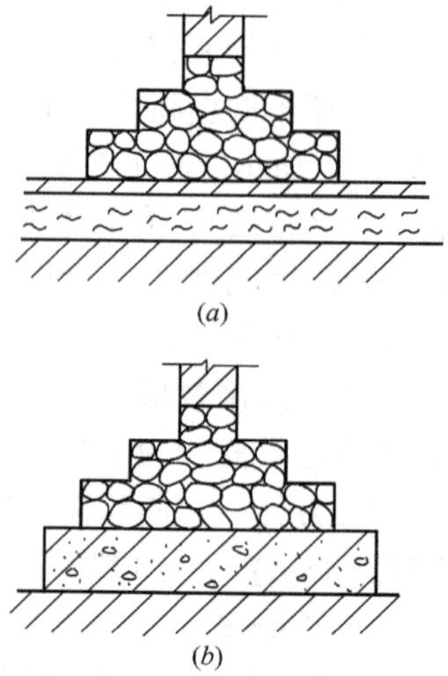

图 18-20　基础剖面

（a）处理前；（b）处理后

在基础的一侧间跳式沿条形基础长方向分段开挖长 1.5m 和宽 1.0m 的竖向导坑，先开挖到基础底面，再往深加至淤泥土底面停止。如此每隔 2～3 段开挖一段，纵墙在室外开挖，横墙可在房间内开挖。

基础底下的淤泥土待浇灌混凝土的机械和材料都准备好后再挖出，然后及时向基底下坑内浇灌拌有膨胀剂的素混凝土，并形成扩大基础底面加深基础的台阶。加深和加宽的大小视淤泥土层的厚度和建筑物的每延米的荷载大小而定。浇灌混凝土时要求一次灌密振实。混凝土初凝后要仔细检查，如发现新浇筑混凝土与基础底面有混凝土收缩后的缝隙或未灌满的部分，再用干硬性高强度等级快凝固的混凝土补满填实。

如上述一段一段开挖加深后灌满振实素混凝土，而这些混凝土体积便形成连续的混凝土的一个基础底台阶。

对于荷重小的墙基础，如局部加深加宽已满足承载力要求，则局部加深加宽的混凝土可不连成一体，这实际上已成为墩式基础。

【实例 18-7】 包头市红星桥改造基础加深

一、工程概况

红星桥是包头市东河区西河上 20 世纪 60 年代建造的一座跨河马路桥，钢筋混凝土结构。其改造工程是当时包头市防洪治理河道工程的组成部分。为了增加暴雨过后洪水泄流量，红星桥上下游河槽均需加深加宽，而改造前的红星桥过水断面小，泄洪流量不易通过，必须将河槽加深到上下游要求的深度和坡度。新设计的河底标高比原桥下河底低 1m，河底标高降低后，桥墩台的基础底就快露出，这将失去桥的稳定性。危及桥的结构安全。如果拆除重建又工期时间较长，造价且高，而且要中断主要马路交通。

二、设计要点

根据上述工程条件，设计时采用对桥墩、桥台先支托，后在基础下开挖浇灌混凝土，达到加深基础的目的。其设计步骤如下：

（一）计算桥面传至桥墩、桥台的荷载，包括活载、风载和地震荷载；

（二）根据勘察资料，确定支托静压钢管桩直径及压入深度，计算单桩承载力；

（三）按照传到桥墩、桥台底面的荷载和计算的单桩承载力进行计算桩数和布桩。为了安全和便于施工，设计时把桥墩和桥台分割成条块，在条块里把桩布成一字形、梅花形、双排或多排桩。

三、施工工艺

施工采用半幅桥面封闭，半幅桥面车辆通行的办法。先将半幅施工的桥墩、桥台按设计分割的条块，间跳式开挖到设计深度，压桩支托、支模、绑扎钢筋和浇筑混凝土。

完成半幅桥面施工任务后，将这半幅桥面开放，让车辆人流通过；再将另半幅封闭，用前半幅加深基础和降低河底同样的方法完成施工任务（图 18-21）。

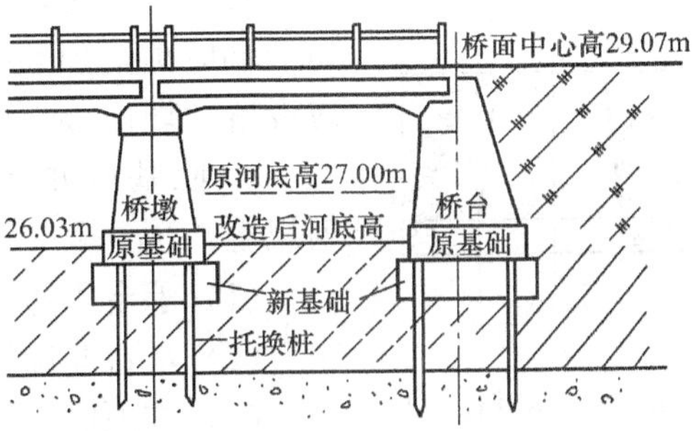

图 18-21 红星桥改造简图

18.2.3 锚杆静压桩法

桩式托换是包括所有采用桩的形式进行托换的方法总称。因而内容十分广泛，以下着重

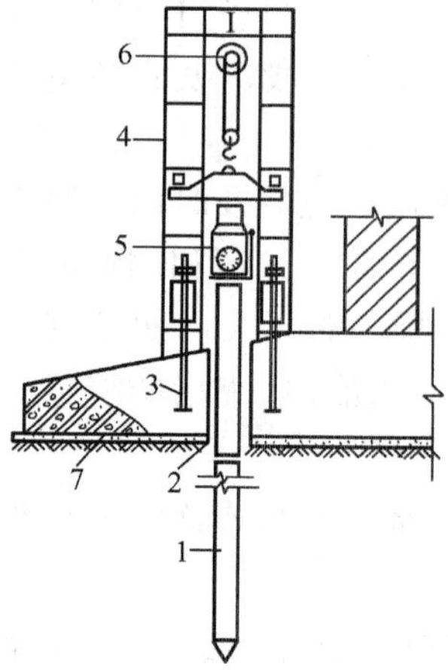

图 18-22　锚杆静压桩装置示意图

1—桩；2—压桩孔；3—锚杆；4—反力架；5—千斤顶；6—手动或电动葫芦；7—基础

介绍锚杆静压桩、树根桩和坑式静压桩等桩用于托换加固的方法。

锚杆静压桩法的施工工艺是在既有建筑物基础上按设计要求开凿压桩孔和锚杆孔，用粘结剂埋好锚杆，然后安装压桩架与建筑物基础连成一体，并利用既有建筑自重作反力，用千斤顶将预制桩段逐段压入土中，桩段间用硫磺胶泥或焊接连接。当压桩力或压入深度达到设计要求后，再将桩头与原基础用微膨胀混凝土浇筑在一起，桩即可迅速受力，从而达到提高地基承载力和控制沉降的目的（图 18-22）。

一、锚杆静压桩设计

1. 锚杆静压桩的单桩竖向承载力特征值可通过单桩载荷试验确定；当无试验资料时，可根据《建筑地基基础设计规范》GB 50007—2002 有关规定估算。

2. 桩位布置应靠近墙体或柱子，设计桩数应由上部结构及单桩竖向承载力计算确定；必须控制压桩力不得大于该加固部分的结构自重；压桩孔宜为上小下大的正方棱台状，其孔口宜比桩截面边长大 50～100mm（图 18-23、图 18-24）。

3. 当既有建筑基础承载力不满足压桩要求时，应对基础进行加固补强。

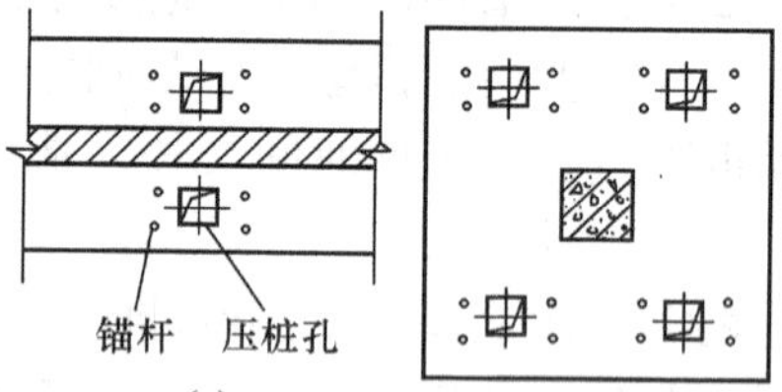

(*a*)　(*b*)

图 18-23　压桩孔布置图

(*a*) 墙下条形基础承台；(*b*) 独立柱基础承台

4. 桩身制作应符合下列要求：

（1）桩身材料可采用钢筋混凝土或钢材；

（2）对钢筋混凝土桩宜采用方形，其边长为 200～300mm；

（3）每段桩节长度应根据施工净空高度及机具条件确定，一般宜为 1.0～2.5m；

（4）桩内主筋应按计算确定。当方桩截面边长为 200mm 时，配筋不宜少于 4ϕ10；当边长为 250mm 时，配筋不宜少于 4ϕ12；当边长为 300mm 时，配筋不宜少于 4ϕ16；

（5）桩身混凝土强度等级不应低于 C30。

5. 当桩身承受拉应力时，应采用焊接接头，其他情况可采用硫磺胶泥连接。当采用硫磺胶泥接头时，其桩节两端应采用焊接钢筋网片，一端埋插筋，另一端应预留插筋孔和吊装孔。当采用焊接接头时，桩节的两端应设置预埋连接铁件。

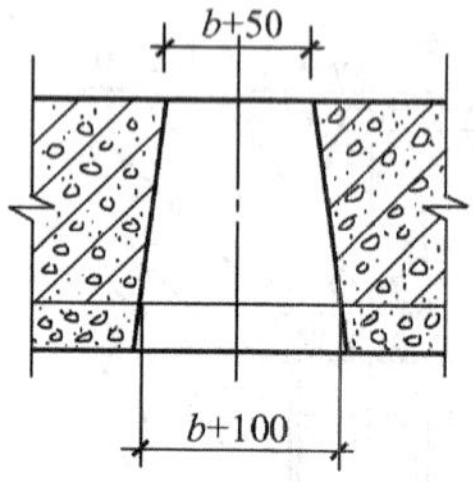

图 18-24　压桩孔剖面（单位，mm）

6. 原基础承台除应满足有关承载力要求外，尚应符合下列规定：

（1）承台周边至边桩的净距不宜小于 200mm；

（2）承台厚度不宜小于 350mm；

（3）桩顶嵌入承台内长度应为 50～100mm；当桩承受拉力或有特殊要求时，应在桩顶四角增设锚固筋，伸入承台内的锚固长度应满足钢筋锚固要求；

(4) 压桩孔内应采用C30微膨胀早强混凝土浇筑密实；

(5) 当原基础厚度小于350mm时，封桩孔应用2ϕ16钢筋交叉焊接于锚杆上，并应在浇筑压桩混凝土的同时，在桩孔顶面以上浇筑桩帽，厚度不得小于150mm（图18-25）。

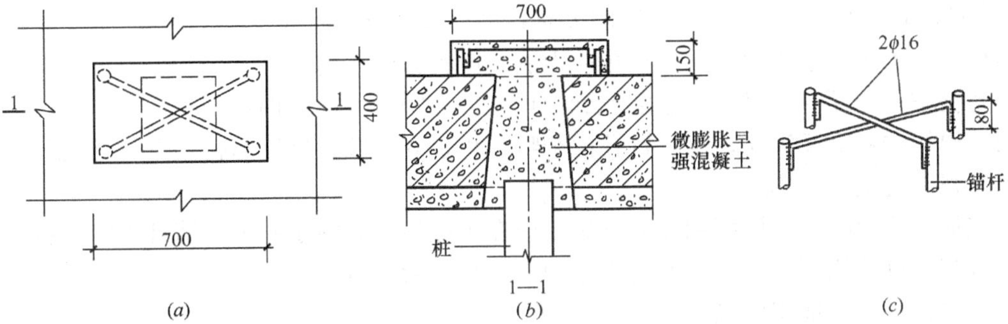

图18-25 桩与基础连接构造

(a) 平面；(b) 剖面；(c) 交叉钢筋与锚杆的连接

7. 锚杆可用光面直杆镦粗螺栓或焊箍螺栓，并应符合下列要求：

(1) 当压桩力小于400kN时，可采用M24锚杆；当压桩力为400～500kN时，可采用M27锚杆；

(2) 锚杆螺栓的锚固深度可采用10～12倍螺栓直径，并不应小于300mm，锚杆露出承台顶面长度应满足压桩机具要求，一般不应小于120mm；

(3) 锚杆螺栓在锚杆孔内的粘结剂可采用环氧砂浆或硫磺胶泥；

(4) 锚杆与压桩孔、周围结构及承台边缘的距离不应小于200mm。

二、锚杆静压桩施工

(一) 施工前应做好下列准备工作

1. 清理压桩孔和锚杆孔施工工作面；

2. 制作锚杆螺栓和桩节的准备工作；

3. 开凿压桩孔，并应将孔壁凿毛，清理干净压桩孔，将原承台钢筋割断后弯起，待压桩后再焊接；

4. 开凿锚杆孔，应确保锚杆孔内清洁干燥后再埋设锚杆，并以粘结剂加以封固。

(二) 压桩施工时应符合下列规定

1. 压桩架应保持竖直，锚固螺栓的螺母或锚具应均衡紧固，压桩过程中应随时拧紧松动的螺母；

2. 就位的桩节应保持竖直，使千斤顶、桩节及压桩孔轴线重合，不得偏心加压，压桩时应垫钢板或麻袋，套上钢帽后再进行压桩，桩位平面偏差不得超过±20mm，桩节垂直度偏差不得大于1%的桩长；

3. 整根桩应一次连续压到设计标高，当必须中途停压时，桩端应停留在软弱土层中，且停压的时间间隔不宜超过24h；

4. 压桩施工时应对称进行，不应数台压桩机在同一个独立基础上同时加压；

5. 焊接接桩前，应对准上下桩的垂直轴线，清除焊面铁锈后进行满焊；

采用硫磺胶泥接桩时，应按《建筑地基基础工程施工质量验收规范》GB 50202—2002的有关规定执行；

6. 桩尖应达到设计持力层深度，且压桩力应达到单桩竖向承载力特征值的1.5倍，压桩力持续时间不应少于5min；

7. 封桩前应凿毛和刷洗干净桩顶侧表面后再涂混凝土界面剂。

封桩可分不施加预应力法和施加预应力法的两种方法。

当封桩不施加预应力时，在桩端达到设计压桩力和深度后，即可使千斤顶卸载，拆除压桩架，焊接锚杆交叉钢筋，清除桩孔内杂物、积水和浮浆，然后与桩帽梁一起浇筑C30微膨胀早强混凝土。

当施加预应力时，采用型钢托换支架，应在千斤顶不卸载条件下，清理干净压桩孔后立即将桩与压桩孔锚固，当封桩混凝土达到设计强度后方可卸载。

三、锚杆静压桩适用范围

锚杆静压桩与其他加固工法相比的优点是：受力明确；桩基质量有保证；加固后迅速稳定；施工机具轻巧；操作方便；施工时无振动、无噪声、无环境污染；加固费用低廉。当前在华东、华南、中南等地区已广泛使用，尤其在上海软土地区的托换加固工程中得到了首肯选用。

锚杆静压桩的适用范围较为广泛，以下仅举不同工程类别分别阐明其适用性：

（一）天然地基上的6～7层住宅建筑的基础托换加固

在大厚度软土天然地基上建造多层住宅，其沉降量可达40～60cm，为尽快制止建筑物的大量沉降和不均匀沉降，锚杆静压桩一般都布置在建筑物外挑基础上，用以减少基础边缘应力，消除下卧层土的剪切变形区，使建筑物回复到正常固结变形。

（二）天然地基上多层建筑沉降尚未稳定，（适度）倾斜仍在发展的基础托换止倾加固（实例18-8）。

加固桩同样布置在外挑基础上，如外挑基础宽度不足，可预先进行基础拓宽加固，然后再进行补桩加固。经补桩加固后，可望在3～6个月内达到稳定。

（三）建筑物沉降缝磕头处的基础托换加固

当建筑物过长或相邻建筑层数不一致时，往往都采用沉降缝的隔开措施，一般缝宽为160mm。由于沉降缝二侧的山墙，会给该处地基带来较大压力，形成应力的叠加作用，从而导致沉降缝处出现较大的沉降及二侧建筑向沉降缝处倾斜，引起沉降缝二侧上端山墙的磕头现象，严重时其中一侧山墙墙面被顶裂，墙面出现结构裂缝。此时，通常采取在沉降缝二侧山墙基础上进行补桩加固，制止沉降缝二侧山墙的沉降。为防止加桩后地基刚度的突变而引起结构裂缝，山墙二侧布桩时应充分考虑刚度变化，布桩应由密到稀（实例18-11）。

（四）加层工程的基础托换加固

如某校教学楼要求在原三层上增加二层，设计时采用外包框架将原建筑物包在内部，在其顶部再新建二层教学楼，而在框架柱基上用锚杆静压桩加固。

（五）设备基础的托换加固

某机械厂进口一台数控龙门机床，对其基础沉降要求甚严，经对原基础补桩加固后，满足了沉降设计要求。

（六）电梯井基础补桩加固

某商城酒店高18层，需增加一部电梯，由于拟建场地狭小，天然地基无法满足设计要求，后采用基础补桩加固，建成后使用情况良好。

（七）基坑周围的相邻建筑的基础托换加固

深基坑开挖施工过程中，由于基坑围护的变形及地下水位的抽水下降，将直接影响相邻建筑的沉降和倾斜，为确保相邻建筑的安全，应对相邻建筑作适当补桩加固。

（八）在抗拔桩工程中应用

为满足地下室抗浮需要，根据设计要求在底板上开凿出上大下小的压桩孔，桩身设计成下大上小的桩段进行抗浮桩的施工。

（九）锚杆静压桩应用于纠倾加固工程

目前有二种较为成熟的追降纠偏方法：一种为锚杆静压桩加沉井掏土纠倾法，它适合于回倾率较大的纠倾工程。先在沉降大的一侧用桩对基础加固，有效制止沉降多的一侧不再发生大的沉降，然后再在沉降小的一侧开挖沉井，当沉井下沉到设计深度后，最后在原有基础下一定深度的软土中进行水平冲水掏土，使该侧基础缓慢下沉，用这种方法纠倾沉降比较均匀，对既有建筑的上部结构不会产生较大的次应力。当即将达到要求倾斜率时，在沉降小的一侧再压入一定数量的保护桩，起到稳定的作用。

另一种为锚杆静压桩加钻孔取土纠倾法，这种方法适用于回倾率较小的纠倾工程。在沉降小的一侧用钻机进行垂直或斜向取土，使该侧调整基底应力，促使建筑物回倾。而锚杆静压桩的补桩要求与上述沉井掏土纠倾法相同（实例18-12）。

（十）锚杆静压桩应用于新建工程

在繁华的商业街（如上海南京路）或在密集的建筑群中，或不允许有噪声环境条件，或大型打桩机具无法进入的建筑场地的情况下，可采用锚杆静压桩桩基逆作施工法进行地基基础加固。其工序是：在浇捣基础底板时，将压桩孔先预留出来，上部建筑仍可照常施工，待建造到三层后，上部荷重大于压桩力时，便可进行压桩施工，与上部建筑同步进行，无需压桩施工工期，使工程提前投产（实例18-9）。

（十一）大型锚杆静压钢管桩应用于高层建筑补桩工程

在高层建筑桩基（打入桩或灌注桩）工程中，由于多种原因，经常会发生断桩、缩颈、偏斜、接头脱开、大位移等桩基质量事故。特别是处于深基坑已开挖，一经检测查出部分桩基出现质量事故，此时大型桩基施工设备已无法进入坑内施工，而相邻建筑的沉降有可能在发展；基坑围护也可能继续在发生位移，如采用常规的桩基事故处理需要较长工期，由此造成基坑危险程度更会加剧，整个工期亦会延长，此时可采取大型锚杆静压钢管桩的补桩措施。曾选用过的桩型为$\phi406\times10$mm，桩长38m，桩端进入上海$⑦_1$土层，压桩力达2600kN，同时大大缩短了桩基加固工期。

【实例18-8】 软土地基上六层住宅楼纠倾工程实例

上海某小区二幢（1号、2号）六层住宅楼，砖混结构，天然地基，片筏基础，基础埋深约1m，其地基土层自上而下的分布见表18-4。结构封顶不到半年尚未使用，发现1号楼北面沉降速率为1.3mm/d，而南面沉降速率为0.6mm/d，向北倾斜率达6‰。2号楼尽管南北两面沉降速率相差不大，但该楼向北倾斜率也已达5.9‰。若不及时控制或减缓不均匀沉降，将直接影响到房屋的正常使用。

地基土层分布图 **表18-4**

土层层序	土层名称	土层厚度(m)
①	素填土	1.2
②	褐黄色黏土	0.2～2.4
③1	灰色淤泥质粉质黏土	3.3～6.4
③2	灰色砂质粉土	0.9～3.4
④	淤泥质黏土	5.5～9.0
⑤1	灰色黏土	1.5～5.5
⑤2	灰色黏质粉土	2.5～4.6
⑥	暗绿色粉质黏土	1.4

托换加固方案采用北面布设锚杆静压桩（250mm×250mm），每根桩长22.5m。1号楼北面共布桩9根，2号楼北面共布桩7根，每根桩在达到设计桩长后随即封桩，亦即压完一根封一根；压桩施工时先压中间及两端，后内插压其余的桩。在南面则用XY-1型钻机钻孔掏土，钻孔直径$\phi 300$，钻孔方向与水平面成60°夹角，其深度为8～10m；从两端掏土孔开始，再掏中间，然后由两端向中间间隔掏土（图18-26）；要求施工结束后，倾斜率控制在4‰以下。

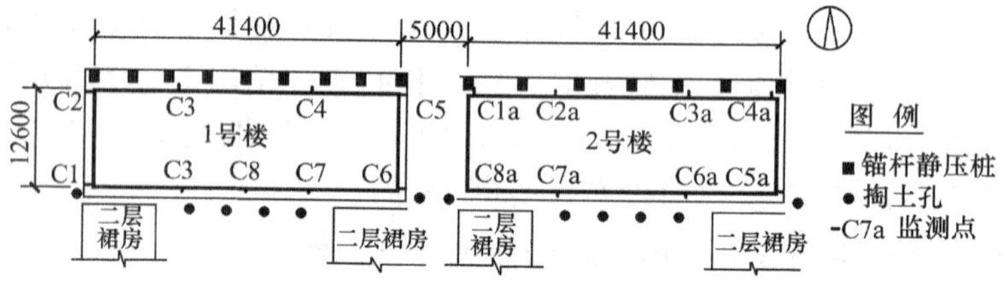

图18-26 加固纠倾方案平面示意图

施工步骤是先对1号楼施工，同时对两楼进行监测。1997年11月1日开始压桩，先中间后两端，间隔跳压，至11月3日共压完3根桩。众所周知，压桩对地基土会产生一定的扰动，对房屋带来附加沉降，所以，压桩期间，北面沉降加大，南北不均匀沉降差有所增大。因此，于1997年11月4日，在南面开始掏土一天，各孔均掏土两遍，1997年11月5日～6日又各压一根桩。监测结果表明，地基土对掏土和压桩均很敏感，压桩和掏土将交替进行。1997年11月11日，北面沉降速率减小至1mm/d，南面则增加到2.5mm/d，南面累计沉降量已大于北面的累计沉降量，开始产生纠偏效果。

1997年11月12日，13日，16日，18日各压一根桩，至此，压桩结束。其间，穿插掏土，一周后，倾斜率减小至4.97‰，继续掏土，而掏土时间和掏土量要根据现场监测结果来定（图18-27*a*、图18-27*b*）。

1997年12月2日，当1号楼倾斜率减小至4.65‰时，开始对2号楼压桩施工，与1号楼所不同的是，1997 年 11 月 30 日至 12 月 1 日，已连续三天先在南面掏土，目的是使南北不均匀沉降差不致扩大。压桩数量也减少到 7 根，并要求一天压一根桩，1997 年 12 月 2 日至 12 月 7 日连续压完。其后，继续掏土施工和监测，监测结果见图 18-27*c*、图18-27*d*。

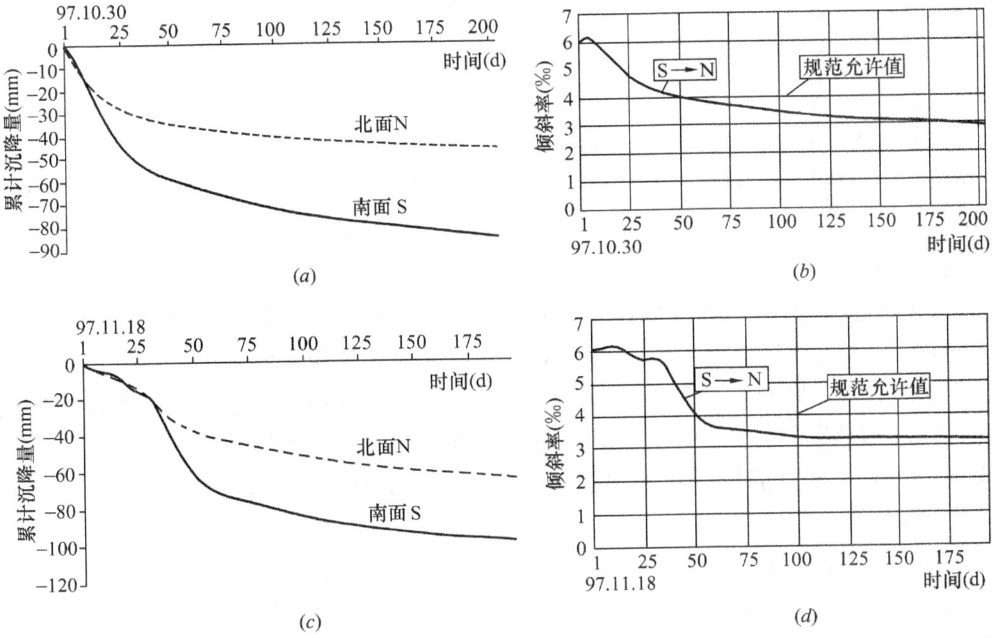

图 18-27

(*a*) 1 号楼沉降量与时间关系；(*b*) 1 号楼倾斜率与时间关系；

(*c*) 2 号楼沉降量与时间关系；(*d*) 2 号楼倾斜率与时间关系

根据现场监测结果，1 号楼倾斜率的最大增量为 0.22‰，2 号楼倾斜率最大增量为 0.1‰。比较图 18-27*b* 和图 18-27*d*，可以看出，1 号楼从 1997 年 11 月 1 日压桩施工开始，至 1997 年 12 月 21 日倾斜率降至 4.0‰，历时约 50d；而 2 号楼从 1997 年 11 月 30 日掏土施工开始，至 1997 年 12 月 30 日倾斜率降至 4.0‰，历时约 30d。分析其中的原因，有以下几点：1 号楼南面和北面原有的不均匀沉降速率比 2 号楼大，为避免压桩带来过多的附加沉降，北面压桩不是连续压完，而是与南面掏土交替进行的，因而地基土应力场再分布及稳定的时间随之增加；2 号楼北面压桩是连续压完的，压桩数量也比 1 号楼少，而且，压桩之前，已经掏土 3d，但是，2 号楼南、北面的累计沉降量均大于 1 号楼，说明锚杆静压桩要发挥其支承作用，必将以牺牲一定的沉降量为代价。对于具体的纠倾工程，宜根据现场条件和工程要求等来确定施工方案和方法。

考虑到要留有一定的自然纠倾量，于 1998 年 1 月 6 日，对两楼的掏土孔作了注浆封孔处理。现场观测一周后，1 号楼倾斜率为 3.98‰，2 号楼为 3.72‰，均小于规范允许值。至此，施工结束，而监测工作仍继续进行。据 1998 年 5 月 20 日监测结果，1 号楼、2 号楼南面、北面的沉降速率均趋于收敛和稳定，倾斜率继续少量自然回落，说明本工程取得了较好的效果。

平均沉降速率实测结果 **表 18-5**

楼 号	朝 向	平均沉降速率（mm/d）			
		1997 年 12 月 30 日	1998 年 2 月 11 日	1998 年 3 月 17 日	1998 年 5 月 20 日
1 号楼	南 面	0.28	0.22	0.16	0.09
	北 面	0.13	0.10	0.08	0.07
2 号楼	南 面	0.70	0.45	0.21	0.13
	北 面	0.40	0.25	0.16	0.11
备 注	1 号楼 1997 年 11 月 1 日开始压桩施工，11 月 18 日压桩结束； 2 号楼 1997 年 11 月 30 日开始掏土施工，12 月 2 日至 6 日压桩结束；1998 年 1 月 6 日两楼注浆封掏土孔				

技术经济效果是：

1. 本工程实践表明，用锚杆静压桩加固，并结合钻孔掏土综合治理建筑物的不均匀沉降，既对房屋结构和环境无不良影响，又可在短期内达到纠倾的目的；

2. 纠倾施工中，倾斜率往往在短期内得到控制，而沉降速率的收敛则需要较长的时间，而二者都应兼顾，为避免矫枉过正，通常要留有一定的自然纠倾量。

【实例 18-9】 锚杆静压桩在密集建筑群中的软土地基上建造高层建筑

一、工程概况

上海工联大厦长 27m、东宽 23m、西宽 18.6m，地下一层，地上十一层，上部为现浇框架结构，下部为箱基，板厚为 1m。工联大厦地处南京东路，东靠国旅综合楼，西邻惠罗公司，北挨二轻局北楼，周围环境十分复杂，地上部分与东、西、北三面的现有建筑仅有 20cm 的间隙（图 18-28），工程场地非常狭小。东面国旅综合楼的独立基础还伸出 1m 多，西面惠罗公司的基础和北面二轻局北楼的地下室底板也都有伸出，工联大厦地下空间更加狭小，其基础平面也比地上平面要小得多。此外，工联大厦建设方为了早开业早获利，要求整个工期越短越好。

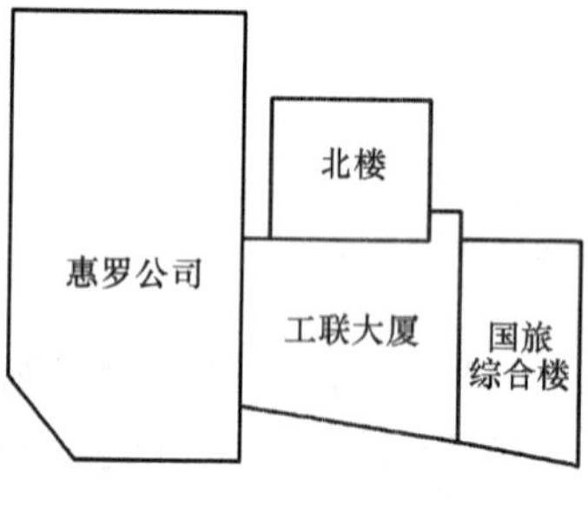

图 18-28 上海工联大厦位置平面图

二、场地工程地质条件

第 1 层为填土，厚度为 1.9～3.2m；第 2 层为褐黄色粉质黏土，厚度为 0.7～1.5m；第 3 层为灰色淤泥质粉质黏土，厚度为 6～7.3m；第 4 层为灰色淤泥质粉土，厚度为 7.5～8.5m；第 5-1 层为灰色粉质黏土，厚度为 11.7～14.8m；第 5-2 层为灰色、褐灰色粉质黏土，厚度为 15.8～17.4m；第 8-2 层为灰色粉质黏土夹砂，厚度为 6.6～9.1m。

其中一个比较有代表性的比贯入阻力曲线见图 18-29。

三、设计方案选择

即使不考虑基础面积缩小，地基上作用的荷载也已达 217.8kPa，设计采用天然地基是不可能的，其他地基加固方案也不易满足强度要求，故必须采用桩基。然而，地处南京东路上的工程不容许有噪声、有振动；不容许污染环境；不容许影响和损坏各种市政设施等。尤其是惠罗公司是解放前的老建筑，已有几十年的房龄，结构老化，极易受到损坏。此外，由于工联大厦靠近拟建中的地铁二号线，要求工联大厦施工波及地铁二号线隧道中心线的沉降不得大于 20mm。如此复杂的施工环境及极高的技术要求，使得常规的打入式预制桩和钻孔灌注桩难以选用。

锚杆静压桩的施工工法恰恰完全能满足这样的复杂施工环境及技术要求。该工法具有无噪声、无污染、挤土效应小，又不影响各种市政设施，也可满足地铁二号线施工。并且由于采用了逆作法，桩基施工又不占用工期，由此又可满足建设方加快工程进度的要求。

四、锚杆静压桩设计

地下室平面比地上部分的平面缩进；南面受地铁二号线限制，桩位布置（图 18-30）从地下室南墙再缩进 2.6m，桩位外包线内的平面仅占地上部分平面面积的 56%。

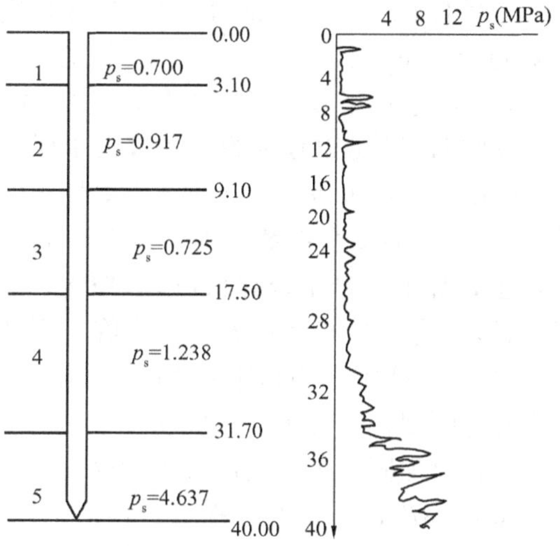

图 18-29 比贯入阻力曲线

本工程设计桩总数为 294 根，桩截面为 300mm×300mm，桩长为 30m。为了减少对地铁二号线的影响，要求将桩加长到 31.8m，桩端进入 5-2 层。单桩设计承载力

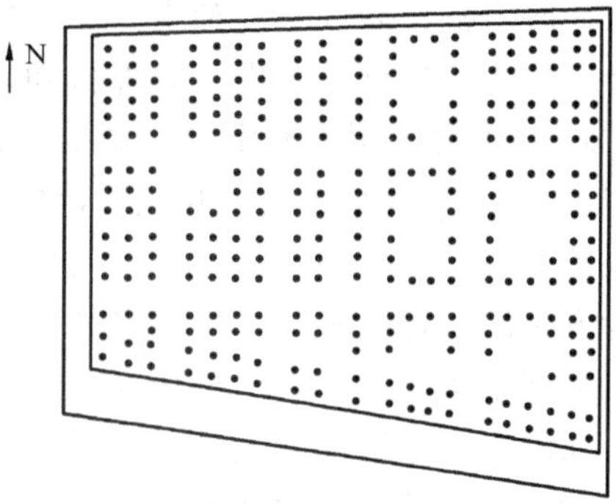

图 18-30 工联大厦桩位平面图

为 420kN，桩段长为 1.5～2.5m，桩段间的连接采用焊接法与硫磺胶泥锚接法两种，外边四周的两排桩采用焊接法，其余都采用硫磺胶泥锚接法。

设计为预留压桩孔、后凿锚杆孔，封桩采用掺有 UEA 膨胀剂的 C35 微膨胀早强混凝土。要求封桩孔不得渗漏水。另外，由于要在底板上预留 294 个压桩孔，使得底板的受力情况与一块完整的底板有较大差别，因此在底板设计中把底板设计成网格梁（即暗梁），用以计算其内力和配筋。

五、锚杆静压桩施工

施工工序为：按桩位在地下室底板上预留压桩孔——在地下室底板上埋设锚杆——安装压桩架——桩段就位——压桩——接桩——压桩记录——达到所需压桩力和桩长——送桩到设计标高——清理压桩孔——焊接桩顶构造筋——浇捣 C35 微膨胀早强混凝土封桩。

施工流程：为减少压桩引起的超孔隙水压力，采用缓慢压桩法，每天压 6～8 根桩，施工流程为先压箱基外围桩和柱基周围桩，压完 50%的桩后进行第一批封桩。剩下的压桩区分割成几个小区，每个小区使用一套压桩设备，在小区内采用分散、多点流水压桩。

压桩施工控制标准为：用桩长和压桩力两个指标来控制，当压入深度难以达到 31.8m 而压桩力达到 630kN 以上时即可认为满足设计要求。实际压桩资料表明了平均每根桩的最终压桩力为 861kN，完全满足了设计要求。这里需要指出的是：本工程先于地铁二号线施工就竣工结束，故不必考虑本工程对地铁二号线的影响。为此，本工程的压桩力作为

主要控制指标；而压入深度可作为副控。

由于各种原因，压桩施工历时108d，比原计划施工周期多了一个多月，但压桩施工期间上部结构一直在正常施工，这就体现了锚杆压桩逆作法工艺的优越性。

本工程压桩施工日期为1995.7.11～1995.10.26。从7月10日开始设沉降量为零计，观测结果表明：其平均沉降量为5.5cm，平均倾斜率为0.94‰，并且沉降与时间已趋逐步稳定，可见工联大厦的沉降量和沉降差都在规范容许范围内。

【实例18-10】 某高速公路桥梁桩基采用锚杆静压桩加固

一、概况

某高速公路桥梁为9跨×16m。桥台的结构形式为1.4m宽×1.0m高×13.15m长钢筋混凝土盖梁，下设三根间距为4.52m的大直径钻孔灌注桩，桩径1.2m。1995年施工完成，于1996年通车。2000年发现0号桥台盖梁开裂，通过一年多观察和测量，右半幅4号桩与6号桩沉降差达150mm。后又经过地基补充勘测，发现6号桩的桩底进入中风化基岩为嵌岩桩，而4号桩和中间5号桩的桩底连强风化岩层也未进入，仅进入含黏性土的砾砂层内为摩擦型桩。再经验算得知，4号、5号和6号桩的安全系数分别为1.24、1.30和2.64，出现了明显差别，三根桩不在同一持力层上，加上0号桥台有3.0m多覆土，又促使13.0m厚淤泥质黏土的工后沉降，带动桩身沉降，使三桩产生很大差异沉降，促使桥台盖梁产生18条明显的裂缝，最大裂缝宽度达0.55m，严重影响高速公路的安全运行。建设方提出了控制桩基不再沉降和盖梁加固的事故处理原则，并要求一次成功。

根据现场实际情况，分析对比3桩周注浆、桩底旋喷加固、桩底局部旋喷加固；桩底全面加固、静压桩加固桩基、新做托梁加固盖梁等多种办法，分别对技术可行性、工期、经济性、施工期对交通影响等进行了方案比较，最后选定了锚杆静压桩加固桩基和新做托梁的方案。其主要理由是：0号桥台离地高3.0m，桥台盖梁下有1.80m净空高度，具有施工空间，并且锚杆静压桩传力明确，施工设备简单、施工简便，压桩完成后立即起作用，施工期间不影响道路通行。

二、托换加固方法

1. 压桩施工

在盖梁底以下土面上挖约1.5m深基坑，使盖梁底到基坑底有3.30m净空，再浇筑厚0.8m、宽2.2m的压桩承台，把三根钻孔灌注桩包在压桩承台内，承台上留出压桩孔，并埋入压桩机固定锚杆，使净空高度达到2.5m，满足压桩施工要求。为使压桩承台能抵抗压桩反力（最大设计压桩反力为800kN），在钻孔桩柱与压桩承台接触处0.8m高度内，对钻孔桩柱进行植筋，使压桩承台通过现浇混凝土与三根钻孔桩柱形成受力整体。

承台下的压桩选用了0.30m×0.30m截面方桩，每节桩长1.50m，两端预埋钢板，采用角钢电焊连接，形成多节静压桩。右幅桥台共12根，单桩设计承载力450～500kN，压桩时最大压桩力≥800kN，并要求进入强风化层，以减少工后沉降。

为减少压桩施工引起的拖带沉降，采用了预加反力封桩技术。压桩施工顺序为先中间5号桩，再两边4号、6号桩对称进行（图18-31）。

2. 刚架施工

压桩施工完毕后，要进行新建托梁施工，由于托梁遇到桩柱，无法连续，只能分段设置，采用托梁与桩柱一起浇筑形成刚架的加固形式。刚架施工采取了两项技术措施。其一

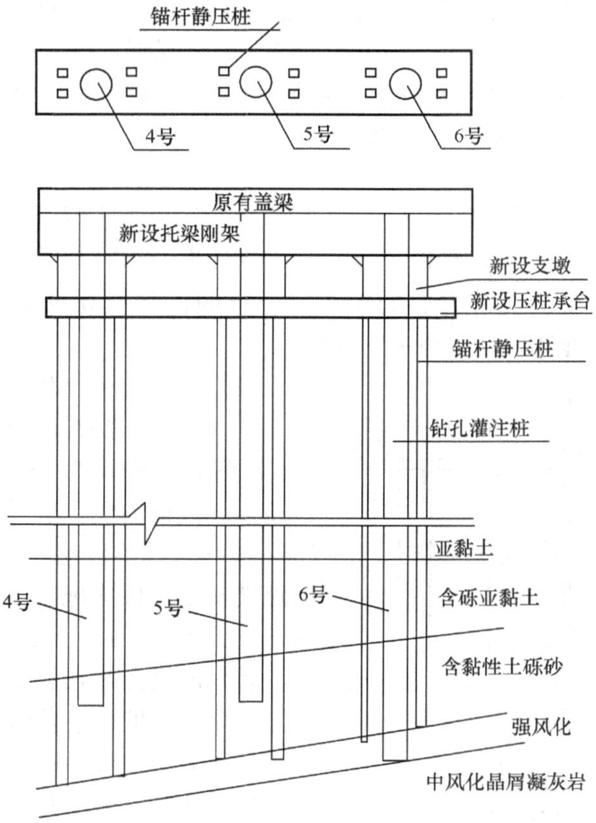

图 18-31　0 号桥台右半幅

是刚架与老盖梁的新老混凝土的结合，除必须清除老盖梁的污物外，还使用混凝土界面剂刷面，并留出注浆管，进行超细水泥注浆，以消除新老混凝土之间隙。其二是新建托梁刚架与桩柱连接亦采用桩柱植筋技术。

3. 老盖梁裂缝修补施工

由于老盖梁上裂缝既多又大，为防止盖梁钢筋锈蚀，必须进行封闭修补。具体施工次序是：先进行改性环氧树脂压力注浆加固，封闭盖梁裂缝，再对盖梁外露处混凝土表面洗刷干净，涂上界面剂，用 ϕ6.5mm@500mm×500mm 钢筋网固定外包钢板网后用 1∶2 防水水泥砂浆粉刷，厚 30mm，对盖梁进行保护处理。

三、结语

工程于 2003 年 3 月开始，6 月施工完毕，施工期间交通正常通行，未发生新的沉降，压桩施工和桩柱植筋委托上海华冶建筑危难工程技术开发公司实施。

工程加固实施后已有一年半时间，在施工和完工后均未发现新的沉降。

本工程总加固费用为 60 万元，比拆除重建要节约费用 90 万元，并在施工期间交通不受任何影响，本加固方法具有良好的技术经济效果。

【实例 18-11】　某楼沉降缝处倾斜纠倾加固工程

一、工程概况

上海某小区 1 街坊 3 号和 5 号楼，是由二座独立的多层建筑物组成。E 单元长约 16m，宽 10m，高 16.5m，为钢筋混凝土框架结构；D 单元是长 23m，宽 10m，高 15m 的砖混结构。E、D单元间用沉降缝相隔，沉降缝宽度为160mm。自1987年底建成以后，发现建筑物顶层的沉降缝逐渐靠近，据1988年3月8日观测资料，E、D单元间的沉降缝在屋面处仅为10～30mm，而且地基沉降尚未稳定，如果继续发展，势必使E、D单元相碰，从而会造成建筑物开裂和破损等事故。

二、倾斜原因分析

造成两座建筑物都向沉降缝方向倾斜的原因是，沉降缝处两道砖墙荷重较大，均为1440kN，在该处形成应力集中并有相互影响，而设计未考虑此因素；设计时选用天然地基，地基土质又较软，在主要持力层的第三、四层的淤泥质粉质黏土承载力很低，仅50～60kPa，以致在沉降缝处出现“磕头”现象。

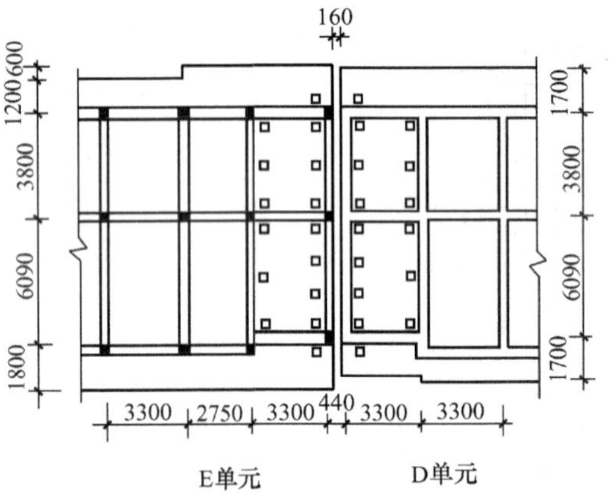

图18-32 桩位布置图

三、加固工程的设计与施工

E、D单元的加固用桩均为15根，桩长19m，单节桩段长为2m，桩截面为250mm×250mm，桩尖压入黏质粉土层，压桩力为250～300kN，单桩允许承载力为150kN，采用硫磺胶泥接桩法施工，锚杆静压桩桩位布置如图18-32所示。

后凿桩位孔和锚杆孔，并用粘结剂埋好锚杆，全部压桩结束采用一次性封桩。

四、加固效果

当锚杆静压桩压入并把桩与基础锚固后，可立即得到单桩承载力，并将上部荷载通过桩传到深层土中去，降低了E、D单元相接处的基底应力，从而制止了该处的沉降。而今后E、D单元的其他两端及沿纵墙方向仍会有一定数量的沉降，从而可缓解沉降缝的倾斜，起到自行调整倾斜的作用。三个月后的沉降观测结果表明，加固后的建筑物沉降已趋稳定。

【实例18-12】 南京市宝塔桥东街6号楼纠倾加固

一、工程概况

南京市宝塔桥东街16号的6号楼为铁道部南京大桥局三处职工住宅楼，楼长15.4m、宽13.3m、高17.5m，为六层砖混结构。自1976年建成后倾斜逐年增加，于1984年向东倾斜率达15.6‰，居民被迫全部搬出大楼，等待加固。

6号楼场地东半边为水塘，西半边为岸上，水塘由人工素填土填筑，在开挖基槽时，发现地基土质太差，设计单位临时决定采用抛石处理，大片石厚度1.2～3m，宽度比基础宽1.1m。

二、沉降倾斜的原因分析

（一）基土土质差而不均

素填土质量较差，水塘淤泥清理不彻底，抛大片石回填不均匀，且基坑未设置反滤层，软黏土被挤入片石缝隙内，引起基础大量下沉及相应的沉降差异。

（二）上部受力不均

由于建筑物体形复杂，各点受力不均，使上部结构的重心与基础形心不一致，使之偏心较大，再加下卧层是属于高压缩性软黏土，这就加剧了建筑物的不均匀沉降。

三、地基基础加固的设计与施工

（一）拓宽基础

由于基础较窄，不能满足压桩施工的最小宽度要求，所以在压桩前需对基础进行拓宽处理。即将原基础边缘凿毛，并露出钢筋，将拓宽的钢筋与原基础钢筋焊接在一起，再浇捣混凝土，待养护达到设计强度后即可进行压桩。

（二）用锚杆静压桩加固地基

先在沉降多的东侧用锚杆静压桩对地基进行加固，以制止东侧基础在纠倾过程中继续下沉，并使建筑物的部分荷载由桩承担，以减少地基土的压力。

由于基础上的压桩孔及穿透基础下大片石均需用钻孔成孔，钻孔直径为 250mm，为此，桩截面取用 180mm×180mm 小方桩，且方桩在制作时去掉四个角。

东侧的桩与基础的连接采用铰接形式，使桩只承受垂直荷载，而不承受弯矩，这样东侧的桩就不会被纠倾产生的弯矩破坏。东侧桩的桩位布置图见图 18-33 所示。

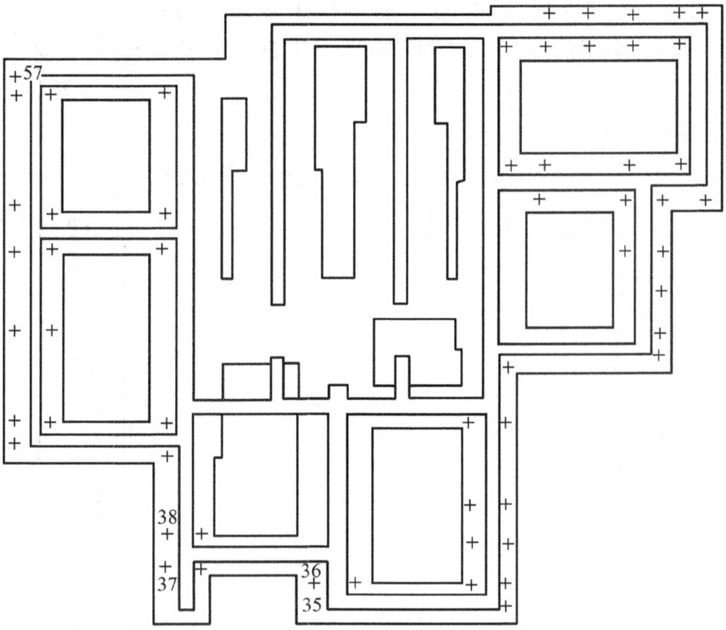

图 18-33　锚杆静压桩桩位布置图

（三）建筑物纠倾

当东侧桩与基础形成铰接后，便开始在沉降少的西侧采用钻孔冲水掏土对建筑物进行纠倾矫正。掏土孔的布置按先疏后密的原则进行，并根据沉降观测数据不断指导掏土施工。

本工程掏土施工是利用旋喷桩的施工原理，在泥浆泵的出口处安装上喷头，在钻孔内切割土体，再将切割下来的泥浆用泵抽出。

纠倾用的钻孔，在纠倾完成后全部用黄砂填满，不留后患，纠倾掏土位置见图 18-34。

（四）设置保护桩

为了防止纠倾过头和回倾速率过大，以及确保今后建筑物的稳定，本工程采取了设置保护桩措施，即在纠倾掏土的西侧增加了 21 根保护桩，桩的截面、桩长与东侧的加固桩一样，保护桩的桩位布置见图 18-33。实践表明，设置保护桩的效果是显著的。

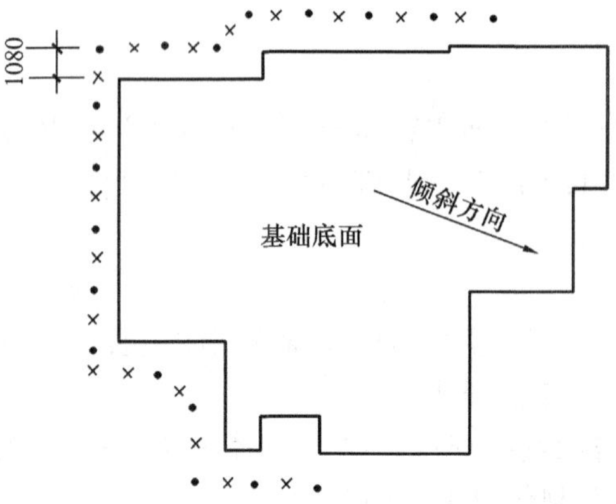

图 18-34　纠倾掏土位置图

·—第一次掏土位置；×—第二次掏土位置

四、纠倾加固效果

截止到 1986 年 9 月 10 日纠倾工作全部结束，纠倾后的倾斜率为 1‰，完全满足了规范及建筑物正常使用的要求，纠倾加固是成功的。

【实例 18-13】　上海制线二厂锅炉房烟囱纠倾加固

一、工程概况

上海制线二厂锅炉房工程自 1988 年开始新建至 1989 年 10 月基本建成，在即将交付使用时，发现烟囱有明显倾斜，砖砌烟囱高 35m，基础直径 7.2m 建在天然地基上，烟囱基础与锅炉房基础紧挨在一起。根据 1989 年 11 月 19 日的激光测试资料，烟囱顶部向东南偏移了 84cm，倾斜率达到 24‰，且烟囱仍继续在向东南方向倾斜。从而引起有关方面的高度重视，要求尽快制止沉降并纠倾，防止意外事故的发生。

二、工程地质条件

工程场地的地基土质很差，软土层厚达 20m 以上，静力触探 p_s-Z 曲线示于图 18-35。

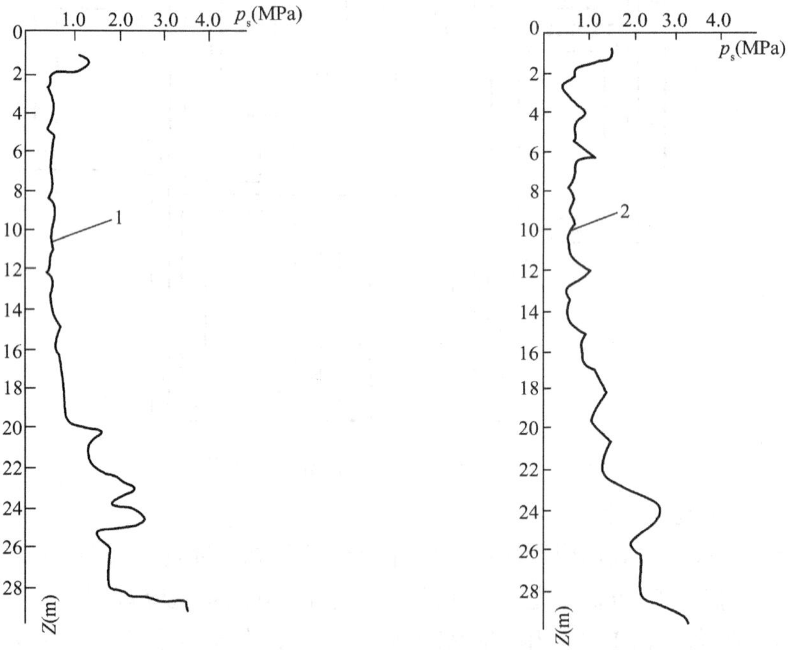

图 18-35　静力触探 p_s-Z 曲线图

1—1 号桩位孔；2—5 号桩位孔

从图中可以看出，20～22m 深度内都为软土层，22～25m 间土质不稳定，超过 25m 才是较好的持力层。

三、烟囱产生倾斜的原因分析

据分析，造成烟囱倾斜的原因有：

（一）软土层厚度大且土质差

由静力触探资料表明，锅炉房直接建在土质条件很差的天然地基上，软土层厚达 20 余米，由此，必然会产生较大的沉降及相应的沉降差。

（二）烟囱基础与锅炉房基础紧挨在一起

通过挖除烟囱基础上的覆土可清楚看到，烟囱基础与锅炉房基础几乎相连在一起，且烟囱基础的混凝土垫层又在锅炉房基础下面，所以，烟囱基础将直接受到锅炉房基础的影响，锅炉房外荷对烟囱基底产生附加应力，这会导致烟囱向锅炉房方向倾斜。

（三）打桩振动和挤土效应

附近打桩振动和挤土效应，对加速烟囱倾斜也会有一定影响。

四、烟囱的纠倾加固设计与施工

根据上述烟囱产生倾斜的原因分析，主要是地基土软弱和一侧增加附加应力的影响，决定采用顶桩掏土纠倾技术，其基本原理是：采用桩基将基底反力传到较深较好的土层上去，以减小基底反力和减少附加应力的影响，而在基础西北方向冲水掏土纠倾。其具体作法是：首先确定桩的数量，根据烟囱自重和风荷载以及单桩承载力，确定布置 12 根桩，据图 18-35 确定桩的入土深度为 25m 左右，桩位布置如图 18-36 所示。桩的布置考虑了纠倾的特点；其二，烟囱周围场地狭小，施工不允许有振动和环境污染，因而采用锚杆静压桩工法；其三，施工时，首先在沉降大的一侧，压入 7 根桩，其编号为 1～7 号（见图 18-36），并且在桩顶利用锚杆设置反力梁，使桩很快承受荷载，从而减小烟囱基础东南侧的基底反力；其四，在 8～11 号桩位处进行冲水掏土纠倾。当烟囱倾斜率小于 8‰时，压入其余桩，并进行封桩，在桩顶预留有让烟囱回倾 3‰～4‰的余地，整个施工结束后，烟囱基础倾斜率回倾到 6.2‰。

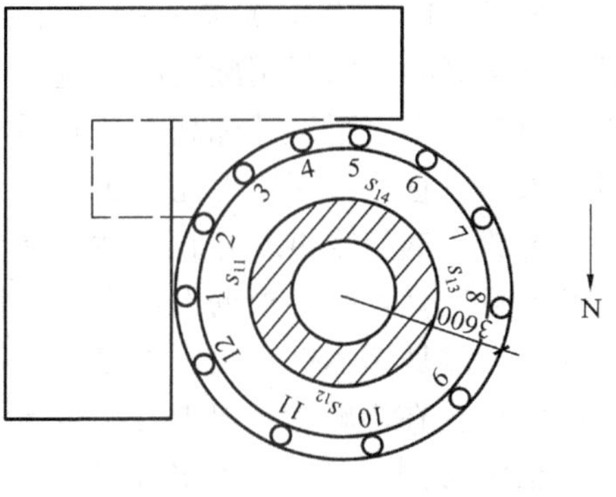

图 18-36　烟囱纠倾加固桩位布置图

五、技术经济效果

从表 18-6 可看出，整个纠倾过程是一个动态过程，倾斜率在一定幅度内变动。

烟囱水准测量汇总表　　**表 18-6**

日期	s_{11}			s_{12}			s_{13}			s_{14}			倾斜率‰
	高程（m）	高差（mm）	累差（mm）	高程（m）	高差（mm）	累差（mm）	高程（m）	高差（mm）	累差（mm）	高程（m）	高差（mm）	累差（mm）	
1989.11.21	5.751			5.662			5.690			5.705			24
1989.12.20	5.738	13	13	5.634	28	28	5.668	22	22	5.676	29	29	28
1989.12.21	5.739	－1	12	5.633	1	29	5.670	－2	20	5.676	0	29	28.5
1989.12.25	5.710	29	41	5.627	6	35	5.653	17	37	5.662	14	43	24
1989.12.26	5.696	14	55	5.628	－1	34	5.645	8	45	5.653	9	52	18.3
1990.1.1	5.656	40	95	5.62	8	42	5.622	23	68	5.642	11	63	9.7
1990.1.17	5.634	22	117	5.609	11	53	5.602	20	88	5.631	11	74	6.7
1990.3.12	5.632	2	119	5.609	0	53	5.601	1	89	5.629	2	76	6.2

该工程处于密集的建筑群中，在无缆绳保护情况下，采用顶桩掏土新技术，运用调整

桩的受力点形成的转动轴原理，按照预定的转动方向发生转动，由原来的24‰回倾到6.2‰，满足使用要求，迅速制止了烟囱向东南方向倾斜的危险，使烟囱化险为夷；另外，经过纠倾加固后的烟囱，经受了邻近打桩的影响和相邻锅炉房沉降所引起的对烟囱基础下的桩产生负摩擦力的影响。最后沉降观测表明，烟囱经加固后沉降量不大并已趋于稳定，该工程的纠倾获得了良好的技术经济效果。

18.2.4 树根桩法

一、概述

树根桩（Root Piles）是一种小直径的钻孔灌注桩，其直径通常为100～300mm，国外是在钢套管的导向下用旋转法钻进，在托换工程中使用时，往往要钻穿既有建筑物的基础进入地基土中直至设计标高，清孔后下放钢筋（钢筋数量从1根到数根，视桩径而定）；同时放入注浆管，再用压力注入水泥浆或水泥砂浆；边灌、边振、边拔管（升浆法）而成桩。亦可放入钢筋笼再放碎石，然后注入水泥浆或水泥砂浆而成桩。国内绝大多数地区施工时都是不带套管的。根据设计需要，树根桩可以是垂直的或倾斜的；也可以是单根的或成排的；可以是端承桩，也可以是摩擦桩。

有的树长在山岭上或丛林中，虽经风雨摇撼和岁月沧桑，仍可数百年屹立不倒，这主要是根深蒂固，其根系在各个方向与土牢固地连结在一起，树根桩的桩基因其形状似树根而得名，英美等各国都将树根桩列入地基处理中的加筋法（Soil Reinforcement）范畴。

二、树根桩的优点

采用树根桩进行托换工程的优点是：

（一）由于使用小型钻机，故所需施工场地较小，只要有平面尺寸1m×1.5m和净空高度2.5m即可施工；

（二）施工时噪声小，机具操作时振动也小，不会给原有结构物的稳定带来任何危险，对已损坏而又需托换的建筑物比较安全，即使在不稳定的地基土中也可进行施工；

（三）施工时因桩孔很小，故而对墙身和地基土都不产生任何次应力，仅仅是在灌注水泥砂浆时使用了压力不大的压缩空气，所以托换加固时不存在对墙身有危险；也不扰动地基土和干扰建筑物的正常工作情况；

树根桩托换施工时不改变建筑物原来力的平衡状态，这种原来力的平衡状态对古建筑通常仅有很小的安全系数，必须将这一点作为对古建筑设计托换加固的出发点，亦即使丧失了的安全度得到补偿和有所增加。所以，树根桩的特点不是把原来的力平衡状态弃之不顾，而是严格地保持它；

（四）所有施工操作都可在地面上进行，因此施工比较方便；

（五）压力灌浆使桩的外表面比较粗糙，使桩和土间的附着力增加，从而使树根桩与地基土紧密结合，使桩和基础（甚至和墙身）联结成一体，因而经树根桩加固后，结构整体性得到大幅度改善；

（六）它可适用于碎石土、砂土、粉土、黏性土、湿陷性黄土和岩石等各类地基土；

（七）由于在地基的原位置上进行加固，竣工后的加固体不会损伤原有建筑的外貌和风格，这对遵守古建筑的修复要求的基本原则尤为重要。

三、树根桩的设计和计算

（一）单根树根桩的设计

树根桩的创始人意大利 F. Lizzi 认为单根树根桩的设计方法应按如下的思路考虑：

先按图 18-37 求得树根桩载荷试验的 P-s 曲线，设计人员可根据被托换建筑物的具体条件，如建筑物的强度和刚度、沉降和不均匀沉降、墙身或各种结构构件的裂损情况，判断估计经托换后该建筑物所能承受容许的最大沉降量 s_a，根据 s_a 再在 P-s 曲线上可求得相应的单桩使用荷载 P_a 后，按一般桩基设计方法进行。当建筑物出现小于沉降 s_a 的 s_m 时，则相应的荷载 P_m，此时则意味着建筑物的部分荷载传递给桩，而部分荷载仍为既有建筑物基础下地基土所承担。因此，较 P_a 值大很多的极限荷载 P_u 并不重要。由此可见，用于托换时的树根桩是不能充分发挥桩本身承载能力的。

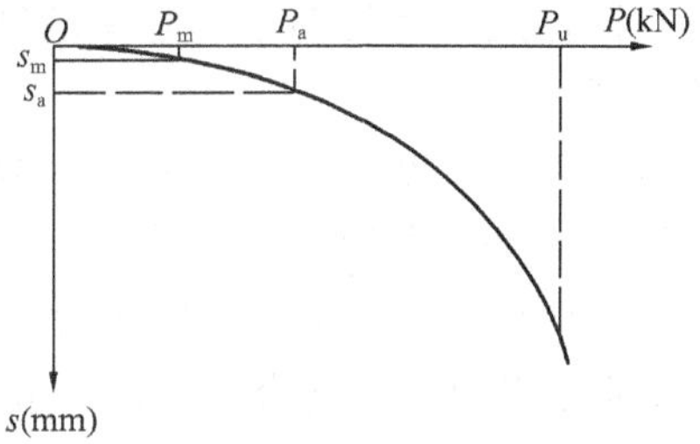

图 18-37 单根树根桩载荷试验曲线

当进行树根桩托换加固时，原有地基土的安全系数是很小的，但决不会小于 1，如果小于 1，则建筑物早已倒塌。由于树根桩在建造时将不会使安全储备量消失，因此由树根桩所托换建筑物的安全系数将是：

$$K = K_s + K_p \tag{18-8}$$

式中 $K_s \geqslant 1$ 是原有地基土的安全系数；

$K_p = \frac{P_u}{P_a} > 1$ 是树根桩的安全系数。

由此可见，经树根桩托换的工程，其安全系数并不等于加固后建筑物下桩的安全系数，实际上要比桩的安全系数大得多。

用树根桩进行托换时，可认为桩在施工时是不起作用的，当建筑物即使产生极小的沉降时，桩将承受建筑物的部分荷载，且反应迅速，同时使基础下的基底压力相应地减少，这时若建筑物继续沉降，则树根桩将继续分担荷载，直至全部荷载由树根桩承担为止。但在任何情况下最大沉降将限制在几毫米之内。

为了深入研究树根桩在托换基础中加固机理，同济大学叶书麟、韩杰、杨卫东等人进行了大规模的树根桩和天然地基的载荷试验，试验中埋设了很多的量测应力和应变的试验元件，并获得有益的成果，可供读者参考使用（实例 18-14）。

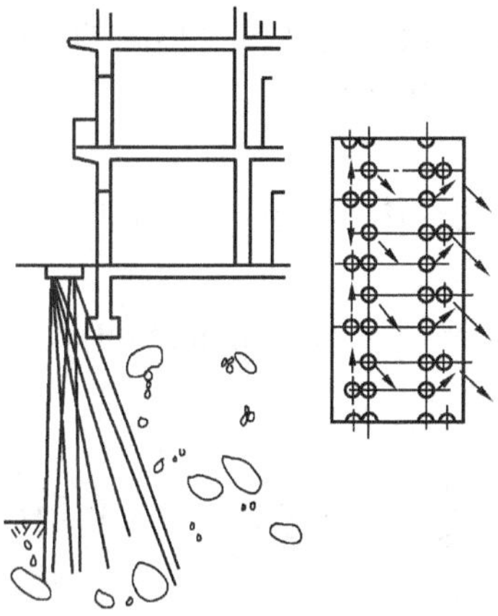
图 18-38 采用网状结构树根桩进行侧向托换

以上作者仅介绍 F. Lizzi 对树根桩的设计思路，亦即用控制沉降的办法来限制单桩承载力。而国内对树根桩的设计方法，还是按常规桩基要求进行设计。有的设计中仅多增加了承台分担部分荷载的措施，亦即考虑了桩土荷载分担比的变形协调问题。

（二）网状结构树根桩的设计

树根桩如布置成三维系统的网状体系者称为网状结构树根桩（Reticulated Root Piles），日本简称为 R. R. P. 工法。网状结构树根桩是一个修筑在土体中的三维结构。图 18-38 表示在建筑物附近开挖深基坑时采用网状结构树根桩对既有建筑物防护的侧向托换方案。

国外在网状结构树根桩设计时，以桩和土间的相互作用为基础，由桩和土组成复合土体的共同作用，将桩与土围起来的部分视作为一个整体结构，其受力犹如一个重力式挡土结构一样。

网状结构的断面设计是一个很复杂的问题，在桩系内的单根树根桩可能要求承担拉应力、压应力和弯曲应力。其稳定计算在国外通常是用土力学的方法进行分析。

由于树根桩在土中起了加筋的作用，因而土中的刚度起了变化，所以网状结构树根桩的桩系变形显著减少。迄今为止，对桩与土共同工作的特征，还不容易作出足够准确的分析。而桩的尺寸、桩距、排列方式和桩长等参数，国外都是根据本国实践的经验而制定的。

国外对网状结构树根桩的设计首先必须进行树根桩的布置，再按布置情况验算受拉或受压的受力模式，对内力和外力进行计算分析。

内力方面的分析为：

(1) 钢筋的拉应力、压压力和剪应力；

(2) 灌浆材料的压应力；

(3) 网状结构树根桩中土的压应力；

(4) 树根桩的设计长度；

(5) 钢筋与压顶梁的粘着长度；

(6) 网状结构树根桩用于受拉加固时，压顶梁的弯曲压应力。

外力方面的分析为：

(1) 将网状结构树根桩的桩系（包括土在内）视为刚体时的稳定性；

(2) 包括网状结构树根桩的桩系在内的天然土体的整体稳定性。

(一) 受拉网状结构树根桩的设计和计算

在没有抗拉强度的土中设置的树根桩，就是要使树根桩具有抗拉构件的功能。

网状结构树根桩用于保护土坡则不需任何开挖。如图18-39所示，在实际工程中受拉树根桩可布置在与预测滑动面成$45°+\frac{\varphi}{2}$角度的受拉变形方向；另外，由于滑动面可能有多种方向，而树根桩的布置也可能有多种方向，因此必须考虑树根桩与受拉变形间的角度误差，故而可将树根桩布置在与土的受拉变形成0°～20°的角度范围内。

1. 内力计算

受拉网状结构树根桩设计时，有两种情况的内力需要计算（图18-40）：一个是压顶梁背面的主动土压力计算；另一个是抗滑力计算。

情况（1）：按压顶梁背面的作用力为主动土压力时，作用于树根桩的拉力按下式计算：

$$T_{R_i} = p_i \cdot \Delta H \cdot \Delta B \cdot \cos\alpha_1 \cdot \frac{1}{\cos\theta_H} \cdot \frac{1}{\cos\theta_B} \tag{18-9}$$

式中 T_{R_i}——第i根树根桩上作用的拉力（kN）；

p_i——第i根树根桩上作用的土压力（kPa）；

ΔH——树根桩的纵向间距（m）；

ΔB——树根桩的横向间距（m）；

α_1——土压力作用方向与水平线所成的交角（°）；

θ_H——树根桩布置方向与水平线所成的投影角（°）；

θ_B——树根桩水平方向的角度（°）。

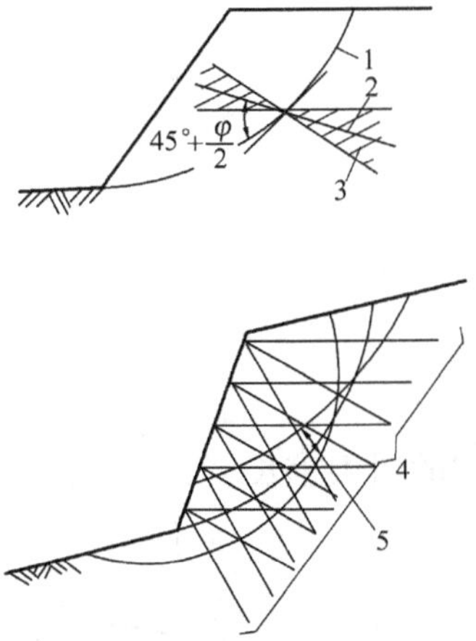

图 18-39 滑动面与网状结构布置的关系

1—假想滑动面；2—受拉变形方向；3—树根桩布置范围；4—网状结构树根桩；5—各种可能的滑动面

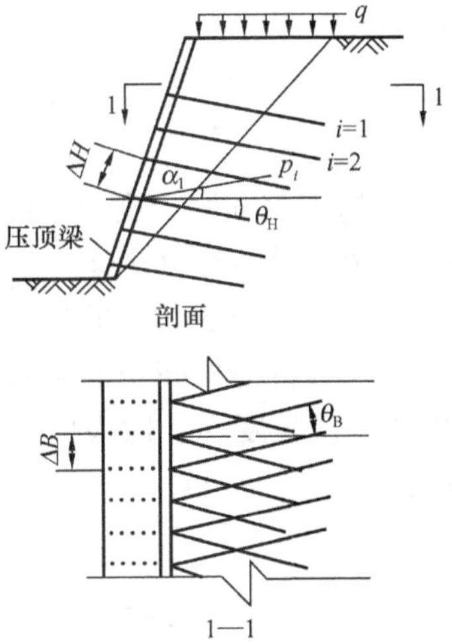

图 18-40 压顶梁背面的作用力为主动土压力时树根桩拉力计算

而

$$p_i = K_a(\gamma_{sat} \cdot H_i + q) \tag{18-10}$$

式中 K_a——主动土压力系数；

γ_{sat}——土的饱和重度（kN/m^3）；

H_i——由上覆荷载作用面至第 i 根树根桩的深度（m）；

q——上覆荷载（kPa）。

情况（2）：按抗滑力分析时，作用于树根桩的拉力按下式计算（图 18-41）：

$$T_R = \frac{p_R}{s_1} \cdot \cos\alpha_2 \cdot \frac{1}{\cos\theta_H} \cdot \frac{1}{\cos\theta_B} \tag{18-11}$$

式中 T_R——每根树根桩上作用的拉力（kN）；

p_R——为避免发生圆弧滑动而需增加的抵抗力（kN/m）；

s_1——单位宽度 1m 中树根桩根数；

α_2——滑动力作用方向与水平线所成的角度（°）。

2. 钢筋拉应力计算

$$\sigma_{st} = \frac{T_{R \cdot max} \cdot 10^3}{A_s} \leqslant \sigma_{sa} \tag{18-12}$$

式中 σ_{st}——钢筋的拉应力（N/cm^2）；

$T_{R \cdot max}$——树根桩所受的最大拉力（kN）；

σ_{sa}——钢筋的容许拉应力（N/cm^2）；

A_s——钢筋的截面积（cm^2）。

3. 树根桩设计长度

图18-42所示的滑动面，其锚固区内的树根桩可视为抵抗拉力作用，主动区内则不予考虑抵抗拉力的能力。

$$L_{ro}=\frac{T_{R\cdot\max}\times10}{\pi\cdot D\cdot\tau_{ro}}\cdot F_{sp} \tag{18-13}$$

式中 L_{ro}——树根桩锚固长度（m）；

D——树根桩直径（cm）；

τ_{ro}——树根桩与桩间土的粘着应力（N/cm^2）；

F_{sp}——树根桩与桩间土的粘着安全系数。

树根桩的设计长度等于树根桩的锚固长度加主动区内的树根桩长度，但其总长不应小于4m，亦即：

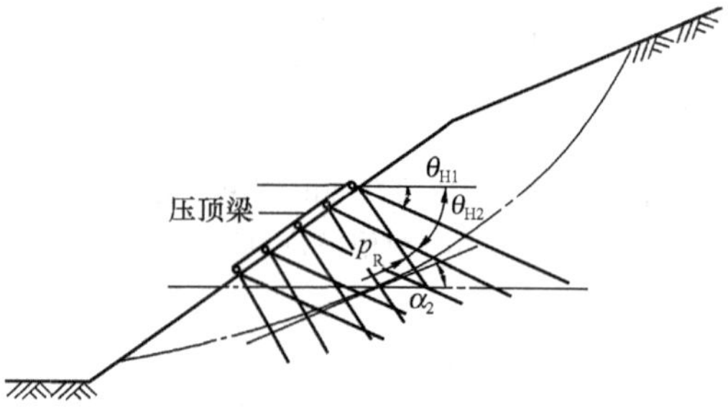

图18-41 抗滑力分析时树根桩拉力计算

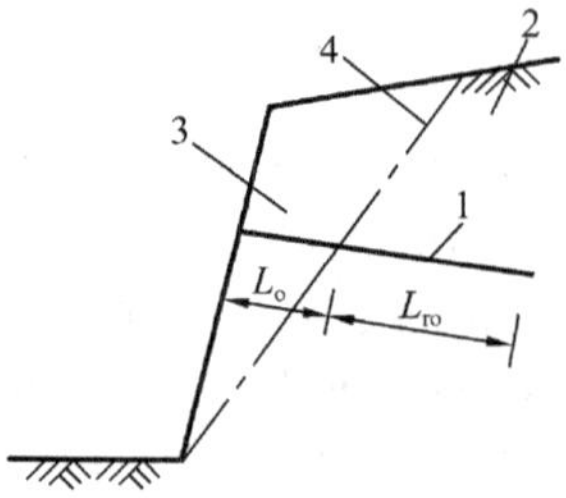

图18-42 树根桩设计长度

1—树根桩；2—锚固区；3—主动区；4—滑动面

$$L=(L_{ro}+L_o)\geqslant4.0 \tag{18-14}$$

式中 L——树根桩设计长度（m）；

L_o——主动区内树根桩的长度（m）。

4. 钢筋与压顶梁的粘着长度

$$L_{mo}=\frac{T_{R\cdot\max}\times10}{\pi\cdot d\cdot\tau_{ca}} \tag{18-15}$$

式中 L_{mo}——钢筋与压顶梁的粘着长度（m）；

d——钢筋直径（cm）；

τ_{ca}——钢筋与压顶梁的容许粘着应力（N/cm^2）。

当压顶梁的构造不能满足此粘着长度的要求时，应在钢筋顶部加承压板。

5. 压顶梁计算

一般压顶梁为钢筋混凝土结构，对作用于树根桩的拉力所引起的应力，压顶梁应具有足够的承受能力。

6. 网状结构树根桩在内的土整体稳定性计算

由于网状结构树根桩的布置与滑动方向成 $45°+\dfrac{\varphi}{2}$ 的角度，这可约束土的受拉变形，其加固效果可看作是使土体的黏聚力增大了 Δc 值，增大了小主应力就可使其与大主应力的比值增大，从而提高土体的强度和增加其稳定性。

$$\Delta c=\frac{R_t}{\Delta H\cdot\Delta B}\cdot\frac{\sqrt{K_p}}{2} \tag{18-16}$$

式中 Δc——增加的黏聚力（kPa）；

R_t——树根桩的抗拉破坏强度（kN）；

K_p——被动土压力系数。

$$K_p=\mathrm{tg}^2\left(\frac{\pi}{4}+\frac{\varphi}{2}\right)\quad 或\ K_p=\frac{1+\sin\varphi}{1-\sin\varphi}$$

考虑到滑弧可能有多种方向，而树根桩的布置也可有多种方向，所以必须注意到树根桩和受拉变形方向实际上存在的角度误差，为此要修正附加的黏聚力：

$$\Delta c'=\cos\theta\cdot\cos\theta_B\cdot\Delta c \tag{18-17}$$

式中 $\Delta c'$——近似修正后的附加黏聚力（kPa）；

θ——推算所得土的拉伸变形方向与树根桩布置方向所成的角度（°）；

θ_B——树根桩水平方向的角度（°）。

（二）受压网状结构树根桩的设计和计算

对受压网状结构树根桩（包括桩间土在内）用于深基坑开挖时重力式挡土墙的侧向结构（图 18-43），需先根据预计滑动面位置确定计算基准面，再在计算基准面上作用的垂直力 N、水平力 H 和弯矩 M 计算内力，其抗滑动、抗倾覆、整体稳定等验算，可采用常规重力式挡土墙计算方法。

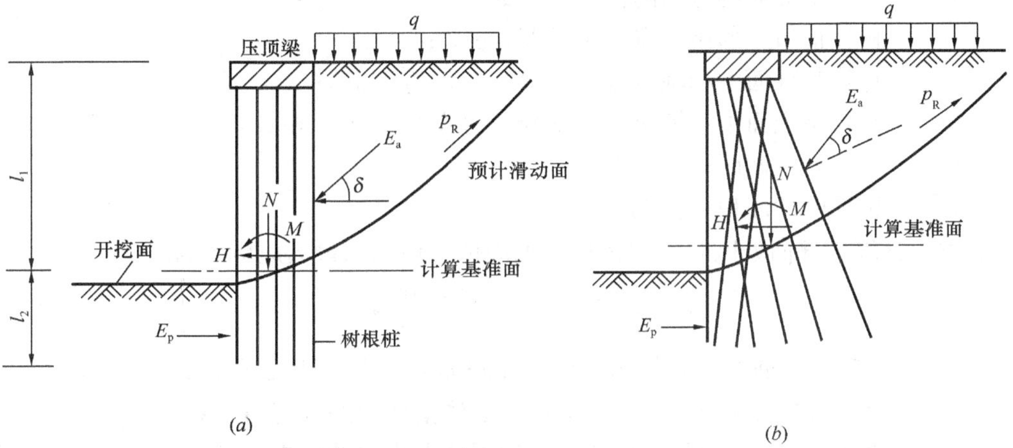

图 18-43 树根桩挡土结构设计简图

现对图 18-44 介绍用以上设计方法进行设计计算。

1. 内力计算

计算基准面处的网状结构树根桩加固体的等值换算截面积和等值换算截面惯性矩（图 18-45）：

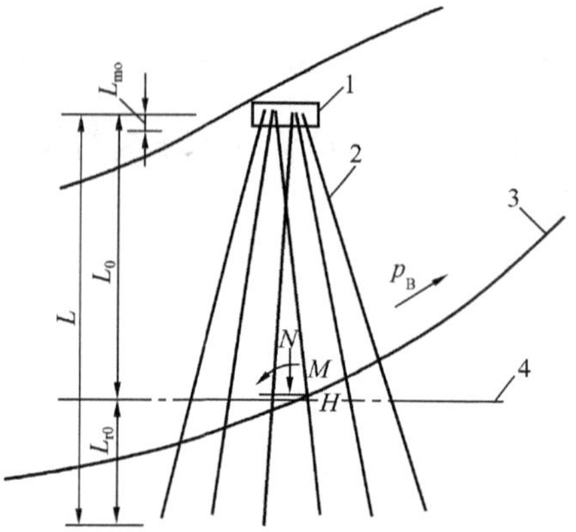

图 18-44 受压网状结构树根桩上的作用力
1—压顶梁；2—树根桩；3—预计滑动面；
4—计算基准面

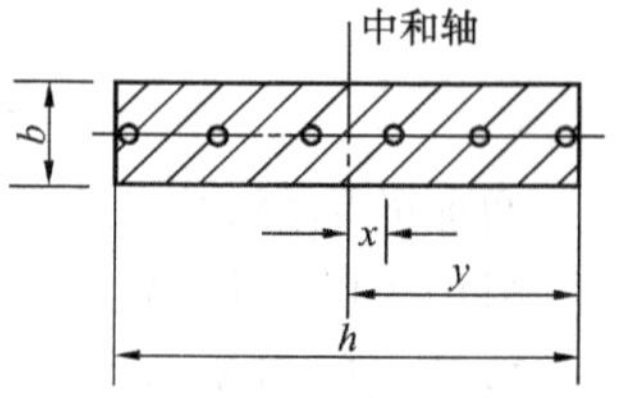

图 18-45 计算基准面示意图

$$A_{RRP}=m\cdot A_p\cdot S_2+bh \tag{18-18}$$

$$A_p=(n-1)A_s+A_c \tag{18-19}$$

$$I_{RRP}=m\cdot A_p\cdot \Sigma x^2+\frac{bh^3}{12} \tag{18-20}$$

式中 A_{RRP}——计算基准面处，网状结构树根桩加固体的等值换算截面积（cm^2）；
I_{RRP}——计算基准面处，网状结构树根桩加固体的等值截面惯性矩（cm^4）；
A_p——一根树根桩的等值换算截面积（cm^2）；
m——树根桩与其周围土的弹性模量比（一般为 200）；
n——钢筋与砂浆的弹性模量比（一般为 15）；
S_2——计算基准面内包括的树根桩根数；
b、h——树根桩布置的单位宽度及长度（cm）；
x——计算基准面中和轴至各个树根桩的距离（cm）；
y——计算基准面中和轴至计算基准面边缘的距离（cm）；
A_c——树根桩的截面积（cm^2）；
A_s——钢筋的截面积（cm^2）。

由此求得计算基准面处网状结构树根桩加固体上作用的最大压应力为：

$$\sigma_{RRP}=\frac{N\cdot 10^3}{A_{RRP}}+\frac{M\cdot 10^5}{I_{RRP}}\cdot y \tag{18-21}$$

式中 σ_{RRP}——计算基准面处网状结构树根桩加固体上作用的最大压应力（N/cm^2）；
N——计算基准面处网状结构树根桩加固体上作用的垂直力（kN）；
M——计算基准面处网状结构树根桩加固体上作用的弯矩（kN・m）。

2. 网状结构树根桩加固体中土的压应力计算

$$\sigma_{RRP}<f \tag{18-22}$$

式中 f——计算基准面处经修正后地基承载力设计值（N/cm^2）。

3. 砂浆与钢筋上的压应力计算

$$\sigma_R=m\cdot\sigma_{RRP}<\sigma_{ca} \tag{18-23}$$

$$\sigma_{sc}=n\sigma_R<\sigma_{sa} \tag{18-24}$$

式中 σ_R——作用于砂浆上的压应力（N/cm^2）；

σ_{ca}——砂浆压应力设计值（N/cm^2）；

σ_{sc}——作用于钢筋上的压应力（N/cm^2）；

σ_{sa}——钢筋压应力设计值（N/cm^2）。

4. 树根桩设计长度的确定

树根桩设计长度等于计算基准面以下必要固着长度 L_{ro} 与计算基准面以上长度 L_o 之和。

$$L_{ro}=\frac{A_c\cdot\sigma_R}{\pi\cdot D\cdot\tau_{ro}\cdot 10^2} \tag{18-25}$$

式中 τ_{ro}——树根桩与计算基准面以下土间粘结力设计值（N/cm^2）；

D——树根桩直径（cm）。

5. 钢筋与压顶梁间的粘着长度（L_{mo}）计算

$$L_{mo}=\frac{A_s\cdot\sigma_{sc}}{\pi\cdot d\cdot\tau_{ca}\cdot 10^2} \tag{18-26}$$

式中 A_s——钢筋的截面积（cm^2）；

d——钢筋直径（cm）；

τ_{ca}——钢筋与压顶梁间粘着力设计值（N/cm^2）。

6. 网状结构树根桩加固体在内的土体整体稳定性计算

对网状结构树根桩加固体在内的土体整体稳定性计算有两种方法。一种是假定滑动面不通过网状结构树根桩加固体；另一种是意大利 Fondedile 公司采用的方法是不发生圆弧滑动而需增加的抗滑抵抗力，亦即按树根桩的抗剪力进行计算的方法。

四、树根桩的施工工艺

（一）钻机和钻头选择

根据施工设计要求、钻孔孔径大小和场地施工条件选择钻机机型，一般都是采用工程地质钻机或采矿钻机。对斜桩可选择任意调整立轴角度的油压岩芯回转钻机，由于施工钻进时往往受到净空低的条件限制，因而需配制一定数量的短钻具和短钻杆。

在混凝土基础上钻进开孔时可采用牙轮钻头、合金钢钻头或钢粒钻头；在软黏土中钻进可选用合金肋骨式钻头，使岩芯管与孔壁间增大一级环状间隙，防止软黏土缩径造成卡钻事故。

钻机就位后，按照施工设计的钻孔倾角和方位，调整钻机的方向和立轴的角度，安装机械设备要求牢固和平衡。

钻机定位后，桩位偏差控制在 20mm 内，直桩的垂直偏差应不超过 1%；对斜桩的倾斜度应按设计要求作相应的调整。

（二）成孔

在软黏土中成孔一般都可采用清水护壁，只要熟练施工操作，亦可确保施工质量。对饱和软土地层钻进时，经常会遇到粉砂层（即流砂层），有时会出现缩孔和塌孔现象，因此应采用泥浆护壁。

钻机转速一般为 220r/min，液压的压力为 1.5～2.5MPa，配套供水压力为

0.1～0.3MPa。

在饱和软土层中，钻进时一般不用套管护孔，仅在孔口处设置一段1m以上套管，套管应高出地面10cm，以防钻具碰压坏孔口。对地表有较厚的杂填土或作为端承桩时，钻孔必须下套管。

钻孔到设计标高后必须清孔，控制供水压力的大小，直至孔口基本溢出清水为止。

（三）吊放钢筋笼和注浆管

应尽可能一次吊放整根钢筋笼，分节吊放时节间钢筋搭接必须错开。焊缝长度不小于10倍钢筋直径（双面焊），注浆管可采用直径20mm无缝钢管，在接头处应采用内缩节，使外管壁光滑，便于拔出。注浆管的管底口需用黑胶布或聚氯乙烯胶布封住。有时为了提高树根桩的承载力而采用二次注浆的成桩法，这样就要放置二根注浆管。一般二次注浆管做成花管形式，在管底口以上1.0m范围作成花管，其孔眼直径0.8cm，纵向四排，间距10cm，然后用聚氯乙烯胶布封住，防止放管时泥浆水或第一次注浆时水泥浆进入管内，注浆管一般是在钢筋笼内一起放到钻孔中，施工时应尽量缩短吊放和焊接时间。

（四）填灌碎石

钢筋笼和注浆管置入钻孔后，应立即投入用水冲清洗过的粒径为5～25mm的碎石，如果钻孔深度超过20m时，可分二次投入。碎石应计量投入孔口填料漏斗内，并轻摇钢筋笼促使石子下沉和密实，直至填满桩孔。填入量应不小于计算体积的0.8～0.9倍，在填灌过程中应始终利用注浆管注水清孔。

（五）注浆

注浆时宜采用能兼注水泥浆和砂浆的注浆泵，最大工作压力应不小于1.5MPa。注浆时应控制压力，使浆液均匀上冒（俗称升浆法）。注浆管可在注浆过程中随注随拔。但注浆管一定要埋入水泥浆中2～3m，以保证浆体质量。注入水泥浆时，碎石孔隙中的泥浆，被比重较大的水泥浆所置换，直至水泥浆从钻孔口溢出为止。

注浆压力是随桩长而增加的，当桩长为20m时，其压力为0.3～0.5MPa；当桩长为30m时，其压力为0.6～0.7MPa。如采用二次注浆工艺时，应在第一次水泥浆液达到初凝（一般控制在60min范围内）后，才能进行第二次注浆。二次注浆除要冲破封口的聚氯乙烯胶布外，还要冲破初凝的水泥浆浆液的凝聚力并剪裂周围土体，从而产生劈裂现象。第二次注浆压力一般为2～4MPa。因此，用于二次注浆的注浆泵的额定压力不宜低于4.0MPa。上海的地区经验，经二次注浆后，可提高桩的承载力约25%～40%。

浆液的配制，通常采用32.5级普通硅酸盐水泥，砂料需过筛，配制中可加入适量减水剂及早强剂。纯水泥浆的水灰比一般采用0.4～0.55。

由于压浆过程会引起振动，使桩顶部石子有一定数量的沉落，故在整个压浆过程中，应逐渐投入石子至桩顶，当浆液泛出孔口，压浆才告结束。

（六）浇筑承台

树根桩用作承重、支护或托换时，为使各根桩能联系成整体和加强刚度，通常都需浇筑承台，此时应凿开树根桩桩顶混凝土，露出钢筋，锚入所浇筑的承台内。

以下再介绍树根桩施工的注意事项：

（1）下套管

施工时如不下套管会出现缩颈或塌孔现象时，应将套管下到产生缩颈或塌孔的土层深度以下。

（2）注浆

注浆管的埋设应离孔底标高 200mm，从开始注浆起，对注浆管要进行不定时的上下松动，在注浆结束后要立即拔出注浆管，每拔 1m 必须补浆一次，直至拔出为止。

注浆施工时应防止出现窜孔和浆液沿砂层大量流失的现象。窜孔是指浆液从附近已完工的桩顶冒出，其原因是相邻桩施工间隔时间太短和桩距太小，常用的措施可采用跳孔施工、间歇施工或增加速凝剂掺量等措施来防范上述现象。额定注浆量应不超过按桩身体积计算量的 3 倍，当注浆量达到额定注浆量时应停止注浆。

用作防渗漏的树根桩，允许在水泥浆液中掺入不大于 30%的磨细粉煤灰。

（3）桩顶标高

注浆后由于水泥浆收缩较大，故在控制桩顶标高时，应根据桩截面和桩长的大小，采用高于设计标高 5%～10%的施工标高。

五、树根桩在国外几个工程的实践

（一）房屋建筑条形基础下用树根桩托换（图 18-46）。

（二）建筑物邻近开挖深基坑采用树根桩侧向托换（图 18-40）。

（三）桥墩基础下用树根桩托换（图 18-47）。

（四）采用树根桩对土坡的稳定进行加固（图 18-48）。

（五）应用树根桩稳定岩坡（图 18-49）。

（六）采用网状结构树根桩整治滑坡（18-50）。

（七）采用树根桩加固挡土墙（图 18-51）。

（八）古建筑托换加固（图 18-52）～（图 18-54）。

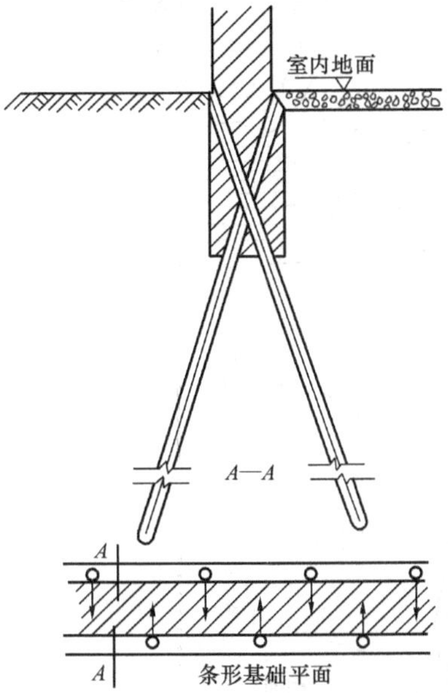

图 18-46　条形基础采用树根桩托换

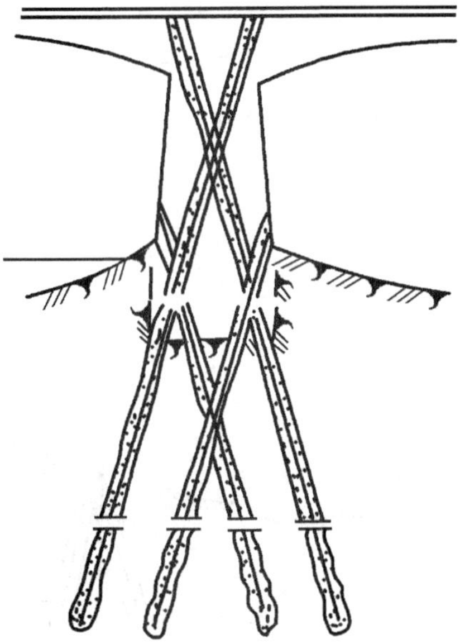

图 18-47　桥墩基础下用树根桩托换

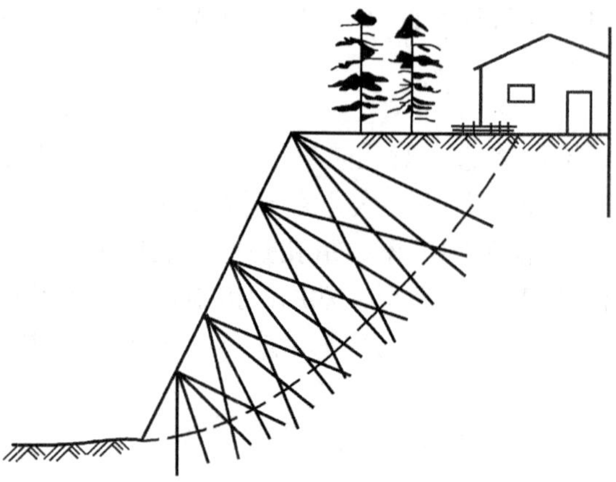

图 18-48　采用树根桩稳定土坡

图 18-49　Portrovenere 岩石峰的加固

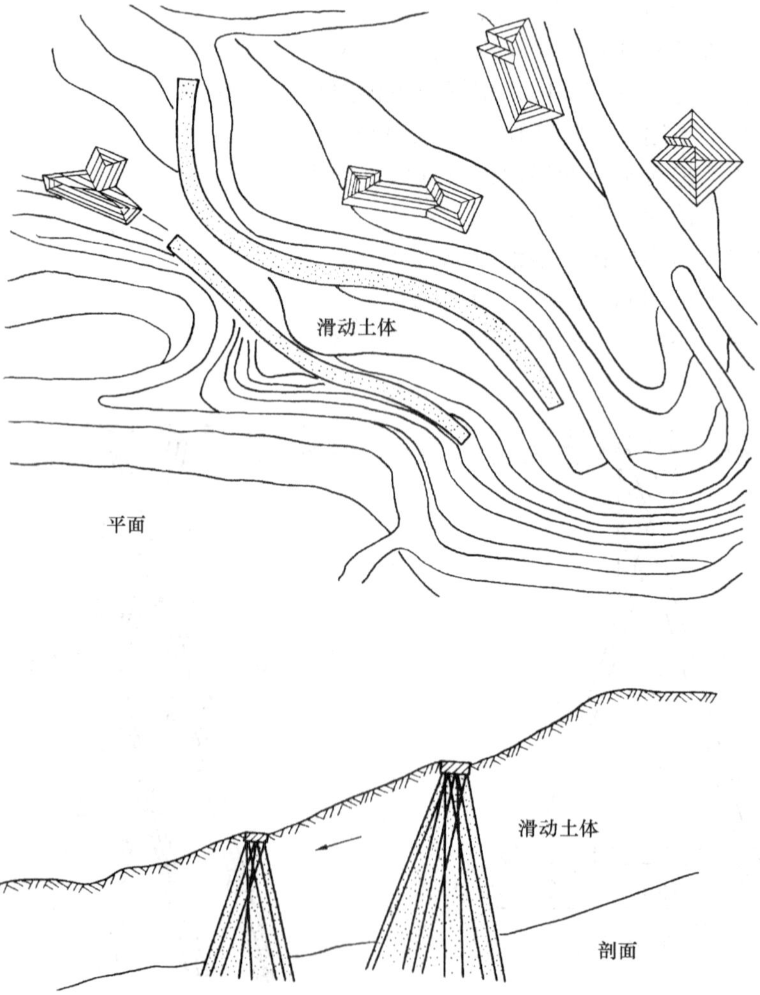

图 18-50　用树根桩整治滑坡

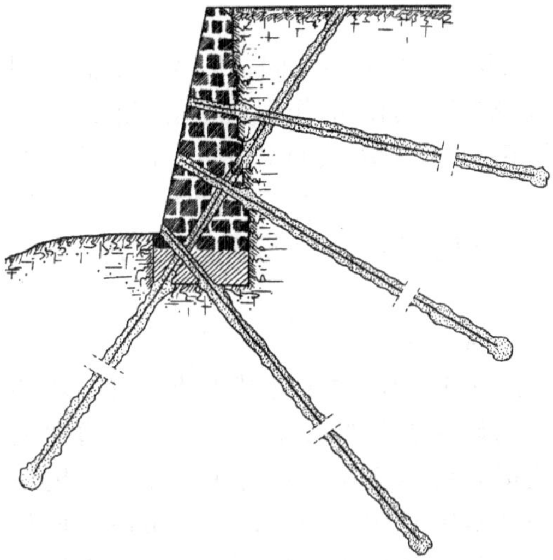

图 18-51 用树根桩加固挡土墙

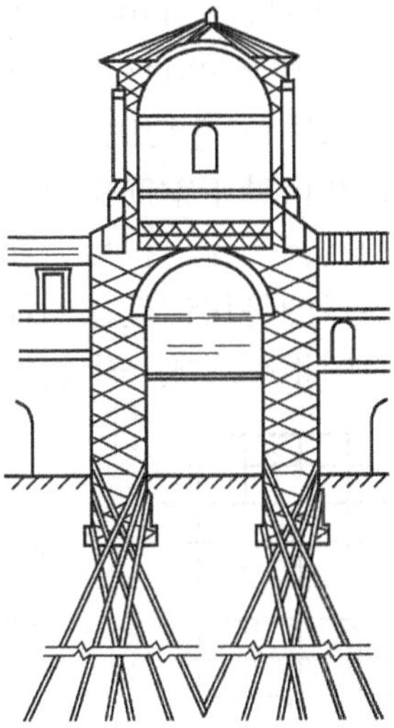

图 18-52 意大利罗马教堂的托换加固

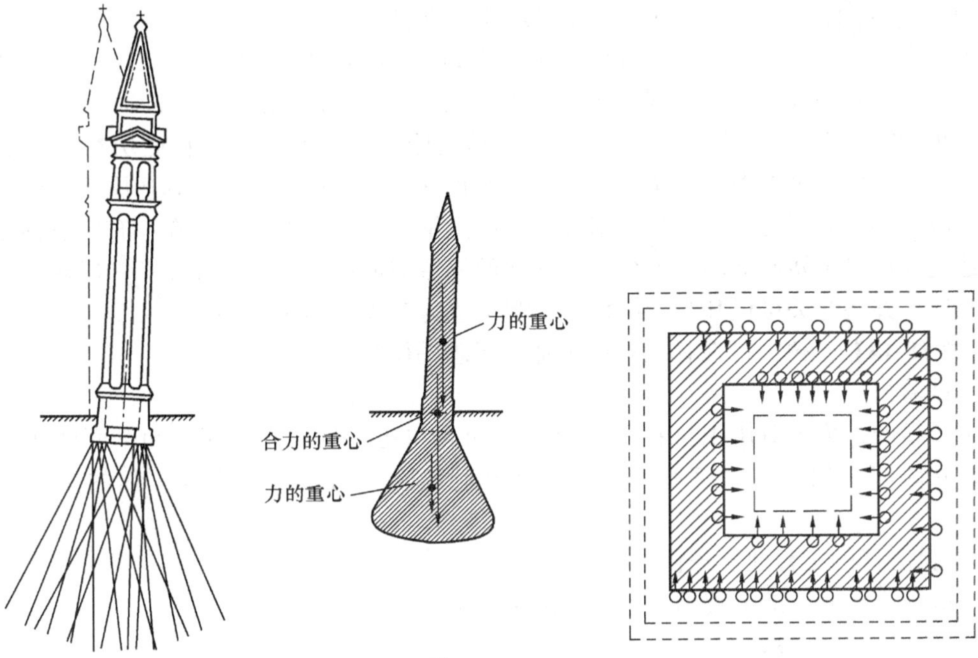

图 18-53 意大利 Venice 的 Burano 钟楼的托换加固

(a) 塔身立面；(b) 加固后的力系；(c) 塔基平面

在古建筑的整修中，古塔、教堂和钟楼这类高耸古建筑的托换加固属于一个特殊问题。因为塔的力系传递总是非常脆弱的，要密切注意在托换加固时，可能从它不可靠的稳定性发展到灾害；若做临时支撑，又会使邻近塔身的地基土增加附加应力，从而导致失去平衡，而金属的支撑也会因温度变化而产生脉动应力，所以对这类古建筑的托换加固时，要求不影响它的微妙平衡状态。

1. 罗马的 S. Andrea delle Fratte 教堂

原教堂建于12世纪，1960年进行了地基土和上部结构的全面加固，墙身的加固采用了钢筋插入墙体，并用低压力灌浆，成为加筋的砖石砌体。加固的作用是利用钢筋的表面摩擦力，并借助于钢筋交错搭接来保证连续性，这并不是依靠灌入的水泥浆（近年来也有用树脂的）在砌体内扩散，实际上灌注的浆液在密实的砖墙内很少会有扩散的可能性。灌浆的主要目的是保证埋入墙体内的钢筋和墙身间的粘着力。加固是从圆顶向下直到地基土为止，与树根桩形成一个连续的整体（图18-52）。

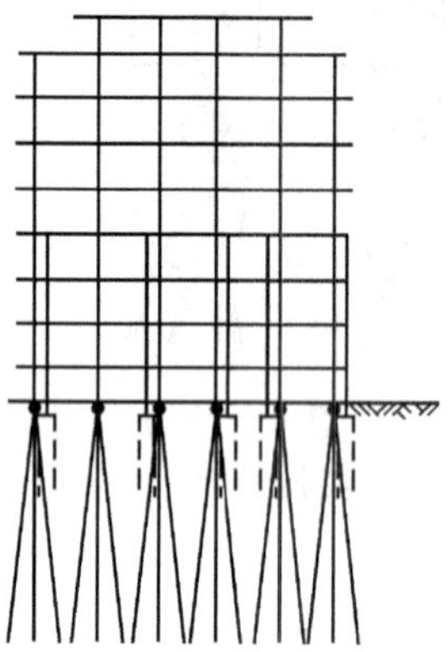

图18-54 意大利 Naples 市政府办公楼加层托换

2. 意大利 Venice 的 Burano 钟楼

该楼（图18-53）建于16世纪，由于地基土质不好，塔的倾斜已处于极度危险。最后确定的托换方案是在塔基周边建造树根桩，它与结构物的连接既可承受拉力也可承受压力。树根桩与桩间土成为一个整体构成的稳定力矩。设计时考虑了塔与树根桩基础在一起的重心点接近于地面的形心，这样使塔体的稳定性得到明显的改善，而经树根桩托换的工程可视作为一个整体，这个托换工程的方案构思十分新颖和美妙。

（九）房屋建筑加层改建

意大利 Naples 市政府办公楼的加层托换。该建筑物除地下室外只有3层，而使用上要求另外增加5层，同时要求在施工时保持正常办公。具体的施工方法是：首先在底层靠近原有基础制作树根桩；树根桩上做基础梁；基础梁上筑钢柱子，穿过现有楼面到达屋顶。施工是在白天市政府办公时间之后进行的。附加的5层是钢结构的构架，它可在原有建筑物屋顶上进行建造，所以不妨碍下面的办公。待加建的5层完成后，就可拆除原有3层建筑，重建下面几层，并将有关楼板和整个结构连结起来成为整体（图18-54）。

【实例18-14】 树根桩在托换基础中加固机理的研究

一、试验概况

本试验目的是为了对树根桩在软土地区的加固和托换机理进行深入和全面地研究分析，用以解决旧房加层、危房加固、纠倾以及新建建筑物地基加固等工程的实践和理论问题。

（一）试验区的工程地质条件

本试验区（上海）的工程地质条件如图18-55所示。

（二）设计和施工参数

树根桩（RP_1～RP_4）桩长8m，桩径150mm，共4根，其布置如图18-56所示。在四根树根桩浇筑后再制作承台板，其承台板面积与天然地基载荷试验时的承台板面积均为1.5m×1.5m。承台板厚度为0.55m（后者为0.4m），采用强度C48钢筋混凝土现浇板。

（三）量测元件布置

在树根桩托换基础承台板下共布置了六个土压力盒、四个孔隙水压力计、一个深度为12m的深层沉降标；树根桩中共埋设了十二个钢筋应力计。

（四）试验方案

本次试验按以下三个步骤进行：

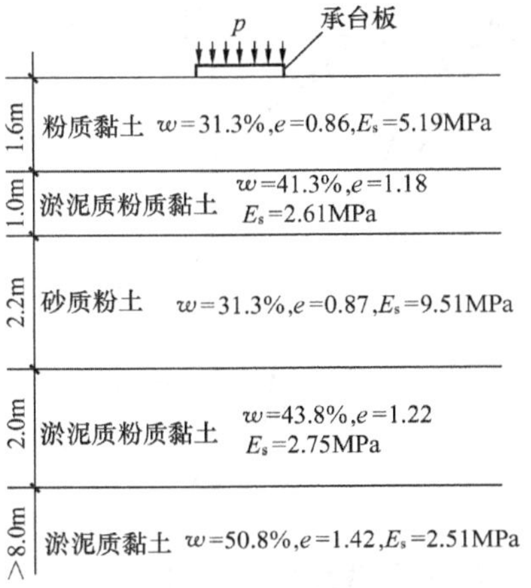

图 18-55 试验区地层剖面图

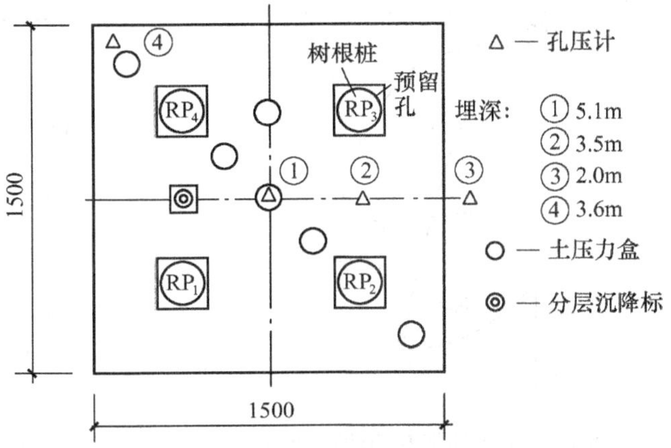

图 18-56 树根桩及量测元件布置图

1. 天然地基载荷试验：采用慢速法。

2. 树根桩单桩试验：包括抗压、抗拔试验各两组，其中 RP_1 和 RP_3 桩进行抗压试验，RP_2 和 RP_4 进行抗拔试验。RP_1 桩采用慢速法，其余三根桩均采用快速法。由于树根桩在承台板内，要求在制作承台板时预留了桩孔，使桩与承台板不相连接。

3. 树根桩托换基础试验

（1）承台板预先加荷的载荷试验：

在这项试验过程中，桩与承台仍是脱空的，荷载只加在承台板上，试验采用慢速法，荷载加至由天然地基载荷试验确定的容许承载力，这项试验的目的是用于模拟天然地基上原有建筑物荷载作用下的应力与变形特性。

（2）托换后继续加荷的载荷试验：

完成预先加荷的载荷试验后，维持承台板上总荷载，将预留桩孔及桩顶凿毛，再将桩顶钢筋与板内钢筋焊接和清孔后，灌注高强度等级混凝土将板与桩联结，养护至设计要求的强度后进行托换后继续加荷的载荷试验，试验采用慢速法。

二、试验成果分析

（一）承载力确定及分析

1. 天然地基承载力

图 18-57 为由场地邻近试验所获得的天然地基容许承载力为 90kPa。

2. 单桩竖向承载力

由图 18-58 可知，RP_1 和 RP_3 桩竖向抗压极限承载力分别为 110kN 和 135kN，其容许承载力分别为 55kN 和 65kN；RP_2 和 RP_4 抗拔极限承载力为 75kN 和 70kN，其容许承载力均为 35kN。由此可见：

（1）树根桩单桩竖向抗拔承载力比单桩竖向抗压承载力低，本试验中前者约为后者的 60%；

（2）树根桩单桩竖向抗压试验达到容许承载力或抗拔试验达到容许抗拔力时的位移量很小，其值约为桩达到极限承载力时的 10%～20%；

（3）树根桩单桩抗拔试验达到极限抗拔力时的位移比抗压试验达到极限承载力时的沉

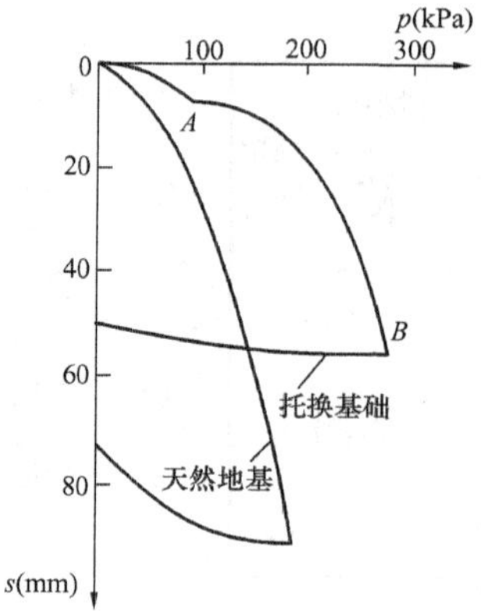

图 18-57 天然地基和托换基础载荷试验 p-s 曲线

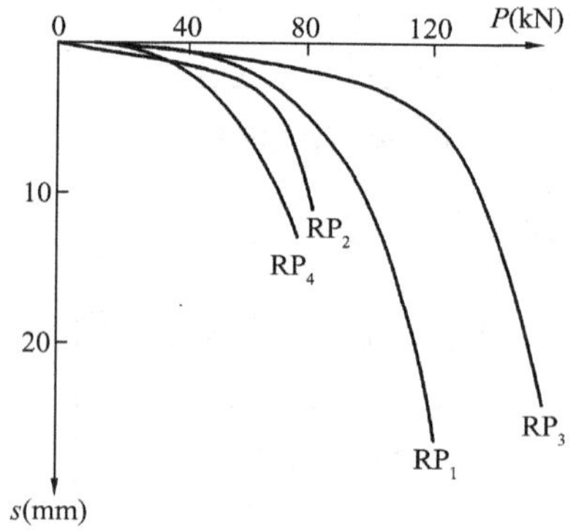

图 18-58 树根桩单桩载荷试验 P-s 曲线

降要小。

3. 托换基础的地基承载力

从整个托换基础载荷试验分析，可分成以下三个阶段：

（1）托换基础预先加荷试验

在这一阶段中，桩与承台板是不相连的，施加的荷载通过承台板传递到桩间土，树根桩不直接承受上部荷载，但它承受来自桩间土由于压缩变形而作用在其上的荷载。如图 18-57 所示中 OA 段为托换基础预先加荷试验的 p-s 曲线，荷载加至地基土容许承载力 90kPa 时，其对应的沉降量为 7.45mm，相比于天然载荷试验时的沉降量小得多，这是由于土中桩反作用于土，阻止了土的压缩变形所致。

（2）承台板与桩的连结

在此过程中保持承台板上荷载（200kN）不变，将承台板与桩用高强度混凝土连结，然后养护两个星期，在养护过程中也不卸除荷载。

（3）托换基础继续加荷试验

树根桩托换后继续加荷试验的承载力是指完成树根桩托换后还能继续承担上部附加荷载的能力。为此，本试验中树根桩托换后地基的极限和容许承载力可根据图 18-57 中 AB 段曲线确定，即托换后地基的极限承载力为 150kPa，容许承载力为 75kPa。比较天然地基载荷试验 p-s 曲线与托换基础预先加荷试验 p-s 曲线，如简单地认为后者沉降量的减少完全是由树根桩参与作用所引起，则基础预先加荷阶段中树根桩承受的荷载就是相同沉降量时对应 p-s 曲线中荷载的差值。由此，可算得树根桩与承台板连接之前，树根桩已经承受了 70kN。而此时地基土承受的荷载相当于 60kPa。在实际工程中，托换总是在建筑物建成后进行的，树根桩与基础连接之前是不承受荷载的。因此，如果将上述预先加荷中树根桩承受的荷载必须考虑为树根桩托换后基础所能承受的荷载的话，则修正的托换后地基容许承载力为 90kPa，极限承载力为 180kPa（折算得总荷载为 405kN，近似等于四根桩的极限承载力 440kN，这说明托换后的承载力主要由树根桩所承担。如果考虑整个加荷过程（即 p-s 曲线中 OAB 段），则其极限承载力为 250kPa。

（二）应力量测分析

1. 桩与承台板连结时荷载分担变化规律

图 18-59 给出了桩与承台板连结过程中荷载分担变化的实测曲线，当完成桩头钢筋与承台板内钢筋焊接后，桩就开始分担荷载，并随时间的增长而增长。然后，在浇灌混凝土及混凝土凝固完成大部分强度的阶段（7d），桩又分担更大的荷载，而且此时荷载的转移速率要大于钢筋焊接阶段。实际上，此时承台板分担的荷载也已迅速减小。然而，在以后的阶段，虽然桩仍继续承担更大的荷载，但其趋势已基本趋于稳定，这时承台板分担的荷载已从 100%减少到 40%左右，而每根桩平均承担荷载为 32kN，约占单桩极限承载力的 30%。这说明在荷载维持不变的情况下，只要基础有很小的沉降，树根桩就会作出极为迅速的反应。

2. 托换后继续加荷过程中桩与承台板荷载分担的分析。

图 18-60 为桩与承台板连结后继续加荷试验时，实测的桩与承台板分担上部荷载的变化规律。在一定荷载范围内（$P=200\sim480$kN），随着荷载的增加，桩上荷载 P_p 明显增长，而承台板分担的荷载 P_s 只是略有增加，这也说明在这一阶段内上部荷载主要向桩上集中。然而，当上部荷载超过这一范围时，桩分担荷载 P_p 趋于稳定，而当 $P\geqslant560$kN 时略有下降（当 $P=560$kN 时，实测桩顶轴力平均值为 110kN，等于树根桩单桩竖向抗压极限承载力，说明树根桩已进入极限状态），而承台板分担的荷载 P_s 明显增大。实际上，当树根桩托换基础达到极限状态时，其沉降量（包括预先加荷阶段为 37mm）比天然地基极限状态时的沉降量（约为 78mm）小得多，但若以天然地基达容许承载力时的沉降量对托换基础进行取值，则其地基承载力为 225kPa，接近于托换基础的地基极限承载力。同时，由图 18-60 还可得托换基础达极限状态时，树根桩承担的荷载约占上部荷载的 80%。

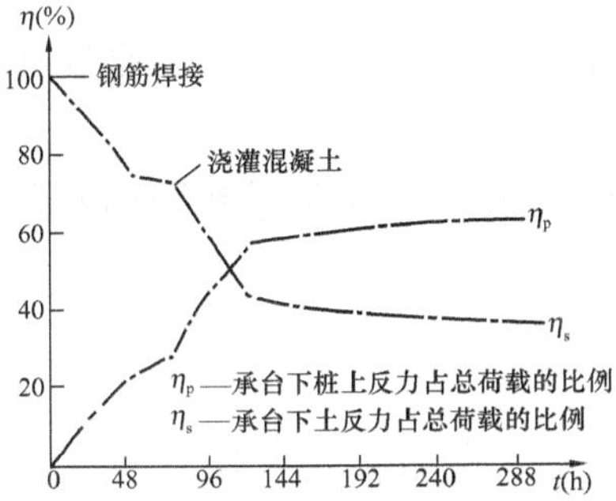

图 18-59　桩与承台板连结过程中桩、板荷载分担变化曲线

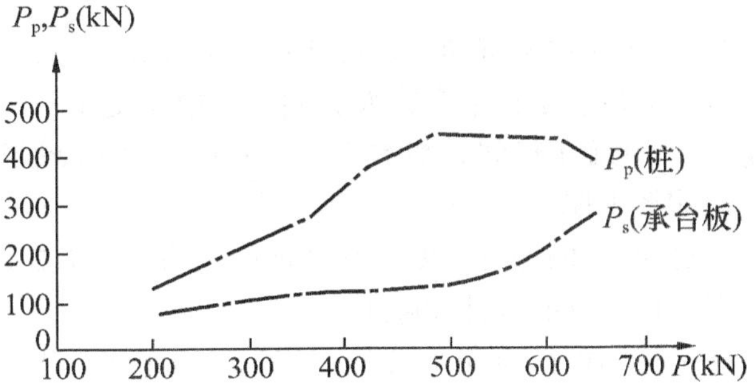

图 18-60　托换后继续加荷过程中，桩和承台板荷载分担随外荷变化曲线

三、研究和分析结论

（一）树根桩的单桩竖向抗拔承载力比单桩竖向抗压承载力低，本次试验中前者约为后者的 60%；

（二）托换后继续施加的荷载主要由树根桩承担，达极限状态时，树根桩承担的荷载约为承台板上总荷载的 80%；

（三）托换基础达极限状态时，其沉降量较天然地基时的沉降量小得多；

（四）树根桩与承台板连结过程中，虽然荷载保持不变，但由于基础即使有很小的沉降，树根桩也会作出极其迅速的反应，本次试验中这一荷载传递过程的时间约为 7d，荷载传递稳定时，树根桩承担的荷载约为承台板上荷载的 60%；

（五）托换基础的载荷试验中承台土反力分布呈“马鞍形”，承台土承受荷载约为总荷载的30%～40%。

【实例18-15】 上海某宾馆增层采用树根桩加固地基

一、工程概况

上海某宾馆建筑是约有50多年历史的三层钢筋混凝土框架式结构，占地约1400m^2，高14m，总荷载约44370kN。分别支承于28个独立条形基础上，最大基础面积135m^2，最小基础1.7m^2。基础埋深在地面以下0.85～3.2m不等。为适应宾馆扩大业务需要，在原三层建筑上需直接增层二层。改建后楼高为25m，总荷载增至67620kN，由于荷载增加，必须对地基进行加固处理以提高承载能力，保证增层后的结构安全。

二、工程地质条件

原大楼基础支承于灰色淤泥质粉质黏土上，楼北半部下面有暗浜，原处理情况不明，大楼使用已达50多年，由于地基不均匀沉降，部分上部结构已出现裂缝。

三、托换方案的选择

由于建筑物已使用50多年，地基支承土层已完成固结，沉降已趋稳定，考虑可对原设计的地基承载力90kN提高20%后增至108kPa。第一次托换加固方案为对部分承载力不足的基础采取明挖后再扩大基础承载面积；对承载力已满足的基础则考虑发挥原地基承载力的潜力而不再处理。

当工程开工后，由于在基础处理上遇到一些问题，因此对基础的处理方案重新进行研究，经分析比较后，决定采用树根桩加固，加固范围视荷载大小而定，选用该方案的理由如下：

（一）采用树根桩加固，可在室内地坪和路边人行道上进行施工，不需大面积翻开地坪；以免对后续工作带来较大影响以及中断交通；

（二）在施工期间，基本不扰动地基土的平衡，可保持基础加固与上部结构加固齐头并进以缩短工期；

（三）基础的埋置深度对基础加固的施工没有影响。

四、树根桩的设计和施工

树根桩的桩径为ϕ150mm，桩长自室内地坪计算为18m，孔内纵向插3ϕ16竖筋（平面三角形布置），箍筋为ϕ6@250。当钻孔完成后，放入钢筋笼和ϕ3/4英寸的注浆管，再在孔内充填经冲洗干净的5～13mm粒径的碎石，然后注入M20级的水泥砂浆。

加固桩的平面位置，在满足最小操作净空条件下，以尽量靠近框架柱子为原则，保证底板合理受力，桩与基础的连结构造如图18-61*a*所示，其连结构造是采用在原基础上增厚混凝土。

由于原设计桩顶和基础结构连结构造形式（图18-61*a*），虽较原扩大基础底面积的方法大有改善，但仍不免有挖开地坪进行施工的问题。为了彻底消除开挖地坪后进行基础施工的困难，改为桩顶端扩径支承传力的连结构造（图18-61*b*），扩径部分长80～100cm。施工工艺上得到了改进：首先是加固桩施工完成后，不必再开挖基坑作基础加固的后续施工；其次是缩短了施工时间，使室内后续装修工程能及时进行。

五、技术经济效果

本工程是我国第一个采用树根桩的托换加固工程。共计施工树根桩62根，工期70

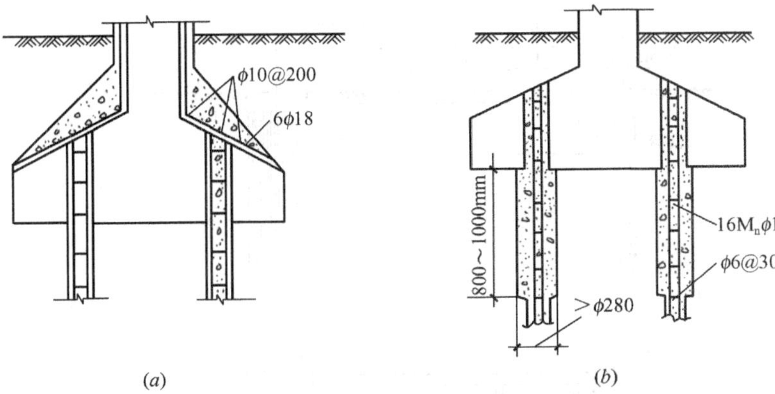

图 18-61　树根桩与基础的连结构造示意图

天，设置了 17 个观测点，在建筑物静载已完成的前提下，由沉降观测资料得知：

从已经加固的基础和未经加固的基础绝对沉降量可见，基础之间是变形协调的，达到了设计预期目的；由经加固的基础的绝对沉降分析，桩和原基础是共同作用的，经加固的最大值为 20.3mm，最小值为 13.9mm；未经加固的最大值为 15.4mm，最小值为 13.9mm，因而本托换加层是成功的。

【实例 18-16】　上海外滩天文台侧向托换加固

一、工程概况

上海外滩天文台建于 1884 年，自无线电通讯发展以来，该气象信号台被废除，目前是水上派出所驻地，也是上海市属保护性范畴内的旧建筑之一。

上海越江隧道从浦东穿越过黄浦江到达浦西时，位于延安东路外滩的天文台是首当其冲的一座重点保护的建筑物。塔顶为 12.4m 长的工字形钢桅杆。整个结构支承在直径为 14m 的桩台上，其下估计为 8～10m长的木桩。桩台离地表 2.7m，桩台边线离隧道中心线 14.5m，隧道在灰色黏土和粉质黏土中通过，隧道顶部为淤泥质黏土，隧道中心线在地面下 20m（图 18-62）。该建筑物由上海市隧道工程设计院担任托换加固工程的设计。

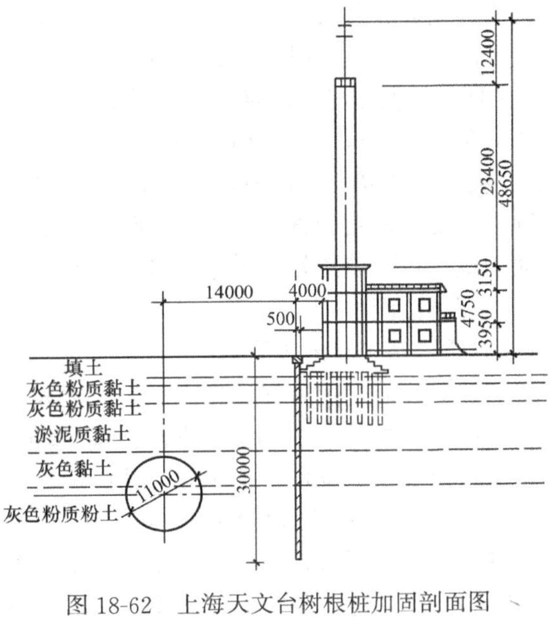

图 18-62　上海天文台树根桩加固剖面图

二、设计计算和施工工艺

设计方案如图 18-63 所示。离天文台外 4m 处，顺隧道推进轴线方向设置二排树根桩，每排长度 14m，排距 60cm，桩距 30cm，钻孔直径 20cm，配筋 4φ25。隧道在该地点的底标高为 25.5m，故桩长定为 30m，桩顶浇筑截面为 1m×1m 的横梁，将树根桩连成一体，由于上海地区的软土常呈成层夹砂，压浆工艺将使水泥浆液向四周土层扩散，因而桩间的浆液是贯通的，施工后形成二排中心距为 60cm 的连续墙，从墙中间 60cm 范围内

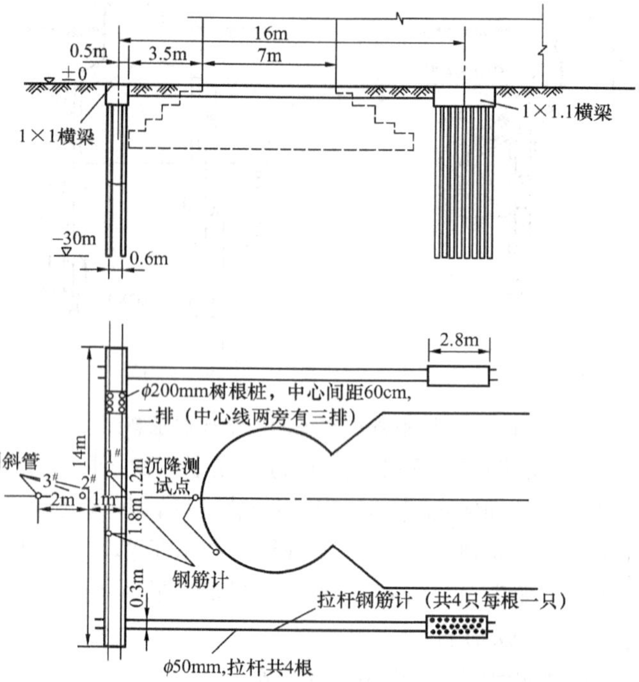

图 18-63 树根桩加固详图和监测点布置图

取出的岩芯是硬化状态的水泥土。

为了减小隧道施工时树根桩的侧向位移，在距排桩 16m 处设置了二群锚桩，并使用 $\phi50$ 的拉杆与前面排桩上的横梁相连接，锚桩尺寸和排桩相同，锚桩总数为 46 根。

压浆量通常不低于钻孔净孔隙计算量的三倍。水灰比为 0.35～0.40，水泥强度等级为 32.5 级，外加复合早强剂和减水剂 3F 各 2%，石子粒径为 1.0～2.5cm。

除地表部分需用套管护孔外，其他部位均不使用套管以便压浆，在可能发生缩孔时需用泥浆护壁，可在填筑好石子后再进行清孔。

三、现场监测

（一）盾构施工时地表隆起

地表在盾构通过前后都呈隆起现象，地表南北向的裂缝发展明显，最大宽度约 10cm，但都没有超出树根桩的 14m 的加固线。隆起量约为 20cm，盾构通过后隆起量不断减小，位于天文台边缘的测点均小于 1cm，从而可见树根桩起了有效的隔离作用。

（二）桩墙及桩前土体的侧向位移

共埋设三根测斜管，二根在土中（2 号和 3 号），一根在桩内（1 号），长度均为 30m。

3 号测斜管距隧道边线 5m，土体受挤压偏向天文台一边，在深度 10～25m 范围内位移较大，最大位移量 2～3cm。

1 号测斜管设在树根桩中，距隧道边线 8m。在整个盾构推进过程中，所测得的变化在数毫米内，基本上在侧斜仪测量的系统误差范围内，另外，在 30m 长的范围内即使产生几毫米的挠度，其影响也是很小的。

（三）塔顶倾斜

采用精密经纬仪对塔顶倾斜进行测量，在盾构自东向西推进过程中，塔尖向东偏斜；

当盾构在天文台北面通过时，使塔尖向北偏斜，这主要是与盾构推进时挤压前方土体有关，总的趋势是向东北方向偏斜。由于树根桩的加固，使塔顶倾斜降低到 3cm 左右，不超过相应倾斜度容许值 3‰。

（四）桩身和拉杆应力

由于盾构施工期中始终保持地面隆起，桩承受挤压力，桩身中的钢筋计均布置在树根桩靠隧道的一侧，故而所测得的以压应力为主。因此，设计桩身内的钢筋是对称分布的，钢筋计布置在四个不同深度：8.5m、14.5m、20.5m 和 26.5m。拉杆受力变化甚小，以压力为主，幅度不超过 20kN。

四、结语

根据以上实践可知，如能控制树根桩的间距，可形成一排以桩身为“立柱”的隔墙，不但可承受土体侧向压力，还能起到抗渗和抗流砂的作用。

【实例 18-17】 上海锦江城搅拌站综合楼纠倾

一、工程概况

上海锦江城搅拌站综合楼为六层框架结构，设计荷载为 150kPa，开工前未进行地质勘察，只在表层 2～3m 深度范围内注浆加固，加固后也无质量检验和施工记录，该楼房于 1995 年 10 月份封顶，至 1996 年 3 月份，发现南北最大差异沉降达 20cm，沉降速率达 5～8cm/月，总沉降量估计已达 30～40cm，致使室内装修无法继续进行。

在探讨加固方案前，在楼房附近进行了现场钻探和静力触探试验，查明该位置褐黄色黏土（硬壳层）的层厚为 2m 左右，下面即为厚达 8.5m 的淤泥质黏土。容许承载力为 60kPa，静探的比贯阻力 p_s=0.41MPa。

该楼房建在天然地基上，基础埋深 1.8m，根据工程地质勘察报告，基础下的褐黄色黏土的容许承载力为 130kPa，因此造成楼房沉降过大和倾斜的主要原因，首先是该楼房的天然地基承载力低于设计值 150kPa；其次楼房呈 L 形，其上部荷载的重心偏于北侧中段，致使差异沉降明显发展。

采用树根桩加固，首先是使地基承载力达到上部荷载的标准，同时在施工中合理安排工序来适当减少差异沉降。

二、设计计算

（一）该楼房底层已浇地坪并安装了各类设施和管线，在室内施工已很困难，考虑到楼房采用十字形条形基础，上部又为六层框架，均具有较好的整体刚度，故采用了沿条形基础外缘的布桩方案（图 18-64）。

（二）按楼房荷载重心偏北和楼房已向北倾斜的实际情况，采用北密南疏的布桩原则，并要求先施工北侧，利用施工间歇期以缩小差异沉降。

（三）采用 ϕ300mm 树根桩，打穿条基翼板，在翼板下 1m 范围内扩孔至 ϕ600mm，在翼板上现浇连系梁，与基础底梁连成一体，北侧的连系梁整条连续，即将宽度 500mm 的原基础加宽 500mm，在树根桩位置的翼板上、下形成良好的垂直荷载传递系统。

（四）考虑到楼房绝大部分荷载施加历时已半年有余，基础托换的重点是北侧，设计时北侧条基以桩、土各分担 50%荷载的原则布桩，桩土应力比为 45。树根桩桩长 15m，单桩容许承载力采用静力触探资料进行计算，计算结果取单桩容许承载力为 240kN，总桩数为 65 根。

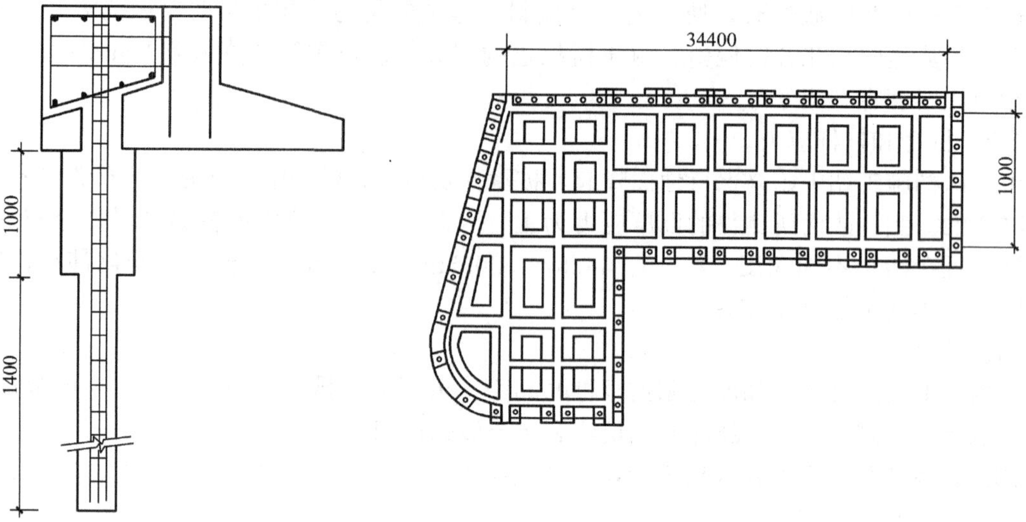

图 18-64　树根桩托换布置图

三、施工要点

（一）在条基翼板上钻 $\phi300$ 的孔是施工中的一个难点。为防止损伤条基，不容许用风镐打孔。翼板厚度在 50cm 左右，内有 $\phi20$mm 钢筋，施工采用圆筒形钻头加钢粒钻进，每孔钻穿一般需 2～3h。

（二）翼板下扩孔采用偏心钻，其半径为 $\phi270$mm，成孔时上下来回反复多次，并适当增大水压，使孔径达到 $\phi600$mm。扩径段在填碎石时应细心，防止在翼板下底面出现死角。

（三）树根桩顶的连系梁应紧接着该位置的树根桩施工，以防翼板在荷载向树根桩转移时承受过大的应力。北侧连系梁是连续的，施工时要求至少有 4 根主筋穿越基础底梁，其余需和底梁主筋焊接，穿越底梁时采用电钻钻孔的施工方法。

（四）施工从 5 月初开始，先施工北侧树根桩，正常速度是每天 2 根，每根桩的水泥用量为 800～1000kg。南侧树根桩自 6 月下旬开工，7 月上旬完工，整个施工期内，利用施工间歇，南侧比北侧多沉降 3～4cm，使楼房的倾斜量略有改善。

四、技术经济效果

在北侧树根桩完工后，楼房继续进行内装修，整栋楼房自 7 月上旬完工后，至 1996 年年底的沉降量不超出 1cm。

【实例 18-18】　饱和黄土地基上某车间采用树根桩加固

一、工程概况

太原钢铁公司第一轧钢厂建于 20 世纪 30 年代，并在 1958 年扩建老厂房。其中的中小型精整车间是三跨单层工业厂房，每跨均为 27m，其中 33 线和 36 线部分桩基位于厚薄不均的人工填土上，地基又未经处理，因而产生了不均匀沉降，而且长期未能稳定，导致重级工作制天车运行困难，每次检修均需调梁拨轨，托架节点及屋架上下弦均出现多道 0.2～1.0mm 宽裂缝，柱间支撑压曲或拉断，成为该厂轧钢生产运行中的重大隐患，长期未能彻底解决。

该厂房柱基埋深为 2.9～3.4m，钢筋混凝土单独基础的底面积为 4m×6m 和 2.5m×

5m 不等。上部结构为钢筋混凝土吊车梁或钢吊车梁，12～18m 钢筋混凝土托架及 27m 预应力钢筋混凝土梯形屋架，1.5m×6m 大型屋面板，但有少部分为钢柱、钢托架及钢屋面板，每跨均有 4～8 台 15t 重级工作制桥式吊车。

二、工程地质条件

场地由饱和黄土组成，表层为 1.8～4.0m 厚人工填土，其下为厚 5.7～6.6m 的软塑～流塑状砂质粉土，灵敏度高，平均标准贯入击数 $N_{63.5}=2.3$，容许承载力为 90kPa；第三层为可塑～硬塑状态砂质粉土，压缩性中等偏低，平均 $N_{63.5}=11.5$，容许承载力为 200kPa；在 28～30m 深度处出现砂卵石层，地下水位在−2.8m 处。

三、树根桩设计和施工

该厂的车间部分下沉的柱基 A_A-33、B_A-33 和 B_A-36 等八个柱基需进行加固，原拟采用旋喷桩，经比较后最终决定采用树根桩，后者较前者的优点是：(一) 桩外形较规则；(二) 能下钢筋笼；(三) 桩上部能与基础锚固成整体。

树根桩数量是根据柱基荷载大小设置，多则 16 根，少则 6 根，桩长 18m，直径 150mm，采用三角形钢筋笼，纵向主筋为 3Φ14mm 螺纹钢，箍筋 $\phi6@250$mm（图 18-65）。

成孔采用 XJ-100 型百米油压钻机，桩身穿过基础第一个台阶。钻孔采用泥浆循环护壁，未加套管。钻孔达到设计深度后，压水进行清孔，待泛出的水变清为止，然后下钢筋笼和注浆管，并填入粒径为 5～15mm 石子充满后继续压水清洗。注浆用 UB3 型灰浆泵，注浆压力可达 1.5MPa。水泥浆水灰比控制在 0.5～0.6，注浆到水泥浆从孔口泛出为止，一般每孔注入水泥量约 400～500kg，个别孔达 900kg，表明基底局部有孔洞。

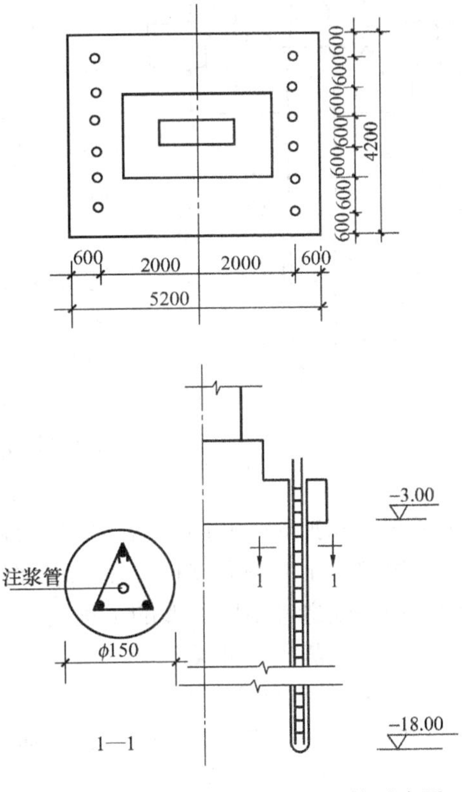

图 18-65　太钢一轧厂树根桩托换示意图

四、载荷试验

在施工现场进行不同长度树根桩竖向抗拔和抗压承载力试验。在桩身不同深度处埋设电阻应变片及混凝土应变计以测定桩身应力；桩端埋压力盒以测定桩端反力。由于采用矿渣水泥，而试验加载前的养护龄期较短（18～26d），因此试验加压时均为桩身强度破坏和纵向钢筋压曲，桩身下部的电阻片及混凝土应变计反映出的桩身应变都较小，桩端压力盒也反映不大，表明桩身摩阻力尚未充分发挥。根据按相对沉降量 $s=0.03d$ 的标准确定的单桩竖向抗压容许承载力为 140kN，容许抗拔力为 125kN，最后纵向钢筋屈服后被拉断，而桩身未拔出。由于矿渣水泥早期强度低而晚期强度高，随着时间增长，可预计单桩承载力还将有所提高。

五、效果与评价

树根桩应用于单层工业厂房柱基础托换加固具有对地基扰动小，施工速度快，造价较低等优点，不失为对老厂房地基基础加固中一个值得推荐的托换方法。本托换工程由西安建筑科技大学承担设计，亦是树根桩首次应用于黄土地基上大型工业厂房的柱基托换，并取得了良好的成效。

18.2.5 坑式静压桩法

一、概述

坑式静压桩（亦称压入桩 Jacked Piles 或顶承静压桩）是在已开挖的基础下托换坑内，利用建筑物上部结构自重作支承反力，用千斤顶将预制好的钢管桩段或钢筋混凝土桩段接长后逐段压入土中的托换方法（图18-66）。

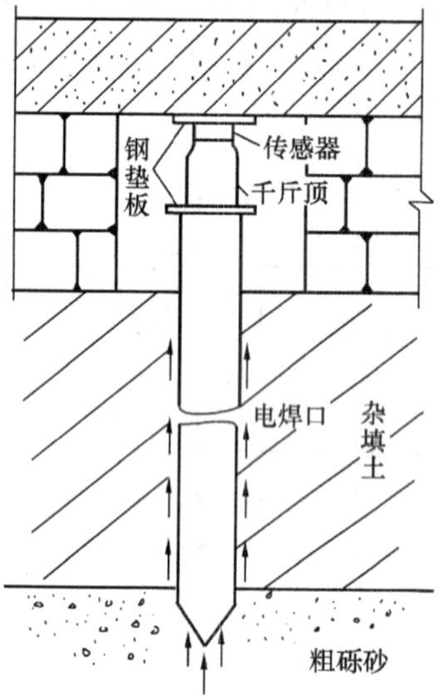

图18-66 坑式静压桩托换

坑式静压桩亦是将千斤顶的顶升原理和静压桩技术融为一体的托换技术新方法。

当地基土中含有较多的大块石、坚硬黏性土或密实的砂土夹层时，由于桩压入时难度较大，则应根据现场试验确定其适用与否。

坑式静压桩在国外早已应用，国内于1981年由呼和浩特市内蒙古建筑设计院勘测分院开始在呼和浩特市使用以来，已在太原、宣化、邯郸等地多栋危房托换和加层加固中获得成功。当开始应用时，仅在工程规模较小的锅炉房和浴室中使用，同时亦使用在用桩数量少的小型建筑物局部排险加固工程中。到20世纪80年代末已发展到整栋建筑物的基础托换加固。而到90年代又进一步延伸拓宽到普通条形基础和独立柱基础加固的桩基础补强、大型设备基础顶升纠倾、基坑开挖时相邻建筑物及边坡稳定的侧向支护（参见河北勘察1996年第3期）、既有建筑物增层及对桥梁墩台的加固改造等不同类型的工程上。

二、坑式静压桩分类

（一）按基础型式分类

有对条形基础梁、独立柱基、基础板、砖砌体墙及桩承台梁下直接托换加桩；

（二）按施工顺序分类

有先压桩加固基础，后加固上部结构；也有先加固上部结构，后压桩加固基础。如果承台梁的底面积或强度不够，则可先加固或加宽承台梁后再压桩托换加固；

（三）按桩的材料分类

分钢管桩和预制钢筋混凝土小桩两类，有时为节省工程造价，经过试验合格，也可利用废旧钢管或型钢作为桩的材料。

三、坑式静压桩设计

（一）适用范围

坑式静压桩适用于淤泥、淤泥质土、黏性土、粉土、湿陷性土和人工填土，且有埋深较浅的硬持力层和地下水位较低的情况。

（二）桩的材料和尺寸规格

桩的材料最好选用无缝钢管 $\phi150 \sim \phi300$mm，常用包钢产的外径219mm无缝钢管，对于桩贯入容易的软弱土层，桩径还可适当加大。当然也可采用型钢代替钢管。桩底端可用平口，也可加工成60度锥角。桩管内应灌满素混凝土（如遇难压入的砂层、硬土层或硬夹层时，可采用开口压入钢管或边压入桩管边从管内掏土，达设计深度后再向管内灌注混凝土成桩），桩管外应作防腐处理。桩段与桩段间用电焊接桩，为保证垂直度，可加导向管焊接。

桩的材料也可采用钢筋混凝土方桩，断面尺寸一般是200mm×200mm或250mm×250mm，底节桩尖制成60度的四棱锥角。下节桩长一般为1.3～1.5m，其余各节一般为0.4～1.0m。接桩方法可对底节桩的上端及中间各节预留孔和预埋插筋相装配，再采用硫磺胶泥接桩；也可用预埋铁件焊接成桩。

（三）单桩承载力的确定

单桩承载力标准值可通过工程现场单桩竖向静载荷试验及其他原位测试方法确定，如无试验资料，亦可根据中华人民共和国行业标准《建筑桩基技术规范》JGJ 94—94的规定进行预估，具体公式此处不再多赘。

（四）桩的平面布置

桩的平面布置应根据原建筑物的墙体和基础型式及需要增补荷载的大小而定，应避开门窗等墙体薄弱部位，设置在结构受力节点位置。一般可布置成一字形、三角形、正方形或梅花形。

长条形基础下可布置成一字形，对荷载小的可布置成单排桩（桩位布置在基础轴线上），对荷载大的可布置成等距离的双排桩；独立基础下桩可布置成正方形或梅花形；在工程实践中如遇需要纠倾调整不均匀沉降或对地基强度加固要求不一样时，设计者有时还有意识将桩布置成桩距疏密程度不一样。

四、坑式静压桩施工

坑式静压桩是在既有建筑物（乃至危房建筑物）基础底下进行施工作业，因而难度大且有一定的风险性，所以施工时必须要有详情的施工组织设计、严格的施工程序和具体的施工操作方法。

（一）开挖竖向导坑和基础下托换坑

1. 施工时先在贴近被托换既有建筑物的一侧，由人工开挖一个长×宽约为1.5m×1.0m的竖向导坑，直挖到比原有基础底面下再深1.5m处；

2. 再将竖向导坑朝横向扩展到基础梁、承台梁或基础板下，垂直开挖长×宽×深约为0.8m×0.5m×1.8m的托换坑；

3. 对坑壁不能直立的砂土或软弱土，坑壁要适当进行支护；

4. 为保护既有建筑物的安全，托换坑不能连续开挖，必须进行间隔式的开挖和托换加固。

（二）托换压桩

压桩托换时，先在托换坑内垂直放正第一节桩，并在桩顶上加钢垫板，再在钢垫板上安装千斤顶及压力传感器，校正好桩的垂直度后驱动千斤顶加荷（千斤顶的荷载反力即为建筑物的重量）。每压入一节桩，再接上另一节桩，桩管接口可用电焊焊接。桩经交替顶进和接高后，直至桩端到达设计深度为止。

如使用混凝土预制桩，也同样使用上述压桩程序压入、接高、再压入、再接高，直至桩端到达设计深度，或桩阻力满足设计要求为止。

在压桩过程中，应随时记录压入深度及相应的桩阻力，并须随时校正桩的垂直度。

必须注意的是当日开挖的托换坑应当日托换完毕，在不得已的情况下，如当日施工不完，切不可撤除千斤顶，决不可使基础和承台梁处于悬空状态。

（三）封顶和回填

当钢管桩压桩到位后要拧紧钢垫板上的大螺栓，亦即顶紧螺栓下的钢管桩。如果场地的基本烈度是7度或7度以上的坑震区，则螺栓、钢垫板和钢管之间都应该用电焊焊牢。

对于采用钢筋混凝土的静压桩，回填和封顶应同时进行，或先回填后封顶，即从坑底每层回填夯实至一定深度后，再支模在桩周围浇灌混凝土。

对于钢管桩，一般不需在桩顶包混凝土，只需用素土或灰土回填夯实到顶。

封顶回填时，应根据不同的工程类型，确定封顶回填的施工方案。通常在封顶混凝土里掺加膨胀剂或预留空隙后填实的方法（在离原有基础底面80mm处停止浇筑，待养护一天后，再将1∶1的干硬水泥砂浆塞进80mm的空隙内，用铁锤锤击短木，使在填塞位置的砂浆得到充分捣实成为密实的填充层，这种填实的方法国外称为干填（Dry Pack）。

根据设计要求封桩时可采用预应力法（或预压桩法）或非预应力法施工。

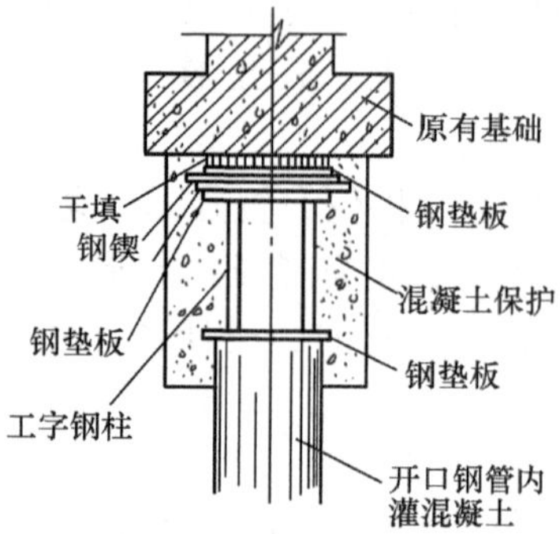

图18-67　预压桩在安放楔紧的工字钢柱的施工示意图

预压桩的施工方法，其前阶段的施工方法与通常坑式静压桩施工方法完全相同。即当钢管桩或预制钢筋混凝土桩达到要求的设计深度，如果是钢管桩桩管内要灌注混凝土，则需待混凝土结硬后才能进行预压工作（图18-67）。一般要用两个并排设置的液压千斤顶放在基础底和钢管桩顶面间。两个千斤顶间要有足够的空位，以便将来安放楔紧的工字钢钢柱，两个液压千斤顶可由小液压泵手摇驱动。荷载应施加到桩的设计荷载的150%为止。在荷载保持不变的情况下（一小时内沉降不增加才被认为是稳定的），然后截取一段工字钢竖放在两个千斤顶之间，再将铁锤打紧钢楔，实践经验证明，只要转移10%～15%的荷载，就可有效地对桩进行预压，并阻止了压入桩的回弹，此时千斤顶已停止工作，并可将其撤出。然后用干填法或在压力不大的情况下将混凝土灌注到基础底面，最后将桩顶与工字钢柱用混凝土包起来，此时预压桩施工才告结束。

在预压桩的托换工程中，一般不希望采用闭口或实体的桩，因为顶桩的压力过高或桩端下遇到障碍物时，则闭口钢管桩或预制钢筋混凝土桩就难于顶进。

五、坑式静压桩检验

每根坑式静压桩的压桩过程，就是一次没有压到屈服点的桩垂直静载荷试验。压桩到最后最大的实测桩阻力和变形关系一般都在比例极限范围内呈线性关系。尽管试验时取实测桩阻力为设计单桩承载力的1.5倍定为终止压桩界线，但实际的安全系数要比1.5大得多。此外，由于桩静压到位后还有滞后的时间效应，随着时间的增长，桩的承载力也会提高。所以，通常最终的压桩力一般不用单独检验。

检验内容尚应包括压桩深度和最大的桩阻力的施工记录、钢管桩的焊口或混凝土桩接桩的质量以及桩的垂直度等。

六、坑式静压桩适用范围

坑式静压桩施工简单、操作方便、质量可靠、费用低廉。适用于松软地基。如局部地区暗浜、古井等地区形成的松软填土，上部结构有较好的刚度，且能提供反力支点条件情况下应用。不适用于需要通过障碍物地层；不易压入的砂土或坚硬黏性土；不能提供千斤顶反力的轻型或严重开裂的建筑物；或当桩必须设置得很深而费用又很贵时，应考虑采用另两种打入桩或灌注桩的桩式托换。

打入桩或灌注桩的托换常适用于隔墙或设备不多的建筑物，且沉桩时虽有一定的振动而对上部结构和邻近建筑物无多大危害时才能采用；另外，建筑物尚需能提供为专门的沉桩设备所需的净空条件。

打入桩中桩的材料所以采用钢管桩的原因，因为它比其他型式的桩容易连接，接头可用铸钢的套筒或焊接而成。在国外，使用装在叉式装卸车或特制的龙门导架上的压缩空气锤进行打桩，导架的顶端是敞口的，以便最充分地利用室内净空。另外，如能从既有被托换建筑物的基础周边开挖的坑中开始沉桩，则可提供更大的有用净空，以便减少桩管的接头数。在沉桩时，国外尚需在桩管内不断取土，如遇障碍物时可使用一种小型冲击式钻机，通过开口钢管管端劈裂破碎或钻穿而将土取出，这种钻机可使钢管穿越最难贯穿的乱石层，当桩端已达合适的土层时，最后进行清孔和浇筑混凝土。

当对设计所要求的桩已如数施工完成后，则就可用搁置在桩上的托换梁（亦称抬梁法或挑梁法托换）或承台系统（图 18-68）来支承被托换的柱或墙，其荷载的传递是靠钢楔或千斤顶来转移的。这类桩的另一个优点是钢管桩端是开口的，因而对桩周围的土排挤较少。

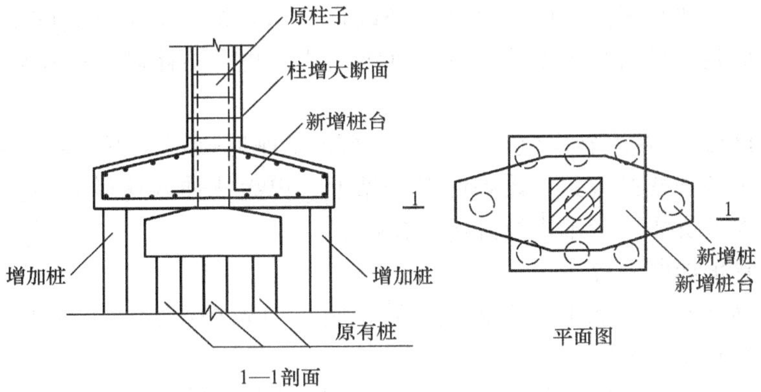

图 18-68　用承台系来托换原柱基

灌注桩托换与打入桩托换的作用完全一样，它同样靠搁置在桩上的托梁或承台系统来支承被托换的柱或墙，它与打入桩的不同点仅在于沉桩的方法不一样。

如采用钻孔灌注桩进行托换，其技术经济效果一般有以下两个方面：

（一）能在密集建筑群而又不搬迁的条件下进行施工；

（二）占地面积较小，操作灵活，根据实际需要可变动桩径和桩长；

灌注桩托换的缺点是如何发挥桩端支承力和改善泥浆的处理工作。就我国目前已有的工程实例而言，鲜见打入桩的托换型式，而都是采用灌注桩的托换型式。

【实例 18-19】　内蒙古丰镇电厂五号机组发电机座坑式静压桩加固

一、工程根况

内蒙古丰镇电厂装机容量为 6×200MW，1994 年已将 6 台机组全部建成投产。其中五号机组是 1992 年秋动工，当年年底基础施工完毕。

由于施工场地平整前地貌形态是丘陵坡地，所以采用填方挖方整平地面。

场地工程地质条件为：

1.0～1.5m是以粉土成分为主的疏松素填土；

1.5～4.5m为褐黄、棕红色粉土和粉质黏土，饱和，可塑到软可塑状态；

4.5m以下为硬可塑到竖硬状态红色粉质黏土或红砂岩强风化层，具有膨胀性，为桩基的良好持力层。

发电机承台荷载大，天然地基满足不了设计要求，前4台机组都经过地基处理，所以5号机组设计了振动沉管灌注桩，持力层为基座底面5m以下风化砂岩层，在桩上设计钢筋混凝土承台和承台拉梁。其中最大的承台是主机汽轮发电机的机座，长×宽×高为20m×12m×1.8m。

二、事故情况及处理方案

由于桩基施工中施工人员片面追求进尺效益，沉管振动桩拔管速度过快；没有实行监督检查制度，这种桩施工质量中的弊病如缩径、露筋和断桩在本工地全发生了。

施工中又没有遵守检测程序，打基础承台前没有进行桩静载荷试验。只是在承台打完后才补作了载荷试验。试验结果表明，单桩承载力只有设计单桩承载力的一半。经开挖和桩的动测检查，绝大多数桩都出现了严重的桩基质量事故。经反复研究分析后，对没有打承台的部分重新补打钢管桩和旋喷桩进行了地基加固。而对于汽轮发电机座这样大型承台，许多地基处理方法都无法实施，设计上经认真计算复核，除了桩基施工中存在缺陷，设计中也漏算了荷载，最后复查结论是汽轮机座基础总共需要补强2×10^4kN支承力才能满足设计要求。

当时1～4号机组正在运转发电，地下水位高，基座底接近地下水面，增加了托换加固的难度。讨论了各种托换方案，设备都无法靠近，更无法伸入这样大型基础底下作业，惟一可行的是在大型机座下带水进行静压桩托换。

三、静压钢管桩加固设计

桩材选用包钢产的外径$\phi219\times7$无缝钢管，施工前先将钢管加工到所需要的平口短节，管外涂防锈漆和沥青两层防腐剂。

根据地质资料，从基础承台底面计算预估桩的压入深度平均5m，要求桩端进入持力层以压桩到最后快速增长1.5倍稳定桩阻力为控制标准。根据钢管桩截面大小和桩端落在软风化岩层的承载力标准值，并忽略桩侧摩阻力后，算得每根静压桩的竖向承载力为207kN。

压桩的数量是让施工残缺不合格的桩承受设计荷载的一半；让新增设的静压桩承受另一半荷载，故总补强荷载为2×10^4kN，需要补桩100根，才能满足设计要求，而实际补桩113根，实测桩阻力达到2.34×10^4kN。

对这样超大型设备承台基础，要确保压桩到位，承台均匀受力、不偏不斜，施工的难度很大。关于逐个挖导向坑和逐个压桩回填的办法是行不通的，最后决定在承台的南侧从承台的底面下开挖高1.7m和宽2.0m南北方向施工作业洞。洞长挖至接近承台北边缘，然后沿洞的两侧布设钢管桩8排（图18-69）。

四、承台下静压桩施工

（一）适当抽降地下水

五号机组地下水接近承台底面，影响了工程作业洞的开挖和托换的施工作业，所以必须适当抽降地下水；但如果大幅度降水，则就容易造成五号汽轮机基础及临近4号和6号机等大型设备基础的下沉和倾斜。

施工时，采用了明沟和集水井办法排降地下水。亦即在基础承台南侧通过4个托换作业洞口开挖一条比洞底深0.8m、宽0.6m的排水沟，坡向集水井。集水井直径2.0m，深1.5m，井内安装污水泵，施工时昼夜不停地抽水。施工洞中的水流向排水沟，排水沟中的水流进集水井，再用泵和排水胶管送到远离施工场地流走。由于1号至4号机组在发电，而上下水管道在跑水，致使地下水抽降十分困难，渗透水流仍不断地由施工洞侧壁流进施工洞，施工人员只好在施工洞中带水作业。

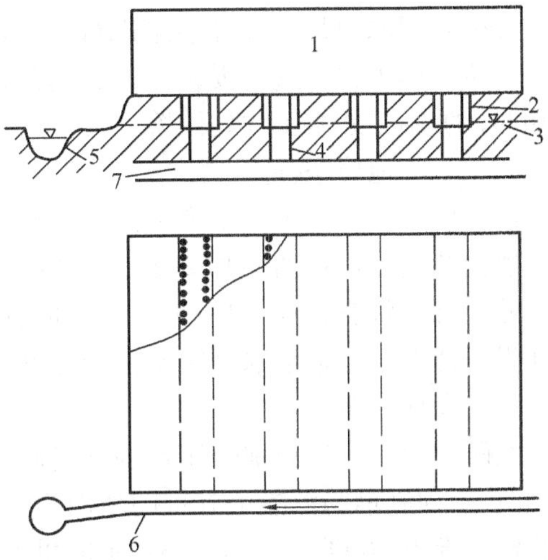

图18-69　五号发电机承台补强托换
1—承台；2—托换洞；3—地下水；4—钢管桩；5—集水井；6—排水沟；7—风化岩

（二）开洞与压桩托换

由于托换补强汽轮发电机承台上尚没有上部结构荷载，此时只有承台本身自重，所以采用了从洞口直接开挖，边开挖边倒土和运土到场地以外，深度延伸至北边缘附近。为避免开挖造成承台受力不均，先开挖中间两条洞，然后再开挖外边两条洞。开挖中对原来的缺陷桩予以保护，尽量不减少原桩的支承作用。

当中间的两条洞开好后，便可从里向外，即从北向南逐段分组进行托换压桩作业。压桩力靠50t油压千斤顶加压，以洞顶巨型承台提供支承反力。压桩时认真记录每根桩的压入深度和压桩阻力，并必须满足单桩承载力的1.5倍要求。接桩时先点焊，从不同角度校正垂直度，然后满焊，压桩到位后超载加预应力，撤出千斤顶，管内灌满C20素混凝土，再加钢管短节，垫好钢板，拧紧螺栓封顶。用同样的程序办法完成其他桩位和外侧两个施工洞里的压桩托换作业。

（三）作业洞回填

静压桩补强的最后工序是回填，使用碎石分段分层填实。所谓分段是将每个施工洞分成几段回填，从里向外一段一段填实。分层要以25～30cm厚从下向上一层一层先虚铺后压（或振）实。铺至基座底面时预留一定的空间，然后用掺加膨胀剂的干硬性细石混凝土塞满捣实。

五、技术经济效果

施工从1994年7月初开始，8月20日加固工程竣工。在上部设备安装荷载不断增加的情况下基座没有沉降，三年多来一直正常运转发电。

【实例18-20】　西安市某住宅楼预压桩托换加固

一、工程概述

西安市东北街房管所二层住宅楼，建筑面积192m^2，高7m，砖混结构，灰土条形基础，埋深1.6m。1990年8月建成，9月使用时突然发现基础下沉，导致基础悬空挠曲，地基土下沉脱开达300～600mm，上部墙体出现宽达5～40mm的裂缝，裂缝从墙底向基础沉降大的部位延伸上升，有的直至屋顶，住户纷纷搬迁，建筑物面临倒塌危险。

分析开裂原因是：设计前未进行工程地质勘察，未发现在基础底面下持力层为松散杂填土，该杂填土也未进行妥善处理；另外，由于地下管道大量漏水，使地基土严重被水浸泡软弱，加剧了地基不均匀沉降。

二、工程地质条件

经补探得知，地梁悬空最大部位的基础底面下3.6m为松散杂填土，由素黏性土含大量腐殖物及生活垃圾所组成，处于软塑及流塑状态，承载力低；3.6～8.0m为湿陷性黄土，处于可塑状态；8m以下属于非湿陷性黄土，处于硬塑状态，承载力高，是桩基的较为理想的持力层。地下水稳定水位的深度为16.2m。

三、设计方案

经研究后，设计分别采用预制钢筋混凝土方桩和钢管桩。

（一）预制钢筋混凝土方桩的断面为200mm×200mm，混凝土强度C30，第一节带桩尖的桩（锥角60度），长1.2m；中间桩的桩长均为1m；

（二）钢管桩外径ϕ159mm，壁厚6mm；

（三）压桩入土深度按压桩阻力和地梁变形双控制的方法，即压桩的终止压力达1.5倍的设计荷载和观测地梁变形不超过3mm。

四、施工方法

（一）对地梁悬空部位首先采用千斤顶支顶住；

（二）在室外靠墙侧开挖长×宽×高为1.5m×1.2m×2.2m的竖向导坑，并逐步扩展到地梁底面，再从基础下挖掉0.6～0.8m宽的洞口；

（三）在洞口中垂直放进第一节带桩尖的预制钢筋混凝土方桩或开口钢管桩，桩顶上放钢垫板，钢垫板上安放50t千斤顶，千斤顶的上端顶住地梁底面下的钢垫板；

（四）驱动千斤顶加压，加压时每次顶升不得超过千斤顶安全行程180mm，一个行程完后立即回油恢复到最低高度，垫上垫块再压，节与节间用电焊连接。当桩端达到非湿陷性黄土层中，且压桩力达到设计要求或地基反力超过上部荷载（可观察到千斤顶的顶梁微微上抬）时，应立即停止加压，然后保持压力稳定；

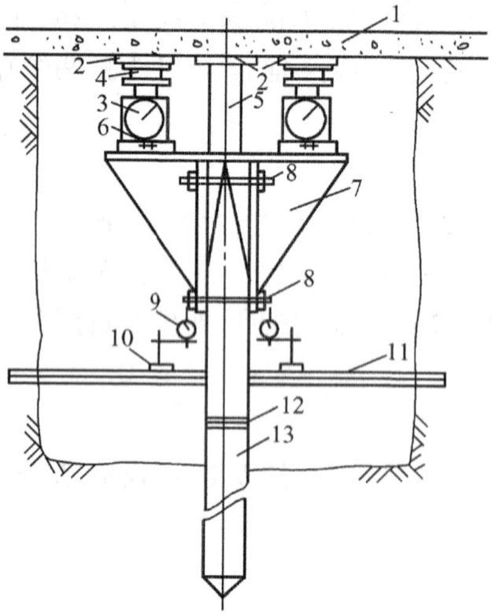

图18-70　预压桩托换试验装置示意图

1—地梁；2—钢垫板；3—千斤顶；4—垫块；5—托梁钢管；6—调整螺丝；7—托换支架；8—螺栓；9—百分表；10—磁性表座；11—测量横梁；12—焊接头；13—钢筋混凝土桩

（五）压桩结束后撤出千斤顶。如采用钢管桩，应向桩内空腹中浇灌C20素混凝土填充，并用电动软轴振动器振实，然后将带有压力表的50t千斤顶坐落在桩顶钢板上，调整千斤顶螺杆，在其上端放置钢垫板支顶在地梁底面下，于桩端下0.5m处对称固定两只百分表；

（六）在地梁底面下按上述第一根的做法，继续顶第2、3、4根桩，而后将桩上的千斤顶同步加压，使地梁恢复原位；

（七）取下桩顶上千斤顶，然后在桩顶上安置好托换支架进行托换（图18-70），再在托换支架上安放两台同吨位千斤顶，垫好垫块后同步加压至等于压桩终止压力后，将已截好的钢管塞入桩顶与地梁底面间，调整垂直，并用铁锤将钢楔打紧，此时托换支架两侧千斤顶应同步卸荷至零；

（八）撤出千斤顶，撤除托换支架，对填塞钢管的上下两端周边进行电焊，随后用原土回填夯实工作坑至桩顶下 0.2m 为止；

（九）在桩顶下 0.2m 到地梁底面下部分支模，浇灌强度为 C20 的混凝土承台，并用电动软轴振动棒振实，不得留有空隙，最后将桩和基础浇灌在一起连成整体。

五、桩式托换成果及其分析

本工程桩式托换压桩 7 根，3 根钢管桩（1，3，5），4 根预制钢筋混凝土桩（2，4，6，7），布置在地梁悬空和墙体开裂基础底面下部位（图 18-71），桩距为 1.5～2.0m；观测两根桩上地梁变形。为可靠地确定单桩容许承载力，选择一根代表性桩进行了试桩。为了解托换后阻止桩顶回弹变化和桩顶存在反力，对三根预制桩托换后进行了回弹试验，有关成果分析如下：

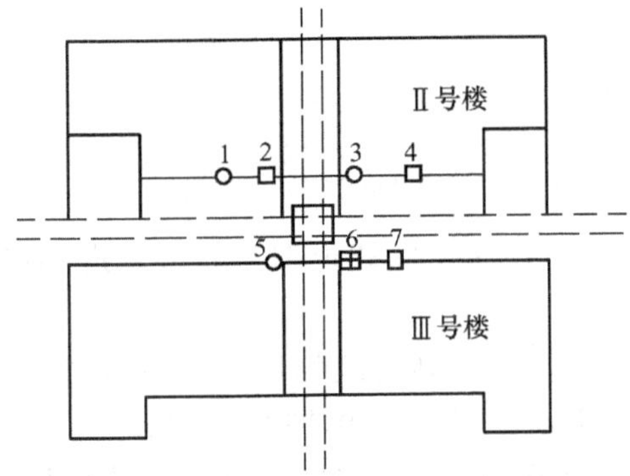

图 18-71　桩式托换压桩平面布置图
□—预制钢筋混凝土桩；田—试桩；
○—钢管桩；＝＝＝—地下管道

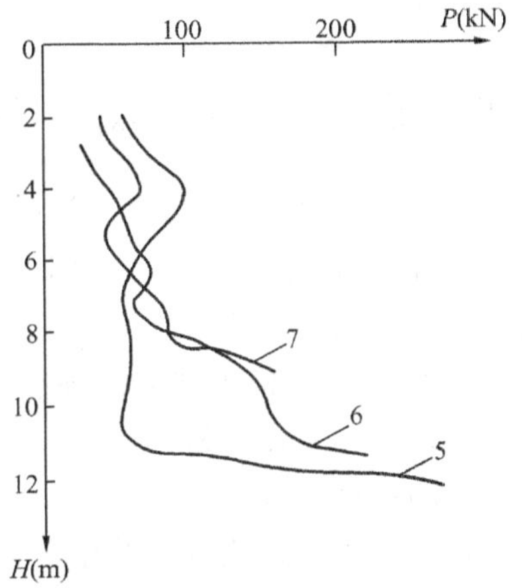

图 18-72　Ⅲ号楼 P-H 曲线

（一）压桩

压桩 P-H 关系曲线如图 18-72 所示，其结果如下：

1. 压桩入土深度为 8.47～14.22m，平均 11.85m。压桩终止压力为 146.0～256.0kN，平均 192.3kN。压桩终止压力是设计荷载的 1.83 及 2.45 倍，由此可见所压的桩可确保建筑物的安全；

2. 压桩阻力随压桩深度增加而增大，但并不成比例关系；当桩进入不同土层时，压桩阻力将发生明显变化，当桩身穿过同一类型土层时，压桩阻力也有较大的变化，分析原因主要是土层不均匀、土层受水浸泡影响程度不同和桩型不同所致；

3. 预制钢筋混凝土桩桩阻力由深度 8.0m 下开始明显增大；钢管桩的桩阻力由深度 9.0m 下开始明显增大，相比表明，预制桩承载力为大。

（二）地梁变形观测

根据 P-Δs 关系曲线如图 18-73 所示，可见地梁变形 Δs 随压桩阻力 P 增加而增大，近似线性关系。当荷载加至 203kN 与 256kN 时，变形量最大达 1.38mm 和 2.25mm。在压桩过程中经详细观察地梁未出现新的裂缝，说明压桩过程中对上部结构无损，可见采用桩式托换技术是可行的。

（三）桩身垂直度与焊接质量

经检查所压的桩绝大多数保持垂直，仅少数产生偏差，最大值为 8～18mm，远小于容许偏差值（桩长 0.5%）；桩段之间接头和桩顶所垫的钢板与托换钢管的焊接，质量良好。

（四）试桩

根据试桩资料，绘制 *P-s* 曲线如图 18-74 所示。分析如下：

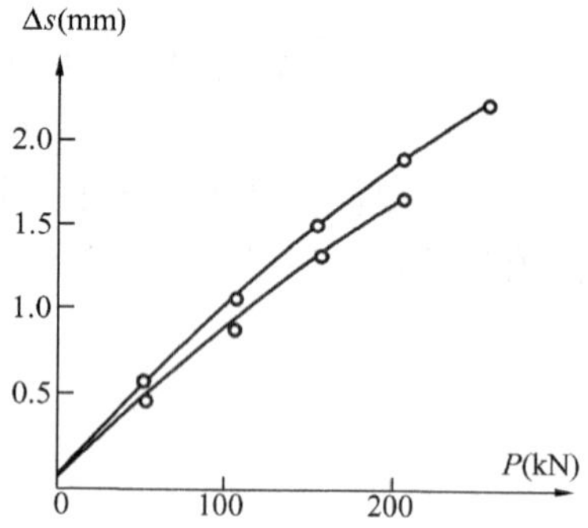

图 18-73　1、5 号桩 *P*-Δ*s* 曲线

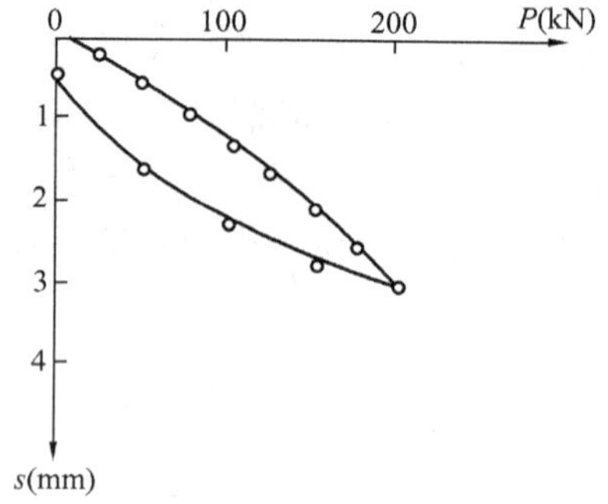

图 18-74　6 号桩试桩 *P-s* 曲线

1. 荷载最大加至 200kN 时，相应沉降仅达 2.48mm，*P-s* 曲线近似直线未发现拐点，表明强度较高；

2. 鉴于钢管桩承载力比预制桩低，考虑不利因素，从控制建筑物加固后不再产生新的沉降角度出发，取桩顶容许沉降 $s=2$mm 时对应荷载 150kN 为单桩容许承载力，则 7 根桩总的容许承载力达 1050kN，是压桩部位上部结构荷载 650kN 的 1.62 倍，这样按变形和强度双控制方法确定的单桩容许承载力是安全可靠的。

（五）托换卸荷后回弹试验

根据三根预制桩回弹试验测得回弹为 1.02、1.24、1.72mm，平均为 1.32mm。根据试桩回弹曲线得知，托换后阻止桩顶回弹占总回弹为 52%。

六、技术经济效果

本工程所采用的托换技术，桩的传力最为直接，适用于地基土压缩层范围内有较硬持力层的地方使用。对于古城西安市区地表下局部杂填土坑、古井和黄土地基被水浸湿陷，承载力显著降低所造成的不均匀沉降，都会达到理想的效果。尤其对地基产生不均匀沉降导致地梁悬空，造成墙体开裂的建筑物，是一种治本的方法。本工程竣工后，未发现产生新的沉降，使用正常，节约了造价，又保证了安全。

18.2.6　注浆加固法

注浆法亦称灌浆法，是指根据液压、气压或电化学原理，通过注浆管把浆液均匀地注入地层中，浆液以填充、渗透和挤密等方式，将土颗粒或岩石裂隙中的水分和空气排除后占据其位置，经一定时间后，浆液将原来松散的土粒或裂隙胶结成整体，因而改善了土的物理力学和水理性能，形成一个结构新、强度大、防水性能高和化学性能稳定的“结石体”。

注浆法在工程中的应用范围有：

1. 提高地基土的承载力，减少地基变形和不均匀变形；

2. 用以纠倾和回升建筑；

3. 用以减少地铁盾构推进施工时的地面沉降；

4. 限制地下水的流动和控制现场土体的位移；

5. 防止挡墙的侧向位移；

6. 对坝基砂砾石灌浆，作为有效防渗措施；

7. 对钻孔灌注桩的两侧和底部进行灌浆，用以提高桩与土间的摩阻力和桩端土体的力学强度；

8. 对古建筑的托换加固。

一、适用范围

注浆加固法适用于砂土、粉土、黏性土、湿陷性黄土和人工填土等地基的托换加固。

二、设计要点

注浆法是地基处理中的一种广泛使用的方法，而采用灌浆法应用于托换工程中尤为常用，其加固机理、浆材的选用、设计计算方法、施工工艺和质量检验可参考本书第9章灌浆法，在此不再多赘述。本节着重于注浆在托换工程中的具体应用。

应用注浆托换时，钻孔或注浆管的布置（图18-75）以及加压注浆过程要事先进行设计，使所形成的加固土体具有一定形状，从而能在地铁基坑开挖时，或在地基土承载力不足或变形太大时，保持既有建筑物稳定（图18-76）。注浆的孔距按土质的情况和浆液材料而确定，一般约为0.6～1.0m。

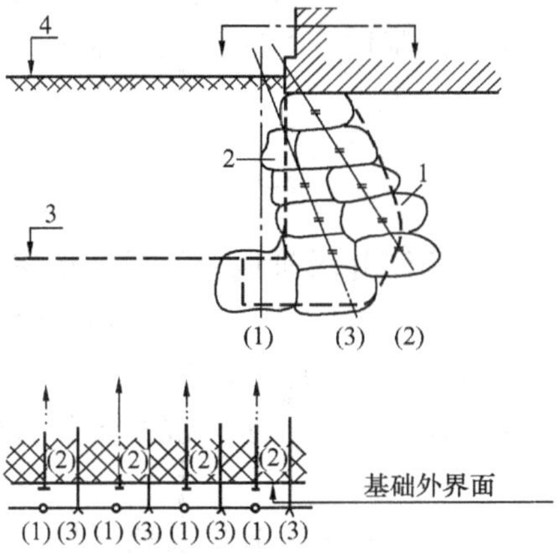

图18-75　注浆孔的布置

1—设计灌浆体范围；2—超灌部分；
3—预定开挖坑底面；4—地表面
注：(1)～(3)为灌浆先后次序

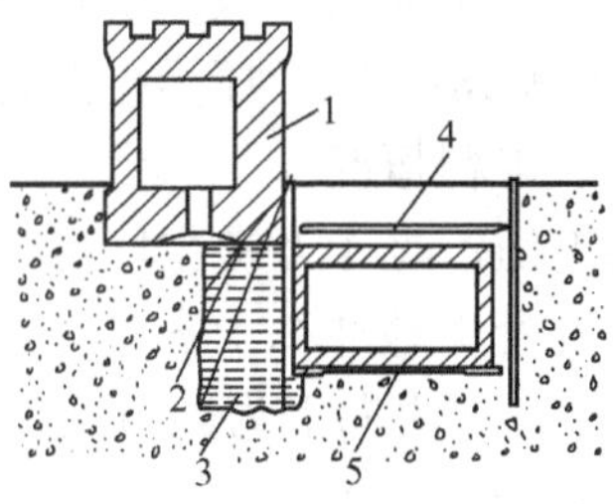

图18-76　德国科隆市略曼尔塔地铁线路旁的注浆托换

1—略曼尔塔；2—注浆孔；
3—黏土、水泥和化学注浆范围；
4—辅助支撑；5—地铁隧道

当既有建筑物下进行地下铁道穿越，在覆盖厚度较薄时，作为保护措施，国外常用的是在建筑物基础下地基土进行注浆加固。从加固土体的形状进行分类，可以是支承墙式（图18-77*a*）、加固板式（图18-77*b*、*c*）和加固拱式（图18-77*d*）。

在基坑开挖时，对加固土体有两种不同的设计方法：1. 加固土体按重力式挡土墙设计以承受水平土压力；2. 加固土体只能承担建筑物基础上传下来的垂直荷载，并传递到基坑底面以下的地基土上，而水平方向的土压力由锚杆承受。

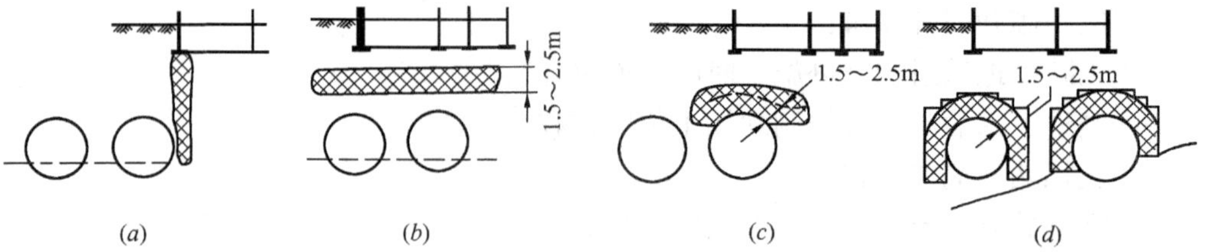

图 18-77 盾构推进时在既有建筑物基础下灌浆托换加固
（a）基础下灌筑加固墩墙；（b）基础下灌筑加固板；
（c）基础下灌筑单独加固拱；（d）基础下灌筑加固拱，
拱脚深至隧道底板平面下

加固土体不论采用何种设计方法，不仅加固土体有力学强度上的要求，而且要求加固成力学计算所确定的一定形状和尺寸，并由此设计灌浆孔的数量、位置、深度、角度及灌浆材料、灌浆压力等数据。同时要求在施工现场进行试验和验证；对被托换建筑物及四周邻近建筑物，还需进行监测是否产生抬高或下沉。

在地下铁道基坑开挖前，要对灌浆效果进行检验，在探井或检验孔中取直径大于 ϕ150mm 的岩芯，或边长大于 200mm 的立方体进行抗压强度试验。在检验孔中还要测定加固土体中浆液的充填密实程度；特别要注意粉土层会引起浆液渗流困难；而砾石层又容易产生浆液流失。尤其这些土层的位置又在加固基坑挡墙的侧表面部位，因而在这种边界位置上往往不容易达到灌浆要求。为此，在基坑开挖后，对局部土体达不到加固要求时，须将缺陷部分挖去，再用混凝土加以填充。另外，在地铁基坑开挖时，位于基坑旁侧的建筑物虽经灌浆加固，但仍要求进行监测。

【实例 18-21】 压力注浆加固湿陷性黄土地基

一、工程概况

某毛纺厂老 1 万锭主厂房位于兰州市西固区，黄河南岸Ⅱ级阶地上。场区地层自上而下为：混凝土地坪 0.15m，杂填土垫层 0.5～2.5m，粉土层 11.10～13.60m，粉细砂层 0.2～1.3m，再向下为卵石层，其深度为－13.65～－15.80m。地下水位在－6.7～－7.5 m 处。水中含 SO_4 为 3097～3808mg/L，按照规范规定评价，地下水对混凝土具有中等—强结晶性侵蚀，饱水粉土承载力≤50～120kPa。

厂房在 1974 年建成后投产，总建筑面积 2.4 万 m^2，共设有 180 根独立柱，柱距为 10.4m，排距为 12.0m。柱基均为杯口型承台，其中三角形承台 40 个，矩形承台 140 个。尺寸分别为 2.2m×2.2m 或 2.4m×2.4m，埋深一般在 1.6m 左右。承台下设爆破桩，单根桩长均为 8.5m，桩径 300～400mm，扩大头直径约为 1.0～1.2m（图 18-78）。

二、柱基下沉变形原因分析

1. 地下水位上升是引起厂房柱基下沉的主要原因

兰州市西固地区地下水位从 20 世纪 50、60 年代就开始缓慢上升，从 1972 年地下水位在－13.0m 处，至 1997 年地下水位已上升到－7.2m 处，25 年内地下水位总上升了 5.8～6.7m，地基土的持力层由原来的硬塑状态变为软塑～流塑状态，低—中等压缩性变为高压缩性，地基土承载力由 150kPa 下降至 50～120kPa。原有的爆破桩基础已完全丧失了支撑上部荷载的能力。

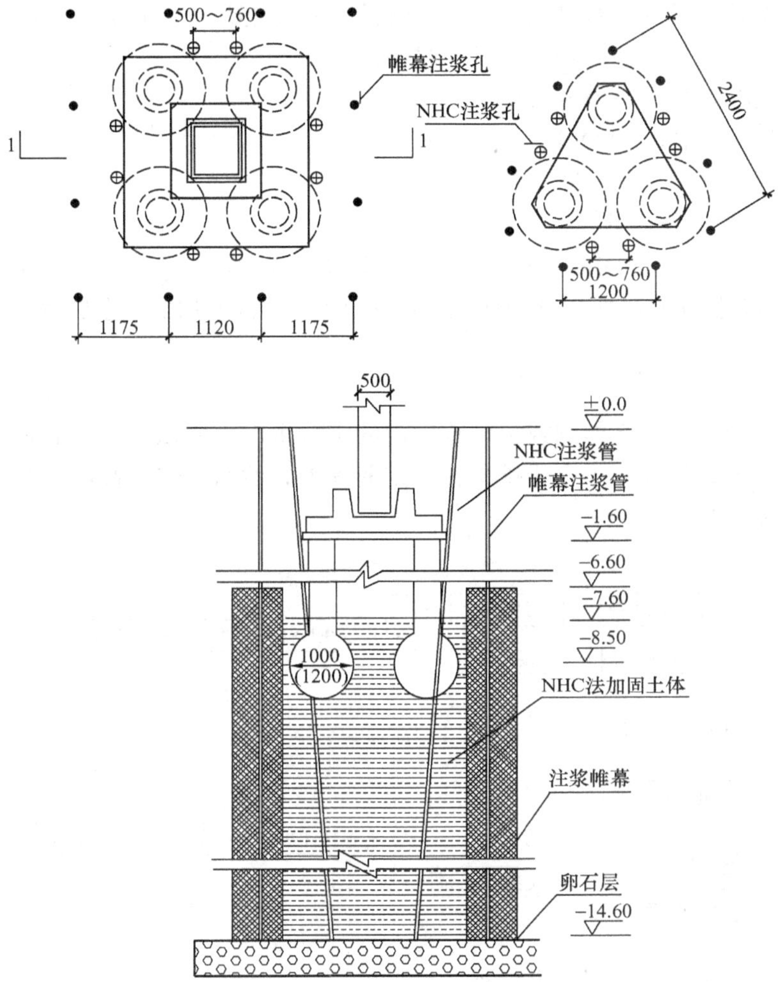

图 18-78 注浆孔平面布置图

2. 地表水的侵入也是引起柱基下沉的重要原因

20 余年的运行，使得地坪、地沟早已是凹凸不平，破坏严重。各车间（尤其是染整车间）日用水量相当大，且高含 SO_4 离子。这些生产用水通过该地坪或地沟的破裂处渗入到地基土中，造成地基土湿陷变形。

三、加固工程设计

根据建设方要求，在施工期间要求继续生产和确保安全。最终选用压力注浆法对全部独立柱基进行加固补强。

1. 帷幕注浆施工参数

(1) 注浆材料配比为水泥∶粉煤灰∶黄土∶水＝1∶3∶4∶4.5（其中水泥必须采用抗硫酸盐水泥）。

(2) 注浆材料密度：1.75～1.80t/m^3。

(3) 注浆压力：600～800kPa。

(4) 注浆量：250L/m^3（每立方土）。

2. NHC 硅化法注浆施工参数

（1）材料配比：稀释后水玻璃（NS）：稀释后碳酸盐类（NHC）＝1∶1。

（2）NS 相对密度：1.12～1.14，*M*（模数）＝3.0。

（3）NHC 掺入量：2.6％～2.8％。

（4）注浆压力：150～300kPa。

（5）注浆量：300L/m^3（每立方土）。

3. 加固范围及工程数量

其加固深度帷幕从－6.6m～－14.6m；NHC 硅化法从 7.6m～－14.6m（即从爆破桩扩大头中心线以上 0.9m 处向下至卵石层顶面的全部土层）。总加固土方数量为体积 17513m^3。

四、注浆施工

因要求整个施工期间不影响或少影响厂内的正常生产，所以该工程的施工均为分段或分片进行。每段或每片都在先完成帷幕施工的前提下，然后再进行帷幕内的主体注浆加固施工。其工艺流程为：

1. 帷幕注浆

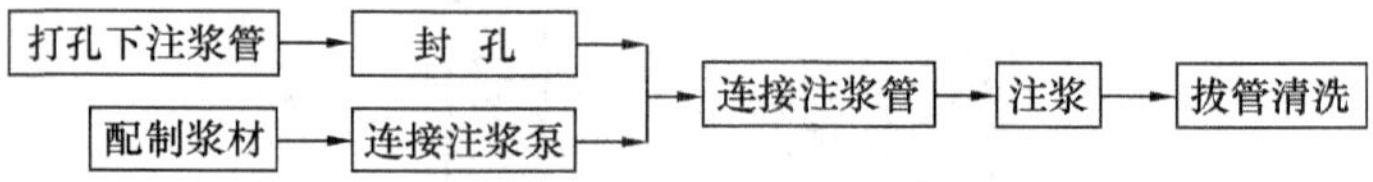

2. 帷幕内主体注浆加固

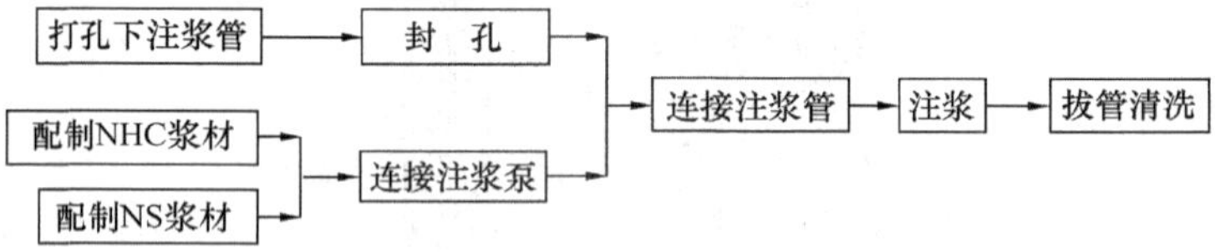

五、工程质量控制与加固效果检查

1. 工程质量控制

（1）黄土、粉煤灰质量采用现场验收（含腐殖质土不超过 3％）的方法控制；

（2）水泥、NS 质量采用查验出厂合格证的方法控制；

（3）制浆质量采用称量和比重计测量等方法控制；

（4）注浆量采用计量表对单孔分层注入浆液量和单孔总注入浆液量进行控制；

（5）加固土深度以注浆管与花管的打入深度（一般要求管尖触及到卵石层顶面或稍进入卵石层内）来控制。

2. 加固效果检查

为了了解压力注浆法加固该厂房独立柱基下湿陷性黄土地基的效果，对本工程来说，因受到现场条件的限制，无法进行实地解剖、取样、进行室内试验等项检查，所以只能选用动态沉降观测和标准贯入试验来进行检查验证。

沉降观测结果得出，加固期间柱基累计下沉量为 2.4～9.9mm；加固完工后一年内柱基累计下沉量为－0.8～－0.6mm，证明建筑物已处于稳定状态。

标准贯入试验的抽查数量为加固柱基数的 5％，加固后地基土承载力均在 200～540kPa 间，完全可满足设计预期要求。

【实例 18-22】 某多层砖混结构注浆纠倾

一、工程概况

江苏省高邮县北海新村 7 号住宅楼为 4 层砖混结构，长 30m、宽 11m，建于 1981 年，为片筏基础，基础底板厚 25cm。由于基础坐落在软土层上，房屋产生下沉与倾斜。至 1990 年 6 月，房屋倾斜率达 10.5‰，房屋东西两端与中间的沉降差分别达 96mm 与 157mm，墙体产生多道倒八字形斜裂缝，最大缝宽 5.2mm，一般为 2mm 左右。

二、工程地质条件

该场地地质剖面如图 18-79 所示。各土层主要物理力学性质指标示于表 18-7 中。

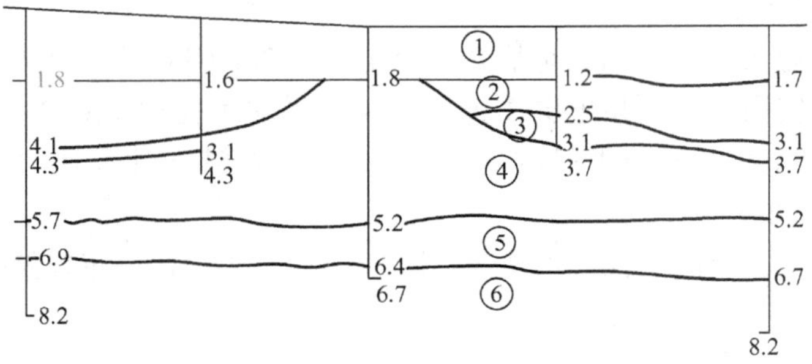

图 18-79 7 号住宅楼地质剖面示意图

①—填土；②—淤泥；③—粉质黏土；④—粉质黏土；

⑤—粉土；⑥—粉质黏土

地基土主要物理力学性质指标 **表 18-7**

层序	土名	厚度 (m)	状态	含水量 w (%)	孔隙比 e	塑性指数 I_P	黏聚力 c (kPa)	内摩擦角 φ (°)	压缩模量 E_s (MPa)	地基承载力 f_k (kPa)
①	填土	1.2～1.8	可塑	50.0	1.249	27.0	16	6.5	2.48	90
②	淤泥	1.0～2.3	流塑	68.8	1.586	29.2	7	2.3	1.31	40
③	粉质黏土	0.5～0.7	可塑	27.7	0.770	17.0	26	18.0	5.72	230
④	粉质黏土	1.5～3.7	可～硬塑	25.5	0.721	15.1	27	18.9	7.01	250
⑤	粉土	0.8～1.5	软～可塑	27.3	0.751	7.7			8.43	180
⑥	粉质黏土	未穿透	可塑	26.9	0.759	15.2	20	21.0	9.21	220

由上图表中可见，作为主要持力层的淤泥土压缩性高，承载力低，而且分布厚薄不均。西端厚 2.3m，东端厚 1.4m，而中间淤泥土缺失，房屋中间部分基础支承在压缩性较低的粉质黏土层上，从而使房屋两端沉降大于中部，造成墙体产生倒八字形斜裂缝。此外，注浆钻孔时发现片筏基础下碎石垫层处理不好，密实度较差，而在 1983 年进行的上部结构抗震加固又增加了房屋自重，促使地基沉降差进一步增大。

三、加固设计与施工

针对事故情况及地基土性质，决定采用注浆法加固。现场试验表明，只注入水泥浆一种浆液的单液法，由于早期强度低，效果不好，产生较明显的附加沉降；而注入水泥浆与水玻璃的双液法，由于浆液可迅速凝固，不但加固体强度高，并能使基础得到一定的回升。因此，对房屋两端的淤泥质土采用调整双液注浆孔位置和加密复注的办法使其回升，而在房屋中部则只注入较稀的水泥浆，促其产生一些附加沉降，从而可达到减少房屋各部位沉降差的目的。

1. 注浆材料及注浆压力

经研究比较，注浆材料以水泥为主剂，采用 32.5 级普通硅酸盐水泥。在房屋中部采用单液法注入水灰比为 1.2 的水泥浆，注浆压力为 300～500kPa。双液法以水玻璃为速凝剂，其配比为水泥：水玻璃＝1：0.7，外掺 1%水泥用量的木质素磺酸钙作为减水剂。水玻璃浓度为 40°Be。由于有纠倾回升的要求，浆液采用浓液，水灰比为 0.6，浆液可在十几秒内结硬。

2. 加固深度及半径

注浆加固深度为 3.5～4.0m，对基底下淤泥层全部加固并要求穿透淤泥层而进入粉质黏土层，以承载力较高的粉质黏土层作为持力层。平均每孔注浆 0.25m^3。单液法注浆当压力为 300～500kPa 时，加固半径可达 0.5m 以上。双液法注浆压力为 500～1000kPa，加固半径为 0.2～0.3m。

共设计布置了 106 个注浆孔，室外 58 孔，室内 48 孔，孔位布置如图 18-80 所示。

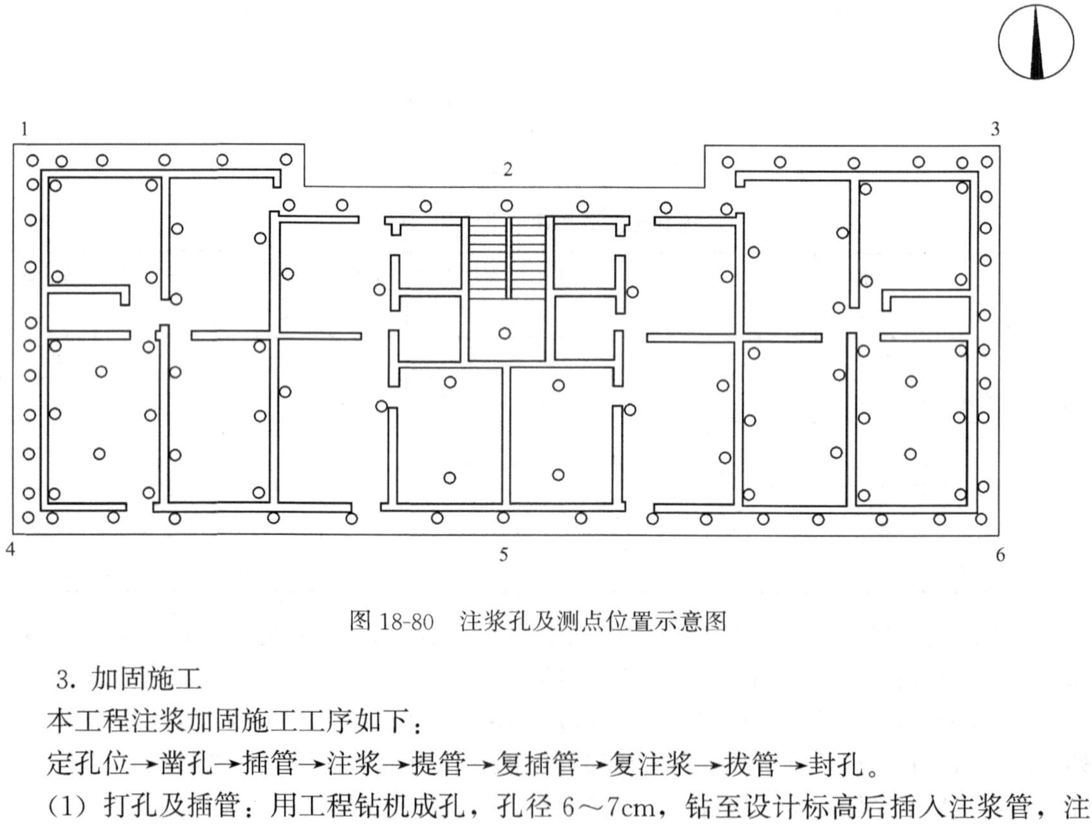

图 18-80 注浆孔及测点位置示意图

3. 加固施工

本工程注浆加固施工工序如下：

定孔位→凿孔→插管→注浆→提管→复插管→复注浆→拔管→封孔。

(1) 打孔及插管：用工程钻机成孔，孔径 6～7cm，钻至设计标高后插入注浆管，注浆管采用下部钻眼的花管；

(2) 制备浆液：浆液严格按配比要求制备，依次定量加入添加剂，充分搅拌均匀后，水泥浆液应过滤两次后方可使用；

(3) 注浆：保证注浆压力稳定及注浆泵正常运转，不得中途停注。如因故停泵，需重新插管补浆，原则上应定量注浆；

(4) 提管：提管注浆中要均匀提升注浆管，逐段提升逐段注浆直至地表，可形成糖葫芦状结石体；

(5) 二次注浆：当吃浆量过大或对于重点加固区段，可采取二次注浆。即待第一次注浆初凝后，在此孔中重新插管注浆；

(6) 冒浆处理：注浆时发现管壁间冒浆或邻孔窜浆时，要停注片刻，待浆液凝固后再注；

(7) 停止注浆标准：凡符合下列条件之一即停止注浆。

① 浆液从孔口或其他地方冒出；

② 注浆压力超过规定值；

③ 注浆量超过规定值。

(8) 注浆顺序：先室外后室内。每段施工应本着由疏到密、对称均匀的施工顺序，严禁分块集中连续注浆；

(9) 注浆同时进行沉降观测，控制各部位基础一次上抬量不超过 1cm，总上抬量不超过 5cm，避免产生新的裂缝。

四、加固效果

上述注浆施工后进行的沉降观测表明，房屋东西两端均有回升。西端 1、4 号沉降观测点上升了 32.58mm，东端 3、6 号沉降观测点上升了 21.25mm，中间 2、5 号沉降观测点下沉了 18.20mm，房屋最大倾斜率由原来的 10.5‰降至 7‰。

在注浆试验孔中取出的 2cm×2cm×2cm 双液法试块，其无侧限抗压强度达到 11.7MPa，纯水泥浆单液法试块无侧限抗压强度达到 14.3MPa。表 18-8 为加固前后淤泥层物理力学性质对比，由表列数据可见，土的抗剪强度提高了 39%～157%，压缩模量提高了 157%。

淤泥层注浆加固前后土性比较　　表 18-8

	土的状态	含水量 w（%）	孔隙比 e	塑性指数 I_P	液性指数 I_L	黏聚力 c（kPa）	内摩擦角 φ（°）	压缩模量 E_s（MPa）
加固前	流塑	68.8	1.586	29.2	1.41	7	2.3	1.31
加固后	软～流塑	62.4	1.548	25.2	1.05	18	3.2	3.36

18.2.7 地下铁道穿越托换

随着城市的大型化和现代化，城市人口的高度集中，对交通、通风、商业及其他生活服务设施，提出了更高的要求，而本已拥挤的市区空间，惟一出路只能开拓地下空间。这些地下交通设施在进行线路规划、布置、设计和施工过程中都会遇到各种复杂的托换问题，这就不可能用单纯一种或二种的托换方法所能解决的，必须将各种托换技术进行综合使用。

地下铁道穿越而进行的托换工程与一般的建筑物托换工程相比，具有以下显著不同的特点：

(一) 地下铁道的施工其基坑开挖深度一般都较深，基坑开挖后就存在一个基坑侧边的水平位移与稳定问题，这就要求托换的结构物不仅能承受建筑物的垂直荷载，还要抵抗水平土压力。

（二）对进行托换的基础结构要考虑与今后建成的地铁结构的相互关系，也即需从经济合理的角度考虑，被托换的基础结构物能否可在以后兼作地下铁道结构物的一部分。

（三）由于托换工程要与地铁穿越工程同时考虑，有时一个技术上合理的托换方案由于工期太长，遭到居民的强烈反对或提出很高的赔偿要求而被否定。因此托换方案应该是因地制宜的，都是在特定条件下提出来的。

（四）托换范围应该由小到大、逐步扩大，任何情况下都是一部分被托换后才可开始另一部分的托换工作，才能保证安全；由于工期很长，必须加强施工监测，确保工程质量与安全，另外，对加快工程进度也起重要的作用。

以下介绍国外有关地下铁道穿越托换工程的几个典型实例：

一、德国 Wilhelm-Marx-Haus 建筑的托换工程

德国 Düsseldorf 城的一段地下铁道（多车道），需通过一建筑区（图 18-81）而穿过 Wilhelm-Marx-Haus 建筑物。该建筑物系 11 层，高 56m，总重 3 万 t。原基础底板下系建筑垃圾及淤泥，结构设计成一块厚度达 1m 的钢筋混凝土基础底板，使原建筑物能适应以上的不良地质条件。

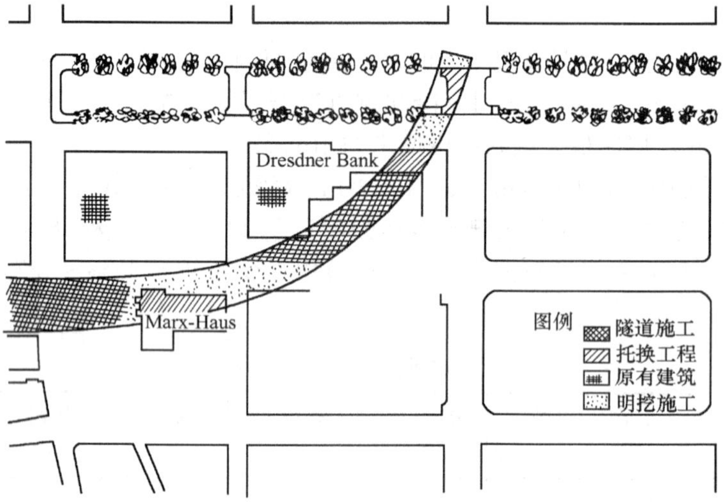

图 18-81 德国 Düsseldorf 城地下铁道穿越建筑区总平面图

托换施工（图 18-82）过程如下：

（1）在地下室底板下修筑 440 根直径为 20～25cm、长为 20m 的树根桩，树根桩的布置以不损坏地下室和不影响地下室的使用为原则。

（2）挖去 2m 高的工作空间，以便浇筑托换结构。

（3）在此工作空间内修筑 2～3 排树根桩，这些树根桩（或灌注桩）既作承受垂直荷载又作挡土结构，如图 18-82*a* 所示。其中①为地下连续墙、钻孔桩及基坑顶盖（其上是地面交通）；②为地下室内修筑的树根桩；③在基础底板下挖土形成的工作空间；④在基础底板下修筑的树根桩。

（4）在桩顶上做支承梁及预应力的顶板，在其下割除树根桩后再进行开挖，直至要求的标高。接着浇筑 5# 车道的底板和侧墙。如图 18-82*b* 所示。其中⑤是支承梁及预应力顶板；⑥挖土及锚固；⑦通道侧墙；⑧通道底板。

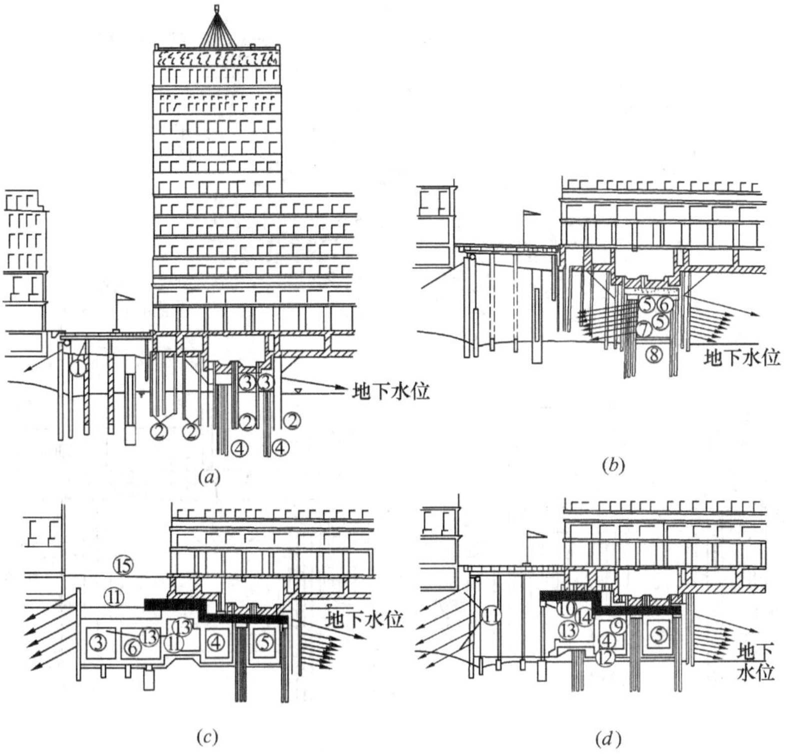

图 18-82 德国 Wilhelm-Marx-Haus 建筑的托换工程

(5) 与 5# 车道相同，浇筑 4#、13# 和 14# 车道，如图 18-82*c* 中所示，⑨为 4# 车道上部的板；⑩为 13# 和 14# 车道的桩顶帽梁及顶板；⑪挖土及钻孔桩锚固；⑫为 13# 和 14# 车道的底板以及托换结构的拆除。

(6) 完成全部车道及回填。如图 18-82*d* 所示。其中⑬为完工之后 3#、6#、13# 和 14# 车道；⑭基坑回填；⑮为完成后的路面及行人道和电车道。

整个工程历时二年半，施工过程中布置了约 100 个沉降观测点，并每天进行沉降观测，用以确保工程质量与安全，对加快工程进度亦起重要的作用。

二、德国汉堡地下铁道

在地下铁道施工时，被托换的建筑物几乎完全位于挖坑范围之上，且和地下铁道的轴线斜交（图 18-83）。设计方案是在既有建筑物的一侧挖一个坑道，在坑道内及室内布设树根桩；同时在建筑物的另一侧设置一道地下连续墙，在浇筑坑道后，树根桩和地下连续墙就起着支撑修筑在建筑物下的预应力钢筋混凝板的作用。在浇筑预应力钢筋混凝土板后，再完成地下铁道空间的全部挖掘工作。同时，再将基础板下的临时性树根桩凿除。随着开挖工作的进行，在树根桩组成的栅墙上喷射混凝土，同时建造锚杆。

三、法国巴黎的地下铁道

为考虑不致因地下铁道的开挖，而对邻近建筑物造成影响，设计方案是在人行道的下面修筑网状结构树根桩（图 18-84），它没有将任何条件加到既有建筑物上，而只是作为 *A* 区和 *B* 区的分隔墙，这样 *A* 区可能会出现的卸荷作用就不会影响 *B* 区。同时，采用这种托换方案又可在不妨碍地面交通的条件下施工。

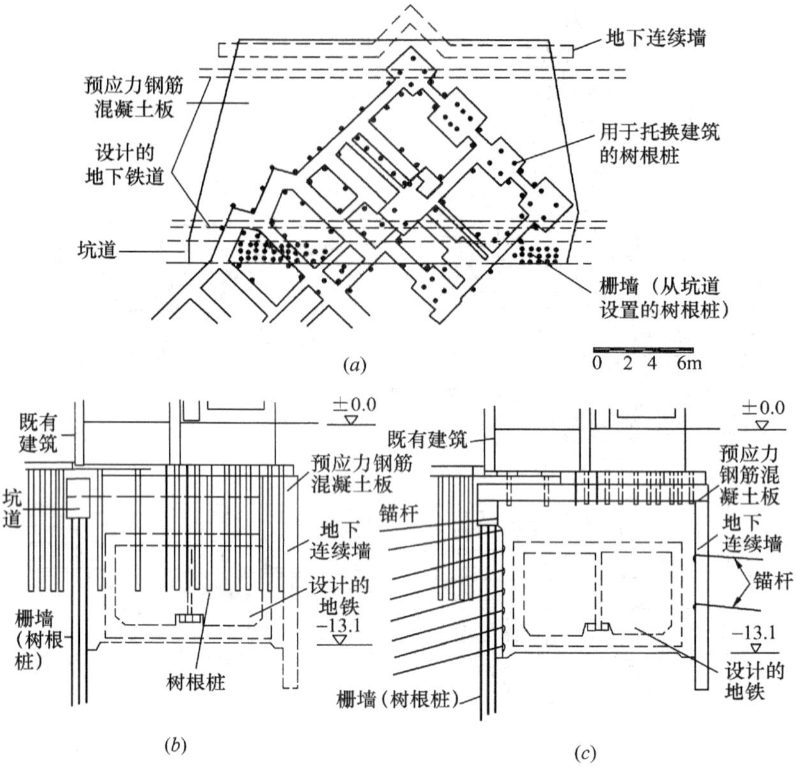

图 18-83　德国汉堡地下铁道

（*a*）托换工程平面布置；（*b*）开挖前施工阶段；
（*c*）完成地铁浇筑施工和回填

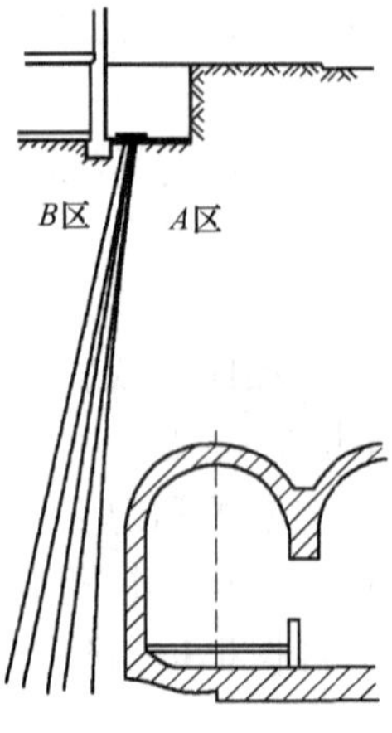

图 18-84　法国巴黎地下铁道

四、意大利的 S. Lucia 浅埋地下铁道

该地下铁道要在城市大厦的下面穿越，现场的地质条件是粉土和细砂，不能采用灌浆托换方案，最后选定网状结构树根桩方案（图 18-85）。首先，在地下室内将已建成的网状结构树根桩上用十字交叉基础梁与原有基础纵横联系起来成为一个整体；其次，可防止地下铁道开挖时 *A* 区的卸荷作用。

五、意大利 Naples 市中等埋深的地下铁道

图 18-86 表示对中等埋深的地下铁道上有已建房屋建筑的预防性托换。现场的地质条件是粉土和细砂，不能采用灌浆法；这里的托换亦不可能采取将荷载转移到地下铁道区之外，另外，地下铁道愈深时，开挖的卸荷作用影响地面的沉陷区的范围愈大，虽然在开挖技术方面目前有很大的改进，但还是不能完全避免地面沉陷，有时可达几个厘米，要视土的性质而定。在地面沉陷区内的建筑总是要下沉的，若使房屋成为一个坚固的整体，才可下沉时不致损坏。图 18-86 表示在地下铁道施工时对已有建筑的保护措施，亦即在原有基础下面做成网状结构树根桩，将上部结构用十字交叉基础梁与树根桩连成整体，这样，工程

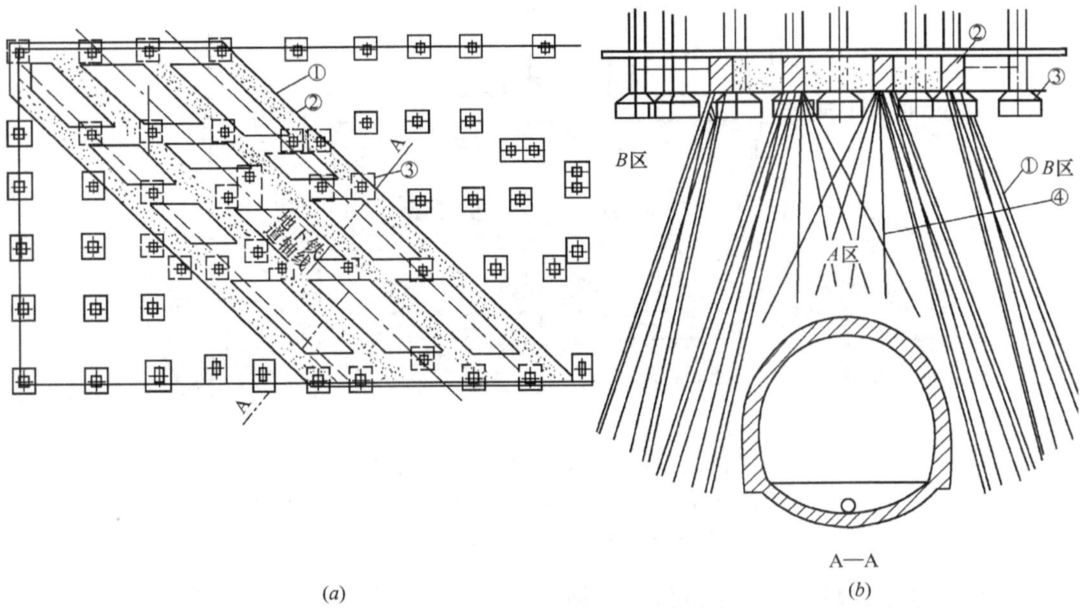

图 18-85 意大利 S. Lucia 地下铁道

(a) 采用网状结构树根桩与原有基础纵横联成整体；(b) A—A 剖面

①—网状结构树根桩；②—在网状结构树根桩上加钢筋混凝土十字交叉基础梁与原有基础联系起来；③—原有基础；④—网状结构树根桩

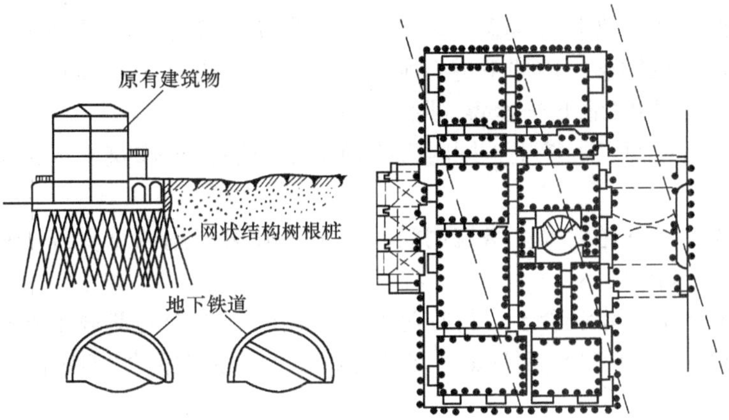

图 18-86 意大利 Naples 地下铁道

实践虽然出现了几个厘米的地面沉陷，却并没有使房屋发生损坏。另外，树根桩的另一作用是防止开挖地下铁道时的卸荷作用。

六、地下铁道穿越应用坑式托换

鲁尔快速地下车道和地下铁道为双层结构（图 18-87）。按照一般托换原则，应该将被托换建筑物的基础延伸到地下铁道结构底面的平面上。而设计时，厚 1.4m 连续的混凝土坑式基础托换墙并没有延深到上述要求的深度，在到达风化砂岩层后，就改用 1.5m 宽的墩柱群，并配合锚杆加固，就达到了托换的目的。

图 18-87　西门子新大楼的基础坑式托换

1—垫层；2—粉土质黄土；3—砂层；4—连续的混凝土坑托换墙；

5—锚杆；6—混凝土墩柱；7—砂岩

七、地下铁道穿越应用地下连续墙托换

慕尼黑斯坦斯道夫路19号建筑物的外墙旁有一地下铁道要经过，该建筑物地面以上为三层，另外在地面以下有一层地下室。墙基底面距地下铁道顶面为5.8m，该建筑物原结构使用情况良好。地质剖面是：地表下填土厚6m，其下为砾石夹砂厚2～3m，再下面是第三纪土。

托换施工步骤如下：

（一）建造施工临时地下连续墙，该墙既作垂直支撑又作基坑的挡土结构；在外墙及内墙下插入IPB600型钢梁；内墙下进行水泥灌浆加固；再用千斤顶顶升钢梁，将原外墙的荷载通过钢梁传给临时地下连续墙（图18-88*a*）。

（二）在地下室地面以下挖土，同时拆除地下室外墙；再修筑永久性地下连续墙（图18-88*b*）。

（三）在永久性地下连续墙上修筑钢筋混凝土基础梁，用以承受外墙荷载，再在地下室外墙内侧回填土（图18-88*c*）。

（四）浇筑地下室外墙混凝土，将临时地下连续墙所承受的荷载重新传递到地下室外墙下，抽出（或割除）IPB600型钢梁，填充因抽出型钢梁在内外墙中留下的空隙。

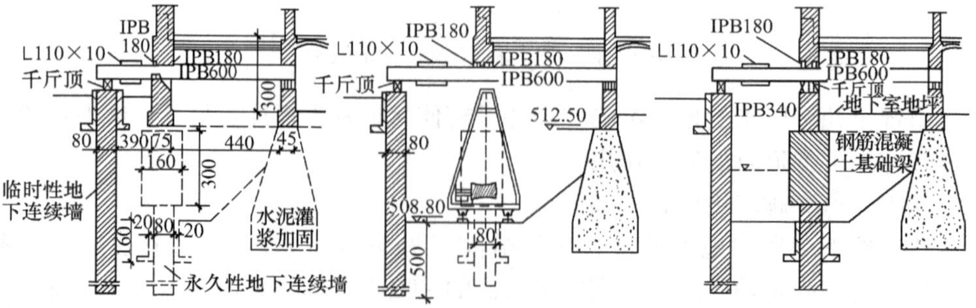

(*a*)　　(*b*)　　(*c*)

图 18-88　应用地下连续墙对邻近建筑物基础进行托换

（五）配合地下铁道施工，将临时性地下连续墙凿除。

上述工程历时 10 个月，总沉降 12mm，最大沉降差仅 5mm。

18.2.8 既有建筑地基基础加固方法的选择

根据各种地质情况和工程对象，对常用的既有建筑地基基础加固方法的选择可参见表 18-9；对常用沉降控制方法的措施可参见表 18-10。

常用的既有建筑地基基础加固方法的选择　　表 18-9

加固地基情况和工程对象				常用加固方法
勘察、设计、施工、使用不当	软土地基	建筑体型复杂或荷载差异较大		局部卸荷、增加上部结构或基础刚度、加深基础、锚杆静压桩、树根桩或注浆
		局部软弱土层或暗塘、暗沟		锚杆静压桩、树根桩、注浆或高压喷射注浆
		基础承受荷载过大或加荷速率过快		卸荷、加大基础底面积或加深基础
		大面积地面荷载或大面积填土		锚杆静压桩、树根桩或卸荷
		地质条件复杂或荷载分布不均		采用纠倾措施
	湿陷性黄土地基	非自重湿陷性	土层不厚、变形已趋稳定	上部结构加固
			土层较厚、变形较大	石灰桩、灰土桩、坑式静压桩、锚杆静压桩、树根桩、硅化法或碱液法
		自重湿陷性		灰土井、坑式静压桩、锚杆静压桩、树根桩或灌注桩
	人工填土地基	素填土		锚杆静压桩、树根桩、坑式静压桩、石灰桩或注浆
		杂填土		增加上部结构或基础刚度、锚杆静压桩、树根桩、高压喷射注浆、石灰桩或注浆
		冲填土		按软土地基处理方法
	膨胀土地基	损坏轻微、胀缩等级为Ⅰ级		设置宽散水及在周围种植草皮
		损坏中等、胀缩等级为Ⅰ、Ⅱ级		加强结构刚度和设置宽散水
		损坏严重、胀缩等级为Ⅲ级		锚杆静压桩、树根桩、坑式静压桩或加深基础
		坡地上的损坏建筑		地基基础加固及保湿措施
	土岩组合地基	土岩交界		加深基础、锚杆静压桩、树根桩、坑式静压桩、或高压喷射注浆
		局部软弱地基		加深基础或桩基
		基底下局部基岩出露或存在大块孤石		局部基岩或孤石凿击、铺设褥垫、或在土层部位加深基础、或采用桩基

常用沉降控制方法的措施　　表 18-10

工程对象、原因和状况			常用加固方法和措施
地下工程施工	既有建筑、地下管线或道路	预防性措施	采用钢板桩、树根桩、水泥土搅拌桩、注浆或地下连续墙进行隔断
		补救性措施	锚杆静压桩、树根桩或注浆
邻近建筑施工	挤土效应桩基施工		设置砂井、塑料排水带、应力释放孔、开挖隔离沟
	振动效应桩基施工		开挖隔振沟、应力释放孔
	人工挖孔桩施工		回灌、截水措施或跳挖施工
	邻近迫降纠倾		地基基础局部加固
基坑开挖与降水	基坑开挖		基坑支护、树根桩、注浆、土钉墙、水泥土搅拌桩
	基坑降水		水泥土搅拌桩、注浆、高压喷射注浆止水帷幕

18.3 既有建筑迫降纠倾

我国地域辽阔、土质各异，在东南沿海及内陆地区广泛分布着一层深厚的软土地基；而我国的黄土分布很广，面积约达 60 万 km^2，其中湿陷性黄土约占 3/4；在我国的一些古老城市的地表又经常覆盖着一层厚度不大的杂填土。建造在以上这类特殊土等地基上的建（构）筑物，往往会造成过大的沉降和差异沉降，从而引起建（构）筑物的倾斜和承重结构的开裂受损。

建筑物纠倾是指既有建筑物偏离垂直位置发生倾斜值超过现行有关规范标准，或已影响正常使用功能时所采取的托换技术措施。

建筑物的倾斜值是按立面单向最大倾斜值确定，对于立面不垂直的建筑，则以中轴线水平偏移值确定。

建筑物倾斜的主要因素是地基土的不均匀沉降所引起的，而纠倾的措施就是利用地基土的新不均匀沉降来调整建筑物已存在的不均匀沉降，用以达到新的平衡和矫正建筑物的倾斜。

倾斜的发生有在施工中发生的；也有在使用多年后才暴露出来的；有在外界影响下突然发生的；也有逐渐趋于稳定的或继续发展的。

建筑物的倾斜产生了基础的倾斜，从而反映出墙和柱的倾斜，倾斜会遭致：当结构构件强度不足时就会产生裂损破坏、或门窗难以启闭、管道受损、仪器设备失灵等建筑物的功能受损等情况，由此常引起居民的关注和心理恐慌。另外，倾斜使结构产生附加力矩，从而扩大了上部荷载的偏心，导致地基应力的更大差异，这样就会进一步加剧倾斜值，使造成的危害更为扩大。因此，对既有建筑物的倾斜不能掉以轻心，必须认真对待。

18.3.1 纠倾工程的要求

一、搜集有关资料

搜集包括既有建筑物原设计和施工文件、工程地质资料、周围环境资料、既有建筑物的沉降、倾斜和裂缝观测等资料。

二、分析既有建筑物的倾斜原因

（一）地质勘察工作不当

1. 对场地没有认真勘察评价，只借鉴相邻建筑物的地质资料；

2. 勘察点布置过少，勘察报告不能真正反映场地地质情况，如未能发现暗浜、防空洞等局部软弱地区和地基土层分布的差异。

（二）上部结构设计不周

1. 荷载偏心或偏心过大。当设计时建筑物的重心和基础形心不重叠时就会造成荷载偏心，使一侧基底应力大于另一侧，从而导致建筑物向基底应力大的一侧倾斜。

2. 建筑物体型复杂，荷载分布不当；或当与相邻建筑物的间距过近，使相邻建筑物基底应力叠加。

3. 设计时不宜在同一建筑物中同时选用两种以上不同基础型式；或将建筑物基础置于两种刚度不同的地基土层上。

4. 采用桩基方案时忽视了负摩擦力的作用；或设计时考虑了桩土共同工作，而桩间土分担的荷载比例过大，使布桩数量不足。

（三）地基基础施工质量

1. 地基基础施工时对地基土的扰动，基础工程施工质量差。

2. 对欠固结的填土、淤泥等软弱地基上大量回填地面堆载。

3. 修建地铁、地下街等地下建（构）筑物，造成地面建筑物的下沉、开裂或倾斜等损害。

4. 灌注桩桩基工程施工时产生缩颈、断桩、沉渣过厚、桩长达不到很好持力层、桩的接长段与已沉桩体不在一直线上；预制桩施工时沉桩速度过快，使地基土中产生较大的孔隙水压力，造成已打下的桩倾斜，甚至断桩；或由于布桩过密，致使沉桩困难，不得已大量截桩后，又使部分桩端达不到原设计的好持力层上。

5. 地基土受污染侵蚀，丧失一定强度和承载力。

6. 受岩溶、土洞、潜蚀、滑坡、塌陷、振动液化等的影响。

7. 对膨胀土、湿陷性黄土、冻土等特殊土类在相应不利条件下产生的不均匀沉降。

（四）环境影响

1. 受相邻建筑物荷载影响。

2. 受邻近施工影响：开挖深基坑、降水、挤土或振动等影响。

3. 大量抽汲地下水，造成城市地面严重下沉；或由于修建水库等引起地下水位抬升而使地基土性的改变。

4. 建筑物使用期间上下水管道破裂、地面长期积水；污水井堵塞，使地基土浸水湿陷。

5. 地震、山体滑坡、洪水灾害、泥石流等造成地基液化、基础滑移等建筑物的损害。

对既有建筑物作出倾斜原因分析后，应根据危害程度及发展趋势，确定实施纠倾的必要性和可行性，并提出纠倾加固方案。

当既有建筑物已发生了倾斜和损坏后，不要盲目的拆除。实践证明，多数病害建筑物还是可以通过加固、纠倾、病害处理等手段，恢复其正常使用功能，延长建筑物的使用寿命。但结构应完整和良好，除墙、柱倾斜外，其他构件不得超过《危险房屋鉴定标准》（JGT 125—99）的规定。

对纠倾加固应通过方案比较，优先选择迫降纠倾（表 18-12），只是当迫降纠倾不适用时方可选用顶升纠倾（第 18.4 节）。

三、纠倾技术方案设计和计算

（一）建筑物现有状态下结构计算分析。

（二）建筑物纠倾施工状态下结构计算分析。

（三）计算各点的迫降量。

建（构）筑物垂直纠倾量可按下式计算（图 18-89）：

$$s_{\mathrm{H}} = \Delta s' \cdot \frac{H_{\mathrm{g}}}{B} \tag{18-27}$$

式中 s_{H}——建筑（构）筑物垂直纠倾量（即水平变位设计控制值）（mm）；

H_{g}——建筑（构）筑物自地面算起的高度（mm）；

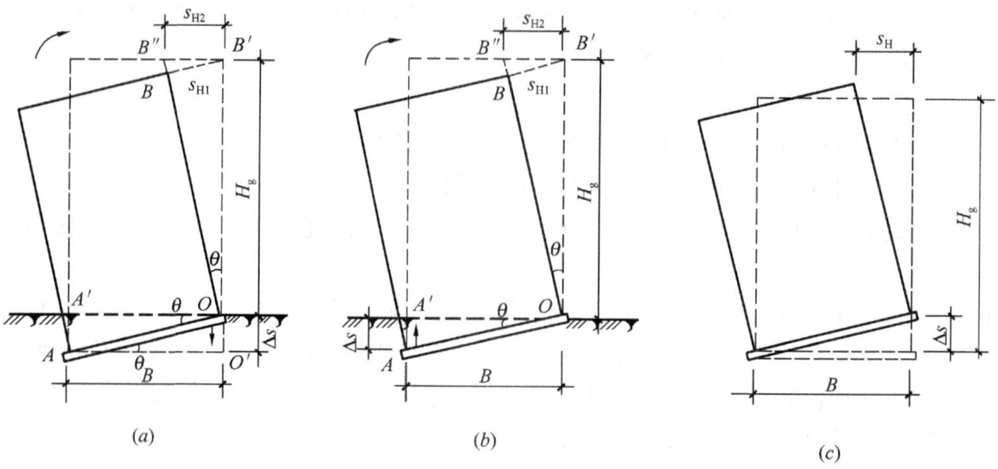

图 18-89 迫降与顶升变位简图

(a) 迫降法；(b) 顶升法；(c) 纠倾量计算简图

$s_{H1} \approx s_{H2}$—建筑物倾斜值

B——纠倾方向的建（构）筑物宽度（mm）；

$\Delta s'$——建筑物纠倾时需调整的沉降差值，

$$\Delta s' = \Delta s - a$$

Δs——建（构）筑物的实际沉降量（mm）；

a——考虑施工因素预留滞后的回倾量，通常取 $a=\left(\frac{1}{10}\sim\frac{1}{12}\right)\Delta s$。

（四）确定纠倾的顺序、位置、范围、纠倾操作规程和纠倾安全技术措施；

（五）建筑物纠倾观测监控；

（六）控制纠倾速率；

（七）纠倾施工完成后的结构修复。

四、制订合适的纠倾目标

在制定纠倾加固设计和施工方案时，要预先确定一个合适的纠倾目标（亦即纠倾后的剩余倾斜值）。

竣工验收后 2 年及 2 年以内的新建建筑物，其纠倾标准应满足有关新建工程标准要求；竣工验收后超过 2 年的倾斜建筑物的纠倾标准见表 18-11。

由于建筑物施工时存在施工允许偏差，因此实际测量的各控制点的纠倾值是不一致的，要求绝对纠平也无此必要。对有特殊功能要求的建筑物则可较为严格；如既有建筑的地基变形还在持续发展，则应考虑纠倾的同时还需进行地基加固（第 18.2 节），用以阻止建筑物的继续沉降。

五、对倾斜建筑物的刚度加强措施

如倾斜建筑物的刚度不足，则首先应增加建筑物的整体刚度和结构构件的强度；对相邻建筑物和地下设施，纠倾施工时亦应具有相应的防护技术措施。

六、纠倾方案应遵循原则

纠倾方案应遵循由浅到深、由小到大、由稀到密的原则，需要经过沉降—稳定—再沉降—再稳定的反复操作过程。

纠 倾 合 格 标 准 表 18-11

建筑类型	建筑高度（m）或层数	纠倾合格标准
建筑物	$H_g \leqslant 24$，或小于等于 7 层 $24 < H_g \leqslant 60$，或 8～20 层 $H_g > 60$，或大于 20 层	$s_H \leqslant 0.005H_g$ $s_H \leqslant 0.004H_g$ $s_H \leqslant 0.003H_g$
构筑物	$H_g \leqslant 20$ $20 < H_g \leqslant 50$ $50 < H_g \leqslant 100$ $100 < H_g \leqslant 150$ $150 < H_g \leqslant 200$ $200 < H_g \leqslant 250$	$s_H \leqslant 0.008H_g$ $s_H \leqslant 0.006H_g$ $s_H \leqslant 0.005H_g$ $s_H \leqslant 0.004H_g$ $s_H \leqslant 0.003H_g$ $s_H \leqslant 0.002H_g$

注：1. 对建成时间较长、上部结构已出现破损（或弯曲）等病害、或较大回倾量对上部结构产生不利影响时，可在上表的基础上增加 $0.001H_g$；
2. H_g 为自室外地面起算的建筑物的高度；
3. s_H 为建筑物纠倾水平变位设计控制值。

纠倾工作中切忌矫枉过正，在软弱地基上建造建（构）筑物，沉降往往需要经过一段时间后才能达到最终稳定，所以纠倾决不能急于求成，不然，反而适得其反。

七、控制合适的沉降速率

施工时要求控制合适的沉降速率，其目的是为了防止上部结构适应不了太快的回复变形。纠倾速率的上限主要是取决于建筑物抵抗变形的能力（即建筑物的整体刚度和结构构件的强度），一般建筑物可控制在 4～10mm/d，对重要建筑物应控制在 3～6mm/d。通常纠倾开始阶段和结束阶段取小值，中间阶段取大值。至于沉降速率快慢的调整，应严格由监测结果动态管理和信息反馈所控制。有时可暂停纠倾，依靠前期纠倾的滞后效应缓慢地达到纠倾目标，纠倾施工决不能急于求成。

八、明确规定监测的内容和要求

常规的监测内容和方法见表 18-12。

房屋纠倾过程中的监测 表 18-12

监测项目	监测方法或仪器	精度要求	说　明
沉降	1）精密水准 2）连通管水准器	≤0.4～0.5mm	1）在建筑物外墙四角与周边近±0.00 标高处设点； 2）建筑物平面较大时尚应在其内部设点； 3）连通管水准器可用于屋顶平台相对高差变化的跟踪监测
倾斜	1）垂球法	≤1‰	1）观测建筑物四角及周边若干轮廓线； 2）垂球法只适用于高度不大的建筑物倾斜观测，观测时应采取稳定措施； 3）倾斜仪可用于建筑物倾斜相对变化的跟踪监测
	2）测角法 3）经纬仪投点法 4）垂直投影仪	≤0.3‰	
	5）倾斜仪自动跟踪	≤0.1‰	

续表

监测项目	监测方法或仪器	精度要求	说　明
水平位移	1）测边或边角法（电磁波测距） 2）前方或后方交会法 3）基准线支距法	≤0.3mm	1）必要时方进行此项观测； 2）观测点设置于建筑物底部及顶部的周边； 3）沉降缝两侧的相对位移可用固定标尺直接量测
上部结构性状	裂缝观测方法： 1）比例尺、楔形尺、卡规直接量测 2）按设带坐标网的有机玻璃量板 3）摄影经纬仪 4）测缝计或传感器自动跟踪		1）一般选择主要的或变化大的裂缝进行观测，每条裂缝至少布设两组观测标志。一组在最宽处，一组在其末端； 2）纠倾过程中，定期访问住户，了解住户感受

纠倾施工必须设置严密和完善的监测系统，记录纠倾变位和绘制时程曲线，应随时调整设计和施工方案，因而最为重要的是设计和施工间密切配合。沉降观测点纵向布置每边不少于4点，横向每边不应少于2点；对框架结构应适当多设观测点。

监测工作频率，对迫降纠倾，每天应进行两次沉降观测，其他监测项目可每2～3天一次；对顶升纠倾则应进行连续监测。

在纠倾前应对被纠建筑物及周围环境作一次认真的观测，并做好记录，必要时应进行公证。

九、纠倾施工中，应做好防护措施，如在掏土纠倾法中事先应考虑回填材料和回填方法；控制超宽，确保安全；或在高耸构筑物上设置缆风绳等预防突发措施。

十、纠倾或移位到达预定位置时，应立即对工作槽、孔或施工破损面进行回填修复。

十一、施工结束后还需进行定期监测，一般需经过不少于3个月的沉降观测时间，重要建筑物的观测时间不少于半年，地基土才可基本趋向稳定，最好待确认沉降稳定后再进行裂缝加固和装修工程。

18.3.2　常用纠倾加固方法分类

既有建筑常用纠倾加固方法分类见表18-13。

既有建筑常用纠倾加固方法分类　　表18-13

类别	方法名称	基　本　原　理	适　用　范　围
迫降纠倾	人工降水纠倾法	利用降低地下水位后出现水力坡降，产生附加应力差，使该侧地基变形，调整倾斜	地基土渗透性大于10^{-4}cm/s，而不均匀沉降量较小、且降水不影响邻近建筑物
	堆载纠倾法	通过堆载增加沉降较小一侧的地基附加应力，使该侧地基变形，调整倾斜	适用于软土及松散填土等软弱地基、且基底附加应力较小的小型建(构)筑物
	地基部分加固纠倾法	通地沉降较大一侧的地基加固，减少该侧沉降，而另一侧让其继续下沉，调整倾斜	适用软土地基且沉降尚未稳定，而建筑物倾斜率不大的建筑物
	浸水纠倾法	通过沉降较小侧土体内成孔（或槽），再在孔内浸水，使地基土湿陷，迫使该侧建筑物下沉，调整倾斜	适用于湿陷性黄土地基
	钻孔取土纠倾法	采用钻机钻取基础底下或侧面地基土，使地基土产生侧向挤压变形	适用于软土地基

续表

类别	方法名称	基本原理	适用范围
迫降纠倾	水冲掏土纠倾法	在沉降较小一侧得用压力水冲刷，使地基土局部掏空，增加地基土的附加应力，使该侧地基土下沉，调整倾斜	适用于砂性土地基或有砂垫层的基础
	人工掏土纠倾法	对沉降较小一侧局部取土，迫使该侧地基土附加应力局部增加，产生侧向变形	适用于软土地基
	井式纠倾法	在沉降较小一侧设置若干沉井，待沉井达到设计深度后，通过设在井壁上射水孔，用高压水枪对深度地基土进行水平向冲孔，解除部分地基应力后，使该侧地基土下沉，调整倾斜	适用于黏性土、粉土、砂土、淤泥、淤泥质土或填土等地基

18.3.3 基底掏土纠倾法

基底掏土法是在基础底面以下进行掏挖土体，削弱基础下土体的承载面积，藉以迫使该侧沉降。该法适用于匀质黏性土和砂土上的浅埋基础的纠倾。按掏土方式又可分为人工掏土法和水冲掏土法两种：

一、人工掏土法

沟槽的间隔可取1.0～1.5m，槽深可取0.1～0.2m，槽宽可取0.3～0.5m。掏挖时应先从沉降量小的一侧开始，逐渐过渡，依次进行。

施工时，可用长柄铲从基础边缘逐渐沿基底向里掏土，可先掏土1/4面积，使倾斜建筑物失去平衡，缓慢均匀纠倾调正。

二、水冲掏土法

水冲工作槽间隔宜取2.0～2.5m，槽宽宜取0.2～0.4m，槽深宜取0.15～0.3m，槽底应形成坡度。水冲压力宜控制在1.0～3.0MPa，流量宜取40L/min，可根据土质条件通过现场试验确定。水冲过程中掏土槽应逐渐加深，但应控制超宽，一旦超宽应立即采用砾、砂、碎石或卵石等回填，藉以确保安全。

当基底有一定层厚的砂层时，相对于人工掏土法，采用水冲掏土法将更为简便实用。

近年来油罐向着大型化和浮顶式方向发展，这类油罐对地基设计提出了更高的要求，由于在软土地基上建造油罐，无论是采用砂垫层预抬高法或砂井充水预压法进行地基处理，在充水预压过程中，都会出现油罐基础的不均匀沉降，使油罐产生不同程度的倾斜，这对管线的安装和油罐的生产带来许多困难。而过大的不均匀沉降能导致罐底的破裂，引起不应有的泄漏，有时还能使罐体破坏；另外，由于罐底的局部不均匀沉降，罐壁顶部将会形成椭圆形，若椭圆度过大，则可能将浮顶卡住浮不起来，更主要的壁板与底板交接处会产生很大的拉力，有可能导致交接处破坏。实践证明，由于油罐环基刚度较好的条件，采用半圆周挖沟法可取得较好的纠倾效果。

半圆周挖沟法是指以周边最小沉降量点（s_{min}）为中心，各向两侧延伸到1/4周长，而总长为半圆周。

挖沟深度取决于土质情况、离罐壁远近、荷载大小和时间长短等因素。

一般在油罐区对淤泥质粉质黏土地基上挖沟深度可按下式计算（图18-90）：

$$H = s \cdot \tan\alpha + a \quad (18\text{-}28)$$

式中 s——离罐壁距离（mm）；

$\tan\alpha$——随土质情况和荷载大小具体情况而定，一般 α 取 45°（$\tan\alpha = h/s$）；

a——常数，通常取 400～500mm。

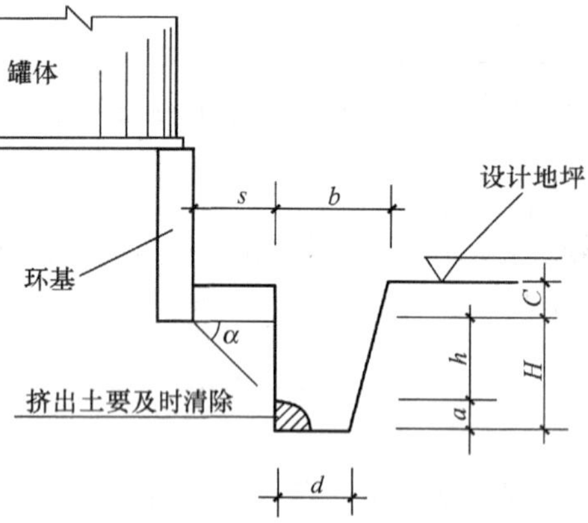

图 18-90 挖沟取土纠倾

挖沟深度（H）从基础底面算起。深度到达此范围，沟内壁的土即分层剥落，油罐渐向挖沟方向扶正。塌落到沟底的土要及时挖净，沟的断面要挖成里边直，外边带坡。沟宽随深度而异，以便测点立尺，但也不宜过宽，沟宽一般采用 0.5～1.5m，沟底宽为 0.3～1.0m。沟内如有地下水应及时抽干（使油罐重心位移），地下水位必须不超过环梁基础底部，否则水位时起时落，容易使环梁内的砂垫层流失，导致油罐底板边缘局部塌陷；沟内积水，其水压将平衡沟边土体侧向压力，降低了挖沟的效能。

通常沟离罐壁远则要深挖，反之则要浅挖，近到以保证油罐环基内砂垫层不致流失为宜，一般工程离罐边缘 300～500mm。

根据土的固结理论，地基土的压密程度是由于土体内的等压力线随深度而减少，故上层土压密大，下层土压密小。如果早期开挖，上层土质还没有压实，固结强度小，故可以浅挖。若后期开挖，由于荷载时间较长，上层土已经初步固结压密，所以要深挖。过早挖沟，行之过急也是不适宜的。

值得注意的是，早期充水加荷时，油罐倾斜方向不一定是真正的倾斜方向，它并不是不变的，而是呈螺旋形摇晃下沉，基础各点的沉降量有可能会自动调整一些。根据实践经验，若早期相对倾斜值大于 8‰时，则后期必有更大的沉降差，此时已经不可能再自动调整了，因此必须掌握时机，及早挖沟调整。

油罐基础一旦发生倾斜，按常规是应立即放水卸荷直至放空，这是保证油罐不至于倾覆的万无一失的办法。另一个方法是停止加荷，这能使倾斜发展缓慢下来，但需要相当长一段时间才能使油罐基础稳定下来。但并不能保证再次加荷时油罐不会继续倾斜。因而，如不是在土体隆起与沉降激增的情况下可以不卸载，带荷挖沟成效较快，为了确保安全，开挖时暂停加荷，在原有荷载下挖沟，待油罐稍有扶正动向时，要及时按原规定加荷速率进水，但切忌不能成倍提高加荷速率，以免纠倾过速造成事故。

采用半圆周挖沟法时应注意控制纠倾速率与时间的关系，一般挖沟后二、三天内能见到效果，初期纠倾速率较高，随着时间增长，效率渐减。纠倾过程中要求加强观测，防止罐基滑动，基至地基失稳破坏。

【实例 18-23】 用掏砂纠倾法处理倾斜建筑

一、工程概况

某两幢四层住宅均为砌体承重结构（图 18-91），平面呈矩形，其中一幢建筑面积 1000m²，平面尺寸为 29m×8.2m，高 14m，采用钢筋混凝土双向条形基础；另一幢建筑面积为 1100m²，其余情况基本相同。地基处理设计为：挖去建筑物距外墙 2m 范围以内地表下 2.6m 的土，做 1.2m 厚的密实粗砂垫层。

施工时该两幢住宅就产生不均匀沉降，建成后沉降继续发展，最大倾斜率达 18.5‰，建筑物明显向北倾斜。致使东西两端三、四层窗台下以及其他部分墙体开裂；个别楼板出现 45°角裂，已严重影响到建筑物的安全和正常使用。

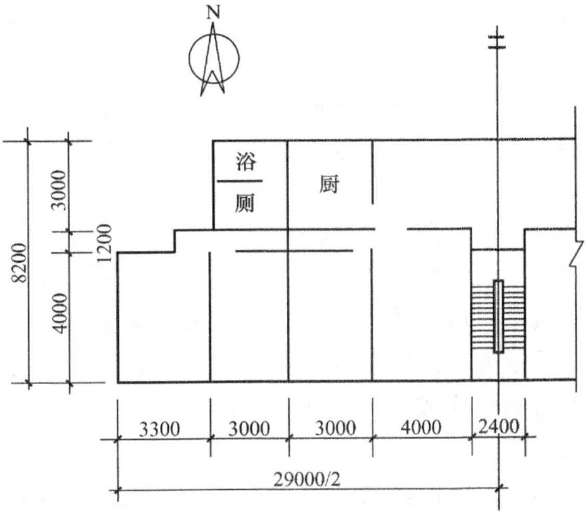

图 18-91 四层住宅之一平面图

二、工程地质条件

建筑物位于珠江堤岸两侧的冲积洼地，自地面往下土层依次是：0.4m 厚耕植土，1.2～1.4m 厚软塑状黏土，约 3m 厚的淤泥，9～11m 厚的淤泥质土，以下是粉质黏土。地下水位在地表下仅 0.2～0.3m。

三、倾斜原因分析

（一）砂垫层施工时未按设计要求，厚度只有 0.8～1.0m，密实度也不符要求；

（二）建筑物重心偏北，产生约 5000kN·m 的偏心力矩，致使最大基底压力差达到 30kPa；

（三）城市排水系统不畅，地下水位过高。

四、纠倾设计和施工

经研究分析，建筑物的整体刚度尚好，另外，建筑物基础下设计为砂垫层，具备掏砂条件，决定采用掏砂法纠倾。

（一）掏挖主要在沉降较小的南侧进行，将各条形基础沿轴线划分成 1m 长的分段，按纠倾的需要，计算每段下的掏砂量（图 18-92）。

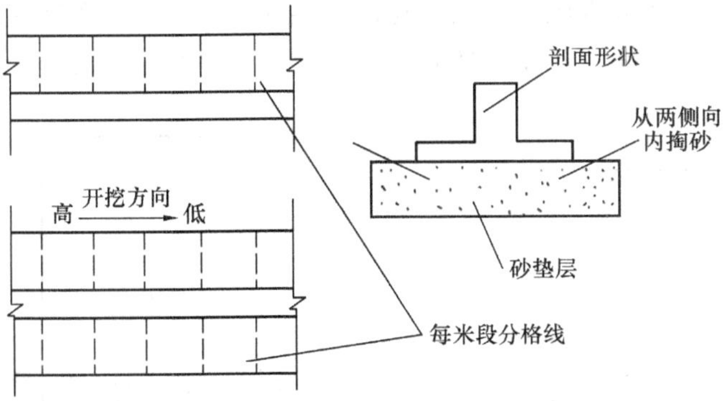

图 18-92 分段掏挖施工流程示意图

（二）按从高到低的次序间隔掏挖各段的砂，每次掏挖量不能太大，计划约分 10 个循环完成掏砂量，每个循环控制在 2～3d 内；

（三）用砂钩和插管（钢钎）平插，在条形基础底板两侧向内挖进，要求均匀，保持各轴线基础按线性比例平稳下沉；

（四）纠倾目标为剩余倾斜率小于建筑地基基础设计规范规定的允许倾斜 3‰以内，当达到纠倾目标后，停止掏挖，用细碎石填塞余下空隙，通过滞后效应继续微调；

（五）用水准仪观测沉降，用垂球法和连通管法观测倾斜，每天开工前和下班时两次定时监测。

五、纠倾效果

两幢住宅实际纠倾时间分别为12d和7d，在纠倾结束时，建筑物最大倾斜率已减少到小于3‰，变形亦趋稳定。在纠倾过程中，建筑物裂缝未开展，部分裂缝还有所闭合，纠倾和修复费用6.5万元（当时价），占住宅总造价的16.3%。

18.3.4　钻孔取土纠倾法

钻孔取土纠倾法（亦称应力解除法）是在沉降较小的一侧布设密集大直径的钻孔，通过机械钻孔取土成孔。依靠钻孔所形成的临空面，使土体产生侧向变形而形成淤孔，再在设计深度处掏出适量的软弱土，反复钻孔取土使建筑物下沉。该法是使地基应力在局部范围内得到解除或转移，促使该侧变形增大沉降，而另一侧地基土则应严禁扰动，从而达到纠倾目的。

钻孔取土纠倾法适用于淤泥、淤泥质土等软弱地基上纠倾。当土质较硬，不易产生塑性变形或侧向位移时不宜采用此法。

钻孔取土纠倾法施工时应符合下列规定：

一、应根据建筑物的不均匀沉降情况和土层性质进行钻孔布置直孔或斜孔，同时应确定钻孔取土的先后顺序，促使其缓慢和均匀回倾。

布孔的原则是：

（一）如建筑物为单向短边倾斜，则可在长边方向单侧等间距布孔（图18-93）。

（二）如建筑物为单向长边倾斜，则可在短边方向等间距布孔。而两长边边侧的钻孔为非等间距布孔，布孔的延伸范围一般应超过长边的1/2长度（图18-94）。

（三）如建筑物为双向倾斜，则可沿两侧不等间距布孔（图18-95）。

（四）当建筑物短边宽度较大时，则可三侧布孔，以提高纠倾效果（图18-96）。

二、钻孔的直径及深度应根据建筑物的平面尺寸和附加应力的影响范围来选择，取土深度应大于3m，钻孔直径不应小于300mm，一般可取400～600mm。

三、钻孔距建筑物距离，应在被纠建筑物基础应力扩散角范围内。

四、一般成孔是采用螺纹钻干钻成孔或水压冲孔法成孔，在钻孔顶部3m深度范围内应设置套管或套筒，以保护浅层土不受扰动，防止出现局部变形过大而影响建筑物安全。

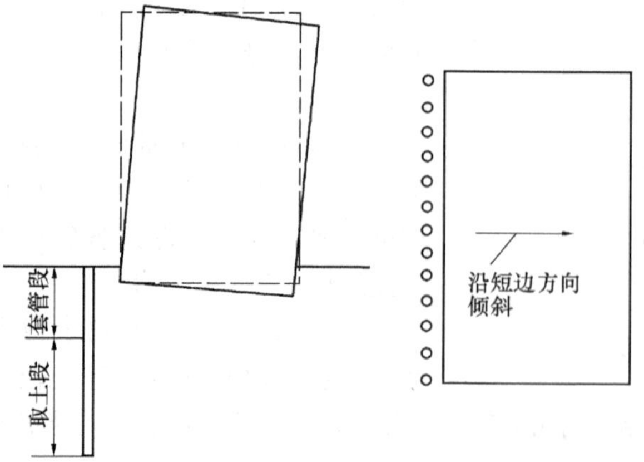

图18-93　沿短方向倾斜的钻孔取土倾斜示意图

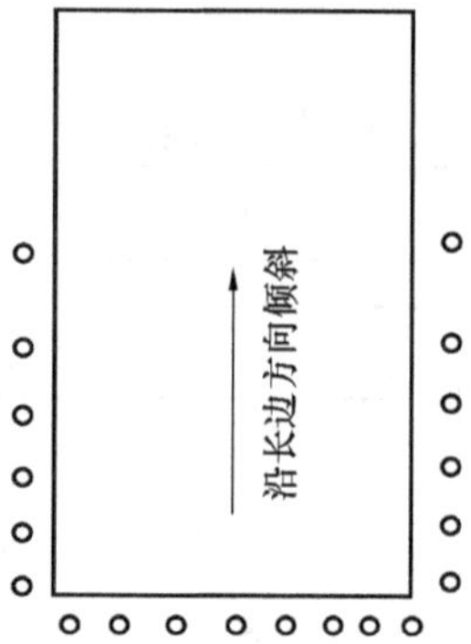

图18-94　沿长边方向倾斜布孔示意图

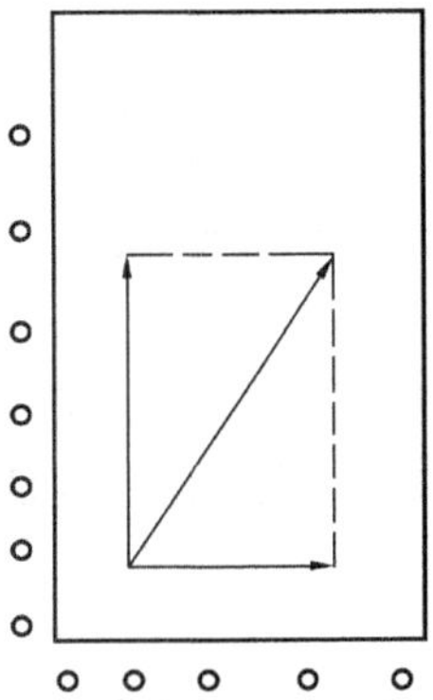

图 18-95 双向倾斜布孔示意图

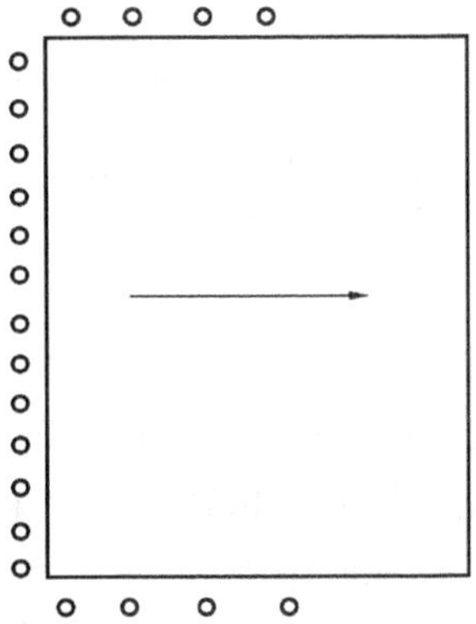

图 18-96 当短边宽度较大时，沿短方向倾斜的布孔示意图

当基底有砂垫层时，应采用套管全部隔离。

孔深应视地层及建筑物情况而定，一般可达 10～15m，为确保纠倾的均匀性，成孔时宜按间隔跳孔施工。

五、清孔应要求均匀、分批、间隔进行。

掏土顺序可由角点向两边推进，或中间向角点推进。

每批（一般可分 3～5 批）清孔应连续进行，完成一批后可稍停歇。

清孔的主要对象是下卧软土层，对直接位于基底的较好持力层，应尽量保护，不予破坏扰动。

如果地下水位高，淤泥挤出效果不佳时，可辅以孔内降水，其目的仅限于促进挤淤，而不是大面积降低地下水位。

值得注意的是，均匀施工并不一定导致建筑物的均匀下沉，应须根据监测信息反馈，调整清孔次数，协调建筑物的均匀下沉。

六、进行微调。当纠倾进行至接近预期目标时，应减少清孔数量，并根据监测资料进行局部清孔处理，以期达到预期目标。

七、封孔。对纠倾施工已达到设计要求的孔，应及时拔管封孔。为确保封孔质量，一般用中粗砂回填密实，或先投碎石然后注浆，有时可留下若干孔不回填，达到自行调整剩余倾斜的目的。

钻孔取土纠倾法施工简便易行，适应性强，见效快，不影响建（构）筑物的正常使用；无振动，处理较为彻底，不回弹，技术可靠，安全度高。适用于软土地基上多层砖混结构和独立构筑物（如烟囱、水塔等）的纠倾。

【实例 18-24】 大港油田办公楼筏板基础钻孔取土法纠倾

一、工程概况

大港油田办公楼包括 A 楼（四层）和 B 楼（五层、局部六层）两部分为砌体承重结构建筑，均采用筏板基础，其中 B 楼筏板基础的平面尺寸是 29.9m×9.2m。两筏板平面位置略有错开，中间设置 120mm 宽的沉降缝（图 18-97）。

该楼于 1993 年下半年动工，至 1994 年 5 月结顶，完工后发现 A 楼有较大的不均匀沉降。到 1995 年 6 月，房屋各测点的沉降量注于图 18-97 中，其中 A 楼东西两端的沉降

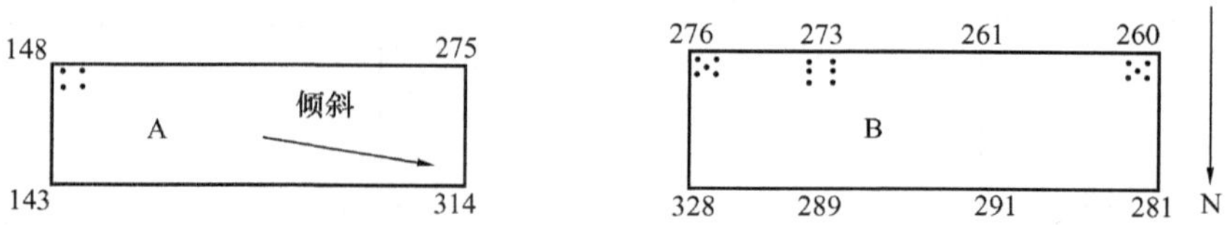

图 18-97 办公楼平面图及各测点沉降量

差为北纵轴 171mm，南纵轴 127mm。房屋朝 B 楼方向倾斜，并伴有轻微扭曲。沉降缝上部明显靠拢，局部已相碰。决定采取纠倾处理。

二、工程地质条件

地基土主要由第四纪全新统陆相和滨海相沉积的黏性土及粉土组成，地表下 16m 以内的土层情况如表 18-14 所示。

大港油田办公楼工程地质资料 **表 18-14**

土层编号	土层名称	层厚（m）	土层描述	静探锥尖阻力 q_c（kPa）
2-1	粉质黏土	1.6	黄褐色、软～可塑状态	1100～1300
2-2	粉质黏土	2.1	青灰色、软～流塑状态	400
2-3	粉 土	0.85	浅灰色、饱和、软塑	3550
2-4	粉质黏土	1.4	青灰色、软～流塑状态	600
2-5	粉 土	2.1	浅灰色、饱和、多呈软塑	3550
2-6	淤泥质粉质黏土	8.0	青灰色、软～流塑状态	725

三、倾斜原因分析

（一）A、B 两楼在沉降缝两侧独立设置山墙，加上沉降缝处筏板无法外伸，荷载集中，经估算沉降缝附近筏板的基底压力达到 160kPa，已大大超过地基承载力；

（二）受相邻 B 楼荷载的影响，A 楼西端地基中附加应力叠加。

四、纠倾设计和施工

（一）方案选择

曾经试验排水加堆载的纠倾方法，即在 A 楼东端和两侧开挖约 2m 深的排水沟，并在一层堆砖加载，所加荷载为 20kPa。从 1995 年 6 月至 10 月，经四个月的加压，沉降量仅为 17.8～22.3mm，效果不理想。考虑地基土主要由软土层组成，决定采用钻孔取土法纠倾。

（二）方案的设计和实施

1. 钻孔平面布置

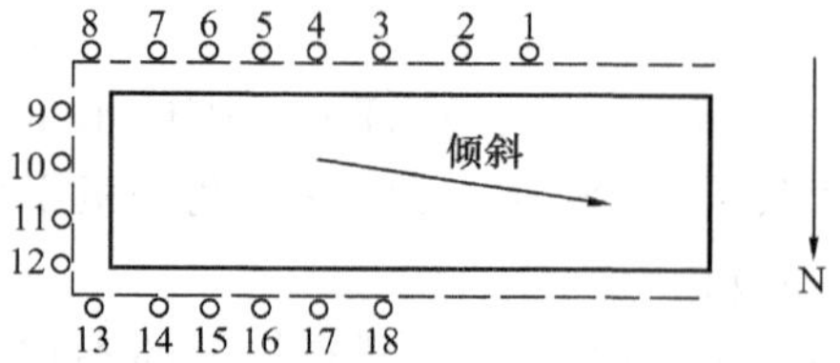

图 18-98 钻孔平面布置图

钻孔孔径为 380mm。根据 A 楼向西倾斜并向北扭倾，决定在其东边和南、北两边的部分范围内布孔。南边的布孔长度为房屋长度的三分之二，北边则为二分之一。钻孔距墙体距离约 1.0m，孔距分 2.5m 和 3.0m 两种。钻孔平面布置见图 18-98。

2. 纠倾控制指标

（1）总掏土量

由房屋平均沉降差 149.0mm 和筏板面积 275.1m²，求得总掏土量为 20.5m³。

（2）纠倾目标

确定纠倾后的平均倾斜值控制在 3‰以内。

（3）纠倾速率

要求控制在 10mm/d 以下。

3. 钻孔

根据地基土分布和房屋倾斜情况，钻孔深度分为 9、10、11m 三种，钻孔上部设置 5m 长护孔套管。采用 DPP-100 型改装钻机施工，钻孔日期从 10 月 19 日至 25 日，为期一周。

4. 掏土

根据均匀掏土的要求，按各钻孔所处位置要求的沉降量将总掏土量分配到每个钻孔中(见表 18-15)，掏土主要在下卧软土层中进行。掏土分两批实施，第一批从 10 月 28 日至 11 月 3 日，第二批从 11 月 6 日至 12 日，两批共掏土 20.9m³，与估算总掏土量很接近。

5. 微调

微调过程放在 11 月 10 日至 12 日接近纠倾目标时进行，由于南侧和东侧沉降还不够要求，故在 No.1～No.12 孔中进行少量掏土，并对全部钻孔降水三次以利于挤淤。11 月 13 日以后停止掏土，利用前期纠倾的滞后效果继续微调。

钻孔深度和掏土量分配 **表 18-15**

孔　号	1～2	3～5	6～12	13～15	16～17	18
孔深（m）	9	10	11	11	10	9
掏土量（m³/孔）	0.8814	1.1458	1.4103	1.0577	0.8814	0.7051

6. 封孔

在达到纠倾目标以后，于 11 月 16 日拔出套管，用中细砂封填钻孔。

7. 监测工作

监测内容包括沉降量、倾斜值、孔内回淤、地面变形、建筑物性状等。其中沉降观测采用精密水准 N3。监测频率与掏土过程相配合，纠倾高潮时每三天观测一次，从 10 月 24 日至 11 月 30 日共进行 10 次。封孔以后继续 6 个月的后效观测工作。

五、纠倾效果

（一）沉降速率

纠倾期间的平均沉降速率见表 18-16，短时最大沉降速率达到 12.3mm/d，未发现失稳现象。纠倾后沉降速率大幅度减少，11 月 20 日和 11 月 30 日分别减至 0.31mm/d 和 0.16mm/d；到 1996 年 3 月 15 日已降至 0.015mm/d。

纠倾期间平均沉降速率 **表 18-16**

日期	1995.10.24	10.26	10.30	11.1	11.3	11.6	11.9	11.13	11.20	11.30	12.12	96.3.15
平均沉降速率(mm/d)	6.32	7.30	5.39	5.10	7.80	3.27	3.55	2.89	0.34*	0.15*	0.31*	0.015

注：11.20、11.30 值与正文略有出入，12.12 值疑有误，原表如此。

（二）剩余沉降值和剩余倾斜率

第一批掏土结束以后，A楼东端沉降47.9mm，而西端基本无沉降。第二批掏土结束以后，A楼东端平均沉降值达到128mm，平均剩余沉降值21mm，平均剩余倾斜率为1.64‰，达到预期目标。同时沉降缝两则山墙抵紧部分回倾达10.5cm之多，扭斜错位墙体也被纠回1.5cm。

【实例18-25】 水泥土搅拌桩上筏板基础房屋的钻孔射水掏土纠倾

一、工程概况

位于上海市区的某商办楼是一幢七层的钢筋混凝土框架剪力墙结构，局部为八层。地下一层为半地下室车库，地下室底板埋深－3.630m。

本工程基础采用筏板基础，筏板原设计厚度为350mm，原悬臂挑出长度东、南、西、北分别为1800、1000、1600、1000mm。实际施工时，将筏板悬臂挑出长度减少50%，即东、南、西、北分别挑出900、500、800、500mm（均以轴线算起），筏板厚度改为400mm，筏板底标高为－3.630m。

地基土层分布和物理力学性能见表18-17。

地基土层分布和物理力学性质指标（平均值） **表18-17**

层序	上层名称	土层厚(m)	含水量 w（%）	孔隙比 e	压缩系数 a_{1-2} （MPa^{-1}）	内摩擦角 φ（°）	黏聚力 c（kPa）	地基承载力 f_a（kPa）
①	杂填土	1.55						
②-1	褐黄色粉质黏土	1.00	28	0.798	0.36	16.2	12	90
②-2	褐黄色淤泥质粉质黏土	0.85	37.6	1.052	0.56	13.7	14	90
③	灰色淤泥质粉质黏土	6.75	44.6	1.263	0.96	11.3	9	70
④	灰色淤泥质黏土	9.40	50.5	1.427	1.09	6.0	11	60
⑤-1	灰色黏土	1.40	36.7	1.063	0.58			
⑤-2	灰色砂质黏土		29.7	0.886	0.19	29.5		

设计要求地基承载力为130kPa，地基加固采用湿法水泥土搅拌桩，单头桩径ϕ500，桩距1.1m×0.9375m，共340根桩，桩长15m，桩端坐落在第④层土，距⑤－1土层顶约2.45m。从上表中可看出，第④层土的土质较差。

经水泥土搅拌桩复合地基加固后，共作了两组复合地基静载荷试验，其中292号桩的龄期为45d，实测复合地基承载力特征值为114kPa，304号桩的龄期为54d，实测复合地基承载力特征值为125kPa，按规范规定的90d龄期推算，水泥搅拌桩复合地基承载力特征值都能达到130kPa设计要求。抽查的两组桩均位于房屋南端。

土建工程于1995年4月中旬开工，同年10月上旬结构封顶，结构封顶前房屋沉降差较小，结构封顶后开始出现较大的不均匀沉降，房屋开始向东南方向倾斜。11月1日测得房屋四角测点C1、C3、C5、C7（图18-99）的沉降值分别为52mm、172mm、298mm、168mm。不均匀沉降引起房屋各方向的倾斜率分别为δ_{13}＝5.79‰、δ_{35}＝8.87‰、δ_{57}＝6.28‰、δ_{71}＝8‰。其值均已超过规范允许值4‰。为此，建设单位委托某科研所对该办公楼进行纠倾，该科研所采用注浆纠倾，纠倾分两步进行，第一步，先在底板沉降大的外

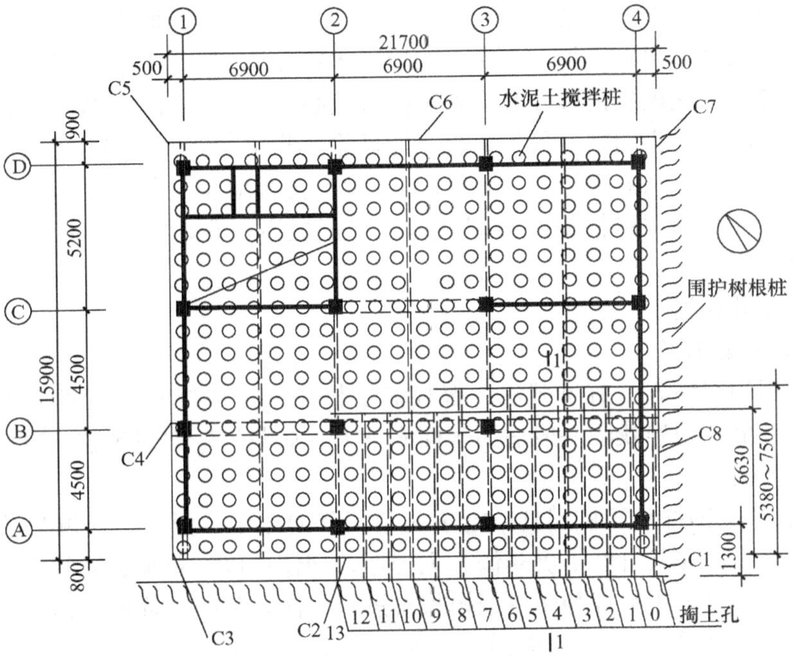

图 18-99 掏土孔及沉降观测点布置平面图

侧注浆，第二步，在电梯井底板上钻孔注浆。由于在实施第一步时，不但未能制止不均匀沉降反而加剧了不均匀沉降，因而不得不终止此纠倾方案。其后，于 11 月上旬建设单位又委托另一单位，在沉降较大的东北角的筏板悬臂挑出部分采用锚杆静压桩加固，桩采用截面为 200mm×200mm 的预制桩，桩长为 16m，锚杆静压桩桩端位于第④层土中。原设计在筏板悬臂挑出部分压入 24 根桩，实际压入 18 根，后又在水泵房基底压入 4 根，共计 22 根。锚杆静压桩施工期间和结束后的两周内，东北角的沉降仍有所发展，大约下沉了 65mm。其后东北角的沉降基本得到了控制，但房屋的倾斜已远超过规范的限值，房屋各点的沉降差及倾斜率见表 18-18。

纠倾成果汇总表 表 18-18

测点号	纠倾前		钻完 0～8 孔		清 0～8 孔两遍		钻完 9～13 孔		清 9～13 孔一遍		封孔施工结束		封孔结束后 144 天	
	Δs	δ	Δs	δ	Δs	δ	Δs	δ	Δs	δ	Δs	δ	Δs	δ
1-3	128	6.18	116	5.6	60	2.9	54	2.61	37	1.79	36	1.74	24	1.15
3-5	143	10.07	136	9.58	95	6.69	84	5.92	45	3.17	41	2.89	22	1.55
5-7	135	6.52	126	6.09	72	3.48	66	3.19	49	2.37	49	2.37	34	1.61
7-1	136	9.38	126	8.87	83	5.85	72	5.07	33	2.32	28	1.97	12	0.84

注：表中 Δs 为两点间沉降差，单位为 mm；δ 为两点间相对倾斜率，单位为‰。

二、倾斜原因分析

产生较大不均匀沉降的主要原因是竖向荷载偏心，重心沿纵向向北偏移 0.95m，偏心率达4.38%，重心沿横向向东偏移0.17m，偏心率达1.07%。原设计房屋东北角由于屋顶电梯机房而为局部八层，再加上机房上的屋顶水箱和地下水池均位于该部位，荷载偏心较大。修改设计后，筏板悬挑尺寸减小致使荷载偏心加大，再加上房屋西北部位的内隔墙被取消使荷载偏心进一步加剧。另外，也不能排除东北角水泥土搅拌桩质量问题（包括水泥掺量，施工工艺，桩长减短等），因为该部位没有复合地基荷载试验资料可查。以及由于场地窄小，西北角的围护树根桩及围檩可能与筏板边相碰，阻碍房屋西北角的下沉等等。上述种种原因引起了房屋向东南方向严重倾斜。

三、纠倾设计和施工

（一）纠倾方案选择

目前，常用的纠倾方法有堆载法、锚杆静压桩法、树根桩法、注浆法和钻孔掏土法等。在软土地基上采用堆载法一般适用于面积不大、荷载较轻的建筑物，对这样大体量的建筑物是不现实的。

已施工的22根锚杆静压桩起到稳定东北角沉降的作用，但从当时测量数据分析，西南角沉降速率不大，让其自然下沉纠倾亦无把握，即使可以也要很长时间，为施工进度所不允许。另外，如再采用锚杆静压桩或树根桩进行纠倾，势必破坏原整体性很好和刚度很大的筏板基础，对于当时上部结构尚无任何结构裂缝的情况，上述方法也有一定的风险性。

根据当时实际情况，要靠东北角压密注浆抬起纠倾困难很大，一是基底压应力很大；二是筏板下水泥土搅拌桩布置较密，在不破坏底板的条件下，浆液不能渗入搅拌桩内，可注浆的土体面积不大，注浆的上抬力矩很难大于偏心力矩；三是东北角已施工的锚杆静压桩对注浆抬起是个阻力。因此，注浆纠倾方法亦不可取。

经各种托换纠倾方法的比较分析，作者最后决定在西南角采用钻孔射水掏土，迫使西南角有较大的下沉，藉以纠正房屋的偏斜。

（二）方案设计

1. 取土孔布置

根据孔深必须超过桩长和孔底的水平投影不超过筏板宽度的1/2范围的原则，在房屋西南角 A 轴外侧底板布置8排斜孔（$1^{\#}\sim8^{\#}$），每排两孔，孔径400mm，倾角分别为73°和64°，斜长约为21.3m，钻至⑤-1土层顶。斜孔应从搅拌桩中间土体穿入基础下，不得钻断搅拌桩。掏土孔布置剖面见图18-100。

2. 纠倾目标和速率

要求房屋使用阶段的倾斜率小于4‰，考虑纠倾后电梯设备、水池水箱等荷载的施加还会使东北角产生一定沉降，确定纠倾结束时的房屋剩余倾斜率应小于2.5‰。纠倾速率控制在10mm/d以下。

3. 射水掏土和清孔

射水压力不大于200kPa。射水掏土顺序依次从 $1^{\#}$ 孔到 $8^{\#}$ 孔，先掏73°孔一遍，再返回掏64°孔。按上述钻孔结束后，进行清孔，暂定每孔清孔两次。

4. 堆载加压

为加快西南角的沉降速率，在地下室底板和底层楼板的一定范围内堆放近200t的建筑材料加压。

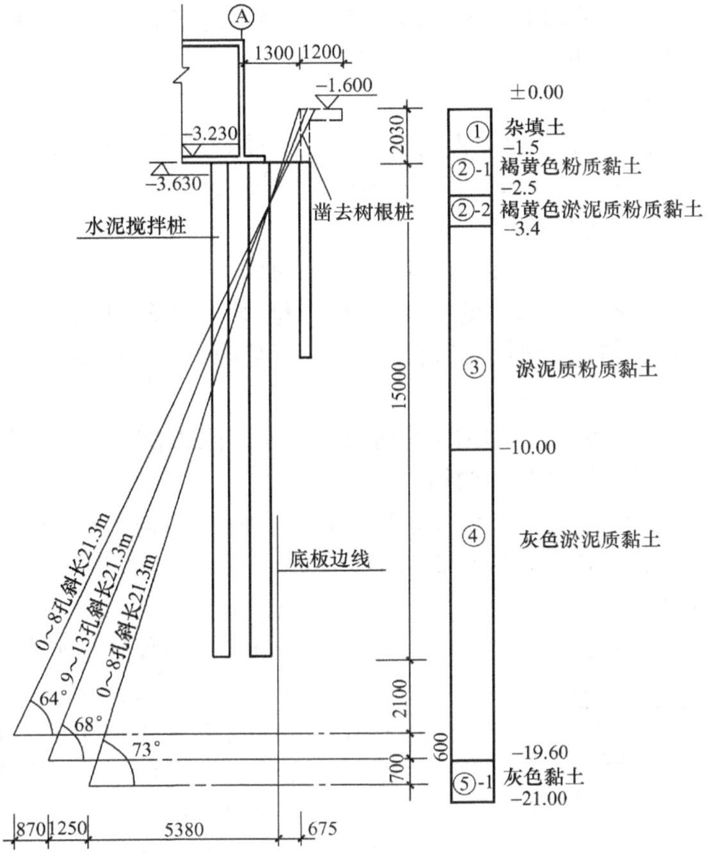

图 18-100 掏土孔布置剖面图

5. 加大底板尺寸

加大东北角底板尺寸，使其与基坑围护的树根桩或搅拌桩相连，以减少纠倾后东北角的后续沉降。

（三）纠倾施工要点

1. 采用信息化施工方法，根据监测结果不断完善设计方案

（1）在 1# ～8# 的 16 个斜孔钻完后，发现西南角的沉降速率未达到预估值，决定在 4 轴墙板下搅拌桩和围护树根桩之间增加一排 0# 斜孔，倾角也为 73°和 64°。由于间隙小，孔径为 250mm。

（2）清孔开始后，西南角的沉降速率大大增加（例如，在两次清孔的 15d 内，C1 测点平均每天沉降 5.5mm，最大一天沉降达 9mm），但离 2.5‰的纠倾目标尚远。根据当时房屋各点的沉降量和沉降差，决定在 8# 孔以后再增打 68°孔 5 个，孔号为 9# ～13#，并清孔一次。

2. 注浆封孔、纠倾结束

在房屋各个方向上的倾斜率都已达到纠倾目标后，开始注浆封孔。采用 SYB50/50 型液压注浆泵，注浆管为花管底端“闷头”，直径 25.4mm。浆液配合比（重量比）为粉煤灰：水泥：水玻璃＝3：1：0.02，水灰比为 0.45，水泥用 42.5 级新鲜普通硅酸盐水泥。

四、纠倾效果

纠倾前、纠倾各主要阶段和纠倾后房屋角部各测点之间的沉降差和相对倾斜率见前表所示，可知纠倾取得了成功。

五、几点经验和体会

1. 目前，房屋纠偏尚是一种工程技术，其分析计算理论还不完善，特别钻孔射水掏土法更是如此。因此，在纠倾设计后进行纠倾施工阶段，应根据施工反馈信息，不断修改完善设计，使之达到预期的目的。

2. 掏土纠倾是指在倾斜建筑物基础沉降较小的部位采取掏土迫降措施。钻直孔和斜孔的掏土纠倾原理是钻孔后将孔中的泥浆抽出，使基础下地基土的有效受荷面积减少，地基应力增加，使土产生侧向变形挤出到孔中，迫使基础沉降。由此，可以得出以下几点结论：

（1）挤土效应进行缓慢。当刚钻完孔时沉降较小，但随着时间的推移，孔中挤进的土将逐渐增多，开始清孔后沉降急剧增加。

（2）在搅拌桩复合地基上掏土纠倾，掏土孔必须钻至桩端以下一定深度，这样，桩端下的软土才会被挤进掏土孔中，纠倾效果才会显著。

18.3.5　井式纠倾法

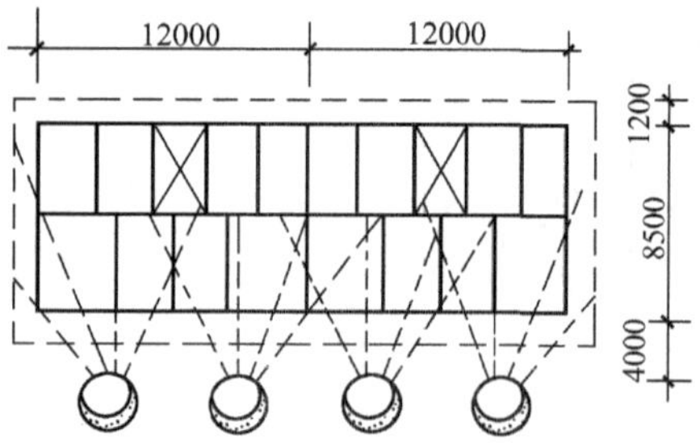

图 18-101　井式纠倾法示意图

井式纠倾法（亦称辐射井射水纠倾法、沉井射水掏土纠倾法）是指在建筑物沉降较小的一侧布置若干工作沉井（图 18-101），再利用人工在井内挖土下沉到设计深度后，进行封底，通过设在沉井井壁上预留的射水孔，用高压水枪在建筑物深部地基中水平向冲孔。冲孔解除了部分地基应力，使地基土向孔内塌落变形，通过控制冲孔的数量和布置、冲水的压力和流量，可以调整建筑物的纠倾沉降量和速率。

井式纠倾法适用于黏性土、粉土、砂土、淤泥、淤泥质土或填土等地基上的独立或条形基础的建筑物纠倾。对于砂土或软土等地基应先挖试验性成井，方可大面积开挖施工。

井式纠倾法应符合下列规定：

一、取土工作井可采用沉井或挖孔护壁等方式形成，应根据土质情况及当地经验确定，井壁可采用圆形的钢筋混凝土或混凝土材料。井壁的内径不宜小于 0.8m，井壁外侧应采取防渗措施，井身混凝土强度等级不得低于 C15。

二、井孔施工时应注意土层的变化，防止流砂、涌土、塌孔、突陷等现象出现，施工前应制订相应的防护措施，确保施工安全。为防突然下沉，刃脚应做成平底。

三、沉井与建筑物基础的净距应不小于 1.0m，井位应布置在建筑物沉降较小的一侧，其数量、深度和间距应根据建筑物的倾斜情况，基础类型、场地环境和土层性质等因素综合确定，通常每开间设一个井，当建筑物的宽度比较大时为保证迫降的均匀性，井位亦可布置在室内。

四、沉井井壁上设置射水孔，射水孔直径宜为 150～200mm，射水孔位置一般应高于井底面或射水平台 1.0～1.2m，以利操作及回水时抽水。井壁上还应设置回水孔 60mm×60mm，其位置宜在射水孔下交错布置。

五、高压水枪的工作压力和流量，应根据需要冲孔的土层性质经试验确定。射水取土范围应根据建筑物的倾斜影响范围及程度确定。

六、纠倾中最大沉降速率宜控制在5～10mm/d以内，对软土地基和房屋整体刚度较弱的，应按下限控制。当监测到沉降速率过大时，应停止冲水施工，必要时应采取安全措施，如在软土地区曾采用过沉井内灌水稳定的方法。

七、纠倾施工达到设计要求后，工作井及射水孔均应回填。射水孔可采用生石灰和粉煤灰拌合料回填。工作井可采用砂土、砂石混合料分层夯实回填，也可用灰土比为2∶8的灰土分层夯实回填，接近地面1m范围内的井圈应予拆除。

八、注意防止纠倾过程对周围建筑物和设施的影响，必要时先对其进行加固处理。

九、纠倾完成后应继续进行沉降观测3～6个月。

井式纠倾法施工简单，占场地较小，排土范围大，对邻近建筑物影响小，安全可靠，费用较低，适用性广泛。

【实例18-26】 武汉某建筑物倾斜采用井式纠倾及锚杆静压桩加固综合治理

武汉市汉口万松园小区12号楼，框架结构，地基采用换土垫层（砂垫层）加固，钢筋混凝土片筏基础，连地下室共九层，总高度离室外地坪约24m，竣工毕发现二单元间沉降缝（缝宽400mm）明显靠拢，建筑物产生严重不均匀沉降，最大倾斜达13.4‰，大于危房标准7‰近一倍，沉降速率最大点达0.93mm/d，从时间与沉降曲线分析未见有收敛趋势。

经多种方案比较，最后采用沉井深层冲水排砂纠倾法及锚杆静压桩加固综合治理的方案。

在纠倾前，首先在⑦～⑫轴线间施工锚杆静压桩并进行封桩，防止主体结构继续倾斜，及东西两单元上部顶撞后引起结构破坏，然后在严格测量沉降控制下进行井式纠倾。

沉井外径2.08m，井壁由MU7.5砖和M5水泥砂浆砌筑，底部为高500mm和宽240mm的C30钢筋混凝土沉井刃脚。井深约5.5m，离底部高0.5m处设置6个冲水排砂孔，冲孔成平面扇形布置（图18-102），冲水仰角为5°，水枪直径为25mm，喷嘴直径12mm，最大水压力为300kPa。

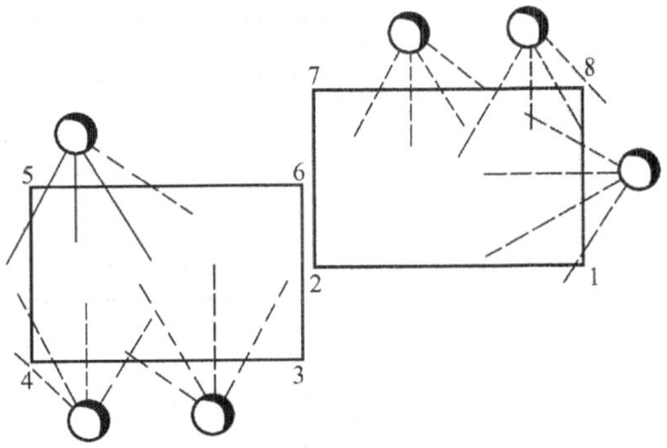

图18-102 沉井冲水排砂纠倾
1、2…8为沉降观测点编号

每个单元先在原沉降较小部位开始冲水排砂，再逐步增加冲水深度，要求各沉降观测点沉降速率控制在5mm/d以内，若超过此值则应暂停冲水，待恢复到此值后再行施工。本工程因砂垫层中含较多建筑垃圾，冲水深度未达建筑物中部，后改用从压桩孔中掏砂，取得良好效果。

在确认纠倾已达设计要求后，恢复在压桩孔时切断的钢筋，再用超早强微膨胀混凝土进行封桩，使原梁式片筏基础改变成桩基础与片筏基础共同作用。从而迅速降低沉降速率，一周内使建筑物趋于稳定。

该工程施工实施后达到预期效果，框架立柱基本达到要求，其倾斜率均小于建筑物验收倾斜率3‰。

综合本工程设计与施工特点

（一）采用纠倾和加固综合治理的方案，能防止纠倾后再次发生倾斜，又使纠倾工作在有安全保障的情况下工作，在万一纠倾失控时，只要将失控部分及时封桩，就万无一失。

（二）采用锚杆静压桩和基础板共同工作的设计概念，并用桩和板按6∶4比例分配上部荷载，安全系数取2，这样万一砂垫层遭到破坏，桩基础全部承受上部荷载也未超出桩的极限承载力，既安全经济，又较为合理。

（三）采用沉井深层冲水排砂纠倾，比一般排泥纠倾反应更为灵敏与稳定，纠倾速度也快，并便于控制。

（四）以上实践表明，对软土地区由于不均匀沉降而引起建筑物倾斜及沉降速率较大时，本法是一种较好的纠倾加固方法。

【实例18-27】 绍兴某住宅小区采用锚杆静压桩加固与沉井冲水纠倾

一、工程概况

绍兴某住宅小区五幢6层半至7层住宅，于1993年1月开工兴建，同年12月竣工。1997年7月发现五幢住宅房屋沉降明显，实测沉降最大值在500mm以上，竖向倾斜值均超过7‰，并且每幢均有不同程度的墙体裂缝出现。

五幢住宅结构均为混凝土空心小砌块混合结构，楼梯间设在南面，均采用浅埋板基，板厚300mm，底层采用架空地板。

地基土层分布和物理力学性质指标见表18-19。

地基土物理力学性质指标 **表18-19**

层号	层厚 (m)	土层名称	γ (kN/m³)	w (%)	e_o	w_L (%)	w_P (%)	a_{1-2} (MPa⁻¹)	E_s (MPa)	f_k (kPa)
①	1.7	素填土	17.3	40.4	1.357	44.4	24.5	1.006	2.5	70
②-1	1.2	粉质黏土	18.6	34.3	0.970	37.3	22.9	0.454	4.3	130
③-2	1.0	淤泥质粉质黏土	17.9	40.5	1.141	37.8	24.4	0.586	3.7	80
③-3	14.0	淤泥	16.9	52.8	1.480	45.0	22.6	1.597	1.5	65
⑤-1	4.5	黏土	19.2	29.9	0.863	39.7	20.4	0.129	6.5	185

二、纠倾加固方案

由于淤泥层较厚，竣工后产生了较大沉降，且沉降还未稳定，沉降速率在0.1～0.2mm/d间，纠倾工程要求在住户不搬迁的情况进行加固。由于该五幢住宅倾斜均已超过了7‰，因而需进行纠倾。经综合考虑，选择锚杆静压桩加固和沉井冲水掏土法纠倾（图18-103）。

锚杆静压桩断面为200mm×200mm，桩身混凝土强度等级为C30，根据现场条件确定桩的分段预制长度为1.8m，并预制备好一些短桩。第一节桩尖做成锥形，其余桩段的两端均预埋∠40×4角钢，采用焊接接桩。

锚杆静压桩桩长由压桩力和进入持力层深度双重控制，以压桩力（大于160kN）控制为主，要求进入⑤-1层深度大于0.8m为副，压桩入土深度根据地质情况设计成不同桩

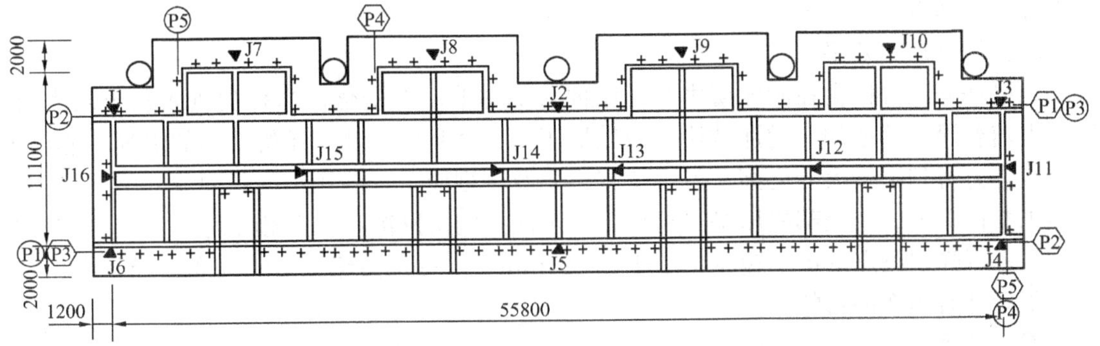

+锚杆静压桩桩位J2沉降观测点位置及编号 〈P1〉号楼倾斜观测点位置及编号 Ⓟ3 号楼倾斜观测点位置及编号 ◯ 沉井位置及编号

图 18-103 52 号幢、56 号幢桩位及沉井位布置图

长（10～19.8m）。

工程要求经纠倾后房屋的倾斜率必须在 4‰以内。施工时，首先在沉降较大的南侧将所有锚杆静压桩压桩结束后封桩；然后在沉降较少的北侧设置沉井，沉井外径为 1.5m，内径为 1.2m，井深根据淤泥层土的深度定为 7m，并在离井底 1.5m 井壁处预留 5～8 个成扇形的冲水孔；再用高压水枪伸入基础下③-3 淤泥层中进行深层冲水，泥浆水流通过沉井排出，促使该侧沉降；当房屋倾斜调整到 4‰以内时，迅速进行北侧静压桩的压桩和封桩施工；并回填沉井，完成地基的加固和房屋的纠倾工作。

由于住宅楼较长，整体刚度较弱，在进行纠倾施工时，沉井冲水掏土在纵向同时进行，以避免或减小纵向的附加不均匀沉降。为确保安全，要求沉降速率不大于 2mm/d。

三、纠倾加固施工

（一）在纠倾加固施工开始时，做好各项准备工作。按设计要求预制锚杆静压桩；在房屋已有裂缝处做石膏饼，以观测裂缝在加固与纠倾施工期间的发展情况；加密设置沉降观测点，并设置好倾斜观测点。

（二）在南侧挖出基础面，然后在基础底板上凿桩孔、埋设好锚杆。在压桩前进行了锚杆的抗拔试验，经检测单根锚杆的抗拔力在 100kN 以上。

（三）在南侧抗拔锚杆强度达到要求后，开始在这一侧进行压桩，桩被逐节压入土中，节与节间用电焊焊接。压桩实行分批跳压，压一批封一批，以减小因压桩引起的这一侧的附加沉降。封桩用 C30 微膨胀早强混凝土，并用 2ϕ12 钢筋交叉焊接在锚杆上进行加强。

（四）在南侧锚杆静压桩都封桩完毕后，开始在北侧挖沉井，沉井为现浇钢筋混凝土，挖 1m 左右浇一段沉井，井深 7m，离地面 5.5m 处凿好冲水孔，预留 5～8 个冲水孔。

（五）在沉井都做好后，开始冲水掏土纠倾。根据每天所需沉降量，计算确定每只沉井及每个孔的冲水时间。沉降观测频率为 1 天 1 次，以监测沉降量、控制冲水时间和频率，并从实践中掌握了冲水掏土与沉降间的滞后效应。在冲水期间，凿好北侧的桩孔，以备压桩。

（六）当房屋纠倾至 6‰左右时开始在北侧进行压桩施工，压桩完毕后视倾斜值确定是否继续冲水纠倾。

（七）纠倾至 4‰以内时开始北侧封桩，随后用原土封填好沉井，修整场地，纠倾加固工程才告结束。

四、纠倾加固效果

当锚杆静压桩桩尖在淤泥层中时，压桩力基本上没有变化，当桩尖进入黏土层中时，压桩力随着深度的增加而增加较快。静压桩压入一个月后，随着压桩扰动的恢复，静压桩的承载能力得到了较大的提高，就本工程土质及桩型而言，静压桩的极限荷载是最终压桩力的1.5倍以上。在全部静压桩封桩后，各观测点的沉降减小，并趋于稳定。在封桩三个月后，各沉降观测点的沉降速率均小于0.025mm/d，可认为建筑物的沉降已经基本稳定，达到了设计时预期的目的。

五、结语

（一）在建筑物内部不允许压桩的条件下，对建筑物四周进行锚杆静压桩加固是行之有效的方法，对居民影响小。

（二）沉井冲水纠倾是安全、可靠、有效的纠倾技术，可通过冲水时间的长短来控制纠倾速度，并且纠倾是可控的。整幢房屋能均匀地回倾，不影响上部结构的安全。

（三）封桩三个月后沉降趋于稳定，基本达到沉降稳定标准。

【实例18-28】　山西化肥厂水泥分厂100m高烟囱采用沉井纠倾法纠倾

一、工程概况

山西化肥厂水泥分厂100m高钢筋混凝土烟囱的地面直径为7.44m，顶部直径为3.44m，重2600t，采用钢筋混凝土独立基础，底板直径14m，埋深4m。地基土为Ⅱ级自重湿陷性黄土，因此将烟囱与窑尾厂房、引风机房的地基一起用6250kN·m能量的强夯处理，处理面积1298m²，烟囱地基位于强夯处理区的北侧（图18-104）。

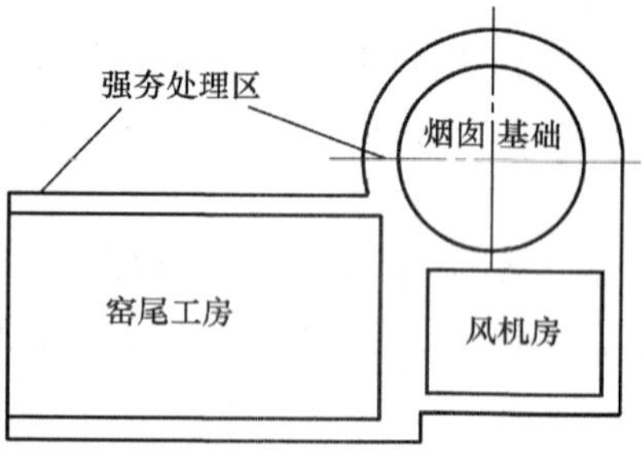

图18-104　强夯加固区处理范围图

烟囱建于1986年，在1993年5月发现向北倾斜，随后于6月10日和7月23日两次测得烟囱顶部向北偏移分别为1.42m和1.53m，即采取应急措施减缓北倾速度。至9月5日认定烟囱倾斜量超过规范允许值的3倍，已属危险构筑物，且该地区又属7度地震设防区，必须纠倾处理。

二、工程地质条件

地基土是具高压缩性、较高自重湿陷性和中等压缩性、中等自重湿陷性的黄土、土层剖面见图18-105。

三、倾斜原因分析

地基土浸水后造成承载力下降和不均匀沉降是倾斜的原因。

原地下水位埋深在40m以下，由于强夯形成了一层不透水土层，强夯区内产生上层滞水，埋深在1.3～1.95m，强夯区外的地下水位仍较低。一方面强夯区内地基软化，承载力下降，强夯地基承载力为260kPa，浸水软化后降低至165kPa，已小于设计要求的地基承载力250kPa；另一方面，地表水沿强夯区边缘渗入未处理的土层中引起湿陷。烟囱地基北侧正位于强夯区边缘，烟囱基础埋深又较引风机房和窑尾工房深2m，造成地表水渗流向烟囱地基北侧集中，北侧地基土含水量已达28%。

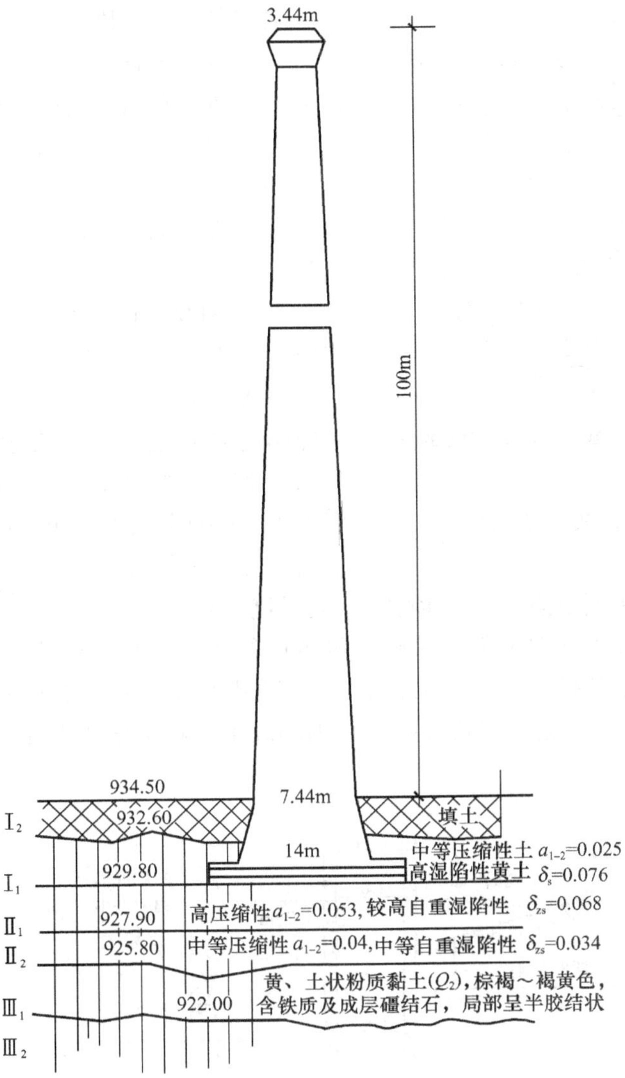

图 18-105 烟囱地基土层分布图

四、纠倾设计和施工

（一）方案选择

由于烟囱已处于危急状态，决定先采取应急措施稳住倾斜，然后再加固纠倾。

为了不让已很软弱的北侧地基进一步扰动，摒弃注浆等诸方法，选择双灰桩（石灰粉煤灰桩）加固。

为了纠倾，先进行较为简单的钻孔取土法试验，发现在 1.4～2.7m 的含水层中取土孔严重缩颈，而在 3m 以下孔壁光滑未见侧向排土，说明该法对烟囱纠倾效果不大，不然反而会对引风机房、窑尾工房和已施加的烟囱压重产生不利影响，故决定采用深层冲孔排土法纠倾。

（二）方案的设计和实施

1. 应急阶段

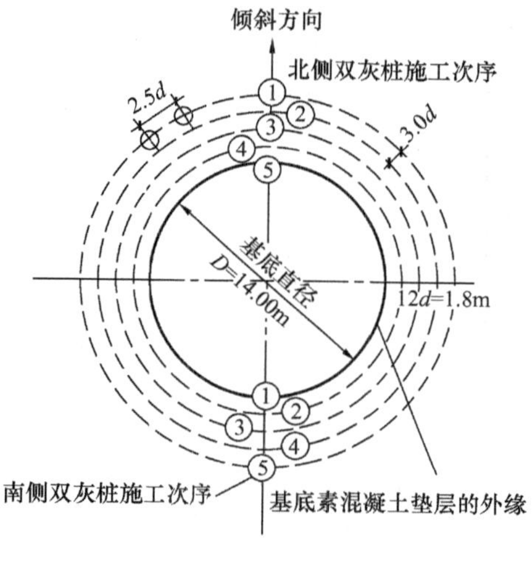

图 18-106　双灰桩布置图

采用以下三个措施用于应急：

（1）在烟囱高度 2/3 处的钢环和地锚之间拉上缆风绳，东南、西南方向各一条；

（2）在南侧基础上部堆上石屑，共加压 425t；

（3）清除烟囱北侧地面的积灰，疏通排除地面积水。

2. 北侧双灰柱（石灰：粉煤灰为 7：3）加固地基阶段

双灰桩直径 15cm，桩长到达基底下 5m。由外圈向内圈施工，共设置 6 排桩，径向排距 45cm，切向桩距 37.5cm，在基础周围形成总厚度为 1.8m 的半圆周双灰柱屏幕墙（图 18-106），双灰柱应按有关要求施工。

3. 南侧沉井射水冲土阶段（与阶段 2. 同时进行）

（1）在南侧对称于烟囱最大倾斜轴线设置内径 1m 的沉井两只（图 18-107），在沉井内挖土将沉井下沉至基础底面以下 1.5m 处。沉井井筒上交错布置射水孔和回水孔，其中射水孔设置在基础下 1m 处，以避开强夯处理的硬土层和防止往下面的软土层中灌水，每只沉井布孔 14 个。

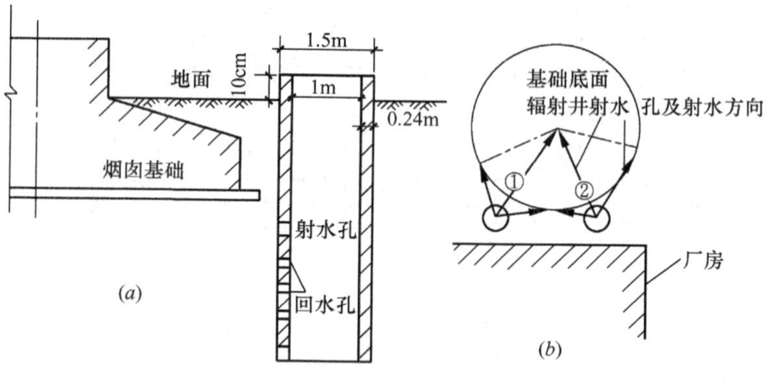

图 18-107　用于辐射冲水的沉井示意图

（a）辐射井的剖面；（b）辐射井的平面布置

（2）用管径 ϕ20mm 水枪射水排土，同时用泥浆泵排出井中泥浆。根据对回倾量和回倾方向的监测调整射水深度、射水孔位和射水间歇时间，直至平稳地达到纠倾要求。

4. 南侧双灰桩加固阶段

烟囱纠倾复位后，在南侧打双灰桩加固，双灰桩的设计同北侧，仅施工次序改为由内圈向外圈进行，最终与北侧双灰桩半圆周壁一起形成周圈完整的屏幕墙（图 18-106），与此同时，沉井下部用双灰、上部用灰土分层夯填。

五、纠倾效果

回倾过程平稳安全，烟囱脱离危险后正常使用。双灰桩屏幕防止了今后地基浸水再次偏斜。全部纠倾时间 62 天，按当时物价，耗资 18 万元。

18.3.6　堆载纠倾法

倾斜的建（构）筑物是由正常直立位置转变为倾斜，可视为某一倾斜力矩作用结果。如能人为施加一反向的纠倾力矩，则可起到纠倾的作用，这就是堆载纠倾机理。而堆载纠倾法是指在基础底板外或底板上靠沉降小的一侧通过分期、分批、对称、均匀地堆放重物施加荷载，这样施加的荷载必然是偏心的，其作用就是形成偏心力矩。

堆载纠倾法适用于淤泥、淤泥质土和松散填土等软弱地基和湿陷性黄土地基上的促沉量不大的、小型的浅基础和高耸构筑物浅基础。本法需要纠倾时间较长，另外，如需堆载量大则此纠倾方案亦不可取。

堆载纠倾法的设计和施工应符合下列规定：

（一）根据工程地质条件、基底附加压力大小、确定施加临时荷载量（如钢锭、砖、砂石料等）、荷载分布位置、分级加荷速率。

（二）设计时应考虑地基土的整体稳定，控制加载速率，在施工过程中应严密进行沉降观测，及时绘制荷载-沉降-时间关系曲线，藉以确保施工安全。

（三）设计时亦可同时在沉降大的一侧进行卸载（减层、卸除大面积堆载或填土等）以减少该侧沉降，从而达到纠倾的目的；亦可调整室内填土荷载，即一侧卸除堆载土，再做架空地板，而另一侧加压堆载土，故亦有人称堆载卸载纠倾法。

堆载纠倾法也可与其他纠倾方法联合使用，如掏土堆载纠倾法、钻孔取土堆载纠倾法、降水堆载纠倾法和浸水堆载纠倾法等。

【实例 18-29】　某工程堆载卸载法纠倾

一、工程概况

某工程建筑面积 1045m²，由甲、乙两个单元组成。其中甲单元为二层，平面尺寸 27.3m×11m，高 9.4m；乙单元三层，平面尺寸 11.1m×9.8m，高 11.2m。两个单元均为底层柱承重的砖混结构，采用钢筋混凝土条形基础（4 轴柱基面积扩大成与偏心条基相连的偏心柱基）。两单元之间设沉降缝一道，墙体间缝宽 80mm。建筑平面图和基础间沉降缝处理分别见图 18-108 和图 18-109。该工程于 1989 年 9 月开工，至 12 月三层完工，施工期间各观测点的沉降值不断发展。1990 年 1 月，观测到两个单元都明显向沉降缝方向倾斜，顶部已相碰。其中甲单元Ⓐ轴 M_{12}、M_9 两点的沉降差为 179mm，倾斜率 6.56‰，Ⓒ轴 M_1、M_4 两

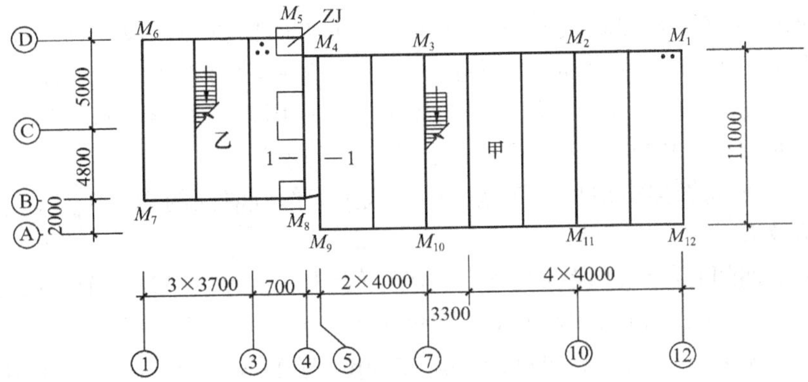

图 18-108　建筑平面和沉降观测点位置图

点的沉降差为195mm，倾斜率达7.14‰；乙单元Ⓑ轴M_7、M_8两点的沉降差为95mm，倾斜率8.56‰，Ⓓ轴M_5与M_6的沉降差则为90mm，倾斜率为8.11‰。

二、工程地质条件

场地土层属冲积和海相沉积，主要物理力学性质指标见表18-20，地下水位在地表下0.2m。

三、倾斜原因分析

（一）作为地基持力层的硬壳层很薄，下卧土层是高压缩性淤泥，经验算淤泥层顶面的应力超过其地基承载力允许值；

（二）室内回填土设计厚度1.6m，实际回填约2.0m，增加了软下卧层土中的应力水平；

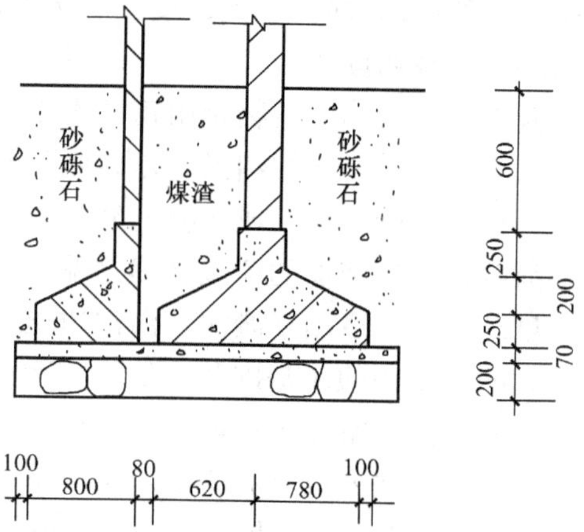

图18-109　基础沉降缝处理图

（三）两个单元的地基附加应力在沉降缝处叠加，缝边设置双墙更加大此处荷载。

场地土主要物理力学性质指标　　表18-20

层号	土类	土的状态	层厚（m）	含水量（%）	静探比贯入阻力（kPa）	地基承载力（kPa）
1	粉质黏土	硬～软可塑	1.5～2.0	33.3～43.8	104.2	100
2	淤泥	流塑	8.0	76.8	28.3	45
3	碎石					

四、纠倾设计和施工

（一）方案选择

考虑室内回填土占地基荷载的较大比例，卸去这部分荷载，并在一定时间内将它们加到沉降较小的一侧，可以直接起到调整地基附加应力的作用，达到纠倾的目的。故决定采用堆载卸载方法纠倾，并在沉降较大处增布短桩支承加固。

（二）方案的设计和实施

1. 挖去③轴～⑦轴范围内的室内填土至自然地面，并将它们加到①～③轴和⑩～⑫轴的范围内，促使两个端部沉降；调整室内填土荷载于1990年1月13日开始；

2. 在⑤轴沉降缝边基础底板上凿压桩孔，孔距为四倍桩径，以墙体承受反力，用油压千斤顶压入梢径为150～180mm的短桩13根，每隔一根桩在④、⑤两轴的条基肋梁上凿250mm×250mm的孔，穿入钢筋，浇筑短梁，然后用钢筋混凝土封桩顶（图18-110）。短梁把④、⑤两轴基础连在一起，短桩承受部分上部荷载。

3. 在③～⑦轴间做架空地坪，卸除反压堆载土。纠倾时间约为三个月。

五、纠倾效果

建筑物施工期间和纠倾阶段各观测点的沉降值和M_1、M_4、M_5三个测点的荷载-沉降-时间曲线分别见表18-21和图18-111，至1990年4月6日，M_1与M_4之间的沉降差为83mm，倾斜率3‰，M_9与M_{12}的沉降差65mm，倾斜率2.4‰；M_5与M_6的沉降差39mm，倾斜率3.5‰，M_7与M_8的沉降差34mm，倾斜率3.06‰，调整填土荷载后建筑

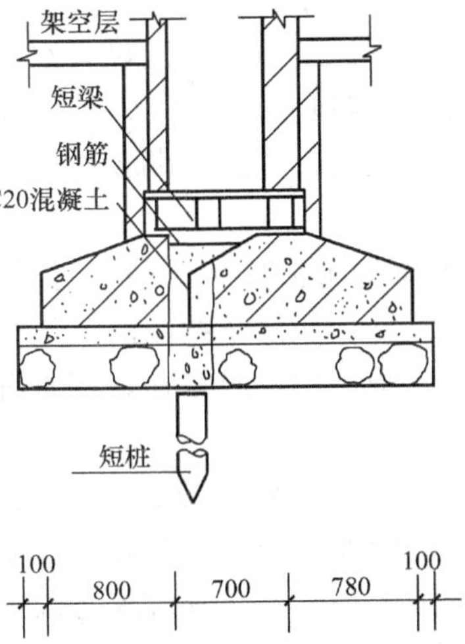

图 18-110 短桩短梁加固基础图

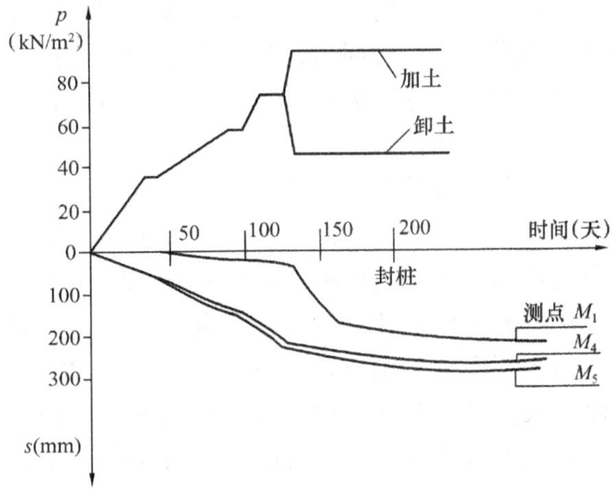

图 18-111 M_1、M_4、M_5 三测点的荷载-沉降-时间曲线

物沉降明显趋于均匀。

各观测点累计沉降量（mm） **表 18-21**

观测时间	形象进度	M_1	M_2	M_3	M_4	M_5	M_6	M_7	M_8	M_9	M_{10}	M_{11}	M_{12}
1989.10.20	一层完工	0	22	35	62	64	12	3	50	50	36	1	0
12.05	二层完工	27	80	93	140	150	85	94	146	121	102	54	22
12.16	三层完工	32	98	117	161	166	107	94	152	138	114	58	22
1990.01.09		45	141	171	240	250	140	118	213	204	169	80	25
1.16	挖加室内填土	77	161	182	243	253	168	143	217	206	174	90	53
2.20		172	215	226	267	277	233	204	240	214	192	159	138
3.21	封桩顶	200	237	250	287	297	255	222	256	229	213	183	163
4.06		209	249	257	292	304	265	226	260	232	215	187	167

18.3.7 降水纠倾法

降水纠倾法是利用土力学的基本原理，通过建筑物沉降较小一侧地下水位降低后出现水力坡降，产生附加应力差，增加土中的有效应力，使该侧地基土产生固结沉降，从而达到纠倾目的。

降水纠倾法适用于地基土渗透系数大于 1×10^{-4} cm/s 的浅埋基础，同时应防止纠倾时因降水而对邻近建筑物产生附加沉降的影响。

降水的井点选择、设计和施工方法可按《建筑地基基础工程施工质量验收规范》GB 50202—2002 的有关规定执行。也可采用沉井降水的方法，降水井要设在沉降较小的一侧。

对于一般情况，由于降水的深度和范围有限，单一的降水纠倾方法取得的纠倾效果也有限，因此往往与其他纠倾方法一起使用，例如采用沉井抽水和掏土（或钻孔取土）纠倾同时进行，而抽水也有利于软土流入井内被掏出。

降水纠倾时应根据建筑物的纠倾量来确定抽水量的大小及水位下降的深度。并应设置若干水位观测孔，记录所产生的水力坡降与实测值比较，以便调整水位。

降水纠倾施工时，如对邻近建筑物可能造成影响时，应在邻近建筑物附近设置水位观测井和回灌井，必要时可设置地下隔水墙等措施，以确保邻近建筑物的安全。

降水纠倾法施工简便，安全可靠，费用较低，但纠倾速率较慢，施工工期较长。

18.3.8 浸水纠倾法

建于湿陷性黄土地基上的一些建（构）筑物，由于整个建筑物地基局部浸水，往往使既有建（构）筑物基础产生不均匀沉陷，从而导致建筑物的倾斜。而浸水纠倾法就是利用黄土地基的浸水湿陷的特性，它是在沉降小的一侧基础边缘开槽、挖坑或钻孔，将水有控制地注入地基内，使该侧土产生湿陷变形，达到纠倾的目的。

浸水纠倾法适用于含水量小于16%，湿陷系数大于0.05的湿陷性黄土或填土地基，且刚度较大的既有建（构）筑物的纠倾。当缺少当地经验时，应通过现场试验确定其适用性。对土的含水量较大、湿陷系数较小的黄土，单靠浸水湿陷效果有限，则应辅之以堆载纠倾法的综合处理。尤需注意的是，要求注水一侧的土中应力超过湿陷土层的湿陷起始压力。

浸水纠倾法应符合下列规定：

一、根据建筑结构类型和场地条件，可选用注水孔（用洛阳铲成孔）、坑或槽等方式注水。在沉降较小的一侧布置浸水点，对条形基础亦可布置在基础两侧，按设计预定的次序开挖浸水坑（槽）或钻孔。

二、根据主要受力土层的含水量、饱和度以及建筑物的纠倾目标预估所需要的注水量。必要时应进行浸水试验，确定浸水影响半径、注水量与渗透速度的关系。

三、当采用注水孔（坑）浸水时，要确定孔径（一般为$\phi100\sim\phi300$mm）或坑的平面尺寸、孔（坑）深度、孔（坑）间距及注水量；当采用注水槽浸水时，应确定槽宽、槽深及分隔段的注水量（用水表计量）。一般注水孔（坑、槽）的深度应达到基础底面以下0.5～1.0m，可以设置在同一深度上，也可设置在2～3个不同深度上。试坑（槽）与被纠建筑物的距离不小于5m。

四、注水时严禁水流入沉降较大一侧的地基土中，亦应防止雨水流入注水坑(槽)内。

五、对中等湿陷性地基上的条基或筏基，估算停止注水后的滞后变形回倾值约占总变形量的10%。在确定停止注水时间时，应预估此滞后沉降量，不能矫枉过正。

六、纠倾过程中应采取措施保持正常的渗入速度。当出现纠倾速率过快时，应立即停止注水，并回填生石灰料；当出现纠倾速率过慢时，可与其他纠倾方法（如堆载纠倾法）联合使用。

七、浸水纠倾结束后，应及时用不渗水材料夯填注水孔（或坑、槽），并修复原地面和室外散水，防止地基再度浸水。

浸水纠倾法不需特殊施工设备和材料，方法简单，费用较低，但纠倾施工时间较长。

【实例18-30】 50t钢筋混凝土水塔结构的浸水纠倾

青海某地有一50t的钢筋混凝土结构的水塔（图18-112）。该塔建于Ⅲ级非自重湿陷性黄土地基上，黄土层厚度超过20m，地下水位在20m深度以下，原设计地基承载力的设计值为150kPa。由于C柱附近水管漏水，导致该处地基土局部湿陷，使水塔顶部向南倾斜244mm，向东倾斜95mm，亦即总的向东南方向倾斜262mm。

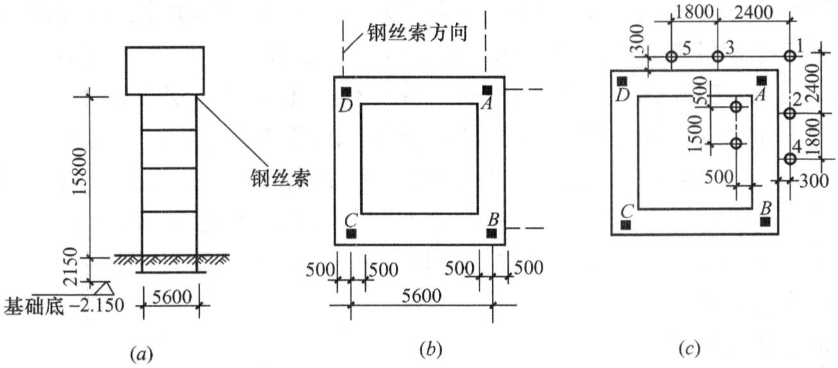

图 18-112 水塔浸水纠倾

(*a*) 水塔立面；(*b*) 基础平面；(*c*) 注水孔平面

浸水矫正前，地基土的含水量在基底下 1.5m 处，东南面为 18%，西北面为 10.8%。最后决定在西北面浸水对水塔进行纠倾。注水孔在西北面布置七个，孔径为 100～150mm，孔深为 0.5～1.0m。为安全计，另设四根钢丝缆绳以防施工中的意外事故。

施工时，逐日测定各孔注水量，结合构筑物顶部位移及基础沉降速率，随时调整各孔注水量，使基础底部能均匀地恢复水平位置，经浸水矫正后水塔使用正常。

18.3.9 地基部分加固纠倾法

地基部分加固纠倾法是指在建筑物沉降较大的一侧采用加固地基的方法（如锚杆静压桩法等），使该侧的建筑物沉降迅速趋于稳定；而建筑物沉降较小一侧让其继续下沉，从而使沉降趋势逆转，在逆转过程中建筑物重心的回复有助于加大这种趋势。

地基部分加固纠倾法适用于淤泥、淤泥质土等软弱地基上沉降尚未稳定，整体刚度较好，且一般为倾斜量不大的纠倾工程。

地基部分加固纠倾法可采用以下措施：

一、加固力度的变化

在沉降多的一侧用强加固（如多布桩），在沉降少的一侧用弱加固（如少布桩），甚至不加固。

二、加固次序先后上的变化

在沉降多的一侧即时加固，在沉降少的一侧用延时加固（如暂不封桩，待沉降达一定量后再行封桩），延时期间的沉降量即为纠倾沉降量。

另外，亦有在沉降较大的一侧用锚杆静压桩加固，在沉降较小的一侧不让其自然下沉纠倾，而采取其他纠倾方法（如钻孔取土等）联合应用的综合纠倾治理，这样可取得加固与纠倾两种效应，且钻孔取土可加速纠倾，缩短纠倾时间，在我国沿海地区的上海软土地基使用广泛，纠倾安全可靠，施工简便。

【实例 18-31】 软基上采用锚杆静压桩和钻孔掏土结合的纠倾加固

一、工程概况

南京市河西地区某住宅楼为 7 层砖混结构，基础型式为条基下沉管灌注桩，条基宽 0.8m，厚 0.3m，基础埋深－1.9m。建筑物长 46.5m，宽 11.5m，沉管灌柱桩 ϕ377（复打），桩长 23m，配 6ϕ14 钢筋长 8.5m。在开挖基础土方时，发生大面积桩倾斜，Ⓐ轴

①～⑧间桩顶位移达1.4m，发现倾斜的桩均已断裂，钢筋笼未按设计要求配置，最短的仅2～3m，甚至个别桩没有钢筋笼，因而对不合格桩采取了加固措施，即在Ⓐ轴①～⑧增加了24根200mm×200mm，长20m的锚杆静压桩，施工到3层后再压桩，到施工结束时，均未出现异常情况。1998年1月交付使用后，沉降速率较快，不均匀沉降急剧发展，4月27日～5月26日四次沉降观测结果表明，西段沉降量17.8mm，东段沉降量3mm，最大沉降速率0.613mm/d，平均0.336mm/d，最大倾斜率达5.6‰，1～7层均出现裂缝，最大缝宽2.2mm，长度4m，并在不断继续恶化，已严重危及主体结构安全，住户反映强烈，媒体多次曝光。

二、场地工程地质条件

建筑场地为软弱土层，部分地段原为河塘，未作清淤处理，用杂填土回填而成，回填深度3m，场地土层自上而下依次为：

①-1杂填土：褐灰、松散，含大量碎砖、碎石，层厚2.0～3.0m。

①-2淤泥质填土：灰黑，流塑，夹腐殖质，埋深1～6m，厚2～5m。

②-1淤泥质粉质黏土：灰，流塑，埋深3.9～6.0m，厚2.8～9.7m。

②-2淤泥质粉质黏土：灰，流塑，呈交互层状，厚20～27m。

②-2*a*粉土-粉砂：灰，松散～稍密，呈透镜体状，厚0～3.2m。

③-1粉砂：稍密～中密，埋深在37m以下，未穿透。

场地地下水位埋深－1.0m。

三、不均匀沉降原因分析

1. 桩基施工质量问题：

(1) 估计部分桩未达设计长度，且混凝土质量差，钢筋笼长度减少和部分未放。

(2) 拔管速度过快，造成断桩缩颈或吊脚桩。

2. 西面地质条件由于存在填塘，故较东面更差。

3. 土层中局部分布的小块粉砂层，可能东面多于西面，对桩的摩擦力而言，东面大于西面，造成东部沉降量小于西部。

4. 刚竣工时，该楼地基土持力层的强度已处于临界状态，随着居民装潢及活载的增加，促使沉降和不均匀沉降迅速发展。

5. 由于上部结构出现裂缝后导致刚度退化，使不均匀沉降加速进一步发展。

四、纠倾加固方案

纠倾加固方案总的设计思路是“综合治理、分段实施、动态管理”。亦即在沉降大的西面采用锚杆静压桩加固地基，使其沉降稳定；对沉降小的东面采用钻孔掏土及土中应力释放，地基土达塑性变形，使建筑物缓慢而又均匀地回倾。在实施过程中特别要做好沉降监测工作。

五、设计计算和施工工艺

本工程用锚杆静压桩127根，截面200mm×200mm，桩长18m，桩尖达粉土及粉砂夹层，原设计纠倾采用ϕ150斜掏土孔，倾角分别为45°、60°、75°，后由于沉管灌注桩施工偏差较大，在施工中斜孔多次发生打到桩上，为了防止灌注桩损坏，改为ϕ400～ϕ500直孔，在基础外侧掏土，共布孔40个（图18-113）。

施工流程为：

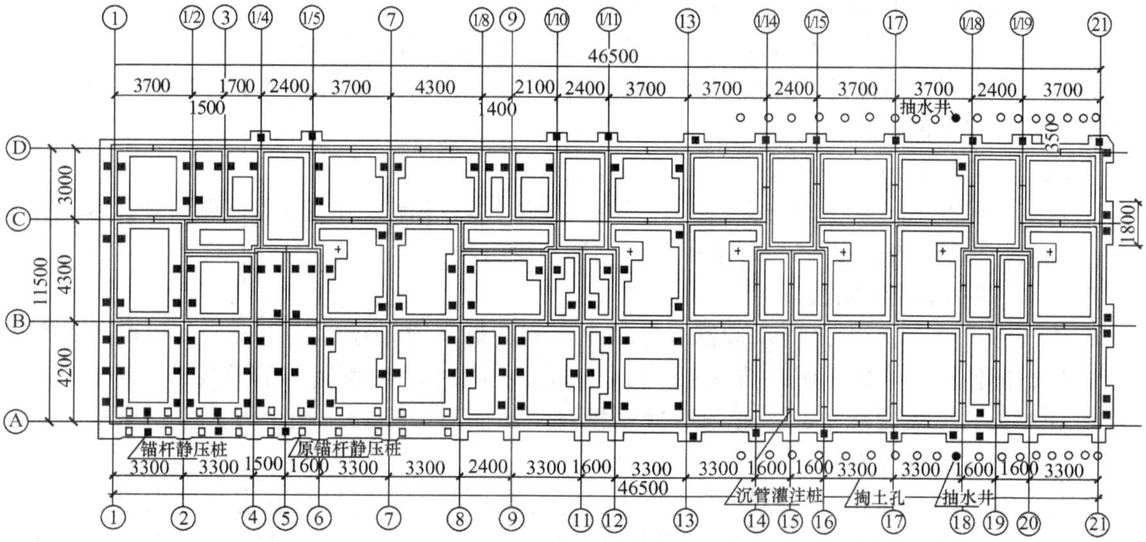

图 18-113 纠倾加固平面布置图

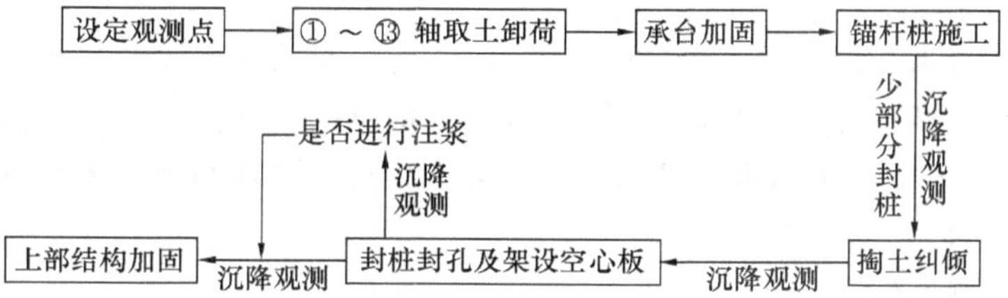

由于压桩过程中会引起建筑物的附加沉降，因此对压桩顺序采取严格要求，首先把①轴压完后封桩，然后分别从⑫轴向②轴，及⑬轴向㉑轴压桩，锚杆静压桩由压桩力和桩长双控，压桩力为 400kN。

钻孔掏土施工原则为由稀到密、由浅到深，循序渐进，施工顺序由东向西间隔跳打。预估纠倾后建筑物地基可能持续的变形（即滞后回倾量），当倾斜率达 4‰时，停止掏土，根据监测结果分析，确定封孔。

建立报警装置与安全应急措施，对掏土孔要准备好石子、黄砂、水泥，及时灌入孔内并注浆，藉以减小回倾速率。

从沉降观测曲线中表明：锚杆静压桩封桩前，房屋沉降速率较快且很不稳定。在纠倾施工期间，沉降急剧发展，施工时沉降速率控制在 0.5mm/d。当封桩和封掏土孔后，沉降立即趋缓，随时间推移，沉降日趋稳定且均匀。加固后符合国家规范标准，取得了满意效果，为南京河西地区其他房屋的纠倾加固，提供了可靠的技术参数和施工经验。

18.3.10 桩基础的纠倾法

对既有建筑物在桩基设计后产生倾斜的原因有以下几种：

一、采用桩基方案忽视负摩擦力的作用与计算；

二、考虑了桩土共同工作，而桩间土分担的荷载比例过大，而导致布桩数量不足；

三、设计时桩端没有进入好的持力层；

四、布桩过密导致沉桩困难，大量截桩后使部分桩端达不到好的持力层上；

五、桩基施工时引起缩颈、断桩、沉渣过厚；

六、桩的接长段与原桩体不在一直线上，严重降低单桩承载力；

七、预制桩沉桩时施工速度过快，地基土中产生较大的孔隙水压力，致使已打下的桩倾斜，甚至发生断桩；

八、由于场地地质条件变化，桩端没能进入同一好的持力层上。

对既有建筑的桩基工程产生不均匀沉降发生整体倾斜后，用一般的迫降纠倾技术是无法达到纠倾理想的效果，通常可采用以下三种纠倾方法：

（一）桩基水冲纠倾法

用压力为20MPa的高压水冲刷沉降较小一侧的桩身或松动桩端土层，使桩的承载暂时破坏，促使该侧基础下沉，待达到纠倾目标后，再采取措施恢复桩的承载力。对于摩擦型桩和较长的摩擦端承桩，一般采取冲刷桩身土；而对较短的、端承力为主的摩擦端承桩，则通常冲刷桩底土层。

设计时，需验算卸载一侧桩基础经冲刷后的剩承载力和变形，确定水冲的桩数和部位，防止发生失控的沉降。同时，需研究采取恢复桩侧和桩端阻力的措施。本法不适用于端承桩，对既有建筑物需纠倾量较大时，宜采取分批、分阶段的卸载方法。

（二）断桩纠倾法

断桩纠倾法是凿除沉降较小一侧的桩顶周边混凝土，使被凿桩段的截面积减小，局部压应力增大，直至受压破坏下沉达到纠倾目标。纠倾后，应迅速恢复新的桩顶与承台的可靠连接。

断桩法一般用于独立承台和条形承台的多层建筑物桩基纠倾。本法施工技术要求较高，施工时必须加强安全技术措施。

（三）承台卸载纠倾法

当考虑桩和承台共同工作计入承台效应的桩基础时，可通过承台底取土，将承台底土所承受的荷载转嫁到桩顶上去，另一方面亦可采取冲水方法削弱桩身摩擦力，从而迫使桩身下沉，达到纠倾目标。本法不适用于端承桩的桩型。本法宜与其他纠倾法结合使用。

18.4　既有建筑顶升纠倾

18.4.1　顶升纠倾适用范围

迫降纠倾（第18.3节）是从地基入手，通过调整地基土体的原始应力状态，使在既有建筑物沉降较小一侧的地基土局部去除或土体应力增加，迫使土体产生新的竖向或侧向变形，促使该侧在短时间内沉降加剧，从而达到纠倾的目的。以往倾斜建筑物的纠倾，基本上都采用迫降纠倾法，即通过人为降低沉降较小处基础标高来达到纠倾目的。但倾斜建筑往往伴随较大的沉降（大者超过1000mm），造成底层标高过低，产生污水外排障碍和地表水倒灌等病害，迫降纠倾法不仅无法彻底消除这种病害，反而会再次降低标高。

顶升纠倾是从结构入手，将倾斜建筑物的基础和上部结构沿某一特定位置进行分离，采用钢筋混凝土进行加固，分段托换，形成全封闭的顶升托换梁（柱）体系，设置能支承整个建筑物的若干支承点，通过这些支承点顶升设备的启动，使建筑物沿某一直线（点）作平面转动，即可使倾斜建筑物得到纠正。若大幅度调整各支承点的顶升量，即可提高建筑物的整体标高。

顶升纠倾技术是由福建省建科院于1986年所开创。它是一种地基沉降差异快速逆补偿的过程；也是地基附加应力瞬时重新分布的过程，使沉降较小处附加应力增加。实践证明，当原场地上既有建筑物地基土的固结度达80%以上，地基沉降接近稳定时，可通过顶升纠倾来调整剩余不均匀沉降。

顶升纠倾法适用的结构类型有：砖混结构、钢筋混凝土框架结构、工业厂房以及整体性完好的混合建筑。

18.4.2　顶升纠倾分类

根据纠倾建（构）筑物对象，可分以下几种型式：

（一）对新建构筑物上预先设置顶升措施的顶升纠倾。

在新建的构筑物（如储罐）基础上预先设计好可设置千斤顶的顶升措施，以适应发生预估不容许出现的地基差异沉降值时，再安置千斤顶调整差异沉降，用以恢复构筑物的使用功能，这种顶升纠倾国外亦称维持性托换。

另外，除了以上在储罐基础上预先设计好顶升孔的措施外，尚有在罐外壁设千斤顶顶升部位焊上钢牛腿加强，随油罐、气柜、球罐等各类储罐的结构型式不同，顶升部位的加固方法也不同（图18-114）。

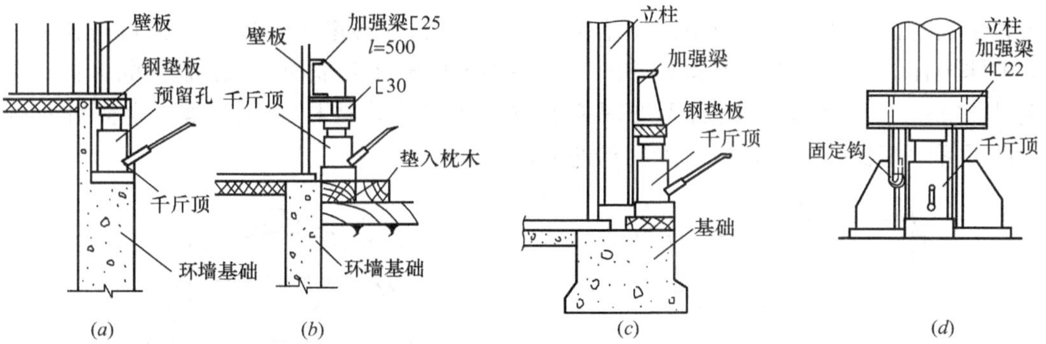

图18-114　储罐基础千斤顶顶升部位的加固图

(*a*) 环墙预留调整孔；(*b*) 环墙没有调整孔；(*c*) 气柜立柱加强；(*d*) 球罐立柱加强

以上顶升方法的施工技术措施为：

1. 将实测的储罐基础不均匀沉降量标记在罐壁上。

2. 顶升所需的油压千斤顶的数量由储罐自重决定，即

$$\Sigma N_T \geqslant 1.2 N_o$$

式中　N_T——每台油压千斤顶额定起重能力并乘0.8；

N_o——储罐本身（包括附属设备）总重。

3. 千斤顶要沿储罐罐壁周围均匀布置，还需准备大量的钢板作垫铁（尺寸150mm×200mm，厚度6～14mm），并准备好用来填入罐底的砂（要求选用干燥的中粗砂，粒径无具体规定）和空压机1～2台（由储罐的大小确定），准备工作的重点是检查千斤顶顶升处的加固质量。

4. 顶升工作一般分2～3次，如基础的不均匀沉降严重也可分多次进行，这主要是为了便于向储罐底下分层喷填砂，以求达到密实要求。

5. 第一次顶升，主要是给全部千斤顶加上负荷，第二次才正式顶升调平。每台千斤顶的每次顶升量，分别根据预先测得的基础各点的沉降量计算得出。顶升调平后，即沿罐体四周（在千斤顶两侧部位）将6～14mm厚的垫铁垫平卡紧，必要时可用电焊焊牢，以防用压缩空气喷填砂时，吹动垫板。空压机工作压力一般为$5kg/cm^2$，其对砂吹填密实的作用半径均为3～5m。顶升调正时的设备布置见图18-115。

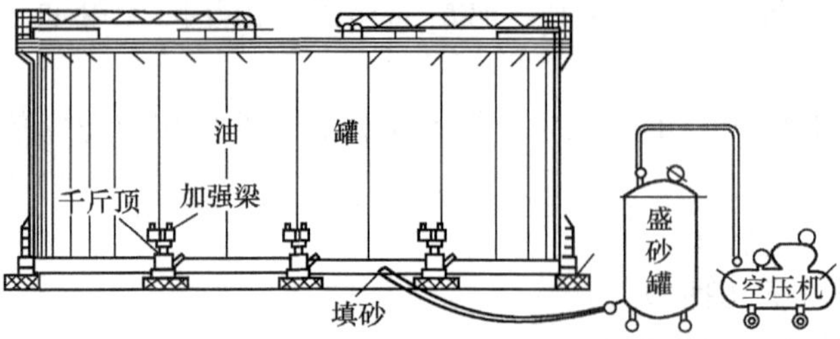

图18-115　大型储罐顶升调正的设备布置

对于大直径的储罐，可在其底板上开出直径250～300mm的孔洞以吹填砂用，待空压机将砂吹填密实后即焊好底板，并用真空泵检查焊缝，经试漏合格。然后在储罐四周浇灌热沥青封口，最后卸除千斤顶，顶升调正工作结束。整个顶升调正的准备工作约3～5天，正式调平工作一般1～2天即可完成。

（二）对既有构筑物的顶升纠倾

对某些构筑物使用时因不均匀沉降而妨碍了使用功能，其顶升纠倾措施是先在地面上修筑若干临时性的砖墩（如以下除钴槽图18-116），再在砖墩上放置千斤顶将需托换的构筑物整体顶住，然后将支承原构筑物的钢筋混凝土柱子在离地面0.8m处切断，操纵千斤顶上升400mm进行纠倾，最后再加固钢筋混凝土柱子，待柱子的混凝土达到计算强度后，即可拆除模板和砖墩，恢复除钴槽的使用功能。

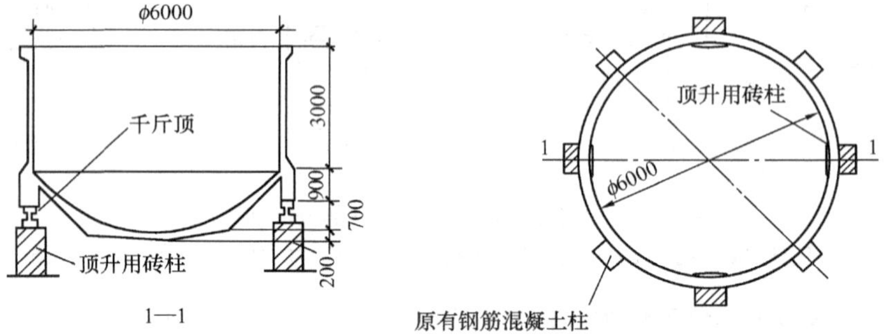

图18-116　除钴槽的顶升示意图

（三）对既有住宅建筑物整体顶升纠倾

迫降纠倾往往会带来降低建筑标高、造成污水排水困难、地表水倒灌等危害，因此当倾斜建筑物的场地条件不允许对沉降小的部位进行迫降纠倾时，采用整体顶升纠倾可恢复或提高原设计标高。

（四）压桩反力顶升纠倾

先在基础中压下足够的桩，利用桩竖向力作为反力，将建筑物顶升并纠倾。这种方法适用于较小型的建筑物。

（五）高压注浆顶升纠倾

利用压力注浆在地基中产生的顶托力将建筑物顶托升高并纠倾。它适用于较小型的建筑物和片筏基础。

18.4.3 顶升纠倾设计

1. 顶升纠倾的设计应符合下列规定

(1) 顶升必须通过上部钢筋混凝土顶升梁和下部基础梁组成一对上、下受力梁系，中间采用千斤顶顶升，受力梁系平面上应连续闭合，且应通过承载力及变形等验算（图18-117）。

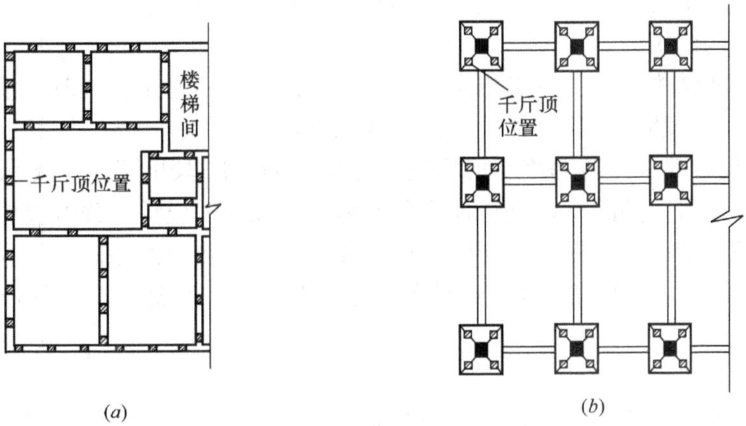

图 18-117 千斤顶平面位置

(a) 砌体结构建筑；(b) 框架结构建筑

(2) 顶升梁应通过托换形成，顶升托换梁应设置在地面以上约 50cm 的位置。当基础梁埋深较大时，可在基础梁上增设钢筋混凝土千斤顶底座，并与基础连成整体。使顶升梁、千斤顶和底座应形成稳固的整体（图 18-118）。

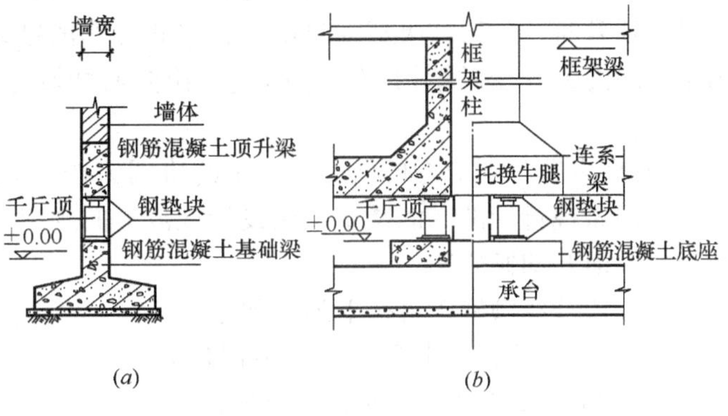

图 18-118 顶升梁、千斤顶、底座位置

(a) 砌体结构建筑；(b) 框架结构建筑

(3) 对砌体结构建筑可根据线荷载分布设置顶升点，顶升点间距不宜大于 1.5m，应避开门窗洞及薄弱承重构件位置；

对框架结构建筑应根据柱荷载大小布置，顶升点数量可按下式进行估算。

$$n \geqslant \frac{Q}{N_a} \cdot K \tag{18-29}$$

式中 n——顶升点数；

Q——建筑物总荷载设计值（kN）；

N_a——顶升支承点的荷载设计值（kN），可取千斤顶额定工作荷载的 0.8，千斤顶额定工作荷载可选 300kN 及 500kN；

K——安全系数，可取 1.5。

（4）顶升量可根据建筑物的倾斜率、使用要求以及必要的过纠量（过纠量是指建筑还未沉降稳定的剩余沉降量）。如采用地基加固，则此量不必预留，这个量应通过沉降计算求得确定。但一般要求纠正后垂直度偏差应满足国家现行标准《建筑地基基础设计规范》GB 50007—2002 的规定。

2. 顶升纠倾的结构设计

要使整幢建筑物靠若干个简支点的支承完成平稳上升转动，除需要结构的整体性比较好外，尚需要有一个与上部结构连成一体具有较大刚度及足够承载力的支承体系。

（1）砌体结构建筑

顶升时，砌体结构的受力特点相当于墙梁作用体系。顶升梁设计时可按支座反力作用下倒置弹性地基上的墙梁设计，并应符合下列规定：

1）顶升梁设计时，计算跨度考虑协同工作的差异，应取相邻三个支承点去掉中间支点后，两边缘支承点间的距离，进行顶升梁的承载力及配筋设计（顶升梁应按钢筋混凝土受弯构件进行受弯承载力、斜截面受剪承载力及顶升梁支座上的原砌体的局部承压验算）。

2）当既有建筑的墙体承载力验算不能满足要求时，应调整支承点的跨度或对砌体进行加固补强。

（2）框架结构建筑

要使框架柱能得到托换，必须增设一个能支承框架柱的结构体系，因此托换梁（柱）体系必须按后增牛腿来设计，为减少框架柱间的变位，同时增加连系梁约束框架柱间的变位及调整差异顶升量，并应符合下列规定：

1）应验算断柱前、后既有建筑的框架结构柱端的轴力、弯矩和剪力作用下的承载力。

因为原框架结构其上部结构本身属一整体的超静定结构，其柱脚为固端，而柱托换施工以后顶升时的框架柱脚却为自由端，因此计算的结果与原结构内力结构有一定的改变，为了解除内力改变对结构变形的影响，托换前增设连系梁相互拉接，解除了柱脚的变位问题。

2）后设置牛腿应考虑新旧混凝土的协调工作，设计时钢筋的布置、锚固或焊接长度应符合国家现行标准《混凝土结构设计规范》的规定。

18.4.4　顶升纠倾施工

一、顶升纠倾施工可按下列步骤进行

1. 钢筋混凝土顶升梁（柱）的托换施工；

2. 设置千斤顶底座及安放千斤顶；

3. 设置顶升标尺；

4. 顶升梁（柱）及顶升机具的试验检验；

5. 在顶升前一天凿除框架结构柱或砌体结构柱的混凝土，顶升时切断钢筋；

6. 统一指挥顶升施工；

7. 当顶升量达到 100～150mm 时，开始千斤顶倒程；

8. 顶升到位后进行结构连接和回填。

二、顶升纠倾的施工应符合下列规定

1. 砌体结构建筑的顶升梁应分段施工，施工前应在各分段设置钢筋混凝土支承芯垫，间距 0.5m。梁分段长度不应大于 1.5m，且不应大于开间墙段的 1/3，并应间隔进行，待该段达到强度后方可进行邻段施工。主筋应预留搭接或焊接长度，混凝土接头处应凿毛并涂混凝土界面剂，然后浇筑混凝土。

2. 框架结构建筑的顶升梁（柱）施工宜间隔进行，必要时应设置辅助措施（如支撑等），当原混凝土柱保护层凿除后应立即进行外包钢筋混凝土的施工。

3. 顶升的千斤顶上下应设置应力扩散的钢垫块，以防顶升时结构构件的局部破坏。并保证顶升全过程有均匀分布的、不少于30%的千斤顶保持与顶升梁、垫块、基础梁连成一体，使其具有抗拉能力。

4. 顶升前应对顶升点进行承载力试验（抽检），由于顶升过程中不是每个点都是均匀受力的，故试验荷载应为设计荷载的1.5倍，试验数量不应少于总数的20%，试验合格后方可正式顶升。

5. 顶升时应设置水准仪和经纬仪观测站，以观测建筑物顶升纠倾全过程。顶升标尺应设置在每个支承点上，每次顶升量不宜超过10mm（主要考虑各顶升点到达设计位置的先后对结构的影响）。各点顶升量的偏差应小于结构的允许变形。

6. 顶升应设统一的指挥系统，并应保证千斤顶同步按设计要求的顶升和稳固。

7. 千斤顶倒程时，相邻千斤顶不得同时进行，倒程前应先用楔形垫块进行保护，并保证千斤顶底座平稳。楔形垫块及千斤顶底座垫块均应采用工具式、组合、可连接、具有抵抗水平力的外包钢板的混凝土垫块或钢垫块。垫块应进行强度检验。

8. 顶升到达设计高度后，应立即在墙体交叉点或主要受力部位用垫块稳住，并迅速进行结构连接。顶升高度较大时应边顶升边砌筑墙体。千斤顶应待结构连接完毕并达到设计强度后方可分批分期拆除。

9. 结构的连接处应达到或大于原结构的强度，若纠倾施工时受到削弱，应进行结构加固补强。

【实例18-32】 杭州某住宅楼顶升纠倾

一、工程概况

杭州花园新村某住宅楼是一幢5层的砖混结构，长42m、宽9.3m、高15.85m；建筑面积为2015m^2。原建筑采用浅埋式钢筋混凝土筏式基础，每层设有混凝土圈梁，建筑物总重约为3200t。于1982年4月开工，1983年9月竣工。

由于场地地基条件差，表面硬壳层较薄，仅为2.2m，其下均为深厚的淤泥质粉质黏土，一直到地表以下31m，地基土体强度才有所提高。

在施工期间，沉降较大点已超过300mm，南北差异沉降也在80mm以上，竣工后沉降量继续增加。经沉降观测测得，建筑物南北向差异沉降约150mm，东西向差异沉降10mm。室内楼地面明显倾斜，东西两端内纵墙多处开裂，缝宽达4～5mm，门窗开启困难，住户有强烈不安全感。由于总沉降量较大，造成下水道排水困难，底层无法进出，已严重影响住户正常生活。

经过二年多的观测分析，目前平均沉降速率已降至0.012mm/d，沉降已基本处于稳定，建筑物自身的结构现状较为完好，最后决定采用顶升纠倾。

二、顶升纠倾设计

设计思路是：在建筑物底层窗台以上修筑封闭的圈梁作为顶升支承，把其上部结构加固成一整体，千斤顶放在支承梁以下，利用基础板作为反力系统，从而达到纠倾和抬高的目的。

楼面活载为 1.05kPa，由横墙承担。阳台荷载按常规处理，且纵横墙各分担一半，计算得墙身最大线荷载为 217.2kN/m。几经调整，确定设置 209 台 300kN 容量的螺旋式千斤顶，平均每台承受压力 150kN，占额定起重量的 50%。根据上部荷载以及千斤顶的初步定位。计算托梁断面及其配筋（图 18-119）。

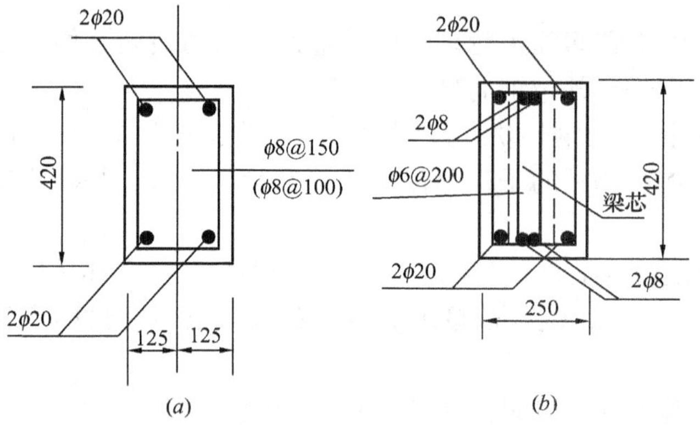

图 18-119　托梁横截面尺寸示意图

电算模式是把托梁整体假设为平面交叉梁系，墙身仅作为荷载处理，未考虑其墙梁作用，利用 SP84 程序，在长城微机上计算每个千斤顶的支承反力和托梁的内力，同时相应调整千斤顶的布置，以算得每个千斤顶的受荷和托梁的内力相对均匀为止。电算结果是：托梁的最大弯矩 M_{max}＝53kN·m，最大剪力 Q_{max}＝154kN，最大支承反力 R_{max}＝308kN，顶升总重 G＝31280kN，托梁平面及千斤顶位置如图 18-120。

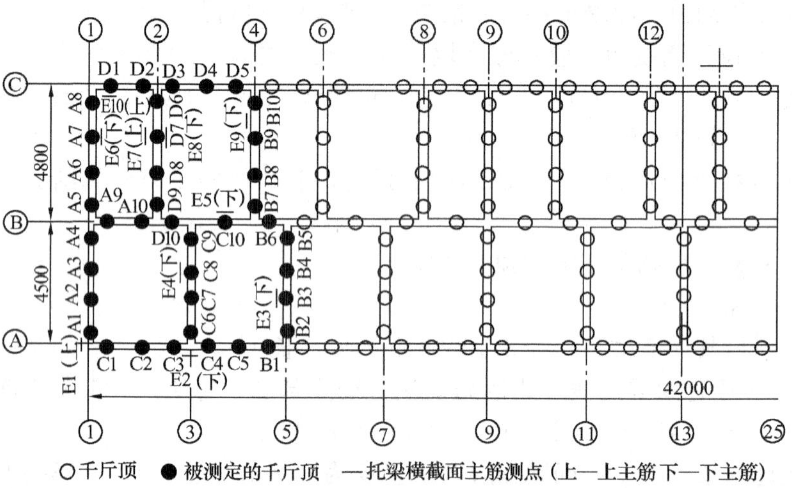

图 18-120　千斤顶位置平面示意图

为保证顶升纠倾，还要进行一些必要的附属设计，如千斤顶上部和混凝土托梁之间的局部抗压强度；下部和地梁、预制多孔板、墙身之间的局部抗压强度；各类垫块、楔块的承压强度；门洞间墙身强度；楔块和托梁、千斤顶垫板间的抗滑稳定计算等。

三、顶升纠倾施工

（一）施工前期准备

浇制混凝土托梁是该期间最重要的工作。整个封闭的平面交叉托梁系分批分段进行浇制，它的施工程序是：

1. 先浇制底层门窗洞口处的混凝土托梁梁芯；将门窗拆下，拆掉窗处的砖墙，及砌上门处的砖墙至规定的标高，在此砖墙上浇 120mm×420mm 的梁芯（图 18-119*b*），其上再砌 120mm 砖墙至门窗顶部或用立木撑顶紧上部（二层）的圈梁。

2. 在相同的标高处拆除 4.2cm 厚层的窗间墙，通过门窗处梁芯两外侧 65mm 宽的空隙直穿钢筋，使纵墙托梁整体浇捣一次成型。此处利用梁芯来解决由于分段施工造成钢筋多处搭接问题。

3. 分段分批浇捣横墙托梁，此时不再先浇制梁芯，为了避免前、后两批浇捣的托梁段与段间四根钢筋在同一截面处搭接，可先在第二批浇捣的及还未拆除的横墙墙面相应位置处交错凿出两道 60mm×60mm 凹槽，预留两根 ϕ20 钢筋（图 18-121）。

4. 放置千斤顶时，需视底部的不同情况分别处理。若底部是混凝土地梁，则可直接置入千斤顶；若底部是预制多孔板，需用细石混凝土把板孔处的孔洞封实后再置入千斤顶；若底部是砖墙，要设置混凝土垫块后置入千斤顶。

5. 设立顶升标尺。在每只千斤顶旁，竖立一贴有毫米方格纸的标尺。在整个顶升过程中，每个千斤顶的操作人员都能从标尺寸上直观地了解到该处的顶升状况（图 18-122）。

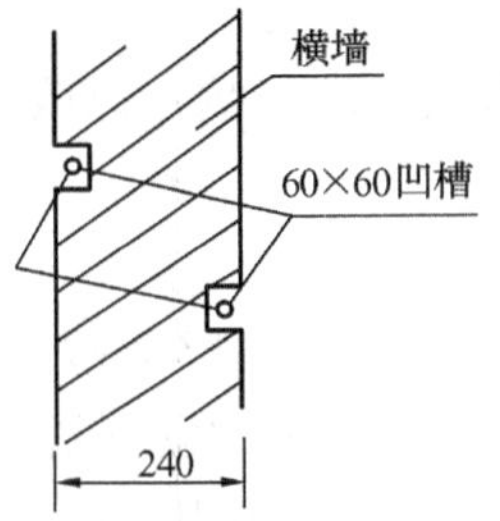

图 18-121 预留槽示意图

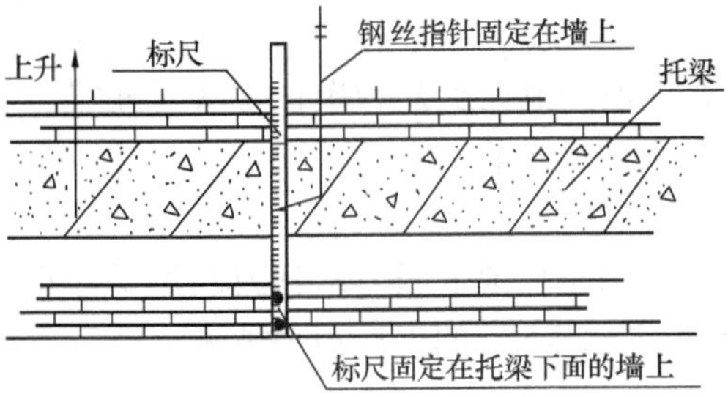

图 18-122 标尺设置示意图

（二）顶升纠倾过程

顶升纠倾这一过程的施工必须计划周全，组织严密，要求保证参加顶升的所有千斤顶均应同步顶升，关键在于现场施工的组织指挥和技术监督。

本工程顶升共分四个阶段：

1. 第一阶段，建筑物整体上升 10～20mm，使托梁与基底砖墙分离；

2. 第二阶段，南北纠平，此时Ⓐ轴（南面）千斤顶保持不动，其余各排千斤顶按面转动要求顶升，直至北面Ⓑ轴抬高 100mm 左右；

3. 第三阶段，在①轴（西面）保持不动，按照要求顶升直至东面①～⑤轴抬高 10mm 左右；

4. 第四阶段，建筑物南北、东西都纠平后再整体上升 650mm 左右。

在顶升过程中，由于受千斤顶行程为 180mm 的限制，且每个千斤顶操作时的行程不一，随时均要替换千斤顶行程，并在其底部加垫块升高。此时需在千斤顶两边的砖墙与托梁间用钢木楔块打紧后才能撤下千斤顶做上述工作（图 18-123）。当天顶升工作结束后，必

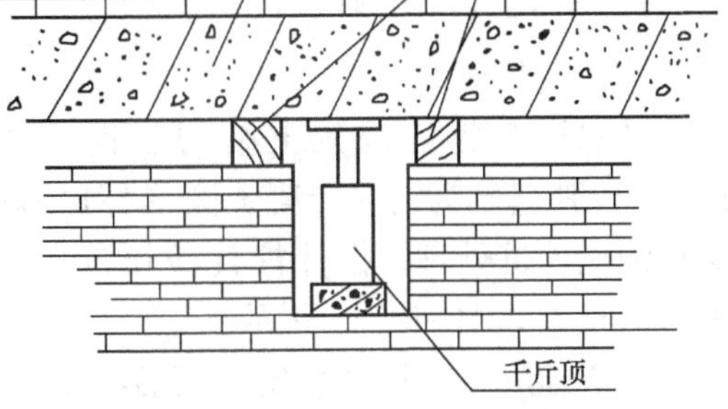

图 18-123 替换千斤顶行程示意图

须及时做好升高空隙处的砌筑及填楔工作，以保证建筑物的安全。

（三）修复工作

顶升到位后，锁紧全部千斤顶，采用高强度等级、早凝早强型砂浆抓紧在顶离空隙中砌入砖墙，待砌入墙体达到设计强度后，分批撤走千斤顶，其墙洞也砌入砖墙。以后还要做室内架空地坪的铺设、原门窗安装、上下管道及内外粉刷的修复工作。

四、顶升纠倾监测

监测结果既是现场指挥顶升的决策依据，又为顶升纠倾技术的完善提供一定的理论依据和技术数据。

在建筑物顶升托梁的四周设置 10 个观测点；在建筑物外周安放二台经纬仪观测建筑物在纠偏过程中垂直度的变化情况；在建筑物四角设置四根垂线，用目测法估读纠倾情况。

在顶升过程中对占总数 1/4 左右的千斤顶和部分托梁用电阻应变仪进行受力观察，其目的是：

（1）将实测值与理论计算值分析比较，以判定千斤顶、托梁设计的安全可靠性和合理性；

（2）观察顶升施工工艺和操作方法对托梁、千斤顶受力状况的影响，以改进和完善这一建筑物顶升纠倾技术。

测试结果表明：

1. 没有一只千斤顶的压力达到或超过千斤顶的最大容量 320kN，达到或超过许可容量（80%最大容量 260kN）的千斤顶占被测定千斤顶的 10%，因此千斤顶的设置基本是合理的。

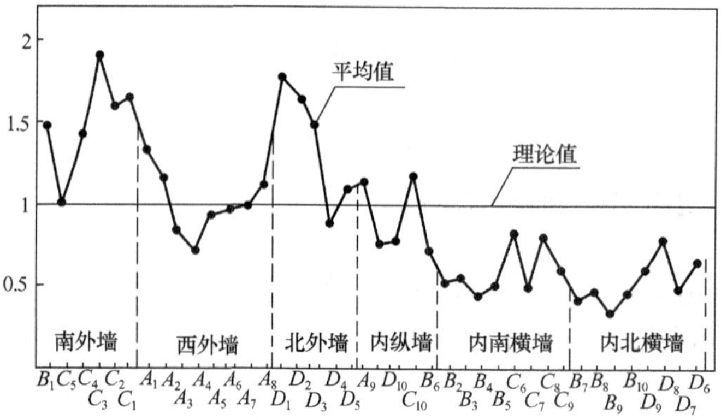

图 18-124　千斤顶受力的平均实测值相对于理论值的比较

2. 墙梁作用相当明显，致使托梁的强度足够有余。实测的一次最大平均值也仅在设计弯矩的 50%以下，而且托梁是作为一个整体来承受载荷的。

3. 每个千斤顶所受压力的实测值与理论计算值有较大的差异，总的趋势是：放置在南、北外纵墙处的千斤顶压力的实测值平均高于理论值的 1.5 倍左右，而内横墙处的千斤顶压力实测值均低于理论值（图 18-124）。

【实例 18-33】　某水塔工程的顶升纠倾

一、工程概况

某水塔为钢筋混凝土结构工程，总高 29.5m，筒体高 24m，水箱高 5.5m，容积 100m^3，其基础为钢筋混凝土圆形杯口基础，直径 7m，高度 0.35m，基础下地基采用深层水泥搅拌桩处理，搅拌桩直径 0.50m，桩长 15.0m，设计要求桩体抗压强度 2.0MPa，桩平面布置如图 18-125 所示。

水塔建成后，沉降稳定。其后在水塔边建一 6 层住宅，采用天然地基上的浅埋式平板基础，基础边缘离水塔基础边缘仅 2.0m，水塔受住宅荷载相邻影响，水塔逐渐产生向住

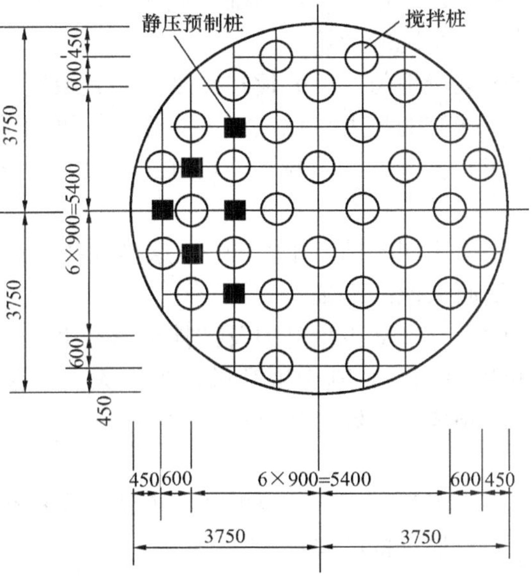

图 18-125 搅拌桩及静压桩平面布置（单位：mm）

宅建筑方向倾斜，根据沉降观测，1996 年 8 月水塔已产生 6.8‰的倾斜，倾斜仍在继续发展，无收敛迹象。经计算分析，水塔倾斜的进一步发展将影响其稳定，因而须进行纠倾处理。该场地工程地质情况如表 18-22 所示。

工程地质情况 **表 18-22**

土层编号	土层名称	f_k（kPa）	E_s（MPa）	q_p（kPa）	q_s（kPa）
1	耕植土				
2a	粉质黏土	100	3.9		12
2b	粉质黏土	105	5.1		14
2c	淤质粉质黏土	75	2.4		9
2d	黏质粉土	140	8.0		20
3a	淤质粉质黏土	65	2.0		8
$3_{夹}$	黏质粉土	90	3.8		10
3b	淤质黏土	70	2.1		8
4a	黏土	170	6.5		24
4b	粉质黏土混碎石	250	12.0	4000	45

二、纠倾方案

这是一种新的顶升纠倾方案。首先在沉降大的一侧基础底板上开凿 6 个孔，通过 6 个孔再逐根压入边长为 200mm 的方形预制桩，在 6 根桩全部压入地基达到一定的承载力后，在每一根桩上各安装一个抬升架，抬升架通过锚杆与基础连接，通过千斤顶与桩头连接，然后在统一指挥下，同时顶升 6 个千斤顶；千斤顶的顶升带动抬升架的抬升，抬升架的顶升又通过锚杆带动一侧基础的抬升，当抬升量达到恢复水塔原位的要求时，即可停止抬升。在基础与地基的脱空段，灌注水泥浆使其充满脱空区域。当水泥浆硬化后，逐个拆除反力架，封好基础上所凿桩孔，以使桩头与基础连成一体，使基础的荷载传递给桩。

三、纠倾过程中各种受力状况的计算

在顶升过程中，基础将逐步地与一部分搅拌桩脱离，其余搅拌桩的受力状态将产生变化，为此对在抬升过程中搅拌桩的受力变化进行了计算，均可满足规范要求；同时也对抬升过程中基础底板的抗冲切和抗弯进行了验算，均可满足设计要求。

四、纠倾实施

本工程的实际纠倾措施采用纠倾稍大于6.8‰，这是为防止卸除抬升架的过程中及其后水塔可能恢复部分倾斜量而采取的措施。

纠倾前先放空水箱中的水，以减少抬升力及搅拌桩的受力。

本工程纠倾实施时间约40余天，其中顶升过程为2天。水箱充水试验表明，充水后水塔稳定，未产生进一步的倾斜，纠倾工作是成功的。

五、结语

本工程的特点是采用集阻沉与纠倾于一身的纠倾方法，实施简便、安全，技术经济效果好，今后可在类似的工程中加以推广应用。

18.5 既有建筑移位

18.5.1 概述

既有建筑移位（又称建筑平移、建筑迁移或建筑搬迁，而国外称 Moving Structure）是通过托换技术，将建（构）筑物沿某一特定标高进行分离，而后设置能支承既有建筑物的上下轨道梁及滚动装置，通过外加的牵拉或顶推力，将既有建筑物沿规定的路线搬迁到预先设置好的新基础上；当设置能支承建筑物的若干起重设备（如千斤顶），并对这些支承起重设备实施顶升时，控制各支承点的顶升值，即可调整倾斜；当顶升及迁移建筑物到达预定的位置后，实施结构的连接和修复工作，此时才完成了既有建筑的顶升和移位的全过程。

随着我国建设近年来蓬勃发展，城市道路交通的改善，城市规划不断完善，旧城改造和道路拓宽的工程愈来愈多，相应出现了一些刚新建的建筑物和一些具有保留价值的古建筑需实施移位的工程随之增多。我国在20世纪80年代由福建省建筑科学研究院系统地开发了这种新型技术，并具有我国一定特色和推动这一技术迅猛发展。

国外基本上采用全包装式的迁移，既安全又可靠，但其造价往往高于建筑物拆除重建。作为一种常规的平移技术，既要做到安全可靠，又要造价尽可能低于拆除重建的造价，这就要求深入细致地开展研究工作。目前我国已有数家专业公司致力于这方面的研究开发工作，完成了很多迁移技术工程，取得了许多成功的经验。目前有关整体移位的设计及施工方面的规范：中华人民共和国行业标准《既有建筑地基基础加固技术规范》（JGJ 123—2000）已公开问世，这对建筑物移位技术的理论研究和工程实践起到导向的作用。

移位工程的优越性有以下几方面：

1. 通过移位后可适应新的建筑规划和使用要求。还可保护有价值的古建筑和文化遗产。

2. 一般移位工程的造价，只占拆除重建的1/2～1/3。且拆除建筑物会产生大量建筑垃圾，一拆一建会对环境造成污染。

3. 移位工程的工期一般为半年左右，而拆除和新建工程至少要1～2年时间。

4. 移位时除底层外，楼内居民可不搬出，只是在移动的短暂几天作些临时安排，可节约大批搬家安置费用。

18.5.2 移位技术分类

移位技术分类可按表18-23进行分类。

建筑物移位技术分类 表18-23

序号	移位方式	说明
1	基础处置方式	A. 切断原基础移位
		B. 连同原基础一起移位
2	移位分离体名称	A. 上轨道结构体系，下轨道结构体系
		B. 托盘结构体系，底盘结构体系
3	移位装置种类	A. 滚动式：实心钢滚轴，钢管混凝土滚轴
		B. 滑移动：轨道为钢轨，上轨道为钢板式槽钢
		C. 轮动式：上轨道两侧设转轮，下轨道为钢板或混凝土
		D. 综合式：滚动与滑移结合方式
4	结构处理方式	A. 整体式移位
		B. 断开分体式移位
5	移位方式	A. 平移式移位（直线移位，转动移位）
		B. 升降式移位
		C. 综合式移位
6	移位施力方式	A. 千斤顶推顶式（中间设活动支座）
		B. 千斤顶牵拉式
		C. 推拉结合式
7	托盘形式	A. 十字交叉梁格结构体系
		B. 拱形结构体系
		C. 梁板结合结构体系
8	移位施力设备控制方式	A. 手动调控千斤顶施力式
		B. 数控千斤顶施力式
9	偏移控制方式	A. 有侧限调控偏移式
		B. 无侧限调控偏移式
10	监控方式	A. 结构及外观状态监控方式
		B. 上述A外，再加结构构件内埋设测力计、应变仪器监控方式

18.5.3 既有建筑移位设计

一、在制定移位方案前应具备以下资料

（一）移位工程设计前，应搜集场地及移位路线的岩土工程勘察资料，有时还需进行补充勘察。

（二）移位工程设计前，应搜集既有建筑物的设计和竣工资料、邻近建筑物和地下管线等有关资料。

（三）移位工程设计前，应经检测鉴定，当建筑物的结构现状满足移位要求时，方可进行移位，否则应先进行结构加固或补强。

（四）移位工程设计与施工单位应由具有特种专业工程（平移或移位）资质单位承担。

（五）移位工程施工期间，必须对结构现状、裂缝、沉降进行监测。

二、荷载计算及设计原则

建筑物移位的设计荷载包括恒荷载、活荷载、风荷载、地震作用及建筑物移动过程中的水平荷载。

恒荷载、活荷载（楼面与屋面）取值按现行国家标准《建筑结构荷载规范》(GB 50009)采用。风荷载在设计建筑物新址时按新建建筑物取值，建筑物移动过程中按10 年一遇取值。地震作用在设计建筑物新址的基础时按新建建筑物取值。

在设计建筑物新址基础时按新建建筑物组合；移动过程中应用的构件设计可按荷载标准值组合。

对于反复受力构件，如上轨道梁及推力支座，由于循环反复受力，其安全系数可适当提高，并应加强构造措施。

整体移位后，若出现新旧基础的交错，则应考虑新旧基础间的地基变形差异，分别计算既有建筑物基础残余沉降值和新基础部分沉降值。设计时，根据客观实际可适当考虑既有建筑物地基承载力的提高，必要时应对地基基础作加固处理。

整体移位后，若建筑物位于地震区，则应按现行国家抗震规范核算，不满足时应进行抗震加固处理。

整体移位时和移位后，建筑物应有可靠的连接，使受力符合移位设计的要求，防止建筑物出现过大的变形和附加应力。

整体移位的结构计算简图必须与实际结构相符合，应有明确的传力路线，合理的计算方法和可靠的构造措施。

建筑物的移位有滚动和滑动移位（图 18-126*b*）两种，而滚动移位又包括上下轨道间设置滚轴的滚动移位（图 18-126*a*）和上下轨道间设置滚动轮的滚动移位（图 18-126*c*）。

滑动的优点是平移时比较移定，但其缺点是摩阻力大，移动的动力大，移动的速度也较缓慢，另外，要求寻找一种高强度、高硬度、摩擦系数小的材料目前尚比较困难。而滚

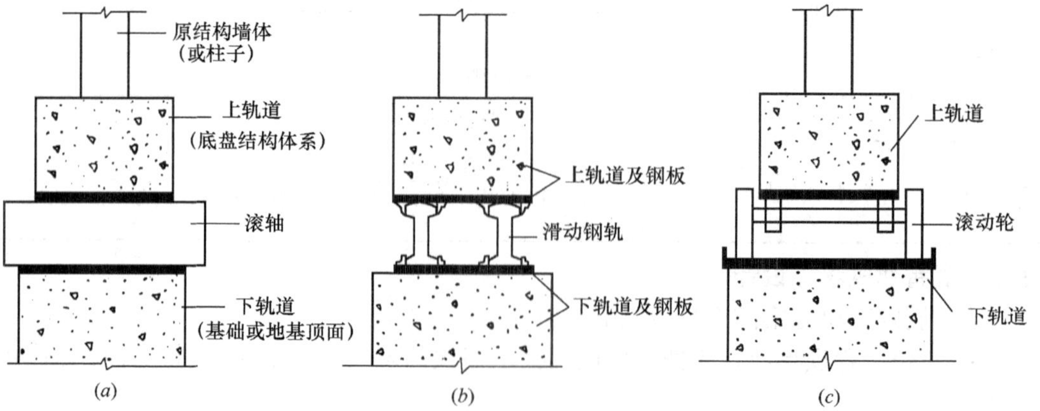

图 18-126 建筑物的移位装置

(*a*) 设置滚轴的滚动装置；(*b*) 设置钢轨的滑动装置；(*c*) 设置滚动轮的滚动装置

动的优点是摩擦系数小，所需的移动动力就小，移动速度就快，缺点是稳定性差，易产生平移偏位，我国对一般建筑物的平移均采用滚动装置。

三、结构设计

结构设计主要指承托既有建筑移位的整体结构的托换梁系，即移位建筑的上轨道梁系，及承担整体结构行走过程中的基础，即下轨道梁系（图 18-127）。

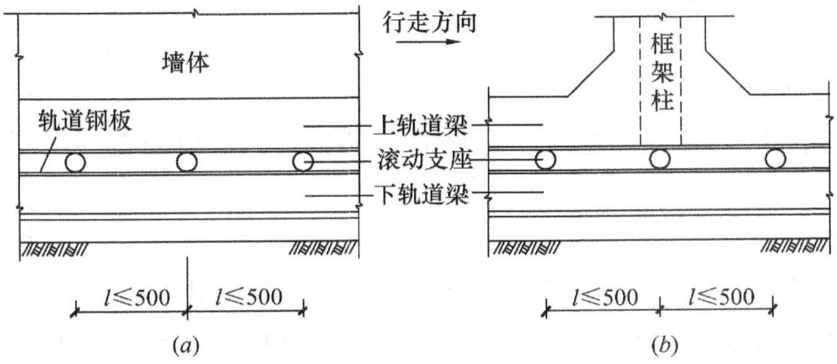

图 18-127　上、下轨道及滚动装置示意图

(a) 砌体结构；(b) 框架结构

上轨道梁系一般应通过钢筋混凝土托换来形成，设计方法按顶升纠倾节中的顶升梁来设计，但移位不可能将所有的墙体或柱都直接支承于轨道梁上，有时要通过设置其他梁来传递，如横向平移时，纵向的墙体或梁就无法作为行走的轨道，因此不直接支承于轨道梁上。由于轨道梁是单向移动受力，而顶升梁是纵横向都受力，故轨道梁的受力要比顶升梁大，但支座（指滚动支座）的跨度可比顶升时跨度小（跨度小是指滚轴可以放密些）。

下轨道梁系应首先考虑基础梁的利用，由于其受力状态的改变，因此应重新验算。当强度不能满足时，可加固补强；当移位建筑移出基础外时，则应重新设计下轨道梁基础，并应注意新旧基础的差异沉降问题。

移位的结构设计应包括下列内容：

1. 计算砌体结构的线荷载或框架结构的轴力、弯矩和剪力；
2. 结构托换梁系截面及配筋设计；
3. 移位过程中基础的受力验算及补强设计；
4. 新旧基础的承载力和变形验算及补强设计。

四、地基设计

移位的地基设计应包括三种工况：

（一）第一种工况是大幅度移位过程路线的地基设计，即满足建筑物行进过程中不出现不均匀沉降或过大的沉降，因此要求按永久性工程设计，此时地基承载力特征值可考虑提高 1.25 倍；

（二）第二种工况是在移位后的地基基础设计中，若出现新旧基础的交错时，应考虑既有建筑地基的压密效应造成新旧基础间地基变形的差异，必要时应进行地基基础加固。

如原基础为桩基或地基处理后的基础，则变形已稳定或极小。当设计新基础应事先有所考虑而有可能出现差异沉降时，则新基础亦应采取地基处理或打桩等措施；

（三）第三种工况是移位就位后的地基设计，应按新建工程进行设计，同时应考虑到这一新建工程的荷载是一次性到位的情况。

五、滚动支座的设计

滚动支座可采用不小于 $\phi60$ 的实心钢棒或 $\phi100 \sim \phi150$ 的钢管混凝土，并应根据支座受力的大小通过试验室的试压确定。

滚动支座的间距与支座本身的受力及上下轨道梁的设计有直接关系，设计时应综合考虑，一般间距为0.5～0.8m。

支座上下采用20mm厚的钢板作为上下轨道面，或采用工具式轨道梁，以利应力扩散及减少滚动摩擦力。

为保证滚动过程中支座不产生过大的变位，应要求每个滚动支座限制于上轨道梁的一定范围内。

六、移动装置的设计

1. 移动装置有牵拉（引）式（图18-128）及顶推式（图18-129）两种，牵拉式宜用于荷载较小的小型建筑物，顶推式宜用于较大型的建筑物，必要时可两种方式并用。

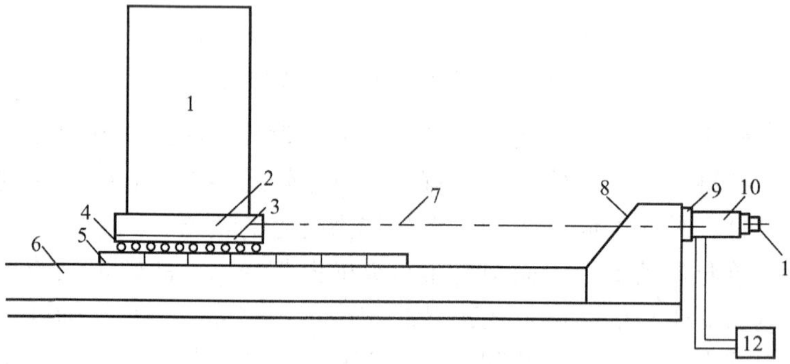

图18-128 牵拉法整体平移示意图

1—建筑物；2—托换梁；3—上轨道板；4—钢滚轴；5—下轨道板；6—平移轨道；7—拉杆或拉绳；8—反力支座；9—垫梁；10—油压千斤顶；11—锚具；12—电动油泵站

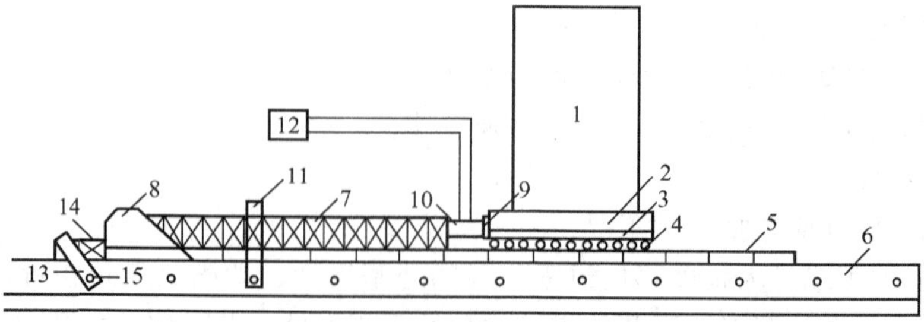

图18-129 顶推法整体平移示意图

1—建筑物；2—托换梁；3—上轨道板；4—钢滚轴；5—下轨道板；6—平移轨道；7—垫箱；8—反力支座；9—固定架；10—油压千斤顶；11—垫箱固定架；12—电动油泵站；13—后反力架；14—机械式千斤顶；15—插销

牵拉式移动装置主要用大吨位卷扬机配滑轮组来满足拉力要求，牵拉式必须提供较大的锚拉力。顶推式移动装置主要用千斤顶或行程较大的液压油缸，它可利用原建筑基础作反力。

2. 托换梁系作为移动的上轨道梁，基础作为下轨道梁，移位前下轨道梁应进行验算、加固、修整和找平。

3. 水平移位设计时，应计算出每条上轨道梁底的竖向荷载后，再由式（18-30）计算移位阻力：

$$T_i = K \cdot f \cdot W_i \tag{18-30}$$

式中 T_i——上轨道梁 i 的水平阻力；

K——经验系数，取值为 1.2～3.0，由试验或施工经验确定；

f——摩擦系数：滚动摩擦系数取 0.05；滑动摩擦系数取 0.1～0.20；

W_i——上轨道梁 i 底的竖向荷载。

施力设备的额定荷载能力应与水平阻力 T_i 接近，施力作用点的位置应尽量靠近上轨道梁底面。

竖向移位设计时，计算出墙体或柱子的竖向荷载后，合理布置升降点，使每点的作用荷载在施力设备的额定工作荷载范围内，并留有适量安全储备。

4. 上、下轨道梁系的设计应同时考虑移位荷载的移动及滚动过程局部压力的位置改变。

18.5.4 既有建筑移位施工

一、施工工艺流程

移位施工工艺流程详见图 18-130～图 18-132。

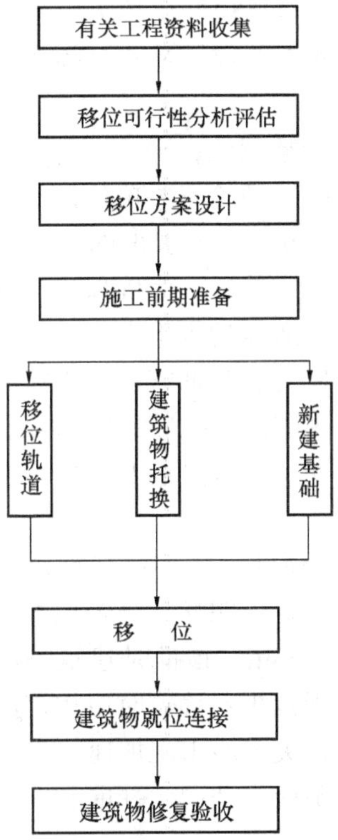

图 18-130 移位流程图

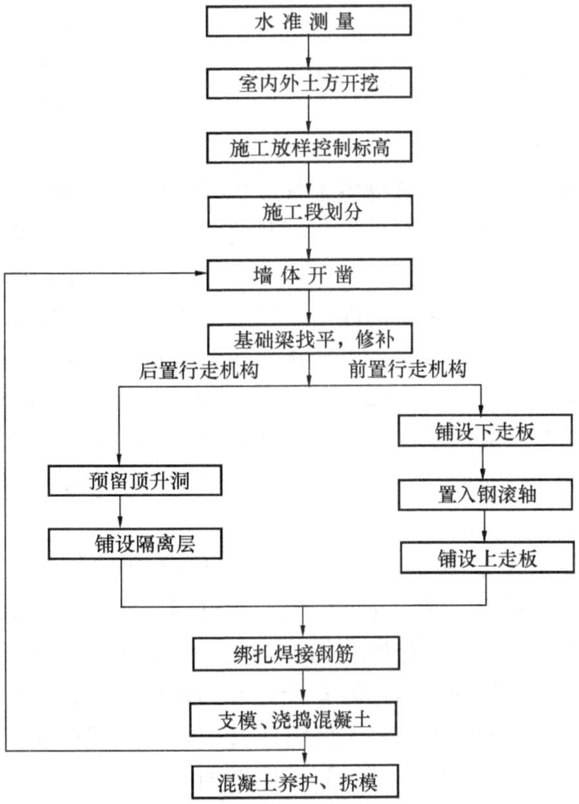

图 18-131 托换梁施工工艺流程图

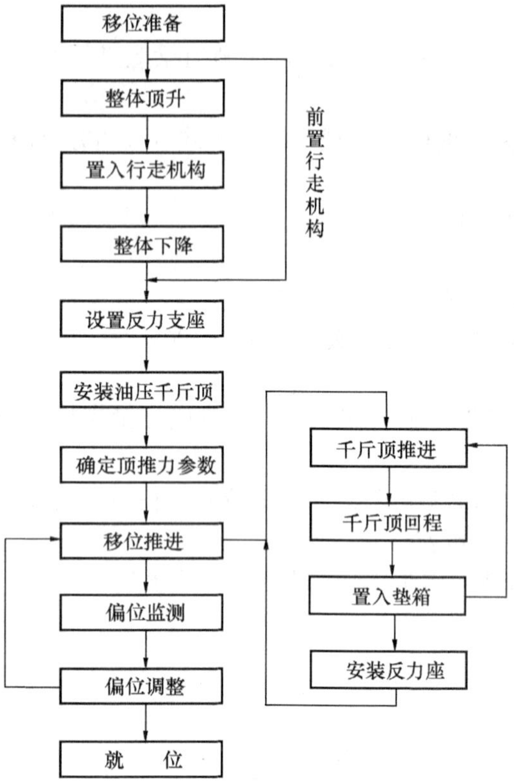

图 18-132 移位顶进流程图

二、移位施工应符合下列规定

1. 移位的施工关键是上、下轨道梁的施工，上轨道托换梁系的施工可参照顶升纠倾中托换梁的施工方法；

2. 托换梁系施工时，应同时进行上、下轨道钢板及滚动支座的施工，轨道的平整和水平是移位行走顺利的关键，应控制施工的准确度，绝对保证钢板的水平；

3. 应严格按设计要求进行上、下轨道梁的钢筋混凝土施工，并建立严格的施工管理及质量检测体系；

4. 结构托换梁系及移动路线施工完毕，并经过验收达到设计承载力后方可进行移位；

5. 移位施工应编制施工组织设计、完善指挥及监测系统。

对于一般建筑物，施工中应做好水平向和竖向变位、裂缝观测；对于特别重要的建筑物，应增加对结构的振动和构件的受力进行监测；

测点应布置在对移位变化较为敏感或结构薄弱的部位，监测点的数量及监测频率应根据需要确定；

应及时监测建筑物各轴移动的均匀性、方向性，并及时调整偏位；

监测数据应根据具体情况规定报警值，并将监测结果及时反馈给有关单位。

6. 由于移位所需的牵引力或顶推力是根据摩擦系数及结构总荷载求得的，实际上它与施加的力尚有一定的误差。所以，牵拉或顶推时，应设有测力装置，为确保移位的顺利进行，移位施加的力，应从小到大，因此就需要准确测定移位所需的水平力；

采用油压千斤顶作为施加动力时，应对千斤顶、油泵、压力表与油管系统进行配套校验和标定，找出千斤顶主动工作状态作用与压力表读数之间相应关系，列成表格或制图，供施工时查找使用。千斤顶在压力实验机上标定时的精度为1%，移位施工时检验精度不低于2%；

7. 由于采用机械手摇千斤顶位移时的人为因素，会导致顶推力的不连续性，顶推点无法保持同步，移动速度缓慢，顶推时的建筑物位移，人的感觉不明显；当采用电动油压千斤顶时，顶推力是连续的、均匀的，移动速度可达150mm/min，顶推时建筑物可明显看清位移，为确保结构的安全，平移速度应越慢越好。现行规范规定移位时应控制滚动速率不大于50mm/min，保持匀速移动，并设置限制滚动装置，决不能出现加速行进，并及时纠正前进中产生的偏斜量。摩擦面应平整、直顺、光洁，不应有凸起、翘曲和空鼓。为减少摩阻力，应辅以润滑油、硅脂或石蜡等润滑剂。

8. 移位到达设计位置，应组织检验位置是否准确无误、有无倾斜现象、连接部位是否对齐等现象，经检测合格后，应立即进行结构的连接和修复，如预设锚筋、连接预埋件；考虑水、煤、暖、电等专业的孔洞；因移位产生的墙体和主体结构的裂缝应进行加固和修复；

9. 建筑物的位置改变后，在新的地基条件下变形尚未稳定，应继续进行沉降观测直至沉降稳定为止。

10. 移位工程竣工检测验收，既有建筑地基基础加固技术规范规定：

(1) 水平位置：建筑物就位后的轴线位置与设计轴线位置的偏差不宜大于50mm；

(2) 标高：建筑物就位的标高与设计标高的偏差不宜大于50mm；

(3) 移位后的建筑物不得产生大于5mm的贯通裂缝。

【实例 18-34】 上海音乐厅平移与顶升工程

一、移位工程概况

上海音乐厅建于1930年，是中国著名建筑师设计的西方古典建筑形式的实例之一。1989年上海市政府公布，定为市级近代优秀文物建筑保护单位。

音乐厅占地1254m²，建筑面积3000m²，结构总体为框架-排架混合结构。由于上海市人民广场综合改造及音乐厅本身功能改善的需要，须将音乐厅整体平移66.46m，顶升3.38m，并在新址增建两层地下室，建筑面积扩大4倍。总体移位方案是：先在原址顶升1.7m，然后平移66.46m到达新址，最后再顶升1.68m，迁移总重量为5850t。

音乐厅结构空旷，刚度差，且结构强度低，将如此风格和结构类型建筑整体移位，在国内尚属首例，顶升高度在世界上也属罕见。

音乐厅移位采用了结构限位、PLC液压控制全悬浮滑移、全姿态实时监控等多项新技术。PLC液压同步控制技术是首次应用于建筑物的移位工程领域，代表了国内当前的最高水平。

该工程于2002年12月开工，2003年7月平移顶升就位，并继续完善修缮及改造扩建，于2004年10月恢复演出。

二、技术特点

（一）移位施工流程（图18-133）

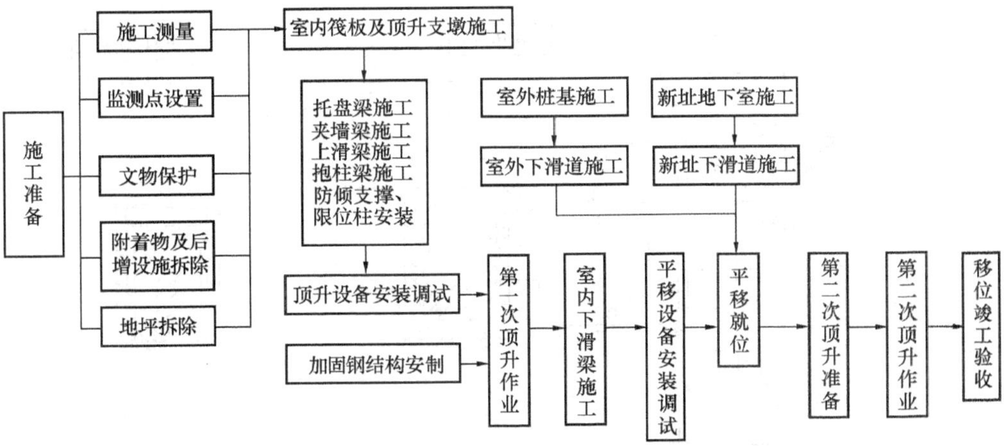

图18-133 移位施工流程

（二）总体设计方案

1. 移位路线

先在原地顶升，以争取下滑梁施工的空间，平移66.46m后，到达新址后再顶升。

2. 地基加固

经过方案比较，确定室外采用静压桩，室内采用筏板基础。静压桩按群柱布置，根据滑道荷载大小，每墩布置3桩或4桩。施工时合理安排压桩顺序，以避免压桩时的挤土效应对该建筑物基础的不利影响。对筏板基础施工前，要对不良地质进行换填处理。凡遇原基础时要对新旧混凝土界面认真处理，保证新老基础共同受力。

3. 托盘梁施工

托盘梁由上滑梁、夹墙梁、抱柱梁、卸荷梁、支撑梁、抬梯梁、限位梁等组成，用于承受移位过程中建筑物的全部动静荷载。它应具有足够的强度、刚度和稳定性。托盘梁的宽度因部位和受力的不同而有所差异。

4. 空间刚度加固

建筑物的大厅、舞台及东西立面空间刚度较差，墙柱之间缺少拉结，抗震性较差。为保证移位过程中的绝对安全，采用轻型空间钢桁架对上述部位进行重点加固，并通过加固加强柱间的连接降低柱的自由度。从而提高结构的整体性及抗震性。

5. 液压控制系统

上海音乐厅属混合结构，占地面积大，结构及荷载分布极不对称，且荷载差异较大，整体刚度差，因此其各顶升点的顶升荷载差异也比较大 。经过反复计算和论证，最终确定采用59个顶升点，共布置59台千斤顶。

图18-134是顶升系统的组成示意图。顶升施工的第一步是建筑物的称重，通过调节减压阀的出口油压，缓慢地分别调节每一个液压缸的推力，使建筑物抬升。当建筑物与原地基刚发生分离时，液压缸的推力就是建筑物在这一点的重量，由此称出建筑物的各顶升点的荷重，并把减压阀的手轮全部固定在此位置上，此后便可转入闭环顶升，依靠位置闭环，建筑物就可高精度地按控制指令被升降或悬停在任何位置。

6. 计算机控制系统

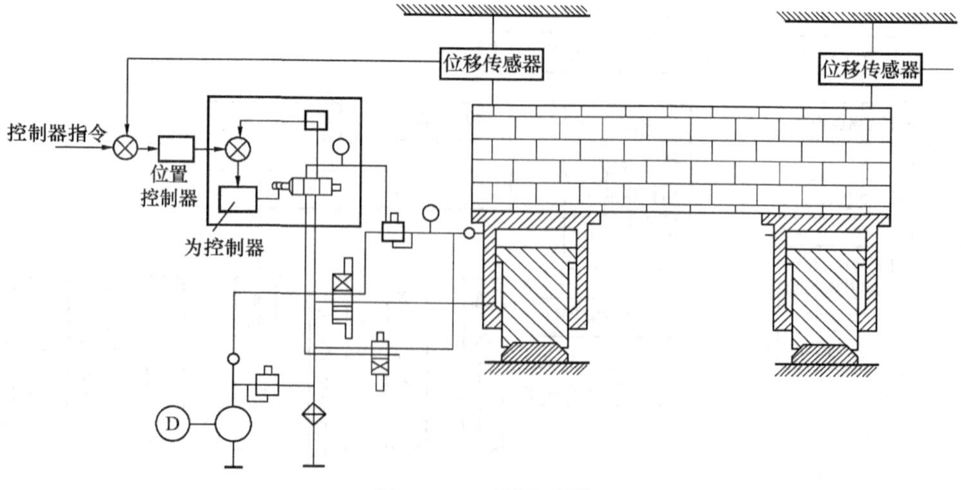

图18-134　顶升系统

不论是顶升还是顶推过程，整个操纵控制都通过操纵台控制，操纵台全部采用计算机控制，通过工业总线，施工过程中的位移、荷载等信息，被实时直观地显示在控制室的彩色大屏幕上，各种信息被实时记录在计算机中，长期保存，因而工程的安全性和可靠性得到了保证，施工条件也大为改善。图 18-135 为顶升系统的计算机控制框图。顶推控制系统为传统的位置闭环系统。

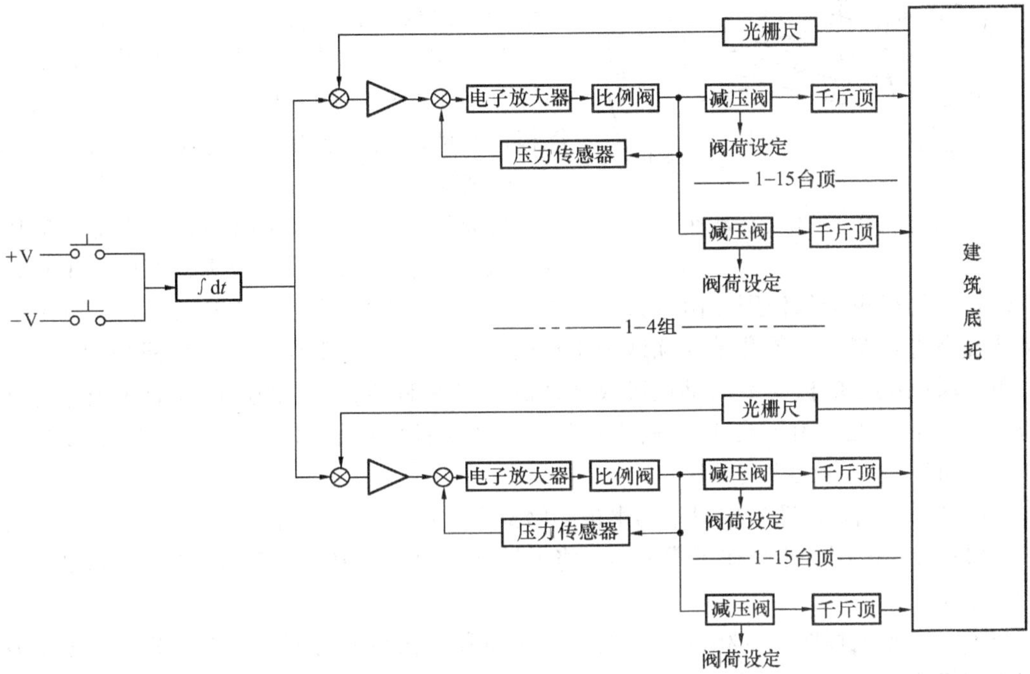

图 18-135 计算机框图

由于本系统设备分布分散，控制和检测点多，采用了工控网络，检测和操纵等信号通过总线传至控制室，4 个顶升子站和一个顶推子站各由西门子控制器 S7-214CPU 组成，主控制器由西门子 S7-315D 构成，主站与子站间使用 PROFIBUS 工控总线连接。在 PLS 控制系统上另挂接有工控机，以便记录和监视顶升、顶推全过程的数据变化。

7. 第一次顶升

共设置 59 台 200t 的千斤顶进行顶升，升斤顶行程为 140mm。在顶升过程中为便于控制，根据结构特点和荷重分布情况，将 59 台千斤顶分成四组，每组 14～16 台千斤顶，为保证顶升过程中各组间的位移同步，每组设一台位移监测光栅尺。另外，为了避免顶升过程中该建筑物产生水平位移和偏转，在室内设置了两处限位柱。

在正式顶升前对建筑物进行了称重，以便每个千斤顶的调定顶力与其上部荷载大致平衡，从而减少上滑梁的协调变形，确保顶升的同步性和上部结构的安全。

8. 下滑梁施工

下滑梁为建筑物行走的基础，沿平移方向共设置 10 条下滑道。根据其具体位置可分为原址段、新址段和过渡段下滑道。

原址段下滑道施工于顶升筏板基础之上，梁按叠合梁设计，与筏板基础共同受力，在第一次顶升结束后方可施工。

过渡段下滑梁支承于静压桩基础之上，梁高及梁宽同原址段。

新址段下滑梁支承于设在地下室底板之上的临时支撑柱、永久柱或地下室边墙、围护之上。

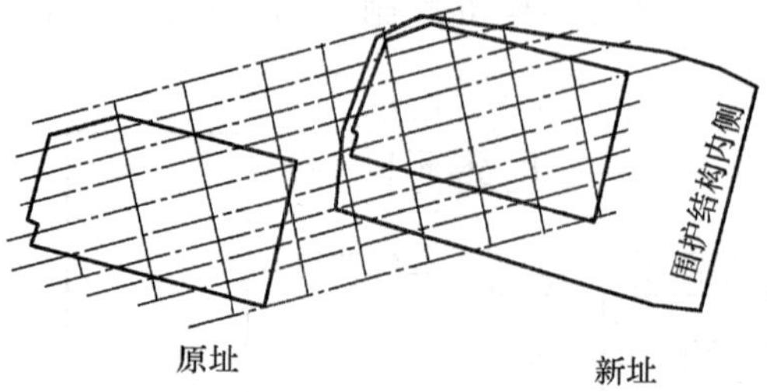

图 18-136 下滑梁布置图

为满足平移及第二次顶升的需要，沿下滑梁设置了一定数量的导向墩及活动后背，新址顶升支墩与下滑梁一起浇筑。

为了减少平移时摩擦系数，下滑梁顶面找平后铺一层 10mm 厚的钢板，钢板上再覆一层不锈钢板作为滑动面。下滑梁布置如图 18-136 所示。

9. 平移

自原址至新址间采用斜向直线平移。应用了 PLC 液压控制全悬浮滑移技术，亦即在平移过程中，建筑物的荷重全部作用在由电脑控制的 59 台液压千斤顶上，可根据监测数据随时对建筑物姿态进行调整，顶升千斤顶即为平移时的滑动支点，千斤顶下安装钢制滑脚，滑脚底面覆一层四氟乙烯板与不锈钢板形成摩擦副。试平移阶段，采用 10 台千斤顶作为顶推动力，包括 4 台 320t 和 6 台 100t 的千斤顶。为了保证位移的同步进行，将 10 台千斤顶分成 4 组，每组设一台位移光栅尺。

根据试平移结果，四氟板对不锈钢板的摩擦系数远小于预想值，平移所需的实际推力也远小于预先设定的值，于是在正式平移时将千斤顶减为 6 台 100t，其总推力不超过 200t。

10. 第二次顶升

与第一次施工程序基本相同，只是第二次顶升是在新址地下室上进行的，只是顶升基础型式和垫块支撑高度不同。

11. 施工监测

监测内容有：基础沉降、房屋姿态、结构裂缝变化、结构应力应变、自振频率、平移起始加速度、千斤顶承受荷载和压力、移位速度、距离、偏移量及精度等。

在称重阶段及柱切割阶段对顶点位移和抱柱效果分别进行监测。施工结果表明，这些监测措施保证了整个移位过程的结构安全。

三、经济与社会效益

上海音乐厅通过平移，交通条件更加便利；通过扩建，其配套设施大为改善；通过提升，使其更加雄伟、壮观和适用。对建筑物采用整体移位，保护文物建筑物只需付出新基础建造费及建筑物移位费用，可大大节约投资，缩短施工周期，改善自然环境，具有极佳的社会效益与经济效益。

【实例 18-35】 泉州某八层办公楼整体平移工程

一、工程概况

泉州市某办公大楼八层框架结构，人工挖孔桩基础，建筑平面呈 L 形，面积 2400m^2，总重量约 30000kN，于 1995 年竣工。该建筑物位于 304 国道进入泉州市福厦线一侧，因道路拓宽，道路红线从建筑物中间穿过，若拆除重建，则需重新安置、搬迁、征地、建设，施工期长且费用大，为减少损失，决定采用建筑物整体平移技术，将建筑物整体向后平移 10m。平移总平面图见图 18-137。

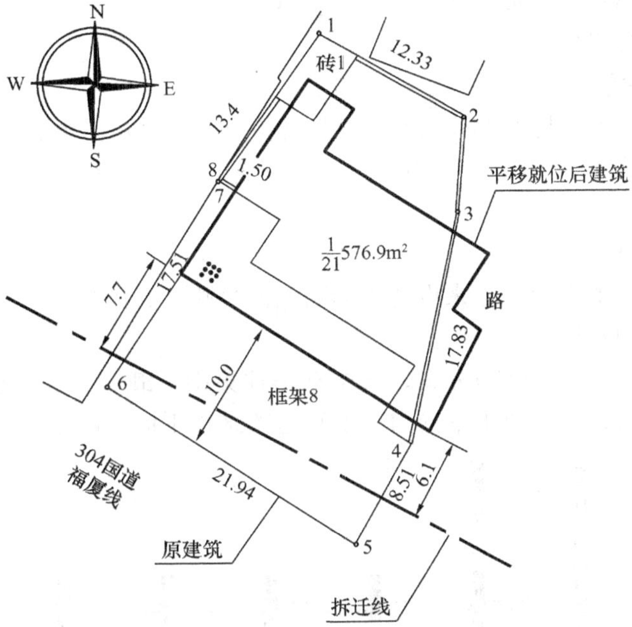

图 18-137 平移总平面图

场地土自下分布为：①杂填土、②粉质黏土、③轻砂质黏土、④残积砂质粉性土和⑤强风化花岗岩。

二、建筑荷载取值

由于建筑物整体平移过程时间很短，所以对平移过程中平移构件的受力荷载可考虑为临时荷载。平移构件包括上、下轨道梁以及平移过程中增设的临时基础，因此考虑对上部结构的荷载进行折减，可采用荷载的标准值用于平移构件的受力计算。

对于平移过程中的临时基础，其地基承载力可采用土层的地基极限承载力再作适当修正取值，但极限承载力下的地基变形应满足下轨道梁的平移要求。若沉降变形太大，则平移工作就无法进行，特别是上轨道梁进入新设的基础时，新旧基础交接处其变形应一致，否则会增加平移中的工作难度。因此，建筑荷载的取值和地基承载力的取值应满足变形协调条件。

三、新旧基础及地基处理

基础处理包括两部分，房屋就位后对应的新基础和建筑物平移过程中的临时基础。新基础处理是指建筑物需要移到的终点位置和根据该处地质情况所设计采用的基础，它永久承担建筑物就位后上部结构传来的荷载；临时基础仅承担平移过程中下轨道梁传来的荷载。

根据场地工程地质勘察情况，结合原建筑的桩基检测报告，确定采用人工挖孔灌注桩，桩径 800mm，桩长 7～8m。分别选残积砂质粉性土及强风化花岗岩作为桩基持力层。对于临时桩基采用桩的极限承载力取值；对于新设的工程桩考虑与原桩基共同承担建筑物的永久荷载，主要以承载力和变形双控的原则进行设计取值。

四、上、下轨道梁及其布置

（一）本建筑物为框架结构，上部的所有荷载均集中到底层框架柱，上轨道梁必需确保上部集中荷载可靠地转换成上轨道梁的线荷载受力。

上轨道梁有两种设置方案：

1. 采用连续梁受力状态

采用连续梁受力因其跨度较大，最大跨度 $L=7.2$m，单柱最大轴力标准值为2300kN，使得连续梁跨中与支座弯矩很大，需配置较多受力钢筋，才能承受框架柱传来的荷载，本方案不经济。

2. 采用牛腿受力状态

可按每根框架柱轴力的大小来设置不同断面的牛腿，且因牛腿较少的悬臂，使得受力钢筋配置较少，其相对用钢量较低。

经分析后最终采用牛腿受力方案，底层框架柱集中荷载分布在牛腿区段，受力明确，牛腿之间可设置连系梁以传递水平推力，上轨道梁结构平面见图18-138。

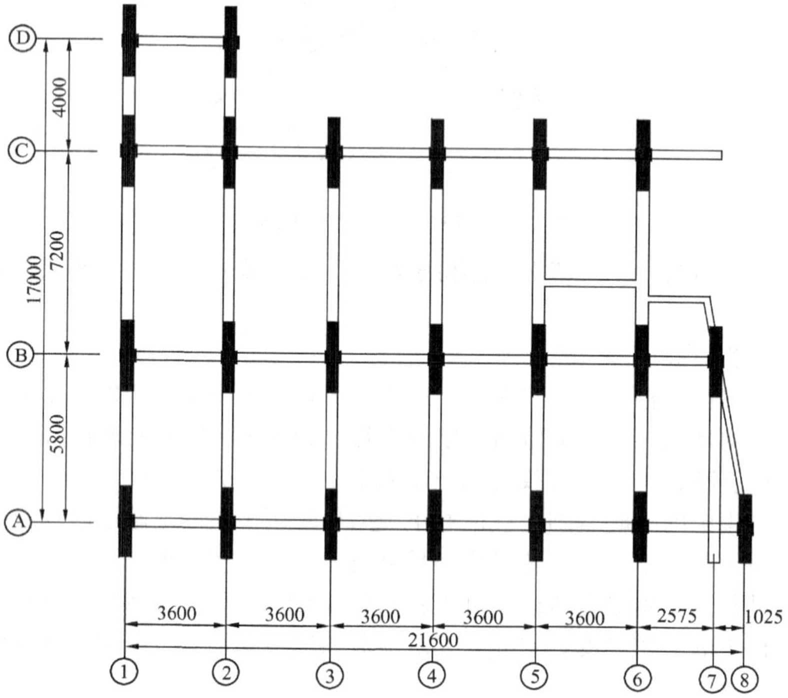

图18-138　上轨道梁结构平面（尺寸单位：mm）

上轨道梁承受的上部荷载通过位于梁底部均匀设置的滚轴传至下轨道梁，滚轴的间距为100～150mm，上轨道梁受力近似于倒置的悬臂梁。

（二）下轨道梁置于桩基上，形成类似于桥梁结构来传递上轨道梁通过滚轴传来的荷载。下轨道梁在原有建筑物内部可利用原有基础梁扩大断面而形成，在原桩承台间通过钻孔植筋连接，基础梁新旧混凝土结合面应凿毛并涂刷界面剂，使新旧混凝土结合面的抗剪强度能满足要求。下轨道梁受上轨道梁传来的移动荷载作用，因此下轨道梁应考虑上轨道移动至最不利位置的荷载组合，下轨道梁平面图见图18-139及上、下轨道体系见图18-140。

五、平移机构

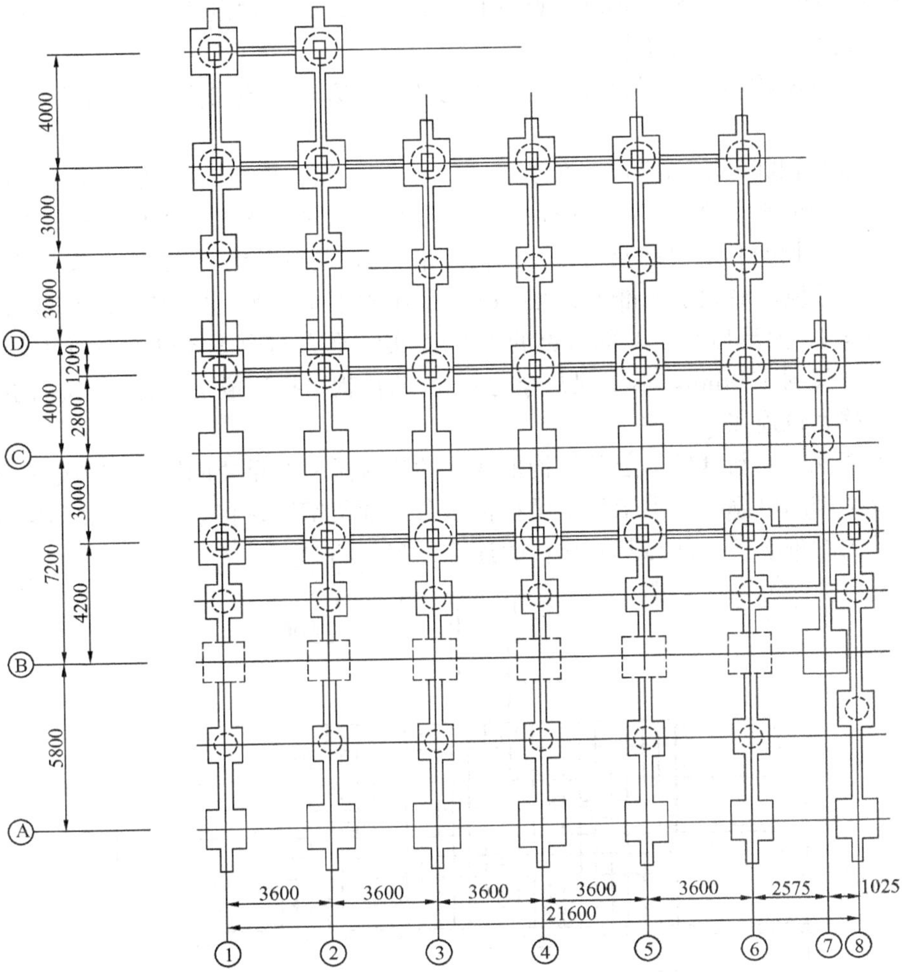

图 18-139 下轨道梁平面图（尺寸单位：mm）

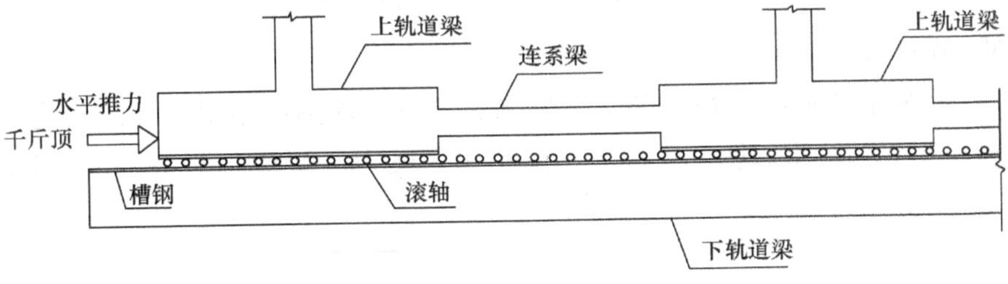

图 18-140 上、下轨道体系示意图

当框架柱切断后，受力体系发生改变，整幢楼房就支承在上、下轨道梁间的滚轴之上，在上轨道梁上均匀施加水平力，当该水平力大于上下轨道梁间与滚轴的滚动摩擦力时，房屋即可水平移动。

平移机构的构成包括滚轴的强度和间距，上、下轨道梁的平整度、水平力施加机构。平移机构的优劣是决定房屋平移能否成功的关键，其中滚轴的强度是非常重要的，若平移过程中出现滚轴较大的变形或损坏，则平移就无法完成，根据以往工程经验，本工程实际选用直径较大的实心高强度滚轴。

水平力施加机构包括水平力计算、水平力的施加方式和施加位置。千斤顶及反力架布置等。

理论上钢与钢间的滚动摩擦系数为0.03～0.017间，但工程实践考虑的影响因素较多，如上下轨道的平整度、水平力施加体系的变形、滚轴的变形、千斤顶操作者工作熟练性等。为使建筑物顺利地启动及运行，预估水平推力应有较大的富裕量。本工程设计使用了8台50t千斤顶，最大水平推力为230kN，最小水平推力为160kN，8台千斤顶总水平推力为1500kN，换算后约为上部荷重的1/20。实际推力与原先预估水平推力较为吻合。千斤顶每次行程约150mm，本工程共经过64次的行程更换完成了平移10.0m的距离。

六、平移就位连接

房屋平移就位，新基础与上部结构框架柱的连接是一个重要问题，应考虑平移后房屋的整体性及基础的可靠性。本工程采用在桩承台中预留钢筋，将承台与上轨道梁连成一体形成一个扩大的桩承台。柱与基础承台的连接见图18-141。

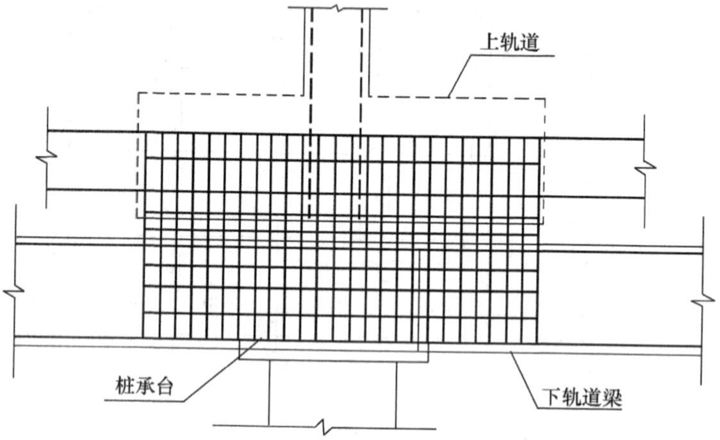

图18-141 柱与基础承台连接大样

七、现场沉降观测

在①～⑦轴的上轨道梁上布置了7个沉降观测点，观测结果最大沉降量为2mm，最小沉降量为1.2mm，结果表明，上、下轨道均满足受力及变形协调要求，对上部结构受力没有附加影响。

八、结语

本工程从动工至平移就位历时65d，平移施工仅半天，在整个施工期间二楼以上照常使用。该建筑为八层框架结构，在平移工程中为层数较高的建筑物，这在福建省属平移第一楼。

随着我国经济发展，在城镇规划中特别是旧城改造需要拆迁的房屋很多，对一些有保留价值的古建筑和新建筑，实施整体平移具有明显的经济效益和社会效益。

【实例18-36】 某市七幢宿舍楼整体平移

一、工程概况

山东省济南市某宿舍院内共有建筑物九幢，其中A型六幢，B型一幢，C型两幢，总平面布置图见图 18-142，建筑物于 1995 年竣工，应山东省大成（齐龙）地产有限公司的委托，福建省建科院承担了建筑物整体平移工程的设计和施工，按甲方的要求，需对东区 A 型六幢宿舍楼进行整体平移，搬移至西区，搬移后的东区作为建筑用地进行开发利用，其平移后的平面布置图见图 18-143。按平移间距的要求，由于 B 型宿舍楼局部阻碍了 A 型宿舍楼的平移，因此需先对 B 型宿舍楼进行整体平移，整个工程预计完成平移距离 600 多米，从 1996 年 5 月开始相继完成了整体平移的可行性分析评估，整体平移的方案设计，行走装置工艺研究等工作，为保证工程顺利施工提供了可靠的依据。

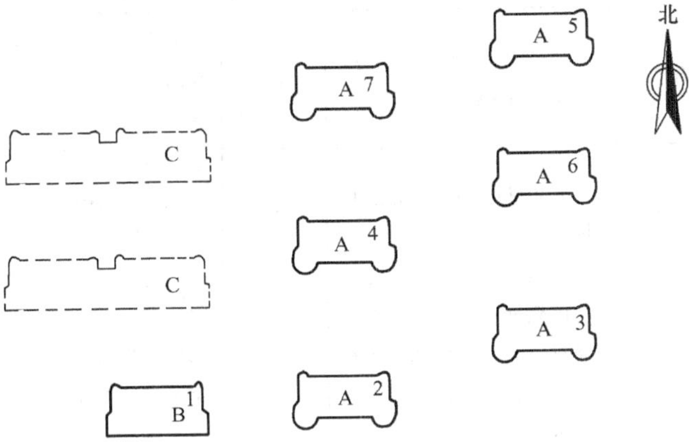

图 18-142　移位前建筑物总平面

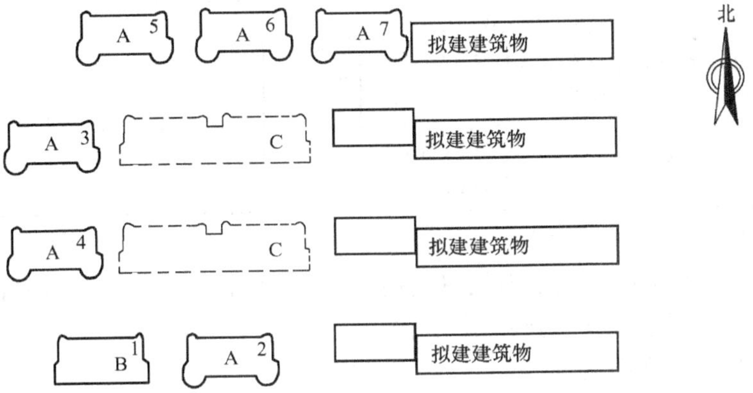

图 18-143　移位后建筑物总平面

该场地位于市区黄金地段，平移前建筑物错落有致地分布在院内山坡上，设计布局按别墅考虑，占地面积约 47 亩，现场地形南高北低，建筑物高差不一致，其室内±0.00 相对最大高差为 1.61m。所移七幢均为三层半砖混结构，其底层为半地下室，层高 2.20m；一、二层为生活用房，层高 3.30m，三层为楼阁，坡屋顶，层高 3.30m，其中 A 型宿舍楼长 26.20m，宽为 14.00m；B 型宿舍楼长 22.10m，宽 12.80m。

建筑物的基础型式采用毛石基础。材料：毛石≥MU30，砂浆≥M5 水泥砂浆；砖≥MU7.5 红砖，混凝土为 C20。平移轨道基础型式有三种类型：毛石基础＋钢筋混凝土梁，毛石基础＋钢筋混凝土梁＋砖墙体，钢筋混凝土条形基础。

二、工程地质条件

（一）场地土层分布及划分

该场地属山前冲洪积扇首部，紧靠山前，以第四系中更新统黏土为主，下伏白垩系闪长岩，局部有第四系上更新统黏土出露，但厚度极小，其土层分布较简单，自上而下分为六层，见表18-24。

土层划分表　　表18-24

层别	层名	颜色	成分	潮湿程度	分布	压缩性	备注
1	杂填土	杂～深褐色	以碎块石及灰渣为主，局部为素填土	湿	分布不匀，部分钻孔缺失，最大厚度1.30m	松散	
2	粉质黏土①	棕褐色	含少量小角砾及植物根系	湿	层底埋深一般为3.00～3.60m	中密中等压缩性	可塑～硬塑
3	粉质黏土②	棕黄～棕褐色	以黏性土为主，含少量礓石，碎石，局部为碎石土，碎石成分为次棱角状石灰岩	很湿	局部分布，层底埋深4.10～5.60m	密度程度好	
4	粉质黏土③	黄褐色	含少量氧化铁，偶见小礓石颗粒	很湿	层底埋深4.00～8.50m	中等压缩性	可塑，水位以下软塑
5	残积土	灰～灰绿色	闪长岩风化残积物，原岩成分已蚀变，呈土状，偶见砂状	很湿，呈饱和状态			
6	强风花闪长岩	灰绿色	呈砂状，有时见原岩残核，原岩成分已部分蚀变				

注：表中粉质黏土分为①②③三亚层。

综合评价：该场地土层结构简单，但分布不均，离散性较大，靠北侧近山处地质条件较好，基岩自南向北倾斜，倾角约3度左右。

（二）土的物理力学性能

场地内各土层承载力标准值 f_k（kPa）见表18-25。

土层承载力标准值 f_k（kPa）　　表18-25

层名	杂填土	粉质黏土①	粉质黏土②	粉质黏土③	残积土	强风化闪长岩
f_k（kPa）	—	160	200	120	220	380

场地内地下水埋深5.10～6.60m，地震基本烈度为6度，工程设计按7度设计，标准冻结深度为0.5m左右，有关场地详细的工程地质情况见图18-144及图18-145。

三、设计计算

（一）计算原则

要对建筑物实施整体平移，首先要提出建筑物整体移位的设计原则，研究其平移行走

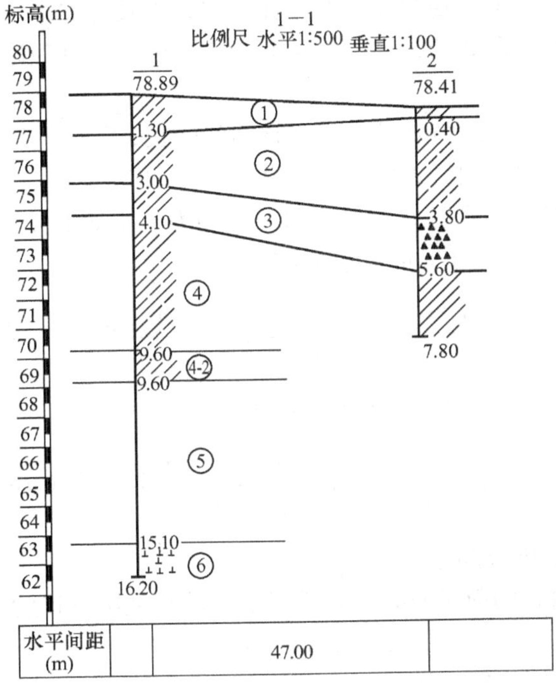

图 18-144 工程地质剖面图

工程名称：省计委宿舍楼　　　　钻孔号：6　　X_1　　初见水位(m):

观察阶段：详细勘察　　比例尺1:100　孔口标高 (m)77.60　Y_1　　稳定水位(m):

地质时代	层号	深度(m)	厚度(m)	层底标高(m)	柱状图	取样	地下水	岩性描述	状态密度	标贯 实测击数/修正击数
	②	4.50	4.50	73.18		○		粉质黏土，棕褐色，湿，含少量小角砾及植物根系	可塑～硬塑	7.0/7.0
	③	5.00	0.50	72.69				碎石土、棕褐色，湿、含多量礓石、偶见灰岩角砾	可塑	
	④	8.00	3.00	69.68		○		粉质黏土，黄褐色，很湿，饱和，含少量小礓石颗粒	硬塑～可塑	6.0/5.5
	⑤	40.20	2.20	67.48				残积土，灰、灰绿色，由闪长岩风化而来，呈土状，原岩成分已蚀变	可塑	

图 18-145 工程地质柱状图

机构，提出外加动力，滚轴直径及间距的计算公式，以及外加动力的分配原则，滚轴长度取值等，通过计算得到各参数的设计值，从而为工程施工提供理论依据。

（二）参数计算

本次平移工程具有一定的特殊性，虽平移路线较长，但由于地质条件好，实际施工时经各种方案比较后，采用共用行走轨道。其设计参数如下：

1. 本次工程采用顶推平移法，顶推平移外加动力大小如下计算：

（1）$f=f'=0.08$　$Q=13780\text{kN}$（移动时）

$$N=K\cdot\frac{Q(f+f')}{2R}=K\cdot\frac{Qf}{R}=2.5\times\frac{13780\times0.08}{2.5}=1102\text{kN}$$

（2）$f=f'=0.15$　$Q=13780\text{kN}$（起动时）

$$N=K\cdot\frac{Qf}{R}=2.5\times\frac{13780\times0.15}{2.5}=2067\text{kN}$$

2. 滚轴的直径、长度及间距

本次工程根据建筑物的荷重及费用，选择 $\phi50$ 的普通圆钢作为滚轴材料；根据轨道宽度即为墙体厚度的原则，滚轴的长度考虑通用性取 $L=500\text{mm}$（本工程内墙厚度 240mm，外墙厚度 370mm）；滚轴的最小间距为：

$$S_{\min}\geqslant2.5D=2.5\times50=125\text{mm}$$

有关本次工程平移时，各轴线所需钢滚轴数量及间距见表 18-26。

钢滚轴数及间距　表 18-26

	轴线	Q_L（kN/m）	M（根）	S（mm）	ΣM	备注（L）
纵向	A	187	49×2	232	310	11.6×2（m）
	C	156	41×2	283		11.6×2（m）
	D	113	29×2	400		11.6×2（m）
	E	138	36×2	322		11.6×2（m）
横向	1（15）	214	22×2	200	310	4.5（m）
	2（14）	120	26×2	370		9.6（m）
	3（13）	110	24×2	400		9.6（m）
	4（12）	150	32×2	300		9.6（m）
	5（10）	143	31×2	310		9.6（m）
	8	184	40	240		9.6（m）

注：实际轨道板每轴线两端各有外挑 1000mm，作为安全储备未计入 L 内。

3. 外加动力的分配

根据托换梁布置，其纵向平移时设置 4 个顶推点，横向布置 5 个顶推点，实际加载设备采用 1000kN 的液压千斤顶配变量高压油泵，纵向平移时 4 台，横向平移时 5 台。外加动力在顶推点分配见表 18-27。

外加动力分配表（kN） 表 18-27

移位状况 \ 顶推点	N_A	N_C	N_D	N_E	N_1（N_5）	N_2（N_4）	N_3
正常运动	346	290	208	256	195	225	276
初始移动	649	544	391	481	316	422	517

4. 压力表的选择

本次工程选用压力表的分度范围为 0～60MPa，精度为 1.5 级，在顶推时完全满足要求。

5. 确定千斤顶的数量

本次工程 Q=13780kN，按每台工作荷载 320kN 计算，K_a 取 0.8。则千斤顶的数量为：

$$n=\frac{Q}{N\times K_a}\cdot K_n=\frac{13780}{320\times0.8}\times1.0\approx54(\text{台})$$

本次工程要求顶升高度 10～20mm 左右，因此 K_n 取 1.0 即可，局部结点荷载较大时，换用 500kN 的千斤顶。

6. 楼层剪力及平移加速度的确定

本次建筑物的平移是按均匀加速度进行的，最大平移速度达 6m/h，原建筑物按 7 度烈度设防，相应的平移加速度放大到 350mm/s^2 进行时程分析，原设计的各楼层地震剪力可按砌体结构抗震规范对结构进行抗震验算得到。两种结果比较见表 18-28。

结构地震剪力计算表 表 18-28

楼层 \ 剪力	V1	V2	V1/V2	楼层 \ 剪力	V1	V2	V1/V2
四层	338kN	495kN	68.3%	二层	958kN	1197kN	80.0%
三层	715kN	902kN	79.3%	一层	1060kN	1275kN	83.1%

从表中可以看出，当平移加速度放大到 350mm/s^2 时；楼层剪力大于原设计剪力，建筑物平移可用的最大平移加速度按下式计算：

$$a_{max}=68.3\%\times35\text{gal}=23.9\text{gal}=239\text{mm/s}^2$$

四、施工方法

有关建筑物整体水平移位的施工方法请参阅前面所讲到的建筑物整体水平移位原理及施工流程图。

五、质量检验

（一）移位前的质量检验

1. 上下轨道梁钢筋混凝土强度检验，通过试块检验及回弹法检验强度。

2. 行走轨道的平整度检验，采用水准仪进行复核。

3. 试顶推再作全面的检查。

（二）就位后的质量检验

1. 检查上部结构与新基础的就位情况，保证轴线偏差在 20mm 之内。

2. 检查就位建筑物的平整度，垂直度偏差应满足在 3‰之内。

3. 就位后的连接应满足现行有关规范标准的规定。

（三）建筑物远距离多向整体移位现场测试。

1. 该建筑物共用行走轨道水平偏差测量：

水平偏差 Δ<10mm 坡度<5‰

2. 顶推力测试：见表 18-29。

顶推力测试表 (kN) **表 18-29**

移位状况 \ 顶推点	N_A	N_B	N_D	N_E	N_1	N_2	N_3
初始推力	520	440	320	390	290	340	420
移动推力	350	300	210	250	200	230	280

3. 建筑物就位测试：

建筑物最大倾斜度 2‰

建筑标高与设计标高偏差<50mm

新基础轴线与上部墙体轴线编差<20mm

六、技术经济效果

本工程共对七幢建筑物进行整体平移，累计平移距离 689m，换向 9 次，其中 3 号楼平移 196m，换向 3 次，其平移时最大速率 100mm/min。平移过程中，建筑物安全可靠，平移修复后满足原设计及国家相关规范及规程的要求。该工程经济效益显著，平移后可利用土地面积 27 亩（原占地面积 47 亩），作为商品房开发利用，可创造近亿元经济效益。

建筑物整体平移统计表 **表 18-30**

楼号	1	2	3	4	5	6	7	累计
平移距离（m）	29	48	196	127	123	138	128	689
换向次数	1	1	3	2	0	1	1	9
顶升高度（mm）	450	450	420	480	1010	400	0	3210

该次平移费用约占原建筑物造价的 60%～80%，如计算拆除所需费用及渣土外运等约占 45%～55%。平移完成后，因相邻建筑物存在高差，采用整体顶升方法进行调整，以使建筑物整体统一，同时增加了半地下室层高，提高了其使用价值。

参 考 文 献

[1] 中华人民共和国行业标准. 既有建筑地基基础加固技术规范 JGJ 123—2000. 北京：中国建筑工业出版社，2000

[2] 中华人民共和国国家标准. 工业厂房可靠性鉴定标准 GBJ 144—90. 北京：中国建筑工业出版社，1990

[3] 中华人民共和国国家标准. 民用建筑可靠性鉴定标准 GB 50292—1999. 北京：中国建筑工业出版社，1999

[4] 中华人民共和国行业标准. 危险房屋鉴定标准 JGJ 125—99. 北京：中国建筑工业出版社，2000

[5] 中国工程建设标准化协会标准. 建筑物移位改造纠倾技术规范(征求意见稿). 北京：中国计划出版社
[6] 张永钧、叶书麟主编. 既有建筑地基基础加固工程实例应用手册. 北京：中国建筑工业出版社，2002
[7] H. F. Winkerkorn and H. Y. Fang(钱鸿缙、叶书麟等译校). 基础工程手册. 北京：中国建筑工业出版社，1983
[8] 陈仲颐、叶书麟主编. 基础工程学. 北京：中国建筑工业出版社，1990
[9] 叶书麟主编. 地基处理工程实例应用手册. 北京：中国建筑工业出版社，1998
[10] 叶书麟、汪益基、涂光祉、程鸿鑫编著. 基础托换技术. 北京：中国铁道出版社，1991
[11] [俄]A. И. 马里甘诺夫等著. 钢筋混凝土及砖石结构加固集(亢文慎译、万墨林校编). 中国建筑科学研究院结构所. 1993. 10
[12] 王留清、叶书麟. 软黏土地基上大型筒仓基础托换加固. 工业建筑. 1986. 6
[13] 汪益基. 软弱地基上大型结构物倾斜自控法. 工业建筑. 1986. 5
[14] 杨仁杰、桂业琨. 南昌市八一大桥桥墩基础套筒法加固. 地基处理手册(第一版第 12 章). 北京：中国建筑工业出版社. 1988
[15] 涂光祉. 托换技术在处理湿陷性黄土地基事故中的应用. 第二届全国地基处理研讨会论文集. 烟台：1989. 7
[16] 钱国林. 呼和浩特市市政公司 1 号住宅楼基础加深加固. 勘察情报网内蒙站 1988 情报会议论文. 1988
[17] 钱国林. 包头市红星桥改造基础加深. 全国建工勘察情报网建网十五周年情报交流会论文选集. 济南：山东省地图出版社. 1993. 8
[18] 饶建中. 软土地基房屋纠倾工程实例. 地基处理. 2000. 3
[19] 周志道. 锚杆静压桩在上海工联大厦高层建筑中的成功应用. 第五届全国地基处理学术讨论会论文集. 北京：中国建筑工业出版社. 1997
[20] 郑锦华、姜天鹤、章履远. 锚杆静压桩应用于桥梁桩基加固. 建(构)筑物地基基础特殊技术(史佩栋主编). 北京：人民交通出版社. 2004
[21] 南岳华. 中央党校自习楼墙体开裂及加固治理. 城市改造中的岩土工程问题学术讨论会论文集. 岩土工程师编辑部等，1990. 5
[22] 周志道. 上海某小区 3 号和 5 号楼沉降缝处倾斜纠偏加固工程. 地基处理工程实例应用手册(叶书麟主编). 北京：中国建筑工业出版社. 1998
[23] 周志道. 新建 35m 锅炉房烟囱的纠倾加固. 第三届地基处理学术讨论会论文集. 杭州：浙江大学出版社. 1992
[24] 叶书麟、韩杰、杨卫东. 树根桩托换基础试验研究. 中国土木工程学会第七届土力学及基础工程学术会议论文集. 北京：中国建筑工业出版社. 1994
[25] 杨仁杰、俞建平、周容德. 某宾馆小直径钻孔桩基础加固. 特种基础工程技术. 1986 年第 1 期
[26] 陈绪禄、黄洪聪、刘玉华. 树根桩在上海市政工程中的开发应用. 城市改造中的岩土工程问题学术讨论会论文集. 浙江大学. 1990
[27] 陈绪禄、刘玉华. 树根桩. 地基处理工程实例应用手册(叶书麟主编). 北京：中国建筑工业出版社，1998
[28] 涂光祉、王建平. 某轧钢厂地基基础重大隐患的处理. 第六届全国土力学及基础工程学术会议论文集，上海：同济大学出版社、中国建筑工业出版社，1991
[29] 钱国林、钱志东. 丰镇电厂五号机组基础托换补强加固实录. 中国勘察与岩土工程. 1998 年第 2 期

[30] 陈国政．房屋桩式托换地基加固实例．岩土工程师．1992．11
[31] 尚继红、魏佳中．压力注浆加固湿陷性黄土地基．第六届地基处理学术讨论会论文集．西安：西安出版社．2000
[32] 周洪涛、戴振家、江丕光、耿保民．压密注浆法纠偏饱和软土层上房屋的新深索．第三届地基处理学术讨论会论文集，杭州：浙江大学出版社．1992．5
[33] 周志道．锚杆静压桩地基加固新技术的现状与展望．地基处理．2002．12
[34] 周志道．南京市宝塔桥东街6号楼纠倾加固．冶建总院建筑情报室．1989
[35] 陈元焯、杜志军、罗乐宁．用掏砂纠倾法处理基础不均匀下沉倾斜房屋．建筑技术．1992年第3期
[36] 杨书遂、谢志全．地基应力解除法在楼房纠偏中的应用实践．岩土工程师．1996．11
[37] 李思明、叶书麟、金国芳．水泥土搅拌桩上筏板基础房屋的纠偏．全国第五届地基处理学术讨论会论文集．武夷山．1997
[38] 徐晓原、乐子炎．武汉市万松园12号住宅楼纠偏加固工程实例．建筑物增层纠偏论文集．北京教授团土建技术中心．1991．4
[39] 龚晓南、卞守中、潘秋元、温晓贵．锚杆静压桩加固与沉井冲水纠倾工程实例，地基处理工程实例．北京：中国水利水电出版社．2000
[40] 唐业清．100m高烟囱的纠倾扶正．施工技术．1995．8
[41] 华孝娟．调整附加应力纠正不均匀沉降．岩土工程师．1992．5
[42] 陕西省第一建筑设计院．黄土地基上结构物倾斜矫正．湿陷性黄土地基．北京：中国建筑工业出版社．1985
[43] 周洪涛、丁善祥、储海岩．软基上房屋的纠偏加固．第六届全国地基处理学术讨论会论文集．西安：西安出版社．2000
[44] 甘正常、周俊华、蒋小鸣．建筑物顶升纠偏技术的研究与应用．地基处理．1994年第1期
[45] 龚晓南、章胜南、卞守中．一种新的顶升纠倾方法．地基处理工程实例．北京：中国水利水电出版社．2000
[46] 蓝戊己、朱啟华、郑华奇．上海音乐厅平移及顶升施工技术．岩土工程界增刊(建筑物改造与病害处理论文集)．2004．10
[47] 鄢仁辉、张天宇、侯伟生．泉州某八层办公楼整体平移工程实例分析．建(构)筑物地基基础特殊技术(史佩栋主编)．杭州：人民交通出版社．2004
[48] 张天宇、侯伟生．山东省济南市某七幢宿舍楼整体平移．既有建筑地基基础加固工程实例应用手册(张永钧、叶书麟主编)．北京：中国建筑工程出版社．2002
[49] Jie Han and Shu-Lin Ye"A field study on the behavior of micropiles in clay under compression or tension."Can. Geotech. J. 43：19-29(2006)
[50] Jie Han and Shu-Lin Ye"A field study on the behavior of a foundation underpinned by micropiles" Can. Geotech. J. 43：30-42(2006)
[51] F. Lizzi(1983)"Reticulated Root Piles for the Improvement of Soil Resistance(Physical Aspects and Design Approaches)"，第8届欧洲土力学会议论文集
[52] S. Thorburn and J. F. Hutchison(1985)，Underpinning，Surrey Univesity Press，Glasgow and London
[53] E. A. Prentis and L. White (1950)，Underpinning(Its Practice and Application)，Columbia University Press，New York.

本章审阅人：龚晓南(浙江大学)

词 条 释 义

表层原位压实法

软弱地基表层加固的常用方法。当需要处理的地基软弱土位于表层，厚度不大或上部荷载较小时，采用人工或机械夯实、机械碾压或振动，对填土、湿陷性黄土、松散砂、细砂等软弱或较松散表层上进行压实，也可采用分层回填压实加固。分层压实的填料可适量添加石灰、水泥等。本工法广泛应用于道路、堆场以及轻型建筑的地基处理。（彭大用，张觉生）

摆喷

参见高压喷射注浆法。（龚晓南）

超载预压

在应用排水固结法处理软黏土地基时，当采用比使用荷载还要大的荷载进行预压的称为超载预压。超载预压不仅可减少或消除使用荷载作用下地基的主固结沉降量，也可减少其次固结沉降量。（潘秋元）

渗入性灌浆

浆液是可灌的，它在灌浆压力作用下渗入孔隙或裂隙时，不会扰动和破坏受灌介质的结构。（张作瑂）

顶承静压桩

亦称压入桩。在桩（墙）基下开挖竖坑和横坑，根据上部结构荷载使用开口（或闭口）钢管桩或小断面预制方桩放置在基础底面，再在桩顶上用液压千斤顶将钢管段或预制桩段压进到土层中去，逐段接桩后直达设计深度为止。对开口钢管，尚应每隔一定时间在管内取土，再在达到设计标高后在管内灌注混凝土。再后将桩与基础梁浇筑在一起形成整体。（叶书麟）

堆载加压纠倾

指在沉降小的一侧施加临时荷载，适当增加这个侧边的沉降，用以减小不均匀沉降差和倾斜。（叶书麟）

顶升纠倾

指在倾斜建筑物沉降大的部位采用千斤顶顶升的措施，用调整建筑物各部分的顶升量，使建筑物沿某一点或某一直线作整体平面转动以达到纠倾目的。（叶书麟）

袋装砂井

将透水性良好的砂料预先灌入缝制好的土工织物编织袋内制成砂袋，然后用沉管法成孔，把砂袋放入孔内而形成的竖井。袋装砂井直径通常为7～12cm。（潘秋元）

电动化学灌浆

利用土的电渗和电泳原理和离子交换作用，使通电区的含水量降低或形成具有一定力

学强度的硅胶。(张作珺)

电渗法

在地基中形成直流电场，在电场作用下，地基土体产生排水固结，达到提高地基承载力，减小工后沉降目的的加固方法。(龚晓南)

地基处理

当天然地基不能满足建造建（构）筑物的要求，通过物理、化学、生物的方法改善地基土的工程性质，提高地基承载力、改善变形特性或渗透性等以满足建造建（构）筑物的要求称为地基处理。地基处理方法很多，按地基处理原理的不同可以分为下述几类：置换，排水固结，振密、挤密，灌入固化物，加筋，冷热处理，托换和纠倾。(龚晓南)

单管法

参见高压喷射注浆法。(龚晓南)

低强度桩复合地基

采用低强度桩（桩体强度在 5～15MPa 左右）作为竖向增强体形成的复合地基，如水泥粉煤灰碎石桩（CFG 桩）复合地基、二灰混凝土桩复合地基和低强度混凝土桩复合地基等。(龚晓南)

冻结法

通过冻结土体，改善地基土截水性能，提高地基土体抗剪强度。常用于形成临时围护结构。(龚晓南)

EPS 超轻质料填土法

发泡聚苯乙烯（EPS）重度只有土的$\frac{1}{50}\sim\frac{1}{100}$，并具有良好的强度和压缩性能，将 EPS 材料作为填土料，可有效减少作用在地基上的荷载，需要时还可置换部分地基土，以满足地基稳定、减小沉降的要求。(龚晓南)

复合地基

复合地基是指天然地基在地基处理过程中部分土体得到增强，或被置换，或在天然地基中设置加筋材料，加固区是由基体（天然地基土体）和增强体两部分组成的人工地基。根据地基中增强体的方向可分为竖向增强体复合地基和水平向增强体复合地基两类。竖向增强体通常又称为桩体。根据竖向增强体的性质，竖向增强体复合地基又可分为散体材料桩复合地基、柔性桩复合地基和刚性桩复合地基三类。(龚晓南)

灌浆锚杆

指用水泥砂浆（或水泥浆、化学浆液等）将一组钢拉杆（粗钢筋或钢丝束等）锚固在伸向地层内部的钻孔中，并承受拉力的柱状锚体。它的中心受拉部分是钢拉杆，钢拉杆所承受的拉力首先通过钢拉杆周边的砂浆握裹力而传递到水泥砂浆中，然后再通过锚固段周边地层的摩阻力而传递到锚固区的稳定地层中。(吴肖茗)

高压灌浆

其注浆压力为 2.5～5.0MPa，用密封圈或密封袋（止浆塞）等封闭灌浆段后才能产生。(吴肖茗)

灌注桩托换

指在被托换的基础四周浇灌注桩，再在灌注桩（或灰土桩）桩顶上加设与基础正交的

钢筋混凝土横梁，以便托住基础，或将原有基础加宽与桩顶浇成整体。(叶书麟)

灌浆托换

灌浆是用气压、液压或电化学原理将能固化的浆液注入地下土层，以改善地基土的物理力学性质，达到防渗、堵漏和加固的目的，对既有建筑物的地基也可进行托换加固，其施工工艺见灌浆法。(叶书麟)

高压喷射注浆法

把带有喷嘴的注浆管钻进土层预定位置，以高压喷射流（20MPa 左右）冲切土体，部分土体随浆液冒出地面被置换，部分土体与水泥浆混合形成水泥土，达到加固地基的目的。采用单管高压喷射浆液流冲切土体称为单管法；采用二重管同时喷射水泥浆液（20MPa 左右）和压缩空气（0.7MPa 左右）形成环绕气流的高压浆液流冲切土体称为二重管法；采用三重管同时喷射高压水（20MPa 左右）、压缩空气（0.7MPa 左右）和浆液流（2～5MPa）采用环绕气流的高压喷射水液流冲切土体，再以浆液填充形成水泥土称为三重管法。

注浆管在喷射过程中，一边旋转，一边提升，称为旋喷法，可形成圆柱形水泥土，又称为旋喷桩；只提升不旋转称为定喷，一边旋转摆动某一角度，一边提升称为摆喷。定喷和摆喷常用来形成水泥土防渗帷幕。(龚晓南)

灌浆法

将能固化的浆液注入地基土中裂缝或孔隙处，达到改善地基土的物理力学性质的目的。常用于防渗、堵漏和地基加固。

浆液常由主剂、溶剂和各种外加剂混合而成。主要有水泥基浆材和化学浆材两类。

根据灌浆机理可分为渗入性灌浆、劈裂灌浆、压密灌浆和电动化学灌浆四类。(龚晓南)

钢筋混凝土桩复合地基

采用钢筋混凝土桩作为竖向增强体形成的复合地基，也有人称为复合桩基。因常用于减少建筑物沉降，有时称为减少沉降量桩基。(龚晓南)

换填法

软弱地基浅层处理的常用方法。其工艺原理是将基础底面以下一定范围内的软弱土层挖出，然后以砂或碎石、卵石、煤渣、素土、灰土等分层充填，并以人工或机械方法分层压、夯、振动，使之达到要求的密实度，成为良好的人工地基。本工法适用于浅层地基处理，包括淤泥、淤泥质土、松散素填土、浜填土、已完成自重固结的吹填土，一些地域性的特殊土（如膨胀土、湿陷性黄土、山区地基、岩溶、土洞以及季节性冻土）等地基处理以及暗浜、暗塘、暗沟等浅层处理和低洼区域的填筑。(彭大用，张觉生)

换土垫层法

软弱地基浅层处理的常用方法。将基底下一定深度的软弱土挖出，换以砂或砂卵石、碎石、灰土、素土、煤渣、矿渣以及其他性能稳定、无侵蚀性的材料，并分层夯实作为持力层，以提高地基的承载力、减少沉降量、加速软弱土层的排水固结。本工法适用于淤泥、淤泥质土、湿陷性黄土、杂填土、暗沟、暗浜（塘）以及山区不良地基的浅层处理。(彭大用，张觉生)

夯实水泥土桩法

在地基中人工挖孔，然后填入水泥与土的混合物，分层夯实，形成水泥土桩复合地基，以提高地基承载力和减小沉降。填料中也可加入石灰、粉煤灰等。适用于地下水位以上土层加固，在华北地区应用较多。（龚晓南）

灰土桩

挤密桩的一种。它是在土桩加固原理的基础上，结合国情于 20 世纪 60 年代中期试验成功并已广泛应用的一种挤密桩。桩孔内分层夯填灰土，形成具有一定胶凝强度和水稳定性的石灰土桩。灰土桩挤密地基不仅可消除黄土的湿陷性，同时还能显著地提高地基的承载力和变形模量。灰土桩在我国西北和华北等黄土地区已广泛应用，其中包括几幢近 20 层的高层建筑。当在桩孔内夯填石灰与粉煤灰混合料时，称为二灰桩，其工艺与效果近似于灰土桩，同时还具有消纳工业废料的效益。（杨鸿贵）

化学浆材

以有机或无机化学材料为主剂，再根据需要掺入某种溶剂及其他附加剂混合而成的真溶液浆材。（张作瑂）

坑式托换

亦称墩式托换。它是直接在被托换建筑物的基础下进行开挖竖坑，再对竖坑横向扩展开挖基础下的横坑，直至到达设计的持力层后，再从坑底浇筑混凝土到基底的托换加固方法。（叶书麟）

挤淤置换法

依靠换填材料的自重以及借助于其他外力（诸如：压载、振动、爆炸、强夯、卸荷等）使软弱层遭受破坏后被强制挤出而进行换填处理。本工法适用于厚度在 10m 以内的流动性大、基本无硬壳层的大面积流塑状淤泥地基处理。但需注意的是强制挤淤换填，往往不可能把软弱层完全挤出，对换填后的地基沉降，必须有所考虑。（彭大用，张觉生）

加筋土

系由填土、在填土中设置一定量的带状拉筋（用带状镀锌扁钢或土工合成材料），以及由直立的墙面板三部分组成的一个整体的复合结构。这个结构内部存在着墙面土压力，拉筋的拉力以及填土与拉筋间的摩擦力等相互作用的内力，这些内力互相平衡，保证了这个复合体的稳定性。加筋土是 1966 年由法国工程师 Henri Vidal 发明，现已成为地基处理的一项新技术。（吴肖茗）

静压桩托换

指采用静压方式进行沉桩托换。它包括顶承桩托换、预试桩托换、自承静压桩托换和锚杆静压桩托换。（叶书麟）

纠倾托换

指对既有建筑物偏离垂直位置而发生倾斜，从而影响正常使用或建筑物开裂，造成倾斜的主要因素是地基的不均匀沉降。而纠倾托换是利用地基的新不均匀沉降来调整建筑物已存在的不均匀沉降，用以达到新的平衡和矫正建筑物的倾斜。（叶书麟）

浸水纠倾

建于湿陷性黄土地基的建（构）筑物，由于地基局部浸水，往往使基础产生不均匀沉降，从而导致建（构）筑物的倾斜。此时可利用湿陷性黄土遇水湿陷的特性，对沉降小的一侧进行“浸水纠倾”或“浸水与加压”相结合的纠倾方法。（叶书麟）

长短桩复合地基

由长桩和短桩共同形成的复合地基。长桩通常采用刚度比较大的桩，如混凝土桩、筒桩和钢管桩等；短桩通常采用刚度比较小的桩，如水泥土桩、碎石桩和石灰桩等。长短桩复合地基受力性能好，较适合应用于深厚软土地基加固。（龚晓南）

气泡混合轻质料填土法

气泡混合轻质料的重力密度为 5～12kN/m^3，具有较好的强度和压缩性能，用作路堤填料可有效减小作用在地基上的荷载，也可减小作用在挡土结构上的侧压力。（龚晓南）

井径比

竖井地基中一孔竖井的有效排水圆柱体直径与竖井直径的比值。（潘秋元）

井阻

竖井对渗流的阻力，井阻使竖井地基的固结速率减缓。竖井的长径比愈大，井阻愈大。地基土的水平向渗透系数与竖井渗透系数的比值愈大，井阻愈大。（潘秋元）

挤密桩

采用沉管、爆扩或冲击等方法，在土中挤压成孔，孔内土被侧向挤出，致使周围土体得到加密；随后向孔内填入素土、灰土或砂石等材料，经夯实或振密构成桩体。由桩间挤密土和加固桩体共同组成挤密桩复合地基。挤密桩法适用于处理湿陷性黄土、素填土、杂填土和松散砂土地基，处理深度宜为 5～15m。土桩、灰土桩和挤密砂石均属于挤密桩。（杨鸿贵）

孔内夯扩法

一类工法的总称。根据工程地质条件，可采用人工挖孔、螺旋钻成孔或振动沉管法成孔等方法在地基中成孔，根据条件可回填灰土、水泥土、矿渣土、碎石等填料，在孔内夯实填料并挤密桩间土，由挤密的桩间土和夯实的填料桩形成复合地基，达到提高地基承载力，减小沉降的目的。（龚晓南）

可灌性

指颗粒状浆材对各类介质的渗入能力，主要受控于颗粒和孔隙尺寸的大小，浆液的流变性也是重要的影响因素。（张作瑂）

锚固法

将受拉杆件的一端固定于岩（土）体中，另一端与工程结构物相连结，以承受由于土压力、水压力或其他外力施加于结构物的推力和上举力，从而利用岩（土）的内有抗力以维持结构物的稳定，这种技术的设计与施工统称为锚固技术或锚固法。（吴肖茗）

锚定板结构

适用于在人工填土中的一种支挡结构。是由墙面系、拉杆、锚定板以及充填在墙面系与锚定板之间的填土所共同组成的一个整体结构。在这个整体结构的内部，存在着作用在墙上的土压力，拉杆拉力以及锚定板抗拔力等互相作用的内力。这些内力必须互相平衡，才能保证结构内部的稳定。这种新型结构是 1992 年由我国铁路系统发展研究的一种支挡形式。（吴肖茗）

锚杆静压桩

指利用锚杆承受反力进行压桩。先在原有基础上凿出压桩孔和埋杆孔，再在锚杆孔内埋设锚杆。然后设置压桩架和千斤顶，再将桩逐节压入原有基础的压桩孔中，当达到要求

的设计深度时，再将桩与基础连结成一整体。（叶书麟）

锚杆加压纠倾

指在被托换基础沉降小的一侧，修筑一个与原基础连结的悬臂钢筋混凝土梁，利用锚桩和加荷机具，根据工程需要进行一次或多次加荷，直至纠倾或纠倾达到预期扶正要求的纠倾方法。（叶书麟）

排水固结法

通过预压使饱和软黏土地基中孔隙水排出，土体发生固结，孔隙体积逐渐减少，强度逐渐提高，达到解决建筑物地基稳定和变形问题的地基处理方法。预压有堆载预压、真空预压、降低地下水预压及真空和堆载联合预压等。为加速地基土排水固结，通常在地基中设置砂井或塑料排水带等竖向排水井（简称竖井）。（潘秋元）

劈裂灌浆

浆液是不可灌的，它在灌浆压力作用下促使受灌介质结构破坏和裂隙扩张，从而达到可灌的目的。（张作瑁）

喷浆型深层搅拌法

深层搅拌法的一种。它是将水泥和外掺剂按一定量水灰比，一般为 1∶0.43～1∶0.45，充分拌匀，用灰浆挤压泵将浆液从搅拌头喷嘴中送入土中，通过搅拌叶片强制就地搅拌形成水泥土。（龚晓南）

喷粉型深层搅拌法

又称粉喷法，深层搅拌法的一种。它是通过粉体发送器将水泥或石灰粉送入搅拌头从喷嘴中喷出，通过搅拌叶片强制就地搅拌形成水泥土。（龚晓南）

强夯法

将很重的锤（锤重一般为100～400kN）从高处（落距一般为6～40m）自由落下，通过夯锤的冲击力和振动振密地基土体，达到降低土的压缩性和提高地基承载力的目的。强夯法常用来加固碎石土、砂土、非饱和黏性土、杂填土、湿陷性黄土等地基。（龚晓南）

强夯置换法

采用强夯法施工，边填碎石边夯，在地基中形成碎石墩体，碎石墩和墩间土以及碎石垫层形成复合地基，减少地基沉降和提高地基承载力。（龚晓南）

褥垫法

处理山区不均匀岩土地基常用的方法。在压缩性较低的地基上加“褥垫”，即将基底山岩部分挖出，回填可压缩性的材料，如粗砂或中砂、土灰碎石（碎石含量占20%～30%）、炉渣和黏性土等，使之与压缩性较高的地基相适应，作到调整岩土交界部位地基的相对变形，避免由于该处应力集中而使结构物破坏。褥垫厚度一般采用300～500mm。（彭大用，张觉生）

热加固托换

将经过加热的空气，在压力作用下通过钻孔穿过土的孔隙而加热土体，在加热过程中，生成新的矿物，藉以改善地基土物理力学性质，从而达到地基加固和托换的目的。（叶书麟）

二次灌浆

在灌浆的锚固体内留有一根灌浆管，在初凝24小时后，再灌一次浆液，即使原生的

锚固体在压力灌浆下产生裂缝并用浆液充填以提高灌浆的质量，一般冲开压力要大于2.5MPa。(吴肖茗)

二重管法

参见高压喷射注浆法。(龚晓南)

碎石桩法

碎石桩法又可分为置换碎石桩法和挤密碎石桩法。

利用振冲法或沉管法在地基中制造一群以碎石、卵石等材料的桩体，使地基改良为一种复合地基，从而得到加固。(盛崇文)

散粒桩法

利用振冲法或沉管法在地基中制造一群以碎石、卵石、砾砂等散粒体为材料的桩体，使地基改良为一种复合地基，从而得到加固。(盛崇文)

树根桩

是一种小直径的钻孔灌注桩。利用带有合金钢钻头的钻机，钻穿原有基础进入到基础下面的地基土层中去，到达设计标高后，清孔、下放钢筋笼和注浆管，通过注浆管进行压浆而成桩。它可以是垂直的、倾斜的、单排的或成排的，由于它所形成的桩基形状如“树根”而得名。如布置成三维系统的独特方式的网状体系者则称为网状结构树根桩。(叶书麟)

砂井

用砂料制成的竖向排水井。砂井有普通砂井和袋装砂井两种。普通砂井直径一般为200～500cm，用沉管法、螺旋钻法或水冲法成孔并充填以砂料而成。(潘秋元)

塑料排水带

通常由带沟槽或凸椽的塑料芯带和外包的滤水无纺土工织物套组成的排水带，用于排水固结法处理地基中的竖井。(潘秋元)

水泥系深层搅拌法

采用水泥作为固化剂的深层搅拌法。又可分为喷浆型和喷粉型两类。(龚晓南)

水泥基浆材

以水泥为主，再根据需要加入适量的掺合料如黏土、砂、粉煤灰、硅粉及其他改性材料混合而成的粒状浆材。(张作瑂)

三重管法

参见高压喷射注浆法。(龚晓南)

石灰系深层搅拌法

采用石灰作为固化剂的深层搅拌法。利用特制机械将石灰粉与地基土就地搅拌，达到土质改良的目的。(龚晓南)

石灰桩

通过沉管或人工成孔，在软弱地基中填入生石灰或生石灰块加其他掺合料，通过石灰吸水膨胀、放热以及离子交换作用改善桩周土物理力学性质，形成石灰桩复合地基以提高地基承载力，减小沉降。一般适用于加固多层住宅及轻型厂房地基。(龚晓南)

散体材料桩复合地基

采用碎石、砾石、砂等散体材料形成竖向增强体的复合地基。如碎石桩复合地基、砂

桩复合地基等。（龚晓南）

烧结法

通过在地基中钻孔加热或焙烧，减少土体含水量、减少压缩性，提高土体强度，达到地基加固的目的。（龚晓南）

深层搅拌法

通过特殊的深层搅拌机械，在地基中就地将软土和固化剂强制搅拌，通过一系列物理化学反应形成一定强度的水泥土加固体。根据需要水泥土加固体可形成桩体，也可连成格子状、壁状、块状等。可形成复合地基提高地基承载力、减少沉降；也可形成止水帷幕用于防渗；也可形成水泥土挡土结构用于基坑开挖围护。深层搅拌法具有施工中无振动、无噪音、无侧向挤压、不排污等优点。

按固化剂输入方式分类可分为喷浆深层搅拌法和喷粉深层搅拌法，按固化剂分类可分为水泥系深层搅拌法和石灰系深层搅拌法。（龚晓南）

土钉

系一种土体中原位加筋技术。是由水平或近于水平设置于天然边坡或开挖形成的边坡中的加筋杆件及面层结构形成的挡土体系。用以改善原位土体的性能，并与原位土体共同工作，形成如同重力式挡墙作用的轻型支挡结构，从而提高整个边坡的稳定性。（吴肖茗）

托换法

托换法亦称托换技术，是指解决对既有建筑物的地基需要处理、基础需要加固或改建、增层和纠偏；或解决对既有建筑物基础下需要修建地下工程，其中包括地下铁道要穿越既有建筑物，或解决因邻近需要建造新建工程而影响到既有建筑物的安全等问题的技术总称。凡进行托换法的工程总称为托换工程。（叶书麟）

托换法分类

托换法分类可分为：1. 基础加宽托换；2. 坑（墩）式托换；3. 桩式托换（内分静压桩托换、灌注桩和打入桩托换、树根桩托换、灰土井墩托换、灰桩托换）；4．灌浆托换；5. 纠倾托换（内分加压纠倾、掏土纠倾、顶升纠倾、浸水纠倾）；6. 其他托换（内分基础减压和加强刚度托换、热加固托换、套筒托换）。（叶书麟）

掏土纠倾

指在倾斜建筑物基础沉降小的部位采用掏土的迫降措施，它使基底下土体部分临空，接触面减小，接触应力增大，从而产生一定侧向挤出变形，迫使基础这部位下沉，使不均匀沉降得到调整和达到纠倾的目的。掏土纠倾是指掏（排）土（砂）、穿孔（钻孔、掏沟）取土、沉井深层冲孔排土、降水掏土、压桩掏土等纠倾方法的技术总称。（叶书麟）

涂抹

竖井采用挤土方式施工时，井周一定范围的土受到扰动而使土的渗透系数减小，从而导致地基土的固结速率减缓，这种作用称为涂抹。忽略井阻和涂抹作用的竖井地基固结计算理论称为理想井理论，否则称为非理想井理论。（潘秋元）

土桩

土桩是一种典型的挤密桩。桩孔内分层夯填素土或就地挖取的黄土，桩体与桩间挤密土的物理力学性质基本相同，桩土应力比接近于1。土桩挤密法可有效地消除深厚层黄土或人工填土的湿陷性，并能提高地基的承载力和降低土的压缩性。土桩挤密法是原苏联阿别列夫教授于1934年首创，至今仍是原苏联及东欧诸国湿陷性黄土地基主要处理方法之一。我国西北黄土地区从五十年代试验并逐步广泛用土桩，取得了丰富的经验，并有所发展和提高。(杨鸿贵)

新奥法

20世纪60年代初新的奥地利隧道施工法——利用锚杆与表面的喷射混凝土相结合，为岩石隧道开挖提供及时有效的稳定支护方法。(吴肖茗)

旋喷法

参见高压喷射注浆法。(龚晓南)

预试桩

预试桩的施工与顶承桩有类同之处，仅在压入桩达到设计标高后（用两台并排设置的液压千斤顶放在基础底面和钢管桩或预制方桩间），在荷载保持不变的情况下，截取一段工字钢竖放在两台千斤顶间，再将铁锤打紧钢楔，最后将两台千斤顶卸载撤走，将桩顶与工字钢用混凝土包起来，施工才告结束。预试桩的施工工艺可阻止顶承桩施工中撤出千斤顶时桩的回弹。(叶书麟)

定喷

参见高压喷射注浆法。(龚晓南)

压密灌浆

浆液在灌浆压力作用下促使土体孔隙减小，密度增加。压密灌浆常伴有劈裂现象；劈裂灌浆则常伴有压密作用。(张作瑂)

碾压法

软弱地基表层原位压实的一种方法。本工法是采用压路机、推土机、平碾、羊足碾或其他碾压机械压实松散土。常用于地下水位以上大面积填土的压实以及一般非饱和黏性土和杂填土地基的浅层加固。碾压法对表层地基加固的深度一般可达2～3m。(彭大用，张觉生)

振动压实法

软弱地基表层原位压实的一种方法。是用振动压实机械在地基表面施加振动力以振实浅层松散土，使之孔隙比减小，强度提高。本工法适用于砂土地基及炉渣、碎石等无黏性土为主的填土地基的加固处理。(彭大用，张觉生)

重锤夯实法

软弱地基表层原位压实的一种方法。即利用起重机械将重锤提升到一定的高度，使之自由下落，以重锤自由下落的冲击能来夯实浅层地基，使其表面形成一层较为均匀的硬壳层。本工法适用于地下水位0.8m以上稍湿的杂填土、黏性土、砂性土、湿陷性黄土和分层填土地基的加固。其夯实效果与土的含水量关系十分密切，采用时应充分注意。(彭大用，张觉生)

振冲法

振冲法是振动水冲法的简称，它是利用一种能发生振动和水冲双重作用的机具加固土体的方法。(盛崇文)

振冲挤密法

本法适用于处理松砂地基，它的原理是一方面利用振冲器的强力振动使饱和砂层发生液化，砂颗粒重新排列，孔隙减少，另一方面利用振冲器的水平向振动力，在加固填料情况下还通过填料使砂层得到挤压加密。(盛崇文)

振冲器

它是振冲法中所用的主要机具，它利用潜水电机旋转一组偏心块产生一定频率和振幅的水平向振动力，同时具有一股压力水从下端喷口喷出，它能使松砂变密，或者在黏性土地基中制造碎石桩体。(盛崇文)

自承静压桩

系利用静压桩机械加配重作反力，通过千斤顶将预制桩分节压入土中直至设计标高为止。最后将原基础用新浇筑的钢筋混凝土梁和已压入土中的桩连结成一整体。（叶书麟）

真空预压

在饱和软黏土地基内设置砂井或塑料排水带等竖井，地表铺设排水砂垫层，其上覆盖不透气的薄膜，通过埋设于砂垫层内的吸水管道，用真空装置进行抽气，使膜内外形成大气压差，在砂垫层、竖井与土界面产生负压而使土中的孔隙水流向竖井而排出之达到预压的目的。(潘秋元)

真空预压法与堆载联合作用

因为真空预压膜内外形成的压差不能大于一个大气压，当采用真空预压法达不到设计要求时，可与堆载预压联合使用。两者的加固效果可叠加。(龚晓南)

桩距系数

桩孔间距 s 与桩径 d 之比值 $\alpha=s/d$。如桩间土挤密前后的平均干密度分别为$\overline{\rho_{d}}$和$\overline{\rho_{d1}}$时，则对各种桩径的桩距系数均为 $\alpha=0.95\sqrt{\overline{\rho_{d1}}/\overline{\rho_{d1}}/\overline{\rho_{d}}}$。当按正三角形布桩时，置换率 $m=0.906/\alpha^2$。由此可见，当桩距系数 α 确定后，桩间土的挤密效果和挤密桩复合地基的置换率及承载力即已确定。在设计挤密桩或其他类型桩的复合地基时，引用桩距系数 α，可使计算较为简便明了。(杨鸿贵)

置换率（复合地基）

桩体复合地基中，桩体面积与其加固面积之比。(龚晓南)

桩土应力比

桩体复合地基中作用在桩体上的平均应力与作用在桩间土上的平均应力之比。桩土应力比的影响因素很多，桩间土的性质、桩体的刚度、长度、复合地基置换率、复合地基强度发挥度、作用时间等因素都对桩土应力比值产生影响。(龚晓南)

振密、挤密法

采用一定的手段，通过振动、挤压使地基土体孔隙比减少，抗剪强度提高，达到地基处理目的的一类地基处理方法的总称。通常包括：表层原位压实法、强夯法、振冲密实法、挤密砂石法、爆破挤密法、土桩、灰土桩法等。(龚晓南)

桩网复合地基

通常在刚性桩上铺设土工格栅垫层形成的复合地基称为桩网复合地基。桩网复合地基中桩需要设置桩帽，土工格栅垫层一般刚度较大。桩网复合地基主要应用于路堤地基加固。桩网复合地基形式基本同桩承堤形式，荷载传递路线和设计思路两者应有区别。（龚晓南）

柱锤冲扩桩法

在地基中采用直径 300～500mm，长 2～5m，质量 1～8t 的柱状锤，将地基土层冲击成孔，然后将拌合好的填料分层填入桩孔夯实，形成柱锤冲扩桩复合地基，以提高地基承载力和减小沉降。适用于地下水位以上土层加固，在华北地区应用较多。(龚晓南)

索　　引